曹广晶 王 俊 主编

长江三峡工程水文泥沙观测与研究

科 学 出 版 社

北 京

内 容 简 介

本书是全面反映长江三峡工程论证、设计、施工以及运行初期水文泥沙观测与研究工作的专业书籍，为三峡工程运行管理及工程防洪、发电、航运等综合效益的发挥，提供了极为重要的技术支撑。本书涵盖了当今水利水电工程水文泥沙原型观测、泥沙研究、水文分析计算、水情自动测报、水文预报、水环境监测等主要内容，具有系统性、权威性、资料性和可检索性，可为国内外大型水利水电工程水文泥沙观测与研究工作提供借鉴。具有很高的研究和使用价值。

本书可供水利水电系统和有关科研部门的专业技术人员研究使用，也可供相关专业的大专院校师生参考。

图书在版编目(CIP)数据

长江三峡工程水文泥沙观测与研究 / 曹广晶，王俊主编．—北京：科学出版社，2015.3

ISBN 978-7-03-039392-0

Ⅰ．长… Ⅱ．①曹… ②王… Ⅲ．三峡水利工程-水库泥沙-水文观测 Ⅳ．TV145

中国版本图书馆 CIP 数据核字（2013）第 309827 号

责任编辑：李 敏 刘 超 / 责任校对：邹慧卿 张凤琴

责任印制：肖 兴 / 封面设计：李姗姗

科学出版社 出版

北京东黄城根北街 16 号

邮政编码：100717

http://www.sciencep.com

中国科学院印刷厂 印刷

科学出版社发行 各地新华书店经销

*

2015 年 2 月第 一 版 开本：889×1194 1/16

2015 年 2 月第一次印刷 印张：61 3/4

字数：2 000 000

定价：500.00 元

（如有印装质量问题，我社负责调换）

长江三峡工程水文泥沙观测与研究

中国长江三峡集团公司　长江水利委员会水文局

主　　编　曹广晶　王　俊

副 主 编　刘东生　张曙光

执行主编　陈松生　胡兴娥　陈　磊　陈显维　许全喜

各章编写人

第1章　陈松生　陈显维　徐德龙

第2章　周建红　杨世林

第3章　李树明　郑亚慧　杨世林　张国学　汪金成

第4章　张国学　史东华　邹冰玉　王　海　赵文焕　陈　卫

第5章　蒋　鸣　王　海　李中平　沈燕舟　汪金成　卞俊杰

第6章　许全喜　袁　晶　童　辉

第7章　许全喜　刘德春　段光磊　钟扬明　袁　晶　李志远　史铁柱　蒋　鸣　秦智伟

第8章　陈松生　许全喜　陈　磊　袁　晶　彭万兵　李　俊　钟扬明　牛兰花　闫金波　董炳江　童　辉　白　亮

第9章　陈显维　许全喜　陈　磊　袁　晶　彭玉明　段光磊　牛兰花　胡功宇　闫金波　童　辉　彭严波　彭全胜　夏　薇　毛北平　王　驰　李　强　方　波　白　亮　董炳江

第10章　陈显维　陈松生　许全喜

主要参加人员（按姓氏笔画排序）

王　弘　王　伟　王红玲　王志飞　王维国　韦立新　石劲松
任　勇　刘　亮　刘世振　李云中　李圣伟　余可文　杨　霞
宋萌勃　郑　静　张明波　张孝军　闵要武　陈　峰　陈守荣
周　波　周儒夫　官学文　赵蜀汉　柳长征　香天元　袁德忠
原　松　梅军亚　彭　凌　谭　良　樊　云

长江三峡水利枢纽工程，是治理和开发长江的关键工程。经过几十年的研究论证，十七年的工程建设，十年的蓄水检验，三峡工程各项功能都已达到论证、规划和设计的预期目标。在长期的研究论证和运行实践中充分认识到，长江的水文泥沙运动规律直接关系到三峡枢纽工程及其水库的可持续运用，如水库的泥沙冲淤规律、长江上下游河道的演变规律以及长江生态与环境的演变规律等。不断地认识和研究这些规律，指导三峡枢纽工程的运行，以期安全高效地利用水资源和水能资源。

早在三峡工程开建之前，我国就已经在三峡库区和沿江相关地区建立了先进的水文泥沙监测站网，并在2003年三峡水库开始蓄水起进行了大规模的、持续的水文泥沙监测，积累了极其宝贵的实时、实测数据，并及时对这些数据进行分析计算，在原型实态的基础上建立了数学模型预测未来，从实践到理论、再用理论来指导实践，为制定水库优化调度奠定了科学基础。

《长江三峡工程水文泥沙观测与研究》一书，凝聚了中国长江三峡集团公司和长江水利委员会水文局等单位的专家和长期坚守在监测第一线的广大员工以及有关科研机构和高等院校科学家的集体智慧，可以称为实践和理论相结合的典范。他们以科学严谨的态度取得了理论上的突破，对于三峡枢纽工程的运行具有重要的指导价值，对于全国河流治理开发工程的实践也具有借鉴意义。

自然界的一切都是不停运动和不断演变的，河流也是如此。人类只有不断地认识自然，探索其规律性和随机性，才能更好地指导我们的行为。三峡工程如今已经建成，她的运行将是全生命周期的，因此对于水文泥沙的监测和研究也必然是全生命周期的。这本书就是一个良好的开端。

中国长江三峡集团公司原总经理、中国工程院院士

长江三峡工程是世界上最大的水利工程，也是我国建设的一项功在当代、利及千秋的宏伟工程。

泥沙问题是关系三峡工程成败与效益的关键技术问题之一。泥沙淤积影响三峡水库的长期使用，有效库容会不会淤积泥沙侵占而失去拦蓄洪水作用；水库变动回水区内，泥沙淤积是否影响航道和港口的正常通航，重庆市主城区河段的港口是否淤废；水库泥沙淤积造成洪水位抬高是否会威胁重庆市主城区的防洪安全；坝区泥沙淤积是否影响船闸、升船机的正常通航和电站的正常运行；坝下游河道冲刷及其对长江中下游防洪、航运和取水的影响等；建设期水库蓄水进程，以及水库运行调度等重大问题都与泥沙有关，直接关系到工程的安全运行和防洪、航运、发电、供水及生态等综合效益的发挥。在可行性研究与论证阶段，三峡工程泥沙问题还是选择正常蓄水位的重要制约因素。

从20世纪50年代至今，三峡工程泥沙科研工作，一直受到党中央、国务院的重视和关怀，开展了全国性的科研大协作，数以千计的科研、设计人员，进行了大量的水文泥沙与河道原型观测、数学模型计算和泥沙物理模型试验工作，取得了丰硕的、高水平的成果，为三峡工程设计奠定了坚实的基础。这是组织了全国最优秀的泥沙科研力量，密切合作，共同攻关，理论与实践相结合，原型观测研究、数学计算与物理模型试验相结合的结果，其研究程度和规模为国内外所鲜见的。

在三峡工程设计中，长江水利委员会充分吸纳各方面的研究成果和意见、建议，一方面采用“蓄清排浑”的三峡水库调度方案，在多泥沙季节的汛期，实现“排浑”，将大部分泥沙排至库外；在非汛期的少泥沙季节，实行“蓄清”方式，使水库得以长期保持有效库容。另一方面，由于三峡工程泥沙问题的复杂性、重要性、长期性，这些科学研究成果需要接受大自然的检验，需要长期开展水文泥沙观测与研究，以验证有关预测并处理相应问题。

60多年来，为满足三峡工程勘测、设计、科研和建设等方面的需要，在水利部、长江委直接领导和中国长江三峡集团公司大力支持下，长江水利委员会水文局在水文站网建设、水文分析计算和监测新技术应用与观测精度提高等方面做了大量卓有成效的工作。与此同时，也有计划、系统地开展了三峡工程水文泥沙原型观测及分析研究工作，并在三峡工程2003年开始蓄水发电后，针对具体的泥沙问题，适时调整观测布局，加强了三峡水库库尾蓄水与消落过程泥沙冲淤、坝区上下引航道水流条件与泥沙冲淤、坝下游清水下泄河床演变观测与研究。这些原型观测及研究成果不仅为工程设计、施工、水库运行管理提供了重要依据，并促进了工程水文泥沙新理论、新方法的发展和推广应用，丰富了水电工程水文范畴，为推动我国水文泥沙科学的进展做出了重要贡献。

2010年10月，三峡水库已成功蓄至设计正常水位175米，发挥了巨大的防洪、航运、发电、供水及生态等综合效益。长江水利委员会水文局的技术人员，根据近60年来特别是三峡工程蓄水运用以来的水文泥沙原型观测资料，对三峡工程水文泥沙观测与研究工作布局，水文泥沙观测技术与应用，水情自动测报与预报技术，三峡水库上、下游水文情势与水质变化，长江上游主要河流泥沙变化，三峡水库进出库及坝下游水沙特性，水库泥沙淤积特性及坝下游河道演变等方面进行了深入、系统的总结，汇编成《三峡工程水文泥沙观测与研究》一书。

《三峡工程水文泥沙观测与研究》编著者由老中青专业人员组成，还有许多亲身参与三峡工程水文、泥沙和河道观测研究第一线的技术人员参与。本书的问世，饱含了编著者和有关人员对三峡工程的热爱、执着、辛劳和智慧。

本书基本资料扎实，理论方法独特，成果内容丰富，学术观点新颖，可为国内外大型水利水电工程水文泥沙观测与研究工作提供借鉴，具有很高的学术研究和使用价值。

长江水利委员会总工程师、中国工程院院士

郑守仁

2012年8月1日

三峡工程是迄今世界上最大的水利水电枢纽工程，是治理开发长江的关键性骨干工程，具有巨大的防洪、发电、航运等综合利用效益。工程经过几十年充分论证，精心设计，于1993年开工建设。根据国务院三峡工程建设委员会批准的“明渠通航、三期导流”的施工方案，1993~2009年三峡工程建设分为三个阶段：1993~1997年为准备工程和一期工程阶段；1998~2003年为二期工程阶段；2004~2009年为三期工程阶段。2003年6月三峡水库进行135m蓄水，工程进入围堰蓄水期；2006年10月三峡水库进行156m蓄水，工程进入初期蓄水期；2008年汛末三峡水库进行试验性蓄水后，工程进入试验性蓄水期，2010年首次达到了175m蓄水位。

在三峡工程的不同阶段，针对工程水文泥沙的重点问题和区域，投入了大量的人力、物力、财力，进行了广泛、深入、连续的观测与研究，取得了翔实的基础资料和丰富的研究成果。成为三峡工程勘测、设计、施工和研究的方面不可或缺的重要组成部分。

在三峡工程的论证和设计阶段，长期开展了三峡工程进出库主要控制站悬移质、推移质泥沙、河床组成及河道演变等水文泥沙观测与研究工作，为工程的论证和设计提供了基本资料和依据。

1993年以来，先后组织编制了《三峡施工阶段工程水文泥沙观测规划》（1995年）、《长江三峡工程2002—2019年泥沙原型观测计划》（2001年12月）、《长江三峡工程2002—2009年杨家脑以上河段新增水文泥沙观测研究项目实施方案》（2002年5月）、《长江三峡工程下游杨家脑至湖口2002-2009年泥沙观测研究任务书》（2003年5月）、《长江三峡工程水文气象保障服务系统专项设计报告》（1995年6月）等，根据上述规划、实施方案、任务书和设计报告，系统性地布局并开展了三峡工程水文泥沙观测与研究工作，建立了三峡工程水情自动测报系统。同时根据工程进展，适时开展了水文分析计算、水文情报预报、水环境监测等工作。

与此同时，随着科学技术水平的不断进步，将GPS RTK、ADCP、多波束、LISST等新仪器、新设备、新方法、新技术运用于水文泥沙原型观测；将基于GIS、RS、数据库等技术的水文泥沙综合信息管理系统运用于水文泥沙研究；将计算机网络、卫星通信、信息采集与传输集成技术，交互式技术及水文水力学模型等应用于水文自动测报与水文情报预报。不仅大大提高了工作效率和精度，而且还实现了观测与研究资料成果的统一、科学和高效的数字化管理。

本书由参加三峡工程水文泥沙观测与研究的技术人员编写，从观测布局到信息采集，从技术攻关到新技术、新仪器和新方法的应用，从观测成果到机理研究，深入浅出，是一部具有很高科学价值、应用价值和学术价值的文献。

全书共分为10章。第1章为绪论。主要介绍长江三峡工程概况（含流域概况，水文气象特征以及工程建设和运行情况等），泥沙问题的特点，水文泥沙观测与研究的目的，以及任务由来等。

第2章为长江三峡工程水文泥沙观测与研究工作布局。主要介绍观测与研究工作组织管理、范围与内容等。

第3章为水文泥沙观测技术与应用。主要介绍水文泥沙观测、河道测绘、水质监测、资料整编，以及成果的信息化管理等技术及其应用。

第4章为三峡工程水情自动测报与预报技术研究。针对三峡工程水情测报的任务与内容，主要研究了水情信息采集技术、信息传输控制技术、信息集成技术以及三峡工程施工期和运行期的水文预报技术以及三峡水库中小洪水预报调度及其应用。

第5章为三峡工程水文研究。主要介绍了三峡工程设计主要依据站的水文基本资料的分析与评价、径流、设计洪水、入库洪水、可能最大降水与可能最大洪水、坝址水位流量关系以及枢纽安全鉴定相关的水文复核成果，重点介绍了三峡工程截流水文分析与计算、主汛期与汛末洪水、蓄水运用后对长江中下游水文情势影响、水库蓄水前后库区水质变化等。

第6章为长江上游主要河流泥沙变化与调查研究。主要介绍了长江上游河流泥沙变化特性，悬移质泥沙时间序列的跃变现象，以及长江上游降雨、水库拦沙、水土保持、河道采砂对河流泥沙影响的调查研究成果。

第7章为三峡水库进出库及坝下游水沙特性。主要研究了三峡水库蓄水运用以来，三峡水库入库径流和悬移质、推移质输沙量变化，三峡工程围堰发电期、初期蓄水期、175m试验性蓄水期等不同蓄水期水库库区水沙特性，以及长江中下游河道和主要湖泊水沙变化特性等。

第8章为水库泥沙淤积特性。主要介绍了三峡水库蓄水运用以来，三峡水库泥沙淤积量的大小及时空分布、库区河床断面形态，水库排沙比，以及三峡工程围堰发电期、初期蓄水期、175m试验性蓄水期，水库变动回水区重点河段的河道演变特点等。

第9章为三峡工程坝下游河道演变。主要介绍了三峡水库蓄水运用前后，坝下游三峡大坝～葛洲坝，宜昌至湖口河段河床冲淤变化和河道演变特点等。

第10章为主要认识与展望。主要介绍近几十年来三峡工程水文泥沙观测的主要成果，并对下一阶段的观测研究工作进行了展望。

三峡工程泥沙尚在调整变化之中，限于泥沙问题的复杂性，且水文观测与研究时间跨度大，书中错误和疏漏在所难免，敬请读者批评指正。

本书在编写过程中，得到国家重点基础研究发展计划（973计划）项目“长江中游通江湖泊江湖关系演变及环境生态效应与调控”课题1“长江中游通江湖泊江湖关系演变过程与机制”（课题编号：2012CB417001）的支持。

作　者

2011年4月初稿，2012年11月终稿

第1章

绪 论

1.1 流域概况

1.1.1 水系及地形地貌

长江发源于青藏高原唐古拉山主峰各拉丹东雪山群的西南侧，全长约为6300km，总落差约为5400m，流域面积约为180万km^2。流域介于北纬24°30′~35°45′，东经90°33′~122°25′，形状呈东西长、南北短的狭长形。流域西以横断山脉的宁静山与澜沧江水系为界；北以巴颜喀拉山、秦岭、大别山与黄河、淮河水系相接；东临东海；南以南岭、黔中高原、武夷山、天目山与珠江和闽浙诸水系相邻。江源为沱沱河，与发源于唐古拉山东段，霞舍日阿巴山东麓的南支当曲汇合后为木鲁乌苏河，再与发源于可可西里山、黑积山南麓的北支楚玛尔河相汇后称通天河。进入青海省玉树直门达后称金沙江，流经川藏滇边境，全长2300km，在四川攀枝花接纳大支流雅砻江，经宜宾与岷江汇合后始称长江。长江在四川盆地向东流，顺次接纳北岸的沱江、嘉陵江、南岸的乌江等支流，自奉节白帝城至南津关约200 km河段，为著名的长江三峡（瞿塘峡、巫峡、西陵峡），此河段两岸峰峦叠嶂，峡谷深邃，水流湍急，自宜宾至宜昌干流又名川江，长1030 km。长江出三峡后，江面突然展宽，水势平缓，流经中下游冲积平原，宜昌至枝江间有清江入汇。枝江至城陵矶段通称荆江，河道蜿蜒曲折，其下段素有“九曲回肠”之称，荆江河段有四口分流入洞庭湖，与洞庭湖水系的四水汇合后，再在城陵矶汇入长江干流，河势较为复杂，到达武汉后有汉江从左岸汇入，再向东出湖北，流入江西省又纳入鄱阳湖水系的五河。湖口以下，长江又折向东北，经安徽、江苏、再纳太湖之水，在上海市汇入东海。

长江自江源至湖北宜昌为上游，全长4511km，集水面积约为100万km^2，约占全流域面积的55%；从宜昌至湖口称长江中游，长约955 km，集水面积约为68万km^2，约占全流域面积的38%；湖口至长江入海口为长江下游，长约930 km，集水面积12万km^2，占全流域总面积7%。长江中下游地区湖泊众多，河网发达。

长江水系发育，支流众多，集水面积1000 km^2以上的支流有464条，集水面积1万km^2以上的支流有45条，上游河段汇入干流的主要支流左岸有雅砻江、岷江、沱江、嘉陵江，右岸有牛栏江、横江、赤水河、乌江。支流流域面积8万km^2以上者有8条（表1-1），其中以嘉陵江的16万km^2的流域面积为最大，雅砻江的1633 km的河道长度为最长，岷江多年平均流量2850 m^3/s的水量为最多。

表 1-1　流域面积≥8 万 km^2 的支流情况统计表

序号	所在水系	支流名称	流域面积（km^2）	多年平均流量（m^3/s）	河道长度（km）	天然落差（m）
1	雅砻江	雅砻江	136 000	1914	1633	3870
2	岷江	岷江	135 600	2850	735	3560
3	嘉陵江	嘉陵江	159 800	2120	1120	2300
4	乌江	乌江	87 920	1650	1037	2124
5	洞庭湖	湘江	94 200	2370	844	756
6		沅江	89 200	2070	1022	1462
7	汉江	汉江	159 000	1640	1577	1962
8	鄱阳湖	赣江	83 500	2180	751	937

长江流域内湖泊众多，总面积约为 22 000 km^2，约占流域总面积的 1.2%，这些湖泊主要分布在长江中下游干流两岸，其中以鄱阳湖最大，面积为 3750 km^2，控制赣、抚、饶、信、修五水的来水量。其次为洞庭湖，纳湘、资、沅、澧四水的水量，面积为 2625 km^2。太湖居第三，面积为 2425 km^2，其余均不足 1000 km^2，这些湖泊对长江中下游洪水起着重要的调节作用。

长江流域地势西北高、东南低，地貌上跨越我国地势三级阶梯。第一级阶梯为青南、川西高原和藏东川西高山峡谷区，一般高程在 3500～5000m。江源水系、通天河、金沙江及支流雅砻江、岷江上游、大渡河、白龙江等水系均位于第一阶梯内。流经第一级阶梯的河流，除江源高平原区河谷宽浅、水流平缓外，多呈高山峡谷区的河流形态，水流湍急。金沙江长约 2300km，河道平均比降为 1.37‰。第二级阶梯为秦巴山地、四川盆地和鄂黔山地，一般高程在 500～2000m。宜宾至宜昌干流河段及支流岷江中下游、沱江、嘉陵江、乌江、清江及汉江上游等水系属第二阶梯。该阶梯内的河流，除盆地河段外，多流经中低山峡谷，河道比降仍较大，水流较湍急。宜宾至重庆段长约 370km，河道平均比降为 0.27‰；重庆至宜昌段长约 660km，河道平均比降为 0.18‰。第三级阶梯为大别山地、江南丘陵和长江中下游平原，一般高程在 500m 以下，长江三角洲高程则在 10m 以下。长江中下游干流、其支流汉江中下游及洞庭湖、鄱阳湖、巢湖、太湖水等系属于第三阶梯。流经这里的河流，两岸多为平原或起伏不大的低山丘陵，河道比降平缓，河型弯曲，并多洲滩汊道。宜昌至湖口段平均比降为 0.03‰，湖口至入海口段平均比降为 0.007‰。第一、二级阶梯间的过渡带，由陇南、川滇高中山构成，一般高程在 2000～3500m，地形起伏大，自西向东由高山急剧降低为低山丘陵，岭谷高差达 1000～2000m，是流域内地震、滑坡、崩塌、泥石流分布最多的地区。第二、三级阶梯间的过渡带，由南阳盆地、江汉平原和洞庭平原西缘的狭长岗丘和湘西丘陵组成，一般高程在 200～500m，地形起伏平缓，呈山地向平原渐变过渡型景观。

流域内地貌类型众多。山地、高原和丘陵约占 84.7%，其中高山高原主要分布于西部地区，中部地区以中山为主，低山多见于淮阳山地及江南丘陵区，丘陵主要分布于川中、陕南以及湘、赣两省的中部地带；平原占 11.3%，主要以长江中下游平原、肥东平原和南阳盆地为主，汉中、成都平原高程在 400m 以上为高平原；河流、湖泊等水面占 4%。

长江流域森林主要分布在上游西部高原山地，其次在中下游的湘西、鄂西，皖南和江西等山地，全流域森林（含灌木）覆盖率达 27.4%。

截至 2010 年，长江上游已建成的大型水库有雅砻江二滩、大渡河瀑布沟、岷江紫坪铺、嘉陵江宝珠寺、乌江洪家渡、乌江渡等，在建的规模较大的水库有金沙江溪洛渡、向家坝、嘉陵江亭子口、乌江构皮滩和彭水等，拟建的规模较大的水库有金沙江塔城、乌东德水库和白鹤滩水库、雅砻江两河口水库、雅砻江锦屏一级和大渡河双江口水库等。长江上游主要水系、水文站及大型水库分布如图1-1所示。

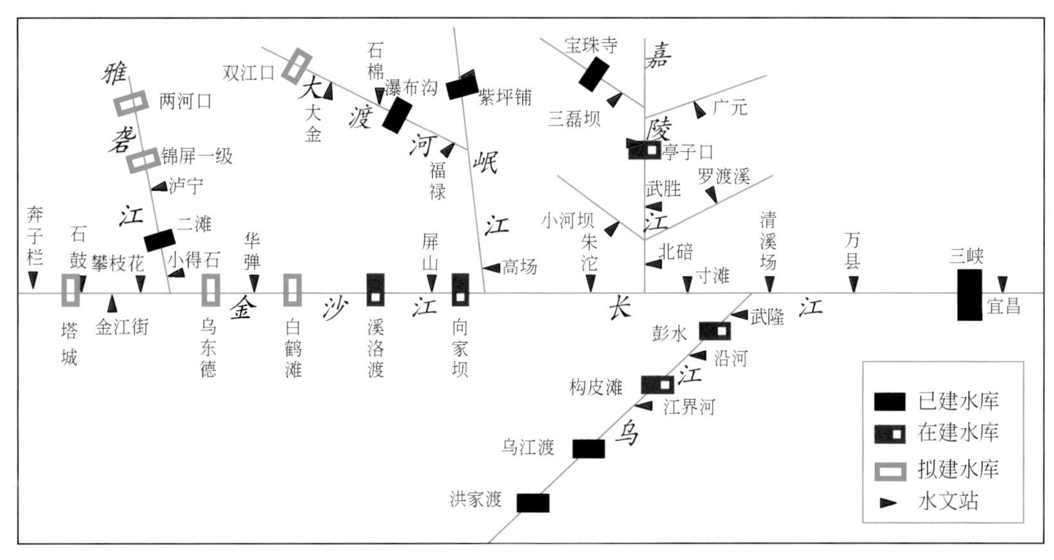

图1-1　长江上游主要水系、水文站及大型水库分布示意图

1.1.2　水文气象特征

长江流域位于欧亚大陆东南部，东临太平洋，海洋和陆地的热力差异以及大气环流的季节变化，使得长江流域的气候具有显著的季风气候特征。夏季盛行偏南风，冬季盛行偏北风。流域冬冷夏热，四季分明，雨热同季，湿润多雨。另外，长江流域地域辽阔，地理、地势环境复杂，各地区气候差异较大。

1. 降水

长江流域多年平均降水量为1073mm，年降水量的地区分布很不均匀，总的趋势是由东南向西北递减，山区多于平原，迎风坡多于背风坡。除江源地区因地势高、水汽少，年降水量小于400mm，属干旱带外，流域大部分地区年降水量在800～1600mm，属湿润带。年降水量大于1600mm的特别润湿带主要分布在四川盆地西部边缘和江西、湖南部分地区。年降水量超过2000mm的多雨区都在山区，范围较小，主要有以下5处：①四川盆地西部边缘，其中金山站平均年降水量达2518mm，为全流域之冠；②大巴山南侧；③湘西、鄂西南山区；④资水中游山区；⑤安徽省黄山和江西省东部。

长江流域各大支流水系多年平均降水量为：金沙江715mm，岷江1089mm，沱江1014mm，嘉陵江935mm，乌江1151mm，洞庭湖水系1431mm，汉江904mm，鄱阳湖水系1648mm，太湖水系1177mm。

降水发生的时间流域各地先后不一，一般中下游早于上游，江南早于江北，从流域东南逐渐向西北推移。3月湘江和赣江上游就进入雨季；4月，除金沙江、长江上游北岸和汉江中上游外，流域各地均进入雨季；5月，主要雨带位于湘、赣水系流域；6月中旬至7月中旬，长江中下游为梅雨季节，雨带徘徊于长江干流两岸，呈现东西向分布；7月下旬至8月，雨带移至四川和汉江流域至黄河流域，呈现东北至西南向分布。此时，长江中下游及川东常受副热带高压控制，出现伏旱现象；9月，雨带又南旋回至长江中上游，多雨区从川西移到川东至汉江，在雅砻江下游、渠江、乌江流域东部、三峡区间及汉江上游雨量比8月多，俗称华西秋雨，有的年份，这种强度不大而历时较长的秋雨还很明显，易形成秋季洪水。10月，全流域雨季先后结束。因此，长江上游的主雨季和中下游基本错开，一般不易形成上游洪水和中游洪水的严重遭遇。若大气环流异常，长江中下游雨季延长，而上游雨季提前，上中下游雨季重叠，干支流洪水遭遇，则易造成地区性甚至全流域性大洪水。

降水量的年内分配很不均匀。5~10月降水量约占全年降水量的70%~90%，连续最大降水量出现的时段，上游地区和中游北岸地区为7~9月，中游南岸和下游地区为5~6月，约占全年的40%~60%。

降水量的年际变化较大，C_v 值在0.15~0.25，年最大降水量与年最小的比值在1.5~5，大多在3.5以下，其中以汛期降水量的年际变化最大。

2. 气温

长江中下游平原区年平均气温由南部的19℃逐步向北递减到17℃，长江上游地区地形对气温的影响很大，从四川盆地西部到川西高原，年平均气温由17℃剧降至0℃。大渡河、雅砻江、金沙江流域，年平均气温又自南向北随地势的增高迅速降低。在云南省元谋地区，年平均气温高达21.9℃，为全流域之最，而金沙江及雅砻江上游年平均气温为0℃，江源地区年平均气温为0℃以下，五道梁站为-5.6℃，是全流域最寒冷的地区。

气温的年内分布充分体现了冬寒夏热的季风气候特点。1月是最冷月，7月是最热月。

极端最高气温在23~44℃，在四川东部及长江中下游地区极端最高超过了40℃，以江西省修水站的44.9℃为全流域的最高纪录（发生在1953年8月12日）。极端最高气温出现的时间大多为7月下旬至8月中旬，但四川西部山地及云南省则出现在5月下旬至6月中旬。

极端最低气温均在零度以下，在长江江源地区甚至低于-33℃，位于川西高原的色达站为-36.3℃（发生在1961年1月16日），是全流域的最低值。四川盆地为-6~-1℃，是全流域极端最低气温较高的地区。极端最低气温在川西高原出现在12月下旬至次年1月上旬，其他大部分地区出现在1月中旬至2月上旬。

气温日较差分布特点和年较差相反，长江上游日较差大，而中下游却相对要小。长江上游的大渡河、雅砻江、金沙江日较差在13~17℃，四川盆地及长江中下游一般在6~7℃。大部分地区气温日较差春季大于冬夏季。

3. 蒸发

长江流域多年平均水面蒸发量为835mm，其中金沙江、汉江唐白河、赣江流域和长江三角洲超过1000mm，以云南省龙街站的2034mm为全流域最大值。这里风速较大，干燥炎热，饱和差大，导致蒸发能力强。水面蒸发小于700mm的地区不多，主要分布在四川盆地西部边缘，湘西、鄂西南山地，乌江中部及资水上游，如四川省夹江485.4mm，乌江沿河站440.4mm，这些地区风速较小，雨量大、气温低是造蒸发量较小的主要原因。

水面蒸发量的年内分配是夏季最大、冬季最小，但金沙江石鼓以下和大渡河上游部分地区，则是春季水面蒸发量最大。上游地区春季大于秋季，中游秋季大于春季，下游春、秋季相关不大。水面蒸发量的年际变化较降水量小，年水面蒸发变差系数变化范围为0.13～0.18。

长江流域多年平均陆地蒸发量为528mm，相当于同期多年平均水面蒸发量的63.2%，占同期多年平均降水深的47.9%。其分布趋势是中下游大于上游。

4. 风

长江中下游地区冬季盛行偏北风，夏季盛行东南风和南风。云贵高原冬季盛行东北风，夏季盛行偏南风。四川盆地和横断山区，由于地势复杂，风向受地形的影响，季节性变化不明显，如四川盆地中部和西部常年盛行偏北风，金沙江中段和云南昆明、元谋一带常年盛行西南风。

近地面风力的分布受气压场和地形的影响，总的趋势是，沿海、高原和平原地区风大，盆地和丘陵地区风小。江源地区，金沙江、雅砻江中上游，长江三角洲和湘江河谷年平均风速超过3m/s。四川盆地年平均风速较小，为1m/s左右。

8级（17m/s）以上大风，流域各地均能出现，出现机会以金沙江攀枝花以上地区最多，特别在河源地区，海拔高度达五千余米，地势平坦，冬半年又位于西风急流控制之下，年大风日数达100余日，是中国三个大风区之一。长江流域第二个大风区是湘江区，该地区受狭管效应的影响，形成一条大风通道，年大风日数为10～25日。长江下游地区易遭台风的影响，大风也较多，年大风日数为10～15日。大风日数较少的地区位于四川盆地至三峡区间，全年大风日数只有1～5日。长江中下游大风主要出现在春、夏两季，流域其他地区大风多出现在春季。

5. 日照、霜、雾

流域内年日照时数一般约在1000～2500小时，日照最多的在江源地区，其次为云南元谋及金沙江攀枝花一带，为2500～2700小时。日照最少的在川、黔山区，在1600小时以下。

流域的无霜期，大部分地区约300日左右，云贵高原、上游干流宜宾至忠县区间、支流湘江及赣江上游地区，无霜期较长，全年达350日；干流玉树以上和雅砻江上游地区无霜期短。

雾的地区分布，以四川盆地为最多，年雾日在25日以上，其中遂宁达100日，重庆为69.3日，金沙江下游屏山至雷波一带，年雾日在50～70小时，雾日少的地区位于流域西部，西昌至攀枝花地区、川西高原的平武、甘孜一带，年雾日不足1日。长江中、下分别在10日、20日以上。雾主要出现在秋、冬两季。

1.2 三峡工程概况

1.2.1 三峡工程布局

举世瞩目的三峡工程，是迄今世界上最大的水利水电枢纽工程，具有防洪、发电、航运、供水等综合效益，位于长江三峡西陵峡中段的湖北省宜昌市三斗坪，下距葛洲坝水利枢纽38km。坝址控制流域面积为100万km^2。多年平均径流量为4510亿m^3，多年平均输沙量为5.3亿t，设计正常蓄水位为 175m，水库库容达 393 亿 m^3，防洪库容为 221.5 亿 m^3。改善航道超过 600km。

枢纽工程包括一座混凝土重力式大坝，泄水闸，一座坝后式水电站，一座地下电站，一座永久性通航船闸和一架垂直升船机。三峡工程建筑由大坝、水电站厂房和通航建筑物三大部分组成。大坝坝顶总长 3035m，坝高 185m，水电站左岸设发电机组 14 台，右岸设 12 台，地下设 6 台，共装机 32 台，每台水轮发电机组容量为 70 万 kW，总装机容量为 2240 万 kW，多年平均年发电量 882 亿 kW · h。通航建筑物位于左岸，永久通航建筑物为双线五级船闸及一座垂直升船机（图 1-2）。

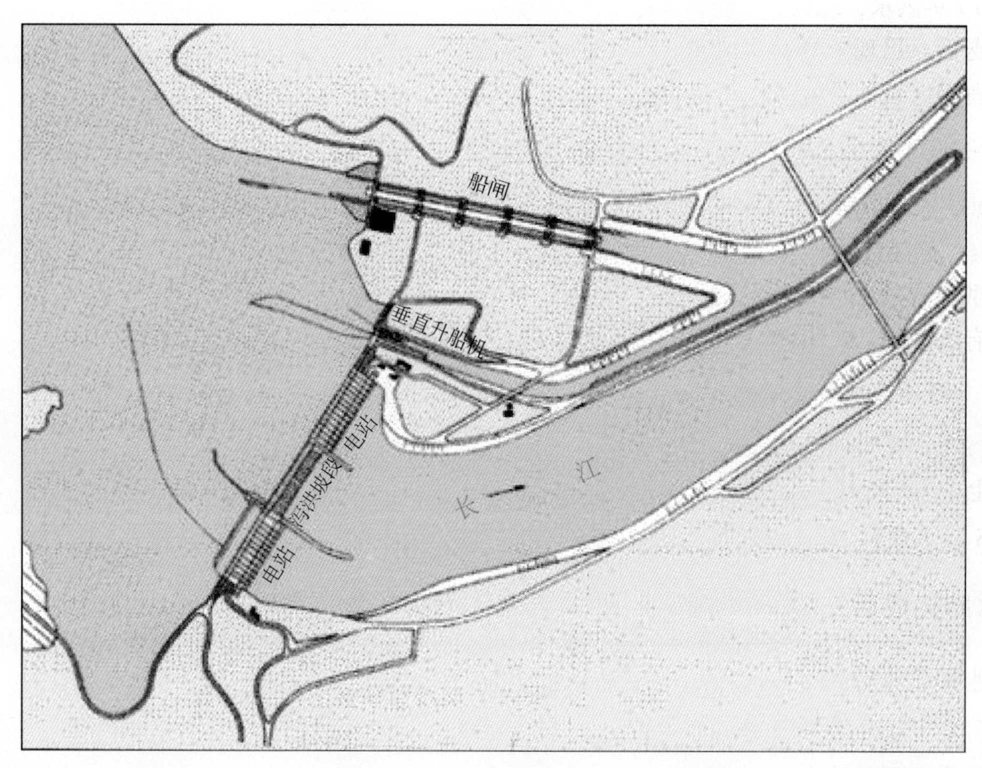

图 1-2　三峡水利枢纽布置图

三峡工程 1993 年开工，分三期建设，总工期 17 年。1993 ~ 1997 年为准备工程和一期工程阶段，1997 年 11 月 8 日，三峡工程第一次截流——大江截流的胜利实现，标志着一期工程的完成和二期工程的开始；1998 ~ 2003 年为二期工程阶段，2002 年 11 月 6 日进行了三峡工程的第二次截流——导流明渠截流。2003 年 6 月 1 日，三峡水库开始蓄水，6 月中旬蓄水至 135m，永久船闸开始通航，10 月，首批机组开始发电，三峡工程进入围堰发电期；2004 ~ 2009 年为三期工程阶段。2006 年 10 月三峡水库进行 156m 蓄水，工程进入初期运行期。2008 年汛末三峡水库进行试验性蓄水后，三峡工程进入试验蓄水期。

1.2.2　三峡工程水情特点

1. 三峡工程上游水情特点

三峡坝址以上洪水主要来源是金沙江、岷江、沱江和嘉陵江。从多年平均 5 ~ 10 月水量组成来看，金沙江屏山站占水量的 1/3，是上游水量的基础部分，岷江高场站和嘉陵江北碚站占 40%，是三峡以上水量的主要来源，三峡区间占8%左右。其主要水情特点如下：①干支流年最大洪峰一般出现在7～8月。②支流洪水过程，多呈陡涨陡落形式，洪峰历时短。③干流和各支流洪水遭遇形成大洪水。

自有实测记录的1877年以来的一百多年中，上游控制站宜昌实测洪峰流量超过60 000m^3/s的有24次；自1153年以来历史调查宜昌洪峰流量大于80 000m^3/s的有8次，其中大于90 000m^3/s的有5次。大洪水特点主要有以下3种。

（1）嘉陵江洪水与三峡区间洪水遭遇

如1870年洪水，北碚站洪峰量达56 800m^3/s，寸滩至三峡区间各支流均发生特大洪水，嘉陵江洪水与之遭遇后，出现了特大洪峰流量为105 000m^3/s的洪水，为800年来首位的洪水。1870年特大洪水是长江典型区域性上游型洪水，对长江中下游防洪规划和三峡工程设计具有重要意义。

（2）岷江、嘉陵江相继发生洪水并相互遭遇

如1981年7月14日，岷江高场站洪峰流量为25 900m^3/s，沱江李家湾站7月15日洪峰流量为15 200m^3/s，嘉陵江北碚站7月16日的洪峰流量为44 800m^3/s，三江洪水遭遇，寸滩站7月16日出现年最大洪峰流量85 700m^3/s的大洪水，由于乌江和重庆至宜昌区间没出现大暴雨，经河道调蓄后，洪峰流量有所削减，7月18日洪峰流量为70 800m^3/s。

（3）上游各支流洪水遭遇

上游各主要支流的洪水，虽量级不大，但相互遭遇后，也会形成长江上游干流的大洪水。如1954年洪水，上游北岸岷江、沱江、嘉陵江洪水与金沙江、乌江的一般洪水遭遇后，洪峰流量达66 800m^3/s（1954年8月7日），其30日洪量居实测资料首位。

2. 水库建成后三峡区间水情变化

三峡水库建成后，原来的河道洪水演进变为水库洪水演进，库区原有的河道调蓄和滞洪作用消失，库区的产汇流条件发生显著的改变。建库前流域内洪水向坝址出口断面的汇流变成建库后洪水沿水库周界向水库同时加入，造成建库后入库洪水较建库前坝址洪水洪峰及短时段洪量增大，峰现时间提前，预见期缩短。主要表现在以下5个方面。

1）库区水位抬高、水面扩大，蒸发量增大，降雨期水面直接径流增大，库区汇流加快。

2）原有部分支流控制站被淹，控制站上迁，控制面积进一步缩小，未控制面积加大，区间来水产流预报精度问题进一步突出。

3）干流控制站被淹，断面扩大、流速减小，干流流量观测误差加大，万县以下各站难以进行流量观测，原来依赖干流流量站的实时校正处理方法的有效性降低。

4）水位抬高后，水深大幅增大，水面比降减小，洪水波运动特征发生巨变，洪水传播时间大幅度缩短。

5）三峡水库蓄水后，回水长度超过600km，成为典型的河道型水库，动库容明显。

1.3 水文泥沙观测与研究

1.3.1 水文泥沙观测与研究的内容

三峡工程水文泥沙观测与研究，是泥沙问题研究、工程设计及数学模型验证的重要基础，是检验

设计的重要标准，是工程运行调度的基本依据，对于保证工程运行安全，检验三峡工程水文泥沙设计成果，修正和完善水文泥沙监测与研究方法、优化水库调度运行等都具有十分重要的意义。

为此，针对三峡工程不同阶段的特点，进行全局性、总体性、针对性、动态性的观测与研究，其目的为：全面收集和积累工程水文泥沙基本资料；掌握各个阶段上下游水文情势及河道演变与河床冲淤规律，及时发现问题，以便采取对策；为工程设计、施工、运行管理提供依据。

三峡工程水文泥沙原型观测工作是三峡工程建设和运行的重要组成部分，并贯穿于工程的论证期（1993 年以前）、设计与施工期（1993～2009 年）、蓄水运行期（2010 年以后）等各个阶段。

三峡工程水文泥沙观测范围包括水库库区、坝区（包括三峡近坝段和三峡至葛洲坝两坝间）和坝下游宜昌至湖口段等三大部分。主要内容包括：三峡工程上、下游及进出库水文泥沙测验、水环境监测，库区及坝下游河道地形（固定断面）观测、河床组成勘测调查、重点河段河道演变，坝区河道演变、通航建筑物、电厂水流泥沙观测等。同时，还开展了工程大江和明渠截流，施工围堰及导流明渠水流泥沙，库区泥沙淤积物干容重，变动回水区走沙规律，临底悬沙等专题观测工作。

研究内容主要包括：三峡工程水情自动测报技术，水情预报技术，设计洪水、工程截流、洪水分期特征、水文情势变化、库区水质变化等水文专题，长江上游主要河流泥沙变化与调查，水库泥沙淤积及坝下游河道演变，三峡工程水文泥沙监测资料数据库系统、长江水文泥沙信息分析管理系统、水情数据库和水质数据库开发等。

同时，针对三峡工程不同阶段设计、施工、运行的需要，以专题委托的方式开展水文、泥沙、水情自动测报和预报等研究工作。

1.3.2 水文泥沙研究特色

在三峡工程论证、设计和建设阶段，对工程泥沙问题始终坚持原型观测调查与研究、泥沙数学模型计算和泥沙实体模型试验紧密结合的基本研究方法。在原型观测调查与研究方面，其内容主要包括：坝址及其上下游河段水文、泥沙、河道地形、地质等基本资料观测和重点河段河道演变观测；国内外已建水库库区淤积、排沙措施、变动回水区航道与港区演变、枢纽通航建筑物及电站运行中的泥沙问题，水库下游河床冲刷等方面的调查与研究。

在水文泥沙原型观测调查与研究过程中，除按 ISO9001 质量体系实施了严格的质量控制措施，制订了较为科学的质量管理制度外，在研究方法上主要有以下特色。

1. 注重基础资料的收集与整理

通过长期不懈的努力，坚持观测、实验、调查的途径，点（站）、线（干支流）、面（流域）结合，全面、系统地采用一切可能的技术手段，收集各项水文气象、自然地理、泥沙等基本资料，同时根据工程研究的进展，调增项目，提高精度。因此，三峡工程水文泥沙资料年代之久，项目之全，精度之高，为世界上其他工程不可与之媲美，成为三峡工程论证、建设与管理运行的坚实基础。

2. 加强基本规律的分析研究

水文分析计算采用现行方法对长江三峡水文情势进行超长期概率预测，为避免形而上学，强调从水文过程的各个环节入手，摸清水文特征在流域、干支流和时间上的基本规律，如洪水概率分布线型、统计参数选定，都充分考虑了长期实测系列，较可靠的历史洪水，确保协调后的成果稳定、可信。如在三峡工程论证阶段的三峡来沙量研究中，分析了年水沙关系基本密切、而有时异常的现象，以及丰沙、枯沙年连续出现的不规则现象的成因，认定三峡来沙未明显表现出有增或减的趋势；而在三峡工程建设阶段，则根据三峡上游水利水电工程的建设，水土保持工程的逐步开展，在大量现场调查研究的基础上，采用定性分析与定量评价相结合的方法，得出了三峡来沙量大幅减小主要是受上游水库拦沙、水土保持措施减蚀（沙）影响所致的基本认识。

3. 注重多学科结合和新理论、新技术的应用

三峡工程泥沙问题涉及多门学科。在研究过程中，注重应用地貌、水文、气象、水环境、水力学、河流动力学、数理统计、非线性系统理论与 GIS 科学等多学科对水文泥沙观测信息的采集与管理、河道演变、泥沙岩性组成、推移质和悬移质泥沙来源与输移规律等内容进行了研究；同时，还自主开发了三峡水文泥沙数据库、河道信息管理系统、水情数据库和水质数据库，实现了原型观测资料的统一、科学和高效的数字化管理。

4. 集中全国优势，组织协作攻关

在三峡工程水文和泥沙观测研究的过程中，长江水利委员会水文局在三峡工程泥沙专家组的指导下，不但组织本单位的专业技术力量，而且根据工作的要求和全国各部门、各单位的技术特点，组织协作攻关，集中优势，突破疑点。同时，聘请国内外专家，并向他们进行咨询，这是水文和泥沙观测研究获得成功的重要方法。

1.4 水文泥沙观测与研究的组织及管理

水文泥沙观测与研究涉及水文、河道、水环境、水文预报、通信与网络工程等多个专业，具有线长面广、项目繁杂、时效要求高的特点。在工作实施过程中，通过周密策划、精心组织、科学管理，充分发挥多学科相互融合、集成的优势，有力地保障了工作优质、高效地开展。

1.4.1 工作组织

三峡工程水文泥沙观测与研究是一项长期、系统的工作。在工程建设以前按指令性计划任务开展，从工程初步设计开始，制定了较全面系统的水文泥沙观测与研究规划、计划和方案，由水利部和长江三峡集团公司分别组织实施。1993 年以来，在国务院三峡工程建设委员会的领导下，在水利部、长江三峡集团公司的组织和三峡工程泥沙专家组的指导下，项目承担单位全面、圆满地完成了 1993 ~ 2012 年三峡工程水文泥沙观测与研究工作。

水利部和长江三峡集团公司作为项目管理单位，根据审定的三峡工程水文泥沙观测与研究规划及实施方案，组织编制与审批年度观测与研究计划，下达年度任务或签定观测与研究合同。在项目实施过程中，对关注的重大问题，莅临现场检查指导工作，主持年度成果验收，并组织指导最终成果的归档入库。由于工程建设长达17年，为保证观测研究工作更具针对性，在确定的观测与研究总体框架下，对观测与研究项目适时进行了动态调整，并根据建设、运用调度与泥沙问题研究的需要，还对重点问题开展了专题观测与研究，确保了三峡观测研究工作的有序、有效地开展。

三峡工程泥沙专家组对三峡工程泥沙问题研究进行了技术咨询与指导，针对水文泥沙观测与研究工作提出了颇多建设性与前瞻性意见。专家组通过提出泥沙研究计划，工程水文泥沙观测计划，泥沙研究成果、原型观测分析成果审查咨询，不定期组织进行三峡水库及坝下游河道查勘，召开年度年中、年终泥沙工作会议，并针对不同蓄水运用阶段河道冲淤变化及发展态势，对年度观测计划和分析成果提出咨询意见和宝贵建议等方式，为本项工作提供了强有力的技术支撑，保证了工程泥沙问题研究工作的针对性、全面性和系统性。

项目部为项目承担单位，受项目管理单位委托开展各项水文泥沙观测研究工作。鉴于三峡水文泥沙观测线长面广，为有效及时开展各项观测工作，项目部按区域设置项目分部，项目分部下设项目组，实行项目部、项目分部、项目组三级负责制，保证了项目高效、高质量的进行。项目部为项目生产管理与分析研究部门，分为领导层，人力资源部、规划计划部、技术管理部等职能管理层，及水文技术研究部、水资源部、水文预报部等业务生产层。为统筹、高效管理项目生产工作，项目部还专门成立工作专班，负责制定各项工作制度、管理办法、质量保证措施，统筹调集和安排项目部各部门、项目组的优势力量开展项目的生产。项目分部为分项目的生产管理单位，分为领导层及办公室，水情分中心、技术管理科、河道分析室等部门。项目组为具体的外业生产部门，承担数据采集、处理与产品形成及归档。

在三峡项目实施过程中，以新技术为支撑，传统手段与新方法、新工艺相结合，并加强过程质量控制，保证了成果充分满足用户的要求。项目部组织结构如图1-3所示。

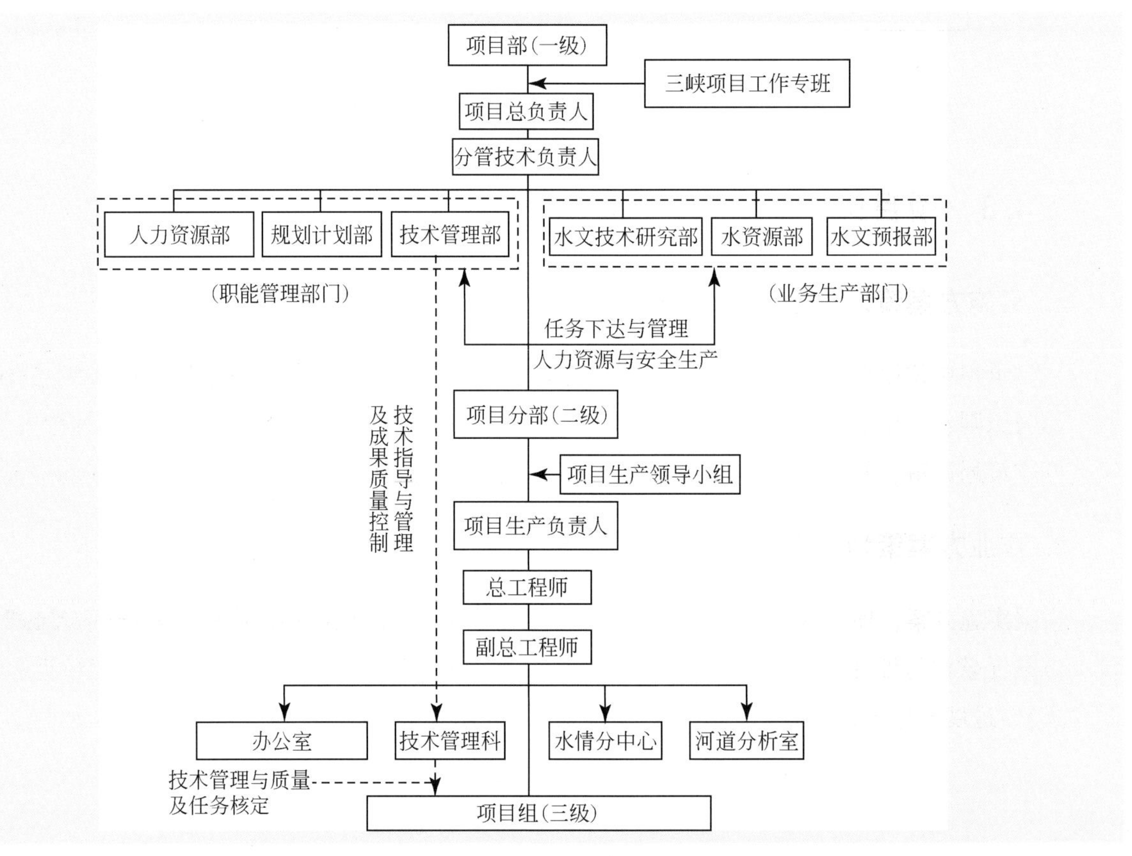

图1-3　项目部组织结构框图

1.4.2 质量保证体系

为保证项目实施的质量，项目承担单位按照 GB/T19001-2008/ISO9001-2008 质量管理体系的要求，实行规范管理，采取以“事先指导、中间检查、产品校审”三环节为重点的全过程产品生产工序管理方式，严格遵循“预防为主、防检结合、质量第一”的管理原则，实行对影响质量诸因素的全过程控制。从项目的准备、实施、技术问题处理、质量控制到成果归档与提交，执行质量保证体系规定的程序文件和作业文件，保证本项观测符合协议、任务书、技术设计书、相关规范与规定和归档及用户要求。项目质量保证体系运行框图见图 1-4。

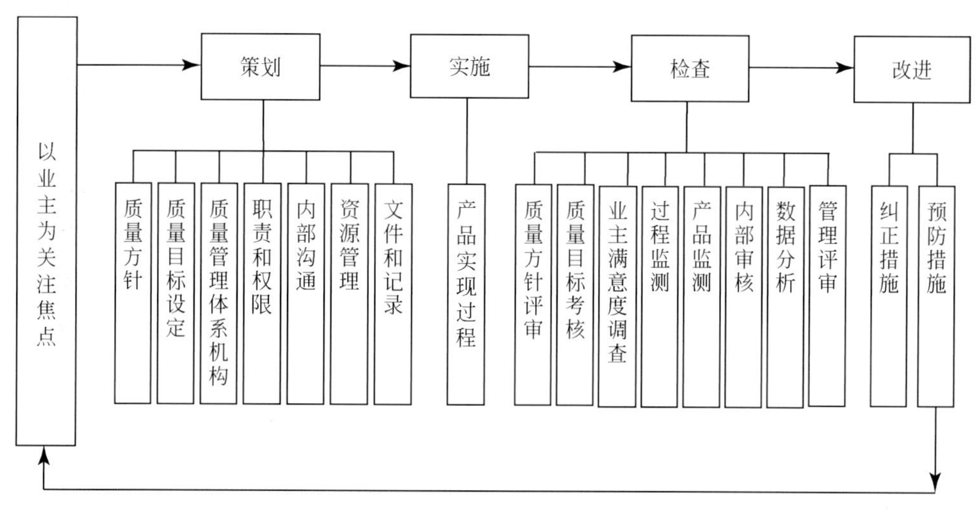

图 1-4　项目质量保证体系运行框图

1.4.3 项目策划

1. 实施方案策划与论证

项目承担单位根据年度任务内容，编制水文泥沙观测与研究实施方案。包括监测与研究目的、编制依据与原则、工作范围与内容、技术路线、工作进度、组织与管理、质量保证措施等内容。方案由项目部作策划评审，并经项目管理单位组织专家进行论证评审。

2. 作业方案策划

根据实施方案，项目分部制定详细作业技术文件，包括基本情况、引用文件、技术指标与规格、设计方案（软件与硬件配置要求、作业技术路线及流程、技术要求、提交成果及归档、质量保证措施和要求）、进度安排等，作业方案上报项目部审批执行。

1.4.4 项目管理

1. 进度控制

各环节实施进度按照任务书等规定的要求执行。

(1) 水文测验项目

对水位、流量、含沙量等观测成果月报一般在次月5日前提交进行分析。对汛期每场洪水过后的水位、流量、含沙量及水情成果于5日内提交进行分析。对颗粒分析成果一般在20日内提交进行分析。全年水文测验整编成果一般于次年初提交。

(2) 河道观测项目

地形、固定断面、水面流速流向等观测，一般在每测次外业结束后2~7日内完成资料整理。河道水沙断面、水流因子等观测，一般在每测次外业结束后3日内完成资料整理。长河段泥沙组成取样成果，一般在25日内完成分析及资料整理。全年观测成果一般在次年1月底完成资料汇总与提交。

(3) 水环境监测项目

对于水环境监测产品在每月的5~15日完成样品的采集和监测分析，数据经整理、汇总、审查后，在当月月底前提交监测成果资料，并在次年第一季度完成水环境监测成果的整编工作。

(4) 水文预报

对水文预报的要求为：短期预报，3日内作出；中期预报，10日内作出；长期预报，30日内作出。

(5) 成果分析

项目观测资料简要分析成果，一般在外业结束2~7日内提出并汇报业主单位，项目年中原型观测分析报告于6月底提出并汇报，年度原型观测分析报告及综合性报告一般于次年2月底提出并汇报；课题性分析研究报告按合同规定的总期限对提交初稿、送审稿、终稿的时间进行控制。

2. 质量控制

科学合理制订质量方针和质量目标，明确各级、各项目质量负责、签订质量责任书，按照事前指导、中间检查和产品校审三环节进行全过程质量控制。

项目部对产品实行“三级检查、二级验收”制，即项目组作业过程检查、项目分部专业检查、项目部最终检查和审核，项目管理单位最终验收。三级检查及审核在作业小组自查互检的基础上进行，内容包括观测范围、测次、时机，已有资料利用、标志设测、仪器鉴定与检校、原始记录、外业数据采集、成果合理性、数据传输、资料整理、成果加工、归档整理等。鉴于项目观测绝大部分为水下，具有不可溯性，有很强的时机性。因此，为保证工序质量，加强了观测的过程质量控制，由项目分部进行定期或不定期、过程跟踪的过程动态检查；对重要的观测内容，项目部实行中间检查，以杜绝重大差漏问题的发生，确保最终成果质量充分满足用户的要求。

对分析研究成果在项目分部初审的基础上进行集中审查，确保分析研究成果的正确性与合理性。

3. 项目管理单位最终验收

次年第一、二季度由项目管理单位组织进行年度项目的最终验收，并进行资料的归档验收入库。

4. 成果提交与归档

根据相关规范、规定及项目管理单位的归档整理要求，对项目年度资料成果形式进行调制，包括技术文件、成果表册、图册、分析报告、研制报告、工作总结、管理相关文件、数据光盘等。成果在项目管理单位组织验收后，提交入库归档。

1.4.5 主要技术标准

三峡工程水文泥沙观测与研究以经审定的规划、计划、实施方案及任务书为工作性依据进行开展，为保证成果符合技术规定的要求，采用国家、行业技术标准进行生产，主要有以下方面：

1）在河道测量方面，包括有技术设计、仪器检校、电子记录、控制测量、地形数字化测图、水力泥沙因子、地理信息要素分类与代码、资料整理、地形图编辑与成图、成果检验、技术总结编制等国家、水利行业及测绘行业规范。

2）在水文测验方面，包括有水文测船、水文缆道、仪器检校、水文普通测量、水文调查、水位观测、河流流量测验、河流悬移质泥沙测验、河流推移质泥沙及床沙测验、河流泥沙颗粒分析、降水量观测、资料整编等国家及水利行业规范。

3）在水资源分析方面，包括有水文调查、水文计算、设计洪水计算等水利行业规范。

4）在水文预报方面，主要执行水文预报国家标准。

5）在水情测报方面，主要执行水文自动测报系统、水雨情数据及编码等水利行业规范。

6）在河道原型观测资料分析与研究方面，主要执行水利行业的河道演变专业技术规范。

7）在水环境方面，主要执行水环境监测、水资源质量标准、水资源质量评价、监测技术、样品采集及预处理、试验与分析方法、样品保存和管理、资料整理与整编等国家、环保行业、水利行业规范。

第2章 三峡工程水文泥沙观测与研究布局

本章主要介绍了三峡工程水文泥沙观测与研究（重点是1993年以来）的原则、水文泥沙监测站网布设、观测范围与内容及研究范围与内容。

2.1 观测与研究原则

2.1.1 规划阶段

三峡工程水文泥沙观测与研究规划阶段总的原则是“完备可靠、加强观测、完善技术、重视研究”。

1. 完备可靠

内容完备、精度可靠的水文资料，对工程的规划、研究、设计具有重要的基础作用。尤其是水文资料系列，系列越长，精度越高，分析研究成果才更能保证反映实际情况，也更趋合理性。为此，在有关三峡工程设计洪水的资料方面，开展了水文资料全面搜集与系统整编，及历史洪水调查与考证；在泥沙资料方面，开展了川江卵石推移质来源和数量调查。获得了丰富宝贵的历史资料与观测调查资料。

2. 加强观测

为开展工程规划与初步研究，积极开展了水文泥沙观测与水文实验工作。在基于1956年开始进行悬移质泥沙粒径分析方法的基础上，在宜昌站开始施测沙砾、卵石推移质。并在20世纪60年代初期，又分别开展了三峡水库库区典型河段以及丹江口水库及坝下游河道演变观测，为研究三峡水库变动回水区航道、港区泥沙及坝下游河床冲刷问题，提供了依据资料并做出了重要验证；鉴于50年代初，三峡工程规划设计时，由于缺乏水利、水土保持等人类活动对三峡径流洪水的影响及水库库面蒸发损失等实测资料，开展了专题的水文实验，包括在重庆建立了大型蒸发实验站，在万县、巫山设立了漂浮蒸发实验站，获得了蒸发量与水文气象因素间的经验公式。1953年、1958年和1959年先后分别在三峡大宁河流域建立暴雨径流实验站、河南唐白河地区建立祁仪径流实验站、四川涪江流域建立凯江径流实验站，研究森林及人类活动对水文过程影响的机理，探究洪水计算和预报的理论与方法，为长江流域规划和三峡工程设计的水文分析计算提供了可靠的依据。

3. 完善技术

为保证泥沙观测的有效性及精度，通过对长江悬沙测验采样器技术研究，有效解决了测船测站的悬沙取样问题和缆道上远程操作与多点连续取样问题；为收集入库卵石推移质输移量和级配资料，1961 年前即在寸滩站开展了卵石推移质测验试验研究，研制了 Y-64 型采样器。在砂质推移质测验技术方面，20 世纪 50 年代在宜昌站开展了砂质推移质测验与技术研究。从 60 年代开始，经深入试验研究，研制了 Y-781 型砂推移质采样于实际应用。

4. 重视研究

设计洪水研究一直是三峡水文研究的重点。20 世纪 50 年代，围绕三峡设计洪水研究，在广泛搜集、整理暴雨洪水资料的基础上，深入开展了暴雨洪水特性、可能最大暴雨与可能最大洪水、入库洪水、频率线线型及统计参数等方面的研究；泥沙问题是三峡关键性问题，在泥沙研究方面，开展了三峡水库库区典型河段与丹江口水库及坝下游河道演变研究，川江卵石推移质来量调查研究。

2.1.2 论证和初步设计阶段

三峡工程水文泥沙观测与研究论证和初步设计阶段总的原则是“充实资料、充分全面、准确可靠、提升技术、加强科研”。

1. 充实资料

系统全面的水文泥沙基础资料是三峡工程论证与设计的重要依据。为此，更全面进行了新中国成立以来悬沙测验资料的综合性整编。加强了长江干支流控制性水文测站悬移质泥沙测验和颗粒级配分析研究工作。加强了朱沱、寸滩、万县、奉节和宜昌等站卵石推移质测验，宜昌、奉节等站沙质推移质测验。

2. 充分全面

泥沙问题影响复杂，为做到初步设计充分全面，在丹江口、葛洲坝等类似水库进行了类比观测及有关泥沙问题的针对性观测。在丹江口水库重点考虑对变动回水区的冲淤与河型转化、库尾淤积问题、浅滩航道变化及坝下游河道冲刷的观测；在葛洲坝水库着重考虑库区对泥沙淤积、浅滩航道典型河段观测、坝区泥沙问题及葛洲坝工程下游观测，包括有宜昌站水位变化、葛洲坝水利枢纽坝址至江口河段砂石骨料开挖及其影响、葛洲坝水利枢纽蓄水前后推移质泥沙变化情况、胭脂坝及磨盘溪下游冲刷对宜昌低水位影响、芦家河浅滩的演变对通航的影响，芦家河浅滩碛坝的形成机制与长江宜昌至江口段河床组成基本特征等观测和分析。另外，在三峡水库建成前，开展了针对性观测，主要包括重庆河段走沙过程、水库库区典型河段的专项观测。

3. 准确可靠

准确可靠的全沙资料是分析泥沙来量的基础，有针对性地开展了近底层悬沙测验和推移质泥沙测验。在近底悬沙测验方面，于长江干流控制性水文测站朱沱、寸滩、万县、宜昌及新厂等站开展，查明了各站历年实测大于0.1mm的床沙质泥沙年输沙量及误差。同时分析了干支流主要控制站的悬移质矿物成分和沙粒磨圆度；在推移质泥沙测验方面，进一步率定了采样效率，及采样器水槽率定比尺效应，系统进行了测验垂线布设和取样历时确定方法等试验研究。

4. 提升技术

鉴于河道原型观测的时机性很强，成果精度要求较高，在原型观测新技术方面，开展了关键技术开发、研究及应用，使观测实现了自动化，并提高了定位与测深精度，全面保证了资料的时效性与精度。在床沙取样方面，对采样仪器进行了比选试验，研制了不同河床的型号仪器，确立了复杂河床综合取样方式与技术。

5. 加强科研

针对泥沙问题，开展了长江上游流域产沙（悬沙）特性及来沙量变化分析研究，包括长江上游强产沙区分布和面积、泥沙输移特性、来沙量与来水量的关系等；三峡水库来水来沙条件的分析研究，包括三峡水库以上流域水沙基本特性分析，三峡水库以上流域泥沙来源，水库群拦沙淤积率与拦沙淤积量研究，水库群拦沙淤积对三峡水库入库沙量的可能影响研究，水沙系列代表性与变化态势研究等。长江泥沙运动观测与试验研究，如重庆河段同位素示踪标记卵石试验，长江中游沙波测验研究，水流挟沙力测验研究等。

2.1.3 建设阶段

三峡工程水文泥沙观测与研究建设阶段总的原则为“总体规划、分步实施、兼顾全面、突出重点、及时分析”。

1. 总体规划、分步实施

为全面系统开展建设阶段水文泥沙观测与研究工作及蓄水进程，先后编制了观测规划、原型观测计划、三峡工程杨家脑以上河段水文泥沙观测研究实施方案、三峡工程下游杨家脑至湖口河段泥沙观测研究任务书，组成完整的三峡工程水文泥沙观测总体规划框架，保证了观测研究工作的系统性与完整性及开展分步实施。另外，规划编制中充分考虑了利用国家现有水文站网和设施，避免重复建设和观测，在此基础上根据需要补充增设专用站网，以免漏项。通过基本站网与专用站网相结合，形成了完整的三峡工程水文泥沙观测站网，保持了观测资料的连续性和完整性，及与历史资料相衔接。

2. 兼顾全面、突出重点

全面安排观测规划确定的项目，收集完整、连续、系统的观测资料。观测布置考虑了各阶段的观测实现相结合、相衔接，达到水文泥沙观测贯穿于整个工程活动全过程的要求。在观测内容上，定量观测与定性调查相结合，地形因子观测与水力、泥沙因子观测相结合，使观测成果达到了完整齐全和配套。在观测过程中，注重收集背景资料，如工程开工前的初始本底资料，135m围堰蓄水前的河道本底资料、156m 初期蓄水前的河道本底资料、175m 试验性蓄水前的本底资料。另外，鉴于泥沙问题的复杂性，在观测过程中，除宏观性控制观测外，考虑不同时期的重点、热点问题，有针对性地开展了专题观测。如三峡库区 135m 围堰蓄充水与消落水沙同步观测、156m 提前蓄水对泥沙运动影响的监测研究、试验蓄水 172m 水位对水沙特性变化的影响监测研究、试验蓄水 175m 水位对水沙特性变化的影响监测研究、库区淤积物干容重观测、坝前段浑水挟沙运动状态观测、临底悬沙观测、葛洲坝水利枢纽下游近坝段护底加糙工程观测、两坝间调峰试验观测、下游芦家河河段枯水水流条件观测等。保证了观测既具系统性又具专业性，收集了完整性的泥沙特性资料。满足了不同阶段及水库运行期泥沙问题研究、处理和验证等的需要，为检验设计、科学管理和优化调度服务提供了基础数据支撑。

3. 及时分析

在全面的观测工作的基础上，通过对资料进行系统的加工整理，及时进行了原型观测资料的分析。分析包括实测资料简要分析、成果年度分析、成果综合性分析。如在坝区施工阶段，开展了大量的简要分析，一般在每测次外业观测完成后 7 日内提出简要的分析报告，及时为施工服务；如在 2009 年 175m 试验性蓄水消落阶段，对重庆主城区河段的演变观测资料于 3 日后提出了简要分析报告，为水库运用调度及时提供了基础数据，发挥了观测资料重要作用。为保证年度成果运用的实效性，对全年的观测资料及时进行了深加工，结合以往的分析，于次年的 1 月内提出了原型观测资料分析报告，并在年度分析报告的基础上，进行资料的精加工，及时提出了针对性的综合性成果分析报告，为三峡工程的建设、水库的调度与运用提供重要的依据。在水文预报方面，3 日内作出短期预报，及时为三峡水情调度服务。

2.2 水文泥沙观测站网布设

长江三峡工程水文泥沙观测站网布设，包括水文站网、固定断面、水情自动测报站网、水质监测断面及基本控制设测等。

2.2.1 水文站网

长江流域根据国家水文基础资料收集等要求，设置有大量的国家水文基本站网，这些站点基本控制了长江干支流水文泥沙变化情况，收集了丰富的系统的水文基本资料，为长江流域防洪抗旱、水资源综合利用等，提供了充分的水文泥沙数据。同时也为三峡工程的规划、论证、设计及运行调度提供了翔实的资料和基本依据。而对于长江三峡工程水文泥沙观测进行的水文站网设置，则是在观测河段范围内，基于现有国家水文基本站网，增设专用站，补充观测内容，并适当加密段次，站网设置更具针对性，以保证资料能更好满足工程设计、施工、蓄水运行与调度的需要。

长江三峡工程水文泥沙观测水文站网布设包括控制站及进出库水文站布设、沿程水面线水位站布设及坝区水位站布设。

1. 长江流域水文站网基本概况

长江流域水文测验工作起源于秦代（约公元前 250 年）都江堰立石人记水，唐代广德二年（公元

764 年）在涪陵长江江心石梁上镌刻石鱼，以石鱼至水面的距离来衡量江水枯落的程度。1865 年汉口海关设立水尺开始观测水位，继 1877 年在宜昌、1892 年在重庆以后又相继有沿江十余个城镇海关设立水尺观测水位。新中国成立前夕，长江流域仅有水文站 104 个、水位站 219 个，雨量站 34 个，观测工作多濒临瘫痪状态。新中国成立后，水文测验工作得到迅速发展，1956 年进行了一次全流域的水文基本站网规划，1958 年以后又在三峡区间小支流上增加了基本测站，并开展测验工作，之后又经过多次站网规划调整，测站数量及测验项目大大增加。另外，为研究蒸发规律和计算方法，探索人类活动对水文过程影响的机理，1953～1959 年，先后设立了凯江径流试验站、祁仪径流试验站及重庆蒸发站、奉节水上漂浮蒸发站等。截至 2010 年，全流域共有水文测站 6400 个，其中水文站 1160 个，水位站 618 个，雨量站 4108 个，蒸发站 514 个，其中长江水利委员会管辖的骨干性水文站 117 个，水位站 263 个，雨量站 25 个，大型蒸发实验站 2 个。由于三峡工程是长江流域防洪的骨干控制性工程，涉及上游、下游广大区域，因此，上述水文泥沙站网与资料条件为三峡工程水文分析计算、泥沙研究等奠定了基础条件和资料系列条件。

2. 控制站及进出库水文站布设

在三峡工程建设阶段，加强了三峡工程的水文测验。为掌握坝前水文泥沙变化情况，于 2003 年 5 月 11 日设立了近坝庙河专用水文断面。对重要的测站增加了观测内容，尤其是泥沙内容，如悬移质泥沙、推移质泥沙测验等。为全面收集库区的区间来沙量，在三峡工程一期工程建设期间还对重要小支流站增加了对悬沙的观测内容，以分析入库泥沙。长江流域主要水文控制站分布图如图 2-1 所示，长江干支流及三峡库区主要控制站基本情况见表 2-1、表 2-2 和表 2-3。

三峡工程入库站的布设，不同阶段有所不同。为收集三峡水库进出库的水量与沙量资料，根据不同的蓄水水位、回水末端的位置及现有的水文站网分布，及时调整入库控制水文站，而出库站始终为 1995 年 11 月所设黄陵庙专用水文站。

135m 蓄水期（2003 年 6 月～2005 年 10 月），三峡水库的入库站为长江干流的清溪场水文站；库区水文站为万县水文站；位于库区的奉节水文站，2002 年经上报行业主管部门批准降级为水位站。

156m 蓄水期（2006 年 9 月～2007 年 11 月），三峡水库的入库站调整为长江干流的寸滩水文站与乌江干流的武隆水文站；库区水文站是清溪场、万县水文站。

175m 试验性蓄水期（即从 2008 年 9 月～2009 年 11 月），三峡水库的入库控制站调整为长江干流的朱沱水文站、嘉陵江干流的北碚水文站与乌江干流的武隆水文站，库区水文站为寸滩、清溪场、万县水文站。

3. 沿程水面线水位站布设

沿程水面线观测站点，针对三峡工程的不同阶段，如施工期准备期、大江截流阶段、围堰蓄水阶段、156m 蓄水阶段与 175m 试验性蓄水阶段，按三峡库区和坝下游分别布置。对库区水位站布置，除依托少量的基本站外，主要加密专用站，按常年回水区平均 40km、变动回水区平均 10km 一组的原则布置，以满足准确推算库区动态水面线变化的需要。小支流在河口布设测站，一般为 1 组或 2 组。坝下游主要依托已设置的基本站，适当加密专用站。水位站布置，不同时期均根据实际情况进行调整，不同时期布设的水位站有所变化。库区水位站布设如表 2-4 所示。

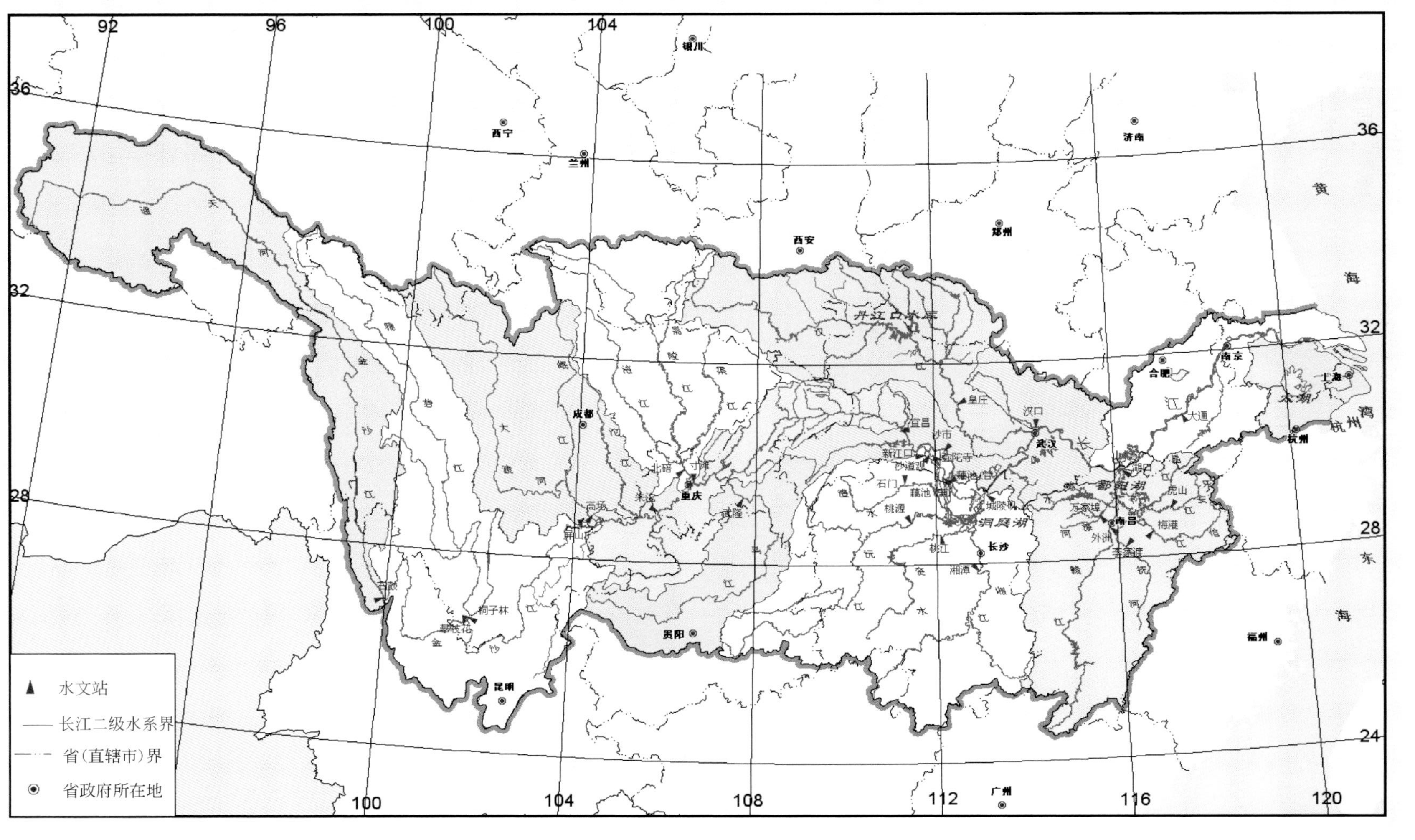

图 2-1 长江流域主要水文控制站分布图

表 2-1　长江上游及三峡库区主要控制站布设情况表

水系	站名	控制面积（km²）	观测内容和时间范围			测站类型
			水位	流量	泥沙	
金沙江	屏　山	485 099	1939～	1939～1948；1956～	1956～	基本站
长　江	朱　沱	694 725	1954～	1954～1967；1970～	1954～1967；1970～	基本站
长　江	寸　滩	866 559	1939～	1939～	1939～1941；1945～	基本站
长　江	清溪场	965 857	1939～1943；1945～1948；1948～	1939～1943；1945～1948；1948～	1939～1941；1945～1948；1948～	基本站
长　江	万　县	974 881	1917～	1951～	1951～	基本站
长　江	奉　节	98 7711	1953～	1954～1955；1973～2002	1973～2002	葛洲坝专用站
长　江	庙　河		2003.5～	2003.5～	2003.5～	三峡进坝专用水文断面
长　江	黄陵庙		1995～	1995～	1995～	三峡专用站/基本站
长　江	南津关		1948～	1973～2001	1973～2001	基本站/葛洲坝专用站
岷　江	高　场	135 378	1939～	1939～	1939～1942；1945；1948～	基本站
沱　江	李家湾	23 283	1941～	1951～	1951～1953；1954；1956～1969；1970～	基本站
嘉陵江	北碚	156 142	1939～	1939～	1940～1941；1943～1950；1953～	基本站
嘉陵江	东津沱				2002～2007	专用站
乌　江	武　隆	83 035	1951～	1951～	1951～	基本站

①东津沱站 2007 年 7 月因受水利工程影响停测；②南津关站水位站为基本水位站，1973～2001 年针对葛洲坝与三峡工程需要，调整为葛洲坝专用水文站。2001 年后恢复为基本水位站；③沱江的李家湾站 2001 年迁至富顺

表 2-2　长江三峡库区区间重要支流主要控制站布设情况表

水系	站名	控制面积（km²）	观测内容和时间范围			测站类型
			水位	流量	泥沙	
木洞河	白鹤		1995～1998	1995～1998	1995～1998	基本站
龙河	石柱	898	1960～	1960～	1963～1987；1995～1998	基本站
小江	渠口（澎溪河） 赵家（普里河）	4574	1961～	1961～1973；1975～	1963～1964；1995～1998	基本站

续表

水系	站名	控制面积（km^2）	观测内容和时间范围			测站类型
			水位	流量	泥沙	
汤溪河	盐渠	1152	1958 ~	1961 ~ 1968；1970 ~	1995 ~ 1998	基本站
磨刀溪	龙角	2268	1958 ~	1958 ~	1963 ~ 1967；1970 ~ 1987；1995 ~ 1998	基本站
梅溪河	芝麻田（三）	1311	1960 ~	1963 ~ 1968	1995 ~ 1998	基本站
大宁河	巫溪	2001	1953 ~	1953 ~ 1960	1954 ~ 1961；1995 ~ 1998	基本站
沿渡河	沿渡河		1995 ~ 1997	1995 ~ 1997	1995 ~ 1997	基本站
清港河	陕西营		1995 ~ 1998	1995 ~ 1998	1995 ~ 1998	基本站
香溪河	兴山	1900	1959 ~	1959 ~ 1960；1961 ~	1973；1995 ~ 1998	基本站

表 2-3　长江中下游干支流主要控制站布设情况表

水系	河名	站名	控制面积（km^2）	观测内容和时间范围		
				水位	流量	泥沙
长江	长江	宜昌	100 5501	1877 ~ 1941；1946 ~	1946 ~	1946 ~
	长江	枝城	1 024 151	1925. 6 ~ 1926；1936 ~ 1938；1950. 7 ~	1925. 6 ~ 1926；1936 ~ 1938；1951. 7 ~ 1960. 7；1991 ~	1925. 6 ~ 1926；1936 ~ 1938；1951. 7 ~ 1960. 7；1991 ~
	长江	沙市		1933 ~ 1938. 10；1939. 6 ~ 1940. 5；1946. 4 ~	1991 ~	1991 ~
	长江	新厂		1954. 10 ~	1954 ~ 1990	1954 ~ 1990
	长江	监利（姚圻脑）		1950. 8 ~	1950. 8 ~ 1959；1967 ~	1950. 8 ~ 1959；1967 ~
	长江	莲花塘		1936 ~ 1937；1946 ~ 1948；1950 ~ 1954；1970 ~ 1971；1974 ~	1936 ~ 1937；1946 ~ 1948；1950 ~ 1954	
	长江	螺山	129 4911	1953. 5 ~	1953. 5 ~	1953. 5 ~
	长江	汉口	1 488 036	1865. 1 ~ 1944；1946 ~	1922 ~ 1937；1951 ~	1953 ~
	长江	九江	1 523 041	1904. 1 ~ 1938. 2；1946. 1 ~	1988 ~	1988 ~

续表

水系	河名	站名	控制面积（km^2）	观测内容和时间范围		
				水位	流量	泥沙
长江	长江	大通	1 705 383	1922. 10～1925. 5；1929. 10～1931. 5；1935. 9～1937. 12；1947～1949；1949. 7～	1922. 10～1925. 5；1929. 10～1931. 5；1935. 9～1937. 12；1947～1949；1949. 7～	1951；1953～
清江	清江	长阳（搬鱼咀）	15 080（15 280）	1950. 10～1954. 12；1970～	1950. 10～1954. 12；1954～1974（搬鱼咀）1975～	1975～
荆江四口	松滋口	新江口		1954. 1～	1954. 1～	1954. 1～
		沙道观		1951. 8～	1951. 8～1953. 2；1954. 2～	1951. 8～1953. 2；1954. 2～
	太平口	弥陀市		1950～	1950～	1950～
	藕池口	康家岗		1950～	1950～	1950～
		管家铺		1950～	1950～	1950～
洞庭湖水系	洞庭湖口	城陵矶（七里山）		1930. 7～1938. 7；1946. 1～1949. 2；1950. 1～	1930. 7～1938. 7；1946. 1～1949. 2；1950. 1～	1930. 7～1938. 7；1946. 1～1949. 2；1950. 1～
	陆水	蒲圻站	3270	1953. 6～1957；1961. 5～1964. 11 1964. 6；1967～1985	1953. 6～1954；1967～	1953. 6～1954；1967～1972. 12
汉江	汉江	皇庄（碾盘山）	142 056（140 340）	1932. 6～1938. 7；1947. 2～1947. 12；1950. 1～	1933. 5～1938. 7；1947. 2～1947. 12；1950. 1～	1933. 5～1938. 7；1947. 2～1947. 12；1950. 1～
	汉江	仙桃	144 683	1932. 3～1947；1951～	1954. 7～1968. 1；1971. 4～	1954. 7～1968. 1；1971. 4～
鄱阳湖水系	鄱阳湖口	湖口	162 225	1922. 1～	1922. 1～	1947～

荆江四口中的调弦口（华容河）于1959年建闸控制

表 2-4　库区水位站布设　（单位：站）

河流	大江截流前（1993～1997年）	大江截流阶段及围堰蓄水前（1998～2002年）	围堰蓄水阶段（2003～2005年）	初期及试验性蓄水阶段（2006～2010年）	备注
长　江	10～32	32～40	40	40	
嘉陵江	2	2～3	3	3～4	1996年开始布设
乌　江	2	2～3	3	3～4	1997年开始布设
小支流			10	10～9	

①2002～2009年在龙河、小江、汤溪河、磨刀溪、梅溪河、大宁河、沿渡河、清港河、香溪河口等小支流布设；②2010年在小江、汤溪河、磨刀溪、梅溪河、大宁河、沿渡河、香溪河各布设（其中香溪河一组2010年6月1日停测）

坝下游水位站只布设在长江干流，2009 年前观测范围只到汉口水文断面。三峡水库蓄水后，坝下游河床将长时段处于冲刷状态，为了解三峡水库坝下游河床下切，水位下降及水面线变化对防洪的综合影响，并为验证有关数学及物理模型提供参数，因此，2010 年根据坝下游河段河道冲淤变化发展，范围调至湖口。坝下游长河段水面线观测以沿程基本水位站为控制，对间距较大的在其间增加专用水尺，一般控制在 30 ~ 55km，但对复杂与重点河段则按 8 ~ 25km 控制。水位站布设情况如表 2-5 所示。

表 2-5　坝下游水位站布设　　（单位：站）

河流	大江截流前（1993 ~ 1997 年）	大江截流阶段及围堰蓄水前（1998 ~ 2002 年）	围堰蓄水阶段（2003 ~ 2005 年）	初期及试验性蓄水阶段（2006 ~ 2010 年）	备注
长江	14 ~ 19	15 ~ 18	18	18 ~ 39	1993 ~ 2009 年为长江宜昌至汉口河段；2010 年为长江宜昌至湖口河段

4. 坝区专用水位站布设

为了解坝区水位变化情况，为坝区施工提供资料，进行坝区专用水位站布设，布设结合施工需要并考虑蓄水阶段的需要。不同时期均根据施工实际情况进行调整，不同时期布设的水位站有所变化（表 2-6）。

表 2-6　坝区水位站布设　　（单位：站）

河段	大江截流前（1993 ~ 1997 年）	大江截流阶段及围堰蓄水前（1998 ~ 2002 年）	围堰蓄水阶段（2003 ~ 2005 年）	初期及试验性蓄水阶段（2006 ~ 2010 年）	备注
坝区河段	8 ~ 30	17 ~ 16	12 ~ 6	8 ~ 7	1993 ~ 1997 年为美人沱至莲沱河段；1997 年后为庙河至乐天溪长约 31km

2.2.2　河道观测基本控制及固定断面

1. 基本控制设测

基本控制是开展三峡工程水文泥沙观测的基础及基准，分为库区、坝区和坝下游三个区域进行布置观测，按照分段分区布设，遵循从总体到局部，分级布网，逐级发展的原则。平面控制系统为 1954 年北京坐标系，地形高程系统为黄海基面或 1985 年国家高程基准。对坝区上下游近坝施工区（小于 $10km^2$）采用大坝独立坐标系：平面为坝轴坐标系，高程为吴淞高程系。

库区首级观测网在 1994 ~ 1995 年完成，加密网按坝前不同的蓄水期分别建立，并结合移民迁建工程进行。坝区和坝下游分别于 1993 年和 1995 年完成设测或整顿。

鉴于三峡工程施工期长达 17 年，三峡库区整个基本控制网（包括加密网）分别按坝前水位 90m、135m 和 175m 三级设测，其中，首级控制网一次性布置于 177m（加 2m 风浪线）二十年一遇移民迁移调查线以上高程，加密控制网按坝前水位 90m、135m 分期布设。库区首级控制网平面为四等，高程为三等，保证逐级或越级加密控制点满足观测 1∶500 大比例尺地形及水面比降的需要。库区加密基本控制网，平面为五等，高程为四等或五等，直接设测为固定断面标点、水文站、水位站的基本点与校核点，并作为测图中加密低等级的图根点和测站点的引据点。

坝区河段，包括三峡大坝、葛洲坝两坝间的河段，基本控制采用为工程建设布置的基本控制网，并对已有河道测量控制网进行整顿使用。

坝下游河段，包括荆江三口洪道、洞庭湖等区域，基本控制利用已有的河道控制网（点），根据精度需要进行补充与整顿。

2. 固定断面布设

固定断面观测主要是掌握河道冲淤总体情况，鉴于三峡工程建设分为不同阶段，为紧密结合工程开展观测，因此，在不同阶段进行了不同的固定断面布设。

（1）库区河段

三峡水库固定断面布设，以能控制河段的平面与纵向变化为原则，一般河段每 2km 布设一个，重要河段每 1km 布设一个，床沙断面按间隔一个固定断面布置。观测断面布置针对不同的工程阶段，在观测范围与数量上有所不同（表 2-7）。

表 2-7　库区固定断面布设情况　（单位：个）

河段或河流	各期观测断面数量				备注
	大江截流前（1996～1997 年）	大江截流阶段及围堰蓄水前（1998～2002 年）	围堰蓄水阶段（2003～2005 年）	初期及试验性蓄水阶段（2006～2010 年）	
大坝至朱沱	377	247	365	313～394	2003 年 135m 蓄水后，观测断面的设置在变动回水区李渡镇至高家镇干流及乌江口临时加密至每 0.5km 一个，高家镇至万县及庙河至大坝每 1km 一个；2006 年 156m 蓄水后，庙河至坝址每 1km 一个，其他为每 2km 一个．大支流乌江每 1km 一个，小支流每 2km 一个；2010 年嘉陵江范围调整为草街～河口
乌　江	50		6	10～51	
嘉陵江	46			49	
木洞河	7				
大洪河	7			3	
龙溪河	7			8～4	
渠溪河	6	7	7	8	
龙　河	4	2	2	3～2	
小　江	34	17	17	25	
汤溪河	13	7	7	10	
磨刀溪	11	10	10	12	
梅溪河	10	10	10	11～13	
大宁河	18	19	19	22	
沿渡河	10	10	10	12	
清港河	13	13	13	16～11	
香　溪	13	12	12	16	
合　计	626	352	478	466～564	

（2）坝区河段

三峡工程坝区河段根据工程需要与工程进展布设断面，分为近坝区河段、导流明渠河段、临时船闸河段及三峡大坝至葛洲坝间河段进行布设，其中三峡大坝至葛洲坝间河段开展的床沙断面设置，间隔一个固定断面布设一个，坝区河段专业断面布设如表 2-8 所示。

表 2-8　坝区河段专业断面布设

河段名称	断面设置	备注
近坝区	坝轴线上游 7 个、下游 8 个共布设 15 个	根据工程需要在重件码头附近增设 2 个断面
导流明渠	12 个半江固定断面，其中茅坪（二）水位站至上口门区河段 4 个，渠身布设 5 个，下口门区至三斗坪水位站河段 3 个	
临时船闸	临时船闸航道、上下连接段和上、下引航道内共布设 27 个断面	
三峡大坝至葛洲坝河段	布设 30 个，其中 15 个床沙断面	上起乐天溪，下至葛洲坝坝轴线范围（2002 年后进行适当的调整）

（3）坝下游河段

坝下游河段按长江干流河段、荆江三口河段及洞庭湖分别布设。长江干流平均每 2km 布设一个；荆江三口洪道按平均每 3km 布设一个，每个支汊布设断面不少于 2 个。对河型复杂河段（如汊道、弯道等）适当加密断面；洞庭湖区在河道的卡口、转折点布设。全部河道断面布设力求能控制河段的河型转折及河段的冲淤变化，在进行断面布设时，每间隔一个断面布置床沙断面，坝下游河段固定断面布设如表 2-9 所示。

表 2-9　坝下游河段固定断面布设情况

河段或河流	长度或面积	各期观测断面数量（个）				备注
		大江截流前（1994～1997 年）	大江截流阶段及围堰蓄水前（1998～2002 年）	围堰蓄水阶段（2003～2005 年）	初期及试验性蓄水阶段（2006～2010 年）	
长江干流	1010 km	542	542	542	580～680	荆江三口洪道包括松滋河水系 422km，虎渡河水系 206 km，藕池河水系 402 km
三口洪道	1030 km	100	100	320	320	
洞庭湖	2625 km^2	100	100	100	100	

2.2.3　水情自动测报站网系统

三峡工程水情自动测报站网系统是三峡工程水文保障服务系统的主要内容，也是水利水电工程调度运用的组成部分。三峡工程属于国家重点工程，在工程设计、施工阶段同步开展了水情自动测报站网系统的设计与建设。系统采用总体规模设计、分期实施方式进行，总的站网规模，共计 467 个水情遥测站。包括雨量遥测站 276 个；水文遥测站 133 个；水位遥测站 46 个；水库遥测站 6 个；压差站 4 个；自动气象站 3 个；中继站 2 个。

根据三峡工程的施工和运行进度，系统建设分为三期：第一期建设范围为寸滩至宜昌区间，于 2003 年 135m 蓄水前建设完成；第二期为屏山至寸滩区间，于 2006 年 156m 蓄水前建设完成；第三期为宜昌至大通区间，于 2008 年 175m 试验性蓄水前建设完成，水情遥测站网分布如图 2-2 所示。

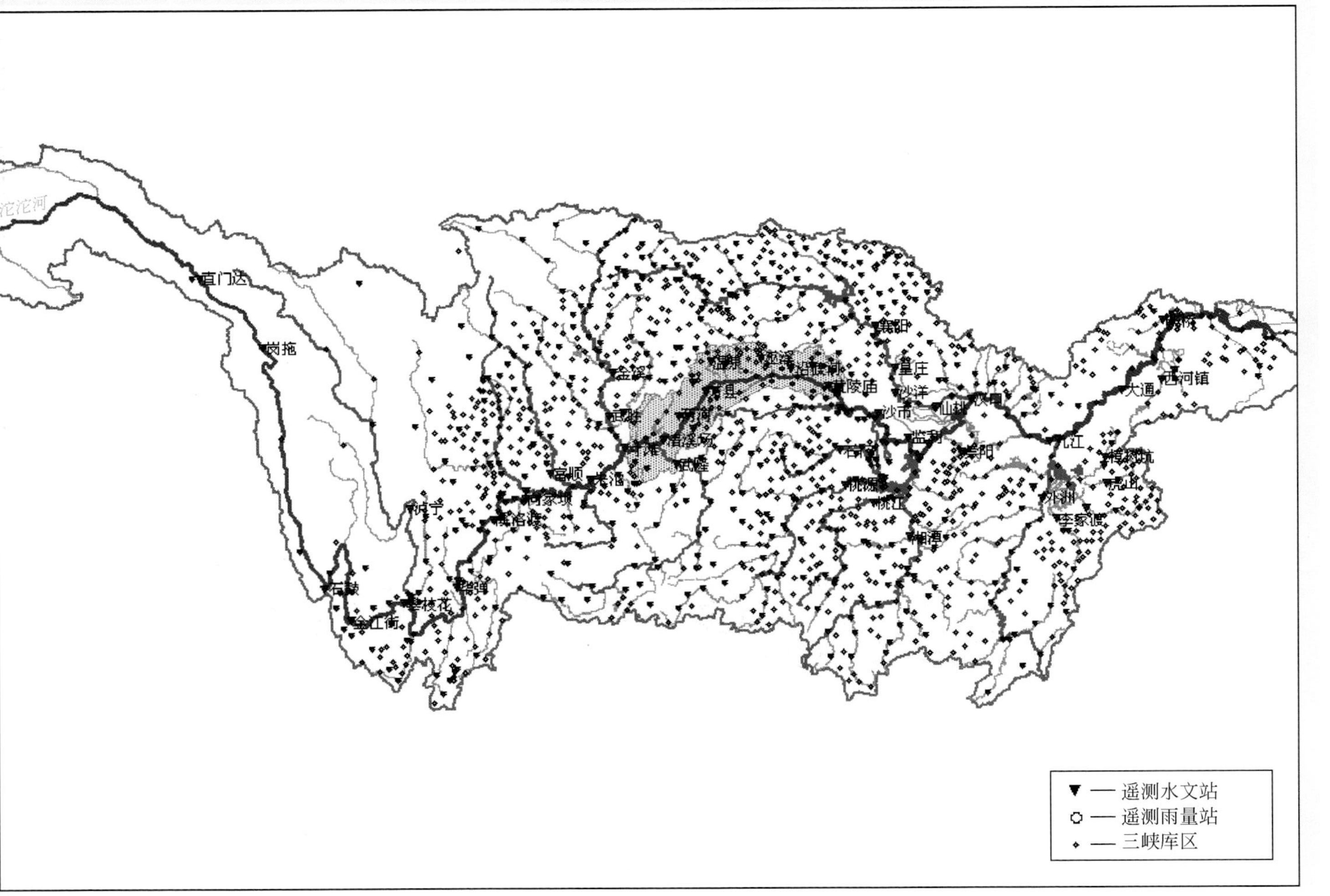

图 2-2　三峡工程水情自动测报站网分布

2.2.4 水质监测断面

为监测分析三峡水库建成前后水质变化状况，根据工程建设与蓄水运行的需要，先后进行了常规水环境监测和三峡库区重点水功能区水质监测断面设置。

1. 常规水环境监测

常规水质监测断面的设置主要考虑了以下三方面：①库区江段取水口、排污（退水）口数量和分布及污染物排放状况、水文及河道地形、支流汇入等影响水质因素；②以较少的监测断面和测点获取最具代表性的样品，全面、真实、客观地反映三峡水库水环境质量及污染物的时空分布状况与特征；③库尾、库中、近坝区、坝下及主要库湾回水区特征，并尽量与水文断面相结合。截至2010年，在三峡库区及入、出库位置设置水质监测断面共20个（表2-10）。

表2-10 三峡库区及入、出库水质监测断面布设情况

序号	水系	河名	断面名称	类别	年测次	测线×测点
1	长 江	长 江	朱沱	基本	12	3×9
2		长 江	铜罐驿	基本	12	3×3
3		长 江	寸滩	基本	12	3×9
4		长 江	长寿	基本	12	3×3
5		长 江	清溪场	基本	12	3×9
6		长 江	万县	基本	12	3×9
7		长 江	奉节	基本	12	3×3
8		长 江	官渡口	基本	12	3×9
9		长 江	巴东	基本	12	3×9
10		长 江	庙河	基本	12	3×9
11		长 江	黄陵庙	基本	12	3×7
12		长 江	宜昌南津关	基本	12	3×9
13		长 江	宜昌怡和码头	基本	12	3×7
14	嘉陵江	嘉陵江	北碚	基本	12	3×6
15		嘉陵江	临江门	基本	12	3×3
16	乌 江	御临河	御临河口	基本	12	2×2
17	御临河	乌 江	武隆	基本	12	3×6
18	小 江	小 江	小江河口	基本	12	2×2
19	大宁河	大宁河	大宁河口	基本	12	2×2
20	香溪河	香 溪	香溪河口	基本	12	2×2

2. 库区重点水功能区监测

根据水利部颁布试行的《中国水功能区划》，三峡库区水域共划分了11个一级水功能区，区划河长为1068km，其中开发利用区6个，保留区5个；在开发利用区中划有41个二级水功能区，其中饮用水源区1个，饮用、工业用水区17个，饮用、景观用水区4个，工业用水区1个，工业、景观用水

区6个，景观、渔业用水区1个，景观娱乐用水区1个，排污控制区2个，过渡区8个。另外考虑乌江入库水质和库区出库水质，增加葛洲坝水库保留区和乌江彭水武隆保留区两个水功能区。水功能区水质监测断面，按照偏恶劣原则与从简原则，共布设了43个（表2-11）。

表2-11　三峡库区水功能区水质监测断面布设情况表

序号	站名	监测断面	水功能区	主要控制因素	备注
1	渝前进	重庆前进自来水厂取水口上游1km	长江江津九龙坡饮用、工业用水区	重庆前进自来水厂取水口为该功能区生活饮用水取水口	左岸
2	重钢1号	重钢1号水厂取水口上游1km	长江大渡口饮用、工业用水区	重钢1号水厂取水口为该功能区最大的取水口	左岸
3	和尚山	和尚山水厂上游1km	长江九龙饮用、工业用水区	和尚山水厂取水口是该功能区内最大的生活饮用水取水口	左岸
4	储奇门	储奇门3号排污口下游1km	长江渝中景观、饮用水源区	储奇门3号排污口为该功能区内污水量及污染物质量最大的排污口	左岸
5	西南制药	西南合成制药厂下游1km	长江江北工业、饮用水源区	制药一厂排污口为该功能区内污水量及污染物质量最大的排污口	左岸
6	江北	鱼嘴上游	长江江北过渡区	过渡区监测断面为其终止断面	左岸
7	鱼嘴	鱼嘴	长江鱼嘴饮用、工业用水区	该功能区内无排污口和取水口，以起始断面鱼嘴控制	左岸
8	御临河口	御临河口上游	长江鱼嘴过渡区	过渡区监测断面为其终止断面	左岸
9	几江镇	江津自来水公司取水口上游1km	长江江津饮用、工业用水区	江津自来水公司取水口为该功能区内最大的生活饮用水取水口	右岸
10	王家沱	王家沱	长江江津饮用、工业水源区	紧邻终止断面王家沱的龙门浩排污口为该功能区内污水量和污染物质量最大的排污口	右岸
11	李家沱	李家沱水厂上游1km	长江巴南饮用、工业用水区	李家沱水厂	右岸
12	鸡冠石	鸡冠石	长江南岸景观、饮用水源区	终止断面为代表断面	右岸
13	木洞	木洞	长江南岸过渡区	过渡区监测断面为其终止断面	右岸
14	大沱口	大沱口	嘉陵江澄江镇景观渔业用水区	控制断面	
			嘉陵江大沱口饮用、工业用水区	该区域基本无排污口，起始断面为控制断面	
15	水土1	水土镇附近取水口上游1km	嘉陵江干洞子饮用、工业用水区	保证饮用水安全	左岸
16	合力村	合力村	嘉陵江渝北区饮用水源区	保证饮用水安全	左岸
17	大竹林	第1个排污口下游1km	嘉陵江江北区饮用、工业用水区	保证饮用水安全	左岸
18	水土2	排污口下游1km	嘉陵江干洞子景观、工业用水区	该排污口为该功能区内唯一一个排污口	右岸

续表

序号	站名	监测断面	水功能区	主要控制因素	备注
19	红岩村	第5个取水口上游1km	嘉陵江沙坪坝饮用、工业用水区	保证饮用水安全	右岸
20	临江门	取水口上游1km	嘉陵江渝中区饮用、工业用水区	保证饮用水安全	右岸
21	沙溪河口	沙溪河口上游	三峡水库巴南长寿保留区	保留区开发利用程度不高，以其终止断面为控制断面	左岸
22	渝长风	重庆长风化工厂排污口下游1km	长江三峡水库长寿工业、景观用水区	距离较近的几个排污口下设置控制断面	左岸
23	黄草峡	黄草峡	长江三峡水库长寿过渡区	过渡区监测断面为其终止断面	左岸
24	李渡	李渡	三峡水库长寿涪陵保留区	保留区开发利用程度不高，以其终止断面为控制断面	左右岸
25	黄旗	黄旗	长江三峡水库涪陵工业、饮用水源区	其间无大排污口，在黄旗设置断面	左岸
			长江三峡水库涪陵景观、娱乐用水区	其间无排污口，以黄旗代表	左岸
26	涪陵自来水	涪陵市自来水厂取水口上游1km	长江三峡水库涪陵饮用、工业用水区	涪陵市自来水厂取水口为该功能区内最大的生活饮用水取水口	右岸
27	乌江口	乌江入江口上游	长江三峡水库涪陵景观、工业用水区	排污口下设置控制断面	右岸
28	三重堂	第一个取水口上1km（三重堂附近）	长江三峡水库涪陵饮用、景观用水区	几个取水口是连续的，其间无排污口，在第一个取水口上游设置断面	右岸
29	指路溪	指路溪	长江三峡水库涪陵过渡区	过渡区监测断面为其终止断面	右岸
30	高峰镇	高峰镇	三峡水库涪陵万州保留区	保留区开发利用程度不高，以其终止断面为控制断面	左右岸
31	三水厂	第三自来水厂取水口上游1km	长江三峡水库龙宝饮用、工业用水区	第三自来水厂为该功能区内最大的生活饮用水取水口	左岸
32	屠宰场	万安桥屠宰场排污口下游1km	长江三峡水库天城工业、景观用水区	万安桥竹溪河皮革厂屠宰场排污口为该功能区内排污量最大的排污口	左岸
33	大周左	大周	长江三峡水库天城过渡区	过渡区监测断面为其终止断面	左岸
34	江万船厂	江万船厂上游1km	长江三峡水库五桥饮用、工业用水区	江万船厂取水口为该功能区最大的生活饮用水取水口	右岸
35	红火沟	红火沟	长江三峡水库五桥工业用水区	该功能区内唯一一个排污口，且污水量较大（118.4万m^3/年）	右岸
36	大周右	大周	长江三峡水库五桥过渡区	过渡区监测断面为其终止断面	右岸
37	镇安	镇安	长江三峡水库开县饮用、景观用水区	该功能区内无排污口和取水口，以起始断面控制	左岸

续表

序号	站名	监测断面	水功能区	主要控制因素	备注
38	水东坝	水东坝	长江三峡水库开县丰乐工业、景观用水区	水东坝断面紧邻该功能区内唯一一个排污口	左岸
39	葫芦坝	葫芦坝	长江三峡水库开县过渡区	过渡区监测断面为其终止断面	左
40	小江入江口	小江入江口上游	三峡水库开县云阳保留区	保留区开发利用程度不高，以其终止断面为控制断面	左右岸
41	太平溪	太平溪	三峡水库万州宜昌保留区	保留区开发利用程度不高，以其终止断面为控制断面	左右岸
42	南津关	南津关	葛洲坝水库保留区	保留区代表断面	左右岸
43	武隆	武隆	乌江彭水武隆保留区	保留区代表断面	左右岸

2.3 观测范围与内容

长江三峡工程水文泥沙观测研究包括库区、坝区和坝下游水文泥沙观测三部分。库区范围为干流大坝至朱沱长753km，以及15条支流，长约651km，包括常年回水区和变动回水区。主要观测内容有库区水下地形测量、库区固定断面观测（包括床沙观测）、变动回水区河道演变观测、库区水位观测、进出库水沙测验、河床组成勘测与调查；坝区范围为庙河至莲沱31km（大坝上游庙河至坝址17km，大坝下游坝址至莲沱14km），以及莲沱至葛洲坝址两坝间26km。观测项目有坝区河道演变观测、通航建筑物水流泥沙观测、专用水文测验、围堰及明渠等水文泥沙观测、电厂水流泥沙观测、两坝间河道冲淤观测等；坝下游范围为葛洲坝枢纽至湖口的长江中游河段，长1010km，以及洞庭湖区面积2700km^{2}和荆江三口洪道，长1030km。观测项目主要有长江中下游干流、洞庭湖和荆江三口洪道水道地形量、固定断面测量（包括床沙观测），浅滩及险工观测、重点河段河道演变观测、荆江三口分流分沙观测、沿程水面线变化观测、河床组成勘测与调查、推移质泥沙测验等。另外，还根据工程蓄水运用需要，开展了专题观测与研究。

2.3.1 水库淤积测验

水库淤积测验是掌握水库淤积数量、淤积速度、淤积分布、淤积物粒径及水库排沙特性，为三峡水库调度运用、水库泥沙研究等服务。水库淤积测量采用地形测量及固定断面观测相结合的方式进行。地形测量是为在总体上控制长河段的冲淤分布测量，干流观测比例尺为1∶5000，支流观测比例尺为1∶2000，断面测量是地形测量的补充，为经常性的方法，以收集、计算与分析河道冲淤数量大小与分布。库区河段观测范围，依工程的进展和坝前不同围堰水位回水范围而定（表2-12），库区河道形势如图2-3所示。库区地形测量主要收集本底地形资料，并监测不同蓄水阶段的河道冲淤总体变化及库容变化。测次按大江截流前、大江截流阶段及围堰蓄水前、初期及试验性蓄水阶段安排，

1993～2010 年共进行 4 次观测。

表 2-12　库区干支流河段观测范围表　（单位：km）

河流名称	大江截流前（1997 年前）	大江截流后	围堰蓄水前（2003 年前）	初期及试验性蓄水
长江干流	753	237	494	600
嘉陵江	100			
乌　江	92			10
木洞河	20			
大洪河	21			
龙溪河	20			15
渠溪河	19		14	16
龙　河	11		4	6
小　江	102		33	50
汤溪河	38	9	14	20
磨刀溪	33	10	20	24
梅溪河	30	11	19	23
大宁河	55	20	37	44
沿渡河	30	10	20	24
清港河	40	10	25	32
香　溪	40	10	24	32
支流小计	651	80	210	296
干支流合计	1404	317	704	896

为与 2006 年配套收集完整的全库区地形资料，于 2007 年 3～4 月观测了长江上游大渡口至朱沱干流河段河道地形

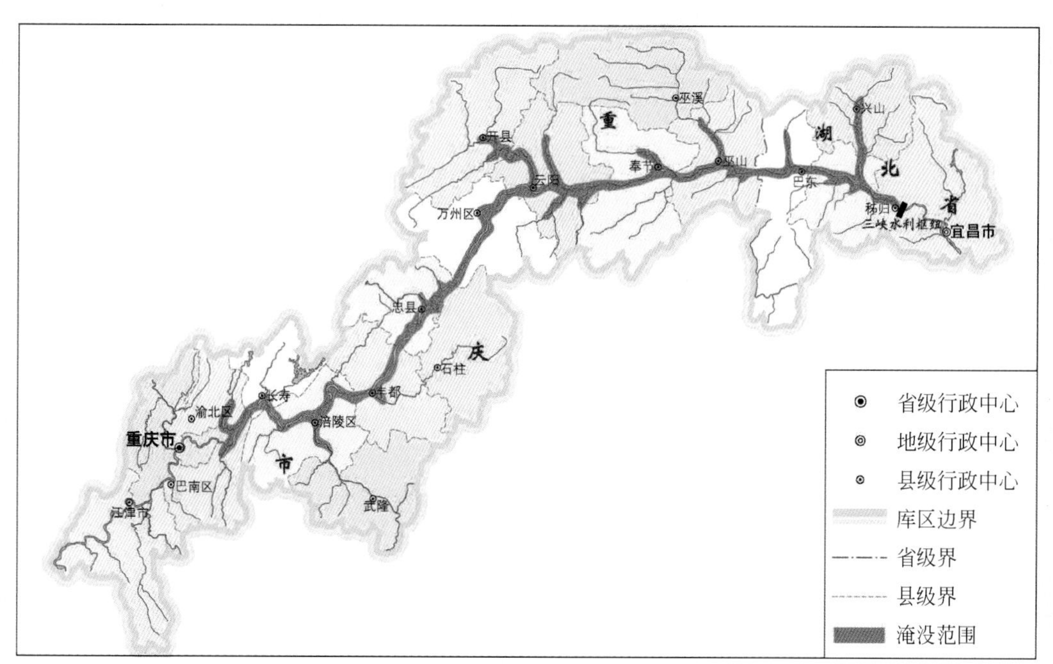

图 2-3　库区河道形势图

固定断面观测于非地形观测年份开展，主要监测年际年内河道总体冲淤变化，观测布置如表 2-7 所示，施测比例尺为 1∶2000。断面观测时，相隔一个断面取水下床沙，床沙取样布置为：河宽 1km 以下布 3～5 点，河宽 1～2km 布 5～7 点，河宽大于 2km 布 7～10 点，支汊一般布 3 点。从 1996 开展观测，在汛前 4 月或汛后 10～11 月安排测次。

2.3.2 进出库水文泥沙测验

三峡水库的进出库水文泥沙测验是水库观测的基本项目，为水库的防洪、发电、航运等提供水文情报和水沙计算基本数据，并为验证水库设计，研究水库水沙运动规律提供资料，进一步为三峡水库进行合理的水沙调度及防洪、发电、航运调度提供依据，以最大限度地延长水库使用寿命、充分发挥水库综合利用效益。库区水文测验，观测范围为大坝至朱沱区间的进出库站与库区站，观测站网利用现有的水文站，分为进出库水文测验与库区河段水文测验，在已有观测基础上，增加了泥沙测验项目。干流站以增加推移质观测为主，支流站以增加悬移质观测为主。观测控制站为长江干流的朱沱、寸滩、清溪场、万县站。大支流站为嘉陵江的北碚、东津沱站，乌江的武隆站。出库站为黄陵庙站。东津沱站是 2002 年为嘉陵江观测推移质设置的专用站，测站布置如表 2-1 所示。

为全面收集库区的区间来沙量，在三峡工程一期建设期间（1995～1998 年），对重要区间支流木洞河、龙河、小江、汤溪河、磨刀溪、梅溪河、大宁河、沿渡河、清港河、香溪河出口控制站增加了悬移质输沙率与泥沙颗分观测，以分析区间支流的进库泥沙。水文测站布置如表 2-2 所示。

三峡水库库区站及进出库站观测项目为：

1）朱沱站：水位、流量、悬移质输沙、悬移质颗分、沙质推质移、卵石推移质。

2）寸滩站：水位、降水、流量、悬移质输沙、悬移质颗分、卵石推移质、沙质推移质、床沙。

3）清溪场站：水位、流量、悬移质输沙。

4）万县站：水位、流量、悬移质输沙、悬移质颗分、卵石推移质。

5）北碚站：水位、流量、悬移质输沙、悬移质颗分。卵石推移质。

6）武隆站：水位、流量、悬移质输沙、悬移质颗分、卵石推移质。

7）黄陵庙站：水位、流量、悬移质输沙率、含沙量、悬移质颗分、沙质推移质、床沙、降水、蒸发、全断面水温。

各项目按年度进行测次布设。流量测次布置以满足水位流量关系整编定线为原则；单沙测次的布置以能控制含沙量的变化过程，满足推算逐日平均含沙量，输沙率及特征值的需要为原则进行测次布置。输沙率测次布置主要布置在洪水时期，平、枯水时期适当布置测次，测点均匀分布，以满足单断沙关系整编定线的要求；泥沙颗粒测验测次布置，以能控制颗粒级配变化过程，测次大多与输沙测验同步；卵石推移质按过程线法布置，测次布置以能控制输沙率的变化过程、满足准确推算逐日平均输沙率为原则。沙质推移质按流量级均匀布置，各级输沙率范围均匀布置测次；床沙测验测次布置与沙质推移质测次同步。在三峡工程不同的蓄水阶段，根据工程蓄水对水沙特性的影响研究需要，对相应测站的水沙测次进行了不同程度的加密观测。

2.3.3 水库水位观测

水库水位是水库调度管理运用所必需的基本资料，是水利计算、洪水传播、糙率计算、动库容变化、水库冲淤、河床变形及水面线变化的基础，也是水库调度的基本指标。水库水位观测范围为大坝至朱沱干流河段及重要支流河段，利用现有基本水尺，并按库区常年回水区平均40km、变动回水区10km一组的原则布置专用水尺，以满足准确推算沿程水面线的需要。不同的时期根据三峡工程建设的不同阶段进行调整布置，具体设置如表2-4所示。各站水尺平面系统均采用1954年北京坐标系。观测频次为基本站按测站任务书要求进行，专用站汛期每日按3次即8时、14时、20时观测，枯季按每日2次即8时、20时观测。另外，大洪水期，根据需要遇流量45 000m^3/s（清溪场站控制）以上洪峰时，适当加密测次，以反映洪峰过程。

2.3.4 变动回水区河道演变观测

变动回水区河道演变观测，是了解并研究水库的冲淤规律及其成因关系，预估水库淤积发展趋势，为验证水库泥沙计算、改进调水调沙运用方案等管理运用服务。河道演变观测于135m围堰蓄水后，在土脑子浅滩河段、涪陵河段、青岩子河段、洛碛至长寿河段及重庆主城区河段进行，重点为重庆主城区河段。变动回水区范围及河道形势如图2-4所示。

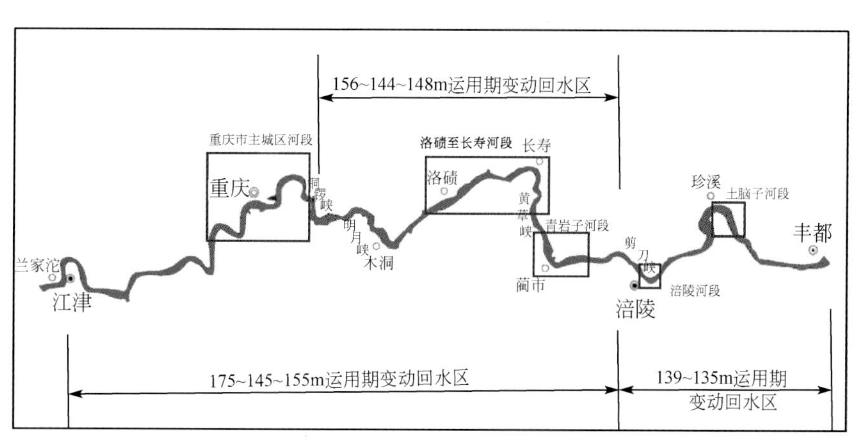

图2-4 变动回水区范围及河道形势图

1. 土脑子浅滩河段

土脑子浅滩河段位于涪陵至丰都之间，从老莱溪（五羊背上游500m）至鹭鸶盘全长约3km，处于三峡水库135m围堰发电期的库尾河段内，当水位在132.0~139.0m时，该河段被下丝瓜碛和兔耳碛分为三汊，当水位在137.0~144.0m时，河段被兔耳碛分为两汊，水位高于144.0m后，水面完全汇合。土脑子河段为川江三大淤沙河段之一，蓄水前每年的淤沙数量仅次于臭盐碛、兰竹坝而居于第三位，是重要的碍航性河段，航道的显著特点是航槽弯曲、窄浅、水流湍急，属通航控制性河道。为掌握135m围堰发电期土脑子浅滩河段的冲淤变化与主流变化情况，于135m、156m蓄水期开展了河道演变观测。观测内容有 1∶5000 比例尺水道地形、水面流速流向、断面床沙取样等，土脑子浅滩河段观测布置如图 2-5 所示。

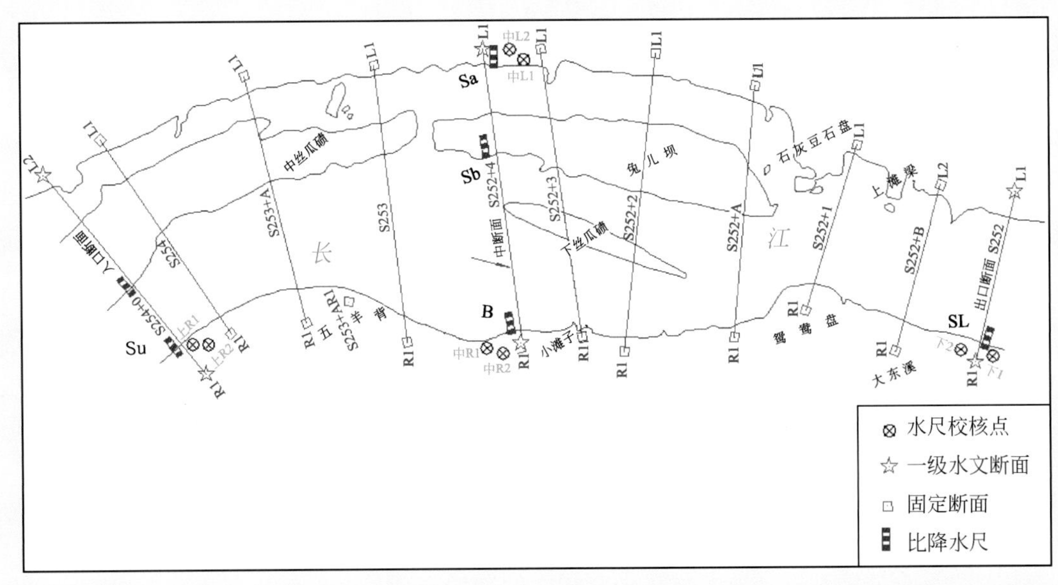

图 2-5　土脑子浅滩河段观测布置图

2. 涪陵河段

涪陵河段位于长江、乌江两江交汇处，河段长为 4km（其中乌江口以上、以下分别长为 2km 和 1km，乌江段长为 1km），处于三峡水库 156m 运行期的库尾河段内。涪陵河段以乌江入汇处分为上下两段，上段岸线参差不齐，河中靠左岸一侧有锯子梁、洗手梁等石梁，右岸则有著名历史文物白鹤梁纵卧于江中，乌江则与长江成约 70°的交角衔接。由于涪陵河道岸线参差不齐，并常有石盘和岩石突咀伸入江中，加之该河段河床底部起伏不平，呈锯齿状，急流险滩与缓流深沱交替存在，另外受两江汇流相互顶托作用，使该河段水沙运动相当复杂。著名的龙王沱中水深达 50m 以上，该处在通常情况下均形成大面积的回流区域，回流流速可达到 2m/s 左右，并伴随有泡漩水流，影响通航。为收集三峡水库 156m 蓄水后河段冲淤资料，为水库调度服务，于 2006～2009 年开展了涪陵河段河道演变观测。观测内容有 1∶5000 比例尺水道地形、水面流速流向、断面床沙取样等，涪陵河段观测布置如图 2-6 所示。

3. 青岩子河段

青岩子河段上起石家沱上游 1km，下止剪刀峡下游 1km，河段长约为 18km，位于三峡水库 144～156m 运行期变动回水区中下段、175m 运行期变动回水区和常年回水区之间的过渡段，具有山区河流及水库的双重属性。其上游为黄草峡，下游为剪刀峡，进出口均为峡谷段，峡谷段之间为宽谷段，其中有金川碛、牛屎碛等两个分汊段，峡谷段最窄河宽约为 150m，最大河宽为 1500m，河段内主要有沙湾、麻雀堆和燕尾碛等 3 个主要淤沙区，分别位于宽谷段的汇流缓流区、分汊段的洲尾汇流区和峡谷上游的壅水区。已有的物理模型试验结果表明，三峡水库 175m 蓄水运用后，改变了建库前河床边界条件对水流的控导作用，河段将产生明显的累计性淤积，同时将呈现航槽易位，河型发生转化，河道向单一、规顺、微弯方向发展的现象。为此，为掌握156m初期蓄水运用后该河段的河型变化、河道冲淤变化及对航道的影响，于2007～2009年进行了青岩子河段河道演变观测。观测内容有1∶5000比例尺水道地形、水面流速流向、断面床沙取样等，青岩子河段观测布置如图2-7所示。

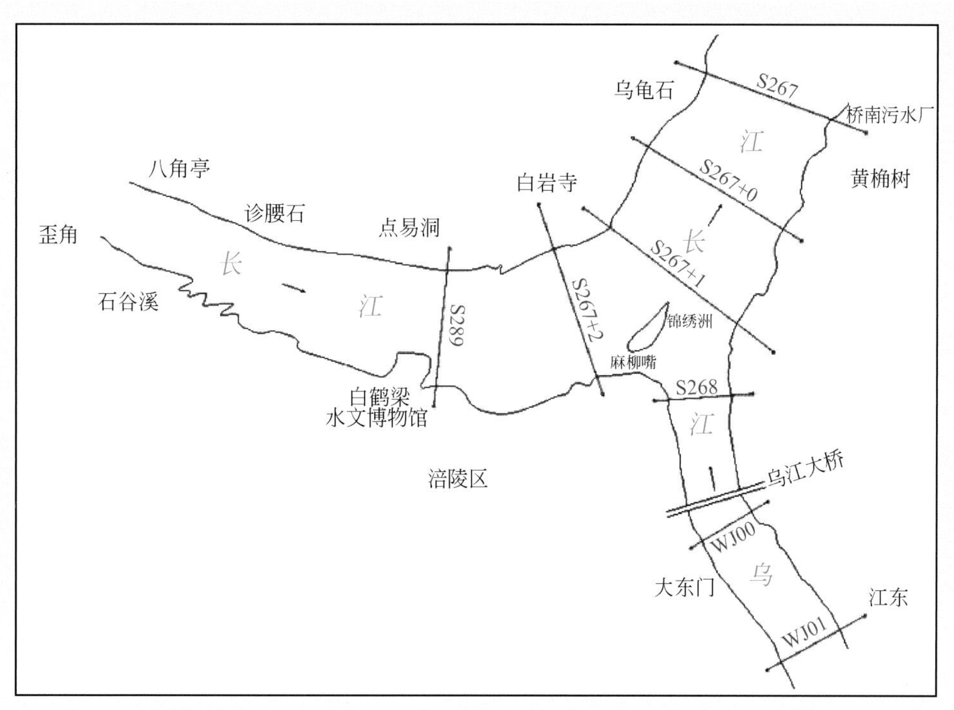

图2-6　涪陵河段观测布置图

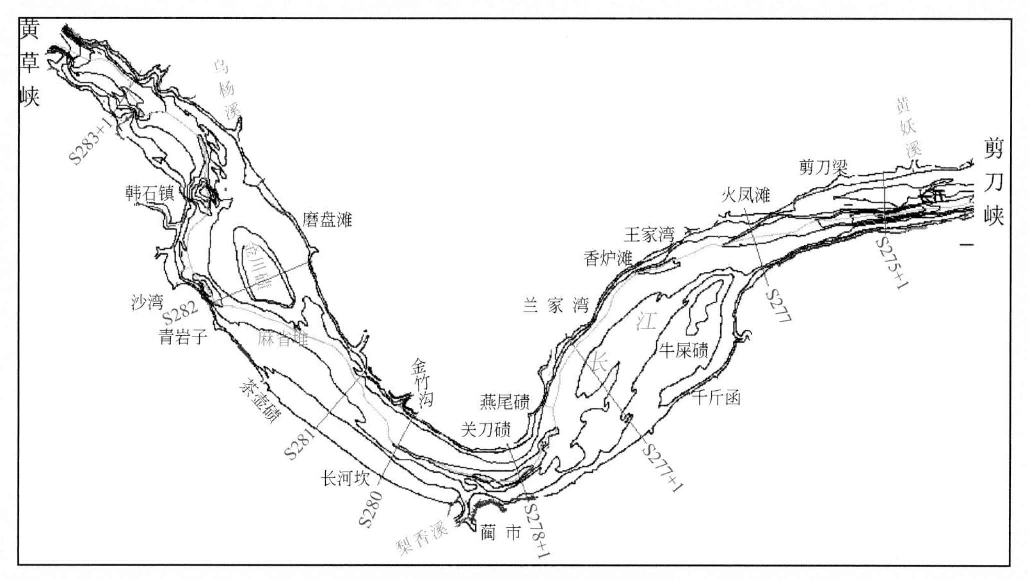

图2-7　青岩子河段观测布置图

4. 洛碛至长寿河段

洛碛至长寿河段位于重庆下游约50km，地处156m、175m蓄水运行期的变动回水区内，上起黄果梁上游 0. 5km，下至张爷滩下游 0. 5km，河段长约为 30. 5km，是川江宽浅、多滩的典型河段之一，分布有上洛碛、下洛碛、风和尚和码头碛四个典型浅滩段。本河段平面形态特征为宽窄相间，洪水期窄段河宽为 600 ~ 800m，宽段河宽则达 1200 ~ 1600m。两岸有基岩裸露，石梁、礁石、突咀较多，使岸线极不规则，宽段多江心洲和边滩，在洲尾和边滩或者两个边滩之间形成过渡段浅区，河道冲淤变化复杂。为掌握 156m 蓄水后洛碛至长寿河段冲淤变化规律，为水库运行调度提供资料依据，于 2007 ~ 2009 年开展了本河段河道演变观测，观测内容有 1∶5000 比例尺水道地形、水面流速流向、断面床沙取样等，洛碛至长寿河段观测布置如图 2-8 所示。

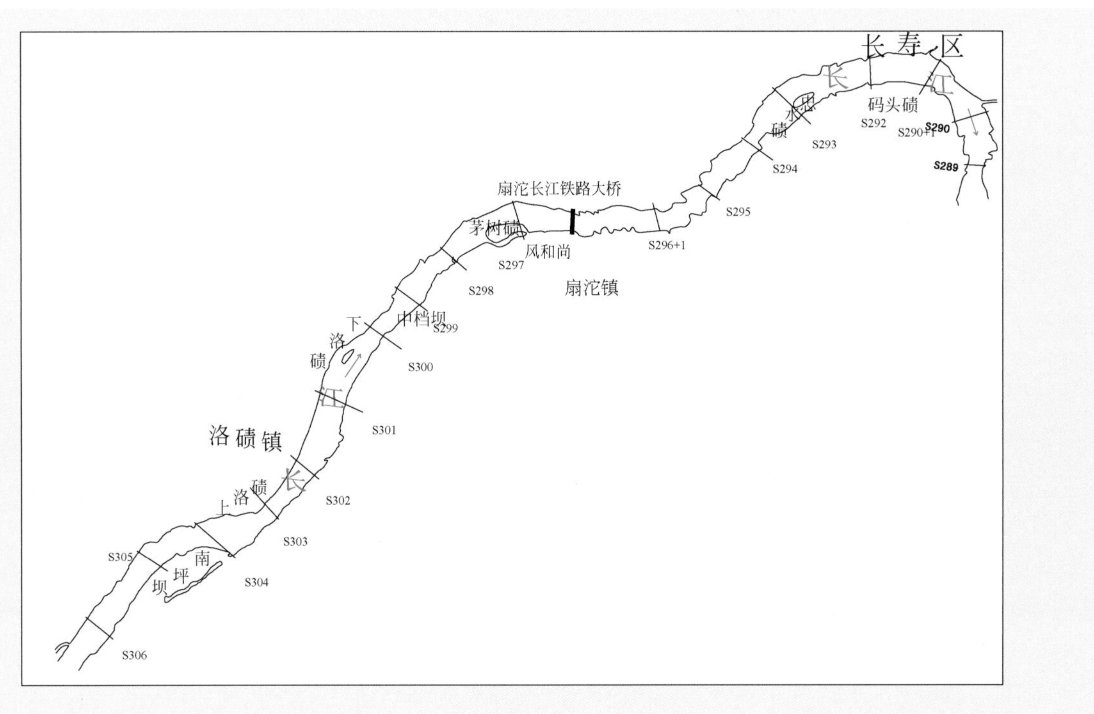

图 2-8　洛碛至长寿河段观测布置图

5. 重庆主城区河段

重庆主城区河段位于三峡水库 175m 蓄水运行期的库尾河段内，河段内港区的泥沙冲淤问题备受社会各界的高度关注，因此河段走沙问题一直是三峡工程泥沙问题研究的重点，关系到三峡水库调度运用。

三峡水库 135m 蓄水运用前，河段观测范围为重庆河段大渡口至寸滩长为 30km 的局部重点河段，即九龙坡、朝天门、嘉陵江、寸滩等河段。观测内容为固定断面，水面流速流向。断面布置分别为九龙坡 5 个、朝天门 6 个、嘉陵江 4 个、寸滩 4 个共 19 个固定断面，于 10 上旬 ~12 月中旬进行走沙过程观测。

三峡水库 135m 蓄水运用后，为更好、更全面地掌握河床走沙规律，为水库调度运用服务，充实了水文（位）同步测验、水面流速流向、河道地形、水面比降等观测内容；延长了观测范围，范围调整为 60km，其中干流大渡口至铜锣峡下口长为 40km，嘉陵江井口至朝天门长为 20km；固定断面也增加至 60 个。2006 年 156m 蓄水后，为更好地掌握港区冲淤状态，于寸滩港区增加两个断面、于九龙坡港区增加 3 个断面，整个主城区河段增至 65 个断面。观测内容为 1∶5000 地形（或局部港区 1∶2000

水道地形）、1∶2000 固定断面、水面流速流向（或汇流段流场）、汇流段（嘉陵江与长江干流汇流口河段）比降、汇流段不平衡输沙，朱沱、寸滩、北碚水文站同期进行观测，观测布置见表 2-13。重庆主城区河段河道形势如图 2-9 所示。

表 2-13　重庆市主城区河段河道演变观测开展情况

观测类型	观测布置		测次安排	备注
走沙观测（1994～2002 年开展）	1∶2000 固定断面		10 月上旬～12 月中旬，平均半月一次，年测 5 次	
	水面流速流向		10 上旬～12 月中旬每月一次，年内 3 次	1994 年和 1995 年开展
	朱沱、寸滩、北碚水文站资料		同期资料摘录汇总	
河道演变观测（2003～2010 年开展）	河道地形	1∶5000 地形	7、12 月各一测次	2003～2009 年，2010 年调整为局部港区水道地形
		1∶2000 局部港区水道地形（九龙坡、朝天门、寸滩港区）	2、3、4 中旬，10、11、12 月下旬各测一次	2010 年
	1∶2000 固定断面（60 个）		5～6、8～11 月各一测次	2006 年由 60 个增至 65 个
	床沙观测（基于固定断面间取）		2003～2009 年 5～6 月、8～11 月各一测次；2010 年 5、6、7、8、9、10、11、12 月中旬各观测断面一次	2010 年测次进行调整
	流态观测	水面流速流向	5、7～10 月、12 月各一测次	2003～2009 年；2010 年调整为流场观测
		汇流口断面流场观测（10 个）	2、3、5、7、9、12 月每月观测一次	2010 年
	比降观测（6 组水尺）		2、3、5、7、9、12 月每月观测	2010 年
	不平衡输沙观测观测（在河段进、出口各布设一个一级水文断面）		8 月和 9 月每月观测一次	2010 年
	朱沱、寸滩、北碚水文站资料		同期资料摘录汇总	

2.3.5　坝区水文泥沙测验

坝区水文泥沙测验，是根据三峡工程的施工需要和特点，配合枢纽工程围堰施工、大江截流、施工导流、施工通航，在坝区附近对局部水流、泥沙运动状态、地形冲淤变化、水温变化等进行监测，为三程工程一、二、三期施工及初期运行和坝区泥沙问题研究等提供并积累资料。坝区水文泥沙观测工作直接为枢纽工程设计、施工服务，为科学及安全施工提供决策依据，因此具有很强的时机性和针对性。

为掌握坝区的泥沙淤积和冲刷，以及枢纽建筑物泥沙冲淤和水流流态，根据三峡水库施工的不同阶段，分别进行了坝区河道演变、通航建筑物水流泥沙、电厂泥沙、专用水文测验、围堰及明渠水流泥沙、两坝间泥沙冲淤等观测项目。

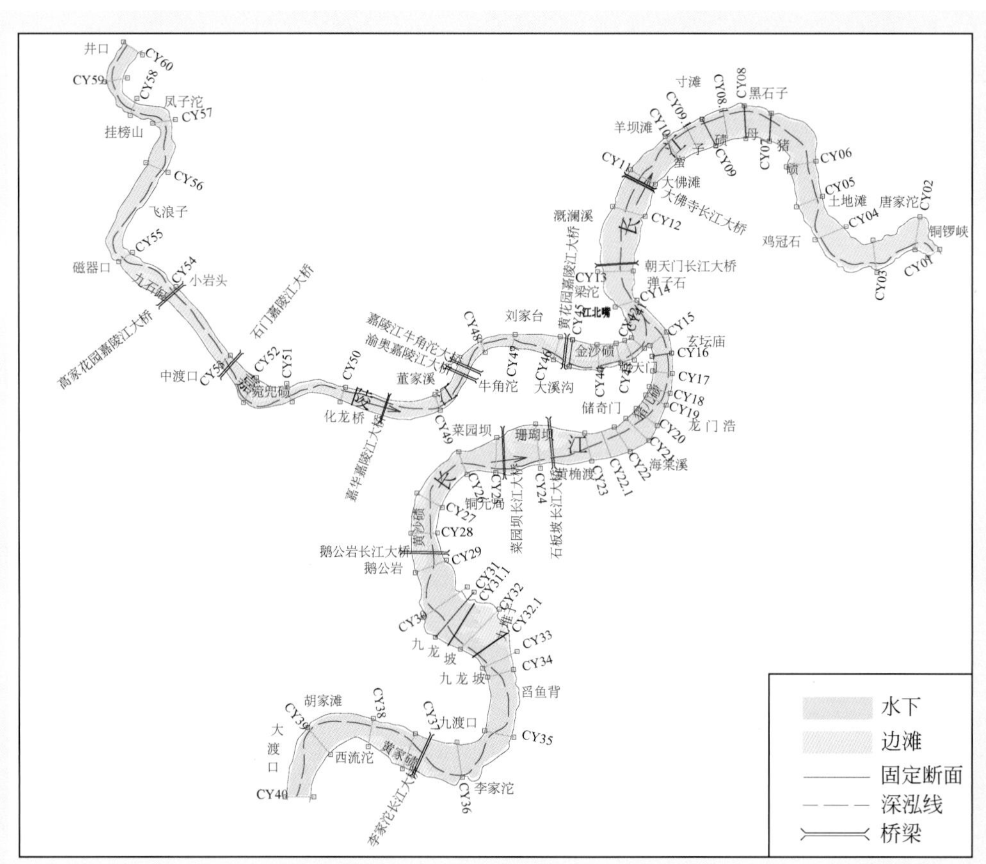

图 2-9　重庆主城区河段河道形势图

1. 坝区河道演变观测

为了解近坝区整个施工期间河道冲淤变化情况，及时为设计、施工提供观测研究成果，须在施工期各阶段对坝区河段适时开展水下地形等观测，并及时进行冲淤计算。大江截流前坝区河道观测范围为美人沱至莲沱河段长为25km，大江截流前后范围调整为庙河至莲沱长约为31km，其中庙河至大坝长约为17km，大坝以下长约为14km，共长 31 km。观测项目为坝区水道地形观测，近坝区固定断面观测。135m 围堰蓄水后调整为河道演变观测，观测内容调整为水道地形、水面流速流向、水沙断面。坝区河段固定断面设置如表 2-8，坝区河段河道形势如图 2-10 所示。

2. 通航建筑物水流泥沙观测

为了解通航建筑物水流状况与泥沙淤积情况，以便采取必要的防淤或减淤措施，保持航道通畅须开展。通航建筑物水流泥沙观测，观测工作按工程建设进展，分为临时船闸引航道水流泥沙观测，以及永久船闸、升船机引航道水泥沙观测。工程建设各阶段观测内容有所不同，在 1993 ~ 2001 年进行临时船闸引航道河段冲淤观测，观测内容有水道地形、断面（断面设置如表 2-8 所示）、水面流速流向、水沙断面等；通航建筑物（永久船闸、升船机引航道）水流泥沙观测在 135m 围堰蓄水后开展，观测范围为荒背整治河段上 100m 起经上口门区、上引航道、下引航道、下口门区至坝河口水尺等（宽约400 m）水域，全长 11. 5km,。观测内容有水道地形、水面流速流向、水沙断面等。永久船闸上下引航道观测布置如图 2-11 和图 2-12 所示。

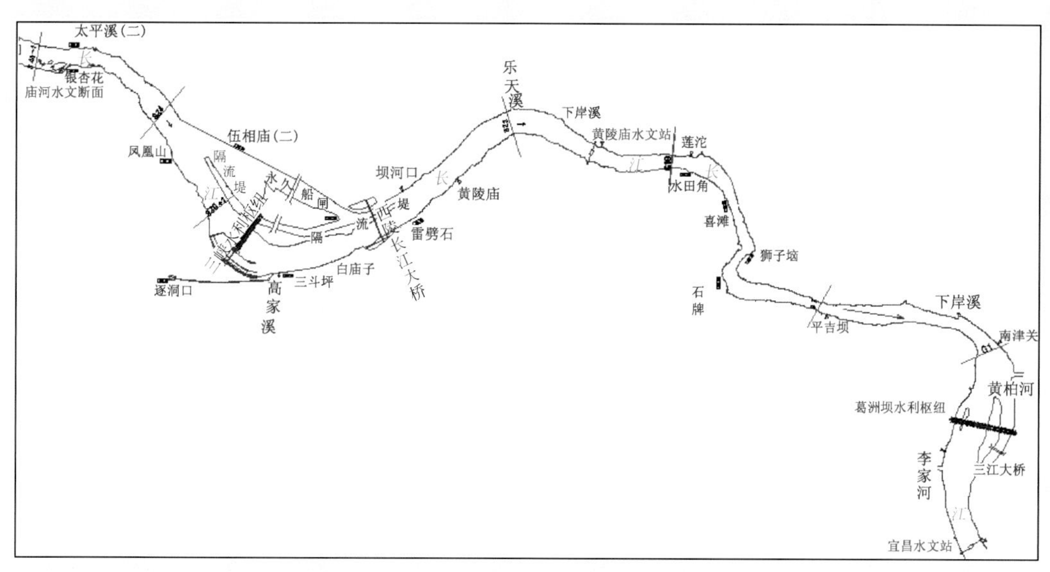

图 2-10　坝区河段河道形势图

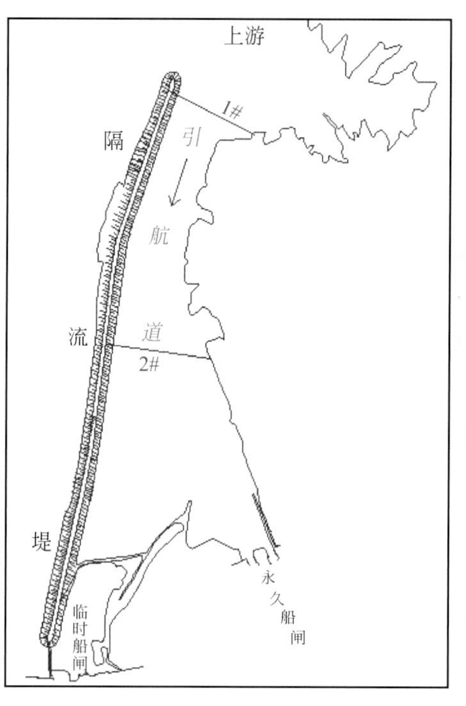

图 2-11　永久船闸上引航道观测布置图

3. 电站水流泥沙观测

电厂水流泥沙观测范围包括左右岸电厂，观测项目为厂前水下地形观测及水流状况观测，是为枢纽发电收集电厂前的河床演变资料，并为电厂出力调度提供基础依据。在135m 围堰蓄水后开展了左岸电厂地形及流速观测，右岸电厂于175m 试验性蓄水阶段开展。观测范围为坝前 1km 电厂水域范围，观测内容包括，1：2000 水道地形，1：2000 水面流速流向，同时描述水象；在电厂前 1km 范围布置流速断面 2 个，进行坝前流场结构观测。年内测次根据水流情况布置。电厂分布及坝前河道形势如图 2-13 所示。

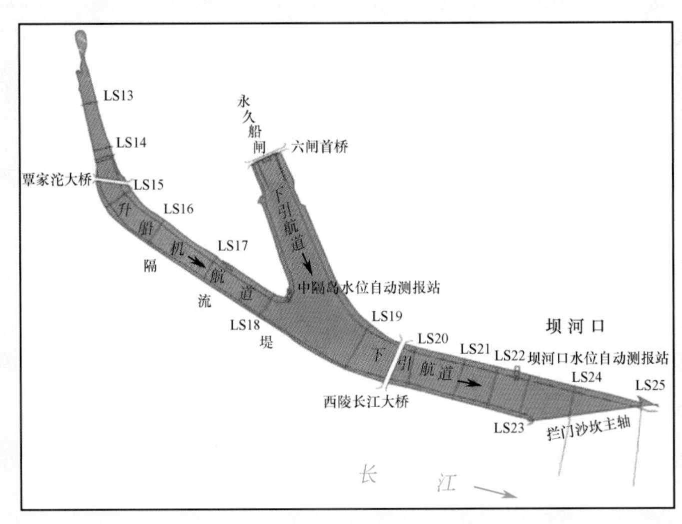

图 2-12　永久船闸下引航道观测布置图

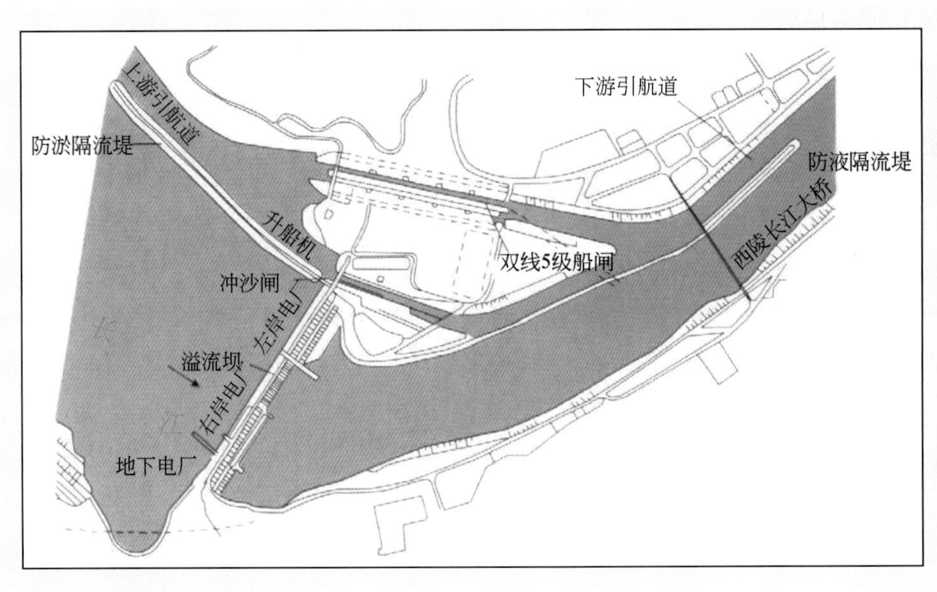

图 2-13　电厂分布及坝前河道形势图

4. 坝区专用水文测验

三峡工程坝区专用水文测验包括进坝水流泥沙测验、出坝水流泥沙测验及坝区专用水位观测等内容，其目的是为研究进出坝水沙变化，以满足工程度汛需要，并为三峡水利枢纽与葛洲坝水利枢纽联合调度规程的制定、修订和科研提供原始资料。观测项目有坝区专用水位观测、进坝水流泥沙观测、出坝水流泥沙观测、近坝下游水温观测、电站过机泥沙测验。进坝水流泥沙观测在 135m 围堰蓄水后开展，于坝前庙河水文断面进行，观测内容有水位、水温、流向、流量、含沙量、悬移质输沙率、颗分等；坝区专用水位观测水尺布置如表 2-6 所示，近坝下游水温观测、电站过机泥沙测验于 175m 试验性蓄水阶段开展，其中电站过机泥沙测验取样布置在电厂有代表性的机组引水口、蜗壳取水口、蜗壳进入门、尾水锥管进入门，进行颗分、岩性分析。

5. 围堰及明渠水流泥沙观测

三峡工程施工围堰及明渠水流泥沙观测包括围堰冲淤变化观测，明渠地形变化及流态观测，护坡、水厂码头局部地形冲淤变化观测等。为及时掌握施工围堰汛前、汛期、汛后冲刷变化情况，以便采取维护措施，保障围堰安全度汛，开展了围堰冲淤变化观测；为了解明渠水流流态及地形冲淤与局部口门地形变化，于施工期间开展了明渠水流泥沙观测；为了解坝下游护坡及水厂码头局部地形冲刷变化，开展了护坡、水厂码头局部地形冲淤变化观测。

在施工期间，对围堰冲淤变化的观测，根据工程进展情况观测内容有所不同。一期土石围堰水流泥沙观测于1994~1996年开展，观测内容为1：500大比例尺地形、流向、定点垂线流及比降等。二期水流泥沙观测于1996~2002年开展，三期水流泥沙观测于2002~2005年开展，观测内容为局部河床大比例尺水下地形观测。

明渠水流泥沙观测包括导流明渠及上、下口门区（半江400m）1：500比例尺水下地形、1：2000水面流速流向、口门流速、断面（包括口门及明渠）1：500断面测量等。于1997~2000年开展。

护坡、水厂码头局部地形冲淤变化观测，施测比例尺1：500。观测的局部河段为高家溪至杨家湾右岸护坡，九万吨、白庙子、三峡水厂，杨家湾深水码头、重载码头等。

6. 两坝间泥沙冲淤观测

葛洲坝水库为三峡工程的反调节水库，三峡大坝和葛洲坝水库大坝两坝间相距约40km，河道形势如图2-10所示。三峡工程兴建过程中及建成后对两坝间水流泥沙因子和泥沙冲淤将产生一定的影响。两坝间河道冲淤观测是为研究三峡大坝至葛洲坝之间河床演变规律、水流条件和水力因子变化情况提供基本依据，为两水利枢纽联合调度和科学研究服务。

测量范围上起莲沱，下至葛洲坝坝轴线，全长约为30km。观测内容包括莲沱至葛洲坝长为30km河段1：2000比例尺（南津关至葛洲坝坝前施测比例尺为1：1000）水下地形、水面流速流向、固定断面、断面床沙取样，南津关站、宜昌站推移质泥沙。

2.3.6 水库水环境监测

随着三峡水库的兴建和形成，将部分改变长江水文情势，从而使长江流域生态与环境系统及其结构发生变化，对长江流域的生态与环境产生深远的影响。这些影响包括：①库区水体的流速减缓，由库尾至坝前，流速逐渐减小，紊动扩散能力减弱，使得库区稀释自净作用和复氧能力减弱；②受库区蓄水的影响，库区中下江段干流一些库汊及支流汇入口等滞流区存在一定的潜在富营养化威胁；③库区水位的抬升，坝前水温可能出现分层现象等。三峡工程对生态环境影响及库区水环境的变化直接关系到工程的成败和效益的发挥，开展库区水生态、水环境监测和研究极其重要。

三峡库区江段的水环境监测工作可追溯到20世纪50年代中期，项目承担单位当时在寸滩、宜昌等几个重要水文站开始进行水化学项目的分析。1993年以后，为了全面掌握三峡江段水环境质量分布情况和变化规律，又设立了长江上游和三峡两个水环境监测中心，负责三峡江段及其上下游江段水体的水环境监测工作，三峡江段水质监测工作得到了进一步加强。进入21世纪后三峡库区水环境监测逐步添置和更新了一批先进的大中型水环境监测仪器设备，监测站网经过不断的充实和调整，更趋合理，监测项目也有较大增加，库区水环境监测工作得到了全面发展，逐步形成了一套较完善的水环境监测体系，为三峡工程规划、论证、设计、施工和初步运行各阶段，提供了大量的水环境监测成果资料，较好满足了各个阶段的需要。

三峡水库水环境监测主要是指以库区长江干流、主要支流及坝下近坝江段地表水体为主要对象进行的水环境监测。三峡水库水环境监测工作包括常规水环境监测、三峡库区重点水功能区监测、水量水质同步监测、应急监测等项。

1. 常规水环境监测

该项监测始于20世纪50年代中期，不仅为三峡工程积累了大量的、长系列的水环境本底资料，为工程的规划、论证、设计提供了依据，而且也为后期的运行管理、调度提供了必要的决策依据。

根据三峡库区江段水质状况，至2010年，三峡库区及坝下江段开展常规水质监测断面20个。各断面取样垂线及取样点布设依实际情况确定，针对长江三峡水库是特大的河道型水库，水面较宽的特点，库区干流和嘉陵江、乌江断面均设置了左、中、右三条采样垂线，其他支流则为两条垂线。根据污染物浓度在水深上的分布规律和垂线水深，各垂线分别设置1~3个采样点，采样点设置位置分别为垂线水面下0.5m、1/2水深和河底上0.5m处各一点，共设置测点120个。常规断面水质监测项目及监测频次参照有关技术规范并结合三峡工程的实际情况而确定。主要开展pH、电导率、悬浮物、浊度、溶解氧、高锰酸盐指数、生化需氧量、氨氮、六价铬、总氮、悬浮物、总磷、挥发酚、氰化物、铜、铅、镉、锌、石油类、总硬度、硫酸根、氟化物、硫化物、汞、砷、粪大肠菌群、水温、水位、流量、平均流速（水文断面）等共30项。监测频次基本为每月1次，三峡工程135m蓄水后的3年，库区寸滩以下干流断面及坝下黄陵庙断面的监测频次增加为每月2次。

2. 三峡库区重点水功能区监测

为了加强三峡库区水资源的保护及管理，并为库区水资源合理开发、利用提供依据，2006年起，在三峡库区重点水功能区设置断面开展水质监测工作，并通过此项工作加强对三峡库区水资源质量的监控力度。截至2010年，三峡库区共开展水功能区水质监测断面43个。

三峡库区水功能区划是按左右岸分别划分的，功能区的宽度是各江段岸边污染带的外包线，各二级水功能区水面宽不尽一致。各断面垂线的设置是根据有关规定和库区水功能区划水面宽的实际情况分析确定：水功能区宽度0~80m的布设一条垂线；宽度80~200m的布设两条垂线；宽度大于200m的布设三条垂线。水功能区水环境监测项目包括水位、流量、水温、pH、溶解氧、高锰酸盐指数、5日生化需氧量、氨氮、总磷、总氮、铜、锌、氟化物、砷、汞、镉、六价铬、铅、氰化物、挥发酚、石油类、硫酸盐、氯化物、硝酸盐、铁、锰、叶绿素、透明度及粪大肠菌群等29项，监测频次均为每月1次。

3. 水量水质同步监测

为了及时、准确、全面地反映三峡工程涉及范围内的水环境质量现状和发展趋势，为三峡工程生态与环境保护、减免工程带来的不利影响提供科学依据，组织开展了“长江三峡工程生态与环境监测系统”监测工作。监测工作始于1996年，其中水量水质同步监测子系统在三峡库区及下游干流共设水量水质监测断面16个。监测频次均为每月1次，监测项目包括水位、流量、断面平均流速等3项水文要素和21项水质参数，其中对与泥沙关系较密切的高锰酸盐指数、磷、砷、汞、铜、铅、镉7个项目还分别进行清样、浑样及澄清样的监测分析。

4. 水环境应急监测

应急监测主要是指对突发性水污染事件应急调查监测。突发性水污染事件，尤其是有毒有害化学品泄漏事故以及库区支流汇入口、库湾等处的“水华”爆发，往往会对库区水生态造成极大的破坏，并直接威胁到库区人民群众的饮水安全，甚至危及生命安全。

为强化三峡库区等重要水域突发性水污染事件的调查监测工作，项目部编制了长江重大水污染事件应急调查处理预案。对三峡库区江段发生的重大突发性水污染事件及水质突变现象均及时进行了调查、监测和上报。2004年3月中下旬三峡库区支流香溪河峡口镇至河口段水体出现水质异常现象；2004年3月下旬三峡库区库首凤凰山水域出现褐色水体；2005年3月上旬三峡库区支流香溪河出现水质异常情况；2009年重庆万州城区江段货轮八百余吨尿素沉入江底；2009年长江宜昌石牌鸡子沱江段集装箱沉江事故等，均一一进行了及时调查、监测和上报。此外，还开展了三峡库区支流香溪河“水华”实时监测与预测预报研究。

2.3.7 坝下游河道冲淤观测

在三峡工程施工阶段，随着施工进展及围堰水位的升高，下游河道水、沙因子将逐渐发生变化，葛洲坝下游河道将产生河床下切、水位下降及河势调整，长江与洞庭湖、长江与鄱阳湖汇流江湖关系亦会发生变化。因此必须从施工开始进行系统地观测工作，掌握下游河道的冲刷发展过程和河势调整变化过程，为分析坝下游长河段河道下切影响及对策研究提供基础数据，并为水库运用后坝下游河道整治、防洪、河势控制及江湖关系研究等积累完整、系统、可靠的基本资料，也为枢纽运行管理提供依据。

坝下游河道冲淤观测范围包括坝下游长江干流宜昌至湖口河段，河道形势如图2-14所示；洞庭湖湖区，包括东洞庭湖、南洞庭湖、目平湖、七里湖，河道形势如图2-15所示；荆江三口洪道，三口洪道包括松滋河水系，虎渡河水系，藕池河水系，河道形势如图2-16所示。

对河道地形的观测，长江干流宜昌至湖口河段观测比例尺为1∶10 000，洞庭湖区观测比例尺为1∶10 000、三口洪道地形观测比例尺为1∶5000。地形观测针对三峡工程泥沙研究与调度需要，主要是收集本底资料，并监测不同蓄水阶段的河道冲淤总体变化。测次按大江截流前、大江截流阶段及围堰蓄水前、初期及试验性蓄水阶段的需要安排。

固定断面观测在不进行地形测量的年份开展，并针对三峡工程需要加密了基本测次。2003年三峡工程135m蓄水后，为详细掌握干流河道地形变化，根据目前采用地形法与断面法观测冲淤槽蓄量对比的精度要求，对断面间距适当加密，如汊道、弯道等河型复杂河段。固定断面设置如表2-9所示。床沙取样布置为河宽1km以下布3～5点，河宽1～2km布5～7点，河宽大于2km布7～10点，支汊一般布3点。

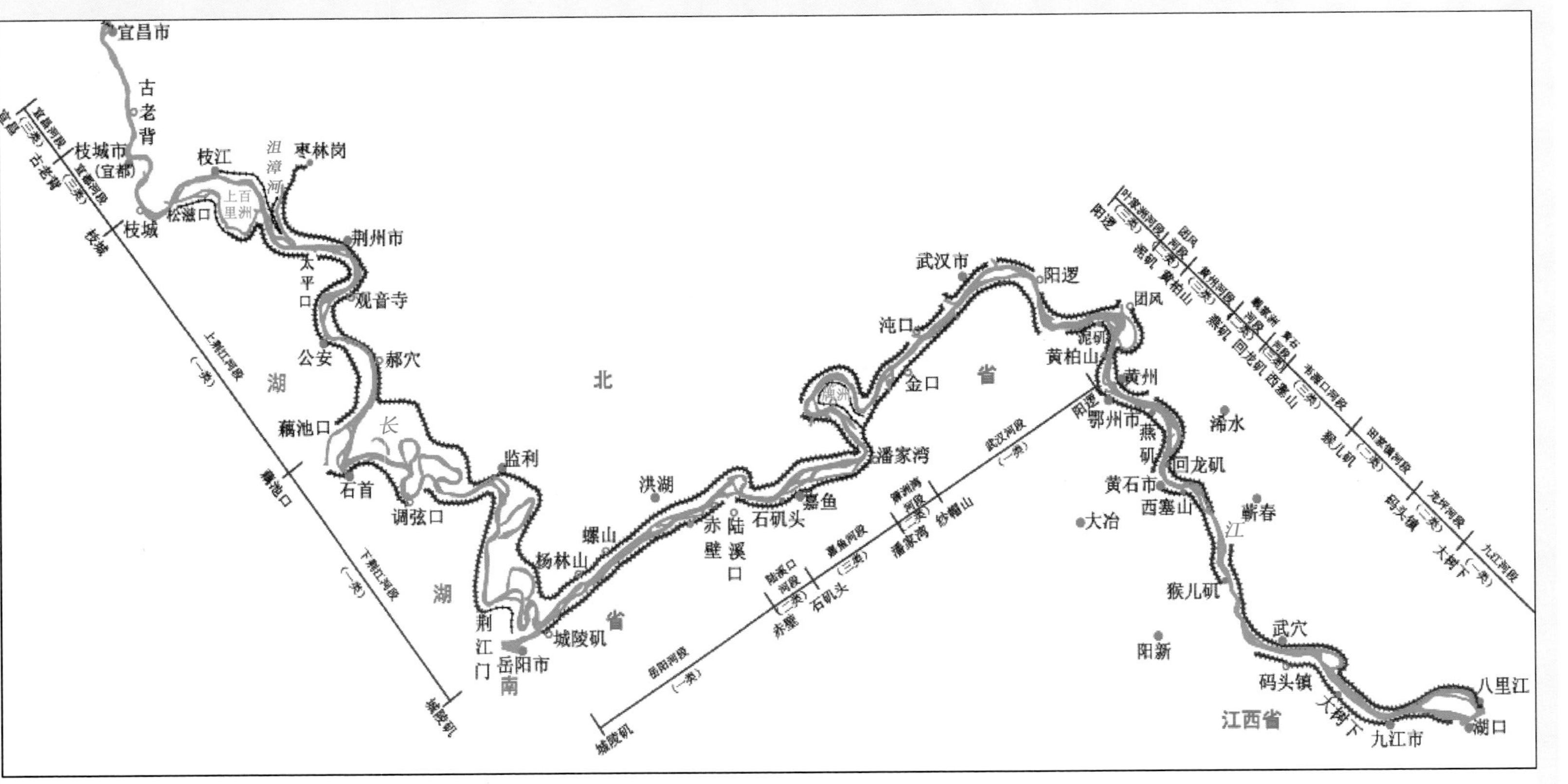

图2-14　宜昌至湖口河段河道形势图

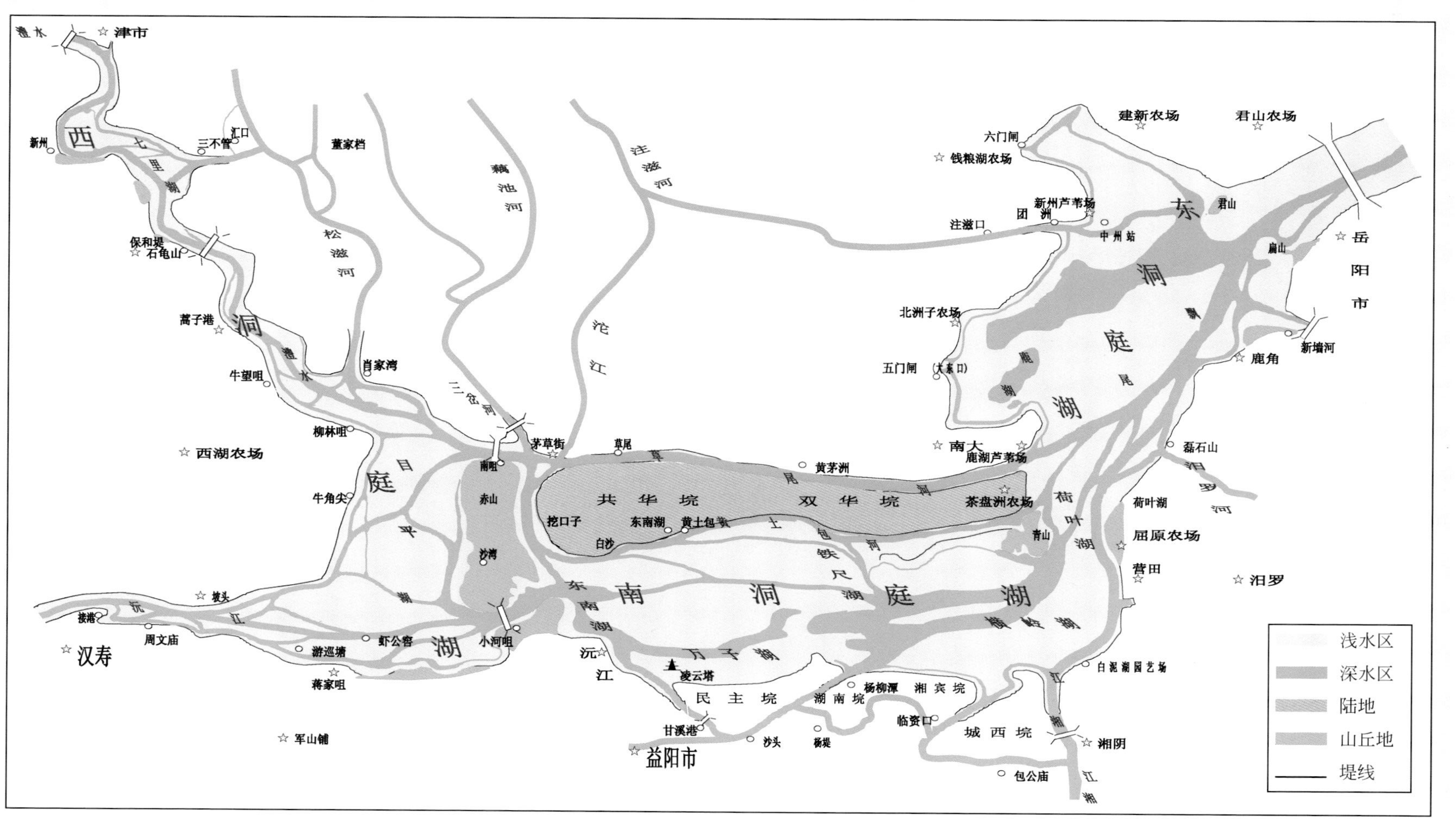

图 2-15　洞庭湖湖区河道形势图

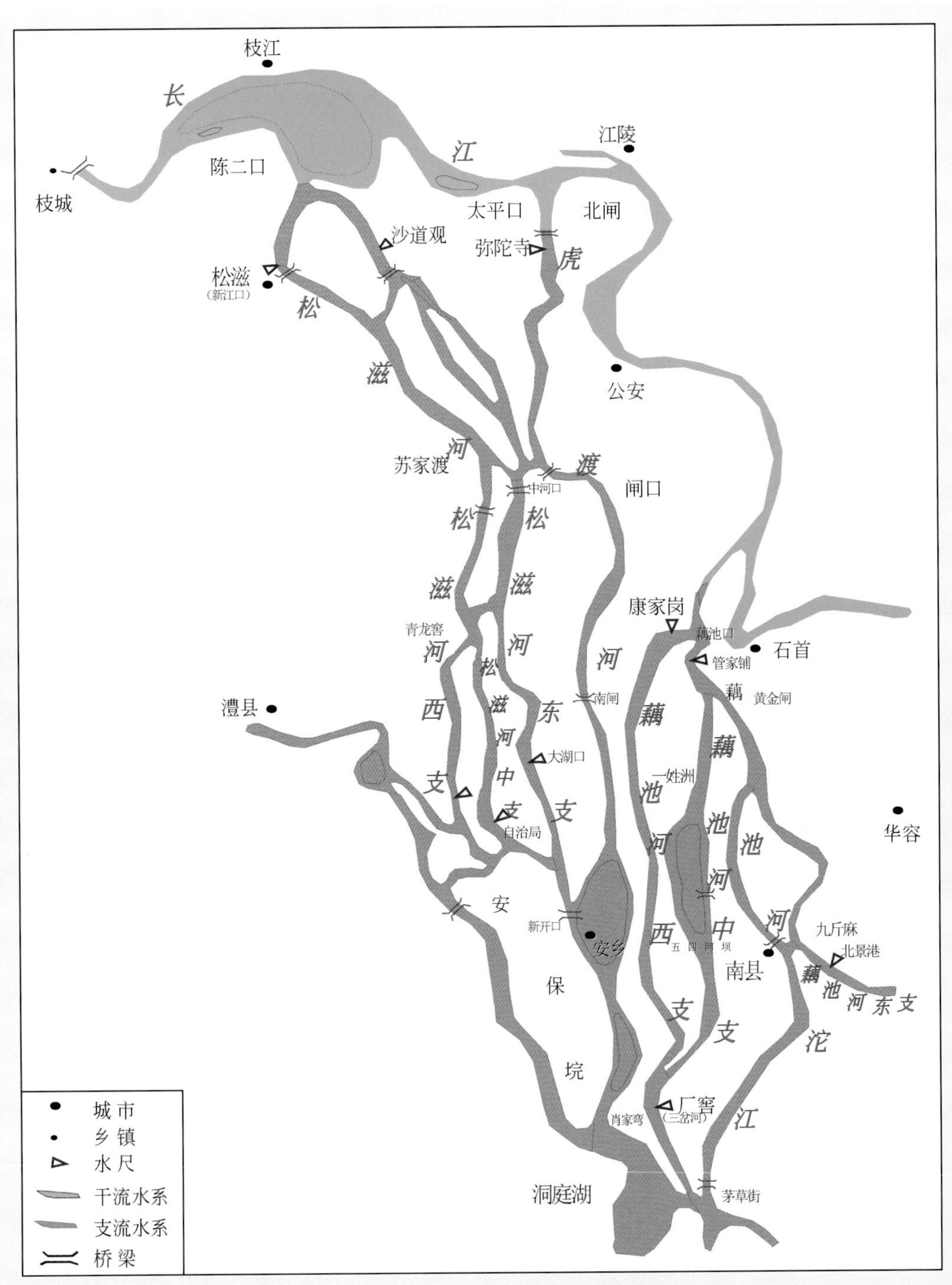

图 2-16　荆江三口河段河道形势图

2.3.8　坝下游重点河段河道演变观测

为及时了解三峡水库坝下游重点河段（含险工河段）河势、河道演变及水流条件等变化及荆江重点护岸段近岸河床冲淤变化，以及为研究三峡水库建成后长江中下游河道演变趋势及其对堤防、险工护岸、防洪、航道的综合影响提供基本资料需要，开展了荆江重点河段、中游牌洲湾河段、下游鄱阳湖汇流河段河道演变观测。其中荆江河段为重点观测河段，河段形势如图 2-17 所示。观测范围包括重

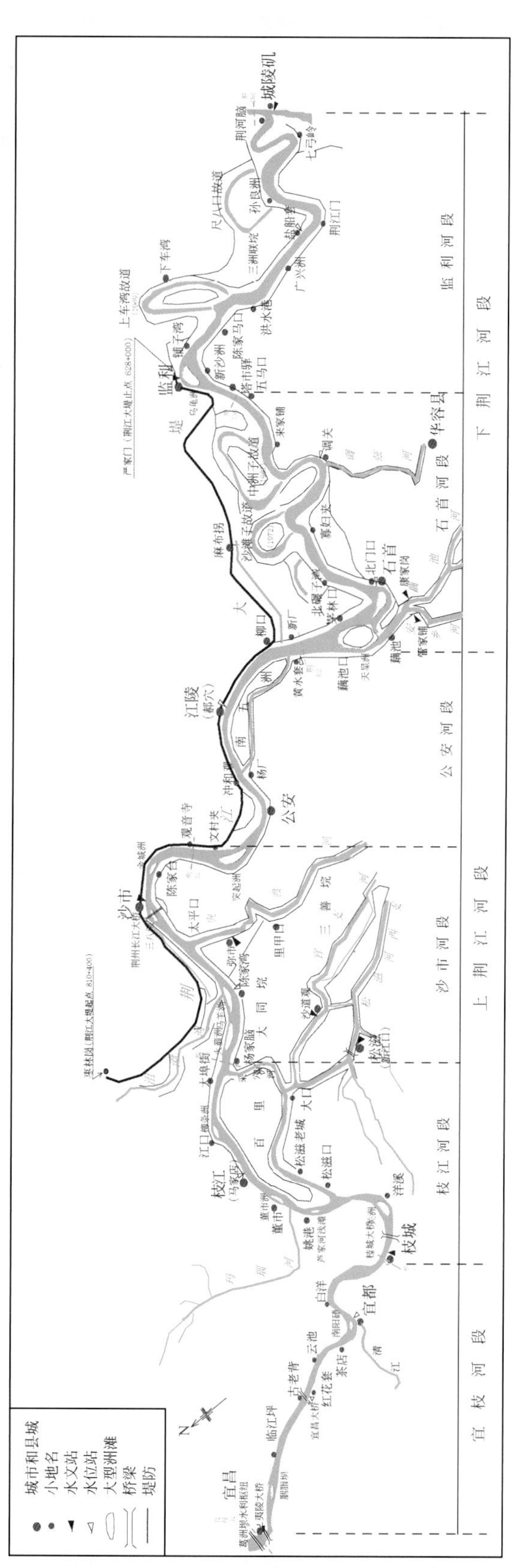

图 2-17　长江荆江河段河道形势图

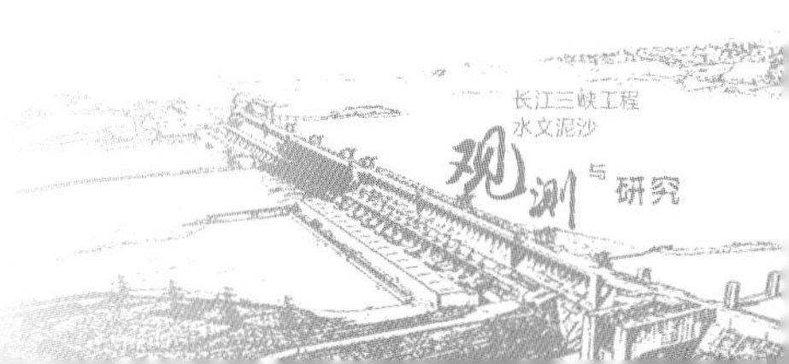

点浅滩河段、宜昌至枝城河段、芦家河浅滩河段、周公堤至碾子湾河段、太平口至郝穴河段、监利河段、长江与洞庭湖江湖汇流河段、荆江重点险工护岸河段、荆江三口河段等河段河道演变观测，观测工作于135m 围堰蓄水后进行，其中重点浅滩河段河道演变观测主要于135m 围堰蓄水前开展。杨家脑至郝穴河段（175m 试验性蓄水以前河段范围为太平口至郝穴）河道演变观测，调关河段河道演变观测，簰洲湾河段、长江与鄱阳湖江湖汇流河段河道演变观测于175m 试验性蓄水阶段开展。

1. 宜昌至枝城河段

宜昌至枝城河段自葛洲坝坝轴线至荆3 断面，长约55km，是长江由山区河流向平原河流转变的过渡段，为三峡（葛洲坝）出库河段，其冲刷状况及枯水位变化对葛洲坝通航有着直接的影响，需要密切关注。本河段河道演变观测内容为水道地形（其中入汇支流清江向口门内测至清江大桥上500m，长为1.5km）、一级水文断面（根据河道规范，并结合三峡工程水文泥沙观测实际，河道水沙断面分为四级，观测类别如表2-14 所示）、水面流速流向、床沙、比降、沿程水位等，观测布置如图2-18 所示。其中沿程水位于汛末10~12 月进行，汛期每日2 时、8 时、14 时、20 时，枯季每日8 时、20 时观测。2010 年针对三峡水库175m 试验性蓄水，宜34 断面至荆3 断面范围内选取胭脂坝段、虎牙滩、宜都弯道、外河坝等局部节点控制河段进行了河道演变研究观测。

表2-14　河道水沙断面级别及观测内容表

级别	断面类别	观测内容
一	测流取沙断面（全项断面）	水位、流量、水温、悬移质、床沙、比降、推移质
二	测流断面（流量断面）	水位、流量、床沙、比降
三	部分垂线测速取沙断面（测速断面）	水位、流速、水深、悬移质、床沙、比降
四	半江测速取沙断面	水位、流速、水深、床沙、河床摸探、比降、悬移质

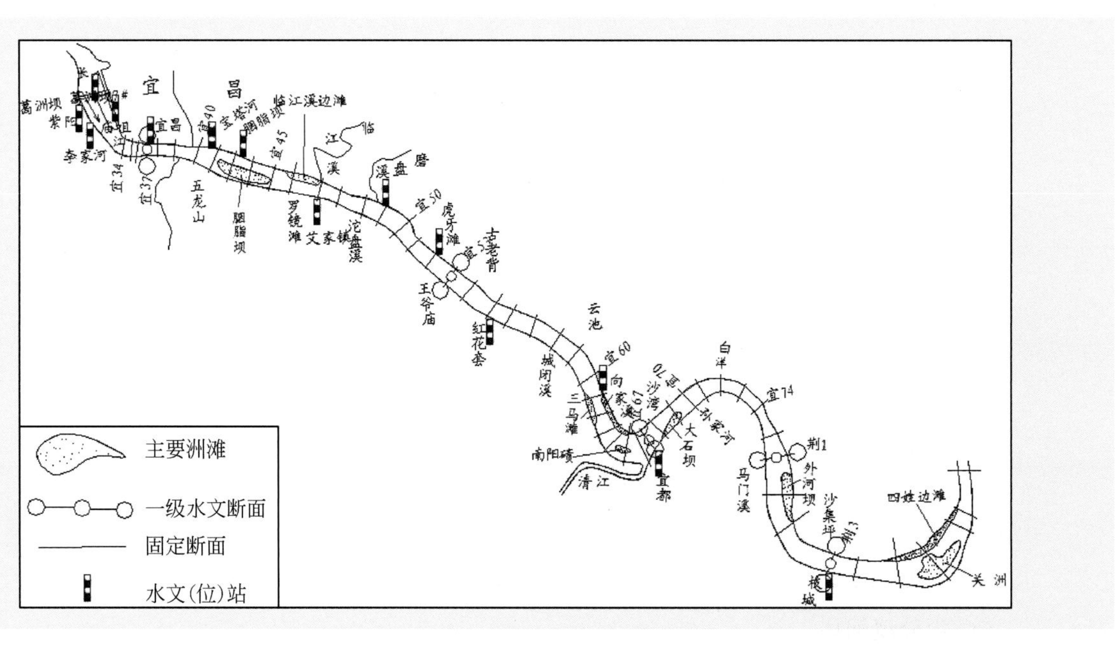

图2-18　宜昌至枝城河段观测布置图

2. 荆江重点浅滩河段

荆江重点浅滩观测是指对关洲、芦家河、天星洲、石首等浅滩河段（分布位置如图 2-19 所示）进行的观测，这些河段是荆江河段的重点碍航浅滩。芦家河水道属于长江中游著名的中水浅水道，每年汛期主流随来水涨落左右迁移，洪枯两条航道交替使用，大量泥沙先淤后冲，河槽冲淤变幅大，给航道维护带来不少问题。关洲水道航道条件虽较好，但因年内两汊水沙分配变化大，对芦家河浅滩有极为重要的影响。石首河湾于 1993 年 11 月老坎崩穿，1994 年 6 月过流，自然撇弯，新河发展很快，在下游辗子湾附近形成浅滩。1995 年 2 月，该处水深仅 2.6m，大型船舶无法通过，碍航天数达十多天，属于易出现碍航浅滩的河段。以上浅滩河段受三峡工程的影响如何，必须加强观测和分析研究，以了解和掌握其变化过程，为工程治理等提供充分可靠的资料。

观测河段的范围为：关洲自枝城（荆 4 断面）至吴家港（荆 8 断面），全长约为 11km；芦家河自伍家口（荆 7 断面）至昌门溪（荆 13 断面），松滋河内测至松 7 断面，全长约为 19 km，观测布置如图 2-19 所示；天星洲自黄水套（荆 82 断面）至送江码头（荆 92 断面），藕池河内自荆 86 断面起测进 1km，全长约为 17 km；石首自陀杨树（荆 89 断面）至北碾子湾（荆 104 断面）全长约为 21km。观测内容包括固定断面、床沙取样、一级水文断面测验、比降、地形等。

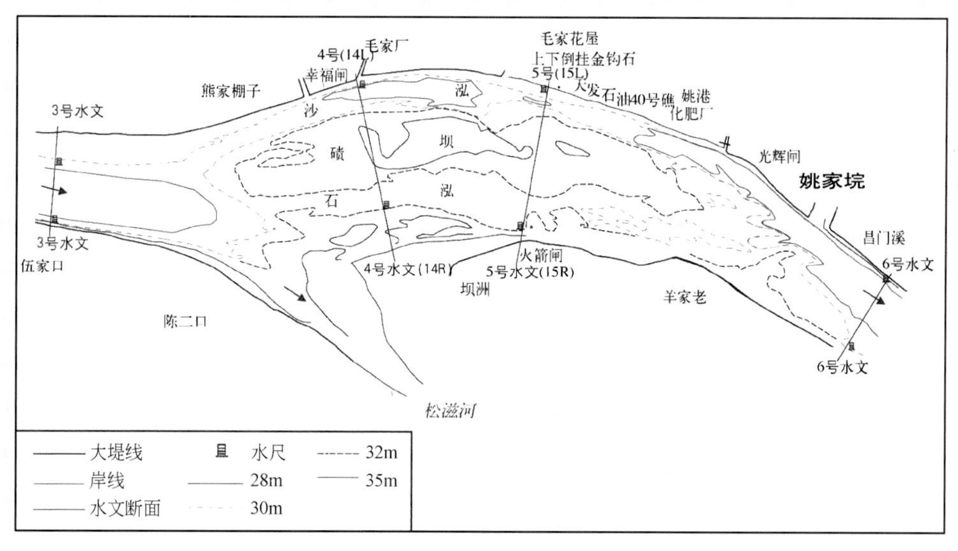

图 2-19　芦家河浅滩段观测布置图

2002 年开始，为保证观测与分析的整体性，这 4 个河段分别纳入到所处长河段进行河道演变观测。

3. 芦家河河段

芦家河河段自枝城（荆 3 断面）至杨家脑（荆 25 断面），全长约为 66km，为长江出三峡后经宜昌丘陵过渡到江汉平原的河段。两岸多为低山丘陵控制，河床由沙夹卵石组成，厚 20 ~ 25m，下为基岩。河段属微弯分汊河段，其间有关洲、董市洲、江口等汊道，另有芦家河浅滩，右岸有松滋口分流入洞庭湖。

其中芦家河浅滩是长江中游著名的中枯水期碍航浅滩，该浅滩处于微弯放宽型水道，河道形如葫芦状，极有利于泥沙落淤。河心砂卵石碛坝将河道分为两泓，碛坝左侧为沙泓，系中枯水航道；碛坝右侧为石泓，系汛期高中水航道。沙、石泓在年内交替使用，枯水期水位下降过快时，归槽水流来不及冲刷“沙泓”在汛期淤积的泥沙则出现碍航。此外，在沙泓毛家发屋至姚港一带存在流速大、比降陡、流态乱的水况，对航行不利。本河段是三峡水文泥沙观测研究及航道部门观测研究治理的重要浅滩之一。

芦家河河段河道演变观测的目的，是为分析研究其演变规律及相关对策提供基础资料。观测内容为水道地形（其中支流松滋河测进口门内 2.0km）、一级水文断面、水面流速流向、床沙、河道比降、关洲分流分沙等，观测布置如图 2-20 所示。

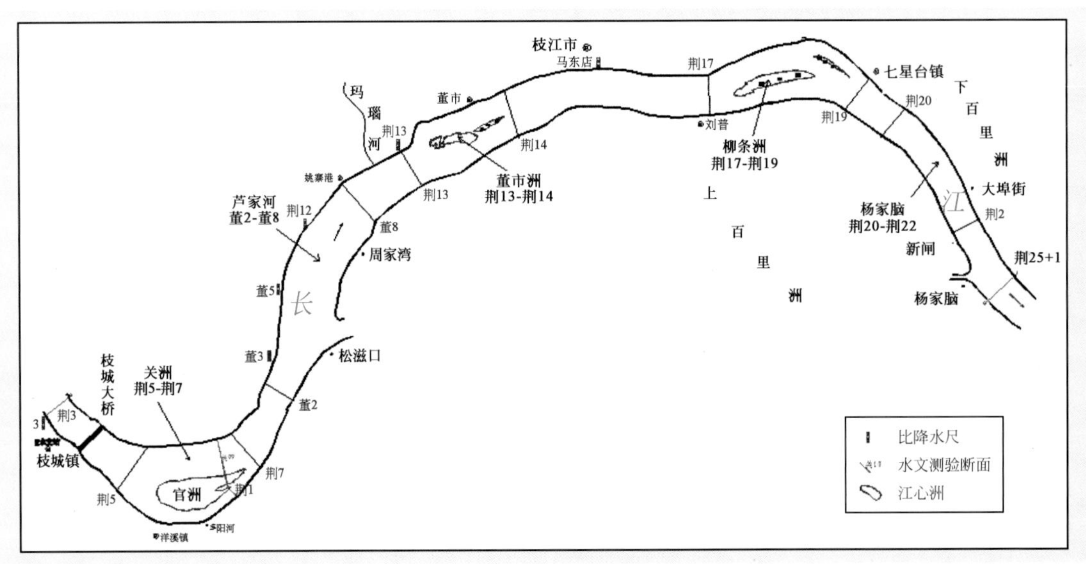

图 2-20　芦家河河段观测布置图

175m 试验性蓄水阶段，针对坝下游河段冲刷及水面线变化，在干流枝城（荆 3 断面）至杨家脑（荆 25+1 断面）内选取关洲（荆 5 断面至荆 7 断面）、芦家河段（董 2 断面至董 8 断面）、董市洲（荆 13 断面至荆 14 断面）、柳条洲（荆 17 断面至荆 19 断面）、杨家脑段（荆 20 断面至荆 22 断面）等局部节点控制河段进行了河道演变研究观测。

4. 杨家脑至郝穴河段

杨家脑至郝穴河段，干流河段上起荆 25+1 断面下止荆 75 断面，全长约为 93km，包括有沙市河段及公安河弯 、郝穴河弯上段河弯。

沙市河段属微弯分汊型河段，自杨家脑至观音寺，进口段左岸沙市城区上游有沮漳河入汇（学堂洲于 1993 年修建围堤，沮漳河口由沙市宝塔河改道至沙市上游 15km 临江寺）上段右岸有虎渡河分流入洞庭湖。沙市河段由太平口长顺直过渡段和三八滩、金城洲微弯分汊段组成，河道平面形态呈两头窄中间宽的藕节状。河段内分布有三八滩、金城洲、火箭洲、马羊洲等分汊段与太平口边滩。河段两岸大堤外江滩很窄，迎流顶冲段均修建了护岸工程，主要有荆江大堤沙市城区护岸段，盐观洲、学堂洲护岸，荆南长江干堤杨家尖护岸段，查家月堤护岸段，陈家台至新四弓护岸段等；公安河弯为微弯分汊河型，郝穴河弯为微弯河型。河段内主要洲滩有突起洲、采石洲、南五洲边滩和蛟子渊洲。险工险段有祁冲、灵黄和郝龙三段。杨家脑至郝穴河段河型复杂，洲滩或心滩较多，绝大部分为迎流顶冲河段，因此受三峡蓄水后来水来沙变化影响，其河段演变将变得更为复杂，同时，此河段为荆江防洪重点监测河段之一，应加强观测。本河段观测内容为水道地形（荆江三口之虎渡河测至弥寺测进7.5km）、一级水文断面等。一级水文断面测验内容为水位、水温、流量、悬移质、床沙。杨家脑至郝穴河段观测布置如图2-21所示。

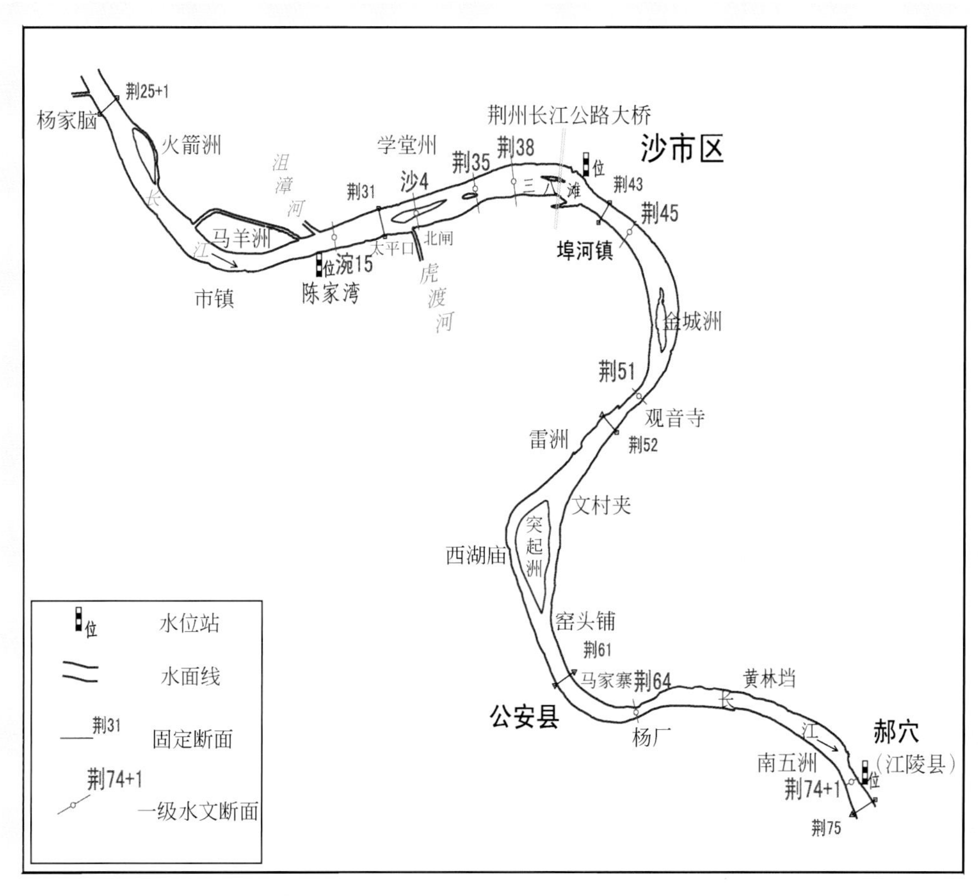

图2-21　杨家脑至郝穴河段观测布置图

5. 周公堤至碾子湾河段

周公堤至碾子湾河段，上起荆75断面下止荆120断面，干流全长约为75km，包括有郝穴河段下段河弯、石首河段金鱼钩以上河段。石首河段河型为蜿蜒性河型。河段右岸有藕池口分流入洞庭湖，河床组成以细砂为主，主要分布有天星洲、五虎朝阳边滩等洲滩。这河段崩岸险情多发，迎流顶冲段或主流贴岸段以及深泓变化较为剧烈的地段存在多处险工险段，北岸有渊子口、茅林口、古丈堤、向家洲、柴码头等险工险段，右岸有北门口、寡妇夹等险工险段，险工险段江滩狭窄、水情复杂。石首河段虽总体河势基本稳定，但仍是荆江河段河道演变最为剧烈的河段之一，除了河床纵向冲深外，深泓摆动也较为频繁，主流顶冲点下移，横向变形也较为剧烈。作为防洪重点监测河段之一，开展对受三峡工程影响的水文泥沙观测尤为重要。河道演变观测内容为水道地形［荆江三口支流藕池河测至水文断面藕池（管）约为15km，至藕池（康）约为13km］、一级水文断面、水面流速流向、床沙等。175m试验性蓄水阶段，一级水文断面测验每年调整为汛前、汛期、汛后各一次，周公堤至碾于湾河段观测布置如图2-22所示。

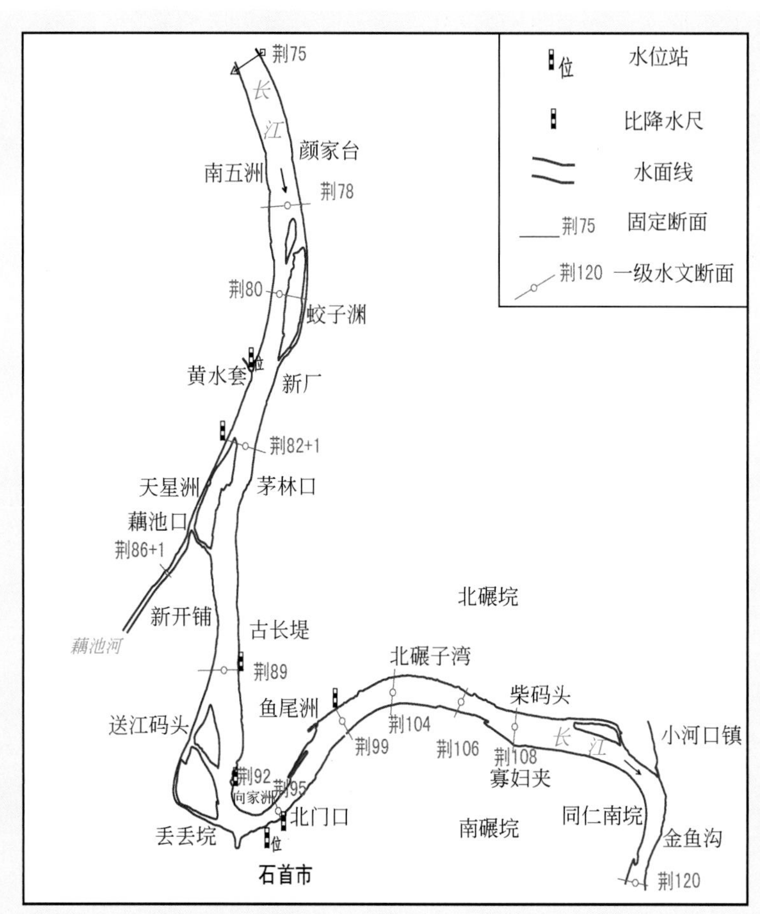

图 2-22　周公堤至碾子湾河段观测布置图

6. 调关河段河道演变观测

调关河段自荆 120 断面至关 39 断面干流长约为 15km，地处石首河段金鱼钩以下弯道段，迎流顶冲处有调关险段。调关弯道变化对上下河段的影响较大，因此，对受三峡工程影响的水文泥沙过程进行观测非常必要。河道演变观测内容为 1 : 10 000 水道地形测量、床沙取样，调关河段河道演变观测布置如图 2-23 所示。

7. 监利河段

监利河段自塔市驿至天字一号长为 30km，地处上车湾人工裁弯段，整个河段由姚圻脑过渡段与监利河弯分汊段组成。河段平滩河宽为 1350m，最窄处为 780m（天字一号卡口），最宽处为 3200m（乌龟洲）。河段内主要有姚圻脑边滩、顺尖村边滩、大马洲边滩（20m 等高线）和乌龟洲洲滩，以及天字一号崩岸段。乌龟洲是下荆江最大的江心滩，其变化与主流的变化息息相关，既受主流的制约，又反过来作用于主流。监利河弯段随着主泓南北移位，岸线变化非常剧烈，其汊道变化对上下游河段，尤其是以下至城陵矶河段河势影响非常大。因此，将其作为荆江河段防洪重点监测河段开展受三峡工程影响的水文泥沙观测。河道演变观测内容为水道地形、水面流速流向、乌龟洲汊道分流分沙等。水道地形观测，观测比例尺为 1 : 10000，汛末（10 月）观测 1 次，并同期进行流速流向观测 1 次。乌龟洲汊道分流分沙观测，布设 3 个一级水文断面，进行水位、流量、悬移质、床沙等测验，于年内洪水期

(7～9 月)、中水位（10 月)、枯水期（12 月）同步观测一次。监利河段观测布置如图 2-24 所示。

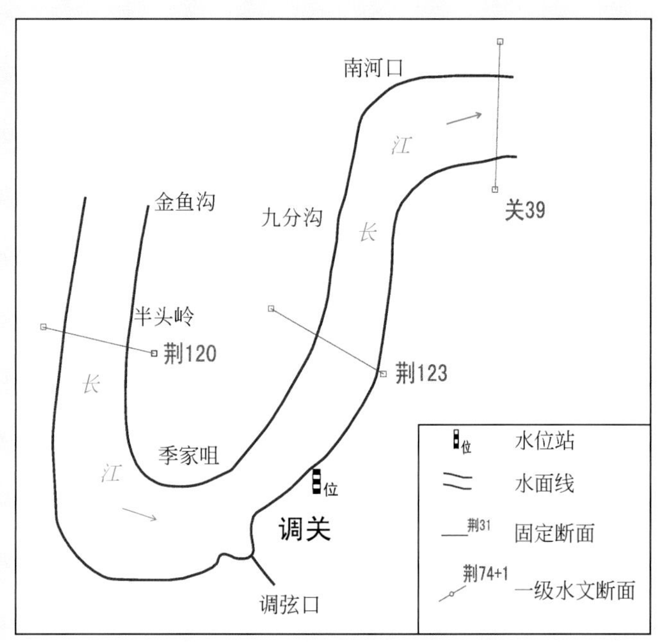

图 2-23　调关河段观测布置图

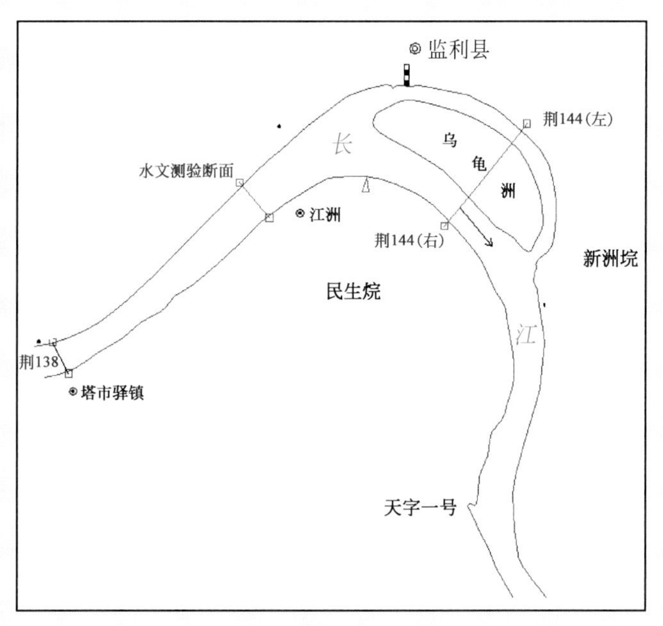

图 2-24　监利河段观测布置图

8. 险工护岸监测

为掌握坝下游荆江七弓岭重点险工护岸近岸河床冲淤规律，为河道工程治理和防洪提供充分可靠的资料依据，开展了荆江河段重点险工护岸监测，观测内容为 1∶2000 比例尺半江水道地形。结合三峡水库施工的不同阶段，根据需要先后开展了荆江大堤重点险工观测与荆江大堤、石首及七弓岭险工护岸观测，观测范围局部为半江河段。荆江大堤重点险工属于荆江大堤极为重要的险工，包括沙市、盐观、祁冲、灵黄、郝龙等河段，需经常性地进行监测；荆江大堤、石首及七弓岭险工护岸段共8段，包括学堂洲至柳林洲，窑湾至观音寺，文村夹、祁家渊至柳口段，石首弯道段，右岸北门口以下段，左岸古丈堤段，左岸北碾子湾段，七弓岭等段。对荆江河段重点险工监测于三峡工程135m围堰蓄水后开展监测。

三峡工程175m试验蓄水阶段，为及时发现三峡试验性蓄水后荆江河段可能出现的堤防崩岸险情，及时采取应对措施，对荆江险工护岸段开展了巡查监测。主要通过实地查勘，直观地掌握荆江河段水流顶冲点的变化和重点地段岸坡、岸线变化，采用定性分析与定量分析相结合，初步判断发生崩岸的可能性，同时查出潜在崩岸段，以避免出现重大崩岸险情，确保大堤安全和荆江防洪保安。

9. 荆江三口洪道分流分沙观测

荆江三口洪道作为联系荆江和洞庭湖的重要纽带，其冲淤及分流分沙的变化直接影响着荆江河段及江湖关系的变化与调整。因此，需对三口洪道的分流分沙变化进行观测和分析研究。荆江三口洪道分流分沙观测利用荆江三口洪道的新江口（松滋河西支）、沙道观（松滋河东支）、弥陀寺（虎渡河）、藕池（康）（藕池河西支）、藕池（管）（藕池河东支）等水文站（表2-3和图2-16）进行，观测内容为流量、含沙量、输沙率、悬移质颗粒级配等，并计算荆江三口入湖占长江干流枝城站分流分沙比。在年内于6~9月的四个月内，每月5日、15日、25日各站同步测验，并在汛前、汛后分别同期观测1次大断面（比例尺为1∶2000）。另外，选择松滋口出现较大洪峰过程时，5个水文断面同步施测一次。

10. 长江与洞庭湖江湖汇流河段

由于长江与洞庭湖汇流河段江湖来水之间存在相互顶托作用，水流运动具有较强的三维性，泥沙运动也非常复杂，并随着不同的来水组合和流量过程呈现出不同的变化特点。为了给全面地分析汇流段水流特性与泥沙冲淤变化规律奠定基础，并为江湖关系分析研究、湖区综合治理等提供基础资料，开展了江湖汇流河段的河床演变观测，这一工作具有重要意义。

长江与洞庭湖江湖汇流河段河道演变观测范围为，长江干流从七弓岭荆181断面至螺山干流长约50km，东洞庭湖出口岳阳至城陵矶段长为8km，累计观测河段总长为58km。观测内容有水道地形、汇流河段水面流速流向、床沙、汇流比、比降等5项。汇流比观测内容有水位、水温、流量、悬移质、床沙等。鉴于汇流段年内水流变化的复杂性，156m初期蓄水阶段，将6组水尺比降观测的汛前4月、汛后11月2个月，调整为汛前4月、汛期7月、汛后11月3个月连续观测。长江与洞庭湖江湖汇流河段观测布置如图2-25所示。

11. 簰洲湾河段河道演变观测

簰洲河段上起潘家湾，下至纱帽山，全长约为73.6 km，为一弯曲型河段，新滩口处有东荆河汇入。河段内有长江中游著名的簰洲弯道，上从花口起下至双窑，长约为53.9km，弯颈处最窄距离仅为约4.2km，弯曲系数达12以上。簰洲湾河段进口段右岸花口处，由于边滩切割而形成江心洲——土地洲（又名谷洲），在簰洲镇下游弯顶处有一较大的江心洲——团洲（原名大兴洲），在邓家口对岸有一处近岸江心洲。本河段变化对武汉河段演变影响较大，开展本河段河道演变观测目的，是为分析

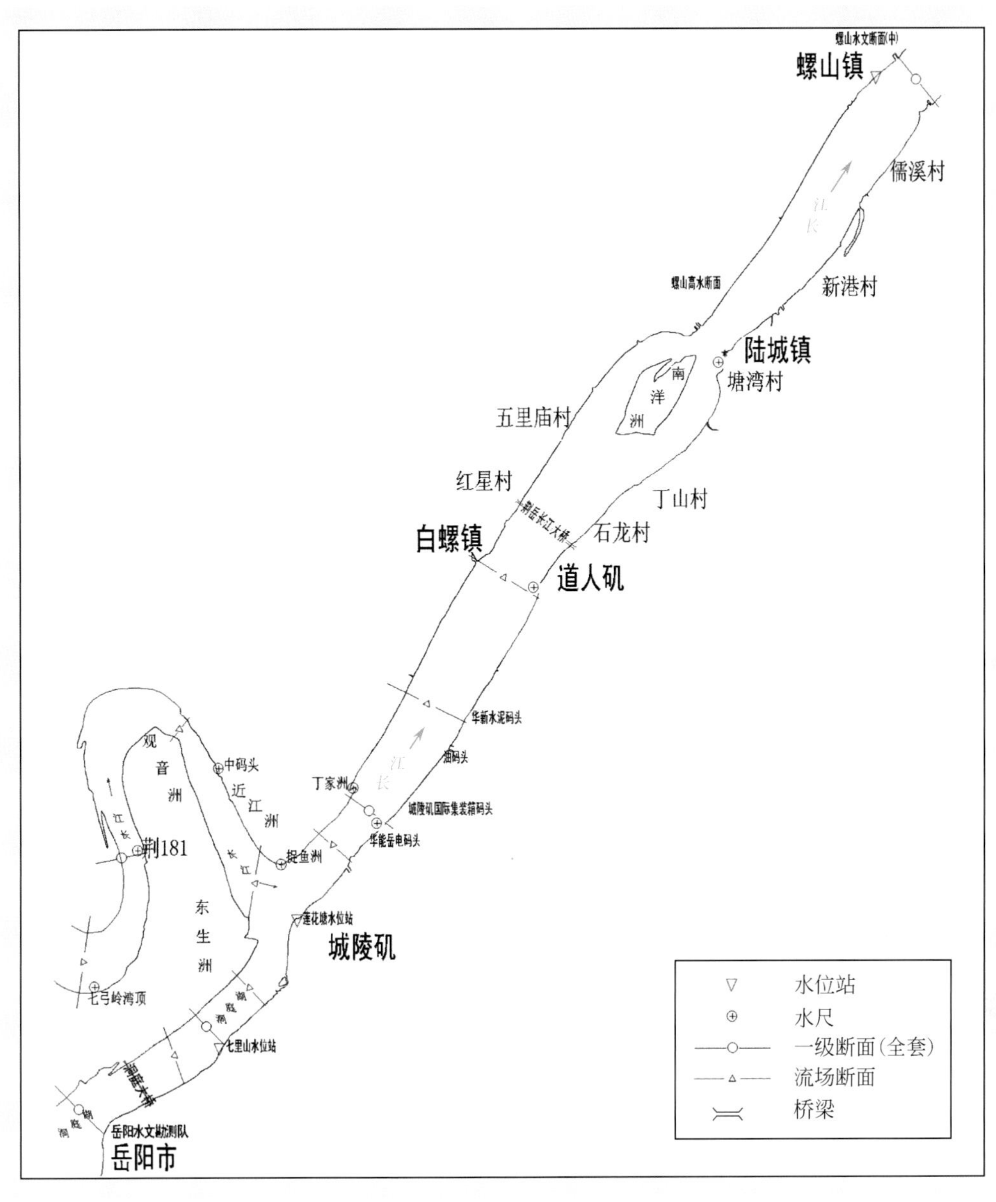

图 2-25　长江与洞庭湖江湖汇流河段观测布置图

研究三峡工程蓄水运用后，河势、河型、岸线、深槽、主泓、江心洲、潜洲，及河道冲淤变化与变化预测收集资料，以便采取稳定河势对策。河道演变观测内容为 1∶10 000 水道地形测量、水面流速流向、床沙、一级水文断面、比降水尺（其中一组为弯顶的横比降水尺）等，簰洲湾河段观测布置如图 2-26 所示。

12. 长江与鄱阳湖江湖汇流段河道演变观测

长江与鄱阳湖江湖汇流河段包括张家洲河段与鄱阳湖入江局部水道。张家洲河段上起九江锁江楼，下迄八里江口止，干流（含左汊）长约为 31km，过八里江口进入上下三号河段。张家洲汊道河道进口以上的九江水道（从锁江楼上游 22km 起至张家洲头）为一向右凹进的弯道，锁江楼至张家洲头长约 7km，河道逐渐展宽，水流形成分汊。张家洲长约为 18km，最宽处约为 6.3km。张家洲左汊为弯道，长约为 23.0km。右汊较顺直，长约为 19.0km，右汊中下部有交错分布的官洲和扁担洲（又称

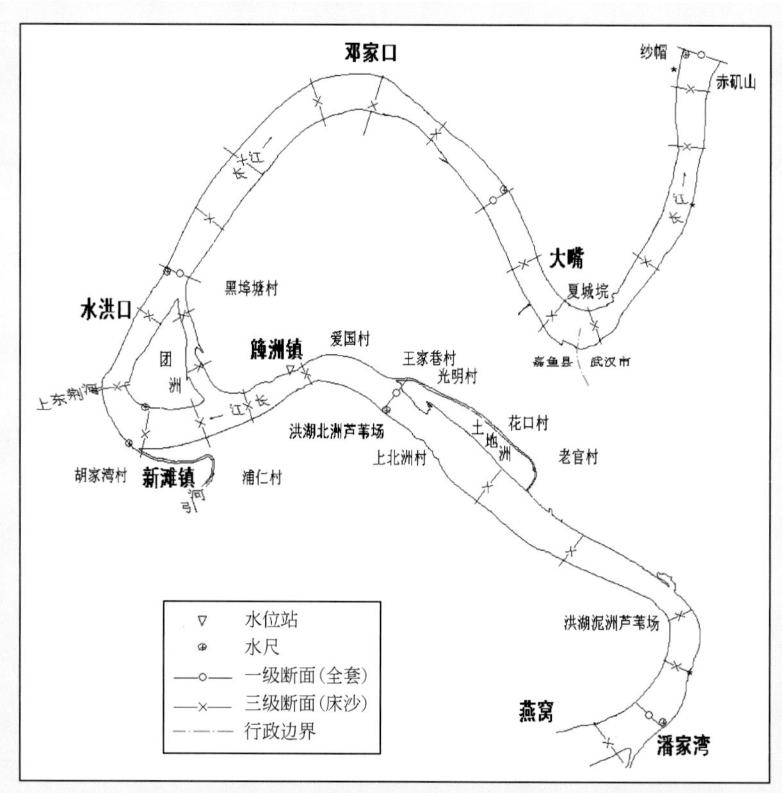

图 2-26　簰洲湾河段观测布置图

新洲）形成二级分汊。张家洲左右两汊是长江下游著名的浅水道，左汊口门、右汊新港及新洲附近为浅水区，右汊系中洪水期主航道，左汊枯水期作为上行船舶航道。张家洲右汊末端为鄱阳湖的出口，湖水由此汇入长江，鄱阳湖入江水道，长为40km，宽为3～5km，最窄处约为2.8km。长江与鄱阳湖汇流河段江湖来水之间存在相互顶托作用，并存在江水倒灌鄱阳湖现象，又有张家洲汊道变化影响，水流及泥沙运动复杂。为掌握此段水流、泥沙变化特点，进行江湖关系分析研究，并为湖区综合治理等提供基础资料，有必要开展长江与鄱阳湖江湖汇流河段河道演变观测。

河道演变观测范围为张家洲河段（锁江楼至八里江水尺），长为34km；与鄱阳湖入江局部水道，长为10km。观测内容为1∶10 000水道地形、汇流口区域水面流速流向、床沙断面、一级水文断面、比降观测等，长江与鄱阳湖江湖汇流河段观测布置如图2-27所示。

2.3.9　坝下游水力泥沙观测

三峡工程坝下游水力泥沙观测主要目的是收集坝下游沿程同步水位及全沙资料，为河道演变分析研究提供水沙数据。观测在已有基本水文站网常规水文泥沙测验的基础上，增加了专用水尺观测，并开展沿程同步水位观测，以及推移质观测内容。

1. 水面线变化观测

开展坝下游沿程水面线变化观测，一方面是为掌握坝下近坝段枯水水位下降及坝下游沿程水位变化情况，另一方面，通过观测及综合分析，研究水位下降和水面线变化对葛洲坝通航及下游防洪、航

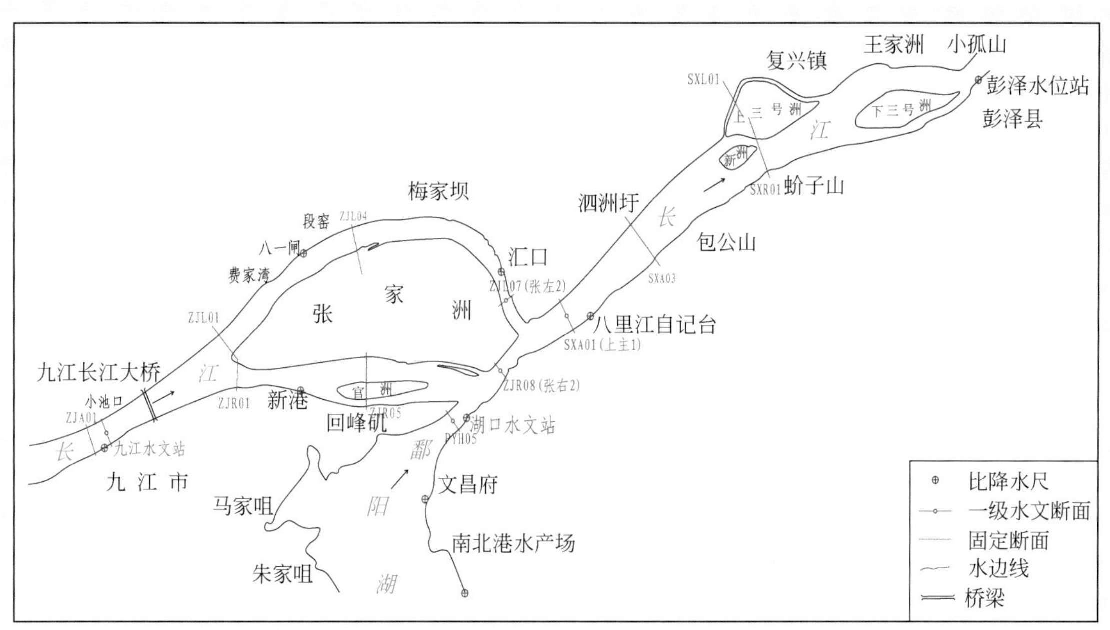

图 2-27 长江与鄱阳湖江湖汇流河段观测布置图

道的影响。沿程水面线变化观测测站设置主要利用现有的基本水文（位）站，并适当增设专用水位站，不同的时期根据三峡工程建设的不同阶段进行调整布置，每年具体设置如表 2-5 所示。观测年内在 1、2、5、7、8、10 月进行，测次安排为汛期每日 2 时、8 时、14 时、20 时四段制，枯季每日 8 时、20 时二段制。三峡 175m 试验蓄水阶段，观测月份调整为 1、2、3、4、7、11、12 月。并根据需要进行坝下游干流测站（宜昌、枝城、沙市、监利、螺山、汉口）的水位流量关系变化分析。

2. 推移质观测

观测的目的是为了解三峡水库坝下游沙质推移质、卵石推移质运动及其数量，为研究三峡水库建成后长江中下游河道冲淤过程提供依据。观测范围为枝城、沙市、监利水文站，于 135m 围堰蓄水后进行，年内测次安排为：沙质推移质按流量级均匀布置，卵石推移质按过程线法布置。并按常测法进行流量、悬沙、床沙、水位、水温等项目的测验。175m 试验性蓄水阶段增加螺山、汉口、九江等水文站沙质推移质观测，监利水文站卵石推移质观测。

2.3.10 专题观测

1. 库区水准点连测

为建立库区水文（位）站水位观测的统一高程基准，并建立 1985 国家高程基准、1956 年黄海高程系及资用吴淞高程系统三者之间的转换关系，保证水情测报的准确性、可靠性和统一性。在 175m 试验性蓄水阶段进行了三峡库区水文（位）站基本点水准点连测。连测范围为库区朱沱站到三峡大坝间的水文（位）站基本水准点，连测主要采用附和三等几何水准，适量布置少数环线水准。

鉴于库区受历史原因的影响无法完全统一资用吴淞高程系统，为获得从坝区资用吴淞高程系统基准的传递，以将库区的不同吴淞高程归化到以茅坪为基准点的吴淞高程系统，开展了库区准平衡流条件下水面水准试验性观测（结合三峡水库坝前175—174.5—175m蓄水水面线动态变化观测开展）及高程归一化研究，取得了有意义的研究成果。通过三峡库区水准点连测，进一步精确确定了三峡水库水文泥沙观测高程基准，建立了朱沱到三峡大坝区间各水文（位）站的共同高程基面（1985国家高程基准），及1956年黄海高程系框架，推算了测区各水文（位）站网基本点的吴淞高程，保证了三峡水文（位）站网高程系统转换过程中资料的转换精度和连续性。为三峡水库的蓄水运用与合理性调度提供准确的水情资料，满足三峡梯级调度中心调度与生产的需要。

2. 库区淤积物干容重观测

水库淤积物干容重，是研究水库淤积的一项重要参数。水库淤积物的干容重影响因素众多，影响机制很复杂，变幅较大，变化范围为0.2～2.2 t/m^3。因而引用其他水库的资料也显得困难。即使采用理论公式计算也需要实测资料的检验与率定，故开展三峡水库干容重观测试验研究显得非常必要。为此，135m围堰蓄水后开展了此项观测。干容重观测试验研究主要作用与任务有以下5个方面。

1）满足进行三峡水库冲淤量体积法（由断面法或地形法测得）与输沙量法（由进出库水文测站输沙率法测得）匹配的研究的需要，为两种方法的相互换算和验证的提供重要参数。

2）满足建立三峡水库特有的淤积物干容重观测系列的需要，为物理模型试验、数学模型计算以及水库长期使用等方面的研究提供基础资料。

3）获得研究三峡工程库区泥沙起动与输移和计算闸坝承受压力等方面的重要基础数据。

4）分析研究三峡水库初期干容重的时空分布规律，从而对水库整体淤积形态得出准确合理的判断，计算出水库的有效库容。

5）满足模型验证及预测的需要，为科学研究和其他工程项目提供可借鉴的成果和验证资料。

三峡水库河道狭长，水深较大，一般在20～150m左右，水库淤积物既有推移质淤积物，也有悬移质淤积物，粒径范围包括卵石、砾石、粗沙、细沙、黏土等级，组成物颗粒级配分布较宽；有暴露水面以上的淤积物，也有常年淹没于水下的淤积物，含水率相差很大；因不同入库洪水来沙和坝前水位，形成新的淤积物与各年累计淤积物，其厚度和组成随着时间而变化、密实情况不尽一样。因此，对观测仪器和观测条件有很高的要求。针对三峡水库的特点，开展了采样仪器的专门调研、测试与试验，研制了针对库区条件的犁式床沙采样器、挖斗式床沙采样器和转轴式淤泥采样器，通过多种取样仪器相配套使用，较好地解决了三峡水库淤积物干容重取样困难的问题，取得了良好的效果，获得了较为可靠的干容重观测资料。

三峡水库干容重观测布置采用全库长河段与典型河段相结合进行，采取容重样品并作颗粒分析。长河段观测以原泥沙淤积观测固定断面为基础选取重点断面进行，断面主要布置在常年回水区的泥沙淤积部位，局部河段根据河段淤积情况调整断面布置，变动回水区根据需要与淤积情况布置适当的断面，支流河段在口门段适当布置断面。通过观测反映三峡水库的表层淤积物干容重沿程分布、变化规律和淤积物的组成；典型河段则分别选取三峡水库坝前段、常年回水段和变动回水区。主要反映干容重的沿淤积深度与横向分布、时间变化特征和干容重与淤积物组成的关系等，并在此基础上分析三峡水库淤积泥沙干容重影响因素。

由于三峡工程采用分期蓄水方案，因此，分阶段具体的观测范围有所不同，对长河段观测，在

156m 蓄水前，为大坝至李渡镇河段，河段长为 494km。156m 蓄水后，观测河段为大坝至铜锣峡河段；对典型河段的观测，坝前为大坝至庙河河段，全长约为 12.7km。常年回水区观测河段为万州段，河段长为 10km，距坝里程为 285～296km。变动回水区观测河段根据实际情况确定，156m 蓄水前为土脑子河段，156m 蓄水后为茅树碛至上洛碛河段。每个典型河段皆布设 5 个取样分析断面。长河段取表层样（0.2～0.5m 厚），典型河段根据断面淤积物情况进行干容重分层取样，遇露水洲滩采用坑测的方式。

3. 坝前挟沙浑水运动状态观测

为了解三峡工程库区坝前挟沙浑水运动状态，探究三峡水库有无异重流现象，以及异重流的形成、发展及消失的过程、机理及影响因素，从而为水库淤积研究、排沙措施运用、水轮机防沙等提供依据，在 2004 年和 2005 年对坝前段浑水挟沙运动状态进行了专题研究观测工作。

观测范围为大坝至秭归县归州镇，全长约为 39.3km，布设了 6 个观测断面，其中 2004 年观测范围为大坝至庙河专用水文断面，全长约为 13km，布设了 5 个观测断面。为同步了解三峡永久船闸上引航道汛期水流及泥沙的分布情况，在上引航道及口门区共布设了 7 个断面，其中航道内 4 个（图 2-28）。观测内容为大断面、流速分布、含沙量及主泓一垂线的颗分及分层水温测验。

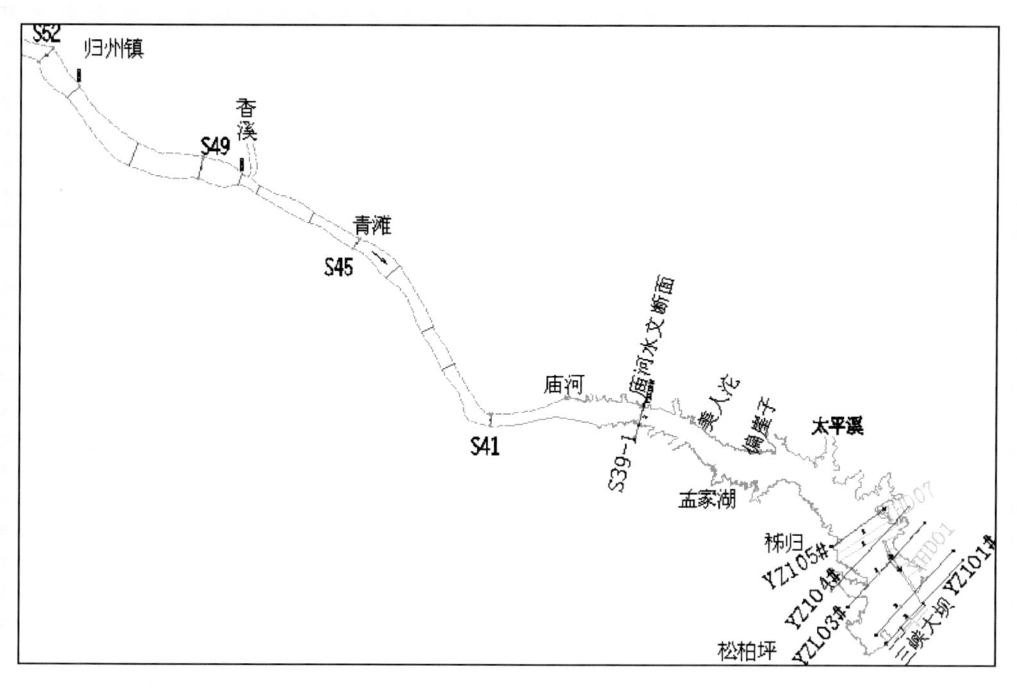

图 2-28 三峡水库坝前挟沙浑水运行状态测验断面布置图

2004 年 8～9 月，共开展了 4 次观测，三峡坝区的流量（庙河断面）为 16 900～38 800m^3/s，含沙量为 0.152～0.364 kg/m^3，坝前相应水位在 135.4m～135.7m 变化。2005 年 7～8 月共进行了 3 次观测，流量为 27 100～41 400 m^3/s。

4. 工程截流观测

在大江大河上的水利水电枢纽工程施工需干地条件，通常要修建挡水围堰。修建横向挡水围堰首先要拦断河流的主河槽，这类工程在水电工程建设中即称之为大江截流。由于大江大河水流能量巨大，要拦断河流使其改道并非易事，因此大江截流在整个水电工程建设中占有举足轻重的地位，是工程建设成败的关键。

工程截流观测的目的主要是对整个工程截流过程中的流量、水位、落差、分流比、龙口流速、流态、龙口口门宽、戗堤形象、水下地形等进行跟踪监测，对流量、水位、落差、分流比、龙口流速等要素进行动态分析和滚动预报，为截流施工决策和调度管理提供决策依据，为设计、施工、监理以及科研收集基本资料。工程截流观测处在特殊环境条件下，龙口水流湍急和高强度施工形成的复杂水域等都对观测工作造成很大影响，同时也提出了更高的要求。由于监测对象和背景均处在不断变化中，施工对信息服务的时效要求也特别高。

根据三峡工程初步设计，三峡工程建设采用三期导流施工方案，工程截流分为大江截流、明渠截流，在整个工程施工网络中，大江截流和明渠截流分别是一、二期工程和二、三期工程的转折点，其中，大江截流阶段具有水深大、流量大、物料抛投强度大、河床覆盖层厚等特点，明渠截流阶段也具有流量大、落差大、流速大、能量大等特点。

根据上述目的、要求和三峡工程截流特点，结合当时的最新技术水平，专门设计了从信息采集、传输、处理、分析、预报到信息服务一套完整的三峡工程截流水文信息系统。截流观测工作采用先进的水文仪器设备与技术措施以及信息处理和计算机网络技术，开展截流水文监测、水文分析计算和水文预报，为截流提供了准确、可靠、及时的水文信息，为保证截流的顺利成功发挥了重大作用。按照工程建设的进展，截流观测分为大江截流与明渠截流，三峡工程施工区从伍相庙至鹰子咀长约12km。为较好地掌握施工区水文、河道、水环境变化情势，观测河段上起太平溪、下至莲沱，全长为22km（以下简称坝区河段）。大坝轴线以上1.5km至大坝轴线以下1km为明渠截流水文监测河段（以下简称截流河段），全长2.5km。坝区及大江截流河段水文监测布置如图2-29所示，三峡明渠截流河段水文监测布置如图2-30所示。大江截流观测于1996年10月～1997年10月开展，明截流于2002年10～11月开展。

截流观测涉及截流边界条件、截流水流条件和截流环境影响3个方面的内容。其中，截流边界条件监测包括水下地形（含固定断面）和床沙组成变化等项目；截流水流条件监测包括水位、流量、流速（含流态）等项目；截流环境影响监测包括河势、河床演变及水质等。观测主要的工作内容见表2-15。

根据三峡工程大江、明渠截流及二、三期围堰施工进度，观测主要分为以下4个阶段。

1）围堰进占前：主要收集截流河段上下游水面线、落差、水面流态、水下地形及河床组成等资料，为截流科研和设计等提供基本资料。

2）围堰预进占阶段：主要监测上下游戗堤裹头、口门、平抛区等水域的流速分布、比降、水下地形变化及导流明渠分流分沙情况，是围堰度汛和明渠进水通航的重要阶段。预进占又分为汛前进占和汛后进占时段。

3）龙口合龙阶段：主要收集龙口合龙全过程沿龙口轴线和龙中纵断面等区域的流速、流态、水深、比降、水下地形变化；监测分流分沙、水面流态与航道冲淤变化情况。

4）截流后：主要开展二、三期围堰闭气前的渗透流量变化及闭气后度汛水文监测，包括水位、渗漏流量、水面流态及水下地形、航道冲淤等。

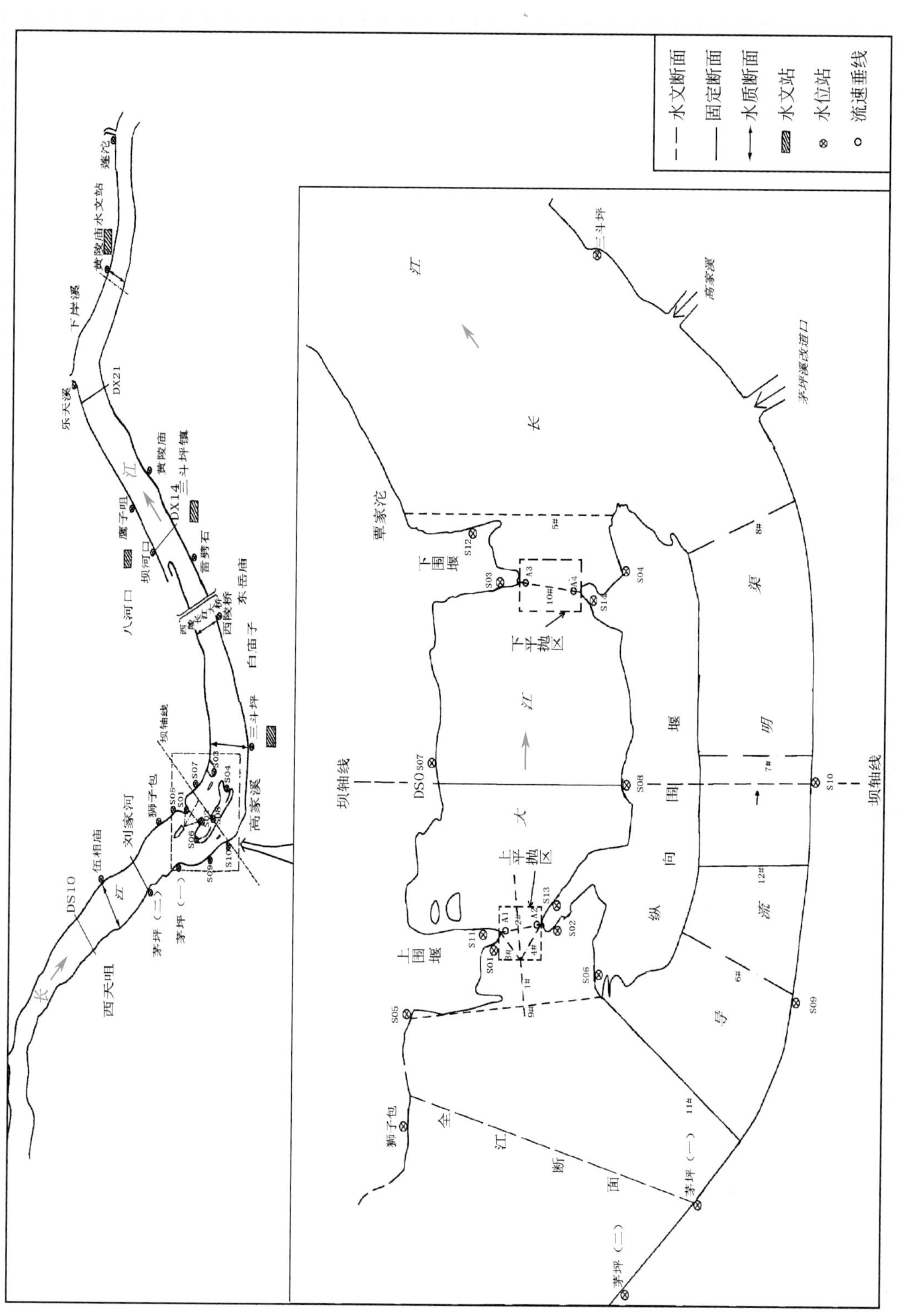

图 2-29　三峡坝区河段及大江截流河段水文监测布置图

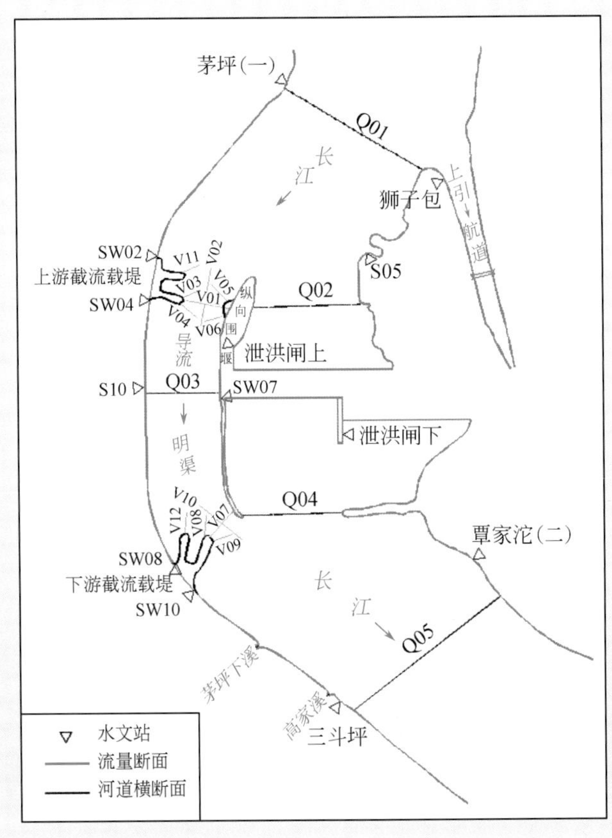

图 2-30　三峡明渠截流河段水文监测布置图

表 2-15　截流水文泥沙监测的主要内容及作用

序号	项目名称		主要内容	主要作用
1	截流边界条件	(1) 水下地形	1. 水下地形（本底地形、二期围堰拆除水下地形、截流戗堤水下地形）	掌握水下地形、口门水面宽及床沙的变化情况，截流设计优化、调整截流施工方案。同时，也是模型跟踪试验、水文预报及水文、水力学计算的基础资料
		(2) 固定断面	2. 固定断面 3. 戗堤口门水面宽	
		(3) 床沙	4. 床沙	
2	截流水流条件	(4) 水位	1. 坝区沿程水面线 2. 降水	是监测截流落差及其变化的基础。同时监测葛洲坝水库调节对截流水力指标的影响
			3. 龙口落差 4. 戗堤落差	掌握上、下戗堤落差及其分配，指导上、下戗堤施工进占的时机及速度
		(5) 流速	5. 护底加糙区流速 6. 戗堤头及挑角流速 7. 龙口纵横断面流速 8. 截流河段流态	掌握截流河段流场及戗堤口门区（尤其龙口）的流速变化特征，指导戗堤进占的抛投体块径、形状、抛投方式及推填角度等，已利戗堤头的防冲和稳定
		(6) 流量	9. 坝址流量 10. 茅坪溪支流流量 11. 大坝底孔及龙口分流量	掌握坝址来流量及导截流河段的分流量。大坝分流能力直接影响截流龙口水力学指标
3	截流环境影响	(7) 河床演变	1. 截流对下游河道、航道的影响	截流对河道、航道口门区的河势影响及水环境的影响进行评价分析
		(8) 水环境	2. 水质	

三峡大江及明渠截流观测各时段划分见表 2-16。

表 2-16　三峡工程大江及明渠截流期观测时段安排

截流施工阶段	大江截流	明渠截流
围堰进占前	1996 年 10 月	2002 年 10 月 20 日前
围堰预进占阶段	1996 年 11 月至 1997 年 10 月	2002 年 10 月 21 日至 10 月 31 日
龙口合龙阶段	1997 年 11 月 1 日至 11 月 8 日	2002 年 11 月 1 日至 11 月 6 日
截流后	1997 年 11 月 8 日	2002 年 11 月 6 日后

5. 葛洲坝水利枢纽下游近坝段护底加糙工程观测

葛洲坝水利枢纽自 1973 年动工兴建以来，由于坝下游河床冲刷下切、近坝段砂石骨料开采、荆江裁弯以及近年来沿江人为采砂等因素影响，引起河段沿程中、枯水位下降。1973 ~ 2003 年，宜昌枯水位累计下降了 1.24m（对应流量 $4000m^3/s$）。宜昌枯水位的持续下降，将造成枯水期葛洲坝二号、三号船闸下闸槛槛上水深以及三江下引航道航深不足，对通航极为不利。三江下游引航道的最低水位达不到 39.0m 时，将不能满足三峡工程正常运行期三江航道通过万吨级船队的要求。

类比长江三峡（葛洲坝）水利枢纽工程和汉江丹江口水利枢纽的下游枯水位沿程变化。丹江口水库运用 50 年间（1958 ~ 2007 年），其下游 6km 黄家港枯水位下降 1.69m（对应流量 $500m^3/s$），下游 109km 的襄樊枯水位下降 2.69m。葛洲坝水库运用 27 年间（1981 ~ 2007 年），下游 6km 的宜昌枯水位下降 1.35m（对应流量 $4000m^3/s$），下游 153km 的沙市枯水位仅下降了 0.89m。有鉴于此，对葛洲坝下游河段治理，遏制河床继续下切和枯水位下降变得非常必要而且紧迫。135m 围堰蓄水后的相应年份，在葛洲坝枢纽下游胭脂坝坝尾河段，实施了河床护底加糙试验工程，并同步实施不同水文条件下工程河段原型水文观测。

水文观测范围上起万寿桥上口，下至艾家镇水尺，全长约为 7.29km，包含整个护底工程区。主要观测项目主要包括水下地形、床沙、水面线、流速场、分流比等。每年观测范围依据项目的不同而有所变化（表 2-17）。

表 2-17　护底试验工程主要水文泥沙观测项目布置表

序号	观测范围	观测时机	观测项目
1	护底试验工程区	汛前、汛中、汛后	1：1000 水下地形
2	护底试验区局部	工程施工前、抛石后	1：500 水下地形
3	沿程水面线观测	每天 8 时、20 时	水位
4	护底区域床沙测验	汛前	19 个断面
5	胭脂坝洲体	施工后，汛前	床沙勘测分析
6	宜昌 ~ 杨家脑河段	汛前、汛中	沿程水面线观测
7	护底试验工程区	$4000m^3/s$、$30\,000\ m^3/s$ 流量	1：1000 水下地形
8	护底试验工程区	$4000m^3/s$、$30\,000\ m^3/s$ 流量	床沙测验
9	胭脂坝河段	$10\,000m^3/s$、$20\,000m^3/s$、$30\,000m^3/s$ 流量	胭脂坝分流比、流速分布

6. 葛洲坝水利枢纽下游河势调整工程水文观测

长江葛洲坝水利枢纽通航建筑物由三江航线和大江航线组成，大江航线于1998年9月以后进行了两次实船试航，1990年年底对笔架山河段的航道进行适当整治后，在流量20 000～25 000m^3/s之间时基本满足通航要求。由于坝下游西坝岸线阻水挑流作用等影响，导致二江泄水闸下泄水流向右折冲扩散，对大江航道形成横浪并使水流条件复杂化，在较大流量时，下游航道涌浪较大，对船队航行和下闸首人字门对中有一定的影响。

三峡工程蓄水后，三峡库区航道的通航条件得到改善，由于大江航道的最大通航流量为25 000m^3/s（实际上流量Q=20 000m^3/s时停航）。当流量$Q \geqslant$20 000m^3/s，因大江船闸停航，导致两坝（三峡和葛洲坝）的通过能力不匹配，因此迫切需要提高大江船闸及航道的最大通航流量。长江葛洲坝水利枢纽下游河势调整工程（以下简称河势调整工程）主要是为改善葛洲坝大江航道下游口门及航道的通航条件，使通航流量满足30 000～35 000m^3/s时的设计要求。

为配合长江葛洲坝水利枢纽下游河势调整工程的实施，156m初期蓄水阶段开展了葛洲坝坝轴线至镇川门河段原型水文观测。葛洲坝水利枢纽下游河势调整工程水文观测布置如图2-31所示。主要观测内容为流速场观测、水面流速流向、波浪、水下地形等。其中流速场观测在测区布置了4个测验断面，在20 000～35 000m^3/s流量级内，按流量级进行观测；比降观测，在测区河段左岸及下游导航隔流墙尾至李家河河段布置17组临时水位观测站，与流速场测验同步观测；波浪观测根据设计方有关波浪观测的要求，按葛洲坝大江航道设计左、右边线进行布置；水面流速流向观测与水下地形测量范围为整个河段。

7. 葛洲坝水利枢纽下游生态观测

草鱼、青鱼、鲢鱼和鳙鱼合称我国“四大家鱼”。长江是我国“四大家鱼”的主要天然原产地，该水系野生“四大家鱼”的种质资源性状明显优于其他水系，是宝贵的天然物种种质资源库。“四大家鱼”属典型的漂流性卵鱼类，一定的水文水力学条件是“四大家鱼”繁殖的必要条件。

随着三峡水库的蓄水运用，其径流调节作用增强，运行调度方案将直接影响大坝上、下游江段水文情势。在保证防洪、发电和航运调度的基础上，根据“四大家鱼”繁殖的生物学特性，制定合理的调度方案，人工创造家鱼繁殖所需水文、水力学条件的洪峰过程，将会对“四大家鱼”产卵场的保护与恢复产生良好的效果。

1997～2005年多年在监利断面卵苗发生量调查资料显示，6月下旬的涨水过程，会形成大的苗汛。因此，为了给开展三峡水库生态调度方案前期研究提供适时生态水文学资料，掌握三峡水库下游溶解气体过饱和度沿程分布现状，定量预测三峡水库下游溶解气体过饱和度的演变趋势，了解三峡水库下游气体过饱和对典型鱼类气泡病的潜在影响，于172m试验性蓄水阶段，在宜都至枝江河段长江“四大家鱼”典型产卵场进行流场测验，同时布设观测断面，开展水质观测工作。其中，流速场测验在白洋产卵场（宜都至枝城16km，按4km设一个断面）和枝江产卵场（枝城至枝江33km，按6km设一个断面）开展；水质观测采用自三峡大坝到枝江江口共布设7个水质观测断面进行观测（表2-18）。观测项目包括水温、溶解氧（DO）、饱和度、水深。

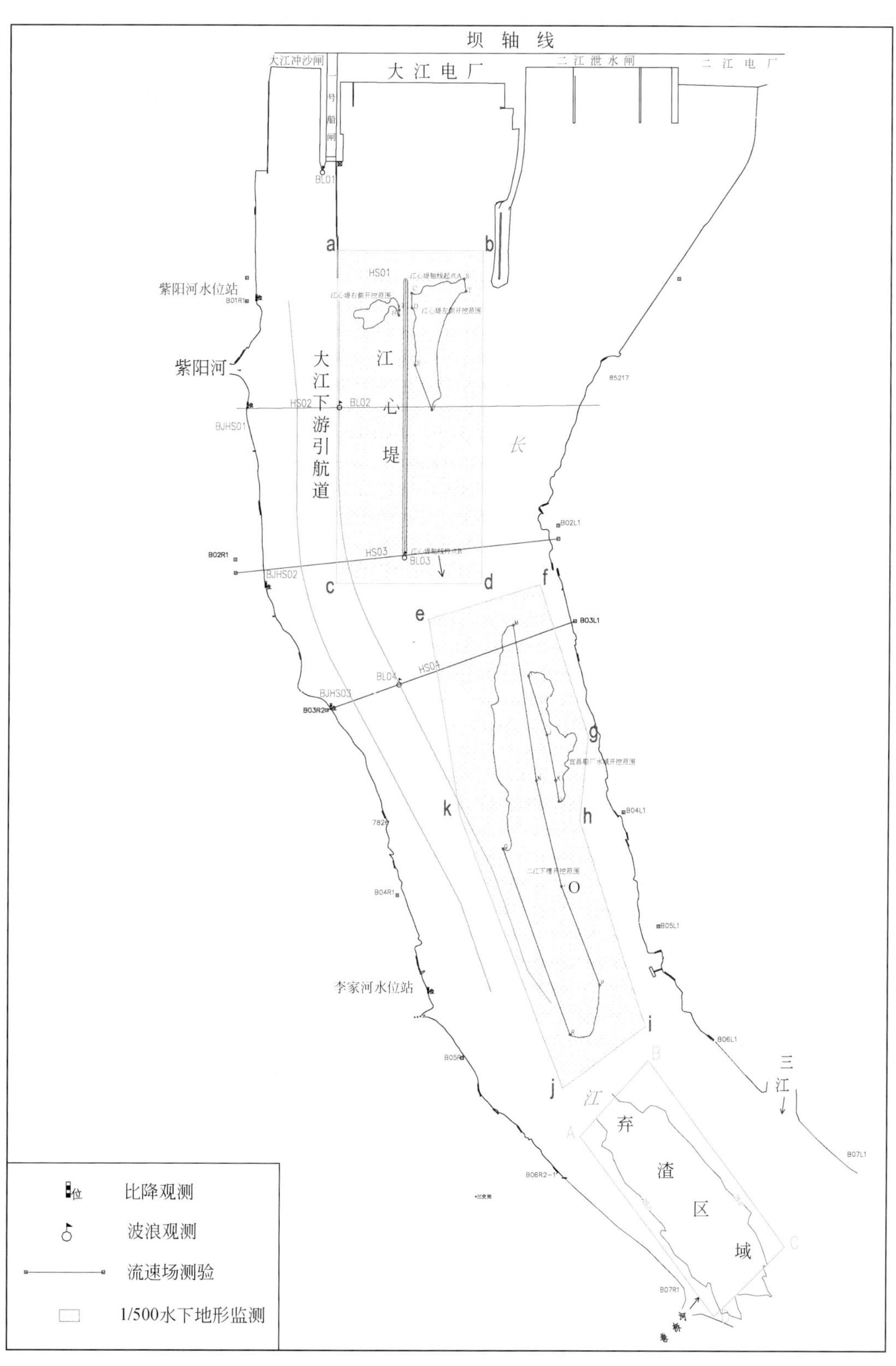

图 2-31　葛洲坝水利枢纽下游河势调整工程水文观测布置图

表 2-18　水质观测布设

序号	断面名称	位置描述	观测时段与频次
1	太平溪	三峡坝上 0.5km	6~9 月，3 次/月
2	莲沱镇（黄陵庙）	三峡坝下 12km	同上
3	庙咀	三峡坝下约 46km	同上
4	古老背（虎牙滩）	三峡坝下约 65km	6~9 月，1 次/年
5	宜都上	宜都茶店桥	同上
6	宜都下	清江入汇口下游侧	同上
7	江口	三峡坝下约 140km	同上

8. 两坝间调峰试验观测

为了更好地发挥三峡工程的发电效益，维护电网安全稳定运行，三峡电站将参与电力系统的调峰运行，其形成的两坝间（三峡至葛洲坝）非恒定流，根据航运需要应经过葛洲坝水利枢纽反调节，以满足航运要求，保证船舶的正常运行。

三峡至葛洲坝梯级电站联合调峰运用方案的拟订，其日调节对航运的影响是需要考虑的重要因素，尤其是葛洲坝电站配合运用的方式。为此，于 156m 初期蓄水阶段开展了三峡电站调峰试验，同步开展两坝间调峰试验观测。

调峰试验观测，在两坝间选取了 7 个典型河段和 3 个航道口门进行。主要观测项目包括在 3 个航道口门各布设 1 个断面，在 7 个典型河段各布置 2 个测验断面连续监测各断面流场；在 7 个典型河段测验断面左、右岸各布设 1 个水位临时观测点，3 个航道口门区各布设 1 个水位临时观测点观测河段内纵横比降；在 7 个典型河段每断面，每次调峰期观测水面流速流向。

9. 芦家河浅滩枯水水流条件观测

芦家河浅滩位于葛洲坝下游约 80km 的松滋河口门处。浅滩所在河段上起陈二口董 3 断面处，下至昌门溪荆 13 断面处，全长 10.9km（图 2-32）。河段上接关洲汊道，下连枝江浅滩水道，右岸有松滋口分流。芦家河浅滩处于微弯放宽型水道，河段两端河宽一般在 1200m 左右，中部董 5 断面、荆 12 断面宽达 2100m，为两头小而中间大，形如葫芦状，极有利于泥沙落淤。河心砂卵石碛坝将河道分为两泓，碛坝左侧为沙泓，系中、枯水航道；碛坝右侧为石泓，系汛期高、中水航道。由于深泓摆动，水流枯水坐弯，高水取直，使得年内航道由沙、石泓交替使用。两航道交换时间一般为 5~6 月汛期到来由沙泓向石泓过渡，汛后退水的 10~11 月又由石泓向沙泓过渡，每当洪水退落石泓水深不足而沙泓尚未冲开不能满足设标水深时，航道出现“青黄不接”的紧张局面，这是芦家河浅滩水道出浅情形不同于长江其他浅滩出浅的重要特点。在自然情况下，芦家河水道属于长江中游汛后出浅最早的浅滩，每年汛期随着来水的涨落，泥沙先淤后冲，河槽的冲淤变幅大，主流的摆动、洪枯航道交替变换等给浅滩的维护带来不便。三峡水库蓄水后，大量泥沙在水库内淤积，下泄水流含沙量减少，改变了下游河道的水沙条件，在减轻中下游河道防洪压力的同时，也将对长江中下游河道产生一定的负面影响，如河床冲刷、水位下降后引起宜昌至芦家河河段区间的水面线的变化尤其在枯水期，芦家河浅滩低水位若发生较大变化，将会给浅滩的治理带来新的问题。为满足对上述问题的研究，156m 初期蓄水阶段，对芦家河河段进行了枯水期比降及水流流场观测专题观测，以分析芦家河河段低水期水位、流速等水力因子变化对芦家河浅滩的影响。观测内容包括水面纵、横比降、水流流场，芦家河浅滩枯水水流条件观测布置如图 2-32 所示。

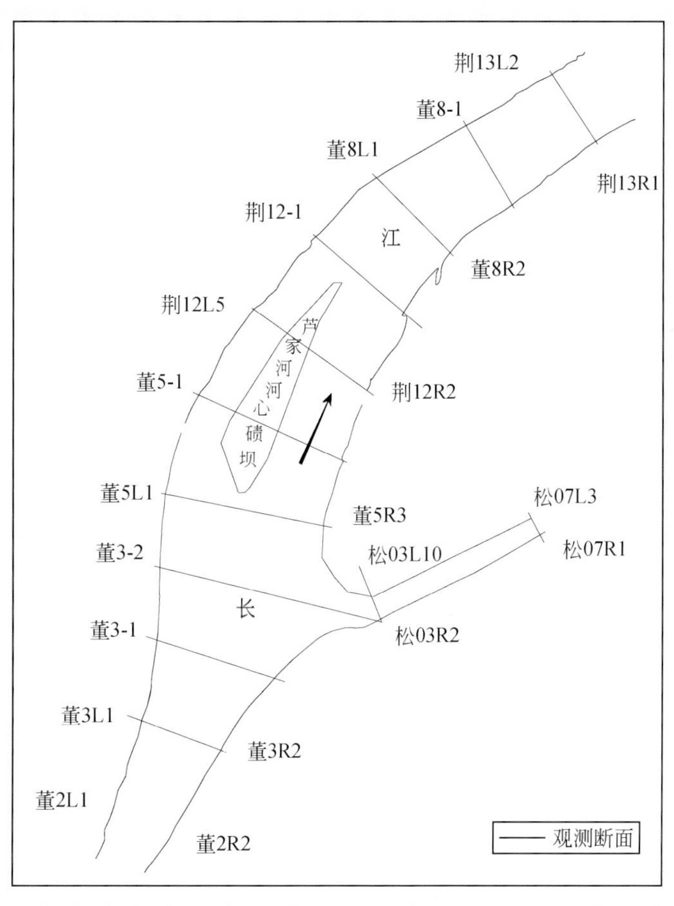

图 2-32　芦家河浅滩枯水水流条件观测布置图

10. 河床组成勘测调查

全面开展三峡工程库区、坝区与坝下游河段河床组成勘测调查，收集河床一定深度的物质组成及粒径级配组成等原型资料，对分析研究河床演变趋势及模型验证有着重要的作用。主要作用与任务有：

1）收集河床组成基本资料，为河床演变分析提供依据。

2）正确估算库尾河床卵石来量，充实来沙资料。

3）收集水库及坝下游河段蓄水运行前本底资料，为蓄水运用阶段的河床冲淤变化提供初始参数。

4）收集水库试验性蓄水期河床组成变化资料，掌握库区河床可动层一定深度内的河床组成物质样品及其颗粒级配、岩性以及基岩出露分布范围等，为分析研究库区上游邻近河段河床演变趋势及其对水库泥沙的影响，特别是变动回水区在各级蓄水位期和年内不同调度水位运行下宽级配推移质泥沙淤积特征与规律，以及常年回水区的淤积过程等提供实际依据。

5）准确掌握三峡水库蓄水前坝址河床组成情况，为研究葛洲坝水库蓄水运用期、三峡工程施工期的泥沙输移、堆积规律提供资料。

6）掌握试验性蓄水期间坝下游河段河床组成变化情况，调查了解河床边界物质组成分布，如基岩、胶结卵石岩、卵砾石及砂泥分布等，以区分可冲部位和不可冲部位，冲淤变化发展趋势扩展资料，为分析预测坝下游河道泥沙冲刷、淤积及其河床演变趋势等提供实际依据。

三峡工程影响河段河床组成勘测调查，根据工程建设阶段分别开展了三峡库尾上游河床组成勘测调查、三峡库区河床组成勘测调查、三峡坝区河床组成勘测综合研究及三峡坝下游河床组成勘测调查等。

三峡库尾上游河床组成勘测调查，于大江截流前开展了天然本底资料收集，范围为金沙江屏山至宜宾河段61km，川江宜宾至重庆384km，嘉陵江合川至重庆95km，河段总长约600km，包括横江、岷江、赤水河、涪江和渠江等重要支流汇口以上20km河段。

三峡库区河床组成勘测调查，于大江截流前后开展了奉节至三峡坝址河段床沙勘测，河段全长168 km；于135m围堰蓄水前后开展了蓄水前本底资料收集，范围为变动回水区重庆至朱沱河段干流180km，嘉陵江合川至重庆段95km。175m试验性蓄水阶段，为掌握试验性蓄水期间变动回水区河床组成变化情况，开展了重庆至朱沱河段河床组成勘测调查，河段长约130km。

三峡坝区河床组成勘测综合研究，于大江截流前后开展了大江基坑及三峡坝址河段床沙勘测，135m围堰蓄水后，开展了长江三峡工程导流明渠基坑河床组成取样分析。

三峡坝下游河床组成勘测调查，于大江截流前开展了河床组成本底观测工作，范围为城陵矶至湖口河段，长约550km。135m围堰蓄水前后开展了蓄水前本底资料收集，范围为长江宜昌～城陵矶河段长约400km；175m试验性蓄水阶段，为掌握试验性蓄水期间坝下游河段河床组成变化情况，开展了宜昌至杨家脑河段河床组成勘测调查，河段长约122km。

河床组成勘测调查，内容包括河床组成勘探、洲滩坑测、水下断面床沙取样、河床组成调查等。并进行边界条件、物质来源、水流条件、河床冲淤变化、人类活动等河床组成变化影响因素分析。

11. 水库蓄水与消落过程水文泥沙观测

通过进行长江三峡工程影响河段的蓄水与消落过程水文泥沙原型观测，可了解三峡库区（特别是变动回水区）及坝下游水文河道变化情况，为水库正常蓄水运用时重庆主城区河段的走沙规律提供观测和研究的类比基础资料，进而为明确水库蓄水对水文泥沙运动的影响，揭示三峡工程建成运行后水文泥沙的运动规律与河势、河床的演变规律，率定、验证和改进三峡工程泥沙冲淤数学模型打下基础。并可为三峡水库进行合理的水沙调度，最大限度地延长水库使用寿命、充分发挥水库综合利用效益提供必要的参考，为水库提前蓄水及调度运用服务。因此，进行蓄水泥沙运动影响的监测研究具有重要的意义。

通过开展135m围堰蓄水水文泥沙观测研究，为合理确定水库初期蓄水调度方案，以及后续的水库优化调度提供依据，并可为重庆主城区河段的泥沙研究提供大量原型类比资料。水库蓄水与消落过程水文泥沙观测布置见表2-19。通过开展156m提前蓄水及172m蓄水水文泥沙观测研究，可为水库提前正常蓄水运用提供研究资料。通过开展175m试验性蓄水水文泥沙观测研究，则可为水库175m正常蓄水运用提供依据，同时为水库试验性蓄水运用的优化调度提供掌握分析研究成果，观测布置见表2-20。

表 2-19　135m 和 156m 蓄水过程水文泥沙观测研究布置表

开展年份	项目名称	观测范围	重点河段	观测内容
2003	135m 蓄水过程观测	坝上游长寿至三峡大坝，坝下游三峡大坝至沙市		沿程水面线观测；清溪场、万县、庙河、黄陵庙、宜昌、枝城、沙市、新江口、沙道观、弥陀寺等水文站水文测验 蓄水期观测：5 月 16 日～6 月 15 日
2004	139～135m 消落期重点河段水流泥沙冲刷观测研究	从老莱溪（五羊背上游 500m）至鹭鸶盘全长约 3km	土脑子河段	一级水文断面测验；水位及水面比降观测；水面流速流向测量；固定断面观测、床沙取样；1∶5000 地形测量；万县、清溪场水文站与土脑子同步观测 消落期观测：3 月 6 日～6 月 21 日
2005	135m 变动回水区及 139m 消落期重点河段冲淤观测	李渡镇至高家镇河段	涪陵河段、土脑子河段	一级水文断面测验；水位及水面比降观测；水面流速流向测量；固定断面观测、床沙取样；1：5000 地形测量；万县、清溪场水文站消落期同步观测 消落期观测：5～6 月
2006	156m 蓄水过程水文泥沙观测研究（9 月 20 日提前蓄水）	三峡库区小南海至坝下游沙市河段	长寿河段、洛碛河段	沿程水面线观测；进出库及库区坝下游水沙测验（寸滩、清溪场、东津沱、北碚、武隆、东津沱、万县、庙河、黄陵庙（陡）、宜昌、枝城、沙市等水文站）；典型断面冲淤测量（寸滩站水文断面（进口断面）、长寿河段（S290+1）断面、清溪场站水文断面（出口断面））；洛碛河段典型断面冲淤，包括一级水文断面、水面比降及水面流速流向观测 蓄水期观测：9 月 13 日～10 月 31 日
2007	三峡水库 156m 提前蓄水对泥沙运动影响的监测研究（由 10 月 1 日提前至 9 月蓄水）	重庆九龙坡至宜昌杨家咀河段	青岩子河段、洛碛河段；重庆主城区河段	沿程水面线观测；进出库及库区水沙测验（寸滩、武隆、清溪场、万县、庙河、黄陵庙（陡）、宜昌等水文站）；蓄水期变动回水区重点河段水沙同步观测，包括断面、水流、泥沙因子。重庆主城区河段河道演变观测（包括地形、断面、水流、泥沙因子） 蓄水期观测：2007 年 9～11 月；消落期观测：2008 年汛前

表 2-20　172m 和 175m 蓄水过程水文泥沙观测研究布置表

年份	项目名称	观测范围	重点河段	观测内容
2008	试验蓄水 172m 水位对水沙特性变化的影响监测研究	三峡库区江津至坝下游宜昌河段	洛碛河段、青岩子河段、重庆主城区河段	沿程水面线观测；进出库及库区水沙测验（朱沱、北碚、寸滩、武隆、清溪场、万县、庙河、黄陵庙（陡）、宜昌等水文站）；库区江津至大渡口及铜锣峡至涪陵长程河段冲淤观测（地形、固定断面、床沙观测）；重点河段河道演变观测（包括地形、断面、水流、泥沙因子） 2008 年蓄水期观测：9 月 12 日～11 月 9 日；2009 年消落期观测：4 月 9 日～6 月 15 日

续表

年份	项目名称	观测范围	重点河段	观测内容
2009	试验蓄水175m水位对水沙特性变化的影响监测研究	三峡库区朱沱至坝下游杨家脑河段	青岩子河段、重庆主城区河段	沿程水面线观测；进出库及库区水沙测验（朱沱、北碚、寸滩、武隆、清溪场、万县、庙河、黄陵庙（陡）、宜昌等水文站）；库区江津至大渡口及铜锣峡至涪陵长程河段冲淤观测（固定断面、床沙观测）；重点河段河道演变观测（包括地形、断面、水流、泥沙因子）；坝下游葛洲坝至杨家脑河段河道观测：葛洲坝至杨家脑河段水面线与固定断面观测；关键节点河道演变观测研究：关键节点：胭脂坝头（长2.5km）、宜都弯道（10.2km）和芦家河（董2至荆13，长12.2km）等局部河段水面比降、水沙断面、流场、水面流速流向观测、节点河段典型断面河床地层探测调查（试验性）、床沙取样、地形（1：2000）、固定断面（1：2000）等，2010年消落期、枯水期开展 2009年蓄水期观测：9月1日～12月；2010年消落期观测：4～6月；2010年枯水期观测：2～3月
2010	试验蓄水175m水位对水沙特性变化的影响监测研究	三峡库区朱沱至宜昌河段	重庆主城区河段	（1）沿程水面线观测：175m正常蓄水期、消落期观测范围内干支流水尺进行加密观测，即由二段制调整为三段制 （2）进出库及库区水沙测验：朱沱、北碚、寸滩、武隆、清溪场、万县、庙河、黄陵庙（陡）、宜昌等水文站，于蓄水期、消落期在正常观测条件上加密测次 （3）重庆主城区河段冲淤观测：结合重庆主城区河段河道演变观测进行：①固定断面观测，2010年9～10月每10天一次；②九龙坡港区、朝天门港区、寸滩港区1：2000地形于2010年2、3、4中旬、6、10、11月下旬各测一次，9月上下旬各测一次

鉴于重庆主城区河段的河道冲淤状况对水库调度影响较大，在水库175m试验性蓄水阶段，于消落与蓄水期，开展了以重庆主城区河段为重点的河道冲淤观测，内容主要有全河段固定断面观测，每10天观测一次，全部65个断面用时2天测完；对局部重点港区的大比例尺地形观测，一般每月一个测次。为加强成果分析，测完后2～3天提交分析成果及简报，为水库调度应用提供及时的数据。

12. 临底悬沙观测

目前，长江悬移质泥沙测验范围一般在距河底0.2倍水深以上，距河底0.2倍水深以下至河床的泥沙无需布点，其观测布置与精度满足《河流悬移质泥沙测验规范》要求。但在三峡水库蓄水后，观测条件发生了较大变化，如库区平均水深接近50m，距河底0.2倍水深以下至河床将有近10m，另外三峡蓄水后“清水”下泄使得下游河道河床泥沙运动加剧，这两种情况下不对距河底0.2倍水深以下至河床泥沙，以及临底河床泥沙进行实测的情况，对断面悬移质输沙量测验精度有何影响，需要开展试验研究进行分析，以保证断面输沙量测验精度。因此，为了解不测临底悬沙对输沙量测验精度的影响，于156m初期蓄水阶段，选择三峡水库与坝下游水文站（清溪场、万县、宜昌、沙市、监利5个水文断面）开展了临底悬沙试验研究，对临底层输沙情况进行了监测，分析常规测验和临底悬沙测验成果的差异，同时为研究输沙量测验精度及采用输沙量法计算的冲淤量与同期体积法计算河道泥沙冲淤量不匹配的影响因素分析提供了基础。

临底悬沙观测，采用多线多点法观测，垂线布置与流速流量测验相同，重点是距床面0.5m和0.1m的悬沙。垂线取样布置为7点，即以河床为相对零点，取样相对位置为1.0、0.8、0.4、0.2、0.1、距床面0.5m和0.1m。当0.1相对水深与距床面0.5m相同时，则采用6点法，即相对水深为1.0、0.8、0.4、0.2、距床面0.5m和0.1m处。为保证采样的有效性，专门研制了适合不同水流条件与河床组成条件的临底悬沙采样器，采样时在垂线相对位置1.0、0.8、0.4、0.2处采用常规横式采样器取样，而垂线相对位置0.1、距床面0.5m和0.1m处则用临底悬沙采样器取样，床沙测验则与每次临底悬沙测验配套进行。

临底悬沙试验观测内容主要包括水位、流速（流量）、悬移质含沙量、床沙、悬移质颗分、水温等项目。观测中，各测站根据来水来沙实际情况，原则上枯季每月做试验观测1次，汛期洪峰出现时，施测2~3次，大洪峰时3~5次。

13. 水库175-174.5-175m蓄水水面线动态变化观测

为了解三峡水库坝前175-174.5-175m蓄水水位变化时库区沿程水面线动态变化，以及回水范围线与末端位置，为水库综合运用、调度服务及特定水流条件下水面线状态研究服务，2010年11月2~10日开展了水库175-174.5-175m蓄水水面线动态变化观测，观测内容包括：175-174.5-175m水位变化沿程水面线变化过程观测；定水位水面线观测。水位观测采取两岸同时观测的方法进行，干支流除已有的48组水尺外，并新设对岸临时水尺44组。

175-174.5-175 m水位变化沿程水面线变化过程观测，按2010年11月2~10日，每天进行，以收集水面线的动态变化过程资料，观测情况见表2-21。

表2-21　沿程水面线变化过程观测布置表

序号	水位变化范围（m）	观测段制	观测时间	备注
1	175—174.5—175	8：00、14：00、20：00三段制	11.2 ~ 11.10，每天三段制	全部基本水尺和专用水尺
		8：00、14：00	11.2 ~ 11.10，每天二次	对岸临时水尺

定水位水面线观测在2010年11月2、5、10日在固定水位于库区水流达到准平衡情况下进行，以收集定水位条件下库区水面线的范围与水位平衡情况资料，观测情况如表2-22所示。开展定水位水面线观测时，在朱沱、寸滩、清溪场（三）、北碚、武隆、黄陵庙（陡）等6个水文站同步进行了流量观测。并进行了水位辅助项目观测，包括风向、风力和起伏度观测，辅助项目观测观测的水位站为所有基本水位站，长江干流专用站（间隔35km左右一个）。

表 2-22　定水位水面线观测布置表

序号	库水位（m）	观测时段	观测时间	备注
1	175	3小时，每10分钟观测一次	11月2日	水位辅助项目观测：风向、风力和起伏度
2	174.5	3小时，每10分钟观测一次	11月5日	
3	175	3小时，每10分钟观测一次	11月10日	

14. 库区水环境研究性监测

研究性监测是指在库区针对特定目的的科学研究而进行的监测，根据三峡工程建设与蓄水运用的需要，在三峡工程135、156m蓄水期、175m试验蓄水期开展了水质监测、三峡库区温度场观测、三峡库区水污染控制研究水文水质同步观测等。

（1）三峡工程蓄水期水质监测

135m蓄水期水质监测设置监测断面15个，监测项目26项，共进行了9次采样监测；156m蓄水期间，对库区及坝下江段共组织开展了水质采样监测11次，监测断面7个，监测项目27项。

（2）三峡库区温度场观测

水温是水环境中重要的指标之一，是影响水库水生态环境的重要参数，也是评价水库蓄水对库区本身及水库下游水环境影响的重要指标之一。175m试验蓄水期对三峡水库温度场进行了较为系统的观测，为三峡水库水环境及水生态保护收集了非常重要的基础资料。断面布置为：入库参证断面寸滩、武隆水文断面；重点监测断面溪场、万县、巴东、庙河水文断面；坝下游监测断面黄陵庙水文断面。监测要素为：水温场（水温、溶解氧、电导率）、流速场（水位、流速、流量）、辅助气象观测（气温、湿度、风速和日照量，湿度）。

（3）三峡库区水污染控制研究水文水质同步观测

三峡库区水污染控制研究水文水质同步观测包括一维水文水质同步实测和典型污染带水文水质同步实测，完成于大江截流前。

一维水文水质同步实测的目的是通过三峡库区河段水文水质同步实测，为“三峡水库水污染控制”研究及库区河段一维水流水质模型和主要城市排口及重要支流江入口污染混合区计算模型的校定和验证，分析三峡库区河段水环境质量现状提供可靠的基础资料。同步实测范围为清溪场水文站至奉节水文站约310km长河段内干流、重点支流入江口及主要入江排污口。断面布置为，在观测河段干流上布设6个断面，分别为清溪场、丰都、忠县、沱口、晒网坝、奉节。支流入江口断面，根据观测区间内各支流流量和污染负荷大小，选定渠溪河、龙河、宁溪河、磨刀溪、小江等5条支流。入江排污口，根据观测河段内入江排污口情况和控制80%以上纳污量的原则，选定万县市万元造纸厂等8个入江排污口。干流及支流入江口断面观测水质内容：水温、悬浮物、溶解氧、五日生化需氧量、高锰酸盐指数、NH_3-N、NO_3-N、NO_2-N、总氮、挥发酚、石油类、汞、铬等14项。在渠溪河、宁溪河入河口断面同步监测COD_{Cr}。水文参数为水位、采样点水深、流速、断面流量、含沙量等。干流清溪场、沱口、奉节3个断面同观测水文水质项目，其余干流断面和全部支流入江口断面观测水质项目；对入江污水排放口观测流量，水质项目根据各排放口主要污染物种类及工厂原材料、产品进行选定。根据要求，干流断面汛期选择了 1997 年 8 月初的一次洪水过程进行观测，非汛期则在 1997 年 12 月份进行。

典型污染带水文水质同步实测主要目的是为排污口污染混合区计算模型的标定和验证以及环境质量现状分析提供有代表性的实测资料。监测区域为涪陵磷肥厂排污口及所在河段。观测范围与测点布置：在排污口入江口附近设一个排污口控制断面，在污染带一侧的半河宽内布设 A、B、C、D、E、F 6 个断面。观测水质项目为水温、pH、COD_{Mn}、总磷、总铁、NH_3-N；水文项目为水位、流量、河面宽、各断面起点距、各垂线的水深、各测点的流速；以及排污口入江处的宽度、断面平均流速和污水流量以及入江角度。在 1997 年 11 月（平水期）、1998 年 1 月（枯水期）各观测了一次。

（4）三峡库区香溪河“水华”实时监测与预测预报研究

135m 围堰蓄水后，水库水文情势发生了显著变化，库区江段水深增加，流速减缓，干流城市江段纳污能力减小，部分支流回水区和库湾受回水顶托影响，大量营养物质富集，成为容易出现富营养化的敏感区域。

为掌握蓄水后库区的水环境变化状况，研究库区支流水域水环境的状况与出现的富营养化问题，进而为三峡水库的水资源保护工作提供依据，根据要求于 2005 年 3 月 8 日至 2006 年 2 月 21 日间，开展了以 2005 年度香溪“水华”专题为重点的调查监测，对水华现象的发生、发展、消失过程与成因进行了较系统、全面地观测。并以香溪河 2005 年度的“水华”现场监测资料为主，参照蓄水后 2004～2005 年度三峡工程生态与环境监测水文水质同步监测子系统中香溪监测情况，结合 2003 年三峡水库蓄水期间长江流域水环境监测中心的有关监测结果，进行现状评价与研究，分析香溪河主要污染因子，再结合“水华”研究成果与方向，从发生机理与其河道水文情势、环境气象条件等影响因子方面，分析水库蓄水后香溪河滞回水水域的营养状态，总结“水华”现象在水体水质中的主要表征因子与特征，以及成库后导致“水华”发生、演变的主要影响因子，为实现“水华”的预测预报提供基础研究。

根据三峡水库 135m 蓄水的回水范围，主要调查范围为库区支流香溪河口至回水末端的兴山峡口镇 24km 区间水域。断面布设根据香溪河当时“水华”现象以及沿岸社会经济生活、生产发展与水库蓄水后河流状况，在香溪入江口至上段昭君电站间约 50km 的水域共布设 5 个水质监测断面。

区间的主要点污染源分布于昭君电站对照断面与海事码头断面之间，在海事码头下约 1km 即为兴山县峡口镇，其对面有高岚河汇入，继续往下至香溪河入江口区间，主要为农业生产生活区，沿岸多为坡耕地和柑橘地，是主要的面污染来源地。观测项目有水质监测，水质监测根据香溪河上游与区间来水的气候、水文水力条件与水环境状况。主要监测内容包括：流速、流量、气温、水温、pH、电导率、透明度以及溶解氧、高锰酸盐指数、总磷、总氮、氨氮等部分营养盐和有机污染指标。观测同时收集或利用水文测验（兴山水文站），气象观测（兴山气象站降水量、气温与日照时数观测）、河道地形观测等资料。

2.4 研究范围与内容

三峡工程水文泥沙研究，包括工程水文研究、水情预报研究及泥沙观测研究等方面。

三峡工程水文研究，是全面分析长江三峡以上以至全流域的水文特性，预估工程在施工及运行期间可能出现的水文情势，为工程规划、设计、施工、管理运用提供可靠的水文依据。工程水文研究包括，水文信息全面采集及系统整理（实际观测资料、调查考证资料、实验研究资料）、水文基本规律分析（长江流域水文水资源变化成因分析，如长江年、月径流，暴雨洪水，可能最大降雨等）、情势预测与成果提供（年径流量、设计洪水、坝址水位流量关系、截流水文、水情监测预报等）。

三峡工程水情预报研究，主要任务是为三峡工程施工期和枢纽建成后运行期的合理调度提供水情实况和预报信息。工程水情预报研究包括，施工期水情预报（围堰期水文预报、截流期水文预报）、水情预报调度分析（入库流量过程预报、库水位过程预报）。

三峡工程泥沙观测研究主要包括上游流域产沙、水库来沙观测；水库类比观测、泥沙对工程的影响；河道演变规律研究、基于原型观测技术研究、河道原型观测资料分析。另外根据河道水沙因子，并与实体模型、数学模型结合分析泥沙对坝区、库区的影响；坝下游河道冲淤及荆江三口洪道、洞庭湖的变化影响分析；提前蓄水专题观测与研究等。

2.4.1 工程水文研究

1. 水文资料搜集与历史洪枯水调查

工程设计所依据的水文资料，其系列越长、精度越高，才能确保分析研究成果更能反映实际情况、更富有合理性。为此，对于有关三峡枢纽设计洪水的水文测站观测资料及历史洪水资料，长江水利委员会水文局曾反复多次开展搜集、调查、整理、考证及修正等工作，获得了两千多年前的历史洪水文献记录、近千年来的洪枯水题刻、一百多年的观测资料，这些丰富可靠的资料为三峡工程设计提供了充分的依据。

（1）水文资料搜集、整编

长江干流沿线城镇自 1865 年在汉口江汉关设立海关水尺后，相继在宜宾、重庆、万县、宜昌、沙市、城陵矶、九江、安庆、芜湖、南京、镇江、江阴、上海吴淞等地设立海关水尺以测水位。长江流域规划和三峡工程设计开展以来，对汉口、宜昌、万县、重庆等站的海关水位，进行了大量的调查考证及现场复核，包括水尺位置、变动情况、水尺零点、刻度误差等。例如关于 1877 年设立的宜昌海关水位，曾先后在上海海关和中央气象局查到原海关公布的《海关公报》及《宜昌海关气象月总簿》等，其中载有 1877 ~ 1903 年水位，同时搜集到《重庆海关气象月总簿》中的 1896 ~ 1912 年水位资料。对过去刊印有误的成果，根据查证的确切数据，进行了修正，延长了宜昌站 1877 ~ 1890 年的 13 年系列。搜集、调查和考证沿江水文资料的同时，不断整理并刊印汇编了搜集到的水文资料，共整编刊布长江流域 1955 年前的水位、流量、降雨资料 23 863 站年。

为了提高推流的精度，研究了宜昌站各种反映下游河槽壅水的推流方案，拟定了以宜昌汛期平均水位为参数历年水位流量曲线簇，推算了 1877 ~ 1939 年、1946 ~ 1950 年逐日流量。1940 ~ 1945 年间因抗战停测，采用上游云阳水位、区间雨量推算。经多年实测资料检验，该曲线簇推算的流量具有较高的精度。

通过上述基本资料的搜集、整理与分析，最终确定了宜昌站可用于三峡工程设计的水文资料系列为 1877 年至今。这样长的实测系列，在国内外工程中少见。

（2）历史洪、枯水调查与考证

长江流域有着悠久的历史文化，沿江两岸古老城镇很多，在几千年来与洪、涝、旱等自然灾害的长期斗争实践中，以历史文献、石刻题记以及民间传说等方式留下了许多珍贵的历史洪、枯水资料。

从1952年开始，以长江水利委员会水文局为主，会同有关部门对长江上中游干支流历史洪水调查先后共达11次之多，其中大规模的调查5次。经整理分析，长江干流上游从宜宾起至下游大通止，查得洪水年份有60多个，洪水点据2800余处，其中宜宾至宜昌河段内许多碑、岩刻题记，特别是1870年特大历史洪水，在嘉陵江下游和重庆至宜昌河段沿江两岸的题刻，达91处之多，刻记了洪痕及日期。与此同时多次在北京、上海、南京、宁波、四川、湖北、广州等地图书馆、档案馆搜集历史文献资料，查录各省、县的地方志、故宫军包奏折、水利史籍、各朝“实录”等史籍中有关历史洪水的雨、水灾情资料。对长江三峡以上地区的重要历史洪水年份，还查阅“史”“记”“典”“要”和其他有关私家著述收藏资料，使资料更臻完善和可靠。据初步统计，仅宜昌以上地区，就查阅、抄录地方志760余种，宫廷档案600多件，尤其是在北京故宫搜集到《万县志采访实录》，描述了1870洪水起讫过程，通过现场测量高程，可绘制万县历时30天的洪水位过程，为推估三峡1870年特大洪水总量和过程提供了极为宝贵的资料。大量的历史洪水调查与文献考证表明：长江干流最早的洪水记载见于公元前966~948年（西周楚昭王时期），最早洪水刻字为宋绍兴23年（公元1153年）。获得了重庆至宜昌河段自1153年以来8次特大历史洪水的定量成果，按大小次序为：1870年、1227年、1560年、1153年、1860年、1788年、1796年、1613年。为长江三峡、葛洲坝工程建设和长江防洪规划提供了重要依据。

20世纪90年代初期，在三峡坝址附近河段进行了古洪水沉积物的调查研究，对沉积物的发生年代进行^{14}C测定，又通过测量沉积层高程确定古洪水水位，成果表明在三峡坝区，2500年来，没有发生过比1870年更大的洪水。进一步论证了1870年历史洪水的重现期合理可靠。

长江流域的历史枯水调查工作与大洪水调查同时开展，尤其是1966年三峡历史洪水复查时，就较系统地调查了奉节枯水碑、云阳龙脊石、涪陵白鹤梁、江津莲花石等枯水题刻群。1972~1974年又对重庆至宜昌河段进行了3次枯水题刻的专题调查，全面地收集了涪陵白鹤梁以石鱼为水标的枯水题刻及云阳龙脊石枯水题刻群等重要枯水资料。同时，为了分析白鹤梁鱼水标枯水位，临时进行了白鹤梁枯水观测，从记载的72个历史枯水年份中，进而推算了涪陵唐代广德二年（公元764年）至今1200多年的枯水位资料。

1994年5月~1995年10月，长江水利委员会水文局又3次对三峡库区的水文题刻进行了三峡工程库区水文题刻文物的抢救性复查和测量。据复查统计，原有的174处洪水题刻保存完好的只有70处。1996年在此基础上编辑出版了《长江三峡工程水库水文题刻文物图集》。

2. 设计洪水研究

设计洪水研究一直是三峡水文研究的重点。60年来，围绕三峡设计洪水研究，在广泛搜集、整理暴雨洪水资料的基础上，深入开展了暴雨洪水特性、可能最大暴雨与可能最大洪水、入库洪水、频率线线型及统计参数等方面的研究，取得了大量丰硕成果，为长江水文分析计算开创了新的途径，为我国设计洪水研究提供了有益的经验。

（1）暴雨洪水特性研究

为了使三峡设计洪水成果尽可符合客观实际，需要掌握、认识长江流域暴雨洪水的基本特性。为此，结合生产实践，对长江特大暴雨洪水的成因、发展过程、雨区范围、暴雨强度、移动规律，洪水组成与遭遇，丰枯水多年变化规律等进行了全面的分析。对流域内150多年来，特别是对1931年、1935年、1954年、1981年、1998年等特大暴雨洪水进行了深入的研究，如1935年洪水，绘制了“35·7”暴雨等值线图和主雨区的暴雨时程图，在长江中下游水电工程设计中广泛使用，出版了如《长江1954年洪水》《1998年长江暴雨洪水》等书籍。基本掌握了长江流域内暴雨洪水的变化规律，为分析研究三峡工程设计洪水奠定了坚实的基础。

（2）频率计算方法研究

20世纪50年代，频率计算中的经验频率、频率线型和参数估算多参照原苏联40年代末颁布的规范进行计算。1958～1963年，在国内诸多科研单位和大专院校的大力配合下，长江水利委员会水文局对三峡枢纽设计洪水计算方法进行了深入的研究，主要对频率计算中的线型、参数统计、典型年选择等做了大量研究，研究了国内外各种线型在三峡工程的适用性。随着经验的积累，利用宜昌100多年实测洪水系列和大量的历史洪水资料，检验概率分布模型，得出用数学期望公式计算经验频率、频率曲线线型采用P-Ⅲ型较为合适。这些结论被吸收进水文计算规范与设计洪水计算规范中。70年代末，通过三峡设计洪水期望概率研究，提出了实测系列加入多个特大历史洪水的经验公式，进一步论证加入历史洪水后的设计洪水成果是基本合理的。80年代以后，为长江防洪规划和三峡工程效益分析，应用随机过程和时间序列动态分析理论，模拟水文随机过程，使水文计算方法有了新的进展。1998年长江发生近百年来长江仅次于1954年的大洪水后，针对长江中下游复杂的江湖关系及江湖的逐年演变，以及堤防溃决等引起的洪水系列不一致且还原困难的这一难题，提出了总入流的概念，在研究三峡工程对长江中下游防洪效益及长江防洪规划等工作中，进行了总入流时段洪量频率计算。同时，延长宜昌、朱沱、寸滩及支流北碚、武隆等站的洪水系列，对设计洪水成果进行了复核。复核表明，三峡工程设计洪水成果稳定，目前仍可作为三峡工程设计和调度运行的依据。

（3）入库洪水研究

三峡工程入库洪水的研究开始较早，但20世纪80年代以前，三峡工程设计洪水直接采用以宜昌站资料计算的坝址设计洪水。三峡水库建成后，因库区产汇流条件、河槽调蓄作用和洪水波传播等特性变化，入库洪水与坝址洪水存差别，因此，采用入库设计洪水作为设计依据，更符合建库后的实际情况。

三峡工程175m方案的入库洪水以典型年法为主体，选取1954年、1981年、1982年3个典型年，分别采用流量叠加法、槽蓄曲线法和道河洪水反演法等方法计算各典型年分区和集中入库洪水过程，采用坝址倍比法、同频率组合法、最大可能组合法、坝址设计洪水反演法等方法分析三峡工程入库设计洪水，通过综合比选分析，采用同频率组成法计算的入库设计洪水作为初步设计的依据。三峡工程围堰挡水期因防洪安全的需要，补充分析了围堰挡水期入库洪水。

在作分区产汇流域计算研究过程中，长江委水文局研究提出的“长办汇流曲线法”，现已成为广泛应用的产汇流计算及河道洪水演算的常规方法，并被写入高校教科书中。

（4）可能最大降雨与可能最大洪水研究

长江三峡水利枢纽是巨型水利工程，为确保工程的安全，大坝的校核洪水，除采用数统计法，

1958 年，长江委水文局会同有关院校和科研部门率先在三峡工程设计中，开展可能最大暴雨（PMP）与可能最大洪水（PMF）进行研究。在吸收国外经验的基础上，采用天气组合、水汽放大等方法，估算三峡坝址以上 100 万 km^2、60 日的 PMP 与 PMF，对于大面积、长历时估算 PMF，为长江水文分析计算开创了新的途径，也为我国设计洪水研究提供了有益的经验。1965 年受水电部委托，举办全国水文气象研习班，使这一研究工作在全国广泛使用。20 世纪 80 年代，随着暴雨洪水资料的积累、对流域暴雨洪水特性认识的不断深入以及设计时段的变动，在进一步分析宜昌以上地区实测和历史暴雨洪水的基础上，除对 1954 年典型替换法和 1870 年模拟放大法用新增资料进行组合分析外，又增加了长时段组合相似替换法和西南涡组合法等估算三峡工程 15 日的 PMP 和 PMF。此外，研究了 2030 年水平年，上游可能兴建一些具有一定防洪库容的大型水库与三峡工程的防洪作用，估算了上游水库至三峡水库区间 29 万 km^2（简称无控区间）的 PMF，研究结果表明，不考虑上游干支流水库的来量，无控区间的 PMF 洪峰已达 94 000 ~ 100 400m^3/s，说明上游水库群是无法替代三峡工程防洪作用的。PMF 为论证三峡保坝设计洪水提供了可信依据。

3. 水文实验与研究

20 世纪 50 年代初，三峡工程规划设计时，由于缺乏水利、水保等人类活动对三峡径流洪水的影响及水库库面蒸发损失等实测资料，长江委水文局 1956 年于在重庆建立了大型蒸发实验站，在万县、巫山设立了漂浮蒸发站，是我国首建的大型蒸发试验基地，开展了多种对比观测实验。根据蒸发实验资料，分析了普通蒸发器对大水体蒸发量的折算系数，建立了蒸发量与水文气象因素间的经验公式。

1953 年、1958 年、1959 年先后分别在三峡大宁河流域建立暴雨径流实验、河南唐白河地区建立祁仪径流实验站，在四川涪江流域建立凯江径流实验站，研究森林及人类活动对水文过程影响的机理，探究洪水计算和预报的理论、方法，取得了令人瞩目的成就，充分认识了林冠截留与林地的拦蓄量、灌溉回水归水量及其过程，提出了水库群拦蓄径流计算的新方法，创建了凯江蒸发公式。这些水文实验研究成果为长江流域规划和三峡等众多工程设计的水文分析计算提供了可靠的依据，至今仍为有关部门借鉴参用。

4. 截流水文研究

长江三峡工程截流水文研究与工程水文设计是相辅相成的。为了确保截流成功，开展了大量的前期水文观测及截流期水文研究。

大江截流水文水力研究成果完成于 1997 年 8 月，根据当时的施工进度安排，对非龙口、龙口及明渠采用了不同的方法进行计算。截流开始，随着主河槽上、下游围堰口门宽的束窄，其过流流量相应减小，上游形成壅水，口门处落差、流速逐渐增大，非龙口段以卡口河段水流公式进行计算；当主河槽形成龙口时，水流从平抛垫底的料石顶部自由落下，采用堰流水流公式进行计算；在龙口合龙过程中，右侧导流明渠已经分流，采用明渠恒定非均匀流进行计算。最后用实测资料对物模实验数据进行验证，成果在 1997 年 9 ~ 11 月的大江截流过程中，对指导截流按计划和设计进程进行具有较重要意义。

2002 年明渠截流，根据初步设计安排，应在 12 月上旬完成截流，截流流量为 9010m^3/s。但由于三期围堰工程量大，工期短，为保证工期，决定提前截流，为此，研究了提前截流不同时期的水文气象条件、不同旬月设计流量等，并开展了提前截流的水文及施工风险研究，提出了《三峡工程明渠提前截流水文及施工风险分析》研究报告，这在国内大型工程的截流风险中还是首次。其后，开展了三峡工程三期明渠截流龙口水文水力学计算研究。根据不同进占时期预报的上游流量和龙口宽度，应用水文水力学计算模型，成功地预测了不同阶段、不同流量、不同龙口宽情况下的水力要素，对截流的顺利进行起到了有效的指导作用。

2.4.2 水情预报研究

1. 洪水预报技术研究

在三峡工程前期科研阶段，组织了各项洪水预报技术研究课题和“七五”国家科技攻关项目“长江三峡致洪暴雨研究”；在三峡工程开工后，组织了三峡工程科研攻关项目国家“八五”科技攻关课题“长江防洪系统研究”，进行了暴雨短中期预报方法研究和专家交互式洪水预报系统的研究。其中“专家交互式洪水预报系统”是第三代最先进的洪水预报系统，该系统吸收了美国气象局同类系统的成功经验，采用图形工作站为工具，总结长江数十年洪水预报经验，选择其中最有效的定量分析经验，将其规范化、计算机化，设计出一批全新的计算机交互处理模式。它除具有第一、二代系统完成洪水联机实时作业的功能之外，把对洪水预报成果的分析、综合、判断的功能也纳入了预报系统，使洪水预报系统能真正满足作业预报的实际需要。为适应三峡工程 2003 年蓄水后水情预报的新需求，开展了洪水预报方法的研究。将 GIS 技术应到新的洪水预报方案制作之中，开展数字高程模型在洪水预报中应用的研究，以提高无资料地区的洪水预报方案的模拟能力；在中丹（丹麦）合作项目“长江中游暴雨洪水预报”研究中，引进以水力学模型为基础的 MIKE 11 系统，并进行了 HIRLAM 数值天气预报模型定量降雨预报的实验研究，于 1998 年、1999 年大洪水期间投入应用。

2. 施工期水情预报研究与服务

三峡施工期水情预报，根据预见期长短可分为短期、中期和长期水文预报。项目承担单位在 1997 年三峡工程二期围堰大江截流期前，开展了截流中长期水雨情预报专题研究。在 1997 ~ 2003 年截流期开展了三峡工程施工期水文预报实践，主要包括大江截流期水文预报、二期围堰挡水期水文预报、明渠截流期水文预报，进行了短期水雨情预报、龙口口门断面水文要素（水位、落差）预报的交互处理和预报，满足了截流对水雨情信息全方位的需求。

3. 运行期预报研究

三峡水库蓄水运行后，预报内容转变为入库流量过程和库水位过程预报。鉴于水库蓄水后，改变了三峡区间的洪水运动规律，以及动库容的影响巨大，原有的区间预报方案已不再适应。开展了三峡区间预报模型研究与调度服务。三峡区间来水预报包括区间小流域、无控区间的降雨径流和流域汇流计算以及河道演算。三峡区间产汇流主要采用分布式新安江模型和 NAM 模型，水库沿程汇流采用水动力学演算方法。水动力学模型是应用丹麦水力学研究所开发的 MIKE 11 模型，基于圣维南方程求解；开展了三峡入库流量预报模型研究，入库流量预报采用河道流量演算简易模型和 MIKE11 模型两种；开展了三峡水库调洪计算方法研究，针对三峡水库由于动库容的存在，常规的静库容调洪演算方法调蓄计算误差很大的情况，研究应用 MIKE11 水动力学模型进行实时预报调度；考虑到长江寸滩、乌江武隆站的流量预报信息是三峡梯级调度的主要依据，研究开发了三峡水库入库站（寸滩、武隆）流量预报会商系统（以下简称“三峡系统”），为三峡入库流量预报提供了重要的手段，同时也为三峡梯调中心实现与长江水利委员会信息交换和资源共享、建设异地视频会商、实时预报会商等提供了技术平台。

为满足三峡工程围堰运行期（蓄水 135m）、初期运行期（蓄水 156m）和正常运行期（蓄水 175m）水库调度要求，进行了三峡水库预报调度自动化系统研究与建设，系统实现了枢纽工况信息、遥测水雨情信息、流域报汛水雨信息的采集，并实现了相应的数据处理、数据查询和数据发布与交换功能，在此基础上建立了梯级枢纽水库调度和水文预报等应用系统。

2.4.3 泥沙观测研究

国家高度重视三峡工程泥沙问题，投入了大量的人力、物力和财力，在开展泥沙问题研究的同时，更加注重水文泥沙原型观测工作，取得了大量系统的水位、流量、悬移质泥沙、推移质泥沙、水库淤积、坝下游冲刷和重点河段河道演变原型观测资料与分析研究成果，这些成果不仅满足了规划、设计、科研的需要，也为三峡工程论证与设计、优化水库调度、充分发挥工程效益提供了科学依据，并且推动了对长江水文泥沙规律的认识和泥沙研究的发展。

1. 泥沙资料收集

1958 ~ 1970 年，本着“积极准备，充分可靠”和“雄心不变，加强科研”的精神，主要开展了对三峡水利枢纽来沙进行了研究。在 1956 年开始研究悬移质泥沙粒径分析方法的基础上，1960 年以后干支流控制测站均采用粒径计法系统地进行悬移质泥沙分析，1969 ~ 1970 年曾对长江干支流 129 个控制性水文测站悬移质泥沙测验和颗粒级配分析工作，并对新中国成立以来悬沙测验资料进行了系统地整编。

1956 年，在宜昌站开始采用原苏联顿式测验仪器施测沙砾、卵石推移质，1960 年寸滩站采用软底网式测验仪器施测卵石推移质，之后又研究改进推移质泥沙测验技术，包括研制测验仪器、率定采样效率，并在寸滩站开展卵石推移质测验；1967 ~ 1970 年先后在都江堰柏条河干渠、试验水槽中，研究改进仪器性能，1973 年在干渠对测验仪器进行坑测对比试验，确定测验仪器的采样效率。同时为研究川江卵石推移质特性，调查三峡工程卵石推移质来源和数量，1959 ~ 1960 年及以后一段时间，国内外多家单位一起，对大渡口至寸滩的重庆河段和嘉陵江澄江镇至河口河段的河势、河床组成、卵石形状、排列、堆积及运动特征进行了重点查勘，以后又对川江卵石推移质特性进行了多次调查研究。

1971 ~ 1983 年（修建葛洲坝枢纽为三峡工程作“实战准备”阶段），在长江干流控制性水文测站朱沱、寸滩、万县、宜昌及新厂等站，于 1973 ~ 1977 年开展了近底层悬沙测验，查明各站历年实测大于 0. 1mm 的床沙质泥沙年输沙量及误差；同时通过对长江干支流 19 个水文控制测站的沙样分析，研究了长江干支流悬移质泥沙矿物成分和沙粒磨圆度等特性。

在 1973 年全面整理分析了宜昌站和寸滩站历年来沙砾、卵石推移质泥沙资料的基础上，1974 年以后在三峡枢纽上下游朱沱、寸滩、万县、奉节和宜昌等站按新的测验技术全面开展卵石推移质测验，并在宜昌、奉节等站开展沙、砾推移质测验；1977年根据各水文测站大量实测资料，对照卵石岩性（矿物）调查分析成果，基本摸清了三峡枢纽不同库段的卵石、沙砾推移质的年输沙量、粒径和岩性；同时为进一步查明三峡河段粗沙（0.5～2.0mm）、卵石的来源，1974年对奉节至香溪河段12个碛坝、11条溪沟进行了较为系统地调查。

通过上述工作，系统收集了三峡上游及坝址悬移质、卵石推移质和沙砾推移质泥沙资料，为工程的规划、论证和初步设计打下了坚实的基础。

2. 泥沙观测方法研究

20世纪50年代，长江悬沙测验采用以绳索提拉来控制器盖关闭的横式采样器取样。这种仪器在水深流急的汛期，很难正常工作，后创制了锤击开关采样器，从而有效地解决了长江上测船测站的悬沙取样问题。为更好地解决缆道上远程操作和多点连续取样问题，先后设计出了缆道调压积时式采样器。90年代，成功研制AYX100型悬移质采样器进行悬沙测验。

为收集入库卵石推移质输移量和级配资料，早于1961年即在寸滩站开展了卵石推移质测验。经过三年试验研究，研制了长江64型软底网式卵石推移质采样器（简称Y-64型采样器），并解决了如何根据卵石推移质运动特性，合理布置测次、测线、取样历时和重复取样次数以及进行资料整编等一系列技术问题，于1964年正式开展测验。此后于1974年相继在朱沱、寸滩、万县、奉节、宜昌5个测站全面开展卵石推移质测验。20世纪90年代初，成功研制AYT300型卵石推移质采样器进行推移质测验。

20世纪80年代初期，为研究重庆河段1～10mm砾石推移量，研制了专用于砾石推移质取样的Y-802型采样器，并于1986年和1987年在寸滩站开展了测验。同时，经过现场查勘、边滩取样，应用Y-802、Y-64及美国Helley Smith仪器等3种采样器进行同步比测，建立了寸滩站砾石与卵石推移质推移率的关系，得到了寸滩站历年砾石推移量。

在砂质（0.1～10mm）推移质测验方面，早在20世纪50年代就在宜昌站使用荷兰（网）式、波里亚柯夫（盘）式和顿（压差）式开展了砂质推移质测验。从60年代开始，经深入试验研究，研制了Y-781型砂推移质采样器。90年代初，成功研制Y-90型砂推移质采样器进行推移质测验。

在葛洲坝兴建过程中，对万县至宜昌河段的床沙特性进行了勘测调查。20世纪70年代初专门研制了适用于采集砂、砾石和中小卵石（$D<30$mm）样品的80型挖斗式床沙采样器。1991年和1993年采用荆280型河床打印器分别对重庆九龙坡至唐家沱（长25km）、屏山至重庆长江干流段（长454km）和小中坝至重庆（长1044km）的河床组成进行了勘测调查。

3. 河流泥沙变化调查研究

在三峡工程论证阶段，同时为研究川江卵石推移质特性，调查三峡工程卵石推移质来源和数量，1959～1960年及以后一段时间，国内外多家单位一起，对大渡口至寸滩的重庆河段和嘉陵江澄江镇至河口河段的河势、河床组成、卵石形状、排列、堆积及运动特征进行了重点查勘，以后又对川江卵石推移质特性进行了多次调查研究。1971～1983年，系统分析研究了长江上游流域产沙（悬沙）特性及来沙量变化，包括长江上游强产沙区分布和面积、泥沙输移特性、来沙量与来水量的关系等。

通过上述研究，基本上确定了三峡上游及坝址悬移质、卵石推移质和沙砾推移质泥沙地区来源组成和河流泥沙变化规律。

在三峡工程施工建设阶段，鉴于长江上游产输沙环境条件发生了明显变化，着重对近10余年来沙量减小最为明显的嘉陵江流域水土保持减蚀减沙效益，宜昌下游水沙运动和河道演变特性等进行了深入研究。2004～2005年还专门开展了2007年蓄水位方案泥沙专题研究——长江上游岷江及嘉陵江等河流的来水来沙情况和变化趋势调查，2006～2007年在上述研究的基础上，又开展长江上游金沙江、沱江及乌江等河流来水来沙情况调查和变化趋势分析工作。基本摸清了长江上游金沙江，以及岷江、沱江、嘉陵江和乌江等主要支流流域内主要产沙区下垫面条件和降雨、径流、泥沙发生的一些新变化、新特点，已建、在建和拟建工程的拦沙作用，水土保持对河流的减沙作用及采砂情况等。通过上述工作，系统研究了1950～2005年长江上游输沙规律及其变化，研究了三峡上游及入库输沙量时间序列的突变现象；系统研究了长江上游及各支流流域水库群淤积拦沙量大小及其时空分布，研究了水土保持措施减蚀（沙）作用，并首次对长江上游近期降雨变化、人类活动对输沙量的贡献率进行了定量评价，为选取三峡入库新的水沙代表系列奠定了基础。

同时，紧密结合工程建设和运行的新进展和新需求，在“十五”和“十一五”研究中，着重对近50余年来长江上游来水来沙变化，三峡入库（1991～2000年）水沙代表系列，重庆主城区以上河段采砂调查与推移质输沙量变化，坝下游宜昌至杨家脑河段河床演变，以及宜昌枯水流量及枯水位等方面进行了深入研究。

4. 河道演变观测研究

在三峡工程论证阶段，在20世纪60年代初期分别开展了三峡水库库区典型河段如重庆猪儿碛河段、嘉陵江金沙碛河段和奉节臭盐碛峡口滩，以及丹江口水库及坝下游河道演变观测研究，为研究三峡水库变动回水区航道、港区泥沙及坝下游河床冲刷问题，提供了重要验证和参考资料。

1971～1983年，重点开展了水库不平衡输沙观测研究。利用丹江口水库蓄水运用的条件，除系统地开展水库上下游泥沙冲淤规律观测研究外，并于1970～1973年在水库常年回水区上段，油房沟河段系统地开展水库不平衡输沙观测研究，详细观测水沙变化过程、断面冲淤变化、淤积物粒径变化等。1973年专门设立了葛洲坝水利枢纽水文实验站，除对葛洲坝库区水位、断面和泥沙进行观测外，还对库区变动回水区上段黛溪至巫山长约27km库段的峡口滩至扇子碛，溪口滩至下马滩、宝子滩、油榨滩、铁滩等和葛洲坝下游河床冲刷、水位流量关系变化进行观测研究。1983年后，主要研究正常蓄水位150m方案的工程泥沙问题，先后开展了葛洲坝库区冲淤及浅滩航道观测与研究等。另外，在此期间，充分利用丹江口水库、葛洲坝水利枢纽进行了清水下泄坝下河段冲刷观测，重点控制站水沙变化观测。

经过以上的大量观测研究工作，为准确认识三峡工程泥沙问题打下了坚实的基础。在三峡工程泥沙论证过程中，三峡工程泥沙问题的研究成果已为大多数泥沙专家认同，基本结论是泥沙问题“已基本清楚，是可以解决的”。1992年4月3日第七届全国人民代表大会第五次会议上通过《关于兴建长江三峡工程的决议》，在决议中明确指出对已发现的问题要继续研究，妥善解决。因此，三峡枢纽工程泥沙问题的研究仍然作为三峡工程设计科研工作的内容，继续加强研究。

三峡水库建成蓄水后，在三峡工程围堰发电期、初期运行期、试验性蓄水期等3个不同的运行阶段，逐年开展了三峡进、出库及水沙坝下游特性，库区（含坝区）泥沙淤积，变动回水区泥沙冲淤特性，坝下游河床冲刷及河床演变特性等方面的研究。此外，针对三峡水库 135m、139m、156m、175m 试验性蓄水过程，项目承担单位在全面收集三峡水库不同蓄水阶段水文、泥沙、水质等观测资料的基础上，着重分析了三峡蓄水过程中进出库及库区水沙变化，三峡蓄水过程对库区水面线、进出库水沙过程以及悬移质级配，库区泥沙冲淤变化等所带来的影响，为今后进行三峡蓄水运用后水沙运动规律的深入研究打下了基础，也为三峡水库如何进行合理的水沙调度，进而为最大限度地延长水库使用寿命、充分发挥工程效益提供了重要的依据。

参考文献

长江勘测规划设计研究院. 2002. 乌江干流规划报告.

长江科学院. 2005. 上游修建骨干水库对三峡水库水沙条件的影响.

长江年鉴编纂委员会. 2006. 长江年鉴（2006）.

长江三峡水文水资源勘测局. 1996. 葛洲坝水库冲淤及变动回水区枯水浅滩演变分析//国务院三峡工程建设委员会办公室泥沙课题专家组，中国长江三峡工程开发总公司工程泥沙专家组. 1996. 长江三峡工程泥沙问题研究（1996～2000）（第二卷）长江三峡工程上游来沙与水库泥沙问题［C］. 北京：知识产权出版社.

长江三峡水文水资源勘测局. 1996. 葛洲坝水库冲淤及变动回水区枯水浅滩演变分析. //国务院三峡工程建设委员会办公室泥沙课题专家组，中国长江三峡工程开发总公司工程泥沙专家组. 1996. 长江三峡工程泥沙问题研究（1996～2000）（第二卷）长江三峡工程上游来沙与水库泥沙问题. 北京：知识产权出版社.

长江水利网. 2006. 长江上游水土流失最严重“四大片”已治理 1/3. http：//www. cjw. com. cn/news/detail/20060831/68874. asp［2006-08-31］.

长江水利委员会. 1979. 三峡工程水文研究. 武汉：湖北科技出版社.

长江水利委员会. 1997. 三峡工程大坝及电站厂房研究. 武汉：湖北科学技术出版社.

长江水利委员会. 1997. 三峡工程水文研究. 武汉：湖北科学技术出版社.

长江水利委员会. 2008. 长江中下游干流河道采砂规划报告.

长江水利委员会长江勘测规划设计研究院. 2005. 长江荆江河段河势控制应急工程可行性研究报告（修订本）.

长江水利委员会长江科学院. 2009. 长江荆江河段近期河道演变分析报告.

长江水利委员会长江流域水土保持监测中心站. 2006. 嘉陵江流域水土保持减沙效益研究报告.

长江水利委员会水土保持局. 2006. 长江水土保持工作简报第 13 期（2006）http：//10. 100. 83. 46/shuitu/Article_Show. asp？ArticleID = 2853.

长江水利委员会水文测验研究所. 1998. 三峡库区“长治”工程减沙效益研究报告.

长江水利委员会水文局，北京国沙科技咨询中心. 2004. 长江上游岷江及嘉陵江等河流的来水来沙情况和变化趋势调查报告.

长江水利委员会水文局，长江上游水库泥沙调查组. 1994. 长江上游水库泥沙淤积基本情况资料汇编.

长江水利委员会水文局. 1991. 水位观测标准（GB/T50138-2010）. 北京：中国计划出版社.

长江水利委员会水文局. 1996. 嘉陵江流域水土保持措施对长江三峡工程减沙作用的研究. //国务院三峡工程建设委员会办公室泥沙课题专家组，中国长江三峡工程开发总公司工程泥沙专家组. 1996. 长江三峡工程泥沙问题研究（1996～2000）（第四卷）. 北京：知识产权出版社.

长江水利委员会水文局编. 2000. 长江志——水文. 卷二第一篇. 北京：中国大百科全书出版社.

长江水土保持局. 1990. 长江上游人类活动对流域产沙的影响.

陈循谦. 1990. 长江上游云南境内的水土流失及其防治对策. 中国水土保持，(1)：6～10.

邓贤贵. 1997. 金沙江流域水土流失及其防治措施. 山地研究，15（4）：277～281.

邓贤贵. 1997. 金沙江流域水土流失及其防治措施. 山地研究, 15 (4): 277 ~ 281.
邓贤贵. 1997. 金沙江流域水土流失及其防治措施. 山地研究, 15 (4): 277 ~ 281.
电力工业部昆明勘测设计院. 1981. 以礼河、西洱河电站建设对环境影响的回顾.

丁晶, 邓育仁. 1988. 随机水文学. 成都: 成都科技大学出版社.

杜国翰, 张振秋, 徐伦. 1989. 以礼河水槽子水库冲沙试验研究. 中国水利水电科学研究院.

冯清华. 1988. 暴雨泥石流研究的若干问题//泥石流学术讨论会兰州会议文集. 成都: 四川科技出版社.

高立洪. 1998-9-17. 透过长江大水看水保——谈长江洪水与水土流失的关系. 中国水利报.

高秀玲. 2006. 规范长江中下游河道工程采砂管理的思考. 人民长江, (10): 28 ~ 29.

葛守西. 2002. 现代洪水预报技术. 北京: 中国水利水电出版社.
葛守西. 2002. 现代洪水预报技术. 北京: 中国水利水电出版社.
国际泥沙研究培训中心. 1998. 金沙江向家坝、溪洛渡水电站下游河道冲淤分析比较报告.

国家电力公司中南勘测设计研究院. 2005. 金沙江向家坝水电站向家坝工程泥沙观测方案设计报告.

国务院三峡工程建设委员会办公室泥沙课题专家组, 中国长江三峡工程开发总公司泥沙专家组, 2000. 长江三峡工程泥沙问题研究 (1996-2000, 第八卷) —长江三峡工程"九五"泥沙研究综合分析. 知识产权出版社.

韩其为. 2003. 水库淤积. 北京: 科学出版社.

何保喜. 2005. 全站仪测量技术. 郑州: 黄河水利出版社.

何录合. 2002. 碧口水库泥沙淤积规律及控制. 西北电力技术, (4): 49 ~ 51.

胡铁松, 袁鹏, 丁晶. 1995. 人工神经网络在水文水资源中的应用. 水科学进展, 6 (1): 76 ~ 82.

黄嘉佑. 1990. 气象统计分析与预报方法. 北京: 气象出版社.

黄诗峰, 等. 2005. 嘉陵江流域水保措施减沙效益遥感分析. 中国水利水电科学研究院.

黄双喜, 石国钰, 许全喜. 2002. 嘉陵江流域水保措施蓄水减蚀指标研究. 水土保持学报, 16 (5): 38 ~ 42.

姜彤, 苏布达, 王艳君, 等. 2005. 四十年来长江流域气温、降水与径流变化趋势. 气候变化研究进展, 1 (2): 65 ~ 68.

蒋英, 张国学. 2010. 三峡区间水情自动测报系统数据传输的应用研究. 气象水文海洋仪器, (4): 9 ~ 12.

景可. 2002. 长江上游泥沙输移比初探. 泥沙研究, (1): 53 ~ 59.

李丹勋, 毛继新, 杨胜发, 等. 2010. 三峡水库上游来水来沙变化趋势研究. 北京: 科学出版社.

李德仁. 1988. 误差处理和可靠性理论. 北京: 测绘出版社.

李林, 王振宇, 秦宁生, 等. 2004. 长江上游径流量变化及其与影响因子关系分析. 自然资源学报, 19 (6): 694 ~ 700.

李松柏, 杨源高. 1994. 龚嘴水库库床演变和过坝泥沙. 四川水力发电, 3: 29 ~ 35, 41.

李云中, 宋海松, 赵俊林, 等. 2003. 电波流速仪在明渠截流水文监测中的应用. 人民长江. S1: 25 ~ 27.

林世彪, 尹继堂, 龙伟. 1997. 四川农村劳动力转移及合理流向研究. 农村经济研究, (7): 7 ~ 9.

令狐克海. 2000. 铜街子水电站泥沙淤积探讨. 四川水利, 21 (3): 28 ~ 33.

刘德春, 等. 2002. 重庆主城区及以上河段采砂调查与推移质输沙量变化研究. 重庆: 长江水利委员会水文局长江上游水文水资源勘测局.

刘家应, 柴家福. 1994. 乌江渡水库泥沙淤积观测研究. 贵州水力发电, (1): 33 ~ 43.

刘邵权, 陈治谏, 陈国阶. 1991. 金沙江流域水土流失现状与河道泥沙分析, 长江流域资源与环境, 8 (4): 423 ~ 428.

刘邵权, 陈治谏, 陈国阶. 1999. 金沙江流域水土流失现状与河道泥沙分析. 长江流域资源与环境, 8 (4): 423 ~ 428.

刘毅, 张平. 1991. 长江上游重点产沙区地表侵蚀与河流泥沙特性. 水文, (3):

刘毅, 张平. 1995. 长江上游流域地表侵蚀与河流泥沙输移. 长江科学院院报, 12 (1): 40 ~ 44.
刘毅, 张平. 1995. 长江上游流域地表侵蚀与河流泥沙输移. 长江科学院院报, 12 (1): 40 ~ 44.

刘毅，张平 . 1995. 长江上游流域地表侵蚀与河流泥沙输移 . 长江科学院院报 . 12（1）：40 ~ 44.

卢金友，黄悦，宫平 . 2006. 三峡工程运用后长江中下游冲淤变化 . 人民长江，9：55 ~ 57.

罗中康 . 2000. 贵州碚斯特地区荒漠化防治与生态环境建设浅议 . 贵州环保科技，6（1）.

牟定县水土保持办公室 . 1999. 牟定县有家官河小流域治理初见成效 . 长江水土保持，(4)：8 ~ 9.

牟金泽，孟庆枚 . 1982. 论流域产沙量中的泥沙输移比 . 泥沙研究 .（2）：

南京水利科学研究院 . 2006. 降水量观测规范（SL21-2006）. 北京：中国水利水电出版社 .

潘庆燊，胡向阳 . 2010. 长江中下游河道整治研究 . 北京：中国水利水电出版社 .

潘庆燊 . 2001. 长江中下游河道近 50 年变迁研究 . 长江科学院院报，(5)：18 ~ 22.

邱英诚 . 1994. 沱江金堂峡地质自然灾害及其预防措施 . 四川建筑科学研究，(4).

全国土壤普查办公室 . 1995. 中国土种志（6）. 北京：中国农业出版社 .

三峡工程泥沙专家组 . 2008. 长江三峡工程围堰蓄水期（2003 ~ 2006 年）水文泥沙观测简要成果 . 北京：中国水利水电出版社 .

三峡工程泥沙专家组工作组 . 2004. 嘉陵江梯级开发及来水来沙情况查勘报告 .

沈国舫，王礼先，等 . 2001. 中国生态环境建设与水资源保护利用 . 北京：中国水利水电出版社 .

沈浒英，杨文发 . 2007. 金沙江流域下段暴雨特征分析 . 水资源研究，12（1）：39 ~ 41.

沈浒英 . 2007. 金沙江流域下段暴雨特征分析 .

沈燕舟，张明波，黄燕，等 . 2002. 葛洲坝坝前水位对三峡三期截流影响分析 . 人民长江，2002（09）：6 ~ 7.

沈燕舟，张明波，黄燕，等 . 2003. 三峡工程明渠截流水文水力要素实时预测分析 . 人民长江，2003（增刊）：49 ~ 51.

石国钰，陈显维，叶敏 . 1991. 三峡以上水库群拦沙影响的减沙作用 . // 水利部长江水利委员会水文测验研究所 . 三峡水库来水来沙条件分析研究论文集 . 武汉：湖北科学技术出版社 .

石国钰，许全喜 . 2002. 长江中下游河道冲淤与河床自动调整作用分析 . 山地学报，(1)：527 ~ 265.

史德明 . 1999. 长江流域水土流失与洪涝灾害关系剖析 . 水土保持学报 .（1）：

史立人 . 1998. 长江流域水土流失特征、防治对策及实施成效 .

史立人 . 1998. 长江流域水土流失特征、防治对策及实施成效 . 人民长江 .（1）：

水利部、能源部长江勘测技术研究所 . 1991. 长江上游水土保持重点防治区三峡库区片滑坡泥石流普查报告 .

水利部长江水利委员会 . 1997. 长江中下游干流河道治理规划报告 .

水利部长江水利委员会 . 1999. 长江流域地图集 . 北京：中国地图出版社 .

水利部长江水利委员会 . 2002. 长江流域水旱灾害 . 北京：中国水利水电出版社 .

水利部长江水利委员会 . 2006. 金沙江干流综合规划报告（简本）.

水利部长江水利委员会水文测验研究所 . 1991. 三峡水库来水来沙条件分析研究论文集 . 武汉：湖北科学技术出版社 .

水利部科技教育司，交通部三峡工程航运领导小组办公室 . 1993. 长江三峡工程泥沙与航运关键技术研究专题报告（上册）. 武汉：武汉工业大学出版社 .

水利部水利水电规划设计总院，中水东北勘测设计研究有限责任公司 . 2008. 水利水电工程水文自动测报系统设计手册 . 北京：中国水利水电出版社 .

水利部水利信息中心 . 2003. 水文自动测报系统技术规范（SL61-2003）. 北京：中国水利水电出版社 .

水利部水利信息中心 . 2005. 水利系统无线电技术管理规范（SL305-2004）. 北京：中国水利水电出版社 .

水利部水文局，长江水利委员会水文局 . 2010. 水文情报预报技术手册 . 北京：中国水利水电出版社 .

水利部水文局，水利部长江水利委员会水文局 . 2002. 1998 年长江暴雨洪水 . 北京：中国水利水电出版社 .

水利电力部 . 1997. SL197-97 水利试点工程测量规范 . 北京：中国水利电力出版社 .

苏布达，姜彤，任国玉，等 . 2006. 长江流域 1960 ~ 2004 年极端强降水时空变化趋势［J］.. 气候变化研究进展，2（1）：9 ~ 14.

孙厚才，李青云，熊官卿，等．2004. 分形自相似理论在建立小流域泥沙输移比中的应用．//李占斌，张平仓．2004. 水土流失与江河泥沙灾害及其防治对策．郑州：黄河水利出版社．

谭良，全小龙，张黎明．2009. 多波束测深系统及在水下工程监测中的应用．全球定位系统．1：

谭万沛，王成华，姚令侃，等．1994. 暴雨泥石流滑坡的区域预测与预报．成都：四川科学技术出版社．

天津大学概率统计教研室．1990. 应用概率统计．天津：天津大学出版社．

涂成龙，林昌虎．2004. 对贵州水土保持的思考．//李占斌，张平仓．2004. 水土流失与江河泥沙灾害及其防治对策．郑州：黄河水利出版社．

万建蓉，宫平．2006. 嘉陵江亭子口水库泥沙淤积研究．人民长江，11：47 ~ 48.

王海宁，任兴汉．1995. 长江源头地区的水土流失及其防治对策．中国水土保持，（5）：1 ~ 4.

王俊，熊明．2009. 长江水文测报自动化技术研究．北京：中国水利水电出版社．

王治华．1999. 金沙江下游的滑坡和泥石流．地理学报，54（2）：142 ~ 149.

吴喜之，王兆军．1996. 非参数统计方法．北京：高等教育出版社．

西格耳．1986. 非参数统计．北京：科学出版社．

向治安，喻学山，刘载生，等．1990. 长江泥沙的来源、输移和沉积特性分析．长江科学院院报，7（3）：9 ~ 19.

向治安．2000. 泥沙颗粒分析技术研究述评．//水利部水文局．2000. 江河泥沙测量文集．郑州：黄河水利出版社．

熊明，许全喜，袁晶，等．2010. 三峡水库初期运用对长江中下游水文河道情势影响分析．水力发电学报，（2）：120 ~ 125.

徐绍铨，张华海，杨志强，等．2008. GPS 测量原理及应用．武汉：武汉大学出版社．

许炯心．2006. 人类活动和降水变化对嘉陵江流域侵蚀产沙的影响．地理科学，26（4）：432 ~ 437.

许全喜，胡功宇，袁晶．2009. 近 50 年来荆江三口分流分沙变化研究．泥沙研究，（10）：1 ~ 8.

许全喜，袁晶，伍文俊，等．2011. 三峡工程蓄水运用后长江中游河道演变初步研究．泥沙研究，（4）：38 ~ 46.

杨艳生，史德明，杜榕桓．1989. 三峡库区水土流失对生态与环境影响．北京：中国科学出版社．

杨艳生，史德明．1993. 长江三峡库区土壤侵蚀研究．福建：东南出版社．

杨子生．1999. 滇东北山区坡耕地水土流失状况及其危害．山地学报，（增刊）：25 ~ 31.

姚永熙．2001. 水文仪器与水利水文自动化．南京：河海大学出版社．

叶敏．1991. 乌江及长江上游干流区间流域水库群拦沙分析与计算．//水利部长江水利委员会水文测验研究所．1991. 三峡水库来水来沙条件分析研究论文集［C］．武汉：湖北科学技术出版社，1991：171 ~ 178.

叶秋萍，韩友平，陈卫．2003. 长江三峡水利枢纽水情自动测报系统研究．三峡工程设计论文集，水文篇，（8）：105 ~ 113.

应铭，李九发，万新宁，等．2005. 长江大通站输沙量时间序列分析研究．长江流域资源与环境，14（1）：83 ~ 87.

于广林．1999. 碧口水库泥沙淤积与水库运用的研究．水力发电学报，（1）：59 ~ 67.

于守全，曾云宝．1998. 多种清淤手段在水槽子水库的应用．云南电力技术，26（3）：4 ~ 7.

余剑如，史立人，冯明汉，等．1991. 长江上游的地面侵蚀与河流泥沙．水土保持通报，11（1）：9 ~ 17.

余剑如，史立人，冯明汉．1991. 长江上游的地面侵蚀与河流泥沙．水上保持通报，（1）：9 ~ 17.

余剑如，史立人．1991. 长江上游的地面侵蚀与河流泥沙．水土保持通报．（1）：

余剑如．1987. 长江上游地面侵蚀与河流泥沙问题的探讨．人民长江，（9）．

余文畴，卢金友．2005. 长江河道演变与治理．北京：中国水利水电出版社．

余文畴，卢金友．2008. 长江河道崩岸与护岸．北京：中国水利水电出版社．

岳中明．2003. 三峡工程水文研究综述//长江水利委员会长江勘测规划设计研究．2003. 三峡工程设计论文集（上）．北京：中国水利水电出版社：23-35.

查文光．1998. 植树造林话生态 环境改善看效益–会泽林业的起落与以礼河电站的变化．林业科技通讯，8：36 ~ 37.

张国学，蒋英，余可文 . 2010. 水情信息传输技术与集成应用 . 水文科技探索与应用，吉林：吉林大学出版社 .

张美德，周凤琴 . 1993. 长江三峡库尾上游河段河床组成勘测调查、分析报告 . 沙市：长江水利委员会荆江水文水资源勘测局 .

张明波，张新田，余开金 . 1996. 乌江流域水文气象特性分析 . 水文，（6）：53 ~ 56.

张祥金 . 1998. 龚嘴水库泥沙淤积发展浅析 . 四川水力发电，17（1）：17 ~ 19.

张信宝，文安邦 . 2002. 长江上游干流和支流河流泥沙近期变化及其原因，水利学报，（4）：56 ~ 59.

张信宝 . 1999. 长江上游河流泥沙近期变化、原因及减沙对策—嘉陵江与金沙江的对比 . 中国水土保持，（2）：22 ~ 24.

张信宝 . 1999. 长江上游河流泥沙近期变化原因及减沙对策—嘉陵江与金沙江的对比 . 中国水土保持，（2）：22 ~ 24.

张有芷 . 1989. 长江上游地区暴雨与输沙量的关系分析 . 水利水电技术，（12）：1 ~ 5.

赵建虎，刘经南 . 2008. 多波束测深及图像数据处理 . 武汉：武汉大学出版社 .

赵志远 . 1991. 水槽子水库泥沙淤积的综合治理 . 水利水电技术 . 5：43 ~ 45.

中国水利水电科学研究院 . 2005. 上游修建骨干水库对三峡水库水沙条件的影响 .

周劲松 . 2006. 初论长江中下游河道采砂与河势及航道稳定 . 人民长江，（10）：30 ~ 32.

周泽远，薛令瑜 . 1991. 电磁波测距 . 北京：测绘出版社 .

朱鉴远，伍炳吉，王东辉，等 . 1997. 金沙江溪洛渡至宜宾河段床沙取样及分析报告 . 电力工业部成都勘测设计研究院，中南勘测设计研究院 .

朱鉴远 . 1999. 长江上游床沙变化和卵砾石推移质输移研究 . 水力发电学报，（3）：

朱鉴远 . 1999. 长江上游床沙变化和卵砾石推移质输移研究 . 水力发电学报，（3）：86 ~ 102.

朱鉴远 . 2000. 长江沙量变化和减沙途径探讨 . 水力发电学报 .

左训青，张景森，谭良，等 . 2003. 三峡工程导流明渠截流中双频水深测量技术 . 人民长江 . 34（z1）：29 ~ 31.

Cui P，Wei F，Li Y. 1999. Sediment Transported by Debris Flow to the Lower Jinsha River. International Journal of Sediment Research. 14（4）：67 ~ 71.

Probst J L，Suchet P A. 1992. Fluvial suspended sediment transport and mechanical erosion in the Maghreb（North Africa），Hydrological Sciences Journal，37（6）：621 ~ 637.

Schumm S A. 1977. The Fluvial System. New York：John Wiley.

Su B D，Jiang T，Shi Y F，et al. 2004. Observed precipitation trends in the Yangtze river catchment from 1951 to 2002. Journal of Geographical Sciences，14（2）：204 ~ 218.

Ye D Z，Yan Z W. 1990. Climate jump analysis—A way of p robing the comp lexity of the system. T ISC，（8）：14 ~ 20.

水文泥沙观测技术与应用

本章主要介绍了水文泥沙观测、河道测绘、水质监测、资料整编以及成果的信息化管理等方面的技术与应用。

3.1 水文泥沙观测

中国水文泥沙监测技术是在借鉴原苏联方法的基础上发展起来的，经过几十年的实践，已形成了一套有中国特色的水文监测技术和技术标准。三峡工程水文泥沙观测内容多、时间长、时效性高，对水文泥沙观测提出了新的要求。而科学技术的不断进步，为研发和引进有针对性的监测设备、新仪器、新技术创造了条件，通过成功应用于三峡工程水文泥沙观测的雨量、水位、流量、泥沙项目之中，效率显著提高，同时也大力促进了长江水文泥沙观测技术的科技进步。

3.1.1 雨量观测

目前国内外常用于雨量观测的传感器类型主要有虹吸式雨量计、翻斗式雨量计、浮子式雨量计、容栅式雨量计、称重式雨量计等。其中翻斗式雨量计以其工作可靠、结构简单、易于把降雨量转换成电信号输出的特点，广泛应用于水情自动测报系统的雨量自动观测。

翻斗式雨量计有两种型式：单翻斗式和双翻斗式。分辨率要求较高时采用单翻斗型式，分辨率要求较松时采用双翻斗型式。翻斗式雨量计的承雨口的直径为 $\phi 200_{0.00}^{+0.60}$mm，承雨口刃口角度 40°~45°。按分辨率的不同进行了分类，主要有 0.1mm、0.2mm、0.5mm 和 1.0mm 几种常用类型，适用降雨强度范围为 0~4mm/min，翻斗计量误差为±4%。

根据《降水量观测规范》（SL21-2006）对自记雨量传感器和与之配套的记录仪器的要求，其计量精度必须准确，并能灵敏连续地反映降水过程及降水起止时间。因此，在选用翻斗式雨量计时应根据区域降雨量的差异，合理选择雨量计的分辨率，以满足雨量资料收集的要求。翻斗雨量计分辨率的选用是按下列因素选配：需要控制雨日地区分布变化的基本雨量站和蒸发站必须记至 0.1mm 级，选用分辨率为 0.1mm 的雨量计；不需雨日资料的雨量站，可记至 0.2mm 级，选用分辨率为 0.2mm 的雨量计；多年平均降雨量大于 800mm 的地区以及无人驻守观测的雨量站可记至 0.5mm 级，选用分辨率为 0.5mm 的雨量计。

长江三峡工程水情自动测报系统所属遥测站点主要分布在长江干流及主要支流上，数据采集区域的多年平均降雨量大于800mm，并采用“无人值守，有人看管”的运行模式，因此在实施过程中，雨量计主要选用的是0.5mm的翻斗式雨量传感器。

翻斗雨量计输出为开关量信号，当翻斗发生一次翻转，数据采集器对翻转信号进行整形并记录。为防止数据采集器遭受雷电的干扰和破坏，在雨量传感器与数据采集器之间串接信号避雷器，当遇高电压时信号避雷器会自动断开，从而保护数据采集器。

雨量采集硬件连接如图3-1所示。

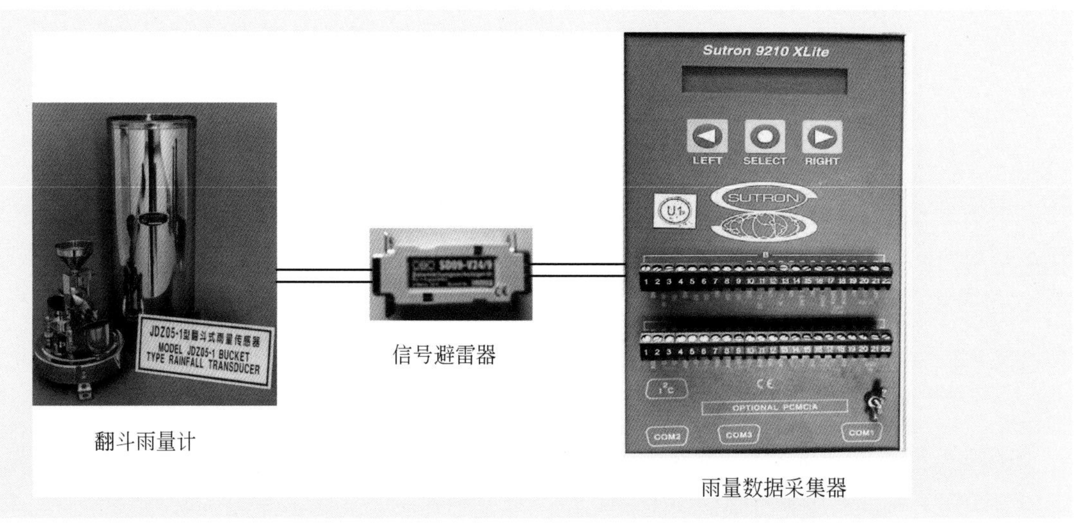

图3-1　雨量采集硬件连接示意图

3.1.2　水位观测

目前国内外常用于水位自动观测的水位传感器主要有浮子式、压力式、超声式、雷达传感和激光传感等几大类型。因各类水位计的技术特点以及适用范围和条件各有不同，选用时可结合水位监测点的实际情况合理选择。各种类型的水位计的性能及适用范围比较如表3-1所示。

表3-1　各种类型水位计性能及适用范围比较

水位计类型	适用范围	应用特点
浮子式水位计	具备建或已建有水位自记井的测站	技术成熟，运行稳定，维护方便，运用最广泛；但前期土建投资大，使用中要注意水井的淤积问题
压力水位计（气泡式/压阻式）	不具备建井的或自记井无法测到低水的测站	不需要建造水位井，安装简便，精度符合规范要求。但泥沙影响精度，压阻式有时间漂移、温度漂移，需要定时率定，且易受雷击；气泡式感压气管安装时要有良好的静水装置
超声式水位计	不具备建井的测站	不需要建造水位井，精度符合规范要求；但安装比较困难，有温度漂移，水面漂浮物影响精度，需要定时率定
雷达水位计	不具备建井，断面陡坡，量程大	测量精度高（毫米级），测量量程大（90m以上），不需要建造水位井，没有时间漂移、温度漂移，可靠度高；但安装复杂，水面漂浮物影响精度，安装可参照气介式超声波水位计安装型式，需要定时率定
激光水位计	不具备建井，断面陡坡，量程大	测量精度高（毫米级），量程大（90m以上），不需要建造水位井，没有时间漂移、温度漂移，可靠精度高；但安装较复杂

由于三峡区间水文、气象、地理等环境因素复杂，各水文、水位监测站分布线长、面广，水位监测断面条件和观测设施各不相同，而且大部分站点均有水位资料收集要求，对测量精度要求很高。根据《水位观测标准》，水位传感器的选择主要遵循“稳定、可靠、适用”的原则，同时还要考虑各种类型的水位传感器在主要性能指标上的差异。其中水位计的分辨率、测量精度、供电范围、可靠性、环境适应范围等指是选择的重要参考指标，同时还需判断水位计的量程范围是否满足监测断面的水位变幅（历史最高和最低水位）要求，水位变率是否满足监测断面的水位的涨落快慢要求，接口输出方式是否满足选用的自动采集设备水位接口要求等。在三峡工程水位观测中，有人工观测和自动观测两种模式，自动观测主要选用了浮子式和气泡压力式两种主要类型水位计。

浮子式水位计具有准确度高、稳定可靠、维护方便等特点。其工作主要依靠浮子感应水位升降从而记录水位的变化。在建有水位观测井的监测站一般优先使用浮子式水位计，使用时必须经常对水位测井清淤，有效保障水位计良好运行。浮子水位计与数据采集器之间一般通过标准的 SDI-12、RS485 等接口进行 3 线制连接，为防止雷电干扰和破坏，在浮子式水位计与数据采集器之间串接信号避雷器，有效保护数据采集器。浮子式水位计与数据采集器连接如图 3-2 所示。

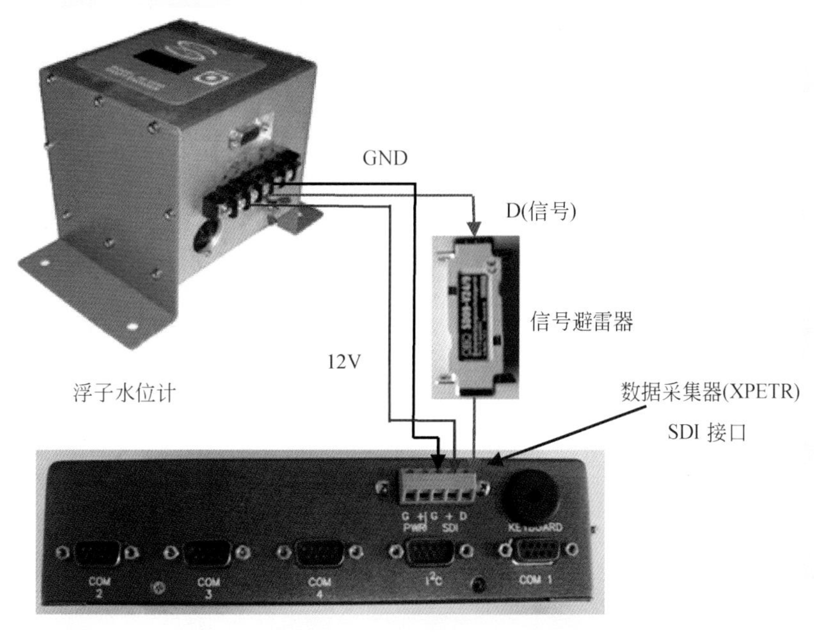

图 3-2　浮子式水位计与数据采集器连接示意图

气泡压力式水位计通过测量水体的静水压力来观测水位，对建水位观测井困难或建井投资高的水位观测点一般优先使用气泡压力式水位计。气泡压力式水位计分为恒流式气泡水位计和非恒流式气泡水位计。

恒流式气泡水位计主要通过外部气源供气，气体经减压后通过仪器内部的自动调压恒流装置（起泡系统），缓慢地通过感压管向水中均匀地放出气体，自动调压恒流装置可以自动适应静水压力的变化，使吹气管内压力和管口的静水压力相等，通过测量吹气管内的气体压力值即得出出气口的静水压力值。恒流式气泡水位计主要用于无测井且水位变幅大的测站。恒流式气泡水位计典型应用组成如图 3-3 所示。

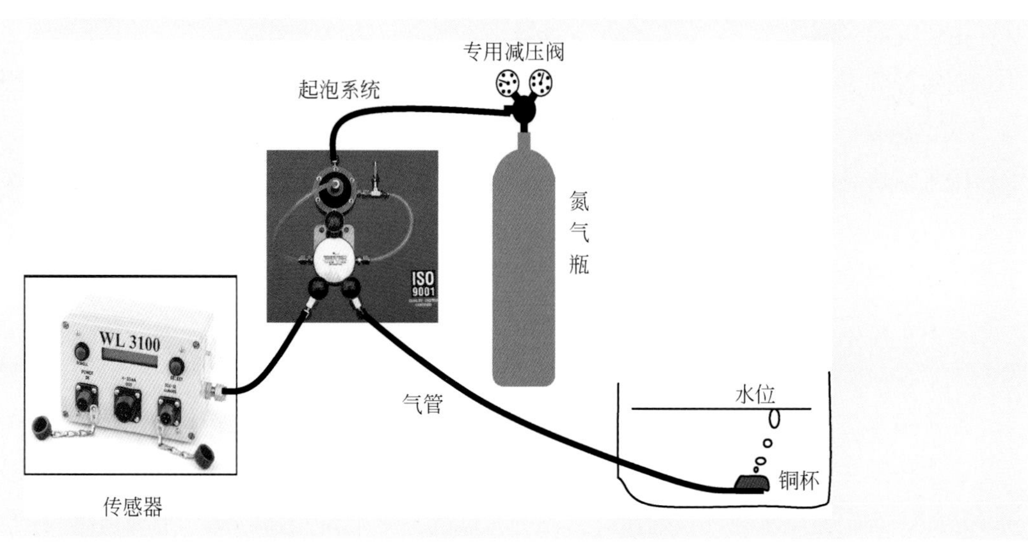

图 3-3　恒流式气泡水位计典型组成示意图

非恒流式气泡水位计省去了外供气源和起泡系统，气流通道无需人工调节，测量时启动自带气泵，当气体压力超过出气口静水压力后，使气泵停止工作，出气口出气很快停止，达到平衡后自动测出压力。非恒流式气泡水位计主要用于无测井且水位变幅小的测站。非恒流式气泡水位计典型应用组成如图 3-4 所示。

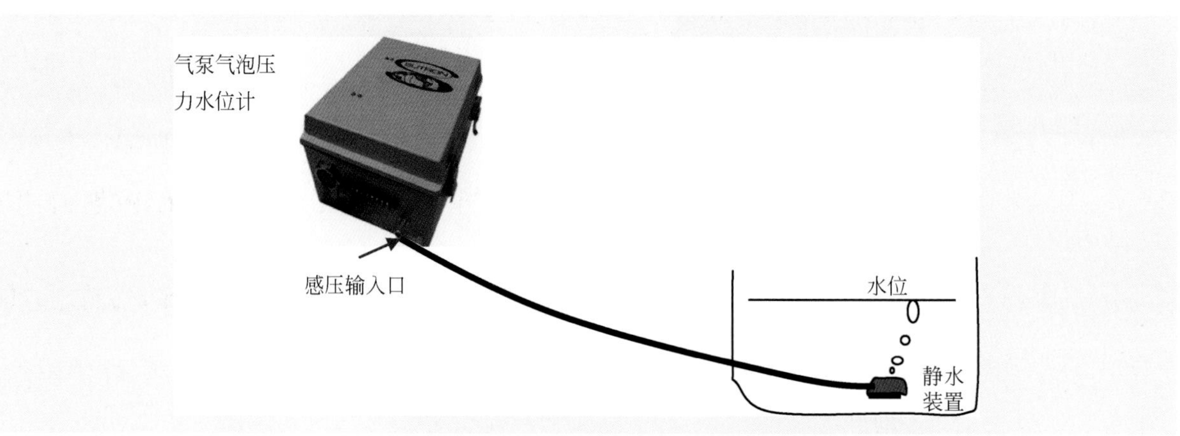

图 3-4　非恒流式气泡水位计典型组成示意图

气泡水位计与浮子式水位计水位采集方法不尽相同，气泡水位计除了本身的测量线性误差外，还有吹气系统带来的额外误差，温度、流速和波浪等因素也会影响水位计的测量误差。数据采集器采集水位时需要多次测量取平均，并根据预先设定的线性误差修正值进行修正，确保水位数据采集的准确性。

影响气泡式水位计测量精度的因素很多，在安装与操作过程中需要注意以下事项（安装示意图如图 3-5 所示）。

1）吹气管出口位置选择很关键，应选择在不会发生泥沙淤积且不受水流流速影响的地点。

2）吹气管出口应该配备气室（铜杯），并规定要求安装牢固，减少水流流速和波浪的影响。

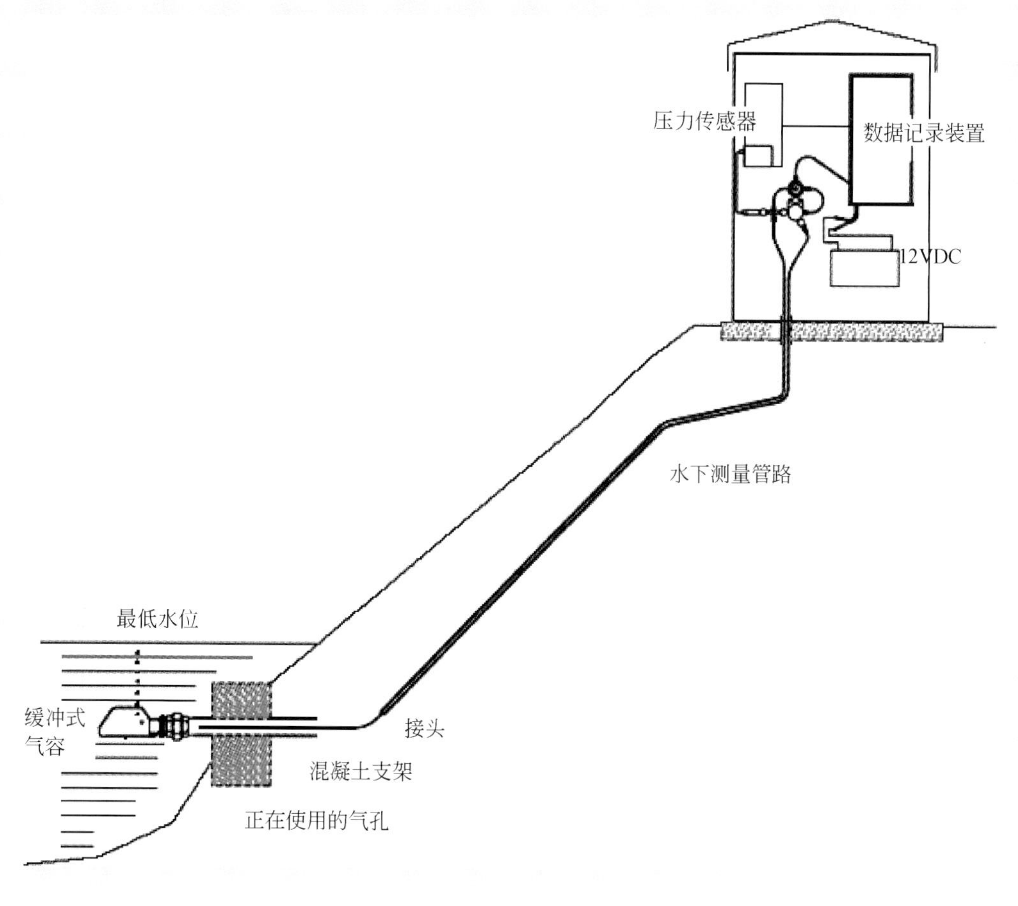

图 3-5　气泡式水位计安装示意图

3）吹气管在铺设过程中需要用钢管保护并尽量深埋土中，减少环境温度的影响，同时不能产生急弯和负坡。

4）始终保持气源的压力值大于出气口的静水压力值，差值应该保持在水位计最大量程 5m 水头以上为宜。

3.1.3　流量测验

流量测验方法有流速仪法、浮标法、比降面积法、堰槽法、水工建筑物法和示踪法等。流速仪法采用的仪器设备主要有转子式流速仪和非转子式流速仪。转子式流速仪包括旋桨式流速仪和旋杯式流速仪；非转子式流速仪主要有声学多普勒流速仪、电磁流速仪、电波流速仪等。

20 世纪 90 年代，水文系统在长江口引进声学多普勒流速剖面仪（acoustic doppler current profiler，ADCP）。为推广 ADCP 测流技术在内河的应用，1996 年三峡工程出口专用站黄陵庙水文站引进 ADCP，成为内河第一个采用 ADCP 测流的水文站，通过在黄陵庙水文站的实践应用，表明 ADCP 可大大提高流量测验自动化水平和水文巡测能力，但也存在以下 5 个方面的问题：①在河流存在“底沙运动”条件下，走航式 ADCP 底跟踪方式测量的船速失真，导致流量测验成果不准确。②受铁磁质测船外界磁场干扰影响，走航式 ADCP 内部罗盘方向偏移，测得水流流向不准，流量成果失真。③在高含沙量水流区域，走航式 ADCP 回波强度衰减速度快，使得底跟踪测量水深失效，导致测流失败。④用于走航式 ADCP 插补盲区（表层、底层和左、右岸非实测区）的指数流速分布公式对测流精度的影响，有待进一步分析。⑤走航式 ADCP 的流速（流量）测验精度，是否满足国家现行《河流流量测验规范》（GB 50179-93）要求。这些问题引起长江水利委员会水文局的高度重视，开展了大量的比测试验及关键技术问题的开发研究，研究成果不仅使该方法在三峡库区及坝下游的多个测站得到了很好的应用，也为水利行业技术标准《声学多普勒流量测验规范》的制订提供了大量的依据。

1. “底沙运动”条件下 ADCP 测流问题

中国河流一般含沙量较大，特别是长江河底床面存在一定的推移质运动现象。推移质运动或测验水域底部的泥沙运动本文统称为“底沙运动”。黄陵庙水文测验断面在中、高水位期河底走沙较为剧烈，在长江中下游的枝城、沙市、汉口、九江站这些测站（河段）也有类似情况，河底局部（或垂线河底位置处）瞬时“沙速”最大可达到 1.1 ~ 1.3m/s，断面平均亦有 0.6 m/s 左右。

一般而言，“底沙运动”速度大小变化受测验河段水沙特性、来水来沙量级等水力因素的综合影响。即不同的测验河段，河底“沙速”的差异较大，“底沙运动”速度主要随着河流流量的增大而增大。在不同“底沙运动”速度影响下，ADCP 底跟踪方式测流误差大小的程度是不同的。ADCP 底跟踪方式与常规流速仪在不同水沙特性河段、不同流量条件下的测验结果对比，其相对误差如表 3-2 所示。

表 3-2　不同“底沙运动”速度下流量比测相对误差统计成果

长江	河段（断面）	流量范围（m^3/s）	河底平均沙速（m/s）	相对误差范围（%）
干流	黄陵庙	5 000 ~ 50 000	0.10 ~ 0.30	-0.2 ~ -9.5
	宜　昌	5 000 ~ 60 000	0.05 ~ 0.20	-0.5 ~ -3.0
	枝　城	10 000 ~ 60 000	0.20 ~ 0.65	-2.5 ~ -24.5
	沙　市	5 000 ~ 50 000	0.22 ~ 0.65	-2.0 ~ -20.5
	螺　山	10 000 ~ 60 000	0.12 ~ 0.35	-2.0 ~ -12.0
	汉　口	10 000 ~ 65 000	0.12 ~ 0.60	-2.0 ~ -21.0
	九　江	10 000 ~ 50 000	0.10 ~ 0.56	-2.0 ~ -21.0
	大　通	10 000 ~ 50 000	0.08 ~ 0.41	-2.0 ~ -15.0
洞庭湖	城陵矶	5 000 ~ 30 000	0.05 ~ 0.15	-0.25 ~ -2.0

①河底断面平均沙速根据各测站比测试验资料统计或变化趋势延长，供参考；②相对误差范围为对应流量（Q）范围，分别根据各单站 $Q_i \sim \delta Q\%$ 统计

由表 3-2 可知，测站（河段）河底的“沙速”越大，ADCP 底跟踪方式测流偏小的误差越大，单次断面流量相对误差最大可达到-24.5%。在“底沙运动”条件下，采用 ADCP 底跟踪方式测流，其成果与常规流速仪流量测验成果对比，系统误差偏小。因此，在“底沙运动”条件下采用 ADCP 底跟踪方式测流，存在如下问题：①测得水流流向失真，流速、流量系统偏小；与传统流速仪法测验成果对比，误差大、精度较低。②增加流量测次，偶然误差（随机误差）能得到显著地减小或改善，但仍存在系统误差。③底跟踪提供的船速及航迹方向都不准。分析其原因，由于 ADCP 底跟踪方式测量原理的缺陷，这些“沙速”直接抵消了河流中实际的水流速度，使得 ADCP 以“底跟踪”方式测速结果系统偏小。

由于 ADCP 底跟踪方式测流，系假定河底稳定，无“底沙运动”，通过测量船与河底的相对运动，确定船的运行速度。这一方式对于河底没有“底沙运动”的河流具有较好的精度。然而中国大部分河

流，特别是长江、黄河“底沙运动”较为普遍，采用底跟踪方式将使测量的船速失真，并最终导致流速测验成果失真。如何解决因“底沙运动”产生的船速失真的问题，最直接的方法就是外接 GPS（全球卫星定位系统）测定测船在航迹上运动的相邻两点的位移，再除以测船位移时间，得出“船速”。利用 GPS 求得“船速”来代替 ADCP 底跟踪测得船速。一般来说通过 GPS 测定的船速是真实的，基本上可以解决 ADCP 底跟踪方式测量的船速失真问题。

2. 外界磁场干扰影响下 ADCP 测流问题

地球上的任何铁磁物质都会或大或小地干扰其周围的地磁场。因此如果 ADCP 周围有大块的铁器如铁船壳存在，则该处的地磁场将会明显地被扭曲。这时 ADCP 内部罗盘所指明的方向实际上已不是正常地磁场的方向而只是 ADCP 周围小环境磁场的方向。同时由于地磁场是一个矢量场，铁船等在不同航向时对地磁场的干扰在大小和方向上都不一样，因此它带给磁罗盘的方向误差也不是一个常差或系统差。

1）各类铁质测船引起 ADCP 内置罗盘偏角范围一般为±10°～35°。船型较大时，受影响程度相对较小；测船较小，因操作环境较差（如距铁船壳、发动机等较近），产生偏角较大。ADCP 安装在木质测船，因外界磁场影响较小，内置罗盘偏角一般为±5°左右。

2）偏角影响随 ADCP 安装位置不同而不同，即靠机舱附近影响最大、船头影响最小。

3）ADCP 内部罗盘给出的方向不准，流向转到地球坐标时有明显的偏差，测得流向是错误的；如存在“底沙运动”且速度≥0. 2m/s 时，则测得的流速、流量都是不准确的。

4）不采用底跟踪方式，而采用外接 GPS 方式测流，若内置罗盘受外界磁场影响，所确定出坐标与 GPS 大地坐标之间偏角差异较大，则 GPS 方式测流的误差也较大、精度也较低。

在受外界磁场干扰影响的铁壳船条件下，除了流量资料外，我们还希望获得准确的流向资料，就必须用外部罗盘，以提供准确的北方向；另外，在存在“底沙运动”的情况下，底跟踪提供的船速及航迹方向都不准，因而必须借助 GPS 提供船速及航迹。

消除外界磁场的影响，一般有两种办法：一是通过核正内置罗盘的磁偏角。这种方法对于外界磁场干扰较小时有一定的效果，当外界磁场干扰较大时，误差仍较大，经试验尚无成功先例；二是应用外接其他型号的数字罗盘或磁罗经避开或消除外界磁场的干扰。通过外接其他罗盘为 ADCP 坐标转换提供正确的方向和倾斜数据，确定出与 GPS 系统基本一致的大地坐标，使 GPS 方式测流的误差大大地减小，测流精度得到提高。

为了保证测流精度，外接罗盘必须标定，以获得精确的航向。如果改变了安装位置或平台的磁特性发生了变化，罗盘需重新标定，否则会产生航向误差，最终导致测流结果误差。这是因为用 ADCP 内部罗盘，仪器坐标可与船无关的直接转到地球坐标，这时 ADCP 的安装角对数据处理也没有影响。但在用外部罗盘或者用 GPS 时，ADCP 坐标必须通过船坐标才能转到地球坐标，这时就要求精确校准 ADCP 安装偏角。该值除了对流向测量有影响外，对流量测量也有影响，它将导致在同一断面上不同方向的测流测量结果有明显误差。

3. 大含沙量条件下 ADCP 流量测验问题

采用 ADCP 测流，高含沙量的影响是可能使底跟踪和水深测量失效。这是因为 ADCP 是根据回波强度沿深度变化曲线在河底处突起的峰值来识别河底。由于河底沉积物介质密度较高，当水体中含沙量较低时，通常河底处的回波强度会大大高于水体中颗粒的回波强度。然而当水体中含沙量高到一定程度，水体中颗粒的回波强度会增大到与河底处的回波强度相接近。这时，回波强度沿深度变化曲线在河底处不出现突起的峰值，ADCP 不能从该曲线上识别河底的位置。

根据试验资料分析，在含沙量（断面平均含沙量 0.3～0.7kg/m^3）、水深（18～70m）条件下，ADCP 实测回波强度沿深度变化曲线在河底处突起的峰值基本正常。在大、小水深中采用底跟踪测深的回波衰减变化基本一样，无特别异常表现。虽然在 ADCP 测流过程中存在较少量水深失效的问题（表现形式为信号丢失），如果水深失效的断面面积不大，ADCP 测流软件会依据前后实测的部分流量数据进行自动插补。因此对流量最终结果影响不大。但若含沙量（试验为 3.5～5.0kg/m^3）较大时，ADCP 底跟踪水深测量基本失效，测流失败。

一般来说，ADCP 水深测量系采用底跟踪进行，但对于大含沙量大水深条件下，底跟踪有时会失效。这时可采用外接测深仪方式，通过接收测深仪数据信号，采集和处理测深仪数据，解决高含沙量水流中不能正常进行底跟踪测量水深问题。

4. 盲区流量插补误差（估算误差）

ADCP 测流存在 4 个盲区区域。表层因 ADCP 换能器有一定的吃水深度，换能器以上及换能器以下有一定的盲区；底层由于用现有技术开发的换能器有几个与主声束成 30°～40°的斜瓣声束，主声束与斜瓣声束达底部有一定的时间差，使测得的水深有所减小，底层出现一定的盲区；左、右两岸因受船体吃水深度的限制，亦有部分未测，形成盲区，ADCP 测流盲区如图 3-6 所示。

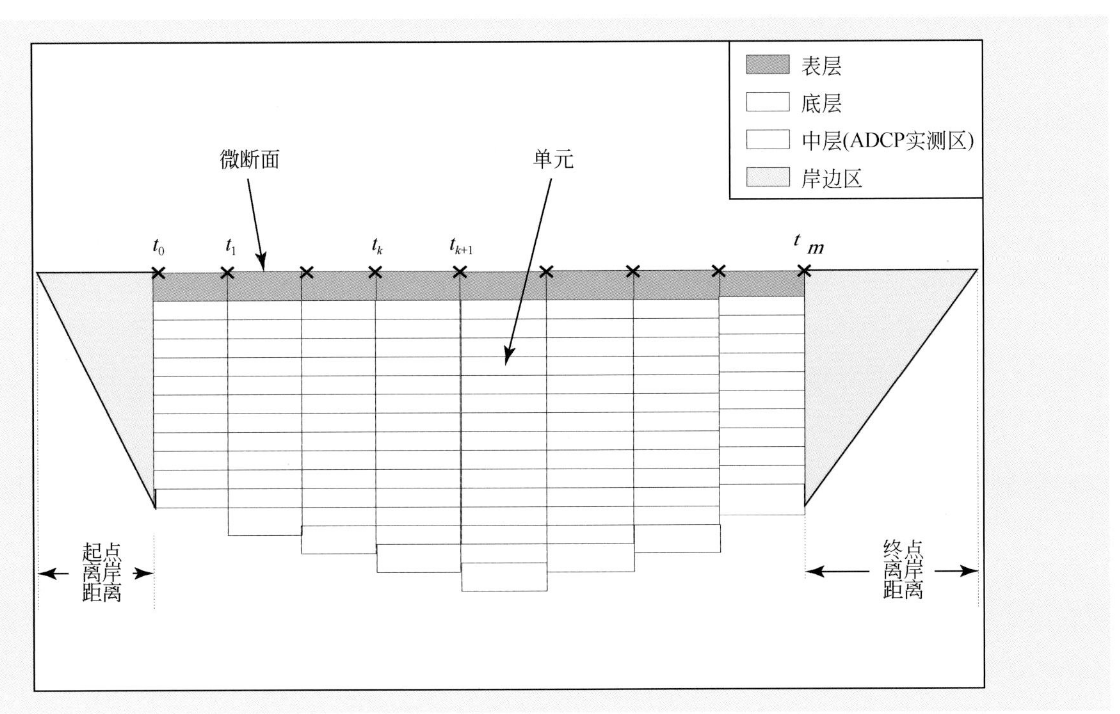

图 3-6　ADCP 测流盲区示意图

对于 ADCP 表层、底层盲区的流量插补一般采用 1/6 指数曲线，亦即假定垂线流速分布为幂指数，且 $\bar{b}$=0.1667（$\bar{b}$ 为经验常数，通常取 1/6，既指数曲线中的指数）。由于不同测验河段的垂线流速分布均有自己的特点和型式，不一定完全满足以上规定，故成为插补表层、底层盲区流量的主要误差来源。以长江干流万县、宜昌、沙市等水文站垂线流速分布规律为例：不同河段具有不同的 $\bar{b}$ ；同一断面高水 $\bar{b}$ 相对较小，低水 $\bar{b}$ 较大，最大可达 0.30。

《河流流量测验规范》（GB50179—93）中规定，$\bar{b}$ 一般取值为 0.1 ~ 0.2，这是我国为制定规范经过大量比测试验而得出的。为分析因 $\bar{b}$ 值不同产生的误差，本次结合长江干流站垂线流速分布实际情况，分析了因 $\bar{b}$ 取值不同（0.1 ~ 0.4）与 ADCP 假定幂指数（ $\bar{b}$ =0.1667）所引起的表层、底层插补流量之间的差异，见表 3.1.1-4 及综合关系见图 3-7。

按 GB50179—93 规定范围取值（ $\bar{b}$ =0.1 ~ 0.20），ADCP 测量盲区断面流量精度为：

1）表层：相对系统误差为 0.52% ~ -0.27%，相对标准差 0.29% ~ 0.15%；

2）底层：相对系统误差为-1.27% ~ 0.56%，相对标准差 0.15% ~ 0.07%；

3）表层+底层：相对系统误差-0.7% ~ 0.3%，相对标准差 0.23% ~ 0.12%。

针对水文测船测流存在着左、右岸盲区的现实，GB50179-93 规定左、右岸流速应接最后一根实测垂线的流速乘以一个系数 α，代表岸边盲区的平均流速，α 即为岸边流速系数。GB50179—93 根据大量的比测试验，规定 α 宜在 0.65 ~ 0.75 取值（或者取平均值 0.7），遇有漫滩或回流的测站，则需根据本断面岸边形状变化具体分析。

ADCP 盲区的断面流量插补精度受换能器入水深度的影响较大，特别是对表层盲区影响。由于波浪影响测船上下颠覆，入水深度太小，换能器露出水面会产生空蚀；入水太深，表层盲区厚度大，影响测验精度。根据实践，换能器安装入水深度宜在 0.5 ~ 1.0m。

5. ADCP 流量比测精度指标

以水文测验常规流速仪法测验成果为近似真值，ADCP 流量比测精度是指包括水深、垂线点流速、垂线平均流速以及断面流量等水文要素的对比精度。通过在多站大量的比测试验我们得出：

ADCP 测流精度与 ADCP 采样次数（采样脉冲数）及相对水深位置有关，采样次数越多，相对标准差或随机不确定度越小；相对水深越大，相对标准差或随机不确定度越大。

通过 ADCP 配备高精度 GPS 及罗经，可有效地提高 ADCP 的流量测验精度，不同流量级下 ADCP 与流速仪法流量比测试验精度分析见表 3-3。

表 3-3　不同流量级下 ADCP 与流速仪法流量比测试验成果

试验范围	断面流量 14 500 ~ 58 000m³/s														
断面流量（m³/s）	Q_i<25 000			25 000<Q_i<35 000			35 000<Q_i<45 000			45 000<Q_i<55 000			Q_i>55 000		
ADCP 断面测流次数	1	2	4	1	2	4	1	2	4	1	2	4	1	2	4
相对标准差 σ_{VA}（%）	7	4.6	4.2	6.6	3.3	2.9	6.5	3.3	2.6	6.5	2.8	2.4	6.5	2.5	2.3
相对随机不确定度（%）	14	9	8	13	7	6	13	7	5	13	6	4	13	5	4
平均相对系统误差变化范围（%）	-1.5 ~ 0.5														

①本表为 ADCP 外接 GPS、磁罗经方式断面测流精度指标；②断面测流次数—ADCP 从左—右岸（或右—左岸）走航测流为 1 个单测次

根据 ADCP 安装环境和断面实际情况，采用 ADCP、差分 GPS 和 GPS 罗经构成 ADCP 测流系统（图 3-7）。

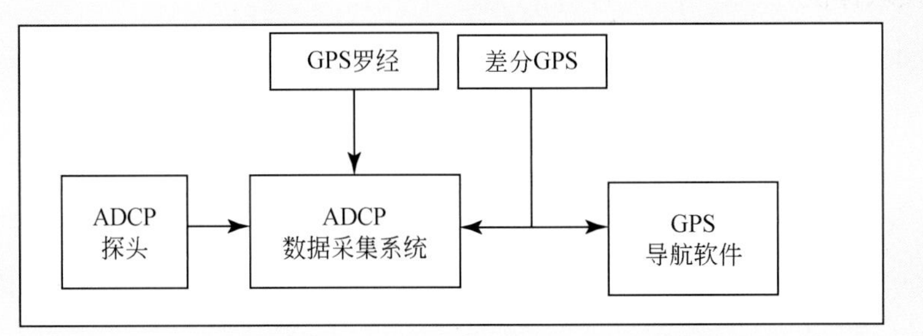

图 3-7　ADCP 连接示意图

目前，在原 ADCP 测流系统上，通过配备高精度的 GPS-RTK（动态实时差分解算）以 GGA 的格式接入，配备高精度的 GPS 罗经（含其他反应灵敏的高精度罗经）以 DBT 的方式接入，水深较大的区域还通过外置高精度的回声测深仪的方式进行测验，可大大提高了测验精度并扩大了使用的范围。

随着 ADCP 测流技术、数据通讯技术、计算机技术的应用，在有条件的测站开展了在线测流系统技术的试验研究。测验的设备有 ADCP、水平式 ADCP、座底式 ADCP 等，通信技术有超短波电台、依托公网的 CDMA 和 GPRS 技术等，依托计算机控制及数据库系统，结合深水浮标以太阳能供电方式进行在线观测。通过大量的比测试验，率定出相应的流量计算方法（模型），并不断地进行修正，提高了在线测验的精度。

3.1.4　泥沙测验

1. 悬移质泥沙测验

目前悬移质泥沙观测仍采用瞬时式或积时式悬移质采样器，以汲取河水水样的方式进行输沙率测验。悬移质泥沙测验采用仪器一般为横式采样器和积时式采样器。

水利电力部（现为水利部）曾在 20 世纪 70 年代到 80 年代组织了大量的人力、财力进行悬沙采样器的研究，形成了 LSS、FS、JL-Ⅰ、JL-Ⅱ、JL-Ⅲ、JX、全皮囊等采样器产品，并于 1986 年与美国的 USP61 型采样器进行了比测，长江流域规划办公室设计的 JL 型以其合理的结构原理赢得国内好评并在长江上游得到应用，但其滑阀卡沙导致关闭失灵的问题经常发生。

为研究解决了滑阀卡沙的问题，从 2002 年开始研制新型的调压式悬移质采样器——AYX2-1 型（图 3-8）。2004 年研制了一款新型采样器，其各项指标均达到要求，使用水深范围为 40m。2005 年针对调压积时式采样器存在的问题，经过多次设计修改和测试，分别在嘉陵江干流北碚水文站、长江干流朱沱水文站、黄河干流潼关水文站对 AYX2-1 型采样器进行了深水密封、进口流速系数、电气控制电路、含沙量、阻力系数、连通管隔水性能、调压历时等测试工作。经野外比测试验，在实测最大流速 4.92 m/s、最大含沙量 12.4 kg/m^3 范围内，各项技术指标均达到设计标准。AYX2-1 型采样器具有操作简单、性能可靠、适应能力强、测量精度高、水力特性好等优点，目前已在长江流域推广应用。

水利工程运行后，清水下泄，导致坝下游水体变清，含沙量变小，坝下游河段悬移质中的细颗粒居多，含沙量的横向分布比较均匀，不同泄流方式可能会改变断面含沙量分布；同时受工程调度影响，含沙量过程受人工调度的影响，改变了天然的过程。为了控制其变化过程，需要增加大量的测次，增加了工作量。由于水体含沙量变小，为满足悬移质泥沙颗粒分析的最小沙重要求，需要大量增加水样取样数量及取样次数，势必会增加工作量和劳动强度。

图 3-8　AYX2-1 型采样器

为了探索解决受工程影响的泥沙测验工作的方法，长江水利委员会水文局于 2005 年 8 月率先引进了第一台现场激光测沙仪（以下简称 LISST-100X）。2005 年 2 月 ~2008 年 2 月，采用动态及定点等多种试验方法，在长江干流上游（寸滩、清溪场以及支流嘉陵江北碚、三峡库区庙河）、长江中游（宜昌、沙市、汉口）、长江下游及河口（徐六径、CSW、Z7 断面、洋山深水港）等 11 个具有不同水沙运动特性和感潮影响的代表性河段（主要水文控制站）开展 LISST-100X 测沙试验研究，共收集完成野外比测试验 219 个测次，近 479 条垂线（次）的含沙量和颗粒级配资料，同时进行室内外大量悬移质泥沙测验的性能、适宜性以及比测精度等试验方案；并结合各水文站测验河段水沙特性，进行仪器参数优化、软件开发、确定合理的泥沙实时信息采集方案、保证了悬沙测验成果精度。

试验结果表明，LISST-100X 仪器测试性能稳定，可在测沙现场，利用水文测船或缆道设备，采用动态或定点方式，连续同步地测量含沙量、颗粒级配、水深、温度等多参数；反映悬沙变化过程特征全面，实时性强；也可在室内对水样进行含沙量、颗粒级配等特征值分析。在悬沙粒径为 0. 0025 ~ 0. 5mm，含沙量小于 1. 0kg/m^3 的条件下，其测验精度符合国家现行《河流悬移质泥沙测验规范》（GB50159-92），和行业标准《河流泥沙颗粒分析规程》（SL42-92）2. 1. 2 条误差控制指标要求。该仪器对其他粒径的应用，正在进一步研究。寸滩、宜昌、枝城、沙市、螺山、大通等 6 站已使用该仪器于 2010 年 5 月 1 日起向中国长江三峡集团公司进行含沙量试验性报汛，并取得了成功。

2. 推移质泥沙测验

河流中的推移质泥沙一般指沿河床以滚动、滑动、跳跃形式运动的泥沙，这部分泥沙经常与河床床面接触，运动着的泥沙与静止的泥沙经常交换，运动一阵，停止一阵，呈间歇性向前运动，前进速度远较水流为小。推移质泥沙与悬移质具有不同的运动状态，遵循不同的运动规律，推移质泥沙与悬移质泥沙可相互转化，在同一水流条件下，推移质泥沙中较细的部分与悬移质泥沙中较粗的部分，构成彼此交错状态，就同一粒径组来说，在较弱的水流条件下表现为推移质泥沙，在较强的水流条件下表现为悬移质泥沙。推移质泥沙的间歇运动实质上是泥沙颗粒在不同时期，分别以推移质泥沙及床沙的面貌出现，当它转化为床沙时就出现了间歇，在水流较强时一部分床沙也可转化为推移质泥沙。

影响推移质输沙率大小的因素有河段的水力条件（流速、比降、水深等）、河床组成（床沙颗粒大小、形状、排列情况等）以及上游补给等。推移质输沙率是一个随机变量，随时间脉动剧烈，即使在水力条件和补给条件基本不变的情况下，也是忽大忽小的。由于推移质输沙率变化与流速的高次方成正比，因此推移质输沙量主要集中在汛期，特别是几场大洪水过程中。河道上推移质输沙率横向分布非常不均匀，一般是某一部分运动强烈，而在其他位置推移质输沙率却很小，甚至为零，推移质强烈输移的宽度远比河宽小得多。

由于推移质泥沙运动的以上特点，导致推移质泥沙测验难度较大，至今仍是世界各国江河泥沙测验的薄弱环节。

目前国内外推移质泥沙测验方法较多，概括起来可分为两类：直接测验法和间接测验法。

直接测验法是利用一种专门设计的机械装置或采样器，直接放到河床上测取推移质沙样的方法，又称器测法。目前世界各国使用的推移质采样器种类繁多，归纳起来，主要有以下 4 种类型：网蓝式、压差式、盘盆式和槽坑式。

网篮式采样器由一个框架组成，除前部进口处，两壁、上部和后部一般由金属网或尼龙网所覆盖，底部为硬底或软网，通常用于施测粗颗粒推移质，如卵石、砾石等。压差式采样器主要是根据负压原理，将采样器出口面积设计成大于进口面积，从而形成压差，增大进口流速系数。盘盆式采样器有开敞式和压差式两种，仪器的纵剖面为楔形，推移质泥沙从截沙槽上面通过，并被滞留在由若干横向隔板隔开的截沙槽内。槽坑式采样器将一些槽形或坑形的机械装置沿横断面装在河床上，使运动的推移质泥沙落入滞留的槽或坑内，在一定时间以后取出沙样，并分析决定其输移量和颗粒级配，该类仪器只适合水浅、流速低的小河道使用（表 3-4）。

表 3-4　国内外有代表性的采样器统计表

<table>
<tr><th rowspan="3">类别</th><th rowspan="3">型号</th><th colspan="3">主要尺寸（cm）</th><th rowspan="3">总重（kg）</th><th colspan="2">平均效率（%）</th><th colspan="3">适应范围</th><th rowspan="3">研制单位</th></tr>
<tr><th colspan="2">口门</th><th rowspan="2">总长</th><th rowspan="2">水力</th><th rowspan="2">采样</th><th rowspan="2">水深（m）</th><th rowspan="2">流速（m/s）</th><th rowspan="2">粒径（mm）</th></tr>
<tr><th>宽</th><th>高</th></tr>
<tr><td rowspan="5">网篮式</td><td>Y64</td><td>50</td><td>50</td><td>160</td><td>240</td><td>89</td><td>8. 62</td><td><30</td><td><4. 0</td><td>8 ~ 300</td><td>长江水利委员会</td></tr>
<tr><td>Y802</td><td>30</td><td>30</td><td>120</td><td>200</td><td>93</td><td></td><td><30</td><td><4. 0</td><td>1 ~ 250</td><td>长江水利委员会</td></tr>
<tr><td>AWT160</td><td>50</td><td>40</td><td>200</td><td>250</td><td></td><td></td><td><5. 0</td><td><4. 0</td><td>5 ~ 450</td><td>成都勘测设计研究院</td></tr>
<tr><td>MB2</td><td>70</td><td>50</td><td>340</td><td>734</td><td>90</td><td></td><td><6. 0</td><td><6. 5</td><td>5 ~ 500</td><td>四川省水文局</td></tr>
<tr><td>Swics Federal Anthaity</td><td></td><td></td><td></td><td></td><td></td><td>45</td><td></td><td><2. 0</td><td>10 ~ 50</td><td>瑞士</td></tr>
<tr><td rowspan="6">压差式</td><td>AYT300</td><td>30</td><td>24</td><td>190</td><td>320</td><td>102</td><td>48. 5</td><td><40</td><td><4. 5</td><td>2 ~ 200</td><td>长江水利委员会</td></tr>
<tr><td>Y78-1</td><td>10</td><td>10</td><td>176</td><td>100</td><td>105</td><td>61. 4</td><td><10</td><td><2. 5</td><td>0. 1 ~ 10</td><td>长江水利委员会</td></tr>
<tr><td>Y901</td><td>10</td><td>10</td><td>180</td><td>250</td><td>102</td><td></td><td><30</td><td><4. 0</td><td><2. 0</td><td>长江水利委员会</td></tr>
<tr><td>HS</td><td>7. 62</td><td>7. 62</td><td>95</td><td>27</td><td>154</td><td>100</td><td></td><td></td><td>0. 25 ~ 10</td><td>美国</td></tr>
<tr><td>TR2</td><td>30. 48</td><td>15. 24</td><td>180</td><td>200</td><td>140</td><td></td><td></td><td></td><td>1 ~ 150</td><td>美国</td></tr>
<tr><td>VUV</td><td>45</td><td>50</td><td>130</td><td></td><td>109</td><td>70</td><td></td><td><3. 0</td><td>1 ~ 100</td><td></td></tr>
</table>

续表

类别	型号	主要尺寸（cm）			总重（kg）	平均效率（%）		适应范围			研制单位
		口门		总长		水力	采样	水深（m）	流速（m/s）	粒径（mm）	
		宽	高								
盘盆式	Polyaksn						46		<2.0	<2.0	原苏联
槽坑	东汉河装置						100	小河		<10	美国
	坑测器	变动						<10.0	<2.0	<2.0	江西省水文局

间接测验法主要有沙波法、体积法、差测法、遥感法、示踪法、岩性调查法等。

沙波法主要通过测出河床沙波形状和有关参数如沙波平均运动速度、波高、波长，然后用计算的方法求出单宽输沙率。

体积法是定期对河口淤积的三角洲或水库的淤积物，用地形法测量其体积，从而推算推移质输沙率。使用本方法的前提是要弄清淤积泥沙的主要来源，在计算推移质输沙率时，必须将其他来源的沉积泥沙数量以及悬移质淤积数量从淤积体中扣除。体积法只能得到某一长时段的推移质平均输沙率，得不到推移质输沙率变化过程资料。

差测法是在河流中选择两个断面，一个基本断面有推移质和悬移质运动，另一个断面利用人工的或自然的紊流，使所有运行的泥沙转化为悬移质。在这两个断面同时施测悬沙，紊流断面的悬沙量减去基本断面的悬沙量，即为基本断面的推移质输沙量。

遥感法通过使用照相技术，得出推移质的运动轨迹。在大颗粒泥沙运动时，可以采用声学传感器和记录设备测量推移质运动轨迹，以此来推算推移质输沙率。

示踪法是将容易辨别的示踪颗粒放置在河床上，并在一定时间内进行监测，以此来推算推移质输沙率。常用的标记有荧光、放射性同位素和稳定性同位素。

岩性调查法是利用推移质泥沙是流域岩石风化、破碎，经水流长途搬运磨蚀而成，其岩性（矿物成分）与流域地质有关的原理。如果知道某一支流的推移量，而此支流的推移质岩性又与干流和其他支流的岩性有显著差别，就可以通过岩性调查，求出干流和其他支流的推移量。

ADCP 测量法采用 ADCP 技术，在测量流速的同时，利用底部跟踪和反向散射功能测量推移质的运动速度，以此来推算推移质输沙率。Gaeuman 和 Jacobson 在密苏里河（Missouri River）采用 ADCP 测量过推移质运动。ADCP 测量法是近几年发展起来的推移质测验新技术，目前尚处在研究阶段。

3. 三峡工程推移质泥沙测验应用

沙波法、体积法、岩性调查法、标记法等间测方法都具有不扰动水流的优点，但无法了解推移质输沙率变化过程，也难推求输沙率与水力因素的关系，而且由于各种条件限制，难以广泛使用。器测法虽然存在扰动水流和床面的缺点，但由于简便实用，取得资料较完整，是目前长江推移质泥沙测验广泛使用的方法。

长江流域推移质泥沙测验始于 20 世纪 50 年代，主要是为三峡工程规划设计和河道整治提供基本资料，测验站点主要分布在长江干流。三峡水库位于川江，河床组成主要为卵石夹沙。为收集川江推移质泥沙资料，主要采用了 3 种不同类型的采样器进行卵石、砾石和沙质推移质测验。

（1）卵石推移质测验

早在20世纪50年代末期，长江上游干流就开始了卵石推移质测验，经过不断探索和研究，于1964年研制成功了Y64型卵石推移质采样器，找到了如何根据卵石推移质运动特性，合理布置测次、测线、取样历时和重复取样次数以及资料整编等一系列方法，1966年正式在寸滩站进行测验，1974年起，又相继在朱沱、万县、奉节、宜昌站开展测验。葛洲坝水库蓄水运用后，为收集卵石出峡、过坝资料，又于1981年在坝上南津关开展了观测。80年代，对实践经验和实测资料进行了系统的总结、分析，开展了一系列的观测项目和试验工作，在采样器的采样机理、采样效率关系方面提出了多项分析研究成果，进行了新型推移质采样器的研究；在测验方法上也从理论上进行了推导，从与实践结合上进行了合理性论证；在测验成果精度上提出了断面推移质输沙率不确定度的定量分析成果，使川江卵石推移质测验取得突破性进展。

为进一步收集三峡工程入库卵石推移质资料，通过对乌江武隆站缆道推移质测验试验，研究了水位大变幅、高流速以及缆道高悬点、无拉偏条件下开展推移质测验的可行性和测验方法，从2002年起又在嘉陵江东津沱站、乌江武隆站开展测验，测验仪器为新近研制的AWT300型采样器。

由于卵石推移质单次输沙率与水力因素的关系很不密切，因此卵石推移质测验均按过程线法布置测次，一般大沙峰不少于5次，中沙峰不少于3次，峰顶附近应布置测次；当峰形复杂或持续时间较长，适当增加测次，全年长江干流测次一般在100次左右，支流测次一般在60～80次。

（2）砾石推移质测验

由于砾石在床沙中含量较少，加之无专门的测验仪器，故20世纪80年代前未开展测验。后来为满足三峡工程论证和设计的需要，研制了专用于砾石推移质取样的Y802型采样器，并于1986年和1987年在寸滩站开展了测验，其测次、垂线布设和取样历时与卵石推移质测验相同。由于施测年份只有两年，为推求多年平均砾石推移量，采用建立砾石推移率与卵石推移率关系的方法，由资料系列长的卵石推移量推求砾石推移量。

（3）沙质推移质测验

早在20世纪50年代，长江宜昌站便开展了沙质推移质测验，使用的仪器有荷兰（网）式、波里亚柯夫（盘）式和顿（压差）式3种。但在使用中发现，3种仪器的口门都不能伏贴河床，采集的样品缺乏代表性。从60年代起着手，经过多年努力，制成了名为Y78-1型沙推采样器，先后在宜昌、奉节、新厂等站进行测验。为收集三峡入库沙质推移质资料，针对卵石夹沙河床特点，在80年代末制成了Y901型沙推采样器，从1991年起，寸滩站一直用该仪器施测沙质推移质资料。由于沙质推移质输沙率与水力因素一般有较好的关系，故沙质推移质输沙率一般按水力因素进行整编，年测次一般20～30次。

测次采用过程线法布置，一般大沙峰不少于5次，中沙峰不少于3次，水位变化平缓时3～5日施测1次，枯季每月1～2次。根据断面形态和河床组成情况，推移质测验垂线布置了8条，主要分布河床较平坦部位。测验时每条垂线取样2～5次，每次历时3分钟。

3.2 河道测绘

河道测绘是长江三峡水文泥沙观测与研究的一项重要的基础性工作，为三峡工程的设计、规划、施工、运行、维护过程提供了大量的基础资料。尤其是三峡工程投入使用后，坝上游河床部分河道出现了淤积，坝下游河床由于长时段处于冲刷状态，局部河段河势可能将发生调整。河道测绘能够及时准确地了解三峡工程上下游河段的河势、河道演变及水流条件以及重点护岸段近岸河床冲淤变化，同时为研究三峡工程建成后对其上下游河道演变趋势及其对防洪、航道的综合影响提供基本资料。

1993 年以前，长江水利委员会水文局就已在长江沿线建立了初步的河道观测体系，并稳定运行多年。1999 年后，随着电磁波测距、GPS、新型水下观测设备、河道 GIS 等新技术投入到河道观测系统的建设上，大大延伸了河道观测系统涵盖的范围和技术深度，取得了非常好的效果，目前河道观测系统构成如图 3-9 所示。

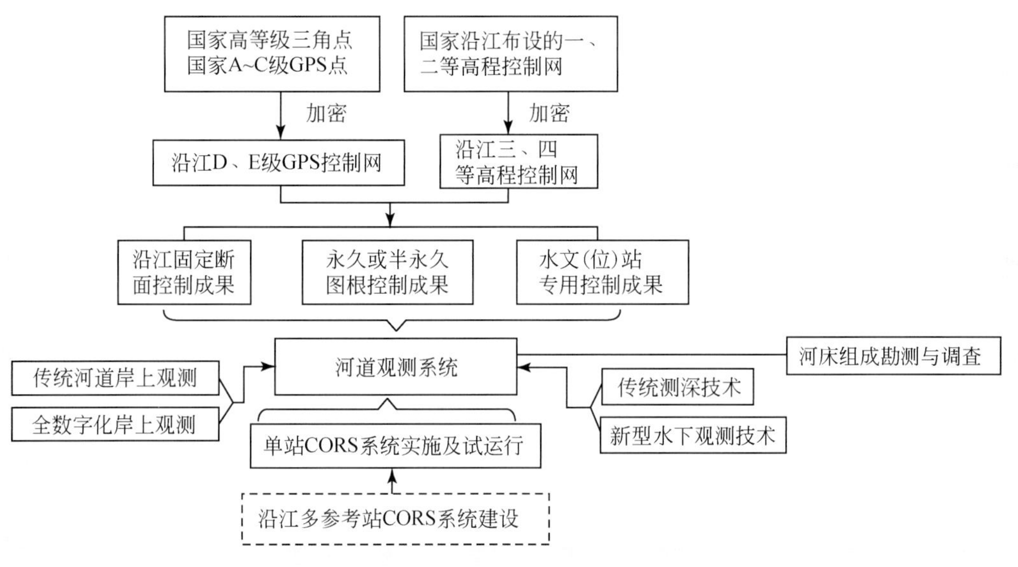

图 3-9　河道观测系统构成图

目前河道观测系统是在传统河道观测技术的基础上，整合了现代控制测量技术、新型水下观测技术、全数字化河岸观测技术，并将其与计算机技术进行整合，很好的服务了三峡水文泥沙观测与研究工作。在具体观测实践中，控制测量采用了全站仪、GPS 等技术；对地形测绘采用了全息测绘技术、无人立尺技术、CORS（连续运行卫星定位服务综合系统）技术；对水下地形观测用到了单双频测深仪、多波束等新技术；对河床组成观测主要采用了浅地层剖面仪及常规与改进相结合的技术。

3. 2. 1　控制测量技术

控制测量是河道测绘的一项基础性工作，并为河道测绘提供测绘基础。它是河道测绘成果精度及可靠性的重要保证，能够起到控制全局，限制测量误差累积的作用，是河道各项观测工作的依据。为了支撑三峡水文泥沙观测与研究工作，长江水利委员会水文局在长江干流上游自重庆市永川区朱沱镇，下游到湖口范围内逐步建立起了综合、完善的河道控制网，包括了库区嘉陵江、乌江等 22 条大支流，同时涵盖了荆江三口、洞庭湖、鄱阳湖区等广大区域，为三峡工程的观测发挥了基础作用。

1. 平面控制

平面控制测量常用的方法，一般有三角测量、导线测量、交会法定点测量，另外随着 GPS 技术的推广，利用GPS技术进行控制测量已得到广泛应用，长江水利委员会水文局从1995年引进开发GPS用于河道测绘控制。为了限制误差的累积和传播，保证河道测量的精度及速度，平面控制测量遵循“从整体到局部，先高级后低级”的原则。

(1) 控制层次

根据本项观测的特点，平面控制测量主要分为以下两级（徐绍铨等，2008）。

第一级是基本平面控制网，这是为一个较大作业区建立的骨干控制系统，保证作业范围的平面精度在规定指标以内，满足控制等级发展原则，由高级向低级逐级扩展。采用四等或GPS（D）级精度。

第二级是加密控制网，这是为了完成局部的观测在基本控制下建立的补充控制，是基本控制的完善。采用GPS（E）级或五等及以下精度。

布设层次分为基本控制（四等及以上）—加密控制（一、二级图根）—测站点，逐级发展应用。各级平面控制观测手段在同一时期是相同的，差别在于执行的技术指标不同。

平面控制采用的主要指标为：

1）平面坐标系统：在三峡工程水文泥沙观测应用中主要采用了两种，一种是为了与三峡工程施工相适应的坝区独立坐标系，如坝区的河道冲淤观测；一种是大范围河道观测，则使用1954年北京坐标系。

2）平面精度指标：在三峡观测实践中主要采用水利水电勘测设计类的技术指标（《水利水电工程测量规范》SL197-97）。

(2) 控制测量技术的应用

在为三峡工程水文泥沙观测工作中，实时跟踪国际测绘前沿技术，及时引进开发和消化，不断投入到实践，并注意总结，为三峡工程各阶段提供了非常有价值的观测成果。在1993～2009年的观测中，使用的平面控制测量技术主要有GPS定位系统（单频、双频）、GNSS（全球导航卫星系统）定位系统、经纬仪、红外测距仪、全站仪、TGO（TrimbleGPS处理软件）、COSA（测量工程控制与施工测量内外业一体化和数据处理自动化系统）空间与地面平差系统等，对于解决三峡工程水文泥沙观测中的平面控制问题，发挥了重要作用；并使用先进的仪器设备等技术手段，分时期根据观测需要在不同河段进行了平面控制测量，完成了大量的控制点布设，满足了各项观测的需要。

三峡库区初期建设时，根据河道观测设施的需要，布设高程是按照天然洪水水面线考虑的；随着三峡工程蓄水的到来，原来布设的河道观测设施将被淹没，还由于库区移民、城镇迁建等建设原因造成设施损坏，固定断面桩、三角点、水准点减少了许多，对库区水文泥沙、河道观测带来严重影响。因此分别在2002年和2004年按照回水影响的范围，对库区的观测设施进行了迁（重）建，将观测设施后靠迁移到超过175m蓄水位以上，共完成标志埋设806座，测量GPS（D）级点52个，观测GPS（E）级点754个，五等电磁波导线测量22.83km。

大坝至奉节段，GPS（D）级点按河道长平均6km布设一对标志为基本控制，GPS（E）级点按河道长平均3km布设一对标志为加密控制，起算点为国家二、三等三角点，采用多边形法布网。奉节至李渡镇河段，是以1995年和1996年布设GPS（D）平面点和三等水准路线（1985国家高程基准水准点）为主要引据点，采用附合导线方式布设GPS-E级网，解决断面标点的后靠建设。

使用Trimble系列双频GPS（Trimble5700，Trimble4000SSE，Trimble4000SSI）开展观测，作业要求按照表3-5执行。测区范围较大实行分区观测。施测前，作业队事先编制了GPS卫星可见性预报表和观测计划表指导作业生产，作业时依照实际作业的进展及时调整。GPS 测量仪器操作、观测作业要求、记录格式、数据处理等详见《全球定位系统（GPS）测量规范》（CH2001-92）。

表 3-5　GPS 控制测量基本技术规定

名称	技术规定
卫星高度角	≥15°
有效观测卫星总数	≥4
时段中任一卫星有效观测时间	≥15min
观测时段数	≥2
时段长度	30 ~ 60min
数据采样间隔	15s
PDOP	≥10

使用 TGO 商用软件处理全部数据，并进行严格平差，获得了符合设计要求的控制成果。边长（基线）观测相对误差均小于 1/20 000，点位中误差一般小于 0. 1m，最大的一点为 0. 156m，完全符合技术要求。从整个实施结果得到结论：后靠的断面桩大部分已达到或超过 175m（吴淞高程系统）。GPS 平面控制测量，布设路线合理，施测方法正确，操作符合规范。引用数据正确，计算可靠，成果合理，精度满足技术规定要求。

2. 高程控制

自 1993 年以来，三峡工程水文泥沙观测与研究项目中的高程控制测量技术得到了快速的发展，除了传统的几何水准测量，又结合使用了三角高程测量和 GPS 高程测量等一些快速确定高程的手段和技术。特别是近几年，以三、四、五等水准作为基本高程控制辅以图根水准或图根电磁波测距三角高程测量作为图根高程控制的传统技术模式正逐渐向多种测高技术相互支撑、齐头并进的方向发展。1993 ~ 2009 年这 17 年，也正是高程控制测量仪器及技术进行数字化、信息化的变革时期。在对涌现出的新设备、新技术进行了大量的比测和试验后，及时投入了三峡工程水文泥沙观测与研究项目中的高程控制测量，取得了较好的效果。如新型的数字水准仪，实现了水准测量记录的无纸化操作和内外业处理的一体化。高精度的电子全站仪，集成了测距及测角的功能，配合智能的数字识别技术，为三角高程测量提供了强力支持。GPS 测高技术近年来发展很快，被大量应用于图根控制和地形点高程测量中，随着自身技术的完善及沿江似大地水准面精化工作的推进，其未来在更高等级的高程控制中将崭露头角，潜力巨大。

（1）几何水准

几何水准测量以其短视线和前后视线等距及时空对称的测量方式，有效排除了以折光差为主的多项干扰因素，使得测高精度明显优于其他测量方法，测量成果稳定可靠，一直被作为三峡工程水文泥沙观测与研究项目中的基础高程控制手段被大量使用。特别是随着数字水准仪的投入使用，使几何水准测量实现了全数字化，测算一体化的转变，使传统技术手段焕发生机。

A. 数字水准仪应用

数字水准仪（电子水准仪）以自动安平水准仪为基础，在望远镜光路中增加了分光镜和探测器

(CCD)，采用条码标尺和图像处理系统，并配有微处理器、数据记录存储器、串行接口、显示操作面板等，从而构成了光机电测量一体化的高科技产品，成为水准测量内外业一体化的关键。数字水准测量仪具有自动观测、自动记录存储等优点，采用普通标尺时，又可人工读数使用。随着对测量工程信息化、自动化要求程度的不断提高，数字水准仪取代光学水准仪是测绘仪器发展的必然趋势。从测量过程来看，采用数字水准仪测量具有非常明显的优点，表现为：①读数客观。不存在误读、误记、人为读数误差。②精度高。视线高和视距读数采用大量条码分划图像处理后取平均求得，削弱了标尺分划误差的影响（实测时，可自动识别照错标尺等错误）。③速度快。因无报数、听记、现场计算以及人为出错的重测数量，测量时间与传统仪器相比可节省 1/3 左右。④效率高。观测只需调焦和按键，减轻了劳动强度。视距自动记录、检核、处理并能输入计算机进行后处理，可实现内外业一体化。⑤操作简单。读数和记录的自动化、预存的大量测量和检核程序、操作时的实时提示，使测量员可以很快掌握使用方法，进行高精度测量。

B. 精密高程控制网平差软件应用

三峡工程水文泥沙观测与研究项目中的高程控制平差计算自 1993 年以来经历了手工计算至使用精密高程控制网平差软件进行测记一体化计算的变革，大大提高了计算的速度及质量。精密高程控制网平差软件同时能够读取电子水准仪原始观测值，转换为 Excel 电子表格。在 Excel 电子表格中，可改正点名错误及去掉中间转点，再将编辑好的 Excel 高差观测值文件，转换为平差所需要的输入数据格式的观测值文件，具有粗差分析、高差概算、往返测高差之差分析、环闭合差计算、高程网平差等多项功能。精密高程控制网平差软件的使用实现了三峡工程水文泥沙观测与研究项目中的高程控制计算的智能化并且实现了和数字水准仪的内外业的一体化。

（2）电磁波测距三角高程

随着电磁波测距技术在测量中的普及和应用，以及测距精度的不断提高，沿江高程控制随之带来了新的测量手段——三角高程测量。它克服了传统几何水准测量速度慢，特别在三峡库区这种起伏变化大的山区以及跨越宽阔的库区、湖泊、河流等地区测量困难的局限性。自装备电磁波测距仪以来，积极开展适用于长江流域，尤其是三峡坝区的三角高程测量方法进行高程控制的研究和使用推广，大大地加快了作业速度，提高了成果的时效性，并能满足一定的精度要求。下面对近年三角高程使用方法及创新进行阐述。

A. 常规三角高程测量

常规三角高程测量使用一台全站仪器及两只棱镜，进行高程导线测量，能够达到四等几何水准精度，常用于代替四、五等以及图根水准测量。高程导线一般布置为每一照准点安置仪器进行对向观测的路线，可与平面控制测量结合布设和同时施测，也可单独布设成附合或闭合高程导线或高程导线网。当电磁波测距三角高程路线组成高程网时，应按条件观测平差等方法计算高程的最或是值、每千米高差中误差和最弱点高程中误差（何保喜，2005）。常规三角高程测量方法执行《国家三、四等水准测量规范》（GB 12898-91）和《水利水电工程测量规范》（SL197-97）。

B. 精密同步对向（EDM）三角高程测量

使用常规三角高程测量，能够代替四等水准测量，在需要实施三等或二等精度的高程测量时，常规三角高程测量受到比较强烈的限制。由于 EDM（电磁波测距）测高几乎都是在近地面大气层中进行的，而近地层大气折光系数随时随地都在变化，且变化的幅度对测高精度的影响相当大，对向 EDM

（电磁波测距）测高，在理论上可以抵消折光的影响，但由于一般常规对向EDM（电磁波测距）观测往往很难做到同步进行，在搬站的过程中，测边范围内的折光条件已经发生改变，这种改变受多种复杂因素的影响，由此产生的精度损失影响了常规三角高程测量的应用。随着近几年同步对向EDM（电磁波测距）三角高程测量研究的深入，同时使用两台全站仪进行适当的改装，实现严格意义上的同步对向观测，并对对向观测的边长和天顶距等观测要素进行一系列的改化和计算，能使三角高程测量能够比较稳定地接近或达到二等水准测量的精度，满足了长江河道观测高等级控制测量的需要（刘世振，1991）。仪器的改装和系统的硬件组成如图3-10所示。

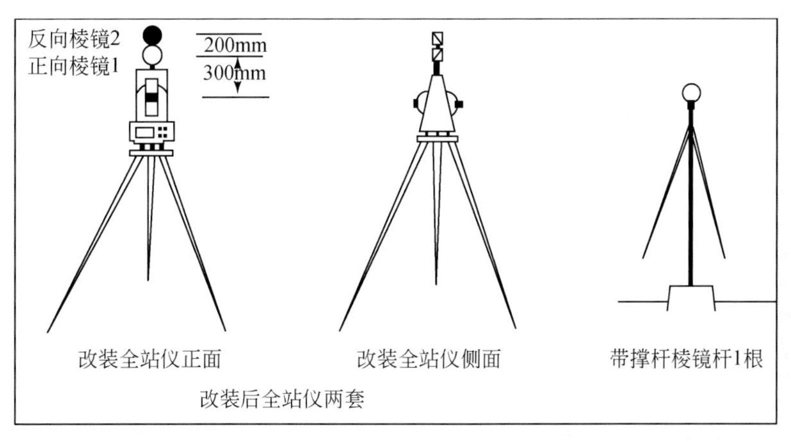

图3-10　同步对向（EDM）测高系统构成

全站仪选用角分辨率达2″以上并具备自动目标识别（ATR）功能。通过同步使用两台仪器对向观测来大幅削弱大气折光的影响至忽略不计的范围。对向观测时照准棱镜固定在另一全站仪的把手上，在一个测段上对向观测的边为偶数条边，同时在测段的起、末水准点上立高度恒定的棱镜杆，这样可完全避免量取仪器高和觇标高。观测过程中须限制观测边的长度和高度角，以减少相对垂线偏差的影响。其中正向棱镜1是两台全站仪以正镜对向观测时使用，反向棱镜2是两台仪器以倒镜对向观测时使用。两台全站仪在观测时严格保持同步。观测及转站步骤如图3-11所示。

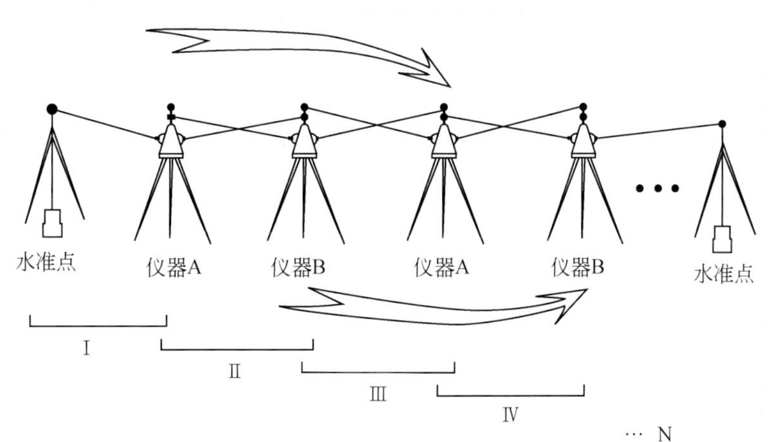

图3-11　同步对向（EDM）测高转站布置图

精密同步对向（EDM）三角高程测量的优点如下：①同步对向EDM（电磁波测距）测高能大幅

削弱大气折光的影响至忽略不计的范围，由此能大大提高 EDM（电磁波测距）测高的精度及可靠性。②此方法能轻松实现 500m 以内的跨江水准，并达到二等跨江水准精度，实施效率高。③在水网、沼泽和山区等观测条件极度恶劣的地区和日出、日落和近午等成像恶劣的时段下都可以保持稳定的工作，有着很强的适应性。

（3）GPS 测高

A. GPS 测高的现状

随着 GPS 测量技术的广泛应用，在三峡工程运行阶段，作为高程控制新技术，GPS 拟合高程测量和 GPS-RTK 测高技术正在逐步得到推广应用。

GPS 拟合高程测量仅适用于平原或丘陵地区的五等及以下等级高程测量，宜与 GPS 平面控制测量一起进行。GPS 拟合高程测量的主要技术要求和内业计算要求，执行《工程测量规范》（GB50026-2007）。对 GPS 点的拟合高程成果应进行检验。检验点数不少于全部高程点的 10% 且不少于 3 个点；采用相应等级的水准测量方法或电磁波测距三角高程测量方法进行高差检验，其高差较差不大于 $30\sqrt{D}$mm（D 为检查路线的长度，km）。

近几年来，通过大量的比测数据证明 GPS-RTK 测高技术能够达到五等水准和图根水准的精度。GPS-RTK 高程测量主要技术要求应符合表 3-6 的规定。

表 3-6　GPS-RTK 高程测量主要技术要求

等级	精度要求	与基准站的距离（km）	观测次数	观测方式
五等	两次高程互差≤3cm 两组观测值的高程互差≤4cm	≤5	双站各 2 次	双基准站
图根	两次高程互差≤5cm	≤7	2	单基准站

当采用单基准站观测时，必须检测周边已有同等级以上控制点，检测高等级控制点时，其高程互差≤4cm，检测同等级控制点时，其高程互差≤5cm

B. GPS 测高技术发展及展望

目前，GPS 测高主要包括 3 个方面：①使用 GPS 测量椭球高；②运用一个大地水准面模型；③将最终要得到的正常高（或正高）拟合到高程基准面上。如果在这 3 个方面寻找技术方面的突破，GPS 测高技术运用到三峡工程水文泥沙观测与研究项目中的基本高程控制测量从而代替三、四等水准是可行的，也是目前 GPS 测高的研究趋势。

a. 立足解决 GPS 测量方面的限制

Ⅰ. 设法取得可靠的相位整周模糊度解算值

相位整周模糊度解算值是否可靠直接影响 GPS 测高的精度及可靠性，对短边应用快速静态和实时动态（RTK）技术时，必须准确得到相位整周数，由于 RTK 常常使用最小量的数据，即使最好的算法有时也求解整周模糊度错误，为了发现这些能达到米级的错误，需通过重复观测来获取多余观测量。

Ⅱ. 减少多路径效应的影响

三峡库区，两岸山体及大面积的水面产生的多路径效应强烈，多路径效应的影响分为直接的或间接的，并能对 GPS 测高产生分米级的影响。间接影响是指影响求解整周模糊度。在有足够的观测时间时，卫星几何位置的变化将能通过平均将其影响减小，然而当观测时间较短时，例如快速静态和 RTK

观测，多路径效应影响将变得很大。尽管硬件和软件能降低多路径效应影响，选择好的站点避免多路径效应以及增加多余观测以发现残存的影响仍然是很重要的。

Ⅲ. 减少电离层的影响

电离层也对 GPS 测高产生影响。电离层的影响在基线长于 20km 时将变得很大，双频观测量能消去大部分的电离层的影响。这种影响在地极处以及地磁赤道附近要比其他地方大些并随太阳周期变化而变化。因此，在某些地区和某个时间，电离层的影响很大。即使对于短边，对流层延迟也将产生很大的影响，可达到几厘米。大多数软件可通过建模来计算折射数的干分量，但很难对多变的折射数的湿分量来进行建模。对于长基线，可采集数小时的数据，对流层延迟的湿分量能通过规则的时间间隔加以解决（例如每小时一次延迟）但对于短基线只有少量数据可供计算对流层延迟。软件只能对干分量进行建模计算，也只能希望其他残留影响很小。所以对于倾斜度很大的基线，即使边很短也需作长时间观测，以获得可靠的对流层延迟。

b. 立足于解决大地水准面模型方面的限制

GPS 测量得到的是椭球高，为了获得正常高（H），我们需知道高程异常值（N）。对长距离，GPS 测量也能非常有效地得到椭球高，但会遇到大地水准面和高程基准面方面的问题。在一些地区，全球重力场模型（GGM）是唯一可使用的大地水准面模型。一些最近的全球重力场模型以扩展的球体为模型，能较好地解决半度（55km）范围内的问题。然而，即使国家级模型（例如 EGM96），其绝对精度也限制在米级，相对精度限制在分米级。为了提高高程精度，可以通过计算当地大地高模型并采用内插技术。长波部分由 GGM 计算，短波部分由当地重力值计算。精度的好坏取决于当地重力值的可靠程度。在高差很大且地质情况复杂的地区，大地水准面模型精度会很低，近来使用的卫星测高法和 DEMS 技术也能提高高程精度。然而，大地水准面精度不是唯一的限制性因素，它与高程基准面的联合使用也必须被考虑。

c. 立足于解决高程基准面方面的限制

在长江沿岸很多地区，使用已知的正常高或正高来定义高程基准面。有时，定义了多个高程基准面，每一个高程基准面都由一个原点（例如验潮站观测点）推算，该点的高程值由一个或几个潮汐的平均海水面值来决定。如果海洋测量或水准测量有误，将会使高程基准面的基准偏离真实的重力模型，可以增加一个曲面到大地水准面模型加以解决。为了检核高程基准面，常常使用 GPS 观测至少 3 个高程基准面点来实现。对于沿江的多高常用高程基准面，改进对高程信息的管理，正视高程基准面渐渐地变为正常高和椭球高的结合物的现实，因此，必须像对待其他一些在特定时间有特定质量的观测值一样对待大地水准高。仔细管理这些不同的数据类型，将会使这些模糊和复杂问题变得清晰，简化维护和改进高程基准面的难度。

通过这 3 个方面的持续攻关及技术突破，尤其是积极地进行库区大地水准面的精化工作，对各三峡库区多个高程系统数据库进行有效的梳理和管理，加强外业测量的规范性，GPS 测高技术在代替三、四等几何水准上将会起到很关键的作用。

3.2.2 陆上测绘

1. 全息数字化测图

传统上地形测图主要通过测量仪器将地表的各种地物、地貌空间特征点的位置进行测定，再将测得的观测值（角度、距离等）用图解的方法按一定比例尺、特定图式符号绘制在图纸上，即通称为白纸测图。这种成图方式在数、图转化中，绝大部分作业是在野外通过手工实现的，不但劳动强度大，而且在数、图转化过程中其精度将大幅度降低，如控制展点误差、测点刺点误差、等高线清绘误差、图纸伸缩变形等；地形图纸是地形信息的唯一载体，所承载的信息极为有限，同时变更、修改也极为不便。因此，传统测图方法已难以适应当前经济建设和社会发展的需要。

随着电子技术、计算机技术、无线通信及网络技术的发展，自 20 世纪 80 年代以来，在测绘领域中相继产生了电子速测仪以及 GPS 技术日趋成熟和广泛应用，野外数据采集系统逐步形成，随之与内、外业机助制图系统软件相结合，从而实现从野外数据采集到内业成图的电子化、数字化和自动化，进而更能及时、准确、有效地获取地表综合信息，常称为数字化测图。数字化测图包括原图数字化、航测数字成图（包含摄影测量和遥感数字测图）、地面数字测图（即全野外数字测图、内外一体化测图、全息测图）等。

（1）全息数字化测图技术概况

全息数字化测图技术就是采用高精度的全站仪、GPS（GNSS）、数字测深仪、多波束等测绘仪器及成熟的导航、数据处理、绘图等软件构建的测绘系统。它通过对地形边界上特征点数据的采集，获取全部地表信息，并由这些点、线、面组成空间信息，真正实现二维、三维图形的记录和再现技术。

全息测图技术可自动化或半自动化对地表的地物、地貌的地形信息和地理信息进行全面收集与承载；成图时由计算机通过绘图软件对测量数据进行自动处理，再经过人机交互的屏幕编辑，内业完全保持了外业测量精度，消除了多种人为误差的影响，测图精度得到根本提高；同时外业数据采集不再受图幅范围的限制，设站也一般不受距离、图幅的制约，图根控制点数量大为减少，而测图精度却均匀一致，接边接图更为方便快捷（何保喜，2005）。生成的电子图形文件，可由计算机控制绘图仪自动绘制所需的地形图，也可由磁盘、光盘等贮存介质保存电子地图。因此，野外劳动强度大大减轻，工作效益得到提高，成果质量更加可靠。全息测图实现过程如图 3-12 所示。

全息数字化测图系统是以计算机为核心，在外连输入、输出设备硬件和软件支持下，对地表空间数据进行自动的采集、传输、处理、绘图、输出及管理的内外业一体化测绘系统。它的实质是全解析测图，实现图形的模拟量转化为数字量，经过计算机对数字量进行处理，可得到内容丰富的电子地形图以及二维、三维图形显示。它主要由数据采集、数据处理和图形编辑、图形数据输出等三部分组成，主要配置与其连接方式如图 3-13 所示。

全息测图技术实现了即测即显，做到野外现场测图、实时展点、实时编辑，及时绘制与属性录入，使每一测点在几何信息、属性信息及点与点的拓扑关系得到准确的测定和描述，从而保障了数字地形图的位置精度、属性精度、逻辑一致性、完整性及现势性。同时数字地形图能克服空间连续更新的困难，只需将需要变更的部分，进行相应部分处理即可对原有的地形的空间信息和相关的信息作相应及时的更新。所以全息测图技术不仅能满足测图需要，而且还能面向 GIS，即测图的成图数据可直接与 GIS 数据进行相互交换，满足地理信息系统需求，使电子地形图得到更为广泛的利用。

（2）全息数字化测图技术的应用

在长江三峡工程水文泥沙观测与研究项目中，主要开展了 1∶500～1∶2000 近岸险工险段护岸观测、坝区监测，1∶2000～10 000 主要城区、重点汊道、浅滩、弯道河道演变观测，1∶5000～1∶10 000 江湖汇流、长江河道本底地形观测等。测图主要目的是为了系统收集长江河道及局部河段的地形资

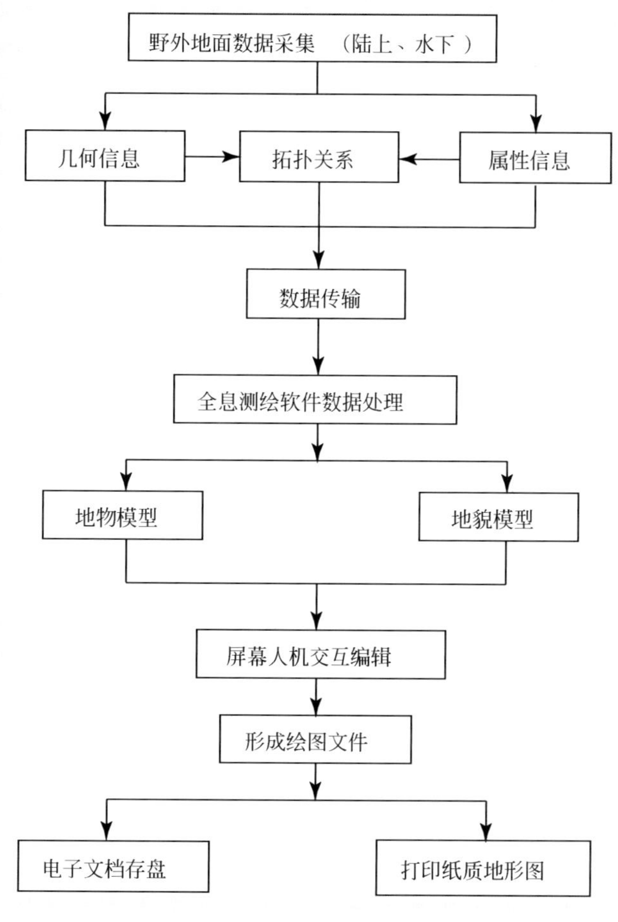

图 3-12 全息数字化测图实现过程图

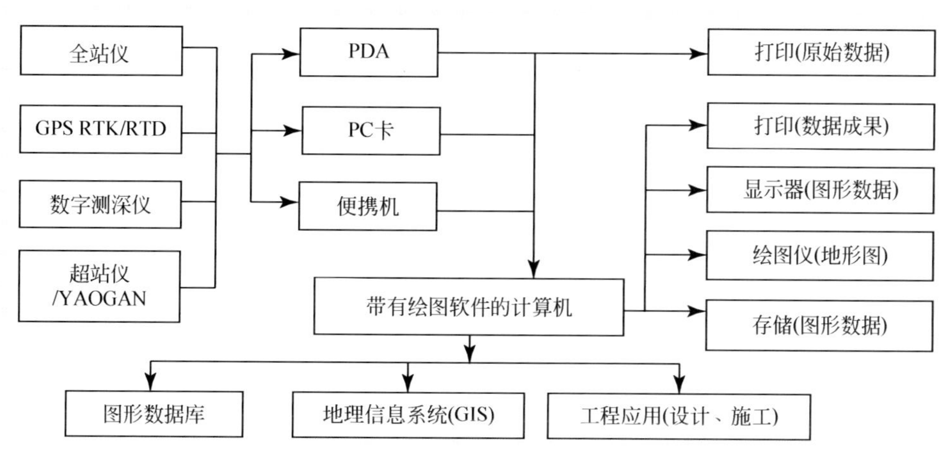

图 3-13 全息数字化测图系统结构图

料，为三峡工程安全运营、长江防洪、长江河道综合整治及开展与长江河道有关的科研工作等提供原型观测资料。为满足三峡工程水文泥沙研究工作测图精度需要，地形测图采用了 EpsW 全息测图系统，测绘仪器则选用了高精度、性能稳定的天宝、莱卡等型号的 GPS、全站仪系列；同时各河段所使用测量仪器、引用已有资料等都相对固定，有效地保证了河道资料的连续性、统一性和准确性。EpsW 全息测图实现过程如图 3-14 所示。

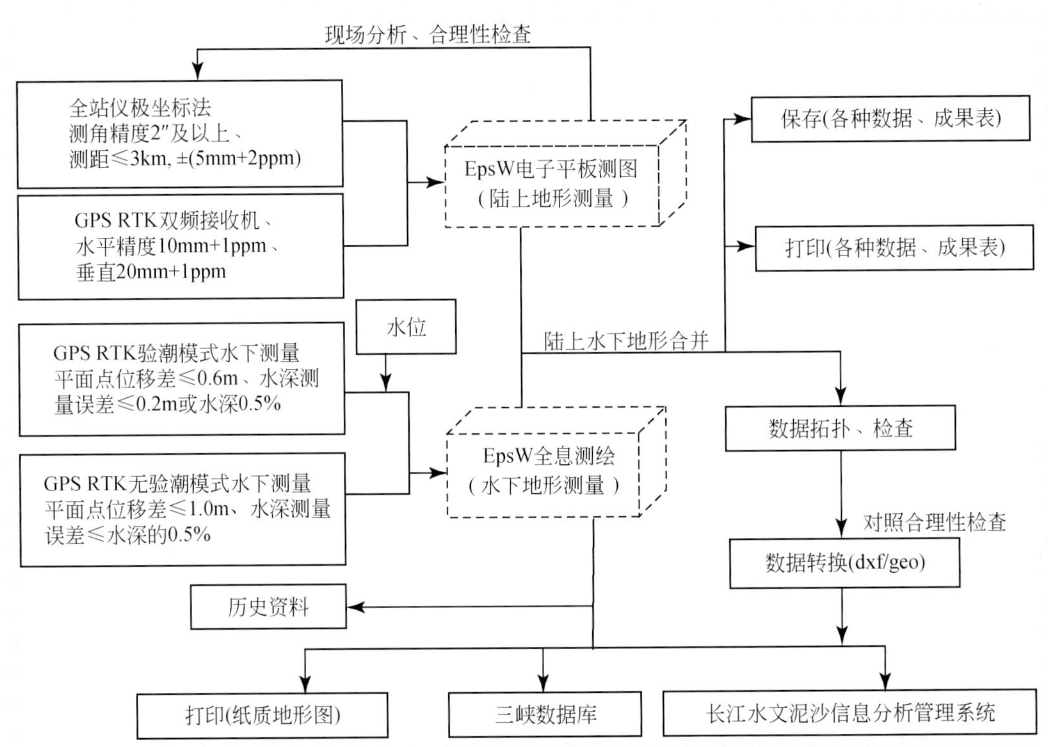

图 3-14　EpsW 全息测图系统实现流程图

ppm 指单位公里的误差，简称比例误差，如 2ppm 表示每千米允许误差为 2mm

EpsW 全息测绘系统是集电子平板测图、掌上机测图、电子手簿、全站仪内存记录、动态 GPS 等多种测图方法及数据库管理、内业编辑、查询统计、打印出图、工程应用于一体的完全面向 GIS 的野外数据采集软件。EpsW 所采集的数据不仅符合国标图式规范的数字成图和专业制图的需求，同时满足 GIS 对基础地理数据信息化和地理信息的完整性、拓扑性、图属一致性等各项性能要求，满足系统的查询、统计、分析应用的需求。一步到位的实测方案，支持测站碎部坐标重算，控制和碎部测绘可同时进行；各种平面网高程网的平差；支持多义线、复合面、支持曲线桥、转弯楼梯等超复杂地物符号表示，支持三维显示和空间查询，快速 DTM（数字高程模型）等。其中 EpsW 电子平板测图是变"测记"为现场一次成图，现场即测即显，随时编辑、校核，图式符号符合国家规范，又可自行定义，既提高了成图速度，又提高了测图的准确性和真实性。软件现场可建立数字地面模型、绘制等高线，高程注记可自动筛选，自动图廓整饰注记等，大大减轻了工作量；系统设计面向地物目标，信息齐全，能与地理信息系统接轨。

水下地形测量采用 GPS 河道观测系统与 EpsW 全息测绘软件自动生成数字地形图，上文已作阐述，这里重点介绍 EpsW 电子平板测图。

EpsW 电子平板测图主要分图根控制测量和地形（碎部点）测量两部分。

A. 图根（加密）控制测量

图根控制测量是在测区基本控制测量的基础上，再加密一些直接供测图使用的控制点，以便于测站点进行地物地貌测绘的需要。图根控制测量数据采集以测站为单位，每一测站观测数据通过传输线直接从全站仪输送到计算机自动存储，随后进行碎部地形测量，即在同一测站上，先测导线数据，接着就测碎部点，待局部测区地形测量完毕，启动 EpsW 平差程序进行统一平差计算，得到各图根控制点平差成果及各项限差精度统计；测图成果随之得到相应改算，这样少安置一轮仪器、少走一轮路，大大提高外业效率，同时测图精度得到保障。

B. 碎部地形测量

每个作业组设仪器观测员 1 名，电子平板（便携机）操作人员 1 名，跑尺员 1 ~ 2 名，其中电子平板操作员为测图小组的指挥。

碎部测图主要以极坐标法为主，其他测量方法和解析算法有：坐标输入法、相对极坐标法、目标遥测、偏心距、距离交会、垂直量边、水深测量和求圆心等，满足特殊地物、地貌的精确测绘，以提高测绘的速度。在测量面板上有“点加入地物”的选项，它的作用是在测量加点的同时，输入对应属性编码，如果是点编码将直接建立点状地物，否则将连续加入的测点自动连成线或面，从而使各测点具有几何信息、属性信息和连接信息，同时使点、线、面之间保持较好的拓扑关系（何保喜，2005）。EpsW 电子平板测图的基本流程如图 3-15 所示。

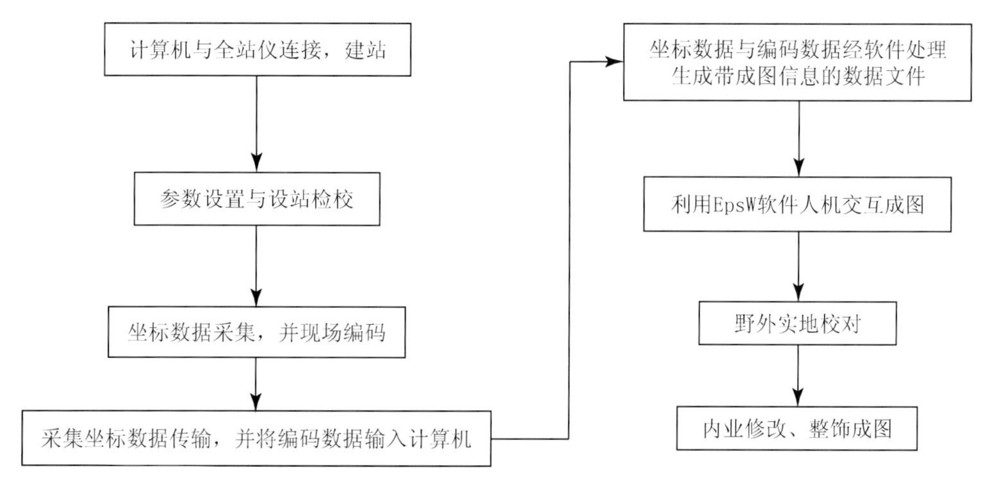

图 3-15　EpsW 电子平板测图基本流程图

EpsW 电子平板测图系统将测得的碎部点直接展绘在软件活动窗口内，通过人机交互现场完成绝大部分绘图工作，并可对所测图形进行及时检查与修改，可较好的保证测图的正确性。电子平板野外数据采集过程就是成图过程，即数据采集与绘图同步进行，内业仅做一些图形编辑和整饰工作。而每一测站的每一测点数据，除了经过数据处理到屏幕上显示外，还及时将原始数据存入到硬盘，即生成原始测量数据文件，因此外业测量成果不会丢失，保障测量数据的安全、可靠。

随着 GPS（RTK）系统的不断改进和完善，RTK 技术能实时提供观测点的三维坐标，并达到厘米级的精度，EpsW 测图方式更为多样。如只采用全站仪进行全息测图，就必须建立图根控制网，增加设站数与检校重点数量；而用 RTK 测图，可省去建立图根控制网，又可全天候进行观测，但由于卫星的截止高度角必须大于 15°，如遇到高大建筑物、高压线、无线电发射塔和密集树林时，就很难接收到卫星和无线电信号，也就无法测量。因此，对于开阔的地域（如河流、堤坝、沟渠、滩地等）直接采用 RTK 测量模式进行全数字野外数据采集；而对于房屋密集的城镇、村庄或植被茂密的地段，先利用 RTK 测定图根点，然后通过全站仪采集碎部点，并于实地绘制草图，回到室内再将野外采集的坐标数据通过数据传输线传输到计算机，根据绘制成草图，经人机交互编辑后由计算机自动生成数字地图。这种 GPS（RTK）与全站仪联合测绘地形图，优势互补，测量成果间相互检校，极大地减少了作业人员和作业工序，较好地提高了采集数据的速度和质量。

（3）EpsW 全息测图精度分析

全息测图的数据传输、计算、展点等都是由计算机及绘图软件自动完成的，在此过程中一般不会带来点位误差；全息测图真正反映了外业测量的高精度，体现了仪器发展更新、精度提高的测绘科技进步的价值。EpsW 全息测图精度主要受控制网点本身精度、仪器设备（本身精密度、校正不完善等）、操作者（仪器安置误差、照准误差、立尺不直、测点位置选择、工作态度、绘图人员对地物表达方式的理解等）、客观环境（温度、气压、风力、大气折光等）、测图软件本身及绘图仪出图精度等多种因素影响。

2. 无人立尺观测技术

（1）测量方法

陆上地形测量工作中，对在人员难以到达的地方，如淤泥滩、崩岸、截流戗堤头等无法设尺或仅需临时观测水位的地点，采用了无人立尺观测技术。这种技术同时具有观测时间段的特点。

无人立尺观测是指使用激光仪配合经纬仪或直接使用高精度激光全站仪测定观测点坐标和高程（水位）的一种方法。激光地形仪是指激光仪与经纬仪接口配套组成的一套设备。激光地形仪测量技术是利用激光测距仪无需反射棱镜测定距离（测距精度<0.5m）的性能，配以经纬仪精确测定目标高程的一种测量方法。

激光全站仪是基于脉冲测量原理而开发的，它测量非常短的光脉冲信号传播到目标并返回时所用的时间。与使用这一原理的激光地形仪的不同之处在于计算传播时间前对许多脉冲取平均并确定光脉冲的形状。该方法大大削弱了噪声的影响，使得测程和精度均有了相当程度的提高。远距离无反射镜直接反射系统使得全站仪对 600m 以内的白色目标和在 200m 以内距离上对柯达灰色目标进行测量（周泽远和薛令瑜，1991）。

（2）在三峡工程中的应用

1997 年三峡工程大江截流和 2002 年三峡工程导流明渠截流中使用无人立尺测量技术测量截流龙口水位、口门宽和截流河段平面形象取得了良好的效果。

为解决截流期龙口水位和口门宽等要素的测量问题，在 1997 年通过调研采用当时较为先进且能够保障测量精度的激光地形仪施测，2002 年则采用了更为先进激光全站仪施测，并且，还在监测系统中配置了清华山维 EPSW98 电子测绘系统配合 Trimble 激光全站仪实时监测戗堤口门水面宽，方便、快捷、可靠且测量精度高。两种设备测量精度均满足国家《水位观测规范》要求，而且测站点与施工现场有一定的距离，受施工影响较小，解决了频繁设立、校测水尺及水位观测员人身安全问题。

在三峡工程大江截流期间，基于激光地形仪的无人立尺测量技术应用于围堰裹头水位接测、口门宽测量、截流河段平面形象观测中。裹头水位接测设站情况如图 3-16 所示。

A. 激光地形仪接测水位

当时，激光地形仪法观测水位是一套新的水位观测方法，为慎重检验这套方法的观测精度及适用范围，首先必须对所用仪器进行检校。

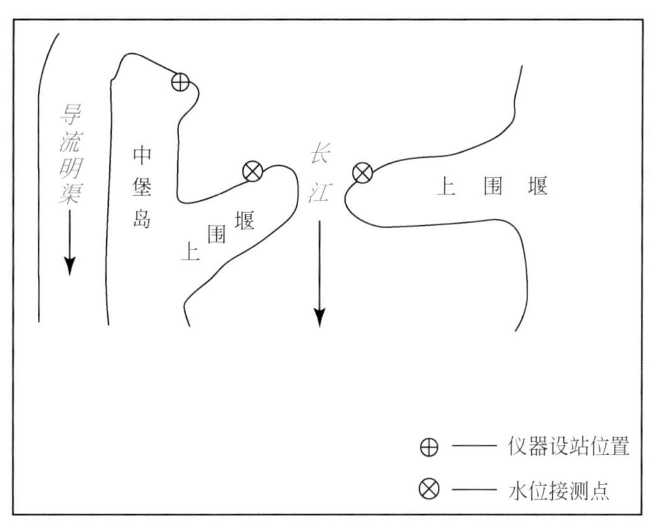

图 3-16　三峡工程大江截流围堰裹头水位接测设站示意图

影响激光地形仪接测水位的因素较多，主要有以下 3 个方面。

a. 天顶距测量误差

天顶距测量误差是影响接测水位精度最主要的因素。水位接测前应按经纬仪检校操作规程，严格校正经纬仪垂直角指标差，垂直角指标差一般控制在 10″以内。测定天顶距时使用测微器旋进旋出测定 2 次以上。天顶距测量精度越高接测的水位精度越高。影响天顶距数据的直接因素是水面线，水面线位置的确定经验性强，测量人员经过短时间的培训，也可掌握水面线的确定方法。如果不能较好地确定水面线，人为误差也严重影响水位的接测精度。为此，要求测站点（仪器站）与水位接测点的距离最好控制在 200～500m，以保证能准确、清晰地判断水面线的位置，从而使天顶距的观测精度得到提高。

垂直角除观测精度影响接测水位精度外，其数值大小也直接影响水位精度。假设测距误差为 0. 5m，垂直角为 3°（不考虑垂直角观测误差）时由垂直角引起的误差为 0. 026m；垂直角为 2°时引起的误差为 0. 017 m；垂直角为 1°时为 0. 009 m。可见，垂直角越大引起的误差越大。采用激光地形仪接测水位时，垂直角宜控制在 2°以内（周泽远和薛令瑜，1991）。

b. 测距误差

用于接测水位的测距仪的标称测距精度要求小于 0. 5m。各部测距仪的实际测量精度是不同的，测距越精确，高程测量精度越高。另一个影响测距精度的因素是测点处反射面与仪器视线的夹角，若夹角太小所测得的距离误差就大，因此，要求该夹角在 50°～130°（周泽远和薛令瑜，1991）。

c. 球气差

B. 截流河段平面形象观测

截流河段平面形象观测系根据施工需要而进行截流河段水边线、围堰段轮廓观测，由于测区施工车辆多、乱石多、土坎多，使用常规方法无法进行观测。应用激光地形仪方法，较好地解决了测员的人身安全等问题。

C. 口门宽测量

口门宽是指围堰施工设计轴线上左、右水边线间的直线距离。分为上、下围堰口门宽，口门宽数据是工程施工过程中必须随时掌握的第一手资料。

截流戗堤是按照设计围堰戗堤轴线（折线）进占的，堤头平面位置是一个动态轨迹。水文监测的主要任务之一就是即时、准确地为业主提供截流戗堤口门水面宽数据，以便业主进行施工决策，为施工服务。

为了准确测量戗堤口门水面宽，必须先测出进占戗堤形象（堤头水边线），再在设计戗堤轴线上量出水面宽度。这里以明渠截流为例，我们应用Trimble激光全站仪配合清华山维EPS98成图软件很好地解决了这个问题，并且提交成果快捷、准确，为截流指挥部进行管理决策提供了准确可靠的水文数据。

在已知坐标的测站上安置激光全站仪并与装有测绘系统的电脑对接，在测站定向后，应用无人立尺技术，沿戗堤水边找到合适的反射点，采用极坐标法测量堤头水边点，也就是观测测站至水边点的方向、天顶距和斜距，通过激光反射后测量数据可自动传送至笔记本电脑，利用电子测绘系统自动计算出各水边点平面坐标，并将各测点连成光滑曲线，形成进占戗堤形象，即可很方便地在设计戗堤轴线上量出口门宽（图3-17）。

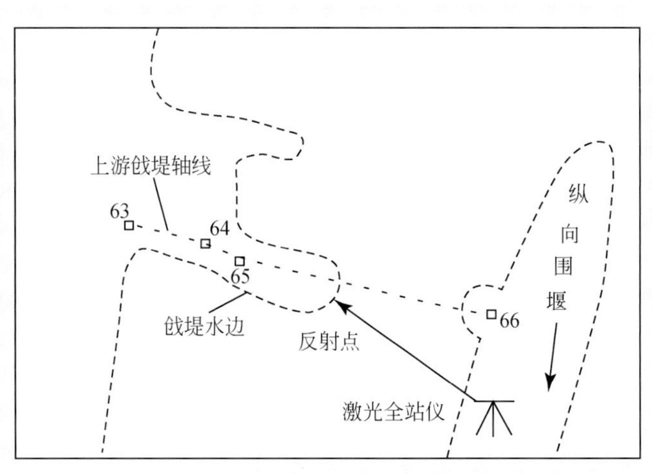

图3-17　截流戗堤口门宽示意图

3. 基于河道观测的CORS系统

(1) 系统概况

CORS系统是现代GPS的发展热点之一。CORS系统将网络化概念引入到了大地测量应用中，是GPS-RTK技术进一步延伸，从而延伸RTK的作业半径，扩大作业范围。该系统的建立不仅为测绘行业带来深刻的变革，而且也将为现代网络社会中的空间信息服务带来新的思维和模式。

与传统RTK技术相比较，CORS具有独特的优势：①具有跨行业特性，可面向不同类型的用户，不再局限于测绘领域及设站的单位与部门；②可同时满足不同需求的用户在实时性方面的差异，能同时提供RTK、DGPS、静态或动态后处理、及现场高精度准实时定位的数据服务；③能兼顾不同层次的用户对定位精度指标要求，提供覆盖米级、分米级、厘米级的数据。

CORS系统由控制中心、固定参考站、数据通讯系统和用户部分组成，各部分由数据通讯系统互联，形成一个分布于整个测区的局域网。

系统分类根据连续运行参考站的数量，可以分为单基站系统和多基站系统。

单基站系统，就是只有一个连续运行站。类似于一加一的 RTK，只不过基准站由一个连续运行的基准站代替，基准站上有一个控制软件实时监控卫星的状态，存储和发送相关数据。

多基站系统，分布在一定区域内的多台连续观测站，每一个观测站都是一个单基站，同时每一个单基站还有一个中央控制计算机控制。多基站网络 CORS 由两个以上连续运行参考站、一个 CORS 数据处理中心、若干网络 GNSS 移动台设备组成，参考站采用无线网络或有线网络方式接入到 CORS 数据处理中心。

CORS 技术目前在技术算法上分成虚拟参考站技术（VRS）、FTK 和主辅站技术。

目前组建并投入使用的仅为单基站 CORS 系统。

CORS 系统能够全年连续不断地运行，用户只需一台 GPS 接收机即可进行毫米级、厘米级、分米级、米级的实时、准实时的快速定位、事后定位。全天候支持各种类型的 GNSS 测量、定位、变形监测和放样作业。因其高效率、高精度、高可靠性等特点，在长江三峡工程勘测中，得到了广泛的应用。

（2）三峡工程中的应用

A. 控制测量

常规控制测量如三角测量、导线测量，要求点间通视，费工费时，而且精度不均匀，外业中不知道测量成果的精度。GPS 静态、快速静态相对定位测量无需点间通视能够高精度地进行各种控制测量，但是需要时候进行数据处理，不能实时定位并知道定位精度，内业处理后发现精度不合要求必须返测量。而通过 CORS 技术进行控制测量既能实时知道定位结果，又能实时知道定位精度。这样可以大大提高作业效率，也可以达到厘米级的精度。因此，除了高精度的控制测量仍采用 GPS 静态相对定位技术之外，CORS 即可用于地形测图中的控制测量。

B. 地形图测绘

用常规的测图方法通常是先布设控制网点，这种控制网一般是在国家高等级控制网点的基础上加密次级控制网点。最后依据加密的控制点和图根控制点，测定地物点和地形点在图上的位置并按照一定的规律和符号绘制成平面图。CORS 技术的出现，可以高精度并快速地测定各级控制点的坐标。特别是应用 CORS 下的网络 RTK 新技术，甚至可以不布设各级控制点，作业员用在直接用流动站便可以高精度快速地测定界址点、水下陆上地形点、地物点的坐标，利用测图软件可以在野外一次测绘成电子地图，然后通过计算机和绘图仪、打印机输出各种比例尺的图件。

C. 水文勘测

网络 RTK 技术也用于水文测验的导航、表面流速流向观测等。省去了每天假设基准台的工作，也扩大了作业半径，有着省时省并且精度高等特点。但对于水域两岸因 CDMA 或 GPRS 的站台切换导致的暂时失锁情况还待进一步研究。

3.2.3 水下地形测量

水下地形测量是测量河底起伏形态和地物的工作，是陆地地形测量在水域的延伸。特点是测量内容多，精度要求高，显示内容详细。水下地形测量的发展与其测深手段的不断完善是紧密相关的。水深测量经历了杆测锤测测深（点测量）→单频单波束测深（点测量）→双频单波束测深、浅层剖面仪（点测量）→多波束测深、水声呐（面测量）几个发展阶段等。

1. 单波束测深

回声测深仪按照频率分为单频测深仪和双频测深仪。回声测深原理如图3-18所示，安装在测量船下的发射机换能器，垂直向水下发射一定频率的声波脉冲，以声速C在水中传播到水底，经反射或散射返回，被接收机换能器所接收。设经历时间为 t，换能器的吃水深度 D，则换能器表面至水底的距离（水深）H 为：

$$H=\frac{1}{2}\mathrm{C}t+D$$

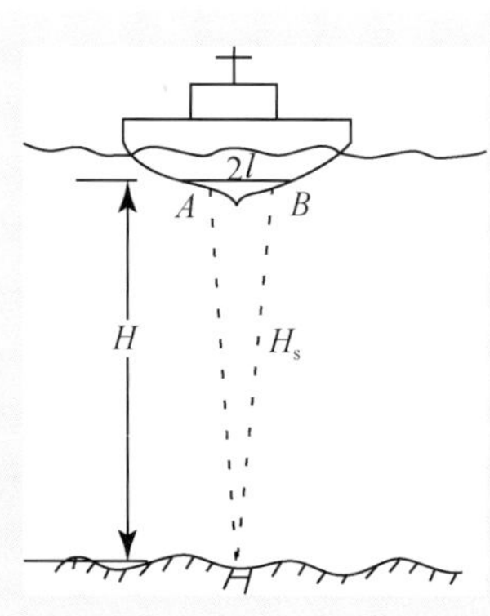

图3-18　回声测深原理

为了求得实际正确的水深而对回声测深仪实测的深度数据施加的改正数称为回声测深仪总改正数。回声测深仪总改正数的求取方法主要有水文资料法和校对法。前者适用于水深大于20m的水深测量，后者适用于小于20m的水深测量。水文资料法改正包括吃水改正 ΔH_b、转速改正 ΔH_n 及声速改正 ΔH_c。其中，声速改正数 ΔH_c 对总改正数 ΔH 影响最大。

2. 多波束测深

多波束测深系统利用超声波原理进行工作，通过声波发射与接收换能器阵进行声波广角度定向发射、接收，通过各种传感器（GPS、运动传感器、罗经、声速剖面仪等）对各个波束测点的空间位置归算，从而获取在与航向垂直的条带式高密度水深数据。多波束探头由发射探头和接收换能器组成，它之所以被称为多波束，是因为有多达几十个相互独立的接收换能器，一次声波发射，可由多个接收探头采集同样多的水深点信号，接收信号由计算机记录。这几十个接收换能器呈一定夹角的扇面分布。这样，它对水下地形测量是以一种全覆盖的方式进行，因此，它与目前常规单波束比较，具有测深点多、测量迅速快捷、全覆盖等优点（赵建虎和刘经南，2008）。

多波束测深系统是一种多传感器的复杂组合测量系统，是水声技术、计算机技术、导航定位技术和数字化传感器技术等多种技术的高度集成；是从单波束测深系统发展起来，能一次给出与航线相垂直的平面内的几十个甚至上百个深度。它能够精确地、快速地测定沿航线一定宽度内水下目标的大小、形状、最高点和最低点，从而较可靠地描绘出水下地形的精细特征，从真正意义上实现了水下地形的面测量。与单波束回声测深仪相比，多波束测深系统具有测量范围大、速度快、精度和效率高、记录数字化和实时自动绘图等优点。

多波束系统是由多个子系统组成的综合系统（图3-19）。对于不同的多波束系统，虽然单元组成不同，但大体上可将系统分为多波束声学系统（MBES）、多波束数据采集系统（MCS）、数据处理系统和外围辅助传感器。

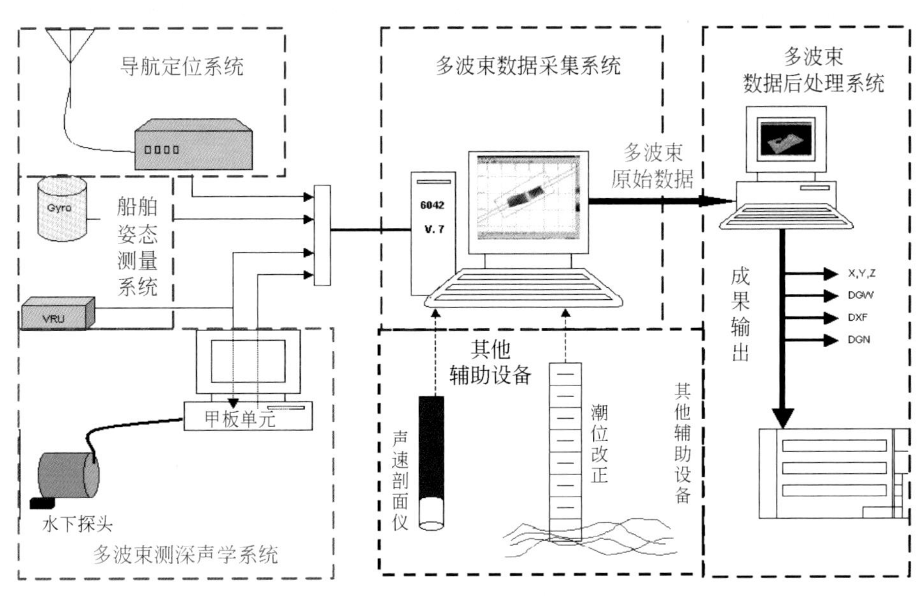

图3-19　多波束测深系统组成

其中，换能器为多波束的声学系统，负责波束的发射和接收；多波束数据采集系统完成波束的形成和将接收到的声波信号转换为数字信号，并反算其测量距离或记录其往返程时间；外围设备主要包括定位传感器（如GPS）、姿态传感器（如姿态仪）、声速剖面仪（CDT）和电罗经，主要实现测量船瞬时位置、姿态、航向的测定以及水中声速传播特性的测定；数据处理系统以工作站为代表，综合声波测量、定位、船姿、声速剖面和潮位等信息，计算波束脚印的坐标和深度，并绘制海底平面或三维图，用于海底的勘察和调查。

3. 关键技术研究与应用

(1) 三峡水库深水测深技术试验研究

三峡水库形成与运用，给深水水深测量带来新的研究课题。我们在充分利用三峡水库蓄水前所收集的三峡库区本底水道地形、典型河道断面资料，结合三峡水文泥沙观测项目，在水库蓄水过程和蓄水初期，开展深水测深技术研究。综合三峡水库近坝段测深技术试验研究资料，探求应用不同频率、波束角的测深仪在有淤泥沉积和高边坡的河床边界条件下获取优质的回波效果与改正方法，以求解决深水水库河道测绘的问题。

深水水库地形测量精度主要受测量系统构成、测量技术、数据处理等多种因素综合影响。过小或过大的波束角的测深仪测量高边坡区水深误差大，工作频率过低，可能将新淤积的泥沙层过滤掉。高工作频率100~200kHz的声波信号，在河底表面介质干容为0.18t/m^{3}左右时就发生反射，产生回波信号。低工作频率（24kHz）穿透的河底淤泥干容重约为0.5~1.08 t/m^3，受到发射功率的制约，穿透淤泥层厚度有限，水深越大时，穿透能力越小。图3-20为有无GPS延时改正和有无姿态改正的区别。

研究结论表明，适合大水深、高边坡环境河床演变测量的测深仪应满足波束角4°～8°度为宜、工作频率100～200kHz、仪器输出功率大于150W的基本条件。为保证地形测量精度，应适当控制测量船速，外接姿态测量系统，进行测船姿态改正（包括动态吃水），提高平面与水深测量精度。深水条件测量必须监视测量水体水温，特别是水温跃层，若存在水温跃层时，水深应进行分层改正。

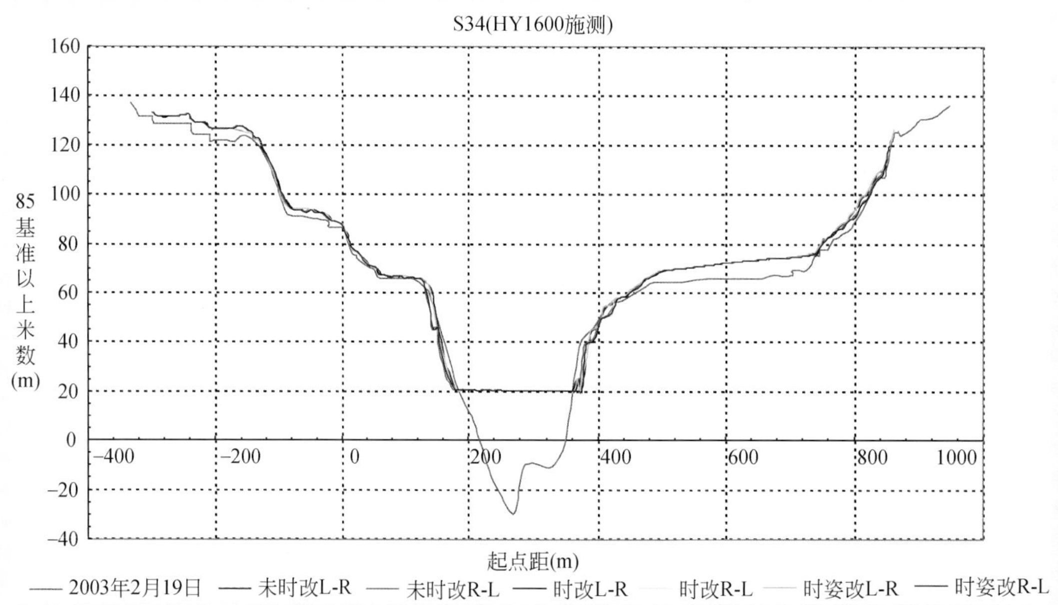

图3-20　有无GPS延时改正及姿态改正测深比较

（2）双频回声测深仪在三峡工程导流明渠截流戗堤进占中的研究与应用

长江三峡工程导流明渠截流戗堤进占的开始，给该水域水深测量带来了极大的难度，戗堤进占区，水流速度大，波浪重叠，大量石块不断投入江中，破坏了水体固有的介质传播特征，并使水体形成不规则的湍流、泡漩等，严重干扰了声波的正常发射，导致了传播损失的增加，使回声测深仪在此监测不能收集正确的回波及水深数据。

经过研究，让双频回声测深仪的双频工作，质量互补，可灵活运用该仪器多种的特殊功能；加大在水深测量中因各种噪声源干扰致使回波记录水深出现错误输出的人工识读；运用双频回声测深仪声波发射脉冲宽度的调节，改善回波接收质量（左训青等，2003）。

（3）多波束测深的应用与研究

A. 系统安装偏差校准和声速的重要性研究

对系统安装偏差校准，系统校准项目包括横摇（roll）偏差、时延（latency）、纵摇（pitch）偏差、艏摇（yaw）偏差等4个方面内容。系统校准观测应在系统设备安装完后测量开始前进行。系统校准项目的顺序一般为横摇、时延、纵摇、艏摇，当使用的多波束软件有不同要求时，应按软件要求的校准顺序进行。多波束系统校准时，应进行四组特定测线测量，为保证校准效果，每组测量还需要反向加测一次。系统校准参数计算应在校准项目结束后现场完成，校准计算结果应使所有校准测线数据基本重叠，校准后残差呈正态分布。当校准计算结果不符合要求时，应重新进行系统校准观测（谭良等，2009）。图3-21为系统安装偏差校准和声速改正较好的效果。每个颜色代表一条测线，从测线与测线重叠后的横切面来看，地形重合较好。

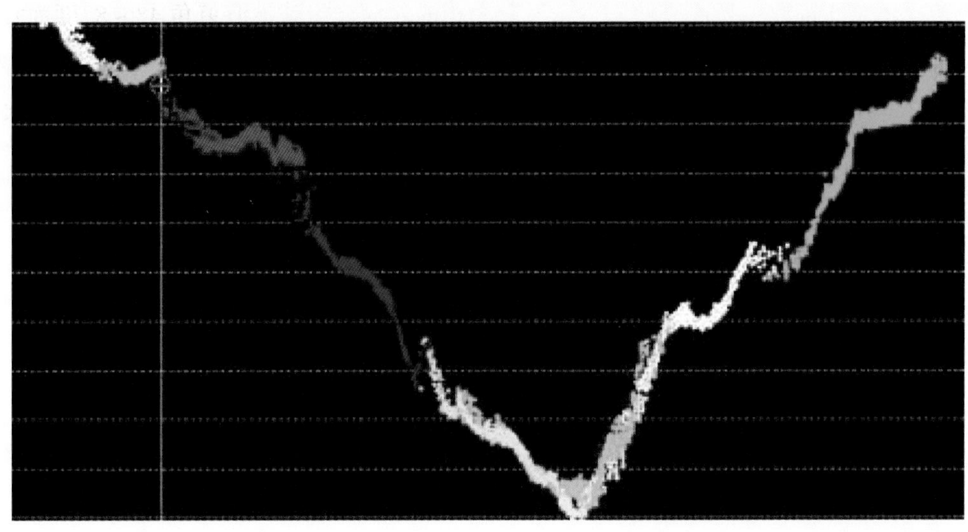

图 3-21　系统安装偏差校准和声速改正较好的效果图

应用声速剖面仪之前要和同级声速剖面仪进行比测，并用经验公式进行水面下 1 ~ 3m 的声速进行比测，声速要逐日取，在每天的测区取，在后处理软件中依时间和距离选择声速。图 3-22 为系统安装偏差校准和声速改正不好的效果。

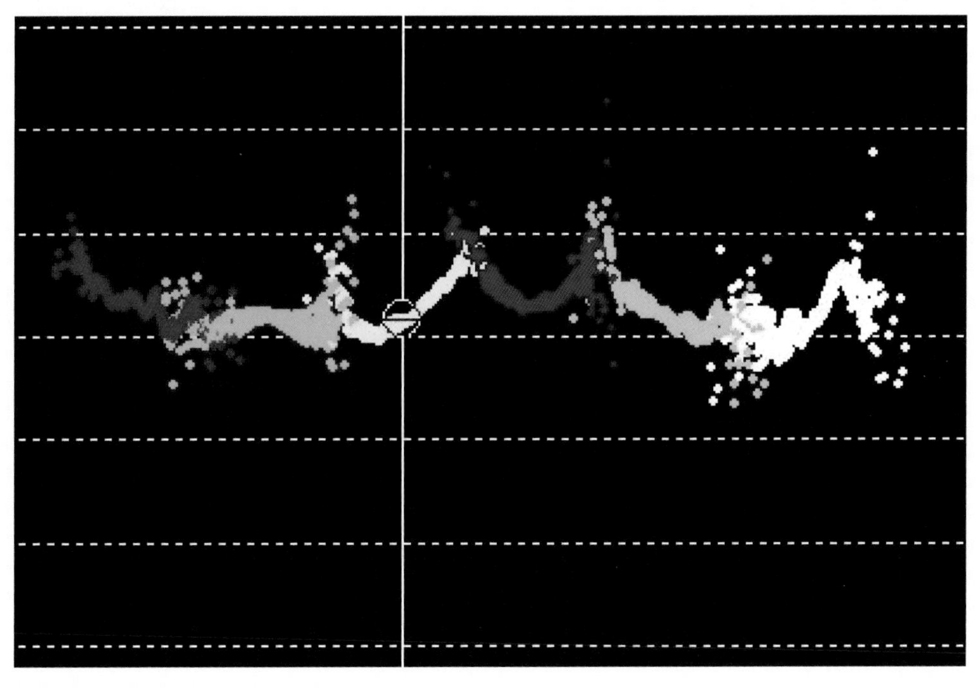

图 3-22　系统安装偏差校准和声速改正不好的测深效果图

B. 多波束测深系统的应用

在 2004 年在长江葛洲坝冲沙闸下多波束扫测发现的冲坑，并采用了单波束测深与多波束垂直方向再次检测，确认后无误后，向主管部门反映情况后，主管部门立即组织填平，为葛洲坝的安全起到了重要作用。

随着三峡水库蓄水运用，清水下泄引起河床冲刷下切，使宜昌河段枯水位进一步下降，引起下游胭脂坝河段航深不足，因此，长江三峡工程开发总公司决定综合治理下游重点河道，2005 年在下游胭脂坝河段开展了护底加糙试验工程，选定部分区域为试验区，加糙采用了沉排、抛石、抛枕 3 种不同的工程措施，图 3-23 就是采用了沉排、抛石、抛枕 3 种不同的工程措施后用多波束扫测的效果图，加糙区和未加糙区界限分明，抛枕区和沉排区清晰可见。

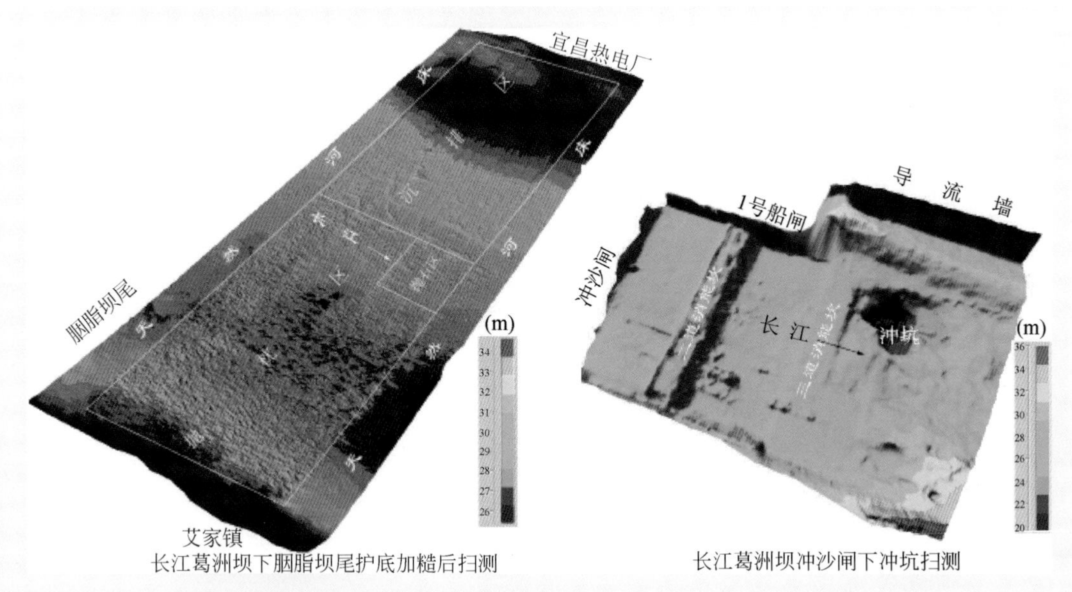

图 3-23　多波束应用效果图

（4）免潮位站下水下地形测量的与应用

地面点的正常高 H_r 是地面点沿铅垂线至似大地水准面的距离。正常高系统为我国通用的高程系统，水利水电工程常用的 1956 年黄海高程系统和 1985 国家高程基准，都是正常高系统。这种高程是通过水准测量来确定的。大地高与正常高之间的关系式为

$$H_r = H_{84} - \xi$$

式中，H_{84} 为地心坐标系高程；ξ 表示似大地水准面至椭球面间的高差，叫做高程异常。

测水下地形时，在测区两岸根据测图比例设测一些 GPS 控制点，GPS 控制点一定要包含测区，分别在 WGS-84 坐标系和北京 54 坐标系下平差，北京 54 坐标系下的高程是用几何水准联测的正常高，然后求出 i 个点的高程异常值，做成一个水下地形测量外业采集软件要求的文件存入计算机中，再用 1～5cm 的等高距，绘出测区的等高异常图，在水下测量时，外业采集软件会自动的根据 RTK 所测固定解实时地找到所测点的等高异常值，并加以修正，所测水深一定有姿态改正。2009 年用此方法在葛洲坝二江电厂前多波束探测出 4 个沉入水下的集装箱，并成功打捞出水。

在有潮位站和免潮位站下同时测量，对两组数据分别成图，进行比较其差异，用软件算出平均偏差一般为 0.05m 左右，从原理上说免潮位站比有潮位站精度更高。

3.2.4　河床组成勘测与调查

为完整而有效地收集三峡枢纽蓄水前后不同阶段，三峡水库库尾、库区、三峡工程基坑和坝下游河床组成的资料，分析预测库区上游邻近河段河床演变趋势及其对水库泥沙的影响，特别是变动回水

区在各级蓄水位期和年内不同调度水位运行下宽级配推移质泥沙淤积深化特征与规律，以及常年回水区的淤积过程和坝下游河道泥沙冲刷、淤积及其河床演变趋势等提供实际依据，要求全面准确地取得河床平面范围内可动层一定深度的物质组成分布及其相应的颗粒级配等成果。长江水利委员会水文局在三峡工程水文泥沙观测与研究相关项目实施过程中大量采用了河床组成勘测技术。河床组成勘测技术主要包括地质钻探、洲滩坑测、水下床沙取样、浅地层剖面仪水下探测及河床组成调查等技术。

地质钻探主要获取河床表层以下一定深度（数米至数十米）河床组成情况。洲滩坑测主要获取河床表层（一般 2m 以内）河床组成情况。水下床沙取样主要获取水下河床表层床沙级配。浅地层剖面仪水下探测水下河床组成类别和厚度。河床组成勘测调查主要为地质钻探和洲滩坑测方法的补充，从河道演变的角度分析河床组成变化。

考虑到汛期水位较高，河床大部分淹没，为获取大面积河床组成情况，故河床组成勘测调查一般安排在枯水期进行。但由于水浅时回深距离短，效果差，故浅地层剖面仪水下探测工作一般安排在中高水进行。

1. 地质钻探

1）布孔原则为卵砾石床沙集中分布区和支流与分流河口区域加密布置钻孔。

2）采用孔、坑结合方法。受钻管直径大小限制，而河床组成中卵砾石级配较宽，粒径大者可达 150mm 以上，细颗粒泥沙、小砾石等会在施钻过程中流失，辅以试坑法作特深坑采样用以替代部分钻孔，从而获取较为准确的河床组成及其颗粒级配成果。

3）钻探深度设计，以钻至孔区河床深泓下砂卵石层 1～3m，沙层 5～10m 为原则，如遇及基岩则只钻至基岩内 0.1m。

4）钻孔定位按 1∶10 000 地形散点的定位方法和精度进行。

5）取样要求及样品分析。①分层采集沙土层样，如单层厚度超过 2m，加密取样并记录和标签分孔包装，送室内颗分。②沙卵石样应取得多层原始级配，并分层现场颗分，其中选取 1/4 的代表性钻孔作岩性鉴定（粗颗粒现场进行，如图 3-24 所示；细颗粒择样带回，室内鉴定），对于难以辨认的物质带回室内送有关单位作磨片鉴定。③基岩岩芯样应现场鉴定并标签塑代封存（作内部保留样）。④根据河段长度需保存样若干，砂样 0.5kg，砂卵石样 5kg 以上。保存样既要选择样品的代表性，又要照顾其沿程分布。⑤采取连续取样，采样率超过 70%。⑥孔坑结合：特深坑技术要求同“洲滩坑测技术要求”。⑦技术人员跟随钻孔进程作好相关文字记录，并依据钻孔附近地质、地貌、地形、河势及冲淤变化等各种情况，进行综合判断分析，做出合理的分析记录和文字描述。

6）资料整理及报告编写

①完成钻孔平面分布图及北京坐标以及钻孔高程成果。

②完成地质剖面图。

③完成钻孔孔报表。

④完成钻孔沙卵石颗粒级配成果表。

⑤完成钻孔沙卵石岩性统计表。

⑥完成探坑床沙级配成果及曲线图。

⑦完成河床表层面组成平面分布图。

⑧完成编写地质勘察报告。

图 3-24　坑测法现场筛分

2. 洲滩坑测取样

(1) 布坑原则

在沿程较大的卵砾砂等组成的边滩、心滩上布设试坑，并视洲滩大小与组成分布变化，分别布设 1～5 个坑位。如一个洲滩只需布设 1 个试坑时，则需选择在洲头上半部迎水坡自枯水面至洲顶约 3/5～4/5 的洲脊处；一滩布多坑时，各坑分别选择在需要代表某种组成的中心部分，并利用手持 GPS 现场圈定洲滩表层不同组成的分界线，确定河床上各种不同物质成分所占的面积比例。布坑后仍遗留有局部较典型组成床面时，则需采用“散点法”取样，如洲头、洲外侧枯水主流冲刷切割形成的洲坎上，洲尾细粒泥沙堆积区等部位。取样点尽量选择在大洲滩和新近堆积床沙的部位，以“选大不选小，选新不选老”为原则，力求代表性高，尽量避免人为干扰区。

(2) 坑的规格要求

1) 坑面大小一般应以坑位表面最大颗粒中径 8 倍左右的长度作为坑面正方形的边长（沙卵石标准坑 1.0×1.0m，如图 3-25 所示，沙质标准坑 0.5×0.5m）。

2) 试坑深度一般要求 1m 深，如 1m 深内床沙组成较为复杂，需增加深度 0.5～1.0m；如洲滩沿深度组成分布较均匀，则其取样深度可控制在 0.5～0.8m 内；替代钻孔的特深坑，应使其深度达到 1.5～2.0m。凡大于 1.0m 深度的深坑在取样过程中，需逐层安置钢板框模，固定坑壁，防止坑壁崩垮，以提高坑测样品精度。

图 3-25　标准探坑（尺寸 1×1×1m）

（3）分层要求

①面层采用撒粉法或染色法确定表层样品，并逐一揭起沾有粉色的卵砾、砂、泥样品，作一单元层。

②次表层挖取表层以下最大颗粒中径厚度的泥沙作为第二单元层。

③深层次表层以下为深层，可视竖向组成变化，按 0.2 ~ 0.5m，0.5 ~ 1.0m 等不同厚度分层，作多个单元层。

（4）级配分析

按单元层分别进行颗粒级配分析，粗颗粒分析粒径组为：200mm，150mm，100mm，75mm，50mm，25mm，10mm，5mm，2mm 等多组，2mm 以下细颗粒级配组按水文泥沙相关规范规定执行。

（5）分析

选择有代表性洲滩的主要试坑，以分层样品进行全样或抽样的岩性分析，分类按实有岩性种类进行分类，作岩性分析的坑数应控制在试坑总数 1/5 ~ 1/4 范围内。

（6）散点法取样

散点法是对试坑法取样的补充和完善。在代表性部位挖取一个小坑，取出小坑内全部床沙样进行颗分，其数量应视样品级配宽度范围而定，一般采集样品 30 ~ 100kg，采集水边样时，需观察估测细粒泥沙的比例。

（7）坑点定位按 1：10 000 地形散点精度要求定位并点绘在同期地形图上

（8）成果整理及报告编写

①完成探坑平面分布图及北京坐标以及坑口高程成果。

②完成探坑沙卵石颗粒级配成果表。

③完成探坑沙卵石岩性统计表。

④完成探坑床沙级配成果及曲线图。

⑤完成河床表层面组成平面分布图。

⑥完成编写分析报告。

3. 水下床沙取样与分析

1）垂线布设原则为：若河宽在1000m以内，一般每断面取样5个点，且主泓必布一线；若河宽超过1000m，一般每断面取样5～10个点；遇分汊河道应在左、右汊各取3个点，露出的边滩、江心洲视其宽度应增加取样，一般至少3个点。为了资料的连续性和便于分析研究，取样断面与前测次取样断面的床沙取样垂线位置一致。

2）纯沙质河床可用锥式采样器取样，如图3-26所示；卵石或卵石夹沙河床采用挖斗式采样器进行床沙取样，如图3-27所示。

图3-26　锥式采样器取样

3）为满足泥沙粒经分析要求，取样重量应符合表3-7中的规定。但一次取样达不到样品重量时，应重复取样1～3次，如果连续三次都取不到沙样时，可不再取样，但要在资料中注明“连续3次未取到样”。

4）取样垂线定位：垂线平面定位采用GPS，按1：10 000地形散点的定位方法和精度进行。

5）取样要求及样品分析：现场整理外业取样断面的垂线编号及起点距。

图 3-27　挖斗式采样器取样

表 3-7　水下床沙取样样品重量

沙样颗粒组成情况	取样重量（g）
不含大于 2mm 的颗粒	50 ~ 100
粒配大于 2mm 的样品小于样品总重 10%	100 ~ 200
粒配大于 2mm 的样品重占样品总重 10% ~ 30%	200 ~ 2000
粒配大于 2mm 的样品重大于样品总重 30% 以上	2 000 ~ 20 000
含有大于 100mm 的颗粒	>20 000

4. 浅层剖面仪探测技术

(1) 技术简介

浅地层剖面仪（sub-bottom profiler）为一种新型声遥感探测系统。它利用高强的发射功率与超低的工作频率在水下信号衰减极小的特点，声波入射河底地层浅层带，获取浅地层的地理信息，揭示河床底部浅地层的物质结构、特征。

该仪器是利用回声测深的原理，声波在介质中传播时遇到不同声学特性的分界面时会发生反向散射，接收反向散射声波并按回波的时间先后、用灰度等级或色彩来表征回波的强度在平面上绘制出好像瀑布一样的剖面图，这种平面图可以直观地看到水底以下地质构造情况，用它与少量的钻孔资料相对比，综合分析可绘制出地层剖面图。目前常见的浅地层剖面仪从声学机理上可分为线性和非线声源两类。线性声源功率大穿透深度深，但体积大。非线性声源体积小而轻，但穿透深度浅。

浅地层剖面仪是利用声波在水中和水下沉积物内传播和反射的特性来探测水底地层的设备。是在回声测深技术的基础上发展起来的。剖面仪的换能器装在调查船或拖曳体中。调查船在走航过程中，设置在船上或其拖曳体上的换能器向水下铅直发射大功率低频脉冲的声波，抵达水底时，部分反射，部分向地层深处传播，由于地层结构复杂，在不同界面上又都有部分声波被反射，由于反射界面的深度不同，回波信号到达接收器的时间也不同；而地层介质均匀性的差别大小则决定了回波信号的强弱。接收到的信号经过放大、滤波等处理后送入记录器，在移动的干式记录纸上显现出不同灰度的黑点组成的线条，描绘出地层剖面结构（图3-28）。

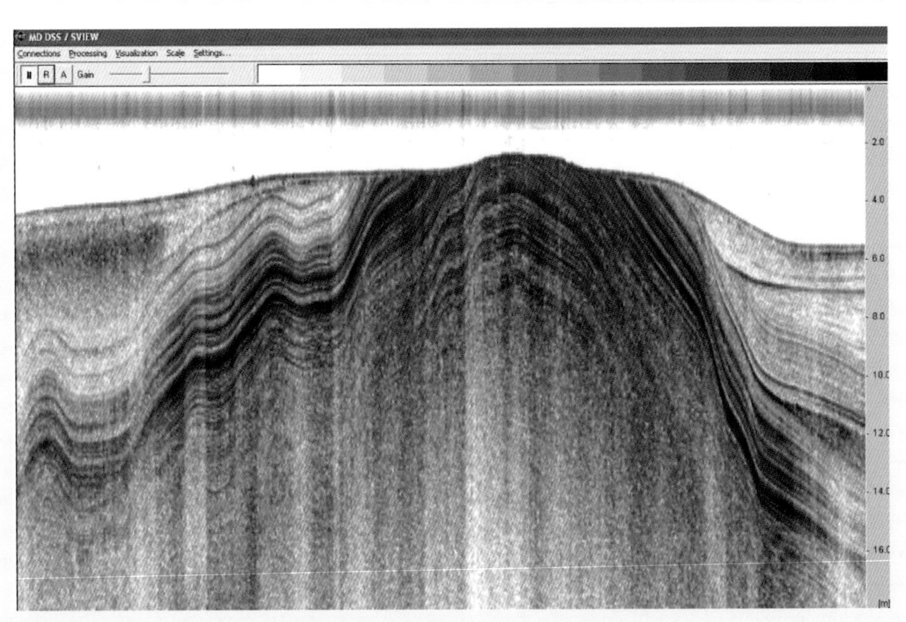

图3-28　浅地层剖面仪记录图像

浅地层剖面仪的地层探测深度通常为几十米，中层和深层剖面仪分别为几百米和数千米。声波穿透地层的深度受发射器的声源级、工作频率、海底表层的反射系数和散射系数及地层的声吸收系数等因素影响。声源强度相同时，最大探测深度与最高工作频率成反比。一般来说，浅地层剖面仪穿透地层的功率较弱，纵向分辨率则比较高，可达15～30cm；而深地层剖面仪功率较强，分辨率则较低。增大有效频带宽度能提高地层分辨率。应用非线性声学原理的参量阵剖面仪既可以提高地层分辨率，又可以提高抗干扰能力，但其有效工作频率声波的电声转换功率很低（约0.01%）。

20世纪90年代，国外声遥感技术已成为开发与发展阶段，如美国劳雷公司SIS-1000浅地层剖面仪，Data Sonics公司生产的CAP-6000单通道浅地层剖面仪，它们均采用了DSP匹配滤波信号处理技术，Chirp技术和调制解调技术，并配有地层测量分析，多次回波抑制，床底信噪比指示，床底信号衰减监视等多种软件控制，已用于军事领域和海洋地质探测研究之中。

浅地层剖面仪具有较高输出功率，它最大可输出平均功率1000W，相当于一般测深仪输出功率的5～10倍，为穿透河底浅地层提供能量保证。仪器运用了程序控制软件，丰富了窗口显示界面，便于操作员实时监视系统的数据采集与状态控制。

（2）在河床组成勘测的应用

浅地层剖面仪的探测深度一般为几十米，被广泛应用于海洋河道的地质调查、港口建设、航道疏浚、水底管线布设以及海上石油平台建设等方面。与钻孔取样相比，利用剖面仪进行地质调查具有操作方便，探测速度快，记录图像连续且经济等优点。

结合三峡工程建设，运用浅地层剖面仪在荆江大堤观音矶（图3-29）、隔河岩清江水库库底、荆州长江大桥区域三峡近坝段等区域分别进行了水下探测。通过探测图像解析，可判定在荆江大堤观音矶段左岸30~50m水域存在着大量的抛石，抛石区里，其抛石大小不等，石块与石块之间存在许多空隙，空隙里夹有泥沙与水存在；在隔河岩清江水库底存在一定厚度的泥沙淤积，随着时间增加，水库底形成了多层的泥沙淤积层面，各淤积层的密度不一，出现多个反射面，基本可分辨出蓄水前河床本身的河底形态、泥沙、淤泥的厚度；在荆州长江大桥附近的探测中可明显地分辨出抛护层的分布情况。

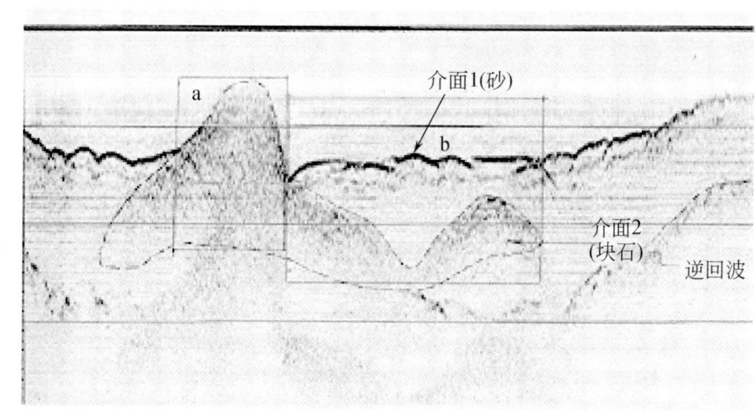

图3-29　荆江大堤观音矶水下探测记录

今后，随着浅地层剖面仪的开发，还将利用其对长江堤防隐蔽工程进行适时动态监测，探测堤防险段地层分层结构，抛石厚度，以及冲刷、淤积形态特征，为长江堤防的分析与决策提供科学的依据，可获得巨大的社会效益与经济效益；也可对水库、内河的动态监测，探测河床地层的结构关系、淤积状况等，为有关部门的科研、分析给予较为直接的监测数据。

5. 河床组成勘测调查

河床勘测调查的主要内容与要求包括以下7个方面。

1）河岸类型、动态、崩岸形式、形态特征、崩岸范围等以及岸滩类型和特征等，特别对沿程新近出露的河岸岸坡及洲滩坎坡进行剖面组成观察、描述。

2）观察河床内是否有新出露的基岩、胶结岩、卵砾层等，并绘制床面上的床沙组成图。

3）调查典型大洪水后泥沙淤积较严重的区域和淤积特征。

4）调查砂质洲滩及两岸岸坡下的枯水平台等部位卵砾石分布情况。

5）观察重大河势变化河段河床组成分布变化。

6）对允许采砂的采砂船所采骨料进行取样分析，并于现场定位。

7）采集野外发现泥炭、碳化木、古树、古陶片等特殊样，分析河道历史变迁资料。

3.2.5　水库淤积物干容重观测

1. 观测方法

从水库泥沙研究的角度，许多大中型水库一般都进行了了水库淤积物干容重的观测。水库淤积物干容重观测从采样方法分原状淤积物取样法、非原状淤积物取样法、模拟试验法；从取样仪器分主要有坑测法、采样器取样法、现场直接测定法。

（1）坑测法

用于裸露的河床或滩地，方法是在现场挖出大小适度的坑，保存挖出的泥沙，分层夯实，然后量积、称重、筛分。粒径大于2mm卵石不计含水率，分组称重，粒径小于2mm的称重后抽样，送室内烘干、称重，求出干湿比，并作粒径分析，将其换算成干沙重，与大于2mm卵石结合起来，计算干容重及其级配。

（2）器测法

取样器有环刀、滚轴式、重力式钻管、旋杆式、活塞式钻管等多种。目前国内外主要干容重取样仪器的结构特点和使用范围见表3-8。

表3-8　淤积物原样取样器结构特点及使用范围

名称	结构特点和取样方法	使用范围
环刀	由环刀、环刀盖、定向筒、击锤等部分组成。取样时，将环刀压入土中取样	用于出露于水面的淤积物取样
滚轴式取样器	该仪器体积小，重量轻，便于携带，能适合测取软泥表层淤积物原状样品，可作粒径分析。该仪器不能测取深层样品，也不能用于较硬的淤积物层	适用于取深0.3～0.4m内干密度为0.3～1.0t/m^{3}的淤积物
重力式钻管	由钻管、尾舵和铅球等部件组成，总重300kg，当钻管取样后提出床面时，能自动倒转，使样品不致漏失	可钻测深0.3～1.5m
USBM-54	挖斗装在铅鱼体内，仪器放至床面后，借助弹簧拉力拉动挖斗旋转取样	沙及小卵石，表层取样
旋杆式取样器	由样品容器、手柄、套管、翼板、顶盖和底板组成，旋转手柄即可将样品旋入容器	适用于水下未固结的软泥中取样
活塞式钻管	下放钻管，当制动锤触及泥面时，制动杆抬起，使钻杆松开，于是钻杆借助重锤和自重作用插入泥内，然后提起钻管，管内样品借助活塞所形成的真空吸力而不致漏失	可钻测深3～5m
挖斗式取样器	挖斗装在铅鱼体内，仪器放至床面后，借助弹簧拉力拉动挖斗旋转取样	可取0.3m厚表层的粗沙和小卵石
AZC型取样器	机构主要有插管、采样盒、开关等部件。采用管径50mm的不锈钢管制造插管，插管设计成若干小节，各小节长度分为0.2m和0.3m两种。为操作使用方便，各插管的上下口分别设计成内插口和外插口。采样盒设计成转轴式和插板式两种形式，转轴式与转轴式干容重采样器取样盒类似，盒内空体积为136mm^3，采样盒与插管之间采用凹形柱体连接。施测时将采样盒插入凹形柱体中，旋转取样盒，使内孔与插管对齐；取样时旋转取样盒90°，然后取出倒出沙样。插板式采样盒是在插管上段处，切开宽约1.5mm的开口，插板前部设计成半圆形，半径25mm，厚度1.4mm。施测时将切口用抱箍封住，以免沙样漏出；取样时打开抱箍，插入插板，倒出沙样。开关采用牵引绳带动转轴作控制，牵引绳用钢丝制成	2006年研发，在三峡水库深水应用

（3）现场直接测定法

应用放射性同位素干密度测验仪现场直接测定。测验仪器设备有钻机式和轻便式两种。

1）钻机式测验仪器全套设备由探头、钻杆、定标器和提放钻杆的钻机等部分组成。使用前，能够通过室内率定，求出淤积物干密度或密度与计数率的关系。使用时，将装有放射源和计数管的探头装入钻探套管内，由钻机将钻管钻入淤泥内，即可直接测出干密度。采用这种方法可以测出深层淤积物干密度或密度，但设备庞大，操作复杂，人力物力花费大，不易广泛应用。

2）轻便型测验仪器全套设备由探头（包括加重钢柱）、电缆、定标器和起重绞车等部分组成，探头由底、中、顶三段组合而成，底段是一圆锥形的套管，管内装有一闪烁探测器；中段是外径为90mm 的钢柱体，分成9 节，每节长440mm，重19kg；顶端长240mm。探头可视需要加长至5.7m，总重200kg。使用时，用悬索悬吊探头，由安装在测船上的普通水文绞车提放，利用探头自重钻于泥层，直接测出淤积物干密度或密度。这种设备曾在丹江口等水库实际使用，实测资料表明，在水深为70m 的条件下，可测出厚度为3.0 ~5.5m 的淤积物密度变化。

现场放射性同位素干容重测验仪不能测出三峡库区干容重的纵横向和垂向梯度分布、淤积物的颗粒级配、操作复杂、工效不高，不作为常规性的干容重观测手段。

2. 采样仪器研制

三峡水库各江段淤积物种类不同（推移质淤积物、悬移质淤积物），淤积物状态不同（暴露水面、常年淹没于水下淤积物）；淤积物组成和淤积的密实时间、厚度不同，其取样方法和仪器不同，干容重观测是几种方法或取样仪器结合使用，除对水库上段及变动回水区的露水洲滩采用坑测法外，其余各江段主要采用器测法进行水下取样。

（1）采样仪器研制和改进

对三峡水库来说，其特点库区河道狭长，水深较大，一般在20 ~100m 左右，河床组成和淤积变化比较复杂，淤积物组成级配较宽，因此对观测技术要求更高，现有的干容重取样仪器很难满足三峡水库及淤积物特性的要求。三峡水库2003 年开始蓄水，2004 年汛后开始对淤积物初期干容重进行观测试验，至2010 年历经7 个年度的观测试验，通过探索、试验及专项技术攻关，针对三峡水库的特点开展采样仪器的专门研制和改进，取得了明显突破，针对不同库段的淤积物特性采取不同的取样方法，干容重观测试验的可靠性得到了保证。

主要有以下取样器型式。

A. AZC 型取样器

该仪器是在借鉴转轴式取样器原理的基础上研制而成，根据取样器的采样盒形式分AZC-1［旋转式（图3-30）］、AZC-2 型［插板式（图3-31）］两种型号。

AZC 型取样器技术创新设计主要包括4 个部分：插管部分、采样盒部分、开关部分、配重部分。改进后的AZC 型取样器的主要特点包括以下7 个方面。

1）适应于三峡库区大水深特性。

2）对河床淤积物的扰动小。

3）可一次采取垂线不同位置的多个沙样，能准确的测出干容重垂向梯度变化。

4）测取的淤积物体积固定，准确可靠。

5）测取的淤积物样品要满足干容重和颗粒级配分析的需要。

6）采用触底自发开关，开关可靠性高。

7）插管长度可随着淤积厚度的变化而变化。将插管设计成若干小节，采样时根据泥沙淤积厚度的不同，可灵活添减。

图 3-30　旋转式取样器（AZC-1）

图 3-31　插板式取样器（AZC-2）

2008 ~ 2009 年长江水利委员会水文局在 AZC 型取样器基础上改进和优化设计成了深水淤泥取样器，采样效率更高，适应大水深的能力更强，测取淤积物的厚度更深。

B. WC 型采样器

AWC 型采样器是在原挖斗床沙采样器基础上改进研制而成（图 3-32）。主要用于挖取水下粗沙和小卵石的干容重样品，原挖斗采样器用于干容重采样的主要存在以下问题：不能采集粗颗粒样品、采样器容量偏小、仪器重量偏轻，在三峡水库大水深高流速的变动回水区不易下放到河底、样品有冲流失等。改进后的 AWC 型取样器主要特点有以下 4 个方面。

图 3-32　AWC 型采样器

1）加大口门宽度，将原口门宽 120mm 改为 250mm，以增大挖掘面尺度，提高采集大颗粒干容重样品的能力。

2）增大采样仓容积，提高采集的数量，将有效取样体积由 3kg 增加到 10kg。

3）将取样器自重由 120kg 增加到 250kg。仪器自重的增加，不但使取样器能顺利下放到河底进行取样；同时由于仪器较重，采样时更能紧贴床面，使之挖斗在运动时不致因重量轻而出现被顶离床面的可能。

4）改变口门形状，将平口改为齿状，增加挖掘力度和厚度。

（2）取样方法和样品分析

A. 取样方法

根据三峡水库泥沙淤积和水流特性，干容重取样方法如下：

1）干容重取样位置选择在泥沙淤积部位兼顾泥沙淤积的纵横向分布。

2）库区和典型河段的实际淤积物厚度，系根据 135m 蓄水前本底资料和新近实测断面资料确定。

3）采用回声测深仪实测干容重取样水深。

4）干容重取样平面定位，使用星站 GPS 或 RTK GPS 实时导航定位。

5）对水库退水后裸露的河床或洲、滩地淤积物干容重测定采用坑测法。

6）浮泥河床干容重取样主要采用器测法（转轴式、AZC-1、AZC-2 型）。

7）中细沙河床主要采用器测法，包括转轴式、挖斗式采样器。

8）粗沙、砾、卵石河床主要采用器测法，包括犁式、挖斗式采样器。

B. 分析方法

干容重样品分析方法如下：

1）采用 AZC 型采样器测取的样品，现场记录体积、重量并全部带回实验室，进行烘干、称重和颗分，计算干容重。

2）粒径大于 2mm 的干容重沙样现场筛分处理、计算，2mm 以下的泥沙密封后带回室内采用进行分析、计算。

3）干容重样品均作泥沙颗粒分析。

3.3 水质监测

世界上已知的化学品有 700 万种之多，而进入水环境的化学物质已达 10 万余种，不可能对每一种化学物质都进行监测，只能从中筛选出潜在危害性大，在水环境中出现频率高的污染物作为监测和控制对象。水质指标一般分为物理的、化学的和生物的三大类，水环境监测技术内容亦包括化学指标的测定、物理指标的测量及生物、生态系统的监测三大部分。

水环境监测常用分析方法有化学法、电化学法、原子吸收分光光度法、离子色谱法、气相色谱法、质谱法、等离子体发射光谱法等。其中化学法和分光光度法目前在国内外水环境常规监测中被普遍采用（约占方法总数的 50% 以上）。各类分析方法在水质监测中所占比重详见表 3-9。

为加强三峡库区江段水质监测工作，为三峡工程的建设、运行调度及库区水资源管理和保护提供更加全面、科学的水环境基础信息支撑。目前，在三峡库区采用的水质监测技术方法除常规的分光光度、原子吸收光谱、原子荧光光谱、色谱、红外分光分析方法外，还引进应用了流动注射、移动监测、自动在线监测等先进监测技术；形成了以实验室监测为主、移动监测和自动监测为辅的“一主两辅”监测模式。

表 3-9　各类分析方法在水质监测中所占比重

项目	中国水和废水监测分析方法		美国水和废水标准检验法（15 版）	
方法	测定项目数	比例（%）	测定项目数	比例（%）
称量法	7	3.9	13	7
滴定法	35	19.4	41	21.9
分光光度法	63	35	70	37.4
荧光光度法	3	1.7		
原子吸收法	24	13.3	23	12.3
火焰光度法	2	1.1	4	2.1
原子荧光法	3	1.7		
电极法	5	2.8	8	4.3
极谱法	9	5		
离子色谱法	6	3.3		
气相色谱法	11	6.1	6	3.2
液相色谱法	1	0.5		
其他	11	0.1	22	11.8
合计	180	100	187	100

1. 分光光度技术

分光光度法是由光源发出白光，采用分光装置，获得单色光，让单色光通过有色溶液，透过光的强度通过检测器进行测量，从而求出被测物质含量的方法。分光光度计品种繁多，根据使用的波长范围，可分为可见分光光度计和紫外分光光度计两种。前者只适用于可见光部分，后者则适用于紫外光部分。而有些分光光度计的波长范围包括了可见及近紫外光谱范围，称为紫外可见分光光度计。其特点是灵敏度高、准确度好、快速简便、应用广泛。

2. 原子吸收技术

原子吸收光谱（atomic absorption spectroscopy，AAS），即原子吸收光谱法，是基于气态的基态原子外层电子对紫外光和可见光范围的相对应原子共振辐射线的吸收强度来定量被测元素含量为基础的分析方法，是一种测量特定气态原子对光辐射的吸收的方法。

原子吸收光谱技术优点：①选择性强。这是原子吸收带宽很窄的缘故。测定比较快速简便，有条件实现自动化操作；②灵敏度高。原子吸收光谱分析法是目前最灵敏的方法之一。火焰原子吸收法的灵敏度是 ppm（10^{-6}）到 ppb（10^{-9}）级，石墨炉原子吸收法绝对灵敏度可达到 $10^{-10}\sim10^{-14}$ 克。常规分析中大多数元素均能达到 ppm 数量级；③分析范围广。目前应用原子吸收光谱法可测定的元素达 73 种，可测定金属元素、类金属元素，又可间接测定某些非金属元素，也可间接测定有机物；就样品的状态而言，既可测定液态样品，也可测定气态样品，甚至可以直接测定某些固态样品，这是其他分析技术所不能及的；④抗干扰能力强。原子吸收谱线的强度受温度影响相对说来要小得多，和发射光谱法不同，不是测定相对于背景的信号强度，所以背景影响小。在原子吸收光谱分析中，待测元素只需从它的化合物中离解出来，而不必激发，故化学干扰也比发射光谱法少得多；⑤精密度高。火焰原子吸收法的精密度较好。在日常的一般低含量测定中，精密度为1% ~3%。如果仪器性能好，采用高精度测量方法，精密度可<1%；采用自动进样技术，则可改善测定的精密度。火焰法相对标准差<1%，石墨炉3% ~5%。原子吸收技术的不足：原则上讲，不能多元素同时分析；原子吸收光谱法测定难熔元素的灵敏度还不怎么令人满意。在可以进行测定的70多种元素中，比较常用的仅30多种；标准工作曲线的线性范围窄（一般在一个数量级范围），这给实际分析工作带来不便。对于某些基体复杂的样品分析，尚存某些干扰问题需要解决。在高背景低含量样品测定任务中，精密度下降。

3. 原子荧光技术

原子荧光光谱法是以原子在辐射能激发下发射的荧光强度进行定量分析的发射光谱分析法。

原子荧光光谱法的优点有：①有较低的检出限，灵敏度高；②干扰较少，谱线比较简单，采用一些装置，可以制成非色散原子荧光分析仪。这种仪器结构简单，价格便宜；③分析校准曲线线性范围宽，可达3 ~5个数量级；④由于原子荧光是向空间各个方向发射的，比较容易制作多道仪器，因而能实现多元素同时测定。

4. 色谱技术

色谱（chromatography）法是一种物理化学分离分析方法。它既是一种极好的分离纯化的方法，也是一种进行精确定性、定量分析的方法。在色谱分析中，通常是根据色谱峰的位置来进行定性分析，根据色谱峰的面积或高度进行定量分析的。色谱技术作为一种成熟的分析方法广泛应用于世界各国的生产研究领域，当前在国外不论是气相色谱还是高效液相色谱、离子色谱、毛细管电泳色谱均是各行各业分析测试的首选工具，特别是作为科学研究中的色谱技术，更是一种必不可少的分析方法。

色谱法的特点包括：①具有极高的分辨效力。只要选择好适当的色谱法（色谱类型、色谱条件），它就能很好地分离理化性质极为相近的混合物，如同系物、同分异构体，甚至同位素，这是经典的物理化学分离方法不可能达到的；②具有极高的分析效率。一般说来，对某一混合组分的分析，只需几十分钟，乃至几分钟就可完成一个分析周期；③具有极高的灵敏度。样品组分含量仅数微克，或不足一个微克都可进行很好的分析。一般样品中只要含有ppm级，乃至ppb级的杂质，使用现代的气相色谱仪都可将之检出，而且样品还不需浓缩；④操作简便，应用广泛。它广泛地应用于工农业、化学、化工、医药卫生、环境保护，大气监测等各个方面，是现代实验室中常用的分析手段之一。

色谱法的局限性有：在定量分析中需要纯制的标准物质；不能精确地解决物质的定性问题。

目前水文局在三峡水环境监测中应用的色谱技术主要有气相色谱和离子色谱。

5. 红外分光技术

红外分光技术是用一定频率的红外线聚焦照射被分析的试样，如果分子中某个基团的振动频率与照射红外线相同就会产生共振，这个基团就吸收一定频率的红外线，把分子吸收的红外线的情况用仪器记录下来，便能得到全面反映试样成分特征的光谱，从而推测化合物的类型和结构。红外光谱主要是定性技术，但是随着比例记录电子装置的出现，也能迅速而准确地进行定量分析。红外法的特点是快速、样品量少（几微克～几毫克），特征性强（各种物质有其特定的红外光谱图）、能分析各种状态（气态、液态、固态）的试样以及不破坏样品。红外光谱仪是化学、物理、地质、生物、医学、纺织、环保及材料科学等的重要研究工具和测试手段。目前在三峡水环境监测中主要应用的是红外分光测油。

6. 流动注射技术

流动注射分析（flow injection analysis，FIA），是由丹麦技术大学的 J. Ruzicka 和 E. H. Hansen 于 1975 年提出了的新概念，即在热力学非平衡条件下，在液流中重现地处理试样或试剂区带的定量流动分析技术。它是 20 世纪 90 年代以来才出现的一项分析技术，它与其他分析技术相结合极大地推动了自动化分析和仪器的发展，成为一门新型的微量、高速和自动化的分析技术。流动注射分析必须和特定的检测技术联用，才能构成完整的检测分析系统。流动注射分析主要联用检测方法有分光光度法、电化学法、化学发光法、荧光法、原子光谱法、电感耦合等离子体质谱法和微波等离子体发射光谱法等。流动注射分析发展迅速，它已被广泛应用于很多分析领域。目前应用的主要领域有：水质检测、土壤样品分析、农业和环境监测、科研与教学、发酵过程监测、药物研究、禁药检测、血液分析等。

流动注射技术特点有：①经济性好，快速开关和结果显示，分析速度快，一般可达每小时进样 100～300 次。从样品注入检测器响应的时间间隔一般小于 1min。②预制的方法盒使操作简便，快捷。③数字矩阵检测器可以削弱折射指数和气泡的影响。④可实现多参数同测。⑤多通道自由组合。

目前在三峡水环境监测中使用流动注射技术测定的主要项目有挥发酚、氰化物、总氮、总磷、硫化物、阴离子表面活性剂等。

7. 移动监测技术

移动监测是相对于实验室监测应运而生的一种监测技术。随着各种污染事故的不断发生，快速反应的需求催生了移动监测技术的发展。水质移动监测系统以移动监测车为基本监测单元，以便携式和多参数现场检测仪器为手段，实现了应急监测的需求。与实验室检测相比，移动监测具有无可比拟的快速检测功能，它 24 小时处于待命状态，一旦遇到紧急情况，可以迅即出击，第一时间到达指定现场，开展快速检测检验，及时提供检验结果。随着仪器技术的发展，适用于移动监测的各种仪器也逐步开发出来并得以运用，使得移动监测能力大大加强，特别是便携式气相色谱仪、液相色谱仪等一系列设备的开发，使移动监测在突发污染监测中的地位更加突出。

长江上游水环境监测中心 2007 年配置了一套应急监测移动实验室，在三峡库区应急监测中发挥了较好作用。

8. 自动在线监测技术

水质在线自动监测系统是一套以在线自动分析仪器为核心，运用现代传感器技术、自动测量技术、自动控制技术、计算机应用技术以及相关专用分析软件和通讯网络所组成一个综合性在线自动监测系统。具有现场无人监控自动运行，远程实时监控、动态显示、设备运行状况监控及数据管理功能。所建水质自动监测站一般由站房、水电系统、水质采样装置、预处理装置、自动监测仪器、辅助装置、控制系统、数据采集和传输系统等组成。

实施水质自动在线监测，可实现水质实时、连续监测和远程监控，及时掌握水体水质状况、预警预报水质污染事故。

目前，三峡库区已建有两座水质自动监测站，监测项目有水温、pH、溶解氧（DO）、电导率、浊度、氧化还原电位（ORP）、叶绿素、高锰酸盐指数、总有机碳（TOC）、氨氮、总氮、总磷等。

3.4 截流期水文观测

长江三峡工程截流期水文观测主要任务是为工程设计、施工、防汛、航运、预报等提供重要的技术资料与服务，同时也为其他大型水电工程截流水文观测积累经验。其基本特点是线长面广，协作部门多，观测工作量大，测验设备、成果质量和人员素质要求十分严格。

截流期水文观测是在特殊环境条件下的水文要素观测，其观测要素包括水位、落差、流速分布、流量（分流比）、龙口形态（横向断面与纵向断面、龙口戗堤局部地形）等。特别是龙口水文观测受到截流施工、水流条件制约，一是观测场地受施工进度控制不断调整且狭小，二是观测信息必须高强度、及时、可靠服务于工程施工、工程调度、科学研究及预报的要求；要求观测技术先进、可靠、实用和使用合格的、成熟的观测设备及仪器。

截流水文观测技术涉及水文因子观测技术、地形因子测量技术和特殊水文观测设备研制与信息传输平台构架等方面。归结为水文信息测报、无人测艇设计与锚定措施、水文信息传输网络与发布平台设计、无人立尺测量技术研究、电波流速仪流速测验效能研究、ADCP 与 GPS 集成测流系统研究、GPS 河道测绘系统适应性研究、实时测图系统集成等专题。运用专题研究成果，及时准确地采集和发布截流期水文信息，实现安全和高效指导截流施工。

1981 年，长江葛洲坝大江截流时期，鉴于龙口水文测验的特殊性和危险性，研制全密封钢质双体船（简称双舟，又称无人测艇）及遥控技术，解决了龙口流速测验载体在高流速（流速大于 7m/s）条件下的测船稳定与牵引和安全难题。

1997 年，依据预估截流龙口水流条件和引进采用 ADCP 与转子式流速仪的测流模式，以 1981 年型双舟为原型，重新设计为钢质单甲板横骨架式小型双体船。双体船船长 8.2m，吃水深 0.5m，船宽 4.5m，型深 1.0m，片体宽 1.25m，中心距 3.25m，设计排水量 6t；考虑到龙口水位落差 7m，流速 9m/s，设计 200mm 首舷弧和 150mm 尾舷弧以提高干舷；双舟的片体为单体船，片体尾部中线处设计一面固定平板舵（900×600mm），改善双舟航向稳定性；艏部左右各设置直径 22mm 稳船钢缆一根，采用可变“八”字形方式牵引调整双舟与水流流向的夹角；双舟舱面单甲板采用变截面梁平面甲板；机械式升降 ADCP 测验架设计在双舟甲板中部（两个片体之间），升降力大于 150kg，由固定导管及 1.5m 框架式吊架组成；艇艏左右部各设一座导缆钳（420×105mm）导引钢缆；该艇具有稳定性好、阻力小、结构坚固的特点。

长江三峡工程大江、导流明渠截流时期，选用浅水型水文趸船为牵引船兼水文测报指挥船。牵引船引水锚与尾锚均采用“八”字型锚定，主要是解决侧风使牵引船漂移问题。牵引船锚定于龙口上游约 150m。船长 50m、船宽 7m、吃水 0.4m，设有 $40m^2$ 测验室、$50m^2$ 水文测报会商室；牵引船电站功率 75kW，尾部设 10kW 卷缆机。综合考虑缆双舟迎水所受冲击力、双舟的重量及牵引船的安全和牵引无人测艇上下移动距离50m技术指标，牵引钢缆的长度200m，放出最大长度180m，型号为6×19+1的半硬钢丝绳，直径16mm。无人测艇上的ADCP供电与测验信息传输通过悬挂于牵引双舟的牵引钢缆上的8蕊电缆解决。

长江三峡工程大江截流时期，坝区流量、导流明渠分流比、龙口流速分布均采用BBADCP（宽带声学多普勒流速剖面仪）动船法测验，平面位置使用经纬仪配激光测距仪采用极坐标测定。大江截流上龙口纵向流速分布测验是将“哨兵型”ADCP与LS25-3型流速仪（入水深1.5m）共同布置在无人测艇上，通过牵引船控制实现。三峡工程明渠截流龙口形象观测使用Trimble激光全站仪和清华山维Eps成图软件采用无人立尺技术，借助全站仪无棱镜反射功能，400m范围内无需人工跑点，准确测绘龙口水上部分形象，并使用EpsW成图软件实时编辑龙口口门宽及高程，为截流决策提供了重要参证数据，同时避免了戗堤堤头有人立尺测量的危险性。

3.5 资料整编

3.5.1 水文资料整编

1. 整编方法

三峡水库2003年实施蓄水运用以来，位于水库上、下的万县、宜昌等十多个水文站受其影响，水流特性发生了较大变化，为适应其变化，满足资料定线整编的要求，整编方法做了不同程度的调整。

（1）水位资料整编

水位观测采用了固态存储方式，其变化过程控制完整，日平均水位均采用面积包围法进行整编，成果精度高。

（2）流量资料整编

受三峡工程影响，库区、坝区、坝下游流量曲线呈不同的特点。库区水文站，受蓄水影响，测验河段水深加大流速减小，其水位流量关系主要受三峡水利工程变动回水、洪水涨落等因素的影响，与历年水位流量关系相比发生了较大改变，流量资料整编方法由原来的绳套曲线定线调整为采用连时序法定线，少部分点作综合定线，如万县、清溪场等站。

坝区庙河站，位于三峡大坝上游12km处。三峡水库正常蓄水运用后，在汛、枯季两个时段，坝前水位分别保持在145m、175m左右运行，该站各流量级均受三峡水库频繁调度影响，水位与流量无法建立关系，目前还不能通过传统的水位流量关系法推算流量。其推流方法是，根据水量平衡原理，采用葛洲坝下游约6km的宜昌站整编水位、流量过程，由宜昌至葛洲坝、葛洲坝至三峡大坝、三峡大坝至庙河站间槽蓄量变化推求庙河站流量过程，再依据庙河站全年实测流量成果对推算的流量过程进行修正，最后采用连实测流量过程线法进行流量资料整编。

坝区两坝间的黄陵庙水文站，位于三峡大坝、葛洲坝两坝间。三峡大坝蓄水前，采用上、下游与本站水位的综合落差指数法进行流量整编。2003年三峡水库蓄水后，该站水位、流量过程均直接受水库闸门调节影响，其原有落差已不能反映黄陵庙站流量的变化过程，近坝河段水位—流量关系发生了大的变化，水位-流量关系变得非常紊乱，原有的整编方法不再适用。运用水量平衡方程，以计算时段（3 小时）为基准，以相应时段的宜昌站整编水位、流量数据和黄陵庙水文站、南津关水位站的水位数据，计算相邻时段的水位变化引起的相邻时段河段槽蓄量变化，从而推算出黄陵庙断面每日 8 段制的流量过程，从推算出的黄陵庙断面流量过程中，根据黄陵庙站各次实测流量的平均时间，插补各次实测流量对应的推算流量，建立黄陵庙断面全年实测流量与对应的推算流量的线性相关，利用相关系数对黄陵庙断面推算出流量数据进行修正，得到用于黄陵庙断面流量整编的过程数据，最后用连流量过程线法进行整编。2010 年采用 H-ADCP 监测成果经过与黄陵庙站实测流量成果的相关数据进行率定分析，根据 H-ADCP 监测成果推求 H-ADCP 监测流量过程，采用流量过程线法进行黄陵庙站流量整编。

坝下游的干流水文站，水位流量关系主要受洪水涨落、回水顶托、断面冲淤等因素影响，与历年水位流量关系比较相似，受清水下泄影响在不同水位级略有变化，绳套线有所增加，一般采用连时序法绳套曲线定线，低水采用单一线或临时曲线推流。

宜昌站在进行了水流特性分析后，当水位小于 43.50m，一般按单一线定线；受葛洲坝水利枢纽突然开、关闸及冲沙等影响时，按临时曲线法进行整编。当水位超过 43.50m 时，受洪水涨落、断面冲淤影响时按连时序法布置测次，用绳套曲线整编。为加强低、枯水期流量测验，低水期流量定线采用两条单一线，汛前、汛后分别处理，以充分反映葛洲坝下游河床逐步冲刷的情况。2004 年以来，宜昌水文站低、枯水期测验成果，与葛洲坝下游河床冲刷分析结果是一致的。

枝城站位于宜昌下游，上游有清江支流汇入，河床较稳定，水位流量关系主要受洪水涨落影响，蓄水前，低水采用单一线或临时曲线整编，高水采用绳套曲线整编。2003 年三峡水库蓄水运行以后，枝城站来水受水库调节影响，洪水涨落频繁，水位陡涨陡落，水位流量关系线型与蓄水前基本一致，但复式绳套有所增加，整编方法未变。

沙市（二郎矶）站位于荆江河段的沙市，水位流量关系主要受洪水涨落、冲淤变化影响，高水期少数年份个别时段有顶托影响。三峡水库蓄水运行后，因受水库调节影响，洪水涨落频繁，但因河蓄调节水位变化平缓，水位流量关系线型呈与蓄水前基本相似，但 2003 ~ 2006 年，初期，绳套曲线明显增多。运行后期，由于低水期上游来水相对稳定，本站水位流量关系基本为单一线，主要采用连时序法绳套曲线定线。

监利（二）站位于荆江河段下游，离洞庭湖与长江汇入口较近，水位流量关系主要受洪水涨落、断面冲淤变化及顶托等因素影响。2003 年三峡蓄水运行对水位流量关系影响不大，本站水位流量关系仍为复杂的绳套曲线，采用连时序法绳套曲线定线。

荆江三口各水文站，新江口、沙道观（二）站为松滋口分流、东西支流控制站，水位流量关系主要受洪水涨落影响，高水期洞庭湖涨水时也受其顶托影响，低水采用单一线或临时曲线整编，中高水采用绳套曲线整编。三峡蓄水运行后，水位涨落频繁，水位流量关系线型与历年一致。在蓄水前期的 2003 ~ 2007 年，绳套明显增加，运行后期因低水期下泄水量相对稳定，水位流量关系以单一线为主，整编方法未变。

弥陀寺（二）站为荆江太平口分流水量控制站，水位流量关系主要受洪水涨落因素影响和下游洪水顶托影响，加之距太平口口门较近，本站水位流量关系较为复杂，水位流量关系以绳套曲线为主，但带幅较其他两口偏大。2003 年三峡水库蓄水运行后，洪水涨落频繁，水位流量关系线型与历年基本一致，主要采用连时序法绳套曲线整编。

藕池（管）、藕池（康三）站为荆江藕池口分流藕池河、安乡河水量控制站。水位流量关系主要受洪水涨落因素影响，高水期受洞庭湖水顶托影响，水位流量关系以绳套为主。2003 年三峡水库蓄水运行后，运行初期 2003 ~ 2007 年水位流量关系线型基本与历年一致，但绳套明显增加，采用连时序法绳套曲线整编。

2009 ~ 2010 年枝城、沙市（二郎矶）、监利（二）三个站先后实施 ADCP 测流，同时枝城、沙市（二郎矶）、新江口、沙道观（二）、藕池（管）、藕池（康三）水位流量关系经分析后，采用单值化进行流量资料整编。

（3）泥沙资料整编

大部分站断面含沙量采用单断沙关系曲线法推求，部分站采用单断沙关系曲线法结合断沙过程线法推求。

宜昌以上水文站，由于测站断面比较稳定，水库调蓄对单样含沙量测验的代表性影响不大，各站单断沙关系曲线相对稳定，与历年关系线相比基本一致，整编仍采用单断沙关系曲线法。

枝城以下水文站，地处荆江河段，2003 年开始受三峡水库蓄水运行，清水下泄对河势和断面冲淤变化带来的影响，含沙量横向分布变化较为明显，测站单样含沙量测验的代表性受到了不同程度的影响。

枝城站在蓄水前，历年采用单断沙关系曲线整编，多数年份单断沙关系系数稳定在 0.99 ~ 1.00；三峡水库蓄水后，单断沙关系混乱，改用断沙过程线法整编；2005 年重新分析了单断沙关系，仅汛期采用单断沙关系，枯季采用断沙过程线法。2007 至今单断沙关系基本稳定，采用单断沙关系曲线整编。

沙市站在蓄水前，汛期采用单断沙关系曲线法，关系系数在 0.987 ~ 1.005，枯季为断沙过程线法。蓄水后，单断沙关系发生改变，通过按不同水位级、不同的垂线和流量权重计算单样含沙量重新确定单断沙关系，汛期采用分析后的单断沙关系曲线，枯季采用断沙过程线法。

监利（二）站在蓄水前，汛期采用单断沙关系法，枯季采用断沙过程线法。2004 年单断沙关系开始散乱，定为折线。2005 年至今关系不好，采用断沙过程线法。

荆江三口各水文站，蓄水前后各站单断沙关系相对稳定，与历年关系线相比基本一致，新江口站仍采用单断沙关系曲线法。沙道观站 2006 年前采用单断沙关系曲线法，2007 年建缆道，断面迁移后采用断沙过程线法。弥陀寺站 2007 年前采用单断沙关系法，2008 年因断面下迁，改为断沙过程线法。藕池（管）、藕池（康）站 2005 年前采用单断沙关系法，2005 年断面下迁并改为缆道测验后，采用断沙过程线法。

2. 整编软件研制与应用

水文资料整编软件自 20 世纪 70 年代初期开始研制，于 80 年代末研制开发出功能较强，适用面较广的全国通用整编软件（DOS 版），在全国范围内应用。20 世纪 90 年代水文年鉴停刊后，一些单位根据自身资料整编工作的需要，相继用 Visual Basic、Visual C 等语言研制开发了适合本单位使用的整编软件。但这些软件涵盖的整编项目不全，适用范围有限，通用性不强。水文资料整编技术水平不能适应计算机技术的发展，仍停留在较低的水平上。

随着 2001 年全国重点流域重点卷册《水文年鉴》汇编刊印工作的开展和《水文资料整编规范》

(SL247-1999）的实施，采用先进的软件开发环境、数据库技术在视窗系统下研发出项目全、功能强、界面好的统一的整汇编软件，满足水文资料整编和水文年鉴汇编刊印的需求十分必要。为此，水利部水文局委托长江委水文局研制开发水文资料整编系统（南方片）。

长江水利委员会水文局成立系统研发组，精心设计、科学创新。按照以下技术路线进行设计与研制：

1）采用模块化结构设计，结合我国南方片水文测站资料整汇编需求，建立可视化、集成化的支持水文资料整编、审查、复查与汇编等各个环节的水文资料整汇编软件系统，实现南方片不同类型水文测站、各观测项目资料整汇编的统一化、规范化。

2）引入了 GIS 技术，建立 GIS 管理平台，能动态查询水文（水位）测站的基本信息、整编成果等属性数据，支持综合性的空间分析计算及管理功能。

3）集成了 GIS 信息管理、河道站水流沙资料整编、降水量资料整编、复杂的水文关系曲线图形处理、堰闸（水库）资料整编、降水固态数据处理、落差指数法水位流量关系处理、潮位资料整编、悬移质泥沙颗粒级配计算整编等功能模块，能覆盖我国南方所有水文测验项目的资料处理及分析。

4）实施 GIS 管理、水文资料数据录入、水文资料整编、图形处理、成果合理性检查等多功能合成。

全新的功能设计极大地提高了中国水文资料整汇编技术水平。系统研发于 2004 年完成，并对 2004 年南方片部分河流各种典型测站的资料进行试算。7 月，长江水利委员会水文局对系统集成成果与软件试算进行了检查，决定扩大系统的试算范围，进一步提高其适应性。在总结了长江水利委员会水文局和南方片其他有关水文部门的试运行情况的基础上，增加了 10 余种表项的输入输出和各模块的功能，系统得以进一步完善。2006 年 9 月，水文资料整编系统（南方片）通过水利部水文局组织的验收。

为满足《基础水文数据库表结构及标识符标准》（SL324—2005）的需要，2007 底完成了系统的升级。

自系统投入试运行以来，服务于三峡水利工程的水文测站全部采用该系统进行水文资料整汇编，同时，有关测站充分利用系统功能适时进行资料整编以及资料的合理性检查，确保了水文资料整汇编成果质量，为三峡水库的运行、管理所需的水文基本信息提供了可靠的技术支撑。

3.5.2 河道成果整理

河道成果整理分为初整与终整，包括文本数据与地形图成果。通过初算、校核、复核工序及过程检查、最终检查形成最终成果，通过入库数据整理与检查，形成最终报告。对文本数据采用自编河道整理软件处理，对地形图主要采用基于 GIS 的一体化成图软件处理。

“基于 GIS 的内外业一体化河道成图系统”是长江水利委员会水文局与清华山维公司共同研制开发的适用于河道观测水文专用的成图系统，主要针对河道地形受水流、泥沙多种因素长期作用，各测点变化大，且与常规的陆地、海洋地形测量方法，表达方式不同的特点，在既能满足通用的测绘标准，又能符合水利行业特殊要求的基础上，开发的直接采用数据库管理模式，全息数据结构和开放的标准定制机制，支持 GPS、全站仪及测深仪、水声呐、多波束深仪等的测记、电子平板以及 PDA 等多种数据采集方法，能与现有 GIS 系统数据共享的河道成图系统。该系统是对地形（包括水下）数据进行采集、输入、处理、成图、输出、分析、管理的河道测绘系统。

系统以数据库为核心，充分采用 GIS、模板定制等先进技术，通过统一水利行业的数据标准，实现河道、陆地地形测绘，内外业一体化自动成图，并与 GIS 系统无缝链接。系统主要由数据输入、数据处理、数据转换和成果输出、数据库五大部分组成。

数据输入方案：通过编写通用串行通信接口 ComSay Basic，以广泛适应如各种全站仪、GPS、超声测深仪、水声呐、多波束测深仪等各种仪器，满足测记法、电子平板法和掌上电脑（PDA）等各种采集方法的数据入库。同时也可以利用已有的航摄像片对地物点进行量测计算，然后把数据和特征编码一起存放，或者在原有的图件上进行数字化采集。

数据处理方案：通过使用有自主知识产权的清华山维公司模板核心技术，用以适应不同地区不同特点的地理信息处理要求，使系统在不同环境下的应用变得规范，灵活。模板依据特定标准和要求定制，当标准和要求不同，模板就不一样。模板一旦定制完毕，使用同一模板作业，能使不同作业员的作业结果完全一致，从而保证数据的全面规范性。

数据转换和成果输出方案：实现与常见 CAD 系统、GIS 系统的数据转换与共享，提高了数据的使用价值。同时，能实现 1∶500、1∶1000、1∶2000、1∶5000、1∶10 000、1∶25 000、1∶50 000 等各比例尺水道模块数据共享。

数据库方案：采用关系数据库管理地理数据，实现了空间数据和属性数据的一体化的多源、海量数据管理和数据安全性的管理。

系统采用多数据源同化及 CAD、GPS、RS、GIS 融合技术，能适应各行业通用的内外业一体化河道成图；系统采用全息数据结构和开放的标准定制机制，实现了大小比例尺水道模块数据共享；系统采用了模板及开放的模板控制技术，实现了规模化生产，标准统一。

3.5.3 水质资料整编

水质资料整编包括基层原始资料初步整编和集中分类整编，经过逐级整编、审查和复审后，形成最终整编成果。水质资料数据整编采用监测单位自己开发的水质整编及数据库系统软件处理。

水质整编及数据库系统是以 PowerBuilder+Sybase+MapX 为系统开发平台，C/S、B/S 等多种结构体系模式并存，融合先进的管理信息系统理论及网络技术开发而成。该系统可快捷进行水质监测数据录入、数据处理、数据统计、数据检索、WebGIS 浏览、水质状况分析评价等操作。

水质整编及数据库系统共分为 5 个子模块，分别是数据录入与转换、水质整编、WebGIS 应用查询、系统管理、数据装载。其中：系统管理和数据装载模块涉及水质监测信息管理、水质评价、数据统计等水质业务内容，因其数据计算量较大且专业化特性明显，因而采用 C/S 体系模式。为使数据库信息共享变得更为简单，也使得应用系统的灵活性及扩充性得到充分提高，WebGIS 应用查询软件采用 B/S 结构模式，客户端不需要开发和安装特别的应用程序，所有的应用开发都集中在服务器端。数据录入、水质资料整编由于功能简单、单一，采用单机模式。

3.6 水文泥沙信息分析管理系统

“三峡水利枢纽工程水文泥沙观测计划”实施以来，取得了大量直接为三峡工程服务的监测资料和成果。为便于科学管理这些成果，并使这些成果信息充分发挥其作用和效益，需要建立相应的数据库，以便建立快速调用检索、有效存储及数据安全与维护的数据库系统，为工程施工管理与决策提供强有力的信息支持。

水文泥沙信息分析管理系统于2003年启动，于2004年投入运行，并于2006年进行了功能补充与完善。该系统投入生产应用以来，在水沙、河道地形数据库管理、河道泥沙冲淤计算和河床演变分析等方面发挥了重要作用。

3.6.1 系统开发模式

本系统的基本模式是以三维可视化地学信息系统——GeoView为平台，充分利用先进的计算机数据管理技术、空间分析技术、空间查询技术、计算模拟技术和网络技术，建立数据采集、管理、分析、处理、显示和应用为一体的水文泥沙河道信息管理系统，管理系统的逻辑结构如图3-33所示。

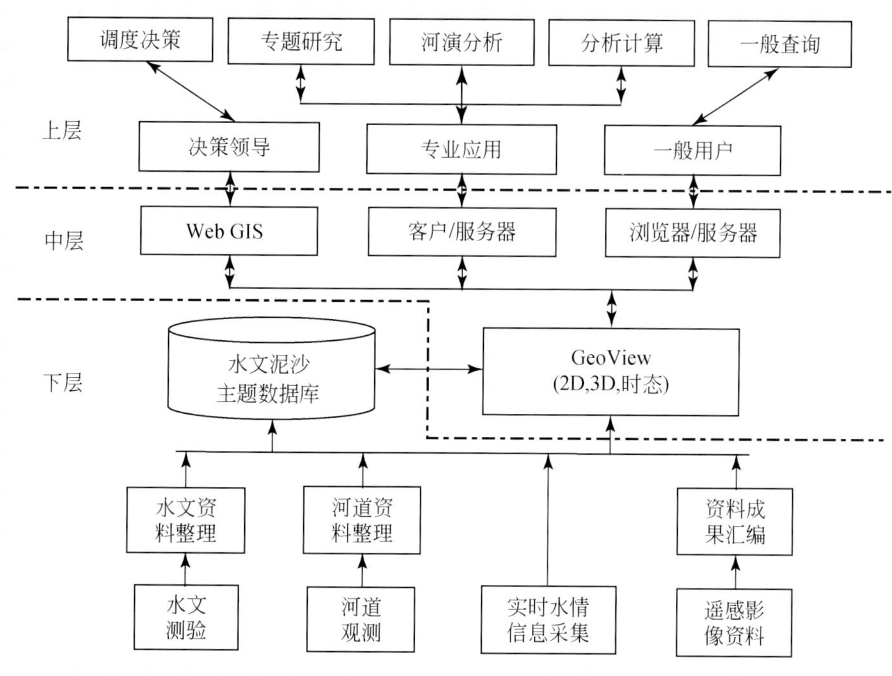

图3-33　三峡数据库及水文泥沙信息分析管理系统的逻辑结构

3.6.2 数据流程

水文泥沙信息分析管理系统以水沙主题式数据库为核心，利用各种规范的水文泥沙资料和河道资料整理成果，并基于WebGIS进行空间数据和属性数据汇编。各子系统之间的数据流向大致可归纳如图3-34所示。

3.6.3 系统总体结构与模块划分

该系统按照信息流程划分为数据转换与接收、计算机网络、数据库管理、信息服务四个组成部分，如图 3-35 所示。

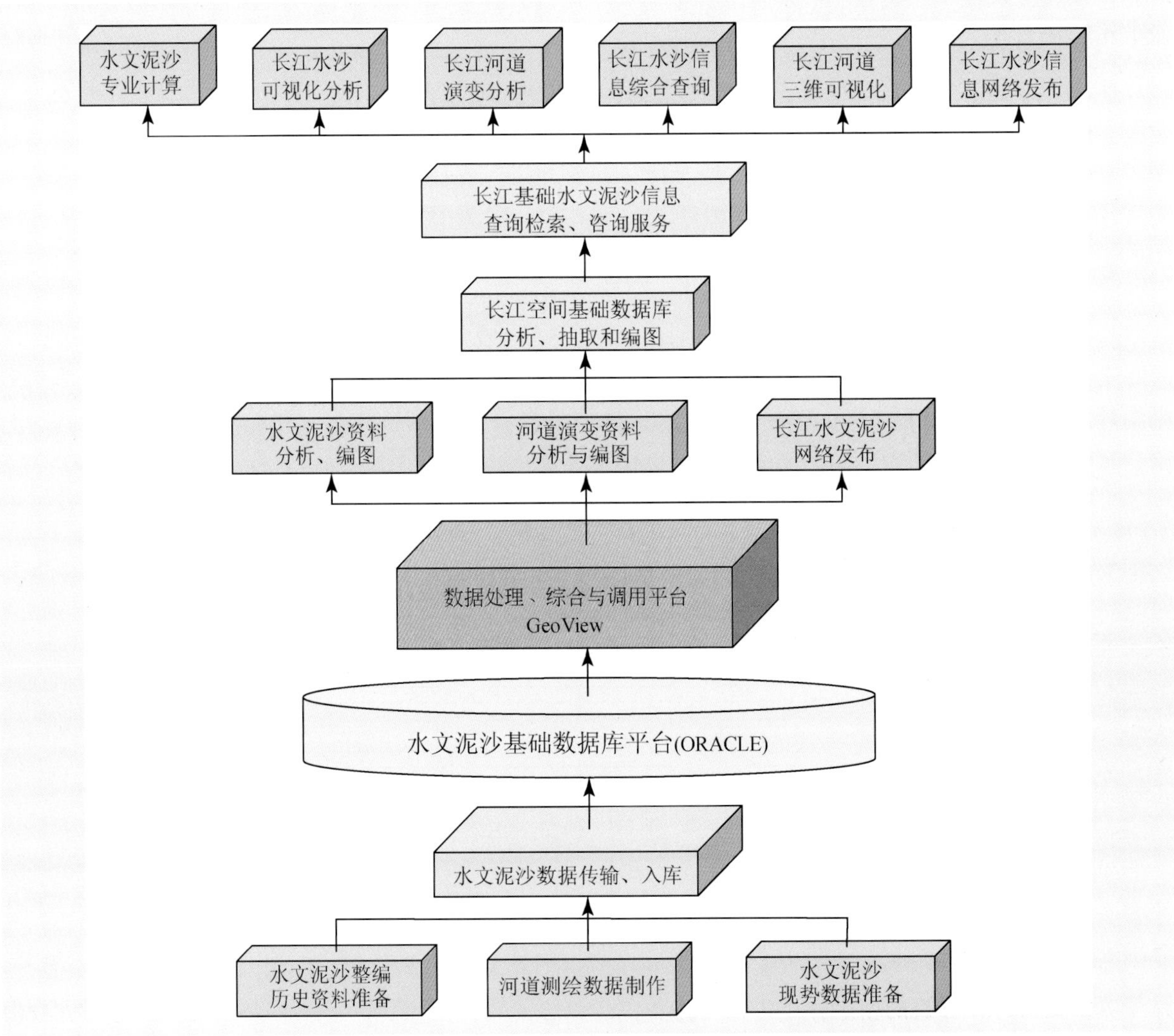

水文泥沙
专业计算
长江水沙
可视化分析
长江河道
演变分析
长江水沙信
息综合查询
长江河道
三维可视化
长江水沙信
息网络发布
长江基础水文泥沙信息
查询检索、咨询服务
长江空间基础数据库
分析、抽取和编图
水文泥沙资料
分析、编图
河道演变资料
分析与编图
长江水文泥沙
网络发布
数据处理、综合与调用平台
GeoView
水文泥沙基础数据库平台(ORACLE)
水文泥沙数据传输、入库
水文泥沙整编
历史资料准备
河道测绘数据制作
水文泥沙
现势数据准备

图 3-34　三峡数据库及水文泥沙信息分析管理系统数据流程图

数据转换与接收
数据库管理
水文泥沙
信息分析管理系统
计算机网络
信息服务

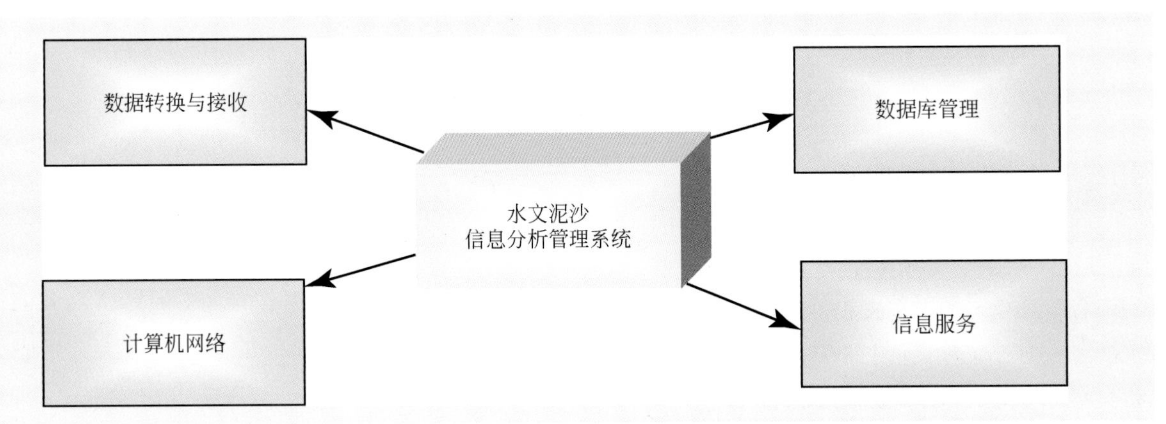

图 3-35　系统组成

系统总体上划分为：对象关系数据库管理子系统、图形矢量化与编辑子系统、水文泥沙专业计算子系统、水文泥沙信息可视化分析子系统、长江水沙信息综合查询子系统、长江河道演变分析子系统、长江三维可视化子系统、水文泥沙信息网络发布子系统等子系统（图3-36）。并在图形矢量化与编辑、水文泥沙专业计算、河道演变分析、三维可视化等子系统的基础上综合开发了水文泥沙信息三维分析模块。

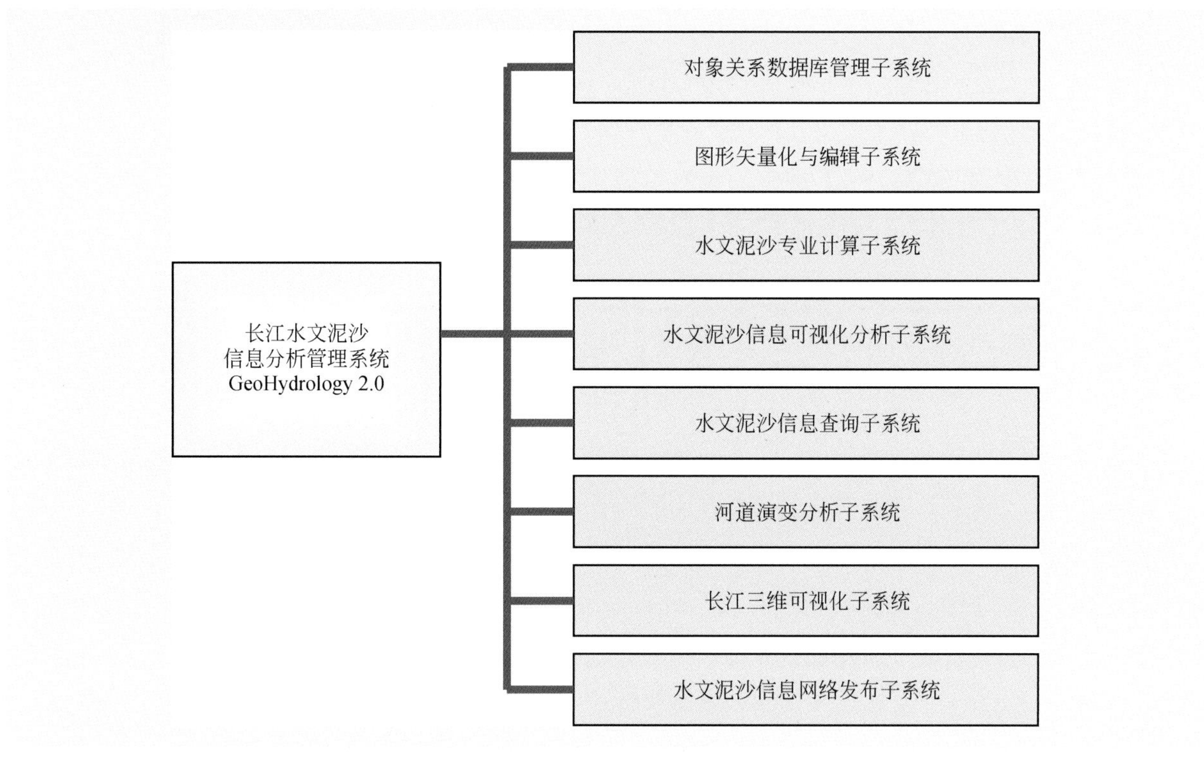

图3-36　系统总体结构

通过系统的应用，长江水利委员会水文局已建立起多年河道地形及水文泥沙数据库，并在一个集成的网络计算环境中完成几乎所有水文泥沙专业计算与数据处理工作，大大提高了日常的工作效率，并且可以提高计算分析的精度。通过使用该软件，能够方便、高效地为长江流域开发、防洪调度及河道治理服务，通过网络发布信息，还提供了水文泥沙信息的共享和社会化服务能力。随着对该系统的不断完善和进一步开发，必将大大提高我们的水文泥沙工作的信息化水平，产生更加显著的社会效益和经济效益。

参考文献

何保喜. 2005. 9787806219249 全站仪测量技术. 郑州：黄河水利出版社.

谭良，全小龙，张黎明. 2009. 多波束测深系统及在水下工程监测中的应用. 全球定位系统，1：38-42.

徐绍铨，张华海，杨志强，等. 2008. 978730704362 GPS测量原理及应用. 武汉：武汉大学出版社.

赵建虎，刘经南. 2008. 多波束测深及图像数据处理. 武汉：武汉大学出版社.

周建红，刘世振. 2010. 精密三角高程测量应用于河道高程控制网实施方法探讨. 科技创新导报，15：90-91.

周泽远，薛令瑜. 1991. 电磁波测距. 北京：测绘出版社.

左训青，张景森，谭良，等. 2003. 三峡工程导流明渠截流中双频水深测量技术. 人民长江，z1：29-30.

第4章 三峡工程水情自动测报及预报技术研究

在三峡工程初步设计阶段，进行了三峡工程水文气象保障服务系统规划，主要完成的是收集长江上下游水情信息、泥沙信息以及气象信息在内的综合水资源信息，为三峡梯级水库调度提供可靠的科学依据和决策支持，是三峡水库调度自动化系统的主要组成部分，是促进三峡工程发挥最大效益的重要基础设施。三峡水情自动测报系统作为三峡水文气象保障服务系统建设的一部分，采用“整体规划、分段设计、分期实施”的策略。本章针对三峡工程水情测报的任务与内容，通过三峡工程水情自动测报系统应用实践，主要研究了水情信息采集技术、信息传输控制技术、信息集成技术以及三峡工程施工期和运行期的水文预报技术以及三峡水库中小洪水预报调度及其应用。

4.1 水情测报的任务与内容

长江三峡工程水情测报的主要任务包括两大方面：一是三峡工程水情自动测报系统的建设，二是三峡枢纽施工期预报服务与运行期预报调度服务。

1. 三峡工程水情自动测报系统

长江三峡区间水情自动测报系统建设的主要任务分为三部分：屏山至寸滩区间、寸滩至宜昌区间和宜昌以下至大通区间水情自动测报系统建设。各区间系统建设的主要内容如下。

（1）屏山至寸滩区间水情自动测报系统

屏山至寸滩区间水情自动测报系统主要建设任务包括299个遥测站、14个维修分中心站和1个中心站的设施设备配置。

（2）寸滩至宜昌区间水情自动测报系统

寸滩至宜昌区间水情自动测报系统建设的主要任务包括139个遥测站的设施设备配置。

（3）宜昌以下至大通区间水情自动测报系统

宜昌以下水情自动测报系统建设的主要任务包括29个遥测站（水文、水位站）、3个水情分中心和1个流域中心（流域中心设在长江防汛抗旱总指挥部）的设施设备配置。

2. 三峡工程施工期预报与运行期预报调度

三峡工程水情预报服务的主要任务是为三峡工程施工期和枢纽建成后运行期的有效合理调度提供水情实况和预报信息，主要包括为施工安全提供服务的施工期水情预报，以及为枢纽运行提供服务的水情预报调度分析。

（1）施工期水情预报

施工期水情预报主要包括坝址以上来水预报和坝区施工预报两部分。

A. 坝址以上来水预报

三峡工程坝址控制着长江上游干支流主要来水，要准确预报上游来水，需对干支流基本水情控制站网进行河系预报，直至预报坝址上游各来水控制站的流量过程，主要包括金沙江、岷江、沱江、嘉陵江、屏山至寸滩区间以及乌江流域。

B. 施工区水位预报

包括坝址流量预报和坝区施工所设立的重点水尺的水位预报。三峡工程施工期主要提供茅坪、三斗坪站的水位预报。

（2）截流期龙口水文预报

截流期龙口水文预报是工程施工截流期的水文预报服务，主要围绕截流施工进占戗堤的稳定性、截流龙口落差、导流底孔分流比、围堰渗漏、龙口流速及其分布对抛投物的影响等进行全面系统的监测及预报，掌握截流全过程的水文要素的变化特征及规律性，为截流施工组织、调度决策提供科学依据。

三峡大江截流采用最常用的单戗立堵方案，预报项目除坝址流量、龙口流量、分流比、龙口落差、龙口平均流速、龙口区最大点流速外，还包括明渠分流量、明渠平均流速和明渠最大流速。三峡明渠截流采用双戗立堵分担龙口落差的方案，龙口水文要素预报的项目除上、下龙口口门宽外共11个：坝址流量，龙口流量，导流底孔分流量，分流比，截流总落差，上、下龙口落差，上、下龙口平均流速，上、下龙口区最大点流速。此外，上、下龙口的单宽流量和单宽功率等是派生计算值，不作为独立的预报项目。

（3）运行管理期预报调度分析

三峡水库建成后，具有防洪、发电、航运等综合效益，水情预报服务主要围绕三峡水库入库过程及库水位进行。当三峡水库需要为长江中下游进行补偿调度时，还需对调度预案进行分析计算。

三峡水库蓄水后，由于库区水文情势及洪水运动规律发生较大变化，预报难度增大，主要采用水文与水力学相结合的技术方法，在不同阶段均需对预报方案和模型进行研制，并开发相应的预报软件系统，为三峡工程施工安全及运行服务。

3. 三峡水库中小洪水预报调度研究

随着水文气象技术和手段的发展，获得较长的预见期和可靠的预报精度具有较大的保障，这为水库调度人员提供了较大的主动性和回旋空间，可以通过预报，提前预泄，及时腾空库容。充分利用现代的气象水文预测预报手段，采取防洪实时预报调度，不仅可以提高水库的防洪作用，还将大大地提高水库的综合效益。

三峡工程进入运行期后，为充分发挥三峡水库防洪、航运、供水、抗旱、发电等综合效益，充分利用现代水文气象预报技术、成果，开展长江三峡水库中小洪水与水资源利用实时调度技术研究及实验。

4.2 水情自动测报系统构成

4.2.1 总体结构

1. 水库调度自动化系统

在实施三峡工程水文气象保障服务系统时，为了紧密结合三峡工程运行调度，充分发挥系统的整体功能，包含水情自动测报系统的三峡水库调度自动化系统进行规划、设计和分期建设。该系统是集水情信息采集、传输、处理、水文预报、水库调度于一体的水调自动化系统，是与三峡梯级调度、中心计算机监控系统相对独立的一个子系统，即通过自动采集屏山至大通及其他区域的水情信息以及气象信息、枢纽运行信息、防汛指挥部门的防洪调度信息，电力调度部门的电调信息和航运部门的航调信息，建立各类信息数据库，开展水库短、中、长期水文预报，按照枢纽综合利用的要求，进行水库调度方案的计算和分析比较，开展水库调度作业，为三峡水库调度提供决策支持。三峡水利枢纽梯级水库调度自动化系统总体结构如图 4-1 所示。

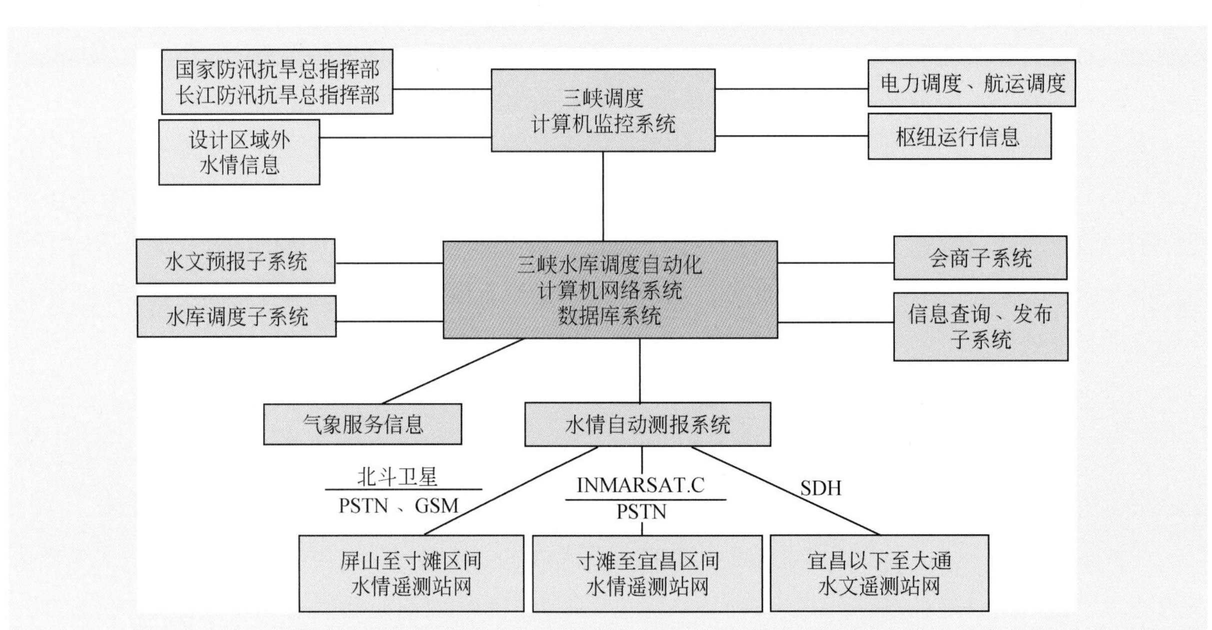

图 4-1　三峡水利枢纽梯级水库调度自动化系统总体结构框图

三峡梯调中心站是三峡水调自动化系统的核心。主要包括信息接收处理、计算机网络、数据库以及应用服务等子系统。

(1) 信息源和采集方式

1) 水雨情遥测站的信息，用遥测方式自动采集、传输与接收、处理，经合理性检查后进入水情数据库。

2）气象资料主要通过PCVSAT卫星气象信息接收系统、气象地面信息传输系统和GMS-5静止轨道气象卫星云图接收处理系统进行接收收集。

3）三峡枢纽电站、船闸、泄水建筑物的运行信息以及葛洲坝水调自动化系统的信息均通过三峡梯调计算机监控系统获取。

4）区域外的水情信息和国家防汛抗旱总指挥部、长江防汛抗旱总指挥部、国家电力调度中心、网局调度中心以及航运调度的指令信息，除由三峡梯级水库调度计算机监控系统调入外，另可通过VSAT卫星通信信道和分组交换网建立联系。

(2) 中心站计算机网路

中心计算机网络是一个高速以太网支持的局域网络系统，由主交换机和二级交换机将系统各计算机及其相关设备相连接构成一个冗余交换式以太网，上层采用TCP/IP协议。三峡梯级水库调度中心站计算机网络结构如图4-2所示。

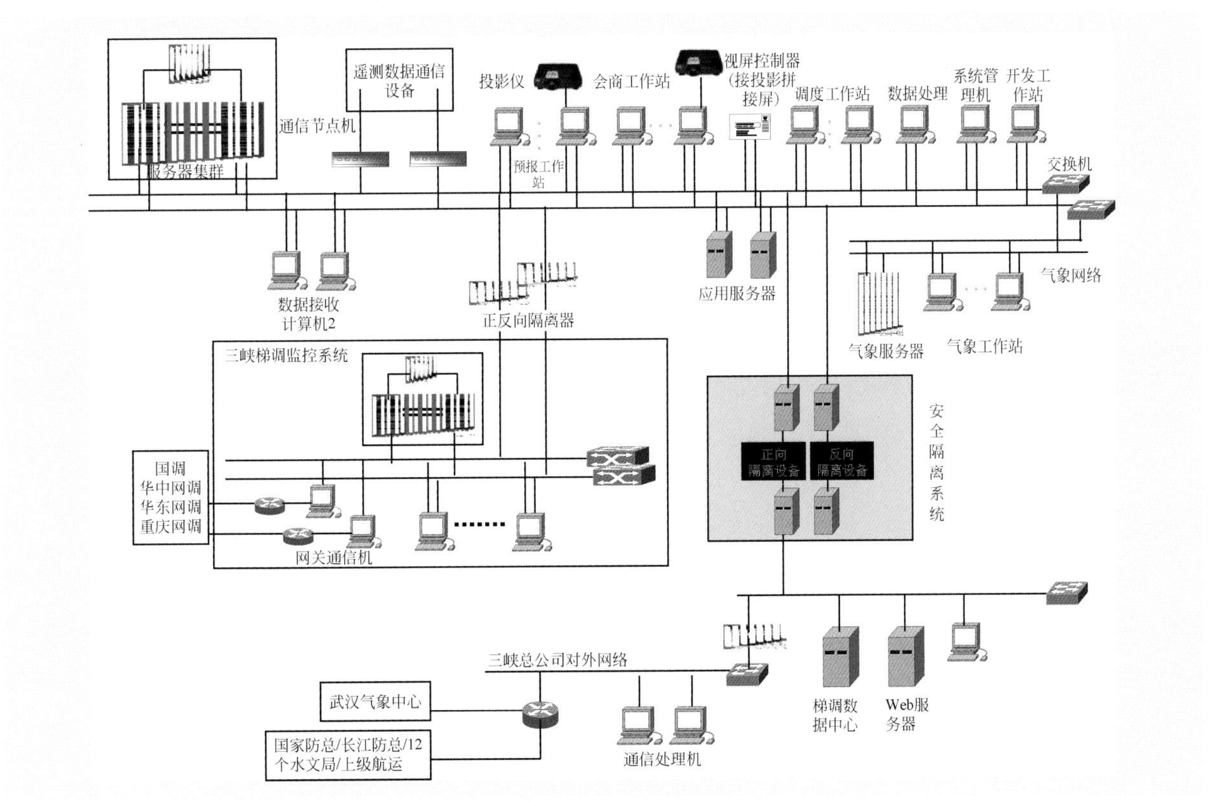

图4-2　三峡梯级水库调度自动化系统计算机网络结构图

(3) 数据库子系统

数据库子系统主要由数据库服务器（硬件）与数据库操作系统（软件）等组成。数据库服务器采用双机CLUSTER集群运行模式，结合Oracle 9i数据库操作系统的实时应用集群（RAC）机制，保证了数据库系统的稳定运行。

(4) 应用服务子系统

1）水文预报子系统：实现三峡水库来水的短期、中期、长期水文预报，提供三峡梯级水库调度自动化需要的短、中、长期水文预报成果。

2）水库综合调度子系统：与水文预报系统相衔接，实现预报调度和风险调度，又能进行多方案的对比分析，满足综合会商系统提出的各种要求，达到决策支持的目的。

3）会商子系统：综合性的气象、水文、调度相关信息查询、气象和预见期降雨量的会商、短期水文预报的会商、水库调度会商、综合会商、中长期预报会商。

4）信息查询与发布子系统：提供预报业务人员、调度人员及相关管理人员查询水情、水库调度相关信息的服务软件。发布子系统则通过主动发送和提供信息浏览支持两种方式，将本系统收集、整理的水雨情、水文预报及调度信息传送至相关用户。

5）预报、调度作业分别由水文预报子系统和水库调度子系统完成输出不同预见期的预报成果和调度方案，再经水库预报调度会商子系统进行会商确认和报批后，形成调度指令。

2. 水情自动测报系统

三峡工程水情自动测报系统主要包括屏山至寸滩区间、寸滩（武隆）至宜昌区间水情和宜昌以下至大通区间遥测站的水雨情信息的自动采集与传输。

屏山至寸滩区间水情自动测报系统的各遥测站点与中心站之间的数据传输采用 GSM（global system for mobile communications，全球移动通信系统）短信信道、PSTN（public switched telephone network，程控电话）、北斗卫星、海事卫星 C 等组成通信双信道，互为备份。其中水文、水位、水库站以程控电话（PSTN）为主信道，北斗卫星作为备份信道；雨量站以及无程控电话线路的水文、水位、水库站以中国移动 GSM 短信信道为主信道，北斗卫星作为备份信道；极少数雨量站既无程控电话又无中国移动 GSM 短信覆盖，则采用北斗卫星为主信道，海事卫星 C 为备用信道。

寸滩（武隆）至宜昌区间水情自动测报系统所属的水文、水位及雨量遥测站均采用程控电话为主信道、海事卫星 C 为备份信道，主备信道自动切换的传输方式直接将自动采集的水情信息传输到三峡梯调中心（中心站）。三峡大坝至葛洲坝区间以及三峡近坝区所属水文、水位及雨量遥测站全部采用超短波（VHF）通信方式直接将自动采集的水情信息传输到三峡梯级水库调度中心站。

宜昌以下至大通区间水情自动测报系统的各遥测站均采用北斗卫星为主信道、程控电话为备份信道，主备信道自动切换的传输方式直接将自动采集的水情信息传输到所属的水情分中心站，各水情分中心通过 SDH（synchronous digital hierarchy，同步数字体系）专线上传到长江流域中心后再通过专线实时转发给三峡梯调中心。

三峡梯级水库调度中心通过 DDN（digital data network，数字数据网）专线和互联网的 VPN（virtual private network，虚拟专用网络）方式建立连接，按照遥测站所属关系将遥测数据分别转发到各维修分中心；通过 DDN 专线与省（市）级水文局建立跨省的专线连接，实现与水文部门的实时信息共享。

系统建立的实时数据库、历史数据库以及预报、调度的次生数据库除供系统内用户直接查询外，还为取得授权的其他用户提供信息查询服务。

水情自动测报系统总体结构如图 4-3 所示。

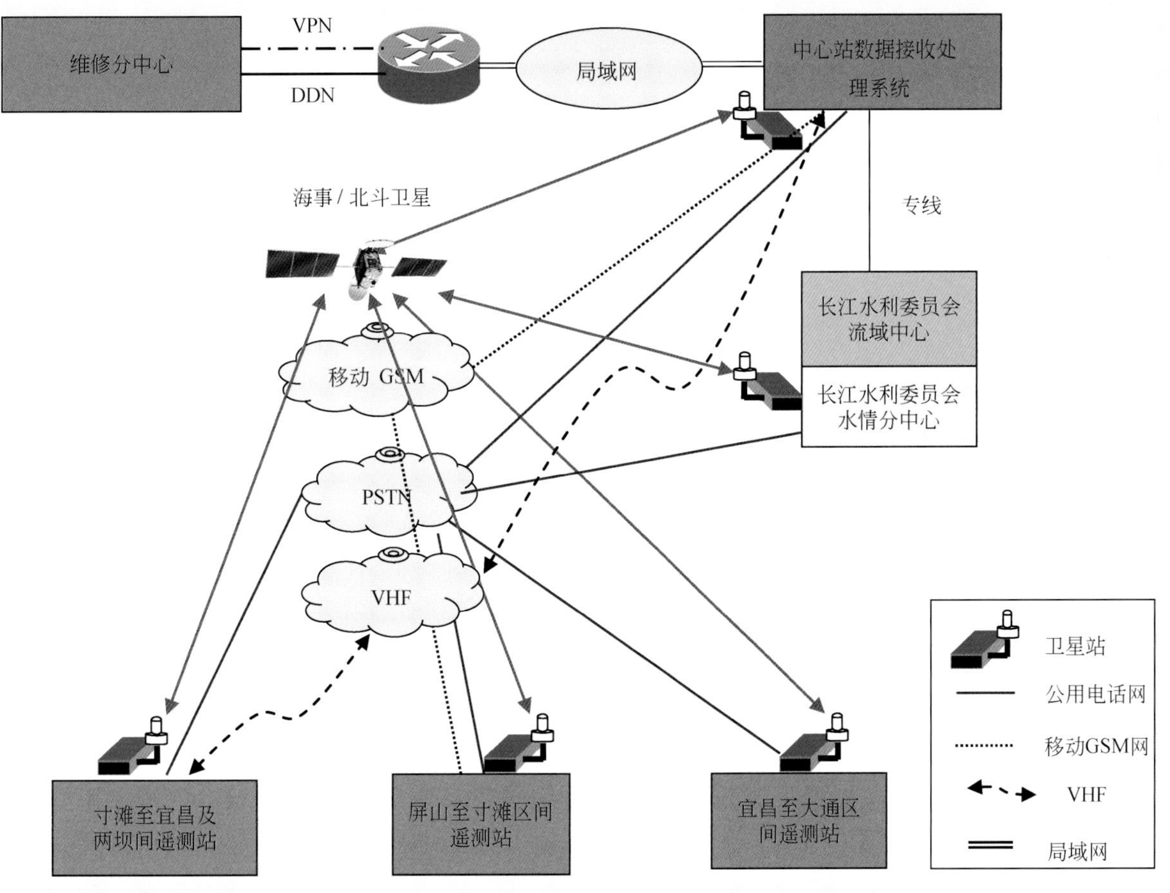

图 4-3　三峡工程水情自动测报系统总体结构示意图

4.2.2　信息流程

三峡工程自动测报系统宜昌以上［含寸滩（武隆）至宜昌区间、屏山至寸滩区间以及两坝间］所有遥测站信息通过选定的通信信道传输到三峡梯调中心站，中心站按遥测站所属关系分发到各维修分中心；宜昌以下所有遥测站通过选定的通信信道传输到长江水利委员会所属水情分中心，分中心通过编码，转发到长江流域中心，流域中心按照规定的数据格式转发至三峡水库梯级调度中心。三峡工程水情保障服务系统信息流程如图 4-4 所示。

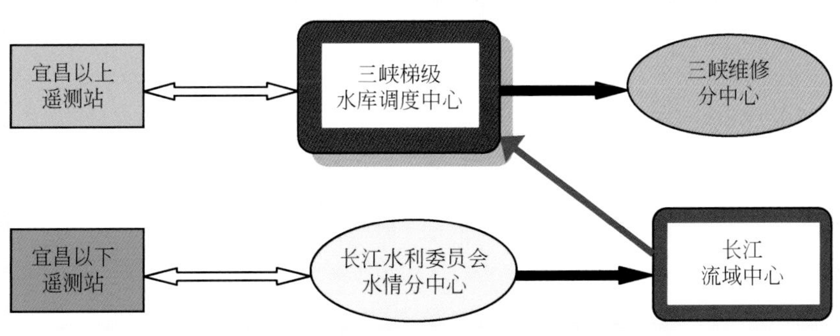

图 4-4　三峡工程水情保障服务系统信息流程

4.2.3 建设规模

三峡工程水情保障系统包括第一期寸滩（武隆）至宜昌区间（含三峡大坝至葛洲坝区间、三峡近坝区）、屏山至寸滩区间的遥测系统建设和第二期宜昌以下水情服务保障系统建设。

系统建设规模包括1个中心站（三峡梯级水库调度中心）、14个维修分中心和467个遥测站以及长江水利委员会所属的3个水情分中心和1个流域中心。其中雨量遥测站266个；水文、水位遥测站188个，水库遥测站8个，自动气象站3个，超短波中继站2个。站点分布于湖北省、重庆市、四川省、贵州省、云南省以及长江委所属站。

4.3 水情自动测报技术

4.3.1 水情信息采集

长江三峡水情自动测报系统分多期建设，建设范围包括宜昌以上至寸滩至屏山区间，两坝间以及宜昌以下至大通区间。目前已建有遥测站达467个。各类遥测站在信息采集方面，通过多传感器集成技术、固态存储技术、水位近距离传输技术以及测报控一体化等技术的应用（王俊和熊明，2009），全面实现了测站水位、雨量的自动采集、存储和传输，重要水文站还实现了流量、泥沙的自动监测与传输。

（1）多传感器集成

长江流域站点分布广，各监测站点的环境条件不尽相同，特别是水文、水位站。传感器的选择需考虑测站地理位置、测站条件等因素，合理选配不同类型的水位或雨量传感器，以实现测站水位、雨量信息的连续、全过程的自记，达到自动采集、自动存储、自动传输的目的。

为解决数据采集终端（RTU）可同时携带多传感器以及支持多种类型传感器的接入等问题，在硬件上采用了多串行口通道的技术手段，使得不同传感器与RTU之间的信息交换均通过标准串行口（RS232/RS485）和通讯协议（SDI-12/Modbus等）进行，减少了被测参数的模数转换、分析与计算等环节，提高了数据采集应用的灵活性。在测控软件上，通过编程设置，自动识别不同类型、不同型号的传感器，完成水位雨量数据的自动采集与存储。为保证采用两种不同水位传感器在监测低、中、高不同水位级的水位变化过程的连续性，在数据处理软件设计上采用了门限控制、回差判断双处理技术，按照传感器需切换的约定值进行门限阈的设置，通过上下限的控制以及对回落趋势的判别，既实现双水位计自动切换，又保证存贮的水位数据连续、可靠。

一般水文、水位站的观测有水位和雨量两个参数，水位和雨量传感器的选择必须满足测站报汛和基本资料收集这个基本条件。水位传感器的选择还需根据测站的观测设施情况、观测断面条件以及投资成本等因素来决定，而且还要根据观测断面的水位最大变幅、观测精度以及与RTU的接口等要求来选定（水利部水利信息中心，2003）。在长江三峡工程水情自动测报系统的实际应用中，雨量传感器全部采用0.5mm的翻斗式雨量计，水位传感器是根据各站的具体条件选用了浮子式与气泡压力式水位计。

（2）固态存储

RTU 作为自动测报系统遥测站采集控制终端设备，在实时水情数据自动采集与传输的同时，为了充分兼顾测站基本资料搜集和整编的要求，应具有实时数据作为现场记录的功能，存储容量应达到记录至少为 1 年的数据。因此，在测站的 RTU 功能中引入了固态存储技术，配备了大容量的固态存储器，按照资料整编要求进行实时水情数据的现场存储。

固态存储器是以半导体器件做存储介质，具有容量大、无机械部件、成本低、可以反复使用并能与计算机等设备直接连接下载数据等优点。在选择固态存储器时，针对可靠性、适用性、性价比等指标，对常用的几种固态存储器进行分析比较，包括静态随机存储器（SRAM）、可编程存储器（EPROM）、并行接口可编程存储器（EEPROM）、串行接口可编程存储器（EEPROM）、闪烁可编程存储器（flash EPROM），在 RTU 中采用闪存 Flash 存储器，具有在线整片或按页擦除，按字节编程写入，随时按字节读取，掉电后数据不丢失等功能，具备了高可靠性、低功耗的特点固态存储器设有并行接口，电路设计方便；单片容量比较大，且价格便宜，存储容量可达 4MBtytes（可扩充），完全满足测站对水位、雨量数据存储 1 年以上的容量要求。

（3）水位近距离传输

在水情自动测报系统建设的实践中，从供电、使用和安全的角度考虑，一般将数据采集终端（RTU）及通信设备、电源等安装在站房内。因野外测站的条件复杂多样，有些测站的水位观测点距站房的距离远近不一。当超过一定的距离（如几百米或上千米），用电缆将水位信号直接接入站房，将存在信号衰减大、影响测量精度、布线困难的难题。为此引入了无线近距离传输技术。当水位观测点距离测站站房距离较远（大于 200m）时，采用超短波通信方式将监测点的水位信息传输至站房，实现测站水位数据无线近距离传输至站房并自动存储与传输的功能。

（4）测报控一体化

目前在国内已建成的一部分水情自动测报系统中主要存在以下几个方面的问题：

1）工作体制单一。系统大都只有单一的工作体制，最常用的有自报式（随机自报和定时自报）、应答式和混合式（由自报式和应答式组成）三种。对每个遥测站而言工作方式一旦确定，测站、分中心或中心就不能对其进行调整和改变。这种单一的工作方式难以满足决策部门在不同阶段对水情测报频次的不同要求，系统不能处于经济合理的运行状态。

2）传输信道单一。系统主要以单一的传输信道（超短波、GSM、卫星、PSTN 等方式中的一种）进行通信组网。系统在单一的组网方式下运行，影响信息传输的可靠和有效性，限制了系统的功能与作用，不利于对系统的扩展和联网。

3）信号传输多为单向传输。由于系统不具备远地编程功能，中心站或分中心不能对测站的信息传输信道、工作体制以及工作状况进行控制和监管，也不能异地监控，这就使得系统的可靠性、实用性和灵活性大大降低。

因此，为了使水情自动测报系统可靠有效地运行并充分发挥其作用，将自动监测技术、现代通信技术和远地编程技术集于一体，实现遥测站水情信息的测、报、控一体化，达到了水位、雨量自动采集，自动存储，自动传输，人工置数，远地编程与自维护等功能。

4.3.2 水情信息传输控制

长江流域地域广、地形复杂、气象水文环境多变，区域经济条件差异较大，可用通信资源也不尽相同。因此，在组建水情自动测报系统的过程中，如何考虑将遥测站自动采集的信息快速、准确、可靠地传输到所属的水情分中心或中心站，满足系统对数据传输的畅通率、误码率以及时效性的要求，因地制宜地选择一种稳定、高效的信息传输平台，将对水情自动测报系统的运行成败起着关键的作用，再通过系统集成，以实现监测站的测、报、控一体化目标。

1. 信息传输平台及结构

在20世纪70年代以前，中国水情报汛方式和手段落后，实效性很差。大多数报汛站采用人工电话、邮政电报等报汛方式，少部分报汛站则采用单边带短波和超短波话传报汛。从20世纪80年代开始，在局部区域试点水情自动测报系统建设，主要采用超短波（VHF）信道或短波信道进行水情信息的传输。进入90年代以后，随着我国电信、移动等公共通信建设的快速发展，GSM短信息（SMS）、移动网络（GPRS、CDMA）业务已迅速覆盖我国大部分地区，程控电话业务已基本覆盖全国绝大部分城镇、乡村；随着水情自动测报市场需求的不断扩大，多种卫星通信也开放了民用数据传输业务。

目前用于长江三峡区间的水情自动测报信息传输的通信平台主要包括：超短波（VHF）、程控电话、短信息（SMS）、GPRS、北斗卫星、海事卫星C等通信信道（王俊和熊明，2009）。下面就这些通信方式的传输机理、应用范围、使用特点等分别进行介绍。

（1）超短波（VHF）通信及组网结构

超短波的通信频率为30~300MHz，超短波通信的传播机理是对流层内的视距传播与有效绕射传播。超短波在传播时主要受大气对流层的影响，同时也受地势、地物的影响，其传播距离较短，常常需要建设中继站进行接力。但超短波视距传播损耗小，信号较稳定，是目前在水文自动测报系统中应用最早、最广泛、最成功的一种通信方式。

超短波绕射传播能力与工作频率密切相关。频率的分配应参照国家无线电管理委员会〔(1989)无办字75号〕文件规定的专用水文自动测报频率来组网，也可按当地无线电管理委员会给定的频率选用遥测频率（水利部水利信息中心，2005）。频率分配应充分考虑有效利用效率、减少干扰、充分利用设备等因素，避免因频率分配不当造成因同频干扰严重而使整个通信电路失常。国家无线电管理委员会规定用于水文自动遥测的专用频率（MHz）如表4-1所示。

表4-1 水文自动遥测专用频率 （单位：MHz）

单工：	228.425	228.575
	228.600	228.800
双工或半双工：	主台发射频率	属台发射频率
	231.050	224.050
	231.250	224.250
	231.725	224.725
	231.800	224.800

超短波通信一般采用 FSK-FM 制式传输数据，将由 0 和 1 组成的二进制码数据通过移频键控的方式调制到副载波上，其数据传输速率和副载波频率可按表 4-2 所示要求选择。副载波经过调频电台的调频、放大后发往接收站，接收站调频电台将接收到的高频调频信号还原为副载波信号，再将副载波信号解调为数据脉冲信号。

表 4-2 数据传输速率和副载波频率选择要求

传输速率（bps）	1（Hz）	0（Hz）	允许偏差（Hz）
300	980	1180	±6
600	1300	1700	±12
1200	1300	2100	±12

超短波数据通信信息一般以帧为单位进行传输。一帧信息包括报头/控制段、路径段、信息等。报头/控制段包括帧类型（信息、命令、应答等）、路径和信息长度；路径段包括信息从源站到目标站需经过的节点及输入输出口；信息段包括所要传输的真实信息（时间、水位、雨量、流量、电压、工作状态等）。在数据通信中会不可避免地出现误码，超短波通信一般采用奇偶校验、水平垂直奇偶校验、循环冗余校验、前向纠错和反馈重发等差错控制方法。反馈重发是利用编码的方法在数据接收端检测差错，当检测出差错后，通知发送数据端重新发送数据，直到无差错为止。

超短波通信电路指标主要包括：

1）通信信道数据传输的误码率应≤10^{-4}；

2）系统的月平均畅通率 90%；

3）一般情况下中继电路的电路余量≥10dB；

4）测站电路的电路余量≥5dB。

超短波通信适用于公用通信网（PSTN、GSM/GPRS 等）不能覆盖的、或虽被覆盖但信道质量较差的平原和丘陵地区，且中心站与所辖遥测站距离较近的环境条件。超短波通信具有“不受天气影响，信道稳定；设备简单，易于配套，建设周期短，技术成熟；实时性强，不存在通信费用”等优点。但在用户信道拥挤的地区（多为经济发达地区），同频干扰日趋严重；在山区的中继站，防雷电保护、维护管理及设备安全等问题将是影响超短波通信在水情自动测报系统中应用发展的重要因素。

超短波通信系统主要由测站、中继站和中心站组成，其组网结构一般有三种：星形网、树形网和链形网（图 4-5）。星形网一般适用于不需要建立中继站的小规模水文遥测系统；树形网和链形网适用于遥测站点分布较广、地形较复杂而需要建立中继站的大中型水库或中小流域的水文遥测系统。但在设计超短波通信网时应尽量减少中继的级数，一般不宜超过三级中继。

（2）程控电话（PSTN）通信及组网结构

程控电话（PSTN）是一种采用电路交换（circuit switched）的通信网络。PSTN 传输方式是透过电信运营机构，使用交换机做电路交换方式，以线缆传送信号至用户端，通过调制解调器，实现两点或多点间通信的数字信号传输方式（张国学等，2010）。

电路交换方式的数据通信过程分为电路建立、数据传送、电路拆除 3 个阶段，在电路建立时有延时现象，在数据传输阶段除了电路的传播延时外，不再有其他的延时，因此实时传输性能好。

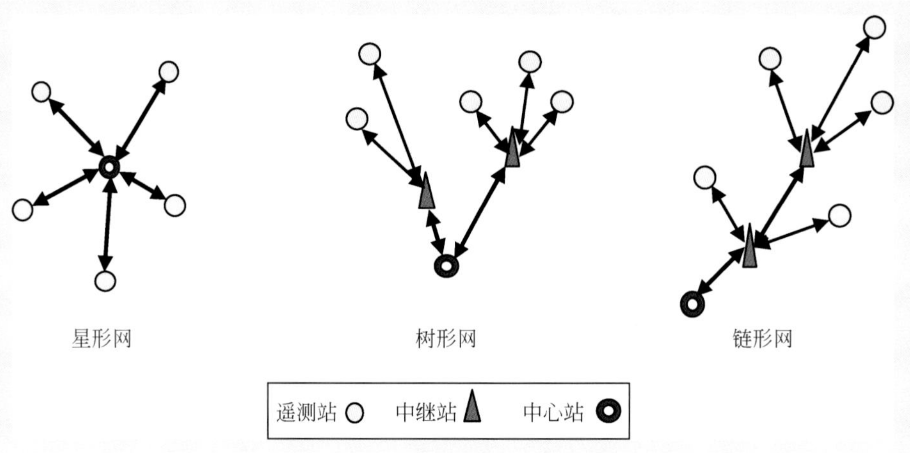

图 4-5　超短波通信组网结构

数据终端或计算机通过调制解调器（modem）拨号连接 PSTN 网络，采用电路交换方式，完成点对点之间的信息传输。PSTN 组网的主要优点有以下 3 个方面。

1）PSTN 是公用通信网络中的基础网，通信区域覆盖全国，利用 PSTN 网进行远程通信具有投资少、见效快等优点，是实现大范围数字通信最便捷的方法。

2）传输速率高，没有无线通信中经常遇到的同频干扰问题，传输质量也较高，而且非常适用于大批量数据的传输、下载。

3）技术成熟，设备简单，价格低廉。

采用 PSTN 组网时应注意以下 4 个方面的问题。

1）传输时效的问题。由于 PSTN 采用电路交换方式进行通信，信道的建立与通信要花费较长时间（在信道质量较好的情况下一般需要 30s 左右的时间），在系统容量较大、而且要求同时段报汛时，信道拥挤导致传输时效慢的问题相当突出。

2）传输质量的问题。由于交换机到用户端的电话线路比较长，环境各异，有可能带来较大的干扰；部分测站的电话属农话线路，线路质量差，会导致信号传输差甚至传输失败。

3）设备功耗的问题。PSTN 调制解调设备的功耗较大，使用时必须采取节电措施。一般在不工作时，设计为休眠状态；在需要发送数据时，通过终端设备或电话振铃信号加电工作。

4）防雷问题。PSTN 属有线通信，遇雷电时设备极易通过电话线路因雷击而毁坏。因此，监测站点应配备必要的防雷设施设备。

遥测站采用 PSTN 与中心站进行通信时，遥测站使用的 PSTN 信道需要处于值守状态。因此，为消除雷电经线路对设备的危害，采取了“遇振铃连通”技术和串入雷电防护器（电话避雷器）技术。采用 PSTN 通信信道的通信组网结构如图 4-6 所示。

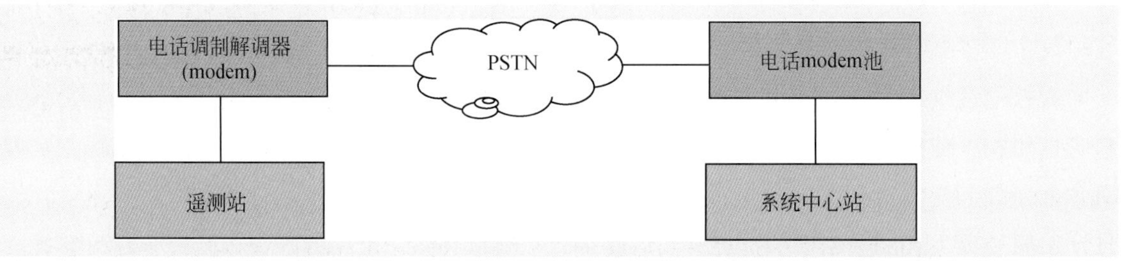

图 4-6　PSTN 通信方式通信组网结构

（3）GSM 短信息通信及组网结构

GSM 是一种在世界范围广泛应用的数字移动电话系统，属于第二代移动通信技术。GSM 通信系统主要由移动交换子系统（MSS）、基站子系统（BSS）和移动台（MS）三大部分组成。

移动交换子系统用于完成信息交换、用户信息管理、呼叫接续、号码管理等功能。基站子系统是在一定的无线覆盖区中由移动交换中心（MSC）控制，与移动台进行通信的系统设备，完成信道的分配、用户的接入和寻呼、信息的传送等功能。移动台是 GSM 系统的移动用户设备，它由移动终端和客户识别卡（SIM 卡）组成。完成语音编码、信道编码、信息加密、信息的调制和解调、信息发射和接收。GSM 系统是目前基于时分多址技术的移动通信体制中最成熟、最完善、应用最广的一种系统。在我国已经建成覆盖全国的 GSM 数字蜂窝移动通信网，并提供语音业务、短信业务（SMS）和其他数据业务。

短信业务是目前移动通信网中最为普遍的数据业务，由于其费用比较低廉，因而得到广泛的应用。在水情自动测报系统中，主要利用 GSM 点对点短信业务完成水情数据的传输。短信传输采用信令信道传输，它不用拨号建立连接，直接把要发的信息加上目的地址发送到短信服务中心，由短信服务中心再发送给目的地。而且当被叫不可达时（接收终端关机或离开基站的服务范围），短信业务中心可保存需要传送的信息，一旦被叫可以接收信息时，短信服务中心就能自动重发信息，以确保被叫方准确接收（蒋英和张国学，2010）。

目前可利用的短信通信有中国移动、中国联通及中国电信的短信服务。使用短信通信时，应注意如下问题：

1）在进行短信信道设计时，应进行监测站点的 GSM 信号强度测试（估测）。

2）监测站通信采用由终端机控制的工作模式时，推荐采用直读模式，以避免在 SIM 卡完成数据存储之后再读数据时影响下一条短信息接收的问题。

3）以 SMS 业务进行数据通信过程中会存在时延，如果传输的数据量超过短信允许的最大长度，必须通过多次分组打包才能把数据传输完毕，这样造成的延时就更长，导致系统数据的实效性降低。

4）当系统用户量较大时，在某些特定的时段或公共节假日期间，公共短信息平台可能发生信息拥塞，导致数据的时延或丢失。

采用 GSM 短信信道的遥测站与中心站的通信有两种方式：一种是在短信中心申请特服号的方式，所有遥测站将采集的信息发到该特服号，中心站与短信中心进行专线连接；另一种方式是点对点方式连接，在中心站配置 GSM 无线 modem 池，与遥测站建立 GSM 短信连接。

采用 GSM 短信通信信道的通信组网结构如图 4-7 和图 4-8 所示。

（4）GPRS 通信

GPRS（general packet radio service）是一种基于 GSM 的移动分组数据业务，是在目前 GSM 移动通信网络中增加服务 GPRS 支持节点（SGSN）、网关 GPRS 支持节点（GGSN）两个节点，在基站子系统中增加用于无线分组接入的分组控制单元（PCU）来实现，从而发展起来的一种新型承载业务，它可以向移动用户以分组交换的形式提供数据业务，不仅提供点对点连接、而且提供广域的无限 IP 连接。GPRS 采用与 GSM 同样的无线调制标准、同样的频带、同样的突发结构、同样的跳频规则以及同样的时分多址（TDMA）帧结构，这种新的分组数据信道与当前的电路交换的语音业务信道极其相似。因此，现有的基站子系统（BSS）从一开始就可提供全面的 GPRS 覆盖（蒋英和张国学，2010）。

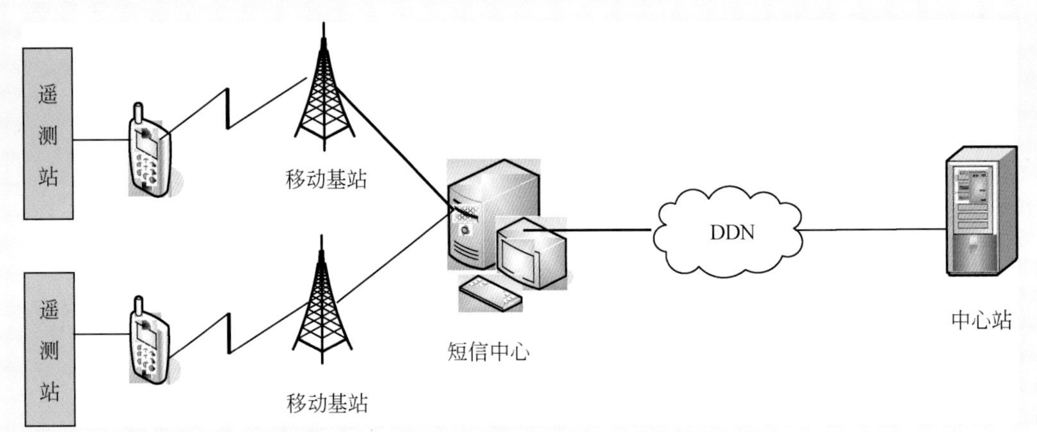

图 4-7　GSM 短信（特服号）方式通信组网结构

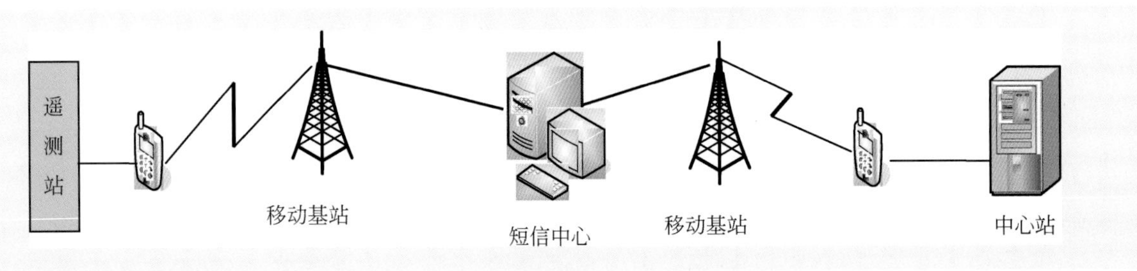

图 4-8　GSM 短信（点对点）方式通信组网结构

GPRS 采用分组交换技术，每个用户可同时占用多个无线信道，同一无线信道又可以由多个用户共享，资源被有效的利用。GPRS 具有“实时在线”、“按量计费”、“快捷登录”、“高速传输”、“自如切换”等优点，适用于开通 GPRS 地区的水情自动测报系统的通信组网。目前移动通信公司提供给用户的 GPRS 接入方式有 3 种方案。

1）Internet 接入方式（方案一）。用户已有稳定的、永久的连接到 Internet 的接入，通用路由器连接（GRE）两端地址、远程认证拨号用户服务（radius server）地址和用户路由器端口地址都必须是公有的。考虑到 IP 地址广播需要，用户端的路由器端口地址、GRE 隧道端地址、radius server 地址应由为该用户提供 Internet 连接的互联网服务供应商（ISP）提供，不存在跨界的问题，用户在任一城市都可到达用户接入的 GPRS 网关支持节点（GGSN）。

2）专线接入方式（方案二）。此种方案适于用户没有接入 Internet 或用户对安全方面考虑较高的情况。用户通过专线接入路由器，用户端的接入路由器必须提供公有的 IP 地址。

3）直接接入方式（方案三）。此种方案适用于没有接入 Internet、而且对安全要求极高的用户，用户在运营商一端放置 GRE 路由器，路由器不经过 GPRS 防火墙直接接入 GPRS 内部网络。

在选择水情自动测报系统数据传输通信组网方案时，若采用方案一，用户需要提供一台已经接入 Internet 且具有 GRE 隧道功能的路由器和固定 IP。对遥测站数量不多的系统可采用该方案实现 GPRS 接入。若采用方案二，用户需向电信部门申请专线（专线带宽需根据数据量而定）接入移动通信内部网，用户需提供一台支持 GRE 隧道功能的路由器，有条件可提供远程用户拨号认证服务器。对于遥测站数量较多，且要求对 Internet 物理隔离的用户可采用该方案实现 GPRS 接入。而方案三现目前使用极少。

目前，中国移动 GPRS 针对数据专网用户所提供了另一种无线 DDN 服务—APN（接入点服务商名称，access point name）。用户在申请 APN 后，移动公司将在 GGSN 上为用户专门分配一个域，并将用户申请的 SIM 卡绑定在此域内。当域内 SIM 卡在 GGSN 上登录时，GGSN 需核对 SIM 卡的国际移动设备年份码（IMEI）及 APN 名称，若正确无误，将分配域内 SIM 卡指定的 IP 地址。采用专网 APN 登录成功后，所有域内 SIM 卡之间可以相互通信。但不能访问域外的其他 IP，包括 Internet。APN 与 VPDN（基于拨号用户的虚拟专用网业务，virtual private dialup networks）为用户提供的功能基本相同，只是在网络上的实现方式不同。

采用 GPRS 通信信道组建水情自动测报系统应根据系统的特点选择适用的接入方式实现 GPRS 接入。GPRS 通信组网结构示意如图 4-9 所示。

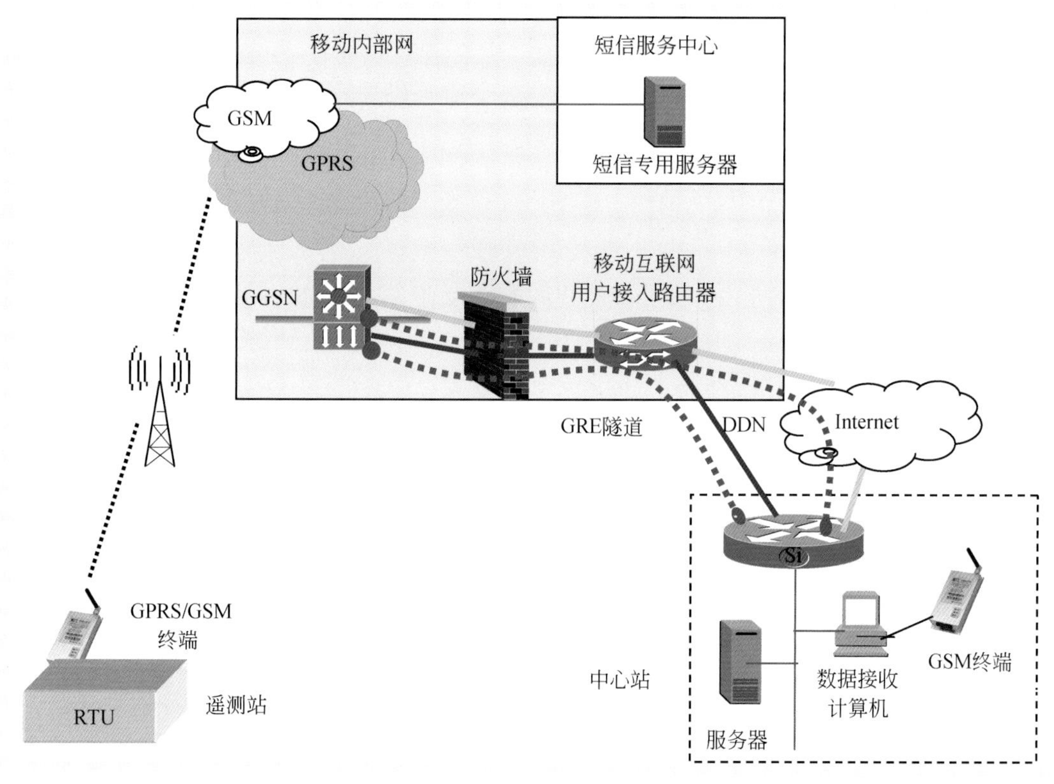

图 4-9　GPRS 通信组网结构示意图

（5）北斗卫星通信

北斗卫星导航系统［Beidou（compass）navigation satellite system］是中国正在实施的自主发展、独立运行的全球卫星导航系统。北斗卫星导航系统由空间段、地面段和用户段三部分组成，空间段包括 5 颗静止轨道卫星和 30 颗非静止轨道卫星，地面段包括主控站、注入站和监测站等若干个地面段。用户段包括北斗用户终端以及与其他卫星导航系统兼容的终端。

北斗卫星导航系统空间段将由 5 颗静止轨道卫星和 30 颗非静止轨道卫星组成，提供两种服务方式：开放服务和授权服务。空间卫星负责执行地面中心站与用户终端之间的双向无线电信号中继任务。网管中心完成与卫星之间上下行数据的处理，响应各类用户发送的业务请求，完成全部用户定位数据的处理和通信数据的交换工作，并把计算结构信息和通信内容分发给有关用户，同时对用户进行通信回执确认。用户终端由北斗卫星收发主机、北斗卫星全向收发天线、用户操作控制单元、民用通信协议等软硬件组成，完成用户终端与空间卫星之间上下行数据的处理，发送用户业务请求，接收用户数据，并提供必要的显示及数据接口。

北斗卫星通信系统适用于水情自动测报领域主要是因为系统特点与水情自动测报系统的要求相匹配。北斗卫星导航系统的通信方式利用与卫星地面站相互协调，具有通信速度快、支持多用户并发处理、抗雨衰、高可靠性、低功耗、设备结构简单易维护等特点，正好与水情自动测报系统所要求的实时性、抗雨衰、准确性以及可靠性相对应；而且从政策层面上最大限度地保障国内用户的服务优先级别以及关键业务的可用性和安全性。北斗卫星通信在水情自动测报系统的应用中具有如下特点。

1）系统的技术体制、数据结构及数据格式简捷明晰；北斗卫星通信系统上下链路每秒钟可同时处理200个不同用户的不同业务或请求，可在3s内将用户（测站）的数据发送到用户数据中心，容量大、传输时效快、延时短；其简短通信功能完全符合短数据、大容量信息传输的要求。

2）系统工作在L/S/C频段，受雨衰引起的损耗和产生的噪声影响相当小。

3）在数据传输过程中具有严格的纠、检错功能，从而保证传输误码率优于10^{-5}，在软件纠错控制体制的配合下误码率可以优于10^{-7}。

4）系统还具有多重通信确认机制，测站终端在发送信息时，可以从地面站网管中心或用户接收中心卫星站获得发送或接收状态的确认回执，在本次通信失败的情况下及时重发数据，从而保证了关键业务数据的完整、可靠传输。

5）系统采用了CDMA调制方式，支持多用户同时并发业务，可同时入站的用户数量非常大，基本不构成系统容量的限制因素。

6）用户终端的天线设备和主机设备体积都非常小，操作方便，安装维护也非常简易；用户终端整机功耗很小，并且其发射机理为瞬间突发，使得终端的功率消耗得到有效的控制，这对工作环境恶劣的野外测站而言有着良好的实用性。

7）系统提供精确授时功能，可以为测站及中心站提供精确的时间信息，保证系统的时钟同步。

8）地面站网管中心对接收到的终端用户和固定用户的业务数据进行备份、存储，用户可以通过访问地面站网管中心提取备份数据。因此，所有野外测站发送的数据，在通过卫星发往用户中心接收站的同时，将被拷贝、存储在网管中心数据库中，即使用户中心站接收设备出现故障，用户仍可以通过访问网管中心获取野外测站上报的全部数据。

采用北斗卫星通信信道的通信组网结构如图4-10所示。

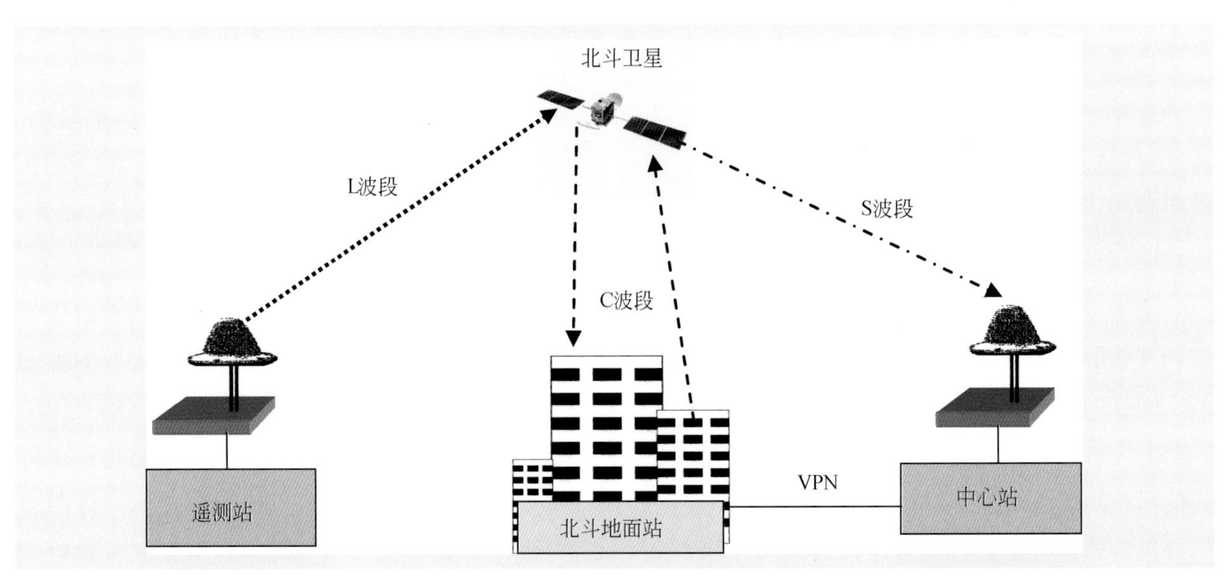

图4-10　北斗卫星通信方式通信组网结构

(6) 海事卫星 C 通信

创建于 1979 年的 Inmarsat（海事卫星）组织随着业务的不断发展，已成为世界上唯一为海陆空业务提供全球公众通信和遇险安全通信业务的提供者。Inmarsat 开发了四种类型的业务系统：Inmarsat-A、Inmarsat-C、Inmarsat-Aero、InmarsatM/B。目前可用于水情自动测报系统的是 Inmarsat-C 系统，即海事卫星 C 系统。

海事卫星 C 系统由空间段、卫星地面站和用户终端三部分组成。空间段包括卫星系统及有关的地面测控站和网络协调站。海事卫星地面站是移动终端与陆地通信网用户、移动终端与移动终端之间相互通信的中转站，实现用户终端与公共陆地网各类用户以及其他用户终端的通信连接。中国的海事卫星地面站设在北京。用户终端负责数据收、发、存储以及与用户计算机或遥测终端的通信联络。海事卫星 C 系统是一种终端小型化、存储转发式双向数据通信系统。卫星与地面站之间以 C 波段通信，数据传输速率为 600bit/s，上行频率 1626. 5 ~ 1660. 5MHz，下行频率 1525. 0 ~ 1559. 0MHz。

水情数据传输主要应用海事卫星 C 系统的短数据报告方式，以包的形式传输，最多不超过 3 包，最少 1 包。第 1 包除报头外，还可传输 8 字节信息，其余两包各可传输 12 字节信息。1 包数据可以发送包括时间、水位、雨量和流量，适合于水文测站测量项目少、数据量小的要求。海事卫星 C 通信系统采用的纠检错方式及反馈重发的技术，使误码率低于 10^{-7}，保证了水文数据正确传输。特别是通信系统所提供的双向通信功能，既可以使水文自动测报在自报或查询—应答等方式下工作，也可以与其他通信方式混合组网，实现远地编程。

海事卫星 C 系统具有如下主要特点：

1）星源有保障。在轨道上运行着 11 颗海事卫星，覆盖除两极区以外的整个地球。每颗卫星都有全球波束，第三代卫星还带有 5 个点波束。点波束可在小范围内集中较大的功率，中国已被一个点波束覆盖，因此，用户可使用小型化、低功耗的移动终端。

2）海事卫星 C 系统用户终端的收发频率为 L 波段的 1. 5/1. 6GHz 频段，在恶劣天气条件下可以保证通信畅通。

3）海事卫星 C 系统通信采用存储转发、时分多址复用通信机制，具有传输误码率低、可靠性高；用户终端体积小、安装方便；功耗小，可采用蓄电池直流供电，尤其适合边远山区的水情自动监测的特点。

4）短数据报告方式以包传输数据，具有时效高、经济合理的优点。

5）通信费用按每次发送的包计费，不需申请专用信道，不发送不产生费用，而且做到一发多收，这适合水情信息数据量小、信道利用率低的特点。

6）具有双向通信功能，中心站可对各测站进行远地编程、查询和召测。

但选用海事卫星 C 系统通信时也应注意如下问题：

1）每次发送的信息量最多为 32 字节，不适用于数据大的监测站的数据通信。

2）运行费用（主要指通信费用）相对较高。

3）海事卫星 C 系统的数据传输采用时隙 ALOHA（S-ALOHA）协议，发生碰撞后经随机延时后重传，畅通率将随着系统内的测站数量增加而下降。

采用海事卫星通信信道的通信组网结构如图 4-11 所示。

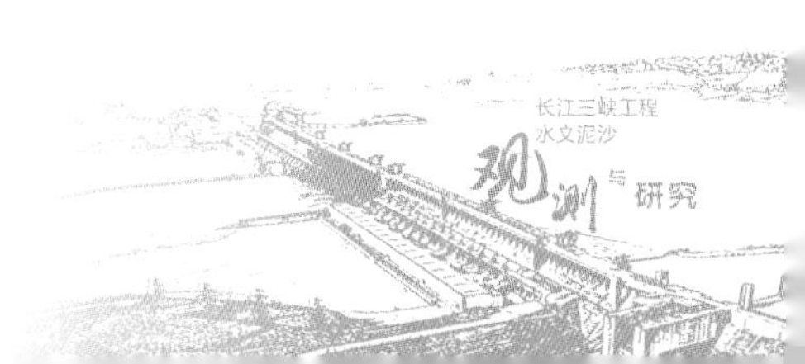

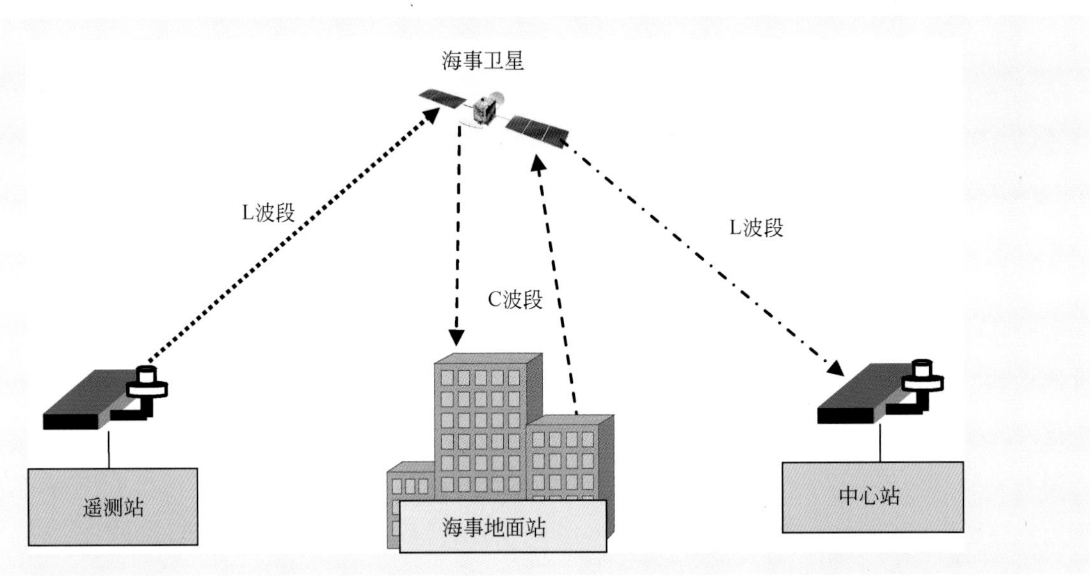

图 4-11　采用海事卫星通信方式通信组网结构

（7）各种通信方式的特点比较

通过对甚高频无线电、PSTN、GSM、GPRS、海事卫星、北斗卫星等通信方式进行综合分析，并从星源保障、通信条件、数据传输、通信组网、信道保障、防雷、通信费用等主要几方面进行比较，对上述各通信方式的适用性作出综合评价（张国学等，2010）。其特点比较详见表 4-3 所示。

表 4-3　各种通信方式特点比较

特点比较	VHF	程控电话（PSTN）	GSM 短信/GPRS	北斗卫星	海事卫星
星源保障	—	—	—	由我国自主发射“北斗”导航卫星系统提供	由国际移动卫星组织提供
通信条件	受距离和地形条件及通信频率的限制	与当地的固定电话通信网络覆盖面有关	与当地的移动通信网络覆盖面有关	基本不受地域限制	基本不受地域限制
数据传输	用于水文数据传输技术成熟可靠，实时性高，但中继转发次数增加，可靠性和畅通率均下降	程控电话通信容量大	GSM 采用网络的信令信道，GPRS 采用网络分组交换技术，数据传输可靠	采用 CDMA 通信机制，通信速度快、并发能力强、保密安全性高。不受雨衰影响	采用时分多址复用通信机制，如每帧内通信的测站数过多，畅通率会下降。数据传输延时，不受雨衰影响。存在时效问题
通信组网	受限于地形及中继站建设	在网络覆盖的区域办理用户申请即可使用	GSM 通信网络覆盖区域均可组网	没有信道占用费，办理用户申请即可使用	没有信道占用费，办理用户申请即可使用
信道保障	需要有专门的维护体系，且中继站设在高山上，交通不便，维护困难	有专业运营商维护	有专业运营商维护	有专业运营商维护	有专业运营商维护

续表

特点比较	VHF	程控电话（PSTN）	GSM 短信/GPRS	北斗卫星	海事卫星
防雷击	天馈线安装在室外，容易遭雷击损坏	电话线路易受雷电干扰，要有良好的避雷措施	采用室内天线，不容易遭雷击损坏	天线可安装在较低的位置，避雷设施相对简单	天线可安装在较低的位置，避雷设施相对简单
通信费用	基本不需要	按当地的电话通信收费标准收费	GSM 按 0.1 元/条以下；GPRS 按数据流量收费（可采用包年方式）	每包 50 字节为 0.5 包，包年付费更优惠	每包 8 字节为 1.2 元，2 包 20 字节为 1.5 元，3 包 32 字节为 1.8 元
综合结论	有数据传输时效性高、通信费用少的优点，适用于平原地区或小型系统建设。需采取有效地防雷措施	通信组网灵活，信道容量大，可大批量远程下载数据。通信费用较卫星通信低。需采取有效地防雷措施	通信组网灵活，数据传输可靠，设备简单，不易遭雷击，数据传输时效性较海事卫星通信高，通信费用较卫星通信低	通信组网灵活，信道容量、实时性和通信费用均优于海事卫星通信	通信组网灵活，信道容量有限，存在数据碰撞及延时的技术问题。运行费用随数据流量增加，通信费用相对其他通信方式较高

2. 信息传输方式选择原则与技术要求

（1）信息传输方式的选择原则

在进行水情自动测报系统通信组网设计时，应进行多方案在技术、经济等方面进行综合比较，选择最为经济、可靠的数据传输信道，构成水文数据传输网络。方案的选定首先要进行对系统区域的通信资源进行调查，并进行遥测站点的通信信道测试，以确保选定的通信方式应满足系统对信息传输实时性和可靠性的要求，同时要兼顾考虑运行期通信费用问题。

在水情自动测报系统中信息传输方式一般应按以下原则进行选择：

1）对于有公网（GSM/GPRS、PSTN 等）覆盖的地区，一般应选用公网进行组网；

2）对于公网未能覆盖的丘陵和低山地区，一般宜选用超短波通信方式进行组网；

3）对于既无公网，又无条件建超短波的区域，可选用卫星通信方式；

4）对于重要监测站且有条件的地区尽量选用两种不同通信方式组网，实现互为备份，自动切换的功能，确保信息传输信道的畅通；

5）信息传输方式可以是单一通信方式，也可根据实际情况采用混合通信方式。

（2）水情信息传输的技术要求

水情信息传输分为遥测站的水情报汛、遥测站至中心站（或水情分中心）的通信、中心站（或水情分中心）的接收、转发和处理等步骤。

1）遥测站报汛的技术要求：①在遥测站的遥测终端（RTU）的控制下，按规定的段次，自动完成定时拍报，并在雨量、水位达到加报标准时随时拍报。②响应中心站（或水情分中心）的召测、查询。③遥测站实现主备通信信道的自动切换、互为备份。④人工观测的信息能通过现场人工置数方式拍报。⑤固态存储自动采集的信息，并提供现场和远程下载功能，下载的数据格式满足资料整编要求，⑥具有工作模式与参数等远程设定和修改的功能。⑦具有良好的电源管理和通信管理功能，包括向中心站（或水情分中心）报告工况信息。

2）遥测站至中心站（或水情分中心）传输通信网的技术要求：①信息传输网络必须满足在10min内完成在规定采样时间内的全部遥测站的数据传输。②系统的月平均畅通率应满足平均每个数据收集周期有95%以上的遥测站（重要控制站必须包括在内）能把数据准确传送到中心站（或水情分中心）的要求。③传输网络必须保证招测、控制等远程指令的畅通，并具有测控信息的反馈功能（适用于采用混合工作体制的系统）。④通信设备必须具有良好的防雷和抗干扰措施。⑤通信设备必须是符合我国有关通信标准，且具有入网许可证的标准化设备。设备必须具有适应宽电压变化范围和较大的温度变幅。

3）中心站（或水情分中心）是系统遥测站信息接收、处理与转发的中心，主要由信息接收处理系统、计算机网络系统、数据库系统以及数据编报、转发等软件组成。技术要求如下：①全天候值守。通过多种通信信道（超短波无线电、PSTN、GSM、GPRS、海事卫星C、北斗卫星等）实时接收系统遥测站自动发送的水情信息（包括水位、雨量和人工观测信息）和工况信息。②向所辖的遥测站发送人工控制指令。远程查询、召测遥测站的数据信息，远程修改或设置遥测站运行参数，批量下载遥测站的数据。③对所接收的信息进行解码、合理性检查、纠错，并分类存入实时数据库中。④按照规定的格式要求和信息内容自动编报、转报。

（3）主备通信信道的配置

为了提高水情数据传输的可靠性，遥测站一般配置两种通信信道，自动切换、互为备份。

遥测站多信道通信控制由遥测终端完成。遥测终端具有通信信道和路径自动识别功能，能支持VHF、PSTN、GSM/GPRS、卫星等多种通信方式。数据传输时，能自动识别第一信道和本次数据需发往目的地的数目（即路径数目）并依次发送，如果第一信道出故障，可自动选择备用信道传输数据。能自动接收来自不同信道的信息，按照指令要求作出响应，并通过指定的信道将数据发送到目的地。

遥测终端具有差错控制功能，差错控制采用纠检错和反馈重发技术。发送的信息帧中带有纠检码。数据发送完毕后，等待应答；如收到正确应答，立即关机进入休眠（sleep）状态；如收到出错应答，则重发，确保数据传输至目的站，提高数据传输的可靠性。

主信道的选择应考虑具有确认机制的通信方式。在主信道发送信息过程中没有成功（没有收到中心站的确认信息）时，可由遥测终端控制启动备用信道发送。各种通信方式的技术特点详见表4-4所示。

表4-4　各种通信方式技术特点比较

通信类型	传输距离/范围	数据帧长度（字节）	传输速率	延时时间	可靠性	误码率	确认机制
超短波	受距离限制/范围小	中等（>120）	慢	短	中等	10^{-4}	无（自报式）
PSTN	不受距离限制	较长（>250）	快	长	中等	10^{-5}	有
GSM	不受距离限制	中等（>120）	慢	较长	较高	10^{-5}	有（专用短信平台）
GPRS	不受距离限制	较长（>250）	快	短	高	10^{-6}	有
北斗卫星	不受距离限制	中等（>120）	快	短	高	10^{-6}	有
海事卫星C	不受距离限制	较短（8）	快	长	高	10^{-8}	有

3. 遥测站测报控集成

(1) 遥测站设备组成与结构

为了保证系统可靠、有效地运行，遥测站应采用最新的自动测报技术、现代通信技术和远地编程控制技术，采用测、报、控一体化集成结构设计。以自动监控及数据采集终端（SCADA 或 RTU）为核心，实现信息的采集、预处理、存储、传输及控制指令接收和发送等测控功能。测报控一体化遥测站主要由传感器、自动监控及数据采集终端、通信机、电源等 4 部分组成，其结构框图如图 4-12 所示。

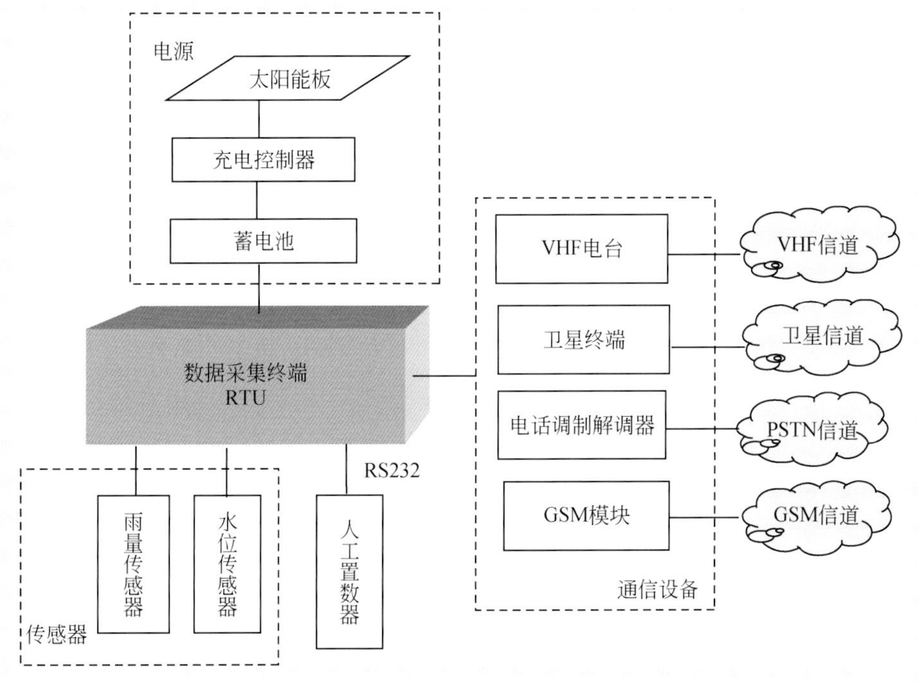

图 4-12　遥测站设备结构框图

遥测站数据采集采用事件启动、定时采样和指令查询等 3 种启动工作方式，将各种水文要素的变化经过数字化处理，按一定的存储格式存入现场固态存储器，供现场和远地调用查看。采样周期（定时间隔）、事件（增减量）变化量的确定，数据传输信道和传输路径的选择，均可进行现场或远地编程。

为解决水位观测点距离测站站房距离较远（大于 200m）的数据传输问题，采用无线近距离传输方式，水位信息将采用超短波通信方式传输至站房，实现测站水位数据无线近距离传输至站房的功能。无线近距离传输设备主要是在一个遥测站设备的基础上增加两台超短波数字电台（含天线和同轴避雷器）和一套供电系统（包括太阳能板、蓄电池和充电控制器）。

近距离传输设备组成及结构如图 4-13 所示。

(2) 遥测站工作流程

测报控一体化遥测站具有水位、雨量自动采集、现场存储、定时自动报送、超限自动加报，人工置入流量自动报送，接受中心站指令控制等功能。其工作流程为：①当 RTU 不工作时，处于休眠状态，

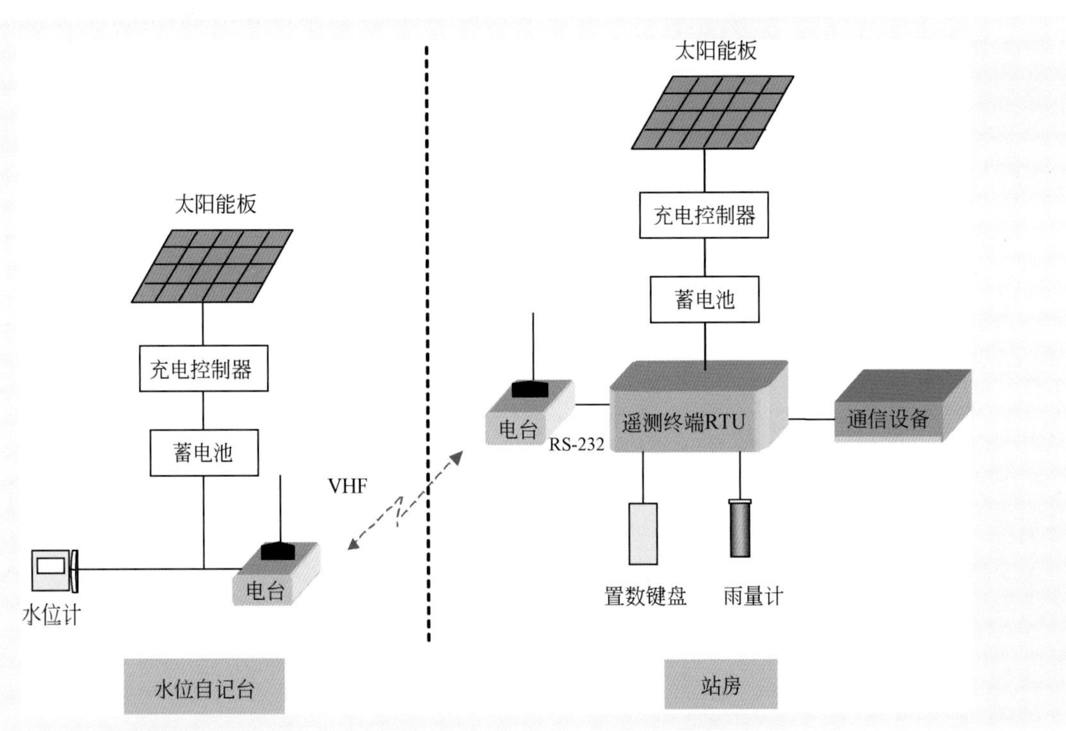

图 4-13　无线近距离传输设备组成结构示意图

微电流守候；②当事件（水位、雨量）变化、定时时间到或接收到中心站指令时，设备自动启动工作；③自动采集的水位、雨量经数字化处理后，按一定的存储格式存入现场固态存储器，供现场和远地调用；④根据预先设定的数据传输工作方式（定时/加报）和时间间隔以及接收的查询指令进行电路编码，发送数据；⑤人工置入流量，经电路编码后发送。

数据自动采集、存储、传输控制的主要工作流程框图如图 4-14 所示。

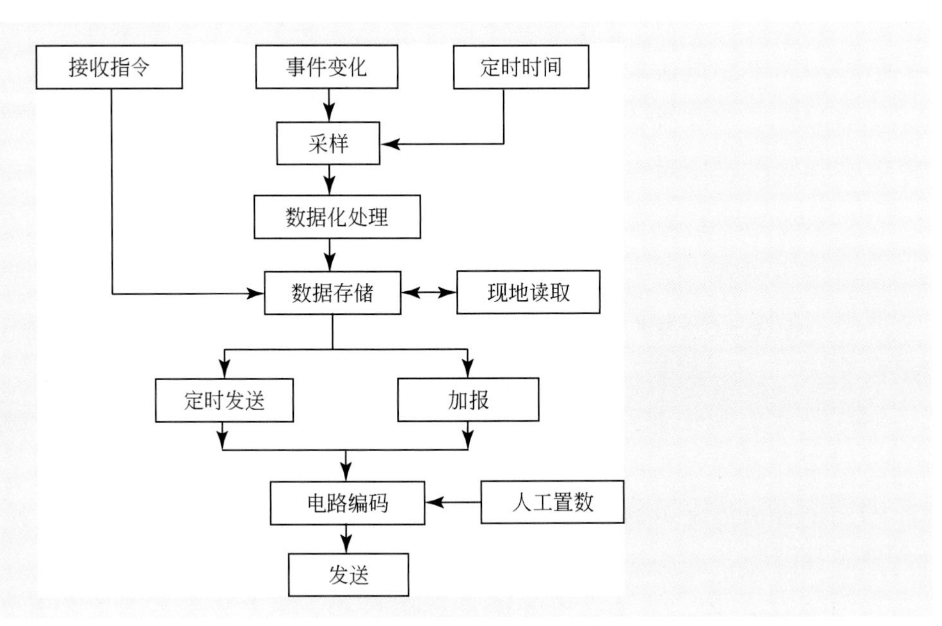

图 4-14　遥测站工作流程框图

(3) 采用超短波（VHF）通信的测站集成

以超短波通信组网的系统中，可采用自报式或自报与应答混合式的工作体制。当采用自报式工作体制时，各遥测站至中继站再到中心站可采用异频单工单向的通信方式，并应尽量节省频率资源，对系统采用的频点进行合理分配。

在超短波通信网中，遥测站、中继站、中心站配置的主要通信设备为超短波电台及天馈线、同轴避雷器。超短波通信设备典型的传输结构与设备配置示意图如图 4-15 所示。

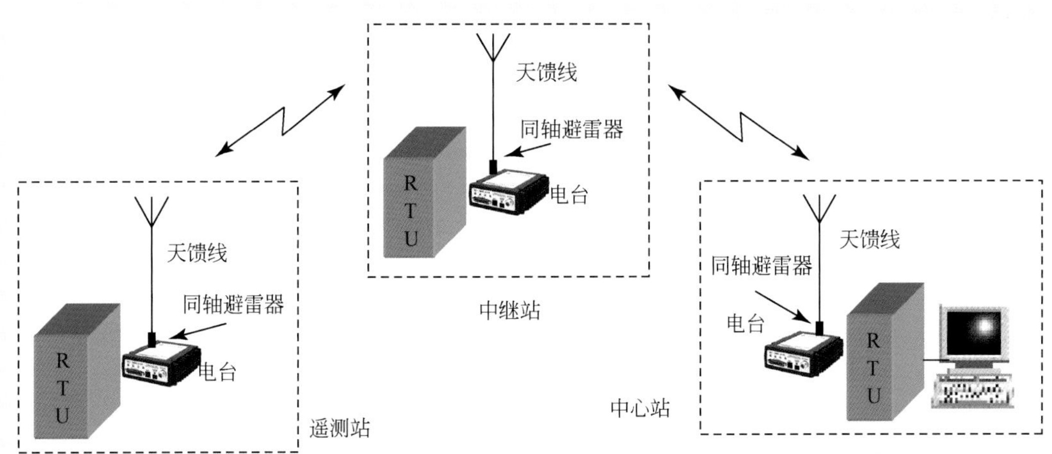

图 4-15　超短波通信设备配置示意图

（4）采用程控电话（PSTN）通信的测站集成

在水情自动测报系统中采用程控电话通信信道进行数据传输时，由于电话线路传输的是一定频宽的模拟信号，而遥测站采集、存储、处理都是数字信号，因此需要在遥测站和中心站分别配置调制解调器完成遥测站端的数据信号的调制与中心站接收端模拟信号的解调工作，实现以电话线路为传输介质的数据信息的传输。

在程控电话通信网中，每个遥测站和中心站所配置的主要通信设备为安装一门程控电话，并配置有线调制解调器、电话避雷器。程控电话通信网设备配置如图 4-16 所示。当定时或需加报时，遥测站启动自动拨号，建立通信链路，将自动采集的数据传输到中心站。中心站也可随机对遥测站进行远地设置、读取和下载数据。

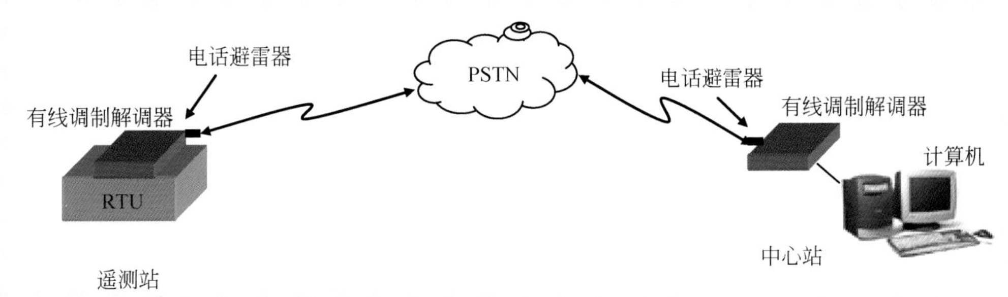

图 4-16　程控电话通信设备配置示意图

为了防止雷电经电话线路对遥测站设备的破坏，在遥测站端的电话线路和专用电话调制解调器之间接入 PSTN 振铃检测隔离器。其主要作用是：平时电话线与遥测站完全断开，遥测站定时发送数据和中心站对遥测站操作期间被暂时接通，可有效防止雷电对主要设备的损害。PSTN 振铃检测隔离器结构如图 4-17 所示。

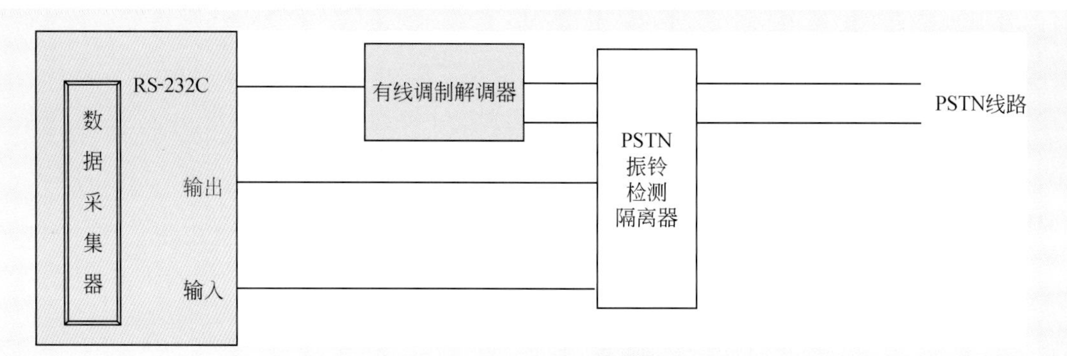

图 4-17 PSTN 振铃检测隔离器结构图

(5) 采用 GSM 短信息通信的测站集成

采用短信息（SMS）通信方式组网时，在遥测站需配置短信通信终端及天线、SIM 卡、电源。中心站接收端配置短信通信终端、SIM 卡及天线或配置短信专用服务器和专线。短信（GSM）通信设备配置如图 4-18 所示。

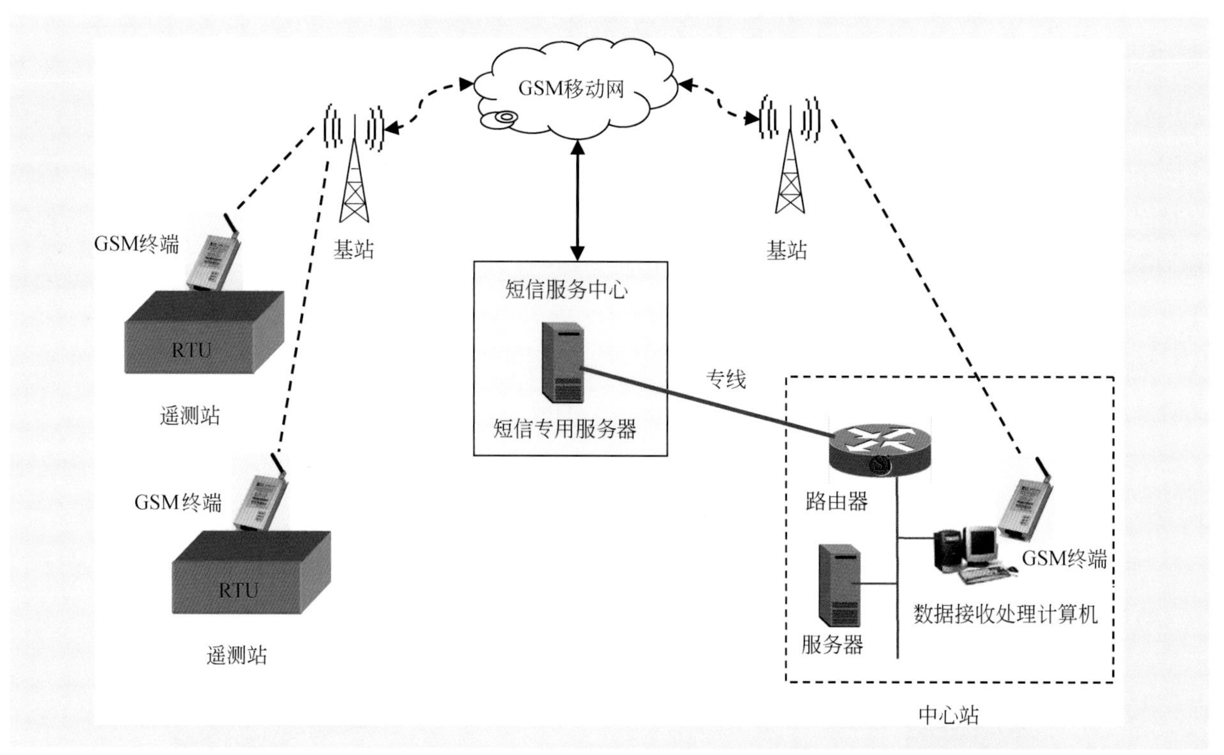

图 4-18 GSM 通信组网设备配置示意图

(6) 采用 GPRS 通信信道的测站集成

采用 GPRS 通信方式组网时，在遥测站需配置 GPRS/GSM 通信终端及天线、SIM 卡、电源。中心站配置 1 台 GPRS/GSM 模块为短信接收设备，以防专线传输线路或 Internet 网络故障时，遥测站通过 GSM 信道发送数据。在数据接收处理计算机配置公网固定 IP 地址。采用无线 APN 方式时，中心站配置带有无线固定 IP 地址的 SIM 卡和无线路由器与数据接收处理计算机连接。

GPRS 通信组网设备配置如图 4-19 所示。

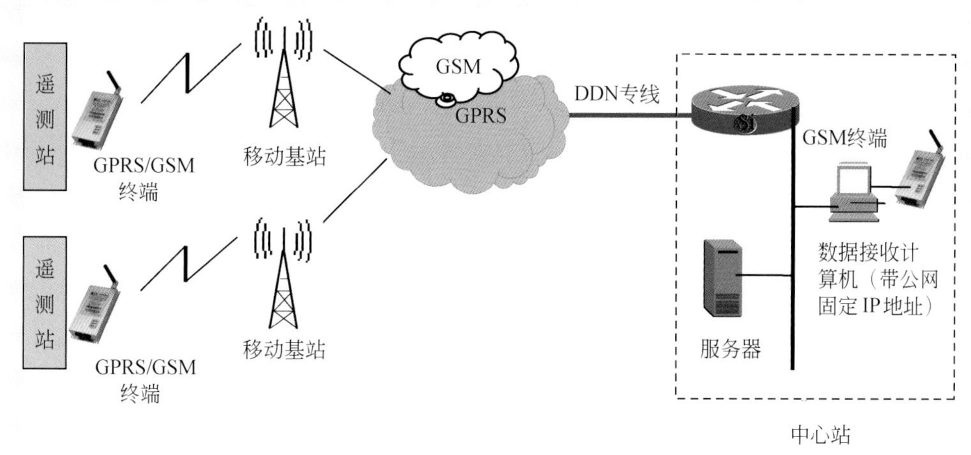

图 4-19　GPRS 通信组网设备配置示意图

（7）采用北斗卫星通信的测站集成

在北斗卫星通信组网系统中，有点对点和一发多收等工作模式。当有多个用户（中心站）需要同时接收遥测站信息时应采用一发多收的工作模式。即遥测站发送的数据，各个中心站能同时接收，并授权某个中心站对遥测站进行监测与控制。通信过程为：遥测站的水情数据通过卫星用户终端发送到所属的中心站，中心站收到信息后，对所辖遥测站发送相应的确认信息，遥测站将根据不同的确认信息，自动转入休眠或重发送水情数据的状态，而中心站接收到信息后不再作确认。中心站所发出的指令或信息可以以广播方式播发至所有遥测站或单独发送到某一指定的遥测站。北斗卫星通信的确认方式有通播和回执两种方式，定时报采用通播方式确认，定时报的重发信息和加报信息采用单点回执方式确认。在北斗卫星通信过程中，网络管理中心将对所有遥测站发送的水情数据进行备份。因此，当中心站的卫星终端出现异常情况不能正常接收数据时，用户即可通过互联网登录到卫星网络管理中心下载到缺失的遥测站数据。

根据北斗卫星通信组网的工作模式，遥测站配置北斗卫星普通型用户终端用于数据的发送和控制指令的接收；中心站配置北斗卫星主站型用户终端或北斗卫星指挥机型终端接收数据。

北斗卫星通信网设备配置如图 4-20 所示。

（8）采用海事卫星 C 通信的测站集成

在海事卫星 C 信道组建的水情自动测报系统中采用点对点数据报告方式。这种方式将用户分为若干组，每组可容纳约 250 个从（测）站和两个主（中心）站，实现一发多收。在系统中各遥测站（从站）均在地面站的广播信道（TDM）里获取同步和其他有关信息，在信令信道（TDMA）发送数据报告。主站（中心站）则等候在地面站的广播信道（TDM）收取测站向它发送的信息。主站可对从站采用询呼（polling）方式实现群呼和点呼。

海事卫星 C 终端是在遥测终端的控制指令下发送数据报告的。当遥测站的定时到或水位、雨量有变化时，遥测终端启动海事卫星 C 收发射机，将数据传到卫星，再经地面站中转给数据接收中心站。而中心站对遥测站的控制过程，亦是上述传输过程的反过程。

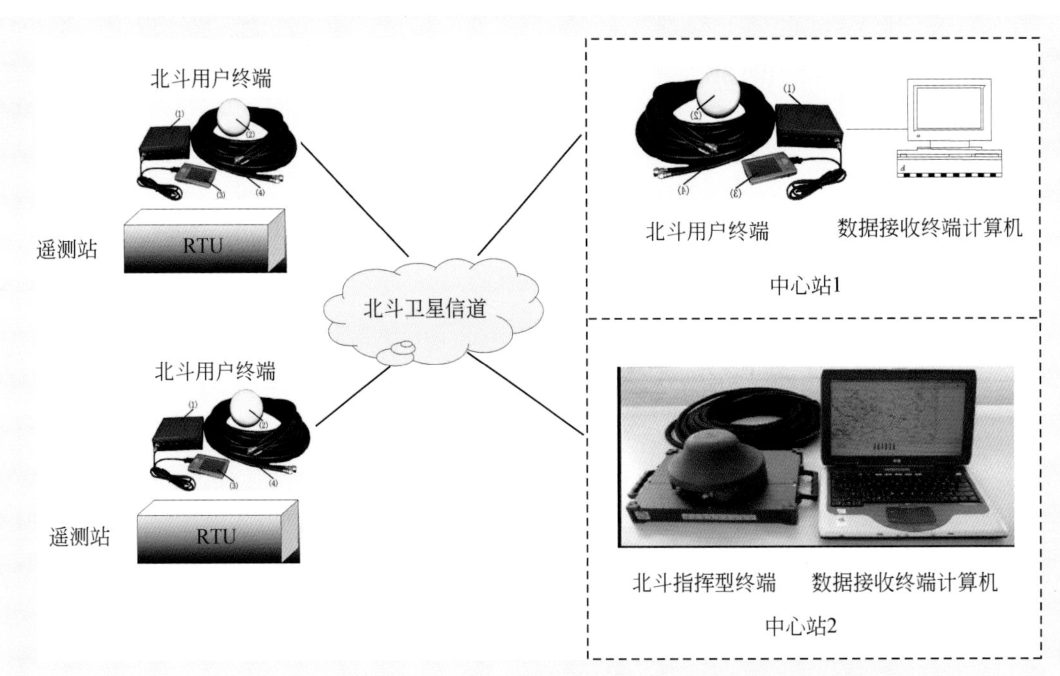

图 4-20　北斗卫星通信网设备配置图

在以海事卫星 C 通信作为水情信息传输信道的系统中，遥测站和中心站需配置的主要通信设备是海事卫星 C 终端及天馈线，选用的卫星是海事卫星系统中印度洋区（IOR）和太平洋区（POR）的卫星，网络协调站选用印度洋区网络协调站，地面站选用北京地面站。

海事卫星 C 通信网设备配置如图 4-21 所示。

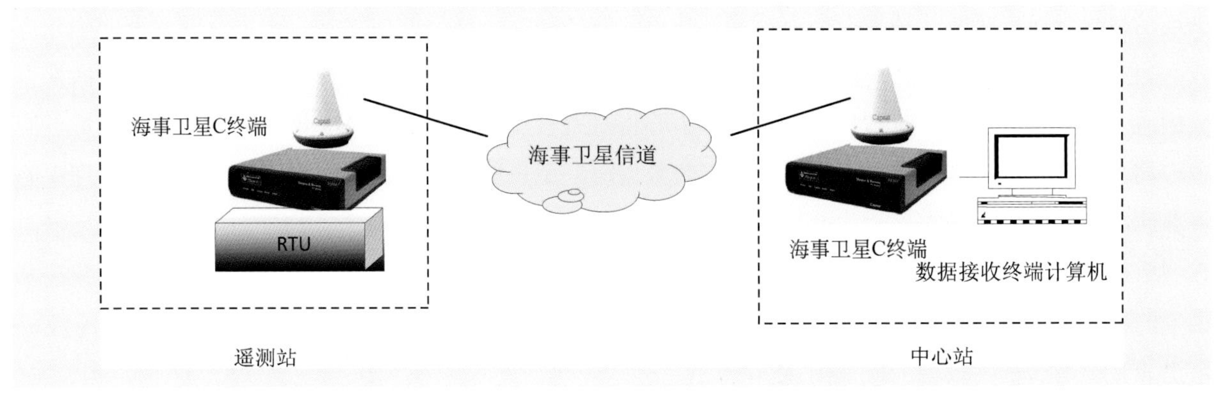

图 4-21　海事卫星 C 通信网设备配置图

4.3.3　水情信息集成

水情信息集成是水情自动测报系统的重要环节，它以数据库建设为基础，以信息采集和通信系统、网络系统为支撑，通过信息采集、传输、处理和交换等整个流程完成系统软硬件环境的集成。因此，水情自动测报系统需要在统一框架下进行设计和研发，实现水情信息的集成。

本小节针对三峡工程水情自动测报系统的实际需求和应用，通过分析水情自动测报涉及的资源，在自动测报流程的基础上，提出了信息集成的目标和原则；根据信息集成的原理，按照信息的处理流程，对系统信息的信息格式、信息交换协议和标准、信息交换接口的设计提出具体要求；并针对系统的多数据源环境提出了整合方法和方案。

1. 信息及其分类

三峡工程水情自动测报系统涉及自动报汛站、水情分中心、长江流域水情中心等节点。

20 世纪 90 年代初，国家防汛指挥系统水情分中心建设全面展开，长江流域各省份相继解决所属水文测站水情信息的自动采集和传输。同时，三峡总公司从自身的实际情况出发，分期建立了宜昌至寸滩、寸滩至屏山区间的水情自动测报系统以及宜昌以下至大通河段的水情保障服务系统，这些水情信息均按照统一的格式全部汇集到三峡梯调中心，并与地方、流域水文部门实现了信息共享。

（1）信息源

三峡工程水情自动测报系统信息源从信息来源分，主要有测站自动采集的实时水雨情信息、人工观测的水情信息、预报分析成果信息等。其中，自动采集的信息主要包括实时降雨、水位、流量（在线监测）、泥沙、水库的工情等信息；人工观测或分析统计的信息包括蒸发、水位、流量、旬月统计、水情预报等信息。

三峡工程水情自动测报系统信息源主要包括：①宜昌以上河段自动测报信息；②三峡工程实时调度相关信息；③宜昌以下河段自动测报信息（这些信息涉及长江中下游的长江水利委员会、湖南、湖北等省）；④预报调度信息。

（2）信息格式

1）测站～三峡梯级水库调度中心（或长江水利委员会水情分中心）的信息格式跟其遥测设备有关，采用不同的协议、不同的存储格式、不同的数据包格式以不同的方式传输到水情分中心进行汇集。

2）水情分中心对于自动测报系统信息的存储和处理格式也各不相同。以长江水利委员会的水情分中心为例，水情分中心的数据格式主要包括国家防汛指挥系统的数据库格式、中澳合作项目长江防洪管理系统的文本文件等多种格式。

尽管数据来源不同，但通过数据汇集程序，将不同来源的信息进行分类汇总，最终处理成标准的数据库格式。

3）水情分中心～长江流域水情中心主要是采用《水情信息编码标准》（SL330-2005）的编码信息。

4）三峡梯级水库调度中心与长江流域水情中心之间实现信息共享的信息格式相对统一，主要是采用《水情信息编码标准》（SL330-2005）的编码信息。

（3）信息传输方式

1）目前，测站到三峡梯级水库调度中心（或长江水利委员会水情分中心）的信息传输方式主要有：PSTN、卫星、短信（GSM、GPRS）等。测站信息通过这些方式将自动采集的信息自动传输到三峡梯调中心（长江委水情分中心）。

2）水情分中心～长江流域水情中心间的信息传输方式为：水情分中心对接收到的信息进行处理、入库、编码，然后转发到长江流域水情中心，传输信道主要为网络。

3）三峡梯级水库调度中心与长江流域水情中心主要通过网络专线方式传输。

2. 信息集成技术要求

信息集成的最终目标是为了保证实时水雨情信息从测站到三峡梯调中心传输的完全自动化，确保水情信息及时传输。为了实现这一目标，需要以通信系统、计算机网络系统、水情信息接收系统、水情信息处理、水情信息转发系统的设计为依据，从硬件连接、软件接口、软硬件配置以及相关防护系统等多方面，对整个系统进行分析整合，形成一个完整、统一的水情数据库，并使得整个系统的集成达到最优。

（1）信息集成目标

A. 建立可靠、稳定、及时的水情信息接收系统

可靠、稳定、及时地接收水情信息是水情中心建设的重要环节，它为水情中心提供了信息输入，是其他系统正常运行的最基本的条件。因此要求水情信息接收系统具有良好的可靠性和适应不同传输途径的兼容性。

B. 建立完善、快捷的水情信息处理系统

洪水预报调度系统、水情会商系统、信息服务系统的运行必须有数据库的支撑，而数据库中的水情信息主要靠水情信息处理系统来写入、维护。因此，水情信息处理系统是水情信息接收系统和实时水情数据库之间的桥梁，是其他应用系统正常运行的重要保障，要求能完整快捷地处理水情信息。

C. 建立及时、准确的水情信息转发系统

水情分中心是国家防汛指挥系统的基础节点，其所属的测站信息需要与其他部门进行共享，为三峡工程乃至整个长江流域防汛服务，及时、准确的符合规范的信息传输是实现信息共享的关键环节。

D. 建立可靠的信息处理硬件基础平台

建设水情信息接收处理系统的目的是为了能够及时准确地接收、处理和转发实时雨水情等信息，要求水情信息接收处理系统 24h 不间断运行，因此必须配置高可靠的服务器来接收和处理实时信息，保证水情信息正常接收。

E. 建立稳定的水情信息传输平台

稳定的信息传输平台是水情信息的高速公路，是整个信息流程中的一个关键环节。通过网络实现各水情分中心和水情中心的互联，确保信息及时传输到三峡梯调中心。同时，配备相应的备用信道，保证信息传输的可靠性。

（2）信息集成原则

为了确保系统的可靠性、实用性和具有较长的生命周期，采用或开发先进、成熟、实用的硬件和软件技术，建成一个实用、高效、可靠的水情信息接收处理系统。系统设计遵循以下原则。

A. 可靠性原则

系统的软硬件环境应保证系统具有稳定、连续、多进程处理的能力，硬件设备和软件系统要稳定可靠，满足 24h 不间断运行的要求。

B. 实时性原则

由于水情信息是洪水预报、调度决策的基础，水情信息必须及时进行处理、入库，并及时汇集到长江流域水情中心、三峡梯级水库调度中心和国家防汛抗旱总指挥部。

C. 兼容性原则

系统应能满足目前所有信息传输方式和传输格式，包括接收卫星、PSTN、SMS、GPRS、GSM、SDH 等信道传输的水情信息，并能处理不同格式的信息。

D. 可扩展性原则

计算机技术和通信技术发展迅速，为了适应将来发展的需要，水情信息接收处理系统应具有良好的可扩展性，扩展的内容不影响原来系统的稳定性和性能。

E. 规范性原则

系统建设中必须建立统一的标准，包括数据类型与存储格式，输入输出格式，用户界面设计等，标准的制定应参照国际、国家和行业的标准与规范。

F. 易用性原则

水情信息接收系统应采用全自动工作方式，系统整体结构清晰，界面美观、方便使用。

G. 实用性原则

系统以满足实际需要为目标，一切开发和使用设计以实际业务需求为出发点进行。

(3) 数据库技术要求

数据库是各种业务系统运行的基础，要求其必须稳定、可靠、需要配置高性能的服务器为其运行平台。数据库系统主要由 6 部分组成：硬件系统、操作系统、数据库、数据库管理系统、应用系统和用户，其结构如图 4-22 所示。数据库管理系统是数据库系统的核心部分，它负责数据库的定义、建立、操作、管理和维护。数据库管理系统为用户管理数据提供了一系列命令，利用这些命令可以实现对数据库的各种操作。目前常用的有 Oracle、SQL Server、Sybase 等数据库管理系统。

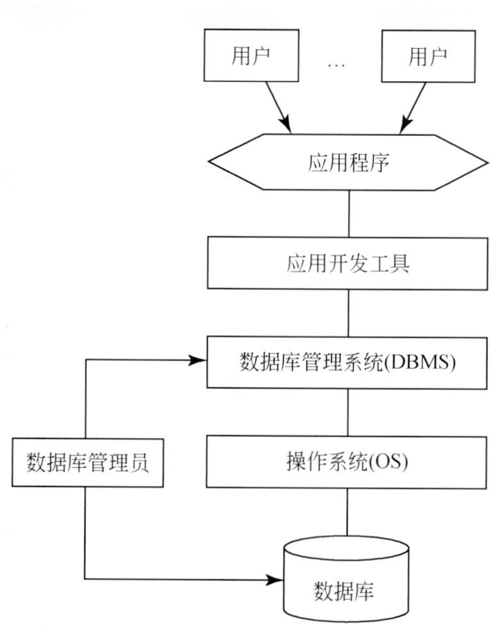

图 4-22　数据库系统组成

水情数据库是为了有效存储和科学管理雨水情信息而设计的。随着计算机技术的不断发展，水情数据库的数据类型和存储方式也在不断地完善，以满足防汛抗旱决策以及水利工程建设对雨水情信息的需求。水情数据库分实时雨水情数据库和历史水情数据库两大类，实时雨水情数据库中主要存放报汛数据，历史数据库中主要存放整编后的数据以及历史特征值资料。

1994 年以后水情数据库在水利行业开始应用，但全国各水情部门对水情数据库的需求不同，各地的建设情况也相差甚远，数据结构的差异造成信息共享和应用业务系统的推广使用困难。此外，数据库表结构内容不全，许多与抗旱工作密切相关的信息，如有关地下水、土壤墒情、泵站等的信息不能存储。随着国家防汛指挥系统等项目的实施，为了满足防汛决策对实时水雨情信息监视、查询以及预报调度等各种应用的需要，也为了推动水情工作的技术进步，统一技术标准，加强科学管理，更加适应防汛抗旱、水资源管理及国民经济建设的需要，为社会提供及时、准确、全面的水情信息，提高水情信息的共享水平，在认真总结实践经验的基础上，水利部于 2003 年开始组织编制实时雨水情数据库水利行业标准，2005 年颁布了《实时雨水情数据库表结构与标识符标准》（SL323-2005）。该标准确立了实时雨水情数据库表结构设计的技术要求、规定了实时雨水情数据库表结构标识符命名的基本原则，给出了实时雨水情数据的存储结构。

实时水情数据库是水情信息系统中重要的基础支撑，是实时信息的存储管理实体，稳定的数据库运行环境是整个系统正常运行的关键。实时水情数据库应按照《实时雨水情数据库表结构与标识符标准》（SL323-2005）进行建设，对系统涉及的其他各类信息库表可以参照该标准进行建立。

数据库管理系统的选择，一般按照水情分中心或梯调中心实际情况，结合数据库管理人员的技术水平、网络环境、计算机硬件环境等进行充分考虑。通常，水情分中心可以考虑配置基于 windows 操作系统的 SQL Server 数据库系统，以方便其对数据库的管理；三峡梯级水库调度中心可采用基于 unix 环境的 Oracle 数据库系统或基于 windows 环境的 SQL Server。

（4）多数据源数据整合

为了实现对水情分中心多数据源的整合，应针对不同来源，分别编制接口模块或组件，采用统一的界面，提供用户选择不同系统的模式，然后分类处理，处理后的数据写入统一的原始库中。

水情分中心数据处理软件按照模块化结构设计，实现处理软件的通用性和可扩充性。针对现有的或将来扩充的不同数据源分别开发独立的外挂处理模块，模块可以通过系统配置进行加载，通过系统参数设置，实现处理模块和数据处理系统的结合。

系统整合到统一的数据库平台，即对不同的原始数据源分类处理，处理之后的数据（水位、雨量等）写入到统一的原始数据库中。然后，系统通过基于此数据库的通用模块进行后续处理工作。

（5）数据处理自动化

测站信息传输到水情分中心后保存在遥测数据库中，这些数据用于报汛还必须进行相应的处理。最主要的工作是将采集数据分类处理成报汛所用的时段数据并存放到实时水情数据库中，同时完成水位流量的转换工作。

数据处理自动化设计两个方面，一是对遥测数据的分析与整理，它完成采集数据到报汛数据的转换工作，包括数据合理性分析、数据过滤、数据插补等；另一方面是完成相应流量的转换工作。

分中心数据处理系统主要功能包括：自动从原始数据源中提取数据，将数据保存到原始数据库中；对数据进行查错，剔除错误数据；对原始数据库中的数据进行再处理，生成时段数据存入实时数据库中；自动按照水位流量关系查算流量；提供用户管理功能，不同的用户对系统具有不同的访问权限；提供系统参数管理功能，对保障系统运行的基本参数进行维护；提供数据维护功能，可以对系统原始数据、时段数据进行维护，同时提供测站或传输线路出现故障时的人工录入功能；提供信息检索查询功能；提供水情报表的生成和输出功能。

自动采集系统中，雨量通常采用相对连续的增量值存储，而日常使用过程中一般采用时段雨量，这就需要将增量值转化成时段雨量。时段雨量可以采用变长时段长度和定长时段长度，变长时段长度指存储的时段雨量记录的时段长是不固定的。为了方便后续应用系统的使用，通常采用定长时段长来处理雨量信息。时段长可以按照实际需要采用5min、10min、15min、30min、1h等。如果条件许可，采用较小的时段长度是较好的选择，例如时段长度采用30min，那么1h、3h、6h的时段雨量都可以在此基础上通过简单的求和计算出来。对于日、旬、月等特征值信息的编码，可以通过程序软件进行统计，自动保存到数据库中。例如：日雨量、旬雨量、月雨量的计算比较简单，直接将起止时间的时段雨量进行求和即可；极大值、极小值可以通过对制定时间范围内的记录进行查询、比较；对于平均水位、平均流量等，通常采用面积包围法进行统计计算。

(6) 信息自动编码

自动采集的实时水情信息需要提供给上级相关防汛部门，因此，水情信息必须按照统一的格式进行编码和传输，信息编码是实现水情信息共享的基础。同时，水情信息编码必须结合测站的实际情况进行，按照测站的拍报项目和报汛段次进行报文的编码工作。

水情信息编码包括自动和人机交互两种方式，自动方式下水情信息编码由系统全自动完成，系统按照各个测站的拍报项目和报汛段次，定时自动编码。人机交互的方式下由系统提供交互界面，这种方式下，编码的数据既可以从数据库中检索出来，也可以由用户人工键入。

水情信息编码系统建立在实时水情数据库基础之上，建立水文测站的报汛项目和实时信息库表之间的映射关系，实现数据库信息的自动提取，通过信息编码模块完成水情信息的编码，信息编码模块定时运行。信息编码过程如图4-23所示。

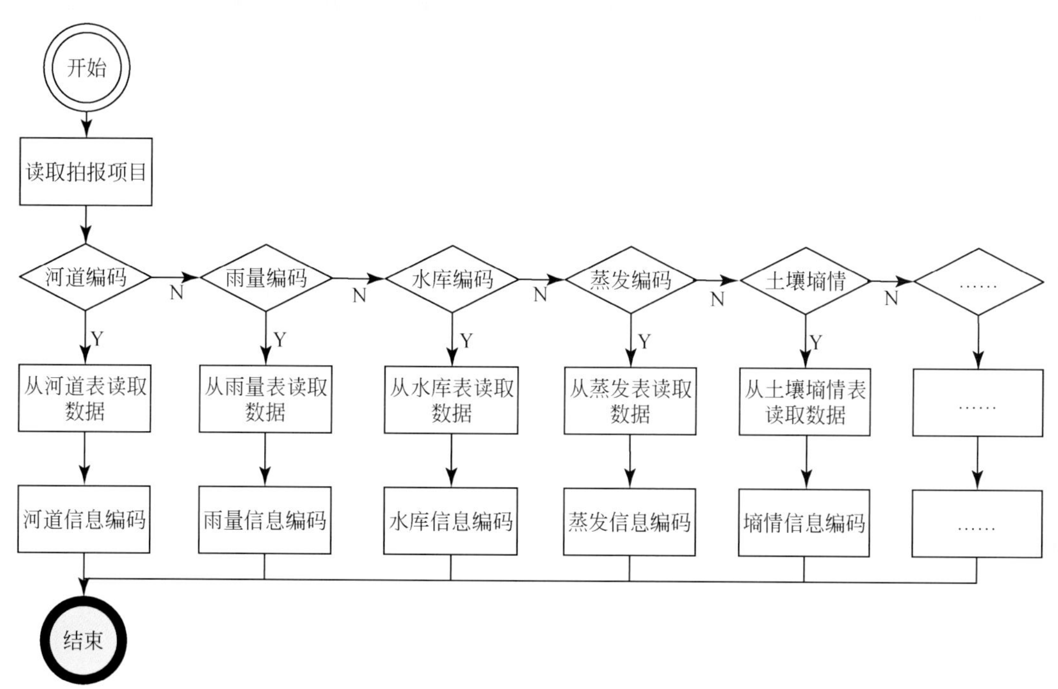

图4-23 信息编码流程示意图

(7) 水情信息传输

水情信息传输系统是自动化报汛过程中的一个重要环节，它负责完成各单位之间的信息交换。

数据交换规范和传输协议是信息传输系统的核心，制定完善的自动化报汛数据交换规范和传输协议，才能完成信息交换和信息共享。《实时水情交换协议》（SL/Z 388-2007）就是水利行业的水情信息交换的标准，信息传输系统的开发应严格执行其规定。一般情况下，信息传输信道以网络为主，PSTN 等其他方式为辅。

信息传输系统包括接收和发送两个部分。信息接收模块采用守候式运行方式，全天候处于接收应答状态，当接收到对方传输请求并且身份确认后，接收对方传送的信息，并进行相应的处理。信息发送模块采用定时启动的方式运行，定时检测发送队列中是否存在需要发送的信息，若有则向接收方发送请求，请求批准后向对方发送信息，发送完成后清空队列。

3. 信息集成设计

水情信息集成涉及的环节很多，包括通信系统、传输系统、计算机网络系统、水情信息接收处理系统等。对于长江流域水情中心和三峡梯级水库调度中心，还必须考虑与气象信息接收处理系统、防汛气象分析作业系统、洪水预报调度作业系统、水情会商系统、水情信息发布与服务系统的衔接。典型的系统集成如图 4-24 所示。

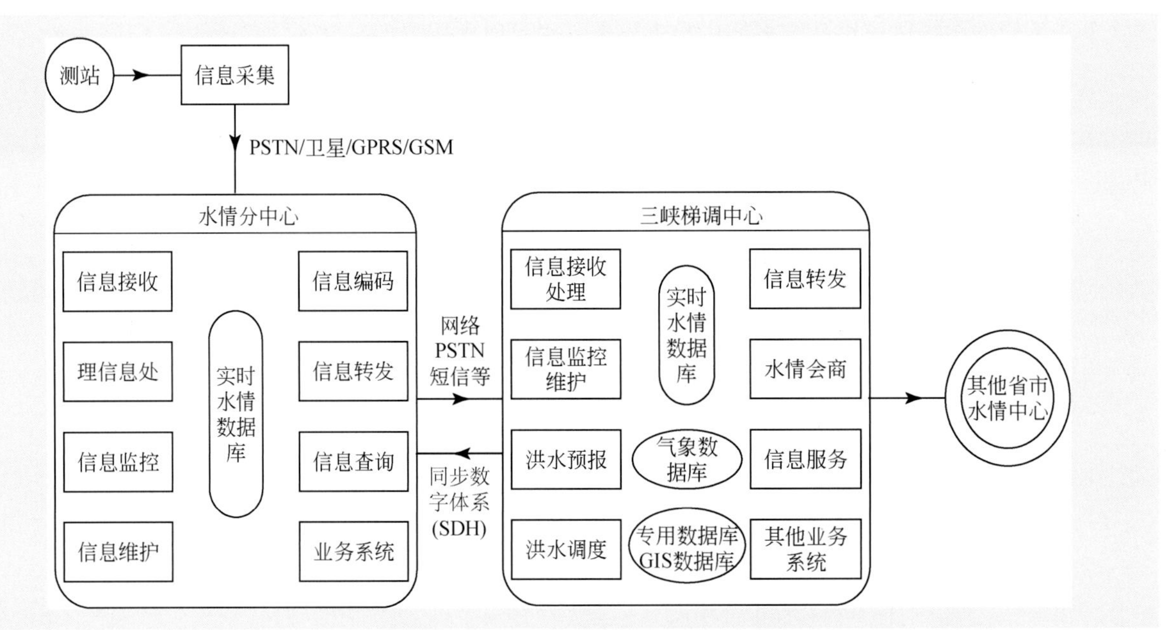

图 4-24 典型水情信息集成示意图

(1) 系统体系结构

水情自动测报系统总体上分为三层，第一层为数据汇集平台，主要完成测站信息采集、数据处理、信息编码和转发，并将数据存入实时数据库中；第二层为应用支撑平台，为自动化报汛和其他业务应用系统提供必要的支撑；第三层为应用层，为用户提供各种业务应用。

系统体系结构如图 4-25 所示。

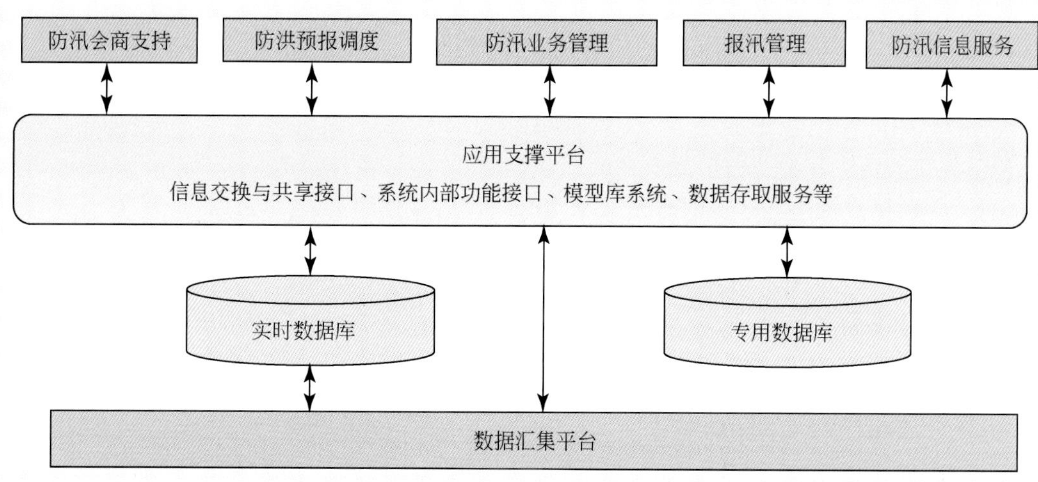

图 4-25　系统体系结构

（2）系统功能结构

水情自动测报系统从功能上分为自动采集传输、信息处理、信息编码、信息传输、信息查询和系统管理 6 个部分（图 4-26）。

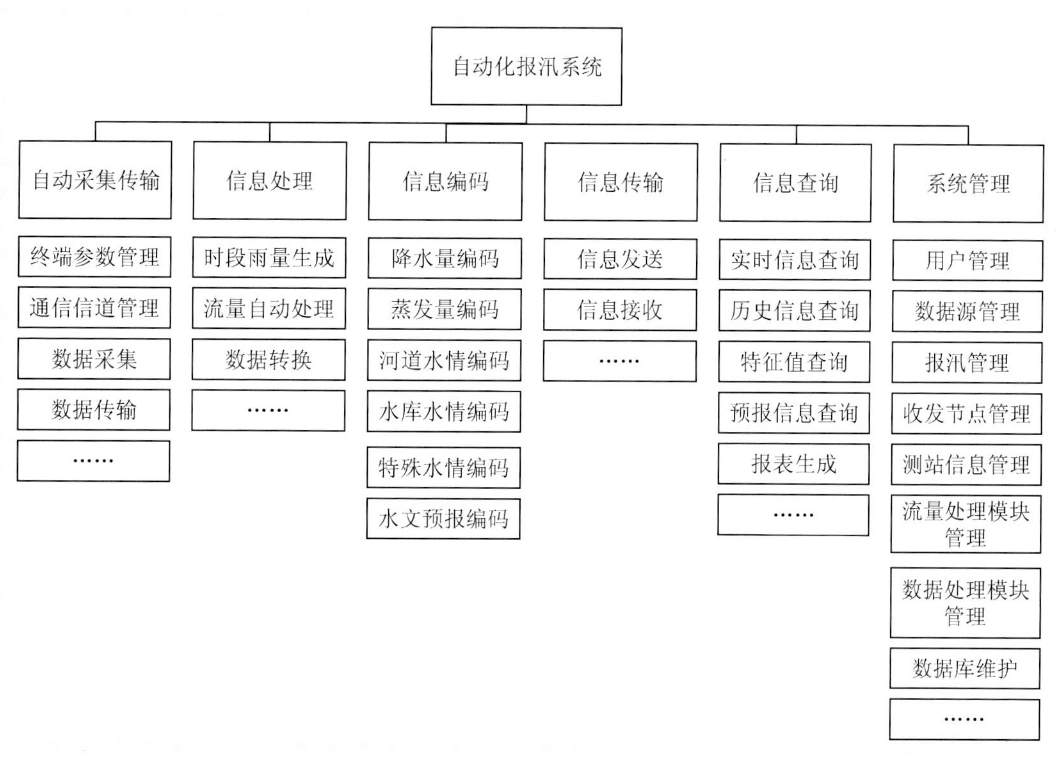

图 4-26　系统功能结构图

水情自动测报系统各部分功能如下：

1）自动采集传输完成从测站到水情分中心的信息采集、打包、传输；

2）信息处理一方面完成测站自动采集信息的接收、处理（包括时段雨量生成、相应流量自动查算）、入库；另一方面完成《水情信息编码标准》（SL330－2005）格式的编码信息的解码、处理、入库。

3）信息编码完成所辖报汛站的水情信息编码。

4）信息传输完成水情分中心之间、水情分中心与三峡梯级水库调度中心之间、长江流域水情中心与三峡梯级水库调度中心之间的信息交换。

5）信息查询为用户提供基于实时水情数据库的综合信息查询。

6）系统管理完成自动报汛系统的相关管理、维护，保障系统的正常运行。

（3）信息传输总体结构

三峡梯级水库调度中心的信息来源分为两方面：所属水情分中心的信息（内部信息）；长江流域其他省市水情部门的信息（外部信息）。

内部信息流程按照测站到水情分中心，再到三峡梯级水库调度中心的传输路径进行。测站到水情分中心的信息传输主要通过 PSTN、卫星（包括海事卫星和北斗卫星）、短信等；水情分中心到三峡梯级水库调度中心的信息传输主要通过网络、PSTN 等方式进行，多条信道互为备份。

外部信息由长江流域水情中心汇集后向三峡梯级水库调度中心转发。

水情信息传输流程如图 4-27 所示。

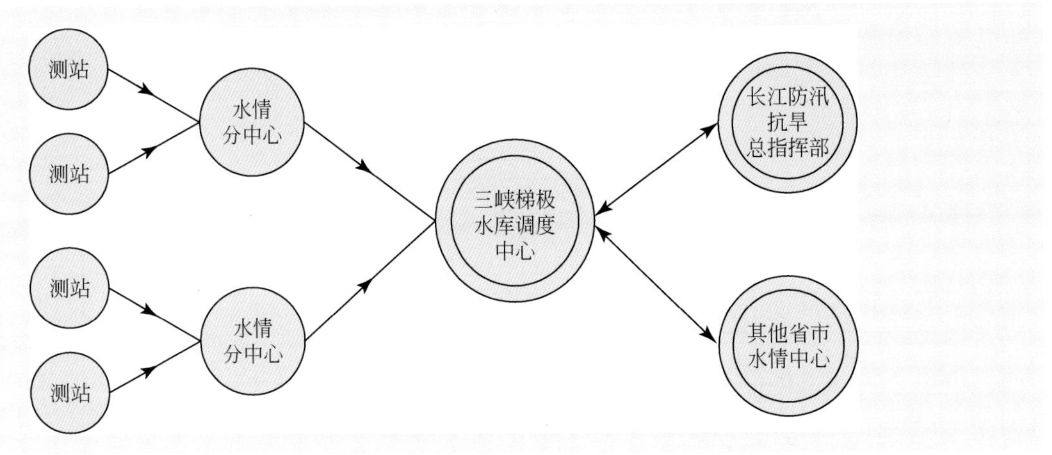

图 4-27　水情信息传输示意图

（4）信息处理总体结构

水情自动测报系统信息处理流程主要包括：测站自动采集信息的传输、采集信息的处理入库、时段数据生成入库、水位流量转换、信息编码、编码信息传输等环节，三峡梯级水库调度中心、长江流域水情中心还需要完成各水情分中心以及其他相关水情部门的报文接收、报文解码入库等工作。信息处理总体流程如图 4-28 所示。

1）测站采集数据接收：测站数据通过 GSM、PSTN、卫星等方式，传输到所属水情分中心，水情分中心将接收到的数据按照设定的格式保存到遥测数据库中。

2）采集数据的处理：针对不同的数据源（遥测数据库）分类进行处理，将处理后的数据写入原始数据库中。

3）时段数据生成入库：对原始库进行再加工，将原始水位、累积雨量转化成相应时段数据，分类写入实时数据库。同时，通过水位流量关系自动转换模块，按水位查算出相应流量。

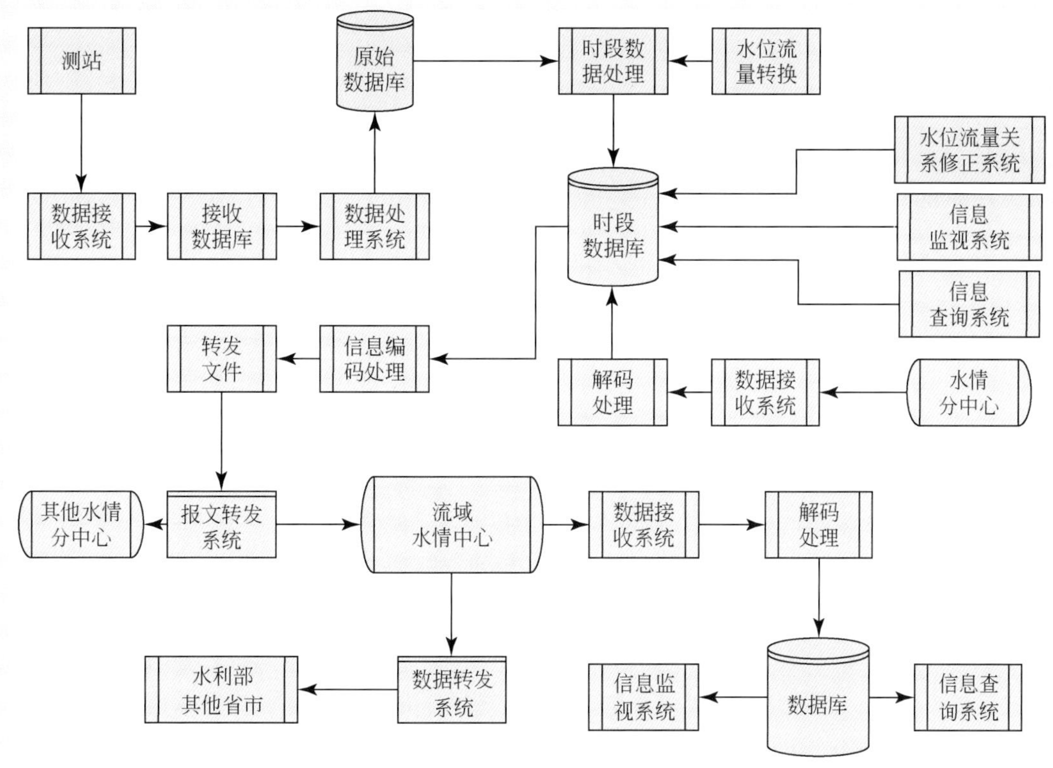

图 4-28　自动报汛信息处理流程

4）信息编码：按照《水情信息编码标准》（SL330—2005），编制报文。编码采用自动和人工方式相结合，一般情况下，由系统按照各测站的拍报项目和报汛任务书，自动编制报文，同时提供交互界面，供用户进行人工录入。

5）信息转发：按照《实时水情交换协议》（SL/Z 388—2007），通过网络、电话或其他方式将报文转发到长江流域水情中心或三峡梯级水库调度中心。

6）信息接收：通过通信系统接收水情分中心（集合转发站）或其他省市水情部门的报文。

7）报文解码入库：将接收的报文数据解码、译电、写入实时数据库。

4.4　水情自动测报系统建设

为满足三峡工程建设和运行管理需要，经国务院三峡建设委员会批准的《长江三峡水利枢纽初步设计报告（枢纽工程）》将三峡水文气象保障服务系统列为工程的建设内容［三峡委发办字（1993）第 1 号］。1995 年，长江水利委员会会同国家气象局，根据相关要求开展了三峡工程水文气象保障系统的专项设计，编制了《长江三峡工程水文气象保障服务系统专项设计报告》，该设计报告于 1997 年 10 月在北京通过了由三峡总公司技术委员会组织的专家审查，并提出了尽快启动水文保障服务系统的建设要求［三峡技设字（1997）第 267 号］。

三峡水情自动测报系统作为三峡水文气象保障服务系统建设的一部分，采取整体规划、分段设计、分期实施的策略。2006 年 6 月，三峡集团公司正式确定了水情自动测报系统分期分批实施计划。系统分为二期建设，第一期为设计范围内宜昌以上水情自动测报系统建设，其中第一批建设为寸滩至宜昌区间的水情自动测报系统，第二批建设为寸滩至屏山区间水情自动测报系统；第二期为宜昌以下水情自动测报系统建设。

从 2001 年开始，首先进行了长江三峡水利枢纽梯级水库调度自动化系统的技术设计及系统的招标设计，2002 年开始了系统第一期的第一批建设，2007 年开始系统第一期第二批的建设，2008 年开始系统第二期的建设。在系统运行期间，为了提高洪水预报精度，增长洪水预见期，三峡集团公司对系统遥测站网进行了部分补充与扩建。

4.4.1 屏山–寸滩区间水情自动测报系统

1. 系统概况

三峡工程屏山至寸滩区间水情自动测报系统（二期工程）是在已经建成运行的三峡水调自动化系统（一期工程）基础上，对原有三峡水调自动化系统进行进一步扩充和完善。该系统建成后可与已有的水情自动测报系统实现无缝衔接，进一步满足三峡水库运行调度的需求。屏山至寸滩区间水情自动测报系统（二期工程）的遥测站点的建设范围是长江上游的金沙江下段至川江段，即屏山至寸滩区间干支流和乌江武隆以上流域，区间集水面积约为 37 万 km^2。系统遥测站点主要分布在云南、四川、贵州、重庆、湖北等五省（直辖市）。流域区间内河流水系发育，主要支流有大渡河、青衣江、岷江、沱江、涪江、嘉陵江、渠江、横江、赤水河、乌江等。支流集水面积以嘉陵江最大，水量以岷江最大。

屏山至寸滩区间水情自动测报系统（二期工程）建设遥测站点 299 个以及 14 个运行维修分中心。其中雨量站 222 个，水文位、水位站 69 个，水库站 8 个。区间遥测站网如图 4-29 所示。该系统于 2007 年 1 月开工建设，2008 年 5 月完成系统联合调试验收，2009 年 5 月通过了完工验收。

2. 系统结构

三峡工程屏山至寸滩区间水情自动测报系统（二期工程）水情遥测站与中心站之间采用 GSM 短信、PSTN、北斗卫星等三种通信方式中的任意两种组成通信双信道，互为备份。系统中雨量站以 GSM 短信信道为主信道，北斗卫星作为备份信道；水文（位）站以 PSTN 为主信道，北斗卫星作为备份信道。

本系统的信息源包含各遥测站自动采集的水位、雨量以及工况等信息，中心站通过建立的 GSM 短信、PSTN、北斗卫星等通信网络自动接收各遥测站的信息，经合理性检查后写入数据库。数据转发系统通过专线将数据转发至各维修分中心。中心站可以召测和查询系统内各遥测站的各种信息，维修分中心可以查询三峡中心站转发的本辖区内的实时水雨情信息，并存入维修分中心数据库。

系统总体结构如图 4-30 所示。

3. 工作体制及信息流程

(1) 系统工作体制

屏山至寸滩区间水情遥测系统采用定时自报、事件自报、响应中心站召测（主信道）的工作制式。中心站收到数据后给监测站发送“确认”信息，以告知数据接收正确与否。在通信失败的情况下及时重发数据，从而保证了数据完整、可靠的传输，使数据畅通率达到 96% 以上。

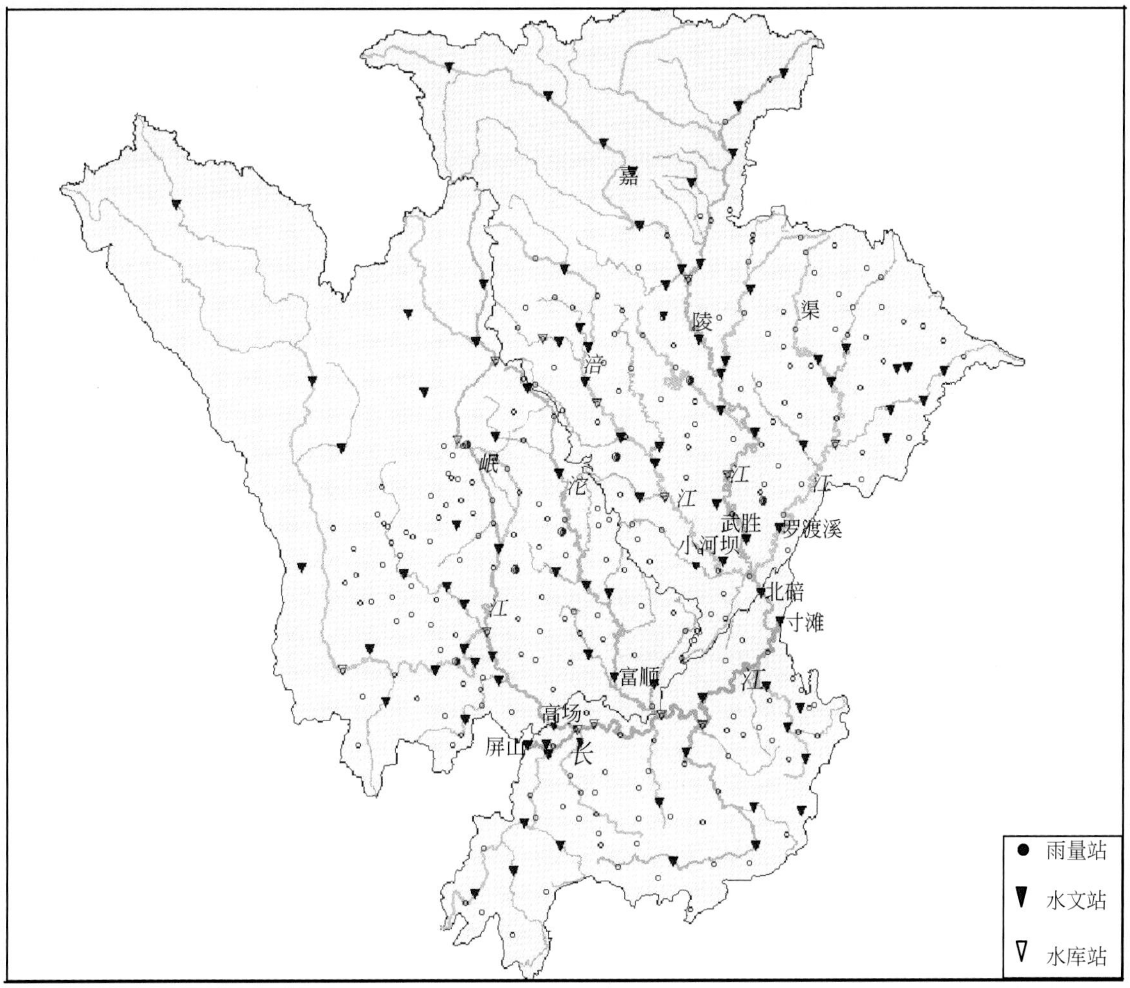

图 4-29　屏山至寸滩区间水情遥测站网图

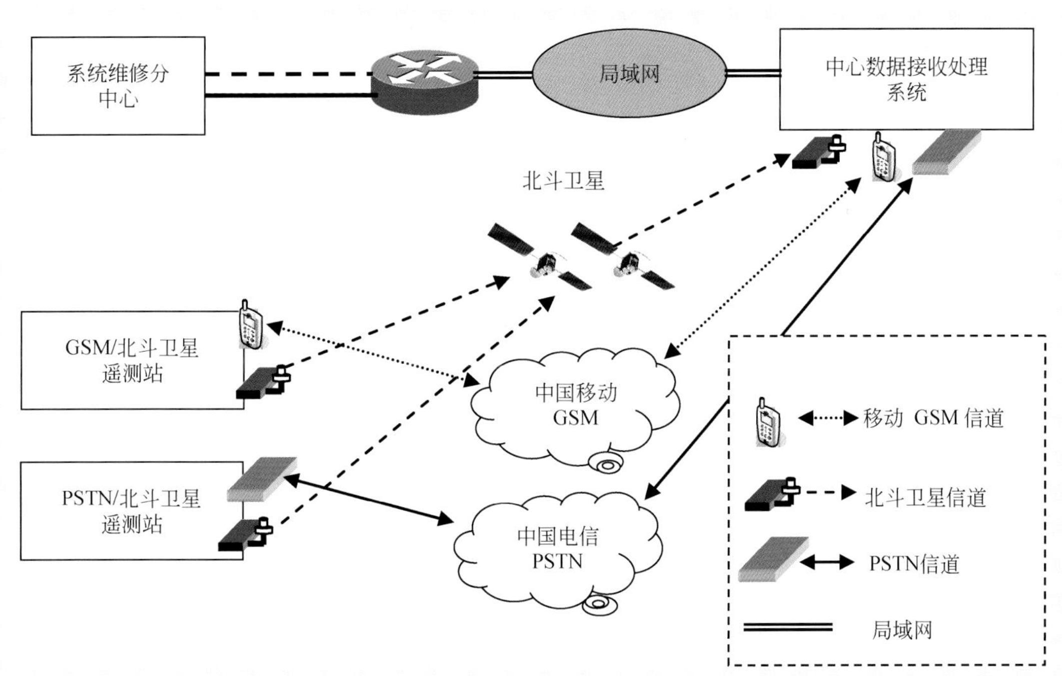

图 4-30　屏山-寸滩区间水情自动测报系统总体结构图

（2）系统信息流程

为保证系统数据的安全、可靠，数据传输网的拓扑结构采用星型结构，即各遥测站采集的水情信息通过建立的 GSM 短信、PSTN、北斗卫星等通信网络直接传输至数据中心站，中心站将接收并经处理后的数据按照统一的格式通过专线转发至所属的维修分中心。

系统信息流程见图 4-31 所示。

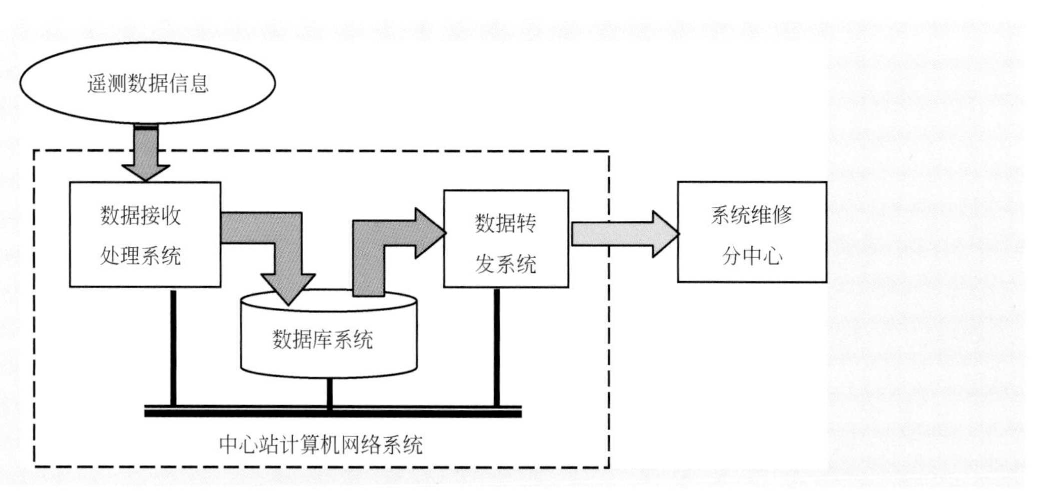

图 4-31　系统信息流程

4. 系统功能

遥测站水情数据能实时、定时自动传送至三峡梯级水库调度中心，实现有人看管、无人值守的管理模式。三峡中心站能实时接收遥测站水情数据，对接收到的水情数据进行处理、合理性检查，远程监控遥测站的运行状态，建立实时水情数据库，显示、打印各种水情数据，并通过专线将水情数据转发至各维修分中心。遥测站具体功能有以下 13 个方面。

1）定时（时间间隔可编程）采集雨量、水位、流量、工况数据等，数据带时标存储（缺省采样间隔为 5min）。

2）水文或水位遥测站，按照设定的时间间隔，定时发送过去时间段保存的全部测量水位值。北斗卫星只发送最近 1h 的水位数据（因北斗卫星一包传输数据量仅为 98 字节）。

3）雨量传感器，采用超阈值报和定时报两种结合方式。①超阈值报：当本次雨量测量值和上次发送的雨量值之差超过设定的阈值时，发送本次测量值，阈值可设。②定时报：检查从最近一次发信到当前时间这个时段内是否有降雨，若有就发送，时段大小可设。

4）电压采样间隔默认为 1h，采用 GSM 短信或 PSTN 为主信道的单雨量站每天平安报时，通过主信道将过去 24h 的所有电池电压数据发回中心站，备用信道发信时发送尽可能多的数据；水库站和水位站每小时都将电压数据发回中心站。

5）遥测站每天的平安报次数可设为 1 次或 2 次，平安报时发送所有传感器测量数据以及部分工况数据。

6）对于以 PSTN 为主信道的包含水位传感器的遥测站，遥测站的部分工况数据随同定时报发回，发送的工况数据内容和平安报时相同。

7）遥测站的工况参数和数据包括以下内容：水文数据采样间隔、水文数据定时发送间隔、每天平安报次数、水位基值、GSM 信号场强值、当前数据采集终端复位次数累计值、信道包数、数据包数、电池电压、太阳能板端口电压。

8）用数据包数来统计遥测站总共发信的次数，同时分别用主、备信道包数来统计遥测站通过主、备信道发送的次数。当包数超过 65 535 后自动归零重新计数，也就是说信道包数的循环空间为 65 536。

9）响应远方/本地指令，完成指定的操作功能。对这些随机指令的响应不影响正常的定时测量。对于来自远方的任何指令，遥测站在响应前应进行身份识别。

10）中心站可通过 GSM 或 PSTN 下发指令给遥测站进行表 4-5 中所示操作。

表 4-5 通信信令规约

序号	功能描述	指令方式	指令来源	备注
1	从主信道传回指定序列号的雨量数据包	自动 手动	中心	发往雨量站
2	同上，水文数据包（包后附有工况数据）	自动 手动	中心	发往水位站和水文站
3	同上，平安信号包	自动 手动	中心 分中心	发往雨量站
4	立刻测量并在本信道传回当前水位	手动	中心	
5	经由备信道传回指定序列号的数据包	手动	中心	用以检查备用信道状况
6	设置 RTU 中的参数为后随值	手动	中心	
7	复位当前遥测单元	手动	中心	
8	以指令时刻的实际水位修改水位基值	手动	置数盒	置数盒上校正基值
9	向置数盒传送指定时刻开始的 2 小时历史水位	手动	置数盒	置数盒上查阅历史水位
10	将指定的时刻和人工数据（流量）置入到数据采集器	手动	置数盒	人工置数在下一次定时发送时被捎带

11）与 PSTN 振铃隔离器配合，完成遇中心站呼叫时接通电话线路，通信结束后断开电话线的功能。

12）遥测站具备“看门狗”功能，软件运行异常时能自恢复；并具有二次软件开发的功能。

13）具备防 GSM 短信模块锁死功能。

5. 遥测站设备集成

长江三峡水利枢纽梯级水库调度自动化系统屏山至寸滩区间水情遥测系统遥测设备安装项目的数据采集器采用的是美国 Sutron 公司的 Xpert（8080-0000）和 Xlite（9210-0000）型数据采集器。它采用 Windows CE 嵌入式系统作为软件平台，开发软件采用微软公司的 eMbedded Visual Tools 3.0 软件和 Sutron 公司提供的 Xpert/XLite 设备软件开发包 SDK。软件编程结合了 Xpert/XLite 设备自有软件的特点，采用模块化开发方式，开发了传感器模块、采集模块、数据存储模块、通信控制模块等四大类软件模块。并通过各种功能模块与数据采集器和单元设备的集成组成各类水情遥测站，实现遥测站自动采集、存储、报送水情信息及设备工况信息的功能。并可在无人值守的情况下，通过现地与远程编程，使水情遥测站按照设置的方式运行。

（1）水文（水位）遥测站组成结构

水文遥测站具有自动采集、存储、传输雨量、水位等信息的功能，流量和人工观测水位值则以人工置数的方式采集并自动发送至中心站。水文遥测站主要以数据采集器（Sutron 8080 XPert）为核心，通过不同的输入接口与相应的水位、雨量传感器、数据传输通信终端以及电源等模块相连接，实现水文站（水位）站的水情信息的自动遥测。

水文（水位）遥测站硬件结构如图4-32所示。

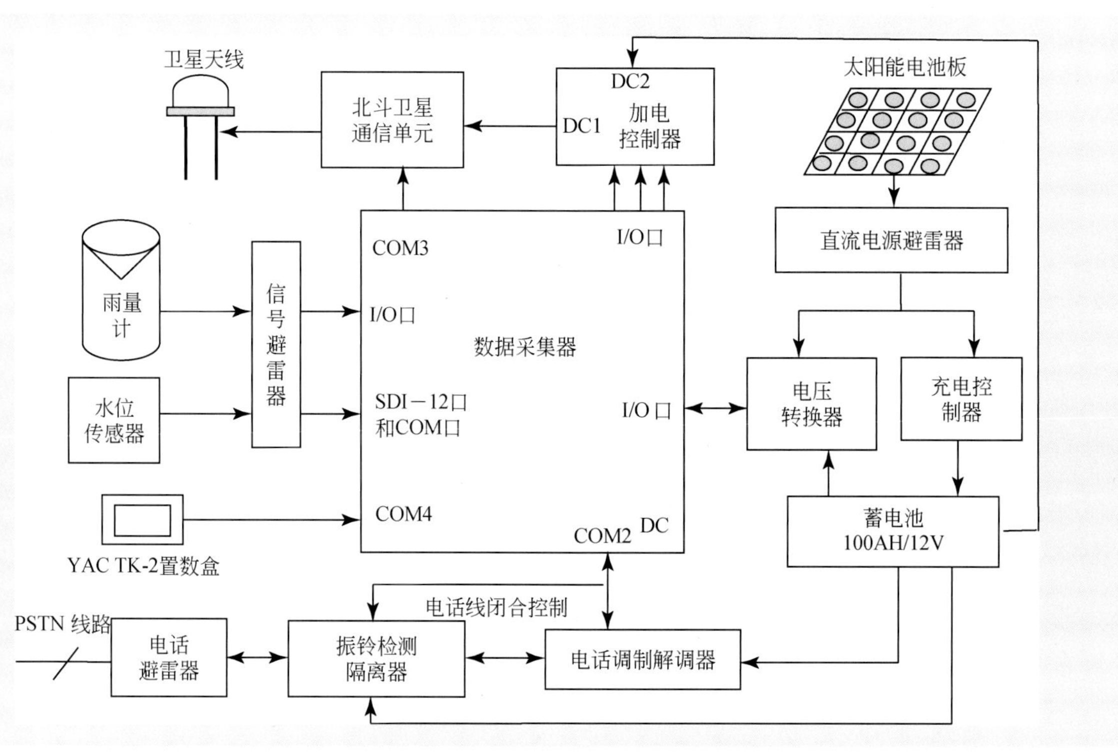

图4-32　遥测站（水文、水位）硬件结构

（2）水文（水位）遥测站工作流程

水文（水位）遥测站发送数据时首先选择PSTN通信信道，若传输失败，再转向北斗卫星信道重新传输数据。具体过程如下：

遥测站采集传感器数据结束后，在第1分钟开始通过PSTN信道首先拨打第一个号码，若传输失败，延时一段时间，在第2分钟开始拨打第二个号码重新传输数据。若再次失败，则立即转向北斗卫星信道传输数据。中心站可通过PSTN信道对遥测站进行操作。在本系统中，考虑到电话线路的承载能力，三峡梯级水库调度中心提供2个PSTN通信信道的电话号码和1个北斗卫星成员号供数据传输。

水文（水位）遥测站工作流程如图4-33所示。

（3）雨量遥测站组成结构

雨量遥测站以数据采集器（Sutron 9210 XLite）为核心，配置相应雨量传感器（分辨率为0.5mm），GSM、北斗卫星以及供电及避雷设备。雨量遥测站的数据采集器、通信终端、供电电源和避雷等设备集中安装于一体化机箱中。GSM/北斗卫星雨量遥测站硬件整体结构如图4-34所示。

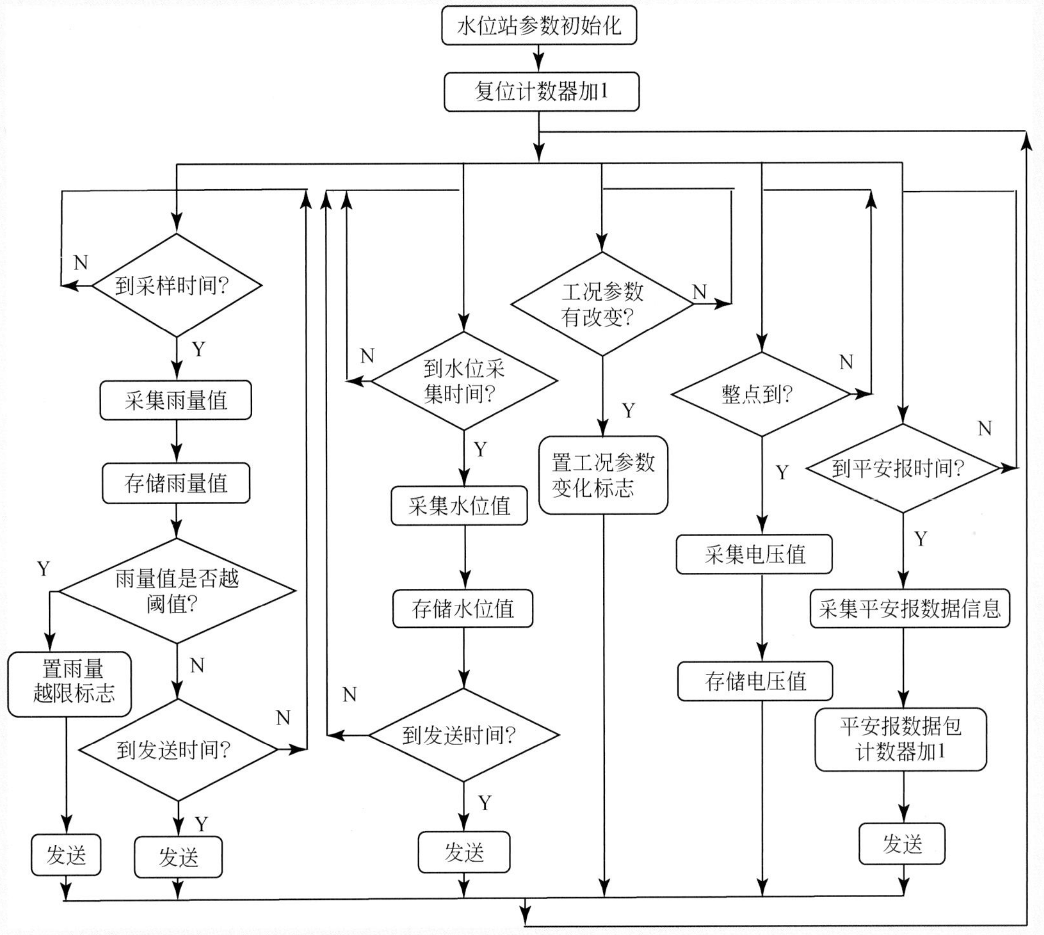

水位站参数初始化
复位计数器加1
到采样时间?
N
Y
采集雨量值
存储雨量值
雨量值是否越
阈值?
Y
N
置雨量
越限标志
到发送时间?
N
Y
发送
发送
到水位采
集时间?
N
Y
采集水位值
存储水位值
到发送时间?
N
Y
发送
工况参数
有改变?
N
Y
置工况参数
变化标志
整点到?
N
Y
采集电压值
存储电压值
到平安报时间?
N
Y
采集平安报数据信息
平安报数据包
计数器加1
发送

图 4-33　水文（水位）遥测站工作流程图

GSM
天线
GSM
通信终端
卫星天线
北斗卫星
通信终端
DC2
DC3
加电控制器
DC1
太阳能电池板
直流电源避雷器
COM3/COM2
I/O口3个
I/O口
数据采集器
(9210)
I/O口
DC12V
太阳能电压
转换器
充电控
制器
38AH/12V
蓄电池
雨量计
信
号
避
雷
器

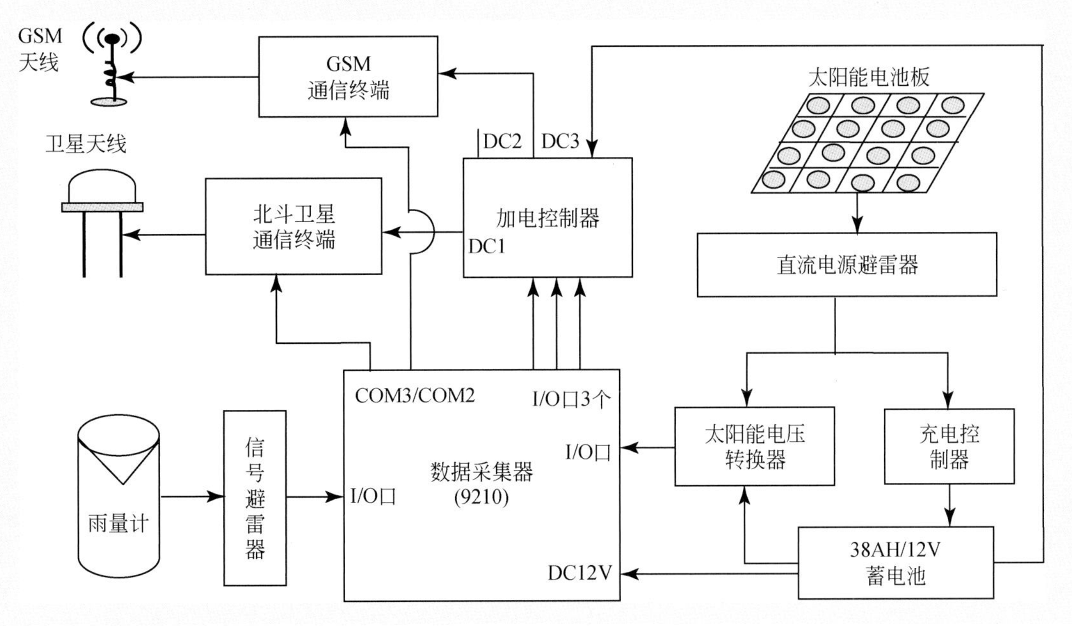

图 4-34　GSM/北斗卫星雨量站硬件结构图

（4）雨量站工作流程

采用 GSM 短信和北斗卫星通信系统的雨量遥测站发送数据时首先选择 GSM 短信信道，若传输失败，再转向北斗卫星信道重新传输数据。遥测站至中心站采用专线连接的方式，中心站提供 1 个 GSM 短信信道的特服号供数据传输。遥测站通过 GSM 短信信道传输数据时首先向特服号发送数据，若传输失败，则转向北斗卫星信道传输数据。中心站或手机可通过 GSM 信道对遥测站进行操作。雨量站工作流程如图 4-35 所示。

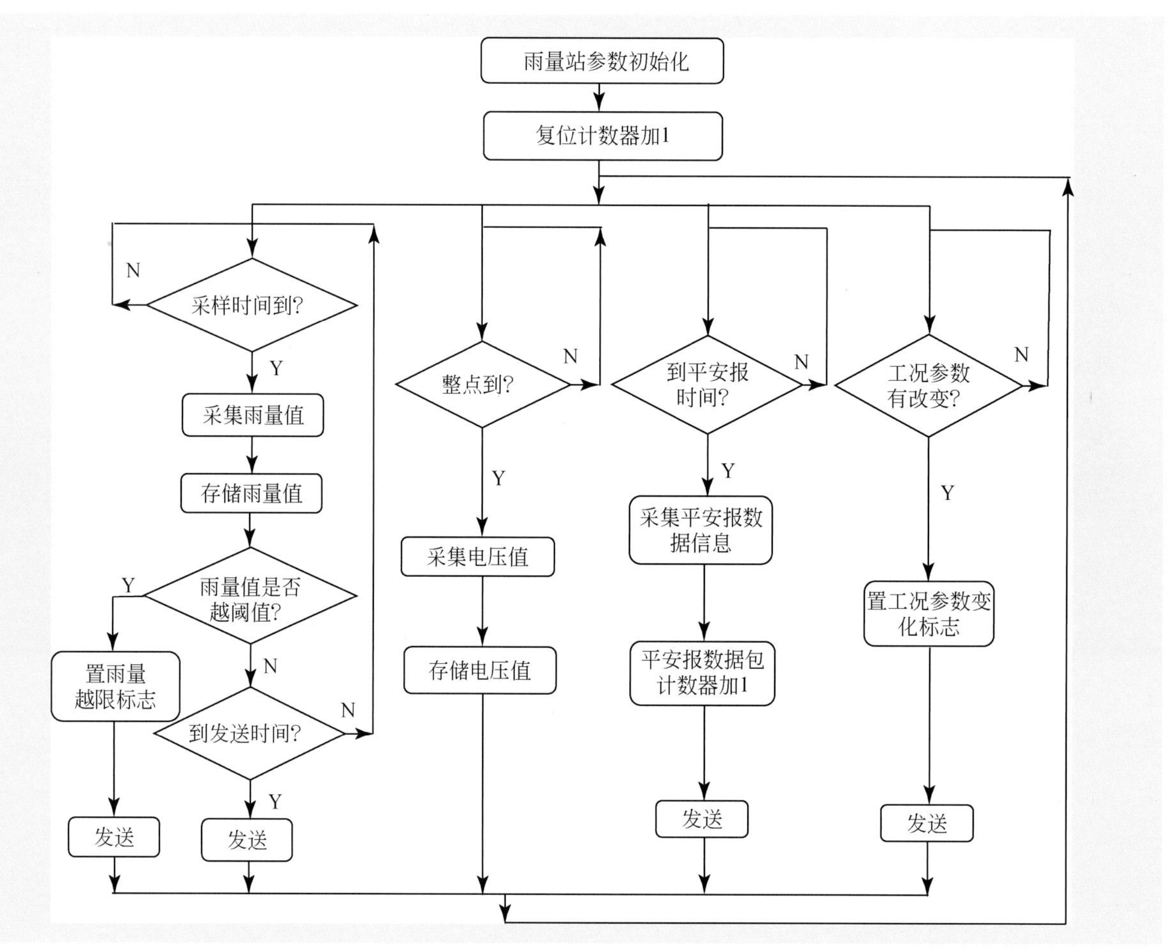

图 4-35　雨量站工作流程图

6. 数据接收处理

屏山至寸滩区间水情自动测报系统新建有专用的遥测采集数据接收中心站接收本次系统的遥测水雨情数据。采集后的遥测数据将进入三峡水库调度自动化系统进行统一的数据处理、数据存储、数据交换和数据应用。考虑到电力系统二次网络安全防护的要求，新建的遥测接收中心站设立在梯级水库调度自动化系统外网。中心站接收子系统主要由数据接收处理、数据转发、实时监控报警等三部分组成。为保证数据接收系统的安全稳定，系统内数据接收系统的安全稳定，系统内数据接收、数据处理及原始数据库等服务和应用均采用 Unix 平台，并在现有水调自动化系统计算机网络中增加异构主机，同时将已建的原有系统迁移到 Unix 平台。中心接收站硬件结构如图 4-36 所示。

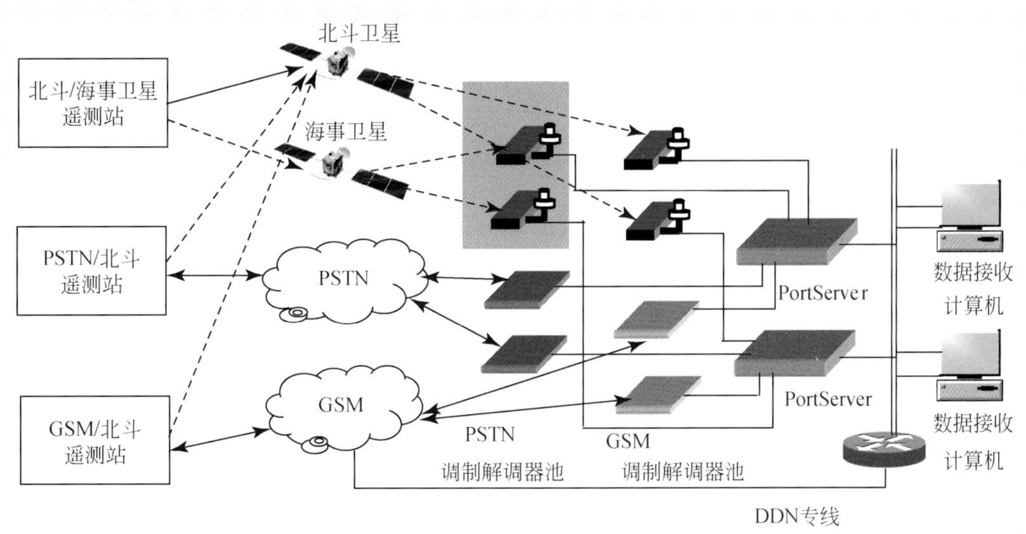

图 4-36　系统中心站数据接收硬件结构图

(1) 实时数据接收

中心站采用两台数据接收计算机，均接入局域网，同时装有数据接收处理软件，同时接收来自GMS短信信道、PSTN信道、北斗卫星信道、海事卫星信道的数据。采用数据接收热备份的工作方式，确保数据接收的可靠性。其各信道接收数据系统如下。

A. GSM短信信道接收数据

为保证本信道传输数据的可靠性，遥测站数据将以中心站与短信中心专线连接和中心站和遥测站点对点主备两种方式进行传输。专线连接即为中心站通过申请的专用线路与中国移动短信网关中心连接，在专用的短信接收和发送应用软件的支持下，实时接收遥测站通过GSM短信信道传输的水情信息。当此专线出现故障时，则自动切换至点对点的通信方式，即在中心站配置2台GSM无线MODEM池与GSM网络连接，完成中心站与遥测站间的数据通信。

B. PSTN信道接收数据

在本标段中共有25个遥测站采用PSTN信道传输数据，为避免中心站接收数据产生瓶颈效应，中心站申请3个支持多分号的中继号，并配置两台堆栈式有线调制解调器池通信设备，通过串行口终端服务器分别与2台计算机连接，可以保证通过PSTN信道数据接收的可靠性。

C. 北斗卫星信道接收数据

北斗卫星接收信道数据由两种方式实现，一是在中心站配置北斗一号数据传输型用户终端，与遥测站实现点对点的数据传输方式，另一种方式是通过互联网虚拟专用网络（VPN）方式连接到北斗卫星地面中心站，根据《北斗一号用户机数据接口》和相关的数据协议开发应用软件实现遥测数据的自动传输。在中心站配置的2台北斗卫星终端设备采用同一接收ID号，通过串行口终端服务器分别与2台数据接收计算机连接，并同时接收北斗卫星终端传输的数据，可保证北斗卫星信道数据接收的可靠性。

D. 海事卫星信道接收数据

中心站通过海事卫星信道接收仍由已建的三峡寸滩至宜昌区间水情测报系统（一期工程）中心站

接收系统完成。

(2) 数据转发系统

为了维修分中心能实时监控遥测站的运行状况和实现水文部门的数据实时共享，三峡梯调中心建立与维修分中心的专线连接，采用 DDN/VPN 主备两条信道。三峡中心站将接收到的遥测数据，根据遥测站所属的维修分中心，实时转发至对应的维修分中心，在中心站编制实时转发软件并具有监控报文是否正常发送的功能。由于三峡梯级水库调度中心 VPN 网关有大量的并发连接，则配置两台同时支持 100 个用户并发连接、高性能、带防火墙的硬件 VPN 网关设备，支持较大的数据吞吐量，作为 VPN 通信服务器，用于与 17 个水情遥测维修分中心建立 VPN 连接。在三峡梯级水库调度中心配置 1 台 VPN 管理工作站，可对整个 VPN 网络进行集中管理，具有查询和管理隧道的功能，即查询哪些节点建立了 VPN 连接，隧道运行的情况如何，发送多少个数据包等。监控节点的运行情况，以利于整个 VPN 网络的全面管理。

(3) 实时监控报警系统

实时监控报警系统主要由中心站数据接收软件完成，其报警项目主要包括：各站定时数据是否成功收齐；异常的水文数据；电池电压；遥测站备用信道设备是否正常；至 GSM 短信中心 DDN 专线是否正常；中心站其他接收设备是否正常。

(4) 性能指标

中心站接收端整体平均无故障时间≥20 000h；能在 10min 内自动完成收集屏山至寸滩区间、乌江武隆以上区间的全部水雨情信息。

4.4.2 寸滩至宜昌区间水情自动测报系统

寸滩至宜昌区间水情自动测报系统的信息流程、功能以及遥测站设备集成与屏山至寸滩区间水情遥测系统基本相同，本节不再赘述。

1. 系统概况

该系统建设的主要内容包括寸滩至宜昌区间水情自动测报系统、梯级水库调度中心计算机网络系统以及水文预报、调度、会商等其他子系统的建设。系统自 2002 年 1 月开始设计建设，于 2003 年 6 月投入试运行，2004 年 5 月底通过验收。系统建成后可以及时掌握这一区域的水雨情实时信息，满足三峡工程围堰运行期（蓄水 135m）三峡梯级水利枢纽综合调度的基本要求，并兼顾三峡工程初期运行期（蓄水 156m）和正常运行期（蓄水 175m）水库调度要求，使三峡工程可持续地发挥规模效益和综合效益。也为后期系统的完善、实施提供了宝贵的经验。

宜昌至寸滩区间水情自动测报系统由遥测站、中继站、中心站数据接收处理系统以及遥测通信网构成。系统遥测站共计 139 个。其中宜昌至寸滩区间遥测站共计 68 个（水文站 14 个，水位站 10 个，雨量站 44 个），近坝区坝址上下游水位站 8 个，发电机组拦污栅压差采集水位站共 19 组 38 个，枢纽建筑物上水位站 14 个，两坝间水位站 6 个以及自动气象站 3 个，超短波通信中继站 2 个。

坝区及寸滩至宜昌区间遥测站网站分布如图 4-37、图 4-38 和图 4-39 所示。

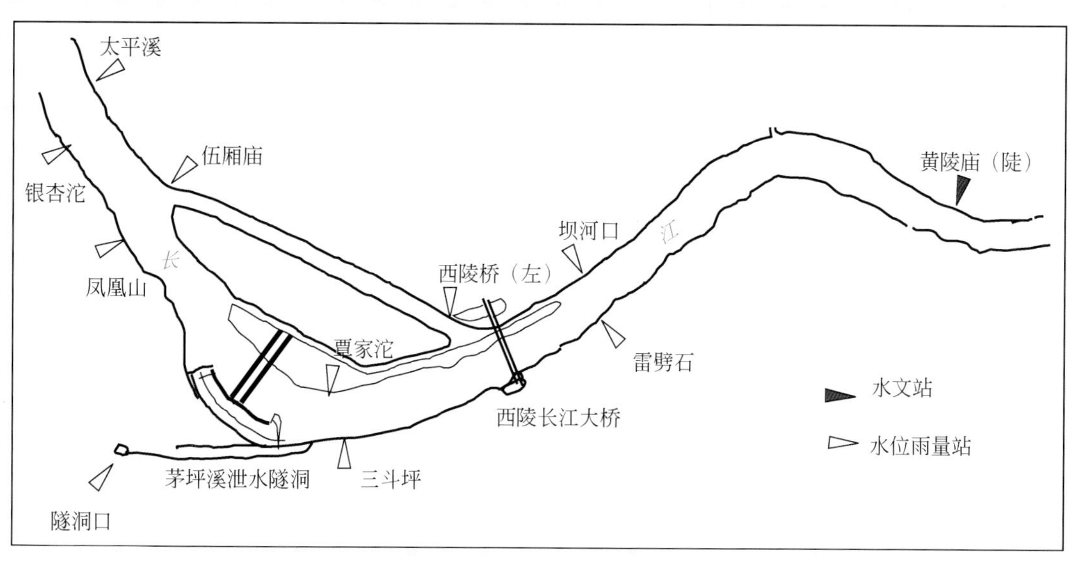

图 4-37　坝址上下游水位站分布图

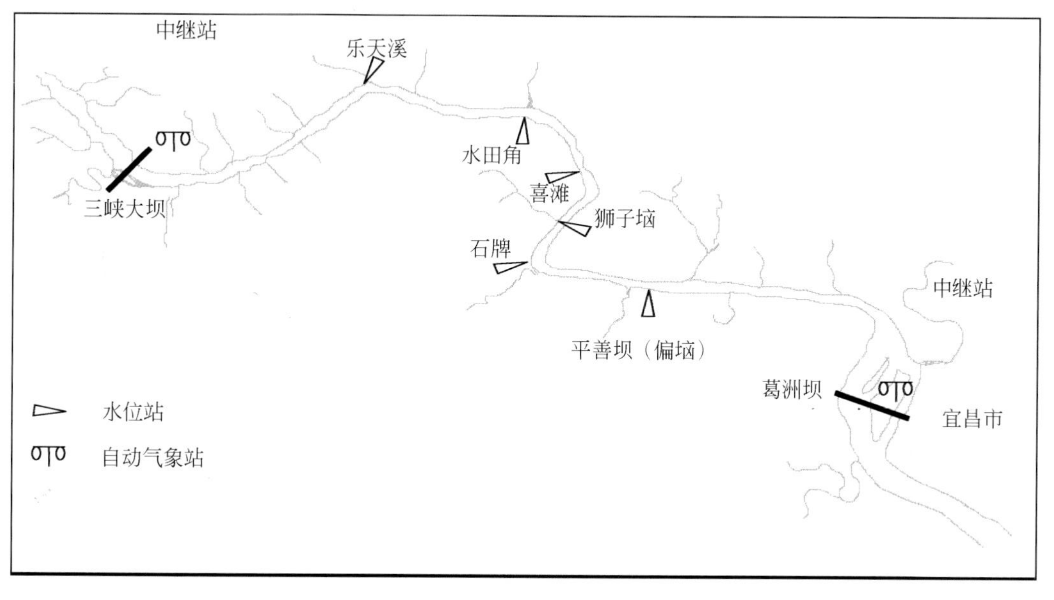

图 4-38　两坝间水位及气象站分布图

2. 系统结构

系统雨量信息采集方式主要采用分辨率为0.5mm 的翻斗式雨量传感器，水位采集的方法主要采用浮子式和气泡压力式水位计。遥测站雨量、水位实现自动采集、固态存储，存储的数据可以现场下载或远地上传。系统数据传输方式采用以程控电话为主信道，海事卫星 C 为备份信道，或海事卫星 C 为主信道，全线通卫星（omnitracs）为备用信道，均可自动切换；三峡坝址近坝区、三峡至葛洲坝两坝间遥测站的数据传输采用超短波（VHF）通信方式，确保了系统“全天候”通信要求。

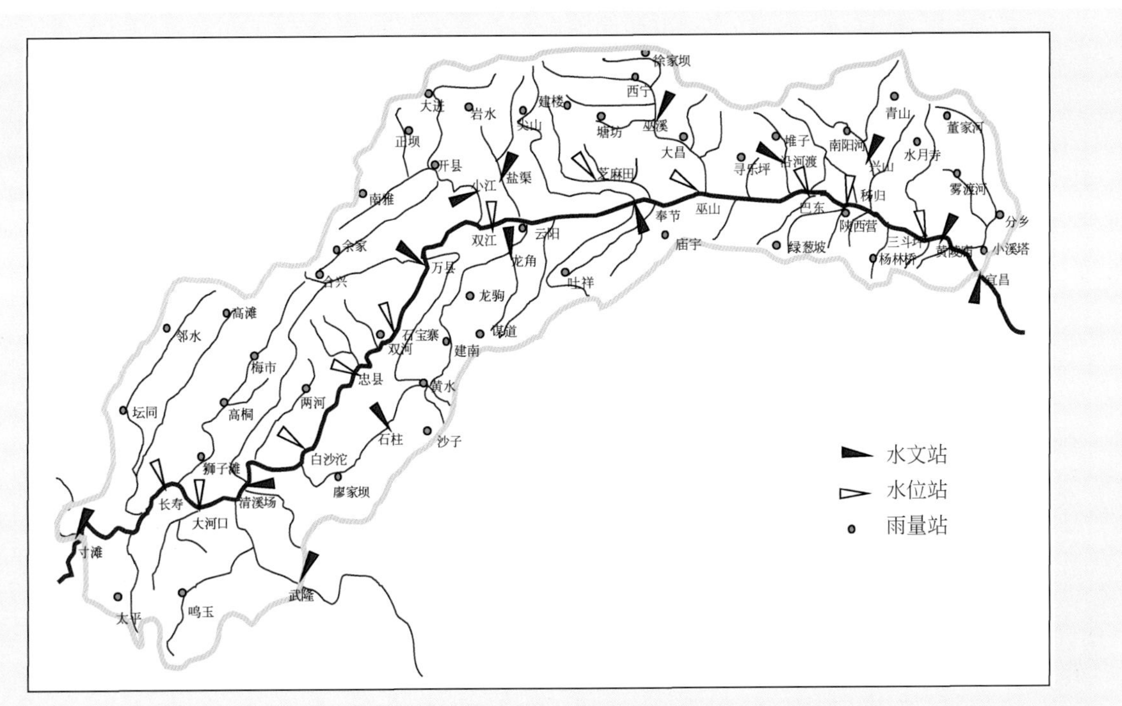

图 4-39　寸滩至宜昌区间测站网站分布图

3. 数据接收处理

为了保证数据接收处理的可靠性，中心站数据接收硬件设备采用全冗余配置，从海事卫星 C、全线通（omnitracs）、VHF 电台、美国 Digi 公司的 PortServer 终端服务器、网络、接收计算全部采用镜像备份，实现单点故障不影响系统正常运行。中心站数据接收硬件结构如图 4-40 所示。

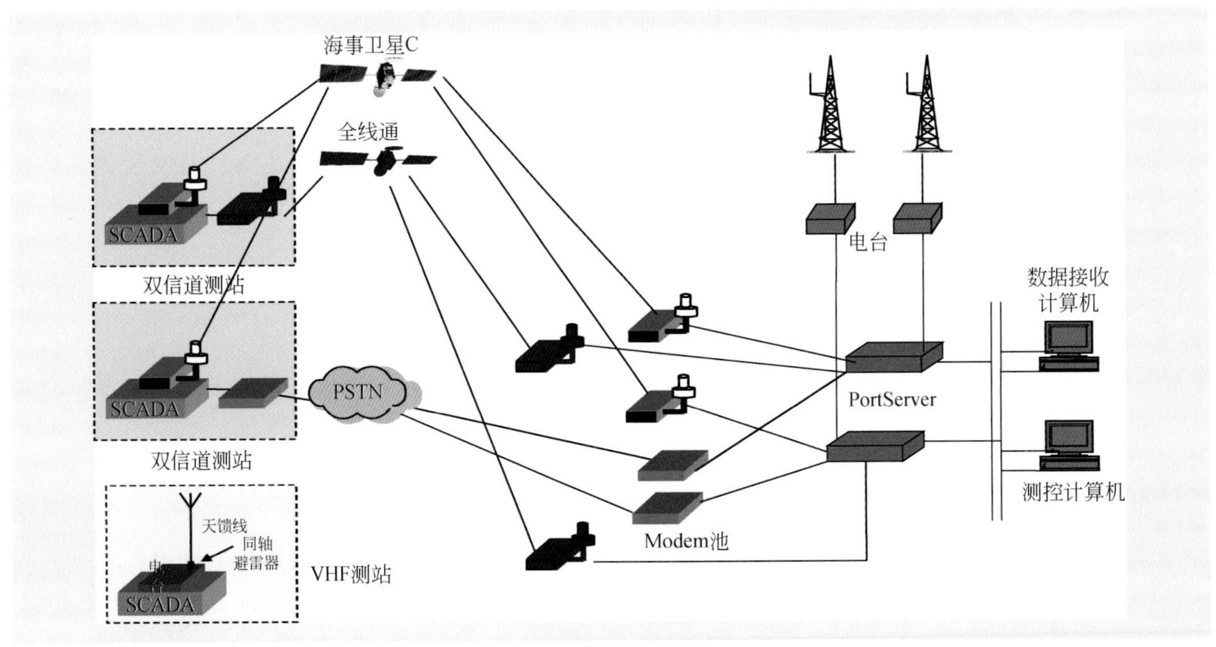

图 4-40　中心站数据接收硬件结构图

4.4.3 宜昌以下河段水情自动测报系统

1. 系统概况

宜昌以下河段水情自动测报系统是三峡水情保障系统的第二期工程，也是三峡至葛洲坝梯级水库调度自动化系统的重要组成部分。如何在有效地保障长江中下游的防洪安全的前提下，充分发挥三峡工程的发电、生态等效益，建立和完善宜昌以下河段水情自动测报系统是当务之急。建设宜昌以下河段水情自动测报系统可以完善长江宜昌以下河段水情信息的遥测站网，提高宜昌以下水情信息的采集能力；完善长江宜昌以下河段水情信息传输网络，提高信息传输能力和可靠性；实现区域内长江干流及洞庭湖区重要水文控制站的流量、泥沙自动监测，满足三峡工程防洪和生态调度需要；开展受清水下泄影响的宜昌以下河段预报方案的研究，完成实用预报方案的编制，建立以常规实用预报方案为核心，多模型、多方案平行预报，具有自动实时校正和专家交互功能相结合的实时预报体系；完善流域中心水文情报预报服务系统，建设水雨情监视、防汛水情会商、信息发布与服务等子系统。

系统建设规模为29个遥测站、3个水情分中心和1个流域中心。长江三峡工程水情自动测报系统（宜昌以下河段）站网如图4-41所示。

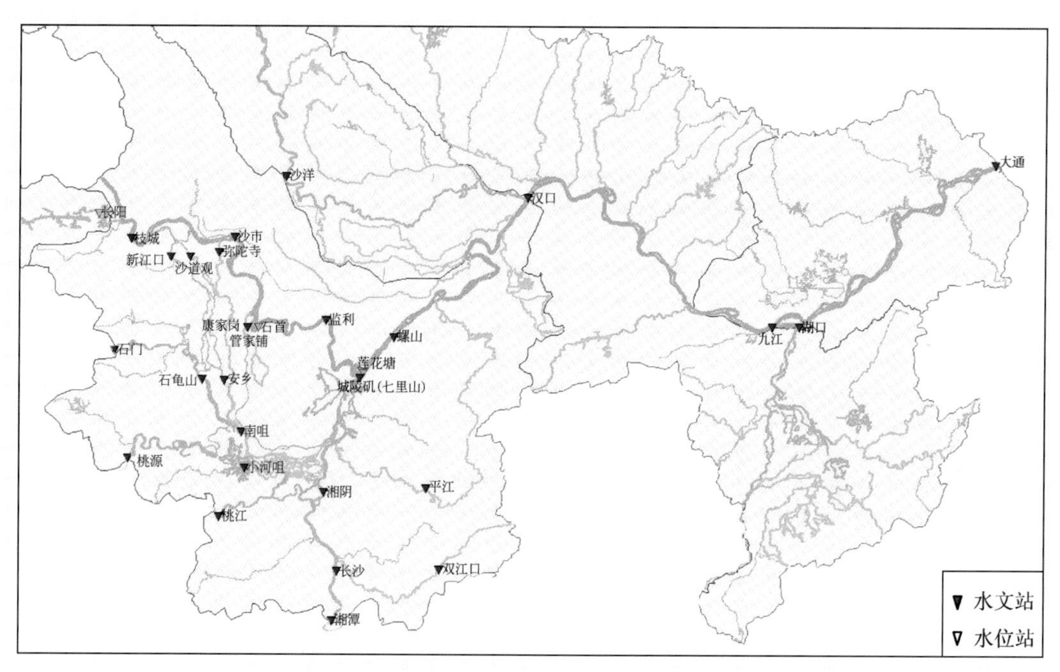

图4-41 长江三峡工程水情自动测报系统（宜昌以下河段）站网分布图

流域中心设在长江防汛抗旱总指挥部，3个水情分中心分别是荆江水情分中心、洞庭湖水情分中心和鄱阳湖水情分中心。系统建设内容主要包括水文数据采集传输系统、通信网络系统和水文情报预报系统等三大部分建设。各部分建设内容如下。

1）水文数据采集传输系统：29个遥测站水文信息（水位、雨量、流量、泥沙）自动采集设备、传输设备及3个水情分中心数据接收处理设备配置以及遥测站的水位观测设施、雨量观测设备、设备安装设施和避雷接地系统。

2）通信网络系统：6个监测工作站、3个水情分中心和通信网络中心的计算机网络设备配置与机房装修等土建工程；建设连接流域中心与3个水情分中心、6个监测工作站光纤专线。

3）水文情报预报系统开发：①信息接收处理系统。通过专线接收来自3个水情分中心的收集的雨水情信息，同时能接收气象卫星、雷达等各类信道传输的气象信息，并对接收的数据进行处理、整合、入库，供后续的洪水预报、水情服务等其他应用系统调用。并能与中国长江三峡工程开发总公司实现信息同步。②水情预报作业系统。开发宜昌以下河段水情预报作业系统，并与三峡水库入库（寸滩、武隆）流量预报会商系统进行衔接。③水情会商系统。建立完整的集空间数据管理、地图查询、信息检索、水情分析、水情预报、办公自动化等于一体的综合会商平台。④水情信息服务系统。构建应用服务平台和综合应用系统，应用服务平台由数据共享与访问控制、空间分析、遥感信息处理和专业应用等服务中间件构成；综合应用系统包括水文信息发布、水文数据查询、水文信息分析、系统维护4个子系统。

2. 系统结构

长江三峡工程宜昌以下河段水情自动测报系统由水文数据采集传输系统、通信网络系统和水文情报预报系统等三个部分组成。

水文数据采集传输系统由1个流域中心、3个水情分中心和29个遥测站组成。遥测站采用北斗卫星为主信道、PSTN为备份信道的通信方式，两种通信互为备份，自动切换。

通信网络系统是由1个流域中心、3个水情分中心以及6个监测工作站的计算机广域网组成，采用中心—水情分中心—监测站三级网络结构。流域中心负责接收3个水情分中心、6个监测工作站水情信息，进行处理、分析、预报，并报送至三峡集团公司，实现信息共享。

水文情报预报系统由水情信息接收处理系统、水情预报作业系统、水情会商系统、水情信息服务系统组成。各功能模块通过系统集成，形成一个有机整体。

长江三峡工程水情自动测报系统宜昌以下河段总体结构如图4-42所示。

3. 工作体制与信息流程

水文数据采集传输系统的工作体制采用可编程控制（现场/远地）的定时自报/事件自报/召测应答兼容的测报控一体化技术的工作体制。对人工置数的信息具有反馈确认成功信息的功能。

系统信息按以下流程汇集：

1）遥测站的水文信息（水位、雨量、流量、含沙量）直接通过北斗卫星和PSTN通信信道向水情分中心传送。

2）监测工作站的水文信息（水位、雨量、流量、含沙量）除通过北斗卫星和PSTN通信信道向水情分中心传送外，还能通过网络传送到分中心，流量、泥沙等信息通过网络与水情分中心和流域中心实现交换。

3）3个水情分中心通过专线方式向流域中心发送的所辖测站的信息。

4）流域中心将所得到的信息及预报信息再通过网络向中国长江三峡工程开发总公司传送。

长江三峡工程水情自动测报系统宜昌以下河段信息流程如图4-43所示。

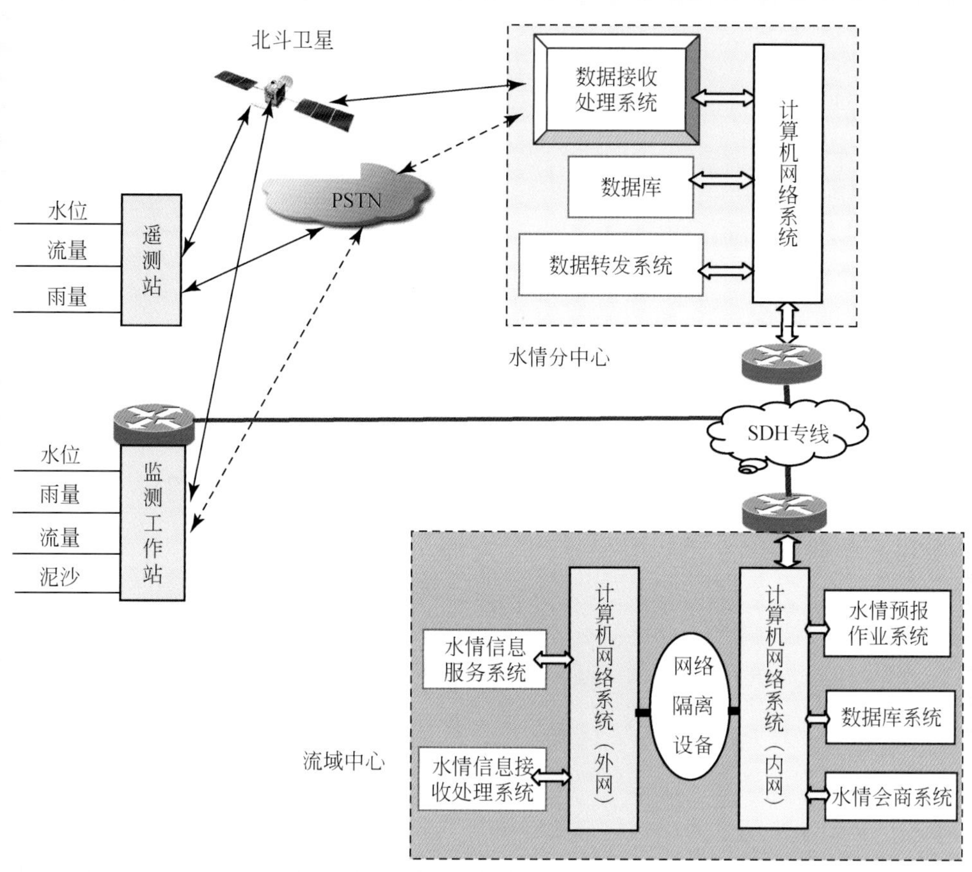

图 4-42　长江三峡工程水情自动测报系统（宜昌以下河段）总体结构示意图

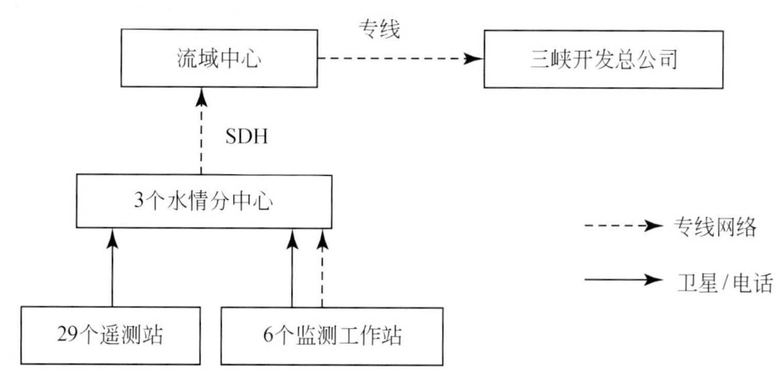

图 4-43　长江三峡工程水情自动测报系统（宜昌以下河段）信息流程图

4.5　水情预报技术研究

本章主要阐述了利用水文气象预报技术，在三峡工程施工期，开展水情预报方案及预报调度系统的研制和开发，提供可靠和及时的水情预报，为三峡工程的安全施工提供技术保障；在三峡工程进入运行期后，在三峡水库入库流量以及调洪预报方法上进行了不断地探索，研制了以分布式水文模型与基于 MIKE11 水动力学模型洪水演进相耦合的水文水力学方法，初步解决了由于水库蓄水后，三峡区间的洪水运动规律改变，所造成的原有区间预报方案已不再适应的问题；在不降低三峡水库的防洪标准，即不影响水库的自身安全以及在长江防洪中作用的发挥的前提下，通过分析长江中上游的洪水遭遇规律、洪水分期特征、中下游河道泄流能力、水文气象预报水平、预泄预报能力等，并适度承担风险的前提下，研究三峡水库中小洪水预报调度技术，充分利用现代水文气象预报技术、成果，对三峡水库进行实时预报调度，为进一步挖掘水库防洪、航运、供水、抗旱、发电等潜力，充分发挥三峡水库的综合效益提供技术支撑。

4.5.1 施工期水文预报

施工期水文预报工作是工程安全度汛、施工调度决策的重要依据和技术支持。施工期水文预报按施工阶段可分为围堰期水文预报和截流期水文预报，细分也可分为以下 4 个阶段：施工建筑基本不影响河道水流时期、施工建筑对河道水流有压缩作用期（即围堰期）、截流期预报、围堰挡水期。围堰期和施工基本不影响河道水流时期水文预报对象主要为坝址流量、上下游围堰处水位，截流期预报对象主要为坝址流量、上下游围堰处水位、龙口落差、龙口流速及导流建筑物分流比等。施工期水文预报根据预见期长短可分为短期、中期和长期水文预报。长江水利委员会水文局在 1997 ~ 2003 年开展了三峡工程施工期水文预报，主要包括大江截流期水文预报、二期围堰挡水期水文预报、明渠截流期水文预报。坝址流量及坝区重要部位（如上围堰、下围堰）水位预报称为常规水情预报，截流期龙口流速、龙口落差、龙口单宽能量等预报称为截流期龙口水文要素预报。

1. 短期水情预报

（1）预报项目及要求

三峡工程施工期常规水情预报主要为预见期 48h 内的坝址流量、坝址上游茅坪（二）水位、坝址下游三斗坪水位过程。根据工程施工及度汛要求，预见期 24h 内流量预报许可误差为 5%，水位预报许可误差为 0. 15m；预见期 24 ~ 48h 内流量预报许可误差为 10%，水位预报许可误差为 0. 30m。

（2）预报方法

A. 坝址流量预报

三峡工程施工期坝址流量预报方法主要采用传统的水文学预报方法，流域产流采用次洪 API 降雨径流模型，流域汇流使用综合单位线法，河道汇流采用马斯京根河道演算模型，进行河道分段连续演算，各段马斯京根河道演算公示见式 4-1 ~ 式 4-3，计算时段长 6h。为了解决降雨分布不均的问题，将寸滩、武隆至宜昌区间划分为寸滩至清溪场左岸、寸滩至清溪场右岸、清溪场至万县、万县至奉节、奉节至巴东、巴东至宜昌 6 个子区间，分别制定各子区间的产汇流模型，计算各子区间出流。

寸滩（武隆）至清溪场，传播时间 12h。

$$Q_{清t+12} = 0.112 \times Q_{寸t+12} + 0.823 \times Q_{寸t} + 0.065 \times Q_{清t} \tag{4-1}$$

清溪场至万县，传播时间 18h。

$$Q_{万t+18} = 0.187 \times Q_{清t+18} + 0.430 \times Q_{清t} + 0.383 \times Q_{万t} \tag{4-2}$$

万县至宜昌区间，传播时间 18h。

$$Q_{宜t+18} = 0.325 \times Q_{万t+18} + 0.325 \times Q_{万t} + 0.350 \times Q_{宜t} \tag{4-3}$$

日常水情预报以寸滩流量过程加上武隆错后3h（即寸滩t时刻，武隆为t+3时刻）合成流量过程作为入流，经河道演算至清溪场后，加上寸滩至清溪场（左右岸）区间来水即为清溪场的流量预报过程，经过实时校正后得到清溪场预报流量过程；由清溪场预报流量过程经过演算至万县，加清溪场至万县区间的径流过程，经实时校正后得万县预报流量过程；由万县预报流量过程演算至宜昌，加移后12h的万县至奉节区间径流过程、移后6h的奉节至巴东区间来水过程及巴东至宜昌流量过程，实时校正后即得宜昌预报流量过程，即三峡工程坝址预报流量过程。

B. 坝区水位预报

三峡工程坝区茅坪（二）、三斗坪水位预报主要采用相关图法，相关图法简单、实用，并具有实时校正功能，在我国水情预报中被广泛使用。为预报茅坪（二）、三斗坪水位制作了茅坪（二）、三斗坪与坝址流量相关关系方案、茅坪（二）与三斗坪水位相关关系方案、巴东水位与茅坪（二）、三斗坪水位相关关系方案，多方案、多途径对比分析，最终综合分析确定茅坪（二）、三斗坪水位预报过程。

2. 截流期龙口水文要素预报

三峡工程分别于1997年11月8日、2002年11月6日实现了二期围堰大江截流和三期围堰明渠截流。长江委水文局承担了2次截流的龙口水文要素预报工作。龙口水文要素预报影响因素复杂，技术难度大，要求高。为提高预报精度，采取了多方法、多途径同时并举，最后由预报员会商综合分析，确定预报发布值的技术路线。两次截流采用的技术方法、预报发布对象基本相同，本节主要以三期围堰明渠截流阐述截流期龙口水文要素预报技术（牛德启和郑静，2003）。

（1）预报项目

根据施工需要，三期围堰明渠截流期龙口水文要素预报确定预报项目包括：导流底孔分流比、龙口流量、截流总落差、上龙口落差、下龙口落差、上龙口平均流速、上龙口最大流速、下龙口平均流速、下龙口最大流速等9项。

（2）预报方法

根据二期围堰大江截流龙口水文要素预报经验，三期围堰明渠截流龙口水文要素预报采用了行之有效、较为成熟的相关图法和龙口堰流水力学计算、实时跟踪模型等三种方法。

A. 相关图法

因截流期影响当时水流状况的工程尚未施工，编制龙口水文要素预报相关图方案时与天然河道不同，只能依据少量的水工模型试验资料。在准备工作阶段，根据模型试验资料，以坝址流量为主变量，以上下龙口口门宽为参变量建立了以下16种相关图方案：

1）坝址流量-导流底孔分流比相关图，为以上下龙口口门宽为参数的四变数相关图（图4-44），预报导流底孔分流比，进而计算龙口和导流底孔过流量。

2）坝址流量-龙口流量相关图，为以上下龙口口门宽为参数的四变数相关图，用此图直接查算龙口流量，与用分流比计算的龙口流量相互检验。

3）坝址流量-总落差相关图，为以上下龙口口门宽为参数的四变数相关图（图4-45）。

4）坝址流量-落差分配比相关图，为以上下龙口口门宽为参数的四变数相关图，用落差分配比乘以总落差计算上下龙口落差。

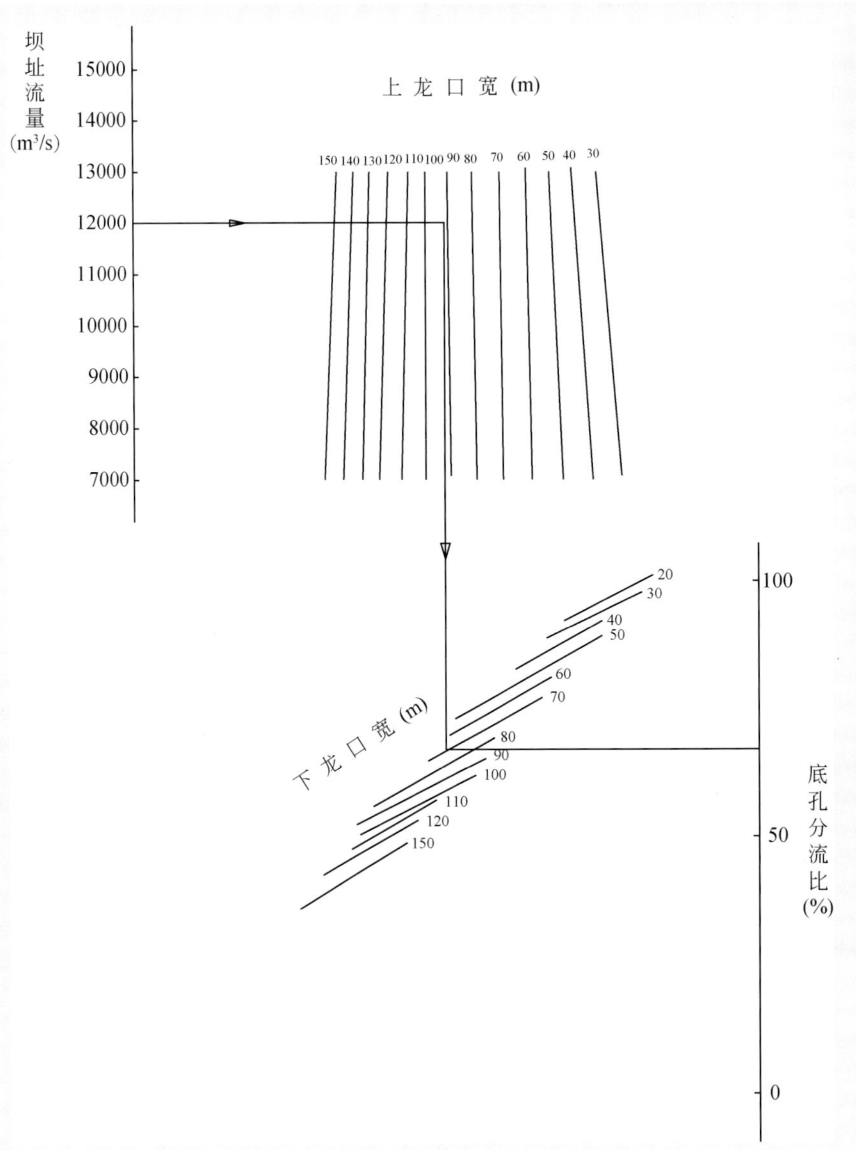

图4-44　坝址流量-导流底孔分流比相关图

5）坝址流量-上龙口断面平均流速相关图，为以上下龙口口门宽为参数的四变数相关图。

6）上龙口断面平均流速-上龙口最大点流速相关图。

7）坝址流量-上龙口中线最大点流速相关图，为以上下龙口口门宽为参数的四变数相关图。

8）坝址流量-上龙口左堤头最大点流速相关图，为以上下龙口口门宽为参数的四变数相关图。

9）坝址流量-上龙口右堤头最大点流速相关图，为以上下龙口口门宽为参数的四变数相关图。

10）坝址流量-下龙口断面平均流速相关图，为以上下龙口口门宽为参数的四变数相关图。

11）下龙口断面平均流速-下龙口最大点流速相关图。

12）坝址流量-下龙口中线最大点流速相关图，为以上下龙口口门宽为参数的四变数相关图。

13）坝址流量-下龙口右堤头最大点流速相关图，为以上下龙口口门宽为参数的四变数相关图。

14）茅坪（一）水位-导流底孔流量相关图（底孔泄流能力曲线）。

15）坝址流量-茅坪（二）水位相应关系图，以上下龙口口门宽为参数的四变数相关图，用以确定茅坪（二）水位预报值。

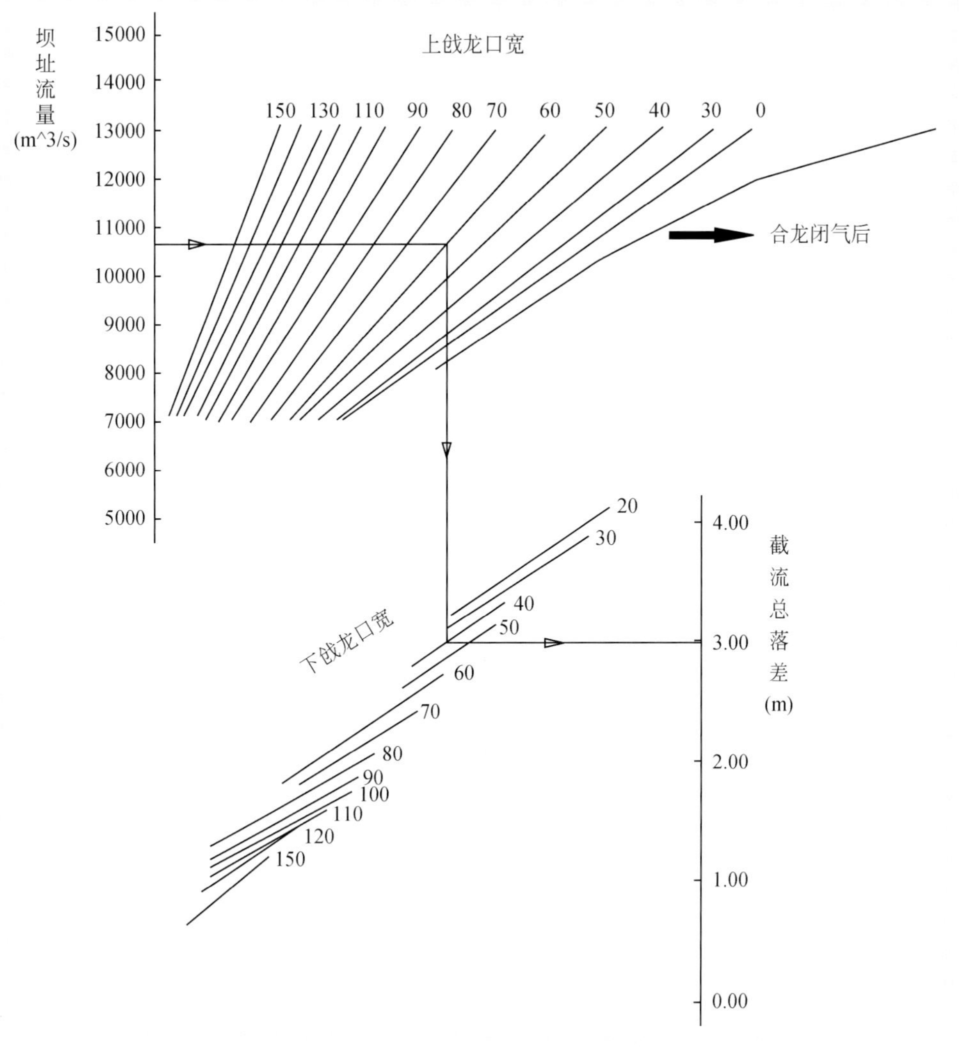

图 4-45 坝址流量-总落差相关图

16）三斗坪水位-坝址流量相应关系图，常规水情预报所用相关图方案，用以确定三斗坪水位预报值。

B. 龙口堰流水力学计算

a. 龙口堰流水力学计算公式

明渠截流的龙口堰流水力学计算主要采用改进的宽顶堰龙口水力学计算公式，其公式形式为

$$Q = m \cdot B \cdot h\sqrt{2gz_0}$$

式中，B 为龙口平均口门宽；$m=\varphi\varepsilon$ 为流量系数，使用时不分别考虑流速系数 φ 和侧收缩系数 ε，只考虑整体 m；h 为龙口区平均水深；$z_0=\Delta H+\dfrac{v_0^2}{2g}$ 为堰前水头；$\Delta H=H_{上}-H_{下}$ 为龙口落差；v_0 为行近流速。

b. 流速系数 m 的确定

水力学堰流公式用于作业预报时，最关键的问题是龙口流量系数的外推预测。根据实测的各组水尺水位和龙口断面图以及流量、流速资料，可以反推出流量系数 m，但是由于各要素的获得都带有不可避免的误差，如 h、v_0 的近似性较大，导致估算的 m 值误差较大。因此，采用试算法合理分配误差。在计算机上实现交互式计算，以修改流量系数 m 为驱动，将计算的结果绘制为水面线，与实测水面线进行综合比较，二者趋势吻合且 m 取值合理，即为所求。不断分析实测资料，进行试算，建立 m 值的变化序

列，从中找出 m 与龙口口门水面宽、龙口过流量等因素之间的关系，根据 m 值的变化方向进行预测。

c. 龙口堰流水力学预报

有了预报的 m 值，可以根据预见期中龙口流量预报值及龙口断面预测结果，用龙口堰流公式计算出龙口落差（或上下游水位）。根据大江截流经验，龙口下游水位（三斗坪）基本不受龙口变化的影响，可以根据预报的来水量首先预报出来，龙口落差的预报转化为对上游［茅坪（一）］水位的预报，由于公式中的 h、z_0 和 v_0 是互为因果的相关关系，所以上游水位的预报也采用试算法。在计算机上实现交互试算，通过预报对象中对某个因子的假定，得出相应的变量和上游水位，绘制水面线，通过对水面线的合理性的审查来判断预报值的可信程度。这个判断的依据是前期实测水面线和在水工模型试验、大江截流原型观测得到的水面线变化趋势规律。

在 1997 年 10 月 27 日 ~ 11 月 5 日，应用龙口堰流水力学交互系统进行了 14 次龙口落差的预报，包括总落差和上下龙口落差 3 个项目，预见期为 12h 和 24h。从评定结果看，预见期 12h 截流总落差预报平均误差为 0. 08 m，预见期 24h 平均为 0. 17m。

C. 水位预报实时跟踪模型

应用 CRFPDP（一般线性汇流模型，长江水利委员会水文局研制）模型进行龙口落差预报是通过实时跟踪预报上游［茅坪（一）］和下游（三斗坪）的水位来实现的，本次截流落差预报运用 CRFPDP 模型时总结了大江截流时水位实时跟踪预报的经验和不足，进行了以下改进：

1）计算时段改用 24h，分别建立 8 时水位和 20 时水位的预报模型，以避免葛洲坝水库发电负荷日调节波动带来的影响。

2）三斗坪站水位基本不受龙口口门的影响，模型采用奉节流量和葛洲坝坝上水位两个输入变量，追踪预报三斗坪水位。将原用的奉节水位改为流量是考虑当茅坪（一）水位壅高 2m 后，将可能影响奉节水位，故改用流量以避免不利的影响。

3）茅坪（一）水位跟踪模型采用 4 个输入端，用奉节流量代表来水的影响，葛洲坝坝上水位代表水库日调节调度的影响，再用上龙口、下龙口水面宽代表龙口进占因素的影响。

4）不用进占前资料而用进占开始后的实测资料进行模型参数率定。

3. 三峡截流专家交互式预报系统

1997 年，为了配合三峡工程大江截流龙口水文预报的开展，开发了“三峡专家交互式截流预报系统”（葛守西，2002），此后在三峡明渠截流中进一步补充完善。该系统在 Visual Basic 开发平台上实现，包括三峡区间来水量预报和龙口水文要素预报两部分，基本功能包括：龙口口门预报，截流龙口堰流计算，水位预报、流量预报（坝址），流速预报等。其中常规洪水预报系统中的水雨情信息的查询、配套的信息服务功能都是完整的。这里只对龙口口门预报、截流龙口堰流计算以及用于水位预报的实时跟踪模型功能中的主要技术进行说明。

（1）龙口口门预测

对处于不断进占而缩小的戗堤龙口，欲预报龙口水文要素的变化，首要的任务就是要能预测龙口断面缩小的实施进程。虽然，这不是水文预报本身能完成的任务，但它是进行龙口水文预报的基本条件，必须由预报人员作出准确的判断和把握，并作为后续龙口预报的基本依据。

龙口断面预测的基本依据是截流施工的实施计划，按每日抛投方量或每日进占口门宽度，依据截流戗堤抛投面的边坡值，实现施工进占不同阶段龙口断面形状的预测。

根据人工估计作业与处理思路，应用计算机图形交互技术设计开发此模块，把计算依据的条件和计算过程、结果显示用一个工作界面联合在一起，使预报员能最快地完成这一计算。在工作界面上（图4-46和图4-47），以计算的进占距离、进占点高程为输入，依据设计的戗堤头过水界面边坡坡度，在戗堤大断面图上进行绘图和图形交互，以实测断面为参照体系，进行形态调整，最后根据预报水位进行图上交互计算，求出过水断面面积、龙口口门宽度、平均水深和抛投量。其效果与作业是一致的，使用该模块修正、试算过程变得快速和简捷，并在图上填充不同颜色反映断面动态变化过程，帮助预报员更好地掌握进占信息。

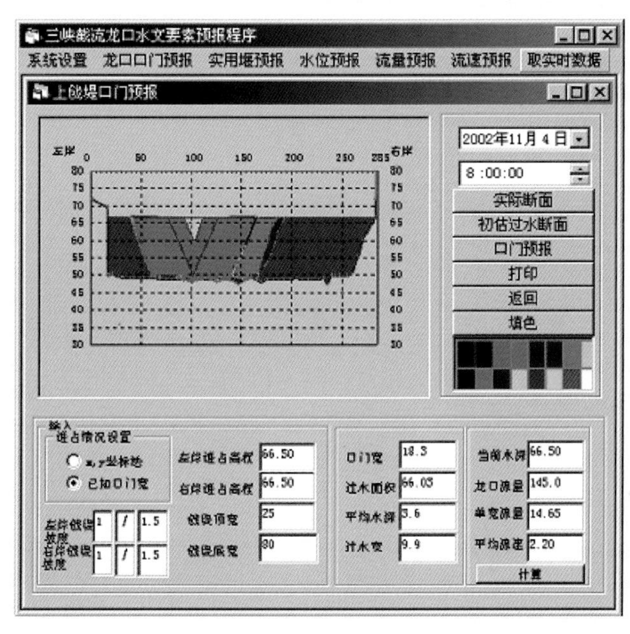

图4-46　上戗堤龙口断面的预测（系统运行截图）

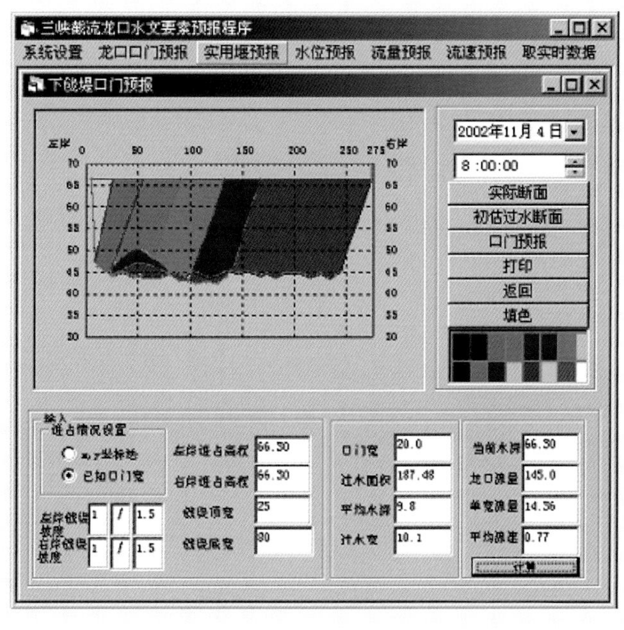

图4-47　下戗堤龙口断面的预测（系统运行截图）

(2) 龙口堰流水力学计算

在龙口水文要素预报中，龙口落差除采用相关图预报方法外，还采用堰流公式，依据龙口流量来反推堰上下游水位，以预报落差。

在截流龙口应用堰流水力学公式来预报龙口落差时，有三方面的困难。首先，困难在于流量系数 m 的预测上。当堰上水流的流量、落差等水力要素可以观测得到时，流量系数 m 可以从实测资料进行反推得到。但是，在截流计算实践中发现，截流龙口反推的 m 值有着随机的跳动，跳动有时很大，很难把握。其次，m 值的外推相当困难。由于截流预报是预测未来龙口进占后的变化，反推的 m 值只代表当前的状况，需要外推，在 m 值随机跳动很大时，这是非常困难的课题。其原因是，m 取值的微小差异对龙口落差计算的准确度影响极大，确保外延的准确，要求极高。再次，用堰流公式反算堰上下水位和龙口落差时，堰流水力学公式中与龙口落差有关的有 3 个变量：堰顶水深（或堰顶高程）、堰上水位和堰下水位，即使将堰下水位先行确定（预报）出来，依然有两个互相依存的相关变量，如何确定预报值也存在困难。

为了解决这些困难，在开发用于龙口水文预报的水力学方法时，采用了计算机图形技术和交互试算原理，设计开发了设计了流量系数 m 的交互试算和龙口落差的交互预报，本模块将预报试算的反复过程交由预报员控制，使数学模型与预报人员的经验和计算机交互技术有机结合起来，解决了在作业预报中人工分析计算、试错烦琐耗时问题。

A. 流量系数 m 的交互试算

改进的宽顶堰水力学公式中除 m 外，其余参数根据现场观测的各组水位、龙口断面图，以及流量、流速资料均为已知，由此可以反推 m。但是，由于各个要素的获得都带有不可避免的误差，如龙口平均水深 h 等的估算本身就存在误差，导致估算 m 的误差较大，有时还会产生很大的跳动，这时外推 m 值便很不可靠，影响预报精度。为避免将误差代入 m 而产生不合理现象，采用试算合理分配误差。先假定 m 值，反过来计算式中其他参数，求出水面线并在图上绘制出来，与实际水面过程线对照，反复调整 m 值试算，得到相对合理的 m 值。

为避免将误差代入 m 而产生不合理现象，采用试算合理分配误差。先假定 m 值，反过来计算式中其他参数，求出水面线并在图上绘制出来，与实际水面过程线对照，反复调整 m 值试算，得到相对合理的 m 值。

在试算 m 值时，水面线形态的合理性是一个重要标志，究竟什么时候调整到最佳，这就要依靠预报员的分析技术和能力。通过对截流各阶段龙口上下水面线的实测形态与随着截流进展产生的历史演变的观察，这种变化规律是可以掌握的，只是要定量地描述它尚有困难。图 4-48 为从试算 m 交互作业工作界面上观察到的龙口段水面线。

B. 龙口落差的交互预报

在用水力学堰流流量公式预报龙口落差时，有了外延预报 m 值，龙口落差仍不能简单地用公式计算出来。由于宽顶堰水力学公式中有互为因果的变量，因而必须采用试错法。假定龙口区平均水深 h，从而得出其他相应的变量和上下游水位，通过对水面线合理性的审查来判断预报值的可信程度。同时还可微调 m 值再试算。

这种方法比较适用于龙口进占非高强度时的龙口落差预报，如果龙口未来进占高强度时，由于估算未来水面线变化趋势难度加大，参数调整控制误差增加，从而使预报误差加大。

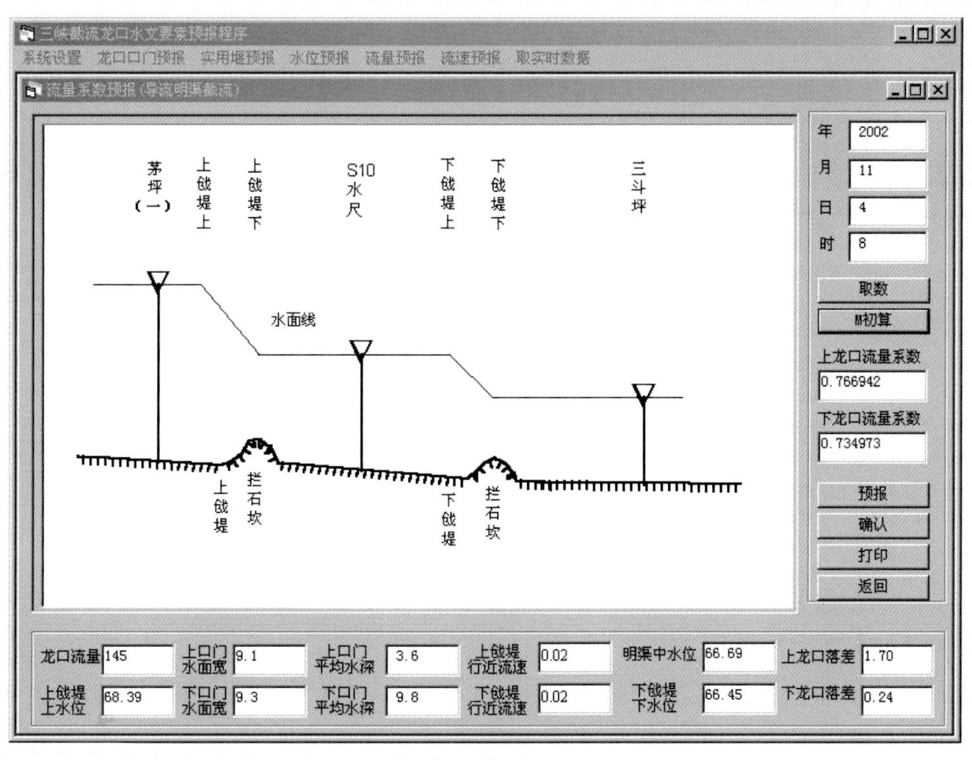

图 4-48　*m* 的试算（系统运行截图）

（3）实时跟踪模块

三峡大江截流预报的一个难点是截流龙口上下游水位的预报。由于葛洲坝水库日调节调度的影响，水位剧烈地波动。而龙口口门宽的变化又造成水力条件的变化。仅仅相关图预报方案已不能完全满足需求，应用衰减记忆（长江水利委员会水文局研制的 CRFPDP 汇流模块）和有限记忆方法，建立两种实时跟踪的预报方案，用于直接跟踪预报实际龙口进占过程中龙口上、下游水位的变化过程。

A. 龙口堰上水位跟踪

对于堰上水位（5#水尺），预报因子选择来水流量（以奉节流量代表）和坝区上不受截流影响的一组水尺的水位［茅坪（二）］作为系统输入，而堰上水位作为预报输出，建立有限记忆的相关差分模型进行动态跟踪预报。

B. 龙口堰下水位跟踪

对于堰下水位（7#水尺），预报因子选择来水流量（奉节）和三斗坪水位为输入实施跟踪预报。

采用 1995 年、1996 年、1997 年 5 ~ 8 月资料建立了三峡大江截流龙口上下游水位的跟踪预报模型，率定相关参数，获得状态参数初值。

基于实时跟踪模型开发了独立运行模块，其运行分为 5 个步骤：

1）启动作业程序，确定作业预报依据时间；

2）从数据库中调入预报依据内时间之前的已知各输入变量的数据；

3）在使用显示差分模型时，需输入预见期内输入变量的预测值，它可由预报员从其他途径外推确定；

4）进行实时跟踪作业，包括将前次作业时存库的模型动态状态参数递推到当前作业预报时刻，再用此新参数作外推预报；

5）预报结果存库，并显示（数字和图形）到界面上供预报员观察。

（4）应用情况及效果

截流预报系统建成后应用于三峡工程大江截流、明渠截流龙口水文要素预报，解决了人工分析计算、试错烦琐耗时的问题。交互式预报模式提高了预报员分析的工作质量。预报员为了深入分析问题，常常要对预报依据条件进行假定，以了解条件变化后对预报结果的定量影响，有了交互式模块，试算非常方便，使预报员分析时的定量依据更为充分。

因此，应用交互预报系统，预报员的综合分析更为有效，并使最终发布预报精度大大超过各个数学模型计算成果的水平。

4. 技术难点及解决方法

（1）葛洲坝日调节影响

葛洲坝电站在三峡坝址下游38km处，是一个日调节调度的径流式电站，其日调节调度使三峡工程坝区水位产生跳跃性的变化并产生一个附加流量，因此三峡坝址流量应包含坝址天然来水量和由葛洲坝电站调度产生的附加流量。葛洲坝坝前水位一般每天8时高，20时低，当来水流量为10 000 m^3/s左右时，平均而言，8时负附加流量约400m^3/s左右，20时正附加流量约200m^3/s左右，经茅坪（二）站水位与三斗坪站水位的落差–坝址来水流量关系线分析，附加流量对总落差的影响约为0.30m左右。在截流期枯水季节，坝址天然来水量变幅不大的情况下，对龙口水文要素预报及坝址流量预报产生了较大影响。通过分析及长期预报经验积累，采用数字滤波平滑波动、分类相关处理波动、加大采样步长至24h跳过波动等一系列处理方法，同时，采用巴东（奉节）与黄陵庙的平滑流量建立水位流量关系单一线，确定不受葛洲坝调度影响的天然来水量，大大降低了葛洲坝日调节调度对预报的影响。

（2）准确的龙口进占施工信息

龙口水文要素预报的相关图方案及其他模型是根据水工模型试验成果建立的预案，实时作业预报时需根据龙口进占情况（口门宽）、实测龙口水文要素资料进行不断修订；龙口进占开始后，龙口水文要素变化速度快，及时、准确掌握施工进展及实测信息对做好龙口水文要素预报至关重要。在龙口水文要素预报中，保持与施工部门、水文要素监测部门及时信息沟通，确保准确掌握第一手资料，也是提高预报准确度的关键。

4.5.2 运行期水文预报

三峡水库蓄水运行后，预报服务内容转变为入库流量过程和库水位过程预报。由于水库蓄水后，改变了三峡区间的洪水运动规律，以及动库容的影响巨大，原有的区间预报方案已不再适应。经过近几年的预报实践，已逐步形成了以分布式水文模型和水动力学洪水演进相结合的水文水力学方法进行区间预报，并采用水动力学方法进行水库调洪演算，经过作业预报运行检验，初步证明了这是行之有效的技术途径。

三峡水库的入库流量主要由长江干流寸滩站、乌江控制站武隆站及三峡区间三个部分来水组成，寸滩站、武隆站预报方法与常规相同，以下主要对三峡区间和入库流量以及调洪演算方法进行介绍。

1. 三峡区间预报模型研究

寸滩、武隆至三峡区间呈东西向狭长带状分布，区间支流水系均较短。左岸支流依次有御临河、龙溪河、渠溪河、小江、汤溪河、梅溪河、大宁河、沿渡河、香溪；右岸有木洞河、乌江、龙河、磨刀溪、长滩河、大溪河、清港河等主要支流组成（图 4-49）。两岸支流流程短、坡度大，汇流迅速，一般数小时洪峰便到达出口，注入长江。

三峡区间来水预报包括区间小流域、无控区间的降雨径流和流域汇流计算以及河道演算。三峡区间产汇流主要采用分布式新安江模型和 NAM（丹麦语 Nedbr-Afstrmnings-model 的缩写，意为降雨径流模型）模型，水库沿程汇流采用水动力学演算方法。水动力学模型是基于圣维南方程的求解，应用丹麦水力学研究所开发的 MIKE11 模型。

（1）分布式新安江模型

寸滩至三峡坝址段划分为寸滩至清溪场段、清溪场至万县段、万县至奉节段、奉节至巴东段、巴东至三斗坪段 5 段，区间划分为 28 个流域单元（三峡坝址以上为 26 个流域单元）。模型产流算法与常规的三水源新安江模型相同，采用日模型与次洪时段模型相结合的方法进行计算，汇流采用无因次汇流曲线。

（2）NAM 模型

根据流域内分区的流量过程，以及三峡区间的水系分布和水文测站的控制情况，将整个区间分为 13 个分区建立 NAM 降雨径流模型，其有水文站控制，可以率定的分区有 8 个，再根据参数率定情况，综合分析移用到其他分区中。

A. 模型结构

NAM 是一个确定性概念性的集总式模型，是由一系列用简单定量格式描述水文循环中各种陆相特征的模型上连接起来的。模型通过降雨连续计算降雨损耗、地表径流、壤中流及地下径流过程，其结构类似于新安江模型，但只需通过流域蒸发能力（潜在蒸腾蒸发量）计算蒸发损耗，而不需要对具体场次洪水计算净雨量。模型共分四层结构分别模拟流域不同蓄水层（融雪层、地表水、壤中流、地下水）的水流过程（水利部水文局和长江水利委员会水文局，2010）。

NAM 模型结构如图 4-50 所示。

B. 模型参数

NAM 所有参数都有一定的物理概念，参数值通过率定得到。NAM 模型参数及各分区参数参见表 4-6 和表 4-7。

（3）MIKE11 模型

MIKE11 模型应用于三峡区间河道汇流演算，上游边界为寸滩、武隆的入流过程，下边界为沙市的水位流量关系以及三口分流入湖控制站新江口、沙道观、弥沱寺的水位流量关系，并在三峡水库和葛洲坝设置水工建筑物等水力结构 MIKE11-SO 模拟水库的调度，其中三峡水库的水力结构包括泄洪表孔、泄洪深孔、排漂孔、排沙孔、船闸用水、发电机组等。

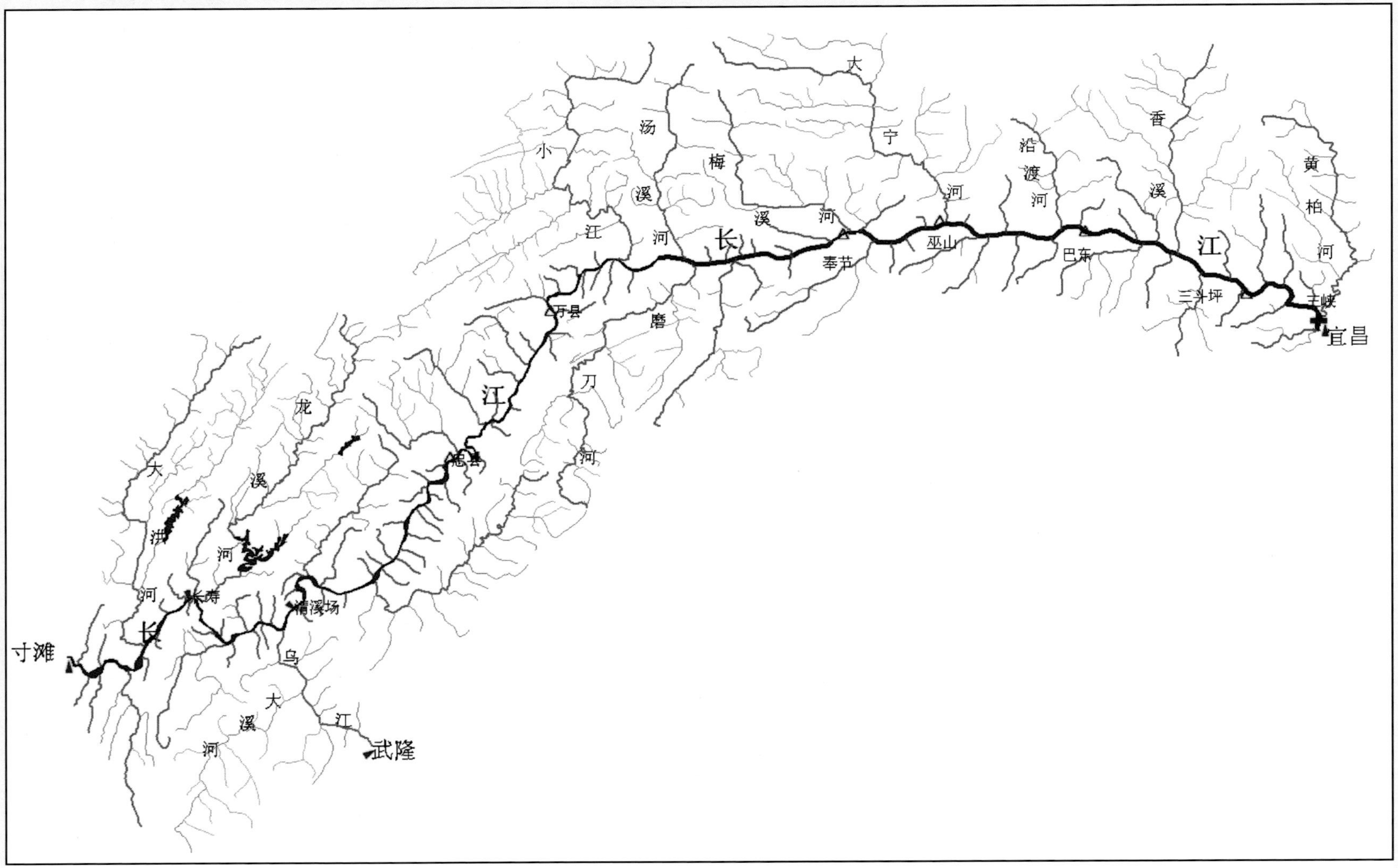

图 4-49　三峡区间流域水系图

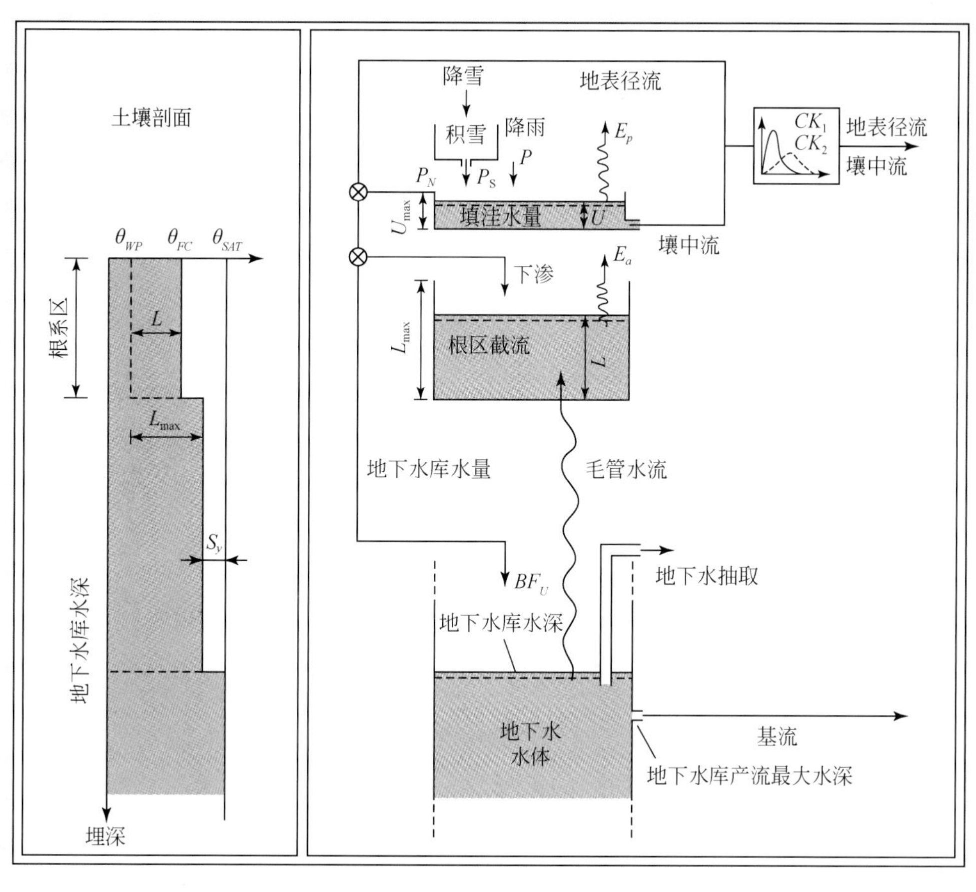

图 4-50　NAM 模型结构

表 4-6　NAM 模型基本参数

参数	描述	影响	一般取值范围
U_{max}	地表储水层最大含水量	坡面流、入渗、蒸散发和壤中流。控制总水量平衡计算	10～25mm
L_{max}	土壤层/根区最大含水量	坡面流、入渗、蒸散发和基流。控制总水量平衡计算	50～250mm，$L_{max} \approx 0.1 * U_{max}$
C_{QOF}	坡面流系数	坡面流和入渗量。控制峰值流量	0～1
C_{KIF}	壤中流排水常数	由地表储水层排泄出的壤中流。控制峰值产生的时间相位	500～1000h
TOF	坡面流临界值	产生坡面流所需的最低土壤含水量	0～1
TIF	壤中流临界值	产生壤中流所需的最低土壤含水量	0～1
TG	地下水补给临界值	产生地下水补给所需的最低土壤含水量	0～1
CK_{12}	坡面流和壤中流时间常数	沿流域坡度和河网来演算坡面流	3～48h
CK_{BF}	基流时间常数	演算地下水补给。控制基流过程线形状	500～5000h

表 4-7　三峡区间各子分区参数成果表

符号	U_{max}	L_{max}	C_{QOF}	C_{KIF}	$CK_{1,2}$	TOF	TIF	TG	CK_{BF}
U1	15	120	0.7	500	20	0	0.9	0	2000
U2	15	120	0.7	500	18	0	0.9	0	2000

续表

符号	U_{max}	L_{max}	C_{QOF}	C_{KIF}	$CK_{1,2}$	TOF	TIF	TG	CK_{BF}
U3	15	120	0.7	500	15	0	0.9	0	2000
U4	15	120	0.7	500	16	0	0.9	0	2000
U5	15	120	0.7	500	12	0	0.9	0	2000
C1	12	101	0.8	621	6	0.175	0.957	0.113	1484
C2	10.1	293	0.8	434.4	11	0.028	0.934	0.923	2708
C3	19.8	290	0.7	642.5	12	0.168	0.964	0.012	1475
C4	17	103	0.8	214	8	0.1	0.07	0.4	1100
C5	10.5	185	0.8	538.9	10	0.135	0.872	0.967	2021
C6	10	108	0.7	265	10	0.040	0.010	0	1074
C7	10.2	114	0.8	425.8	9	0.023	0.330	0.205	1025
C8	16.2	149	0.65	241.2	9	0.678	0.956	0.595	1060

A. 模型原理

MIKE11 模型均采用一维一层（垂向均质）的水流模型，为模拟河流水流的隐式有限差分模型。

模型根据河网文件确定各节点之间距离，以及河网分布与河道之间连接，再根据断面数据文件确定各节点的河道断面，并将两相邻断面之间的河床先行内插，从而形成整个河网数学模型。模型将两断面间河道线性均化并作为一微分单元体，采用 6 点中心隐格式求解圣维南方程组，根据入流（上游、旁侧来水）过程对该单位体求解并得到出流及水位涨退过程，且该出流过程作为下一相邻单元体的入流，自河道上游至下游依次求解各单元体的流量水位过程以求洪水在河道中的传播过程。其数值计算采用传统的“追赶法”，即“双扫”法。

为提高模型精度，模型在预报过程中加入了实时校正功能。

B. 模型参数

MIKE11 模型参数主要为河道阻力系数，模型中通常转换为率定曼宁系数 M。三峡库区预报模型中以寸滩站为河道起点，断面糙率按下、中、上 3 层分布，即区 1、区 2、区 3。河道分段参数成果如表 4-8 所示。

表 4-8　寸滩至三峡河道分段糙率率定成果表

起点距（km）	区 1	区 2	区 3
0	22	28	26
35.59	22	28	26
35.59	18	20	16
99.595	18	20	16
99.595	26	24	22
182.51	26	24	22
182.51	32	30	35
275.46	32	30	35
275.46	40	45	50
376.272	40	45	50

续表

起点距（km）	区 1	区 2	区 3
376.272	14	14	14
460.6355	14	14	14
460.6355	10	10	10
508.8845	10	10	10
508.8845	16	14	14
605.293	16	14	14

C. 模型计算方法

在入库流量过程（平滑）计算的基础上，不考虑寸滩至三峡坝址的区间流域的来水影响，计算仅仅考虑上游来水情况下的入库流量过程，与计算入库流量相减得到区间来水的过程并与实测分割的区间来水过程对照。

三峡区间实际来水分割采用方法为宜昌流量错时减去寸滩站、武隆站流量，然后再加上三峡水库拦蓄量。因三峡水库蓄水后洪水传播时间有较大的改变，在分割时寸滩站、武隆站至三峡大坝的传播时间分别取 24h、18h；模拟区间来水与前面介绍用包括区间来水模拟结果减区去不包括区间来水模拟结果，并在分割时下边界分别采用恒定水位和实际库水位作为下边界。

2. 三峡入库流量预报模型

三峡入库流量预报采用河道流量演算模型和 Mike 11 模型两种。

（1）库区河道流量演算模型

演算方法为马斯京根模型，为了将来水演算至入库点，采用错时叠加干支流入库控制站流量并考虑演算计算入库流量过程，既考虑采用干流寸滩、支流武隆的流量值，也反映实际入库点位置偏下的现实，采取错时叠加，既考虑平移，也适当坦化，三峡水库目前采用的演算公式为

$$Q_{入,t} = k(Q_{寸,t-2\Delta t} + Q_{武,t-2\Delta t}) + (1-k)(Q_{寸,t} + Q_{武,t}) + Q_{区,t} + \Delta q$$

式中，Δt 取 6h（考虑三峡水库汛期入库点在清溪场～忠县附近）；k 为权重系数；Δq 为三峡水库的稳定基流；ΔQ_t 为三峡水库区间洪水。

（2）Mike 11 模型

在三峡水库的预报调度实践中，建立三峡区间 MIKE11 模型的水力学模型，上边界为寸滩站、武隆站流量，下边界为三峡水库库水位。三峡区间来水采用水文学模型计算其产汇流，并按旁侧入流加入到相应的河段。计算坝前入库流量时，将模型下边界三峡水库库水位固定为水库不调度水位，计算所得坝址断面流量即为坝前入库流量，该流量过程不受水库调度的影响，典型计算成果如图 4-51 所示。

3. 三峡水库调洪计算方法

三峡水库在来水过程及库水位变化较大时由于巨大动库容的影响，采用常规的静库容调洪演算方法计算误差很大，而采用 MIKE11 水动力学模型进行实时预报调度可在一定程度上克服动库容影响，其计算主要分以下 3 种方式：

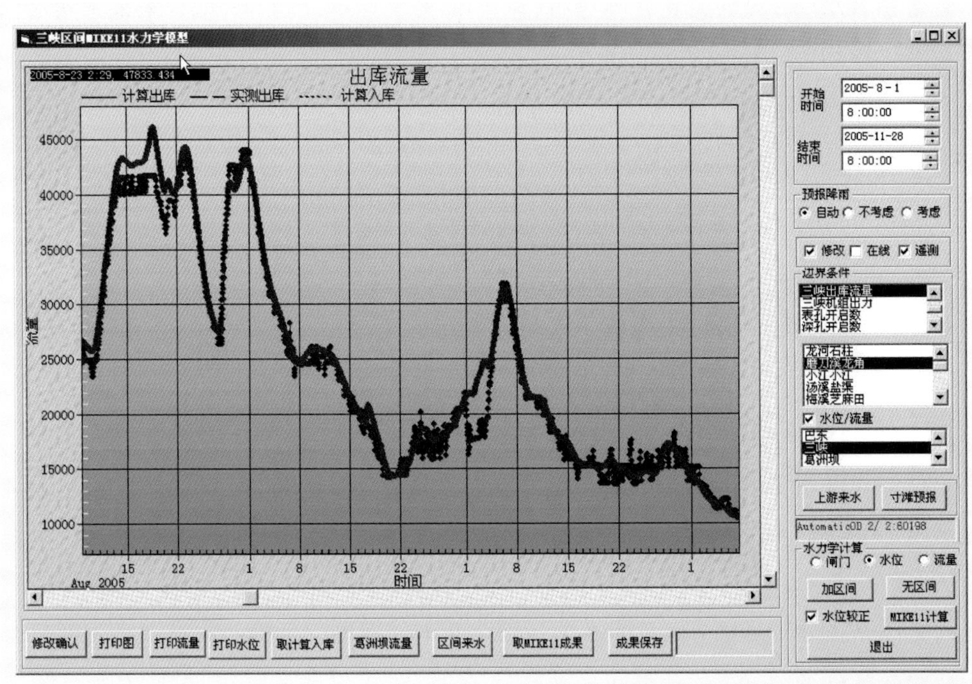

图 4-51　2005 年 8 至 10 月计算三峡入库流量与实测过坝流量对照

（1）维持坝前水位不变（预报来水过程）

按照坝前水位不变控制，上游边界采用寸滩、武隆流量过程，下游边界采用维持不变的库水位过程（即为水库不调度），区间各个子流域的来水过程采用水文模型计算并以旁侧入流方式加入干流河道，计算坝址流量为维持库水位不变的出库流量，即为坝前入库流量。若上述模型中不包括三峡区间来水过程，所计算的坝前入库与前者之差即为三峡区间汇至坝前的来水过程。此模型预报计算过坝流量及其来水组成，可作为调度基础。

（2）控制最高库水位

以方式一（维持坝前水位不变）的计算结果为依据，给定符合调度规程的最高控制水位及预期的库水位涨落过程，预报计算出库流量过程。模型上边界同方式一，下边界为预期库水位涨落过程，计算坝址流量即为控制出库流量。此模型计算实质为给定库水位演算出库流量过程，其计算结果可作为以控制出库流量演算库水位的基础。

（3）给定出库流量过程

方式一（维持坝前水位不变）预报的坝前流量，及方式二计算控制最高库水位的出库过程为依据，根据实际调度中的可操作性，选定一系列出库流量过程演算库水位，以计算的库水位（调度后库水位）过程能满足实际要求为前提，综合考虑其他效益，选取最为合理的出库过程（优化）。此模型以预报过坝流量及控制的最高库水位为目标，优化出库过程的调度模型。

当来水量较小，或坝前水位变化不大时，采用静库容的调洪演算的方式来演算并进行实时，大多情况下计算误差小于或与 MIKE11 模型误差相当，因此可采用静库容调洪演算方法。

图 4-52 和图 4-53 分别给出了利用 MIKE11 水动力学模型采用水位控制和出库流量控制两种不同方式实现水库调洪计算的典型示例。前者在实际应用中通过输入未来三峡水库的库水位过程作为水位

调度目标，计算得到水库需要下泄的流量过程和闸门的开启过程。后者则输入未来三峡水库的出库流量过程作为流量调度目标，计算得到水库水位过程，实现水库的调洪演算。

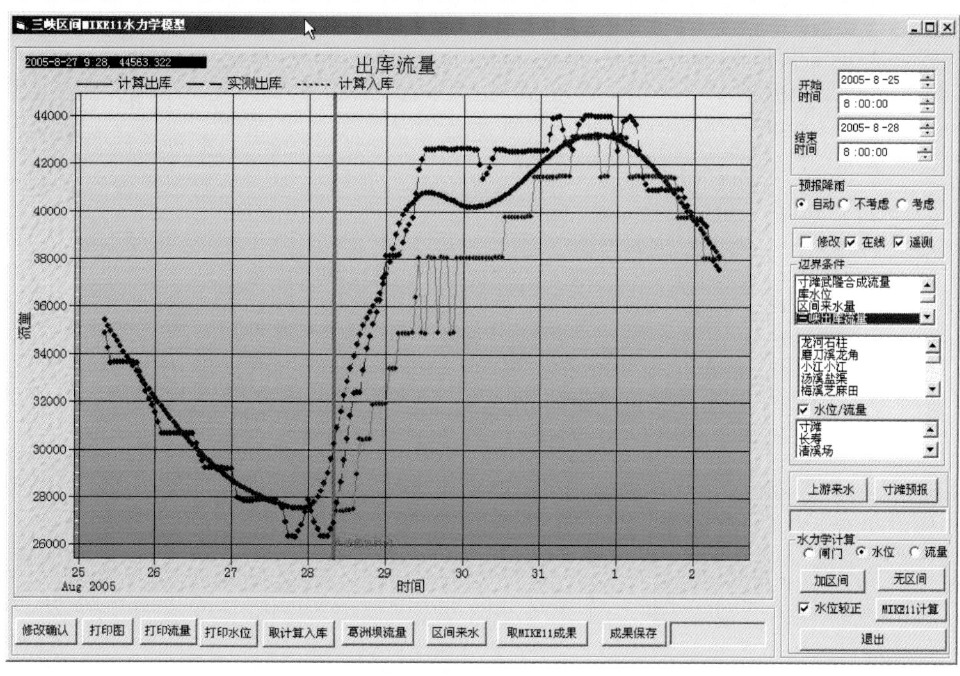

图 4-52　2005 年 8 月以水位过程为期望目标计算的过坝流量与实测对照

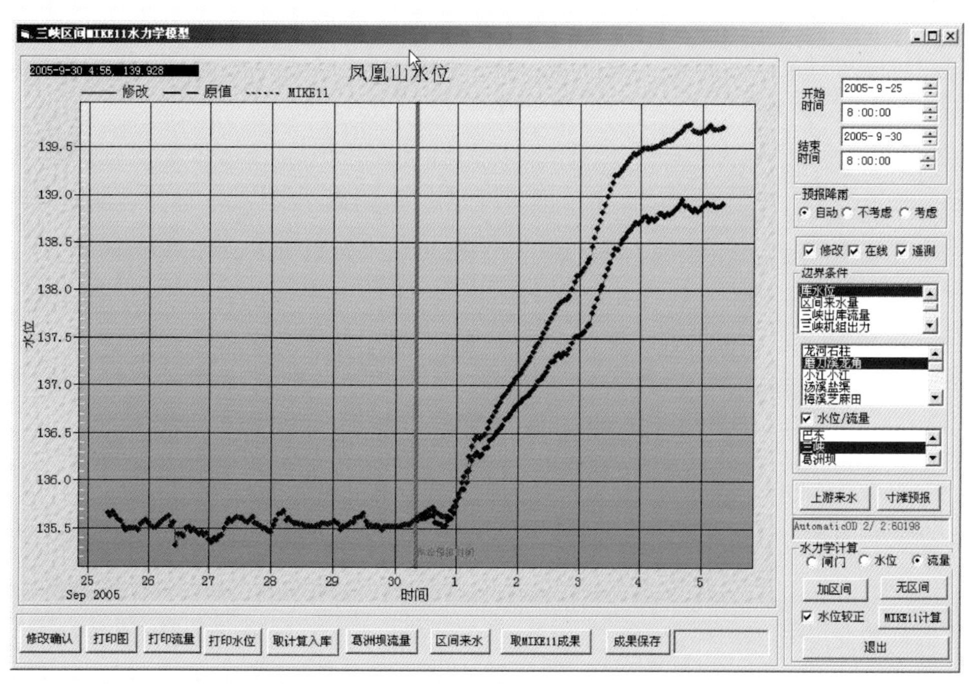

图 4-53　2005 年 10 月以出库流量为期望目标计算的坝上水位过程

4. 三峡水库入库站（寸滩、武隆）流量预报会商系统

三峡水库的入库洪水主要来自长江干流寸滩站以上（集水面积866 559km^2）和支流乌江（其控制站为武隆，集水面积83 035km^2），占入库径流总量的90%以上，因此，长江寸滩站、乌江武隆站的流量预报信息是三峡梯级调度的主要依据。开发三峡水库入库站（寸滩、武隆）流量预报会商系统（以下简称“三峡系统”）为三峡入库流量预报提供重要的手段，同时也为三峡梯级水库调度中心实现与长江水利委员会信息交换和资源共享、建设异地视频会商、实时预报会商等提供技术平台。

（1）系统建设内容

根据三峡梯级调度需要，在水情站网优化论证、预报模型方案研制的基础上，设计开发作业预报及会商软件，制作寸滩站、武隆站72h预见期的流量预报；建立以常规实用预报方案为核心，多模型、多方案平行预报，具有自动实时校正和专家交互功能相结合的实时预报体系，开展预报业务会商。同时，以本系统的运行为基础，解决预报员层面的三地（武汉、重庆、宜昌）技术会商。

（2）预报区域及站点

三峡水库大坝在2006年建成后，围堰发电期结束，2006年汛后进入初期蓄水（156m），2008年汛后，进入175m试验性蓄水期，水库回水末端到达重庆（寸滩）附近，原先的寸滩至三斗坪区间变为库区区间，库区上端的入库控制站即为长江寸滩站和乌江武隆站。

从满足入库站流量72h预报的需求出发，在长江水利委员会水文局、水文上游局多年进行作业预报体系的基础上，对水文预报体系的控制站和预报河段的组织进行论证和分划，其中部分河段由于水库的兴建、测站搬迁等原因，重新进行调整。

按寸滩72h预见期预报总体要求，以河道洪水平均传播时间来计算，本系统覆盖区域为：长江干流上延至金沙江龙街站；岷江、沱江、嘉陵江三支流则基本上包括其全部流域；而乌江武隆站72h预见期预报，不仅涉及其全流域，还必须依靠预报降雨外延才能达到。

寸滩站以上流域从金沙江龙街站开始预报，武隆站以上流域则从乌江渡水库出流站开始进行配套预报，可获得72h预见期，共划分出51个预报河段，连同入流上边界站，整个预报体系的控制站共69个（寸滩站以上共55个，武隆站以上共14个）。由于预报流域巨大，为了方便预报作业，依照多年工作习惯将预报流域再划分为8个水系：金沙江、岷江、沱江、渠江、涪江、嘉陵江、长上干区间、乌江。每次可针对某个水系进行单独作业，也可以逐个顺序完成全部水文预报作业。

A. 长江寸滩站不同预见期的预报

1）24h预见期预报：以长江李庄、沱江富顺、赤水河茅台和二郎坝、渠江三汇、涪江射洪、嘉陵江南充以下流域的实测水位（流量）、雨量资料为依据，实现24h预报。

2）36h预见期预报：以长江屏山、沱江富顺、岷江五通桥、渠江三汇、涪江涪江桥、嘉陵江阆中以下流域的实测水位（流量）、雨量资料和降雨预报为依据，实现36h预报。

3）48h预见期预报：以金沙江华弹、沱江登赢岩、岷江彭山、大渡河福录镇、青衣江夹江、渠江风滩、涪江涪江桥、嘉陵江昭化以下流域的实测水位（流量）、雨量资料和降雨预报为依据，实现48h预报。

4）72h预见期预报：以金沙江龙街、岷沱江和嘉陵江全流域的实测水位（流量）、雨量资料和降雨预报为依据，实现72h预报。

B. 乌江武隆站不同预见期的预报

1）24h 预见期预报：以乌江思南，芙蓉江、郁江、洪渡河、濯水全流域的实测水位（流量）、雨量资料为依据，实现 24h 预报。

2）36h 预见期预报：以乌江构皮滩，芙蓉江、郁江、洪渡河、濯水全流域的实测水位（流量）、雨量资料和降雨预报为依据，实现 36h 预报。

3）48h 预见期预报：以乌江乌江渡，清水河洞头、湘江鲤鱼塘，芙蓉江、郁江、洪渡河、濯水全流域的实测水位（流量）、雨量资料和降雨预报为依据，实现 48h 预报。

4）72h 预见期预报：以乌江乌江渡的外延 15h 的预报和乌江渡以下流域的实测水位（流量）、雨量资料和降雨预报为依据，实现 72h 预报。

（3）预报模型使用

根据多年来长江上游预报实践经验，目前使用的是效果可靠的水文预报实用模型，主要包括：API 降雨径流相关模型、单位线、马斯京根河道演算，对区间产汇流计算增加了分布式新安江模型和水箱模型，对水库入库流量预报应用虚拟演算模型，并采用静库容演算法进行水库调洪演算。纳入系统的水文预报模型共 13 个，包括：

1）次洪 API 产流模型；

2）单位线汇流模型；

3）新安江模型；

4）水箱模型；

5）马斯京根模型；

6）合成流量模型；

7）区间新安江模型加河道马斯京根演算模型；

8）相关图模型；

9）静库容调洪演算模型；

10）等值外延模型；

11）借用参证站成果预报模型；

12）假定预见期降雨区间产汇流计算模型；

13）预报结果的实时校正模型。

（4）系统总体结构

三峡系统是在基于 Visual Studio. NET 平台，采用组件级编程技术以及开放式平台架构开发的一个通用水文预报会商系统体系。从总体结构上看，由基本平台、水文预报子平台和会商子平台三部分组成，其中作业预报子平台是本系统的核心部分，其余平台为作业预报分析提供辅助。其体系结构如图 4-54 所示。

各子平台具体结构如下：

基本信息子平台作为运行系统的基础，支持整个系统的运行。它负责完成信息系统的基本功能，包括系统总控、组件管理、信息查询服务和系统维护等相关内容。其主要结构体系如图 4-55 所示，其界面菜单主要分布如图 4-56 所示。

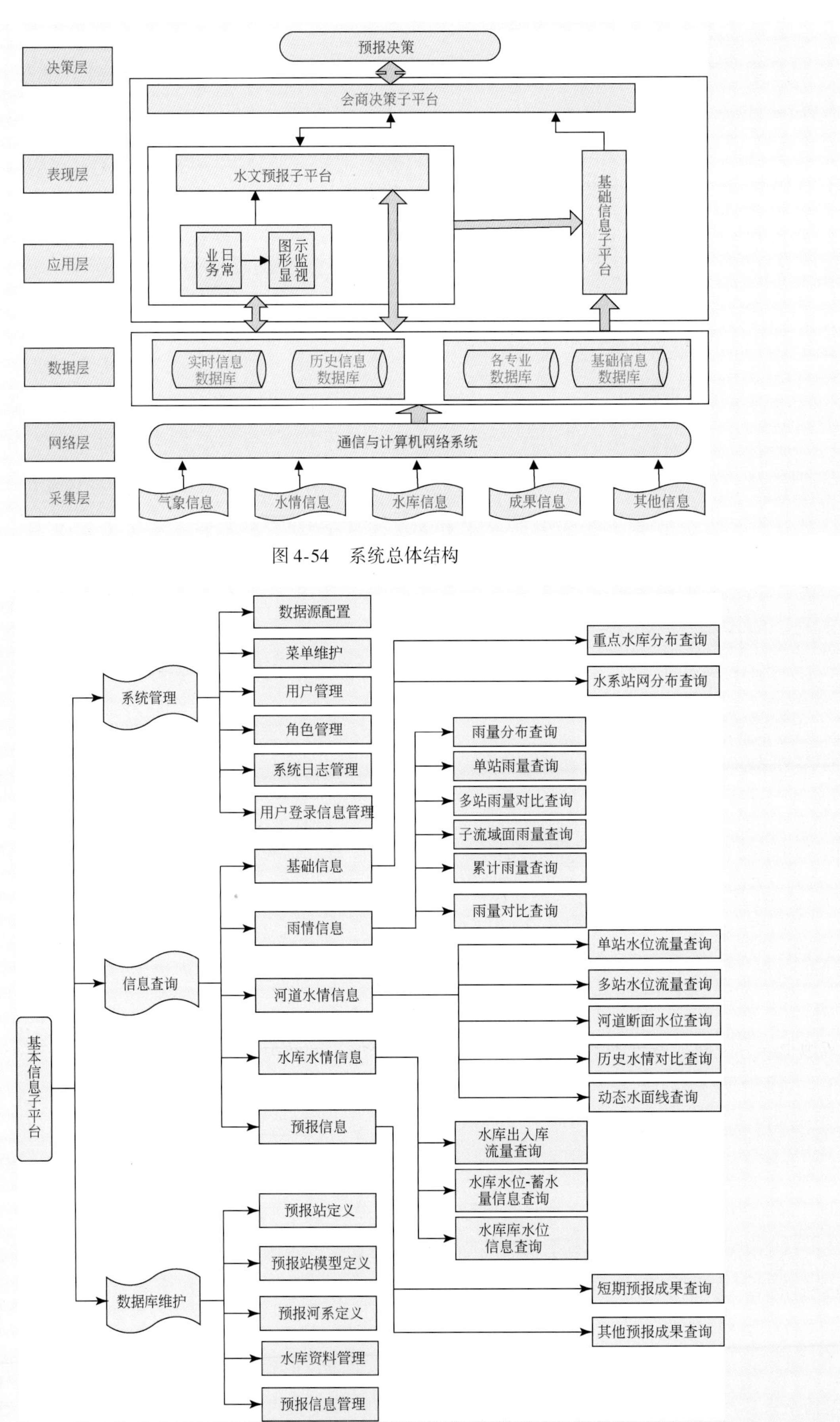

图 4-54　系统总体结构

图 4-55　基本信息子平台体系结构图

图 4-56　基本平台菜单分布示意图

水文预报子平台提供各种水情预报功能，包括预报模式选择（自动式、交互式等）、预报站和作业时间和作业项目的指定、预报模型的选择、预见期降雨的使用、成果入库及输出、误差评定、洪水分析等相关内容。主要完成各种水文预报方案的制作和相关预报分析，可以依据数据库的实时雨水情以及工情信息，实现水文预报多模型的作业计算，同时对预报结果进行分析，综合。其主要结构体系如图 4-57 所示，其界面菜单主要分布如图 4-58 所示。

会商决策子平台主要负责对预报成果的可靠性和可能出现的变化进行深入分析，以提高预报可靠度。同时还可以提供水情部门之间，水情部门与水库调度，防汛指挥部门之间进行防洪形势发展趋势分析，提供远程沟通的交流平台。包括综合性的水文、气象、洪水调度等相关信息的查询、短中期水文预报综合会商、各种未来变化假设条件的仿真模拟、会商结论和档案的建立、历史洪水特征值（预报）及影响因素对比、洪峰涨率趋势分析、水量平衡分析、径流系数分析、统计计算分析；预见期降雨洪水的估算、洪峰误差范围的估算分析等相关内容。其主要结构体系如图 4-59 所示，其界面菜单主要分布如图 4-60 所示。

(5) 系统功能综述

系统总体功能包括 5 大类，即系统管理，数据处理维护，信息查询服务、水情预报服务、水情会商分析，各类又包含若干子功能模块，分述如下。

A. 系统管理

系统管理实现了对系统中资源进行有效、方便管理的功能，包括 5 个子功能模块，分别为：数据源配置、菜单维护、角色管理、用户管理和用户登录信息查询。

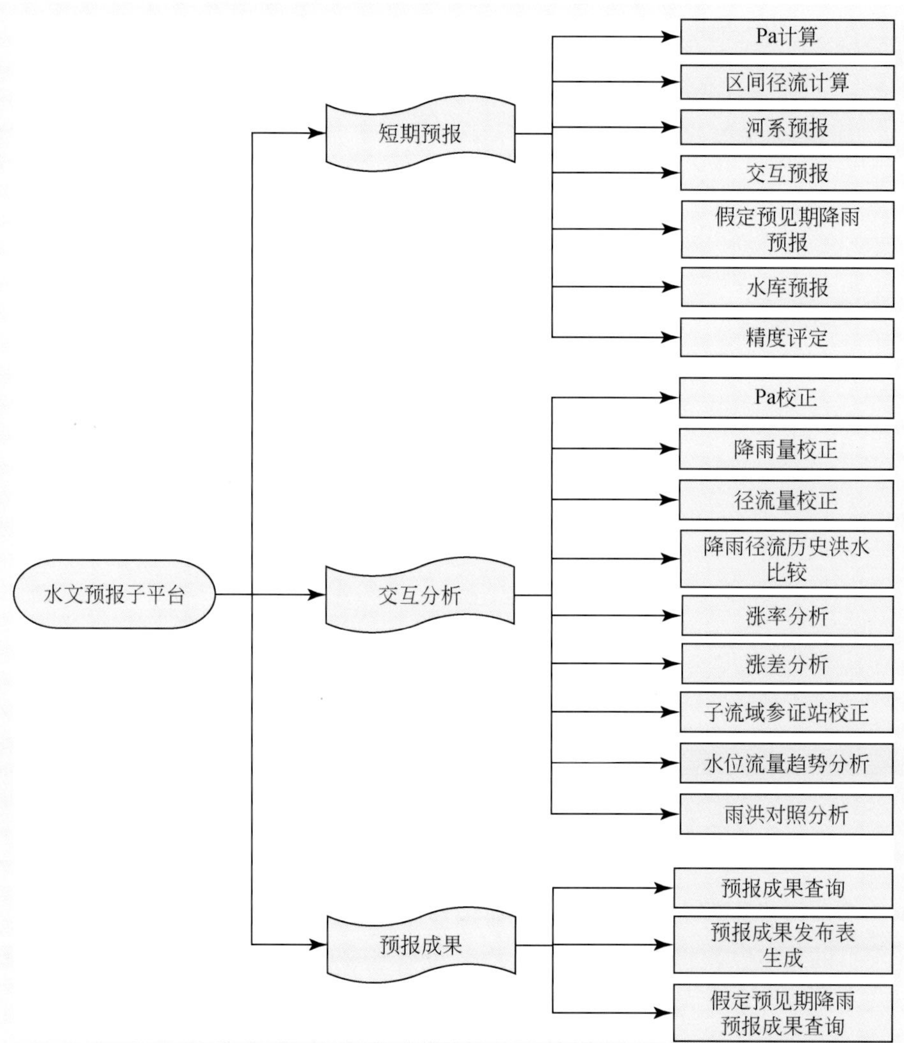

图 4-57　水文预报子平台体系结构图

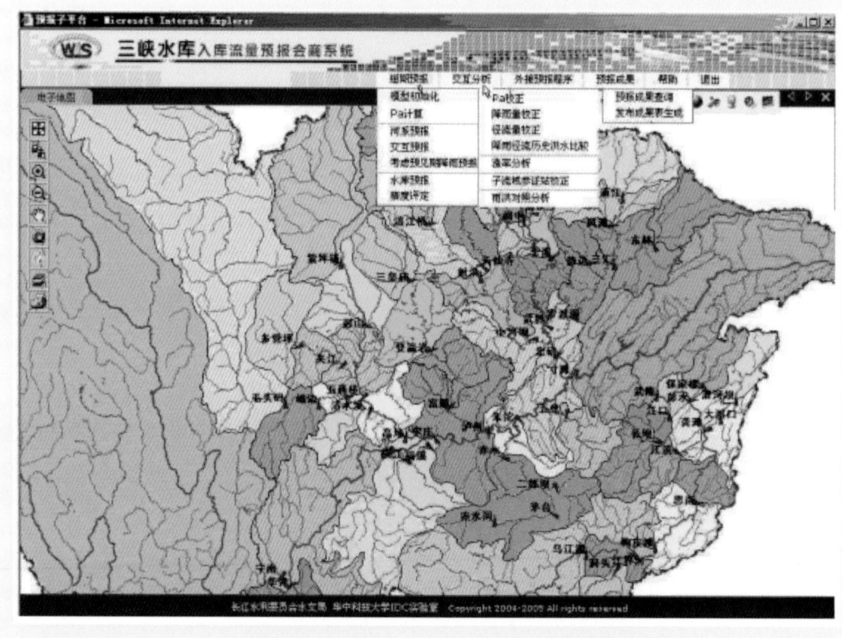

图 4-58　预报子平台菜单分布示意图

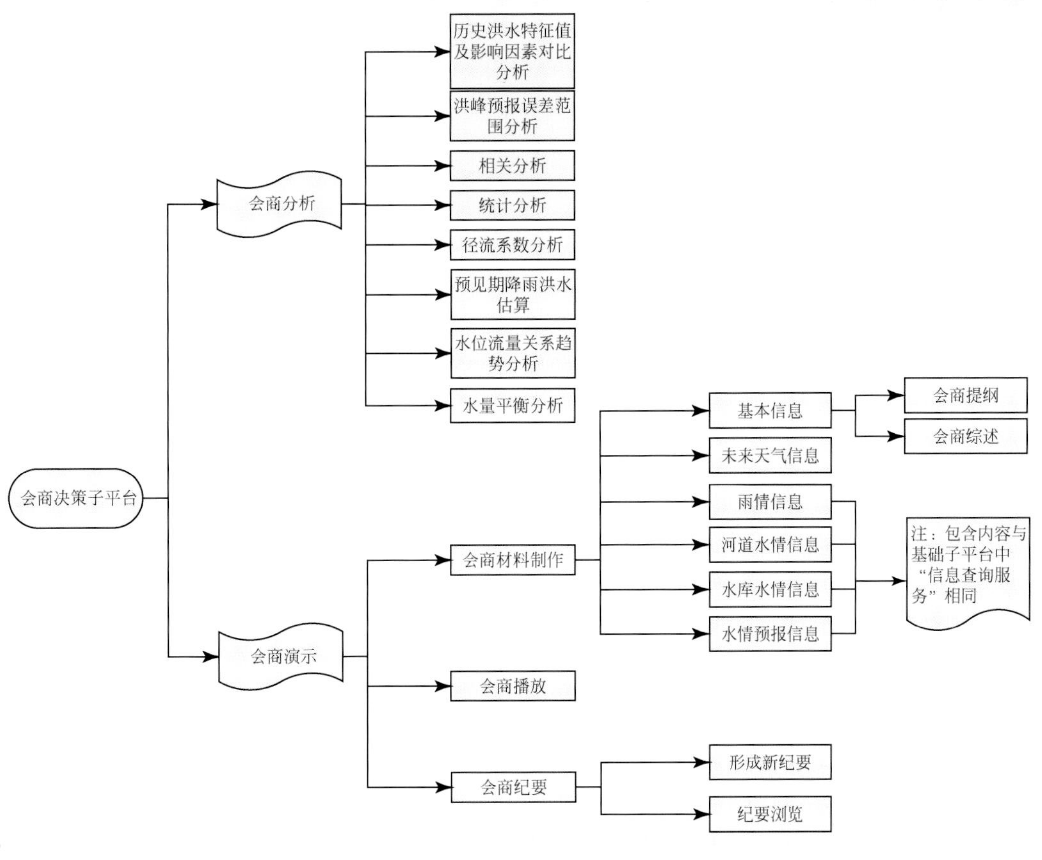

图 4-59　会商决策子平台体系结构图

图 4-60　会商子平台菜单分布示意图

B. 数据处理维护

数据处理维护主要是承担 WISHFS（water information system-hydrological forecasting system）水文预报会商开发系统内已建预报模型静态参数的维护和相关预报信息、预报资料的管理工作，其中包含 5 个子功能模块：预报河系定义、预报站节点定义、预报站模型配置、水库资料管理和预报信息管理模块。

C. 信息查询服务

信息查询服务主要是提供工情信息，实时与历史的雨水情信息以及水文预报信息的查询功能，它主要包括 5 个功能模块：基本信息查询、雨情信息查询、河道水情查询、水库水情查询和预报信息查询模块，其中每个功能模块中又分别包含了若干个不同的子功能模块。

D. 水情预报分析

水情预报分析主要负责完成水文预报的制作和相关预报分析，它可以依据数据库的实时雨水情以及工情信息，实现水文预报多模型的作业计算，同时对预报结果进行分析综合。具体包含 4 个功能模块：短期预报模块、交互分析模块、预报成果模块和外接预报模块。

E. 水情会商分析

水情会商分析主要是对预报成果的可靠性和可能出现的变化进行深入分析，以提高预报的可靠度，其核心组成为两个部分，即具有交互分析、处理功能的会商分析组件以及提供会商远程沟通交流平台的会商演示组件。

a. 会商分析

会商分析的业务功能主要为对各种预报数学模型成果进行综合比较以及对假定条件预报进行分析。本功能主要由 8 个子模块组件构成，主要包括：历史洪水特征值及影响因素对比分析，水量平衡分析、径流系数分析、预见期降雨量洪水估算、涨率分析、相关分析、统计分析和洪峰预报误差范围分析。

b. 会商演示

会商演示主要是负责提供动态生成和编辑会商演示材料的功能。它一般由会商材料制作，会商播放，会商纪要 3 个模块功能构成。

（6）系统开发技术

在对传统水文预报系统进行深入剖析基础上，确定了开放式平台软件的开发路线。用户还可根据自己的需要定制和增删主页菜单，并可对系统参数进行可视化修改维护，整个系统架构具备灵活性、开放性和可扩展性，支持新的信息模型和处理方法的无缝增减。

1）应用 Visual Studio. NET 平台、以 B/A/S 架构模式，结合 IIS 提供的 web 服务分布式处理技术，组建基于 IE 浏览器运行的预报软件系统。

2）采用组件编程技术，在统一的规划设计下，开发业务功能（如水情、预报、调度、交互分析、预报模型建摸等）软件体系所需的全部功能组件、方法和工具，建立函数、数学模型和控件库。

3）开发数据库访问通用化接口，对不同的数据库访问进行封装，并将读写数据库的操作与预报系统业务流程实施彻底分离。

4）GIS 软件平台使用 ArcInfo 提供的功能开发电子地图服务。

5）配置文件的使用。在预报子平台中，对于预报流程的控制全部采用配置文件实现，区别以往的“硬编码”方式，即当预报流程发生改变时，不需对程序进行任何变动，只需对配置文件进行动态修改即可。通过解析配置文件可以决定或控制预报作业的执行流程，包括预报站预报方案的选择，预报方案的交互模式以及预报结果的综合方式。

6）用 B/S 模拟 C/S 模式实现界面操作无闪烁。

7）数据字典。为了加强程序的健壮性，应用 XML 文件组织数据字典。数据字典中的数据选自最常用的静态数据，包括：预报河系定义信息，预报站定义信息等等。数据字典只需在初始化时读入内存，以后在内存中长期驻留，减少了频繁的内存读取，无形中提升了系统的速度。

（7）系统数据体系

三峡系统数据体系主要由数据库（用来存储系统中使用的绝大部分数据）、数据字典（存放系统使用和用户访问频率最高的数据）和 XML 文档（存放与预报业务相关的部分数据）等三部分构成。

A. 数据库体系的访问和传递

a. 数据库访问方式

通过统一的数据库访问接口和数据库相关信息（如，数据库的类型、数据库连接串）配置文件，由系统提供的通用系统访问组件动态实现不同类型数据库的访问。

数据库访问接口以及读写数据库的 SQL 语句与预报业务流程分离，SQL 语句置于数据库中，便于系统的移植安装。

对于系统中使用的组合性数据（由多个库表中读得）和预报作业常用数据，通过定义视图的方式实现，程序访问视图，不再与库表直接打交道。

b. 系统数据传递流程

为了减少系统响应延时，提高系统资源利用率，避免检索页面信息时出现的页面刷新的情况，系统采用 web 服务行为的方式，使用 webservice. htc 文件，同时配合 web 服务程序，按照传输对象组装器模式，实现前台浏览器端与后台服务器端进行数据传递。

当用户通过客户端浏览器页面向服务器端发送一个数据传递请求后，系统会调用 web 服务方法，将用户参数传入系统后台中进行处理。此时，系统将自动按照传输对象组装器所设计的模式，从各种不同的业务组件和业务服务中聚合传输对象，并以哈希表的形式返回处理结果，并最终将执行结果反映在客户端，供用户使用。

B. 数据字典

数据字典是整个数据体系的重要组成部分，主要包括了经过精心挑选，并且访问频率最高的系统数据。在三峡系统中，数据字典中的数据选自最常用的静态数据，包括：预报河系定义信息，预报站定义信息等等。

当系统或者 W3SVC 服务（world wide web service publishing）更新后，系统则自动对数据字典进行初始化，将上述数据源的数据分别读入内存，并按照系统设计要求，构造出数据字典，此后长驻内存，供系统调用。系统运行时不必直接读取数据库。

C. XML 文档

XML 文档用来组织行为控制文件，并采用 . NET Framework 中内置的 XML 支持技术对文件进行解析，获得其中的数据，使之构成系统数据体系的一部分，供用户使用。

XML 文档的结构和格式根据预报流程的组织设计，如果其组织内容改变但结构不变，程序则不必修改。以预报作业配置文件为例，通过解析该配置文件，系统可以决定或控制预报作业的执行流程，包括预报站预报方案的选择，预报方案的交互模式以及预报结果的综合方式，等等。如果预报流程发生改变时，不需对系统程序进行任何变动，只需对 ForecastTask. xml 配置文件进行动态修改即可。

D. 关系数据库

本系统按照能够实现多个数据库的连接与使用的模式设计，按照业务需求和数据源存放实况，设计了两类数据库，一是与水雨情信息相关的数据库，直接应用目前国家防汛指挥系统中已定义过的表，结构和字段均不变；二是与系统及预报相关的数据库，表结构自行设计，继承以往系统开发的设计成果，在已有库表结构的基础上，统一地再次进行了增补和调整。数据库管理系统采用 Oracle，同时兼容 SQL Server、Sybase 等。

表名命名规则是：

1）表名用大写英文单词连写，两单词之间用连字符“—”区隔；

2）表名前用“T_ ”冠头，后接所属的大板块名称。即：T_ BASE（基础信息表），T_ FORE（预报参数表），T_ CONSULT（水情会商分析及成果表）。

其中，基础实时信息数据库表结构见水利部 2005 年颁布的《实时雨水情数据库表结构与标识符标准》（SL323-2005）；系统信息及预报参数库表结构说明略。

同时，为方便系统移植，设计了一整套视图映射机制，并确定了视图与库表的映射关系。

（8）水文预报模式

为了使三峡系统最大限度地、灵活地按预报员的需要进行预报作业，本系统设计了一套完备的作业模式。

1）交互式：从预报站的指定，预报模型的使用，多模型预报结果的综合校正，都由预报员随时指定。

2）自动式：以预定义的河系为单位，通过启动指定河系的预报开始，程序自动地从河系边界站开始，自动地按指定的模型、指定的自动综合方式，逐站完成河系的预报，达到完成终点对象站的预报才停止。

3）半自动式：以预定义的河系为单位，启动指定的半自动预报配置文件，程序自动地逐站进行预报，但每站预报计算完成后，出现显示工作界面，让预报员观察上一站的预报成果，确认修改后再进行下一站的预报，直到终点站。半自动的模式还允许采用某些模型（如 API 模型）的交互作业程序，让该模型在交互方式下制作预报。

其中，自动、交互方式又包含两层含义：

1）预报模型本身的运行方式包括交互和自动两种。有些模型（如新安江模型、水箱模型等）只需要采用自动方式实现预报计算过程就可以，而有些模型（如洪峰相关图模型、分类演算模型等）在计算过程中需要采用交互方式来确定一些模型因子值。这些模型因子值在不同的水文状态下处理方式不同，需要根据预报员的经验进行交互设置，因此不能完全采用自动方式处理。为此，在研制模型运行程序时需要配套设计自动和交互两种计算方式，但模型运行时缺省为自动处理，一般而言，它与实际情况的吻合程度不如交互方式高。

2）对多模型制作同一站预报时，其最终结果的综合方式可采用自动和交互两种方式，自动处理方法为将各模型计算结果按权重综合；交互处理方法为将模型自动综合结果作为预报成果初值绘于图中，供预报员交互修改，修改结果作为预报成果。

（9） 应用情况及效果

三峡入库站（寸滩站、武隆站）流量预报会商系统于2006年5月建成并投入运行，系统在运行过程中性能稳定，预报精度可靠，预见期24h寸滩站、武隆站流量预报平均合格率达85%以上。本系统的开发为三峡入库流量预报提供了重要的手段，增长了预见期，为提高预报精度创造了有利条件，同时也为预报会商提供了技术平台。

2007年7月30～31日，三峡水库依据准确的预报，实施拦洪削峰调度。三峡水库7月30日12时起按48 000m^3/s的流量控泄，31日起按44 000m^3/s控泄，本场洪水共拦蓄洪水10.13亿m^3。经水库调度调节后，将宜昌洪峰流量从55 000m^3/s削至50 800m^3/s，沙市洪峰水位削至42.97m，荆江河段各站洪峰水位（除监利略超警戒以外）均控制在警戒水位以下，成功实现首次拦洪削峰调度任务，确保中下游的堤防安全具有重要的意义。

2010年三峡水库出现建库以来最大入库洪峰（流量70 000m^3/s），应用该技术平台，加强滚动分析与预报会商，以及时准确的预报成果为各级防汛调度部门提供了有效的技术支持。7月12日发布预报，提前7天预报三峡入库流量将于19日左右出现40 000m^3/s以上的洪水过程；7月16日提前5天预报发布预报三峡水库21日将出现入库洪峰流量55 000m^3/s左右；此后逐日滚动修正三峡入库洪峰流量预报，17日提前3d发布预报三峡水库20日将出现入库洪峰流量65 000m^3/s左右，19日发布预报入库洪峰流量70 500m^3/s左右。20日8时三峡水库实际出现入库洪峰流量70 000m^3/s。长江防总据此进行防汛部署，掌握了防汛工作的主动。

5. 三峡水库预报调度自动化系统

三峡水库预报调度自动化系统满足三峡工程围堰运行期（蓄水135m）、初期运行期（蓄水156m）和正常运行期（蓄水175m）水库调度要求。系统实现了枢纽工况信息、遥测水雨情信息、流域报汛水雨信息的采集，并实现了相应的数据处理、数据查询和数据发布与交换功能，在此基础上建立了梯级枢纽水库调度和水文预报等应用。

（1） 中心站接收系统

水情遥测系统的中心站接收系统包括数据接收（对数据的预处理）、实时数据向分中心的转发（与水文部门实现实时共享）和实时监控报警等三部分组成。

（2） 后台应用服务

在三峡水库预报调度自动化系统中，数据采集、数据处理、数据通信和网络数据服务等关键业务均作为后台应用和服务，后台应用服务是三峡水库预报调度自动化系统安全、稳定和高效运行的关键。

（3） 基础数据管理

对系统中的基础数据进行管理维护，基础数据主要包括：测站定义、数据点/传感器定义等数据源定义信息；区域定义、区间定义等数据表现层次和面雨量计算定义信息；水位流量关系、预想处理曲线等静态关系曲线。

（4） 系统监视与管理

对系统中的后台进程进行统一的部署与管理，自动监视和控制系统中后台进程的运行，实现系统后台进程在冗余工作节点间的切换。

收集系统后台进程运行工况，通过集中的管理平台对系统中各后台进程进行统一地监视、管理和配置。统一、集中管理和查询系统中各后台进程的日志信息。

（5）数据库管理系统

三峡水库预报调度自动化系统的数据库采用 Oracle 9i 商用数据库管理系统，将常规数据处理、与三峡气象专业系统信息交换、监控系统历史数据读取等前端应用逻辑功能迁移到数据库管理系统中实现。

（6）信息查询报警与发布

对已收到的卫星云图进行显示和动态放映，对水雨情信息进行查询和报警。

（7）水文气象预报管理

对气象预报结果、各预报模型和方案的预报结果及综合预报结果进行统一管理。

（8）水库调度值班平台

对闸门、机组状态、出力数据等值班员需关注的信息进行动态显示，供值班员动态监视。当发现问题后可修改。

（9）水库调度应用

包括防洪调度、发电调度等分析计算模块，为水库调度计算服务。

6. 技术难点及解决方法

三峡水库蓄水后回水长度达600 多 km，成为典型的河道型水库。在库区河段内水量由长江干流寸滩站以上来水、乌江武隆站以上来水及区间来水组成，总来水量相同情况下，库区河段内各断面平均流量会因来水组成比例不同而不同，因而导致各断面水位的不同以及库区蓄水量的不同，即通常所说的动库容。

三峡区间大小支流繁多，干支流之间影响极为复杂，动库容影响巨大，而且上游来水到三峡大坝传播时间是不可能被忽略的，因此不同来水组成不仅对水库坝前水位涨落影响的程度不同，而且对水库坝前水位出现时间的影响也不相同。基于静库容的水量平衡原理，遇到入库洪水在水库内的传播的计算困难，并带来调蓄计算误差，目前三峡入库流量预报方法采用河道流量演算模型和 MIKE 11 模型相结合的方法基本上能满足日常预报调度工作的需求，但要从根本上解决动库容对水库调洪演算的影响，仍需进一步开展动库容调洪演算的方法的研究。

4.5.3 三峡水库中小洪水预报调度研究

三峡中小洪水预报调度技术是通过分析长江上游与中游水文气象特征、天气成因、洪水遭遇规律、洪水分期特征、洪水保证率、中下游荆江河段河道泄流能力、水文气象预报水平、预泄预报能力等因素，对各设计洪水、保证率洪水、典型大洪水进行调洪演算及中下游调度演算，在不降低三峡水库防洪标准、基本不增加下游防洪压力、并适度承担风险的前提下，合理利用洪水资源，提出了三峡中小洪水实时预报调度的启动条件及操作控制指标，做到风险可控，为水库实时调度以及今后实施中小洪水试验性调度提供技术支撑，并为进一步研究洪水资源化奠定基础。

1. 中小洪水预报调度技术思路

中小洪水是指洪水重现期在二十年一遇以下的洪水。水库中小洪水实时预报调度技术的研究对象即为洪水重现期在二十年一遇以下的洪水，其中水库设计下游补偿调节标准以下的洪水进行预报预泄调度，洪水量级在两者之间的洪水采取防洪调度。预报预泄调度时以有效预见期内能预泄多少即拦蓄多少、确保大洪水来临前将库水位预泄至汛限水位，防洪调度时以适度承担防洪风险、为可能发生的最不利的洪水预留足够防洪库容为原则，通过研究水库上下游的气候气象特征、天气成因、洪水遭遇规律、水文气象预报水平、预报预泄能力等，提出了以水库中小洪水实时预报调度控制指标为核心的技术体系。实际操作时，以此指标体系作为风险控制依据，视当前及预见期内水雨情变化情况适度调整，并与水库的汛末蓄水有机结合，提高水库的蓄满率。

三峡水库中小洪水预报调度研究不降低三峡水库防洪标准，即通过三峡水库的拦蓄洪水，荆江河段的防洪标准不低于百年一遇，上游发生 20 年一遇的洪水时库区的回水线不超过设计的回水移民线（20 年一遇的标准）；基本不增加下游防洪压力，即按照 3d 预见期能预泄多少拦蓄多少，以确保大洪水来临之前及时将水库水位预泄至 145m，并保证预泄期间不造成沙市提前超警戒水位 43m 和城陵矶水位超过警戒水位 32.5m。

2. 中小洪水预报调度技术研究

（1）三峡水库径流特性及汛期分段

根据宜昌站 1877 ~ 2008 年特征值资料及 1890 ~ 2008 年日均值资料，统计分析三峡水库洪水年内时程变化特性。宜昌站年最大洪峰出现时间统计如图 4-61。由图可见，宜昌站年最大洪峰出现在 6 月下旬至 10 月上旬，主要集中在 7 月上旬至 8 月中旬，该时段洪峰次数占洪峰总数的 72.7%，大于 60 000m^3/s、50 000m^3/s 的洪峰次数占该量级总数的 84.6%、84.7%，8 月下旬后年最大洪峰次数减少、量级降低，9 月下旬洪峰次数明显减少，未出现超 50 000m^3/s 量级洪峰。由宜昌多年日均流量过

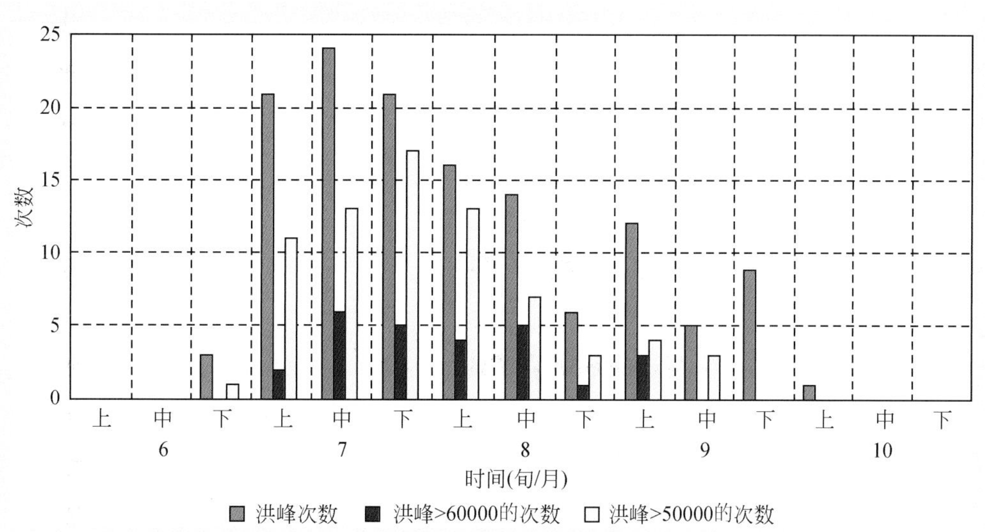

图 4-61　洪峰出现时间统计图

程（图4-62）分析可见，6月上旬平均流量为14 500～15 700m³/s，变化平缓，6月中旬至月末，为流量增幅最快的阶段，7月上中旬日均流量快速上涨，下旬初出现最大日流量31 600 m³/s后快速消退，7月底出现较为明显的低值分界；8月上中旬，平均流量维持在平均28 000 m³/s左右平台，8月下旬至9月15日流量维持在平均27 000 m³/s。

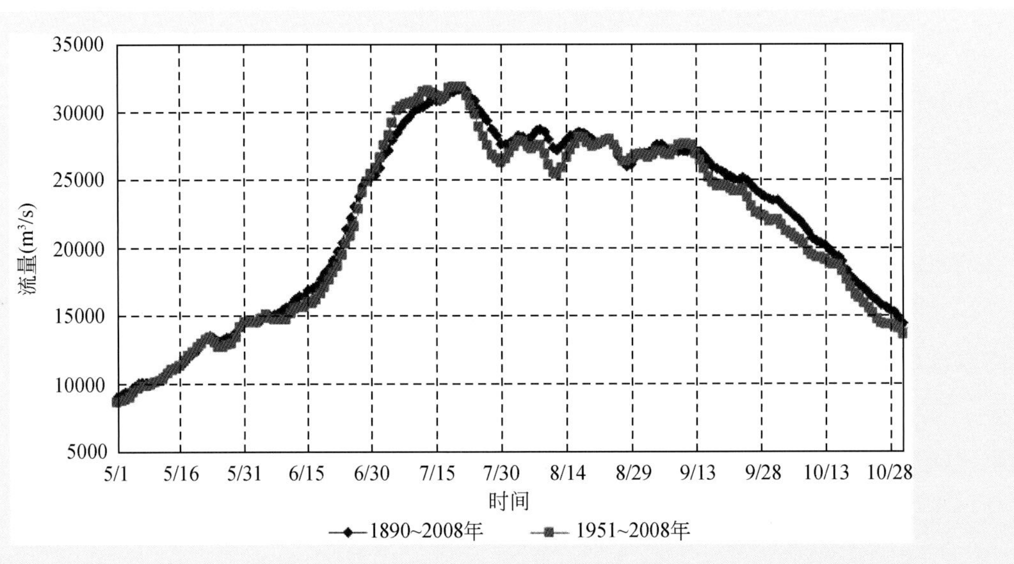

图4-62　多年平均流量过程

分析1954～2008年宜昌、高坎洲至螺山区间日均流量资料，统计区间洪峰时间特征如图4-63所示，由洪峰时间统计图及多年日均流量过程分析可见，区间洪峰集中4～7月，其中6月10日～6月30日迅猛上涨期（与宜昌洪水明显遭遇）、7月1日～7月31日的快速消退期、8月至9月为稳定消退期。

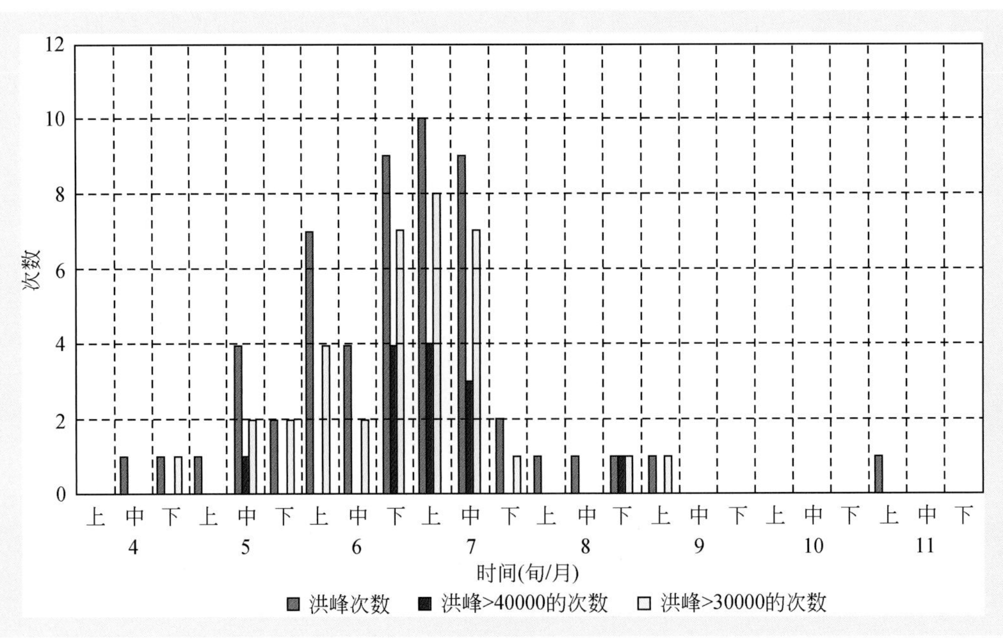

图4-63　区间洪峰出现时间统计图

综合年宜昌及区间最大洪峰时间特征、最大洪峰洪量散点特征及多年均值过程的多方法分析结果以及上游来水与区间来水遭遇规律，可将三峡水库汛期分成4个阶段即6月10日～6月30日的快速上涨期、7 月 1 ~7 月 31 日的主汛高水期、8 月 1 日 ~8 月 20 日的汛期次高水期、8 月 21 日 ~9 月 15 日的后汛期（图 4-64）。

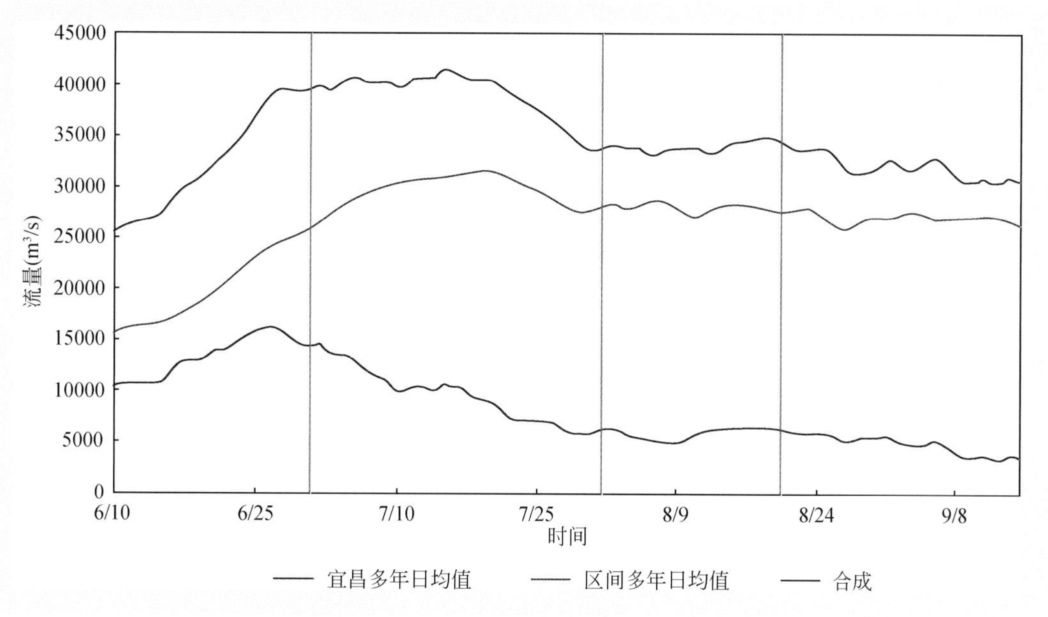

图 4-64　三峡水库汛期阶段划分示意图

（2）预见期以及预报精度

通过统计洪水预见期及短期水情、降水预报精度和中长期水文气象预报精度，分析评估了三峡水库当前水文气象预报水平及不确定性。三峡水库以上流域由于集水面积大、流程长，大洪水和特大洪水的形成通常有稳定的天气系统和大气环流背景，采用短、中期水文气象结合滚动预报，一般可获取 3d 以上预见期精度可靠的洪水预报，且洪水量级越大，预见期相对越长，经上游寸滩站多年预报成果统计分析，85%、90%、95% 保证率的 3d 最大水量误差分别为 6.05 亿 m^3、8.1 亿 m^3、13.65 亿 m^3；中下游螺山、城陵矶站 3d 预见期内水位预报平均误差一般在 0.15m 以下，5d 在 0.30m 以下。综合分析可见，预见期 1 ~3d 三峡水库来水预报及 1 ~5d 中下游螺山、城陵矶站水位预报总体精度较高。

（3）水库分期预报预泄水位控制指标分析

预报预泄水位控制指标分析的基本思路是：一旦水库达到启动预泄的条件，水库在有效预见期 T 内以安全泄量 $Q_{安}$ 下泄，将库水位预泄至汛限水位的最大预泄水量即为预报预泄运行水位与汛限水位之间的预泄库容。水库的预泄库容受来水过程制约，当入库流量大于安全泄量 $Q_{安}$，水库无法预泄，因此中小洪水预报预泄的调度对象为入库洪峰流量小于安全泄量 $Q_{安}$ 或来水已转退且入库流量已小于 $Q_{安}$ 的洪水，需假定有效预见期 T 内的洪水过程，按照形态可分为平水、涨水及退水过程，平水时若来水维持在机组满发流量 $Q_{满发}$，则预泄库容最大；涨水时可线性插值或选择典型洪水制作涨水面曲线的方法，制作来水自满发流量 $Q_{满发}$ 至安全泄量 $Q_{安}$ 的过程；退水与涨水方法相似，预泄库容差别不大，但面临风险更小。预报预泄水位上限指标的数学描述为

$$Z_{预报预泄} = f(W_{汛限} + W_{预泄}) \Delta Z_{库水位误差}$$

$$W_{预泄} = \sum (2 \times Q_{安} - Q_i - Q_i + 1) \times \Delta t/2;\ i = 1,\ 2\cdots,\ n;\ T = n \times \Delta t$$

式中，$W_{汛限}$ 为汛限水位对应的库容；$W_{预泄}$ 为水库的预泄库容；ΔZ 为库水位误差；Q_i 为第 i 时段的入

库流量。

防洪控制指标分析的基本思路是为避免水库来水出现二十年一遇及以下洪水时，水库未足够承担防洪任务造成下游不必要的防洪压力，或水库参与防洪时库水位抬升过高造成水库自身过大的防洪压力，需分析设计水库在参与中小洪水防洪时的库水位控制指标。分析思路是：根据前述洪水分阶段及外包洪水的分析成果，水库在防御中小洪水时需留足库容应对历史已发生该分段期内对防洪最为不利的洪水，且最高调洪水位应考虑较小的库区回水淹没影响。首先需通过水库的设计指标分析确定水库在防洪时的最高调洪水位 $h_{调}$（可参考防洪高水位或正常蓄水位等），计算该分段期内外包洪水在 $Q_{安}$ 以上的超额水量 $W_{超}$，据此获得不同分段期内的最高容许起调水位 $H_{起}$。数学描述为

$$H_{起}=\mathrm{f}\left[\mathrm{f}\left(h_{调}\right)-W_{超}\right]$$

根据洪水传播时间与水文气象预报水平的分析，三峡及城陵矶洪水的有效预见期在 3 ~ 5d，分析三峡水库的预报能力，以在大洪水发生前降低至汛限水位为条件，同时不增加下游的防洪压力，不因预泄水量超过城陵矶的设防水位，在预泄期间沙市、城陵矶水位也不因预泄水量而提前突破警戒水位，分析三峡水库可超蓄的水量与预泄方式，以此作为水库不需要水库防洪时兴利调度指标。

根据中下游泄流能力分析，当城陵水位较高时，保证沙市不突破警戒水位，相应三峡水库的最大泄量应不大于 45 000m^3/s；当城陵水位在 32m 以下时，保证沙市不突破警戒水位，相应三峡水库的最大泄量应不大于 48 000m^3/s；保证沙市不突破设防水位，相应三峡水库的最大泄量应不大于 42 000m^3/s，为安全起见，最大预泄的标准采用 45 000m^3/s 进行分析。城陵矶水位的变化受制于来水量及前期底水，不同的底水水位，相应的补偿流量不同，本节的目的是采用预泄将库水位降回汛限水位，在区间来水变化不大的情况下，在保证荆江河段流量不大于 45 000m^3/s、城陵矶水位不超 31m 的前提下，推求三峡水库容许最高蓄水位。

首先考虑最为理想的来水状况，即上游及区间来水平稳，上游来水达到水库满发流量 25 000m^3/s，荆江河段补偿调节对水库有控泄 45 000m^3/s 的要求，假设当前不同的城陵矶水位和不同的预泄过程，通过大湖演算可计算出城陵矶的最高水位和水库可超蓄的最高库水位，如表 4-8 所示。从表中可以看出，因需考虑 45 000m^3/s 的控泄条件，若上游来水 25 000m^3/s，则绝对预泄流量最大只能达到 20 000m^3/s，若当前城陵矶水位为 28.5m，预泄 3d 城陵矶最高水位为 30.00m；若当前城陵矶水位为 29.00m，预泄 3d 城陵矶洪峰水位为 30.40m；若当前城陵矶水位为 29.50m，预泄 3d 城陵矶最高水位为 30.80m，水库最高蓄水位均为 154.29m；若当前城陵矶水位为 30m，为确保城陵矶最高水位不超过 31m，预泄 3d 的平均流量过程为 20 000 m^3/s、20 000m^3/s、7000 m^3/s，水库最高蓄水位 152.56m；若当前城陵矶水位为 30.5m，为确保城陵矶最高水位不超过 31m，仅以 20 000m^3/s 流量能预泄 1d，水库最高蓄水位为 148.45m。

若上游来水小于 25 000m^3/s，仍以 45 000m^3/s 控泄则意味着城陵矶最高水位不变，水库可预泄流量更大，超蓄水位可更高，以 25 000m^3/s 确定的水库最高蓄水位及较之偏安全。当预见期 72h 入库流量均小于 25 000m^3/s 时，因三峡水库库水位在 148m 以上时抬升库水位对发电出力的增加作用越来越小，且若当预报未来 3 ~ 5d 内可能出现超过 45 000m^3/s 的洪水或预泄水量后城陵矶水位可能超过 32.5m 时，或者中上游将出现中等强度以上系统性降雨时，需要及时将库水位预泄至汛限水位 145m。为尽量减少因上述情况预泄的出现而产生的弃水水量，当库水位抬升至 148m 时应将优先考虑水头利用改为优先考虑水量的利用，即 6 月 10 日 ~ 9 月 15 日当预见期 72h 入库流量均小于 25 000m^3/s 时，

水库水位按 148 m 左右控制。

若上游来水为涨水过程，假设第三天将涨至 45 000m^3/s，仍以 45 000m^3/s 控泄则意味着城陵矶最高水位不变，估计水库可预泄流量将减少一半，该情况下容许最高起调水位较来水平稳时将会降低（表 4-8 ~4-10 涨水考虑栏），当城陵矶水位为 30.00m 时允许最高起调水位为 149.03m，较来水平稳时降低了 3.53m。

为降低预见期过长预报不确定性带来的风险，分析不同的预泄时间，不同的预见期对应的容许最高起调水位也不一样，考虑的预见期越短，相应的水库容许最高起调水位会降低，城陵矶最高水位也会降低，城陵矶的水位更偏安全，具体数据见表 4-9、表 4-10 和表 4-11。

表 4-9　考虑预见期 3 日的容许最高超蓄库水位

城陵矶起涨水位（m）	上游来水流量（m^3/s）	相应区间流量（m^3/s）	城陵矶最高水位（m）	预见期 45000 控泄预泄过程（m^3/s）			可预泄量（亿 m^3）	容许最高起调库水位（m）		备注	
				1 天	2 天	3 天		平水考虑	涨水考虑	分段期	多年区间均值（m^3/s）
28.50	25 000	3 660	30.00	20 000	20 000	20 000	51.84	154.29	150.09	6.10 ~ 6.30	13 200
29.00	25 000	5 610	30.40	20 000	20 000	20 000	51.84	154.29	150.09	7.1 ~ 7.31	9 680
29.50	25 000	7 720	30.80	20 000	20 000	20 000	51.84	154.29	150.09	8.1 ~ 8.20	5 880
30.00	25 000	9 870	31.00	20 000	20 000	7 000	40.61	152.56	149.03	8.21 ~ 9.15	4 870
30.50	25 000	12 340	31.00	20 000	0	0	17.28	148.45	146.74		

表 4-10　考虑预见期 2 日的容许最高超蓄库水位

城陵矶起涨水位（m）	上游来水流量（m^3/s）	相应区间流量（m^3/s）	城陵矶最高水位（m）	预见期 45000 控泄预泄过程（m^3/s）		可预泄量（亿 m^3）	容许最高起调库水位（m）		备注	
				1 天	2 天		平水考虑	涨水考虑	分段期	多年区间均值（m^3/s）
28.50	25 000	3 660	30.00	20 000	20 000	34.56	151.60	148.45	6.10 ~ 6.30	13 200
29.00	25 000	5 610	30.40	20 000	20 000	34.56	151.60	148.45	7.1 ~ 7.31	9 680
29.50	25 000	7 720	30.80	20 000	20 000	34.56	151.60	148.45	8.1 ~ 8.20	5 880
30.00	25 000	9 870	31.00	20 000	20 000	34.56	151.60	148.45	8.21 ~ 9.15	4 870
30.50	25 000	12 340	31.00	20 000	0	17.28	148.45	146.74		

表 4-11　考虑预见期 1 日的容许最高超蓄库水位

城陵矶起涨水位（m）	上游来水流量（m^3/s）	相应区间流量（m^3/s）	城陵矶最高水位（m）	预见期 45000 控泄预泄 1 天过程（m^3/s）	可预泄量（亿 m^3）	容许最高起调库水位（m）		备注	
						平水考虑	涨水考虑	分段期	多年区间均值（m^3/s）
28.50	25 000	3 660	30.00	20 000	17.28	148.45	146.74	6.10 ~ 6.30	13 200
29.00	25 000	5 610	30.40	20 000	17.28	148.45	146.74	7.1 ~ 7.31	9 680
29.50	25 000	7 720	30.80	20 000	17.28	148.45	146.74	8.1 ~ 8.20	5 880
30.00	25 000	9 870	31.00	20 000	17.28	148.45	146.74	8.21 ~ 9.15	4 870
30.50	25 000	12 340	31.00	20 000	17.28	148.45	146.74		

根据同样的思路和计算方法，若水库控泄流量为40 000m³/s，因容许下泄流量减少，相应的容许最高起调水位也降低，计算成果见表4-13。从表中可以看出，因需考虑40 000m³/s的控泄条件，若上游来水流量为25 000m³/s且来水平稳，则预泄流量最大只能达到15 000m³/s，若当前城陵矶水位为28.5m，预泄3d城陵矶最高水位为29.85m；若当前城陵矶水位为30.5m，为确保城陵矶最高水位不超过31m，仅能以150 000 m³/s预泄2d，水库最高蓄水位为149.28m。

若上游来水为涨水过程，若上游来水为涨水过程，假设第三天将涨至40 000m³/s，仍以40 000m³/s控泄则意味着城陵矶最高水位不变，估计水库可预泄流量将减少一半，该情况下容许最高起调水位较来水平稳时将会降低（表4-12涨水考虑栏），当城陵矶水位为30.00m时容许最高起调水位为147.17m。

表4-12　考虑预见期3日控泄40 000 m³/s的容许最高超蓄库水位

城陵矶起涨水位（m）	上游来水流量（m³/s）	相应区间流量（m³/s）	城陵矶最高水位（m）	预见期40 000控泄预泄过程（m³/s）			可预泄量（亿m³）	容许最高起调库水位（m）		备注	
				1天	2天	3天		平水考虑	涨水考虑	分段期	多年区间均值（m³/s）
28.50	25 000	3 660	29.57	15 000	15 000	15 000	38.88	152.29	148.87	6.10～6.30	13 200
29.00	25 000	5 610	30.01	15 000	15 000	15 000	38.88	152.29	148.87	7.1～7.31	9 680
29.50	25 000	7 720	30.43	15 000	15 000	15 000	38.88	152.29	148.87	8.1～8.20	5 880
30.00	25 000	9 870	30.85	15 000	15 000	15 000	38.88	152.29	148.87	8.21～9.15	4 870
30.50	25 000	12 340	31.00	15 000	10 000	0	21.60	149.28	147.17		

通过以上分析：按3d预见期考虑，当上游来水基本稳定时，可预泄的水量相应的水位为154.3m左右，当考虑上游来水在未来上天继续增加，并可能增加到45 000m³/s时，可预泄的水量相应的水位为150.1m左右，虽然可预泄的水量与城陵矶的水位高低有关，但主要受制于沙市的警戒水位的相应流量，并且当需要预泄时，上游来水量一般是在增加，并且未来可能发生较大洪水，因此取下限值150m左右是合适的，在实际操作时，当城陵矶水位较低时，沙市的过流能力有所增加，当预泄不是很迫切时，可超蓄蓄的水位可适当抬高，最大预泄流量也可以根据实际预见期可相应减小，当区间来水较大时，相应的最高超蓄水位可适当降低，以降低风险。考虑预报预泄，为兴利调度可超蓄水位控制在150.0m左右时，预泄期间，荆江及城陵矶水位不会提前突破警戒水位，一般情况下基本也不会突破设防水位，风险适度，基本不增加下游防洪压力。

通过分析研究，根据水情情况与水文气象预报，以保证在大洪水来之前能预泄至汛限水位145m为前提，不降低防洪标准，也基本不增加防洪压力的前提下，制定三峡水库汛期的水位变幅运用方案，由防汛部门根据防洪形势与实际来水情况与预测预报进行机动控制。

利用部分洪水资源，发挥水库综合效益必须具备如下条件：

1）城陵矶水位低于31.0m（设防水位）。

2）在可预见时间（3～5d）内，长江上游和长江中游地区无明显的强降雨过程，发生大洪水的可能性不大（即最大三峡入库流量大于56 700m³/s流量可能性很小，城陵矶水位超过警戒水位32.5m的可能性很小）。

3）在考虑预见期降雨的情况下，并且三峡水库超蓄水量在3d预见期内预泄至汛限水位145m后，沙市水位低于43.0m（警戒水位），城陵矶水位低于32.5m（警戒水位）。

4）及时制作三峡水库和城陵矶的短、中长期水雨情预报，监视上下游水情变化，根据水雨情变化及时与防汛部门沟通，及时调整水库水位运行方式，保障防洪安全，在不增加防洪压力的情况下，发挥水库的综合效益。

分阶段控制指标如下：

A.6月10日~6月30日

三峡水位视水情情况在145~155m变动，为发挥水库综合效益变动范围145~151.0m。

1）在可预见时间（3~5d）内，长江上游和长江中游发生大洪水的可能性不大（即最大三峡入库流量大于56 700m^3/s流量可能性很小、城陵矶水位超过警戒水位32.5m的可能性很小），且城陵矶水位低于31.0m。

2）城陵矶水位30.0m以下时，遇长江上游中小洪水，按150.0m控制，且动态拦蓄的水量不超过按3d预见期、最大下泄流量不超过45 000m^3/s可预泄水量。

3）城陵矶水位30.0~31.0m时，遇长江上游中小洪水，按148.5m控制，且动态拦蓄的水量不超过按3d预见期、最大下泄流量不超过45 000m^3/s可预泄水量。

4）三峡入库流量在25 000m^3/s以下时，按148.0m控制。

5）当水位高于汛限水位145m时，当预报未来3~5d内可能出现超过45 000m^3/s的大洪水或预泄水量后城陵矶水位可能超过32.5m时，或者上游、洞庭湖湖区将出现中等强度以上系统性降雨时，应及时预泄，最大预泄流量原则上不大于45 000m^3/s，根据预报来水，在入库流量到达45 000m^3/s前预泄至145m且城陵矶水位到达32.5m前预泄至145m。

当需要兼顾荆江与城陵矶的防洪要求时，当天气形势与来水比较明确时，为沙市和城陵矶进行防洪、拦洪削峰等补偿调度时最高水位按155m控制。

B.7月1日~7月31日

三峡水位视水情情况在145~159m变动，为发挥水库综合效益变动范围145~150.0m。

1）在可预见时间（3~5d）内，长江上游和长江中游发生大洪水的可能性不大（即最大三峡入库流量大于56 700m^3/s流量可能性很小、城陵矶水位超过警戒水位32.5m的可能性很小），且城陵矶水位低于31.0m。

2）城陵矶水位30.0m以下时，遇长江上游中小洪水，按150.0m控制，且动态拦蓄的水量不超过按3d预见期、最大下泄流量不超过45 000m^3/s可预泄水量。

3）城陵矶水位30.0~31.0m时，遇长江上游中小洪水，按148.5m控制，且动态拦蓄的水量不超过按3d预见期、最大下泄流量不超过45 000m^3/s可预泄水量。

4）三峡入库流量在25 000m^3/s以下时，按148.0m控制。

5）当水位高于汛限水位145m时，当预报未来3d天内可能出现超过45 000m^3/s的大洪水或预泄水量后城陵矶水位可能超过32.5m时，或者上游、洞庭湖湖区将出现中等强度以上系统性降雨时，应及时预泄，最大预泄流量原则上不大于45 000m^3/s，根据预报来水，在入库流量到达45 000m^3/s前预泄至145m且城陵矶水位到达32.5m前预泄至145m。

当需要兼顾荆江与城陵矶的防洪要求时，当天气形势与来水比较明确时，为沙市和城陵矶进行防洪、拦洪削峰等补偿调度时，为荆江补偿最高水位按159m控制，为城陵矶补偿最高水位按155m

控制。

C. 8 月 1 日 ~8 月 20 日

三峡水位视水情情况在 145 ~156m 变动，为发挥水库综合效益变动范围 145 ~150. 0m。

1）在可预见时间（3 ~5d）内，长江上游和长江中游发生大洪水的可能性不大（即最大三峡入库流量大于 56 700m^3/s 流量可能性很小，城陵矶水位超过警戒水位 32. 5m 的可能性很小），且城陵矶水位低于 31. 0m。

2）城陵矶水位 30. 0m 以下时，遇长江上游中小洪水，按 150. 0m 控制，且动态拦蓄的水量不超过按 3d 预见期、最大下泄流量不超过 45 000m^3/s 可预泄水量。

3）城陵矶水位 30. 0 ~31. 0m 时，遇长江上游中小洪水，按 149. 0m 控制，且动态拦蓄的水量不超过按 3d 预见期、最大下泄流量不超过 45 000m^3/s 可预泄水量。

4）三峡入库流量在 25 000m^3/s 以下时，按 148. 0m 控制。

5）当水位高于汛限水位 145m 时，当预报未来 3 ~5d 内可能出现超过 45 000m^3/s 的大洪水或预泄水量后城陵矶水位可能超过 32. 5m 时，或者上游、洞庭湖湖区将出现中等强度以上系统性降雨时，应及时预泄，最大预泄流量原则上不大于 45 000m^3/s，根据预报来水，在入库流量到达 45 000m^3/s 前预泄至 145m 且城陵矶水位到达 32. 5m 前预泄至 145m。

当需要兼顾荆江与城陵矶的防洪要求时，当天气形势与来水比较明确时，为沙市和城陵矶进行防洪、拦洪削峰等补偿调度时，为荆江补偿最高水位按 156m 控制，为城陵矶补偿最高水位按 155m 控制。

D. 8 月 21 日 ~9 月 15 日

三峡水位视水情情况在 145 ~160m 变动，为发挥水库综合效益变动范围 145 ~150. 0m。

1）在可预见时间（3 ~5d）内，长江上游和长江中游发生大洪水的可能性不大（即最大三峡入库流量大于 56 700m^3/s 流量可能性很小，城陵矶水位超过警戒水位 32. 5m 的可能性很小），且城陵矶水位低于 31. 0m。

2）城陵矶水位 30. 0m 以下时，遇长江上游中小洪水，按 150. 0m 控制，且动态拦蓄的水量不超过按 3d 预见期、最大下泄流量不超过 45 000m^3/s 可预泄水量。

3）城陵矶水位 30. 0 ~31. 0m 时，遇长江上游中小洪水，按 149. 0m 控制，且动态拦蓄的水量不超过按 3d 预见期、最大下泄流量不超过 45 000m^3/s 可预泄水量。

4）三峡入库流量在 25 000m^3/s 以下时，按 148. 0m 控制。

5）当水位高于汛限水位 145m 时，当预报未来 3 ~5d 内可能出现超过 45 000m^3/s 的大洪水或预泄水量后城陵矶水位可能超过 32. 5m 时，或者上游、洞庭湖湖区将出现中等强度以上系统性降雨时，应及时预泄，最大预泄流量原则上不大于 45 000m^3/s，根据预报来水，在入库流量到达 45 000m^3/s 前预泄至 145m 且城陵矶水位到达 32. 5m 前预泄至 145m。

当需要兼顾荆江与城陵矶的防洪要求时，当天气形势与来水比较明确时，为沙市和城陵矶进行防洪、拦洪削峰等补偿调度时为荆江补偿最高水位按 160m 控制，为城陵矶补偿最高水位按 155m 控制。

分析计算三峡水库中小洪水防洪调度和兴利调度库水位控制指标如表 4-13 所示。

由表中计算分析成果综合确定三峡水库中小洪水调度的预报预泄水位控制指标和防洪调度控制指标如下。

表 4-13　三峡水库汛期分阶段运行水位控制指标分析成果表

汛期阶段	防洪调度				兴利调度	
	荆江补偿		城陵矶补偿		无防洪要求	
	三峡库水位控制变幅（m）	沙市水位（m）	三峡库水位控制变幅（m）	莲花塘水位（m）	三峡库水位控制变幅（m）	运用条件
6. 10 ~ 6. 30	145 ~ 153	42	145 ~ 153	32. 5	145 ~ 151. 0	遇中小洪水，且城陵矶水位低于 30m
	145 ~ 155	43	145 ~ 155	34. 4	145 ~ 148. 5	遇中小洪水，且城陵矶水位 30 ~ 31m
	145 ~ 157	44. 5			145 ~ 148. 0	三峡入库流量小于 25000 m^3/s，城陵矶水位低于 31. 0m
7. 1 ~ 7. 31	145 ~ 153	42	145 ~ 153	32. 5	145 ~ 150. 0	遇中小洪水，且城陵矶水位低于 30m
	145 ~ 157	43	145 ~ 155	34. 4	145 ~ 148. 5	遇中小洪水，且城陵矶水位 30 ~ 31m
	145 ~ 159	44. 5			145 ~ 148. 0	三峡入库流量小于 25000 m^3/s，城陵矶水位低于 31. 0m
8. 1 ~ 8. 20	145 ~ 153	42	145 ~ 153	32. 5	145 ~ 150. 0	遇中小洪水，且城陵矶水位低于 30m
	145 ~ 156	43	145 ~ 155	34. 4	145 ~ 149. 0	遇中小洪水，且城陵矶水位 30 ~ 31m
	145 ~ 156	44. 5			145 ~ 148. 0	三峡入库流量小于 25000 m^3/s，城陵矶水位低于 31. 0m
8. 21 ~ 9. 15	145 ~ 153	42	145 ~ 153	32. 5	145 ~ 150. 0	遇中小洪水，且城陵矶水位低于 30m
	145 ~ 157	43	145 ~ 155	34. 4	145 ~ 149. 0	遇中小洪水，且城陵矶水位 30 ~ 31m
	145 ~ 160	44. 5			145 ~ 148. 0	三峡入库流量小于 25000 m^3/s，城陵矶水位低于 31. 0m

预报预泄库水位控制指标：当遇“中小洪水”时，预报预泄调度最高水位不超过汛限水位+6m（对应汛限水位 145m 时为 151m）。其中 6 月 10 日 ~ 6 月 30 日为汛限水位+6m（对应汛限水位 145m 时为 151m）；7 月 1 日 ~ 8 月 20 日为汛限水位+4m（对应汛限水位 145m 时为 149m）；8 月 21 日 ~ 9 月 10 日为汛限水位+5m（对应汛限水位 145m 时为 150m）。

根据防洪调度目标，适度承担风险，以泄为主，上下游兼顾，分级控制为原则。三峡水库为沙市和城陵矶进行防洪、拦洪削峰等补偿调度，最高调洪水位按以下指标控制控制指标可根据防洪任务目标和洪水量级按 153m、155m、157m 分级机动控制：

1）当上游来水较大，防洪任务为控制沙市不超过设防水位（相应三峡出库流量 40 000m^3/s）时，最高调洪水位按 153. 0m 控制，不超过警戒水位（相应三峡出库流量 45 000m^3/s）时，最高调洪水位按 157. 0m 控制；

2）当上游来水较小、洞庭湖区间来水较大时，当防洪任务为控制城陵矶不超过警戒水位 32. 5m 时，最高调洪水位按 153. 0m 控制；不超过保证水位 34. 4m 时，最高调洪水位按 155. 0m 控制。

（4）效益及风险

A. 防洪效益

统计 1948 ~ 2009 年共 62 年洪水系列，利用 2009 年批复的优化调度方案及研究制定的中小洪水调度规则分别进行模拟调度，成果显示，水库防洪库容利用几率从 19. 4% 提高至 87. 1%。根据 1998 ~ 2009 年共 12 年洪水系列模拟调度分析，沙市站年平均超警戒天数由 6. 65d 减少至 2d，减少幅度

69.9%，防洪效益显著。

B. 航运效益

根据1998～2008年共12年洪水过程模拟调度，有11年洪水可控制下泄在45 000 ^{3}/s以内，增加该量级船只航运天数为55.75d，年平均增加4.65d；12年洪水过程中流量小于25 000m^3/s的天数为635.75d，按中小洪水模拟调度，流量小于25 000m^3/s的天数增至793.5d，增加25 000m^3/s流量一下船只的通航天数157.75d，年平均增加通航天数13.15d，航运效益明显。

C. 发电效益

根据中小洪水调度规则，模拟调度2003～2009年共7年洪水过程（时段为6月10日～9月15日），分析变动控制水位抬高而带来的发电效益，包括增加发电水头和减少弃水两部分，其中因库水位上浮，年平均增加发电10.59亿kW・h，因减少弃水年平均增发电量为3.41亿kW・h，多年汛期平均可增加发电量14亿kW・h左右，平均年增幅约4%左右。

D. 风险

当库水位抬高之后，假设出现上游或中下游来水迅猛，三峡水库无法进行预泄，只能从当前库水位进行起调，分别采用1982年、1981年、1954年典型年的百年一遇及20年一遇的设计洪水过程，通过不同的控泄标准调洪计算水库最高库水位，分析成果显示，三峡水库在进行中小洪水拦蓄后，起调水位在155m以下时，即使遭遇100年一遇洪水，控制沙市水位不超过44.5m时，水库最高蓄水位不超过173m，控制沙市水位不超过45.0m时，水库最高蓄水位不超过167m；当遭遇千年一遇洪水时，控制沙市水位不超45m，起调水位155m时水库水位蓄至175m时仍有106.41亿m^3的超额洪水，此时需联合运用上游水库群119亿m^3防洪库容及下游荆江分蓄洪区，作为风险控制的应急备用措施。

（5）结语

1）长江中上游洪水形成具有明显的气象特征。长江上游汛期发生大洪水期间往往是由多次集中性的暴雨过程或一段雨量较大的连阴雨过程造成，而上述致洪降雨往往会表现出明显的环流异常特征和天气系统配合。东亚中高纬地区500hPa层有较稳定的环流阻塞形势维持，西北太平洋副热带高压加强并北抬西进，易使南面的暖湿空气与北方冷空气遭遇于长江上游地区，同时中低层伴有强烈的辐合上升和水汽输送机制等，上述大气环流背景及天气条件是长江上游发生致洪暴雨过程的不可缺少的重要条件。长江上中游地区大洪水的发生是具有显著的大气环流背景，此为大洪水的预报预测提供了技术基础和前提。

2）中上游洪水组成及组合规律明显。长江中上游洪水遭遇组合具有较为明显的分阶段特征，上游来水6月10日～6月30日为快速上涨期（平均总入流流量32 200m^3/s）、7月1日～7月31日为主汛高水期（平均总入流流量39 100m^3/s）、8月1日～8月20日的汛期次高水期（平均总入流流量33 900m^3/s）、8月21日～9月10日为后汛期（平均总入流流量32 000m^3/s），特别是宜昌至城陵矶区间来水具有明显的分阶段特征，7月份后区间洪水发生的频次与量级明显下降。

3）中游河段泄流能力与设计基本一致。荆江河段枝城、沙市站泄流能力受城陵矶水位影响较大，通过近年资料分析，原规划设计线与目前的水位流量关系基本一致，三峡水库蓄水后荆江河段受清水下泄影响，低水时水位流量关系影响较大，中高水时影响不明显；三口分流比2000年后较2000年前偏小。总体上，荆江河段泄流能力于原规划相差不大。

4）水文气象信息采集手段先进、预报精度较高。随着国家防汛抗旱指挥系统的投入运行及各水利工程水情自动测报系统的建设，长江流域中上游基本已实现水文、气象信息的自动测报，满足水文、气象信息的时效性、准确性要求。从水文气象预报水平分析来看，短期天气、短期洪水预报具有较高精度，长江三峡入库流量一般具有 3 ~ 5d 的预见期，预报精度可靠，结合中期降水预报，可提供 5 ~ 7d 前瞻性的趋势预报，利用预报预泄，为中小洪水调度提供了技术保障。

5）中小洪水试验性预报调度指标可根据防洪任务目标进行分时段和分量级控制。在不降低水库防洪标准，也基本不增加下游防洪压力的前提下，三峡水库具有一定的拦蓄中小洪水、提高兴利效益空间，当不需要三峡为荆江和城陵矶进行防洪补偿调度时，兴利调度蓄水位按 150m 左右控制，当防汛部门需要考虑中下游防洪要求，三峡水库为沙市和城陵矶进行防洪、拦洪削峰等补偿调度时，控制指标可根据防洪任务目标和洪水量级按 153m、155m、157m、160m 分级机动控制。

6）该研究成果可进行试验，并在试验中不断完善。在实施过程中，由于水文气象技术发展现状，现阶段仍然存在一定的不确定性，仍然需要加强新技术研究，以提高水文气象预报的精度，增长预见期，为水库的预报预泄提供基础，也为进一步提高水库的运用水位指标创造条件。

参考文献

葛守西，2002. 现代洪水预报技术 . 北京：中国水利水电出版社 .

蒋英，张国学 . 2010. 三峡区间水情自动测报系统数据传输的应用研究 . 气象水文海洋仪器，(4)：9 ~ 12.

牛德启，郑静 . 2003. 三峡截流龙口流速预报方法探讨 . 人民长江，(s1)：85 ~ 87.

水利部水利水电规划设计总院，中水东北勘测设计研究有限责任公司 . 2008. 水利水电工程水文自动测报系统设计手册 . 北京：中国水利水电出版社 .

水利部水利信息中心 . 2003. 水文自动测报系统技术规范（SL61–2003）. 北京：中国水利水电出版社 .

水利部水利信息中心 . 2005. 水利系统无线电技术管理规范（SL305–2004）. 北京：中国水利水电出版社 .

水利部水文局，长江水利委员会水文局 . 2010. 水文情报预报技术手册，北京：中国水利水电出版社 .

王俊，熊明 . 2009. 长江水文测报自动化技术研究 . 北京：中国水利水电出版社 .

姚永熙 . 2001. 水文仪器与水利水文自动化 . 南京：河海大学出版社 .

张国学，蒋英，余可文 . 2010. 水情信息传输技术与集成应用 . 水文科技探索与应用，吉林：吉林大学出版社 .

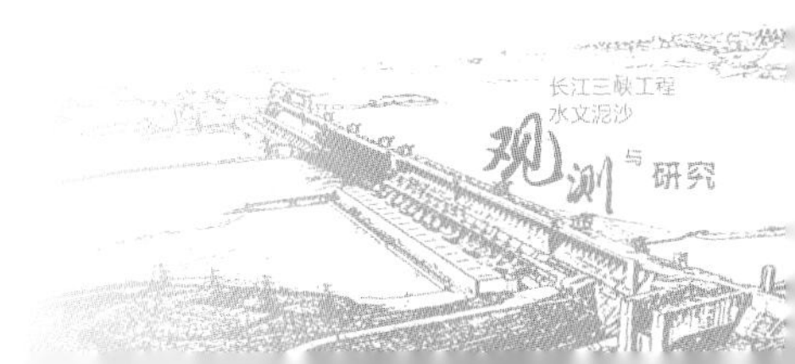

第5章 三峡工程水文研究

三峡工程自20世纪50年代初期开展工作以来，全面、系统地搜集了水文气象基本资料（包括历史上的洪枯水资料），深入分析研究了长江流域特别是三峡以上段的水文特性，为工程规划、论证、设计、施工、管理运用提供了可靠的水文依据。1992年三峡工程初步设计完成以来，积累了20余年的水文资料，其间既发生了1998年长江流域大洪水，也发生了2006年特枯水，三峡的水文设计成果有哪些变化，这是人们关心的问题。本章简述了对三峡工程设计主要依据站的水文基本资料的分析与评价以及径流、设计洪水、入库洪水、可能最大降水与可能最大洪水、坝址水位流量关系与枢纽安全鉴定相关的水文复核成果等，重点介绍了三峡工程截流水文分析与计算、主汛期与汛末洪水、蓄水运用后对长江中下游水文情势影响、水库蓄水前后库区水质变化等。

5.1 主要依据站水文资料分析与评价

朱沱、北碚、寸滩、武隆等水文站是三峡水库不同蓄水位的主要入库控制站，宜昌站是坝址设计依据站，枝城（原名枝江）水文站是荆江防洪控制站，这些站的资料是三峡工程设计的重要依据，为此，就其水文测验、资料整编进行了分析，对资料精度进行了评价。

5.1.1 主要水文站资料分析

1. 宜昌水文站

宜昌水文站位于三峡工程三斗坪坝址下游43km，集水面积约100万km^2。

宜昌水文站于1946年2月设立，基本水尺位于宜昌原怡和码头的海关水尺下游150m。宜昌海关水尺设于1877年4月，经在上海海关及北京中央气象局等多地查找，搜集到了宜昌海关1877～1939年的逐日水位资料，并查清了宜昌海关水尺在1923年7月24日以前系按呎及时作为水位记载单位，以后则按呎及呎之十分之几记载，并对原刊布的1890～1903年海关水位进行了改正。1968及1971年先后对海关水尺零点高程进行了接测，零点高程没有变动。由于海关水尺与宜昌水文站相距很近，其资料可直接引用。

宜昌站在新中国成立之前每日定时观测水位3次，1950～1955年枯水期一般每日观测3次，汛期因水情变化增加测次。1955年后枯水期每日测2～4次，汛期8次，遇较大洪峰则逐时观测。

该站多年平均水位为44.33m，历年最高水位一般出现在7～8月，实测最高水位为55.92m（1896年9月4日），调查最高水位为59.50m（1870年7月20日），历年最低水位一般出现在1～3月，实测最低水位为38.67m（1979年3月8日）。

宜昌站1946年开始测流，测验河段位于三峡出口南津关下游8.5km，在葛洲坝工程未修建以前，宜昌站上游约6.5km左岸有黄柏河入汇，上游2.5km有西坝和葛洲坝将长江分隔为大江、二江、三江。1980年葛洲坝工程截流，逐步建成葛洲坝水利枢纽，基本上为日调节运行。宜昌站下游20km处有虎牙滩对宜昌断面有一定控制作用，38.6km处右岸有清江入汇，高水时对本站有一定的顶托影响。

宜昌断面河床组成，左岸为沙，右岸系岩石，中间为砾、卵石、中低水时历年断面变化在10%左右，高水时变化在5%左右，断面基本稳定。

流量测验方法在1950年以前以浮标法为主，测次较少，1951～1954年测次有所增加；1955年以后以流速仪施测为主，测次增多，并按水情变化合理布置；1973年架设了过河缆道，改进了测验方法，流量测验精度得到进一步提高。

本站水位与流量的关系为中低水位水流控制条件较好，较为稳定，但高水位时同水位的流量变幅较大。过去曾将1946～1950年合并绘制单一曲线推求新中国成立前各年逐日平均流量，1951年以后，因测验精度逐年提高，则视各年水情变化情况，多采用连时序法与绳套法定线。

从历年资料分析，影响本站水位流量关系的主要因素有：①受洪水涨落影响，水位流量关系呈不规则绳套形；②各年水位流量关系正常线受河槽槽蓄壅水和清江来水顶托而摆动。对宜昌站1950～1966年水位流量关系曲线进行逐年分析，发现中高水位轴线的摆动与下游河槽壅水有关，视汛期洪水大小而定。为能用本站的资料来反映这一特征，取汛期（5～10月）平均水位为参数，则各年以此为参数的一组水位流量曲线簇随参数的大小呈有规则的摆动。尤其是本站水位为52.50m时最为明显，例如1954年汛期平均水位高，汛期总水量大，反映下游壅水作用大，水位流量关系曲线的轴线就偏左。1959年汛期平均水位低，轴线就偏右。根据以汛期平均水位为参数的水位流量关系曲线簇推求1877～1939年，1946～1950年5～10月的逐日流量，比用1946～1950年拟定的单一线推流更为合理。为进一步检验以汛期平均水位为参数的曲线簇的精度，又用1966～1985年20年的水位资料，在曲线簇上推算了逐年的最大日平均流量，3d、7d、15d和30d洪量与实测的整编成果比较，除1969年、1979年和1982年因受清江洪水顶托影响或因测验故障而偏大较多外，其余17个年份各时段洪量误差一般在±4%之内，说明用曲线簇推算的流量具有较高的精度。

自1973年葛洲坝工程修改初步设计开始，即采用这一方法推算建国前历年流量，其中，1940～1945年，因抗日战争停测，故用上游云阳水位和区间雨量推算宜昌流量。

宜昌站水位流量关系曲线高水部分，选用1956年综合单一线及1946～1964年平均线，按史梯文森法延长，作为推算历史洪水流量之用。根据实测水位推算的最大流量为71 100m^3/s（1896年9月4日），据调查洪水推算的最大流量为105 000 m^3/s（1870年7月20日）。年最小流量多出现在12月至次年4月，尤以2月出现机会最多，历年实测最小流量为2770 m^3/s（1937年4月3日和1979年3月8日）。经近年实测水位、流量资料分析，1980年葛洲坝截流后，由于坝下冲刷致中水位时的水位流量曲线比天然状况时明显偏右，低水时同一流量的水位偏低约0.6m。自1877～2010年，共有流量系列134年。

2. 寸滩水文站

寸滩水文站位于嘉陵江和长江汇合口下游 7.5km 处，上距重庆海关水尺约 7km，集水面积为 86.7 万 km^2，1939 年设站，基本水尺在左岸纱帽石，1956 年下迁约 600m 至三家滩观测至今。

重庆海关水尺设立于 1890 年，1892 年开始观测。经大量的调查考证及现场复核，并对过去刊印有误的成果进行了修改，获得 1892～1950 年的海关水位资料。

寸滩站测验河段顺直，左岸较陡，右岸为卵石滩地，河道稳定，断面在年内略有冲淤，年际变化不大，上下游均为弯道。下游的弯道与铜锣峡为中高水位的良好控制条件，浅滩成为低水控制。

本站的基本水尺，1939～1950 年每日定时观测水位 3 次，1950 年后，汛期随水位的涨落而增加测次，1955 年后，枯水季节每日观测 2 次，汛期根据水情变化而增加测次或逐时观测。新中国成立以前流量测验以浮标法为主，以流速仪和比降法为辅。新中国成立以后逐渐采用以流速仪为主，并进行浮标与流速仪比测，经比测分析浮标系数为 0.85。1959 年以后，基本上为流速仪测流，测次增多，并按水情变化合理布置，测验成果质量逐年提高。

本站水位流量关系基本稳定，中高水时略受涨落影响，但历年水位流量关系轴线变化甚小。1939～1955 年逐日平均流量在 1939～1955 年综合单一水位流量曲线上推流。1956 年以后视水情变化和测点分布情况，采用当年的单一线或绳套曲线推流。高水部分水位流量曲线的外延以 1939～1955 年综合单一线为基础，考虑该站历年断面形状稳定，水位–流速关系的点分布较密集呈带状，曲线趋势明显，可顺其趋势外延。因此，可用同一高水位的过水面积与流速相乘求得相应的流量，以延长水位流量关系曲线，并用以推算该站历史洪水流量。1892～1938 年逐日流量系由重庆海关水位数据相关插补得寸滩水位，再借用历年稳定的水位流量关系曲线推算流量。自 1892～2010 年，共有流量系列 119 年。

3. 朱沱水文站

朱沱站位于四川省江津县境内，约在寸滩站以上 151km 处，集水面积为 69.5 万 km^2。1954 年设站，施测水位、流量、泥沙及降水量至今，其中 1968～1970 年的流量、泥沙因故缺测。

1955 年 4 月 1 日断面上迁 140m，1967 年 1 月 1 日断面下迁 450m，改称朱沱（二）站，1984 年 1 月 1 日断面下迁 290m，改称朱沱（三）站。

本站测站水位观测段次为：水位在 201.00m 以下实行二段制，水位 201.00～208.00m 实行四段制，水位在 208.00m 以上实行八段制。流量测验方法为缆道吊船和流速仪法，分别采用多点多线（21 线 5 点）和常测法（10 线 2 点）。测次一般按水位级控制，当较大洪峰出现而涨落急剧时，则按水位变幅过程控制。

本站测验河段河道稳定，断面变化不大，水位流量关系基本稳定。因系新中国成立以后设站，水文资料精度较高。缺测年份（1968～1970 年）的流量可由实测水位用综合的水位流量关系曲线推求。

4. 北碚水文站

北碚站为嘉陵江最下游的控制站，集水面积 157 900km^2。本站于 1939 年设立，观测水位和流量至今。

流量段设于温塘峡内，河道顺直，两岸壁陡，河底多为大块乱石组成，河床稳定，无冲淤现象。

新中国成立前流量全系浮标测量，新中国成立后，低水开始用流速仪施测流量，1957 年后流述仪测点增加，从 1960 年至今，各级流水位均为流速仪测流。经流速仪与浮标比测分析，发现浮标系数用0.85 明显偏小，1956 年资料审编时，将浮标系数改为0.91。自此以后，各年浮标系数均采用此值。

5. 武隆水文站

武隆水文站为乌江控制站，集水面积为8.3 万 km^2，占乌江总集水面积的94%。1951 年起施测水位流量至今。

本站系新中国成立后设站，水文资料精度较高，符合规范要求。流量段较顺直，下游约150m 处左岸有卵石滩，再向下游有猪尿滩，中低水位能起控制作用，高水部分受下游约2km 的峡口控制，历年水位流量关系线基本稳定。

6. 枝城水文站

该站原名枝江水文站，设于1925 年6 月，集水面积为102.4 万 km^2。1925 ~ 1926 年及1936 ~ 1938 年观测水位和流量。1950 年7 月恢复观测水位。1951 年7 月恢复测验流量，1960 年7 月改为水位站，流量停测，1991 年又恢复测验流量。

本站在新中国成立以前流量测次少，精度稍差。新中国成立以后测次增多，精度也有所提高。

本站上距宜昌站约59km，其间有清江入汇，但清江流域面积仅有16 700 km^2，仅占枝城站控制面积的2%。枝城至沙市有支流沮漳河汇入，还有松滋河、虎渡河分流入洞庭湖。本站断面冲淤变化较小，水位流量关系基本稳定，绳套及轴线偏离均不太大，故借用历年综合单一的水位流量关系曲线插补出有水位年份的逐日流量。但在上下游水量平衡中，该站略偏小，所以将其中1960 ~ 1974 年流量又用了洪流演进法和合成流量法作了比较，最后采用合成法成果。

5.1.2 水文观测资料评价

本流域经过整编的水文资料，一般来说，大致是抗日战争时期以前较好，抗战时期至新中国成立前夕，测验质量较差。1950 ~ 1955 年精度逐年提高，整编成果基本合理。1956 年以后，全江各站执行“水文测验暂行规定”成果更为合理可靠。

三峡工程库区上下游主要控制站的水文资料，其精度以寸滩站为最好，因该站处于上游峡谷河道之中，断面稳定，各级水位控制良好，测流有过河缆道，故用建站以来的流量测点绘制水位流量关系时，测点偏离平均线的变幅，绝大多数点据均在5%以内，应用历年平均线推得的1892 ~ 1938 年流量和历史洪水的洪峰流量，精度高、成果合理可靠。

其次是宜昌站，由于本站处于三峡出口之下，水流出峡后，呈扩散状态，水面由陡变缓，测流断面处于峡谷与平原的过渡河段，且受河槽壅水影响，为能用本站的资料来反映这一测站特性，故拟订以汛期（5 ~ 10 月）平均水位为参数的一组水位流量关系曲线簇，用以推求新中国成立前历年流量系列，一般说来，其误差不大，历年推流精度符合规范要求。个别受清江洪水顶托影响未能作顶托改正的年份，其精度受一定程度的影响。

宜昌站流量系列较长，按不同年代的测验资料及所采用的水位流量关系分析其精度，大致又分为3个阶段：①新中国成立后，观测资料可靠，且整编时，每年都用本年的水位流量关系推求流量，其精度最高。②新中国成立前，1946～1950年，这一阶段水位资料可靠，但流量测验资料精度不高，在推求逐年流量时，应用了水位流量关系曲线簇，因而精度不如前者。③1877～1945年，此阶段中，1877～1939年是以原海关水尺每日定时观测一次的水位推算流量，1940～1945年系用云阳水位和区间雨量资料推算逐日流量，所以流量精度又比前两者低。经综合分析，按照水文规范要求，宜昌历年流量系列完全可作为工程设计的依据资料。

枝城站虽设站较早，但因几度停测，故前后仅有14年实测流量资料。本站主要受洪水涨落率及河槽蓄水影响，加之汛期清江来水暴涨暴落，对测流有一定影响，同上游宜昌站流量比照时，有偏小现象，故在应用时是以宜昌站流量为准。

朱沱站为新中国成立后1954年设站，观测资料可靠，但资料系列相对干流其他诸站要略短。

支流北碚、武隆等站，1956年以前多为浮标测流，浮标系数经过多次分析，并予以改正。在三峡设计中采用改正后资料。1956年以后，资料精度逐年提高，能满足设计要求。

5.2 径流

5.2.1 径流特性

1. 径流地区组成

长江流域的水量主要是靠降水补给，径流的地区分布基本上与降雨的地区分布相一致。长江流域多年平均径流深为553mm，其中三峡坝址以上流域径流深为442mm。

根据1951～2010年同步资料分析，长江宜昌站以上年径流地区组成如表5-1所示。金沙江年降水量相对较小，但地下径流和高原融雪径流补给较丰富，年径流量占宜昌的三分之一；岷江流域是著名

表5-1　长江宜昌以上年径流地区组成（1951～2010年）

河名	观测站或观测区间	集水面积		年径流量	
		面积（km^2）	占宜昌（%）	径流量（亿 m^3）	占宜昌（%）
雅砻江	小得石	118 294	11.8	517	12.0
金沙江	攀枝花	259 177	25.8	578	13.4
金沙江	华　弹	425 948	42.4	1290	29.9
金沙江	屏　山	485 099	45.6	1466	34.0
岷　江	高　场	135 378	13.5	854	19.8
沱　江	富　顺	23 283	2.3	120	2.8
嘉陵江	北　碚	156 142	15.5	665	15.4
长　江	屏山至寸滩区间	66 657	6.6	344	8.0
长　江	寸　滩	866 559	86.2	3449	79.9
乌　江	武　隆	83 035	8.3	496	11.5
长　江	寸滩至宜昌区间	55 907	5.6	372	8.6
长　江	宜　昌	1 005 501	100	4317	100

的暴雨中心，虽然集水面积只占宜昌站的13.5%，但径流量占宜昌站的比例19.8%；嘉陵江年径流量占宜昌站的15.4%，与面积比相当；乌江、屏山至寸滩区间和寸滩至宜昌区间的年径流量分别占宜昌的11.5%、8.0%和8.6%，均略大于面积比。

与三峡工程初步设计（以下简称三峡初设）阶段年径流成果相比（表5-2），宜昌、屏山、高场、寸滩、武隆等站径流成果相差不大，径流减小最多的为沱江富顺（李家湾）站，减小了7%，其次为嘉陵江北碚站，减小了5.5%左右。三峡初设以后增加资料系列为1991~2010年，在这20年里，沱江富顺（李家湾）与嘉陵江北碚两站径流量均约减小了14%，宜昌站年径流减小约3.3%。由于三峡以上干支流来水相互补充，从而使得宜昌站长短系列变化不大。

表5-2　本阶段径流成果与三峡初设成果对比表

河名	站名	集水面积（km^2）	本阶段（1951~2010年）		初设（1951~1990年）		两阶段径流相对差（%）	初设后（1991~2010年）	
			年径流量（亿m^3）	占宜昌（%）	年径流量（亿m^3）	占宜昌（%）		年径流量（亿m^3）	与本阶段相比（%）
金沙江	屏　山	485 099	1466	34.0	1440	32.8	1.81	1500	2.3
岷　江	高　场	135 378	854	19.8	882	20.1	-3.17	802	-6.1
沱　江	富　顺	23 283	120	2.8	129	2.9	-6.98	103	-14.2
嘉陵江	北　碚	156 142	665	15.4	704	16	-5.54	573	-13.8
长　江	屏至寸区间	66 657	344	8.0	368	8.4	-6.52	336	-2.3
长　江	寸　滩	866 559	3449	79.9	3520	80.2	-2.02	3314	-3.9
乌　江	武　隆	83 035	496	11.5	495	11.3	0.20	496	0.0
长　江	寸至宜区间	55 907	372	8.6	375	8.5	-0.80	366	-1.6
长　江	宜　昌	1 005 501	4317	100	4390	100	-1.66	4176	-3.3

2. 径流年内分配

长江三峡以上流域的径流主要来源于降水，虽然长江河源地区有高山融雪、冰川径流补给，但其所占比例很小。长江上游地区径流年内分配规律同降水相似，年内分配不均匀。长江上游南岸支流乌江5~9月为汛期，占年径流量的69.6%，北岸支流雅砻江、岷江、沱江、嘉陵江及从攀枝花至宜昌的长江干流汛期推迟到6月开始，西南地区常常秋雨连绵，汛期持续到10月。汛期径流量占年径流量的比例在69%~81%，以沱江富顺站为80.8%为最大，以乌江武隆站69.6%为最小。

与三峡初设阶段成果相比，各站年内径流分配除沱江富顺站7月份、嘉陵江北碚站9月份相差略大外，其他各站各月径流年内径流分配比相差都在1%以内。长江上游干支流各站径流年内分配与三峡初设阶段对比成果如表5-3所示。

3. 径流年际变化

统计长江上游干支流各控制站的年径流特征值（表5-4），长江上游支流年径流相对较稳定。岷江（高场）年径流变差系数C_v仅0.13，沱江、嘉陵江、乌江在0.21~0.24，其中以嘉陵江相对较大，年径流变幅（实测最大与最小之比）为3.48。

表 5-3 长江上游干支流各站径流年内分配与三峡初设阶段成果对比表

站名	项目	年径流量各月分配（%）												汛期径流量		非汛期径流量	
		1月	2月	3月	4月	5月	6月	7月	8月	9月	10月	11月	12月	起止月份	占年径流（%）	起止月份	占年径流（%）
屏山	本阶段	3.0	2.4	2.4	2.7	4.2	8.9	17.5	18.9	17.7	12.1	6.2	4.0	6～	75.1	11～	24.9
	与初设差	0	-0.2	0	0	0.1	0.3	0.3	0.1	0	-0.6	-0.1	-0.1	10	0.1	次年5	-0.1
高场	本阶段	2.4	2.1	2.7	3.8	6.7	12.2	18.8	17.9	14.6	9.9	5.4	3.5	6～	73.4	11～	26.6
	与初设差	0.1	0.1	0.2	0.2	0.2	0.3	-0.5	-0.1	-0.4	-0.2	0	0.1	10	-0.9	次年5	0.9
富顺	本阶段	2.1	1.4	1.6	2.2	4.9	10.0	22.2	23.2	16.4	8.9	4.5	2.6	6～	80.8	11～	19.2
	与初设差	0	0.1	0.2	0.3	0.1	0.6	-1.6	0	-0.4	0.0	0.1	0.3	10	-1.3	次年5	1.3
北碚	本阶段	1.9	1.4	2.0	3.8	7.6	9.6	21.7	16.9	17.3	10.6	4.7	2.6	6～	76.0	11～	24.0
	与初设差	0.2	0.1	0.2	0.1	-0.2	0.5	0	0.3	-1.2	0	0	0.1	10	-0.5	次年5	0.5
寸滩	本阶段	2.7	2.2	2.5	3.4	5.9	10.0	18.7	18.0	16.2	11.1	5.7	3.6	6～	74.0	11～	26.0
	与初设差	0.1	-0.1	0.1	0.2	0	0.2	-0.1	0.1	-0.5	-0.3	0	0.1	10	-0.6	次年5	0.6
武隆	本阶段	2.3	2.2	3.2	6.5	12.9	18.5	18.0	11.6	8.6	7.9	5.3	3.0	5～	69.6	10～	30.4
	与初设差	0	0	0.0	-0.3	-0.5	0.5	1.4	0.3	-0.7	-0.3	-0.2	-0.1	9	1.0	次年4	-1.0
宜昌	本阶段	2.6	2.2	2.7	3.9	7.0	10.8	18.0	16.7	15.1	11.4	6.0	3.6		71.8		28.2
	与初设差	0	-0.1	0.1	0.1	-0.1	0.3	-0.2	0	-0.5	0.1	0	0	6～	-0.5	11～	0.5
	1991～2010	2.9	2.4	3.1	4.3	7.1	11.1	18.7	16.9	14.0	10.0	5.8	3.7	10	70.7	次年5	29.3

表中资料系列：宜昌站 1878～2010 年，其余站为 1951～2010 年；初设阶段资料系列均为 1951～1990 年

金沙江由于地下水和江源的冰雪融水补给较丰富，年径流量也较稳定，屏山站 C_v 为 0.16，年径流变幅为 1.86 倍，屏山以下干流先后纳岷江、沱江、嘉陵江和乌江等大支流，随着流域面积增加，干支流来水互相补充，宜昌站 C_v 值 0.11 最小，表明宜昌年径流量相当稳定。在宜昌站 1878～2010 年 133 年实测系列中，以 1954 年年径流量 5752 亿 m^3 为最大，以 2006 年年径流量 2934 亿 m^3 为最小，年径流量变幅为 1.96 倍。总的来说，长江上游干流年径流量变差系数和年变幅都不大，年径流较为稳定。

表 5-4 长江上游干支流主要控制站年径流特征值统计表

河名	站名	长系列								同步系列（1951～2010 年）	
		统计系列	年径流量均值（亿 m^3）	C_v	实测最大 年径流量 $W_{最大}$（亿 m^3）	年份	实测最小 年径流量 $W_{最小}$（亿 m^3）	年份	$W_{最大}/W_{最小}$	年径流量均值（亿 m^3）	C_v
金沙江	屏山	1940～2010 年	1468	0.16	2026	1998	1088	2006	1.86	1466	0.16
岷江	高场	1940～2010 年	868	0.13	1258	1949	637	2006	1.97	854	0.10
沱江	富顺	1951～2010 年	120	0.21	191	1961	59.3	2006	3.23	120	0.21
嘉陵江	北碚	1943～2010 年	663	0.24	1072	1983	308	1997	3.48	665	0.24
长江	寸滩	1893～2010 年	3521	0.12	4629	1949	2479	2006	1.87	3449	0.12
乌江	武隆	1952～2010 年	496	0.21	836	1954	300	2006	2.78	496	0.21
长江	宜昌	1878～2010 年	4452	0.11	5752	1954	2934	2006	1.96	4317	0.11

4. 宜昌站年径流丰枯变化规律

为了分析三峡工程年径流系列的丰枯变化规律，绘制了宜昌站 1878 ~ 2010 年分年代均值变化图（图 5-1）。以年代来看，20 世纪 30 年代以前各年代均值均大于多年平均值，说明这一时期径流量偏丰，70 年代以后各年代均值均小于多年平均值，说明这一时期径流量偏枯。其中 1986 ~ 2010 年均值较多年平均均值偏小 5.6%。

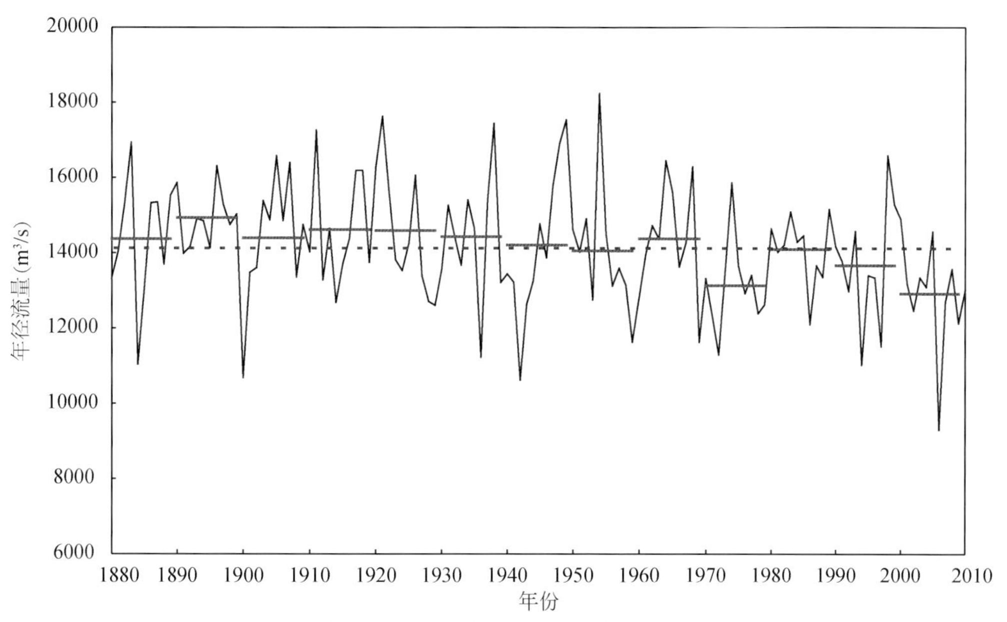

图 5-1　宜昌站分年代均值过程图

从宜昌站年径流量差积曲线图（图 5-2）可以看出，1882 ~ 1926 年 45 年系列可以看做一个长的丰水期，其间虽然有平、枯水年出现，但平、枯水年较少；1969 ~ 2010 年 42 年系列可看做一个长的

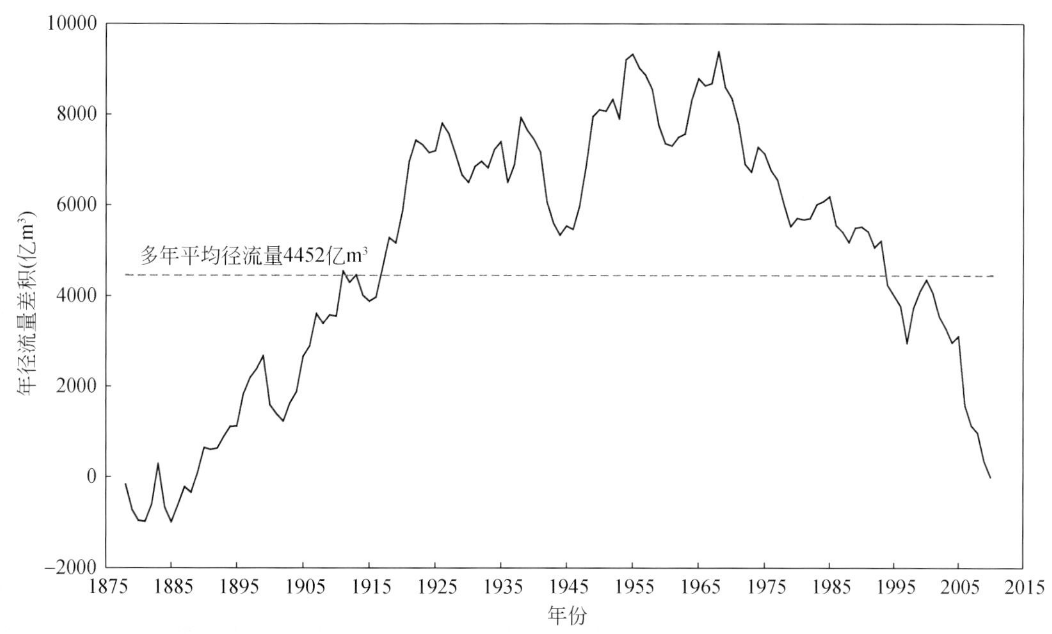

图 5-2　宜昌站径流系列差积曲线图

枯水期，其间虽有丰、平水年出现，但丰、平水年较少；而1927～1968年的42年系列可看作一个长的平水期，其中又包含两相对较短的丰枯水期，即1939～1944年、1956～1961年两个枯水期和1945～1955年、1962～1968年两个丰水期。在宜昌站133年实测年径流系列中，连续丰水段最长达5年，即1903～1907年，连续枯水段最长达6年，即1939～1944年和1956～1961年。总体来说宜昌站年径流丰、平、枯规律具有一定的周期性。

5.2.2 年月径流计算

1. 初步设计阶段径流

三峡初步设计时根据宜昌站1878～1990年113年实测流量统计，多年平均流量为14 300 m^3/s，多年平均径流量4510亿m^3。宜昌站多年年、月平均径流量成果如表5-5所示。

表5-5 三峡初步设计阶段宜昌站多年年、月平均径流量成果表

时间	1月	2月	3月	4月	5月	6月	7月	8月	9月	10月	11月	12月	年
流量（m^3/s）	4 310	3 940	4 440	6 700	11 800	18 600	30 000	27 800	26 600	19 500	10 400	5 980	14 300
径流量（亿m^3）	115	96.2	119	174	317	483	805	748	691	522	271	160	4 510
占比（%）	2.56	2.14	2.64	3.86	7.04	10.7	17.9	16.6	15.3	11.6	6.02	3.56	100

数据概略统计，月加和可能与年值不同

2. 径流复核

将宜昌径流系列延长至2011年，其多年平均流量为14 100m^3/s，多年平均年径流量为4444亿m^3，与初步设计相比径流量减少了约1.46%，总体来说径流量变化不大。延长至2011年后宜昌站年平均流量频率曲线（图5-3）、多年年、月平均径流量成果如表5-6所示。

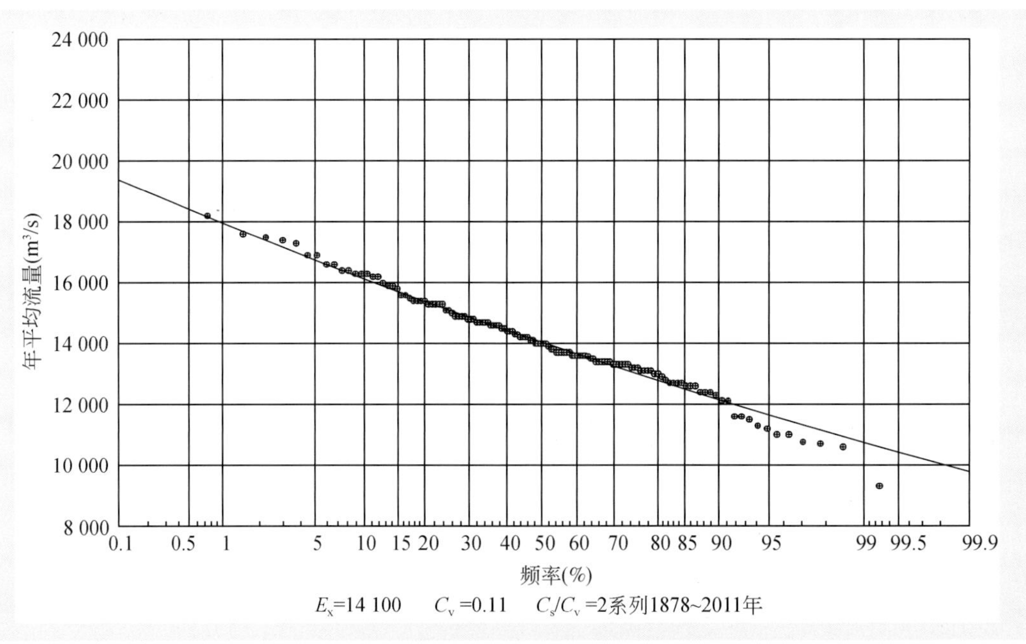

图5-3 宜昌站年平均流量频率曲线图

三峡初设以后，1991 年至 2011 年 21 年平均流量为 13 100m^3/s，虽然出现了 1998 年（年平均流量 16 600m^3/s）、1999 年（年平均流量 15 300m^3/s）大水年，但有 16 年年平均流量小于多年平均流量。特别是长江上游 2006 年特枯水年的出现，使得年最小径流量由原来 1942 年的 3348 亿 m^3 变为 2006 年的 2934 亿 m^3，与多年平均径流量相比偏小约 34%。

表 5-6　宜昌站多年年、月平均径流量成果表

月份	1月	2月	3月	4月	5月	6月	7月	8月	9月	10月	11月	12月	年
流量（m^3/s）	4 350	3 970	4 500	6 730	11 700	18 500	29 800	27 600	26 000	18 900	10 300	5950	14 100
径流量（亿 m^3）	117	97	120	174	313	479	799	740	673	505	267	159	4 444
占比（%）	2.62	2.18	2.71	3.93	7.04	10.8	18.0	16.7	15.1	11.4	6.01	3.59	100

数据为概略统计，月加和可能与年值不同

长江三峡以上流域的径流主要来源于降水，虽然长江河源地区有高山融雪、冰川径流补给，但所占比例很小。径流的季节变化、年内分配规律与降雨季节变化相一致，表现出年内分配不均匀。与三峡初设阶段成果相比，延长系列后的宜昌站径流量年内分配变化不大。

5.2.3　枯季径流

每年 11 月至次年 3 月间雨量稀少，是长江流域的枯水季节，径流补给以地下水为主。根据 1951 ~ 2010 年实测资料，统计了长江上游干支流主要控制站枯季径流特征值（表 5-7）。

表 5-7　长江干支流控制站枯季径流情况表

河名	站名	年径流量均值（亿 m^3）	枯季径流		
			枯季月份	径流量（亿 m^3）	占年径流量（%）
雅砻江	小得石	517	1-3	36.5	7.1
金沙江	攀枝花	578	1 ~ 3	45.4	7.9
金沙江	华　弹	1290	2 ~ 4	95.8	7.4
金沙江	屏　山	1466	2 ~ 4	110	7.5
岷　江	高　场	854	1 ~ 3	61.3	7.2
沱　江	富　顺	120	1 ~ 3	6.04	5.0
嘉陵江	北　碚	665	1 ~ 3	35.1	5.3
长　江	寸　滩	3449	1 ~ 3	257	7.4
乌　江	武　隆	496	12 ~ 2	37.4	7.5
长　江	宜　昌	4317	1 ~ 3	328	7.6

小得石系列为 1958 ~ 2000 年

长江三峡以上各支流枯水季节的时间略有不同，北岸支流雅砻江、岷江、沱江、嘉陵江以 1 ~ 3 月为最枯，南岸支流乌江以 12 月 ~ 次年 2 月为最枯。支流最枯 3 个月的水量，雅砻江、岷江、乌江占年水量的 7% 以上，沱江、嘉陵江占年水量的 5% 左右。

长江干流年内最枯时段，因支流的影响而有所不同，金沙江直门达至攀枝花河段一直以 1 ~ 3 月为最枯，在雅砻江加入后，干流最枯时段变为 2 ~ 4 月，顺江而下依次加入最枯时段为 1 ~ 3 月的岷江、沱江、嘉陵江后，干流最枯时段又恢复为 1～3 月。攀枝花至宜昌河段干流最枯三个月的水量占年水量的 7.5% 左右。

为便于比较现阶段枯季径流成果与三峡初设阶段成果的差异，将两阶段成果列于表 5-8 中。从表中成果可以看出，资料系列延长至2010 年后，寸滩以上干支流最枯3 个月径流量均略有增加。就宜昌以上而言，以北碚增加 3.2% 为最大，乌江武隆减小了 1.6%，宜昌基本维持不变。但就近 20 年最枯三个月径流量变化看，增加相对较多。

表 5-8　长江主要控制站枯季径流量与初设阶段比较表

河名	站名	本阶段（1951～2010 年）		初设阶段（1951～1990 年）		两阶段径流相	1991～2010 年	
		枯季月份	径流量（亿 m^3）	枯季月份	径流量（亿 m^3）	对差（%）	径流量（亿 m^3）	与初设相比差（%）
金沙江	屏山	2～4	110	2～4	107	2.8	116	7.8
岷　江	高场	1～3	61.3	1～3	60	2.2	63.7	5.8
沱　江	富顺	1～3	6.04	2～4	6.0	0.7	6.07	1.2
嘉陵江	北碚	1～3	35.1	1～3	34	3.2	37.5	9.3
长　江	寸滩	1～3	257	1～3	251	2.4	275	8.7
乌　江	武隆	12～2	37.4	12～2	38	-1.6	39.5	3.8
长　江	宜昌	1～3	328	1～3	330	-0.6	349	5.4

5.2.4　蓄水期径流分析

根据长江干流宜昌以上来水特征及三峡初步设计阶段安排，每年 9～10 月为三峡水库蓄水期，将宜昌站 1951～2009 年 9～10 月流量分 9 月 1 日～10 月 31 日、9 月 11 日～10 月 31 日、9 月 16 日～10 月 31 日、9 月 21 日～10 月 31 日 4 个时间段分别与初设成果进行比较。三峡水库蓄水期宜昌站不同时间段径流情况统计如表 5-9 所示。

统计这 4 个时间段平均流量，初设阶段多年平均流量分别为 22 300m^3/s、21 400m^3/s、20 700m^3/s、19 700m^3/s，每往后推迟一个时间段，平均流量呈递减趋势。各时段分年代均值围绕多年平均均值上下波动，9 月 1 日～10 月 31 日时间段各年代均值与长系列多年平均值相比，上下波动变幅为-15.2%～8.0%，其中 20 世纪 60 年代偏大 8.0%，90 年代偏小 15.2%。1991～2009 年均值比初设成果偏小 14.5%。其他各时间段成果如表 5-9 所示。进入 90 年代以后，在各种人为及自然因素的影响下，宜昌站 9～10 月径流有减小的趋势。从 90 年代开始，4 个统计时段较初设成果减小近 14% 左右。

表 5-9　三峡水库蓄水期宜昌站不同时间段径流情况统计

时间段	项目	9 月 1 日～10 月 31 日	9 月 11 日～10 月 31 日	9 月 16 日～10 月 31 日	9 月 21 日～10 月 31 日
初设阶段	平均（m^3/s）	22 333	21 355	20 675	19 707
1951～1959 年	平均（m^3/s）	20 378	19 437	18 897	18 176
	与初设比（%）	-8.8	-9.0	-8.6	-7.8
1960～1969 年	平均（m^3/s）	24 129	22 607	21 962	21 188
	与初设比（%）	8.0	5.9	6.2	7.5

续表

时间段	项目	9月1日~10月31日	9月11日~10月31日	9月16日~10月31日	9月21日~10月31日
1970~1979年	平均（m^3/s）	20 981	20 657	20 129	19 607
	与初设比（%）	-6.1	-3.3	-2.6	-0.5
1980~1989年	平均（m^3/s）	23 506	22 368	21 397	20 616
	与初设比（%）	5.3	4.7	3.5	4.6
1990~1999年	平均（m^3/s）	18 943	17 806	17 416	17 111
	与初设比（%）	-15.2	-16.6	-15.8	-13.2
2000~2009年	平均（m^3/s）	19 719	18 105	17 461	17 227
	与初设比（%）	-11.7	-15.2	-15.5	-12.6
1991~2009年	平均（m^3/s）	19 105	17 736	17 258	17 000
	与初设比（%）	-14.5	-16.9	-16.5	-13.7

5.3 设计洪水

长江三峡工程自20世纪50年代初期开始进行大规模研究，随着规划设计的不断深入，对有关河段的实测水文资料和历史洪水资料进行了深入的搜集、整理和分析，着重研究了历史洪水在频率曲线中的应用，对理论频率曲线线型的比较、选择以及洪水统计参数估算方法等作了深入的研究。

5.3.1 历史洪水重现期分析

长江流域有关历史洪水的文献记载，最早为楚昭王时期（公元前966~前948年），江陵“江水大至，没及渐台”（《荆州万城堤志》）。汉书《五行志》记有汉高后三年（公元前185年）“江水汉水溢”。《宜昌府志》记有晋永平二年（公元292年）长江“大水”，《重庆府志》记有唐贞观二十二年（公元648年）“夏，泸、渝等州大水”。自公元前185年以后，洪水记载逐渐增多，但远年洪水记载十分简单，仅记“大水”或“大雨水”，明清两代记载的地区广，内容详。据统计，重庆至江陵间，自11~15世纪（宋、元、明朝），平均5年有水、旱记载一次，自16~19世纪，平均2年有水、旱记载一次。宜昌近千年来，记载有30多次洪水，其中有23年洪水较大。据重庆至宜昌段文献记载情况，可知明、清两代有较连续的洪水记述，这600多年来，以1870年（清同治九年）为最大的历史洪水。

历史上发生的洪水除有洪痕或刻记，能接测高程外，其余多数只能定性，难以定量。因此，在确定历史洪水序位时，主要以洪水刻字的高程为主，结合文献分析而定。从历史洪水高程及河流特性分析，长江上游历史洪水位拟分两段考虑：一是忠县至宜昌河段；二是重庆附近河段。

1870年洪水系长江上游干流江津至宜昌段自1153年以来能测定高程的最大一次洪水。其水情、灾情均十分严重，至今仍在重庆、宜昌等地区广为流传，且河段内的主要城镇自宋朝以后大部分没有变迁。在忠县附近调查到的多年洪水刻字有：1153年、1227年、1560年、1788年、1796年、1870

年，访问的有 1860 年等洪水。对这些洪水均测定了高程，其中以 1870 年最高。1227 ~ 1560 年由于相距 300 余年之久，而这段时间文献记载较少。1560 年以后记载增多，对洪水描述较详。据三峡上下河段水旱灾害统计资料来看，1000 ~ 1499 年有水旱灾害记载的年份为 89 年，平均 6 ~ 7 年才有一次记载，记有严重的洪水 7 次。1500 ~ 1899 年有水旱灾害的年份达 190 次，平均 2 年有一次记载，记有严重洪水 17 次。故认为 1560 年以后各次调查历史洪水遗漏的可能性较小。鉴于上述资料分析，宜昌洪峰大小序位，可有两种排法，第一种是：1870 年、1227 年、1560 年、1153 年、1860 年、1788 年、1796 年、1613 年，认为近千年来，沿江题刻甚多，两岸大部分城镇没有搬迁，漏记大洪水的可能性很小，故可将掌握的历史洪水资料在 840 年内按大小排列。因此，1870 年洪水是 1153 年以来 840 年的首位，1860 年、1788 年分别是 1153 年以来的第五位（考证期 168 年）和第六位（考证期 140 年）。第二种是：因明、清两代记载较多且详，宋、元两代记载稀少且简，但基本还是连续的，因此认为这近千年来，漏记 1870 年、1227 年同大洪水的可能性很小，因而仍定 1870 年、1227 年为 1153 年以来 840 年的第一、第二位的大洪水；同时近 400 年来记载较多，认为漏记 1560 年同级大洪水的可能很小，所以将 1560 年洪水定为 1560 年以来的首位，其后各年依次排位为 1153 年、1860 年、1788 年、1796 年、1613 年，考证期为 430 年。这两种排位法，在洪水频率计算适线时，其结果没有显著差异。

1990 ~ 1993 年，长江水利委员会水文局和河海大学对长江三峡古洪水进行了专题研究，从三峡坝址上下游约 60km 河段 90 余处古洪水沉积物中，经 ^{14}C 测年，获得 2500 年以来的古洪水信息，未发现有大于 1870 年历史调查洪水的更大洪水，进一步论证了 1870 年历史洪水的重现期合理可靠。

寸滩历史洪水序位的确定：因寸滩至万县有乌江加入，据实测洪水资料分析表明，乌江发生洪水时间较早于长江干流，洪峰很少遭遇，如 1870 年洪水在长江干流江津至宜昌段调查资料甚多，可是乌江却未调查到该年洪水，历史文献也没反映，故可判断该年乌江洪水不大。因此，寸滩站 1870 年洪水的考证期也可定为 840 年。其余历史洪水按下列序位：1560 年、1227 年、1153 年、1520 年、1788 年、1860 年排列，其考证期各年可类推。

朱沱水文站调查到的历史洪水大小顺序为 1520 年、1905 年、1936 年、1917 年、1892 年、1948 年。在朱沱水文站实测系列中有 1966 年、1981 年、1998 年、2012 年等大洪水，其中 1966 年、1981 年、1998 年洪峰量级并不大，2012 年洪峰流量 55 800m^3/s，虽为朱沱 1954 年建站以来的首位，但其最大日平均流量并不大，故在频率计算时这几年洪水的最大日平均流量均不做特大值考虑。但 1966 年各时段洪量显著大于其他实测年份，与历史特大洪水相当，将其抽出做特大值处理，其重现期视其在特大洪水中的序位确定。

5.3.2 初设阶段坝址设计洪水

三峡工程的防洪重点是荆江地区，根据防洪规划，水库调度主要考虑对下游沙市水位补偿调节的方式，因此，三峡工程设计洪水以枝城频率洪水控制，校核洪水不再考虑补偿调节，以宜昌频率洪水控制。

三峡工程坝址代表站为宜昌站，也是三峡设计依据的主要水文断面；朱沱、寸滩水文站是三峡库区不同情况下的入流站。三峡工程初步设计阶段宜昌站采用的水文资料系列为 1877 ~ 1990 年，共计

114 年；寸滩站采用的水文资料系列为 1892 ~ 1990 年共计 99 年；朱沱站的采用的资料系列为 1954 ~ 1990 年共计 37 年。为使据以估算的洪水参数达到相对稳定，降低参数的抽样误差，各时段峰量频率曲线的高水部分有根据地外延，在洪水频率计算中，尽可能应用了已经调查到的历史上发生的特大洪水成果。

为选择能概括样本经验分布且又代表总体分布的理论频率曲线，选择 P-Ⅲ型作为各站的基本线型。在适点配线中，考虑以下 3 个原则：

1）尽可能使选配的频率曲线与经验点的分布彼此相对协调平衡，但曲线的上半部应有所侧重。

2）对历史洪水和实测洪水的洪峰、短时段的洪量，采取二者兼顾，对长时段的洪量，则着重于实测洪水。

3）为使点线有较好的配合，允许对初估的参数作适当的调整，调整的范围，既要考虑可能误差的限度，同时又要照顾到统计时段洪量的特点，使长短时段洪量的参数合理协调。

按照上述原则确定的宜昌、朱沱、寸滩等站洪水设计成果如表 5-10、表 5-11 和表 5-12 所示。

表 5-10　宜昌站设计洪水成果表

统计时段	统计参数			设计值			
	均值	C_v	C_s/C_v	0.01%	0.1%	1%	5%
日平均流量（m^3/s）	52 000	0.21	4.0	113 000	98 800	83 700	72 300
3 日洪量（亿 m^3）	130.0	0.21	4.0	282.1	247.0	209.3	180.7
7 日洪量（亿 m^3）	275.0	0.19	3.5	547.2	486.8	420.8	368.5
15 日洪量（亿 m^3）	524.0	0.19	3.0	1 022	911.8	796.5	702.2
30 日洪量（亿 m^3）	935.0	0.18	3.0	1 767	1 590	1 393	1 234

表 5-11　寸滩站设计洪水成果表

统计时段	统计参数			设计值			
	均值	C_v	C_s/C_v	0.01%	0.1%	1%	5%
日平均流量（m^3/s）	51 600	0.25	3.0	121 000	106 000	88 700	75 300
3 日洪量（亿 m^3）	124.0	0.25	2.5	284.0	248.0	211.0	180.0
7 日洪量（亿 m^3）	244.0	0.22	2.5	512.4	453.8	390.4	339.2
15 日洪量（亿 m^3）	450.0	0.21	2.5	914.0	815.0	706.0	616.0
30 日洪量（亿 m^3）	797.4	0.20	2.5	1 571	1 403	1 228	1 076

表 5-12　朱沱站设计洪水成果表

统计时段	统计参数			设计值			
	均值	C_v	C_s/C_v	0.01%	0.1%	1%	5%
日平均流量（m^3/s）	34 500	0.25	4.0	85 900	73 500	60 700	50 700
7 日洪量（亿 m^3）	165.0	0.22	4.0	371.5	323.1	272.2	232.4
15 日洪量（亿 m^3）	321.4	0.20	3.5	661.8	584.0	501.1	437.2
30 日洪量（亿 m^3）	565.9	0.18	3.5	1 087	973.7	848.4	749.6

枝城水文站系荆江河段的入流站，上距三峡坝址 59km，控制流域面积为 102.4 万 km^2。该站自 1950 年起至 1959 年共有 10 年实测流量资料。1960 年后改为水位站，因此，1960 年后各年的逐日平均流量采用合成流量法插补。

在三峡工程论证阶段，应用 1951 ~ 1982 年共 32 年资料系列计算的各时段洪量的均值、C_v 值，均比宜昌站长系列相应的均值、C_v 值小。根据宜昌站长系列（1877 ~ 1982 年）各时段洪量均值与短系列相应时段均值比较，其比值变化在 1.02 ~ 1.04，这个关系说明不宜直接用短系列做枝城站的洪水频率计算。

枝城站洪水主要来自宜昌以上，宜昌至枝城的区间水量不大，占枝城水量的 3% ~ 4%，宜昌洪量占枝城洪量的 96% ~ 97%，枝城洪量为宜昌洪量的 1.03 ~ 1.04 倍。由于宜昌、枝城两站洪量关系密切和考虑到宜昌洪水资料系列长，资料精度较高，历史洪水可靠，因而枝城站各种时段洪量的均值直接用宜昌站相应时段洪量均值乘以 1.04，参数 C_v、C_s 则移用宜昌站成果。

5.3.3 坝址设计洪水复核

1991 年至 2012 年，已进一步积累了 20 余年的水文基本资料，特别是在此期间出现了 1998 年和 1999 年大洪水，需对设计洪水进行复核。宜昌站采用的水文资料系列为 1877 ~ 2012 年，共计 136 年；寸滩站采用的水文资料系列为 1892 ~ 2012 年共计 121 年；朱沱站的采用的水文资料系列为 1954 ~ 2012 年共计 59 年。1991 ~ 2012 年，宜昌、朱沱、寸滩等 3 站最大日平均流量均没有出现超过历史调查洪水的特大值，历史洪水重现期延续初步设计阶段考证成果。由于三峡工程 2003 年 6 月开始蓄水，对其后的宜昌实测资料进行了还原计算。加入历史洪水组成不连续系列，理论频率曲线仍采用 P-Ⅲ型。各站设计洪水复核成果如表 5-13、表 5-14 和表 5-15 所示。其中，枝城站设计洪水仍直接采用初设阶段的方法，故不再赘述。

表 5-13　宜昌站设计洪水成果表

统计时段	统计参数			设计值			
	均值	C_v	C_s/C_v	0.01%	0.1%	1%	5%
日平均流量（m^3/s）	51 300	0.21	4.0	112 000	97 600	82 700	71 200
3 日洪量（亿 m^3）	128.1	0.21	4.0	278.5	243.8	206.6	177.8
7 日洪量（亿 m^3）	271.4	0.19	3.5	539.3	480.2	415.8	364.8
15 日洪量（亿 m^3）	512.0	0.19	3.0	996.4	892.6	778.0	686.1
30 日洪量（亿 m^3）	914.0	0.18	3.0	1 722	1 551	1 360	1 207

表 5-14　寸滩站设计洪水成果表

统计时段	统计参数			设计值			
	均值	C_v	C_s/C_v	0.01%	0.1%	1%	5%
日平均流量（m^3/s）	50 700	0.25	3.0	119 000	104 000	87 000	74 000
3 日洪量（亿 m^3）	119.3	0.25	2.5	271.5	238.4	202.0	173.06
7 日洪量（亿 m^3）	236.4	0.22	2.5	493.0	438.4	377.9	329.26
15 日洪量（亿 m^3）	437.1	0.21	2.5	884.8	790.2	685.2	600.47
30 日洪量（亿 m^3）	775.8	0.20	2.5	1 524	1 367	1 193	1 051.05

表 5-15　朱沱站设计洪水成果表

统计时段	统计参数			设计值			
	均值	C_v	C_s/C_v	0.01%	0.1%	1%	5%
日平均流量（m^3/s）	33 700	0.26	4.0	86 700	73 900	60 400	50 200
7 日洪量（亿 m^3）	163.0	0.22	4.0	366.8	319.3	268.6	229.5
15 日洪量（亿 m^3）	313.0	0.20	3.5	643.1	569.7	489.8	426.9
30 日洪量（亿 m^3）	561.4	0.18	3.5	1 078.3	965.5	841.9	743.7

将水文资料系列延长至2012 年后，虽然系列中加入了 1998、1999 年大洪水资料，但由于其余年份仍偏枯，日平均流量及各时段洪量均值均有所减小，宜昌站减少幅度在 1.3%～2.3%，寸滩站减少幅度 2.7%～3.8%，朱沱站减少幅度 0.8%～2.6%（最大日平均流量 C_v 值增加了 0.01），但三站应用三峡初设阶段的参数进行适线，点线配合较好。复核表明，三峡工程设计洪水成果稳定，目前仍可作为三峡工程设计、施工和管理运用的依据。

5.3.4　入库设计洪水

三峡工程以入库洪水作为设计依据。

1. 典型入库洪水

（1）洪水典型年选择

三峡工程入库洪水研究较早，比较方案也较多。1992 年初设阶段进行入库洪水设计时，根据正常蓄水位 175m 方案，入库断面洪水考虑两种情况：一是以干流朱沱站、嘉陵江北碚站、綦江五岔站和乌江武隆站为控制，四站流量相加后，即为入库站断面洪水过程；二是以干流寸滩和武隆站为控制，二站流量相加即为入库站断面洪水过程。入库断面洪水加区间洪水即为入库洪水。

在分析各种类型洪水的基础上，按下列原则选定洪水典型：①洪峰较高，洪量较大，且洪峰形态对调洪不利；②洪水发生的季节性和地区具有一定的代表性；③寸滩至宜昌区间洪水较大且与长江下游洪水相遭遇；④三峡入库站朱沱、北碚、五岔、武隆和朱沱至寸滩、寸滩至宜昌区间支流有完整可靠的水文资料。经综合分析，选用了 1981 年、1982 年、1954 年等三年作为研究三峡设计洪水的典型。1981 年洪水主要来自寸滩以上，寸滩至宜昌区间洪水较小；1982 年洪水寸滩以上较小，寸滩至宜昌区间洪水很大；1954 年洪水寸滩以上和寸滩至宜昌区间洪水虽分别比 1981 年和 1982 年小，但该年洪水持续时间长，长时段洪水总量很大，且与长江中下游洪水遭遇。这三种典型年无论从洪峰形态，洪水来源组成方面，均代表了不同洪水类型的特点。

（2）典型年入库洪水计算

主要是计算朱沱、寸滩及武隆水文站以下至宜昌区间入库洪水，据水文资料条件采用不同方法。1954 年缺少各支流流量资料，仅有部分雨量资料，朱沱至寸滩区间采用该时段雨量和降雨径流关系计算净雨，再以单位线推算区间洪水过程线。寸滩至宜昌区间小支流无流量资料，分寸滩至清溪场、清溪场至忠县、忠县至万县、万县至奉节、奉节至巴东、巴东至三斗坪、三斗坪至宜昌七段采用水量平衡法计算各段入库洪水。1981 年、1982 年区间各站雨量和流量资料均较完整，朱沱至寸滩区间洪水推算与 1954 年的方法相同，寸滩至宜昌区间仍然分七段，采用合成流量法计算入库洪水。将入库断面洪水与区间各段入库洪水依次叠加演算至宜昌，与实测洪水进行比较，直至吻合为止。为了检验求得的入库洪水过程线的合理性，曾用槽蓄曲线将干支流洪水分段合成演算至宜昌，并与宜昌实测过程进行对比，尽可能使槽蓄曲线的线型（单一或绳套）符合演算河段的客观情况，直至合理为止。各典型年以寸滩为入库控制站与坝址洪水峰量比较成果如表 5-16 所示。

表 5-16　各典型年入库与宜昌（坝址）洪水峰量成果比较表

年份	时段 项目	洪峰 (m^3/s)	最大 3 日洪量 （亿 m^3）	最大 5 日洪量 （亿 m^3）	最大 7 日洪量 （亿 m^3）	最大 15 日洪量 （亿 m^3）
1954	寸滩总入库	69 700	172. 7	283. 7	392. 3	791. 2
	宜　昌	66 800	170. 9	280. 5	385. 6	785. 4
	入库与宜昌之比	1. 043	1. 011	1. 011	1. 017	1. 007
1981	寸滩总入库	88 400	202. 2	285. 8	347. 4	
	宜　昌	70 800	173. 4	264. 8	336. 2	
	入库与宜昌之比	1. 248	1. 166	1. 079	1. 033	
1982	寸滩总入库	74 100	175. 2	256. 4	313. 2	
	宜　昌	59 300	147. 7	230. 1	304. 4	
	入库与宜昌之比	1. 250	1. 186	1. 114	1. 029	

2. 入库设计洪水计算

初设阶段入库设计洪水计算，对典型年入库洪水进行合理放大，以求得符合指定设计标准的入库设计洪水，研究了四种方法：①坝址倍比法，该法可基本保持入库站及区间支流典型年洪水过程线的形状、洪水的组成及遭遇，放大后的入库洪水过程，设计时段内的洪量亦能达到或接近指定的设计标准。但由于按量的倍比放大，导致入库设计洪水的峰量频率不一致，洪峰流量因典型而异。②同频率组成法，宜昌或枝城的洪水主要来自寸滩，根据统计，寸滩站各时段洪量约占宜昌洪量的 90% ~ 95% 。因此，同频率放大法既可保证入库设计洪水主要组成部分的峰、量设计标准，同时又可避免不同典型的影响，使总的入库设计洪水成果符合设计标准。③最可能组合法，该法含有自然组合的机遇，它们的统计特征带有自然因素的信息，然而在实际计算中，常受资料条件的限制。由于区间水文资料欠缺而不完整，区间洪量只能借助宜昌与寸滩两站计算，不仅误差大，且出现零值，给频率曲线处理带来一定的困难。同时此法求得的结果也并不是最不利的组合。④坝址设计洪水反演法，坝址设计洪水反演法不能反映建库后库区汇流条件的变化，同时还由于槽蓄曲线外延过多，任意性大。

通过分析比较，三峡工程正常蓄水位 175m 方案入库设计洪水过程线采用入库站与坝址（宜昌站）或枝城站洪量同频率组成法计算。寸滩站、宜昌站或枝城站根据不同典型年分别采用最大 1 日、7 日、15 日峰量同频率放大，根据不同典型洪水过程特性，其控制时段有所不同。区间用相应的洪量放大。

3. 围堰发电期入库设计洪水

2003 年 6 月，三峡由三期碾压混凝土围堰与左岸大坝共同挡水形成水库，工程进入围堰发电期。

围堰发电期水位为135m，水库回水末端在清溪场附近，距坝址约470km，因此三峡围堰发电期阶段入库设计洪水有别于初设正常运行情况下的入库设计洪水。本阶段入库设计洪水分析计算，根据水库运行特点，考虑了两种方案，方案一采用三峡初设计算的正常运行阶段（正常蓄水位175m）入库设计洪水成果，分别用长江流域规划办公室的汇流曲线和槽蓄曲线法演算至清溪场，作为围堰发电阶段水库入库设计洪水成果；方案二采用同典型年寸滩站、武隆站实测过程演算至清溪场，叠加相应寸滩至宜昌区间入库过程作为典型年入库洪水过程，然后以坝址设计洪水放大倍比放大后作为围堰发电期入库设计洪水。

两种方案选择入库洪水过程典型与初步设计阶段相同，即1954年、1981年、1982年洪水。为与初设阶段的入库设计洪水协调，采用方案一成果。3个典型年以清溪场为入库点的典型入库洪水过程与坝址实测洪水过程时段洪量比较如表5-17所示。

表5-17　典型入库过程与宜昌（坝址）洪水过程时段洪量比较表

典型年	项目	时段		
		最大3日（亿m^3）	最大7日（亿m^3）	最大15日（亿m^3）
1954年	入库洪量（亿m^3）		390	787
	坝址洪量（亿m^3）		386	785
	入库/坝址		1.01	1.0
1981年	入库洪量（亿m^3）	194	346	
	坝址洪量（亿m^3）	173	336	
	入库/坝址	1.12	1.03	
1982年	入库洪量（亿m^3）	162	313	
	坝址洪量（亿m^3）	148	314	
	入库/坝址	1.10	1.03	

5.4　可能最大降水与可能最大洪水

三峡工程的可能最大降水（PMP）与可能最大洪水（PMF）曾做了大量的研究，但由于三峡工程的正常高水位不同，研究重点也不同。20世纪50年代末至60年代初，计算可能最大降水方法，大致分为两类：天气组合法和水汽输送法。天气组合法又分为四小类，即天气过程组合法、长期天气过程组合法、天气型组合法和典型年替换法。曾应用以上5种方法、10个方案推算了60日可能最大洪水。至70年代曾用典型年替换法及1870年模拟放大法推求30日可能最大洪水。

20世纪80年代在进一步分析宜昌以上地区实测和历史暴雨洪水的基础上，除对1954年典型替换法和1870年模拟放大法外，又增加了长时段组合相似替换法和西南涡组合法，共用4种方法，6个方案计算了三峡15日可能最大洪水。

5.4.1　可能最大降水（PMP）

1）典型年替换（放大）法（Ⅰ法）：以实际发生恶劣环流型的1954年为基础，按照大形势、降水影响系统及暴雨区位置行径相似的原则，将设计时段内降雨较小的几次天气过程，用设计流域内发生的符合相似替换原则的更大的天气过程置换，从而构成 1954 年可能最大的暴雨序列。

2）长时段组合相似替换法（Ⅱ法）：在长时段降水过程衔接的基础上，按相似替换原则，进行短期暴雨天气过程替换，着重推求短时段的可能最大洪量。以沱江、涪江及嘉陵江地区发生特大暴雨的 1981 年与三峡区间发生大暴雨的 1982 年为基础，考虑干支流及区间洪水遭遇最恶劣的情况进行组合。

3）西南涡组合法（Ⅲ法）：以长江上游暴雨的主要影响系统西南涡为对象，根据其成因和维持发展条件，确定组合原则，组合一个可能最大降水序列。青藏高原和地面摩擦是形成西南涡的重要因素。

4）1870 年过程模拟放大法（Ⅳ法）：据 1870 年暴雨特点，并结合上游大暴雨的一般规律，1870 年 7 月上游特大暴雨可能是由低涡切变天气系统造成的。故挑选实测的同类大暴雨组合成一个暴雨系列，当此序列所得的洪水过程与宜昌调查洪水过程相符时即为所求的 1870 年模拟暴雨序列，然后进行水汽放大。

5.4.2 可能最大洪水（PMF）

宜昌以上的流域面积较大，产汇流的基本特点包括两方面：一是降雨在空间上的分布极不均匀和产流特性在地区上的差别甚大；二是大型流域的非线性汇流影响不大。因此，宜昌以上的可能最大洪水，根据前述 4 个方法所得的降水序列采用了分区产流和分区线性汇流方法计算。

宜昌以上单元产流区和单元汇流区的划分，系根据暴雨的空间分布、产流的地区特性以及计算可能最大降水所采用的方法而定。

用 4 种方法推算 6 个方案的成果，其中以 1954 年典型替换法Ⅰa、长时段组合相似替换法Ⅱ和西南涡组合法Ⅲb 的理论依据较为严谨，计算方法的任意性较小。1870 年模拟放大法系以实际发生过的特大洪水为基础，所以计算成果更具有稀遇洪水的自然因素。因此，选用这 4 个方案的计算成果作为确定三峡工程校核洪水的依据之一。从表 5-18 可看出，4 个方案的成果相差不大，日平均流量 117 500 ~ 127 000 m^3/s；7 日洪量为 607 亿 ~ 656 亿 m^3；15 日洪量为 1109 亿 ~ 1246 亿 m^3。

表 5-18 可能最大洪水成果表

方案	日平均流量			7 日洪量	15 日洪量
	月	日	（m^3/s）	（亿 m^3）	（亿 m^3）
1954 年典型替换法Ⅰa	7	30	122 000	607	1187
1954 年典型替换法Ⅰb	7	31	123 000	643	1227
长时段组合相相似替换法Ⅱ	7	18	127 000	652	1120
西南涡组合法Ⅲa	7	15	133 100	682	1320
西南涡组合法Ⅲb	7	18	117 500	656	1246
1870 年模拟放大法Ⅳ	7	20	120 000	630	1109

5.4.3 上游干支流水库至三峡坝址区间可能最大洪水

在三峡初设阶段，2030 年水平年，上游可能兴建一些具有一定防洪库容的大型水库同三峡工程一起发挥防洪作用，对上游水库至三峡工程间的可能最大洪水进行了研究。

三峡坝址以上的可能最大洪水，已如上节所述，用4种方法推算了6个方案的成果，在此基础上，研究计算长时段组合相似替换和1870年模拟放大两种方法的区间可能最大洪水。计算的原则考虑了如下两种情况：

1）可能最大暴雨只发生在未控区间，这种情况又分为两个方案：一是不考虑上游水库控制区的来水，二是考虑上游水库控制区只供给基流。

2）宜昌以上全流域发生可能最大暴雨，支流水库按各自的防洪要求进行防洪调度。支流水库防洪库容专用于削减宜昌洪水进行调度，当防洪库容蓄满后，按水库来流量下泄。①对未控制区间可能最大洪水的推算，根据线性汇流概念，宜昌的洪水，可以看做由各支流水库以上的洪水与未控区间洪水各自流至宜昌依线性叠加而成，因而采用线性汇流方法将支流水库控制区的可能最大洪水演进至宜昌，并从宜昌可能最大洪水过程中逐一扣除，则得未控区间的可能最大暴雨在宜昌形成的可能最大洪水。②考虑支流建库后的宜昌可能最大洪水推算，如同前理只需将支流水库的蓄水过程演进至宜昌，从宜昌可能最大洪水过程逐一扣除，则可得到各支流水库调洪情况下的宜昌可能最大洪水。

据此分析计算的结果显示，未控区7日、15日可能最大洪量占宜昌以上7日、15日可能最大洪量的66%～82%，与统计的1949年7月、1968年6月、1981年7月、1982年7月4次暴雨，未控区雨量占宜昌以上总雨量的61%～83%十分相近，说明计算的成果相对合理；未控区占宜昌面积接近1/3，而未控区的可能最大洪峰流量已达94 000～100 400 m^3/s，可能最大洪量占宜昌可能最大洪量超过2/3，说明宜昌以上可能最大洪水主要来自未控区间；支流水库对宜昌洪水的削减作用不大，如洪峰流量最大削减19 500 m^3/s，约占宜昌可能最大洪峰流量127 000 m^3/s的15%。因此，上游水库群是无法替代三峡水库的防洪作用的。

5.5 坝址水位流量关系

三峡坝址下游约38km处，已兴建有葛洲坝水电站。葛洲坝工程于1970年开工建设，1981年5月蓄水发电，初期试运行水位为60m，1982年和1983年两次抬高到一期工程规定的运用高程63.5m，二期工程于1986年5月投入运用，6月初坝前水位达到65m，1987年7月达到正常蓄水位66m。在没有修建三峡工程的情况下，其回水可达上游奉节附近。

三峡坝址位于葛洲坝库区内，其三斗坪坝址水位流量关系受葛洲坝水电站影响。

5.5.1 初步设计阶段坝址水位流量关系

1978年对葛洲坝库区的水文、泥沙、河道观测作了全面规划和布设，在葛洲坝库区末端设有入库站奉节站，葛洲坝坝下约6km处有宜昌水文站控制出库的水量、沙量。葛洲坝坝前设有南津关专用水文站，南津关至三斗坪河段设有平善坝、石牌、黄陵庙、三斗坪等水位站。葛洲坝库区南津关至三斗坪段布设固定断面30个，以观测水库断面的冲淤变化。

1990年三峡工程初步设计时，葛洲坝水利枢纽已投入运行10余年，且具有1981年、1987年等年份的高水资料，因此已经具备依据实测资料分析拟定葛洲坝建库后三斗坪坝址水位流量关系的条件。

当时推算坝址水位流量关系时，主要以葛洲坝坝前南津关水位站为代表，采用控制曲线推算回水的方法进行推算。同时，为了检验推算的水位流量关系线，选用葛洲坝蓄水后南津关至三斗坪间10个实测大断面，应用地形资料作控制曲线，据以推算坝址水位流量曲线簇。经比较分析，认为该曲线簇具有良好的计算精度，对70 000m³/s以下曲线部分，有实测资料作依据，精度较高，因而，最后采用经检验修改后的坝址水位流量关系（图5-4）。从三峡工程初步设计以来葛洲坝建库后三斗坪水位流量关系一直采用该成果。

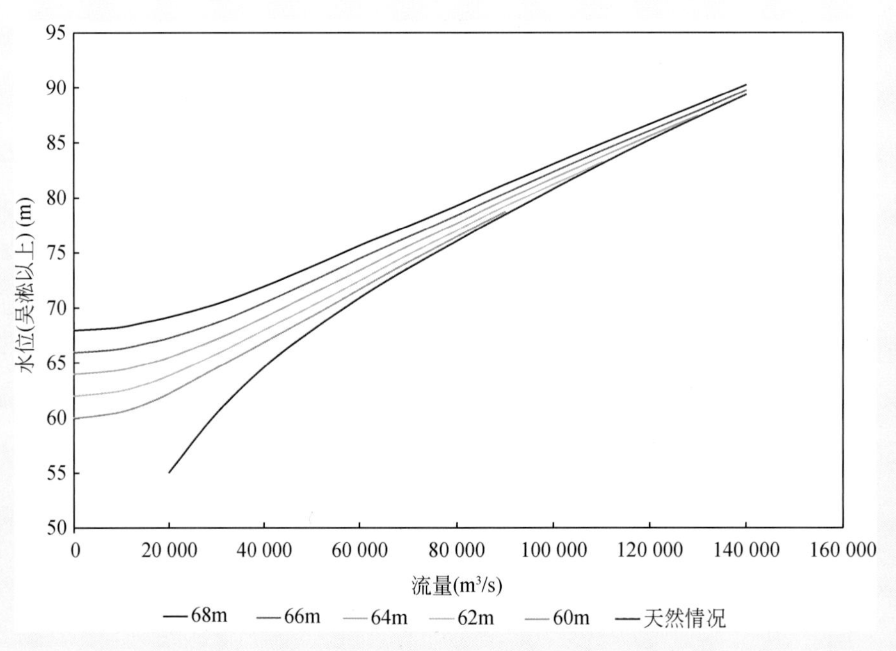

图5-4　葛洲坝建库后三斗坪水位流量关系曲线图

5.5.2　坝址水位流量关系复核

2002年11月6日，三峡工程明渠截流合龙成功。2003年6月，三峡由三期碾压混凝土围堰与左岸大坝共同挡水形成水库，工程具有一定的防洪能力，并进入围堰发电期。与初设阶段所使用的水文资料系列相比，到明渠截流完成，水文资料系列的时间范围又增加了10多年，特别是1998年全流域性大洪水，年最大洪峰流量为63 300 m³/s，超过50 000 m³/s以上的洪峰过程有8次，积累了难得的高水实测水位流量资料，为三峡坝址水位流量关系应用实测资料进行检验提供了保证。因此，2003年根据三斗坪水位站实测资料对三峡坝址水位流量关系予以复核检验。

葛洲坝水电站的正常蓄水位为66m，通常情况下以坝前水位66±0.50m为控制进行水库调度运行。根据1987年以后的实测资料，坝前水位达到67m或65m的情况极少，因此不具备用实测资料对各级坝前水位进行检验的条件，故仅对南津关水位为66m时的三斗坪水位流量关系线进行检验。

将1998～2000年实测流量点据，点绘在原水位流量关系线图上，选用的实测点据既有涨水面点据，也有落水面点据。现状情况下中低水时点线配合较好，中高水时实测水位流量点据的点群中心偏于原水位流量关系线的下方，且流量越大偏离越多，流量为60 000m³/s时，点群中心偏低约0.4m。

导致三斗坪水位流量关系线点线偏离的原因是多方面的，但最主要原因还是三峡工程建设以来，坝址区河道特征被改变，河道的水流特征以及葛洲坝的回水影响情况也与三峡开工建设前的情况大不相同。

5.6 截流期水文分析计算

天然情况下，三峡三斗坪坝址河谷宽阔，江中有中堡岛将长江分为两汊，左汊为长江主河槽，右汊称后河适于采用分期导流方案。但由于长江是我国水运交通动脉，工程施工期通航问题至关重要。经对导流明渠施工期通航与不通航两大类型的多方案比较与论证，确定采用“三期导流、明渠通航”的施工导流方案。

5.6.1 大江截流水文分析计算

1. 大江截流水文水力学计算基本原理

大江截流工程是截断长江主河槽，迫使江水从导流明渠宣泄的关键性工程。由于二期围堰的进占，导流明渠的拓宽过流，较大地改变了坝区河段的水力特征，致使中堡岛右岸过流量明显增加，而主河槽随上、下游围堰口门宽的逐步束窄，其过流流量相应减小，流速增大，形成上、下游围堰河段的水面跌落。三峡大江截流工程布置及计算断面分布示意图见图5-5。

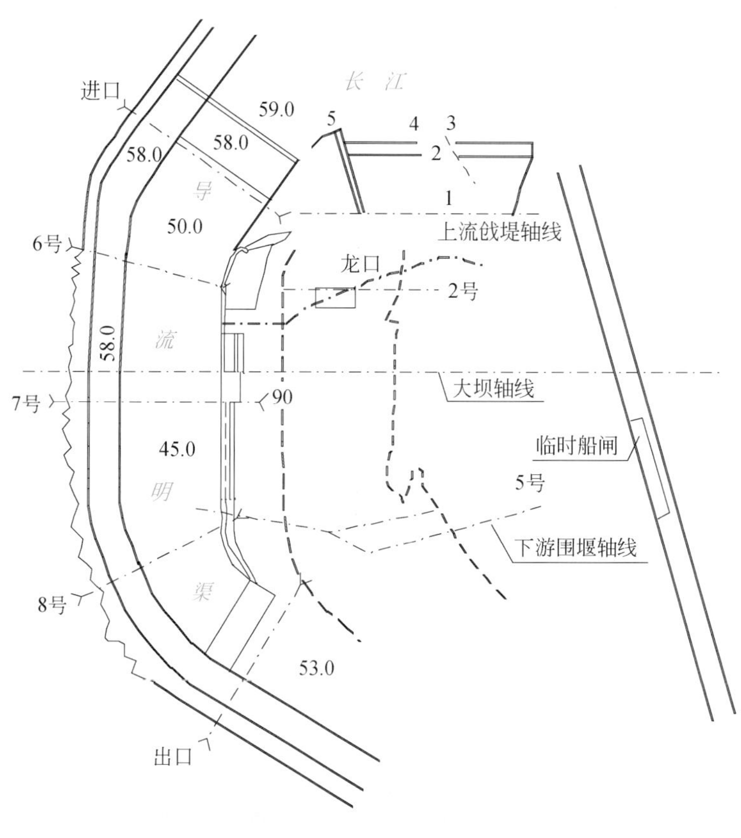

图5-5 三峡大江截流工程布置及计算断面分布示意图

按施工设计要求，导流明渠在1997年9月以前需全部开挖到位，故大江截流分析计算工作以设计条件为基本依据。明渠内水流平顺，可以作为恒定非均匀流进行计算。

围堰非龙口段开始进占时，主河槽河道既宽且深，过流断面大，截流河段水流流态与天然情况基本相同。随着戗堤进占，河床束窄，改变了天然河道状况，束窄河床的口门过水能力逐渐减小，因而戗堤上游形成壅水，口门处落差、流速逐渐增大。截流戗堤中轴线主河槽深泓段平抛垫底高程为40m，因此，口门水流的收缩受到戗堤两侧和口门垫底的共同影响。考虑上、下游围堰对主河槽流态的影响及其相应的水力特性，非龙口段以卡口河段水流公式进行计算。

龙口合龙过程中，中堡岛右侧导流明渠已经开始分流，长江来流量从导流明渠和龙口同时向下游宣泄。龙口开始进占后，河道逐步束窄。随着戗堤进占加剧，使过水断面在水平方向和垂直方向产生收缩，产生局部能量损失，同时，过水断面减小，流速加大，部分势能变成动能，形成水面跌落，出现宽顶堰水流状态，属于宽顶堰流。即龙口段以堰流水流公式进行计算。

在对不同进占阶段水流特征进行分析后，确定明渠、主河槽河段之间的水流满足水量平衡和能量平衡原理，并联合求解明渠、主河槽的过水流量及相应水位、流速及其他水力要素。

其基本表达式如下：

水量平衡方程为

$$Q_{明} + Q_{主} = Q_{坝址}$$

能量平衡方程为

$$\Delta Z_{明} = \Delta Z_{主}$$

式中，$Q_{明}$、$Q_{主}$、$Q_{坝址}$分别为明渠、主河槽和坝址的相应流量；$\Delta Z_{明}$、$\Delta Z_{主}$ 分别为水流经过明渠段和主河槽段的上、下游落差。

2. 坝区原型水文观测的验证分析

为了对明渠、主河槽河段的水力学计算方法和采用参数进行检验和分析，按1997年汛期坝区工程现状，即上围堰平抛垫底至40m高程、口门宽为460m，下围堰长为520m，且明渠过流条件下，实测的坝区水下地形和断面资料、水位、流量、流速等作为依据，进行检验分析。

1997年7月，长江上游相继发生了两次大的洪水过程。第一次洪峰出现在7月7日，流量为38 900m^3/s；第二次为复式峰，分别出现在7月17日20时，流量为44 300m^3/s以及7月20日14时，流量为48 500m^3/s。

在坝区除了对固定断面进行水位、流速等项目观测外，对这两次洪水过程，还在明渠及主河槽特定断面施测了流量，用水力学方法计算的水文成果与实测成果比较如表5-19所示。

表5-19　三峡大江截流水力学计算与实测成果比较表

项目	月.日	坝址流量 (m^3/s)	明渠流量 (m^3/s)	主河槽流量 (m^3/s)	明渠分流比 K	明渠流速 (m/s)		上龙口流速 (m/s)		下龙口流速 (m/s)	
						平均	最大	平均	最大	平均	最大
实测值	7.7	36 100	8 900	27 200	0.25	1.35	1.77			2.03	3.31
计算值		35 354	9 025	26 329	0.26	1.76	2.11	2.52	4.28	1.94	3.30
实测值	7.17	44 200	11 800	32 400	0.27	2.10	2.87	3.55	4.59	2.31	4.06
计算值		45 313	11 800	33 512	0.26	2.10	2.52	3.04	5.17	2.35	4.00
实测值	7.20	46 700	12 300	34 400	0.26	2.12	2.74			2.36	3.38
计算值		47 148	12 600	34 539	0.27	2.11	2.53	3.02	5.13	2.33	3.96
实测值	7.26	31 700	8 560	32 140	0.27			2.58	3.19		
计算值		32 859	8 559	24 300	0.26	1.42	1.7	2.21	3.76	1.70	2.89

主河槽按卡口过流计算方法、明渠按恒定非均匀流进行计算，计算时先根据坝址流量对应的水位，逐段推求出明渠各断面水位、平均流速等，直至明渠进口段。以明渠落差，按卡口计算方法推出主河槽相应流量，当明渠、主河槽流量之和与坝址流量相等时，即为所求各项水力要素成果。

1997 年 7 月实测和计算成果的比较如表 5-19 所示。从表中可以看出，计算和实测值吻合较好，说明计算方法与采用参数是可行的。

3. 截流计算结果

1997 年大江截流水文分析计算主要是根据施工进度安排，预估发生不同流量情况下，分析计算当口门宽度不断减小时，非龙口进占及龙口进占阶段时的水力学条件（包括分流比、流速等），为截流指挥部在三峡正式截流时提供决策依据。

根据导截流计划，1997 年 9 月两岸非龙口段正式开始进占，10 月以前形成龙口，口门宽为 130m，1997 年 11 月实施大江截流。在上游戗堤两岸进占过程中，下游围堰尾随进占，束窄口门以控制不承担截流水头为原则。

根据 9～11 月水情，假定三峡坝址流量变化范围为 7000～55 000m^3/s，口门宽度分别为 460m、360m、280m、200m、130m、100m、80m、50m 和 0m，分别计算了各种工况下的分流比、流速等水力要素，选取口门宽为 80m 情况下的成果列于表 5-20 中。

表 5-20　三峡工程大江截流水文分析成果（上游围堰口门宽度 $B=80$m）

三斗坪水位（m）	茅坪（二）水位（m）	坝址流量（m^3/s）	明渠流量（m^3/s）	主河槽流量（m^3/s）	明渠分流比（%）	明渠坝轴线流速（m/s）		主槽流速（m/s）	
						平均	最大	平均	最大
66.42	66.9	10 300	8 300	2 000	80.00	1.34	1.61	2.11	3.59
66.50	67.15	12 360	9 960	2 400	81.00	1.60	1.92	2.50	4.25
66.68	67.51	14 368	11 620	2 748	81.00	1.84	2.21	2.82	4.79
66.88	67.90	16 359	13 280	3 079	81.00	2.07	2.48	3.11	5.29
67.28	68.56	19 311	15 770	3 541	82.00	2.39	2.87	3.47	5.9

大江截流水文水力学分析成果完成于 1997 年 8 月，没有进行现场分析和预报，但此分析成果为大江截流决策提供了技术支撑在应对截流过程中可能出现的各种不利因素发挥了重要作用。

5.6.2　明渠截流水文分析计算

根据三峡工程建设进度安排，定于 2002 年汛后实施明渠截流。通过对 120 余年实测水文资料分析，选择 11 月下半月截流。截流流量标准为 10 300m^3/s，该流量约相当于 11 月下旬频率为 20% 的最大日平均流量。实际截流时，根据 2002 年实时水情，截流又提前至 11 月 6 日，截流流量为 8600m^3/s。

1. 明渠截流水文水力学计算基本原理

根据三峡工程建设进度计划安排，2002 年主汛期前的 6 月 30 日，二期围堰全部拆除到位，导流底孔按设计能力分流。在设计条件下，当三期明渠截流戗堤开始进占时，坝区由明渠和导流底孔共同分泄上游来流量。戗堤进占初期，明渠承担主要泄流任务；随着明渠内上下游截流戗堤不断进占，过流口门断面面积不断缩小，承泄流量不断减少；同时上游水位不断升高，导流底孔承泄流量不断增加；当戗堤进占到一定程度后，导流底孔承泄流量超过明渠泄流量，最后当截流戗堤龙口合龙时，全部上游来流量都由导流底孔承泄。

通过对三期明渠截流不同进占阶段水文及水力特征分析，根据水力学基本原理，建立三峡坝区明渠、导流底孔及其坝址之间水量平衡和能量平衡方程，联合求解明渠、导流底孔过流能力及相应水位、流速、落差等水力要素。

水量平衡方程为

$$Q_{明} + Q_{孔} = Q_{坝址}$$

能量平衡方程为

$$\Delta Z_{明} = \Delta Z_{孔}$$

式中，$Q_{明}$、$Q_{孔}$、$Q_{坝址}$分别为明渠、导流底孔和坝址的相应流量；$\Delta Z_{明}$、$\Delta Z_{孔}$ 分别为经过导流明渠和导流底孔的上、下游水位落差。

当明确了截流期各阶段相应的水力计算条件后，即可进一步根据截流戗堤分流口门和导流底孔的流态特征，应用相应的水力学方法，求解所需的各项水力要素。

2. 葛洲坝水位对明渠截流影响分析

三峡工程位于葛洲坝电站常年回水区内，距葛洲坝水利枢纽约40km。它除了受上游来水的影响外，还受葛洲坝电站负荷变化和调度的影响。葛洲坝电站是径流式电站，其库容小，正常蓄水位为66.00m。当上游来水量大于17 000 m^3/s时，泄水闸开启泄洪，坝前水位日变幅相对较小。当上游来水量小于17 000 m^3/s时，葛洲坝不产生弃水，完全由电站负荷调节控制，出力加大时，下泄流量增加，坝前水位降低，反之，水位则抬升。受电站负荷调节影响，葛洲坝坝前将产生波动流量和波动水位。

随葛洲坝坝前水位不同，三斗坪水位将产生变化，进而影响龙口截流时的落差、流速、单宽能量等一系列水力要素值。为了将截流难度降至最低，在三峡明渠正式截流前，需要重点分析设计条件下葛洲坝水位对三峡明渠截流的影响。

葛洲坝坝前水位变化对三峡工程三期明渠截流施工的影响是一个较为复杂的过程。当下游水位变化时，三峡坝址河段水位、落差随之变化，河道过流能力亦随之变化。表面上看，葛洲坝坝前水位越低，相应三斗坪水位越低，上游相同来流量情况下，水位落差增大，流速增加，截流越困难；而葛洲坝坝前水位越高，相应三斗坪水位也越高，上游相同来流量情况下，上下游水位落差降低，流速减小，对截流似乎更有利。但实际情况并不一定如此，上游同样来流量情况下，三斗坪水位越低，三峡坝址上下游水位落差越大，相应导流底孔的过流能力也越大，明渠截流戗堤龙口承担分流的压力相应减轻，某种意义上讲对截流又相对有利；而下游水位越高，导流底孔泄流能力减弱，明渠截流戗堤龙口分流的压力增加，可能反而对截流不利。因此，葛洲坝坝前水位的影响是一个复杂多变而又相互作用的动态过程。

根据设计条件，假定各种不同葛洲坝坝前水位，计算上游不同来流量情况下的龙口水力学指标（表5-21），结果显示出以下几个特点。

表 5-21　葛洲坝坝前水位对龙口影响成果表

$B_{下戗}$（m）	$B_{上戗}$（m）	葛洲坝坝前水位（m）	64.0	65.0	66.0	67.0	68.0
		三斗坪水位（m）	64.4	65.4	66.4	67.35	68.3
116	120	口门分流量（m^3/s）	4679	4885	5086	5233	5373
		总落差（m）	1.61	1.57	1.52	1.47	1.42
		上戗流速（m/s）	3.56	3.48	3.42	3.34	3.27
		上戗单宽能量［t·m/(s·m)］	44.6	45.1	45.5	45.2	44.9
95	100	口门分流量（m^3/s）	4031	4216	4394	4535	4665
		总落差（m）	1.80	1.77	1.74	1.69	1.66
		上戗流速（m/s）	3.77	3.71	3.65	3.59	3.53
		上戗单宽能量［t·m/(s·m)］	53.0	54.6	56.0	56.4	56.9
68	70	口门分流量（m^3/s）	3187	3317	3433	3539	3642
		总落差（m）	2.64	2.61	2.58	2.56	2.54
		上戗流速（m/s）	4.52	4.47	4.41	4.37	4.34
		上戗单宽能量［t·m/(s·m)］	94.2	97.3	101	104	108
54	50	口门分流量（m^3/s）	2104	2196	2279	2367	2441
		总落差（m）	2.83	2.82	2.81	2.79	2.77
		上戗流速（m/s）	4.71	4.73	4.75	4.81	4.86
		上戗单宽能量［t·m/(s·m)］	106	116	122	130	134
36	30	口门分流量（m^3/s）	1113	1129	1150	1174	1195
		总落差（m）	3.53	3.52	3.51	3.49	3.47
		上戗流速（m/s）	6.18	6.14	6.13	6.26	6.37
		上戗单宽能量［t·m/(s·m)］	182	180	180	186	198
23	20	口门分流量（m^3/s）	450	473	482	506	516
		总落差（m）	3.78	3.76	3.75	3.74	3.74
		上戗流速（m/s）	6.11	6.08	6.12	6.20	6.19
		上戗单宽能量［t·m/(s·m)］	118	118	122	122	122

1）相同口门宽的情况下，葛洲坝坝前水位越高，三斗坪水位越高，总落差相应减小，导流底孔分流量减小，口门分流量增大，但流量的变幅比落差的变幅小。这主要是由于随着水位的升高，一方面导流底孔分流能力减弱，另一方面龙口本身因口门水深增大，过流面积增大导致龙口过流能力增强。在三斗坪水位保持不变的情况下，随着口门宽的减小，口门分流量相应减小，总落差逐步增大，直至落差全由导流底孔承担。

2）葛洲坝坝前水位变化对流速的影响随龙口口门宽度的不同而不同。相同口门宽的情况下，当龙口口门宽度大于70m时，随着水位的升高，流速略有减小；当龙口口门宽度为70～50m时，水位的变化对流速影响不甚明显；当龙口口门宽度小于50m时，随着水位的升高，流速又略呈增大趋势。总体而言，相同口门宽的情况下，葛洲坝坝前水位对流速的影响不大。

3）相同口门宽的情况下，单宽能量随着三斗坪水位的升高而相应增大。在三斗坪水位保持不变的情况下，随着龙口口门宽度的减小，单宽能量也相应增大。在上口门宽度为30m时达到最大，且增幅也最大，随后又很快减小，直至合龙时为零。出现这种现象的原因在于上口门宽度在30m左右时，正是龙口由梯形堰转为三角形堰、流态由淹没流转为非淹没流的急变时期，水流极不稳定造成单宽能量急剧增大。这也表明，当上龙口门宽度在30m左右时，施工难度最大，需要采取特别应对措施。

综合分析表明，三峡工程三期明渠截流期，选择不同的葛洲坝水位虽然对龙口水力指标有一定影响，但影响并不显著，特别是当口门宽小于50m时，龙口各种水力学指标几乎不受葛洲坝坝前水位影响。首先，相同的口门宽度情况下，下游葛洲坝坝前水位越高，虽然减小了落差，但相应地降低了导流底孔分流能力，意味着龙口将承担更多的分流压力；同时，由于采取双戗双向立堵截流，下龙口戗堤的壅水使得葛洲坝坝前水位的变化对龙口流速的影响甚微。综合结果是单宽能量随着下游水位升高而增大。其次，无论葛洲坝坝前采取哪一级水位，当上戗堤龙口口门宽度在30m左右时，影响施工难度最重要的两水力要素单宽能量和流速均达到最大。从降低施工难度、葛洲坝蓄水发电和航运需要等各方面综合考虑，按设计条件下葛洲坝坝前水位66m时截流较适宜。

在实际截流过程中，为了不给截流造成不利影响，2002年11月1日，在龙口截流关键阶段，截流指挥部根据长江水利委员会水文局研究结论及建议，决定葛洲坝停止调峰，将葛洲坝坝前水位稳定在66m左右，从而为三峡三期明渠截流创造了良好的外部条件。

3. 水文水力学要素实时跟踪预测预报

水文水力学要素计算成果主要是为戗堤进占决策提供服务。施工方根据预报来流量以及进度安排，预估出上、下口门宽，再从每天实时校正的成果表中查算相应的流速、落差、单宽流量、分流比等参数，并据之采取相应的工程措施。

三峡三期明渠截流过程中，由于实际进占情况与设计情况存在较大差别，上游来流量每天都在发生变化，原有的物理模型实验成果与明渠截流戗堤口门实际出现的水力学指标参数相差较大，对截流指导作用被削弱。因此，明渠截流对水文水力学要素计算成果提出了更高、更严的要求，实时水文水力学预报的作用显得尤为重要。

水文水力学要素的常规预测内容包括两个方面，①根据每天实际的戗堤进占情况，分步实时校正不同口门宽情况下的水文水力学计算模型参数，并计算出实时校正成果；②根据实时校正的模型参数，分析模型参数变化规律，结合短期预报来流量和进度安排计算出次日的水文水力学要素值，供截流指挥部决策参考。

现场服务过程中，每天都产生了大量的成果。下面仅列出几个典型的水文水力学要素预报成果。

（1）*落差超1m预报*

截流初期即2002年10月16～23日，坝址上游来流量基本维持在10 000 m^3/s左右，与设计流量比较接近。2002年10月23日起，流量开始上升，到10月24日和25日，坝址流量达到11 600 m^3/s，截流难度明显加大。为了减小截流难度，截流指挥部决定对上、下龙口进行平抛垫底，同时，要求下戗堤尽量多地承担落差。

2002年10月27日，在预报后期来流量变化不大的情况下，为了对预期的困难早做准备，指挥部要求作出以下预报：基于现状并假定来流量不变，上下戗堤口门同宽的情况下，①上、下戗口门宽达到何值时，总落差超过1m；②上、下戗口门宽达到何值时，上戗堤落差超过1m。

当时，上戗堤已进占至128.6m，下戗堤为153.2m。为统一协调进占速度，上戗暂停进占，下戗继续进占。基于当时这种情况，假定来流量为8000m^3/s、9000m^3/s、10 000m^3/s、11 000m^3/s、

12 000m^3/s、13 000 m^3/s 6 个流量级分别进行计算。根据计算结果分别点绘了口门宽与总落差、口门宽与上戗落差关系图，并据此预测：①当来流量大于 11 000 m^3/s、龙口口门宽不到 150m 时，总落差就将超过 1m。而当流量为 9000m^3/s 时，龙口口门宽小于 90m，总落差才会大于 1m。②当来流量大于 12 000m^3/s、口门宽达到 133m 时，上戗堤落差将达到 1m。当来流量为 9000m^3/s 时，口门宽缩窄至 67m，上戗堤落差才会达到 1m。

根据其后的实测结果显示，2002 年 10 月 31 日 16 时，上戗口门宽 106.40m，下戗口门宽 75.90m，实测流量 8820m^3/s，实测总落差 1.02m。实测结果与预测结果基本相符。

(2) 小龙口段上戗每进占 1m 下戗跟进计算

2002 年 10 月 28 日，在 2002 年 11 月 1 日戗堤开始强进占的方案确立后，预计很快就能形成小龙口。前期预测结果显示，小龙口形成的初期阶段，各种水力学要素指标将先后达到极值，截流最困难的阶段将会很快来临。为了确保三期明渠截流万无一失，截流指挥部决定对小龙口阶段的设计方案进行初步预测。即当上龙口口门水面宽为 40m 时，在葛洲坝坝前水位保持 66m 不变、上戗承担总落差 2/3 弱、下戗承担总落差 1/3 强的情况下，上戗每前进 1m，下戗跟进值进行预测。

分析计算的结果显示，假定上游来流量为 9000m^3/s、10 000m^3/s、11 000m^3/s、12 000m^3/s 4 个流量级的计算成果中，不考虑其他的水力学参数影响，上戗每前进 1m，下戗基本上是要求跟进 1m。小龙口阶段，由于下戗水深比上戗大，此时实现按设计要求的口门宽比例进占，下戗必须加大抛投强度才能满足要求。

(3) 根据预报来流量预测水文水力学要素

三峡工程三期明渠截流过程中，实际进占进度与设计情况存在着较大差别。按设计要求，上下戗堤应并行进占，龙口水面宽基本一致，以使上下游戗堤承担设计要求的落差，即上戗承担总落差的 2/3、下戗承担总落差的 1/3。由于来水及施工进度的不确定性，实际出现的来流量和上、下口门宽很难与设计条件相吻合。

这种情况下，按原设计方案计算的各种水文水力要素指导现场截流显然不太合适。因此必须根据实际进占情况，实时预测下一阶段龙口各种不同水力要素，让截流指挥和决策人员对不同阶段截流进占难度有所准备，并对可能预见到的各种不利因素早作应对准备，以指导上下戗堤的配合进占。

为了检验设计成果或预测成果精度，特在实测资料中选择 3 组与设计条件相近的进行对比。它们分别代表非龙口进占期、龙口进占期、龙口闭气时的 3 组实测水力学成果。为了便于对比，同时列出预测成果，如表 5-22 所示。

表 5-22 实测与预测的水文水力学要素比较表

实测时间		流量 (m^3/s)	上口门水面宽 (m)	下口门水面宽 (m)	总落差 (m)	上戗堤落差 (m)	下戗堤落差 (m)	导流底孔分流比 (%)
10 月 24 日	预测	10 500	200	200	0.57	0.40	0.17	35.6
8：00	实测	10 500	195.4	199.6	0.56	0.38	0.18	36.2
11 月 2 日	预测	8 000	25	25	1.92	1.16	0.76	93.6
17：00	实测	8 500	26.5	25.6	1.90	1.27	0.63	
11 月 6 日	预测	8 600	0	0	2.21			
9：50	实测	8 600	0	0	2.25			

表5-22中第1、2组实测与计算的参数略有差异，但从计算的总落差、上戗堤落差、下戗堤落差、导流底孔分流比等成果与实测成果相比较来看，吻合得很好。第3组是11月4日根据实测成果预测龙口刚刚合龙时的上、下游终落差成果为2.21m；11月6日9：48宣布合龙，随后9：50公布实测的总落差为2.25m，与预测的成果仅相差0.04m。可见根据水文水力学模型计算的成果质量是可靠的，能够发挥出现场技术指导作用。

5.7 主汛期及汛末洪水

初步设计阶段拟定的三峡工程调度原则，汛期因防洪需要，6月11日至9月30日水库一般按防洪限制水位145m运用。2009年10月，水利部正式下发《三峡水库优化调度方案》，水库开始兴利蓄水的时间不早于9月15日。蓄水期间的水库水位按分段控制的原则，一般情况下，9月25日水位不超过153.0m，9月30日不超过156.0m，10月底可蓄至汛后最高水位。随着上游梯级的拦蓄，将导致三峡水库蓄水期来水不足，从而降低三峡水库的蓄水率，同时中下游地区经济社会的发展，对水资源的需求也在不断增长。为充分发挥三峡工程的防洪、发电、航运等综合效益，协调防洪与发电、航运等的关系，在确保三峡工程防洪作用和枢纽本身安全的条件下，充分利用汛末洪水，为三峡工程优化调度提供技术支撑，分析三峡工程主汛期与汛末洪水是十分必要的。

5.7.1 暴雨分布与天气形势

1. 长江上游暴雨时空分布

长江上游地区除金沙江巴塘以上，雅砻江雅江以上及大渡河上游共约35万km^2地区因地势高、水汽条件差，基本无暴雨外，其他广大地区均能发生暴雨。经常出现暴雨中心的地区有：①长江上游干流区间下段大巴山南麓的小江上游及大宁河上游；②嘉陵江的渠江上游，这两个地区暴雨日数可达6～7d；③川西嘉陵江的涪江上游；④岷江雅安、乐山一带，暴雨日数可达5～6d；⑤乌江上游的安顺、普定一带，暴雨日数可达4d；⑥金沙江下游的西昌、普格一带，暴雨日数达3d。

暴雨区除暴雨日数多外，一日暴雨量也大，尤以川西的两个暴雨中心为突出，最大一日暴雨量达400mm以上。大巴山南麓及乌江安顺一带暴雨区其一日暴雨量较川西小，达200mm以上。上述6个暴雨中心中以金沙江的暴雨中心较小，一日最大暴雨量仅为100mm左右。

长江上游各地暴雨多出现在4～10月。暴雨开始月自流域东南向西北推进，乌江和长江上游干流下段区间3月就可出现暴雨，其余各地均是4月出现暴雨；暴雨结束月与开始月相反，自流域西北向东南推进，各地暴雨大多于10月结束，嘉陵江流域少数站于11月结束（长江上游地区暴雨开始、结束时间如图5-6、图5-7所示）。嘉陵江流域、上游干流三峡区间的一些站暴雨年内分布呈双峰型，前峰出现在7月，后峰出现在9月；乌江下游一些站暴雨年内分布也呈双峰型，但前峰出现在6月，后峰出现在8月。

2. 长江上游暴雨天气形势

(1) 暴雨天气系统

影响上游地区暴雨的天气系统有冷锋低槽、西南低涡、低涡切变等。金沙江下游、岷江、沱江、嘉陵江及三峡区间的暴雨天气系统以西南低涡为主；乌江流域以冷锋低槽、南北向切变和长江横切变为主。

台风系统对长江上游没有直接的影响，常常表现为台风倒槽的型式，且和西风低槽配合才有影响，但一般不会造成大暴雨。

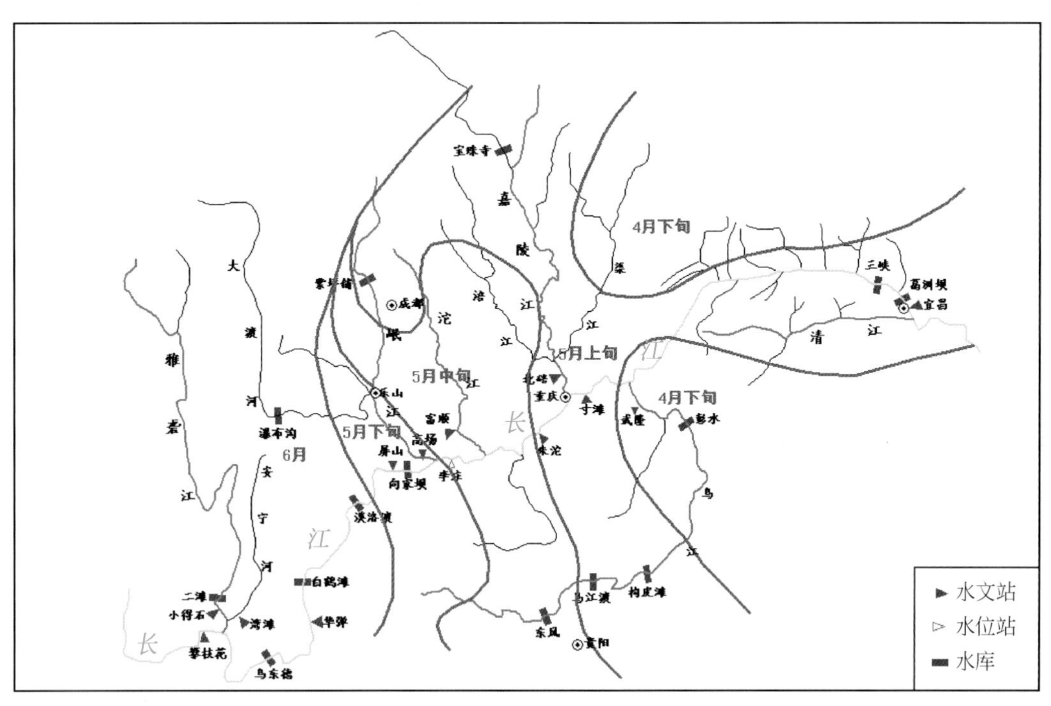

图 5-6　长江上游暴雨开始时间分布图

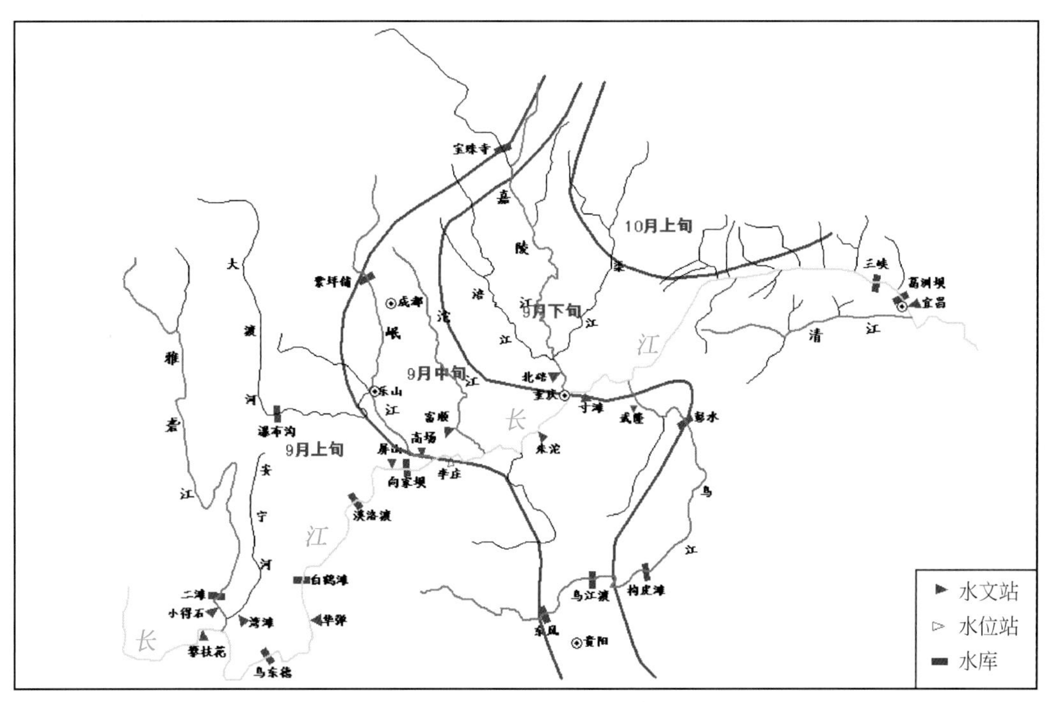

图 5-7　长江上游暴雨结束时间分布图

(2) 暴雨与副高位置关系

夏季风与西太平洋副热带高压（简称副高）的活动直接影响长江流域暴雨的季节性位移和地区分布，副高的位置不同（图5-8），暴雨出现的地区也差异较大。每年3～4月，夏季风随副高西伸北跳而入侵长江流域，并逐渐自东南向西北推进。首先是东南季风从流域东部入侵，4月以后东南季风开始影响长江中下游地区，江南最早进入雨季并形成多雨区；5月，副高脊线在20°N以南，南北气流在江南对峙，暴雨区主要在湘江、赣江水系，乌江流域降水明显增加；6月中下旬副高脊线北跳并稳定在20°N～25°N，随着西南季风加强，长江中下游梅雨季节开始，洞庭湖湖、鄱阳湖、乌江流域、嘉陵江东部和三峡区间暴雨迭现；7月上旬，副高脊线再次北跳过25°N，长江流域梅雨结束，多雨区北移到四川盆地及黄、淮地区，长江上游除乌江流域外，暴雨明显增加，宜昌以上常常出现峰高量大的洪水。8月中旬副高脊线北移到30°N，主要雨带北上移到川北、陕西一带，岷江、沱江、嘉陵江及汉江上游形成暴雨区；8月下旬前后，副高脊线开始南退，9月，副高脊线南撤到25°N，锋面在川黔山地、嘉陵江东部和汉江上游受山脉阻挡，有时呈半静止状态，使这一带形成连绵阴雨天气，时有暴雨发生；10月以后，副高脊线南退到20°N以南，长江雨季和暴雨随之结束。

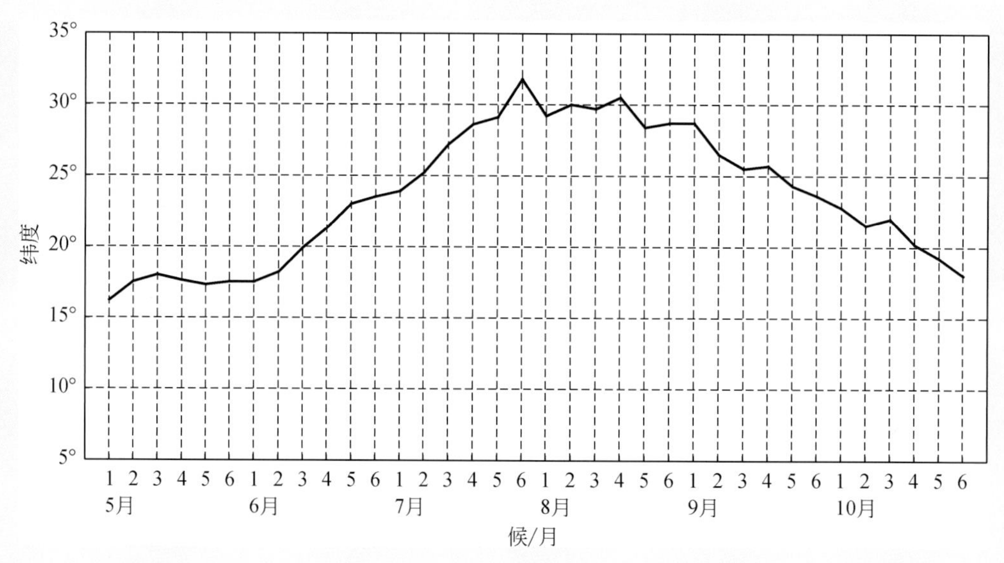

图5-8 副热带高压候平均脊线位置图

5.7.2 主汛期与汛末洪水时间划分

宜昌洪水主要由暴雨形成。因此，洪水发生时间与暴雨出现时间是一致的。为了分析宜昌站汛期洪水是否可划分为主汛期与汛末洪水，根据宜昌及长江上游干支流控制站的实测洪水资料进行统计分析。

1. 宜昌站洪水峰量统计分析

(1) 峰现时间分析

根据宜昌站1877～2010年134年实测流量资料（2003～2010年流量资料已对三峡水库的影响进行了还原），分旬统计了宜昌站不同量级年最大洪峰流量出现的次数，成果如表5-23所示。

表 5-23　宜昌站不同量级年最大洪峰出现次数分旬统计表

时间		<30 000	30 000 ~ 40 000	40 000 ~ 50 000	50 000 ~ 60 000	60 000 ~ 70 000	>70 000	合计
6 月	下旬			2	1			3
7 月	上旬	2		8	9	2		21
	中旬		3	7	9	6		25
	下旬		1	3	10	5		19
8 月	上旬		1	2	10	4		17
	中旬		2	6	2	5		15
	下旬			3	3			6
9 月	上旬			8	1	2	1	12
	中旬		1	3	2			6
	下旬		1	8				9
10 月	上旬			1				1
合计		2	9	51	47	24	1	134

流量级单位为 m^3/s

年最大洪峰量级一般在 30 000 ~ 70 000m^3/s，小于 30 000m^3/s 仅有两次；大于 70 000m^3/s 仅有 1 次，出现在 1896 年 9 月 4 日；50 000m^3/s 以上有 72 次，占 53.7%，主要发生在 7 ~ 8 月；60 000m^3/s 以上 25 次，占 18.7%，其中有 3 次出现在 9 月上旬，其余均出现在 7 月上旬至 8 月中旬，8 月下旬没发生。

最大洪峰出现在 6 月下旬至 10 月上旬，主要集中在 7 月到 8 月中旬，占总数的 72.4%，其中 7 月中旬年最大洪峰次数最多。6 月和 8 月下旬出现的次数较少，分别占 2.2%、4.5%，9 月上旬出现的洪峰次数又增多，达 9.0%，洪峰的量级也增大，这之后洪峰出次数与量级减少较快。总体而言，洪峰出次数与量级在 8 月下旬前后呈现出双峰鞍型状态。

为了更直观展示宜昌站洪峰的分布，以候为统计（一候为 5 日）并绘制了宜昌 6 ~ 10 月站年最大洪峰出现次数柱状分布图（图 5-9）。8 月第 5、6 候出现的次数较少，量级也较小，9 月第 1、2 候出现的次数比 8 月 5、6 候的多，说明 8 月第 5、6 候是一个分界点，9 月第 3 候又有一个分界点。该分界点与副热带高压平均脊线走势是一致的（图 5-8）。

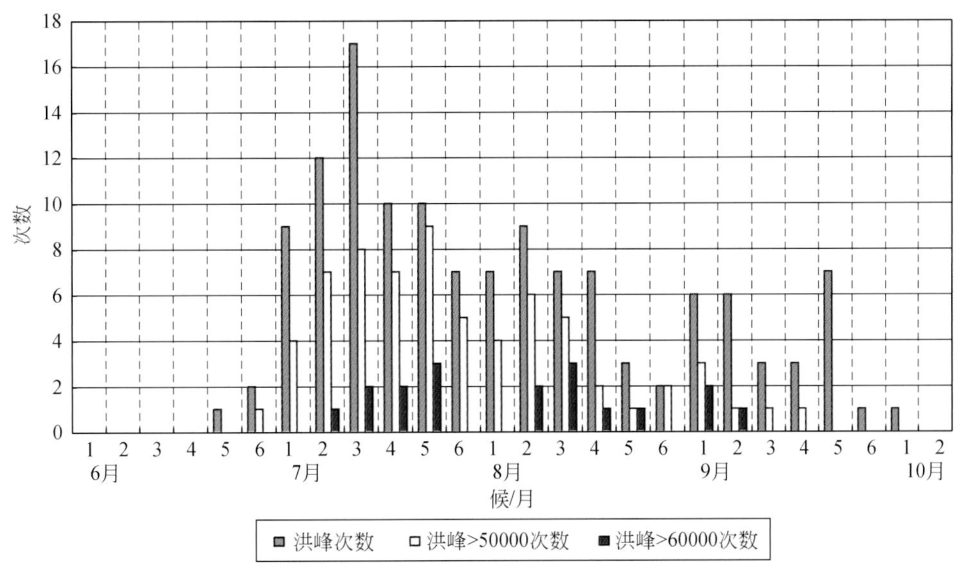

图 5-9　宜昌站年最大洪峰出现次数柱状分布图

(2) 散点图分析

根据宜昌站 1877～2010 年 134 年实测洪水进行统计，结合历史洪水调查资料，由年最大、次大洪峰流量散点分布图（图 5-10）及年最大 5d 洪量散点分布图（图 5-11）可见，洪峰流量分布的频率、大小基本上呈现由弱至强、再由强至弱的规律。8 月 20 日左右出现洪峰流量相对出现较少的弱空档期，以后洪峰流量又增多，9 月 10 日以后洪峰流量迅速减小。年最大 5d 洪量在 8 月 25 日出现一个短暂的低谷，其后至 9 月上旬很快又上升至一个较高的峰值区，9 月 15 日左右迅速下降至另一个低谷，其后再没出现较大的量值。

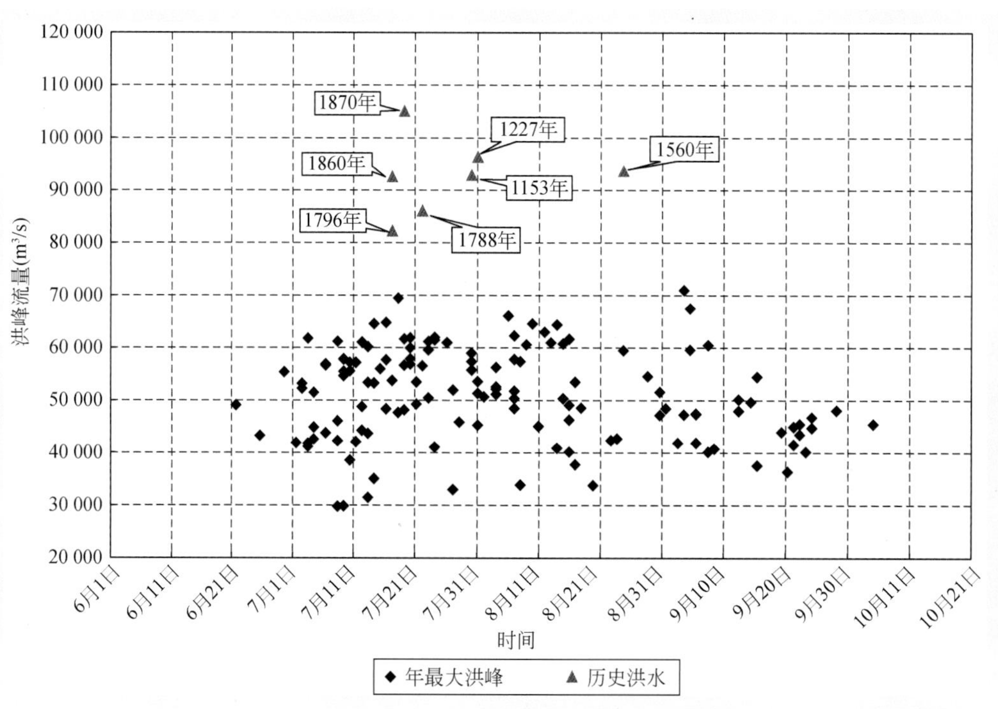

图 5-10　宜昌站洪峰流量散点分布图

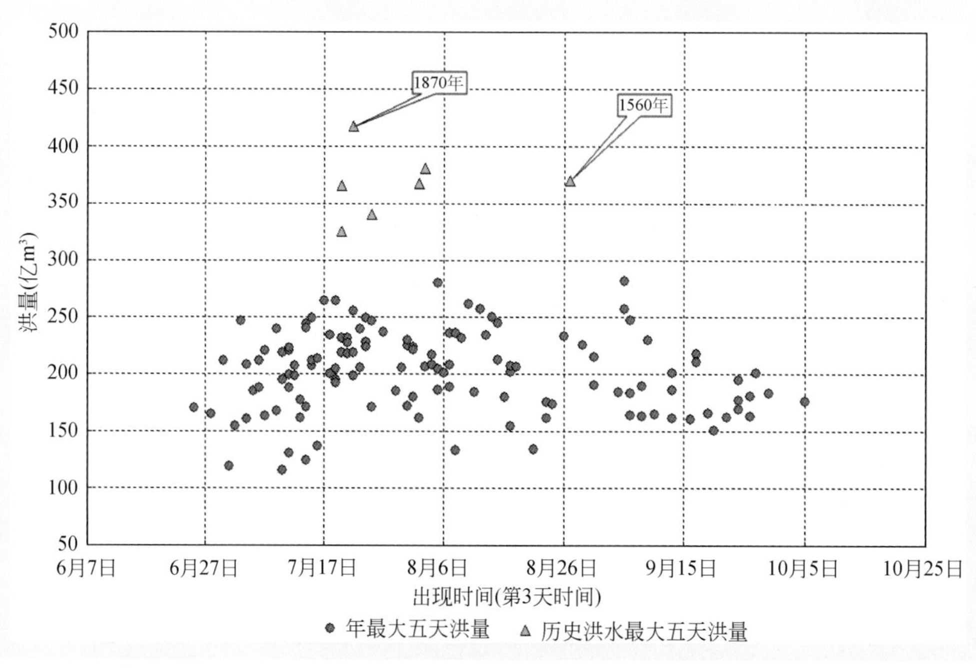

图 5-11　宜昌站年最大 5 日洪量散点分布图

2. 宜昌站汛期洪水过程分析

通过对宜昌站 1877 ~ 2010 年 134 年汛期洪水过程线分析，洪水过程呈双峰形态有着较明显的主汛期与汛末期之分的年份有 68 年，不明显的年份为 66 年，约各占一半。主汛期与汛末期洪水分期较明显的 68 年中，洪水过程双峰形态各年不一，双峰之间低值区大多在 8 月中下旬及 9 月初，其中，年最大洪峰出现在主汛期的有 44 年，出现在汛末的有 24 年。若以 8 月 20 日为界统计主汛期、汛末期最大 30d 洪量，有主汛期与汛末分期现象的 68 年中最大 30d 洪量出现在主汛期的有 41 年，出现在汛末的有 27 年。

宜昌洪水是上游干支流洪水共同影响的结果，统计宜昌站多年 5 ~ 10 月各候平均流量（图 5-12），由于各条支流大小洪水相互影响、相互补充，使得宜昌站主汛期与汛末洪水分期不是十分明显。从宜昌站多年候平均流量过程看，6 月第 2 候至第 4 候平均流量为 14 500 ~ 18 000m^3/s，流量变幅相对平缓，6 月第 5 候至 7 月第 2 候平均流量为 20 000 ~ 30 000m^3/s，为流量增幅最快的时段，7 月第 6 候至 8 月第 5 候平均流量在 28 500 ~ 27 500m^3/s，8 月第 6 候减小到 26 500m^3/s，9 月第 1 候升至 27 500m^3/s，之后连续 2 候在 27 000m^3/s 左右，9 月第 3 候开始迅速降至 25 000m^3/s 以下。从宜昌汛期多年侯平均流量过程分析看，8 月下旬（第 6 候）虽有一个相对较小时段，但与前后相邻时段比较量级相差不大，而 9 月第 3 候以后，多年平均及侯平均流量过程迅速衰减。

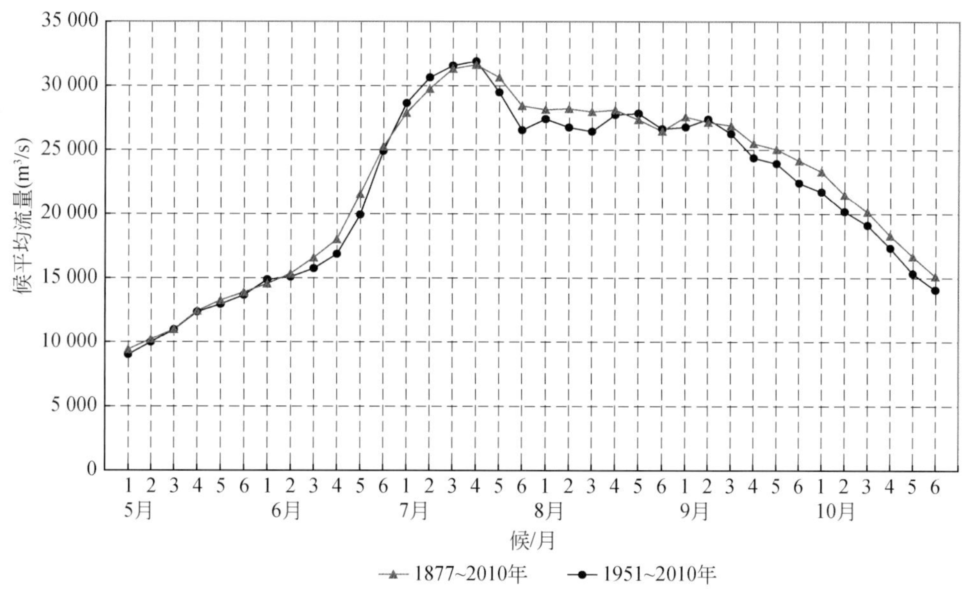

图 5-12　宜昌站候平均流量过程图

3. 分界期划分

宜昌洪水是长江上游金沙江、岷江、嘉陵江等干流及各支流来水相互补充、共同作用的结果。为了研究宜昌洪水的分期，在分析宜昌洪水特性的基础上，还分析了长江上游金沙江、嘉陵江、岷江、乌江等洪水的天气成因及洪水特征。结果表明，除乌江洪水不存在明显的分期现象外，金沙江、嘉陵江、岷江洪水都存在分期，时间在 8 月 10 日至 9 月 15 日之间。

根据宜昌以上暴雨天气成因、水汽来源、洪水出现时间、量级及过程等方面分析表明，宜昌洪水存在主汛期及汛末洪水的差异。从洪峰散布图看，8 月 20 日左右出现洪峰流量相对出现较少的弱空档期，以后洪峰流量又增多，因此，可以将宜昌洪水主汛期和汛末期的分界日定为 8 月 20 日。

从副高脊线位置上看，8 月第 5 候虽有一个明显的下降趋势，但紧接着的 8 月第 6 候与 9 月第 1 候副高脊线位置比较稳定，随着副高的南撤，其后副高脊线位置迅速持续下降。根据宜昌站 134 年实测洪水资料统计（表 5-23，图 5-9 ~ 图 5-11），8 月下旬出现的洪峰次数较少，仅 4.5%，量级在 40 000 ~ 60 000m^3/s。考虑三峡洪水主汛期和汛末期的分期特性不很显著，再结合长江上游与中游各水系洪水分期的特点，宜以 8 月下旬作为三峡洪水主汛期和汛末期的分界期。

5.7.3 汛末设计洪水

为了分析提前蓄水，根据宜昌 1877 ~ 2010 年共 134 年洪水系列，分别统计宜昌站 8 月 20 日以后、9 月 1 日以后、9 月 5 日之后、9 月 10 日以后和 9 月 15 日以后 5 个时期内宜昌站最大日流量与最大时段洪量系列。

鉴于对三峡坝址以上河段曾进行了大量的历史洪水调查、考证与成果评价，在计算后汛期设计洪水时，参考以往三峡历史洪水调查成果，若调查的历史洪水在所在分期内，则频率计算时考虑历史洪水；若所在分期内无已调查到的历史洪水，则只根据实测系列进行频率计算。1560 年历史洪水出现在 8 月 25 日，因此，对 8 月 20 日之后的汛末设计洪水，加入 1560 年历史洪水与实测系列组成不连序系列进行频率计算；9 月 1 日以后没发生特大历史洪水，因此直接采用实测系列进行频率计算，成果如表 5-24 所示。

表 5-24　宜昌站分期设计洪水成果表

分期	项目	统计参数			设计值（P%）				
		均值（Ex）	C_v	C_s/C_v	0.01%	0.1%	0.2%	1%	5%
8 月 20 日以后洪水	Q_m（m^3/s）	40 800	0.26	3.5	102 000	87 500	83 000	72 200	60 500
	W_{3d}（亿 m^3）	102	0.26	3.5	255	219	208	181	151
	W_{7d}（亿 m^3）	217	0.26	3.0	525	455	433	379	321
	W_{15d}（亿 m^3）	416	0.24	3.0	947	828	791	699	598
	W_{30d}（亿 m^3）	742	0.23	3.0	1 638	1 439	1 376	1 223	1 052
9 月 1 日以后洪水	Q_m（m^3/s）	37 900	0.29	2.0	92 900	81 100	77 300	68 000	57 600
	W_{3d}（亿 m^3）	94.2	0.28	2.0	225	197	188	166	141
	W_{7d}（亿 m^3）	201.5	0.26	2.0	456	403	385	343	295
	W_{15d}（亿 m^3）	387	0.25	2.0	853	756	724	647	559
	W_{30d}（亿 m^3）	691	0.25	2.0	1 524	1 349	1 293	1 155	997
9 月 5 日以后洪水	Q_m（m^3/s）	36 800	0.29	2.0	90 200	78 700	75 100	66 100	55 900
	W_{3d}（亿 m^3）	92	0.28	2.0	220	192	184	162	138
	W_{7d}（亿 m^3）	195	0.26	2.0	442	390	373	332	285
	W_{15d}（亿 m^3）	377	0.25	2.0	831	736	706	630	544
	W_{30d}（亿 m^3）	675	0.25	2.0	1 489	1 318	1 263	1 128	974

续表

分期	项目	统计参数			设计值（P%）				
		均值（Ex）	C_v	C_s/C_v	0.01%	0.1%	0.2%	1%	5%
9月10日以后洪水	Q_m（m^3/s）	35 000	0.28	2.0	83 600	73 200	69 900	61 700	52 500
	W_{3d}（亿 m^3）	86.9	0.26	2.0	197	174	166	148	127
	W_{7d}（亿 m^3）	187	0.26	2.0	424	374	358	318	273
	W_{15d}（亿 m^3）	361	0.26	2.0	818	721	691	614	528
	W_{30d}（亿 m^3）	646	0.25	2.0	1 425	1 261	1 209	1 080	933
9月15日以后洪水	Q_m（m^3/s）	32 800	0.28	2.0	78 300	68 600	65 500	57 800	49 200
	W_{3d}（亿 m^3）	81.4	0.26	2.0	184	163	156	139	119
	W_{7d}（亿 m^3）	175.6	0.26	2.0	398	351	336	299	257
	W_{15d}（亿 m^3）	341.6	0.26	2.0	774	683	653	581	500
	W_{30d}（亿 m^3）	608.1	0.25	2.0	1 341	1 187	1 138	1 016	878
全年洪水初设成果	Q_m（m^3/s）	52 000	0.21	4.0	113 000	98 800	94 600	83 700	72 300
	W_{3d}（亿 m^3）	130	0.21	4.0	282	247	236	209	180
	W_{7d}（亿 m^3）	275	0.19	3.5	546	487	468	421	370
	W_{15d}（亿 m^3）	524	0.19	3.0	1 020	914	880	796	702
	W_{30d}（亿 m^3）	935	0.18	3.0	1 762	1 586	1 530	1 392	1 235

与全年洪水相比，汛末各分期洪水的均值减小21.5%~36.9%，以8月20日以后减小最少，以9月15日后减小最多，但0.01%洪水8月20日以后仅减小9.73%，9月1日以后、9月5日以后、9月10日以后及9月15日以后分别减小17.8%、20.2%、26.0%、30.7%，9月10日以后0.01%洪水仅相当于全年洪水的1%，三峡优化调度方案推荐的蓄水时间9月15日以后0.1%洪水不到全年洪水的5%。根据设计洪水规范规定，分期设计洪水与全年设计洪水应有明显的量级差异和成因变化规律，时间越往后，差别越明显，表明以8月下旬作为三峡洪水主汛期和汛末期的分界期是合适的，三峡水库在汛末适当提前蓄水是可行的。

5.7.4 特殊汛末洪水

根据历年实测资料统计，长江上游干支流汛末洪水最晚结束时间除乌江武隆在10月下旬外，其余最晚在10月上中旬。但2008年10月底至11月初旬，长江上游干流及偏南地区支流发生了历史比较罕见的洪水，俗称“秋季洪水”。受上游来水共同影响，三峡11月3日入库洪峰流量达33 000m^3/s，还原后宜昌站最大日平均流量达30 000m^3/s，接近历史同期最大日平均值（1908年，30 600m^3/s）。由于本次洪水发生在三峡水库156m以上试验性蓄水期间，洪水重现期和三峡蓄水等引起社会和相关部门的广泛关注。

1. 暴雨分布及成因

一般情况下，9~10月为长江上游及汉江上游的秋汛期。2008年9月至10月上中旬，长江上游降雨较常年偏少近2成。但10月24日~11月6日，长江中上游发生持续性强降雨过程，最强降雨主要集中在10月30日～31日，雨区主要集中在长江上游干流及以南洞庭湖水系的沅水、资水等地区，金沙江、乌江、洞庭湖水系降雨为常年同期2倍以上，岷沱江、嘉陵江偏多5～6成，长江上游约为常年同期1.6倍，长江中下游约1.8倍。长江中上游地区发生历史同期罕见的异常晚秋汛。

通过对10～11月的逐日大气环流形势及主要降雨过程影响天气系统统计分析，发生此次异常秋季洪水的暴雨天气主要成因是异常稳定的中高纬环流背景，其中，尤以西太平洋副热带高压强度偏强、脊线偏北、西伸脊点偏西，致使暖湿气流异常活跃，主雨区出现在长江中上游地区；中低层活跃的低涡、切变线等、频繁活动的地面冷暖空气遭遇，以及非常有利的高低空天气系统结构配置等，也是导致此次降雨过程发生降雨强度大、维持稳定和集中的原因。

2. 洪水发展过程

2008年10月底至11月上旬，受强降雨影响，长江上游除嘉陵江、岷沱江外，干流及部分支流控制站（寸滩、武隆、横江、赤水站等站）均出现历史同期最大洪水过程（表5-25），乌江、横江、赤水等长江上游南岸支流出现双峰或多峰。

表5-25　2008年秋季长江上游干支流控制站洪峰与历史同期洪峰比较表

河名	站名	起涨时间（月．日）	峰现时间（月．日）	洪峰（m^3/s）	历史同期最大洪水		排位
					年份	洪峰（m^3/s）	
金沙江	屏　山	10.26	11.3	9 000	1955	8 650	1
岷　江	高　场	10.29	11.2	3 780		6 970	8
沱　江	富　顺	10.3	11.2	504	1955	1 020	6
横　江	横　江	10.31	11.2	2 370	1975	920	1
南广河	福　溪	10.3	10.31	1 180			1
赤水河	赤　水	10.25	11.2	2 750	1972	1 600	1
綦　江	五　岔	10.24	10.31	2 360	1955	1 020	1
长　江	朱　沱	10.25	11.2	20 900	1955	18 000	1
嘉陵江	北　碚		10.25	3 900			
长　江	寸　滩	10.25	11.3	23 500	1908	19 400	1
乌　江	武　隆	10.24	10.31	9 750	1996	10 900	2
长　江	宜　昌	11.2	11.7	28 900	1908	30 600	2

武隆、宜昌洪峰未还原；历史同期洪峰武隆为11月

受上述来水共同影响，三峡水库入库流量10月30日20时起由14 700 m^3/s快速上涨，11月3日入库洪峰流量33 000 m^3/s。宜昌站流量11月2日起快速上涨，7日16时出现实测洪峰流量28 900 m^3/s后转退。宜昌站2008年秋季流量过程见图5-13。

3. 洪水重现期

（1）宜昌站洪水重现期

考虑乌江梯级水库和三峡水库的影响，对本次宜昌站洪水过程还原后，洪峰出现在11月4日，最大日平均流量达30 000m^3/s。根据宜昌站1877年以来资料统计，排在系列中第二位，仅次于1908年的30 600m^3/s。将宜昌站历年11月最大日平均流量系列进行频率分析计算，频率曲线如图5-14所

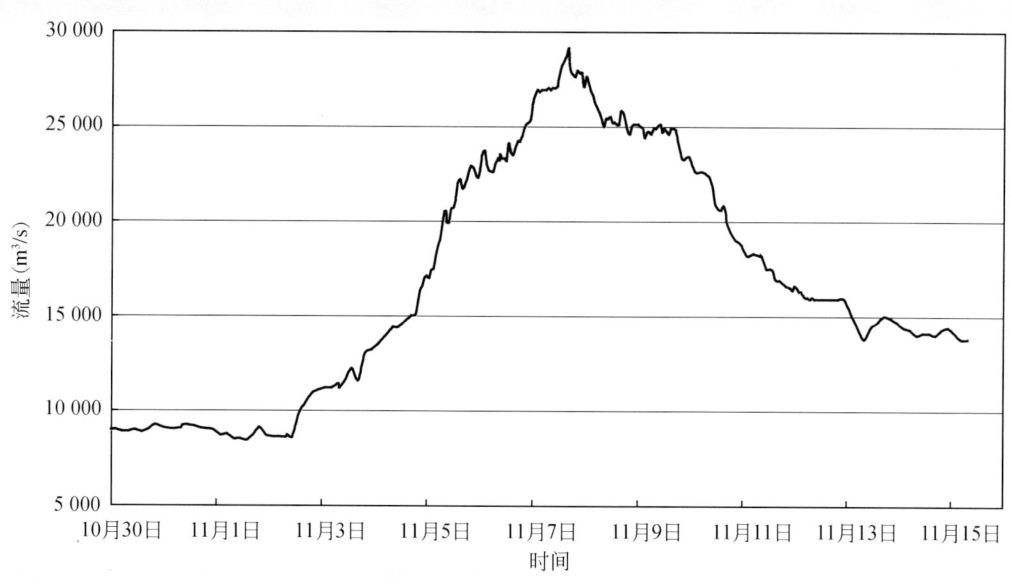

图 5-13　宜昌站 2008 年秋季流量过程线

示，洪水重现期约 100 年左右。另外，对宜昌站 11 月份最大 7d 洪量系列也进行了频率计算，频率曲线图如图 5-15 所示，本次洪水 7d 洪量在整个系列中排第一位，洪量为 165.1 亿 m^3，其重现期约为 130 年。

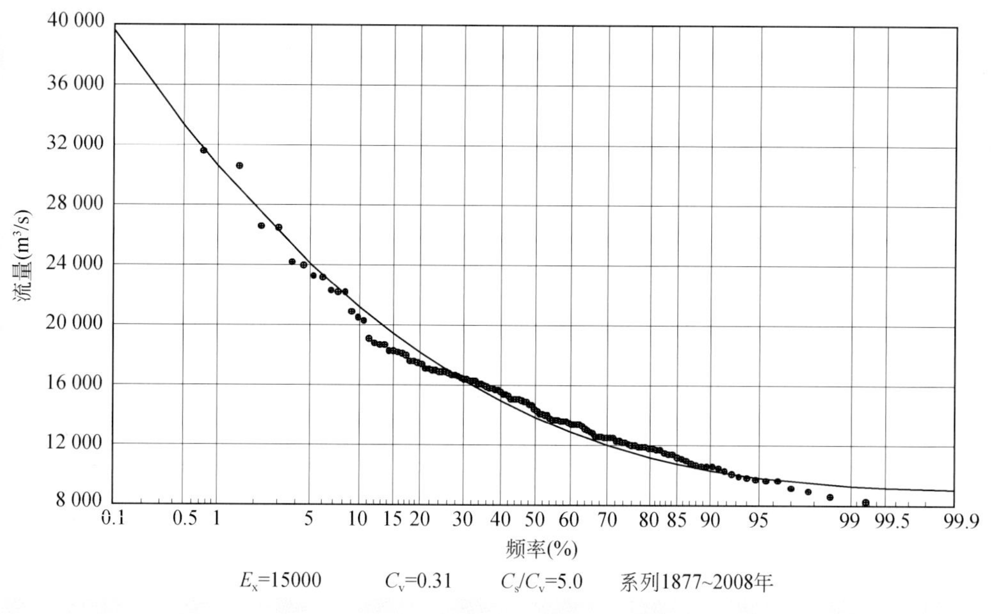

图 5-14　宜昌站 11 月最大日平均流量频率曲线

(2) 屏山站洪水重现期

本次秋季洪水在金沙江也是历史罕见的，屏山站实测最大流量达 9000m^3/s。根据屏山站 1940 年以来实测资料统计，本次 11 月最大流量在 69 年系列中排第一位，将系列进行频率分析，频率曲线如图 5-16，分析表明本次秋季洪水重现期在 70 年以上。

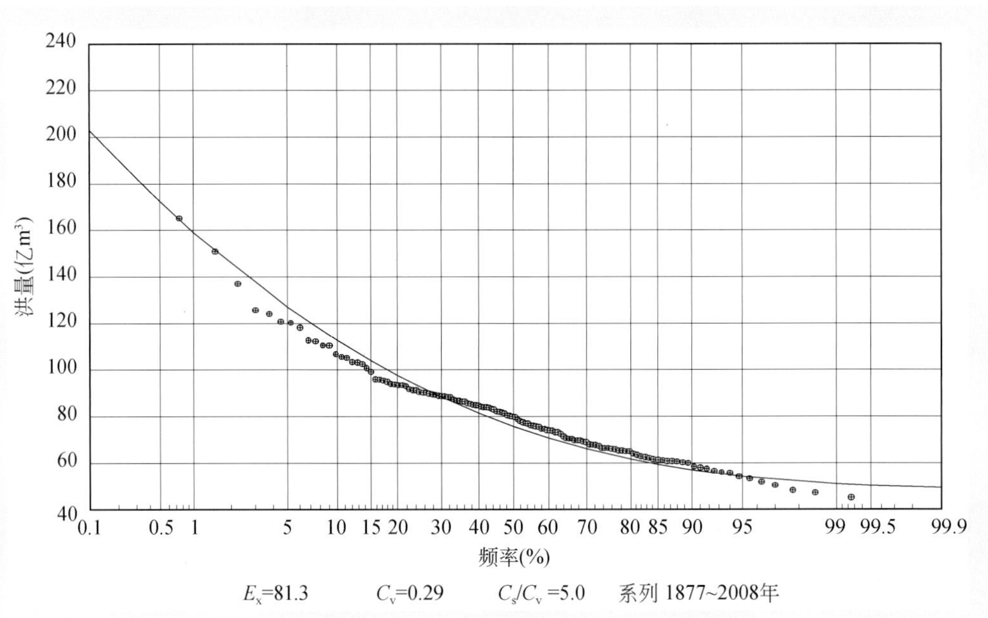

图 5-15 宜昌站 11 月最大 7d 洪量频率曲线

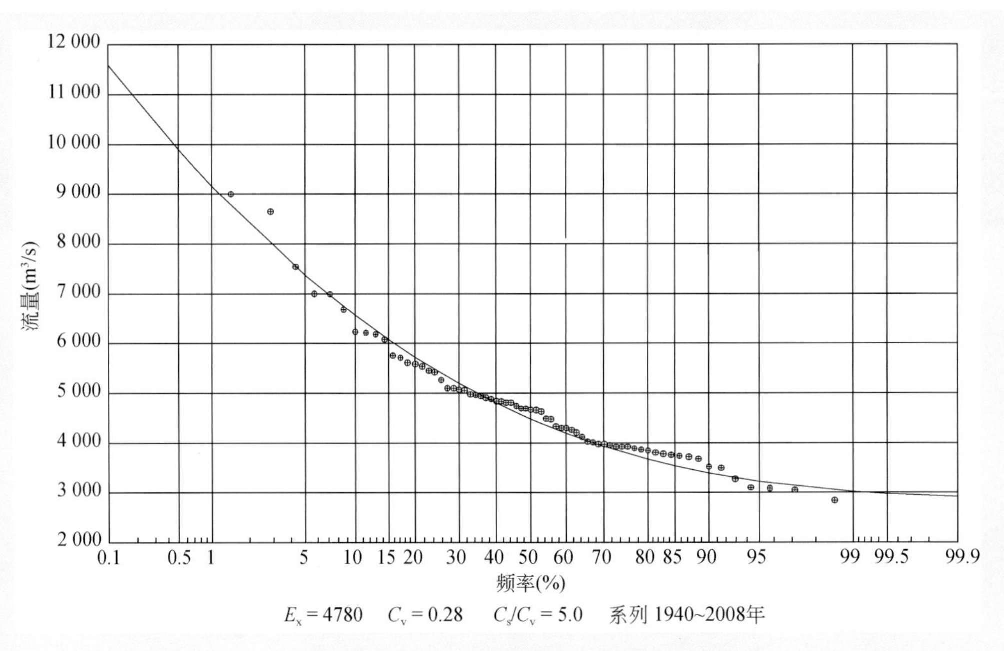

图 5-16 屏山站 11 月最大流量频率曲线

（3）寸滩站洪水重现期

本次秋季洪水寸滩站最大日平均流量为 23 500m^3/s，是自 1892 年有实测流量资料以来同期最大，将 11 月最大流量进行频率分析计算，频率曲线如图 5-17，洪水重现期约为 200 年一遇。

（4）乌江彭水站洪水重现期

乌江彭水站本次洪水最大实测流量为 9310m^3/s，出现在 11 月 7 日，通过对水库调节影响还原计算，最大洪峰流量应为 8220m^3/s，根据彭水枢纽初步设计对 11 月最大流量进行的频率分析计算成果，本次洪水重现期约 50 年。频率曲线见图 5-18 所示。

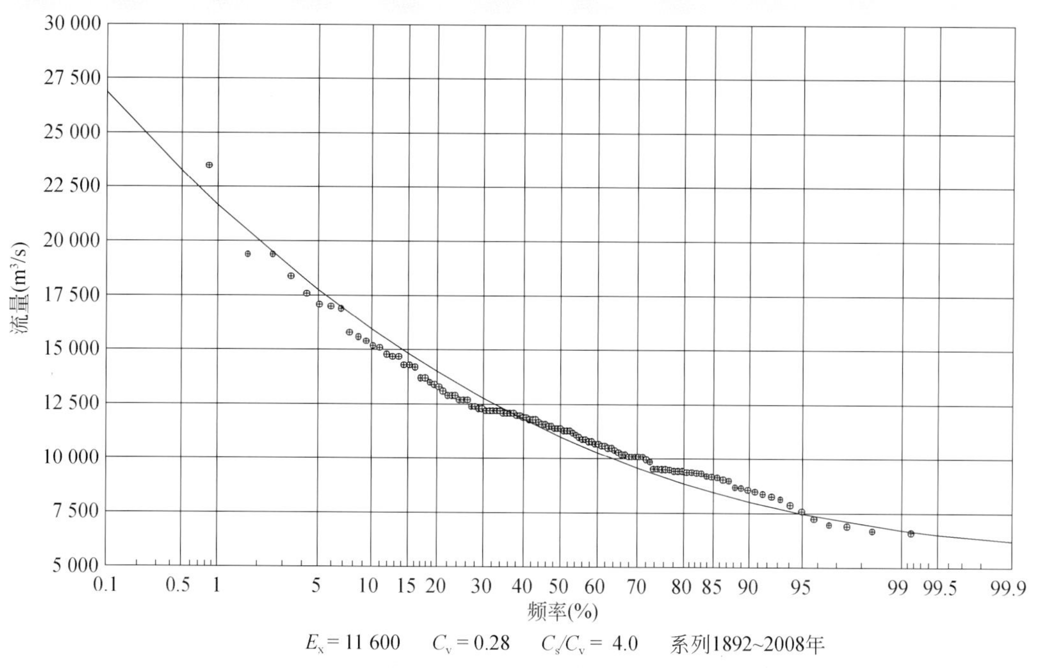

图 5-17 寸滩站 11 月最大日平均流量频率曲线

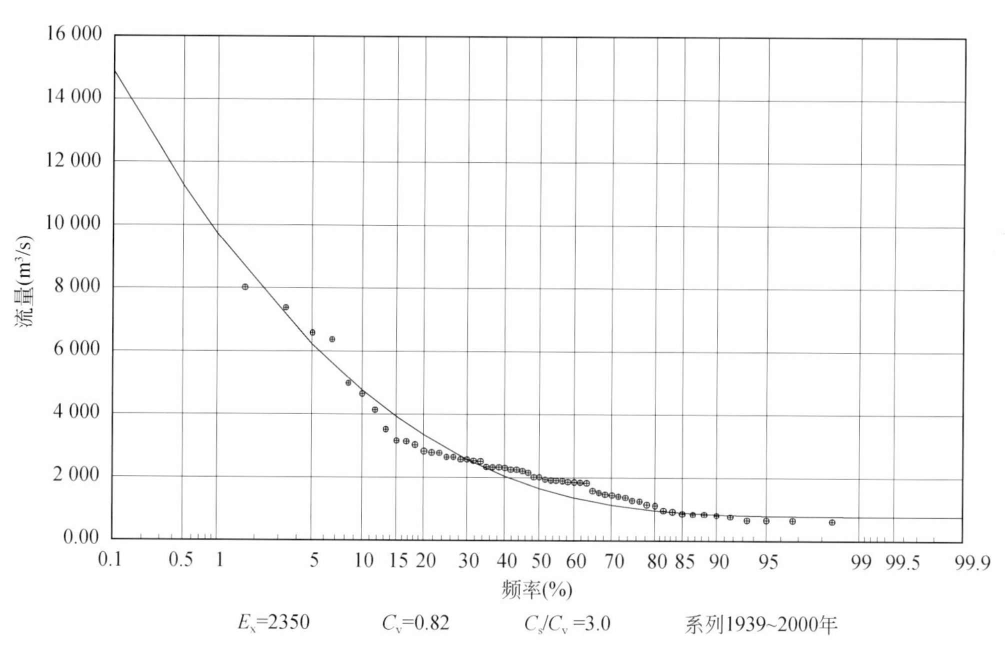

图 5-18 彭水站 11 月最大流量频率曲线

综上所述，2008 年秋季洪水具有：①洪水发生时间较晚（出现在 10 月底至 11 月初），降雨持续集中、强度大，该期间长江上游降雨较历史同期偏多近 1.6 倍；②洪峰和洪量在年洪水中极为平常，但在同期很大。长江上游干流屏山、朱沱、寸滩站及南岸横江等 4 条小支流控制站洪峰在多年实测系列中排第 1 位，武隆、宜昌站流量位居第 2 位；③根据实测资料分析的洪水重现期（历史记载缺少），宜昌站最大日平流量约为 100 年一遇，7d 洪量约为 130 年，寸滩站最大日平流量约 200 年，屏山洪峰流量约为 70 年，乌江彭水约为 50 年，横江重现期可达 500 年；④还原后宜昌站最大日平均流量达

30 000 m^3/s，远小于宜昌站多年年最大日均流量的均值 51 300 m^3/s，仅高于 1942 年年最大日平均流量 29 800 m^3/s。即使在三峡水库蓄满的情况下，利用 2～3d 的预见期预报信息，适时调整电站出力，基本上可以不弃水或少弃水。

5.8 蓄水运用后对长江中下游水文情势影响

三峡工程于 2003 年 6 月 1 日正式下闸蓄水，汛期按 135m 运行，枯季按 139m 水位运行，工程进入围堰发电期；2006 年 9 月 20 日开始 156m 蓄水，汛期水位则按 144～145m 运行，汛后水位抬升至 156m 运行，三峡工程进入初期运行期；2008 年汛末三峡工程进行试验性蓄水，坝前最高蓄水位达到 172.80m；2009 年 8 月 29 日，三峡工程通过正常蓄水至 175m 竣工验收，并于 9 月 15 日开始正式蓄水，标志着三峡工程将由初期运行转入正常运行阶段。至此，三峡工程防洪、发电、通航三大效益得以全面发挥。

5.8.1 对长江中下游干流沿程水位影响

1. 枯水位变化

2003 年 6 月三峡水库正式蓄水后，长江中下游水沙关系发生了明显变化，清水下泄导致至坝址一定距离内的河床有所冲刷，枯水时同流量下水位有所降低。根据三峡坝址下游宜昌、枝城、沙市、监利、螺山等站蓄水前的 2002 年及蓄水后的 2003～2010 年历年枯水时的水位流量关系分年定线对比，2003～2010 年低水水位流量关系呈逐年下降趋势，荆江河段河床下切相对更甚，当流量为 7000m^3/s、10 000m^3/s 时，沙市站相应水位累积下降分别为 0.82m、0.69m（表 5-26）；监利站既受断面冲淤影响，又受下游洞庭湖出流顶托作用的影响，以监利与莲花塘水位差值 3m 为参数时，累积下降分别为 0.40m、0.15m；螺山站 2003 年至 2004 年在同一级流量下，水位下降了约 0.40m，之后年份水位流量关系变幅较小，年际水位流量线虽然有摆动，但尚未发生趋势性变化。螺山以下河段，目前受清水下泄造成的冲淤影响不明显。宜昌至螺山河段，随着流量增大，水位下降值逐渐减小。

表 5-26 三峡蓄水后长江中游河段主要控制站枯水位累积变化表

流量级	宜昌	枝城	沙市	监利	螺山
（m^3/s）	2003～2010 年	2003～2010 年	2003～2010 年	2003～2010 年	2003～2010 年
5 000	−0.2	−0.29			
7 000	−0.32	−0.41	−0.82	−0.4	−0.40
10 000	−0.45	−0.50	−0.69	−0.15	−0.38

2. 蓄水期、供水期水位变化

三峡工程投入正常运行后，每年 9 月中旬至 10 月（11 月）为蓄水期，11 月（12 月）至次年 4 月为供水期。蓄水期间，长江中下游沿程水位降低，枯水期提前；供水期间，相应增加下游枯水流量，使长江中下游枯季径流分配趋于均化，最枯水位有所抬升。

依据三峡水库蓄水前宜昌站 1878～2003 年实测径流系列进行统计，选取 1990 年与 2002 年的 9 月至次年 4 月分别作为来水为平水年和枯水年典型，采用《三峡水库优化调度方案》进行调蓄计算，再与中下游控制站天然状况水位比较（表 5-27）。1990 年 9～10 月蓄水期间，月平均来水流量分别为 24 600m^3/s、19 100m^3/s，与多年平均值接近，为平水年。9 月中下旬及 10 月，三峡水库相应旬、月平均拦蓄流量 4010m^3/s、5400m^3/s，致使中下游干流枝城至大通沿程水位 9 月中下旬下降 1.28～1.97m，10 月下降 1.72～2.64m。2002 年 9～10 月来水量 604 亿 m^3，比多年平均来水量偏小 48.9%，该年为枯水年，按三峡水库优化调度方案原则进行控制下泄，水库 11 月仍未蓄满。9 月中下旬、10 月、11 月水库旬、月平均拦蓄流量分别为 1410m^3/s、3300m^3/s、2040m^3/s，长江中下游干流枝城至大通沿程水位 9 月中下旬下降 0.45～0.69m，10 月下降 1.07～1.65m、11 月下降 0.65～1.0m。

表 5-27　平枯水典型年经三峡水库调蓄后长江中下游沿程水位变化表

年份	旬或月	枝城	沙市	螺山	汉口	九江	大通
1990	9 月中下旬	-1.52	-1.97	-1.70	-1.63	-1.50	-1.28
	10 月	-2.03	-2.64	-2.28	-2.18	-2.01	-1.72
	11 月	0	0	0	0	0	0
	12 月	0.03	0.04	0.04	0.04	0.03	0.03
1991	1 月	0.62	0.81	0.70	0.67	0.61	0.53
	2 月	0.60	0.78	0.67	0.64	0.59	0.51
	3 月	0.74	0.96	0.83	0.79	0.73	0.63
	4 月上旬	0.43	0.56	0.49	0.47	0.43	0.37
2002	9 月中下旬	-0.58	-0.69	-0.60	-0.58	-0.53	-0.45
	10 月	-1.36	-1.65	-1.42	-1.36	-1.25	-1.07
	11 月	-0.83	-1.00	-0.87	-0.83	-0.76	-0.65
	12 月	0.12	0.14	0.12	0.12	0.11	0.09
2003	1 月	0.66	0.80	0.69	0.66	0.61	0.52
	2 月	1.01	1.22	1.05	1.01	0.93	0.80
	3 月	0.81	0.98	0.85	0.81	0.75	0.64
	4 月上旬	0.46	0.56	0.48	0.46	0.42	0.36

上述两个典型是通过三峡水库优化调度方案进行调蓄计算到现状后与天然情况进行比较，再选取 2008 年 10～11 月份典型，将长江中下游沿程水位还原到天然状况与现状情况进行比较，可以得到类似结果，如干流城陵矶、汉口、湖口、大通站现状与三峡水蓄后还原天然水位相比，旬平均最大降幅分别约为 1.7m、1.5m、0.8m、0.9m。

三峡水库供水期通常为蓄满后的 11 月至次年 4 月，11 月、12 月一般情况下三峡按上游来流量发电控制，对中下游水位补水效果不明显。1～4 月为主要补水期，月水位抬升作用比较明显。以来水正常的 1991 年及来水偏枯的 2003 年 1～4 月上旬分析（表 5-27），1991 年 1 月至 4 月上旬，长江中下游日平均增加流量 1500m^3/s，相应中下游沿程水位上升 0.37～0.96m，平均上升 0.63m；2003 年 1 月至 4 月上旬，长江中下游日平均流量增加约 1950m^3/s，相应中下游沿程水位上升 0.36～1.22m，平均上升 0.73m。

5.8.2 对三口分流影响

三峡水库蓄水期由于干流水位降低，松滋口的沙道观、太平口的弥陀寺、藕池口的管家铺与康家岗等站分流分沙能力随之减弱，进入三口水量明显减少，三口断流天数增加。

三口 1992～2002 年平均流量为 1956m^3/s，2003～2008 年平均流量为 1579m^3/s，较蓄水前减少了 23.8%。为了更确切反映三口分流比变化，采用三峡蓄水前、后枝城同一流量分流比进行分析（图 5-19）。当枝城流量小于 25 000m^3/s，各级流量对应三口的分流比变化基本一致；当枝城流量大于 25 000m^3/s 时，各级流量对应三口的分流比点据变化较散乱，蓄水后较蓄水前三口的平均分流比偏小 11% 左右。

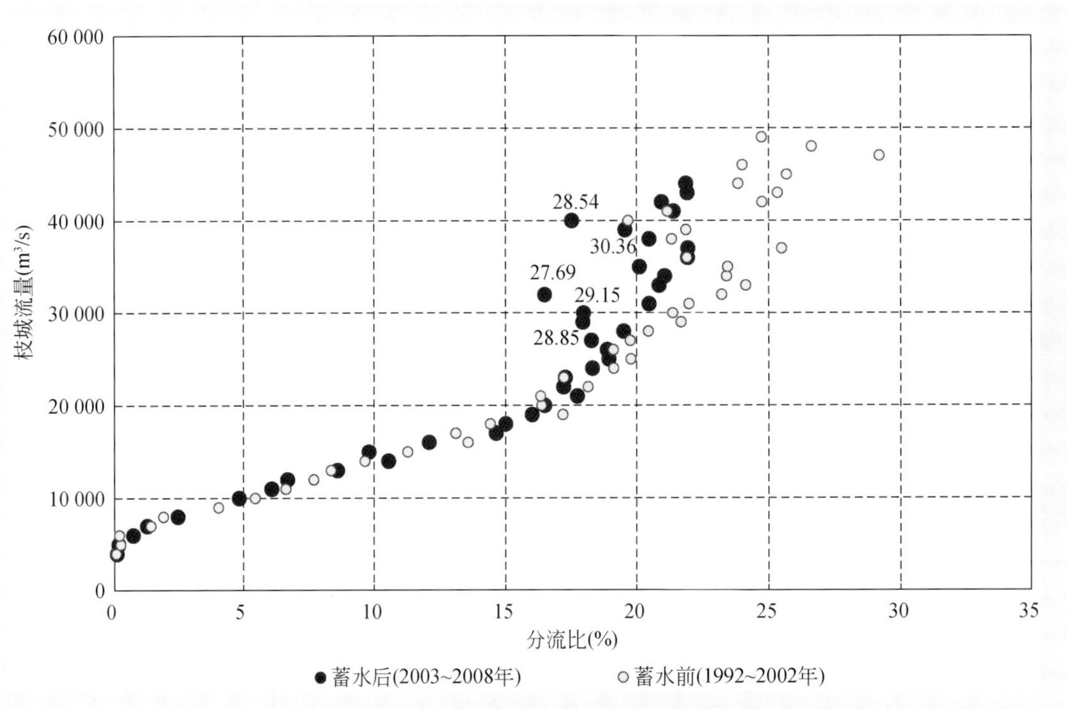

图 5-19　以莲花塘水位为参数的枝城不同流量三口分流比图

根据三口不同时期断流天数统计（表 5-28），20 世纪 50 年代以来，受下荆江裁弯、葛洲坝枢纽修建以及长江上游输沙量变化等，导致荆江干流河床冲刷、三口口门附近河势变化、同流量下水位下降，三口断流天数总体呈现增加趋势。枝城站 1981～2002 年与 2003～2009 年平均流量基本相当，但三口断流天数明显增多，究其原因，主要是三峡蓄水期下泄流量减少过快，使荆江三口部分河道的断流时间提前和延长。经对 2008～2009 年天然（还原）与三峡蓄水后枝城流量进行比较，沙道观站断流天数增加了 14d；弥沱寺站断流天数减少 7d；藕池口（管）站断流天数增加了 20d；藕池口（康）站断流天数增加了 10d。

影响断流天数增多因素，一是三峡水库在 10 月蓄水期间，拦蓄流量较大，相应下游流量减较少，致使三口断流天数有所增加；二是三峡蓄水后清水下泄，宜昌至城陵矶河段表现为“滩槽均冲”，与前所述主要站低水部分水位流量关系曲线逐渐下移相吻合，使长江干流在同一流量下水位有所下降，相同流量条件下入洞庭湖水量减少；三是三峡蓄水以来洞庭湖来水偏小，出湖流量对长江干流顶托作用减轻，导致莲花塘水位比常年水位偏低，相应长江干流枝城至莲花塘段比降增大，泄流能力增加，进入藕池口流量减少，断流天数增加。

表 5-28　三口不同时期断流天数统计成果

时段	三口分时段平均年断流天数				枝城分时段平均相应流量（m^3/s）			
	沙道观	弥陀寺	管家铺	康家岗	沙道观	弥陀寺	管家铺	康家岗
1956～1966 年	0	35	17	213	—	4 292	3 925	13 070
1967～1972 年	0	3	80	241	—	3 470	4 958	15 950
1973～1980 年	71	70	145	258	4 660	5 180	7 790	18 350
1981～2002 年	171	155	167	248	8 920	7 676	8 665	17 390
2003～2009 年	200	144	185	260	9 730	7 493	8 912	15 433

5.8.3　对洞庭湖及湘江尾闾影响

以莲花塘水位为参数，分别点绘洞庭湖湘江湘潭站蓄水前 1991～2002 年与蓄水后 2003～2008 年水位流量关系（图 5-20 和图 5-21）。低水同流量下，蓄水前后水位降低了 1.2m 左右；长江干流莲花塘水位高于 27m 以上时，对湘潭站水位有顶托影响，位高于 23m 以上时，对长沙站水位有顶托影响，莲花塘水位每降低 1m，相应长沙水位降低 0.2m 左右。

将 2008 年、2009 年三峡蓄水期入库流量过程采用洪水预报模型演算至宜昌以下河段，得出不受三峡蓄水影响的天然情况下城陵矶水位过程（表 5-29）。三峡蓄水后，2008 年 10 月下旬城陵矶旬平均水位最大降 1.73m；2009 年 10 月中旬旬平均水位最大降 2.94m。由于城陵矶水位下降，对长沙水位的托顶作用减小，导致长沙水位比正常情况略偏低。

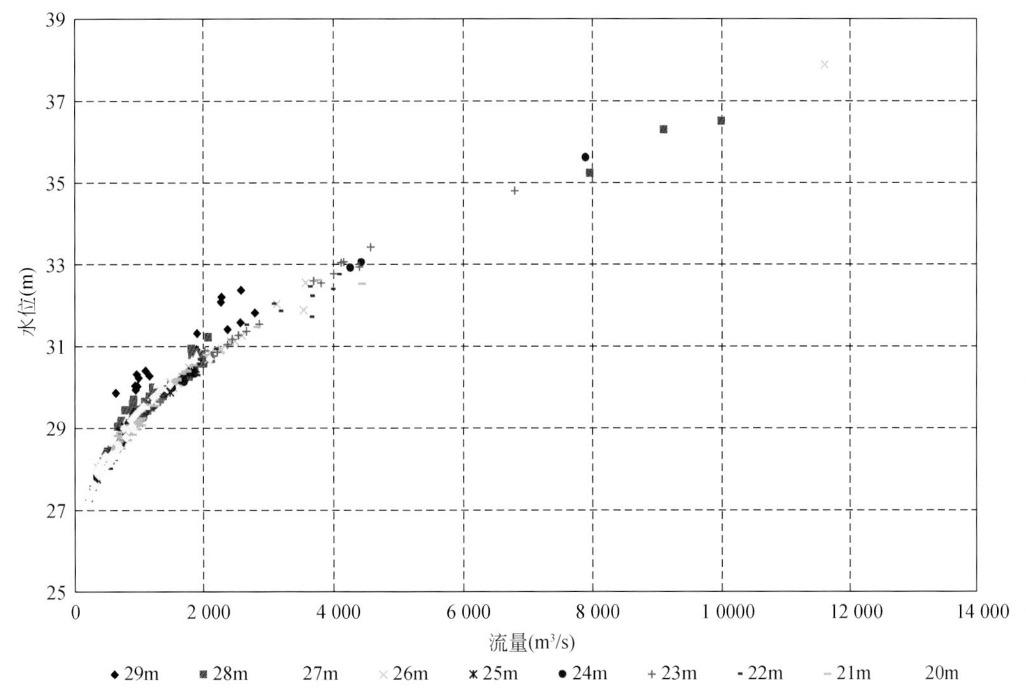

图 5-20　以莲花塘水位为参数的湘潭站（1991～2002）水位流量关系

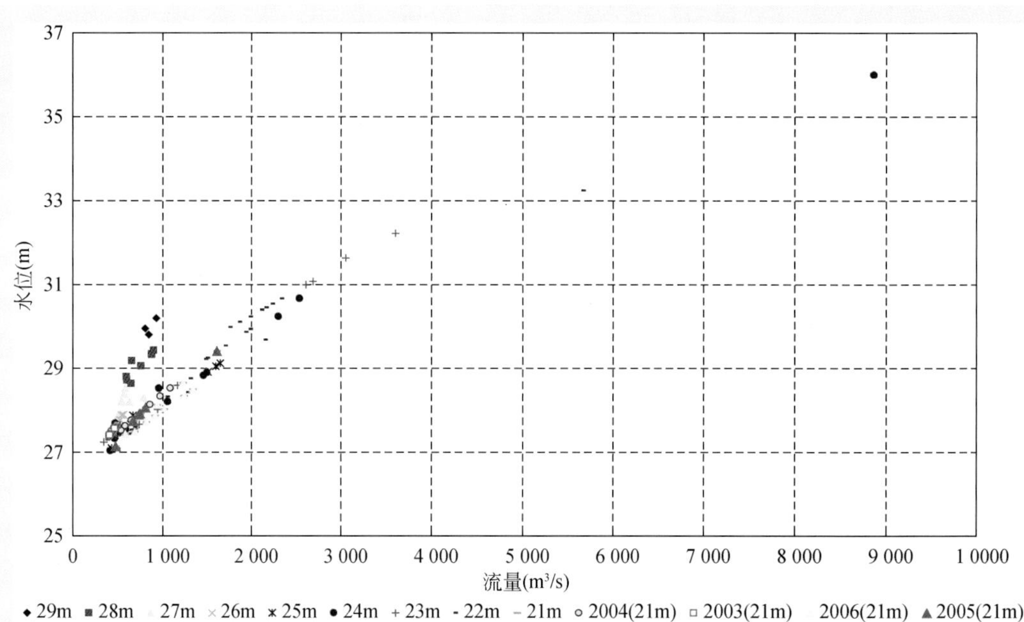

图 5-21　以莲花塘水位为参数的湘潭站（2003～2008 年）水位流量关系

表 5-29　城陵矶天然与现状水位成果比较表

时间		水位（m）		
		现状	天然（计算）	差值
2008 年	10 月上旬	27. 10	27. 81	-0. 71
	10 月中旬	25. 70	26. 15	-0. 45
	10 月下旬	22. 77	24. 50	-1. 73
	11 月上旬	26. 08	25. 92	0. 15
	11 月中旬	28. 87	29. 03	-0. 16
	11 月下旬	26. 32	25. 82	0. 49
2009 年	9 月 15～20 日	26. 40	26. 79	-0. 39
	9 月下旬	25. 65	26. 71	-1. 05
	10 月上旬	23. 26	25. 81	-2. 55
	10 月中旬	21. 89	24. 83	-2. 94
	10 月下旬	21. 91	24. 16	-2. 25
	11 月上旬	22. 17	23. 04	-0. 88
	11 月中旬	21. 08	21. 64	-0. 56
	11 月下旬	20. 65	20. 94	-0. 29

不同湘江上游来水影响条件下，长沙站水位与长江干流的关系如图 5-22 所示。当城陵矶水位高于 23m 时，干流对长沙水位才有一定的顶托影响，湘潭站 500～600m³/s 流量级、城陵矶水位 24m 左右时，城陵矶站水位每下降 1m，影响长沙站水位约 0. 2m。据此关系推算，2008 年三峡蓄水导致长沙旬平均水位最大降幅 0. 3m 左右；2009 年长沙旬平均水位最大降幅 0. 4m 左右。

三峡蓄水期，长沙站水位比正常年份偏低，主要是上游来水偏少及河道过水断面变化所致，其次三峡蓄水期拦蓄作用较大，使长江干流水位较天然情况降低约 2m 左右，影响长沙水位降低 0. 4m 左右。

三峡蓄水对资水桃江站、沅江桃源、澧水石门水位流量关系无系统性变化。

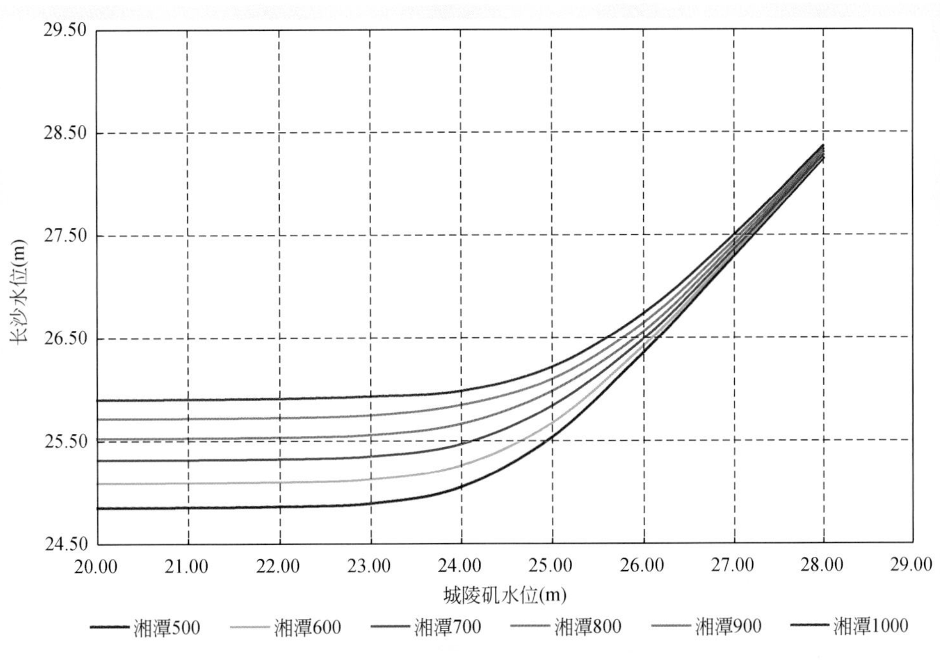

图 5-22 长沙水位与城陵矶水位关系（以湘潭流量为参数）

5.8.4 对鄱阳湖及赣江尾闾影响

鄱阳湖水系赣江外洲站，2003 年以后水位流量关系线逐年出现系统右移的趋势，主要是断面冲刷较大所致。以湖口水位为参数外洲水位流量关系，如图 5-23 所示。湖口水位在 13.5m 以上，而且湖口与外洲水位差值小于 2m 时，对外洲水位流量关系有顶托影响，赣江来水越小，顶托影响越明显，湖口水位越高，顶托趋势越明显；湖口水位在 13.5m 以下时点据散乱无规律，顶托影响不明显。

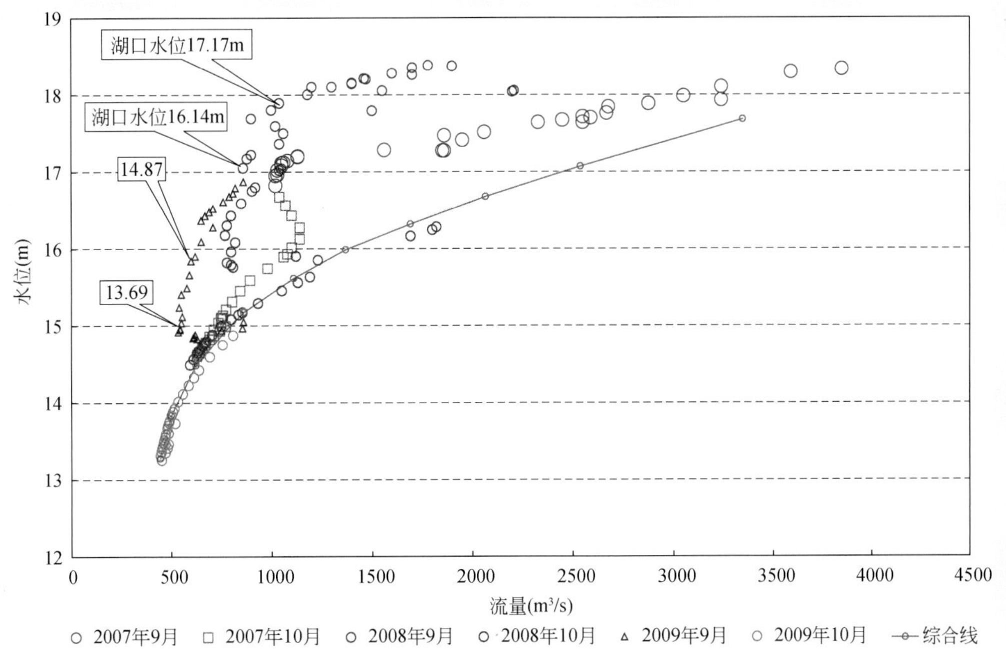

图 5-23 以湖口水位为参数赣江外洲水位流量关系曲线

将2008年、2009年三峡蓄水期还原后的宜昌流量过程演算至长江中下游河段，得出不受三峡蓄水影响的天然情况下湖口水位过程（表5-30）。三峡蓄水后，2008年10月下旬湖口旬平均水位最大降0.76m；2009年10月中旬旬平均水位最大降1.87m。由于湖口水位下降，对南昌水位的顶托作用减小，导致南昌水位比正常情况略偏低。

表5-30　湖口天然与现状时段平均水位成果比较表

时间		水位（m）		
		现状	天然（计算）	差值
2008年	10月上旬	14.700	14.851	-0.151
	10月中旬	12.945	13.294	-0.349
	10月下旬	10.745	11.503	-0.757
	11月上旬	11.112	11.270	-0.158
	11月中旬	15.133	14.382	0.751
	11月下旬	14.125	13.713	0.412
2009年	9月15～20日	13.943	13.845	0.098
	9月下旬	12.914	13.012	-0.098
	10月上旬	11.110	12.166	-1.056
	10月中旬	9.288	11.154	-1.866
	10月下旬	8.722	10.465	-1.744
	11月上旬	8.815	9.714	-0.899
	11月中旬	8.582	9.084	-0.502
	11月下旬	8.334	8.746	-0.412

赣江外洲站历年9月和10月流量资料统计，9月多年来水均值为1536m^3/s，10月为1082m^3/s，其中2008年9月和10月平均流量分别为1260m^3/s、947m^3/s，与多年平均值相比偏小17.9%、12.5%；2009年9、10月平均流量分别为733m^3/s、547m^3/s，与多年平均值相比，偏小52.3%、49.5%。可见，2008年、2009年9月和10月由于赣江来水量减少导致外洲水位比正常年份偏低较多。

从前述分析表明，2008年、2009年10月外洲站水位异常偏低，其主要还是上游来水偏少及河道过水断面变化所致。而三峡蓄水，也降低了长江干流水位，致使鄱阳湖退水加快，进一步加剧了枯水的程度。

抚河李家渡站、信江梅港站、潦河万家埠站水位流量关系，2009年与2000年相比下降0.8m左右，昌江渡峰坑站、乐安河虎山站水位流量关系无变化。

综上分析，三峡工程正常运行后，受三峡水库9～11月蓄水和12月以后的供水影响，长江中下游干流枯水较原来的天然情况提前，致使蓄水期中下游沿程水位降低，枯水期延长。但最枯期12月至次年3月由于三峡水库加大放水，相应增加下游枯水流量，使长江中下游枯季径流分配趋于均化，最枯水位有所抬升，有利于改善最枯时段的水资源情势。三口断流时间提前，断流天数增加；蓄水期间，洞庭湖、鄱阳湖湖区等支流下游水位不同程度受到干流水位降低的影响。由于三峡水库蓄水集中在9月中下旬和10月份，需蓄水221.5亿m^3，拦蓄作用较大，使长江中下游10月平均水位较天然情况降低2m左右。如遇中下游来水偏少年份，与三峡蓄水影响相叠加，对中下游水文情势的影响将更显突出。

由于三峡水库蓄水运行年限很短，对中下游水文情势变化的影响因素的认识，特别是两湖水系及尾闾地区枯水位下降，其各种影响因素间的关系错综复杂，还需在今后相当长的时期内，不断积累资料的同时进一步加强分析研究。

5.9 水质

5.9.1 蓄水前水质状况

1. 水污染状况

由于自然和社会的原因，三峡地区人多地少，城镇密集，同时伴随着库区及其上游地区经济社会发展的加快，城市化水平的不断提高，城市污水和垃圾排放量日益增加，以及严重的水土流失，日趋加剧了长江三峡水库的水质污染。三峡水库蓄水前影响三峡水库水质的主要因素有干支流入库污染负荷，沿江城市工业废水（物）、生活垃圾、生活污水及面源污染等排污负荷。多年污染情况调查资料显示，库区江段主要污染物为总磷、化学需氧量（COD）、氨氮类污染物（NH_3-N）、大肠菌群等，其污染源主要是城市生活污染源、工业污染源和农田径流。由于库区江段的社会经济在空间上形成以重庆主城区、涪陵区、万州区以及沿江县城为中心的密集型发展态势，因而也形成了以沿江城镇为中心的污染源集中排放区域，部分江段已经形成岸边污染带。

2. 水库江段水质状况

库区污染物排放总量，与长江径流量相比较而言较小，因而江段总体水质良好。多年常规水质监测资料统计结果显示，库区江段主要水质指标的断面平均浓度一般低于地表水Ⅱ类标准浓度，仅在排污集中的重庆主城区、涪陵区和万州区的少数断面水质综合评价出现Ⅲ类。但在一些大的城市排污口附近，已经出现明显的岸边污染带，局部区域水质污染严重，出现了超Ⅳ类、甚至超Ⅴ类的水体。

1）库区水体 pH 值在 6.6 ~ 9.1，略偏碱性，有利于水体净化。

2）溶解氧 8.0mg/L 左右，最高可达 9.1mg/L。枯水期较高，丰水期较低，整个库区江段变化不大。

3）高锰酸盐指数和生化需氧量是反映水中可降解有机污染物数量的综合指标。高锰酸盐指数在 1.4 ~ 4.9 mg/L 波动，洪水季节大于平水期和枯水期。生化需氧量在 0.6 ~ 1.5 mg/L，最大值 2.0 mg/L，枯水期大于平水期和丰水期。

4）三氮（NH_3-N、NO_2^--N、NO_3^--N）中氨氮为 0.09 ~ 0.39 mg/L，亚硝酸盐氮为 0.013 ~ 0.037 mg/L（最高值出现在重庆江段），硝酸盐氮 0.45 ~ 0.91 mg/L。整个江段的硝酸盐氮含量均高于氨氮和亚硝酸盐氮，说明水体自净能力强。

5）石油类，主要是重庆江段有超标情况出现，最大值 0.17 mg/L，超过Ⅲ类水标准。

6）大肠菌群，重庆江段超标严重，最大值达 43.5 万个/L。

7）挥发酚，只在重庆江段曾出现 0.02 mg/L 的最大值，其余江段均优于Ⅱ类水质标准值。

8）阴离子表面活性剂，枯水期波动范围 0.067 ~ 0.099 mg/L，丰水期波动范围 0.044 ~ 0.085 mg/L，整个库区变化不大，均优于地面水Ⅱ类和生活饮用水标准。

3. 近岸水域水质状况

由于长江水量大，稀释自净能力强，因此库区江段整体水质良好。但是由于大量未加处理的污水任意排放，使江段局部近岸水域形成岸边污染带。枯水季节个别大型沿江排污口下游更为突出，感观性状差，泡沫绵延数千米。库区城市江段中，重庆江段的污染带最为严重，其次是万州江段和涪陵江段。主要污染指标是石油类、COD、挥发酚等。据长江水利委员会 1991～1992 年对长江干流 22 个城市江段近岸水域水质进行监测调查显示，三峡库区沿江城市重庆、涪陵、万县和宜昌近岸水域水质普遍受到污染，部分水域水质达到地面水Ⅳ类和Ⅴ类标准，枯水期的水质较平水期的水质明显下降（长江水利委员会，1997）。沿江城市近岸水域存在长度不等的岸边污染带，以重庆最为严重，污染带累计长达 27.4km，占评价河长的 16% 左右。

5.9.2 蓄水后水质状况

三峡首期蓄水成库后，三峡库区由山区性河道变为一个河道型水库，水位大幅抬升，库容大幅增加，水流速度减缓，各项水文、水力要素均发生了很大变化，进而会导致水环境要素发生改变；另外，经蓄水和排水后，库区岸边消落带积存的污染物将形成水体内源污染，并形成新的环境问题。下面就三峡水库蓄水前后水质变化做一简要分析。

1. 蓄水后干流水质变化分析

根据实际监测情况和长江三峡水库水质的变化状况，为了真实反映三峡蓄水前后长江水质状况及变化趋势，选择干流库尾寸滩、清溪场、库中的万州沱口和水库下段的巴东等 4 个具有代表性的干流重要控制站 2000～2011 年实测水文、水质资料，对氧平衡、营养盐和重金属等指标进行评价分析，如图 5-24～图 5-29 所示。数据处理采用 Microsoft Office 中 excel 电子表格及 spss13.0 for windows 软件完成，并按 Grubbs 法剔除异常值。

（1）氧平衡指标变化分析

图 5-24 和图 5-25 为寸滩、清溪场、万州、巴东 4 个断面在蓄水前后几年溶解氧和高锰酸盐指数含量变化图。由上述图可以看出，蓄水对各断面氧平衡指标有一定的影响，但蓄水前后几年间变化基本比较平稳，变幅较小，蓄水初期各断面溶解氧含量呈较明显下降，在 2005～2007 年出现最低值后，含量逐渐回升，但总体上呈不同程度下降趋势。初步分析是蓄水期间库区水流变缓、水深增加，水流复氧能力减弱所致；另外，由于蓄水导致河道水面变宽、水体流速变缓、泥沙沉降作用明显，水体中泥沙吸附的有机污染物质也随着泥沙沉降进入底泥，从而导致高锰酸盐指数含量下降。

（2）营养盐指标变化分析

选取氨氮及总磷进行营养指标分析，从图 5-26 和图 5-27 中可以看出：①巴东段氨氮含量呈下降趋势；万州段氨氮含量蓄水后，2003～2006 年含量不断增加，2006 年年均含量为 0.26mg/L，2006 年之后含量总体呈下降趋势，2009 年年均含量为 0.08 mg/L；其他江段，三峡蓄水后水体氨氮含量基本平稳，略呈下降趋势。②整体来看，三峡蓄水后各断面水体总磷含量呈减小趋势。

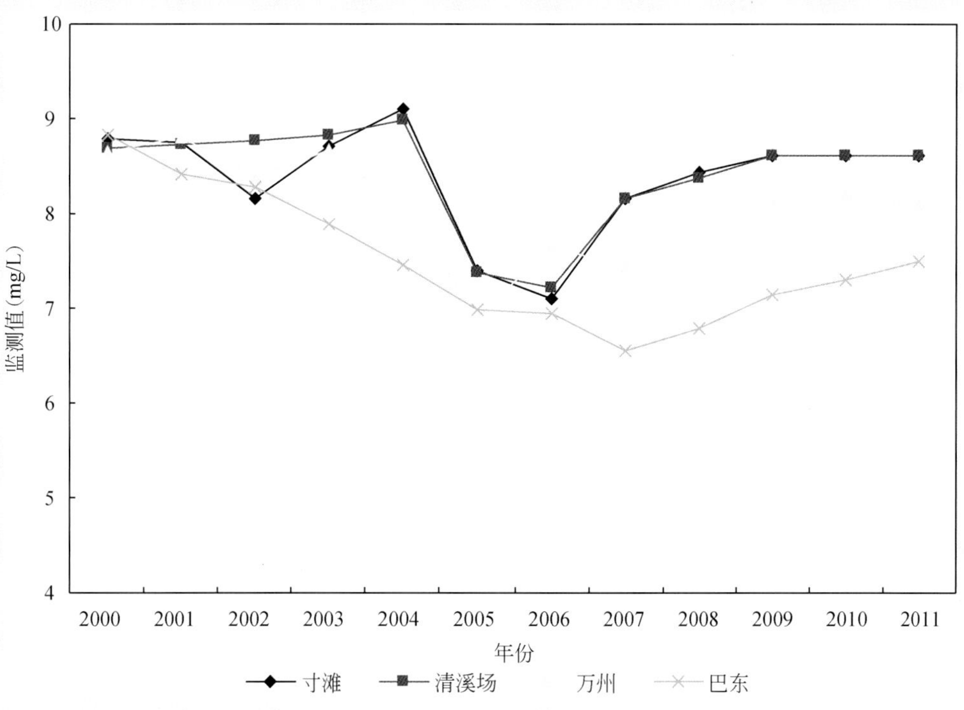

图 5-24 寸滩、清溪场、万州、巴东溶解氧含量变化图

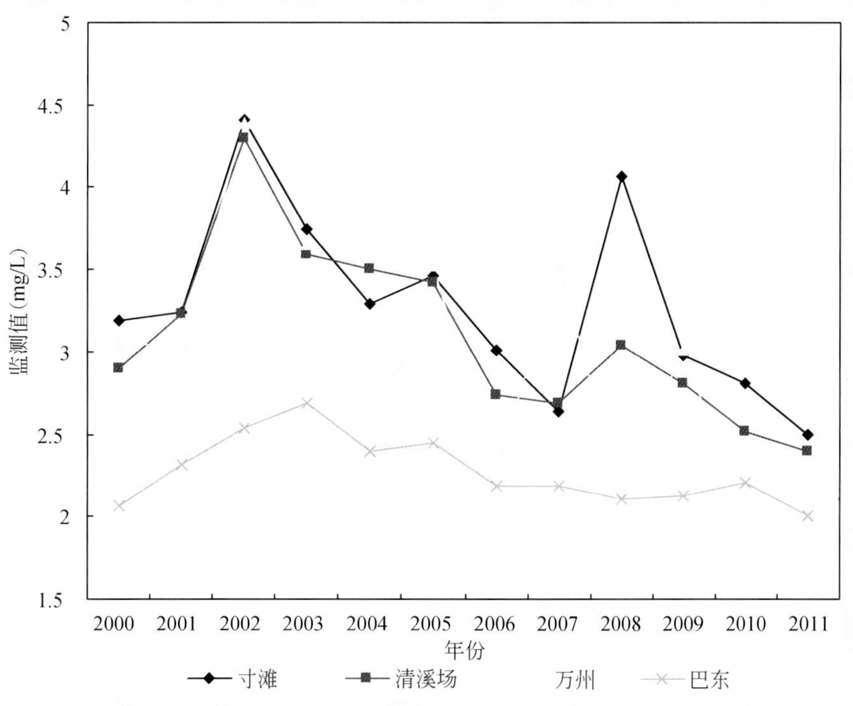

图 5-25 寸滩、清溪场、万州、巴东高锰酸盐指数含量变化图

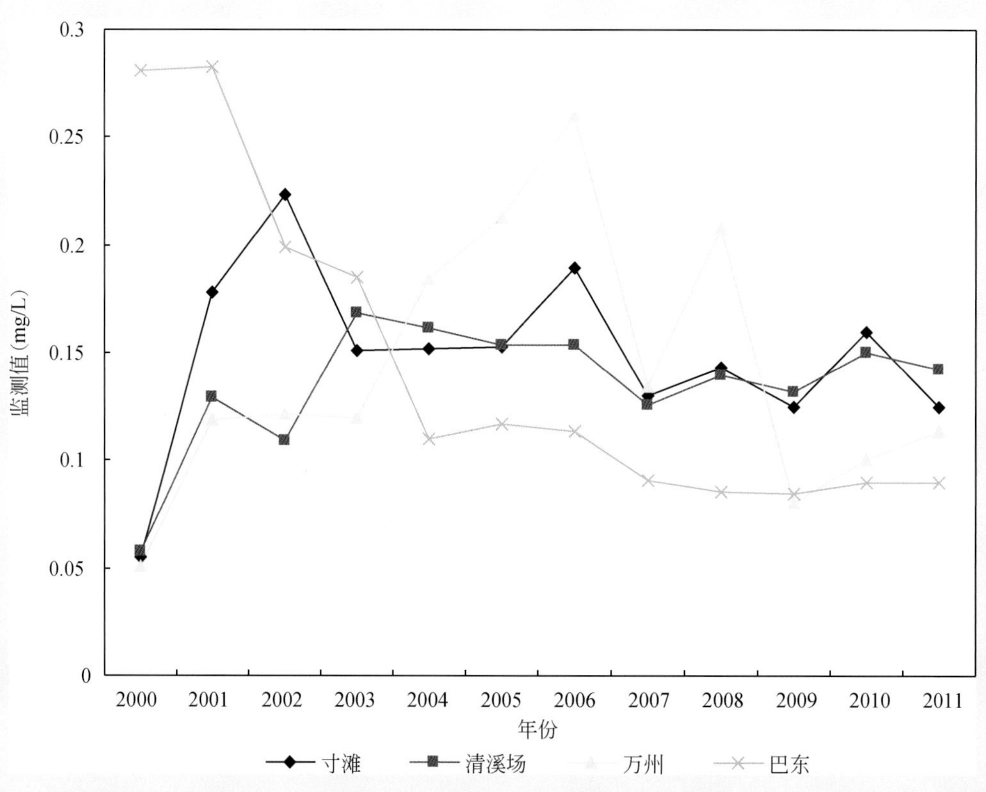

图 5-26　寸滩、清溪场、万州、巴东氨氮含量变化图

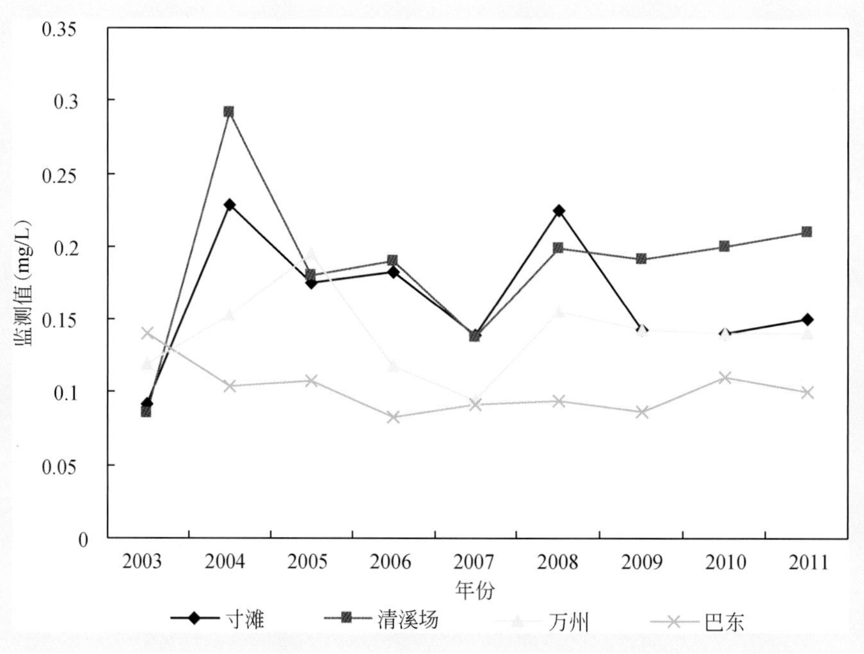

图 5-27　寸滩、清溪场、万州、巴东总磷含量变化图

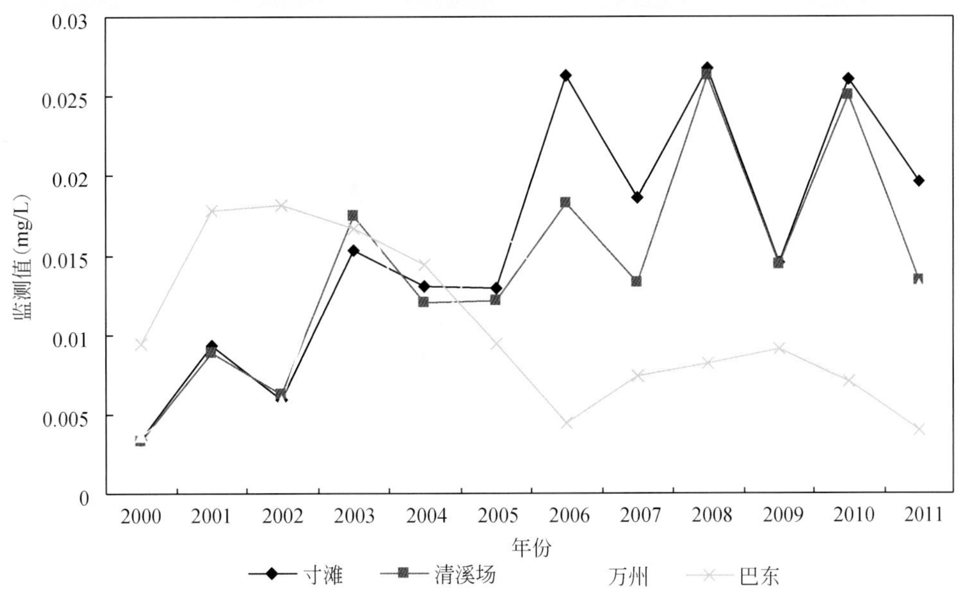

图 5-28　寸滩、清溪场、万州、巴东铜含量变化图

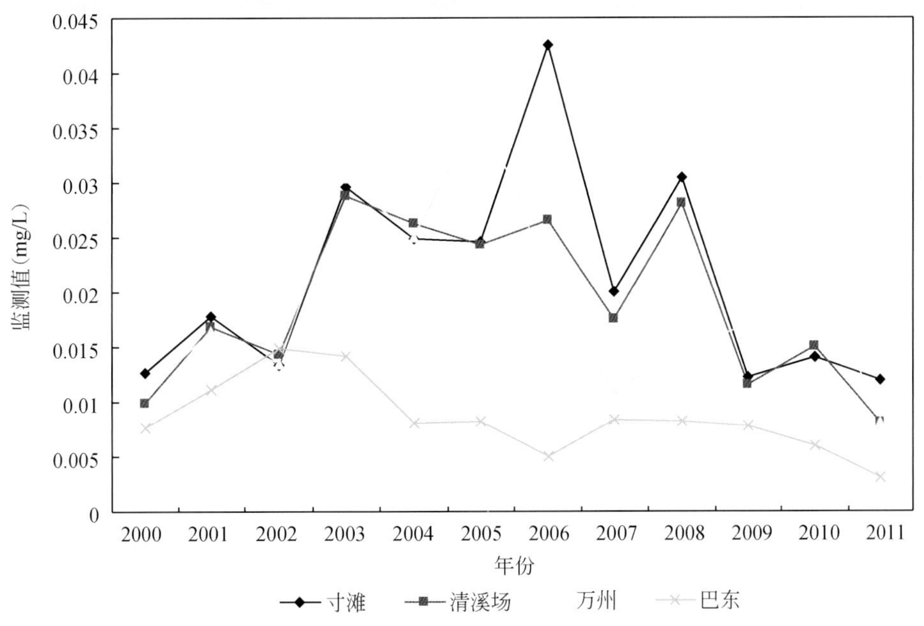

图 5-29　寸滩、清溪场、万州、巴东铅含量变化图

（3）重金属指标变化分析

选取铜、铅参数作为重金属类指标进行比较分析，从图 5-28 和图 5-29 中可以看出，重金属类因子蓄水后巴东段含量较其他断面偏小，且呈下降趋势；各监测断面铜含量均小于地表水Ⅲ类标准（1.0mg/L），处于Ⅰ～Ⅱ类标准水质，除了巴东断面外，含量呈总体上升趋势；各监测断面铅含量均达到或优于地表水Ⅲ类标准（0.5mg/L），各断面含量基本在 2005 年或 2006 年达到峰值，后出现小幅波动，但总体含量减小。

由以上分析可看出，三峡水库蓄水后，受水体流速变缓、泥沙沉降的影响，库区干流水体中污染物含量呈总体下降趋势，但不同江段所受影响程度不尽相同，可能与库区蓄水水位的变化有关。

2. 库区支流蓄水前后水质变化分析

库区内有大小支流数十条，其中嘉陵江、乌江、大宁河、小江、御临河、香溪河较为典型。其中嘉陵江基本未受到蓄水影响，水质状况变化不大；乌江入江口、小江、大宁河、御临河、香溪河受到长江顶托作用，均出现了不同程度的富营养化现象，如乌江总磷含量较高，香溪河河口近几年均不同程度的出现“水华”。

3. 三峡水库水温变化初步分析

监测表明，三峡水库万州至大坝段近300km常年回水区范围内的水体，在2009年2月至6月的水体升温期内已出现较为明显的水温垂线差异现象；巴东断面以下距大坝70km范围内的库区近坝段水体，在水体升温期内的4月至5月呈现出一定的水温分层现象，其中以庙河断面为代表的近坝水体表现明显（图5-30）。

4. 2000年以来长江干流水质趋势分析

近几年来，随着流域经济、社会发展，流域内各级政府及社会对流域水环境状况十分关注，积极运用各种手段保护长江水环境，在一定程度上改善了长江水环境质量，但是另一方面，由于流域内经济的迅速发展和沿程城镇人口的密集，导致污染因素增加，降低了水环境质量，使部分地区水质有变差的趋势。

根据长江历年的监测数据，采用多因子综合污染指数法——内梅罗污染指数法计算出有关断面的综合污染指数。然后依据Daniel趋势检验技术，采用Spearman秩相关系数，分析长江水质污染变化趋势。秩相关系数按下式计算：

$$T_s = 1 - \frac{6\sum_{i=1}^{N} d_i^{\ 2}}{N^3 - N};\ d_i = X_i - Y_i$$

式中，d_i为变量X_i和变量Y_i的差值；X_i为周期i到周期N按浓度从小到大排列的序号；Y_i为按时间排列的序号。

将$|T_s|$与spearman秩相关系数统计表中的临界值W_p进行比较，如果$|T_s|>W_p$，则表明水质变化趋势显著。如果$T_s<0$，则表明水质呈下降趋势，$T_s>0$表明水质呈上升趋势。

内梅罗指数是一种兼顾极值或称突出最大值的计权型多因子环境质量指数。内梅罗指数的基本计算式为：

$$I = \sqrt{\frac{(\max I_i)^2 + (\mathrm{ave} I_i)^2}{2}}$$

式中，$\max I_i$为各单因子环境质量指数中最大者，ave I_i为各单因子环境质量指数的平均值。内梅罗指数特别考虑了污染最严重的因子，内梅罗环境质量指数在加权过程中避免了权系数中主观因素的影响，是目前仍然应用较多的一种环境质量指数。根据公式，各监测断面历年的综合污染指数如表5-31所示。

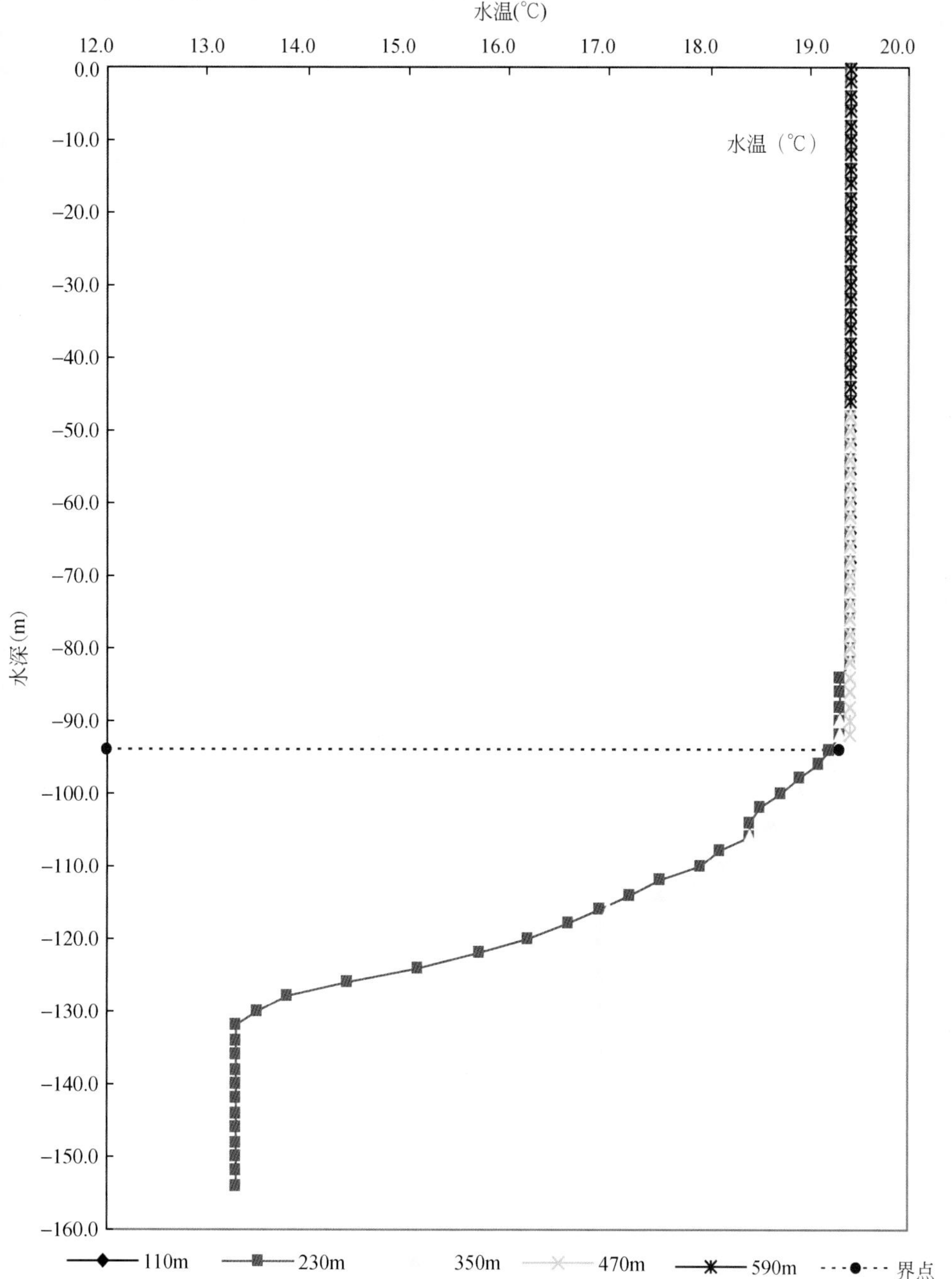

图 5-30　2009 年 5 月 15 日庙河各垂线水温沿水深变化图

表 5-31　长江水质内梅罗综合污染指数统计表

水质监测站	年份							
	2000	2001	2002	2003	2004	2005	2006	2007
石　鼓	0.425 806	0.452 954	0.349 954	0.333 272	0.395 772	0.366 219	0.377 011	0.354 801
攀枝花	0.321 339	0.299 715	0.255 720	0.339 021	0.305 128	0.393 464	0.339 665	0.322 581
宜　宾	0.198 393	0.332 119	0.274 574	0.386 103	0.320 654	0.490 706	0.524 233	0.506 050
朱　沱	0.343 195	0.398 530	0.523 542	0.627 439	0.450 356	0.398 872	0.481 510	0.401 583
寸　滩	0.394 320	0.402 743	0.545 919	0.471 995	0.413 555	0.441 820	0.596 921	0.339 182

续表

水质监测站	年份							
	2000	2001	2002	2003	2004	2005	2006	2007
宜　昌	0. 284 634	0. 300 127	0. 369 516	0. 311 661	0. 304 238	0. 320 494	0. 384 918	0. 271 947
汉　口	0. 570 428	0. 586 797	0. 528 795	0. 551 880	0. 404 923	0. 376 093	0. 375 530	0. 375 845
大　通	0. 377 918	0. 403 693	0. 265 092	0. 360 459	0. 380 556	0. 378 198	0. 378 440	0. 380 899
南　京	0. 389 276	0. 359 882	0. 341 442	0. 383 192	0. 390 213	0. 390 380	0. 387 184	0. 383 180
徐六泾	0. 299 308	0. 304 285	0. 311 636	0. 287 303	0. 347 243	0. 439 861	0. 367 243	0. 324 778
全　江	0. 287 793	0. 313 142	0. 326 455	0. 372 661	0. 335 325	0. 357 964	0. 331 696	0. 309 429

表 5-31 中各水质监测站及全江 2000 ~ 2007 年水质综合指数 spearman 秩相关系数如表 5-32 所示。

表 5-32　spearman 秩相关系数统计表（95% 置信度）

项目	全江	石鼓	攀枝花	宜宾	朱沱	寸滩	宜昌	汉口	大通	南京	徐六泾
T_s	0. 286	-0. 381	0. 595	0. 857	0. 310	0. 119	0. 167	-0. 929	0. 310	0. 214	0. 690

查秩相关系数临界值表，当 $n=8$ 时，显著性水平 0. 05 对应临界值 $W_p=0.643$。由上表可见，石鼓 $T_s<0$，但 $|T_s|<W_p$，表明水质内梅罗指数呈不显著性下降趋势，水质逐年不显著性好转；汉口 $T_s<0$，且 $|T_s|>W_p$，表明内梅罗指数呈显著性下降趋势，水质逐年显著性好转；攀枝花、朱沱、寸滩、宜昌、大通、南京 $T_s>0$，且 $|T_s|<W_p$，表明该 6 个断面内梅罗指数呈不显著性上升趋势，水质逐年不显著性恶化；宜宾、徐六泾断面 $T_s>0$，且 $|T_s|>W_p$，表明该两处断面水质内梅罗指数呈显著性上升趋势，水质逐年显著性恶化，综合全江 $T_s>0$，且 $|T_s|<W_p$，表明全江 2000 ~ 2007 年水质内梅罗指数呈不显著性上升趋势，水质不显著性变差。

从以上分析可看出，2000 年以来长江干流整体水质呈不显著性恶化的趋势，且上游江段变化较大，各江段水质受上游来水及所在江段排污的影响较大，总之当前长江水质污染所面临的形势十分严峻，污染发展趋势未能得到有效遏制，故需要加强对长江流域尤其是三峡库区及长江上游地区水资源保护力度。

参 考 文 献

长江水利委员会 . 1997. 三峡工程水文研究 . 湖北：湖北科技出版社 .

沈燕舟，张明波，黄燕，等 . 2002. 葛洲坝坝前水位对三峡三期截流影响分析 . 人民长江，2002（9）：6 ~ 7.

沈燕舟，张明波，黄燕，等 . 2003. 三峡工程明渠截流水文水力要素实时预测分析 . 人民长江，2003（增刊）：49 ~ 51.

王俊，郭生练，丁胜祥 . 2012. 三峡水库汛末提前蓄水关键技术与应用 . 湖北：长江出版社 .

第6章 长江上游主要河流泥沙变化及调查研究

本章在调查分析长江上游干支流已建水库拦沙效果，水土保持、生态建设等产沙环境现状的基础上，采用定性与定量相结合的方法，利用原型观测资料分析、统计理论、各类数学模型计算等多种手段，重点研究了长江上游河流输沙规律及其变化，定量评价了长江三峡上游干支流在气候变化情景条件下，水库建设和水土保持等人类活动以及下垫面条件变化对水沙条件变化的影响与作用。

相对于悬移质输沙量而言，长江上游主要干、支流推移质输沙量很小，从多年平均情况来看，一般只有悬移质输沙量的0.1%左右。除特别说明外，本章中所指的输沙量一般是指悬移质输沙量，不包括推移质部分。

6.1 长江上游泥沙特性

长江上游是流域泥沙的主要来源，上游泥沙又主要来源于金沙江和嘉陵江，两江多年平均输沙量约占宜昌站的76.8%。长江上游水土流失面积约为35.2万km^2，地表年均侵蚀量约为15.68亿t，输沙模数≥2000t/km^2的强产沙区主要分布在嘉陵江上游支流西汉水和白龙江中游以及金沙江渡口至屏山区间，这两地区面积共计8.08万km^2，占长江上游总面积的8%，年输沙量占宜昌的42.6%（长江水土保持局，1990；刘毅和张平，1991，1995）。

气候、下垫面条件和人类活动是构成长江上游产输沙环境的3个基本要素。侵蚀泥沙则主要来源于坡耕地，滑坡、崩塌等重力侵蚀和泥石流侵蚀以及人为造成的水土流失等3个方面。其中坡耕地为长江上游泥沙的主要来源，土壤流失量中约60%来自坡耕地；重力侵蚀和泥石流侵蚀量每年约为2亿t，占总侵蚀量的10%左右（史立人，1998）；开发建设项目造成的工程性水土流失呈发展态势，据统计，长江中上游地区每年因开发建设造成的水土流失面积约为1200km^2，土壤流失量为1.2亿t（高立洪，1998）。

6.1.1 泥沙输移比

从地表侵蚀到整个泥沙输移的物理过程是一个复杂的泥沙运移系统。地表侵蚀受地质地貌、土壤、植被和土地利用现状等诸多因素的影响，地表侵蚀物质在输移过程中伴有沉积活动，进入河道的泥沙量（产沙量）只是侵蚀量的一部分，产沙量与地表侵蚀量之比称为归槽率（牟金泽和孟庆枚，1982）。进入河道的泥沙在输移过程中又将受到沿途河谷地貌、河道比降、工程拦蓄等多种因素影响，产生冲刷、淤积和向系统外耗散，使到达河流出口断面的输沙量远小于地表侵蚀量（余剑如和史立人，1991）。河流出口断面的输沙量与出口断面所控制的流域内地表侵蚀量之比称为输移比。地表侵蚀-产沙-输沙运移系统如图 6-1 所示。

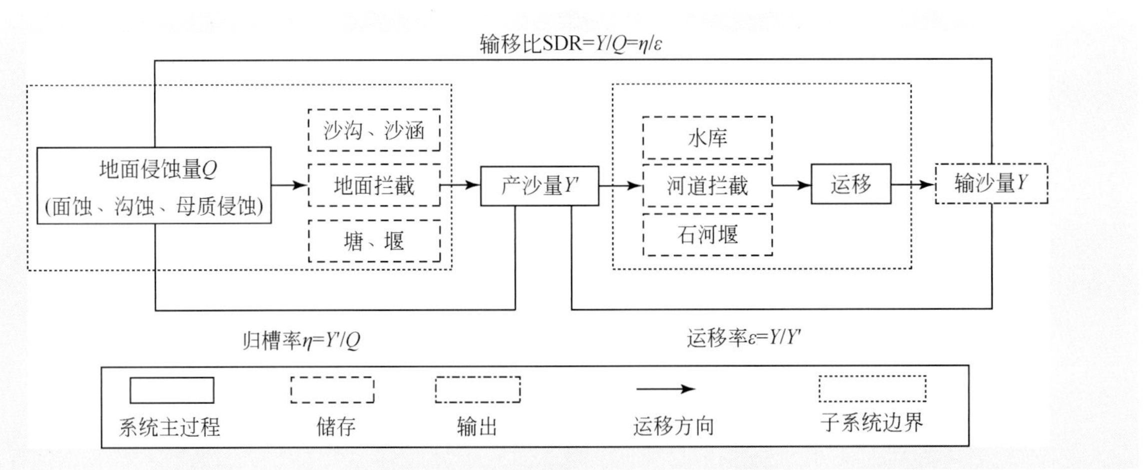

图 6-1　流域地面侵蚀量与河流输沙系统结构框图

资料来源：孙厚才等，2004

泥沙输移比是反映流域侵蚀泥沙输移能力状况的指标（景可，2002）。长江上游泥沙输移比小，是流域产沙的一大特征，史德明（1999）认为三峡库区泥沙输移比为 0. 28；刘毅等认为长江上游干支流泥沙输移比介于 0. 15 ~ 0. 61（刘毅和张平，1995）。但总的来看，绝大多数学者比较一致的认为长江上游泥沙输移比为 0. 3 左右，各支流为 0. 07 ~ 0. 66（长江水利委员会，1997）。

根据长江上游各支流流域土壤侵蚀情况（史德明，1999），并考虑水土保持治理措施减蚀作用，对水土保持治理前后各水系的泥沙输移比分别计算（表 6-1）。由表可见，1954 ~ 1990 年各水系泥沙输移比以金沙江的 0. 46 为最大，主要是由于金沙江下游重力侵蚀、混合侵蚀强烈，泥石流、滑坡范围广且大都分布在干流，特别是攀枝花至屏山段泥沙输移比较大，达到 0. 61；沱江泥沙输移比仅为 0. 14，主要是由于水利工程拦沙作用较为显著（刘毅和张平，1991）。1991 年以来，除金沙江局部水土流失加剧，导致输沙量增加、泥沙输移比有所增大外，其他流域由于水土保持治理工程等改善了流域生态环境，加之水利工程拦沙作用增强，泥沙输移比大幅度减小，如嘉陵江泥沙输移比由 0. 36 减小至 0. 10，沱江减小至 0. 03，宜昌站则由 0. 33 减小至 0. 21（张信宝，1999）。

由表可知，长江上游侵蚀物中只有约 30% 的侵蚀物质进入河道，而 70% 的侵蚀物沉积在支沟、水库和干支流河道内，其中以粗颗粒泥沙堆积为主，细颗粒泥沙将以悬浮形式进入河道向下游输移。长江上游小支流、大河源头悬移质中最大粒径约 3mm（1 ~ 3 mm 悬沙所占比例不到 5%），干流悬移质最大粒径约 1mm。除 1 ~ 3 mm 的粗颗粒悬沙可在河床中淤积外，其余绝大部分都可到达宜昌（朱鉴远，1999）。因此，随着长江干支流河床淤积以及水库达到淤积平衡，流域内堆积的粗沙将进入主河道，这部分泥沙将是长江流域潜在的威胁。

表 6-1 长江上游泥沙输移比统计表

水系	侵蚀量（万 t）	1954 ~ 1990 年平均输沙量（万 t）	1991 ~ 2005 年平均输沙量（万 t）	水土保持年均减蚀量（万 t）	泥沙输移比	
					1954 ~ 1990 年	1991 ~ 2005 年
金沙江	55 744	24 600	25 800	2 400	0.46	0.46
横江	3 804	1 370	1 210	480	0.36	0.32
岷江	21 513	5 260	3 690		0.24	0.17
沱江	8 406	1 170	290		0.14	0.03
嘉陵江	39 723	14 200	3 580	5 450	0.36	0.10
寸滩以上	131 677	46 000	31 300	8 330	0.35	0.24
乌江	9 541	2 980	1 830	1 000	0.31	0.19
宜昌以上	156 798	52 100	33 100	10 876	0.33	0.21

6.1.2 泥沙地区组成

1. 泥沙地区组成特点

从多年平均情况来看，金沙江流域虽降雨量小，但流域面积大，地下水补给丰富，其年径流量占宜昌站年径流量的1/3。岷江是著名的暴雨中心，水量丰富，约占宜昌的20%。嘉陵江和乌江则分别占15%和11%。金沙江、岷江、嘉陵江和乌江水量之和约占宜昌的80%；沱江及其他支流、区间水量则占20%（表6-2）。

从长江上游输沙地区组成多年平均情况来看（表6-2），金沙江和嘉陵江是长江上游泥沙的主要来源，沙量之和占宜昌站的76.8%。图6-2也反映出对于宜昌站典型大沙年，金沙江和嘉陵江来沙量所占的比例最大（1974年高达90.1%），其他支流流域的来沙量则相对较小。雅砻江、岷江、沱江和乌江等支流流域面积之和占全上游的36.7%，来水量占上游的47.6%，但来沙量仅占上游的26.2%。

上游多年平均径流模数和输沙模数分别为43.4万$m^3/(km^2 \cdot a)$和$467.4t/(km^2 \cdot a)$。从各水系来看，年径流模数大于上游均值的有雅砻江、岷沱江和乌江；多年平均输沙模数以嘉陵江的$717.3t/(km^2 \cdot a)$为最大，金沙江（不含雅砻江流域）次之，为$635.3t/(km^2 \cdot a)$，雅砻江、岷江、沱江、乌江分别为$311.2t/(km^2 \cdot a)$、$355.3t/(km^2 \cdot a)$、$386.5t/(km^2 \cdot a)$、$316.7t/(km^2 \cdot a)$，年均输沙模数大于上游平均值的则仅有金沙江和嘉陵江。因此长江上游水沙异源、不平衡现象均十分突出。根据流域地貌系统理论和长江上游水沙组合关系，可划分为3个区（Schumm，1977）。

1）金沙江石鼓站以上的少沙清水区。来水来沙量分别为422.6亿m^3和0.260亿t，分别占宜昌的9.7%和5.5%（面积占21.3%），含沙量为$0.615kg/m^3$，年均输沙模数为$121.4t/(km^2 \cdot a)$；

2）石鼓至屏山区间（不含雅砻江流域）的多沙粗沙区。区间来水来沙量分别为439.5亿m^3和1.843亿t，分别占宜昌的10.0%和39.2%（面积占11.6%），含沙量为$4.19kg/m^3$，悬沙中值粒径为0.014 ~ 0.018mm，年均输沙模数为$1577.7t/(km^2 \cdot a)$；

3）屏山至宜昌区间的多沙细沙区。区间来水来沙量分别为2930亿m^3和2.20亿t，分别占宜昌的66.7%和46.8%（面积占54.4%），含沙量为$0.751kg/m^3$，悬沙中值粒径为0.008 ~ 0.011mm，年均输沙模数为$402.3t/(km^2 \cdot a)$。

表 6-2　长江上游水沙地区组成变化

河名	站名	集水面积 (km²)	集水面积 占宜昌（%）	多年平均径流量 (亿 m³)	多年平均径流量 占宜昌（%）	多年平均输沙量 (亿 t)	多年平均输沙量 占宜昌（%）	含沙量 (kg/m³)	径流模数 [10⁴m³/(km²·a)]	输沙模数 [t/(km²·a)]	统计年份
雅砻江	小得石+湾滩	127 590	12.7	586	13.3	0.417	8.0	0.712	45.9	326.8	1961～1990 年
				626	14.6	0.354	10.7	0.565	49.1	277.5	1991～2004 年
				599	13.7	0.397	8.4	0.663	46.9	311.2	1961～2004 年
金沙江	屏山	458592	45.6	1437	32.7	2.46	47.2	1.71	31.3	536.4	1954～1990 年
				1521	35.5	2.58	77.9	1.70	33.2	562.6	1991～2005 年
				1461	33.5	2.50	53.0	1.70	31.9	545.1	1954～2005 年
横江	横江	44 781	4.5	89.9	2.0	0.137	2.6	1.52	20.1	305.9	1957～1990 年
				74.7	1.7	0.121	3.7	1.62	16.7	270.2	1991～2005 年
				85.1	2.0	0.132	2.8	1.55	19.0	294.8	1957～2005 年
岷江	高场	135 378	13.5	880	20.0	0.526	10.1	0.598	65.0	388.5	1954～1990 年
				825	19.3	0.369	11.1	0.447	60.9	272.6	1991～2005 年
				862	19.8	0.481	10.2	0.558	63.7	355.3	1954～2005 年
沱江	李家湾	23 283	2.3	126	2.9	0.117	2.2	0.929	54.1	502.5	1957～1990 年
				107	2.5	0.029	0.9	0.271	46.0	124.6	1991～2005 年
				120	2.8	0.090	1.9	0.750	51.5	386.5	1957～2005 年
长江	朱沱	694725	69.1	2695	61.4	3.16	60.6	1.17	38.8	454.9	1954～1990 年
				2689	62.7	2.74	82.7	1.02	38.7	394.4	1991～2005 年
				2693	61.7	3.02	64.2	1.12	38.8	434.7	1954～2005 年
嘉陵江	北碚	156 142	15.5	700	15.9	1.42	27.3	2.03	44.8	909.4	1954～1990 年
				557	13.0	0.358	10.8	0.643	35.7	229.3	1991～2005 年
				659	15.1	1.12	23.8	1.70	42.2	717.3	1954～2005 年
长江	寸滩	865 559	86.2	3516	80.1	4.60	88.3	1.31	40.6	530.8	1950～1990 年
				3375	78.7	3.13	94.6	0.931	38.9	361.2	1991～2005 年
				3478	79.7	4.18	88.9	1.20	40.1	482.4	1950～2005 年
乌江	武隆	83 053	8.3	486	11.1	0.298	5.7	0.613	58.5	358.8	1955～1990 年
				515	12.0	0.183	5.5	0.355	62.0	220.3	1991～2005 年
				495	11.3	0.263	5.6	0.531	59.6	316.7	1955～2005 年
长江	宜昌	1 005 501	100	4391	100.0	5.21	100.0	1.19	43.7	518.1	1950～1990 年
				4285	100.0	3.31	100.0	0.773	42.6	329.2	1991～2005 年
				4364	100.0	4.70	100.0	1.08	43.4	467.4	1950～2005 年

①横江站水沙资料缺 1961～1965 年；②李家湾站 2001 年上迁约 7.5km 至富顺，2001～2005 年径流量系富顺站与釜溪河自贡站之和；③朱沱站年径流量资料缺 1968～1970 年，年输沙量资料缺 1967～1971 年；④宜昌站受 2003 年 6 月三峡水库蓄水影响，2003 年、2004 年和 2005 年输沙量分别为 0.976 亿 t、0.640 亿 t 和 1.10 亿 t

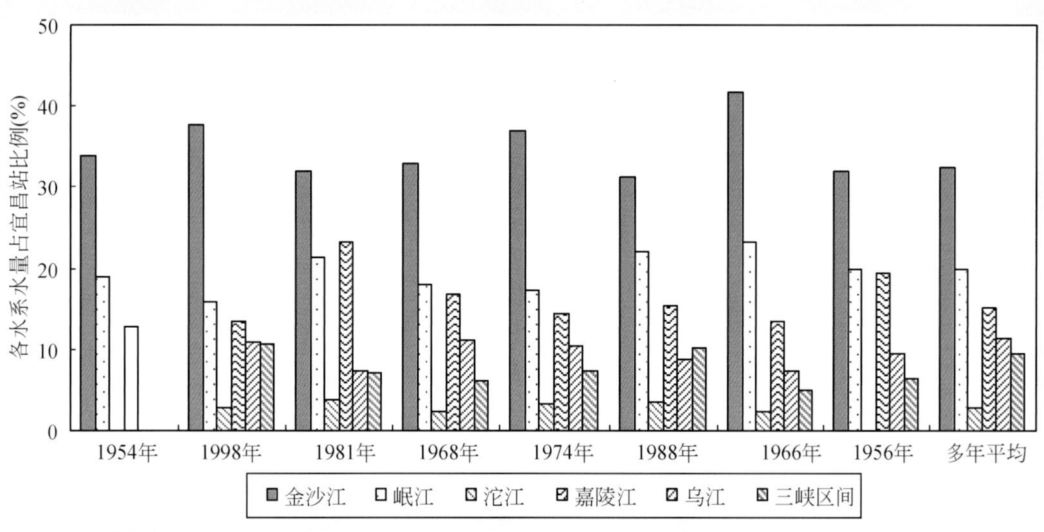

图 6-2（a） 宜昌站典型大沙年上游各水系水量占宜昌站的比值

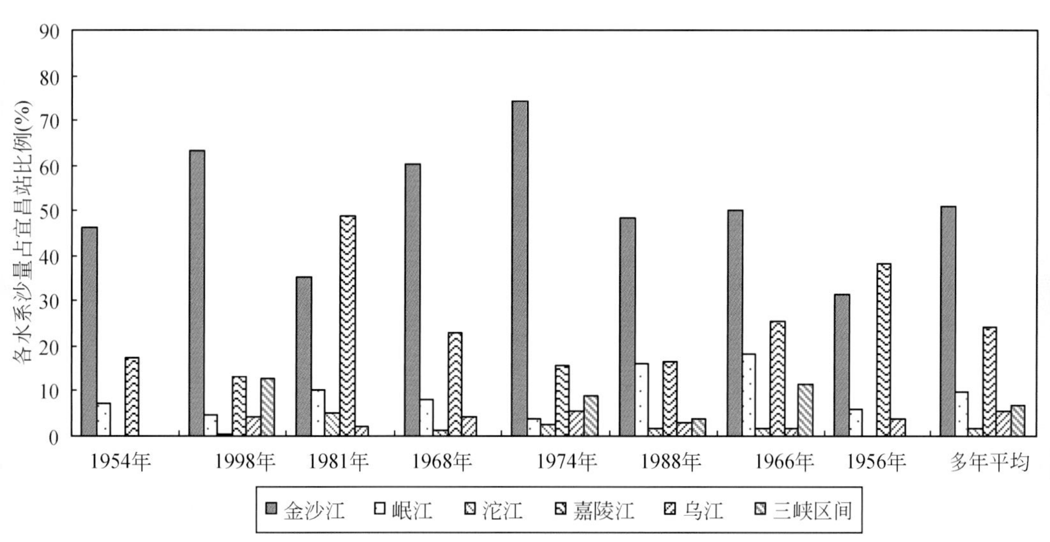

图 6-2（b） 宜昌站典型大沙年上游各水系沙量占宜昌站的比值

2. 泥沙地区组成及变化

与 1990 年前相比，1991 ~ 2005 年宜昌站径流地区组成无明显变化，但输沙地区组成变化明显（表 6-2）：金沙江输沙量占宜昌站的比例由 47. 2% 增大至 77. 9%；但嘉陵江输沙量减小明显，其占宜昌的比例由 27. 3% 减小至 10. 8%；岷江输沙量比例则由原第 3 位上升至第 2 位，占 11. 1%。各水系中，输沙量减小幅度最大的为沱江和嘉陵江，其减幅均在 75% 左右。

从三峡年均入库（寸滩站+武隆站）水沙量来看，1991 ~ 2005 年与 1990 年前相比，三峡入库水量减小了 112 亿 m^3/a，减幅仅为 3%，但沙量减小了 1. 585 亿 t/a，减幅 32. 3%，水沙量减小主要以嘉陵江为主（表 6-3），其水沙减小量分别为寸滩站水沙减小量的 104. 4% 和 72. 1%；而金沙江、横江、岷江和沱江等支流来水量变化不大，总减沙量为 0. 141 亿 t，占寸滩站减沙量的 9. 6%；屏山至寸滩区间水量增大了约 10 亿 m^3，但来沙量减小了 0. 27 亿 t，占寸滩减沙量的 18. 3%。

同时由表6-3可知，在1957～1990年、1991～2005年和1957～2005年3个时段内，屏山至寸滩区间（集水面积为48 383km^2，占寸滩站的5.6%）存在输沙不平衡现象，其沙量差值分别为-0.160亿t、-0.317亿t和-0.220亿t，2001～2005年其差值为-0.281亿t，出现这种现象主要是由于两方面的原因造成：①水文测验本身带来的误差；②区间河道的调整作用以及河道采砂造成悬移质中的粗沙部分落淤，引起下游河道输沙量减小。据1993年调查（张美德和周凤琴，1993），1993年四川省宜宾、泸州市境内长江沙溪口至大渡河段（长135km）共采砂590万t（沙274万t，砾卵石316万t），重庆市境内长江长寿至程家溪河段（长202km）采砂1000万t（沙800万t，砾卵石200万t）；采砂强度：长江干流，沙2.60万t/km、砾卵石0.64万t/km。近10余年来，长江上游河道采砂活动增多，据2002年调查（刘德春，2002），2002年长江干流铜锣峡至泸洲河段共采砂894.4万t，其中重庆市辖段（铜锣峡至沙溪口河段，179km）517.3万t；泸洲市辖段（沙溪口至泸洲河段，98 km）377.1万t。输沙不平衡主要出现在粒径大于0.062mm的悬移质泥沙较粗部分，而粒径小于0.062mm的冲泻质输沙量基本是平衡的（表6-6）。

表6-3　三峡水库上游各水系及入库水沙量变化统计（1991～2005年均值与1990年前均值相比）

河流	站名	年均径流量		年均输沙量	
		变化量（10^8m^3）	变化幅度（%）	变化量（10^8t）	变化幅度（%）
金沙江	屏山	+81	+5.6	+0.120	+4.9
横　江	横江	-15	-16.9	-0.016	-11.7
岷　江	高场	-55	-6.3	-0.157	-29.8
沱　江	李家湾	-19	-15.1	-0.088	-75.2
嘉陵江	北碚	-143	-20.4	-1.062	-74.8
长　江	寸滩	-141	-4.0	-1.470	-32.0
乌　江	武隆	+29	+6.0	-0.115	-38.6
三峡入库	寸滩+武隆	-112	-3.0	-1.585	-32.3

应当说明的是，1998年金沙江流域内雅砻江下游干流的二滩电站于1998年5月开始正式蓄水，其正常蓄水位下蓄水量约为58亿m^3，拦沙量约为0.809亿t，将其还原，则屏山站径流量、输沙量分别为2029亿m^{3}和5.509亿t；寸滩站为4157亿m^{3}和6.979亿t；宜昌站为5291亿m^{3}和8.239亿t，金沙江沙量比重则达到66.9%。因此据寸滩站、武隆站和宜昌站资料分析可知，1998年三峡库区来水量约为560亿m^3，来沙量为0.943亿t，其中在1998年大水期间三峡至葛洲坝枢纽两坝间冲刷泥沙近0.80亿t。

6.1.3　年际年内变化

1. 年际变化

长江上游来水存在长时间段丰枯相间的周期性变化（一般为11年），丰枯水段和丰枯水年交替出现。来沙多少基本与来水丰枯同步，但视暴雨降落区域的不同，输沙量有所差异。如1981年，宜昌站年水量为4420亿m^3，沙量为7.28亿t；1990年其年水量为4467亿m^3，沙量为4.58亿t，水量相差不大，但沙量相差近60%。

长江上游水沙年际变化大，其径流量倍比系数（最大年径流量/最小年径流量）一般为1.65～3.47，但输沙量倍比系数（最大年输沙量/最小年输沙量）则为2.80～100.3，且各站输沙量的年际变幅远大于径流量，且水沙变幅随流域面积的增大而减小。从各站历年水沙过程来看（图6-3中虚线分别为径流量、输沙量11年滑动平均线），受上游地区降雨条件和流域下垫面条件等方面的影响，历年水沙量过程主要表现为随机变化过程，高低值期交替出现。如屏山站、寸滩站和宜昌站水沙量过程出现三个高值期，即1954～1958年，1963～1968年，1980～1985年3个时段，嘉陵江北碚站水沙量过程也相应出现3个相同高值期，但近10余年来，嘉陵江、沱江、乌江1991年后输沙量明显减小。同时，从各年代长江上游各主要控制站水沙变化情况来看，20世纪60年代水沙量均较大，但70年代则由于径流量有所减小，沙量减少；80年代水、沙量均较大，近期（1990～2005年）则除金沙江来水来沙有所增多外，其余各水系水、沙量均有所减小。如金沙江屏山站50年代至80年代年际水沙量均无明显变化，近期径流量略有增加，但沙量增加较为明显；嘉陵江北碚站近期水沙量与其他年代相比，沙量减幅远大于径流量减幅，其水、沙量分别为50年代的82.2%和29.4%、60年代的73.9%和28.6%、70年代的91.7%和40.7%、80年代的72.4%和31.1%。

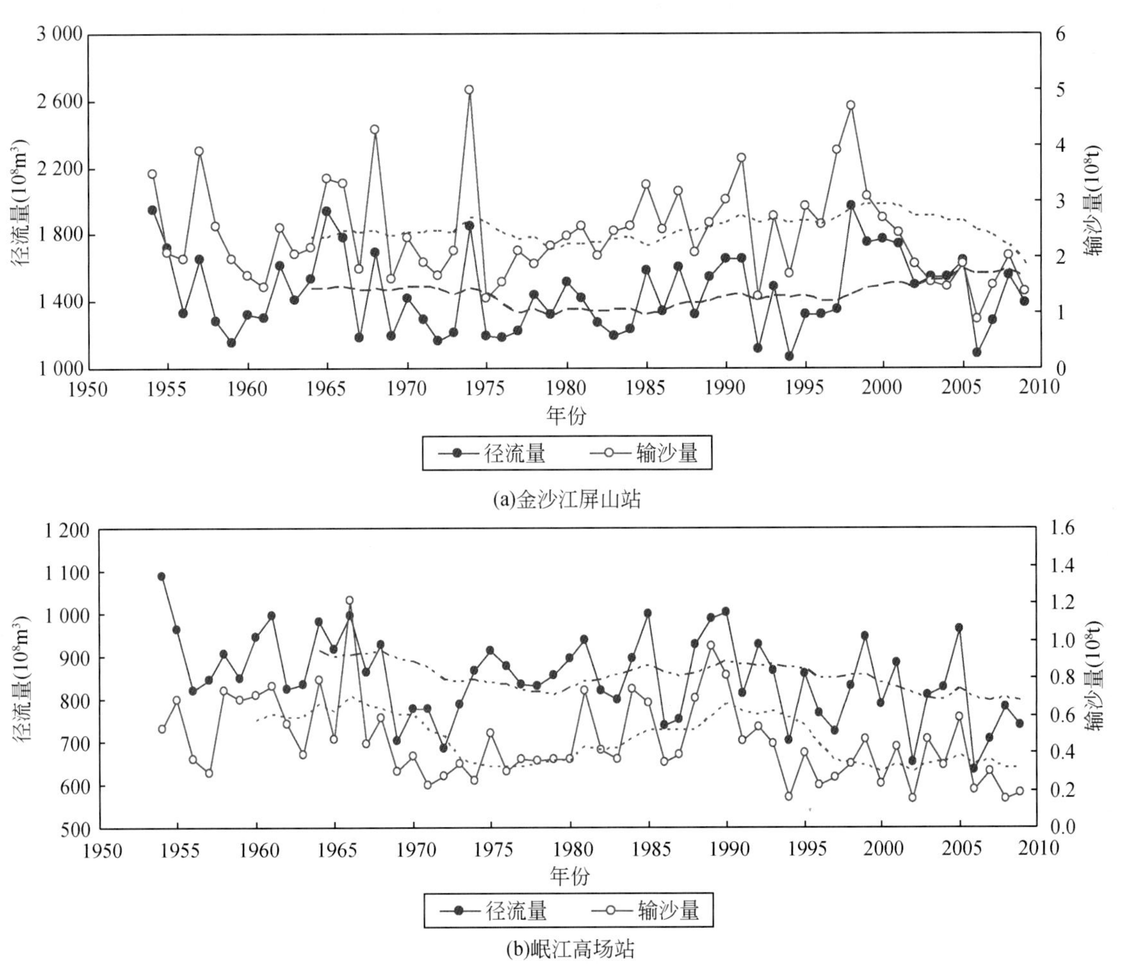

(a)金沙江屏山站

(b)岷江高场站

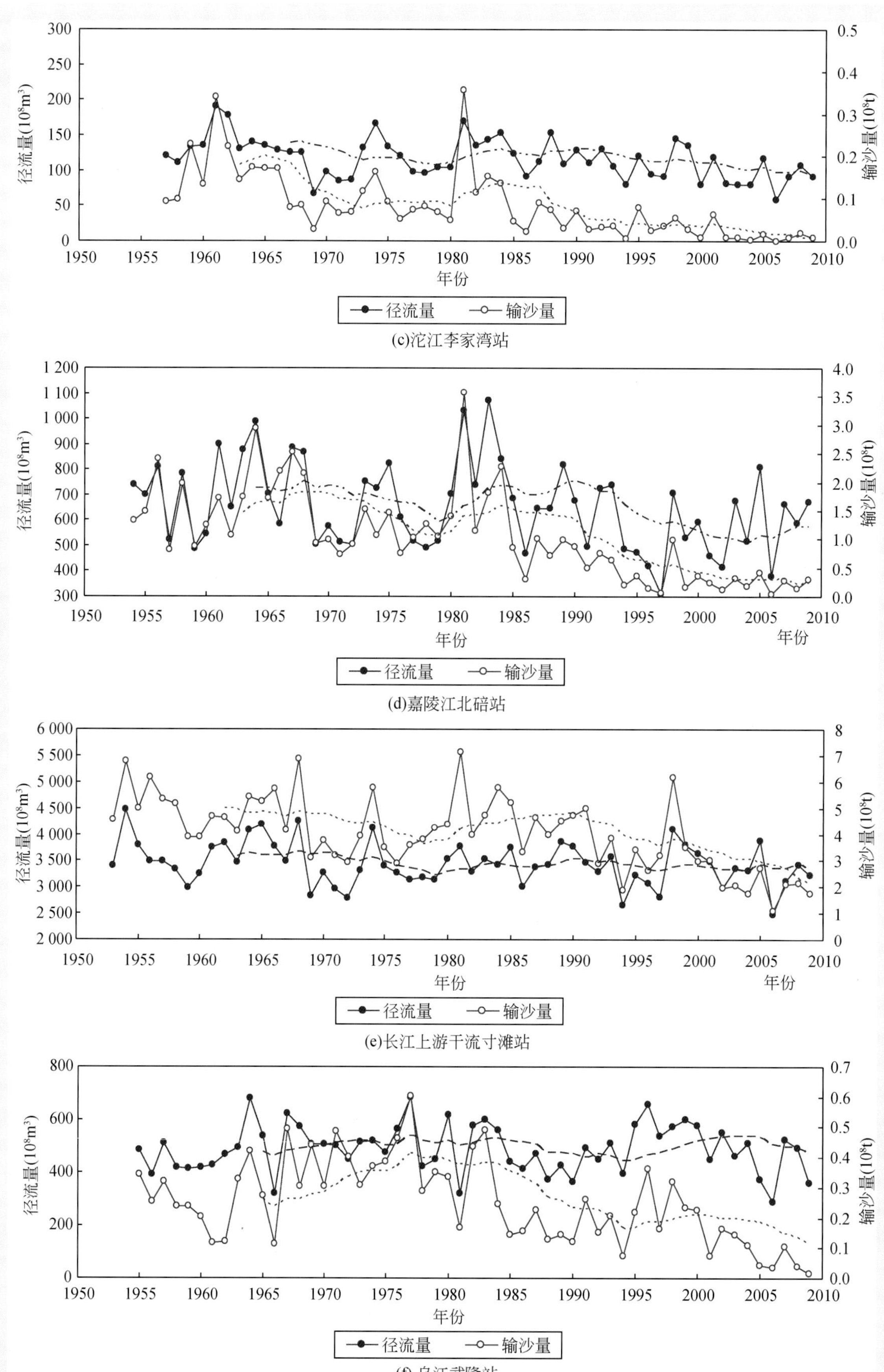

(c)沱江李家湾站

(d)嘉陵江北碚站

(e)长江上游干流寸滩站

(f) 乌江武隆站

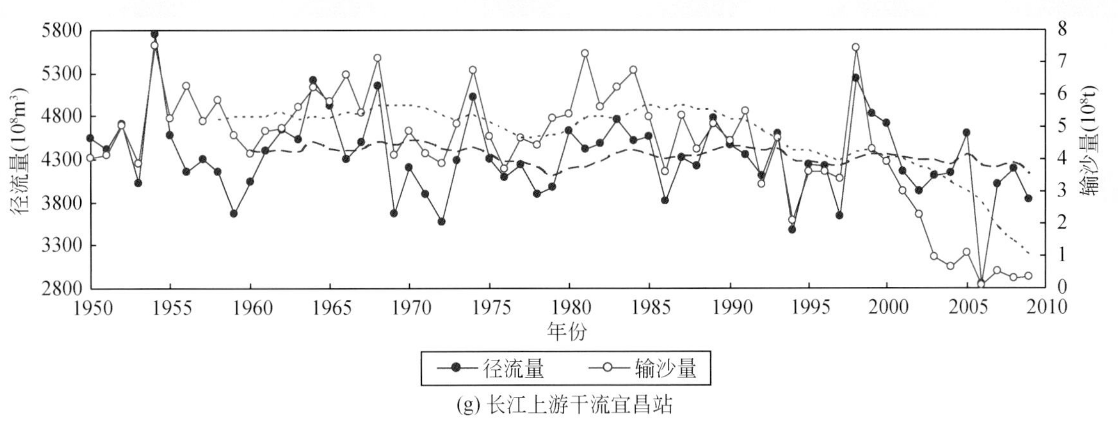

(g) 长江上游干流宜昌站

图 6-3　长江上游干流各主要控制站年径流量、输沙量过程线图

2. 年内变化

长江上游地区洪枯季节明显，水沙年内分配不均匀，水量主要集中在汛期 5 ~ 10 月，汛期水量占年水量的 80% 左右；悬移质输沙量的年内分配大体与径流过程相对应，但因产沙与暴雨的关系较之径流与暴雨的关系更密切，故来沙量的不平衡性比水量更加突出，年沙量 90% 以上来自汛期，且多集中于几场暴雨洪水，最大 1d 输沙量可占到全年输沙量的 69%（表 6-4），又如金沙江华弹站 1981 年最大 7d 输沙量占年沙量的 26.1%，1966 年最大 15d 输沙量占年沙量的 38.5%。

统计表明，屏山站、寸滩站和宜昌站汛期（5 ~ 10 月）径流量、输沙量分别占全年的 79% 和 97.2%，主汛期（7 ~ 9 月）分别占 52% 和 76%；岷江、沱江汛期水量分别占 80.3%、86.4%，输沙量分别占 99.0% 和 99.9%；嘉陵江汛期水沙量分别占 83.5% 和 98.8%，主汛期分别占 54.9% 和 80.9%；乌江汛期水沙量分别占 76.9% 和 95.1%，主汛期（5 ~ 8 月）则分别占 60.2% 和 84.9%。

各月水沙量占全年的比例从 1991 年前后对比来看，金沙江、岷江水沙年内分配规律未发生明显变化；沱江 7 月水沙量相对减小，8 月则有所增大；嘉陵江 8 月沙量有所增大（主要是由于流域内水库和航电枢纽排沙所致）；寸滩站水沙年内分配未发生明显变化；乌江则由于上游乌江渡等电站蓄、泄影响，7 月水沙量明显增大。

图 6-4 为长江上游各站 1991 ~ 2005 年月均径流量及输沙量与 1990 年前的对比情况。由图可见，各站 9 ~ 11 月径流量减少非常明显，其中宜昌站减少 169.6 亿 m^3，高场站减少 32.0 亿 m^3，北碚站减少 72.4 亿 m^3，分别占全年减水量的 160%、58.2%、50.6%。武隆站虽年径流量增加 29 亿 m^3，但 9 ~ 11 月水量减少 19.2 亿 m^3。

对于沙量来说，除金沙江屏山站外，长江上游干、流支流各站输沙量均呈减小趋势，其中以 7 ~ 9 月减小最为显著，其中高场站 7 ~ 9 月输沙量减小 0.137 亿 t，占全年减沙量的 87.3%；李家湾站 7 ~ 9 月输沙量减小 0.0809 亿 t，占全年减沙量的 91.9%；北碚站 7 ~ 9 月输沙量减小 0.875 亿 t，占全年减沙量的 82.4%；武隆站 5 ~ 9 月输沙量减小 0.106 亿 t，占全年减沙量的 92.2%；宜昌站 7 ~ 9 月输沙量减小 1.23 亿 t，占全年减沙量的 64.7%。

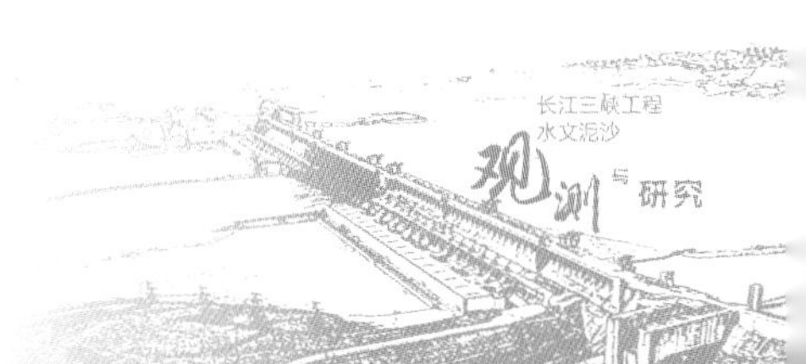

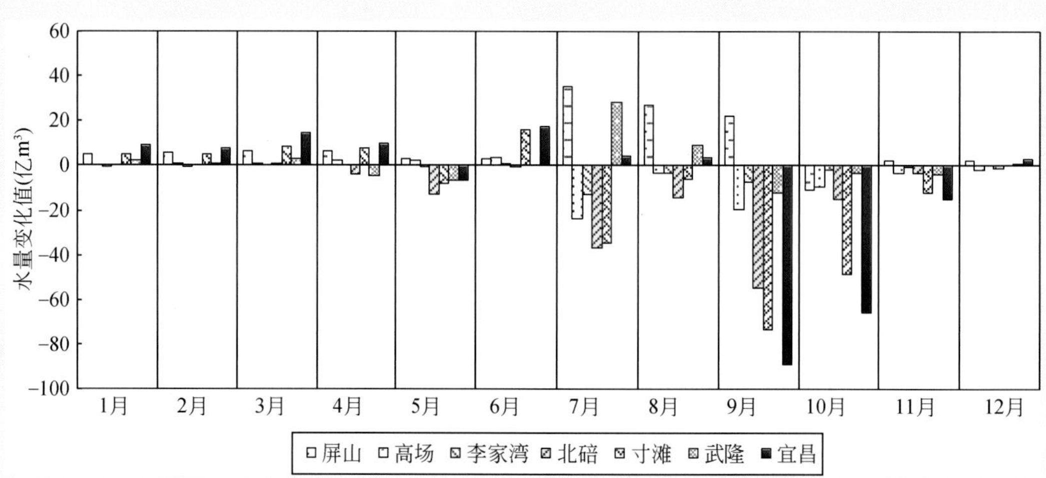

图 6-4（a） 长江上游各站 1990 年前后径流量变化值

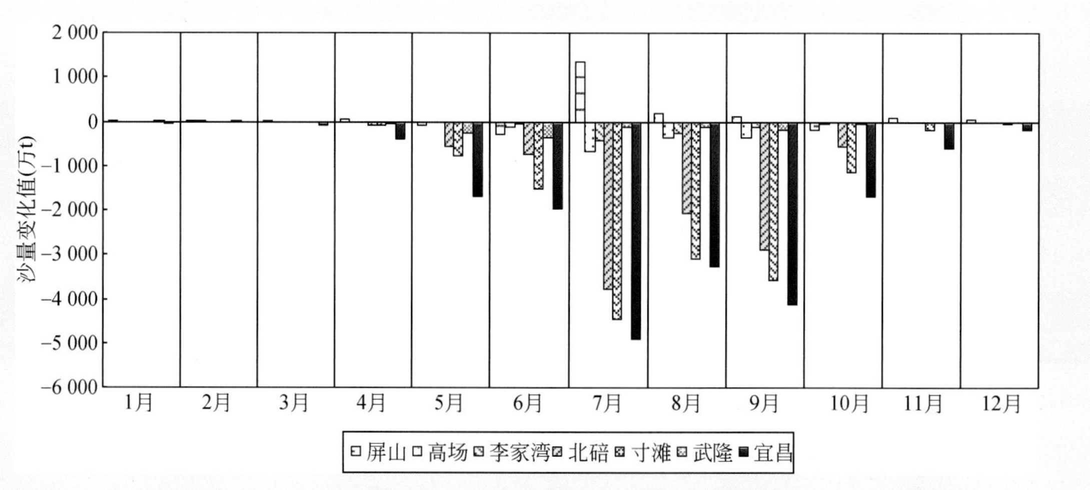

图 6-4（b） 长江上游各站 1990 年前后输沙量变化值

表 6-4 长江上游重点产沙区主要控制站最大 1 日输沙量与年输沙量统计

流域	河流	最大 1 日输沙量站点	最大 $W_{S日}/W_{S年}$ 比值	出现年份	该年最大日输沙量 $W_{S日}$（万 t）	该年年输沙量 $W_{S年}$（万 t）
嘉陵江上游	西汉水	顺利峡	0.763	1971	551	721
		谭家坝	0.367	1979	1160	3160
	平洛河	平　洛	0.609	1972	50.1	82.4
	白龙江	立　节	0.217	1976	73.2	340
		武　都	0.396	1964	767	1940
		碧　口	0.328	1984	1370	4220
		三磊坝	0.289	1984	1170	4050
	岷河	三盘子	0.423	1969	31.4	74.1
	白水江	蒿　坪	0.245	1979	33.9	139

续表

流域	河流	最大1日输沙量站点	最大 $W_{S日}/W_{S年}$ 比值	出现年份	该年最大日输沙量 $W_{S日}$（万t）	该年年输沙量 $W_{S年}$（万t）
金沙江下游	金沙江	渡　口	0.088	1979	288	3280
		巧　家	0.081	1967	985	12 100
		屏　山	0.050	1980	1190	23 700
	龙川江	小黄瓜园	0.500	1959	68	136
	鲹鱼河	会　东	0.690	1984	127	184
	黑水河	宁　南	0.345	1986	108	313
	昭觉河	昭　觉	0.309	1980	25.1	81.3
	牛栏江	大沙店	0.232	1975	107	461
	美姑河	美　姑	0.444	1963	63.1	142
	横江	横　江	0.405	1980	446	1100

6.1.4 水沙关系

流域控制站输沙关系到流域水沙系统变化特性的直接体现。流域由于下垫面条件的变化而引起产输沙量发生改变，水沙特性如发生趋势性变化时，其水沙相关关系将会发生变化，水沙双累积曲线将表现出明显的转折，曲线斜率发生变化。根据长江上游主要控制水文站历年水沙量相关关系和双累积关系（图6-5～图6-11），可以看出：

1）金沙江屏山站1954～1997年水沙关系基本稳定，1990年后输沙量略有增大（主要是由于径流量增大所致），但1998年雅砻江二滩电站蓄水后，其拦沙作用导致屏山站输沙量有所减小；双累积曲线分别在1997年和2002年出现明显转折，1998～2005年双累积曲线斜率明显减小，说明屏山站受上游水利工程拦沙作用明显。

2）岷江高场站水沙双累积曲线除20世纪80年代至90年代初，输沙量有所增多外，在1971年和1994年出现明显转折，其主要受龚嘴水库（1971年建成）和铜街子水库（1994年建成）影响，输沙量减小较为明显。

3）沱江李家湾站、嘉陵江北碚站和乌江武隆站水沙关系均在1984年出现明显转折，输沙量减小明显。这主要与1984年后流域内水利工程拦沙作用增大、生态环境逐渐改善有关。研究表明，1983年是农村劳动力转移快速增长的一个转折点（林世彪等，1997）。据四川省统计资料，从20世纪80年代初开始，四川省大量农村剩余劳动力外出务工，且逐年增加，已达到每年1100万～1300万人，全省农民人均收入水平大幅提高，有钱买煤、用电、修沼气池，不再上山砍柴，改变了农村能源的结构，使植被得以自然恢复。这一变化使得水土流失减弱，产沙量减少（许炯心，2006）。

4）寸滩站和宜昌站水沙关系均在1991年出现明显转折，沙量减少较为明显，主要是受上游来水来沙变化的影响。

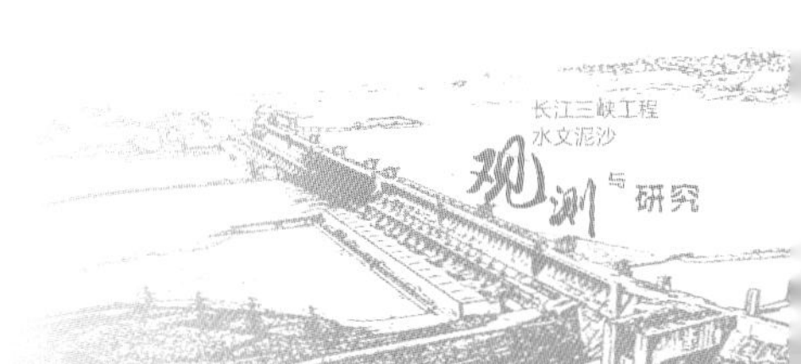

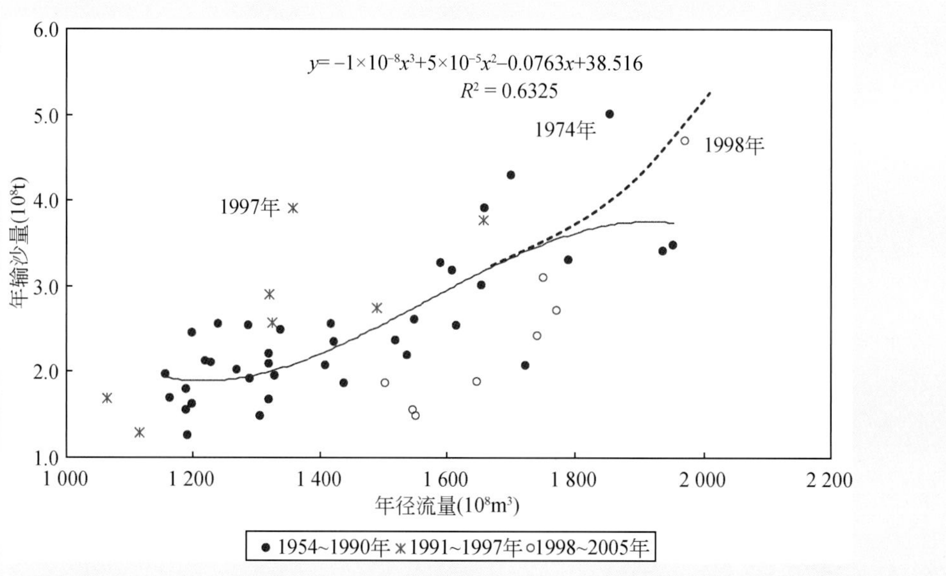

图 6-5（a） 长江上游屏山站年径流量 ~ 年输沙量关系图

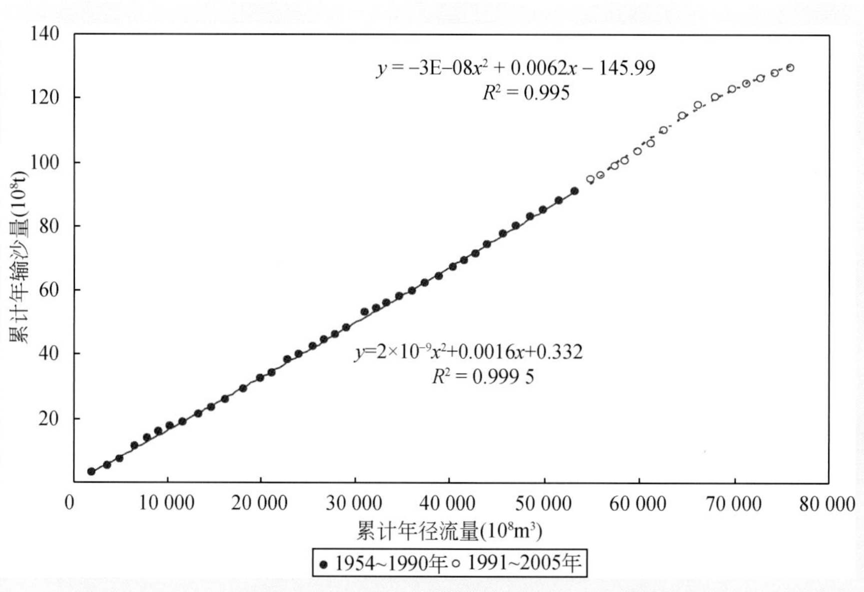

图 6-5（b） 长江上游屏山站年径流量与年输沙量双累积曲线图

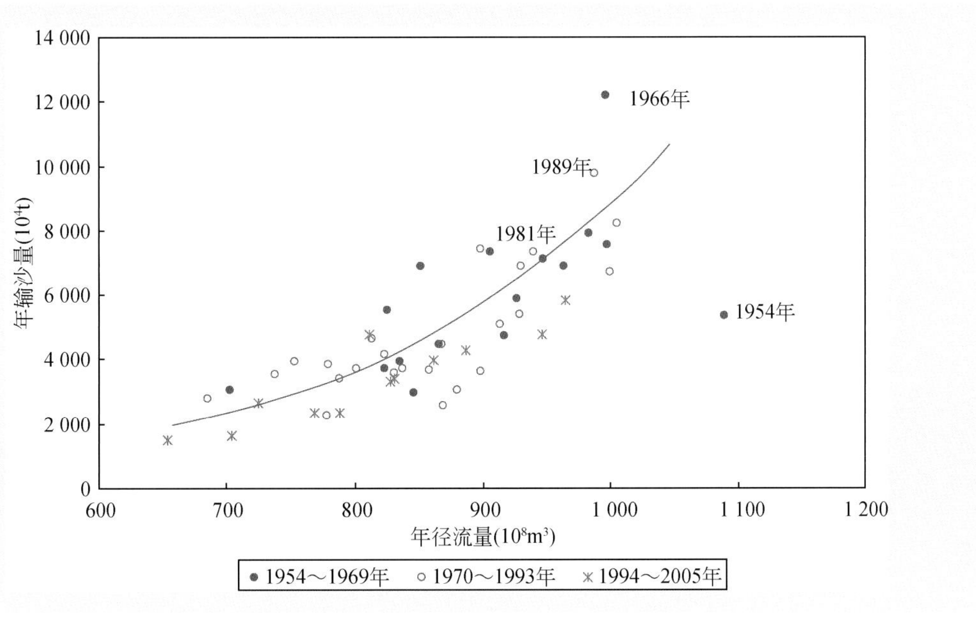

图6-6（a） 岷江高场站年径流量-年输沙量关系图

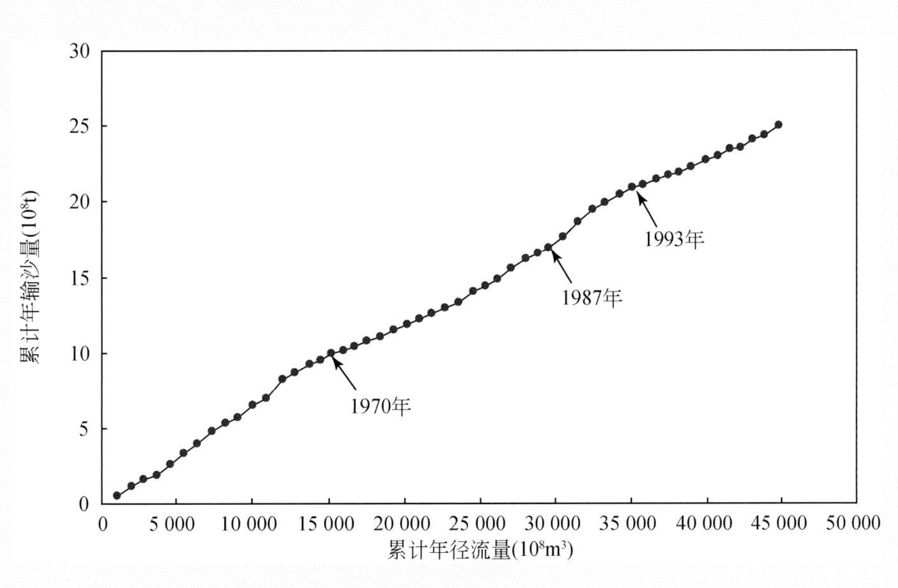

图6-6（b） 岷江高场站年径流量与年输沙量双累积曲线图

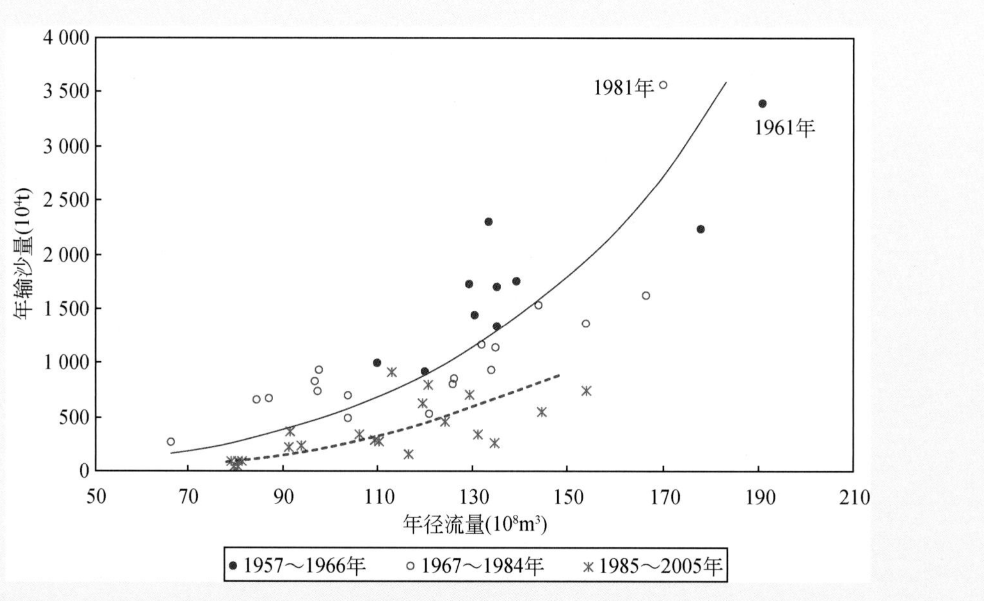

图 6-7（a） 沱江李家湾站年径流量-年输沙量关系图

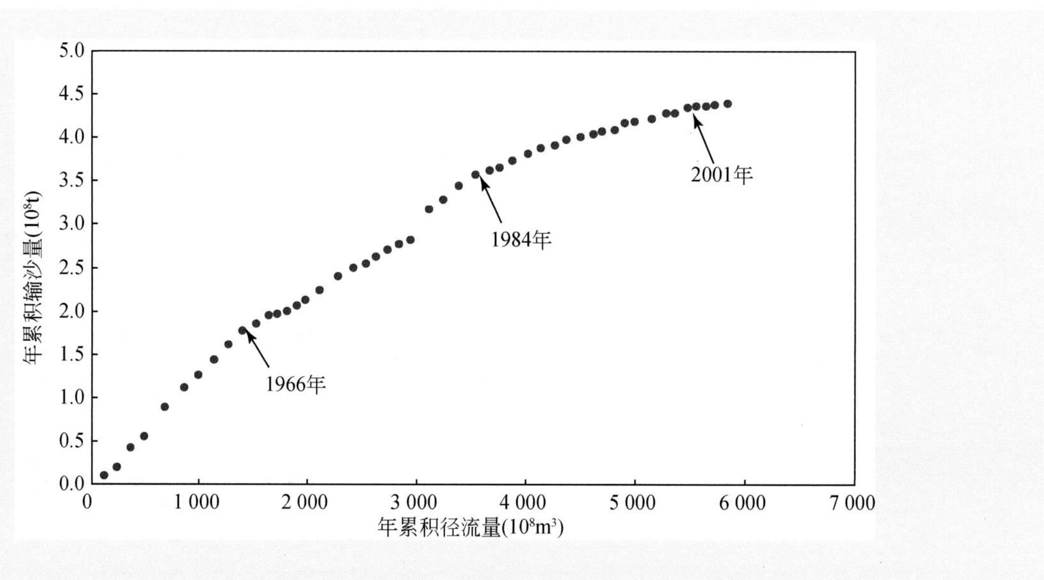

图 6-7（b） 沱江李家湾站年径流量与年输沙量双累积曲线图

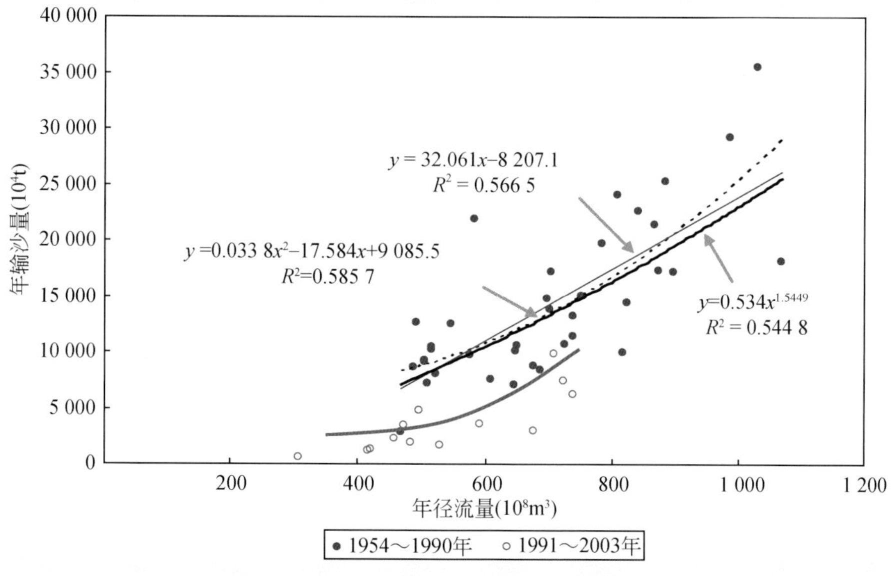

图 6-8（a） 嘉陵江北碚站年径流量-年输沙量关系图

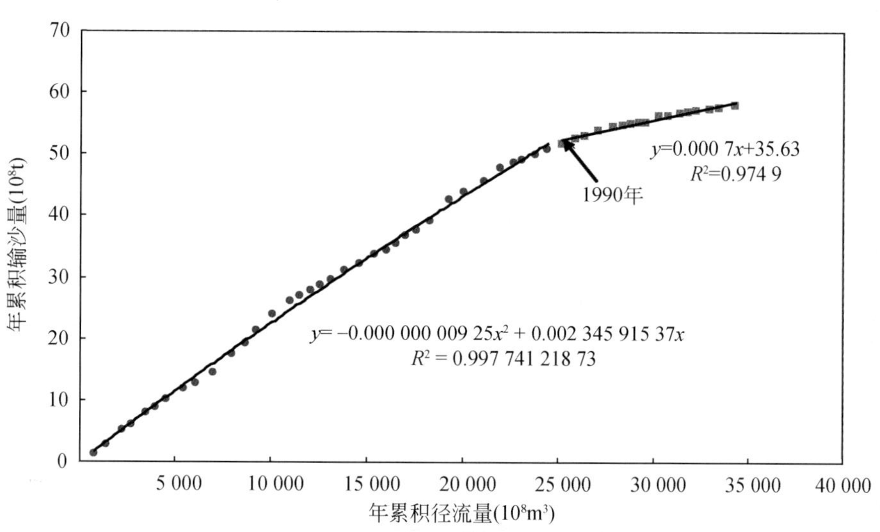

图 6-8（b） 嘉陵江北碚站年径流量与年输沙量双累积曲线图

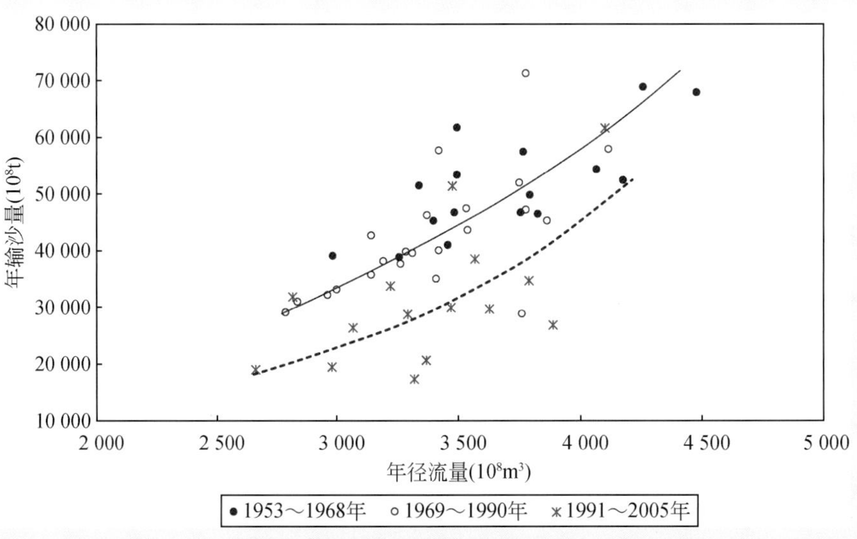

图 6-9（a） 长江上游干流寸滩站年径流量-年输沙量关系图

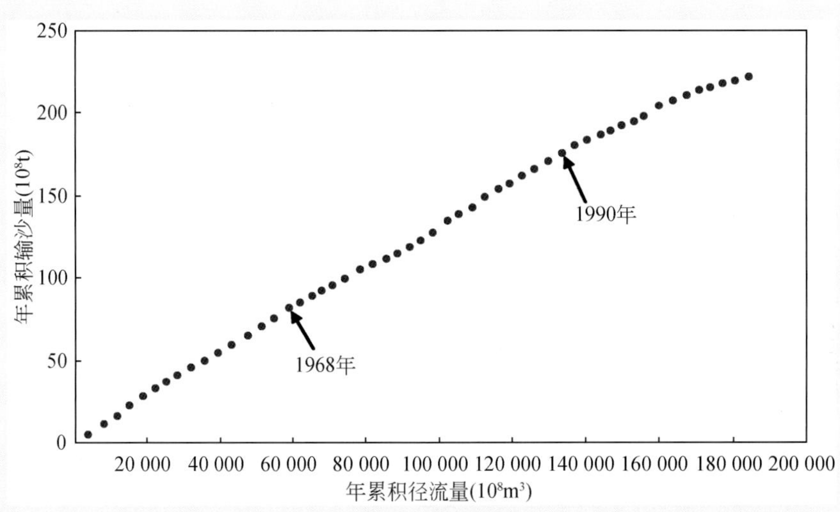

图 6-9（b） 长江上游干流寸滩站年径流量与年输沙量双累积曲线图

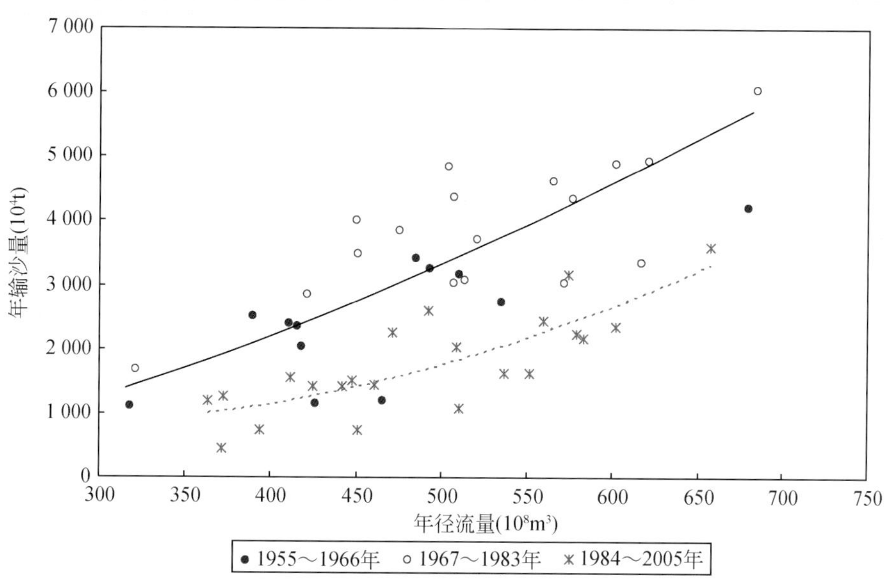

图 6-10（a） 乌江武隆站年径流量-年输沙量关系图

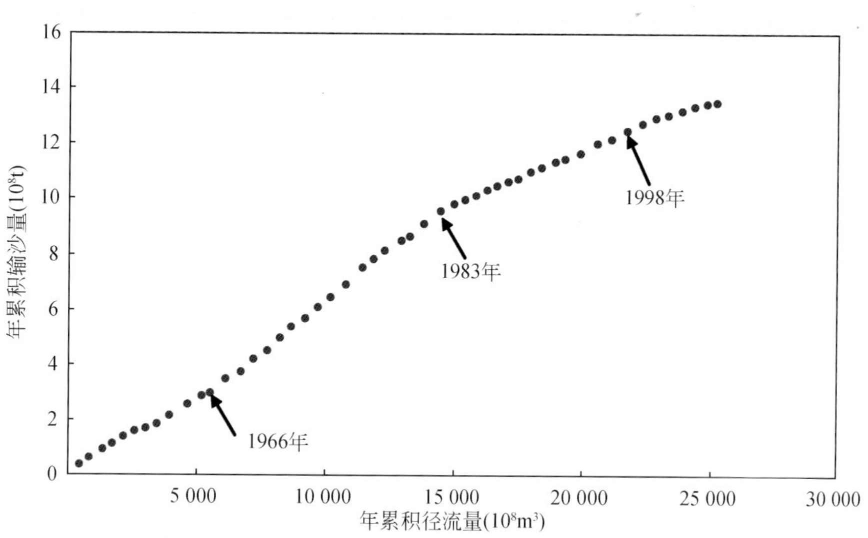

图 6-10（b） 乌江武隆站年径流量与年输沙量双累积曲线图

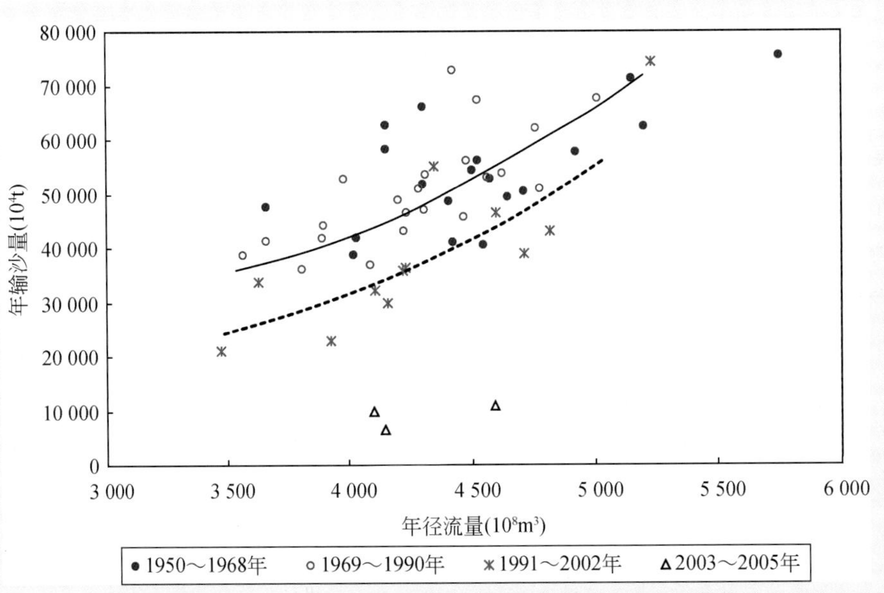

图 6-11（a） 长江上游干流宜昌站年径流量 ~ 年输沙量关系图

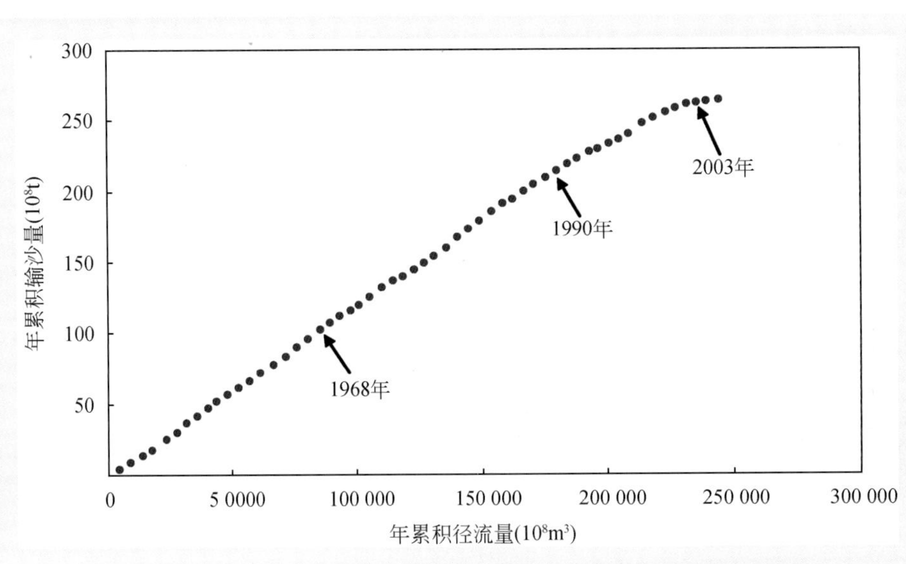

图 6-11（b） 长江上游干流宜昌站年径流量与年输沙量双累积曲线图

6.1.5 泥沙颗粒级配

长江上游悬沙颗分方法1987年（或1986年）前主要采用粒径计法，1987年后主要采用粒径计-移液管结合法。将1987年前粒径小于0.062mm的悬沙粒径按$D_{粒}$-$D_{吸}$之间的转换公式：$D_{吸}=2.642D_{粒}^{1.49}$进行换算（何治安，2000）。表6-5（a）和表6-5（b）为上游各站1987年前后悬移质年颗粒级配统计表，从表中可以得出以下结论。

长江上游干流各站悬移质颗粒中值粒径均表现为沿程变细。在各主要支流中，岷江来沙最粗，但1987年前后相比，悬沙中值粒径D_{50}由0.030mm变细为0.019mm。来沙减少且变细的有北碚、武隆、寸滩、宜昌等站。金沙江屏山站沙量1991~2005年变化不大，但D_{50}由0.025mm变细至0.013mm，而金沙江上游华弹、攀枝花、石鼓站两时段D_{50}差值逐渐减小，说明金沙江下段细沙含量有所增多。

另外从长江上游主要控制站各粒径级输沙量对比来看（表6-6），三峡入库（寸滩+武隆站）多年平均粗沙（$D\geqslant0.125$mm）、中沙（$0.062\text{mm}\leqslant D<0.125$mm）和细沙（$D<0.062$mm）年均输沙量分别为0.532亿t（占12.0%）、0.506亿t（占11.4%）、3.405亿t（占76.6%），细沙是长江上游来沙的主体。各粒径级下的多年平均泥沙输沙量基本平衡，但屏山至寸滩区间粒径大于0.062mm的悬移质输沙量出现不平衡现象，这主要是由于区间河道采砂导致粗沙部分落淤，河道下游输沙量减小。

1987~2005年与1987年前相比，长江上游悬沙粒径$D<0.062$mm的细颗粒含量增加0.9%~11.1%，粗沙部分则有所减小。因此长江上游来沙减小、悬沙有所变细，具有输沙量越大粗颗粒泥沙比例越高、输沙量越小细颗粒泥沙比例越高的规律。

6.2 长江上游主要河流输沙量时间序列的跃变

水文现象随时间而变化，称之为水文过程（丁晶和邓育仁，1998）。水文过程包含两种成分，一是确定成分，表现为水文现象的趋势变化和周期变化等；二是随机成分，表现为水文现象的相依性和纯随机变化。

跃变是水文系统所具有的非线性的特殊表现形式，指时间序列在某时刻发生急剧变化的一种形式，表现为跳跃点前后水文要素发生陡升或是陡降。跳跃分析的本质是有序聚类分析，首先找出跳跃点，然后进行检验（应铭等，2005）。Ye和Yan（1990）把由子序列均值作为检测跃变的基本量而得到的跃变叫做第Ⅰ类跃变；由子序列方差作为检测跃变的基本量而得到的跃变叫做第Ⅱ类跃变。

长江上游流域面积大，产汇流条件复杂，径流量过程既表现为一定的周期性变化，也受气候的缓慢变化或人类活动的影响（如水库群的蓄、泄水，取水用水等）出现一定的上升或下降的趋势或跳跃的变化等。同时，长江上游地质地貌条件复杂，流域产输沙条件更为复杂，其输沙量过程既受径流量变化的影响，也受到流域植被条件、降雨条件（降雨落区、强度大小及分布）、水库蓄水拦沙等影响，特别是金沙江下游攀枝花至屏山段、嘉陵江上游白龙江和西汉水流域等，加之降雨条件的变化，往往会使得泥石流、滑坡的发生具有较强的随机性，因此其输沙量变化更为复杂，往往随着时间的延长和流域下垫面条件的变化，出现一定的上升或下降的趋势或跳跃的变化等。以长江上游干流和主要支流控制水文站的输沙量长时间序列观测资料为对象，研究其跃变现象，对于认识长江上游泥沙变化规律有重要意义。

表 6-5（a） 1987 年前长江上游主要水文控制站悬移质颗粒级配统计表（转换后）

测站	小于某粒径沙重百分数（%）									中数粒径	平均粒径	最大粒径	统计年份
	0. 001mm	0. 002mm	0. 003mm	0. 011mm	0. 030mm	0. 1mm	0. 25mm	0. 5mm	1. 0mm	（mm）	（mm）	（mm）	
屏　山	7. 9	10. 1	14. 4	29. 8	55. 6	79. 5	92. 3	99. 0	100	0. 025	0. 077	1. 090	1961～1965 年、1969～1986 年
高　场	7. 2	11. 5	16. 4	33. 1	50. 7	77. 9	92. 6	99. 2	100	0. 029	0. 079	0. 800	1960～1965 年、1969～1986 年
李家湾	13. 1	22. 4	27. 0	47. 6	67. 0	88. 3	97. 2	99. 8	100	0. 013	0. 046	0. 980	1961～1966 年、1969～1986 年
朱　沱	12. 2	16. 9	24. 1	42. 6	63. 2	83. 5	94. 8	99. 8	100	0. 017	0. 059	0. 791	1962 年、1963 年、1973～1986 年
北　碚	8. 7	15. 6	23. 9	47. 6	73. 1	91. 5	98. 0	99. 9	100	0. 013	0. 037	0. 724	1975～1986 年
寸　滩	10. 8	15. 2	21. 5	41. 1	65. 3	85. 7	95. 6	99. 9	100	0. 017	0. 054	0. 894	1960～1966 年、1968～1986 年
武　隆	12. 7	19. 0	24. 3	44. 1	70. 0	92. 6	97. 6	99. 4	100	0. 015	0. 042	1. 650	1961～1966 年、1968～1986 年
宜　昌	2. 2	12. 0	26. 8	48. 9	69. 4	87. 5	96. 9	100	100	0. 012	0. 046	2. 950	1963 年、1964 年、1973～1985 年

表 6-5（b） 1987～2005 年长江上游主要水文控制站悬移质颗粒级配统计表

测站	小于某粒径沙重百分数（%）									中数粒径	平均粒径	最大粒径	统计年份
	0. 004mm	0. 008mm	0. 016mm	0. 031mm	0. 062mm	0. 125mm	0. 25mm	0. 5mm	1mm	（mm）	（mm）	（mm）	
屏　山	29. 6	40. 6	54. 5	66. 8	77. 1	87. 8	96. 6	99. 7	100	0. 013	0. 050	0. 996	1988～2005 年
高　场	25. 5	34. 9	46. 6	60. 3	73. 9	85. 7	98. 4	100	100	0. 019	0. 052	0. 724	1988～2005 年
李家湾	40. 0	53. 6	66. 0	77. 4	87. 8	93. 8	96. 9	99. 1	100	0. 007	0. 036	0. 707	1993 年，1995～2000 年
朱　沱	32. 9	43. 3	56. 2	69. 1	80. 2	88. 6	96. 8	100	100	0. 012	0. 046	0. 795	1987～2005 年
北　碚	36. 5	46. 8	59. 0	76. 3	87. 3	93. 0	97. 5	100	100	0. 010	0. 035	0. 976	1987～2005 年
寸　滩	33. 5	44. 2	57. 3	68. 9	80. 3	88. 6	96. 9	100	100	0. 012	0. 045	0. 858	1987～2005 年
武　隆	42. 3	53. 9	67. 2	80. 0	89. 3	94. 0	97. 6	99. 8	100	0. 007	0. 031	1. 740	1987～2005 年
宜　昌	32. 3	49. 1	62. 6	74. 2	83. 6	91. 0	97. 6	100	100	0. 008	0. 038	0. 885	1986～2005 年

表 6-6 长江上游主要水文控制站 1987 年前后各粒径级输沙量统计表

时段	粒径级 d (mm)	项目	金沙江屏山 (1)	岷江高场 (2)	沱江李家湾 (3)	(1)+(2)+(3)	长江干流朱沱 (4)	嘉陵江北碚 (5)	(4)+(5)	(1)+(2)+(3)+(5)	长江干流寸滩 (6)	乌江武隆 (7)	(6)+(7)	长江干流宜昌 (8)
多年平均	$d<0.062$	占沙重 (%)	72.0	68.2	79.3		76.2	82.9			77.0	83.6		82.2
		输沙量 (亿 t)	1.800	0.328	0.071	2.200	2.300	0.929	3.229	3.128	3.220	0.220	3.439	3.865
	$0.062<d<0.125$	占沙重 (%)	12.8	14.7	11.4		10.7	9.8			10.8	9.9		7.5
		输沙量 (亿 t)	0.320	0.071	0.010	0.401	0.325	0.110	0.434	0.511	0.453	0.026	0.479	0.353
	≥0.125	占沙重 (%)	15.2	17.2	9.3		13.1	7.3			12.1	6.5		10.3
		输沙量 (亿 t)	0.379	0.083	0.008	0.470	0.395	0.082	0.477	0.552	0.508	0.017	0.525	0.482
1987年前平均	$d<0.062$	占沙重 (%)	66.5	63.1	76.7		72.5	81.5			74.6	80.3		77.7
		输沙量 (亿 t)	1.6027	0.3171	0.0948	2.015	2.2751	1.2127	3.488	3.227	3.451	0.254	3.705	4.082
	$0.062<d<0.125$	占沙重 (%)	15.1	17.2	13		12.9	11.1			12.7	13.1		11.4
		输沙量 (亿 t)	0.3639	0.0864	0.0161	0.466	0.4048	0.1652	0.570	0.632	0.5875	0.041	0.629	0.599
	≥0.125	占沙重 (%)	18.4	19.7	10.2		14.6	7.4			12.7	6.6		10.9
		输沙量 (亿 t)	0.4434	0.099	0.0126	0.555	0.4581	0.1101	0.568	0.665	0.5875	0.021	0.609	0.573
1987年后平均	$d<0.062$	占沙重 (%)	77.1	73.9	87.8		80.2	87.3			80.3	89.3		88.8
		输沙量 (亿 t)	2.0123	0.3289	0.0321	2.373	2.287	0.412	2.699	2.785	2.7439	0.158	2.902	3.225
	$0.062<d<0.125$	占沙重 (%)	10.7	11.8	6		8.4	5.6			8.3	4.8		1.9
		输沙量 (亿 t)	0.2793	0.0525	0.0022	0.334	0.239	0.0264	0.265	0.360	0.2836	0.008	0.292	0.069
	≥0.125	占沙亘 (%)	12.2	14.3	6.2		11.4	7			11.4	6		9.3
		输沙量 (亿 t)	0.3184	0.0636	0.0023	0.384	0.325	0.033	0.358	0.417	0.3895	0.011	0.401	0.338
1987年前后相比	$d<0.062$	占沙重 (%)	10.6	10.8	11.1		7.7	5.8			5.7	9		11.1
		输沙量 (亿 t)	0.4096	0.0118	−0.0627		0.0119	−0.8007			−0.7071	−0.0960		−0.8570
	$0.062<d<0.125$	占沙重 (%)	−4.4	−5.4	−7.0		−4.5	−5.5			−4.4	−8.3		−9.5
		输沙量 (亿 t)	−0.0846	−0.0339	−0.0139		−0.1658	−0.1388			−0.3039	−0.0330		−0.5300
	≥0.125	占沙重 (%)	−6.2	−5.4	−4.0		−3.2	−0.4			−1.3	−0.6		−1.6
		输沙量 (亿 t)	−0.1250	−0.0354	−0.0103		−0.1331	−0.0771			−0.1980	−0.0100		−0.2350

6.2.1 跃变分析方法

目前跃变的统计检测方法以累积相关曲线法、有序聚类分析法、里和海哈林法和费希尔（Fisher）最优分割法应用较为普遍。

1. 累积相关曲线法

设研究序列 x_i（$i=1$，2，…，n），参证序列 Y_i（$i=1$，2，…，n），两序列时序累积值分别为

$$G_i = \sum_{i=1}^{n} x_i,\ M_i = \sum_{i=1}^{n} Y_i \tag{6-1}$$

点绘 M_i-G_i关系图，若研究序列 x_i跳跃不明显，则 M_i-G_i为一条通过原点的直线，否则为一折线，转折点即为 τ。在选择的参证序列中，不应包括有暂态成分。

2. 有序聚类分析法

利用有序聚类的方法找跳跃点本质上是推求最优分割点，使同类之间的离差平方和最小，而类与类之间的离差平方和相对较大。

对序列 x_i（$i=1$，2，…，n），设可能分割点为 τ，则分割前后离差平方和为

$$V_\tau = \sum_{i=1}^{\tau} (x_i - \bar{x}_\tau)^2 \tag{6-2}$$

$$V_{n-\tau} = \sum_{i=\tau+1}^{n} (x_i - \bar{x}_{n-\tau})^2 \tag{6-3}$$

式中，$\bar{x}_\tau = \dfrac{1}{\tau}\sum_{i=1}^{\tau} x_i$；$\bar{x}_{n-\tau} = \dfrac{1}{n-\tau}\sum_{i=\tau+1}^{n} x_i$。

样本总离差平方和为

$$S_n(\tau) = V_\tau + V_{n-\tau}$$

最优二分割：

$$S_n^* = \min_{1\leqslant\tau\leqslant n-1}\{S_n(\tau)\}$$

满足上述条件的 τ 记为 τ_0，这即为最可能的分割点。

3. 里和海哈林法

对序列 x_i（$i=1$，2，…，n），在假定总体正态分布和分割点先验分布为均匀分布的情况下，推得可能分割点 τ 的后验条件概率密度函数为

$$f(\tau \mid x_1,\ x_2,\ \cdots,\ x_n) = \mathrm{k}\left(\frac{n}{\tau(n-\tau)}\right)^{1/2}[R(\tau)]^{-(n-2)/2} \tag{6-4}$$

式中，

$$R(\tau) = \left[\sum_{i=1}^{\tau}(x_i - \bar{x}_\tau)^2 + \sum_{i=\tau+1}^{n}(x_i - \bar{x}_{n-\tau})^2\right] \Big/ \sum_{i=1}^{n}(x_i - \bar{x}_n)^2; \tag{6-5}$$

$\bar{x}_n = \dfrac{1}{n}\sum_{i=1}^{n} x_i$；$\bar{x}_\tau$、$\bar{x}_{n-\tau}$ 意义同前；k 为比例常数，一般取为 1.0。

由后验条件概率密度函数，以满足 $\max\limits_{1\leqslant\tau\leqslant n-1}\{f(\tau|x_1,x_2,\cdots,x_n)\}$ 条件的 τ 记为 τ_0，这即为最可能的分割点。

4. 费希尔最优分割法

费希尔（Fisher）最优分割法，是把 N 个样本序列 $\{x_i\}$ 分成 k 类，寻找一种最优方法，使得各种分类数 k 中，它的样本离差之和最小。

这种方法的样本有两个特点，其一是 N 个样本是有顺序的，其二是分类时要保持样本顺序的连续性，不能跳跃．在对样本序列分割中，总希望分割出的各段内数据比较接近，而某段内各数据的变幅则是用该段的方差来表示，或者用离差平方和来表示，在分割法中简称为变差。变差越小，表明各段数据越接近，因此最优分割时根据总变差进行分割．在计算变差之前，对原始数据进行转化，即标准化处理，使它们在同一水平上比较。最优分割的算法步骤如下（黄嘉佑，1990）。

（1）数据转化（标准化处理）

设样本序列原始资料矩阵为

$$\boldsymbol{X}=\begin{bmatrix} X_{11}, & X_{12}, & \cdots & X_{1N} \\ X_{21}, & X_{22}, & \cdots & X_{2N} \\ \vdots & \vdots & & \vdots \\ X_{P1}, & X_{P2}, & \cdots & X_{PN} \end{bmatrix}，简写成[X_{ij}]$$

其中，N 为资料长度，P 为样本要素数目。将 X_{ij} 转变为 Z_{ij}：

$$Z_{ij}=(X_{ij}-\min\{X_{ij}\})/(\max\{X_{ij}\}-\min\{X_{ij}\}) \tag{6-6}$$

其中，$\max\{X_{ij}\}$，$\min\{X_{ij}\}$ 分别为 $1\leqslant j\leqslant N$ 中的最大、最小值。从而可得

$$\underset{(P\times N)}{Z}=[Z_{ij}]$$

（2）计算变差矩阵

$$\underset{(P\times N)}{\boldsymbol{D}}=[d_{ij}]$$

$$d_{ij}=\sum_{\beta=i}^{j}\sum_{\alpha=1}^{P}[Z_{\alpha\beta}-\bar{Z}_{\alpha}(i,j)]^2 \quad (i,j=1,2,\cdots,N)$$

其中，$\bar{Z}_{\alpha}(i,j)=\sum\limits_{\beta=i}^{j}Z_{\alpha\beta}/(j-i+1)$，由于 $d_{ij}=\begin{cases}0 & i=j\\ d_{ij} & i\neq j\end{cases}$，故只需计算 $\dfrac{N(N-1)}{2}$ 个 $d_{ij}(1\leqslant i,j\leqslant N)$，从而有

$$\boldsymbol{D}=\begin{bmatrix} d_{12}, & d_{13}, & \cdots, & d_{1N} \\ & d_{23}, & \cdots, & d_{2N} \\ & & \cdots, & \vdots \\ & & & d_{N-1,N} \end{bmatrix}$$

（3）进行最优二分割

由 $\boldsymbol{D}$ 矩阵计算全部两分类的各种分割相应的总变差，即对每一个 m（$m=N$，$N-1$，…，2）求出相应的总变差为 $S_m(2,j)$（$j=1,2,\cdots,m-1$），找出最小值，确定各子段的最优二分割点 $\alpha_1(m)$，即 $S_m[2,\alpha_1(m)]=\min\limits_{1\leqslant j\leqslant m-1}S_m(2,j)$，从而可以得到 N 个样本的最优二分割。

(4) 进行最优三分割

对 $m=N$, $N-1$, …, 4, 3, 由计算最优二分割时得到的 S_j [2, α_1 (j)] ($j=$ 2, 3, …, $m-1$) 及 $\boldsymbol{D}$ 矩阵, 计算 S_m [3, α_1 (j), j] $=S_j$ [2, α_1 (j)] $+d_{j+1,N}$, 求出最小值, 即

$$S_m[3, \alpha_1(m), \alpha_2(m)] = \min_{2\leqslant j\leqslant m-1} S_m[3, \alpha_1(j), j]$$

得 N 个样本的最优三分割。

(5) 进行最优 k 分割

在 k-1 分割的基础上, 再求 S_m [k, α_1 (j), α_2 (j), …, α_{k-2} (j), j] $=S_j$ [$k-1$, α_1 (j), α_2 (j), …, a_{k-2} (j) $+d_{j+1,N}$]。其中 $m=N$, $N-1$, …, k; $j=k-1$, $k-2$, …, $m-1$, 找出最小值 S_m [k, α_1 (m), …, a_{k-2} (j)] 可以得到最优 k 分割。

从以上步骤可以看出这种分割法能对样本序列任意分割, 且每次分割都是最优的。把它与目前跃变统计检测方法中的统计检验结合起来, 可以得到一种新的研究长江上游水沙跃变的方法。在进行最优分割时, 同时用统计检验方法检验分割点是否为跃变参考点, 假设进行到 k ($1\leqslant k\leqslant N$) 分割时, 而 k 个分割点中只要有一个未达到跃变参考点的标准, 则停止分割, k-1 分割即为最终结果, 就是说有 k-1 个跃变参考点。这些均可在计算机上实现。本方法对样本序列的跃变进行研究, 既可以找到多个跃变参考点, 又能避免人为滑动引起的不稳定性, 求出的跃变参考点更客观真实。另外, 费希尔最优分割法也能对多要素进行最优分割, 因此只要给出一定的判断多要素是否发生综合跃变 (多个要素总体达到显著性水平) 的统计量, 就可以找到综合跃变发生的跃变参考点。

应用上述方法对长江上游主要控制站的年径流量和输沙量系列进行分析, 并对跳跃点的显著性进行检验。

6.2.2 跃变点的检验方法

秩和检验法及游程检验法等非参数检验方法在时间序列跃变点的检验中应用较为普遍。

1. 秩和检验法

设跳跃前后 (即分割点 τ_0 前后), 两序列总体的分布函数分别为 F_1 (x) 和 F_2 (x), 从总体中分别抽取容量分别为 n_1 和 n_2 的样本, 要求检验原假设: F_1 (x) $=F_2$ (x)。当 n_1, n_2>10 时, 统计量 W 近似于正态分布 (丁晶和邓育仁, 1988; 天津大学概率统计教研室, 1990)。

$$N\left[\frac{n_1(n_1+n_2+1)}{2}, \frac{n_1 n_2(n_1+n_2+1)}{12}\right]$$

可用 u 检验, 即统计量为

$$U=\frac{W-\dfrac{n_1(n_1+n_2+1)}{2}}{\sqrt{\dfrac{n_1 n_2(n_1+n_2+1)}{12}}} \tag{6-7}$$

式中, W 为小序列各数值的秩之和; n_1 为小序列的容量; n_2 为大序列的容量。选择显著水平 α, 当 $|U|<u_{\alpha/2}$ 时, 即两样本来自同一分布总体, 表明跳跃不显著; 相反跳跃显著。

对于 n_1，$n_2<10$ 时，在给定显著水平 α，统计量 W 的上限 W_2 和下限 W_1，如 $W_1<W<W_2$，则认为两个总体无显著差异，即跳跃不显著；如 $W_1\leqslant W$ 或 $W\geqslant W_2$，则认为显著。

2. 游程检验法

当游程出现个数较期望的游程数为少时，则两个总体不服从同一分布，这就是游程检验法的基本思想（西格耳，1986；吴喜之和王兆军，1996）。目前以游程总个数检验法应用较为普遍。

若容量为 n_1 和 n_2 的两个样本，分别来自两个总体，原假设为：两个总体具有同样的分布函数。

可以证明在假设时，n_1，$n_2>20$，游程总个数 K 迅速趋于正态分布：

$$N=\left(1+\frac{2n_1n_2}{n},\ \frac{2n_1n_2(2n_1n_2-n)}{[n^2(n-1)]}\right)$$

于是可用 u 检验法，其统计量为

$$U=\frac{K-\left(1+\dfrac{2n_1n_2}{n}\right)}{\sqrt{\dfrac{2n_1n_2(2n_1n_2-n)}{n^2(n-1)}}} \tag{6-8}$$

服从标准正态分布。

式中，$n=n_1+n_2$。选择显著水平 α，查出临界值 $u_{\alpha/2}$ $|U|<u_{\alpha/2}$ 接受原假设，分割点 τ_0 前后两样本来自同一分布总体，表示跳跃不显著；相反跳跃显著。

对于 n_1，$n_2<20$ 时，则当游程数 $K\leqslant k_c$（n_1，n_2）时，证明跳跃显著。k_c（n_1，n_2）有专用表查用，检验十分方便。

6.2.3 主要河流输沙量时间序列的跃变

1. 金沙江屏山站

根据有序聚类分析法、里和海哈林法对屏山站 1956～2005 年年输沙量时间序列，以及费希尔对年径流量和输沙量时间序列进行同步最优分割的计算结果均表明，2001 年为最优分割点，划分 1956～2001 年为跳跃前期，2002～2005 年为跳跃后期。用同样的方法对 1956～2001 年进行次级聚类分析，计算得到 1997 年为次级分割点、1984 年为 3 级分割点。各时期平均输沙量如表 6-7（a）所示。

图 6-12（a）显示了屏山站输沙量的跳跃变化的情势，点线是原序列，实线和虚线分别是各级跳跃各期的平均值（下同）。秩和检验、游程检验结果表明，一级跳跃点 2001 年对应统计量 $U_1=-2.36$，次级跳跃点 1996 年对应的统计量为 $U_2=2.69$。若显著性水平设为 0.05，查正态分布表得临界值 $U_{0.05/2}=1.96$，$|U_1|>U_{0.05/2}$，$|U_2|>U_{0.05/2}$，因此 2001 年一级跳跃和 1996 年次级跳跃显著存在。

屏山站 1956～2001 年则出现了 2 个明显的增沙过程，屏山站 1985～1996 年、1997～2001 年分别较 1956～1984 年输沙量增加 0.27 亿 t、1.00 亿 t，增幅分别为 11.4% 和 42.2%，主要是由于降雨量（径流量）增大所致，特别是在 1997 年出现了中水大沙年，对应年径流量和输沙量分别为 1357 亿 m^3 和 3.92 亿 t，分别为多年均值的 0.94 倍和 1.58 倍；1998 年则出现了大水大沙年，对应年径流量和输沙量分别为 1971 亿 m^3 和 4.70 亿 t，分别为多年均值的 1.36 倍和 1.89 倍，如将二滩水库蓄水量（约 58.0 亿 m^3）、拦沙量（约 0.809 亿 t）进行还原计算，则屏山站径流量、输沙量将分别达到 2029 亿 m^3 和

5.509 亿 t。虽然二滩电站 1998~2001 年年均拦沙输沙量 0.668 亿 t（详见 6.4 节），但由于径流量增大了 23.3%，加之此期间人类活动影响剧烈，局部水土流失加剧，导致产沙量大幅增加。

屏山站 2001 年后输沙量连续大幅度下降，与 1956~2001 年相比，在年均径流量增大 8.8% 的情况下，年输沙量平均值仅为 1.70 亿 t，最大值仅为 1.88 亿 t（2005 年），年均输沙量减少了 0.670 亿 t，减幅达到 33.3%。这说明屏山站不仅受径流量（降雨量）大小的影响，而且也受降雨强度与分布及水利工程拦沙、水土保持措施等方面的影响。

金沙江干流主要控制站石鼓站、攀枝花站、华弹站等沙量跌变分析表明［表 6-7（b）、表 6-7（c）、表 6-7（d）和图 6-12］：石鼓站、攀枝花站均在 1996 年输沙量发生明显的增沙，主要是与径流量增大有关；华弹站输沙量则在 1984 年后发生明显跳跃性的增加，但 2002 年后输沙量则明显减小，主要与水库拦沙和水保措施减沙等有关。

表 6-7（a）　屏山站各分期年平均输沙量统计表

年份	1956~2001			2002~2005	相差
	1956~1996	1997~2001	相差		
输沙量（亿 t）	2.45	3.37	+0.92（+37.6%）		
		2.55		1.70	-0.850（-33.3%）
径流量（亿 m^3）	1401	1719	+317（+22.6%）		
		1436		1563	+127（+8.8%）

表 6-7（b）　石鼓站各分期年平均输沙量统计表

项目	1956~1996	1997~2005	相差
输沙量（亿 t）	0.232	0.376	+0.144（+62.3%）
径流量（亿 m^3）	412.4	464.8	+52.4（+12.7%）

表 6-7（c）　攀枝花站各分期年平均输沙量统计表

项目	1956~1996	1997~2005	相差
输沙量（亿 t）	0.458	0.749	+0.291（+63.5%）
径流量（亿 m^3）	541.7	658.9	+21.6（+21.6%）

表 6-7（d）　华弹站各分期年平均输沙量统计表

年份	1958~1984			1985~2005			相差
	1957~1963	1964~1984	相差	1985~2001	2002~2005	相差	
输沙量（亿 t）	1.257	1.675	+0.418（+33.3%）	2.178	1.375	-0.803（-36.9%）	
		1.582			2.025		+0.443（+28.0%）
径流量（亿 m^3）	1211	1201	-10（-0.8%）	1347	1393	+46（+3.4%）	
		1203			1356		+153（+12.7%）

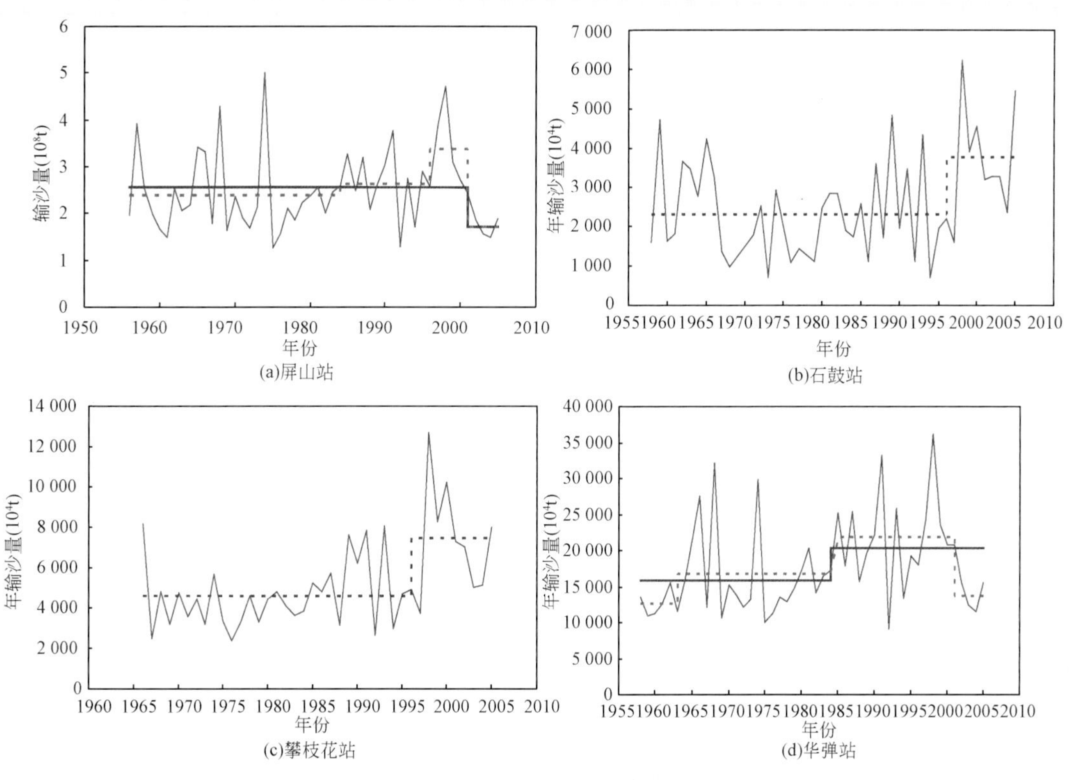

图 6-12　金沙江干流各站分期平均输沙量图

2. 岷江高场站

岷江高场站 1954 ~ 2005 年共 52 年输沙量序列计算结果表明，输沙量分别在 1969 年和 1993 年发生跳跃，且秩和检验、游程检验结果表明，跳跃点显著存在。各期平均输沙量如表 6-8 所示。

由图 6-13 可见，高场站 1970 年一级跳跃的跳跃（减小）幅度达 28.1%，其主要是受 1970 年建成的龚嘴水库拦沙影响；而 1993 年次级跳跃点输沙量减幅为 28.2%，则主要受 1994 年建成的铜街子电站拦沙影响。自 1994 年开始，输沙量平均值仅为 0.340 亿 t，最大值为 0.585 亿 t（2005 年），小于 1970 ~ 1993 年输沙量平均值。可以说 1994 年后高场站的输沙量发生了质的变化。说明岷江 1954 ~ 2005 年输沙量变化受龚嘴水库和铜街子水库拦沙作用明显。

3. 沱江李家湾站

计算结果表明，李家湾站输沙量分别在 1966 年、1984 年和 2001 年出现明显跳跃。各期平均输沙量如表 6-9 所示。图 6-14 显示了李家湾站输沙量跳跃变化的情势。

秩和检验、游程检验结果表明，一级跳跃点 1984 年，次级跳跃点 1966 年和 2001 年均显著存在，说明李家湾站输沙量出现明显的 3 个跳跃过程，其输沙量大幅度减小。其中 1984 年一级跳跃的跳跃幅度很大，输沙量减小幅度达到了 72.1%（径流量减小幅度为 13.9%），而 1966 年和 2001 年两个次级跳跃点输沙量跳跃幅度则分别为 41.5% 和 77.7%（径流量减小幅度分别为 15.0% 和 21.3%）。特别是自 2002 年开始，输沙量平均值仅为 94.8 万 t，最大值仅为 116.6 万 t（2005 年），不仅小于 1957 ~ 1984 年年输沙量平均值，也小于 1985 ~ 2001 年年输沙量平均值。因此 1984 年后沱江流域输沙量发生了质的变化，且主要受径流量减小和水利工程拦沙等因素的影响。

表 6-8　高场站各分期年平均输沙量统计表

年份	1954～1969	1970～2005			相差
		1970～1993	1994～2005	相差	
输沙量（亿 t）	0.597	0.474	0.340	-0.134（-28.2%）	-0.167（-28.1%）
		0.429			
径流量（亿 m^3）	904.8	858.5	814.1	-44.4（-5.2%）	-61.1（-6.8%）
		843.7			

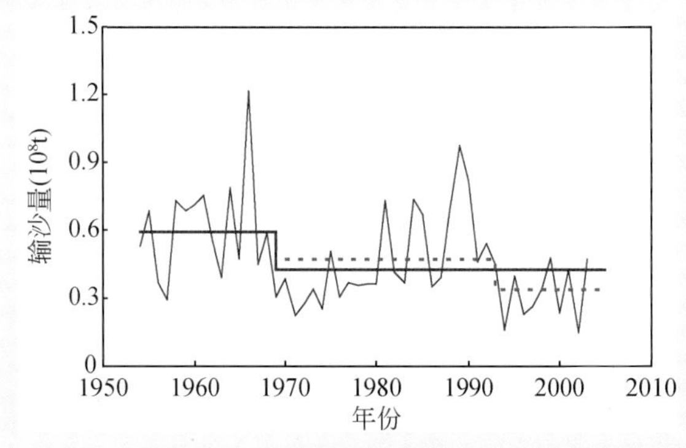

图 6-13　高场站分期平均输沙量图

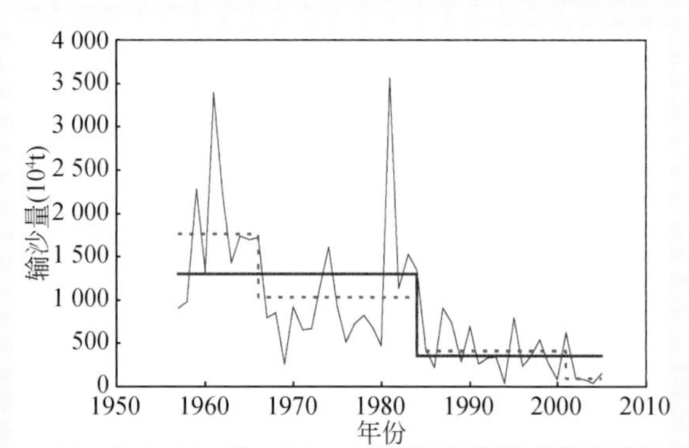

图 6-14　李家湾站分期平均输沙量图

表 6-9　李家湾站各分期年平均输沙量统计表

年份	1957～1984			1985～2005			相差
	1957～1966	1967～1984	相差	1985～2001	2002～2005	相差	
输沙量（万 t）	1770	1040	-730（-41.2%）	426	94.8	-331.2（-77.7%）	-937（-72.1%）
		1300			363		
径流量（亿 m^3）	140.3	119.3	-21.0（-15.0%）	113.7	89.5	-24.2（-21.3%）	-17.7（-13.9%）
		126.8			109.1		

4. 嘉陵江北碚站

嘉陵江北碚站 1954～2005 年共 52 年输沙量序列计算结果表明，1984 年为最优一级分割点，1980 年和 1993 年为次级分割点。

秩和检验、游程检验结果表明，1984 年一级跳跃点和 1993 年次级跳跃点显著存在，但 1980 年跳跃不显著。这说明 1981～1984 年北碚站输沙量出现增加主要是由于大水影响，不能代表输沙量增加趋势；北碚站输沙量在 1984 年和 1993 年均出现明显的下降过程，其输沙量大幅度减小。各期平均输沙量如表 6-10（a）、表 6-10（b）、表 6-10（c）和表 6-10（d）所示。图 6-15（a）显示了北碚站输沙量跳跃变化的情势。

北碚站1984年一级跳跃的跳跃幅度很大，输沙量减小幅度达到了68.9%（径流量减小幅度为17.3%），而1980年和1993年两个次级跳跃点输沙量跳跃幅度则分别为51.4%和-60.0%（径流量跳跃幅度分别为35.9%和-18.7%）。由此可以说明，嘉陵江1981～1984年连续出现大水大沙年，其年均输沙量达到2.20亿t。但自1985年开始，输沙量平均值仅为0.48亿t，最大值仅为1.01亿t（1987年），小于1954～1984年输沙量平均值。应当说明的是，1998年为大水年，其输沙量达到0.990亿t（相应径流量为709.0亿m^3），2005年也为大水年，其径流量为809.8亿m^3，较1998年偏大14.2%，但其输沙量仅为0.423亿t，则较1998年偏小57.3%。

因此，1985年后嘉陵江流域输沙量发生了质的变化，特别是1993年后流域输沙量变化最为明显（1998年后表现更为显著）。

此外，嘉陵江干流武胜站、渠江罗渡溪站和涪江小河坝站输沙量时间序列的跳跃性分析结果表明[图6-15（b）、图6-15（c）和图6-15（d）]，武胜站输沙量跳跃变化规律与北碚站一致，说明嘉陵江干流武胜以上区域是流域泥沙的主要来源；渠江1988年后输沙量出现明显减小，主要是径流减小、水库拦沙与水保措施减沙等共同作用的结果；2002年后则由于径流增加而导致沙量有所增大；涪江1981～1984年出现沙量高值期，主要是由于此期间径流量大且降雨中心位于主要产沙区，但1985年、1999年后出现2个明显的减沙过程，则是径流减小与水利工程拦沙、水保措施减沙等共同作用的结果。

表6-10（a） 嘉陵江干流北碚站各分期年平均输沙量统计表

年份	1954～1984			1985～2005			相差
	1954～1980	1981～1984	相差	1985～1993	1994～2005	相差	
输沙量（亿t）	1.45	2.20	+0.75（+51.4%）	0.73	0.29	-0.40（-60.0%）	
	1.55			0.48			-1.07（-68.9%）
径流量（亿m^3）	677.2	920.5	+243.3（+35.9%）	656.0	533.1	-122.9（-18.7%）	
	708.6			585.8			-122.8（-17.3%）

表6-10（b） 嘉陵江干流武胜站各分期年平均输沙量统计表

年份	1957～1984			1985～2005			相差
	1957～1980	1981～1984	相差	1985～1993	1994～2005	相差	
输沙量（亿t）	0.718	1.18	+0.462（+64.1%）	0.395	0.0996	-0.295（-74.8%）	
	0.784			0.226			-0.558（-71.2%）
径流量（亿m^3）	268.0	352.3	+84.3（+31.4%）	252.6	181.9	-70.7（-30.0%）	
	280.1			212.2			-67.9（-24.2%）

表 6-10（c） 渠江罗渡溪站各分期年平均输沙量统计表

年份	1957 ~ 1987			1988 ~ 2005			相差
	1957 ~ 1962	1963 ~ 1987	相差	1988 ~ 2001	2002 ~ 2005	相差	
输沙量（亿 t）	0. 146	0. 326	+0. 180（+122. 7%）	0. 119	0. 161	+0. 0423（+35. 6%）	
		0. 291			0. 129		−0. 162（−55. 8%）
径流量（亿 m³）	159. 2	245. 1	+85. 8（+53. 9%）	185. 2	245. 7	+60. 5（+32. 7%）	
		228. 5			198. 6		−29. 9（−13. 1%）

表 6-10（d） 小河坝站各分期年平均输沙量统计表

年份	1957 ~ 1987			1988 ~ 2005			相差
	1957 ~ 1980	1981 ~ 1984	相差	1985 ~ 1998	1999 ~ 2005	相差	
输沙量（亿 t）	0. 178	0. 362	+0. 184（+103. 4%）	0. 105	0. 0479	−0. 0572（−54. 4%）	
		0. 204			0. 0861		−0. 118（−57. 9%）
径流量（亿 m³）	148. 7	174. 3	+25. 5（+17. 1%）	135. 0	119. 6	−15. 4（−11. 4%）	
		152. 4			129. 8		−22. 6（−14. 8%）

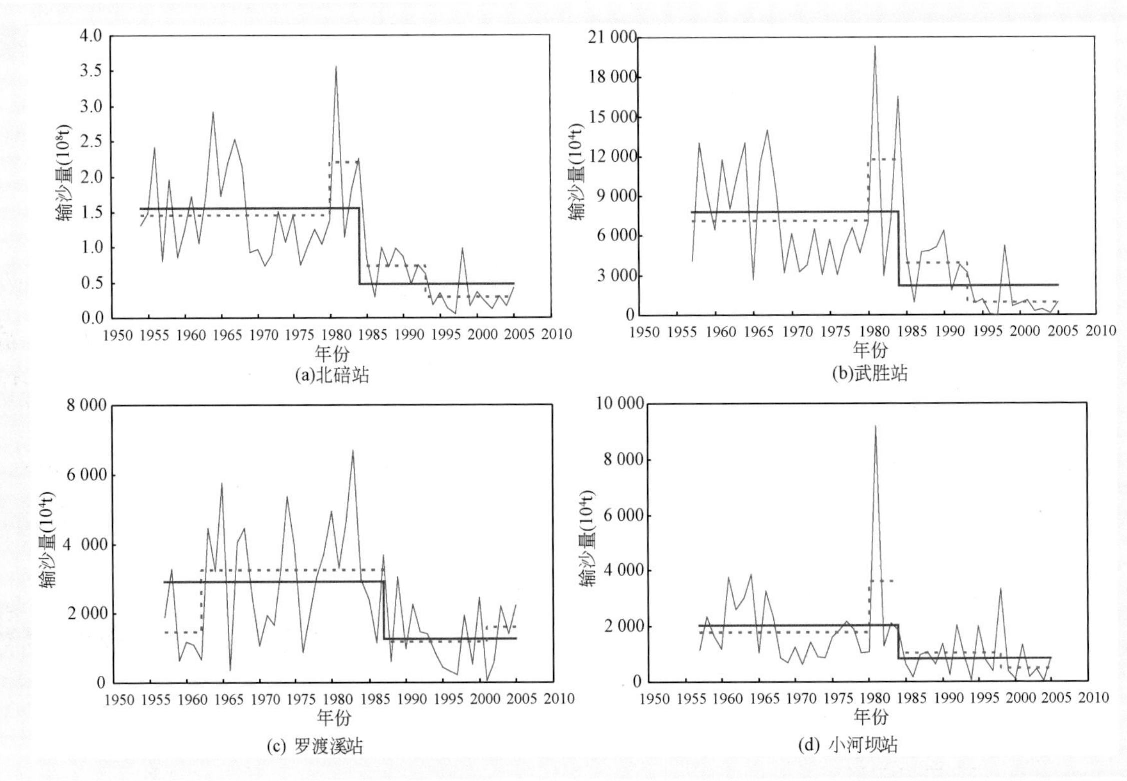

图 6-15 嘉陵江各控制水文站分期平均输沙量图

5. 长江干流寸滩站

寸滩站 1953～2005 年共 53 年输沙量序列计算结果表明，1990 年为一级跳跃点，1968 年和 2001 年为次级跳跃点。且秩和检验、游程检验结果表明，3 个跳跃点均显著存在。各期平均输沙量见表 6-11。图 6-16 显示了寸滩站输沙量跳跃变化的情势。

表 6-11　长江干流寸滩站各分期年平均输沙量统计表

年份	1953～1968	1953～1990 1969～1990	相差	1991～2001	1991～2005 2002～2005	相差	相差
输沙量（亿 t）	5.10	4.23	−0.87（−17.0%）	3.51	2.11	−1.40（−39.9%）	
		4.60			3.13		−1.47（−32.0%）
径流量（亿 m^3）	3689	3370	−319（−8.6%）	3369	3385	+16.0（+0.5%）	
		3504			3375		−129（−3.7%）

由图表可见，寸滩站 1991 年一级跳跃的跳跃幅度很大，输沙量减小了 1.47 亿 t，减幅达到 32.0%（相应径流量减幅仅为 3.7%），而 1968 年和 2001 年两个次级跳跃点输沙量跳跃幅度则分别为−17.0% 和−39.9%（径流量跳跃幅度分别为−8.6% 和 0.5%）。由此可以说明，自 1991 年开始，虽寸滩站年输沙量最大值为 6.17 亿 t（1998 年），但其输沙量平均值仅为 3.14 亿 t，小于 1953～1990 年输沙量平均值。

由此可见，受长江上游金沙江、岷沱江和嘉陵江以及干流区间来水来沙变化的影响，1991 年后三峡入库输沙量发生了质的变化，特别是 2001 年后输沙量减小表现更为显著。

6. 乌江武隆站

武隆站 1955～2005 年共 51 年输沙量序列计算结果表明，1983 年为一级跳跃点，1966 年、2000 年为次级分割点。

秩和检验、游程检验结果表明，3 个跳跃点均显著存在，说明武隆站 1967～1983 年输沙量明显增加，1984 年后输沙量出现明显跳跃下降，2001 年后输沙量出现较明显的下降过程（主要是由于径流量减小），见图 6-17，各期平均输沙量如表 6-12 所示。

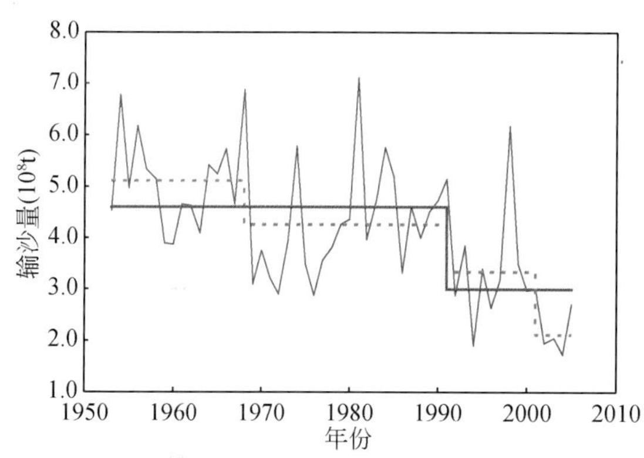

图 6-16　寸滩站分期平均输沙量图

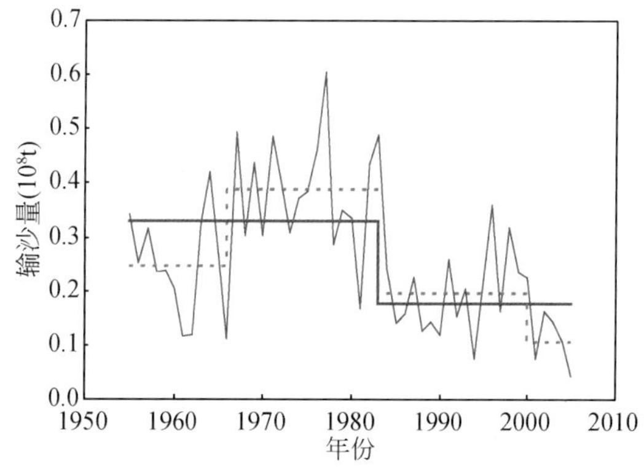

图 6-17　武隆站分期平均输沙量图

表 6-12　乌江武隆站各分期年平均输沙量统计表

年份	1955～1983			1984～2005			相差
	1955～1966	1967～1983	相差	1984～2000	2001～2005	相差	
输沙量（亿 t）	0.247	0.389	+0.14（+57.8%）	0.198	0.107	-0.092（-46.2%）	
	0.330			0.177			-0.153（-46.3%）
径流量（亿 m³）	462.7	524.2	+61.5（+13.3%）	495.6	469.2	-26.4（-5.3%）	
	498.7			489.6			-9.2（-1.8%）

由图表可知，武隆站 1983 年一级跳跃的跳跃幅度很大，输沙量减小幅度达到了 46.3%（径流量减小幅度仅为 1.8%），而 1966 年和 2000 年两个次级跳跃点输沙量跳跃幅度则分别为 57.8% 和 -46.2%（径流量跳跃幅度分别为 13.3% 和 -5.3%）。

由此可见，在 1955～1983 年，武隆站 1967～1983 年出现输沙量高值期，其年均输沙量为 0.389 亿 t，较 1955～1966 年增大 57.8%。自 1983 年开始，虽武隆站年输沙量最大值为 0.317 亿 t（1998 年），但其输沙量平均值仅为 0.177 亿 t，均小于 1955～1983 年输沙量平均值。而 1980 年后乌江渡电站建成蓄水后，1980～1983 年年均拦沙量为 1674 万 t，期间乌江渡电站坝下游由于清水冲刷，乌江渡电站至武隆区间干流河道冲刷泥沙为 1680 万 t，基本上抵消了乌江渡电站拦沙对武隆站的减沙作用，1984 年后河道冲刷粗化，冲刷已基本停止（叶敏，1991）。这也说明从 1984 年开始，乌江渡电站拦沙对武隆站输沙量减少有显著影响。由此可见，1983 年后乌江流域输沙量发生了质的变化，特别是 2001 年后输沙量减小表现更为显著。

7. 三峡入库（寸滩+武隆）

在三峡工程论证和初步设计阶段，三峡入库水、沙量统计一般以长江干流寸滩站与乌江武隆站实测值之和为代表，为综合研究三峡入库沙量的跃变规律，选择寸滩、武隆站 1955～2005 年共 51 年输沙量同步观测资料为对象。计算结果表明，1990 年为最优分割点，1968 年和 2001 年为次级分割点。且秩和检验、游程检验结果表明，3 个跳跃点均显著存在，即三峡入库输沙量分别在 1969 年、1990 年和 2001 年均出现较明显的减小过程（图 6-18），各期平均输沙量如表 6-13 所示。

表 6-13　三峡入库（寸滩+武隆站）各分期年平均输沙量统计表

年份	1955～1990			1991～2005			相差
	1955～1968	1969～1990	相差	1991～2001	2002～2005	相差	
输沙量（亿 t）	5.287	4.548	-0.739（-14.0%）	3.718	2.225	-1.493（-40.2%）	
	4.835			3.310			-1.525（-31.5%）
径流量（亿 m³）	4135.5	3859.7	-275.7（-6.7%）	3899.2	3858.8	-40.5（-1.0%）	
	3966.9			3889.9			-77.0（-1.9%）

由图表可见，三峡入库输沙量在1990年后出现明显跳跃，减幅达到31.5%（相应径流量减小幅度为1.9%），而1968年和2001年输沙量减小幅度则分别为-14.0%和-40.2%（径流量跳跃幅度分别为-6.7%和-1.0%）。由此可以说明，自1991年开始，虽三峡入库年输沙量最大值为6.487亿t（1998年），但其输沙量平均值仅为3.310亿t，小于1953~1991年输沙量平均值。

由此可见，受长江上游金沙江、岷沱江和嘉陵江以及干流区间来水来沙变化的影响，1991年后三峡入库输沙量发生了质的变化，特别是2001年后输沙量减小表现更为显著。

8. 长江干流宜昌站

在三峡工程论证和初步设计阶段，三峡工程坝址水、沙量统计一般以宜昌站实测值为代表。宜昌站1950~2005年共56年输沙量序列计算结果表明，1990年为最优分割点，1968年和2002年为次级分割点。秩和检验、游程检验结果表明，宜昌站输沙量在1969年、1991年和2003年出现3个明显的跳跃下降过程。但1969~1991年输沙量减小趋势不明显（与1950~1968年相比减幅仅为6.6%）；1991~2002年输沙量也明显减小，特别是2003年三峡水库蓄水后，宜昌站输沙量大幅度减小。

由图6-19、表6-14可知，宜昌站1991~2005年较1950~1990年输沙量减小了1.90亿t，减幅达到了36.4%（径流量减小幅度为2.4%），而1968年和2002年两个次级跳跃点输沙量跳跃幅度则分别为-6.6%和-76.9%（径流量跳跃幅度分别为-5.5%和-0.2%）。

表6-14　宜昌站各分期年平均输沙量统计表

年份		1950~1990			1991~2005		相差
	1950~1968	1969~1990	相差	1991~2002	2003~2005	相差	
输沙量（亿t）	5.40	5.05	-0.35（-6.6%）	3.914	0.905	-3.01（-76.9%）	
		5.21			3.31		-1.90（-36.4%）
径流量（亿m^3）	4525	4276	-249（-5.5%）	4287	4277	-10（-0.2%）	
		4391			4285		-106（-2.4%）

由此可见，受长江上游来水来沙变化的影响，宜昌站出现4个较为明显的变化阶段：1950~1968年、1969~1990年、1991~2002年和2003~2005年，其年均输沙量分别为5.40亿t、5.05亿t、3.91亿t和0.91亿t。其中1991年后宜昌站输沙量发生了质的变化，虽1991~2005年宜昌站年输沙量最大值为7.43亿t（1998年），但其输沙量平均值仅为3.16亿t，小于1950~1990年输沙量平均值。特别是2003年三峡水库蓄水后，其输沙量减小表现更为显著（2003~2005年平均输沙量仅为0.91亿t，较1991~2002年均值减小了76.9%）。

对长江上游各主要控制站泥沙时间序列的跳跃分析表明，三峡水库入库输沙量在1991年后发生了质的变化，尤其以2001年后输沙量减小更为显著；宜昌站输沙量在1991年和2003年出现了2个明显的跳跃下降过程。1991~2005年较1950~1990年输沙量减小了1.90亿t，减幅达到了36.4%（径流量减小幅度为2.4%），三峡水库蓄水后其年均沙量仅为0.91亿t，较1991~2002年均值减小了76.9%。

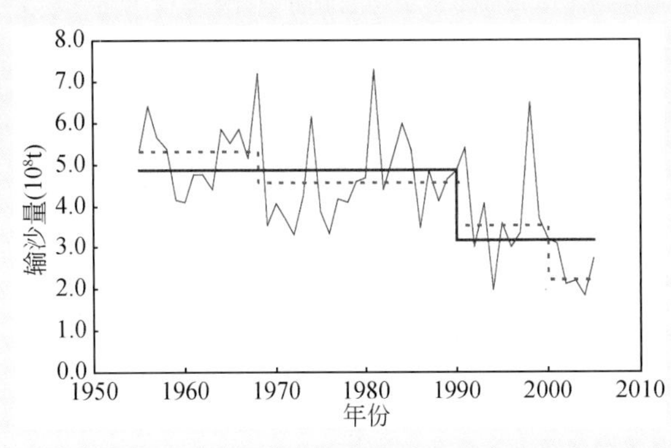

图 6-18　三峡入库（寸滩+武隆站）分期平均输沙量图

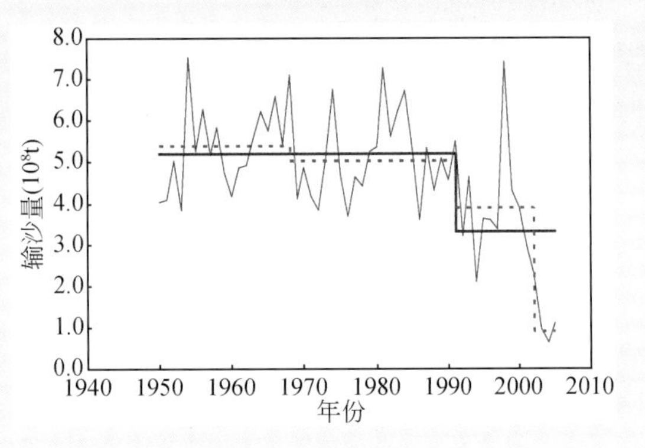

图 6-19　宜昌站分期平均输沙量图

从上游各水系来看，金沙江屏山站 1956 ~ 2001 年则出现了 2 个明显的增沙过程，主要是由于降雨量（径流量）增大，人类活动影响剧烈，局部水土流失加剧，导致产沙量大幅增加等有关；2001 年后输沙量连续 5 年有大幅度的下降，则主要是降雨强度、分布变化与水利工程拦沙、水土保持措施等共同作用的结果；岷江在 1970 年和 1993 年出现了 2 个明显的减沙过程，主要与龚嘴水库和铜街子水库拦沙有关；沱江在 1966 年、1984 年和 2001 年出现明显的 3 个减沙过程，主要与径流量减小和水利工程拦沙有关；嘉陵江在 1984 年和 1993 年出现 2 个明显的减沙过程，其主要是与 1983 年后径流量减小、水利工程拦沙与水保措施减沙等因素有关；寸滩站在 1968 年、1990 年、2001 年出现明显的 3 个减沙过程，主要与径流量减小、水利工程拦沙、水保措施拦沙等有关；乌江武隆站在 1967 ~ 1983 年沙量明显增加，主要受径流量增大，乌江渡电站拦沙对其影响则不大；但在 1984 年、2001 年后沙量明显减小，主要受水库拦沙作用（1984 年后乌江渡坝下游河道冲刷已基本停止，电站拦沙对武隆站输沙量减少有显著影响）。

6.3　长江上游降雨（径流）变化对河流泥沙变化的影响

气候条件特别是降雨为水沙变化的重要影响因素，不同尺度下的气候变化特征是不同的，对水沙变化的影响也不一样。通过调查、收集了长江上游 758 个雨量（气象）站（金沙江 564 个，岷沱江 72 个，嘉陵江 20 个，乌江 95 个，干流及其他支流 7 个）1956 ~ 2005 年实测年、月降雨和输沙资料，对长江上游降雨、径流时空变化的规律，以及不同时期降雨、径流时空分布的变化对长江上游产沙量和河道输沙的影响进行了研究。

6.3.1　降雨对河流输沙的影响

与 1990 年前相比，1991 ~ 2005 年长江上游降雨量偏少是导致径流量减小的直接原因。长江上游直门达以上 6 个水文、气象站 1963 ~ 2001 年资料统计表明，其年均流量呈逐年减少的趋势，其减少速率为 10.8（m^3/s）/10a，年降雨量平均以 0.78mm/10a 的速率递减（李林等，2004）；同时，长江上游 24 个气象站 1951 ~ 2002 年降雨资料统计，1951 ~ 2002 年上游年降雨量平均以 0.96mm/a 的速率递减，其中尤以夏季（0.34mm/a）和秋季（0.56mm/a）为主（Su et al.，2004）。

降雨是流域产沙的直接动力条件。长江上游地区降雨落区、范围大小，以及暴雨强度、落区等均对河流输沙量的大小有重要影响。

1. 降雨落区、范围对河流输沙的影响

根据1950～1986年宜昌站8个大沙年、2个小沙年主汛期200mm以上主雨区的落区和笼罩范围分析，降雨落区、范围对来沙大小影响大（长江水利委员会，1997）。如根据嘉陵江大、中、小沙年的22次洪水和金沙江大、中、小沙年7、8、9月份的流量与输沙量的关系分析来看，可分三类不同降雨落区：第一类，降雨中心或主雨区在嘉陵江主要产沙区；第二类，主雨区部分在主要产沙区；第三类，降雨中心或主雨区在非主要产沙区（长江水利委员会，1997），其水沙相关关系较好。

2. 暴雨与河流输沙量的关系

暴雨落区、暴雨强度、暴雨持续时间及暴雨次数均对水沙关系有着明显的影响。长江上游多年平均输沙模数大于等于2000t/(km^2·a）的强产沙区分布在多年平均暴雨日数仅1d左右的少暴雨区中，该地区既有充足的沙源，又具备了输沙的阵雨动力条件；而长江上游各控制站输沙量的年内年际变化比径流量的年内年际变化大，也主要是因为暴雨日数的年内和年际变化大的缘故。

（1）暴雨时空分布对输沙量的影响

长江上游强产沙区分布在少暴雨区，与世界各国暴雨泥石流既不分布在雨量充沛、暴雨日数多、强度大的湿润地区，也不分布在雨量非常稀少的干旱地区的规律相符合（冯清华，1988）。从长江上游多年平均暴雨日数和输沙模数分布图（图6-20）可知，长江上游输沙模数>2000t/km^2的强产沙区主要分布在嘉陵江上游支流西汉水和白龙江中游以及金沙江攀枝花至屏山区间（张有芷，1989；余剑如，1987）。西汉水和白龙江强产沙区年均暴雨日不足1d，渡口至屏山区间的强产沙区，年均暴雨日也仅1d左右，均为少暴雨区，这两地区的年雨量分别为400～600mm和500～1000mm，均为季风气候区，这种年雨量不很充沛、多年平均暴雨日数为1d左右的气候条件，不利于土石山地植被的生长，却具备了输沙的动力条件，为我国暴雨泥石流活动频繁的地区。

另外，长江上游输沙量的年内分配比径流量的年内分配更为集中，7～9月的输沙量均占全年的75%左右，而长江上游暴雨日数有80%以上也集中在7～9月。特殊年份，年输沙量甚至集中在一、两场暴雨期间。以嘉陵江上游支流西汉水为例，1966年是西汉水的特大沙年，其控制站谭家坝水文站7月的径流量占全年的19.8%，而输沙量占全年的86%，原因是1966年7月下旬在西汉水流域发生了两次暴雨，其中7月21日的暴雨，在礼县达116.3mm，天水镇为92mm，顺利峡为87mm，均为实测记录之冠。图6-21反映了1966年谭家坝站的输沙量主要是在为时很短的暴雨期间输送的。

（2）暴雨落区对输沙量的影响

对于下垫面条件差异悬殊的大流域，暴雨落区对输沙量的影响较大。如宜昌站1981年为大沙年，1976年为小沙年（表6-15），从两年暴雨日数分布与输沙量对比来看；1981年长江上游大部分地区暴雨日数都超过了正常年份，尤以嘉陵江略阳至亭子口区间和涪江中上游最为突出，暴雨日是平均值的3～5倍，致使该年的多暴雨区范围增大，其地理位置比正常年份发生了明显的偏离，偏移至平均输沙模数为1000～2000t/km^2的主要产沙区和四川盆地耕作区。同时，这些地区1981年全年暴雨日的90%以上集中在7、8两月，集中性的暴雨和洪水，冲垮若干座中小型水库及大量塘堰等水利工程。由于

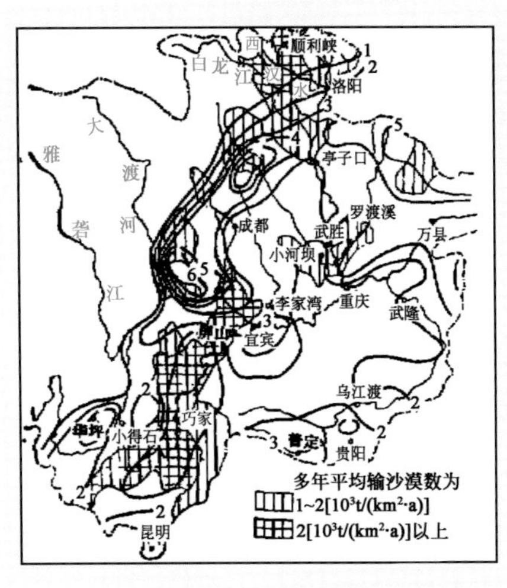

图 6-20　长江上游多年平均暴雨日数和输沙模数分布[31]

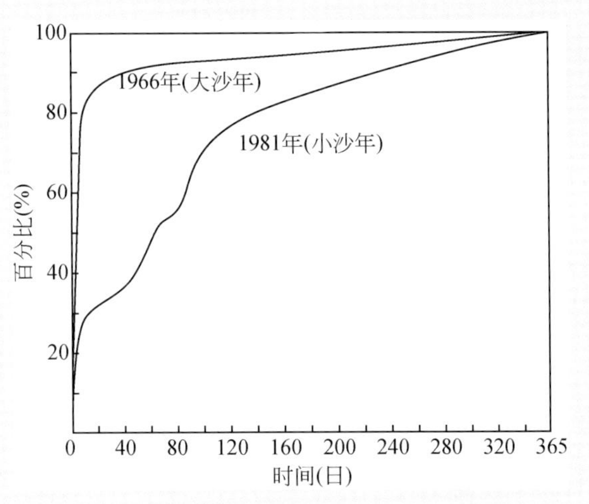

图 6-21　西汉水谭家坝站大、小沙年输沙量占年输沙量的百分比变化[31]

在集中产沙区暴雨强度和量级均达到并超过了暴发泥石流的基本条件，致使暴雨泥石流普遍暴发，仅宝成铁路北段就有上百处，大量泥沙汇入长江，使宜昌年输沙量大为增加。相反，1976 年长江上游各地，特别是输沙模数在 1000t/(km^2 · a) 以上的地区暴雨日数比 1981 年的少得多，也比多年平均值少，1976 年宜昌站的输沙量较多年平均值少了 26.5%。大、小沙年暴雨的多寡及其分布的不同特点完全受不同特征的大气环流的支配。

表 6-15　宜昌站大、小沙年水沙量与历年变化统计

年份	径流量		输沙量		含沙量	
	亿 m^3	增值%	万 t	增值%	kg/m^3	增值%
1950～2000	4382		50 100		1.14	
1981 年（大沙年）	4420	0.9	72 800	45.3	1.65	44.7
1976 年（小沙年）	4090	-6.9	36 800	-30.6	0.899	-25.0

（3）暴雨强度对输沙量的影响

自然植被是控制水土流失的重要因子，由于地形地貌的影响，流域内常形成控制面积小、历时短、降水强度大的局部性暴雨，是酿成大量水土流失的主要激发因素。东川水保站试验资料表明，水力侵蚀的强弱和一次降雨量的大小有密切关系，降雨强度越大，径流冲刷量越大（陈循谦，1990）（表 6-16）。

表 6-16　降雨强度与土壤侵蚀关系（东川水保站试验资料；试验面积：100m^2）

降雨日期	历时（h）	雨量（mm）	降雨强度	裸地		草灌结合地	
			(mm/min)	径流量（L）	侵蚀量（kg）	径流量（L）	侵蚀量（kg）
1985 年 9 月 27 日	9.36	31.1	0.05	394	3.6	72	0.5
1986 年 6 月 8 日	4.27	30.0	0.11	945	24.4	205	1.4

在植被良好的流域，暴雨强度对流域的侵蚀不明显，但对于植被条件交叉的区域，暴雨强度对输沙量的影响尤为明显。如位于嘉陵江上游黄土地区的西汉水流域，谭家坝站 1966 年的过程降雨量是

1978 年的 1.7 倍，但 1966 年的输沙过程中最大 5d 输沙量为 1978 年的 2.4 倍［表 6-17（a）和表 6-17（b）］，其原因就是 1966 年最大 1d 面平均雨深是 1978 年的 2 倍所致。

表 6-17（a） 西汉水谭家坝站水沙过程最大 5d 水沙量对比[31]

时间	降雨天数	过程降雨量（mm）	过程最大一日面平均雨深（mm）	起涨流量（m^3/s）	径流量（亿 m^3）	输沙量（万 t）
1966 年 7 月 22 ~ 26 日	2	38.5	51.3	34.1	0.886	2148
1978 年 7 月 21 ~ 25 日	2	34.6	25.6	36.6	0.534	891

表 6-17（b） 西汉水谭家坝站点、面雨量、降雨强度及水沙量统计表[31]

项目 时间	月平均流量（m^3/s）	月平均输沙率（kg/s）	月面平均降雨（mm）	面平均降雨强度（mm/d）	日雨量 >30mm 天数	日雨量 >50mm 天数	最大点暴雨（mm）
1981.7	116	2930	102.5	9.3	1	0	48.0
1966.7	121	17 800	213.7	10.9	4	2	92.0
1983.8	97.7	1 860	126.4	11.5	0	0	23.8
1978.8	101	8 090	124.3	12.4	2	1	71.7
1968.9	304	2 590	139.1	10.7	3	0	49.0
1984.8	303	23 600	151.9	13.8	4	2	61.6

6.3.2 主要支流降雨（径流）变化对输沙量的影响

1. 金沙江流域

（1）降雨特性分析

金沙江流域由于地形、地势及天气系统等因素的差别，降水时空分布不均，干湿季分明。

1）空间分布。金沙江降水地区差别大且地形影响较明显，在金沙江上中游约有 30 万 km^2 的地区年降雨均值小于 800mm（图 6-22），其中小于 400mm 的干旱地区约 7 万 km^2，是长江流域降雨量最小的地区。根据金沙江干流 12 个雨量站（大多处于干旱河谷区），其中攀枝花至屏山的 5 个站位于典型干旱河谷区，也是产沙最强烈的地区。干流平均降雨量为 666.9mm（1956 ~ 2004 年），其中，巴塘至石鼓 549.5mm，石鼓至攀枝花 679.9mm，攀枝花至华弹 680.9mm，华弹至屏山 731mm，横江站 876.9mm，由东向西减小的趋势很明显。干流干旱河谷区的降雨量明显小于云南和四川部分的降雨量。

2）年际变化。金沙江流域地域辽阔，地形复杂，降雨高值区和低值区的年际变化较小且相差不明显。流域的上中下游年降雨极值比在 1.8 ~ 2.6，巴塘、奔子栏一带较大，其中以巴塘 2.6 最大；河源和下段较小，其中以直门达 1.8 为最小，屏山 1.98 次之；雅砻江居中，其中雅砻江为 2.0，西昌为 2.2。流域内年降雨量的 C_v 值变化较小，范围为 0.15 ~ 0.25，河源楚玛尔河和沱沱河最大，为 0.25，通天河和雅砻江最小，为 0.15，中下游居中，为 0.20。

金沙江流域多年平均降雨量 940.4mm，变差系数 C_v 为 0.09，降雨年际变化不大。金沙江流域年降雨变化过程如图 6-23 所示。流域降雨经历了 1956 ~ 1960 年的偏枯水期，1961 ~ 1970 年、1991 ~ 2000 年的偏丰水期、1971 ~ 1980 年、1981 ~ 1990 年的平偏枯水段变化，自 1998 年后降雨量有所减小。

3）年内变化。金沙江流域 5 ~ 10 月受偏南暖湿季风控制，降雨集中，5 月份降雨较前期降雨显著

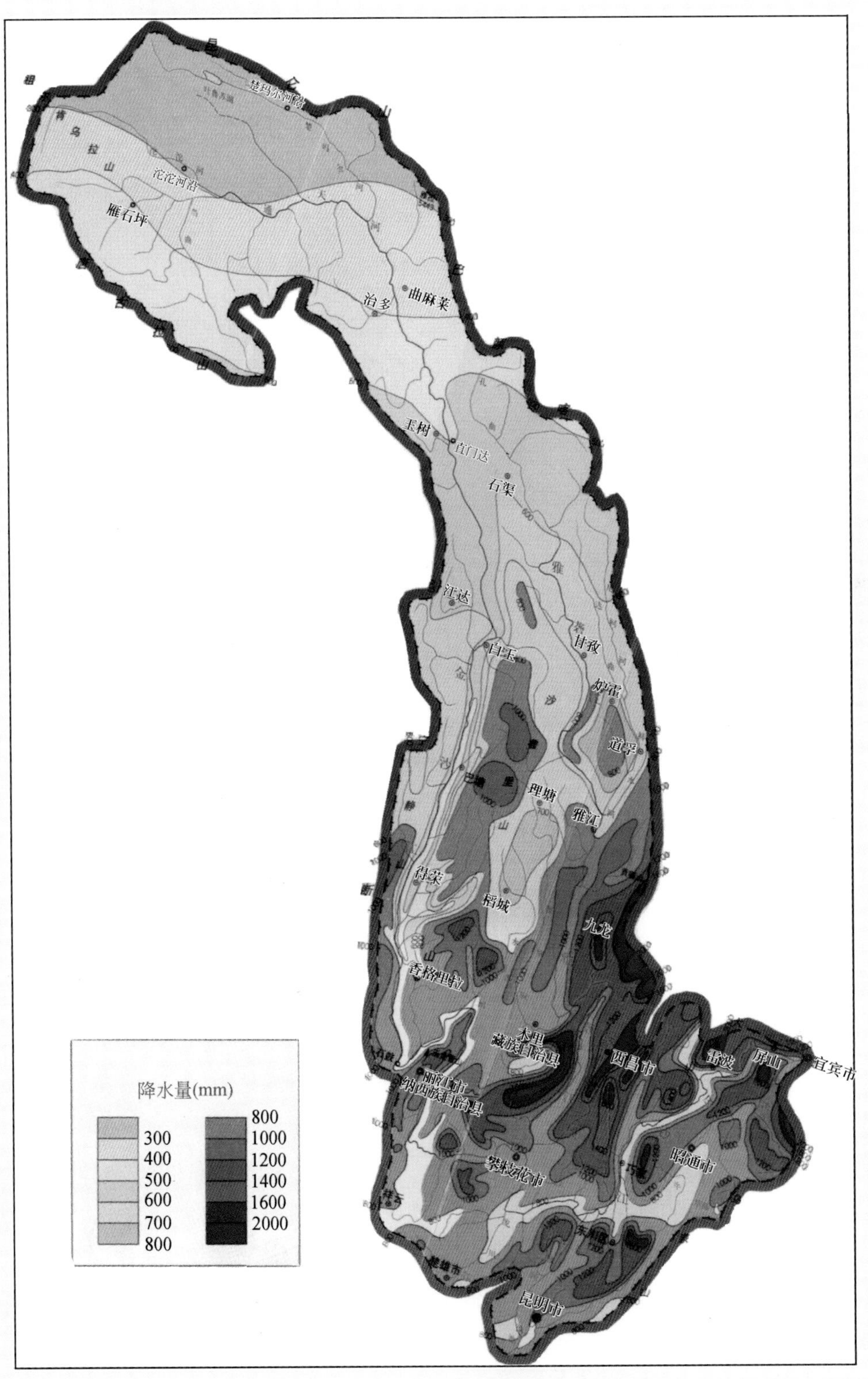

图 6-22　金沙江流域年降雨量分布图

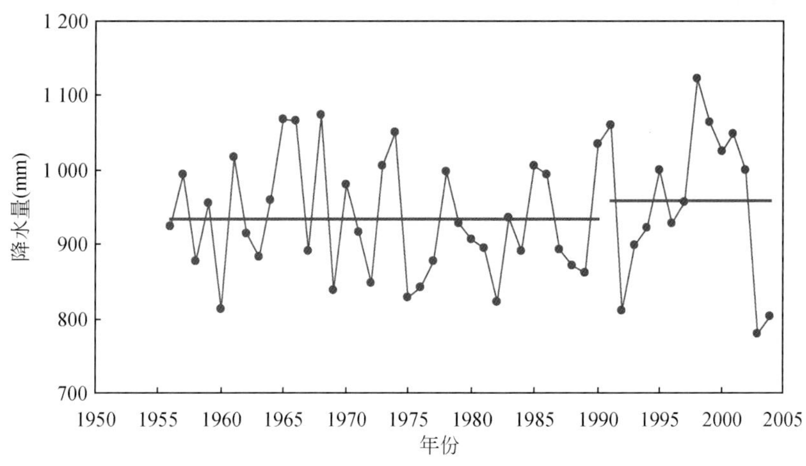

图 6-23　金沙江流域年降雨量变化过程

加大，汛期降雨量主要集中在 6 ~9 月，尤以 7、8 月份的雨量最大。10 月份降雨减小，金沙江上、中游（不包括雅砻江）地区，6 ~9 月四个月降雨量一般占年降雨量的 80% 以上，金沙江下游段及雅砻江地区，6 ~9 月降雨量可占年降雨量的 70% 。

根据金沙江干流雨量站的降雨资料分析，干流各站年平均降雨日数为 112. 7d，最大月降雨量占全年降雨量的 30. 2% ，最大日降雨量占全年降雨量的 8. 2% 。降雨的集中程度大于径流的集中程度，11 月至次年 4 月的降雨量小，且多固体降水，对地表的侵蚀力很弱。表 6-18 列出了各雨量站降雨特征值的多年（1956 ~2004 年）平均情况。

表 6-18　金沙江干流各雨量站降雨特征值

站名	年降水量（mm）	年降雨日数	最大日降雨量（mm）	最大月降雨量（mm）	汛期降雨量（mm）	最大日/年（%）	最大月/年（%）	汛期/年（%）
岗　拖	591. 4	132	28. 1	159. 7	544. 6	4. 87	27. 04	91. 94
巴　塘	454. 8	89	29. 2	148. 3	432. 1	6. 80	32. 52	94. 80
奔子栏	296. 0	68	30. 9	111. 1	258. 1	10. 71	37. 64	87. 30
石　鼓	758. 0	135	49. 9	231. 6	691. 1	6. 55	30. 42	91. 03
金江街	591. 1	87	51. 5	194. 9	560. 5	8. 76	33. 21	94. 88
龙　街	614. 3	89	56. 5	186. 6	572. 4	9. 25	30. 48	93. 08
三堆子	614. 0	89	56. 3	185. 5	571. 5	9. 23	30. 31	92. 98
田　坝	561. 9	94	48. 8	157. 0	496. 1	8. 73	27. 69	88. 35
华　弹	782. 1	116	54. 2	208. 0	702. 5	7. 03	26. 74	89. 82
花坪子	619. 2	101	44. 6	175. 4	556. 5	7. 32	28. 77	89. 27
屏　山	947. 4	170	89. 2	275. 7	815. 8	9. 35	28. 75	85. 87
横　江	876. 9	171	85. 8	255. 0	756. 1	9. 92	28. 96	86. 14

4）暴雨特征。金沙江流域暴雨的时空分布特征有以下两方面。

A. 暴雨空间分布

流域内的暴雨强度和暴雨量从上游向下游逐步增加。上段及雅砻江上游基本属无暴雨区，暴雨主要分布在中下游及雅砻江下游、支流安宁河。流域内主要存在 3 个暴雨高值区，一是雅砻江下游、安宁河下游攀枝花、会理、会东一带，其中雅砻江 ~ 安宁河区域下游的米易站，其多年平均暴雨日数 4. 8d；二是金沙江下段的雷波、永善以东地区，包括美姑、西宁、屏山、宜宾、盐津、桧溪等地，其中位于溪洛渡～向家坝区间的沐川站多年平均暴雨日数为 5.1d（沈浒英，2007）；三是五莲峰一乌蒙山地区，包括鲁甸一会泽一带。其暴雨均值可达 80～129mm，实测最大值为 235mm（邓贤贵，1997）。

根据金沙江干流 11 个站资料统计分析，最大日降雨量介于 24.2～119.2mm，多年平均值为 53.2mm，奔子栏 2001 年 7 月的一场暴雨降雨量 54mm，占全年总降雨量的 24.6%，三堆子 1968 年 7 月的一场暴雨雨量达 203mm，为干流站观测到的最大值。最大月降雨量介于 100.2～361.0mm，多年平均值为 196.1mm，通常占全年降雨量的 30% 左右。金江街 1993 年 8 月降雨量 387.6mm，占全年总降雨量的 59.5%。

B. 暴雨时间分布

1960～2004 年金沙江下段各站暴雨 94% 发生在 6～9 月（表 6-19），其中暴雨日数出现最多在 7 月，占全年总暴雨日数的 31.2%；6、8、9 月分别占 19.1%、27.8%、15.4%。5、10 月则分别占 3.1% 和 2.7%（沈浒英和杨文发，2007）。

表 6-19　1960～2004 年金沙江下段各月暴雨总日数出现频率统计

月份	暴雨日数	占全年/%	月份	暴雨日数	占全年/%
1	2	0.0	7	1499	31.2
2	1	0.0	8	1340	27.9
3	0	0.0	9	739	15.4
4	13	0.3	10	129	2.7
5	150	3.1	11	10	0.2
6	919	19.1	12	1	0

（2）降雨变化对输沙量的影响研究

1）研究方法及检验。受降雨强度及落区、地质地貌、植被及人类活动等因素的影响，长江上游径流～输沙关系复杂，一般呈非线性函数关系。目前对于评估降雨量（径流量）的变化对流域输沙量的影响主要采用经验关系模型法。图 6-24 中拟合关系 1 代表未受人类活动（包括水土保持、兴建水利工程等）因素影响的时期（基准期），流域出口控制站的年水沙关系，拟合关系 2 代表受人类活动影响的时期（治理期），流域出口控制站的年水沙关系。拟合关系线 1 和 2 之间的差值代表在不同的径流（降雨）条件下，人类活动影响对水沙关系的影响。

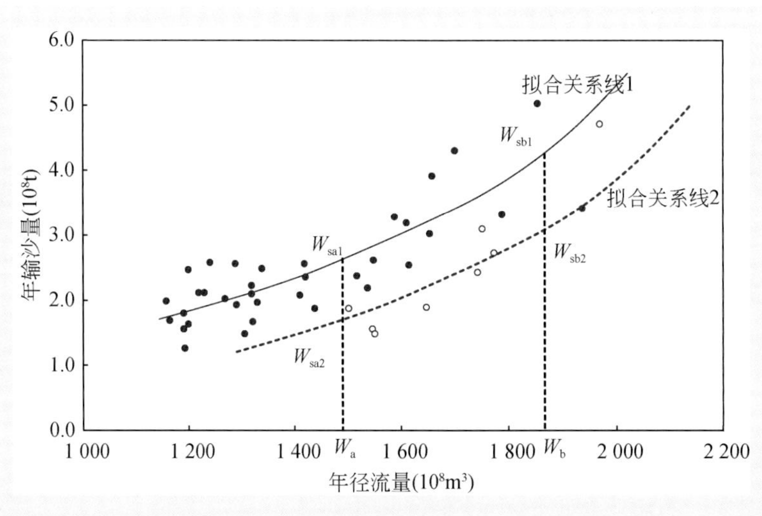

图 6-24　某站不同时期的年径流量-年输沙量关系

W_a、W_b分别为基准期和治理期的平均径流量，$W_{sa实}$、$W_{sb实}$分别为基准期和治理期的平均输沙量。则 $W_{sb实}$是径流量变化和人类活动等两方面共同作用的结果。

W_{sa1}、W_{sa2}分别为对应于 W_a分别根据拟合关系线 1、2 得到的计算值；W_{sb1}、W_{sb2}分别为对应于 W_b分别根据拟合关系线 1、2 得到的计算值。则 W_{sb1}为治理期只受降雨影响的产沙量；W_{sb2}为治理期只受水利水保措施实施等人类活动影响的产沙量。

因此计算治理期的径流条件下（W_b），人类活动对流域输沙量的影响则为

$$\Delta W_{sb人} = W_{sb1} - W_{sb2} \tag{6-9}$$

如拟合关系线 2 采用最小二乘法，则 $W_{sb2} \approx W_{sb实}$。

考虑在同等人类活动影响水平下，径流量不同对输沙量变化的影响，治理期由于径流量变化（$W_b - W_a$）带来的输沙量变化值为：

$$\Delta W_{sb径} = W_{sb1} - W_{sa1} \tag{6-10}$$

由于水沙关系模型均根据实测水沙资料，利用最小二乘法原理并考虑模型的连续性，定出相应的经验关系模型表达式（综合关系曲线），因此需对该模型进行合理性检验。借用《水文资料整编规范》（SL247－1999）关于“水位－流量关系曲线检验”的方法，对本文所建立的水沙经验关系曲线（模型）进行合理性检验，其检验方法包括符号检验、偏离检验等两种。

A. 符号检验方法

检验所定关系曲线两侧测点均衡分布的合理性。其计算公式如下：

$$u = \frac{|k - np| - 0.5 *}{\sqrt{npq}} = \frac{|k - 0.5n| - 0.5}{0.5\sqrt{n}} \tag{6-11}$$

式中，u 为统计量；n 为测点总数；k 为正号或负号个数；p、q 为正号、负号概率，各为 0.5；* 为连续改正数（离散型转换为连续型）。

其检验判别方法为：分别统计测点偏离曲线的正、负号个数，偏离值为 0 者，作为正、负号测点各半分配，按照上式计算得到的 u 值与一定显著水平 α 下的临界值 $u_{1-\frac{\alpha}{2}}$比较，当 u 小于 $u_{1-\frac{\alpha}{2}}$时则认为合理，即接受检验。

B. 偏离数值检验方法

检验测点偏离拟合关系曲线（模型）的平均偏离情况，即拟合关系模型是否能较好地反映其变化趋势。按照下式分别计算 t 值和 $S_{\bar{p}}$ 值，并将 t 值与用显著性水平 α 对应的 $t_{1-\frac{\alpha}{2}}$ 值比较，当 $|t| < t_{1-\frac{\alpha}{2}}$ 时则认为合理，即接受检验；否则应拒绝原假设。

$$t = \frac{\bar{p}}{S_{\bar{p}}} \tag{6-12}$$

$$S_{\bar{p}} = \frac{s}{\sqrt{n}} = \sqrt{\frac{\sum_{i=1}^{n}(p_i - \bar{p})^2}{n(n-1)}} \tag{6-13}$$

式中，t 为统计量；$\bar{p}$ 为平均相对偏离值；$S_{\bar{p}}$ 为 $\bar{p}$ 的标准差；s 为 p 的标准差；n 为测点总数；p_i 为测点与关系曲线的相对偏离值，$p_i = \dfrac{Q_{si实} - Q_{si计}}{Q_{si计}}$。

金沙江流域降雨变化对输沙量的影响研究包括两个方面的研究内容：降雨量（径流量）大小对输沙量的影响；降雨强度、落区特别暴雨特性变化对输沙量的影响。

2）径流（降雨）量变化对输沙量的影响。与1954～1990年相比，1991～2005年屏山站汛期和主汛期水量增加80.5亿m^3和84.7亿m^3，分别占总增水量的75.2%和79.2%，且汛期流量大，输沙能力强，因此其对输沙量的影响更为明显。屏山站基准期年、汛期和主汛期水沙关系分别见图6-5（a）、图6-25（a）和图6-25（b）。

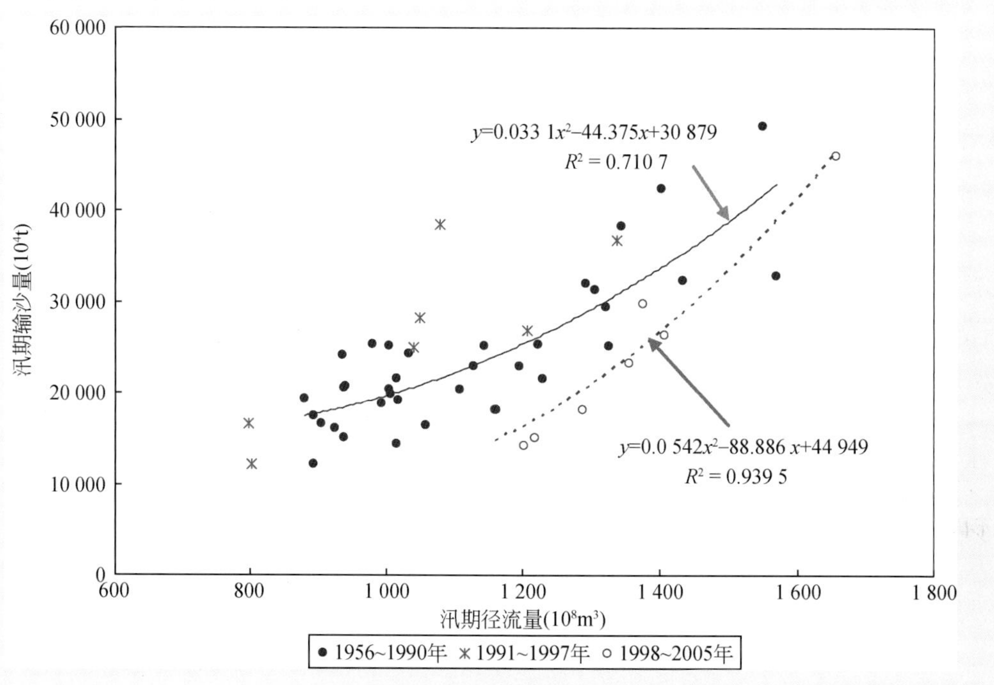

图6-25（a） 屏山站汛期径流量～汛期输沙量关系变化

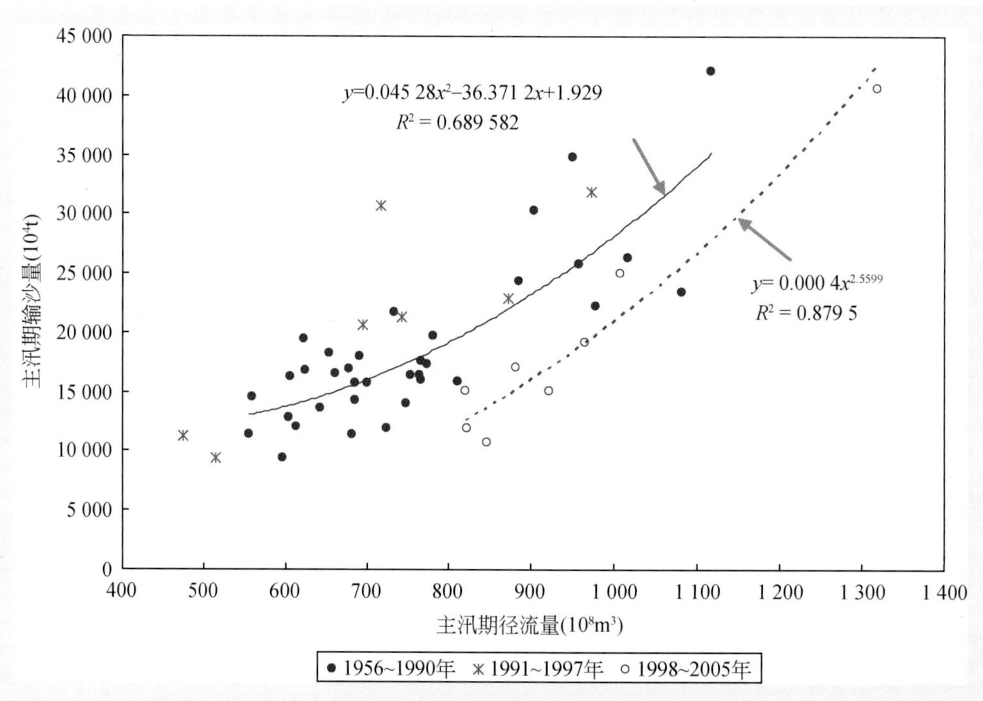

图6-25（b） 屏山站主汛期径流量～主汛期输沙量关系变化

据此计算，屏山站汛期、主汛期水量分别增加80.5亿m^3和84.7亿m^3，引起增沙量为2380~2710万t（平均2540万t）。其中攀枝花以上地区水量增加65.7亿m^3，占屏山站增水量的61.4%，增沙量为1140万t；攀枝花至屏山区间增沙量为1400万t，其中雅砻江流域（小得石站）径流量虽增加了36.4亿m^3，但由于二滩水库的拦沙作用，1991~2005年年均沙量减小了1030万t。此外，攀枝花至屏山区间来沙量不仅受径流量大小影响，而且受暴雨落区及强度影响非常明显。

3）降雨落区变化对输沙量的影响。金沙江降雨的落区、范围和强度对流域来沙的影响甚大，当暴雨中心在主要产沙区域，或者主要产沙区发生大面积集中性降雨时，流域沙量大。1974年华弹（巧家）、屏山站径流与其多年平均之比分别为1.25和1.27，但两站1974年年输沙量与多年平均输沙量之比为1.67和2.00，华弹至屏山区间年输沙量达2.03亿t，按面积比算，华弹至屏山区间年输沙模数达9251t/km^2，远远大于其他年份。该年金沙江下游段降雨偏大，华弹至屏山区间支流黑水河、以礼河、美姑河上游支流均为降雨高值中心，降雨中心多在高产沙区。黑水河竹寿站年降雨高达1709.2mm，黑水河宁南站年输沙量为608万t，为1983年以前的第一位，若与1960~2000年多年平均输沙量比较，1974年输沙量为多年平均的1.30倍。1974年美姑河美姑站年输沙量为323万t，是多年平均输沙量的1.7倍。

由表6-20看出，在1954~1982年和1983~1992年两个时段，屏山站年平均径流量基本相等，但平均输沙量增加3000万t，增幅约12.6%。20世纪80年代后金沙江屏山以上从直门达到屏山沿程输沙量都有偏大现象，根据金沙江主要支流雅砻江、安宁河、龙川江、鱼河、黑水河、昭觉河、美姑河、横江的资料分析，80年代后输沙量增加趋势明显（图6-26）。由图可见，80年代后金沙江流域水土流失有加重趋势，其主要原因是由于基本建设规模迅猛扩大，筑路、建厂、修水库、开渠、采矿等人类活动对环境的影响加剧，特别是村民自发的陡坡开荒，滥砍过伐森林，乱采矿藏资源等危害更大，使大片水源林和植被破坏，加之环境管理及保护措施未能及时跟上，因此，一遇暴雨，致使泥沙流失加重（邓贤贵，1997）。

表6-20　金沙江屏山站年输沙量变化统计

时段	起止年份	年数	多年平均		
			径流量（亿m^3）	输沙量（亿t）	输沙变化量（亿t）
1	1954~1982	29	1428	2.38	
2	1983~1992	10	1427	2.68	+0.30
3	1993~1997	5	1311	2.77	+0.09
4	1998~2005	8	1686	2.47	-0.30

从金沙江攀枝花至屏山区间各站年、汛期（5~10月）和主汛期（7~9月）径流量和输沙量在各区间的分配情况来看，1990年前后降雨落区总体未发生明显变化（表6-21）。当降雨落区集中在攀枝花至屏山区间时，输沙量较大，如1967年和1975年径流量相当，地表植被差异不大，人类活动的影响也较接近，但1967年输沙量偏大5300万t，主要是由于1967年攀枝花至屏山区间降雨（径流）量明显大于1975年所致，其来水量占屏山的26.6%（1975年仅分别占14.6%和57.1%），来沙量1.091亿t（1975年仅为0.720亿t）；1990年与1991年径流量也基本相当，但1991年输沙量偏大7600万t，主要是由于降雨区主要集中在攀枝花至华弹区间（不含雅砻江），其来沙量占屏山站的

50.2%；1996年和1997年、主汛期径流量均基本相当（1997年偏大2.4%），但1997年输沙量偏大1.33亿t（51.6%）。这主要是由于1997年降雨主要集中在攀枝花-屏山区间（不含雅砻江），其来水来沙量分别为364亿m^3和3.08亿t，分别占屏山的26.8%和78.8%；1996年区间来水来沙量仅为222亿m^3和1.615亿t。

2003年、2004年与2002年比较，人类活动、地表植被、水库拦沙、水土保持效益等条件均较接近，主汛期径流量占全年的比例也相近，径流量略增加，但来沙量减小3000万t左右，这与降雨落区有一定关系，2003和2004年降雨落区主要在攀枝花以上区域。

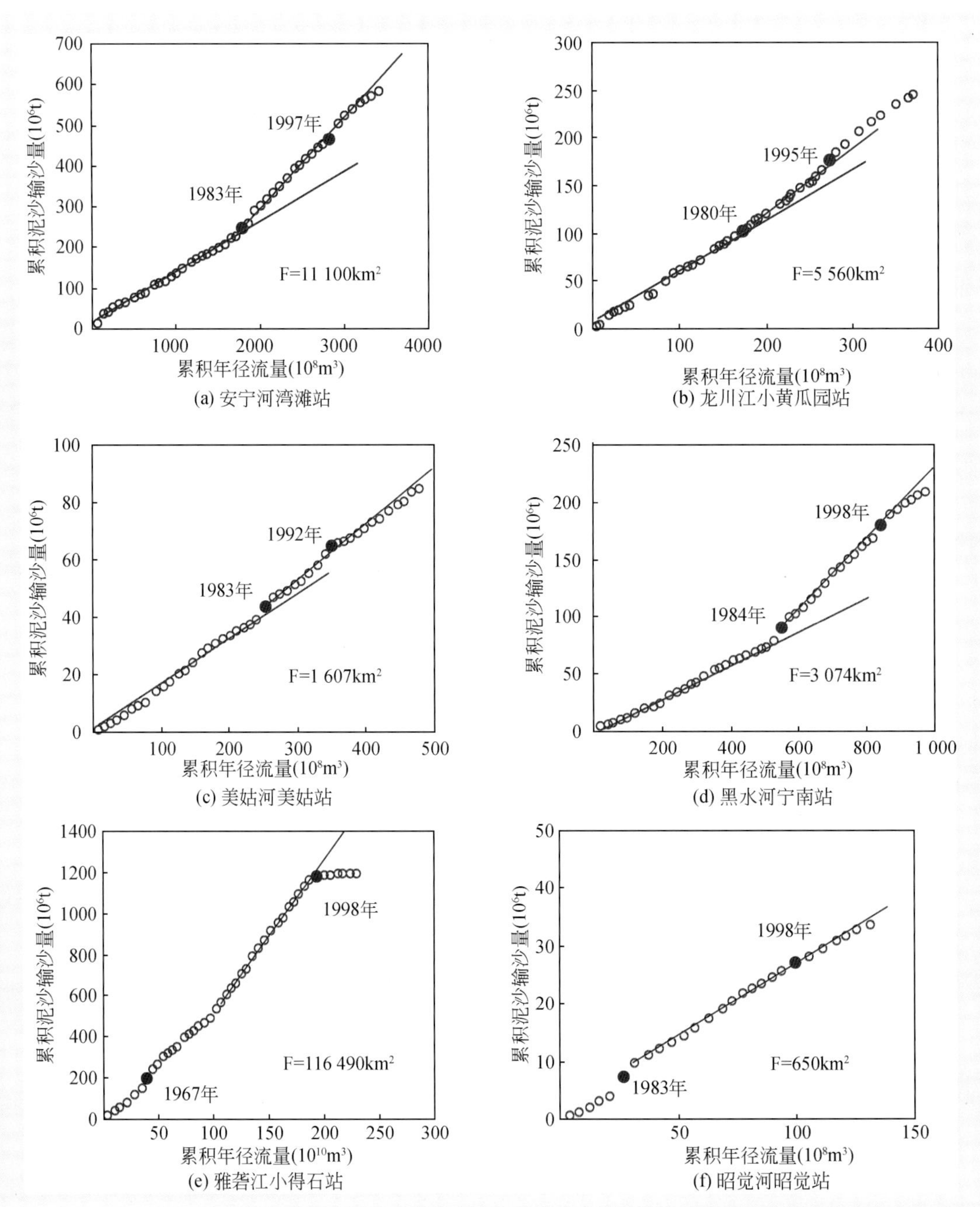

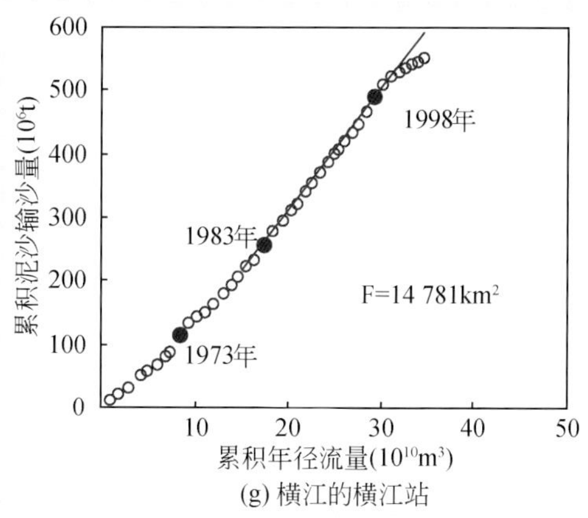

(g) 横江的横江站

图 6-26　金沙江主要支流累积年径流量与输沙量关系图

表 6-21　金沙江干流汛期和主汛期水沙量统计

测站或区间	汛期（5～10 月）				主汛期（7～9 月）			
	1990 年前		1991～2005 年		1990 年前		1991～2005 年	
	径流量（亿 m³）	输沙量（亿 t）	径流量（亿 m³）	输沙量（亿 t）	径流量（亿 m³）	输沙量（亿 t）	径流量（亿 m³）	输沙量（亿 t）
攀枝花	432.1	0.440	487.9	0.642	293.1	0.361	343.5	0.549
小得石	399.9	0.315	447.4	0.200	314.3	0.294	358.0	0.187
攀—小—华区间	150.5	0.885	154.1	1.093	62.5	0.621	60.4	0.830
华弹	982.5	1.64	1089.4	1.935	669.9	1.276	761.9	1.566
华—屏区间	134.9	0.749	108.5	0.565	83.4	0.579	76.1	0.453
攀—小—屏区间	285.4	1.634	262.6	1.658	145.9	1.20	136.5	1.283
屏山	1117.4	2.389	1197.9	2.5	753.3	1.855	838	2.019

4）暴雨特性变化对输沙量的影响。暴雨特性变化对输沙量的影响主要表现在两个方面，一是暴雨天数对输沙量的影响，二是暴雨强度对输沙量变化的影响。

A. 暴雨天数对输沙量的影响

暴雨是影响输沙量年内年际变化、地区分布和水沙关系的主要气候因子，流域输沙量集中在 7～9 月这个特点完全是因暴雨年内分配的集中所致。如 1981～1985 年与 1975～1980 年相比，金沙江攀枝花至屏山区间沙量明显偏大（表 6-22），与区间 1981～1985 年暴雨日数增多，而 1975～1980 年暴雨日数减少直接有关［图 6-27（a）和图 6-27（b）］。

表 6-22　金沙江攀枝花～屏山区间大、小沙期水沙与历年水沙变化统计

年份	年径流量		年输沙量	
	亿 m³	增幅%	万 t	增幅%
多年均值	893		19 770	
1981～1985 年大沙期年均值	820	-8.2	21 450	+8.5
1975～1980 年小沙期年均值	796	-2.9	15 400	-28.2

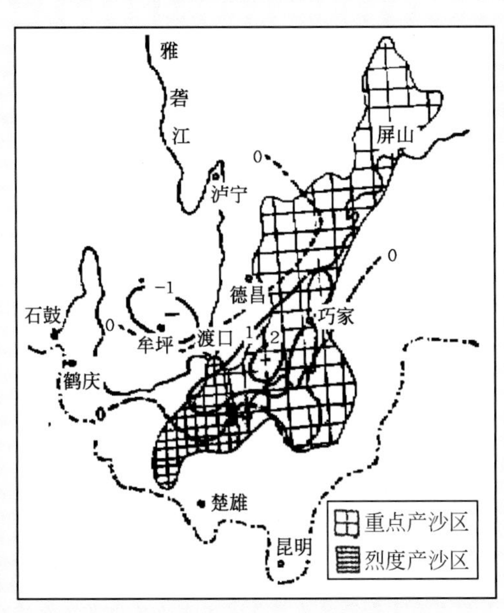

图 6-27（a） 金沙江下段 1981～1985 年（大沙期）年平均暴雨日数距平分布

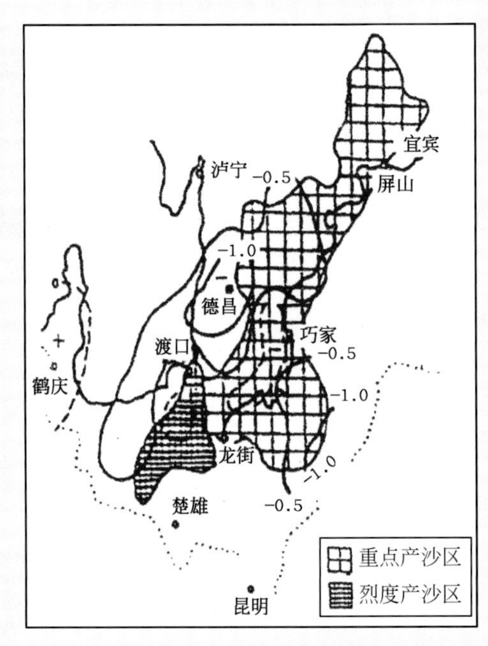

图 6-27（b） 金沙江下段 1975～1980 年（小沙期）平均暴雨日数距平

1991～2000 年金沙江攀枝花～屏山区间年均暴雨日数有所增多，而 2001～2004 年与 1991～2000 年相比，年均暴雨日数减少（沈浒英，2007）（表 6-23）。1991～2000 年金沙江输沙量增大与攀枝花～屏山区间年均暴雨日数增多有关，而 2001～2004 年输沙量减小则与攀枝花至屏山区间暴雨日数减少密切相关。

表 6-23　不同时期暴雨日数增减情况统计表

序号	1991～2000 年与 1960～1990 年比较		2001～2004 年与 1991～2000 年比较	
	站名	增加暴雨日数	站名	减少暴雨日数
1	攀枝花	4.1	米易	3.0
2	米易	2.4	宁南	2.0
3	盐边	1.2	盐边	2.0
4	金阳	1.2	德昌	1.9
5	宁南	1.0	攀枝花	1.8
6	沐川	1.0	巧家	1.7
7	牟定	0.9	昆明	1.7
8	昆明	0.9	普格	1.3
9	西昌	0.8	会泽	1.1
10	普格	0.8	鹤庆	0.9

资料来源：沈浒英，2007

B. 暴雨强度对输沙量变化的影响

金沙江流域下段来沙以滑坡、泥石流等重力侵蚀产沙为主，而泥石流、滑坡的发生，往往是受某一场日暴雨过程的激发作用所致。在相对较小的区域内，降雨是否落在滑坡和泥石流沟所在流域，其来沙结果有很大的差异，暴雨强度及落区在小范围内的变化也对流域来沙量的变化具有重要影响（谭万沛等，1994）。

根据 1960～2004 年金沙江下段各站最大日雨量（24h）资料统计，最大日雨量为 275mm（宜宾站，1984 年 7 月 6 日）。1991～2000 年与 1960～1990 年相比，最大日暴雨量增加的区域主要位于金沙江下段的东北部地区，华弹以上地区暴雨量则有所减少。金沙江下段金江街、龙街、三堆子、华弹、屏山等站最大日降雨量分别增大约 7.4mm、0.4mm、4.0mm、1.0mm 和 10.3mm；2001～2004 年与 1991～2000 年相比，金江街至龙街部分地区、雅砻江至安宁河部分地区最大日暴雨量有所增加，但金沙江下段的东北部地区则明显减小，雅砻江至安宁河下段暴雨量也明显减少。金沙江干流下段金江街、龙街、三堆子、华弹、屏山等站最大日降雨量分别减小约 3.4mm、4.5mm、18.2mm、9.1mm 和 6.5mm。

综上所述，金沙江流域来沙量年际变化很大，主要随降雨量和径流量的变化而变化，即使在相同的年降雨量和年径流量条件下，年际间差别也很大。重点产沙区与暴雨集中区的分布一致，在同一区域，降雨量、落区、范围和强度对来沙的影响是主要的、直接的。1991～2005 年与 1990 年前相比，金沙江流域（屏山站）由于径流量增加 84 亿 m^3（增幅 5.8%）引起增沙量为 2540 万 t。其中攀枝花以上地区水量增加 65.7 亿 m^3，占屏山站增水量的 61.4%，增沙量为 1140 万 t，攀枝花-屏山区间增沙量为 1400 万 t（表 6-24）。

此外，攀枝花至屏山区间 61 个气象站点暴雨量统计分析结果表明，与 1990 年前相比，1991～2000 年区间年均暴雨日数明显增多是输沙量增加的重要原因；与 1991～2000 年相比，2001～2005 年区间暴雨日数明显减小、暴雨强度减弱是导致区间沙量大幅度减小的主要原因。

表 6-24　金沙江攀枝花、屏山站及攀枝花–屏山区间各时期水沙统计表

统计时段	屏山站		攀枝花站		攀枝花–屏山区间	
	径流量（亿 m^3）	输沙量（亿 t）	径流量（亿 m^3）	输沙量（亿 t）	径流量（亿 m^3）	输沙量（亿 t）
1954 ~ 1990	1437	2. 463	543	0. 443	894	2. 020
1991 ~ 2000	1483	2. 945	585	0. 660	898	2. 285
2001 ~ 2005	1598	1. 844	658	0. 650	940	1. 194
1991 ~ 2005	1521	2. 578	609	0. 657	912	1. 921

攀枝花站缺 1954 ~ 1965 年资料

2. 岷江流域

岷江流域降雨季节变化明显，汛期暴雨频发，尤其集中在 6 ~ 9 月，夏秋两季雨量可占全年的 80% 以上。各地年降雨量受地形影响相差较大，干流上游河谷松潘县至汶川段多年平均年降雨量 400 ~ 700mm，自汶川县映秀湾以下至都江堰市，位于龙门山东南麓，是岷江干流的降雨中心，多年平均年降雨量达 1100 ~ 1600mm，岷江中下游多年平均年降雨量在 900 ~ 1300mm。岷江全流域实测年最大降雨量为紫坪铺站的 2434. 8mm（1947 年）。

1990 年前、后岷江流域除小金、镇江关站年均降雨量略有增大外，其他各站降雨量均有所减少（图 6-28），流域年均降雨量偏少约 70mm（减幅约 7%），与径流量偏少幅度基本相同。姜彤等人（2005）根据 1961 ~ 2000 年降雨资料统计表明，岷江夏季降雨量偏少 50 ~ 100mm（姜彤等，2005）。

流域面上降雨量减小导致水文控制测站来水来沙减小，高场站 1991 ~ 2005 年年径流量减少 55 亿 m^3（减幅 6. 2%），按多年平均含沙量计算，其减沙量约 300 万 t；同时根据 1954 ~ 1990 年和 1991 ~ 2005 年年径流量–年输沙量关系［图 6-6（a）］来看，由径流量减少引起的减沙量约 400 万 t。近年来，岷江暴雨量也有所减小（苏布达等，2006），对减沙也有一定影响。因此，岷江流域由于径流量减少引起的减沙量为 300 万 ~ 400 万 t（平均 350 万 t），约占高场站多年平均输沙量的 7. 3%，占高场站总减沙量的 22. 3%。

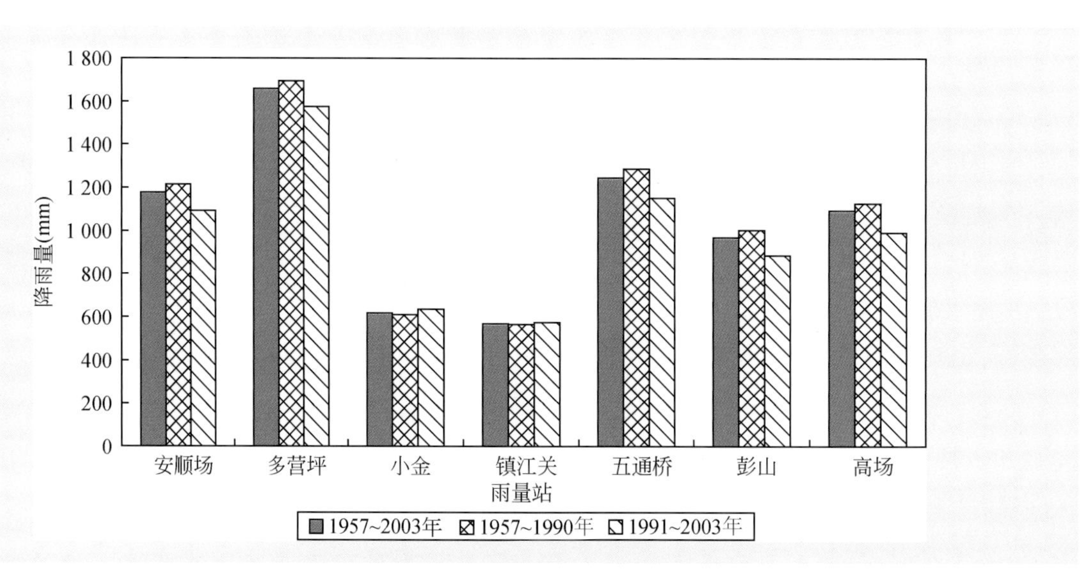

图 6-28　岷江流域各雨量站年均降雨量变化对比

3. 沱江流域

沱江上游流域水系发育，属鹿头山暴雨区，暴雨多、强度大，年最大24h暴雨平均值大于120mm，汛期4~6d实测最大暴雨量大部分地区为203mm~627mm（邱英成，1999）。流域内降雨量地区差异较大，上游降雨量最大，年均降雨量1200mm~2000mm，中游最小［表6-25］。1991年以来流域降雨量减小较为明显［图6-29（a）］，流域年均降雨量由1957~1990年的1031.3mm减少至925.1mm（减幅10.3%）。

表6-25　沱江流域主要雨量站不同时间段年均雨量统计　（单位：mm）

河名	站名	1955~1990年	1991~2000年	2001~2004年	1955~2004年
石亭江	高景关	1289.1	1163.6	1144.9	1252.5
球溪河	北斗	962.9	864.2	860.9	931.9
釜溪河	自贡	1050.7	992.9	868.7	1025.1
绵远河	汉王场	1496.1	1360.5	1329.8	1454.4
沱江	三皇庙	894.1	768.1	805.4	863.7
沱江	登瀛岩	1013.1	925.8	918.9	996.2
沱江	李家湾	1042.0	850.3	866.3	988.5
沱江	上游	1206.3	1042.3	1047.2	1159.5
沱江	中游	903.5	819.8	797.5	877.8
沱江	下游	1017.6	936.2	912.8	992.4
沱江	全流域	1036.5	929.2	914.8	1004.7

此外，流域产沙受暴雨的影响很大。沱江著名的“81·7”暴雨洪水，最大流量为15 200m^3/s，最大输沙率为117 000kg/s，最大日输沙量达1010万t，相当于多年平均输沙量，7月份沙量占全年的65.1%。

沱江流域径流深与降雨量的变化过程一致［图6-29（a）］。流域面上降雨量减小导致来沙量的减小，根据流域降雨量-李家湾站输沙量关系计算［图6-29（b）］，由于降雨量减小而引起的减沙量为400万t。与1990年前相比，李家湾站1991~2005年年均径流量减少19亿m^3（减幅15.1%）。据其多年平均含沙量资料分析，其减沙量约140万t；而根据1954~1990年、1991~2005年年径流量-年输沙量关系［图6-7（a）］来看，由径流量减少引起的减沙量约500万t。

因此，沱江流域由于径流量减少引起的减沙量为140万~500万t（平均320万t），约占李家湾站多年平均输沙量的35.6%，占李家湾站总减沙量的36.4%。

4. 嘉陵江流域

根据1956~2000年资料统计，嘉陵江流域内多年平均降雨量约为934mm，降雨地域分布不均，一般是盆地边缘的降雨大于盆地中部。流域内两个降雨量较大的地区，一个在流域东部渠江的渠县以上地区，年均降雨量为1100~1400mm；另一个在涪江上游，年降雨量为1200~1400mm。

流域内旱季和雨季明显，12~2月为全年降雨最少的时期，仅占年降雨量的3.2%；主汛期6~9月占全年的66%。在8月下旬至10月上旬流域时常出现秋雨现象。除三磊坝以上及涪江潼南以上地区无秋雨外，其他地区均有秋雨现象发生，尤其是渠江的秋雨特别明显。

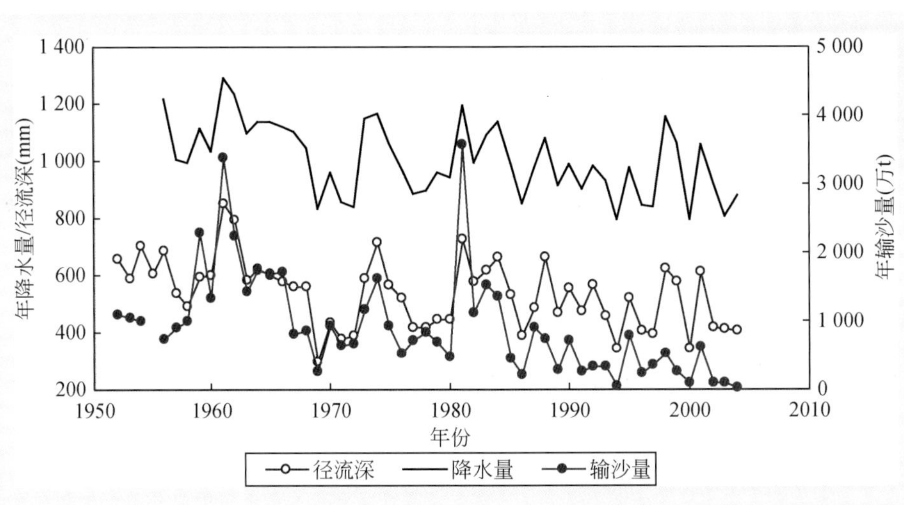

图 6-29（a） 沱江流域年降雨量、径流深及李家湾站输沙量变化过程

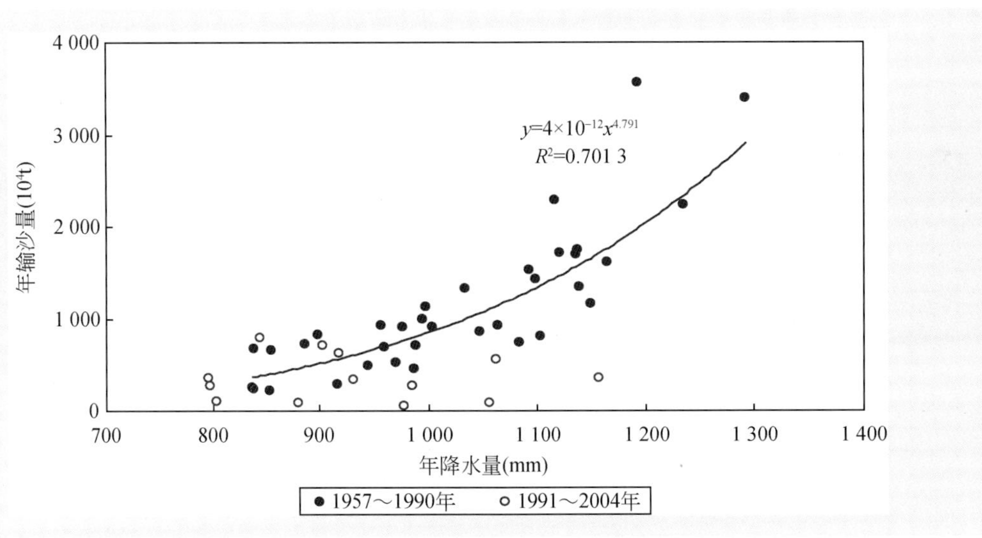

图 6-29（b） 李家湾站年输沙量 ~ 年降雨量关系

此外，嘉陵江是长江流域暴雨多发区之一，暴雨多发生在 4 ~ 10 月，尤其以 7 ~ 9 月发生暴雨的概率最大，约占 75%。上游地区多年平均暴雨日数不足 1d，中下游平均每年可发生 2 ~ 3d 暴雨。渠江上游为著名的大巴山暴雨区，日雨量大于 50mm 的暴雨日数平均每年达 5d 以上，最大 24h 点雨量为 450. 5mm（皮窝站，1974 年 9 月 11 日），最大 3d 点雨量为 577. 5mm（皮窝站，1974 年 9 月 11 ~ 13 日）；涪江上游为川西暴雨区，年平均暴雨日数达 6 ~ 7d，最大 24h 点雨量为 577. 5mm（安县睢水关站，1972 年 7 月），最大 3d 点雨量为 581. 6mm（甘溪，1977 年 9 月）。

（1）降雨落区及强度对输沙量的影响

由于嘉陵江流域面积大、地质地貌条件较为复杂，降雨落区、范围及强度对河流来沙的影响较大。表 6-26 为北碚站径流量、降雨量接近而雨区不同，径流量接近、降雨落区相同而雨强不同的情况对比，由表可见，降雨中心位置不同可导致输沙量相差 5 倍；面平均降雨强度不同，输沙量可相差 1 倍（长江水利委员会，1997）。

对于流域上游西汉水谭家坝站以上降雨较为均匀的区域（面积 9538km^2）而言，输沙量除与降雨强度有关外，还与降雨量、面雨强度、暴雨天数和最大点雨量等因素有关（表6-27），在降雨量和径流量接近的情况下，因雨量或降雨强度和暴雨日数、最大点雨量不同，输沙率可相差4～9倍，含沙量相差4～6倍（长江水利委员会，1997）。另外，暴雨强度对流域产沙和输沙的影响更为明显，如谭家坝站1966年的降雨量是1978年的1.7倍，但1966年的输沙过程中最大5d输沙量却是1978年的2.4倍。其原因就是1966年最大1d面平均雨深是1978年的2倍所致（表6-26）。

表6-26　北碚站不同降雨条件的洪水过程输沙量比较表

日期	径流量（亿 m^3）	面平均降雨强度（mm/d）	面平均降雨量（mm）	输沙量（万t）
1979年9月19～28日	66.8		79.4	1290
1984年8月2～11日	67.8	26.3		6830
1978年9月1～10日	68.8	10.1	80.5	3630

表6-27　西汉水谭家坝站最大5d水沙量对比

时间	降雨天数（d）	降雨量（mm）	最大一日面平均雨深（mm）	起涨流量（m^3/s）	径流量（亿 m^3）	输沙量（万t）
1966年7月22～26日	2	38.5	51.3	34.1	0.886	2148
1978年7月21日～25日	2	34.6	25.6	36.6	0.534	891

如1979年9月19～28日和1984年8月2～11日两次过程北碚以上面平均雨量和径流量都很接近，而降雨中心位置不同，1984年降雨中心在主要产沙区，1979年在非主要产沙区，两者的输沙量相差5倍。1984年8月2～11日和1978年9月1～10日，北碚站2次洪水过程径流量接近，由于面平均降雨强度不同，输沙量可相差1倍［图6-30（a）和图6-30（b）］。

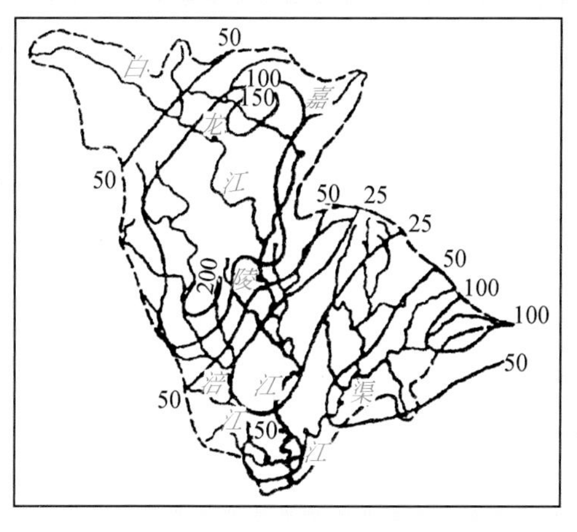

图6-30（a）　1984年8月2～11日嘉陵江雨量图

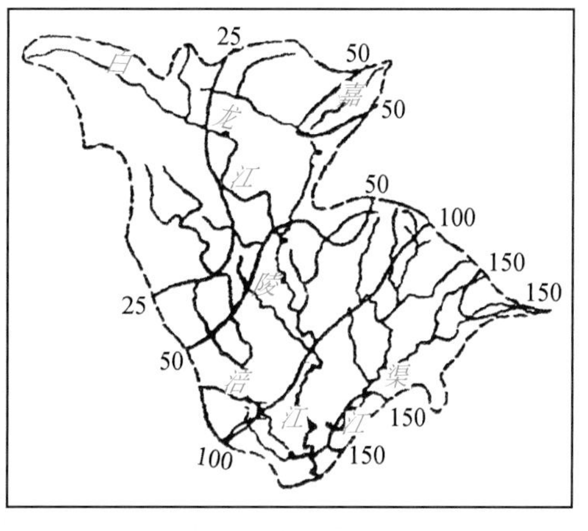

图6-30（b）　1979年9月19～28日嘉陵江雨量图

如1981年和1983年嘉陵江均为大水年，北碚站年水量分别为1030亿 m^3 和1070亿 m^3，但输沙量相差较大，分别为3.56亿t和1.82亿t（表6-28），两者相差近1倍。这主要是1983年降雨中心在渠江上游地区，如苟渡口站年降雨量为1556.3mm，较1981年偏多79%，但中下游地区降雨量则偏少，罗渡溪站年降雨量为971.4mm，较1983年偏少10%。而1981年降雨中心在嘉陵江上中游干流及涪江地区，如新店子站 1981 年降雨量为 1937mm，较 1983 年偏多 42%，输沙量也达到 9100 万 t，偏大 1.95 倍；涪江上游射洪站 1981 年降雨量达 1354.6mm，较 1983 年偏大 44%，涪江桥站输沙量达到 3370 万 t，较 1983 年偏大 4.7 倍。

表 6-28　北碚站 1981 年和 1983 年水沙地区组成对比

水文站	1981 年				1983 年			
	年径流量（亿 m^3）	占北碚 %	年输沙量（万 t）	占北碚 %	年径流量（亿 m^3）	占北碚 %	年输沙量（万 t）	占北碚 %
武　胜	445	43.2	20 300	57.0	375	35.0	7 380	40.5
罗渡溪	294	28.5	3 310	9.3	442	41.3	6 690	36.8
小河坝	232	22.5	9 180	25.8	167	15.6	2 110	11.6
三江汇合区	59	5.7	2 810	7.9	86	8.0	2 020	11.1
北　碚	1030	100	35 600	100	1 070	100	18 200	100

另外“81·7”特大暴雨，导致其输沙量急剧增加。其特点是：雨量大、雨强高、历时长、范围广，7d 暴雨中心最大雨量为 489.6mm（嘉陵江上寺站），1d 暴雨（雨量大于 50mm）等雨深线面积达 13 万 km^2以上，笼罩嘉陵江、涪江、岷沱江等几条支流（水利部水文局和长江水利委员会水文局，2002）。嘉陵江主要产沙区部分地区暴雨强度也较大。在洪水的袭击下，冲垮 15 座小型水库及大量塘堰等水利工程；涪江和嘉陵江中游大量围滩造田工程被冲，近百个县区共发生滑坡、泥石流 60 000 多处。由于大面积的强侵蚀，7d 的输沙模数竟达 500 ~ 2000 t/(km^2·a)，为多年平均值的 52 ~ 210 倍。

1981 年 8 月暴雨中心和主雨区发生在嘉陵江主要产沙区。嘉陵江上游阳平关、略阳站，8 月份雨量分别为 818mm 和 698mm，接近该两站的多年平均年雨量。略阳站多年平均暴雨日数为 1.4d，该年 8 月份暴雨日近 8d。该月嘉陵江主要产沙区暴雨量之大和暴雨日数之多都是少见的，宝成铁路宝鸡至略阳段发生历史上罕见的泥石流灾害，在铁路沿线 214 km 内爆发了数以万计的浅层滑坡，沟谷泥石流 118 条，坡面冲沟泥石流 104 处。

1981 年 7 ~ 8 月嘉陵江暴雨，北碚站水量为 544 亿 m^3，占全年水量的 52.8%，输沙量高达 2.67 亿 t，占全年的 75%；而 1983 年降雨主要集中在 8、9 月，其水量为 394 亿 m^3，占全年水量的 36.8%，输沙量 1.02 亿 t，占全年的 56%。

通过比较嘉陵江“81·7”、“98·7”和“05·7”等 3 场典型暴雨的降雨与输沙情况，分析降雨落区、强度对输沙的影响，各典型暴雨中心、雨区范围及相应各站水沙量统计如表 6-29 所示。由表可见，虽嘉陵江“98·7”暴雨强度大，但由于暴雨笼罩面积小，1d 暴雨雨区范围仅为“81·7”的 36%，其输沙量也仅为“81·7”的 23.7%；而“05·7”暴雨主要发生在渠江上中游，暴雨中心 7d 降雨量达到 448mm（历史最大值），但其 7d 降雨 300mm 笼罩面积仅为 5116km^2，输沙量也较小（丁晶和邓育仁，1998）。

1994 ~ 1997 年嘉陵江出现 4 个连续枯水年，径流量较多年平均值减少 890m^3/s，平均减少幅度为 40%。嘉陵江北碚站 1998 年 7 ~ 8 月径流量为 417 亿 m^3，比 1954 年偏大 32%，而输沙量却为 0.879 亿 t，比 1954 年偏小 5%，这主要是由于 1998 年 7、8 月降雨不在西汉水等主要产沙区的缘故。

表 6-29　嘉陵江典型暴雨统计表

暴雨		1981 年 7 月	1998 年 7 月	2005 年 7 月
暴雨中心		嘉陵江上中游（上寺）	嘉陵江上中游（新民）	渠江上中游（碑庙）
7 日降雨量（mm）		489.6	634.5	448
3 日降雨 300mm 笼罩面积（km^2）		2120	280	
1 日暴雨笼罩面积（km^2）		137 440	46 740	
7 日降雨 300mm 笼罩面积（km^2）				5116
武胜站	降雨量（mm）	167.3	236.3	158
	水量（亿 m^3）	117	72	43
	沙量（万 t）	6450	1300	643
罗渡溪	降雨量（mm）	258.9	281.7	286.5
	水量（亿 m^3）	70	86	80
	沙量（万 t）	1100	1110	1340
小河坝	降雨量（mm）	300.5	176	146.5
	水量（亿 m^3）	75	26	40
	沙量（万 t）	4710	82.5	761
北碚	降雨量（mm）	195.5	183.8	184.5
	水量（亿 m^3）	271	204	189
	沙量（万 t）	11400	2700	2810

“81 · 7” 和 “98 · 7” 1d 暴雨笼罩面积包括岷、沱江、金沙江等水系部分

（2）径流量变化对输沙量的影响

流域内 20 个雨量站 1950～2003 年降雨资料分析表明，1990 年前后降雨落区、分布和强度大小均未发生明显变化，但各站降雨量均有所减少（图 6-31）。北碚站径流量减小主要集中在汛期 5～10 月，其平均流量减幅约 23%，主汛期 7～9 月则在 27% 左右（表 6-30）。由于各月流量减少对输沙量减少的影响程度是不同的，因此为定量分析嘉陵江流域径流量变化对输沙量减少的影响，可通过建立北碚站月均流量-输沙率关系来估算各月流量减少对输沙率减少的影响。北碚站月均水沙关系一般表现为幂数关系：

$$Q_{S月} = a \times Q_{月}{}^{b}$$

式中，$Q_{S月}$ 为月均输沙率，$Q_{月}$ 为月均流量，a 和 b 则为拟合参数。

根据北碚站 1954～1990 年月均水沙关系，由 1991～2005 年各月平均流量值计算得到各月平均输沙率 Q_{Si}，$i=1～12$；另外考虑径流还原的影响，在假设 1991～2005 年各月平均流量与 1954～1990 年各月平均流量基本相同的情况下，可计算得到各月平均输沙率 Q'_{Si}，$i=1～12$。由此可以计算出各月由于流量减少引起输沙率减少值：$\Delta Q_{Si} = Q'_{Si} - Q_{Si}$。据此初步计算，北碚站由于径流量减少引起北碚站减沙量约为 4700 万 t。另外，根据北碚站年、汛期和主汛期径流量-输沙量关系模型［表 6-31、图 6-8（a）、图 6-32（a）和图 6-32（b）］，当北碚站 1991～2005 年由于径流量减小而导致减沙量分别为 4040 万 t、3960 万 t、3540 万 t。

综合各模型方法计算结果可知，嘉陵江流域由于径流量偏少而引起北碚站输沙量减少 4060 万 t，分别占北碚站 1954～1990 年和多年平均输沙量的 28.5% 和 36.2%，占北碚站 1991～2005 年总减沙量

的38.2%。另外，嘉陵江流域1991～2000年年均暴雨日数较1961～1990年有所减少，也对输沙量减小有一定影响（姜彤等，2005）。

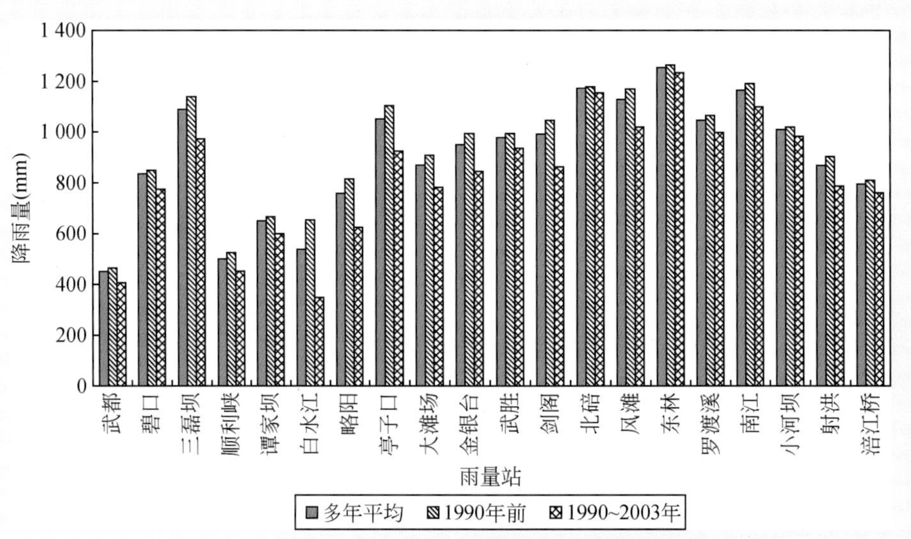

图6-31　嘉陵江流域各雨量站年均降雨量变化对比

表6-30　北碚站1991年前后各月平均流量和输沙率对比

月份	月均流量（m^3/s）			月均输沙率（kg/s）		
	1954～1990年	1991～2005年	相差（%）	1954～1990年	1991～2005年	相差（%）
1月	448	470	4.9	5.69	3.73	-34.4
2月	378	379	0.3	4.03	2.89	-28.3
3月	470	505	7.4	26.2	5.85	-77.7
4月	1010	861	-14.8	408	33.5	-91.8
5月	2040	1560	-23.5	2430	266	-89.1
6月	2530	2520	-0.4	4440	1630	-63.3
7月	5620	4240	-24.6	18 800	4680	-75.1
8月	4190	3670	-12.4	11 800	4030	-65.8
9月	5000	2900	-42.0	13 200	2000	-84.8
10月	2860	2310	-19.2	2790	662	-76.3
11月	1260	1140	-9.5	204	167	-18.1
12月	664	620	-6.6	16.9	7.27	-57.0
汛　期	3710	2870	-22.6	8890	2220	-75.0
主汛期	4940	3610	-26.9	14 600	3590	-75.4
年　均	2220	1770	-20.3	4500	1130	-74.9

表6-31　嘉陵江北碚站径流-输沙关系经验模型（基准期）

模型		模型关系式	相关系数
水沙关系模型	年	$W_{s北}=32.061\times W_{北}-8207.1$	0.753
		$W_{s北}=0.0338\times W_{北}^2-17.584\times W_{北}+9085.5$	0.765
		$W_{s北}=0.534\times W_{北}^{1.5449}$	0.738
	汛期	$W_{s汛北}=0.0258\times W_{汛北}^2+2.7255\times W_{汛北}+3019.4$	0.766
	主汛期	$W_{s主汛北}=0.0492\times W_{主汛北}^2+0.1494\times W_{主汛北}+3381.1$	0.815

续表

模型		模型关系式	相关系数
双累积关系模型	年	$\sum W_{si\text{北}} = -9.25\times10^{-9}\times(\sum W_{i\text{北}})^2 + 2.345\times10^{-3}\times\sum W_{i\text{北}}$	0.999
考虑水库拦沙作用还原的年水沙关系	年相关	$W_{s1\text{北}} = 32.146\times W_{\text{北}} - 7606.8$	0.757
		$W_{s1\text{北}} = 0.0374\times W_{\text{北}}^2 - 22.669\times W_{\text{北}} + 11487$	0.773
		$W_{s1\text{北}} = 1.0284\times W_{\text{北}}^{1.4534}$	0.752
	双累积	$\sum W_{si1\text{北}} = -4.14\times10^{-9}\times(\sum W_i)^2 + 2.317\times10^{-3}\times\sum W_i$	0.999

$W_{\text{北}}$、$W_{\text{汛北}}$、$W_{\text{主汛北}}$分别为北碚站年、汛期和主汛期径流量，单位：亿 m^3；$W_{s\text{北}}$、$W_{s\text{汛北}}$、$W_{s\text{主汛北}}$分别为北碚站年、汛期和主汛期输沙量，单位：万 t；$W_{s1\text{北}}$为水库拦沙作用还原后的北碚站年输沙量，单位：万 t

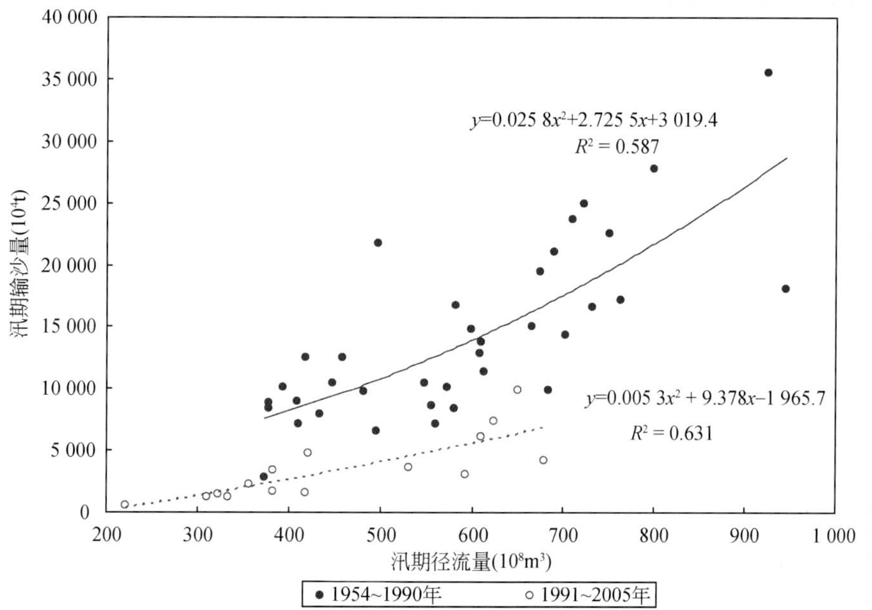

图 6-32（a） 北碚站汛期（5～10 月）径流量～输沙量关系变化

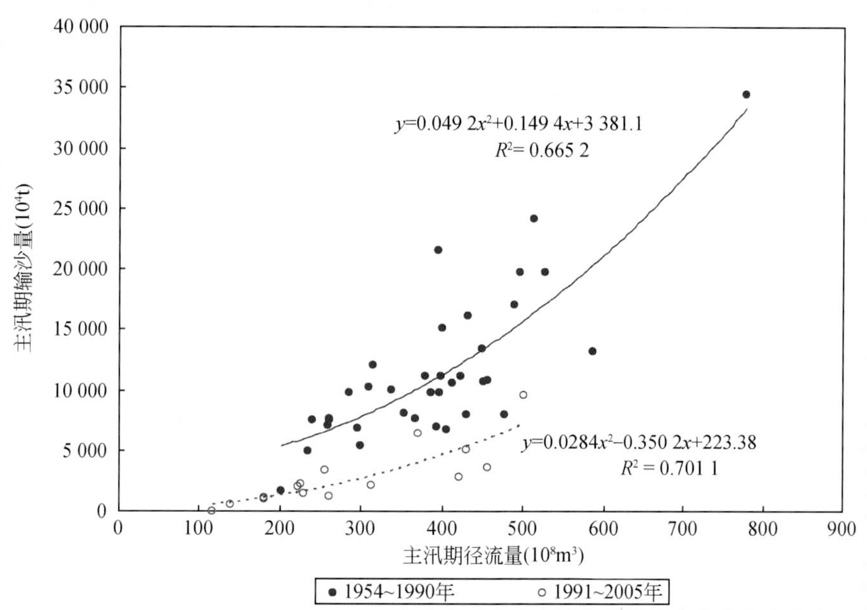

图 6-32（b） 北碚站主汛期（7～9 月）径流量～输沙量关系变化

5. 乌江流域

乌江流域多年平均降雨量为1163mm（张明波等，1999）。从降雨量的分布来看，下游大于上游，右岸大于左岸。降雨量年内分配不均，88%的年降雨量集中在4～10月。流域沙量主要来自流域面上的泥沙侵蚀，与暴雨强度、地形、土壤、植被、地质以及土地利用情况有关，每年的第一、二场暴雨洪水或久旱后的暴雨洪水含沙量较大（涂成龙和林昌虎，2004）；年内含沙量在5～9月较大，1～4月及10～12月较小。

根据流域内95个雨量站观测资料统计分析，1990年前年均降雨量为1110mm，年降雨量最大、最小值分别为1977年的1376.9mm、1966年的836.3mm，分别与武隆站1977年出现年径流量最大值684亿m^3和1966年出现年径流量最小值319亿m^3相应。

1991～2004年乌江流域平均年降雨量为1150mm，与1990年前相比，年均降雨量增多了40mm（图6-33），增幅为3.6%。年降雨量最小值为2001年的1045.2mm，最大值为2000年的1259.7mm，对应2001年和2000年武隆站径流量分别为450.7亿m^3和580亿m^3。

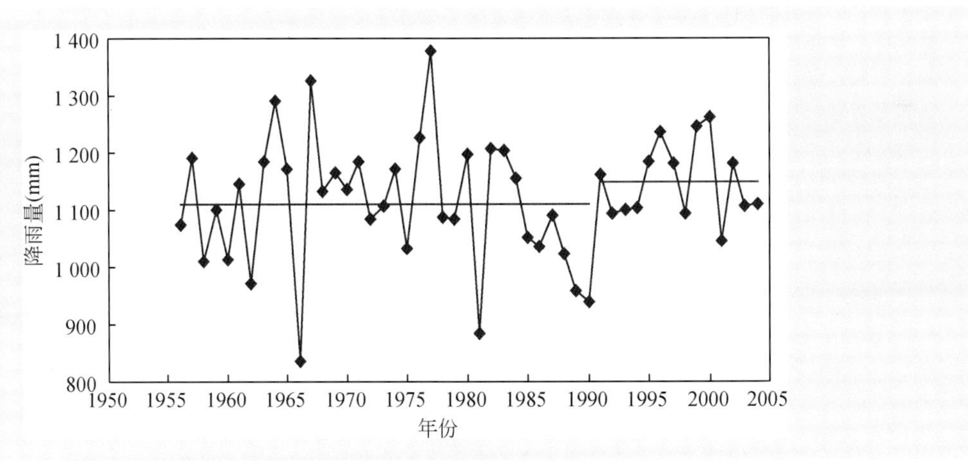

图6-33　乌江流域平均降雨量历年变化

1991～2005年与1955～1990年相比，武隆站年均径流量增加了29亿m^3，其中7～9月平均流量增大30%左右。由于乌江上游乌江渡水文站年均径流量增加了约8亿m^3，其引起的输沙量变化也包括在乌江渡电站、东风电站和普定电站等3座电站拦沙作用之中，因此引起武隆站输沙量变化的这部分径流量应为21亿m^3。通过建立武隆站1955～1979年（基准期）月均流量-月均输沙率关系模型、武隆站年径流量-年输沙量关系和乌江渡至武隆区间年水沙关系，径流量增加引起武隆站输沙量增加200～400万t（平均为300万t），占武隆站多年平均输沙量的11.4%。但1991～2000年乌江暴雨日数有所减小（姜彤等，2005），对乌江流域减沙也有一定影响。

6.3.3　长江上游降雨变化对河流输沙量的影响

通过对长江上游金沙江、岷江、沱江、嘉陵江和乌江等水系降雨特性及其变化对输沙量的影响进行较为系统地分析研究。研究成果表明：

1）长江上游降雨量大小、落区以及暴雨范围和强度大小是影响流域输沙量大小的主要因素，尤其在金沙江中下游地区和嘉陵江表现最为突出。

2）从长江上游降雨量（径流量）大小变化对输沙量的影响来看，与1950～1990年相比，1991～2005年三峡入库水量减小112亿m^3/a，减幅仅为3%，沙量减小1.585亿t/a，减幅32.3%。水量虽总体变化不大，但其地区组成变化导致入库沙量减小1890万t，占三峡入库多年平均沙量的3.8%，占总减沙量的11.9%。其中：长江上游干流寸滩以上地区径流量减少导致减沙2190万t，占寸滩站多年平均输沙量的5.2%，占其总减沙量的13.5%；乌江则由于径流量增大而增沙300万t，占武隆站多年平均输沙量的11.4%。

3）对于位于长江重点产沙区的金沙江中下游而言，流域降雨量大小、落区以及暴雨范围和强度对来沙的影响是主要的、直接的。1991～2005年与1990年前相比，金沙江流域（屏山站）由于径流量增加84亿m^3（增幅5.8%）引起增沙量为2540万t。与1990年前相比，1991～2000年攀枝花至屏山区间年均暴雨日数明显增多是输沙量增加的重要原因；与1991～2000年相比，2001～2005年区间暴雨日数明显减小、暴雨强度减弱是导致区间沙量大幅度减小的主要原因。

4）嘉陵江流域降雨量大小、落区以及暴雨范围和强度对来沙的影响是主要的、直接的。与1954～1990年相比，1991～2005年流域由于径流量偏少而引起北碚站输沙量减少4060万t，分别占北碚站1954～1990年和多年平均输沙量的28.5%和36.2%，占北碚站1991～2005年总减沙量的38.2%。

5）岷沱江流域由于径流量减少引起减沙670万t，占多年平均输沙量的11.7%，占总减沙量的27.3%。其中，岷江流域由于径流量减少引起减沙350万t，约占高场站多年平均输沙量的7.3%，占高场站总减沙量的22.3%；沱江流域减沙量为320万t，约占李家湾站多年平均输沙量的35.6%，占李家湾站总减沙量的36.4%。

6.4 长江上游水库拦沙对河流泥沙变化的影响

1994年和2002～2006年，长江水利委员会水文局分两个阶段分别组织对长江上游金沙江、岷江、沱江、嘉陵江、乌江及干流区间已建水利水电工程、航电枢纽等进行了实地调查，收集了水库基本特性、淤积拦沙情况等大量的第一手资料。本节在已有研究成果的基础上，对长江上游地区1956～2005年水库的数量、库容大小及时空分布，水库沙淤积量大小及时空分布，以及对河流的减沙作用等方面进行了系统的分析研究。

我国规定，水库蓄水体积须在10万m^3以上，小于10万m^3的则称为池塘。水库规模按库容大小划分，其中库容大于10亿m^3为大（一）型，库容在1亿～10亿m^3为大（二）型，库容在0.1亿～1亿m^3为中型，库容在100万～1000万m^3为小（一）型，库容在10万～100万m^3为小（二）型。

长江上游地区水库淤积较为严重，如据1982年统计，贵州省小（二）型水库淤积泥沙2174万m^3，占总库容的13%，另有12座山塘淤塞报废（涂成龙和林昌虎，2004）。毕节倒天河水库在运行20年后，淤积泥沙135.6万m^3，相当于水库总库容的21%。贵州东部的松桃县，新中国成立以来共修了4821座山塘水库、拦河坝等水利设施，由于泥沙淤积和失修，已报废1445处，占修建总数的30%（罗中康，2000）。

水库拦沙后，不仅改变了流域输沙条件，大大减小流域输沙量；而且由于水库下泄清水，引起坝下游河床沿程出现不同程度的冲刷和自动调整，在一定程度上增大了流域出口的输沙量。已有研究成果表明，水库拦沙对流域出口的减沙作用系数：

$$\alpha = \frac{\text{水库拦沙量} - \text{区间河床冲刷调整量}}{\text{水库拦沙量}}$$

其与水库距河口距离的大小成负指数关系递减（石国钰等，1991）。

6.4.1 长江上游地区水电开发概况

据不完全调查统计，截至2005年，长江水库上游地区共修建水库12 996座（含三峡水库），总库容为556.9亿m^3，其中大型水库29座，总库容约417.8亿m^3，占总库容的75.0%；中型水库251座，总库容约62.3亿m^3，占总库容的11.2%；小型水库12 716座，总库容约76.9亿m^3，占总库容的13.8%。

1956~1990年，长江上游地区已建成各类水库11 931座（表6-32）（长江水利委员会，1997），总库容约206亿m^3，大型水库13座（含1981年蓄水的葛洲坝水库枢纽，库容15.8亿m^3），总库容约97.5亿m^3；中型水库165座，总库容约39.6亿m^3；小型水库11 753座，总库容约67.9亿m^3。其中，三峡水库上游（寸滩以上地区和乌江流域）1956~1990年总库容约189.2亿m^3，大型水库12座，总库容约81.7亿m^3。

表6-32　长江上游地区已建水库群分类统计（截至2005年）

水系	水库群合计		大型		中型		小型	
	数量（座）	总库容（亿m^3）	数量（座）	总库容（亿m^3）	数量（座）	总库容（亿m^3）	数量（座）	总库容（亿m^3）
金沙江	2 068	98.038	3	71.52	56	12.708	2 009	13.81
岷　江	982	20.267	3	9.77	22	4.227	957	6.27
沱　江	1 505	21.3	1	2.25	36	7.72	1 468	11.33
嘉陵江	4 989	105.73	11	61.56	63	19.49	4 915	24.68
乌　江	1 813	120.98	7	100.52	42	9.70	1 764	10.76
干流及其他支流	1 639	190.64	4	172.15	32	8.43	1 603	10.06
合　计	12 996	556.955	29	417.8	251	62.3	12 716	76.9

1991~2005年，长江上游修建水库主要集中在金沙江、嘉陵江和乌江流域，且以大中型水库为主。长江上游新建水库1065座（含三峡水库，175m蓄水位下总库容为393亿m^3，2003年6月至2006年9月三峡水库135~139m围堰发电期，在139m蓄水位下库容为142.4亿m^3），总库容350.9亿m^3（含三峡水库库容142.4亿m^3）。其中：大型水库16座，总库容319.24亿m^3；中型水库86座，总库容22.67亿m^3；流域内新建小型水库较少，约963座，总库容约9.0亿m^3。

从各年代来看，1990年前以20世纪70年代兴建投入运用的库容最大，库容达74.58亿m^3。就各年代的总库容而言，50年代与60年代总库容数量级相当，库容组成结构也相似，主要是中小型水库库容占主导；70年代与80年代总库容数量级相当，但库容组成结构差别很大，70年代总库容仍以中、小型水库库容为主，而80年代则是以大型水库库容为主。大型水库库容在20世纪80年代增长较大，总库容超过50~70年代所建大型水库库容的总和（表6-33）。随着1991~2005年长江上游地区一些大型骨干水库的逐步建成，长江上游地区水库库容组成结构发生较大改变，大型水库库容占据了主导地位。

表 6-33　长江上游地区水库群分年代统计表（截至 2005 年）

时间	大型		中型		小型		水库群合计	
	数量（座）	总库容（亿 m^3）	数量（座）	总库容（亿 m^3）	数量（座）	总库容（亿 m^3）	数量（座）	总库容（亿 m^3）
20 世纪 50 年代	1	10.3	46	11.5	1556	8.6	1603	30.4
20 世纪 60 年代	4	17.5	23	6.02	1662	9.74	1689	33.26
20 世纪 70 年代	4	15.6	77	18	7118	41.98	7199	75.58
20 世纪 80 年代	4	55.1	19	4.1	1417	7.6	1440	66.8
1956～1990 年	13	98.5	165	39.62	11 753	67.92	11 931	206.04
1991～2005 年	16	319.24	86	22.67	963	9.0	1065	350.91
1956～2005 年	29	417.7	251	62.29	12 716	76.91	12 996	556.9

从上游各支流和区间来看，干流区间（含其他支流）水库库容为 190.64 亿 m^3，占整个上游地区水库群总库容的 34.2%，为各水系之冠；乌江流域次之，水库库容为 120.98 亿 m^3，占总库容的 21.7%；嘉陵江、金沙江分别为 105.73 亿 m^3 和 98.04 亿 m^3，分别占总库容的 19.0% 和 17.6%；岷、沱江分别为 20.267 亿 m^3 和 21.3 亿 m^3，分别占总库容的 3.6% 和 3.8%。

水库拦沙淤积量的多寡，主要与水库所在流域位置、库容大小、类型用途以及调度运用方式等因素有关（Probst and Suchet，1992）。水库所在流域位置决定着水库库区流域产流产沙特性、入库水沙条件、水库集水面积大小、水库上游有无其他水利工程拦沙等；水库的库容大小、类型、用途包括水库是大型、中型还是小型，是拦沙水库、发电水库还是引水囤蓄、灌溉水库等；水库的调度运用包括水库运行时间的长短，以及运行时间内的变化过程。影响水库泥沙淤积的因素很多，诸如河流的来水来沙状况、水库的地形地貌特点、库区植被覆盖条件、水库运行管理方式等等。而这些因素又是相互影响的。因此要通过对所有影响因素的分析来确定泥沙淤积问题，目前是很难办到的（Probst and Suchet，1992）。

在已有成果的基础上，本书根据水库淤积调查资料，采用由“点”推“面”的方法，估算上游地区已建大、中、小型水库的平均年淤积率及年拦沙量。其中：大型、中型、小（一）型水库均采用淤积率经验模式法（平均拦沙效应系数法）先估算出水库的年淤积率，小（二）型水库采用调查得到的平均淤积率法估算其年淤积率，然后根据总库容估算水库的年淤积量（当水库淤积达到平衡时，其拦沙作用消失），进而分析水库群的拦沙效应及其对流域出口控制站输沙量的影响。

6.4.2　水库淤积典型调查

1. 金沙江流域

（1）雅砻江二滩水库

二滩水电站位于金沙江一级支流—雅砻江下游，坝址距雅砻江与金沙江的交汇口 33km，系雅砻江梯级开发的第一个水电站。电站于 1998 年 5 月蓄水，1999 年 12 月全部建成。水库控制流域面积

11.64 万 km^2，正常蓄水位为 1200m，总库容为 58.0 亿 m^3，调节库容为 33.7 亿 m^3，属季调节水库。

电站建成后的 1998 年 6～12 月，二滩水库悬移质出库沙量约为全年入库沙量的 16%；1999 年以后，年出库沙量不足入库沙量的 6%。二滩水库的建成运行，很大程度地阻断了水库上游泥沙向下游河道的输移。

二滩电站上游干流的控制水文站为泸宁站，泸宁至大坝区间仅鳡鱼河一条较大的支流汇入，鳡鱼河流域面积 3040 km^2。根据实测资料统计，二滩电站上游控制站—泸宁站和下游控制水文站—小得石站 1961～1997 年年输沙量增大趋势均较明显［图 6-34（a）］，但在水库运行后小得石站沙量大幅度减小，其 1998～2004 年年均输沙量为 425 万 t，比 1961～1997 年的 3140 万 t 减少了 86.5%。

泸宁至小得石区间是雅砻江流域的重点产沙区之一，1961～1997 年年均来沙量为 1150 万 t（占小得石以上来沙量的 36%），且该区间来沙量增大趋势较明显［图 6-34（b）］。据此估算，1998～2004 年二滩电站年均入库沙量为 5630 万 t，年均拦沙量为 5205 万 t。

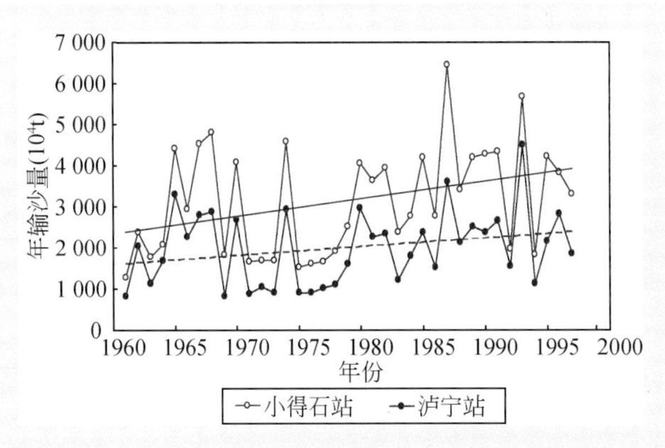

图 6-34（a） 泸宁、小得石年输沙量过程

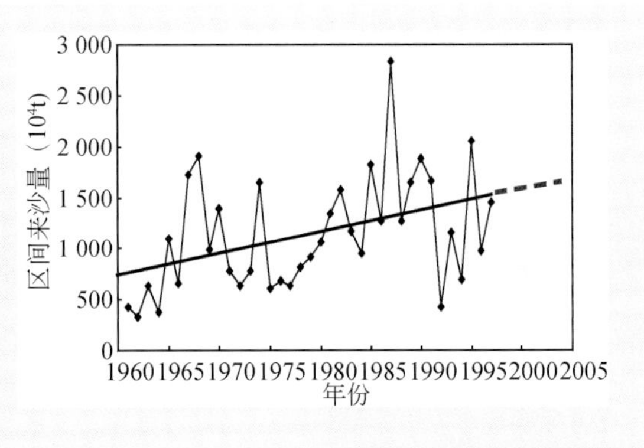

图 6-34（b） 泸宁-小得石区间来沙量过程

如据 1961～1997 年小得石站与泸宁站年输沙量相关关系估算，1998～2004 年泸宁至小得石区间年均沙量为 2100 万 t（1998 年区间来沙量达到 3250 万 t），1998～2004 年二滩电站年均入库沙量为 6580 万 t，年均拦沙量 6155 万 t。因此，1998～2004 年二滩电站年均拦沙量 5205 万～6150 万 t（平均约为 5680 万 t）。如平摊至 1991～2005 年，则年均拦沙量为 3030 万 t。

如考虑将二滩电站 1998～2004 年拦沙量进行还原，则小得石站 1998～2004 年平均输沙量则为 6100 万 t，1961～1990 年平均输沙量为 3040 万 t，1991～2004 年则为 4850 万 t，较 1990 年前增大了 1810 万 t，增幅 59.5%。

（2）安宁河大桥水库

安宁河是雅砻江下游左岸最大支流，在小得石附近注入雅砻江，河道全长约为 351km，流域面积为 1.1 万 km^2。大桥水库位于安宁河上游，坝址控制流域面积为 796 km^2，水库总库容为 6.58 亿 m^3，为年调节水库。电站总装机 90MW。工程于 1999 年 6 月 19 日蓄水，2000 年 6 月 28 日首台机组并网发电。根据其下游安宁桥水文站 1959～1994 年资料统计，水库年均入库悬移质输沙量为 56.8 万 t，1999～2005 年拦沙量为 400 万 t。

（3）以礼河梯级电站

以礼河发源于云南省东北部会泽县，于巧家县蒙姑镇注入金沙江，全长 122 km，流域面积为

2588km², 总落差 2000 余 m。毛家村水库位于以礼河中游, 坝址控制流域面积为 868km², 水库总库容 5.53 亿 m³, 兴利库容 4.70 亿 m³, 防洪库容 0.56 亿 m³, 1966 年开始蓄水 (表 6-34)。水库建成后, 水库淤积明显 [图 6-35 (a)]。据调查, 1966 ~ 1988 年、1989 ~ 1997 年毛家村水库拦沙量分别为 8276 万 m³、624 万 m³, 年均拦沙量分别为 360 万 m³、69.3 万 m³ (赵志远, 1991; 查文光, 1998)。

表 6-34　以礼河梯级电站基本情况表[56]

项目	一级	二级	三级	四级
电站名称	毛家村	水槽子	盐水沟	小江
开发方式	坝后式	坝后式	引水式	引水式
水库正常蓄水位 (m)	2227	2100	2017.5	1383
总库容 (万 m³)	55 300	958	18	375
调节性能	多年	周	日	日
设计水头 (m)	58	77.5	589	589
装机容量 (1000kW)	1.6	1.8	14.4	14.4
建成时间	1971	1958	1966	1970
控制流域面积 (km²)	868			
水库面积 (km²)	21.6			

水槽子水库为以礼河四个梯级电站中的二级电站水库。1958 ~ 1988 年水库共淤积泥沙 861 万 m³, 年均淤积 27.8 万 m³ (于守全和曾文宝, 1998)。其中: 1958 ~ 1966 年、1967 ~ 1980 年、1981 ~ 1986 年水库年均拦沙量分别为 65.5 万 m³、21.4 万 m³、9.5 万 m³。水库于 1988 ~ 1997 年进行了清淤, 其清淤量为 292 万 m³, 库容也由 97 万 m³ 增大至 259 万 m³, 其淤积过程如图 6-35 (b) (张祥金, 1998)。因此 1989 ~ 1997 年库区淤积泥沙为 130 万 m³, 平均每年淤积 14.4 万 m³。

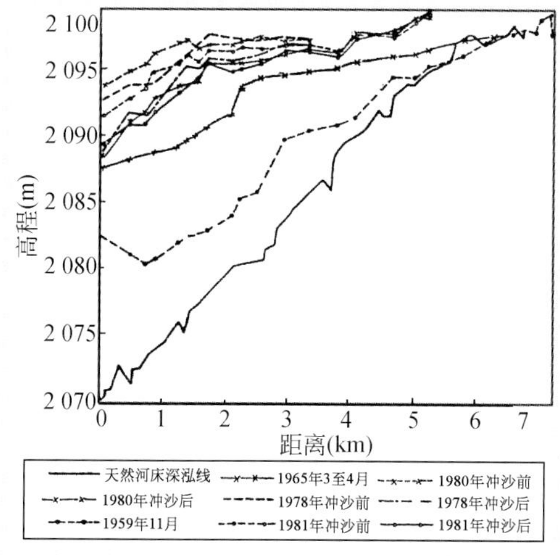

图 6-35 (a)　水槽子水库纵剖面变化过程[57]

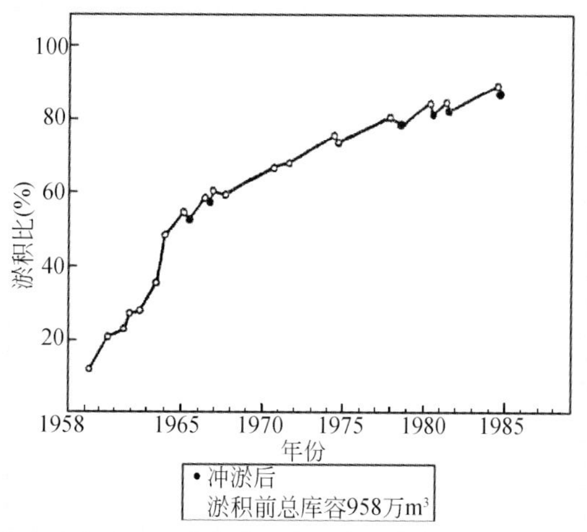

图 6-35 (b)　水槽子水库库容损失过程[57]

由上可知, 1958 ~ 1997 年毛家村、水槽子两水库淤积总量为 9920 万 m³, 年均淤积量为 248 万 m³。其中 1989 ~ 1997 年年均淤积量为 83.7 万 m³, 据此估算 1998 ~ 2005 年水库淤积量约为 1260 万 m³。

(4) 渔洞水库

渔洞水库位于金沙江流域的二级支流居乐河上, 下游称洒渔河, 流经横江汇入金沙江, 距昭通市昭阳区23km，是一座以灌溉为主，综合利用的大（二）型水利工程。水库总库容为3.64亿m^3，坝高87m。水库多年平均流量为11.6m^3/s，多年平均输沙量为113万t。工程于1992年11月动工，1997年6月大坝工程完工，同年实现坝后电站第一台机组投入运行。水库建成后，其基本拦截了全部来沙，下泄基本为清水，年均拦沙量为113万t。

（5）金乐水库

金乐水库位于金沙江流域内牛栏江支流乐业河上，控制流域面积75.3km^2，为中型水库，总库容为1600万m^3，该水库1958年1月动工修建，1983年9月最终建成。据调查，水库年均淤积量4.81万m^3，1958～1984年共淤积了130万m^3。按相同淤积比例估算，从建库到2004年共淤积了226万m^3。

2. 岷沱江流域

（1）龚嘴水电站

龚嘴水电站位于岷江最大支流——大渡河中下游，是以发电为主的综合性利用水利枢纽，为日调节水库。水库坝址以上流域面积为76 130km^2，总库容为3.737亿m^3（530 m高程），正常高水位528m，拦河坝为混凝土重力坝，泄洪排沙底孔3个。一期工程于1966年3月开工，1972年2月第一台机组发电，1978年竣工。

实测资料表明，1971～1986年龚嘴水库累计淤积泥沙28600万t，年均淤积泥沙约1907万t（约合1467万m^3），年拦沙淤积率（水库年淤积泥沙体积与水库总库容的比值）为4.1%[58]。并且龚嘴水库排沙比逐年增大，至1987年排沙比已达到94.5%，说明水库已基本淤积平衡[59]。20世纪90年代以来，龚嘴水库只能勉强进行径流发电，完全失去了调节能力[60]。

龚嘴水库拦沙对坝下游河道输沙量减少影响较为明显。坝下游铜街子水文站年均输沙量由建库前（1958～1966年）的3511万t减少至建库后（1972～1987年）的1685万t，岷江出口控制站高场也由建库前的5643万t减少至建库后的4265万t。但当龚嘴水库于1987年淤积平衡后，水库拦沙量很小，高场站输沙量基本恢复至建库前水平，1994年底铜街子水库建成蓄水后，高场站沙量则又有所减小（表6-35）。

表6-35　岷江高场站各时段水沙统计

时段	年均径流量（亿m^3）	年均输沙量（万t）	含沙量（kg/m^3）
1954～1971年	891	5643	0.633
1972～1987年	845	4265	0.505
1988～1994年	891	5856	0.657
1995～2005年	824	3563	0.432
1954～2005年	863	4808	0.557

（2）铜街子水库

铜街子水库位于龚嘴水库下游，回水末端与龚嘴水库尾水衔接。工程于1994年底建成蓄水，为典型的河道型水库，水库最大水面宽为900m，平均库面宽为300m，水库来水来沙均受上游龚嘴水库运用的控制，由于龚嘴水库悬沙淤积已基本平衡，因此入库泥沙受龚嘴水库排沙影响在时段分配上较为集中，5～10月水沙量分别约占全年的75%和99.5%，6～9月水沙量分别占全年的57%和95%左右。

1994～2000年铜街子水库淤积泥沙约1.0917亿m^3，占原始库容的51.7%（令狐克海，2000）。其中死库容内淤积泥沙1.0773亿m^3。且悬移质泥沙淤积逐渐向三角洲淤积转化。从泥沙淤积分布来看，泥沙主要淤积在坝上游20km的库段内，淤积量占总淤积量的94%左右，且以主槽淤积为主。

3. 嘉陵江流域

（1）东西关枢纽

东西关枢纽是嘉陵江干流渠化工程的第13级梯级，位于广安市武胜县境内。工程于1995年10月蓄水发电，2000年6月全面竣工。枢纽正常蓄水位为248.5m，闸前最大水深为18.5m，水库长约53.0km，库区水面宽200～800m，平均宽度约为500m，水库平面形状呈带状，系河道型水库。库区泥沙纵向呈三角洲形。

2000年12月和1997年6月库区地形测量表明，水库淤积泥沙0.1332亿m^3。另外，泥沙冲淤计算结果表明，东西关枢纽将在2006年左右基本达到淤积平衡，其最大拦沙量可达2700万m^3左右。

（2）碧口水库

碧口水库位于嘉陵江上游支流—白龙江上，其控制面积为26 000km^2，水库总库容为5.21亿m^3，死库容为2.29亿m^3。水库为河道型季调节水库。

根据1975～1998年资料分析，碧口水库共淤积泥沙2.76亿m^3，年平均淤积量为1212.8万m^3，总库容已损失54%。其中，1975～1996年库内淤积2.64亿m^3（1980～1996年入库总沙量为4.006亿t，但该水库采用低水位运用和异重流排沙，各泄水建筑物共排出沙量1.272亿t，排沙比达到31.75%，年均拦蓄沙量为1608万t）（何录合，2002；于广林，1999）。

（3）宝珠寺水库

宝珠寺水库位于四川省广元市三堆镇，距上游碧口水电站87km，是嘉陵江水系白龙江干流的第二个梯级水电站，以发电为主，兼有灌溉、防洪等。

水库控制流域面积为2.8万km^2，占全流域的89%；水库正常高水位为588m，死库容为7.60亿m^3，水库装机容量70万kW，具有不完全年调节能力。该水库属河道型水库，水面较宽，水深较大，其拦截了白龙江碧口以下的绝大部分泥沙（包括碧口水库下泄泥沙）。电站于1996年10月下闸蓄水。

根据1995年7月～2001年4月库区地形资料分析，宝珠寺水库年均入库沙量为2370万t，1997～2000年共计入库沙量为9480万t（约7584万m^3），水库淤积量为7122万m^3，年均淤积量为1781万m^3，且大部分淤积在白龙江库区内。宝珠寺水库泥沙淤积计算表明，当宝珠寺水库运用50年库区泥沙淤积量达到7.49亿m^3（万建荣和宫平，2006）。

4. 乌江流域

（1）普定水电站

普定水电站位于乌江上游南源三岔河的中游、贵州省普定县境内，距贵阳市131km。工程以发电为主，兼有供水、灌溉、养殖及旅游等综合效益。坝址控制流域面积为5871km²，水库正常蓄水位为1145m，校核洪水位为1147.62m，死水位为1126m。总库容为4.209亿m³。

电站于1989年12月15日正式开工，1994年5月下闸蓄水，1995年第一台机组发电。工程建成后，其基本拦截了三岔河中上游的全部来沙量。根据其上游阳长水文站资料统计分析［图6-36（a）］，其年均拦沙量在250万t左右。

（2）洪家渡水电站

洪家渡水电站位于贵州西北部黔西、织金两县交界处的乌江干流上，是乌江11个梯级电站中唯一对水量具有多年调节能力的“龙头”电站。电站大坝高为179.5m，坝址以上控制流域面积为9900km²，占六冲河流域面积的91%。水库为山区峡谷和湖泊混合型，正常蓄水位时回水长84.89km，总库容为49.47亿m³，调节库容为33.61亿m³。工程于2000年11月8日正式开工建设，2001年10月15日实现截流，2004年底3台机组全部并网发电。

洪家渡水电站建成后，其基本拦截了六冲河的全部来沙量。蓄水前，洪家渡水文站1959～2003年多年平均输沙量为611万t，蓄水后其下泄沙量大幅度减小，其下游洪家渡水文站2004年实测输沙量仅为11万t［见图6-36（b）］，说明其2004～2005年年均拦沙量在600万t左右。

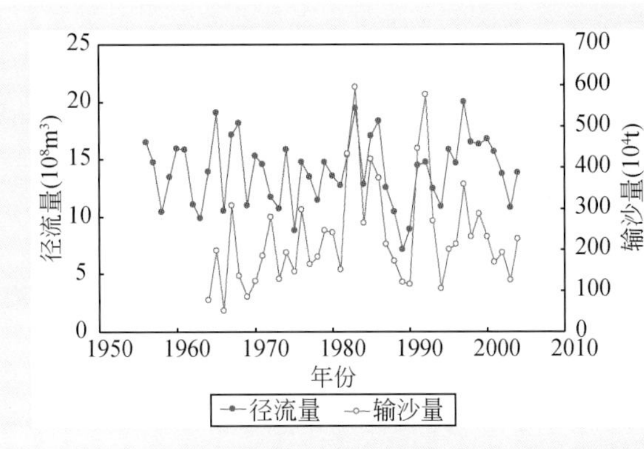

图6-36（a） 阳长水文站水沙变化

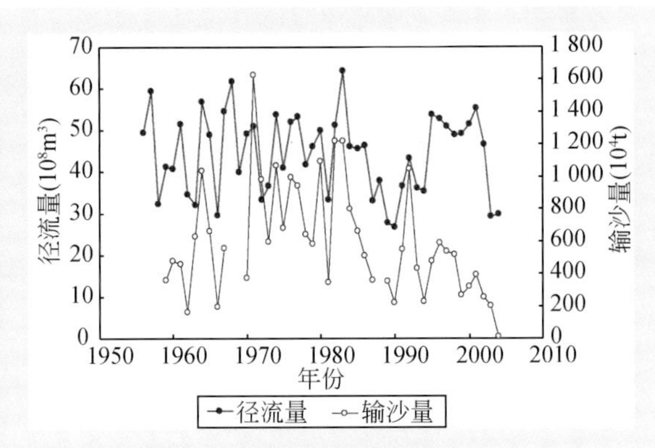

图6-36（b） 洪家渡水文站水沙变化

（3）东风水电站

东风水电站位于乌江干流的鸭池河段上，是乌江干流梯级开发第1级。水库正常蓄水位为970m，相应库容为8.64亿m³，总库容为10.16亿m³，具有不完全年调节性能。坝址控制流域面积为18 161km²，占乌江流域面积的21%。

水库于1994年4月蓄水，1995年12月全部建成投产，电站下游约5km处有鸭池河水文站。根据该水文站实测资料分析，电站蓄水拦沙前，1957～1993年年均径流量和输沙量分别为104.2亿m³和1350万t，蓄水后1994～2004年则分别为106.2亿m³和28.3万t，水量变化不大，但沙量减幅达到98%。由此可以说明，东风电站建成后，1994～2004年其年均拦沙量为1320万t左右。

（4）乌江渡水电站

乌江渡水电站是乌江干流上第一座大型水电站，是我国在岩溶典型发育区修建的一座水电站。电站于1970年4月开始兴建，1982年12月4日全部建成。电站坝址控制流域面积为27 790km²，水库总库容为23亿m³。

电站控制流域内从20世纪60年代开始进行大规模毁林毁绿开荒，植被破坏、水土流失严重，如毕节地区森林覆盖率由1953年的15%减少到1986年的4%～8.5%，水土流失面积达到14 097km^2，土壤侵蚀模数达到4930t/(km^2·a)，是乌江渡以上水土流失最为严重的地区，乌江渡水库来沙的55%以上均来自该地区。1967～1985年水库上游鸭池河水文站年均悬移质输沙量为1600万t，比1967年前增加了72%；1971～1978年乌江渡电站平均入库悬移质输沙量为1968万t，推移质输沙量为295万t，总输沙量为2300万t，为原设计值（1951～1972年为1530万t）的1.53倍。

根据库区1973年、1974年、1983年、1984年和1985年实测断面和地形资料统计，1972～1979年电站围堰挡水期间，库区淤积泥沙680万m^3；1980～1985年、1986～1988年库区淤积泥沙约1.20亿m^3、0.522亿m^3（刘家应和柴家福，1994）。1972～1988年，水库总淤积量为1.79亿m^3（合2.06亿t，按库区泥沙实测干容重1.156t/m^3计算）。

乌江渡电站建成后，其拦沙作用显著，如1962～1966年乌江渡水文站和江界河水文站年均输沙量分别为1030万t和1230万t，乌江渡电站建成后，1980～1984年两站年均输沙量分别减小为126万t和272万t（乌江渡电站建成后，乌江渡水文站即由其上游迁至电站下游约2km处），其减幅分别为88%和78%；1980年位于电站上游的鸭池河水文站实测输沙量为1880万t，而乌江渡实测出库泥沙近374万t，可见仅1980年电站拦沙就在1500万t以上。

东风电站1993年开始蓄水后，乌江渡入库沙量大幅度减少，其上游鸭池河水文站1994～2004年年均输沙量仅为28.3万t，其拦沙量也大幅度减少，乌江渡水文站1994～2004年年均输沙量仅为16万t左右，年均拦沙仅13万t（11万m^3）左右。因此初步估算，1972～2005年水库共计拦蓄泥沙为1.79亿m^3（1972～1988年）+0.174亿m^3/年×5年（1989～1993年）+0.0011亿m^3/年×12年（1994～2005年）=2.673亿m^3，合3.09亿t。

根据初步分析计算，并考虑到1993年上游东风水库拦沙作用的影响，乌江渡水库运用75年达到淤积平衡，其最终淤积量为4.9亿m^3。同时根据贵州省2000～2004年水资源公报，普定、东风、乌江渡等几座大型水库泥沙淤积量分别为1469万t、1353万t、1668万t、1106万t和1185万t，年均淤积量为1356万t。

5. 三峡区间

（1）葛洲坝水利枢纽

葛洲坝水利枢纽工程位于湖北省宜昌市三峡出口南津关下游约3km处，水库库容约为15.8亿m^3。工程于1970年12月动工，1974年10月主体工程正式施工。整个工程分为两期，第一期工程于1981年完工，实现了大江截流、蓄水、通航和二江电站第一台机组发电；第二期工程1982年开始，1988年底整个葛洲坝水利枢纽工程建成。

葛洲坝水库回水长度为110～180km，1981～1998年，库区共淤积泥沙1.01亿m^3（表6-36），1998年年底至2003年3月库区淤积泥沙约0.545亿m^3，库区实测平均干容重为0.958t/m^3，因此1981～2003年葛洲坝库区淤积泥沙1.49亿t。

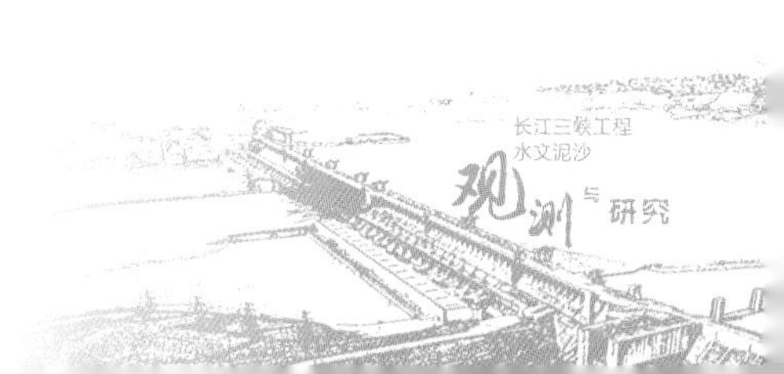

表 6-36　葛洲坝水库淤积量及来水来沙量年际变化[68]

年份	库区冲淤量（亿 m^3）	入库径流量（亿 m^3）	入库悬沙量（亿 t）	出库悬沙量（亿 t）	拦沙率（β）（%）	排沙比（η）
1981	0.805	4290	7.19	7.28	14.6	1.023
1982	0.227	4320	5.55	5.61	5.3	1.011
1983	0.208	4510	5.96	6.22	4.5	1.044
1984	−0.140	4270	6.64	6.72	—	1.012
1985	0.299	4420	5.36	5.31	7.3	0.991
1986	−0.123	3710	3.88	3.61	—	0.930
1987		4100	5.18	5.34	—	1.031
1988	−0.073	4030	4.34	4.31	—	0.993
1989	0.039	4566	4.97	5.10	1.0	1.026
1990	0.039	4301	4.88	4.59	1.0	0.941
1991	0.026	4202	5.22	5.45	0.6	1.044
1992	0.147	3832	3.32	3.22	5.8	0.970
1993	−0.120	4291	4.36	4.64	—	1.064
1994	0.490	3197	2.20	2.10	29.0	0.955
1995	0.021	3920	3.53	3.63	0.8	1.028
1996	−0.136	3915	3.24	3.59	—	1.108
1997	−0.170	3434	3.37	3.37	—	1
1998	−0.534	4857	6.63	7.43	—	1.121
合　计	1.01	74 165	85.82	87.52	1.5	1.020
平　均	0.056	4120	4.77	4.86	1.5	1.020

（2）三峡水库

基于输沙平衡原理，2003 年 6 月至 2005 年 12 月三峡入库（清溪场站）悬移质泥沙 6.28 亿 t，出库（黄陵庙站）悬移质泥沙 2.51 亿 t。不考虑三峡库区区间来沙，水库淤积泥沙 3.77 亿 t，水库排沙比为 40%。

6.4.3　水库拦沙作用

已有调查研究成果表明，长江上游 1956～1990 年大型水库年均淤积率（年均淤积量/库容）为 0.023%～4.11%（平均为 0.65%）；中型水库为 0.018%～2.44%（平均为 0.39%）；小（一）型水库为 0.024%～9.91%，小（二）型水库为 0.093%～5.80%（小型水库年淤积率平均为 0.9%）。

根据长江上游 1950～1987 年水库容积和年淤积量（不包括小（二）型水库和塘堰）（图 6-37），从各年代变化来看，20 世纪 70 年代修建的水库最多，库容增长最快。总的来看，长江上游水库的数量和库容不断增加，其拦沙作用明显增强，80 年代初水库年淤积量已达 1.0 亿 m^3/a（约 1.3 亿 t/a）。此外，长江上游塘、堰群的年拦沙量也占相当比重。据不完全统计，岷、沱江和嘉陵江 1956～1987 年 50.6 万余处塘堰（总库容约 31 亿 m^3）年拦沙量约为 5975 万 m^3（水利部科技教育司和交通部三峡工程航运领导小组办公室，1993）。

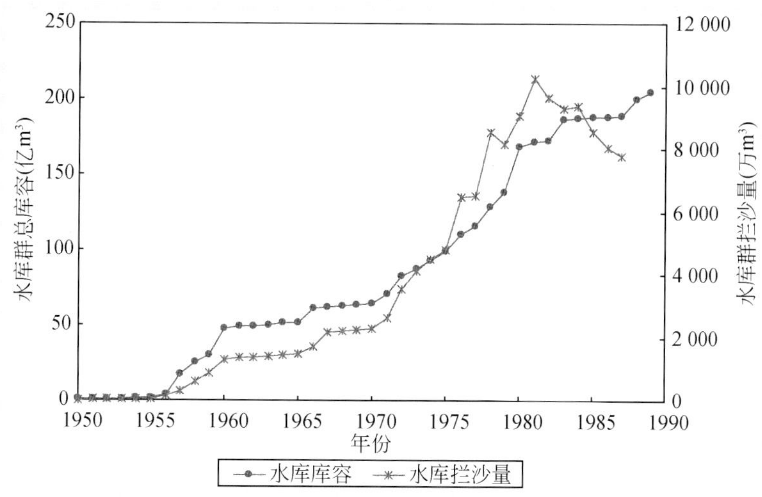

图 6-37　1950～1990 年长江上游水库容积和淤积量历年变化图

1991 年以来，长江上游水电开发力度加大，一大批大中型水库陆续建成，其拦沙作用也逐步增强。本节着重对 1956～2005 年历年大、中、小型水库群的时、空分布及其淤积拦沙作用进行了全面的系统整理、统计分析，在研究过程中考虑了水库群库容的沿时变化以及淤积而导致的库容沿时损失。其中对于 1956～1990 年水库的淤积拦沙资料仍沿用已有成果，1991～2005 年新建水库则主要结合水库淤积拦沙典型调查成果；当水库死库容淤满后，认为水库达到淤积平衡，其拦沙作用不计；对于 1991～2005 年新建小型水库的总淤积（拦沙）率假设与 1956～1990 年一致。

1. 金沙江流域

（1）1956～1990 年

1956～1990 年金沙江已建大、中、小型水库 1880 座，总库容为 28.13 亿 m^3。其中，大型水库 1 座（以礼河梯级电站），库容 5.53 亿 m^3；中型水库 44 座，库容 10.4 亿 m^3；小型水库 1835 座，库容 12.2 亿 m^3。

根据水库淤积调查资料统计，以礼河梯级电站 1958～1990 年拦沙量约为 9920 万 m^3［图 6-38（a）］，占总库容的 17%，年均拦沙量为 283 万 m^3，水库还将发挥一定的拦沙作用。

按金沙江年均淤积率 0.40% 计算，1956～1990 年中型水库拦沙量为 3590 万 m^3［图 6-38（b）］，其年均拦沙量为 103 万 m^3。而据 44 座中型水库资料统计，其死库容之和为 3260 万 m^3，仅占总库容的 3.1%，水库淤积平衡年限为 3～8 年，因此中型水库在 1990 年已达到淤积平衡。

金沙江 70 座小型水库调查统计表明，小型水库死库容占总库容的比例一般在 6% 左右，水库淤积平衡年限一般为 3～5 年。小（一）型水库和小（二）型水库年淤积率分别为 0.68% 和 1.64%，据此推算，小型水库拦沙量为 7320 万 m^3，总淤积率为 6%，年均拦沙量为 210 万 m^3，1990 年基本达到淤积平衡。

综上可知，1956～1990 年金沙江水库群总拦沙量为 2.083 亿 m^3，占总库容的 7.4%，年均拦沙量为 595 万 m^3。水库拦沙以大型和小型为主，其拦沙量分别占总拦沙量的 47.6% 和 35.1%，中型水库则占 17.3%。且中小型水库均已达到淤积平衡。

（2）1991～2005 年

1991～2005 年流域新建水库 188 座，总库容为 69.91 亿 m^3。其中：大型水库 2 座，库容为 65.99 亿 m^3；中型水库 12 座，库容为 2.285 亿 m^3；小型水库 174 座，库容为 1.64 亿 m^3。按总淤积率 6% 估算，1991～2005 年小型水库拦沙量为 984 万 m^3，年均 66 万 m^3。考虑库容大小的沿时变化，按水库平均年淤积率 0.40% 计算，1991～2005 年中型水库拦沙量为 1030 万 m^3 [图 6-38（a）]；1991～2005 年大型水库拦沙量为 3.62 亿 m^3 [图 6-38（b）]，年均拦沙量为 2414 万 m^3（其中二滩水库拦沙量为 3.50 亿 m^3，年均拦沙量为 2333 万 m^3，以礼河梯级拦沙量为 0.126 亿 m^3，年均拦沙量为 84 万 m^3）。

因此，1991～2005 年水库总拦沙量为 3.853 亿 m^3，年均淤积泥沙约 2570 万 m^3，约合 3340 万 t。与 1956～1990 年相比，年均拦沙量增加 2570－595＝1975 万 m^3，约合 2570 万 t（泥沙的干容重 ρ_s 一般取 1.30t/m^3，下同），主要是二滩电站拦沙所致。

综上所述，1956～2005 年金沙江水库累积拦沙量为 5.936 亿 m^3，年均拦沙量为 1187 万 m^3，约合 1540 万 t。其中，大型水库累积拦沙量为 4.644 亿 m^3（见 6.1.2－20b），年均拦沙量为 929 万 m^3（二滩电站 1998～2005 年总拦沙量为 3.50 亿 m^3，以礼河电站 1958～2005 年总拦沙量为 1.113 亿 m^3，大桥水库 1999～2005 年总拦沙量为 0.031 亿 m^3），占总拦沙量的 78.2%；中、小型水库总拦沙量分别为 4620 万 m^3 和 8300 万 m^3，年均拦沙量分别为 92 万 m^3 和 166 万 m^3，分别占总拦沙量的 7.8% 和 14.0%。

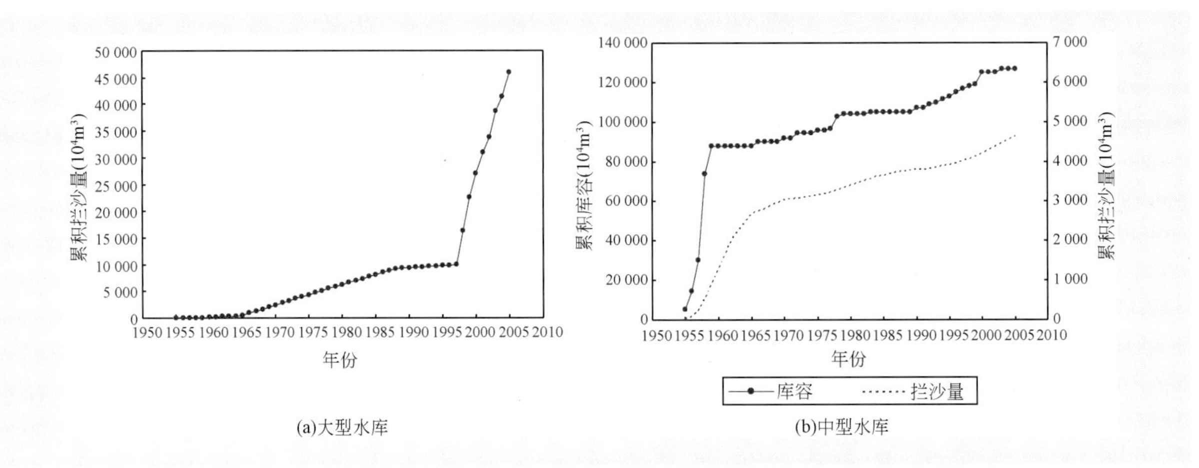

图 6-38　金沙江流域大、中型水库累积库容及拦沙量变化

2. 岷江流域

（1）1956～1990 年

1956～1990 年岷江流域已建水库 893 座，总库容为 16.01 亿 m^3。其中大型水库 2 座（龚嘴和黑龙滩），总库容为 7.17 亿 m^3；中型水库 17 座，总库容为 3.34 亿 m^3；小（一）型水库 118 座，总库容为 3.29 亿 m^3；小（二）型水库 756 座，总库容为 2.21 亿 m^3。

根据已有水库拦沙调查资料，中型水库和小型水库年淤积率分别按 0.30% 和 0.67% 计算得到水库历年累积拦沙量变化过程（图 6-40）。1956～1990 年水库群总拦沙量为 3.14 亿 m^3（合 4.08 亿 t），年均拦沙量为 897 万 m^3（约合 1170 万 t）。水库拦沙以大型水库为主，小型水库次之，中型水库淤积量最小。其中，大型水库（龚嘴和黑龙滩）总库容为7.17亿m^3，拦沙量为2.29亿m^3，占水库群总拦沙量的72.9%。其中龚嘴水库1987年已达到淤积平衡，其拦沙量为2.20亿m^3，占水库群总拦沙量的88.8%；黑龙滩水库则由于入库沙量小（仅为46.1万m^3）、库容大（死库容6400万m^3），水库还未达到淤积平衡，在1990年后将继续发挥拦沙作用。中型水库总库容为3.34亿m^3，死库容为0.509亿m^3，拦沙量为0.15亿m^3，仅占水库群总拦沙量的4.8%，占水库死库容的29.5%，这说明中型水库还未达到淤积平衡，在1990年后将继续发挥拦沙作用。小型水库总库容为5.60亿m^3，死库容为0.75亿m^3，由于小型水库多建在支流上或水系的末端，入库沙量较小。水库拦沙量为0.70亿m^3（年均200万m^3），占水库群总拦沙量的22.3%，总淤积率为12.5%，水库淤积基本平衡。

（2）1991~2005年

1990~2005年新建水库89座，总库容为4.257亿m^3。其中大型水库1座（铜街子水库，位于大渡河），总库容为2.60亿m^3；中型水库5座，总库容为0.887亿m^3；小型水库83座，总库容为0.77亿m^3。

按总淤积率12.5%估算，1991~2005年小型水库拦沙量为960万m^3，年均64万m^3。考虑库容大小的沿时变化，按水库平均年淤积率0.30%计算，1991~2005年中型水库拦沙量为1700万m^3，年均113万m^3。大型水库拦沙量为1.94亿m^3（铜街子水库1994~2005年拦沙量为1.871亿m^3，黑龙滩水库拦沙量为0.069亿m^3），年均1293万m^3。

因此1991~2005年水库总拦沙量为2.21亿m^3，年均淤积泥沙约为1471万m^3，合1910万t。其中大型水库拦沙量占总拦沙量的87.9%；中、小型水库分别占7.7%和4.4%。与1956~1990年相比，年均拦沙量增加1471−897=574万m^3，约合750万t。

1956~2005年，流域水库总拦沙量为5.35亿m^3，年均淤积泥沙约1070万m^3，约合1390万t。其中大、中、小型水库拦沙量为4.23亿m^3、0.32亿m^3、0.80亿m^3，流域小型和大中型库容以及水库总库容与拦沙量累积变化分别如图6-39所示。

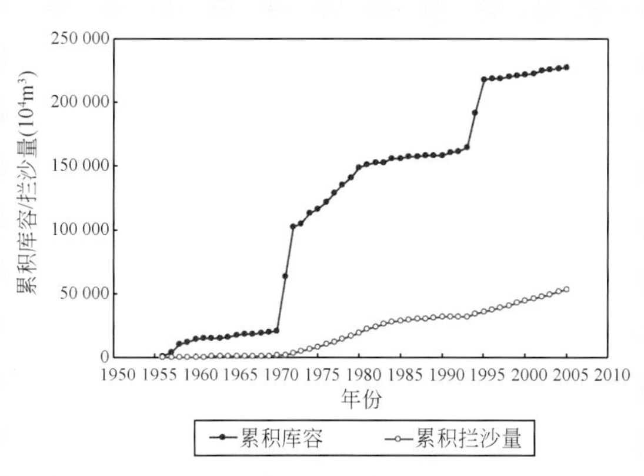

图6-39　岷江1956~2005年水库库容和拦沙量累积变化

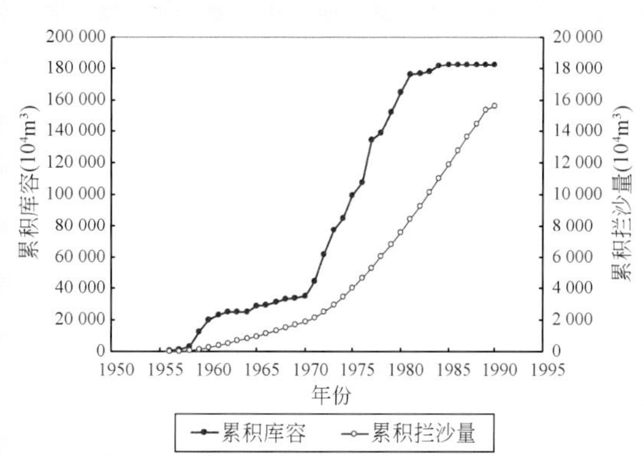

图6-40　沱江1956~1990年水库库容和拦沙量累积变化

3. 沱江流域

（1）1956~1990年

截至20世纪80年代末，沱江流域已建成各类水库1364座，总库容为18.31亿m^3。根据水库淤积调查资料，中、小型水库年淤积率分别为 0.30% 和 0.67% 来进行估算。对 1956 ~ 1990 年历年所建大、中、小型水库统计分析得到水库历年累积拦沙量变化来看（图 6-40），1956 ~ 1990 年水库群累积拦沙量为 1.58 亿 m^3（合 2.06 亿 t），年均拦沙量为 450 万 m^3（约合 590 万 t）。水库拦沙以小型水库为主，大中型水库淤积量较小。其中，小型水库总库容为 10.14 亿 m^3，死库容为 1.26 亿 m^3，这些水库多建在支流上或水系的末端，入库沙量较大。1956 ~ 1990 年小型水库拦沙量为 1.26 亿 m^3，占总拦沙量的 81%，年均 360 万 m^3（约合 470 万 t），总淤积率为 12.4%，小型水库已基本淤满。大中型水库总库容为 8.17 亿 m^3，拦沙量为 0.32 亿 m^3，仅占总拦沙量的 19%。水库还未达到淤积平衡，在 1990 年后将继续发挥拦沙作用。

（2）1991 ~ 2005 年

1991 ~ 2005 年沱江新建水库 141 座，总库容为 2.99 亿 m^3。其中，中型水库 14 座，库容为 1.80 亿 m^3；小型水库 127 座，库容为 1.19 亿 m^3。1991 ~ 2005 年水库拦沙量为 0.468 亿 m^3，年均拦沙量为 312 万 m^3。其中，按总淤积率 12.4% 估算，1991 ~ 2005 年小型水库拦沙量为 1480 万 m^3，年均 99 万 m^3；中型水库按年均淤积率 0.30% 估算，1991 ~ 2005 年拦沙量为 3200 万 m^3，年均 213 万 m^3。

综上所述，1956 ~ 2005 年沱江流域水库总拦沙量为 2.048 亿 m^3，年均淤积泥沙约 410 万 m^3，合 533 万 t。

4. 嘉陵江流域

（1）1956 ~ 1990 年

1956 ~ 1990 年嘉陵江流域已建水库 4542 座，总库容为 56.10 亿 m^3。根据四川省、陕西省、甘肃省水库统计资料以及长江上游水库泥沙淤积基本情况资料汇编成果，本文对 1950 ~ 1990 年流域历年所建大、中、小型水库资料进行了重新统计分析，水库淤积拦沙资料仍沿用已有调查成果。小（一）型、小（二）型水库年淤积率分别为 0.87% 和 1.50%。

根据流域水库历年累积拦沙量变化来看（图 6-41），1955 ~ 1990 年水库群总拦沙量为 6.56 亿 m^3（合 8.52 亿 t），分别占总库容和死库容的 11.7% 和 53.5%，年均拦沙量为 1870 万 m^3（约合 2440 万 t）。这部分水库还将发挥一定的拦沙作用，但主要以大中型水库为主，小型水库已基本达到淤积平衡。其中，小型水库多建在水系的末端，就近拦截泥沙相对较多。1955 ~ 1990 年小型水库拦沙量为 2.84 亿 m^3，与小型水库群的死库容之和基本相当，占水库群总拦沙量的 43.4%，年均拦沙量为 790 万 m^3，总淤积率为 13.7%，水库已基本淤满，达到淤积平衡。大型水库拦沙量为 2.25 亿 m^3，占总拦沙量的 34.4%，仅占水库死库容的 32.9%。其中位于重点产沙区的碧口水库拦沙总量 2.16 亿 m^3，占大型水库总拦沙量的 96%；升钟水库拦沙总量 0.09 亿 m^3。说明大型水库还未达到淤积平衡，1990 年后继续发挥拦沙作用。中型水库拦沙量为 1.46 亿 m^3，占总拦沙量的 22.3%，占水库死库容的 40.9%，还未达到淤积平衡，1990 年后继续发挥拦沙作用。

从上可以看出，大中型水库拦沙量占水库群总拦沙量的 56.6%，占主导地位；小型水库年拦沙量占水库群拦沙总量的 43.4%，但 1985 年已达到淤积平衡。

从嘉陵江各水系来看，白龙江及嘉陵江干流累积拦沙量为 3.36 亿 m^3，占水库群总拦沙量的 51.4%；涪江水系累积拦沙量为 1.96 亿 m^3，占水库群总拦沙量的 29.8%；渠江水系累积拦沙量为 1.24 亿 m^3，占水库群总拦沙量的 18.8%。从各水库拦沙量比较来看，1990 年前嘉陵江流域水库以白龙江的碧口水库拦沙最为显著，其 1975 ~ 1990 年拦沙总量为 2.16 亿 m^3，约占水库群总拦沙量的 33%。

（2）1991 ~ 2005 年

据统计，1991 ~ 2005 年流域内新建水库 447 座，总库容为 49.63 亿 m^3。其中，大型水库 8 座，库容为 40.06 亿 m^3；中型水库 13 座，库容为 5.59 亿 m^3（其中渠江干流上的凉滩和富流滩航电枢纽等库容不详，未参与统计）；小型水库 426 座，库容为 3.98 亿 m^3。1991 ~ 2005 年水库拦沙量为 6.06 亿 m^3，年均 4038 万 m^3。其中：

小型水库拦沙量按 1956 ~ 1990 年小型水库总淤积率 13.7% 估算，1991 ~ 2005 年拦沙量为 5420 万 m^3，年均拦沙量为 362 万 m^3，占总拦沙量的 9.0%。

1991 ~ 2005 年大中型水库拦沙量为 5.51 亿 m^3（含 1956 ~ 1990 年已建水库拦沙量 2.17 亿 m^3），年均淤积泥沙约为 3670 万 m^3，约合 4780 万 t。其中，大型水库拦沙量为 3.88 亿 m^3，占总拦沙量的 64.0%；中型水库拦沙量为 1.64 亿 m^3，占总拦沙量的 27%。

从各水系来看，白龙江水系、涪江水系、渠江水系及嘉陵江干流区间（亭子口至武胜区间）水库拦沙量分别为 2.40 亿 m^3、1.21 亿 m^3、1.05 亿 m^3 和 1.40 亿 m^3，分别占总量的 39.6%、20.0%、17.3% 和 23.1%。

与 1956 ~ 1990 年相比，水库年均拦沙量增加了 2164 万 m^3，合 2810 万 t。

1956 ~ 2005 年大中型水库累积拦沙量为 9.22 亿 m^3，年均淤积泥沙约为 1800 万 m^3，合 2340 万 t。其中嘉陵江干流及白龙江水系累积拦沙量为 6.07 亿 m^3，占总拦沙量的 65.9%，年均淤积泥沙约 1188 万 m^3，合 1544 万 t；涪江水系累积拦沙量为 1.71 亿 m^3，占总拦沙量的 18.5%，年均淤积泥沙约 333 万 m^3，合 433 万 t；渠江水系累积拦沙量为 1.44 亿 m^3，占总拦沙量的 15.7%，年均淤积泥沙约 282 万 m^3，合 367 万 t。

1955 ~ 2005 年嘉陵江流域小型水库累积拦沙量为 4.03 亿 m^3，年均拦沙量为 790 万 m^3，合 1030 万 t。因此 1955 ~ 2005 年嘉陵江流域内水库（包括大、中、小型）累积拦沙总量为 13.23 亿 m^3，年均拦沙量为 2594 万 m^3，合 3372 万 t。

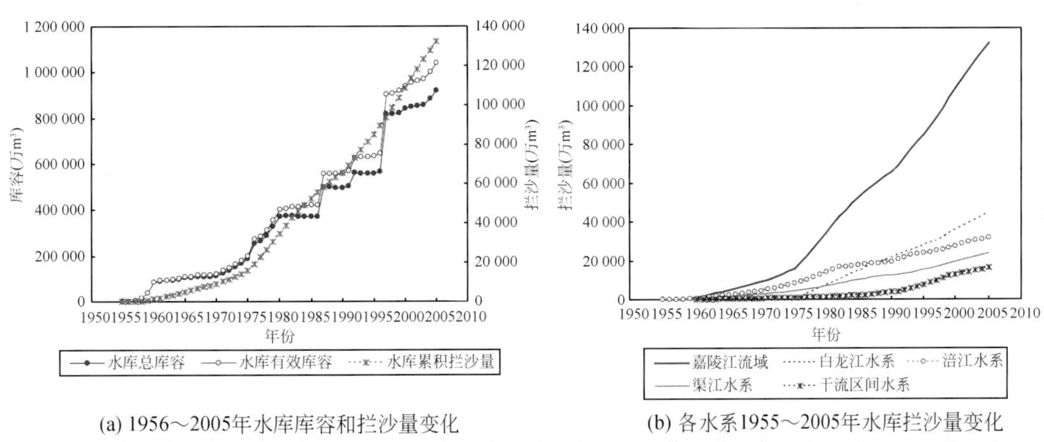

(a) 1956～2005年水库库容和拦沙量变化

(b) 各水系1955～2005年水库拦沙量变化

图 6-41 嘉陵江流域 1956 ~ 2005 年水库拦沙量变化

5. 乌江流域

（1）1956～1990 年

根据长江水利委员会水文局 1994 年 7 月的长江上游地区水库统计资料，截至 20 世纪 80 年代末，乌江流域内已建成各类水库 1630 座，总库容为 44.06 亿 m^3。据 1994 年乌江流域水库泥沙淤积调查资料统计，大型水库年均淤积率为 0.41%，中型水库年均淤积率为 0.34%，毕节地区小型水库年均淤积率为 3.29%，其他地区小型水库年均淤积率为 0.22%。1956～1990 年水库拦沙总量为 2.795 亿 m^3，年均拦沙量为 799 万 m^3（约合 920 万 t）。其中，大型水库 3 座（乌江渡、红枫电站和百花电站）。由于红枫和百花两大型水库位于乌江支流猫跳河上（总库容分别为 6.59 亿 m^3 和 1.91 亿 m^3），控制流域面积均不大，且库区植被条件较好，入库泥沙极少，其拦沙量基本可忽略不计。乌江渡水库位于乌江干流，其控制的流域面积占全流域面积的 31.6%，入库水沙量也较大，库区泥沙淤积较为严重。1972～1990 年拦沙总量为 2.138 亿 m^3（1972～1988 年拦沙量为 1.79 亿 m^3，1989～1990 年为 0.348 亿 m^3）。该水库年淤积量占乌江流域水库群年总拦沙量的 76.5%。流域中型水库数量仅 16 座（总库容 3.40 亿 m^3），控制流域面积较小，其年淤积率为 0.34%，其年均拦沙量为 115.6 万 m^3，其拦沙总量约 0.40 亿 m^3，占总拦沙量的 14.3%，库容损失约 12%。根据金沙江、岷江、沱江、嘉陵江等流域中型水库统计资料分析，中型水库死库容占总库容的比例一般在 10%～20%。由此可见，中型水库淤积已达到基本平衡。乌江流域小型水库 1611 座，总库容为 9.33 亿 m^3（其中贵州省境内 1524 座，库容为 8.70 亿 m^3，四川省境内 87 座，库容为 0.63 亿 m^3），水库平均库容为 58 万 m^3，拦沙总量为 0.257 亿 m^3，占总拦沙量的 9.2%，总淤积率为 2.75%。经统计乌江流域 40 座小型水库资料，其死库容占总库容的比例为 2.8%。据此估算，乌江流域内小型水库的死库容为 9.33×2.8% = 0.257 亿 m^3。由于毕节地区的水库淤积较其他地区严重，因此将毕节地区单独计算。其他地区以安顺和遵义地区的实测资料进行估算。据统计，毕节地区小型水库 359 座，总库容为 1.42 亿 m^3（死库容为 390 万 m^3），每座水库平均库容为 39.6 万 m^3（死库容仅为 1.1 万 m^3），其年均淤积率为 3.29%，年均拦沙量 1.30 万 m^3/座，在 1～2 年基本达到淤积平衡；其他地区 1252 座，总库容为 7.91 亿 m^3（死库容为 2180 万 m^3），每座水库平均库容 63.2 万 m^3（死库容仅为 1.8 万 m^3），其年均淤积率为 0.22%，年均拦沙量 0.14 万 m^3/座，淤积年限一般在 12～14 年。流域内小型水库在 1985 年左右基本达到淤积平衡。

（2）1991～2005 年

1990～2005 年新建水库 183 座，总库容为 76.92 亿 m^3。其中大型水库 4 座，总库容为 69.19 亿 m^3；中型水库 26 座，总库容为 6.30 亿 m^3；小型水库 153 座，总库容为 1.43 亿 m^3。

1994 年和 1995 年乌江渡上游东风电站和普定电站相继蓄水后，其拦沙作用更为显著，乌江渡站上游区域来沙量基本被拦截在乌江渡电站、东风电站和普定电站内。根据乌江渡水文站资料分析，1955～1979 年年均输沙量为 1570 万 t，1980～2005 年其年均沙量约 60 万 t。

结合已建和新建水库淤积典型调查资料分析，1991～2005 年水库新增拦沙总量为 2.078 亿 m^3（含 1990 年前已建水库拦沙量），年均淤积泥沙约 1386 万 m^3，约合 1600 万 t。其中，按总淤积率 2.75% 估算，1991～2005 年小型水库拦沙量为 394 万 m^3，年均 26 万 m^3。按年均淤积率 0.22% 估算，1991～2005 年新建中型水库年均拦沙量为 139 万 m^3，总拦沙量约为 0.20 亿 m^3。1991～2005 年新建大型水库（含乌江渡水电站）拦沙总量为 18 390 万 m^3，年均拦沙量为 1226 万 m^3。其中乌江渡电站拦沙量为5350万m^3，东风电站1994~1999年拦沙量为6000万m^3，2000~2005年上游电站总拦沙量为8137万t（7040万m^3）。

综上所述，1956~2005年乌江流域水库累积拦沙量为4.873亿m^3，年均淤积泥沙约为975万m^3，合1270万t。其中1956~1990年水库拦沙总量为2.795亿m^3，占总拦沙量的57.3%，年均淤积泥沙约为799万m^3；1991~2005年水库拦沙总量为2.078亿m^3，占总拦沙量的42.7%，年均淤积泥沙约为1386万m^3（1600万t）。与1956~1990年相比，年均拦沙量增加了为587万m^3（约合680万t，乌江流域水库泥沙干容重则根据乌江渡水库实测资料，取为1.156 t/m^3）。

6. 三峡区间

根据1994年长江上游水库淤积调查资料，并结合葛洲坝和三峡水库实测资料分析，1956~2005年长江上游干流区间水库总拦沙量为7.91亿m^3，年均拦沙量为1580万m^3。

（1）1956~1990年

据不完全统计，1956~1990年长江干流区间内已建成各类水库1622座，总库容42.43亿m^3。其中，大型水库3座（大洪河、狮子滩和葛洲坝），根据调查资料分析，大洪河、狮子滩水库年均拦沙量分别为38万m^3和23.2万m^3，1990年前拦沙量分别为0.118亿m^3和0.078亿m^3，葛洲坝1981~1990年库区淤积泥沙1.281亿m^3。因此大型水库总拦沙量为1.477亿m^3；中型水库总库容2.62亿m^3，其拦沙量按1990年前上游水系中型水库平均淤积率6.9%估算，则其拦沙量为0.181亿m^3；小型水库总库容10.06亿m^3，其拦沙量按1990年前上游水系小型水库平均淤积率10.0%估算，则其拦沙量为1.006亿m^3。

因此，1990年前长江上游干流区间水库拦沙量为2.664亿m^3，年均拦沙量为760万m^3。

（2）1991~2005年

在1990年已建水库中，除大洪河、狮子滩水库将继续发挥拦沙作用外，其拦沙量分别为0.057亿m^3和0.035亿m^3；其他中小型水库淤积基本达到平衡。

新建中型水库淤积量为0.401亿m^3（按1990年前总淤积率6.9%计算）。

实测资料表明，葛洲坝1991~2003年库区淤积泥沙有0.274亿m^3。

2003年6月，三峡水库正式蓄水，库水位按135m（汛期）~139m（枯期）运行，其总库容为142.4亿m^3。根据2003年6月~2005年12月资料统计，库区淤积泥沙为4.479亿m^3，上游来沙近60%被拦截在库内。

因此1991~2005年长江上游干流区间拦沙量为5.246亿m^3，年均拦沙量为3500万m^3。与1990年前相比，年均拦沙量增加了2740万m^3。

7. 长江上游水库拦沙量

综上所述，1956~2005年上游水库总拦沙（淤积）量达到38.73亿m^3，年均拦沙量7750万m^3。1956~1990年、1991~2005年水库拦沙量分别占49%和51%，其拦沙量分别为18.824亿m^3和19.906亿m^3。

（1）三峡水库上游

三峡水库上游含金沙江、岷沱江、嘉陵江和乌江等水系（以下简称三峡上游）水库总拦沙（淤积）量达到30.82亿m^3，年均拦沙量约为6164万m^3（表6-37）。1956～1990年、1991～2005年水库拦沙量分别占52.4%和47.6%。

从各类水库拦沙作用来看，大型水库拦沙量为19.10亿m^3（占总库容的7.8%），占总拦沙量的62%，年均拦沙量约为3821万m^3；中型水库拦沙量为5.0亿m^3（占总库容的9.3%），占总拦沙量的16.2%，年均拦沙量约为1000万m^3；小型水库拦沙量为6.72亿m^3（占总库容的10.1%），占总拦沙量的21.8%，年均拦沙量约为1344万m^3。由此可见，三峡上游水库拦沙以大型水库为主，但由于小型水库大多位于水系末端，其入库沙量一般较大、且以灌溉为主，因此其拦沙量也较大。

1956～1990年，三峡上游水库总拦沙量为16.16亿m^3，年均拦沙量约为4617万m^3。其中，大型水库拦沙量为7.794亿m^3（占总库容的11.5%），占总拦沙量的48.2%，年均拦沙量约为2227万m^3；中型水库拦沙量为2.57亿m^3（占总库容的6.9%），占总拦沙量的15.9%，年均拦沙量约为734万m^3；小型水库拦沙量为5.794亿m^3（占总库容的10.0%），占总拦沙量的35.9%，年均拦沙量约为1655万m^3。

1991～2005年三峡上游水库总拦沙量为14.66亿m^3，年均拦沙量为9774万m^3，与1956～1990年相比年均拦沙量增加5157万m^3。其中，大型水库拦沙量为11.31亿m^3（占总库容的6.4%），占总拦沙量的77.1%，年均拦沙量约为3932万m^3；中型水库拦沙量为2.43亿m^3（占总库容的14.4%），占总拦沙量的16.6%，年均拦沙量约为770万m^3；小型水库拦沙量为0.924亿m^3（占总库容的10.3%），占总拦沙量的6.3%，年均拦沙量约为616万m^3。

（2）三峡区间

三峡区间1956～2005年水库总拦沙量为7.91亿m^3，年均拦沙量为1580万m^3。其中1956～1990年拦沙量为2.664亿m^3，年均拦沙量为760万m^3；1991～2005年拦沙量为5.246亿m^3，年均拦沙量为3500万m^3。与1956～1990年相比，年均拦沙量增加了2740万m^3。

综上所述，与1956～1990年相比，1991～2005年长江上游水库年均拦沙量增加了7890万m^3。除此之外，长江上游流域还广泛分布着大量的塘堰，虽然面积较小，但是数量众多。塘堰对于流域侵蚀泥沙的输移具有重要的拦截作用，可以就地拦截大量的侵蚀物，其拦沙效果甚至比水库的拦沙效果还要好，整个长江上游被塘堰所拦截的泥沙约占流域年侵蚀量的6%～7%（水利部科技教育司和交通部三峡工程航运领导小组办公室，1993）。

6.4.4 水库拦沙对河流输沙量的影响

水库拦沙淤积后将对下游河道的输沙量在一定范围内产生影响，但各流域水库拦截淤积的沙量并不等于是河流减少的沙量，因为水库拦沙淤积对其下游的影响是一个十分复杂的动态传递过程，在水库拦沙淤积的同时，水库下游河道将发生泥沙调整，它包括河道本身的冲刷调整和区间各支流汇入的补偿调整等变化，这种影响往往与水库群的所在位置、水库数量、库容大小、水库运用方式、入出库水沙条件和沿程距离及其河床质组成等诸因素有关，由于水库下泄水流含沙量变小，引起坝下游河床冲刷，含沙量也会沿程得到不同程度地恢复，下游河道输沙量相应有所增加，但河床冲刷强度也会沿程减弱，因此上游水库拦沙量的多少，并不意味着下游河道输沙量将减少多少，并且越往下游，受水库拦沙影响就越小。因此长江上游水库拦沙淤积对三峡水库入库沙量的影响，须结合上游各流域水库分布、拦沙淤积量以及区间河道组成等具体情况进行研究。

表 6-37（a） 长江三峡水库上游地区大型水库拦沙量统计表

水系	控制站	控制面积（万 km^2）	多年平均径流量（亿 m^3）	多年平均输沙量（亿 t）	1956～1990 年				1991～2005 年				1956～2005 年			
					数量（座）	总库容（亿 m^3）	总淤积量（万 m^3）	年均淤积量（万 m^3）	数量（座）	总库容（亿 m^3）	总淤积量（万 m^3）	年均淤积量（万 m^3）	数量（座）	总库容（亿 m^3）	总淤积量（万 m^3）	年均淤积量（万 m^3）
金沙江	屏山站	45.86	1 461	2.49	1	5.53	9 920	283	2	65.99	36 516	2 434	3	71.52	46 436	929
岷　江	高场站	13.54	862	0.481	2	7.17	22 900	654	1	2.6	19 400	1 293	3	9.77	42 300	846
沱　江	李家湾	2.33	120	0.09	1	2.25	1 200	34	0	0	0	0	1	2.25	1 200	24
嘉陵江	北碚站	15.61	659	1.12	3	21.5	22 540	644	8	40.06	38 780	2 585	11	61.56	61 320	1 226
长上干	寸滩站	86.66	3 478	4.18	7	36.45	56 560	1 616	11	108.65	94 696	2 706	18	145.1	151 256	3 025
乌　江	武隆站	8.31	497	0.281	3	31.33	21 380	611	4	69.19	18 390	1 226	7	100.52	39 770	795
三峡上游	寸滩+武隆	94.97	3 975	4.461	10	67.78	77 940	2 227	15	177.84	113 086	3 932	25	245.62	191 026	3 821

①位于金沙江下段盘龙江的松华坝水库，1958 年建成时总库容 6832 万 m^3，1995 年 12 月进行加固扩建，总库容扩大到 2.19 亿 m^3，新增库容 1.51 亿 m^3；②年均淤积率为年均淤积量与水库总库容之间的比值；③水库泥沙干容重取为 1.30t/m^3，乌江流域取 1.156t/m^3；④1991～2005 年水库拦沙量包括 1990 年前部分水库的拦沙作用；⑤不含长江上游干流区间水库

表 6-37（b） 长江三峡水库上游地区中型水库拦沙量统计表

水系	控制站	控制面积（万 km^2）	多年平均径流量（亿 m^3）	多年平均输沙量（亿 t）	1956～1990 年				1991～2005 年				1956～2005 年			
					数量（座）	总库容（亿 m^3）	总淤积量（万 m^3）	年均淤积量（万 m^3）	数量（座）	总库容（亿 m^3）	总淤积量（万 m^3）	年均淤积量（万 m^3）	数量（座）	总库容（亿 m^3）	总淤积量（万 m^3）	年均淤积量（万 m^3）
金沙江	屏山站	45.86	1 461	2.49	44	10.423	3 590	103	12	2.285	1 030	69	56	12.708	4 620	92
岷　江	高场站	13.54	862	0.481	17	3.34	1 500	43	5	0.887	1 700	113	22	4.227	3 200	64
沱　江	李家湾	2.33	120	0.09	22	5.92	2 000	57	14	1.8	3 200	213	36	7.72	5 200	104
嘉陵江	北碚站	15.61	659	1.12	50	13.9	14 610	417	13	5.59	16 360	1 091	63	19.49	30 970	619
长上干	寸滩站	86.66	3 478	4.18	133	33.583	21 700	620	44	10.562	22 290	637	177	44.145	43 990	880
乌　江	武隆站	8.31	497	0.281	16	3.4	4 000	114	26	6.3	2 000	133	42	9.7	6 000	120
三峡上游	寸滩+武隆	94.97	3 975	4.461	149	36.983	25 700	734	70	16.862	24 290	770	219	53.845	49 990	1 000

各项说明同表 6-37（a）

表 6-37（c） 长江三峡水库上游地区小型水库拦沙量统计表

水系	控制站	控制面积（万 km^2）	多年平均径流量（亿 m^3）	多年平均输沙量（亿 t）	1956～1990 年				1991～2005 年				1956～2005 年			
					数量（座）	总库容（亿 m^3）	总淤积量（万 m^3）	年均淤积量（万 m^3）	数量（座）	总库容（亿 m^3）	总淤积量（万 m^3）	年均淤积量（万 m^3）	数量（座）	总库容（亿 m^3）	总淤积量（万 m^3）	年均淤积量（万 m^3）
金沙江	屏山站	45. 86	1 461	2. 49	1 835	12. 17	7 320	210	174	1. 64	984	66	2 009	13. 81	8 304	166
岷　江	高场站	13. 54	862	0. 481	874	5. 50	7 000	200	83	0. 77	960	64	957	6. 27	7 960	159
沱江	李家湾	2. 33	120	0. 09	1 341	10. 14	12 600	360	127	1. 19	1 480	99	1 468	11. 33	14 080	282
嘉陵江	北碚站	15. 61	659	1. 12	4 489	20. 7	28 450	813	426	3. 98	5 420	361	4 915	24. 68	33 870	677
长上干	寸滩站	86. 66	3 478	4. 18	8 539	48. 51	55 370	1 582	810	7. 58	8 844	590	9 349	56. 09	64 214	1 284
乌江	武隆站	8. 31	497	0. 281	1 611	9. 33	2 570	73	153	1. 43	394	26	1 764	10. 76	2 964	59
三峡上游	寸滩+武隆	94. 97	3 975	4. 461	10 150	57. 84	57 940	1 655	963	9. 01	9 238	616	11 113	66. 85	67 178	1 344

各项说明同表 6-37（a）

表 6-37（d） 长江三峡水库上游地区水库拦沙量统计表

水系	控制站	控制面积（万 km^2）	多年平均径流量（亿 m^3）	多年平均输沙量（亿 t）	1956～1990 年				1991～2005 年				1956～2005 年			
					数量（座）	总库容（亿 m^3）	总淤积量（万 m^3）	年均淤积量（万 m^3）	数量（座）	总库容（亿 m^3）	总淤积量（万 m^3）	年均淤积量（万 m^3）	数量（座）	总库容（亿 m^3）	总淤积量（万 m^3）	年均淤积量（万 m^3）
金沙江	屏山站	45. 86	1 461	2. 49	1 880	28. 123	20 830	595	188	69. 915	38 530	2 569	2 068	98. 038	59 360	1 187
岷江	高场站	13. 54	862	0. 481	893	16. 01	31 400	897	89	4. 257	22 060	1 471	982	20. 267	53 460	1 069
沱江	李家湾	2. 33	120	0. 09	1 364	18. 31	15 800	451	141	2. 99	4 680	312	1 505	21. 3	20 480	410
嘉陵江	北碚站	15. 61	659	1. 12	4 542	56. 1	65 600	1 874	447	49. 63	60 560	4 037	4 989	105. 73	126 160	2 523
长上干	寸滩站	86. 66	3 478	4. 18	8 679	118. 54	133 630	3 818	865	126. 792	125 830	8 389	9 544	245. 335	259 460	5 189
乌　江	武隆站	8. 31	497	0. 281	1 630	44. 06	27 950	799	183	76. 92	20 784	1 386	1 813	120. 98	48 734	975
三峡上游	寸滩+武隆	94. 97	3 975	4. 461	10 309	162. 6	161 580	4 617	1 048	203. 712	146 614	9 774	11 357	366. 315	308 194	6 164

各项说明同表 6-37（a）

以某一大型拦沙淤积骨干水库为起点，应用实测水库淤积资料和坝下游河道水文测站输沙量资料，沿程考虑其他水库群的拦沙淤积作用，综合分析计算各大型水库所在流域由于水库群拦沙淤积而引起的下游河道冲刷调整量，进而分析计算各水库群拦沙淤积对其下游水文测站的减少沙量，从而得出流域水库群的拦沙淤积影响，并给出流域水库群拦沙淤积影响系数。

水库群拦沙淤积影响系数 α 可按下式推算：

$$\alpha = \frac{\bar{W}_{RR} - \bar{W}_{SE}}{\bar{W}_{RR}}$$

式中，$\bar{W}_{RR}$ 为水库群拦沙淤积量；$\bar{W}_{SE}$ 为下游河道冲刷调整量。对梯级水库群而言，其拦沙淤积量为

$$\bar{W}_{SE(i-1)} = \bar{W}_{di} - \bar{W}_{d.(i-1)} - \Delta\bar{W}_i + \bar{W}_{RRi}$$

式中，$\bar{W}_{SE(i-1)}$ 为第 i-1 级水库拦沙淤积后引起的 i-1 级水库至 i 级水库之间的河道泥沙冲刷调整量；$\bar{W}_{di}$ 和 $\bar{W}_{d.(i-1)}$ 分别为 i 级和 i-1 级水库的排沙量；$\Delta\bar{W}_i$ 为 i 级至 i-1 级水库的区间来沙量；$\bar{W}_{RRi}$ 为 i 级水库的拦沙淤积量。

而对单一水库拦沙淤积而言，$\bar{W}_{SE} = \bar{W}_{d.st} - \bar{W}_{dR} - \Delta\bar{W}_S$。式中，$\bar{W}_{SE}$ 定义与上式相同；$\bar{W}_{d.st}$ 为水库下游水文测站的输沙量；$\bar{W}_{d.R}$ 为水库的排沙量；$\Delta\bar{W}_S$ 为水库至水库下游水文测站的区间来沙量。

则水库群拦沙淤积影响系数的沿程变化关系可表示为

$$\alpha = C \times f(-L)$$

式中，L 为坝下游距坝距离（km）；C 和 f 是由实测资料确定的参数和函数，它们包含了各种众多因素的综合影响。

已有研究成果证明，水库群拦沙淤积影响系数与距离大小基本表现呈负指数递减的关系：$\alpha = k_1 \times k_2^{-L}$，$k_1$、$k_2$ 为系数，L 为水库群重心距流域出口的距离。

同时根据流域产输沙系统的作用机理，以流域输沙量作为流域泥沙产输系统输出的行为因子，记为 X_1；影响流域输沙量的主要行为因子如径流量、水库群拦沙量、水土保持减蚀量以及河道采砂等其他人类活动影响因子等，其中径流量作为流域泥沙系统的输入作用因子（产沙因子），记为 X_2；水库群拦沙量、水土保持减蚀量以及河道采砂等均可作为对流域产输沙系统输出的干扰因子，分别记为 X_3、X_4 和 X_5。其白差分形式为

$$X_1(k) = a_1X_1(k-1) + a_2X_2(k) + a_3X_3(k) + a_4X_4(k) + a_5X_5(k)$$

式中，a_1、a_2、a_3、a_4 和 a_5 分别为协调系数，k 表示时间序列。

1. 金沙江流域

1990 年前，金沙江流域水库大多位于较小支流或水系的末端，其距离屏山站较远，因而其拦沙作用影响较小，水库群拦沙对屏山站的减沙量占水库群拦沙量的 10.9%（水利部长江水利委员会水文测验研究所，1991）。

根据 1955～1990 年水库群拦沙量统计分析，其年均拦沙量为 770 万 t，因此其对屏山站的年均减沙量为 770×0.109＝84 万 t，仅占屏山同期年均输沙量的 0.3%，说明水库群拦沙对屏山站输沙量影响不大。

金沙江中下游河床床沙中数粒径均在 50 ~ 100mm（图 6-42）（朱鉴远等，1997）。金沙江下段覆盖于基岩之上 20 ~ 30m 的床沙组成可分为三层，自上而下为漂卵石层、漂石或块石碎石层、砂质砾石层。上层为现代冲积物，在白鹤滩厚 7 ~ 13m，在溪洛渡厚约 1m。中层和下层都为全新统沉积物，呈中层粗、下层细。中层在白鹤滩一般厚 5 ~ 10m，溪洛渡厚 5 ~ 15m；下层在白鹤滩一般厚 5 ~ 15m，溪洛渡为 8 ~ 20m。

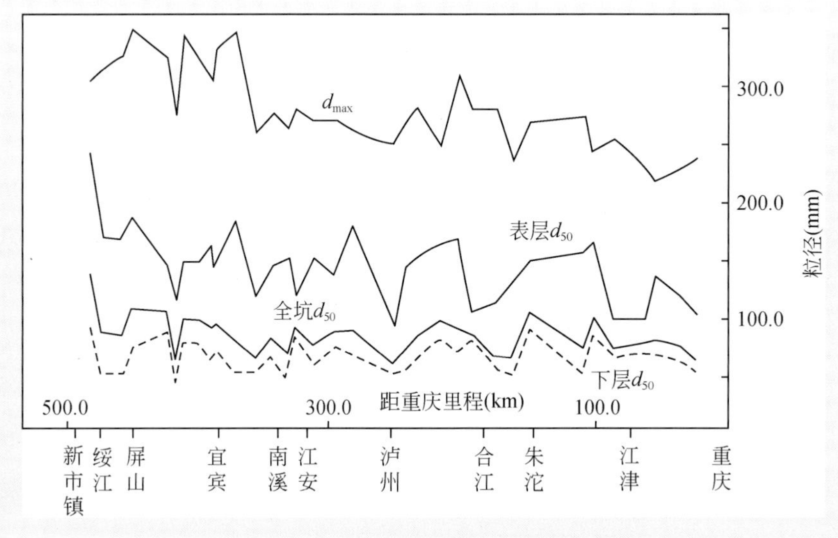

图 6-42　长江新市镇–重庆河段床沙沿程变化图

20 世纪 90 年代以来，金沙江流域水库拦沙作用以二滩电站为主，二滩电站位于雅砻江入汇口上游约 33km，而入汇口距离屏山站约 703km。溪洛渡（位于屏山站上游约 175km）坝下游河床冲刷计算表明，溪洛渡蓄水拦沙运行 90 年后，对下游 425km 的朱沱站悬移质减沙率（时段内下游断面减少的悬移质输沙量与同时段上游水库的淤积量之比）为 91. 6% ~94. 3% （平均为 92. 5%），坝下游河床冲刷调整量占水库拦沙量的 7. 5% 左右。因此国际泥沙研究培训中心认为“溪洛渡水电站下游河道冲淤对朱沱减沙量基本没有影响。“即水库拦蓄多少沙量，进入三峡水库的沙量就几乎减少同样的沙量”。

长江科学院、中国水利水电科学研究院同时根据数学模型研究了溪洛渡、向家坝水库建成后对三峡水库入库泥沙的影响。计算结果表明，100 年内向家坝至朱沱段悬移质泥沙累积冲刷 1787 万 ~2515 万 t，年均冲刷泥沙 18 万 ~25 万 t，仅为水库年均拦沙量 1. 94 亿 t 的 0. 1% 左右，可以忽略不计。

据此估算，二滩电站拦沙对屏山站的作用系数约在 0. 80 ~0. 90，则其拦沙引起屏山站总减沙量为 3. 64 亿 ~4. 10 亿 t（1998 ~2005 年），年均 4550 万 ~5130 万 t（平均 4840 万 t）。

如将其平摊至 1991 ~2005 年，则年均减沙量为 2420 万 ~2720 万 t（平均 2570 万 t），与 1990 年前相比，新增减沙量为 2570–80 = 2490 万 t。其中，1998 ~2000 年电站拦沙总量为 21 660 万 t，如将其平摊至 1991 ~2000 年，则年均拦沙量为 2166 万 t，减沙量为 1730 万 ~1950 万 t（平均 1840 万 t），与 1990 年前相比，新增减沙量为 1840 – 80 = 1760 万 t；2001 ~2005 年电站拦沙总量为 23 780 万 t，年均拦沙量为 4760 万 t，减沙量为 3800 万 ~4280 万 t（平均 4040 万 t），与 1990 年前相比，新增减沙量为 4040–80 = 3960 万 t。

其他中小型水库由于其拦沙量较小且距离屏山站较远，其拦沙作用对屏山站输沙量影响不大。

2. 岷江流域

1990年前，岷江流域水库群拦沙对高场站的减沙量占水库群拦沙量的64.6%。根据1956～1990年水库群拦沙量统计分析，其年均拦沙量为1170万t，因此其对高场站的累积减沙量为4.08×0.646=2.636亿t，年均减沙量为760万t，占高场站同期输沙量的14.4%。

岷江在紫坪埔出山后进入成都平原，呈宽浅冲积型河道。河道床沙由现代冲积卵砾石组成，其厚度在新津通济堰河床中为10.9～12.8m，卵砾石成分以花岗岩、闪长岩为主，次为石英岩和砂岩等，同岷江上游卵砾石岩性相同。床沙具有明显的分选性和良好的磨圆度。

20世纪90年代以来，岷江流域水库拦沙作用以铜街子电站为主，铜街子电站位于大渡河入汇口上游约52km，位于龚嘴水库下游约32km。据现场调查和铜街子大坝下游长河道冲刷观测分析（朱鉴远，2003），龚嘴水电站蓄水运用后清水下泄，第1年坝下游数十公里范围内河边残留悬沙被冲洗干净，此后卵砾石组成的河床没有发生过累积性冲刷（坝下冲刷坑除外）。根据都江堰管理局于1984年3月青城大桥至新津段床沙探坑取样结果表明（图6-43），床沙中值粒径均在70～100mm，抗冲能力强。因此铜街子水库拦沙对高场站减沙作用系数参考二滩电站拦沙作用系数，取为0.90。

按此推算，1991～2005年水库拦沙对高场站减沙量为1910×0.90≈1720万t。因此与1990年前相比，新增减沙量为1720－760=960万t，占高场站1991～2005年总减沙量1570万t的61%。

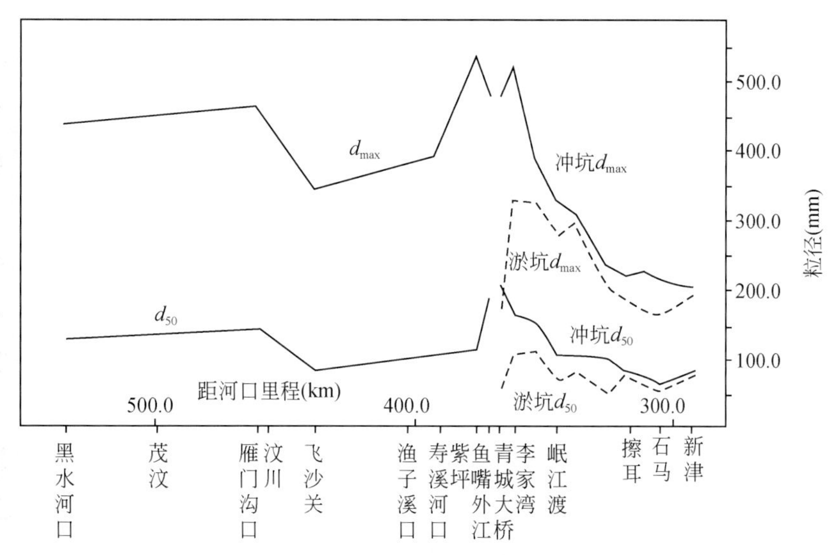

图6-43　岷江上中游河段床沙沿程变化图

3. 沱江流域

1990年前，沱江流域内大中型水库大多位于沱江中游地区的支流上，而中游地区植被条件较好，为轻度侵蚀区，侵蚀模数在500～2500t/(km^2·a)（水利部长江水利委员会，1999）。根据1957～2004年资料统计，沱江78.9%的径流量来自于登瀛岩以上地区（集水面积占李家湾站的62.2%），输沙量占李家湾站的79.3%；登瀛岩至李家湾区间集水面积占李家湾站的37.8%，径流量占19.4%，输沙量仅占21.1%。李家湾输沙量减小也主要集中在登赢岩以上地区，其减沙量为625万t，占李家湾站总减沙量的71%（相应径流量减小量占56.3%）。因此水库拦沙量较小，对李家湾输沙量影响不大。

流域内小型水库大多位于水系末端，拦沙量较大。但由于其远离流域出口，加之沱江中下游处于川中丘陵区，地形高差小，曲流发育，河道冲淤和调整能力较强，水库群拦沙对李家湾站的减沙量占水库群拦沙量的 19.4%（水利部长江水利委员会水文测验研究所，1991）。根据 1956～1990 年水库群拦沙量统计分析，其年均拦沙量为 590 万 t，因此其对李家湾站的年均减沙量为 110 万 t，占李家湾站同期输沙量的 9.4%。

20 世纪 90 年代以来，沱江流域新建水库大多位于三皇庙至登瀛岩区间干流，拦沙作用对李家湾站影响较大，因沱江和岷江地质地貌和河道特性相近，因此可参考使用岷江水库拦沙作用系数 0.90。

按此推算，1991～2005 年水库拦沙对李家湾站减沙量为 405×0.90≈360 万 t。因此与 1990 年前相比，新增减沙量为：360－110＝250 万 t，占李家湾站 1991～2005 年总减沙量 880 万 t 的 28.4%。

4. 嘉陵江流域

1990 年前，嘉陵江流域水库群拦沙对北碚站的减沙量占水库群拦沙量的 30% 左右（水利部长江水利委员会水文测验研究所，1991）。根据 1955～1990 年水库群拦沙量统计分析，其年均拦沙量为 2440 万 t，因此对北碚站的年均减沙量为 2440×0.30≈730 万 t，仅占北碚站同期年均输沙量的 5%。

20 世纪 90 年代以来，嘉陵江流域产输沙条件发生了很大变化。首先是径流量减小了 20.4%；其次是新建大中型水库的拦沙作用，一方面水库群拦沙量增加，另一方面是大部分新建水库位于水系中下游和干流上，控制面积占流域面积的比例均在 50% 以上，与 1990 年大多数水库建于上中游或小支流水系的情况大不相同，特别是干流上修建的水库均距出口距离较近，加之这些水库蓄水抬高了水位，水流变缓，水流挟沙能力大幅降低，河床冲刷自动调整能力也大为减弱，因此水库群拦沙作用系数也有所提高；再次是流域实施了以“长治”工程为主体的水土保持综合治理，流域侵蚀模数减小，改变了产输沙条件；第四是近年来嘉陵江下游如重庆市合川附近，渠江和涪江出口附近等，河道采砂有所加剧，如据调查（张美德和周凤琴，1993；刘德春等，2002），嘉陵江朝天门至盐井河段 75km 范围内年采砂量为 245 万 t，砾卵石采量为 105 万 t，据 2002 年调查，嘉陵江朝天门至合川段 104km 范围内年采砂量 356.7 万 t。河道采砂不仅使河床床面受到不同程度的干扰，破坏河道水流流态和输沙天然特性。其中最明显的就是，引起悬移质中的粗沙部分落淤，输沙量减少。

（1）白龙江及嘉陵江干流水系

分析碧口和宝珠寺水库拦沙对坝下游输沙变化的影响。武都水文站位于碧口水库上游，其控制流域面积为 14 288km^2，占碧口水库控制面积的 55%。碧口水文站位于碧口水库下游约 3km、宝珠寺水库上游约 84km 处，三磊坝水文站位于宝珠寺下游约 8km 处。1996 年以前碧口站输沙变化主要受上游碧口水库拦沙作用影响（表 6-38），三磊坝站 1996 年前受碧口水库拦沙作用影响，1997 年后则主要受宝珠寺水库拦沙作用影响。

根据碧口水库泥沙淤积观测资料，1980～1996 年碧口入库泥沙总量为 4.006 亿 t，年均 2360 万 t；出库总沙量 1.272 亿 t，年均 748 万 t；由此可见水库年均淤积量 1610 万 t。而 1980～1996 年碧口水文站和三磊坝水文站年均沙量分别为 877 万 t 和 1070 万 t，说明碧口水库坝下游 3km 范围内河床年均冲刷泥沙约 130 万 t，占碧口水库拦沙量的 8%；碧口水库至三磊坝水文站区间集水面积 3247km^2，占三磊坝站控制面积的11%，区间来沙量则在120万t左右，因此坝下游95km范围内河床年均冲刷泥沙约200万t，占碧口水库拦沙量的12%。

表6-38　碧口、宝珠寺水库各水文站输沙变化统计

年输沙量 时段	武都 (1)	碧口 (2)	三磊坝 (3)	(4) (3)-(1)	新店子 (5)	亭子口 (6)	(7) (3)+(5)	(8) (6)-(7)
建库前（1964~1969年）	1680	2640	2180	-460	4820	7620	7000	620
滞洪期（1970~1975年）	960	1390	1560	170	2190	3840	3750	90
运用期（1976~1996年）	1720	869	1090	221	3470	5030	4560	470
1997~2003年	575	397	143	-254	1490	1530	1633	-103

①输沙量单位为万t；②三磊坝站缺1966年水沙资料；③新店子站1997年迁至广元站，缺1968年径流资料，1964~1965年、1968~1969年输沙资料，1997年、2001~2003年水沙资料；④亭子口站缺1965年和1968年水沙资料

根据宝珠寺水库泥沙淤积观测资料，水库年均入库沙量约2370万t，1997~2000年水库年均淤积沙量为2300万t，年均出库沙量则为70万t。而从坝下游三磊坝水文站资料来看，1997~2003年其年均输沙量为143万t，由于宝珠寺水库至三磊坝水文站之间集水面积仅819km^2，仅占三磊坝站控制面积的3%，其来沙量可忽略不计，因此宝珠寺水库坝下游8km范围内河床年均冲刷泥沙约73万t，占宝珠寺水库拦沙量的3%。

对于宝珠寺水库下游约175km的亭子口水文站而言，其水沙主要来自于嘉陵江上游干流、白龙江和未控区间。由于三磊坝站、新店子站和亭子口站之间未控区间集水面积为6825km^2，占亭子口站控制面积的11%，因此初步估算，1976~1996年和1997~2003年两时段来沙量分别为570万t和170万t左右。根据沙量平衡原理，1976~1996年未控区间河道泥沙基本冲淤平衡，1997~2003年与1976~1996年相比，亭子口站年均输沙量减少3500万t左右，其中新店子水文站减沙在2000万t左右，区间减沙量在400万t左右，白龙江减沙量则应在1000万t左右。而从宝珠寺水库下游三磊坝水文站输沙量变化来看，其年均减沙量约950万t（主要受宝珠寺水库拦沙影响）。两者相比，在扣除嘉陵江上游干流新店子以上地区减沙量和区间减沙量之后，宝珠寺水库拦沙量与亭子口水文站减沙量基本持平，这主要是由于宝珠寺水库拦沙后，由于坝下游在碧口水库拦沙期间，河床中颗粒较细的泥沙基本被冲走，床沙组成较粗，抗冲能力较强，沿程自动调整能力较弱。

另外根据现场调查了解，碧口水库修建后下游也未发生长河道累积性冲刷。同时由嘉陵江各河段河床平均坑测沙样和表层沙样组成的实测资料（表6-39和图6-44），从中可以看出嘉陵江亭子口以下河床系卵砾石夹沙河床，抗冲能力较强，可冲量不大，其中，嘉陵江上游新店子段河床组成较其他河段为细，这主要是由于嘉陵江上游泥沙主要来源于黄土区和土石山区，颗粒较细；亭子口附近河段河床组成则以沙、卵石、黏土夹沙间隔为主，卵石粒径以110~200mm最为常见，其中粒径在100mm左右的卵石主要分布在河边滩，粒径在15~20mm以近岸多见，此河段床沙中值粒径$D_{50}=60$mm；嘉陵江下游合川段河床组成非均匀性强，主河槽部分以50~75mm的大中型卵石为主，靠近河岸多为粒径100~200mm和5~100mm的大中卵石组成。在本河段河床组成中，粒径小于1mm的细小颗粒含量较少，一般在5%左右，粒径小于5mm的颗粒含量也在8%左右，此类细小颗粒在河床中起到填充颗粒间空隙的作用，受到粗颗粒泥沙的隐蔽，根据非均匀沙的隐暴效应和起动规律，此类泥沙不易被水流冲起挟带，河床较为稳定。

因此嘉陵江上游修建水库后对嘉陵江北碚站减沙作用较大，其对下游河道悬移质减沙率可用 90% ~ 95% 进行初步估算。

表 6-39 嘉陵江干流各河段河床组成

测站河段	D_{10} (mm)	D_{25} (mm)	D_{50} (mm)	D_{60} (mm)	D_{75} (mm)	D_{95} (mm)	D_m (mm)	$\mu=D_{60}/D_{10}$	$\eta=D_{75}/D_{25}$
新店子	2. 36	8	32. 5	52	93. 3	189	57. 1	22	11. 7
合　川		16. 3	48. 9	62. 5	87. 8	158	64. 2		5. 4
上　寺	7. 43	20. 8	57. 0	80	128. 2	209	80. 9	10. 8	6. 2
北碚以下	5. 0	22. 5	50. 0	60. 0	75. 0	142	55. 7	12. 0	3. 3

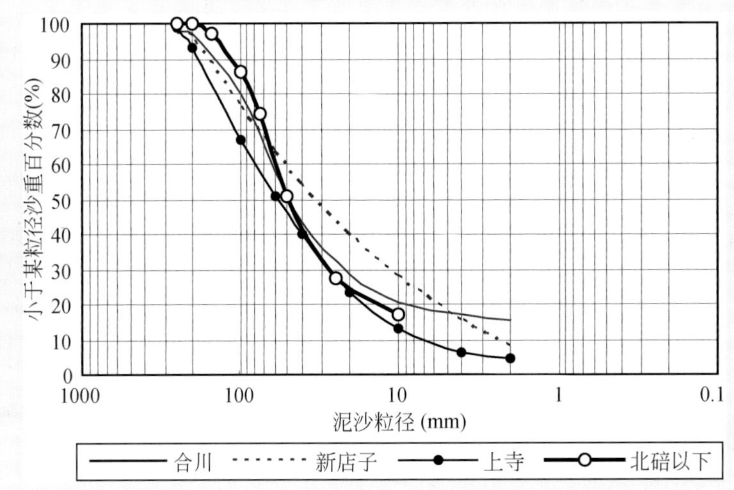

图 6-44 嘉陵江干流各河段河床组成级配曲线

近年来，嘉陵江干流亭子口以下河道水流条件已发生较大改变，如亭子口至武胜区间已建有红岩子、马回、东西关和桐子壕航电枢纽，在一定程度上抬高了水位，水流流速减小，河床自动调整作用减弱，加之近年来干流流量有所减小［图 6-45（a）和图 6-45（b）］，如 1997 ~ 2003 年武胜站最大流量为 19 700m^3/s（1998 年 8 月 23 日），而 1981 年最大流量为 28 900m^3/s（1981 年 7 月 15 日）。

由上述分析初步估算，并结合河床组成条件分析，宝珠寺水库拦沙对北碚站减沙的作用系数（引起北碚站减沙量/水库拦沙量）在 0. 90 左右，因此宝珠寺水库（含碧口水库）拦沙引起北碚站减沙量为 2080×0. 90≈1870 万 t。

1956 ~ 1990 年已建的中型水库和新建小型水库大多位于水系末端，其拦沙作用系数采用干流水库拦沙作用系数 0. 49（水利部长江水利委员会水文测验研究所，1991），引起北碚站减沙量为（470+136）×0. 49≈300 万 t。

由于亭子口至武胜干流区间修建的大中型水库距离北碚站较近，且由于河道新修枢纽河道水位，坝下游河床自动调整作用减弱。综合“七五”攻关成果分析，其拦沙作用对北碚站减沙的作用系数在 0. 90 左右，嘉陵江干流枢纽拦沙引起北碚站减沙量为 608×0. 90≈550 万 t。

因此 1991 ~ 2005 年白龙江及嘉陵江干流水库拦沙新增减沙量（北碚站）为 2720 万 t。

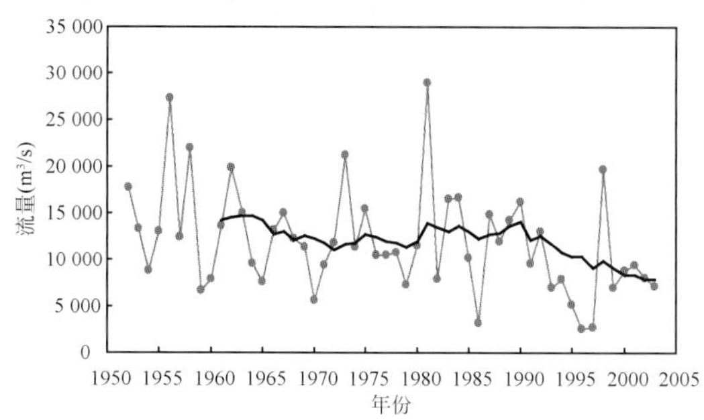

图 6-45（a） 武胜站年最大流量历年变化

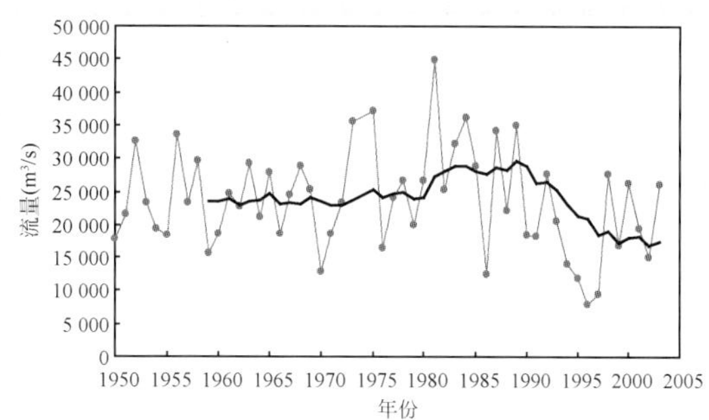

图 6-45（b） 北碚站年最大流量历年变化

（2）涪江水系

考虑到 1991～2005 年涪江水系内新修水库大都位于中上游地区，如明台、螺丝池枢纽分别位于四川省三台县和射洪县，其控制流域面积分别占涪江流域面积的 41% 和 65%，其拦沙作用系数在 0.70 左右（水利部长江水利委员会水文测验研究所，1991）。因此，涪江新建水库拦沙引起北碚站减沙量为 380×0.70≈270 万 t；

1956～1990 年已建水库和 1991～2005 年新建小型水库大多位于水系末端，其拦沙作用系数仍沿用水库拦沙作用系数 0.50（水利部长江水利委员会水文测验研究所，1991），因此其引起北碚站减沙量为（465+200）×0.50≈330 万 t。

因此 1991～2005 年涪江水库新增减沙量（北碚站）为 600 万 t。

（3）渠江水系

渠江水系新修水库大都位于中下游地区，如凉滩、四九滩均位于四川省广安市，其控制流域面积占渠江流域面积的 95% 左右，特别富流滩枢纽仅距罗渡溪水文站约 2km，其拦沙作用系数约为 0.70（水利部长江水利委员会水文测验研究所，1991）。因此，渠江新建水库拦沙引起北碚站减沙量为 565×0.70≈400 万 t。

1956～1990 年已建水库和 1991～2005 年新建小型水库大多位于水系末端，其拦沙作用系数仍沿用 1990 年前水库拦沙作用系数 0.47，因此其引起北碚站减沙量为（210+130）×0.47≈160 万 t。

因此 1991～2005 年渠江水库新增减沙量（北碚站）为 560 万 t。

综上所述，1991～2005 年嘉陵江水库拦沙引起北碚站减沙量为 3880 万 t，与 1956～1990 年相比，水库新增减沙量为 3880−730＝3150 万 t，约占北碚站 1991 年后总减沙量 1.062 亿 t 的 30%。

5. 乌江流域

1956～1990 年除乌江渡电站位于乌江上游干流外，其他中小型水库大多位于支流上，拦沙量较小。乌江渡电站修建后，坝下游河床冲刷调整作用较大，在蓄水后的 4 年内坝下游河道冲刷调整较为剧烈，电站拦沙对武隆站输沙量影响不大。但 1984 年后由于乌江渡电站下游河道冲刷强度逐渐减弱，其拦沙作用对武隆站的影响也逐渐增大。如武隆站 1955～1979 年，1980～1983 年和 1984～2005 年 3 个时段年均输沙量分别为 3260 万 t、3570 万 t 和 1770 万 t。1984～2005 年与 1955～1979 年相比，年均径流量基本相当，但输沙量则减小了 1490 万 t，与乌江渡、东风等电站年均拦沙量基本相当，说明

1984 年后电站下游河床冲刷已基本停止。

因此水库群拦沙对武隆站输沙量的影响应分 1956 ~ 1983 年、1984 ~ 1990 年和 1991 ~ 2005 年等 3 个时段进行分析。

1956 ~ 1983 年，水库群总拦沙量为 1.07 亿 m^3（其中乌江渡电站 1972 ~ 1983 年拦沙总量为 7560 万 t），年均拦沙量约为 440 万 t，对武隆站输沙量影响较小，其拦沙作用系数为 0.034（水利长江水利委员会水文测验研究所，1991），即因水库群拦沙而引起的武隆站减沙量为 20 万 t 左右，仅占武隆站同期平均输沙量的 0.6%。主要是乌江渡电站在水库建成初期，坝下游河床冲刷调整量较大，下游冲刷量与水库拦沙量基本相抵消，因而对武隆站输沙量影响较小。

1984 ~ 1990 年，乌江渡电站淤积泥沙量为 1.27 亿 m^3（1.47 亿 t），年均拦沙量为 2100 万 t，而武隆站 1984 ~ 1990 年年均输沙量为 1660 万 t，分别较 1955 ~ 1979 年、1980 ~ 1983 年减小 1600 万 t 和 1910 万 t，减幅分别为 49.1%、53.5%（相应径流量分别减小 59 亿 m^3 和 95 亿 m^3，减幅分别为 11.9% 和 17.9%），如考虑径流不一致的影响，按 1955 ~ 1979 年和 1980 ~ 1983 年平均含沙量 0.660kg/m^3 和 0.674 kg/m^3 估算，则输沙量实际减小 1600−390 = 1210 万 t，1910−640 = 1270 万 t（平均 1240 万 t），则乌江渡电站拦沙作用对武隆站输沙量的作用系数为 1240/2100 = 0.59。

因此，作为一种近似估算，1956 ~ 1990 年乌江渡电站等水库群拦沙可减小武隆站输沙量为（20×28+1240×7）/35 = 260 万 t，综合作用系数为 260/920 = 0.29。

20 世纪 90 年代以来，乌江流域产输沙条件发生了很大变化，主要是乌江干流中下游为山区性河道，经过乌江渡电站蓄水初期的清水冲刷，下游河道中细颗粒泥沙基本被冲刷殆尽。因此坝下游河道由于水库拦沙而引起的河床冲刷调整量随时间而大幅度减小。

1991 ~ 2005 年流域水库拦沙主要以乌江干流上修建的大型电站为主，中小型水库由于大多位于支流或水系末端，距离武隆站较远，其拦沙对武隆站输沙量影响可忽略不计。从乌江渡电站蓄水前后输沙量沿程变化来看，乌江渡电站下游至江界河区间来沙量不大，区间流域面积为 14 468km^2，占江界河水文站控制流域面积的 34%，但其来沙量在乌江渡电站蓄水前仅为 200 万 t，占江界河站沙量的 16%，说明蓄水前江界河站输沙量的 80% 以上来自乌江渡以上地区；乌江渡电站蓄水后的 1991 ~ 2004 年乌江渡站和江界河站沙量分别为 18.9 万 t 和 303 万 t，说明蓄水后，江界河站沙量主要来自乌江渡电站下游区间，乌江渡站沙量仅占 5%。

乌江渡蓄水后，其拦沙作用引起下游输沙量大幅度减小，如乌江渡水文站在电站蓄水前的 1956 ~ 1978 年平均悬移质输沙量为 1580 万 t 左右，蓄水后 1991 ~ 2004 年年均输沙量仅为 18.9 万 t（包括上游东风电站的拦沙）。乌江渡电站蓄水拦沙作用引起坝下游输沙量大幅度减小，乌江渡坝下游 226km 的思林水电站坝址在乌江渡蓄水前，其多年平均输沙量为 1900 万 t，乌江渡蓄水后则减小为 368 万 t，减幅 81%（长江规划设计勘测研究院，2002）；而乌江渡站蓄水前后年均输沙量分别为 1570 万 t 和 61 万 t，说明在乌江渡电站蓄水前乌江渡至思林电站区间来沙量为 330 万 t，蓄水后区间来沙量则为 301 万 t，则电站蓄水后区间年均冲刷调整量仅为 29 万 t。而由上分析可知，1980 ~ 2005 年乌江渡、东风、普定等电站总拦沙量为 3.909 亿 m^3，年均拦沙量为 1500 万 m^3（1740 万 t），因此，乌江渡电站对思林电站输沙量的作用系数为（1740−29）/1740 = 0.983。

下游 250.5km 的沙沱水电站坝址在乌江渡蓄水前，其多年平均输沙量为 2050 万 t，乌江渡蓄水后则减小为 601 万 t，减幅 71%（乌江渡站蓄水前后年均输沙量分别为 1570 万 t 和 61 万 t）。在乌江渡电站蓄水前乌江渡～沙陀电站区间来沙量为480万t，蓄水后区间来沙量则为540万t，则电站蓄水后区间年均冲刷调整量仅为60万t。因此，乌江渡电站对沙陀电站输沙量的作用系数为（1740-60）/1740=0.966。

武隆站则位于沙陀电站下游约440km，据此推算，乌江上中游大型水电站拦沙对武隆站的作用系数应在0.90左右。

因此，1991～2005年乌江流域水库（主要是乌江渡电站、东风电站等大型水库）拦沙引起武隆站减沙量为1480万t，与1990年前相比，新增减沙量为：1480-260=1220万t，而武隆站1991年后总减沙量为1150万t。说明水库拦沙作用是引起乌江流域输沙量减小的主要原因。

6. 三峡水库以上地区水库群拦沙对入库泥沙的减沙作用

长江上游的山区河流，干流河床主要由漂卵砾石组成，粒径 D<1mm 的颗粒含量约5%；盆地河流由卵砾石组成，粒径 D<1mm 的颗粒含量约10 %。长江上游悬移质系冲泻质，不与床沙交换，为次饱和输沙。因而，水库清水下泄对下游河床的冲刷量是有限的，长江上游修建水库后对长江的减沙作用是巨大的。

从多年平均情况来看，长江上游屏山～寸滩区间河床组成多为卵石夹沙河床，且粒径小于5.0mm的颗粒含量在20%以内（表6-40）。根据长江委水文局朱沱至奉节河段钻孔资料，洲滩最大粒径 D_{max} 为120～220mm，D_{50} 为50～170mm。河槽内除极少断面为纯沙质外，绝大多数为砂卵石组成，砂卵石床沙级配变化幅度较大，以 D_{50} 为例，小者仅41.5mm，大者为151mm，变幅达110mm。泥沙粒径总体上沿程有所细化。经统计，朱沱至江津段 D_{50} 平均为110mm，江津至重庆段平均为91mm,，重庆至长寿段平均为81mm，长寿至涪陵段平均为83mm。

表6-40（a） 朱沱～涪陵河段主要洲滩活动层颗粒级配成果表

河段	小于某粒径（mm）沙重百分数（%）									特征粒径	
	5.0	10	25	50	75	100	150	200	>200	D_{50}	D_{max}
朱沱至油溪	16.9	17.5	21.2	33.4	47.8	65.3	89.9	99.0	100	79.0	263
油溪至重庆	15.5	16.3	20.0	31.8	47.9	66.1	85.8	97.6	100	78.5	230
重庆至长寿	16.1	21.3	29.7	44.1	60.1	74.4	92.1	97.6	100	58.0	219
长寿至涪陵	16.5	19.5	28.2	41.3	54.5	64.9	87.7	99.9	100	65.0	222

表6-40（b） 朱沱～涪陵河段水下床沙颗粒级配分段平均计算成果表

河段	小于某粒径（mm）沙重百分数（%）									特征粒径	
	5.0	10	25	50	75	100	150	200	>200	D_{50}	D_{max}
朱沱至油溪	8.3	8.5	11.1	15.9	27.8	44.4	68.3	90.7	100	110	265
油溪至重庆	11.7	12.7	16.2	24.9	40.0	54.6	80.2	95.8	100	91.0	280
重庆至长寿	12.7	13.9	19.4	30.6	45.9	61.2	82.4	96.4	100	81.0	281
长寿至涪陵	13.0	14.5	18.3	30.9	45.3	58.7	81.5	98.3	100	83.0	266

研究成果表明，屏山至寸滩区间河床抗冲能力强，其河床自动调整作用较弱。因此，各水系水库拦沙对水系出口控制站的减沙量之和可以看做是三峡水库入库沙量减小量。

表 6-41　长江三峡水库上游地区水库拦沙量对各流域（水系）出口控制站输沙量影响统计表

水系	出口控制站	多年平均输沙量1（亿 t）	多年平均输沙量2（亿 t）	多年平均输沙量3（亿 t）	1956～1990 年					1991～2005 年					1956～2005 年				
					年均淤积量（万 m^3）	年均淤积量（万 t）	年均减沙量（万 t）	拦沙作用系数	减沙比例（%）	年均淤积量（万 m^3）	年均淤积量（万 t）	年均减沙量（万 t）	拦沙作用系数	减沙比例（%）	年均淤积量（万 m^3）	年均淤积量（万 t）	年均减沙量（万 t）	拦沙作用系数	减沙比例（%）
金沙江	屏山站	2.46	2.58	2.49	595	774	80	0.10	0.3	2 572	3 344	2 570	0.77	10.0	1 188	1 545	827	0.54	3.3
岷　江	高场站	0.526	0.369	0.481	897	1 166	760	0.65	14.4	1 471	1 912	1 720	0.90	46.6	1 069	1 390	1 048	0.75	21.8
沱　江	李家湾	0.117	0.029	0.09	451	587	110	0.19	9.4	312	406	360	0.89	124.1	410	532	185	0.35	20.6
嘉陵江	北碚站	1.42	0.358	1.12	1 874	2 437	710	0.29	5.0	4 037	5 249	3 880	0.74	108.4	2 523	3 280	1 661	0.51	14.8
长上干	寸滩站	4.60	3.13	4.18	3 818	4 963	1 660	0.33	3.6	8 392	10 910	8 530	0.78	27.3	5 190	6 747	3 721	0.55	8.9
乌　江	武隆站	0.298	0.183	0.281	799	923	260	0.28	8.7	1 386	1 602	1 480	0.92	80.9	975	1 127	626	0.56	22.3
三峡水库上游	寸滩+武隆	4.898	3.313	4.461	4 617	5 887	1 920	0.33	3.9	9 778	12 512	10 010	0.80	30.2	6 165	7 874	4 347	0.55	9.7

长江上游地区各水系水库减沙效果研究表明，1956～2005年长江三峡上游水库年均拦沙量约为7870万t，年均减小三峡入库沙量为4350万t，减沙效益（减沙量/多年平均输沙量）9.7%。其中，1956～2005年寸滩以上地区水库年均拦沙量约为6750万t，对寸滩站年均减沙量为3720万t，减沙效益8.9%；乌江水库年均拦沙量1130万t，对武隆站年均减沙量为630万t，减沙效益22.3%。其中，金沙江流域水库年均拦沙量为1540万t，年均减沙量（屏山站）为830万t，减沙效益3.3%；岷江流域水库年均拦沙量为1390万t，年均减沙量（高场站）为1050万t，减沙效益21.8%；沱江流域水库年均拦沙量为530万t，年均减沙量（李家湾站）为185万t，减沙效益20.6%；嘉陵江流域水库年均拦沙量为3280万t，年均减沙量（北碚站）为1660万t，减沙效益14.8%（表6-41）。

从1990年前后对比来看，1956～1990年三峡上游水库群年均减少三峡入库沙量为1920万t，与“七五”攻关期间提出的1581万～1953万t（平均1922万t）吻合良好（长江水利委员会，1997）；但1991年后各支流流域水库拦沙作用系数均有所增大，这一方面主要是由于新建水库大多位于河道干流，在一定程度上抬高了河道水位，水流变缓，河床的自动调整能力减弱；另一方面1990年已建水库修建后，坝下游河道经过长达30余年的冲刷，河床粗化现象明显，抗冲能力大大增强。

与1956～1990年相比，1991～2005年三峡上游水库减沙量增加8090万t，减沙效益16.5%，占三峡入库总减沙量的51%（表6-42），说明上游水库拦沙对减小三峡入库沙量作用明显。

表6-42　长江三峡水库上游地区水库减沙量对各出口控制站输沙量影响统计表

水系	站名	1956～1990年平均输沙量（万t）(1)	1991～2005年平均输沙量（万t）(2)	输沙量变化值（万t）(3)＝(2)－(1)	水库拦沙新增减沙量（万t）(4)	减沙比例(4)/(3)（%）
金沙江	屏山站	24 600	25 800	1 200	2 490	
岷　江	高场站	5 260	3 690	−1 570	960	61.1
沱　江	李家湾	1 170	290	−880	250	28.4
嘉陵江	北碚站	14 200	3 580	−10 620	3 170	29.8
长上干区间	寸滩站	46 000	31 300	−14 700	6 870	46.7
乌　江	武隆站	2 980	1 830	−1 150	1 220	106.1
三峡水库上游	寸滩+武隆	48 980	33 130	−15 850	8 090	51.0

6.5　长江上游水土保持工程对河流泥沙变化的影响

长江上游土壤侵蚀主要包括重力侵蚀、水力侵蚀及混合侵蚀等3种形式。其中：①水力侵蚀。分为面蚀和沟蚀两种形式，长江上游地区面蚀以坡耕地为主，侵蚀物质以细粒物为主，量大面广，是最主要的侵蚀类型，也是河流泥沙的主要来源（全国土壤普查办公室，1995）。②重力侵蚀。主要表现为滑坡、崩塌和泻溜，长江上游重力侵蚀量每年约为2亿t，占总侵蚀量的10%左右，尤以金沙江和嘉陵江最为活跃（史立人，1998）。③混合侵蚀。表现为泥石流及滑坡，是水土流失的一种特殊表现形式，危害甚大。地域分布性较强，主要分布在嘉陵江上游和金沙江下游地区。

据1985年统计，长江上游水土流失面积35.2万km^2，占上游总面积的35%，占全流域水土流失面积的62.6%，年土壤侵蚀量15.68亿t，占全流域年土壤侵蚀总量的70.1%（表6-43）（向治安等，1990）。

表6-43　长江上游地区水土流失现状

水系	总土地面积 (km²)	总侵蚀量 (万t)	占总侵蚀量比例%	水土流失区		无明显流失区	
				面积（km²）	侵蚀量（万t）	面积（km²）	侵蚀量（万t）
金沙江	500 000	55 744	35.5	135 916	46 629	369 584	9 115
岷江	133 000	21 513	25.3	49 171	19 417	33 829	2 096
沱江	27 860	8 406	13.7	16 274	8 116	11 586	290
嘉陵江	160 000	39 723	5.4	92 975	38 036	67 525	1 687
乌江	71 824	9 541	6.1	14 595	8 110	57 229	1 431
赤水河	13 087	2 363	1.5	3 856	2 132	9 231	231
区间	99 730	19 508	12.4	40 427	18 027	59 303	1 481
上游总计	1 005 501	156 798	100.0	352 214	140 467	653 287	16 331

表中区间包括四川省的乌江和赤水河

资料来源：刘毅和张平，1995；沈国舫和王礼先，2001

长江上游水土流失主要集中在金沙江下游，嘉陵江、沱江流域，乌江上游及三峡库区。分支流统计面积以金沙江13.59万km^2最大，依次为嘉陵江、岷江。流失面积占总面积比重，以嘉陵江、沱江的58%左右为最大，其次为上干区间。长江上游水土流失区年均侵蚀量为14.05亿t，占总侵蚀量的89.6%；分支流计算以金沙江4.66亿t最大，占上游水土流失区侵蚀量的33%，嘉陵江次之，为3.80亿t，占27%。

长江上游水土流失重点区域包括金沙江下游及毕节地区、陕南及陇南地区、嘉陵江中下游地区和三峡库区四大片（图6-46），与长江流域暴雨区相重合，形成严重的水土流失。如甘肃陇南地区为我国四大泥石流区之一，总面积为27 915 km^2，水土流失面积为15 984km^2，每年向长江输送泥沙5483万t。境内白龙江中游地区为长江上游主要产沙区之一，剧烈侵蚀面积为693km^2［侵蚀模数10 000～35 000t/(km^2·a)］，强度侵蚀区面积2101km^2［侵蚀模数4300～10 000t/(km^2·a)］，有泥石流沟1000多条，危害严重的300多条。其中三峡库区19个县（市）土地面积共21 667 km^2，水土流失面积占15 947km^2，而强度流失面积达30%以上。“四大片”的水土流失面积为18.9万km^2，占土地总面积的53.9%，占长江上游总面积的18.9%，但年均土壤侵蚀量为8.8亿t，占长江上游年均土壤侵蚀总量的58%，占全流域的1/3强。“四大片”的坡耕地近550万hm^2（其中陡坡耕地约占1/3），仅占其总面积的15.6%，而年均侵蚀量高达3.8亿t，占“四大片”年均侵蚀量的43.5%。可见“四大片”特别是坡耕地是长江上游侵蚀泥沙的主要来源。

鉴于长江上游水土流失的严重性及其影响巨大，1989年国家就启动了长江上游水土保持重点防治区综合治理工程（以下简称“长治工程”），在金沙江下游及毕节地区、嘉陵江上游的陇南和陕南地区、嘉陵江中下游、三峡库区等4片首批实施以坡面工程、沟道工程、造林、种草和保土种植措施等为主的重点防治措施，治理总面积为35.10万km^2，其中水土流失面积为18.92万km^2。1998年后，国家又实施了长江上游天然林资源保护工程（以下简称“天保工程”）和退耕还林还草工程，即对坡度在25°以上的坡耕地全部要求退耕还林。

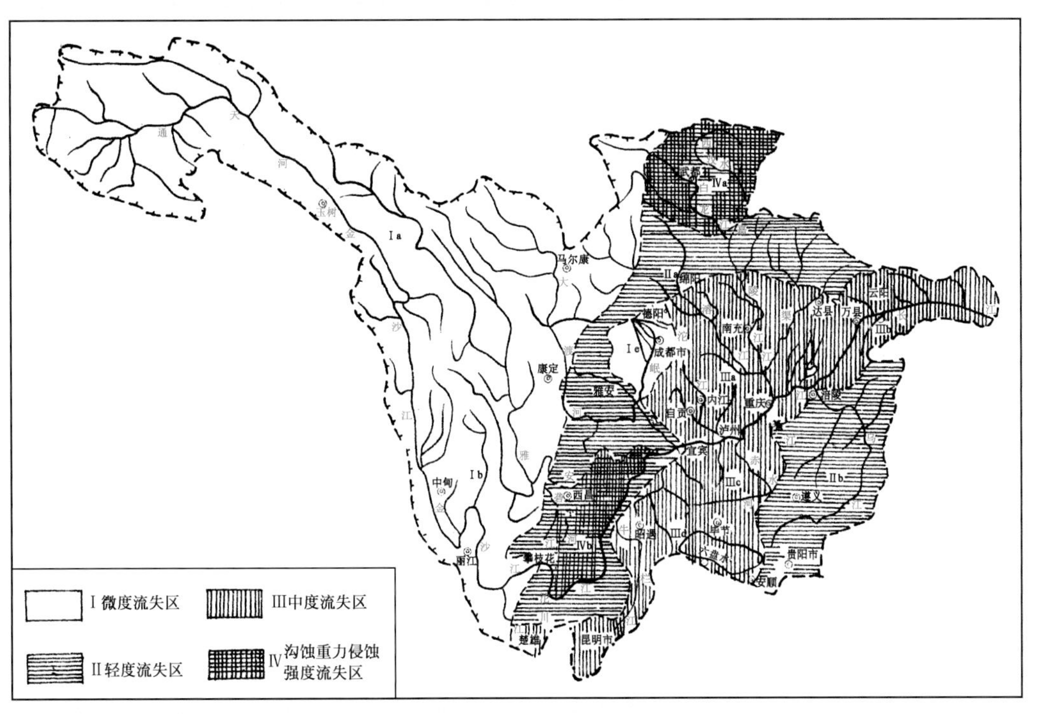

图 6-46　长江上游水土流失分区

截至 2005 年，“长治工程”已完成长江上游地区水土流失治理面积超过 6 万 km^2，人工造林超过 600 万 hm^2，长江流域水土流失最严重的“四大片”已治理 1/3，植被覆盖度明显提高，生态环境有效改善，水土流失减轻，拦沙蓄水能力有所提高，从整体上扭转了长江流域水土流失加剧和生态环境恶化的趋势（长江水利网，2006）。此外，自 1998 年 9 月起，四川省在甘孜藏族自治州、阿坝藏族羌族自治州、凉山彝族自治州以及攀枝花市、乐山市、雅安地区等川西地区实施天然林资源保护工程，治理总面积达 33. 3 万 km^2，占四川省辖区面积的 68. 7%，占长江上游地区面积的 31. 96%。

长江上游水土保持工作虽然取得了较大进展，不少地区的水土流失恶化趋势被初步得到遏制，水土流失面积开始出现减少趋势，但长期以来，水土流失随着人口增长和不合理的土地开发经营活动而日渐加剧，以陡坡开荒、滥伐林木、过度樵薪、超载放牧为代表的对土地资源进行掠夺性经营活动，进一步导致流域丘陵山区大规模的植被破坏和坡地垦殖，局部水土流失也有所加剧。如 20 世纪 50 年代贵州省水土流失面积仅为 2. 5 万 km^2，占总面积的 14. 2%，而 1987 年卫星遥感调查，水土流失面积已发展到 7. 67 万 km^2，占总面积的 43. 5%。1990 年以来，通过加强预防和治理，水土流失发展的势头得到一定的控制并有所减少，但由于存在边治理边破坏的现象，一方面列入重点治理区域的水土流失面积在大幅度减少，而另一方面非重点治理区水土流失面积却在不断增加，以至从总体上水土流失面积减少的幅度不大。据 1999 年的卫星遥感调查结果，贵州省水土流失面积为 7. 329 万 km^2，占国土面积的 41. 6%，年土壤侵蚀量 2. 52 亿 t，侵蚀模数 1432t/(km^2 · a)。

据不完全统计，长江上中游地区 20 世纪 90 年代每年人为造成的水土流失面积约为 $1200km^2$，新增水土流失量约为 1. 2 亿 t。这类水土流失往往面积不大，但分布集中，强度极大，危害严重。因此，资源开发和生产建设所造成的人为水土流失不容忽视，水土流失不仅淤积了湖泊水库，其最直接的影响就是洪涝灾害。

6.5.1 金沙江流域

1. 水土流失及治理

长江源头区地层以三叠系的紫色砂、页岩、板岩为主；金沙江上游及雅砻江中上游地层主要为三叠系的砂岩、板岩及古生界的片岩、灰岩、玄武岩，并有大面积花岗岩分布；滇中高原和金沙江下游地层主要是二叠系、三叠系、侏罗系的沉积岩及各种片岩、石英岩夹大理岩，这些岩层在长期褶皱、断裂、地震和风化作用下，极易风化崩解为碎屑物，为金沙江流域的土壤侵蚀提供了稳定的物质来源。同时，金沙江流域地貌格局复杂，地势变化明显呈现由东南向西北急剧升高的趋势。北部、西北部为广阔的高原面，为风蚀、冻融侵蚀的大面积分布提供了地貌基础；流域南部、东南部为高山峡谷区，相对高差达1000～3000m，山坡陡峭，25°坡度面积达60%，少数地区更占总土地面积的80%，斜坡物质稳定性差，在重力、水力作用下易于形成水土流失。

金沙江流域内坡面水土流失面积22.38万km^2，年坡面侵蚀量8.24亿t（刘邵权等，1999）。据1998年遥感调查资料，流域内水蚀面积13.46万km^2，占土地总面积的28.38%，年均土壤侵蚀总量为5.90亿t，平均侵蚀模数为3850t/(km^2·a)。水土流失面积中，轻度、中度、强度流失面积分别占总流失面积的35.68%、34.38%和20.64%，极强度和剧烈流失面积分别占8.18%和1.11%。与1985年遥感调查结果相比，水土流失面积变化不大，但年均土壤侵蚀量增大了0.320亿t，增幅5.7%。

从流域侵蚀量沿程变化来看，流域相当部分地处高寒地区，风力侵蚀、冻融侵蚀面积大，仅长江源头区的风力侵蚀、冻融侵蚀面积就分别达到5.23万km^2和3.50万km^2，分别占长江源头区坡面水土流失面积的49.2%和32.9%，但进入河道形成泥沙量很小，沙量仅0.097亿t（直门达站）（王海宁和任兴汉，1995）。

从河道泥沙来源来看，金沙江流域特别是金沙江下游流域的坡面侵蚀对河道泥沙的总体贡献不大，如干流（直门达至攀枝花段）上中游区域和雅砻江流域坡面侵蚀量分别为1.15亿t、1.12亿t，以泥沙输移比0.16计算（余剑如等，1991），进入河道的沙量分别为0.184亿t、0.179亿t，分别仅占来沙量的43.2%、58.9%；下游（攀枝花至宜宾段，长786km）的坡面侵蚀量1.51亿t，泥沙输移比以0.35计算（王治华，1999），坡面侵蚀的产沙量为0.529亿t，占该区域悬移质泥沙产沙量的27.0%。

河道泥沙大部分来自于重力侵蚀，金沙江下游流域重力侵蚀最为集中、侵蚀强度大，干支流河谷两岸分布众多超大规模的滑坡、崩塌，为河水的岸坡侵蚀提供了非常丰富的物质来源，使该区域的产沙量占全流域产沙量的78.9%，对金沙江干流河道泥沙起决定性作用和影响。如攀枝花至宜宾段在两岸各15km范围内有体积>100万m^3的滑坡400个，滑坡体积300.34亿m^3，崩塌119处，崩塌堆积3.41亿m^3；共有流域面积>0.2km^2、堆积扇面积>0.01km^2的一级和二级支流沟谷型泥石流514条，干支流坡面泥石流37处（王治华，1999），泥石流的年输沙量在0.671～1.548亿t（Cui et al.，1999），占下游流域产沙量的34.2%～78.9%（表6-44）。

从流域各区段的地面侵蚀量（面、片蚀）和产沙量分析，攀枝花以上区段地面侵蚀量占全流域的81.71%，产沙量只占全流域的21.1%；金沙江下游地面侵蚀量只占全流域的18.29%，产沙量占全流域的78.9%，并且地面侵蚀量仅1.51亿t，坡面侵蚀的产沙量为0.529亿t，仅占该区域悬移质泥沙产沙量 1.96 亿 t 的 27.0%。出现这一状况的主要原因在于该区段崩塌、滑坡、泥石流等重力侵蚀量大，仅干流河谷区间年侵蚀量即达 0.760 亿 t，这部分重力侵蚀物质大多直接进入河道形成河道泥沙（余剑如等，1991）；另外金沙江下游开矿及工程建设等人为活动强度较大，由此引发的水土流失强度大，并且弃渣、弃土大多直接排入江河形成河道泥沙；金沙江下游两岸因历史上地质灾害形成的堆积物数量大，上游的清水汇入对江岸侵蚀而形成河道泥沙数量较大，因此金沙江流域地面侵蚀相对于沟蚀、重力侵蚀对河道泥沙影响较小。

表 6-44　金沙江流域坡面水土流失及强度分级　（单位：万 km^2）

区段名称	区段面积	水土流失面积	占面积（%）	轻度流失	中度流失	强度流失	极强度流失	剧烈流失
长江源头区	15.86	10.63	67.02	4.04	2.25	4.230	0.110	
金沙江（直门达—攀枝花）	11.44	3.44	30.08	1.59	1.81	0.041	0.002	
雅砻江流域	12.38	3.36	27.18	1.63	1.72	0.007		
金沙江（攀枝花—屏山）	9.21	4.95	53.63	2.82	1.67	0.388	0.046	0.019
合计	48.89	22.38	45.77	10.08	7.45	4.666	0.158	0.019

资料来源：刘邵权等，1999

金沙江流域以小流域为单位的“长治工程”水土流失治理始于 1989 年，主要集中在金沙江下游攀枝花至宜宾区间。据统计，金沙江流域“长治”工程共完成治理水土流失面积 1.23 万 km^2，其中兴修基本农田 9.98 万 hm^2，发展各类经济果林 13.12 万 hm^2，营造水土保持林 36.53 万 hm^2，种草 6.24 万 hm^2，保土耕作 17.89 万 hm^2，封山育林育草 39.54 万 hm^2，同时完成了一大批塘堰、拦沙坝、谷坊、蓄水池、排洪沟、引水渠等小型水利水保工程。

2. 水土保持工程减沙效益

金沙江流域水土流失治理以坡面减蚀为主，小流域减蚀效果较为显著。如四川凉山彝族自治州在 134 条小流域开展水土流失重点治理后，年坡面侵蚀量减少 396.10 万 t，平均每治理 1km^2 水土流失减少土壤侵蚀 1443.36t。如云南省牟定县有家官河小流域面积 16km^2，耕地面积 395hm^2，其中坡耕地 19 212hm^2（牟定县水土保持办公室，1999）。经过 6 年小流域综合治理，完成治理水土流失面积 9.65km^2，治理保存率达 69.64%，坡面侵蚀减少 86.86%，减蚀效益显著（表 6-45）。又如普渡河上的小河及甸尾河（流域面积分别为 394km^2 和 120km^2），1989 年后输沙量有较为明显地减少（邓贤贵，1997），如图 6-47 所示。

除“长治工程”以小流域为单位进行水土流失综合治理外，自 1999 年开始在金沙江流域逐步开展陡坡耕地退耕工作，耕地和陡坡耕地主要集中于金沙江下游区域，陡坡耕地 27.25 万 hm^2，陡坡耕地侵蚀模数为 19885.79t/(km^2·a)（杨子生，1999），陡坡耕地侵蚀总量为 0.54 亿 t/a，占下游流域坡面侵蚀量的 35.76%。但在金沙江流域其他大部分区域，耕地和陡坡耕地数量不大，如长江源头区，水土流失面积占辖区面积的 67.02%，而土地垦殖系数仅为 0.06%，在这些区域陡坡耕地退耕对水土流失治理的效应不大。

表 6-45　有家官河流域水土流失治理效益

年份	水土流失面积 (km^2)	坡面土壤侵蚀 (10^4t)	坡耕地 (hm^2)	荒山荒坡 (hm^2)	林草覆盖率 (%)	流失区土壤侵蚀模数 [t/(km^2·a)]
1989	11.52	8.14	192.2	793.6	4.65	7065.97
1996	4.80	1.07	66.6	42.6	42.44	2229.17

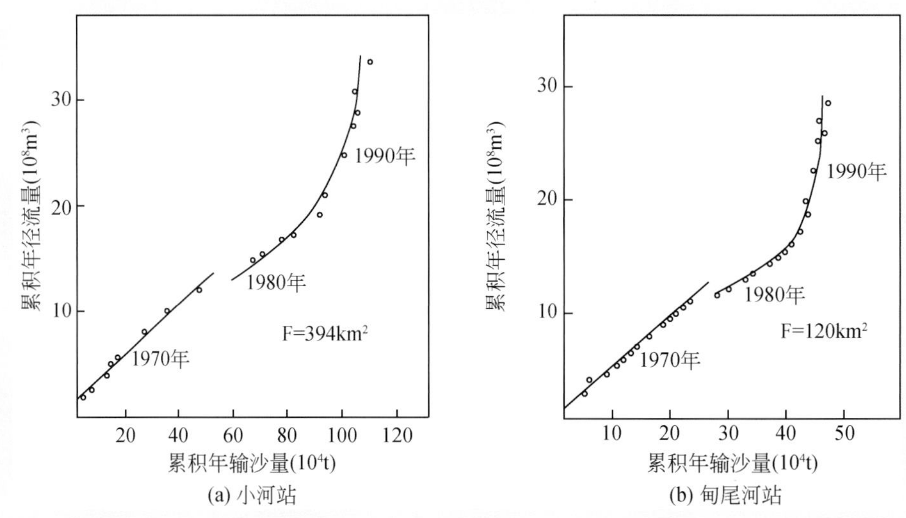

图 6-47　金沙江流域小河和甸尾河治理前后累积年径流量与输沙量关系图

(1) 水土保持分析法

据初步统计，1989～2005 年金沙江流域水土保持总治理面积为 1.23 万 km^2，占水土流失面积 13.59 万 km^2的 7.7%，累计减蚀量为 4.884 亿 t，年均减蚀量为 2880 万 t，减蚀效益 4.8%（减蚀量/治理前侵蚀量）。其中，屏山以上地区累计减蚀量为 4.07 亿 t，年均减蚀量为 2400 万 t，减蚀效益 4.3%；横江流域累计减蚀量为 8140 万 t，年均减蚀量为 480 万 t，减蚀效益 12.6%。

金沙江下段攀枝花至屏山区间泥沙输移比为 0.61，横江流域泥沙输移比为 0.36（刘毅和张平，1995），由此可以得出 1989～2005 年金沙江屏山以上地区“长治工程”对屏山站的年均减沙量为 2400×0.61≈1460 万 t；横江减沙量为 480×0.36≈170 万 t。

(2) 水文法

分别采用金沙江主要控制水文站年水沙关系、年水沙量双累积经验关系模型来分析水土保持措施的减沙量，同时考虑到金沙江流域水土保持治理主要集中在攀枝花至屏山区间，因此，根据建立攀枝花站、华弹站和屏山站以及攀枝花—小得石—屏山区间水沙经验关系式，分析水土保持措施减沙作用。

A. 水沙相关关系

a. 攀枝花、华弹、屏山站

根据攀枝花、华弹、屏山站基准期（水土保持工程治理前，其年份为 1966～1990 年）年、汛期、主汛期水沙经验关系，计算得到水土保持治理后攀枝花、华弹和屏山站 1991～1997 年计算值与实测值的差值分别为−920 万 t、−5740 万 t 和−6460 万 t。说明攀枝花至华弹区间增沙量为 5740−920＝4820 万 t，根据雅砻江小得石站资料分析，1991～1997 年年均水量与 1958～1990 年相比变化不大，但沙量增大约 550 万 t，另据调查，此期间工程建设年增沙量约 4500 万 t，因此水土保持措施年均减沙量为 4820－4500－550＝230（万 t）；华弹至屏山区间增沙量为 6460－5740＝720（万 t）。

1998～2005 年，各站计算值与实测值的差值分别为－320 万 t、5460 万 t 和 8720 万 t。说明攀枝花至华弹区间减沙量为 5460+320＝5780（万 t），主要为二滩电站拦沙所致，其年均拦沙量为 5680 万 t，年均减沙量为 5680×0. 85＝4830（万 t），因此，水保措施年均减沙量为 5780－4830＝950（万 t）；华弹至屏山区间减沙量为 8720－4510＝4210（万 t）。

1991～2005 年，各站计算年均输沙量分别为 5520 万 t、20170 万 t 和 26860 万 t，与实测值的差值分别为－1050 万 t、220 万 t 和 1080 万 t。由此可见，随着国家西部大开发战略的实施，攀枝花以上地区公路、铁路等基础建设力度不断增大，加剧了局部地区的水土流失，导致沙量增加 1050 万 t。因此，攀枝花至屏山区间总减沙量为 2130 万 t，其中：攀枝花至华弹区间减沙量为 1270 万 t（二滩电站 1991～2005 年拦沙引起屏山年均减沙 2570 万 t），如按攀枝花至华弹区间筑路采矿等人类活动引起年增沙 4500 万 t，则 1991～2005 年攀枝花至华弹区间水土保持措施年均减沙量为 4500－2570－1270＝660（万 t）；华弹至屏山区间水土保持措施年均减沙量为 860 万 t。因此，攀枝花至屏山区间水土保持措施年均减沙量为 1520 万 t。

b. 攀枝花至屏山区间

根据攀枝花至屏山区间基准期年、汛期和主汛期水沙经验关系计算可知，区间受人类活动如水土保持治理、二滩水库拦沙以及其他增沙活动等导致沙量减小 1110 万 t。由前文所述，筑路采矿等人类活动年均增沙量为 4500 万 t，二滩电站 1991～2005 年减沙量为 2570 万 t，则水土保持措施等年均减沙量为 4500－2570－1110＝820（万 t）。

攀枝花至屏山区间汛期和主汛期径流量－输沙量关系分析表明，1991～2005 年区间水土保持措施、水利工程拦沙以及其他人类活动等因素的综合作用引起攀枝花至屏山区间输沙量减小 2520 万～3990 万 t（平均为 3260 万 t）。扣除 1991～2005 年二滩电站年均减沙量为 2570 万 t，则区间水保措施减沙约 690 万 t/a。

c. 攀枝花—小得石—屏山区间

根据攀枝花—小得石—屏山区间基准期年水沙经验关系计算，1991～1997 年攀枝花—小得石—屏山区间人类活动因素（主要包括“长治工程”减沙、开发建设弃土弃渣，局部水土流失加剧增沙等）增加沙量为 3850 万 t。由此可见，由于 1991～1997 年区间水土流失治理面积较小，虽有一定的减沙作用，但由于其他人类活动因素如筑路、采矿等工程建设加剧了水土流失，治理速度落后于破坏速度，使水土保持措施减沙效益不明显。

另从攀枝花和屏山两站的输沙量和平均含沙量分析，金沙江干流的河道泥沙呈逐渐增加的趋势，特别是 1990～1997 年与 1980～1989 年对比，强产沙区和清水汇入区的年均径流量略为减少，下游流域因坡面水土流失治理其产沙量至少不会增加，但屏山、攀枝花两站的年均输沙量和平均含沙量明显增加，这与 20 世纪 80 年代以来该流域开发建设速度明显加快有关。据典型调查，仅在金沙江下游“长治工程”四川省 9 个重点治理县每年修建公路年弃土量为 300 万 m^3，加上其他工程建设年弃土量超过 1000 万 t，仅东川市矿务局每年直接排入金沙江小江的尾矿砂就达 213 万 t；地方工业废渣排放量达 21 612 万 t，利用率仅 1%，可见金沙江流域的开矿及开发性基本建设工程对加剧流域的水土流失具有重要作用。而在长江上游从事砍伐森林的森林工业局，在 80 年代中期已是人员外流，砍伐地区由岷江、大渡河向雅砻江、金沙江转移，减小了森林覆盖率。此外，筑路、建厂、开渠、采矿等人类活动对环境的影响加剧，特别是村民自发地向陡坡开荒、滥砍森林、乱采矿藏资源等危害更大，使大片水源林和植被破坏，抗灾能力减弱。据统计，金沙江流域年工程建设总弃土量超过 1.50 亿 t（张信宝，1999），占该流域年坡面侵蚀量的 18%。其中很大部分集中于下游河谷区，以弃流比 0.3 计算，产沙量约为 4500 万 t（张信宝和文安邦，2002），占屏山站多年平均输沙量的 18%。

1998～2005 年，攀枝花—小得石—屏山区间水保措施等年均减沙量为 4610 万 t。

因此，根据各站年水沙关系模型估算，1991～2005 年水土保持措施年均减沙量为 740 万～1520 万 t（平均 1130 万 t）。

同时根据攀枝花—小得石—屏山区间汛期和主汛期径流量-输沙量关系，在考虑二滩电站拦沙还原的情况下，1991～2005 年区间水保措施减沙量为 420 万～740 万 t（平均为 580 万 t）；在不考虑二滩电站拦沙还原的情况下（二滩电站拦沙平摊至 1991～2005 年，年均拦沙量为 3030 万 t），1991～2005 年区间水土保持措施减沙量为 830 万～940 万 t（平均为 885 万 t）。因此，1991～2005 年区间水保措施减沙约 730 万 t/a。

综上所知，根据攀枝花、华弹、屏山站以及攀枝花至屏山区间、攀枝花—小得石—屏山区间汛期、主汛期水沙经验关系模型分析，1991～2005 年攀枝花至屏山区间水土保持措施年均减沙量为 690 万～730 万 t（平均 710 万 t）。

B. 年水沙双累积关系

根据水土保持工程治理前（基准期）的双累积关系曲线，计算治理期在基准期的累积输沙量 $\sum W_{s计}$，与同期实测累积值 $\sum W_{s实}$ 之间的差值即为水利水保措施的总减沙量，$(\sum W_{s计} - \sum W_{s计})/n$（$n$ 为治理期年数）则为年均减沙量。从图 6-48 可以看出，在水土保持治理后，金沙江干流各站、攀枝花至屏山区间和攀枝花—小得石—屏山区间水沙双累积关系曲线均发生了一定的变化。

根据攀枝花站水沙双累积关系，1966～1990 年和 1991～2005 年年均输沙量分别为 0.437 亿 t 和 0.592 亿 t，实测值分别为 0.443 亿 t 和 0.657 亿 t，因此，攀枝花以上地区人类活动引起增沙约 650 万 t。

华弹站 1966～1990 年和 1991～2005 年年均输沙量分别为 1.675 亿 t 和 2.300 亿 t，实测值分别为 1.676 亿 t 和 1.995 亿 t。则华弹站以上地区人类活动引起减沙为 2.300−1.995＝0.305 亿 t，考虑攀枝花以上地区人类活动增沙 650 万 t，则攀枝花至华弹区间总减沙量为 0.370 亿 t，考虑二滩电站年均减沙量为 2570 万 t，则水保措施年均减沙量为 1130 万 t。

屏山站 1954～1990 年和 1991～2005 年年均输沙量分别为 2.460 亿 t 和 2.856 亿 t，实测值分别为 2.463 亿 t 和 2.578 亿 t。则屏山以上地区水利水保措施等引起减沙量为 2.856−2.578＝0.278 亿 t，则攀枝花至屏山区间减沙量为 0.343 亿 t，二滩电站年均减沙量为 0.257 亿 t。因此，水保措施年均减沙量为 960 万 t。

攀枝花至屏山区间 1966～1990 年和 1991～2005 年年均输沙量分别为 2.033 亿 t 和 2.288 亿 t，实测值分别为 2.029 亿 t 和 1.921 亿 t。则区间水利工程、水保措施等减沙 2.288−1.921＝0.367 亿 t。扣除二滩电站 1991～2005 年年均减沙量 0.257 亿 t，则攀枝花—屏山区间水土保持措施年均减沙量为 0.367−0.257＝0.110（亿 t）。

攀枝花—小得石—屏山区间 1966～1990 年、1991～1997 年和 1998～2005 年年均输沙量分别为 1.715 亿 t、1.500 亿 t 和 1.965 亿 t，实测值分别为 1.712 亿 t、1.843 亿 t 和 1.7125 亿 t。

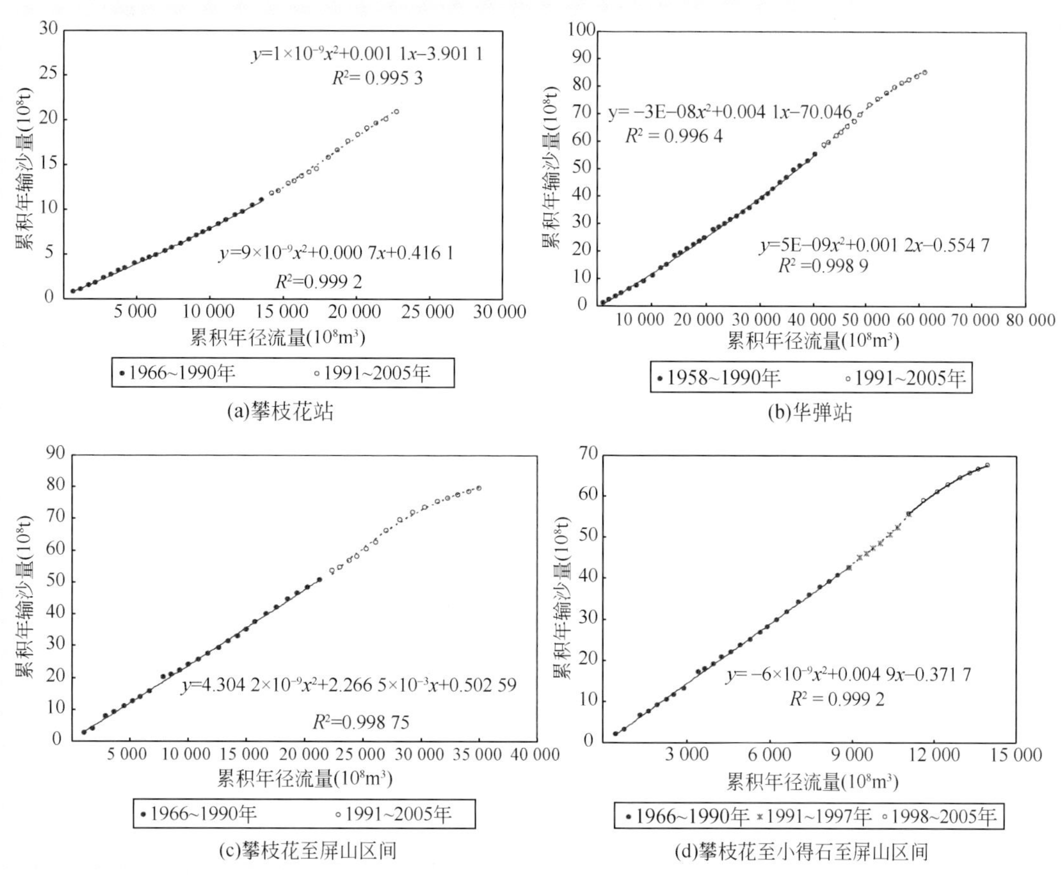

图6-48 水土保持治理前后金沙江各站（区间）年径流量-年输沙量双累积关系变化

由此可见，1991～1997年攀枝花—小得石—屏山区间人类活动增加沙量3430万t。据调查，筑路、采矿等开发建设弃土弃渣年均增沙量为4500万t，则水保措施年均减沙量为1070万t。1998～2005年减沙量约为2520万t/a。

因此，根据攀枝花、华弹、屏山站以及攀枝花至屏山区间、攀枝花—小得石—屏山区间汛期、主汛期水沙双累积经验关系模型分析，攀枝花至屏山区间水土保持措施年均减沙量为960万～1130万t（平均1050万t）。

综上所述，通过建立攀枝花、华弹和屏山3站以及各区间年、汛期和主汛期径流量～输沙量相关关系模型和双累积关系模型，对金沙江水土保持措施减沙效益的研究表明，1991～2005年攀枝花至屏山区间水保措施年均减沙量为1130万t、820万t、1050万t（平均约960万t）。

(3) 水土保持措施减沙作用

综合水保法和水文法分析成果，1991～2005年金沙江流域屏山以上地区“长治工程”对屏山站的年均减沙量为960万～1460万t（平均1210万t），减沙效益较小，仅为4.9%。这主要是因为，1991～2005年金沙江流域水土保持措施治理面积小，攀枝花至屏山区间累计治理面积仅1.05万km^2，仅占流域水土流失面积13.59万km^2的7.7%，占坡面水土流失面积22.38万km^2的4.7%，且以坡面治理为主，虽对减小坡面侵蚀有一定作用，但对于攀枝花-屏山区间以泥石流、滑坡等重力侵蚀为主的产沙形式而言，其减沙效益还不明显；加之本区间降雨量偏大且暴雨出现天数多，也使得水土保持坡面防治措施减沙作用不明显。

6.5.2 嘉陵江流域

嘉陵江水土流失类型以水力侵蚀为主，其次为重力侵蚀。水力侵蚀的主要形式是面蚀，主要发生在坡耕地、疏幼林地以及荒山荒坡，面广量大，危害严重；重力侵蚀多发生在西汉水、白龙江流域，主要有泻溜、滑坡和崩塌等几种形式，部分地区时有泥石流发生，具有突发性，破坏性极大。

1. 水土流失及治理

(1) 水土流失

嘉陵江流域是长江各大支流中水土流失比较严重的地区。据 1985 年统计，嘉陵江流域内 76 个县（市、区）无明显水土流失区面积为 67 525km^2，占总面积的 42%；水土流失面积为 92975km^2，占水土总面积 58%，土壤侵蚀总量为 3.97 亿 t/a，平均侵蚀模数为 4091t/(km^2 · a)。

但从 20 世纪 80 年代以来，嘉陵江流域生态环境有所改善，水土流失面积和土壤侵蚀量均有所减小。据 1988 年全国第一次遥感普查结果，嘉陵江流域内 76 个县（市、区）的无明显水土流失面积为 76 036.67km^2，占总面积的 47.86%，主要分布在白龙江上游和四川盆地；水土流失面积为 82 830.08km^2，占水土总面积 52.14%，土壤侵蚀总量为 3.66 亿 t/a，侵蚀模数为 4419 t/(km^2 · a)。其中：①轻度流失面积为 32 962.41km^2，占水土流失面积的 39.80%，分布在四川盆周东北、西北部山区，地貌以中山深切割为主，山岭褶皱剧烈，岩层倾角大，地形受其限制，坡度陡。山上以次生林和残次林为主，低山区下部多已开垦为耕地。由于多暴雨、耕作粗放，坡耕地及荒山水土流失严重。局部地区时有滑坡、泥石流发生。②中度流失面积为 16 877.85km^2，占水土流失面积的 20.38%，分布在四川盆地丘陵区、川东平行岭谷区。其中四川盆地丘陵区地面起伏不大，出露岩层主要是侏罗纪、白垩纪紫色砂岩、页岩层，自然条件优越，人口密集，密度在 500 人/km^{2}以上，垦殖率高，坡耕地为水土流失的主要地类。川东平行岭谷区地质构造简单，为四川台地、川东平行褶皱带，背斜为山，向斜为谷。地层出露以中生界地层面积最大。该区顺层坡缓，农田密集，逆层坡陡，多为荒山峭壁。③强度流失面积为 24 422.63km^2，占水土流失面积的 29.49%，主要分布在嘉陵江上游的西汉水和白龙江中下游，位于我国第一级台阶到第二级台阶的过渡带上，地质构造复杂，断裂多，地震频繁，切割剧烈，山高坡陡，坡积物和黄土层厚，山崩、滑坡、泥石流时有发生。除西汉水一带为西北黄土高原延伸部分以外，其余为土石山区。④极强度流失面积为 7689.14km^2，占水土流失面积的 9.28%；⑤剧烈流失面积 878.04km^2，占水土流失面积的 1.06%。

另外根据长江流域水土保持监测中心站的研究，综合考虑流域的地貌以及土壤侵蚀的特点和强度，将嘉陵江流域划分为 5 个水土流失类型区：Ⅰ区，嘉陵江上游高中山轻度侵蚀区（以褐色土和棕壤土为主）；Ⅱ区，嘉陵江上游西汉水流域低中山中度侵蚀区（以黄土为主）；Ⅲ区，嘉陵江上游白龙江中下游高山中度侵蚀区（以黄土为主）；Ⅳ区，嘉陵江中游高中山轻度侵蚀区（以黄壤土为主）；Ⅴ区，嘉陵江中下游低山丘陵区中度侵蚀区（以紫色土为主）。

(2) 水土流失治理

从 1989 年起，嘉陵江中下游和陇南陕南地区被列为长江上游水土保持重点防治区之一，流域内 76 个县（市、区）中先后有 50 个县（市、区）开展了水土保持重点治理。

截至1996年年底，流域内实施各种水保措施累计治理水土流失面积为21 361.5km²，即3204.19万亩，治理程度25.8%。根据全国1999～2000年进行的第二次遥感调查（采用1995～1996年TM卫片）资料，嘉陵江流域水土流失面积79445 km²，占土地总面积的49.65%，年土壤侵蚀量3.03亿t，平均侵蚀模数3813t/(km²·a)。与1988年遥感普查资料相比，流域年侵蚀量减少6300万t，减幅17.2%，水土流失面积也减小4.09%，其中强度、极强度和剧烈水土流失面积分别减少46.53%、75.87%和63.33%，中度水土流失面积则增加117.69%（表6-46）。

表6-46　嘉陵江流域水土流失对比

水土流失类型	面积（万km²）		相差		占水土流失总面积（%）	
	第一次普查	第二次普查	面积（万km²）	百分比（%）	第一次普查	第二次普查
轻　度	3.2962	2.7468	−0.5494	−16.67	39.80	34.58
中　度	1.6878	3.6741	1.9863	117.69	20.38	46.25
强　度	2.4423	1.3059	−1.1364	−46.53	29.49	16.44
极强度	0.7689	0.1855	−0.5834	−75.87	9.28	2.33
剧　烈	0.0878	0.0322	−0.0556	−63.33	1.06	0.40
合　计	8.2830	7.9445	−0.3385	−4.09	100	100

据统计，1989～2003年嘉陵江流域各县区共实施水土保持治理面积326.74万hm²。其中，水土保持林草措施为230.66万hm²，其中水土保持林和封禁措施的实施面积较大，分别为36%和39%。此外，经果林措施和种草措施分别占实施量的19%和6%；水土保持工程措施中，共实施坡改梯单项措施为28.37万hm²，共修筑塘库共86 235座、谷坊共10 325座、拦沙坝2782座、蓄水池100 741口、排灌渠33万km、截水沟37万km、沉沙池1 615 402个。此外，水土保持农业技术措施中，共实施保土耕作措施67.72万hm²，[表6-47（a）、表6-47（b）、表6-47（c）和表6-47（d）]。

表6-47（a）　嘉陵江流域1989～2003年水土保持措施统计表

措施	治理总面积（hm²）	3 267 400
水土保持林草措施	水土保持林（hm²）	8 355 000
	经果林（hm²）	436 900
	种草（hm²）	134 100
	封禁治理（hm²）	900 600
水土保持工程措施	坡改梯（hm²）	283 700
	拦沙坝（座）	2782
	蓄水池（口）	101 151
	排灌渠（km）	336 678
	截水沟（km）	369 249
	沉沙池（个）	1 615 402
农业措施	保土耕地（hm²）	677 200

表 6-47（b） 嘉陵江流域各区治理面积统计

分区名称	土地总面积（km^2）	流失面积（km^2）	治理面积（km^2）	区内平均治理程度（%）
I	52 631	13 563	6917	51
II	10 172	7 797	4 678	60
III	9 530	7 202	3 241	45
IV	11 428	4 110	1 398	36
V	75 382	45 829	15 988	35
合计	159 143	78 501	32 222	41

表 6-47（c） 嘉陵江流域 1989 ~ 2003 年水土保持林草措施统计表

措施	水土保持林（hm^2）	经果林（hm^2）	种草（hm^2）	封禁治理（hm^2）	合计（hm^2）
I	219 900	100 577	43 715	209 043	573 236
II	125 248	60 557	48 459	134 500	368 764
III	75 303	37 887	21 052	164 180	298 422
IV	45 989	21 820	2 350	48 544	118 702
V	368 617	216 099	18 568	344 379	947 664
合计	835 057	436 940	134 145	900 645	2 306 787

表 6-47（d） 嘉陵江流域 1989 ~ 2003 年水土保持工程措施统计表

措施	坡改梯（hm^2）	塘堰（座）	谷坊（座）	拦沙坝（座）	蓄水池（口）	排灌渠（km）	截水沟（km）	沉沙池（个）
I	59 672	1 781	2 427	215	3 212	2 354	2 447	56 578
II	54 022	301	2 968	139	120	230	106	0
III	25 554	1	1 586	35	2 058	78	1 419	0
IV	9 524	951	248	124	796	496	263	20 800
V	134 904	83 200	3 095	2 268	94 555	333 571	365 015	1 538 024
合计	283 676	86 235	10 325	2 782	100 741	336 730	369 250	1 615 402

2. 蓄水减蚀指标研究

（1）坡面单项水保措施蓄水减蚀指标

据嘉陵江典型治理流域和试验小区单项水保措施的蓄水保土作用实地观测资料综合统计分析［表6-48（a）和表6-48（b）］，水保措施蓄水保土增量（ΔW_i，ΔW_{ei}）与实施措施前的水土流失量（W_{bi}，$W_{e(bi)}$）两者之间存在相对应的变化关系，可由下述的概化经验关系式描述：

$$\Delta x_i = a(x_1^{\ b},\ x_2^{\ c},\ x_3^{\ d})$$

式中，Δx_i、ΔW_i 或 ΔW_{ei}为实施 i 单项水保措施后单位面积蓄水增量（m^3/hm^2）或保土增量（t/hm^2）；x_1为实施 i 单项水保措施前治理对象（如坡耕地 p_i）的坡度；x_2为实施 i 单项林草措施后的植物覆盖率（%）；x_3为 i 措施实施前坡耕地（p_i）的径流流失量（m^3/hm^2）或土壤流失量（t/hm^2）；a 为公式系数；b，c，d 为指数（黄双喜等，2002）。i 为水保单项措施代表符号：①为坡改梯；②为经济林；

③为水保林。

表 6-48（a） 嘉陵江典型流域单项水保措施蓄水减蚀指标经验关系式

治理措施（i）	蓄水增量：$\Delta W_i = A\alpha^b C^c W^d_{(bi)}$	保土增量：$\Delta W_{ei} = A\alpha^b C^c W^d_{(bi)}$
坡改梯（1）	$\Delta W_1 = 0.72 \times \alpha^{0.282} W^{1.361}_{(b1)}$	$\Delta W_{e1} = 8.0 \times \alpha^{0.123} W^{1.096}_{e(b1)}$
经济林（2）	$\Delta W_2 = 7.95 \times 10^{-3} \times C^{1.2} \times W^{1.349}_{(b2)}$	$\Delta W_{e2} = 4.5 \times 10^{-2} \times C^{1.2} \times W^{1.097}_{e(b2)}$
水保林（3）	$\Delta W_3 = 6.30 \times 10^{-3} \times C^{1.2} \times W^{1.369}_{(b3)}$	$\Delta W_{e3} = 3.6 \times 10^{-2} \times C^{1.2} \times W^{1.098}_{e(b3)}$
种草（4）	$\Delta W_4 = 3.90 \times 10^{-3} \times C^{1.2} \times W^{1.349}_{(b4)}$	$\Delta W_{e4} = 2.25 \times 10^{-2} \times C^{1.2} \times W^{1.097}_{e(b4)}$
封禁（5）	$\Delta W_5 = 4.65 \times 10^{-3} \times C^{1.2} \times W^{1.369}_{(b5)}$	$\Delta W_{e5} = 9.0 \times 10^{-3} \times C^{1.2} \times W^{1.098}_{e(b5)}$
保土耕作（6）	$\Delta W_6 = 0.873 \times W^{1.349}_{(b6)} e^{c'/2}$	$\Delta W_{e6} = 3.10 \times W^{1.097}_{e(b6)} e^{c'/2}$

①公式适用范围：坡耕地治理前年均水土流失量 $W_{(bi)} \leqslant 3750\text{m}^3/\text{hm}^2$，$W_{e(bi)}$：30～150t/hm²；耕地坡度（$\alpha$）：10°～25°；治理后植被覆盖率（$C$）：10～90%。②拟线误差：相对误差为-5.5%～14.5%；系统误差为-3.0%～5.0%；随机误差为3.7%～12.0%

表 6-48（b） 嘉陵江典型流域不同土壤类型地区单项水保措施蓄水减蚀平均指标

治理措施（i）	ΔW_i（m³/hm²）	$\Delta \bar{W}_i$（m³/hm²）	单项措施年蓄水减蚀平均指标							
			砾石土	紫色土	黄绵土	黄壤土	砾石土	紫色土	黄绵土	黄壤土
			ρ_i（t/m³）				$\Delta \bar{W}_{ei}$（t/hm²）			
坡改梯	2700～3000	2850	0.0184	0.0195	0.0166	0.0030	52.5	55.5	47.3	8.60
经济林	2250～3000	2625	0.0149	0.0160	0.0136	0.0025	39.0	41.9	35.8	6.50
水保林	1950～2700	2325	0.0133	0.0144	0.0123	0.0022	31.0	33.5	28.6	5.20
种草	1125～1500	1320	0.0149	0.0160	0.0136	0.0025	19.8	21.3	18.2	3.30
封禁	1650～1950	1800	0.0043	0.0047	0.0040	0.0007	7.80	8.40	7.20	1.30
保土耕作	900～1350	1125	0.0149	0.0160	0.0136	0.0025	16.8	18.1	15.4	2.80

①ΔW_i 根据重点治理小流域验收成果和水保试验小区观测资料统计；②ρ_i 为单项措施蓄水量中的单位水体含沙量 $= \Delta \bar{W}_{ei} / \Delta W_i$，嘉陵江上游区降雨量小，黄绵土、黄壤土、砾石土单位面积蓄水量小，含沙量值可按实际蓄水量计算；③$\Delta \bar{W}_{ei}$ 为单项措施治理后减蚀量；④年均降雨量 600～1250mm

（2）水土保持工程措施蓄水减蚀指标

工程措施主要包括塘堰、谷坊、拦沙坝、蓄水池以及沉沙池等。其中，谷坊、拦沙坝以及沉沙池是以拦截泥沙为主要目的，而塘堰和谷坊除了有拦截泥沙的功能，还有蓄水的目的。谷坊和拦沙坝这样以拦截泥沙为主的工程措施在经过几年的泥沙淤积后可以在泥沙淤积部位进行农作物的种植。塘堰和蓄水池等由于蓄水是其主要目的，因此，在泥沙淤积几年后往往会进行清淤。从而使得塘堰和蓄水池等可以持续的发挥拦截泥沙的作用。

谷坊、拦沙坝以及沉沙池等以拦蓄泥沙为主要目的的工程措施，一般在 4～6 年淤满。根据黄双喜等人对谷坊、拦沙坝以及沉沙池的淤积调查，确定谷坊年淤积 210t，拦沙坝年淤积 4050t，沉沙池年淤积 1.5t；根据对李子口塘堰和蓄水池的实地调查，确定塘堰年淤积 28t，蓄水池年淤积 15t。

（3）水土保持工程措施保存率及有效面积

由于受人类活动等方面的影响，各项水土保持措施的有效面积与如下几个因素有关，包括措施的保存率、措施始效期及措施发挥效益的年限等。各项水土保持措施的保存率、措施始效期及措施发挥效益的时间如下：

1）根据计算时段内（例如10年）各项措施实施后减沙生效所需时间扣除本时段内未生效时间的措施面积，求得减流、减蚀有效面积。

2）坡改梯：当年实施有效，保存率为0.95。

3）水土保持林草措施。水保林：2年以后有效，保存率为0.85；经果林：保存率0.85；种草：当年有效，保存率为0.85；封禁：当年有效，保存率为0.85。

4）保土耕作实施当年有效且持续，保存率为0.90。

5）工程措施的保存率为0.95；林草措施（包括保存率取均值为0.85）。

6）谷坊、拦沙坝、排灌渠、截水沟以及沉沙池等减沙效益当年有效，持续时间为5年，保存率为0.95。

7）塘堰和蓄水池：当年有效且持续，保存率为0.95。

3. 水土保持工程减蚀（沙）作用

（1）水土保持分析法

1）水土保持措施减蚀作用。嘉陵江流域水土保持措施减蚀作用较为明显。如嘉陵江上游的陕西省略阳县作为“长治工程”重点防治县，截至2005年，全县共治理水土流失面积1095km^2，全县生态环境较治理前有了明显好转，项目区年减少土壤流失392万t，减蚀率达80%，林草覆盖率达到86.8%。嘉陵江上游陇南地区礼县1988～1996年实施的长治工程共完成治理面积1170.7km^2，治理区域内每年可拦蓄径流25 993万m^3，防止土壤流失373万t，径流模数由1988年的17.7万m^3/km^{2}下降至1996年的11.6万m^3/km^2，侵蚀模数也由治理前的3975t/(km^2·a）下降至3086t/(km^2·a)，林草覆盖率由1988年的19.9%提高至55.3%（表6-49）。根据长江流域水土保持监测中心站和长江水利委员会水文局的研究，对于嘉陵江各区单项措施的减蚀指标取值如表6-50所示。

表6-49　西汉水顺利峡流域水土保持因素对河川径流影响

测站	流域面积（km^2）	治理面积（km^2）	实测多年平均径流量（亿m^3）			降雨因素影响值（亿m^3）	水土保持等因素影响	
			治理前	治理后	变化值		影响值(亿m^3)	占治理前(%)
顺利峡	3439	1102.7	3.558	2.519	-1.039	-0.627	-0.412	11.6

表6-50　嘉陵江流域单项水保措施蓄水减蚀平均指标　［单位：(t/hm^2·a)］

分区	坡改梯	水土保持林	经果林	种草	封禁治理	保土耕作
Ⅰ区	54.6	33.1	41.3	15.8	8.3	13.7
Ⅱ区	55.5	33.5	41.9	21.3	8.4	18.1
Ⅲ区	54.6	33.1	41.3	15.8	8.3	13.7
Ⅳ区	47.3	28.6	35.8	18.2	7.2	15.4
Ⅴ区	52.5	31	39	19.8	7.8	16.8

根据水保法对嘉陵江流域水土保持措施减蚀作用的研究成果表明［表6-51（a）、表6-51（b）和图6-49～图6-52］，1989～2003年嘉陵江流域“长治工程”累计治理面积32674km^2，占水土流失面积

92975km²的35.1%，各项水保措施共就地减蚀拦沙约6.503亿t，年均减蚀量为4340万t。其中：小型水利水保工程措施（塘库、谷坊、拦沙坝、蓄水池和沉沙池）总减蚀量为0.938亿t，年均减蚀量为625万t，占总减蚀量14.4%；林草措施（水保林、经济林、种草、封禁治理）总减蚀量为3.821亿t，年均减蚀量为2548万t，占总减蚀量58.8%；坡改梯总减蚀量为1.045亿t，年均减蚀量为696万t，占总减蚀量16.1%；保土耕作措施总减蚀量为0.699亿t，年均减蚀量为466万t，占总减蚀量10.7%。

近年来，国家不断加大水土流失的治理力度，水土保持措施减蚀作用不断增强。1997～2003年各项水保措施年均减蚀量为6264万t，较1989～1996年增大了126%。其中：小型水利水保工程措施（塘库、谷坊、拦沙坝、蓄水池和沉沙池）年均减蚀量为923万t，占总减蚀量14.7%；林草措施（水保林、经济林、种草、封禁治理）年均减蚀量为3816万t，占总减蚀量60.9%；坡改梯年均减蚀量为980万t，占总减蚀量15.6%；保土耕作措施年均减蚀量为545万t，占总减蚀量8.7%。

表6-51（a） 嘉陵江流域1989～2003年水土保持林草措施统计表

时段	项目	坡改梯	水土保持林	经果林	种草	封禁治理	保土耕作	合计
1989～1996	治理面积（hm²）	168 600	455 800	212 400	81 300	505 100	422 100	1 676 700
	年均减蚀量（万t）	448	742	402	75	219	396	2 282
	1996年水平减蚀量（万t）	787	1 432	789	105	399	596	4 108
1997～2003	治理面积（hm²）	115 076	379 257	224 540	52 845	395 545	255 100	1 307 287
	年均减蚀量（万t）	980	1 910	1 275	91	540	545	5 341
	2003年水平减蚀量（万t）	1 049	2 270	1 523	72	617	462	5 993
1989～2003	治理面积（hm²）	283 676	835 057	436 940	134 145	900 645	677 200	2 983 987
	年均减蚀量（万t）	696	1 287	809	82	369	466	3 710

表6-51（b） 嘉陵江流域1989～2003年水土保持工程措施统计表

时段	项目	塘堰（座）	谷坊（座）	拦沙坝（座）	蓄水池（口）	排灌渠、截水沟（km）	沉沙池（口）	合计
1989～1996	数量	14 398	3 785	49	88 928		1 290 300	
	年均拦沙量（万t）	94.2	35.4	78	71.8		85.6	365.0
	1996年水平拦沙量（万t）	143.9	54.7	363.3	67		146.3	775.2
1997～2003	数量	71 837	6 540	2 733	11 813		325 102	631.3
	年均拦沙量（万t）	52	99.2	691.5	23.3		57.3	923.3
	2003年水平拦沙量（万t）	30.6	78.4	126	7.9		12.8	255.7
1989～2003	数量	86 235	10 325	2 782	100 741	705 980	1 615 402	225.1
	年均减蚀量（万t）	74.5	65.2	364.3	49.2		72.4	625.6

2）泥沙输移比。根据嘉陵江流域出口断面—北碚站水文实测泥沙资料分析，1985年前流域年均侵蚀量为3.97亿t，年均输沙量为1.45亿t，泥沙输移比则为：1.45/3.97＝0.365。根据前述研究，1956～1990年流域内大中小型水库年均拦沙量为0.2433亿t，年均减少北碚站输沙量为0.071亿t。如考虑将水库拦沙作用进行还原，则其泥沙输移比为（1.45+0.071）/3.97＝0.383。

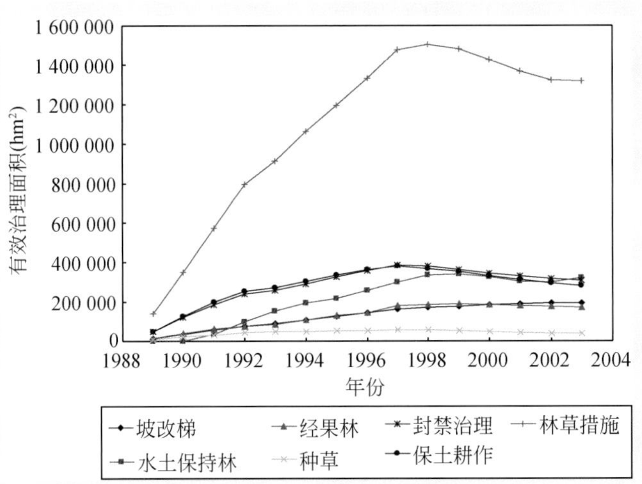

图 6-49　嘉陵江流域各项水土保持坡面治理措施累计有效面积变化

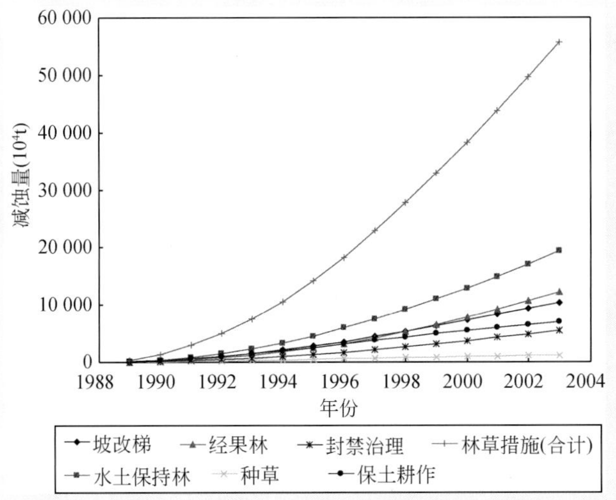

图 6-50　嘉陵江流域各项水土保持坡面治理措施累计减蚀量变化

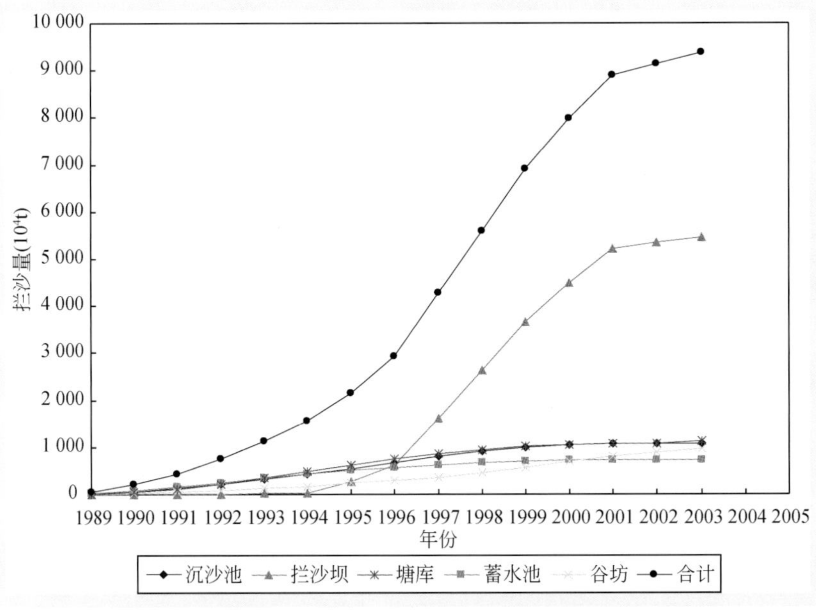

图 6-51　嘉陵江流域各项水土保持工程措施累计拦沙量变化

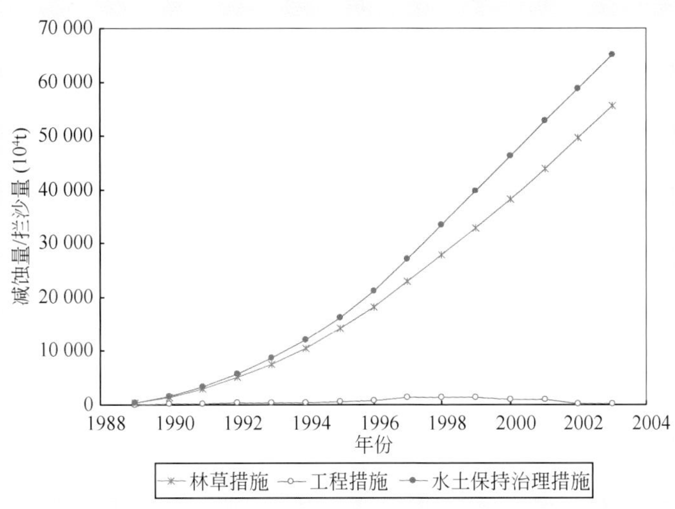

图 6-52 嘉陵江流域各项水土保持治理措施累计减蚀量变化

1989～2003 年后流域实施了水土保持综合治理工程，其年均减蚀量为 0.434 亿 t，北碚站平均输沙量为 0.426 亿 t，泥沙输移比为：0.426/(3.97－0.434) ＝0.12。由此可以看出，1991 年后嘉陵江流域泥沙输移比出现大幅度减小，主要包括水土保持措施和水库拦沙等 2 方面的因素。根据本文第 4 章的研究，1991～2005 年水库年均拦沙量为 0.5807 亿 t，年均减少北碚站输沙量为 0.415 亿 t，如考虑将水库拦沙作用进行还原，则其泥沙输移比为（0.426+0.415）/(3.97－0.434）＝0.238。

由此可见，水土保持治理措施实施后，不仅减小流域土壤侵蚀量，而且还减小泥沙输移比。

3）水土保持措施减沙作用。初步估算，1991～2003 年流域水土保持对北碚站年均减沙量为 4340×0.383＝1660（万 t）左右，占北碚站总减沙量的 15.7%。

1989～1996 年流域水土保持对北碚站年均减沙量为 2647×0.383 ≈1010 万 t；1997～2003 年流域水土保持对北碚站年均减沙量为 6264×0.383≈2400（万 t），较 1989～1996 年增大了 126%。由此可见嘉陵江流域水土保持措施对河流的减沙作用明显增强。

此外，根据中国水利水电科学研究院遥感技术应用中心根据全国第一次和第二次土壤侵蚀遥感调查的资料（1988 年为 3.66 亿 t/a，2000 年为 3.03 亿 t/a），1988～2000 年嘉陵江流域土壤侵蚀总面积减少了 1.10873 万 km^2，减少了近 11.734%；土壤侵蚀总量减少约 6300 万 t/a，因此其减沙量为 6300×0.383≈2410（万 t），占北碚站总减沙量的 22.7%。

根据长江水利委员会水土保持局的遥感调查资料，1985～2003 年嘉陵江流域土壤侵蚀总量减少约 5700 万 t/a（1985 年统计成果为 3.97 亿 t/a，2003 年为 3.40 亿 t/a），因此其减沙量为：5700×0.383≈2180（万 t），占北碚站总减沙量的 20.7%。

由此可见，虽然两家单位对嘉陵江流域土壤侵蚀总量的遥感调查结果有所差异（主要是由于判读方式、卫片精度等方面不同），但在“长治工程”实施后土壤侵蚀减小量方面基本一致。因此，综合各家研究成果，1989～2005 年水土保持措施治理面积 32674km^2，治理程度为 35.1%，年均减蚀量在 4340 万～6300 万 t（平均 5450 万 t），减蚀效益为 13.7%，对北碚站的减沙量为 1660 万～2410 万 t（平均 2080 万 t），减沙效益 14.6%。

(2) 水文法

A. 水沙相关关系

a. 年水沙关系

根据嘉陵江流域（北碚站）水土保持工程治理前年水沙经验关系式（表6-52），计算得到1954～1990年平均径流量700亿m^3对应的输沙量分别为14 240万t、13 340万t和13 270万t，实测平均输沙量为14200万t。水土保持治理后1991～2005年平均径流量557亿m^3对应的输沙量分别为9650万t、9780万t和9290万t，实测平均输沙量为3580万t。因此，水利工程拦沙、水土保持措施减沙、河道泥沙淤积等减沙量为5710万～6200万t/a（平均为6000万t/a）。

表6-52 嘉陵江北碚站径流-输沙关系经验模型（基准期）

模型		模型关系式	相关系数
水沙关系模型	年	$W_{s北}=32.061\times W_{北}-8207.1$	0.753
		$W_{s北}=0.0338\times W_{北}^2-17.584\times W_{北}+9085.5$	0.765
		$W_{s北}=0.534\times W_{北}^{1.5449}$	0.738
	汛期	$W_{s汛北}=0.0258\times W_{汛北}^2+2.7255\times W_{汛北}+3019.4$	0.766
	主汛期	$W_{s主汛北}=0.0492\times W_{主汛北}^2+0.1494\times W_{主汛北}+3381.1$	0.815
双累积关系模型	年	$\sum W_{si北}=-9.25\times10^{-9}\times(\sum W_{i北})^2+2.345\times10^{-3}\times\sum W_{i北}$	0.999
考虑水库拦沙作用还原的年水沙关系	年相关	$W_{s1北}=32.146\times W_{北}-7606.8$	0.757
		$W_{s1北}=0.0374\times W_{北}^2-22.669\times W_{北}+11487$	0.773
		$W_{s1北}=1.0284\times W_{北}^{1.4534}$	0.752
	双累积	$\sum W_{si1北}=-4.14\times10^{-9}\times(\sum W_i)^2+2.317\times10^{-3}\times\sum W_i$	0.999

$W_{北}$、$W_{汛北}$、$W_{主汛北}$分别为北碚站年、汛期和主汛期径流量，单位：亿m^3；$W_{s北}$、$W_{s汛北}$、$W_{s主汛北}$分别为北碚站年、汛期和主汛期输沙量，单位：万t；$W_{s1北}$分别为水库拦沙作用还原后的北碚站年输沙量，单位：万t

根据前文研究，嘉陵江流域1991～2005年水库新增减沙量为3440万t/a，嘉陵江下游淤积泥沙200万t/a，水土保持减沙量为2070万～2560万t（平均2350万t）。

b. 汛期径流量-输沙量关系

分别建立嘉陵江流域（北碚站）水土保持工程治理前汛期（5～10月）和主汛期（7～9月）经验关系式，分别见表6-52、图6-53（a）和图6-53（b）。计算得到1954～1990年汛期和主汛期平均径流量589.5亿m^3和392.5亿m^3对应的输沙量分别为13 590万t和11 020万t，实测平均输沙量分别为14 140万t和11 600万t；水土保持治理后1991～2005年汛期和主汛期平均径流量456.2亿m^3和287.1亿m^3对应的输沙量分别为9630万t和7480万t，实测平均输沙量分别为3520万t和2850万t，减沙量分别为6110万t和4630万t（平均为5370万t）。扣除水库新增减沙量和淤积量，水土保持减沙量为1730万t。

B. 年水沙双累积关系。在水土保持治理前后，嘉陵江流域（北碚站）水沙双累积关系曲线发生了明显的变化。根据北碚站水土保持工程治理前经验模型关系式（表6-52），水土保持措施治理和水库拦沙等作用引起北碚站减沙量为6190万t，水土保持措施等减沙量为2550万t。

C. 考虑水库拦沙作用还原的年水沙关系

考虑到水库拦沙作用的沿时变化对北碚站输沙量影响程度也有所差异，本文将1956～2005年的历年水库减沙量对北碚站进行还原，重新拟合其年水沙关系和双累积关系。

考虑水库拦沙作用还原后，嘉陵江流域（北碚站）水土保持工程治理前年水沙经验关系式，见表6-52 和图 6-53（a）。分别计算得到水土保持治理后 1991 ~ 2005 年多年平均径流量 557 亿 m^3 对应的输沙量分别为 10 300 万 t、10 500 万 t 和 10 070 万 t，而还原后的北碚站平均输沙量为 7990 万 t。扣除河道年均淤积量 200 万 t/a，水土保持措施减沙量为 1880 万 ~ 2310 万 t（平均 2090 万 t）。

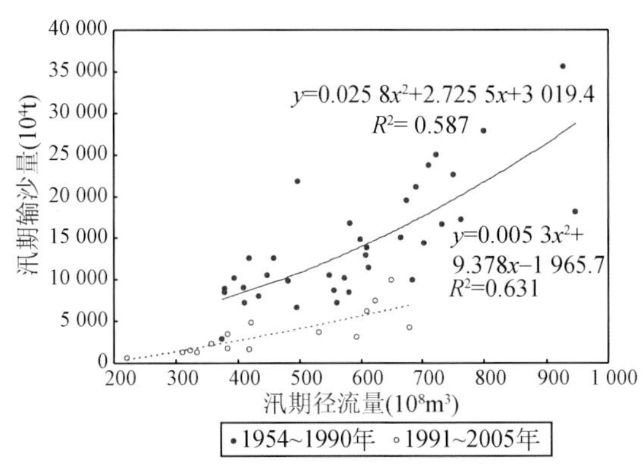

图 6-53（a） 水土保持治理前后北碚站汛期（5 ~ 10 月）径流量 ~ 输沙量关系变化

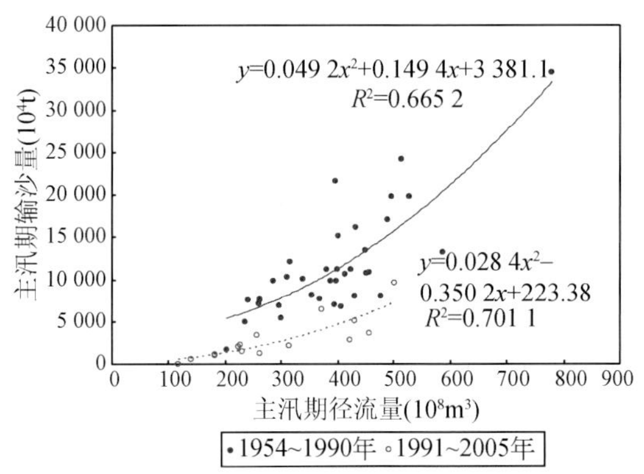

图 6-53（b） 水土保持治理前后北碚站主汛期（7 ~ 9 月）径流量 ~ 输沙量关系变化

考虑水库拦沙作用还原后，嘉陵江流域（北碚站）水土保持工程治理前水沙双累积关系式，见表6-52和图 6-54。计算并扣除河道年均淤积量 200 万 t/a，得到水土保持治理后北碚站减沙量为 2830 万 t。

因此，综合水文法分析成果，嘉陵江流域水土保持措施年均减沙量为 1730 万 ~ 2830 万 t，平均2310 万 t。

（3）BP 神经网络模型

BP（back propagation）网络是指在具有非线性传递函数神经元构成的神经网络中采用误差反传算法作为其学习算法的前馈网络（胡铁松，1995）。在已有嘉陵江小流域产流产沙 BP 网络预报模型的基础上，模型采用流域内武胜、罗渡溪、小河坝和北碚站等 20 个雨量站 1957 ~ 1989 年逐年降雨量作为模型输入向量，以北碚站 1957 ~ 1988 年逐年径流量和年输沙量作为模型输出向量。利用 BP 网络模型进行学习、训练，确定模型结构及有关参数；并利用流域 1990 ~ 2003 年的降雨资料，预报北碚站1990 ~ 2003 年的径流量和输沙量。

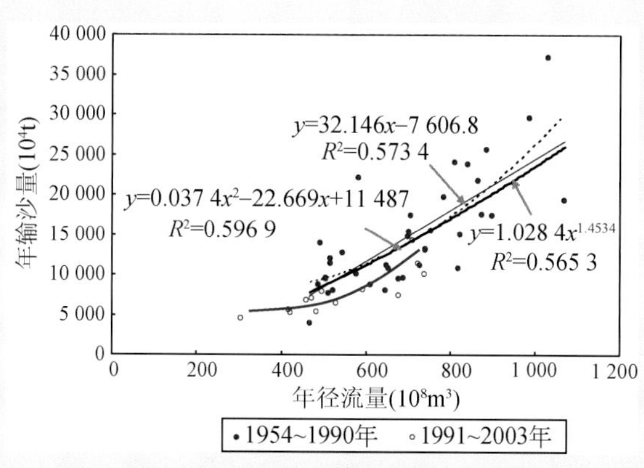

图 6-54（a） 水保治理前后北碚站年径流量~年输沙量关系变化（考虑水库拦沙作用还原）

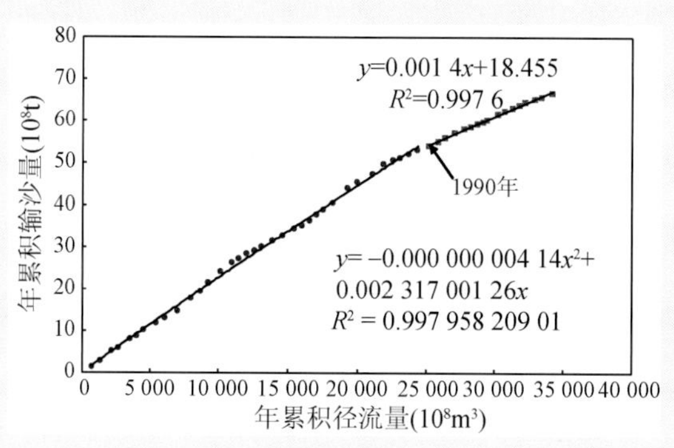

图 6-54（b） 水保治理前后北碚站年径流量~年输沙量双累积关系变化（考虑水库拦沙作用还原）

模型计算结果表明，1990~2003 年北碚站年均输沙量约为 1.05 亿 t。与北碚站实际观测值 4030 万 t 相比，年减沙量约为 6470 万 t，包括了 1989 年后流域内兴建水利工程的蓄水以及“长治”工程等因素的影响；而输沙减少量中，则包括了 1989 年后兴建水利工程的拦沙影响、河道淤积、“长治工程”减（蚀）沙效益等因素的影响。因此 1989 年后水土保持措施对北碚站的减沙量约为 2830 万 t。

综上所述，根据水土保持分析法（2080 万 t/a）、水文法（2310 万 t/a）和 BP 神经网络模型法（2830 万 t/a）计算得到的嘉陵江流域 1989~2003 年水土保持措施年均减沙量在 2080 万~2830 万 t/a，平均为 2400 万 t/a，减沙效益 16.9%，占北碚站总减沙量的 22.6%。由此可见，嘉陵江流域水土保持措施减蚀减沙效益较为明显，这主要是由于大部分地区气候湿润，植被恢复较快，侵蚀控制作用明显，特别是川中丘陵区丘陵起伏不大，河流泥沙主要来源于坡面侵蚀，植被恢复减少坡面侵蚀拦截泥沙的作用显著。

6.5.3 乌江流域

乌江流域水土保持综合治理工作主要集中在上游的毕节地区。毕节地区自 1989 年以来就列入“长江上游水土保持重点防治区综合治理工程”，其中毕节、大方、威宁和赫章 4 县列入一期治理工程（1989~1993 年），治理面积 330.63 万亩（2204.2km^2），水土流失面积由 1988 年的 3016.93 km^{2}减少至 2107.94 km^2，减幅 30%，强度以上的水土流失面积则由 1128.23 km^2减少至 493.69 km^2，减幅 56%，土壤侵蚀量也由 1988 年的 1679 万 t/年减小至 1993 年的 460 万 t/年，年均减蚀量 1219 万 t/年，减蚀率达到 73%。

1989～1994 年，在第一期工程对 4 个县进行综合治理的基础上，同时新增黔西县、金沙县在毕节地区进行小流域水土流失综合治理，治理面积 253.17 km^2，治理流域内土壤侵蚀量也由 1990 年的 312 万 t/年减小至 1994 年的 102 万 t/年，减蚀率达到 67%。

1994～1998 年，毕节地区进行了“长治工程”三期小流域综合治理工作，经过治理，其水土流失面积由 1994 年的 1909.21km^2 减少至 1998 年的 1016.24km^2，强度以上的水土流失面积则由 647.53km^2减少至 206.37km^2，减幅 62%；土壤侵蚀量也由 1994 年的 905 万 t/年减小至 1998 年的 297 万 t/年，年均减蚀量 608 万 t/年，减蚀率达到 67%，其中水利水保工程、保土耕作等水土保持工程年均拦蓄泥沙 525 万 t 左右。

2001～2004 年贵毕公路水土保持生态环境建设大示范区工程水土流失综合治理面积 278.40 km^2。其中完成坡改梯 1462.47hm^2，水保林 9774.34hm^2，经果林 3277.80hm^2，生态修复 9059.87hm^2，保土耕作 3358.81hm^2，种草 906.67hm^2。修建谷坊 25 座，修排灌沟渠 27.99km，修蓄水池 192 口。初步统计表明，各小流域治理程度均达到 70%以上，各项措施年拦蓄泥沙 1523 万 t，年土壤侵蚀模数由治理前的 4958t/km^2，下降至 3496 t/km^2。林草覆盖率由 37.12%上升到 50.41%。

因此，1989～2004 年毕节地区水土保持措施年均减蚀量在 1000 万 t 左右。根据 1957～1990 年资料统计分析，毕节地区泥沙输移比在 0.2～0.3，因此毕节地区水土保持减沙量为 1000×（0.2～0.3）= 200 万～300 万 t（平均 250 万 t）。

同时根据毕节地区内乌江上游三岔河阳长水文站和六冲河洪家渡水文站资料分析，三岔河阳长站 1990 年前后其年均径流量分别为 13.6 亿 m^3 和 14.8 亿 m^3，其年均输沙量分别为 219 万 t 和 259 万 t，其径流量-输沙量关系和降雨量-输沙量关系未发生明显变化（图 6-55）；洪家渡站 1990 年前后其年均径流量分别为 44.5 亿 m^3 和 45.5 亿 m^3，其年均输沙量分别为 685 万 t 和 449 万 t（1991～2003 年），沙量减小 236 万 t，2004 年则由于洪家渡电站拦沙作用，其输沙量仅为 11 万 t。从水土保持措施治理前后对比来看，径流量-输沙量关系和降雨量-输沙量关系发生明显变化（图 6-56），其水保措施年均减沙约 260 万～320 万 t（平均 290 万 t）。因此，毕节地区六冲河流域由于水土保持措施减沙量在 290 万 t 左右。

根据乌江上游控制站——鸭池河水文站分析，其控制流域面积为 18 187km^2，根据 1956～1990 年资料统计，其年均径流量和悬移质输沙量分别为 107.1 亿 m^3 和 1400 万 t，水土保持措施综合治理后 1991～1993 年其年均径流量输沙量则分别为 85.0 亿 m^3 和 1090 万 t，与 1956～1990 年相比，分别减小 22.1 亿 m^3 和 310 万 t，减幅分别为 20.6% 和 22.1%，由此可见 1991～1993 年水土保持措施减沙作用不明显；1994～2004 年其年均径流量和输沙量则分别为 106.2 亿 m^3 和 28 万 t，与 1956～1990 年相比，径流量变化不大，但输沙量显著减小，沙量减小了 1372 万 t，这主要包括上游东风电站和普定电站拦沙、水土保持治理措施减沙作用等两方面的影响。

综上所述，乌江上游毕节地区（六冲河流域）水土保持措施年均减沙量为 250 万～290 万 t（平均 270 万 t），主要体现在东风电站和普定电站入库泥沙减小，对武隆站输沙量减小则影响不大。

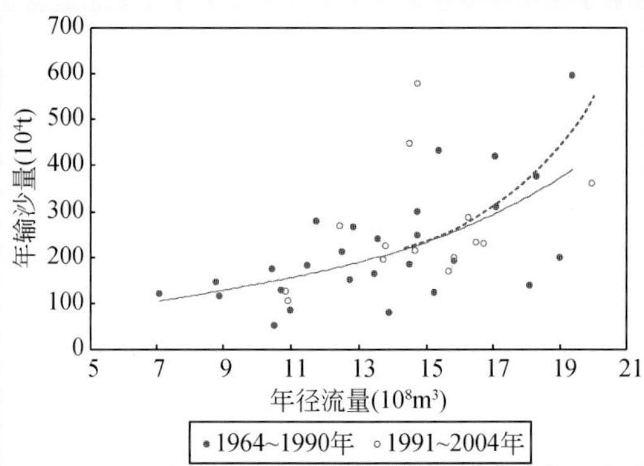

图 6-55（a） 三岔河阳长站年径流量-输沙量关系

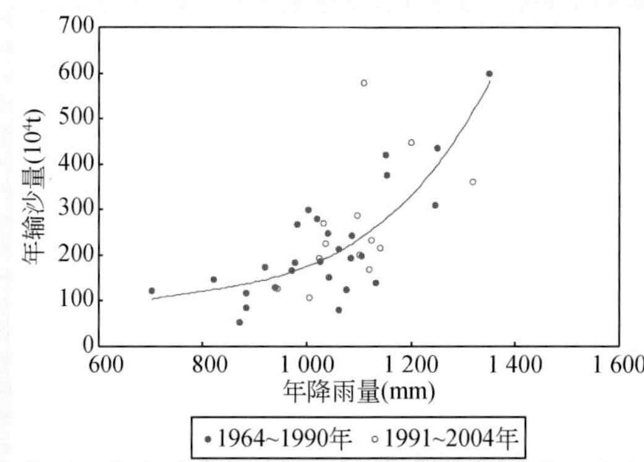

图 6-55（b） 三岔河阳长站年降雨量-输沙量关系

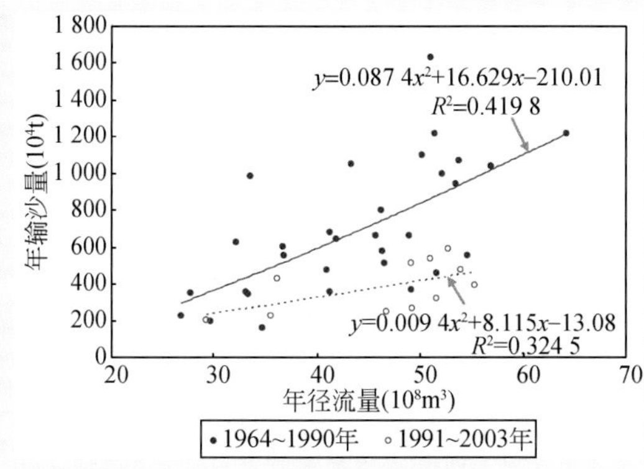

图 6-56（a） 六冲河洪家渡站年径流量-输沙量关系

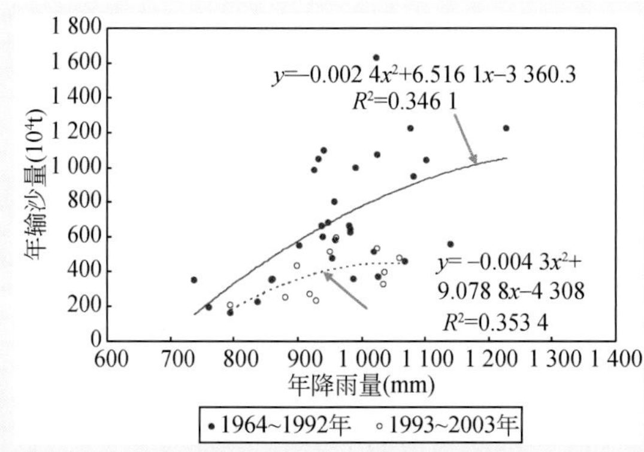

图 6-56（b） 六冲河洪家渡站年降雨量-输沙量关系

6.5.4 三峡库区

1. 水土流失及治理

三峡库区辖区面积为53 387km^2，耕地面积为1364.69万亩（1亩≈666.7m^2）。库区地貌受构造、岩性和河流切割的影响，坡陡沟深，地形破碎，坡度大于25°的面积占43.5%。根据1988年三峡库区部分县（区）的卫星遥感照片解译统计（杨艳生和史德明，1993），在24 367km^{2}的土地上，土壤侵蚀面积14 175km^2，占总面积58.2%（表6-53），土壤侵蚀总量8178万t，平均侵蚀模数5770 t/(km^2·a)。侵蚀面积中，强度以上侵蚀面积占55.5%，土壤侵蚀量占总量的75.6%。

三峡库区水土流失面积36 400km^2，占幅员总面积68%，地表侵蚀物质量1.558亿t，平均侵蚀模数2918 t/ km^2. a。滑坡、泥石流等重力侵蚀在三峡库区分布较广泛，危害严重（杨艳生等，1989）。据调查成果表明，库区内有可能造成严重危害，大于10万m^{3}的滑坡，危岩体1120处，其中大于100万m^{3}的崩滑体32处，大于5000万m^{3}的有7处，大多数处于不稳定状态；有泥石流沟271条，89%的泥石流分布于云阳至秭归之间的长江两岸，与滑坡、崩塌密集区相吻合。

表6-53 三峡库区部分土壤侵蚀强度统计表 （单位：面积：km^2；侵蚀量：10^{4}t）

侵蚀强度	合计		轻度		中度		强度		极强度		剧烈	
	面积	年侵蚀量	面积	年侵蚀量	面积	年侵蚀量	面积	年侵蚀量	面积	年侵蚀量	面积	年侵蚀量
侵蚀面积	14 175	8178	2524	378	4323	1621	4678	3040	2935	2755	255	384

据统计，1989～1996年三峡库区共完成治理土壤侵蚀面积9129.84 km^2，治理程度达到25.1%。1989～2004年三峡库区水土流失重点防治工作累计治理水土流失1.77万km^2，其中兴建基本农田208万亩，营造经济林果288万亩。这些水保工程的实施，使治理区进入三峡库区的泥沙减少了60%。

2. 水土保持措施减沙作用

三峡库区1989～1996年各项措施综合治理总减蚀量为1.237亿t，年均减蚀量为1546万t，减蚀效益9.9%。1996水平年减蚀量为3137万t，减蚀效益20.1%。

在水土保持治理前（1950～1988），三峡库区长江干流区间入库泥沙（寸滩和武隆站）48 380万t/a，出库（宜昌站）53 100万t/a，干流区间年均输沙量4400万t/a（考虑1981 ～1988年葛洲坝水库悬沙淤积还原值1.153亿t），实际干流区间年均输沙量为4750万t，因此三峡库区河流泥沙输移比为0.475/1.558=0.32。三峡库区"长治工程"后河流平均减沙量为0.32×1546=495万t。1996水平年，"长治工程"减沙量为0.32×3137=1000（万t）。

1989～1996年三峡入库泥沙38 010万t，出库41 760万t（宜昌站1989～1996年实测年均输沙量，并同样考虑了前时段悬沙还原值），区间年均输沙量3750万t。如考虑区间来水量不同的影响，根据水文法计算，三峡库区"长治工程"年均减沙量为480万t左右，与水保法结果基本吻合。

6.5.5 长江上游水土保持工程减蚀减沙作用

采用水土保持减沙作用典型调查与水文法和水保法以及神经网络理论分析相结合的方法，通过对长江上游地区水土保持治理措施减蚀效益调查与减沙作用的分析，较为系统地研究了1989～2005年长江上游金沙江攀枝花至屏山区间、嘉陵江流域、乌江上游毕节地区和三峡库区等地区水土保持综合治理措施对三峡入库沙量的影响。

1）长江上游土壤侵蚀以水力侵蚀为主，局部地区重力侵蚀和混合侵蚀剧烈。水土流失是水沙输移的来源，水土流失的主要来自坡耕地，主要类型为水蚀，尤其是面蚀；特殊的地理气候条件和人类活动是加剧水土流失的重要原因，植被的破坏造成了大量的水土流失。防治水土流失是防治水沙灾害的根本措施。研究表明：目前长江上游流域水土流失状况总体有所好转，但局部还在恶化。

2）1989～2005年，长江上游“四大片”累计治理面积6.63万km^2，占长江上游水土流失总面积35.2万km^2的18.8%。水文法和水保法研究成果表明，长江上游水土保持措施年均减蚀量为10 876万t，减蚀效益6.9%，对河流出口的减沙量为4275万t，减沙效益8.2%。其中：三峡上游年均减蚀量为9330万t，对河流出口的减沙量为3780万t，减沙效益7.7%；三峡库区年均减蚀量为1546万t，减沙量为495万t。

3）1989～2005年，攀枝花以上局部地区水土流失加剧，导致沙量增加1050万t；1989～2005年金沙江流域累计治理面积1.23万km^2，仅占水土流失总面积的7.7%，对于以泥石流、滑坡等重力侵蚀为主的攀枝花至屏山区间而言，以坡面为主的水保治理措施减蚀减沙效益不明显，其年均减蚀量为2880万t，减蚀效益仅为4.8%，对河流出口减沙量为1380万t，减沙效益5.3%。其中：攀枝花至屏山区间“长治工程”治理面积1.05万km^2，治理程度7.5%，年均减蚀量约2400万t，年均减沙量为1210万t，减沙效益4.9%；横江治理面积0.18万km^2，年均减蚀量约480万t，年均减沙量为170万t，减沙效益12.4%。

4）1989～2005年，嘉陵江流域“长治工程”累计治理面积32 674km^2，治理程度35.1%，年均减蚀量为5450万t，减蚀效益13.7%。根据水保法、水文法和BP神经网络模型计算，水保措施对北碚站年均减沙约2400万t，减沙效益16.9%，占北碚站总减沙量的22.6%。

5）乌江上游毕节地区治理面积3628km^2，占水土流失面积14 595km^2的24.9%，水土保持措施年均减蚀量约1000万t，对乌江上游鸭池河站年均减沙量约270万t，主要体现在上游水电站如东风、乌江渡等入库泥沙的减小，对武隆站输沙量则无明显影响。

6）1989～1996年三峡库区治理面积17 700km^2，占水土流失面积36 400km^2的48.6%，年均减蚀量约1546万t，减蚀效益9.9%，年均减沙量约495万t，减沙效益为10.4%。

6.6 长江上游河道采砂对河流泥沙变化的影响

据调查，长江长寿至大渡段（长337km）、泸洲至铜锣峡段（长277km）1993年、2002年砂和砾卵石开采量分别为865万t、893万t；嘉陵江朝天门至盐井段（长75km）、朝天门至渠河嘴（长104km）砂和砾卵石开采量分别为350万t、357万t（表6-54），砂卵石开采量远远大于推移量，导致滩面逐年下降，如重庆珊瑚坝江心洲，1977～1996年洲面平均下降近1m，局部地区下降4m左右，洲体明显变小；位于嘉陵江出口的金沙碛边滩，由于河床连年开挖，加上上游砂卵石补给不足，河床已露出大片基岩（张美德和周凤琴，1993；刘德春等，2002）。

另外，清华大学于2008年4月16～22日，对沱江中下游四川省金堂县至内江市长383.9km的河

表 6-54 1993、2002 年长江上游部分河段河道采砂调查成果 (单位：万 t)

河流	1993 年				2002 年			
	调查范围及长度	砂	砾卵石	总和	调查范围及长度	砂	砾卵石	总和
长江	长寿～大渡，337km	555	310	865	铜锣峡～泸洲，277km	507	386	893
嘉陵江	朝天门～盐井，75km	245	105	350	朝天门～渠河嘴，104km	290	67	357

道采砂进行了调查，结果表明，自20世纪80年代中期开始从河道中大量采挖沙石建筑材料，年均开采量在220万t左右（李丹勋等，2010）。

此外，长江上游主要支流上大型水库如雅砻江二滩电站、沱江黄桷浩电站、嘉陵江干流东西关电站、涪江渭沱电站、大渡河铜街子电站等的修建，拦截了大坝上游大部分推移质泥沙，导致推移质补给量迅速减少。

6.7 长江上游主要河流泥沙变化调查与研究的主要认识

本文在调查分析长江上游干支流已建水库拦沙效果，长江上游水土保持、生态建设等产沙环境现状的基础上，收集了长江上游71个水文站、758个雨量站1950～2005年年降雨、月降雨、流量、输沙和悬沙级配（约63万站年）以及12 996座水库资料，对长江上游地理地貌、水利水电工程、水土保持等进行了实地调查，采用原型观测资料分析与典型调查相结合，统计理论和各类数学模型计算等多种方法和手段，克服了以往研究分散、不系统等方面的不足，系统地研究了长江上游50多年来水沙历史过程和变化特征以及泥沙输移规律，全面掌握了长江上游泥沙来源的基本情况，不同支流水土流失的强度，进入支流、干流的泥沙输移量，探讨了上游产沙及人类活动的影响与河流泥沙的变化规律，首次系统地定量评价了降雨变化和水土保持、水利工程等人类活动对长江上游泥沙输移规律变化的影响，为算清长江上游地区“沙帐”以及研究长江上游产输沙机理打下了良好的基础。主要研究成果和结论归纳如下。

（1）长江上游输沙规律变化研究

1）1954～1990年，长江上游金沙江和各支流水系泥沙输移比介于0.14（沱江）～0.44（金沙江）。1991～2005年，除金沙江输移比略有增大外，其他流域泥沙输移比大幅度减小，岷、沱江分别由0.24、0.14减小至0.17和0.03，嘉陵江泥沙输移比由0.36减小至0.10，宜昌站则由0.33减小至0.23。上游水库淤积拦沙作用是导致泥沙输移比减小的主要原因。

2）长江上游水沙不平衡性和异源现象突出。长江上游可划分为3个产流产沙区：金沙江石鼓站以上的少沙清水区，其来水来沙量分别占宜昌的9.7%和5.5%，含沙量为0.615kg/m³，年均输沙模数为121.4t/(km²·a)；石鼓至屏山区间（不含雅砻江流域）的多沙粗沙区，区间来沙量为1.843亿t，占宜昌39.2%，含沙量为4.19kg/m³，悬沙中值粒径0.014～0.018mm，年均输沙模数为1577.7t/(km²·a)；屏山至宜昌区间的多沙细沙区，区间来沙量为2.20亿t，占宜昌46.8%，悬沙中值粒径0.008～0.011mm，年均输沙模数为402.3t/(km²·a)。

3）1950～2005年，长江上游水量的80%来自于金沙江、岷江、嘉陵江和乌江，76.8%的沙量则来自于金沙江和嘉陵江。与1990年前相比，1991～2005年长江上游径流量地区组成无明显变化，但输沙量地区组成发生显著变化，1991～2005 年金沙江、岷江和嘉陵江，其占宜昌站沙量的比重分别为 77.9%、11.1%、10.8%。

4）长江上游水沙存在长时间段丰、枯相间的周期性变化。但 1991 年后水利工程拦沙导致水沙关系发生系统变化，三峡入库输沙量也发生突变，在入库径流量减小 112 亿 m^3/a（减幅 3%）的情况下，沙量减小 1.585 亿 t/a（减幅 32.3%），粒径也有所细化，寸滩中值粒径由 0.017mm 变细为 0.012mm。

5）长江上游水量减少主要集中在汛后的 9～11 月，宜昌站、高场站、北碚站、武隆站减水量分别为 169.6 亿 m^3、32.0 亿 m^3、72.4 亿 m^3 和 19.2 亿 m^3。这主要是与水库汛后开始蓄水有关。沙量减小则主要集中在主汛期，减沙量占全年减沙量的 2/3 以上。

（2）降雨变化对三峡水库来水来沙的影响研究

1）长江上游降雨量大小、落区以及暴雨范围和强度大小是影响流域输沙量大小的重要因素，尤其在金沙江中下游地区和嘉陵江表现最为突出。其中，1991～2005 年与 1990 年前相比，金沙江流域（屏山站）由于径流量增大引起增沙量为 2540 万 t，攀枝花至屏山区间年均暴雨日数明显增多是 1991～2000 年输沙量增加的重要原因，2001～2005 年区间暴雨日数明显减小、暴雨强度减弱是导致区间沙量较 1991～2000 年大幅度减小的主要原因。嘉陵江流域由于径流量偏少而引起北碚站输沙量减少 4060 万 t，分别占北碚站 1954～1990 年和多年平均输沙量的 28.5% 和 36.2%，占北碚站 1991～2005 年总减沙量的 38.2%。

2）长江上游水量地区组成变化导致三峡入库沙量减小 1890 万 t，占三峡入库多年平均沙量的 3.8%，占总减沙量的 11.9%。其中，长江上游干流寸滩以上地区径流量减少导致减沙 2190 万 t，占寸滩站多年平均输沙量的 5.2%，占其总减沙量的 13.5%；乌江则由于径流量增大而增沙 300 万 t，占武隆站多年平均输沙量的 11.4%。

（3）长江上游干支流新建水库群拦沙作用研究

1）1956～2005 年，长江上游地区已建大、中、小型水库 12996 座，总库容 556.9 亿 m^3，累计拦沙量 38.73 亿 m^3，库容总损失率 7.0%。其中，三峡上游 11357 座，总库容 366.3 亿 m^3，累计拦沙 30.82 亿 m^3，年均拦沙 6160 万 m^3，减小三峡入库沙量为 4350 万 t/a，占三峡入库多年平均输沙量的 9.7%。

2）水库拦沙是导致 1990 年以来三峡入库沙量出现大幅度减小的主要原因。1956～1990 年三峡上游水库年均拦沙 5890 万 t，1991～2005 年年均拦沙达到 12510 万 t。水库拦沙对三峡入库（寸滩和武隆站）的减沙量增加 8090 万 t/a，减沙效益 16.5%，占三峡入库总减沙量的 51%。

3）长江上游干流区间（主要是三峡区间）1956～2005 年水库累计拦沙 7.91 亿 m^3，年均拦沙 1580 万 m^3。其中 1956～1990 年拦沙量为 2.66 亿 m^3，年均拦沙 760 万 m^3；1991～2005 年拦沙量为 5.25 亿 m^3，年均拦沙 3500 万 m^3。与 1990 年前相比，水库年均拦沙量增加 2740 万 m^3。

4）2003 年至 2005 年，三峡水库库区总淤积量为 4.479 亿 m^3，水库实际排沙比为 36%。坝下游宜昌站输沙量大幅度减小，2003 年、2004 年和 2005 年悬移质输沙量分别为 0.976 亿 t、0.640 亿 t 和 1.10 亿 t，较 1950～2000 年均值 5.01 亿 t 偏小 80% 左右。

表 6-55　长江三峡上游年输沙量变化原因分析结果统计表

站名	时段	实测		实测减（增）沙量		降雨影响		水库拦沙影响		水土保持影响		其他因素影响		人类活动减沙效益（%）
		年均径流量（亿 m^3）	年均输沙量（亿 t）	量（亿 t）	%	量（亿 t）	%	量（亿 t）	%	量（亿 t）	%	量（亿 t）	%	
金沙江屏山站	1954～1990 年	1437	2.46											
	1991～2005 年	1521	2.58	0.12	4.9	0.254		-0.249		-0.121		0.236		
岷江高场站	1954～1990 年	880	0.526											
	1991～2005 年	825	0.369	-0.157	-29.8	-0.035	22.3	-0.096	61.1			-0.026	16.6	61.1
沱江李家湾站	1957～1990 年	126	0.117											
	1991～2005 年	107	0.029	-0.088	-75.2	-0.032	36.4	-0.025	28.4			-0.031	35.2	28.4
嘉陵江北碚站	1954～1990 年	700	1.42											
	1991～2005 年	557	0.358	-1.062	-74.8	-0.406	36.3	-0.317	29.8	-0.24	22.6	-0.099	9.3	52.4
长江寸滩站	1950～1990 年	3516	4.60											
	1991～2005 年	3375	3.13	-1.47	-32.0	-0.219	14.9	-0.687	46.7	-0.378	25.7	-0.186	12.7	72.4
乌江武隆站	1955～1990 年	486	0.298											
	1991～2005 年	515	0.183	-0.115	-38.6	0.030		-0.122	106.1	-0.027		-0.023	20.0	106.1
三峡入库	1954～1990 年	4002	4.898											
	1991～2005 年	3890	3.313	-1.585	-32.4	-0.189	11.9	-0.809	51.0	-0.378	23.8	-0.209	13.2	74.8

①寸滩站水土保持减沙效益包括金沙江支流横江流域水保措施减沙量 170 万 t；②三峡库区水保措施减沙量为 495 万 t，未计入；③乌江上游毕节地区水保措施减沙对武隆站影响不大

（4）长江上游水土保持对三峡水库来水来沙的影响研究

1）长江上游土壤侵蚀以水力侵蚀为主，局部地区重力侵蚀和混合侵蚀剧烈。水土流失主要来自坡耕地，主要侵蚀类型为水蚀，尤其是面蚀；特殊的地理气候条件和人类活动是加剧水土流失的重要原因，植被的破坏造成大量的水土流失。防治水土流失是防治水沙灾害的根本措施。研究表明：目前长江上游流域水土流失状况总体有所好转，但局部有所加剧。

2）1989～2005年，长江上游“四大片”水保累计治理面积6.63万km^2，占长江上游水土流失总面积的18.8%。水保措施年均减蚀量为10876万t，减蚀效益6.9%，对河流出口的减沙量为4275万t，减沙效益8.2%。其中三峡上游年均减蚀量为9330万t，减蚀效益6.6%，对河流出口的减沙量为3780万t，减沙效益7.7%；三峡库区年均减蚀量为1546万t，减蚀效益9.9%，减沙量为495万t，减沙效益10.4%。

（5）长江上游泥沙概算、降雨及人类活动对输沙量变化的贡献率研究

根据上述对降雨、水利工程拦沙以及水土保持措施减沙等方面的研究，对长江上游泥沙概算及各水系水沙变化影响因子的贡献率定量分割如下。

1）1990年前长江上游年均土壤侵蚀量为15.68亿t，宜昌站输沙量为5.21亿t，泥沙输移比为0.33，水库年均拦沙0.662亿t，则堆积在坡面、沟道、拦沙坝、沙凼等的沙量约9.808亿t/a。水土保持措施综合治理后，长江上游年均土壤侵蚀量为14.59亿t，宜昌站输沙量为3.91亿t/a，泥沙输移比减小为0.23，水库年均拦沙1.59亿t，流域内堆积量约9.09亿t。

2）人类活动是导致三峡入库近期平均沙量大幅度减小的主要因素。与1990年前相比，1991～2005年三峡入库泥沙减沙1.585亿t/a，人类活动年均新增减沙量为1.187亿t/a（其中水库年均新增减沙量为0.809亿t/a，水土保持工程年均减沙量为0.378亿t/a），占总减沙量的75%；气候变化导致入库沙量年均减小0.189亿t/a，占三峡入库总减沙量的12%；河道采砂等其他因素引起减沙0.209亿t/a，占总减沙量的13%（表6-55）。

综上所述，三峡水库上游近期来沙的减少主要受水库拦沙、水土保持工程减沙、河道采砂等人类活动和降雨等自然因素的影响。

参考文献

长江三峡水文水资源勘测局.1996. 葛洲坝水库冲淤及变动回水区枯水浅滩演变分析.//国务院三峡工程建设委员会办公室泥沙课题专家组，中国长江三峡工程开发总公司工程泥沙专家组.2000. 长江三峡工程泥沙问题研究（1996～2000）（第二卷）——长江三峡工程上游来沙与水库泥沙问题. 北京：知识产权出版社，2000：426～464.

长江水利网.2006. 长江上游水土流失最严重“四大片”已治理1/3. http：//www.cjw.com.cn/news/detail/20060831/68874.asp.

长江水利委员会.1997. 三峡工程泥沙研究，武汉：湖北科学技术出版社，1997.

长江水利委员会.1997. 三峡工程水文研究. 武汉：湖北科学技术出版社.

长江水利委员会水土保持局.2006. 长江水土保持工作简报第13期（2006年）：http：//10.100.83.46/shuitu/Article_Show.asp？ArticleID=2853.

长江水土保持局.1990. 长江上游人类活动对流域产沙的影响. 武汉：长江流域水资源保护局.

陈循谦.1990. 长江上游云南境内的水土流失及其防治对策. 中国水土保持，（1）：6～10.

邓贤贵.1997. 金沙江流域水土流失及其防治措施. 山地研究，15（4）：277～281.

丁晶，邓育仁. 1988. 随机水文学. 成都：成都科技大学出版社.
杜国翰，张振秋，徐伦. 1989. 以礼河水槽子水库冲沙试验研究. 北京：中国水利水电科学研究院.
冯清华. 1988. 暴雨泥石流研究的若干问题. 泥石流学术讨论会兰州会议文集. 成都：四川科技出版社.
高立洪. 1998-9-17. 透过长江大水看水保——谈长江洪水与水土流失的关系 中国水利报.
何录合. 2002. 碧口水库泥沙淤积规律及控制. 西北电力技术，(4)：49～51.
胡铁松，袁鹏，丁晶. 1995. 人工神经网络在水文水资源中的应用. 水科学进展，6（1）：76～82.
黄嘉佑. 1990. 气象统计分析与预报方法. 北京：气象出版社.
黄双喜，石国钰，许全喜. 2002. 嘉陵江流域水保措施蓄水减蚀指标研究. 水土保持学报，16（5）：38～42.
姜彤，苏布达，王艳君，等. 2005. 四十年来长江流域气温、降水与径流变化趋势. 气候变化研究进展，1（2）：65～68.
景可. 2002. 长江上游泥沙输移比初探. 泥沙研究，(1)：53～59.
李丹勋，毛继新，杨胜发，等. 2010. 三峡水库上游来水来沙变化趋势研究. 北京：科学出版社.
李林，王振宇，秦宁生，等. 2004. 长江上游径流量变化及其与影响因子关系分析. 自然资源学报，19（6）：694～700.
李松柏，杨源高. 1994. 龚嘴水库库床演变和过坝泥沙. 四川水力发电，3：29～35，41.
林世彪，尹继堂，龙伟. 1997. 四川农村劳动力转移及合理流向研究. 农村经济研究，(7)：7～9.
令狐克海. 2000. 铜街子水电站泥沙淤积探讨. 四川水利，21（3）：28～33.
刘德春等. 2002. 重庆主城区及以上河段采砂调查与推移质输沙量变化研究. 重庆：长江水利委员会水文局长江上游水文水资源勘测局.
刘家应，柴家福. 1994. 乌江渡水库泥沙淤积观测研究. 贵州水力发电，(1)：33～43.
刘邵权，陈治谏，陈国阶，等. 1999. 金沙江流域水土流失现状与河道泥沙分析. 长江流域资源与环境，8，（4）：423～428.
刘毅，张平. 1991. 长江上游重点产沙区地表侵蚀及河流泥沙特性. 水文，(3)：6～12.
刘毅，张平. 1995. 长江上游流域地表侵蚀与河流泥沙输移. 长江科学院院报，12（1）：40～44.
罗中康. 2000. 贵州喀斯特地区荒漠化防治与生态环境建设浅议. 贵州环保科技，6（1）：7～10.
牟定县水土保持办公室. 1999. 牟定县有家官河小流域治理初见成效. 长江水土保持，(4)：8～9.
牟金泽，孟庆枚. 1982. 论流域产沙量计算中的泥沙输移比. 泥沙研究，(2)：29～34.
邱英诚. 1999. 沱江金堂峡地质自然灾害及其预防措施. 四川建筑科学研究，(4)：65～66.
全国土壤普查办公室. 1995. 中国土种志（6）. 北京：中国农业出版社.
沈国舫，王礼先等. 2001. 中国生态环境建设与水资源保护利用. 北京：中国水利水电出版社.
沈浒英，杨文发. 2007. 金沙江流域下段暴雨特征分析. 水资源研究，28（10）：39～41.
石国钰，陈显维，叶敏. 1991. 三峡以上水库群拦沙影响的减沙作用. //水利部长江水利委员会水文测验研究所. 1991. 三峡水库来水来沙条件分析研究论文集. 武汉：湖北科学技术出版社：214～221.
史德明. 1999. 长江流域水土流失与洪涝灾害关系剖析. 水土保持学报，1999（1）：1～7.
史立人. 1998. 长江流域水土流失特征、防治对策及实施成效. 人民长江，(1)：41～43.
水利部长江水利委员会. 1999. 长江流域地图集. 北京：中国地图出版社.
水利部长江水利委员会水文测验研究所. 1991. 三峡水库来水来沙条件分析研究论文集. 武汉：湖北科学技术出版社.
水利部科技教育司，交通部三峡工程航运领导小组办公室. 1993. 长江三峡工程泥沙与航运关键技术研究专题报告（上册）. 武汉：武汉工业大学出版社.
水利部水文局，水利部长江水利委员会水文局. 2002. 1998 年长江暴雨洪水. 北京：中国水利水电出版社.
苏布达，姜彤，任国玉，等. 2006. 长江流域 1960～2004 年极端强降水时空变化趋势. 气候变化研究进展，2（1）：9～14.
孙厚才，李青云，熊官卿，等. 2004. 分形自相似理论在建立小流域泥沙输移比中的应用. //李占斌，张平仓. 2004. 水土流失与江河泥沙灾害及其防治对策．郑州：黄河水利出版社．

谭万沛，王成华，姚令侃，等．1994. 暴雨泥石流滑坡的区域预测与预报．成都：四川科学技术出版社．

天津大学概率统计教研室．1990. 应用概率统计．天津：天津大学出版社．

涂成龙，林昌虎．2004. 对贵州水土保持的思考．//李占斌，张平仓．2004. 水土流失与江河泥沙灾害及其防治对策．郑州：黄河水利出版社：13～17.

万建蓉，宫平．2006. 嘉陵江亭子口水库泥沙淤积研究．人民长江，11：47～48.

王海宁，任兴汉．1995. 长江源头地区的水土流失及其防治对策．中国水土保持，（5）：1～4.

王治华．1999. 金沙江下游的滑坡和泥石流．地理学报，54（2）：142～149.

吴喜之，王兆军．1996. 非参数统计方法．北京：高等教育出版社．

西格耳．1986. 非参数统计．北京：科学出版社．

向治安，喻学山，刘载生，等．1990. 长江泥沙的来源、输移和沉积特性分析．长江科学院院报，7（3）：9～19.

向治安．2000. 泥沙颗粒分析技术研究述评．//水利部水文局．2000. 江河泥沙测量文集．郑州：黄河水利出版社：226～245.

许炯心．2006. 人类活动和降水变化对嘉陵江流域侵蚀产沙的影响．地理科学，26（4）：432～437.

杨艳生，史德明，杜榕桓．1989. 三峡库区水土流失对生态与环境影响．北京：中国科学出版社．

杨艳生，史德明．1993. 长江三峡库区土壤侵蚀研究．福建：东南出版社．

杨子生．1999. 滇东北山区坡耕地水土流失状况及其危害．山地学报，增刊：25～31.

叶敏．1991. 乌江及长江上游干流区间流域水库群拦沙分析与计算．//水利部长江水利委员会水文测验研究所．1991. 三峡水库来水来沙条件分析研究论文集．武汉：湖北科学技术出版社：171～178.

应铭，李九发，万新宁，等．2005. 长江大通站输沙量时间序列分析研究．长江流域资源与环境，14（1）：83～87.

于广林．1999. 碧口水库泥沙淤积与水库运用的研究．水力发电学报，（1）：59～67.

于守全，曾云宝．1998. 多种清淤手段在水槽子水库的应用．云南电力技术，26（3）：4～7.

余剑如，史立人，冯明汉，等．1991. 长江上游的地面侵蚀与河流泥沙．水土保持通报，11（1）：9～17.

余剑如，史立人．1991. 长江上游的地面侵蚀与河流泥沙．水土保持通报，（1）：9～17.

余剑如．1987. 长江上游地面侵蚀与河流泥沙问题的探讨．人民长江，（9）：9～17.

查文光．1998. 植树造林话生态环境改善看效益——会泽林业的起落与以礼河电站的变化．林业科技通讯，8：36～37.

张美德，周凤琴．1993. 长江三峡库尾上游河段河床组成勘测调查、分析报告．沙市：长江水利委员会荆江水文水资源勘测局．

张明波，张新田，余开金．1999. 乌江流域水文气象特性分析．水文，（6）：53～56.

张祥金．1998. 龚嘴水库泥沙淤积发展浅析．四川水力发电，17（1）：17～19.

张信宝，文安邦．2002. 长江上游干流和支流河流泥沙近期变化及其原因，水利学报，（4）：56～59.

张信宝．1999. 长江上游河流泥沙近期变化、原因及减沙对策——嘉陵江与金沙江的对比．中国水土保持，（2）：22～24.

张有芷．1989. 长江上游地区暴雨与输沙量的关系分析．水利水电技术，（12）：1～5.

赵志远．1991. 水槽子水库泥沙淤积的综合治理．水利水电技术．5：43～45.

朱鉴远，伍炳吉，王东辉，等．1997. 金沙江溪洛渡至宜宾河段床沙取样及分析报告．成都：电力工业部成都勘测设计研究院，长沙：中南勘测设计研究院．

朱鉴远．1999. 长江上游床沙变化和卵砾石推移质输移研究．水力发电学报，（3）：87～98.

朱鉴远．1999. 长江上游床沙变化和卵砾石推移质输移研究．水力发电学报，（3）：86～102.

朱鉴远．2000. 长江沙量变化和减沙途径探讨．水力发电学报，（3）：38～48.

Cui P，Wei F Q，Li Y. 1999. Sediment Transported by Debris Flow to the Lower Jinsha River. International Journal of Sediment Research. 14（4）：67～71.

Probst J L, Suchet P A. 1992. Fluvial suspended sediment transport and mechanical erosion in the Maghreb (North Africa), Hydrological Sciences Journal, 37 (6): 621 ~637.

Schumm S A. 1977. The Fluvial System, New York: John Wiley.

Su B D, Jiang T, Shi Y F, et al. 2004. Observed precipitation trends in the Yangtze river catchment from 1951 to 2002. Journal of Geographical Sciences, 14 (2): 204 ~218.

Ye D Z, Yan Z W. 1990. Climate jump analysis-A way of probing the comp lexity of the system. TISC August: 14 ~20.

三峡水库进出库及坝下游水沙特性

本章主要研究了三峡水库蓄水运用以来，三峡水库入库径流和悬移质、推移质输沙量变化，三峡工程围堰发电期、初期蓄水期、175m 试验性蓄水期等不同蓄水期库区水沙特性，以及长江中下游河道和主要湖泊水沙变化特性。

7.1 三峡水库入库水沙特性

7.1.1 径流量和悬移质输沙量

如第 6 章所述，20 世纪 90 年代以来，长江上游径流量变化不大，受水利工程拦沙、降雨时空分布变化、水土保持、河道采砂等因素的综合影响，输沙量明显减少。与 1990 年前均值（三峡工程初步设计采用值）相比，1991 ~ 2002 年长江上游水量除嘉陵江和沱江分别偏少 25% 和 16% 外，其余变化不大；输沙量方面，则除金沙江增大 14% 外，其余各支流输沙量均明显减小，其中以嘉陵江年均输沙量减小了 0. 968 亿 t（减幅 72%）为最大，沱江以减幅 68% 次之（年均输沙量减小 0. 080 亿 t），岷江以减幅 34% 居第三（年均输沙量减小 0. 181 亿 t），乌江则减小了 33%。

1991 ~ 2002 年寸滩站和武隆站年均径流量分别为 3339 亿 m^3 和 532 亿 m^3，悬移质输沙量分别为 3. 37 亿 t 和 0. 204 亿 t，与 1990 年前均值相比，径流量均无明显减少，但输沙量则分别减小约 27% 和 33%（表 7-1）。

表 7-1　长江上游主要水文站径流量和悬移质输沙量与多年均值比较

项目	系列	金沙江	岷江	沱江	长江	嘉陵江	长江	乌江	三峡入库
		屏山	高场	富顺	朱沱	北碚	寸滩	武隆	朱沱+北碚+武隆
流域面积（万 km^2）		48. 5	13. 5	2. 3	23 283	15. 6	86. 7	8. 3	93. 4
径流量（亿 m^3）	1990 年前	1 440	882	129	2 660	704	3 520	495	3 859
	1991 ~ 2002 年及	1 506	815	108	2 672	529	3 339	532	3 733
	与 1990 年前相比	5%	-8%	-16%	1%	-25%	-5%	7%	-3%
	2003 ~ 2011 年及	1 379	771	97	2 480	649	3 226	415	3 544
	与 1990 年前相比	-4%	-13%	-25%	-7%	-8%	-8%	-16%	-8%

续表

项目	系列	金沙江 屏山	岷江 高场	沱江 富顺	长江 朱沱	嘉陵江 北碚	长江 寸滩	乌江 武隆	三峡入库 朱沱+北碚+武隆
输沙量（万 t）	1990 年前	24 600	5260	1170	31 600	13 400	46 100	3040	48 040
	1991 ~ 2002 年及	28 100	3450	372	29 300	3720	33 700	2040	35 060
	与 1990 年前相比	14%	−34%	−68%	−7%	−72%	−27%	−33%	−27%
	2003 ~ 2011 年及	14 100	3000	165	16 550	2920	18 410	621	20 100
	与 1990 年前相比	−43%	−43%	−86%	−48%	−78%	−60%	−80%	−58%

①变化率为各时段均值与 1990 年前均值的相对变化；②1990 年前均值除朱沱站 1990 年前水沙统计年份为 1956 ~ 1990 年（缺 1967 ~ 1970 年）外，其余统计值为三峡初步设计值；③北碚站于 2007 年下迁 7km，集水面积增加 594km^2；④经重新核算，自 2006 年起，屏山站集水面积由原来的 485 099km^2 更改为 458 592km^2

三峡水库蓄水运用后的 2003 ~ 2011 年，三峡入库水量略有偏少，但上游来沙减小趋势仍然持续。由表 7-1 可知，三峡入库（朱沱+北碚+武隆站）年均径流量、输沙量分别为 3544 亿 m^3、2. 01 亿 t，与 1991 ~ 2002 年均值相比，径流量偏少 8%，但年均输沙量减小了 2. 79 亿 t（减幅为 58%）。其中，来沙量减小最大的为金沙江，屏山站年均径流量、输沙量分别为 1379 亿 m^3、1. 41 亿 t，径流量偏少 4%，但年均输沙量减小了 1. 06 亿 t（减幅为 43%）；来沙量减幅最大的为沱江，富顺站（李家湾站）年均径流量、输沙量分别为 97 亿 m^3、0. 0165 亿 t，径流量偏少 25%，但输沙量减小了约 86%；乌江来水来沙量均有所减小，武隆站年均径流量、输沙量分别为 415 亿 m^3、0. 0621 亿 t，分别减小 16%、80%；嘉陵江来水量也偏少 8%，输沙量则继续减小了 78%；岷江则变化不大。三峡上游主要水文站径流量、输沙量均值比较分别如图 7-1 和图 7-2 所示。

在入库输沙量减小的同时，2003 ~ 2011 年三峡入库各站悬沙中 $D>0.125$mm 的粗颗粒泥沙含量有所减小，中值粒径也有所变细（表 7-2）。

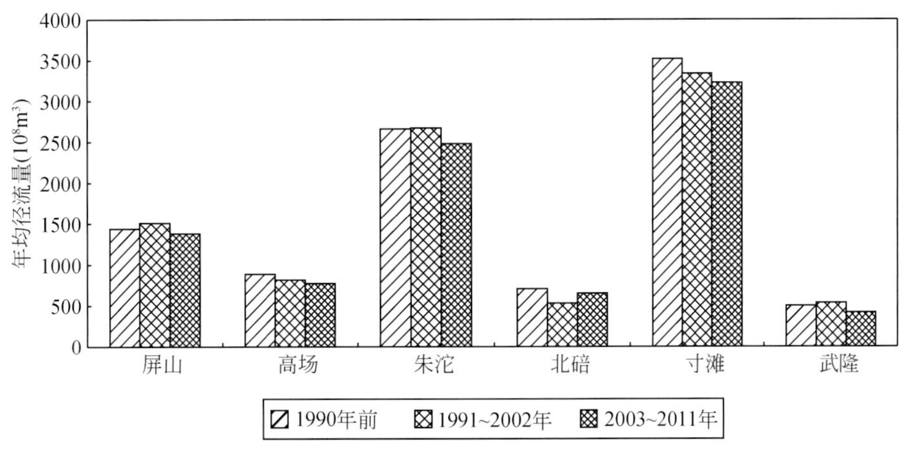

图 7-1　三峡上游主要水文站年均径流量变化对比

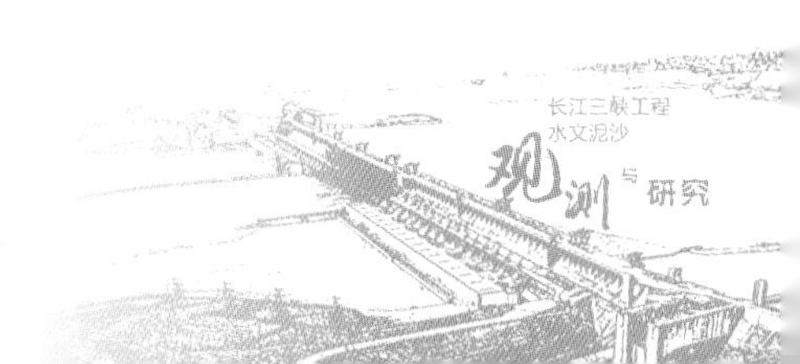

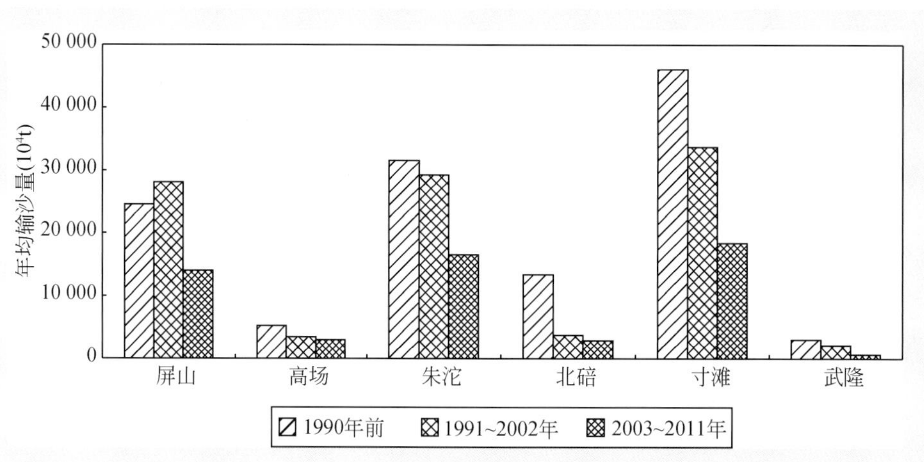

图 7-2 三峡上游主要水文站悬移质输沙量变化对比

表 7-2 三峡进出库各主要控制站不同粒径级沙重百分数对比表

范围	测站/时段	朱沱	北碚	寸滩	武隆	清溪场	万县	黄陵庙	宜昌
		沙重百分数（%）							
$D\leqslant 0.031$（mm）	多年平均	69.8	79.8	70.7	80.4		70.3		73.9
	2003～2010 年	72.7	80.9	77.1	82.9	81.4	89.8	88.3	85.5
	2011 年	80.3	80.9	81.9	82.1	82.8	90.4	84.9	89.3
$0.031<D\leqslant 0.125$（mm）	多年平均	19.2	14.0	19.0	13.7		20.3		17.1
	2003～2010 年	18.6	12.4	16.9	13.1	14.5	9.4	8.3	7.9
	2011 年	16.4	15.1	14.6	15.8	15.0	8.8	13.1	9.6
$D>0.125$（mm）	多年平均	11.0	6.2	10.3	5.9		9.4		9.0
	2003～2010 年	8.8	6.7	6.3	3.7	4.1	0.7	3.4	6.5
	2011 年	3.3	4.0	3.5	2.1	2.2	0.8	2.0	1.1
中值粒径（mm）	多年平均	0.011	0.008	0.011	0.007		0.011		0.009
	2003～2010 年	0.011	0.007	0.009	0.007	0.008	0.006	0.005	0.005
	2011 年	0.010	0.010	0.010	0.011	0.010	0.007	0.008	0.007

①朱沱、北碚、寸滩、武隆、万县站多年均值资料统计年份为 1987～2002 年，宜昌站资料统计年份为 1986～2002 年，黄陵庙站为 2002 年；②清溪场站无 2003 年前悬沙级配资料，黄陵庙站无 2002 年前悬沙级配资料

在三峡工程 135～139m 围堰发电期，以清溪场站（距三峡大坝约 473.8km，集水面积为 965 857km^2）为三峡入库控制站。2006 年 9 月 20 日三峡水库 156m 蓄水后，清溪场站水沙特性受蓄水影响明显，以长江干流寸滩站（位于嘉陵江和长江汇合口下游约 7.5km，距三峡大坝约 606km，集水面积为 866 559km^2）、乌江武隆站（距河口里程 71km，集水面积 83 035km^2）作为入库控制站。寸滩站、武隆站的集水面积之和为 949 594km^2，较清溪场站减小 16 263km^2（减幅为 1.68%）。

2008 年 9 月 28 日三峡水库实施 175m 试验性蓄水后，回水末端上延，寸滩站水沙特性受蓄水影响明显，以长江干流朱沱站（距三峡大坝约 757km，集水面积为 694 725km^2）、嘉陵江北碚站（距河口里程约 53km，集水面积为 156 736km^2）、乌江武隆站作为三峡入库控制站。朱沱站、北碚站、武隆站的集水面积之和为 934 496km^2，较寸滩站、武隆站的集水面积之和减小 15 098 km^2（减幅为 1.59%）。

三峡水库蓄水运用后，万县站（距三峡大坝约 291.4km）始终位于水库常年回水区，水文泥沙资料丰富、系列较长，作为库区代表站进行对比分析；三峡水库 156m 蓄水后，清溪场站由入库控制站变为库区站；175m 试验性蓄水后，寸滩站也由入库控制站变为库区站。

黄陵庙水文站（位于三峡大坝下游约 13.5km），作为三峡水库的出库控制站。位于三峡大坝下游约 37.5km 的葛洲坝水利枢纽具有一定反调节作用，在分析三峡水库进出库水沙特性时将三峡水库与葛洲坝水库作为一个整体，将葛洲坝水库下游的宜昌站（位于三峡大坝下游约 44.8km）作为三峡水库与葛洲坝水库的总出库控制站。

1. 朱沱站

2003～2011 年，朱沱站年均径流量、悬移质输沙量分别为 2479 亿 m^3、1.65 亿 t，与多年均值、1990 年前均值和 1991～2002 年均值相比，水量略偏少 7%～8%，但悬移质沙量减小了 40% 以上。

从各月水沙变化来看，与 1990 年前均值相比，1～4 月来水偏丰 9%～20%，6～8 月则偏少 9%～12%，10 月偏少 17%，其他各月变化不大；5～10 月沙量则偏小 41%～56% [表 7-3、图 7-3（a）和图 7-3（b）]。

从入库泥沙颗粒组成来看，2003～2011 年朱沱站悬沙粗颗粒泥沙含量有所减小，进入三峡水库的粗颗粒沙量也大幅减小，但中值粒径变化不大 [表 7-2 和图 7-3（c）]。

表 7-3　朱沱站 2003～2011 年月均流量、输沙率变化统计表

	项目	1月	2月	3月	4月	5月	6月	7月	8月	9月	10月	11月	12月	全年
流量（m^3/s）	多年平均	2 930	2 660	2 700	3 390	5 320	10 600	18 200	18 500	16 600	11 100	6 110	3 870	8 530
	1954～1990 年	2 880	2 600	2 630	3 260	5 270	10 500	18 100	18 400	16 700	11 500	6 220	3 870	8 540
	1991～2002 年	3 020	2 800	2 800	3 630	5 340	10 700	18 300	18 800	15 800	10 300	5 850	3 860	8 470
	2003～2011 年	3 320	2 900	3 150	3 550	5 220	9 560	16 000	16 100	15 000	9 570	5 790	3 770	7 860
	距平百分率 1	13%	9%	17%	5%	-2%	-10%	-12%	-13%	-10%	-14%	-5%	-3%	-8%
	距平百分率 2	15%	11%	20%	9%	-1%	-9%	-12%	-12%	-10%	-17%	-7%	-3%	-8%
	距平百分率 3	10%	4%	12%	-2%	-2%	-11%	-13%	-14%	-5%	-7%	-1%	-2%	-7%
输沙率（kg/s）	多年平均	131	96	97	350	1 990	14 000	35 500	31 700	21 000	6 660	1 200	292	9 560
	1956～1990 年	129	95	89	296	2 200	14 900	36 400	32 800	21 900	7 170	1 190	286	10 000
	1991～2002 年	144	102	110	486	1 550	12 900	36 500	31 600	19 500	6 000	1 310	329	9 290
	2003～2011 年	147	90	131	267	1 240	6 610	21 400	17 000	12 300	3 340	1 240	236	5 250
	距平百分率 1	12%	-6%	35%	-24%	-38%	-53%	-40%	-46%	-41%	-50%	4%	-19%	-45%
	距平百分率 2	14%	-5%	47%	-10%	-44%	-56%	-41%	-48%	-44%	-53%	5%	-18%	-48%
	距平百分率 3	2%	-12%	19%	-45%	-20%	-49%	-41%	-46%	-37%	-44%	-5%	-28%	-44%

①径流量多年均值统计年份为 1954～2005 年，输沙量多年均值统计年份为 1956～2005 年；②距平百分率 1、2、3 分别为 2003～2011 年均值与多年均值、1990 年前、1991～2002 年的变化率；③朱沱站 2008 年 1～3 月和 12 月未测输沙率

2. 北碚站

2003～2011 年，嘉陵江来水量略有偏少，来沙量继续大幅度减小。北碚站 2003～2011 年年均径流量和输沙量分别为 649 亿 m^3（年均流量为 1950m^3/s）、0.291 亿 t，与多年均值、1990 年前均值相比，水量偏少 1%～7%，但沙量减小幅度在 80% 左右。

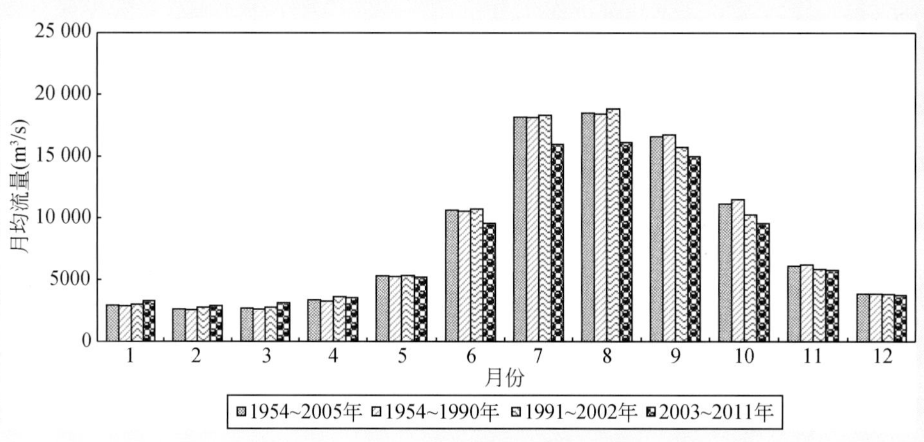

图 7-3（a） 长江干流朱沱站月平均流量变化

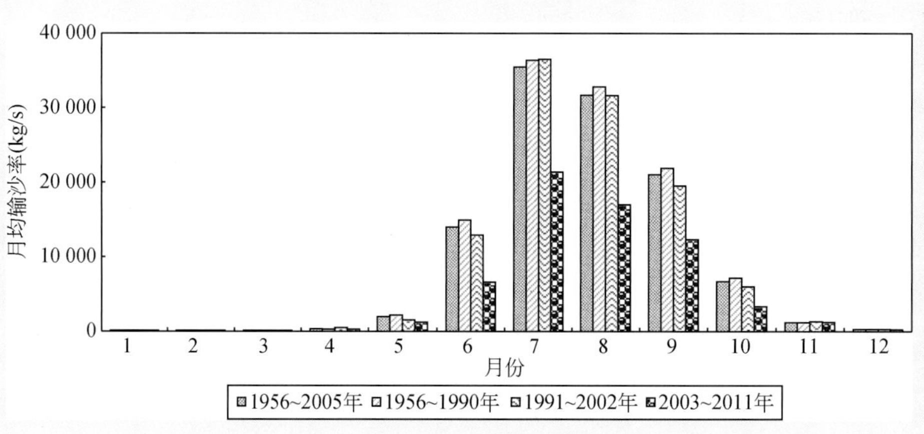

图 7-3（b） 长江干流朱沱站月平均输沙率变化

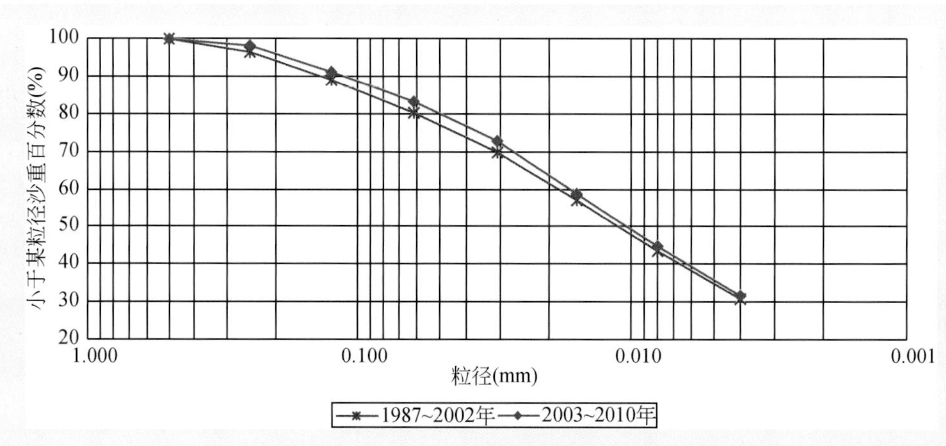

图 7-3（c） 长江干流朱沱站悬移质泥沙颗粒级配变化

从年内变化来看，与多年均值相比，2003～2011 年北碚站 1～3 月来水偏丰 18%～26%；4～6 月水量则偏枯 10%～23%，其他各月水量变化不大；沙量则大幅度减小，减幅在 19%～97%［表 7-4、图 7-4（a）和图 7-4（b）］。

从嘉陵江泥沙颗粒组成来看，2003～2011 年伴随着来沙量的大幅度减小，其颗粒粒径有所变细

[表 7-2 和图 7-4（c）]。

表 7-4　北碚站 2003 ~ 2011 年月均流量、输沙率变化统计表

	项目	1月	2月	3月	4月	5月	6月	7月	8月	9月	10月	11月	12月	全年
流量 (m^3/s)	多年平均	453	376	484	979	1 920	2 600	5 240	3 950	4 310	2 640	1 230	644	2 080
	1956 ~ 1990 年	446	375	474	1 030	2 070	2 640	5 680	4 080	4 930	2 780	1 260	654	2 210
	1991 ~ 2002 年	457	367	494	870	1 600	2 650	4 170	3 440	2 420	2 020	1 110	573	1 680
	2003 ~ 2011 年	572	444	587	879	1 480	2 090	5 170	4 250	4 440	2 620	1 310	688	1 950
	距平百分率 1	26%	18%	21%	-10%	-23%	-20%	-1%	8%	3%	-1%	7%	7%	-1%
	距平百分率 2	28%	19%	24%	-15%	-28%	-21%	-9%	4%	-10%	-6%	4%	5%	-7%
	距平百分率 3	25%	21%	19%	1%	-7%	-21%	24%	23%	84%	30%	18%	20%	22%
输沙率 (kg/s)	多年平均	4.6	3.29	21.5	309	1 860	3 790	14 500	9 170	9 780	2 080	189	12.5	3 500
	1956 ~ 1990 年	5.03	3.49	29.1	435	2 590	4 770	19 000	11 500	13 300	2 730	198	14.8	4 520
	1991 ~ 2002 年	4.31	3.25	6.66	39.3	325	1 990	4 670	4 660	1 570	547	204	7.61	1 180
	2003 ~ 2011 年	2.21	2.66	5.87	13.0	51.0	371	5 220	1 740	2 910	612	51.0	5.01	924
	距平百分率 1	-52%	-19%	-73%	-96%	-97%	-90%	-64%	-81%	-70%	-71%	-73%	-60%	-74%
	距平百分率 2	-56%	-24%	-80%	-97%	-98%	-92%	-73%	-85%	-78%	-78%	-74%	-66%	-80%
	距平百分率 3	-49%	-18%	-12%	-67%	-84%	-81%	12%	-63%	85%	12%	-75%	-34%	-22%

①径流量和输沙量多年均值统计年份均为 1956 ~ 2005 年；②距平百分率 1、2、3 分别为 2003 ~ 2011 年与多年均值、1990 年前、1991 ~ 2002 年的变化率

3. 武隆站

2003 ~ 2011 年，乌江来水偏枯、来沙大幅度减小。武隆站年均径流量、输沙量分别为 428 亿 m^3、0.0621 亿 t，（年均流量为 $1360m^3/s$），与多年均值相比，水量偏枯 14%，沙量则减小了 77%。

从年内变化来看，与多年均值相比，1 ~ 3 月来水偏丰 15% ~ 18%；6 ~ 10 月水量则偏枯 11% ~ 31%；各月沙量除 1、2 月和 12 月略有增多外，汛期沙量减幅均在 50% 以上 [表 7-5、图 7-5（a）和图 7-5（b）]。

从乌江泥沙颗粒组成来看，2003 ~ 2011 年伴随来沙量的大幅度减小，其颗粒粒径有所变细，粒径大于 0.125mm 的粗颗粒泥沙含量也由 5.9% 减小至 3.7% [表 7-2 和图 7-5（c）]。

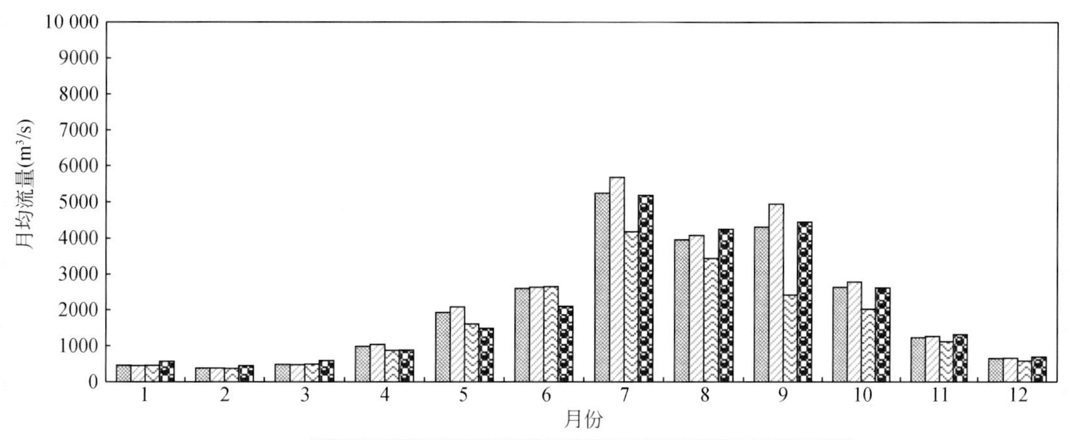

图 7-4（a）　嘉陵江北碚站月平均流量变化

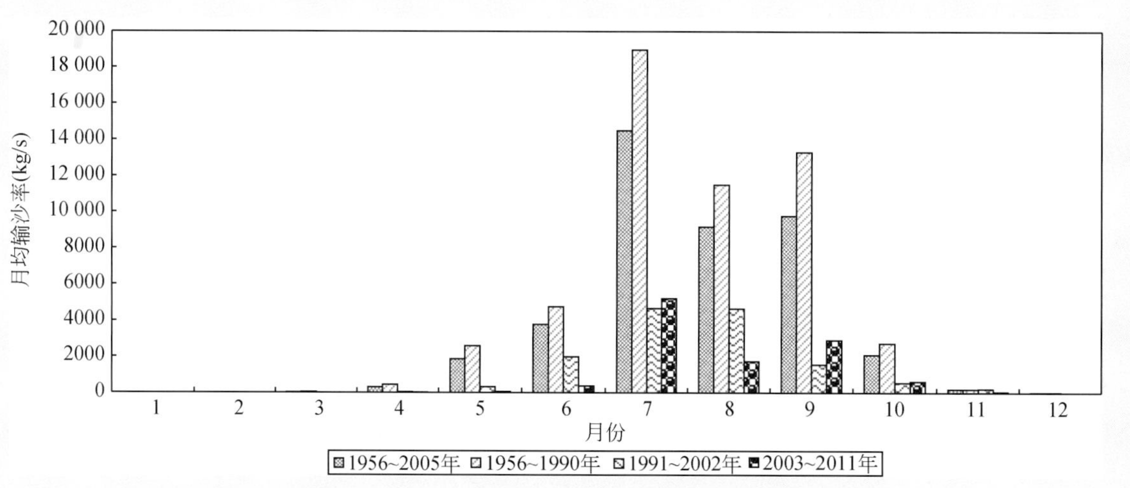

图 7-4（b） 嘉陵江北碚站月平均输沙率变化

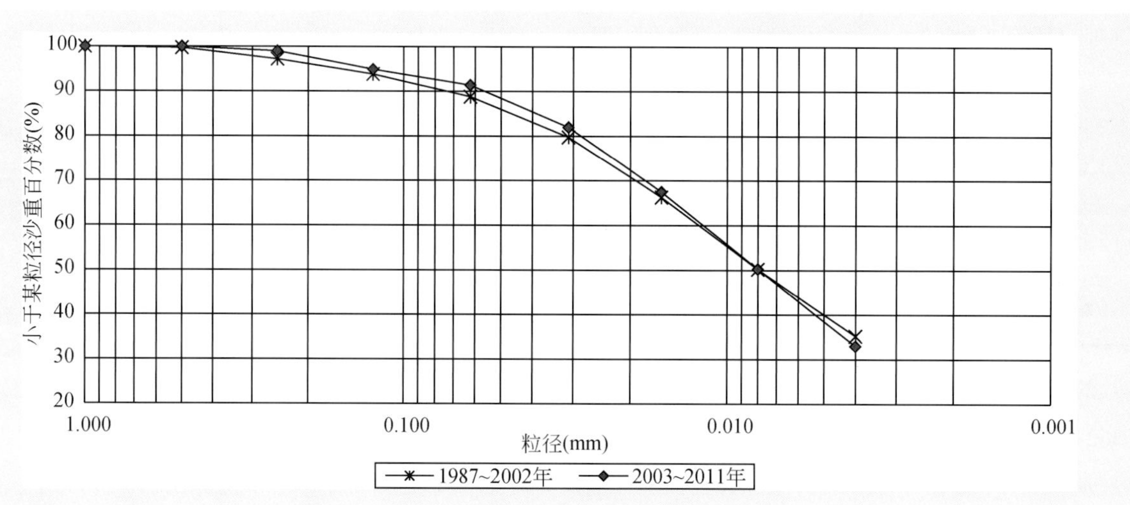

图 7-4（c） 嘉陵江北碚站悬移质泥沙颗粒级配变化

表 7-5 武隆站 2003～2011 年月均流量、输沙率变化统计表

	项目	1 月	2 月	3 月	4 月	5 月	6 月	7 月	8 月	9 月	10 月	11 月	12 月	全年
流量（m^3/s）	多年平均	460	471	610	1270	2350	3470	3370	2060	1670	1490	1020	590	1580
	1956～1990 年	440	442	561	1270	2450	3430	3070	1960	1840	1530	1050	585	1560
	1991～2002 年	508	541	727	1290	2010	3480	4130	2300	1370	1500	995	604	1630
	2003～2011 年	533	555	700	1220	2120	2570	2650	1680	1490	1030	1110	620	1360
	距平百分率 1	16%	18%	15%	-4%	-10%	-26%	-21%	-18%	-11%	-31%	9%	5%	-14%
	距平百分率 2	21%	26%	25%	-4%	-14%	-25%	-14%	-14%	-19%	-32%	6%	6%	-13%
	距平百分率 3	5%	3%	-4%	-6%	5%	-26%	-36%	-27%	8%	-31%	11%	3%	-17%
输沙率（kg/s）	多年平均	4.89	8.62	32.8	354	1540	3090	2910	1150	728	326	91.4	11.5	857
	1956～1990 年	4.77	5.44	36.1	370	1880	3520	3090	1300	957	374	83.8	12.9	973
	1991～2002 年	5.12	12.9	26.0	340	852	2180	2800	915	257	254	129	8.44	653
	2003～2011 年	7.94	11.4	20.1	102	362	625	747	181	183	54.9	52.4	12.6	197
	距平百分率 1	62%	33%	-39%	-71%	-77%	-80%	-74%	-84%	-75%	-83%	-43%	9%	-77%
	距平百分率 2	67%	110%	-44%	-73%	-81%	-82%	-76%	-86%	-81%	-85%	-37%	-3%	-80%
	距平百分率 3	55%	-11%	-23%	-70%	-58%	-71%	-73%	-80%	-29%	-78%	-59%	49%	-70%

①径流量和输沙量多年均值统计年份均为 1956～2005 年；②距平百分率 1、2、3 分别为 2003～2011 年与多年均值、1990 年前、1991～2002 年均值的变化率

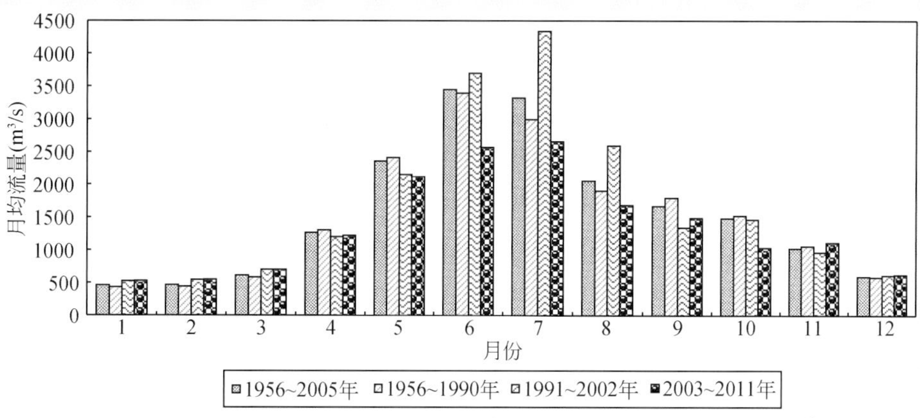

图 7-5（a） 乌江武隆站月平均流量变化

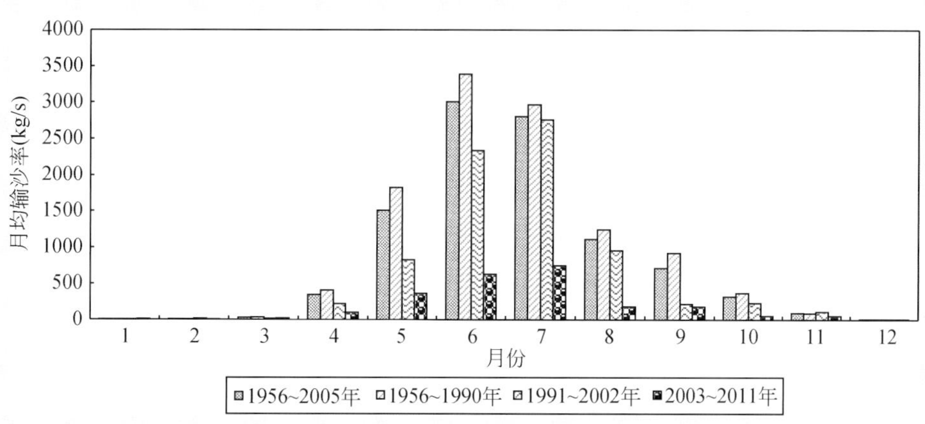

图 7-5（b） 乌江武隆站月平均输沙率变化

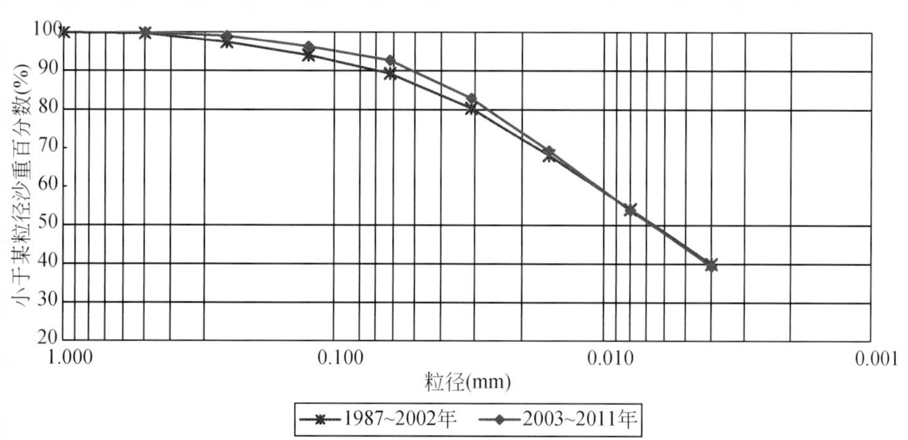

图 7-5（c） 乌江武隆站悬移质泥沙颗粒级配变化

7.1.2 推移质输沙量

长江上游寸滩站早在20世纪60年代初就开展了卵石推移质（粒径 $D>10$mm）测验，从1974年起，又相继在朱沱站、万县站、奉节站开展观测（奉节站2002年起停测）；2002年起，又在嘉陵江东津沱站（由于测站测验设施受滑坡和地震影响，2008年后停测）和乌江武隆站进行砾卵石（$D>2$mm）推移质测验；为满足三峡工程论证和设计需要，寸滩站还在1986年和1987年施测了1～10mm的砾石推移质，从1991年开始施测沙质推移质（$D<2$mm）。

1. 砾卵石推移质

近年来，随着上游干支流水利水电工程的修建、水土保持工程的实施和河道采砂等因素的影响，长江上游推移质数量也逐渐减少。2002年前，长江干流朱沱站、寸滩站多年平均砾卵石推移量分别为26.9万t、22.0万t，2003～2011年则分别为13.51万t、4.29万t，减幅分别为50%、81%［表7-6和图7-6（a）］。三峡水库蓄水运用后，入库推移质泥沙大部分淤积在库区上段，库区推移质数量大幅减小，如万县站砾卵石推移量由2002年前的34.1万t减小至2003～2011年的0.23万t，减幅达99%。

2002年东津沱站和武隆站分别为0.053万t、18.7万t，东津沱2003～2007年为7.29万t，武隆站2003～2011年为7.27万t。

2. 沙质推移质

1991～2002年，寸滩站沙质推移质年均推移量为25.8万t，其中汛期5～10月占全年的97.9%，7～9月占全年的84.2%；2003～2011年平均推移量为1.69万t，仅为1991～2002年多年平均推移量的6.5%，但推移量年内分配未发生明显变化。寸滩站砾卵石推移质和沙质推移质历年推移量变化如图7-6（b）所示。

表7-6 2002年前后各站砾卵石平均推移量成果表

河流	站名	统计年份	砾卵石推移量（10^4t）
长江	朱沱	1975～2002	26.9
		2003～2011	13.51
	寸滩	1966、1968～2002	22.0
		2003～2011	4.29
	万县	1973～2002	34.1
		2003～2011	0.23
嘉陵江	东津沱	2002	0.053
		2003～2007	7.29
乌江	武隆	2002	18.7
		2003～2011	7.27

由于测站测验设施受滑坡和地震影响，东津沱站2008年起停测

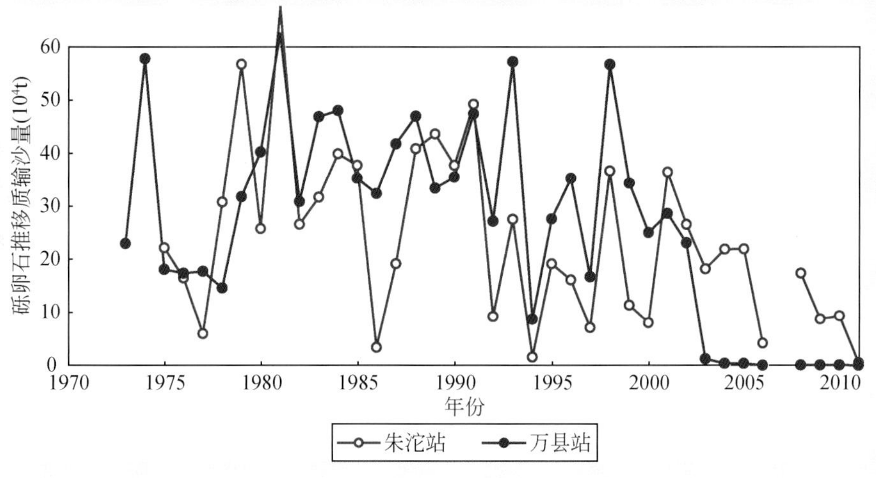

图 7-6（a） 长江干流朱沱、万县站砾卵石历年推移量变化

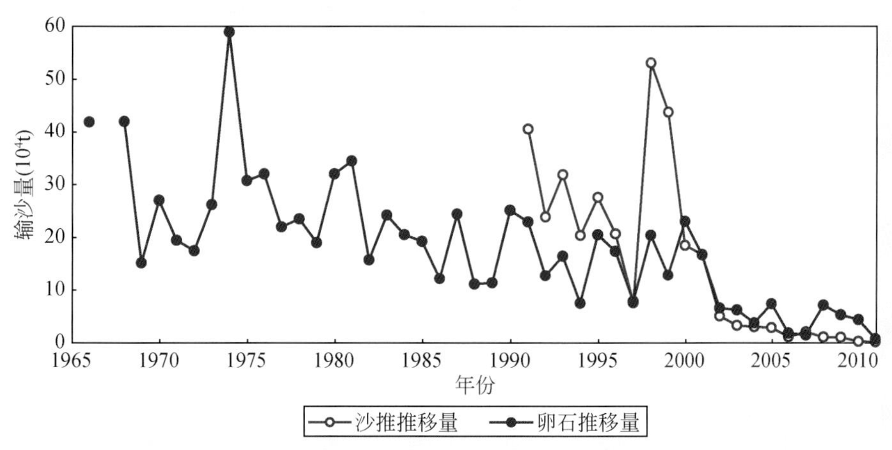

图 7-6（b） 寸滩站砾卵石推移质和沙质推移质历年推移量变化

7.2 三峡水库库区水沙特性

2008 年汛末三峡水库 175m 试验性蓄水后，回水末端上延，寸滩站水沙特性受蓄水影响明显，由原入库控制站变为库区站，但汛期三峡水库坝前水位消落至 145m 左右时，寸滩站附近河段恢复为天然河道，寸滩站水沙特性则不受水库调度运行的影响。三峡水库 175m 试验性蓄水后，三峡库区干流水文站主要有寸滩站、清溪场站和万县站。

7.2.1 库区主要水文站

1. 寸滩站

2003～2011 年，寸滩站年均径流量、输沙量分别为 3225 亿 m^3（年均流量为 10 230m^3/s）、1.84 亿 t，较多年均值和 1990 年前均值相比，水量分别偏少 7%、8%，沙量则分别减小了 56% 和 60%。

20 世纪 90 年代以来，随着长江上游一些大中型水库（水电工程）的陆续建成，这些水库大多采用汛末或汛后蓄水、汛前消落的调度方式，使得长江上游汛末、汛后 9 ~ 11 月流量有所减小。如 1991 ~ 2002 年与 1950 ~ 1990 年相比，寸滩站月均流量分别减小了 $3700m^3/s$、$2100m^3/s$、$490m^3/s$，减幅分别为 16%、14% 和 6% [表 7-7 和图 7-7（a）]，其中尤以 9、10 月平均流量和最大、最小流量减小趋势较为明显 [图 7-7（b）和图 7-7（c）]；枯水期 1 ~ 4 月流量则有所增大，如寸滩站流量增大了 140 ~ 260 m^3/s，增幅 4% ~ 7%。2003 年三峡水库蓄水运用后，这种现象仍然持续，2003 ~ 2011 年与 1950 ~ 1990 年相比，9 ~ 11 月寸滩站流量分别减小 2810、2440、$343m^3/s$，减幅 4% ~ 16%，而 2 ~ 4 月则分别增大了 $509m^3/s$、$800m^3/s$、$297m^3/s$，增幅 7% ~ 26%。对于输沙量而言，5 ~ 10 月沙量则偏小 57% ~ 74% [表 7-7 和图 7-7（d）]。

在输沙量大幅减小的同时，泥沙颗粒也明显变细，2003 ~ 2011 年寸滩站悬移质平均中值粒径由 1987 ~ 2002 年的 0. 011mm 变细为 0. 009mm，粒径大于 0. 125mm 的粗颗粒含量也由 1987 ~ 2002 年的 10. 3% 减少到 6. 2% [表 7-2 和图 7-7（e）]。

表 7-7　寸滩站 2003 ~ 2011 年月均流量、悬移质输沙率变化统计表

	项目	1 月	2 月	3 月	4 月	5 月	6 月	7 月	8 月	9 月	10 月	11 月	12 月	全年
流量（m^3/s）	多年平均	3 440	3 060	3 210	4 480	7 660	13 500	24 300	23 300	21 900	14 500	7 670	4 650	11 000
	1950 ~ 1990 年	3 390	3 000	3 130	4 400	7 740	13 300	24 700	23 400	22 600	15 000	7 790	4 650	11 100
	1991 ~ 2002 年	3 530	3 180	3 340	4 660	7 380	14 000	23 500	23 200	18 900	12 900	7 300	4 580	10 600
	2003 ~ 2011 年	4 050	3 510	3 930	4 700	7 070	12 200	21 500	20 700	19 800	12 600	7 450	4 650	10 200
	距平百分率 1	18%	15%	22%	5%	-8%	-10%	-11%	-11%	-10%	-13%	-3%	0%	-7%
	距平百分率 2	20%	17%	26%	7%	-9%	-8%	-13%	-12%	-12%	-16%	-4%	0%	-8%
	距平百分率 3	15%	10%	18%	1%	-4%	-13%	-8%	-11%	5%	-3%	2%	1%	-4%
输沙率（kg/s）	多年平均	164	116	154	736	4 110	17 200	50 200	41 800	31 300	9 960	1 910	438	13 200
	1950 ~ 1990 年	172	122	166	822	4 930	18 800	54 900	45 200	35 300	11 200	2 100	483	14 600
	1991 ~ 2002 年	153	103	121	524	2 090	14 100	41 900	37 000	21 700	7 390	1 580	348	10 700
	2003 ~ 2011 年	145	103	165	381	1 270	6 570	23 300	17 900	14 500	3 770	1 070	201	5 840
	距平百分率 1	-12%	-11%	7%	-48%	-69%	-62%	-53%	-57%	-54%	-62%	-44%	-54%	-56%
	距平百分率 2	-16%	-15%	-1%	-54%	-74%	-65%	-57%	-60%	-59%	-66%	-49%	-58%	-60%
	距平百分率 3	-6%	0%	36%	-27%	-39%	-53%	-44%	-52%	-33%	-49%	-32%	-42%	-45%

①径流量多年均值统计年份为 1950 ~ 2005 年，输沙量多年均值统计年份为 1953 ~ 2005 年；②距平百分率 1、2、3 分别为 2003 ~ 2011 年与多年均值、1990 年前、1991 ~ 2002 年均值的变化率

2. 清溪场站

清溪场站 2003 ~ 2011 年年均径流量、输沙量分别为 3696 亿 m^3、1. 78 亿 t。与蓄水前多年（1983 ~ 2002 年）均值相比，径流量偏小 7%，但三峡水库蓄水后，特别是 156m 蓄水运用后，寸滩至清溪场库段泥沙淤积明显，导致清溪场站输沙量有所减小，与蓄水前多年均值相比，沙量减小了 54%。

从年内变化来看，与多年均值相比，2003 ~ 2011 年各月除 1 ~ 3 月、11 月水量增加 3% ~ 8% 外，其他各月水量减幅在 3% ~ 14%；沙量则大幅度减小，减幅在 40% ~ 70% [表 7-8、图 7-8（a）和图 7-8（b）]。

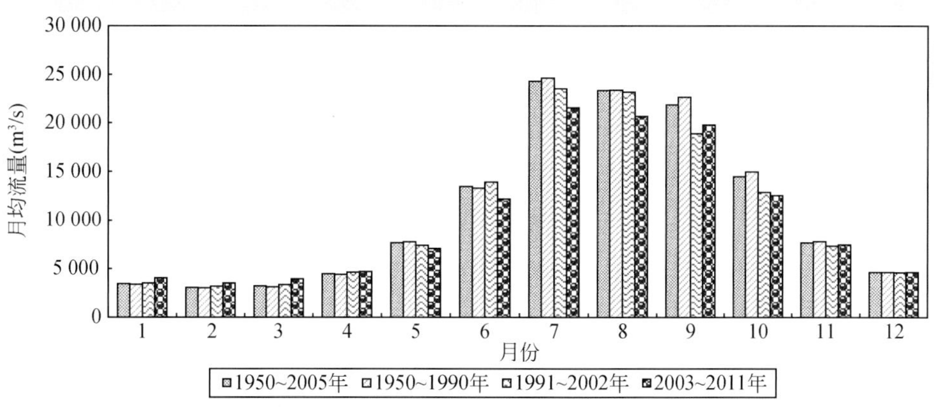

图 7-7（a） 寸滩站月平均流量变化

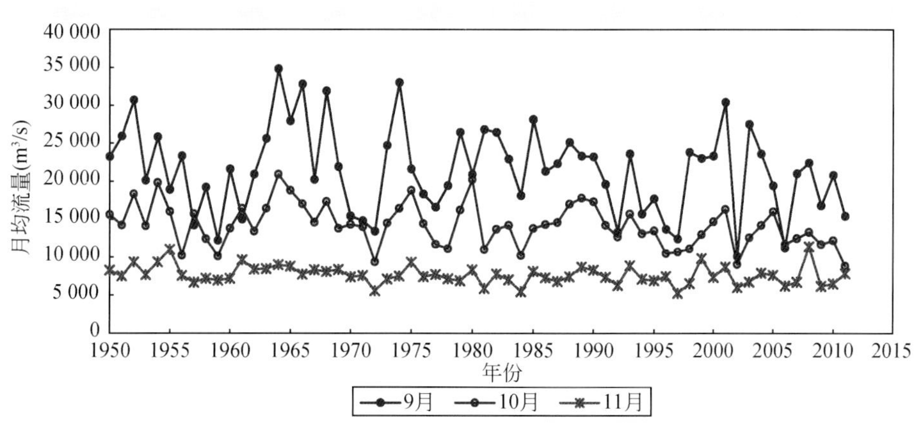

图 7-7（b） 寸滩站 9 ~ 11 月平均流量变化过程

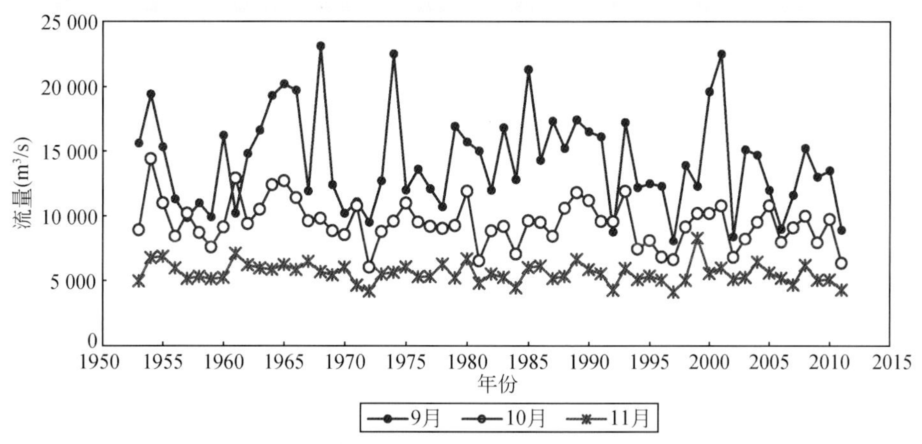

图 7-7（c） 寸滩站 9 ~ 11 月最小流量变化过程

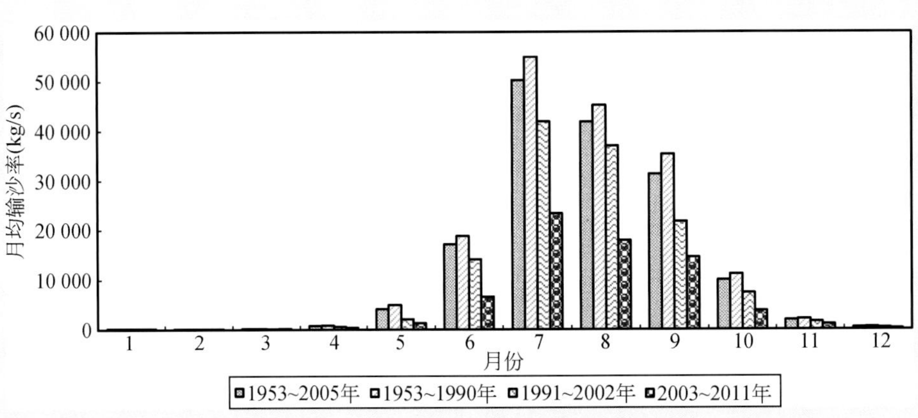

图 7-7（d） 寸滩站月平均输沙率变化

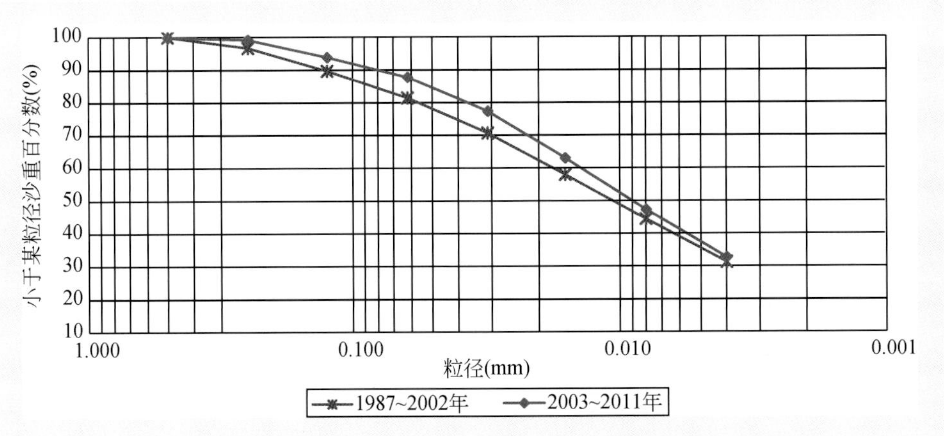

图 7-7（e） 寸滩站悬移质泥沙颗粒级配变化

三峡水库蓄水运用后，入库粗颗粒泥沙沿程落淤，悬沙粒径沿程变细，清溪场站中值粒径变细为0.008mm，粒径大于0.125mm的粗颗粒泥沙含量也减小至4.0%［表7-2和图7-8（c）］。

表 7-8 清溪场站 2003～2011 年月均流量、输沙率变化统计表

项目		1月	2月	3月	4月	5月	6月	7月	8月	9月	10月	11月	12月	全年
流量（m^3/s）	多年平均	4 330	3 990	4 360	6 230	10 000	17 200	28 100	24 700	22 100	15 400	8 590	5 470	12 600
	2003～2011年	4 580	4 120	4 700	5 970	9 470	15 100	24 300	22 700	21 200	13 500	8 870	5 330	11 700
	距平百分率	6%	3%	8%	-4%	-5%	-12%	-14%	-8%	-4%	-12%	3%	-3%	-7%
输沙率（kg/s）	多年平均	128	99.3	132	759	3 340	16 800	50 900	36 800	26 100	8 930	1 650	283	12 300
	2003～2011年	67	59	78	225	1 210	6 790	23 500	17 400	14 200	2 920	505	85	5 630
	距平百分率	-48%	-40%	-41%	-70%	-64%	-60%	-54%	-53%	-46%	-67%	-69%	-70%	-54%

径流量多年均值统计年份为1984～2002年，输沙量多年均值统计年份为1985～2002年

3. 万县站

三峡水库于2003年6月开始蓄水运用后，库区水位上升，河道槽蓄量大幅增加，导致万县站径流量有所减小，如1991～2002年、2003～2011年其年均径流量分别为4128亿m^3、3674亿m^3，减幅为

12%；而上游的清溪场站年均径流量分别为3941亿m^3、3696亿m^3，减幅仅为7%。同时，入库泥沙沿程落淤，万县站输沙量大幅减小，2003～2011年年均输沙量为1.14亿t，减幅达75%［表7-9、图7-9（a）和图7-9（b）］。

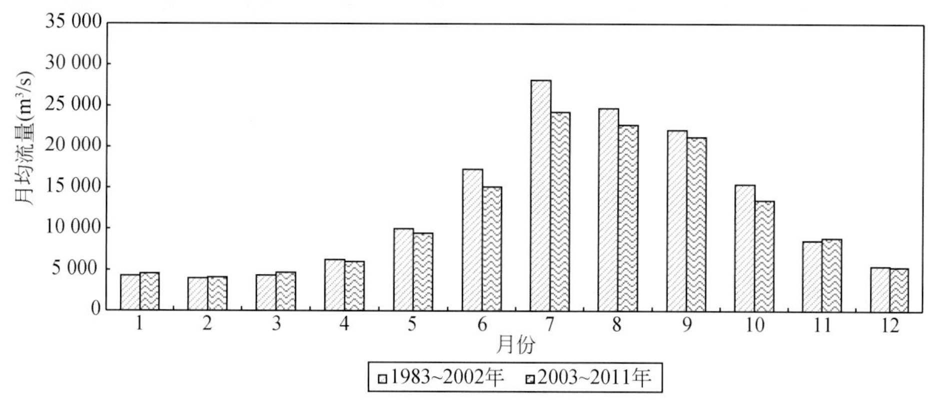

图7-8（a） 长江干流清溪场站月平均流量变化

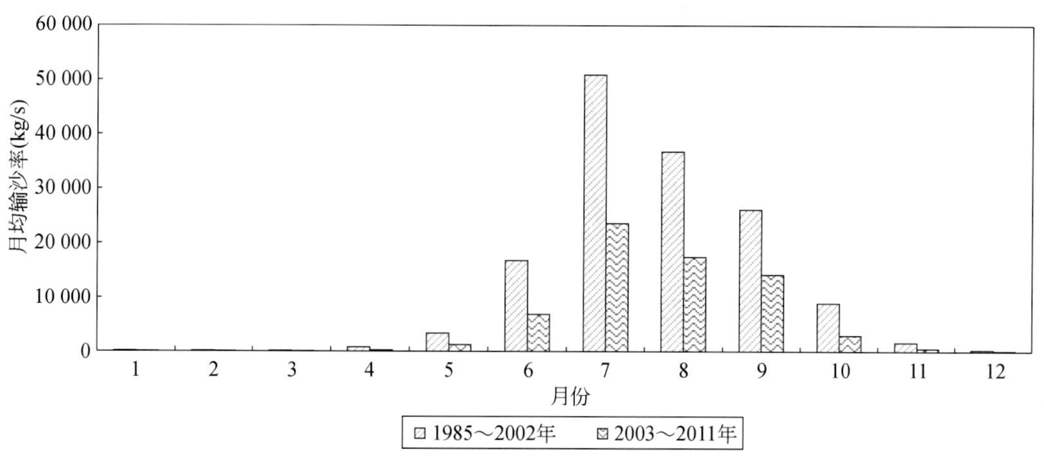

图7-8（b） 长江干流清溪场站月平均输沙率变化

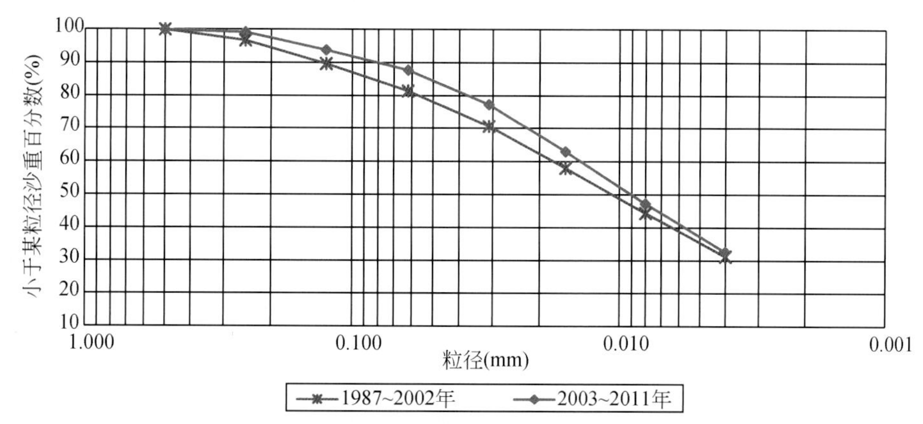

图7-8（c） 长江干流清溪场站悬移质泥沙颗粒级配变化

与此同时，库区粗颗粒泥沙沿程落淤，悬沙粒径沿程变细，万县站平均中值粒径由1987～2002年的0.011mm变细为2003～2011年的0.006mm，粒径大于0.125mm的粗颗粒泥沙含量也由9.4%减小至0.8%，粒径小于0.031mm的细颗粒泥沙含量则由70.3%增多至89.9%［表7-2和图7-9（c）］。

表7-9　万县站2003～2011年月均流量、输沙率变化统计表

项目		1月	2月	3月	4月	5月	6月	7月	8月	9月	10月	11月	12月	全年
流量（m^3/s）	多年平均	4 170	3 770	4 070	6 140	10 700	17 500	29 000	26 800	24 400	17 000	9 310	5 630	13 300
	2003～2011年	4 610	4 220	4 770	6 030	9 580	15 100	24 100	22 500	21 200	12 900	8 550	5 380	11 700
	距平百分率	10%	12%	17%	-2%	-10%	-14%	-17%	-16%	-13%	-24%	-8%	-4%	-12%
输沙率（kg/s）	多年平均	225	131	185	1 280	5 750	19 200	51 600	42 800	31 200	11 200	3 040	623	14 700
	2003～2011年	33	23	28	67	398	2 830	18 100	12 200	10 300	1460	88	24	3 610
	距平百分率	-85%	-82%	-85%	-95%	-93%	-85%	-65%	-72%	-67%	-87%	-97%	-96%	-75%

径流量多年均值统计年份为1952～2002年，输沙量多年均值统计年份为1952～2002年（缺1957年、1958年、1961～1968年和1971年）

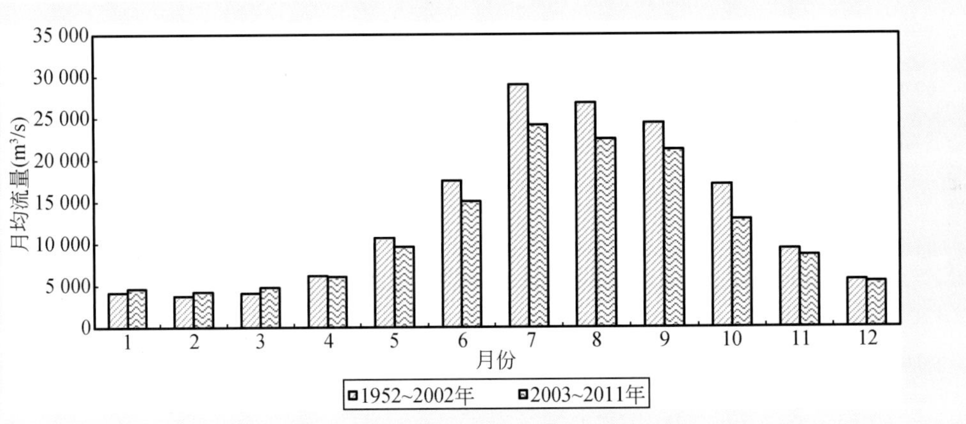

图7-9（a）　长江干流万县站月平均流量变化

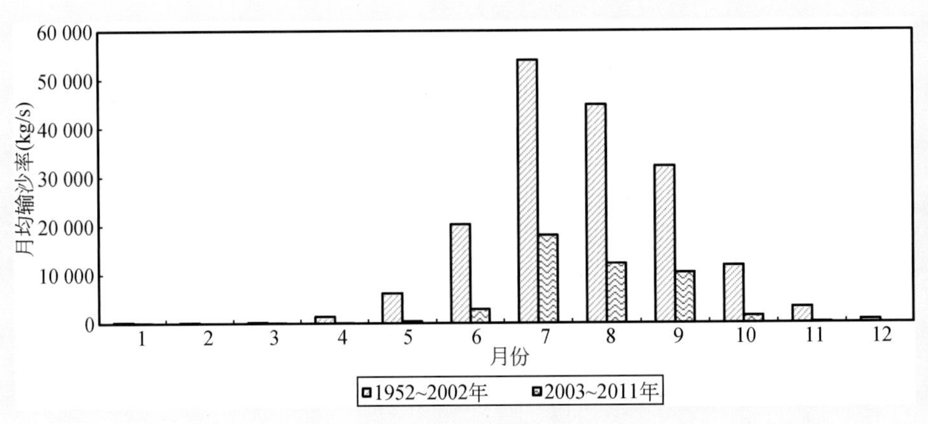

图7-9（b）　长江干流万县站月平均输沙率变化

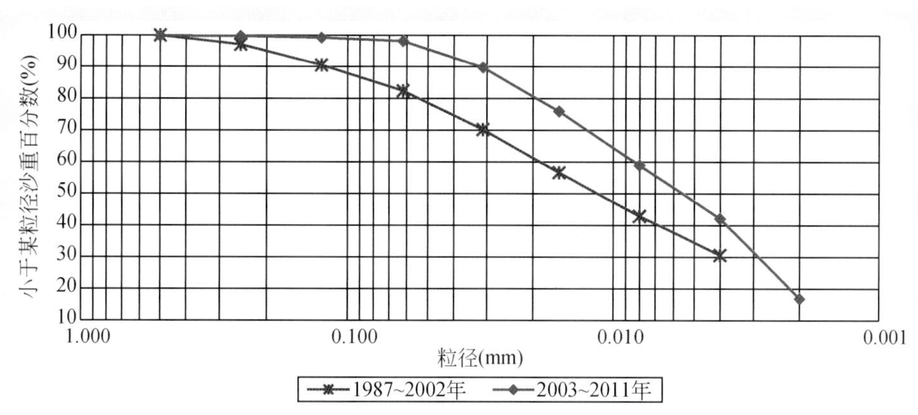

图 7-9（c） 长江干流万县站悬移质泥沙颗粒级配变化

7.2.2 三峡水库蓄水期泥沙特性

本节主要依据三峡水库不同蓄水期间的水文泥沙观测资料，分析库区水位、水面线、水面比降和泥沙冲淤特性所发生的新变化。其中，135m、139m 蓄水过程以 2003 年三峡水库蓄水过程的观测资料分析为主，156m 蓄水过程则分别以 2006、2007 年观测资料分析为主，175m 试验性蓄水过程则分别以 2008 年观测资料分析为主。

1. 三峡工程围堰发电蓄水期

2003 年是三峡工程建设史上具有特殊意义的一年，随着“蓄水、通航、发电”三大目标的成功实现，三峡二期工程建成并发挥效益。其中，蓄水经历了 135m 和 139m 两个阶段。

三峡水库于 2003 年 5 月 25 日开始蓄水准备，6 月 1 日正式下闸蓄水，6 月 10 日 22 时水库坝前水位［以位于大坝上游 500m 的凤凰山站水位为代表，凤凰山站也称为茅坪（二）站］达到 135m（吴淞基面，下同），成功蓄水 100 亿 m^3，比原计划提前 5d 达到蓄水目标，“高峡出平湖”的百年梦想从诗境变成了现实。汛期坝前水位按照 135m 运行，10 月 25 日至 11 月 5 日，三峡坝前水位逐步蓄至 139m，蓄水过程中三峡坝前水位变化分别如图 7-10（a）、图 7-10（b）。

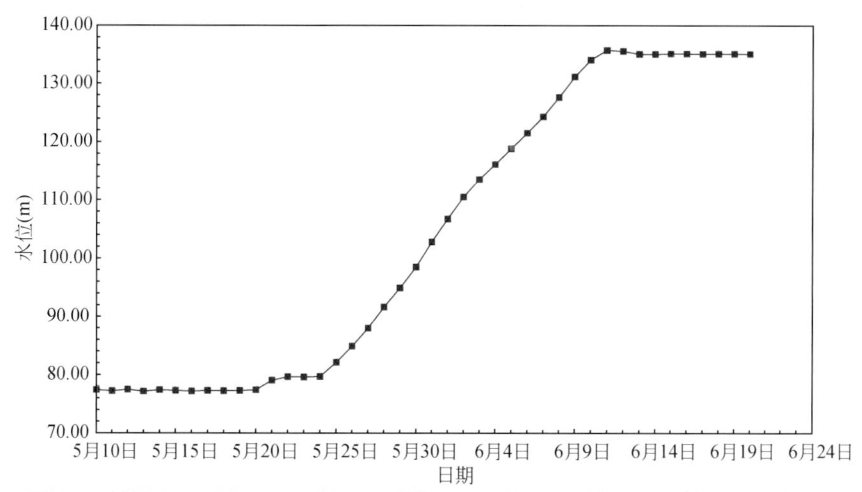

图 7-10（a） 三峡水库 135m 蓄水过程中三峡坝前水位变化过程

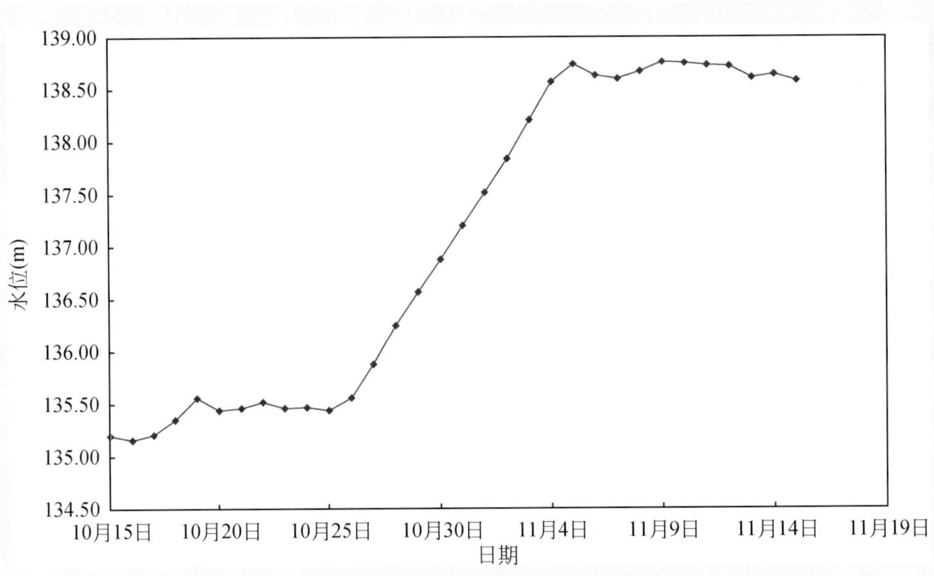

图 7-10（b） 三峡水库 139m 蓄水过程中三峡坝前水位变化过程

（1）水位及水面线变化

A. 库区水位变化

在 135m 蓄水过程中，当三峡水库坝前水位抬高至 100m 左右时，万县站水位开始受到蓄水影响，并随着蓄水位的不断抬高，回水不断上延，2003 年 6 月 10 日坝前水位蓄至 135m 时，回水影响到达距坝址 416km 的高家镇附近；当汛后坝前水位达到 139m 时，回水到达清溪场附近（距坝约 472km），库区沿程各站水位变化过程如图 7-11（a）和图 7-11（b）所示。蓄水过程中，库区沿程水位落差及水面比降逐步减小，且沿程减小［表 7-10（a）、表 7-10（b）、表 7-11（a）和表 7-11（b）］。

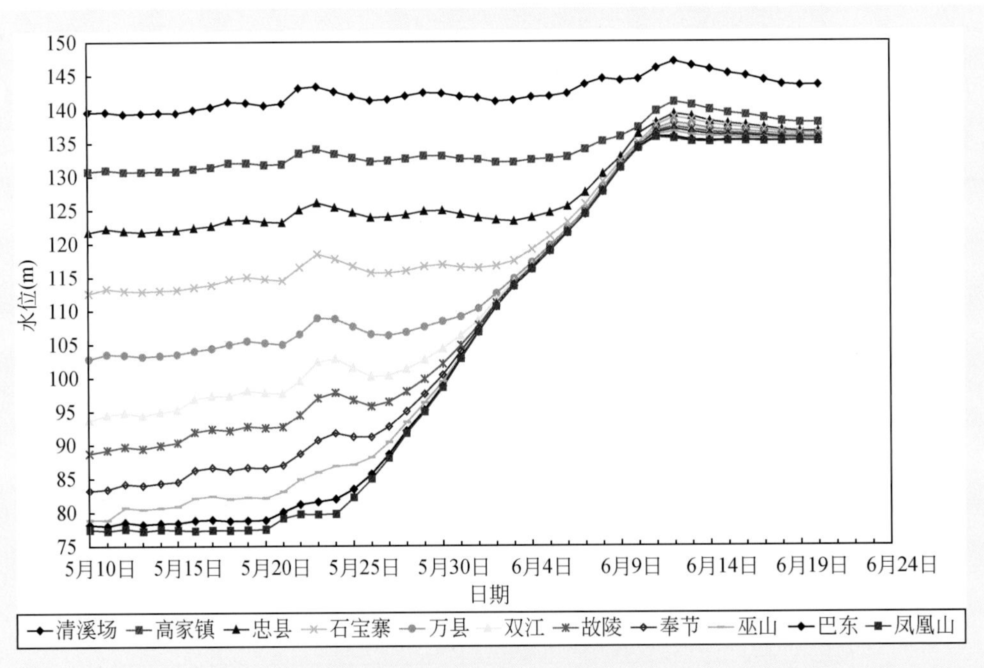

图 7-11（a） 三峡水库 135m 蓄水过程中库区沿程各站水位变化过程

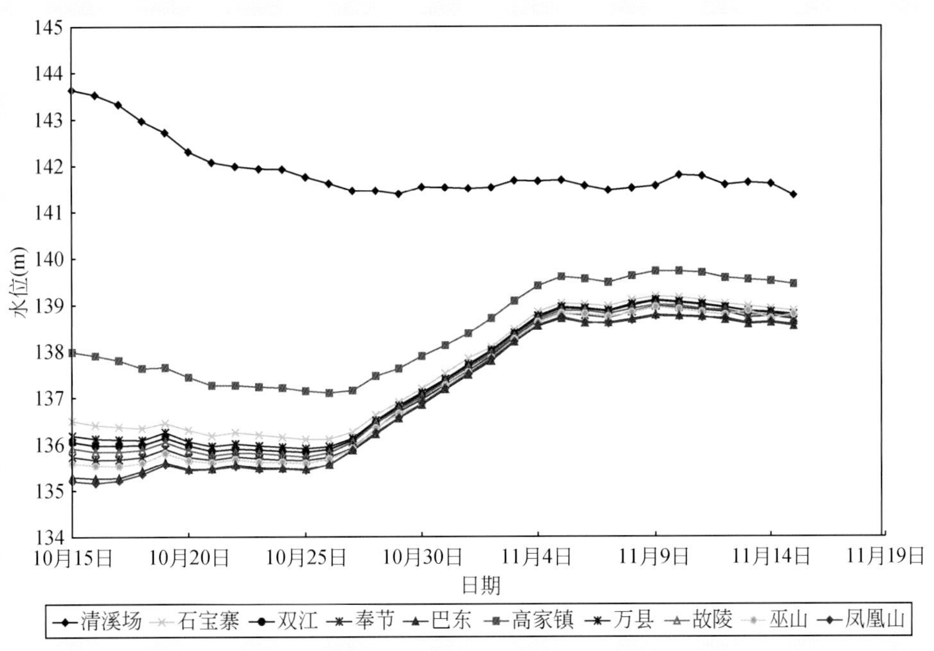

图 7-11（b） 三峡水库 139m 蓄水过程中库区沿程各站水位变化过程

表 7-10（a） 三峡水库 2003 年 135m 蓄水过程库区各站水位与坝前水位落差变化 （单位：m）

时间	清溪场	高家镇	忠县	万县	奉节	巴东	太平溪	伍相庙
6 月 1 日 8 时	35.76	26.49	17.75	3.88	0.79	0.03	-0.04	-0.05
6 月 2 日 8 时	31.22	22.17	13.63	1.86	0.31	-0.03	-0.03	-0.04
6 月 3 日 8 时	28.12	18.89	10.13	1.32	0.29	0.01	0.01	0.02
6 月 4 日 8 时	26.11	16.73	7.99	1.02	0.21	0.00	-0.04	-0.02
6 月 5 日 8 时	23.53	14.22	5.97	0.87	0.26	0.01	-0.02	-0.02
6 月 6 日 8 时	20.91	11.61	4.12	0.57	0.12	-0.03	-0.02	-0.03
6 月 7 日 8 时	19.76	10.07	3.32	0.49	0.10	-0.02	-0.01	0.00
6 月 8 日 8 时	17.52	8.08	2.79	0.61	0.10	-0.04	-0.03	-0.04
6 月 9 日 8 时	13.57	5.01	1.67	0.42	0.11	-0.04	-0.04	-0.03
6 月 10 日 8 时	10.50	3.07	1.07	0.39	0.11	-0.03	-0.04	-0.01
6 月 10 日 20 时	10.03	3.24	1.35	0.76	0.40	0.11	-0.01	0.00

表 7-10（b） 三峡水库 2003 年 139m 蓄水过程库区各站水位与坝前水位落差变化 （单位：m）

时间	清溪场	石宝寨	双江	奉节	巴东	太平溪	伍相庙
10 月 25 日 8 时	6.41	0.78	0.42	0.21	0.04	-0.02	0.06
10 月 26 日 8 时	6.15	0.62	0.34	0.16	0.00	-0.04	-0.05
10 月 27 日 8 时	5.68	0.37	0.21	0.04	0.05	0.00	0.00
10 月 28 日 8 时	5.23	0.33	0.16	0.03	-0.05	-0.05	-0.02
10 月 29 日 8 时	4.82	0.33	0.16	0.09	0.01	-0.03	-0.01
10 月 30 日 8 时	4.66	0.30	0.14	0.03	-0.07	-0.05	-0.01
10 月 31 日 8 时	4.28	0.23	0.11	0.02	-0.05	-0.06	0.01

续表

时间	清溪场	石宝寨	双江	奉节	巴东	太平溪	伍相庙
11月1日8时	4.07	0.29	0.16	0.05	-0.06	-0.03	-0.02
11月2日8时	3.68	0.21	0.07	0.01	-0.04	-0.02	-0.01
11月3日8时	3.50	0.21	0.10	0.00	-0.09	-0.04	-0.05
11月4日8时	3.17	0.31	0.24	0.10	-0.02	-0.03	-0.06
11月5日8时	2.99	0.25	0.18	0.02	-0.04	-0.02	-0.03

表7-11（a） 三峡水库2003年135m蓄水过程中库区沿程水面比降 （单位:‰）

河段	6月1日	6月5日	6月8日	6月9日	6月10日	6月11日
清溪场至忠县	0.177	0.172	0.145	0.117	0.093	0.085
忠县至万县	0.159	0.059	0.025	0.014	0.008	0.007
万县至奉节	0.024	0.005	0.004	0.002	0.002	0.003
奉节至巴东	0.009	0.003	0.002	0.002	0.002	0.003
巴东至太平溪	0.001	0.001	0.000	0.000	0.000	0.002
太平溪至伍相庙	0.003	0.000	0.003	-0.003	-0.009	-0.003
伍相庙至大坝	-0.033	-0.013	-0.027	-0.020	-0.007	0.000

表7-11（b） 三峡水库2003年139m蓄水过程中库区沿程水面比降 （单位:‰）

河段	10月25日	10月31日	11月1日	11月3日	11月5日	11月10日
清溪场至石宝寨	0.042	0.030	0.026	0.025	0.021	0.019
石宝寨至双江	0.004	0.001	0.004	0.001	0.001	0.001
双江至奉节	0.002	0.001	0.001	0.001	0.001	0.001
奉节至巴东	0.002	0.001	0.001	0.001	0.001	0.002
巴东至太平溪	0.001	0.000	0.000	-0.001	0.000	0.000
太平溪至伍相庙	-0.003	-0.003	0.000	0.000	0.000	-0.001
伍相庙至大坝	0.002	0.000	-0.001	-0.002	-0.001	0.000

B. 水面线变化

1）坝前水位135m干流回水尖灭点。建库后，当遇一定入库流量时，水库回水水位较同流量下的天然水位要高出一定的差值，回水距离（距大坝距离）越长，该差值越小，当该差值低于0.3m时，可以认为水库回水已经尖灭（即基本恢复天然状态），该断面处即为该频率洪水在该水库的回水尖灭点。

三峡水库135m蓄水过程中，随着坝前水位的逐渐抬升，库区沿程水位呈逐步上升趋势，距离大坝越近，水面线上升越快，如2003年5月26日8时至31日8时，万县站水位上涨2.31m，坝前水位上涨17.58m，万县至大坝水位落差也由22.14 m减小为6.87 m，至6月2日8时减小为1.86m，10日8时为0.39m，之后万县以下库区水位与坝前水位基本上是同步上涨［图7-12（a）、图7-12（b）和图7-12（c）］；

坝前水位维持135m运行时，选取清溪场入库洪峰流量分别为30 000m^3/s、43 000m^3/s，相应时段宜昌出库洪峰流量与入库洪峰流量相近，即区间来水量较小，采用三峡蓄水后库区沿程水位站同时水位，拟定出不同流量级蓄水后的回水水面线。同时，天然水面线采用近年份的资料，清溪场洪峰流量与上述流量基本一致，同样是考虑区间来水量较小情况，拟定出不同流量级天然水面线。然后，将蓄水后水面线与天然的水面线进行比较，得出不同流量下回水水面线的尖灭点。三峡坝址135m库区回水水面线成果如图7-12（d）所示。当坝前水位为135m，流量为30 000m^3/s时，尖灭点在清溪场至南沱附近，距坝址470km左右，回水水位约为147.00m（1985年国家高程基准，下同）；流量为45 000 m^3/s时，其尖灭点在南沱至白沙沱附近，距坝址约450km，回水位为148.00m。同一坝前水位情况下，入库流量增加，库区回水长度缩短，尖灭点下移，反之，库区回水长度增加，尖灭点上移。

2）坝前水位139m干流回水尖灭点。在139m蓄水过程中，回水影响上延至洋渡站与南沱站之间［图7-12（e）］。坝前水位维持139m运行时，选取清溪场站入库流量分别为4580m^3/s、10 600 m^3/s、20500 m^3/s，相应时段宜昌出库洪峰流量与入库洪峰流量相近，即区间来水量较小，采用三峡蓄水后库区沿程水位站同时水位，拟定出不同流量级蓄水后的回水水面线。同时，天然水面线采用清溪场站入库流量与上述流量基本一致（4690 m^3/s、11 100 m^3/s、22 800 m^3/s），同样是考虑区间来水量较小的情况，拟定出不同流量级天然水面线，两者对比如图7-12（f）所示。经分析得出，入库流量4580m^3/s时，尖灭点在卫东至大河口段，距坝址约510km，回水位为142.30m；入库流量10 600 m^3/s时，尖灭点在大河口至北拱段，距坝址约500km，回水位为143.10m；入库流量20 500m^3/s时，尖灭点在北拱至清溪场河段，距坝址约485km，回水位为147.00m。

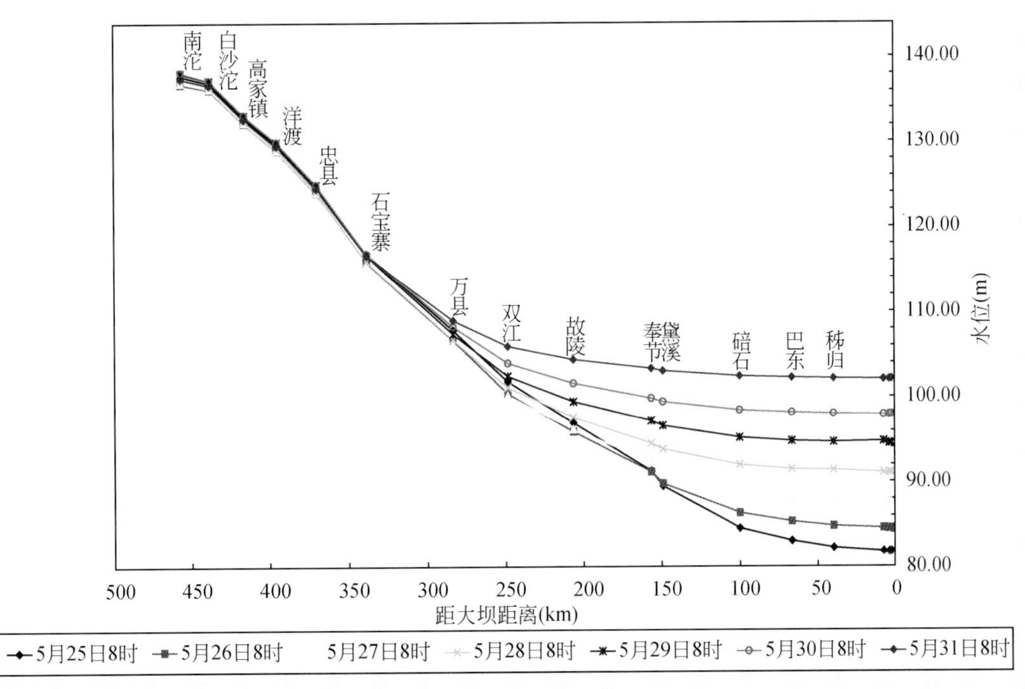

图7-12（a） 三峡水库2003年135m蓄水前库区沿程瞬时水面线变化

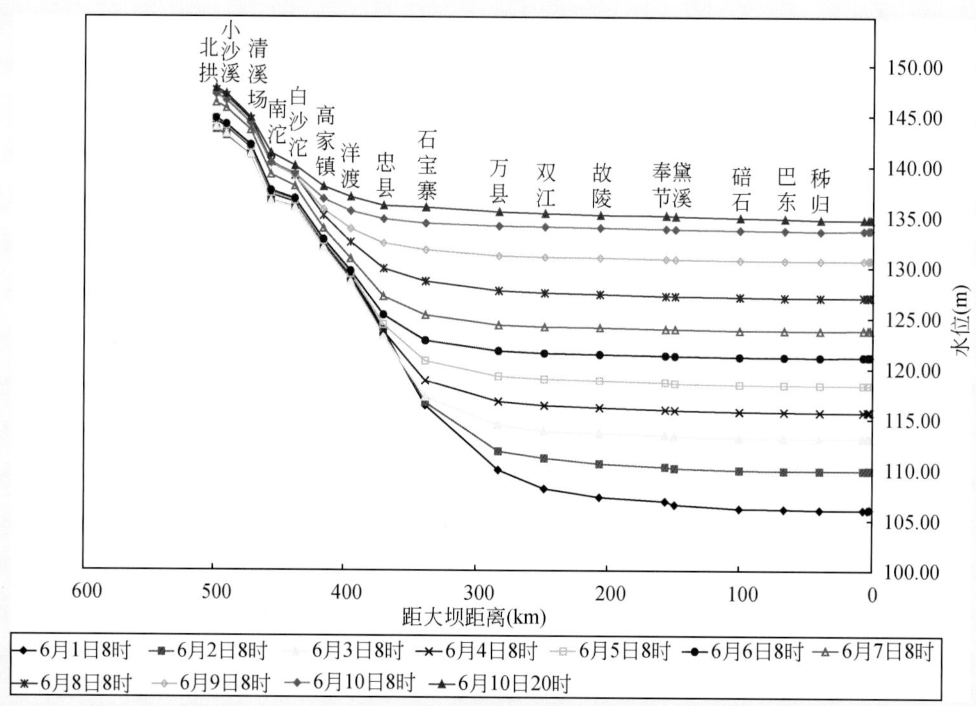

图 7-12（b） 三峡水库 2003 年 135m 蓄水过程库区沿程瞬时水面线变化

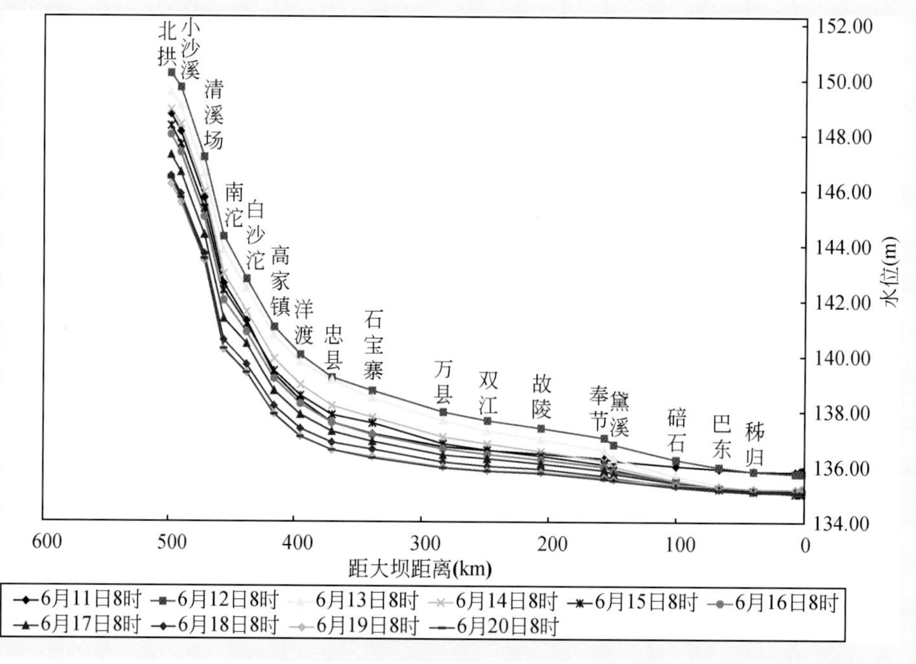

图 7-12（c） 三峡水库 2003 年 135m 蓄水后库区沿程瞬时水面线变化过程

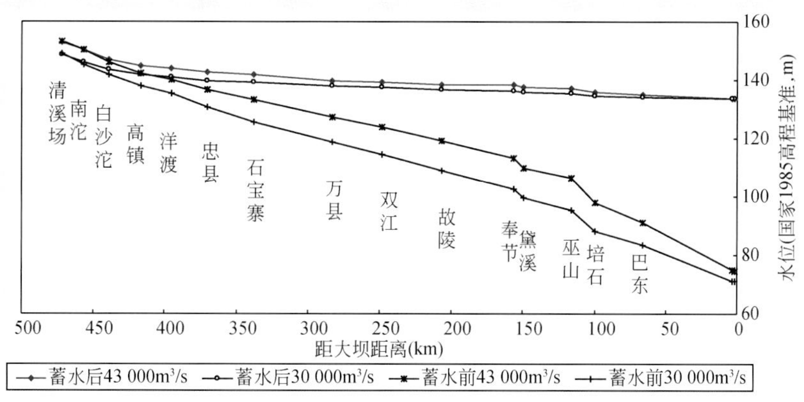

图 7-12（d） 同流量下三峡水库坝前水位 135m 时库区水面线与天然水面线对比

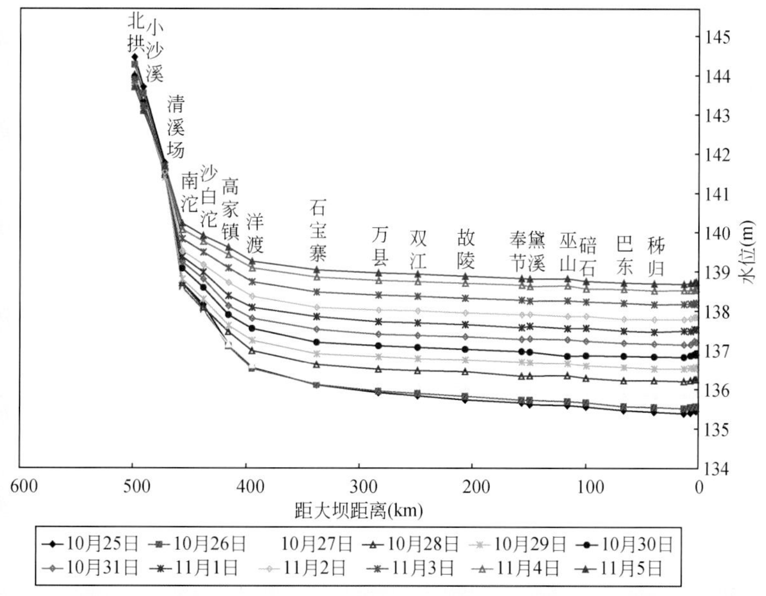

图 7-12（e） 三峡水库 139m 蓄水过程库区沿程日均水面线变化过程

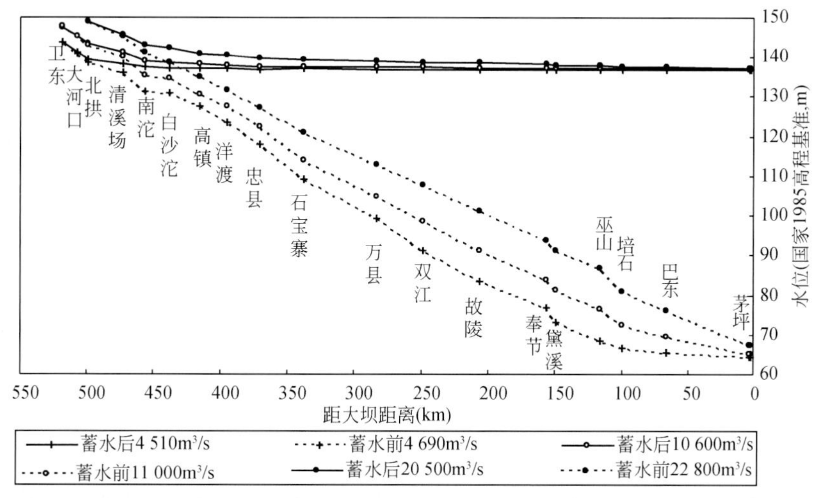

图 7-12（f） 同流量下三峡水库坝前水位 139m 时库区水面线与天然水面线对比

(2) 流量变化

在三峡水库135m蓄水过程中，6月1日万县站受蓄水影响，流量迅速下降，与上游清溪场站流量相比明显偏小（两站相距188.9km，沿程无较大的支流入汇），3日至10日的两站流量平均差值达2980m³/s；蓄水结束后，两站流量大小渐趋相近，12日后已基本恢复正常。同时，坝下游宜昌站流量由5月25日的12 400m³/s减小至31日的6340m³/s，6月1日水库开始下闸蓄水后，宜昌站流量基本稳定在4060 m³/s左右（图7-13）。

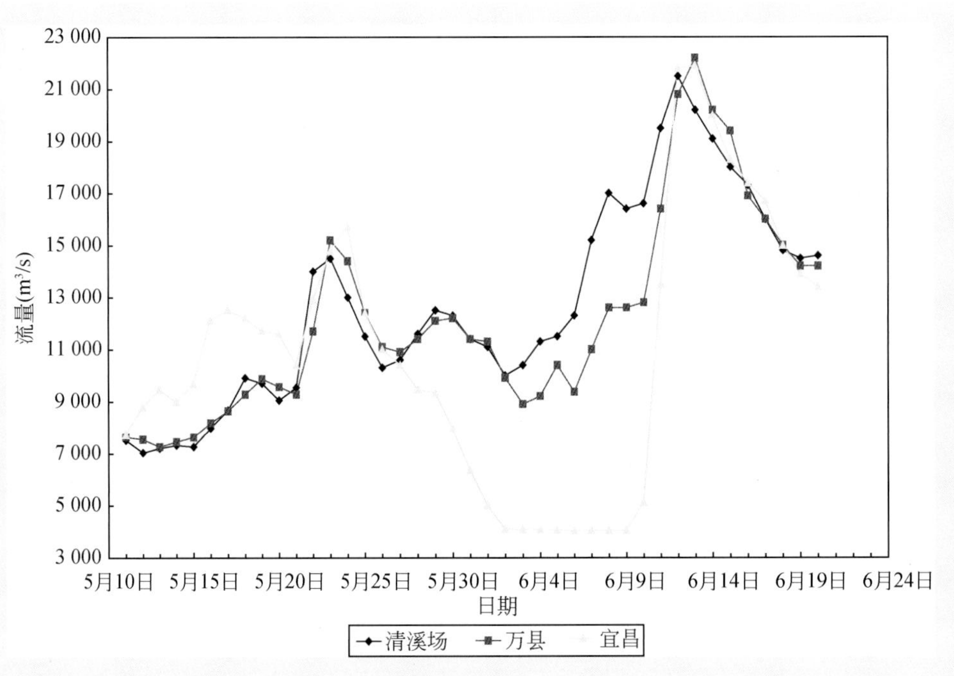

图7-13　三峡水库135m蓄水过程中沿程站流量变化过程

(3) 水位–流量关系变化

天然情况下，清溪场站水位流量关系在中低水时呈单一线型，中高水时受涨落率影响呈绳套曲线，年际间变化不大［图7-14（a）］。三峡水库135m和139m蓄水后，清溪场站位于变动回水区上段，水库壅水对清溪场站枯水期水位流量关系产生了一定影响。主要表现在同流量时水位有所抬高，如坝前水位139m时，在流量3000～10 000m³/s时，清溪场站水位较天然抬高0.7～2.5m，流量越小，抬升越多；坝前水位135m时，随着流量的增加，水位抬升有增大现象，中水流量的水位比天然水位抬高0.2～0.6m；高水流量水位比天然水位约抬高了1m左右［图7-14（a）］。

天然情况下，万县站水位流量关系在中低水时呈单一线型，中高水时受涨落率影响呈绳套曲线，年际间变化不大。三峡水库135m和139m蓄水后，该站水位流量关系曲线发生了较大变化，形成了受坝前水位影响的水位流量关系曲线。主要表现为同一流量时，随着坝前水位的抬升，万县站水位也随之升高，如流量13 300m³/s时，坝前水位135m和139m对应的万县站分别为136.5m和139.5m，比天然水位分别抬升了28.3m和31.3m［图7-14（b）］。

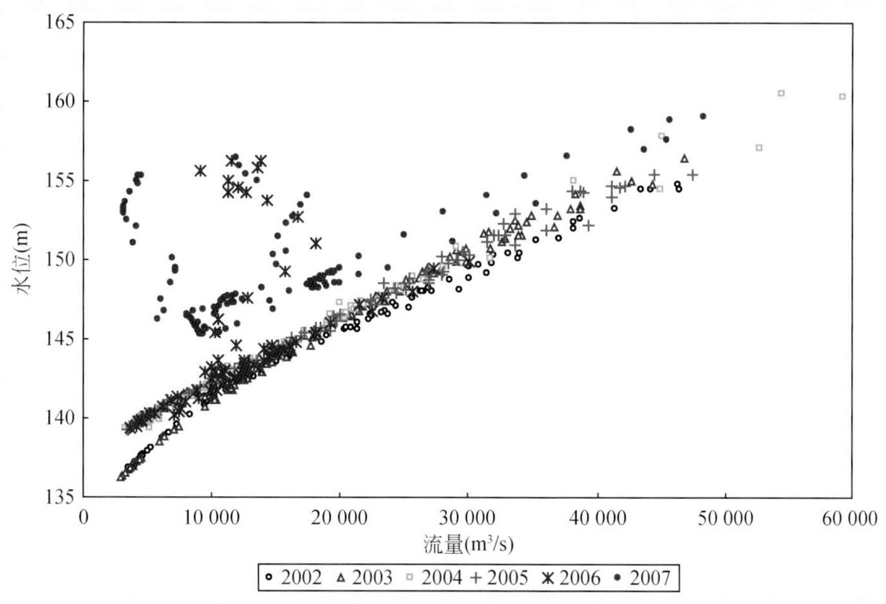

图 7-14（a） 三峡水库 135m 蓄水前后清溪场站水位～流量关系变化

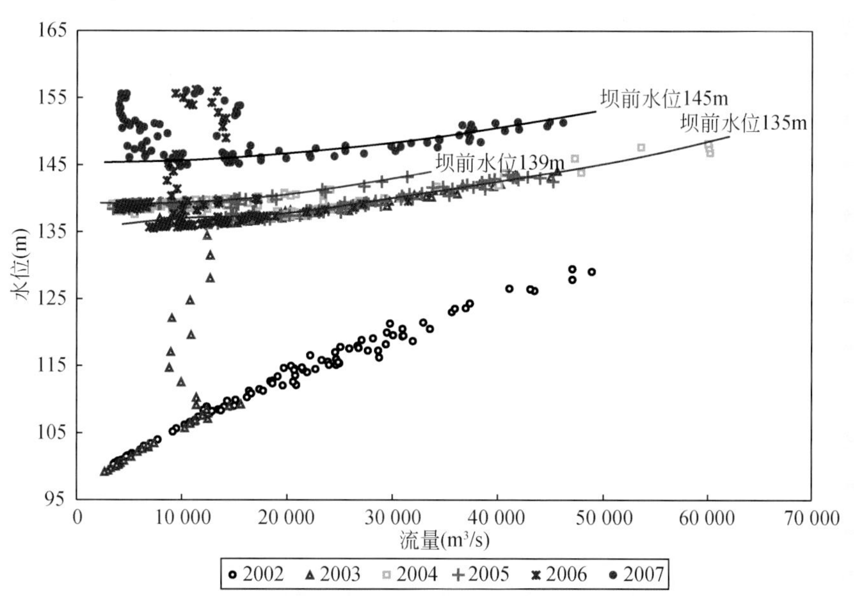

图 7-14（b） 三峡水库 135m 蓄水前后万县站水位～流量关系变化

（4）库区泥沙淤积

三峡水库 135m 蓄水后，库区水流流速变缓，引起泥沙发生一定淤积（图 7-15）。根据清溪场、万县和黄陵庙三站悬沙资料分析，2003 年 6～10 月清溪场、万县、黄陵庙三站输沙量分别为 2.06 亿 t、1.58 亿 t、0.840 亿 t，库区淤积泥沙 1.23 亿 t，水库排沙比 40%。从沿程分布来看，清溪场至万县段淤积泥沙 0.48 亿 t，占库区总淤积量 39%。在 135m 蓄水期间，6 月 1 日～6 月 10 日，三峡入库沙量 338 万 t，出库沙量仅为 15 万 t，仅占入库沙量的 4%。库区淤积泥沙 323 万 t，其中 76% 的泥沙淤积在清溪场至万县库段（占整个库长约 39%），且以粒径 0.062～0.25mm 的泥沙淤积为主，万县至大坝则以 0.008～0.031mm 的泥沙淤积为主。

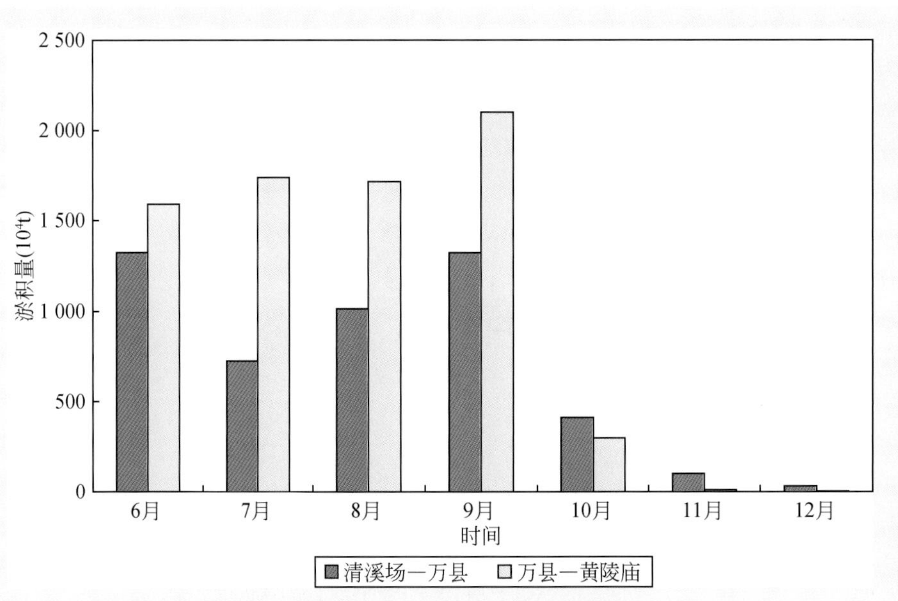

图 7-15　三峡水库 2003 年蓄水后水库淤积量

2. 三峡水库初期蓄水期

三峡水库于 2006 年 9 月 20 日 22 时开始进行 156m 蓄水（起蓄水位 135m），至 10 月 27 日 8 时，三峡水库蓄水至 155. 36m 水位（坝前水位变化如图 7-16），坝前水位升幅达 19. 86m，三峡成功蓄水至 111. 0 亿 m^3，水库防洪库容达到 110 亿 m^3，航道改善里程长度比 135m 运行阶段增加约 140km，工程进入初期运行期，防洪、发电、通航三大效益得以全面发挥。

2007 年自 9 月 25 日 00：00 时开始进行第二次 156m 蓄水（起蓄水位 145m），至 10 月 23 日 8：00 时结束，坝前水位由 144. 99m 抬升至 155. 58m，升幅为 10. 59m，蓄水过程历时 29 天（坝前水位变化如图 7-16 所示）。

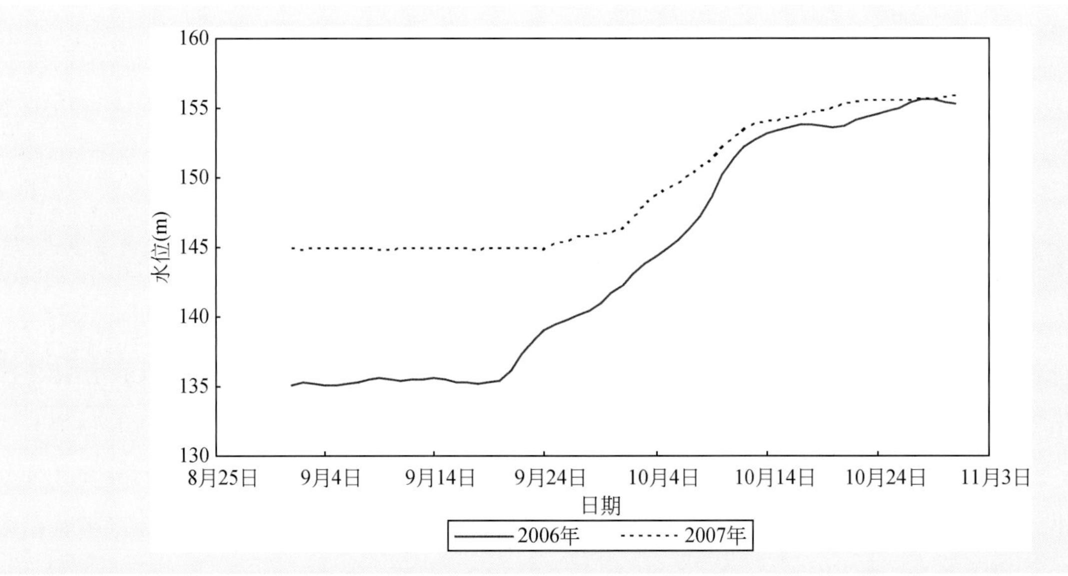

图 7-16　2006 年和 2007 年三峡水库 156m 蓄水过程中坝前水位变化过程

(1) 水位及水面线变化

A. 库区水位变化

在三峡水库156m蓄水过程中(9月20日至10月27日),愈往坝前,水位涨幅愈大,如在2006年9月20日至10月27日长寿站日均涨幅为0.13m、清溪场站为0.34m、忠县站为0.52m、万县站为0.53m、奉节以下日均涨幅约0.54m;2007年9月25日至10月23日,忠县以下各站水位日均涨幅约0.35m,清溪场为0.17m,长寿站为0.08m。且库区水位落差也逐渐减小,如在2007年156m蓄水过程中,库区巴东至大坝段水位落差受蓄水的影响逐渐变小,平均落差为0.07m左右,分别如表7-12(a)和表7-12(b)所示。另外,由图7-17(a)和图7-17(b)可见,长寿站以下库段水位主要受三峡坝前水位影响,长寿站以上则受入库流量过程和坝前水位变化的双重影响,如2007年10月1日~10日入库出现了一次涨水过程,长寿站以上水位抬高,其后则由于入库流量减小,水位也逐渐降低。

表7-12(a) 2006年三峡水库156m蓄水过程库区各站水位变化 (单位:m)

站名	距坝里程(km)	9月21日8时水位	10月27日8时水位	日均涨幅
凤凰山	0.50	135.94	155.36	0.54
巫　山	126.66	136.15	155.48	0.54
奉　节	166.66	136.22	155.55	0.54
万　县	289.19	136.50	155.72	0.53
忠　县	370.73	137.07	155.83	0.52
清溪场	476.92	143.97	156.28	0.34
长　寿	535.42	153.28	157.81	0.13
寸　滩	605.71	166.53	165.70	-0.02

表7-12(b) 2007年三峡水库156m蓄水过程库区各站水位变化 (单位:m)

站名	9月25日1时	10月23日23时	水位涨幅
凤凰山	144.99	155.58	10.59
巫　山	145.35	155.63	10.28
奉　节	145.57	155.71	10.14
万　县	145.90	155.79	9.89
忠　县	146.38	155.91	9.53
清溪场	148.79	156.12	7.33
长　寿	155.07	157.30	2.23
寸　滩	167.29	164.68	-2.61

B. 水面线变化

三峡水库156m蓄水前,清溪场以上河段受三峡水库影响较小。在156m蓄水期,三峡库区水面线发生了较大变化[表7-13(a)、表7-13(b)、表7-13(c)、表7-13(d)、表7-13(e)、图7-18(a)和图7-18(b)],主要表现为以下3个方面。

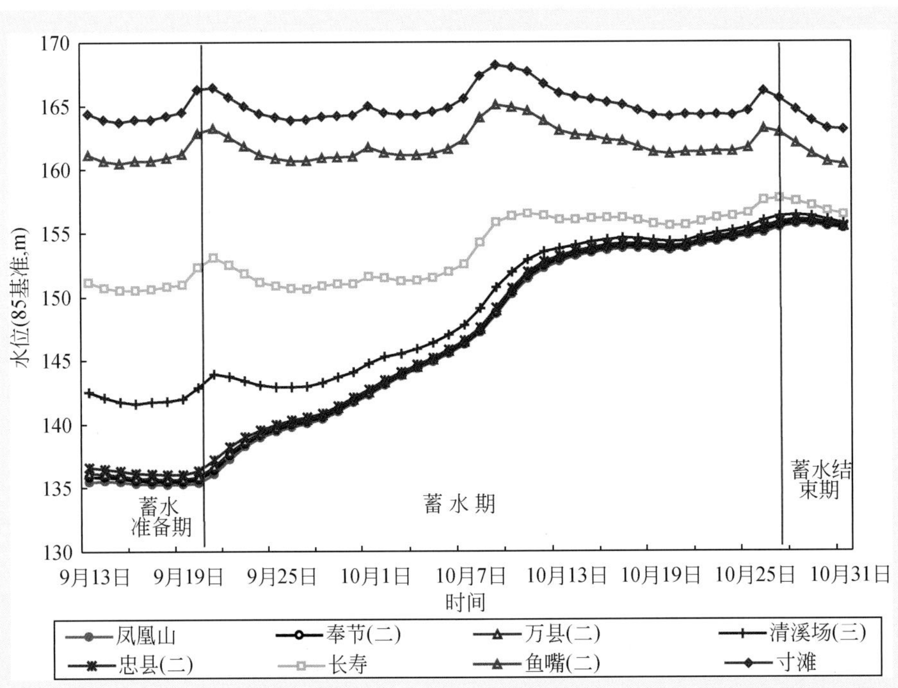

图 7-17（a） 2006 年三峡水库 156m 蓄水过程中库区各站水位变化过程

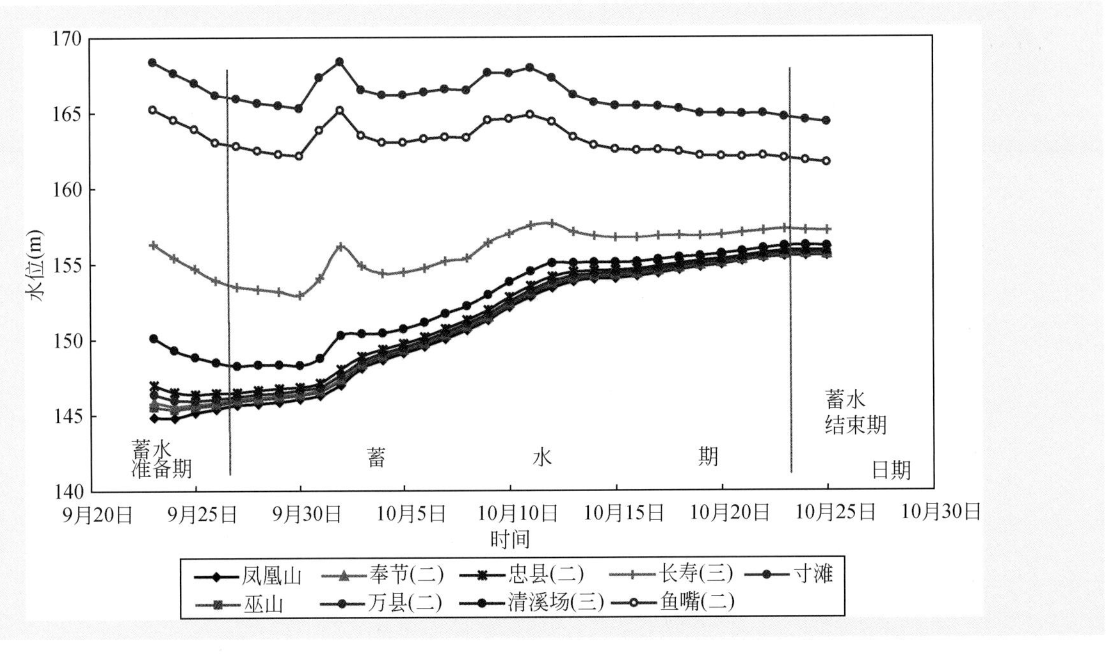

图 7-17（b） 2007 年三峡水库 156m 蓄水过程中库区各站水位变化过程

1）对同一河段而言，随着坝前水位的抬升，回水影响区域逐渐上延，库区水位落差和水面比降逐渐减小，如 2006 年 9 月 20 日 22 时清溪场至三峡大坝水位落差为 8.06m，10 月 5 日 14 时落差为 1.46m，10 月 27 日 8 时落差为 0.92m；2007 年 9 月 25 日 8 时长寿至凤凰山段落差为 9.66m，至 10 月 23 日 23 时落差减小为 1.72m。

2）随着坝前水位抬升，回水末端逐渐上移，库区水面比降变缓的范围逐渐增大，如 2006 年 9 月 20 日 22 时坝前水位 135.5m，忠县以下河段比较平缓，忠县至三峡大坝（长 370km）河段的水位落差约为 1.13m；10 月 5 日 14 时，坝前水位上涨至 144.96m，清溪场（位于忠县上游约 105.8km）以下河段的水面线变得比较平缓，清溪场至三峡大坝河段（长约 476.4km）的水位落差由 9 月 20 日 22 时的 8.06m 降为 1.46m；到 10 月 27 日 8 时坝前水位上涨至 155.36m，长寿（位于清溪场上游约 57.6km）以下河段的水面线变得比较平缓，长寿至三峡大坝（长约 534.9km）河段的水位落差由 10 月 5 日 14 时的 6.32m 降至 2.45m。如 2007 年 9 月 25 日 8 时坝前水位 145.15m，清溪场以下河段比较平缓，清溪场至大坝河段落差为 5.45m；到 10 月 25 日 8 时坝前水位上升到 155.58m，回水逐渐上延，长寿以下库段水面平缓，长寿至大坝河段（长约 535km）的落差由 9 月 25 日 8 时的 9.66m 减为 1.72m。

3）随着坝前水位抬升，库区水面线整体呈逐渐上升趋势，且离坝越近，水面线上升越快，从 9 月 20 日 22 时至 10 月 27 日 8 时，清溪场站水位上涨了 12.72m，坝前水位上涨了 19.86m；库区近坝段巴东至大坝河段水位落差受蓄水的影响渐渐变缓，平均落差约 0.03m，在整个蓄水过程中，库区近坝段水面线均作同步上涨。

长江干流寸滩水文站与支流乌江武隆水文站为入库站。选取入库流量约为 15 000m^3/s、区间来水量较小的天然情况与三峡 145m 蓄水后库区沿程水位站同时水位，分别拟定出天然水面线与 145m 蓄水后的回水水面线，三峡坝址 145m 库区回水水面线成果如图 7-18（c）所示。当坝前水位为 145m，入库流量为 15 000m^3/s 时，尖灭点在长寿附近，距坝址约 535km，回水位约为 152.20m（1985 年国家高程基准以上米数）；同理，入库流量为 35 200m^3/s 时，尖灭点在沙溪沟附近，距坝址约 497km，回水位约为 153.00m。

当坝前水位维持 156m 运行时，选取入库流量为 14 700m^3/s 及 12 000m^3/s，分别作为天然情况及三峡 156m 蓄水后的入库洪峰流量，考虑入库点至坝址区间来水量较小，根据天然情况与蓄水后库区沿程水位站同时水位，分别拟定出天然水面线与 156m 蓄水后的回水水面线［图 7-18（d）］。当坝前水位为 156m，入库流量为 12 000m^3/s 时，尖灭点在铜锣峡附近，距坝址约 590km，回水位约为 162.50m（1985 年国家高程基准以上米数）。同一坝前水位，一般入库流量小的回水尖灭点离坝址距离较入库流量大的远。

表 7-13（a）　2006 年 156m 蓄水过程库区主要控制站水位变化情况表　（单位：m）

项目 \ 站名		寸滩	长寿	清溪场	忠县	万县	奉节	巫山	凤凰山
距大坝距离（km）		606	535	477	371	289	167	127	0.50
蓄水准备期	9 月 13 日 8 时	164.45	151.30	142.61	136.67	136.18	135.89	135.77	135.49
	9 月 16 日 8 时	163.89	150.50	141.58	136.18	135.83	135.65	135.60	135.42
	9 月 20 日 8 时	166.10	152.07	142.54	136.27	135.85	135.64	135.58	135.39
蓄水期	9 月 20 日 22 时	166.81	153.10	143.56	136.63	136.07	135.81	135.73	135.50
	9 月 24 日 14 时	164.36	151.15	143.03	139.62	139.38	139.21	139.23	139.04
	10 月 5 日 14 时	164.61	151.50	146.42	145.27	145.14	145.07	145.05	144.96
	10 月 10 日 8 时	168.01	156.31	151.81	150.50	150.29	150.14	150.12	149.99
	10 月 27 日 8 时	165.70	157.81	156.28	155.83	155.72	155.55	155.48	155.36

续表

项目＼站名		寸滩	长寿	清溪场	忠县	万县	奉节	巫山	凤凰山
蓄水结束期	10月28日8时	164.81	157.57	156.41	156.04	155.96	155.82	155.77	155.68
	10月29日8时	163.98	157.21	156.31	156.03	155.96	155.81	155.79	155.68
	10月30日8时	163.20	156.77	156.05	155.84	155.76	155.63	155.60	155.50
	10月31日8时	163.01	156.41	155.71	155.52	155.49	155.39	155.36	155.34

表7-13（b） 2006年156m蓄水过程库区各站水位与坝前水位落差表 （单位：m）

项目＼站名		寸滩	长寿	清溪场	忠县	万县	奉节	巫山
距大坝距离（km）		606	535	477	371	289	167	126.66
蓄水准备期	9月13日8时	28.96	15.81	7.12	1.18	0.69	0.40	0.28
	9月16日8时	28.47	15.08	6.16	0.76	0.41	0.23	0.18
	9月20日8时	30.71	15.68	7.15	0.88	0.46	0.25	0.19
蓄水期	9月20日22时	31.31	17.60	8.06	1.13	0.57	0.31	0.23
	9月24日14时	25.32	12.11	3.99	0.58	0.34	0.17	0.19
	10月5日14时	19.65	6.54	1.46	0.31	0.18	0.11	0.09
	10月10日8时	18.02	6.32	1.82	0.51	0.30	0.15	0.13
	10月27日8时	10.34	2.45	0.92	0.47	0.36	0.19	0.12
蓄水结束期	10月28日8时	9.13	1.89	0.73	0.36	0.28	0.14	0.09
	10月29日8时	8.30	1.53	0.63	0.35	0.28	0.15	0.11
	10月30日8时	7.70	1.27	0.55	0.34	0.26	0.13	0.10
	10月31日8时	7.67	1.07	0.37	0.18	0.15	0.05	0.02

表7-13（c） 2007年三峡水库156m蓄水期库区近坝段瞬时水面线变化统计 （单位：m）

站名	距大坝距离（km）	9月24日8时	9月28日8时	10月3日8时	10月10日8时	10月13日8时	10月18日8时	10月23日8时
巴　东	73	144.98	145.87	148.12	152.05	153.89	154.63	155.57
秭　归	38	144.93	145.85	148.09	152.01	153.81	154.61	155.52
庙　河	11.5	144.84	145.79	148.07	152.01	153.82	154.60	155.53
凤凰山	0.5	144.80	145.77	148.06	152.01	153.82	154.60	155.54

表7-13（d） 2007年三峡水库156m蓄水期库区主要控制站水位变化情况表 （单位：m）

项目＼站名		寸滩	长寿	清溪场	忠县	万县	奉节	巫山	凤凰山
距大坝距离（km）		606	535	474	371	289	167	127	0.5
蓄水准备期	9月23日8时	168.49	156.49	150.29	147.13	146.46	145.93	145.59	144.84
	9月24日8时	167.79	155.57	149.45	146.59	146.02	145.61	145.34	144.80

续表

项目 \ 站名		寸滩	长寿	清溪场	忠县	万县	奉节	巫山	凤凰山
蓄水期	9 月 25 日 8 时	167.13	154.81	149.87	146.37	145.95	145.69	145.52	145.15
	10 月 7 日 8 时	166.67	155.16	151.62	151.21	150.98	150.23	150.16	149.98
	10 月 11 日 20 时	167.92	157.80	154.78	153.78	153.50	153.39	153.23	153.05
	10 月 20 日 20 时	164.91	157.00	155.72	155.39	155.27	155.19	155.12	155.06
	10 月 23 日 23 时	164.68	157.30	156.20	155.91	155.79	155.71	155.63	155.58
蓄水期结束	10 月 24 日 8 时	164.53	157.29	156.21	155.92	155.81	155.71	155.64	155.58
	10 月 25 日 8 时	164.33	157.24	156.20	155.92	155.81	155.70	155.63	155.56

表 7-13（e） 2007 年三峡水库 156m 蓄水期库区各站水位与凤凰山水位落差表 （单位：m）

项目 \ 站名		寸滩	长寿	清溪场	忠县	万县	奉节	巫山
距大坝距离（km）		606	535	474	371	289	167	127
蓄水准备期	9 月 23 日 8 时	23.65	11.65	5.45	2.29	1.62	1.09	0.75
	9 月 24 日 8 时	22.99	10.77	4.65	1.79	1.22	0.81	0.54
蓄水期	9 月 25 日 8 时	21.98	9.66	4.72	1.22	0.80	0.54	0.37
	10 月 7 日 8 时	16.69	5.18	1.64	1.23	1.00	0.25	0.18
	10 月 11 日 20 时	14.87	4.75	1.73	0.73	0.45	0.34	0.18
	10 月 20 日 20 时	9.85	1.94	0.66	0.33	0.21	0.13	0.06
	10 月 23 日 23 时	9.10	1.72	0.62	0.33	0.21	0.13	0.05
蓄水期结束	10 月 24 日 8 时	8.95	1.71	0.63	0.34	0.23	0.13	0.06
	10 月 25 日 8 时	8.77	1.68	0.64	0.36	0.25	0.14	0.07

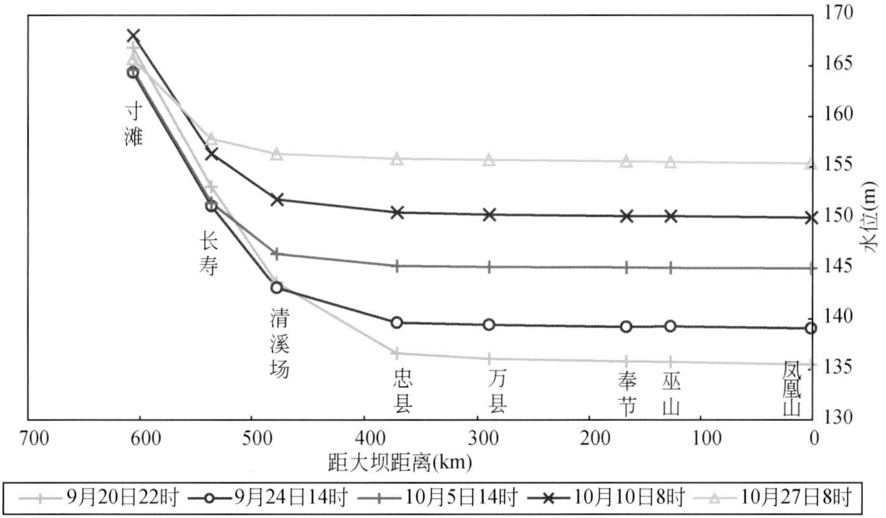

图 7-18（a） 2006 年 156m 蓄水过程库区瞬时水面线变化

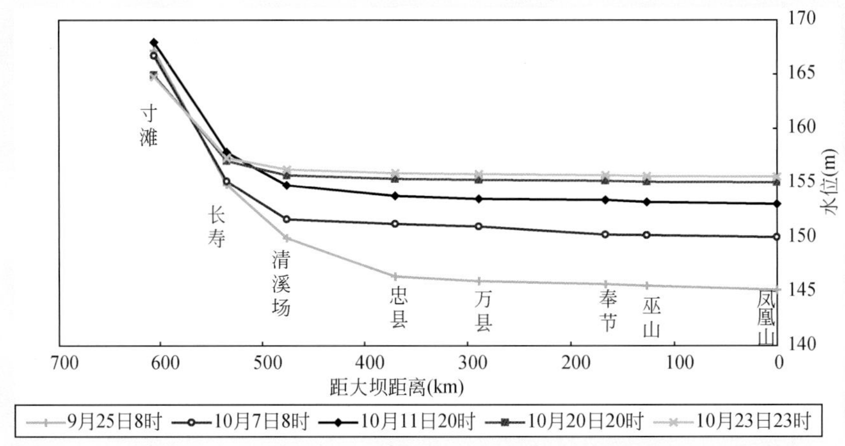

图 7-18（b） 2007 年三峡水库 156m 蓄水期库区瞬时水面线

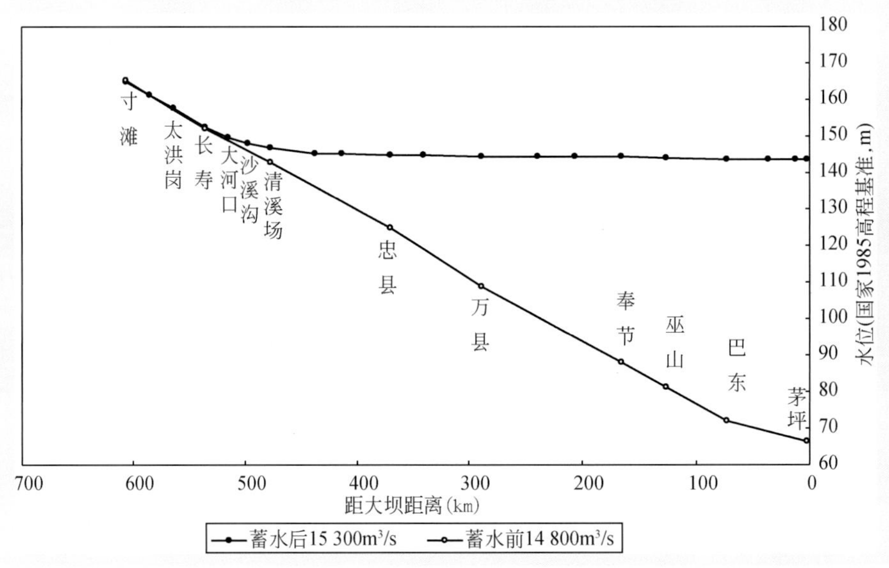

图 7-18（c） 同流量下三峡水库坝前水位 145m 时库区水面线与天然水面线对比

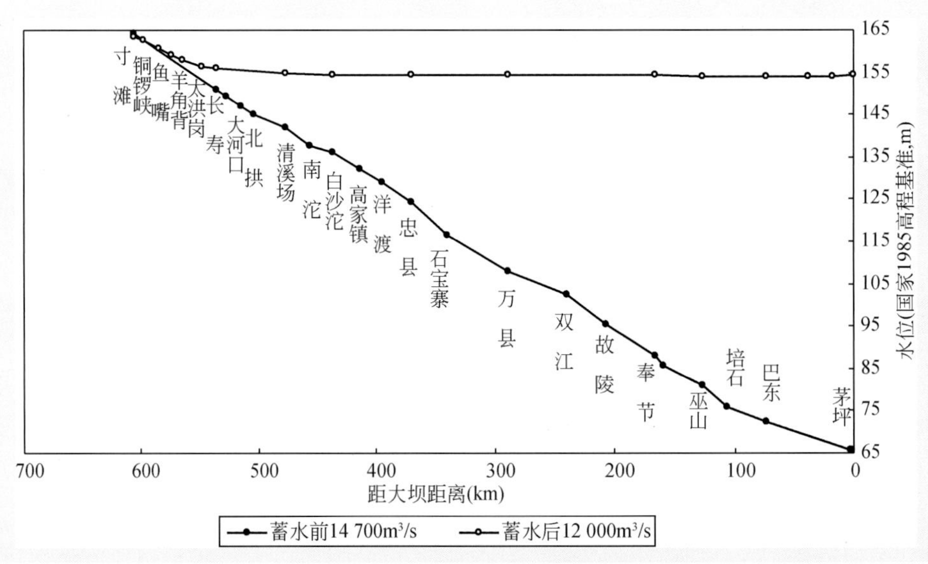

图 7-18（d） 同流量下三峡水库坝前水位 156m 时库区水面线与天然水面线对比

(2) 水面比降变化

1) 随着坝前水位上涨，库区特别是上段水面比降逐渐减小。如 2006 年 9 月 20 日坝前水位为 135. 40m，巫山至长寿河段水面比降为 0.349×10^{-4}；2007 年 9 月 23 日坝前水位 144. 86m，水面比降为 2.64×10^{-5}；2007 年 10 月 7 日坝前水位上升至 150. 06m 时，水面比降减小为 0.122×10^{-4}，10 月 25 日坝前平均水位 155. 56m 时，水面比降减小为 0.039×10^{-4}。万县以下河段水面比降变化较小，一般在 $0.003\sim0.042\times10^{-4}$变化 [表 7-14 (a) 和表 7-14 (b)]。

2) 同时，库区水面比降由上至下逐渐减小。如 2006 年 10 月 5 日，库区上段清溪场至长寿河段进一步增至 0.877×10^{-4}，库区中段万县至忠县河段水面比降减小至 1.8×10^{-6}，库区下段巫山至奉节河段水面比降仅为 0.003×10^{-4}。如 2007 年 10 月 7 日，库区下段巫山至奉节河段水面比降为 0.020×10^{-4}，库区中段万县至忠县河段水面比降增加到 0.028×10^{-4}，库区上段清溪场至长寿河段进一步增加到 0.598×10^{-4} [表 7-14 (a) 和表 7-14 (b)]。

表 7-14 (a)　三峡水库 2006 年 156m 蓄水期间库区各站水面比降变化　(单位:‰)

日期 河段	9 月 20 日	9 月 24 日	10 月 5 日	10 月 10 日	10 月 18 日	10 月 27 日	10 月 30 日
巫山至奉节	0. 015	-0. 003	0. 003	0. 008	0. 018	0. 012	0. 008
奉节至万县	0. 019	0. 013	0. 004	0. 011	0. 011	0. 013	0. 010
万县至忠县	0. 058	0. 031	0. 018	0. 026	0. 013	0. 012	0. 009
忠县至清溪场	0. 610	0. 328	0. 111	0. 120	0. 035	0. 042	0. 021
清溪场至长寿	1. 622	1. 391	0. 877	0. 747	0. 246	0. 248	0. 123
长寿至寸滩	1. 982	1. 878	1. 849	1. 662	1. 231	1. 113	0. 920
巫山至长寿	0. 349	0. 251	0. 136	0. 125	0. 044	0. 046	0. 024
巫山至万县	0. 018	0. 009	0. 004	0. 010	0. 012	0. 013	0. 009
万县至清溪场	0. 370	0. 199	0. 071	0. 079	0. 026	0. 029	0. 015
清溪场至寸滩	1. 818	1. 657	1. 408	1. 246	0. 783	0. 720	0. 558

表 7-14 (b)　2007 年三峡水库 156m 蓄水期间库区各段水面比降变化　(单位:‰)

日期 河段	9 月 23 日	9 月 25 日	10 月 7 日	10 月 11 日	10 月 20 日	10 月 23 日	10 月 25 日
巫山至奉节	0. 080	0. 042	0. 020	0. 025	0. 015	0. 020	0. 017
奉节至万县	0. 041	0. 021	0. 013	0. 011	0. 008	0. 008	0. 009
万县至忠县	0. 079	0. 051	0. 028	0. 035	0. 014	0. 013	0. 013
忠县至清溪场	0. 294	0. 232	0. 096	0. 090	0. 033	0. 028	0. 027
清溪场至长寿	1. 061	1. 002	0. 598	0. 519	0. 220	0. 195	0. 176
长寿至寸滩	1. 718	1. 751	1. 616	1. 484	1. 138	1. 057	1. 021
巫山至长寿	0. 264	0. 224	0. 122	0. 110	0. 047	0. 042	0. 039
巫山至万县	0. 051	0. 026	0. 014	0. 014	0. 010	0. 011	0. 011
万县至清溪场	0. 200	0. 154	0. 066	0. 066	0. 025	0. 021	0. 021
清溪场至寸滩	1. 420	1. 411	1. 154	1. 046	0. 721	0. 665	0. 637

（3）水位-流量关系

1）寸滩站。天然条件下，寸滩站水位流量关系多为单一线，涨落较快时有绳套曲线出现，水位流量关系点呈密集带状分布，多年来水位流量关系较为稳定。从寸滩站 2002～2007 年实测水位流量关系图（图 7-19）看出，三峡水库 156m 蓄水期间，寸滩站水位流量关系仍然维持天然状况，未受蓄水影响。

2）武隆站。天然条件下，武隆站水位流量关系多为单一线，涨落较快时为带宽较窄的绳套曲线，水位流量关系点基本呈密集带状分布，多年水位流量关系较为稳定。从图 7-20 看出，三峡水库 156m 蓄水期间，武隆站水位流量关系仍然维持天然状况，未受蓄水影响。

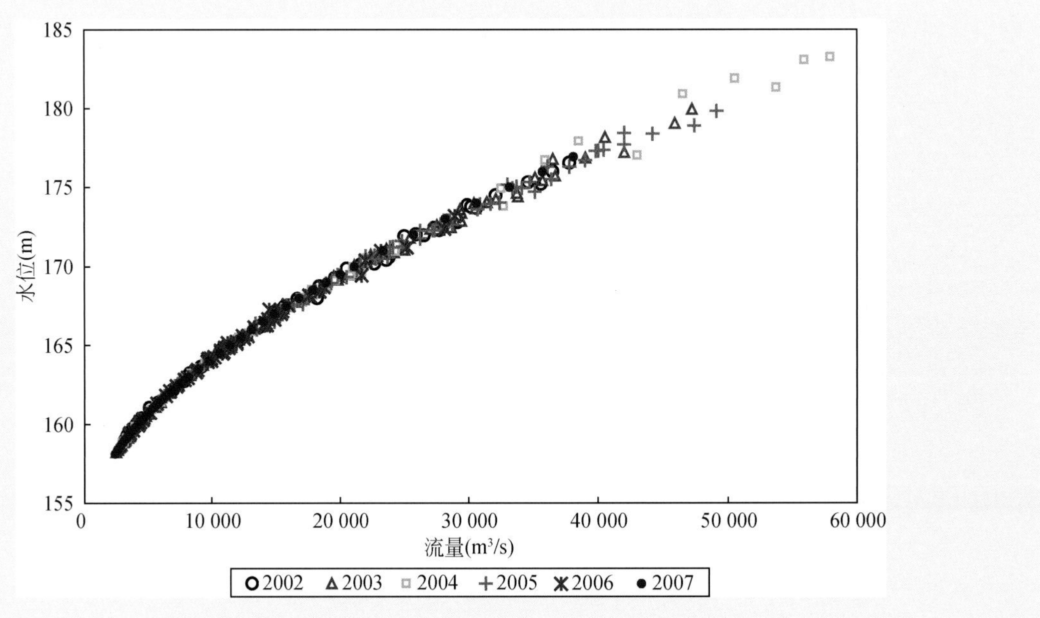

图 7-19　2002～2007 年寸滩站水位-流量关系变化

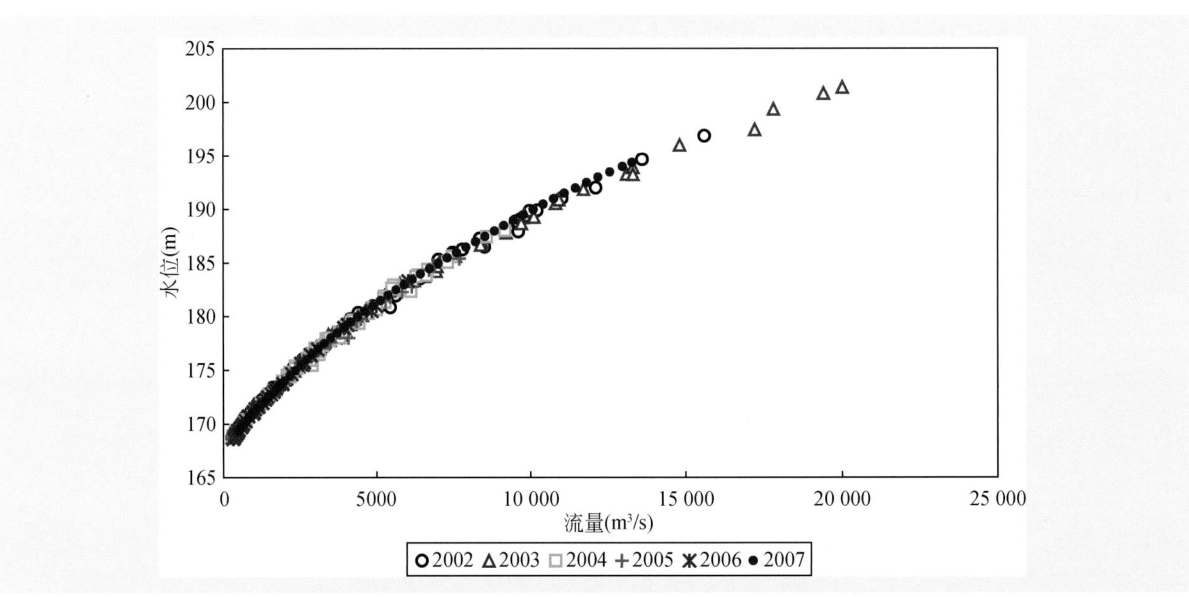

图 7-20　2002～2007 年武隆站水位-流量关系变化

3）清溪场站。2006年三峡水库156m蓄水后，清溪场站水位流量关系出现了明显变化，主要表现在流量变化不大时水位升高迅速，如10月26日流量13 800m^3/s时，156m蓄水后水位比天然水位抬升了13.0m，比坝前水位135m时抬升了12.7m，形成了受坝前水位影响的水位流量关系。

2007年156m蓄水前，同一流量下水位比2006年水位抬高2～5m，而蓄水期水位–流量关系变化则与2006年水位流量关系变化相似，均随坝前水位抬升流量变化不大时水位迅速升高。如10月23日流量12 000m^3/s所对应的水位比天然水位抬升了13.1m。水位流量关系变化如图7-14（a）所示。

4）万县站。2006年三峡水库156m蓄水后，万县站水位进一步抬高，在流量13 300m^3/s时，万县站水位约为155.6m，比天然水位抬升了47.4m，比坝前水位135m时的水位抬升了19.1m。2007年三峡水库156m蓄水，由于蓄水前坝前水位在143～156m变化高于2006年蓄水前的135m水位，万县站2007年蓄水前同一流量下水位比2006年水位抬高7～10m，而蓄水期间水位流量关系变化则与2006年水位流量关系变化相似，均随坝前水位抬升流量变化不大时水位迅速升高。如10月23日流量为11 000m^3/s时的水位比天然条件下水位抬高49.5m，水位流量关系变化如图7-14（b）所示。

（4）进出库水沙特性及库区泥沙淤积

A. 2006年156m蓄水过程

a. 进出库水沙过程

2006年，三峡水库156m蓄水过程中（9月13日～10月27日）寸滩站和武隆站平均流量分别为11 300m^3/s和693m^3/s、平均含沙量分别为0.393kg/m^3和0.038kg/m^3；三峡入库（寸滩站和武隆站）平均流量和含沙量分别为12 000m^3/s、0.377kg/m^3，最大、最小日均流量分别为18 500m^3/s（10月9日）、9100m^3/s（10月31日），最大、最小日均含沙量分别为1.25kg/m^3（10月11日）、0.095kg/m^3（10月31日）[图7-21（a）]。

受三峡156m蓄水影响，位于库尾的清溪场站含沙量减小，蓄水期间其最大日均含沙量为1.07kg/m^3（10月12日），较入库含沙量减小了0.180kg/m^3，其最小含沙量仅为0.027kg/m^3（10月25日）；库区万县站流量和含沙量均明显减小，蓄水期间其平均流量为11 220 m^3/s，总体小于清溪场站1000m^3/s～2000 m^3/s（未包含区间来水），含沙量均在0.1kg/m^3以下，最小仅为0.012kg/m^3（10月24日）[图7-21（b）、图7-21（c）和图7-21（d）]。

2006年9月13日～10月27日，出库（宜昌站）平均流量9850m^3/s，较入库平均流量减小了2150 m^3/s（未包括三峡区间来水），最大、最小日均流量分别为12 500m^3/s（10月18日），7000m^3/s（10月7日），最大含沙量为0.019kg/m^3（9月22日），最小含沙量为0.006kg/m^3（10月24日），平均含沙量为0.011kg/m^3 [图7-21（e）]。

b. 库区泥沙淤积

2006年三峡156m蓄水期间，三峡库区淤积泥沙2076万t（不考虑区间来沙），水库排沙比为2%，排沙比偏小的主要原因是由于三峡坝前水位抬高和水库蓄水，加之入库水量偏小，库区水面比降变缓，水流流速减小，水流挟沙能力降低，使得入库泥沙沿程落淤。从库区沿程淤积来看，库尾寸滩至清溪场段淤积泥沙391万t，占总淤积量的18.8%；清溪场至万县段和万县至大坝段分别淤积泥沙1439万t和247万t，分别占总淤积量的69.3%和11.9%；在所有淤积物中，粒径大于0.062mm的砂粒占20.6%，粒径在0.004～0.062mm范围内的粉沙占48.2%，小于0.004mm的黏沙占31.8%。

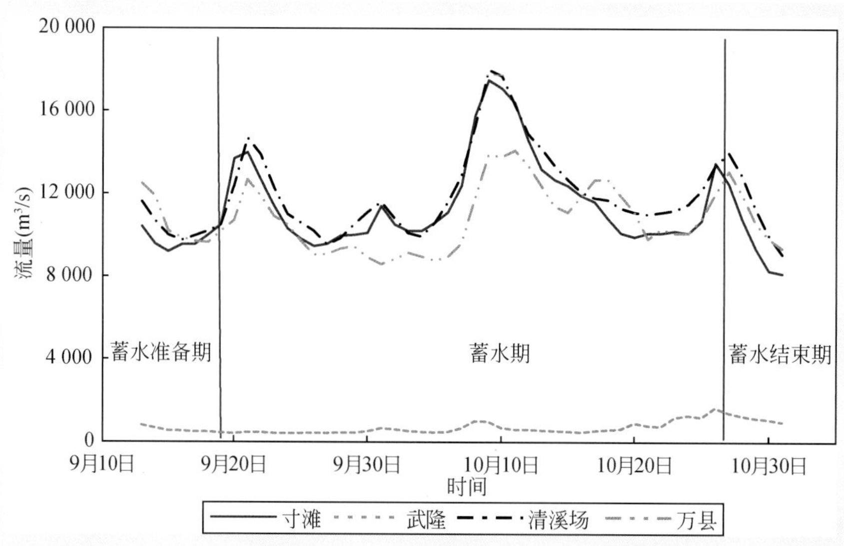

图 7-21（a） 2006 年三峡水库 156m 蓄水期间入库和库区控制水文站流量过程

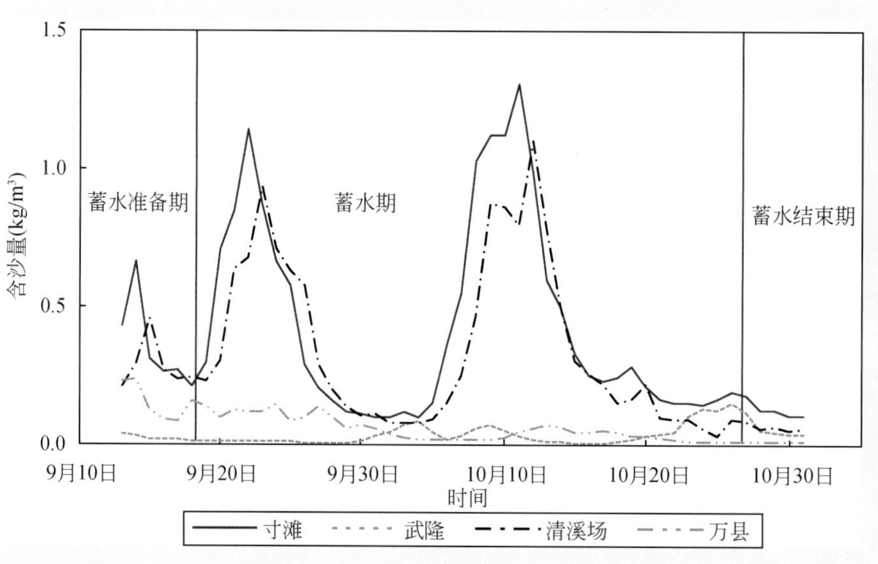

图 7-21（b） 2006 年三峡水库 156m 蓄水期间入库和库区控制水文站含沙量过程

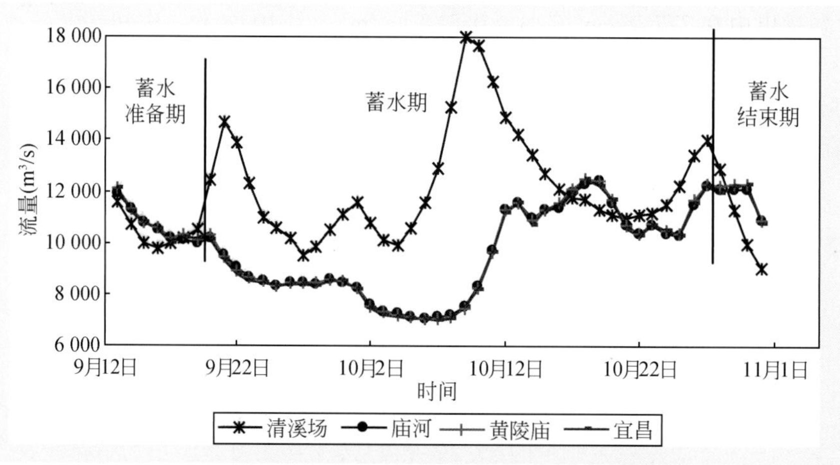

图 7-21（c） 2006 年三峡水库 156m 蓄水期间库区主要控制站流量变化过程

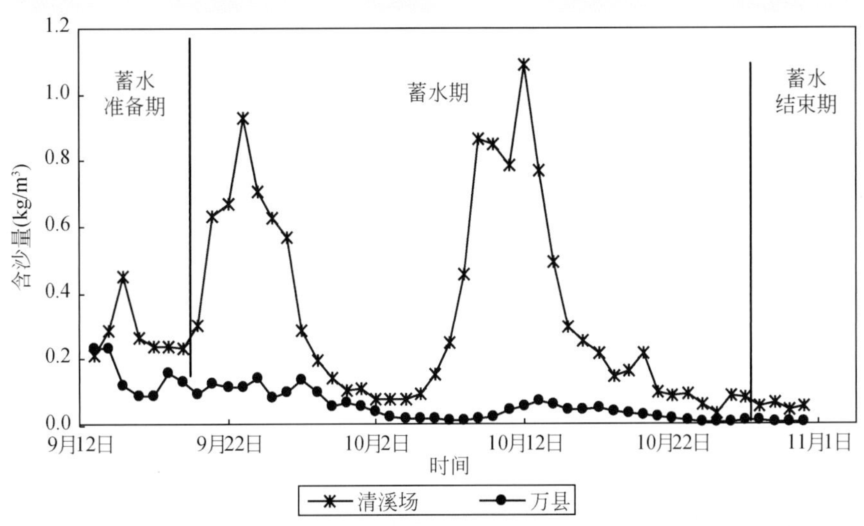

图 7-21（d） 2006 年三峡水库 156m 蓄水期间清溪场、万县站含沙量变化过程

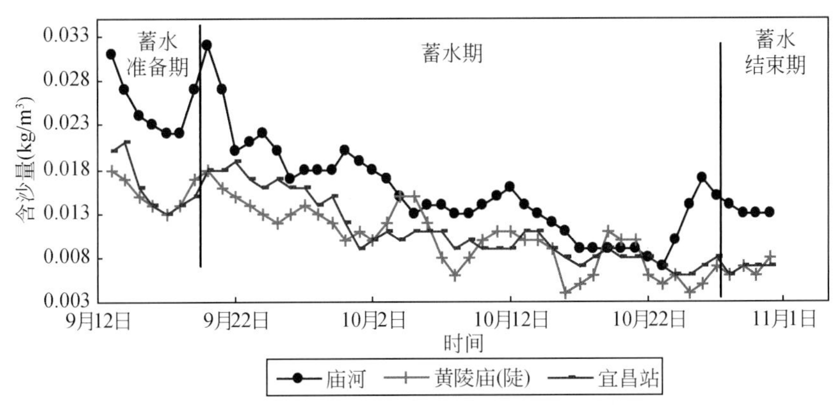

图 7-21（e） 2006 年三峡水库 156m 蓄水期间宜昌站含沙量变化过程

B. 2007 年 156m 蓄水过程

a. 进出库水沙过程

在 2007 年三峡水库 156m 蓄水伊始，9 月 23～30 日寸滩站流量由 17 500m³/s 逐渐减小至 11 800m³/s，含沙量也由 0.777 kg/m³减小至 0.377 kg/m³；但 10 月上、中旬，受上游来水增大影响，寸滩站出现了两个明显的涨水过程，10 月 2 日最大日均流量和含沙量分别为 17 500m³/s、1.07kg/m³，10 月 11 日最大日均流量为 16 600m³/s。其后流量缓慢下降，10 月 25 日日均流量为 10 300m³/s，含沙量也在 0.181～0.385kg/m³变化，[图 7-22（a）和图 7-22（b）]。

9 月 23 日～10 月 5 日乌江为一退水过程，武隆站流量由 1820m³/s 减小至 881m³/s，10 月 6 日～10 月 24 日日均流量在 1030～1280m³/s，期间含沙量多数在 0.100kg/m³以下。

蓄水期间，清溪场站出现了两次洪水过程，最大日均流量为 17 200m³/s（10 月 10 日），10 月 2 日则为 15 600m³/s。从含沙量变化过程看，清溪场站含沙量变化过程与上游寸滩站基本相应（沙峰峰现时间滞后约 2d），但含沙量明显减小，最大日均含沙量为 0.877kg/m³（10 月 4 日），较入库含沙量减小近 15%；其后由于库区泥沙淤积和上游来沙减小，含沙量逐渐减小，最小仅为 0.112kg/m³（10 月 25 日）。万县站流量总体小于清溪场站流量，最大相差 2200 m³/s（10 月 8 日）。万县站最大流量为

16200 m^3/s（10 月 2 日），含沙量过程坦化，含沙量均在 0.100kg/m^3以下，其中 10 月 17～10 月 25 日含沙量仅为 0.013 kg/m^3。

蓄水期间，三峡入库寸滩站悬移质泥沙平均中值粒径为 0.015mm，武隆站为 0.008mm。库区泥沙特别是粗颗粒泥沙沿程落淤，导致悬沙沿程变细，清溪场站悬沙中值粒径为 0.004mm，万县站为 0.003mm，出库黄陵庙站在 0.003mm 左右。

b. 库区泥沙淤积

三峡水库 2007 年 156m 蓄水期间，9 月 23 日～10 月 25 日三峡入库平均流量为 14 600 m^3/s，入库悬移质泥沙 1550 万 t，出库泥沙 177 万 t，不考虑三峡区间来沙，库区淤积泥沙约 1370 万 t，水库排沙比为 11.5%。从淤积量沿程分布来看，寸滩至清溪场段、清溪场至万县段、万县至大坝段分别淤积泥沙约 174 万 t、896 万 t、300 万 t，分别占总淤积量的 13%、65% 和 22%。

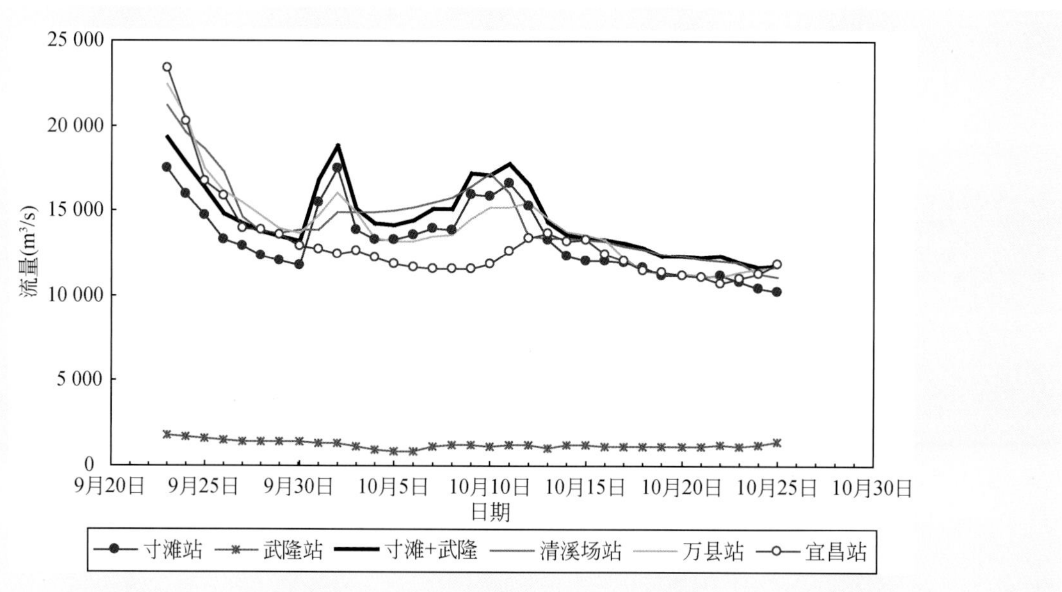

图 7-22（a） 2007 年三峡水库 156m 蓄水期间进出库主要控制站日均流量过程

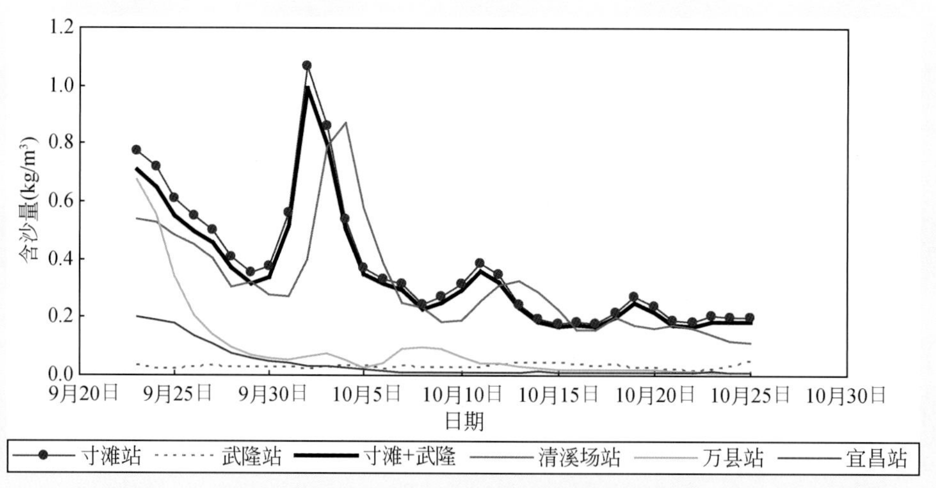

图 7-22（b） 2007 年三峡水库 156m 蓄水期间进出库主要控制站日均含沙量过程

3. 三峡水库 175m 试验性蓄水期

2008 年是三峡工程建设具有里程碑意义的一年。经国务院批准，长江三峡水利枢纽 2008 年汛末进行试验性蓄水。2008 年 9 月 28 日 0 时（坝前水位为 145.27m），三峡水库开始进行试验性蓄水，至 11 月 4 日 22 时蓄水结束时水库坝前水位达到 172.29m。之后，由于入库流量增大，11 月 10 日 23 时水库坝前水位达到 172.80m，此后坝前水位处于持续的缓慢下降状态，至 12 月 2 日 24 时，坝前水位降至 170.29m，之后坝前水位基本维持在 170m 左右（三峡坝前水位变化如图 7-23 所示）。

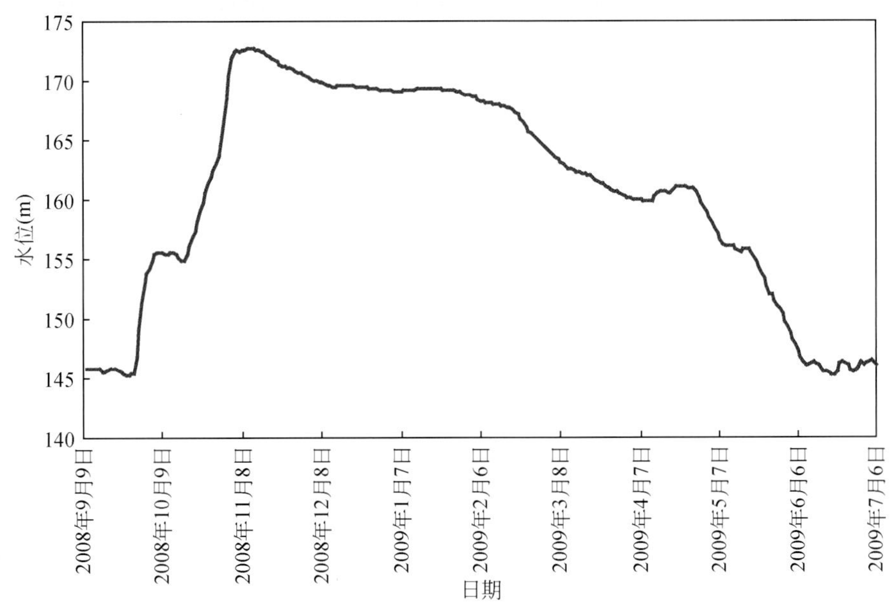

图 7-23　三峡水库 2008 年 9 月 10 日 ~2009 年 6 月 20 日坝前水位变化过程

2008 年蓄水期间，10 月下旬至 11 月上旬长江上游大多地区发生持续强降雨，与常年同期相比，长江上游偏多约 1.6 倍，其中金沙江、乌江降雨偏多 2 倍以上，长江上游干流区间偏多 1 倍以上，岷沱江、嘉陵江偏多 5 ~6 成，［表 7-15（a）和表 7-15（b）］。

表 7-15（a）　长江上游及其分区 2008 年 9 ~11 月期间长江流域分区降雨量统计表

区　域	9 ~10 月中旬			10 月下旬 ~11 月上旬		
	雨量（mm）	均值（mm）	距平（%）	雨量（mm）	均值（mm）	距平（%）
金沙江	118.6	162.9	-27.2	75.8	22.0	244.5
岷沱江	201.5	169.2	19.1	40.3	25.0	61.2
嘉陵江	224.7	194.5	15.5	45.6	31.0	47.1
上游干流区间	120.9	188.5	-35.9	116.9	47.0	148.7
乌　江	132.8	168.3	-21.1	165.8	50.0	231.6
长江上游	156.6	174.4	-10.2	78.6	30.7	156.0

表中均值为 1951 ~2000 年统计值

表 7-15（b） 长江上游及其分区 2008 年 10 月下旬及 11 月上旬各旬雨量统计表

区 域	10 月下旬			11 月上旬		
	雨量（mm）	均值（mm）	距平（%）	雨量（mm）	均值（mm）	距平（%）
金沙江	55.2	12.9	329.0	20.6	8.1	153.1
岷沱江	30.6	12.0	155.0	10.2	10.4	-1.7
嘉陵江	26.6	12.9	106.2	19.7	13.6	44.9
上游干流区间	87.1	22.8	281.5	29.8	20.8	43.5
乌 江	102.8	24.2	324.2	63.6	21.9	189.9
长江上游	54.5	15.3	256.7	24.4	12.8	90.4

表中均值为 1951 ~ 2000 年统计值

受降雨影响，长江中上游地区发生历史同期罕见的异常晚秋汛，洪峰峰值和量级都相对较大，在历史同期排名中居前列，其中，11 月份屏山站、寸滩站排名第 1 位，武隆站为第 2 位，洪水还原计算宜昌站位居第 2 位。三峡入库洪水主要是由寸滩站、武隆站以上来水组成。其中，寸滩站以上来水占三峡入库总量的 65.9%，武隆站占入库总量的 24.9%，三峡区间仅占 9.3%。

长江上游除干流以北嘉陵江、岷沱江外，干支流均发生同期异常洪水，金沙江、横江、綦江、乌江、长江上游干流出现历史同期最大洪水过程。金沙江干流屏山站 2008 年 11 月 3 日 22 时实测最大洪峰流量 9000m^3/s，为 1940 年以来同期最大值，重现期在 70 年以上；横江的横江站 11 月 2 日 2 时出现洪峰流量 2330m^3/s，赤水河赤水站 11 月 2 日 14 时出现最大洪峰流量 2750m^3/s，均超过历史同期最大流量（表 7-16）。

长江干流寸滩站 11 月 3 日 12 时出现洪峰流量 23 500m^3/s，是自 1892 年有实测流量资料以来同期最大，洪水重现期约为 200 年一遇。寸滩站 10 月下旬、11 月上旬平均流量分别为 11 110m^3/s、17 350 m^3/s，其中 10 月下旬平均流量与 1950 ~ 2007 年均值基本相当，但 11 月上旬则偏大 94%，与 1950 ~ 2007 年 10 月上旬多年平均流量 17 380 m^3/s 基本相当（表 7-17）。

乌江武隆站流量 10 月 24 日开始转涨，10 月 31 日 17 时 45 分出现最大流量为 9750m^3/s，不仅超过历史同期（10 月）最大流量（1994 年 9490m^3/s），而且为 2008 年的年最大流量。11 月 1 日 2 时退至 5210m^3/s，此后维持在 6500m^3/s 左右波动至 11 月 6 日；11 月 6 日乌江上游再次发生较大涨水过程，7 日 8 时乌江渡加大下泄至 3552 m^3/s，彭水站 7 日 6 时 15 分出现平警戒水位（225.00m）的洪峰，相应流量 8860m^3/s（2008 年年最大流量），武隆流量 6 日 2 时大幅转涨，7 日 8 时出现洪峰流量 9220m^3/s。武隆站 10 月下旬、11 月上旬平均流量分别为 1850m^3/s、6520 m^3/s，其中 10 月下旬平均流量较 1952 ~ 2007 年均值偏大 31%，11 月上旬则偏大 4.3 倍（表 7-17）。

本次三峡入库洪水发生在 11 月份，11 月 3 日 8 时三峡入库最大洪峰流量 33 000m^3/s。宜昌站还原后最大日平均流量为 30 000m^3/s（考虑三峡和乌江水库群影响），接近历年同期 11 月洪峰流量（最大日平均）的 100 年一遇，7d 洪量约为 130 年一遇；但在年洪水中是极为平常的一场洪水，远小于历年宜昌年最大流量的均值 51 000 m^3/s，仅高于 1942 年年最大流量 29 800 m^3/s，在历年最大流量排序中列倒数第 2 位。

表 7-16　2008 年秋季洪水长江流域主要站洪峰流量历史同期比较表　（单位：m^3/s）

河名	站名	10～11 月期间最大流量				2008 年年最大流量
		出现时间	流量	历史同期最大	排序	
金沙江	屏　山	11 月 3 日 22 时	9 000	8 650	1	15 700
岷　江	高　场	11 月 2 日 12 时	3 780	6 790	8	13 600
沱　江	富　顺	11 月 2 日 17 时	504	1 020（李家湾 1955）	6	5 540
横　江	横　江	11 月 2 日 2 时	2 370	920	1	6 250
南广河	福　溪	10 月 31 日 14 时	1 180			2 520
赤水河	赤　水	11 月 2 日 14 时	2 750	1 600		3 160
綦　江	五　岔	10 月 31 日 13 时	2 360			2 360
嘉陵江	北　碚	10 月 25 日 8 时	3 900	37 100		15 600
乌　江	武　隆	10 月 31 日 17 时	9 750	9 490	1	9 750
长江	李庄	11 月 2 日 14 时	16 100			29 400
	泸　州	11 月 2 日 19 时	18 100			31 600
	朱　沱	11 月 2 日 23 时	20 900	18 000	1	31 400
	寸　滩	11 月 3 日 12 时	23 500	19 400	1	34 500
	三峡入库	11 月 3 日 8 时	33 000			
	宜　昌	11 月 7 日 16 时	28 900	30 600		39 000

①富顺站历史资料沿用李家湾站资料；高坝洲站历史资料沿用长阳站资料；②北碚、武隆两站由于洪峰流量出现在 10 月，历史同期最大流量排序以 10 月份最大流量排序统计，其他站最大流量排序是以 11 月份最大流量排序统计；③屏山、高场、富顺、横江、北碚、武隆、朱沱、寸滩、宜昌洪峰流量特征值为整编资料

表 7-17　寸滩站和武隆站 2008 年 9～11 月各旬平均流量与以往对比　（单位：m^3/s）

测站	统计时段	9 月			10 月			11 月		
		上旬	中旬	下旬	上旬	中旬	下旬	上旬	中旬	下旬
寸滩站	1950～2007 年	23 564	20 860	19 540	17 381	14 337	11 345	8 958	7 505	6 288
	1991～2007 年	22 316	18 202	17 582	15 947	12 953	10 451	8 424	7 084	6 148
	2003～2007 年	25 680	19 780	16 160	17 060	12 880	10 570	8 036	6 910	6 144
	2008 年	23 310	22 100	21 910	16 530	12 630	11 109	17 350	9 767	7 045
武隆站	1952～2007 年	1 694	1 713	1 585	1 431	1 551	1 409	1 229	1 038	786
	1991～2007 年	1 605	1 209	1 331	1 352	1 353	1 349	1 182	885	730
	2003～2007 年	1 728	1 387	1 355	1 145	953	1 182	981	905	712
	2008 年	3 252	2 350	1 175	917	812	1 847	6 516	2 129	1 165

2010 年是三峡工程具有历史意义的一年，经过 2008 年、2009 年三峡工程 175m 试验性蓄水后，2010 年三峡工程第一次完成了 175m 蓄水。该年三峡工程于 2010 年 9 月 10 日 0 时开始蓄水，起蓄水位承接前期防洪运用水位 160.2m；10 月 16 日 6 时，三峡库水位达到了前期试验性蓄水最高蓄水位 172.8m；10 月 26 日 9 时，三峡工程首次蓄水至 175m。三峡水库 10 月 26 日蓄水至 175m 后，库水位在 174.5～175m。（三峡坝前水位变化如图 7-24）。

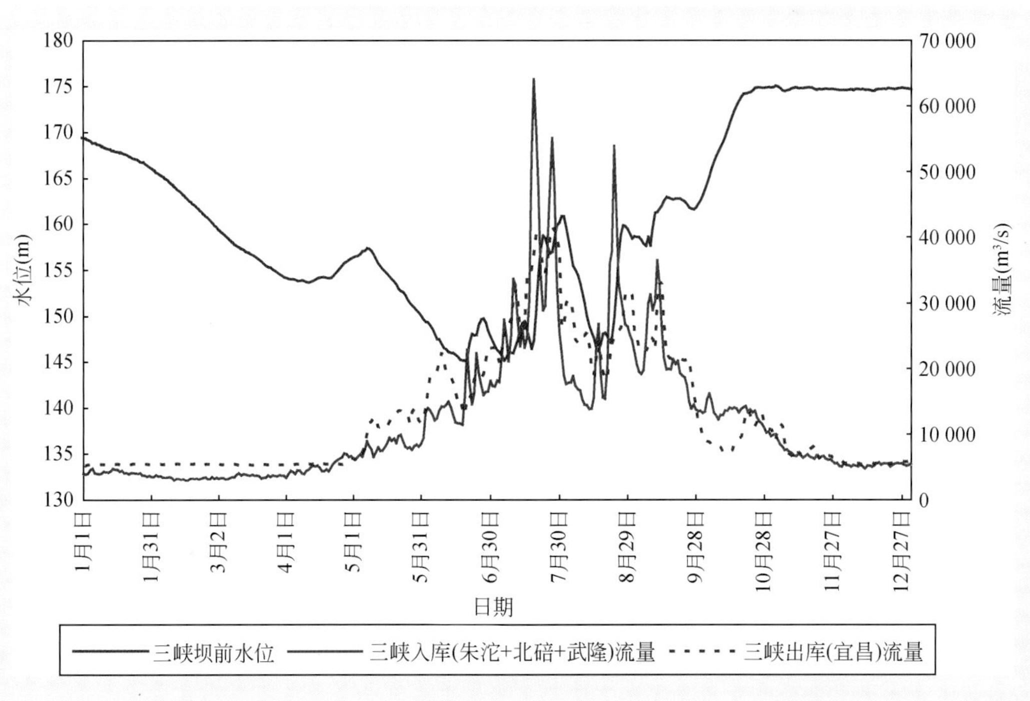

图 7-24　2010 年三峡水库坝前水位与入、出库流量变化过程

（1）水位及水面线变化

1）库区水位变化。在 2008 年汛末试验性蓄水期间，坝前凤凰山站和库区干流主要控制站 9 月 10 日～11 月 30 日逐日平均水位过程线如图 7-25 所示。由图可以看出：寸滩以下库区水位变化受上游来水影响沿程逐渐减弱，且随着三峡坝前水位的逐渐抬升，受蓄水影响则沿程增强，特别是清溪场以下水位变化基本与坝前水位同步。当三峡坝前水位达到 160m 以上时，寸滩站明显受蓄水影响；当坝前水位达到 170m 以上时，江津以下河段逐渐受到蓄水影响，双龙水位站与三峡坝前水位之间的落差和水面比降也逐渐减小。

2）水面线变化。2008 年三峡水库 175m 试验性蓄水期间，库区干流主要控制站水位、水位落差统计分别如表 7-18（a）和表 7-18（b）所示，库区瞬时水面线变化如图 7-26（a）和图 7-26（b）所示。由图表可见，在水库试验性蓄水期，三峡库区水面线发生了较大变化，主要有以下特点：①对同一河段而言，随着坝前水位抬升，水面线逐渐趋平，如寸滩至凤凰山河段，9 月 28 日 8 时落差为 28.18m，10 月 19 日 8 时落差为 9.22m，10 月 31 日 8 时落差为 3.91m，11 月 5 日 8 时落差为 3.32m，11 月 30 日 8 时落差为 0.58m。②随着坝前水位抬升，库区水面线整体呈逐渐上升趋势，离坝越近，水面线上升越快，近坝段水位基本与坝前水位同步抬升，9 月 28 日 8 时至 10 月 19 日 8 时，清溪场站水位上升了 4.59m，凤凰山站上升了 10.62m。③随着坝前水位抬升，回水末段逐渐上移，当三峡坝前水位 172m 时，水库回水末端逐渐上延至重庆主城区河段以上。

试验性蓄水结束后，坝前水位比较平稳，库区水面线也比较稳定，库尾水位则随入库流量的大小而变化。坝前水位维持 175m 运行时，采用长江干流朱沱站、支流嘉陵江北碚站及乌江武隆站作为入库站。2010 年 11 月水位观测期库区控制站流量变化过程如图 7-27（a）所示。由图可见，随着上游来水总体呈下降趋势，朱沱+北碚+武隆日平均流量由 11 月 2 日的 9935m^3/s 逐渐减小到 11 月 11 日的 6576m^3/s。库区部分控制站水位过程线变化如图 7-27（b）所示。由图可见，整个水位观测过程中，长江干流控制站朱沱站受上游来水减小影响水位呈缓慢下降的一个过程，水位由 11 月 2 日 8 时的

199.15m 降至 11 月 11 日 20 时的 197.59m，10 天降低 1.56m。坝前水位则主要受三峡水库调度影响，坝前水位由 11 月 2 日 8 时的 175.05m 降低至 11 月 6 日 20 时的 174.43m，而后水位逐渐上升至 11 月 11 日 14 时的 174.91m。库区其余站水位则同时受上游来水及坝前水位的双重影响。

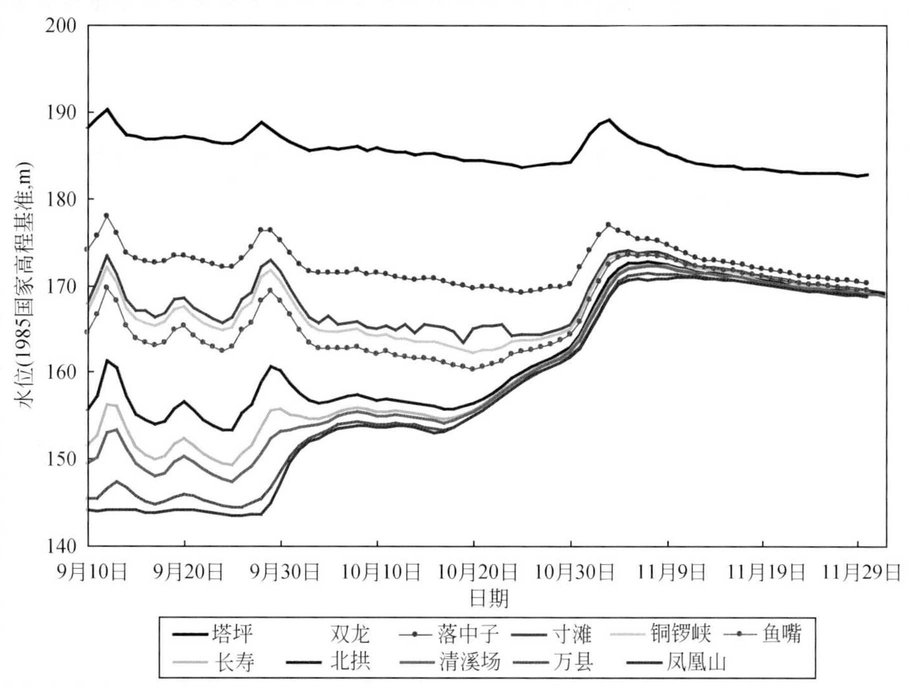

图 7-25　2008 年汛末试验性蓄水期间库区主要测站日平均水位变化过程

2010 年 11 月 2 日，三峡工程坝前水位达到 175m，但入库流量不大。选取入库流量约 10 000m^3/s、区间来水量较小的天然情况与三峡 175m 蓄水后库区沿程水位站同时水位，分别拟定出天然水面线与 175m 蓄水后的回水水面线，三峡坝址 175m 库区回水水面线成果见图 7-27（b）。当坝前水位为 175m，入库流量为 10 000m^3/s 时，尖灭点位于双龙至小南海之间，距坝址约 665km，回水位为 178.7m。

表 7-18（a）　2008 年三峡水库 175m 试验性蓄水前后三峡库区瞬时（8 时）水面线变化情况表

（单位：m）

站名	距大坝距离（km）	9 月 27 日	9 月 28 日	10 月 2 日	10 月 19 日	10 月 31 日	11 月 5 日	11 月 12 日	11 月 30 日	12 月 1 日
朱　沱	757	204.15	205.58	202.23	200.71	201.87	203.42	200.44	198.97	198.97
新街子	703	190.36	191.88	188.83	187.11	188.08	190.02	186.87	185.31	184.82
塔　坪	683	185.83	187.29	184.44	182.79	183.61	185.62	182.54	181.11	180.74
双　龙	669	181.78	183.57	181.36	178.66	179.99	181.88	178.56	176.88	176.53
寸　滩	606	170.34	173.29	169.71	164.95	168.04	175.52	173.84	171.03	170.87
长　寿	535	157.66	159.89	159.32	157.53	165.47	174.07	173.22	170.68	170.87
清溪场	477	150.55	151.75	155.11	156.34	164.86	173.51	173.04	170.66	170.54
白沙沱	437	146.76	147.45	152.45	154.57	163.07	171.66	171.46	169.11	169.02
忠　县	370	147.51	147.96	153.74	156.21	164.69	173.27	173.12	170.79	170.68
万　县	289	146.96	147.22	153.49	156.23	164.66	173.18	173.13	170.84	170.74
奉　节	166	146.37	146.54	153.17	156.03	164.46	172.89	172.93	170.69	170.62

续表

站名	距大坝距离（km）	9月27日	9月28日	10月2日	10月19日	10月31日	11月5日	11月12日	11月30日	12月1日
巫　山	127	146.02	146.10	152.96	155.90	164.30	172.61	172.72	170.52	170.46
巴　东	73	145.64	145.56	152.76	155.90	164.36	172.48	172.74	170.64	170.36
秭　归	38	145.50	145.41	152.72	155.90	164.34	172.41	172.71	170.62	170.35
银杏沱	18	145.47	145.31	152.66	155.92	164.35	172.43	172.75	170.67	170.38
凤凰山	0.5	145.46	145.32	152.69	155.94	164.34	172.41	172.74	170.66	170.37

注：表中水位均采用吴淞基面，下同

表7-18（b）　2008年三峡水库175m试验性蓄水前后三峡库区各站与三峡坝前水位落差统计表

（单位：m）

站名	距大坝距离（km）	9月27日	9月28日	10月2日	10月19日	10月31日	11月5日	11月12日	11月30日	12月1日
朱　沱	757	59.01	60.58	49.86	45.09	37.85	31.33	28.02	28.63	28.92
新街子	703	46.69	48.35	37.93	32.96	25.53	19.40	15.92	16.44	16.24
塔　坪	683	42.15	43.75	33.53	28.63	21.05	14.99	11.58	12.23	12.15
双　龙	669	38.10	40.03	30.45	24.50	17.43	11.25	7.60	8.00	7.94
寸　滩	606	25.09	28.18	17.23	9.22	3.91	3.32	1.31	0.58	0.71
长　寿	535	12.42	14.79	6.85	1.81	1.35	1.88	0.70	0.24	0.72
清溪场	477	5.28	6.62	2.61	0.59	0.71	1.29	0.49	0.19	0.36
白沙沱	437	3.00	3.83	1.46	0.33	0.43	0.95	0.42	0.15	0.35
忠　县	370	2.03	2.62	1.03	0.25	0.33	0.84	0.36	0.11	0.29
万　县	289	1.39	1.79	0.69	0.18	0.21	0.66	0.28	0.07	0.26
奉　节	166	0.89	1.20	0.46	0.07	0.10	0.46	0.17	0.01	0.23
巫　山	127	0.61	0.83	0.32	0.01	0.01	0.25	0.03	-0.09	0.14
巴　东	73	0.18	0.24	0.07	-0.04	0.02	0.07	0.00	-0.02	-0.01
秭　归	38	0.04	0.09	0.03	-0.04	0.00	0.00	-0.03	-0.04	-0.02
银杏沱	18	0.01	-0.01	-0.03	-0.02	0.01	0.02	0.01	0.01	0.01

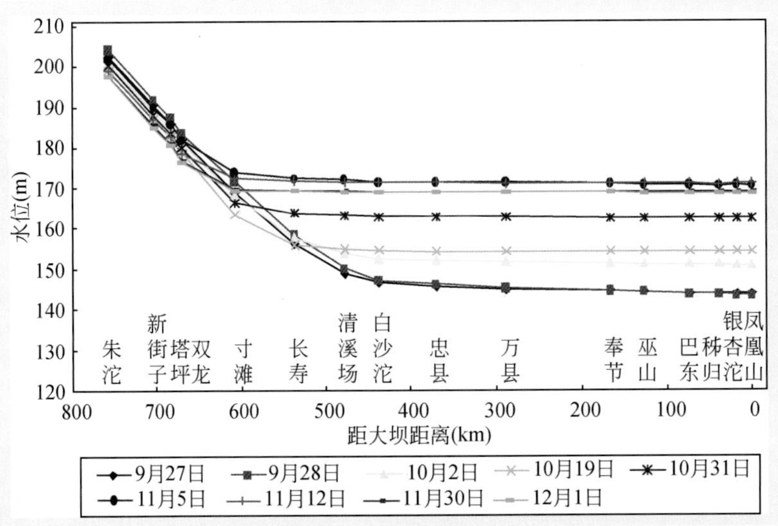

图7-26（a）　2008年三峡水库175m试验性蓄水期库区瞬时水面线

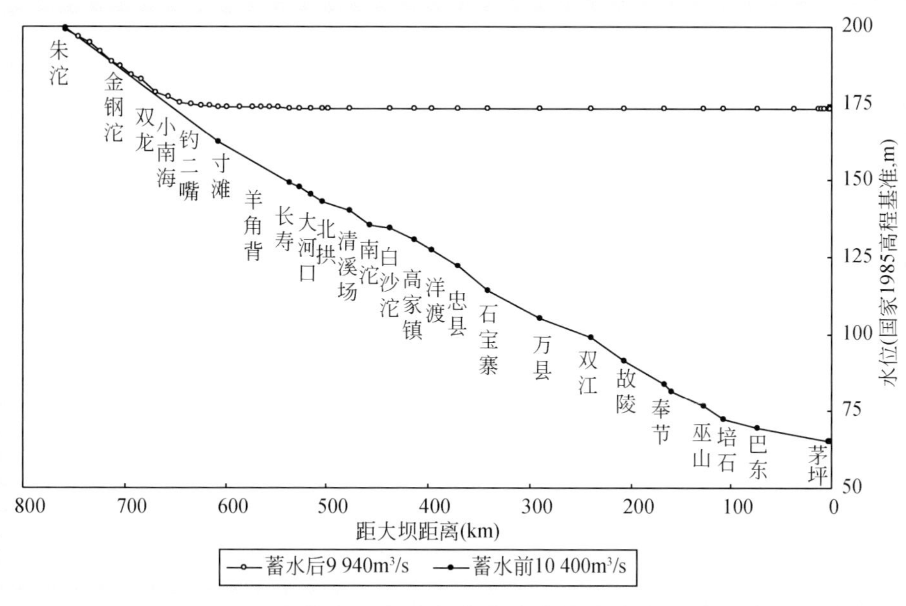

图 7-26（b）　2010 年 11 月同流量下三峡水库坝前水位 175m 时库区水面线与天然水面线对比

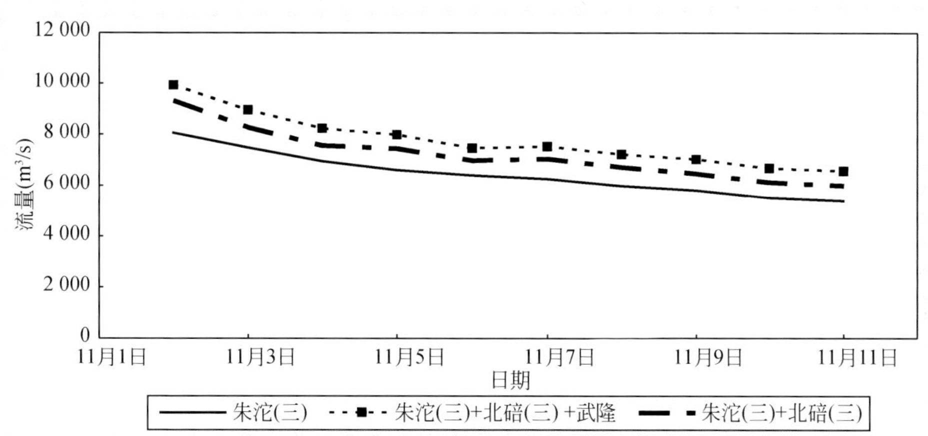

图 7-27（a）　2010 年库区部分站流量变化过程线

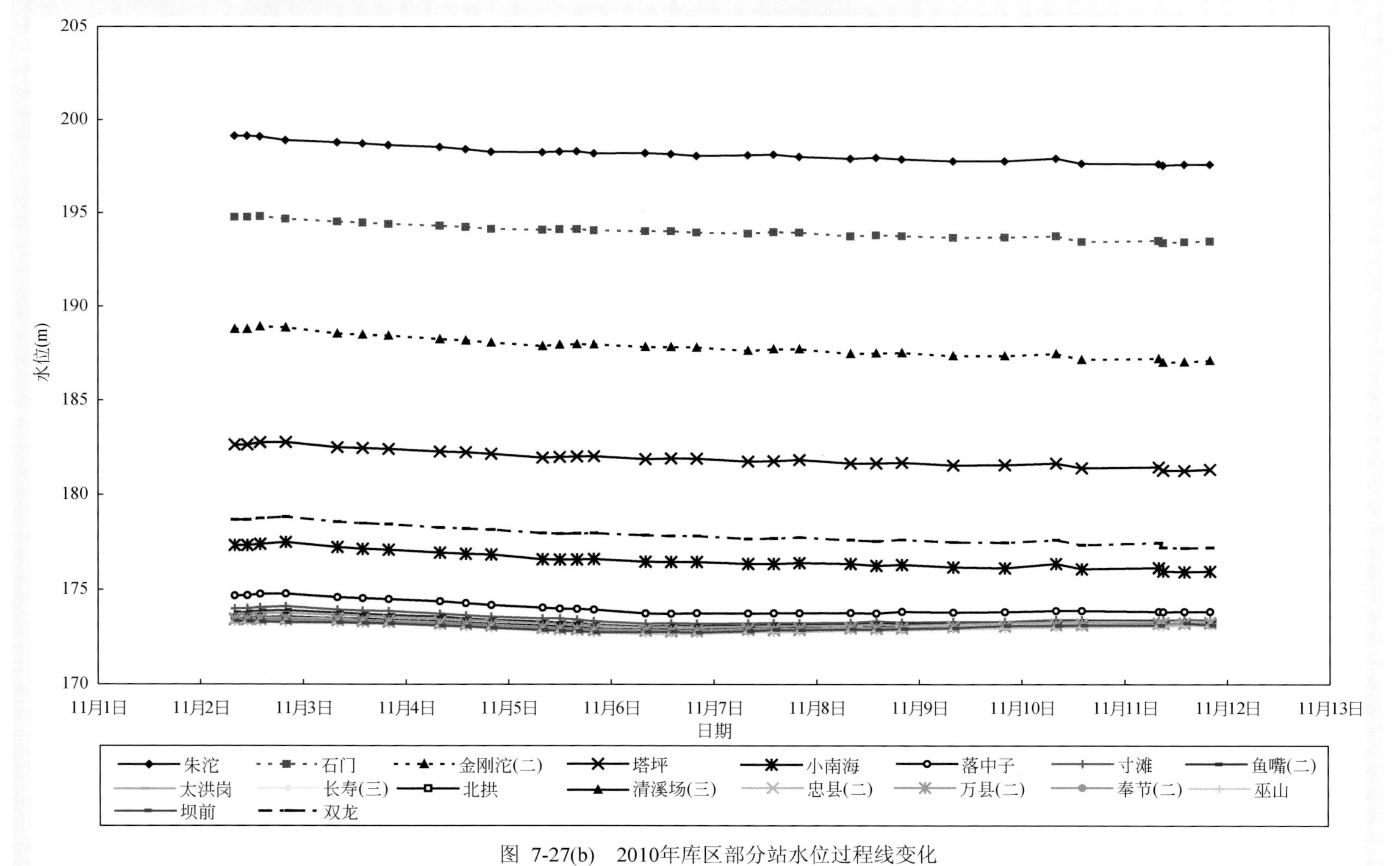

图 7-27(b) 2010年库区部分站水位过程线变化

(2) 水面比降变化

2008 年三峡水库试验性蓄水期间，库区水面比降变化见表 7-19。由表可见：

1）2008 年三峡水库试验性蓄水期间，随着坝前水位上升，库区水面比降逐渐减小，9 月 28 日坝前日平均水位 145.41m，凤凰山至万县河段水面比降为 0.062×10^{-4}，当 11 月 5 日坝前水位 172.41m 时，水面比降减小至 0.023×10^{-4}，11 月 30 日坝前水位 170.66m 时，水面比降减小至 0.002×10^{-4}。万县以上河段水面比降变化较大。其中，万县至清溪场段水面比降由 9 月 28 日的 0.26×10^{-4}减小为 11 月 30 日的 0.006×10^{-4}；清溪场至寸滩河段由 1.67×10^{-4}减小为 0.03×10^{-4}，寸滩至塔坪段则由 2.02×10^{-4}减小为 1.51×10^{-4}。

2）同一时间，库区水面比降由下至上逐渐增大，如 10 月 19 日，库区下段凤凰山至万县河段水面比降为 0.006×10^{-4}，清溪场至寸滩河段水面比降增加到 0.670×10^{-4}，库区上段新街子至朱沱河段进一步增加到 2.246×10^{-4}。

3）蓄水期间，库区近坝段巴东至茅坪水位落差受蓄水的影响逐渐变小，平均落差为 0.05m 左右。

表 7-19　2008 年汛末三峡水库试验性蓄水期间库区水面比降变化　（单位：‰）

河段	9 月 27 日	9 月 28 日	10 月 2 日	10 月 19 日	10 月 31 日	11 月 5 日	11 月 12 日	11 月 30 日	12 月 1 日
朱沱至新街子	2.282	2.265	2.209	2.246	2.282	2.209	2.241	2.258	2.348
新街子至塔坪	2.270	2.300	2.200	2.165	2.240	2.205	2.170	2.105	2.045
塔坪至双龙	2.889	2.654	2.196	2.946	2.582	2.668	2.839	3.018	3.004
双龙至寸滩	2.065	1.881	2.098	2.425	2.146	1.259	0.998	1.178	1.148
寸滩至长寿	1.784	1.885	1.462	1.043	0.360	0.202	0.085	0.047	−0.002
长寿至清溪场	1.232	1.409	0.732	0.211	0.111	0.102	0.037	0.009	0.063
清溪场至白沙沱	0.571	0.698	0.288	0.066	0.071	0.085	0.018	0.010	0.003
白沙沱至忠县	0.144	0.180	0.063	0.011	0.014	0.016	0.008	0.005	0.008
忠县至万县	0.079	0.102	0.042	0.009	0.015	0.022	0.010	0.005	0.004
万县至奉节	0.041	0.048	0.019	0.009	0.009	0.016	0.009	0.005	0.002
奉节至巫山	0.074	0.097	0.038	0.017	0.025	0.056	0.038	0.027	0.025
巫山至巴东	0.079	0.109	0.046	0.009	−0.003	0.033	0.005	−0.014	0.027
巴东至秭归	0.040	0.043	0.011	0.000	0.006	0.020	0.009	0.006	0.003
秭归至银杏沱	0.015	0.050	0.030	−0.010	−0.005	−0.010	−0.020	−0.025	−0.015
银杏沱至凤凰山	0.006	−0.006	−0.017	−0.011	0.006	0.011	0.006	0.006	0.006

(3) 进出库水沙变化过程

1）入库水沙过程。2008 年 9 月 20 日～11 月 30 日，长江干流朱沱站、寸滩站受上游来水影响，均有 2 个较大的洪水过程，第一次洪水过程出现在 9 月 25 日～10 月 2 日；第 2 次洪水过程出现在 10 月 30 日～11 月 11 日［图 7-28（a）］。朱沱站、寸滩站 2 次洪峰过程最大日平均流量如表 7-20（a）所示。

蓄水期间，受上游来沙影响，长江干流朱沱站、寸滩站共出现了 2 次沙峰，9 月 20 日～10 月 2 日出现蓄水期间最大沙峰；10 月 30 日～11 月 11 日出现小沙峰［图 7-28（b）］，输沙率变化过程也基本相似［图 7-28（c）］。朱沱站、寸滩站 2 次沙峰过程最大日平均含沙量、输沙率分别如表 7-20（b）

和表 7-20（c）所示。

2）库区水沙过程。2008 年 9 月 20 日～11 月 30 日，长江干流站清溪场站、万县站受上游来水影响，均有 2 个较大的洪水过程，第一次洪水过程出现在 9 月 25 日～10 月 2 日；第 2 次洪水过程出现在 10 月 30 日～11 月 11 日［图 7-28（a）］。清溪场站、万县站 2 次洪峰过程最大日平均流量如表 7-20（a)所示。

蓄水期间，清溪场站、万县站共出现了 2 次沙峰，且万县站由于受水库蓄水回水波的影响，其洪峰流量小于清溪场站。9 月 20 日～10 月 2 日出现蓄水期间最大沙峰；10 月 30 日～11 月 11 日出现小沙峰［图 7-28（b）］。输沙率变化过程与日平均含沙量变化过程基本相似［图 7-28（c）］。清溪场站、万县站 2 次沙峰过程最大日平均含沙量、输沙率分别如表 7-20（b）和表 7-20（c）所示。

3）出库水沙过程。2008 年 9 月初至试验性蓄水前，三峡出库（黄陵庙站）最大流量为 35 900m³/s (9 月 13 日)，9 月 20 日水库下泄最大流量为 26 200m³/s。

9 月 28 日三峡水库开始试验性蓄水后，受蓄水影响，出库流量明显下降，至 10 月 6 日下泄流量仅为 13 200m³/s；10 月 8 日～10 月 16 日出库平均流量为 16 100 m³/s；此后水库又进行新的一轮蓄水，出库流量明显下降，10 月 16 日～11 月 2 日平均出库流量仅为 7700 m³/s；11 月 2 日后水库上游又来了一次小的洪水过程，出库流量逐步加大，至 11 月 7 日达到最大下泄流量 26 400m³/s，此次洪水后，出库流量即下降，至 11 月底流量降至 8530m³/s。

三峡水库试验性蓄水前，在 9 月 13 日的洪水过程，形成了黄陵庙站、宜昌站的一次明显沙峰过程，其中黄陵庙站最大含沙量为 0. 211kg/m³，宜昌站为 0. 205kg/m³，此后水流含沙量下降明显，至 9 月 27 日，黄陵庙站含沙量降至 0. 043kg/m³，宜昌站降至 0. 039kg/m³；9 月 28 日水库蓄水开始后，由于上游水库形成了一次小的洪水过程，9 月 29 日黄陵庙站、宜昌站均有一次小幅的沙峰出现，黄陵庙站、宜昌站最大含沙量分别为 0. 055kg/m³、0. 058kg/m³，此后两站的水流含沙量逐步降低，至 12 月 2 日，含沙量仅分别为 0. 003kg/m³、0. 008kg/m³［图 7-28（d）］。

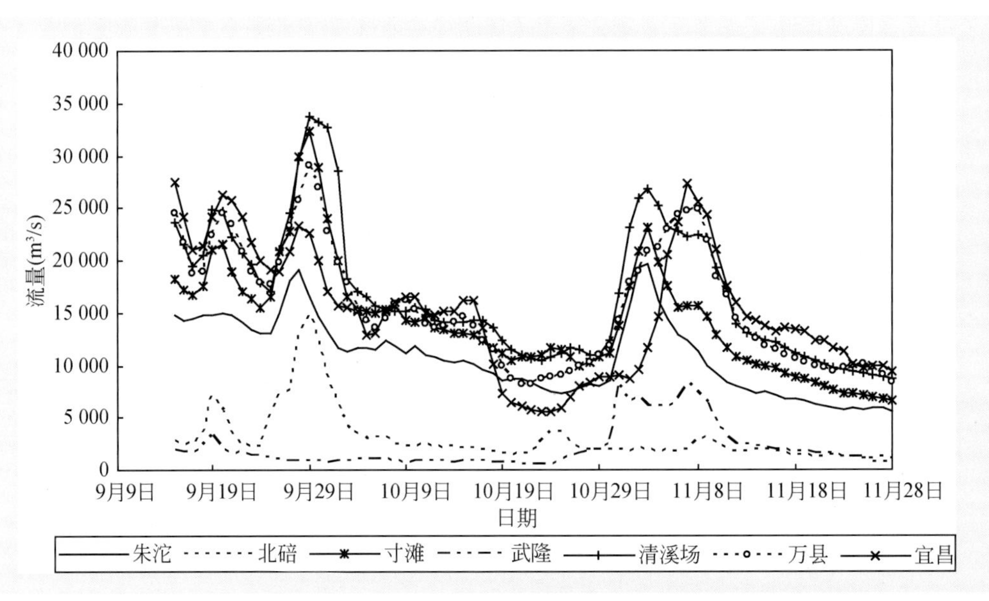

图 7-28（a） 2008 年汛末三峡试验性蓄水期间各控制站日均流量过程线图

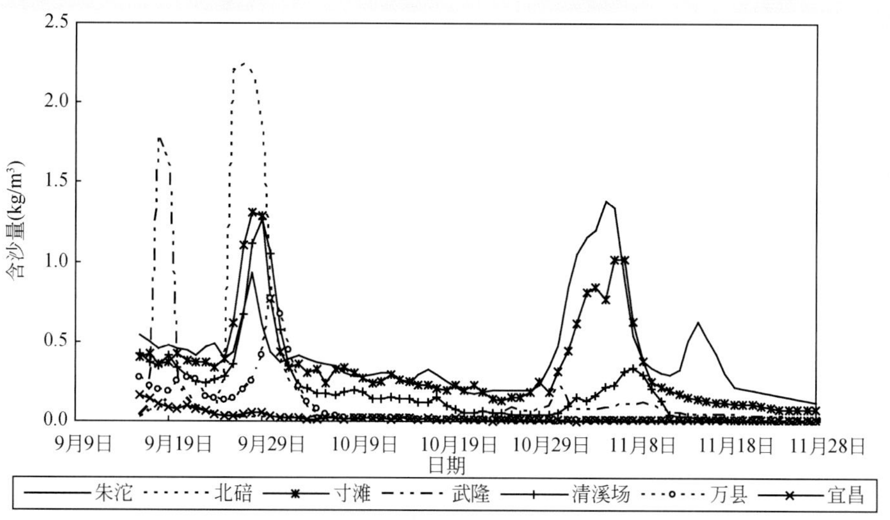

图 7-28（b） 2008 年汛末三峡试验性蓄水期间各控制站日均含沙量过程线图

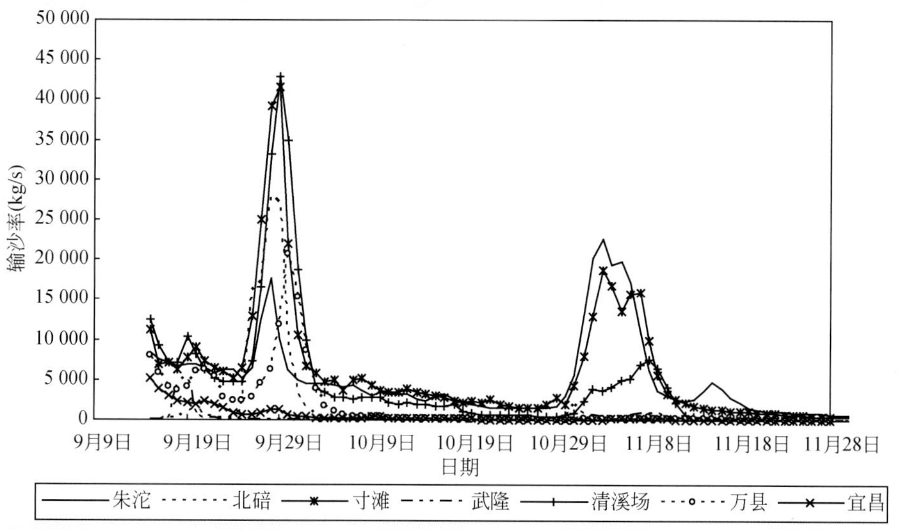

图 7-28（c） 2008 年汛末三峡试验性蓄水期间各控制站日均输沙率过程线图

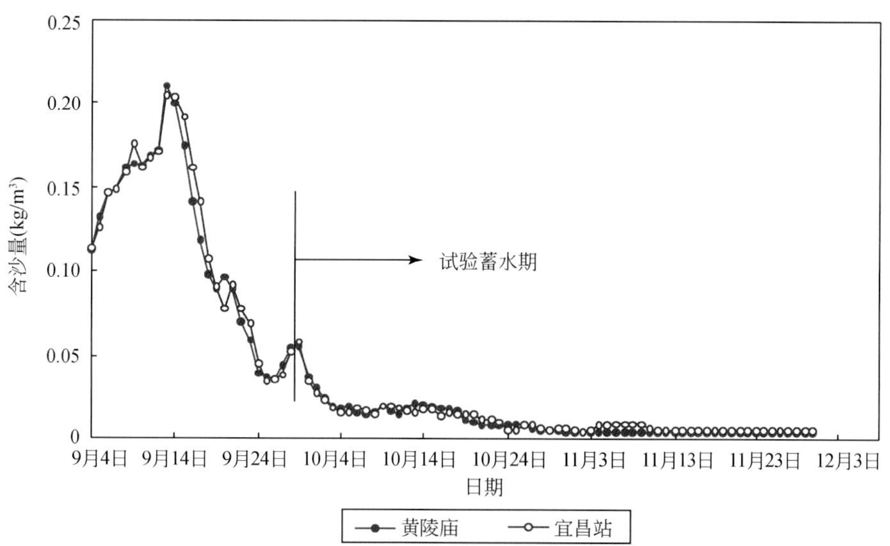

图 7-28（d） 2008 年汛末三峡试验性蓄水期间黄陵庙、宜昌站含沙量变化过程线

表 7-20（a） 2008 年试验性蓄水期间长江干流 2 次洪峰过程最大日平均流量对照表

（单位：m^3/s）

涨水过程起止时间	朱沱		寸滩		清溪场		万县	
	流量	日期	流量	日期	流量	日期	流量	日期
9 月 20 日 ~10 月 2 日	19 100	9 月 28 日	32 300	9 月 29 日	33 800	9 月 29 日	29 000	9 月 29 日
10 月 30 日 ~11 月 11 日	19 600	11 月 3 日	23 200	11 月 3 日	26 800	11 月 3 日	24 600	11 月 8 日

表 7-20（b） 2008 年试验性蓄水期间长江干流 2 次洪峰过程最大日平均输沙率对照表（单位：t/s）

涨水过程起止时间	朱沱		寸滩		清溪场		万县	
	输沙率	日期	输沙率	日期	输沙率	日期	输沙率	日期
9 月 28 日 ~10 月 2 日	17.7	9 月 28 日	41.8	9 月 29 日	43	9 月 29 日	11.8	9 月 29 日
10 月 30 日 ~11 月 11 日	22.7	11 月 3 日	18.8	11 月 3 日	7.49	11 月 8 日	0.312	11 月 8 日

表 7-20（c） 2008 年峡试验性蓄水期间长江干流 2 次洪峰过程最大日平均含沙量对照表（单位：kg/m^3）

涨水过程起止时间	朱沱		寸滩		清溪场		万县	
	含沙量	日期	含沙量	日期	含沙量	日期	含沙量	日期
9 月 28 日 ~10 月 4 日	0.927	9 月 28 日	1.31	9 月 28 日	1.27	9 月 29 日	0.77	9 月 30 日
10 月 30 日 ~11 月 11 日	1.34	11 月 6 日	1.02	11 月 6 日	0.334	11 月 8 日	0.005	10 月 30 日

（4）库区泥沙淤积

在 2008 年汛末三峡水库试验性蓄水期间，库区水位抬升幅度大、水流变缓，水流挟沙能力减小，库区淤积较为明显，水库排沙效果也明显降低，但由于近年来 9、10 月三峡入库泥沙大幅度减小，水库泥沙淤积量不大。9 月 28 日 ~11 月 4 日三峡入库平均流量为 16 500m^3/s，较 1956 ~ 1990 年同期均值偏大约 4%，平均输沙率为 7500kg/s，则 1956 ~ 1990 年同期均值则偏小 27%，平均含沙量为 0.455kg/m^3。期间，入库悬移质泥沙为 2399 万 t，出库泥沙为 81 万 t，库区淤积泥沙约为 2318 万 t，水库排沙比为 3.4%。其中，寸滩站以上河段由于受蓄水影响相对较小，冲淤变化不大，朱沱至寸滩段淤积量仅为 70 万 t，占库区总淤积量的 3%。受三峡坝前水位抬高的影响，寸滩至清溪场淤积泥沙 623 万 t，占库区总淤积量的 27%；清溪场至万县段淤积泥沙 1099 万 t，占库区总淤积量的 48%；万县至大坝段淤积泥沙 518 万 t，占库区总淤积量的 22%。因此，2008 年三峡水库试验性蓄水期间，即使入库沙量不大，但由于水库坝前水位抬升近 27m，回水末端上延，清溪场以上库段受蓄水影响更加明显，其泥沙淤积量和淤积比重均有所增加。

2010 年试验性蓄水期间，9 月 10 日至 10 月 26 日三峡入库沙量为 2489 万 t，出库沙量为 133 万 t，水库淤积量为 2356 万 t，排沙比为 5.4%，同 2008 年和 2009 年蓄水阶段相比，未发生明显变化。从库区淤积沿程分布来看，朱沱至寸滩段淤积量占库区总淤积量的 3%；寸滩至清溪场段淤积泥沙占库区总淤积量的 36%；清溪场至大坝段淤积泥沙则占库区总淤积量的 61%。

7.3 三峡水库出库水沙特性

1950～2002 年，宜昌站年均径流量为 4369 亿 m^3；2003～2011 年，宜昌站年均径流量为 3903 亿 m^3，与 1950～2002 年均值相比，径流量减小了 461 亿 m^3，减幅 10.5%。按照宜昌、寸滩和武隆站 1956～2002 年同步观测资料统计，1956～2002 年长江上游（寸滩+武隆）年均来水量为 3936 亿 m^3，宜昌站年均径流量为 4329 亿 m^3。按此估算，三峡区间来水量为 393 亿 m^3，占宜昌站径流量的 9.1%。

2003～2011 年，长江上游（寸滩+武隆）年均径流量为 3690 亿 m^3，与 1956～2002 年均值相比，径流量减小了 283 亿 m^3（减幅 7.2%），占同期宜昌站减水量 461 亿 m^3的 61%。如果考虑将三峡蓄水量 340 亿 m^3（按三峡水库蓄水位 172m 库容和天然河道槽蓄量计算）进行还原计算（年均蓄水量为 38 亿 m^3），还原后的宜昌站 2003～2011 年年均径流量为 3941 亿 m^3，区间来水量为 251 亿 m^3，占宜昌站径流量的 6.4%。

此外，20 世纪 90 年代以来随着长江上游一些大中型水库（水电工程）的陆续建成，这些水库大多采用汛末或汛后蓄水、汛前消落的调度方式，使得长江上游汛末、汛后 9、10、11 月流量有所减小。如 1991～2002 年与 1950～1990 年相比，宜昌站月均流量则分别减小了 4500 m^3/s、2400 m^3/s、400m^3/s，减幅分别为 17%、13% 和 4%；宜昌站枯水期 1～4 月流量 310～480 m^3/s，增幅 7%～11%。

2003 年三峡水库蓄水运用后，这种现象仍然持续，加之三峡水库也采用了汛后蓄水、汛前消落的调度方式，导致坝下游 9、10、11 月宜昌站月均流量分别减小 4740 m^3/s、6600 m^3/s、1070 m^3/s，减幅 11%～36%；2、3、4 月宜昌站平均流量增大了 930m^3/s、1050m^3/s、550 m^3/s，增幅 8%～25%，分别如表 7-21、图 7-29、图 7-30（a）和图 7-30（b）所示。

表 7-21　宜昌站 2003～2011 年月均流量、输沙率变化统计表

	项目	1月	2月	3月	4月	5月	6月	7月	8月	9月	10月	11月	12月	全年
流量（m^3/s）	三峡蓄水前	4 270	3 840	4 310	6 610	11 600	18 000	30 000	27 400	25 400	18 000	10 000	5 870	13 800
	1950～1990 年	4 200	3 760	4 200	6 510	11 700	17 800	29 900	27 300	26 400	18 600	10 100	5 840	13 900
	1991～2002 年	4 510	4 080	4 690	6 950	11 400	18 700	30 500	27 700	21 900	16 200	9 700	5 970	13 600
	2003～2011 年	4 760	4 690	5 250	7 060	11 200	16 500	25 800	23 800	21 700	12 000	9 030	5 620	12 400
	距平百分率 1	11%	22%	22%	7%	-4%	-8%	-14%	-13%	-15%	-33%	-10%	-4%	-10%
	距平百分率 2	13%	25%	25%	8%	-5%	-7%	-14%	-13%	-18%	-36%	-11%	-4%	-11%
	距平百分率 3	6%	15%	12%	2%	-2%	-12%	-15%	-14%	-1%	-26%	-7%	-6%	-9%
输沙率（kg/s）	三峡蓄水前	207	120	303	1 730	7 860	20 200	57 800	46 400	33 300	12 900	3 730	738	15 600
	1950～1990 年	247	139	371	2 060	9 180	21 200	60 200	47 700	36 500	13 900	4 180	899	16 500
	1991～2002 年	74	59	78	654	3 460	16 700	49 700	42 300	22 800	9 310	2 240	200	12 400
	2003～2011 年	24	20	23	51	179	638	5 900	6 070	5 030	404	63	27	1 550
	距平百分率 1	-89%	-83%	-92%	-97%	-98%	-97%	-90%	-87%	-85%	-97%	-98%	-96%	-90%
	距平百分率 2	-90%	-85%	-94%	-98%	-98%	-97%	-90%	-87%	-86%	-97%	-98%	-97%	-91%
	距平百分率 3	-68%	-65%	-70%	-92%	-95%	-96%	-88%	-86%	-78%	-96%	-97%	-86%	-88%

①三峡蓄水前径流量和输沙量资料统计年份为 1950～2002 年；②距平百分率 1、2、3 分别为 2003～2011 年与蓄水前多年均值、1990 年前、1991～2002 年均值的变化率

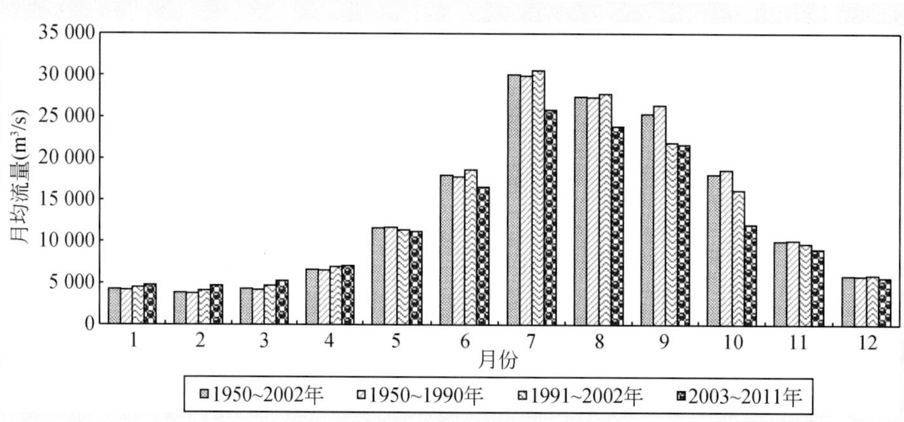

图 7-29　长江干流宜昌站月平均流量变化

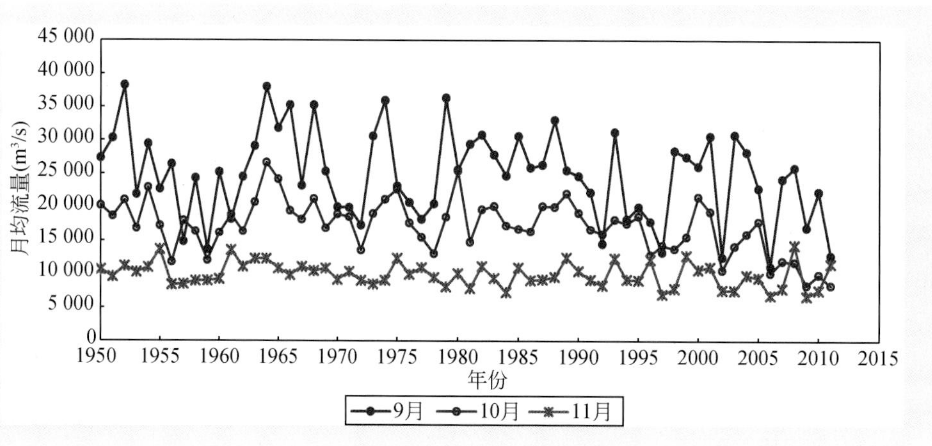

图 7-30（a）　宜昌站 9、10、11 月平均流量变化过程

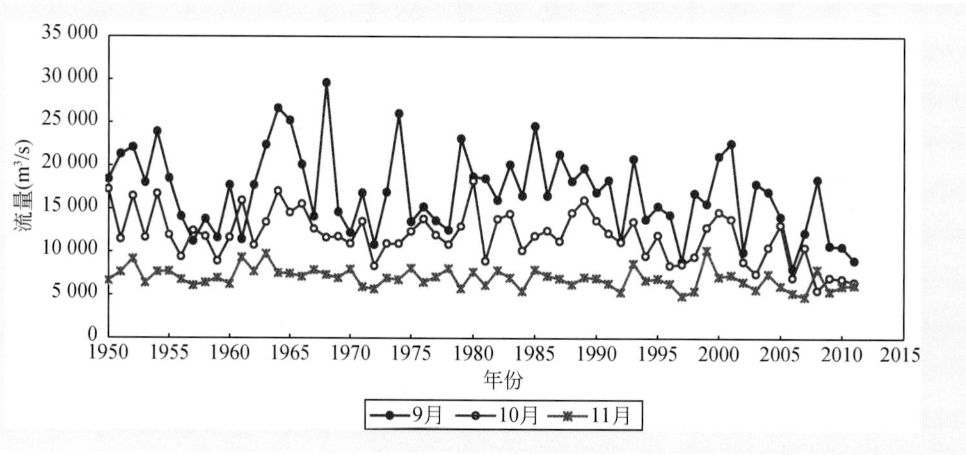

图 7-30（b）　宜昌站 9、10、11 月最小流量变化过程

三峡水库蓄水运用前，1950 ~ 2002 年宜昌站年均输沙量为 4. 92 亿 t，三峡水库于 2003 年 6 月蓄水后，水库拦截了上游来沙的 70% 左右，出库沙量大幅减小，2003 ~ 2011 年宜昌站年均输沙量为 0. 488 亿 t，与蓄水前均值相比，减幅达 90%，各月输沙率也大幅减小（图 7-31）；另一方面，三峡水库拦截了长江上游悬移质泥沙中绝大部分粗颗粒泥沙，出库悬移质泥沙粒径明显变细，2003 ~ 2011 年

宜昌站悬沙中值粒径为 0.005mm，与蓄水前的 0.009mm 相比，出库泥沙粒径明显偏细，粒径大于 0.125mm 的粗颗粒泥沙含量也由 9.0% 减小至 6.4% [表 7-2、图 7-32（a）和图 7-32（b）]，特别是 2009 年粗颗粒泥沙含量减小为 1.5%，中值粒径则变细为 0.003mm。

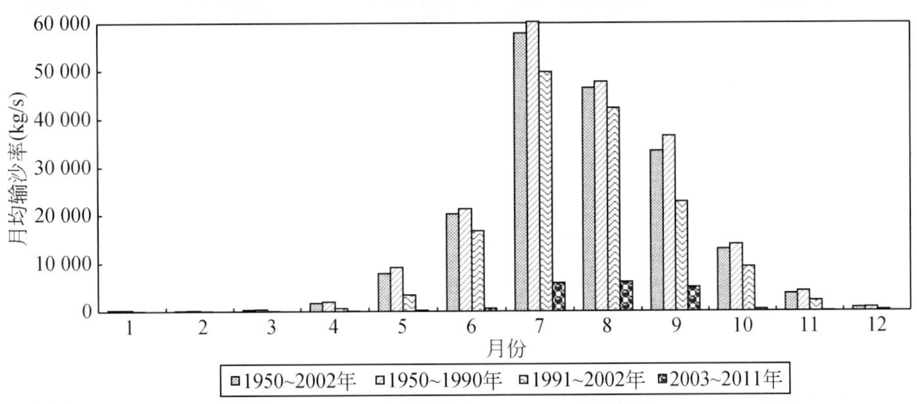

图 7-31　长江干流宜昌站月平均输沙率变化

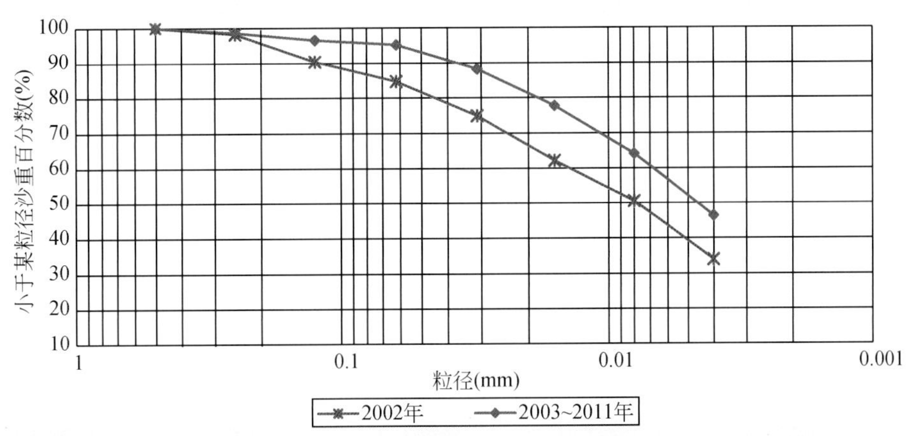

图 7-32（a）　长江干流黄陵庙站悬移质泥沙颗粒级配变化

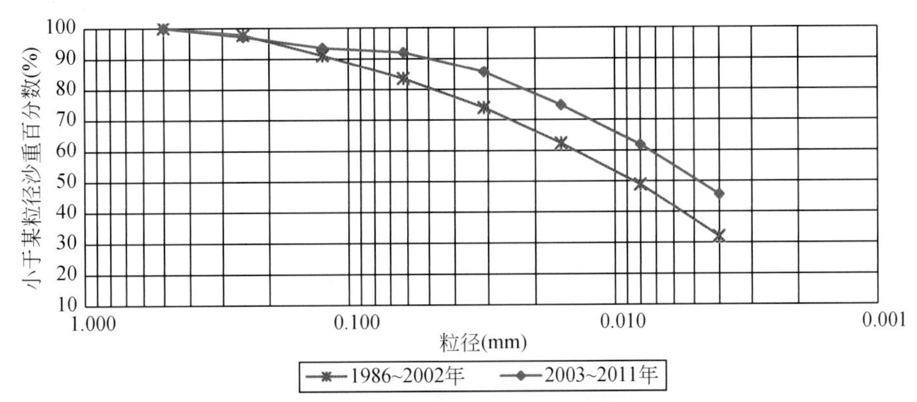

图 7-32（b）　长江干流宜昌站悬移质泥沙颗粒级配变化

7.4 三峡水库坝下游水沙特性

7.4.1 长江中下游干流水沙特性

三峡水库蓄水运用前，长江流域悬移质泥沙大多来自上游地区。上游控制站宜昌站多年平均径流量为4369亿m^3，仅占大通站的48.3%；年均输沙量为4.92亿t/a，进入中下游平原后，因河谷展宽，河床比降变缓，长江中下游河道、通江湖泊的沉积，输沙量沿程变小，至大通站年均输沙量则减小为4.27亿t/a。从含沙量沿程变化来看，由于荆江分流分沙，以及其他含沙量较小的支流如洞庭湖水系、汉江、鄱阳湖水系的进一步稀释，含沙量沿程降低幅度更大，由宜昌站的1.13 kg/m^3沿程减小至汉口站的0.560kg/m^3，大通站仅为0.472kg/m^3。

20世纪90年代后，受上游来沙量减小影响，长江中下游干流输沙量也呈减小态势，如宜昌站1991～2002年年均输沙量为3.91亿t，较1950～1990年均值减小了1.30亿t，减幅为25%；其下游干流汉口、大通站沙量也分别减小了1.14亿t、1.31亿t，减幅分别为27%、29%，无论是沙量减小值还是减幅都与宜昌站基本相当。三峡水库蓄水运用后，长江中下游水沙发生了明显变化。主要表现在以下5个方面。

1）三峡水库蓄水运用后，由于长江上游来水偏枯，长江中下游干流径流量偏少，年内分配规律发生变化。

1950～2002年，宜昌站年均径流量为4369亿m^3；2003～2011年，宜昌站年均径流量为3903亿m^3，与1950～2002年均值相比，径流量减小了461亿m^3，减幅10.5%，其中，期间三峡水库总蓄水量为340亿m^3，年均蓄水量为38亿m^3，占径流减少量的8.2%。

此外，20世纪90年代以来随着长江上游一些大中型水库（水电工程）的陆续建成，这些水库大多采用汛末或汛后蓄水、汛前消落的调度方式，使得长江上游汛末、汛后的9、10、11月流量有所减小。如1991～2002年与1950～1990年相比，宜昌站月均流量则分别减小了4500m^3/s、2400m^3/s、400m^3/s，减幅分别为17%、13%和4%；枯水期1～4月流量则有所增大，宜昌站流量增大310～480m^3/s，增幅7%～11%。

2003年三峡水库蓄水运用后，这种现象仍然持续，2003～2011年与1950～1990年相比，9～11月寸滩站流量分别减小2810m^3/s、2440m^3/s、343m^3/s，减幅4%～16%，而2～4月则分别增大了509m^3/s、800m^3/s、297m^3/s，增幅7%～26%；三峡水库也采用了汛后蓄水、汛前消落的调度方式，导致坝下游9～11月宜昌站月均流量分别减小4740m^3/s、6600m^3/s、1070 m^3/s，减幅11%～36%；2～4月宜昌站平均流量增大了930m^3/s、1050m^3/s、550 m^3/s，增幅8%～25%。

2）由于长江上游来沙大幅偏少，加之三峡水库蓄水运用后，水库的拦沙作用，长江中下游干流输沙量大幅减小，泥沙来源和地区组成发生新变化。

三峡水库蓄水运用前，长江中下游的泥沙绝大部分来自于长江上游地区。如1950～2002年宜昌、大通站年均输沙量分别为4.92亿t、4.27亿t，除去荆江三口年均分沙量1.23亿t（表7-30），长江上游来沙量占大通站沙量的86%，洞庭湖、汉江、鄱阳湖来沙量分别为0.429亿t、0.382亿t、0.099亿t，分别占大通站沙量的10%、9%和2%，还有部分泥沙来自于其他支流如陆水、富水、滠水、倒水、举水、巴河、浠水、蕲河、皖河、青弋江、水阳江等，据1950～1980年资料统计，这些支流年均来沙量之和约为920万t，占大通站沙量的2%。另外还有部分泥沙淤积在河道内。

三峡水库于2003年6月蓄水后，水库拦截了上游来沙的70%左右，坝下游沙量大幅减小。与蓄水前多年均值相比，2003～2011年坝下游各控制站径流表现为不同程度的偏枯，偏小幅度均在11%以内；输沙量减小更为明显，各站减幅均在60%以上，且减小幅度沿程递减，宜昌、汉口和大通站输沙量分别为0.488亿t、1.13亿t和1.43亿t，与蓄水前均值相比，减幅分别为89%、69%和63%。三峡水库蓄水运用前后长江中下游主要水文站径流量、输沙量和含沙量统计如表7-22、图7-33（a）和图7-33（b）所示。

另外，三峡水库蓄水运用后，长江中下游泥沙来源发生了显著变化，大通站泥沙大部分来自于区间来沙和河床冲刷。除去荆江三口年均分沙量0.113亿t，长江上游来沙量仅占大通站沙量的34%，洞庭湖、汉江、鄱阳湖来沙量分别占9%、12%和9%，陆水、富水、滠水、倒水、举水、巴河、烯水、薪河、皖河、青弋江、水阳江等支流来沙占6%，另外还有约30%的泥沙来自于河道冲刷。

表7-22　长江中下游干流主要水文站径流量和输沙量与多年平均对比

	项目	宜昌	枝城	沙市	监利	螺山	汉口	大通
径流量（10^8m^3）	2002年前平均	4 369	4 450	3 942	3 576	6 460	7 111	9 052
	2003～2011年平均	3 903	4 001	3 706	3 584	5 763	6 596	8 194
	变化率	-11%	-10%	-6%	0%	-11%	-7%	-9%
输沙量（10^4t）	2002年前平均	49 200	50 000	43 400	35 800	40 900	39 800	42 700
	2003～2011年平均	4 880	5 960	7 010	8 460	9 600	11 300	14 300
	变化率	-90%	-88%	-84%	-76%	-77%	-72%	-67%
含沙量（kg/m^3）	2002年前平均	1.13	1.12	1.1	1	0.633	0.56	0.472
	2003～2011年平均	0.13	0.15	0.19	0.24	0.17	0.17	0.17
	变化率	-89%	-87%	-83%	-76%	-74%	-69%	-63%

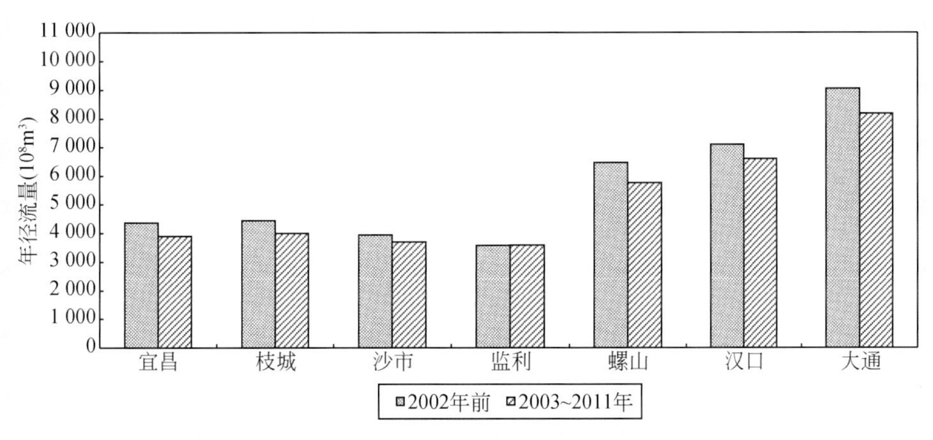

图7-33（a）　三峡水库蓄水运用前后坝下游主要水文站年均径流量变化对比

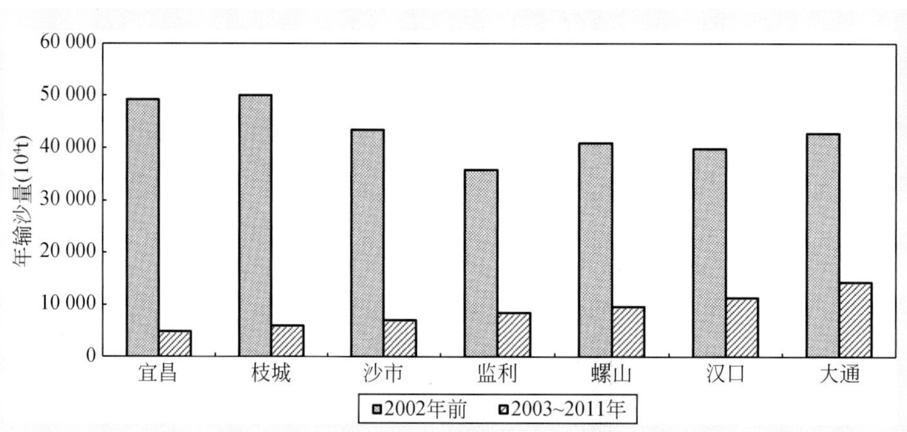

图 7-33（b） 三峡水库蓄水运用前后坝下游主要水文站年均输沙量对比

3）三峡水库蓄水运用促进了长江中游江、湖泥沙冲淤格局的进一步调整。

三峡水库蓄水运用前，随着荆江三口的逐渐淤积萎缩、分沙比逐渐减小，洞庭湖的沉沙功能逐渐减弱，1956～1988 年洞庭湖区和螺山至汉口段每年淤积总量基本在 1.8 亿 t/a 左右，但淤积部位发生了变化，两者占总淤积量的比重分别由 1956～1966 年的 85%、15% 变化为 55%、45%，洞庭湖湖区淤积量逐渐减小，螺山至汉口段淤积量则有所增加（图 7-34）。

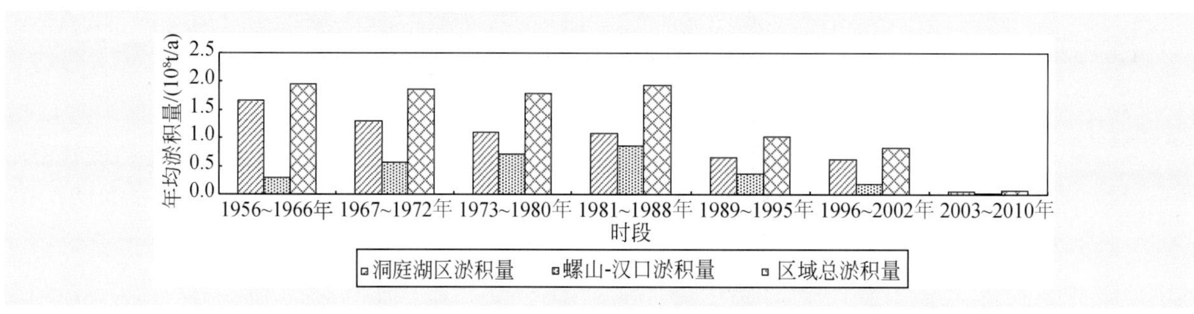

图 7-34 不同时期长江干流螺山至汉口段与洞庭湖区淤积分配变化

1991～2002 年，长江上游输沙量减小，荆江三口分沙量大幅减小，洞庭湖区、螺山至汉口段淤积量也均呈减小趋势，其年均总淤积量减小为 1.0 亿 t/a 左右，但淤积部位有所调整，洞庭湖湖区泥沙淤积相对增多，其占总淤积量的比重变化增大至 70%，螺山至汉口段淤积则相对减小，比重减小至 30%。

三峡水库运用后，坝下游沙量继续大幅度减小，促进了长江中游江湖泥沙冲淤格局的进一步调整。一方面，通过荆江三口进入洞庭湖的泥沙也大幅减小，加之湖南四水入湖沙量也有所减小，洞庭湖湖区淤积大为减缓，2003～2010 年年均淤积量减小为 0.051 亿 t/a；另一方面，螺山至汉口段河床则略淤泥沙 0.014 亿 t/a。两者总淤积量也减小为 0.065 亿 t/a，其占总淤积量的比重分别为 80%、20%。可以预计，随着三峡水库蓄水运用时间的推移，坝下游河床冲刷逐渐向下游发展，螺山至汉口河段将会出现一定的冲刷，长江中游螺山至汉口段与洞庭湖之间的泥沙分配格局将会发生更深刻的变化。

4）三峡水库拦截了长江上游悬移质泥沙中绝大部分粗颗粒泥沙，出库悬移质泥沙粒径明显变细，但由于坝下游河床冲刷，导致悬移质泥沙粗颗粒含量沿程增多，粒径变粗。

三峡水库蓄水运用前后，坝下游宜昌、枝城、沙市、监利、螺山、汉口、大通各站悬沙级配和悬沙中值粒径变化见表7-23，各站悬沙级配曲线如图7-35（a）～图7-35（f）所示。由表可见，三峡蓄水前，宜昌站悬沙多年平均中值粒径为0.009mm，至螺山站悬沙多年平均中值粒径变粗为0.012mm，粒径大于0.125mm的泥沙含量由宜昌站的9.0%增大至13.5%；大通站悬沙中值粒径变细为0.008mm，粒径大于0.125mm的泥沙含量也减少至6.8%。

表7-23 三峡水库坝下游主要控制站不同粒径级沙重百分数对比表

粒径范围（mm）	测站 / 时段	黄陵庙	宜昌	枝城	沙市	监利	螺山	汉口	大通
		沙重百分数（%）							
d≤0.031	多年平均		73.9	74.5	68.8	71.2	67.5	73.9	73.0
	2003～2011年	88.2	85.6	71.0	58.7	46.7	60.6	62.2	75.3
0.031<d≤0.125	多年平均		17.1	18.6	21.4	19.2	19.0	18.3	19.3
	2003～2011年	8.4	8.0	10.9	13.1	18.7	14.5	16.4	17.6
d>0.125	多年平均		9.0	6.9	9.8	9.6	13.5	7.8	7.8
	2003～2011年	3.4	6.4	18.1	28.4	35.4	24.9	20.8	7.1
中值粒径	多年平均		0.009	0.009	0.012	0.009	0.012	0.010	0.009
	2003～2011年	0.005	0.005	0.008	0.016	0.043	0.014	0.014	0.008

宜昌、监利站多年平均统计年份为1986～2002年；枝城站多年平均统计年份为1992～2002年；沙市站多年平均统计年份为1991～2002年；螺山、汉口、大通站多年平均统计年份为1987～2002年

三峡水库蓄水后，一方面大部分粗颗粒泥沙被拦截在库内，2003～2011年宜昌站悬沙中值粒径分别为0.005mm，与蓄水前的0.009mm相比，出库泥沙粒径明显偏细；另一方面，坝下游水流含沙量大幅度减小，河床沿程冲刷，干流各站悬沙明显变粗，粗颗粒泥沙含量明显增多（除大通站变化不大外），其中尤以监利站最为明显，2003～2011年其中值粒径由蓄水前的0.009mm变粗为0.043mm，粒径大于0.125mm的沙重比例也由9.6%增多至35.4%；另外，虽然近年来由于长江上游来沙的大幅度减小加之三峡水库的拦沙作用，使得宜昌以下各站输沙量大幅减小，但河床沿程冲刷，导致各站粒径大于0.125mm的沙量减小幅度明显小于全沙，如监利站粗沙量已基本恢复到蓄水前的水平（表7-24）。

表7-24 三峡水库坝下游主要控制站粗颗粒（$D>0.125$mm）沙量变化统计表

测站 / 时段	宜昌	枝城	沙市	监利	螺山	汉口	大通
	粗颗粒沙量（万t）						
多年平均	4430	3450	4250	3440	5520	3100	3330
2003～2011年	312	1079	1991	2995	2390	2350	1015
变化率	-93%	-69%	-53%	-13%	-57%	-24%	-70%
（相应悬沙变化率）	（-89%）	（-87%）	（-83%）	（-76%）	（-74%）	（-69%）	（-63%）

5）长江上游的推移质泥沙基本被三峡大坝拦截在库内，出库推移质泥沙继续大幅度减小，但由于河床冲刷，宜昌以下沙质推移质泥沙有所增多。

由表7-6可见，2003～2011年三峡入库寸滩和武隆站砾卵石年均推移量为11.6万t，水库蓄水后基本都淤积在万县以上库段内，至万县站年均推移量仅为0.23万t。

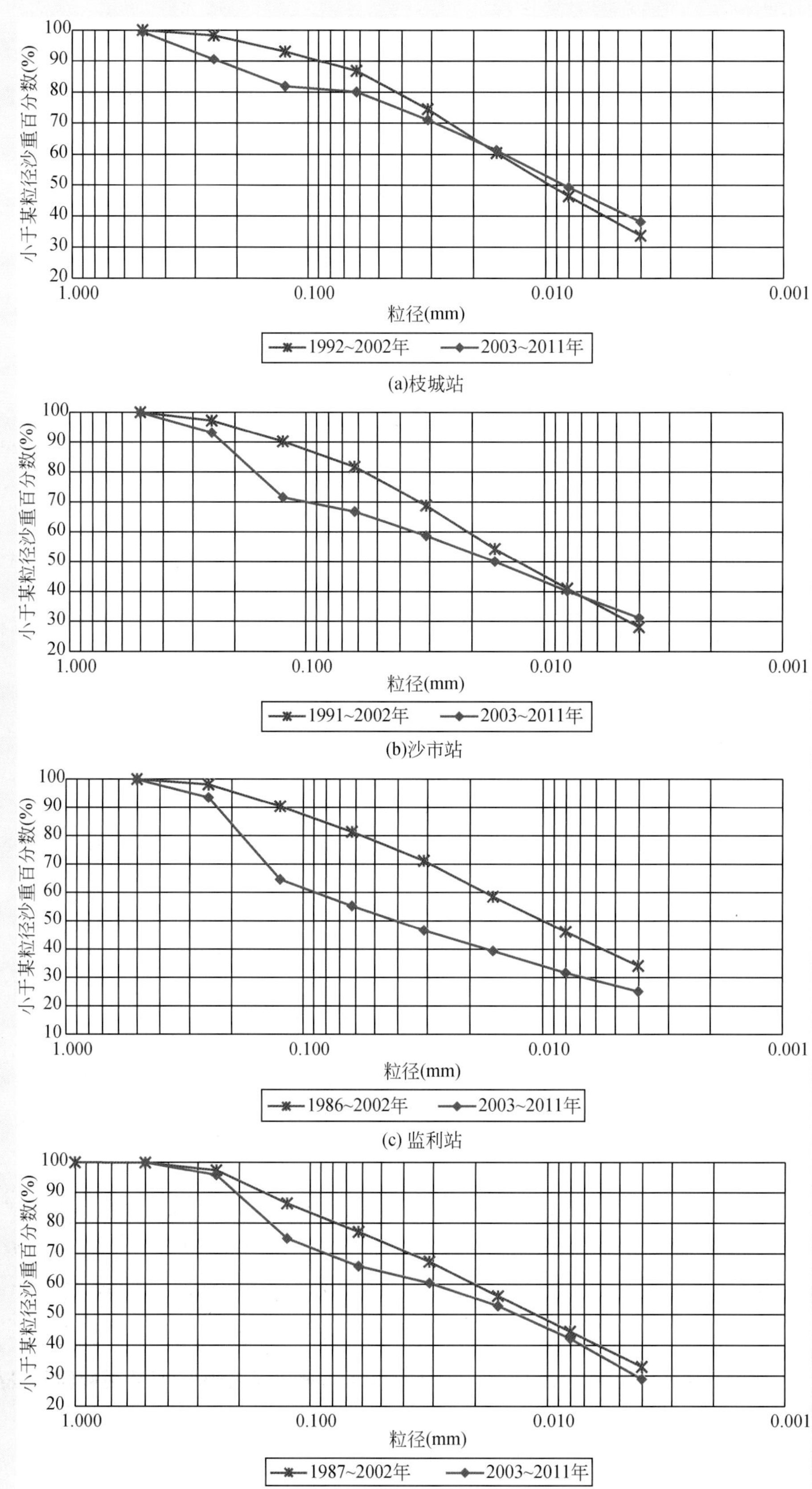

(a)枝城站

(b)沙市站

(c) 监利站

(d) 螺山站

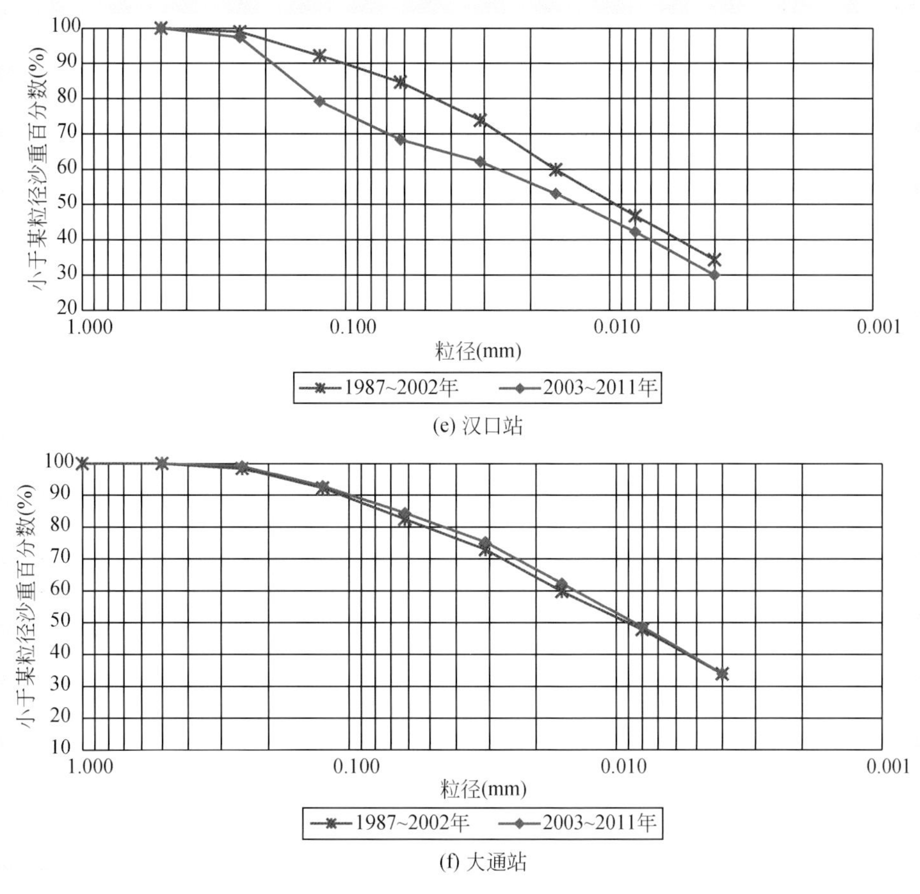

(e) 汉口站

(f) 大通站

图 7-35　三峡水库蓄水运用前后坝下游各站悬移质泥沙颗粒级配变化

葛洲坝水利枢纽建成前，1973～1979 年宜昌站断面卵石年输移量为 24. 8 万～183 万 t，平均为 75. 8 万 t；沙、砾石推移质输移量为 800 万～1000 万 t，平均为 878 万 t。葛洲坝水利枢纽建成后的前两年，即 1981 年、1982 年，大坝虽拦截了上游的大部分推移质，但由于坝下游河床补给量较大（主要是围堰拆除残余物）和特大洪水影响，加之建筑骨料开采破坏了河床抗冲层，造成推移质输移量增大。但随着坝下游河床历时增长，出库推移质沙量大幅减小，坝下游河床粗化，推移质输沙量出现明显减小，1981～2002 年宜昌站卵石和沙质推移质输沙量分别减小至 25. 5 万 t、138. 7 万 t，减幅分别为 66%、84%；另一方面，随着坝下游河床逐渐粗化，小颗粒卵石减少，使输移的卵石粒径变粗，其中值粒径由蓄水前的 26. 0mm 变粗为 52. 1mm，沙质推移质粒径变化不大。

2003 年 6 月三峡水库蓄水运用后，宜昌站推移质泥沙继续大幅度减小。2003～2011 年宜昌站卵石和沙质推移质输沙量分别减小至 2. 93 万 t、18. 3 万 t，较 1981～2002 年均值分别减小了 89%、87%；同时，宜昌站卵石推移质粒径变粗，其中值粒径变粗为 143mm，沙质推移质中值粒径也变粗为 0. 371mm（表 7-25）。另一方面，三峡水库蓄水运用后坝下游河床沿程冲刷，宜昌以下河段推移质输沙量有所增多。根据 2003～2011 年实测资料统计，枝城、沙市、监利、螺山、汉口站多年平均沙质推移质推移量分别为 382 万 t、337 万 t、543 万 t、260 万 t、269 万 t，其与同期悬移质输沙量的比例分别为 6. 4%、4. 8%、6. 4%、2. 7%、2. 4%。

表 7-25　三峡水库蓄水前后宜昌站推移质输沙量统计表

项　目	1973～1979 年		1981～2002 年		2003～2011 年	
	输沙量（10^4t）	D_{50}（mm）	输沙量（10^4t）	D_{50}（mm）	输沙量（10^4t）	D_{50}（mm）
卵石推移质	75.8	26.0	25.5	52.1	2.93	143
沙质推移质	878	0.216	138.7	0.219	18.3	0.371

7.4.2　荆江三口分流分沙

荆江四口包括淞滋口、太平口、藕池口及调弦口（1959 年封堵）等四口分泄长江水沙进入洞庭湖（图 7-36），洞庭湖西南有湘江、资水、沅江、澧水四条较大支流入汇，周边还有汨罗江、新墙河等中、小河流直接入湖。这些来水来沙经洞庭湖调蓄后，由城陵矶注入长江，形成了复杂的江湖关系。松滋河进口东、西两支控制站分别为沙道观站、新江口站；虎渡河进口控制站为弥陀寺站；藕池河进口东、西两支控制站分别为藕池（管家铺）站、藕池（康家铺）站，以下分别简称藕池（管）、藕池（康）站。

1. 分流分沙年际、年内变化

（1）年际变化

二十世纪 60 年代以来，受下荆江裁弯、葛洲坝水利枢纽和三峡水库的兴建等导致荆江河床冲刷下切、同流量下水位下降，三口分流道河床淤积，以及三口口门段河势调整等因素影响，荆江三口分流分沙能力一直处于衰减之中［图 7-37（a）～图 7-37（d）、图 7-38、表 7-26（a）和表 7-26（b）］。1956～1966 年荆江三口分流比基本稳定在 29.5% 左右；在 1967～1972 年下荆江系统裁弯期间，荆江河床冲刷、三口分流比减小；裁弯后的 1973～1980 年，荆江河床继续大幅冲刷，三口分流能力衰减速度有所加大；1981 年葛洲坝水利枢纽修建后，衰减速率则有所减缓。1999～2002 年，荆江三口年均分流量和分沙量分别为 625.3 亿 m^3 和 5670 万 t，与 1956～1966 年的 1331.6 亿 m^3 和 19 590 万 t 相比，分流、分沙量分别减小了 53%、71%；其分流分沙比也分别由 1956～1966 年的 29%、35% 减小至 14%、16%。

三峡水库蓄水运用后，三口分流能力仍延续衰减的态势。由表 7-26（a）可见，2003～2011 年与 1999～2002 年相比，长江干流枝城站水量偏少 431 亿 m^3，减幅为 9.7%；三口分流量则减小了 150 亿 m^3，减幅 24%，分流比也减小至 12%。2006 年，由于长江上游来水量总体偏枯、荆江干流水位较低，荆江三口年分流比仅为 6.2%，为历年最小。其中：

分流量减幅最大的为藕池口，其分流量减少了 50.8 亿 m^3，减幅达 32.8%，其分流比则由 3.5% 减小至 2.5%；

分流量减少最多的为松滋口，其分流量减少 62.9 亿 m^3，减幅为 18.2%，其分流比则由 7.7% 减小至 7.0%；

太平口分流量减少 35.6 亿 m^3，减幅为 28%，其分流比则由 2.8% 减小至 2.2%。

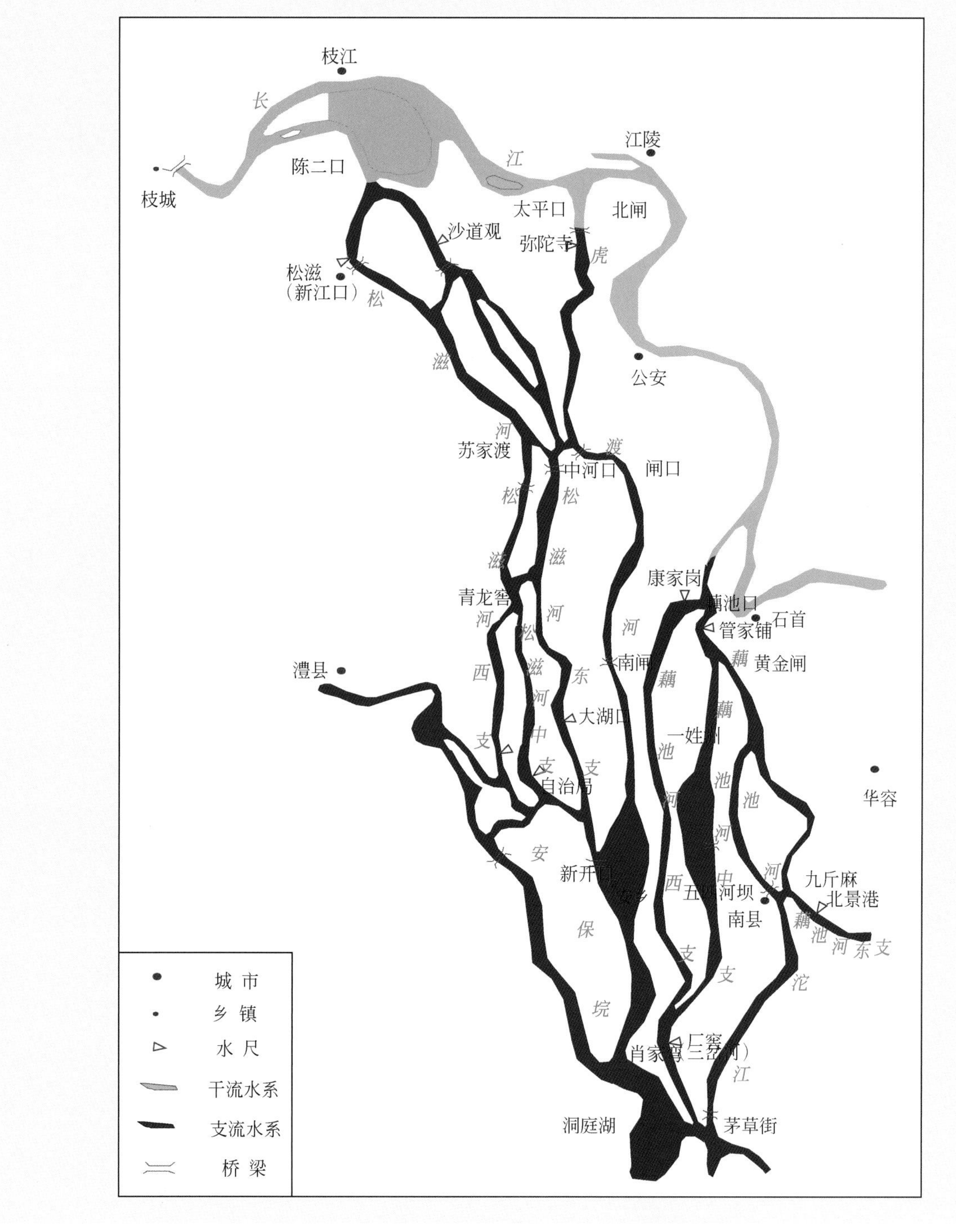

图7-36　荆江三口洪道水系示意图

由表7-26（b）可见，三峡蓄水后，枝城站2003～2011年输沙量与1999～2002年相比减小82.7%；三口年分沙量则由5670万t减小为1113万t，减幅80.3%。分沙比则略有增大。

此外，由图7-37（e）和表7-27可见，1956～1998年，在枝城站年径流量为4000亿m^3的条件下，1956～1966年、1967～1972年、1973～1980年、1981～1998年荆江三口年均分流比分别为27.2%、21.5%、16.3%、13.3%，与1956～1966年相比，分流比年均递减率分别为0.82、0.64、0.17个百分点。2003～2011年与1999～2002年相比，在枝城站同径流量条件下，三口分流比无明显变化，与1981～1998年相比三口分流比年均递减率则为0.15个百分点。由此可知，与1999～2002年相比，三峡水库蓄水运用后三口分流能力尚无明显变化，出现分流量、分流比减小的原因主要是由于枝城站径流量偏小。

表 7-26（a） 各时段荆江三口分流量与分流比 （单位：10^8m^3）

时段		长江	松滋口		太平口	藕池口		三口合计	三口分流比
起止年份	编号	枝城	新江口	沙道观	弥陀寺	康家岗	管家铺		
1956～1966 年	一	4515	322.6	162.5	209.7	48.8	588.0	1331.6	29.5%
1967～1972 年	二	4302	321.5	123.9	185.8	21.4	368.8	1021.4	23.7%
1973～1980 年	三	4441	322.7	104.8	159.9	11.3	235.6	834.3	18.8%
1981～1998 年		4438	294.9	81.7	133.4	10.3	178.3	698.6	15.7%
1999～2002 年	四	4454	277.7	67.2	125.6	8.7	146.1	625.3	14.0%
1981～2002 年		4441	291.8	79.1	132.0	10.0	172.4	685.3	15.4%
2003～2011 年	五	4023	230	52	90	4	100	475	12%

表 7-26（b） 各时段荆江三口分沙量与分沙比 （单位：10^4t）

时段		长江	松滋口		太平口	藕池口		三口合计	三口分沙比
起止年份	编号	枝城	新江口	沙道观	弥陀寺	康家岗	管家铺		
1956～1966 年	一	55 300	3 450	1 900	2 400	1 070	10 800	19 590	35.4%
1967～1972 年	二	50 400	3 330	1 510	2 130	460	6 760	14 190	28.2%
1973～1980 年	三	51 300	3 420	1 290	1 940	220	4 220	11 090	21.6%
1981～1998 年		49 100	3 370	1 050	1 640	180	3 060	9 300	18.9%
1999～2002 年	四	34 600	2 280	570	1 020	110	1 690	5 670	16.4%
1981～2002 年		46 500	3 170	963	1 530	167	2 810	8 640	18.6%
2003～2011 年	五	5 957	447	137	159	16	355	1 113	18.7%

表 7-27 当枝城站径流量为 4000 亿 m^3 时荆江三口分流比变化统计表

时段	年均分流比（%）	分流比减小值（%）	分流比年均减小值（%）
1956～1966 年	27.2		
1967～1972 年	21.5	-5.7	-0.82
1973～1980 年	16.3	-5.1	-0.64
1981～2002 年	13.3	-3.1	-0.14
2003～2011 年	11.4	-1.9	-0.21

（2）年内变化

三口洪道的水沙量主要来自长江干流，年内分配主要集中在5～10月，约占全年总量的90%以上。从荆江三口各月分流量、分流比变化来看，1956～2002 年，荆江三口分流比的减小主要集中在 5～10 月（表 7-28）。特别是下荆江裁弯后的 1973～1980 年与 1956～1966 年相比，流量越大，分流比减小幅度就越大；如当枝城站月均流量分别为 10 000m^3/s、20 000m^3/s、25 000m^3/s 时，1973～1980 年荆江三口月均分流比分别为 9.3%、19.6%、23.9%，较 1956～1966 年分别减小了 9.4%、12.0%、12.7%；之后减幅逐渐减小。

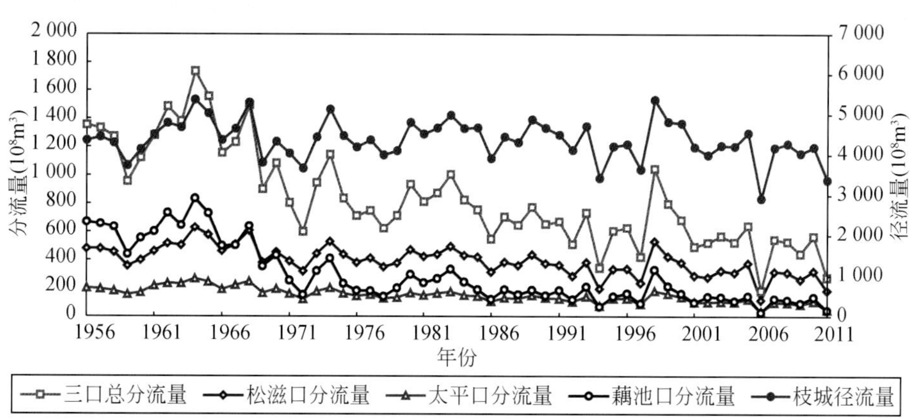

图 7-37（a） 荆江三口分流量变化

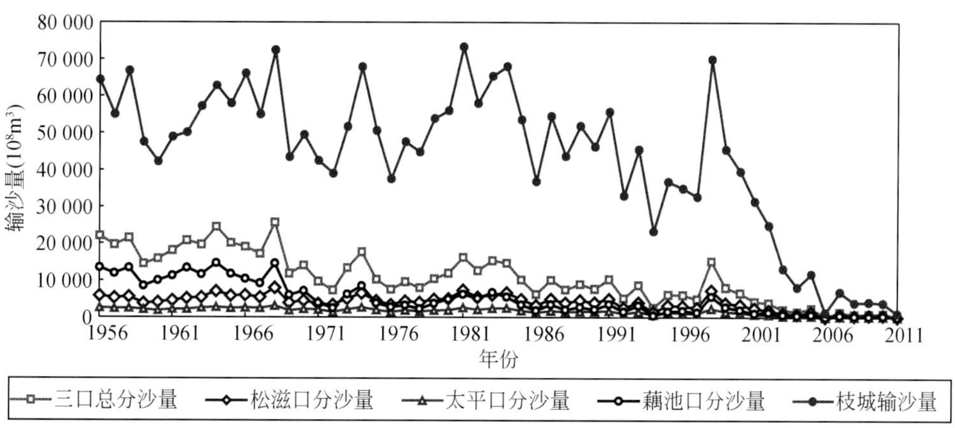

图 7-37（b） 荆江三口分沙量变化

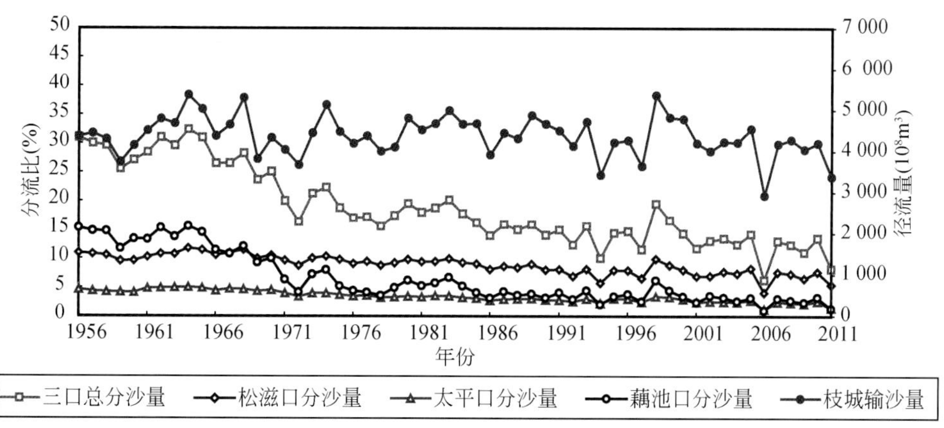

图 7-37（c） 荆江三口分流比变化

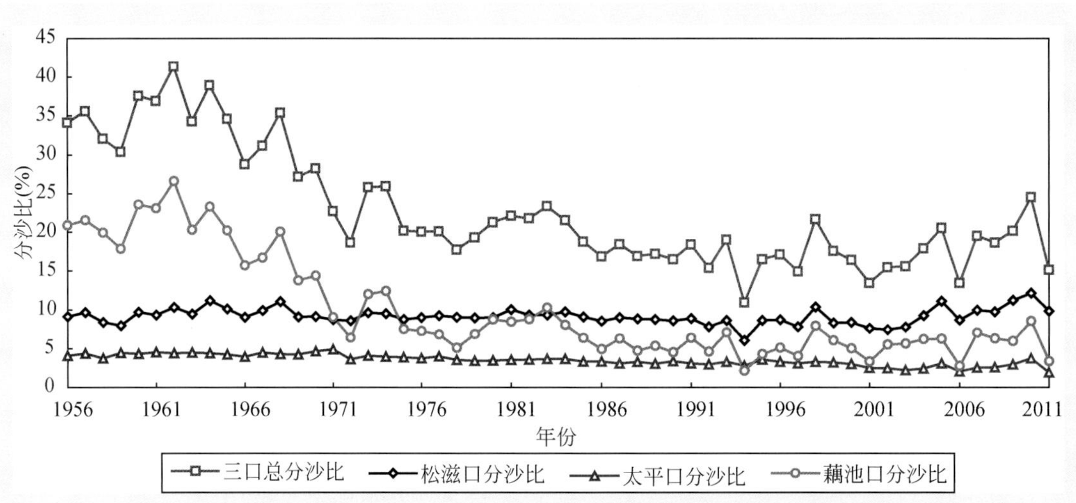

图 7-37（d） 荆江三口分沙比变化

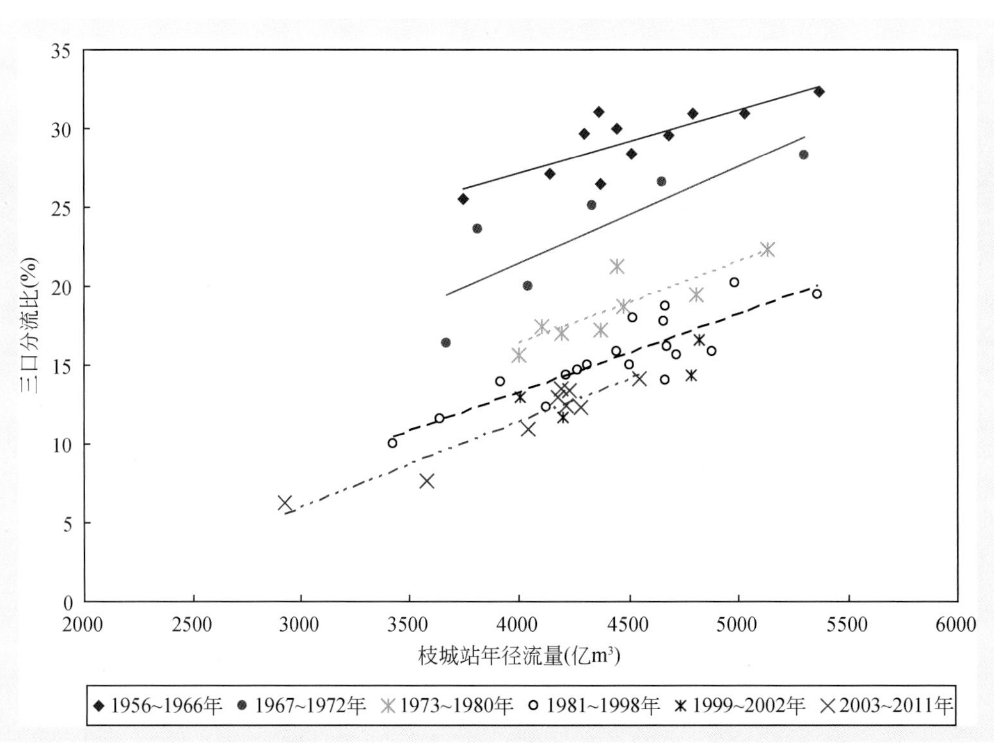

图 7-37（e） 不同时段荆江三口年均分流比与枝城站年径流量关系变化

三峡水库蓄水运用后，在汛后的蓄水期和汛前的消落期，大坝下泄流量发生了一定变化，如 2003 ~ 2011 年与 1981 ~ 2002 年相比，9 月下旬至 10 月下旬枝城站流量减小 3830 ~ 5060m^3/s，减幅为 19% ~ 26%，11 月流量也有所减小，减幅为 7%；三口分流比则有所减小，如在 10 月三峡水库主要蓄水期，三口分流比减小了约 3%，11 月则减小了约 1%。汛前则由于水库坝前水位逐渐消落，下泄流量有所增大，1 ~ 4 月月均流量增大 570 ~ 910m^3/s，增幅为 9% ~ 19% ［图 7-38（a）～图 7-38（c）］，三口分流比略有增大，如 2003 ~ 2009 年与 1999 ~ 2002 年相比，1 ~ 4 月三口分流比增大了 0.1% ~ 0.7%（表 7-28）。5 月枝城站平均流量变化不大，但三口分流比减小了 0.5%，主要是由于三峡水库蓄水运用后坝下游河床冲刷主要集中在宜昌站流量 10 000m^3/s 对应水面线以下的基本河槽，同流量下水位降

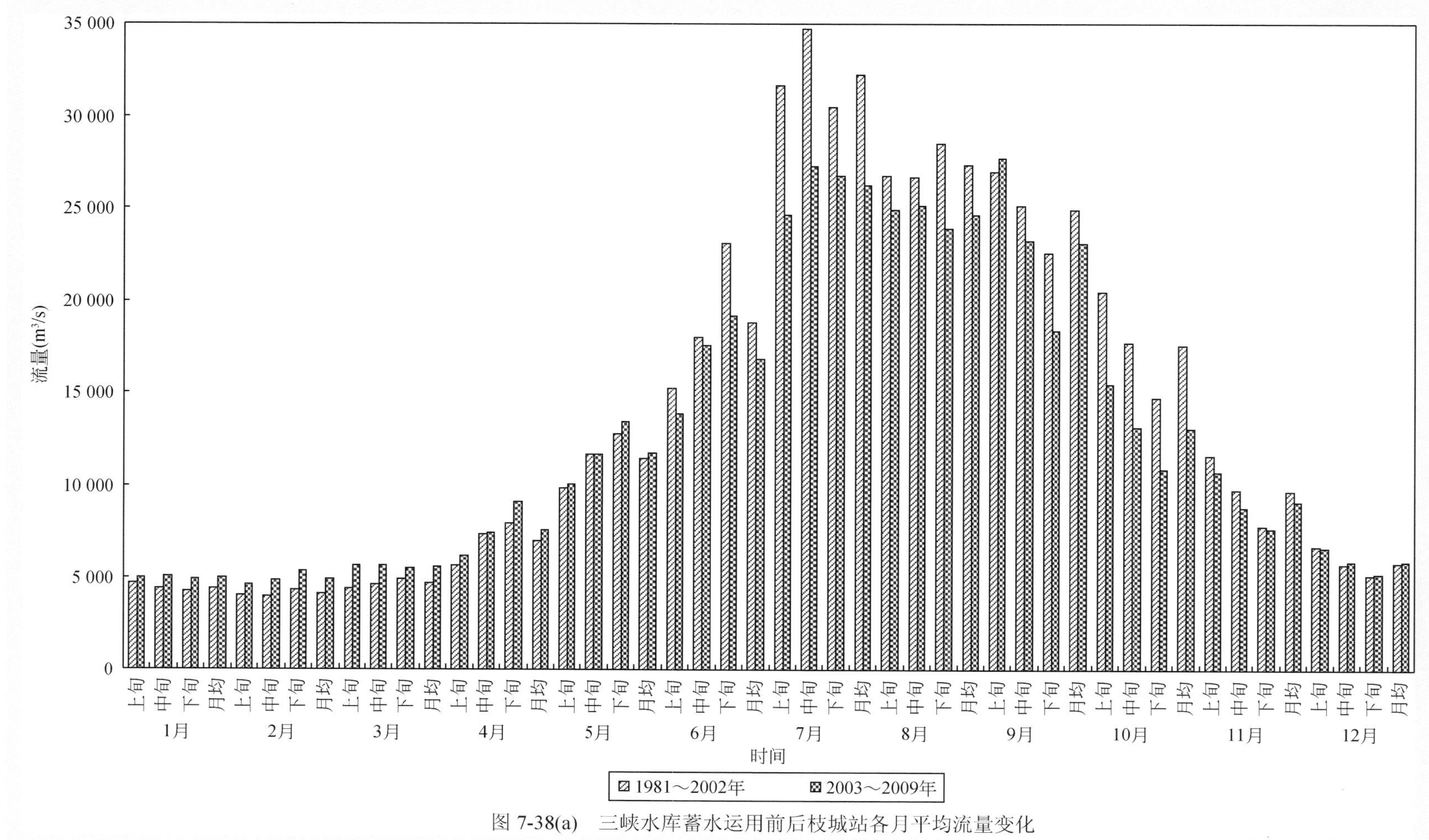

图 7-38(a)　三峡水库蓄水运用前后枝城站各月平均流量变化

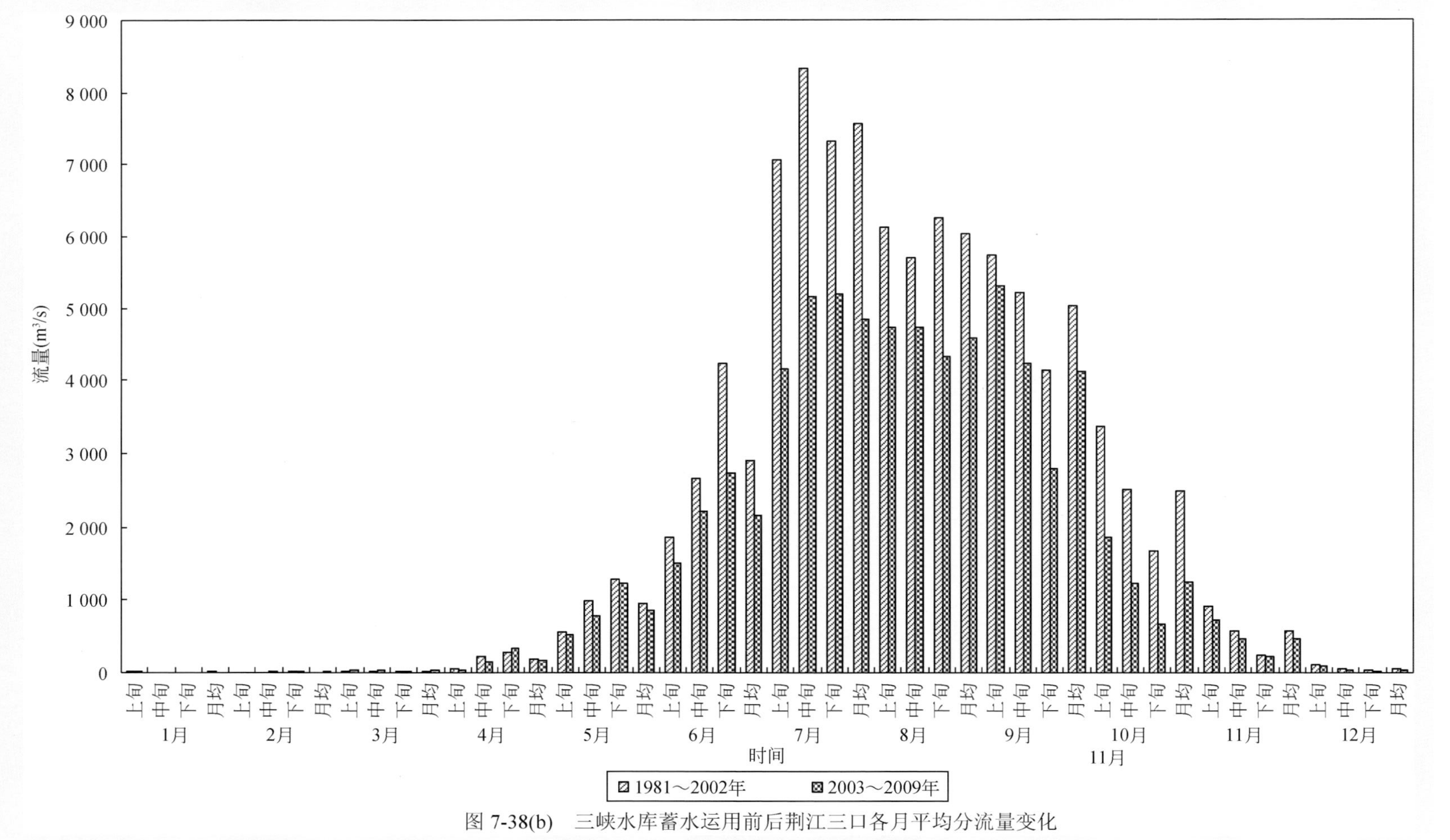

图 7-38(b) 三峡水库蓄水运用前后荆江三口各月平均分流量变化

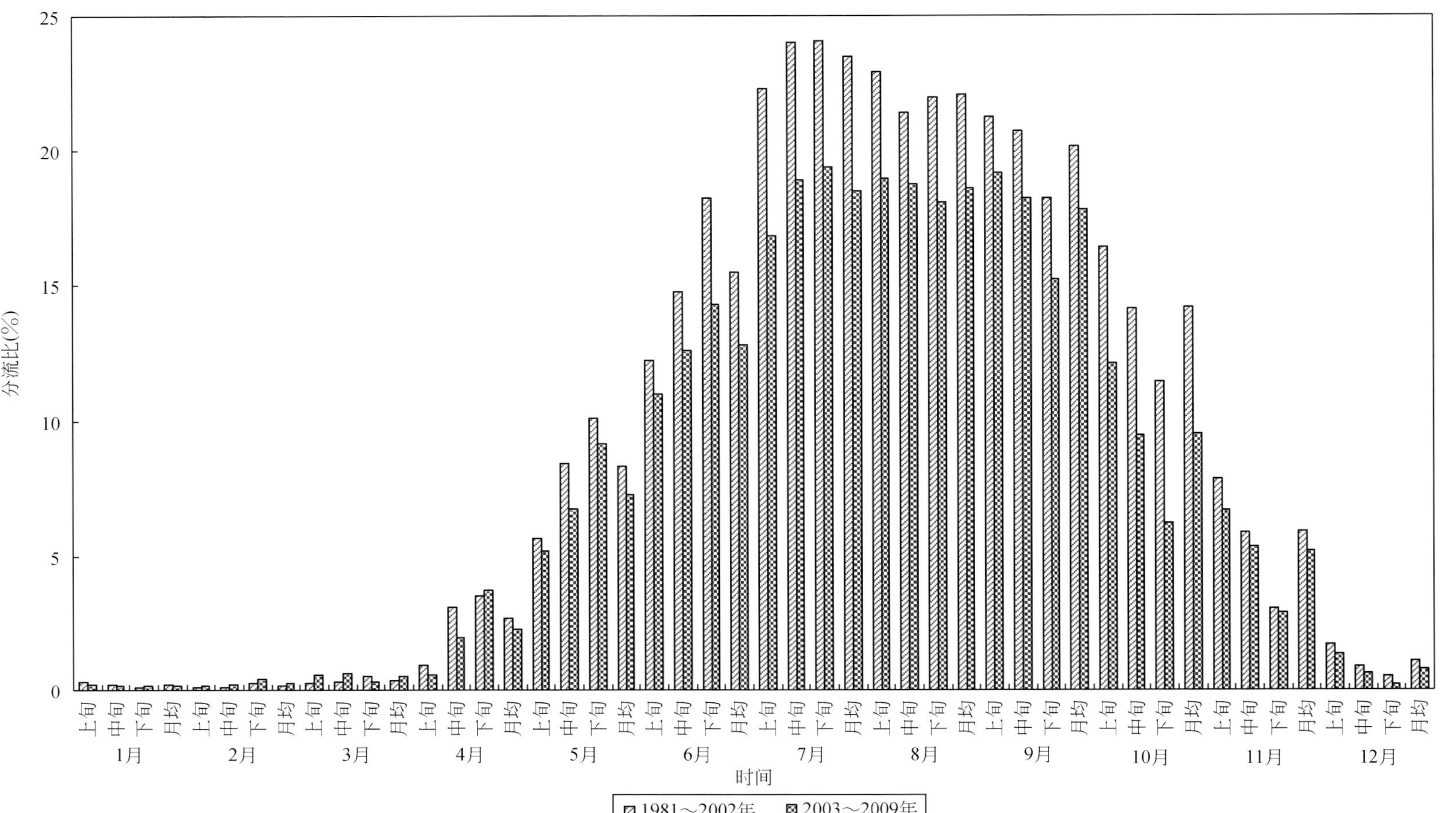

图 7-38(c)　三峡水库蓄水运用前后荆江三口各月平均分流比变化

低（实测资料表明，当流量为10 000 m³/s时，与2002年相比，2010年汛后枝城站、沙市站水位分别降低了0.50m、0.42m）；6～9月三口分流比则最大减小3.4%（主要是由于枝城站流量有所偏少）。

表7-28　不同时段三口各月平均分流比与枝城站平均流量对比表

时段		1月	2月	3月	4月	5月	6月	7月	8月	9月	10月	11月	12月
枝城平均流量（m³/s）	1956～1966年	4 380	3 850	4 470	6 530	12 000	18 100	30 900	29 700	25 900	18 600	10 600	6 180
	1967～1972年	4 220	3 900	4 860	7 630	13 900	18 100	28 200	23 400	24 200	18 300	10 400	5 760
	1973～1980年	4 050	3 690	4 020	7 090	12 700	20 500	27 700	26 500	27 000	19 400	9 940	5 710
	1981～1998年	4 400	4 110	4 700	7 070	11 500	18 300	32 600	27 400	25 100	17 700	9 570	5 800
	1999～2002年	4 760	4 440	4 810	6 630	11 500	21 200	30 400	27 200	24 100	17 100	10 500	6 130
	2003～2011年	5 380	5 190	5 800	7 530	11 500	17 000	26 200	24 200	22 000	12 300	9 300	5 990
三口分流比（%）	1956～1966年	3.0	1.5	3.5	10.5	23.0	29.7	38.4	37.9	36.7	31.1	20.6	9.3
	1967～1972年	1.6	1.3	4.0	10.1	20.6	25.7	33.4	30.4	29.1	25.2	14.5	5.5
	1973～1980年	0.5	0.2	0.7	5.9	13.7	20.7	25.8	24.8	24.4	19.4	9.2	2.5
	1981～1998年	0.2	0.2	0.4	2.9	8.4	15.6	23.8	22.6	20.5	14.5	5.8	1.1
	1999～2002年	0.1	0.1	0.2	1.6	7.9	14.9	22.1	19.7	18.4	12.9	6.2	0.9
	2003～2011年	0.3	0.2	0.5	2.0	6.9	12.9	18.8	18.5	17.2	8.6	5.1	0.7

2. 典型洪水过程三口分流分沙比

三口分流分沙主要集中在汛期，为分析三峡水库蓄水运行前、后汛期三口分流分沙受长江干流和三口洪道冲淤影响的程度，选择近期典型洪水过程进行最大1日、3日、5日、7日、10日分流分沙量及相应分流分沙比进行对比分析。荆江典型洪水过程三口分流分沙比统计如表7-29（a）和表7-29（b）所示。

总的来看，1993年以来，对于洪峰同量级的洪水过程，三峡水库蓄水运行前后三口分流、分沙比尚无明显变化。1993～2010年长江干流最大1d、3d、5d、7d典型洪水过程中的三口分流比随长江干流水位和流量的大小而有所变化，干流洪水越大，分流比越大，一般位于20%～29%的范围；分沙比的变化规律与分流比大体一致，一般位于16%～25%的范围。其中松滋口分流比在12%左右，分沙比则在7%～12%的范围；太平口分流比4%左右，分沙比在3%左右；藕池口分流比变化较大，一般在4%～10%的范围，分沙比稍大于分流比，一般在6%～10%的范围。

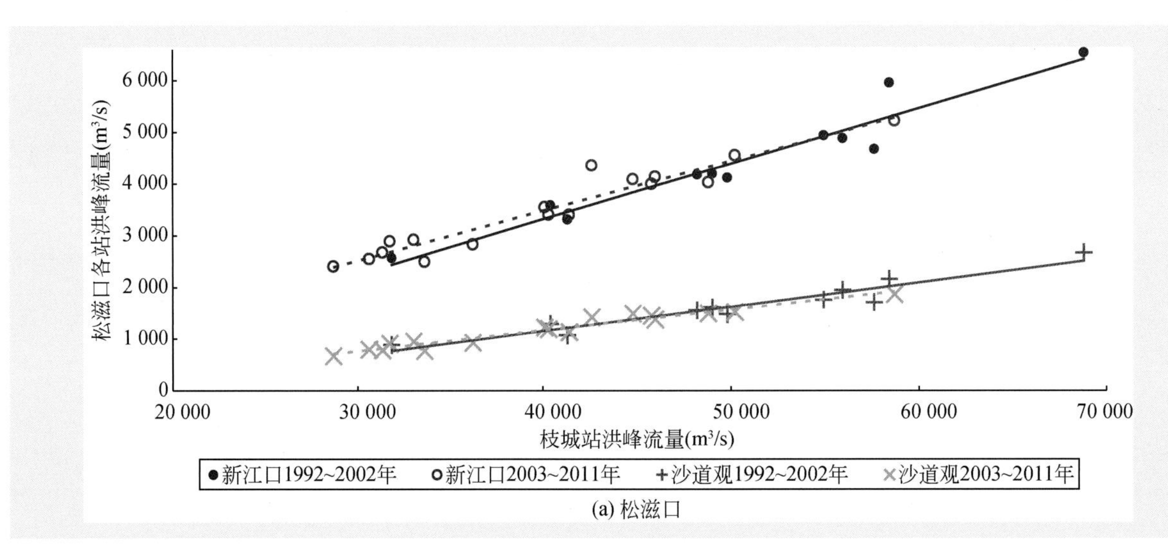

(a) 松滋口

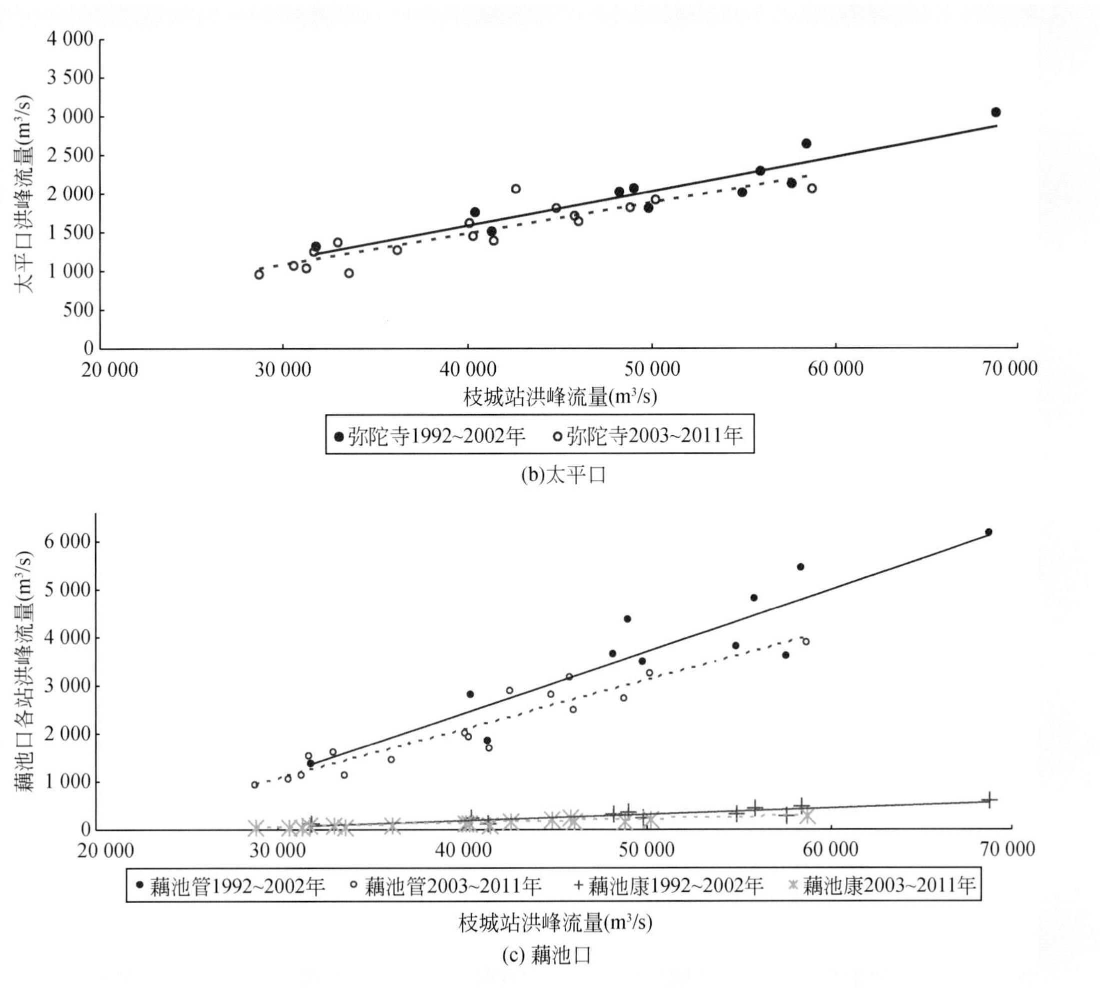

图 7-39　三峡水库蓄水前后枝城与荆江三口分流洪峰流量关系变化

另外，根据点绘的三口控制站与上游干流枝城站洪峰峰值相关关系［图 7-39（a）~图 7-39（c）和表 7-29（c）］，可看出新江口站与枝城站洪峰峰值相关关系基本稳定，其他四站以藕池口两站与枝城站洪峰峰值相关关系变化最大。

表 7-29（a）　荆江典型洪水过程三口分流比统计表

时间	枝城 洪峰流量（m^3/s）	历时	洪量（$10^8 m^3$）	松滋口分流比（%） 新江口	沙道观	合计	太平口分流比	藕池口分流比（%） 藕池（管）	藕池（康）	合计	三口分流比（%）
1993 年 8 月 31 日	55 900	1 日	48.12	8.7	3.5	12.2	4.1	8.6	0.8	9.4	25.7
		3 日	142.1	8.8	3.5	12.3	4.1	8.7	0.8	9.5	25.9
		5 日	229.4	8.9	3.5	12.4	4.1	8.7	0.8	9.5	26.0
		7 日	311.6	8.9	3.5	12.4	4.1	8.7	0.7	9.4	25.9
1996 年 7 月 5 日	48 200	1 日	41.13	8.4	3.2	11.6	3.6	5.8	0.4	6.2	21.4
		3 日	117.2	8.6	3.2	11.8	3.5	6.0	0.4	6.4	21.7
		5 日	188.7	8.4	3.2	11.6	3.5	6.1	0.4	6.5	21.6
		7 日	252.4	8.4	3.2	11.6	3.6	6.2	0.4	6.6	21.8

续表

时间	枝城洪峰流量（m^3/s）	枝城历时	枝城洪量（10^8m^3）	松滋口分流比（%）新江口	松滋口分流比（%）沙道观	松滋口分流比（%）合计	太平口分流比	藕池口分流比（%）藕池（管）	藕池口分流比（%）藕池（康）	藕池口分流比（%）合计	三口分流比（%）
1998年8月17日	71 600	1日	56.85	9.8	4.0	13.8	4.5	9.2	0.9	10.1	28.4
		3日	167.0	9.7	3.9	13.6	4.4	8.9	0.8	9.7	27.7
		5日	265.0	9.9	4.0	13.9	4.5	9.1	0.8	9.9	28.3
		7日	364.1	10.0	3.9	13.9	4.6	9.2	0.8	10.0	28.5
2002年8月18日	49 800	1日	42.42	8.4	3.0	11.4	3.7	7.1	0.5	7.6	22.7
		3日	125.5	8.4	3.0	11.4	3.7	7.2	0.5	7.7	22.8
		5日	205.5	8.5	3.0	11.5	3.8	7.3	0.5	7.8	23.1
		7日	279.3	8.6	3.0	11.6	3.8	7.4	0.5	7.9	23.3
2003年9月4日	48 800	1日	41.39	8.4	3.1	11.5	3.8	5.7	0.4	6.1	21.4
		3日	120.7	8.2	2.9	11.1	3.7	5.4	0.4	5.8	20.6
		5日	189.4	8.2	2.9	11.1	3.6	5.2	0.3	5.5	20.2
		7日	252.5	8.2	2.9	11.1	3.6	5.1	0.3	5.4	20.1
2004年9月9日	58 700	1日	49.16	9.1	3.1	12.2	3.6	6.6	0.5	7.1	22.9
		3日	142.0	9.0	3.2	12.2	3.6	6.7	0.5	7.2	23.0
		5日	224.1	8.8	3.2	12.0	3.6	6.5	0.4	6.9	22.5
		7日	289.4	8.7	3.1	11.8	3.6	6.2	0.4	6.6	22.0
2005年8月31日	44 800	1日	38.36	9.1	3.2	12.3	4.1	6.2	0.4	6.6	23.0
		3日	112.4	9.2	3.2	12.4	4.1	6.1	0.4	6.5	23.0
		5日	179.9	9.1	3.2	12.3	4.0	6.0	0.4	6.4	22.7
		7日	236.0	9.1	3.2	12.3	4.0	5.9	0.4	6.3	22.6
2007年7月31日	48 700	1日	42.08	9.2	3.1	12.3	3.8	6.6	0.4	7.0	23.1
		3日	122.3	9.2	3.1	12.3	3.7	6.4	0.4	6.8	22.8
		5日	199.8	9.1	3.0	12.1	3.7	6.4	0.4	6.8	22.6
		7日	268.2	9.1	3.0	12.1	3.6	6.3	0.4	6.7	22.4
2008年8月17日	40 200	1日	34.7	8.45	2.9	11.35	3.5	4.75	0.28	5.03	18.9
		3日	100.05	8.67	2.99	11.66	3.5	4.87	0.29	5.16	19.3
		5日	159.06	8.76	2.99	11.75	3.5	4.96	0.29	5.25	19.5
		7日	219.5	8.8	2.98	11.78	3.5	4.77	0.27	5.04	19.3
2009年8月5日	39 600	1日	34.2	8.96	3.1	12.06	4.07	5.03	0.30	5.33	21.5
		3日	101.7	8.97	3.1	12.07	4.00	5.06	0.30	5.36	21.4
		5日	166.5	9.03	3.1	12.04	4.00	5.14	0.31	5.45	21.5
		7日	230.6	9.00	3.1	12.01	3.98	5.03	0.30	5.33	21.3
2010年7月26日	42 300	1日	36.5	10.28	3.36	13.64	4.85	6.52	0.42	6.94	25.4
		3日	108.8	10.32	3.37	13.69	4.78	6.54	0.42	6.96	25.4
		5日	179.7	10.29	3.36	13.65	4.75	6.50	0.42	6.92	25.3
		7日	243.8	10.23	3.34	13.57	4.65	6.40	0.41	6.81	25.0

表 7-29（b） 荆江典型洪水过程三口分沙比统计表

时间	枝城输沙量		松滋口分沙比（%）			太平口分沙比（%）	藕池口分沙比（%）			三口分沙比（%）
	历时	输沙量（10^4t）	新江口	沙道观	合计		藕池（管）	藕池（康）	合计	
1993年8月31日	1日	821	6.8	2.5	9.3	3.2	9.2	0.7	9.9	22.4
	3日	2210	7.2	2.6	9.8	3.3	10.0	0.7	10.7	23.8
	5日	3620	7.2	2.5	9.7	3.1	9.9	0.7	10.6	23.4
	7日	4950	7.3	2.5	9.8	3.0	9.9	0.7	10.6	23.4
	10日	6880	7.3	2.6	9.9	3.1	9.5	0.6	10.1	23.1
1996年7月5日	1日	907	6.5	2.5	9.0	2.3	5.7	0.3	6.0	17.3
	3日	2550	6.7	2.4	9.1	2.4	6.0	0.3	6.3	17.8
	5日	3670	6.6	2.3	8.9	2.4	6.2	0.4	6.6	17.9
	7日	4350	6.5	2.4	8.9	2.5	6.2	0.4	6.6	18.0
	10日	5700	6.3	2.2	8.5	2.5	5.8	0.4	6.2	17.2
1998年8月17日	1日	1000	7.4	2.4	9.8	3.3	9.8	0.8	10.6	23.7
	3日	2750	7.9	2.6	10.5	3.4	9.2	0.7	9.9	23.8
	5日	4360	8.2	2.6	10.8	3.4	9.1	0.7	9.8	24.0
	7日	6170	8.5	2.8	11.3	3.5	9.3	0.7	10.0	24.8
	10日	8460	8.6	2.8	11.4	3.5	9.1	0.7	9.8	24.7
2002年8月18日	1日	619	8.3	2.7	11.0	3.2	8.2	0.6	8.8	23.0
	3日	1820	7.6	2.6	10.2	3.1	8.0	0.6	8.6	21.9
	5日	2760	7.7	2.5	10.2	3.0	8.2	0.6	8.8	22.0
	7日	3720	7.4	2.4	9.8	2.8	8.4	0.6	9.0	21.6
	10日	5390	7.0	2.3	9.3	2.6	8.4	0.6	9.0	20.9
2003年9月4日	1日	374	6.1	2.1	8.2	2.3	6.8	0.3	7.1	17.6
	3日	1060	6.4	2.2	8.6	2.4	6.3	0.3	6.6	17.6
	5日	1650	6.5	2.2	8.7	2.4	6.0	0.3	6.3	17.4
	7日	2070	6.6	2.2	8.8	2.5	6.1	0.3	6.4	17.7
	10日	2630	6.7	2.3	9.0	2.5	6.2	0.3	6.5	18.0
2004年9月9日	1日	718	8.4	2.9	11.3	2.5	8.7	0.5	9.2	23.0
	3日	1990	8.2	2.8	11.0	2.5	8.7	0.5	9.2	22.7
	5日	2810	8.2	2.8	11.0	2.6	9.0	0.5	9.5	23.1
	7日	3350	8.2	2.8	11.0	2.7	8.7	0.4	9.1	22.8
	10日	3720	8.4	2.8	11.2	2.7	8.6	0.4	9.0	22.9
2005年8月31日	1日	220	8.7	3.4	12.1	3.2	8.5	0.5	9.0	24.3
	3日	617	8.5	3.2	11.7	3.1	8.6	0.5	9.1	23.9
	5日	934	8.5	3.2	11.7	3.1	8.5	0.6	9.1	23.9
	7日	1160	8.6	3.2	11.8	3.2	8.4	0.6	9.0	24.0
	10日	1520	8.8	3.2	12.0	3.4	8.4	0.6	9.0	24.4

续表

时间	枝城输沙量		松滋口分沙比（%）			太平口分沙比（%）	藕池口分沙比（%）			三口分沙比（%）
	历时	输沙量（10^4t）	新江口	沙道观	合计		藕池（管）	藕池（康）	合计	
2007年7月31日	1日	520	7.8	2.3	10.1	2.3	5.9	0.3	6.2	18.6
	3日	1310	7.8	2.5	10.3	2.2	6.2	0.3	6.5	19.0
	5日	1830	7.9	2.6	10.5	2.3	6.8	0.3	7.1	19.9
	7日	2220	8.1	2.6	10.7	2.5	7.5	0.4	7.9	21.1
	10日	2580	8.3	2.6	10.9	2.6	7.8	0.4	8.2	21.7
2008年8月17日	1日	195	7.8	0.04	7.84	2.6	6.2	0.2	6.4	16.9
	3日	550	7.4	0.05	7.45	2.5	6.2	0.2	6.4	16.3
	5日	840	7.5	0.06	7.56	2.5	5.9	0.3	6.2	16.3
	7日	1090	7.4	0.08	7.48	2.5	5.8	0.3	6.1	16.0
	10日	1340	7.6	0.2	7.8	2.6	6.0	0.3	6.3	16.7

表7-29（c） 荆江典型洪水过程三口控制站与枝城站洪峰对比统计表 （单位：m^3/s）

时间	枝城 Qm	松滋口		太平口	藕池口	
		新江口 Qm	沙道观 Qm	弥陀寺 Qm	藕池（管）Qm	藕池（康）Qm
1993年8月31日	55 900	4 890	1 950	2 290	4 800	436
1996年7月5日	48 200	4 180	1 560	2 020	3 640	304
1998年8月17日	68 800	6 540	2 670	3 040	6 170	590
2002年8月19日	49 800	4 120	1 480	1 810	3 500	254
2003年9月4日	48 800	4 030	1 500	1 820	2 740	179
2004年9月9日	58 700	5 230	1 870	2 060	3 890	297
2005年7月11日	46 000	4 140	1 380	1 640	2 470	149
2007年7月31日	50 200	4 560	1 520	1 920	3 260	211
2008年8月17日	40 300	3 410	1 190	1 450	1 920	116
2009年8月5日	40 100	3 550	1 220	1 620	1 990	121
2010年7月27日	42 600	4 360	1 420	2 060	2 880	180
2011年8月6日	28 700	2 410	671	959	908	24.7

3. 同流量下三口分流变化

各时期枝城站流量70 000m^3/s、60 000m^3/s、50 000m^3/s、40 000m^3/s、30 000m^3/s下荆江三口各控制站相应流量及分流比变化结果如表7-30所示。由表可见，三口总分流量以及总分流比在各个流量级均沿时程逐步减小，枝城站同流量级条件下，其中，松滋口分流量衰减幅度相对较小，而藕池口衰减幅度最大。松滋口分流变化主要出现在下荆江系统裁弯以后，葛洲坝水利枢纽兴建后，除高洪流量级有所衰减以外，其他各流量级分流量相对稳定。太平口分流一直处于衰减过程中，葛洲坝水利枢纽兴建后，其分流比衰减速度趋缓。

表 7-30　不同流量级三口五站分流统计表

枝城流量级（m^3/s）	时段	松滋口		太平口		藕池口		Σ分流量（m^3/s）	Σ分流比（%）
		分流量（m^3/s）	分流比（%）	分流量（m^3/s）	分流比（%）	分流量（m^3/s）	分流比（%）		
70 000	1956～1966 年	9 750	13.9	3 000	4.3	14 400	20.6	27 200	38.9
	1967～1972 年								
	1973～1980 年								
	1981～2002 年	9 300	13.3	3 120	4.5	6 400	9.1	18 800	26.9
	2003～2011 年								
60 000	1956～1966 年	8 720	14.5	2 950	4.9	13 600	22.7	25 300	42.2
	1967～1972 年	9 600	16.0	3 050	5.1	11 200	18.7	23 900	39.8
	1973～1980 年	8 430	14.1	2 660	4.4	8 000	13.3	19 100	31.8
	1981～2002 年	7 720	12.9	2 450	4.1	4 900	8.2	15 100	25.2
	2003～2011 年								
50 000	1956～1966 年	7 350	14.7	2 570	5.1	12 000	24.0	21 900	43.8
	1967～1972 年	7 300	14.6	2 440	4.9	8 900	17.8	18 600	37.2
	1973～1980 年	6 730	13.5	2 250	4.5	6 400	12.8	15 400	30.8
	1981～2002 年	5 800	11.6	1 910	3.8	3 660	7.3	11 400	22.8
	2003～2011 年	6 010	12.0	1 900	3.8	3 280	6.6	11 200	22.4
40 000	1956～1966 年	5 510	13.8	2 040	5.1	9 340	23.4	16 900	42.3
	1967～1972 年	5 500	13.8	1 960	4.9	6 720	16.8	14 200	35.5
	1973～1980 年	5 200	13.0	1 880	4.7	5 150	12.9	12 200	30.5
	1981～2002 年	4 580	11.5	1 520	3.8	2 500	6.3	8 650	21.6
	2003～2011 年	4 670	11.7	1 510	3.8	2 120	5.3	8 350	20.8
30 000	1956～1966 年	4 100	13.7	1 750	5.8	6 600	22.0	12 500	41.7
	1967～1972 年	4 100	13.7	1 570	5.2	4 620	15.4	10 300	34.3
	1973～1980 年	4 100	13.7	1 570	5.2	4 150	13.8	9 870	32.9
	1981～2002 年	3 160	10.5	1 140	3.8	1 470	4.9	5 820	19.4
	2003～2011 年	3 200	10.7	1 020	3.4	1 200	4.0	5 470	18.1

4. 荆江三口断流时间

多年以来，三口洪道以及三口口门段的逐渐淤积萎缩造成了三口通流水位抬高，沙道观、弥陀寺、藕池（管）、藕池（康）四站连续多年出现断流，且年断流天数逐步增加。下荆江裁弯后初期，藕池口断流天数明显增多，其后断流天数增多的速度趋缓，尤其是特殊枯水年份（例如 2006 年），沙道观、藕池（管）、藕池（康）断流期长达半年以上，而藕池（康）站甚至断流 11 个月累积长达 336 日。荆江三口控制站年均断流天数统计及断流时枝城相应流量统计如表 7-31 和图 7-40 所示。

表 7-31　三口控制站年断流天数统计表

时段	三口站分时段多年平均年断流天数				各站断流时枝城相应流量（m^3/s）			
	沙道观	弥陀寺	藕池（管）	藕池（康）	沙道观	弥陀寺	藕池（管）	藕池（康）
1956～1966 年	0	35	17	213		4 290	3 930	13 100
1967～1972 年	0	3	80	241		3 470	4 960	16 000
1973～1980 年	71	70	145	258	5 330	5 180	8 050	18 900
1981～1998 年	167	152	161	251	8 590	7 680	8 290	17 600
1999～2002 年	189	170	192	235	10 300	7 650	10 300	16 500
2003～2011 年	201	141	186	265	9 730	7 490	8 910	15 400

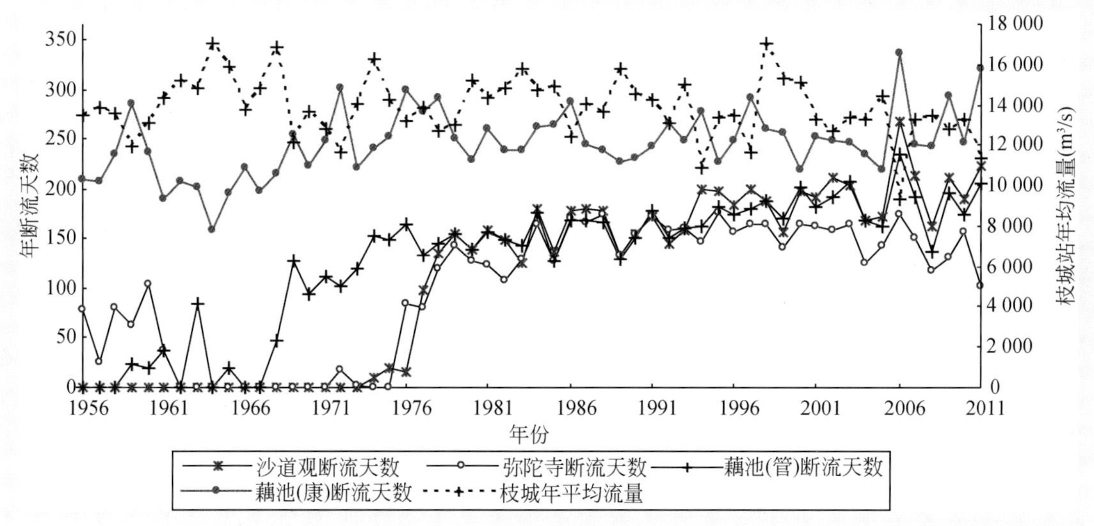

图 7-40　荆江三口各控制站年断流天数历年变化图

5. 荆江三口分流分沙变化影响因素

在自然状态下，荆江三口分流分沙已不断减少，其影响因素主要包括口门附近干流河道河势变化、分流道的淤积以及洞庭湖的演变等。受 20 世纪 60 年代后期至 70 年代初下荆江系统裁弯、1981 年年初葛洲坝截流等因素影响，荆江干流河床一直处于冲刷状态，加之三口洪道泥沙淤积，三口分流分沙能力不断减弱。

（1）三口洪道河床冲淤

1）三峡水库蓄水运用前。三口洪道的淤积衰退是三口分流分沙量减少的重要原因之一。根据 1952 年、1995 年和 2003 年三口洪道 1：5000 水道地形资料量算，1952～2003 年三口洪道共淤积泥沙 6.515 亿 m^3（年均淤积泥沙 0.125 亿 m^3），约合 8.47 亿 t（泥沙干容重取 1.3t/m^3，下同），约占三口控制站同期总输沙量的 13.1%（1952～1955 年采用枝城站输沙量资料和 1956～1966 年三口平均分沙比推算）。其中，松滋河淤积量为 1.71 亿 m^3，占淤积总量的 26.2%，约占新江口、沙道观站同期总输沙量的 9.3%；虎渡河淤积量为 0.858 亿 m^3，占淤积总量的 13.2%，约占弥陀寺站同期总输沙量的 11.4%；松虎洪道淤积量为 0.433 亿 m^3，占淤积总量的 6.6%；藕池河淤积量为 3.51 亿 m^3，约占康家岗、管家铺站同期总输沙量的14.3%，占淤积总量的53.9%。

从洪道各时段淤积量分布来看，1952～1995年三口洪道泥沙总淤积量为6.05亿m^3，约占三口控制站同期总输沙量的13.1%。其中，松滋河淤积1.68亿m^3，约占沙道观、新江口两站同期总输沙量的10.4%，占三口洪道淤积总量的27.7%；虎渡河淤积0.726亿m^3，约占弥陀寺站同期总输沙量的11.7%，占淤积总量的12.0%；松虎洪道淤积0.4424亿m^3，占淤积总量的7.3%；藕池河淤积3.20亿m^3，约占进口两站同期总输沙量的13.8%，占淤积总量的52.9%。特别是进口段的河床淤积，导致三口进流不畅，除新江口断面相对稳定外，三口洪道进口段河床均呈现单向淤积态势，如1966～1995年沙道观站水文断面河床平均淤积厚度约1.6m，弥陀寺断面平均淤厚1.5m，康家岗和管家铺站水文断面淤厚约4.6m。

1995～2003年，三口洪道低水位以下河床冲淤基本平衡，泥沙淤积主要集中在中、高水河床，总淤积量为0.468亿m^3，约占三口控制站同期总输沙量的12.0%。其中，松滋河淤积量不大，淤积量为0.0348亿m^3，约占沙道观、新江口两站同期总输沙量的1.8%，仅占总淤积量的7%；虎渡河淤积量为0.1317亿m^3，约占弥陀寺站同期总输沙量的19.3%，占总淤积量的28%；松虎洪道则略有冲刷，冲刷量为0.0095亿m^3。藕池河淤积量0.3106亿m^3，约占康家岗、管家铺站同期总输沙量的24.3%，占淤积总量的66%。1995～2003年三口洪道淤积量不大，因此三口分流分沙比也尚未发生明显变化。

另外，三口洪道尾闾段断面突然展宽，水流扩散，流速锐减，挟沙能力降低，泥沙大量落淤，具有河口三角洲的淤积特点，河口迅速外延，如藕池河东支的松滋口河口1954～1959年延伸了3.5km，自20世纪70年代以来，高程27～28m左右的洲滩已外延20km以上，枯水期洲滩已接近君山。

受分流道淤积及分流道洲滩的围垦等因素的影响，各站水位流量关系发生变化，其中松滋河西支新江口水文站当流量小于4000m^3/s时，同流量的水位有所降低或变化不大，流量大于4000m^3/s时，同流量的水位1980年以后变化不大，但较1955年略有抬高；其他各站同流量的水位均逐渐抬高，其中，中、高水期水位抬高速率以1966～1980年最大，枯水期则一般以1955～1966年最大，藕池口各站水位抬高值较其他口门的大。

2）三峡水库蓄水运行后（2003～2009年），进入三口的沙量和水流含沙量大幅度减小，如2003～2009年三口年均含沙量仅为0.0261kg/m^3，与1981～2002年的1.26 kg/m^3相比减小了79%，导致三口洪道河床出现了一定冲刷，2003～2009年三口洪道总冲刷量为0.6417亿m^3。其中松滋河冲刷量为0.1100亿m^3，占三口洪道总冲刷量17%，虎渡河冲刷量为0.0935亿m^3，占总量的14%，松虎洪道冲刷量为0.1333亿m^3，占总量的21%，藕池河总冲刷量为0.3049亿m^3，占总量的48%。其中2003～2005年冲刷量较大，2006～2009年冲淤变化较小。

三口洪道在三峡水库蓄水后发生普遍冲刷，冲刷的沿程分布主要表现为以下几个方面：松滋河水系冲刷主要集中在松西河及松东河，其支汊冲淤变化较小；虎渡河冲刷主要集中在口门至南闸河段，下游河段则表现为淤积；松虎洪道表现为较强的冲刷；藕池河则发生普遍冲刷。三口洪道出现了一定的河床冲刷，高水期间荆江三口分流能力略有增强（表7-32和图7-41）。

表 7-32　三口洪道冲淤量分时段比较　（单位：亿 m^3）

分项	时段	松滋河	虎渡河	松虎洪道	藕池河	三口总计
总冲淤量（亿 m^3）	1952 ~ 1995 年	1.680 12	0.726 49	0.442 4	3.198 4	6.047 41
	1995 ~ 2003 年	0.034 8	0.131 7	-0.009 5	0.310 6	0.467 6
	1952 ~ 2003 年	1.714 92	0.858 19	0.432 9	3.509	6.515 01
	2003 ~ 2009 年	-0.110 0	-0.093 5	-0.304 9	-0.133 2	-0.641 7
年均冲淤量（亿 m^3/a）	1952 ~ 1995 年	0.038 2	0.016 5	0.010 1	0.072 7	0.137 4
	1995 ~ 2003 年	0.004 4	0.016 5	-0.001 2	0.038 8	0.058 5
	1952 ~ 2003 年	0.033	0.017	0.008	0.067	0.125
	2003 ~ 2009 年	-0.018 3	-0.015 6	-0.050 8	-0.022 2	-0.107

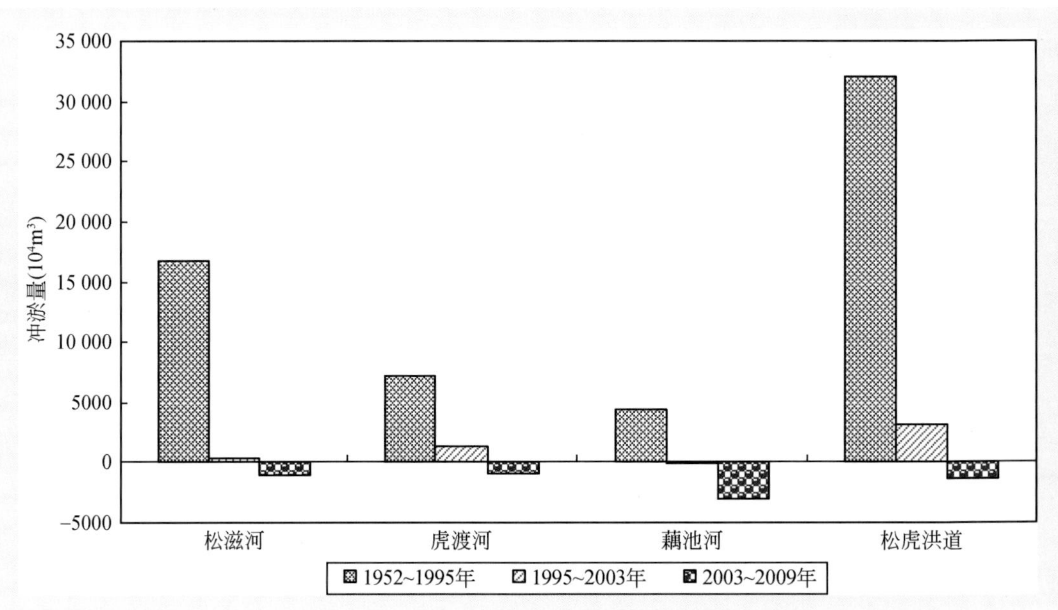

图 7-41　荆江三口洪道不同时段冲淤量分布图

（2）荆江河床冲刷导致干流水位下降、流量扩大

由于下荆江裁弯、葛洲坝和三峡水利枢纽工程的兴建等，导致荆江河段河床持续冲刷，1966 ~ 2008 年荆江累计冲刷 8.57 亿 m^3，其中上荆江 5.71 亿 m^3，约合平均冲深 2.3m；下荆江 2.87 亿 m^3，约合平均冲深 0.8m。

荆江干流河床冲刷导致干流水位下降［表 7-33 和图 7-42（a）~图 7-42（e）］，如枝城站 2002 年与 20 世纪 50 年代相比，5000m^3/s、10 000 m^3/s 下水位分别下降 0.87m、0.80m，三峡蓄水运用后则分别下降 0.08m、0.33m；新厂站 1989 年与 1966 年相比，5000m^3/s、10 000 m^3/s 下水位分别下降 1.89m、1.30m；沙市站 2002 年与 1991 年相比，5000m^3/s、10 000 m^3/s 下水位分别下降 0.60m、0.11m，三峡蓄水运用后则分别下降 0.80m、0.51m［图 7-43（a）和图 7-43（b）］。但随着流量的增大，水位下降幅度减小。

荆江干流水位下降增大了三口通流时干流的流量，造成了三口断流时间提前、通流时间推后，三口年分流分沙量大幅减小和荆江干流流量增大。如三口多年平均分流量由 1956 ~ 1966 年（下荆江裁弯以前）的1332亿m^3分别减小至1967～1972年（裁弯期）的1022亿m^3、1973～1980年的834.4亿m^3、1981～2002年的685.3亿m^3、2003～2008年的498.5亿m^3，而同期下荆江监利站年均径流量则由3183亿m^3增大至3280亿m^3、3607亿m^3、3756亿m^3、3653亿m^3和3803亿m^3，相比1956～1966年平均分别增大了97.7亿m^3、423.7亿m^3、572.9亿m^3、470.1亿m^3、620.7亿m^3，折合年平均流量分别增大310 m^3/s、1340 m^3/s、1820 m^3/s、1490 m^3/s、1968 m^3/s。

而三口洪道分流量的减小，又促使了三口洪道的继续淤积。与此同时，三口洪道作为荆江分流支汊，其年内分流比是变化的，中枯水分流量很小，甚至断流，从而使小含沙量的中枯水期本应发生的冲刷，却因流量很小出现滞流或断流情况而转为淤积。

因此，荆江河床冲刷、干流流量增大、三口分流分沙的减小等三者之间关系密切且相互影响。

表7-33　荆江干流各站逐月平均水位变化　（单位：m）

测站	统计时段	1月	2月	3月	4月	5月	6月	7月	8月	9月	10月	11月	12月	年平均
枝城站	1951～1966年	38.33	37.99	38.26	39.32	41.37	42.90	45.84	45.82	45.08	43.47	41.21	39.37	41.60
	1966～1972年	38.18	37.94	38.29	39.49	41.55	42.86	45.25	44.67	44.79	43.31	40.91	38.96	41.37
	1973～1980年	37.89	37.64	37.79	39.19	41.36	43.32	45.09	44.91	44.93	43.29	40.68	38.81	41.26
	1981～2002年	37.71	37.53	37.77	38.75	40.44	42.58	45.58	44.73	44.22	42.47	39.99	38.38	40.87
	2003～2009年	37.73	37.65	37.94	38.67	40.24	41.77	44.23	43.81	43.44	40.75	39.37	38.11	40.31
沙市站	1950～1966年	33.78	33.36	33.66	34.78	36.83	38.39	40.97	40.81	40.23	38.76	36.64	34.86	36.95
	1967～1972年	33.61	33.29	33.73	35.07	37.13	38.19	40.28	39.51	39.42	38.33	36.28	34.43	36.62
	1973～1980年	32.68	32.31	32.48	34.06	36.47	38.28	39.89	39.68	39.59	38.10	35.62	33.74	36.09
	1981～2002年	32.04	31.71	32.11	33.46	35.52	37.71	40.54	39.73	39.12	37.40	34.92	32.98	35.62
	2003～2009年	31.28	31.09	31.67	32.79	35.03	36.72	39.24	38.80	38.41	35.45	33.77	31.93	34.68
新厂站	1955～1966年	30.69	30.24	30.57	31.60	33.60	35.14	37.47	37.26	36.58	35.27	33.44	31.76	33.65
	1967～1972年	30.11	29.75	30.18	31.54	33.65	34.67	36.44	35.82	35.62	34.63	32.80	30.88	33.02
	1973～1980年	28.99	28.64	28.79	30.30	32.82	34.51	36.17	35.85	35.66	34.21	31.84	30.02	32.34
	1981～2002年	28.67	28.32	28.73	30.08	32.08	34.13	36.91	36.10	35.49	33.76	31.48	29.65	32.14
	2003～2009年	28.14	27.95	28.58	29.63	31.94	33.57	35.84	35.42	35.10	32.29	30.69	28.82	31.51
调弦口站	1950～1966年	27.30	26.88	27.31	28.59	30.89	32.25	34.80	34.54	34.06	32.53	30.39	28.48	28.88
	1967～1972年	26.41	26.02	26.54	28.26	30.73	31.78	34.22	33.06	32.75	31.78	29.49	27.44	29.89
	1973～1980年	26.06	25.71	25.91	27.67	30.66	32.33	34.17	33.60	33.33	31.84	29.23	27.19	29.83
	1981～2002年	26.42	26.11	26.69	28.22	30.24	32.34	35.28	34.32	33.62	31.78	29.44	27.51	30.19
	2003～2009年	26.58	26.44	27.22	28.17	30.51	32.15	34.21	33.76	33.37	30.51	29.02	27.21	29.97
石首站	1951～1966年	29.48	28.98	29.31	30.51	32.75	34.11	36.66	36.54	36.00	34.56	32.53	30.68	32.71
	1967～1972年	28.60	28.23	28.71	30.21	32.47	33.49	35.70	34.70	34.48	33.49	31.34	29.41	31.75
	1973～1980年	27.49	27.14	27.29	28.92	31.69	33.41	35.17	34.81	34.61	33.12	30.56	28.57	31.09
	1981～2002年	27.58	27.23	27.73	29.19	31.26	33.39	36.32	35.12	34.69	32.86	30.53	28.63	31.26
	2003～2009年	27.25	27.10	27.84	28.89	31.32	33.01	35.20	34.72	34.34	31.43	29.84	27.91	30.76

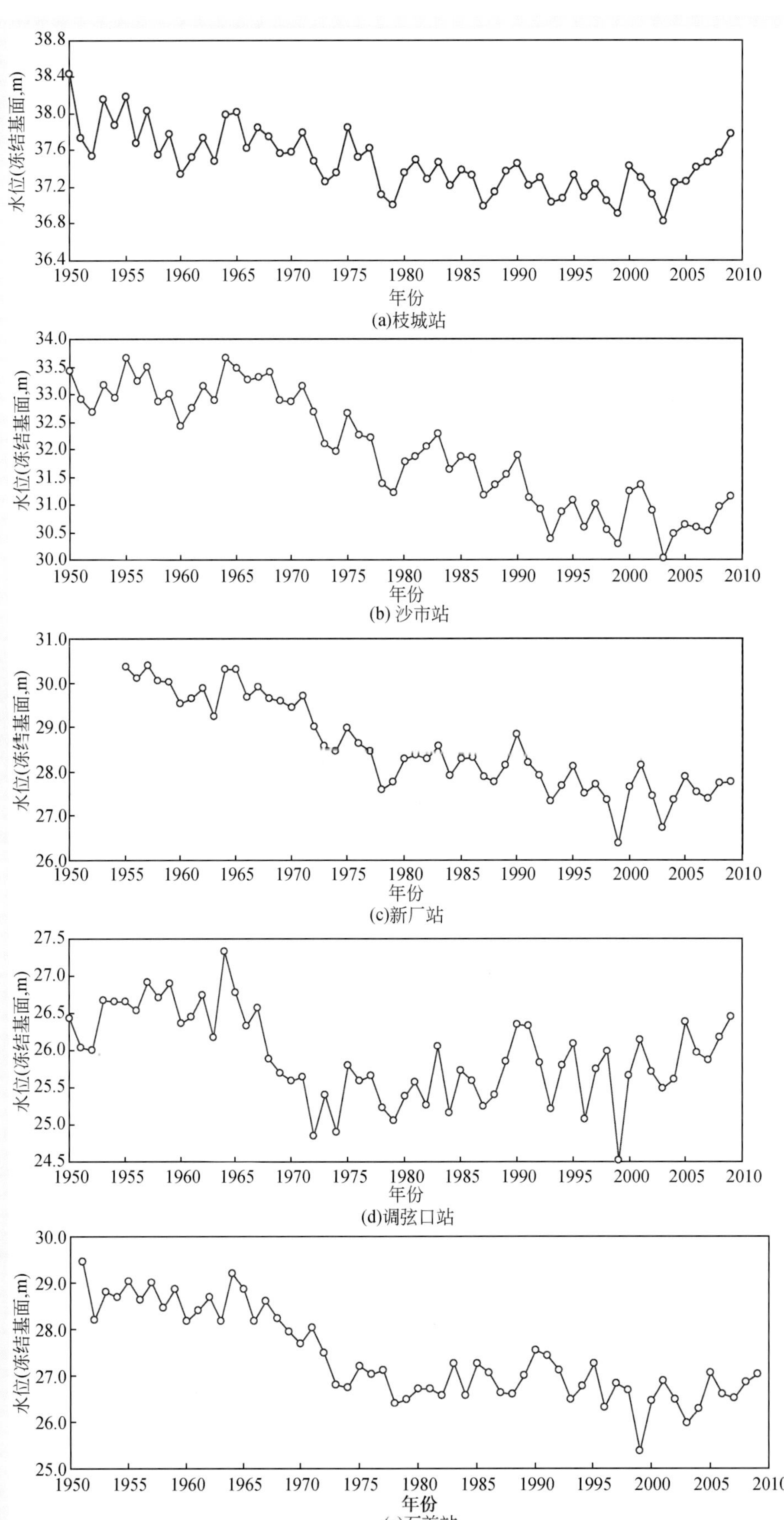

图 7-42　荆江干流各站历年最低水位变化过程

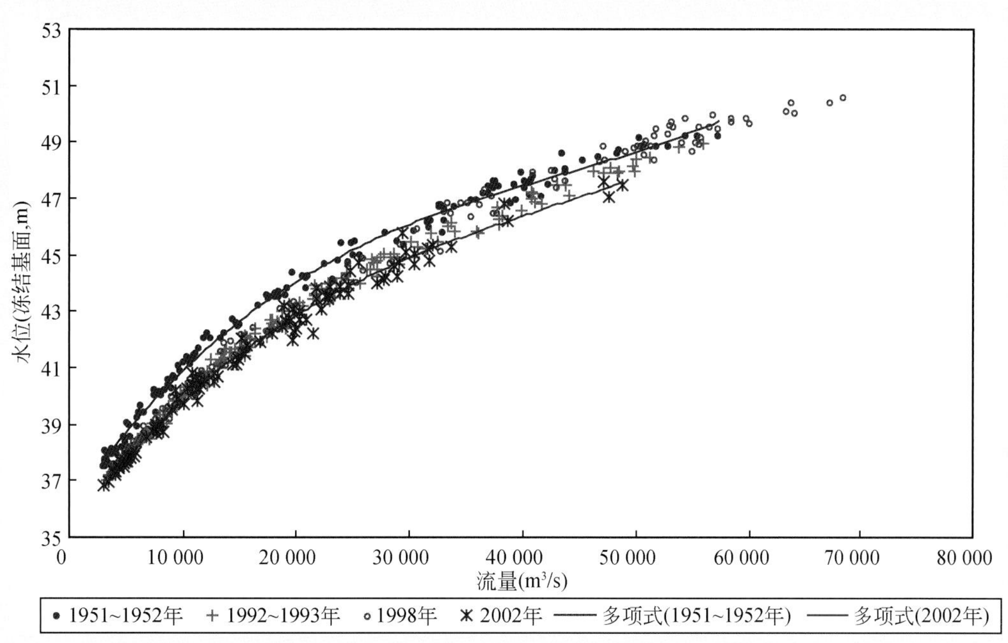

图 7-43（a） 枝城站 1951～2002 年水位-流量关系变化

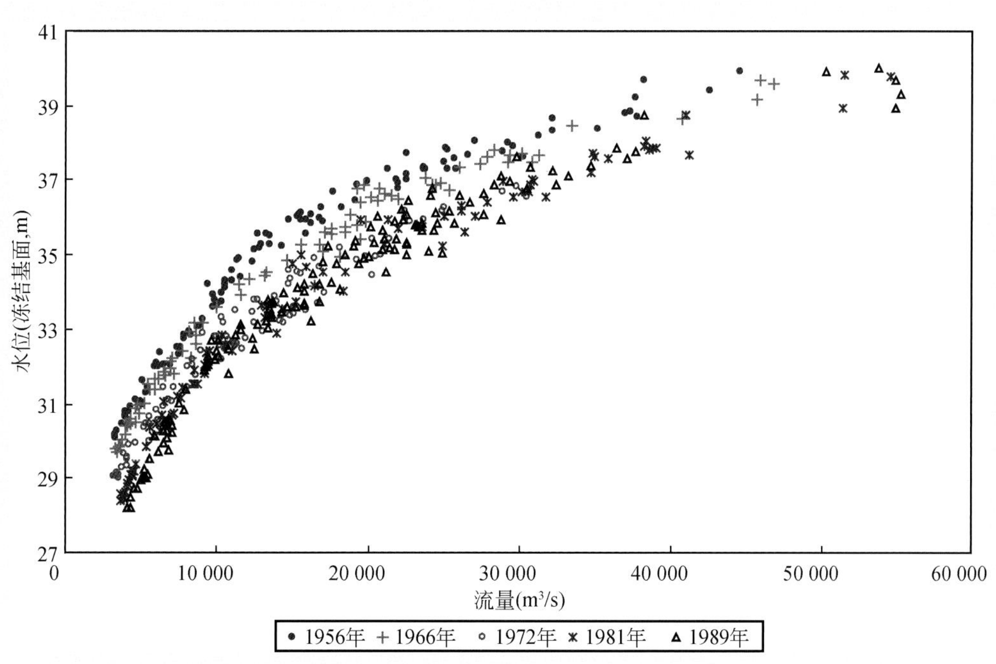

图 7-43（b） 新厂站 1956～1989 年水位-流量关系变化

导致荆江河床冲刷的因素主要包括发生在 20 世纪六七十年代的下荆江裁弯、20 世纪 80 年代上游葛洲坝水利枢纽的修建，以及 20 世纪 90 年代以来长江上游输沙量明显减小和 2003 年 6 月三峡水利枢纽的蓄水运用等几个方面。

1）下荆江裁弯。上荆江在裁弯前的 1957～1966 年河床淤积量为 0.169 亿 m^3，冲淤基本平衡；下荆江河床冲刷量为 0.58 亿 m^3，平均冲深约 0.15m。

下荆江裁弯后，缩短河长78km，水流流程减小，水面比降增大。由表7-34可见，新厂至石首河段汛期各月时段平均水面比降在下荆江裁弯期迅速增大，增大幅度为14.6%～26.0%，尤其是在7～9月，增大幅度在23.0%以上，直接增大了主汛期洪水从下荆江干流下泄的能力，也导致荆江干流河床冲刷加剧，1966～1981年荆江河段冲刷量为4.59亿m^3，其中上、下荆江冲刷量分别为1.66亿m^3和2.93亿m^3。如裁弯前1954年洪水，上荆江经过3次运用荆江分洪工程，沙市最高洪水位44.67 m（不分洪时水位将达45.63 m），洪峰流量约50 000 m^3/s；下荆江经过上车湾扒口分洪，降低监利洪水位约0.7 m，监利最高洪水位达到36.57m，洪峰流量35 600m^3/s；下荆江裁弯后，扩大了荆江泄洪流量。裁弯前后，沙市、监利站实测本站和城陵矶站同水位的流量对比（表7-35）。另外，从监利站历年最大和最小流量变化情况来看［图7-44（a）和图7-44（b）］，监利站流量增大趋势较为明显。为更明确地分析监利流量加大的总趋势，利用该站1954～1959年、1980～1987年日平均流量频率，计算各频率对应流量（表7-36）。从中可看出，1980～1987年较之1954～1959年最大流量加大10 500m^3/s，1%频率的流量（相当于每年出现3.65d）加大8500m^3/s；10%频率的流量（相当于每年出现36.5d）加大7200m^3/s。

此外，由于藕池口口门位于新厂至石首河段之间，紧邻3个裁弯河段的上端，下荆江系统裁弯对其分流量衰减的影响最为明显，分流量迅速减小，促使泥沙在分流洪道内大量淤积，又加剧了分流分沙比的进一步减小。

表7-34　新厂至石首河段分时段汛期月平均比降变化统计表　（单位:‰）

时段	5月	6月	7月	8月	9月	10月
1955～1966年	0.4568	0.4486	0.3932	0.4059	0.4001	0.4298
1967～1972年	0.5236	0.5242	0.4842	0.4997	0.5041	0.5066
1973～1980年	0.4980	0.4896	0.4524	0.4661	0.4689	0.4844
1981～2002年	0.3944	0.3664	0.3139	0.3563	0.3884	0.4264
2003～2007年	0.3180	0.2970	0.3180	0.3459	0.3722	0.4248

表7-35　下荆江裁弯前后沙市和监利站同水位实测流量

站名	裁弯前后	实测日期	莲花塘水位（m）	水位（m）	流量（m^3/s）	扩大泄量（m^3/s）
沙市（新厂）	前	1958年8月26日	30.60	43.88	46 500	
	后	1974年8月13日	30.69	43.84	51 100	4 600
监利（姚圻脑）	前	1954年7月25日	33.73	35.82	26 600	
	后	1980年9月2日	33.67	35.83	32 900	6 300

表 7-36　监利站同频率下对应流量　（单位：m³/s）

时段	最大	1%	5%	10%	50%	最小
1954～1959 年	35 200	29 400	23 200	18 800	7 810	3 140
1980～1987 年	45 700	37 900	29 200	26 000	9 080	3 150
1988～2000 年	45 400	37 500	28 800	23 700	9 980	3 300
2001～2007 年	41 400	34 100	26 200	21 200	8 830	3 520

图 7-44（a）　监利站年最大流量变化

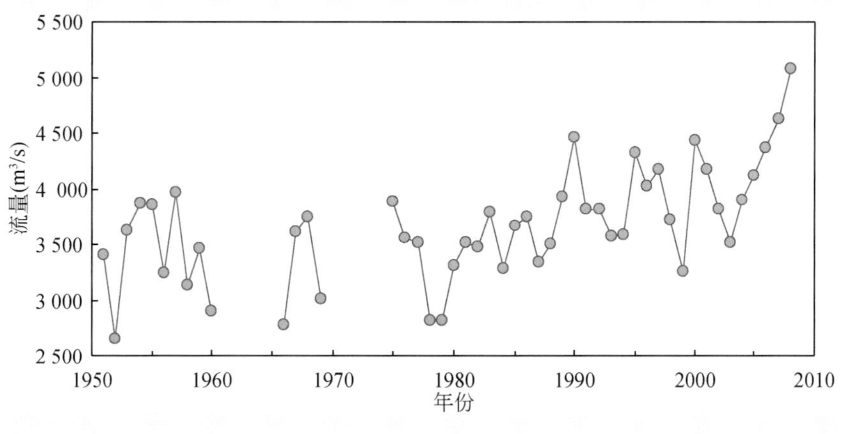

图 7-44（b）　监利站年最小流量变化

2）葛洲坝水利枢纽的修建。1981 年葛洲坝水利枢纽建成后，由于其调蓄功能有限，荆江来流量及悬移质输移量没有明显改变，但推移质大量拦蓄在库区内，坝下游推移质泥沙的大量减少（葛洲坝水利枢纽运行前宜昌站卵石推移质输移量 1973～1979 年多年平均为 75.8 万 t，运行后卵石推移质输移量 1981～2000 年多年平均为 28.0 万 t，仅为运行前的 36.8%；同期沙质推移质分别为 878 万 t 和 150 万 t，减少了 82.9%），坝下游河床冲刷下切，1981～1991 年荆江河段冲刷量为 1.78 亿 m³，其中上、下荆江冲刷量分别为 1.15 亿 m³ 和 0.53 亿 m³。其中，宜昌至松滋口段 1981～1991 年枯水、平滩、高水河槽河床分别冲刷下切 0.71～0.74m、0.56～0.65m 和 0.52～0.62m；松滋口至江口段河床冲深

0.21～0.60m；江口至沙市段则除枯水流量河床发生冲刷外，平滩与漫滩流量河床还略有淤积；沙市至新厂段枯水、平滩、高水河槽河床分别冲深0.51～0.76m、0.43～0.58m、0.30～0.64m。

河床冲刷导致干流河道同流量水位下降，1973～1992年宜昌站4000m^3/s枯水流量级水位累计下降1.05m。1980～1991年，枝城站5000m^3/s、10 000m^3/s、30 000m^3/s流量下水位分别下降0.62m、0.86m、0.30m；沙市站5000m^3/s、10 000m^3/s流量下水位则分别下降0.91m、0.45～0.75m。

3）上游来沙量减小和三峡水利枢纽的修建。1991年以来，受长江上游输沙量减小以及1998年、1999年大水等影响，荆江河床主槽持续冲刷，但洲滩淤积。1991～2002年荆江河段主槽冲刷量为0.92亿m^3，洲滩则淤积泥沙2.84亿m^3。其中上荆江“滩槽均冲、以主槽冲刷为主”，总冲刷量为1.56亿m^3；下荆江“滩槽均淤”，总淤积量为3.48亿m^3。

三峡水库蓄水运用以来，荆江总体河势基本稳定，但河道冲刷强度有所加剧，2002年10月～2009年10月，荆江河段平滩河槽累计冲刷泥沙4.465亿m^3，年均冲刷量为0.638亿m^3，远大于三峡蓄水前（1966～2002年）的0.134亿m^3/a。其中，上、下荆江冲刷量分别为1.865亿m^3和2.60亿m^3，分别占总冲刷量的42%和58%。深泓纵剖面最大冲深7.4m（荆56）。河床冲刷的80%集中在枯水河槽，导致了同流量下枯水位有所下降。2002年汛后至2008年汛后，枝城、沙市站5000m^3/s流量下对应水位分别下降约0.08m和0.80m。

（3）三口口门河势变化

分流口门附近干流河道的河势变化直接影响分流。近几十年来松滋口口门附近干流河势变化不大，对分流影响相对较小；太平口口门位于涴市河湾与沙市河湾间的顺直长过渡段内，干流主流自20世纪60年代以来逐渐左移，对分流有所影响。进入90年代，口门附近干流河床出现江心滩，分水流为左右两汊，对分流应有利；藕池口口门位于郝穴与石首两弯道间的顺直长过渡段内，60年代以来，干流河势变化较大，主流多变，口门附近淤长出众多洲滩，并逐渐淤长合并上延，致使主流在口门以上即向左岸过渡或贴左岸，从而影响分流分沙。

1）松滋口口门。松滋口位于枝江河段芦家河浅滩段上游长江右岸，多年来枝城至姚家港河段形态稳定。由于本河段受山体及阶地组成影响，两岸岸线长期稳定；河道演变主要受上游来水来沙变化影响，局部河段冲淤频繁。

枝城至松滋口段受边界条件控制，河势基本稳定，主流线贴右岸深泓而下，总体变化不大［图7-45（a）］，松滋口口门以下芦家河浅滩段深泓演变表现为年内主泓在沙泓和石泓之间转换，枯水期走沙泓，高水期走石泓，近年来则基本稳定在沙泓。与口门段干流河势变化特点相一致，高水期，干流主泓沿关洲以下长江右岸深泓出陈二口顺流直下，加上芦家河浅滩的束水作用，有利于松滋口的分流；中低水期，由于主流出陈二口之后摆向左岸沙泓，因此，松滋口口门一侧入流减少，其分流能力随长江水位降低迅速减小，直至断流。

从河床冲淤变化来看，枝城至松滋口段断面横向变化小，相对稳定。1998年大洪水后，松滋口以上河段河床深槽有所冲刷，关洲左汊虽有较大的冲淤变化，但关洲河道双汊河型基本稳定，河势整体格局基本不变。口门上游主槽位于河道右岸，1980年至今河床逐渐刷深，最低点高程约下降近3m，其中1998年大水后，最低点高程下降近4m，到2002年则淤高近3m，三峡水库蓄水后深槽刷深，最低点高程下降约3m［图7-45（b）］。松滋口口门以下断面冲淤变化较频繁：年际间，葛洲坝兴建前，全河段基本为冲淤平衡的状态；葛洲坝运用后，受上游河道大量开采建筑骨料和推移质来量减少的影响，河床冲刷，同流量下水位略有降低，20 世纪 90 年代后冲刷放缓。2003 年三峡水库蓄水运行以来，受长江上游来沙量大幅度减少和水库拦蓄作用的共同影响，水库下泄水流含沙量大幅度减少，致使近坝下游河道河床发生冲刷，芦家河浅滩段沙泓的汛期淤积量大幅减少，沙泓成为主泓道；总体呈冲刷态势。

从松滋口口门附近 35m 等高线变化来看，1980～1998 年，上百里洲头 35m 等高线与口门右岸线贯通，松滋河河口开始封堵；1998 年大水后，35m 等高线虽有所冲刷后退，但至 2002 年仍然贯通。2003 年三峡水库蓄水运行以来，松滋口口门附近河床冲刷下切，35m 等高线被冲开，口门左岸的百里洲边滩也逐渐切削；2006 年特枯水年，口门处 35m 等高线淤长贯通，但 2008 年又被冲开［图 7-45（c）］。

受口门段干流河道演变影响，口门内河道左侧河床冲刷，断面形态也由 1980 年的偏“U”型演变成不对称的“W”型［如图 7-45（d）所示，松 03 断面位于口门下约 1km 处］，左岸大幅冲刷；1998 年大洪水后左槽大幅淤积，此后逐年冲刷，口门横向扩大，有利于分流。主要表现为口门左岸边滩崩退，1996～2000 年累积崩退约 100m；右深槽局部有所冲深，变幅在 2m 以内；2001～2002 年口门略有回淤且比较稳定。三峡水库蓄水运用后，2002 年至 2004 年 10 月，左槽曾冲刷形成两道小深槽，中部滩面大幅冲蚀；右岸深槽多年来浅窄，冲淤幅度在 1～2m。断面变化主要表现在左岸边滩受到冲刷后退；相对 1980 年滩面最大冲淤幅度可达 6m，40m 等高线后退近 200m。

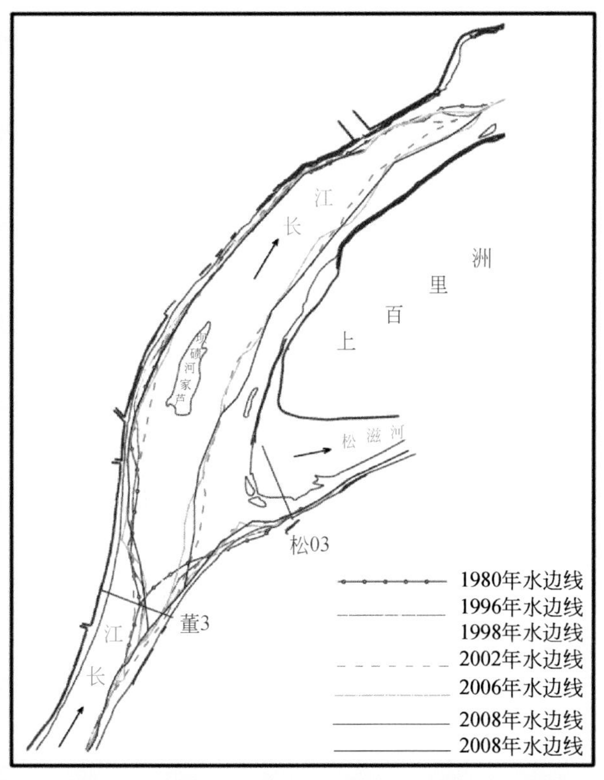

图 7-45（a） 松滋口口门长江干流段深泓平面变化

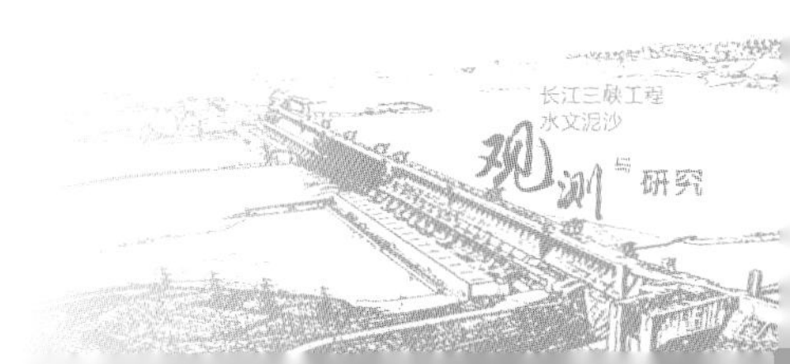

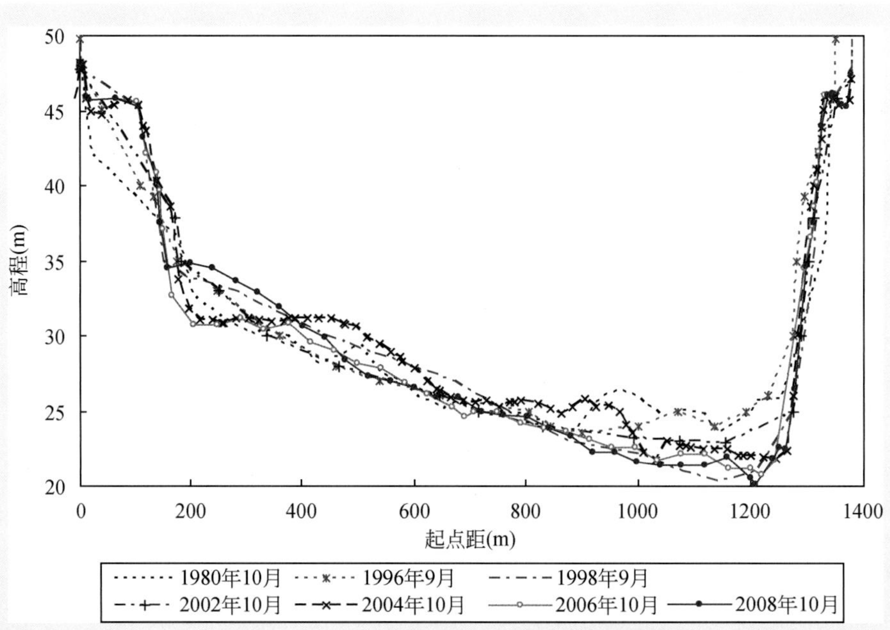

图 7-45（b） 董 3 断面近期冲淤变化图

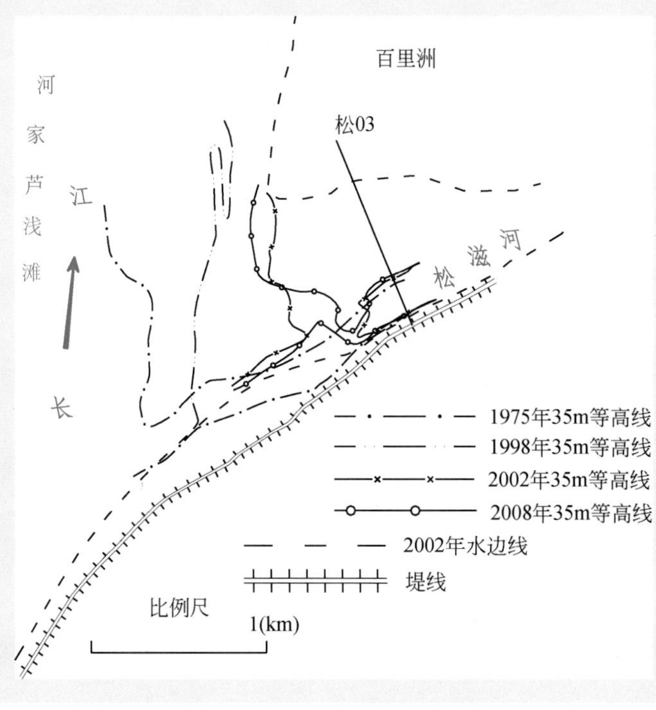

图 7-45（c） 松滋口附近洲滩变化图

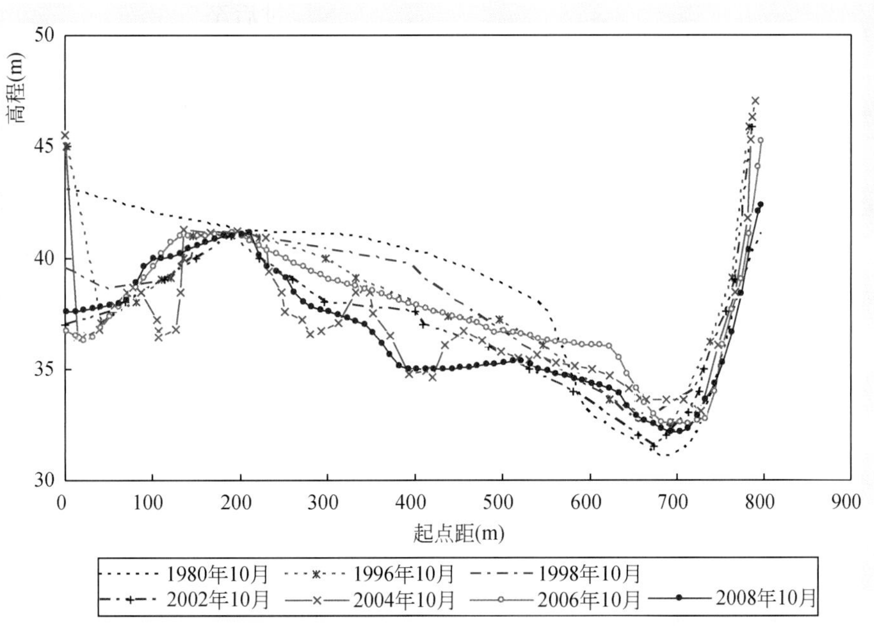

图 7-45（d） 松 03 断面近期冲淤变化图

2）太平口口门。太平口口门位于长江干流沙市河湾上游涴市与沙市河湾之间顺直过渡段右岸，虎渡河进口段与长江干流几乎垂直［图 7-46（a）］。

口门附近长江干流内有太平口心滩，高水时为潜洲，中低水时露出水面，分水流为左、右两泓，自 1993 年沮漳河出口改道至马羊洲尾以来，便持续出现右（南）冲左（北）淤的现象，发展到 1997 年时，右泓成为涴市与沙市河湾过渡段的主泓，改变了近 30 多年来左泓为主泓的格局。三峡水库蓄水以来，心滩面积有所增大，且滩顶有所淤高，右槽累积呈冲刷的趋势，腊林洲处 20m 深槽不断刷深刷长，且呈现逐步靠岸的态势，致使腊林洲前沿近岸河床有所冲刷崩退［图 7-46（b）］。1975 ~ 2002 年，太平口口门 35m 等高线形成的河槽逐渐束窄，口门右岸等高线移动的幅度较大，说明右边滩逐渐淤积，2002 年后，口门有所扩展［图 7-46（c）］。

1998、1999 年大洪水后至三峡水库蓄水前，太平口心滩左槽处于主导地位，其分流比约为 55% ~ 68%；其分沙比高达 67% ~95%，左槽是泥沙输移的主要通道。三峡水库蓄水后，同流量下左槽分流比有所减少，右槽相应增加，相比而言，中洪水左槽分流比减少较少，枯水期分流比减少较多。目前中洪水期主流仍在左槽，流量约为 20 000m^3/s，左槽的分流比约为 56%；枯水期分流比自 2004 年起，主流由左槽转移至右槽，且右槽枯水期分流比呈逐年增加的趋势。分流比的这一变化规律与左、右槽的地形变化是相适应的。太平口心滩左、右槽分沙比的变化规律与分流比类似，三峡水库蓄水运用以来，左槽的分沙比呈现减少的趋势，相应的右槽的分沙比则有所增大，至 2007 年 3 月，右槽分沙比增大为 55%。

太平口边滩（30m 等高线），自 20 世纪 50 年代以来，就一直存在并依附于沙市河段右岸的太平口至腊林洲一带，20 世纪 70 年代初，太平口边滩被水流切割，在腊林洲（荆 38 断面）附近分为上下两段：上段以边滩形式存在，下段即三八滩，以江心洲的形式存在。该边滩受太平口过渡段主流摆动及太平口心滩冲淤变化影响较大。据统计，20 世纪 90 年代以前，太平口边滩滩首曾上延至陈家湾附近（荆 30 断面），此后受上游来流冲刷影响逐年下移后退，20 世纪 90 年代过后，滩首基本稳定在太平口口门以下约2380m（荆33断面）［图7-46（d）］。1998年过后至2006年6月，滩尾摆动范围大为减小，基本稳定在荆39断面与荆41断面之间；2006年6月～2008年10月，随着三八滩右汊30m高程淤积体的冲刷消失，太平口边滩上段冲刷后退，滩尾则有所淤积下延。

由于太平口口门外长江干流河道主泓由太平口心滩左泓转道心滩右泓，加大了干流河道太平口一侧的流量，对于维持太平口分流能力的稳定具有一定的意义，因此，近年来太平口进口段河道发生同步变化。以口门内虎1断面为例，该断面位于口门下游约300m处，断面形态稳定［图7-46（e）］，呈“V”型；1998年大洪水后断面深槽发生明显淤积，此后冲刷拓宽，2002年后趋于稳定，有小幅冲刷拓宽；多年来左、右两岸黏土边滩有淤高趋势。

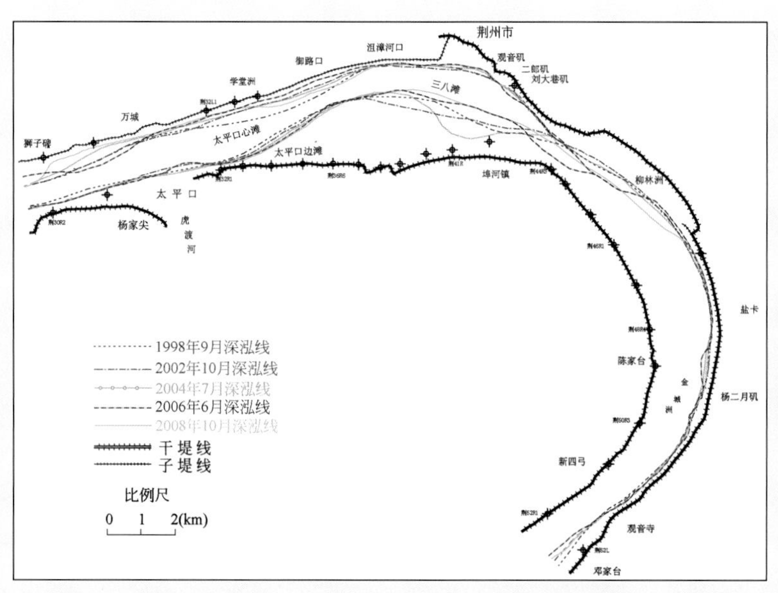

图7-46（a） 陈家湾至观音寺段深泓线历年平面变化图

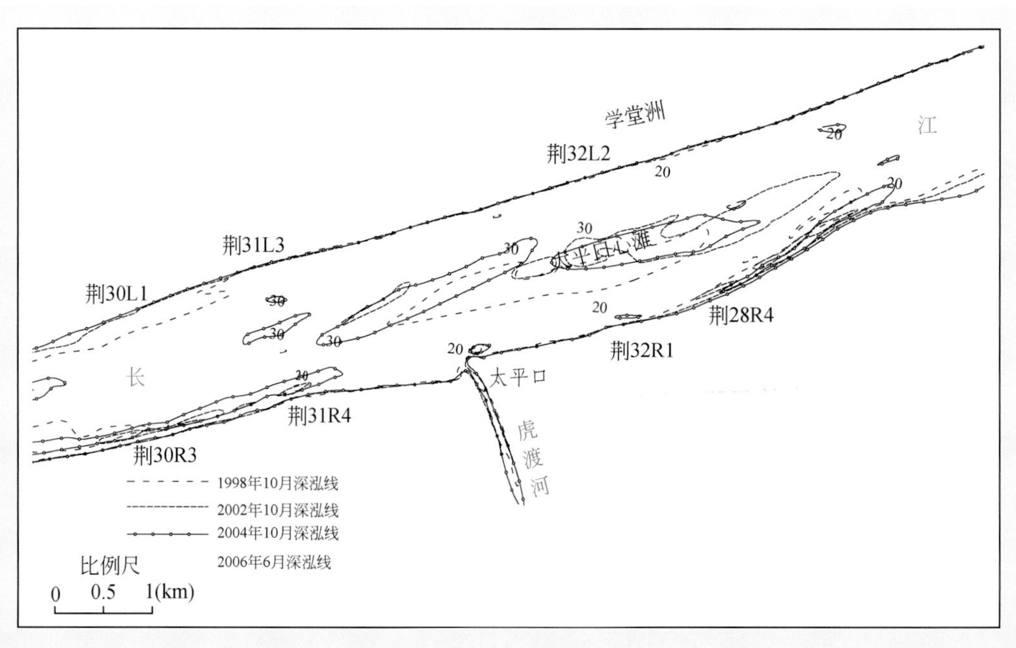

图7-46（b） 太平口过渡段30m心滩和20m深槽变化图

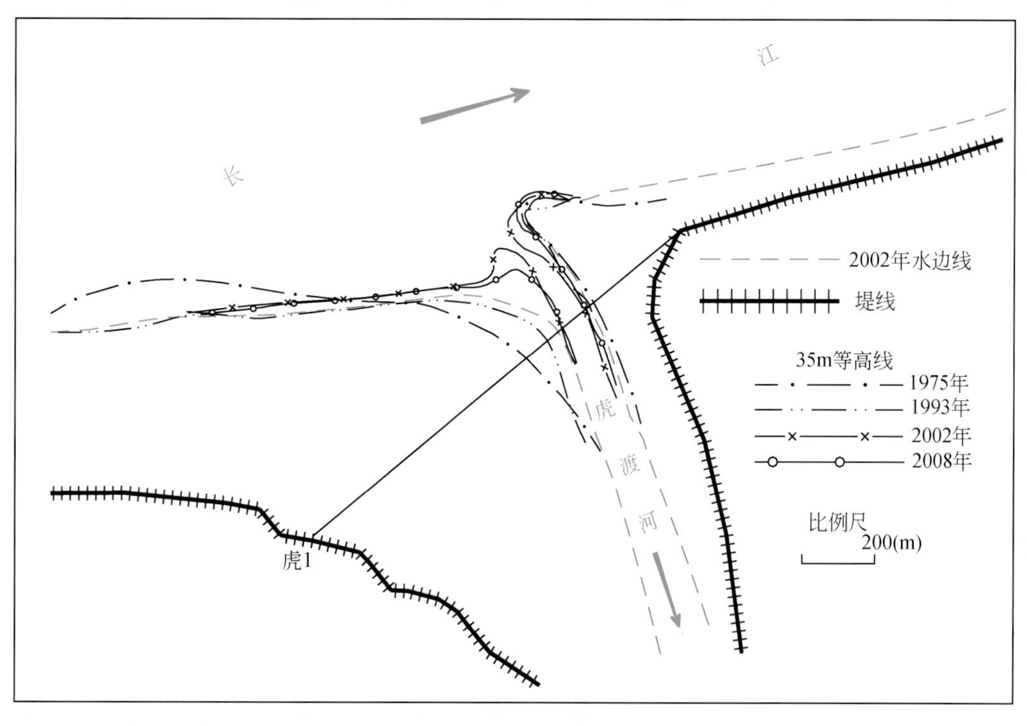

图 7-46（c） 太平口口门平面形态变化

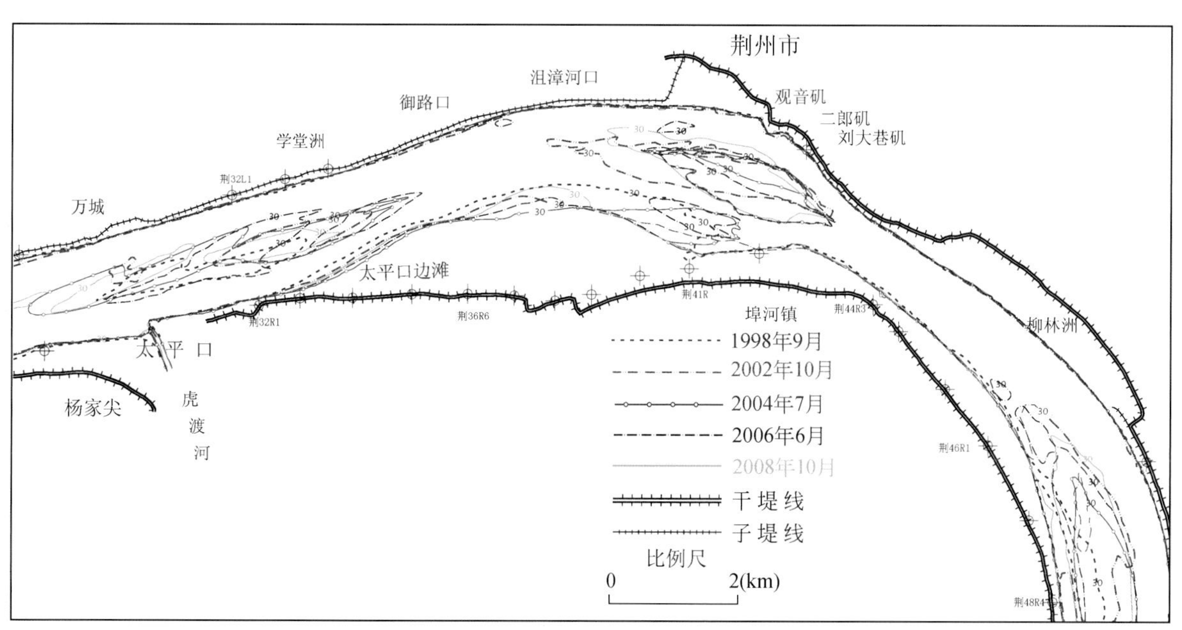

图 7-46（d） 太平口边滩、三八滩 30m 等高线历年变化图

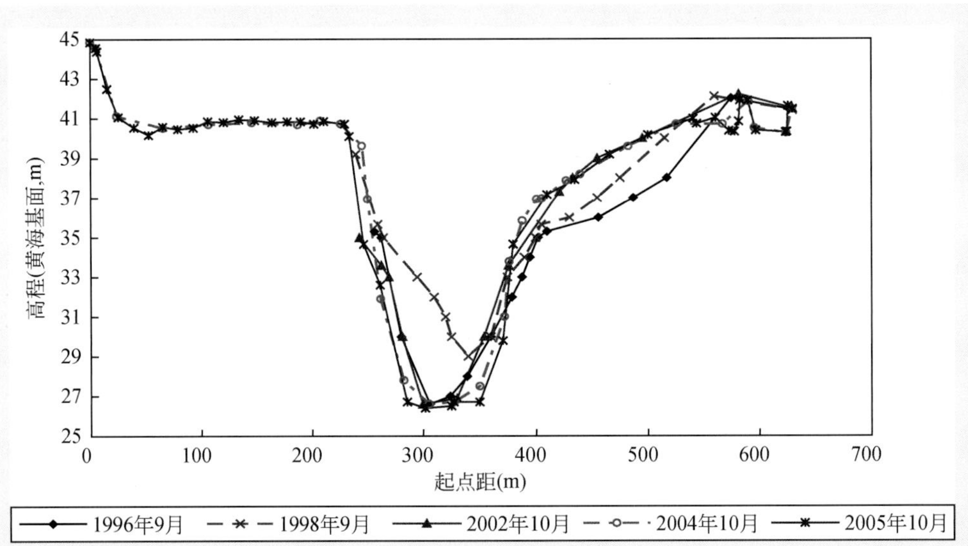

图 7-46（e） 虎 1 断面近期冲淤变化图

长期以来，太平口分流能力受口门外长江干流河势变化以及进口段河道冲淤变化影响。自 20 世纪 50 年代到三峡水库蓄水运行以前，受虎渡河河道淤积影响，太平口分流能力处于缓慢衰退过程中；1997 年后口门外干流主泓走太平口心滩右汊，有利于维持太平口的分流，三峡水库蓄水运行以后，由于口门内边坡的淤积抬高，太平口高水分流能力衰减。

3）藕池口口门。藕池口口门位于长江干流上、荆江分界处［图 7-47（a）］，位于郝穴河湾与石首弯道之间的过渡段。藕池口口门上游的蛟子渊至口门干流为一顺直河段，口门至下游的茅林口段河道较为顺直，余下由向家洲进入石首弯道。

受倒口窑心滩的主支汊交替变化和沙滩子自然裁弯的影响，1965～1998 年藕池口局部河段深泓线发生了剧烈的变化，1998～2002 年新厂至茅林口段主流贴左岸下行，陀阳树至古长堤段主流呈两次过渡，首先在陀阳树深泓从左岸过渡到右岸天星洲滩体左侧，下行一定距离后又在古长堤附近过渡到左岸一侧，且过渡段的顶冲点上提、下移不定。2002～2009 年顶冲点下移，古长堤至向家洲主流位于左侧下行，但因左汊较宽与冲淤变化较大，主流在左汊也存在一定的摆幅［图 7-47（b）］。

藕池口门附近有天星洲。多年来茅林口至陀阳树一带历年主流均较稳定地贴左岸，对岸藕池口口门处附近的滩体则相应逐渐淤涨，并有不断发展上延的趋势。20 世纪 80 年代以后，藕池口边滩逐年上延并入天星洲，从而右汊被淤死，左汊发展为主河槽。90 年代以后天星洲心滩不断下移，最后并入天星洲，成为一个大的淤积体，洲体位置基本稳定。但洲头还是逐年后退，洲左缘有崩退的趋势，至今仍在不断地发展变化中。其中 1998 年 30m 高程线封闭藕池口口门，至 2002 年因天星洲头部边滩遭受水流切割，洲头 30m 高程边滩后退，其上游形成新的 30m 心滩，2002～2009 年心滩累积淤长扩大，并向藕池口口门推进［图 7-47（c）］。

综上所述，多年来，藕池口口门外长江干流河道主泓常年贴左岸下行，心滩有冲有淤，边滩位置稳定，高程有所淤积，对扩充藕池口门不利；藕池口门右岸边滩位置较稳定，近年来呈持续淤长趋势。以口门内荆 86+1 断面为例，该断面位于口门下游约 2400m 处，断面形态呈偏“V”型［图 7-47（d）］。1993 年以来，左侧深槽略有左移、冲深并缩窄，而右岸边滩不断淤高。

藕 02 断面位于藕池河进口段，为偏“V”型［图 7-47（e）］。1995～2003 年，深槽发生淤积，左侧低滩冲刷。2003～2005年，深槽左侧继续淤积，傍右侧略有冲刷且边坡变陡，至2006年无明显变化。藕池（管）站为藕池河东支进口控制站，现行水文测验断面为2005年新迁缆道测验断面，断面形态为U形［图7-47（f）］，近年来断面形态基本稳定，1995年后断面右边滩淤积，最大淤厚约4m。

（4）洞庭湖淤积萎缩

洞庭湖萎缩是三口洪道分流能力减小的主要原因之一。洞庭湖原为我国第一大淡水湖，1852年洞庭湖天然湖面近6000km^2，至1949年，湖面面积减小到4350km^2。而1949～1995年的46年间，洞庭湖湖泊面积则锐减至2623km^2，容积由293亿m^{3}缩小到167亿m^3，由我国第一大淡水湖，沦为第二大湖。

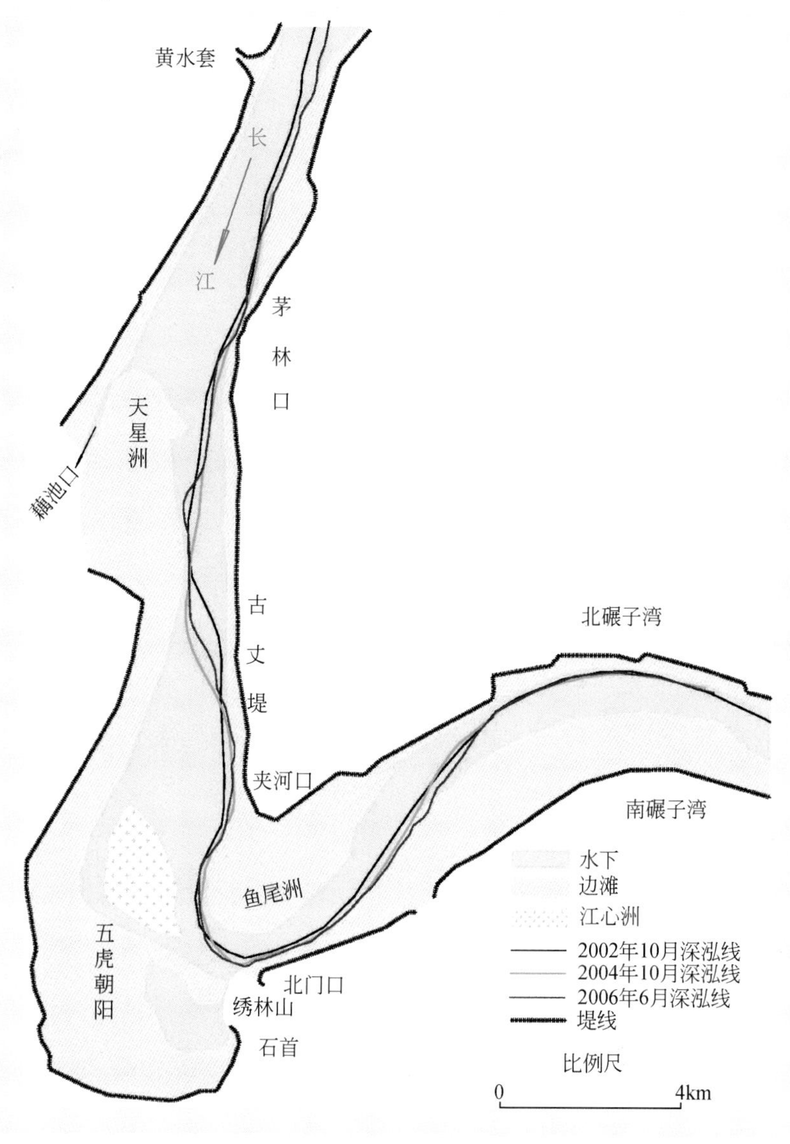

图7-47（a）　藕池口口门附近河势图

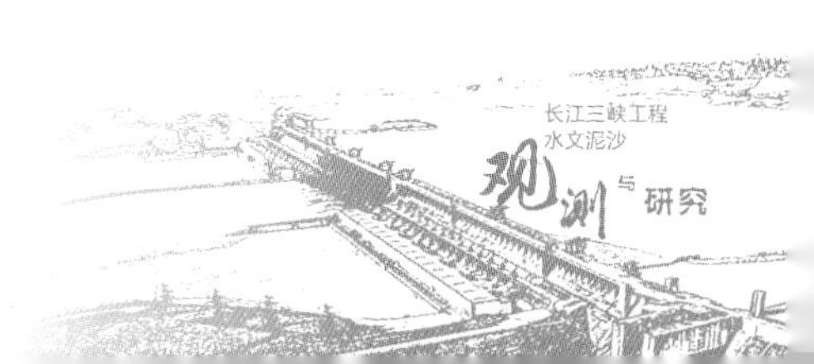

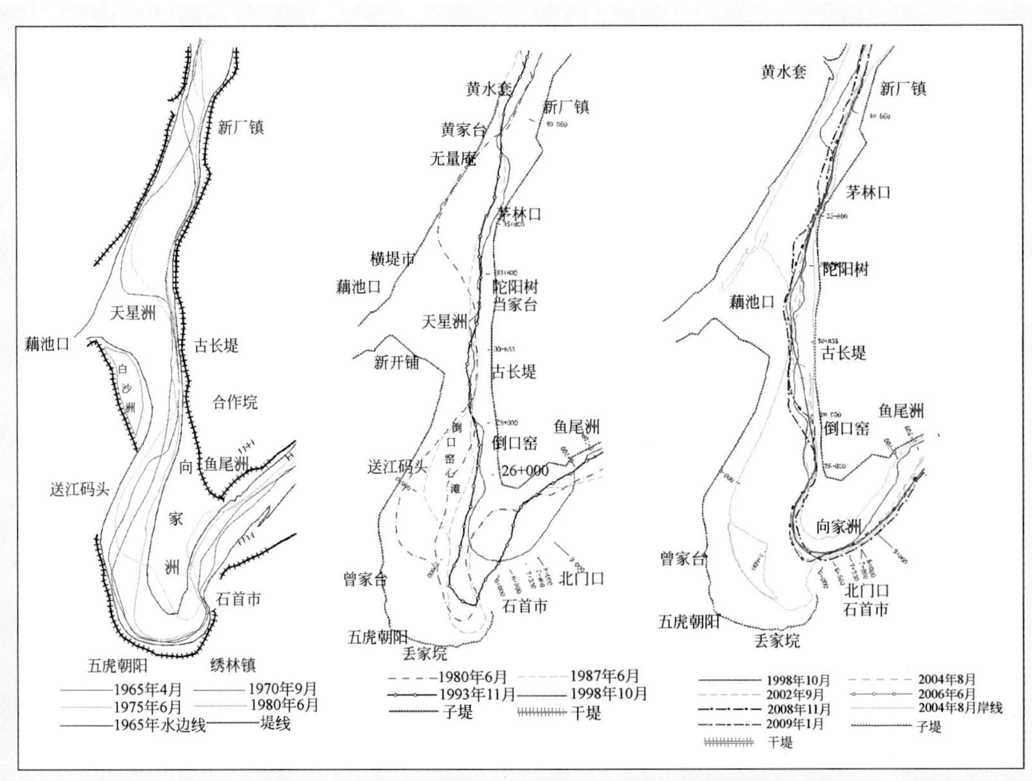

图 7-47（b） 藕池口附近河段深泓线平面变化图

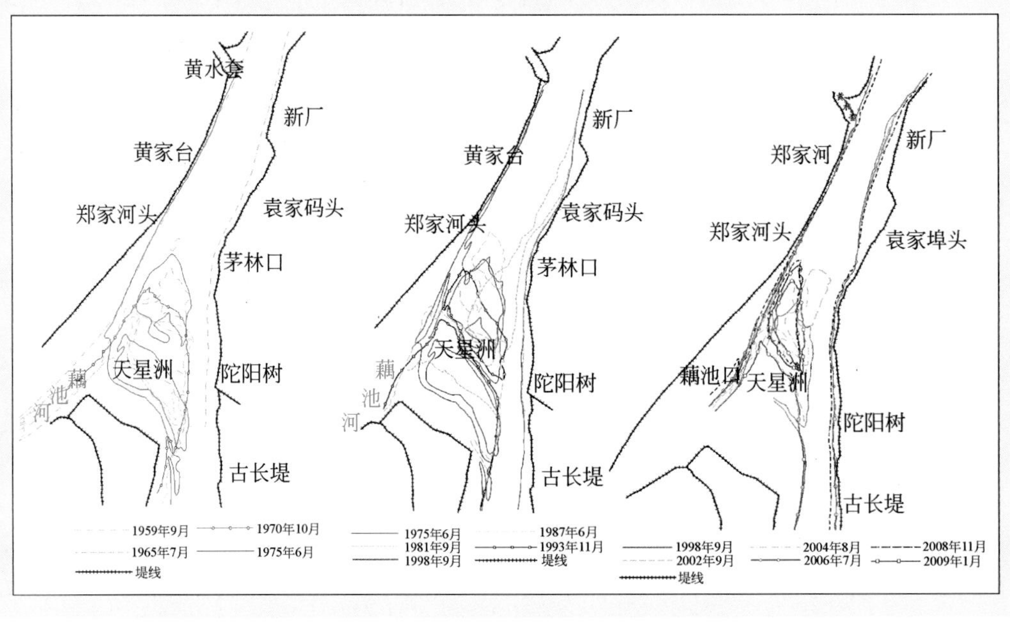

图 7-47（c） 天星洲 30m 等高线变化图

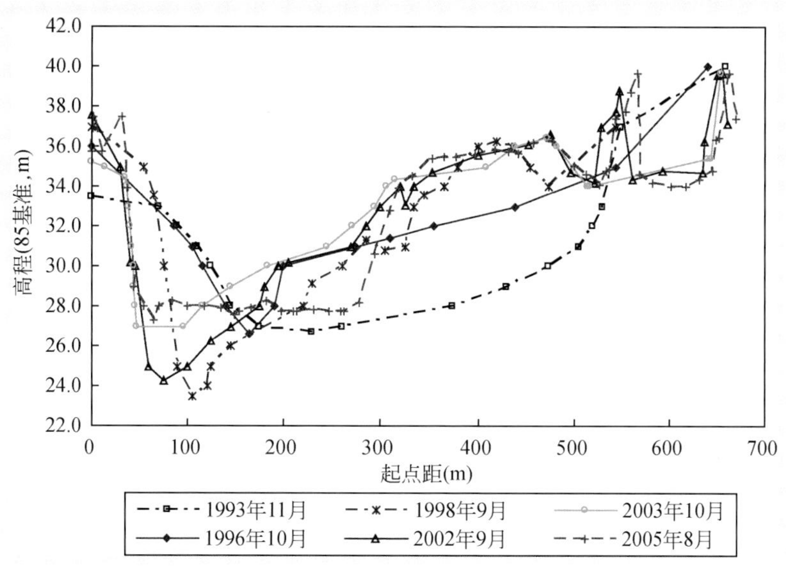

图 7-47（d） 荆 86+1 断面近期冲淤变化图

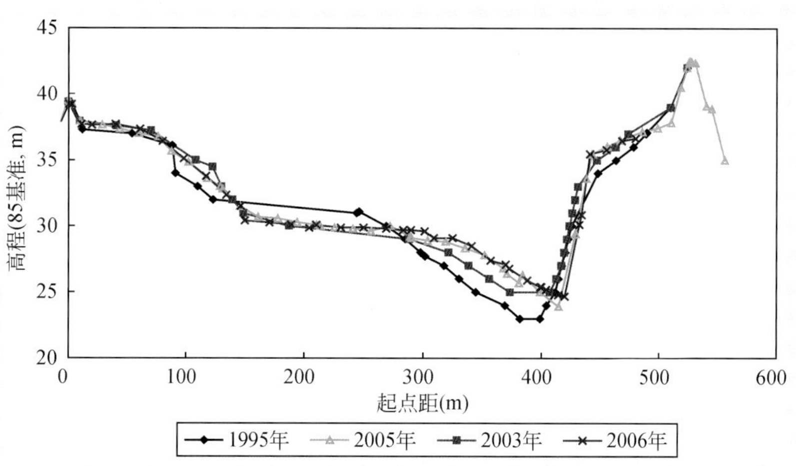

图 7-47（e） 藕 02 断面近期冲淤变化图

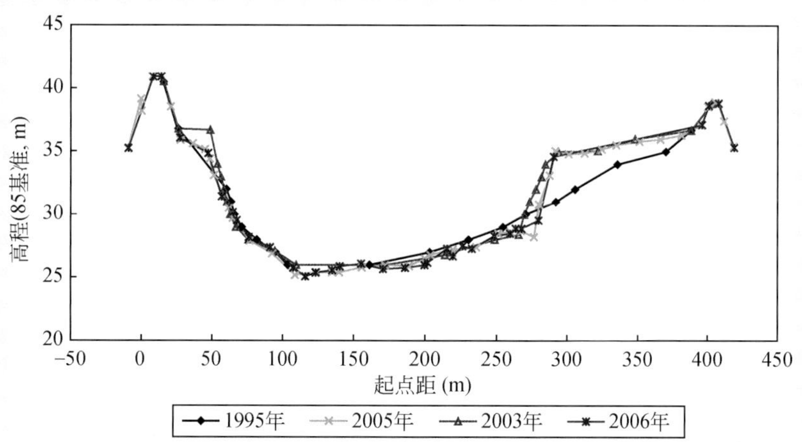

图 7-47（f） 藕池（管）断面近期冲淤变化图

1956～2011年洞庭湖湖区淤积泥沙44.97亿t，年均淤积量为0.833亿t，合6406万m^3，按现有湖泊面积2623km^2平摊，湖区平均淤厚1.32m，年均淤积厚度约2.44cm。洞庭湖湖床淤积造成四水尾闾高洪水位抬高，一方面，三角洲上的河道具有淤积向下游推进、竖向抬升和向上溯源延伸的变化，淤积向这三个方向的发展速度，决定于淤积向前推进速度。洞庭湖北缘的三角洲，由于淤积宽度不是很大，湖水较浅，故向下游推进速度快，竖向抬升和向上溯源延伸也较快，从而加速了三口洪道的淤积。另一方面，洞庭湖淤积，造成三口洪道出口水位抬升，减小了出口段河道比降，减缓了出口流速，也同时加剧了三口洪道的淤积。

7.4.3 洞庭湖区水沙特性

1. 入湖水沙变化

洞庭湖区位于长江下荆江河段以南，湘江、资水、沅江、澧水尾闾控制站以下，跨越湘鄂两省，是承纳长江上游洪水和湘江、资水、沅江、澧水等四条支流洪水的滞洪调蓄地带。湖区现有湖泊面积2623km^2，北有淞滋口、太平口、藕池口及调弦口（1959年封堵）等四口分泄长江水沙，西南有湘江、资水、沅江、澧水四条较大支流入汇，周边还有汨罗江、新墙河等中、小河流直接入湖。这些来水来沙经洞庭湖调蓄后，由城陵矶注入长江，形成了复杂的江湖关系。

据统计，湖南四水（湘江、资水、沅江、澧水）、荆江三口多年（1959～2011年）平均入湖径流量之和为2480亿m^3，其中来自荆江三口的为836亿m^3，占34.0%；来自四水的1644亿m^3，占66.0%。从表7-37中可以看出，四水、三口多年平均入湖沙量1.305亿t，其中三口来量1.05亿t，占入湖总沙量80.8%，四水来沙量0.251亿t，占19.2%，经由城陵矶输出沙量为0.364亿t，占来沙量总量的27.7%。约有3/4的来沙沉积于湖区和三口洪道内，年均淤积量达0.967亿t。

表7-37　洞庭湖区年均来水来沙量统计表

年份	入湖水量（$10^8 m^3$）		出湖水量	入湖沙量（$10^4 t$）		出湖沙量	淤积量	沉积率
	三口	四水	（$10^8 m^3$）	三口	四水	（$10^4 t$）	（$10^4 t$）	（%）
1956～1966	1 332	1 524	3 126	19 590	2 920	5 960	16 550	73.5
1967～1972	1 022	1 729	2 982	14 190	4 080	5 250	13 020	71.3
1973～1980	834	1 699	2 789	11 090	3 650	3 840	10 900	73.9
1981～1998	699	1 704	2 718	9 330	2 350	2 950	8 720	74.6
1999～2002	625	1 815	2 825	5 660	1 170	2 030	4 790	70.2
2003～2011	475	1 492	2 229	1 110	865	1 650	325	16.5
1956～2011	836	1 644	2 766	10 540	2 510	3 640	9 410	72.1

从来水来沙的时程分布来看，下荆江裁弯以前（1956～1966年），荆江三口来水量占入湖水量的46.6%，四水来流量占53.4%；下荆江裁弯以后，荆江三口分流量和分流比均出现大幅度减小，三口来水量占入湖总水量的百分比逐步下降，1996～2002年为26.0%，四水来水量则上升为74.0%。同时，三口来水量的绝对值亦急剧减小，由裁弯前的年均1332亿m^3减少至1996～2002年的657亿m^3，减少50.7%。2003～2011年，三口、四水年均来水量相对1996～2002年均有所减少，三口来水减少

25.3%（同期枝城站水量减小 8.8%），湖南四水由于上游降雨偏少等因素，来水减少 19.3%。

随着来水量的改变，来沙量也发生相应的变化，裁弯前荆江三口来沙量占入湖总沙量的 87.0%，四水来沙量占 13.0%；裁弯后，三口来沙量逐渐减小，1996～2002 年占 81.5%，四水占 18.5%。三口年均入湖沙量也由裁弯前的 1.959 亿 t，减少为 0.696 亿 t，减幅 64.5%。三峡水库蓄水运用后，三峡水库拦截了长江上游的大部分来沙，坝下游输沙量大幅减小，荆江三口分沙量也出现明显减小，2003～2011 年三口年均分沙量为 0.111 亿 t，较 1996～2002 年减小了 80%（同期枝城站沙量减小了 83%）；湖南四水上游大中型水库的拦沙和降雨减少等因素导致沙量也出现明显减小，其年均入湖沙量为 0.0865 亿 t，较 1996～2002 年减小了 42.7%。

在入湖总沙量历年减少的同时，出湖沙量也逐渐减少。裁弯前，洞庭湖出口城陵矶站的年均出湖沙量为 0.596 亿 t，占入湖总沙量的 26.1%；裁弯后 1996～2002 年为 0.225 亿 t，占入湖总沙量的 25.7%。三峡水库蓄水运用后，洞庭湖区年均泥沙淤积量减小为 0.0325 亿 t，沉积率也减小为 16.5%（主要是 2006、2008、2009 年出湖沙量大于入湖沙量，如不计入，沉积率则为 46.3%）。尽管洞庭湖的来水来沙组成变化较大，然而，三口入湖沙量和四水入湖水量分别占其入湖总量中的绝对优势仍未发生根本性变化［图 7-48（a）和图 7-48（b）］。

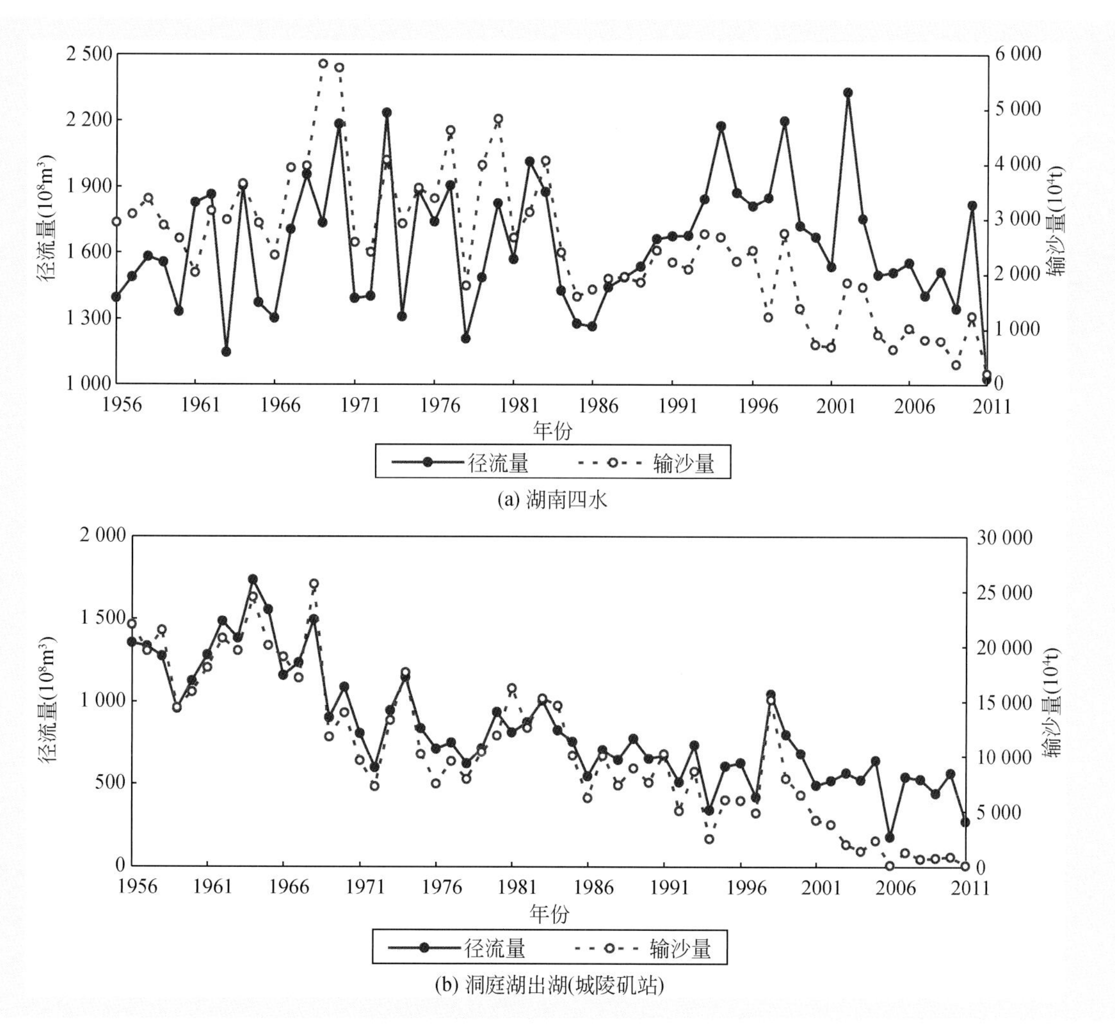

图 7-48　洞庭湖入湖和出湖（城陵矶站）年径流量和输沙量变化

2. 湖区泥沙淤积

洞庭湖原为我国第一大淡水湖，1852 年时面积曾达 6000km^2，素有八百里洞庭之称。随着 1860 年和 1870 年两次大水，藕池河、松滋河相继决口，形成荆江四口分流入洞庭湖的格局后，荆江每年向洞庭湖倾吐大量泥沙（占入湖沙量的 80% 以上）沉积在湖内，再加上大面积围湖造田，导致湖泊面积、容积逐年萎缩，湖底高程不断抬高。据资料记载，1852 年洞庭湖天然湖面近 6000km^2，至 1949 年，湖面面积减小到 4350km^2。而 1949 ~ 1995 年 46 年间，洞庭湖湖泊面积则锐减至 2623km^2，容积由 293 亿 m^3 缩小到 167 亿 m^3，由我国第一大淡水湖，沦为第二大湖。洞庭湖水面面积及容积变化如表 7-38 所示。

表 7-38 洞庭湖水面面积及容积变化表

年份	湖泊面积（km^2）	年缩减率（km^2/年）	湖泊容积（亿 m^3）	年缩减率（亿 m^3/年）	备注
1825	6000				湖泊容积为相应城陵矶水位 31.5m 时的容积
1896	5400	8.54			
1932	4700	19.45			
1949	4350	20.6	293		
1954	3915	87.0	268	5	
1958	3141	193.5	228	10	
1971	2820	24.7	188	3.08	
1978	2691	18.4	174	2.0	
1995	2623	4.0	167	0.41	

根据湘江湘潭、资水桃江、沅水桃源、澧水石门，荆江三口松滋河（西）新江口、松滋河（东）沙道观、虎渡河弥陀寺、安乡河藕池（康）、藕池河藕池（管），以及洞庭湖出口城陵矶等控制水文站资料统计分析，1956 ~ 2011 年荆江三口河道和洞庭湖湖区泥沙淤积总量为 52.7 亿 t（不含未控区间来沙），年均淤积量为 0.94 亿 t，占入湖沙量的 72.1%，若干容重按 1.3 t/m^3 计，年均淤积泥沙 7230 万 m^3。

根据 1952 年和 2003 年固定断面资料分析，1952 ~ 2003 年三口洪道内淤积泥沙约占三口控制站同期输沙量的 13.1%。据此估算，1956 ~ 2009 年三口洪道内淤积泥沙约 7.73 亿 t，占三口洪道和湖区淤积总量的 14.7%，年均淤积 0.143 亿 t，合 1101 万 m^3，按现有洪道面积 1307km^2 均摊，则年均淤积厚度约 0.84cm。

因此，1956 ~ 2011 年洞庭湖湖区淤积泥沙 44.97 亿 t，年均淤积量为 0.833 亿 t，合 6406 万 m^3，按现有湖泊面积 2623km^2 均摊，湖区平均淤厚 1.32m，年均淤积厚度约 2.44cm。

由图 7-49（a）和图 7-49（b）可知，随着入湖沙量的减小，洞庭湖区年淤积量逐渐减少，但淤积量占入湖沙量的比例即泥沙淤积率为 42.6%（1994 年）~ 84.0%（1974 年），从长系列来看则无明显增大或减小的趋势，1994 年长江上游来水偏枯，来沙量也大幅减小，枝城站年径流量、年输沙量分别为 3433 亿 m^3、2.33 亿 t，分别较 1952 ~ 2000 年均值偏小 24% 和 55%，荆江三口年均入湖沙量 0.256 亿 t（较 1958 ~ 2000 年均值减小近 80%），湖南四水年均入湖沙量 0.268 亿 t（较 1958 ~ 2000 年均值减小近 7%），洞庭湖湖区泥沙淤积程度较轻。三峡水库蓄水运用后，洞庭湖入湖沙量大幅减小，湖区泥沙淤积量和淤积率都呈明显减小，特别是 2006 年、2008 年和 2009 年出湖沙量明显大于入湖沙量。可以预计，未来一段时间内，随着长江上游一系列大型水利枢纽的建成，长江上游沙量将进一步减小，荆江三口分沙量也将随之减小，加之湖南四水干流水库（水电站）的建成，入湖沙量也将有所减小，洞庭湖湖区泥沙淤积将有所减缓。

从湖区泥沙淤积来看，1952～1995年湖区泥沙淤积以西、南洞庭湖相对较严重，西洞庭湖主要淤积在湖泊的西北部，如七里湖、目平湖、湖洲、边滩以及河流注入湖泊的口门区。其中七里湖最大淤高12m，平均淤高4.12m；目平湖最大淤高5.4m，平均淤高2.0m；南洞庭湖北部淤积较严重，西部淤积大于东部；东洞庭湖的淤积西部大于东部，南部大于北部。在四口洪道中，除松滋河东支大湖口河、藕池河东支冲刷外，其他河段均发生淤积，特别时藕池河西支，鲇鱼须河，沱江等淤积尤为严重。

1995～2003年，根据石门、桃源、桃江、湘潭、官垸、自治局、大湖口、三岔河、南县等洞庭湖入湖控制站）及出湖-城陵矶站输沙资料统计，1995～2003年入湖输沙量总量为4.84亿t，而出湖输沙量为1.98亿t，湖区淤积泥沙2.86亿t。其中西洞庭湖（含澧水洪道）泥沙沉积量为0.52亿t。

根据1995年、2003年湖区地形量算，在高程35m时，1995～2003年南洞庭湖容积减少了约0.9亿m^3，泥沙淤积主要在湖州等中、高水位以上部位。东洞庭湖平均湖底高程抬高约0.59m（表7-39）。

洞庭湖湖床淤积造成四水尾闾高洪水位抬高，一方面，三角洲上的河道具有淤积向下游推进、竖向抬升和向上溯源延伸的变化，淤积向这三个方向的发展速度，决定于淤积向前推进速度。洞庭湖北缘的三角洲，由于淤积宽度不是很大，湖水较浅，故向下游推进速度快，竖向抬升和向上溯源延伸也较快，从而加速了三口洪道的淤积。另一方面，洞庭湖淤积，造成三口洪道出口水位抬升，减小了出口段河道比降，减缓了出口流速，也同时加剧了三口洪道的淤积。

表7-39　东洞庭湖平均湖底高程统计表　（单位：m）

水位	1978年	1995年	2003年
24	22.37	22.39	22.58
26	23.47	23.66	23.22
28	23.96	24.21	23.80
30	24.01	24.36	24.56
32	24.03	24.38	24.61
34	24.04	24.38	24.63

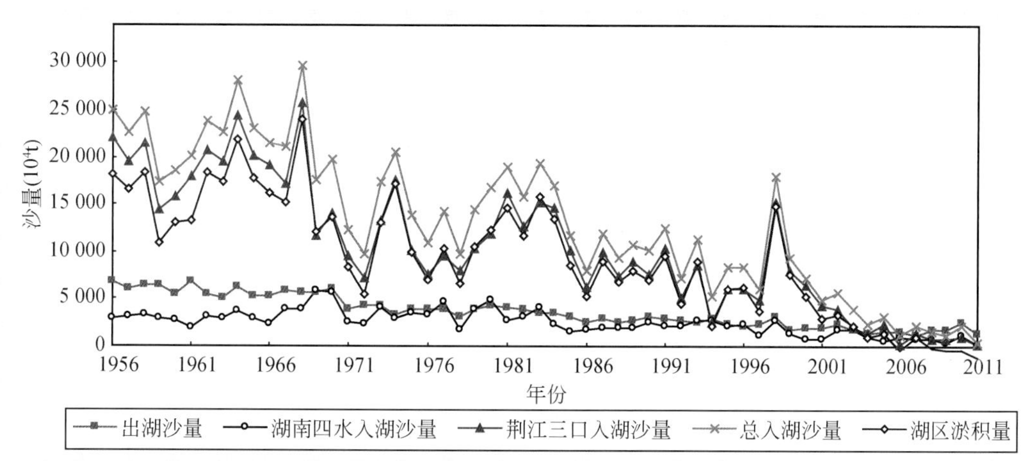

图7-49（a）　洞庭湖入湖、出湖沙量和湖区淤积量变化

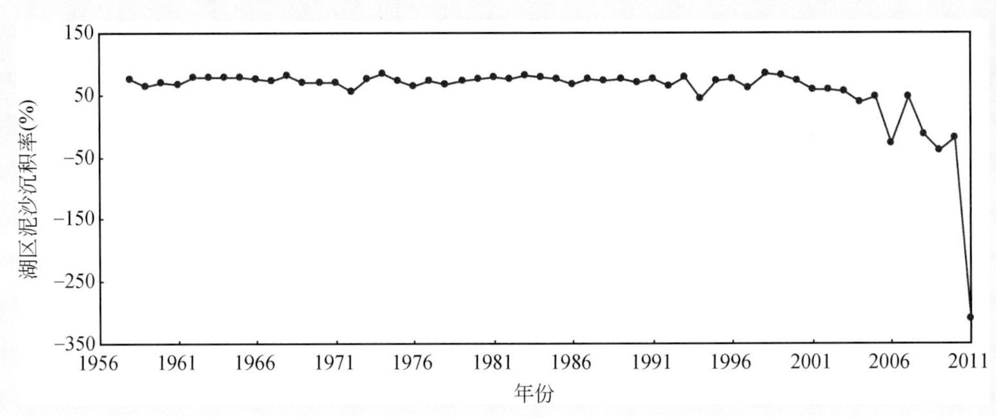

图 7-49（b） 洞庭湖湖区泥沙沉积率变化

3. 湖区代表站水位变化

洞庭湖区水位变化与湖南四水、荆江三口来水过程、湖区泥沙淤积和调蓄能力变化等因素有关。三峡水库蓄水运用后，一方面由于长江干流河床冲刷，沿程水位均有不同程度下降，荆江三口分流分沙减少，洞庭湖区泥沙淤积减缓，延缓了洞庭湖容积衰减趋势；另一方面，三峡水库汛后蓄水，下泄流量减小，而汛前水库坝前水位消落，下泄流量增加，一定程度上改变了荆江三口入湖水量年内变化过程，长江干流与洞庭湖之间的相互顶托作用，以及湖区人工挖沙等因素都对湖区水位变化带来了一定的影响。

根据东洞庭湖的鹿角水位站、南洞庭湖的小河咀水位站、西洞庭湖的南咀水位站和洞庭湖出口的七里山水位站 1980～2009 年水位统计资料来看［表 7-40（a）～表 7-40（d）］，洞庭湖区月平均最高水位出现在 7～9 月份，且以 7 月份出现的频率最高。与 1980～2002 年相比，2003～2009 年洞庭湖区 1～3 月平均水位略有抬升，其他各月水位均有不同程度的下降，汛后 10、11 月水位下降较为明显（图 7-50）。湖区各站水位变化情况如下。

1）与 1980～2002 年相比，鹿角水位站 2003～2009 年各月平均水位除 3 月平均水位抬高 0.13m 外，其他各月水位下降 0.09～2.12m，其中汛后 10 月、11 月水位分别下降 2.12m、1.05m［表 7-40（a）和图 7-50（a）］。

2）小河咀水位站除 1、3 月平均水位分别抬高 0.05m、0.13m 外，其他各月水位下降 0.02～1.06m，其中汛后 10 月、11 月水位分别下降 1.06m、0.41m［表 7-40（b）和图 7-50（b）］。

3）南咀水位站除 1、2、3 月平均水位分别抬高 0.09m、0.04m、0.13m 外，其他各月水位下降 0.04～1.21m之间，其中汛后 10 月、11 月水位分别下降 1.21m、0.44m［表 7-40（c）和图 7-50（c）］。

4）七里山水位站除 1、2、3、5 月平均水位分别抬高 0.29m、0.37m、0.65m、0.10m 外，其他各月水位下降 0.08～2.11m 之间，其中汛后 10 月、11 月水位分别下降 2.11m、1.01m［表 7-40（d）和图 7-50（d）］。

表 7-40（a） 洞庭湖区鹿角站月平均水位变化 （单位：m）

时段	1月	2月	3月	4月	5月	6月	7月	8月	9月	10月	11月	12月
1980～1992年	21.94	22.75	24.08	25.63	26.57	28.14	30.61	29.45	29.12	27.34	24.65	22.38
1993～1997年	22.07	22.72	23.82	25.63	26.54	28.14	30.82	29.46	28.45	26.92	24.43	22.42
1998～2002年	22.41	22.46	23.79	24.95	27.33	28.88	32.05	31.12	30.12	27.02	24.88	22.58
1980～2002年	22.07	22.68	23.96	25.48	26.73	28.30	30.97	29.81	29.19	27.18	24.65	22.44
2003～2009年	21.98	22.43	24.09	24.54	26.68	28.21	29.70	29.14	28.52	25.06	23.60	21.83

表 7-40（b） 洞庭湖区小河咀站月平均水位变化 （单位：m）

时段	1月	2月	3月	4月	5月	6月	7月	8月	9月	10月	11月	12月
1980～1992年	28.58	28.80	29.27	29.91	30.39	31.24	32.18	31.25	31.05	30.09	29.32	28.67
1993～1997年	28.59	28.80	29.20	29.88	30.31	31.22	32.47	31.24	30.72	29.97	29.21	28.64
1998～2002年	28.77	28.81	29.40	29.81	30.87	31.52	33.21	32.47	31.33	29.79	29.28	28.65
1980～2002年	28.62	28.80	29.28	29.88	30.48	31.30	32.47	31.52	31.04	30.00	29.29	28.66
2003～2009年	28.67	28.77	29.40	29.50	30.46	30.81	31.42	30.75	30.33	28.94	28.88	28.48

表 7-40（c） 洞庭湖区南咀站月平均水位变化 （单位：m）

时段	1月	2月	3月	4月	5月	6月	7月	8月	9月	10月	11月	12月
1980～1992年	28.38	28.58	29.09	29.75	30.39	31.40	32.66	31.78	31.58	30.50	29.36	28.56
1993～1997年	28.43	28.61	29.05	29.70	30.29	31.33	32.83	31.67	31.14	30.28	29.23	28.52
1998～2002年	28.61	28.62	29.19	29.64	30.78	31.57	33.53	32.85	31.78	30.09	29.31	28.55
1980～2002年	28.44	28.59	29.10	29.72	30.45	31.42	32.89	31.99	31.53	30.36	29.32	28.55
2003～2009年	28.53	28.63	29.23	29.36	30.41	30.90	31.87	31.25	30.84	29.15	28.88	28.39

表 7-40（d） 洞庭湖出口七里山站月平均水位变化 （单位：m）

时段	1月	2月	3月	4月	5月	6月	7月	8月	9月	10月	11月	12月
1980～1992年	20.50	20.81	22.16	24.18	25.74	27.70	30.39	29.27	28.94	27.14	24.23	21.58
1993～1997年	20.64	20.84	21.98	24.18	25.73	27.66	30.56	29.25	28.24	26.68	23.98	21.59
1998～2002年	21.25	20.98	22.25	23.57	26.56	28.44	31.81	30.92	29.91	26.77	24.48	21.89
1980～2002年	20.69	20.85	22.14	24.05	25.92	27.85	30.74	29.62	29.00	26.96	24.23	21.65
2003～2009年	20.98	21.22	22.79	23.47	26.02	27.77	29.50	28.93	28.33	24.85	23.22	21.25

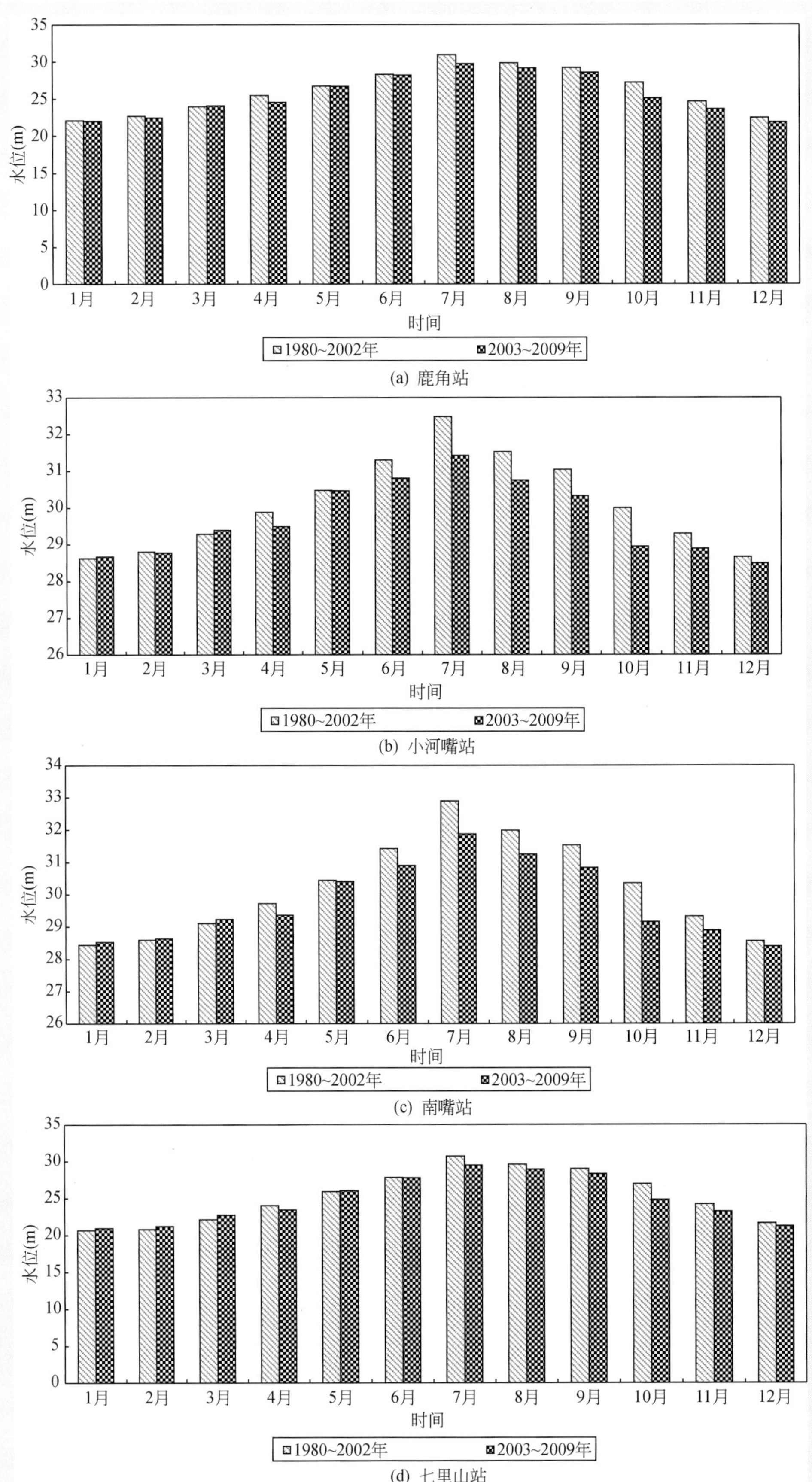

图 7-50　洞庭湖主要控制站月平均水位变化对比

7.4.4 鄱阳湖区水沙特性

鄱阳湖位于江西省的北部，长江中下游南岸，是我国目前最大的淡水湖泊。它承纳赣江、抚河、信江、饶河、修河五大江河（以下简称五河）及博阳河、漳河、潼河之来水，经调蓄后由湖口注入长江，是一个过水性、吞吐型、季节性的湖泊。鄱阳湖水系流域面积为16.22万km^2，约占长江流域面积的9%。鄱阳湖水系简图如图7-51所示。

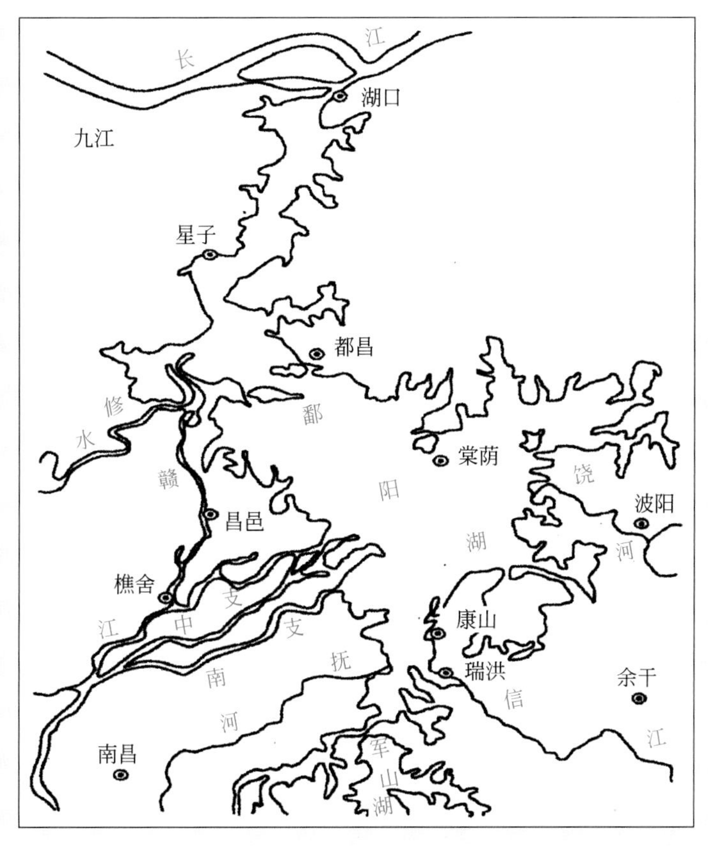

图7-51 鄱阳湖水系简图

鄱阳湖南北长173km，东西平均宽度16.9km。其中，最宽处约74km，最窄处的屏峰卡口，宽约2.8km，湖岸线总长1200km。湖面以松门山为界，分为南北两部分，南部宽广，为主湖区，北部狭长，为湖水入长江水道区。湖区地貌由水道、洲滩、岛屿、内湖、汊港组成。赣江于南昌市以下分为四支，主支在吴城与修河汇合，为西水道，向北至蚌湖，有博阳河注入；赣江南、中、北支与抚河、信江、饶河先后汇入主湖区，为东水道。东、西水道在渚溪口汇合为入江水道，至湖口注入长江。

湖内洲滩有沙滩、泥滩、草滩三种类型，共3130km^2。全湖主要岛屿共41个，面积约为103km^2，主要汊港共约20处。根据地貌形态分类标准，全区可划分为山地，丘陵、岗地、平原四个类型，其中平原及岗地分布面积较大，约占全区总面积的61.9%。

鄱阳湖水位涨落受五河及长江来水的双重影响，每当洪水季节，水位升高，湖面宽阔。湖口水文站水位21.00m（吴淞基面，下同）时，湖水面积3840km^2，容积262亿m^3，平均水深6.8m；在湖口水文站1998年实测最高水位22.58m时，湖水面积达4070km^2，容积320亿m^3。枯水季节，水位下降，洲滩出露，湖水归槽，蜿蜒一线，洪、枯水的水面、容积相差极大。“高水是湖，低水似河”、“洪水一片，枯水一线”是鄱阳湖的自然地理特征。三峡工程建成后，长江中下游河道将发生长距离的冲淤变形，将会使鄱阳湖湖口水沙条件发生变化。

1. 进出湖水沙量变化

外洲、李家渡、梅港、虎山、万家埠站分别为五河入湖的控制水文站，湖口站为出湖入江的控制水文站。图 7-52（a）和图 7-52（b）为鄱阳湖水系各控制水文站历年径流量和输沙量变化，从图中可以看出，鄱阳湖区外洲、李家渡、梅港、虎山、万家埠五站及湖口站年径流量变化趋势不明显。

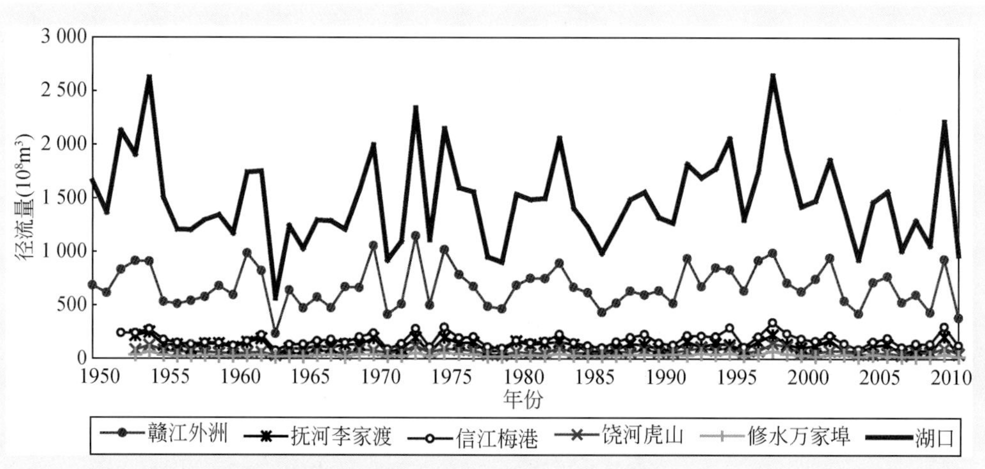

图 7-52（a） 鄱阳湖水系各控制水文站历年径流量变化

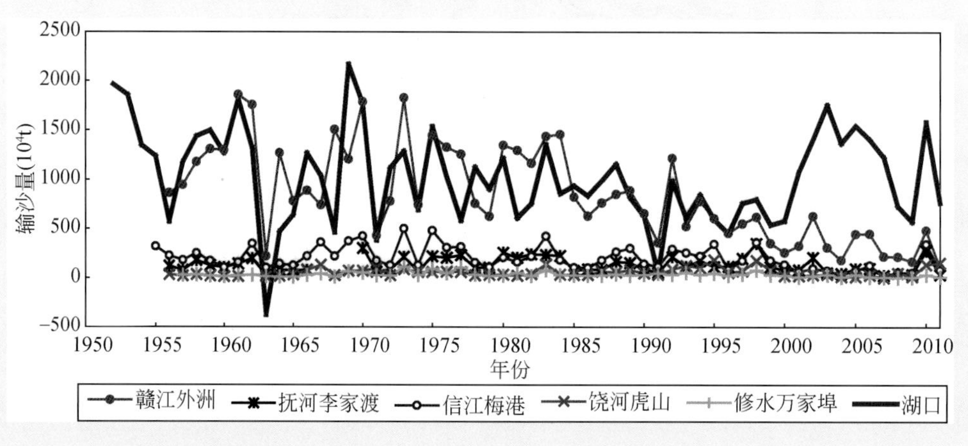

图 7-52（b） 鄱阳湖水系各控制水文站历年输沙量变化

根据鄱阳湖入湖和出湖主要控制站——外洲、李家渡、梅港、虎山、万家埠、湖口站水文观测资料统计分析（表 7-41），1950 ~ 2011 年五河年均入湖沙量 1300 万 t，其中，赣江、抚河、信江、饶河、修水年均入湖沙量分别为 868 万 t、137 万 t、201 万 t、59 万 t、35 万 t，分别占 66.8%、10.5%、15.7%、4.3%、2.8%。泥沙入湖主要集中在五河汛期 4 ~ 7 月，占年总量的 79.3%，其中 5 ~ 6 月占 51.5%。全年以 6 月所占比例最多，占 28.2%。9 ~ 12 月和 1 ~ 2 月较少，6 个月总量仅占年总量的 8.9%，其中尤以 12 月最少，只占 0.5%。

表 7-41　鄱阳湖区主要水文控制站多年实测径流量统计值　（单位：亿 m^3）

水文控制站		赣江外洲	抚河李家渡	信江梅港	饶河虎山	修水万家埠	五河之和	湖口
控制流域面积（万 km^2）		8.09	1.58	1.55	0.64	0.35	12.21	16.22
时间	1957～2002 年	688.7	127.2	179.6	71.32	35.50	1102	1482
	2003 年	546.1	77.86	147.0	79.50	39.95	890.4	1404
	2004 年	428.9	61.09	94.7	45.28	20.38	650.4	927.9
	2005 年	718.3	122.1	164.5	45.16	39.23	1089	1465
	2006 年	771.1	138.6	198.0	57.16	27.88	1193	1564
	2007 年	531.6	53.35	111.5	32.78	20.37	749.6	1013
	2008 年	603.1	87.19	147.2	62.95	19.97	920.4	1292
	2009 年	437.9	65.55	143.9	53.86	21.10	722.3	1060
	2010 年	931.1	211.8	305.5	102.5	42.84	1593.74	2217
	2011 年	389.2	46.85	129.7	53.06	22.83	641.64	969.5
	2003～2011 年	595	96	160	59	28	939	1324
距平百分率（%）		-14	-24	-11	-17	-20	-15	-11

通过湖口进入长江的泥沙，多年平均为 991 万 t，约占大通站的 2.6%。所有实测年份中以 1969 年最多，为 2170 万 t；1963 年最少，为-372 万 t。泥沙出湖集中于长江大汛前的 2～6 月，占年总量的 90.4%，其中 3、4 两月占 53%。江沙倒灌入湖是鄱阳湖泥沙运动的特征之一，长江 7～9 月大汛期间，江沙常倒灌入湖，每年平均倒灌量为 104.5 万 t，个别年的 6 月和 10 月也发生过江沙倒灌，1963 年倒灌量为历年之最，达 693 万 t。

20 世纪 90 年代以来，江西五河入湖沙量除赣江外洲、信江梅港输沙量明显减小外，抚河、饶河、修水输沙量变化不明显。如外洲站年均输沙量由 1956～1990 年的 1090 万 t 减小至 1991～2011 年的 443 万 t，减幅 59%（主要是由于赣江干流上修建于 1990 年的万安水库，其控制了赣江流域面积的 44%，拦沙作用显著，是引起 20 世纪 90 年代以来赣江入湖沙量大幅减少的主要原因），梅港站则由 233 万 t 减小至 155 万 t，减幅 33%。

鄱阳湖流域始于 20 世纪 80 年代中期的山江湖工程治理，虽然使得森林覆盖率迅速增加，但新生林地以人工林和中幼林为主，直到进入 21 世纪山江湖工程的生态综合作用才逐渐显现。2003～2011 年五河入湖水沙量出现了一定程度的减小，五河年均入湖总水量为 939 亿 m^3，较多年均值（统计至 2002 年，下同）减小 15%；年均输沙量为 539 万 t，较多年均值减小 62%；鄱阳湖年均出湖水量为 1324 亿 m^3，较多年均值减小 11%，出湖年均输沙量为 1220 万 t，则较多年均值增加 23%（表 7-42）。

表 7-42　鄱阳湖区主要水文控制站多年实测输沙量统计值　（单位：万 t）

水文控制站		赣江外洲	抚河李家渡	信江梅港	饶河虎山	修水万家埠	五河之和	湖口
时间	1957～2002 年	956	149	221	60.4	38.7	1425	991
	2003 年	312	55.0	76.0	38.1	32.6	514	(1760)
	2004 年	183	46.5	39.9	17.6	11.9	299	(1370)
	2005 年	449	96.8	76.4	13.1	34.8	670	(1550)
	2006 年	451	98.7	131	29.9	10.2	721	(1410)
	2007 年	221	27.4	26.3	4.37	6.68	286	(1230)

续表

水文控制站		赣江外洲	抚河李家渡	信江梅港	饶河虎山	修水万家埠	五河之和	湖口
时间	2008 年	219	49.4	59.6	51.2	6.37	386	728
	2009 年	169	40.3	57.2	18.8	8.18	293	572
	2010 年	484	278	346	139	33.8	1280.8	1590
	2011 年	111	35.9	84.7	156	14.3	401.9	765
	2003～2011 年	289	81	100	52	18	539	1220
距平百分比（%）		-70	-46	-55	-14	-54	-62	23

括号所括数据变化较大，主要是受人工干扰的影响

经分析，与鄱阳湖出湖水道河道采砂有关（2008 年和 2009 年有关部门加大了鄱阳湖湖口水道采砂的管理力度，采砂活动得到了一定的遏制，湖口站沙量也出现了减小），见后文分析。

2. 湖区冲淤变化

根据鄱阳湖主要控制站（外洲站、李家渡站、梅港站、虎山站、万家埠站、湖口站）水文观测资料统计分析，1957～2009 年五河年均入湖沙量 1300 万 t，年均出湖（湖口站）沙量 984 万 t，在不考虑五河控制水文站以下水网区入湖沙量的情况下，湖区年均淤积泥沙 316 万 t，占总入湖沙量的 24%。由于五河来沙量、时程分配不同，流态变化复杂，且河段地形差异较大，使泥沙淤积在平面上和高度上的分布都不同，导致对某些河段和水域的影响仍很严重。这是鄱阳湖泥沙运动的又一特征。流域来沙主要淤积在水网区的分支口、扩散段、弯曲段凸岸和湖盆区的东南部、南部、西南部的各河入 湖扩散区。在水网区河道的淤积表现为中洲（心滩）、浅滩、拦门沙等形态，在湖盆表现为扇形三角洲、“自然湖堤” 等形态。

三峡水库蓄水运用前，五河年均入湖泥沙 1425 万 t，出湖悬移质泥沙 991 万 t，在不含五河控制水文站以下水网区入湖沙量的情况下，湖区年均淤积泥沙 434 万 t；三峡水库蓄水运用后，2003～2011 年五河年均入湖泥沙 539 万 t，但出湖悬移质泥沙明显增多，达到 1220 万 t。为弄清湖口水道水沙变化的原因及其影响因素，长江水利委会水文局 2007 年 10 月 22 日～11 月 7 日对鄱阳湖湖区采砂与水沙变化情况进行了调查与实地测量（图 7-53）。

在对湖区采砂点的分布情况进行实地调查后，根据湖区采砂点的分布情况，在其上、下游 60 多公里范围内沿程布置了 7 个测量断面。同步水文测验结果显示，各断面水量基本相等［表 7-43（a）］；区段内受采砂扰动影响，输沙量沿程变化较大；采砂船作业区段，输沙量较大。在 57 公里的采砂范围内，输沙量沿程增大 2.12～4.97 倍［表 7-43（b）］。因此，采砂是湖口站输沙量较入湖输沙量偏大的主要原因。

表 7-43（a） 湖口附近断面流量沿程变化表

断面名	施测时间	2007 年 10 月 31 日	2007 年 11 月 1 日	2007 年 11 月 6 日	2007 年 11 月 7 日
	距离（km）	流量（m^3/s）			
1#	0	501	442	510	540
2#	1.121	821	644	873	834
1#+2#	0	1322	1086	1383	1374
3#	5.040	1300	1100	1290	1320
4#	16.631		1190		1280

续表

断面名	施测时间 距离（km）	2007 年 10 月 31 日	2007 年 11 月 1 日	2007 年 11 月 6 日	2007 年 11 月 7 日
		流量（m^3/s）			
5#	32.291		1140		1320
6#	50.725		1070	1120	1230
7#	62.080	1600	1090	1320	1360

表 7-43（b）　湖口附近断面输沙量沿程变化统计表

断面位置	断面名	施测时间 距离（km）	2007 年 10 月 31 日	2007 年 11 月 1 日	2007 年 11 月 6 日	2007 年 11 月 7 日
			断面输沙量（万 t）			
赣江出口	1#	0	0.277	0.264	0.149	0.130
湖区	2#	1.121	0.933	0.584	0.543	0.548
	1#+2#		1.21	0.848	0.692	0.678
人工采沙扰动区	3#	5.040	10.6	8.64	10.5	11.9
	4#	16.631		4.03		4.50
	5#	32.291		4.55		7.39
	6#	50.725		2.10	2.89	3.56
湖口站	7#	62.080	2.56	2.22	3.23	3.37
比较（倍数 7#/（1#+2#））			2.12	2.62	4.67	4.97

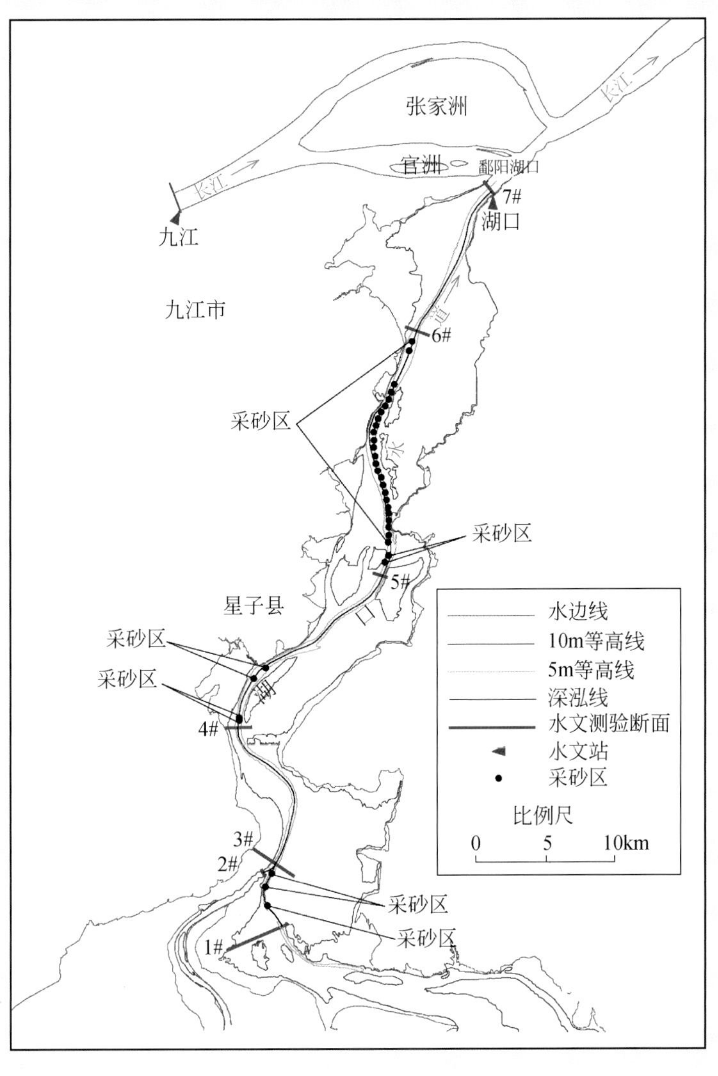

图 7-53　鄱阳湖湖口水道主要采砂点分布图

3. 湖区代表站水位变化

根据鄱阳湖湖区星子、都昌、康山和湖口水位站1980～2009年统计资料分析，与1980～2002年相比，2003～2009年湖区各月平均水位均有不同程度的下降，其下降幅度为0.24～2.62m，其中尤以汛后10月、11月水位下降最为明显［图7-54（a）～图7-54（d）］，其下降幅度分别为1.41～2.62m、0.77～1.92m［表7-44（a）～表7-44（d）］。

表7-44（a） 鄱阳湖出口-湖口站月平均水位变化 （单位：m）

时段	1月	2月	3月	4月	5月	6月	7月	8月	9月	10月	11月	12月
1980～1992年	8.09	8.56	10.64	13.04	14.21	15.71	17.91	16.88	16.36	14.94	12.21	9.28
1993～1997年	8.29	8.61	10.13	12.77	14.08	15.74	18.26	16.94	15.74	14.18	11.68	9.31
1998～2002年	9.00	8.94	10.30	11.77	14.46	16.06	18.92	17.90	17.58	14.53	12.31	9.58
1980～2002年	8.33	8.65	10.46	12.71	14.24	15.79	18.21	17.12	16.49	14.69	12.12	9.35
2003～2009年	8.06	8.41	10.23	11.05	13.20	15.12	16.32	15.93	15.28	12.18	10.23	8.45

表7-44（b） 鄱阳湖区星子站月平均水位变化 （单位：m）

时段	1月	2月	3月	4月	5月	6月	7月	8月	9月	10月	11月	12月
1980～1992年	8.98	9.78	11.85	13.87	14.53	15.88	18.11	17.10	15.88	14.82	12.17	10.15
1993～1997年	9.52	9.80	10.94	13.20	14.35	16.55	18.95	17.89	16.96	14.32	11.69	10.01
1998～2002年	10.10	10.35	11.72	12.99	14.85	16.39	18.98	18.00	16.11	13.88	11.87	10.08
1980～2002年	9.34	9.91	11.62	13.53	14.56	16.14	18.48	17.47	16.16	14.51	12.00	10.10
2003～2009年	8.55	9.04	10.84	11.74	13.55	15.37	16.39	16.00	15.37	12.23	10.41	8.71

表7-44（c） 鄱阳湖区都昌站月平均水位变化 （单位：m）

时段	1月	2月	3月	4月	5月	6月	7月	8月	9月	10月	11月	12月
1980～1992年	10.43	11.32	12.91	14.38	14.70	15.78	18.20	17.02	16.01	14.89	12.61	10.65
1993～1997年	10.75	11.09	11.99	13.73	14.52	16.51	18.80	17.76	15.68	14.07	12.22	11.54
1998～2002年	11.41	11.75	12.82	13.66	15.02	16.36	18.81	17.87	17.49	14.64	12.85	11.42
1980～2002年	10.71	11.37	12.69	14.08	14.73	16.06	18.46	17.36	16.26	14.66	12.58	11.01
2003～2009年	9.65	10.27	11.73	12.61	13.69	15.28	16.19	15.84	15.27	12.21	10.66	9.42

表7-44（d） 鄱阳湖区康山站月平均水位变化 （单位：m）

时段	1月	2月	3月	4月	5月	6月	7月	8月	9月	10月	11月	12月
1980～1992年	13.24	13.90	14.80	15.54	15.52	16.16	17.93	17.06	16.26	15.19	14.05	13.40
1993～1997年	13.47	13.67	14.26	15.14	15.42	16.89	18.89	17.86	16.04	14.68	13.80	13.84
1998～2002年	13.86	14.06	14.75	15.16	15.79	16.81	18.88	18.13	17.63	15.23	14.31	13.86
1980～2002年	13.42	13.88	14.67	15.37	15.56	16.46	18.35	17.47	16.51	15.09	14.05	13.60
2003～2009年	13.04	13.50	14.32	14.87	15.11	15.93	16.32	16.15	15.80	13.68	13.28	12.90

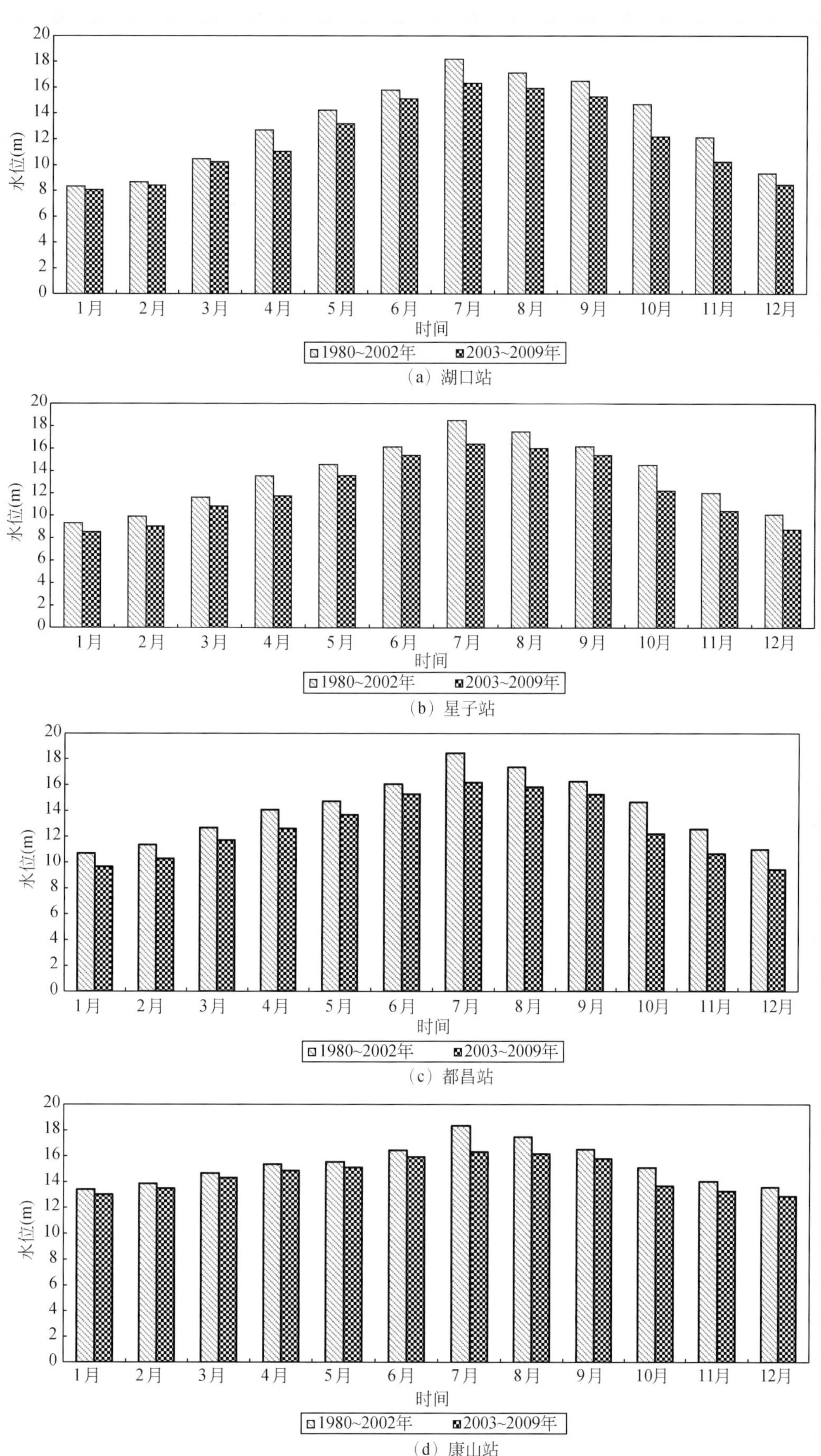

（a）湖口站

（b）星子站

（c）都昌站

（d）康山站

图 7-54　鄱阳湖主要控制站月平均水位变化过程

7.4.5 长江中下游床沙沿程变化

伴随着三峡水库蓄水后下游河床的冲淤变化，下游河床的床沙组成随之变化（表7-45）。其中，宜昌至枝城河段床沙粗化明显；荆江河段砾卵石河床下延约5km，沙质河床略有粗化，粗化程度沿程逐渐减小；城陵矶至汉口段床沙略有粗化；汉口至湖口段则变化不大。

表7-45 三峡水库蓄水运用前后坝下游各河段床沙中值粒径 D_{50} 变化 （单位：mm）

河段＼时间	2001年*	2003～2006年平均	2007年	2008年	2009年
宜枝河段	0.398	6.12	19.4	23.1	34.8
上荆江	0.201	0.223	0.243	0.244	0.266
下荆江	0.168	0.181	0.199	0.208	0.203
城陵矶至汉口	0.149	0.167	0.170	/	0.183
汉口至湖口	0.140	0.149	0.159	/	0.159

* 城陵矶以下河段床沙资料为1998年

1. 宜昌至枝城河段

三峡水库蓄水前，宜枝河段胭脂坝和大石坝河段床沙较粗，为夹砂卵石河床，其余河段为沙质或沙砾河床，床沙中值粒径 D_{50} 沿程递减。

三峡水库蓄水运用后，河床冲刷导致床沙粗化明显，床沙平均中值粒径从2003年11月的0.638mm增大到2009年10月的34.8mm，河床组成从蓄水前的沙质河床或夹砂卵石河床，逐步演变为卵石夹沙河床，宜昌河段宝塔河以上基本为卵石河床，粒径在42.0～71.7mm［表7-46（a）］。宜昌站床沙粗化也十分明显，2003至2008年汛后床沙中值粒径 D_{50} 分别为0.320mm、0.402mm、0.480mm、0.680mm、11.7mm和19.1mm，逐年粗化趋势较为明显［表7-46（b）］。

2. 荆江河段

荆江河段床沙主要由中细砂组成，其次有卵石和砾石组成的沙质、砂卵质、砂卵砾质河床。根据多年床沙取样，含卵、砾石床沙一般分布在郝穴（荆67断面）以上河段，郝穴以下主要为沙质河床。

（1）*卵砾石河床组成变化*

三峡水库蓄水运用后，床沙粒径粗化，且卵石河床有所下延（图7-55）。其中，尤以2004年、2006年杨家脑以上床沙变化最为明显，如荆3断面（枝城站）为砂卵石河床，三峡水库蓄水前最大粒径为85mm，蓄水后则达160mm，2007年汛前及汛后粒径则略有变小。2009年，杨家脑以下河床取到卵石的断面明显增多，说明床面卵石增多。

表 7-46（a） 三峡水库运行以来宜枝河段历年床沙 D_{50} 变化统计表

（单位：mm）

断面号	宜 34	宜 37	宜昌站	昌 13	昌 15	宜 45	宜 47	宜 49	宜 51	宜 53	宜 55	宜 57	宜 59	宜 61	宜 63	宜 65	宜 67	宜 69	宜 71	宜 73	宜 75	枝 2	荆 3	河段
距坝里程（km）	4. 85	6. 19	8. 95	10. 89	13. 45	15. 5	18. 47	21. 49	24. 27	27. 17	30. 47	33. 08	36. 2	38. 94	41. 31	42. 95	44. 33	46. 7	49. 01	51. 63	54. 65	57. 89	63. 84	平均
观测时间 1998 年 9 月	0. 243	2. 63	0. 285	0. 322	0. 321	0. 242	0. 166	0. 193	0. 225	0. 199	0. 207	0. 238	0. 221	0. 181	0. 155	0. 199	0. 891	1. 29	0. 205	0. 134	0. 134	0. 251	0. 306	0. 402
2001 年 9 月	0. 266	0. 277	0. 261	2. 51	0. 253	0. 241	0. 254	0. 254	0. 228	0. 49	0. 253	0. 252	0. 201	0. 309	0. 186	0. 589	0. 321	0. 316	0. 191	0. 302	0. 151	0. 302	0. 204	0. 374
2003 年 11 月	0. 293	7. 41	0. 32	0. 343	0. 513	0. 28	0. 268	0. 243	0. 227	0. 575	0. 314	0. 279	0. 201	0. 417	0. 336	0. 352	0. 498	0. 296	0. 286	0. 38	0. 249	0. 309	0. 273	0. 638
2004 年 12 月	0. 338	1. 74	0. 402	10. 9	7. 29	9. 31	1. 66	4. 68	3. 31	0. 692	0. 417	0. 355	0. 331	3. 02	5. 01	3. 47	1. 94	2. 82	0. 363	1. 7	1. 35	0. 324	0. 292	2. 68
2005 年 11 月	5. 25	15	0. 48	17	16. 3	14. 5	15. 7	8. 76	4. 95	1. 1	5. 2	12. 3	15. 1	5. 75	9. 32	5	7. 3	1. 35	0. 479	1. 32	0. 468	0. 38	0. 26	7. 10
2006 年 10 月	0. 66	18. 2	0. 68	36. 2	31. 5	34. 4	24. 3	1. 74	9. 45	16. 5	7. 64	30	2. 95	8. 81	20. 1		13. 5	1. 56		0. 296	0. 316	0. 299	0. 304	12. 5
2007 年 10 月	52. 2（卵石）	72. 8（卵石）		28. 4	30. 28	24	23. 9	5. 6	12. 2	0. 543	30. 12	28. 1	13. 61	25. 69	26. 08	15. 72	35. 34	0. 395	0. 443	0. 3	0. 41	0. 315	0. 391	19. 4
2008 年 10 月	57. 3	39. 4		70. 4（卵石）	43. 7	23. 7	23. 5	0. 503	2. 8	57. 7	0. 898	22. 5	2. 78	32. 1	13. 8		0. 507	42. 4		4. 09	0. 418		0. 338	23. 1
2008 年 12 月	29. 1	30. 4		46. 6	28. 5	18. 3	24. 7	25. 7	67. 3	42. 7	27. 3	27. 8	42. 9	22. 7	18. 9		54. 2	67. 6		0. 358	0. 314		0. 316	30. 3
2009 年 11 月	34. 5	42. 0（卵石）	71. 7（卵石）	69. 0	37. 2	25. 9	52. 0	37. 8	39. 8	21. 0	21. 8	65. 6	52. 6	40. 0	5. 62	46. 6	64. 5	58. 1	12. 6	0. 343	0. 370	1. 19	0. 319	34. 8

空白代表该断面未取样

表 7-46（b） 三峡水库蓄水运用期宜昌站汛后床沙级配变化统计表

时间 \ 粒径（mm）	C. 031	0. 100	0. 125	0. 250	0. 500	1. 00	2. 00	4. 00	8. 00	16. 0	64. 0	D_{50}
2001 年 12 月	0	0. 5	20. 0	93. 9	99. 6	100						0. 261
2002 年 12 月	0	0. 6	27. 8	82. 9	99. 2	100						0. 285
2003 年 12 月		0	1. 2	26. 6	95. 4	99. 8	100					0. 320
2004 年 12 月		0	0. 9	17. 8	89. 0	99. 7	100					0. 402
2005 年 12 月		0	0. 2	3. 8	69. 6	98. 9	100					0. 480
2006 年 12 月			0	1. 8	35. 7	86. 0	89. 1	90. 2	94. 0	100		0. 680
2007 年 12 月		0	0. 4	2. 4	9. 7	17. 8	24. 5	28. 7	40. 8	61. 3	100	11. 7
2008 年 12 月				0. 5	3. 6	6. 6	10. 6	12. 3	20. 2	39. 7	100	19. 1
2009 年 11 月				0. 1	1. 2	17. 7	23. 0	24. 8	29. 4	40. 9	100	23. 1

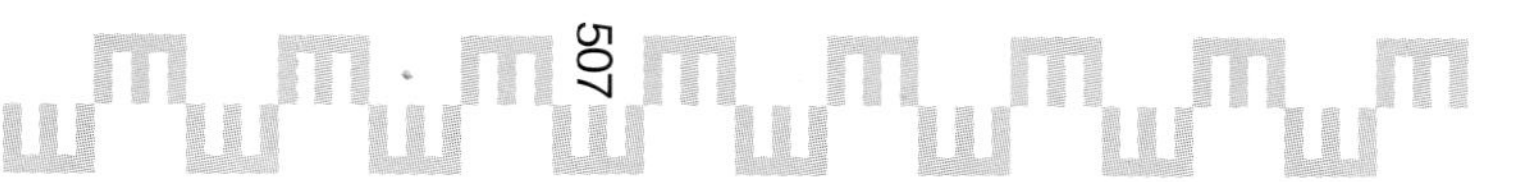

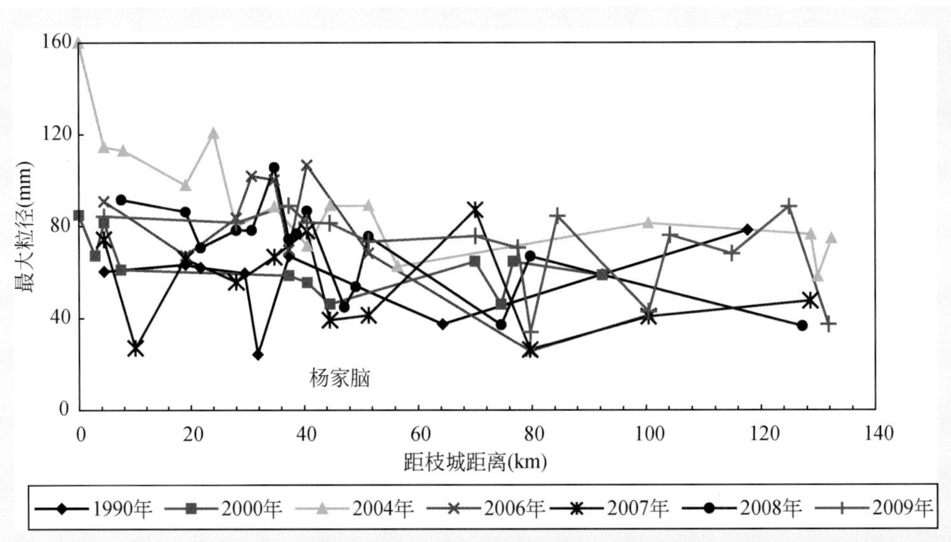

图 7-55　三峡水库蓄水运用前后荆江河段卵、砾石河床沿程变化

(2) 沙质河床组成变化

三峡蓄水运用后，荆江河段床沙逐年粗化，床沙平均中值粒径由 2001 年的 0.188mm 变粗为 0.241mm。从沿程变化来看，上荆江河床粗化明显，如枝江河段床沙平均中值粒径由 0.272mm 变粗为 0.311mm，且粗化程度沿程减小；下荆江床沙则有所粗化（表 7-47）。另外，根据枝城、沙市和监利站各站床沙观测资料分析，三峡水库蓄水运用后，枝城、沙市和监利站床沙粒径均有不同程度的粗化[图 7-56（a）~图 7-56（c）]。

表 7-47　三峡水库蓄水运用前后荆江河段床沙中值粒径变化统计表　（单位：mm）

年份 河段	1999	2000	2001	2003	2004	2005	2006	2007	2008	2009
枝江河段	0.238	0.240	0.212	0.211	0.218	0.246	0.262	0.264	0.272	0.311
沙市河段	0.228	0.215	0.190	0.209	0.204	0.226	0.233	0.233	0.246	0.251
公安河段	0.197	0.206	0.202	0.220	0.204	0.223	0.225	0.231	0.214	0.237
石首河段	0.175	0.173	0.177	0.182	0.182	0.183	0.196	0.204	0.207	0.203
监利河段	0.178	0.166	0.159	0.165	0.174	0.181	0.181	0.194	0.209	0.202
荆江河段	0.203	0.200	0.188	0.197	0.196	0.212	0.219	0.225	0.230	0.241

3. 城陵矶至汉口河段

城陵矶至汉口河段床沙大多为现代冲积层，床沙组成以细沙为主，其次是极细沙，以后依次为中沙、粉沙、粗沙、极粗沙、细卵石、中粗卵石等。三峡水库蓄水运用以来，河床冲刷导致床沙粗化明显，且河床冲刷强度越大，床沙粗化越明显。1998 ~ 2009 年，城陵矶至汉口河段床沙平均中值粒径由 0.149mm 变粗为 0.183mm（表 7-48）。河段内汊道、弯道段床沙粒径变化较大，如陆溪口中洲左汊床沙细化、右汊床沙粗化；顺直、单一段变化相对较小。

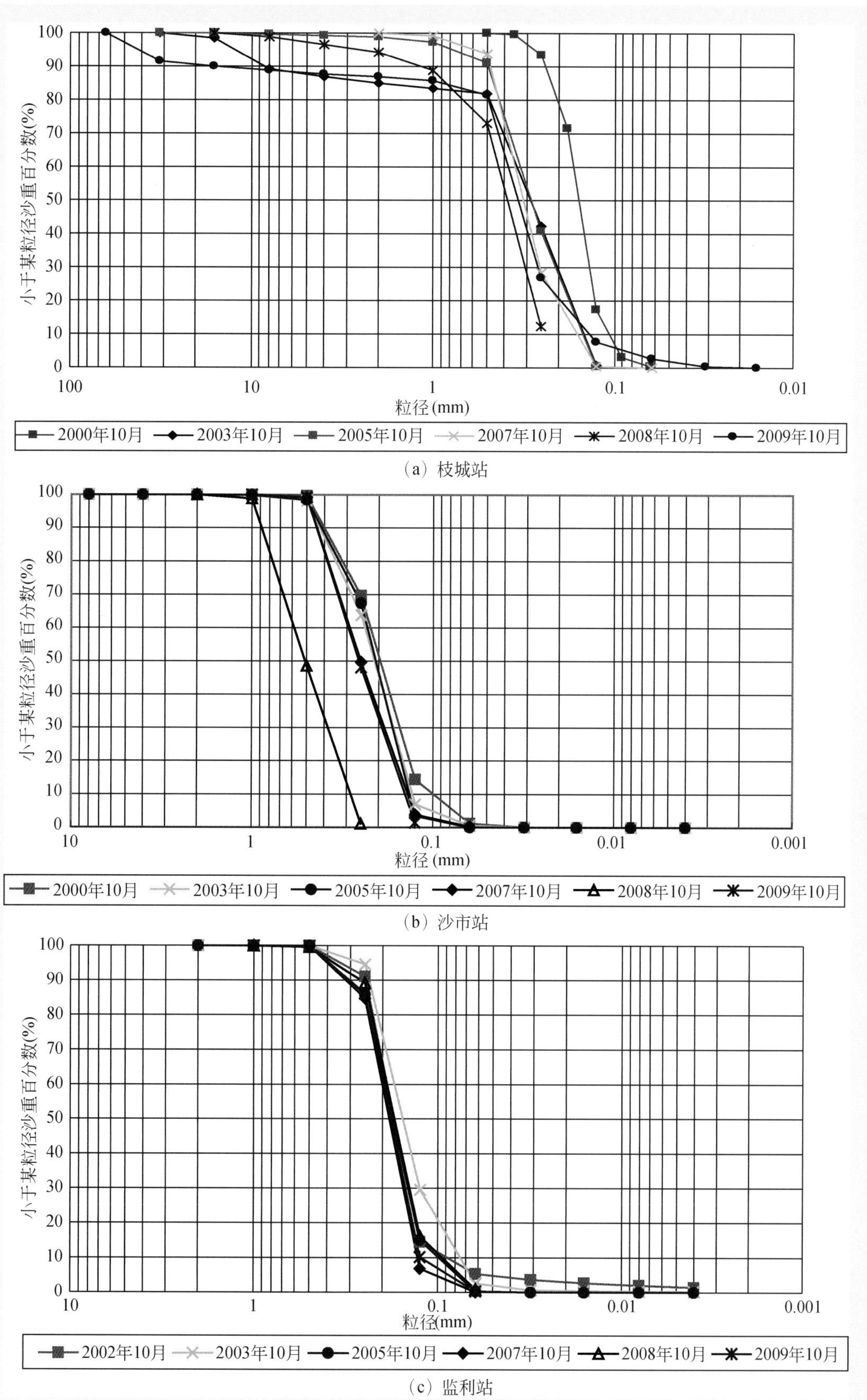

图 7-56　三峡水库蓄水运用前后荆江河段各水文站床沙颗粒级配变化

另外，根据螺山站、汉口站床沙资料来看，三峡水库蓄水运用以来，螺山、汉口站床沙均有所粗化，其中值粒径分别由蓄水前（1998～2002 年）螺山、汉口站的 0.18mm、0.17mm 变粗为蓄水后的 0.19mm、0.19mm［图 7-57（a）和图 7-57（b）］。

表 7-48　三峡水库蓄水运用前后城陵矶至汉口河段床沙中值粒径变化统计表　（单位：mm）

河段＼年份	1998	2003	2004	2005	2006	2007	2009
白螺矶河段	0.124	0.165	0.175	0.178	0.202	0.181	0.197
界牌河段	0.180	0.161	0.183	0.173	0.189	0.180	0.194
陆溪口河段	0.134	0.119	0.126	0.121	0.124	0.126	0.157
嘉鱼河段	0.169	0.171	0.183	0.177	0.173	0.182	0.165
簰洲河段	0.136	0.164	0.165	0.170	0.174	0.165	0.183
武汉河段（上）	0.153	0.174	0.177	0.173	0.182	0.183	0.199
城陵矶至汉口河段	0.149	0.159	0.168	0.165	0.174	0.170	0.183

4. 汉口至湖口河段

根据 1998 年和 2003～2009 年床沙实测资料分析，1998 年，汉口至湖口河段大幅淤积，1996～1998 年淤积泥沙约 2.56 亿 m^3，床沙粒径普遍较细。三峡水库蓄水运用后，汉口至湖口河段河床以冲刷为主，床沙有所粗化，床沙平均中值粒径由 0.140mm 变粗为 0.159mm，如武汉（下）河段、戴家洲、黄石、韦源口河段、田家镇河段等，其他河段则变化不大（表 7-49）。汊道段左、右汊床沙变化较大，如东槽洲左汊床沙细化，牯牛洲左、右汊及东槽洲、张家洲右汊床沙则有所粗化。

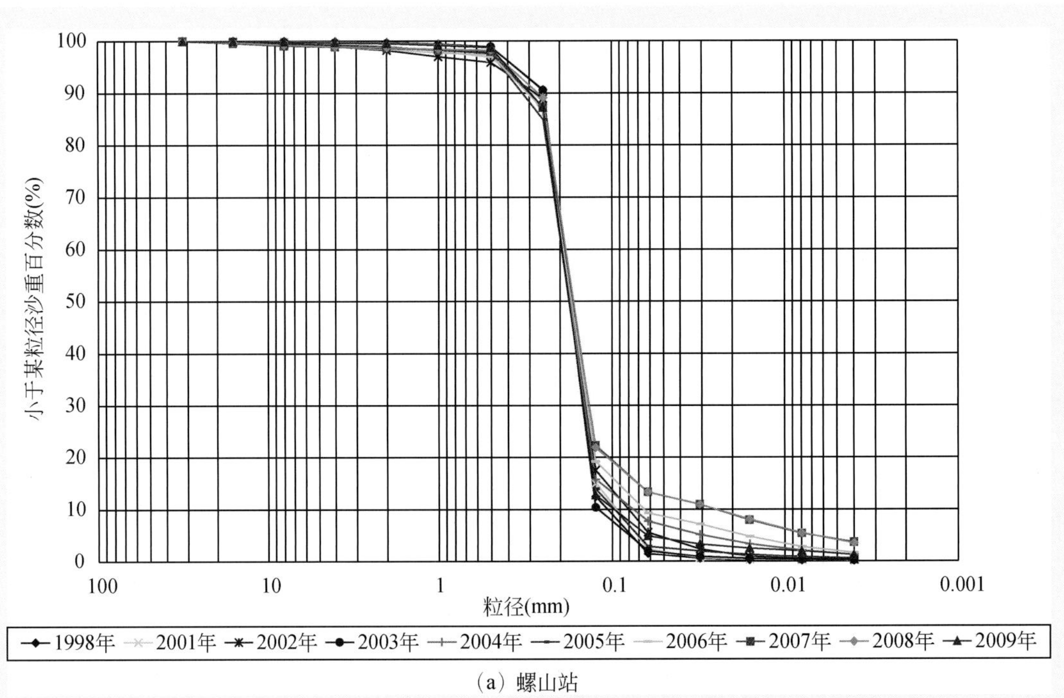

（a）螺山站

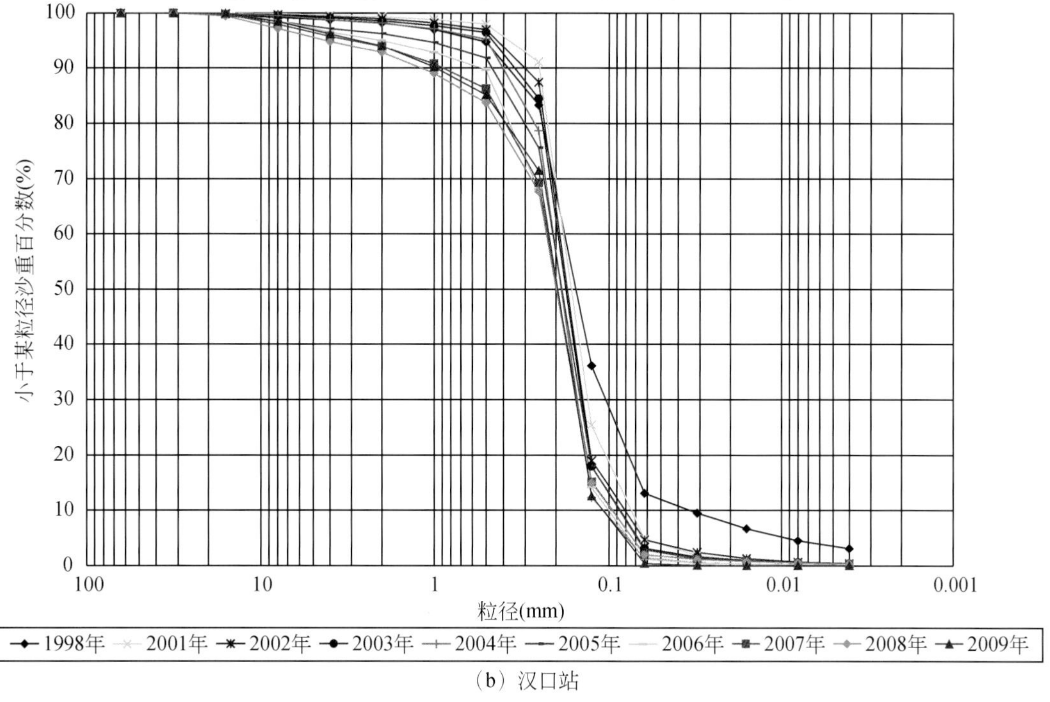

（b）汉口站

图 7-57　三峡水库蓄水运用前后螺山、汉口站床沙颗粒级配变化

此外，根据 2001～2009 年大通站历年床沙颗粒级配统计（表 7-50），大通站床沙除 2006 年有所细化外，其他年份的床沙中值粒径在 0.16～0.19mm 间变化。

表 7-49　三峡水库蓄水运用前后汉口至湖口河段床沙中值粒径变化统计表　（单位：mm）

河段 \ 年份	1998	2003	2004	2005	2006	2007	2009
武汉河段（下）	0.102	0.129	0.145	0.154	0.147	0.156	0.154
叶家洲河段	0.168	0.153	0.168	0.157	0.166	0.177	0.173
团风河段	0.113	0.121	0.109	0.093	0.104	0.106	0.112
黄州河段	0.170	0.158	0.164	0.145	0.155	0.174	0.172
戴家洲河段	0.131	0.106	0.145	0.157	0.134	0.150	0.174
黄石河段	0.147	0.160	0.161	0.165	0.170	0.204	0.177
韦源口河段	0.140	0.148	0.158	0.147	0.163	0.163	0.135
田家镇河段	0.115	0.148	0.154	0.149	0.159	0.153	0.157
龙坪河段	0.136	0.105	0.160	0.144	0.133	0.133	0.155
九江河段	0.182	0.155	0.157	0.143	0.187	0.169	0.156
张家洲河段		0.159	0.175	0.154	0.171	0.162	0.181
汉口至湖口河段		0.140	0.154	0.146	0.154	0.159	0.159

表 7-50　三峡水库蓄水运用前后大通站床沙变化统计表

年份	小于某粒径沙重百分数（%）										中值粒径（mm）
	0.031mm	0.062mm	0.125mm	0.25mm	0.5mm	1mm	2mm	2.5mm	4mm	8mm	
2001	0.9	2	16.6	78.8	95.4	99.1	99.7	99.8			0.185
2002	2.4	5.5	23.8	78	90.7	95	97.6	98.3		100	0.191
2003	1.5	2.9	19.7	83.8	99	99.5	99.7	99.7		100	0.188
2004	0.3	1	22.5	86.2	99.1	99.3	99.5		99.8	100	0.180
2005		1.2	21.9	88.1	99	99.5	99.6	99.6		100	0.179
2006	9.9	25.5	89.5	99.8	100						0.082
2007	0.6	4.2	30.6	88.8	99.9	100					0.167
2008	1.2	2	20.9	82.8	98.3	99.2	99.6		99.9	100	0.183
2009	1.2	2.8	28.0	79.4	98.3	99.5	99.7		99.8	99.9	0.168

7.4.6　蓄水运用后坝下游枯水水面线及枯水位变化

1. 枯水水面线变化

(1) 年内变化

根据2006年3月6日（$Q_{宜}=5820\mathrm{m}^3/\mathrm{s}$）、2006年6月6日（$Q_{宜}=12900\mathrm{m}^3/\mathrm{s}$）三峡坝下游庙咀、宜昌、红花套、宜都、枝城、马家店、陈家湾、沙市、郝穴等9个水位站，以及胭脂坝、宜都弯道、芦家河浅滩等3个局部河段临时水位站沿程水面线观测资料分析可见，宜昌至沙市河段枯水水面线沿程变化有明显分段特征，以芦家河浅滩段为界，芦家河以上的河段水面线相对比较平缓，芦家河以下河段水面线相对比较陡；随着流量的增大，整个河段的水面线沿程变化趋于平缓均匀，芦家河以上河段水面比降有随流量增大而增大的趋势（图7-58）。

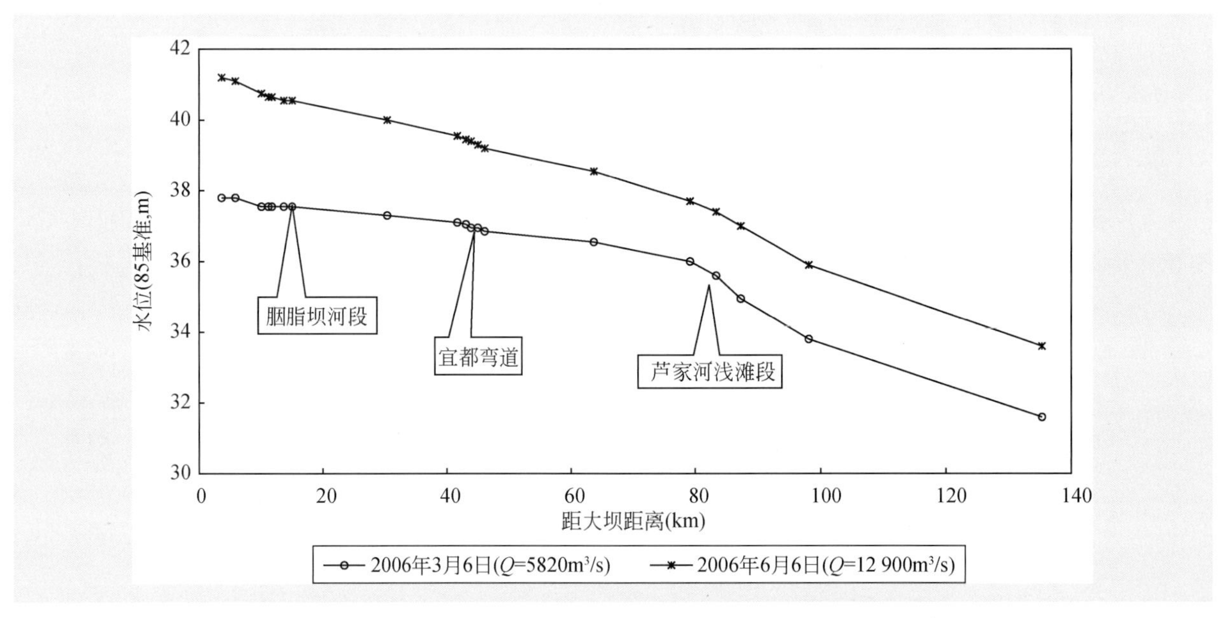

图7-58　宜昌至沙市河段年内枯水瞬时水面线沿程变化图

(2) 年际变化

采用三峡水库蓄水运用前后枝城站实测最小流量分别为5000m³/s、10 000m³/s时对应宜昌至沙市河段实测水位资料，分析其水面线沿程变化情况。

1）最小流量对应水面线变化。枝城站2002～2009年历年实测最小流量（3220～5410m³/s）时对应宜昌至郝穴河段瞬时水面线和沿程水面比降统计分别如图7-59和表7-51所示。由图表可见，水面比降以枝城至马家店段（含芦家河浅滩段）为最大，可达1×10^{-4}，且随着流量的增大而逐渐减小，三峡水库蓄水前后水位和水面比降均变化不大；三峡水库蓄水运用后，宜昌至红花套段水位均有一定程度的下降，水面比降逐年增大；同流量下红花套、宜都水位略有下降，但受枝城站水位略有抬高影响，红花套至宜都、宜都至枝城段水面比降均有所减小；枝城以下水位有一定下降，水面比降也略有增大。

表7-51　宜昌至沙市河段最枯水位实测比降统计表　（单位：‰）

河段＼日期	2002年2月19日（3900）	2003年2月9日（3220）	2004年1月31日（3890）	2005年2月18日（4030）	2006年2月8日（4410）	2007年1月10日（4540）	2008年1月7日（4770）	2009年12月29日（5410）
宜昌至红花套（长24.68km）	0.243	0.182	0.235	0.222	0.255	0.304	0.287	0.324
红花套至宜都（长13.37km）	1.032	0.307	0.254	0.269	0.262	0.262	0.254	0.352
宜都至枝城（长19.36km）	0.266	0.194	0.178	0.158	0.132	0.127	0.121	0.085
枝城至马家店（长35.42km）	0.956	0.998	0.964	0.992	0.984	0.961	0.942	0.947
马家店至陈家湾（长37.72km）	0.521	0.539	0.560	0.579	0.613	0.640	0.584	0.611
陈家湾至沙市（长16.63km）	0.595	0.739	0.811	0.601	0.679	0.715	0.661	0.601
沙市至郝穴（长52.78km）	0.386	0.354	0.331	0.331	0.337	0.382	0.390	0.411

（）内数据为对应枝城站流量，单位为m³/s

2）枝城站流量5000m³/s时实测水面线。由图7-60可见（2009年枝城站实测最小流量大于5000m³/s），三峡水库蓄水运用以来宜昌至枝城河段枯水水面线沿程有不同程度的下降，以枝城为界，枝城以上水位降幅沿程减小，以下则水位降幅沿程增大，且上游水位降幅小于下游段。水位下降主要发生在三峡工程围堰发电期，期间宜昌至枝城段深泓高程下降明显，之后则由于河床粗化，加之胭脂坝河段护底加糙工程的实施，限制了河槽冲刷，在一定程度上抑制了宜昌枯水位大幅下降；另外，枝城以下芦家河浅滩段枯水河槽冲淤变化不大，冲刷主要集中在枝城至关洲汊道段和芦家河浅滩以下河段，枝城、马家店水位变化甚微，对维持宜昌枯水位的相对稳定也有一定作用。

另一方面，马家店至沙市段由于三峡水库蓄水后枯水河床持续下切、水位下降，陈家湾、沙市、郝穴站水位分别下降0.29m、0.47m、0.46m，因此，马家店至沙市段水面比降增大，沙市至郝穴段则变化不大（表7-52）。

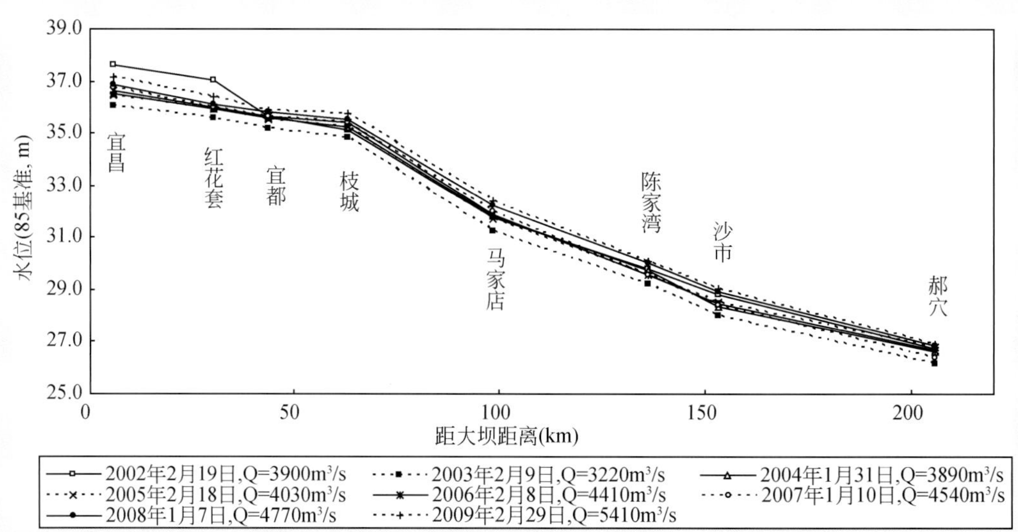

图 7-59　宜昌至沙市河段最枯水位实测水面线沿程变化图

3）枝城站流量 10 000m^3/s 时实测水面线。三峡水库蓄水后，宜昌至沙市河段基本河槽明显冲刷下切，水位沿程下降，宜昌至宜都水面线整体下降约 1.1m，宜昌至红花套段水面比降增大，红花套至宜都段水面比降略有减小；枝城站水位下降约 0.8m，小于宜都水位下降值，因此宜都至枝城段水面比降有所减小；枝城至沙市段水位下降幅度沿程增大，水面比降增大，而沙市至郝穴段则略有减小（图 7-61 和表 7-53）

综上分析可知，宜昌至郝穴河段水面比降以枝城为界，宜昌至枝城河段水面比降随流量增大而增大，三峡水库蓄水运用后宜昌至红花套段水面比降明显增大，宜都至枝城段则有所减小；枝城至沙市段水面比降随流量增大而减小，三峡水库蓄水运用后水面比降明显增大。

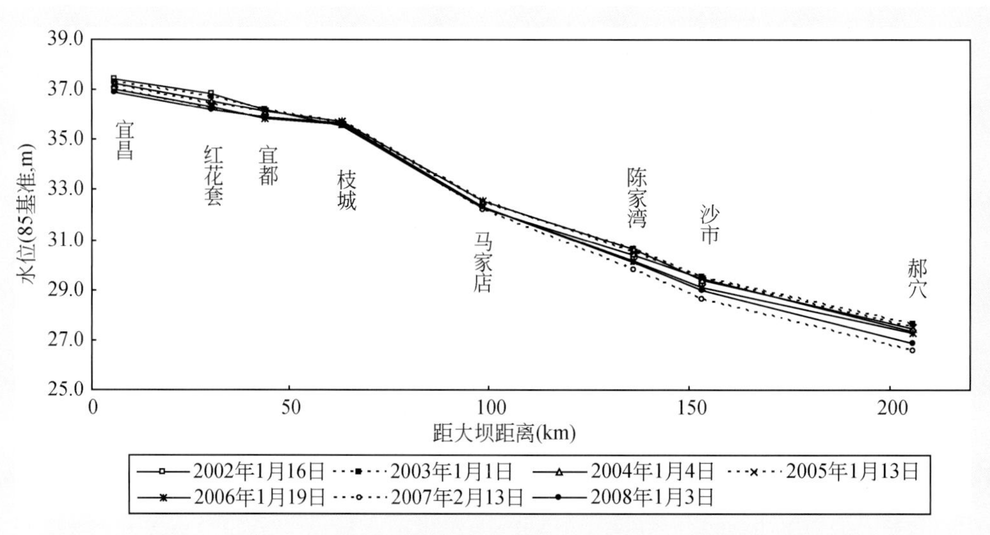

图 7-60　宜昌至沙市河段枯水实测水面线沿程变化图（$Q_{枝城}=5000\text{m}^3/\text{s}$）

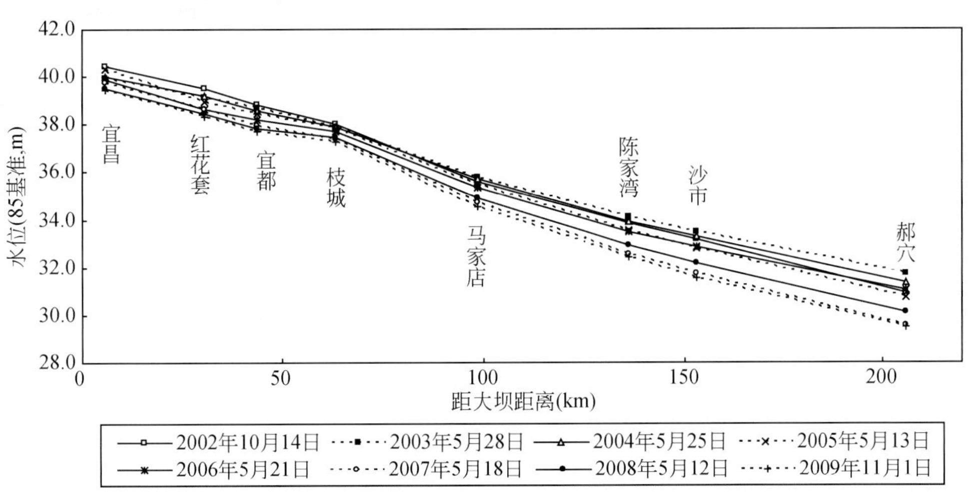

图 7-61 宜昌至沙市河段实测水面线沿程变化图（$Q_{枝城}=10\ 000m^3/s$）

表 7-52 宜昌至沙市河段 5000 m³/s 流量级实测比降统计表 （单位:‰）

河段 \ 日期	2002 年 1 月 16 日（5000）	2003 年 1 月 1 日（4990）	2004 年 1 月 4 日（5000）	2005 年 1 月 13 日（5020）	2006 年 1 月 19 日（5000）	2007 年 2 月 13 日（5010）	2008 年 1 月 3 日（5020）	平均比降
宜昌至红花套	0.255	0.239	0.291	0.308	0.299	0.299	0.279	0.281
红花套至宜都	0.479	0.381	0.299	0.254	0.322	0.314	0.247	0.328
宜都至枝城	0.328	0.271	0.220	0.189	0.132	0.127	0.116	0.198
枝城至马家店	0.916	0.894	0.902	0.894	0.927	0.953	0.942	0.918
马家店至陈家湾	0.507	0.502	0.507	0.555	0.579	0.643	0.590	0.555
陈家湾至沙市	0.565	0.643	0.733	0.613	0.619	0.697	0.673	0.649
沙市至郝穴	0.397	0.359	0.369	0.371	0.340	0.386	0.395	0.374

（）内数据为对应枝城站流量，单位为 m³/s

表 7-53 宜昌至沙市河段 10 000m³/s 流量级实测比降统计表 （单位:‰）

河段 \ 日期	2002 年 10 月 14日（10000）	2003 年 5 月 28日（10100）	2004 年 5 月 25日（9800）	2005 年 5 月 13日（9990）	2006 年 5 月 21日（10100）	2007 年 5 月 18日（10100）	2008 年 5 月 12日（10020）	2009 年 11 月 1日（10100）	平均比降
宜昌至红花套	0.381	0.324	0.336	0.551	0.490	0.457	0.421	0.441	0.425
红花套至宜都	0.471	0.344	0.434	0.374	0.329	0.509	0.456	0.486	0.425
宜都至枝城	0.431	0.405	0.354	0.318	0.271	0.276	0.204	0.220	0.310
枝城至马家店	0.679	0.591	0.623	0.659	0.659	0.750	0.713	0.764	0.680
马家店至陈家湾	0.470	0.444	0.470	0.507	0.494	0.584	0.534	0.558	0.508
陈家湾至沙市	0.414	0.378	0.378	0.462	0.390	0.468	0.450	0.535	0.434
沙市至郝穴	0.426	0.333	0.363	0.392	0.337	0.420	0.382	0.394	0.381

（）内数据为对应枝城站流量，单位为 m³/s

2. 枯水位-流量关系变化

（1）宜昌站

宜昌站位于葛洲坝水利枢纽下游 6.8km、三峡水利枢纽下游 44.8km。测验河段 3km 内尚顺直，水面宽约 700m，断面呈 U 型。宜昌站水位流量关系主要受洪水涨落、断面冲淤、葛洲坝调度及下游的清江出流顶托等因素影响，中、高水时多为绳套形。而枯水（流量小于10 000m³/s）时水位流量关系一般为单一关系。

1970年以前宜昌站水位流量关系基本稳定，枯水水位流量关系变化不大。1970年葛洲坝枢纽动工兴建后，受人工挖沙、河床冲刷等影响，宜昌站枯水位始有下降现象。大致分为几个阶段（以流量4000m³/s为例）：①1973～1980年（葛洲坝施工阶段）。据统计，坝下游特别是胭脂坝段1971～1980年共开采沙石1498万m³，引起河床下切，宜昌枯水位下降0.25m；②1981～1986年（葛洲坝一期工程运用期）。宜枝河段累积冲刷4396万m³（其中1981～1987年开采沙石2222.4万m³），宜昌站枯水位下降0.50m，平均每年下降0.08m，是水位下降较快的时期；③1987～1993年，宜枝河段累计冲刷4320万m³，宜昌枯水位继续下降0.32m；1994～1997年宜枝河段继续冲刷1570万m³，宜昌枯水位下降0.03m；④1998年长江发生了继1954年以来的大洪水，由于葛洲坝水库的淤沙大量出库，使宜枝河段淤积泥沙3450万m³，至1999年初宜昌枯水位回升0.53m；1999年后宜昌枯水位又开始缓慢下降；⑤1999～2002年，宜枝河段冲刷4149万m³（主要集中在宜昌河段），宜昌枯水位又下降了0.67m。因此，自1973年以来至2002年底，宜昌流量为4000m³/s对应枯水位累计下降1.24m［图7-62（a）、图7-62（b）和表7-54）］。

三峡水库蓄水运用以来，宜枝河段河床冲刷下切，但宜昌枯水位有所下降。2008年汛后与2002年汛后比较，当宜昌站流量为4000m³/s、5000m³/s、7000m³/s时，其相应水位分别累计下降0.08m、0.10m和0.29m。其主要原因一是枯水位的主要控制河段（宜昌河段）冲淤变化不大；二是宜枝河段沿程主要控制节点基本稳定；三是胭脂坝河段护底加糙工程可在一定程度上抑制附近河床冲刷下切；四是河床冲刷后，河床粗化使河床糙率增大，也起到了一定补偿作用。

2008年汛后至2009年汛后，宜昌枯水位控制河段的枯水河床及控制节点冲刷下切较明显，如胭脂坝头、尾深泓分别下切0.6m、0.2m，虎牙滩深泓下切0.6m，古老背深泓下切1.3m，南阳碛上口深泓下切3.7m等，导致宜昌枯水位明显下降。2008年汛后与2009年汛后相比，当流量为5000m³/s时，宜昌相应水位下降0.29m；流量为7000m³/s时，宜昌站相应水位下降0.08m。应当说明的是，由于2009年汛后三峡水库加大了下泄流量，宜昌站未出现小于5000m³/s的流量（其最小流量为5240m³/s，最低水位为39.17m），故将低水水位流量关系线进行了趋势延长。

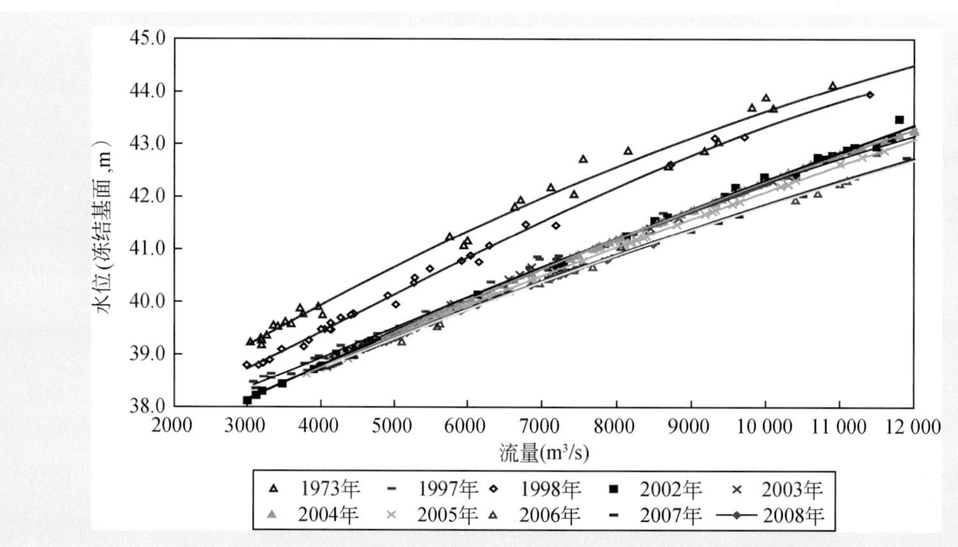

图7-62（a） 宜昌站1973～2008年枯水水位–流量关系变化

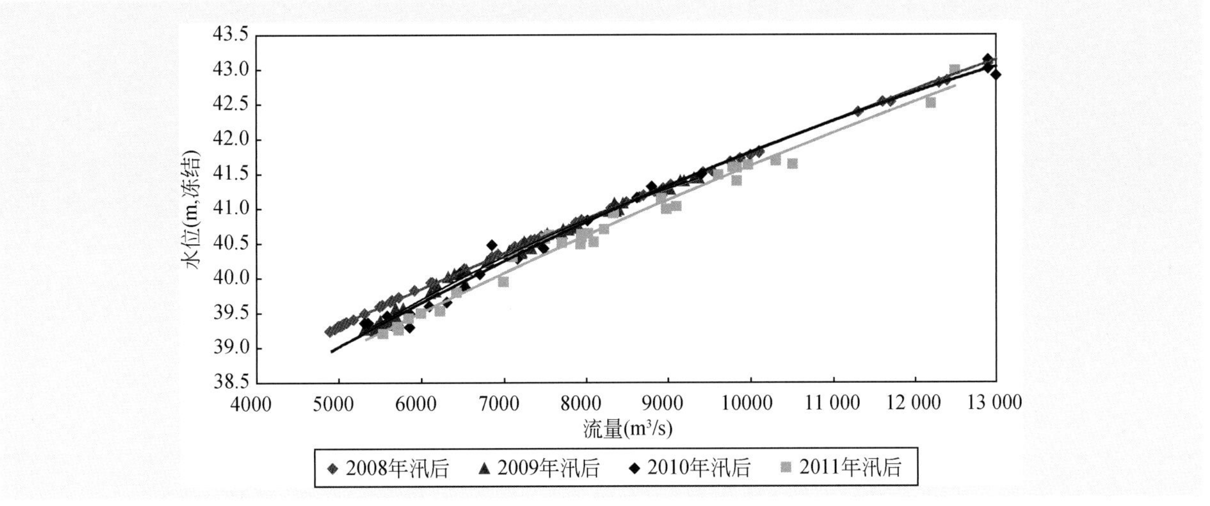

图 7-62（b） 2008～2011 年宜昌站枯水水位-流量关系变化

表 7-54 宜昌站不同时期汛后枯水水位流量关系表（冻结基面）

年份	$Q=4000m^3/s$		$Q=4500m^3/s$		$Q=5000m^3/s$		$Q=5500m^3/s$		$Q=6000m^3/s$		$Q=7000m^3/s$	
	水位（m）	累积下降值（m）	水位（m）	累积下降值（m）	水位（m）	累积下降值（m）	水位（m）	累积下降值（m）	水位（m）	累积下降值（m）	水位（m）	累积下降值（m）
1973	40.05	0.00	40.31		40.67	0.00	41.00	0.00	41.34	0.00	41.97	0.00
1997	38.95	-1.10	39.19	-1.12	39.51	-1.16	39.80	-1.20	40.10	-1.24	40.65	-1.32
1998	39.48	-0.57	39.76	-0.55	40.14	-0.53	40.49	-0.51	40.85	-0.49	41.52	-0.45
2002	38.81	-1.24	39.06	-1.25	39.41	-1.26	39.70	-1.30	40.03	-1.31	40.68	-1.29
2003	38.81	-1.24	39.07	-1.24	39.46	-1.21	39.80	-1.20	40.10	-1.24	40.68	-1.29
2004	38.78	-1.27	39.07	-1.24	39.41	-1.26	39.70	-1.30	40.03	-1.31	40.63	-1.34
2005	38.77	-1.28	39.07	-1.24	39.35	-1.32	39.65	-1.35	39.93	-1.41	40.49	-1.48
2006	38.73	-1.32	39.00	-1.31	39.31	-1.36	39.60	-1.40	39.88	-1.46	40.36	-1.61
2007	38.73	-1.32	39.00	-1.31	39.31	-1.36	39.61	-1.39	39.90	-1.44	40.40	-1.57
2008					39.31	-1.36	39.60	-1.40	39.88	-1.46	40.39	-1.58
2009					39.02	-1.65	39.37	-1.63	39.71	-1.63	40.31	-1.66
2010							39.36	-1.64	39.68	-1.66	40.28	-1.69
2011							39.24	-1.76	39.52	-1.82	40.08	-1.89

宜昌站基面换算关系：冻结基面-吴淞基面=0.364m；冻结基面-85 基准=2.070m

（2）枝城站

枝城站上距宜昌站 58km，下距沙市站 180km。断面河槽中高水位河宽 1200～1400m，左岸有沙滩，约 400m 宽，水位 41m 左右开始漫滩，主泓偏右，左岸为沙质河床，起点距 1100m 至右岸为礁板河床，不易冲刷。

三峡水库蓄水前，枝城站低水水位流量关系没有明显变化；三峡水库蓄水后，同流量下水位明显降低，且以 2005～2008 年水位降低最为明显（表 7-55）。由图表可见，当流量为 5000m³/s 时，水位降低 0.08m，当流量为 10 000 m³/s 时，水位降低 0.33m，当流量为 15 000 m³/s 时，水位降低 0.26m。

表 7-55　三峡水库蓄水运用后枝城站同流量下水位变化　（单位：m）

流量（m^3/s）	2003～2004 年	2004～2005 年	2005～2006 年	2006～2007 年	2007～2008 年	2005～2008 年	2003～2008 年
5 000	0	0	-0.08	0	0	-0.08	-0.08
10 000	0.05	-0.05	-0.15	-0.12	-0.06	-0.33	-0.33
15 000	0	0.28	-0.28	-0.1	-0.16	-0.54	-0.26

“-”表示降低

（3）沙市站

沙市站水位-流量关系主要受洪水涨落影响，中高水位级水位-流量关系曲线为绳套曲线，低水以下基本可单一线定线。三峡水库蓄水运用前，受河床冲刷影响，沙市站同流量下水位下降。据实测资料统计，1966～2002 年沙市河段枯水河槽累计冲刷泥沙 1.28 亿 m^3，沙市站 10 000m^3/s 时水位累计下降约 1.0m，但随着流量的增大，水位下降幅度逐渐减小。

三峡水库蓄水运用后，沙市河段河床冲刷明显，2002 年 10 月～2009 年 10 月枯水河槽累计冲刷量为 0.692 亿 m^3；同时沙市站水文测验断面面积有所增大，当沙市水位为 35.00m 时，2002～2009 年断面面积由 9737m^2 增大至 12 137m^2，增幅 25%；当水位为 38m 时，面积增大 19%［表 7-56（a）和图 7-63（a）］。河床冲刷下切导致水位继续下降。根据沙市站 2002～2009 年实测水位流量资料进行分析，2002～2009 年，流量 7000、10 000m^3/s 时，水位分别下降 0.73、0.66m，随着流量增大，水位下降值逐渐减小，当流量为 14 000m^3/s 时，水位下降 0.38m［表 7-56（b）和图 7-63（b）］。

表 7-56（a）　沙市站 2002～2009 年各级水位下断面面积统计表

水位（m）	面积（m^2）							
	2002 年	2003 年	2004 年	2005 年	2006 年	2007 年	2008 年	2009 年
25	764	1 166	1 240	2 047	641	2 017	1 136	2 027
30	4 353	4 948	5 125	5 378	4 869	6 925	5 719	6 616
35	9 737	10 450	10 522	10 240	10 404	12 459	11 219	12 137
40	15 286	16 088	16 155	15 895	16 085	18 141	16 915	17 836

表 7-56（b）　沙市站同流量下水位变化　（单位：m）

流量级（m^3/s）	2003～2004 年	2003～2005 年	2003～2006 年	2003～2007 年	2003～2008 年	2003～2009 年
5 000	-0.32	-0.34	-0.53	-0.59	-0.50	
6 000	-0.31	-0.31	-0.44	-0.48	-0.43	-0.76
7 000	-0.32	-0.31	-0.40	-0.44	-0.36	-0.73
10 000	-0.34	-0.23	-0.30	-0.38	-0.28	-0.66
14 000	-0.25	0.16	0.04	0.02	-0.23	-0.38

冻结基面，“-”表示降低

（4）螺山站

螺山水文站上距洞庭湖出口 30.5km，是洞庭湖出流与荆江来水的控制站。下游 35km 有陆水河在陆溪口汇入长江，下游约 210km 有长江的最大支流汉江在武汉市入汇，这些支流的涨落对螺山站的水位、流量有一定影响。

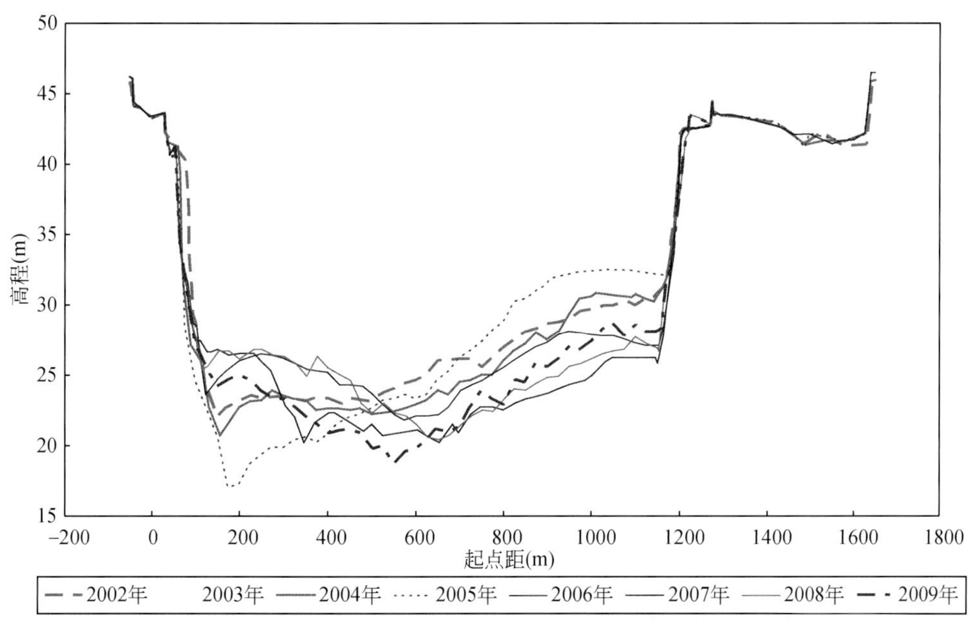

图 7-63（a） 沙市站 2003 ~ 2009 年实测大断面变化图

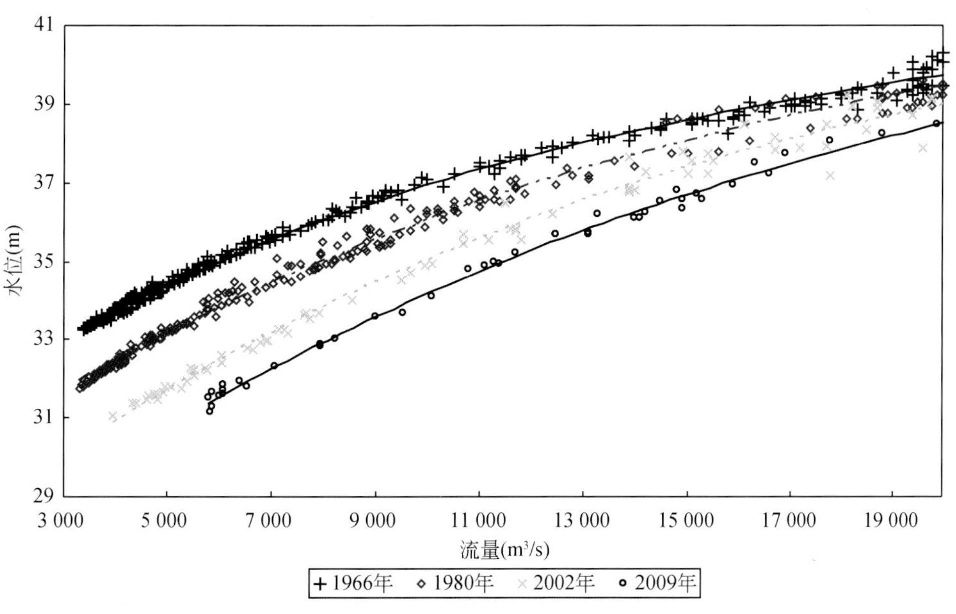

图 7-63（b） 沙市站低水水位-流量关系变化

2003 ~ 2009 年螺山站中低水（25 000m^3/s 以下）实测水位、流量资料分析表明，2003 ~ 2004 年同级流量下，水位下降 0. 40m 左右，之后水位流量关系变幅较小，年际水位流量线虽然有摆动，但尚未发生趋势性变化（图 7-64）。

（5）汉口站

汉口站上承荆江、洞庭湖和汉江来水，下游有鄂东北各支流汇入，距下游鄱阳湖口 299. 7km。这些支流来水和湖泊出流的变化可以改变洪水涨落率、水面比降以及回水顶托等诸多因素对汉口站水位流量关系产生影响。

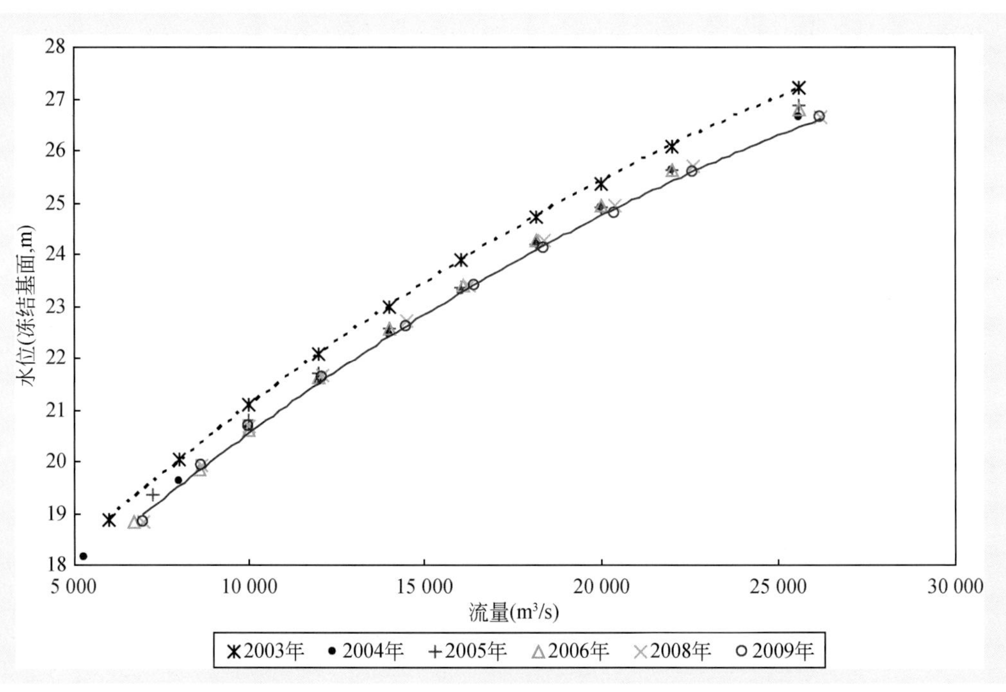

图 7-64　螺山站 2003 ~ 2009 年水位 ~ 流量关系变化（流量小于 25 000m^3/s）

2002 ~ 2009 年汉口站断面冲淤变化一般发生在主槽及左岸的滩地，水位在 14m 时，2009 年比 2002 年面积增大了约 15%，水位在 15m 以上断面冲淤变化较小［图 7-65（a）和表 7-57］。2003 ~ 2009 年实测水位流量资料表明，三峡水库蓄水运用后，低水部分水位-流量关系变化不明显，当流量在 15 000m^3/s 以下，2009 年水位较 2003 年略有下降［图 7-65（b）］。

表 7-57　汉口站 2002 ~ 2009 年各级水位下断面面积统计表

水位（m）	面积（m^2）							
	2002 年	2003 年	2004 年	2005 年	2006 年	2007 年	2008 年	2009 年
10	4 496	4 948	4 872	5 472	4 877	5 485	5 136	6 604
15	11 991	12 403	12 115	12 999	12 182	12 527	11 925	13 529
20	19 938	20 244	19 990	20 881	20 095	20 425	19 785	21 307
21	21 547	21 834	21 592	22 489	21 706	22 033	21 389	22 915
22	23 160	23 437	23 211	24 110	23 326	23 654	23 004	24 532
23	24 791	25 059	24 854	25 744	24 976	25 301	24 645	26 170
24	26 471	26 753	26 571	27 447	26 743	27 071	26 411	27 940
25	28 264	28 529	28 353	29 243	28 540	28 871	28 213	29 739
26	30 133	30 381	30 212	31 108	30 402	30 727	30 064	31 589

（6）九江站

根据三峡水库蓄水运用前后九江站实测水位、流量资料统计，三峡水库蓄水运用后，同流量下水位有所降低，当流量为 9000 ~ 15 000m^3/s 时，水位降低 0. 25 ~ 0. 34m（图 7-66）。这主要与张家洲河段近几年来河床冲刷剧烈有关。据统计，2001 年 10 月至 2008 年 10 月，锁江楼至上三号洲头段（长约 42km）河床累计冲刷泥沙量为 0. 72 亿 m^3，且以枯水河槽冲刷为主，其冲刷量为 0. 50 亿 m^3，占总冲刷量的 70%，枯水河槽平均冲刷深度约 1.2m，深泓最大冲深 10m 左右。

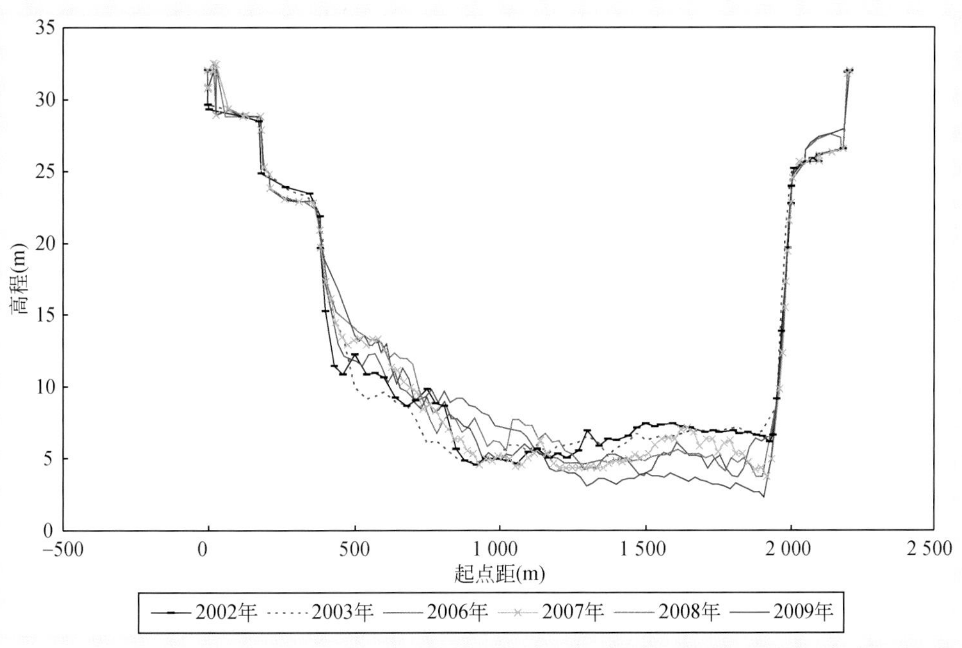

图 7-65（a） 汉口站实测大断面变化图

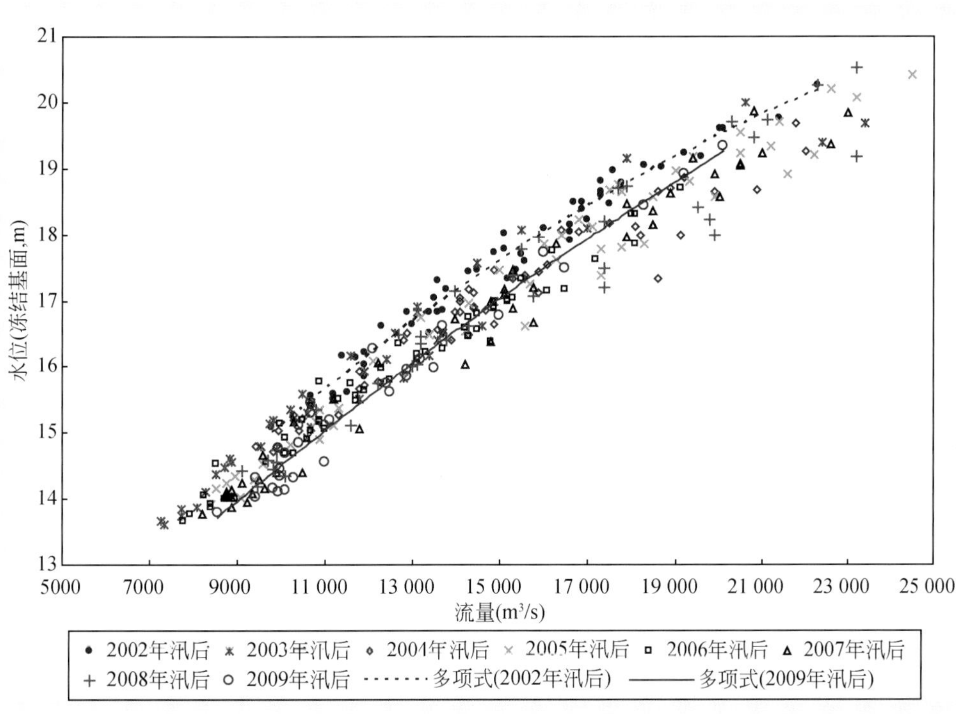

图 7-65（b） 汉口站低水水位-流量关系变化

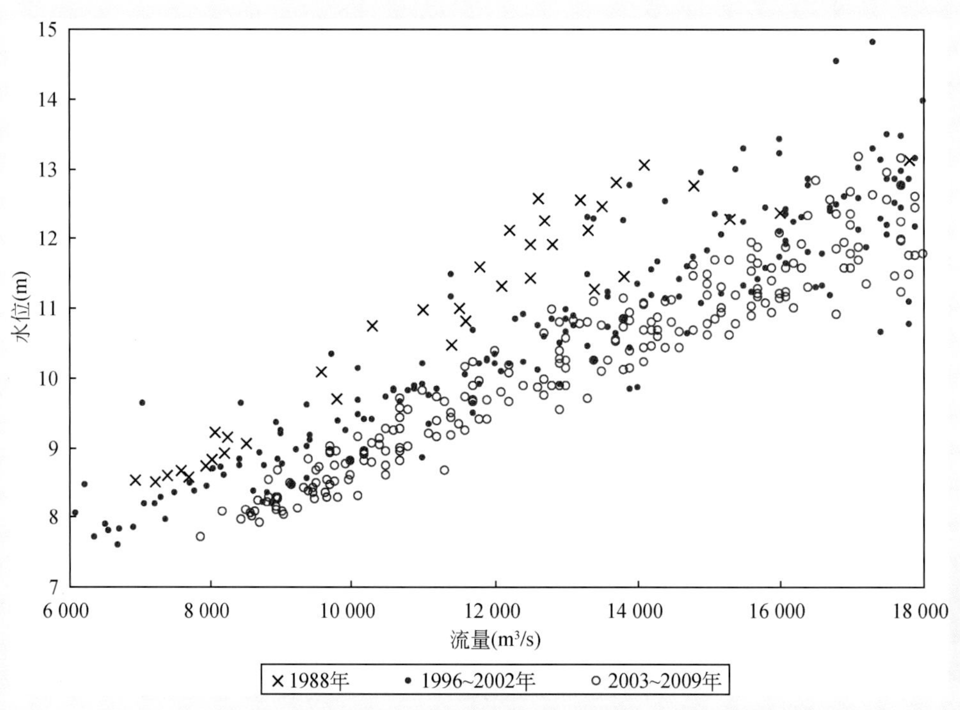

图 7-66　九江站低水水位-流量关系变化图（Q≤18000m³/s）

(7) 大通站

大通站上距鄱阳湖湖口 219km，上游 135km 处有华阳河、30km 处有秋蒲河汇入，下游 1km 有支流九华河入汇，339km 有淮河汇入长江，距长江入东海口 642km，低水时潮汐有所影响，中高水时受潮汐影响较小。本站洪水涨落较为平缓，水位流量关系绳套较小，下游基本无大支流入汇，所受顶托及各种水情影响较其上游少，根据 1990、2002 年、2003～2008 年实测水位流量关系［图 7-67（a）和图 7-67（b）］，历年水位流量关系变幅不大。

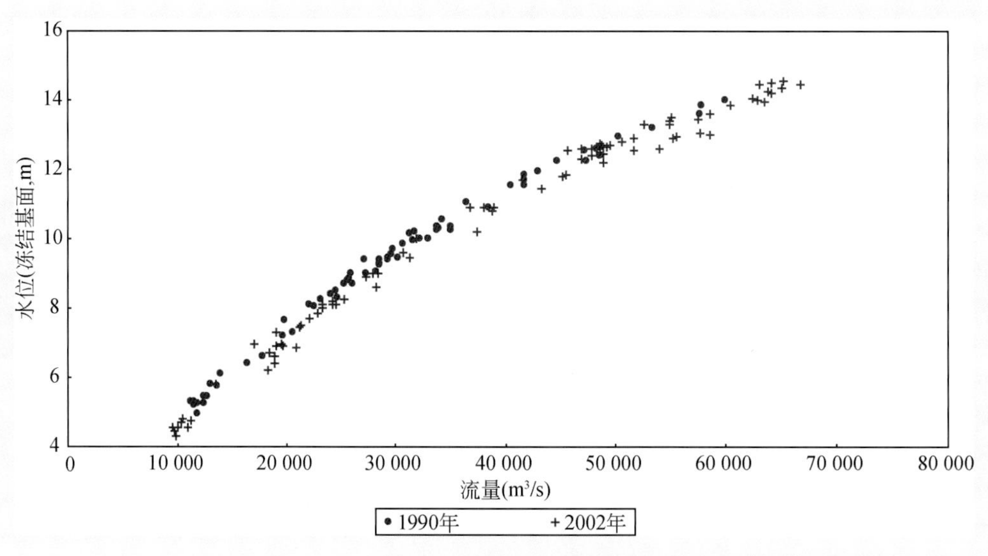

图 7-67（a）　三峡水库蓄水前大通站水位-流量关系变化

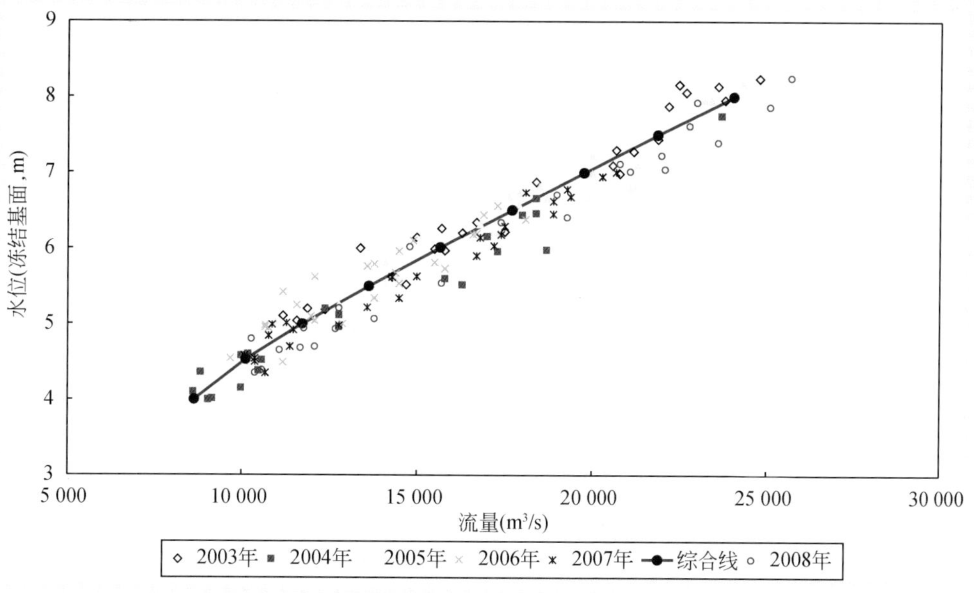

图 7-67（b） 三峡水库蓄水运用后大通站水位-流量关系变化

第8章 三峡水库泥沙淤积

本章主要研究了三峡水库蓄水运用以来，三峡水库库区泥沙淤积量的大小及时空分布、库区河床断面形态，水库排沙比，以及围堰发电期、初期蓄水期、175m 试验性蓄水期水库变动回水区重点河段的河道演变等。

8.1 三峡水库库区河道概况

8.1.1 河道概况

三峡水库正常蓄水位为 175m，库区范围为坝址至江津之间（距坝 660km），库区水面面积为 $1084km^2$。库区干流总体流向自西向东，由西南方向经过重庆市万州区后又改向东流直至宜昌（图 8-1）。重庆市境内有嘉陵江自北向南、涪陵境内有乌江自南向北汇入。库区河段上段穿行于四川盆地南端，自奉节以下即进入雄伟险峻的三峡河段，自西向东有瞿塘峡、巫峡、西陵峡，巫山山脉纵贯其间，沿江两岸峰峦起伏，岸壁陡峭，河谷深切。

天然情况下，库区河道两岸由山岩组成，宽窄相间，洪水期河宽为 800 ~ 1500m，枯水期河宽为 300 ~ 500m，岸线参差不齐，石盘山咀突入江中，且河槽深处为基岩，上覆盖卵石，在河道演变过程中，河床边界条件起着主导作用。从地貌上看，三峡库区及上游干流河段可大致分为 5 段。

1）朱沱至江津油溪段（长约 53km）。两岸为平缓的丘陵，地质构造为宽广的复向斜，没有峡谷，河床宽阔，枯水期河宽为 300 ~ 500m，洪水期河宽为 600 ~ 1000m，江中多卵石，部分滩口的河床为基岩。部分河段弯曲显著，如在江津长江绕城三折形同“几”字，当地称为“几江”。

2）江津油溪至涪陵段（长约 216km）。沿江地势起伏较大，长江自西而东，依次横切 6 个背斜，形成华龙峡、猫儿峡、铜锣峡、明月峡、黄草峡、剪刀峡等著名峡谷。当其经过向斜谷地时则河谷宽广，因此本河段峡谷与宽谷交替出现，江面宽窄悬殊，最宽处可达 1500m，最窄处仅 250m 左右。宽谷河段岸坡平坦，阶地发育，江中常有碛坝，有的碛坝靠江心部的坝面高程在 200m 以上，早已为人们开发定居，如广阳坝等。

3）涪陵至奉节（白帝城）段（长约 335km）。本段长江初向东北，至万县急转东，到白帝城入三峡。本河段河谷基本沿向斜发育，流向与构造线一致。谷地宽阔，江面最宽处可达 1500 ~ 2000m，谷坡平缓，河道弯曲，碛坝很多。本河段分汊性河道不多，一般为两汊，多属顺直分汊河型。部分河段弯曲显著，如丝瓜碛河段为弯道中心角 180°的急弯。

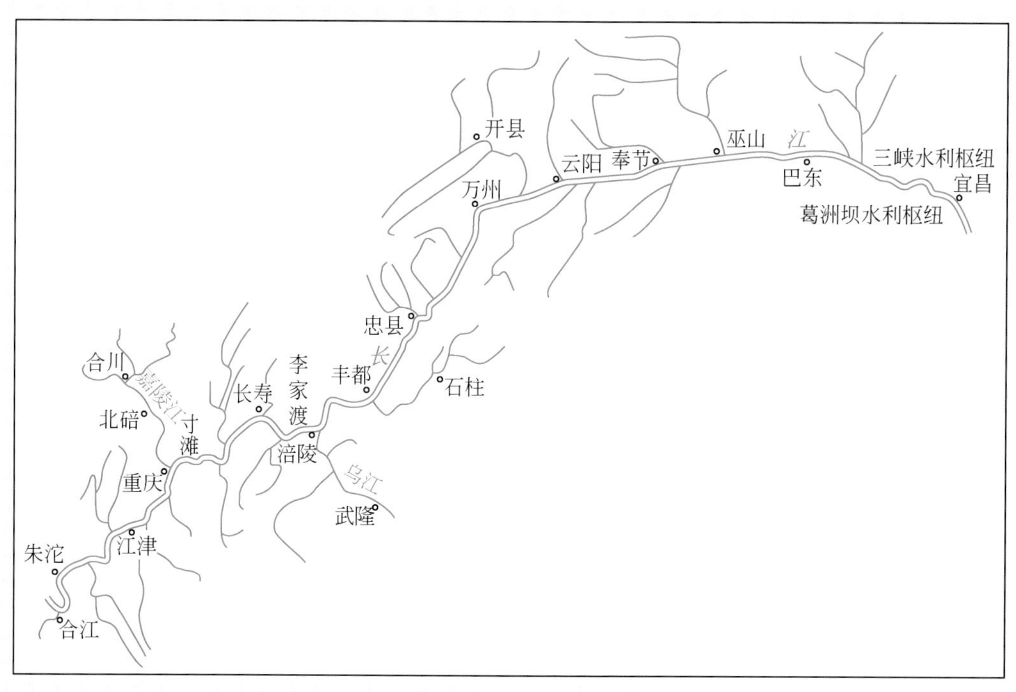

图 8-1　三峡水库库区示意图

4）奉节至庙河段（长约 142km）。由瞿塘峡、巫峡及西陵峡大部组成。本段河道蜿蜒于高山峡谷中，宽谷段与峡谷段相间，平面形态呈现宽窄相间的藕状分布。宽谷段有巫山至大溪、官渡口至香溪 2 段，共长 75km，约占河段总长的 53%。峡谷段有白帝城至大溪、巫山至官渡口、香溪至庙河 3 段，共长 67km，约占河段总长的 47%。峡谷段横剖面一般呈"V"型、部分河段呈"U"型；宽谷段横剖面一般呈"U"型，部分河段呈"V"型。峡谷段河谷狭窄，岸壁陡峻，基岩裸露，枯季河宽一般 200～300m；宽谷段河谷开阔，岸壁亦为基岩，但边坡较平缓，汛期河宽可达 600～800m，少数河段河宽可达 1000～1500m。峡谷上游的开阔段，往往形成峡口滩，如臭盐碛、扇子碛等，呈汛期淤积、汛后冲刷的周期性冲淤变化。河段两岸支沟密布，由于支沟坡陡，带来相当数量的泥沙，且颗粒较粗，停于溪口，形成溪口滩，如铁滩、油榨碛、下马滩等。

5）庙河至坝址段（称为坝上近坝段，长 17km）。为结晶岩低山丘陵宽谷段，两岸岸坡低缓，河道开阔。

天然情况下，三峡水库库区上段河道水面比降较大，水流湍急。其中，江津至长寿河段水面比降为 2.29‰～1.79‰，且随流量增大而减小；长寿至丰都河段为 2.15‰～1.65‰，随流量增大而增大，平均水面比降约为 2‰，急流滩处水面比降达 10‰以上。由于河谷宽窄相间，在峡谷上游的宽阔河段，汛期峡谷壅水，卵石输移率减小，而枯期则增大；峡谷段则相反。

三峡水库库区内水系发育，两岸支流分布不均，主要集中在左岸。河段内流域面积大于 1000km^2 的主要一级支流共有 12 条（表 8-1）。其中嘉陵江是左岸最大的一级支流，流域面积为 159 812km^2；乌江是右岸最大的一级支流，流域面积 87 920km^2。

嘉陵江发源于秦岭南麓，流经陕西、甘肃、四川、重庆四省市，干流全长为 1120km。流域内小支流众多，构成扇形水系，干流的东西两源在略阳汇合，于广元的昭化接纳白龙江，在阆中和南部接纳东河和西河，在合川接纳渠江及涪江，于重庆朝天门汇入长江。嘉陵江在广元以上为上游，河长

370 km，平均坡降约 3.8‰；广元至合川为中游，河长约 640km，平均坡降约 0.43‰；合川以下为下游，该段穿行于平行峡谷区，河长约 100km，平均比降约 0.27‰。

乌江是三峡库区右岸最大的一级支流，河长 1030km，天然落差 2120m，平均海拔 1160m 左右。乌江流域大部分处于云贵高原东北部向湘西丘陵过渡的斜坡带，以山地为主。流域内山岭起伏，河谷深切，岩溶发育，暗河伏流众多，时隐时现。由于各地质时期地壳大面积间歇性抬升，流域地貌具有明显的层状发育特点。河谷下切剧烈，呈“V”字形，仅局部河段才有由砂岩、页岩构成的宽谷。乌江沿岸多碳酸岩性质的陡壁，在下层为软弱岩层河段，常有山体或巨石崩塌于河道中，造成乌江急流险滩众多。乌江上游化屋基以上河长约 320km，平均坡降约 4.3‰；中游化屋基至思南段河长约 360km，平均坡降约 1.6‰，枯水水面宽 30～100m，洪水水面宽 130～430m；思南以下的下游段河长约 340km，平均坡降约 0.6‰，枯水水面宽一般 40～120m，洪水水面宽 140～420m。

表 8-1　长江三峡库区主要一级支流基本情况表

河　名	岸别	河　源	河　口	流域面积（km^2）	河长（km）	河床平均比降（‰）
塘　河	右	四川省合江县营盘山区	重庆江津河口	1 200	146	7.27
壁南河	左	重庆永川薄刀岭	重庆江津油溪口	1 060	95	3.06
綦　江	右	贵州桐锌县北大娄山系	重庆江津顺江	7 020	225	0.77
嘉陵江	左	陕西凤县代王山	重庆渝中区朝天门	159 812	1 120	2.05
大洪河（御临河）	左	四川大竹县西河乡	重庆渝北区太洪岗	3 896	226	2.42
龙溪河	左	重庆梁平县铁凤乡	重庆长寿	3 302	221	2.75
乌　江	右	贵州咸宁盐仓	重庆涪陵	87 920	1 030	2.06
龙　河	右	重庆石柱七曜山	重庆丰都	2 732	159	9.96
小　江	左	重庆开县白泉乡	重庆云阳双江镇	5 225	183	8.72
汤溪河	左	重庆巫溪县小天子城山梁	重庆云阳	1 707	104	19.82
磨刀溪	右	重庆石柱县冷水乡	重庆云阳大兴新津口	3 092	191	7.75
长滩河	右	湖北利川南坪	重庆云阳高坪故陵	1 486	91	3.60
梅溪河	左	重庆市巫溪县塘坊	重庆奉节县旧县城	2 001	117	6.24
火炮溪	右	重庆市奉节县老龙洞	重庆巫山县大溪乡	1 498	71	23.03
大宁河	左	重庆市巫溪县光头山	重庆巫山县县城	4 199	165	10.55
沿渡河	左	湖北省神农架林区下谷	湖北巴东县官渡口新镇	1 032	56	30.54
香　溪	左	湖北省神农架林区新华	湖北秭归县香溪镇	3 099	94	16.38

8.1.2　河床边界条件

1. 朱沱至奉节段

三峡库区朱沱至奉节河段河床组成主要分为基岩和覆盖层两大类，即以基岩为河床总体框架，并在不同形态的、适合泥沙沉积的部分基岩面上堆积着厚度不一的覆盖层。其中，覆盖层面积约占河床总面积的 90% 左右。

（1）*基岩*

基岩广泛分布在川江河谷谷坡、河岸岸坡和河床底部等区域，是地质作用和水流侵蚀共同作用的结果。基岩的岩性，以侏罗系砂岩、泥岩为主，局部有三叠系灰岩、泥岩等，局部河岸有少量胶结岩地层，地质界把这一胶结岩地层又称作“江北层”，均具有很强的抗冲作用。基岩以碛坝、岛礁等形态为多，其密度和面积大小分布不匀，多分布在宽阔河段。

（2）洲滩覆盖层厚度及岩性组成

洲滩覆盖层多由沙卵石混合体组成。为了解三峡库区天然条件下的洲滩覆盖层组成的基本结构，长江水利委员会水文局分别于 2003 年 3 ~5 月对嘉陵江上叶坝至朝天门、长江干流朝天门至丰都凤尾坝，2003 年 10 ~ 11 月对长江朱沱温中坝至朝天门，共计 400km 河段的 57 个大型洲滩进行了地质钻探，共布置了 63 个钻孔，其中有 54 个钻孔钻到了覆盖层下的基岩层，基本上掌握了河床洲滩覆盖层的组成特征。

A. 洲滩覆盖层厚度分布

朱沱至丰都段洲滩覆盖层厚度有大有小，但总体上是朱沱至重庆段大于重庆至丰都段。经统计，朱沱至重庆段覆盖层平均厚度为 14. 8m，重庆至丰都段为 8. 7m（图 8-2）。嘉陵江段洲滩覆盖层厚度一般为 3 ~ 10m，平均约 7m。

覆盖层厚度首先与洲滩形成、发育的部位有关。分布在较高基岩面上的洲滩，覆盖层厚度较小，如母猪碛、峦子碛、红花碛、反水碛等，其厚度仅为 1. 9 ~ 5. 0m；当洲滩发育扩展侵占到枯水位以下河床时，其覆盖层厚度则可达 8 ~ 10m，如码头碛、珊瑚坝、铜田坝覆盖层厚度分别为 9. 1m、9. 6m、8. 0m；对于发育在河床深槽中的洲滩而言，特别是古深潭区，覆盖层厚度则一般大于 15m，如鳌鱼碛为 18. 2m、长叶碛为 18. 1m、上洛碛为 18. 9m、金川碛为 17. 6m、关刀碛为 16. 28m。

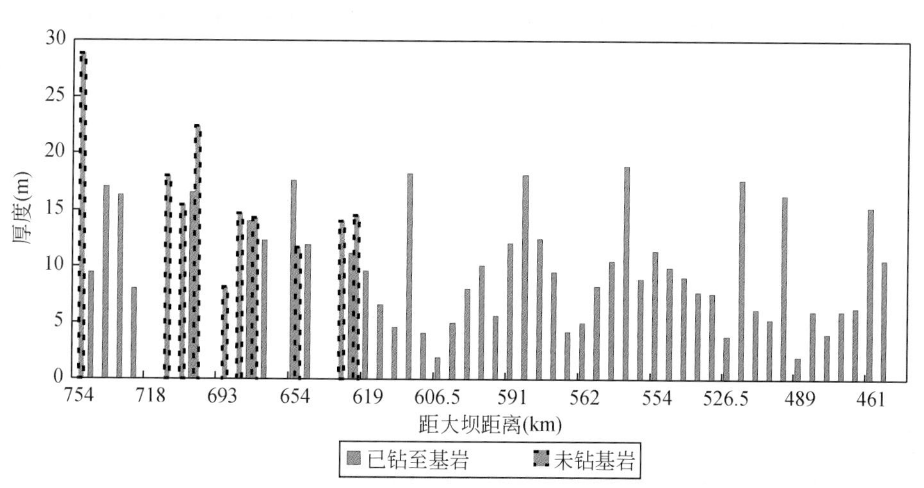

图 8-2　长江朱沱至丰都段主要洲滩覆盖层厚度沿程分布图

其次，洲滩覆盖层厚度与泥沙堆积条件有关。在高水期泥沙容易堆积的洲滩，由于汛期推移质输沙率较大，往往发生大量泥沙堆积，有的还会发展演变为河漫滩，甚至成为一级阶地等。如温中坝和葫芦碛覆盖层厚度分别高达 28. 8m 和 22. 4m，成为本河段覆盖层厚度最大和次大的洲滩。

B. 岩性组成

通过对有代表性的钻孔样品进行岩性分析（表 8-2），洲滩覆盖层卵砾石岩性均以石英岩和石英砂岩为主，如长江朱沱至重庆段占 60. 8%，重庆至丰都段占 58. 3%，嘉陵江出口段高达 74. 1%，尤其在大于 100mm 粒径的粗颗粒卵石中，几乎占到 80% 以上。

表 8-2　典型洲滩覆盖层岩性组成百分数统计表

河名	部位	距大坝距离	岩性百分数（%）										
			石英岩和石英砂岩	一般砂岩	玄武岩	花岗岩	火山岩	灰岩	流纹岩	石英	硅质岩	角岩	燧石
长江	葫芦碛	707km	60.8	1.3	12.2	11.9	10.3			0.5		3.0	
	中丝瓜碛	460km	58.3	2.8	15.5	2.5	10.5		5.0	0.3	5.1	0.1	
嘉陵江	詹家碛	17.9km	74.1					15.6		6.8			3.5

詹家碛系距出口里程

C. 洲滩活动层组成分布

洲滩活动层是指洲滩滩面冲淤变化幅度内的部分，川江河道内洲滩年内冲淤变幅一般在1m以内。取样时，沿深度分为4层，即表层、次表层（0～0.2m）、深1层（0.2～0.5m）、深2层（0.5～1.0m）。根据85个坑测成果统计分析（表8-3、表8-4和图8-3），本河段洲滩组成分布有如下特点。

表 8-3　朱沱至奉节河段主要洲滩活动层颗粒级配

河段	小于某粒径沙重百分数（%）									特征粒径（mm）	
	5.0(mm)	10(mm)	25(mm)	50(mm)	75(mm)	100(mm)	150(mm)	200(mm)	>200(mm)	D_{50}	D_{max}
朱沱至油溪段	16.9	17.5	21.2	33.4	47.8	65.3	89.9	99.0	100	79.0	263
油溪至重庆段	15.5	16.3	20.0	31.8	47.9	66.1	85.8	97.6	100	78.5	230
重庆至长寿段	16.1	21.3	29.7	44.1	60.1	74.4	92.1	97.6	100	58.0	219
长寿至涪陵段	16.5	19.5	28.2	41.3	54.5	64.9	87.7	99.9	100	65.0	222
涪陵至忠县段	18.6	21.1	27.6	38.3	52.5	67.3	95.0	99.9	100	69.5	214
忠县至万州段	16.7	18.9	26.5	42.0	62.1	81.9	97.6	99.8	100	64.0	221
万州至奉节段	23.3	29.3	43.0	61.2	76.0	89.3	99.1	100		32.5	208
嘉陵江出口段	17.6	21.7	33.8	46.5	60.9	71.8	91.4	98.6	100	55.0	212
乌江出口段	21.5	38.0	64.4	86.2	92.6	98.7	100			15.2	115

表 8-4　重庆至奉节河段主要洲滩活动层卵砾含量沿程变化统计表

洲滩	航道里程（km）	各粒径组百分含量（%）								
		<5（mm）	5～10（mm）	10～25（mm）	25～50（mm）	50～75（mm）	75～100（mm）	100～150（mm）	150～200（mm）	>200（mm）
珊瑚坝	665	15.4	1	3.5	7.8	15.8	22.4	27.5	6	0.6
月亮碛	661	16.2	1.6	11.2	22.1	20.7	16.3	12.3	0.6	
寸　滩	653.8	16.7	5.4	15.1	17.9	17.7	14.3	11.8	0.8	0.3
唐家沱	646.5	20.6	4.4	15.6	20.7	20.7	9.8	7.2	1	
飞蛾碛	637	13.5	5	12.2	19.6	14.3	13.4	16.5	5	0.5
长叶碛	632.5	19.2	2	5	20	19.9	14.3	10.9	8	0.7
滥巴碛	624	14.2	1.1	7.1	12.3	12.7	12.2	24.2	15	0.2
红花碛	619.5	24	2.7	10	18.4	26.9	13.5	4.5		
姜家碛	611	17.4	2	2.9	7.7	15	21.6	28.4	5	
上洛碛	605	15.8	1.4	2.9	9.4	18.1	26.1	23.5	2.8	

续表

洲滩	航道里程（km）	各粒径组百分含量（%）<5（mm）	5~10（mm）	10~25（mm）	25~50（mm）	50~75（mm）	75~100（mm）	100~150（mm）	150~200（mm）	>200（mm）
中档坝	601	14.4	5.2	10.2	8.7	6.7	10.7	31.2	12.3	0.4
忠水碛	586.6	12.6	0.9	7.3	15.1	15.4	13.6	27.3	7.4	0.4
码头碛	583	16	2.8	8.7	10.4	6.3	7.2	34.1	14.1	0.4
反水碛	572.5	19.3	2.6	10.8	15.1	9.4	7	17.7	17.4	0.7
金川碛	565	12.9	3.3	8.3	8.4	8	7	29.9	20.3	1.9
蔺关刀	559.5	20.1	4.7	7.1	10.5	17.9	12.9	19.2	7.6	
牛屎碛	557	15.2	1.2	8.4	19.3	21.3	17.5	10.5	6.6	
锦绣洲	535.8	14.9	3.7	8.7	16.2	13.8	11.1	25	6.6	
平绥坝	517	15.9	4.3	9.2	12.2	13.3	12.1	22.9	10.1	
上丝瓜	513	17.1	1.4	6.4	16.3	19.3	14.8	22.9	1.8	
中丝瓜	510	22.9	1.4	4.9	15.1	16.7	13.8	21.1	4.1	
下丝瓜	507	20.9	1.6	6.7	11.4	15.8	16.2	24.3	3.1	
风　坝	481.5	16.8	1.7	6.1	10	12.2	15.1	30.2	7.9	

航道里程系指宜昌至重庆航道里程，宜昌为零点（下同）

1）洲滩活动层内泥沙粒径总体上沿程变细。受河道形态、区间来沙及水流条件的影响，各洲滩活动层最大粒径 D_{max}、中值粒径 D_{50}沿程呈锯齿状变化。一般峡谷出口段洲滩流速较大，D_{50}值也较大；狭谷进口段上游河道洲滩流速偏小，D_{50}值也偏小。

朱沱至重庆段洲滩 D_{max}一般在 200mm 上下，D_{50}则一般在 50~100mm 变化，沿程无明显粗化或细化趋势。据统计，朱沱至油溪段 D_{50}平均值为 79.0mm，油溪至重庆段为 78.5mm。

重庆至涪陵段，D_{max}一般为 120~220mm，其中上段（距坝里程 550km 以上）波动幅度较大，波动范围为 120~220mm，下段变幅较小，波动范围为 150~200mm；D_{50}一般在 50~170mm 变化，重庆至长寿段、长寿至涪陵段 D_{50}的平均值分别为 58 mm、65mm。

涪陵至奉节段，各洲滩活动层 D_{max}一般为 150~220mm，D_{50}一般为 20~100mm。河段内颗粒粒径总体沿程减小，如涪陵至忠县段、忠县至万州段、万州至奉节段 D_{50}的平均值分别为 70mm、64mm、32mm。

嘉陵江出口段 D_{max}为 212mm，D_{50}为 55.0mm；乌江出口段 D_{max}为 115mm，D_{50}为 15.2mm。

综上所述，长江干流段洲滩活动层内的泥沙粒径总体表现为沿程减小，平均中值粒径从朱沱至油溪段的 79.0mm 减小到万州至奉节段的 32.5mm。

2）洲滩表层颗粒粗。受水流作用的影响，河段内各洲滩活动层内泥沙粒径表现为表层最粗，次表层最细，次表层以下变化不大（图 8-4）。其中，卵石洲滩表层床沙中大多以粒径大于 10mm 的颗粒组成为主；而表层以下多为沙、卵石的混和堆积物，粒径小于 10mm 的泥沙颗粒含量一般为 15%~25%，最大可达 30% 以上。

最大粒径 D_{max}的颗粒主要分布在表层以下，其中以深 1 层、深 2 层出现的几率最多，这是水流和泥沙相互作用的结果。当洲滩滩面受水流冲刷时，细颗粒泥沙被冲走，滩面降低，粗颗粒被滞留下来，相对原滩面而言其分布高度下降；当洲滩滩面发生淤积时，粗颗粒物质则被覆盖。

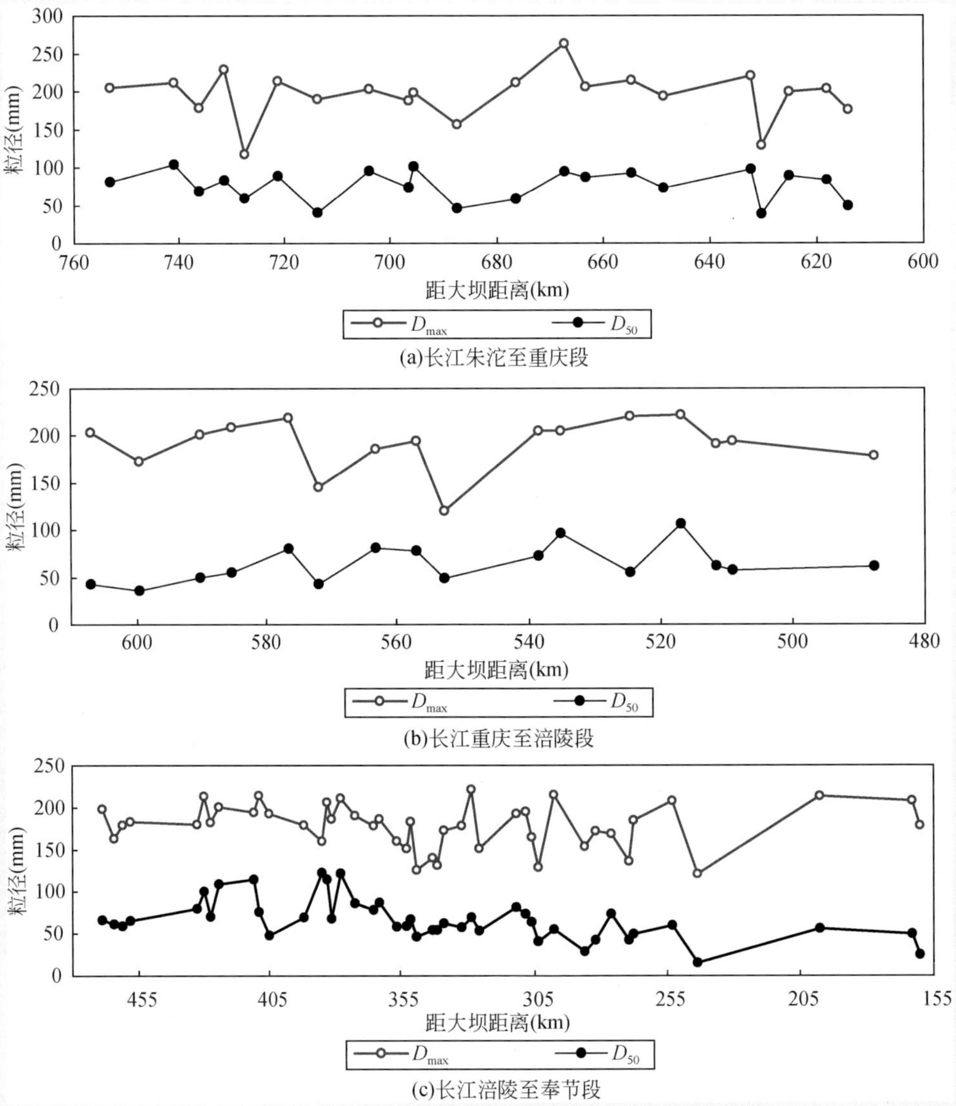

(a)长江朱沱至重庆段

(b)长江重庆至涪陵段

(c)长江涪陵至奉节段

图 8-3　长江朱沱至奉节段洲滩活动层特征粒径沿程变化

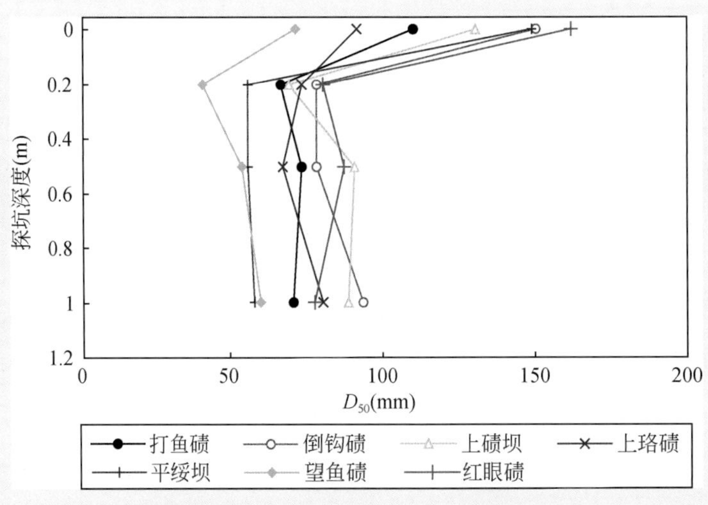

图 8-4　川江洲滩床沙 D_{50} 沿深度分布

3）单一洲滩具有滩头或滩体外侧（迎水面）泥沙粒径较粗，滩根或洲尾粒径相对较细。受流速横向分布及大小的影响，洲滩外侧迎水面，由于流速大，细颗粒泥沙被冲走，故 D_{50} 较大；相反，洲滩内侧缓流区或滞流区，由于流速较小，泥沙落淤，故 D_{50} 则相对较小［表 8-5（a）］。可以看出，边滩外侧靠近迎水面的 D_{50} 通常大于靠近滩根部位，而过渡区介于两者之间；心滩主汊 D_{50} 大于支汊 D_{50}。

在纵向上，由于洲头往往处于主流顶冲部位，故洲头颗粒相对较粗，在洲尾，因处于两股水流交汇的上叉滞流区（江心洲），或主流线避水面的缓流区（边滩），加上汛期含沙量大，从而造成大量细沙落淤，其泥沙粒径必然偏细［表 8-5（b）］。

表 8-5(a)　典型洲滩床沙横向分布表

洲滩名称	洲滩属性	床沙特征粒径 D_{50}（mm）		
		滩外侧或主汊边	过渡区	滩内侧或支汊边
黄家滩	边滩	40	23	19
码头碛	边滩	136	96	73
牛屎碛	边滩	144	94	93
上丝瓜碛	边滩	134	122	93
中丝瓜碛	边滩	69	59	58
忠水碛	心滩	94	73	92
反水碛	心滩	71	55	68

表 8-5(b)　典型洲滩床沙纵向分布表

洲滩名称	洲滩属性	床沙特征粒径 D_{50}（mm）		
		滩头	滩中	滩尾
金沙碛	边滩	71	62	58
铜田坝	边滩	77	53	16
九堆子	心滩	97	22	1.25
珊瑚坝	心滩	94	90	33

（3）枯水位以下河床覆盖层组成分布

朱沱至奉节段枯水位河床除小部分基岩裸露于河床床面外，大面积堆积着泥沙，成为水下覆盖层。2003 年汛前和汛后，长江水利委员会水文局采用犁式采样器与挖斗式采样器相结合的方法，在朱沱至奉节段（含嘉陵江、乌江出口段）施测了 155 个水下床沙断面，成果如表 8-6 和图 8-5 所示。由图、表可见，本河段水下床沙组成有以下特点。

1）水下覆盖层除极少断面为纯沙质外，绝大多数为沙、卵石混合组成，其床沙级配变幅较大，以 D_{50} 为例，小者仅为 41.5mm，大者为 151mm。全河段各断面 D_{max} 多在 200mm 以下，且以 100～150mm 居多。

2）泥沙粒径沿程呈不规则锯齿分布，总体上有一定细化。经统计，朱沱至江津段 D_{50} 平均为 110mm，江津至重庆段平均为 91mm；重庆至长寿段平均为 81mm，长寿至涪陵段平均为 83mm；涪陵至奉节段床沙则逐渐变细，特别是万县至奉节段细化明显。

3）沿河宽方向，一般表现为水深越大，床沙 D_{50} 越粗，如图 8-6 所示。原因是川江枯水河床水深大的部位通常是主流区，水流流速较大，床沙颗粒相对较粗。

表 8-6　朱沱至奉节河段水下床沙颗粒级配统计表

河段	小于某粒径沙重百分数（%）									特征粒径（mm）	
	5.0（mm）	10（mm）	25（mm）	50（mm）	75（mm）	100（mm）	150（mm）	200（mm）	>200（mm）	D_{50}	D_{max}
朱沱至油溪段	8.3	8.5	11.1	15.9	27.8	44.4	68.3	90.7	100	110	265
油溪至重庆段	11.7	12.7	16.2	24.9	40.0	54.6	80.2	95.8	100	91.0	280
重庆至长寿段	12.7	13.9	19.4	30.6	45.9	61.2	82.4	96.4	100	81.0	281
长寿至涪陵段	13.0	14.5	18.3	30.9	45.3	58.7	81.5	98.3	100	83.0	266
涪陵至忠县段	24.6	25.5	29.7	38.3	50.9	62.6	83.1	97.4	100	73.0	226
忠县至万州段	16.8	18.7	23.3	35.5	52.3	65.3	90.2	99.4	100	71.0	268
万州至奉节段	23.5	25.8	26.6	40.5	60.6	76.3	93.9	98.5	100	60.5	222
嘉陵江出口段	3.5	5.2	12.3	27.6	46.0	64.6	86.5	99.7	100	79.0	208
乌江出口段	30.1	40.5	56.7	67.0	83.7	95.6	100			17.0	107

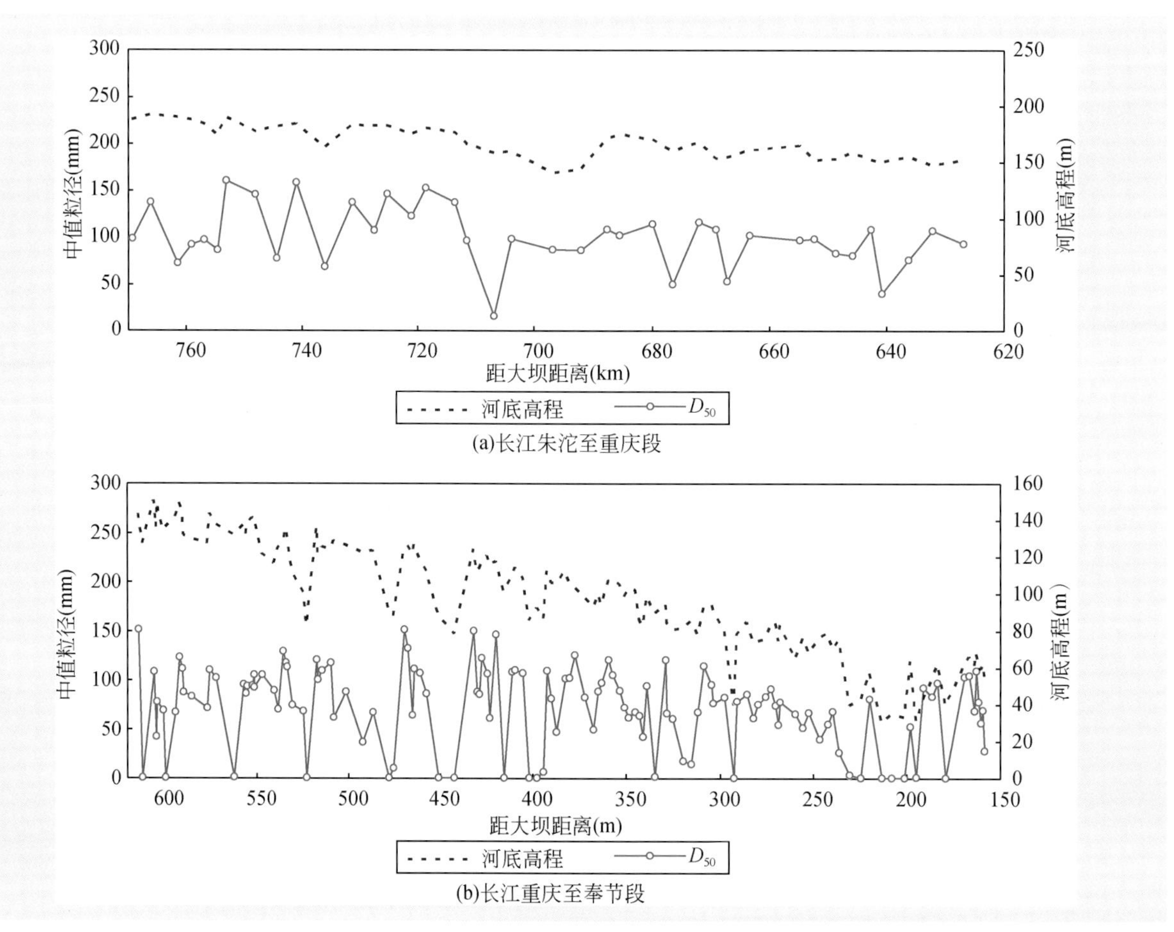

图 8-5　长江朱沱至奉节段水下床沙 D_{50} 沿程变化

2. 奉节至三峡大坝段

(1) 洲滩组成

奉节至三峡大坝段位于原葛洲坝水库库区内，两岸溪沟密布，滩多且险。葛洲坝水库蓄水前，本段

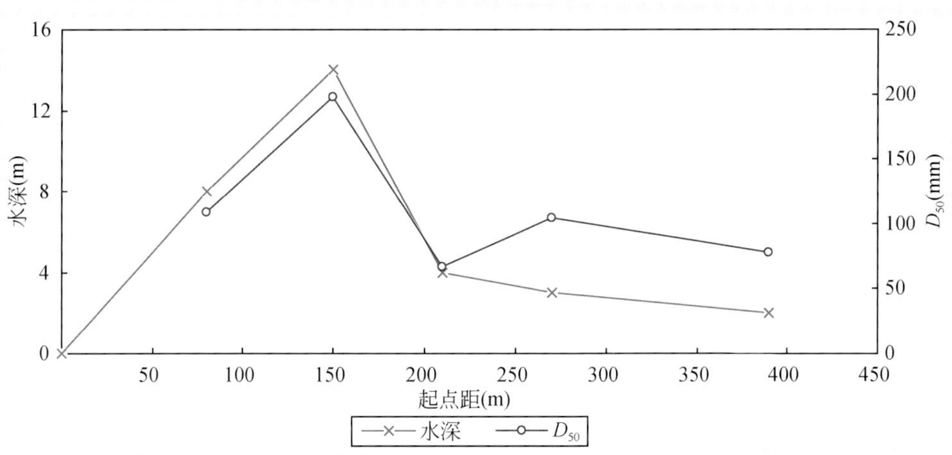

图 8-6　金钢背断面（距坝 711km）水下床沙 D_{50} 与水深关系

险滩有 26 处（图 8-7）；葛洲坝水库蓄水后，巫山空望沱以下险滩均被回水淹没，空望沱以上河段内还有 11 处险滩，经整治后存在碍航的主要枯水滩有臭盐碛、铁滩、油榨碛、下马滩、扇子碛，中水滩有宝子滩、交滩即葛洲坝变动回水区内所谓的“五滩二碛”。河段内滩槽高差约为 10 ~ 20m，边滩和深槽内河床组成大多为卵石夹粗沙。

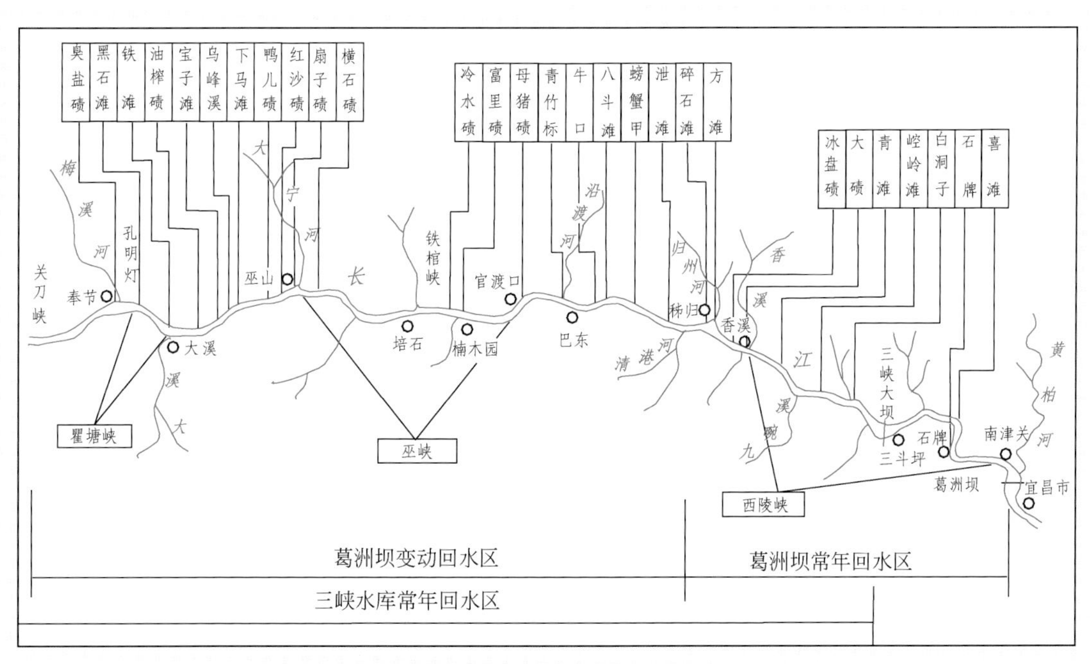

图 8-7　葛洲坝水库蓄水前后三峡河段主要险滩分布图

1）臭盐碛。位于瞿塘峡卡口上游长江左岸，距三峡大坝 160.2km，滩体长约为 2700m，宽约为 1200m，滩面平缓。卵石组成以灰岩为主，砂岩次之，卵石粒径一般小于 1000mm，少数卵石可达 2000mm 以上。

2）铁滩。位于长江右岸大溪口，距三峡大坝 150.5km，长约 850m，宽约 390m，滩中部较高，系多年堆积物，粒径较粗，其他部分较细，滩上卵石主要来自大溪，以灰岩为主，砂岩次之。卵石粒径一般小于 1000mm，少数可达 2000mm 以上。

3）油榨碛。位于长江右岸错开峡，距三峡大坝145.1km，长为810m，宽为440m，滩面较平缓，滩体由卵石及粗沙组成，以灰岩为主，夹少量砂岩，卵石粒径一般小于800mm。

4）宝子滩。位于长江左岸宝子沟口，距三峡大坝140.2km，长为440m，宽为210m，滩体高陡，卵石岩性主要为砂岩，也有少量页岩。滩面卵石粒径一般小于1000mm，少数卵石粒径可达2000mm。

5）交滩。位于长江左岸，距三峡大坝139.2km，长为320m，宽为240m，滩面卵石岩性以灰岩和砂岩为主，粒径一般小于1000mm 。

6）下马滩。位于长江左岸赤溪出口，距三峡大坝130.4km，长为730m，宽为160m，滩面多为乱石及大卵石，岩性多为灰岩和砂岩，乱石块直径可达0.5～2m，卵石粒径一般小于400mm，少数可达800mm以上。

7）扇子碛。位于左岸大宁河出口，距三峡大坝123.6km，下距巫峡上口1km，长1320m，宽约480m，滩面平缓，滩上卵石主要来自大宁河，卵石岩性以灰岩为主，其次是砂岩、很少见到来自长江上游的火成岩。河口床沙组成较粗，其他部位较细。

（2）河床组成

河床多由基岩和卵石夹砂组成，床面上多碛坝、石梁、礁石，险滩密布，水流紊乱。葛洲坝水库蓄水前，河床主要由卵石和粗沙组成，床沙中值粒径平均值大于5mm。葛洲坝水库蓄水以后随着坝前水位的抬高，在葛洲坝常年回水区内床沙中值粒径逐年减小（表8-7）。1996年葛洲坝至秭归河段床沙中值粒径为0.153mm，表明该河段河床已由细沙和悬移质淤积泥沙覆盖。官渡口以上仍以卵石和粗沙组成为主。

1998年特大洪水过后粗颗粒的床沙已经冲走，汛后淤积的基本上是悬移质。官渡口以上河床组成与天然时期相似。

表8-7　三峡库区大坝至关刀峡床沙中值粒径统计表　（单位：mm）

时间 \ 河段及形态	大坝至庙河段 开阔段	庙河至秭归段 峡谷段	秭归至官渡口段 开阔段	官渡口至巫山段 峡谷段	巫山至大溪段 开阔段	大溪至白帝城段 峡谷段	白帝城至关刀峡段 开阔段
1979年12月	5.32	6.48	5.82	5.28	23.1	19.5	24.5
1982年12月	1.69	0.527	0.174	13.5	26.3	16.9	20.4
1983年12月	0.150	1.82	0.148	18.5	26.4	13.1	25.1
1996年12月	0.153	0.400	4.62	13.2	20.1	11.4	13.6
1998年12月	0.099	0.132	7.79	12.1	19.5	10.3	14.4
2001年12月	0.114	0.153	7.02	4.69	14.6	12.4	17.3

8.1.3　三峡水库蓄水前后库区河道水力要素变化

表8-8统计了三峡水库蓄水前后库区各河段河道特性值，图8-8为蓄水前和蓄水后不同阶段的枯季、汛期水位下，库区内水面宽、过水面积、水深、流速变化情况比较图。

受河道地形约束，三峡水库库面平面形态宽窄相间，除坝区河段、香溪段、臭盐碛段等宽谷段外，大部分库区河段库面宽度不超过1000m。在不同蓄水阶段，随着蓄水位的上升，库面宽度相应增加，水深明显变深，而宽深比则相对变小，过水面积受水位的上升而增加，断面平均流速显著下降，且坝前段相对库尾段、宽谷段相对峡谷段受蓄水影响更明显，但三峡库区仍保持了一定的河道特性，为典型的河道型水库。

表 8-8　三峡水库蓄水前后河道特性值统计表

计算参数	计算河段	枯季［$Q=5000$（m^3/s）］				汛期［$Q=30\ 000$（m^3/s）］		
		天然情况	蓄水 139m	蓄水 156m	蓄水 172m	天然情况	蓄水 135m	蓄水 145m
水面平均宽度 B（m）	大坝至庙河段	636	1 443	1 835	2 012	738	1 367	1 712
	庙河至白帝城段	312	582	632	691	401	567	594
	白帝城至关刀峡段	381	989	1 095	1 214	744	964	1 034
	关刀峡至涪陵段	431	815	922	1 056	756	828	869
	涪陵至李渡镇段	436	807	913	1 043	744	820	861
平均水深 H（m）	大坝至庙河段	20. 6	65. 4	66. 5	77. 0	23. 8	62. 9	58. 4
	庙河至白帝城段	23. 1	70. 5	78. 0	88. 3	38. 3	68. 1	71. 5
	白帝城至关刀峡段	8. 1	51. 0	56. 7	67. 7	25. 8	49. 8	50. 3
	关刀峡至涪陵段	11. 9	32. 3	41. 1	53. 0	21. 0	32. 6	35. 8
	涪陵至李渡镇段	14. 9	32. 5	41. 1	52. 9	21. 2	32. 9	35. 9
宽深比 $\sqrt{B}/H$	大坝至庙河段	1. 22	0. 58	0. 64	0. 58	1. 14	0. 59	0. 71
	庙河至白帝城段	0. 76	0. 34	0. 32	0. 30	0. 52	0. 35	0. 34
	白帝城至关刀峡段	2. 41	0. 62	0. 58	0. 51	1. 06	0. 62	0. 64
	关刀峡至涪陵段	1. 74	0. 88	0. 74	0. 61	1. 31	0. 88	0. 82
	涪陵至李渡镇段	1. 40	0. 87	0. 74	0. 61	1. 29	0. 87	0. 82
平均过水面积 A（m^2）	大坝至庙河段	12 500	89 325	111 557	145 292	16 282	81 886	90 294
	庙河至白帝城段	7 781	40 247	48 139	59 789	14 328	37 847	41 420
	白帝城至关刀峡段	3 206	49 979	61 601	81 598	18 926	47 450	50 806
	关刀峡至涪陵段	4 554	24 085	35 210	52 742	14 094	24 602	28 423
	涪陵至李渡镇段	6 725	24 583	35 509	52 837	14 189	25 090	28 793
平均流速 V（m/s）	大坝至庙河段	0. 41	0. 06	0. 05	0. 04	1. 88	0. 40	0. 37
	庙河至白帝城段	0. 83	0. 14	0. 11	0. 09	2. 25	0. 87	0. 79
	白帝城至关刀峡段	1. 82	0. 12	0. 09	0. 07	1. 83	0. 73	0. 66
	关刀峡至涪陵段	1. 38	0. 25	0. 16	0. 10	2. 24	1. 35	1. 16
	涪陵至李渡镇段	0. 94	0. 26	0. 16	0. 10	2. 21	1. 35	1. 16

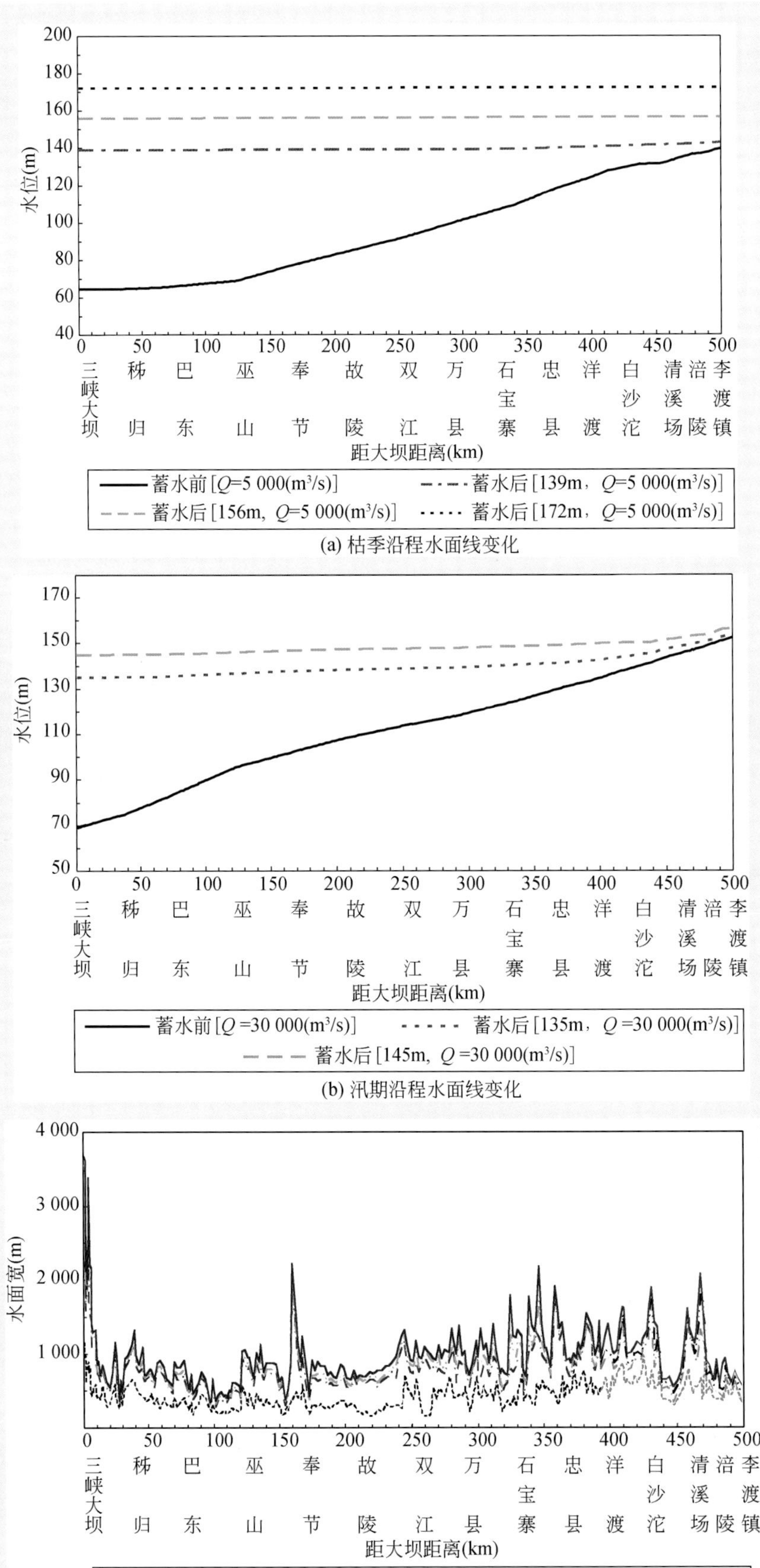

(a) 枯季沿程水面线变化

(b) 汛期沿程水面线变化

(c) 枯水期不同坝前水位下水面宽度沿程变化[流量为5 000(m³/s)]

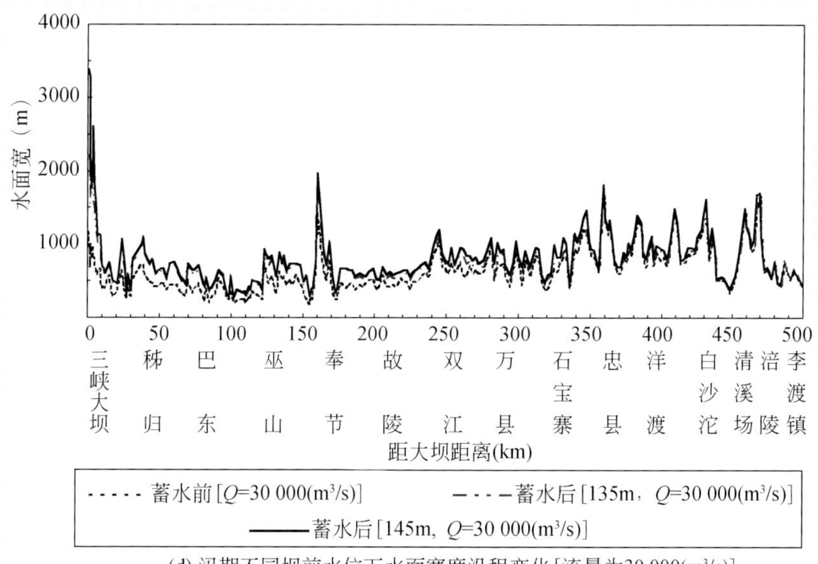

(d) 汛期不同坝前水位下水面宽度沿程变化[流量为30 000(m³/s)]

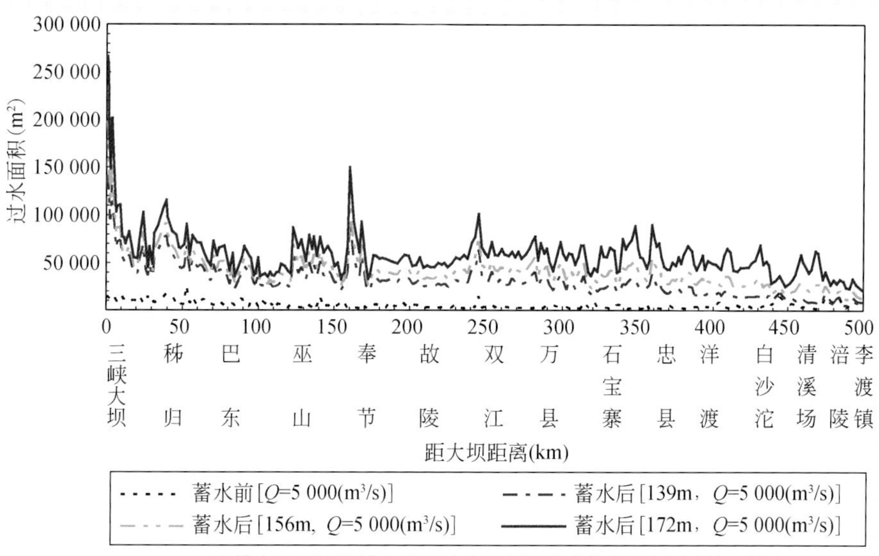

(e) 枯水期不同坝前水位下过水面积沿程变化[流量为5 000(m³/s)]

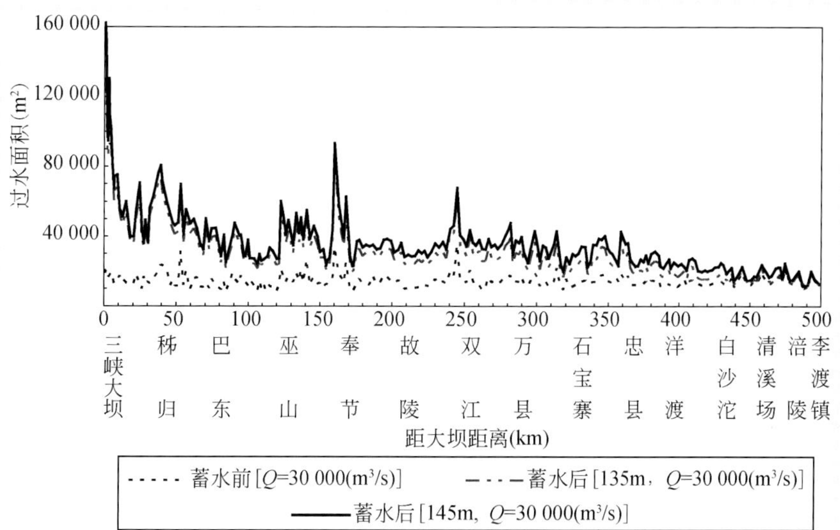

(f) 汛期不同坝前水位下过水面积沿程变化[流量为30 000(m³/s)]

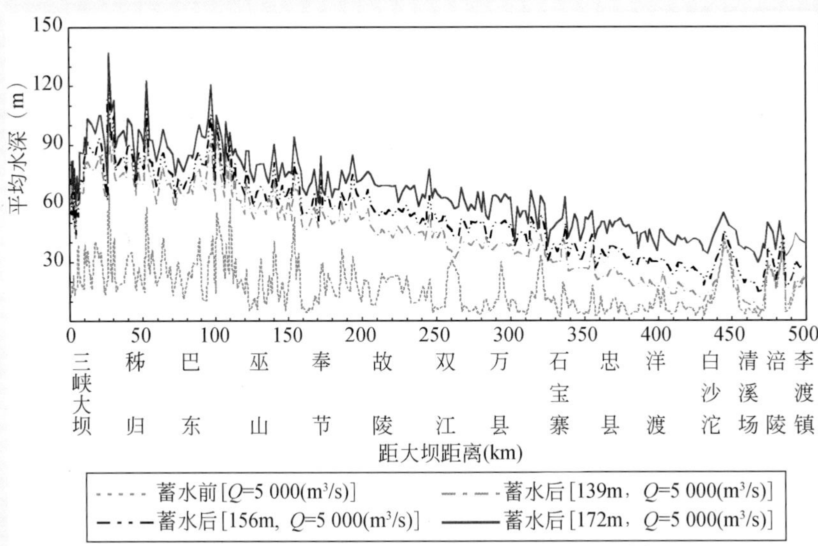

(g) 枯水期不同坝前水位下平均水深沿程变化[流量为5000(m³/s)]

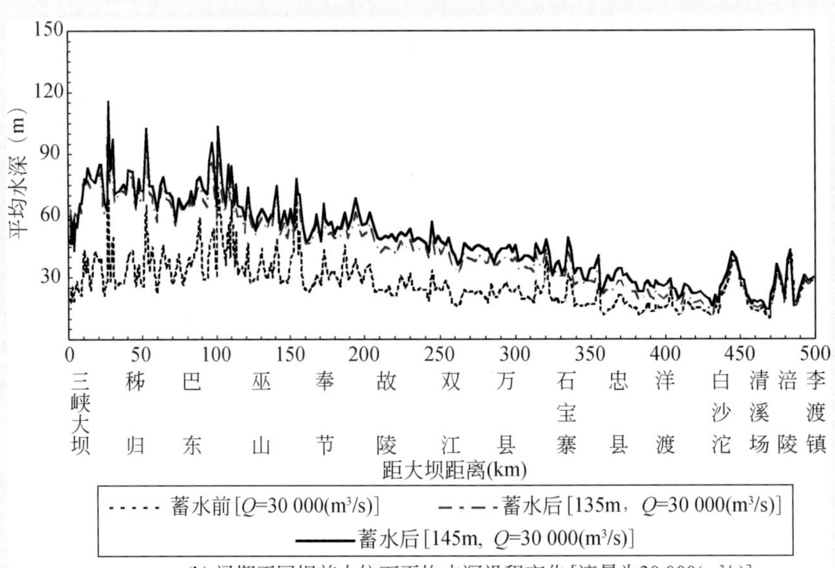

(h) 汛期不同坝前水位下平均水深沿程变化[流量为30 000(m³/s)]

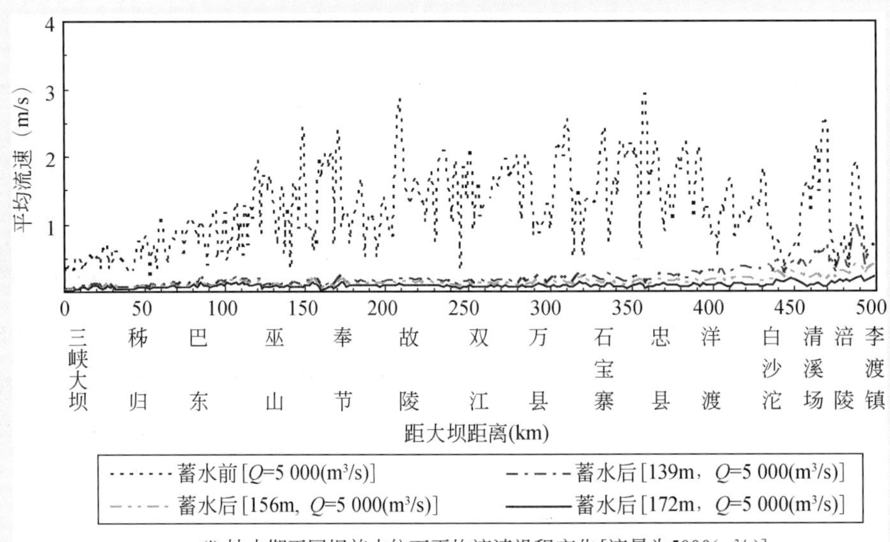

(i) 枯水期不同坝前水位下平均流速沿程变化[流量为5000(m³/s)]

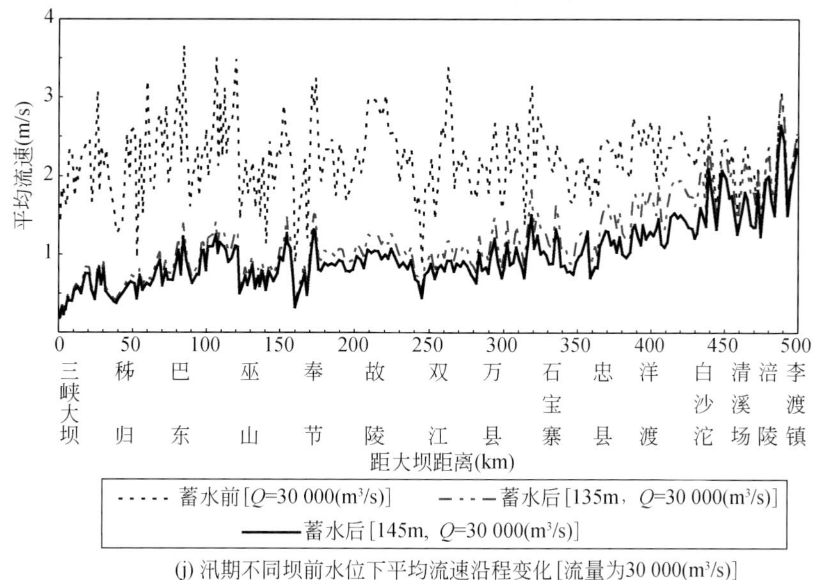

(j) 汛期不同坝前水位下平均流速沿程变化[流量为30 000(m^3/s)]

图 8-8　三峡库区大坝至李渡镇段蓄水前后河道水力因子沿程变化图

8.2　三峡水库泥沙淤积特性

三峡库区岸线参差不齐，河道宽窄相间。天然情况下，汛期涨水时峡谷段形成卡口，卡口上游宽谷段水流不畅、水位壅高、比降变缓、泥沙落淤，而峡谷段则与之相反，随着水位升高，比降流速增大，河床发生冲刷；枯水期峡谷壅水影响消除，卡口上游宽谷段比降与流速增大，河床发生冲刷，而峡谷段则淤积。因此，天然情况下三峡库区宽谷段年内泥沙冲淤规律表现为"汛淤、枯冲"，峡谷段则表现为"汛冲、枯淤"。由于三峡库区宽谷段长度约占库区总长度的70%，宽谷段的冲淤规律决定库区整体冲淤规律，因此蓄水前库区年内总的冲淤规律为"汛期淤积，枯水冲刷"。根据固定断面资料分析，1996 年 12 月至 2003 年 3 月，三峡大坝坝址至清溪场段河床略淤泥沙 0.17 亿 m^3，年际间冲淤基本平衡。从沿程分布看，云阳以下库段以淤积为主，云阳以上库段以冲刷为主。

2003 年 6 月三峡水库蓄水运用以来，先后经历了围堰发电期、初期蓄水期和 175m 试验性蓄水期等 3 个运行阶段，期间库区蓄水水位不断抬高，流速变缓，水流挟沙能力下降，库区泥沙运动特性较天然情况发生较大改变；同时，由于三峡水库为河道型水库，且来流量较大，干流局部河段特别是窄深河段和回水末端河段依然保持了"冲淤交替"的基本特性。

根据三峡水库主要控制站水文观测资料统计分析（表 8-9），2003 年 6 月至 2011 年 12 月，三峡入库悬移质泥沙量为 16.818 亿 t，出库（黄陵庙站）悬移质泥沙量为 4.187 亿 t，不考虑三峡库区区间来沙（下同），水库淤积泥沙量为 12.631 亿 t，水库排沙比为 24.9%。库区淤积物中以粒径 $D\leq 0.062$mm 的泥沙为主，其淤积量为 10.925 亿 t，占总淤积量的 86.5%，对应水库排沙比为 26.7%；粒径 0.062mm $<D\leq$ 0.125mm 和 $D>$0.125mm 的泥沙淤积量分别为 0.931 亿 t 和 0.775 亿 t，对应排沙比分别为 6.2% 和 15.2%。由此说明，入库泥沙越细，就越容易排出库外。

在三峡工程论证阶段，长江科学院和中国水利水电科学研究院根据三峡入库（寸滩站和武隆站）1961～1970 年水沙代表性系列（简称 60 系列，其年均水、沙量分别为 4202 亿 m^3、5.03 亿 t），对三

表 8-9　三峡水库进出库泥沙与水库淤积量

时间	汛期（5～10月）三峡坝前平均水位（m）	入库					出库（黄陵庙）					水库淤积				排沙比（出库/入库）（%）
		水量（亿 m³）	各粒径级（mm）沙量（亿 t）				水量（亿 m³）	各粒径级（mm）沙量（亿 t）				各粒径级（mm）沙量（亿 t）				
			$D\leqslant 0.062$	$0.062<D\leqslant 0.125$	$D>0.125$	小计		$D\leqslant 0.062$	$0.062<D\leqslant 0.125$	$D>0.125$	小计	$D\leqslant 0.062$	$0.062<D\leqslant 0.125$	$D>0.125$	小计	
2003年6月～2013年12月	135.23	3 254	1.85	0.11	0.12	2.08	3 386	0.720	0.03	0.09	0.84	1.13	0.08	0.03	1.24	40.4
2004年	136.58	3 898	1.47	0.10	0.09	1.66	4 126	0.607	0.006	0.027	0.64	0.863	0.094	0.063	1.02	38.4
2005年	136.43	4 297	2.26	0.14	0.14	2.54	4 590	1.01	0.01	0.01	1.03	1.25	0.13	0.13	1.51	40.6
2006年	138.67	2 790	0.948	0.040 2	0.032 3	1.021	2 842	0.0877	0.001 16	0.000 27	0.089 1	0.860	0.039	0.032	0.932	8.7
2007年	146.44	3 649	1.923	0.149	0.132	2.204	3 987	0.500	0.002	0.007	0.509	1.423	0.147	0.125	1.695	23.1
2008年	148.06	3 877	1.877	0.152	0.149	2.178	4 182	0.318	0.003	0.001	0.322	1.559	0.149	0.148	1.856	14.8
2009年	154.46	3 464	1.606	0.113	0.111	1.83	3 817	0.357	0.002	0.001	0.36	1.249	0.111	0.110	1.47	19.7
2010年	156.37	3 722	2.053	0.132	0.103	2.288	4 034	0.322	0.005	0.001	0.328	1.731	0.127	0.102	1.960	14.3
2011年	154.52	3 015	0.924	0.057	0.036	1.016 3	3 391	0.064 8	0.003 0	0.001 4	0.069 2	0.860	0.054	0.034	0.947	6.8
总计		31 965	14.911	0.9932	0.9132	16.818	34 355	3.987	0.062	0.139	4.187	10.925	0.931	0.775	12.631	24.9

入库水沙量未考虑三峡库区区间来水来沙；2006 年 1～8 月入库控制站为清溪场，2006 年 9 至 2008 年 9 月入库控制站为寸滩和武隆，2008 年 10 至 2011 年 12 月入库控制站为朱沱、北碚和武隆

峡水库泥沙淤积进行了预测计算。计算结果表明，水库运用前 10 年，库区年均淤积泥沙量为 3.28 亿～3.55 亿 t。而三峡水库蓄水运用以来，入库沙量大幅减小，导致水库泥沙淤积较预计大为减轻，如 2003 年 6 月至 2011 年 12 月近似年均入库沙量为 1.87 亿 t，约为 60 系列均值的 40%，水库近似年均淤积泥沙 1.4 亿 t，也仅为原预测值的 38% 左右［图 8-9（a）］。同时，由于入库泥沙大多集中在汛期，库区泥沙淤积也相应较多［图 8-9（b）］。

同时，根据三峡水库库区固定断面资料分析，三峡水库蓄水运用以来，2003 年 3 月至 2011 年 11 月库区干流累计淤积泥沙量为 12.599 亿 m^3，其中三峡工程 175m 试验性蓄水期变动回水区（江津至涪陵段，长约 173.4km，占库区总长度的 26.3%）累计淤积泥沙量为 0.194 亿 m^3，占干流总淤积量的 1.5%；常年回水区（涪陵至大坝段，长约 486.5km，占库区总长度的 73.7%）淤积量为 12.405 亿 m^3，占干流总淤积量的 98.5%。2003 年 3 月至 2010 年 11 月库区 12 条支流累计淤积泥沙 0.881 亿 m^3。

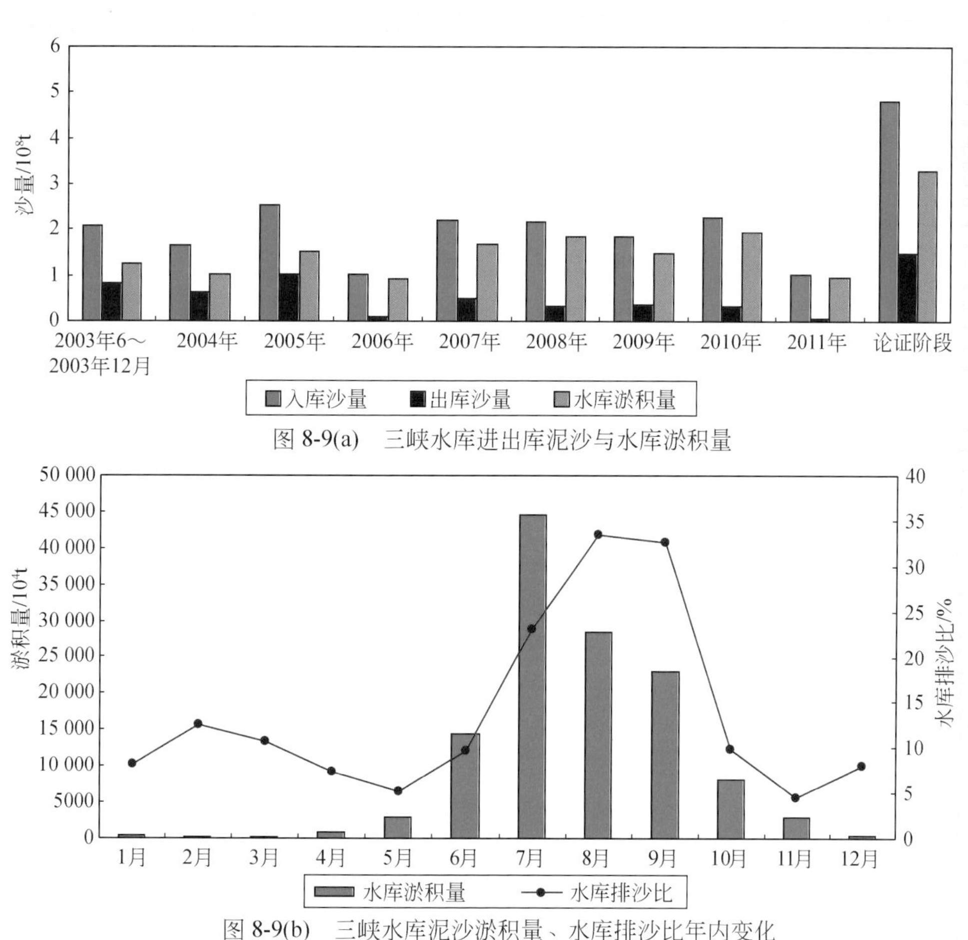

图 8-9(a)　三峡水库进出库泥沙与水库淤积量

图 8-9(b)　三峡水库泥沙淤积量、水库排沙比年内变化

8.2.1　围堰发电期

根据三峡水库库区固定断面资料分析，2003 年 3 月至 2006 年 10 月三峡库区淤积泥沙量为 5.91 亿 m^3，其中库区干流淤积量为 5.44 亿 m^3（表 8-10），占总淤积量的 92%；支流淤积量为 0.468 亿 m^3，占总淤积量的 8%。

1. 干流泥沙淤积分布及形态

从库区干流淤积分布来看，约94.4%的泥沙淤积在水面宽大于600m的开阔段内，窄深段内淤积较少，其淤积量仅占总淤积量的5.6%（表8-11）。从冲淤量沿程分布来看，库区干流奉节关刀峡至大坝（长171.1km）、关刀峡至丰都段（长260.3km）分别淤积泥沙2.74亿m^3、2.70亿m^3，丰都以上的变动回水区则未见明显淤积，泥沙冲淤基本平衡。从库区泥沙淤积强度来看，淤积强度最大的为大坝至庙河长约15.1km的库段，其淤积量达0.742亿m^3，单位河长淤积量为491.3万m^3/km，泥沙主要淤积在90m高程以下；其次为白帝城至关刀峡河段（距大坝156.8～171.0km，长14.2km），其累计淤积泥沙0.481亿m^3，单位河长淤积量为338.4万m^3/km，主要淤积部位在河宽较大的臭盐碛河段；再次为云阳至忠县段（距大坝224.7～372.6km，长147.9km），其累计淤积泥沙1.944亿m^3，单位河长淤积量为131.5万m^3/km。

从库区深泓纵剖面沿程变化来看，2003年3月～2006年10月库区深泓最低、最高点位置未发生变化，其最低点位置位于距大坝33.8km的S50-1断面处，深泓高程淤高了3.3m至-32.8m；深泓最高点位置则位于距大坝468.0km的S258断面处，其高程变化不大，为129.6m。深泓高程淤积抬高明显的主要集中在近坝段、香溪宽谷段、臭盐碛、皇华城等淤积较大的河段，其中近坝段最为明显，距大坝5.6km的S34断面最大淤高为51.7m。

三峡库区两岸一般为基岩组成，岸线基本稳定，断面变化主要表现在河床纵向冲淤变化。从库区断面淤积形态来看，主要包括主槽平淤、沿湿周淤积、主槽淤积等3种。其中：①主槽平淤形态主要存在于三峡近坝段、臭盐碛、皇华城等库面开阔、主槽明显的库段（图8-10）；②沿湿周淤积，这种淤积形态一般出现在水面较宽、边坡较缓的河段，如S32+1（图8-11）；③左岸或右岸主槽淤积，此淤积形态主要出现在某些河道形态为弯道处，以土脑子河道为典型（图8-12）；冲刷形态主要表现为主槽冲刷和沿湿周冲刷，一般出现在河道水面较窄的峡谷段和回水末端位置，如瞿塘峡S109断面（图8-13），自蓄水开始到2005年10月，主槽累计冲刷深8.4m。

表8-10 三峡工程围堰发电期库区不同形态河道冲淤量统计表

河段	河段形态	河长（km）	各时段河床冲淤量（10^4m^3）				
			2003年3月～2003年10月	2003年10月～2004年10月	2004年10月～2005年10月	2005年10月～2006年10月	2003年10月～2006年10月
大坝至官渡口段	宽谷	77.4	6 276	4 644	3 920	2 363	17 203
官渡口至巫山段	窄深	44.0	443	886	286	339	1 954
巫山至大溪段	宽谷	28.8	1 554	613	360	805	3 332
大溪至白帝城段	窄深	6.7	-65	108	-43	60	60
白帝城至关刀峡段	宽谷	14.2	2178	1 055	757	815	4 805
关刀峡至云阳段	窄深	53.6	1 520	-530	53	166	1 209
云阳至涪陵段	宽谷	261.8	7 476	6 119	4 254	8 121	25 970
涪陵至李渡镇段	窄深	12.5	15	-100	-118	34	-169
大坝至李渡镇段		499	19 396	12 796	9470	12 703	54 365
宽谷段淤积量（万m^3）		382.2	17 484	12 431	9291	12 104	51 310
占总量百分比（%）		76.6	90.1	97.1	98.1	95.3	94.4
窄深段淤积量（万m^3）		116.8	1913	364	178	599	3 054
占总量百分比（%）		23.4	9.9	2.8	1.9	4.7	5.6

表 8-11 三峡水库库区冲淤量沿程分布表

（单位：$10^4 m^3$）

河段		大坝至庙河段	庙河至秭归段	秭归至官渡口段	官渡口至巫山段	巫山至大溪段	大溪至白帝城段	白帝城至关刀峡段	关刀峡至云阳段	云阳至万县段	万县至忠县段	忠县至丰都段	丰都至涪陵段	涪陵至李渡镇段	李渡镇至铜锣峡段	大坝至李渡镇段	大坝至铜锣峡段	备注
间距（km） 时间(蓄水高程)		15.1	16.5	45.8	44	28.8	6.7	14.2	53.6	66.7	81.2	58.8	55.1	12.5	98.9	499	597.9	
2003 年 3 月～2003 年 10 月	(145m)	3 347	573	2 356	443	1 554	-65	2 178	1 520	2 733	1 829	1 954	960	15		19 396		围堰发电期
2003 年 10 月～2004 年 10 月	(145m)	1 524	631	2 489	886	613	108	1 055	-530	979	4 338	1 638	-836	-100		12 796		
2004 年 10 月～2005 年 10 月	(145m)	2 203	194	1 523	286	360	-43	757	53	1 725	1 109	1 916	-496	-118		9 470		
2005 年 10 月～2006 年 10 月	(145m)	344	346	1 673	339	805	60	815	166	2 718	4 013	821	569	34		12 703		
2003 年 3 月～2006 年 10 月		7 418	1 744	8 041	1 954	3 332	60	4 805	1 209	8 155	11 289	6 329	197	-169		54 365		
2006 年 10 月～	(175m)	722	-95	732	232	-15	24	658	648	2 788	3 027	1 996	-627	-102	570	9 988	10 558	初期蓄水期
2007 年 10 月	(145m)	529	-91	775	232	-24	14	668	694	2 742	3 088	2 107	-420	-95	551	10 218	10 769	
2007 年 10 月～	(175m)	2 457	662	1 988	1 342	1 215	221	899	-635	1 855	1 562	1 700	600	184	414	14 048	14 462	
2008 年 11 月	(145m)	2 325	631	1 809	1 255	1 172	212	852	-582	2 027	1 923	1 813	739	149	336	14 324	14 660	
2006 年 10 月～	(175m)	3 179	567	2 720	1 574	1 200	245	1 557	13	4 643	4 589	3 696	-27	82	984	24 036	25 020	
2008 年 11 月	(145m)	2 854	540	2 584	1 487	1 148	226	1 520	112	4 769	5 011	3 920	319	54	887	24 542	25 429	
2008 年 11 月～	(175m)	1 637	595	1 680	954	760	109	1 063	1 101	4 303	4 811	4 494	2 396	-122	-221	23 830	23 609	175m 试验性蓄水期
2009 年 11 月	(145m)	1 559	572	1 666	903	690	103	1 027	967	3 987	4 532	4 309	2 301	-101	-253	22 515	22 261	
2009 年 11 月～	(175m)	739	74	407	-13	-16	7	518	514	4 837	4 036	2 091	850	213	2 072	14 256	16 328	
2010 年 11 月	(145m)	702	25	366	-104	-77	-13	450	600	4 706	4 091	2 718	784	160	1 757	14 408	16 165	
2010 年 11 月～	(175m)	208	333	134	392	152	83	339	383	263	1 875	2 908	431	175	-509	7 677	7 168	
2011 年 11 月	(145m)	116	250	222	379	146	70	305	371	352	1 906	2 903	400	149	-462	7 570	7 107	
2008 年 11 月～	(175m)	2 634	1 002	2 221	1 333	896	199	1 920	1 998	9 403	10 722	9 493	3 677	266	1 342	45 763	47 105	
2011 年 11 月	(145m)	2 377	847	2 254	1 178	759	160	1 782	1 938	9 045	10 529	9 930	3 485	208	1 042	44 493	45 533	
2003 年 3 月～	(175m)	13 231	3 313	12 982	4 861	5 428	504	8 282	3 220	22 201	26 600	19 518	3 848	179	2 326	124 167	126 493	
2011 年 11 月	(145m)	12 649	3 131	12 879	4 619	5 239	446	8 107	3 259	21 969	26 829	20 179	4 001	93	1 929	123 401	125 330	

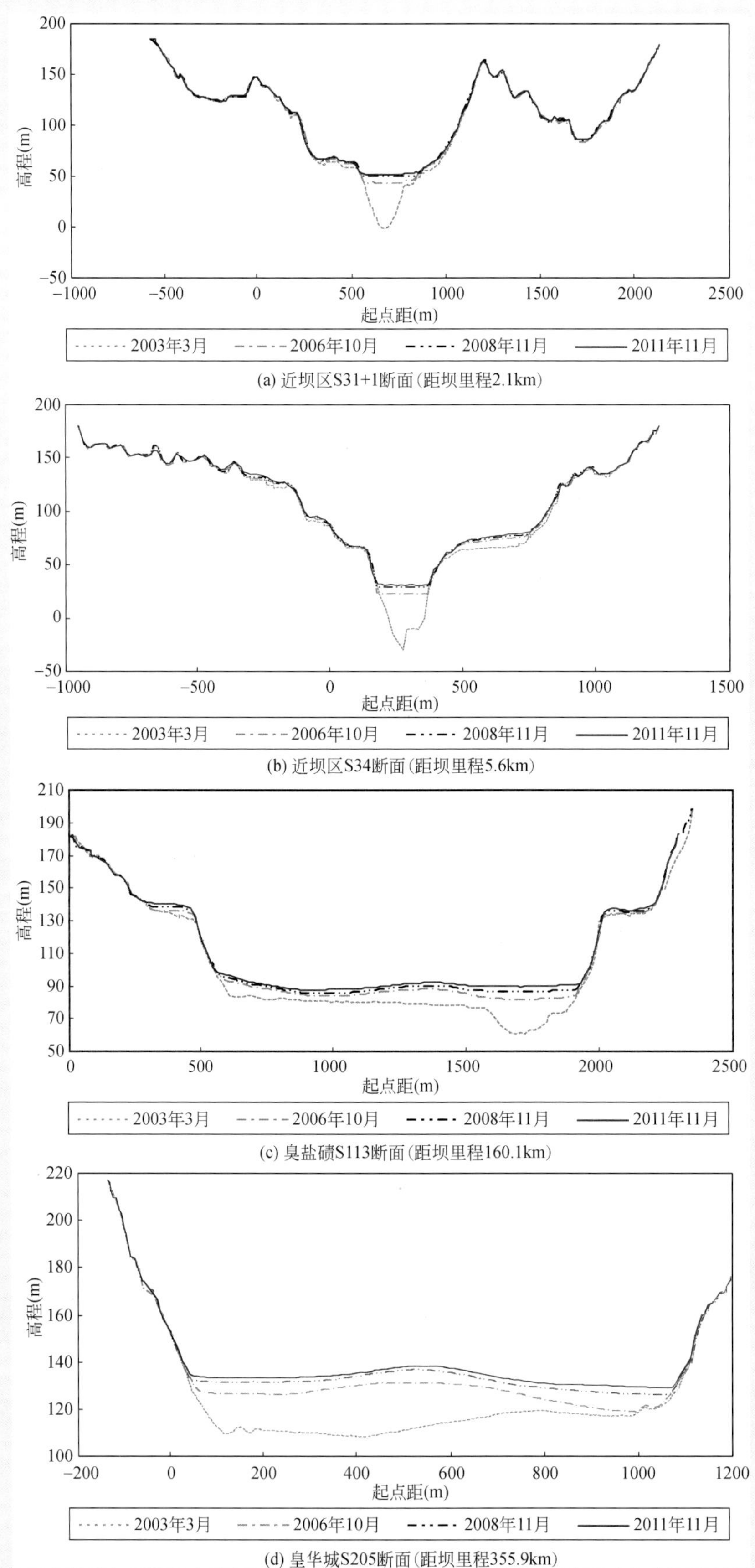

图 8-10　三峡库区主槽平淤的典型横断面淤积形态

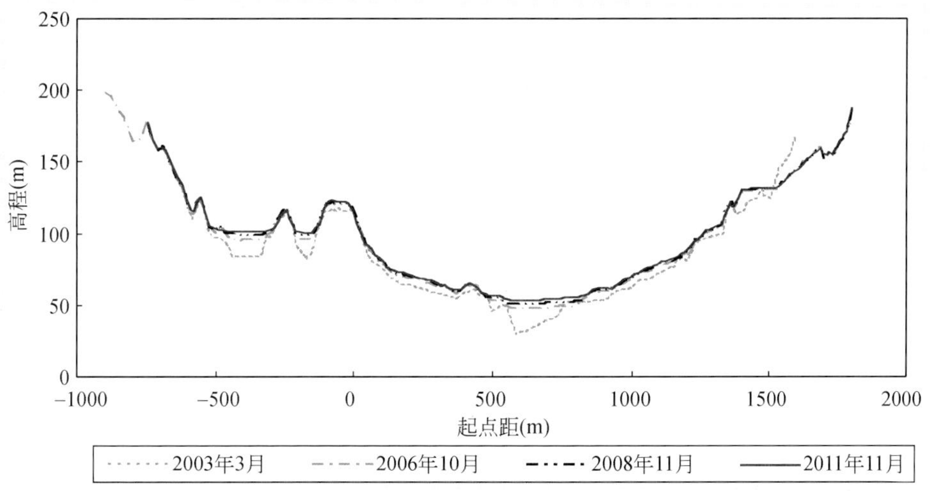

图 8-11　三峡库区沿湿周淤积的典型横断面淤积形态（S32+1 断面，距坝 3.4km）

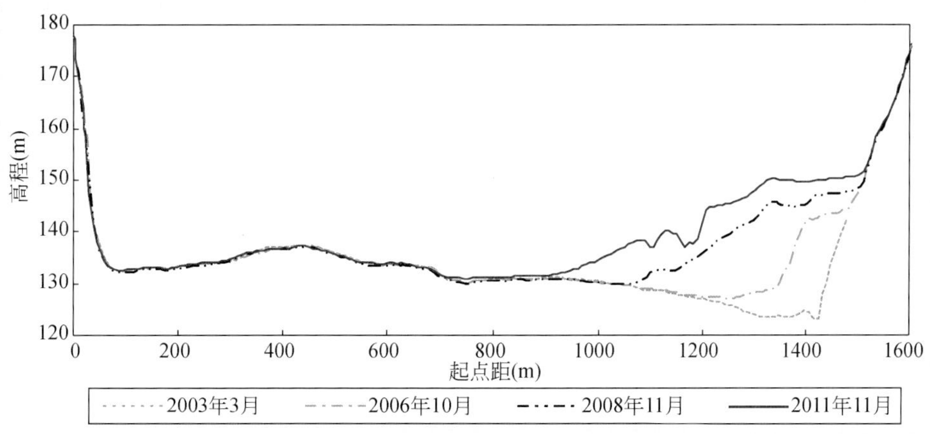

图 8-12　土脑子河段 S253 断面（距坝 458.5km）冲淤图

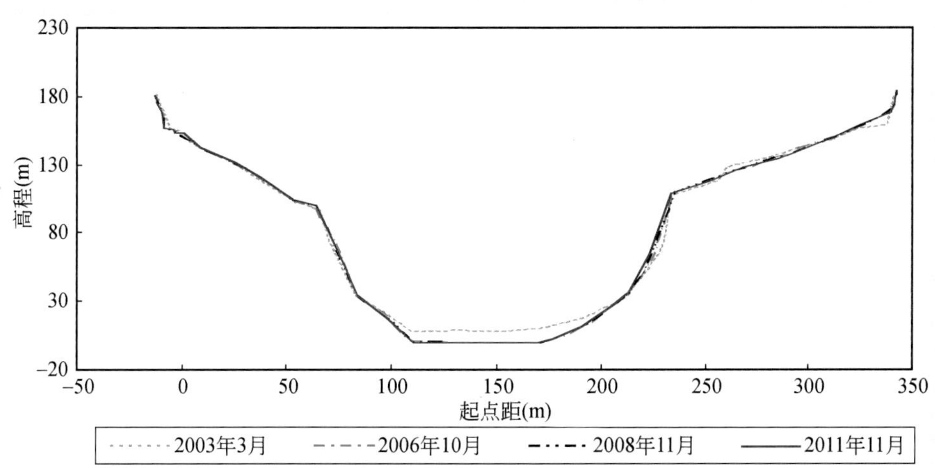

图 8-13　瞿塘峡 S109 断面（距坝 154.5km）冲淤图

2. 主要支流泥沙淤积分布及形态

三峡库区支沟密布，蓄水以来受影响较大的支流从上至下有乌江、渠溪河、龙河、小江、汤溪河、磨刀溪、梅溪河、大宁河、沿渡河、清港河、香溪河等。2003 年 3 月 ~2006 年 10 月库区支流累计淤积泥沙 0.468 亿 m^3（表 8-12），支流淤积以口门或近口门区域淤积量较多，由口门到上游区域沿程递减，河道主要变化区域分布在河口以上 1 ~ 15km 范围内。其中 2003 年 7 月 13 日秭归县千将坪村滑坡滑入库区的方量约 870 万 m^3，造成清港河地形发生明显变化（图 8-14）。从淤积形态来看，各支流淤积以主槽为主，一般冲淤厚度变化范围在 5m 以内（图 8-15）。

表 8-12　三峡库区主要支流冲淤量统计表　（单位：万 m^3）

时间 \ 支流名称	香溪河	清港溪	沿渡河	大宁河	梅溪河	磨刀溪	汤溪河	小江	龙河	渠溪河	乌江	龙溪河	嘉陵江	支流总量
2003 年 3 月 ~ 2003 年 10 月	500	1277	341	346	89									2552
2003 年 10 月 ~ 2004 年 10 月	−259	15	−87	125	59									−148
2004 年 10 月 ~ 2005 年 10 月	206	86	54	339	131	−79	−21	22	28	18	31			815
2005 年 10 月 ~ 2006 年 10 月	448	146	161	233	40	183	175	53	7	29	−17			1458
2006 年 10 月 ~ 2007 年 10 月	158	100	69	400	275	253	133	253	−4	15	30	−30		1652
2007 年 10 月 ~ 2009 年 11 月	64	203	138	387	524	181	147	293	36	73	49	−9	−100	1986
2009 年 11 月 ~ 2010 年 11 月	77	61	36	78	58	−59	−17	149	−17	−95	84	58	79	492
2003 年 3 月 ~ 2010 年 11 月	1194	1888	712	1908	1176	479	417	770	50	40	177	19	−21	8808

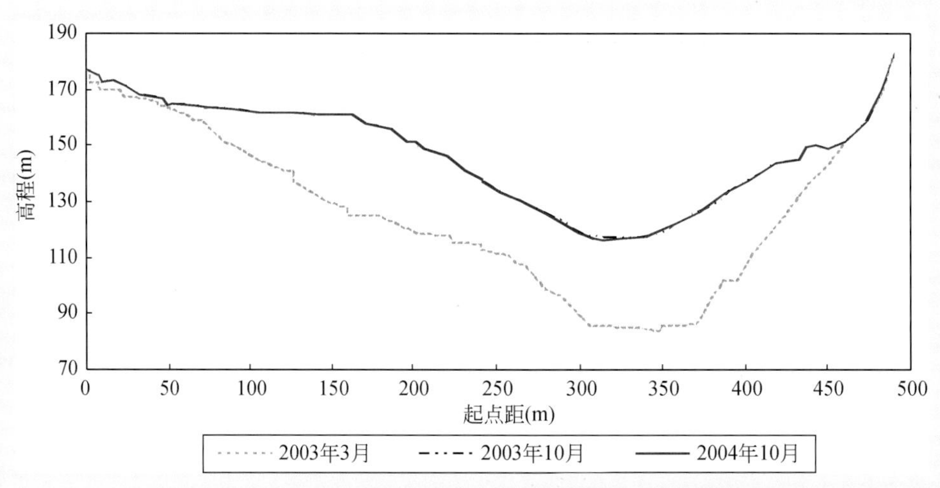

图 8-14　千将坪村滑坡前后清港河 QG02+1 断面地形变化图

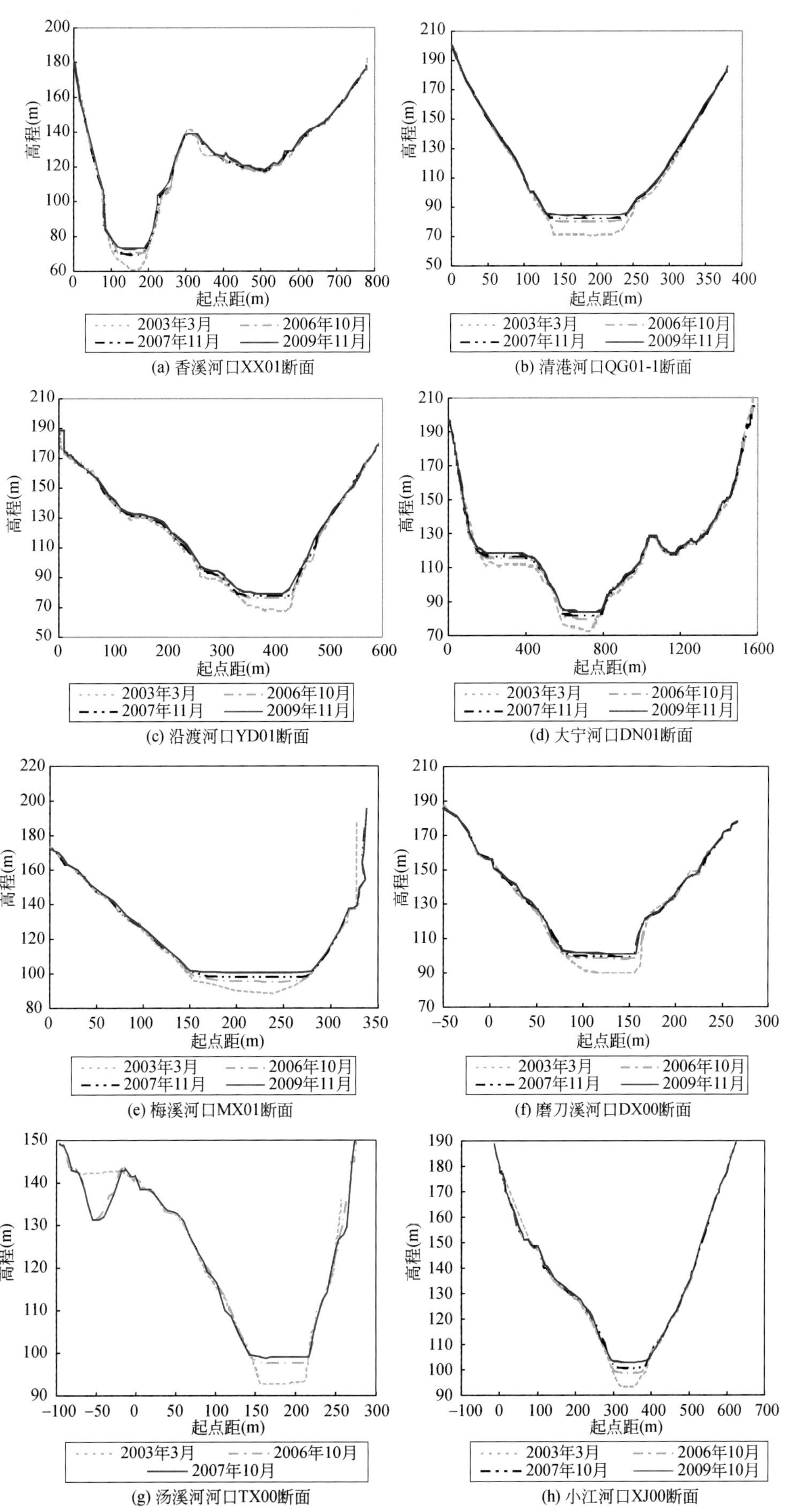

(a) 香溪河口XX01断面

(b) 清港河口QG01-1断面

(c) 沿渡河口YD01断面

(d) 大宁河口DN01断面

(e) 梅溪河口MX01断面

(f) 磨刀溪河口DX00断面

(g) 汤溪河河口TX00断面

(h) 小江河口XJ00断面

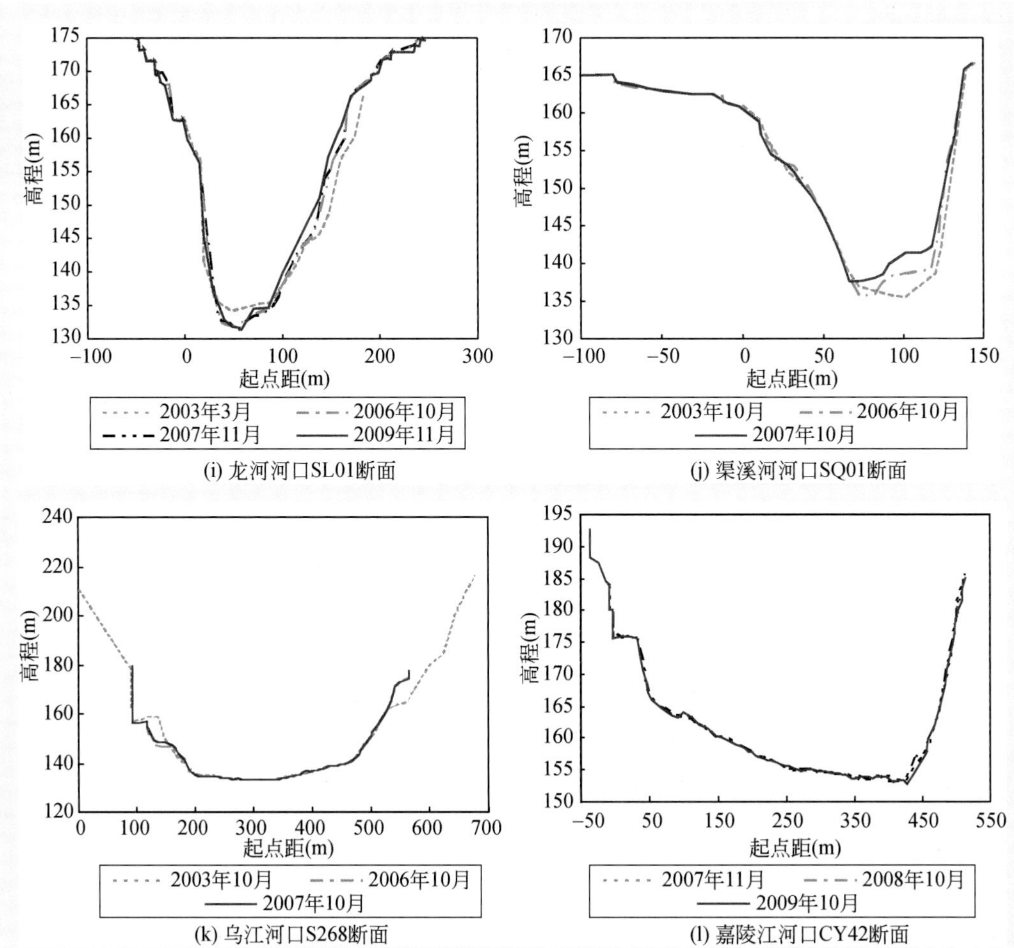

图 8-15　三峡库区主要支流河口断面冲淤变化图

8.2.2　初期蓄水期

三峡工程初期蓄水期，2006 年 10 月 ~2008 年 11 月库区干流累计淤积泥沙 2.50 亿 m^3，其中开阔段淤积量为 2.28 亿 m^3，占总淤积量的 91.1%，窄深库段淤积量为 0.22 亿 m^3，仅占全河段总淤积量的 8.9%（表 8-13）。库区支流 2006 年 10 月至 2007 年 10 月淤积泥沙 0.165 亿 m^3，大宁河、梅溪河、磨刀溪、小江等支流淤积量有所增多。

从库区淤积量沿程分布来看，近坝段仍为库区淤积强度最大区域，2006 年 10 月至 2008 年 11 月累计淤积泥沙 0.285 亿 m^3，单位河长淤积量为 189.0 万 m^3/km，泥沙主要淤积在大坝至美人沱河段的主槽部位。与围堰发电期相比，库区淤积分布尚未发生明显变化，但随着坝前水位的抬升，回水范围也逐渐向上游发展，回水末端也由距大坝 499km 的李渡镇上延至距大坝 597.9km 的铜锣峡，淤积部位也随之上延，丰都以上库段逐渐由围堰发电期的冲淤相对平衡状态转为淤积，2006 年 10 月至 2008 年 11 月丰都至铜锣峡段累计淤积泥沙 0.104 亿 m^3（图 8-16）。

2006 年 10 月至 2008 年 11 月，库区深泓最低、最高点位置未发生变化，其最低点高程淤高 3.8m 至−29.0m；深泓最高点高程则淤高至 130.6m。这一时期，深泓抬高较大的断面多集中在近坝段、香溪宽谷段、臭盐碛河段、皇华城河段等淤积较明显的区域，出现冲刷的断面主要集中在河段水面较窄的峡谷段和回水末端区域，且冲刷幅度较小。河床断面形态变化与围堰发电期相似，如图 8-10 ~ 图 8-13 所示。

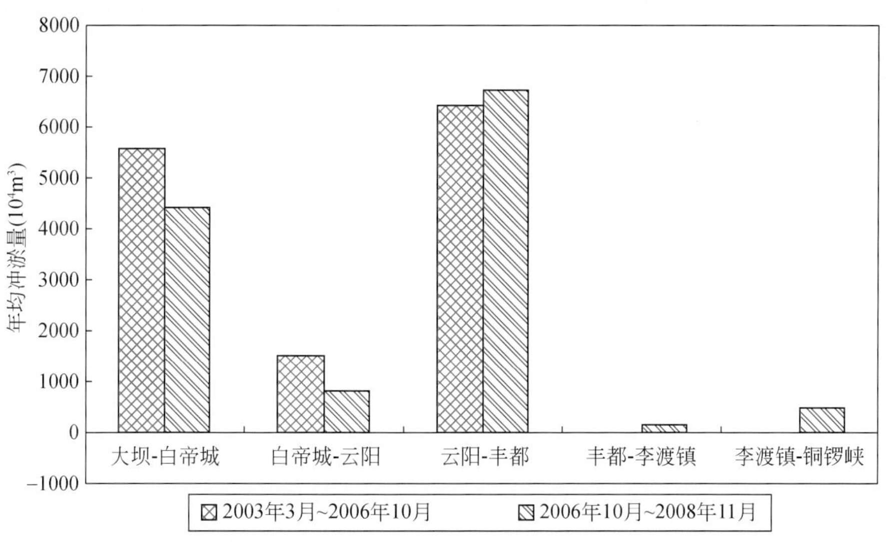

图 8-16　三峡库区各段年均冲淤量对比

表 8-13　三峡工程初期蓄水期、试验性蓄水期不同形态河段冲淤量统计表

河段	河段形态	河长（km）	各时段河床冲淤量（10^4m^3）						
			2006 年 10 月 ~ 2007 年 10 月	2007 年 10 月 ~ 2008 年 11 月	2006 年 10 月 ~ 2008 年 11 月	2008 年 11 月 ~ 2009 年 11 月	2009 年 11 月 ~ 2010 年 11 月	2010 年 11 月 ~ 2011 年 11 月	2008 年 11 月 ~ 2011 年 11 月
大坝至官渡口段	宽谷	77.4	1 359	5 107	6 466	3 962	1 220	675	5 857
官渡口至巫山段	窄深	44	232	1 342	1 574	954	−13	392	1 333
巫山至大溪段	宽谷	28.8	−15	1 215	1 200	760	−16	152	896
大溪至白帝城段	窄深	6.7	24	221	245	109	7	83	199
白帝城至关刀峡段	宽谷	14.2	658	899	1 557	1 063	518	339	1 920
关刀峡至云阳段	窄深	53.6	648	−635	13	1 101	514	383	1 998
云阳至涪陵段	宽谷	261.8	7 184	5 717	12 901	16 004	11 814	5 477	33 295
涪陵至李渡镇段	窄深	12.5	−102	184	82	−122	213	175	266
李渡镇至铜锣峡段	宽谷	75.3	171	511	682	−303	1 578	−388	887
	窄深	23.6	399	−98	301	82	494	−121	455
大坝至铜锣峡段		597.9	10 558	14 463	25 021	23 610	16 329	7 167	47 106
宽谷段淤积量（万 m^3）		382.2	9 357	13 449	22 806	21 486	15 114	6 255	42 855
占总量百分比（%）		76.6	88.6	93.0	91.1	91.0	92.6	87.3	91.0
窄深段淤积量（万 m^3）		116.8	1 201	1 014	2 215	2 124	1 215	912	4251
占总量百分比（%）		23.4	11.4	7.0	8.9	9.0	7.4	12.7	9.0

8.2.3 175m 试验性蓄水期

2008 年 9 月三峡水库开始进行 175m 试验性蓄水，工程进入 175m 试验性蓄水期。水库回水末端上延至江津附近（距大坝约 660km），变动回水区为江津至涪陵段，长约 173.4km，占库区总长度的 26.3%；常年回水区为涪陵至大坝段，长约 486.5km，占库区总长度的 73.7%。

三峡水库试验性蓄水后，2008 年 10 月至 2011 年 11 月三峡水库共淤积泥沙 4.905 亿 m^3，其中，库区干流江津至大坝段共淤积泥沙 4.657 亿 m^3，2007 年 10 月 ~2010 年 11 月三峡库区主要支流淤积泥沙 0.248 亿 m^3。

从库区干流泥沙冲淤沿程分布来看，变动回水区略有淤积，其淤积量为 0.108 亿 m^3，以铜锣峡为界，主要表现为“上冲、下淤”，冲刷主要集中在江津至大渡口段，其冲刷量为 474 万 m^3，大渡口至铜锣峡段冲刷量为 57 万 m^3；铜锣峡至涪陵段则淤积泥沙 1608 万 m^3；

常年回水区淤积泥沙量为 4.55 亿 m^3。主要集中在云阳至丰都段（长 206.7km，占常年回水区长度的 42.5%），其淤积量为 2.96 亿 m^3，占常年回水区淤积量的 65%（表 8-11）。

库区主要支流 2007 年 10 月至 2011 年 10 月淤积泥沙 0.248 亿 m^3，位于奉节以上的主要支流如小江、龙河、渠溪河、乌江等支流淤积量有所增多（表 8-12）。

从试验性蓄水期库区不同形态河段冲淤量统计表（表 8-13）可以看出，库区淤积仍以河道宽谷段为主，窄深段淤积强度相对较小甚至出现冲刷现象。2008 年 10 月至 2011 年 11 月大坝至铜锣峡干流宽谷段淤积 4.29 亿 m^3，占当年全河段淤积量的 91%，窄深段仅淤积 0.425 亿 m^3。泥沙沿程分布基本上表现为越往坝前泥沙淤积强度越大，库区宽谷段如臭盐碛河段、皇华城段淤积强度也较大。

从库区深泓纵剖面变化来看，三峡工程试验性蓄水后，深泓抬高较大的断面多集中在近坝段、香溪宽谷段、臭盐碛河段、皇华城河段等淤积较大的区域，深泓冲刷位置主要集中在河段水面较窄的峡谷段和回水末端区域。

8.2.4 水库泥沙淤积特性

1. 沿程分布

综上分析可知，2003 年 3 月至 2011 年 11 月，库区淤积总量为 13.53 亿 m^3，其中，干流淤积总量为 12.649 亿 m^3，占总淤积量的 93.5%；库区主要支流淤积泥沙 0.881 亿 m^3，占总淤积量的 6.5%，主要淤积在奉节以下的支流，如表 8-11 和表 8-12 所示。

从干流淤积分布来看，变动回水区淤积泥沙 0.197 亿 m^3；常年回水区淤积量为 12.40 亿 m^3（占干流总淤积量的 98%），其中云阳至丰都段淤积泥沙 6.83 亿 m^3，占常年回水区淤积量的 55.1%（表 8-12）。

从库区干流淤积量沿程分布来看，越往坝前，淤积强度越大，近坝段（大坝至庙河）泥沙绝大部分淤积在 90m 高程以下，且颗粒较细。且随着坝前水位的逐渐抬高，泥沙淤积部位也逐渐上移，如在三峡工程围堰发电期，丰都至李渡库段冲淤基本平衡，奉节以上库段年均淤积量约为 6710 万 m^3/a，占库区总淤积量的 50%；在初期蓄水期丰都至铜锣峡库段则年均淤积泥沙约为 640 万 m^3/a，占库区总淤积量的 5%，奉节以上库段年均淤积泥沙约为 7420 万 m^3/a，占库区总淤积量的 59%；2008 年汛末三峡水库进行试验性蓄水后至2011年11月，丰都至铜锣峡段年均淤积泥沙1760万 m^3/a，占库区干流总淤积量的11%，奉节以上库段年均淤积泥沙12 300万 m^3/a，占库区总淤积量的78%（图8-17）。

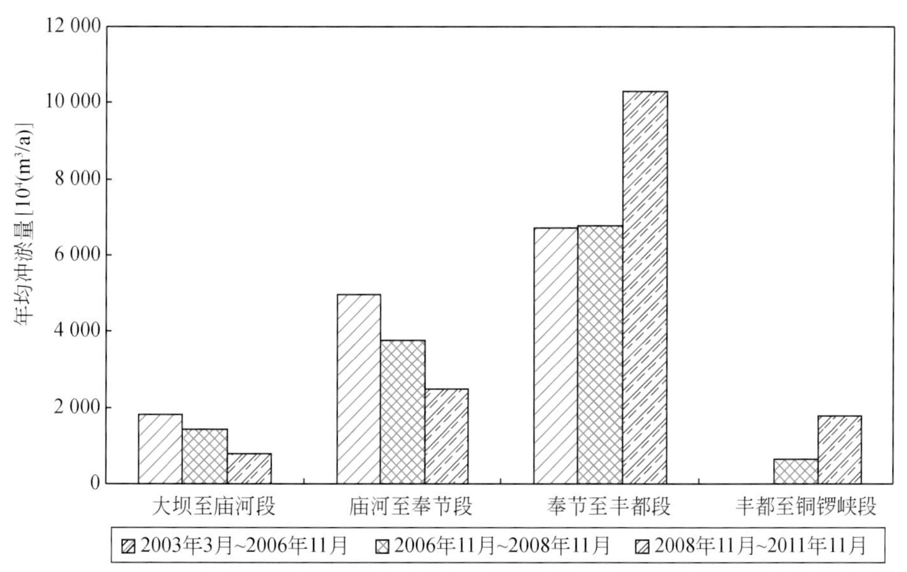

图8-17　三峡水库库区各段泥沙年均淤积量对比

泥沙冲淤沿程分布情况具体如下：

1）大坝至庙河段（断面S30～S40-1，长约15.1km）：为近坝段，蓄水以来泥沙主要淤积在大坝至美人沱河段的主槽部位。2003年3月～2011年11月段累计淤积1.323亿 m^3，占库区干流总淤积量的10.5%（河长仅占2.5%），单位河长淤积量为876.2万 m^3/km，为全库区之最。

2）庙河至白帝城河段（断面S40-1～S111，长约141.8km）：为三峡河段，河段宽窄相间，峡谷段长67.2km，宽谷段长74.6km。蓄水以来，泥沙淤积以宽谷段为主，峡谷河段淤积量相对较小，部分时段还出现冲刷。2003年3月～2011年11月间该河段累计淤积2.709亿 m^3，占库区干流总淤积量的21.4%，单位河长淤积量为191.0万 m^3/km。

3）白帝城至关刀峡河段（断面S111～S118，长约14.2km）：该段河谷宽阔。蓄水以来，主要淤积部位在河宽较大的臭盐碛河段。2003年3月～2011年11月间该河段累计淤积0.828亿 m^3，占库区干流总淤积量的6.5%，单位河长淤积量为583.2万 m^3/km，仅次于近坝河段。

4）关刀峡至涪陵河段（断面S118～S267，长约315.4km）：该段窄深和开阔河段相间，其中，关刀峡至云阳河段河道窄深；云阳至丰都河段河面较为开阔，泥沙淤积强度较大，最为明显的是该河段内的皇华城河段，为库区淤积强度最人的河段之一；丰都至涪陵河段处于135～139m运行期变动回水区末端，但水库156m和175m试验性蓄水后，该河段成为库区常年回水区，2008年后该段已改变了之前冲淤相间、冲淤相对平衡态势，已经出现累积淤积状态。

蓄水以来，2003年3月至2011年11月该河段累计淤积量为7.539亿 m^3，单位河长淤积量为239.0万 m^3/km。

5）涪陵至李渡镇河段（断面S267～S273，长约12.5km）：该段为135～139m蓄水期的变动回水区末端位置，淤积较小；三峡水库进行156m和175m试验性蓄水后，该河段枯季水位明显抬高，但汛期影响相对较小。蓄水以来，2003年3月～2011年11月间该河段略有淤积，其淤积量为179万 m^3，单位河长淤积量为 14.3 万 m^3/km。

6）李渡镇至铜锣峡河段（断面 S273 ~ S323，长约 98.9km）：该段为 156m 运行期的变动回水区。2008 年 175m 试验性蓄水后，该河段枯季水位进一步抬高，受蓄水影响愈加明显，但汛期基本为天然河道状态。三峡水库 156m 蓄水后，2006 年 10 月 ~ 2011 年 11 月该河段累计淤积泥沙量为 2326 万 m^3，单位河长淤积量为 23.5 万 m^3/km。

2. 淤积部位

三峡库区泥沙淤积分布和淤积强度与河道形态存在着密切的关系，库区河道宽谷段淤积强度相对较大，窄深段淤积强度较小甚至局部出现冲刷现象。

2003 年 3 月至 2011 年 11 月，三峡水库泥沙大多淤积在常年回水区内宽谷段、弯道段，库区干流铜锣峡至大坝段内宽谷段总淤积量为 11.70 亿 m^3，占全河段总淤积量的 92.5%，窄深河段总淤积量为 0.952 亿 m^3，仅占全河段总淤积量的 7.5%（表 8-11）。

从淤积高程来看，泥沙主要淤积在坝前水位 145m、入库流量为 30 000m^3/s 对应水面线（以下简称 145m 水面线）以下河床，其淤积量为 12.53 亿 m^3，占库区总淤积量的 99%；淤积在 145m 水面线以上河床的泥沙为 0.12 亿 m^3，且主要集中在奉节以下的常年回水区干流段内。

此外，常年回水区和变动回水区局部河段淤积明显。如位于变动回水区内的洛碛（长 30.5km）、青岩子（长 25km）和兰竹坝分汊段（长 6.2km）分别累计淤积泥沙 914.7 万 m^3、864.7 万 m^3、4890 万 m^3，兰竹坝段淤积后河床高程最高已达到 145m；位于常年回水区的土脑子河段（长 3km）、皇华城河段（长 7.8km）、臭盐碛河段（长 5.8km）、近坝段（长 15.1km）分别淤积泥沙 0.158、1.088、0.664、1.323 亿 m^3。

3. 冲淤强度沿程变化

2003 年 3 月 ~ 2011 年 11 月，三峡库区淤积强度最大为 S205 断面 ~ S206 断面（长 1864m），淤积泥沙量为 4262 万 m^3，单位河长淤积量为 2290 万 m^3/km。淤积强度前十位的河段除皇华城河段 S205 断面 ~ S206 断面和臭盐碛河段 S113 断面 ~ S114 断面宽谷段外，都集中在坝前段。

蓄水以来，大坝至铜锣峡河段总长（597.9km）中，蓄水后累计为淤积情况的河段总长为 537.8km，占干流观测河段总长的 89.9%。其中：断面间单位河长累积淤积量在 500 万 m^3/km 以上的河段总长有 68.8km；单位河长累积淤积量在 100 万 ~ 500 万 m^3/km 的河段总长达 264.6km。

从淤积强度沿程分布来看，近坝段（庙河至大坝）淤积强度最大，奉节以上库段随着坝前水位的逐渐抬高，其泥沙淤积强度也有所增大（图 8-18）。从库区沿程淤积强度来看，2003 年 3 月至 2011 年 11 月淤积强度较大的依次为大坝至庙河（长 15.1km）的 876.2 万 m^3/km、白帝城至关刀峡（长 14.2km）的 583.2 万 m^3/km、云阳至万县（长 66.7km）的 332.8 万 m^3/km、万县至忠县（长 81.2km）的 327.6 万 m^3/km、忠县至丰都（长 58.8km）的 331.9 万 m^3/km、秭归至官渡口（长 45.8km）的 283.5 万 m^3/km（表 8-11），这些河段均为宽谷段、弯道段（表 8-14），其河段总长 281.8km，占全库区长的 43%，但其淤积量占总淤积量的 82%。

三峡水库进行 175m 试验性蓄水后，奉节以上库段淤积强度明显增大（图 8-18）。

表 8-14 三峡库区重点淤积河段过水面积变化

河段	断面过水面积（m²）		相差（m²）	变化率	主槽河宽（m）	全河宽（m）
	2003 年 3 月	2011 年 11 月				
大坝至庙河段	96 060	90 966	−5 094	−5.3%	1 721	2 030
白帝城至关刀峡段	55 801	50 403	−5 398	−9.7%	1 032	1 217
云阳至万县段	39 284	36 123	−3 161	−8.0%	847	1 003
万县至忠县段	33 077	30 292	−2 785	−8.4%	952	1 204
忠县至丰都段	25 593	22 288	−3 305	−12.9%	1 035	1 236
秭归至官渡口段	54 052	51 869	−2 183	−4.0%	711	828

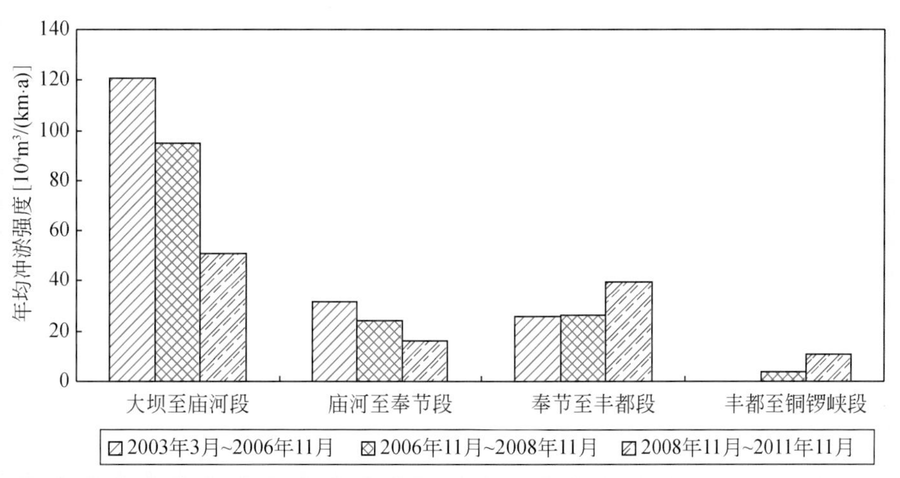

图 8-18 三峡水库库区各段泥沙年均淤积强度对比

4. 冲淤形态

（1）深泓纵剖面变化

受构造运动和岩性变化影响，三峡库区河道地势起伏较大。蓄水以来，三峡库区纵剖面有所变化，甚至在局部河段范围有大幅抬高（如坝前段、臭盐碛、忠州三弯等河段），但这种变化并没有改变三峡库区河道深泓呈锯齿状分布的基本形态，其主要原因是水库蓄水后入库沙量少、库区泥沙淤积较少，特别是三峡水库为典型的山区河道性水库，蓄水前深泓高差较大，蓄水后汛期大流量时库区河段特别是库区中上段仍有较大流速，淤积的泥沙相对较少。

据 2003 年 3 月固定断面资料统计，三峡水库蓄水前库区大坝至李渡镇段深泓最低点位于距坝 52.9km 的 S59−1 断面，其高程为−36.1m（1985 国家高程基准，下同），最高点高程为 129.6m（S258 断面，距坝 468km），两者高差为 165.7m。水库蓄水后，泥沙淤积使纵剖面发生了一定变化（图 8-19），但最深点和最高点的位置没有变化，仅其高程有所淤积抬高，2011 年 11 月其高程分别为−27.6m、131.6m，抬高幅度分别为 8.5m、2.0m。

2003 年 3 月～2011 年 11 月，库区李渡至大坝段深泓最大淤高 60.3m（位于坝上游 5.6km 的 S34 断面，淤后高程为 31.4m），近坝段河床淤积抬高最为明显（图 8-19）；其次为云阳附近的 S148 断面

（距坝240.6km），其深泓最大淤高46.3m，淤后高程为103.6m；第三为忠县附近的皇华城S207断面（距坝360.4km），其深泓最大淤高41.4m，淤后高程为115～117m。据统计，库区铜锣峡至大坝段深泓淤高20m以上的断面有26个，深泓淤高10～20m的断面共35个，这些深泓抬高较大的断面多集中在近坝段、香溪宽谷段、臭盐碛河段、皇华城河段等淤积较大的区域；深泓累积出现抬高的断面共有271个，占统计断面数的88.0%。李渡至铜锣峡段深泓抬高幅度则均在2m以内。

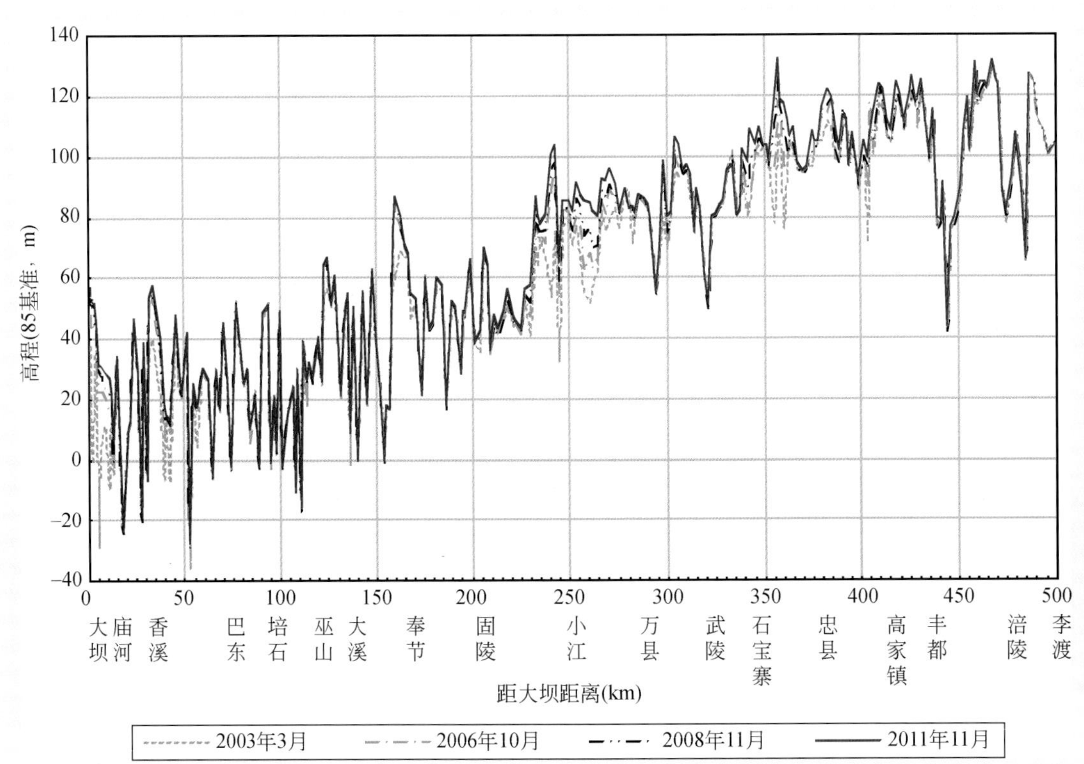

图8-19　三峡水库蓄水以来库区大坝至李渡镇河段深泓纵剖面变化图

(2) 典型横断面变化

1）断面形态变化。三峡库区两岸一般为基岩组成，故岸线基本稳定，断面变化主要表现在河床纵向冲淤变化，且多以主槽淤积为主。从水库固定断面资料来看，水库泥沙淤积大多集中在分汊段、宽谷段内，断面形态多以“U”形和“W”形为主，主要有主槽平淤、沿湿周淤积、弯道或汊道段主槽淤积等3种形式（图8-10～图8-13）。其中沿湿周淤积主要出现在坝前段，且以主槽淤积为主；峡谷段和回水末端断面以“V”型为主，蓄水后河床略有冲刷（图8-20）。此外，受弯道平面形态的影响，弯道断面的流速分布不均，泥沙主要落淤在弯道凸岸下段有缓流区或回流区的边滩，此淤积方式主要分布于长寿至云阳的弯道河段内。

另外，从库区部分分汊河段来看，由于主槽持续淤积，使得河型逐渐由分汊型向单一河型转化。如位于皇华城河段的S207断面［图8-21（a）］，主槽淤积非常明显，其最大淤积厚度为41.1m，其主槽淤后高程为122m；土脑子河段的S253断面该段主槽出现累积性泥沙淤积，最大淤积厚度在25m以上，淤积后的高程最高达150m（图8-12）；位于兰竹坝分汊段的S232断面［图8-21（b）］，主槽淤积非常明显，其最大淤积厚度为26m，其主槽淤后高程最高接近145m。

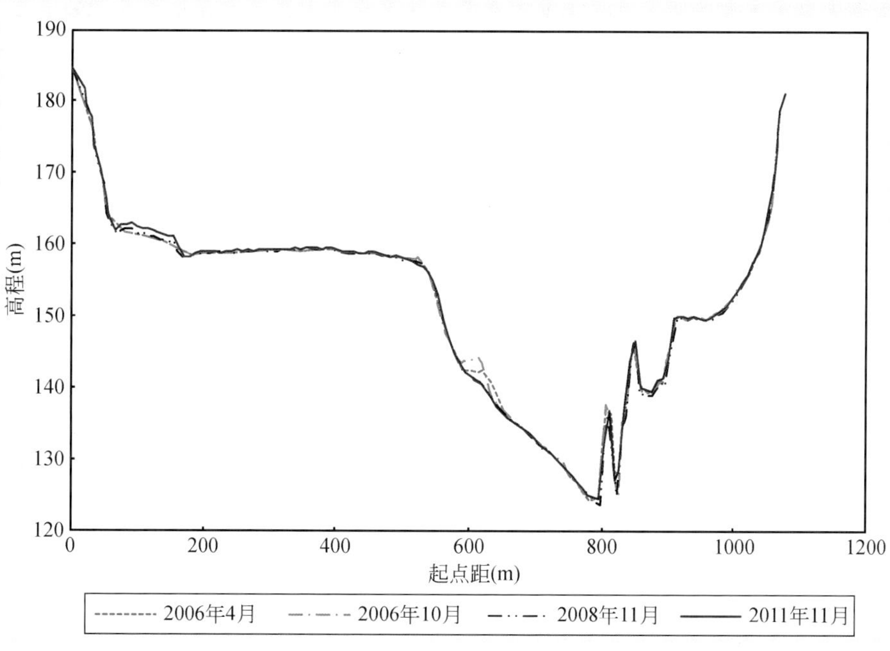

图 8-20　洛碛河段 S303 断面（距坝 556.4km）冲淤变化图

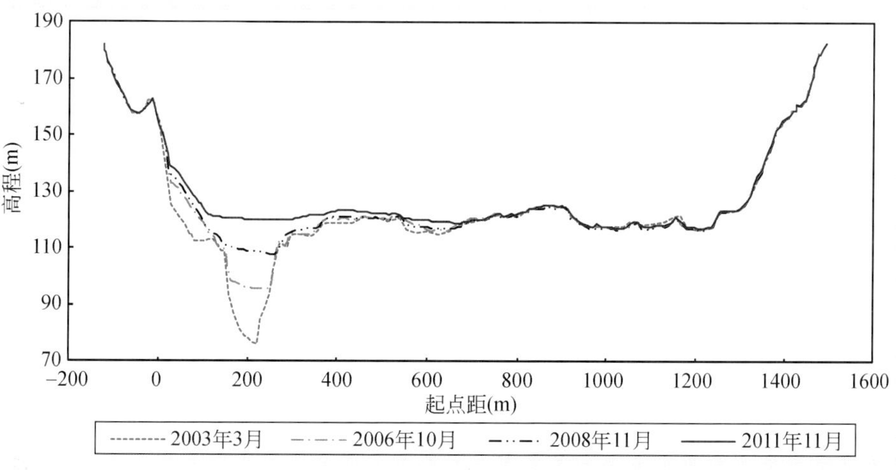

图 8-21（a）　皇华城 S207 断面（距坝 360.4km）冲淤变化图

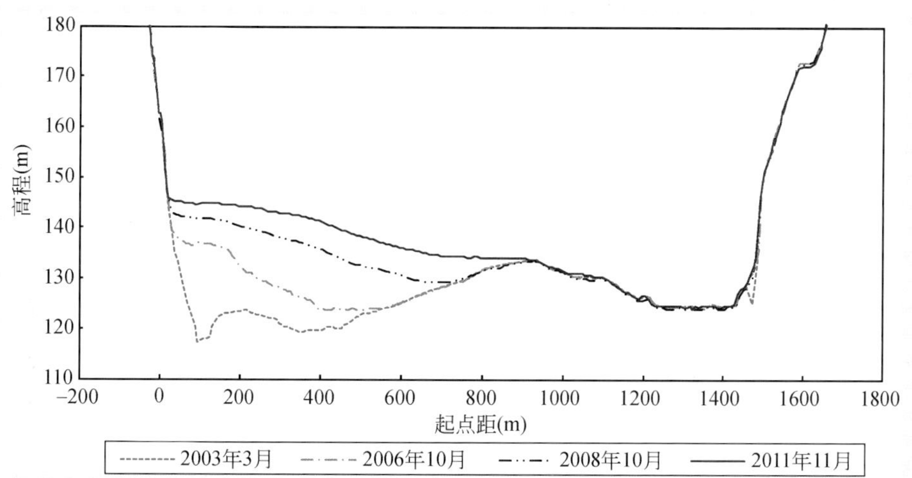

图 8-21（b）　兰竹坝 S232 断面（距坝 409.0km）冲淤变化图

2）断面面积变化。2003年3月～2011年11月，开阔库段泥沙淤积明显，但由于断面过水面积大，各库段淤积后过水面积仍然比较大。库区断面面积变幅最大的为S205断面、S206断面和S113断面，分别淤积减小了25 098m^2、22 490m^2、20 275 m^2，断面面积分别减小38.3%、22.1%和12.4%，淤积后断面面积仍然达到40 412m^2、79 181m^2、143 097m^2。同时，由表8-15（a）、表8-15（b）、图8-22（a）和图8-22（b）可知，河宽较大、过水面积较大的库段往往淤积明显。

表8-15（a）　三峡库区各段断面过水面积变化（三峡坝前水位145m）

河段	2003年3月断面过水面积（m^2）	2011年11月断面过水面积（m^2）	相差（m^2）	变化率（%）
大坝至庙河段	96 060	90 966	−5 094	−5.3
庙河至秭归段	48 966	47 051	−1 915	−3.9
秭归至官渡口段	54 052	51 869	−2 183	−4.0
官渡口至巫山段	32 128	31 346	−782	−2.4
巫山至大溪段	46 250	44 620	−1 630	−3.5
大溪至白帝城段	27 392	27 084	−308	−1.1
白帝城至关刀峡段	55 801	50 403	−5 398	−9.7
关刀峡至云阳段	32 824	32 237	−587	−1.8
云阳至万县段	39 284	36 123	−3 161	−8.0
万县至忠县段	33 077	30 292	−2 785	−8.4
忠县至丰都段	25 593	22 288	−3 305	−12.9
丰都至涪陵段	20 204	19 347	−857	−4.2
涪陵至李渡镇段	14 923	14 570	−353	−2.4

表8-15（b）　三峡库区各段断面过水面积变化（三峡坝前水位175m）

河段	2003年3月断面过水面积（m^2）	2010年11月断面过水面积（m^2）	相差（m^2）	变化率（%）
大坝至庙河段	158 522	148 070	−104 52	−6.6
庙河至秭归段	68 719	66 604	−2 115	−3.1
秭归至官渡口段	77 501	74 918	−2 583	−3.3
官渡口至巫山段	45 968	45 005	−963	−2.1
巫山至大溪段	70 188	68 241	−1 947	−2.8
大溪至白帝城段	40 665	40 076	−589	−1.4
白帝城至关刀峡段	88 789	82 965	−5 824	−6.6
关刀峡至云阳段	51 243	50 663	−580	−1.1
云阳至万县段	64 634	61 341	−3 293	−5.1
万县至忠县段	62 065	58 633	−3 432	−5.5
忠县至丰都段	54 368	50 814	−3 554	−6.5
丰都至涪陵段	40 763	39 555	−1 208	−3.0
涪陵至李渡镇段	26 664	26 586	−78	−0.3

8.2.5　库区泥沙淤积物干容重与粒径

（1）淤积物粒径大小、干容重沿程变化

水库淤积物干容重，是研究水库淤积的一项重要参数。根据三峡集团公司的安排，2004年汛后开始对三峡水库淤积物初期干容重进行观测试验，至2010年历经了7个年度的观测试验。期间，长江水利委员会水文局针对三峡水库的特点开展采样仪器的专门研制与测试，针对水库不同库段的淤积特性进行整体和局部相结合的观测布局，逐渐丰富和完善了干容重计算、统计和分析的方法，获得了较为可靠的三峡库区淤积物干容重观测系列资料。

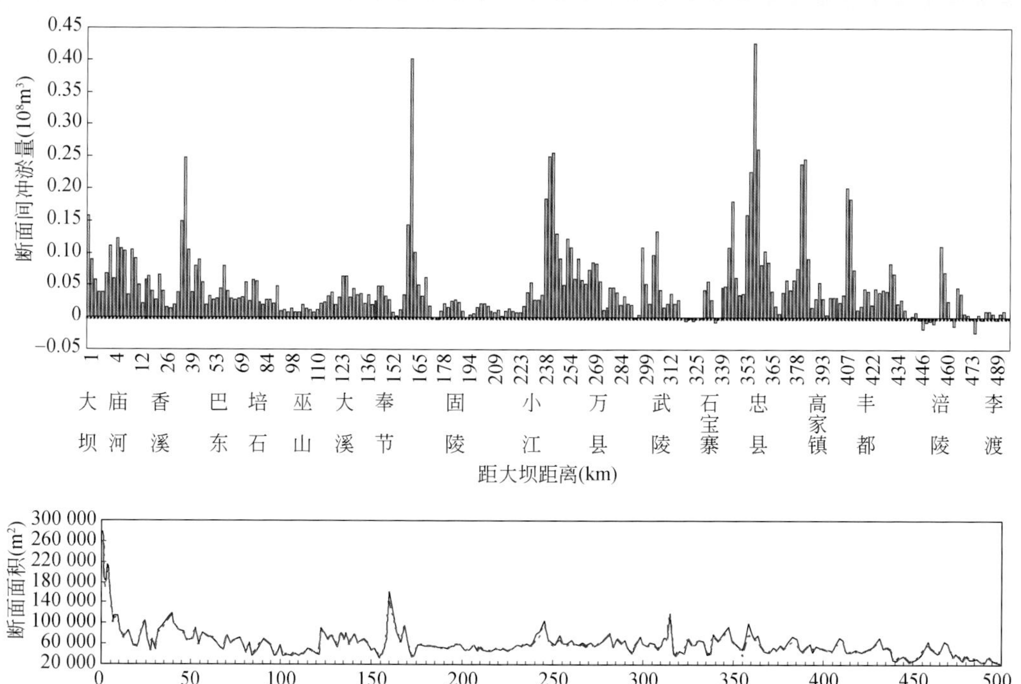

图 8-22（a） 三峡库区断面间冲淤量与断面面积变化对比

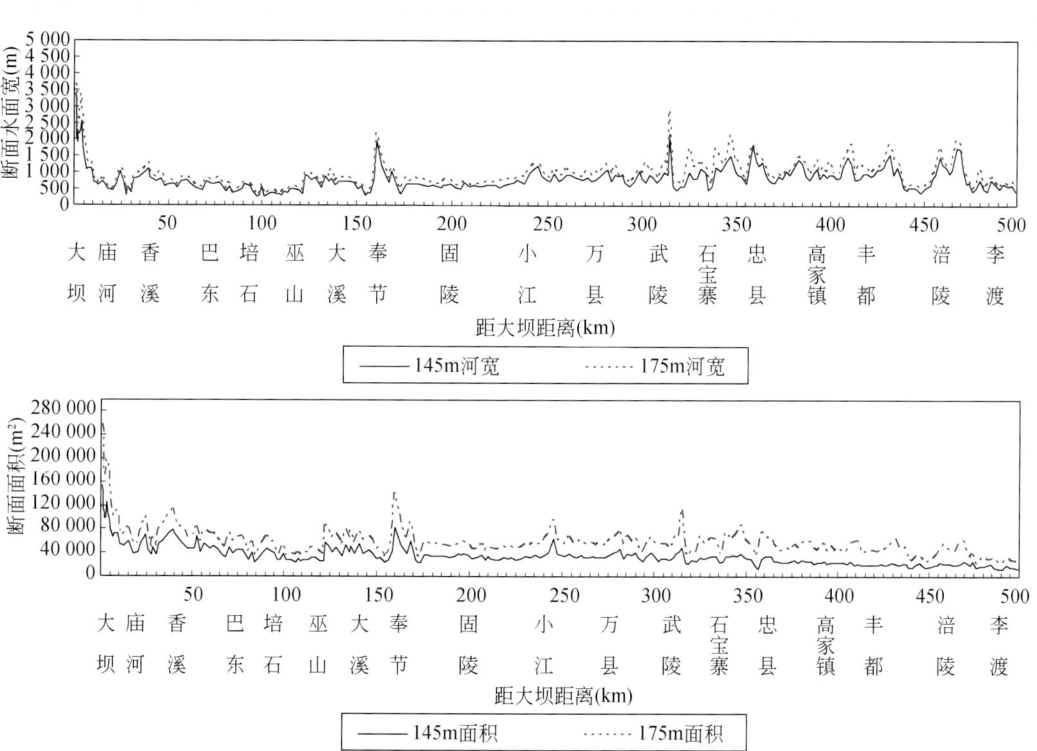

图 8-22（b） 三峡库区断面水面宽和断面面积沿程变化对比（2011 年 11 月地形）

2005~2009年库区各段表层淤积物干容重成果［表8-16、图8-23（a）和图8-23（b）］表明，从上游往下游，随着泥沙淤积强度的逐渐增大，库区淤积物的干容重沿程变小，至近坝段其干容重仅为0.712~0.856t/m³，平均中值粒径仅为0.004mm左右；淤积物的粒径沿程分布特征基本与干容重的沿程分布规律相应，距坝愈近，粒径越细，距坝愈远，粒径越粗；距坝愈近，粒径变化范围越小，干容重的变化范围越小，级配组成范围窄，距坝愈远，粒径变化范围越大，干容重的变化范围越大，级配组成范围宽。

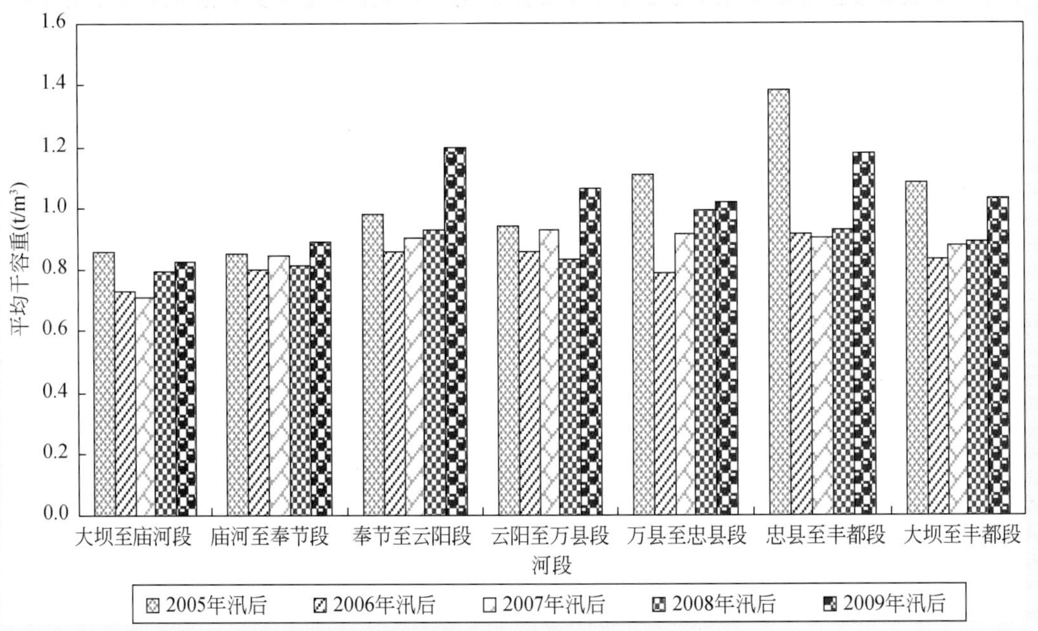

图8-23（a） 三峡库区淤积物干容重沿程变化图

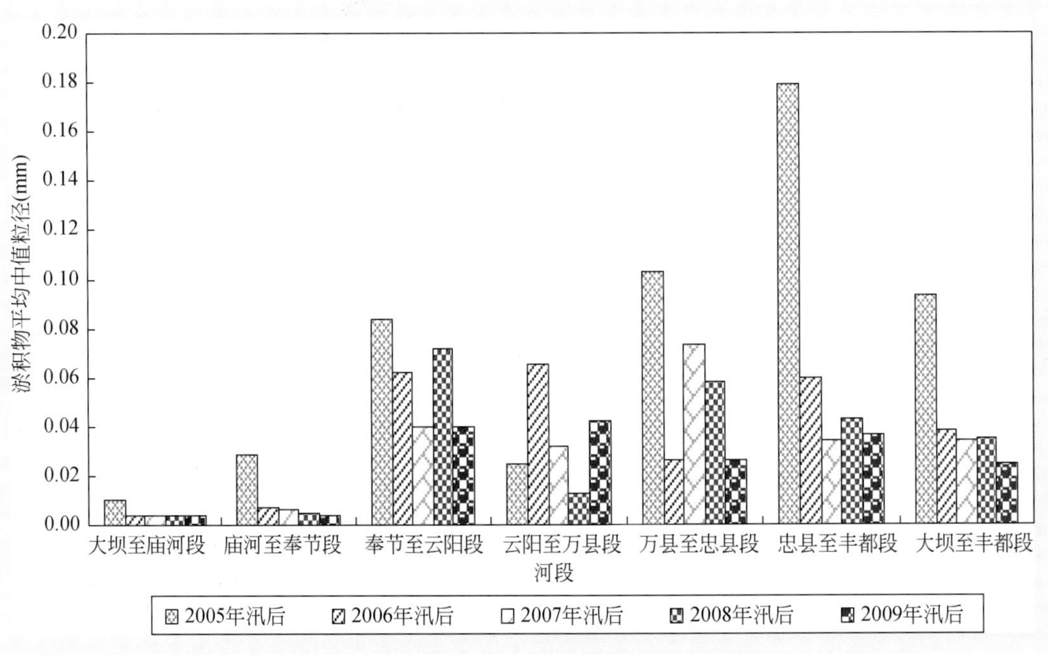

图8-23（b） 三峡库区淤积物中值粒径沿程变化图

表 8-16　三峡水库 2005 ~ 2009 年实测表层干容重成果统计表

河段	距大坝距离(km)	统计	2005 年汛前		2005 年汛后		2006 年汛前		2006 年汛后		2007 年汛后		2008 年汛前		2008 年汛后		2009 年汛前		2009 年汛后	
			r'_0	D_{50}(mm)	r'_0	D_{50}(mm)	r'_0	D_{50}(mm)	r'_0	D_{50}(mm)	r'_0	D_{50}(mm)	r'_0	D_{50}(mm)	r'_0	D_{50}(mm)	r'_0	D_{50}(mm)	r'_0	D_{50}(mm)
大坝至庙河段	1.26 ~ 22	平均	0.82	0.008	0.856	0.01	0.785	0.007	0.727	0.0043	0.712	0.004	0.792	0.005	0.794	0.004	0.810	0.004	0.823	0.004
		最大	0.93	0.012	0.931	0.031	0.94	0.008	0.826	0.007	0.845	0.004	0.835	0.007	0.844	0.004	0.872	0.005	0.954	0.004
		最小	0.735	0.006	0.747	0.006	0.52	0.006	0.61	0.003	0.575	0.003	0.739	0.003	0.753	0.003	0.769	0.003	0.765	0.003
庙河至奉节段	22 ~ 168.1	平均	0.793	0.031	0.854	0.029	0.928	0.022	0.8	0.007	0.844	0.006	0.89	0.008	0.810	0.005	0.832	0.005	0.888	0.004
		最大	1.07	0.148	0.955	0.088	1.1	0.3	1.1	0.056	1.16	0.003	1.29	0.066	1.065	0.011	0.955	0.009	1.25	0.019
		最小	0.537	0.007	0.696	0.006	0.746	0.004	0.611	0.003	0.664	0.035	0.653	0.003	0.671	0.003	0.748	0.003	0.729	0.003
奉节至云阳段	168.1 ~ 249.4	平均	0.857	0.089	0.982	0.084	0.883	0.08	0.855	0.062	0.903	0.04	1.01	0.028	0.931	0.072	0.955	0.038	1.20	0.040
		最大	1.05	0.289	1.51	0.299	1.32	0.291	1.3	0.273	1.36	0.256	1.44	0.204	1.349	0.304	1.213	0.240	1.46	0.230
		最小	0.429	0.007	0.73	0.013	0.45	0.003	0.543	0.003	0.542	0.005	0.77	0.005	0.704	0.004	0.727	0.004	0.981	0.008
云阳至万县段	249.4 ~ 298.6	平均	1.01	0.062	0.944	0.025	0.86	0.058	0.859	0.065	0.926	0.032	0.945	0.025	0.834	0.013	0.968	0.031	1.06	0.042
		最大	1.28	0.222	1.06	0.036	1.41	0.371	1.13	0.291	1.22	0.158	1.16	0.179	0.947	0.033	1.254	0.130	1.31	0.184
		最小	0.53	0.014	0.85	0.015	0.68	0.006	0.674	0.006	0.716	0.007	0.794	0.007	0.683	0.007	0.779	0.007	0.847	0.009
万县至忠县段	298.6 ~ 365.2	平均	1.04	0.078	1.11	0.103	0.798	0.055	0.787	0.026	0.915	0.073	0.93	0.071	0.995	0.058	0.974	0.032	1.02	0.026
		最大	1.51	0.301	1.62	0.322	1.2	0.325	1.07	0.276	1.53	0.736	1.42	0.321	1.417	0.330	1.296	0.195	1.39	0.135
		最小	0.45	0.009	0.67	0.012	0.54	0.008	0.565	0.007	0.543	0.007	0.706	0.006	0.765	0.008	0.573	0.008	0.730	0.008
忠县至丰都段	365.213 ~ 428.127	平均	1.05	0.18	1.38	0.179	1.04	0.13	0.913	0.06	0.9	0.034	0.933	0.023	0.930	0.043	0.977	0.024	1.18	0.037
		最大	1.56	0.453	1.79	0.27	1.37	0.266	1.48	0.186	1.24	0.216	1.2	0.157	1.301	0.132	1.099	0.075	1.34	0.108
		最小	0.431	0.009	0.91	0.087	0.64	0.009	0.624	0.007	0.68	0.006	0.725	0.006	0.640	0.006	0.768	0.009	1.03	0.007

续表

河段	距大坝距离(km)	统计	2005年汛前		2005年汛后		2006年汛前		2006年汛后		2007年汛后		2008年汛前		2008年汛后		2009年汛前		2009年汛后	
			r'_0	D_{50}(mm)	r'_0	D_{50}(mm)	r'_0	D_{50}(mm)	r'_0	D_{50}(mm)	r'_0	D_{50}(mm)	r'_0	D_{50}(mm)	r'_0	D_{50}(mm)	r'_0	D_{50}(mm)	r'_0	D_{50}(mm)
大坝至丰都段	1.264～428.127	平均	0.932	0.081	1.08	0.093	0.896	0.065	0.83	0.038	0.876	0.034	0.928	0.028	0.890	0.035	0.921	0.023	1.03	0.025
		最大	1.56	0.453	1.79	0.322	1.41	0.371	1.48	0.291	1.53	0.736	1.44	0.321	1.417	0.330	1.296	0.240	1.46	0.230
		最小	0.429	0.006	0.67	0.006	0.45	0.004	0.543	0.003	0.542	0.003	0.653	0.003	0.640	0.003	0.573	0.003	0.581	0.003
丰都至李渡段	428.127～495.342	平均	0.994	0.184	1.47	0.247	1.46	30.1	1.31	15.8	1.39	8.96	1.13	0.019	1.197	1.743	1.050	0.594	1.36	0.654
		最大	1.83	0.45	1.92	0.51	2.22	136.8	1.9	104	1.95	87.3	1.46	0.116	1.733	26.600	1.796	7.92	1.63	5.66
		最小	0.54	0.02	0.77	0.013	0.73	0.025	0.738	0.015	0.66	0.009	0.826	0.005	0.760	0.005	0.846	0.008	1.19	0.009
李渡至铜锣峡段	495.342～594.676	平均					1.83	59.1	1.81	73.9	1.8	59.8	1.65	61.2	1.394	26.211	1.072	0.065	1.50	21.6
		最大					2.18	115.9	2.19	141	2.25	154	2.3	163	2.062	155.0	1.200	0.446	2.06	76.5
		最小					0.97	0.17	1.19	0.099	0.842	0.053	1.13	0.013	0.964	0.019	1.00	0.011	0.999	0.015
丰都至铜锣峡段	428.127～594.676	平均					1.69	47.7	1.58	48.1	1.65	42.7	1.46	39.3	1.280	12.156	1.062	0.363	1.42	9.86
		最大					2.22	136.8	2.19	141	2.25	154	2.3	163	2.062	155	1.796	7.92	2.06	76.5
		最小					0.73	0.025	0.738	0.015	0.66	0.009	0.826	0.005	0.760	0.005	0.85	0.008	0.999	0.009
大坝至铜锣峡（李渡）段	1.264～594.676	平均	0.951	0.112	1.16	0.127	1.11	13.2	1.04	13.6	1.1	12.5	1.09	11.8	0.975	2.729	0.951	0.101	1.09	1.614
		最大	1.83	0.453	1.92	0.51	2.22	136.8	2.19	141	2.25	154	2.3	163.0	2.062	155	1.796	7.92	2.06	76.5
		最小	0.429	0.006	0.67	0.006	0.45	0.003	0.543	0.003	0.542	0.003	0.653	0.003	0.640	0.003	0.573	0.003	0.581	0.003
铜锣峡至大渡口段	594.676～633.676	平均																	2.04	128
		最大																	2.07	141
		最小																	1.91	96.9

(2) 淤积物粒径大小与干容重的关系

三峡水库在淤积未达到平衡前，淤积物沿程分选并细化的现象较为普遍。回水末端及淤积上延段多为较粗的床沙质或推移质泥沙的淤积区，淤积物干容重较大，变动回水区内淤积物中较粗的床沙质所占比例较大，淤积物干容重与上一区段相比差别不大，进入常年回水区、三角洲淤积前坡段或锥体淤积近坝段，淤积物干容重明显减小，粒径明显细化。

图 8-24 为 2007～2009 年库区 3 个不同典型淤积的库段——近坝段、常年回水区的万县河段和变动回水区的洛碛河段干容重与淤积物粒径之间的关系。由图可见，坝前段干容重小，D_{50}也小，相应的变化范围小，干容重变化范围 0.60～0.84t/m³，D_{50}变化范围 0.002～0.008mm；常年回水区的万县河段，随距坝距离增加，干容重、D_{50}及相应的变化范围均增加，干容重变化范围 0.83～1.38t/m³，D_{50}变化范围 0.004～0.234mm；到水库的变动回水区茅树碛至上洛碛河段，干容重、D_{50}及相应的变化范围更大，干容重变化范围 0.57～2.31t/m³，D_{50}变化范围 0.042～184mm。

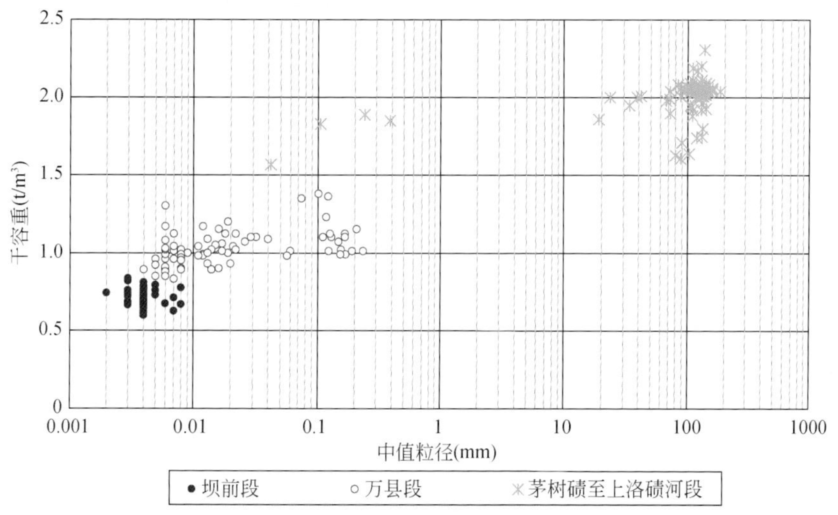

图 8-24（a） 库区典型河段淤积物干容重和粒径之间关系

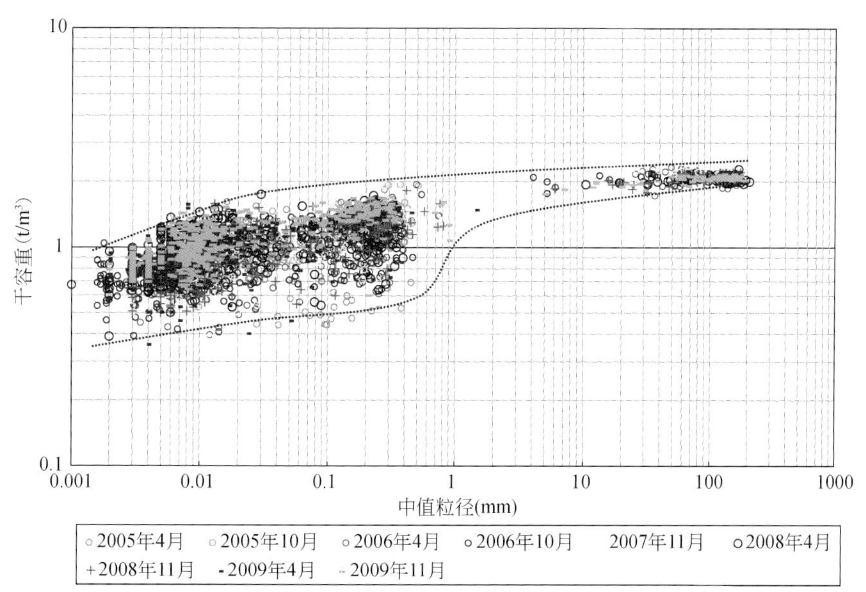

图 8-24（b） 库区淤积物干容重和粒径之间关系

理论研究和已有的试验资料表明，当粒径大于2mm以后，干容重的变化幅度很小，就其平均情况而言可以认为是一个常值；小于2mm的泥沙淤积物的干容重变化复杂，与粒径（通常用D_{50}代表）级配组成密切相关，细颗粒的泥沙淤积物干容重小，粗颗粒泥沙淤积物的干容重较大［图8-24（a）、图8-24（b）］。由图可见，三峡水库干容重与中值粒径关系的主要特征如下：

1）通过历年的资料分析表明：在三峡水库不同的运行期（围堰发电期、初期蓄水期、试验性蓄水期），其淤积形态、来水来沙、运用方式等都有所不同，但库区淤积物干容重随淤积物中值粒径增大（减小）而增大（减小）的相关趋势良好，与理论推算的结果一致。

2）三峡水库淤积物干容重与中值粒径关系不是单一的线性相关关系，一般为具有上限和下限的两条外包线，粒径越小，包线的范围越宽，干容重变化范围大，淤积物粒径越粗，包线的范围越窄，干容重变化范围越小。

（3）干容重在输沙量法与断面法冲淤量的匹配验证对比分析

库区泥沙冲淤量计算一般采用输沙法和地形法两种方法进行计算，其中，输沙法计算得到的泥沙冲淤量以重量计，用于宏观掌握库区总体泥沙情况和排沙效果；而地形法计算得到的冲淤量以体积计，则主要用于掌握库区淤积沿程分布及库容的变化等。泥沙干容重是两种计算结果进行换算和比较的纽带。

根据寸滩站、武隆站和黄陵庙站泥沙观测资料，在不考虑区间来沙量的情况下，计算得到2003～2009年三峡库区寸滩至大坝段淤积泥沙9.55亿t；根据断面法，三峡库区2003～2009年铜锣峡至大坝干流段淤积量为10.2亿m^3，采用库区干容重实测值进行换算，得到其冲淤量为9.61亿t，与输沙量法计算结果总体上基本吻合（表8-17）。

表8-17　三峡库区寸滩至大坝干流河段输沙量法与地形法计算结果对比

时间	输沙量法（万t）	断面法（万m^3）	断面法（万t）	绝对偏差（万t）	相对偏差
2003～2006年	46 200	53 910	52 040	5 840	13%
2007～2009年	49 300	48 500	44 100	-5 200	-11%
2003～2009年	95 500	102 000	96 100	600	1%

①2003～2006年库区淤积统计至李渡镇，2006～2009年库区统计范围为大坝至铜锣峡，相应入库控制站为寸滩和武隆水文站；②2003～2004年干容重采用2005年成果，下同

8.2.6　水库排沙比

排沙比是水库拦截泥沙程度的指标之一，排沙比大，水库淤积强度小，排沙比小，水库淤积强度则大。三峡水库排沙比与库区河道边界条件、入库水沙条件、水库蓄水位及调度运用方式等密切相关。

1. 年际年内变化

（1）年际变化

三峡水库蓄水运用后，随着坝前水位的逐步抬高，水深增加，流速减缓，水流挟沙能力减小，泥沙沿程沉积比例加大，水库排沙比随之减小。如三峡工程围堰发电期（2003年6月～2006年8月），

汛期坝前水位在135m左右，水库排沙比为37%；初期蓄水期（2006年9月～2008年9月）和试验性蓄水期（2008年10月～2011年12月），随着汛期坝前水位逐渐抬高，水库排沙效果有所减弱，分别为18.8%、14.2%［表8-18（a）和图8-25］。

表8-18（a） 不同时期三峡水库进出库泥沙、水库淤积量与排沙比

时间	入库		出库		水库淤积（亿t）	排沙比（%）
	水量（亿m³）	沙量（亿t）	水量（亿m³）	沙量（亿t）		
2003年6月～2006年8月	13 277	7.004	14 097	2.590	4.414	37.0
2006年9月～2008年9月	7 619	4.435	8 178	0.832	3.603	18.8
2008年10月～2011年12月	11 071	5.378	12 080	0.765	4.758	14.2
2003年6月～2011年12月	31 967	16.818	34 355	4.187	12.631	24.9

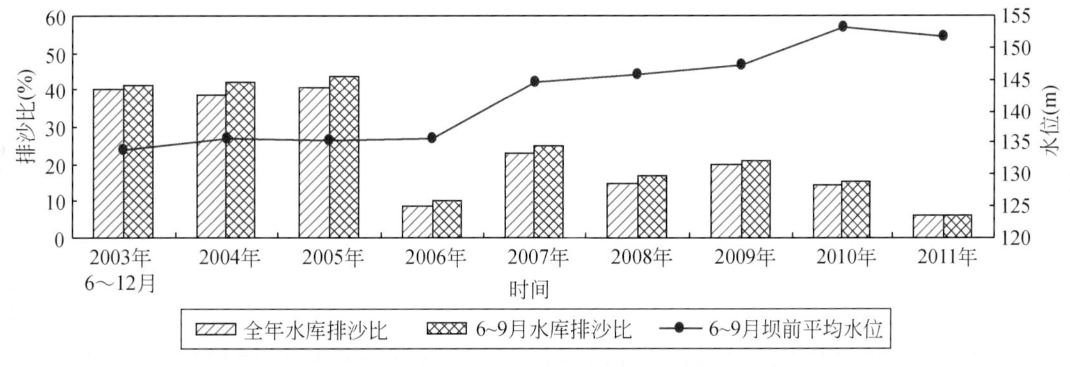

图8-25 2003年6月～2011年12月三峡水库排沙比与汛期坝前平均水位变化

（2）年内变化

三峡水库属于典型的河道型水库，库区干流长约660km，最宽处达2000m，库区平均水面宽1000m。三峡入库泥沙主要集中在汛期，水库采用“蓄清排浑”的运用方式，“蓄清排浑”就是利用三峡水库巨大的入库水量，通过大坝设有的23个低高程、大尺寸的泄洪深孔，在来水量占全年61%、输沙量占全年84%的汛期6至9月，水库水位维持在145m时，将大量泥沙由深孔泄洪排出库外，实现“排浑”；汛末10月，来水中含沙量降低，水库蓄水至175m的正常蓄水位，实现“蓄清”。采用这一水库调度运用方式，入库来水中的绝大部分泥沙可排出库外，保证水库的长期有效运用。同时在三峡工程建筑物布置上采取的一系列排沙、防淤工程措施，配合恰当的调度和辅助清淤，可以确保航道畅通和水电站正常运行。

特别是在洪峰期间，库区水流流速较大，汛期坝前水位为145m、入库流量为30 000m³/s时，位于库尾的寸滩站（距坝604km）平均流速可达2.8m/s，忠县（距坝373km）以上库段水流流速基本上也在1.20m/s以上，水流挟沙能力较强，进入水库的泥沙大部分能输移到坝前，且洪峰持续时间越长，水库排沙比就越大。据资料统计，2003年6月～2012年9月，主汛期水库排沙比最大达到70%左右。从三峡水库排沙比年内分布来看，三峡水库排沙比较大的月份主要集中在汛期，且以各年的7～9月份最为明显，如表8-18（b）所示。

1）围堰发电期（2003年6月～2006年8月）。2003年6～10月水库排沙比为18%～47%，2003年清溪场入库流量大于30 000m³/s时有28天，其输沙量占入库汛期输沙量的42%，水库同期排沙比为 54%，排出沙量占出库汛期沙量的 48%；2004 年，三峡水库汛期的排沙比为 39%，其中主汛期的排沙比为 46%，枯期的排沙比为 9%。特别是在入库出现明显的洪峰过程时，入库大部分泥沙都能排出库外，如 2004 年 9 月上旬，三峡入库出现了明显的洪峰过程，三峡入库（清溪场）日均流量达到 59 000m^3/s（9 月 7 日），最大含沙量为 2.37 kg/m^3（9 月 6 日），该过程中，9 月 4 日至 9 月 18 日三峡入库沙量为 5250 万 t，出库沙量 4108 万 t，排沙比高达 78.2%。图 8-26（a）和图 8-26（b）分别为 9 月 4 日 ~9 月 18 日三峡进、出库流量和输沙率变化过程。而 2004 年清溪场入库流量大于 30 000m^3/s 时只有 6 天，仅出现在 9 月，其输沙量占入库汛期输沙量的 23%，水库同期排沙比为 81%，排出沙量占出库汛期沙量的 48%；2005 年，三峡水库汛期的排沙比为 41%，其中主汛期的排沙比为 46%，枯期的排沙比为 14%。这主要是由于主汛期三峡入库流量较大，2005 年清溪场入库流量大于 30 000m^3/s 时有 28 天，主要集中在 7 月和 8 月，其输沙量占入库汛期输沙量的 48%，水库同期排沙比为 55%，排出沙量占出库汛期沙量的 55%；2006 年为枯水少沙年，该年内 5 ~8 月排沙比为 5% ~14%。

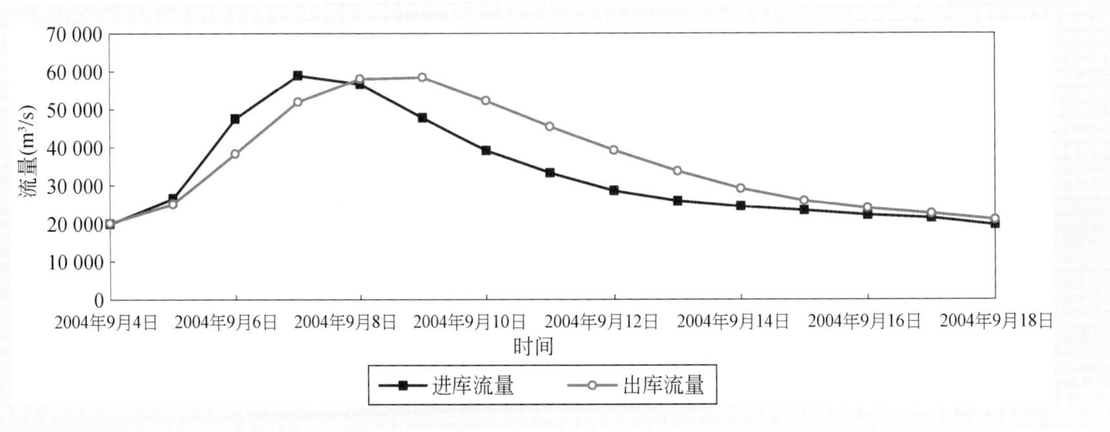

图 8-26（a） 2004 年 9 月 4 日 ~18 日三峡水库进、出库流量过程

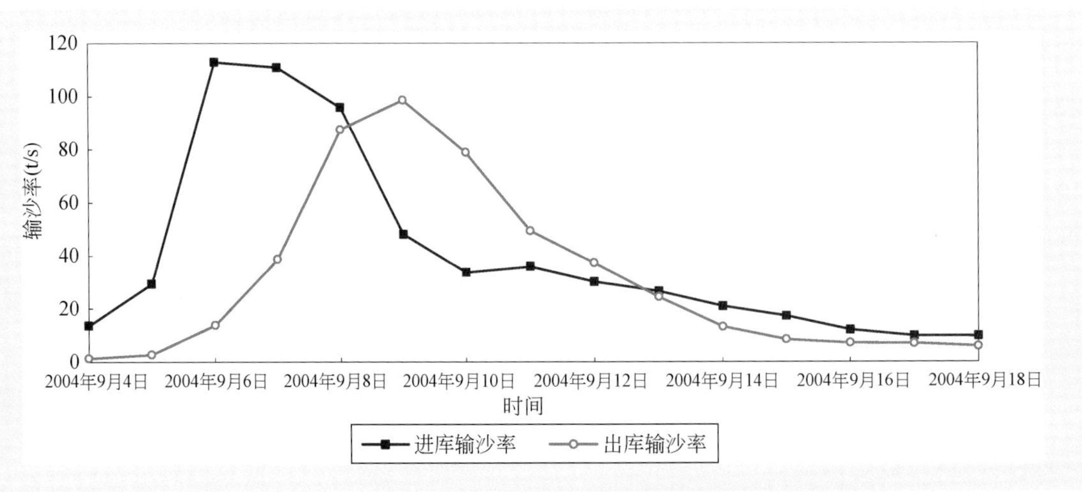

图 8-26（b） 2004 年 9 月 4 日 ~18 日三峡水库进、出库输沙率过程

2）初期蓄水期（2006 年 9 月 ~2008 年 9 月）。2006 年 9 月 20 日 22 时，三峡水库开始进行 156m 蓄水，至 10 月 27 日 8 时，三峡水库蓄水至 155.36m，此期间，水库排沙比为 2%，三峡水库 9、10 月排沙比分别为 3% 和 2%。排沙比偏小的主要原因是由于三峡坝前水位抬高和水库蓄水，加之入库水量偏小，水库库区水面比降变缓，水流流速减小，水流挟沙能力降低，使得入库泥沙沿程落淤。

表 8-18（b） 三峡水库 2003～2011 年月平均入库流量与排沙比对比表

年份	项目	1月	2月	3月	4月	5月	6月	7月	8月	9月	10月	11月	12月	汛期	主汛期
2003	入库站平均流量（m^3/s）						18 000	28 900	21 000	28 700	13 500	7 450	5 680		26 200
	出库平均流量（m^3/s）						14 900	32 600	22 400	30 900	14 100	7 450	5 850		
	入库站平均含沙量（kg/m^3）						0.761	0.813	0.605	0.871	0.253	0.066	0.028		0.777
	出库平均含沙量（kg/m^3）						0.164	0.436	0.112	0.382	0.055	0.010	0.005		
	三峡坝前平均水位（m）						130.31	135.17	135.18	135.2	135.51	138.65	138.84		135.18
	排沙比（%）						18	60	20	47	23	15	17		47
2004	入库站平均流量（m^3/s）	4 290	4 170	5 000	7 410	10 500	18 100	20 800	19 000	25 600	16 600	10 400	6 050	18 400	21 800
	出库平均流量（m^3/s）	4 520	4 310	5 420	7 120	11 700	20 600	22 900	20 000	28 200	15 900	9 730	6 100		
	入库站平均含沙量（kg/m^3）	0.027	0.015	0.036	0.073	0.195	0.353	0.644	0.616	0.926	0.237	0.076	0.026	0.55	0.742
	出库平均含沙量（kg/m^3）	0.002	0.003	0.004	0.005	0.007	0.044	0.153	0.100	0.606	0.038	0.006	0.002		
	三峡坝前平均水位（m）	138.81	138.69	137.12	137.98	137.78	136.68	135.49	135.52	135.62	138.61	138.85	138.71	136.58	135.54
	排沙比（%）	14	26	8	6	7	14	27	17	72	16	12	24	39	46
2005	入库站平均流量（m^3/s）	4 800	3 950	4 910	6 090	12 600	15 900	26 900	33 300	20 700	18 200	9 460	5 650	21 300	27 000
	出库平均流量（m^3/s）	4 990	4 390	5 460	7 120	13 100	17 600	28 800	36 500	22 800	17 800	9 400	5 650		
	入库站平均含沙量（kg/m^3）	0.02	0.028	0.014	0.061	0.176	0.388	1.25	0.952	0.652	0.369	0.079	0.028	0.739	0.979
	出库平均含沙量（kg/m^3）	0.002	0.002	0.003	0.004	0.011	0.034	0.392	0.540	0.237	0.075	0.015	0.003		
	三峡坝前平均水位（m）	138.71	138.39	138.5	138.32	137.98	135.52	135.5	135.5	135.5	138.69	138.75	138.81	136.43	135.5
	排沙比（%）	33	27	37	10	8	8	36	66	44	23	17	28	41	46
2006	入库站平均流量（m^3/s）	4 910	4 640	5 730	5 260	9 120	12 600	18 000	9 120	11 768	12 522	6 983	5 152	12 200	13 000
	出库平均流量（m^3/s）	4 700	4 690	6 170	6 060	10 800	13 500	19 300	9 550	11 100	10 100	6 760	5 150		
	入库站平均含沙量（kg/m^3）	0.021	0.023	0.021	0.07	0.191	0.33	1.02	0.251	0.456	0.403	0.077	0.064	0.506	0.67
	出库平均含沙量（kg/m^3）	0.002	0.002	0.003	0.003	0.009	0.015	0.132	0.014	0.014	0.008	0.005	0.003		
	三峡坝前平均水位（m）	138.76	138.42	138.58	138.52	137.86	135.39	135.5	135.24	136.68	151.36	155.4	155.41	138.67	135.81
	排沙比（%）	8	10	15	6	5	5	14	6	3	2	6	5	9	11
2007	入库站平均流量（m^3/s）	4 680	3 880	3 850	5 200	6 870	14 300	28 500	21 500	23 200	13 800	7 520	5 030	18 000	24 400
	出库平均流量（m^3/s）	4 100	4 360	4 440	6 560	8 910	18 300	31 900	24 000	24 200	11 900	7 770	4 660		
	入库站平均含沙量（kg/m^3）	0.048	0.037	0.042	0.052	0.262	0.377	1.09	0.897	0.862	0.299	0.09	0.04	0.755	0.961
	出库平均含沙量（kg/m^3）	0.003	0.004	0.002	0.003	0.004	0.047	0.189	0.355	0.142	0.015	0.006	0.003		
	三峡坝前平均水位（m）	155.18	154.46	151.89	150.62	146.76	144.59	144.23	144.86	145.02	153.08	155.55	155.47	146.44	144.7
	排沙比（%）	5	12	5	6	2	16	20	44	17	4	7	7	23	26

续表

年份	项目	1月	2月	3月	4月	5月	6月	7月	8月	9月	10月	11月	12月	汛期	主汛期
2008	入库站平均流量（m^3/s）	4 380	4 280	5 220	7 390	9 120	13 800	20 100	25 100	24 700	13 900	13 900	5 160	17 800	23 300
	出库平均流量（m^3/s）	4 390	4 370	5 020	9 270	11 100	15 400	23 000	28 000	26 200	11 700	14 300	5 750		
	入库站平均含沙量（kg/m^3）	0.036	0.036	0.041	0.121	0.184	0.587	1.05	0.974	0.667	0.235	0.433	0.002	0.703	0.888
	出库平均含沙量（kg/m^3）	0.004	0.002	0.002	0.005	0.005	0.014	0.081	0.232	0.120	0.016	0.006	0.003		
	三峡坝前平均水位（m）	154.98	153.11	153.01	152.68	148.44	145.46	145.59	145.71	145.87	157.14	171.56	169.64	148.06	145.72
	排沙比（%）	11	6	4	5	3	3	9	27	19	6	1		16	19
2009	入库站平均流量（m^3/s）	4 790	4 320	4 040	6 190	9 730	11 100	21 600	29 400	17 400	11 600	6 400	4 560	16 800	22 800
	出库平均流量（m^3/s）	5 150	5 970	5 610	7 910	14 700	14 100	23 600	30 500	17 000	8 250	6 580	5 150		
	入库站平均含沙量（kg/m^3）	0.03	0.026	0.027	0.042	0.062	0.489	0.959	0.919	0.637	0.226	0.101	0.057	0.671	0.864
	出库平均含沙量（kg/m^3）	0.002	0.003	0.004	0.004	0.008	0.010	0.111	0.311	0.053	0.008	0.004	0.003		
	三峡坝前平均水位（m）	169.18	167.34	162.23	160.44	155.02	146.34	145.86	147.44	149.32	166.21	171.04	170.2	154.46	147.54
	排沙比（%）	6	13	19	13	19	3	13	35	8	3	4	6	20	22
2010	入库站平均流量（m^3/s）	4 140	3 270	3 590	5 070	7 990	14 900	32 100	23 100	21 500	13 100	6 870	5 280	18 800	25 500
	出库平均流量（m^3/s）	5 420	5 460	5 400	5 560	11 200	17 900	31 500	25 100	22 200	9 850	7 530	5 620		
	入库站平均含沙量（kg/m^3）	0.042	0.027	0.041	0.051	0.117	0.285	1.32	0.984	0.479	0.274	0.123	0.061	0.749	0.991
	出库平均含沙量（kg/m^3）	0.004	0.003	0.004	0.003	0.003	0.010	0.229	0.141	0.055	0.005	0.002	0.001		
	三峡坝前平均水位（m）	167.77	162.91	156.73	154.42	154.3	147.47	151.03	153.09	161.11	171.21	174.72	174.66	156.37	155.08
	排沙比（%）	14	22	14	8	4	4	17	16	12	1	2	2	15	16
2011	入库站平均流量（m^3/s）	5 230	3 790	4 940	5 110	6 720	13 500	18 300	17 300	15 400	9 540	8 920	5 160	13 500	17 000
	出库平均流量（m^3/s）	6 910	5 850	6 600	7 860	9 030	16 200	19 000	18 800	12 700	8 280	11 500	5 980		
	入库站平均含沙量（kg/m^3）	0.05	0.03	0.038	0.042	0.071	0.575	0.722	0.416	0.448	0.125	0.091	0.049	0.455	0.535
	出库平均含沙量（kg/m^3）	0.002	0.003	0.003	0.004	0.004	0.025	0.051	0.048	0.007	0.007	0.005	0.003		
	三峡坝前平均水位（m）	173.32	168.76	164.77	160.02	153.51	147.02	146.25	149.32	158.28	172	174.65	174.34	154.4	151.28
	排沙比（%）	6.9	13.2	7.6	10.3	7.6	4.3	6.9	11.5	1.1	4.2	4.5	5.9	6.1	6.8
2012	入库站平均流量（m^3/s）	4 540	3 650	4 110	5 050	10 700	14 100	40 200	22 300	24 400					29 000
	出库平均流量（m^3/s）	6 310	6 310	6 250	6 700	15 900	17 400	39 100	27 200	21 000					29 100
	入库站平均含沙量（kg/m^3）	0.047	0.029	0.042	0.049	0.125	0.367	1.01	0.539	0.789					0.828
	出库平均含沙量（kg/m^3）	0.002	0.002	0.003	0.003	0.004	0.012	0.289	0.151	0.061					0.191
	三峡坝前平均水位（m）	173.53	170.09	165.61	163.58	157.77	146.94	155.51	153.04	163.04					157.20
	排沙比（%）	6.6	12.1	11.0	7.3	4.7	4.1	27.8	34.2	6.6					23.2

①2003 年 6 月～2006 年 8 月入库水、沙量采用清溪场站；2006 年 9 月～2008 年 9 月采用寸滩站和武隆站；2008 年 10 月～2012 年 9 月则采用朱沱+北碚+武隆站。②朱沱站 2008 年 12 月未测输沙率；汛期统计为 5～10 月，主汛期为 7～9 月

2007 年，三峡水库汛期的排沙比为 39%，其中主汛期的排沙比为 46%，枯期的排沙比为 9%。2007 年 7 月底，三峡入库出现了一次较为明显的洪峰过程，7 月 31 日，三峡入库（寸滩站和武隆站）日均流量达到45 410m^3/s（9 月 7 日），最大含沙量为3.79kg/m^3（7 月 28 日），该过程中，7 月 24 日至8 月 7 日三峡入库沙量为5720 万 t，出库沙量 2688 万 t，排沙比高达47%。图 8-27（a）和图 8-27（b）分别为该洪峰过程对应的三峡进、出库流量和输沙率变化过程。

在水库消落期，水库坝前水位由 5 月 15 日 8 时的 147.5m 消落至 5 月 31 日 11 时的 144.6m，入库平均流量为 7680m^3/s，库区淤积泥沙 440 万 t，水库排沙比为 1.5%；三峡水库 156m 蓄水期间，9 月 23 日～10 月 25 日三峡入库平均流量为 14 600m^3/s，入库悬移质泥沙 1550 万 t，出库泥沙 177 万 t，水库排沙比为 11.5% [表 8-18（b）]。2007 年入库流量大于 30 000m^3/s 的天数为 24d，主要集中在 7～9 月，水库同期排沙比为 30%，主汛期排沙比为 26%；

2008 年，三峡水库汛期的排沙比为 16%，其中主汛期的排沙比为 19%，枯期的排沙比为 2%。

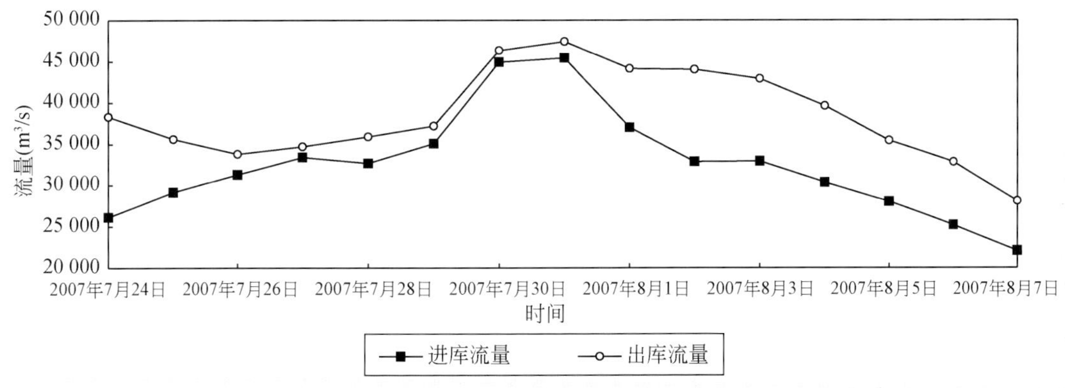

图 8-27（a） 2007 年 7 月 24 日～8 月 7 日三峡水库进、出库流量过程

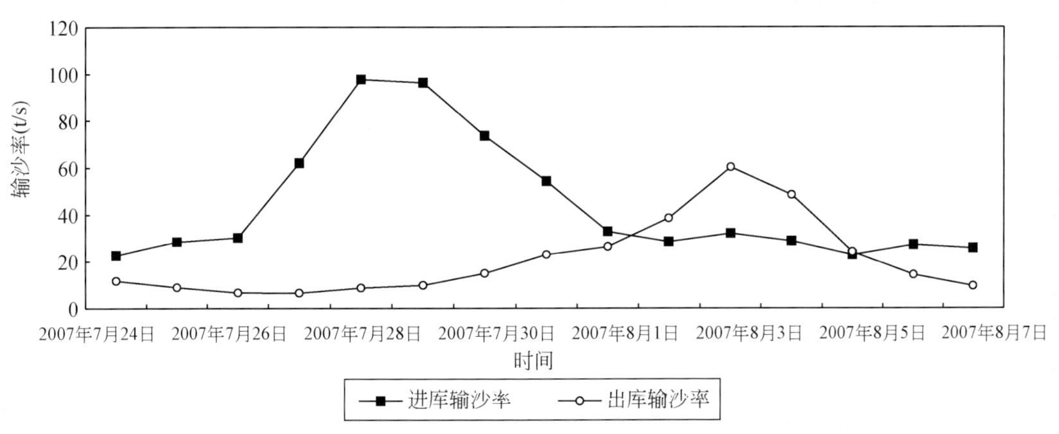

图 8-27（b） 2007 年 7 月 24 日～8 月 7 日三峡水库进、出库输沙率过程

3）试验性蓄水期（2008 年 10 月～2009 年 12 月）。2008 年汛末三峡水库试验性蓄水期间，9 月 28 日～11 月 4 日三峡入库平均流量为 16 500 m^3/s，入库悬移质泥沙 2399 万 t，出库泥沙 81 万 t，库区淤积泥沙约 2318 万 t，水库排沙比为 3.4%。

2009 年，三峡水库汛期的排沙比为 20%，其中主汛期的排沙比为 22%，枯期的排沙比为 8%。其中，在三峡水库消落期（2 月 28 日～6 月 8 日），期间坝前水位从 164.88m 消落至 146.39m，入库平均流量为6740m^3/s，三峡进、出库悬移质输沙量分别为287万t和54万t，水库排沙比18.8%。在8月上旬，三峡入库出现一次明显洪峰过程，三峡入库（朱沱+北碚+武隆站）日均流量达到49 470m^3/s（8月5日），朱沱站最大含沙量为3.20kg/m^3（8月2日），三峡水库拦蓄了本次洪峰，坝前水位最高至152.76m（8月8日）。7月30日~8月15日三峡入库沙量4974万t，出库沙量1820万t，水库排沙比为36.6%，水库排沙效果仍较好。图8-28（a）和图8-28（b）分别为7月30日~8月15日三峡进、出库流量和输沙率变化过程。

在三峡水库试验性蓄水期间，9月15日~11月30日三峡入库（朱沱+北碚+武隆站）悬移质输沙量为2655万t，出库（黄陵庙站）悬移质输沙量为57万t，水库排沙比为2.1%。

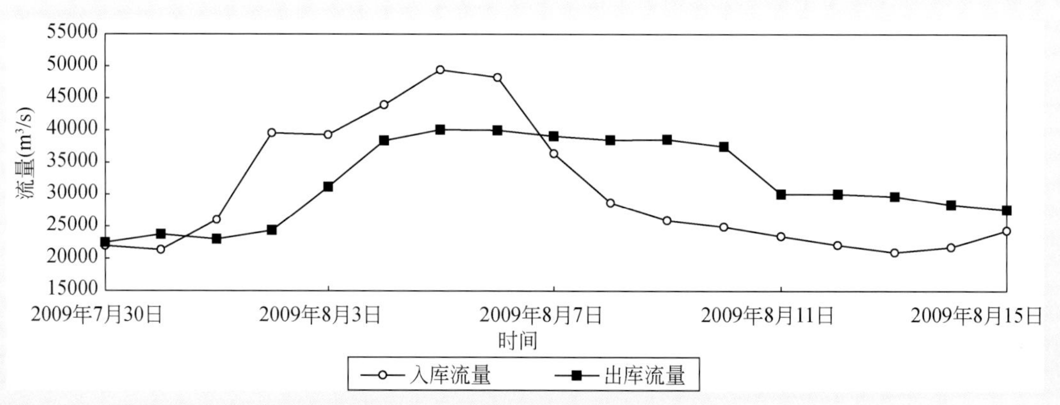

图8-28（a） 2009年7月30日~8月15日三峡水库进、出库流量过程

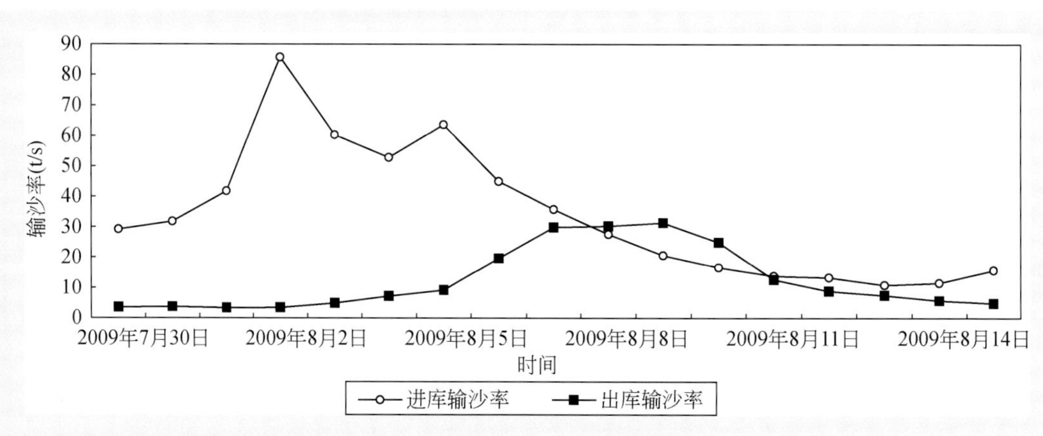

图8-28（b） 2009年7月30日~8月15日三峡水库进、出库输沙率过程

2010年7~9月入库流量大于30 000m^3/s的天数为23d，与2007年的24d基本相当，但坝前水位较高，水库排沙比为12%。

2011年汛期三峡入库流量大于30 000m^3/s的天数仅为6d。5~10月，三峡进、出库沙量分别为0.971亿t、0.0593亿t，水库排沙比为6.1%，小于2008~2009年同期的17.2%，也小于2010年的14.5%。其主要原因是，一是汛期三峡入库流量小，5~10月平均流量仅为13 500m^3/s，不仅小于2008~2009年同期均值17 300 m^3/s，也小于2010年的18 800 m^3/s；与2006年同期均值12 200 m^3/s相比，也仅偏大11%。二是汛期洪水多为尖瘦型、洪峰持续时间短，流量大于30 000m^3/s的天数仅为6d，也导致水库排沙比较小。

2. 三峡水库排沙比变化影响因素

(1) 库区河道特性

三峡水库的排沙比与库区河道的输沙能力密切相关，河道的输沙能力越强，水库的排沙比越大。特别是对于库区河道较为狭长的三峡水库而言，在一定的来水来沙条件下，库区河道水力特性诸如河宽、河道面积和水流流速等的变化直接影响库区河道输沙能力的变化，即河道过水面积越小，水流流速则越大，从而水流的输沙能力则越强，入库的泥沙输移至坝前的概率也越大。

根据多年来库区河道地形和水文观测资料分析，当汛期坝前水位为135m、入库流量为30 000m^3/s时，位于库尾的寸滩站（距坝604km）平均流速可达2.82m/s（图8-29），忠县（距坝373km）以上库段水流流速基本上也在1.50 m/s以上，水流挟沙能力仍然较强，大部分泥沙能被带往坝前，位于坝上游约15km的庙河水文站平均流速也能达到0.61m/s，这种河道水流特性有利于入库泥沙输移到坝前而被排出库外。

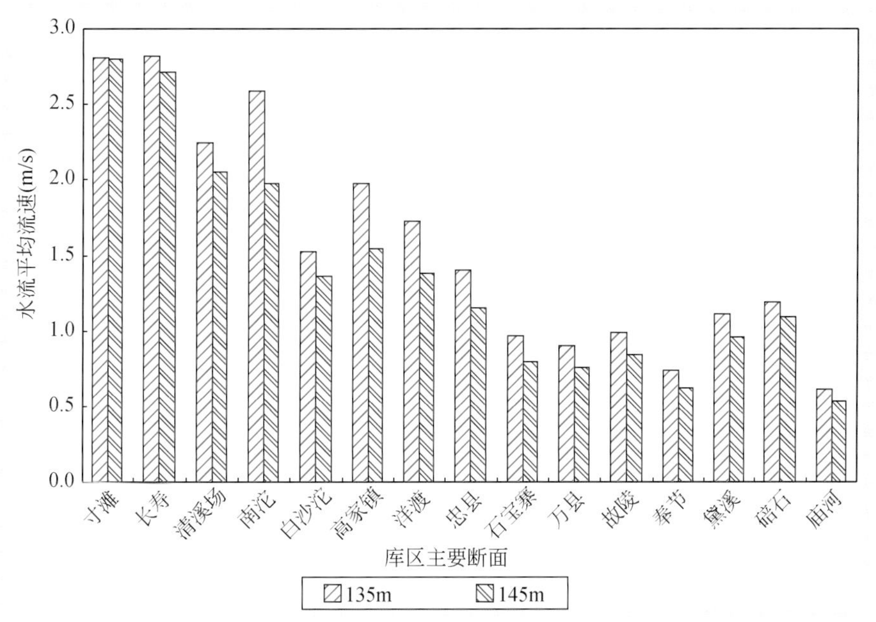

图8-29 汛期不同水位下三峡入库流量30 000m^3/s下库区主要断面流速变化

(2) 坝前水位

三峡水库蓄水位及调度运用方式直接影响水库排沙比的变化。随着坝前水位的逐步抬高，水深增加，流速减缓（图8-29），如汛期在入库流量30 000m^3/s条件下，三峡坝前水位由135m抬高至145m时，忠县附近水流流速由1.40m/s减小至1.15m/s，减幅18%；库区流速减小导致水流挟沙能力减小，泥沙沿程沉积，水库排沙比随之减小（图8-25和表8-17）。

(3) 入库水沙条件

水库排沙比的变化除了与库区河道特性和坝前水位密切相关外，入库水沙条件的变化也是影响水库排沙比变化的重要因素。

1) 入库流量大小及过程的影响。一般情况下，流量越大，其对应的汛期水库排沙效果也较好。如

2003～2007 年主汛期，三峡入库平均流量为 22 500m^3/s，排沙比为 38%，大于年排沙比 32.7%；2009 年主汛期三峡入库平均流量为 22 800m^3/s，排沙比为 22%（8 月排沙比为 35%），大于年排沙比 19.7%。

特别是在洪峰期间，库区部分河道为天然状态，水流流速较大，水流挟沙能力强，进入水库的泥沙大部分能输移到坝前，水库排沙比较大，2003～2010 年当入库流量大于 30 000m^3/s 时，水库最大排沙比为 81%。

在三峡工程围堰发电期，2003 年入库流量大于 30 000m^3/s 的天数为 28d，水库同期排沙比为 54%；2004 年为 6d（都出现在 9 月），水库同期排沙比为 81%，9 月水库排沙比也达到 72%；2005 年为 28d，主要集中在 7 月和 8 月，水库同期排沙比为 55%；2006 年由于三峡入库水量明显偏少，最大入库流量仅为 29 800m^3/s（7 月 9 日），且大于 20 000m^3/s 的天数仅 6d，水库同期排沙比仅为 13%。

在三峡工程初期蓄水期，2007 年入库流量大于 30 000m^3/s 的天数为 24d，主要集中在 7～9 月，水库排沙比为 26%，2007 年 7 月底，三峡入库出现了一次较为明显的洪峰过程，8 月 24 日至 8 月 7 日三峡入库沙量为 5720 万 t，出库沙量 2688，排沙比高达 47%；2008 年入库流量大于 30 000m^3/s 的天数为 16d，也主要集中在 7～9 月，水库排沙比为 19%。

三峡水库 175m 试验性蓄水期，2009 年为 11d，主要集中在 7～8 月，水库排沙比为 34%。

2）入库粗沙数量的影响。入库水沙条件中，除了流量对水库排沙比影响较大外，入库泥沙中，粗颗粒泥沙的多少也很大程度上影响水库排沙效果，如在围堰发电期（2003 年 6 月～2006 年 8 月），粒径 $D\leq0.062$mm 的泥沙对应排沙比为 38.8%，粒径 $0.062<D\leq0.125$ 和 $D>0.125$ 的粗颗粒泥沙的输沙量分别为 3820、3750 万 t，排沙比分别为 10.5% 和 34.1%，随着坝前水位的抬高，水流的挟沙能力随着水流流速的减小而减小，粗颗粒泥沙的排沙比随之发生较全沙更为明显的减小，即在初期蓄水期（2006 年 9 月～2008 年 9 月），水库排沙比虽为 18.7%，但 $0.062<D\leq0.125$ 和 $D>0.125$ 的泥沙输沙量分别为 3020 万 t 和 2720 万 t，排沙比分别仅为 1.3% 和 2.9%；在试验性蓄水期（2008 年 10 月～2009 年 12 月），水库排沙比为 19.7%，其中粒径 $D\leq0.062$mm 的泥沙对应排沙比为 22.2%，$0.062<D\leq0.125$ 和 $D>0.125$ 的泥沙对应水库排沙比分别为 1.8% 和 0.9%（图 8-30）。

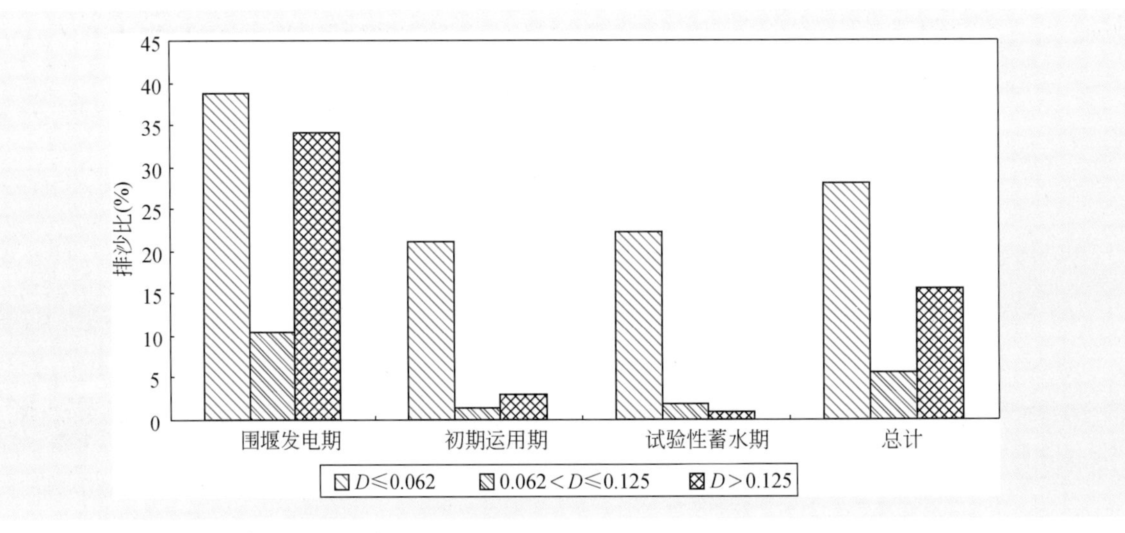

图 8-30　三峡水库各阶段不同粒径级排沙比对比图

综上所述，三峡水库入库水沙条件以及坝前水位的高低是影响水库排沙比变化的主要因素，坝前水位越低，入库流量越大，相应水库的排沙比也越大，当坝前水位为 135m 时，入库平均流量为

25 000m³/s、入库平均含沙量为 0.98kg/m³时，水库排沙比高达 45%。2003 年 6 月～2009 年 12 月，水库排沙主要集中在汛期 5～10 月，排沙比为 29%。尤其是在洪峰期间，库区水流流速较大，水流挟沙能力强，进入水库的泥沙大部分能输移到坝前，水库排沙比较大，2003～2009 年当入库流量大于 30 000m³/s时，水库最大排沙比为 81%。

8.3　三峡水库重点河段河道演变

水库变动回水区具有水库、河道的两重性。汛期蓄水过程中，坝前水位上升，回水末端上延，变动回水区具有水库的冲淤属性。汛前坝前水位消落过程中，回水末端下移，末端以上恢复了天然河道，则变动回水区又具有天然河道的冲淤属性。为全面掌握和了解在三峡工程不同运行时期，水库变动回水区的泥沙冲淤规律，受三峡集团公司的委托，在三峡工程泥沙专家组的指导下，长江委水文局相继对土脑子河段、青岩子河段、洛碛河段、涪陵河段和重庆主城区河段的泥沙冲淤过程进行了大量的观测与分析研究工作，为基本摸清三峡水库分期蓄水和优化调度提供了科学依据。

8.3.1　土脑子河段

土脑子河段位于涪陵至丰都之间，从五羊背至鹭鸶盘全长约 3km，上距长江清溪场水文站约 16.9km，下距南沱水位站约 1.5km，距三峡大坝 455.9km，处于丝瓜碛弯道下首（图 8-31）。丝瓜碛弯道凹向右岸，为中心角近 180°的急弯。丝瓜碛分为上丝瓜碛、中丝瓜碛、下丝瓜碛，土脑子河段位于下丝瓜碛。受地质构造作用的影响，土脑子河段边界条件比较复杂，深槽紧贴右岸；当水位在 132.0～139.0m 时，该河段被下丝瓜碛和兔耳碛分为三汊，当水位在 137.0～144.0m 时，河段被兔耳碛分为两汊，水位高于 144.0m 后，水面完全汇合。河段两岸均为坚硬岩石组成，床面绝大部分为卵石和砾石覆盖，部分年内有淤沙。河道横断面基本为“W”型，河道开阔，洪水期河宽一般大于 1000m，最大河宽达 1600m；枯水期下丝瓜碛露出，河道狭窄，河宽仅为 300m 左右。　571

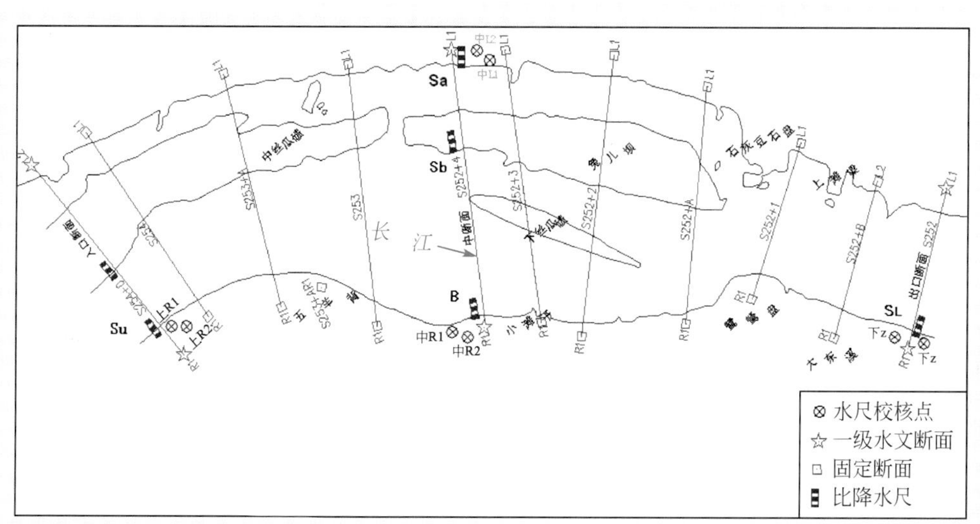

图 8-31　土脑子河段河势及观测布置图

土脑子河段是川江三大淤沙河段之一，蓄水前每年的淤沙数量仅次于臭盐碛、兰竹坝，而居于第三位。当流量大于16 000m³/s时，主流逐渐向左岸移动，五羊背至土脑子一带形成缓流漫水区域，泥沙开始落淤，此时间内航线也随主流左移，最终移至兔耳碛右侧。汛后随着水位退落，水流归槽，比降、流速增大，右侧深槽内淤积的泥沙将产生冲刷，航迹线又逐渐回归至右侧深槽，年内呈周期性往复摆动。蓄水前，本河道枯水期航行条件较差，航道的显著特点是航槽弯曲、窄浅、水流湍急，属通航控制性河道。三峡水库围堰发电期，土脑子河段处于水库变动回水区，水位壅高约0.7～6.0m，流速较蓄水前减小约7%～80%，河床总体呈累积性淤积。初期蓄水和试验性蓄水后，该河段处于常年回水区。

1. 水流条件变化

天然情况下，受丝瓜碛弯道影响，土脑子河段枯水主流走右侧深槽，水流集中，流速较大；汛期随着水位升高，主流线逐渐左移，土脑子右槽一带成为缓流区。蓄水前，土脑子河段在流量16 000m³/s左右时比降最大；当流量大于16 000m³/s时，随着流量的增大，比降逐渐减小，而当流量小于16 000m³/s时，随流量的减少，比降也逐渐减小。三峡水库蓄水运用后，受坝前水位影响，各流量级下水面比降均明显减小。但在流量大约16 000m³/s左右时，比降仍然最大，且随着流量增大，比降也逐渐减小（表8-19）。同时，由于水库壅水，水深增加，过水面积增大，断面流速大幅减少（表8-20）。

表8-19　三峡水库蓄水前后土脑子河段比降变化成果表

流量（m³/s）	蓄水前	围堰发电期						初期蓄水期			
		坝前135m		坝前137m		坝前138m		坝前145m		坝前155m	
		比降（‰）	比降减小（%）	比降（‰）	比降减小（%）	比降（‰）	比降减小（%）	比降（‰）	比降减小（%）	比降（‰）	比降减小（%）
5 000	2.40	1.07	55.4	0.78	67.5	0.60	75.0			0.05	95.3
10 000	2.78	1.25	55.0	1.10	60.4	0.97	65.2	0.15	88.0	0.08	93.6
16 000	2.95	1.30	55.9	1.18	60.0	1.09	63.1	0.31	76.2		
30 000	1.73	1.14	34.1	1.12	35.3	0.95	45.1	0.58	49.0		

表8-20　三峡水库蓄水前后土脑子河段S252+4断面流速变化成果

流量（m³/s）	蓄水前		围堰发电期			初期蓄水期		
	断面水深（m）	流速（m/s）	坝前水位（m）	流速（m/s）	流速减少率（%）	坝前水位（m）	流速（m/s）	流速减少率（%）
5 000	2.2	3.50	139	0.66	81.1	155	0.18	94.9
20 000	8.2	1.58	135	1.39	10.9	145	0.98	38.0
40 000	15.7	1.60	135	1.48	7.5	145	1.32	17.5

2. 河床冲淤变化

三峡水库蓄水前，土脑子河段一般是汛期淤积、汛末及汛后冲刷，如1985年2月初～10月初淤积了728万m³，10月以后河床发生冲刷，至11月中旬累计冲刷泥沙568万m³，占汛期淤积量的78.0%（表8-21）。主要是因为土脑子河段深槽靠近凸岸，汛期随着流量的增大，主流左移，处于弯顶以下深槽成为缓流区，泥沙大量落淤；汛末及汛后，随着水位降低，水流归槽，汛期淤积的泥沙发生大量冲刷，其中

10月初至11月中旬是主要冲刷期。年际间本河段有冲有淤，冲淤量不大，无累积冲刷或淤积趋势。1980年2月至1985年2月冲刷了2.7万m^3，1985年2月至2003年3月淤积了34.3万m^3。

表8-21　1985年土脑子浅滩段冲淤量成果表

时　段	冲淤量（万m^3）	冲刷百分数（%）
2月初～10月初	+728	
10月初～10月下旬	−102	−14.0
10月下旬～11月中旬	−466	−64.0

“+”表示淤积、“−”表示冲刷，下同

（1）围堰发电期

三峡水库蓄水运行以来，土脑子河段呈累积性淤积趋势（图8-32）。2003年3月至2006年12月累积淤积泥沙165万m^3。从年内冲淤过程看，土脑子河段年内有冲有淤，总体为淤，其冲淤过程可大体划分为4个阶段：上年末至本年度水位消落前的微冲微淤阶段、消落期冲刷阶段、汛期淤积阶段、汛末冲刷阶段，其中汛期是主要淤积阶段，汛末和消落期是主要冲刷阶段（表8-22）。

A. 上年末至本年消落前的微冲微淤阶段

由于入库流量较小，一般在5000m^3/s以下，而坝前水位较高（139m附近），土脑子河段比降一般在0.4×10^{-4}以下，流速一般在1.0m/s以下，故河床冲淤变化不大，如2003年12月25日至2004年3月5日仅淤积了86万m^3，2004年12月14日至2005年4月26日冲刷了39万m^3。

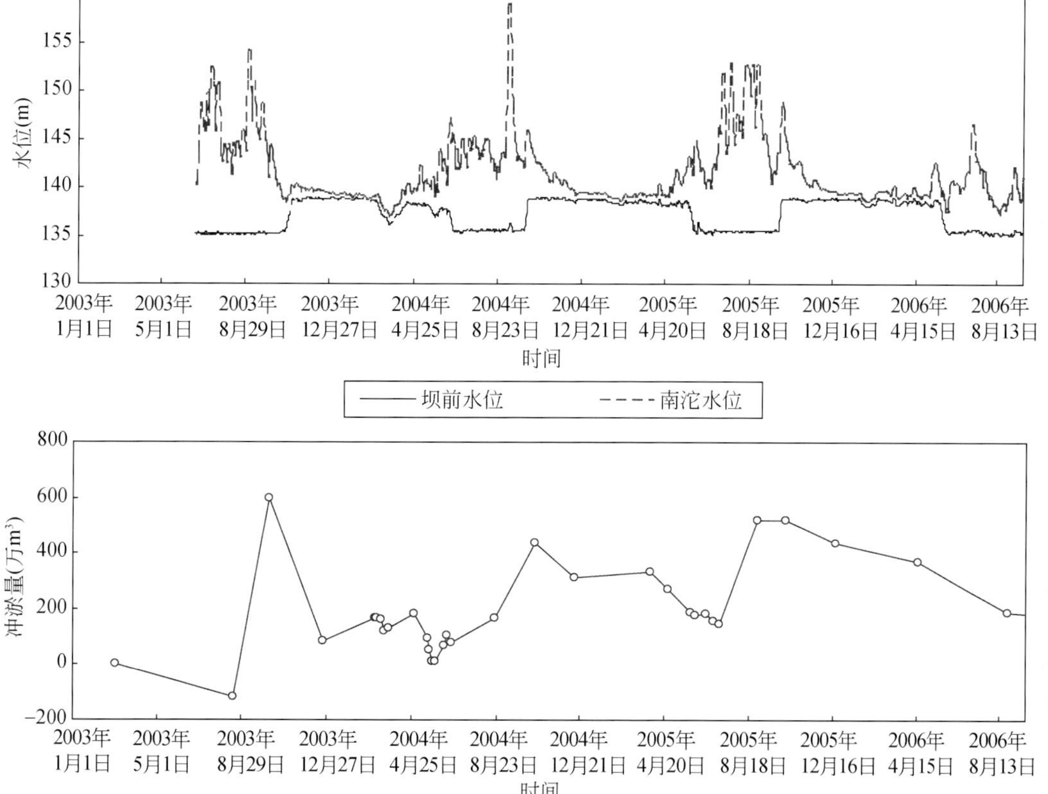

图8-32　三峡水库蓄水以来土脑子河段（长3km）河床冲淤变化过程图

表 8-22　2003～2007 年土脑子河段河床冲淤量统计表

统计时段	冲淤量（万 m^3）	备　注
2003 年 3 月 3 日～2003 年 10 月 8 日	+600	汛期淤积阶段
2003 年 10 月 9 日～2003 年 12 月 24 日	-516	汛末冲刷阶段
2003 年 12 月 25 日～2004 年 3 月 6 日	+86	上年末至本年消落前微淤阶段
2004 年 3 月 7 日～2004 年 6 月 22 日	-89	消落期冲刷阶段
2004 年 6 月 23 日～2004 年 10 月 17 日	+354	汛期淤积阶段
2004 年 10 月 18 日～2004 年 12 月 13 日	-125	汛末冲刷阶段
2004 年 12 月 14 日～2005 年 4 月 26 日	-39	上年末至本年消落前微冲阶段
2005 年 4 月 27 日～2005 年 6 月 2 日	-93	消落期冲刷阶段
2005 年 6 月 3 日～2005 年 10 月 9 日	+340	汛期淤积阶段
2005 年 10 月 10 日～2005 年 12 月 19 日	-82	汛末冲刷阶段
2005 年 12 月 20 日～2006 年 4 月 18 日	-69	消落冲刷
2006 年 4 月 19 日～2006 年 8 月 26 日	-181	汛期来水来沙小
2006 年 8 月 27 日～2006 年 12 月 15 日	-21	汛末退水冲刷
2006 年 12 月 16 日～2007 年 4 月 30 日	+36	枯季坝前水位高（156m），流速比降小
2007 年 5 月 1 日～2007 年 8 月 22 日	+155	坝前水位高（145m），汛期来水来沙大
2007 年 8 月 23 日～2007 年 12 月 18 日	+92	枯季坝前水位高（156m），流速比降小
2003 年 3 月 3 日～2006 年 12 月 15 日	+165	
2006 年 12 月 16 日～2007 年 12 月 18 日	+283	

B. 消落期冲刷阶段

在水库消落期，由于水位消落，回水末段下移，变动回水区比降流速增大，故本阶段河床总体为冲，如 2004 年 3 月 3 日至 6 月 21 日坝前水位从 138.65m 消落到 135.47m，河床冲刷泥沙 235.3 万 m^3；2005 年 5 月 23 日至 6 月 3 日坝前水位从 138.47m 消落到 135.48m，其冲刷量为 92.7 万 m^3。从消落期冲刷过程来看，主要有以下特点。

1）随着消落期入库流量和消落水位的不同，消落冲刷强度也不一样。如 2004 年消落初期 3 月 6 日至 3 月 26 日平均流量为 4900m^3/s，入库流量小，冲刷强度只有 0.61 万 $m^3/(km \cdot d)$；随着入库流量增大，冲刷强度增强，5 月 1 日至 5 月 30 日平均流量为 10 200m^3/s，冲刷强度增加到 1.91 万 $m^3/(km \cdot d)$；随着流量的继续增大，水流漫滩，冲刷强度又减小，6 月 17 日至 6 月 22 日平均流量为 22 000m^3/s，冲刷强度减小到 1.76 万 $m^3/(km \cdot d)$。

2）消落期，河床冲刷量主要集中在深槽。如 2004 年 5 月 1 日至 5 月 30 日，3km 河段共冲刷了 172.2 万 m^3，其中高程 135m 以下冲刷了 148.2 万 m^3，占总冲刷量的 86.2%。这是由于水位消落期，主槽流速增加的幅度大于洲滩，因此消落冲刷位置主要是深槽。

3）消落期，河床纵向冲淤变化取决于河槽前期的纵剖面起伏度。一般位于深泓纵剖面坡顶的库段主要为冲刷，如 S353+1 断面；位于深泓纵剖面坡谷的库段主要为淤积，如 S352+1 断面；接近坡顶的库段也是冲刷的，但冲刷量比纵坡顶少，如 S352+A 断面。2004、2005 年消落前后土脑子河段深泓纵剖面变化如图 8-33 所示。这是由于坡顶与坡谷所在断面在同一流量条件下过水面积相差较大，所以沿程流速分布也相差很大，从而使同一流量条件下沿程水流挟沙能力就相差大。在消落期同一流量条件下，坡顶所在断面的过水面积远小于坡谷所在断面，故消落期坡顶所在断面产生冲刷，而坡谷所在断面一般产生淤积。

4）每年消落期结束后，都有部分上年度的汛期淤积物未被冲刷，说明在三峡水库蓄水后土脑子河段出现了一定的累计性淤积。如 2003 年 3 月 3 日与 2004 年消落期结束后的 6 月 22 日比较，3km 河段淤积量为 81. 7 万 m^3；2004 年消落期结束后的 6 月 23 日与 2005 年消落期结束后的 6 月 2 日比较，3km 河段淤积量为 98. 1 万 m^3。

5）消落时间越长，冲刷量越大，2004 年消落期的三个消落阶段，土脑子河段共冲刷 208. 9 万 m^3，2005 年消落期冲刷量不到 100 万 m^3。

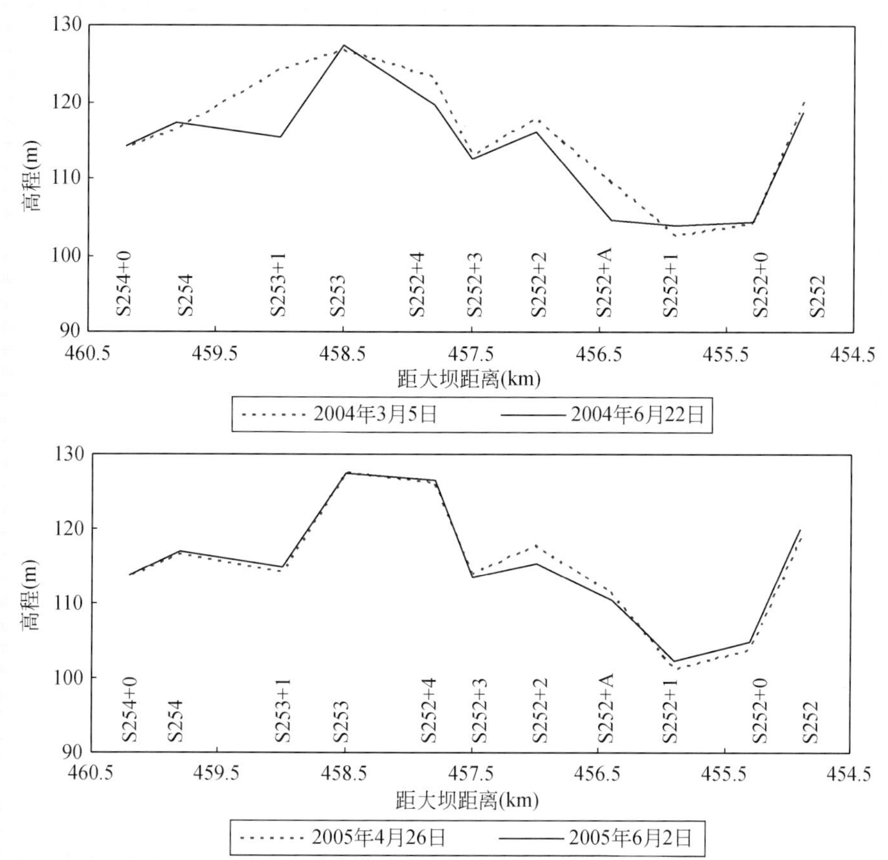

图 8-33　2004 年和 2005 年消落前后土脑子河段深泓纵剖面变化图

C. 汛期淤积阶段

主汛期，土脑子河段接近天然情况，仍是主要淤沙期，如 2004 年 6 月 23 日至 10 月 17 日淤积 358. 1 万 m^3，2005 年 6 月 3 日至 10 月 9 日淤积 346. 6 万 m^3。但汛期如果流量较小，河床也可能发生冲刷，如 2003 年 7 月底至 8 月中旬流量只有 16 000～20 000m^3/s 左右，水位在 141～143m，兔耳碛露出，水流归槽，河床发生大量冲刷，2003 年 3 月 3 日至 8 月 18 日冲刷了 119. 6 万 m^3；2006 年川渝地区发生了罕见的干旱，汛期来水来沙明显偏小，该年汛期也发生冲刷，2006 年 4 月～2006 年 8 月冲刷了 181 万 m^3。

D. 汛末冲刷阶段

本阶段上游来水减少，土脑子河段水位降低，尽管此时坝前水位抬至 139m 附近，但由于土脑子河段特殊的地形，此时水流仍然归槽，故河床为冲。2003 年 10 月 9 日到 12 月 24 日冲刷了 515. 8 万 m^3，2004 年 10 月 18 日至 12 月 13 日冲刷了 123. 9 万 m^3，2005 年 10 月 10 日至 12 月 19 日冲刷了 81. 8

万 m^3，分别占当年汛期净淤积量的 86.0%、34.6%、22.8%。

2004 年和 2005 年的冲刷百分数比 2003 年明显偏小，原因主要是 2004 年和 2005 年坝前水位在 10 月 5 日左右就抬至 139m 附近，而 2003 年在 11 月 5 日才蓄至 139m 附近，因 2003 年汛末蓄水较晚，土脑子河段流速比 2004 年和 2005 年大，故 2003 年冲刷百分数大一些。

综上分析可知，在三峡水库围堰发电期，由于水流在 16 000m^3/s 左右时归槽，比降、流速是全年最大的阶段，故流量 16 000m^3/s 左右时年冲刷强度最大（图 8-34）；当流量小于 16 000m^3/s 时，随着流量的减少，冲刷强度逐渐减弱；当减少到一定程度后，如坝前水位 139m，流量小于 10 000m^3/s 时，则河床转为弱淤；当汛期流量大于 16 000m^3/s 时，随着流量的增大，冲刷强度也逐渐减弱；当超过一定程度后，如坝前水位 135m，流量大于 23 000m^3/s 时，则河床转为淤积，并随着流量的增大，淤积强度逐渐增强。

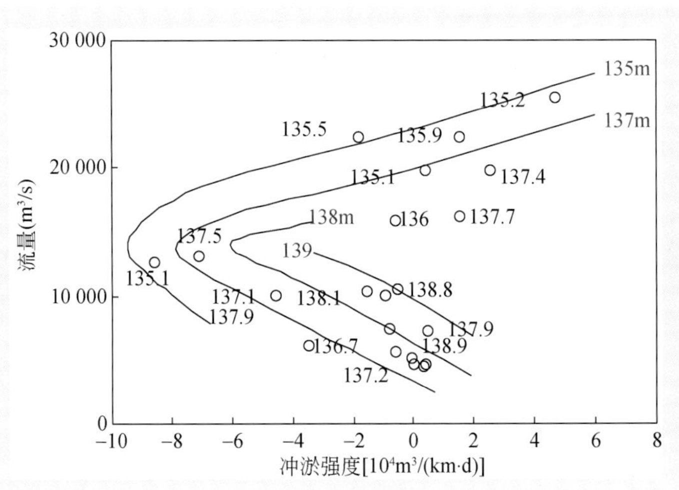

图 8-34　围堰发电期土脑子河段河床冲淤强度与入库流量、坝前水位关系图

（2）初期蓄水期

三峡水库初期蓄水期，水库回水上延，土脑子河段变为常年回水区，比降、流速进一步减小，河床出现累积性淤积，2006 年 12 月至 2007 年 12 月共淤积泥沙 283×10^4m^3。与围堰发电期相比，其冲淤特性发生了明显变化。

1）三峡水库围堰发电期，土脑子河段年内有冲有淤，其冲淤过程可大体划分为 4 个阶段：上年末至本年度水位消落前的微冲微淤阶段、消落期冲刷阶段、汛期淤积阶段、汛末冲刷阶段；但在初期蓄水期，无论是水库消落期或是蓄水期，河床总体均呈淤积状态。

2）三峡水库初期蓄水期，土脑子河段的淤积强度比围堰发电期大。如 2007 年的水沙搭配系数（年输沙量与径流量比值）为 5.72×10^{-4}，2004 年的水沙搭配系数 5.79×10^{-4}，两者基本相同，但 2007 年土脑子河段淤积量为 283 万 m^3，明显大于 2004 年的 226 万 m^3；2007 年 12 月至 2008 年 11 月河段累积淤积泥沙 292 万 m^3。

（3）试验性蓄水期

2008 年汛后三峡水库进行 175m 试验性蓄水后，土脑子河段位于常年回水区中段，河床出现累积性淤积，2008 年 11 月至 2011 年 11 月淤积泥沙约 840 万 m^3。

3. 河道形态变化

（1）深泓线平面变化

土脑子河段深泓线平面走向与河段主流基本一致。深泓线从五羊背与中丝瓜碛之间的中泓逐渐向土脑子右岸过渡，顺土脑子和鹭鸶盘右岸逐渐下行。

蓄水以来，土脑子河段深泓线平面摆动较大的部位主要是右岸五羊背至土脑子一带，进口及鹭鸶盘以下河段则摆动较小。三峡水库围堰发电期，由于泥沙累积性淤积，土脑子一带深泓线逐渐向江心移动，与蓄水前2003年3月比较，2003年12月的深泓线向江心最大摆动了187m，2004年12月向江心最大摆动了约230m，2005年12月向江心最大摆动了约230m，2007年12月向江心最大摆动了约350m。特殊水情年份如2006年，由于来水来沙小，河床总体为冲，深泓线出现回移，2006年12月与2005年12月比较，深泓线最大回移了230m。河段年际间深泓线平面变化如图8-35所示。

三峡水库初期蓄水期的2007年，随着泥沙淤积，土脑子一带深泓线总体向江心移动。2007年4月与2006年12月比较，两深泓线基本接近，表明2006年12月至2007年4月河床冲淤变化不大；2007年8月与2007年4月比较，深泓线向江心移动，最大移动约300m，表明该时段右槽出现了大量淤积；2007年12月与2007年8月比较，深泓线总体继续向江心摆动，最大摆动约270m，表明该时段右槽继续出现大量淤积。2007年深泓线平面变化如图8-36所示。

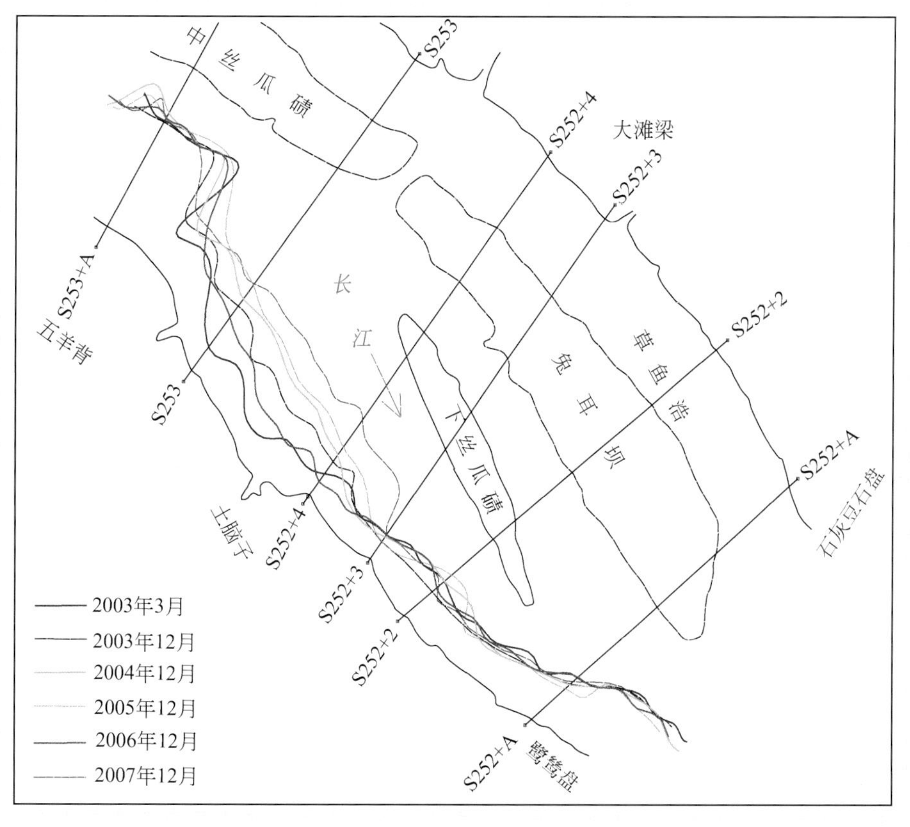

图8-35 蓄水前后年际间深泓线平面变化

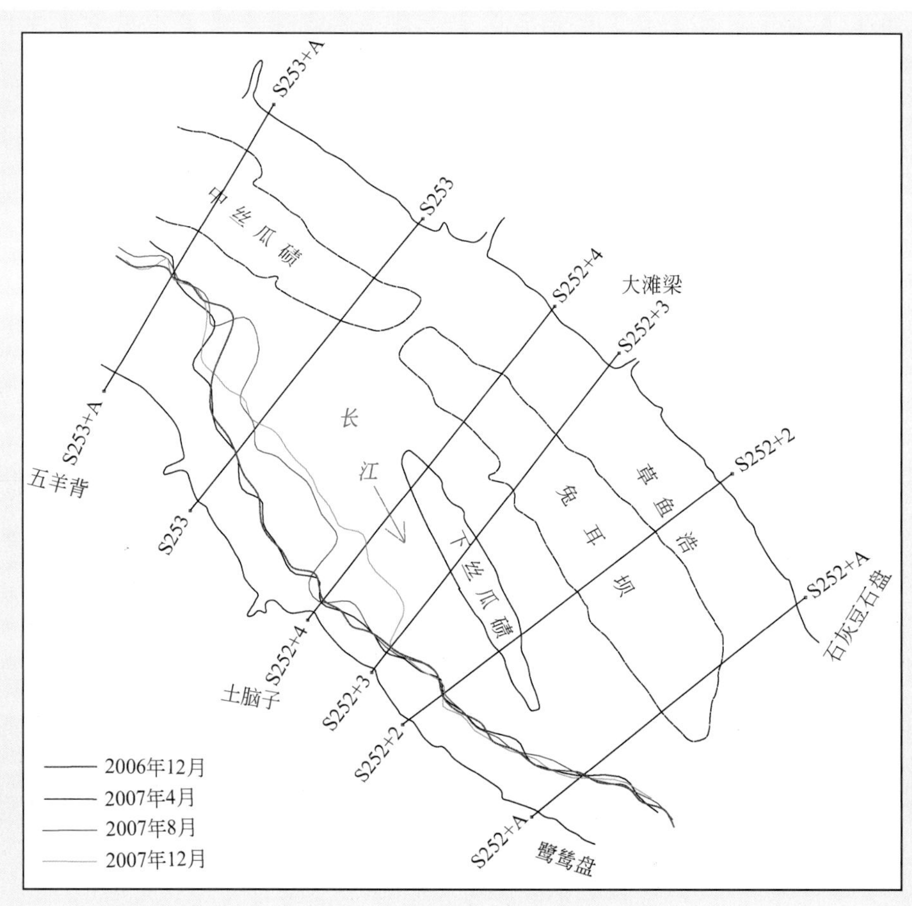

图 8-36　2007 年内深泓线平面变化

(2) 深泓纵剖面变化

土脑子河段深泓纵剖面年际对比如图 8-37 和表 8-23 所示。土脑子河段深泓纵剖面有冲有淤，变化较大的部位主要集中在五羊背至鹭鸶盘。与蓄水前 2003 年 3 月比较，2003 年 12 月河段平均淤积厚度为 10.3m，最大淤积为 20.1m（S252+4 断面）；2004 年 12 月平均淤积厚度为 6.3m，最大淤积达 15.5m（S253 断面）；2005 年 12 月平均淤积厚度为 10.7m，最大淤积达 19.4m（S252+4 断面）；2006 年 12 月平均淤积厚度为 4.6m，最大淤积达 11.8m（S252+2 断面）；2007 年 12 月平均淤积厚度为 11.8m，最大淤积达 20.8m（S252+4 断面）。

由此可见，蓄水后，土脑子河段深泓纵剖面年际间虽然有冲有淤，但总体呈累积性淤积态势。

表 8-23　土脑子河段年际、年内深泓高程统计表　（单位：m）

时间	断面名称						
	S252+A	S252+2	S252+3	S252+4	S253	S253+A	平均
2003 年 3 月	101.0	105.0	116.0	110.6	111.0	123.5	111.2
2003 年 12 月	109.4	120.8	122.1	130.7	129.6	116.6	121.5
2004 年 12 月	102.6	109.5	121.9	116.2	126.5	128.2	117.5
2005 年 12 月	113.4	123.9	120.1	130.0	128.7	115.4	121.9
2006 年 12 月	104.8	116.8	114.0	117.7	127.0	114.4	115.8
2007 年 12 月	109.3	124.7	128.1	131.4	129.2	115.2	123.0

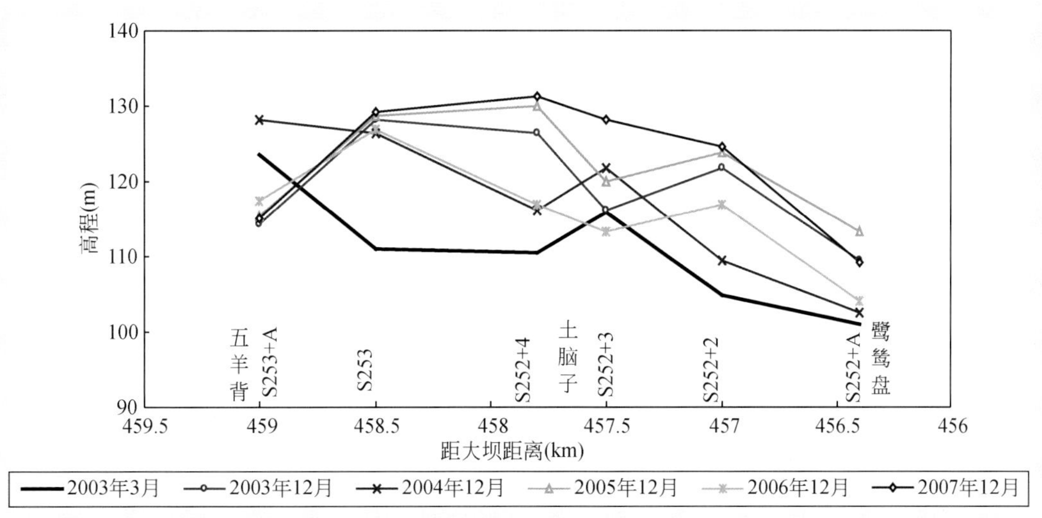

图 8-37　土脑子河段深泓线纵剖面年际变化图

从 2007 年深泓纵剖面年内变化看，土脑子河段年内有冲有淤，主要为淤。2006 年 12 月至 2007 年 4 月，土脑子河段深泓纵剖面变化不大；2007 年 4 月至 2007 年 8 月，河段平均淤厚 3.9m，最大淤厚 9.6m（S252+4 断面）；2007 年 8 月至 2007 年 12 月，河段平均淤厚 2.8m，最大淤厚 5.6m（S252+3 断面）。总体看，2006 年 12 月至 2007 年 12 月，河段平均淤厚 7.2m，最大淤厚 14.1m（S252+3 断面）。2007 年深泓纵剖面年内对比如图 8-38 和表 8-24 所示。

表 8-24　土脑子河段 2007 年内深泓高程统计表　（单位：m）

时间	断面名称						
	S252+A	S252+2	S252+3	S252+4	S253	S253+A	平均
2006 年 12 月	104.8	116.8	114.0	117.7	127.0	114.4	115.8
2007 年 4 月	105.3	117.3	114.0	118.0	127.2	115.9	116.3
2007 年 8 月	106.3	120.4	122.5	127.6	129.0	115.1	120.2
2007 年 12 月	109.3	124.7	128.1	131.4	129.2	115.2	123.0

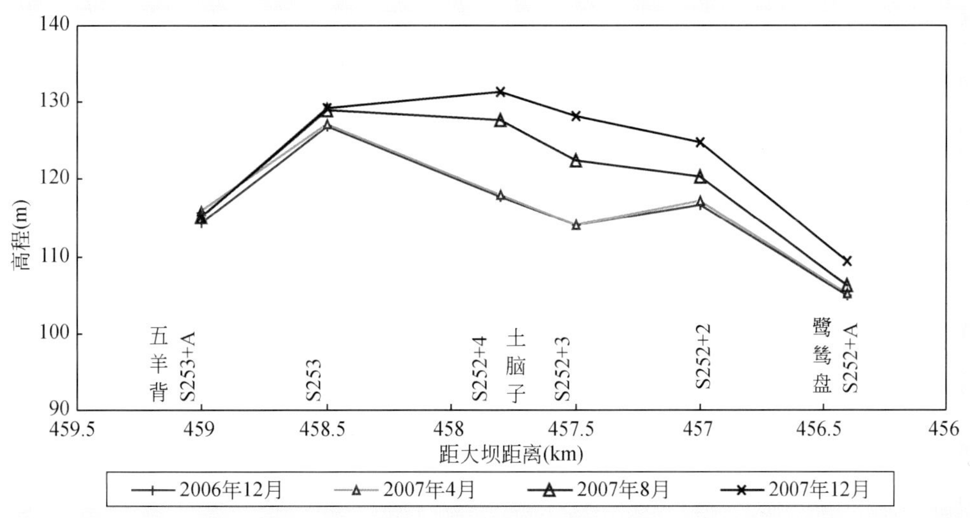

图 8-38　土脑子河段 2007 年深泓纵剖面变化图

(3) 河床断面形态变化

土脑子河段的断面形态主要为“W”形，河床冲淤部位主要集中在位于弯道凹岸的右槽，洲滩及左槽变化较小。年内一般为汛期淤积、汛末及消落期冲刷，具有一定周期性，消落期的冲刷厚度一般小于汛末及汛后的退水期；但在初期蓄水期，由于水位抬高，断面冲淤的周期性遭到破坏，年内断面主要表现为累积性淤积；年际间则表现为深槽部位出现的累积性淤积，如图 8-39 ~ 图 8-41 所示。

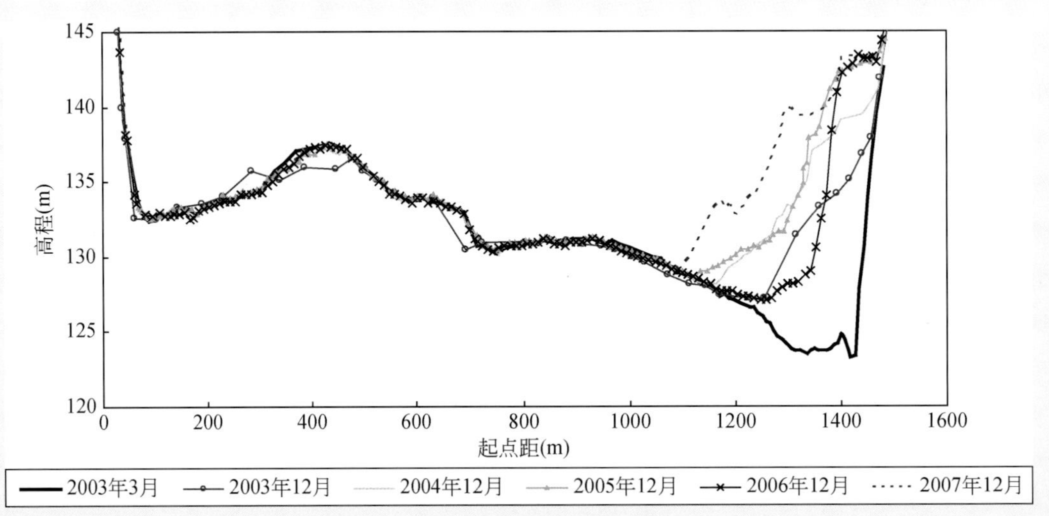

图 8-39　S253 断面年际变化图

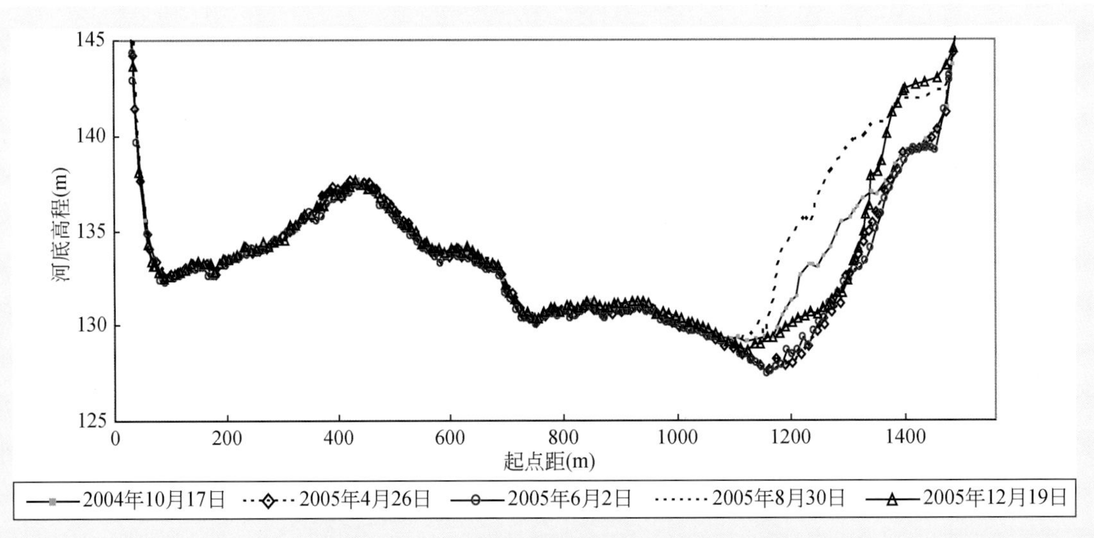

图 8-40　2005 年 S253 断面年内变化图

4. 影响河床演变的主要因素

土脑子河段河床演变主要受坝前水位、来水来沙、河道形态等诸因素的综合影响。

(1) 坝前水位

在入库流量一定时，若坝前水位愈低，土脑子河段流速、比降越大，则冲刷量越大。如 2004 年消落期的 5 月 1 日至 5 月 20 日和 5 月 26 日至 5 月 30 日，两时段来水来沙条件基本相同，但前者坝前

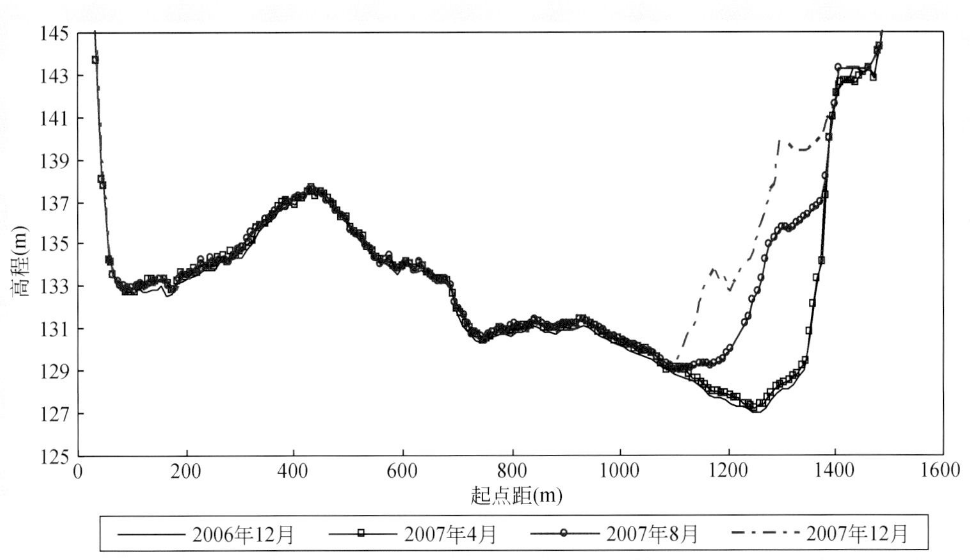

图 8-41　2007 年 S253 断面年内变化图

水位平均为 138.18m，后者平均为 137.1m，后者比前者低了 1m；冲刷强度前者为 $1.05\times10^4m^3/(km\cdot d)$，后者为 $7.68\times10^4m^3/(km\cdot d)$，后者比前者大 7 倍多。又如 2007 年的水沙搭配系数（年输沙量与径流量比值）为 5.72×10^{-4}，2004 年的水沙搭配系数 5.79×10^{-4} 基本相同，但 2007 年土脑子河段淤积量为 283 万 m^3，2004 年为 226 万 m^3。2007 年淤积量明显比 2004 年大，原因主要是 2007 年三峡水库运行水位（145～156m）明显比 2004 年运行水位（135～139m）高的缘故。之后，随着坝前水位的逐渐抬高，土脑子河段淤积有所加剧。

（2）来水来沙

河床冲淤主要是水流输沙不平衡造成的，若来沙量大于水流输沙能力，则河床为淤，来沙愈大，淤积愈多；反之为冲，来沙愈小，冲刷愈多。如 2004 年 3 月 7 日至 14 日坝前水位为 137.1m，冲刷强度为 $0.25\times10^4m^3/(km\cdot d)$；5 月 23 日至 25 日坝前水位仍为 137.1m，但冲刷强度增加到 $4.81\times10^4m^3/(km\cdot d)$，后者冲刷强度比前者大得多，原因主要是前者的平均流量为 $5000m^3/s$，后者为 $9900m^3/s$，后者的流速比前者大的缘故；又如 2004 年 3 月 7 日至 14 日和 2005 年 4 月 27 日至 5 月 28 日，两时段坝前平均水位均为 137.1m 左右，入库流量均为 $9900m^3/s$ 左右，前者平均含沙量为 $0.027kg/m^3$，后者为 $0.165kg/m^3$，前者的冲刷强度为 $1.52\times10^4m^3/(km\cdot d)$，后者为 $0.91\times10^4m^3/(km\cdot d)$，前者冲刷强度比后者大一些，原因主要是前者的含沙量比后者小的缘故。

（3）河道形态

土脑子河段位于丝瓜碛弯道下首，弯道凹向右岸，当汛期流量较大时，在水流惯性作用下，主流逐渐向河心移动，五羊背至土脑子一带的主槽流速随着流量的增大，流速反而逐渐减小，泥沙就发生大量淤积。同时土脑子河段进、出口部位相对河道中部窄一些，故泥沙冲淤主要集中在中部土脑子一带；而进出口部位由于主流线变化不大，故河床冲淤变化相对小一些。

5. 河床冲淤规律

1）蓄水前，土脑子河段年内冲淤基本平衡，年际间无单向性的冲刷或淤积趋势。三峡水库围堰发电期，土脑子河段年内有冲有淤，累积为淤，2003 年 3 月至 2006 年 12 月累积淤积了 165 万 m^3。三峡水库初期蓄水期，由于水库水位大幅抬升，泥沙淤积强度更大，2007 年、2008 年分别淤积了 283 万 m^3、292 万 m^3。2008 年汛后三峡水库进行 175m 试验性蓄水后，土脑子河段河床淤积态势持续，2009 年淤积泥沙 444 万 m^3。

2）蓄水前，土脑子河段年内变化大致分为汛期淤积，汛末及汛后冲刷两个阶段，年内冲淤基本平衡；三峡工程 135 ~ 139m 围堰发电期，土脑子河段年内有冲有淤，总体为淤，其冲淤过程大体划分为上年末至本年度水位消落前的微冲微淤、消落期冲刷、汛期淤积、汛末冲刷四个阶段；144 ~ 156m 初期蓄水期的 2007 年，无论汛前、汛期还是汛末和汛后，河段均呈淤积状态。

3）土脑子河段深泓线变化主要在五羊背鹭鸶盘之间，蓄水以来深泓线总体向江心摆动。与蓄水前比较，三峡水库围堰发电期，深泓线向江心最大摆动约 230m；在三峡水库初期蓄水期的 2007 年，深泓线向江心最大摆动约 350m。

4）蓄水以来，土脑子河段洲滩及左槽变化较小，冲淤变化主要集中在右槽。年际变化方面，围堰发电期最大淤积厚度约 20. 1m（S252+4 断面）；初期蓄水期的 2007 年，泥沙淤积强度更大，最大淤积厚度约 20. 8m（S252+4 断面）。

5）坝前水位、来水来沙、河道形态是影响土脑子河段河床演变的主要因素。一般是坝前水位越高，泥沙淤积愈大，坝前水位越低，泥沙淤积愈小；来水来沙量越大，泥沙淤积愈大，来水来沙越小，泥沙淤积愈小；岸线凹凸不平、主流大幅度摆动的区段（五羊背至土脑子一带）冲淤变化大，主流线变化不大的区段（河段进出口部位）冲淤变化小。

8. 3. 2　兰竹坝河段

兰竹坝河段（丁溪至剪刀沱，全长约 25km）位于丰都与忠县之间，距三峡大坝 416km，包括兰竹坝分汊段、白家河顺直段和杨渡溪急弯段（河道形势如图 8-42 所示）。汛期河宽一般为 800 ~ 1000m，兰竹坝分汊段最宽达 1500m，白家河段最窄为 500m。天然情况下，枯水期航线一般走左汊，汛期左汊淤积，改走右汊。清华大学进行 150–135–130m 蓄水变动方案物理模型试验表明，三峡工程运用前 20 年，全河段累计淤积泥沙约 9000 万 m^3，其中兰竹坝段淤积量占 50%；至 50 年末，全河段淤积泥沙约为 16 000 万 m^3，其中兰竹坝段淤积量占 40%；至 80 年末，全河段淤积泥沙约为 20 000 万 m^3，其中兰竹坝段淤积量占 40%，且兰竹坝汊道逐渐转化为单一河槽（长江水利委员会，1997）。

实测资料表明，2003 年 3 月至 2010 年 11 月兰竹坝全河段淤积泥沙 0. 625 亿 m^3，其中分汊段累计淤积泥沙 0. 447 亿 m^3，占河段总淤积量的 71. 5%；2011 年兰竹坝分汊河段继续淤积泥沙 0. 0421 亿 m^3。

河床淤积以主槽为主［图 8-43（a）、图 8-43（b）和图 8-43（c）］，河道形态逐渐由分汊河型向单一河型转变，如 S232 断面［图 8-21（b）］，主槽淤积非常明显，其最大淤积厚度为 26m，其主槽淤后高程最高接近 145m。

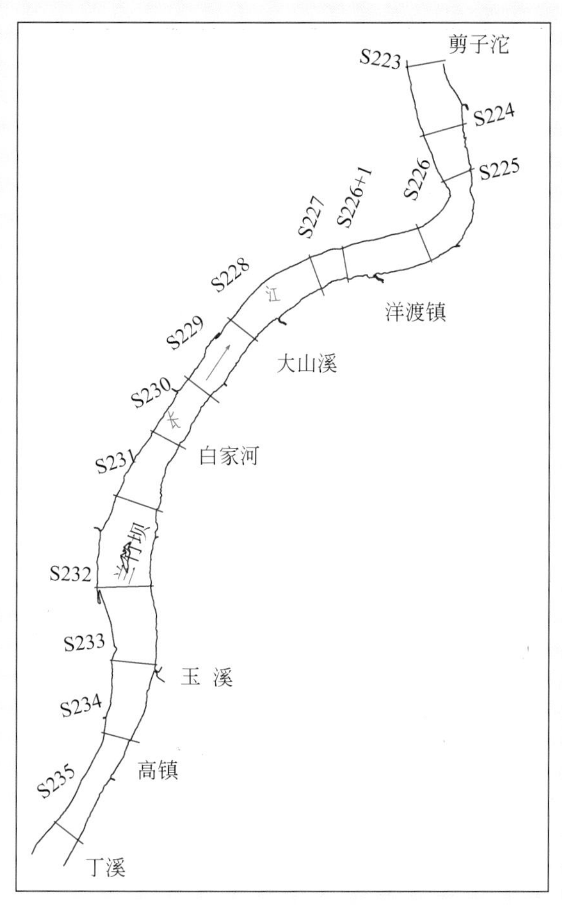

图 8-42　兰竹坝河段河道形势图

8.3.3　皇华城河段

皇华城河段（航道部门称之为‘滥泥湾’）位于长江上游航道里程 404.5 km，为著名“忠州三弯”之一。该河段为弯曲分汊型河段，左槽为主航槽，右槽为副槽，天然河道中副槽上、下口及槽中有大量高大石梁与石盘阻塞，常年不通航，河道形势如图 8-44 所示。

三峡水库蓄水前，皇华城河段受到急弯的影响，左汊一直是汛淤枯冲的态势。在汛期，流量较大，水流趋直；在枯水期，水流归槽，流速较大，冲刷汛期淤积的泥沙，多年来河势保持稳定，冲淤基本平衡。由于左汊流速随流量变化不明显，适合船舶航行，是传统航道（王涛等，2011）。

三峡水库蓄水后，皇华城河段一直处于常年库区，水位较天然情况下抬升较大，水面展宽，航道条件较天然情况有较大改善。但其天然的泥沙冲淤规律被打破，各流量下的分流比都发生变化，流速大幅减缓，左汊在枯水期难以冲刷汛期淤积的泥沙。导致该河段累积性淤积趋势较为明显，淤积量很大，淤积部位主要集中在航道的左槽［图 8-45（a）］，左槽淤积高度基本在 20 m 以上，该河段成为三峡水库蓄水以来库区内淤积最严重的河段之一。

据实测资料统计，其长 7.84km 的库段在 2003 年 3 月至 2010 年 11 月累计淤积泥沙 1.028 亿 m^3；2010 年 11 月至 2011 年 11 月继续淤积泥沙 0.0598 亿 m^3。河床均以主槽淤积为主，如 S205 断面，主槽淤积非常明显，其最大淤积厚度 30.5m，其主槽淤后高程最高为 140m［图 8-10（d）］；S207 断面［图 8-21（a）］，主槽淤积非常明显，其最大淤积厚度达 43m，其主槽淤后高程最高为 124m。

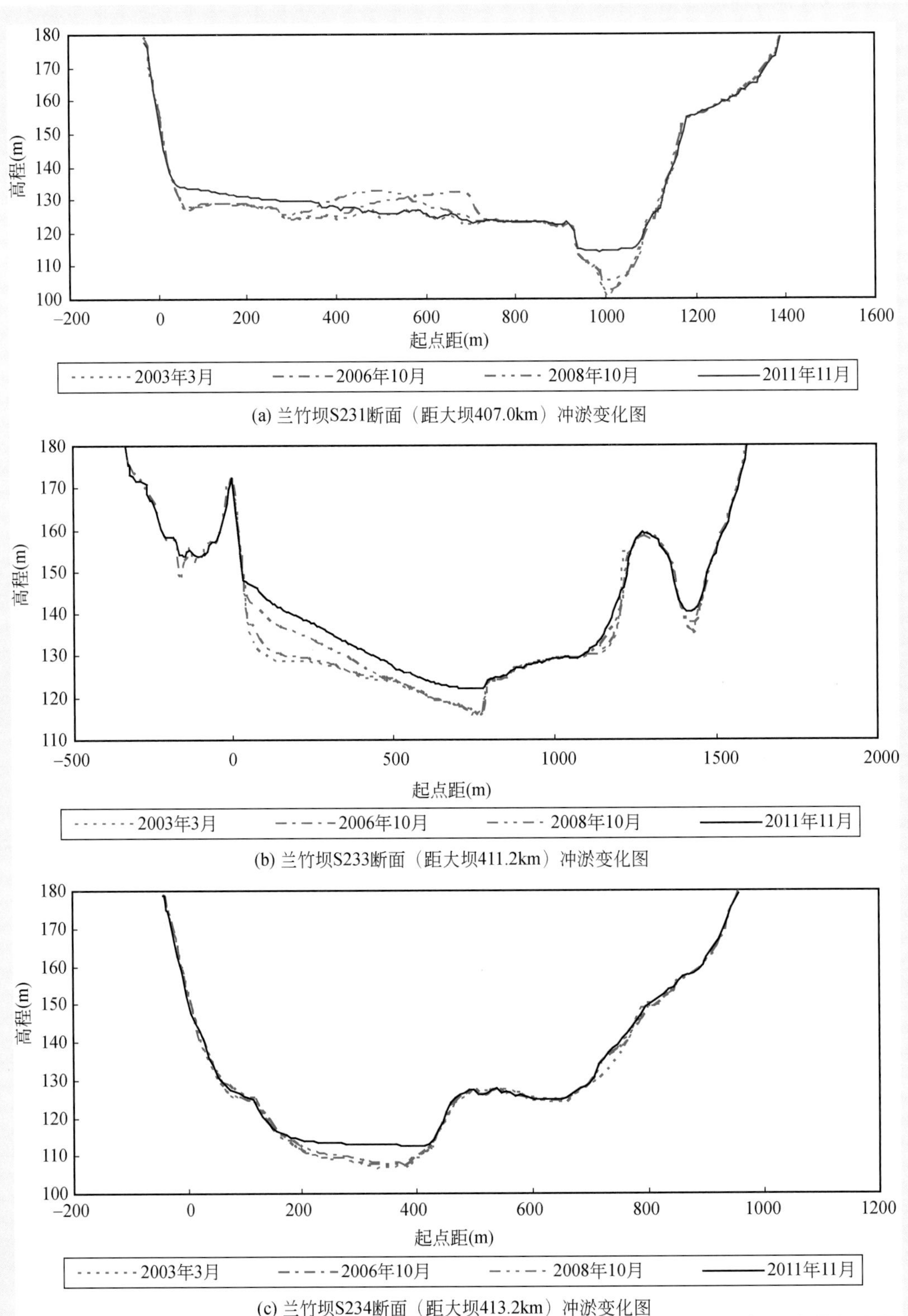

(a) 兰竹坝S231断面（距大坝407.0km）冲淤变化图

(b) 兰竹坝S233断面（距大坝411.2km）冲淤变化图

(c) 兰竹坝S234断面（距大坝413.2km）冲淤变化图

图 8-43　兰竹坝 S231 断面（距大坝 407. 0km）冲淤变化图

由于淤积体完全封堵了整个皇华城左汊，长江重庆航道局于 2011 年 6 月 4 日 15：00 时关闭了皇华城左汊航道，让上行船舶改行皇华城水道右汊。这是三峡成库以来首个因泥沙淤积造成航道维护尺度不能满足标准的水道。

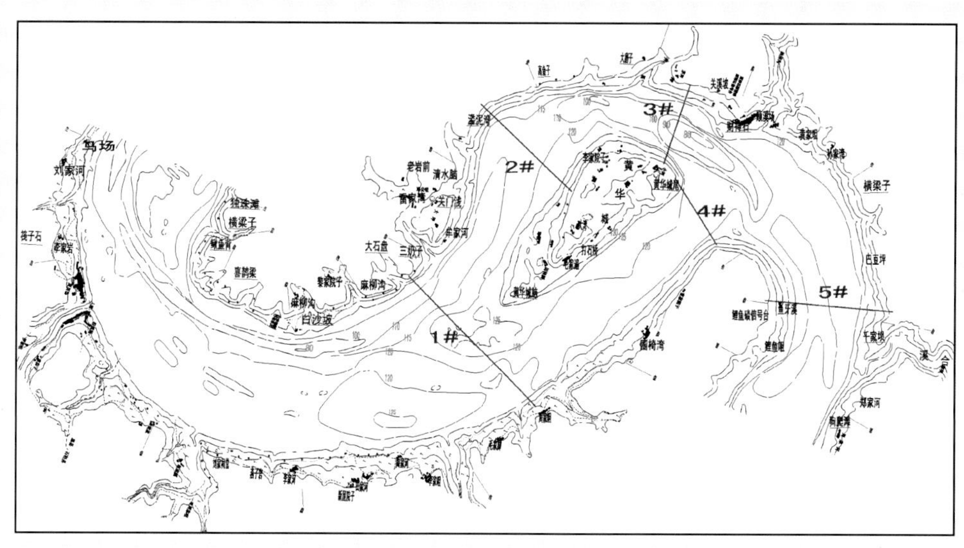

图 8-44　皇华城河段河道形势图

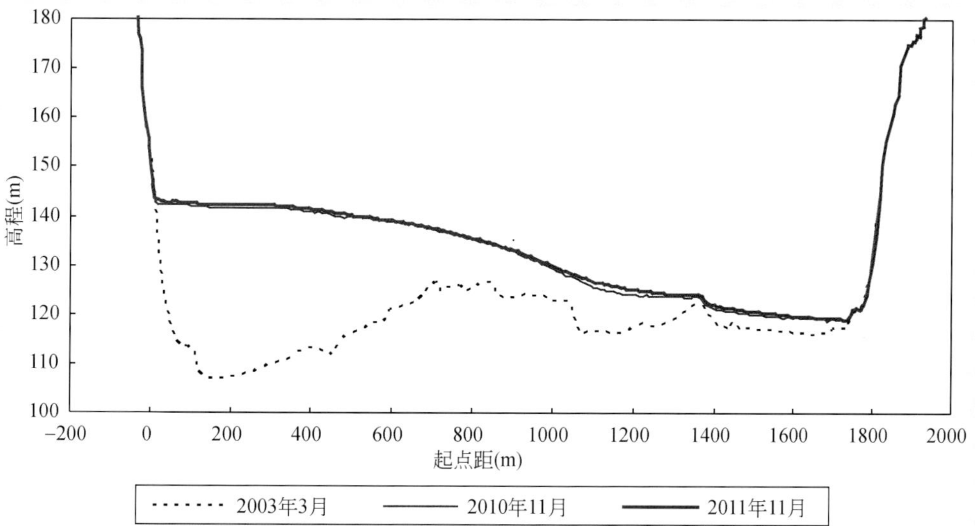

图 8-45（a）　皇华城进口 S206 断面（距大坝 358. 8km）冲淤变化图

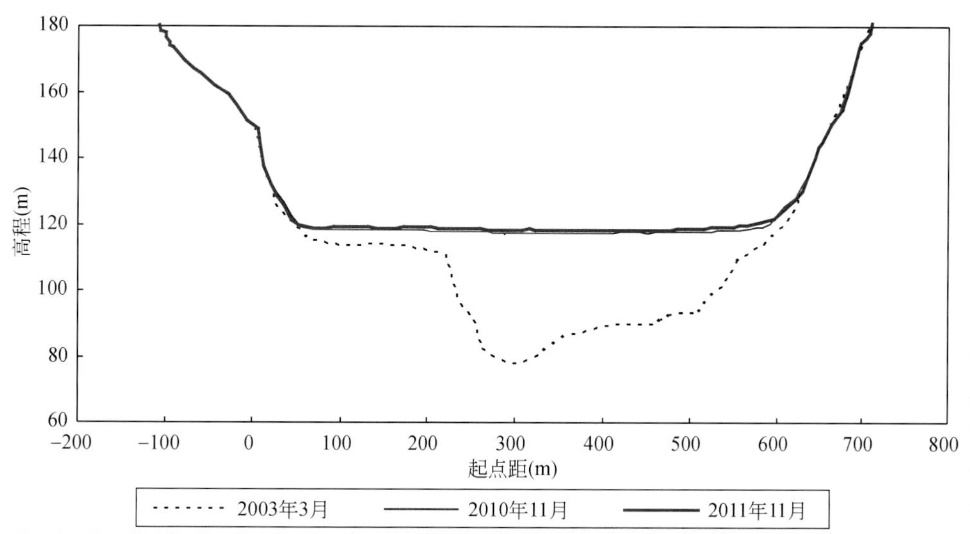

图 8-45（b）　皇华城左汊口 S204 断面（距大坝 355. 3km）冲淤变化图

8.3.4 铜锣峡至涪陵河段

铜锣峡至涪陵河段全长约110km（河道形势如图8-46所示），位于三峡水库变动回水区内。本段沿江岩层为三叠纪石灰岩和侏罗纪砂页岩，在峡谷段及下切的宽谷漫滩上广泛裸露。长江在该段自西而东，依次横切数个背斜山脉，形成铜锣峡、明月峡、黄草峡和剪刀峡等著名峡谷。当经过向斜谷地则河谷宽广，因此本河段峡谷和宽谷交替出现，江面宽窄悬殊，最大处可达1500m，如洛碛附近河段；最窄处仅200余米，如黄草峡河段。峡谷段一般不长，江面狭窄，谷坡陡峭，基岩裸露，两岸山峰矗立，高出江面300～400m，颇为壮观；宽谷段江面开阔，岸坡缓坦，两岸山峰距江较远，高出江面约100～200m。阶地发育，河漫滩心常有石岛，岸边则多碛坝。该段主要的支流从上而下分别有渠溪河、龙溪河、乌江等。

在三峡水库144～156m运行期，铜锣峡至涪陵段为水库变动回水区，在非汛期因水位抬升而受壅水影响，河床以淤积为主；汛期则恢复天然河流的状态，有冲有淤，冲淤相抵，全年总体表现为淤积，即该河段的冲淤特性由建库前的总体冲淤平衡转变为淤积。2006年10月～2007年10月，该河段累计淤积泥沙量为458万m^3，淤积主要集中在铜锣峡至李渡镇段，李渡镇至涪陵段则表现为冲刷，其冲刷量为561万m^3。2007年10月～2008年4月，该河段也主要表现为淤积，其淤积量为156万m^3。

2008年汛末三峡水库进行试验性蓄水后至2012年5月，铜锣峡至涪陵河段沿程有冲有淤，总体有所淤积，共淤积泥沙约858万m^3，淤积主要集中在洛碛至长寿段和黄草峡至李渡段（表8-25）。

根据三峡水库蓄水运用以后的监测资料分析，铜锣峡至涪陵河段床沙组成较为复杂，主要由砂质河床和卵石夹砂河床组成，少数断面由纯沙质河床组成，各断面的床沙粒径变幅较大。其中涪陵、瓦罐窑附近为沙质河床，床沙中值粒径在0.004～0.463mm，最大粒径为2mm，其余位置均由卵石夹砂河床组成，卵石的最大粒径可达249mm。

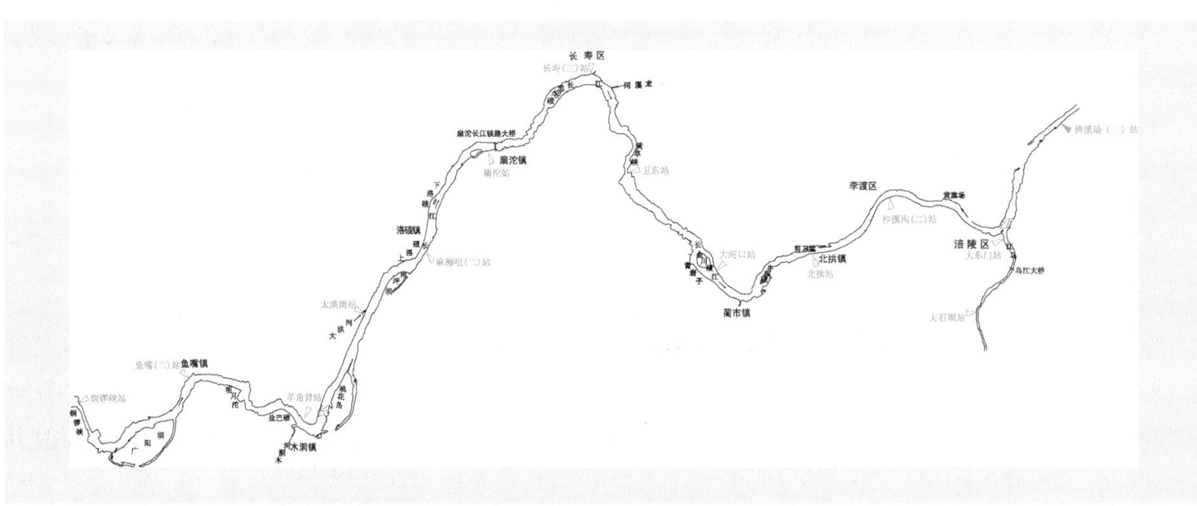

图8-46　三峡水库变动回水区河道形势示意图

表 8-25 三峡水库 175m 试验性蓄水后铜锣峡至涪陵河段泥沙冲淤量统计表 （单位：万 m^3）

河段起止地名 / 间距 / 统计时段		涪陵至李渡镇段	李渡镇至铜锣峡段	涪陵至铜锣峡段
		12.5km	98.9km	111.4km
2006 年 10 月～2007 年 10 月	175m	-102	570	468
	145m	-95	551	456
2007 年 10 月～2008 年 11 月	175m	184	414	598
	145m	149	336	485
2008 年 11 月～2009 年 11 月	175m	-122	-221	-343
	145m	-101	-253	-354
2009 年 11 月～2010 年 4 月	175m	-48	-189	-237
	145m	-54	-76	-130
2009 年 11 月～2010 年 11 月	175m	213	2072	2285
	145m	160	1757	1917
2010 年 11 月～2011 年 5 月 3 日	175m	1	-870	-869
	145m	37	-635	-598
2011 年 5 月 3 日～2011 年 5 月 11 日	175m	-68	189	121
	145m	-70	190	120
2010 年 11 月～2011 年 11 月	175m	175	-509	-334
	145m	149	-462	-313
2011 年 11 月～2012 年 4 月 30 日	175m	-121	-489	-610
	145m	-91	-376	-467
2012 年 4 月 30 日～2012 年 5 月 26 日	175m	55	-195	-140
	145m	64	-177	-113
2011 年 11 月～2012 年 5 月 26 日	175m	-66	-683	-750
	145m	-27	-553	-580
2006 年 10 月～2012 年 5 月 26 日	175m	282	1643	1924
	145m	235	1376	1611

"175m" 指 2010 年 175m 正常蓄水位时观测的实测水面线，"145m" 指汛期汛限水位对应入库流量 300 00m^3/s 的实测水面线

此外，在三峡水库运用的不同时期，分别对位于铜锣峡至涪陵河段内的洛碛、青岩子、涪陵 3 个重点库段进行了泥沙冲淤观测与分析。

1. 涪陵河段

涪陵河段位于长江、乌江两江交汇处（图 8-47）。河段下距三峡大坝约 486km，全长 4.7km，其中干流长约 3.5km，支流乌江段长约 1.2km。

该河段长江干流段中水河宽 500～900m，为弯曲河道形态，凹岸位于右岸一侧，弯道最小曲率半径约 2000m。以乌江入汇处分为上下两段，上段岸线参差不齐，河中靠左岸一侧有锯子梁、洗手梁等石梁，右岸则有著名历史文物白鹤梁纵卧于江中。乌江峡谷段河宽约 150m，向下展宽至入汇口河宽约 300m，并与长江成约 70°的交角衔接。在乌江出口以下的长江河段，河道较宽。由出口向下河宽逐渐缩窄，有锦绣洲及大灶、小灶等石梁群横卧于江中，往下又有著名的和尚滩（洪水急流滩）存在。由于涪陵河道岸线参差不齐，并常有石盘和岩石突咀伸入江中，加之该河段河床底部起伏不平，呈锯齿状，急流险滩与缓流深沱交替存在，以及受两江汇流相互顶托作用，使该河段水沙运动相当复杂。著名的龙王沱中水时水深达 50m 以上，该处在通常情况下均形成大面积的回流区域，回流流速可达到

2m/s 左右，并伴随有泡漩水流，影响船舶航行。

由于天然情况下涪陵河段两岸主要为岩石组成，因此河道岸线总体变化不大。进入 20 世纪 90 年代后期，因在汇口以上长江右岸、乌江左岸修建防护大堤，导致河道岸线有所变化。本河段深泓线年际间除局部小有变化外，总体摆动不大，基本稳定。

受河道边界条件、长江干流与乌江来水来沙条件、两江相互顶托和坝前水位变化等因素的综合影响，涪陵河段年际有冲有淤，冲淤变化复杂，年内变化则一般表现为汛期冲刷，枯季淤积，并且无论是枯季淤积期或汛期冲刷期，冲淤变化主要集中在高程 135m 以下部位。

三峡水库蓄水运用前，涪陵河段冲淤基本平衡。1996 年 12 月至 2003 年 3 月，长江干流段淤积量为 4.8 万 m^3，淤积量较小。

三峡水库蓄水后，河段年际间有冲有淤，总体趋势是汛期冲刷，枯季淤积，说明河床冲淤变化与流量有一定关系，当汛期河床冲刷时，长江干流段冲刷强度随流量的增加而增加；当枯季河床淤积时，其淤积强度随流量减小而增加［图 8-48（a)］。乌江段冲淤强度主要与汇流比有关。当汇流比大于 0.14 左右时，乌江段开始冲刷，汇流比越大，冲刷强度越大；当汇流比小于 0.14 左右时，乌江段开始淤积，汇流比越小淤积强度越大［图 8-48（b)］。

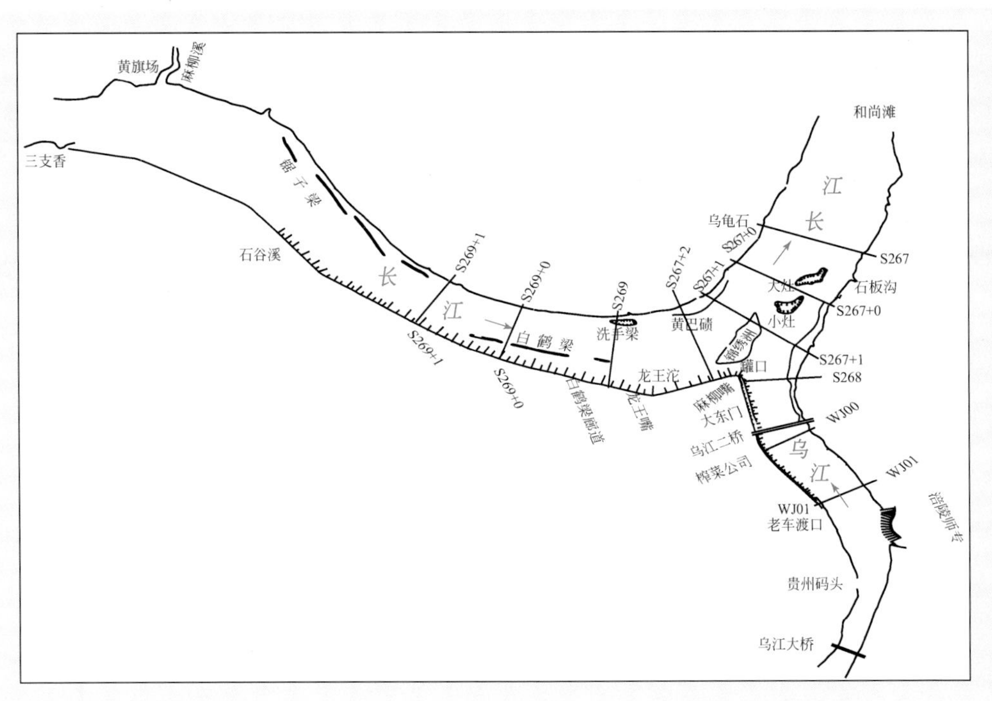

图 8-47　涪陵河段河势图

在围堰发电期（2003 年 9 月～2006 年 8 月），涪陵河段基本为天然河道，其冲刷泥沙 18.6 万 m^3；三峡水库 156m 蓄水后，水位壅高、水流变缓，河床逐渐出现了累积性淤积，如 2006 年 8 月～2008 年 7 月、2008 年 7 月～2009 年 12 月分别淤积泥沙 84.1 万 m^3、54.7 万 m^3（表 8-26）。从典型断面变化来看，涪陵河段断面形态多为“U”形，部分为“W”形和“V”形。各断面主要冲淤部位为河床主槽和边滩部分（图 8-49）。

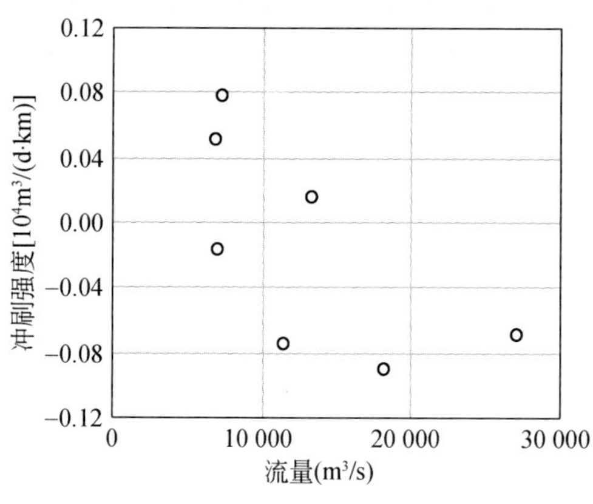

图 8-48（a） 长江干流段冲淤强度与流量关系

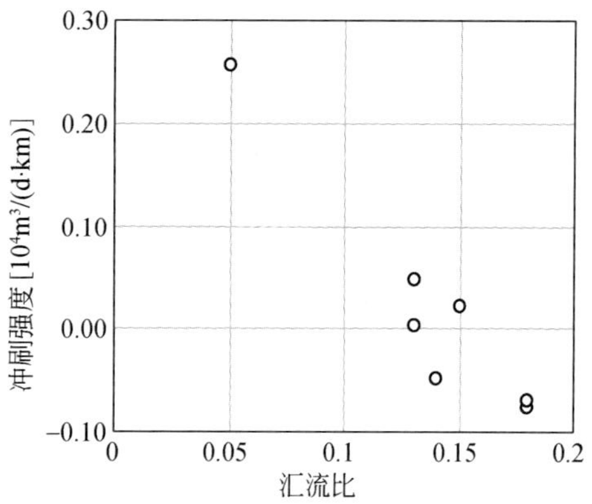

图 8-48（b） 乌江段冲淤强度与汇流比关系

表 8-26 涪陵河段冲淤量成果表　　（单位：万 m^3）

统计时段	长江干流段（3.5km）	乌江段（1.2km）	全河段（4.7km）
1996 年 12 月 ~ 2003 年 3 月	4.8		
2003 年 3 月 ~ 2003 年 9 月 28 日	33.7		
2003 年 9 月 ~ 2004 年 4 月	31.7	11.6	43.3
2004 年 4 月 ~ 2004 年 10 月	−52.8	−15.4	−68.2
2004 年 10 月 ~ 2005 年 3 月	−11.4	1.5	−9.9
2005 年 3 月 ~ 2005 年 7 月	5.9	−6.8	−0.9
2005 年 7 月 ~ 2005 年 10 月	−17.7	22.8	5.1
2005 年 10 月 ~ 2006 年 4 月	52.3	−8.6	43.7
2006 年 4 月 ~ 2006 年 8 月	−35.3	3.6	−31.7
2003 年 9 月 ~ 2006 年 8 月	−27.3	8.7	−18.6
2006 年 8 月 ~ 2006 年 12 月	−10.4	1.8	−8.6
2006 年 12 月 ~ 2007 年 4 月	59.3	0.8	60.1
2007 年 4 月 ~ 2007 年 8 月	14.8	1.0	15.8
2007 年 8 月 ~ 2007 年 12 月	−32.9	+0.3	−32.6
2007 年 12 月 ~ 2008 年 5 月	19.8	−1.4	18.4
2008 年 5 月 ~ 2008 年 7 月	27.7	3.3	31.0
2006 年 8 月 ~ 2008 年 7 月	78.3	5.8	84.1
2008 年 7 月 ~ 2008 年 12 月	−39.5	0.5	−39.0
2008 年 12 月 ~ 2009 年 5 月	33.4	3.6	37.0
2009 年 5 月 ~ 2009 年 6 月	8.7	20.6	29.3
2009 年 6 月 ~ 2009 年 12 月	18.2	9.2	27.4
2008 年 7 月 ~ 2009 年 12 月	20.8	33.9	54.7

“+”表示淤积、“−”表示冲刷。2008 年 12 月 ~ 2009 年 5 月、2009 年 5 ~ 6 月采用涪陵河段 1 : 5000 地形计算

2. 青岩子河段

青岩子河段位于清溪场水文站上游约 30km［河道形势如图 8-50（a）所示］，距离三峡大坝 504 ~ 520km，三峡 144 ~ 156m 运行期变动回水区中下段、175m 运行期变动回水区和常年回水区之间的过渡段，具有山区河流及水库的双重属性。其上游为黄草峡、下游为剪刀峡，进出口均为峡谷段，峡谷段之间为宽谷段，其中有金川碛、牛屎碛等 2 个分汊段，峡谷段最窄河宽约 150m，最大河宽 1500m，河段内

主要有沙湾、麻雀堆和燕尾碛等3个主要淤沙区，分别位于宽谷段的汇流缓流区、分汊段的洲尾汇流区和峡谷上游的壅水区。

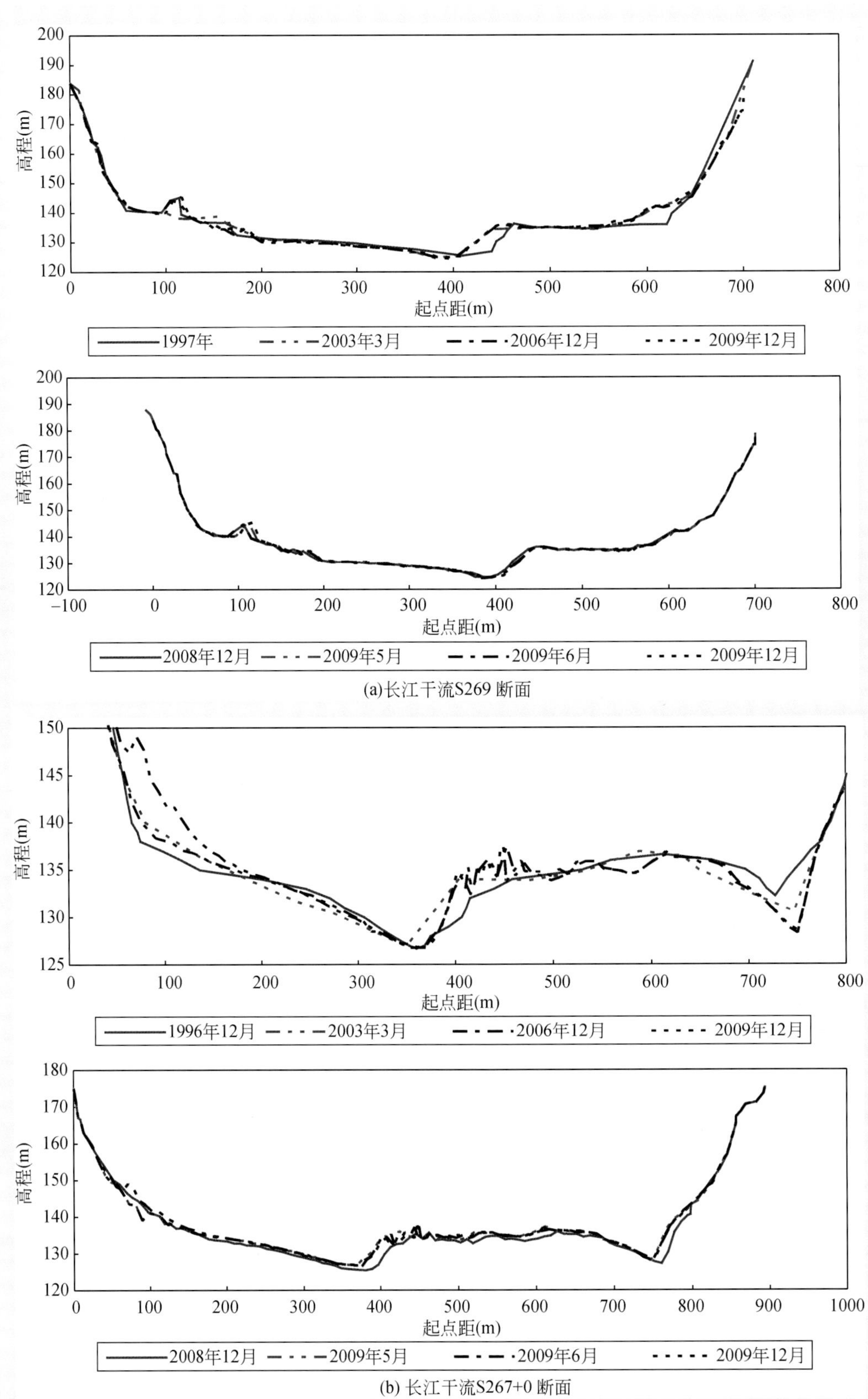

(a)长江干流S269 断面

(b) 长江干流S267+0 断面

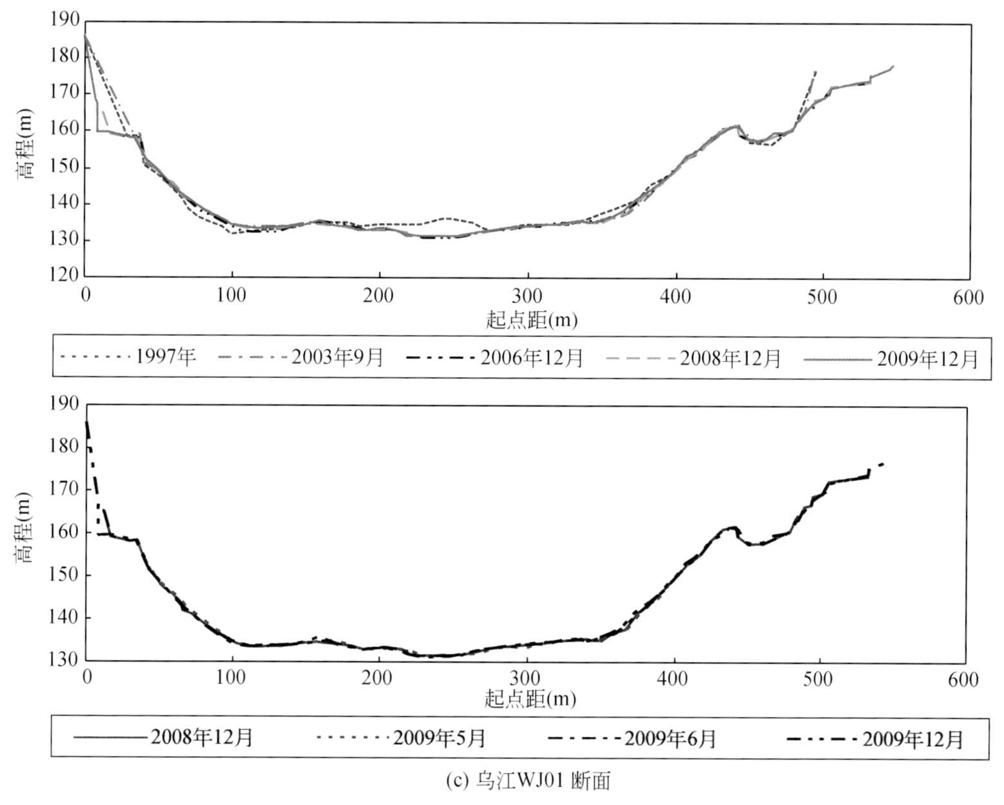

(c) 乌江WJ01断面

图 8-49　涪陵河段典型断面年际、年内变化

在天然情况下，青岩子河段两岸主要为岩石组成，河道岸线基本保持稳定，深泓线也稳定少变。河床冲淤主要表现为“汛淤枯冲”，汛期最大淤积量为 100 万～200 万 m^3，淤积物主要是粒径大于 0.1mm 的中沙、粗沙，每年 10 月走沙，年内冲淤基本平衡。根据 2007 年 156m 蓄水期观测资料分析表明，青岩子河段存在沙质推移质运动，但在流量小于 10 000m^3/s、水流流速小于 0.70m/s 时，沙质推移质停止输移。

已有的物理模型试验结果表明，三峡水库 175m 蓄水运用后，青岩子河段汛期壅水连续超过 4m，产生明显的累计性淤积，改变了建库前河床边界条件对水流的控导作用，水流与河床自动调整，航槽易位，河型转化，河道向单一、规顺、微弯方向发展。175m 运行 15 年后，由于河型转化、主槽易位引起的航道问题主要是金川碛汊道段原右汊航槽被淤死（韩其为，2003）。

2005 年 12 月 8 日～2006 年 1 月 25 日，交通部和中国长江三峡集团公司共同投资对青岩子河段进口处的鸡心石和花园石（航道里程分别为 567.9km 和 566.5km）进行了炸礁处理，设计整治底高程 145.00m、145.20m（吴淞基面），主要是进行了陆上炸礁，炸礁总量为 22 513m^3。

2007 年汛后 156m 蓄水过程观测资料表明，青岩子河段水位变化受上游来水及三峡库区蓄水双重影响，水位抬升、水面比降减小，如河段水位由 9 月 30 日的 150.30m 抬升至 156.55m，抬升幅度 6.25m；比降则由 9 月 25 日的 1.396×10^{-4}减小至 10 月 23 日的 0.256×10^{-4} ［分别如图 8-50（b）和表 8-27 所示］。

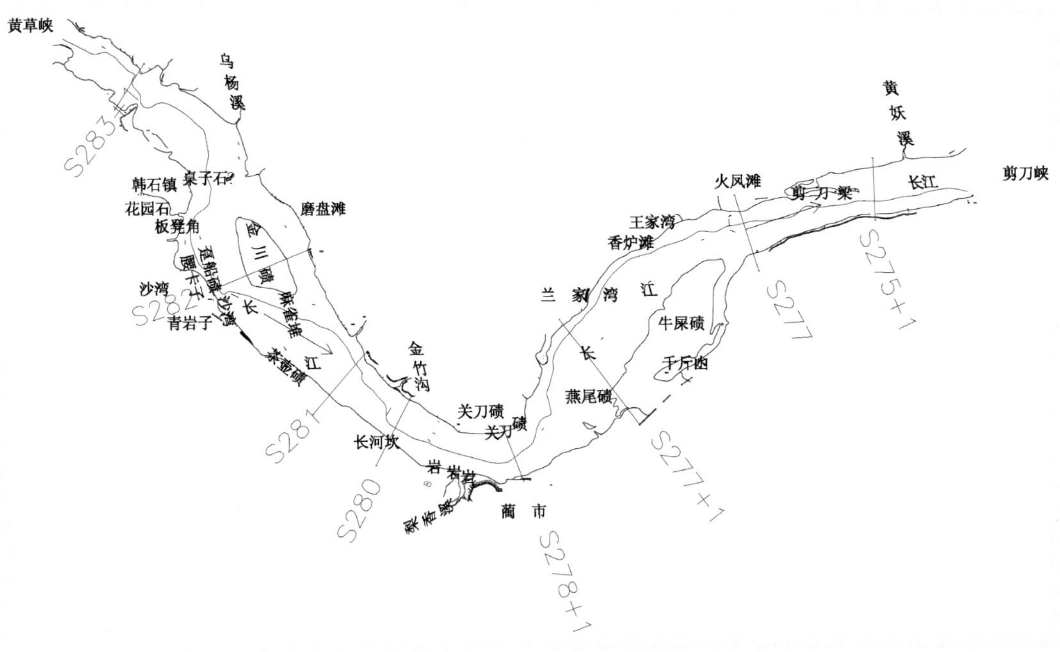

图 8-50（a） 青岩子河段河势图

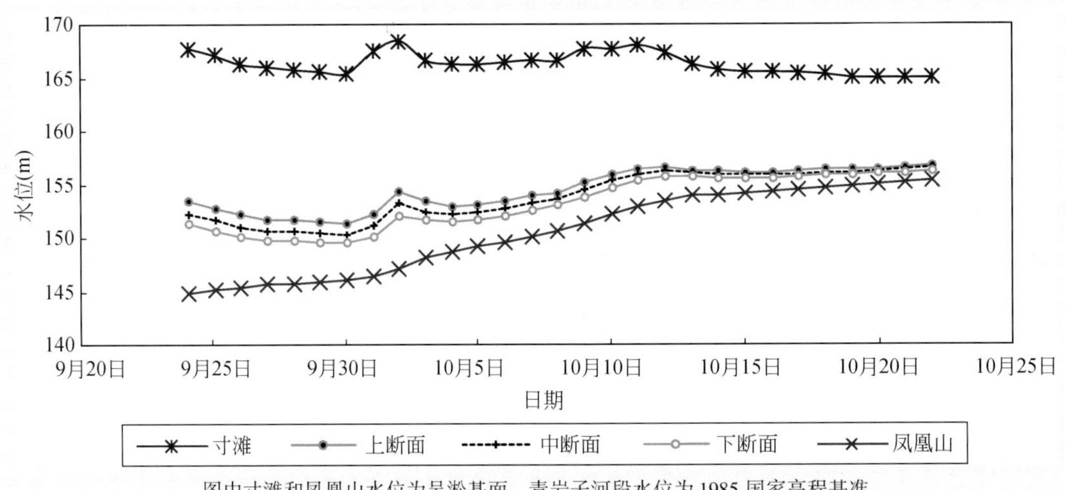

图中寸滩和凤凰山水位为吴淞基面，青岩子河段水位为 1985 国家高程基准

图 8-50（b） 2007 年三峡水库 156m 蓄水过程中青岩子河段水位变化过程

表 8-27 2007 年三峡水库 156m 蓄水过程中青岩子河段水面比降变化 （单位:‱）

时间 \ 比降	关刀碛以上河段	关刀碛以下河段	青岩子河段
9 月 23 日 14 时	1.281	1.430	1.354
9 月 25 日 8 时	1.364	1.430	1.396
9 月 27 日 8 时	1.453	1.175	1.317
9 月 29 日 8 时	1.341	1.111	1.228
10 月 4 日 8 时	0.959	0.949	0.954
10 月 6 日 8 时	0.822	0.896	0.858
10 月 8 日 8 时	0.696	0.764	0.729
10 月 12 日 8 时	0.500	0.624	0.561
10 月 15 日 8 时	0.361	0.396	0.378
10 月 23 日 8 时	0.217	0.296	0.256

在天然情况下，青岩子河段两岸主要为岩石组成，河道岸线基本保持稳定，深泓线也稳定少变。河床冲淤主要表现为“汛淤枯冲”，汛期最大淤积量为 100 万 ~ 200 万 m^3，淤积物主要是粒径大于 0.1mm 的中、粗沙，每年 10 月走沙，年内冲淤基本平衡。

在三峡水库围堰发电期，青岩子河段为天然河道，河床总体表现为冲刷，1996 年 12 月至 2006 年 10 月，青岩子河段共冲刷了 113.8 万 m^3；三峡水库 156m 蓄水后，2006 年 10 月 ~ 2008 年 7 月河床淤积有所增大，河床淤积泥沙 340.6 万 m^3（表 8-28）。

2008 年汛末三峡水库试验性蓄水后，河床年际间主要表现为累积性淤积，2008 年 7 月 ~ 2011 年 11 月淤积泥沙 524.1 万 m^3；年内则主要表现为汛期淤积、汛前消落期冲刷，如 2008 年 7 ~ 11 月，青岩子河段淤积了 49.0 万 m^3，淤积主要集中在沙湾、麻雀堆和燕尾碛等 3 个主要淤沙区［图 8-51（a）］，其淤积量仅占同期寸滩至涪陵河段总淤积量 2210 万 t 的 3%；而在 2007 年 156m 蓄水期间（2007 年 9 月 23 日 ~ 10 月 25 日），青岩子河段淤积泥沙 112.1 万 m^3，占涪陵以上河段总淤积量的 87%，青岩子以上河段则淤积较少。两者相比，三峡水库 175m 试验性蓄水后，由于三峡水库坝前水位抬升，寸滩至涪陵河段泥沙淤积强度加大，寸滩站来沙的 12% 淤积在本河段，且主要淤积在铜锣峡至黄草峡河段。

在 2009 年三峡水库消落期，2008 年 11 月 ~ 2009 年 6 月，青岩子河段有冲有淤，但总体表现为冲刷，其冲刷量为 10.2 万 m^3。其中，2008 年 11 月 ~ 2009 年 4 月，青岩子河段淤积泥沙 18.1 万 m^3；2009 年 4 月 ~ 6 月，青岩子河段冲刷量为 28.3 万 m^3。泥沙冲淤部位仍主要集中在沙湾、麻雀堆和燕尾碛等处［图 8-51（b）和图 8-51（c）］。

而在 2007 年汛后，青岩子河段仍出现了一定的冲刷，但由于受 156m 蓄水影响明显，走沙强度大幅减弱，2007 年 10 月 23 日 ~ 2008 年 5 月 4 日走沙量为 24.4 万 m^3，仅占 2007 年 156m 蓄水期淤积量的 21%。在 2008 年三峡水库消落期（5 月 4 日 ~ 6 月 11 日），由于入库流量偏小（寸滩站平均流量仅为 7960m^3/s），青岩子河段走沙效果不明显甚至出现了淤积，淤积量为 19.7 万 m^3。

两者相比，在 2008 年汛后，由于三峡坝前水位仍高于 160.0m，青岩子河段受坝前水位影响，汛后没有出现河床冲刷，反而出现了泥沙淤积；而在 2009 年三峡水库消落期，虽然寸滩站平均流量比 2008 年三峡水库消落期小（2009 年 4 月 9 日 ~ 6 月 11 日，寸滩站平均流量为 6370 m^3/s），但由于三峡坝前水位消落幅度较大（坝前水位从 4 月 10 日的 159.84m 消落至 6 月 11 日的 146.21m，消落幅度为 13.58m），而 2008 年三峡水库消落期，坝前水位从 5 月 4 日的 149.85m 消落至 6 月 11 日的 144.96m，消落幅度仅为 4.89m，河段仍然保持了一定的走沙能力。由此可见，在水库消落期，当寸滩流量在 5000 m^3/s 时，如果水库坝前水位消落幅度较大，青岩子河段仍然有一定的走沙能力。

2009 年汛期和汛后淤积，6 月 ~ 12 月淤积泥沙 67.2 万 m^3；但汛后随着坝前水位的逐渐消落，本河段走沙明显，2009 年 12 月 ~ 2010 年 6 月，本河段冲刷泥沙 48 万 m^3，其中以 2009 年 12 月 ~ 2010 年 3 月冲刷最为明显。从河床冲淤分布来看，2009 年 6 月至 2010 年 6 月沙湾、麻雀堆和燕尾碛仍然为主要淤沙区，最大淤积厚度均在 4.0m 以上，支流入汇口附近、金川碛和火凤滩附近淤积也较为明显，另外一些回水沱区泥沙也有一定淤积［图 8-51（d）］。

从河床冲淤形态来看，青岩子河段的断面形态多为“U”形，少部分为“W”形和“V”形。2008 年汛末三峡水库试验性蓄水后，河床主要冲淤部位为河床主槽、边滩及其过渡部位，但断面形态稳定，年内冲淤相间［图 8-51（e）］。河段内滩、槽大小及分布格局均尚未发生明显变化。

表 8-28　青岩子河段冲淤量成果表　　（单位：万 m^3）

统计时段	冲淤量	统计时段	冲淤量
1996 年 12 月 ~ 2006 年 10 月	-113.8	2008 年 7 月 ~ 2008 年 11 月	18.0
2006 年 10 月 ~ 2007 年 8 月	58.5	2008 年 11 月 ~ 2009 年 4 月	18.1
2007 年 8 月 ~ 2007 年 9 月	34.2	2009 年 4 月 ~ 2009 年 6 月	-28.3
2007 年 9 月 ~ 2007 年 10 月	113.8	2009 年 6 月 ~ 2009 年 12 月	67.2
2007 年 10 月 ~ 2007 年 12 月	93	2010 年 3 月 ~ 2010 年 4 月	53.4
2006 年 10 月 ~ 2007 年 12 月	299.5	2010 年 4 月 ~ 2010 年 6 月	8.5
2007 年 12 月 ~ 2008 年 2 月	-84.1	2010 年 6 月 ~ 2010 年 11 月	639
2008 年 2 月 ~ 2008 年 4 月	-26.7	2010 年 11 月 ~ 2011 年 11 月	-141.9
2008 年 4 月 ~ 2008 年 5 月	8.5	2008 年 7 月 ~ 2011 年 11 月	524.1
2008 年 5 月 ~ 2008 年 6 月	48.5	2006 年 10 月 ~ 2011 年 11 月	864.7
2008 年 6 月 ~ 2008 年 7 月	94.9		
2007 年 12 月 ~ 2008 年 7 月	41.1		

“+”表示淤积，“-”表示冲刷

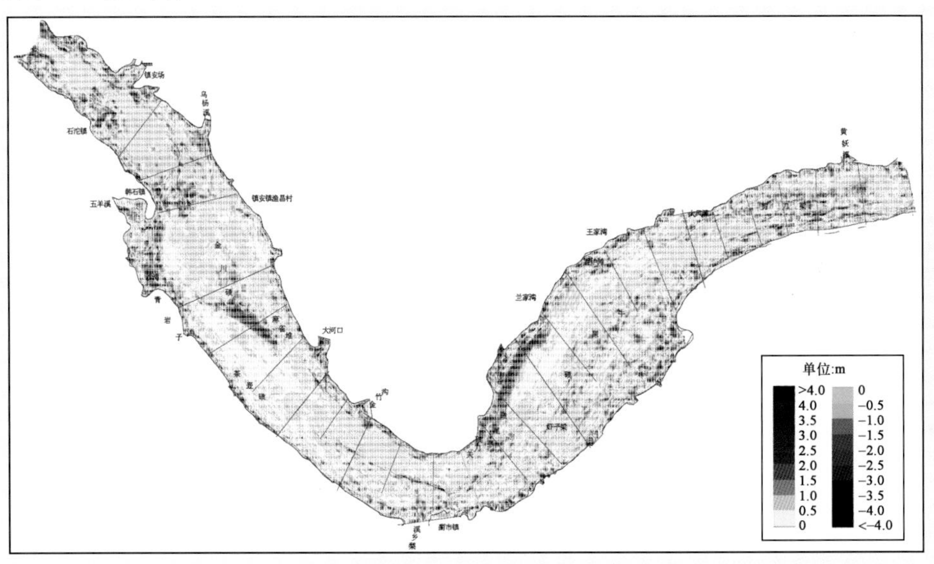

图 8-51（a）　青岩子河段 2008 年 9 ~ 12 月河床冲淤厚度平面分布图

（图中数据正值表示淤积，负值表示冲刷）

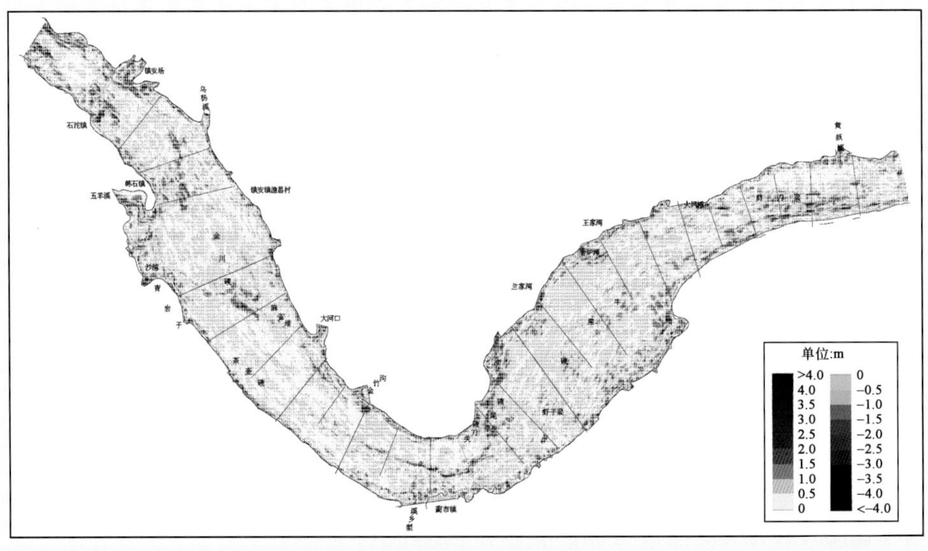

图 8-51（b）　青岩子河段 2008 年 12 月 ~ 2009 年 4 月河床冲淤厚度平面分布图

（图中数据正值表示淤积，负值表示冲刷）

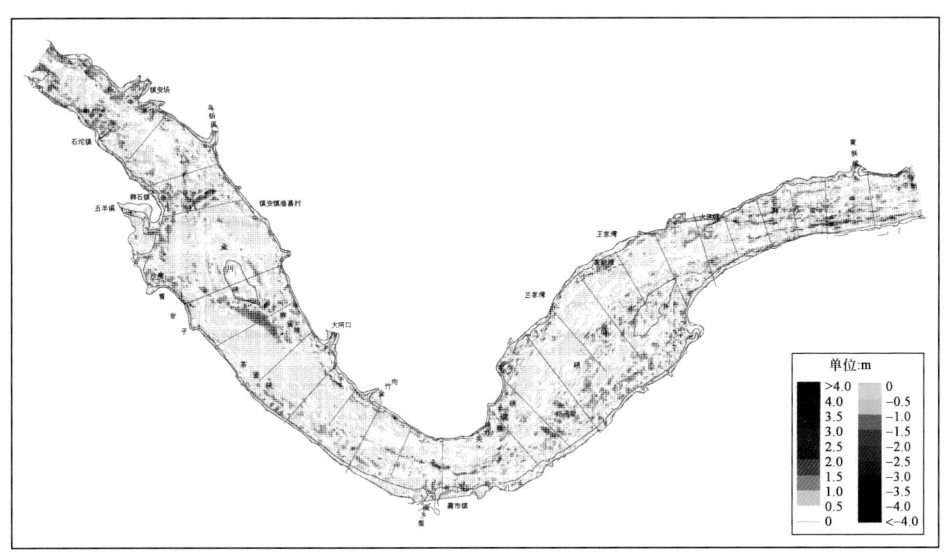

图 8-51（c） 青岩子河段 2009 年 4 ~ 6 月河床冲淤厚度平面分布图
（图中数据正值表示淤积，负值表示冲刷）

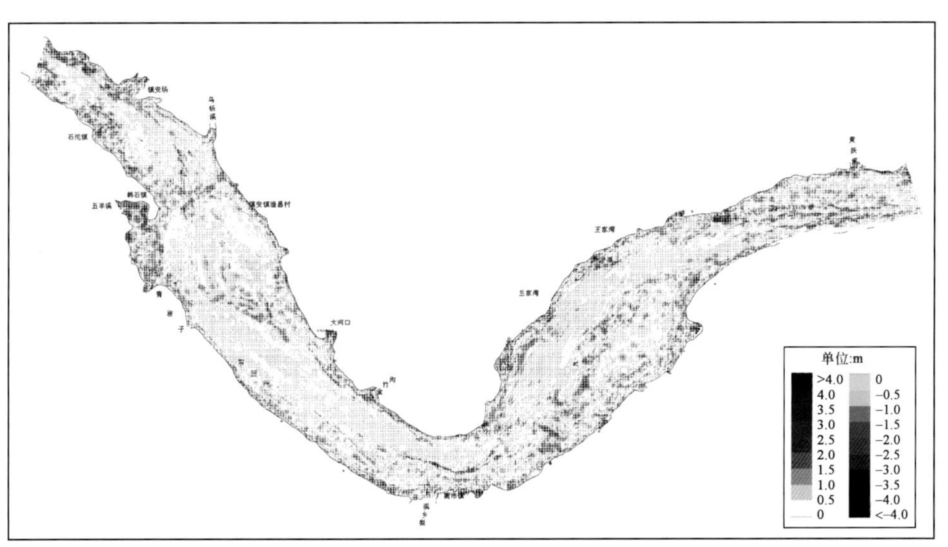

图 8-51（d） 青岩子河段 2009 年 6 月 ~ 2010 年 6 月河床冲淤厚度平面分布图
（图中数据正值表示淤积，负值表示冲刷）

3. 洛碛河段

洛碛至长寿河段位于重庆下游约 50km，地处三峡水库变动回水区内，长约 30. 5km，出口距三峡大坝约 532km，是川江上宽浅、多滩的典型河段之一。

本河段穿行在丘陵地带，平面形态为宽窄相间，地势相对而言较低而开阔，洪水期窄段河宽为 600 ~ 800m，宽段则达 1200 ~ 1600m。两岸有基岩裸露，石梁、礁石、突嘴较多，使岸线极不规则，宽段多江心洲和边滩，在洲尾和边滩或者两个边滩之间形成过渡段浅区。洛碛至长寿河段河道形势如图 8-52 所示。

天然情况下，洛碛至长寿河段河床组成主要是岩石和卵石，中洪水时对水流起着较强的控导作用，局部为缓流区和淤沙区，但随水位降落淤沙又可被冲走。本河段基本遵循年内洪淤枯冲、年际间冲淤交替的冲淤特性，且存在局部河段年内不能达到冲淤平衡的现象，如上洛碛、下洛碛、风和尚和码头碛浅滩河段等，存在一定淤积，但在工程治理和局部的人工清淤等措施后，历年枯水地形变化不大。同时本河段各滩槽平面形态除局部有所变化外，其余大多数河段基本稳定，深泓线和岸线均稳定少变。2009 年 12 月洛碛河段 7 个典型断面床沙资料表明，河段以卵石河床为主，局部卵石夹沙河床，各断面最大粒径变化范围为 162 ~ 183mm，中值粒径为 31.5 ~ 146mm，平均粒径为 58.4 ~ 156mm。

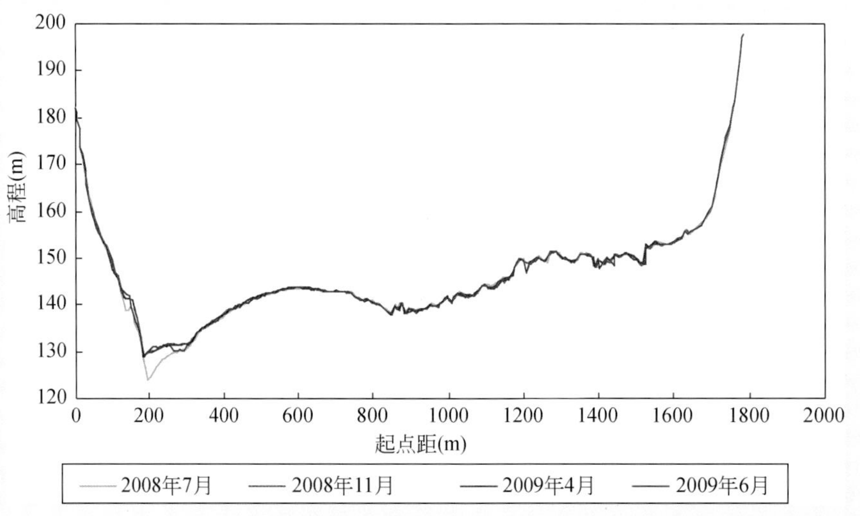

图 8-51（e） 青岩子河段典型断面冲淤变化（S277+1 断面，距大坝 509.9km）

（图中数据正值表示淤积，负值表示冲刷）

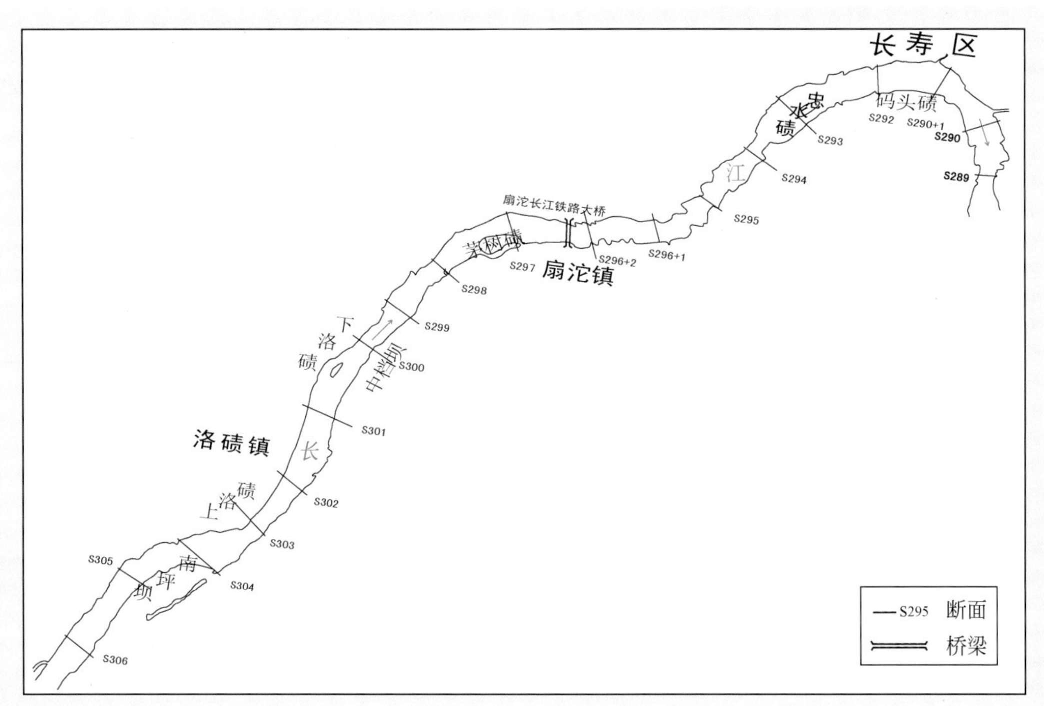

图 8-52 洛碛至长寿河段河道形势图

（1）水流特性

在三峡水库 135 ~ 139m 运行期间，本河段未受三峡水库蓄水影响，为天然河道，水面比降一般在 1.5×10^{-4}以上（表 8-29）。三峡水库 156m 蓄水后，本河段水位壅高 3 ~ 8m，汛期除长寿以下河段受三峡水库蓄水影响明显、水面比降较小外，则基本不受坝前水位的影响，水面比降一般在 1.5×10^{-4} 以上；2008 年汛末三峡水库进行试验性蓄水后，河段水位壅高值可达 19 ~ 24m，水面比降明显变缓；在 2009 年水库消落期，随着坝前水位的逐渐消落，洛碛至长寿河段水面比降有所增大，分别如表 8-29 和图 8-53（a）、图 8-53（b）和图 8-53（c）所示。

表 8-29　2006 年、2009 年河段比降年内变化比较表　　（比降单位：‱）

项目	年份	1 月	2 月	3 月	4 月	5 月	6 月	7 月	8 月	9 月	10 月	11 月	12 月
坝前平均水位（m）	2006	138.8	143.4	138.6	138.5	137.9	135.4	135.5	135.2	136.7	151.4	155.4	155.4
	2009	169.2	173.4	162.2	160.4	155.0	146.3	145.9	147.4	149.3	166.2	171.0	170.2
寸滩站平均流量（m^3/s）	2006	4 243	4 120	4 761	4 145	7 004	11 032	16 700	8 487	11 192	11 698	6 223	4 525
	2009	4 180	3 913	3 636	4 807	7 164	9 572	20 926	29 116	16 787	11 712	6 171	4 265
平均比降（太洪岗至卫东段）	2006	2.10	2.19	2.06	2.07	1.98	1.97	1.95	2.00	1.98	1.11	0.32	0.20
	2009	0.02	0.01	0.03	0.07	0.41	1.59	1.70	1.60	1.42	0.19	0.03	0.02

（2）河床冲淤变化

三峡水库 156m 蓄水前，洛碛河段基本为天然河道。2006 年 4 ~ 10 月河床冲刷泥沙 63.7 万 m^3。2006 年 10 月三峡水库 156m 蓄水运用后，该河段有冲有淤，但总体表现为淤积，2006 年 10 月 ~ 2008 年 9 月河段累计淤积泥沙 279.2 万 m^3，表现为滩槽同淤，其中滩、槽淤积量分别为 223.2 万 m^3、56 万 m^3。

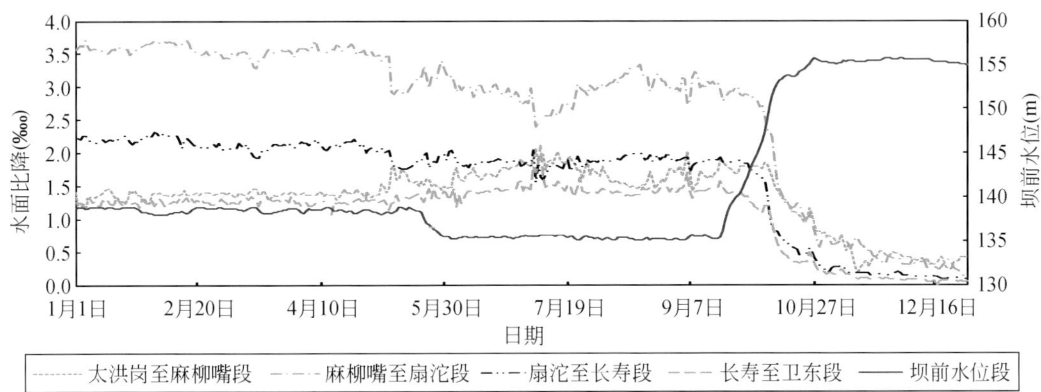

图 8-53（a）　2006 年洛碛至长寿河段坝前水位—比降过程线图

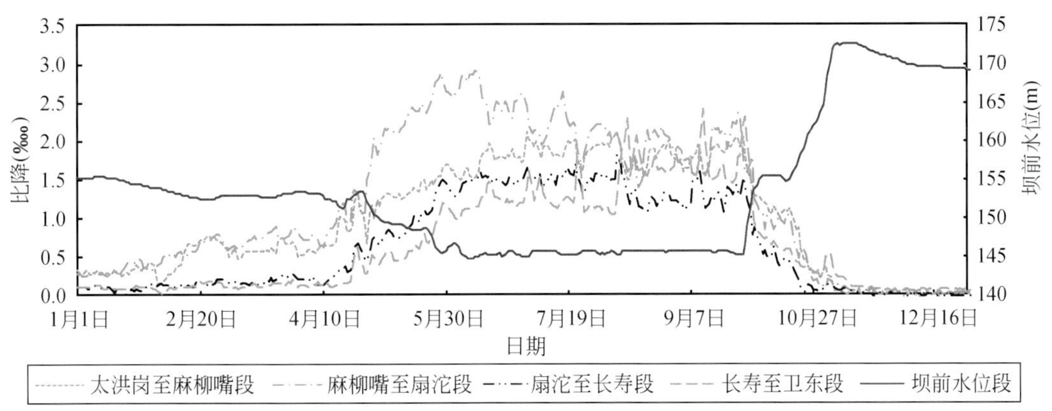

图 8-53（b）　2008 年洛碛至长寿河段坝前水位—比降过程线图

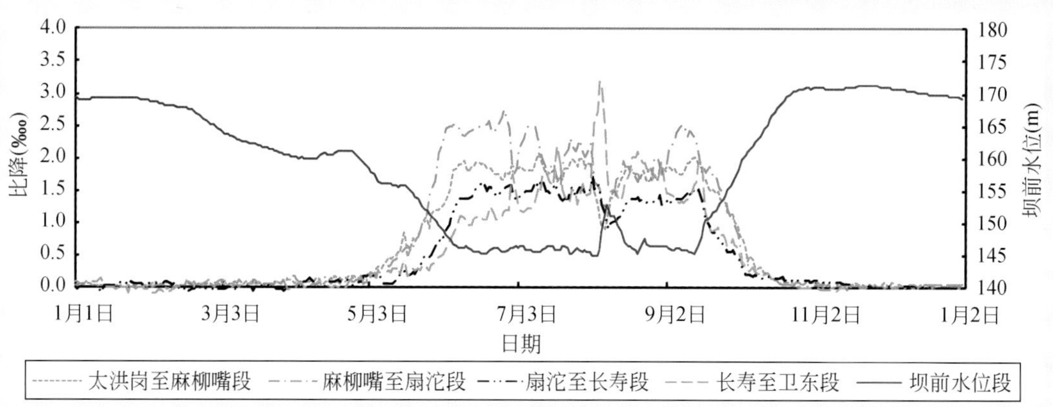

图 8-53（c） 2009 年洛碛至长寿河段坝前水位—比降过程线图

三峡水库 175m 试验性蓄水后，洛碛河段河床有冲有淤，年际变化总体呈淤积态势，2008 年 9 月至 2011 年 11 月，河段累计淤积泥沙约 700 万 m^3；年内则一般表现为汛期淤积，汛前消落期则表现为有冲有淤，当三峡水库坝前水位较低、流量较大时，河床以冲刷为主，而当坝前水位较高、流量较小时，河床则表现为淤积。如 2008 年 9～11 月该河段冲刷 213.4 万 m^3；2008 年 11 月至 2009 年 4 月，三峡坝前水位较高、入库流量较小，该河段泥沙为淤积状态，共淤积 305 万 m^3；2009 年 4 月至 2009 年 6 月，受坝前水位消落、入库流量逐渐增加，该河段累计为冲刷状态，共冲刷了 51.4 万 m^3；2009 年 6～9 月，坝前水位按 145m 控制，河道受坝前水位影响较小，且入库流量较大，河道总体呈冲刷状态，冲刷量为 203.2 万 m^3；2009 年 175m 试验性蓄水后，水位逐步抬高，且入库流量逐渐减小，2009 年 9～12 月河床累计淤积泥沙 259 万 m^3；在 2010 年汛前消落期，坝前水位下降，河床出现了一定的冲刷，2009 年 12 月～2010 年 3 月河床冲刷量为 225.6 万 m^3；2010 年 3～6 月随着入库流量的增大，水流逐渐漫滩，河床转为淤积，淤积量为 279.1 万 m^3（表 8-30）。从河床冲淤形态来看，河床淤积主要集中在洲滩部分，断面形态变化无单一性发展趋势，河段内上洛碛、下洛碛、风和尚和码头碛 4 个典型浅滩河段滩、槽大小及分布格局也未发生明显变化。

表 8-30 洛碛至长寿河段冲淤量统计表 （单位：万 m^3）

统计时段	冲淤量	统计时段	冲淤量
2006 年 4 月～2006 年 10 月	−63.7	2009 年 4 月～2009 年 6 月	−47.6
2006 年 10 月～2007 年 8 月	−145.4	2008 年 9 月～2009 年 6 月	64.4
2007 年 8 月～2007 年 10 月	174.2	2009 年 6 月～2009 年 9 月	−203.2
2007 年 10 月～2007 年 12 月	137.3	2009 年 9 月～2009 年 12 月	259.0
2006 年 10 月～2007 年 12 月	166.1	2009 年 12 月～2010 年 3 月	−225.6
2007 年 12 月～2008 年 4 月	−31.5	2010 年 3 月～2010 年 6 月	279.1
2008 年 4 月～2008 年 7 月	189.9	2009 年 9 月～2010 年 6 月	312.5
2008 年 7 月～2008 年 9 月	−45.3	2006 年 4 月～2010 年 6 月	389.2
2008 年 9 月～2008 年 11 月	−213.4		
2008 年 11 月～2008 年 12 月	248		
2008 年 12 月～2009 年 4 月	77.4		

8.3.5 重庆主城区河段

重庆主城区河段位于三峡水库的末端，全长约为60km。其中，长江干流段自大渡口至铜锣峡，长约为40km；嘉陵江段自井口至朝天门，长约为20km。受地质构造作用的影响，重庆主城区河段在平面上呈连续弯曲的河道形态，其中长江干流段有6个连续弯道，嘉陵江段有5个弯道。弯道段之间由较顺直的过渡段连接，弯道段与顺直过渡段所占比例约为1∶1（图8-54）。河段宽窄相间，开阔段与狭窄段河宽相差悬殊，岸线参差不齐，岸边常有石嘴突出。长江干流段洪水期河宽一般为700～800m，分汊段可达1300m（如九龙坡河段），最窄段仅300余米（如铜锣峡段）；嘉陵江段洪水期河宽一般为400～500m，宽段可达800m，窄段仅370m左右（如曾家岩段）。沿两岸分布有众多港口码头，主要有九龙坡作业区、朝天门中心作业区以及寸滩作业区。天然情况下，枯水期河段内航道弯、窄、浅，著名的碍航浅滩段有九龙滩、猪儿碛、铜元局以及嘉陵江出口等部位。

重庆主城区河段河床边界主要由基岩和覆盖层组成，以基岩为总体框架，在不同形态的、适宜于泥沙沉积的部分基岩表面上，堆积着厚度不一的、由多种物质组成的覆盖层。河床基岩主要由侏罗系紫红色泥岩、泥质砂岩和砂质泥岩等组成，岩性较简单。覆盖层主要由沙卵石组成，面积约占河床总面积的90%。覆盖层厚度，长江干流段一般为2～20m，嘉陵江段为10m左右。

河段内洲滩较多，洲滩主要由粒径大于10mm的卵石组成，其含量在80%以上。重庆主城区河段岸坡分为自然岸坡和修建滨江路形成的人工岸坡，其中自然岸坡长度占63.5%，人工岸坡占36.5%。据统计，滨江路的修建使自然河宽一般缩窄了5～200m左右，占原河宽的4%～20.8%，其中长江干流段河宽最大缩窄了227m（珊瑚坝附近），占原河宽的20.6%；嘉陵江段河宽最大缩窄了210m（金沙碛附近），占原河宽的20.8%。

重庆市是西南地区和长江上游商贸流通中心、金融中心、科教文化信息中心、交通枢纽和通信枢纽。据2003年统计，重庆市主城港区主要包括朝天门旅游客运中心和九龙坡、新港及若干中小作业区。主城区河段内港口、码头主要集中在长江干流的九龙坡（CY30断面～CY34断面，长2.364km）、猪儿碛（CY15断面～CY23断面，长3.717km）、寸滩河段（CY07断面～CY10断面，长2.578km）和嘉陵江段的金沙碛河段（CY41断面～CY46断面，长2.671km）。

九龙坡河段码头主要分布在左岸，现有码头10座，其中400t特大重件码头与180t重件码头各1座，有集装箱与滚装码头各1座。码头均为浮码头，趸船可随着水位的高低在一定范围内移动，吃水深度一般在1.5～2.0m，上、下货物的轨道多布设在较陡的岸坡上，泥沙淤积较少。港区作业条件为，水域（含趸船宽度、船只停靠宽度）宽度不小于67.5m，浮吊船体外侧水深不小于3.5m，流速不大于2.5m/s，浮吊作业幅度一般不大于22m。

猪儿碛河段内码头分布较密集，主要沿左岸布置。据不完全调查，从长江储奇门到嘉陵江临江门3.5km河段有各类码头52座，其中客码头28座。河段内大部分码头属浮码头类型，可随着水位高低前后移动。

金沙碛河段内码头主要沿右岸布置。码头多属浮码头类型，但朝天门3号码头是一座机械化客运码头，趸船尺度为70m×14m×5.2m×1.6m，靠泊船型尺度为113m×19.6m×4.7m×3.6m，趸船泊靠水深不小于2.0m，客船泊靠水深不小于4.0m。

1. 水流特性变化

(1) 天然情况下水流特性

在三峡水库175m试验性蓄水前，重庆主城区河段水流特性和泥沙冲淤未受三峡水库蓄水影响。重庆主城区河段共布设有1个水文站——寸滩站，6个专用水位站——钓二嘴、鹅公岩（二）、落中子、铜锣峡、望龙门和玄坛庙。根据各站实测水位资料，统计得到天然情况下各站枯水期月均水位、最高、最低水位，以及水位落差和水面比降统计等分别如表8-31（a）~表8-31（c）所示。

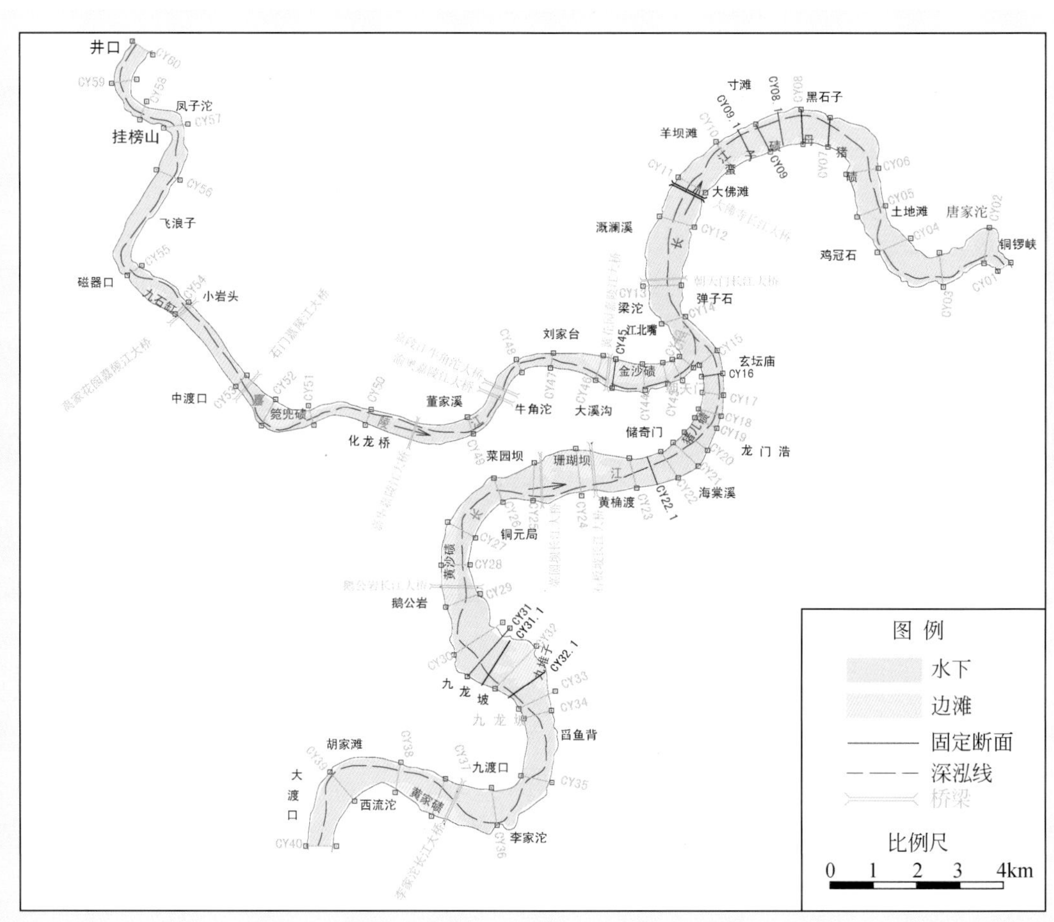

图8-54　重庆主城区河段河势图

由表8-32（a）和表8-32（b）可见，重庆主城区河段水面比降由上而下逐渐减小，且随着流量的增大而减小，尤以鹅公岩以下表现最为明显。据寸滩站1950~2007年资料统计，3月寸滩最低水位156.50m，对应朱沱、寸滩和北碚站流量分别为2370 m^3/s、2080m^3/s、254 m^3/s［表8-32（a）］。3月最低水位多出现在3月上、中旬，4月最低水位多出现在4月上旬［表8-32（b）］，九龙坡河段（鹅公岩）3月各旬平均水位均在162.80m左右，寸滩站流量在3140~3370m^3/s，4月各旬平均水位则在163.2m左右，寸滩站流量在3830~5150m^3/s［表8-32（c）］。

另外，根据1998~2007年朱沱站、鹅公岩站3~5月水位、流量资料，点绘鹅公岩站水位-流量关系（图8-55），当长江上游干流（朱沱）流量超过4000m^3/s时，九龙坡水位将超过164m。根据寸滩站1950~2010年实测资料统计，4月中、下旬平均流量为4100~5800m^3/s，5月上、中旬平均流量为5900～7600m^3/s，5月下旬平均流量为7200～8800m^3/s［表8-32（d）］，且表现为一个明显的涨水过程，4月20日～5月25日其起涨流量在4600m^3/s左右，天然情况下对应水位在160.1m左右，至5月25日流量涨至7400～8400m^3/s（图8-56），天然情况下对应水位在162.5m～163.1m。期间，如三峡坝前水位低于162m时，寸滩站水位受坝前水位影响较小。

表8-31（a）　天然情况下重庆主城区各站枯水位统计表（表中水位均为黄海基面）

测站		11月	12月	1月	2月	3月	4月	5月	统计年份
钓二嘴	平均	171.74	170.04	169.28	168.96	169.05	169.56	171.26	1998～2007
	最高	174.59	172.36	170.26	170.10	171.01	173.30	176.41	
	最低	170.05	169.01	168.46	168.08	167.85	168.10	168.91	
落中子	平均	168.38	166.72	165.98	165.67	165.75	166.26	167.92	1998～2007
	最高	171.27	168.95	166.95	166.84	167.62	169.94	173.35	
	最低	166.79	165.70	165.19	164.80	164.64	164.85	165.64	
鹅公岩	平均	165.27	163.69	163.01	162.71	162.74	163.19	164.72	1998～2007
	最高	168.18	165.88	163.88	163.81	164.45	166.75	169.10	
	最低	163.62	162.75	162.28	161.86	161.75	161.95	162.78	
望龙门	平均	162.54	160.77	159.86	159.6	159.79	160.59	162.24	2000～2004
	最高	165.66	162.19	160.55	160.67	161.06	164.08	167.05	
	最低	160.93	159.81	159.12	158.89	158.86	158.9	159.83	
玄坛庙	平均	162.43	160.49	159.73	159.26	159.39	159.87	162.39	1998～1999，2004～2007
	最高	165.57	163.16	160.62	160.45	161.79	164.58	168.05	
	最低	160.34	159.34	158.70	158.02	158.20	158.26	159.93	
寸滩	平均	161.09	158.89	157.81	157.43	157.58	158.67	160.98	1950～2007
	最高	167.58	161.63	159.79	158.97	161.70	164.52	172.58	
	最低	158.42	157.27	156.86	156.61	156.50	156.59	157.32	
铜锣峡	平均	160.26	158.30	157.44	156.94	157.10	157.74	160.03	1998～2007
	最高	163.34	161.00	158.36	158.32	159.77	162.43	165.79	
	最低	158.50	156.93	156.29	155.75	155.77	155.92	157.35	

①钓二嘴站水位：冻结基面+0.083m=黄海基面；②落中子站水位：冻结基面+0.068m=黄海基面；③鹅公岩站水位：冻结基面+0.053m=黄海基面；④玄坛庙站水位：冻结基面+0.057m=黄海基面；⑤寸滩站水位：冻结基面-1.576m=黄海基面；⑥铜锣峡站水位：冻结基面+0.088m=黄海基面；⑦望龙门水位站于2004年底由于滨江路修建，由左岸下迁1.2km至右岸的玄坛庙

表8-31（b）　天然情况下重庆主城区枯水期各段水位落差统计表

河段	距离（km）	水位落差（m）						
		11月	12月	1月	2月	3月	4月	5月
钓二嘴至落中子段	11.8	3.36	3.32	3.30	3.29	3.30	3.30	3.34
落中子至鹅公岩段	9.0	3.11	3.03	2.97	2.96	3.01	3.07	3.20
鹅公岩至玄坛庙段	9.8	2.84	3.20	3.28	3.45	3.35	3.32	2.33
玄坛庙至寸滩段	7.5	1.34	1.60	1.92	1.83	1.81	1.20	1.41
寸滩至铜锣峡段	7.7	0.83	0.59	0.37	0.49	0.48	0.93	0.95

表 8-31（c） 寸滩站枯水期最高、最低水位对应各站流量统计表 （单位：m^3/s）

	11 月	12 月	1 月	2 月	3 月	4 月	5 月
最高水位	167.58m	161.63m	159.79m	158.97m	161.70m	164.52m	172.58m
时间	1955 年 11 月 12 日	1955 年 12 月 1 日	1955 年 1 月 1 日	1955 年 2 月 14 日	1959 年 3 月 31 日	1964 年 4 月 21 日	1963 年 5 月 27 日
对应寸滩站流量	19 100	7 550	5 270	4 310	7 970	12 900	34 100
对应朱沱站流量	16 900	6 500	4 080	3 490	3 100	3 920	6 050
对应北碚站流量	1 300	701	730	505	5 540	10 000	25 400
最低水位	158.42	157.27	156.86	156.61	156.50	156.59	157.32
时间	1972 年 11 月 30 日	1972 年 12 月 28 日	1960 年 1 月 31 日	1979 年 2 月 26 日	1973 年 3 月 6 日	1973 年 4 月 1 日	1969 年 5 月 12 日
对应寸滩站流量	4 210	3 070	2 640	2 330	2 370	2 480	3 020
对应朱沱站流量	3 550	2 670	2 180	2 150	2 080	2 190	
对应北碚站流量	544	345	282	307	254	279	880

表 8-32（a） 寸滩站 3、4 月最低水位出现频次统计表（1950～2007 年）

项目	3 月			4 月		
	上旬	中旬	下旬	上旬	中旬	下旬
出现次数（次）	22	23	13	44	12	2
出现频率（%）	37.9	39.7	22.4	75.9	20.7	3.4

表 8-32（b） 鹅公岩、玄坛庙和寸滩站 3、4、5 月各旬平均水位统计 （单位：m）

测站	3 月			4 月			5 月	
	上旬	中旬	下旬	上旬	中旬	下旬	上旬	中旬
鹅公岩	162.77	162.90	162.76	163.05	163.24	163.47	164.42	164.86
玄坛庙	159.33	159.59	159.26	159.40	159.85	160.35	161.64	162.47
寸 滩	157.49	157.54	157.70	158.13	158.62	159.23	159.97	160.99

表 8-32（c） 重庆主城区枯水期各站平均流量统计表 （单位：m^3/s）

测站	3 月			4 月			5 月		
	上旬	中旬	下旬	上旬	中旬	下旬	上旬	中旬	下旬
朱沱	2680	2696	2768	3080	3392	3644	4382	5152	6258
北碚	416	475	572	712	875	1294	1456	1978	2191

表 8-32（d） 寸滩站不同时期 4～6 月各旬平均流量统计 （单位：m^3/s）

统计时段	4 月			5 月			6 月		
	上旬	中旬	下旬	上旬	中旬	下旬	上旬	中旬	下旬
多年平均	3 896	4 496	5 253	6 149	7 565	8 797	10 424	12 420	17 457
近 30 年平均	3 986	4 609	5 192	6 163	7 427	8 493	10 606	12 814	16 679
近 20 年平均	4 139	4 586	5 335	6 449	7 418	7 934	10 592	13 290	15 859
近 10 年平均	4 024	4 413	5 367	6 409	7 175	7 957	10 503	13 542	14 905
近 5 年平均	3 930	4 139	5 759	5 897	7 167	7 350	8 766	11 664	13 210

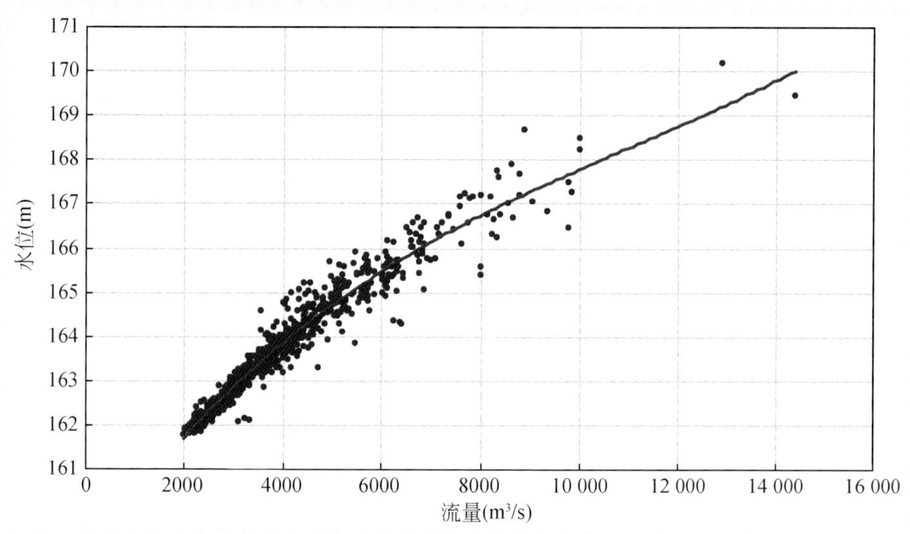

图 8-55　鹅公岩枯水期水位（冻结基面）-流量关系

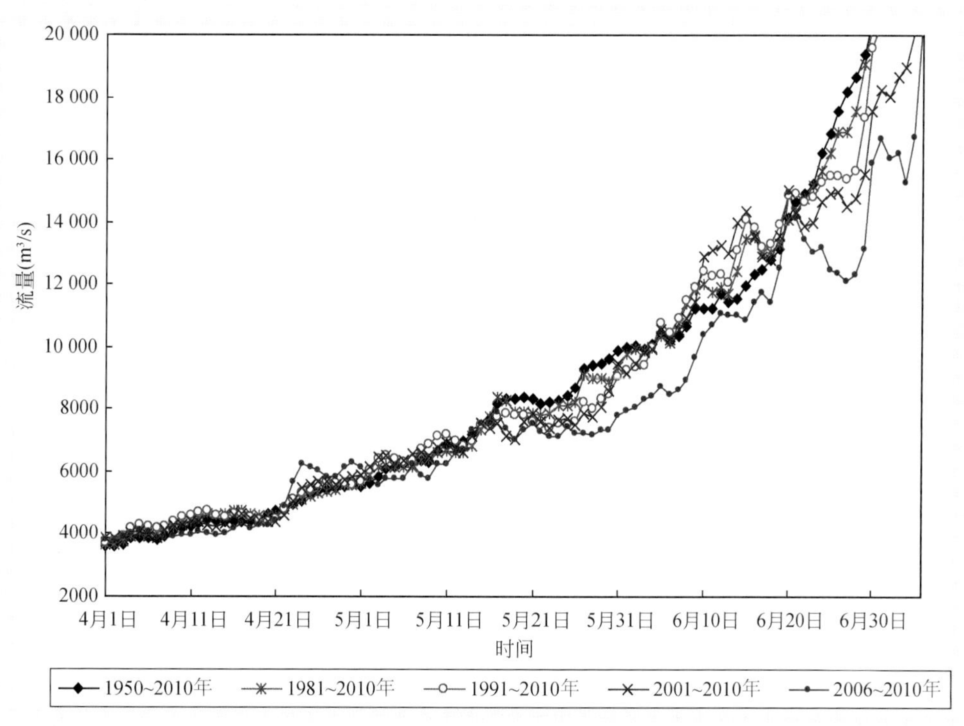

图 8-56　寸滩站不同时期 4 ~ 6 月逐日平均流量变化过程

天然情况下，重庆主城区河段水面比降主要受河道形态、两江来水相互顶托等综合影响，变化比较复杂。据长江干流落中子、鹅公岩、玄坛庙、寸滩、铜锣峡以及嘉陵江童家溪、磁器口、千厮门站水位资料分析，朝天门以上长江干流段、嘉陵江段和朝天门以下河段水面坡降变化成果分别如表 8-33（a）和表 8-33（b）所示。天然情况下朝天门以上河段水面坡降大小主要取决于汇流比与寸滩站流量，具有以下特点。

1）当寸滩站流量一定时，朝天门以上长江干流段水面坡降随汇流比增大而逐渐减少，嘉陵江段水面坡降随汇流比增大而逐渐增大。据统计，枯水期 11 ~ 12 月至次年 1 ~ 3 月汇流比一般小于 0.2，嘉陵江出口受长江顶托影响较为明显；洪水期，两江流量相差较大，汇流比一般在0.1～1.5，两江互有顶托。

2）当汇流比一定时，随着寸滩站流量的增加，水面坡降逐渐减小；当流量大到一定程度后，如长江大渡口至鹅公岩段、嘉陵江井口至磁器口段流量大于30 000m³/s，长江鹅公岩至朝天门段、嘉陵江磁器口至朝天门段流量大于20 000m³/s，该河段的水面坡降基本不随流量而变，主要取决于汇流比大小。

3）当寸滩站流量小于7000m³/s时，嘉陵江井口至磁器口段、长江干流大渡口至鹅公岩段水面坡降基本不随汇流比大小而变。

朝天门以下河段水面坡降变化有以下特点。

1）朝天门至寸滩段水面坡降在流量25 000m³/s以下时变化不大，约为2.11×10^{-4}；当流量大于25 000m³/s时，随着流量增大，水面坡降略有减小。

2）寸滩至铜锣峡段在流量约7000m³/s时水面坡降最小，约为0.80×10^{-4}；当流量小于7000m³/s时，随着流量的减小，水面坡降增大；当流量大于7000m³/s时，随着流量的增大，水面坡降也增大；但流量大于25 000m³/s后，随着流量的增大，铜锣峡汛期壅水影响更趋明显，水面坡降增大趋势有所减缓甚至有所减小［表8-33（c）和图8-57］。

表8-33（a）　天然情况下重庆主城区枯水期各段水面比降统计表

河段	距离（km）	水面比降（‱）						
		11月	12月	1月	2月	3月	4月	5月
钓二嘴至落中子段	11.8	2.85	2.81	2.80	2.79	2.80	2.80	2.83
落中子至鹅公岩段	9.0	3.46	3.37	3.30	3.29	3.34	3.41	3.56
鹅公岩至玄坛庙段	9.8	2.90	3.27	3.35	3.52	3.42	3.39	2.38
玄坛庙至寸滩段	7.5	1.79	2.13	2.56	2.44	2.41	1.60	1.88
寸滩至铜锣峡段	7.7	1.08	0.77	0.48	0.64	0.62	1.21	1.23

表8-33（b）　天然情况下朝天门以上水面坡降与汇流比关系成果表　（单位：‱）

河段		寸滩站流量（m³/s）	汇流比（$Q_{北碚}/Q_{朱沱}$）					
			0.1	0.3	0.5	0.7	1.0	1.2
长江干流	大渡口至鹅公岩段	≤7 000	3.72	3.72	3.72			
		10 000	3.62	3.32	3.10	2.92		
		20 000	3.50	2.98	2.62	2.38	2.10	
		≥30 000	3.10	2.08	1.60	1.28	0.92	0.78
	鹅公岩至朝天门段	5 000	3.60	3.06	2.68			
		10 000	3.05	2.45	2.07	1.80	1.52	
		≥20 000	2.28	1.68	1.31	1.08	0.80	0.65
嘉陵江	井口至磁器口段	≤7 000	4.32	4.31	4.30			
		10 000	3.84	3.93	4.00	4.07		
		20 000	1.52	2.30	2.88	3.32	3.86	
		≥30 000	0.38	0.96	1.46	1.92	2.46	
	磁器口至朝天门段	5 000	1.50	2.52	3.37			
		10 000	0.50	1.21	1.82	2.39		
		≥20 000	0.10	0.42	0.78	1.10	1.50	1.70

表 8-33（c） 天然情况下朝天门以下河段水面坡降与流量关系成果表 （单位：‱）

河段	寸滩站流量				
	2 000m³/s	7 000m³/s	25 000m³/s	40 000m³/s	60 000m³/s
朝天门至寸滩段	2.11	2.11	2.11	2.03	1.96
寸滩至铜锣峡段	1.40	0.80	1.30	1.46	1.83
铜锣峡至鱼嘴段	2.08	2.00	1.92	2.00	2.15

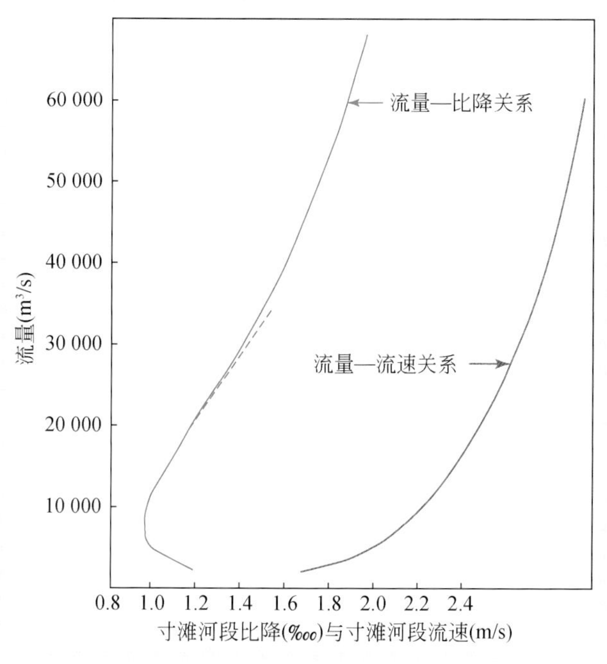

图 8-57 寸滩河段比降、流速随流量变化

（2）三峡水库 175m 试验性蓄水后水流特性变化

表 8-34 为重庆主城区河段 2008～2010 年河段比降年内变化表，图 8-58 为 2008～2010 年水面比降与坝前水位过程关系图。由图表可知，三峡水库 175m 试验性蓄水后，坝前水位对重庆主城区河段河道比降有重要影响，比降主要控制因素由天然情况的来流量、汇流比两因素增加为来流量、汇流比、坝前水位和蓄水消落速度等因素。

天然情况下，重庆主城区河段河道比降主要受来流流量和两江汇流比控制；试验性蓄水后，蓄水期随着坝前蓄水位的抬高，从下游往上游逐渐受蓄水影响，河道由天然状态逐渐转变为三峡水库变动回水区河段，河道水流流速相对天然情况同期急剧变缓，比降大幅度减小，比降主要控制因素逐渐由来流流量、汇流比转变为坝前水位；在消落期，随着坝前水位的逐步消落，重庆主城区河段从上游往下游逐渐脱离蓄水影响，比降逐渐增大，直至整个河段完全脱离蓄水影响，恢复为天然状态，比降主要控制因素又恢复为来流量和两江汇流比。

从 2010 年消落期与 2009 年消落期比较看，2010 年坝前水位消落速度较 2009 年快，坝前平均水位相对 2009 年同期较低，如坝前水位 2010 年 1～5 月较 2009 年同期分别偏低 1.4m、4.4m、5.5m、6m、0.7m，致使 2010 年消落期各河段平均比降相对 2009 年消落期同期总体偏大；2010 年汛期 6～

9 月与 2008 年、2009 年相比，2010 年汛期受坝前运行水位偏高和两江汇流比变化影响，长江汇口上、下段平均比降相对往年均要偏小，嘉陵江段 7 ~ 8 月比降略偏大，至 9 月偏小；2010 年蓄水期相对 2008 年和 2009 年均要提前，且 2010 年蓄水期初始水位及正常蓄水位较前两年均有较大提高，如 2008 年蓄水期为 9 月 28 日至 11 月 11 日，蓄水初始水位为 145.31m，最高蓄水位 172.76m，2009 年蓄水期为 9 月 14 日至 11 月 3 日，蓄水初始水位为 145.65m，最高蓄水位 171.38m，而 2010 年蓄水期仅为 9 月 10 日至 10 月 26 日，蓄水初始水位为 161.24m，最高蓄至 175.00m，致使 2010 年蓄水期各河段受坝前壅水更高，平均比降相对 2008 年、2009 年同期明显偏小。

表 8-34　2008 ~ 2010 年重庆主城区河段水面比降年内变化比较表

项目	年份	1 月	2 月	3 月	4 月	5 月	6 月	7 月	8 月	9 月	10 月	11 月	12 月
坝前平均水位（m）	2007	155.2	154.5	151.9	150.6	146.8	144.6	144.2	144.9	145.0	153.1	155.6	155.5
	2008	155.0	153.1	153.0	152.7	148.4	145.5	145.6	145.7	145.9	157.1	171.6	169.6
	2009	169.2	167.3	162.2	160.4	155.0	146.3	145.9	147.4	149.3	166.2	171.0	170.2
	2010	167.8	162.9	156.7	154.4	154.3	147.5	151.0	153.1	161.1	171.2	174.7	174.7
朱沱站流量（m^3/s）	2007	3 290	2 650	2 530	2 970	4 690	7 710	14 500	15 800	18 500	8 710	5 440	3 630
	2008	3 320	3 170	3 590	4 450	6 150	9 680	14 900	18 500	17 400	9 950	9 020	4 010
	2009	3 500	3 120	2 850	3 420	4 460	7 470	16 000	21 800	11 600	9 380	4 840	3 420
	2010	3 060	2 410	2 670	3 060	5 120	9 470	18 800	15 900	15 900	10 500	5 520	3 970
北碚站流量（m^3/s）	2007	518	314	492	671	728	3 020	9 420	2 630	2 550	3 400	775	579
	2008	585	435	608	1 350	1 180	1 780	2 790	3 670	4 910	2 710	1 610	617
	2009	606	501	525	995	2 150	1 880	4 370	6 420	4 700	1 690	969	604
	2010	649	477	462	775	1 290	2 110	9 890	5 830	4 470	1 580	675	562
寸滩站流量（m^3/s）	2007	4 020	3 140	3 060	3 800	5 450	11 200	24 300	18 700	21 000	12 500	6 680	4 480
	2008	4 140	3 690	4 410	6 120	7 600	12 000	17 800	22 200	22 400	13 300	11 400	4 740
	2009	4 180	3 780	3 640	4 810	7 160	9 570	20 900	29 100	16 800	11 700	6 170	4 270
	2010	3 830	3 010	3 430	4 170	6 890	12 400	29 200	21 800	20 800	12 200	6 470	4 520
汇流比（$Q_{北碚}/Q_{朱沱}$）（‰）	2007	0.16	0.12	0.19	0.23	0.16	0.39	0.65	0.17	0.14	0.39	0.14	0.16
	2008	0.18	0.17	0.19	0.29	0.50	0.27	0.26	0.29	0.43	0.18	0.20	0.18
	2009	0.18	0.13	0.16	0.29	0.21	0.19	0.18	0.20	0.29	0.27	0.19	0.15
	2010	0.21	0.20	0.18	0.25	0.26	0.25	0.47	0.34	0.27	0.15	0.12	0.14
长江汇口以上平均比降（‰）	2007	3.36	3.43	3.35	3.29	3.33	2.71	1.71	2.59	2.59	2.52	3.31	3.34
	2008	3.33	3.40	3.33	3.10	3.19	2.92	2.60	2.40	2.22	2.48	0.62	0.41
	2009	0.40	0.67	2.13	2.65	2.77	2.97	2.31	2.06	2.24	1.65	0.33	0.26
	2010	0.55	1.75	3.27	3.26	3.15	2.84	1.78	2.09	1.98	0.94	0.18	0.11
长江汇口以下平均比降（‰）	2007	1.38	1.48	1.57	1.55	1.47	1.47	1.63	1.59	1.61	1.43	1.29	1.36
	2008	1.40	1.51	1.48	1.45	1.43	1.47	1.58	1.62	1.63	1.27	0.27	0.09
	2009	0.08	0.09	0.32	0.67	1.27	1.38	1.61	1.70	1.51	0.65	0.12	0.07
	2010	0.08	0.24	1.13	1.36	1.26	1.44	1.59	1.49	1.25	0.38	0.08	0.05
嘉陵江平均比降（‰）	2007	2.41	2.46	2.61	2.54	2.19	1.82	1.42	0.71	0.55	1.71	1.99	2.32
	2008	2.41	2.37	2.32	2.28	1.94	1.37	0.96	0.77	0.94	1.51	0.14	0.17
	2009	0.24	0.62	1.92	2.30	2.47	2.00	1.00	0.73	1.54	0.67	0.14	0.13
	2010	0.60	1.76	2.56	2.62	2.26	1.56	1.16	1.20	0.85	0.28	0.03	0.03

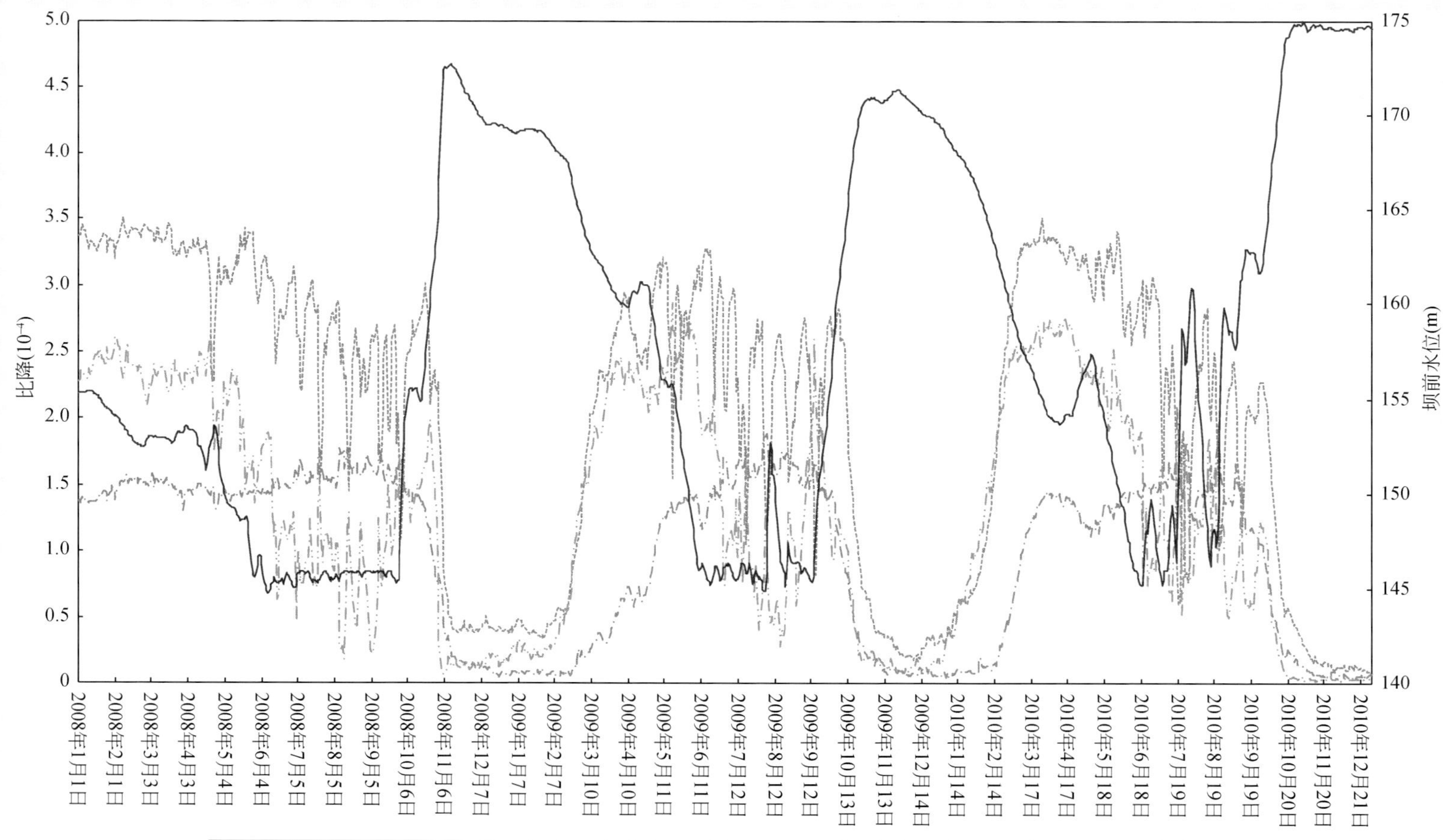

图 8-58　2008~2010年重庆主城区河段水面比降-坝前水位(吴淞)过程线图

2. 河道平面变化

（1）岸线变化

天然情况下重庆主城区河段两岸主要为岩石组成，岸线总体变化不大。进入20世纪90年代以后，因长江、嘉陵江两岸滨江路的逐年修建，导致河道岸线不断发生变化，变化较大的部位主要有：长江干流黄沙碛至母猪碛段、长江通龙桥至哑巴洞段，嘉陵江石门大桥北桥头至刘家台段、嘉陵江大桥南桥头至朝天门段、嘉陵江化龙桥至磁器口段。1980年2月（未有滨江路）至2008年12月，修建滨江路导致河宽一般缩窄了6～220m不等，占原河宽的1.3%～20.6%（表8-35）；长江干流段河宽缩窄最大的断面为珊瑚坝的CY25断面，河宽缩窄了221m，占原河宽的20.1%，嘉陵江段河宽缩窄最大的断面为金沙碛的CY46断面，河宽缩窄了153m，占原河宽的20.8%；据统计，2008年12月至2009年12月重庆主城区河段河宽缩窄范围为0～69m，缩窄率为0～8.2%，变化最大区域为寸滩港区河道左岸修建码头和九龙坡河段右岸修建滨江路区域，其余大多数河段岸线无明显变化。

表8-35　重庆主城区河段河宽变化统计表

河段	1980.12～2008.12		2008.12～2009.12	
	河宽缩窄（m）	河宽缩窄率（%）	河宽缩窄（m）	河宽缩窄率（%）
长江干流下段	18～139	2.5～20.6	0～69.0	0～8.2
长江干流上段	13～220	1.8～20.5	0～4.4	0～3.2
嘉陵江段	6～153	1.3～20.8	0～0.5	0～1.2

河宽指高程180m的水面宽

（2）深泓线变化

根据重庆主城区1980年2月、2002年12月、2008年9月、2009年11月、2010年11月深泓线对比表明，由于受河床边界条件控制作用，除少数过渡段年内略有摆动外，该河段历年深泓线平面走向左右摆动不大，一般小于30m，无单向性变化，基本保持稳定。

3. 深泓纵剖面变化

天然情况下，重庆主城区河段深泓纵剖面年际间有冲有淤，总体呈下切趋势。2002年与1980年对比，长江朝天门以上段变化不大，朝天门以下段平均下切0.8m，嘉陵江段平均下切0.7m；2007年与2002年对比，长江朝天门以上、以下段分别平均下切0.7m、1.5m，嘉陵江段平均下切0.5m。

2008年三峡水库175m试验性蓄水后，长江干流受河床泥沙淤积影响，河床深泓纵剖面略有抬升，分别如图8-59所示，深泓纵剖面平均高程如表8-36所示。

表8-36　重庆主城区河段年际间深泓平均高程统计表　（单位：m）

时间	长江干流		嘉陵江
	大渡口至朝天门段	朝天门至铜锣峡段	井口至朝天门段
1980年2月	150.4	134.4	152.0
2002年12月	150.4	133.6	151.3
2007年12月	149.7	132.1	150.8

续表

时间	长江干流		嘉陵江
	大渡口至朝天门段	朝天门至铜锣峡段	井口至朝天门段
2008 年 12 月	150. 2	132. 1	150. 7
2009 年 11 月	150. 1	132. 1	150. 7
2010 年 12 月	150. 4	132. 1	151. 0
2011 年 12 月	150. 3	132. 2	150. 8

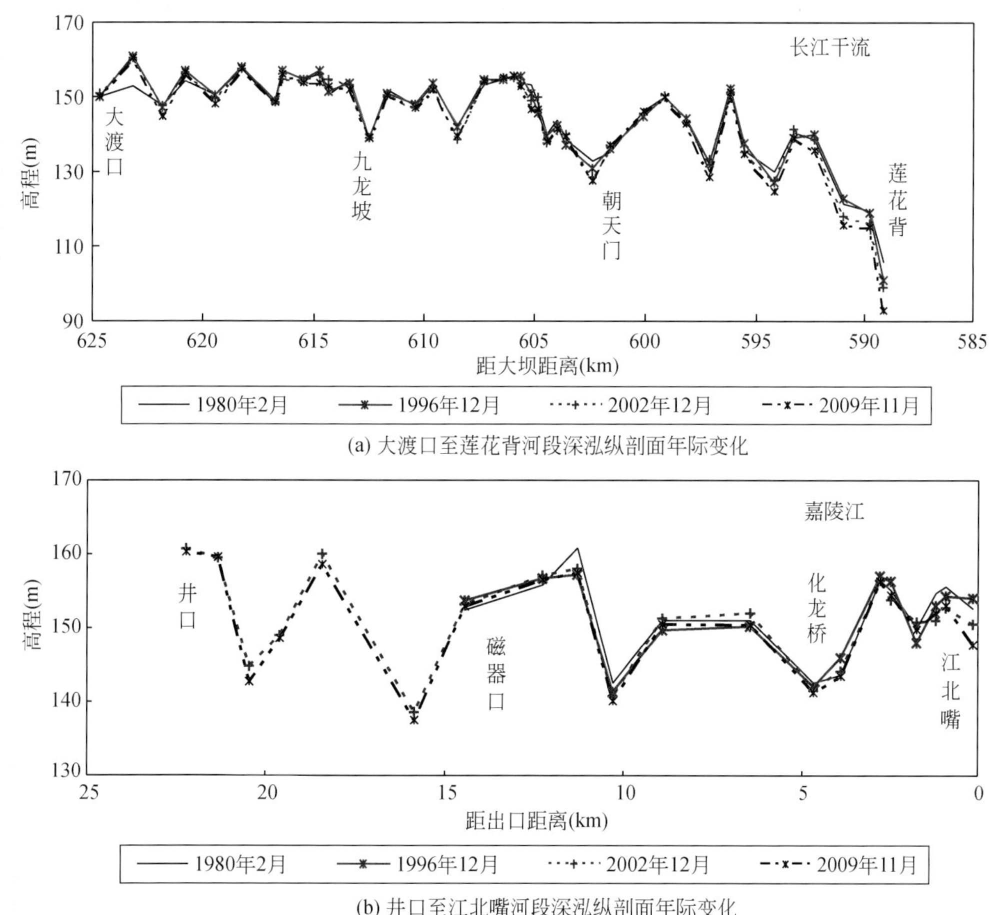

(a) 大渡口至莲花背河段深泓纵剖面年际变化

(b) 井口至江北嘴河段深泓纵剖面年际变化

图 8-59　重庆主城区河段深泓纵剖面年际变化

4. 洲滩变化

重庆主城区河段内主要洲滩有 9 个（长江干流 6 个、嘉陵江段 3 个）。

黄家碛边滩：位于长江大渡口与李家沱两反向弯道过渡段右岸，头部窄低，尾部宽高，为倒坡形，主要由卵石夹沙组成。

九堆子江心洲：位于九龙坡河段，主要由大小不等、高矮不一的砂卵石堆积而成，其中洲头主要为粒径较粗的卵石，尾部为淤沙。该滩左汊为主槽，右汊弯窄，为支汊，当地水位 164. 2m 以上支汊过流，近期修建的南岸滨江路占据了大部分右汊。

黄沙碛边滩：位于鹅公岩至菜园坝之间的左岸，主要是鹅公岩挑流作用，使主流傍右岸，从而在左岸形成缓流区，泥沙淤积成滩，主要由砂卵石组成。

珊瑚坝江心洲：位于嘉陵江汇合口以上长江干流，洲顶在新中国成立前曾建有简易机场，后废弃。该江心洲为两汊，其中右槽为主汊，左汊为副槽，水位在 167. 5m 时才过流。洲滩主要由卵石组成，是重庆主城区河段的主要采砂区。受采砂影响，洲滩日渐缩小。

蛮子碛边滩：位于嘉陵江汇口以下长江大佛寺河段右岸，下游与母猪碛相连，主要由砂卵石组成。

母猪碛边滩：位于寸滩弯道中部右岸，上首与蛮子碛相连，主要由砂卵石组成。

金沙碛边滩：位于嘉陵江出口左岸，主要为砂卵石组成。

筦兜碛边滩：位于嘉陵江左岸，距出口 10. 6km，主要由砂卵石组成。其滩首部分略低，滩外侧及滩尾略高。

九石缸边滩：位于嘉陵江磁器口下游右岸，距出口 14. 6km，主要由砂卵石组成，是磁器口古镇开展旅游活动的重要场所。

1980 年 2 月至 2002 年 12 月，受河道采砂、重庆滨江路建设等因素影响，河段内洲滩面积略有萎缩，总面积由 5. 362km^{2}减小至 4. 524km^2，减幅 16%；2002 ~ 2009 年洲滩面积进一步减小至 3. 627 km^2（表 8-37）。

表 8-37　1980 ~ 2009 年重庆主城区主要洲滩变化统计表

江段	洲滩名称	滩性	年份	洲顶高程（m）	量测等高线（m）	洲长（km）	最大洲宽（km）	平均宽（km）	面积（km^2）
长江干流段	黄家碛	边滩	1980	172. 0	166	2. 05	0. 44	0. 28	0. 568
			2002	171. 8	166	2. 04	0. 45	0. 26	0. 540
			2009	171. 6	166	1. 78	0. 42	0. 26	0. 447
	九堆子	心滩	1980	172. 1	164	1. 41	0. 92	0. 60	0. 849
			2002	173. 3	164	1. 37	0. 88	0. 58	0. 751
			2009	171. 5	164	1. 15	0. 63	0. 26	0. 306
	黄沙碛	边滩	1980	172. 8	164	2. 10	0. 41	0. 30	0. 631
			2002	169. 9	164	2. 02	0. 28	0. 23	0. 463
			2009	171. 4	164	1. 92	0. 33	0. 20	0. 387
	珊瑚坝	心滩	1980	178. 2	163	2. 19	0. 64	0. 44	0. 957
			2002	177. 1	163	1. 93	0. 53	0. 36	0. 700
			2009	177. 6	163	1. 97	0. 56	0. 43	0. 832
	蛮子碛	边滩	1980	167. 9	160	2. 36	0. 25	0. 16	0. 383
			2002	167. 3	160	2. 28	0. 23	0. 15	0. 341
			2009	167. 1	160	2. 23	0. 15	0. 07	0. 192
	母猪碛	边滩	1980	165. 2	160	1. 59	0. 22	0. 18	0. 286
			2002	165. 1	160	1. 54	0. 22	0. 18	0. 270
			2009	171. 2	160	1. 59	0. 15	0. 12	0. 173

续表

江段	洲滩名称	滩性	年份	洲顶高程（m）	量测等高线（m）	洲长（km）	最大洲宽（km）	平均宽（km）	面积（km^2）
嘉陵江段	金沙碛	边滩	1980	166.9	160	2.61	0.59	0.35	0.909
			2002	164.4	160	2.41	0.43	0.31	0.738
			2009	164.3	160	2.36	0.42	0.29	0.672
	篼兜碛	边滩	1980	164.5	162	1.13	0.55	0.33	0.369
			2002	165.4	162	1.08	0.51	0.32	0.347
			2009	168.5	162	1.12	0.51	0.29	0.315
	九石缸	边滩	1980	168.6	163	1.12	0.51	0.37	0.410
			2002	168.9	163	1.10	0.47	0.34	0.374
			2009	168.8	163	1.08	0.39	0.27	0.303

5. 河床冲淤变化

在三峡水库围堰发电期和初期蓄水期，重庆主城区河段尚未受三峡水库壅水影响，属自然条件下的演变，2008 年 9 月中旬起，三峡水库进行 175m 试验性蓄水，重庆主城区河段已受到三峡水库蓄水影响，泥沙冲淤特性也发生了一些新的变化。

（1）三峡水库 175m 试验性蓄水前河床冲淤特性

天然条件下，近期重庆主城区河段年内冲淤过程主要表现为汛前冲刷、汛期淤积和汛后冲刷，总体呈冲刷态势（含河道采砂影响），1980 年 2 月至 2008 年 9 月合计冲刷量为 1327.9 万 m^3。其中三峡水库蓄水前 1980 年 2 月至 2003 年 5 月冲刷了 1247.2 万 m^3；三峡水库围堰发电期 2003 年 5 月至 2006 年 9 月冲刷了 447.5 万 m^3；三峡水库初期蓄水期 2006 年 9 月至 2008 年 9 月淤积了 366.7 万 m^3。重庆主城区河段冲淤量成果如表 8-38 所示。

表 8-38　三峡水库试验性蓄水前重庆主城区河段冲淤量成果表　（单位：万 m^3）

计算时段	长江干流		嘉陵江	全河段	备注	
	汇口以上	汇口以下				
1980 年 2 月～1996 年 12 月	−147.2	−2.6	−162.3	−312.1	岸线相对稳定	天然时期
1996 年 12 月～2002 年 12 月	−180.8	−189.6	−45.8	−416.2		
2002 年 12 月～2003 年 5 月	−157.3	−273.4	−88.2	−518.9	重庆滨江路建设导致河道变窄	
1980 年 2 月～2003 年 5 月	−485.3	−465.6	−296.3	−1247.2		
2003 年 5 月～2003 年 9 月	+209.8	+84.5	+75.6	+369.9	重庆滨江路建设导致河道变窄	三峡水库 135～139m 运行期
2003 年 9 月～2003 年 12 月	+0.8	+107.0	−134.8	−27.0		
2003 年 12 月～2004 年 5 月	−142.5	−398.4	−23.4	−564.3		
2004 年 5 月～2004 年 9 月	+399.7	+258.6	+66.3	+724.6		
2004 年 9 月～2004 年 12 月	−334.0	−193.0	−143.0	−670.0		
2004 年 12 月～2005 年 5 月	−65.3	−30.0	+42.9	−52.4		
2005 年 5 月～2005 年 9 月	+101.8	+305.3	+152.5	+559.6		
2005 年 9 月～2005 年 12 月	−368.5	−186.3	−257.5	−812.3		
2005 年 12 月～2006 年 5 月	+69.1	−132.9	+40.7	−23.1		
2006 年 5 月～2006 年 9 月	+38.7	+77.6	−68.8	+47.5		
2003 年 5 月～2006 年 9 月	−90.4	−107.6	−249.5	−447.5		

续表

计算时段	长江干流		嘉陵江	全河段	备注	
	汇口以上	汇口以下				
2006年9月~2006年12月	-47.4	+20.5	+13.1	-13.8		
2006年12月~2007年5月	-31.8	-88.3	+36.1	-84.0		
2007年5月~2007年9月	-109.8	+128.9	-67.2	-48.1		三峡水库144~156m运行期
2007年9月~2007年12月	+19.4	+30.5	-27.3	+22.6	重庆滨江路建设导致河道变窄	
2007年12月~2008年5月	+85.7	+99.1	+24.1	+208.9		
2008年5月~2008年9月	+60.8	+162.8	+57.6	+281.2		
2006年9月~2008年9月	-23.1	+353.5	+36.4	+366.8		
1980年2月~2008年9月	-598.8	-219.7	-509.4	-1327.9	三峡水库175m试验性蓄水前	

"+"表示淤积，"-"表示冲刷

以枯水期2~3月多年平均枯水流量$Q_{寸}/Q_{朱}/Q_{北}$=3000/2600/400（m^3/s）的水边线为标准（相应寸滩水位159.0m，冻结）水边线以内河床冲淤量称为主槽冲淤量，水边线以外河床的冲淤称为边滩冲淤量，2003~2008年河段滩、槽冲淤量成果如表8-39所示。由表可见，除2004年表现为“滩槽均冲”外，其他年份均表现为“滩淤槽冲”。从总体来看，三峡水库175m试验性蓄水前，重庆主城区河段边滩年际间冲淤基本平衡，而主槽呈累积冲刷状态。

表8-39　重庆主城区全河段滩槽冲淤量变化表　（单位：万m^3）

年份	部位	年初至汛前	汛期	汛末至年底	全年	滩槽合计
2003	滩	-11.1	+290.8	-15.9	+263.8	-176.0
	槽	-507.8	+312.8	-244.8	-439.8	
2004	滩	-346.8	+394.9	-251.6	-203.5	-509.7
	槽	-217.5	+329.7	-418.4	-306.2	
2005	滩	-89.2	+760.4	-551.4	+119.8	-305.1
	槽	-56.0	+269.9	-638.8	-424.9	
2006	滩	-19.7	+142.2	-68.3	+54.2	+10.6
	槽	-3.4	+122.8	-163.0	-43.6	
2007	滩	-16.2	+103.8	-10.7	+76.9	-109.2
	槽	-77.5	-9.1	-99.5	-186.1	
2008	滩	21.9	236.3			
	槽	187	-243.6			
平均	滩	-76.9	321.4	-179.6	62.2	-217.9
	槽	-112.5	130.4	-312.9	-280.1	

"+"表示淤积，"-"表示冲刷

天然情况下，重庆主城区河段年内有冲有淤，按趋势可划分为3个阶段：第一阶段为年初至汛初的冲刷阶段、第二阶段为汛初至汛末的淤积阶段、第三阶段为汛末至年末的冲刷阶段。3个阶段的分界时间各年不尽相同，通常与当年的来水来沙过程有关。第一、二阶段的分界点一般为5月下旬，少数年份推迟到6月上、中旬；第二、三阶段的分界点大约在9月中旬左右，少数年份推迟到10月中旬，或提前到8月中、下旬。2008年汛后10月三峡水库试验性蓄水以后，受蓄水影响，一定程度上改变了其天然冲淤规律，主要表现为汛后受蓄水抬升影响河床由原来的冲刷转为以淤积为主，走沙强度大为减弱，汛前则由于三峡坝前水位的逐步消落特别是朝天门以上河段河床出现冲刷。

重庆主城区河段汛后走沙量大小主要取决于汛期淤积量，汛期淤积量大，汛后和消落期走沙量相应也大，反之，汛后走沙量较小。天然情况下，9月中旬至10月中旬走沙量约占当年汛末及汛后走沙量的60%~90%，是汛后主要走沙期，10月中旬至12月中旬走沙量一般不大，是次要走沙期。

当汛末及汛后当寸滩站流量退至25 000m^3/s时，河床开始走沙，流量下降到25 000~12 000m^3/s期间，重庆主城区河段走沙过程比较明显，走沙强度一般在$0.5\times10^4 \sim 1.2\times10^4 m^3/(d \cdot km)$，是主要走沙期；当流量退至12 000~5000$m^3/s$期间，走沙强度大幅减少，平均在$0.3\times10^4 m^3/(d \cdot km)$左右，是次要走沙期；当寸滩站流量小于5000$m^3/s$时，走沙过程基本结束。天然条件下，寸滩流量为25 000m^3/s、12 000 m^3/s、5000 m^3/s对应的寸滩水位（吴淞高程基面）分别为171.6m、165.6m、161.1m，铜锣峡水位（吴淞高程基面）分别为170.6m、169.4m、160.4m，与两者相应的寸滩站断面流速分别为2.5m/s、2.1m/s、1.8m/s。

A. 走沙过程分析

由于重庆主城区河段各年来水来沙条件、汛期不同部位淤积量大小等条件不同，故汛后走沙过程与走沙数量各异。从1961年、2002年12月至2008年实测资料看，重庆主城区河段大体可以将汛期淤积为主的时间定为9月中旬以前。

为分析走沙过程，将2002~2007年4个典型河段的资料以9月30日、10月15日为界，分别进行统计。结果表明，9月中旬至9月30日的走沙量约占9月中旬至12月中旬走沙总量的35.6%~44.5%，平均为40.0%；9月中旬至10月15日走沙量约占9月中旬至12月中旬走沙总量的70.7%~73.6%，平均为71.8%。

1961年猪儿碛河段、金沙碛河段冲淤资料表明，猪儿碛河段9月12日至9月30日的冲刷量占汛后总冲刷量的73%，9月12日至10月15日的冲刷量占汛后总冲刷量93%；金沙碛河段9月13日至9月30日的冲刷量占汛后总冲刷量的58%，9月13日至10月15日的冲刷量占汛后总冲刷量的82%。

以上分析说明，重庆主城区河段9月中旬至10月中旬走沙量约占当年汛末及汛后走沙量的50%~90%，是汛后主要走沙期，其中9月中旬至9月底的走沙量约占当年汛末及汛后的30%~70%；10月中旬至12月中旬走沙量一般不大，是次要走沙期。

B. 走沙过程与流量关系

重庆主城区河段年内有冲有淤，汛期流量大、水位高，水流漫滩，主流趋直，加上铜锣峡壅水等影响，在河道开阔段以及缓流、回流区，泥沙大量淤积，汛末流量逐渐减小、水位逐渐降低，水流归槽，河床发生冲刷，说明重庆主城区河段冲淤变化与流量有一定的关系。图8-60为重庆主城区4个典型河段时段平均冲淤强度与流量的关系，图中点据虽较为分散，但变化趋势是明显的，冲刷强度与流量存在一定关系。各典型河段冲淤强度随流量变化有如下特点。

a. 九龙坡河段

当汛期朱沱站流量超过15 000m^3/s时，若来沙量较大，九龙坡河段开始明显淤积，其淤积强度随着流量的增大而增大。当汛末流量退至约18 000m^3/s，若来沙较小，河床开始走沙；在流量退至18 000~10 000m^3/s，冲刷强度超过$1.2\times10^4 m^3/(d \cdot km)$，是主要走沙期；当流量退至10 000~

4000m^3/s 时，冲刷强度约 0.6×10^{4}m^3/(d·km)，是次要走沙期；当流量小于 4000 m^3/s 时，走沙基本结束。

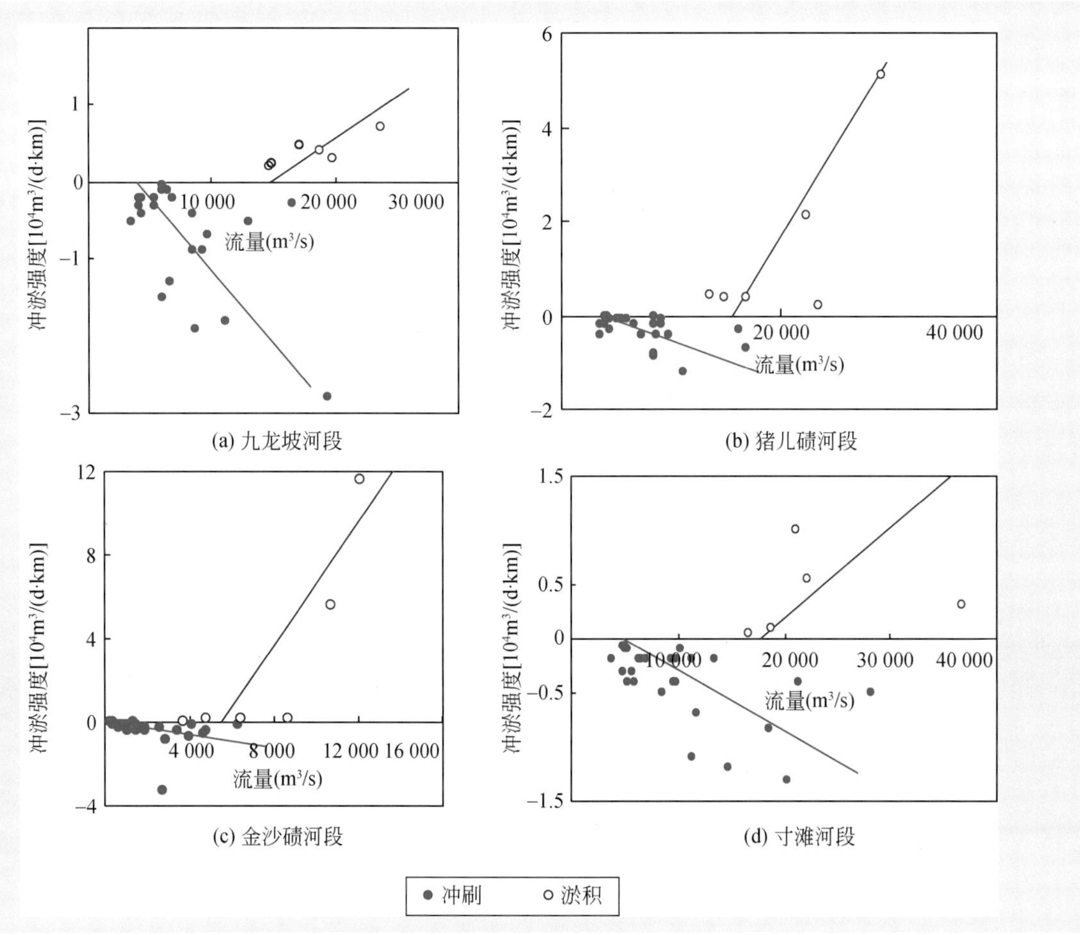

图 8-60 重庆主城区各典型河段河床冲淤强度与流量关系

b. 猪儿碛河段

当汛期朱沱站流量超过 15 000m^3/s 时，若来沙量较大，猪儿碛河段开始明显淤积，其淤积强度随着流量的增大而增大。当汛末朱沱站流量退至约 18 000m^3/s 时，若来沙较小，且不受嘉陵江水位顶托影响河床开始走沙；在流量退至 18 000 ~ 10 000m^3/s，冲刷强度超过 0.6×10^{4}m^3/(d·km)，是主要走沙期；当流量退至 10 000 ~ 4000m^3/s 时，冲刷强度大为减少，约 0.2×10^{4}m^3/(d·km)，是次要走沙期；当流量小于 4000 m^3/s 时，走沙基本结束。

c. 金沙碛河段

当汛期北碚站流量超过 5000 m^3/s 时，若来沙量较大，金沙碛河段河床开始明显淤积，其淤积强度随着流量的增大而增大。当流量退至约 7000m^3/s，若来沙较少，汇流比小，河床开始走沙；当流量退至 7000 ~ 3000m^3/s 时，冲刷强度超过 0.5×10^{4}m^3/(d·km)，是主要走沙期；当流量退至 3000 ~ 1000m^3/s 时，冲刷强度约 0.1×10^{4}m^3/(d·km)，是次要走沙期；当流量小于 500m^3/s 时，走沙基本结束。

d. 寸滩河段

汛期寸滩河段流量超过 18 000m^3/s，若来沙量较大，河床开始淤积，其淤积强度也是随着流量的增大而增大。当寸滩站流量退至约 25 000m^3/s，若来沙较小，河床开始走沙；当流量退至 25 000 ~ 12 000m^3/s，冲刷强度超过 0.5×$10^4m^3/(d·km)$，是主要走沙期；当流量退至 12000 ~ 5000m^3/s 时，冲刷强度大多为 0.2×$10^4m^3/(d·km)$，是次要走沙期；当流量小于 5000m^3/s 时，走沙基本结束。

由于上述四个典型河段的主要淤积期、走沙期基本相同，因此其相应流量可用寸滩站流量表示，即当汛期寸滩站流量一般超过 18 000m^3/s，来沙较大时，重庆主城区河段开始明显淤积；当汛末及汛后寸滩流量退至 25 000 ~ 12 000m^3/s 时，重庆主城区河段冲刷强度最大，是主要走沙期，走沙强度一般在 0.5 ~ 1.2×$10^4m^3/(d·km)$；当流量继续减少到 12 000 ~ 5000m^3/s 时，走沙强度明显减少，一般在 0.3×$10^4m^3/(d·km)$ 左右，是次要走沙期，当流量小于 5000m^3/s 时，走沙过程基本结束。

为分析汛末及汛后各级走沙流量出现的时机，分别统计了 1956 ~ 2005 年 50 年间，寸滩流量分别为 25 000 ~ 12 000m^3/s 、12 000 ~ 5000m^3/s 以及小于 5000m^3/s 出现的时段。结果表明，在汛末及汛后，寸滩流量级 25 000 ~ 12 000m^3/s 的时间一般出现在 9 月中旬至 10 月中旬之间，流量级 12 000 ~ 5000m^3/s 的时间一般出现在 10 月中旬至 12 月上中旬，小于 5000m^3/s 的时间一般出现在 12 月上中旬至次年 4 月份左右。进一步说明了重庆主城区河段主要走沙期一般出现在 9 月中旬至 10 月中旬，次要走沙期一般出现在 10 月中旬至 12 月中旬。

C. 走沙过程与水位关系

由于寸滩站流量与水位有较好的关系，根据该站综合水位–流量关系以及寸滩站与铜锣峡落差，推算得寸滩站与铜锣峡相应走沙水位如表 8-40 所示。由表可见，天然条件下，重庆河段主要走沙期寸滩水位一般为 171.6 ~ 165.6m，铜锣峡相应水位为 170.6 ~ 164.9m；次要走沙期寸滩水位一般为 165.6 ~ 161.1m，铜锣峡相应水位为 164.9 ~ 160.4m；当寸滩水位低于 161.1m，铜锣峡水位低于 160.4m 后，重庆主城区河段走沙过程就基本停止了。

表 8-40　重庆主城区河段汛末及汛后走沙过程与流量（水位）关系

走沙特性	主要走沙期	次要走沙期	走沙基本停止期
走沙强度［$10^4m^3/(d·km)$］	1.2 ~ 0.5	0.5 ~ 0.1	<0.1
走沙流量（寸滩站）	25 000 ~ 12 000	12 000 ~ 5 000	<5 000
寸滩站相应水位（m，吴淞高程）	171.6 ~ 165.6	165.6 ~ 161.1	<161.1
寸滩站相应流速（m/s）	2.5 ~ 2.1	2.1 ~ 1.8	<1.8
铜锣峡相应水位（m，吴淞高程）	170.6 ~ 164.9	164.9 ~ 160.4	<160.4

D. 走沙过程与流速关系

虽然河床冲刷强度与流量有一定的关系，但影响冲刷的直接因素是流速。通过寸滩水文断面各级走沙流量、水位及大断面成果，计算得寸滩水文断面相应走沙流速如表 8-40 所示。当汛末流量为 25 000 ~ 12 000m^3/s 时，寸滩水文断面平均流速为 2.5 ~ 2.1m/s，寸滩河段冲刷强度在 0.5×$10^4m^3/(d·km)$ 以上，此时段为各重点河段主要走沙期；而当流量为 12 000 ~ 5000m^3/s 时，相应寸滩水文断面平均流速为 2.1 ~ 1.8m/s，冲刷强度在 0.5 ~ 0.1×$10^4m^3/(d·km)$，此时段为各重点河段次要走沙期；当流量小于 5000m^3/s 时，相应寸滩水文断面平均流速小于 1.8m/s，此时段各重点河段走沙基本结束。

近几年来，重庆主城区河段河道采砂活动较多、采砂量较大，对河床泥沙冲淤计算带来一定影响。据初步统计（表 8-41），近几年重庆主城区长江干流段（大渡口至铜锣峡段）年采砂量在 477 万 t 左右。

表 8-41　近几年重庆主城区长江干流（大渡口至铜锣峡段）河道采沙量统计表

序号	采砂点名称	位置	所处河段	左右岸	采区长度（m）	采区面积（m^2）	平均开采厚度（m）	开采方式	年控制开采量（t）
1	九渡口	九龙坡区	九龙坡河段	左	500	100 000	0.6	水下开采	78 000
2	九堆子（含哑巴洞）	南岸区刘家石盘至铜元局	九龙坡河段	右	2 500	370 000	0.5	水下开采	238 000
3	珊瑚坝（含冯家嘴）	渝中区珊瑚坝至冯家嘴	珊瑚坝至朝天门段	左	700	70 000	0.5	水下开采	46 000
4	黄桷渡（至陈家溪）	南岸区黄桷渡至陈家溪	珊瑚坝至朝天门段	右	900	90 000	0.3	水下开采	35 000
5	木关沱	江北区木关沱至塔子山	朝天门至唐家沱段	左	1 100	420 000	4	水下开采	2 180 000
6	良沱	江北区	朝天门至唐家沱段	左	770	200 000	3	水下开采	780 000
7	青草坝	江北区	朝天门至唐家沱段	左	300	110 000	0.5	水下开采	72 000
8	茅溪桥	江北区	朝天门至唐家沱段	左	500	30 000	0.4	水下开采	16 000
9	白沙沱	南岸区	朝天门至唐家沱段	右	1 000	220 000	2.5	水下开采	715 000
10	唐家沱	江北区	朝天门至唐家沱段	左	1 500	467 000	1	水下开采	610 000
合计									4 770 000

因此，为客观、真实反映重庆主城区河床冲淤特性，本报告采用实测固定断面和河道地形资料，对2008年9月以来河床泥沙冲淤情况进行计算、分析。以下各时期冲淤量计算成果中均包含了河道采砂因素带来的影响。

（2）三峡水库175m试验性蓄水期河床冲淤特性

三峡水库首次175m试验性蓄水自2008年9月28日时开始（坝前水位为145.27m），至11月4日22：00，坝前水位达到172.29m；至11月10日达172.80m，此后缓慢下降。2009年9月15日，三峡水库进行第二次175m试验性蓄水（坝前水位为146.25m），至11月24日坝前水位达171.41m，于11月30日蓄水结束时水位为171.06m。

2010年9月6日起，三峡水库进行第三次175m试验性蓄水（坝前水位157.51m），10月20日升至161.72m，至10月26日9时三峡坝前水位首次达到正常蓄水位175m。

2011年9月10日，三峡水库进行第四次175m试验性蓄水（起蓄水位152.41m），至9月23日水库水位升至167.99m，9月30日水库水位下降至166.01m后，水库水位进入上升期，至10月30日17时蓄水过程结束，坝前水位第二次达到175.00m。

A. 2008年试验性蓄水期冲淤特性

2008年9月至2009年6月（含2008年蓄水期和2009年汛前的消落期），重庆主城区河段河床冲刷泥沙254.2万m^3。从冲淤分布来看，朝天门（CY15断面）以下长江干流段、朝天门以上长江干流段和嘉陵江段分别冲刷泥沙70.9万m^3、98.3万m^3、85.0万m^3（表8-42）。

a. 试验性蓄水期

2008年9月中旬三峡水库进行试验性蓄水后，随着坝前水位的抬高，回水末端逐渐上延。至10月中旬三峡坝前水位为156m（图8-61），回水在铜锣峡附近，重庆主城区河段未受三峡水库蓄水影响，仍然保持了汛后走沙的特性。期间，朱沱站平均流量为13 250m³/s（最大、最小流量分别为19 100m³/s、10 300m³/s），嘉陵江北碚站平均流量为4 670m³/s（最大、最小流量分别为15 000m³/s、2 110m³/s），寸滩站平均水位为168.50m，平均流量为18 200m³/s（最大、最小流量分别为32 300m³/s、13 000m³/s）。其间嘉陵江对长江干流的顶托作用较小，两江平均汇流比（$Q_{嘉}/Q_{朱}$）为0.35，有利于干流河床冲刷。其间重庆主城区河段冲刷泥沙288.5万m³（占2008年汛前和汛期总淤积量的59%），其中长江干流朝天门以上、以下河段分别冲刷泥沙126.1万m³、94.9万m³，嘉陵江段冲刷量为67.5万m³（表8-42）。

之后，随着三峡水库坝前水位的逐渐抬高，重庆主城区河段受蓄水影响也日趋明显，河床年内冲淤特性也发生了一些新的变化，天然情况下汛后河床冲刷较为集中的规律则被改变，河床也由天然情况下的冲刷转为以淤积为主。10月中旬~12月中旬，随着三峡水库坝前水位的逐渐抬高，重庆主城区河段受蓄水影响明显，寸滩站流量也有所减小，由10月15日的13 100m³/s减小至12月15日的4580m³/s（平均流量为9950m³/s），但其水位则由165.92m抬高至169.71m（平均水位为170.32m，较天然情况下水位平均抬高近6.0m），河床也由天然情况下的冲刷转为淤积，2008年10月中旬~12月中旬累计淤积泥沙159.7万m³（表8-42）。其中，淤积主要集中长江干流段，朝天门以上段淤积泥沙101.5万m³，朝天门以下淤积泥沙57.5万m³，嘉陵江段微淤泥沙0.7万m³。在4个重点河段中，除金沙碛河段微冲0.6万m³外，九龙坡、猪儿碛、寸滩河段则分别淤积泥沙26.7万m³、27.8万m³、7.8万m³，分别占河段总淤积量的16.7%、17.4%、4.9%。

b. 2009年汛前消落期

2008年12月中旬至2009年6月11日，三峡水库坝前水位从2008年12月15日的169.6m逐渐消落至6月11日的146.2m（消落幅度为23.4m），寸滩站水位也从169.71m逐渐降低至163.81m（下降幅度为5.9m），平均水位为164.66m；寸滩站平均流量为4850m³/s。受水库坝前水位、上游来水来沙、河道采砂等因素影响，重庆主城区河段河床有冲有淤，但总体表现为冲刷，河段共冲刷泥沙125.4万m³（占2008年10月中旬~12月中旬淤积量的78.5%），且以边滩冲刷为主，其冲刷量为109.6万m³，主槽则略有冲刷，冲刷泥沙15.8万m³。从冲淤分布来看，长江干流朝天门以上、以下段和嘉陵江段冲刷量分别为73.7万m³、33.5万m³、18.2万m³。在4个重点河段中，除寸滩河段淤积泥沙5.5万m³外，九龙坡、猪儿碛和金沙碛河段分别冲刷泥沙29.1万m³、8.6万m³、0.5万m³。

B. 2009年汛期及试验性蓄水期冲淤特性

a. 汛期河床冲淤情况

2009年6月11日~2009年9月12日间坝前水位在144.84~152.76m运行，重庆主城区河段不受三峡水库坝前水位影响，处于自然河道状态，河床有冲有淤，以淤积为主，累计略淤泥沙39.7万m³，朝天门以下长江干流段冲刷59.9万m³，朝天门以上长江干流段和嘉陵江段分别淤积泥沙42.6万m³、57.0万m³（表8-43），与2008年同期相比，汛期淤积量大为减少（表8-44）。4个重点河段中，九龙坡、猪儿碛、寸滩和金沙碛河段均呈淤积状态，分别淤积26.8万m³、0.5万m³、1.6万m³和11.8万m³。

b. 2009年试验性蓄水期至2010年消落期

2009年9月~2010年6月重庆主城区河段累计淤积泥沙103.1万m³，从冲淤分布看，以长江朝天门以下河段淤积为主，淤积量为57.7万m³，占淤积总量的56.0%，长江朝天门以上河段和嘉陵江河段分别淤积23.3万m³、22.1万m³。4个重点河段中，除寸滩河段淤积17.8万m³外，九龙坡、猪儿碛、金沙碛河段分别冲刷3.8万m^3、3.9万m^{3}和13.0万m^3。

2009年9月12日~11月16日，坝前水位从146.38逐步抬升至171.02m，寸滩站平均水位为167.89m，平均流量为12 060m^3/s，重庆主城区河段仍有一定走沙能力，共冲刷泥沙77.7万m^3，且表现为滩槽同冲，滩、槽分别冲刷54.5万m^3、23.2万m^3。从冲淤分布来看，淤积主要集中在长江朝天门以下河段，其淤积量为41.6万m^3，长江朝天门以上河段和嘉陵江段分别冲刷泥沙47.1万m^3、72.2万m^3。九龙坡、金沙碛河段分别冲刷10.8万m^3、14.9万m^3，猪儿碛、寸滩河段分别淤积0.9万m^{3}和5.6万m^3。

2009年11月16日~2010年6月11日：三峡水库坝前水位由170.93m消落至146.37m，寸滩站水位也由171.24m下降至163.47m，寸滩站平均流量为4700m^3/s。该时段内，坝前水位消落速度较慢，加之上游来流量总体偏小，走沙能力相对较弱，重庆主城区河段仍以淤积为主，淤积量为180.8万m^3，且表现为滩、槽同淤，滩槽分别淤积61.3万m^3、119.5万m^3。从冲淤分布来看，长江朝天门以上、以下河段分别淤积70.4万m^3、16.1万m^3，嘉陵江段淤积94.3万m^3。

表8-42　三峡水库2008年试验性蓄水期重庆主城区河段冲淤量成果表　（单位：万m^3）

计算时段	长江干流		嘉陵江	全河段	备注	
	朝天门以上	朝天门以下				
2008年9月~2008年10月	-126.1	-94.9	-67.5	-288.5	三峡水库坝前水位低于160m，重庆主城区河段未受水库蓄水影响，为天然河道	
2008年10月~2008年11月	44.0	56.7	-6.2	94.5	主要蓄水期	2008年三峡水库175m试验性蓄水期
2008年11月~2008年12月	57.5	0.8	6.9	65.2		
2008年10月~2008年12月	101.5	57.5	+0.7	+159.7		
2008年12月~2009年4月9日	-20.8	22.1	-23.1	-21.8	消落期	
2009年4月9日~2009年5月11日	5.8	15.3	-20.2	0.9		
2009年5月11日~2009年5月25日	10.7	-29.8	35.9	16.8		
2009年5月25日~2009年6月11日	-69.4	-41.1	-10.8	-121.3		
2008年12月~2009年6月11日	-73.7	-33.5	-18.2	-125.4		
2008年9月~2009年6月	-98.3	-70.9	-85.0	-254.2	2008年蓄水期至2009年消落期	

表8-43　不同时期重庆主城区河段泥沙冲淤统计表　（单位：万m^3）

计算时段	长江干流		嘉陵江	全河段	备注
	朝天门以上	朝天门以下			
1980年2月~2003年5月	-485.3	-465.6	-296.3	-1247.2	天然时期
2003年5月~2006年9月	-90.4	-107.6	-249.5	-447.5	三峡工程135~139m围堰发电期
2006年9月~2008年9月	-23.1	353.5	36.4	366.8	三峡工程144~156m初期运行期
2008年9月~2009年6月	-98.3	-70.9	-85.0	-254.2	2008年三峡工程试验性蓄水期、消落期
2009年6月11日~2009年9月12日	42.6	-59.9	57	39.7	2009年汛期

续表

计算时段	长江干流		嘉陵江	全河段	备注
	朝天门以上	朝天门以下			
2009 年 9 月 12 日～2009 年 11 月 16 日	-47. 1	41. 6	-72. 2	-77. 7	2009 年试验性蓄水期
2009 年 11 月 16 日～2010 年 5 月 11 日	-0. 5	-12. 7	32. 3	19. 1	2009 年试验性蓄水期至 2010 年消落期
2010 年 5 月 11 日～2010 年 6 月 11 日	70. 9	28. 8	62. 0	161. 7	2010 年汛前消落期
2009 年 11 月 16 日～2010 年 6 月 11 日	70. 4	16. 1	94. 3	180. 8	
2010 年 6 月 11 日～2010 年 9 月 10 日	43	70. 9	-154. 3	-40. 4	2010 年汛期
2010 年 9 月 10 日～2010 年 10 月 30 日	9. 2	11. 5	171. 9	192. 6	2010 年三峡水库试验性蓄水期间
2010 年 10 月 30 日～2010 年 12 月 16 日	12. 8	32. 3	-32. 6	12. 5	2010 年三峡水库试验性蓄水后
2009 年 11 月 16 日～2010 年 12 月 16 日	135. 4	130. 8	79. 3	345. 5	2010 年全年
2010 年 12 月 16 日～2011 年 4 月 11 日	-60. 5	-163. 9	-64. 4	-288. 8	
2011 年 4 月 11 日～2011 年 6 月 17 日	-24. 3	50. 3	-1. 5	24. 5	2011 年汛前消落期
2010 年 12 月 16 日～2011 年 6 月 17 日	-84. 8	-113. 6	-65. 9	-264. 3	
2010 年 9 月 10 日～2011 年 6 月 17 日	-62. 8	-69. 8	73. 4	-59. 2	2011 年整个蓄水期
2011 年 6 月 17 日～2011 年 7 月 15 日	-36. 2	-43. 8	14. 5	-65. 5	
2011 年 7 月 15 日～2011 年 8 月 15 日	83. 2	-3. 4	-6. 7	73. 1	2011 年汛期
2011 年 8 月 15 日～2011 年 9 月 18 日	-17. 3	18. 3	9. 0	10. 0	
2011 年 6 月 17 日～2011 年 9 月 18 日	29. 7	-28. 9	16. 8	17. 6	
2011 年 9 月 18 日～2011 年 9 月 30 日	6. 2	17. 5	-67. 4	-43. 7	
2011 年 9 月 30 日～2011 年 10 月 10 日	-6. 7	-3. 4	5. 5	-4. 6	
2011 年 10 月 10 日～2011 年 10 月 20 日	13. 7	22. 1	48. 6	84. 4	
2011 年 10 月 20 日～2011 年 10 月 29 日	-9. 7	21. 8	-4. 1	8. 0	2011 年试验性蓄水阶段
2011 年 10 月 29 日～2011 年 11 月 19 日	24. 3	-56. 4	14. 9	-17. 2	
2011 年 11 月 19 日～2011 年 12 月 17 日	26. 0	10. 9	21. 9	58. 8	
2011 年 9 月 18 日～2011 年 12 月 17 日	53. 8	12. 5	19. 4	85. 7	
2011 年 12 月 17 日～2012 年 2 月 20 日	-55. 3	2. 6	-40. 1	-92. 8	
2012 年 2 月 20 日～2012 年 3 月 20 日	-58. 5	-13. 6	-4. 4	-76. 5	
2012 年 3 月 20 日～2012 年 4 月 10 日	-24. 0	-21. 4	-12. 1	-57. 5	
2012 年 4 月 10 日～2012 年 4 月 19 日	-23. 2	-22. 8	-8. 4	-54. 4	
2012 年 4 月 19 日～2012 年 5 月 1 日	20. 4	21. 3	14. 8	56. 5	2012 年汛前消落期
2012 年 5 月 1 日～2012 年 5 月 16 日	-14. 5	-20. 2	-2. 2	-36. 9	
2012 年 5 月 16 日～2012 年 5 月 24 日	-38. 2	-11. 4	-14. 6	-64. 2	
2012 年 5 月 24 日～2012 年 6 月 12 日	15. 2	14. 1	-5. 6	23. 7	
2011 年 12 月 17 日～2012 年 6 月 12	-124. 3	-38. 9	-53. 2	-216. 4	
2012 年 6 月 12 日～2012 年 7 月 19 日	88. 5	29. 7	95. 5	213. 7	
2012 年 7 月 19 日～2012 年 8 月 7 日	121. 8	111. 6	17. 1	251. 1	
2012 年 8 月 7 日～2012 年 9 月 7 日	-179. 5	-21. 4	25. 4	-175. 5	2012 年汛期
2012 年 9 月 7 日～2012 年 9 月 15 日	2. 2	-21. 2	5. 3	-13. 7	
2012 年 6 月 12 日～2012 年 9 月 15 日	33. 0	145. 5	97. 1	275. 6	
2008 年 9 月～2012 年 9 月	-113. 8	5. 7	-26. 1	-134. 2	三峡水库 175m 试验性蓄水期

表 8-44　2003～2012 年 6 月中旬～9 月中旬泥沙冲淤情况对比　（单位：万 m^3）

时间	长江干流		嘉陵江	全河段
	朝天门以上	朝天门以下		
2003 年	62.1	56.9	37.9	156.9
2004 年	297.4	22.1	44.4	363.9
2005 年	189.9	324.5	138	652.4
2006 年	-29.1	33	-60.3	-56.4
2007 年	-82.9	154.8	-110.2	-38.3
2008 年	41.4	176.7	16.0	234.1
2009 年	-59.9	42.6	57.0	39.7
2010 年	70.9	43.0	-154.3	-40.4
2011 年	29.7	-28.9	16.8	17.6
2012 年	33.0	145.5	97.1	275.6

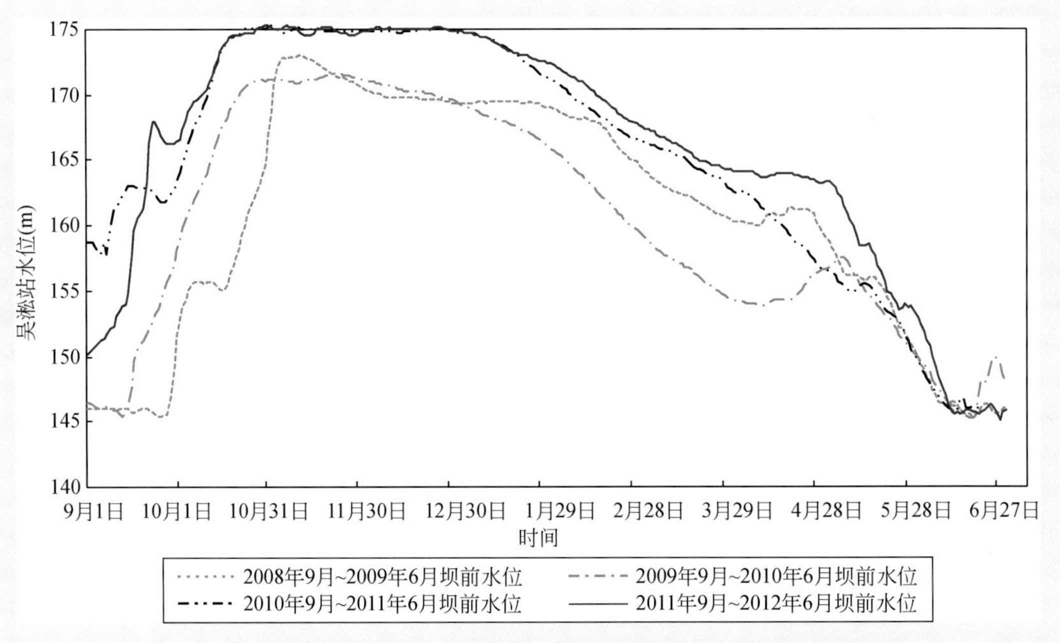

图 8-61　2008～2012 年三峡水库试验性蓄水期坝前水位变化过程

C. 2010 年汛期及试验性蓄水期泥沙冲淤特性

a. 2010 年汛期

由表 8-44 可见，2010 年 6 月 11 日～9 月 10 日，重庆主城区河段受三峡水库调度影响较小，全河段冲刷泥沙 40.4 万 m^3（包含河道采砂等影响），冲刷主要集中在嘉陵江段，其冲刷量为 154.3 万 m^3（主要集中在 9 月 5 日～10 日，嘉陵江涨水较快，北碚站流量由 2680m^3/s 增大至 10 300m^3/s，导致河床冲刷量为 139.3 万 m^3）；长江干流段淤积泥沙 113.9 万 m^3，其中，朝天门以上淤积泥沙 70.9 万 m^3，河床最大淤积厚度为 3.7m（位于九龙坡集装箱码头前沿附近，淤后高程 162.1m）；朝天门以下淤积泥沙 43.0 万 m^3，河床最大淤积厚度为 6.4m（位于唐家沱附近的 CY03 断面左侧边滩，淤后滩面高程 167.0m）。

b. 2010 年试验性蓄水期至 2011 年汛前消落期

由表 8-43 可见，2010 年 9 月中旬至 2011 年 6 月中旬，重庆主城区河段总体冲刷量为 59.2 万 m^3（含河道采砂的影响），以滩面冲刷为主，其冲刷量为 65.5 万 m^3，河槽则略淤 6.3 万 m^3。其中，蓄水期（2010 年 9 月 10 日至 12 月 16 日）淤积 205.1 万 m^3，以嘉陵江段淤积为主；消落期（2010 年 12 月 16 日至 2011 年 6 月 17 日），河段冲刷 264.3 万 m^3。各重点河段中，九龙坡、寸滩河段分别冲刷 26.1 万 m^3、16.4 万 m^3，胡家滩、猪儿碛和金沙碛河段分别淤积 8.1 万 m^3、13.6 万 m^3和 12.3 万 m^3。从各时期冲淤情况来看：

三峡水库试验性蓄水期间（9 月 10 日至 10 月 30 日），重庆主城区河段河床有冲有淤，总体表现为淤积，其淤积量为 192.6 万 m^3，但长江干流段 160m 高程以下主槽仍表现为一定的冲刷，160m 以上的河床则以淤积为主；嘉陵江段河床则普遍淤积，其淤积量为 171.9 万 m^3，占总淤积量的 89%；长江干流朝天门以上、以下河段分别淤积 9.2 万 m^3、11.5 万 m^3。重点港区、码头河段中，九龙坡、寸滩河段分别冲刷 16.4 万 m^3和 27.1 万 m^3，猪儿碛、金沙碛河段则分别淤积 12.7 万 m^3、20.2 万 m^3。

与 2008 年和 2009 年相比，2010 年蓄水时间有所提前，起蓄水位有所抬高，蓄水时间短、进程快，坝前水位抬升速度快（图 8-50），2010 年蓄水期间（9 月 10 日～10 月 26 日）寸滩站平均流量为 15 900m^3/s，分别较 2008 年蓄水期间（9 月 28 日～11 月 14 日）的 15 000m^3/s、2009 年蓄水期间（9 月 15 日～11 月 24 日）的 11 100m^3/s 则偏大 6%、43%。而与 2008 年、2009 年试验性蓄水期相比，2010 年蓄水期重庆主城区泥沙淤积量有所增多。

三峡水库坝前水位达到 175m 后（10 月 30 日至 12 月 16 日），河床继续淤积 12.5 万 m^3，淤积主要集中在干流段，朝天门以上、以下河段分别淤积泥沙 12.8 万 m^3、32.3 万 m^3，嘉陵江段则冲刷 32.6 万 m^3。

2011 年汛前消落期（2010 年 12 月 16 日～2011 年 6 月 17 日）：三峡水库坝前水位由 174.81m 消落至 145.70m，寸滩站水位也由 173.02m 下降至 160.85m，寸滩站平均流量为 4700m^3/s。其中，2011 年 1 月上旬坝前水位基本在 174.5～174.8m 波动。之后，坝前水位缓慢下降，2011 年 4 月 11 日降至 161.23m，至 5 月 9 日降至 155m，5 月 18 日 8 时水位降至 154.66m，5 月 29 日 14 时降至 150.59m，6 月 9 日 20 时消落至 146m，6 月 17 日坝前水位为 145.56m。随着三峡坝前水位的逐渐消落，重庆主城区河段河床出现了一定冲刷。重庆主城区河段累计冲刷量为 264.3 万 m^3（占 2010 年全年淤积量的 76.5%），且表现为滩槽同冲，滩槽分别冲刷 146.3 万 m^3、118.0 万 m^3。从冲淤分布来看，长江干流朝天门以上河段、以下河段和嘉陵江段分别冲刷 84.8 万 m^3、113.6 万 m^3、65.9 万 m^3。各重点港区河段中，除寸滩河段淤积 1.5 万 m^3外，九龙坡、猪儿碛、金沙碛河段分别冲刷 15.4 万 m^3、5.2 万 m^3、7.8 万 m^3，且九龙坡河段冲刷以主航道和码头前沿水域为主，位于右岸九堆子则以淤积为主，猪儿碛河段冲刷主要集中在储奇门以上，两江汇流段有所淤积。从沿时变化来看，汛前消落期可以分为两个阶段。

2010 年 12 月 16 日至 4 月 11 日，重庆主城区河段累计冲刷量为 288.8 万 m^3（占 2010 年全年淤积量的 83.6%）。从冲淤分布看，长江干流朝天门以上河段、以下河段和嘉陵江段分别冲刷 60.5 万 m^3、163.9 万 m^3、64.4 万 m^3。各重点河段中，九龙坡、猪儿碛、寸滩和金沙碛河段均有所冲刷，冲刷量分别为 24.3 万 m^3、3.7 万 m^3、0.1 万 m^3和 3.0 万 m^3。

2011 年 4 月 11 日至 6 月 17 日：重庆主城区河段逐渐恢复为天然河道，河床冲刷强度有所减弱。重庆主城区河段淤积泥沙 24.5 万 m^3。淤积主要集中在长江干流朝天门以下河段，其淤积量为 50.3 万 m^3（寸滩港以下 6.4km 库段淤积 29.7 万 m^3）；长江干流朝天门以上河段冲刷量为 24.3 万 m^3，嘉陵江段微冲 1.5 万 m^3。4 个重点港区、码头河段中，九龙坡、寸滩河段分别淤积 8.9 万 m^3、2.6 万 m^3；猪儿碛、金沙碛河段分别冲刷 1.5 万 m^3、4.8 万 m^3。

D. 2011 年汛期及试验性蓄水期泥沙冲淤特性

a. 2011 年汛期

2011 年 6 月 17 日 ~9 月 18 日，重庆主城区河段受三峡水库调度影响较小，全河段淤积泥沙 17.6 万 m^3，淤积主要集中在嘉陵江段和长江朝天门以下，其淤积量分别为 16.8 万 m^3 和 29.7 万 m^3；长江干流朝天门以上段冲刷泥沙 28.9 万 m^3（见表 8-44）。

b. 2011 年试验性蓄水期至 2012 年汛前消落期

由表 8-43 可见，2011 年 9 月中旬至 2012 年 6 月中旬，重庆主城区河段总体表现为冲刷，其冲刷量为 216.4 万 m^3，其中长江干流朝天门以上、以下河段和嘉陵江段冲刷量分别为 124.3 万 m^3、38.9 万 m^3 和 53.2 万 m^3。各重点河段中：九龙坡、猪儿碛河段冲刷量分别为 23.5 万 m^3、6.0 万 m^3，胡家滩、寸滩、金沙碛河段则分别淤积 0.3 万 m^3、7.9 万 m^3、19.6 万 m^3。

2011 年三峡水库试验性蓄水期间（2011 年 9 ~ 12 月）：重庆主城区河段累计淤积 85.7 万 m^3。从冲淤分布看，长江干流朝天门以上、以下河段和嘉陵江段分别淤积 53.8 万 m^3、12.5 万 m^3 和 19.4 万 m^3。

2012 年汛前消落期（2011 年 12 月 19 日 ~2012 年 6 月 12 日）：受河道采砂、三峡水库水位消落和来水来沙等综合影响，重庆主城区河段冲刷 302.1 万 m^3，其中槽冲 241.0 万 m^3，滩冲 61.1 万 m^3。从冲淤分布看，长江干流朝天门以上、以下河段和嘉陵江段冲刷量分别为 178.1 万 m^3、51.4 万 m^3、72.6 万 m^3。各重点河段中，胡家滩、九龙坡、猪儿碛河段冲刷量分别为 14.6 万 m^3、24.4 万 m^3、4.4 万 m^3，寸滩、金沙碛河段分别淤积 5.4 万 m^3、12.0 万 m^3。

其中，2012 年 5 月 1 日 ~24 日，三峡水库坝前水位由 163.02m 消落至 154.05m，消落幅度 8.97m，日均消落 0.37m；朱沱、寸滩平均流量分别为 5100m^3/s、7060m^3/s。实测地形表明，重庆主城区河段冲刷 101.1 万 m^3。从冲淤分布看，长江干流朝天门以上、以下河段和嘉陵江段分别冲刷 52.7 万 m^3、31.6 万 m^3、16.8 万 m^3。

2011 年同期（4 月 30 日 ~5 月 29 日），三峡水库坝前水位由 156.71m 消落至 150.87m，消落幅度 5.84m，日均消落 0.19m；朱沱、寸滩平均流量分别为 4000m^3/s、5880m^3/s。实测地形表明，期间重庆主城区河段以淤积为主，其淤积量为 50.5 万 m^3，淤积主要集中在长江干流朝天门以下河段，其淤积量为 64.2 万 m^3，长江干流朝天门以上河段和嘉陵江段分别冲刷 8.6 万 m^3、5.1 万 m^3。

2010 年 5 月 11 日 ~25 日，三峡水库坝前水位由 156.18m 消落至 151.81m，消落幅度 4.37m，日均消落 0.29m；朱沱、寸滩平均流量分别为 5500m^3/s、7340m^3/s。实测地形表明，期间重庆主城区河段以淤积为主，其淤积量为 45.8 万 m^3，淤积主要集中在长江干流段，朝天门以上、以下分别淤积 45.6 万 m^3、15.5 万 m^3，嘉陵江段则冲刷 15.3 万 m^3。

由此可见，2012 年汛前在三峡水库坝前水位消落期间，重庆主城区河段河床冲刷强度有所加大，一方面与坝前水位消落幅度较大、速度较快有关（图 8-50）；另一方面也与期间上游来水较 2010 年和 2011 年同期偏大有关。

E. 2012 年汛期泥沙冲淤特性

2012 年 6 月 11 日至 9 月 15 日，重庆主城区河段受三峡水库回水影响较小，基本为天然河道，总体表现为汛期淤积。实测地形表明，重庆主城区河段淤积泥沙 275.6 万 m^3。与 2008 ~2011 年同期相比，河床淤积量有所增多（表 8-44）。

从时间上来看，河床淤积主要集中在 6 月中旬至 7 月中旬，其淤积量为 213.7 万 m^3（其中滩面淤积 131.9 万 m^2），与 2008～2011 年同期相比，期间河床淤积量明显增多，主要是由于上游来水量偏大、来沙量偏多所致（表 8-45）。

从淤积部位来看，2012 年汛期河道内滩面、主槽分别淤积 187.6 万 m^3、88.0 万 m^3。从冲淤分布看，长江干流朝天门以上、以下河段和嘉陵江段分别淤积 33.0 万 m^3、145.5 万 m^3、97.1 万 m^3。

各重点河段中：除胡家滩、猪儿碛河段分别冲刷 11.1 万 m^3、17.7 万 m^3外，九龙坡、寸滩和金沙碛河段分别淤积 34.9 万 m^3、12.0 万 m^3和 27.0 万 m^3。

表 8-45　2003–2012 年 6 月中旬至 7 月中旬重庆主城区河段泥沙冲淤统计表（单位：万 m^3）

年份	长江干流		嘉陵江	全河段	对应各控制站平均流量 Q、含沙量 S 统计值
	汇口以上	汇口以下			
2003	−31.9	257.2	29.6	254.9	$Q_{\text{朱}}=16\,840\text{m}^3/\text{s}$，$S_{\text{朱}}=1.32\text{kg/m}^3$ $Q_{\text{北}}=3\,010\text{m}^3/\text{s}$，$S_{\text{北}}=0.548\text{kg/m}^3$ $Q_{\text{寸}}=20\,930\text{m}^3/\text{s}$，$S_{\text{寸}}=1.11\text{kg/m}^3$
2004	224.5	111.9	82.5	418.9	$Q_{\text{朱}}=14\,690\text{m}^3/\text{s}$，$S_{\text{朱}}=0.965\text{kg/m}^3$ $Q_{\text{北}}=1\,590\text{m}^3/\text{s}$，$S_{\text{北}}=0.065\text{kg/m}^3$ $Q_{\text{寸}}=16960\text{m}^3/\text{s}$，$S_{\text{寸}}=0.768\text{kg/m}^3$
2005	−42.5	96.4	104.7	158.6	$Q_{\text{朱}}=13\,700\text{m}^3/\text{s}$，$S_{\text{朱}}=0.967\text{kg/m}^3$ $Q_{\text{北}}=5\,510\text{m}^3/\text{s}$，$S_{\text{北}}=1.23\text{kg/m}^3$ $Q_{\text{寸}}=19\,190\text{m}^3/\text{s}$，$S_{\text{寸}}=0.991\text{kg/m}^3$
2006	−23.1	35.0	−17.8	−5.9	$Q_{\text{朱}}=13\,270\text{m}^3/\text{s}$，$S_{\text{朱}}=1.41\text{kg/m}^3$ $Q_{\text{北}}=2\,070\text{m}^3/\text{s}$，$S_{\text{北}}=0.315\text{kg/m}^3$ $Q_{\text{寸}}=15\,570\text{m}^3/\text{s}$，$S_{\text{寸}}=1.13\text{kg/m}^3$
2007	31.9	47.2	36.6	115.7	$Q_{\text{朱}}=9\,830\text{m}^3/\text{s}$，$S_{\text{朱}}=0.692\text{kg/m}^3$ $Q_{\text{北}}=7\,400\text{m}^3/\text{s}$，$S_{\text{北}}=0.764\text{kg/m}^3$ $Q_{\text{寸}}=17\,710\text{m}^3/\text{s}$，$S_{\text{寸}}=0.702\text{kg/m}^3$
2008	15.2	61.3	24.5	101.0	$Q_{\text{朱}}=13\,160\text{m}^3/\text{s}$，$S_{\text{朱}}=1.58\text{kg/m}^3$ $Q_{\text{北}}=2\,050\text{m}^3/\text{s}$，$S_{\text{北}}=0.043\text{kg/m}^3$ $Q_{\text{寸}}=15\,610\text{m}^3/\text{s}$，$S_{\text{寸}}=1.20\text{kg/m}^3$
2009	−27.8	−10.0	−1.4	−39.2	$Q_{\text{朱}}=12\,090\text{m}^3/\text{s}$，$S_{\text{朱}}=1.06\text{kg/m}^3$ $Q_{\text{北}}=3\,040\text{m}^3/\text{s}$，$S_{\text{北}}=0.307\text{kg/m}^3$ $Q_{\text{寸}}=15\,370\text{m}^3/\text{s}$，$S_{\text{寸}}=0.833\text{kg/m}^3$
2010	63.1	70.7	27.1	160.9	$Q_{\text{朱}}=12\,600\text{m}^3/\text{s}$，$S_{\text{朱}}=0.721\text{kg/m}^3$ $Q_{\text{北}}=2\,890\text{m}^3/\text{s}$，$S_{\text{北}}=0.117\text{kg/m}^3$ $Q_{\text{寸}}=16\,300\text{m}^3/\text{s}$，$S_{\text{寸}}=0.622\text{kg/m}^3$
2011	−36.2	−43.8	14.5	−65.5	$Q_{\text{朱}}=11\,110\text{m}^3/\text{s}$，$S_{\text{朱}}=0.886\text{kg/m}^3$ $Q_{\text{北}}=5\,080\text{m}^3/\text{s}$，$S_{\text{北}}=0.852\text{kg/m}^3$ $Q_{\text{寸}}=16\,700\text{m}^3/\text{s}$，$S_{\text{寸}}=0.802\text{kg/m}^3$
2012	88.5	29.7	95.5	231.7	$Q_{\text{朱}}=16\,100\text{m}^3/\text{s}$，$S_{\text{朱}}=1.04\text{kg/m}^3$ $Q_{\text{北}}=7\,940\text{m}^3/\text{s}$，$S_{\text{北}}=0.802\text{kg/m}^3$ $Q_{\text{寸}}=24\,100\text{m}^3/\text{s}$，$S_{\text{寸}}=0.875\text{kg/m}^3$

F. 试验性蓄水期总体冲淤情况

2008 年 9 月三峡开始 175m 试验性蓄水以来至 2012 年 9 月 15 日，重庆主城区河段累计冲刷 134.2 万 m^3（含河道采砂影响），其中滩面淤积 281.9 万 m^3，主槽则冲刷 416.1 万 m^3。从分布看，长江干流朝天门以上河段、嘉陵江段分别冲刷 113.8 万 m^3、26.1 万 m^3，长江干流朝天门以下河段略淤 5.7 万 m^3。各重点河段中，胡家滩河段冲刷 21.1 万 m^3，九龙坡、猪儿碛、寸滩和金沙碛河段分别淤积 8.9 万 m^3、0.6 万 m^3、36.2 万 m^3 和 24.2 万 m^3。

综上所述，受上游来水来沙、三峡水库调度和河道采砂等影响，重庆主城区河段河床冲淤频繁，且规律十分复杂。实测资料表明，当三峡坝前水位低于 160m 时，寸滩以上库段基本不受三峡水库蓄水影响，9 月中旬至 10 月中旬重庆主城区河段仍然保持较强的走沙能力，泥沙主要淤积在清溪场以下库段；汛后当三峡坝前水位超过 160m 时，壅水已逐渐影响到主城区河段，特别是当坝前水位超过 162m 时，朝天门以上河段受壅水影响明显。

近年来，三峡入库悬移质和推移质泥沙均明显减少，加之受三峡水库运行调度、河道采砂等影响，重庆主城区河段冲淤规律发生了一些新的变化。主要表现在：①汛期河床淤积量有所减少、河道采砂影响日益增大；②重庆主城区河段天然情况下汛后河床冲刷较为集中的规律则被水库充蓄、水位壅高、流速减缓的新情况所改变，河床也由天然情况下的冲刷转为以淤积为主，汛后的河道冲刷期相应后移至汛前的消落期（表 8-46），且绝大部分汛期和蓄水期间淤积的泥沙基本上都能被冲走，泥沙淤积尚未对河段内港口、码头的正常运行造成不利影响。此外，其河床冲淤规律还受上游来水来沙过程的影响，需要继续加强观测，予以重视。

表 8-46　2008～2011 年试验性蓄水期重庆主城区河段冲淤情况对比表　（单位：万 m^3）

时段	冲淤量		
	9～12 月蓄水期	汛前消落期	合计
2008 年 9 月～2009 年 6 月	-128.8	-125.4	-254.2
2009 年 9 月～2010 年 6 月	-77.7	180.8	103.1
2010 年 9 月～2011 年 6 月	205.1	-264.3	-59.2
2011 年 9 月～2012 年 6 月	85.7	-302.1	-216.4

“-”表示冲刷量

6. 重点河段泥沙冲淤

（1）九龙坡河段

九龙坡河段为弯道出口放宽段，河道平面为两头小、中间大的鱼腹形状，洪水期进口段河宽不足 800m，出口段 1000m 左右，中部河宽可达 1500m 左右。江中九堆子洲滩将河道分为两汊，左汊为主槽，较顺直；右汊为支汊，较弯曲。汛期由于河道宽阔，水流分散，流速较小，加上水动力轴线在汛期趋直，较枯水期右移 500m 左右，通过九堆子滩面，左侧主槽形成范围较大的缓流回流区，流量越大，缓流回流区范围也越大，从而在该区引起大量泥沙淤积；此外，当嘉陵江来水较大时也对本河段造成明显顶托影响。据分析，当长江干流和嘉陵江流量均为 20 000m^3/s 时，受来水顶托，本河段水位将抬高 5m 左右；若长江干流流量仍为 20 000m^3/s，但嘉陵江流量增至 40 000m^3/s 时，水位将抬高 11.5m 左右。顶托作用产生的壅水值大小，对本河段左岸泥沙淤积范围和数量有明显影响。汛后随着水位降低，水流回归左槽，左岸回流缓流区逐渐缩小，左槽表面流速可达 3m/s 以上，汛期落淤的泥沙被大量冲走。九龙坡河段码头主要分布在左岸（图 8-62）。

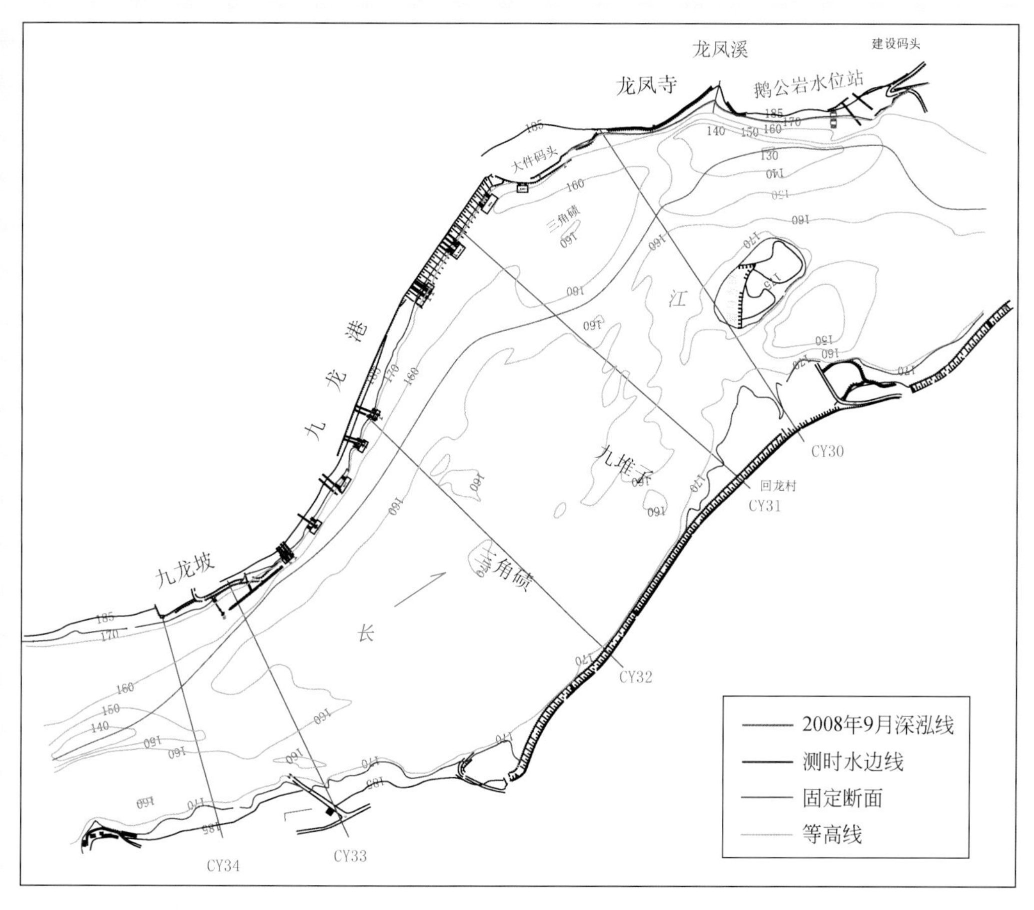

图 8-62　九龙坡河段河势图

近年来，九龙坡河段岸线发生了一定的变化，左岸的九龙坡码头进行了扩建，且新建了大件码头，该码头向河心凸出宽度 30 ~ 70m，码头标高 175m 左右，该码头的修建对上游九龙坡集装箱码头沿岸水域具有一定的壅水淤沙作用；而在九龙坡河段的右岸已建成重庆经济开发区堤防工程，该堤防上起牟家咀下至鹅公岩大桥，长约 3km，该堤防占据了中洪水期水面宽度的 5% ~20.5%，最宽约 300m，基本将该河段右岸副槽占去一半（占据过流面积的 5% ~16.5%），使该段水流流速增大，也对减少泥沙淤积有一定影响。

2008 年三峡水库 175m 试验性蓄水前，本河段基本为天然河道，其年内冲淤变化一般是汛期淤积、汛后冲刷，汛前冲淤情况则与汛期、汛后冲淤和来水条件有关［图 8-63（a）、图 8-63（b）、表 8-47（a）和表 8-47（b）］。2003 年年初至 2008 年汛末，九龙坡河段总体表现为淤积，累计淤积泥沙 21.6 万 m^3［表 8-47（a）和表 8-47（b）］。从冲淤部位看，本河段冲淤变化主要集中在港前区域（图 8-63（c））。从汛末至年底冲刷过程来看，冲刷量主要集中在 9 月中旬至 10 月中旬，约占汛末至年底冲刷量的 71%。

实测资料表明，三峡水库试验性蓄水后，九龙坡河段总体表现为冲刷，其冲刷量为 17.1 万 m^3，河床冲淤特性也发生了一定变化，但主要冲淤部位仍集中在主槽内（图 8-64）。具体表现在：①三峡水库试验性蓄水后，汛期九龙坡河段仍为天然河道，河床淤积的特性没有发生改变，如2009年和2010年汛期九龙坡河段分别淤积泥沙26.8万m^3、42.8万m^3；②汛后坝前水位超过162m时，九龙坡河段受三峡水库蓄水影响明显，其河床冲淤情况则与来水条件和三峡水库蓄水进程有关，如2008年10月15日坝前水位最高仅为156m，河床仍表现为明显冲刷，9月中旬至10月中旬冲刷量达54.4万m^3，之后则以淤积为主；2009年10月9日坝前水位在162.9m左右，河床也能保持一定的走沙能力，9月12日至10月9日冲刷泥沙16.3万m^3；2010年9月10日~10月10日三峡坝前水位由161.24m蓄至168.96m，但伴随着寸滩站流量的逐渐消退（由33 000m^3/s逐渐减小至12 400m^3/s），其河床仍总体表现为一定的冲刷，其冲刷量为17.8万m^3，但随着三峡坝前水位的逐渐抬高和寸滩流量的减小，河床逐渐出现淤积；③次年的汛前消落期逐渐成为主要走沙期，但走沙量的大小主要与来水条件和水库坝前水位消落过程有关。如2009年汛前消落期九龙坡河段冲刷泥沙29.1万m^3，主要集中在2008年12月中旬至2009年4月9日、2009年5月25日~6月11日，其中，2008年12月中旬至2009年4月9日三峡水库坝前水位由169.6m逐渐消落至159.8m（消落幅度为9.8m），九龙坡河段逐渐恢复为天然河道，寸滩站水位则从169.71m逐渐降低至161.48m，下降幅度为8.23m（其间寸滩站平均流量为3950m^3/s），九龙坡河段冲刷泥沙19.2万m^3；2009年5月25日~6月11日三峡水库坝前水位由152.66m逐渐消落至146.26m（消落幅度为6.4m），期间重庆主城区河段恢复为天然河道，寸滩站水位随上游来水的大小，水位在161.36~163.81m变化（期间寸滩站平均流量为7130m^3/s），九龙坡河段冲刷泥沙18.5万m^3；2010年汛前消落期（2009年11月16日~2010年6月11日），坝前水位消落速度较慢，加之上游来流量总体偏小，走沙能力相对较弱甚至出现少量淤积，九龙坡河段淤积7.0万m^3；2011年汛前消落期（2010年12月16日~2011年6月17日），九龙坡河段冲刷泥沙15.4万m^3，主要集中在2010年12月16日~2011年4月11日，坝前水位由174.65m消落至161.23m，九龙坡河段逐渐恢复为天然河道，寸滩站水位也由174.56m下降至162.54m（期间寸滩站平均流量4360m^3/s），期间河床冲刷泥沙24.3万m^3，之后坝前水位消落至145.56m，寸滩站流量逐渐增大，水流漫滩、流速减小，河床出现一定淤积。

表8-47（a） 三峡水库175m试验性蓄水前九龙坡河段年内冲淤变化表 （单位：万m^3）

年份	年初至汛初	汛初至汛末	汛末至年底	全年
2003	-39.3	71.5	-5.8	26.4
2004	-7.3	67.4	-43.4	16.7
2005	-30.6	144.5	-178.8	-64.9
2006	4.6	18.4	-18.7	4.3
2007	4.4	14.6	-57.8	-38.8
2008	41.4	36.5		

年初至汛初对应统计时段为上年12月至当年6月；汛初至汛末为6~8月，汛末至年底为8~12月

表8-47（b） 三峡水库175m试验性蓄水后九龙坡河段年内冲淤变化表 （单位：万m^3）

年份	消落期	汛期	蓄水期	全年
2008			-27.7	
2009	-29.1	26.8	-10.8	-13.1
2010	7.0	42.8	-10.7	39.1
2011	-15.4	14.4	6.1	5.1
2012	-24.4	34.9		

消落期对应统计时段为上年12月至当年6月；汛期为6~9月中旬，蓄水期为9月中旬至12月中旬

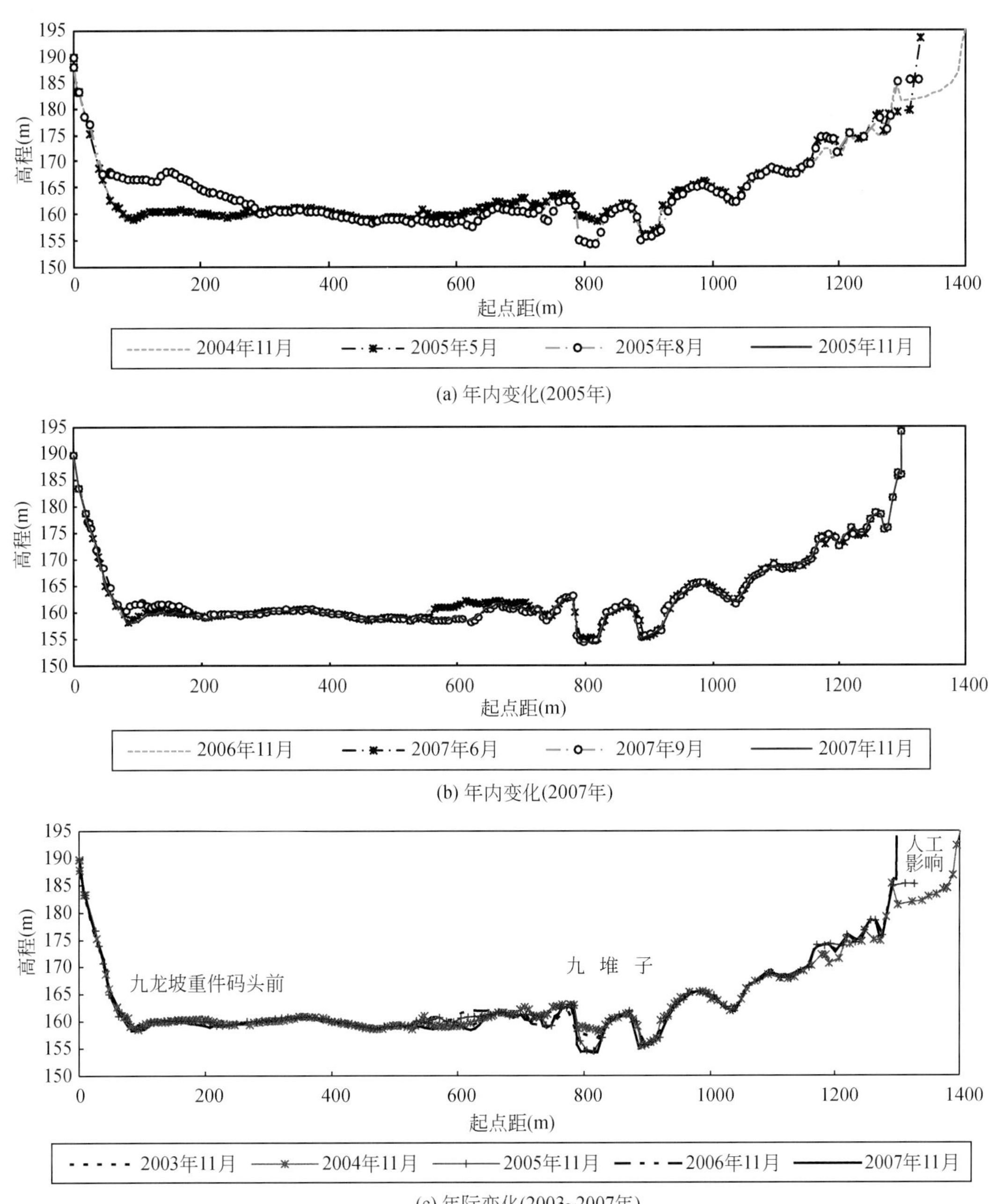

图 8-63　三峡水库试验蓄水前九龙坡河段典型断面（CY31）年际、年内冲淤变化图

（2）猪儿碛河段

猪儿碛河段位于嘉陵江入汇口以上的长江干流，两岸为滨江路，平面形态为微弯河段。天然条件下洪水河宽 600m 左右，两江交汇口以下河宽逐渐缩窄，弹子石处洪水河宽仅 530m。河段上段右岸分布有老鹳碛；左岸望龙门至朝天门分布有月亮碛，长约 1500m，碛坝的上段较窄，中下段较宽，最宽处近 300m，约占河宽的一半；望龙门略上处的江中有猪儿碛浅滩。河床深泓在望龙门以上傍左岸，在猪儿碛一带深泓由左岸逐渐向右岸过渡，到望龙门以下深槽傍右岸（图 8-65）。本河段冲淤量大小主要与上游来水来沙及嘉陵江顶托作用有关。

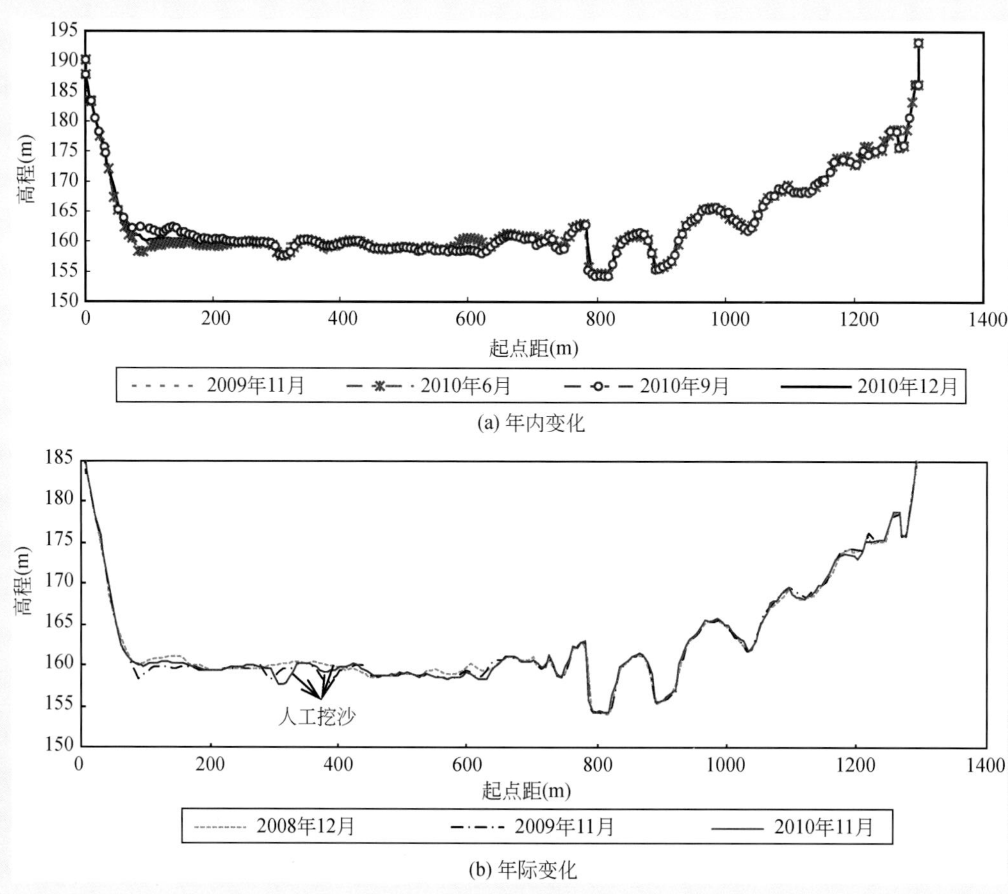

图 8-64　三峡水库试验蓄水后九龙坡河段典型断面（CY31 断面）年际、年内冲淤变化图

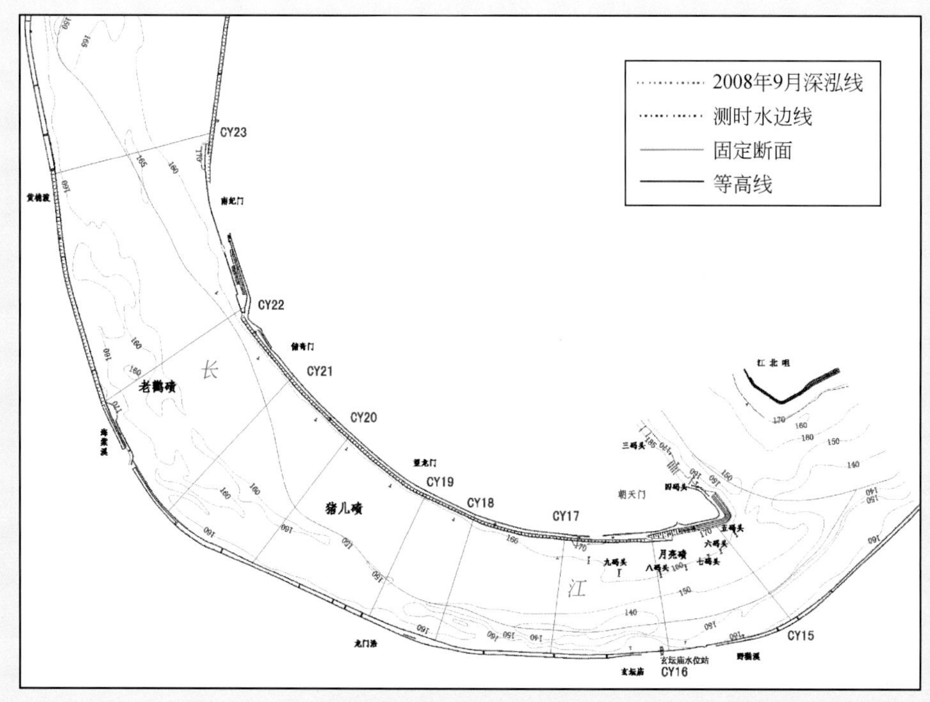

图 8-65　猪儿碛河段河势图

2008 年三峡水库试验性蓄水前，河段年内冲淤变化一般是汛期淤积、汛末至汛后冲刷，冲刷主要集中在 9 月中旬至 10 月中旬，2003 年年初至 2008 年汛末，河段总体表现为冲刷，累计冲刷量为 67.7 万 m^3 [表 8-48 (a)]。从冲淤部位看，本河段冲淤变化主要集中在主槽内（图 8-66）。

实测资料表明，三峡水库试验性蓄水后，猪儿碛河段总体表现为淤积，其淤积量为 19.9 万 m^3，河床冲淤特性也发生了一定变化，主要冲淤部位仍集中在主槽内（图 8-67）。具体表现在：①汛期猪儿碛河段为天然河道，但与试验性蓄水前相比，河床淤积量明显减少 [表 8-48 (b)]；②与九龙坡河段相比，汛后河床冲淤受三峡水库蓄水影响要大一些，如 2008 年 9 月中旬至 10 月中旬冲刷量为 9.3 万 m^3，之后则出现明显淤积；2009 年和 2010 年河床则以淤积为主；③次年的汛前消落期成为猪儿碛河段的主要走沙期，但走沙量明显减少。

表 8-48 (a) 三峡水库 175m 试验性蓄水前猪儿碛河段年内冲淤变化表 （单位：万 m^3）

年份	年初～汛初	汛初～汛末	汛末～年底	全年
2003	-9.4	57.9	-21.3	27.2
2004	-39.1	50.3	-27.0	-15.8
2005	-27.3	98.5	-7.0	-42.8
2006	-7.2	12.3	-0.5	4.6
2007	-10.4	-3.5	-3.4	-18.1
2008	-10.9	-11.9		

年初至汛初对应统计时段为上年 12 月至当年 6 月；汛初至汛末为 6～8 月，汛末至年底为 8～12 月，“-”表示冲刷

表 8-48 (b) 三峡水库 175m 试验性蓄水后猪儿碛河段年内冲淤变化表 （单位：万 m^3）

年份	消落期	汛期	蓄水期	全年
2008			18.5	
2009	-8.6	0.5	0.9	-7.2
2010	-4.8	-0.2	18.8	13.8
2011	-5.2	4.4	-1.6	-2.4
2012	-6.0	-17.7		

消落期对应统计时段为上年 12 月至当年 6 月；汛期为 6～9 月中旬，蓄水期为 9 月中旬至 12 月中旬，“—”表示冲刷

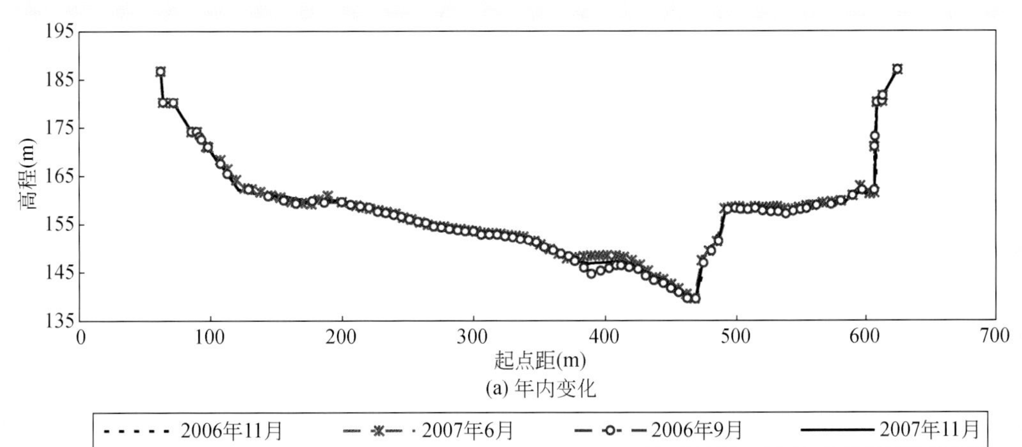

(a) 年内变化

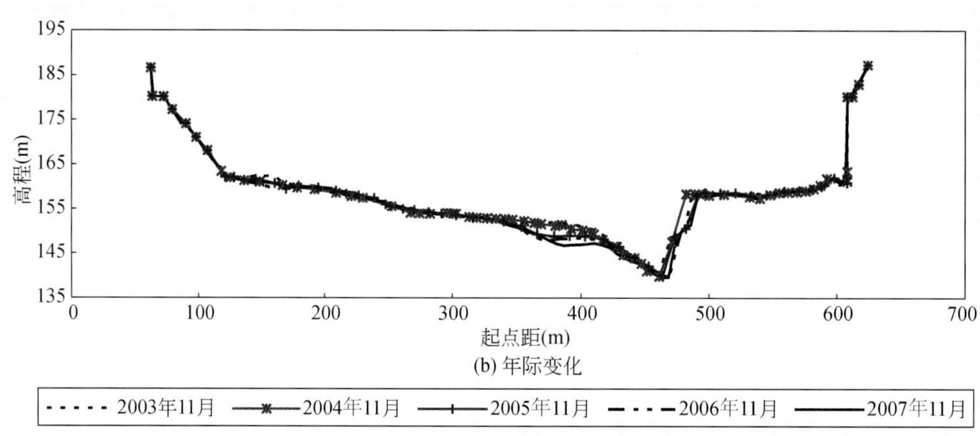

图 8-66　2008 年三峡水库试验性蓄水前猪儿碛河段 CY15 断面冲淤变化

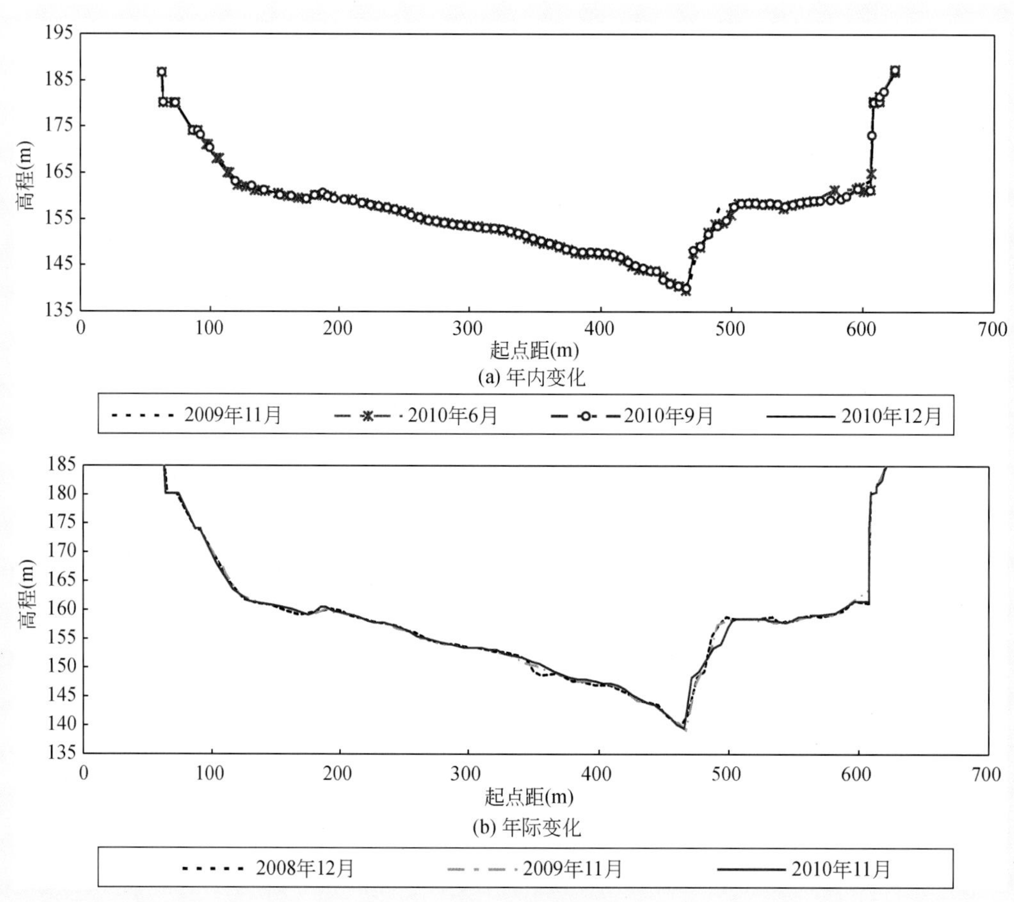

图 8-67　2008 年三峡水库试验性蓄水后猪儿碛河段 CY15 断面冲淤变化

(3) 金沙碛河段

金沙碛河段是重庆主城区河段的中心港区之一，码头密集，主要沿右岸布置（图 8-68）。河段为嘉陵江出口段，属微弯放宽性河道，位于河道左侧的金沙碛长约为 2.5km，最大宽约为 600m，约占河宽的 2/3 以上。深槽傍右岸，汛期受弯道水流影响，主流由右岸深槽左移至碛坝上，右侧深槽部位成为回流、缓流区，导致泥沙淤积。此外，长江干流对嘉陵江的顶托作用也对河段泥沙冲淤有重要影响，当汛期长江干流来水较大时，嘉陵江受洪水顶托，比降、流速很小，有时还出现负比降。

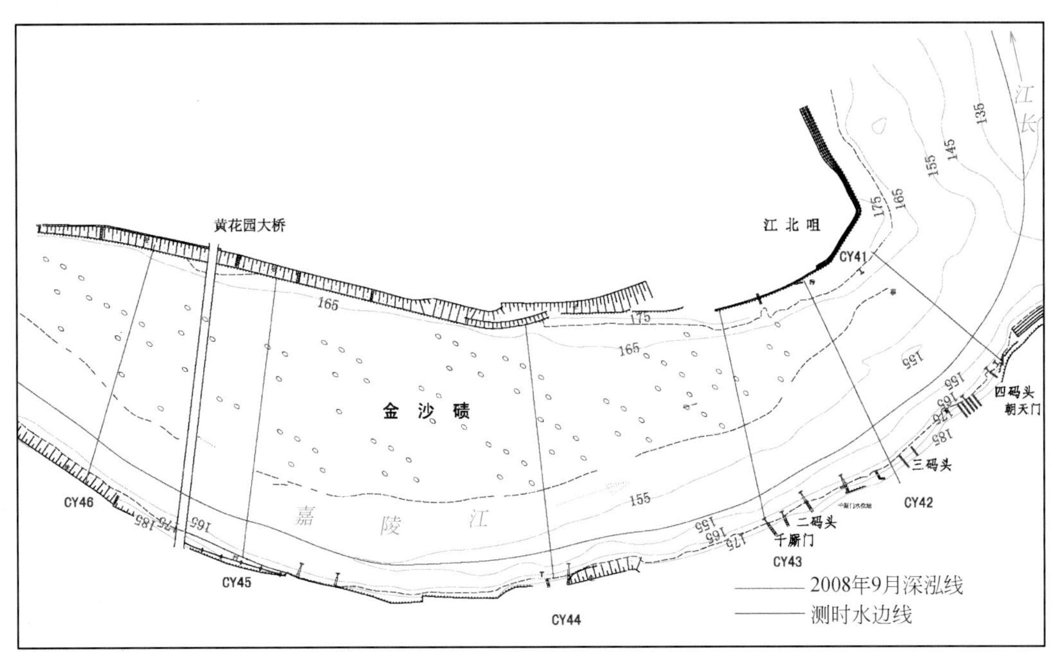

图 8-68　金沙碛河段河势图

三峡水库试验性蓄水前，金沙碛河段河床冲淤主要受嘉陵江来水来沙和长江与嘉陵江相互顶托作用影响。2003 年年初至 2008 年汛末，河段年际间河床有冲有淤，总体表现为冲刷，累计冲刷量为 46.2 万 m^3，年内冲淤变化一般是汛期淤积、汛末至汛后冲刷［表 8-49（a）］。河床主要冲淤部位位于河道右岸深槽港区一带，此外在金沙碛滩面也有少量淤积［图 8-69（a）和图 8-69（b）］。从汛末至年底冲刷变化过程看，冲刷量主要集中在 9 月中旬至 10 月中旬，约占汛末至年底冲刷量的 71%。

实测资料表明，三峡水库试验性蓄水后，金沙碛河段还受三峡水库调度影响。至 2011 年 6 月总体表现为冲刷，其冲刷量为 17.8 万 m^3，河床冲淤特性也发生了一定变化，主要冲淤部位集中在主槽内［图 8-70（a）和图 8-70（b）］。具体表现在：①汛期金沙碛河段为天然河道，河床冲淤特性与试验性蓄水前相比，没有发生明显变化，当嘉陵江来水较大、长江干流来水较小时，河床往往出现明显冲刷，如 2010 年 9 月 5 ~ 10 日，嘉陵江出现一次明显涨水过程，北碚站流量由 2680m^3/s 增大至10 300 m^3/s，导致该河段冲刷泥沙 22.6 万 m^3；②汛后金沙碛河段则有冲有淤，主要与三峡水库蓄水进程、来水来沙条件有关；③次年的汛前消落期河床冲淤幅度明显减小［表 8-49（b）］。

表 8-49（a）　三峡水库 175m 试验性蓄水前金沙碛河段年内冲淤变化表　（单位：万 m^3）

年份	年初 ~ 汛初	汛初 ~ 汛末	汛末 ~ 年底	全年
2003	−10.5	4.6	−21.6	−27.5
2004	17.9	23.0	−36.8	4.1
2005	2.0	59.7	−67.1	−5.4
2006	−1.3	0.6	4.0	3.3
2007	−26.7	9.0	−17.0	−34.7
2008	14.1	−0.1		

年初 ~ 汛初对应统计时段为上年 12 月至当年 6 月；汛初至汛末为 6 ~ 8 月，汛末至年底为 8 ~ 12 月

表 8-49（b） 三峡水库 175m 试验性蓄水后金沙碛河段年内冲淤变化表 （单位：万 m³）

年份	消落期	汛期	蓄水期	全年
2008			-14.0	
2009	-0.5	11.8	-14.9	-3.6
2010	1.9	-14.4	20.1	7.6
2011	-7.8	-4.6	7.6	-4.8
2012	12.0	27.0		

消落期对应统计时段为上年 12 月至当年 6 月；汛期为 6～9 月中旬，蓄水期为 9 月中旬至 12 月中旬

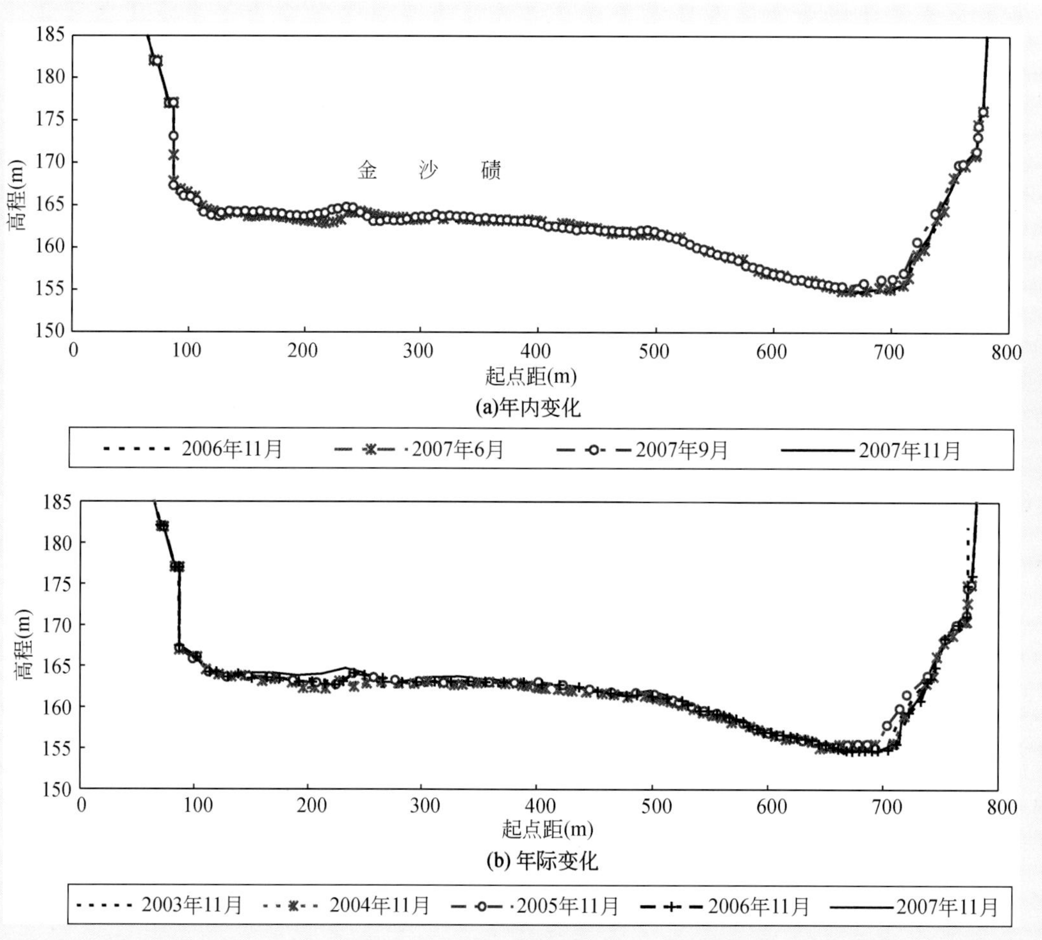

图 8-69　2008 年三峡水库试验性蓄水前金沙碛河段 CY45 断面冲淤变化

（4）寸滩河段

寸滩河段（羊坝滩至黑石子段，长约 2.58km）位于寸滩大弯道中段，右岸为凸岸，形成母猪碛大边滩，深槽傍左岸，河床高程一般为 145～150m，其中有三处河床高程较低，第一处在大佛寺略下，深泓高程为 139m 左右，第二处在寸滩，因左岸石嘴突出，其下首形成深潭，最低高程为 129m，第三处在窝落圈附近，深泓高程在 120m 左右。天然情况下，洪水期河宽为 800m 左右，中水期河宽为 500～700m，枯水期河宽为 300～500m。本河段航道位于左岸附近深槽，航线平顺。该河段水流比较归顺，主流线靠左。

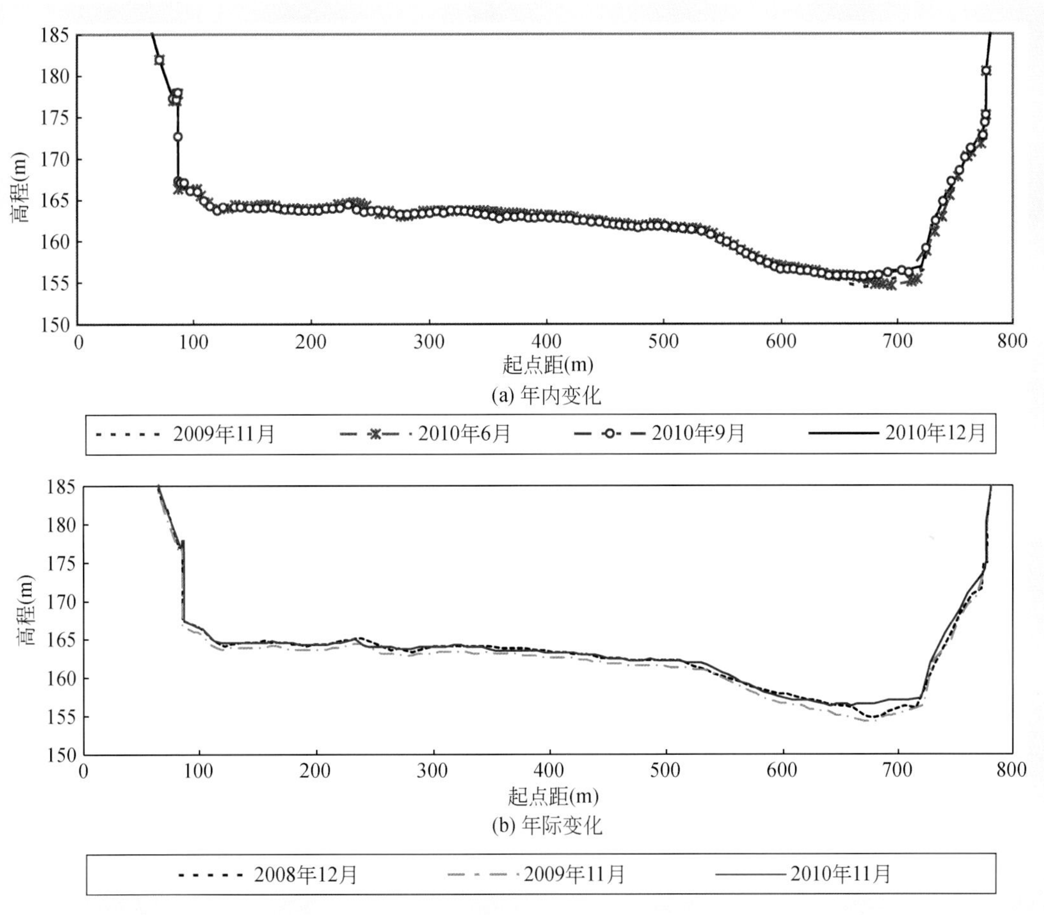

图 8-70　2008 年三峡水库试验性蓄水后金沙碛河段 CY45 断面冲淤变化

2008 年三峡水库试验性蓄水前，本河段不受三峡水库蓄水影响，其年内冲淤变化一般是汛期淤积、汛末至汛后冲刷，年际间总体表现为冲刷，2003 年年初至 2008 年汛末河床总体冲刷量为 112.2 万 m^3（含河道采砂等人类活动影响），如表 8-50（a）所示，河床冲淤主要集中在主槽内（图 8-71）。2008 年三峡水库试验性蓄水后，除蓄水期局部时段内河床有一定冲刷外，寸滩河段河床则以淤积为主，特别是汛前消落期河床冲刷能力大幅减弱甚至以淤积为主，2008 年 10 月 ~2011 年 6 月累计淤积泥沙 18.7 万 m^3［表 8-50（b）］。但寸滩集装箱港区由于位于弯道凹岸（CY09 断面左岸），主槽宽度、位置均基本稳定（图 8-72）。

表 8-50（a）　三峡水库 175m 试验性蓄水前寸滩河段年内冲淤变化表　（单位：万 m^3）

年份	年初 ~ 汛初	汛初 ~ 汛末	汛末 ~ 年底	全年
2003	-29.3	-26.6	28.8	-27.1
2004	2.2	-60.8	20.3	-38.3
2005	-14.0	60.4	-76.1	-29.7
2006	25.0	-29.5	10.0	5.5
2007	-21.1	14.9	-7.1	-13.3
2008	-1.1	-8.2		

年初 ~ 汛初对应统计时段为上年 12 月 ~ 当年 6 月；汛初 ~ 汛末为 6 ~ 8 月，汛末 ~ 年底为 8 ~ 12 月，“-”表示冲刷（空白表示无数据）

表 8-50（b） 三峡水库 175m 试验性蓄水后寸滩河段年内冲淤变化表 （单位：万 m^3）

年份	消落期	汛期	蓄水期	全年
2008			-4.2	
2009	5.5	1.6	5.6	12.7
2010	12.2	14.4	-18.9	7.7
2011	2.5	-2.4	2.5	2.6
2012	5.4	12.0		

消落期对应统计时段为上年 12 月 ~ 当年 6 月；汛期 6 ~ 9 月中旬，蓄水期为 9 月中旬 ~ 12 月中旬 “-” 表示冲刷，空白表示无数据

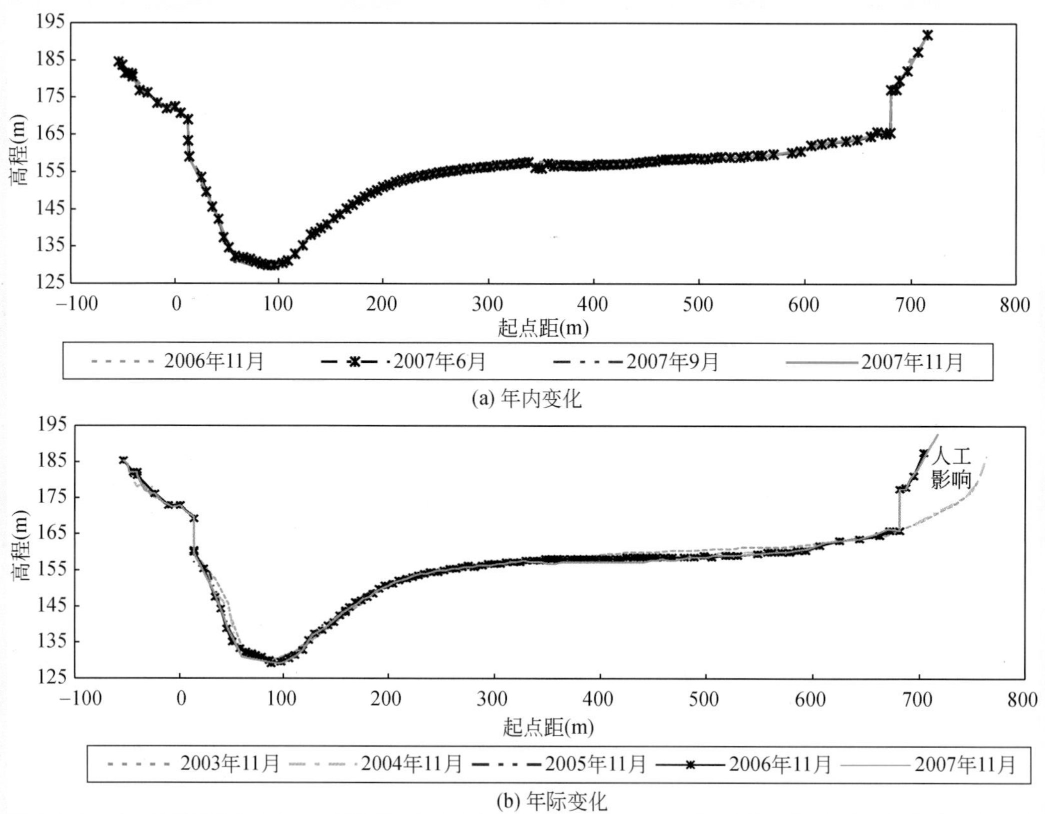

图 8-71 2008 年三峡水库试验性蓄水前寸滩河段 CY09 断面冲淤变化

7. 泥沙冲淤规律分析

(1) 影响泥沙冲淤的主要因素

天然情况下，重庆主城区河段泥沙冲淤主要受河道边界条件、来水来沙、干支流相互顶托等诸多因素的综合影响，三峡水库 175m 试验性蓄水后，三峡水库坝前水位也对泥沙冲淤变化产生了重要影响。

重庆主城区河段冲淤量大小主要与来水来沙条件、河道形态、两江相互顶托、河道采沙、坝前水位高低等有关。一般是来沙量大，汛期淤积量就大，汛后走沙量相应也大，反之，汛后走沙量则较小；岸线凹凸不平、洪枯水期主流大幅度摆动的区段汛期淤积量大，岸线平顺、主流线变化不大的区段汛期淤积量小；受顶托越大，淤积量越大，反之则较小；河道采砂越多，淤积量越小，反之则较

大；当坝前水位超过 156 m 以后，重庆主城区河段受到蓄水影响，坝前水位越高，淤积量越大。

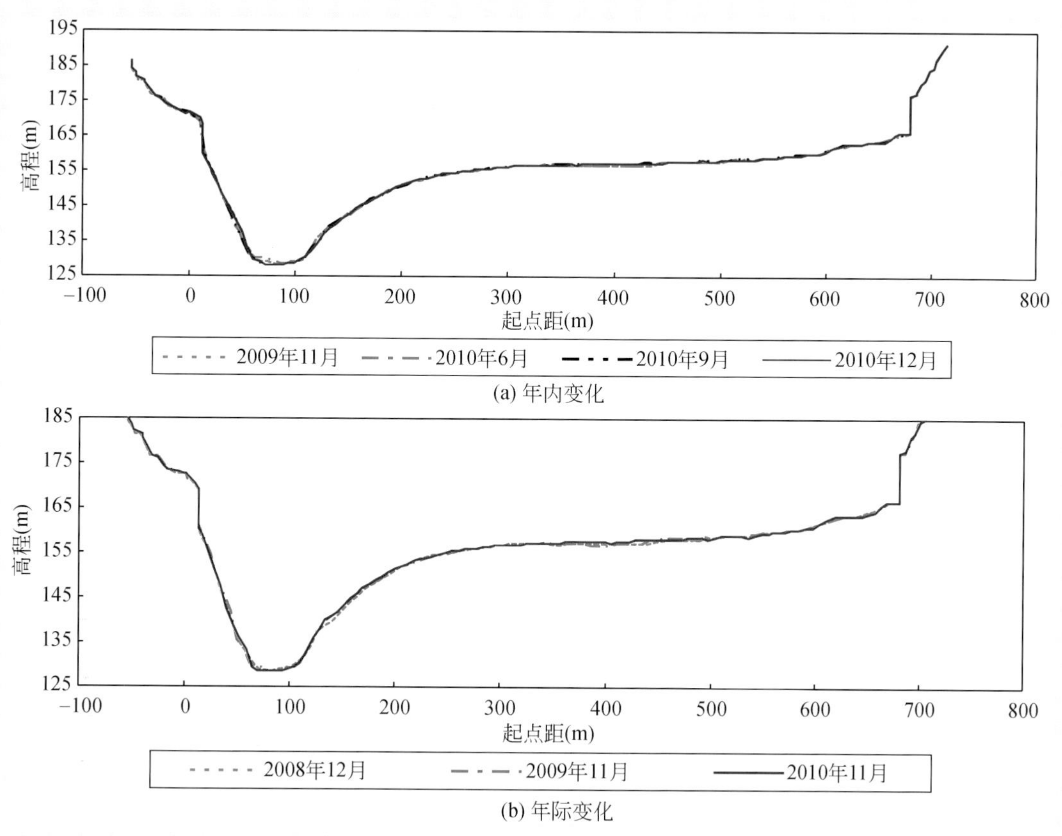

图 8-72　2008 年三峡水库试验性蓄水后寸滩河段 CY09 断面冲淤变化

A. 河床边界条件影响

重庆河段宽窄相间，窄深段枯期水深流速小，汛期流速增大；宽浅段则相反。宽、窄河段的水流特性，决定了河段沿程冲淤交替，泥沙呈间歇性向下输移。某些局部河段受边界条件影响，使洪枯水期主流位置大幅度摆动，为汛期泥沙淤积和汛后冲刷提供了条件。如汛期九龙坡河段主流线由左岸深槽移至九堆子滩面，深槽部位成为回流缓流区，汛期流速一般在 1.0m/s 左右，九龙坡码头前沿至滩子口一带产生大量淤积，汛后退水期，主流回归深槽，流速达 3.0m/s 以上，而上游来沙量较小，一般小于 1.0kg/m^3，水流挟沙能力有很大富余，因此淤沙区产生强烈冲刷，如 2005 年 CY31 断面实测冲刷厚度近 8m（图 8-63）。金沙碛河段也有类似冲淤规律。

近年修建的滨江路也使部分江段的水位、流速发生了一定变化。据西南水运工程科学研究所模型试验，当 $Q_{朱}/Q_{碚}$ = 20 000/8000（m^3/s）时，朝天门河段水位最大抬高将达 0.18m，近岸流速将增加 0.5 ~ 0.8m/s，月亮碛最大流速增加 1.01m/s。随着流速的增加，水流挟沙能力增强，这是近几年朝天门河段汛期淤积量不大的原因之一。其他江段如金沙碛河段、九龙坡河段也有类似现象。

B. 来水来沙条件影响

水沙搭配系数（含沙量 S 与流量 Q 比值）大小是影响河床冲淤变化的一个重要指标。水沙搭配系数越小，则对河床冲刷有利，对淤积不利；反之，水沙搭配系数越大，则对河床淤积有利，对冲刷不利。图 8-73 是寸滩站水沙搭配系数 S/Q 变化过程，可以看出，年初至汛初 S/Q 值较小，一般在 0.1×10^{-4} 左右，这是重庆主城区河段年初至汛初冲刷的重要要原因；汛期，随着流量增大，含沙量也随之增大，但 S/Q 值增大得更多，一般在 0.5×10^{-4} 左右，2003 年 6 月 24 日达 1.5×10^{-4}，这应是重庆主城区河段汛期多为淤积的重要原因；汛末退水期，S/Q 值不断减小，这应是重庆主城区河段汛末退水期多为冲刷走沙的重要原因。

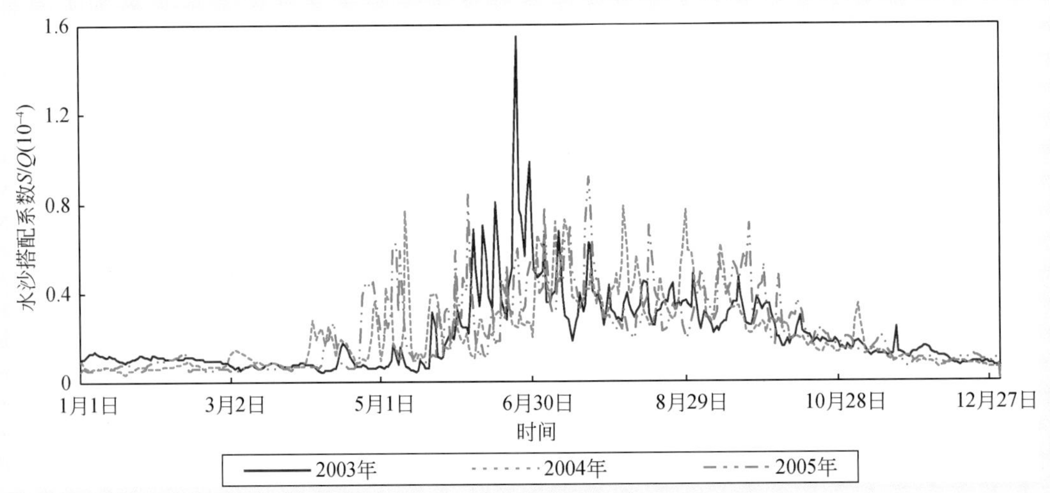

图 8-73　寸滩站水沙搭配系数 S/Q 变化过程

重庆主城区河段汛期淤积量和汛后走沙量大小与来沙量的大小密切相关。一般情况下，干支流来沙量大，重庆主城区河段汛期淤积和汛后走沙量相对较大，反之则较小。如 2005 年 6 ~ 9 月寸滩站径流量为 2408 亿 m^3，输沙量为 2.37 亿 t，2005 年 6 ~ 9 月水量比 2004 年同期大，但沙量更大，与此对应，重庆主城区河段 2005 年 6 月中旬至 9 月中旬净淤积量为 652.4 万 m^3，比 2004 年大 79.3%，汛末至年底的走沙量为 812.3 万 m^3，比 2004 年大 21.2%。重庆主城区河段 2004、2005 年 6 ~ 9 月冲淤量对比如表 8-51 所示。

表 8-51　重庆主城区河段 2004、2005 年 6 ~ 9 月冲淤量对比

年份	6 ~ 9 月径流量（亿 m^3）	6 ~ 9 月输沙量（亿 t）	6 月中旬 ~ 9 月中旬净淤积量（万 m^3）	9 月中旬 ~ 12 月下旬走沙量（万 m^3）
2004	2312	1.51	363.9	−670
2005	2408	2.37	652.4	−812.3

另外，上游来水的涨落过程也对河段的泥沙冲淤有重要影响。如 1961 年猪儿碛河段汛期冲淤交替，以淤积为主，6 月 12 日至 9 月 12 日净淤积量为 149.7 万 m^3；9 月 13 日至 11 月 13 日 2 个月共冲刷 84.5 万 m^3；从全年冲淤情况看，3 月 21 日至 11 月 13 日冲淤差别约 8.5 万 m^3，说明本河段在 11 月中旬已达到冲淤基本平衡。金沙碛河段汛期冲淤过程与猪儿碛河段类似，仍冲淤交替，以淤积为主，6 月 13 日至 9 月 13 日净淤积量 238.8 万 m^3；9 月 14 日至 11 月 12 日净冲刷 202.8 万 m^3，其中 9 月 14 日至 10 月 5 日冲刷量为 154.4 万 m^3，为走沙强度最大时段；从全年看，3 月 21 日至 11 月 13 日冲淤相差只有 12 万 m^3，说明该河段在 11 月中旬也基本达到冲淤平衡。年度汛期流量有两个较大的退水过程，分别在 7 月上旬和 8 月上旬左右，与此相应的猪儿碛河段也有两个冲刷过程；金沙碛河段虽然只有 7 月 28 日至 8 月 17 日一个冲刷过程，分别如表 8-52 和图 8-74 所示。

表 8-52　1961 年猪儿碛、金沙碛河段冲淤量成果表

猪儿碛河段（2.78km）		金沙碛河段（2.13km）	
统计时段	冲淤量（万 m^3）	统计时段	冲淤量（万 m^3）
3 年 21 月 ~6 年 11 月	-56.7	3 年 22 月 ~6 年 12 月	-24.0
6 年 12 月 ~6 年 22 月	+192.9	6 年 13 月 ~6 年 21 月	+10.4
6 年 23 月 ~7 年 3 月	-150.5	6 年 22 月 ~6 年 30 月	+219.6
7 年 4 月 ~7 年 25 月	+130.6	7 年 1 月 ~7 年 27 月	+5.2
7 年 26 月 ~8 年 16 月	-92.2	7 年 28 月 ~8 年 17 月	-30.0
8 年 17 月 ~8 年 22 月	+86.4	8 年 18 月 ~8 年 23 月	+70.8
8 年 23 月 ~9 年 12 月	-17.5	8 年 24 月 ~9 年 13 月	-37.2
9 年 13 月 ~10 年 4 月	-76.5	9 年 14 月 ~10 年 5 月	-154.4
10 年 5 月 ~11 年 13 月	-8.5	10 年 6 月 ~11 年 12 月	-48.4
6 年 12 月 ~9 年 12 月	+149.7	6 年 13 月 ~9 年 13 月	+238.8
9 年 13 月 ~11 年 13 月	-84.5	9 年 14 月 ~11 年 12 月	-202.8
3 年 21 月 ~11 年 13 月	+8.0	3 年 22 月 ~11 年 12 月	+12.0

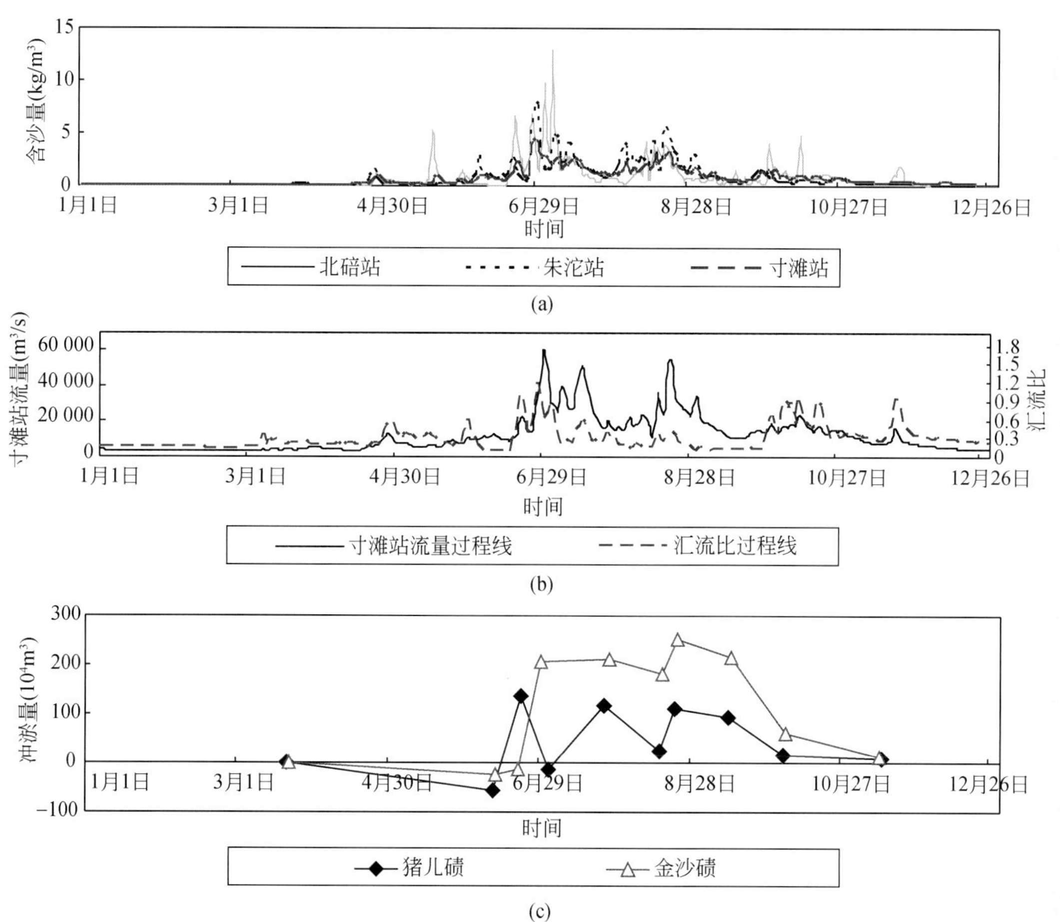

图 8-74　1961 年猪儿碛、金沙碛河段冲淤过程与来水来沙对应关系

如 2010 年 7 月 15 日 ~27 日洪水期间，长江上游干流和嘉陵江来水均较大，朱沱站、北碚站平均流量分别为 22 500m^3/s、15 600m^3/s，两江汇流比达到 0.69，相互顶托作用明显，水流不畅、泥沙大量

落淤，重庆主城区九龙坡河段泥沙淤积明显，其淤积量达到76.0万m^3；但之后，洪水消落较快，寸滩站流量由7月27日23时的53 500m^3/s减小至8月5日23时的18 100m^3/s（平均流量为30 700m^3/s），水位也由182.00m下降至168.41m（平均水位为173.90m），落淤的泥沙大部分被冲走，7月27日~8月5日九龙坡河段冲刷泥沙46.8万m^3，占前期落淤泥沙的62%；8月上中旬开始，长江上游又发生了一次明显的洪水过程，至24日00时长江上游重庆河段发生今年入汛以来第三大洪水，寸滩洪峰流量达52 000m^3/s，在这次涨水过程中，重庆主城区九龙坡、猪儿碛、金沙碛河段河床均有所冲刷，8月5日~8月24日，九龙坡河段冲刷30.6万m^3。至此，在7月中下旬大水期间，九龙坡河段落淤的泥沙已在7月下旬至8月中旬的洪水落—涨过程中全部被冲走。

C. 长江、嘉陵江相互顶托影响

干支流相互顶托对汇口以上河段的比降、流速大小将产生较大影响，若汇流比大，嘉陵江对长江干流顶托作用较强，有利于长江干流段的淤积，嘉陵江段冲刷，反之，则有利于嘉陵江淤积，长江干流段冲刷。如金沙碛段1994年10月13日至10月31日，两江最大汇流比（$Q_{嘉}/Q_{朱}$）为0.68，与此相应的走沙量分别为15.7万m^3，猪儿碛河段受顶托，淤积了15.9万m^3；1998年10月20~11月6日，两江汇流比为0.07~0.10，猪儿碛河段冲刷了32.9万m^3；金沙碛河段受顶托淤积了1.1万m^3。

如2010年9月5日至9月10日，三峡大坝坝前水位由157.51m逐渐抬高至161.72m。主要受嘉陵江快速涨水的影响，重庆主城区河段经历了一次涨水过程，寸滩站流量由9月5日的18 700 m^3/s增大至9月10日的29 700 m^3/s（平均流量25 200m^3/s）［图8-75（a）］，水位则由168.79m上涨至174.22m（平均水位172.06m）。其中：朱沱站流量变化在15 500m^3/s（9月5日）~21 500 m^3/s（9月7日）之间，平均流量19 100m^3/s；嘉陵江北碚站流量变化为2280m^3/s（9月5日）~13 300m^3/s（9月10日），平均流量6600m^3/s，两江汇流比为0.35。其间，重庆主城区河段总体以冲刷为主，全河段累计冲刷泥沙175.6万m^3，滩、槽分别冲刷54.9万m^3、120.7万m^3。从泥沙冲淤分布来看，冲刷主要集中在嘉陵江段，其冲刷量为139.3万m^3（以主槽冲刷为主），占总冲刷量的79%；长江干流朝天门以下河段以淤积为主，淤积48.6万m^3，长江干流朝天门以上河段冲刷84.9万m^3。其原因主要包括两个方面，一是坝前水位虽蓄至161.72m，但由于上游来流较大，寸滩站同流量下水位略有抬高，朝天门以上河段受坝前水位影响较小，断面平均水流流速最大可达2.0m/s以上，因此还维持了一定的走沙；二是嘉陵江快速涨水过程中水流流速增大（如朝天门附近CY45断面平均流速由9月5日的0.57m/s增大至1.32m/s，增大了1.3倍），加之干流对嘉陵江的顶托作用相对较弱，使得嘉陵江段出现了明显冲刷，朝天门码头附近主槽平均冲深约1.5m，金沙碛滩面也下切0.4m左右［图8-75（b）和图8-75（c）］。

D. 前期冲淤状况的影响

局部河段前期冲淤状况对后一时段泥沙冲淤产生一定影响。例如猪儿碛河段，1961年6月12日至22日淤积192.9万m^3，随后时段6月23日至7月3日，汇流比为0.68，朱沱站平均流量为18 700m^3/s，平均含沙量为4.19kg/m^3，通常情况下本时段应产生淤积，但因前期淤积量很大，反而发生强烈冲刷，冲刷量达150.5万m^3；7月4日至25日，汇流比为0.37，朱沱站平均流量22 600m^3/s，平均含沙量2.15kg/m^3，由于前期河床冲刷严重，因此本时段泥少大量落淤，淤积量达130.6万m^3。

E. 建筑骨料开挖影响

据1993年调查，泸州市辖段年均开采总量约430万t，宜宾市辖段约160万t；重庆市辖段（长江程家溪至长寿，嘉陵江北碚至汇口）约1000万t。2002年，长江水利委员会对长江铜锣峡至泸洲段、嘉陵江朝天门至渠河嘴段的采砂情况进行调查，两段年开挖量约1000万t，其中重庆主城区河段约260万t，折合体积为150万m^3。近年来，重庆主城区河段内河道采砂活动有所增多、采砂量日益增大，据2011年初步统计，重庆市主城区河段内河道采砂总量达769万t。大量的建筑骨料采掘，不但减小了河段上游来沙量，同时在重庆主城区河段汛期淤积物上采掘，直接减少了汛期淤积量，对重庆主城区河段的冲淤特性产生了明显影响。

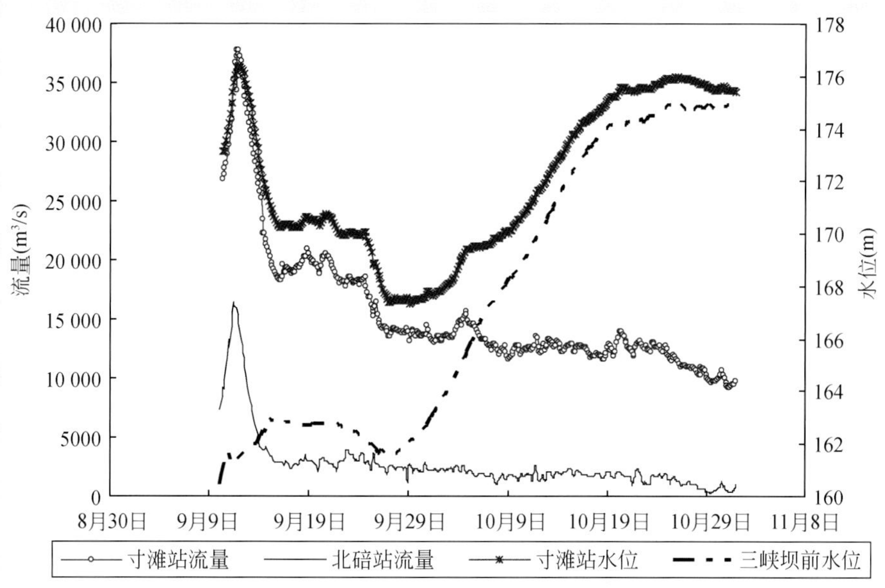

图8-75(a) 2010年三峡水库试验性蓄水期间入库流量与坝前水位变化过程

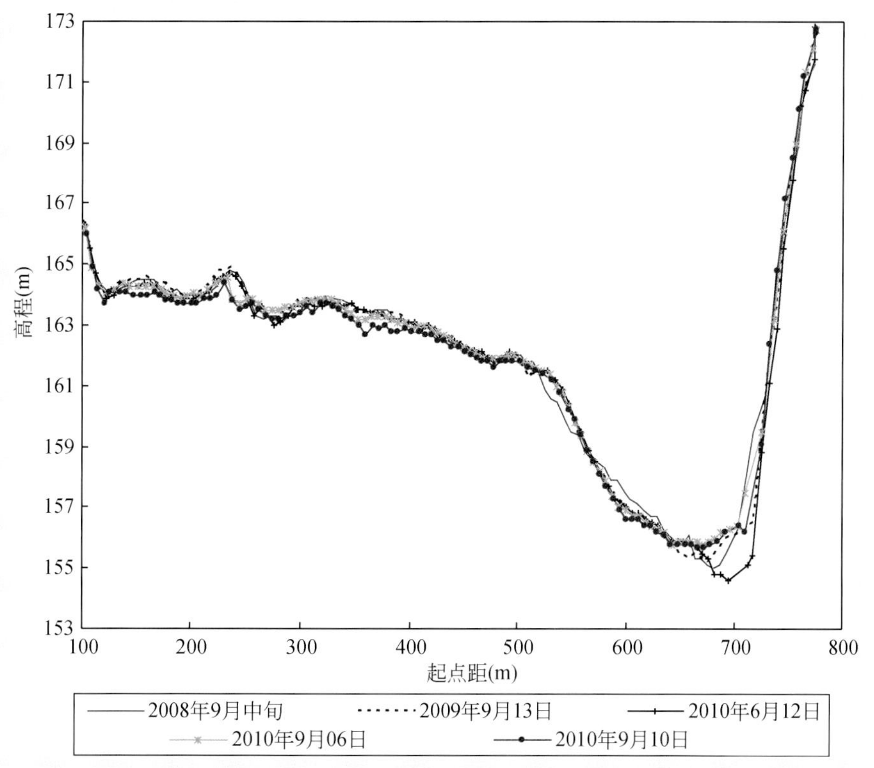

图8-75(b) 金沙碛朝天门CY45断面冲淤变化

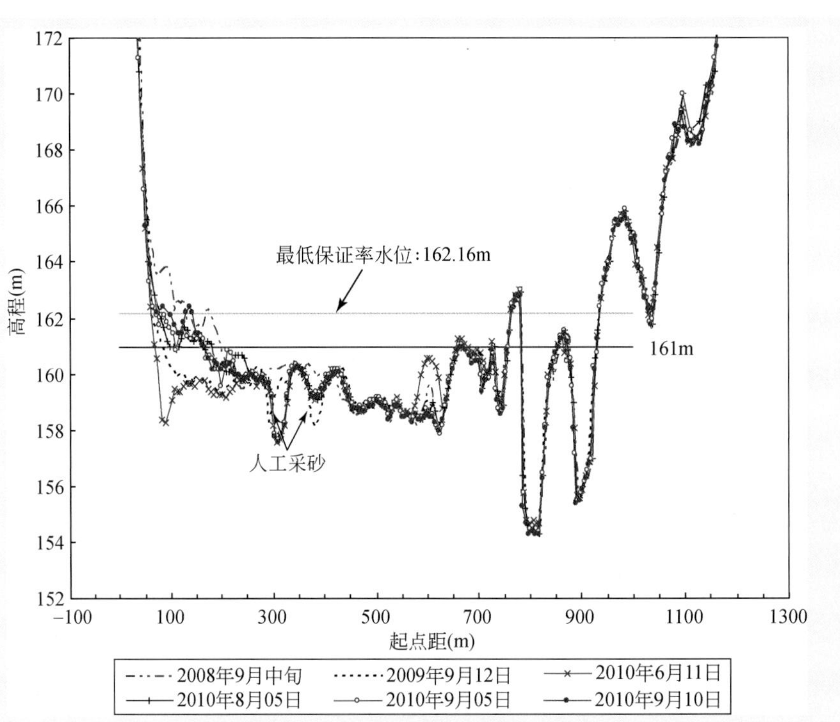

图 8-75(c) 九龙坡 CY31 断面冲淤变化图

F. 坝前水位与入库水沙过程的综合影响

当坝前水位低于 156m 时，重庆主城区河段基本不受三峡水库蓄水影响；当汛末蓄水期坝前水位超过 156m 后，重庆主城区河段逐渐受到三峡水库蓄水影响，坝前水位越高，影响越大。天然条件下，汛末一般是主要走沙时段，但汛末蓄水期，由于受蓄水影响，河床反而淤积，2008 年 10 月至 12 月淤积了 159.7 万 m^3。

10 月中旬当三峡坝前水位低于 160m 时，寸滩站流量大于 12 000m^3/s 时，9 月中旬 ~10 月中旬仍然为重庆主城区主要走沙期。5 月中旬至 6 月中旬的主消落期也逐渐成为重要走沙期。

如 2010 年三峡水库试验性蓄水与 2008 年、2009 年相比（图 8-61），2010 年蓄水时间有所提前，起蓄水位有所抬高，如 2008 年蓄水过程为 145.4m（9 月 28 日）—149.1m（9 月 30 日）—155.46m（10 月 10 日）—172.63m（11 月 14 日），2009 年蓄水时间较 2008 年略有提前，为 145.3m（9 月 13 日）—157.07m（9 月 30 日）—163.39m（10 月 10 日）—171.41m（11 月 24 日）；2010 年蓄水过程为 160.49m（9 月 10 日）—162.95（9 月 16 日）—161.58（9 月 27 日）—169.15m（10 月 10 日）—174.93m（10 月 26 日）；

2010 年蓄水期间，9 月 10 日 ~10 月 26 日寸滩站平均流量为 15 800 m^3/s，分别较 2008 年蓄水期间（9 月 28 日 ~11 月 14 日）的 15 000m^3/s、2009 年蓄水期间（9 月 15 日 ~11 月 24 日）的11 100 m^3/s 偏大 5.3% 和 42.3%。而与 2008 年、2009 年试验性蓄水期相比，2010 年蓄水期重庆主城区泥沙淤积量有所增多。但从目前来看，2010 年试验性蓄水期间，受上游来水涨落过程的影响，重庆主城区河段河床有冲有淤，出现了累积性淤积。

（2）年内冲淤过程特性研究

A. 天然情况重庆主城区河段年内冲淤过程

综合前述分析成果可知，天然情况下，重庆主城区河段年内有冲有淤，其年内冲淤过程可概括为三个阶段，即：年初至汛初的冲刷阶段、汛期的淤积阶段、汛末及汛后的冲刷阶段，具有明显的周期性。

因各年汛初涨水时间和汛末退水时间不一致，故三个冲淤阶段的时间分界点不能准确划分，有的年份提前，有的年份推迟。年初至汛初冲刷阶段：结束时间大体上在5月中下旬，如2003年、2004年、2006年，有的年份（如2005年）要推迟到6月上中旬。本阶段冲刷机理分为退水冲刷和涨水冲刷，退水冲刷主要发生在4月份之前，因流量小走沙量不大；涨水冲刷主要发生在4~5月份，少数年份延迟至6月上、中旬，由于水流尚未漫滩，主槽流速增大，河槽冲刷量相对较大。本阶段冲刷量的大小与上年年末剩余淤积量有关，头年底剩余淤积量较大，第二年初至汛初阶段的冲刷量则较大，反之则较小。如2003年年底剩余的淤积量较大，达342.9万m^3（表8-53），2004年汛前冲刷量也较大，达564.3万m^3；2004年底剩余淤积量较小，仅为54.6万m^3，故2005年汛前冲刷量亦较小，为145.2万m^3；2005年底不但未有剩余淤积量，反而冲刷了159.9万m^3，导致2006年汛前冲刷量很小，仅为23.1万m^3。

表8-53　重庆主城区全河段年内三个阶段的冲淤量　　（单位：万m^3）

年份	年初至汛初冲刷量	汛期净淤积量	汛末至年底冲刷量	年底剩余淤积量
2003	−518.9	+603.6	−260.7	+342.9
2004	−564.3	+724.6	−670.0	+54.6
2005	−145.2	+1030.3	−1190.2	−159.9
2006	−23.1	+265.0	−231.3	+33.7

“+”表示淤积，“−”表示冲刷

汛期淤积阶段：起始时间大体上是5月下旬，少数年份为6月上中旬，结束时间则与本年度最后一次洪峰有关，多数年份为9月中旬，有的年份如2005年提前到8月中旬，另外年份如2003年则推迟到10月中旬。本阶段淤积的机理是入汛后，来流量增大，水位升高，水流开始漫滩，断面流速大为减小，加上受铜锣峡壅水、干支流相互顶托以及主流摆动等因素综合影响，本河段总体呈淤积状态，但具体过程为有冲有淤，冲淤相间，淤大于冲，单一的淤积过程出现年较少，仅2005年汛期6~8月份为此种情况。淤积与冲刷与洪水的涨落较密切，在一次洪水过程中，一般涨水期淤积，退水期冲刷。受汛期来水来沙、干支流相互顶托等因素影响，各年淤积量不同，淤积量变幅为265万~1030万m^3左右。

汛末至年末的冲刷阶段：本阶段的起始时间多数年份大约在9月中旬，少数年份提前到8月中、下旬或推迟到10月中旬。汛后随着水位消落，水流逐渐归槽，流速增大，水流挟沙能力增强，加上来沙量减少，河床虽有冲有淤，但总体呈冲刷状态，冲刷量变幅为230万~1190万m^3左右。

B. 三峡水库175m试验性蓄水期年内冲淤过程

三峡水库175m试验性蓄水后，重庆主城区河段年内仍然表现为有冲有淤。汛期重庆主城区河段恢复为天然状况，河床仍然以淤积主。

消落期，随着坝前水位的逐渐消落，重庆主城区河段逐渐恢复天然状况，河床表现为由上往下逐步冲刷的过程，但主要走沙期主要集中在坝前水位集中消落的时期，如2009年5月25日至6月11日，三峡坝前水位由152.66m消落至146.21m，寸滩站平均水位、流量分别为162.17m、6820m^3/s，重庆主城区走沙量为121.3万m^3。

但当坝前水位消落时间长、水位下降速度缓慢，加之入库流量较小时，河床走沙能力减弱甚至出现淤积。如2009年11月16日至2010年6月11日在长达近7个月的时间内，三峡坝前水位由170.93m消落至146.37m，加之上游来流量较小（寸滩站平均流量仅为4700m^3/s，较多年同期均值偏小近10%），变动回水区走沙能力相对较弱，甚至出现淤积，期间重庆主城区河床淤积泥沙180.8万m^3。

综合2008年三峡水库进行175m试验性蓄水以来的观测资料分析，当三峡坝前水位低于160m时，寸滩以上库段基本不受三峡水库蓄水影响，9月中旬~10月中旬重庆主城区河段仍然保持较强的走沙能力，泥沙主要淤积在清溪场以下库段；汛后当三峡坝前水位超过160m时，壅水已逐渐影响到主城区河段，特别是当坝前水位超过162m时，朝天门以上河段受壅水影响明显。随着坝前水位的逐渐抬高，重庆主城区河段天然情况下汛后河床冲刷较为集中的规律则被水库充蓄、水位壅高、流速减缓的新情况所改变，河床也由天然情况下的冲刷转为以淤积为主，汛后的河道冲刷期相应后移至汛前库水位的消落期，随着坝前水位的逐渐消落，重庆主城区河段逐渐恢复天然状况，河床逐步转为以冲刷为主。

2008年汛后三峡水库进行175m试验性蓄水以来，通过对三峡库区特别是变动回水区开展了大量水沙和河道地形同步监测，得到了一些初步认识，揭示了一些基本规律，但其运行时间相对较短，其对库区特别是变动回水区泥沙冲淤特性的影响也没有完全显现出来，且目前积累的资料仍然有限，加上水库来水来沙的随机性，有关泥沙冲淤规律的认识还存在一定片面性，建议今后进一步加强进出库水沙、库区特别是变动回水区的泥沙冲淤的监测与分析工作。

8.4 三峡工程坝区泥沙特性

三峡工程坝区上起庙河下止黄陵庙水文站，河段全长约22km。其中坝上河段（庙河~三峡大坝）全长约为15.1km，为结晶岩低山丘陵宽谷段。左岸有百岁溪、太平溪，右岸有九畹溪等支流入汇。蓄水前，该段河宽为500~1000m，蓄水后河宽增至800~2400m。庙河至偏岩子为河谷较窄的微弯段，偏岩子至太平溪为河谷较宽阔的微弯段，太平溪至坝轴线为河谷较开阔的顺直段，坝前左岸为永久船闸上引航道，以全包防淤隔流堤（堤顶高程为150m，全长2.2km）与大江分开。

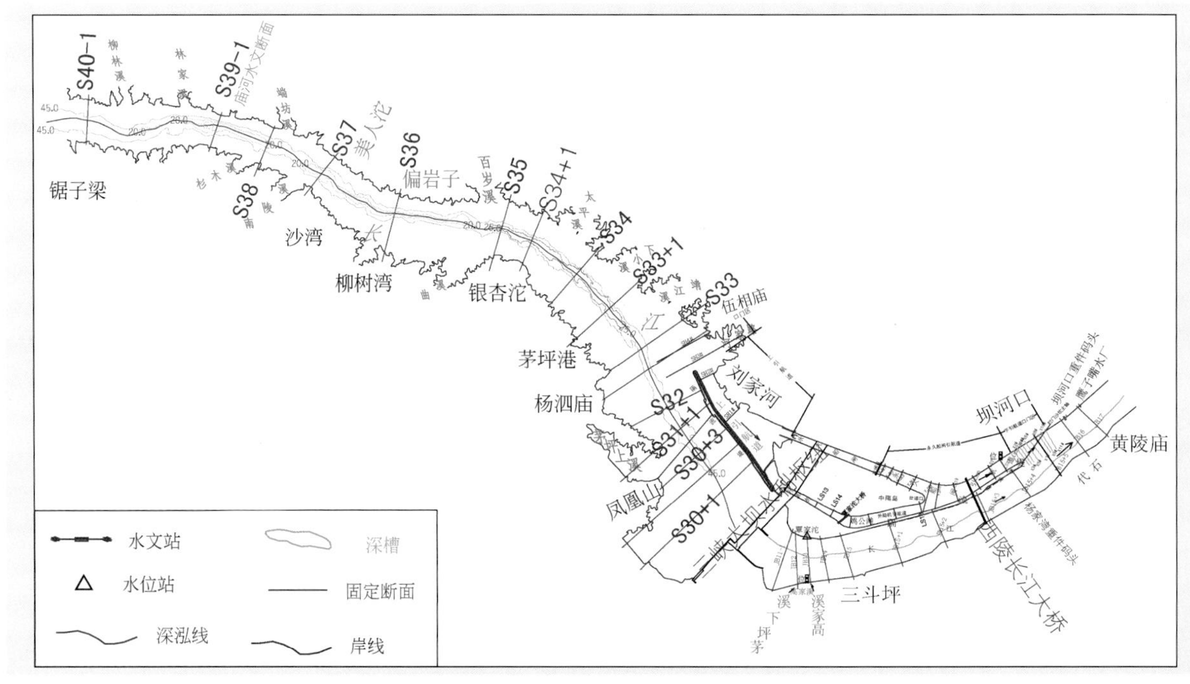

图8-76　三峡工程坝区河势图

坝下河段上起三峡大坝下止黄陵庙水位站，河段长约 6.2km，河段为河谷开阔的弯道段，河宽为 600m ~ 1200m，左岸从大坝至乐天溪，在坝河口下游有重件码头、水厂等建筑物，右岸从大坝至雷劈石大都为水泥护岸，有白庙子水厂、杨家湾深水码头，有茅坪溪、高家溪（图 8-76 为近坝区河势图）。

8.4.1 坝区水流泥沙特性

三峡水库自 2003 年蓄水运行后，库区泥沙淤积比较明显，尤其是坝前近坝河段，是水库泥沙淤积率最大的库段。为探究坝前淤积的原因及机理，分别于 2004 年及 2005 年的主汛期对坝前水流泥沙进行了观测与分析，旨在积累坝前水沙分布原型观测资料，掌握水库水沙输移特性，为水库科学的调度与使用提供依据。对坝前水流泥沙的观测布置如下。

2004 年：2004 年 8 ~ 9 月，共开展了 4 次观测（8 月和 9 月各 2 次）。其中，8 月份主要在坝前 3km 范围内布置了 4 个断面（YZ101、YZ102、YZ103、YZ104）。通过初步分析，对 9 月份观测断面及垂线布置作了适当的调整，将观测范围扩大到庙河专用水文断面，全长约 13km，布设了 5 个观测断面（YZ101、YZ102、YZ103、YZ105、YZ110）。

继 2004 年三峡水库异重流观测后，2005 年为进一步了解和研究坝前泥沙分布，将观测范围进一步扩大至秭归县归州镇，全长约 39.3km，共布设了 6 个测验断面［YZL03（与 YZ103 重合）、S39-1、S41、S45、S49、S52］，观测了 3 次，时间分别为 7 月 8 日、7 月 12 日、8 月 7 日。2005 年测验断面详细位置布置如表 8-54 及图 8-77 所示。

表 8-54　三峡水库坝前河段异重流测验断面布置情况

观测时间	观测断面及距坝里程
2004 年 8 月 14 日	YZ101（距坝 0.13km）、YZ102（距坝 0.59km）、YZ103、YZ104（距坝 2.80km）
2004 年 8 月 18 日	YZ101、YZ102、YZ102+1（距坝 1.28km）、YZ103（YZL03 距坝 1.98km）
2004 年 9 月 12 日	YZ101、YZ102、YZ103、YZ105（距坝 3.67km）、YZ110
2004 年 9 月 15 日	YZ101、YZ102、YZ103、YZ105、YZ110（距坝 12.69km）
2005 年 7 月 8 日	YZL03、S39-1（距坝 12.69km）、S41（距坝 18.06km）、S45、S49、S52
2005 年 7 月 12 日	YZL03、S39-1、S41、S45（距坝 25.97km）、S49（距坝 31.63km）、S52
2005 年 8 月 7 日	YZL03、S39-1、S41、S45、S49、S52（距坝 39.29km）

为同步了解三峡永久船闸上引航道汛期水流及泥沙的分布情况，在上引航道及口门区共布设了 7 个断面，其中航道内 4 个（从下至上分别为 YHD01、YHD02、YHD03、YHD04），口门区 3 个（从下至上分别为 YHD05、YHD06、YHD07），并于 2005 年 8 月 6 日进行了水流流速及含沙量的测验。

1. 坝前水流泥沙分布

（1）坝前水沙过程

1）2004 年：2004 年长江主汛期进入坝区的流量超过 30 000m^3/s 的洪水过程出现了三次（出现时间为 6 月、7 月、9 月）。6 月 16 日，三峡坝区形成一次小洪水过程，但沙量增大不明显；7 月 17 日，三峡库区万县至大坝普降大暴雨，流量从 11 日的 17 600m^3/s 增大到 7 月 17 日的最大流量 35 100m^3/s，伴随此次洪水过程，水流含沙量增大很快，并形成一次非常明显的沙峰，含沙量从7月11日的0.092kg/m^{3}增大到7月20日的最大含沙量0.385 kg/m^3；9月9日长江出现了历史上有记载的9月份第3大洪峰流量（宜昌站实测统计成果），洪水过程历时15天（9月4日至19日），庙河断面实测最大流量达60 100m^3/s。根据实测资料统计，2004年汛期7～9月平均流量分别为22 800m^3/s、20 100m^3/s、28 300m^3/s，水沙过程如图8-78所示。

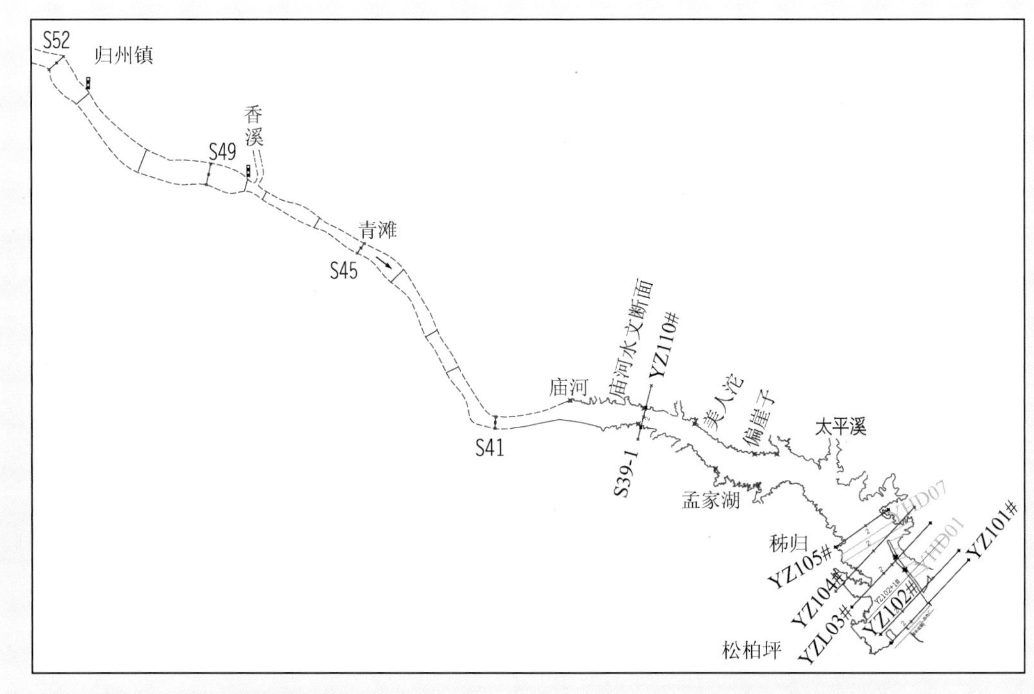

图8-77　三峡水库坝前挟沙浑水运行状态测验断面布置图

2004年7～8月，三峡库区来沙偏少，进入坝区的输沙量仅为0.62×10^{8}t。7月中旬，库区万县至大坝段普降暴雨，形成一次洪峰和沙峰过程，之后水势较为平缓。9月上旬三峡坝区出现了较大的洪水过程，但来沙量仍较天然时期有较大的减少，实测最大含沙量仅为1.36kg/m^3。

4次坝前特殊水流泥沙观测，其相应的进入三峡坝区的流量（庙河断面）分别为18 800m^3/s、16 900m^3/s、38 800m^3/s、25 900m^3/s；含沙量分别为0.176kg/m^3、0.152 kg/m^3、0.927 kg/m^3、0.364 kg/m^3；坝前相应水位为135.4m～135.7m。

2）2005年，2005年入汛以来，5月～6月三峡坝区来水来沙量较小。进入7月后，经历了较大的洪水过程，沙量的变化也相应出现了两次较大的过程。其中，7月1日，流量为16 700m^3/s，此后流量逐步增大，到7月10日达到本年度的最大流量48 000m^3/s，随着流量的增大，含沙量也由7月01日的0.04kg/m^{3}增大到7月12日的0.531kg/m^3，此次洪水过程持续到15日后消退；20日后又出现一次洪水过程，到24日洪峰流量上升到44 400m^3/s，沙量也相应地由7月20日0.229kg/m^{3}增大到7月25日0.965kg/m^3；此后坝区河段水势较为平稳，流量保持在23 000～28 000m^3/s；8月11日后坝区再次经历洪水过程，流量从26 000m^3/s上升到47 700m^3/s，此次洪水过程为多峰型洪水，涨落时间长达26天，含沙量由8月11日的0.215kg/m^{3}上升到8月21日的最大值1.43kg/m^3，此后坝区含沙量下降较快，至9月中旬，含沙量已降至0.174kg/m^{3}左右，此后坝区水势虽然有小的起伏波动，但含沙量依然保持平稳下降（图8-79）。

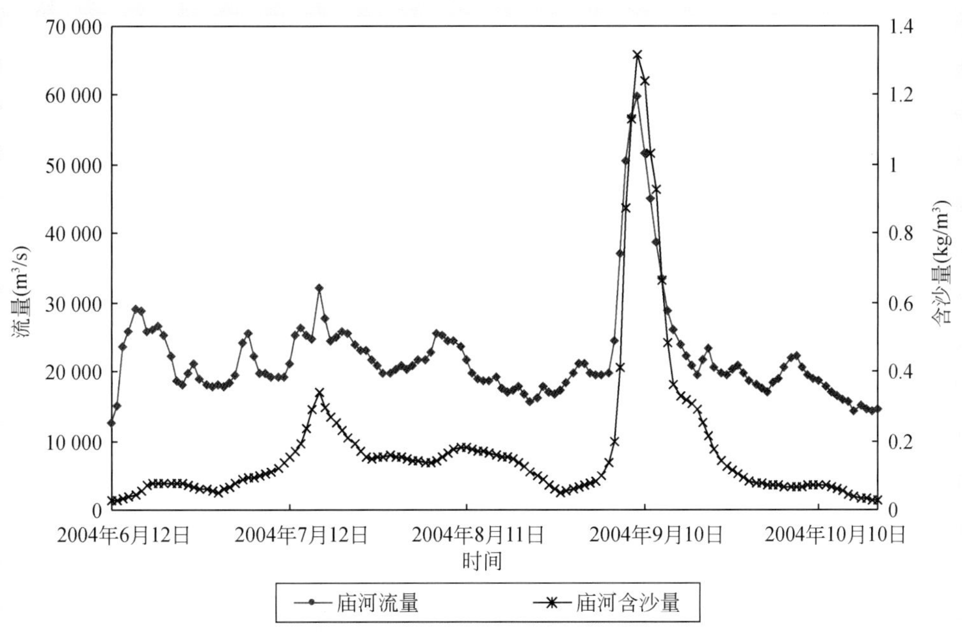

图 8-78　2004 年庙河断面主汛期日平均流量及含沙量过程

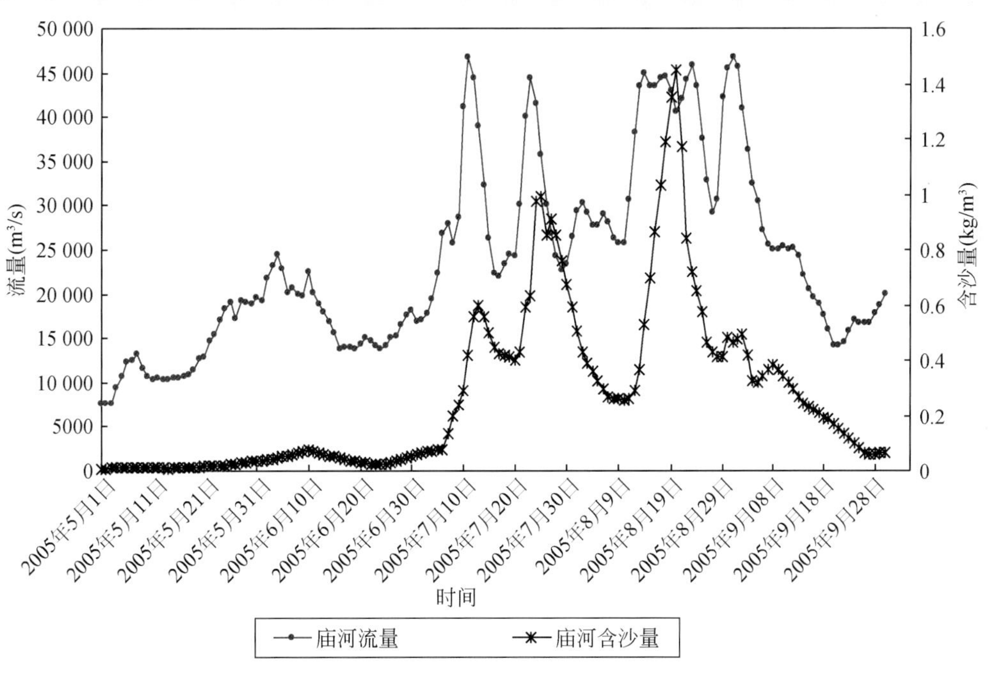

图 8-79　2005 年主汛期日平均流量、含沙量变化过程线

（2）坝前含沙量分布特点

1）2004 年：含沙量分布。2004 年 8 月 14 日，坝前中泓水流含沙量分层较明显（图 8-80），尤其是深泓垂线 3 的含沙量分层最为明显，含沙量基本上是随着水深的增大而增大。测验时坝前浑水与清水已经相混形成了浑水水库，水面含沙量有一定的量，但远小于水下层，靠近河底的层面含沙量最大，是水面层含沙量的 2.4 ~ 5.3 倍。其中水面最小含沙量为 0.019kg/m³，河底最大含沙量为 0.478 kg/m³。

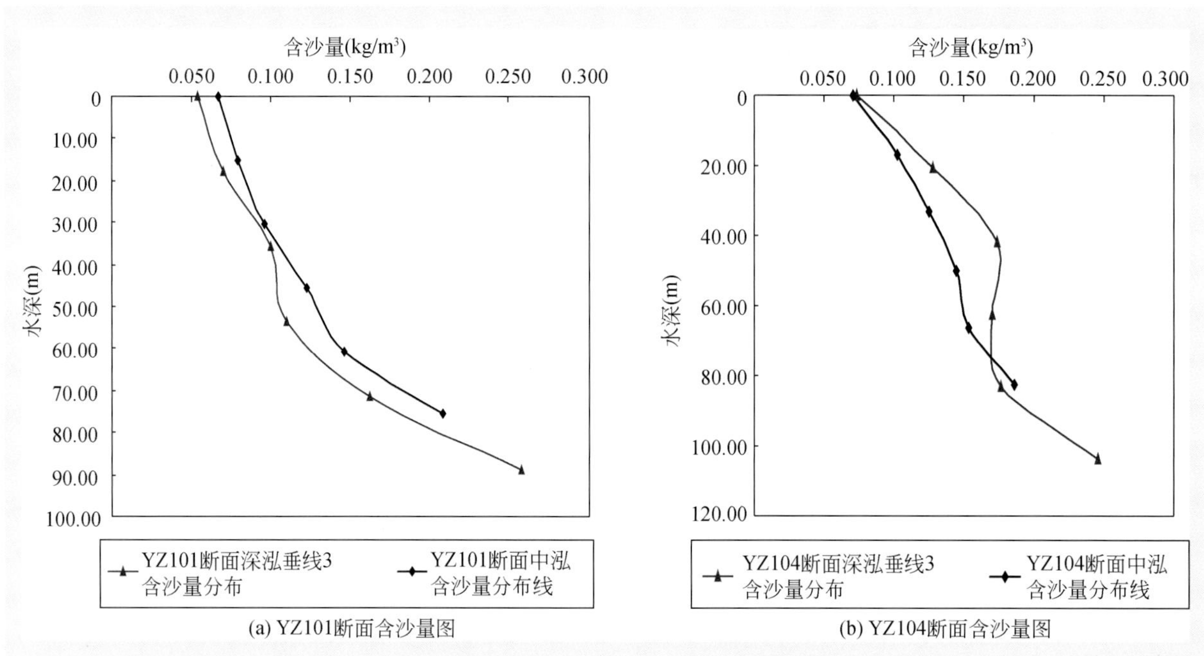

(a) YZ101断面含沙量图

(b) YZ104断面含沙量图

图 8-80 2004 年 8 月 14 日坝前断面含沙量分布图

9 月 12 日，坝前主流线含沙量分层更加明显（图 8-81），水面含沙量远小于河底或中部的含沙量，垂线含沙量最大值与最小值之比范围为 1.2 ~ 16.0。最大测点含沙量为 2.58 kg/m^3，该测点接近河底；最小测点含沙量为 0.136kg/m^3，该测点靠近水面点。其中坝前 YZ101 断面 ~ YZ105 断面的含沙量分布是随着水深的增大含沙量也增大。而 YZ110 断面则是水面与河底的含沙量小，中部含沙量大，各层含沙量较为接近，分层不明显。

9 月 15 日，处于洪水退水期，水流含沙量大大降低，实测最大测点含沙量为 0.838kg/m^3，最小测点含沙量为 0.065kg/m^3，其含沙量分布形态与 9 月 12 日所测相似（图 8-81）。

2）2005 年：2005 年 7 月 8 日 ~7 月 12 日，坝前流量从 27 800m^3/s 增大至 48 000m^3/s，坝前河段含沙量分层较明显，尤以中泓部位分层最明显，含沙量基本上是随着水深的增大而增大，但有少量垂线表现为中部大、水面与水底小（图 8-82）。最大含沙量基本出现于靠近河底的层面或高程为 85 ~ 100m 的区域，是水面层含沙量的 1.1 ~8.0 倍。其中水面最小含沙量为 0.044kg/m^3，河底最大含沙量为 1.01kg/m^3。

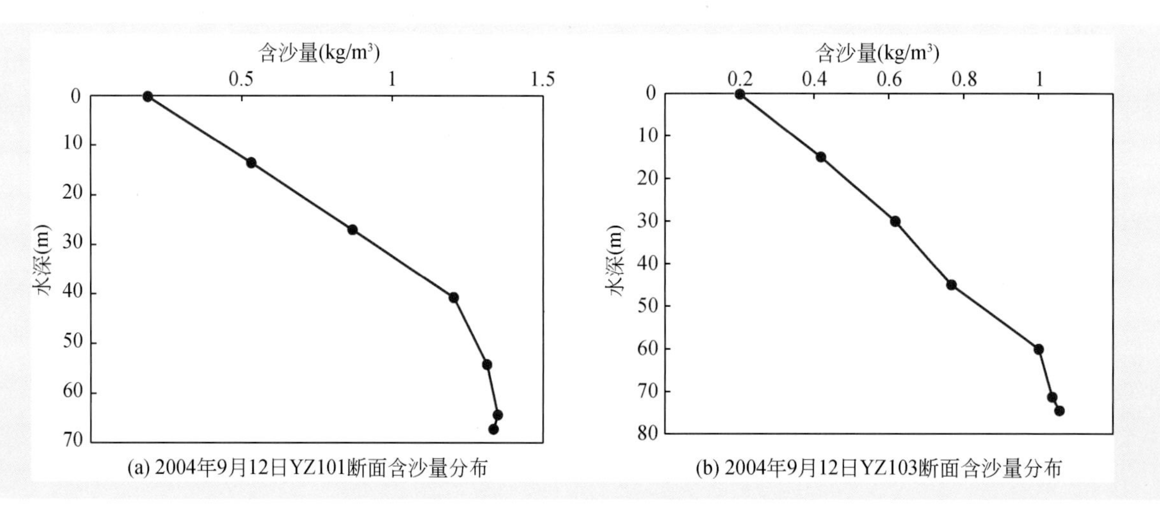

(a) 2004年9月12日YZ101断面含沙量分布

(b) 2004年9月12日YZ103断面含沙量分布

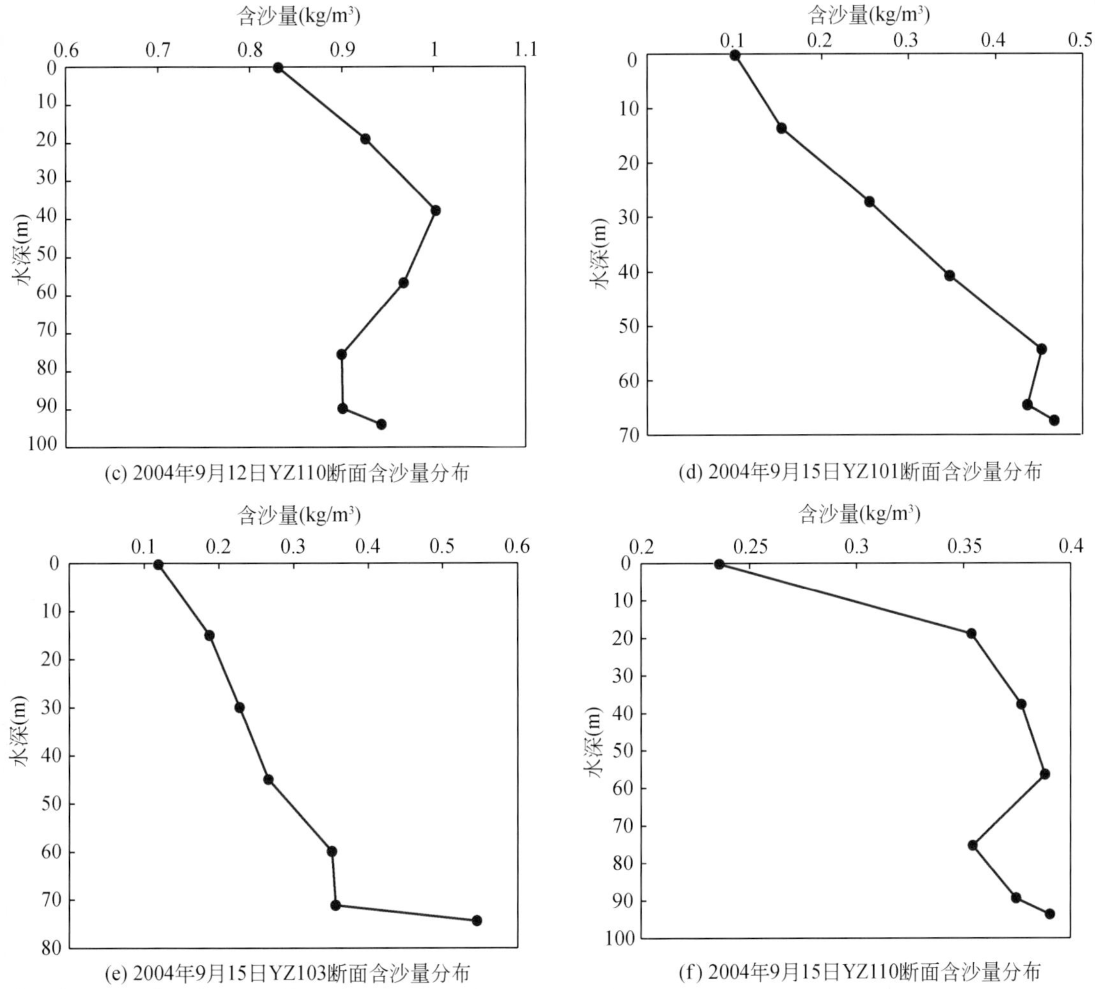

(c) 2004年9月12日YZ110断面含沙量分布

(d) 2004年9月15日YZ101断面含沙量分布

(e) 2004年9月15日YZ103断面含沙量分布

(f) 2004年9月15日YZ110断面含沙量分布

图 8-81　2004 年 9 月 12 日坝前断面含沙量分布图

8 月 7 日，水流中含沙量虽然不大，但分层仍然比较明显，最大含沙量分布于近河底层，最小含沙量为 0.053kg/m^3，最大含沙量为 0.514kg/m^3，其中垂线最大含沙量与最小含沙量之比为 1.1 ~8.9（图 8-83）。

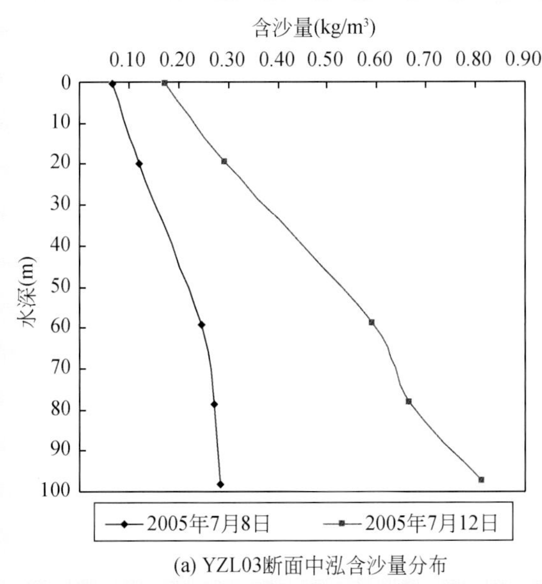

(a) YZL03断面中泓含沙量分布

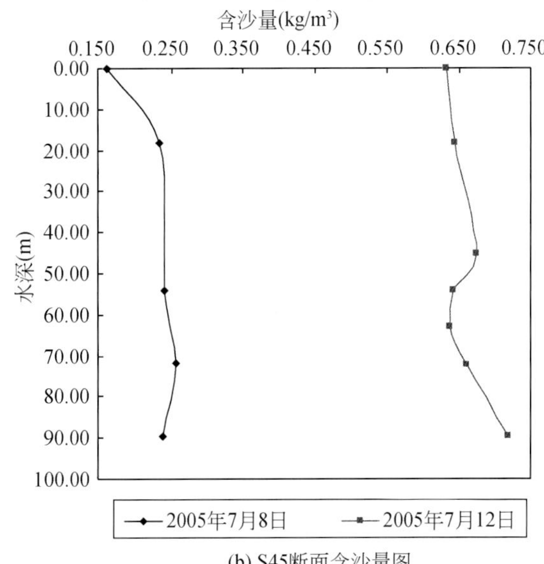

(b) S45断面含沙量图

(c) S49断面中泓线含沙量分布　(d) S52断面含沙量分布

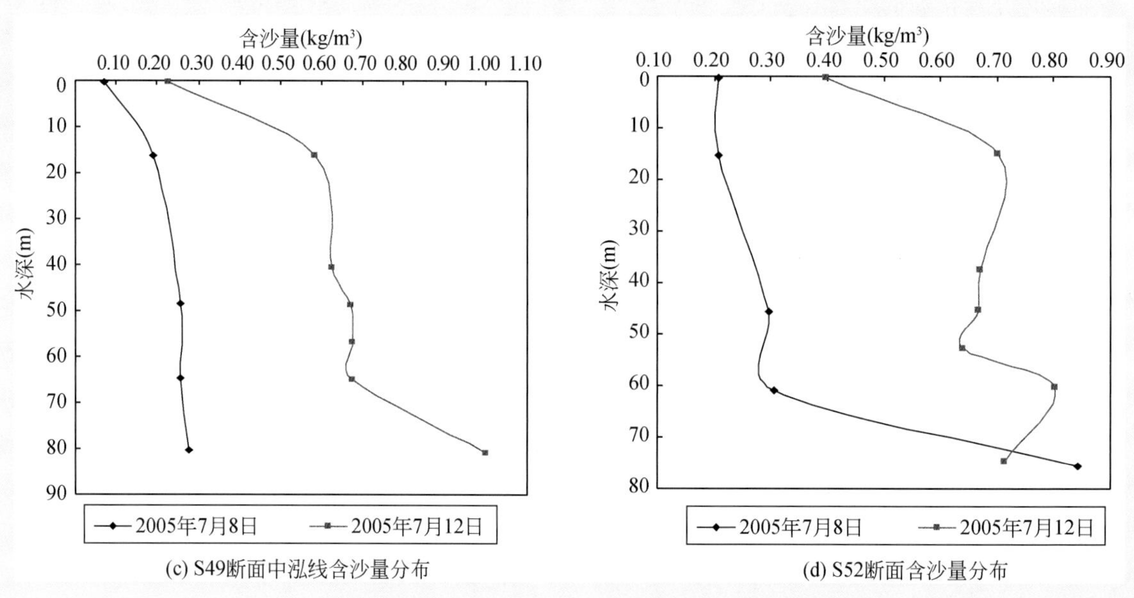

图 8-82　2005 年 7 月 8 日 ~ 12 日坝前测验断面含沙量分布图

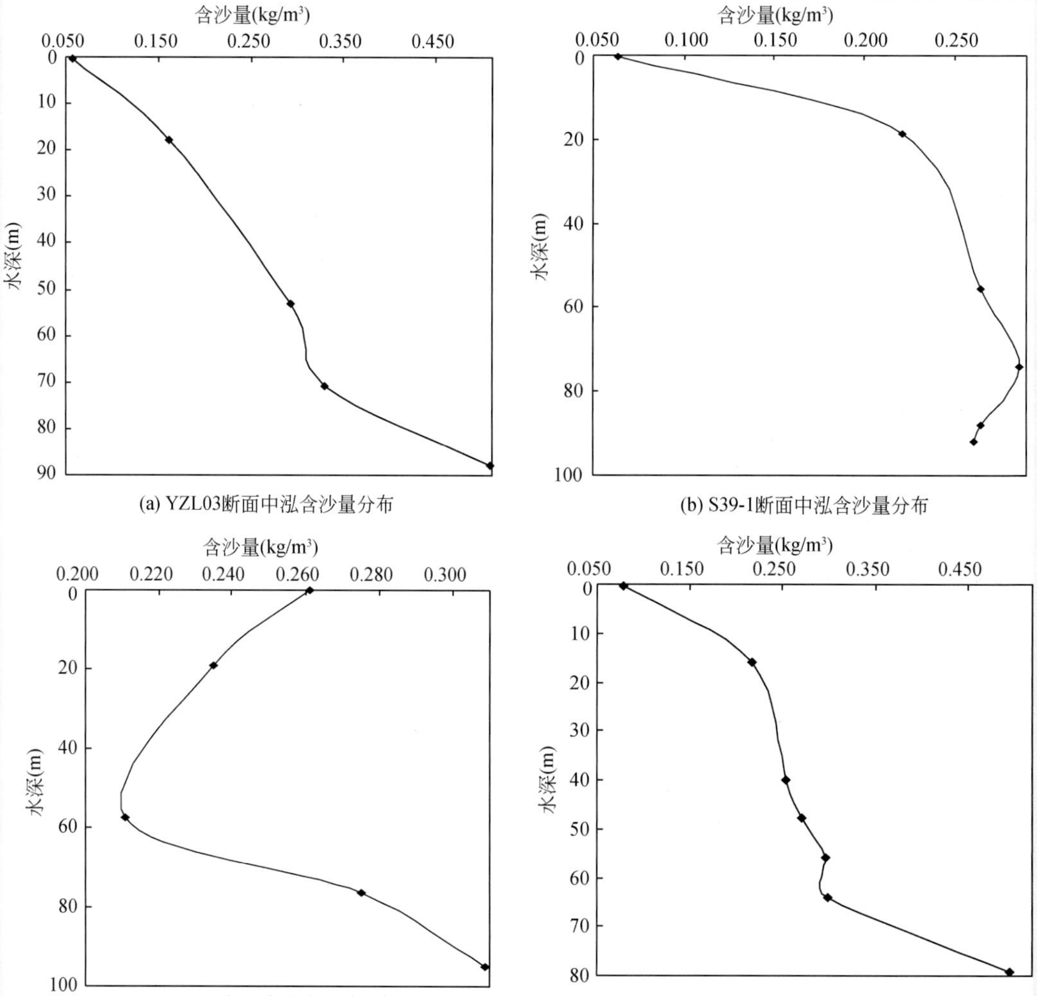

(a) YZL03断面中泓含沙量分布　(b) S39-1断面中泓含沙量分布

(c) S45断面中泓含沙量分布　(d) S49断面中泓含沙量分布

图 8-83　2005 年 8 月 7 日坝前断面中泓垂线含沙量分布图

坝前河段含沙量断面横向分布基本上是近河底层达到最大，水面含沙量最小（图 8-84），横断面上含沙量的分层十分明显，而且不同时期底层的含沙量随上游来水来沙状态的改变发生相应的变化。

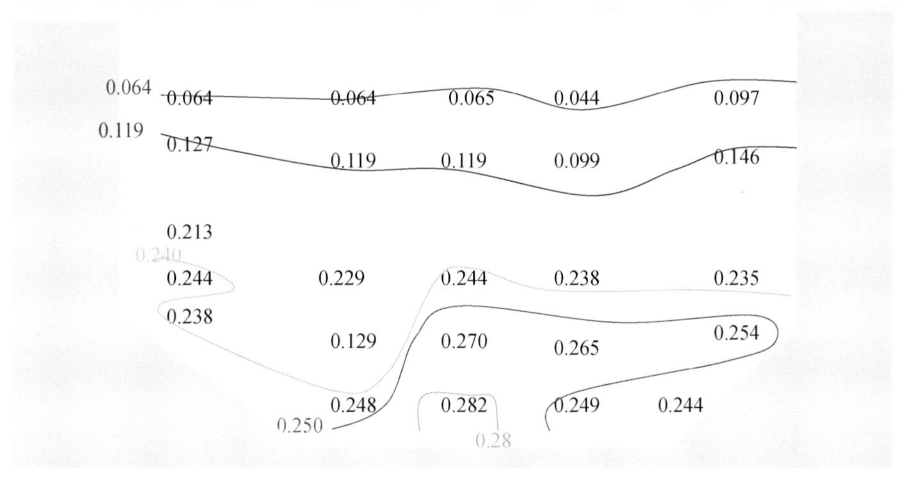

(a) 2005年7月8日 YZL03断面

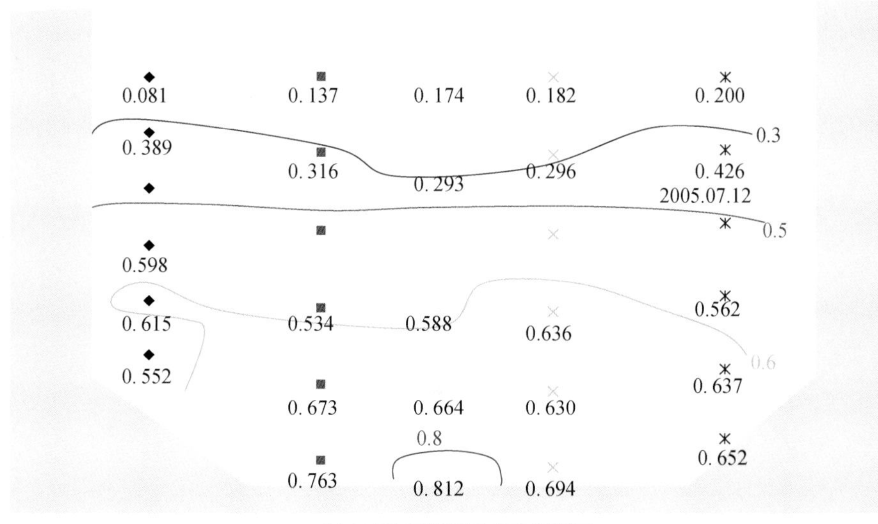

(b) 2005年7月12日 YZL03断面

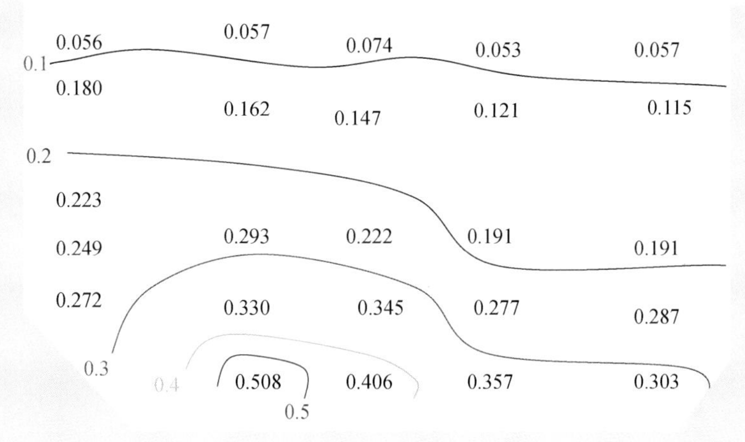

(c) 2005年8月7日 YZL03断面

图 8-84　坝前河段断面不同时期含沙量横向分布图

单位：kg/m³

（3）坝前水流流速分布特点

1）2004 年：8 月中旬施测的坝前水流流速分布为水面与河底流速相对较小，在水深为 30 ~ 50m（高程为 85 ~ 100m，吴淞高程基面）范围内，垂线流速达到最大值，且水流愈靠近大坝流速愈大，这种现象是泄洪深孔闸泄水引起的，泄洪闸深孔高程为 90 ~ 104. 53m，即位于水下 30 ~ 45m，与垂线上最大点流速出现的位置是一致的。图 8-85（a）为 2005 年 8 月 14 日所测断面含沙量、流速沿程变化。

9 月坝前流速分布观测资料表明，水流流速靠近大坝的 YZ101 断面、YZ102 断面受大坝泄洪的影响，在水深 20 ~ 45m 处达到最大［图 8-85（b）］。由图可见，9 月 12 日，庙河断面含沙量与流速的分布呈现为水面与河底小，中层大的特点，具有典型的水库异重流分布特征，而以下库段含沙量逐步演变为沿水深增加，且越近坝前变化幅度越大。

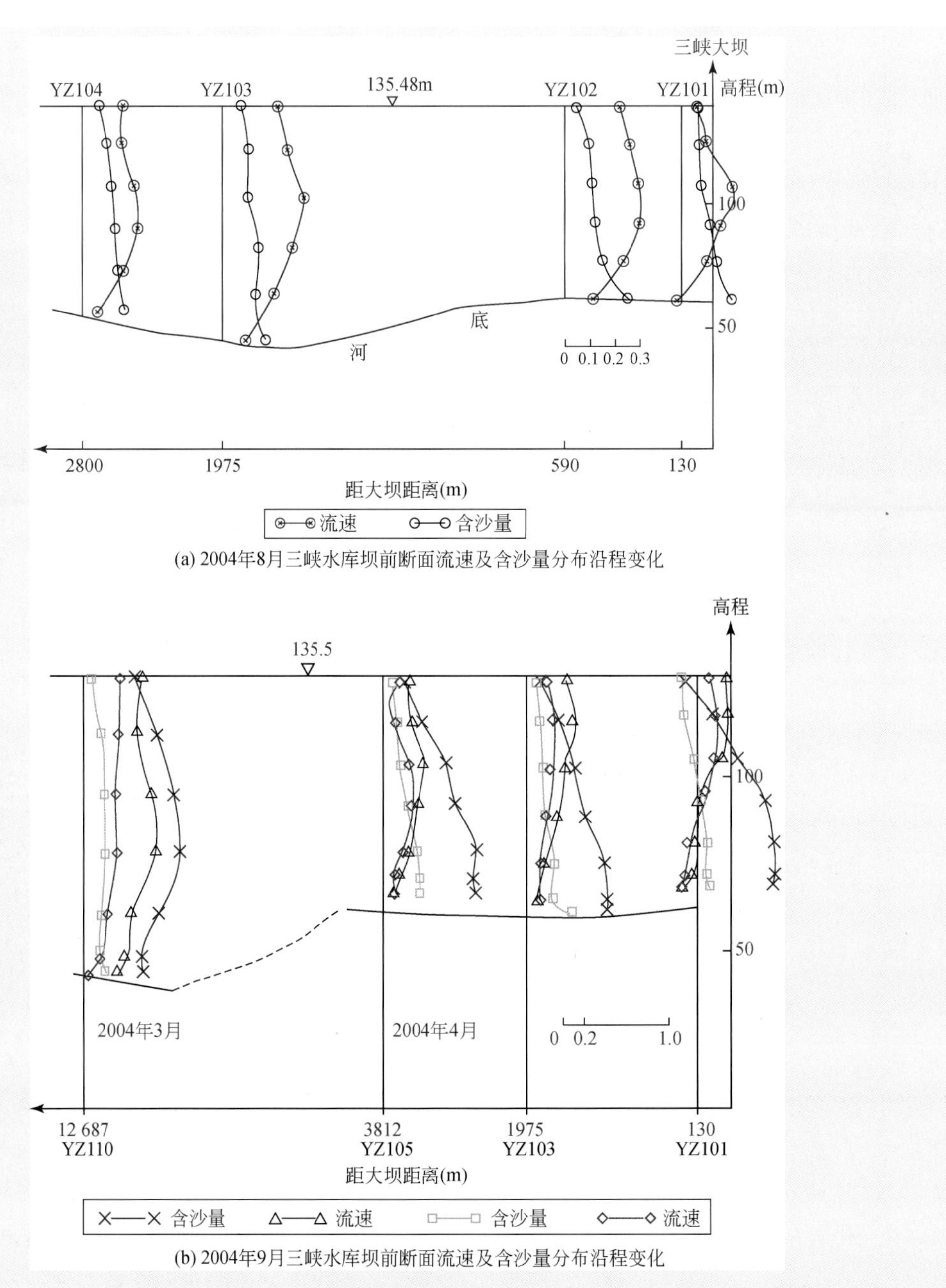

(a) 2004年8月三峡水库坝前断面流速及含沙量分布沿程变化

(b) 2004年9月三峡水库坝前断面流速及含沙量分布沿程变化

图 8-85

2）2005 年：三峡水库坝前水流垂线的流速分布，形态不一，有的垂线水面流速最大，有的垂线流速为中部最大，水面与水底层小，但最大流速基本未出现于近河底层。

2005 年 7 月 8 日大坝泄流深孔达到 13 孔（含一排漂孔），2005 年 07 月 12 日大坝泄流深孔则达到 21 孔（含一排漂孔）、2005 年 08 月 07 日大坝泄流深孔则达到 11 孔（含一排漂孔），以左右对称开启泄洪深孔为调度原则，向下游泄洪，其深孔开启情况统计如表 8-55 所示。

受大坝汛期泄水影响，距离大坝较近的 YZL03 断面垂线最大流速一般出现在水深 20 ~ 45m 的位置，与大坝深孔位置高度基本一致。而离大坝稍远的断面垂线最大流速出现点为水深为 50 ~ 80m 的位置，而离大坝最远的 S52 断面在大流量时最大流速则出现在水面，最大流速点与含沙量最大点出现位置不一致（图 8-86）。

表 8-55　2005 年 7 ~ 8 月大坝深孔泄流开启情况

时间	大坝泄洪深孔编号																						
	1	2	3	4	5	6	7	8	9	10	11	12	13	14	15	16	17	18	19	20	21	22	23
2005 年 7 月 8 日	√	–	√	–	√	–	√	–	√	–	√	–	√	–	√	–	√	–	√	–	√	–	√
2005 年 7 月 12 日	√	–	√	√	√	–	√	√	√	√	√	√	√	√	√	√	√	√	√	√	√	–	√
2005 年 8 月 7 日	–	√	–	√	–	√	–	√	–	√	–	√	–	√	–	√	–	√	–	√	–	–	–

√表示开，–表示关，另有排漂孔一个一直保持开启状态，本表中未统计

（4）坝前泥沙粒径级配分布特点

水库中的异重流一般是由入库浑水和库内清水形成，根本原因是由于浑水与清水的重率（或密度）差异。浑水在清水中运动时受到清水的浮力作用，使重力对浑水的作用下降，因此异重流在清水中向前运动时主要依靠惯性的作用，从而使得异重流的挟沙能力有限，水流在形成异重流之前，较粗的悬移质泥沙在向下游推进时已经发生一定程度的淤积。另外由于清水的阻碍作用，异重流的平均流速和相应的水流紊动都比较弱，因此异重流能够挟带泥沙的极限粒径比较小。

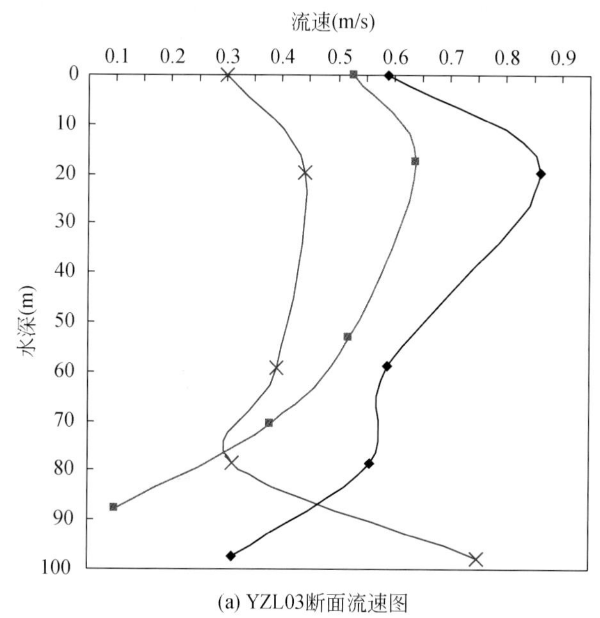

(a) YZL03断面流速图

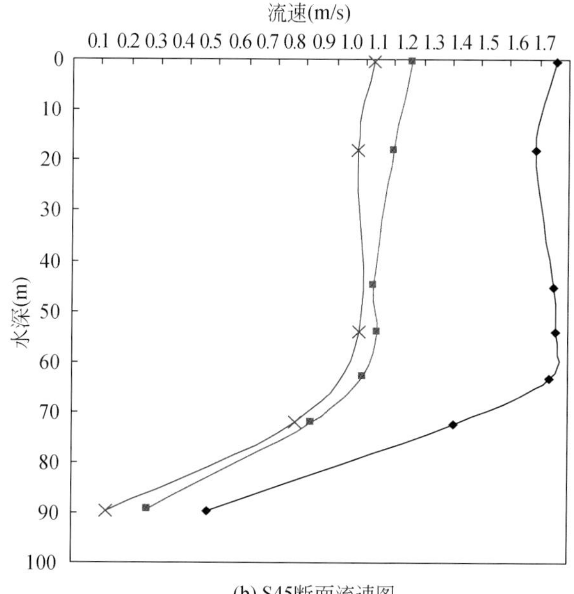

(b) S45断面流速图

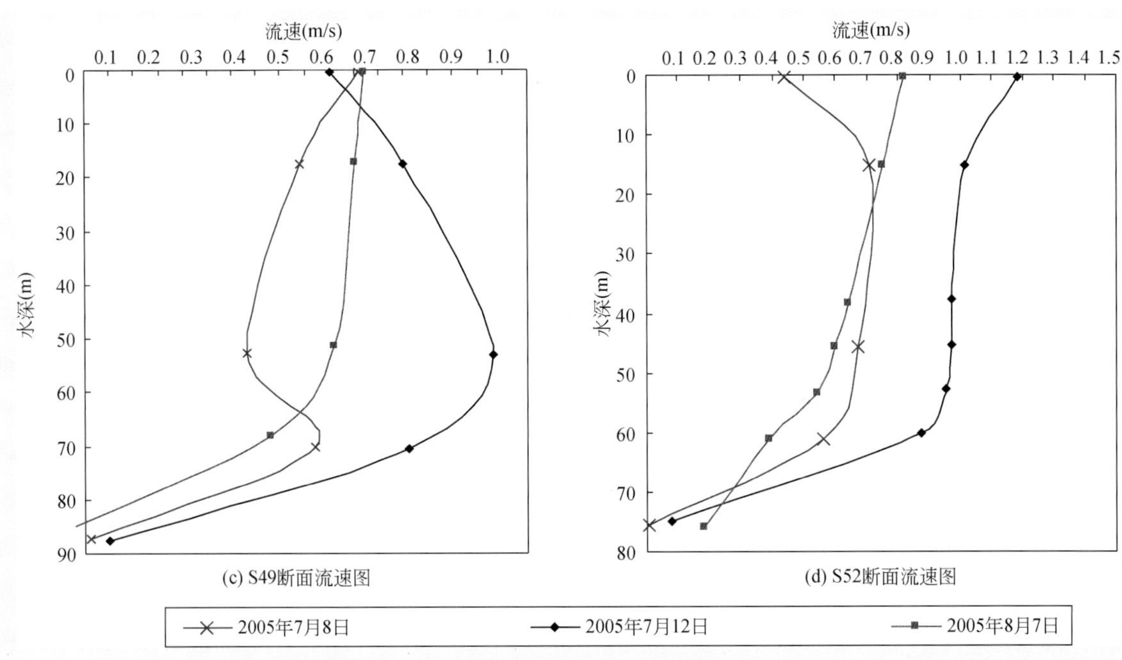

图 8-86　坝前河段中泓水流流速分布图

2004 年 8 月 14 日，坝前水流中悬移质泥沙中数粒径为 0.003mm，最大粒径为 0.125mm。其中泥沙粒径小于 0.01mm 的颗粒沙重百分数为 81%（图 8-87）。同时，据 2005 年实测资料分析，坝前水流中悬移质泥沙粒径小于 0.01mm 的泥沙含量为 72% ~76%（表 8-56）。而根据已有水库异重流测验资料，异重流挟带悬移质泥沙中粒径小于 0.01mm 的沙重百分数官厅水库约为 80%，红山水库约为 86%，丹江口水库约占 73%（韩其为，2003）。

表 8-56　2005 年汛期坝前泥沙颗粒级配统计

日期	小于某粒径沙重百分数（%）								最大粒径	中数粒径
	0.002mm	0.004mm	0.008mm	0.016mm	0.031mm	0.062mm	0.125mm	0.25mm	（mm）	（mm）
2005 年 7 月 8 日	33.4	50.5	70.2	85.5	94.0	99.1	100.0		0.125	0.004
2005 年 7 月 12 日	29.0	44.9	66.2	81.9	92.5	99.7	100.0	100.0	0.250	0.005
2005 年 8 月 7 日	45.6	68.3	82.7	93.6	99.6	99.8	100.0		0.125	0.004

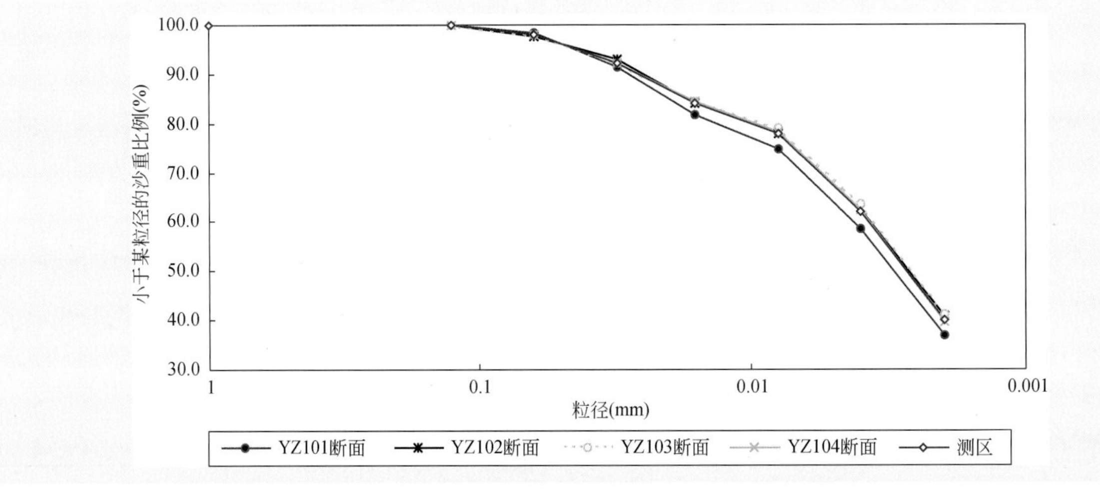

图 8-87　2004 年坝前河段悬移质泥沙颗粒级配曲线图

2. 航道及口门区水流泥沙分布

（1）含沙量与流速分布

2005 年 8 月 7 日，处于第二次洪峰削落期，水流中含沙量虽然不大，但航道河段含沙量分层仍然比较明显，最大含沙量分布于近河底层（图 8-88），最小含沙点含沙量为 0.030kg/m³，最大含沙点含沙量为 0.364kg/m³，均为航道口门区 YHD07 断面左侧边垂线，即正位于上引航道口门区，垂线最大含沙量与最小含沙量之比为 12∶1。断面含沙量基本是从口门外到航道内沿程递减。

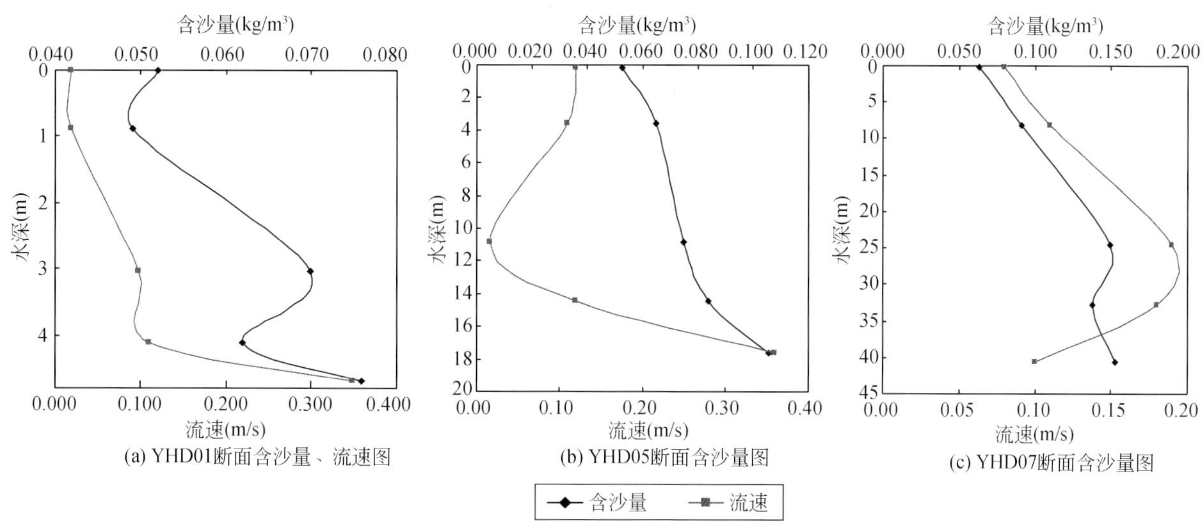

图 8-88 永久船闸上引航道区域含沙量及流速分布

水流流速的分布与含沙量大体相似，底层流速一般大于表层流速，其中最大垂线流速为口门 YHD05 断面底层，达到 0.36m/s；最小为 0.02m/s，为航道内水面。

（2）泥沙粒径级配

航道口门及引航道内泥沙粒径较细，河段中最大粒径为 0.250mm，中数粒径为 0.003mm，平均粒径为 0.008mm，粒径小于 0.01mm 的泥沙占 78.0%。其中水面水流中泥沙粒径小于 0.01mm 的泥沙占 81.0%，而近河底层水流中泥沙粒径小于 0.01mm 的泥沙占 75.0%（图 8-89）。

3. 坝前异重流形成条件

形成异重流的条件主要包括：浑水中要有一定的含沙量；泥沙中要有大部分细沙；要有一定的单宽流量。

根据水槽实验，并得到一些水库实际资料的验证，异重流潜入条件，其水流流速 U_0、含沙量 S、潜入点水深 h_0 满足以下关系式（韩其为，2003）：

$$\frac{{U_0}^2}{\eta_g g h_0} = 0.6 \tag{8-1}$$

式中，η_g 为重力修正系数，$\eta_g = 0.00063 \times S$。再引入单宽流量 q，则式（8-1）经整理后为

$$h_0 = 6.46 \cdot \left[\frac{q^2}{S}\right]^{\frac{1}{3}} \tag{8-2}$$

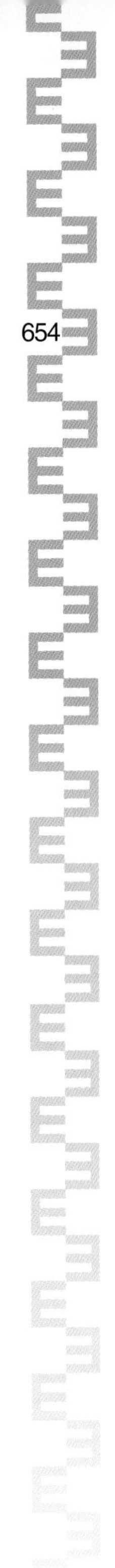

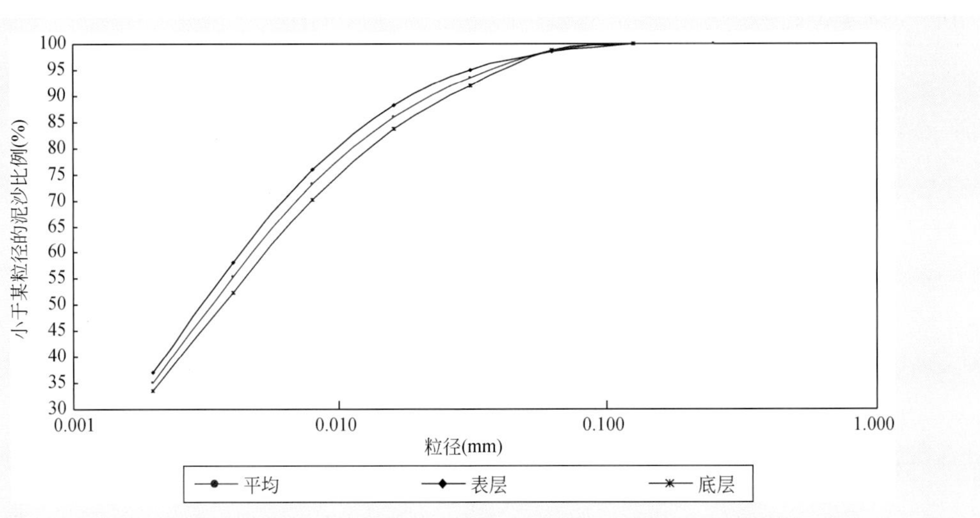

图 8-89　上引航道及口门区悬移质泥沙级配

由（8-2）式得

$$S = 6.46^3 \cdot \frac{q^2}{h_0^3} \tag{8-3}$$

由式（8-3）可知：在单宽流量 q、入潜水深 h_0 得到保证的前提下，水库水流含沙量必须达到一定数值，才能形成异重流。实测资料显示，135m 水位下坝前水深小于148m，7 月 8 日、7 月 12 日和8 月 7 日坝前河段中泓水流单宽流量分别为 50.2m^3/（s·m）、92.1m^3/（s·m）、54.2m^3/（s·m）。根据实测资料计算得出：

1）7 月 8 日，中泓平均含沙量为 0.220kg/m^3，依据（8－2）式计算的异重流入潜水深 h_0 为 145.6m，目前坝前库段有局部水域水深满足此条件，可能发生局部异重流现象。

2）7 月 12 日，中泓平均含沙量为0.618kg/m^3，计算得到异重流入潜水深为154.7m，而实测最大水深为 148m，水深不满足此条件，不能形成异重流。

3）8 月 7 日，中泓平均含沙量为0.253kg/m^3，异重流入潜水深为 146.3m，坝前库段局部水域水深满足此条件，可能发生局部异重流现象。

4）三峡水库蓄水后，出现的最大流量为 2004 年 9 月达 60 000m^3/s 左右，2005 年最大流量为 48 000m^3/s 左右，计算最大单宽流量在 100m^3/（s·m）左右，最大含沙量达 1.5 kg/m^3，坝前最大水深 148m，库底纵坡降约 1.8×10^{-4}，根据上述计算分析，在坝前有形成异重流的密度差条件（含沙量）、能量条件（单宽流量）和水力条件（水深及纵坡降条件）。但由于坝前水沙过程为不恒定流，所形成的异重流是局部的且也是非恒定的，又由于坝前库底纵坡降较小以及主流深泓纵剖面呈锯齿形态，使异重流的运动难以持续，容易遭到破坏，因此三峡水库坝前段目前尚未形成较典型的、较有规律的、持续的异重流运动现象。

8.4.2　近坝区河床冲淤

1. 坝前河段

（1）冲淤量及分布

三峡水库从 2003 年 6 月蓄水运用后，近坝段（大坝至庙河段，长约 15.1km）处于累积泥沙淤积状态，年内表现为汛期主槽大幅淤积、枯季泥沙固结沉降。2003 年 3 月 ~ 2011 年 11 月，坝前段淤积泥沙 1.36 亿 m^3（与前述淤积量 1.323 亿 m^3 不一致的原因，主要是计算高程略有差别所致），其淤积强度为全库区之最，泥沙主要淤积在大坝至美人沱河段的主槽部位，淤积在 90m 高程以下河槽的泥沙为 9800 万 m^3，占总淤积量的 72%。其中，2003 年 3 月 ~ 2006 年 11 月，135m 水位下总淤积量为 6510 万 m^3，年均淤积泥沙 2170 万 m^3，80% 的泥沙淤积在 90m 以下的河槽；2006 年 10 月 ~ 2008 年 11 月河床总淤积量为 4656 万 m^3，年均淤积泥沙 2328 万 m^3，90m 高程以下河槽淤积量占 66.3%；2008 年 11 月 ~ 2011 年 11 月，河床年均淤积量约为 810 万 m^3，90m 高程以下河槽淤积量占 63.6%（表 8-57）。这说明，随着时间的推移，库区淤积部位逐渐上延，坝前河段淤积量逐渐减小，且边滩的淤积也愈加明显。

坝前河段的泥沙冲淤特性与所处时段、上游来水来沙量以及前期泥沙淤积幅度有关。汛期坝前河段发生淤积，淤积的幅度与来水来沙的大小密切相关，来水来沙量大则河段淤积幅度较大，如 2005 年汛期；而当年汛后至次年汛前，由于来水来沙量较小，水流流速相对较小，汛期淤积的泥沙因重力下沉发生固结，此时河床地形表现为“冲刷”，如 2005 年 10 月 ~ 2006 年 3 月枯期，河段河槽泥沙沉降固结的幅度也较往年大。遇特枯少沙年，坝前水位高、水流流速小，泥沙沉降固结明显，如 2006 年汛期河段虽然发生泥沙淤积，但 65m 高程以下河床淤积泥沙沉降固结明显，河床处于“冲刷”状态。2005 年 10 月 ~ 2006 年 11 月 135m 高程以下河床淤积量为 160 万 m^3，但 65m 高程以下河槽的河床冲刷量达到 173 万 m^3。

表 8-57　2003 ~ 2011 年三峡水库庙河至大坝段淤积量统计表　（单位：万 m^3）

河段		S30+1 断面至 S33 断面		S33 断面至 S38		S38 断面至 S40-1 断面		S30+1 断面至 S40-1 断面	
间距		2.996km		7.966km		3.339km		14.301km	
高程		90m	135(156，175) m	90m	135(156，175) m	90m	135(156，175) m	90m	135(156，175) m
围堰发电期	2003 年 3 月 ~ 2003 年 10 月	1071	1420	931	1359	47	89	2049	2868
	2003 年 10 月 ~ 2004 年 10 月	471	554	710	881	34	78	1215	1513
	2004 年 10 月 ~ 2005 年 10 月	653	743	1120	1053	138	173	1911	1969
	2005 年 10 月 ~ 2006 年 10 月	32	55	7	146	-40	-41	-1	160
	2003 年 3 月 ~ 2006 年 10 月	2227	2772	2768	3439	179	299	5174	6510
初期蓄水期	2006 年 10 月 ~ 2007 年 11 月	245	257	341	342	-27	-29	559	570
	2007 年 11 月 ~ 2008 年 4 月	18	65	65	98	21	23	104	186
	2008 年 4 月 ~ 2008 年 11 月	464	769	591	937	104	151	1159	1857
	2007 年 11 月 ~ 2008 年 11 月	482	834	656	1035	125	174	1263	2043
	2006 年 10 月 ~ 2008 年 11 月	1209	1925	1653	2412	223	319	3085	4656
175m 试验性蓄水期	2008 年 11 月 ~ 2009 年 10 月	349	548	499	753	141	178	989	1479
	2009 年 10 月 ~ 2010 年 10 月	205	304	370	390	21	45	596	739
	2010 年 10 月 ~ 2011 年 10 月	-96	-87	-12	179	64	117	-44	209
	2008 年 11 月 ~ 2011 年 10 月	458	765	857	1322	226	340	1541	2427
2003 年 3 月 ~ 2011 年 10 月		3894	5462	5278	7173	628	958	9800	13593

表中 S30+1 断面至 S40-1 断面段的冲淤量不包含大坝至 S30+1 段（长 816m），大坝至庙河的冲淤量统计从 S30+1 断面开始。蓄水 135 ~ 139m 运行期冲淤量计算的高水水位为 135m，表中 135m 统计方量为 135m 高程下的淤积方量；进入 156m 蓄水期后，2006 年 10 月 ~ 2008 年 11 月冲淤量计算的高水水位为 156m，表中 156m 统计方量为 156m 高程下的淤积方量；进入 175m 试验性蓄水期后，冲淤量计算的高水水位为 175m，表中 175m 统计方量为 175m 高程下的淤积方量。负值表示冲刷量

(2) 淤积形态

自三峡水库蓄水运行后，2003 年 3 月 ~2011 年 11 月，坝前河段深泓累积淤积抬高幅度最大的是距离大坝 5. 565km 的 S34 断面，其累积淤积厚度达 60. 3m，深泓平均淤厚约 30. 0m。淤积的主要时段集中于围堰发电期（图 8-90）。

1）围堰发电期。期间，深泓部位最大淤积厚度为 51. 7m（大坝上游 5. 565km 的 S34 断面），其次为距离大坝 2. 169km 的 S31+1 断面，深泓淤积厚度为 44. 7m。以 S33 断面为界，深泓纵剖面趋向于两个高程平台，S33 以下至大坝坝前（1 ~4. 0km）河段，深泓高程平均为 46. 45m；S33 断面以上至 S38 断面（4. 0 ~12. 0km）河段深泓高程平均为 22. 54m。整个河段深泓平均淤高 22. 89m，年平均淤高 7. 63m。

2）初期蓄水期。深泓淤积幅度最大的是距离大坝 1. 611km 及 1. 896km 的 S30+3 断面及 S31 断面，淤积厚度均为 7. 3m。S33 以下段深泓平均高程淤高至 52. 16m；S33 以上段深泓淤高至 25. 53m。整个河段深泓平均淤高 4. 84m，年平均淤高 2. 42m。

3）试验性蓄水期。2008 年 11 月 ~2011 年 11 月，坝前深泓淤积幅度有所减小，河段深泓平均淤高 2. 7m，年平均淤高 0. 9m。

与河床的淤积形态一致，坝前河段横断面的变化主要表现于深槽的淤积。淤积区域主要分布于坝前至坝上 10. 6km 区域（大坝 ~ S37 断面），以主槽的淤积为主要特征，S33 断面处于高平台向低平台过渡区域，该断面泥沙淤积不明显，而 S38 断面以上至庙河段则基本没有泥沙淤积（图 8-91）。

从目前来看，大坝近坝段泥沙主要淤积在 90m 高程以下，低于电厂进水口的底高程 108m，而且淤积物颗粒很细，对发电未造成影响。

(3) 河床组成

三峡工程坝前段为原葛洲坝水库常年回水区域。葛洲坝水库蓄水前，河床组成一般为卵石或卵石夹沙，1979 年河床平均中数粒径为 5. 32mm。葛洲坝水库蓄水运行后，由于泥沙的大量淤积，河床组成明显细化，1981 年为 1. 69mm，到 1998 年后中值粒径细化为 0. 099mm，2003 年 3 月河床中数粒径为 0. 09mm。河床基本为砂粒、粘粒之类，而卵石则已经很少见。

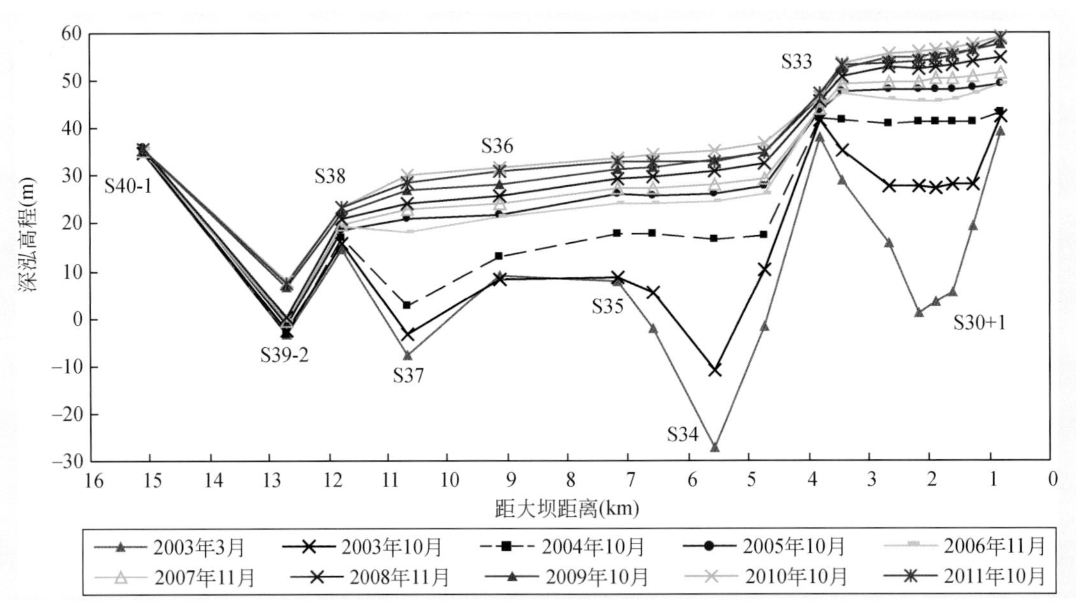

图 8-90 坝前河段河床深泓纵剖面变化

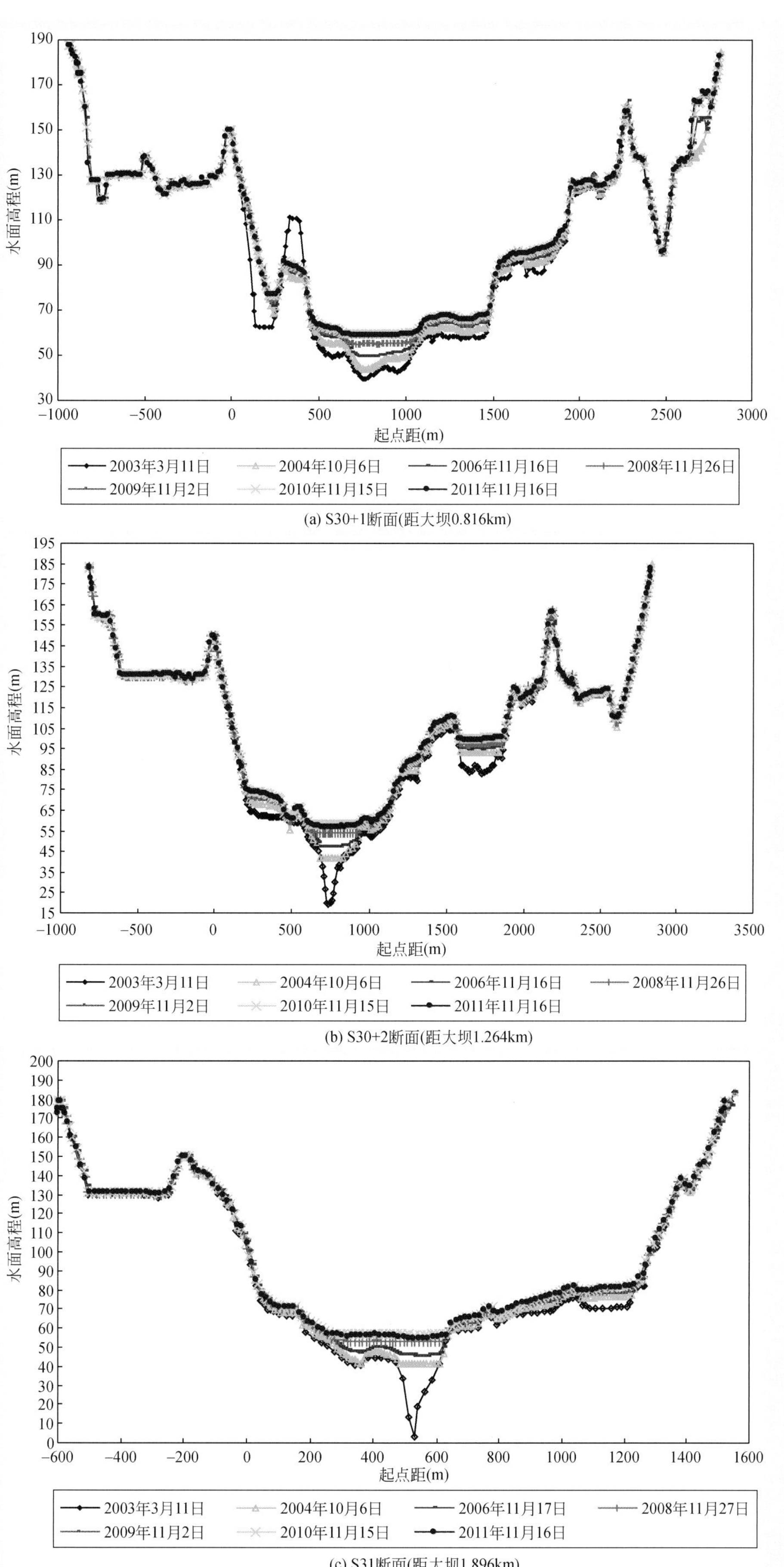

(a) S30+1断面(距大坝0.816km)

(b) S30+2断面(距大坝1.264km)

(c) S31断面(距大坝1.896km)

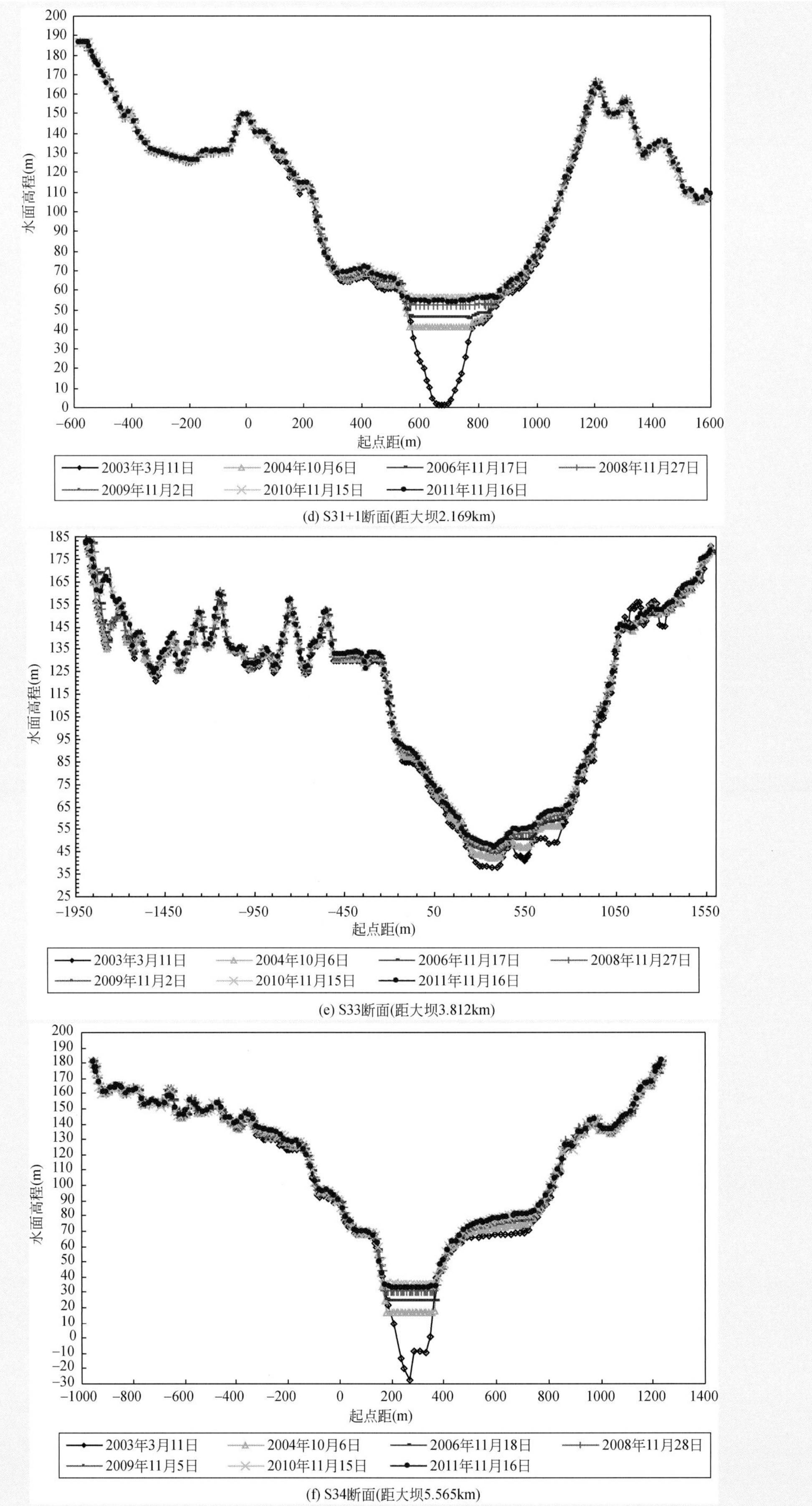

(d) S31+1断面(距大坝2.169km)

(e) S33断面(距大坝3.812km)

(f) S34断面(距大坝5.565km)

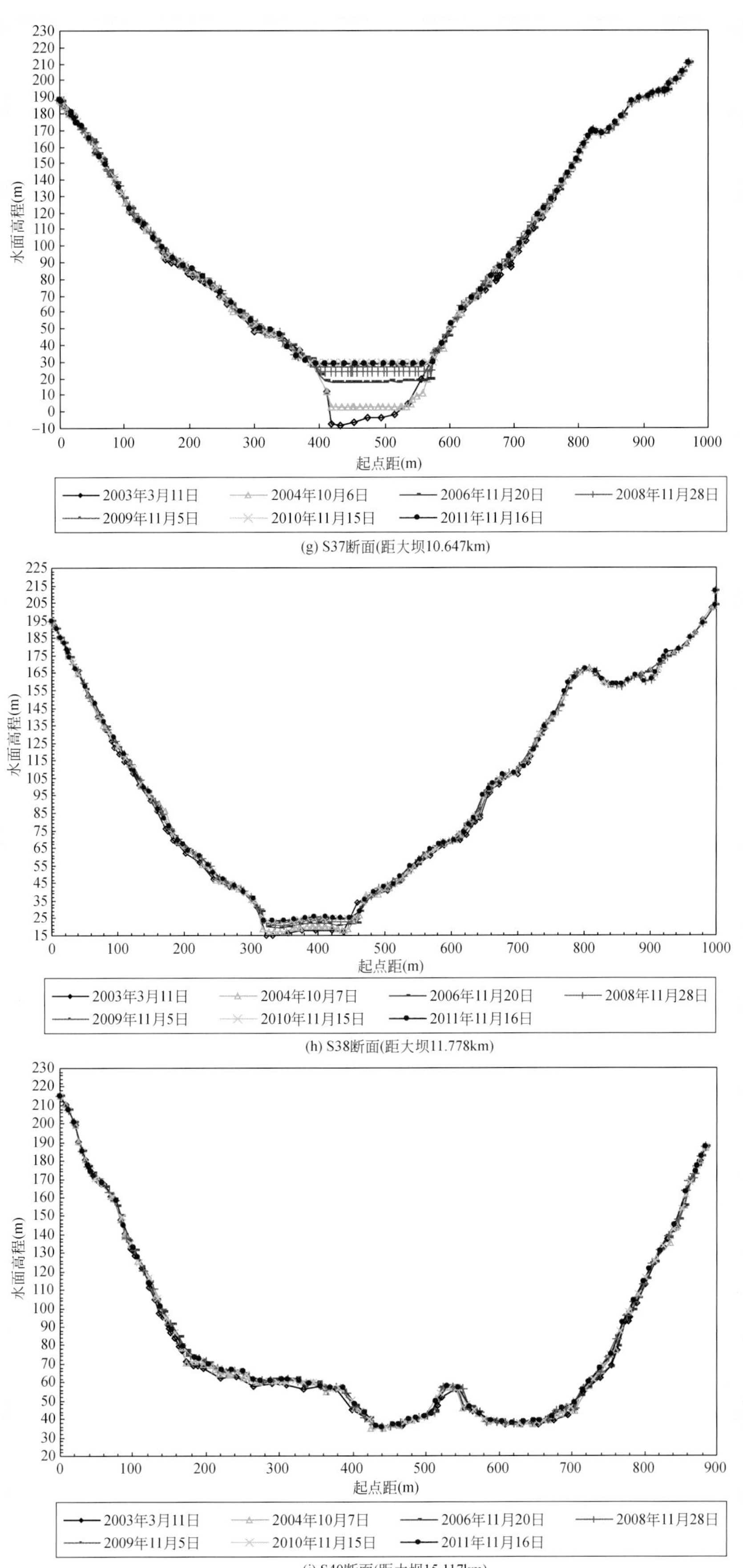

图 8-91　坝前河段典型断面河床冲淤变化

2003 年 6 月三峡水库蓄水运行后，坝前段泥沙大幅淤积，床沙明显细化，2003 年 10 月床沙中数粒径仅为 0.02mm。随着坝前泥沙的累积性淤积，2006 年 5 月坝前床沙中数粒径为 0.008mm。2006 年 10 月三峡水库 156m 蓄水后，坝前段床沙粒径变化不大。2006 年 12 月、2007 年 10 月坝前河段床沙均为 0.005mm，2008 年 4 月床沙中数粒径为 0.005mm，2008 年 11 月汛后床沙中数粒径为 0.004mm，与汛前相比略有细化，之后则变化不大。

2. 坝下河段

(1) 坝下游近坝段

坝下游近坝河段从大坝到鹰子嘴（JB11-1 断面至 JB17 断面），河段全长 5.7km，2006 年前对该河段每年均进行固定断面或地形测量，2006 年后仅 2009 年 5 月、2011 年 4 月对坝下游进行了地形监测。

观测成果表明，受电厂发电下泄水流及汛期泄洪的影响，坝下游河段处于持续的冲刷状态，但随着时间的发展，坝下游河段河床逐年稳定，冲刷幅度也随之逐步减轻。2003 年 2 月 ~2011 年 4 月坝下游近坝段处于持续性的累积冲刷状态，累计冲刷泥沙 791.4 万 m^3，其中 2003 年冲刷非常明显，随后冲刷强度减小，冲刷主要集中在汛期。

其中，2003 年 2 月 ~2003 年 11 月，坝下游河段冲刷明显，其冲刷量为 373.5 万 m^3，主要冲刷部位为覃家沱至鸡公滩边滩（JB11-1 断面至 JB13 断面）（图 8-92）。1998 年后大坝下游左岸覃家沱区域形成江心潜洲，随后江心潜洲慢慢发展增高，最高高程达到 66.0m，2003 年水库蓄水深孔泄流，江心潜洲被全部冲刷，目前原江心潜洲区域的最低高程为 27.1m。JB14 ~ JB17 断面左岸和右岸边滩冲刷，深泓有冲有淤，但幅度较小（图 8-93）。

2003 年 11 月 ~2004 年 3 月，坝下河段相对稳定，覃家沱边岸及三斗坪水尺右岸由于人工修筑护坡，岸坡变化较大。河段（JB11-1 断面至 JB17 断面）表现为上淤下冲，但冲刷占主导地位，共计冲刷 35.2 万 m^3。其中 JB11-1 断面至 JB15 断面段淤积，淤积量为 49.2 万 m^3，主要由于左右岸修筑护坡边岸加固人为引起“淤积”；JB15 断面至 JB17 断面河段深槽冲刷泥沙 84.4 万 m^3，河段以冲刷为主，边岸的变化则比较小。

2004 年 3 月 ~2004 年 12 月，坝下段冲刷泥沙 84.8 万 m^3。以坝下游 3km 以内（大坝至 JB15+2 断面）的河段冲刷为主，主要冲刷部位为左侧边滩及主流深槽，最大冲刷幅度为 3.0m；但近岸河床基本稳定。JB15+2 断面以下河段河床略有冲刷，隔流堤及堤脚没有出现明显的淘刷现象。

2004 年 12 月 ~2005 年 3 月，由于正值枯水季节，河床冲刷较少，JB11-1 断面至 JB17 断面河段冲刷量为 25.5 万 m^3，河床冲刷幅度在 0.1 ~ 1.0m，近岸边壁基本稳定。隔流堤及堤脚也没有出现明显的淘刷现象。

2005 年 3 月 ~2006 年 3 月，由于经历了 2005 年汛期较长时间的大洪水冲刷，河床深槽区域冲刷明显，JB11-1 断面至 JB17 断面河段累计冲刷量为 111.4 万 m^3。冲刷区域主要是河段深槽及左电厂尾水区域，边滩变化较小，隔流堤边坡基本稳定。

2006 年 3 月 ~2009 年 5 月，坝下游河床深槽区域变化幅度不大，JB11-1 断面至 JB17 断面河段总的冲刷量为 18.4 万 m^3。冲刷段仍然集中在覃家沱边滩以上段，冲刷区域主要是河段深槽及左电厂尾水区域，边滩基本稳定，隔流堤边坡有小幅冲刷。

2009 年 5 月 ~2011 年 4 月，坝下近坝河段仍表现为轻微冲刷，累计冲刷 64.8 万 m^3，冲刷区域仍主要在近左岸覃家沱边滩，也即左电厂尾水泄水局部区域，而下游隔流堤段则基本没有变化（图 8-92、图 8-93）。

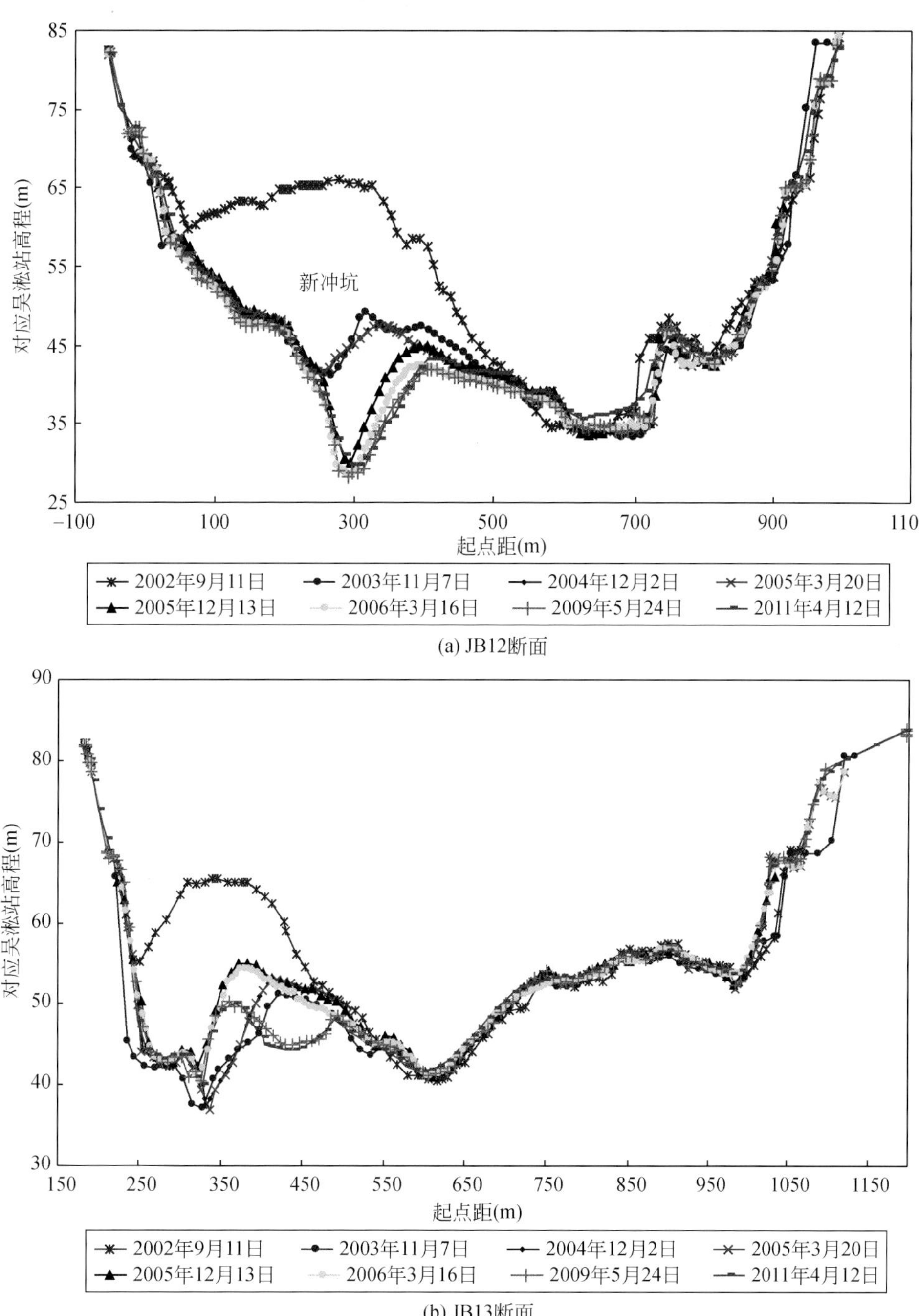

(a) JB12断面

(b) JB13断面

图 8-92　坝下游覃家沱边滩典型断面变化

（2）坝下游重点区域

三峡工程坝下游近坝重点区域上自大坝下止覃家沱左电厂尾水冲坑处，全长 0.8km。三峡大坝左侧为左岸电厂；右侧布置右岸电厂（2007 年 2 月 28 日三期下游围堰拆除），中部为泄洪坝段，有 23 个深孔泄洪孔；泄洪坝段与左电厂之间设有左导墙，左导墙上设有排渣闸，泄洪坝段与右岸电厂之间设有纵向砼围堰（亦称右导墙）。其形态图如图 8-94 所示。

A. 泄洪坝段

泄洪坝段左起左导墙，右至右导墙。2003 年水库蓄水运用第一年，2004 年 01 月测图反映泄洪坝段河床出现一定的冲刷。2005 ~ 2007 年的地形显示泄洪坝段河床变化比较轻微，横断面没有明显的变化，2008 年 4 月泄洪坝段局部区域发生冲刷，见图 8-95 中 1#、2#断面，其中 2#断面区域的冲刷较为突出，2007 年 3 月 ~ 2008 年 4 月该区域局部最大冲深达 4m，冲刷区域距离左导墙约 120 ~ 250m，原有的突起区及深洼区均有冲刷现象。2009 年 3 月地形显示，泄洪坝段局部河床又发生了较明显的冲刷，其中泄洪坝左右导墙中部区域最大冲刷达 4. 3m，河床平均较 2008 年 4 月冲刷降低约 0. 35m。纵向上受冲刷的区域从大坝至原二期围堰堰体上游，约 500m 长的区域。

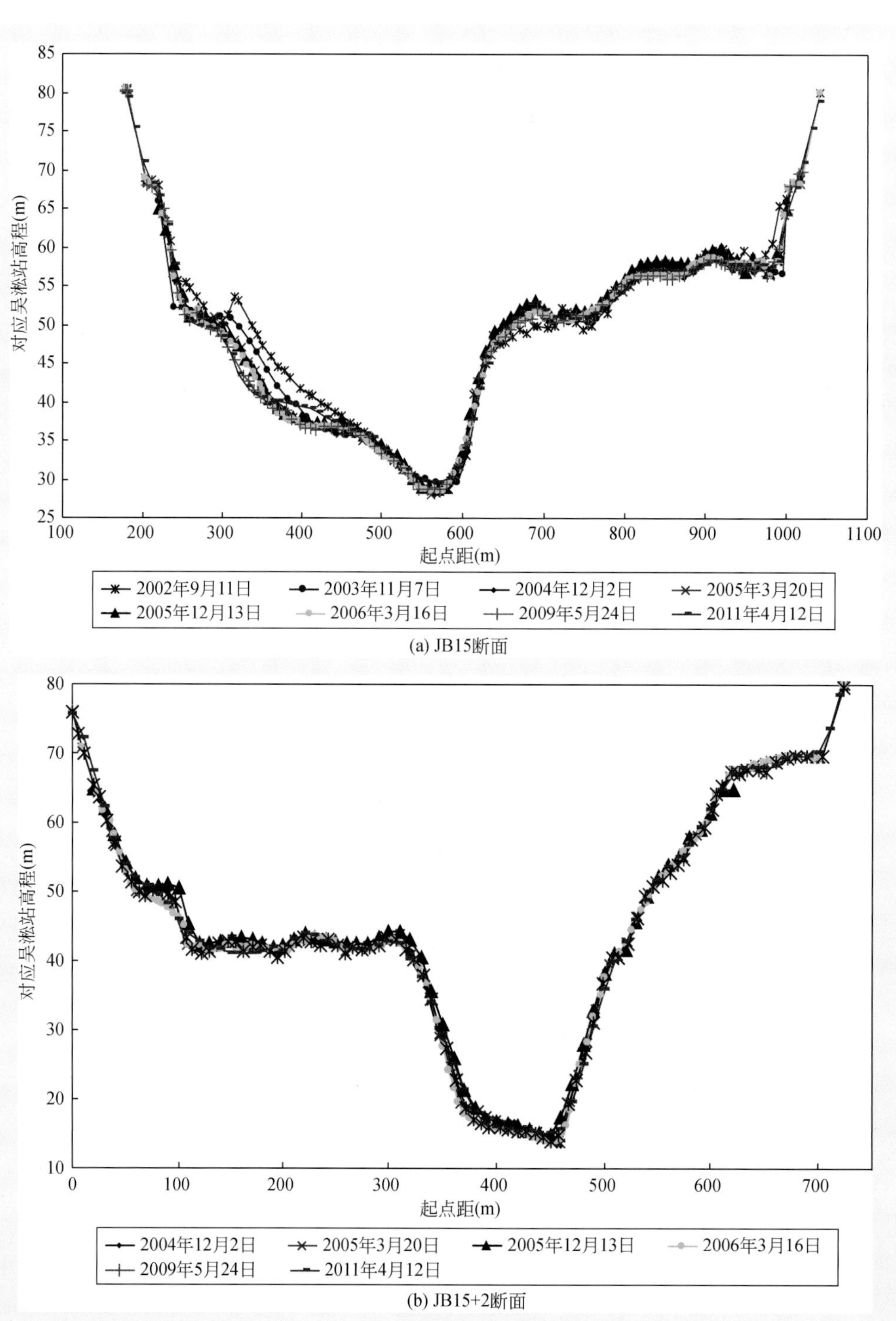

(a) JB15断面

(b) JB15+2断面

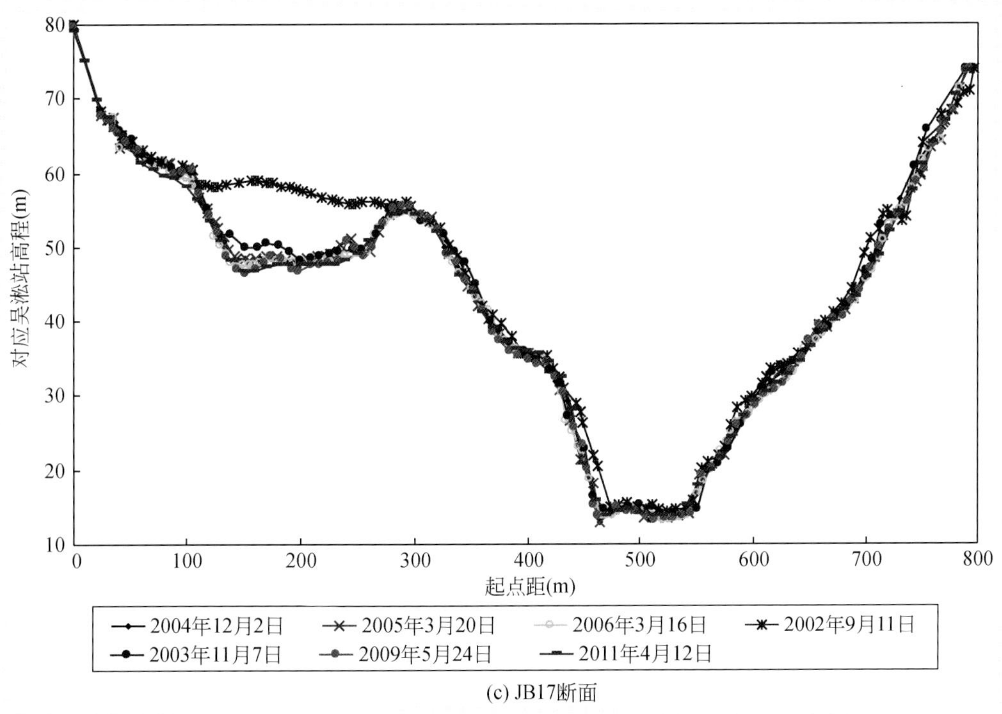

(c) JB17断面

图 8-93　隔流堤段及其以下河段典型横断面变化

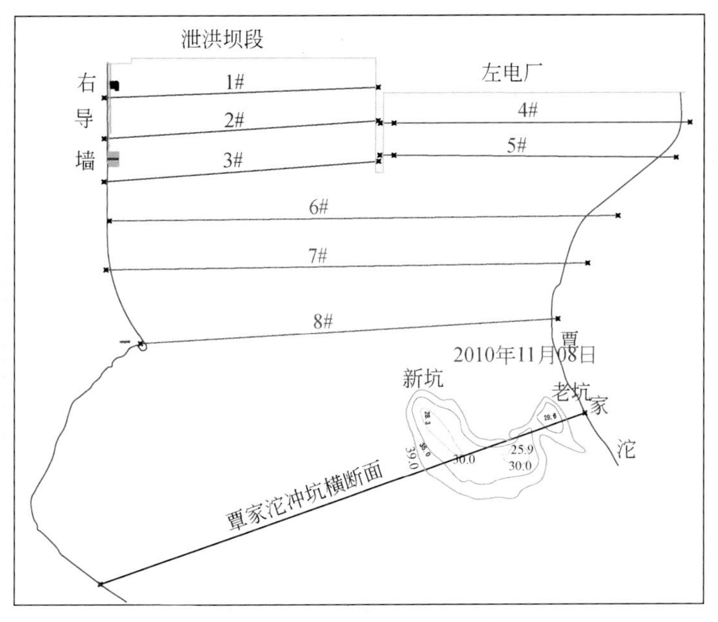

图 8-94　坝下游近坝局部重点区域形态图

2010 年该区域有冲有淤，冲淤变化较为明显的位置在 2#监测断面附近，断面左岸（排漂闸右侧）区域局部最大冲刷 3.9m，断面中部局部较深位置略有回淤。1#、3#断面变化较小。

B. 左电厂尾水消能池段

左电厂尾水消能池段由于是砼护坦，自左电厂发电以来，该段基本无变化，河床基本稳定（图 8-96），说明砼护坦的保护作用明显。

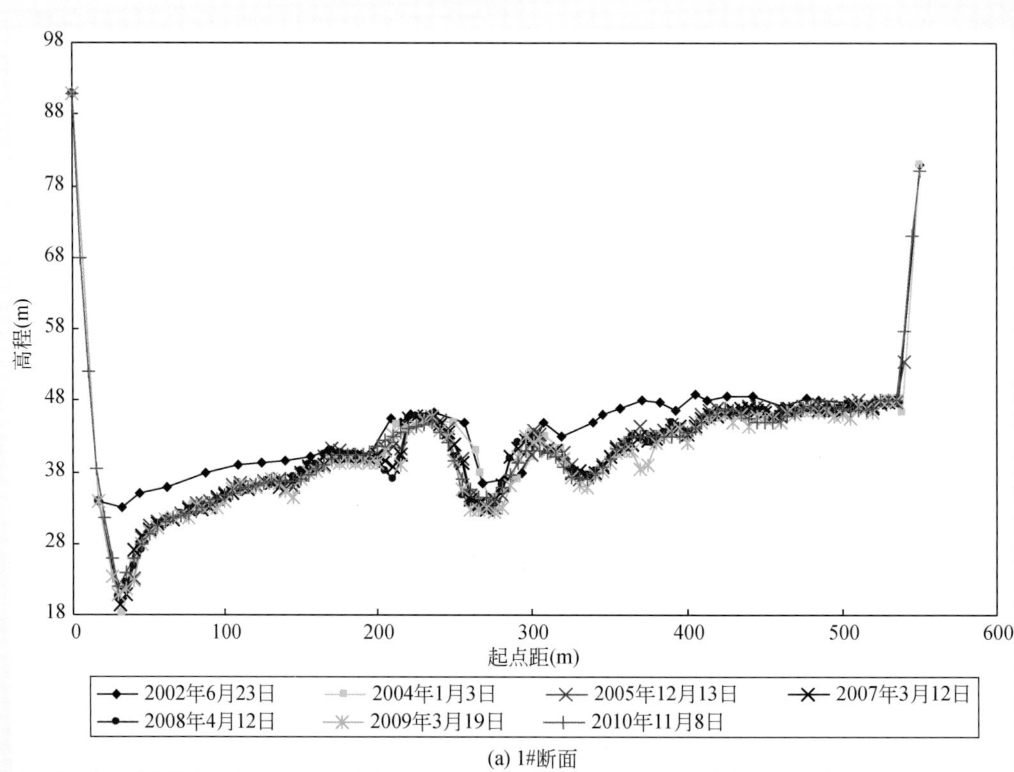

98
88
78
68
58
48
38
28
18
高程(m)
0
100
200
300
400
500
600
起点距(m)
2002年6月23日
2004年1月3日
2005年12月13日
2007年3月12日
2008年4月12日
2009年3月19日
2010年11月8日

(a) 1#断面

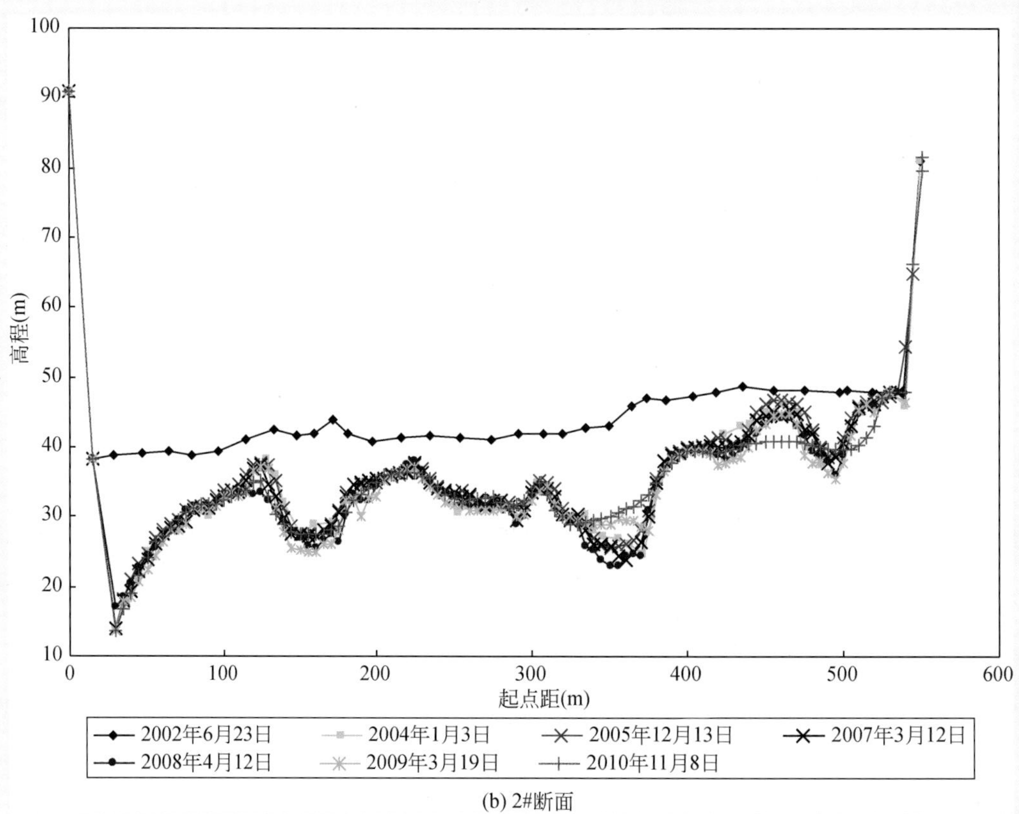

100
90
80
70
60
50
40
30
20
10
高程(m)
0
100
200
300
400
500
600
起点距(m)
2002年6月23日
2004年1月3日
2005年12月13日
2007年3月12日
2008年4月12日
2009年3月19日
2010年11月8日

(b) 2#断面

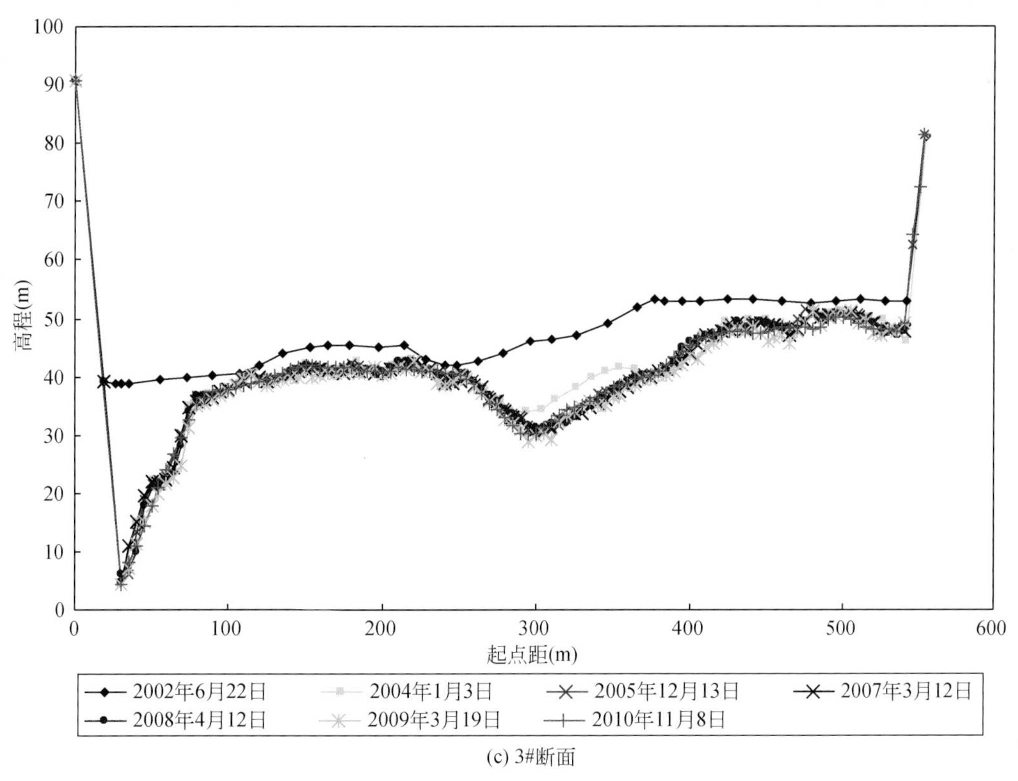

(c) 3#断面

图 8-95　泄洪坝段横断面图

C. 排漂闸前冲坑

2004 年 1 月所测地形图显示（图 8-97），排漂闸前下游墙体坡脚正前方由于水流的作用，冲刷出一个范围约为 65m×32m（5m 等深线范围）最低高程为-3.0m 的冲刷坑，2005 年 12 月 13 日测图显示，该冲坑进一步冲深，最低点高程为-3.7m，比原来冲深了 0.7m，范围也有所扩大，为 70m×45m（5m 等深线范围），冲坑最低点位置基本不变。2007 年 3 月 12 日地形显示，由于该深坑区域正进行人工沙石抛填，冲坑最低点高程为 0.1m，原来-3.7m 高程的深坑区域目前已填高至 16.2m，冲坑范围大大缩小，5m 等深线范围为 45m×20m。

2008 年 4 月 12 日地形显示，漂排闸下原有的冲坑基本被填平，原冲坑位置目前最低点的高程为 8.8m，回填效果明显。目前邻近左导墙的右侧泄洪段区域的高程较低，但与 2007 年地形相对，该区域变化不大。

2009 年 3 月地形显示，漂排闸下的冲坑区域总体变化较小，目前邻近左导墙的右侧泄洪段区域的高程较低，2008 年 4 月该区域最低高程为 2.6m，2009 年 3 月最低高程为 2.5m；而邻近左导墙的左侧左电厂尾水区域高程则降低较多，从 2008 年 4 月的 10.9m 降至目前的 8.5m。由此可见左电厂尾水水流对该区域的冲刷作用还是较为明显的。

6#断面为冲坑尾部横断面（图 8-98），从横断面变化看，2004 年 1 月～2005 年 12 月，深坑范围在扩大，但幅度较小，2007 年 3 月横断面图则显示冲坑出现明显淤积，为沙石回填引起，2008 年 4 月该断面深槽区域受沙石回填的影响进一步升高，2009 年 3 月，该断面冲坑尾部区域基本保持不变，但泄洪坝段区域原低洼区域的床面高程有一定的冲刷下降。

2010 年 11 月地形显示，靠近排漂孔的位置地形变化不大（图 8-98），但是下游的 7#断面正对排漂孔的位置有较明显的冲刷，局部冲深达到6.5m，冲刷有向下游发展的趋势。

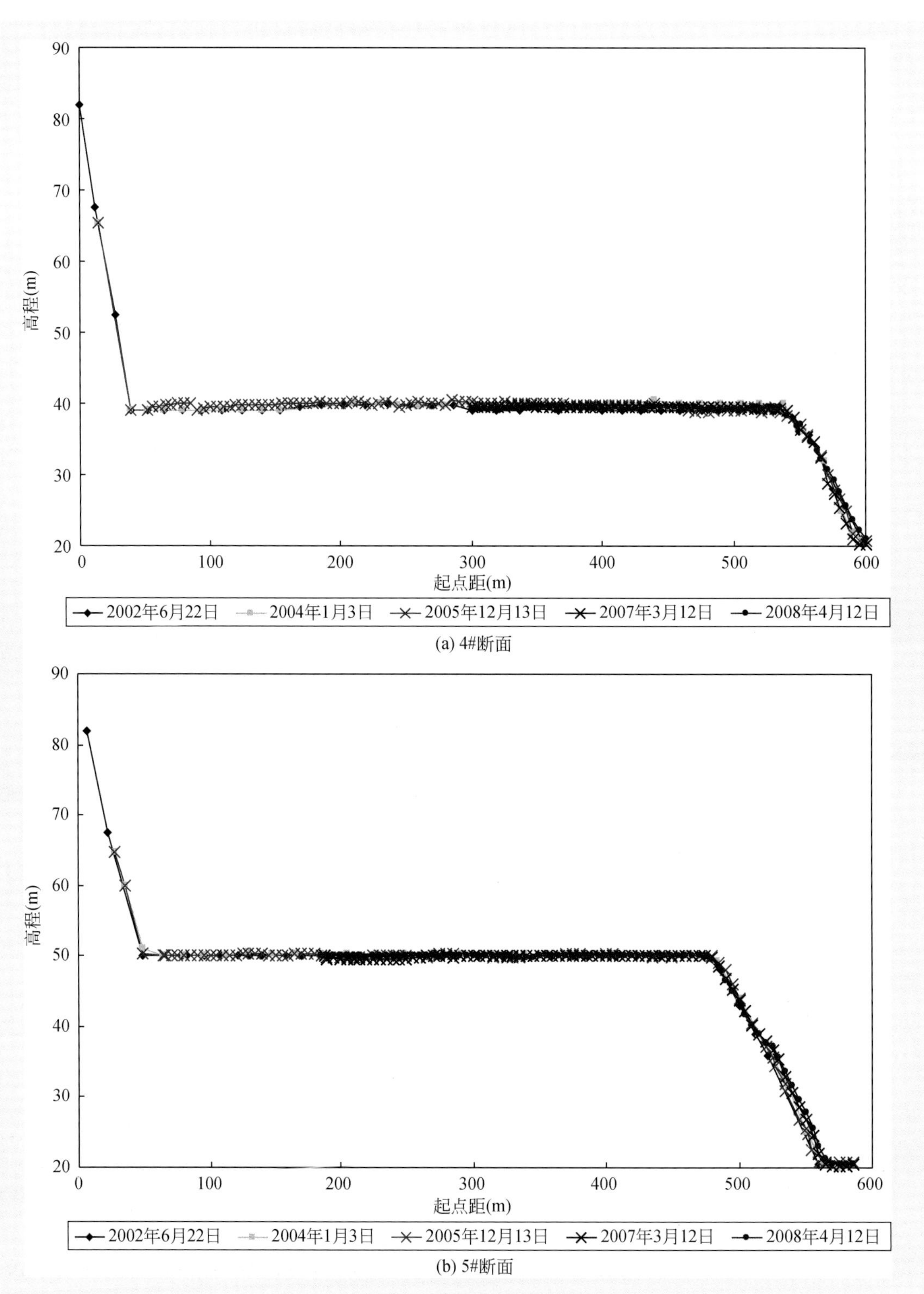

图8-96　左电厂尾水消能段横断面

D. 二期围堰堰体段

7#断面和8#断面为原二期围堰堰体横断面（图8-99），其中7#断面2003年二期围堰堰体挖除后，横断面拓宽较大，受大坝泄洪的影响，断面出现冲刷槽，最大冲深达12m左右，2004年以后，断面大体上基本保持了稳定，仅局部区域有冲淤现象，2008 年一方面受沙石回填的影响，部分区域高程升高；另一方面受水流的影响，紧邻回填区域的原突起区域局部受到冲刷，最大冲深达 3.5m。

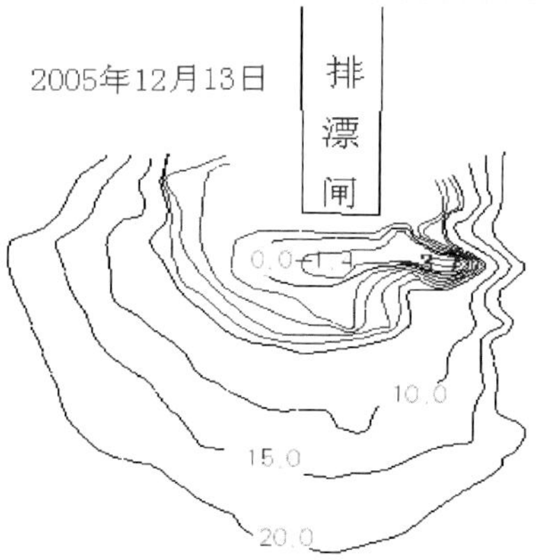

(a) 2005年12月13日排漂孔下的冲刷坑平面形态

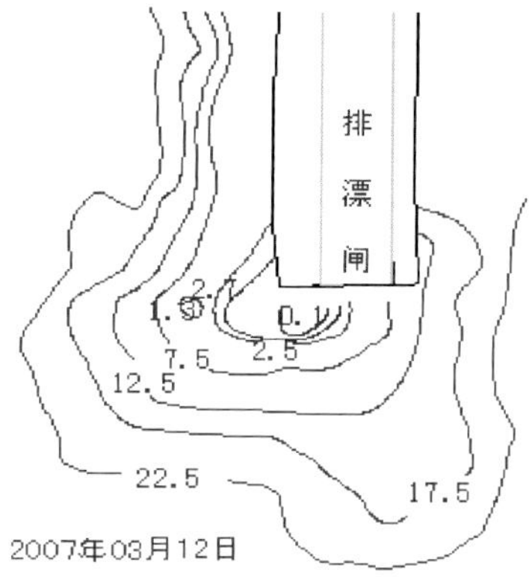

(b) 2007年3月12日排漂孔下的冲刷坑平面形态

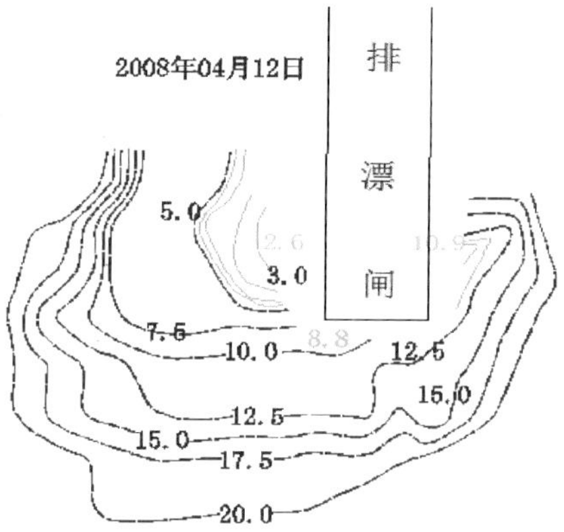

(c) 2008年4月12日排漂孔下的冲刷坑平面形态

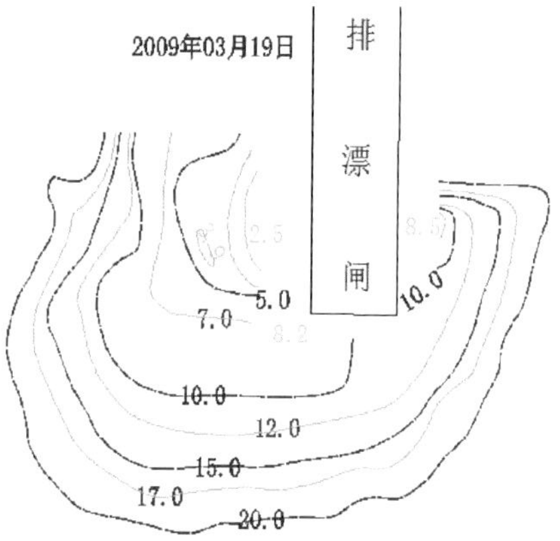

(d) 2009年3月19日排漂孔下的冲刷坑平面形态

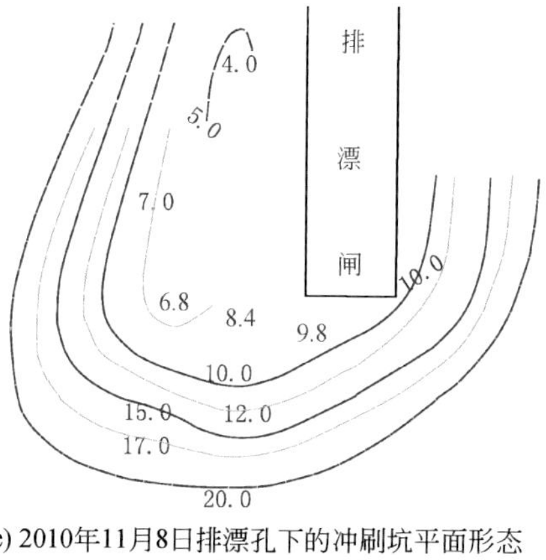

(e) 2010年11月8日排漂孔下的冲刷坑平面形态

图 8-97　2005 ~ 2010 年排漂孔下的冲刷坑平面形态图

E. 左电厂尾水冲坑

左电厂尾水冲坑以下区域变化也较明显（图 8-100），2005 ~ 2008 年，该区域处于持续的冲刷，深槽及原突起区域均被冲刷，尤其是突起区域，冲深达 5.1m。

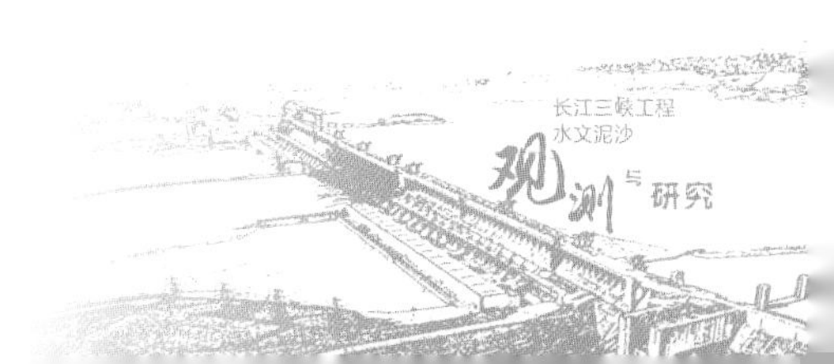

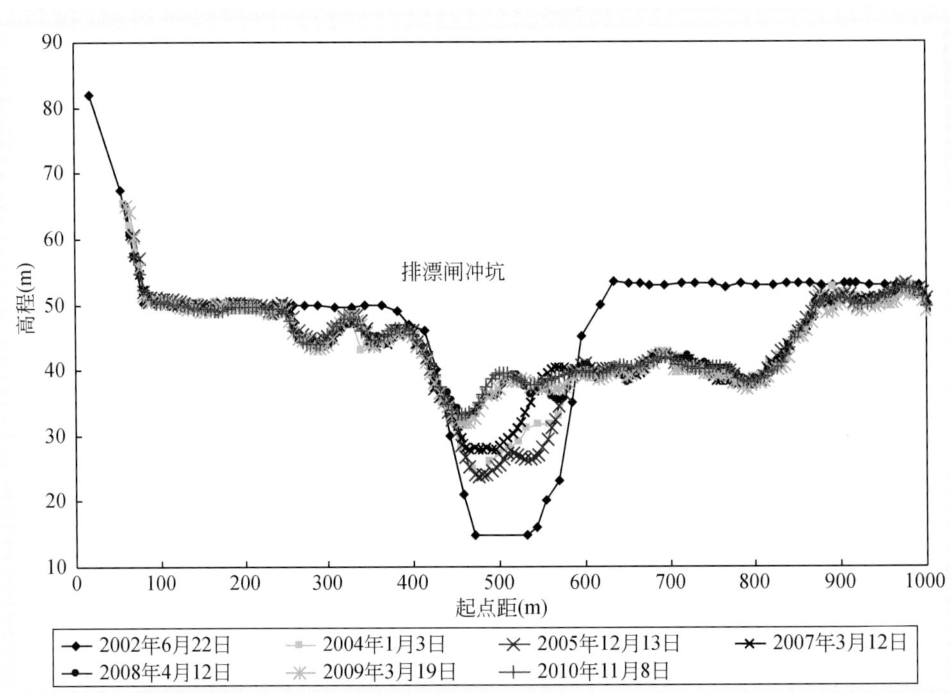

图 8-98　排漂闸前冲坑横断面变化图

1）老冲坑：2003 年大坝深孔泄流后，由于水流的冲刷作用，覃家沱河段左电厂尾水段区域冲出了一条长度为 120m，宽度为 50m 的深槽（35m 高程区域，即老坑），2004 年 1 月深槽的最低高程为 27.1m，深槽区域中心轴线基本与左岸平行，距左岸 80m 左右，距大坝 700m 左右；2005 年 12 月该冲坑没有继续冲刷，而是有少许的回淤，冲坑范围基本保持不变，最低点高程淤高到 28.5m；2007 年 03 月地形显示，该冲坑最低点高程为 28.0m，比 2005 年冲深 0.5m，范围略有增加；2008 年 4 月地形显示，该冲坑最低点高程为 27.4m，比 2007 年降低 0.6m，但深坑的长宽均有回缩，面积有少许的减小；2009 年受地形测量范围限制，仅有该冲坑的部分地形图，显示该冲坑最低点高程为 28.1m，较原来有所回淤（图 8-101）。

2010 年 11 月地形显示，该冲坑最低点高程为 29.6m，较 2009 年淤高 1.5m。由于 2009 年测量的冲坑形态不完整，本次与 2008 年资料对比进行形态变化分析。2010 年深坑回淤较为明显，冲坑长度较 2008 年减小约一半，冲坑宽较 2008 年略减小，冲坑面积较 2008 年减小 51%，至 1993m^2。冲坑的变化详见表 8-58。

2）新冲坑：与老冲坑相连的右侧区域 2005 年发生冲刷，并发展成为一个新的冲坑，2005 年 12 月新冲坑最低点高程为 28.0m，最大长度为 150m，最大宽度为 90m，面积的深槽（35m 高程区域），2004 年 1 月新冲坑区域的高程为 50.8m，冲深达 22.8m；2007 年 3 月新坑坑底高程为 27.6m，与 2005 年相比，深坑冲深 0.4m，且面积有所增大，最大长、宽分别达到 190m、100m；2008 年 4 月，该冲坑范围继续扩大，在坑底最低点的头部又冲刷出一个较明显的小坑，该小坑最低点高程为 29.1m，2007 年 3 月该区域高程为 33.2m，冲深达 4.1m（图 8-90，图 8-91）。2009 年该冲坑有轻微的持续发展，新坑头部的小坑最低点高程又降至 28.5m，与 2008 年 4 月相比下降 0.6m。

2010 年该冲坑维持发展趋势，新坑头部的小坑最低点高程冲刷至 28.3m，与 2009 年 3 月相比下降 0.2m。由于 2009 年测量的冲坑形态不完整，本次跟 2008 年资料对比进行形态变化分析。与 2008

年地形对比发现，该冲坑2008～2010年期间冲刷发展较快，以35m等高线变化做代表分析，主要变化特点为：冲坑尾部向左岸横向扩展的趋势明显，35m等高线有与老坑贯穿的趋势；冲坑头部略向右岸展宽和向上游发展；但冲坑下段局部坑底高程略有淤高。总的来看，2010年冲坑最大坑长和坑宽较2008年分别增加7m和59m，冲坑面积较2008年增加47%，达到20317m^2。冲坑形态变化如图8-102所示，特征值统计如表8-58所示。

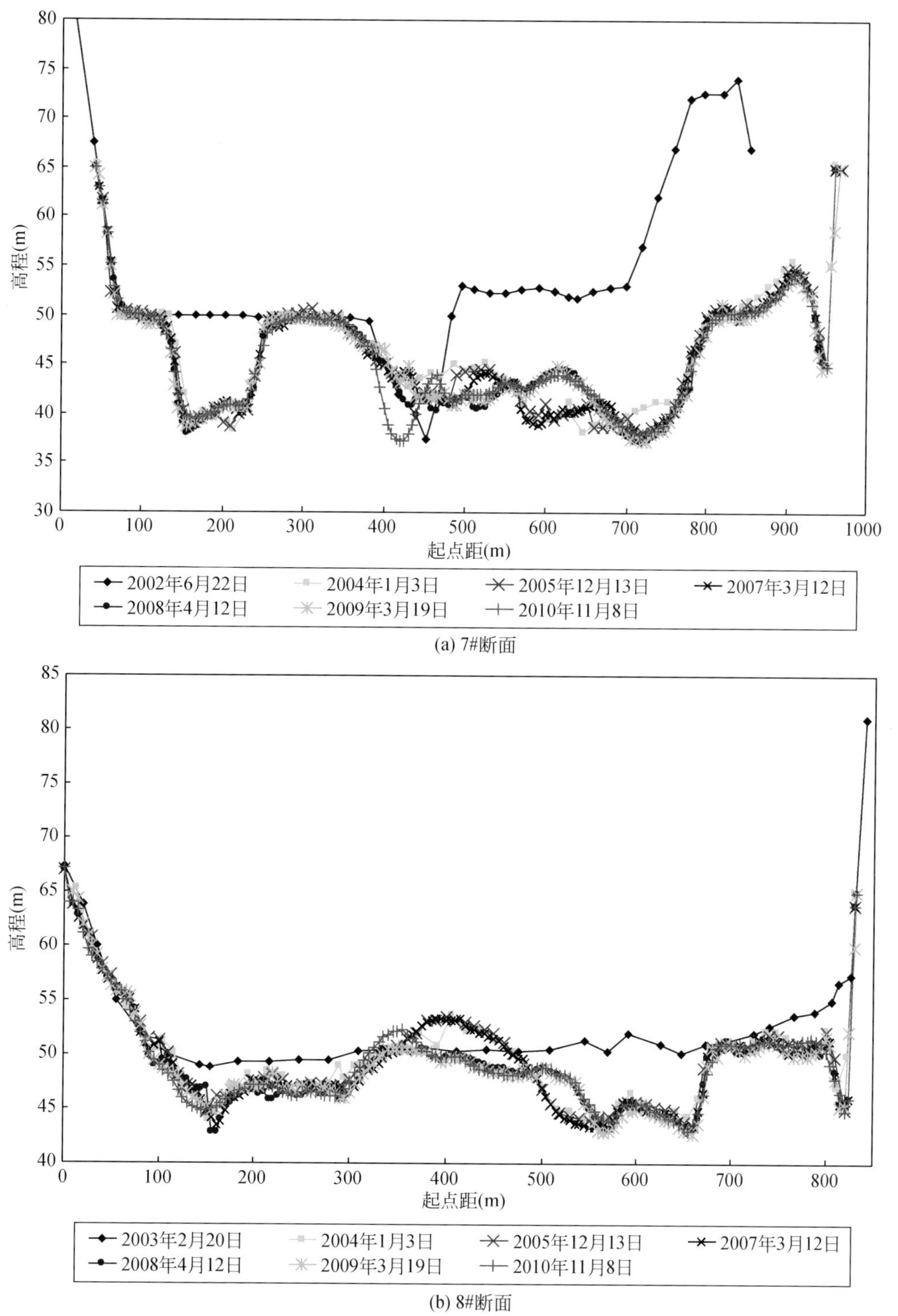

图8-99　原二期围堰堰体段横断面变化

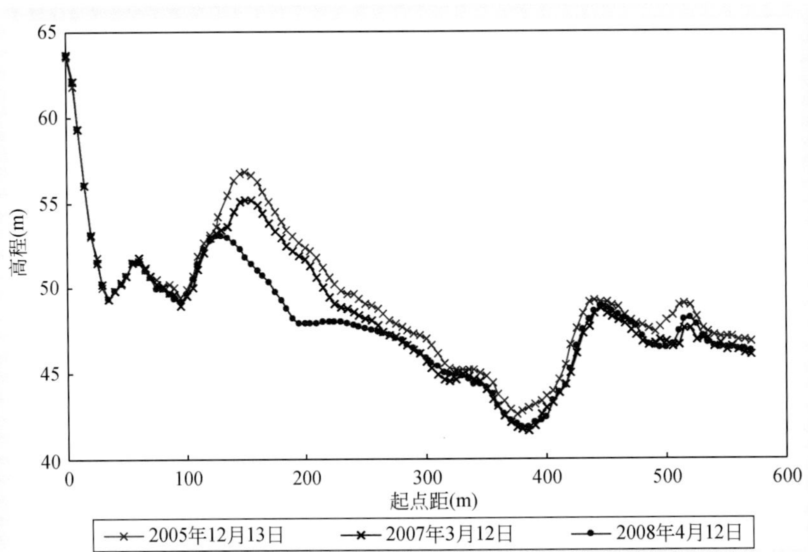

图 8-100　左电厂尾水冲坑以下段横断面变化

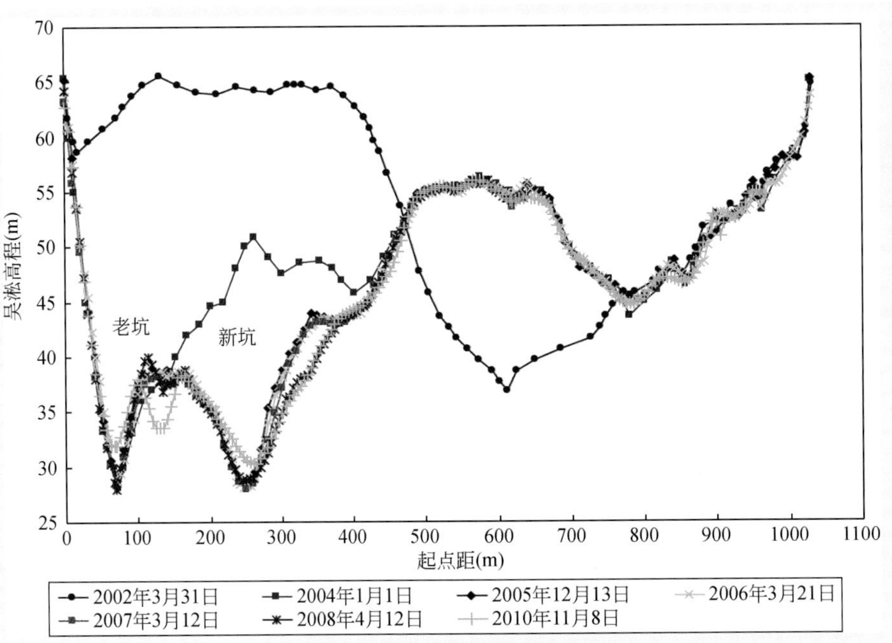

图 8-101　覃家沱冲坑横断面变化图

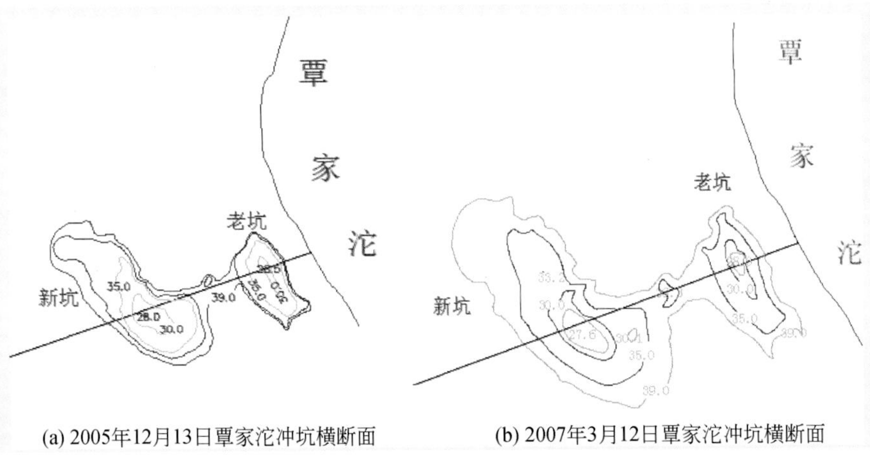

(a) 2005年12月13日覃家沱冲坑横断面　　(b) 2007年3月12日覃家沱冲坑横断面

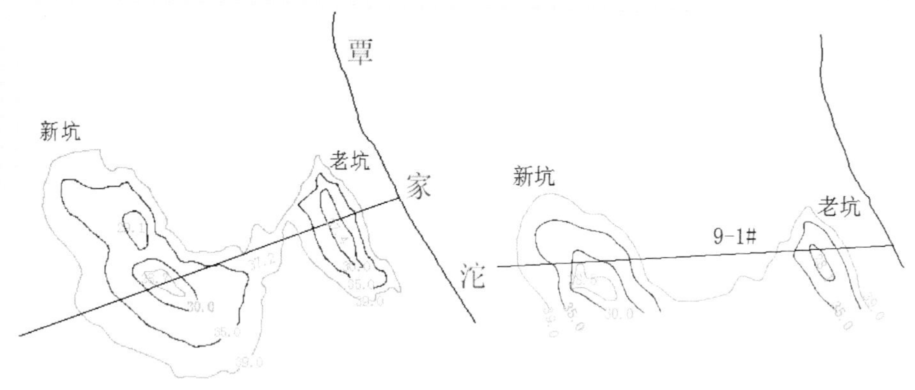

(c) 2008年4月12日覃家沱冲坑横断面　　(d) 2009年3月19日覃家沱冲坑横断面

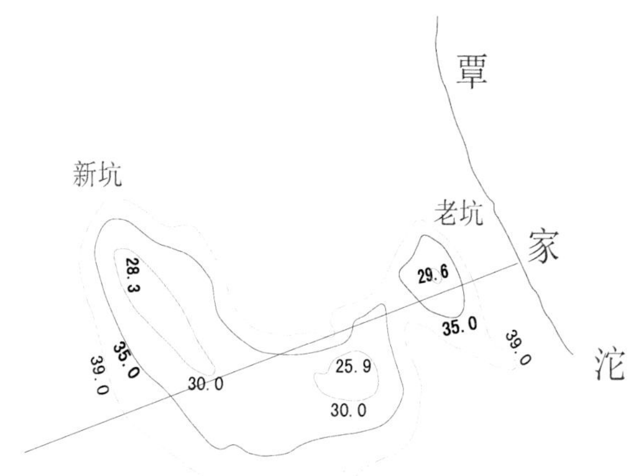

(e) 2010年11月8日覃家沱冲坑横断面

图 8-102　左电厂尾水冲坑（覃家沱冲坑）不同年份形态图

表 8-58　左电厂尾水冲坑情况统计

深槽名	面积量测等高线（m）	统计年份	坑底最低高程（m）	最大坑长（m）	最大坑宽（m）	冲坑面积（m^2）
老冲坑	35	2004	27.1	120	50	4590
		2005	28.5	120	50	3838
		2007	28.0	130	50	4422
		2008	27.4	123	45	4076
		2009	28.1	地形不完整，无冲坑全貌		
		2010	29.6	65	42	1993
新冲坑	35	2004	50.8			
		2005	28.0	150	90	7680
		2007	27.6	190	100	11 546
		2008	28.7	225	111	13 806
		2009	28.5	地形不完整，无冲坑全貌		
		2010	28.3	232	170	20 317

8.4.3 引航道泥沙淤积

上游引航道全长2.113km，以150m全包防淤隔流堤与大江分隔开，上自隔流堤顶下至第一闸室。航道底第一闸室上游段是半径为1000m的弯道段，再接一直线段至隔流堤上堤顶，外侧以150m全包防淤隔流堤与大江分隔开，底板设计高程为130.0m（吴淞高程，下同），底宽为180m，口门底宽220m，原临时船闸一部分改为冲沙闸，另一部分安装升船机。隔流堤上堤顶以外区域为上引航道口门区，长约530m。

下引航道上起下闸首（YJX1断面），下至下引航道口门（LS23断面），全长约2.6km，包含永久船闸引航道及原临时船闸引航道（图8-103）。其中，永久船闸设计底宽为180~220m，闸室~岔道口段底部设计高程为56.5m；永久船闸、原临时船闸共用引航道（岔道至下隔流堤口）长约1.85km，其底板通航设计高程为58m。

1. 水流形态

自2003年永久船闸通航以来，对永久船闸上下引航道及口门区不同流量级的水面流速流向进行了7次测验，其中：①135~139m运行期间，2003年在出库流量（黄陵庙站）为29 800m^3/s、38 300m^3/s时对上游引航道及口门区进行了2次水面流速流向测验；②2004年在出库水流分别为28 500m^3/s、38 600 m^3/s时对永久船闸上、下游引航道及口门区进行了2次水面流速流向测验；③2007年156~144m蓄水运行初期，在出库流量分别为37 200m^3/s、44 400m^3/s、49 800m^3/s时对永久船闸上、下游引航道及口门区进行3次水面流速流向测验。

（1）上引航道及口门区

三峡水库不同的蓄水运行时期，永久船闸上引航道及口门区水流形态基本相似，航道内水流较为紊乱，存在不同形态水流，但流速较小，口门区隔流堤上堤头附近存在向大江扩散的横向水流，其余的则基本为逆向水流，最大流速的大小与出库流量之间关系不大（表8-59）。

其中，2003年7月6日、7月18~19日（三峡出库流量分别为38 300m^3/s、29 800m^3/s）观测表明，上引航道内水流流态紊乱，出现大面积的回流和缓流区，水流方向大部分从航道内流向外逆向流，从口门区投放的水面浮标无一线能够流到船闸门口；口门区最大流速为0.17m/s，航道内水流流速很小；主航道内从隔流堤上堤头至刘家河段为回流，最大流速0.41m/s出现于该区域，该流线靠近左岸，在刘家河附近，为顺向流，最大流速为0.54m/s。刘家河以下长约550m的区域，水流较顺畅，流速也较均匀，平均流速0.14m/s。以下区域即从永久船闸闸室口以上长约900m的区域基本为静水区域，局部有小回流区，流速最大仅为0.17m/s，最小仅为0.01m/s。

2004年观测表明，口门区水流存在从航道内向外流向大江的横向水流，当流量为28 500m^3/s时，横向流速范围在0.06~0.19m/s；当流量为38 600m^3/s时，横向流速大小范围在0.10~0.24m/s。

三峡水库156m蓄水运行后，2007年6月21日、7月21日、7月31日（三峡出库流量分别为37 200m^3/s、44 400m^3/s、49 800m^3/s）观测表明，永久船闸上引航道内从闸室口至伍相庙水位站段，水流形态比较紊乱，存在回流、顺向水流、逆向水流、横向水流，但流速较小，流速范围为0.19~0.01m/s；在闸室口有比较顺直的顺向水流，流速较为均匀，但流速值不大，范围在0.15~0.04m/s；

伍相庙水位站以上口门区域，在上隔流堤头有一定的回流及横向水流存在，最大横向流速为0.23m/s，口门区其余均为逆向水流，流线较为顺直，最大流速为0.41m/s，最小流速为0.01m/s，最大流速出现于口门区最上游流线中，下距上隔流堤头约1km，为逆向流速。上引航道内伍相庙水位站以下段，水流仍为缓流，以逆向水流为主，流速值变化范围为0.15～0.01m/s。

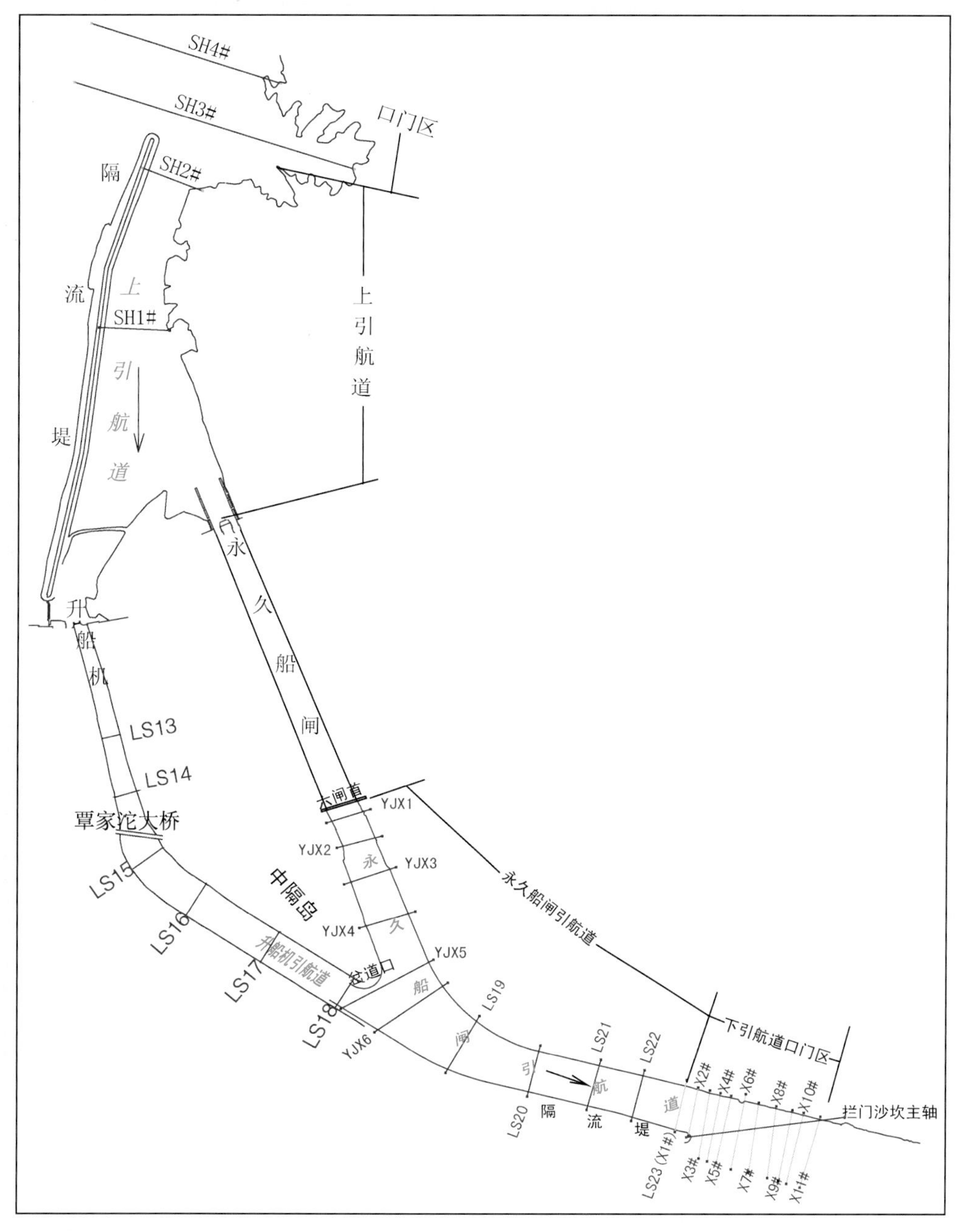

图8-103　永久船闸上下引航道形态图

(2) 下引航道及口门区

三峡水库不同的蓄水运行时期，永久船闸下引航道及口门区水流形态基本相似，在岔道口一带存在流速较小的横向水流，主航道内水流较为顺直，而口门区域水流则较为复杂，在口门区近左岸侧存在大范围的回流及缓流区，右侧口门外水流从下隔流堤头斜向流入口门区设计航道内，其斜向方向与拦门沙坎主轴平行或者重合，流速较为均匀，最大流速一般出现于下隔流堤头航道靠近大江一侧的位置，沙坎的形成与口门区水流形态特征相关。

其中2004年7月18日流量为28 500m³/s时下引航道内岔道处有一从左流向右侧的横向水流，该流线最大流速为0.15m/s，最小流速为0.04m/s，平均流速0.10m/s。以下区域至航道口门处除有少量小区域回流存在外，水流均较顺畅，流速也较均匀，该区域最大流速为0.28m/s，最小流速为0.01m/s；口门区近左岸则存在较大范围的回流和缓流区，最大回流流速为0.56m/s。受大江水流的冲击，航道口门水流呈斜流流入航道，直至距口门500m下才基本平行于河岸线。口门区域最大流速为1.08m/s，出现在航道靠近大江的一侧。

2004年9月6日流量为38 600m³/s时下引航道内主流线顺畅，最大流速为0.25m/s，最小流速为0.01m/s，平均流速为0.09m/s，主流两侧则存在较多缓流小区域；口门区近左岸则同样存在较大范围的回流及缓流区，且回流区域较小流量时有明显增大，最大回流流速为0.73m/s。口门外投放的浮标斜向流入航道，流速较为均匀。口门区域最大流速为1.70m/s，同样出现在航道靠近大江一侧。

2007年6月21日流量为37 200m³/s时下引航道内主流线顺畅，最大流速为0.45m/s，最小流速为0.01m/s，平均流速为0.17m/s，主流两侧则存在较多缓流小区域，在岔道口处有流速很小的横向水流，最大流速为0.15m/s，平均流速为0.05m/s；口门区近左岸则同样存在较大范围的回流及缓流区，最大回流流速为0.81m/s。口门外水流从下隔流堤头斜向流入口门区设计航道内，其斜向方向与拦门沙坎主轴平行，流速较为均匀，口门区域最大流速为2.08m/s，与135~139m运行期一样，出现在隔流堤头航道靠近大江一侧的位置。

2007年7月20日出库流量为42 100m³/s，下引航道内水流较为紊乱，多为缓流，最大流速为0.18m/s，最小流速为0.01m/s，平均流速为0.05m/s，另外在岔道口处仍有横向水流存在，最大横向流速为0.15m/s，平均流速0.06m/s；口门区近左岸同样存在较大范围的回流及缓流区，最大回流流速为0.52m/s。口门外水流从下隔流堤头斜向流入口门区设计航道内，其斜向方向与拦门沙坎主轴平行，流速较为均匀，口门区域最大流速为2.02m/s，仍然出现在隔流堤头航道靠近大江一侧的位置。

2007年7月31日出库流量为49 800m³/s，下引航道内主流较为顺直流畅，最大流速为0.39m/s，最小流速为0.01m/s，平均流速为0.11m/s，另外在岔道口处有缓流存在，最大流速为0.13m/s，平均流速0.07m/s；口门区近左岸同样存在较大范围的回流及缓流区，最大回流流速为0.57m/s。口门外水流从下隔流堤头斜向流入口门区设计航道内，其斜向方向与拦门沙坎主轴平行，流速较为均匀，口门区域最大流速为1.74m/s，仍然出现在隔流堤头航道靠近大江一侧的位置。

表8-59　永久船闸不同时期上、下引航道及口门区水流特征统计

时期	时间	对应出库流量（m³/s）	最大流速值（m/s）	流向
永久船闸上引航道及口门区水流特征统计				
135~139m蓄水运行期	2003年7月6日~7日	38 300	0.41	顺向
	2003年7月18日~19日	29 800	0.54	顺向
	2004年7月18日	28 500	0.37	逆向
	2004年9月6日	38600	0.25	逆向
156m蓄水运行期	2007年6月21日	37 200	0.30	逆向
	2007年7月21日	44 400	0.33	逆向
	2007年7月31日	49 800	0.41	逆向

续表

时期	时间	对应出库流量（m^3/s）	最大流速值（m/s）	流向
永久船闸下引航道及口门区水流特征统计				
135～139m 蓄水运行期	2004 年 7 月 18 日	28 500	1.08	斜向，沙坎主轴方向一致
	2004 年 9 月 6 日	38 600	1.70	斜向，沙坎主轴方向一致
156m 蓄水运行期	2007 年 6 月 21 日	37 200	2.08	斜向，沙坎主轴方向一致
	2007 年 7 月 20 日	42 100	2.02	斜向，沙坎主轴方向一致
	2007 年 7 月 31 日	49 800	1.74	斜向，沙坎主轴方向一致

2. 淤积分布

（1）上引航道及口门区

2003 年 6 月永久船闸开始通航。2003 年 5 月～2006 年 10 月上引航道内没有出现明显的淤积，航道底板较为平坦，虽然底板的设计高程为 130.0m，但受底板开挖时施工的影响，底板有的区域高程低于 130.0m。航道内横断面的变化较小（图 8-104），少量区域高程超过 130.0m，达到 130.2m，平均高程约为 129.8m。

2003 年 5 月～2006 年 3 月，上引航道口门外由于回流、缓流的存在，在隔流堤头以上靠近左岸的原来地势较低的小区域出现淤积，较明显的淤积区域距离上游隔流堤头约 400m，距左岸 200～500m，该区域高程较低（图 8-105），淤积幅度在 3～5.3m，其河底平均高程为 93.5m，2006 年 3 月～2006 年 10 月上引航道口门区域则基本没有变化。

2006 年汛后三峡工程进入初期蓄水期后，上引航道内泥沙淤积明显，主要淤积区域位于 SH1#断面以上至口门段，航道内底板高程均超过 130.0m，愈靠近口门区的航道，淤积幅度愈大。2008 年 11 月，从上口门向航道内至 SH2#断面约 250m 长的引航道内区域，底板高程均高于 131m，平均高程约为 131.4m，SH2#断面至 SH1#断面航道区域平均高程约为 130.6m，SH1#断面以下段靠近闸室段变化则较轻。上引航道口门区淤积的区域依然为原高程较低的两个小区域，2006 年 10 月～2008 年 10 月该区域河底平均高程淤高 6.1m 至 99.6m。

2010 年 3 月上引航道内有明显的泥沙淤积，主要淤积区域位于 SH1#断面以上至口门区段，底板高程均超过 130.0m，愈靠近口门区的航道，淤积幅度愈大。其中，从上口门向航道内至 SH2#断面约 250m 长的引航道内区域，底板高程范围在 131.5～132.5m，平均高程约为 131.8m，相对 2008 年 11 月底板平均淤高 0.4m；SH2#断面至 SH1#断面航道区域高程范围 129.5～131.8m（低洼点除外），平均高程约为 130.9m，相对 2008 年 11 月底板平均淤高 0.3m；SH1#断面以下段靠近闸室段变化则较轻（图 8-104）。上引航道口门区淤积的区域依然为原高程较低的两个小区域，其河底平均高程为 100.4m，较 2008 年 3 月平均淤高约 0.8m（图 8-105）。

（2）下引航道及口门区

A. 围堰发电期

三峡水库蓄水运用后，永久船闸下引航道及口门外均处于淤积状态，其淤积量幅度主要受上游来水来沙、水库调度和航道前期清淤的影响。2003～2006 年下引航道及口门外总淤积量为 129.2 万 m^3，平均每年淤积 32.3 万 m^3，航道内总计淤积 76.4 万 m^3，每年平均淤积 19.1 万 m^3。口门外总计淤积泥沙 52.8 万 m^3，每年平均淤积 13.2 万 m^3。2003 ~2005 年航道内及口门区域泥沙总计清淤量为 74.1 万 m^3（表 8-60）。

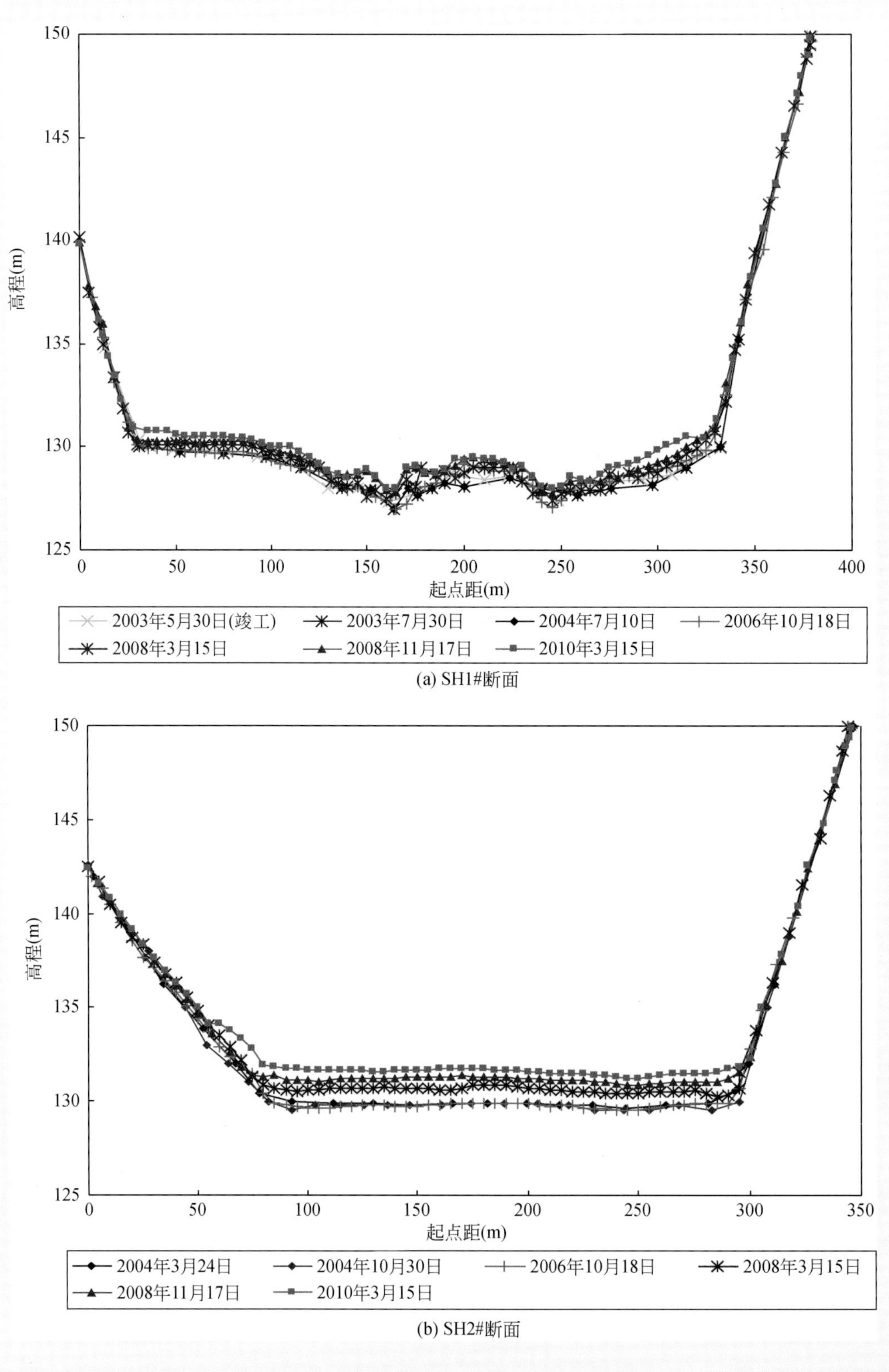

(a) SH1#断面

(b) SH2#断面

图 8-104　永久船闸上引航道内横断面变化图

其中，2003 年永久船闸下引航道淤积泥沙22.5 万 m^3，但9 月至11 月后下引航道航道内基本没有变化；下引航道口门外则淤积量为 27.5 万 m^3，2003 年 9 月至 10 月，口门外清淤泥沙 24.7 万 m^3。图 8-106 为口门外拦门沙坎淤积轴线断面演变情况。

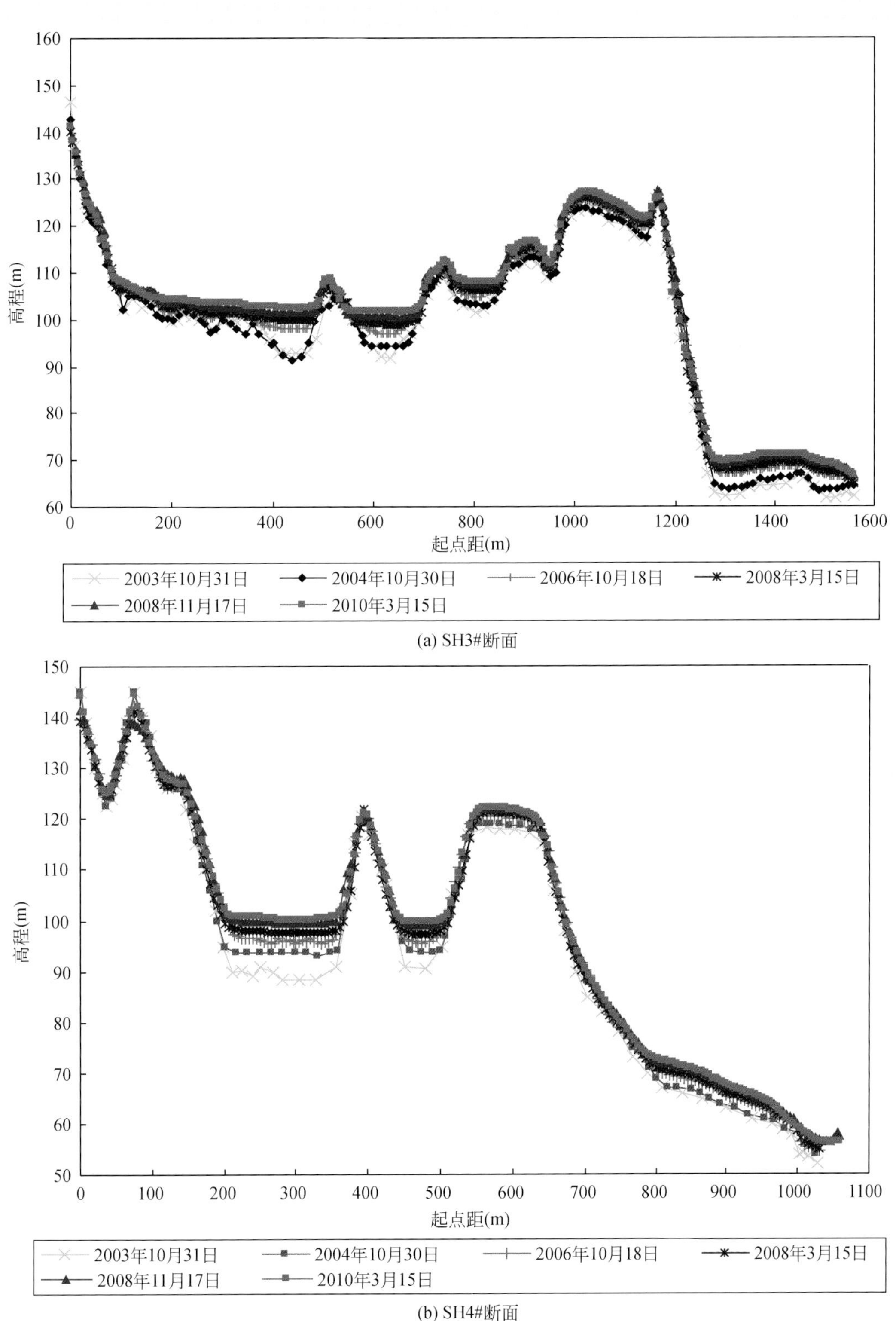

图 8-105　永久船闸上引航道内横断面变化图

2003 年 11 月 4 日至 2004 年 10 月 30 日，下引航道六闸首至航道口门段仅淤积泥沙 10.5 万 m^3；下引航道口门外也仅淤积泥沙 8.4 万 m^3，拦门沙坎形成缓慢，9 月 17 日至 10 月 27 日共计清淤了 8.3 万 m^3。图 8-107 为口门外拦门沙坎淤积轴线断面演变情况。

2004 年 10 月 30 日～2005 年 9 月 22 日，由于来水沙量较往年偏多，引航道内及口门区泥沙淤积量较多，下引航道六闸首至航道口门段淤积量为 36.8 万 m^3，汛末清淤了 28.4 万 m^3。下引航道口门外淤积量为 11.7 万 m^3，其中 9 月 22 日～12 月 17 日共计清淤了 12.7 万 m^3。图 8-108 为 2005 年拦门沙横断面变化图。

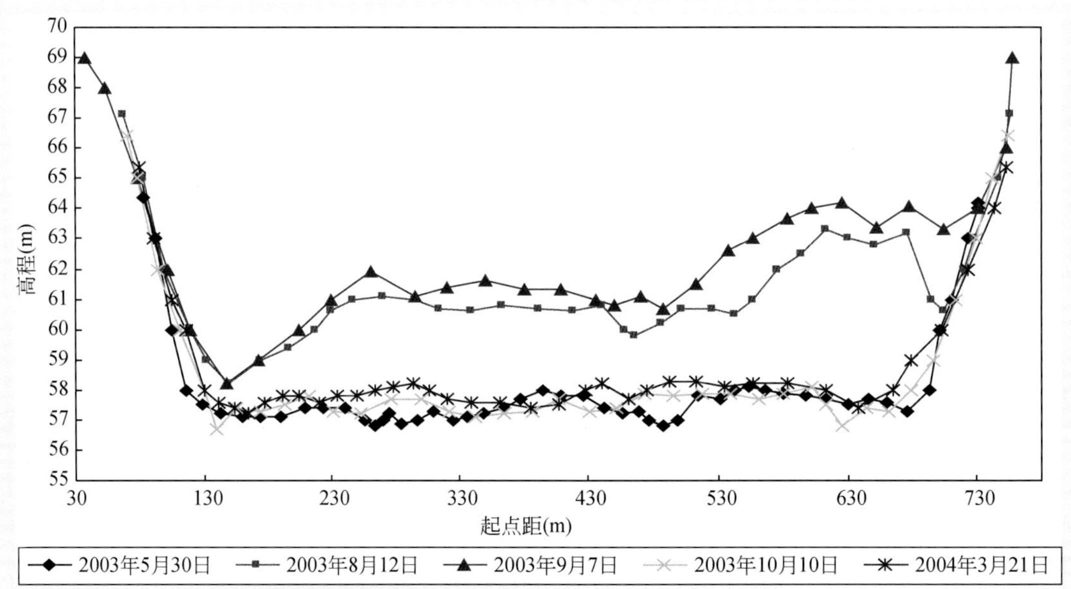

图 8-106　2003 年下引航道口门外拦门沙轴线断面变化

表 8-60　三峡蓄水后下游引航道及口门外淤积量累计

年份	六闸首～LS23 断面（航道内）（万 m^3）	淤积率（万 m^3/km）	六闸首～LS23 断面（航道内）清淤量（万 m^3）	LS23 断面至 X11# 断面（口门区）（万 m^3）	淤积率（万 m^3/km）	LS23 断面至 X11# 断面（口门区）清淤量（万 m^3）
2003	22.5	8.3	—	27.5	34.4	24.7
2004	10.5	3.9	—	8.4	11.1	8.3
2005	36.8	13.6	28.4	11.7	15.5	12.7
2006	6.6	2.4	—	5.2	7.0	—
2007	8.8	3.3	20.56	8.3	11.1	12.94
2008	13.0	4.8	—	7.3	9.7	—
2009	—	—	—	3.4	4.5	—
2010	5.6	2.2	—	3.1	4.1	—
总计	103.8		48.96	74.9		58.64

“—”表示没测地形或者没有进行清淤

2006年，三峡入库水量较常年（1994～2005年）偏少约30%，沙量较常年偏少约70%，坝区航道及口门区域的冲淤变化较小，2005年10月～2006年9月，航道内泥沙淤积量仅为6.6万m^3，口门区淤积量为5.2万m^3，口门区的拦门沙坎没有形成，口门区域横断面河床冲淤变化不大（图8-109），2006年9月～2006年10月地形显示口门区地形基本没有变化。

B. 初期蓄水期

水库进入初期蓄水期后，下引航道及口门区泥沙淤积有所减缓。2007～2008年，下引航道及口门外总淤积量为37.4万m^3，年均淤积泥沙18.7万m^3；航道内总计淤积21.8万m^3，每年平均淤积10.9万m^3。口门外总计淤积泥沙20.8万m^3，每年平均淤积10.4万m^3。该时段航道内及口门区域泥沙总计清淤量为33.5万m^3。

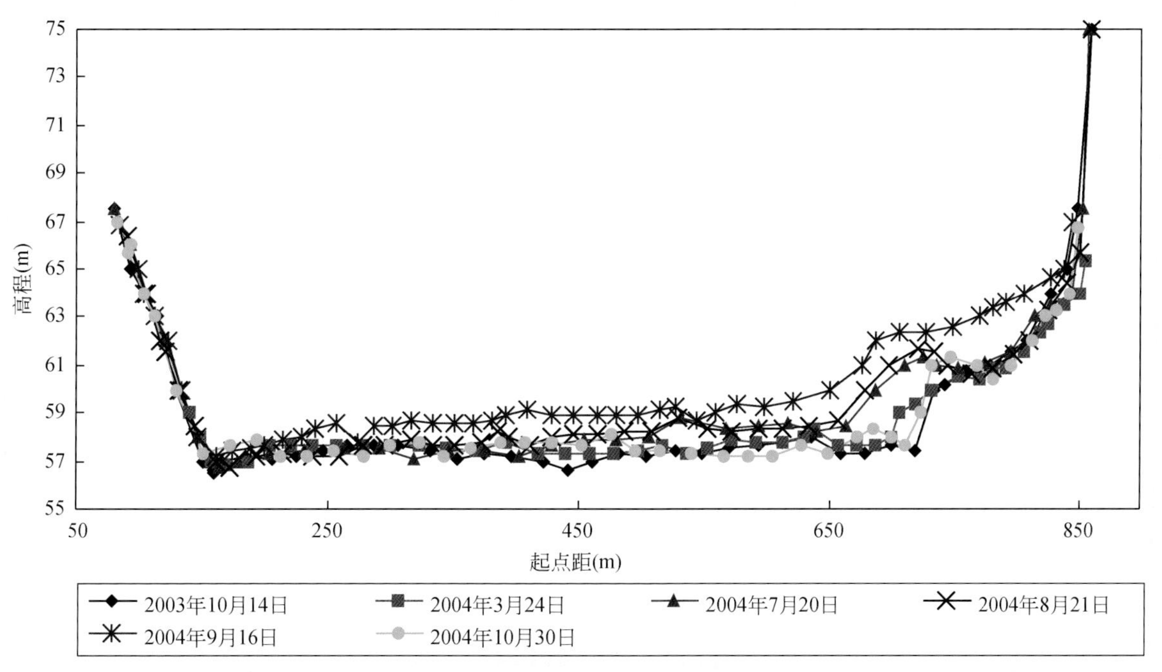

图8-107　2004年下引航道口门外拦门沙轴线断面变化

其中，2006年10月至2007年9月，航道内泥沙淤积量仅为8.8万m^3，口门区淤积量为8.3万m^3，口门区的拦门沙坎初步形成。2006年9月～12月，由于进行了人工清淤，航道及口门区地形均发生明显的变化，清淤后，清淤区域内的主航道底板平均高程为56.9m，部分区域低于56.0m，口门区航道设计线内底板平均高程为56.6m，除零星小区域高于57.0m外大部分区域低于57.0m（图8-110）。该年份引航道与口门区均进行人工清淤是考虑到葛洲坝水库水位在63.5～66.5m运行，为了确保通航水流条件，航道与口门区的航道设计范围内底板均以57.0m为基础进行清淤，比原航道设计的58.0m高程降低了1.0m。

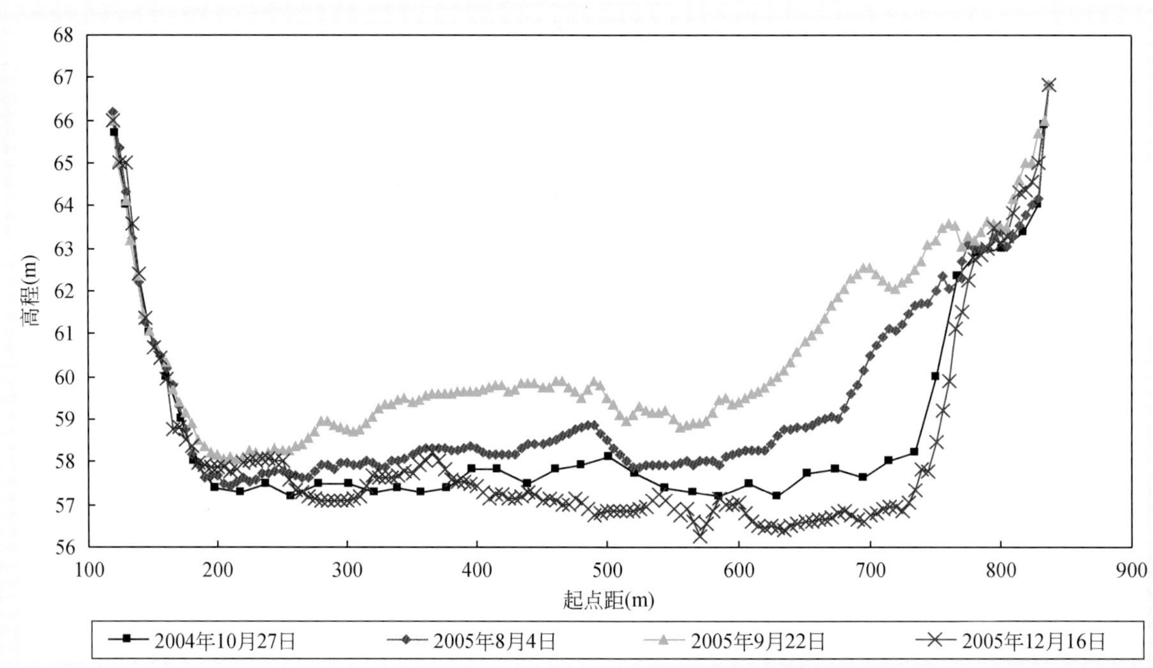

图 8-108　2005 年下引航道口门外拦门沙轴线断面变化

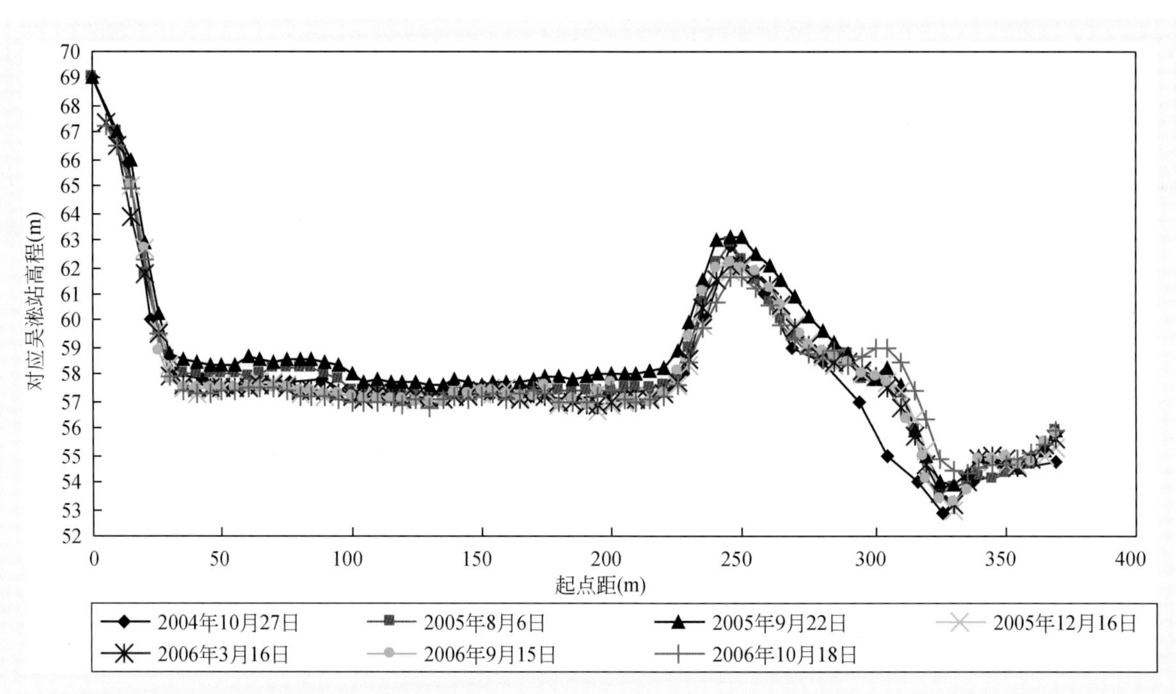

图 8-109　2006 年下引航道口门区横断面变化过程图

2007 年 12 月至 2008 年 11 月，航道内泥沙淤积量仅为 13.0 万 m^3，口门区淤积量为 7.3 万 m^3，口门区拦门沙坎主轴横断面形态表明，拦门沙坎基本没有形成，设计航道线内底板较低，且比较平坦，但在航道右侧靠近航道边缘局部区域高程超过 58.0m，最高达到 61.1m（图 8-111）对航运影响不大。

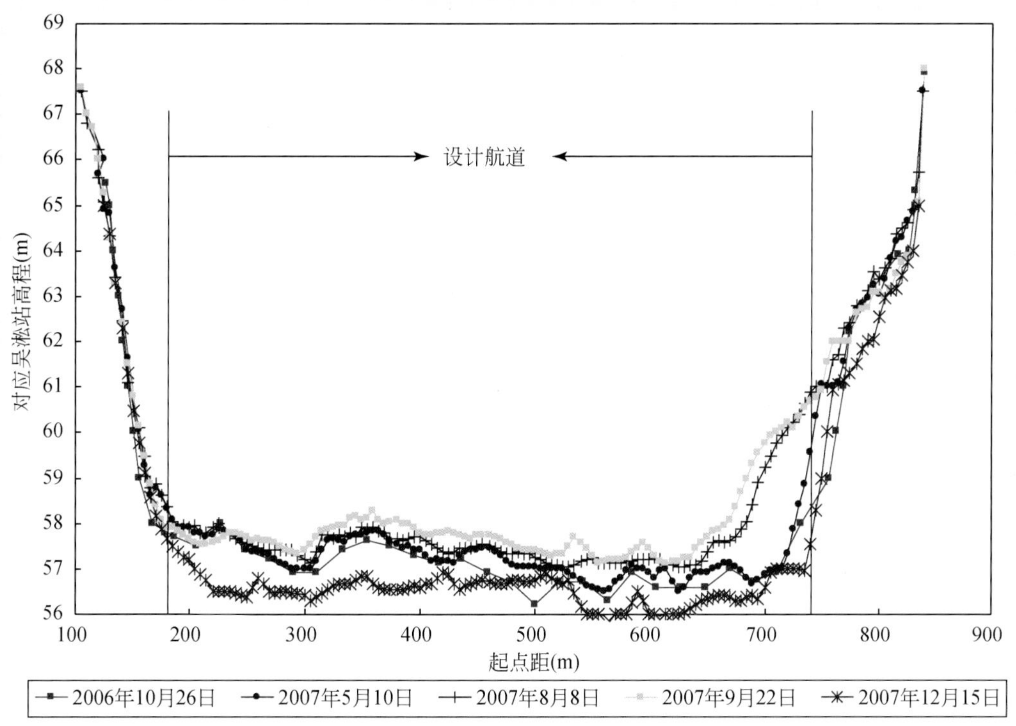

图 8-110　2007 年下引航道口门外拦门沙轴线断面变化图

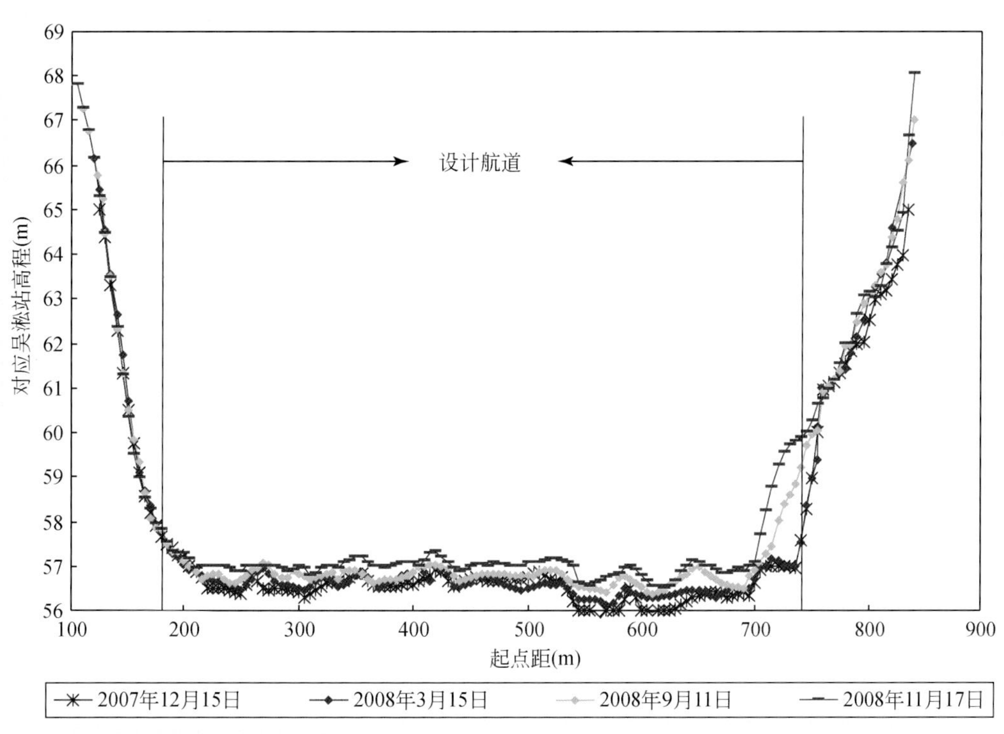

图 8-111　2008 年下引航道口门外拦门沙轴线断面变化

C. 试验性蓄水期

2008 年汛后三峡工程进入试验性蓄水期后，永久船闸下引航道及口门外均处于淤积状态，但淤积量均不大，如表 8-58 所示。

1）下引航道内。2008～2010 年下引航道内（六闸首至 LS23 断面）总淤积量为 18.6 万 m^3，其中下闸首至岔道口段（YJX1 断面至 YJX6 断面）淤积较少，底板局部区域有轻微的淤积［图 8-112（a）］，2010 年 9 月 29 日实测地形表明，航道内底板平均高程为 56.8m。

岔道口（YJX6 断面）至口门（LS23 断面）淤积幅度也不大［图 8-112（b）］，2010 年 9 月 29 日实测地形表明，其底板平均高程约为 57.1m。

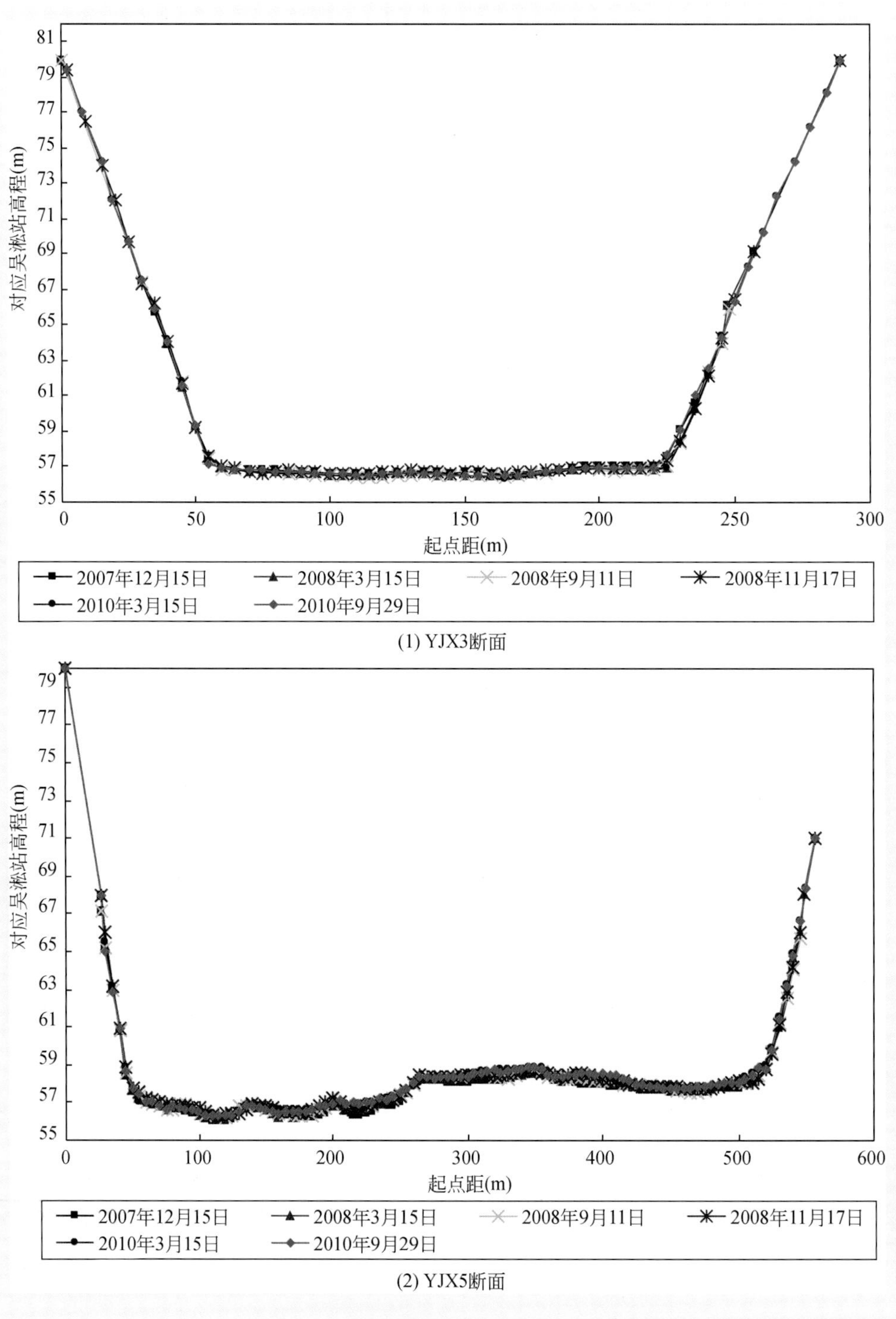

图 8-112（a） 永久船闸下引航道上段横断面变化图

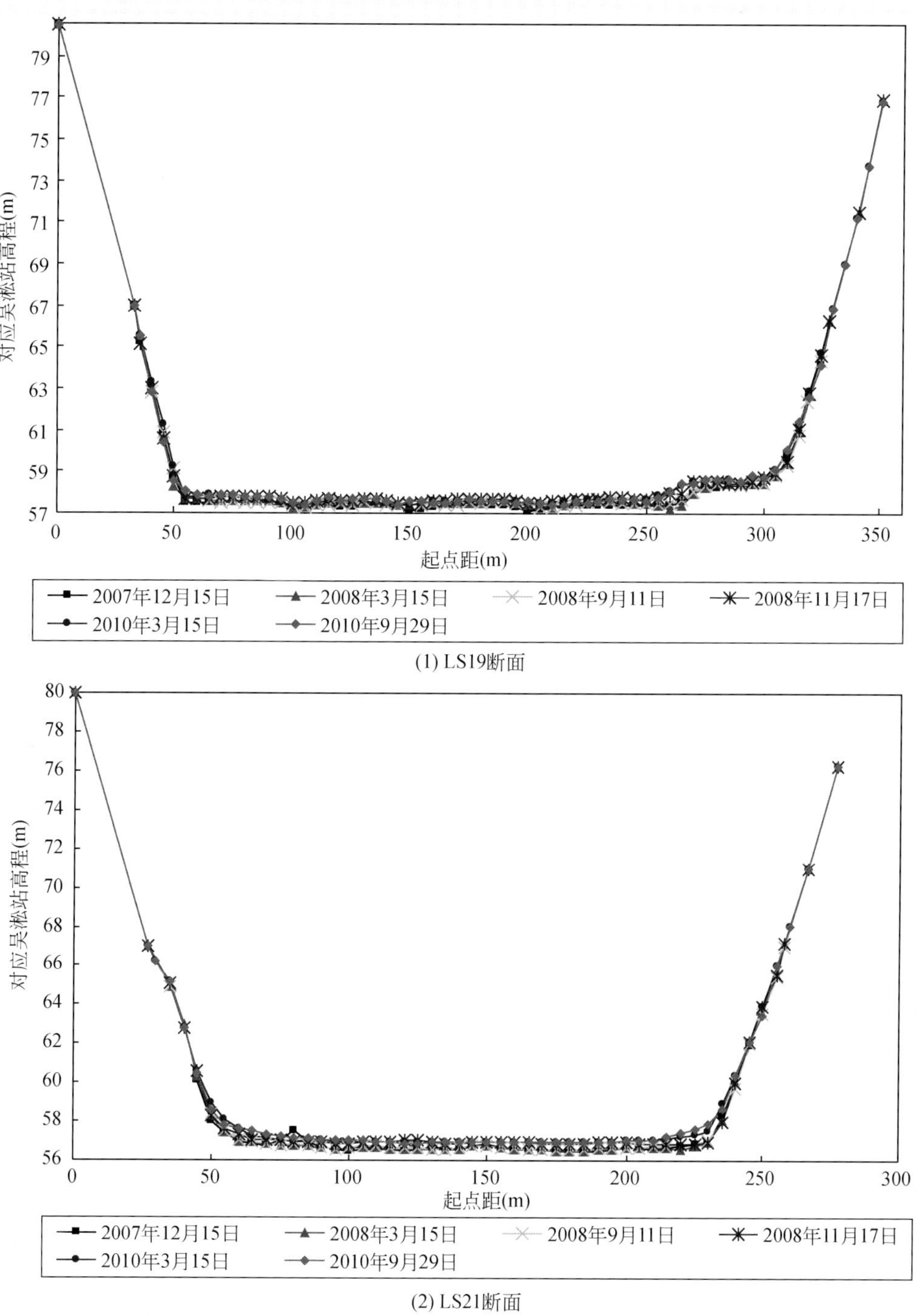

图 8-112(b)　永久船闸下引航道下段横断面变化图

2）下引航道口门区。2008～2010 年下引航道内口门区总淤积量为 13.8×$10^4$$m^3$，主要淤积部位为口门拦门沙坎区域，而其他区域的横断面变化较小［图 8-113（a）、图 8-113（b）和图 8-113（c）］，2010 年 9 月 29 日实测地形表明，航道底板平均高程约为 56.9m。

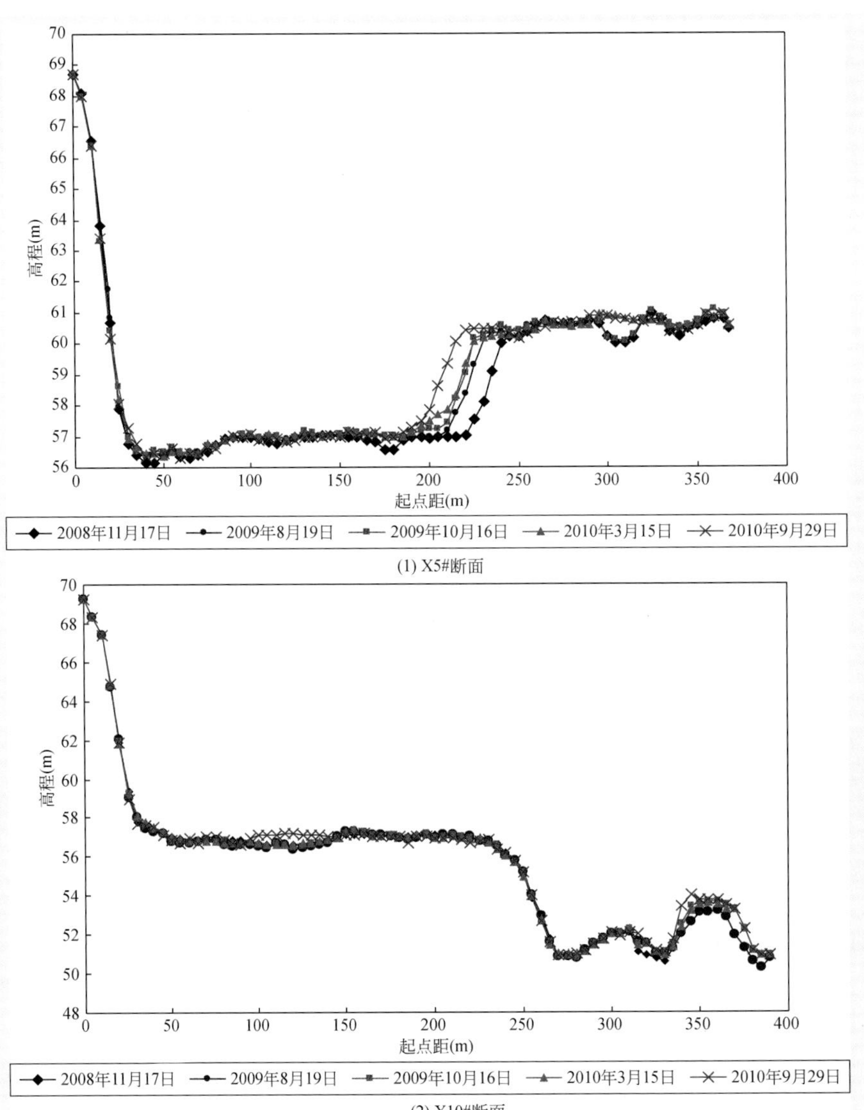

图 8-113(a)　永久船闸下引航道口门区横断面变化图

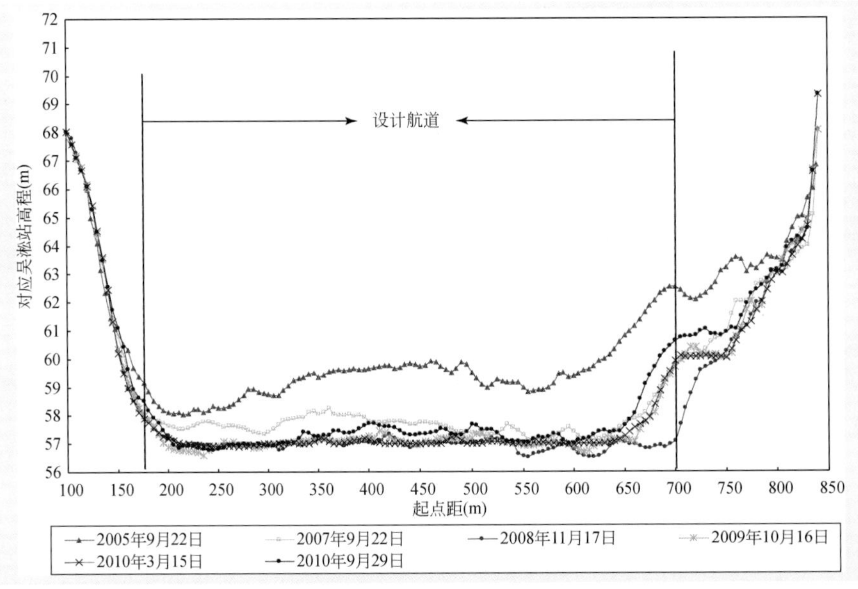

图 8-113(b)　2005～2010 年永久船闸下引航道拦门沙坎主轴横断面图

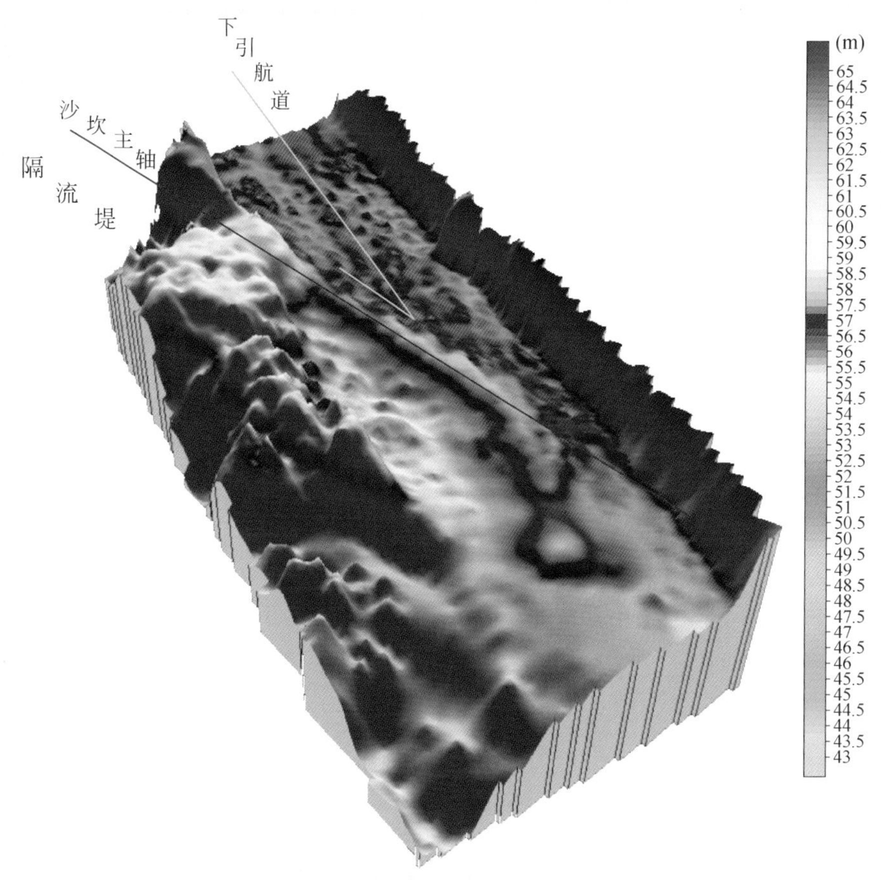

图 8-113(c) 2010 年 9 月 29 日下引航道口门区立体图

图中红色区域高程为 57.0m，绿色区域高程为 57.5m 及以上

综上所述，三峡水库蓄水运用以来至 2010 年 9 月，下引航道及口门外总淤积量为 178.7 万 m^3，其中航道内淤积量为 103.8 万 m^3，口门区淤积量为 74.9 万 m^3，航道内及口门区域泥沙总计清淤量为 107.6 万 m^3，保证了航道的正常运行。

8.4.4 电厂厂前区域

1. 左电厂前区域

三峡电站左电厂进水口前泥沙及水流观测范围自坝轴线以上长约 1km、从永久船厂闸上隔流堤向江心宽约 1km 的左电厂前水域，于 2003 年、2005 年、2007 年以及 2009 年汛前、汛后进行了地形观测，此外在汛期还对厂前不同流量条件下的水面流速流向进行了观测（图 8-114）。

（1）厂前水流分布特性

在大坝蓄水前，上游来水全部经导流底孔下泄，导流底孔前水流顺直、均匀，而左电厂前水域由于电厂还没有开始发电，厂前水域则近似死水，在近导流底孔前的水域存在小范围的回流区；三峡水库蓄水至 135m 后，水流通过大坝深孔泄流。由于坝前水位较蓄水前大幅抬高约 66m，以及水流下泄位置的改变，使边界条件和水文条件发生了根本的变化。

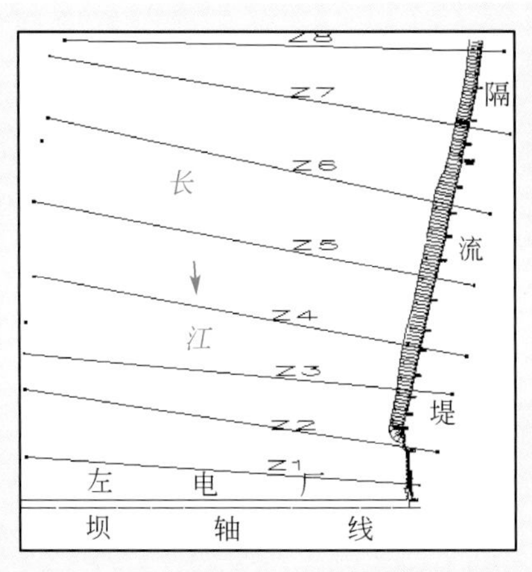

图 8-114 左电厂前半江测区范围示意图

1）2003 年：2003 年 7 月 13 日，当流量为 46 100m³/s 时，由于机组还未开始发电，距坝轴 300m 以上水域的流线比较均匀、顺直［图 8-115（a）］；距坝 300m 以下水域的流线均向左电厂右侧的深孔方向偏移，且流速逐渐增加，到坝前时达到最大值。水面流速分布从右到左流线流速逐渐减小，即在右侧靠近江心的流线流速大，平均为 0. 75m/s，最大流速为 0. 98 m/s。而在左侧的水流流速较小，平均为 0. 20m/s。靠近隔流堤的水域出现两处回流区或缓流区，甚至出现逆流区。一处位于距大坝约 600m 的水域，该回流区长约 400m，宽约 200m，回流流速平均为 0. 15m/s，最小流速仅为 0. 01m/s；另一处回流距大坝约 120m，长约 120m，宽约 200，该处回流也为弱回流区，最大流速仅只有 0. 18m/s，最小流速为 0. 01m/s。

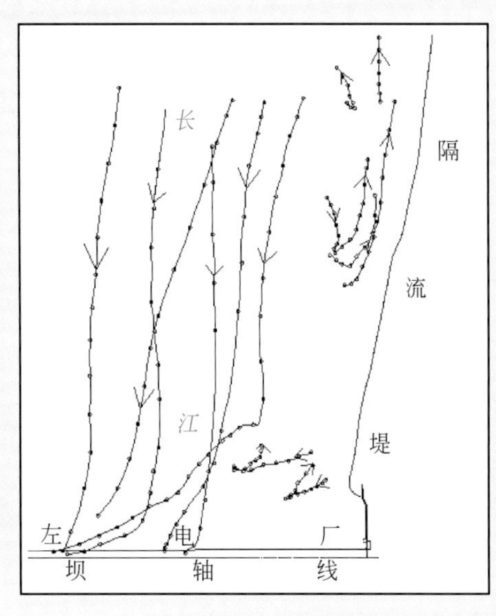

图 8-115(a) 2003 年 7 月 13 日左电厂前水流形态（机组未发电）

流量为 46 100m³/s，最大流速为 0. 98m/s，最小流速为 0. 01m/s

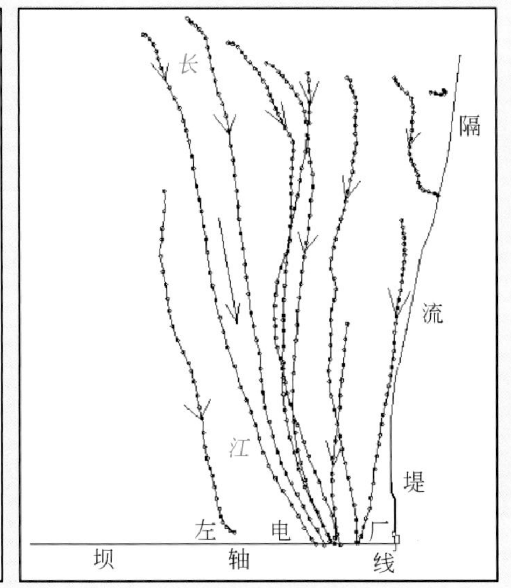

图 8-115(b) 2003 年 11 月 05 日左电厂前水流形态（机组已发电）

流量为 7650m³/s，最大流速为 0. 34m/s，最小流速为 0. 01m/s

2003 年 11 月 5 日流量为 7650m³/s，受机组发电的影响，左电厂前水面流态发生变化［图 8-115（b）］，原来近坝前的回流区域消失，但离大坝约 1000m 靠近隔流堤头的区域仍存在小范围的回流及缓流区，其他区域水流流线均较顺畅，偏向左岸电厂机组引流处，其流速到坝前达到最大值，流速分布比较均匀，由于枯季流量较小，水流流速也较小，最大流速仅0.34m/s，最小流速为0.01m/s。

2）2005年：此次水面流速流向于2005年07月17日观测，坝区流量为21 300m³/s，坝前水位135.59m，最大水面流速为0.63m/s，最小流速为0.03m/s（图8-116）。由于左电厂除9号机组外其余13台机组均投产发电，经机组发电下泄的水流流量约为12 000m³/s，厂前水域水流经发电机组下泄，水流较顺畅，流速也较均匀，流向基本是垂直于大坝，并在坝前达到最大流速。随着发电机组的增多，厂前水域回流、缓流区明显减少，仅在上隔流堤头存在小范围的缓流区域，该区域流速变化范围在0.03～0.07 m/s。另外，靠近隔流堤侧流线的流速较左侧流线的流速小，其流线的平均流速变化范围为0.05～0.19 m/s，而左侧各流线的平均流速变化范围为0.36～0.48 m/s。

2005年9月19日，左岸电厂最后一台机组9号机组投产发电后的第三天，坝区流量为17 200m³/s，坝前水位135.41m，最大水面流速为0.58m/s，最小流速为0.03m/s（图8-117）。左电厂发电机组全部投产发电，经机组发电下泄的水流量约为13 000m³/s。由于上游来水较小，深孔停止泄洪，厂前水域水流全部经发电机组发电下泄，水流较顺畅，流速的变化较均匀，流向基本是垂直于大坝，并在坝前达到最大流速；厂前水域回流区明显消失，仅在靠近隔流堤的流线存在缓流小区域，该区域流速变化范围在0.03～0.07 m/s，但随着流线的下行，至坝前时水流流速又增大至0.52 m/s。另外，右侧流线在坝前明显发生向左折移，水流在坝前基本都交汇于左电厂前，随着水流下行，水流流速渐渐增大，并在坝前水流流速达到最大。厂前水流形态随着大坝泄洪与发电状态的改变而改变。

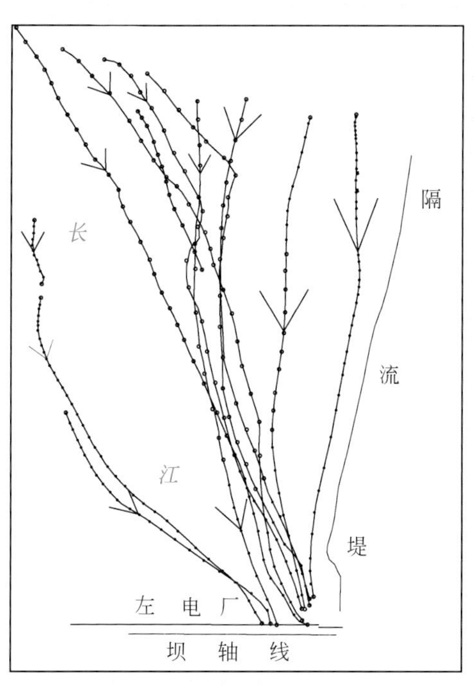

图8-116　左电厂前水面流速流向形态
（2005年07月17日）

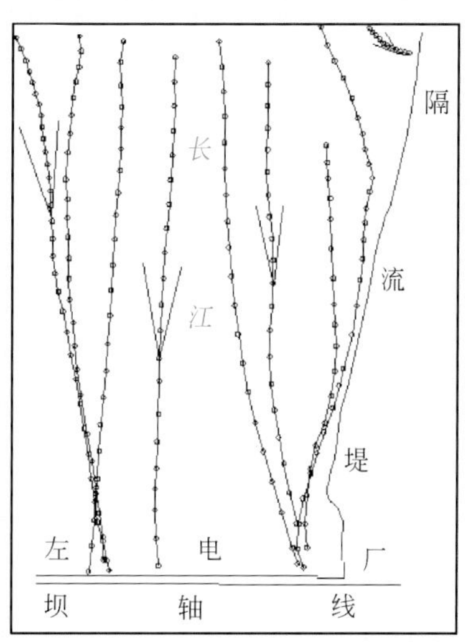

图8-117　左电厂前水面流速流向
流速为17 200m³/s（2005年9月19日）

3）2007年：2007年07月09日，三峡水库出库流量为41 500m³/s，由于三峡大坝处于泄洪状态，坝前水流一部分明显向泄洪坝段偏折下行，流速较为均匀，水流顺畅，最大流速为0.81m/s，最小流速为0.14m/s（图8-118）；另一部分左电厂前的水流，靠近隔流堤侧，存在明显的回流、缓流及逆向水流区，其中逆向水流（即从下游流向上游的水流）最大流速为 0. 58m/s，最小流速为 0. 13m/s，在逆向水流右侧有 100m×100m 范围的回流及缓流，回流最大流速为 0. 44m/s，而缓流流速范围为 0. 01 ~0. 06 m/s。

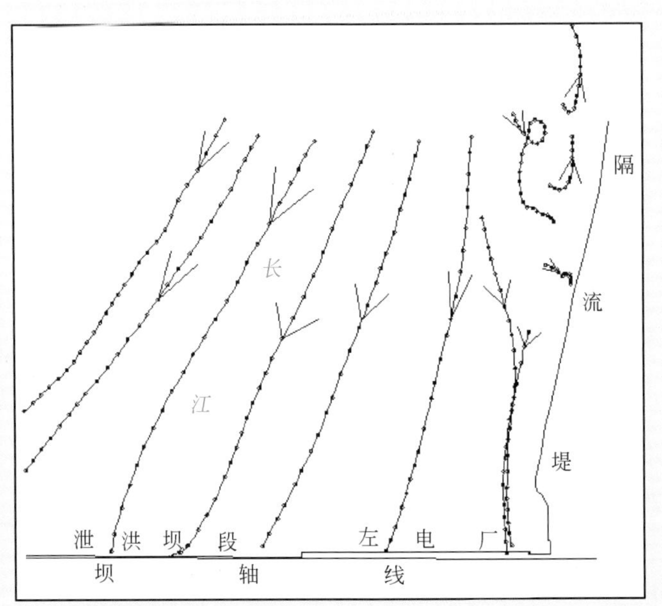

图 8-118　左电厂前水面流速流向形态图（2007 年 07 月 09 日）

流速为 41 500m³/s

2007 年 9 月 5 日，三峡水库出库流量为 28 600m³/s，水库处非泄流状态，由于水流经左电厂发电量机组下行，在坝前明显向左电厂侧偏折（图 8-119），此次测验的水面最大流速为 0. 59m/s，最小流速为 0. 01m/s，靠近隔流堤侧的水流仍然存在缓流及逆向水流，但范围较小，最大逆向流速为 0. 12m/s。

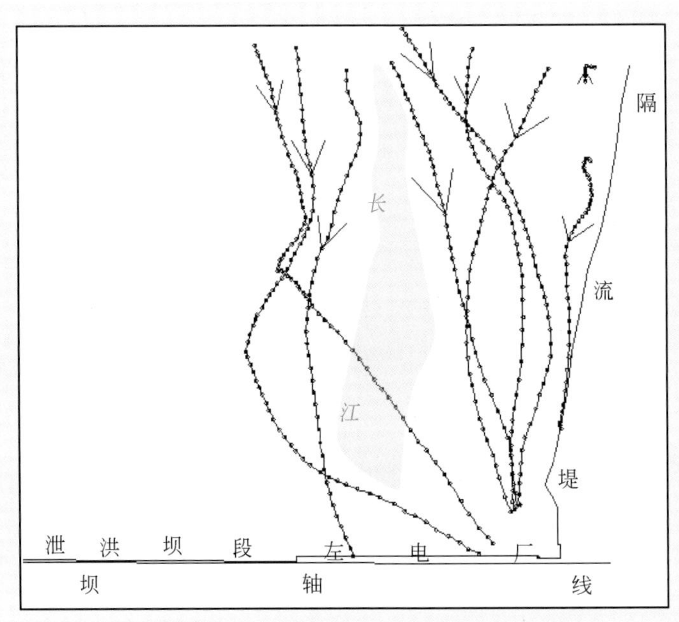

图 8-119　左电厂前水面流速流向形态图（2007 年 9 月 5 日）

流量为 28 600m³/s

4）2009 年：2009 年 7 月 3 ~4 日，三峡水库出库流量为 23 150m³/s，坝前水位为 146.38m，由于时处主汛期，三峡大坝向下游部分泄洪，坝前一部分水流明显向泄洪坝段偏折下行，流速较为均匀，水流顺畅，最大流速为 0.47m/s，最小流速为 0.14m/s；另一部分左电厂前的水流，靠近隔流堤存在小范围的缓流区域，流速范围为 0.05 ~0.13 m/s，缓流紧贴隔流堤；此外经由左电厂发电机组下泄的水流均在距离大坝约 300m 地方明显向左电厂方向偏折，水流顺畅，流线的流速都较为均匀，最大流速为 0.56m/s，最小流速为 0.13 m/s，流线的最大流速基本出现在靠近大坝前的位置（图 8-120）。

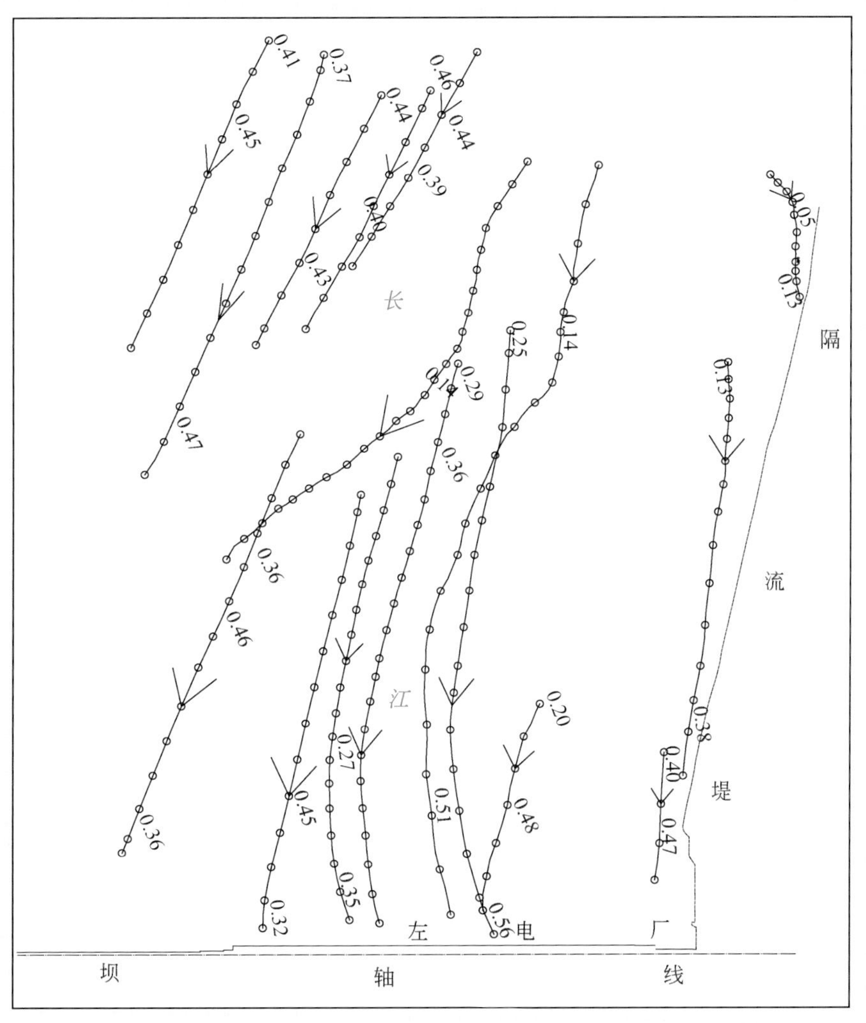

图 8-120　左电厂前水面流速流向形态图（2009 年 7 月 3 ~4 日）

坝前水位为 146.38m，流量为 23 150m³/s

2009 年 09 月 10 ~11 日，三峡水库出库流量为 13 700m³/s，坝前水位 145.70m，水库处非泄流状态，水流在左电厂前仍分为两部分，一部分即为外侧水流，较为顺畅，流速均匀，最大流速为 0.29m/s，最小流速为 0.13m/s；而另一部分靠近隔流堤一侧的内侧水流较为紊乱，在坝前则明显向隔流堤方向偏折，水流存在横向水流、缓流及逆向水流，此次测验的水面最大流速为 0.35m/s，为内侧靠近隔流堤的水流流速，该水流有明显顶冲隔流堤的趋势，最小流速为 0.01m/s，出现于靠近隔流堤内侧，最大逆向流速达 0.25m/s（图 8-121）。

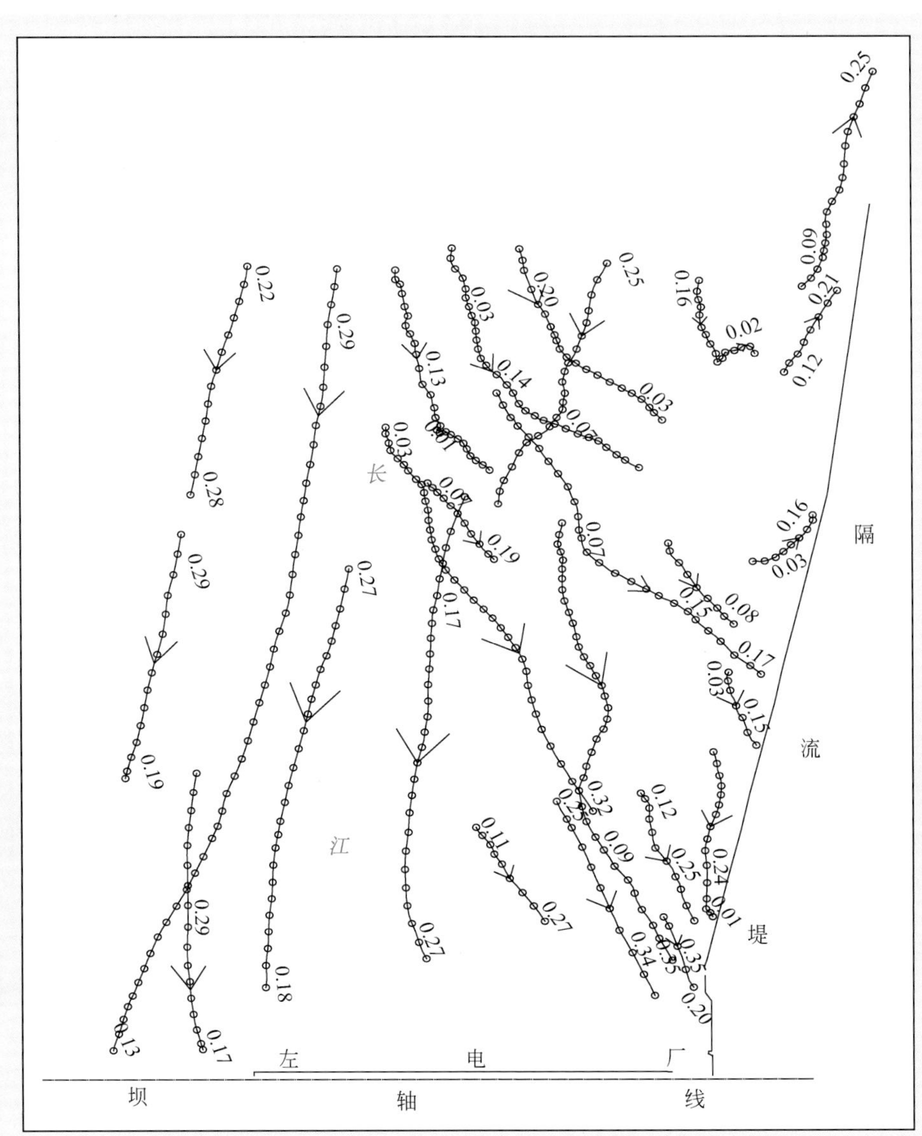

图 8-121 左电厂前水面流速流向形态图（2009 年 9 月 10 ~ 11 日）

坝前水位为 145.7m，流量为 13 700m³/s

比较 135 ~ 139m 运行期、156m 运行期及试验性蓄水 175m 水位运行期左电厂前的水域水面流速流向，其形态基本相似，大流量时受大坝泄洪的影响主流明显偏向泄洪段，而中、小流量时则主要为机组发电，主流经发电机组下泄，主流明显向左电厂段偏折。

（2）厂前泥沙淤积

自左电厂发电以来河床的淤积情况统计，2003 年 2 月 ~ 2011 年 11 月左电厂前 135m 高程以下河床淤积总量为 797.0 万 m^3，90m 高程以下河床淤积总量为 710.7 万 m^3（表 8-61），厂前水域以主河槽的淤积为主，占总淤积量的 89.2%。

河床的横向变化上，泥沙主要淤积于 90m 以下的河槽区域，左岸边坡没有变化，厂前水域平均淤积厚度约为 12m，局部最大淤积厚度达 25.8m，离大坝越远淤积幅度越大，河槽的淤积则越明显。

目前，左电厂前水域深槽区域高程范围在 49 ~ 64m，泥沙主要淤积于原来高程较低的深槽区域，而其余的区域变化则不明显（图 8-122）。

表 8-61　左电厂前水域河床淤积统计　（单位：万 m^3）

时间	河段 距坝 距离	大坝断面 至 Z02 断面 117m	Z02 断面 至 Z03 断面 223m	Z03 断面 至 Z04 断面 353m	Z04 断面 至 Z05 断面 515m	Z05 断面 至 Z06 断面 691m	Z06 断面 至 Z07 断面 853m	Z07 断面 至 Z08 断面 1000m	合计 1000m
2003 年 2 月 16 日～	90m 以下	5.5	4.2	−0.4	1.2	8.0	8.3	9.1	36.0
2003 年 7 月 1 日	135m 以下	5.5	4.2	−0.4	1.2	8.0	8.3	9.1	36.0
2003 年 7 月 1 日～	90m 以下	0.0	3.3	16.8	20.2	19.8	18.0	10.8	88.9
2003 年 11 月 2 日	135m 以下	0.5	4.3	20.7	27.1	22.5	16.4	9.0	100.5
2003 年 11 月 2 日	90m 以下	15.3	11.4	4.5	4.8	9.8	11.5	8.1	65.3
2005 年 3 月 28 日	135m 以下	22.1	17.2	5.0	5.7	10.6	11.6	8.3	80.5
2005 年 3 月 28 日～	90m 以下	19.2	15.9	15.8	18.4	25.9	34.0	25.9	155.0
2005 年 11 月 12 日	135m 以下	22.5	19.2	19.9	23.5	29.9	35.9	26.9	177.6
2005 年 11 月 28 日～	90m 以下	1.3	1.6	2.3	4.4	5.4	6.1	3.9	25.0
2007 年 5 月 10 日	135m 以下	1.3	1.7	2.3	4.5	5.5	6.3	4.3	25.9
2007 年 5 月 10 日～	90m 以下	8.6	8.7	6.6	9.5	14.7	11.9	13.2	73.2
2007 年 11 月 3 日	135m 以下	7.9	8.3	7.2	9.6	14.9	12.6	13.2	73.7
2007 年 11 月 3 日～	90m 以下	4.7	4.6	5.4	10.3	19.1	19.7	12.3	76.1
2009 年 4 月 29 日	135m 以下	2.6	4.2	6.8	12.9	19.1	18.7	13.0	77.3
2009 年 4 月 29 日～	90m 以下	17.9	11.8	14.4	24.1	26.4	27.0	22.0	143.6
2009 年 11 月 6 日	135m 以下	23.1	16.4	20.1	32.0	32.0	29.8	23.3	176.7
2009 年 11 月 6 日～	90m 以下	−0.2	−0.2	0.7	3.3	5.1	4.6	3.8	17.1
2011 年 4 月 21 日	135m 以下	−2.0	−0.3	1.3	2.1	4.4	4.5	3.9	13.9
2011 年 4 月 21 日～	90m 以下	2.3	3.2	3.7	4.8	6.6	5.9	4.0	30.5
2011 年 11 月 2 日	135m 以下	3.3	3.7	3.6	5.5	8.5	6.9	3.4	34.9
2003 年 2 月 16 日～	90m 以下	74.5	64.6	69.7	101.0	140.7	147.0	113.1	710.7
2011 年 11 月 2 日	135m 以下	86.8	78.9	86.5	124.1	155.4	151.0	114.4	797.0

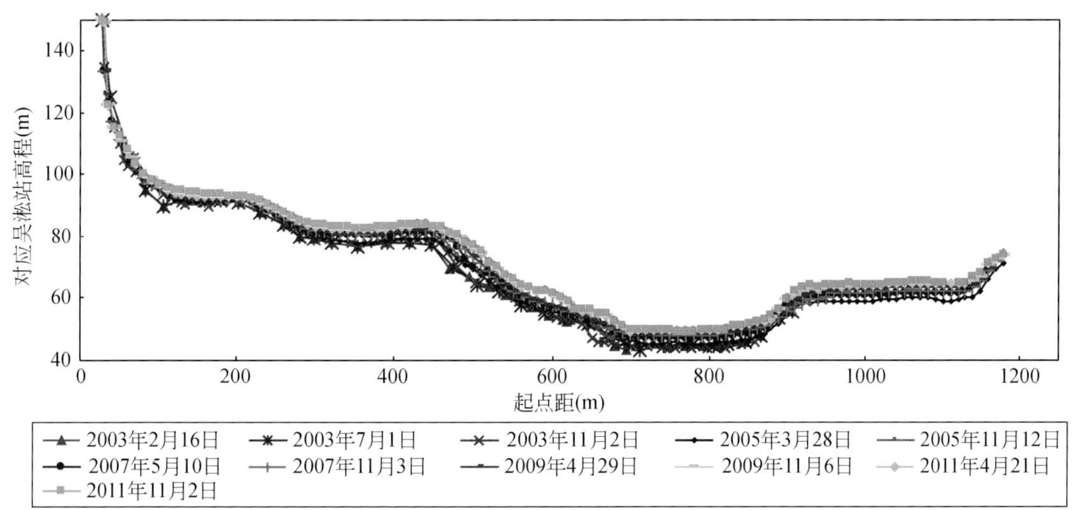

(a) Z1断面(距坝75m)

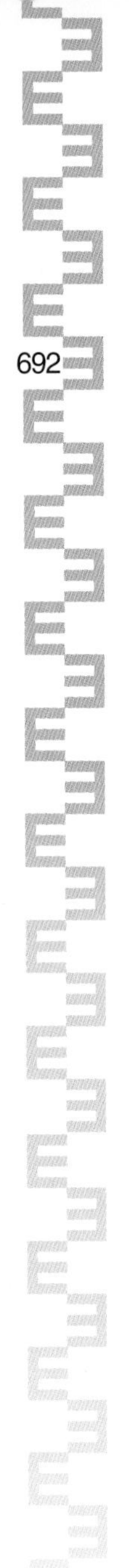

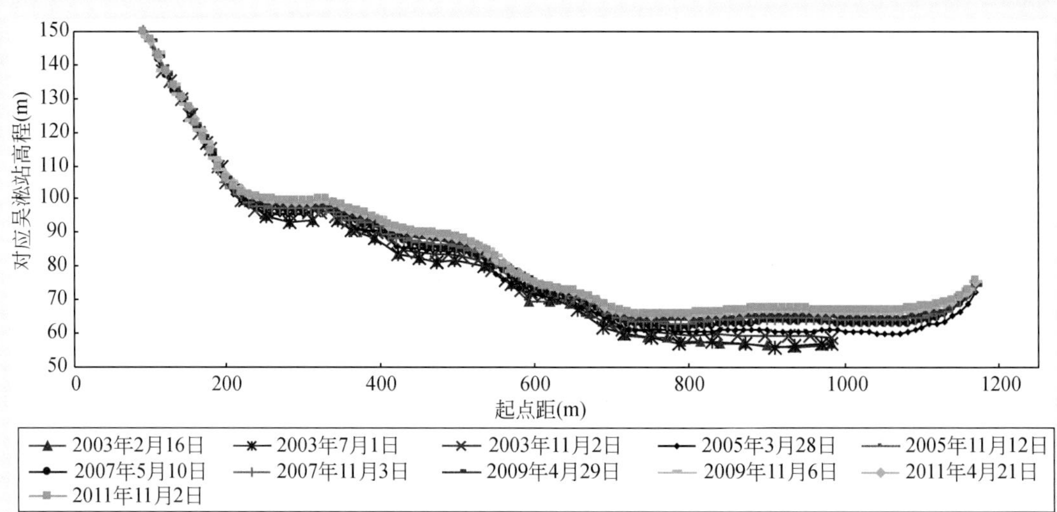

(b) Z3断面(距坝223m)

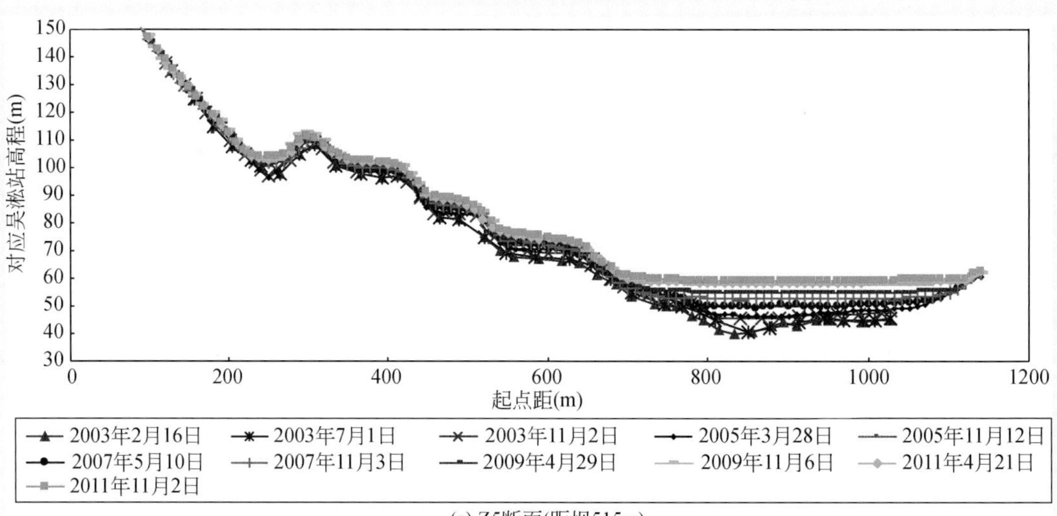

(c) Z5断面(距坝515m)

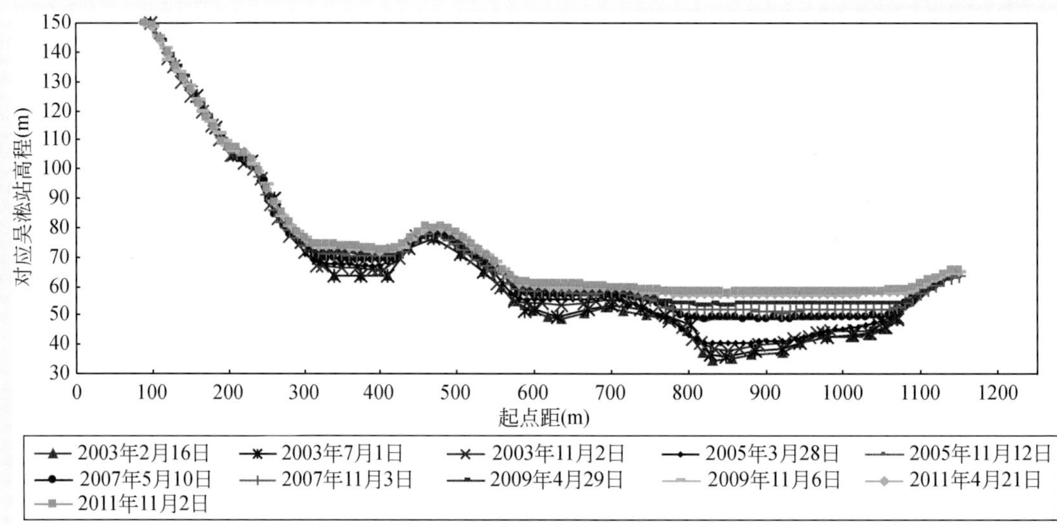

(d) Z7断面(距坝853m)

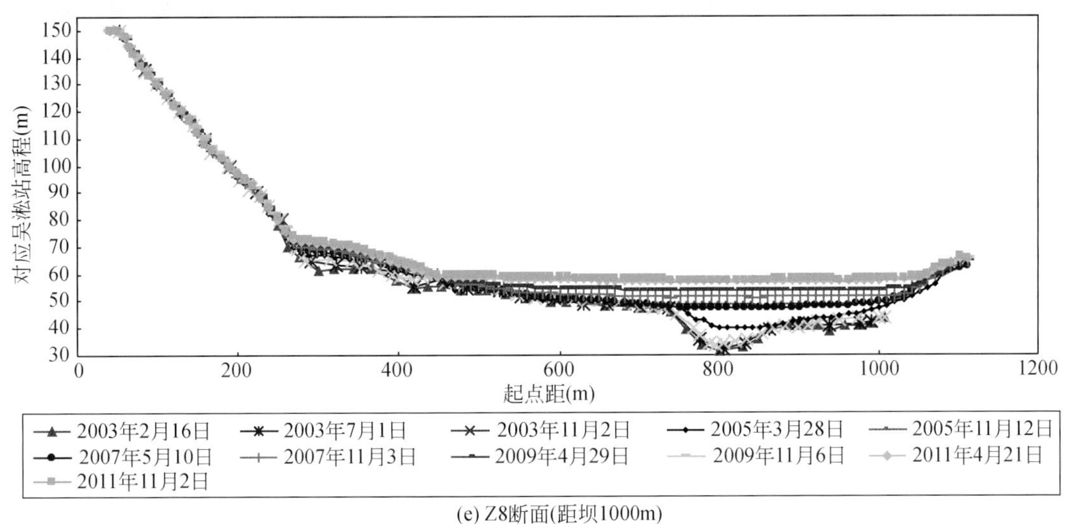

(e) Z8断面(距坝1000m)

图 8-122　左电厂前水域横断面变化

2. 地下电厂引水区域

三峡枢纽右岸地下电厂引水区域位于三峡大坝坝前右岸一侧，止于茅坪副坝，以原偏岩子山体为界，偏岩子山右侧为右岸地下电厂引水区域，偏岩子山体左侧则为右电厂厂前水域（图 8-123）。

枢纽地下电厂布置于右岸茅坪溪白岩尖山脊下，共设 6 台机组，进水口尺寸为 9.6m×15m，底板高程为 111.0m，每台机组引流量为 900m³/s，电厂进口前缘平台高程为 100.5m，每二台机组底板之间布设有排沙洞，共设三条排沙支洞，支洞后接一条排沙总洞，排沙支洞内径为 3.0m，进口底板高程为 102.5m，引用流量为 120m³/s。

地下电厂尾水隧洞和引水隧洞均为一机一洞，每洞为二个出水口，出水口尺寸为 9m×22m，底板高程为 38.0m，出水口与尾水渠以 1∶5 倒坡相连，尾水渠高程为 52.0m，地下电厂尾水渠与右电厂渠以 1∶5 倒坡相连，右电厂尾水渠高程为 56.0m。

地下电厂与右电厂之间原为偏岩子山体，由于影响地下电厂进水条件，在枢纽施工过程中，山体上游端被部分挖除，目前整个山体近似长方形，目前以一架空桥与大坝坝体相连，偏岩子山体 145m 等高线下面积约为 36000m²（255m×160m）。文昌阁至关门洞之间原也为山体，2005 年为了方便茅坪副坝填筑取料，靠近关门洞一侧的山体被挖除，目前关门洞残存部分成为高程低于 135m 的小突包，而文昌阁山体则仍然存在，其高程最高为 161.2m，文昌阁与关门洞之间则变成低洼地。

长江水利委员会水文局分别于 2006 年 3 月和 2011 年 4 月对右岸地下电厂、右电厂坝前长约 1.50km，宽约 1.85km 的区域进行了地形测量。

实测地形表明，2006 年 3 月至 2011 年 4 月，该区域淤积较为明显，共淤积泥沙 464 万 m³，河床平均淤积厚度为 1.67m，年均淤积泥沙 93 万 m³，河床年均淤积厚度为 0.33m，且愈靠近大坝的区域，淤积幅度愈大（图 8-124）。

从横断面变化看，发生泥沙淤积主要为原来地势较低的低洼地，淤高最大的区域为文昌阁与关门洞之间的低洼地，低洼地的形成是由人工挖除山体形成，该低洼地 2006 年 3 月最低高程为 97.5m，2011 年 4 月则淤高到 109.2m，淤高达 11.7m；其次是右电厂前靠近坝体区域淤积幅度也较大，达到

6～8m，此外，文昌阁和关门洞与右岸之间原地势较低的洼地也有一定的淤积，淤高达 2～7m。

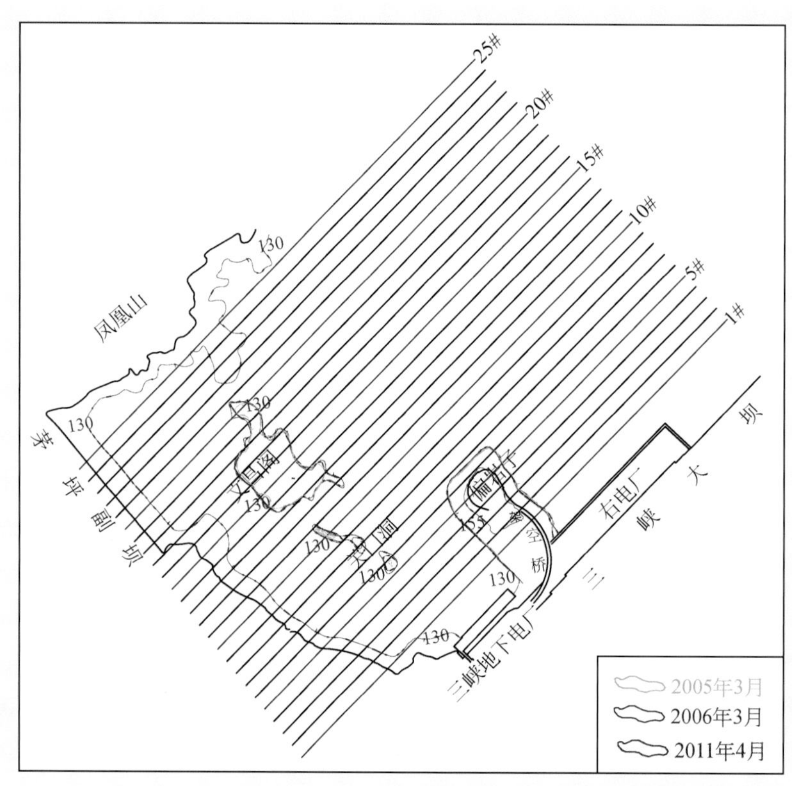

图 8-123　三峡枢纽右岸地下电厂引水区域断面布置图

依据设计，地下电厂取水口底板高程为 111.0m，2011 年 4 月地形显示，坝前地下电厂前引水区域仅为文昌阁和关门洞与右岸之间有一小区域低洼地高程低于 111m，而高于 145m 高程的区域除了文昌阁、偏岩子残存部分孤立山体外，其他区域高程均较 145m 低，因此即使在汛期坝前水位最低为 145m 时，地下电厂取水亦不受影响。但由于地下电厂排沙洞进口底板的高程为 102.5m，而靠近地下电厂取水口区域高程多在 104.3m 以上，淤积泥沙已经高于地下电厂排沙洞底板高程 1.8m［图 8-125（a）和图 8-125（b）］。

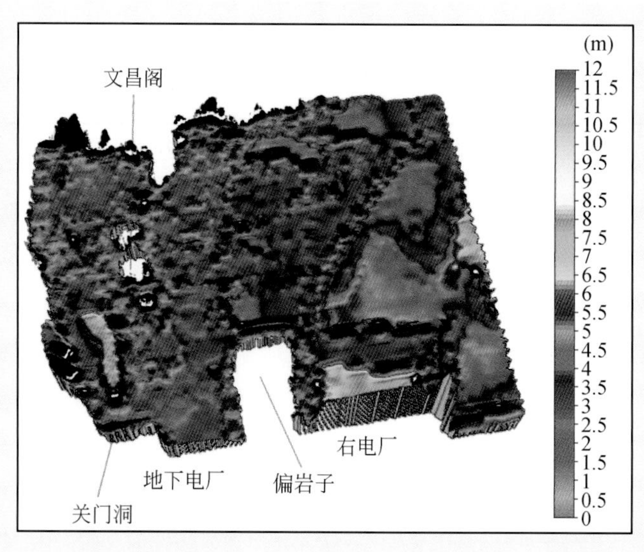

图 8-124　地下电厂引水区域淤积厚度分布图

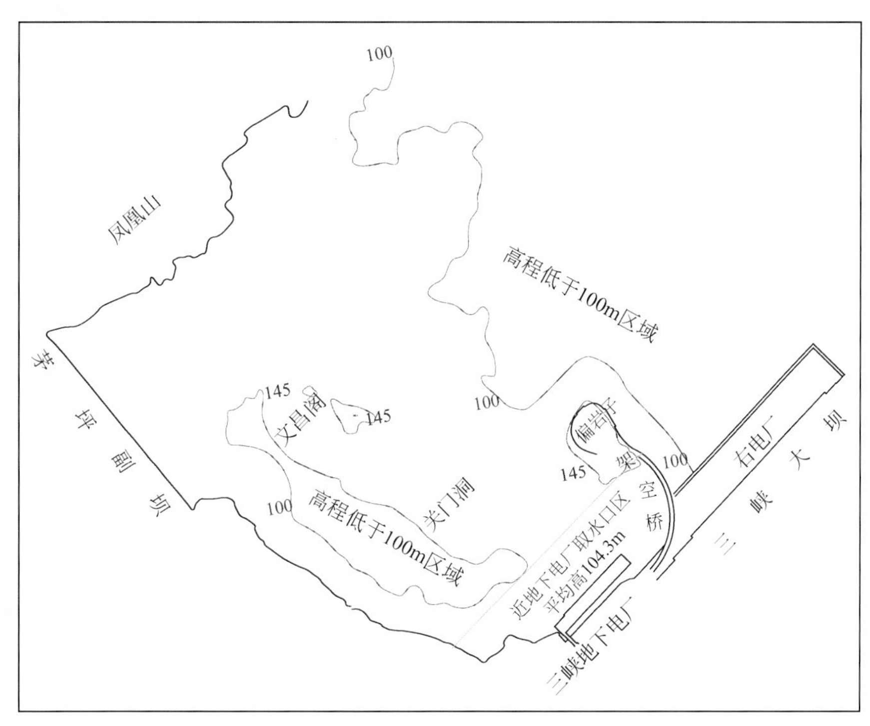

(a) 2011年4月地下电厂前取水区域高程分布情况

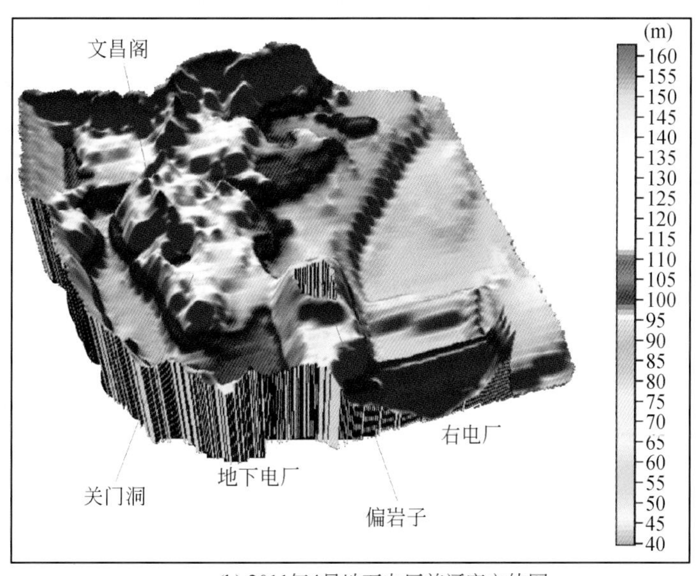

(b) 2011年4月地下电厂前河床立体图

图 8-125

8.4.5 过机泥沙

2005、2006 年三峡集团公司曾组织对三峡电站 1#、4#、7#、10#、14#机组过机泥沙进行了取样分析。结果表明，过机泥沙中值粒径 D_{50}范围为 0.001 ~ 0.027mm，过机泥沙中悬移质泥沙含沙量基本在 0.2kg/m^{3}以内。

1. 2010 年监测成果分析

为及时准确了解泥沙对三峡电站水轮机的磨损信息，研究减缓长江含沙水流对水轮机过流部件表面腐蚀破坏的各项措施，于2010 年7 月22～24 日（入库流量为51 900 m^3/s）、2010 年7 月30～8 月1 日（入库流量为34 300 m^3/s），2010 年8 月26～28 日（入库流量为37 900 m^3/s）监测泥沙过机过程。监测项目包括悬移质含沙量、悬移质颗粒级配（中值粒径、平均粒径、最大粒径）、溶解氧、电导率、pH、浊度、水温、总硬度、总碱度、悬浮物及矿化度。

取样位置布置为：左岸为1#和4#机组；中流为14#和15#机组；右岸为24#和26#机组，共6 台机组。每台机组选择3 个取样点，一是坝前取样点、二是涡壳门、三是锥管门。其中坝前取样选择在三峡大坝上游约130m 的断面。

监测表明，过机泥沙的颗粒比较均匀，中值粒径在0.001～0.010mm 变化，平均中值粒径为0.007mm，各机组过机泥沙的级配曲线线型基本一致（表8-62）。1#、15#机组的过机泥沙平均粒径的最大值高于其他机组，1#机组的悬移质含沙量大于其他5 个机组；过机泥沙样品的电导率（258～389us/cm）、总硬度（130～153mg/L）、总碱度（104～120mg/L）、矿化度（204～266mg/L）变化不大；各过机水样的pH、温度、溶解氧含量分别保持在7.70～8.00、24.1～27.3℃、6.70～8.07 mg/L；悬浮物含量、浊度含量变化较大，如1#机组悬浮物最大值为401 mg/L，最小值只有49 mg/L，相差8.18 倍；15#机组浊度最大值为2061 NTU，最小值为197 NTU，相差10.46 倍。

研究表明，过机泥沙量和组成与入库泥沙和流量的大小有着密切关系。一般情况下，入库流量大挟带的泥沙量大，相应过机泥沙量大，反之过机泥沙量小；过机泥沙量峰值比入库洪水流量峰值要滞后2～3 天；2010 年过机泥沙监测峰值为0.688 kg/m^3，出现在2010 年7 月23 日24#机组涡壳门；过机泥沙的硬颗粒主要是石英和长石，其摩氏硬度分别为7.6～6.5。8 月26 日～8 月28 日的样品基本不含蒙脱石、钾长石、白云石3 种矿物，且泥沙中石英所占的比重变大，更容易对水轮机产生磨蚀。

2. 2011 年监测成果分析

2011 年，三峡过机泥沙主要监测项目包括悬移质含沙量、悬移质颗粒级配（中值粒径、平均粒径、最大粒径）、溶解氧、电导率、pH、浊度、水温、岩性分析。监测部位主要分布为：左岸为1#、4#、14#机组，右岸为15#、24#和26#机组，地下电厂为31#机组，共7 台机组。每台机组选择3 个取样点，一是引水口取样点、二是涡壳门、三是锥管门。引水口取样选择在三峡大坝上游约130m 位置的YZL01 断面进行。分别在2011 年8 月9～11 日（坝址流量为26 600 m^3/s、入库流量40 000 m^3/s）、2011 年9 月19～21 日（坝址流量为15 400 m^3/s、入库流量30 000 m^3/s），2011 年9 月24～26 日（坝址流量为20 200 m^3/s、入库流量为50 000 m^3/s）进行监测。

监测成果如表8-63（表内为各机组蜗壳门、锥管门、坝前三处取样值）：过机泥沙含沙量均在0.1kg/m^3以下，泥沙颗粒比较均匀，中值粒径在0.006～0.018mm 变化，平均中值粒径为0.008mm，各机组过机泥沙的级配曲线线型基本一致，而1#机组坝前9 月24 日悬沙颗粒最大达到2.00mm。4#、31#机组的过机泥沙平均粒径的最大值高于其他机组，14#机组的悬移质含沙量最大值大于其他6 个机组，1#机组悬移质含沙量最低；过机泥沙样品的电导率（335～365us/cm）、溶解氧（7.60～7.94mg/L）变化不大；各过机水样呈弱碱性，其pH、温度分别保持在7.89～8.05℃、25.05～26.16℃；各机组的

表 8-62　2010 年过机泥沙监测成果表

项目	1#机组			4#机组			14#机组			15#机组			24#机组			26#机组		
	最小值	最大值	平均值	最小值	最大值	平均值	最小值	最大值	平均值	最小值	最大值	平均值	最小值	最大值	平均值	最小值	最大值	平均值
平均粒径（mm）	0.010	0.032	0.016	0.009	0.022	0.014	0.009	0.019	0.013	0.009	0.033	0.014	0.009	0.023	0.014	0.009	0.025	0.016
中值粒径（mm）	0.005	0.009	0.007	0.006	0.009	0.007	0.005	0.009	0.007	0.006	0.012	0.007	0.006	0.009	0.007	0.006	0.010	0.008
悬移质含沙量（kg/m^3）	0.017	0.389	0.155	0.022	0.478	0.249	0.068	0.495	0.293	0.065	0.584	0.324	0.067	0.688	0.377	0.040	0.609	0.247
溶解氧（mg/L）	6.77	8.19	7.44	7.11	7.69	7.40	6.70	7.27	7.07	6.96	8.14	7.58	7.09	8.07	7.51	7.01	7.70	7.30
电导率（μS/cm）	319	383	347	258	384	337	325	383	349	326	389	352	330	383	349	319	388	349
pH	7.70	8.00	7.85	7.70	8.00	7.88	7.70	8.00	7.86	7.40	8.00	7.84	7.80	8.00	7.88	7.80	8.00	7.86
浊度（NTU）	106	1682	582	140	1938	887	219	1621	875	197	2061	1040	267	2504	1224	141	979	511
温度（℃）	24.1	27.0	25.3	24.2	26.8	25.0	24.3	27.3	25.4	24.2	26.9	25.2	24.2	26.9	25.2	24.2	26.9	25.3
总硬度（mg/L）	130	153	145	132	151	144	132	151	145	132	150	143	131	152	144	132	152	143
总碱度（mg/L）	105	121	112	105	120	112	105	120	112	104	119	111	106	120	112	104	120	113
悬浮物（mg/L）	49	401	167	46	503	271	87	529	288	82	749	352	112	743	405	52	282	172
矿化度（mg/L）	213	262	234	205	252	225	204	266	237	204	259	230	204	253	229	212	264	231

表 8-63　2011 年过机泥沙不同测次监测成果特征值统计表

项目	1#机组			4#机组			14#机组			15#机组			24#机组			26#机组			31#机组		
	最小值	最大值	平均值	最小值	最大值	平均值	最小值	最大值	平均值	最小值	最大值	平均值	最小值	最大值	平均值	最小值	最大值	平均值	最小值	最大值	平均值
最大粒径（mm）	0.166	0.654	0.370	0.121	0.656	0.494	0.107	0.652	0.434	0.093	0.652	0.440	0.106	0.654	0.409	0.106	0.643	0.458	0.093	0.654	0.472
平均粒径（mm）	0.016	0.026	0.022	0.013	0.042	0.025	0.011	0.031	0.024	0.013	0.029	0.022	0.016	0.028	0.023	0.014	0.028	0.025	0.013	0.038	0.023
中值粒径（mm）	0.006	0.011	0.009	0.006	0.016	0.010	0.006	0.018	0.001	0.006	0.014	0.010	0.007	0.014	0.011	0.006	0.014	0.010	0.006	0.015	0.009
悬移质含沙量（kg/m^3）	0.008	0.038	0.015	0.007	0.074	0.024	0.008	0.083	0.033	0.010	0.059	0.027	0.010	0.067	0.026	0.009	0.054	0.024	0.021	0.075	0.051
溶解氧（mg/L）	7.65	7.90	7.82	7.63	7.88	7.78	7.67	7.90	7.83	7.68	7.94	7.84	7.67	7.90	7.83	7.62	7.92	7.84	7.60	7.82	7.73
电导率（μS/cm）	335	363	351	337	365	353	335	363	352	335	364	351	336	364	352	336	364	352	337	342	338
pH	7.92	8.05	7.96	7.89	8.02	7.93	7.92	8.03	7.96	7.92	8.04	7.96	7.91	8.03	7.96	7.93	8.03	7.97	7.95	8.04	8.02
浊度（NTU）	37.2	355.4	134.2	32.9	456.2	153.7	35.6	328.7	127	36.5	416	146.8	36.2	398.4	162.5	35.2	363.4	133.6	229	311	268
温度（℃）	25.08	26.16	25.54	25.07	25.86	25.50	25.12	25.94	25.48	25.07	25.98	25.52	25.08	25.95	25.50	25.05	25.90	25.48	25.18	25.48	25.33

浊度含量变化较大，如4#机组浊度最大值为456.2NTU，最小值为32.9 NTU，相差13.87倍。

56个样品中，主要含有伊利石（占16.23%～69.45%），绿泥石（占7.84%～25.69%），石英（占3.41%～40.52%），钠长石（占1.04%～39.12%）。泥沙中大多数为已经风化的粘土（其他矿物的碎片，晶体结构已经破坏了的矿物碎片），其硬度较低，而泥沙的硬度主要来源于石英和钠长石。其中，31#机组8月10日涡壳门泥沙样品中石英含量为17.68%，钠长石为39.12%，两者含量超过50%；31#机组8月11日涡壳门泥沙样品中石英含量为7.84%，钠长石为27.73%，两者含量超过40%（表8-64和表8-65），更容易对水轮机产生磨蚀。

此外，从14#、24#、31#机组8月9日蜗壳门泥沙样品扫描电镜的图谱中可以看出14#机组蜗壳门泥沙样品中，石英和钠长石的含量分别为16.66%、7.09%，颗粒形态为细颗粒磨圆度好，对水轮机的磨损作用较小；24#机组蜗壳门泥沙样品中，石英和钠长石的含量分别为15.35%、8.75%，且形态为边缘尖锐的颗粒，加大其对水轮机的磨蚀作用；31#机组蜗壳门泥沙样品中，石英和钠长石的含量分别为12.34%、9.21%，形态石英颗粒磨圆度较好，但还存在一些边缘不太光滑的石英碎片，对水轮机也存在一定程度的磨损。

综上所述，从2010年和2011年监测成果分析来看，三峡过机泥沙中石英和钠长石含量所占比重较大，易对水轮机产生一定的磨蚀作用。

表8-64　三峡过机泥沙的各矿物硬度含量统计

项目	伊利石（%）	蒙脱石（%）	绿泥石（%）	石英（%）	钠长石（%）	钾长石（%）	方解石（%）	白云石（%）	钠闪石（%）	硬度大于5的含量（%）
2010年平均	42.03	4.08	18.71	17.06	8.28	1.85	3.78	2.51	1.72	29.57
2011年平均	49.93	0.42	17.53	15.44	7.39	1.79	4.44	2.17	0.82	25.83

表8-65　硬度大于5的矿物成分（石英、钠长石、白云石、钠闪石）含量统计表

矿物成分含量	2010年		2011年	
排序（硬度>5）	部位（日期）	含量（%）	部位（日期）	含量（%）
1	1#机组锥管门（2010年7月31日）	73.61	31#机组涡壳门（2011.8.10）	57.29
2	26#机组锥管门（2010年8月1日）	58.61	24#机组涡壳门（2011年8月10日）	50.37
3	4#机组涡壳门（2010年7月22日）	48.71	4#机组涡壳门（2011年8月10日）	50.30
4	15#机组涡壳门（2010年8月1日）	15.28	1#机组锥管门（2011年8月10日）	7.33

8.4.6　坝区泥沙淤积机理研究

1. 坝前水流泥沙运动特点

韩其为等在三峡水库淤积平衡后坝区附近过水面积预估研究中，对坝区河段冲淤相对平衡后的平衡面积进行过专门研究，由平衡坡降和曼宁公式得出平衡面积（第一造床流量）公式（韩其为和李云中，2010）：

$$A_c = 0.0279\frac{J_c^{0.5}Q_1}{n_1\omega^{0.664}\bar{S}^{0.616}}\left(\frac{Q_1}{Q}\right)^{0.616} \tag{8-4}$$

从而推算出平衡面积与保留面积关系式：

$$A=\left(\frac{n}{n_1}\right)^{0.6}\left(\frac{Q}{Q_1}\right)^{0.6}\left(\frac{J_c}{J}\right)^{0.3}\left(\frac{B}{B_1}\right)^{0.4}A_c=\beta\left(\frac{B}{B_1}\right)^{0.4}A_c \tag{8-5}$$

$$\beta=\left(\frac{n}{n_1}\right)^{0.6}\left(\frac{Q}{Q_1}\right)^{0.6}\left(\frac{J_k}{J}\right)^{0.3} \tag{8-6}$$

式中，β 是与流量有关的常数；B 为河宽；B_1 为平衡河宽，取值为 896m；A_c 为平衡面积；J_k 为平衡坡降；n_1 为平衡条件糙率。经计算三峡水库取值为：$A_c=16\ 905\text{m}^2$，$J_k=0.693\times10^{-4}$，$n_1=0.0347$。

计算流量为 30 000m^3/s 和 60 000m^3/s，由式（8-6）计算得 β（取三峡一、二围堰期平均值）分别为 1.04 和 1.295；在不同河宽条件下，根据式（8-5）计算坝前的保留面积，并与实测面积对比，其关系见图 8-126。

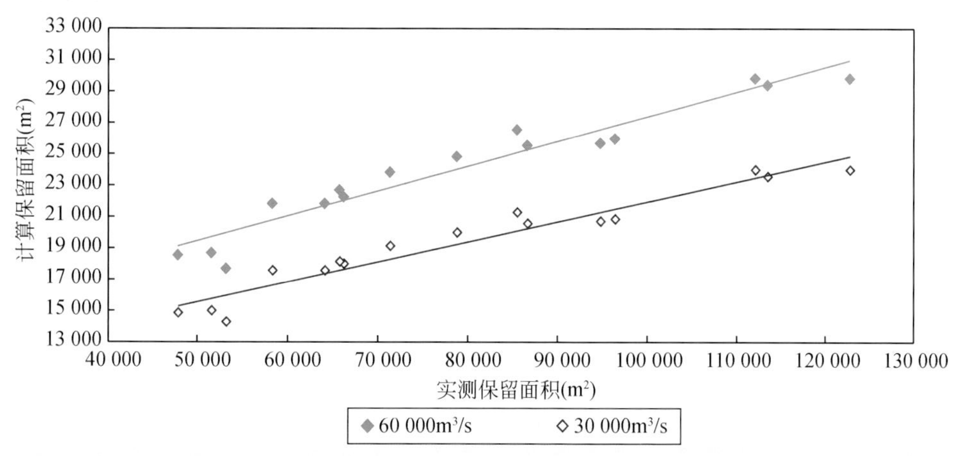

图 8-126　坝前河段计算保留面积与实测保留面积对比关系

无论是流量 30 000m^3/s，或者是流量 60 000m^3/s，其计算保留面积均远小于目前的实测保留面积，实测保留面积是平衡条件下计算保留面积的 3～5 倍。正是由于三峡蓄水初期坝前段过水面积过大，淤积远未达到平衡，而水流挟沙能力又很小，因此，坝前库段泥沙淤积是必然的。三峡水库运用初期，坝前过水面积超过 $6\times10^4\text{m}^2$ 和水面宽超过 1000m 的，主要位于坝前 5km 范围内（图 8-127）。因此，该段也是淤积率最大的库段，这与上述理论分析是十分吻合的。

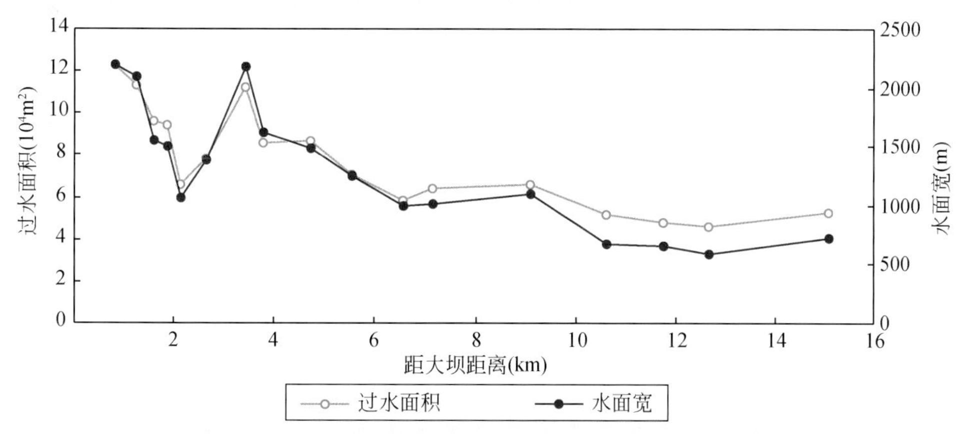

图 8-127　三峡水库运用初期坝前过水面积与水面宽沿程变化图

由于坝前水流泥沙粒径极细，绝大部分为黏土和细粉土，受重力沉降形成近床面的泥浆层，其干容重很小，孔隙率较大，水下休止角亦很小甚至接近于0，因而泥沙在横断面上几乎是呈水平直线形态淤积分布，这也是坝前泥沙平淤深槽特征的重要原因。

2. 永久船闸口门拦门沙淤积成因分析

(1) 口门区拦门沙形成过程

由于引航道及其口门存在斜流、环流、回流和缓流，在航道口门外区域极易形成拦门沙淤积，尤其是在主汛期，随着水流含沙量增大，拦门沙坎的发育较快。如1998年长江大洪水期间，拦门沙坎高程最高达70.1m，为探讨拦门沙淤积成因，以及不同时期的拦门沙坎形态，在2003～2007年汛期专门开展了口门外水文及地形监测工作。

A. 2003年拦门沙形成过程

2003年05月30日地形（永久船闸航道竣工地形）显示拦门沙坎尚未形成，最高点为62.5m。2008月12日所测图表明沙坎已形成一定规模，最高点高程达63.4m，其中63m等高线的区域长约100m、宽约15m，区域主轴方向与主航道线成20°夹角，斜向分布于航道内，区域距离左岸200～215m，该沙坎有渐渐向主航道内推进的趋势。

9月7日，拦门沙坎的最高点从63.4m增高到64.2m，沙坎区域主轴线方向与主航道线仍成20°夹角，斜向分布于航道内，该沙坎已与隔流堤头成整体，63m等高线区域长约220m、宽约40m，比2003年08月10日增长约100m，增宽约25m，区域距离左岸140～215m，范围扩大较多，沙坎已形成且斜侧向位于主航道内［图8-128（a）、图8-128（b）和图8-128（c）］。

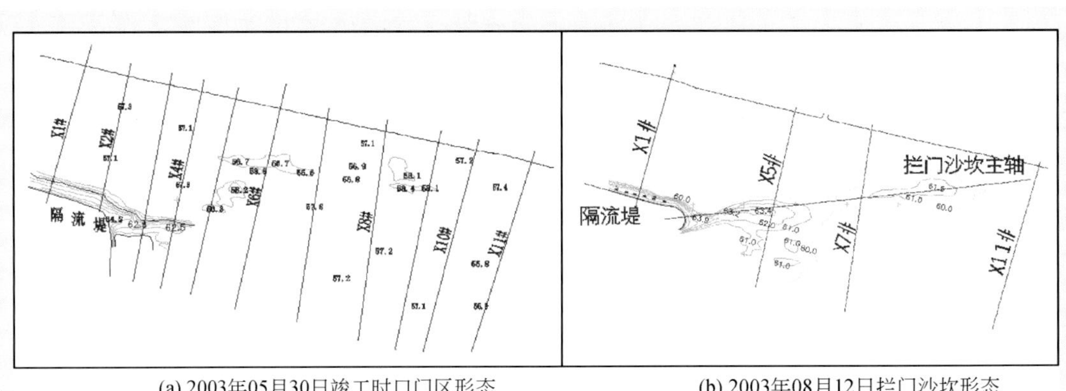

(a) 2003年05月30日竣工时口门区形态　　(b) 2003年08月12日拦门沙坎形态

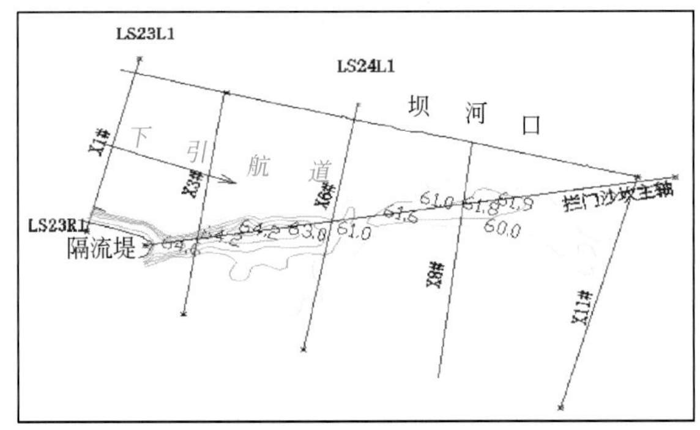

(c) 2003年09月07日拦门沙坎形态

图8-128　2003年汛期拦门沙坎不同时期的平面形态

10 月 14 日口门区以下航道即开始清淤处理，11 月监测地形显示：拦门沙坎已基本消失，主航道底板高程均低于 58m，平均约为 57.7m，整个口门区域内（X1#断面～X11#断面）共计清除淤泥 24.68 万 m^3。清淤效果较理想（如图 8-129，清淤后 11 月所测下引航道口门区图所示）。

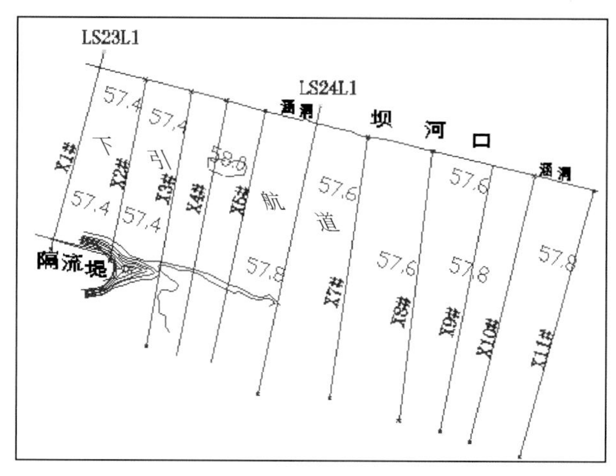

图 8-129　11 月 04 日下引航道口门区清淤后局部地形

B. 2004 年拦门沙形成过程

3 月所测图显示，口门区域由于上年度清淤，地形还较为平坦，拦门沙坎还未开始发育。7 月 21 日，拦门沙坎初步形成，最高点高程为 61.3m。沙坎部位靠近右岸隔流堤头，有渐渐向航道线内发展的趋势。

8 月 21 日，拦门沙坎处于发育阶段，但速度较为缓慢，沙坎最高高程为 61.7m，其主轴方向与中心航向线大约呈 20°夹角，有向航道线内发展的趋势，沙坎最高点距离左岸大约 220m（图 8-130）。

进入 9 月份以来，由于坝址出现 61 000m^3/s 的秋汛洪水过程，来水来沙量大增，沙坎的发展速度也较为迅速，2004 年 09 月沙坎最高高程为 63.4m，其主轴方向与中心航向线大约呈 20°夹角，沙坎头部距离左岸大约 150m，沙坎位置与 2003 年的沙坎相比较下移约 20m。

10 月 27 日后口门区航道经过清淤处理，拦门沙坎已基本消失，主航道底板高程均低于 58m，平均约为 57.7m，整个口门区域内（X1#断面～X11#断面）共计清除淤泥 8.28 万 m^3，效果较理想，图 8-131（d）即为清淤后口门区平面图。

2004 年拦门沙坎与 2003 年相比，2003 年沙坎范围大，发育经历了整个主汛期，其沙坎的最高点高程也要大一些。2004 年主汛期的 7～8 月由于来水来沙偏少较多，拦门沙坎基本没有形成，而在 9 月仅一个秋汛洪峰过程就形成了拦门沙坎，具有发育快的特点，可见拦门沙坎的形成和发展与来水来沙及其时间持续过程密切相关。

C. 2005 年拦门沙形成过程

由于 2005 年汛期来水来沙均偏丰，8 月 6 日所测地形图显示，口门区拦门沙坎已经基本形成，与 2004 年沙坎形态相似，主轴方向与 2004 年沙坎主轴基本平行，位置向上游移动了大约 20m，主航道区域的沙坎最高点高程为 62.4m，其主轴方向与中心航向线大约呈 20°夹角（图 8-131）。

9 月 22 日由于 8 月份上游来沙较丰，口门区拦门沙坎的发育较快，航道线内的沙坎最高点高程为 63.7m，沙坎区域、高程均比 8 月初有所增加，经过汛末人工清淤处理后（清淤量为 12.68 万 m^3），

12 月 16 日地形显示，口门区航道线内底板平均高程为 57.6m，部分区域低于 57.0m。

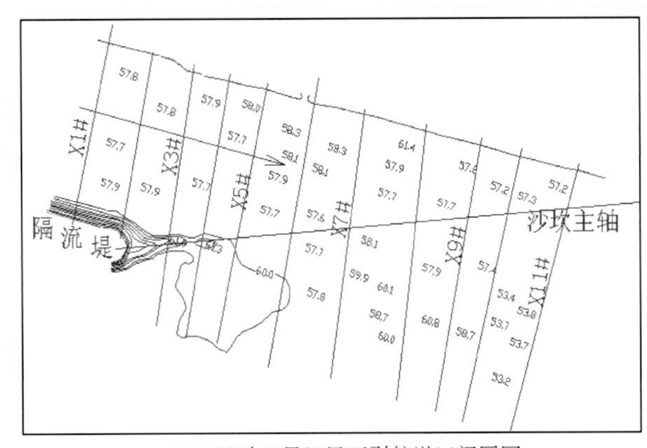

(a) 2004年7月21日下引航道口门区图

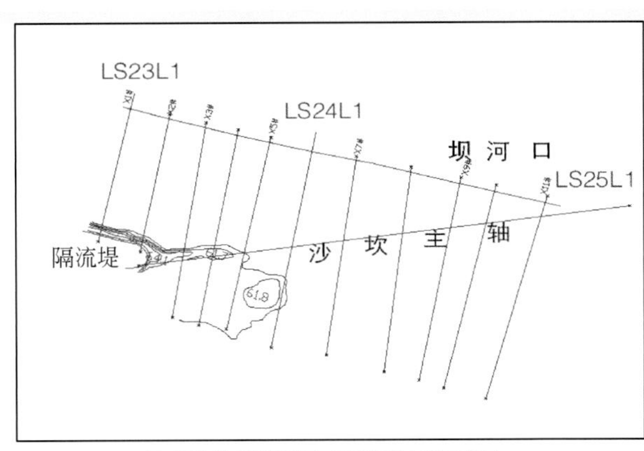

(b) 2004年8月21日下引航道口门区图

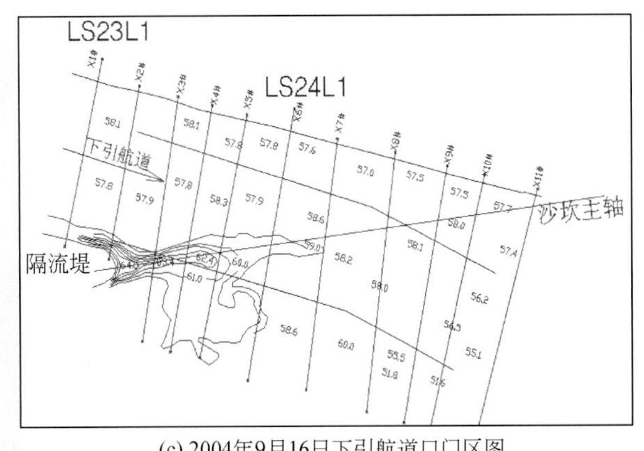

(c) 2004年9月16日下引航道口门区图

(d) 2004年10月27日清淤后下引航道口门区图

图 8-130　2004 年不同时期拦门沙坎平面形态图

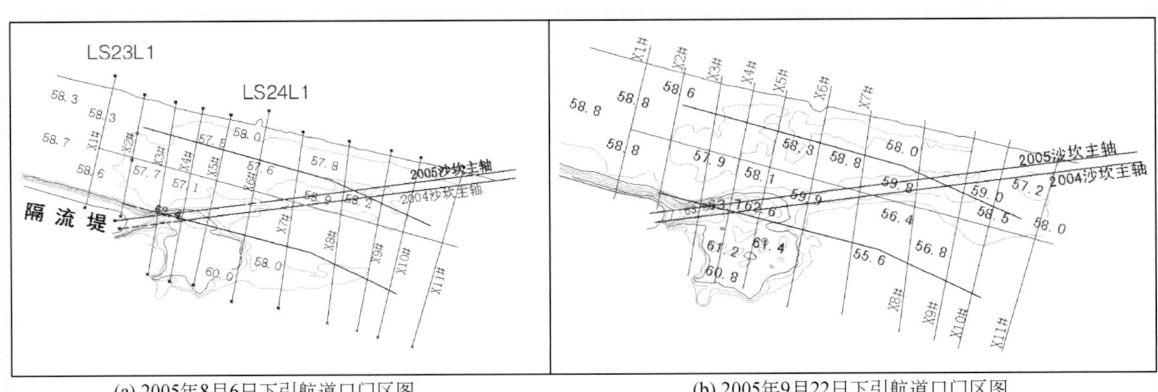

(a) 2005年8月6日下引航道口门区图　　(b) 2005年9月22日下引航道口门区图

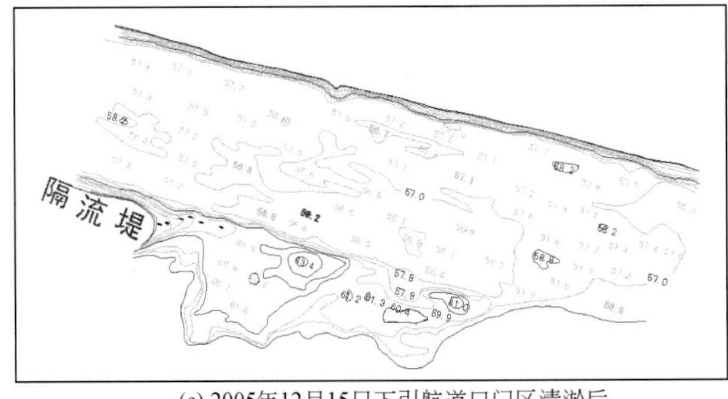

(c) 2005年12月15日下引航道口门区清淤后

图 8-131　2005 年沙坎不同时期发育过程平面形态图

D. 2006 年拦门沙形成过程

2006 年由于水沙较常年偏少，拦门沙坎没有发育形成。9 月 15 日地形显示，由于主汛期上游来水来沙均偏少，口门区淤积也很少，基本没有形成拦门沙坎（图 8-132）。航道内的沙坎最高点为 60. 4m，(位于航道线边缘区域，距离左航道边线仅 2m)，航道内右边缘区域 58. 0m 高程的范围约为 250m×5m（最宽处约 15m）。另外航道内有少许局部区域高程超过 58. 0m。

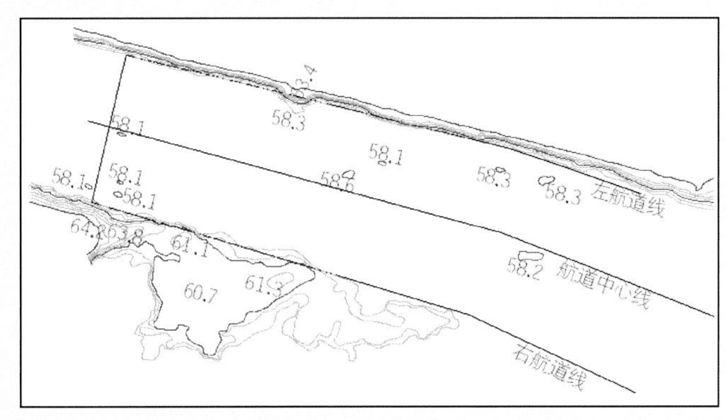

图 8-132　2006 年 9 月 15 日口门区平面形态图

E. 2007 年拦门沙形成过程

拦门沙坎的发育较以往缓慢。2007 年为三峡水库 144 ~ 156m 蓄水运行期的第一年，2005 年、2007 年 1 ~7 月来水过程基本相同（2005、2007 年 1 ~7 月径流量分别为 2152 亿 m^3、2067 亿 m^3），但 2005 年 1 ~7 月输沙量（3234 万 t）比 2007 同期输沙总量（1840 万 t）要偏多近 1 倍。三峡水库 2007 年 1 ~7 月排沙比仅为 18. 5%，远小于 135 蓄水运用期平均 40% 的排沙比，可见 156m 蓄水的运用对水库的排沙影响明显。由于较低的水库排沙率，水库来沙大部分拦蓄于水库内，造成了永久船闸下引航道口门拦门沙坎发育缓慢。

2007 年 8 月拦门沙坎处于发育阶段（图 8-133），航道内沙坎的最高点高程为 61. 1m，沙坎主轴与 2005 年的主轴重合，目前航道内高于 58m 的沙坎范围长 155m，宽 22m，位于右航道边线，对航运不会形成大的影响。

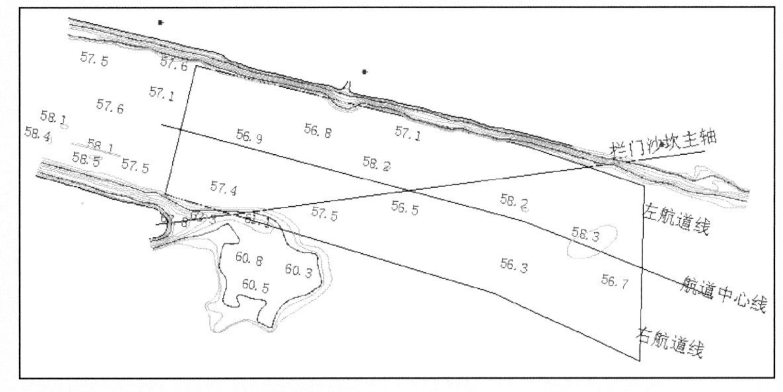

图 8-133　2007 年 8 月 8 日拦门沙坎形态图

F. 2008 年拦门沙形成过程

2008 年三峡水库排沙比相比 2007 年减小明显，从 2007 年的 23. 1% 降低至 14. 8%，下泄沙量的降低，加之2007年底对下引航道及口门区进行了大幅度的人工清淤，从而导致2008年拦门沙坎基本没有发育（图8-134）。口门区域设计航道线内底板平均高程约为56.5m，局部区域高于57m。

G.2009年拦门沙形成过程

2009年8月监测地形显示，拦门沙坎有轻微的发育（图8-135），沙坎最高点高程为60.7m，处于设计航道线右侧边缘区域，从区域位置上看，对船只航行影响不大。沙坎主轴横断面变化上，断面右侧距离设计航道左边线宽约60m的区域高程平均淤高1.10m，沙坎向设计航道线内推进的面积明显增大（图8-136）。

2009年10月拦门沙坎有轻微的发育，57.0m高程线向航道线内推进约40m，57.0m高程线头部有与航道内57.0m高程线斜向连成一体的趋势（图8-135），设计航道内沙坎最高点高程为60.9m，处于设计航道线右侧边缘区域，从区域位置上看，目前对船只航行仍然影响不大。沙坎主轴横断面变化上，断面左侧区域底板平均淤高约0.2m，57.0m的区域明显增大，右侧距离设计右航道线宽约90m的区域高程平均淤高0.50m，沙坎向设计航道线内推进的面积进一步增大，并有可能与左侧航道内57.0m高程线连接成片的发展趋势（图8-136）。

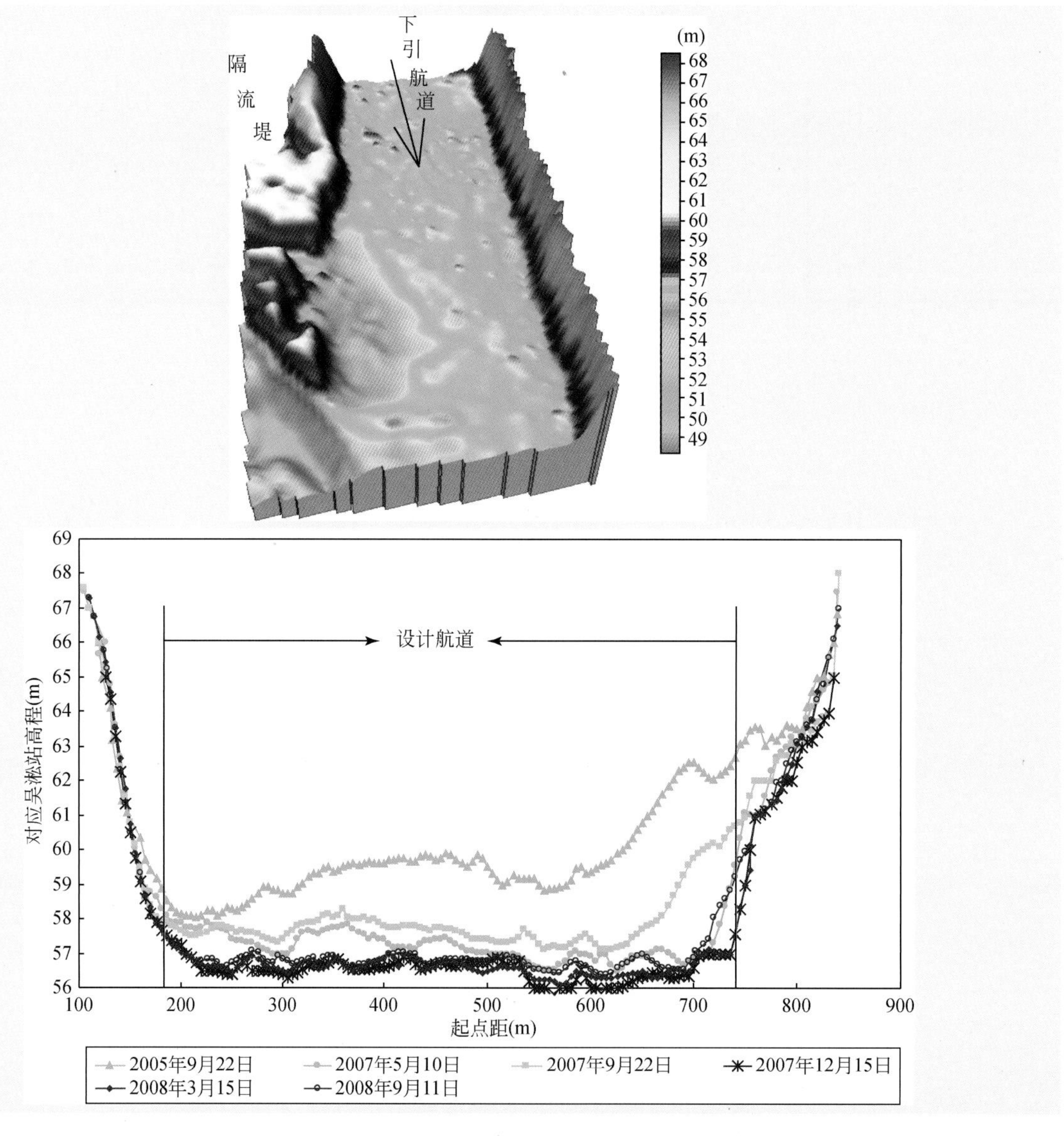

图8-134　2008年口门区域立体及拦门沙坎主轴横断面图

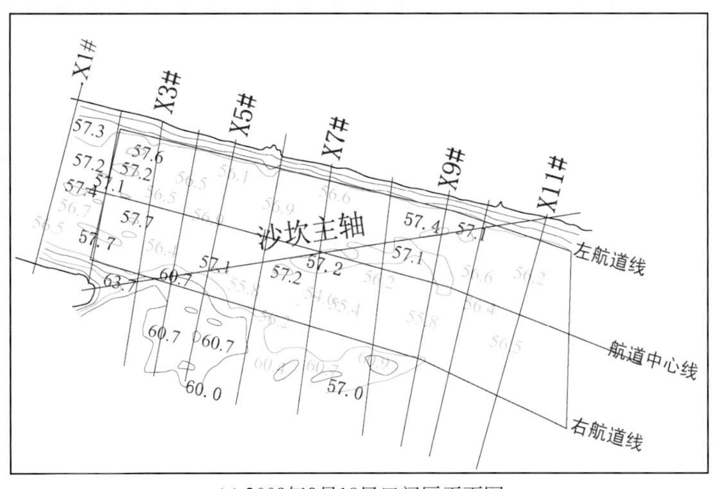

(a) 2009年8月19日口门区平面图

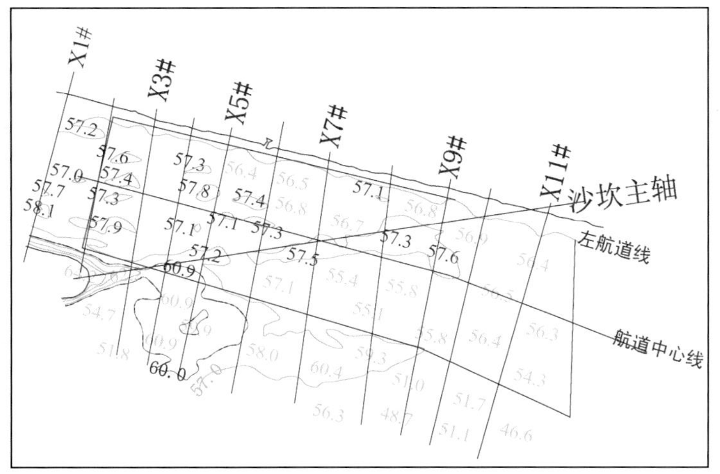

(b) 2009年10月16日口门区平面图

图 8-135　2009 年下引航道口门区沙坎平面形态图

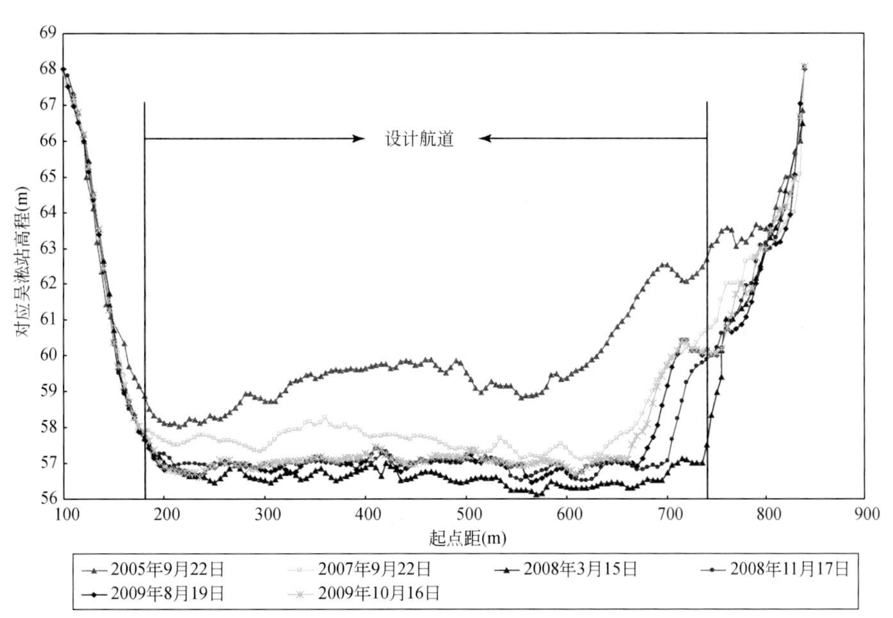

图 8-136　2005～2009 年拦门沙坎主轴横断面变化过程图

(2) 口门外流场变化及淤积机理分析

A. 口门区流速场分布

根据 1998 ~ 2004 年所测下引航道及口门外流速场分布资料，下引航道及口门外区域出现的最大流速为 2.34m/s。下口门外存在斜流、回流、缓流和环流，口门流态如图 8-137 所示。受隔流堤影响，大江水流在口门外形成斜流、环流、回流，将含沙水流带入口门静水区，较粗的泥沙在口门外动静水斜向交界处落淤，即形成拦门沙淤积。较细的泥沙进入航道形成航道内的异重流淤积。

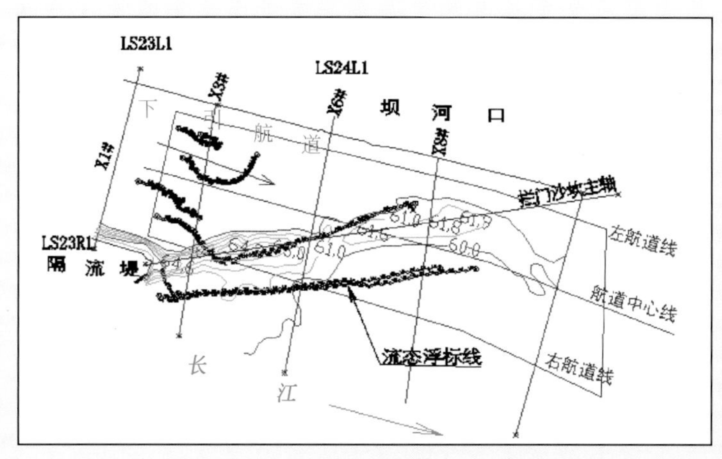

图 8-137　三峡下引航道口门外流态图

图 8-138 ~ 图 8-140 分别为口门区近水表层及近水底层的流速场分布。口门区域流速场的分布反映出的流速流向形态基本与水流水面流速流向一致。在流量为 28 000m³/s 时，口门区最大流速达到 1.36m/s；在流量为 59 000m³/s 时，最大流速为 1.67m/s，最大流速基本为水表层流速，同流量下近底层流速最小。航道内的水流从表层到底层均较为凌乱（流场 1#断面、2#断面），而口门区从表层到底层的水流均是斜向流向左岸，与口门区拦门沙坎的主轴方向基本一致，近左岸侧存在回流现象，由此在口门区形成回流和环流，正是由于口门区域回流和环流的存在，使得泥沙在口门区淤积形成拦门沙坎。

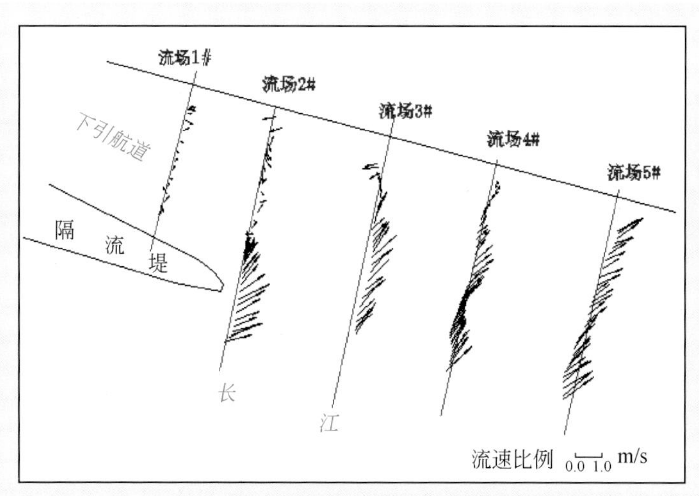

图 8-138　下引航道口门区近水表层水流流速场分布

水深为 1.98m，流量为 28 000m³/s

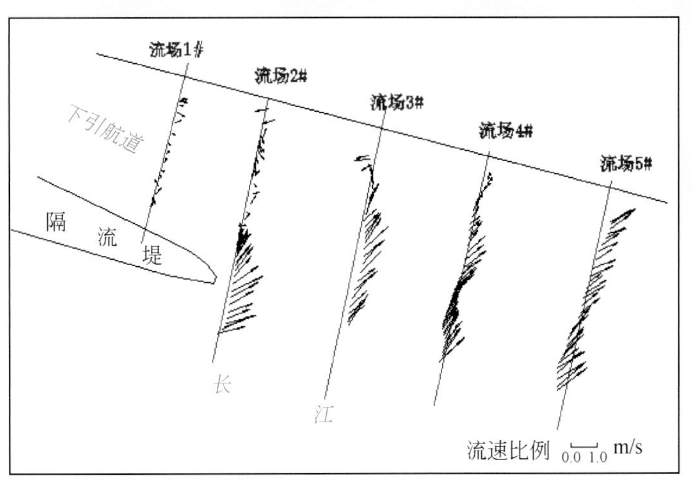

图 8-139　下引航道口门区水中层水流流速场分布

水深为 7.48m，流量为 59 000m³/s

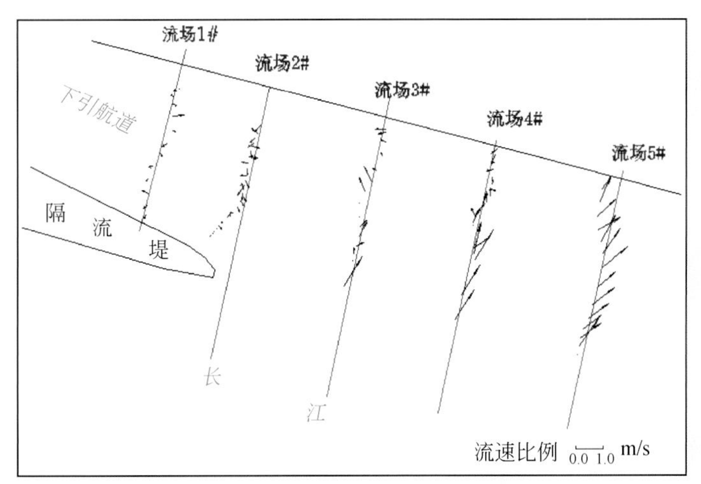

图 8-140　下引航道口门区近水底层水流流速场分布（Q=59 000m³/s）

水深为 13.98m，流量为 59 000m³/s

B. 口门含沙量分布

从口门进入航道内含沙量沿程逐步减小（表 8-66）。如，水库蓄水前，2000 年 7 月 20 日长江流量为 43 000m³/s 时，下引航道口门 LS23 断面平均含沙量为 0.335kg/m³，LS21 断面为 0.166kg/m³，LS19 断面为 0.168kg/m³；2000 年 7 月 26 日长江流量为 21 400m³/s 时，LS23 断面平均含沙量为 0.145kg/m³，LS21 断面为 0.097kg/m³，LS19 断面为 0.098kg/m³。

表 8-66　下口门及航道含沙量沿程分布　（单位：kg/m³）

时间	流量	L24 断面	L23 断面	L21 断面	L19 断面	黄陵庙
2000 年 7 月 20 日	43 000m³/s		0.335	0.166	0.168	1.45
2000 年 7 月 26 日	21 400m³/s		0.145	0.097	0.098	0.410
2003 年 7 月 12 日	41 100m³/s		0.196			0.523

续表

时间	流量	L24 断面	L23 断面	L21 断面	L19 断面	黄陵庙
2003 年 10 月 7 日	21 300m³/s		0.075			0.105
2004 年 7 月 22 日	27 500m³/s	0.251	0.120	0.080	0.054	0.290
2004 年 7 月 28 日	19 000m³/s	0.114	0.064	0.054	0.039	0.114
2004 年 9 月 5 日	31 800m³/s		0.095			0.114
2004 年 9 月 6 日	43 000m³/s		0.152			0.361
2004 年 9 月 8 日	59 000m³/s	0.891	0.321	0.225	0.133	1.51

再如，水库蓄水后，2004 年 7 月 22 日，长江流量 27 500m^3/s 时，LS24 断面平均含沙量为 0.251kg/m^3，LS23 断面为 0.120kg/m^3，LS21 断面为 0.080kg/m^3，LS19 断面为 0.054kg/m^3；2004 年 9 月 8 日，长江流量 59 000m^3/s 时，LS24 断面平均含沙量为 0.891kg/m^3，LS23 断面为 0.321kg/m^3，LS21 断面为 0.225kg/m^3，LS19 断面为 0.133kg/m^3。

水库蓄水后，航道含沙量减少较多，如同流量 43 000m^3/s 下，L23 断面蓄水前后分别为 0.335kg/m^3 和 0.152kg/m^3，减少了 0.182kg/m^3，减幅为 54.6%。

2004 年监测表明，口门外（L24 断面）含沙量约为长江含沙量的 80%，是航道口（L23 断面）含沙量的 2 倍左右。点绘 L23 断面含沙量与长江含沙量的关系（图 8-141），关系较好，可用幂函数表示其关系为

$$C_{sL23} = 0.26C_{s长江}^{0.56}$$

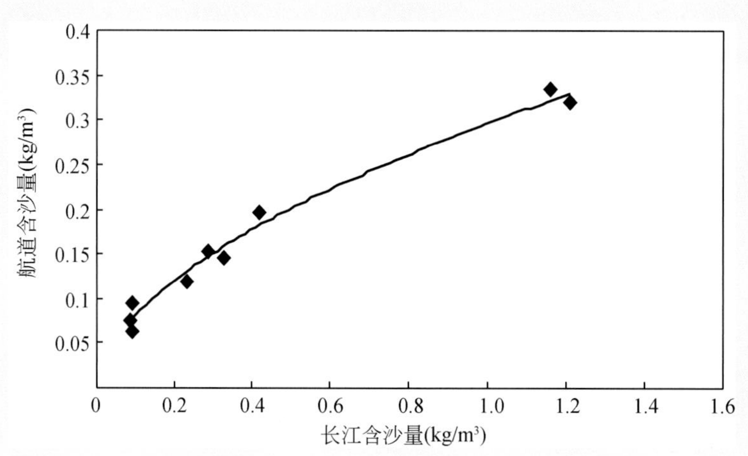

图 8-141　航道（L23）含沙量与长江含沙量关系图

C. 拦门沙淤积高度与出库输沙量的关系

根据水文泥沙监测表明，下引航道口门区存在拦门沙淤积现象，尤其在长江主汛期，随着水流含沙量加大，拦门沙坎的发育较快。如蓄水前 1998 年长江大洪水期间，拦门沙坎高程最高达 70.1m，在汛期进行了近 10 次清淤，以满足通航要求。

三峡水库蓄水后，由于出库沙量大幅减少，拦门沙坎高程也相应降低一些，根据每年清淤前的地形监测表明，2003 年拦门沙坎高程为 64.2m，2004 年为 63.4m，2005 年为 63.7m，2007 年为 61.1m、2009 年为 60.9m。

根据 1998 ~ 2004 年实测水沙资料分析，建立拦门沙淤积高度 H 与来（出库）沙量的关系，如图

8-142 所示。由此可得出下列公式：

$$Z = 58 + 6.67Q_s^{0.42} \tag{8-7}$$

式中，Z 为拦门沙坎的最大高程，Q_S为时段累积输沙量（10^8t）。

根据式（8-7），模拟蓄水后 2003～2005 年拦门沙坎高程演变过程，如图 8-143 所示。其最大拦门沙坎高程分别为：64.3m、63.5m、64.8m，2003～2005 年均在 9 月 10 日左右拦门沙坎达到最大高程。

分析表明，拦门沙淤积高度与沙坎相应形成时段的累积来沙量（出库）的关系较好，该关系可分析和预测口门外淤积状况（表 8-67）。如蓄水前，一般而言，坝区河段在汛期的输沙量约为 4 亿 t，则口门外拦门沙淤积高度约为 10m，对口门外航道影响较大，年内需多次清淤才能满足通航水深要求；蓄水后，水库下泄沙量大幅减小，2003 年和 2004 年输沙量均小于 1 亿 t，2005 年输沙量为 1.1 亿 t，采用相关图模型预估口门外拦门沙淤积高度为 3m 左右，与实际监测一致，这种情况下一般每年只需在汛末进行一次清淤即可满足全年通航要求。

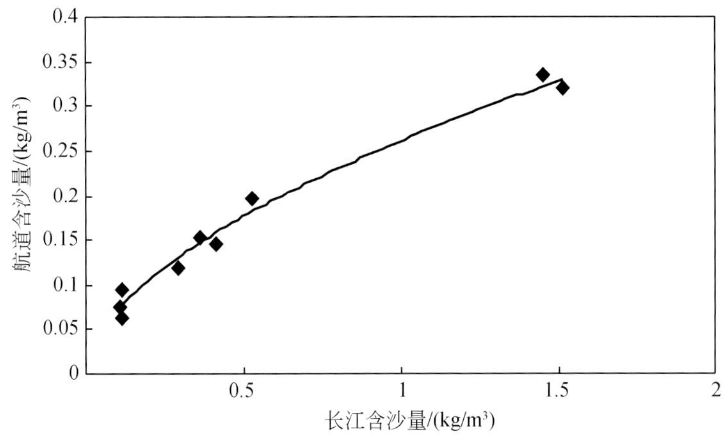

图 8-142　拦门沙淤积高度与时段输沙量关系图

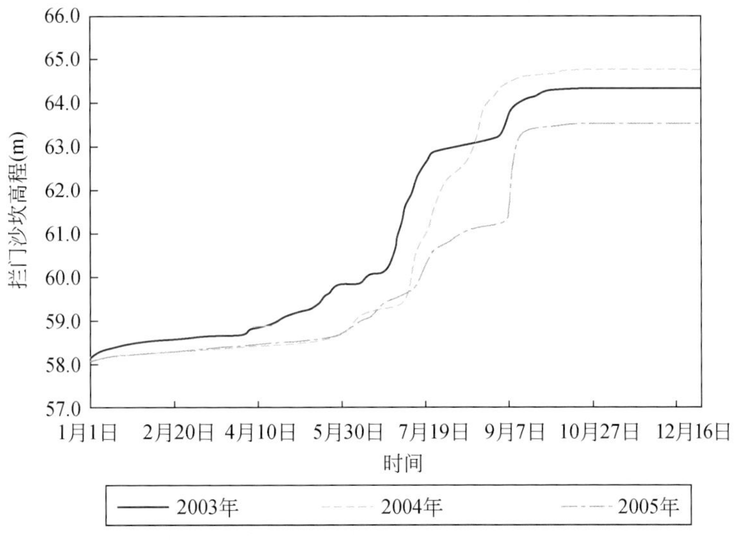

图 8-143　下口门区拦门沙淤积高程演变过程

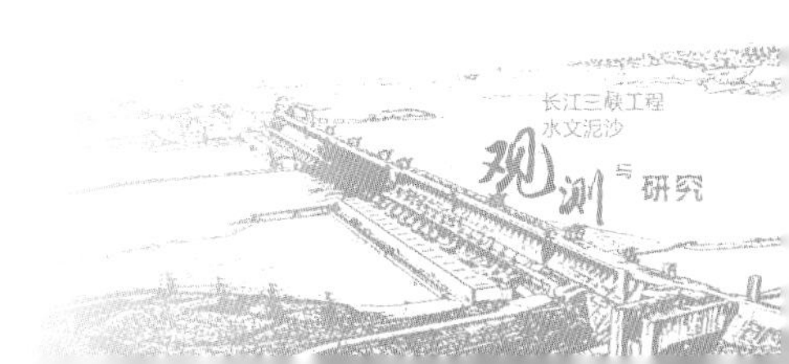

表 8-67 沙坎高度与相应时段累积来沙量统计

时　段	淤积高度（58m 起算）(m)	相应时段累积输沙量（10^8t）
1998 年 5 月 2 日 ~ 1998 年 8 月 21 日	12.6	5.05
1999 年 4 月 3 日 ~ 1999 年 7 月 3 日	9.3	2.3
2003 年 5 月 30 日 ~ 2003 年 7 月 9 日	5.0	0.255
2003 年 5 月 30 日 ~ 2003 年 8 月 12 日	5.4	0.509
2003 年 5 月 30 日 ~ 2003 年 9 月 7 日	6.2	0.806
2003 年 11 月 4 日 ~ 2004 年 7 月 21 日	3.3	0.17
2003 年 11 月 4 日 ~ 2004 年 8 月 21 日	3.7	0.248
2003 年 11 月 4 日 ~ 2004 年 9 月 16 日	5.4	0.657
2004 年 10 月 27 日 ~ 2005 年 8 月 6 日	5.7	1.042
2004 年 10 月 27 日 ~ 2005 年 9 月 22 日	6.7	1.057

8.5　三峡水库汛期中小洪水调度对水库淤积的影响

8.5.1　2010 年汛期中小洪水调度对水库淤积的影响

2010 年 6 月 10 日 ~ 9 月 9 日，三峡水库洪水过程较常年明显增多，洪峰流量大于 50 000m^3/s 的洪水出现 3 次，坝前最大洪峰流量为 70 000m^3/s（7 月 20 日），为宜昌水文站 1877 年实测水文资料的第 3 大洪峰流量。期间，按照长江防总的防洪调度指令，三峡水库进行了 7 次防洪运用，下泄流量基本控制在 40 000m^3/s 以下下泄［图 8-144（a）］，累计拦蓄洪量 264.3 亿 m^3，最大削减洪峰流量 30 000m^3/s，降低沙市水位 2.5m，降低城陵矶水位约 1.0m，有力地保障了长江中下游的防洪安全。

同时，在 7 月下旬的三峡水库防洪运用期间，利用退水时机及时将下泄流量降至 34 000m^3/s 和 25 000m^3/s，提前疏散积压的船只 400 余艘（其中，中小船舶 231 艘），缓解航运压力，也减轻了三峡专用公路翻坝转运的压力。汛期实施中小洪水调度，利用了一部分洪水资源，最高库水位 161.02m，三峡电站实现了 1820 万千瓦满负荷连续运行 168 小时试验。

2010 年 5 月至 10 月，三峡入、出库沙量分别为 2.239 亿 t、0.326 亿 t，库区淤积泥沙 1.91 亿 t，水库排沙比为 14.5%，小于 2003 ~ 2009 年同期的 29.3%，其中 7 月库区淤积泥沙 0.947 亿 t（坝前平均水位为 152.3m，最高、最低水位分别为 161.01m、145.04m），占总淤积量的 49.3%，水库排沙比为 16.8%，小于 2003 ~ 2009 年同期的 26.1%（表 8-68）。对比 2008 年 7 月，三峡入、出库泥沙 0.562、0.050 亿 t，水库淤积 0.512 亿 t，排沙比 8.9%；2009 年 7 月，三峡入、出库泥沙 0.554、0.070 亿 t，水库淤积 0.484 亿 t，排沙比 12.7%。

为定量评估 2010 年汛期中小洪水调度对库区泥沙淤积的影响，本报告分别采用类比分析法和数学模型进行了分析计算。

1. 类比分析法

主要是依据 2003 ~ 2009 年三峡水库实测资料，选取与 2010 年入库水沙过程比较接近的年份，进行对比分析。

2010年汛期三峡水库防洪调度水位较初设规定有所突破。如按照原批准的调度方案，6月10日至9月30日坝前平均水位为146.41m［图8-144（b）］，而坝前实测平均水位为153.53m，较之抬升了近7m；加之入库沙量较2003～2009年有所偏多，水库排沙效果有所减弱、加大了库区的泥沙淤积。

2010年5月至10月，三峡入库（朱沱+北碚+武隆站，下同）平均流量为18 800m^3/s、平均含沙量为0.749kg/m^3，出库（黄陵庙站）平均流量为19 800m^3/s、平均含沙量为0.104kg/m^3；2007年5月至10月入库平均流量为18 000m^3/s、平均含沙量为0.755kg/m^3，出库（黄陵庙站）平均流量为19 900 m^3/s、平均含沙量为0.160kg/m^3。由此可见，2010年5月至10月入库平均水沙条件与2007年5月至10月基本相当（如表8-68所示，2007年5月至10月和2010年同期寸滩站和武隆站流量过程与寸滩站含沙量过程对比分别如图8-145（a）和图8-145（b）所示，三峡坝前水位变化过程对比如图8-146所示，2007年汛期坝前平均水位为146.44m，与设计规定的145m略有抬高，如按照2007年水库汛期排沙比23%来估算，2010年5月至10月水库蓄水位抬高（包含水库汛后提前蓄水等影响）导致水库多淤积泥沙约1890万t。

2010年7月，三峡入库平均流量为32 100m^3/s，较2009年8月的29 400m^3/s偏大9%，实测坝前平均水位为151.03m（如按照原批准的调度方案，坝前平均水位为145.44m），如按照2009年8月排沙比35%（坝前平均水位149.32m）来估算，7月库区比正常情况要淤积泥沙2100万t左右。

2010年7～8月，三峡入库平均流量为27 600m^3/s、大于30 000m^3/s的天数为19d，平均含沙量为1.18kg/m^3，实测坝前平均水位为152.06m（如按照原批准的调度方案，坝前平均水位为145.36m）；2007年7～8月，三峡入库平均流量为25 000m^3/s、大于30 000m^3/s的天数为15d，平均含沙量为1.01kg/m^3，实测坝前平均水位为144.55m。两者入库水沙条件基本相当，如按照2007年7～8月水库排沙比29%来估算，2010年7～8月抬高水库蓄水位（坝前平均水位152.06m，比2007年7～8月实测坝前平均水位144.55m抬高了近8.5m）导致水库多淤积泥沙约2180万t（图8-146）。

在2010年汛期的两次较大洪水的过程中，水库排沙效果也有所减弱，如2010年7月16日至31日，入库（朱沱+北碚+武隆站）最大日均流量为64 060m^3/s，平均流量为40 140m^3/s，此期间进出库沙量分别为0.919亿t和0.158亿t，水库淤积泥沙0.78亿t，相应排沙比仅为16.9%，期间坝前平均水位为155.1m（最高、最低水位分别为161.01m、146.30 m）；2010年8月20至31日，最大日均流量为53 880m^3/s，平均流量为32 200m^3/s，此期间进出库沙量分别为0.441亿t和0.0293亿t，水库淤积泥沙0.41亿t，相应排沙比也仅为6.9%，坝前平均水位为154.81m（最高、最低水位分别为159.98m、146.95 m）。

表8-68　2010年5～10月进出库沙量统计表　（单位：万t）

月份	5月	6月	7月	8月	9月	10月	5～10月
入库沙量	251	1099	11 324	6091	2667	962	22 394
出库沙量	10	48	1904	962	321	13	3258
淤积量	241	1051	9420	5129	2346	949	19 136
排沙比	3.9%	4.3%	16.8%	15.8%	12.0%	1.4%	14.5%

综上所述，据初步估算，2010年汛期实施中小洪水调度和汛后提前蓄水，三峡水库坝前水位比原

设计值抬高，加之2010年三峡入库沙量较2003～2009年有所偏多，导致库区多淤积泥沙约2000万t（如按照库区实测淤积物平均干容重1.09t/m^{3}计算，则约合1830万m^3），占同期库区泥沙淤积量的10%左右。

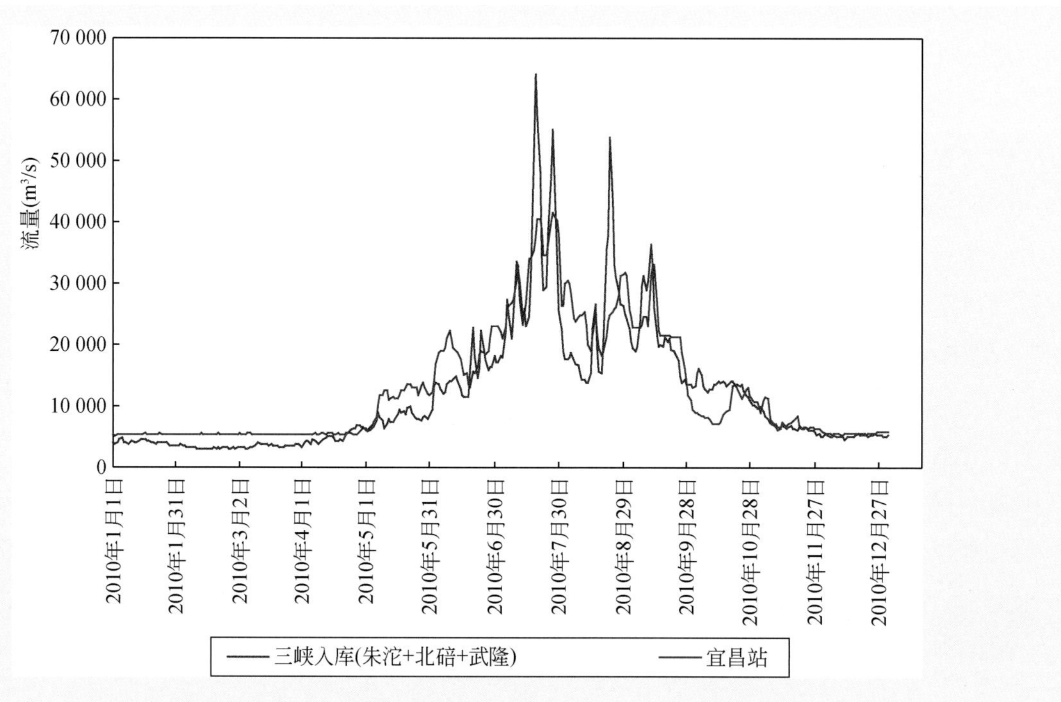

图8-144(a)　2010年三峡入库（朱沱+北碚+武隆）、宜昌站流量对比图

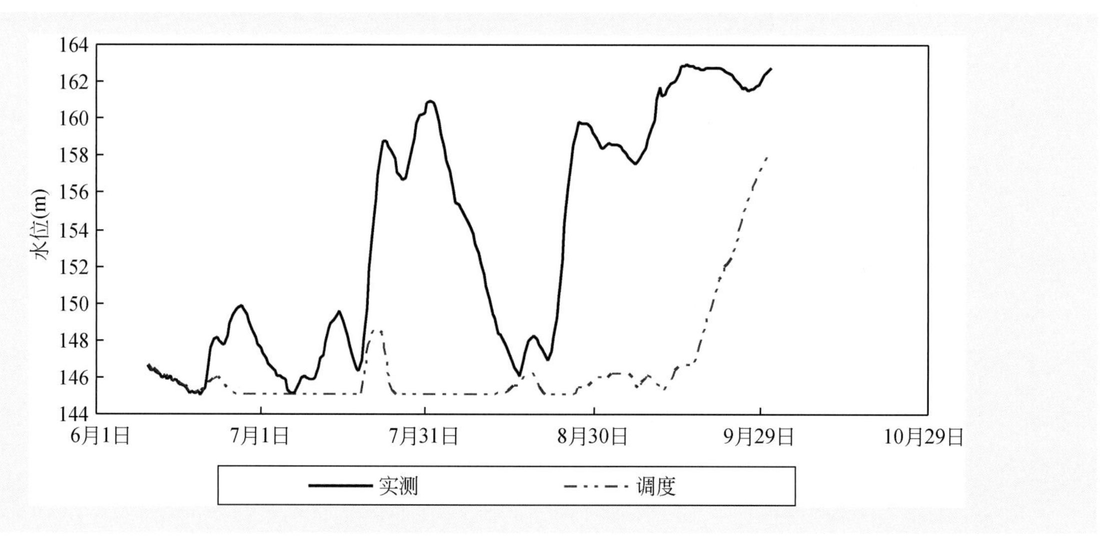

图8-144(b)　2010年汛期中小洪水调度后的坝前实测水位与按初设规定调度规程条件下的坝前水位（调度）变化过程对比

2. 数学模型计算

为分析三峡水库2010年汛期中小洪水调度对库区泥沙冲淤量的影响，首先采用一维水动力学模型，计算得到按初设规定调度规程条件下的坝前水位与出库流量变化过程，其与实施中小洪水调度后的坝前实测水位与出库流量过程对比分别如图8-144（b）和图8-147。

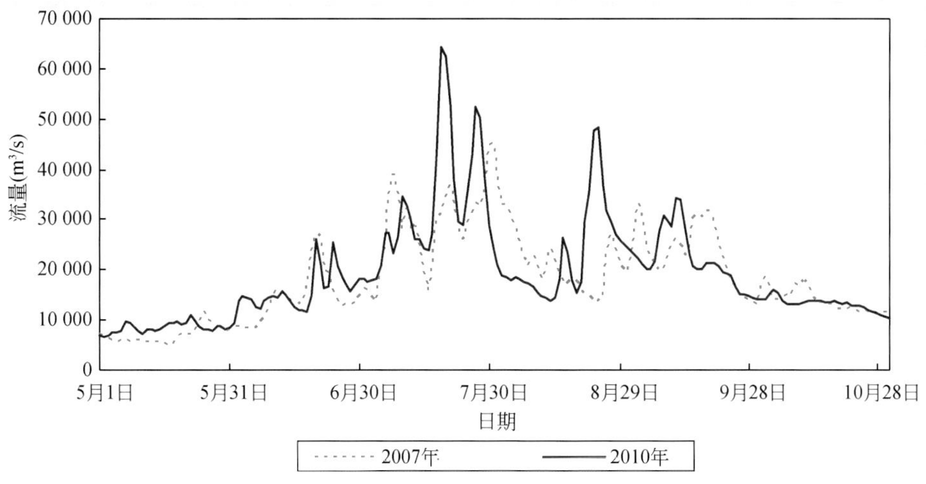

图 8-145(a) 2007 年、2010 年 5 ~ 10 月三峡入库站（寸滩+武隆站）流量过程对比

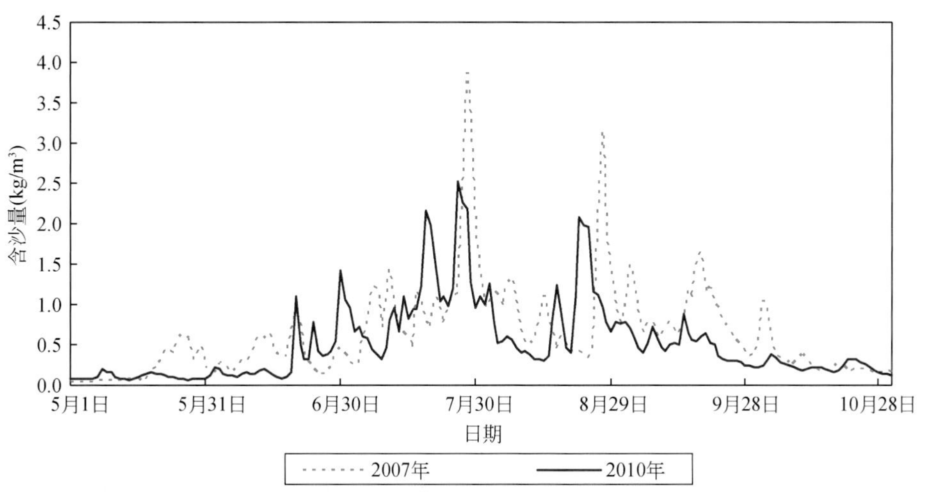

图 8-145(b) 2007 年、2010 年 5 ~ 10 月寸滩站含沙量过程对比

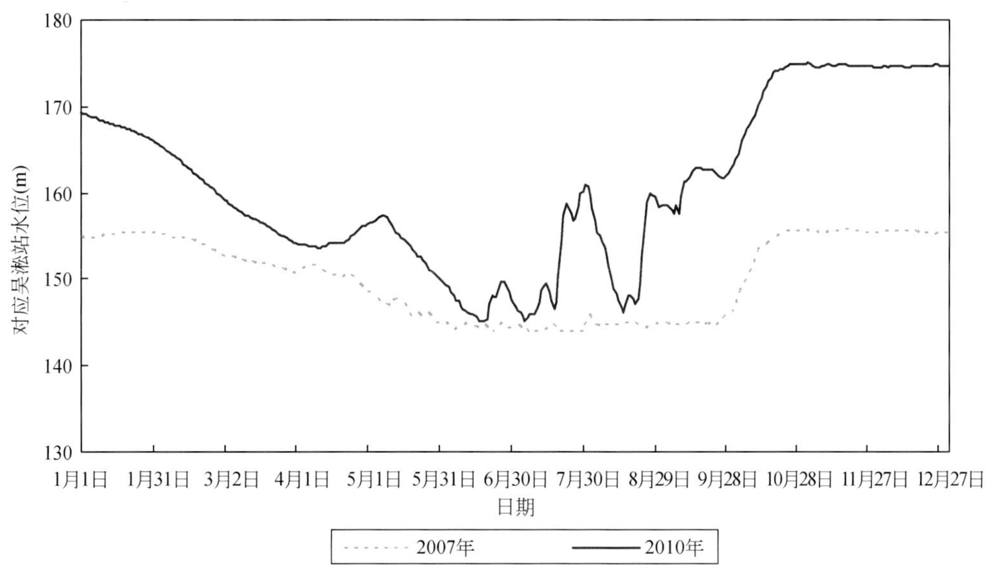

图 8-146 2007 年、2010 年 5 ~ 10 月三峡水库坝前水位过程对比

在采用2009年10月库区实测地形的基础上，分别以2010年汛期实测的进出库水沙过程和按调度规程计算的水沙过程作为模型的计算边界条件，采用一维水沙数学模型，对2010年6月10日至9月30日的三峡库区泥沙冲淤大小及分布进行了计算（表8-69）。结果表明，2010年汛期6月10日至9月30日三峡水库实施中小洪水调度后，库区多淤积泥沙约930万 m^3，占库区总淤积量的8%。其中，库尾朱沱至清溪场段多淤积泥沙150万 m^3（多淤比例为5%）；清溪场至万县段多淤积泥沙550万 m^3（多淤比例为7%）；万县至大坝段多淤积泥沙230万 m^3（多淤比例为30%）。

综上所述，据初步估算，2010年汛期三峡水库水位比原设计值145m抬高了近11.4m，导致库区多淤积泥沙约2000万t（约合1830万 m^3），占同期库区泥沙淤积量的10%；其中6月10日~9月30日三峡水库实行施小洪水调度，导致库区多淤积泥沙约930万 m^3，占同期库区总淤积量的8%，大部分都淤积在清溪场以下的常年回水区内。

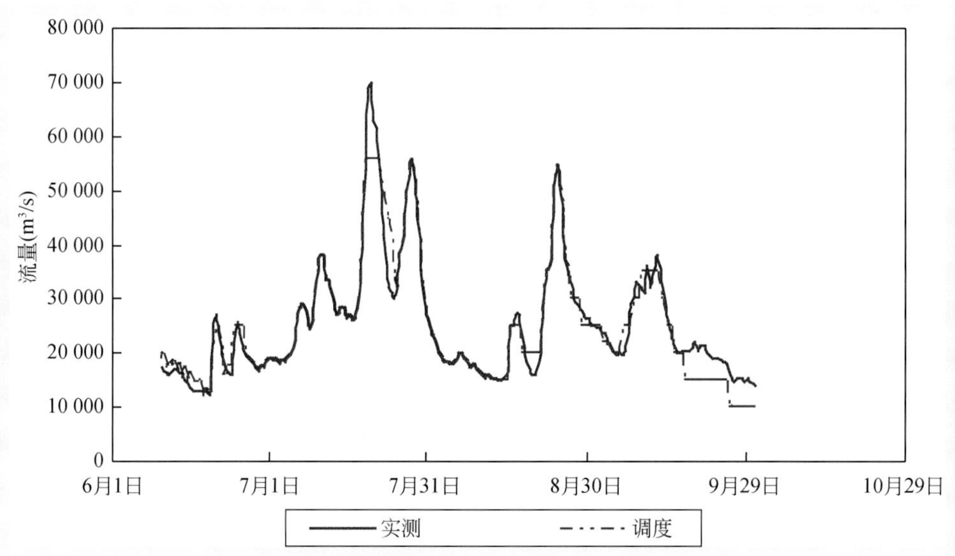

图8-147　2010年汛期中小洪水调度后的出库流量（实测）与按初设规定调度规程条件下的出库流量（调度）过程对比

表8-69　2010年汛期中小洪水调度前后三峡水库库区泥沙冲淤分布变化

河段	计算值（万 m^3）			
	调度前	调度后	相差	比例
朱沱至清溪场段	3 001	3 150	150	5%
清溪场至万县段	7 900	8 451	551	7%
万县至大坝段	768	996	227	30%
合计	11 669	12 597	928	8%

8.5.2　2011年汛期中小洪水调度对水库淤积的影响

2011年5月至10月，三峡入、出库沙量分别为0.971亿t、0.0593亿t，水库排沙比为6.1%，小于2008~2009年同期的17.2%，也小于2010年的14.5%。其主要原因是：①汛期三峡入库流量小，5~10月平均流量仅为13 500m^3/s，不仅小于2008~2009年同期均值17 300m^3/s，也小于2010年的

18 800m³/s；与 2006 年同期均值 12 200m³/s 相比，也仅偏大 11%（图 8-148）。②汛期洪水多为尖瘦型、洪峰持续时间短，流量大于 30 000m³/s 的天数仅为 6d，也导致水库排沙比较小。

2011 年 8 月初，三峡水库有一次拦蓄洪水过程，至 8 月 9 日坝前水位达到 153.53m，其余时段基本保持在 145 ~150m 运行。据实测资料统计，2011 年 7 ~8 月三峡坝前平均水位为 147.8m，入库最大流量和平均流量分别为 37 260m³/s 和 17 800m³/s；朱沱站最大含沙量为 2.05kg/m³。根据三峡水库一维水沙数学模型计算，与汛期三峡水库坝前水位 145m 相比（图 8-149），三峡水库汛期短时间段内抬高了库水位，7 ~8 月库区仅多淤积泥沙约 94 万 m³（表 8-70）。

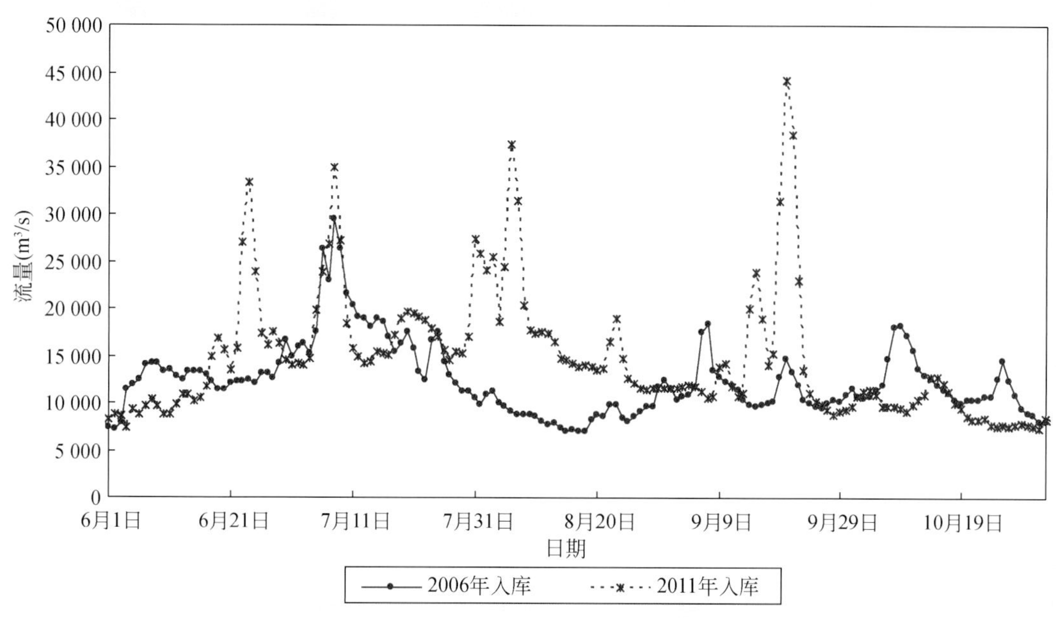

图 8-148　2011 年 6 ~9 月三峡入库流量过程与 2006 年同期对比

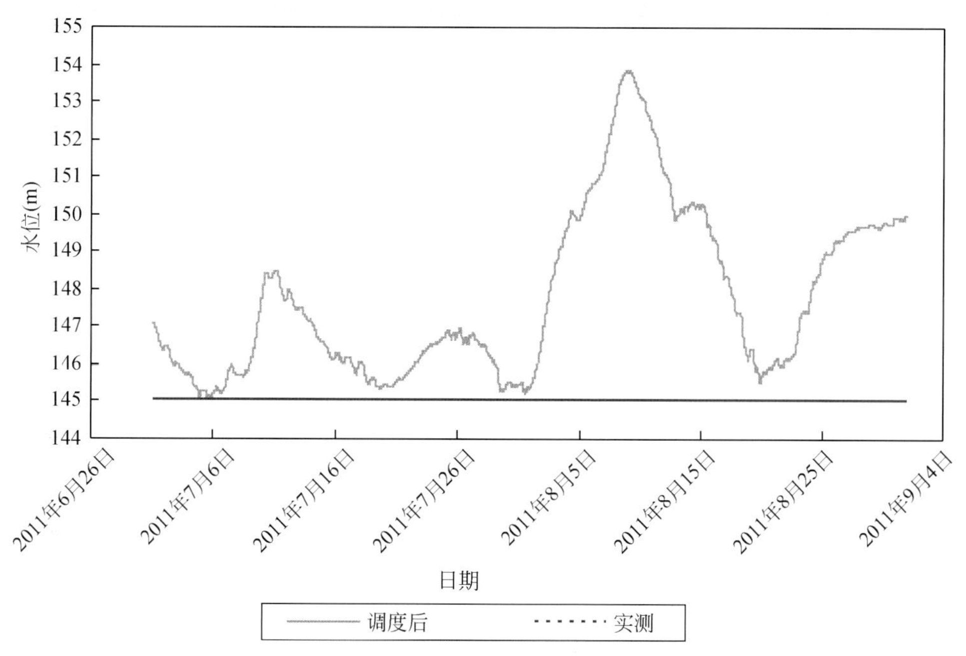

图 8-149　2011 年三峡水库坝前实测水位变化过程

表 8-70　2011 年 7 ~ 8 月中小洪水调度前后三峡水库库区泥沙冲淤分布变化

河段	计算值（万 m^3）			
	调度前	调度后	相差	比例
朱沱至清溪场段	-910	-902	8	-1%
清溪场至丰都段	509	523	14	3%
丰都至大坝段	1121	1194	72	6%
合计	721	815	94	12%

8.5.3　2012 年汛期中小洪水调度对水库淤积的影响

2012 年 7 月，寸滩站最大流量为 66 900m^3/s（24 日 10 时），最大含沙量为 2.60kg/m^3（24 日），武隆站平均流量为 2600m^3/s，最大含沙量为 0.044kg/m^3。期间，三峡水库进行了削峰、滞洪调度，将出库流量控制在 40 000 ~ 45 000m^3/s，黄陵庙站最大流量 45 300m^3/s（28 日 14 时）。三峡水库坝前水位也经历一次上涨过程，由 7 月 1 日的 145.47m 抬升至 15 日 8 时的 158.66m，23 日 15 时水位回落至 155.81m，之后坝前水位又上涨，27 日 10 时上涨至 163.06m，然后回落，坝前水位 7 月 31 日 21 时降至 159.48m。

7 月份，三峡入库总沙量为 10 880 万 t，出库总沙量为 3030 万 t，库区淤积泥沙 7850 万 t，水库排沙比为 27.8%，与 2008 ~ 2011 年相比水库排沙效果有所增强（表 8-71）。从淤积沿程分布来看，清溪场以上变动回水区内淤积 3358 万 t，占总淤积量的 41.5%；常年回水区内清溪场至万县段冲刷了 338 万 t，万县至大坝库段淤积泥沙 5080 万 t，占总淤积量的 62.7%。

其中，在 7 月份几场入库洪水过程中，7 月 4 ~ 8 日水库排沙比为 35%，9 ~ 14 日水库排沙比为 43%，16 ~ 22 日水库排沙比为 21%，23 ~ 26 日水库排沙比为 15%。根据计算，与初步设计调度方案相比，7 月 4 ~ 26 日三峡水库进行削峰调度，导致水库多淤积泥沙约 1100 万吨（比例约为 20%），且主要集中在万县以上库段（常年回水区上段和变动回水区中下段）。

但在 7 月 27 ~ 31 日，三峡水库逐步加大下泄流量至 43 000m^3/s ~ 45 800m^3/s（图 8-150），坝前水位逐步下降（图 8-151），沙峰抵达坝前后，黄陵庙含沙量明显增大，水库排沙效果增强，水库排沙比达到 47%（表 8-72 和图 8-152）。

表 8-71　2012 年 7 月三峡入、出库沙量与同期对比

项目	入库沙量（万 t）	出库沙量（万 t）	水库淤积（万 t）	水库排沙比
2008 年 7 月	5 620	510	5 110	9%
2009 年 7 月	5 540	720	4 820	13%
2010 年 7 月	11 370	1 930	9 440	17%
2011 年 7 月	3 500	260	3 240	7.4%
2012 年 7 月	10 880	3 030	7 850	27.8%

表 8-72　2012 年 7 月份三峡水库泥沙淤积统计

时间段	入库输沙量（万 t）	清溪场站输沙量（万 t）	万县站输沙量（万 t）	出库输沙量（万 t）	排沙比（%）
7 月 4 日 ~7 月 8 日	1693	1307	2115	600	35
7 月 9 日 ~7 月 14 日	1817	1236	1450	780	43
7 月 16 日 ~7 月 22 日	1936	1117	771	409	21
7 月 23 日 ~7 月 26 日	2722	1924	1562	397	15
7 月 27 日 ~7 月 31 日	1090	762	1104	511	47

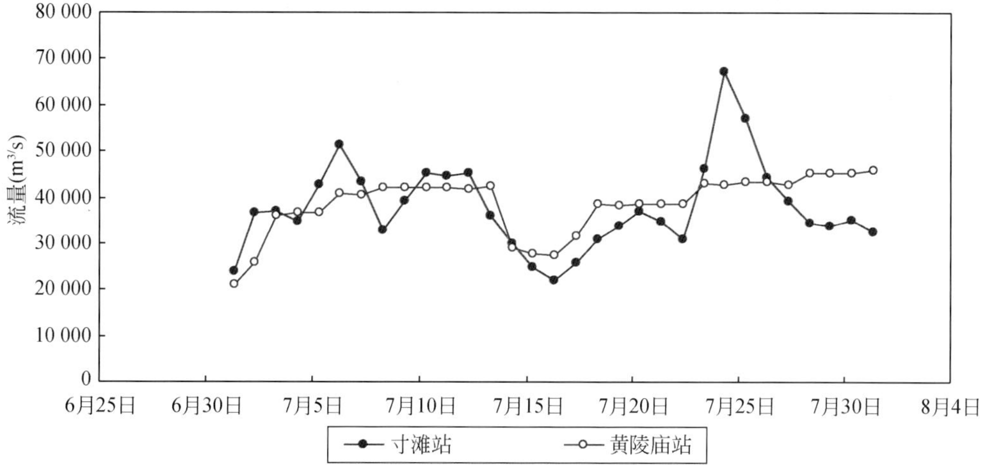

图 8-150　2012 年 7 月份寸滩、黄陵庙站流量过程对比

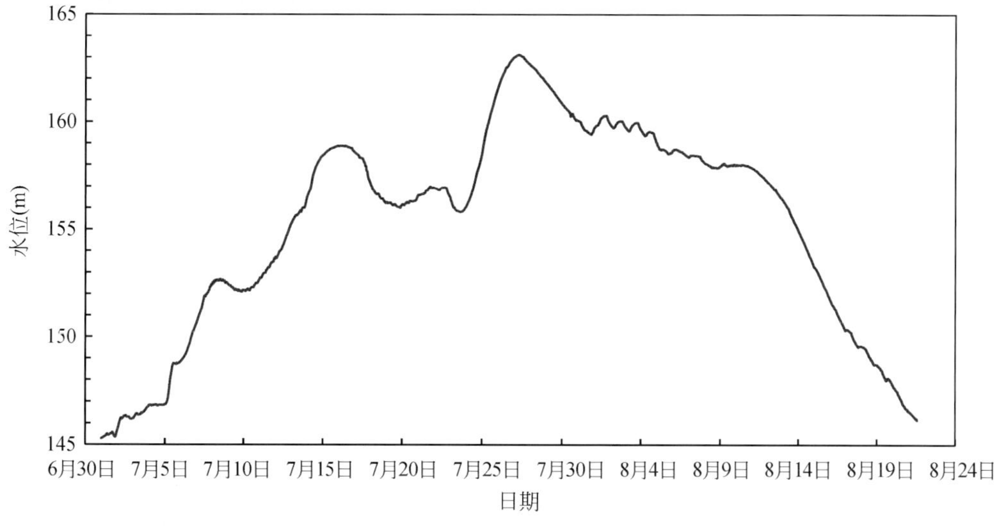

图 8-151　三峡水库坝前水位变化过程

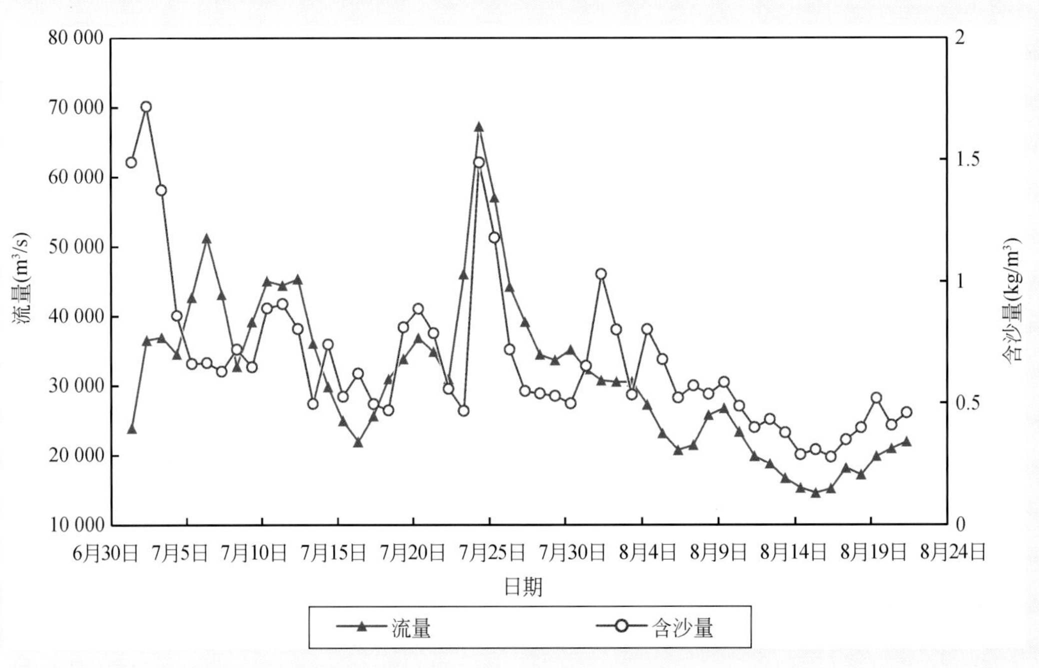

图 8-152(a) 寸滩站流量和含沙量过程线

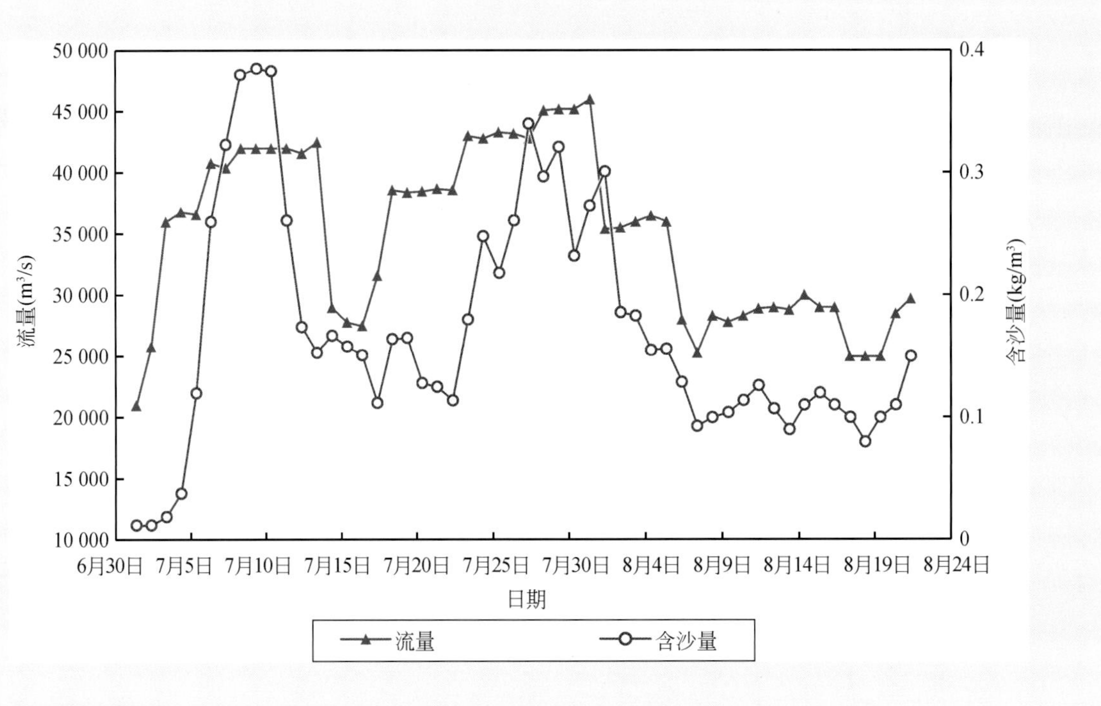

图 8-152(b) 黄陵庙站流量和含沙量过程线

综上所知，近年来，三峡水库汛期为减轻长江中下游的防洪压力，进行了中小洪水调度，虽在短时间内增大了水库淤积，但绝对数量仍较小，且大部分淤积在常年库区的死库容内。

8.6 三峡水库库尾河段减淤调度试验

8.6.1 库尾泥沙冲淤特性

不同时期三峡水库库尾重庆主城区河段的泥沙冲淤特性分析已在前文详述，本节主要介绍库尾铜锣峡至涪陵段的泥沙冲淤特性。

三峡水库175m试验性蓄水以来，各年的汛前消落期内，除2009年汛前消落期库尾铜锣峡至涪陵段（河道形势如图8-46所示）表现为淤积外，其他年份该河段均发生了不同程度的泥沙冲刷。

1）2009年汛前消落期。2008年11月15日，三峡水库坝前水位为172.46m，4月30日坝前水位消落至159.70m。其间，坝前平均水位为166.33m。朱沱站平均流量为3650m^3/s，寸滩站平均流量为4580m^3/s，北碚站平均流量为702m^3/s，清溪场站平均流量为5720m^3/s。其间，铜锣峡至涪陵段淤积泥沙563万m^3，主要淤积在宽谷段。其中铜锣峡至李渡镇段（S323断面～S273断面）淤积泥沙557万m^3，李渡镇至涪陵段微淤6.0万m^3。

2）2010年汛前消落期。2009年11月～2010年4月，2009年11月15日，三峡水库坝前水位为170.86m，4月30日坝前水位消落至156.27m。其间，坝前平均水位为163.30m。朱沱站平均流量3080m^3/s，寸滩站平均流量为3880m^3/s，北碚站平均流量614m^3/s，清溪场站平均流量为4680m^3/s。其间，铜锣峡至涪陵河段冲刷泥沙237万m^3，其中铜锣峡至李渡镇河段冲刷泥沙189万m^3，李渡镇至涪陵河段则冲刷48万m^3。冲刷量较大的部位主要位于黄草峡、明月沱至盐巴碛、广阳坝附近。

3）2011年汛前消落期。2010年11月15日，三峡水库坝前水位174.80m，至2011年1月13日水位消落至174.03m，2月8日消落至170.0m，3月16日消落至165m，3月30日消落至163m，4月12日消落至161m，4月16日消落至160m，5月3日消落至156.3m，5月11日消落至154.8m，坝前平均水位为166.29m。朱沱站平均流量为3700m^3/s，寸滩站平均流量为4570m^3/s，北碚站平均流量为610m^3/s，清溪场站平均流量为5430m^3/s。

2010年11月中旬至2011年5月11日，随着坝前水位的逐渐消落，铜锣峡至涪陵河段冲刷泥沙748万m^3，占2010年河段总淤积量2285万m^3的33%。从纵向分布来看，铜锣峡至李渡镇河段冲刷681万m^3，李渡镇至涪陵河段冲刷68万m^3，冲刷量较大的部位主要位于涪陵、黄草峡和广阳坝附近。

8.6.2 2011年汛前库尾减淤调度试验

2011年5月4日9：00至5月5日20：00，三峡集团公司对三峡水库库尾河段进行了减淤调度试验。期间，三峡水库坝前水位由4月11日的161.23m，降至5月4日8：00的156.23m，5月5日20：00降至155.48m，至5月9日8时降至154.97m。同时，三峡水库加大下泄流量，宜昌站流量为7200～10 300m^3/s，平均流量为8900 m^3/s，同期入库流量为5700～6500 m^3/s，平均流量为6170 m^3/s。

为观测减淤调度试验期间三峡水库库尾泥沙冲淤情况，按照三峡集团公司的要求，长江委水文局于5月3日和5月11日对重庆铜锣峡至涪陵约110km河段内的58个固定断面进行了测量。

1. 重庆主城区河段河床冲淤

2010 年 12 月 16 日至 2011 年 5 月 8 日，随着三峡坝前水位的逐渐消落，重庆主城区河段河床出现了一定冲刷。其间，重庆主城区河段累计冲刷 283.9 万 m^3（占 2010 年全年淤积量的 84%）。从冲淤分布来看，长江干流朝天门以上河段、以下河段和嘉陵江段冲刷量分别为 67.4 万 m^3、153.0 万 m^3、63.5 万 m^3。

各重点河段中，九龙坡、猪儿碛、寸滩和金沙碛河段均有所冲刷，冲刷量分别为 22.3 万 m^3、4.4 万 m^3、2.4 万 m^3 和 6.0 万 m^3。

其中，2011 年 4 月 30 日至 5 月 8 日期间寸滩站流量基本上在 5700m^3/s 左右，水位也基本为 160 ~ 161.5m。重庆主城区河段河床略冲 14.2 万 m^3，其中河槽冲刷 15.3 万 m^3，边滩略淤 1.1 万 m^3。从冲淤分布看，长江干流朝天门以下河段略淤 6.2 万 m^3，长江干流朝天门以上河段和嘉陵江段冲刷 14.5 万 m^3 和 5.9 万 m^3。

各重点河段中，胡家滩、猪儿碛和金沙碛河段分别冲刷 3.9 万 m^3、5.3 万 m^3 和 1.4 万 m^3，九龙坡和寸滩河段则各略淤泥沙 1.1 万 m^3。

2. 铜锣峡至涪陵河段河床冲淤

2010 年 11 月中旬至 2011 年 5 月 11 日，随着坝前水位的逐渐消落，铜锣峡至涪陵河段冲刷泥沙 748 万 m^3，占 2010 年河段总淤积量 2285 万 m^3 的 33%。从纵向分布来看，铜锣峡至李渡镇河段冲刷 681 万 m^3，李渡镇至涪陵河段冲刷 67 万 m^3。

1）2010 年 11 月至 2011 年 5 月 3 日，随着坝前水位的逐渐消落，铜锣峡至涪陵河段冲刷泥沙 869 万 m^3，占 2010 年河段总淤积量 2285 万 m^3 的 38%，单位河长冲刷量为 7.8 万 m^3/km。从纵向分布来看，铜锣峡至李渡镇河段冲刷 870 万 m^3，李渡镇至涪陵河段则冲淤基本平衡，仅略淤 1 万 m^3。

2）2011 年 5 月 3 日至 5 月 11 日，寸滩站流量表现为“涨—落—涨”的过程，5 月 3 日 2 时流量 4900m^3/s，5 月 4 日 2 时增大至 5870m^3/s，5 月 7 日 20 时减小至 3890m^3/s，5 月 11 日 14 时增大至 6620m^3/s；期间坝前水位变化不大，由 156.4m 消落至 154.8m，消落幅度为 1.6m。

2011 年 5 月 3 日至 5 月 11 日，铜锣峡至涪陵河段淤积泥沙 121 万 m^3。主要表现为“上淤、下冲”，上段铜锣峡至李渡镇段淤积泥沙 189 万 m^3，李渡镇至涪陵河段则冲刷泥沙 68 万 m^3。其中，洛碛、青岩子河段分别淤积泥沙 79.2 万 m^3、39.8 万 m^3。

综上分析可知，在三峡水库 2011 年汛前减淤调度试验期间，由于水库上游来水偏小、坝前水位消落幅度不大，且时间较短，对三峡水库库尾河段河床冲刷影响不明显，但对位于变动回水区下段的李渡至涪陵河段则有一定拉沙效果。

8.6.3 2012 年汛前库尾减淤调度试验

为进一步探索三峡水库库尾泥沙冲淤规律，根据长江防总的安排和部署，2012 年 5 月 7 日 0 时，三峡水库进行了库尾减淤调度试验。其间，三峡水库水位按每天 0.5m 均匀消落，当消落至 157m 时恢复正常调度。受中国长江三峡集团公司的委托，长江水利委员会水文局在加强重庆主城区河段河床冲淤观测的基础上，结合三峡水库上游来水来沙变化特性和三峡水库库尾重庆铜锣峡至涪陵约 110km 河段消落期泥沙冲淤特点及规律，及时开展了2012年三峡水库库尾消落期减淤调度监测工作。

其间，2012年5月7日至25日，三峡水库坝前水位从161.92m逐渐消落至153.65m。期间，受上游来水和三峡水库调度共同影响，寸滩站水位呈小幅波动，流量有所增大，流量由4560m^3/s增大至8570m^3/s，平均流量7570m^3/s；朱沱站平均流量5420m^3/s；嘉陵江北碚站流量经历涨水过程，最小、最大流量分别为286m^3/s（5月11日）和2660m^3/s（5月23日），平均流量为1440m^3/s（图8-153）。调度期间，三峡水库逐渐加大下泄流量。宜昌站流量由113 00m^3/s增大至18 700 m^3/s，平均流量为17 000m^3/s。

5月25日至6月10日，三峡水库坝前水位从153.65m逐渐消落至146.35m。其中，6月5日后水库坝前水位消落速度较快，6月6日消落至149.8m，6月8日至148.19m，6月9日至147.35m。其间，寸滩站流量呈缓慢涨水过程，平均流量为10 900m^3/s；朱沱站也呈小幅涨水，平均流量6970m^3/s；嘉陵江北碚站流量经历“涨-退”水过程，5月25～29日，流量由1700 m^3/s增大至7250m^3/s，之后消退至6月10日的1580 m^3/s，平均流量为2870m^3/s（图8-154）。其间，三峡水库逐渐加大下泄流量，宜昌站最大流量27700 m^3/s（6月7日），平均流量20 500m^3/s。

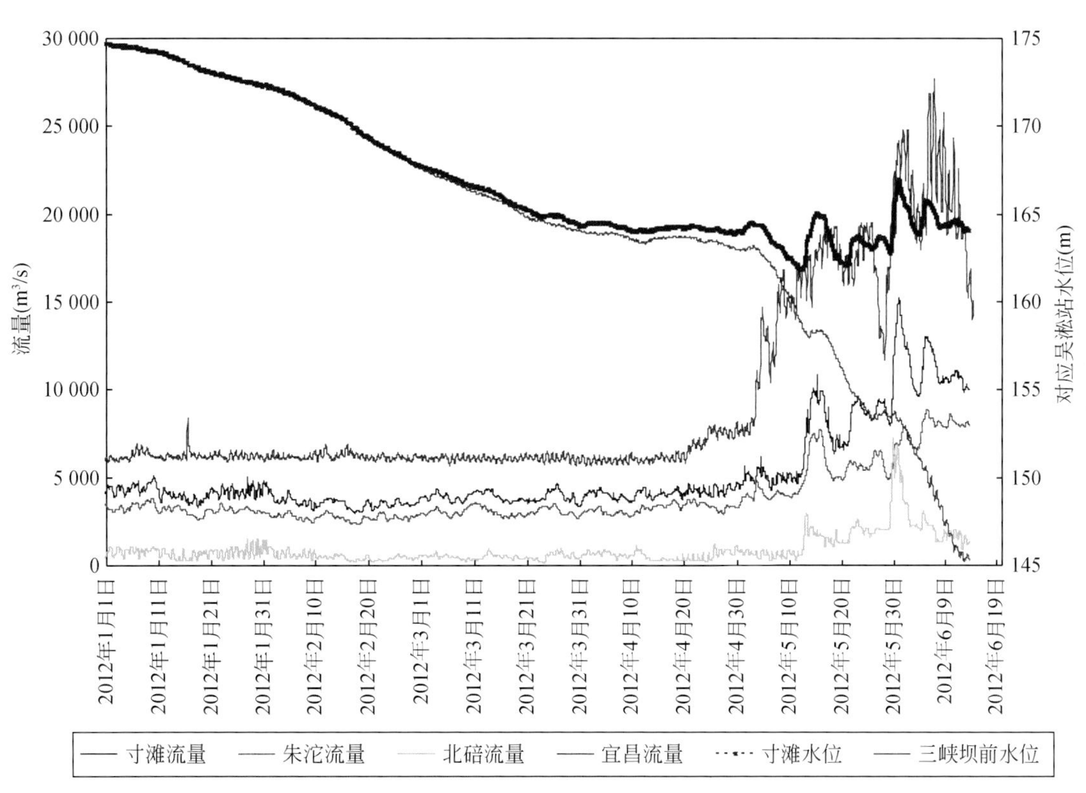

图8-153　三峡水库进出库主要控制站流量与坝前水位变化过程

1. 汛前消落期库尾泥沙冲淤特性

2012年汛前三峡水库消落期间（2011年11月中旬至2012年6月10日），三峡水库库尾（2011年11月中旬至2012年5月25日，三峡水库库尾河段范围为重庆大渡口至涪陵段，长179km；2012年5月25日至6月10日，三峡水库库尾范围为长寿至清溪场段，长63.4km）累计冲刷泥沙1404万m^3（含河道采砂影响）。

2011年11月中旬至2012年5月25日，重庆主城区河段冲刷泥沙325.8万m^3，铜锣峡至长寿段

（长约 58km）冲刷泥沙 242.6 万 m^3。

2011 年 11 月中旬至 2012 年 6 月 10 日，长寿至清溪场段（长 63.4km）冲刷泥沙 725.5 万 m^3。冲刷主要集中在卫东水位站附近，其冲刷量为 420.7 万 m^3；青岩子河段内的牛屎碛附近淤积仍较明显，其淤积量为 98.5 万 m^3。

2. 减淤调度期间库尾河段泥沙冲淤

三峡水库库尾减淤调度期间（2012 年 5 月 7～24 日），三峡坝前水位由 161.92m 消落至 154.05m，消落幅度 7.87m，日均消落 0.46m。水库回水末端从重庆主城区的九龙坡附近（距大坝约 625km）逐步下移至铜锣峡以下的长寿附近（距大坝约 535km）。其间，三峡水库库尾整体呈沿程冲刷。重庆大渡口至涪陵段（含嘉陵江段，总长约 169km）河床冲刷量为 241.1 万 m^3。

其中，长江干流段冲刷量为 224.3 万 m^3，嘉陵江段冲刷量为 16.8 万 m^3。从干流沿程分布来看，重庆主城区干流段（大渡口至铜锣峡段，长 35.5km）冲刷量为 84.3 万 m^3；

铜锣峡至涪陵段，以青岩子河段的蔺市镇为界，表现为"上冲、下淤"，铜锣峡至蔺市镇段（长 86.2km）冲刷泥沙 293.9 万 m^3，冲刷量较大的部位主要位于黄草峡、桃花岛左汊和广阳坝附近；蔺市镇至涪陵河段（长 23.2km）则淤积泥沙 153.8 万 m^3。两个典型河段中，洛碛河段（位于重庆下游约 50km，长约 30.5km，出口距三峡大坝约 532km，是川江上宽浅、多滩的典型河段之一）冲刷 61.4 万 m^3，冲刷主要集中在扇沱至长寿之间；青岩子河段（长约 15km）沿程有冲有淤，总体淤积泥沙 36.2 万 m^3，冲刷主要集中在麻雀堆和沙湾（原主要淤沙部位），但牛屎碛附近仍呈淤积。

2012 年 5 月 25 日～6 月 10 日，三峡水库库尾长寿至清溪场段（长）总体冲刷泥沙 180.5 万 m^3。

（1）重庆主城区河段

在三峡水库库尾减淤调度期间，2012 年 5 月 1～24 日三峡坝前水位由 163.02m 消落至 154.05m，消落幅度 8.97m，日均消落 0.37m；朱沱站、寸滩站平均流量分别为 5100m^3/s、7060m^3/s。实测资料计算表明，重庆主城区河段冲刷 101.1 万 m^3。从冲淤分布看，长江干流朝天门以上、以下河段和嘉陵江段分别冲刷 52.7 万 m^3、31.6 万 m^3、16.8 万 m^3。

2011 年同期（4 月 30 日～5 月 29 日），三峡坝前水位由 156.71m 消落至 150.87m，消落幅度 5.84m，日均消落 0.19m；朱沱站、寸滩站平均流量分别为 4000m^3/s、5880m^3/s。实测地形表明，期间重庆主城区河段以淤积为主，其淤积量为 50.5 万 m^3，淤积主要集中在长江干流朝天门以下河段，其淤积量为 64.2 万 m^3，长江干流朝天门以上河段和嘉陵江段分别冲刷 8.6 万 m^3、5.1 万 m^3。

2010 年 5 月 11～25 日，三峡坝前水位由 156.18m 消落至 151.81m，消落幅度 4.37m，日均消落 0.29m；朱沱站、寸滩站平均流量分别为 5500m^3/s、7340m^3/s。实测地形表明，其间重庆主城区河段以淤积为主，其淤积量为 45.8 万 m^3，淤积主要集中在长江干流段，朝天门以上、以下分别淤积 45.6 万 m^3、15.5 万 m^3，嘉陵江段则冲刷 15.3 万 m^3。

由此可见，2012 年三峡水库库尾减淤调度期间，重庆主城区河段河床冲刷强度有所加大，一方面与三峡水库实施减淤调度有关（坝前水位消落幅度较大、速度较快），另一方面也与期间上游来水较 2010 年、2011 年同期偏大有关。

（2）铜锣峡至涪陵段

2011 年 11 月中旬至 2012 年 5 月 26 日，随着坝前水位的逐渐消落，铜锣峡至涪陵河段冲刷泥沙

750 万 m^3。其中，在三峡水库库尾减淤调度期间，铜锣峡至涪陵段冲刷量为 140 万 m^3，以青岩子河段的蔺市镇为界，表现为“上冲、下淤”，铜锣峡至蔺市镇段（长 86.2km）冲刷泥沙 293.9 万 m^3，蔺市镇至涪陵河段（长 23.2km）则淤积泥沙 153.8 万 m^3。两个典型河段中，洛碛河段冲刷 161.4 万 m^3，青岩子河段则淤积泥沙 36.2 万 m^3。

1）2011 年 11 月至 2011 年 4 月 30 日。随着坝前水位的逐渐消落，铜锣峡至涪陵河段冲刷泥沙 610 万 m^3。从沿程分布来看，铜锣峡至李渡镇河段冲刷 489 万 m^3，李渡镇至涪陵河段冲刷 121 万 m^3。

其中，洛碛河段（位于重庆下游约 50km，长约 30.5km，出口距三峡大坝约 532km，是川江上宽浅、多滩的典型河段之一）走沙量为 61.4 万 m^3，冲刷主要集中在扇沱至长寿之间。

青岩子河段（长约 15km）走沙量为 23.5 万 m^3，冲刷主要集中在麻雀堆和牛屎碛（原主要淤沙部位），但牛屎碛附近仍淤积泥沙 22.0 万 m^3。

2）2012 年 4 月 30 日至 5 月 26 日，铜锣峡至涪陵河段冲刷泥沙 140 万 m^3。主要表现为“上冲、下淤”，上段铜锣峡至李渡镇段冲刷泥沙 194.8 万 m^3，李渡镇至涪陵河段则淤积泥沙 54.7 万 m^3。其中，洛碛河段冲刷 161.4 万 m^3，青岩子河段淤积泥沙 36.2 万 m^3（主要集中在牛屎碛段，淤积量为 58.3 万 m^3）。

此外，2012 年 5 月 26 日至 6 月 10 日，随着坝前水位的持续消落，长寿至涪陵河段冲刷泥沙约 190 万 m^3，冲刷主要集中在卫东水位站至青岩子河段进口之间，其冲刷量为 146 万 m^3，占总冲刷量的 77%；主要淤积部位在北拱至蔺市镇（含牛屎碛）之间，其淤积量为 42.6 万 m^3。

从以上分析可知，2012 年实施的库尾减淤调度对促进库尾河段河床冲刷是有利的。

8.6.4 铜锣峡至涪陵河段冲淤变化影响因素研究

在汛前三峡水库坝前水位消落期间，库尾铜锣峡至涪陵河段的泥沙冲淤变化主要与三方面因素存在一定的关系：①河段内前期泥沙冲淤量；②水沙边界条件，主要包括入库流量、含沙量、坝前水位及其消落速度；③河床组成的边界条件，如床沙级配等。

1. 前期冲淤量

三峡水库蓄水运用以来，一般在汛末 9 月中旬至 11 月初蓄水，坝前水位随之抬高，库区水流流速变缓，泥沙淤积。蓄水结束后，水库消落期冲刷的泥沙绝大部分来自于前期汛期和蓄水期河段内淤积的泥沙。据实测资料分析可知，2010 年 5 月～2010 年 11 月淤积泥沙 2522 万 m^3，淤积量沿程分布较为均匀；2011 年 5 月～2011 年 11 月淤积泥沙 535 万 m^3，重点淤积部位位于涪陵、黄草峡、盐巴碛和桃花岛附近，如表 8-73 和图 8-154 所示。

与前期淤积量相对应，2010 年至 2012 年消落期铜锣峡至涪陵河段的泥沙冲刷量分别为 197 万 m^3、869 万 m^3和 610 万 m^3。从表 8-73 可以看出，2010 年和 2011 年消落期，铜锣峡至涪陵河段对应的水沙条件相差不大，如 2009 年 11 月中旬至 2010 年 4 月 30 日寸滩站平均流量和输沙量分别为 4578m^3/s 和 346.6 万 t，2010 年 11 月 15 日至 2011 年 5 月 3 日寸滩站平均流量和输沙量分别为 4543m^3/s 和 278 万 t，但冲刷量差别较大，在很大程度上是由于 2011 年消落期泥沙淤积量较大的缘故。2012 年消落期铜锣峡至涪陵段泥沙冲刷量仅次于 2011 年消落期，但前期泥沙的淤积量远小于 2011 年，说明泥沙在铜锣峡至涪陵河段泥沙冲刷除了与前期淤积量有关外，与 2011 年消落期相比，还存在其他的影响因素。

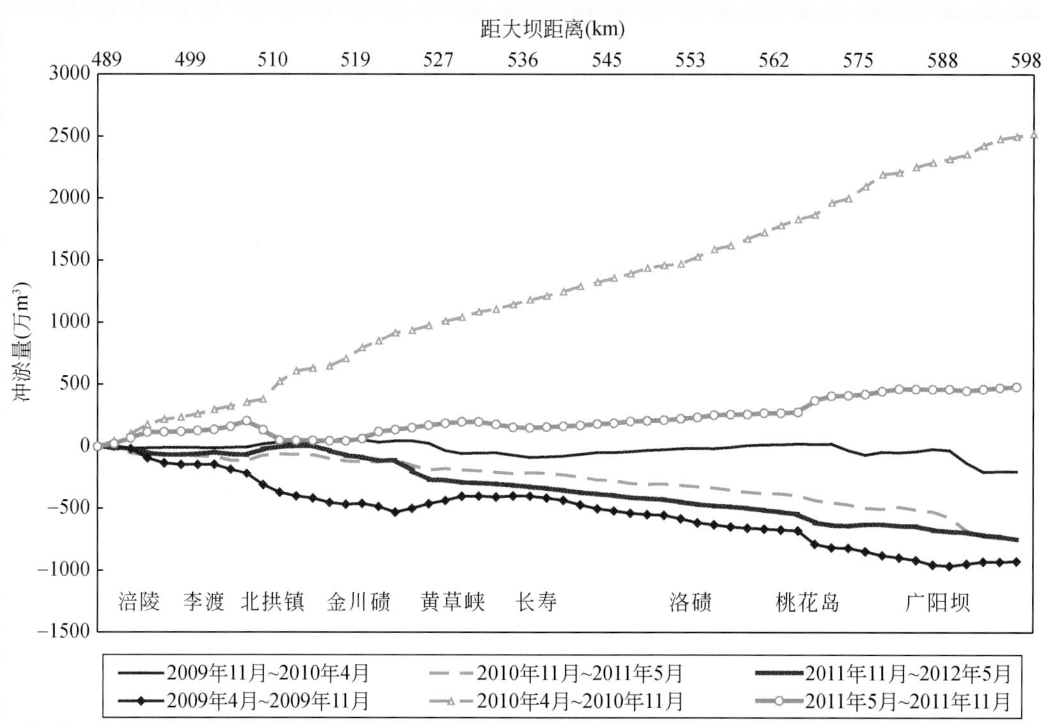

图 8-154 2010 ~ 2012 年消落期及消落前汛期铜锣峡至涪陵河段沿程累计冲淤分布图

表 8-73 2010 ~ 2012 年三峡水库消落期铜锣峡至涪陵河段冲淤特性对比

	2010 年汛前消落期	2011 年消落期		2012 年汛前消落期	
	2009 年 11 月 ~ 2010 年 4 月	2010 年 11 月 15 日 ~ 2011 年 5 月 3 日	2011 年 5 月 3 日 ~ 2011 年 5 月 11 日	2011 年 11 月 15 日 ~ 2012 年 4 月 30 日	2012 年 4 月 30 日 ~ 2012 年 5 月 26 日
冲淤量（万 m^3）	−197	−869	121	−610	−140
冲淤强度（万 m^3/d）	−1. 18	−5. 11	13. 44	−3. 63	−5. 38
重点冲淤部位及冲淤量	黄草峡(−101)、明月沱至盐巴碛(−68)、广阳坝(−183)	涪陵（−63）、黄草峡（−120）、桃花岛左汊（−116）、广阳坝（−215）		黄草峡（−277）、桃花岛左汊（−142）、广阳坝（−84）	
坝前水位（m）	172. 46 ~ 159. 59，166. 31	174. 8 ~ 156. 65，168. 99	156. 5 ~ 154. 83，155. 63	174. 32 ~ 162. 96，169. 99	162. 97 ~ 153. 65，158. 86
消落速度	0. 077m/d	0. 107m/d	0. 186m/d	0. 068m/d	0. 345m/d
寸滩站流量（m^3/s）	6 560 ~ 2 770，3 938	5 940 ~ 3 530，4 543	6 810 ~ 4 170，5 071	7 450 ~ 3 390，4 308	11 100 ~ 4 990，7 469
寸滩站含沙量（kg/m^3）	0. 116 ~ 0. 02，0. 043	0. 083 ~ 0. 019，0. 042	0. 15 ~ 0. 044，0. 07	0. 017 ~ 0. 057，0. 03	0. 054 ~ 0. 263，0. 11
寸滩站输沙量（万 t）	346. 6	278	24. 4	190	154
前期汛期冲淤量	冲刷 900 万 m^3（2009 年 4 月 ~ 2009 年 9 月）	淤积 2522 万 m^3（2010 年 4 月 ~ 2010 年 10 月）		淤积 535 万 m^3（2011 年 5 月 ~ 2011 年 11 月）	
断面流速（m/s）	1. 64 ~ 0. 085，0. 284	1. 46 ~ 0. 077，0. 245	1. 776 ~ 0. 168，0. 536	0. 604 ~ 0. 071，0. 212	1. 843 ~ 0. 128，0. 53

冲淤量负值表示冲刷

2. 入库水沙条件

三峡入库水沙条件是影响库尾河段河床冲淤的另一重要因素。通过对比 2010 ~ 2012 年汛前消落期的水沙条件（表 8-73、图 8-155），2012 年汛前消落期内，寸滩站流量由 3390m^3/s 逐渐增大至 11100m^3/s，断面平均最大流速达 1.843m/s（S320，广阳坝附近）。

从各年该河段内冲刷幅度较大的部位来看，2010 年汛前消落期，黄草峡（-101 万 m^3，“-”表示冲刷，下同）、明月沱至盐巴碛（-68 万 m^3）、广阳坝（-183 万 m^3），一维水沙数学模型计算结果表明，各部位断面平均流速的最大值分别为 0.62m/s、1.25m/s、1.64m/s；2011 年汛前消落期，涪陵（-63 万 m^3）、黄草峡（-120 万 m^3）、桃花岛左汊（-116 万 m^3）、广阳坝（-215 万 m^3），断面平均流速的最大值分别为 0.58m/s、0.78m/s、1.28m/s 和 1.78m/s；2012 年汛前消落期，黄草峡（-277 万 m^3）、桃花岛左汊（-142 万 m^3）、广阳坝（-84 万 m^3），断面平均流速的最大值分别为 0.77m/s、1.44m/s 和 1.84m/s（表 8-74）。此外，从 2010 ~ 2012 年汛前消落期铜锣峡至涪陵河段断面平均流速沿程变化（图 8-156）可以看出，断面流速较大的部位主要位于黄草峡（S287+1 断面附近）、桃花岛左汊（S310 断面附近）、盐巴碛（S314 断面附近）和广阳坝（S320 断面附近），说明这些位置附近水流流速较大，是铜锣峡至涪陵河段的主要冲刷部位。

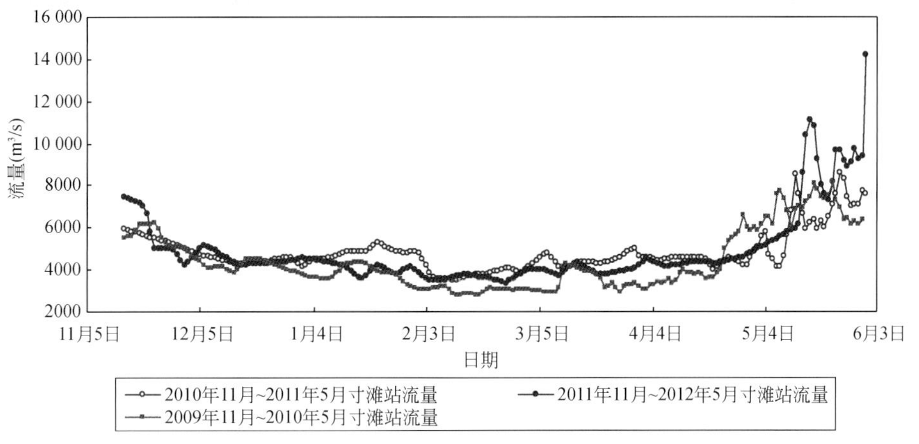

图 8-155　2010 ~ 2012 年汛前消落期寸滩站流量变化过程

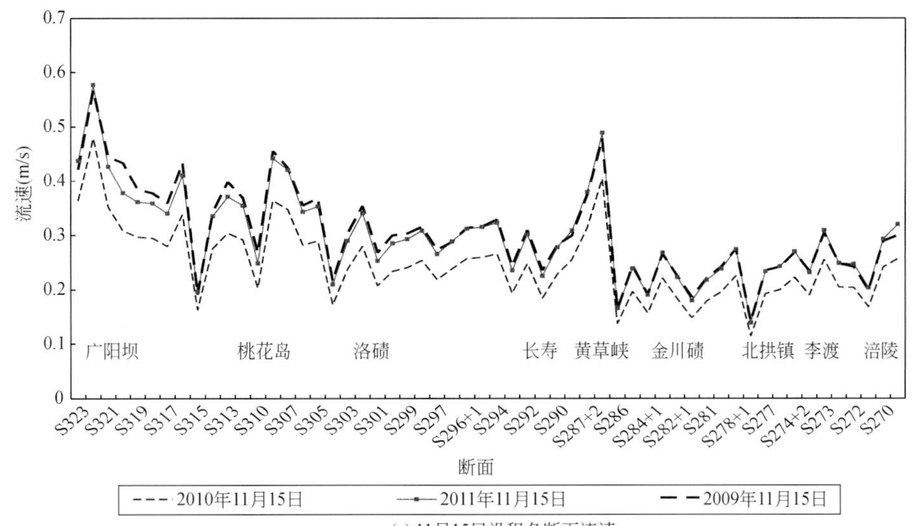

(a) 11月15日沿程各断面流速

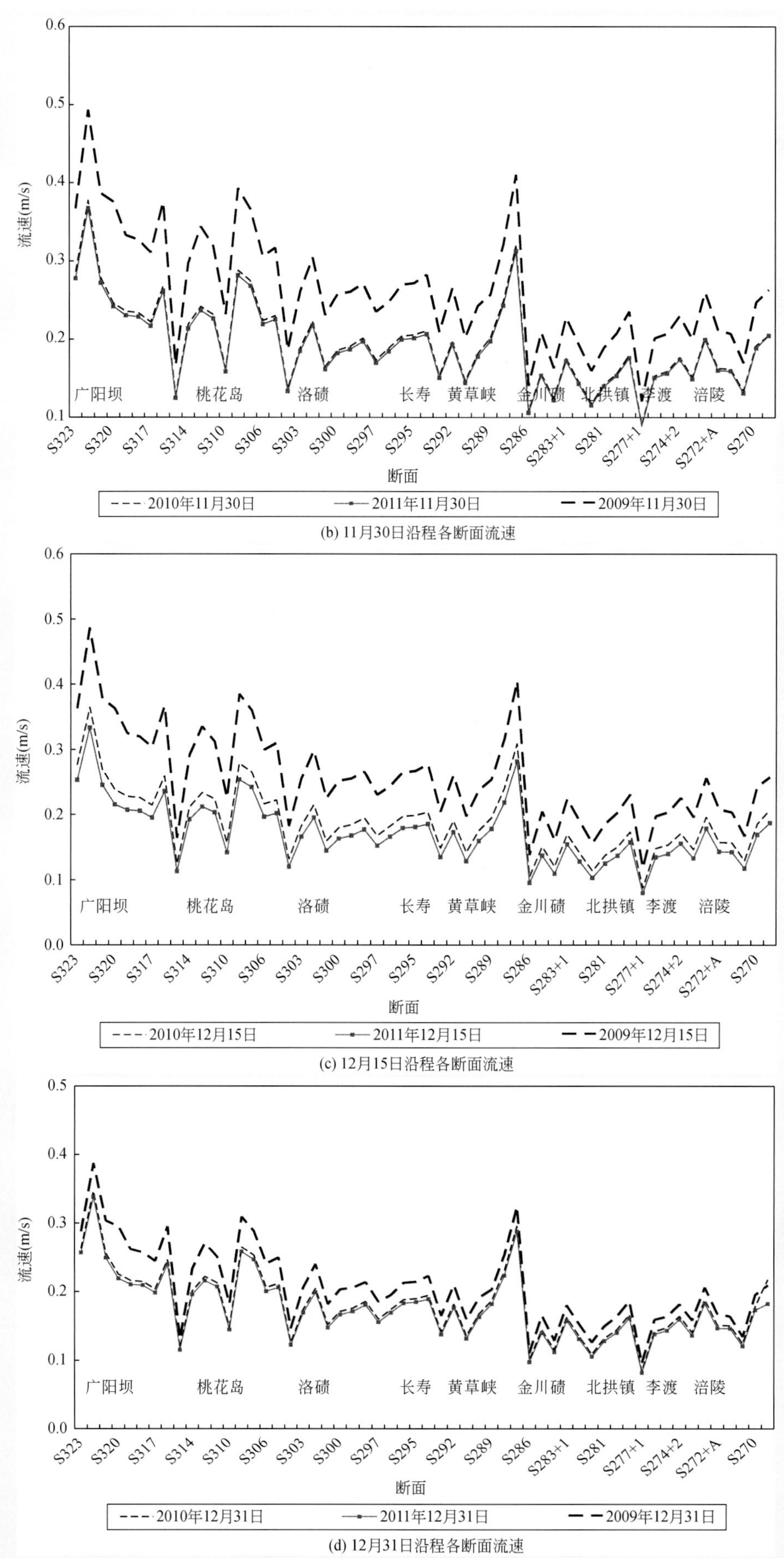

(b) 11月30日沿程各断面流速

(c) 12月15日沿程各断面流速

(d) 12月31日沿程各断面流速

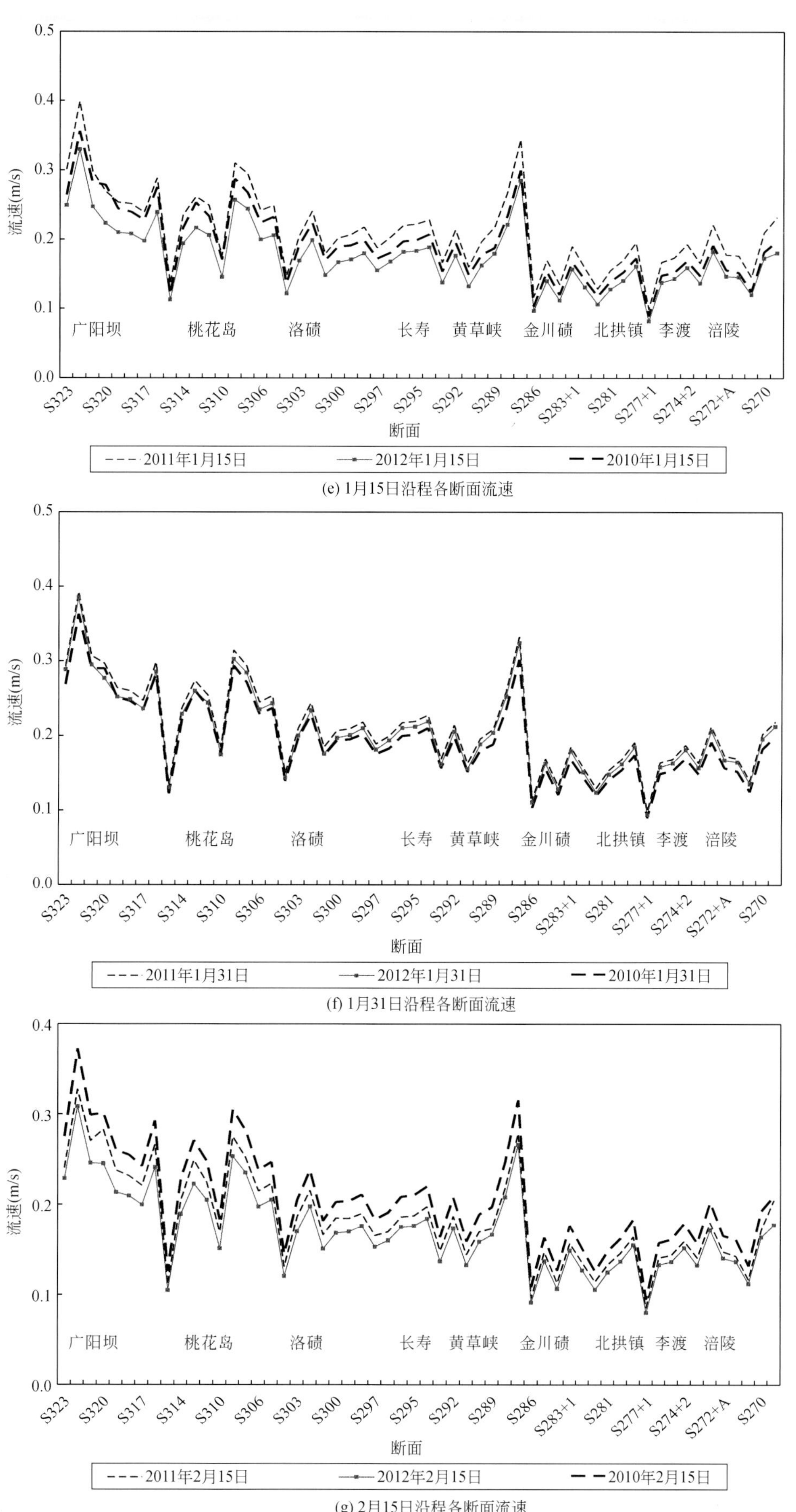

(e) 1月15日沿程各断面流速

(f) 1月31日沿程各断面流速

(g) 2月15日沿程各断面流速

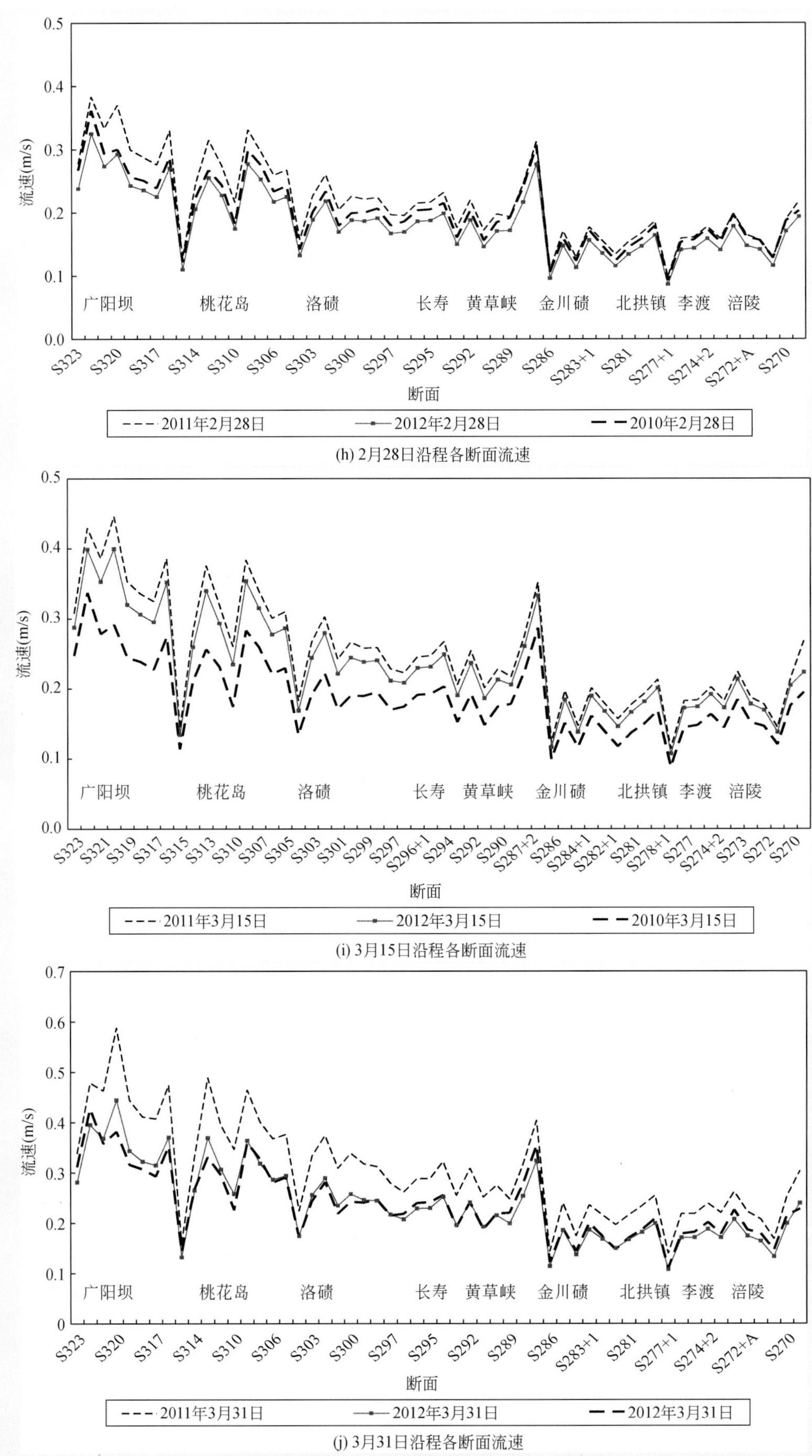

(h) 2月28日沿程各断面流速

(i) 3月15日沿程各断面流速

(j) 3月31日沿程各断面流速

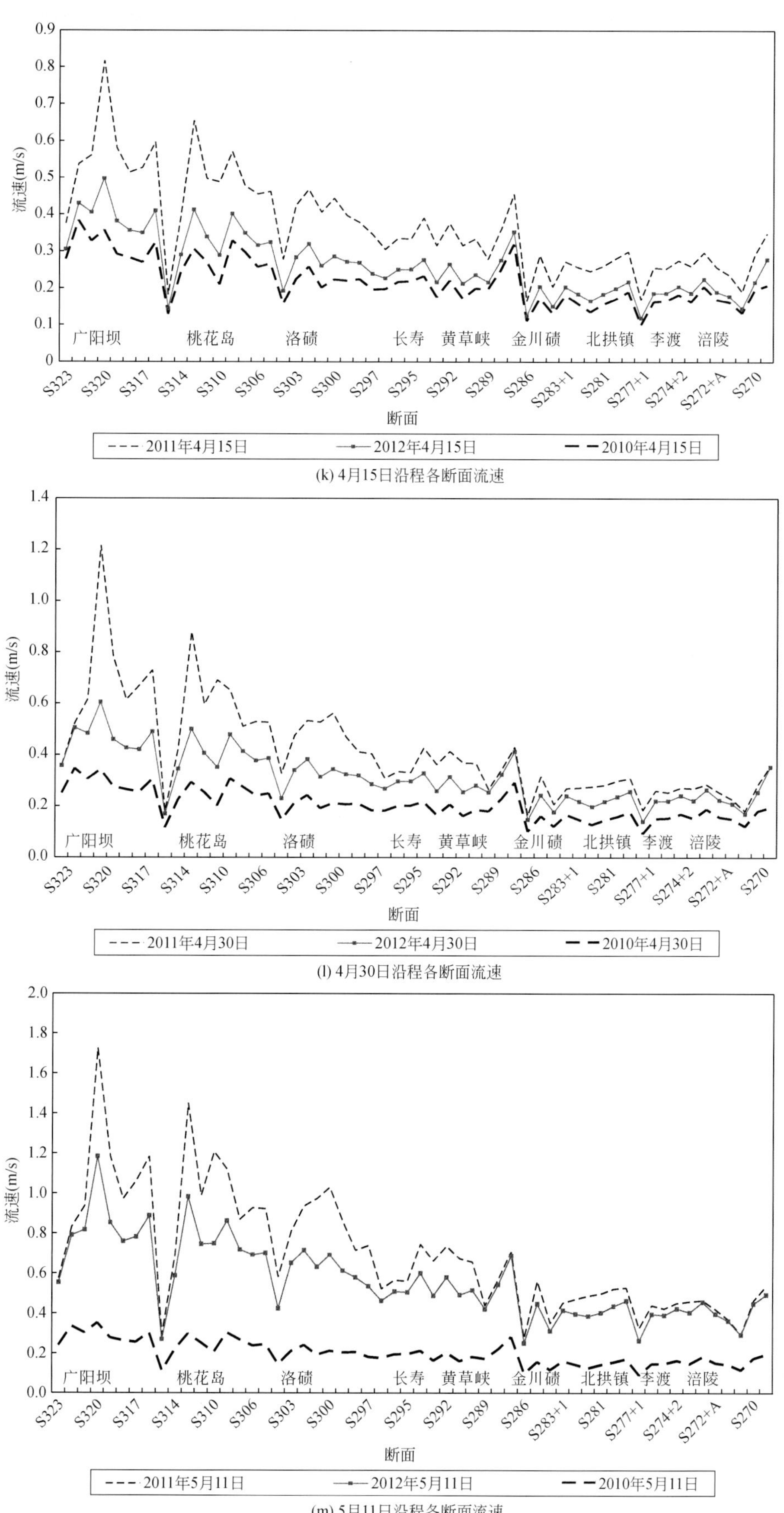

(k) 4月15日沿程各断面流速

(l) 4月30日沿程各断面流速

(m) 5月11日沿程各断面流速

图 8-156　2010～2012 年消落期铜锣峡至涪陵河段断面平均流速沿程变化图

表 8-74　2010 ~ 2012 年汛前消落期冲刷量较大的区域水力特性统计表

地名	断面编号	各断面冲淤量（万 m^3）			流速变化范围及平均流速（m/s）			床沙中值粒径（mm）		
		2009 年 11 月 ~ 2010 年 4 月	2010 年 11 月 15 日 ~ 2011 年 5 月 11 日	2011 年 11 月 15 日 ~ 2012 年 5 月 26 日	2009 年 11 月 ~ 2010 年 4 月	2010 年 11 月 15 日 ~ 2011 年 5 月 11 日	2011 年 11 月 15 日 ~ 2012 年 5 月 26 日	2009 年 10 月	2010 年 10 月	2012 年 5 月
涪陵	S270	-21.6	-7	-3.6	0.158 ~ 0.4，0.218	0.15 ~ 0.51，0.22	0.15 ~ 0.64，0.23	0.135	0.263	0.332
	S271	8.1	-45.3	-17.2	0.105 ~ 0.256，0.144	0.11 ~ 0.32，0.15	0.10 ~ 0.40，0.15			
瓦罐窑	S282	10.5	-29.7	-39	0.11 ~ 0.41，0.18	0.10 ~ 0.53，0.16	0.09 ~ 0.68，0.16	0.192	0.036	0.025
	S282+1	17.9	-20.1	-37.6	0.13 ~ 0.40，0.19	0.12 ~ 0.51，0.18	0.11 ~ 0.65，0.19			
	S283+1	-8.8	-5.9	-13.6	0.15 ~ 0.39，0.21	0.14 ~ 0.50，0.21	0.13 ~ 0.61，0.21			
	S284+1	-18.3	0	-27.7	0.11 ~ 0.30，0.15	0.10 ~ 0.38，0.15	0.09 ~ 0.48，0.15	0.032	0.038	0.049
	S285	9.3	13.7	3.3	0.15 ~ 0.47，0.22	0.13 ~ 0.61，0.20	0.12 ~ 0.77，0.21			
	S286	1.2	-41.4	-84.8	0.09 ~ 0.24，0.13	0.09 ~ 0.30，0.13	0.08 ~ 0.37，0.13	0.183	0.472	0.024
	S287+1	-19.8	-36.7	-73.6	0.25 ~ 0.62，0.35	0.25 ~ 0.78，0.36	0.24 ~ 0.94，0.37			
桃花岛	S308+1	6.1	-16.1	-18.1	0.27 ~ 0.96，0.44	0.24 ~ 1.22，0.39	0.23 ~ 1.39，0.39			
	S310	-2.2	-37.4	-67.6	0.17 ~ 1.01，0.39	0.14 ~ 1.28，0.29	0.13 ~ 1.44，0.28	0.017	0.020	0.295
	S311+1	1.1	-16.9	-21.3	0.22 ~ 0.86，0.38	0.20 ~ 1.06，0.33	0.18 ~ 1.18，0.33	0.065	71.400	0.021
	S313	-51	-17.9	-4.7	0.25 ~ 1.25，0.52	0.21 ~ 1.54，0.40	0.19 ~ 1.69，0.38			
广阳坝	S314	-37.1	-27.6	12.1	0.21 ~ 0.61，0.30	0.18 ~ 0.75，0.28	0.17 ~ 0.83，0.28	0.210	0.415	0.025
	S318	17.9	-15.9	-30.6	0.23 ~ 0.86，0.39	0.20 ~ 1.04，0.34	0.19 ~ 1.13，0.33			
	S319	-9.3	-48.3	-13.2	0.24 ~ 1.05，0.47	0.20 ~ 1.24，0.37	0.19 ~ 1.31，0.35			
	S320	-100.6	-103.5	-6.5	0.27 ~ 1.64，0.69	0.22 ~ 1.78，0.47	0.20 ~ 1.84，0.44	0.109	137.000	141.000
	S321	-72.7	-47.3	-23.6	0.27 ~ 0.84，0.41	0.23 ~ 1.02，0.38	0.22 ~ 1.09，0.38	0.231	0.270	0.069

3. 坝前水位及其消落速度

由图 8-157 和表 8-73 可以看出，2010 年 11 月 15 日至 2011 年 5 月 11 日三峡坝前水位的平均消落速度为 0.112m/d，为 2010 ~ 2012 年消落速度之最，其次是 2012 年消落期，坝前水位的平均消落速度为 0.107m/d，其中 2012 年 4 月 30 日至 5 月 26 日消落速度较大，达到了 0.345m/d；消落速度最小的为 2010 年消落期，即 2009 年 11 月 15 日至 2010 年 4 月 30 日三峡水库坝前水位的消落平均速度为 0.077m/d。从相应时段内的泥沙冲淤量来看，2010 年、2011 年和 2012 年消落期的日均泥沙冲刷量分别为 1.2 万 m^3/d、4.4 万 m^3/d 和 3.9 万 m^3/d。

由上述分析可见，当河段内来水来沙条件相差不大的情况下，坝前水位的消落速度对库尾铜锣峡至涪陵河段的泥沙冲淤有较大的影响。2011 年消落期坝前水位消落速度最大，泥沙的逐日平均冲刷量也较大。

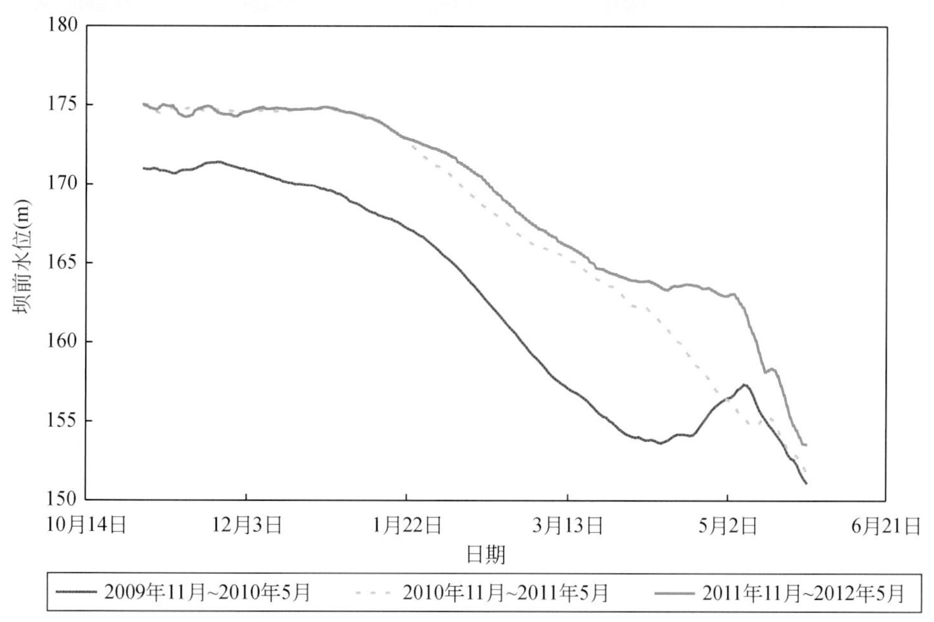

图 8-157　2009 年以来汛前消落期内坝前水位变化过程

4. 河床组成

在三峡水库的变动回水区，河床组成条件也是影响其冲淤变化的重要因素，铜锣峡至涪陵河段床沙组成较为复杂，各断面的床沙粒径变幅较大，主要是由砂质河床和卵石夹砂河床组成，其中涪陵、瓦罐窑附近为沙质河床，床沙中值粒径在 0.004 ~ 0.463mm，最大粒径为 2mm，其余位置均为卵石夹砂河床组成，卵石的最大粒径可达 249mm。

从图 8-155 可以看出，铜锣峡至涪陵沿程冲刷幅度较大的区域主要集中在涪陵、瓦罐窑、桃花岛和广阳坝等附近。在这 4 个重点冲刷部位中，涪陵、瓦罐窑附近为沙质河床，河床起动流速较小，有利于消落期泥沙的冲刷，而对于卵石夹沙河床，由于泥沙的隐蔽作用，泥沙起动相对较难，河床冲刷幅度也将相对弱一些。

此外，由表 8-75 可见，随着河床的持续冲刷，床沙中值粒径总体表现为逐渐增大的变化趋势。如

表 8-75　2010 ~ 2012 年汛前消落期河床冲刷量较大的四个区域河床组成及流速变化

地名	断面编号	起动流速变化范围及平均起动流速(m/s)			流速变化范围及平均流速(m/s)			床沙粒径(mm)			
		2009 年 10 月	2010 年 10 月	2012 年 5 月	2009 年 11 月 ~ 2010 年 4 月	2010 年 11 月 15 日 ~ 2011 年 5 月 11 日	2011 年 11 月 15 日 ~ 2012 年 5 月 26 日	2009 年 10 月	2010 年 10 月	2012 年 4 月	2012 年 5 月
涪陵	S270	0. 4 ~ 0. 44,0. 42	0. 4 ~ 0. 45,0. 43	0. 41 ~ 0. 44,0. 43	0. 158 ~ 0. 4,0. 218	0. 15 ~ 0. 51,0. 22	0. 15 ~ 0. 64,0. 23	0. 135	0. 263	0. 042	0. 332
	S271				0. 105 ~ 0. 256,0. 144	0. 11 ~ 0. 32,0. 15	0. 10 ~ 0. 40,0. 15				
瓦罐窑	S282	0. 4 ~ 0. 46,0. 43	0. 4 ~ 0. 48,0. 44	0. 41 ~ 0. 47,0. 44	0. 11 ~ 0. 41,0. 18	0. 10 ~ 0. 53,0. 16	0. 09 ~ 0. 68,0. 16	0. 192	0. 036	0. 303	0. 025
	S282+1				0. 13 ~ 0. 40,0. 19	0. 12 ~ 0. 51,0. 18	0. 11 ~ 0. 65,0. 19				
	S283+1				0. 15 ~ 0. 39,0. 21	0. 14 ~ 0. 50,0. 21	0. 13 ~ 0. 61,0. 21				
	S284+1	0. 247 ~ 0. 26,0. 25	0. 24 ~ 0. 27,0. 26	0. 24 ~ 0. 27,0. 26	0. 11 ~ 0. 30,0. 15	0. 10 ~ 0. 38,0. 15	0. 09 ~ 0. 48,0. 15	0. 032	0. 038	0. 014	0. 049
	S285				0. 15 ~ 0. 47,0. 22	0. 13 ~ 0. 61,0. 20	0. 12 ~ 0. 77,0. 21				
	S286	0. 44 ~ 0. 48,0. 46	0. 44 ~ 0. 49,0. 47	0. 45 ~ 0. 48,0. 47	0. 09 ~ 0. 24,0. 13	0. 09 ~ 0. 30,0. 13	0. 08 ~ 0. 37,0. 13	0. 183	0. 472	0. 079	0. 024
	S287+1				0. 25 ~ 0. 62,0. 35	0. 25 ~ 0. 78,0. 36	0. 24 ~ 0. 94,0. 37				
桃花岛	S308+1				0. 27 ~ 0. 96,0. 44	0. 24 ~ 1. 22,0. 39	0. 23 ~ 1. 39,0. 39				
	S310	0. 16 ~ 0. 20,0. 17	0. 16 ~ 0. 21,0. 18	0. 16 ~ 0. 2,0. 18	0. 17 ~ 1. 01,0. 39	0. 14 ~ 1. 28,0. 29	0. 13 ~ 1. 44,0. 28	0. 017	0. 020	0. 082	0. 295
	S311+1	0. 26 ~ 0. 32,0. 29	0. 26 ~ 0. 33,0. 30	0. 28 ~ 0. 32,0. 3	0. 22 ~ 0. 86,0. 38	0. 20 ~ 1. 06,0. 33	0. 18 ~ 1. 18,0. 33	0. 065	71. 400	0. 026	0. 021
	S313				0. 25 ~ 1. 25,0. 52	0. 21 ~ 1. 54,0. 40	0. 19 ~ 1. 69,0. 38				
广阳坝	S314	0. 42 ~ 0. 48,0. 45	0. 43 ~ 0. 5,0. 46	0. 44 ~ 0. 48,0. 46	0. 21 ~ 0. 61,0. 30	0. 18 ~ 0. 75,0. 28	0. 17 ~ 0. 83,0. 28	0. 210	0. 415	0. 016	0. 025
	S318				0. 23 ~ 0. 86,0. 39	0. 20 ~ 1. 04,0. 34	0. 19 ~ 1. 13,0. 33				
	S319				0. 24 ~ 1. 05,0. 47	0. 20 ~ 1. 24,0. 37	0. 19 ~ 1. 31,0. 35				
	S320	0. 27 ~ 0. 35,0. 31	0. 28 ~ 0. 38,0. 33	0. 30 ~ 0. 36,0. 33	0. 27 ~ 1. 64,0. 69	0. 22 ~ 1. 78,0. 47	0. 20 ~ 1. 84,0. 44	0. 109	137. 000	0. 187	0. 069
	S321	0. 42 ~ 0. 48,0. 45	0. 42 ~ 0. 51,0. 46	0. 44 ~ 0. 49,0. 46	0. 27 ~ 0. 84,0. 41	0. 23 ~ 1. 02,0. 38	0. 22 ~ 1. 09,0. 38	0. 231	0. 270	0. 044	0. 055

S310 断面，2010 ~ 2012 年各年消落期的泥沙冲刷量分别为 2.2 万 m^3、37.4 万 m^3 和 67.6 万 m^3，河床中值粒径由 0.017mm 变粗为 0.295mm。

2012 年 4 月 28 日至 5 月 24 日的减淤调度试验中，铜锣峡至涪陵河段冲刷泥沙 140 万 m^3。主要表现为“上冲、下淤”，上段铜锣峡至李渡镇段冲刷泥沙 194.8 万 m^3，李渡镇至涪陵河段则淤积泥沙 54.7 万 m^3，床沙粒径有所粗化。

8.6.5 河床冲刷条件初步研究

铜锣峡至涪陵河段内河床组成较为复杂，既有卵石夹沙河床，也有卵石河床、沙夹卵石河床和沙质河床。其河床冲淤与不同粒径泥沙的起动流速大小密切相关。

研究泥沙的起动，既要考虑泥沙颗粒起动所遵循的力学规律，也要考虑各种随机影响因素。特别是对于非均匀沙，适当引入修正系数以考虑床沙级配、颗粒位置以及床沙中粗细颗粒之间隐暴效应等影响因素。在以往的研究中，常常用来表示泥沙起动条件的参数主要有两个：一是起动流速；二是起动拖曳力。在工程实践中，由于起动拖曳力中包括了不易测量准确的比降，而流速易于测量，并有较高的测量精度，同时也常常被人们用来判断泥沙是否能够起动的一个重要标准，因此常常采用泥沙起动流速作为河床冲淤的一个重要判别条件。

对于非均匀沙河床而言，假设垂线平均流速等于床沙中某一粒径泥沙 D_K 的起动流速 U_K，根据许全喜等人的研究，可得非均匀沙分级起动流速的计算式（许全喜等，1999）：

$$U_K = \eta_K \cdot \sqrt{\frac{\left[1 + 0.355\left|\ln\left(\frac{D_K}{D_m}\right)\right|\right]^2}{\left(\frac{D_K}{D_m}\right)^{0.5} \cdot \sigma_g^{0.25}}} \cdot \sqrt{\frac{\rho_S - \rho}{\rho} g D_K} \cdot \left(\frac{D_K}{D_m}\right)^{1/6} \cdot \left(\frac{h}{D_K}\right)^{1/6} \tag{8-8}$$

式中，D_m 为床沙平均粒径，$\sigma_g = \sqrt{d_{84.1}/d_{15.9}}$ 为床沙标准差，$d_{84.1}$、$d_{15.9}$ 分别为床沙级配中对应于沙重百分数为 84.1% 和 15.9% 的泥沙粒径，D_m、σ_g 这两个参数基本上能够反映床沙的非均匀特性；ρ_s 为泥沙容重（一般可取为 2.65t/m^3），ρ 为水流密度（一般为 1.0t/m^3），g 为重力加速度（取为 9.8m/s^2）；h 为水深（m）。

其中，$\eta_K = \sqrt{\frac{0.367}{0.137 + 0.127C_K}}$，$C_K$ 是与泥沙起动概率 P_K 有关的参数，如表 8-76 所示。

表 8-76　泥沙起动流速有关参数

P_K	0.0014	0.0228	0.050	0.1271	0.1585	0.250	0.480	0.765
C_K	2.99	2.00	1.64	1.14	1.00	0.675	0.05	-0.72
η_K	0.84	0.97	1.03	1.14	1.18	1.28	1.60	2.84

对于确定床沙中的细小颗粒，由于粗颗粒的掩蔽作用，难于起动，在上式中是通过其要求的起动流速较大来反映这一特点的，对其中粗颗粒则相反。

考虑到以往人们在实验过程中均把泥沙少量起动作为判别标准这一共同特点，根据窦国仁（1960）以及王兴奎等（1992）的研究，可把泥沙起动概率 P_K = 12.71% 作为泥沙的起动判别标准，相应地：$C_K = 1.14$；$\eta_K = 1.14$，代入上式可得：

$$U_{CK} = 1.14 \cdot \sqrt{\frac{\left[1 + 0.355\left|\ln\left(\frac{D_K}{D_m}\right)\right|\right]^2}{\left(\frac{D_K}{D_m}\right)^{0.5} \cdot \sigma_g^{0.25}}} \cdot \sqrt{\frac{\rho_s - \rho}{\rho} g D_K} \cdot \left(\frac{D_K}{D_m}\right)^{1/6} \cdot \left(\frac{h}{D_K}\right)^{1/6} \tag{8-9}$$

由上可知，对于均匀沙而言，即当 $D_K = D_m$；$\sigma_g = 1$ 时，上式就可自动转化为均匀沙起动流速表达式，且与沙莫夫公式一致。因此，可采用式（8-9）对三峡水库库尾铜锣峡至涪陵河段河床中不同粒径级的泥沙颗粒起动流速进行研究，以作为研究河床冲刷条件的基础。

计算结果表明，三峡水库库尾河段河床中粒径大于 1.0mm 的泥沙颗粒起动流速均大于 1.0m/s，根据 2009～2012 年汛前消落期内水流条件计算，铜锣峡至涪陵河段内各断面平均流速均小于 1.0m/s，这就意味着河床中粒径大于1.0mm 的泥沙颗粒不能起动、输移。因此，对铜锣峡至涪陵河段主要冲淤部位涪陵、北拱镇、青岩子、黄草峡、扇沱镇、洛碛、盐巴碛、明月沱、广阳坝附近河床中床沙粒径为 1.0mm、0.5mm、0.25mm、0.062mm、0.031mm、0.016mm、0.008mm 和 0.004mm 的泥沙颗粒起动条件进行分析计算。表 8-77 为三峡水库库尾铜锣峡至涪陵河段主要冲淤部位的床沙起动条件统计表。从中可以看出，在汛前消落期内，库尾河床冲刷时间主要集中在 3～5 月，期间坝前水位逐渐降低，入库流量逐渐增大，泥沙逐级起动，汛期河床明显淤积的部位出现不同程度的冲刷，当寸滩站流量大于 4070m³/s，坝前水位低于 170m 时，该河段即开始走沙，当坝前水位继续下降至 164m 以下，寸滩站流量大于 5000m³/s，该河段走沙能力增强，当寸滩站流量大于 5800m³/s，坝前水位下降至 161m 左右时，该河段走沙能力达到最强。

表 8-77　铜锣峡至涪陵河段泥沙起动条件统计

床沙粒径	流量（m³/s）		坝前水位（m）		
	平均	最大	最高	最低	平均
1.0mm	4500	5690	160.8	154.1	156
0.5mm	4770	6810	163.7	153.9	158
0.25mm	4450	6810	166	154.7	159.9
0.062mm	4490	5800	170	153.7	160.8
0.031mm	4260	5800	169.3	153.7	161
0.016mm	4150	5690	169.3	153.7	161.3
0.008mm	4110	5800	169.3	154.4	161.4
0.004mm	4070	5690	169.3	154.4	161.7

综上分析可知，2012 年实施的库尾减淤调度有利于库尾河段的泥沙冲刷。此外，三峡水库 175m 试验性蓄水运用以来，三峡水库库尾河段汛前消落期的河床冲刷量主要受前期泥沙冲淤量、水沙条件、坝前水位的高低及其消落速度和河床组成条件等影响，冲淤变化特性十分复杂，其消落期内的重点冲刷部位与消落前汛期泥沙的重点淤积部位基本对应，其走沙时间主要集中在 3～5 月，当坝前水位降至 161m，寸滩站流量大于 5800m³/s 时，河床冲刷走沙能力达到最强，且坝前水位下降速度越快，河床冲刷强度越大。但由于三峡水库 175m 蓄水运行时间尚短，在水库不同的运行期（汛前消落期、汛期和蓄水期），三峡水库库尾河段河床冲淤特性十分复杂，目前取得的认识可能还存在一定的片面

性，今后还需采用实测资料进行进一步的研究和检验。

参考文献

长江水利委员会.1997. 三峡工程大坝及电站厂房研究. 武汉：湖北科学技术出版社.

长江水利委员会.1997. 三峡工程泥沙研究. 武汉：湖北科学技术出版社.

窦国仁.1960. 论泥沙起动流速. 水利学报.（4）：44-60.

韩其为，李云中.2001. 三峡工程第一、二期围堰阶段坝区河床演变研究–径流水库输水输沙特性、平衡条件及河床演变机理. 泥沙研究.10（5）：1-13.

韩其为.2003. 水库淤积. 北京：科学出版社.

王涛，刘勇，胡小庆，等.2011. 三峡蓄水后皇华城河段航道演变规律研究. 水运工程.5（5）：103–106.

王兴奎，陈稚聪，张仁.1992. 长江寸滩站卵石推移质的运动规律. 水利学报.4（4）：32-38.

许全喜，张小峰，谈广鸣.1999. 非均匀沙起动问题研究. 水动力学研究与进展（A 辑）.14,（2）：135-141.

三峡水库坝下游河道演变

本章主要研究了三峡水库蓄水运用前后，三峡—葛洲坝两坝间河床冲淤变化，以及长江中游宜昌至湖口河段河道演变情况，并对三峡水库坝下游河道演变特点进行了总结。

9.1 三峡—葛洲坝两坝间河段河床冲淤变化

三峡—葛洲坝两坝间河段上自三峡大坝下至葛洲坝坝轴线，河段全长 38.22km（G0 断面 ~ G30 断面），河道蜿蜒曲折，走向多变（图 9-1）。其中黄陵庙至莲沱段为庙南宽谷段，河道的横断面多呈“U”形或“W”形，其主槽多偏于右岸，河宽为 650 ~ 800m；莲沱以下至南津关段多属于峡谷段，河道的横断面多呈“V”型或“U”形，河宽为 250 ~ 700m；河段出南津关后至葛洲坝前河道逐渐放宽。河段从上至下有乐天溪、莲沱、石牌、南津关等大弯道，其转向角均接近 90°。自上而下左岸有乐天溪、下岸溪、磨刀溪、上红溪、下红溪和下牢溪等小溪入汇，河床中泓多为淤沙组成，两岸为基岩或乱石，岸线稳定，河道演变主要表现为垂向冲淤变化。

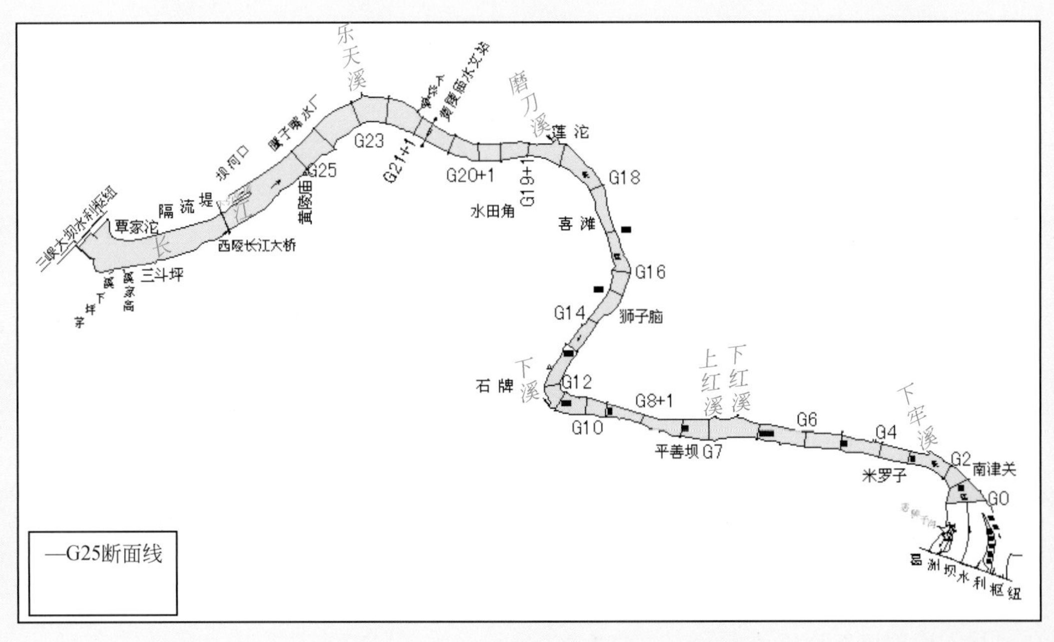

图 9-1　三峡—葛洲坝两坝间河段河道形势图

9.1.1 葛洲坝水利枢纽独立运行期

1. 冲淤量大小及分布

葛洲坝建成蓄水后至三峡工程建设前（1980～2002年），三峡—葛洲坝区间河道为葛洲坝水库常年库区，河床累计淤积泥沙8387.4万m^3，且以三峡大坝至莲沱段（G19断面～G30断面）淤积为主，其淤积量为6174.3万m^3，占总淤积量的73.6%（表9-1）。从各时段淤积来看，1980～1996年河床累计淤积泥沙1.181亿m^3，年均淤积泥沙695万m^3；1997年以后河床有冲有淤，在大水期间河床出现大幅冲刷，如1998年大洪水期间两坝间冲刷泥沙4601.9万m^3，1997～2002年两坝间总体冲刷泥沙3423.2万m^3，且以主槽冲刷为主，其冲刷量为3234.1万m^3，占总冲刷量的94.5%。

表9-1 三峡二期工程施工期两坝间河道冲淤量统计表

时间	近坝段（G0断面～G1断面）（长2 120m）冲淤量（万m^3）	南津关至石牌（G1断面～G11断面）（长12 010m）冲淤量（万m^3）	石牌至莲沱（G11断面～G19断面）（长8 310m）冲淤量（万m^3）	莲沱至三峡大坝（G19断面～G30断面）（长14 840m）冲淤量（万m^3）	两坝间（G0断面～G30断面）（长38 220m）冲淤量（万m^3）
1980～1993年	422.3	2567.0	667.8	5668.7	9325.8
1994～1996年	83.1	755.1	214.8	1431.8	2484.8
1997年	−74.5	−263.9	−370.0	−166.0	−874.4
1998年	−319.7	−2103.6	−372.8	−1805.8	−4601.9
1999年	2.8	−33.2	269.3	579.8	818.7
2000年	11.3	180.4	−170.6	7.2	28.3
2001年	3.5	365.7	244.8	340.8	954.8
2002年	42.6	77.0	13.9	117.8	251.3
1997～2002年	−334.0	−1777.6	−385.4	−926.2	−3423.2
1980～2002年	171.4	1544.5	497.2	6174.3	8387.4

表中负值表示冲刷，正值表示淤积

2. 河床冲淤形态

从两坝间典型断面冲淤变化来看（图9-2），宽谷段冲淤变化的主要部位是主槽，峡谷段一般沿湿周冲淤，但主槽的冲淤所占的比重仍然较大。两坝间岸线稳定，断面变化主要表现为垂向冲淤。这种演变形态是由河床的地质特征决定的，两坝间河床多为淤沙组成，两岸为基岩或乱石组成，岸线稳定，因此河床冲淤主要集中在主河槽内。

从河床冲淤沿程变化来看（图9-3），河床淤积厚度与河宽有关，开阔段淤积厚度较大，峡谷段淤积较小。1997年前，河床淤积厚度较大的部位是距葛洲坝2～11km的南津关至石牌段和距葛洲坝24～28km的陡山沱至三峡大坝的两个开阔河段，深泓最大淤积厚度达34.8m（位于葛洲坝上游6.8km的G6断面）；峡谷段石牌至莲沱段，淤积相对较少。

1998年特大洪水期间，河床冲刷最深的是距葛洲坝25.7km的G21号断面，深泓冲深达27.5m。

其深泓点高程接近蓄水前的高程。

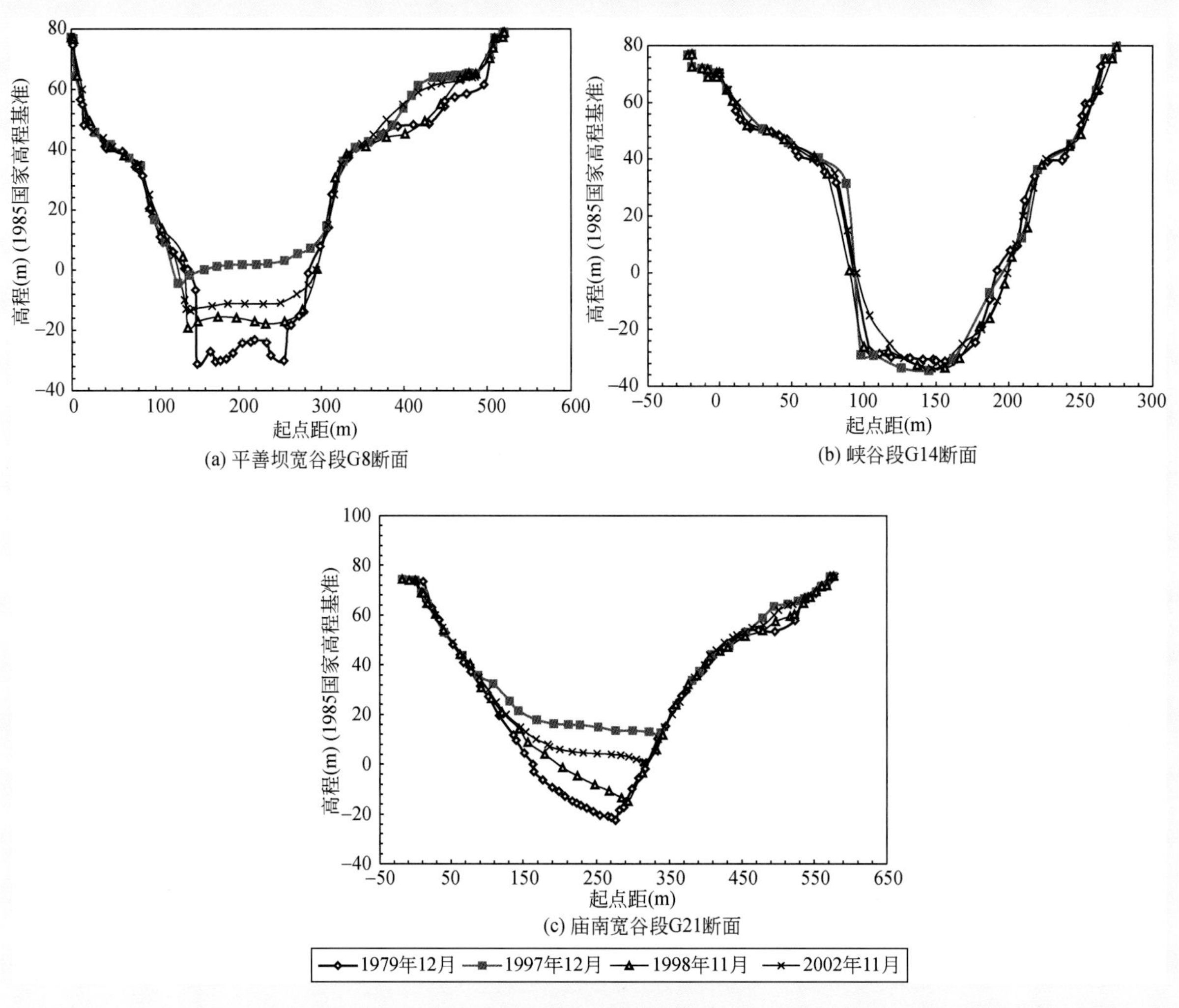

高程(m) (1985国家高程基准)
起点距(m)
(a) 平善坝宽谷段G8断面
(b) 峡谷段G14断面
(c) 庙南宽谷段G21断面
1979年12月
1997年12月
1998年11月
2002年11月

图 9-2　两坝间河段典型断面冲淤变化

高程(m) (1985国家高程基准)
距大坝距离(km)
1979年12月
1997年12月
1998年11月
2002年11月

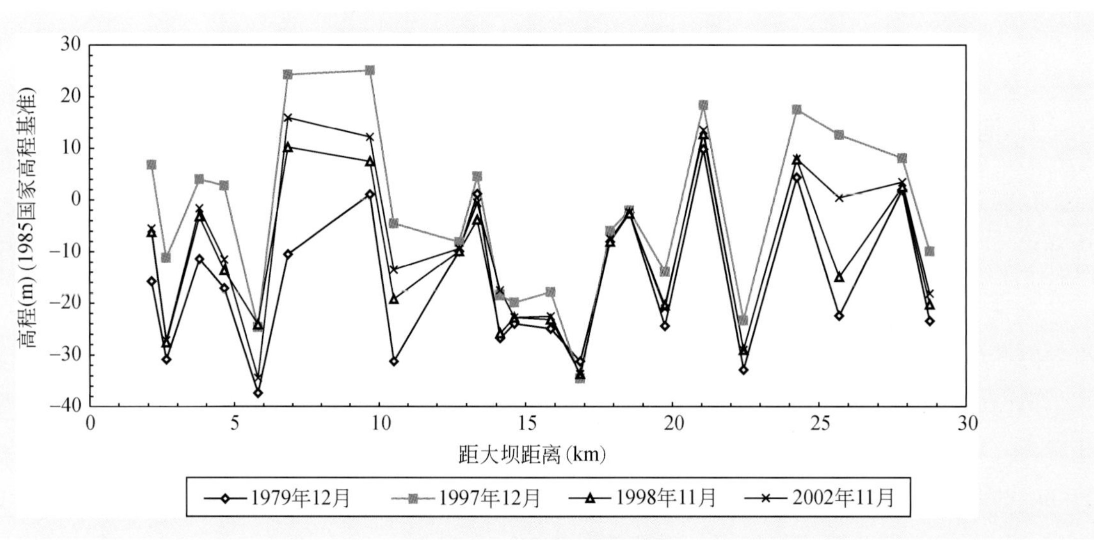

图 9-3　两坝间河段河床深泓高程沿程变化

9.1.2 三峡和葛洲坝水利枢纽联合调度期

2003 年三峡水库蓄水运行后，对两坝间河段的监测上起黄陵庙下止葛洲坝大坝，河段全长约 31.49km（G0 断面 ~ G25 断面）。

1. 冲淤量大小及分布

三峡水库建成蓄水后，下泄水流含沙量明显减小，河床以冲刷为主。2002 年 12 月 ~ 2011 年 10 月，两坝间河段河床累计冲刷泥沙 3615.3 万 m^3，冲刷主要集中发生在三峡工程围堰发电期，2002 年 12 月 ~ 2006 年 11 月两坝间河段冲刷量共为 3046.7 万 m^3，占总冲刷量的 84.3%，年均冲刷量为 761.7 万 m^3；之后冲刷强度逐渐减小，2006 年 11 月 ~ 2008 年 10 月仅冲刷泥沙 463.9 万 m^3，年均冲刷量约为 232.0 万 m^3；三峡水库 175m 试验性蓄水后，两坝间河床微冲微淤，总体略有冲刷，其冲刷量为 104.7 万 m^3。从总体来看，河床冲淤主要集中在 53m 以下主槽，其冲刷量占总冲刷量的 89.0%（表 9-2）。

表 9-2　三峡水库蓄水运行后两坝间河段冲淤统计

时间	河段部位冲淤量及冲淤率	葛洲坝至G1 断面（南津关）	G1 断面至G12 断面（石牌）	G12 断面至G20 断面（陡山沱）	G20 断面至G25 断面（黄陵庙）	葛洲坝至黄陵庙
	河段长	2.340km	12.834km	9.640km	6.674km	31.488km
2002 年 12 月 ~ 2003 年 11 月	72m 以下河段（万 m^3）	-46.9	-405.8	-76.8	-300.2	-829.7
	冲淤强度（万 m^3/km）	-22.1	-32.5	-8	-66.6	-26.3
	53m 以下河段（万 m^3）	-10.4	-423.7	-56.8	-298.3	-789.2
	冲淤强度（万 m^3/km）	-4.92	-33.9	-5.9	-66.1	-25.1
围堰发电期（2002 年 12 月 ~ 2006 年 11 月）	72m 以下河段（万 m^3）	-282.2	-1620.1	-540.9	-603.5	-3046.7
	53m 以下河段(万 m^3）	-195.7	-1525.3	-525.9	-535.9	-2782.8
2006 年 11 月 ~ 2007 年 10 月	72m 以下（万 m^3）	-28.8	-207.6	-126.5	-153.1	-516
	冲淤强度（万 m^3/km）	-12.3	-16.2	-13.1	-22.9	-16.4
	53m 以下（万 m^3）	-25.2	-192.2	-95	-89.1	-401.5
	冲淤强度（万 m^3/km）	-10.8	-15	-9.9	-13.4	-12.8
2007 年 10 月 ~ 2008 年 10 月	72m 以下（万 m^3）	-2.8	90.1	-40.1	4.9	52.1
	冲淤强度（万 m^3/km）	-1.2	7	-4.2	0.7	1.7
	53m 以下（万 m^3）	-3.6	100.8	-48.9	-4.4	43.9
	冲淤强度（万 m^3/km）	-1.5	7.9	-5.1	-0.7	1.4
初期蓄水期（2006 年 11 月 ~ 2008 年 10 月）	72m 以下（万 m^3）	-31.6	-117.5	-166.6	-148.2	-463.9
	53m 以下（万 m^3）	-28.8	-91.4	-143.9	-93.5	-357.6
2008 年 10 月 ~ 2009 年 10 月	72m 以下（万 m^3）	2.5	-84.2	-67.5	0.1	-149.1
	冲淤强度（万 m^3/km）	1.1	-6.6	-7.0	0.0	-4.7
	53m 以下（万 m^3）	2	-94.6	-61.7	5.6	-148.7
	冲淤强度（万 m^3/km）	0.9	-7.4	-6.4	0.8	-4.7

续表

时间	河段部位冲淤量及冲淤率	葛洲坝至G1断面（南津关）	G1断面至G12断面（石牌）	G12断面至G20断面（陡山沱）	G20断面至G25断面（黄陵庙）	葛洲坝至黄陵庙
	河段长	2.340km	12.834km	9.640km	6.674km	31.488km
2009年10月~2010年10月	72m以下（万m^3）	-4	31.1	24.1	-42.3	8.9
	冲淤强度（万m^3/km）	-1.7	2.4	2.5	-6.3	0.3
	53m以下（万m^3）	-2.7	39	15.8	-61.8	-9.7
	冲淤强度（万m^3/km）	-1.2	3.0	1.6	-9.3	-0.3
2010年10月~2011年10月	72m以下（万m^3）	0.2	-0.7	20.8	15.2	35.5
	冲淤强度（万m^3/km）	0.1	-0.1	2.2	2.3	1.1
	53m以下（万m^3）	-0.4	-4.4	27.1	57.4	79.7
	冲淤强度（万m^3/km）	-0.2	-0.3	2.8	8.6	2.5
175m试验性蓄水期（2008年10月~2011年10月）	72m以下（万m^3）	-1.3	-53.8	-22.6	-27	-104.7
	53m以下（万m^3）	-1.1	-60	-18.8	1.2	-78.7
2002年12月~2011年10月	72m以下（万m^3）	-315.1	-1791.4	-730.1	-778.7	-3615.3
	53m以下（万m^3）	-225.6	-1676.7	-688.6	-628.2	-3219.1

负值表示冲刷，正值表示淤积

（1）围堰发电期

2002年12月~2006年11月，两坝间河段冲刷量共计达3046.7万m^3，其中53m以下主槽冲刷量为2782.8万m^3，占总冲刷量的91.3%（表9-2）。

2002年12月~2003年11月，两坝间河段冲刷总量为829.7万m^3，主槽冲刷量占95.1%。冲淤分布极不均匀，其中冲刷强度最大的河段是陡山沱至黄陵庙段，达到-66.6万m^3/km。

2003年11月~2004年11月，河段继续冲刷，总量为1092.0万m^3，其中主槽冲刷总量为985.9万m^3，占总冲刷量的90.3%。河床沿程冲刷强度变化不大。

2004年11月~2005年11月，河段冲刷总量为619.3万m^3，其中主槽冲刷量占91.4%。主要的冲刷段在葛洲坝大坝至石牌河段，占整个河段总冲刷量的69.7%，而石牌至陡山沱河段河床冲刷较小。

2005年11月~2006年11月，河段冲刷总量为505.7万m^3，其中主槽冲刷量占87.6%。主要的冲刷段依然在葛洲坝大坝至石牌河段，冲刷强度为26.5万m^3/km，冲刷量占整个河段总冲刷量的67.3%；石牌至陡山沱河段冲刷量次之，其冲刷强度为15.5万m^3/km；而陡山沱至黄陵庙开阔河段河床则有轻微的泥沙淤积现象。

（2）蓄水初期

2006年11月~2008年10月，河段冲刷总量为463.9万m^3，53m以下主槽冲刷量为357.6万m^3，占总冲刷量的77.1%。其中2006年11月~2007年10月河段冲刷516.0万m^3，而2007年10月~2008年10月河段表现为轻微淤积，淤积量为52.1万m^3。

（3）175m 试验性蓄水期

两坝间河段总体表现为小幅冲刷，冲刷量为 104.7 万 m^3，53m 以下冲刷泥沙 78.7 万 m^3，占总冲刷量的 75.2%。

2. 河床冲淤形态

（1）横断面形态变化

三峡工程修建后，两坝间河段河床冲刷以主槽为主，但也有少量断面是沿湿周冲刷，两岸边坡则相对稳定。由于河段中泓河床多为淤沙组成，易于冲刷；两岸为基岩或乱石组成，两岸岸线稳定。其中葛洲坝坝前至石牌河段冲刷幅度较其他河段大，且以主槽冲刷为主（图 9-4）；石牌以上河段横断面一般表现为沿湿周冲刷，变化幅度一般较小（图 9-5）。

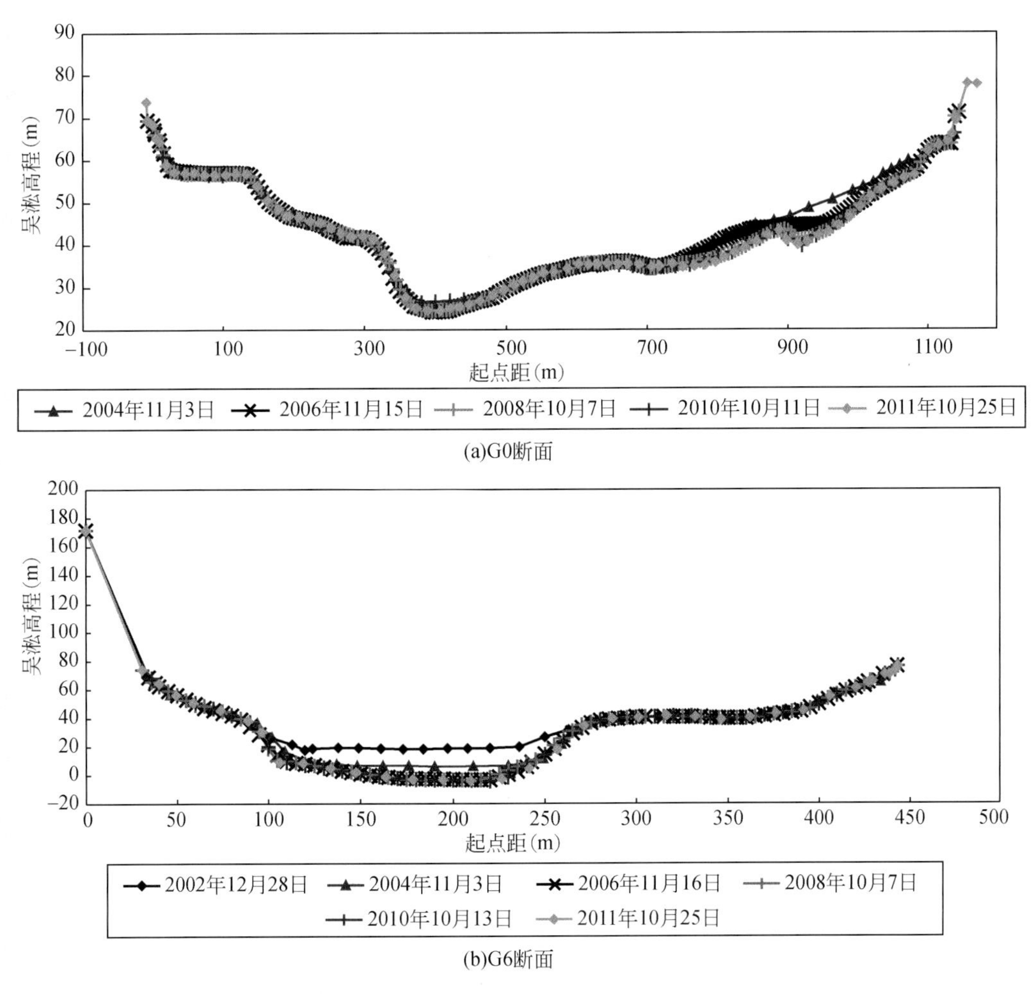

图 9-4 葛洲坝坝前至石牌段典型横断面变化图

（2）河床纵向变化

三峡水库蓄水运用后，两坝间河床冲刷下切，深泓高程明显降低，且主要集中在三峡工程围堰发电期。2002 年 12 月～2006 年 11 月，河段内河床深泓平均冲深 2.3m，其中冲刷幅度最大的是距葛洲坝大坝 7.39km 的 G6 断面，冲深达 21m；其次是距葛洲坝大坝 26.261km 的 G21 断面，冲深达 15.5m；

而 G5 断面下游 G5 断面深泓点淤高 6.4m（图 9-6）。

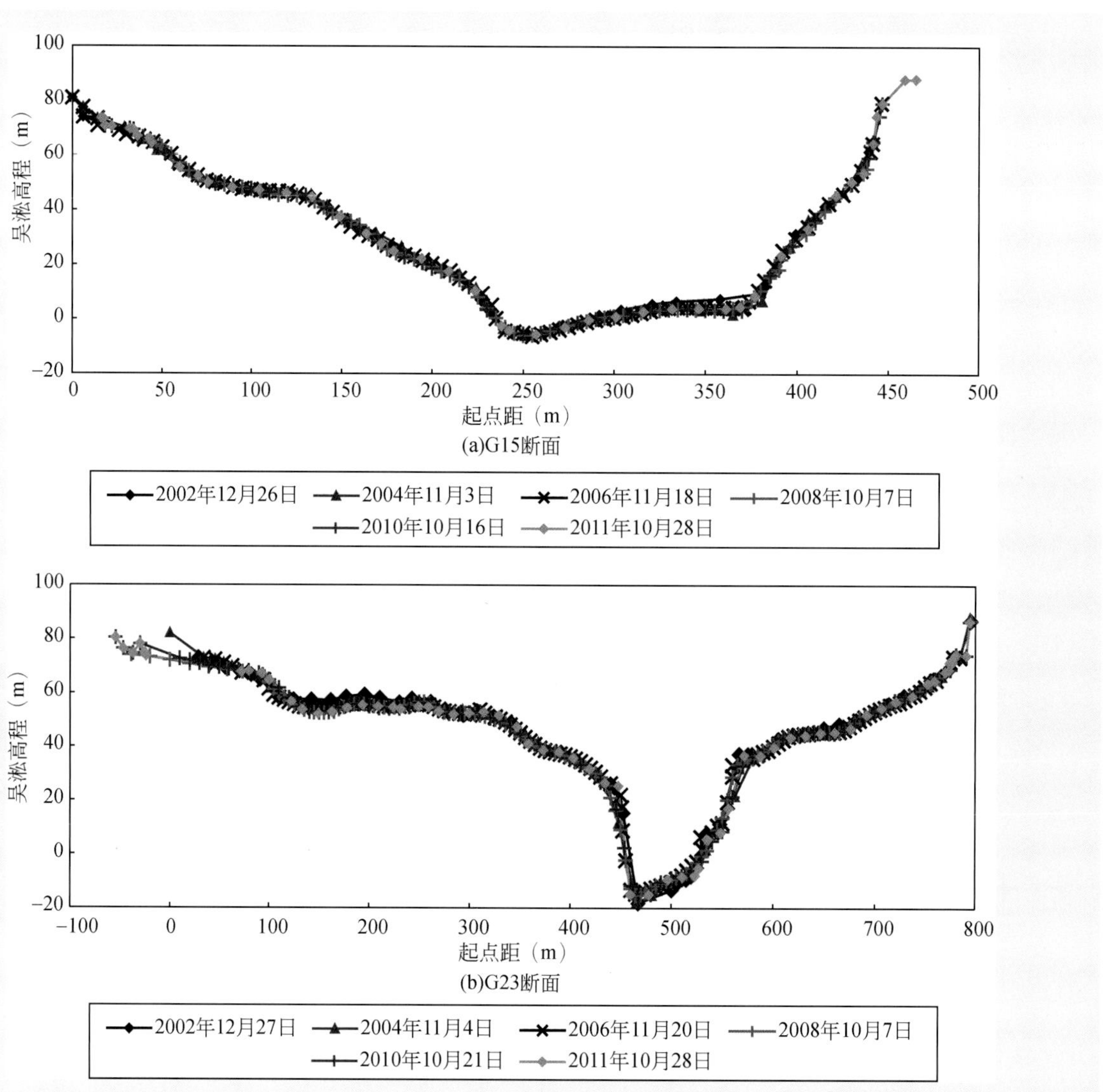

图 9-5　石牌以上河段典型横断面变化图

三峡水库初期蓄水后，2006 年 11 月 ~2008 年 10 月河段河床深泓有冲有淤，深泓冲刷与淤积的断面各占一半，但总体表现为冲深，平均冲深 0.1m，其中冲刷幅度最大的是距葛洲坝大坝 2.34km 的 G1 断面，冲深达 2.5m；深泓淤高最大幅度为 1.0m，可见该时段深泓的变幅已经明显减小。175m 试验性蓄水后，河床冲淤幅度较小。

综上所述，两坝间河段为葛洲坝水库原常年回水区段，在葛洲坝独立运行期，1980 ~ 2002 年河段（G0 断面 ~ G30 断面）共计淤积泥沙 8387.4 万 m^3；2003 年三峡水库开始蓄水运行后，两坝间河段（G0 断面 ~ G25 断面）则处于持续的冲刷状态，至 2011 年 10 月累计冲刷 3615 万 m^3；加上三峡大坝坝下近坝段（大坝至黄陵庙段，JB11-1 断面 ~ JB17 断面）2003 ~ 2011 年间共计冲刷 791.4 万 m^3。因此，目前两坝间河段内尚留存的淤积泥沙为 3981 万 m^3。两坝间河段河床冲淤沿时变化如图 9-7 所示。

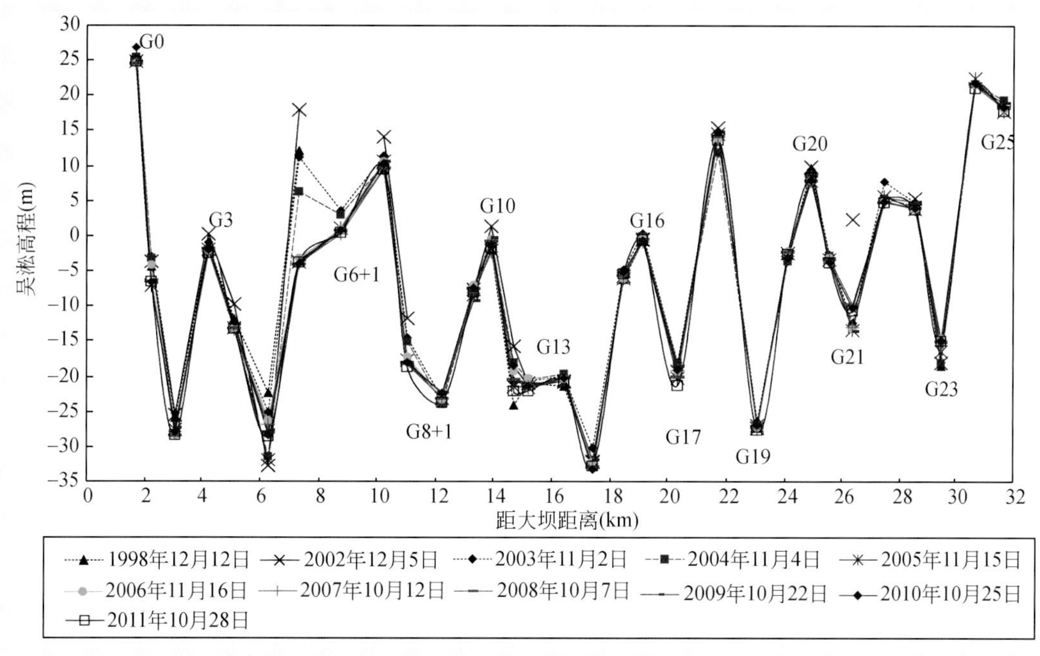

图 9-6　三峡水库蓄水运行后两坝间河段河床深泓纵剖面变化

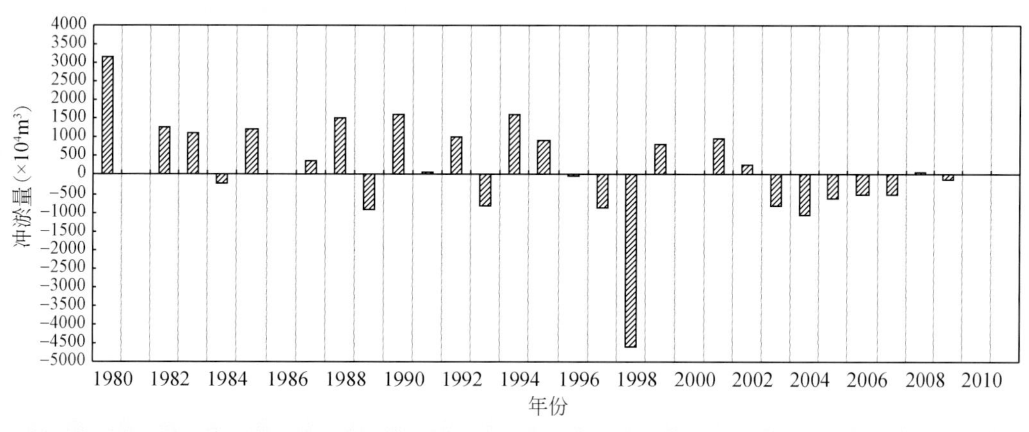

图 9-7　两坝间河段不同年份冲淤量变化

3. 河床组成

葛洲坝水库建成前，两坝间河段为天然河道，河床主要由卵石和粗沙组成，枯期床沙中值粒径平均值在 3mm 以上。1981 年葛洲坝建成后，河床大幅淤积，床沙明显细化，床沙中值粒径变化范围为 0.071 ~ 0.145mm。至 1986 年，两坝间河段泥沙大量淤积，床沙粒径进一步细化。1987 ~ 1993 年，两坝间河床冲淤基本平衡，床沙中值粒径变化不大。1998 年洪水期间，河床剧烈冲刷，床沙粗化，但汛后悬移质泥沙则大量落淤，床沙明显细化，汛后床沙中值粒径为 0.013 ~ 0.062mm。

2003 年三峡水库蓄水运行后，两坝间河床持续冲刷，床沙明显粗化，变为卵石夹沙河床（表 9-3）。2003 ~ 2007 年两坝间河床的床沙粗化过程非常明显。床沙沿程分布也有差异，从葛洲坝大坝至喜滩，河床基本上为卵石或基岩，而喜滩以上至三峡大坝河床为沙夹卵石河床。黄陵庙水文站汛后枯水期床沙观测资料表明，自2003年三峡水库蓄水运行后黄陵庙断面床沙有粗化的趋势，尤其是中值粒径从2003年的0.375mm变粗为2005年的5.79mm，2007~2011年由于黄陵庙河段冲淤变化较小，床沙粒径变化不大（图9-8）。

表9-3　三峡水库蓄水运行后两坝间河段床沙粒径统计表　　（单位：mm）

项目 断面	2003年		2005年		2007年		2009年		2011年	
	中数粒径	平均粒径	中数粒径	平均粒径	中数粒径	平均粒径	中数粒径	平均粒径	中数粒径	平均粒径
G1	0.430	0.493	0.300	0.326	18.916	13.628	0.368	0.373	0.325	0.340
G3			卵石	卵石			卵石	卵石		
G5	0.242	0.232	卵石	卵石					0.014	0.035
G6+1	卵石	卵石	32.195	29.980	卵石	卵石	41.500	33.600	41.500	36.100
G8	12.383	11.981	42.800	35.000	2.390	3.450	4.940	14.900	25.600	20.300
G9	9.375	9.276	48.350	45.050	卵石	卵石			32.500	29.400
G11	0.600	0.550	0.985	1.080						
G13	23.000	21.500							37.500	29.000
G15	24.500	23.700	34.700	34.300	17.900	16.700				
G17	23.500	21.700					4.420	4.920	6.160	11.100
G19	0.250	0.283	24.560	23.610	0.556	0.557	1.070	1.190	1.510	1.942
G20	卵石	卵石								
G21	0.410	0.500	0.539	0.699	7.208	6.874	1.340	2.160	16.400	16.500
黄陵庙水文站	0.375	1.190	5.790	7.990	3.240	3.140	0.645	2.964	2.610	3.030
G22	0.225	0.224	26.500	23.300	1.900	3.010			1.590	3.070
G24	0.260	0.299	0.749	0.817	1.520	1.760	1.090	1.350		

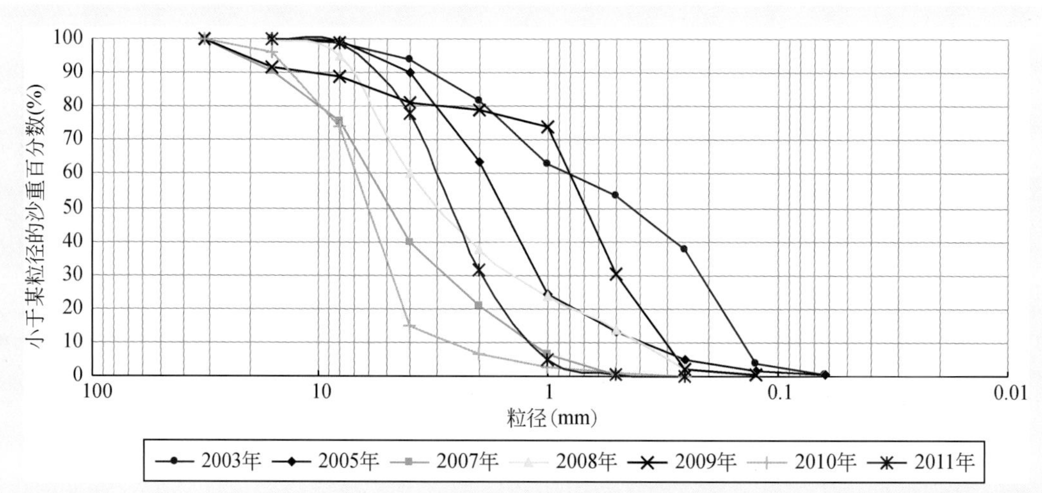

图9-8　两坝间河段黄陵庙水文站床沙级配变化

9.2 长江中游河段河道演变

三峡坝下游宜昌至鄱阳湖口为长江中游，长955km，沿江两岸汇入的支流主要有清江、洞庭湖水系、汉江、倒水、举水、巴河、浠水、鄱阳湖水系等。荆江南岸有松滋口、太平口、藕池口、调弦口四口分流入洞庭湖（调弦口于1959年建闸封堵），河道形势图如图9-9所示。

长江中游沿江地区经济发达，城镇化水平较高，水资源丰富，是我国重要的经济区。河道流经广阔的冲积平原，沿程各河段水文泥沙条件和河床边界条件不同，形成的河型也不同。从总体上看，河型可分为顺直型、弯曲型、分汊型三大类。其中以分汊型为主，微弯单一型与分汊型河道相间分布，分汊河道越往下游越多，蜿蜒型河道主要集中在下荆江。

按照河道自然地理和河床演变特性，长江中游干流河道通常分为宜昌至枝城段、枝城至城陵矶段（荆江河段）、城陵矶至湖口段。1997年水利部批复的《长江中下游干流河道治理规划报告》将长江中下游干流河段按河势河型和控制节点，划分为33个河段（长江水利委员会，1997）。

三峡蓄水前的近30年（1975~2002年），长江中游河道演变受自然因素和人为因素的双重影响，而且人为因素的影响日益增强。主要表现在：总体河势基本稳定，局部河势变化较大；河道河床冲淤变化较为频繁，但总体冲淤相对平衡，部分河段冲淤幅度较大；荆江和洞庭湖关系的调整幅度加大；人为因素增多，但未改变河道演变基本规律等（潘庆燊和胡向阳，2010；潘庆燊，2001；余文畴和卢金友，2005）。

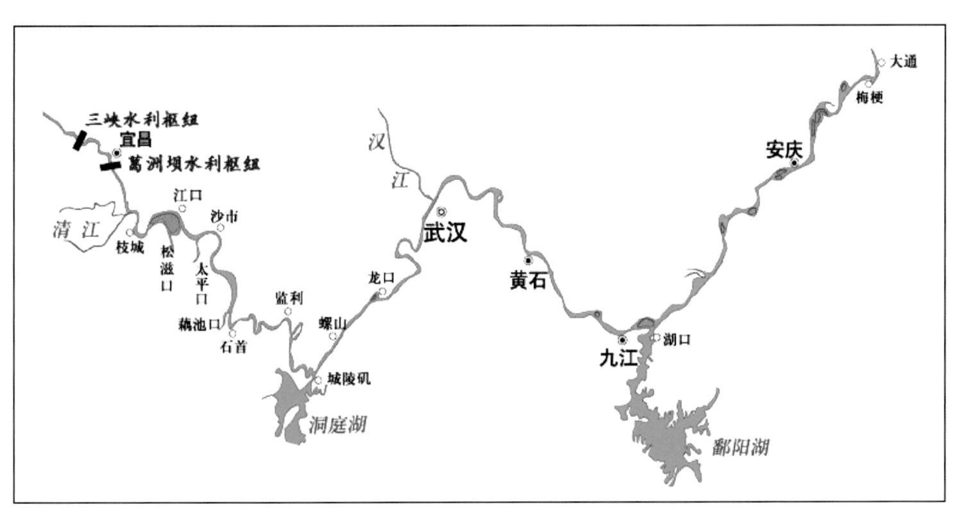

图9-9 三峡坝下游长江中下游宜昌至大通段干流河道形势图

9.2.1 宜昌至枝城河段

宜昌至枝城河段（宜枝河段）上起宜昌市镇江阁，下迄枝城水文站，全长约59.0km，是长江由山区河流向平原河流转变的过渡段。按照河段特点通常将其分为宜昌河段与宜都河段（图9-10），其中宜昌河段为镇江阁至虎牙滩段（长约19.4km），宜都河段为虎牙滩至枝城水文站段（长约

39. 6km)。河段在红花套以上基本顺直，受宜都褶曲构造影响，红花套至枝城段有宜都与白洋两个弯道相连，河段下连关洲汊道及芦家河浅滩。在宜都弯道处有支流清江入汇。河道沿程有胭脂坝、虎牙滩、宜都、白洋及枝城等基岩节点控制。两岸岸线多为基岩或人工护岸，2003 年起，湖北省宜昌市组织实施了长江干流宜昌城区段防洪护岸一期工程，对城区镇江阁至热电厂段约 6. 8km 岸线进行了综合整治，大大缓解了宜昌市区的防洪压力。2004 年汛前，三峡集团公司开始在胭脂坝尾以下（护底区 0）进行河床护底材料试验，此后陆续实施了 1 ~ 5 区护底及胭脂坝头守护工程，截至 2011 年，三峡集团公司已先后在葛洲坝下游胭脂坝河段实施了 6 期护底工程（图 9-11）。实测资料表明，护底工程对抑制河床冲刷下切、宜昌站枯水位下降起到了一定作用。

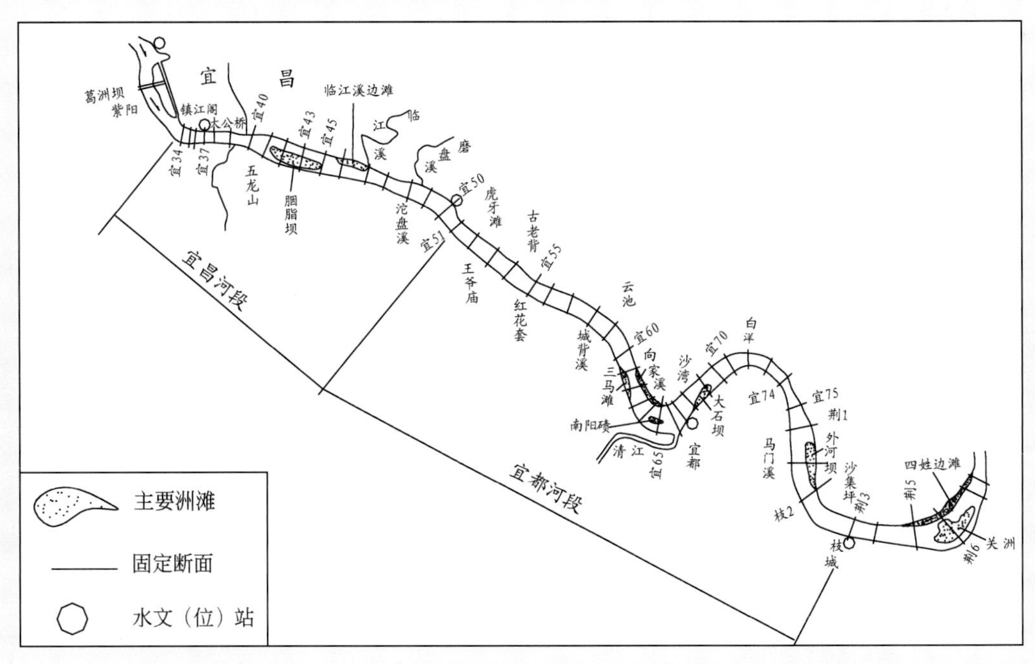

图 9-10　宜昌 ~ 枝城河段河道形势图

1. 河道平面变化

宜昌河段顺直微弯，深泓线从镇川门开始基本上紧贴右岸，至万寿桥附近逐步过渡到左岸，沿胭脂坝左槽下行。出胭脂坝后又逐步过渡到右岸，在磨盘溪附近又逐步过渡到左岸直至虎牙滩。出虎牙滩后深泓线偏左岸下行，至鱼洋溪过渡到右岸，在云池附近又逐步过渡到左岸，在宜 61 断面附近逐渐过渡到右岸三马溪边滩尾部，进入凹岸到南阳碛洲头后逐渐过渡到左汊；白洋弯道段深泓线基本贴凹岸下行，之后深泓线逐步居中后再向右岸过渡，顺着右岸进入枝城。

三峡水库蓄水运用前，宜枝河段深泓线走向多年来平面摆动幅度不大，一般在 100 ~ 150m 以内。三峡水库蓄水运用以来，深泓线平面摆动幅度不大，局部河段受河床冲淤影响深泓线摆动一般不超过 100m［图 9-12（a）］。

2. 河床纵向变化

宜枝河段深泓高点一般都为顺直段主流过渡与浅滩处，如万寿桥的昌 12 断面、胭脂坝尾的宜 45 断面、古老背的宜53断面、狮子脑的枝2断面等。深泓高程变化比较大的主要在胭脂坝附近、宜都弯道进口段（宜60断面~宜62断面）、白洋弯道段（宜72断面~宜74断面）等3处［图9-12（b）］。

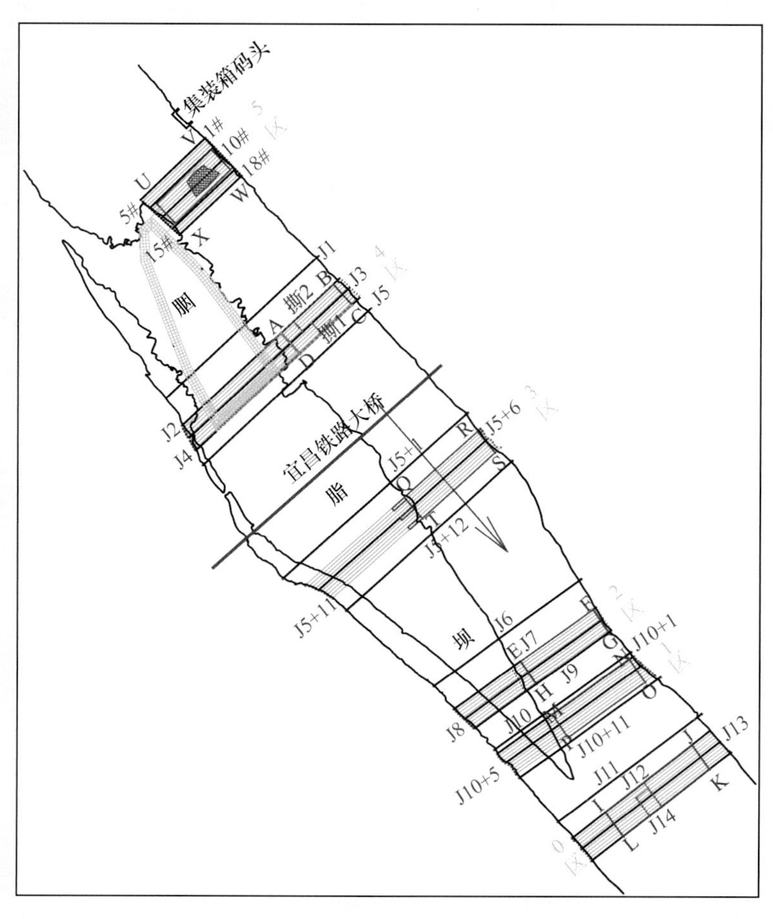

图9-11　宜昌河段胭脂坝河床护底工程位置示意图

受河道边界条件的制约，多年来宜枝河段河床冲淤变形以纵向为主。葛洲坝水利枢纽建成后，1981~1987年宜枝河段河床冲刷下切，宜昌河段河床平均下切2~3m。其中，庙咀至艾家镇段河床深泓下切5~10m，胭脂坝头、胭脂坝尾和虎牙滩收缩段下切较小，其余河段下切较为明显；宜都城河段以白洋弯道进口段冲刷最为显著，最大冲深达14m。1987~1991年深泓高程有升有降，总体变化不大；1992~1998年宜昌河段胭脂坝以上河床大幅淤积，胭脂坝以下河床则冲刷下切；1998年大洪水期间，宜昌河段河床淤积明显，宜都河段则以冲刷为主，白洋弯道段明显冲刷；1999~2002年宜昌河段以冲刷为主，大公桥以下是主要冲刷河段，其中胭脂坝河段冲深5~10m；宜都河段以淤积为主，白洋弯道和枝城为主要淤积河段。

三峡水库蓄水运用后，2002年10月至2011年10月，宜枝河段河床深泓纵剖面平均冲刷下切3.6m。其中，宜昌河段平均冲深1.7m，最大冲深5.4m（宜43，胭脂坝左汊内）；宜都河段平均冲深5.3m，最大冲深为18.0m，发生在大石坝附近［宜70，图9-12（b）］。

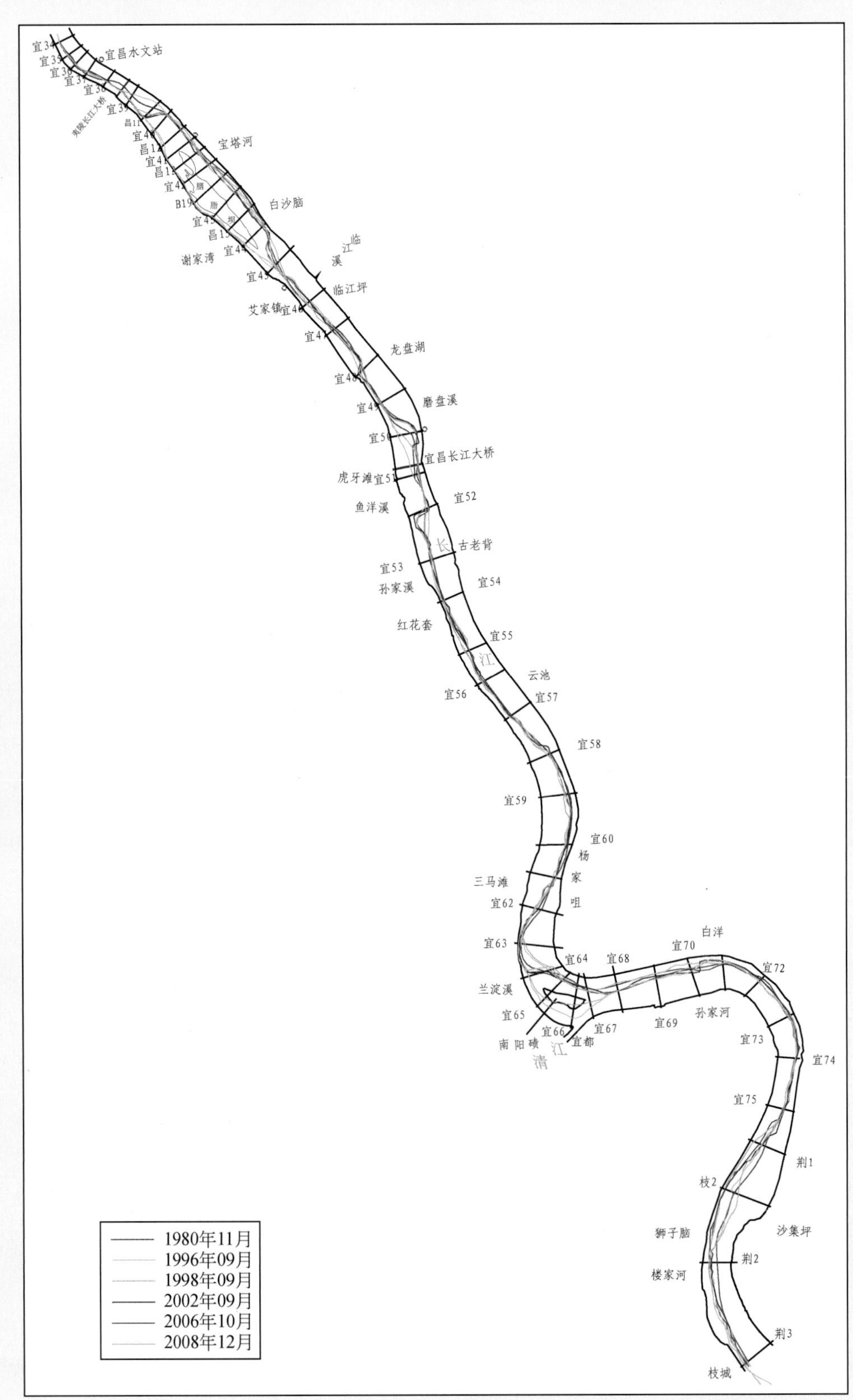

图 9-12(a)　宜枝河段深泓线平面变化图

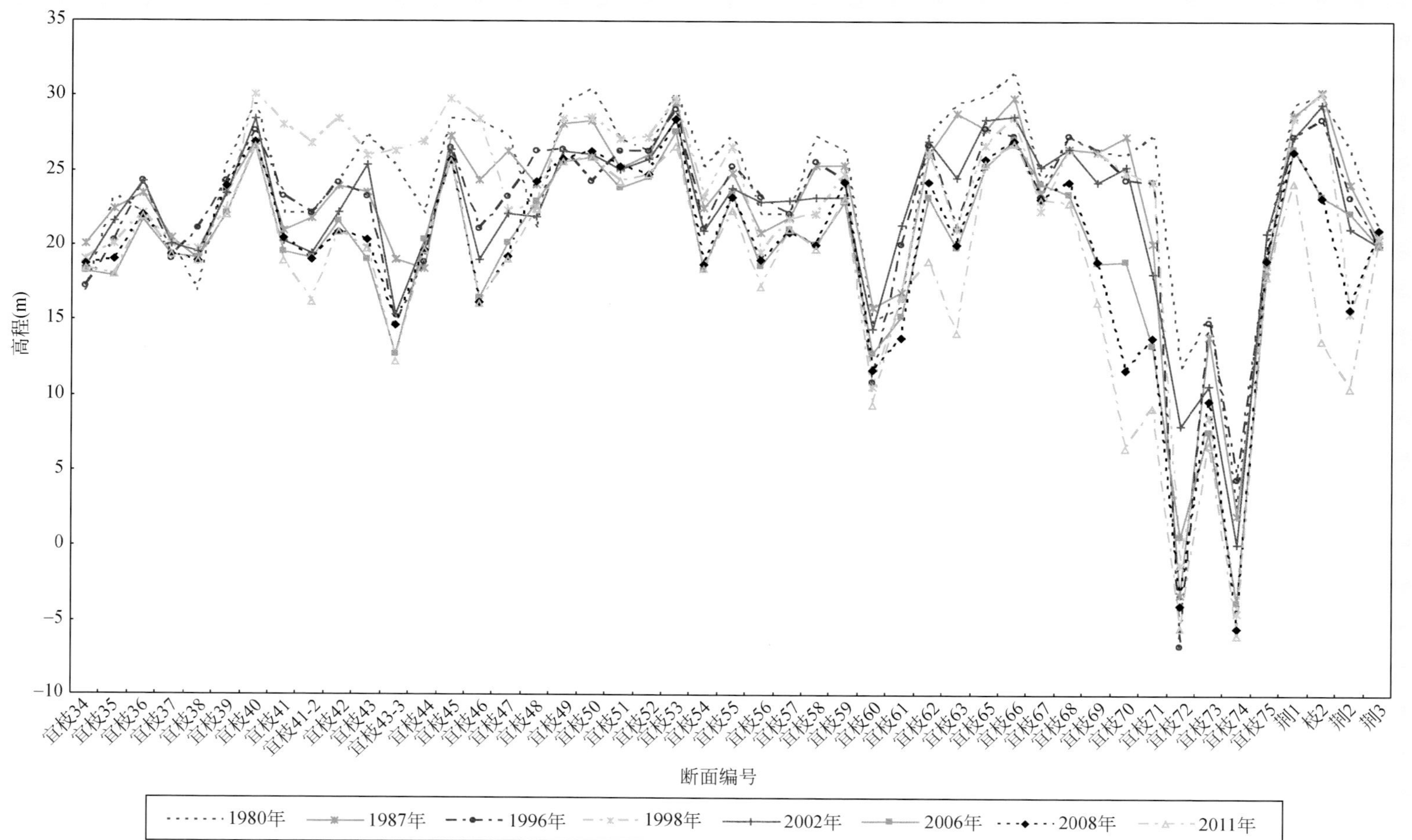

图 9-12(b)　宜枝河段深泓纵剖面历年变化

3. 滩槽变化

宜昌河段内洲滩主要有胭脂坝、临江溪边滩，深槽有位于卷桥河至宜陵长江大桥段的深槽、胭脂坝深槽、艾家镇深槽；宜都河段内洲滩有三马滩边滩、向家溪边滩、南阳碛心滩、大石坝边滩，深槽有红花套深槽、云池深槽、宜都弯道深槽、白洋弯道深槽、狮子脑深槽。1998 年大水期间，宜枝河段内洲滩均出现大幅淤长；1998 年大水后，洲滩则出现大幅冲刷。

三峡水库蓄水运用以来，河段内滩、槽平面形态与位置相对稳定，但洲滩有所冲刷萎缩，如南阳碛 33m 等高线面积由 2002 年的 0.82km^2 萎缩至 2008 年的 0.33km^2，临江溪、三马溪、杨家咀、大石坝、外河坝边滩（35m）面积之和由 2002 年的 4.817km^2 萎缩至 2008 年的 2.651km^2，减小幅度达 45%［表 9-4（a）、表 9-4（b）和图 9-13（a）］；深槽则有所冲刷、发展，深槽长度增加明显，槽宽一般基本稳定，或略有增加。深槽总面积有所增大，由 2002 年的 9.39km^2 增大至 2008 年的 18.695km^2，面积增大了近 1 倍［表 9-4（c）和图 9-13（b）］。冲刷扩展较快的深槽有白洋弯道深槽和红花套深槽，白洋弯道深槽每年以近 1km 的速度向上游扩展，至 2006 年年底该深槽长约 10km，比蓄水前增长近 4km，在弯道处深槽宽度向凸岸有所扩展。红花套深槽则逐年向下游方向扩展，至 2006 年年底该深槽与云池深槽已经连通，并扩展到宜都弯道处，形成宜枝河段最长的深槽。

表 9-4（a） 宜枝河段内主要江心洲滩尺度变化统计表

洲名	距大坝距离（km）	统计时间	洲顶高程（m）	量测等高线（m）(1985 国家高程基准)	最大洲长（m）	最大洲宽（m）	洲滩面积（km^2）
胭脂坝	10	2002 年 9 月	49.4	40m	3382	722	1.406
		2003 年 10 月	49.4		3572	701	1.449
		2004 年 11 月	49.0		3381	698	1.354
		2006 年 10 月	49.2		3431	782	1.425
		2008 年 12 月	49.8		3426	783	1.480
南阳碛	43	1980 年 11 月	35.9	33m	2540	1075	1.75
		1996 年 11 月	35.5		1510	350	0.340
		1998 年 10 月	35.7		1620	340	0.370
		2001 年 10 月	36.7		1660	588	0.510
		2002 年 9 月	37.8		1700	715	0.820
		2003 年 11 月	36.6		1665	410	0.410
		2004 年 11 月	37.8		1705	550	0.560
		2006 年 10 月	40.2		1749	470	0.297
		2008 年 10 月	35.2		1497	300	0.280
		2008 年 12 月	39.8		1677	472	0.330

表 9-4（b） 宜枝河段内主要边滩变化统计表

边滩名称	距大坝距离（km）	统计时间	量测等高线（m）（1985 国家高程基准）	最大洲长（m）	最大洲宽（m）	洲滩面积（km^2）
临江溪	17	2002 年 9 月	35	1879	218	0. 328
		2003 年 10 月		1900	219	0. 315
		2004 年 11 月		2106	226	0. 318
		2006 年 10 月		2050	220	0. 284
		2008 年 12 月		1712	105	0. 360
三马滩	39	2002 年 9 月	35	2510	250	0. 440
		2003 年 10 月		2700	240	0. 450
		2004 年 11 月		2420	275	0. 440
		2006 年 10 月		2152	187	0. 261
		2008 年 12 月		2026	151	0. 200
杨家咀	40	2002 年 9 月	35	6830	485	1. 72
		2003 年 10 月		6840	485	1. 68
		2004 年 11 月		6155	304	1. 34
		2006 年 10 月		5607	353	1. 13
		2008 年 12 月		2456	264	0. 31
大石坝	47	2002 年 9 月	35	3840	538	1. 05
		2003 年 10 月		3945	550	1. 08
		2004 年 11 月		2930+1145	558+155	0. 97（0. 87+0. 10）
		2006 年 10 月		3129	577	0. 91
		2008 年 12 月		2812	509	0. 84
外河坝	58	2002 年 9 月	35	3109	635	1. 279
		2003 年 10 月		3238	584	1. 346
		2004 年 11 月		3234	590	1. 350
		2006 年 10 月		3378	511	1. 025
		2008 年 12 月		3258	490	0. 941

表 9-4（c） 宜枝河段内主要深槽（25m 等高线）尺度变化统计表

深槽名称	距大坝距离（km）	统计时间	槽底高程（m）	槽长（m）	槽宽（m）	面积（km^2）
卷桥河	3. 6	2002 年 9 月	16. 1	5124	195	1. 053
		2003 年 10 月	15. 3	5122	245	1. 276
		2004 年 11 月	14. 8	5024	367	1. 333
		2006 年 10 月	14. 3	5228	360	1. 247
		2008 年 12 月	16. 7	4027	360	0. 942

续表

深槽名称	距大坝距离(km)	统计时间	槽底高程(m)	槽长(m)	槽宽(m)	面积(km^2)
胭脂坝	10.3	2002年9月	15.0	2359	364	0.663
		2003年10月	14.2	4853	461	1.320
		2004年11月	12.7	4777	465	1.341
		2006年10月	11.8	4837	460	1.359
		2008年12月	12.4	4742	442	1.298
艾家镇	16.4	2002年9月	16.2	3856	265	0.975
		2003年10月	16.5	3680	340	1.029
		2004年11月	15.9	3681	372	1.082
		2006年10月	15.5	3856	383	1.107
		2008年10月	15.6	4060	399	1.155
红花套	28.6	2002年9月	19.2	6337	515	1.925
		2003年10月	15.0	6940	464	2.237
		2004年11月	15.1	7280	379	2.815
		2006年10月	13.6	13 910	625	5.108
		2008年12月	10.3	15 228	656	5.267
云池	34.9	2002年9月	13.8	4899	271	1.068
		2003年10月	11.3	5229	340	1.380
		2004年11月	11.2	5713	310	1.435
		2006年10月以后	该深槽与红花套深槽已经连通面积计在红花套深槽内			
白洋弯道	49.2	2002年9月	-0.3	6868	482	2.388
		2003年10月	0.8	8116	331	2.742
		2004年11月	-2.5	10 094	473	3.717
		2006年10月	-2.1	10 865	605	4.454
		2008年12月	-6.0	11 107	691	4.974
狮子脑*	58.2	2002年9月	12.1	4237	362	1.320
		2003年10月	12.8	5462	368	1.530
		2004年11月	11.8	6082	407	1.842
		2006年10月	14.5	6411	462	1.927
		2008年12月	10.6	7430	699	2.671

* 由于资料所限狮子脑深槽只量算到荆3断面

4. 河床断面形态变化

近年来，宜枝河段河道两岸岸坡基本稳定，河床冲淤变化主要集中在主河槽，虎牙滩以上断面形态基本稳定，白洋、宜都附近河床主槽冲刷幅度较大，两岸岸坡基本稳定（图9-14）。

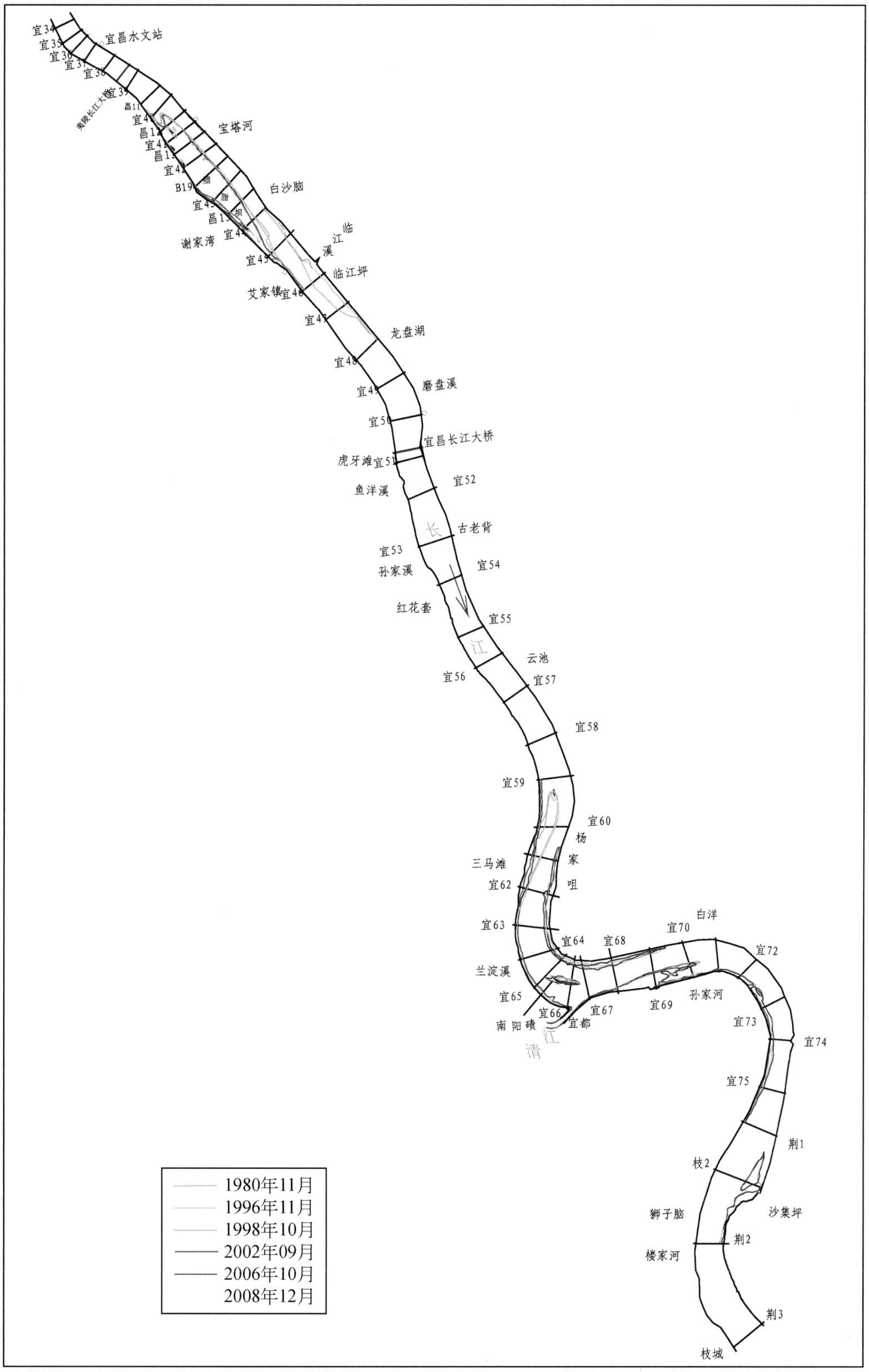

1980年11月
1996年11月
1998年10月
2002年09月
2006年10月
2008年12月

图 9-13（a） 宜枝河段内主要洲滩（35m 等高线）变化

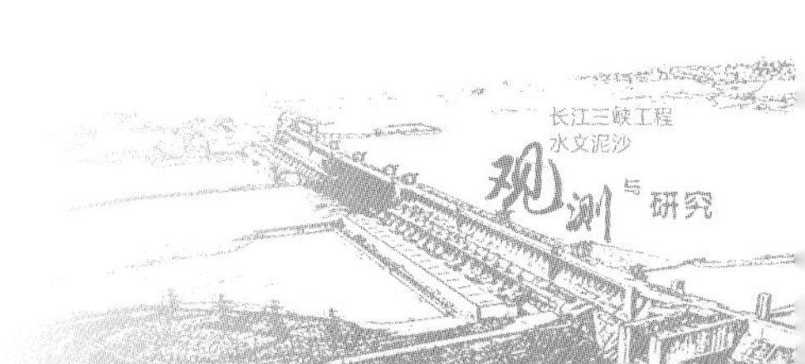

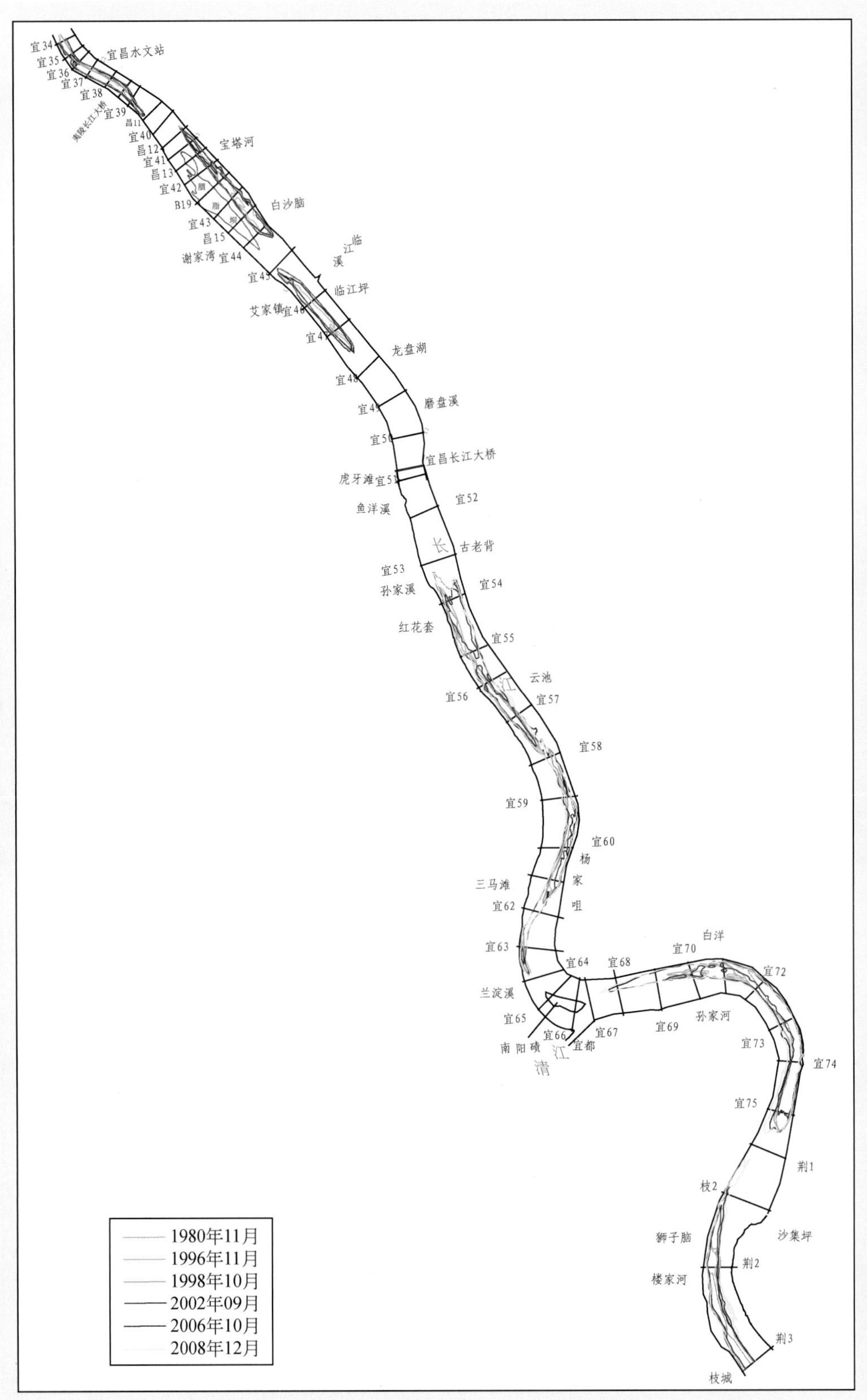

图 9-13（b） 宜枝河段内主要深槽变化图

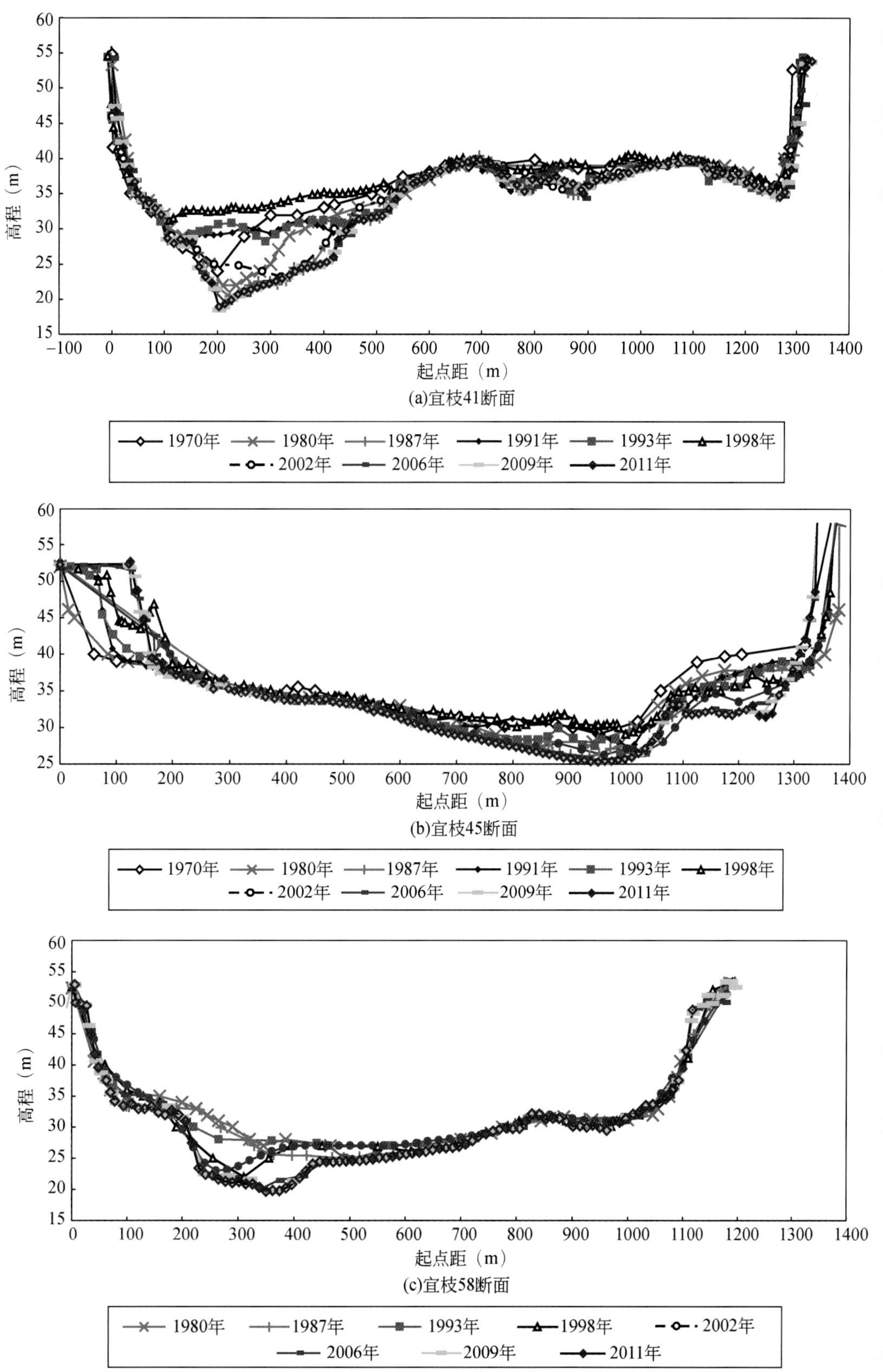

(a)宜枝41断面

(b)宜枝45断面

(c)宜枝58断面

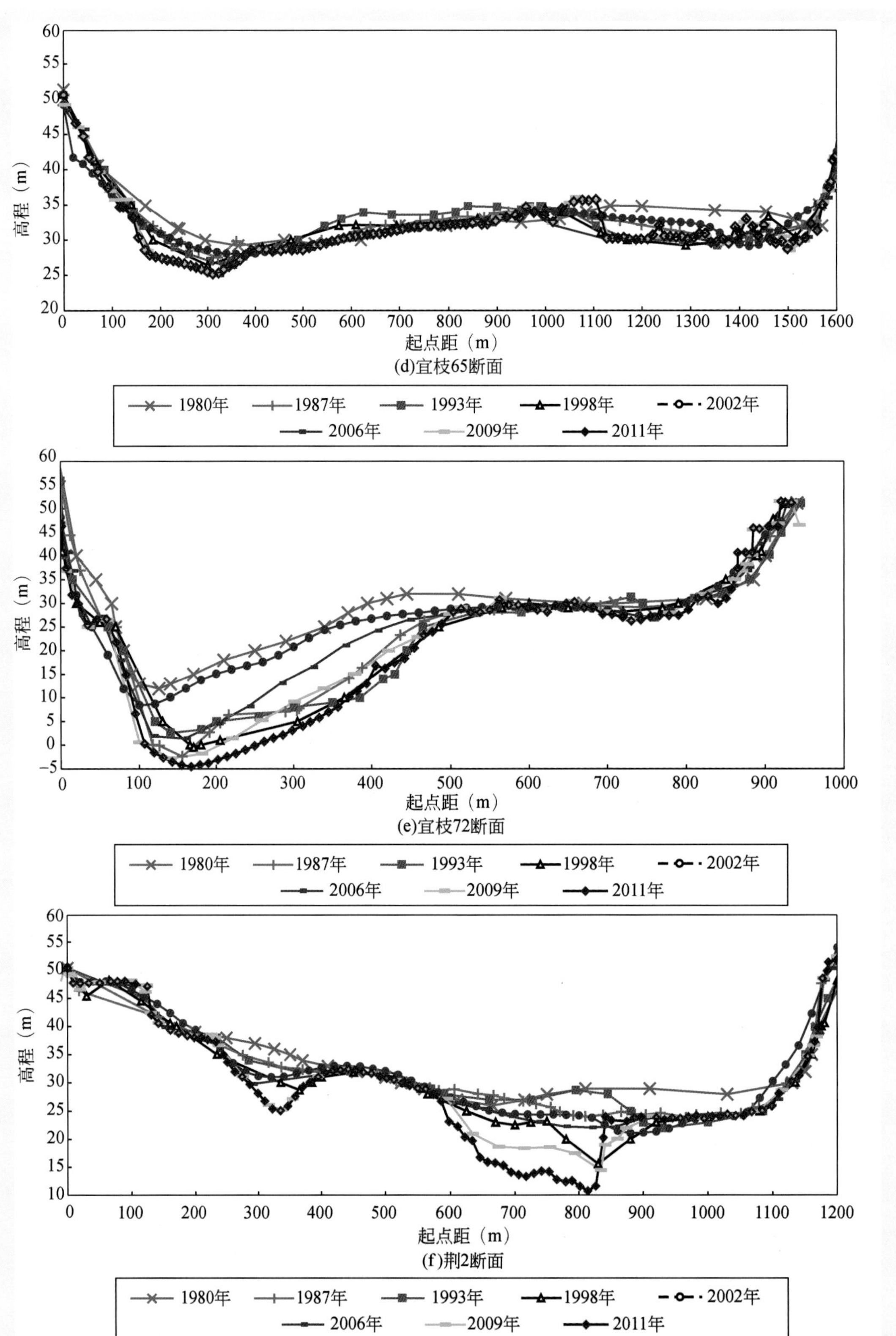

图 9-14　宜枝河段典型断面冲淤变化

5. 河床冲淤特性

宜枝河段处于由山区性河流向平原性河流过渡的过渡段，岸坡趋于平缓，河宽逐步展宽，过水面积

表 9-5 宜枝河段河床冲淤变化统计表

时段	枯水河槽			平均河槽			平滩河槽			洪水河槽		
	宜昌河段	宜都河段	宜枝河段	宜昌河段	宜都河段	宜枝河段	宜昌河段	宜都河段	宜枝河段	宜昌河段	宜都河段	宜枝河段
1981 年 4 月～1987 年 10 月	-1264	-3443	-4707	-1268	-3561	-4829	-1176	-3220	-4396	-1031	-3106	-4137
1987 年 10 月～2002 年 9 月	-2178	-1978	-4156	-2022	-1963	-3985	-2001	-1716	-3717	-1803	-1798	-3601
2002 年 9 月～2006 年 10 月	-825	-5945	-6770	-828	-6254	-7082	-1391	-6747	-8138	-1401	-6614	-8015
2006 年 10 月～2008 年 10 月	-165	-2252	-2417	-162	-2124	-2286	-107	-2123	-2230	-110	-2150	-2260
2008 年 10 月～2009 年 10 月	-397	-889	-1286	-428	-1086	-1514	-462	-1071	-1533	-456	-1028	-1484
2009 年 10 月～2010 年 10 月	129.9	-1242.2	-1112.3	136.1	-1191.9	-1055.8	125.6	-1164.9	-1039.3	123.5	-1164.3	-1040.8
2010 年 10 月～2011 年 10 月	29.6	-813.7	-784.1	40.8	-864.3	-823.5	55	-866.4	-811.4	62.5	-845.5	-783
2002 年 9 月～2011 年 10 月	-1201.9	-11143.1	-12345	-1212.6	-11520.5	-12733.1	-1733.4	-11971.8	-13705.2	-1743.9	-11804.5	-13548.4

枯水、平均、平滩、洪水河槽分别指宜昌站流量为 $5000m^3/s$、$10\ 000m^3/s$、$30\ 000m^3/s$、$50\ 000m^3/s$ 对应水面线以下的河床，后同

明显增大。河床冲淤变化年内表现为“汛淤枯冲，大水淤小水冲”，年际表现为“大水年淤，小水年冲”。1981 年葛洲坝水库蓄水运用以来，宜昌站沙量有所减小，1981～2002 年其年均沙量为 4.59 亿 t，较 1950～1980 年均值减小了 11%，其年均含沙量也由 1.18kg/m^3减小至 1.05 kg/m^3，近坝河段河床的冲淤演变经历了“冲刷—相对平衡—淤积—冲刷”的过程。河段各时期冲变化如表 9-5 所示。

三峡水库蓄水运用以来，2002 年 10 月至 2011 年 10 月，宜枝河段平滩河槽已累计冲刷泥沙 1.37 亿 m^3，冲刷主要位于宜都河段，其冲刷量占河段总冲刷量的 87%。河段年均冲刷量为 0.15 亿 m^3/a，不仅大于葛洲坝水利枢纽建成后 1975～1986 年的 0.069 亿 m^3/a（其中还包括建筑骨料的开采），也大于三峡水库蓄水前 1975～2002 年的 0.053 亿 m^3/a。

由图 9-15 可见，葛洲坝蓄水初期（1981～1987 年）河段主要冲刷段在宜昌河段的胭脂坝段及宜都河段云池、白洋河段。1987～2002 年宜昌河段艾家镇以上略有淤积，艾家镇一下略有冲刷，总体冲淤基本平衡；宜都河段总体略有冲刷，主要冲刷在红花套至云池段。三峡蓄水以后，河段整体冲刷，宜昌河段主要冲刷部位在宝塔河以下，宜都河段主要冲刷部位在宜都至枝城之间，冲刷的部位较葛洲坝蓄水初期整体有明显下移。

从冲淤量沿时程分布来看，河床冲刷主要集中在三峡水库蓄水运用后的前三年（2002 年 10 月～2005 年 10 月），其冲刷量占总冲刷量的 63%；之后冲刷强度逐渐减弱（表 9-5）。

6. 河道整治工程

（1）葛洲坝水利枢纽下游河势调整工程

A. 工程背景

葛洲坝大江航线工程建成后，于 1988 年进行过流冲沙试运行，并组织船（队）舶进行了实船试验。针对实船试验中存在的问题，《长江葛洲坝水利枢纽大江工程竣工验收鉴定书》指出：“根据 1988 年 9 月以来两次实船试航和试运行情况，由于大江的水流泥沙条件复杂，在较大流量时，下游航道的涌浪较大，下闸首的涌浪也较大，对船队航行和下闸首人字门对中有一定影响，同意通航流量按等于或小于 25 000m^3/s 投入运行，运行一段时间以积累经验，并请设计单位进一步研究包括防淤堤长度等在内的综合治理措施，改善坝下游水流泥沙条件，运行管理单位配合提供有关资料，并报有关上级部门审批实施，尽快使通航流量达到 30 000m^3/s，努力争取做到实现通航流量 35 000m^3/s。”

2006 年，中国长江三峡集团公司根据上述要求，委托有关单位完成了葛洲坝水利枢纽下游河势调整工程的设计和工程施工。

B. 工程建设概况

葛洲坝水利枢纽建有大江、三江两条航道，分别布置在南津关弯道凸、凹岸的下游，地处南津关弯道凸岸下游的大江航道，建坝前为河段泥沙的主要输移带，水流条件极为复杂，通航条件较差，建坝后对通航河段进行填堵，开挖平台，修建防沙堤等措施减少泥沙淤积，并修建冲沙闸，采取“静水通航，动水冲沙”，必要时以机械方式进行清淤，尽可能保证通航。

葛洲坝河势调整工程范围为葛洲坝下引航道导航墙至卷桥河，全长 3198m，其中导墙长 390m，受河势影响，航道在纱帽山处转向，其弯道内环半径为 1000m，外环半径为 1140m。河势调整工程在大江电厂尾水下游心滩兴建长 900m 的江心堤，隔断二江下泄水流的产生的横波向大江航道扩散，从而改善大江航道的航行条件（图 9-16）。

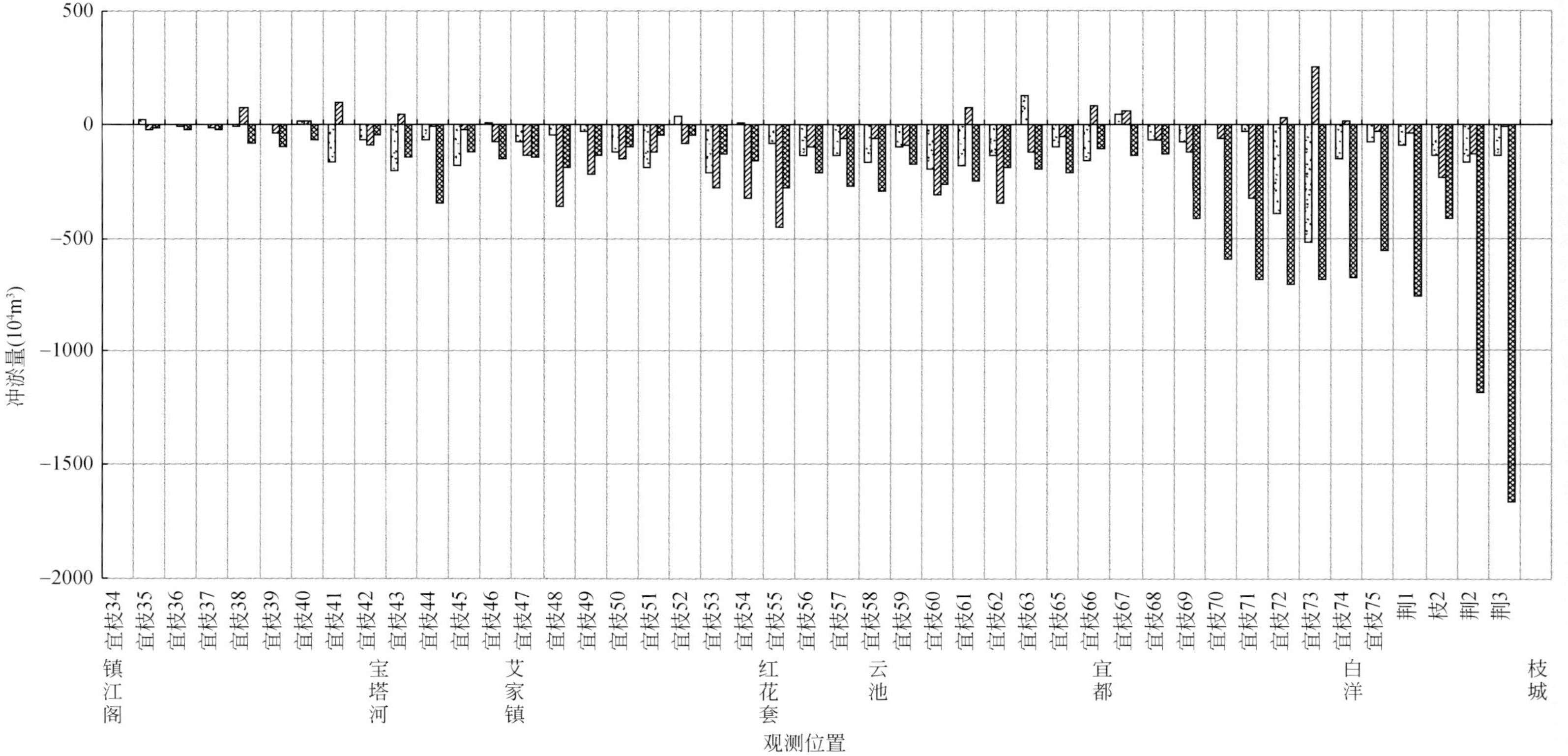

图 9-15　宜昌至枝城河段洪水河槽冲淤量沿程分布图

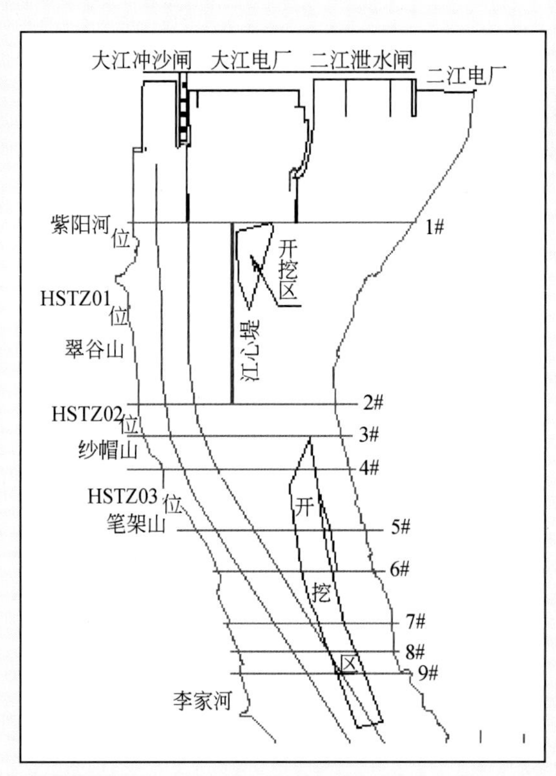

图 9-16　葛洲坝下游河势调整工程布置示意图

C. 工程前后河道水流流态变化

a. 工程前河道流态

自导航墙至笔架山一带，有缓流区及回流区，缓流回流区位于航道设计线与右水边之间，回流流速较小。大江电厂下泄水流流线基本与航道中心线平行，大江航道口门区水流较为平稳，对船舶航行没有大的影响。但口门以下由于二江泄水闸下泄水流，由急流变为缓流，形成水跃，经消能建筑物消能后，还有余波继续向下游推进。当波浪奔腾出下导流隔堤经狭窄的水道后，一方面受左岸西坝突嘴顶挑，另一方面进入开阔河道，波浪发生扩散形成波浪绕射，向大江一侧推进，成为与河向横贯的横波。

河势调整前，在大江下游引航道设计范围内，大江航道口门以下水流受二江下泄水流的影响明显，航道内水流在设计航道段（大坝轴线至4#断面）即向右侧发生明显的偏折，至笔架山航道连接段及航道天然段后贴右岸侧下行［图 9-17（a）］。

b. 工程后河道流态

①大江右侧水流：30 100m^3/s 流量下，大江电厂下泄水流一分为二［图 9-17（b）］，其中右侧水流线从下泄点至下江心堤头段较为顺直，流速变化范围为 1.20～2.18m/s，流速也较均匀；此后水流受惯性作用顺直下行，由于下江心堤头以下的航道受弯道影响向左转向，顺直下行水流斜穿航道并顶冲笔架山岸壁后也向左转向，随后与航道平行下行。而大江航道左边线至右岸边线区域（包括航道内区域），受笔架山挑嘴的控制作用存在较大面积的回流、缓流及逆向水流区，该区域长约 1500m，宽约 320m，范围比河势调整前有所加大，其中最大逆向流速 0.80m/s。

②大江左侧水流：大江电厂左侧下泄水流从下泄点至下江心堤段较为顺直，流速均匀，流速变化

范围为1.32～2.37m/s；出江心堤段后，受西坝凸嘴的挑流作用，水流均向右侧平缓偏折，并在笔架山至李家河段斜穿大江航道，斜穿航道的水流存在一定的横向流速，在李家河附近归于右侧主流深槽下行，主流偏离航道区域，水流过笔架山后流速明显增大。

③二江水流：受西坝凸嘴的控制作用，从二江电厂及泄水闸内下泄的水流从开始即向右偏折，水流与岸线基本平行，但在江心堤段由于受江心堤与岸线的共同约束水流顺直下行，流线分布较均匀，无交汇现象，出江心堤后水流即向右扩散，与大江电厂左侧水流交汇下行，并在李家河附近斜穿大江航道归于右侧河槽。

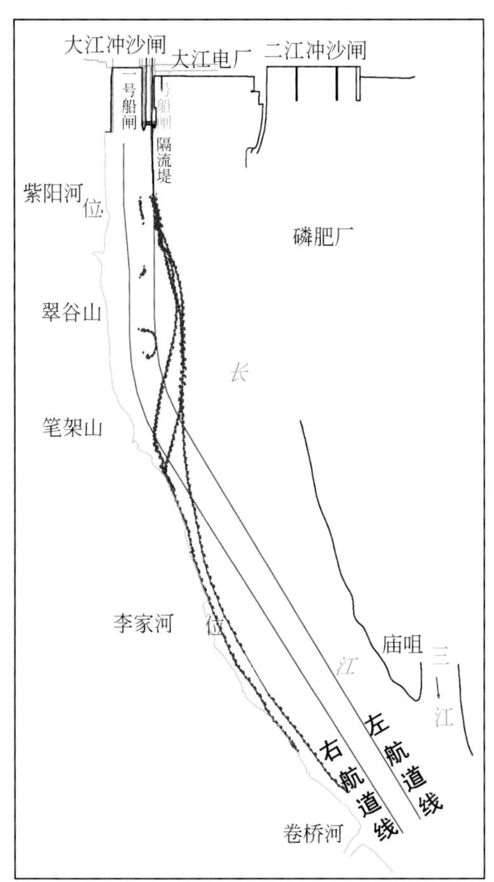

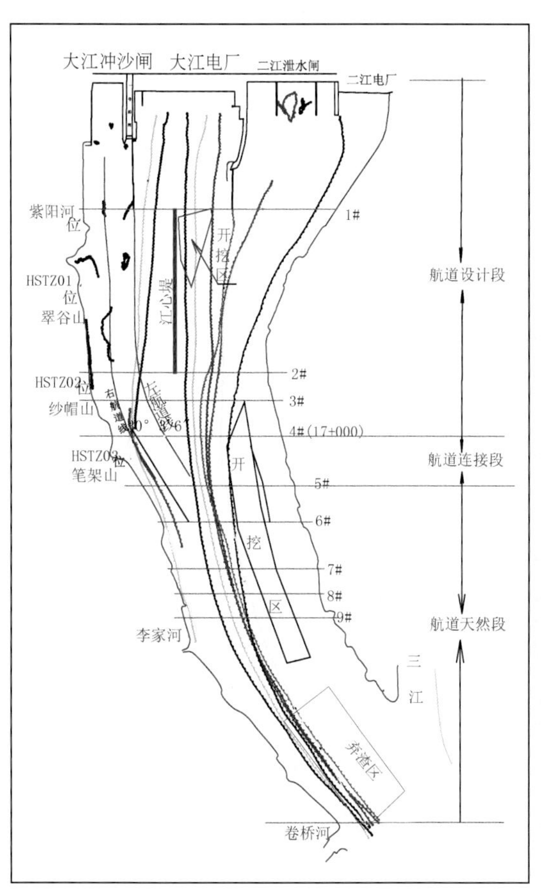

流量为44 000m³/s　最大流速S=3.68m/s　最小流速S=0.15m/s　水位：50.93m(吴淞高程)　1988年9月14日测

图9-17（a）　河势调整前水流流态　　　　图9-17（b）　河势调整后水流流态图

c. 航道内水流流速、流态

因受河床边界的限制，航道内水流水面流速流向与设计的航道线一般存在一定偏斜，为了解设计航道不同部位处水流的偏斜程度及航线上的横向流速，在水流斜穿航道的特征部位设置代表断面1#～9#进行分析计算。

1#断面为口门区域特征断面，航道内水流为回流、缓流及逆向流，对来往的船只通行没有影响；2#～4#断面则为大江电厂左侧下泄水流斜穿航道的代表断面，水流流向偏角范围为20°～30°，流速较为均匀，变化范围为0.78～1.92m/s，对船只无明显影响；4#～5#断面为航道设计段与天然航道的连接段，其水流较为平顺；5#～9#断面则是大江电厂右侧、二江泄水闸水流、二江电厂下泄交汇水流斜穿航道的特征断面，水流与航向的最大偏角为26°，最大流速为3.93m/s，相应横向流速1.02m/s，航道内存在的最大横向流速为1.34m/s，位置处于李家河上游约370m，为江心主流（表9-6）。河势调整工程后，口门区域水流为回流或缓流，江心堤段水流与航道基本平行下行，没有横向流速存在，至笔架山航道连接段及航道天然段后水流与河势调整前基本保持一致，贴右岸下行。经过河势调整后的航道设计段水流形态有较明显的改善。

表9-6　河势调整后坝下游大江航道内特征流速流向表

断面号	距大坝距离（m）	最大流速（m/s）	流向偏角（°）	横向流速（m/s）	纵向流速（m/s）	备注
1#	700	0.27				为逆行缓流
2#	1600	1.85	24	0.75	1.69	
3#	1750	1.68	30	0.84	1.45	
4#	1920	1.29	30	0.65	1.12	
5#	2220	2.12	26	0.93	1.91	
6#	2440	2.96	18	0.91	2.82	
7#	2720	3.73	21	1.34	3.48	
8#	2890	3.48	14	0.84	3.38	
9#	3050	3.93	15	1.02	3.80	

d. 航道通航条件

在葛洲坝枢纽大江下游航道设计范围内的流速流态，在流量为30 100 m^3/s 的水流条件，左航道边线流线其平均流速为1.24m/s，最大流速为1.92m/s；航道右边线沿程为回流和缓流区；上段（8#断面~HSTZ01断面）比降为1.57‱，中段（HSTZ01断面~HSTZ02断面）因回流比降为-0.99‱，下段（HSTZ02断面~HSTZ03断面）比降为1.91‱。其流速小于2.3m/s，比降小于2.0‱；航道连接河段（4#断面~5#断面），水流平均流速为0.80m/s，最大流速为1.60m/s，比降为2‱左右，小于3.0‱，该河段的水流条件也满足万吨级船队通航标准。对比河势调整工程前后水面流速流向测量成果，该段经河势调整后，右岸流速明显减小。河势调整工程基本达到目的。

（2）葛洲坝水利枢纽下游护底工程

A. 研究背景

葛洲坝水库和三峡水库先后蓄水运用，坝下游河床持续冲刷，将引起同流量下特别是枯水流量下河道水位下降，由此也将带来葛洲坝枢纽三江下引航道航深不足，威胁通航安全。宜昌枯水位自1976年始有下降趋势，以1973年设计水位流量关系线为基准，至2003年三峡蓄水前，共计下降了1.24m（流量4000m^3/s时）。三峡水库运用后至2009年年初，宜昌枯水位仅下降了0.08m，总计下降了1.32m。

针对葛洲坝下游通航问题，中国长江三峡集团公司技术委员会于1999年6月28~30日，在北京召开了“三峡工程第八单项技术设计专题阶段成果研讨会”，要求尽量采取综合措施使葛洲坝下游水位在三峡水库初期蓄水（库水位135m）时不低于38.0m。或采取其他措施保证正常通航。此后库水位达 156m 和 175m 时，分别不低于 38. 5m 和 39. 0m。

2002 年 1 月 18 日，中国长江三峡集团公司在北京召开了“三峡工程第八单项技术设计第一阶段成果讨论会”，长江水利委员会提出的《葛洲坝下游通航问题综合治理方案研究》等报告。对解决宜昌枯水位下降的问题，报告提出了 4 种治理措施：① 船闸优化调度；② 枯水期流量补偿水库调度方案；③ 开挖三江下引航道；④ 坝下游河道整治工程。由于开挖三江下引航道不确定性因素较多，工程效果难以预测，会议同意船闸优化调度作为首选措施，并补充建议开展：① 在水库蓄水位 135m 以上进行水库调度补偿航运流量（即三峡水库枯季按 139m 运行）；② 对局部垫底保护工程的可行性再作研究（即开展胭脂坝护底试验研究）。为此，2004 ~ 2011 年三峡集团公司先后在胭脂坝河段实施了 6 次护底试验工程（含胭脂坝坝头保护工程），工程布置见图 9-11，对遏制宜昌枯水位下降起到了一定作用。

在以上工程背景下，长江水利委员会水文局开展了“宜昌至杨家脑控制节点河床演变及控制宜昌水位下降的工程措施研究”，主要针对坝下游枯水位变化的控制因素和坝下游河道综合整治工程措施进行了系统的研究。

B. 主要研究思路

宜昌至杨家脑河段存在三江下游引航道、芦家河航道、枝江航道的通航水深不足、比降及流速偏大等众多通航问题。这些问题都与河床冲刷和枯水位下降有关，由于水面线受沿程阻力和节点控制而使上、下游相互关联。

研究成果表明，宜昌枯水位属长河段控制，控制河长达 100km 左右，即认为杨家脑以上河段均可对宜昌枯水位产生影响。控制作用由河段沿程河床阻力和局部河段阻力控制（节点控制）组成，胭脂坝头、胭脂坝尾、南阳碛上口（即宜都弯道进口）、关洲上口、芦家河浅滩、董市洲上口、柳条洲上口、杨家脑等节点控制作用明显，其中以胭脂坝头、南阳碛上口、芦家河浅滩为控制作用相对较强的节点。

C. 胭脂坝护底试验工程效果

自护底工程实施以来，工程区域在保持稳定中有少量的泥沙淤积，护底工程对河床的保护作用表现较为明显，尤其是 2004 年、2005 年实施的护底区域，虽然随着来水来沙条件的改变河床有冲淤变化，但均是发生在护底高程以上的泥沙冲淤，而河床维持着基本的稳定，护底工程没有受到破坏，在一定程度抑制了宜昌枯水位的下降。

9. 2. 2 荆江河段

荆江河段（枝城至城陵矶段），长 347. 2km，位于长江中游自低山丘陵进入冲积平原后的首段。荆江南岸有松滋河、虎渡河、藕池河、华容河分别自松滋口、太平口、藕池口和调弦口（1959 年建闸控制）分流至洞庭湖，与湘、资、沅、澧四水汇合后，于城陵矶复注长江。枝城以上 9km 有支流清江入汇；枝江有玛瑙河入汇；沙市以上 14. 5km 有沮漳河入汇（图 9-18）。

荆江河段历史上变迁频繁，也是近 50 年来长江中下游河道演变最为剧烈的河段之一，同时也是受人类活动影响最为显著的河段之一，人类活动特别是防洪护岸工程、裁弯工程、河势控制工程、航道整治工程以及大型水利枢纽的修建，对荆江河段河床冲淤变形和河道演变都产生了重大影响（潘庆燊，2001；余文畴和卢金友，2005）。新中国成立以来，特别是 1998 年和 1999 年大水后，受河道控制工程及历年护岸工程的作用，荆江河道平面形态的变化受到一定限制，总体格局基本不变。

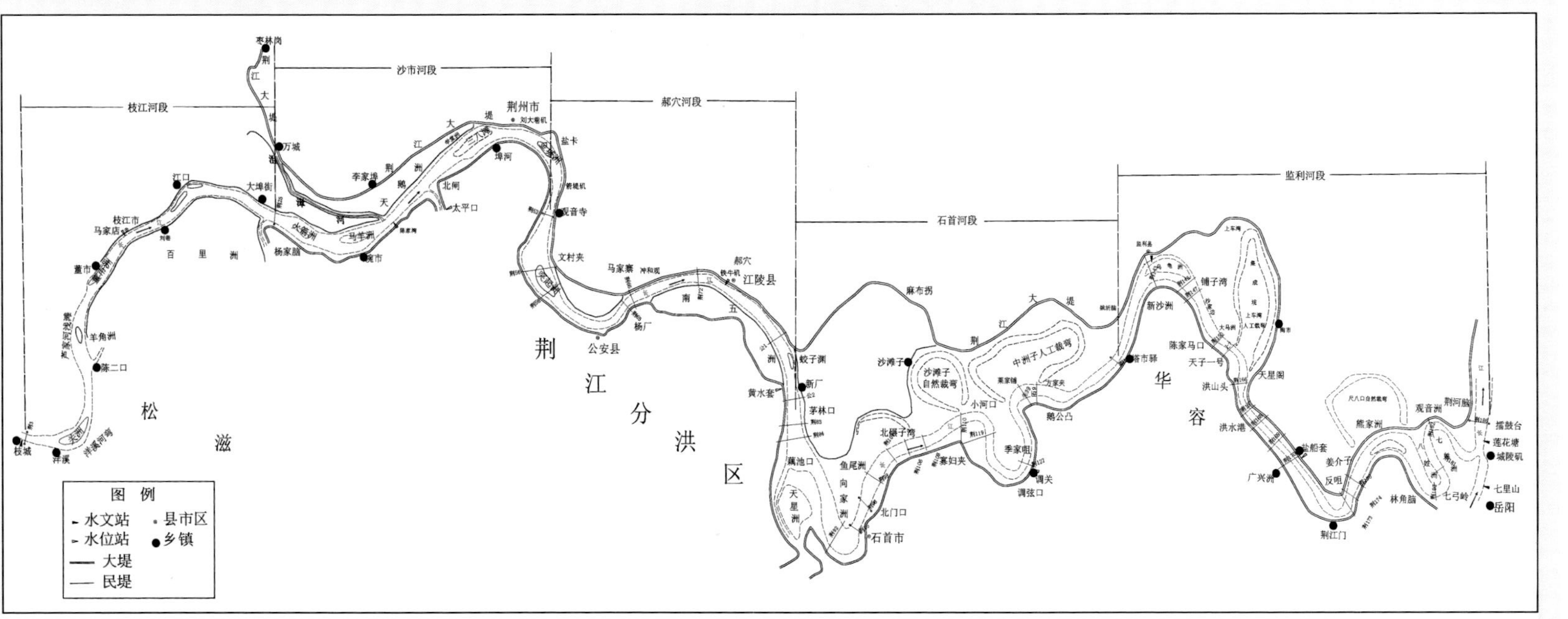

图 9-18　荆江河道形势图

荆江以藕池口为界分为上、下荆江。其中，上荆江长约171.7km，属微弯曲分汊型河道，由洋溪、江口、涴市、沙市、公安和郝穴6个弯道段及顺直过渡段组成。上荆江通过长期的造床和调整作用，趋于较稳定的微弯河道，为确保荆江大堤和荆南长江大堤的安全，在松滋江堤灵钟寺至涴里隔堤，荆南长江干堤杨家尖、新四弓至陈家台、唐家湾至朱家湾、黄水套，荆江大堤观音矶至观音寺、文村夹、荆江大堤冲和观至柳口、龙洲垸、学堂洲、西流堤等段累计实施护岸工程123.6km，对11个矶头进行了改造或拆除，其中1998大水后上荆江完成护岸长度36.5km（余文畴和卢金友，2008；长江水利委员会长江勘测规划设计研究院，2005）。同时，2000年以后，交通部门在江口水道、太平口水道、瓦口子水道、马家咀水道、周天水道等水域实施了航道整治工程。经过多年的护岸守护，河道横向变形受到限制，总的河势趋于稳定，主流线摆动幅度较小，岸线基本稳定，变化幅度较大的主要发生在弯道、汊道段，如石首弯道和三八滩分汊段、突起洲汊道段等，河道演变主要表现为洲滩消长、汊道段主支汊兴衰交替和河床纵向冲淤变化（长江水利委员会长江勘测规划设计研究院，2005）。

下荆江长约175.5km，属蜿蜒型河道，历史上变化频繁剧烈，河曲非常发育，主流线摆动频繁，洲滩、深槽冲淤交替，弯道凹岸冲刷崩塌、凸岸淤长，先后经历两次自然裁弯（1949年的碾子湾自然裁弯和1972年的沙滩子自然裁弯），两次人工裁弯（1967年的中洲子人工裁弯和1969年上车湾人工裁弯）（图9-19），两次弯道分汊段的主、支汊易位（监利乌龟洲汊道1972年和1995年的主、支汊易位）和两次较大的撇弯切滩（20世纪60年代碾子湾下游黄家拐撇弯和1994年石首河弯撇弯），局部河势调整剧烈，是长江中下游河道演变最剧烈的河段。该河段在1984年开始实施下荆江（南碾子湾至荆江门）河势控制工程，守护岸线56.9km，1998大水后下荆江完成护岸长度127.21km，目前下荆江河势得到初步控制（余文畴和卢金友，2008；长江水利委员会长江勘测规划设计研究院，2005）。

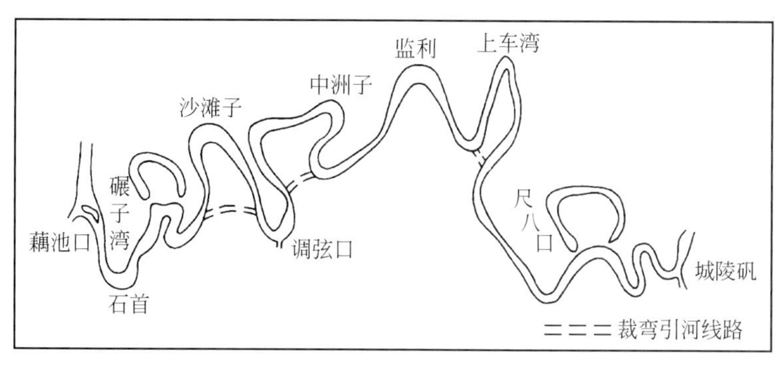

图9-19　下荆江裁弯工程示意图

下荆江系统裁弯后，主流变化频繁，崩岸剧烈，洲滩演变较大，河段内调关、塔市驿、洪水港、荆江门、八姓洲、七姓洲等弯道河岸黏性土层较厚，弯道基本稳定；石首、老洲岭、监利、熊家洲等弯道河岸黏性土层较薄，主泓摆动频繁，河岸崩塌时有发生。1984年开始实施下荆江河势控制工程以来，金鱼沟至荆江门长约90km河段的河势已得到初步控制，大部分严重崩岸段已得到初步控制，总体河势基本稳定，蜿蜒型河道的演变特性受到一定限制，河道演变主要表现为河床年内和年际间的冲淤变化，局部河岸崩塌，江心洲弯道内主支汊兴衰交替（如监利乌龟洲）。

1998年洪水后，荆江局部河势出现了一定程度的调整，个别河段河势变化较为剧烈。主要表现在长顺过渡段主流摆动频繁。主要表现在：①受来水来沙、上游河势、河床形态和洲滩变化影响，过渡段深泓位置不稳。如芦家河浅滩段主流汛期趋中取直走石泓，枯季则傍左岸走沙泓；太平口、马家咀、郝穴至新厂、天星洲、姚圻脑、大马洲、熊家洲至七弓岭等长过渡段，主流左右摆动较为频繁。②弯道段基本遵循主流贴凹岸（高水时趋直），凹岸冲刷、凸岸淤长，实施护岸工程后减缓或限制了岸线和主流线朝更加弯曲的方向发展，但少数弯道出现切滩撇弯。如石首弯道发生自然撇弯后至今，河势一直在调整过程之中，仍未稳定弯顶以上主泓线持续北移，弯顶右岸主泓顶冲点持续下移，弯顶以下主泓线持续南移。直接导致了向家洲持续崩退，北门口、北碾子湾护岸段崩塌。③沙市河湾中段南汊主泓线北移后又南移、三八滩主体冲刷萎缩后小幅淤长，中低水位下，三八滩左汊过流能力有所减弱，右汊则有所增强；太平口边滩下半部展宽、下延；金城洲南汊淤积、北汊冲刷，主流逐渐过渡到北汊。监利河弯自1996年开始至今主流走右汊，右汊冲刷、左汊淤积，河段近年来深泓线逐渐向乌龟洲右边缘摆动，洲体南缘大幅度崩塌，南槽近右岸部分河道淤积，洲头左侧则小幅度崩塌和冲刷，主流线逐步向北移动，导致太和岭段岸线崩塌和下游天星阁、天字一号主流线变化。但随着1998年大水后荆江两岸护岸加固工程的实施，河岸抗冲能力增强，抑制了近岸河床的横向发展，荆江总体河势基本稳定，河道演变主要表现在年内和年际河床冲淤变化、洲滩冲淤、局部河势变化和汊道段主支汊的兴衰交替等。

荆江河段航道工程较多。2000年以来，特别是三峡水库蓄水后，航道部门陆续进行了重点水道关键部位的整治工程，包括有枝江至江口、沙市、瓦口子、马家咀、周天、藕池口、碾子湾和窑监8个水道（河段），共计14个整治工程，对三峡蓄水后初期出现的一些不利变化进行了必要的控制，有利的滩槽形态得到一定程度的保护。与此同时，由于河势控制工程的作用，荆江总体河势仍保持稳定，河床变形以纵向冲刷下切为主，但局部河段主流线摆动频繁引起局部河势仍处于不断调整、变化，部分河段发生河道崩岸。

1. 荆江河段河床变化状况

（1）河床冲淤特性

三峡水库蓄水运用前，荆江河床冲淤变化频繁。1966～1981年在下荆江裁弯期间及裁弯后，荆江河床一直呈持续冲刷状态，累计冲刷泥沙3.46亿m^3，年均冲刷量为0.231亿m^3。葛洲坝水利枢纽修建后，荆江河床继续冲刷，1981～1986年冲刷泥沙1.72亿m^3，年均冲刷量为0.344亿m^3；1986～1996年则以淤积为主，其淤积量为1.19亿m^3，年均淤积泥沙0.119亿m^3；1998年洪水期间，长江中下游高水位持续时间长，荆江河床“冲槽淤滩”现象明显，枯水河槽冲刷泥沙0.541亿m^3，但枯水位以上河床淤积泥沙1.39亿m^3，主要集中在下荆江。时段冲淤量成果如表9-7（a）所示。

1998年大水后，荆江局部河势出现了一定程度的调整，个别河段河势变化较为剧烈。主要表现在长顺过渡段主流摆动频繁、河床冲深、洲滩有冲有淤、汊道易位、水流顶冲点上提或下移、崩岸频繁发生等，河床“冲槽淤滩”。1998～2002年荆江平滩河槽冲刷泥沙1.02亿m^3，但高滩部分有所淤积，淤积量为0.50亿m^3，且主要集中在下荆江。其中，上荆江冲刷量为0.84亿m^3，以枯水河槽冲刷为主；下荆江则表现为“枯水河槽淤积、中低滩冲刷、高滩淤积”，枯水河槽淤积泥沙0.24亿m^3，但中低滩冲刷泥沙0.43亿m^3，高滩则淤积泥沙0.38亿m^3。时段冲淤量如果如表9-7（b）所示。

受三峡水库2003年6月蓄水运用后“清水”下泄的影响，荆江河床继续冲刷，且冲刷强度有所增大，但总体河势基本稳定。2002年10月至2011年10月，荆江河段平滩河槽累计冲刷泥沙5.71亿m^3，冲刷主要集中在枯水河槽，其累计冲刷泥沙4.97亿m^3，年均冲刷量为0.553亿m^3，远大于三峡蓄水前1975～2002年年均冲刷量0.137亿m^3/a［表9-7（c）］。其中上、下荆江冲刷量分别为2.674亿m^3、2.297亿m^3，分别占54%、46%。期间，荆江深泓纵向平均冲深1.40m。从冲淤量沿程分布来看，枝江、沙市、公安、石首、监利河段冲刷量分别占荆江冲刷量的41%、21%、17%、9%和13%，年均河床冲刷强度则以枝江河段的51万m^3/km.a为最大，其次为沙市河段的32.8万m^3/（km·a）。

从冲淤量沿时分布来看，三峡水库蓄水运用后的前三年冲刷强度较大，2002年10月～2005年10月，荆江枯水河槽冲刷量为2.18亿m^3，占总冲刷量的44%，其年均冲刷强度为20.9万m^3/（km·a）。随后冲刷强度有所减弱，2005年10月至2006年10月、2006年10月至2007年10月、2007年10月至2008年10月河床冲刷强度则分别为5.4、9.8、2.0万m^3/（km·a）；2008年10月至2011年10月，河床冲刷又有所加剧，三年来的冲刷强度分别为23.76万m^3/（km·a）、14.35万m^3/（km·a）和22.88万m^3/（km·a）。荆江各河段分时段冲淤变化如图9-20（a）、图9-20（b）和图9-20（c）所示。

从河床演变的剧烈程度来看，下荆江大于上荆江，汊道段大于顺直过渡段。上荆江的沙市河段演变仍较为剧烈，突起洲汊道北汊刷深展宽，主流摆动。下荆江由于石首、监利河湾的近期演变较为活跃，同时受上游来沙量的减小，河床冲刷强度较大，局部主流摆动频繁，水流顶冲点的上提或下挫，导致局部河段发生崩岸。

（2）河床断面形态变化

从河床形态来看，三峡水库蓄水运用后，荆江河段在河床纵向冲刷下切的同时，除监利河段平滩水位对应平均河宽增大50m外，其他各河段河床横向变形较小［表9-8（a）］，河床形态逐渐向窄深形式发展［表9-8（b）］。

表9-7（a） 1966～1998年荆江河段河床冲淤量计算成果统计表（平滩河槽）（单位：万m^3）

河段	范围	冲淤量							
		1966～1975年	1975～1980年	1980～1985年	1985～1991年	1991～1993年	1993～1996年	1996～1998年	1966～1998年
枝江河段	荆3～荆25	−2 398	−1 887	−3 184	−618	−1 884	−562	−1 276	−11 809
沙市河段	荆25～荆52	−2 258	−4 638	959	−48	−44	−1 155	−2 642	−9 826
郝穴河段	荆52～荆82	−4 744	−5 057	−1 100	−3 575	−1 082	550	−264	−15 272
石首河段	荆82～荆136	−6 266 −15 686*	−12 823	−113	3 577	−3 833	10 923	6 111	−2 424 −11 844*
监利河段	荆136～荆185	−5 304 −12 224*	−9 745	−467	−7 337	1 789	10 219	6 611	−4 234 −11 154*
上荆江	荆3～荆82	−9 400	−11 582	−3 325	−4 241	−3 010	−1 167	−4 182	−36 907
下荆江	荆82～荆185	−11 570 −27 910*	−22 568	−580	−3 760	−2 044	21 142	12 722	−6 658 −22 998*
荆江	荆3～荆185	−20 970 −37 310*	−34 150	−3 905	−8 001	−5 054	19 975	8 540	−43 565 −59 905*

*表示统计时段为1998年10月～2002年10月

表 9-7（b） 1998～2002 年荆江河段河床冲淤量计算成果统计表

河段	范围	长度（km）	冲淤量（万 m^3）			
			枯水河槽	平均河槽	平滩河槽	洪水河槽
枝江河段	荆 3～荆 25 断面	56.5	−2 360	−2 601	−2 992	−3 067
沙市河段	荆 25～荆 52 断面	50.1	−1 832	−1 815	−2 166	−1 567
公安河段	荆 52～荆 82 断面	54.9	−3 481	−3 470	−3 274	−2 493
石首河段	荆 82～荆 136 断面	72.0	119	−68	−771	1 398
监利河段	荆 136～荆 186 断面	99.4	2 338	1 487	−996	692
上荆江	荆 3～荆 82 断面	161	−7 673	−7 886	−8 432	−7 127
下荆江	荆 82～荆 186 断面	171	2 457	1 419	−1 797	2 090
荆江	荆 3～荆 186 断面	332	−5 216	−6 467	−10 229	−5 037

表 9-7（c） 荆江河段 2002 年 10 月～2011 年 10 月河床冲淤量统计表

起止地点	长度（km）	时段	冲淤量（万 m^3）		
			枯水河槽	基本河槽	平滩河槽
枝城至藕池口（上荆江）	171.7	2002 年 10 月～2003 年 10 月	−2300	−2100	−2396
		2003 年 10 月～2004 年 10 月	−3900	−4600	−4982
		2004 年 10 月～2005 年 10 月	−4103	−3800	−4980
		2005 年 10 月～2006 年 10 月	895	807	676
		2006 年 10 月～2007 年 10 月	−4240	−4347	−3996
		2007 年 10 月～2008 年 10 月	−623	−574	−250
		2008 年 10 月～2009 年 10 月	−2612	−2652	−2725
		2009 年 10 月～2010 年 10 月	−3649	−3779	−3856
		2010 年 10 月～2011 年 10 月	−6210	−6225	−6305
		2002 年 10 月～2011 年 10 月	−26 742	−27 270	−28 814
藕池口至城陵矶（下荆江）	175.5	2002 年 10 月～2003 年 10 月	−4100	−5200	−7424
		2003 年 10 月～2004 年 10 月	−5100	−6100	−7997
		2004 年 10 月～2005 年 10 月	−2277	−2800	−2389
		2005 年 10 月～2006 年 10 月	−2761	−2708	−3338
		2006 年 10 月～2007 年 10 月	−659	−341	641
		2007 年 10 月～2008 年 10 月	−62	−177	76
		2008 年 10 月～2009 年 10 月	−4996	−5065	−5526
		2009 年 10 月～2010 年 10 月	−1280	−1040	−1127
		2010 年 10 月～2011 年 10 月	−1733	−1481	−1238
		2002 年 10 月～2011 年 10 月	−22 968	−24 912	−28 322
枝城至城陵矶（荆江河段）	347.2	2002 年 10 月～2003 年 10 月	−6400	−7300	−9820
		2003 年 10 月～2004 年 10 月	−9000	−10700	−12979
		2004 年 10 月～2005 年 10 月	−6380	−6600	−7369
		2005 年 10 月～2006 年 10 月	−1867	−1901	−2662
		2006 年 10 月～2007 年 10 月	−4899	−4688	−3355
		2007 年 10 月～2008 年 10 月	−685	−751	−174
		2008 年 10 月～2009 年 10 月	−7608	−7717	−8251
		2009 年 10 月～2010 年 10 月	−4929	−4819	−4983
		2010 年 10 月～2011 年 10 月	−7943	−7706	−7543
		2002 年 10 月～2011 年 10 月	−49 711	−52 182	−57 136

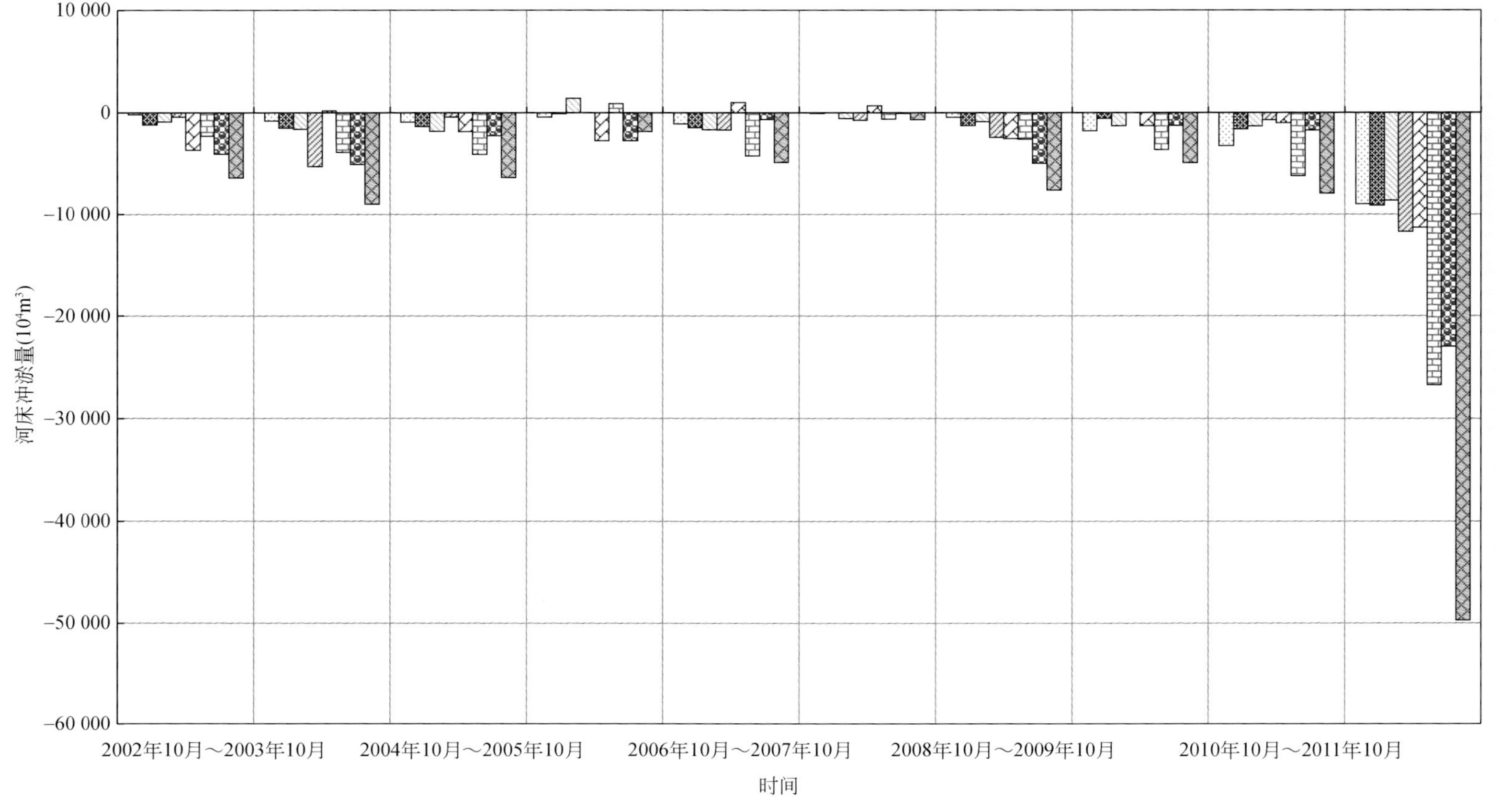

图 9-20(a)　三峡水库蓄水运用后不同时段荆江河段河床冲淤量沿程分布（枯水河槽）

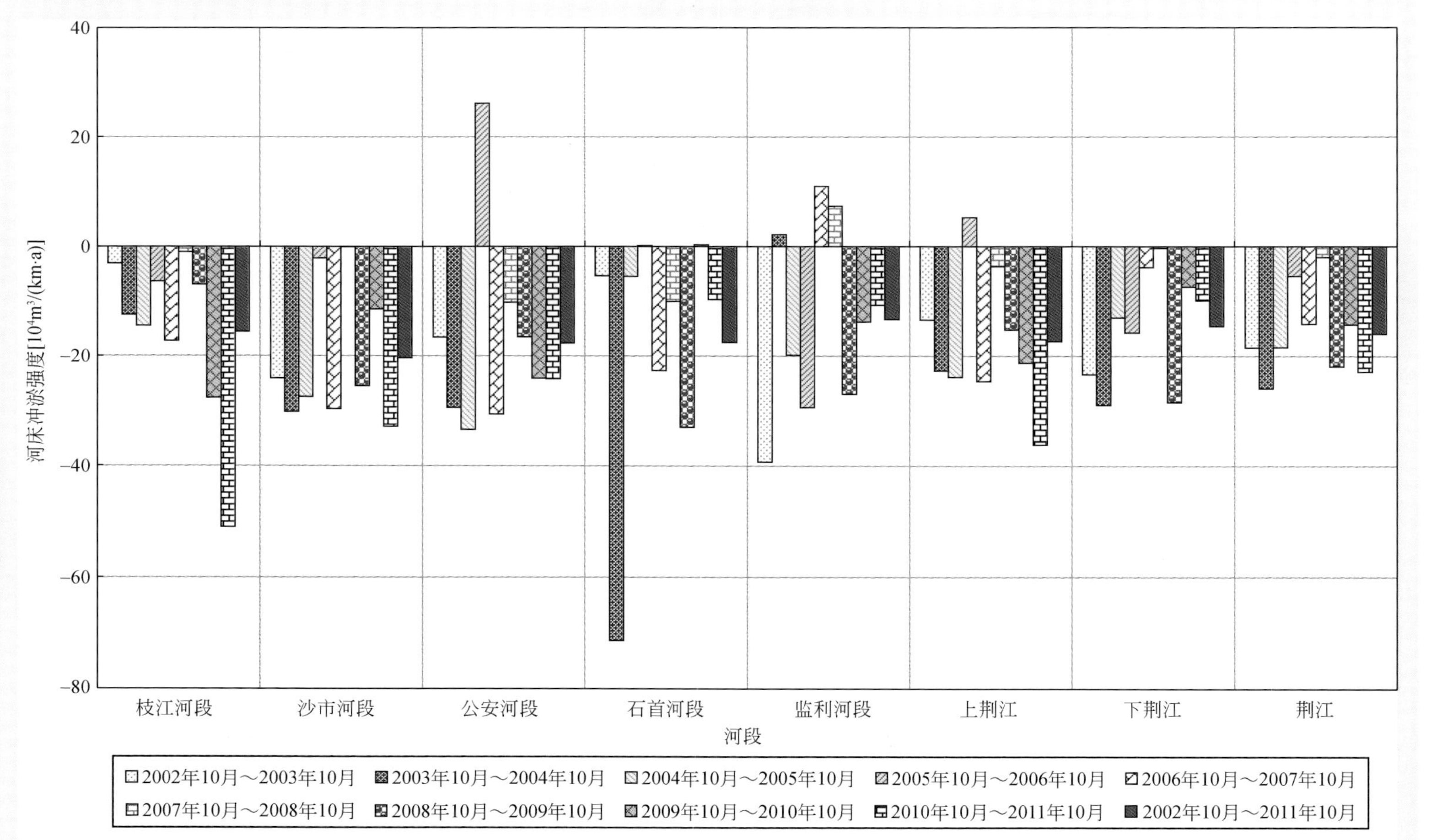

图 9-20 (b)　三峡水库蓄水运用后荆江各河段不同时段河床冲淤强度变化（枯水河槽）

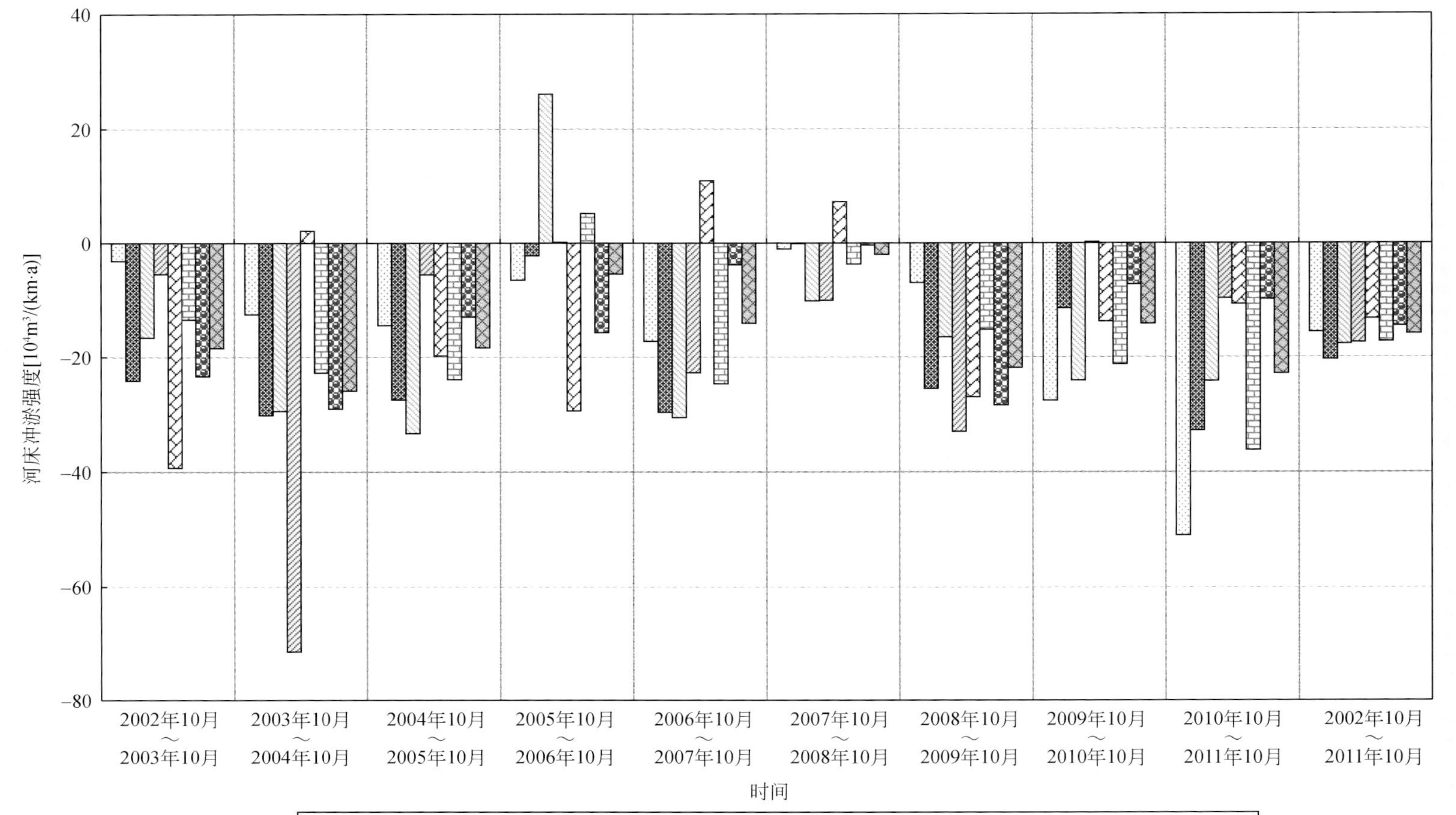

图 9-20 (c)　三峡水库蓄水运用后荆江河段河床冲淤强度沿程分布（枯水河槽）

表 9-8（a） 三峡水库蓄水运用后荆江各河段河宽变化统计

河段	河宽（m）	2002 年 10 月	2003 年 10 月	2004 年 10 月	2005 年 10 月	2006 年 10 月	2007 年 10 月	2008 年 10 月	2009 年 10 月
枝江河段	枯水	1229	1236	1252	1247	1264	1278	1275	1269
	平滩	1486	1482	1483	1486	1485	1484	1484	1485
沙市河段	枯水	1249	1241	1266	1265	1296	1284	1274	1283
	平滩	1477	1498	1494	1494	1497	1502	1499	1490
公安河段	枯水	1057	1081	1091	1088	1085	1092	1097	1106
	平滩	1292	1289	1287	1318	1289	1291	1291	1292
石首河段	枯水	941	986	1032	1037	1044	1025	1007	975
	平滩	1393	1429	1443	1432	1441	1437	1455	1396
监利河段	枯水	841	884	928	899	897	922	921	920
	平滩	1168	1193	1217	1210	1217	1218	1219	1214

表 9-8（b） 三峡水库蓄水运用后荆江各河段宽深比变化统计

河段	宽深比条件	2002 年 10 月	2003 年 10 月	2004 年 10 月	2005 年 10 月	2006 年 10 月	2007 年 10 月	2008 年 10 月	2009 年 10 月
枝江河段	枯水	5. 14	5. 16	5. 18	5. 10	5. 13	5. 10	5. 07	5. 01
	平滩	3. 05	3. 03	3. 00	2. 98	2. 97	2. 93	2. 93	2. 91
沙市河段	枯水	4. 84	4. 68	4. 65	4. 49	4. 62	4. 39	4. 30	4. 27
	平滩	3. 24	3. 25	3. 19	3. 13	3. 13	3. 07	3. 06	3. 02
公安河段	枯水	3. 79	3. 84	3. 81	3. 65	3. 74	3. 70	3. 72	3. 66
	平滩	2. 97	2. 91	2. 84	2. 81	2. 83	2. 79	2. 79	2. 74
石首河段	枯水	3. 53	3. 60	3. 63	3. 54	3. 70	3. 45	3. 49	3. 36
	平滩	3. 51	3. 53	3. 43	3. 37	3. 44	3. 38	3. 47	3. 33
监利河段	枯水	4. 38	4. 48	4. 93	4. 47	4. 37	4. 45	4. 56	4. 39
	平滩	3. 30	3. 30	3. 38	3. 29	3. 24	3. 24	3. 26	3. 18

（3）河床纵向变化

1980 年以来深泓纵剖面以冲深为主。上荆江公安以上，深泓普遍冲深，特别是沙市至文村夹段冲刷幅度最大，冲刷深度为 6m（二郎矶断面）；下荆江深泓冲淤相间，石首弯道有所淤积，调关以下冲刷明显，但江湖汇流段深泓有所淤积［图 9-21（a）］。

由表 9-9 和图 9-21（b）可以看出，2002 年 10 月～2011 年 10 月荆江河段深泓纵剖面以冲深为主，弯道、汊道段或弯道汊道上游过渡段深泓冲刷深度较大，如关洲汊道左汊、董市洲右汊、太平口心滩、三八滩、金城洲、石首弯道进口、乌龟洲等段深泓高程降低幅度较大，顺直段深泓高程变化相对较小。其中，上荆江公安以上，深泓普遍冲深，特别是沙市至文村夹段冲刷幅度最大，最大冲深 13. 8m（蛟子渊尾部的荆 78 断面）；下荆江深泓冲淤相间，以冲刷为主，石首乌龟洲段最大冲深 11. 9m，但江湖汇流段深泓有所淤积，如城陵矶附近最大淤积深度达 8. 1m（荆 183 断面）。

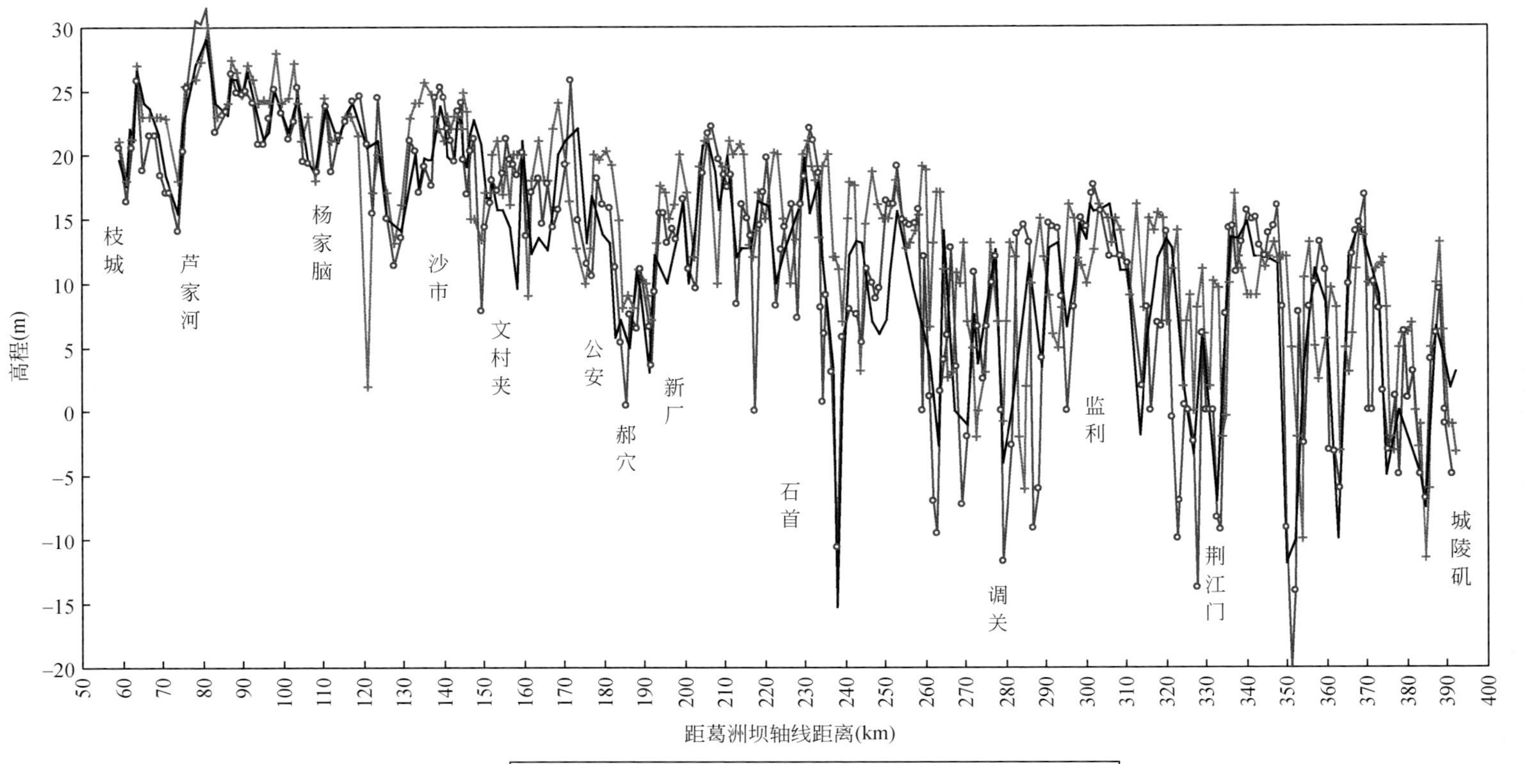

图 9-2 1(a) 三峡水库蓄水运用前荆江河段深泓纵剖面冲淤变化

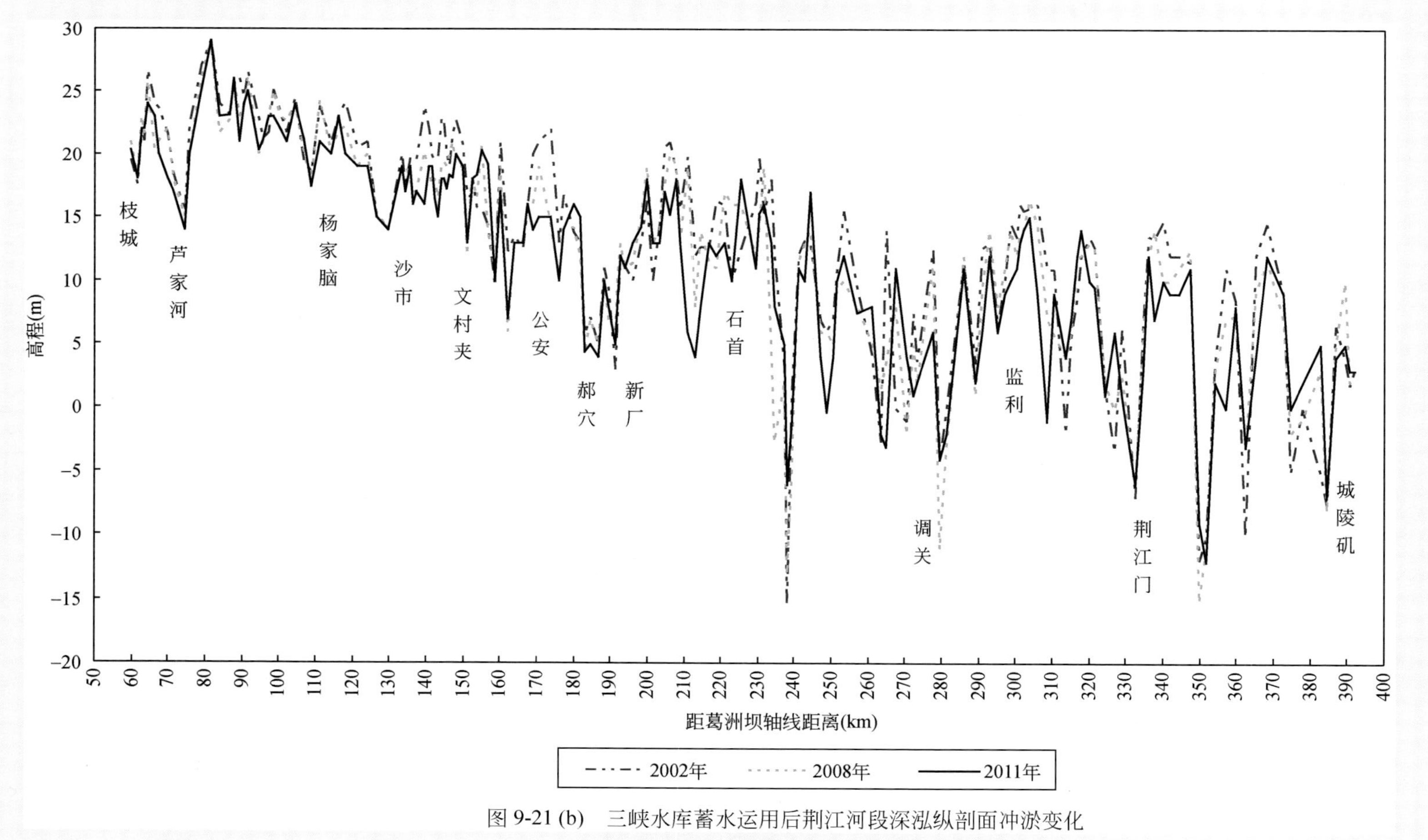

图 9-21 (b) 三峡水库蓄水运用后荆江河段深泓纵剖面冲淤变化

表 9-9　三峡水库蓄水运用后荆江河段河床纵剖面冲淤变化统计

河段名称	时段	深泓冲刷深度（m）	
		平均	最大值（出现位置）
枝江河段	2002 年 10 月～2011 年 10 月	1.05	3.6（关洲汊道）
沙市河段	2002 年 10 月～2011 年 10 月	1.72	7.8（太平口心滩）
公安河段	2002 年 10 月～2011 年 10 月	1.95	13.8（蛟子渊尾部）
石首河段	2002 年 10 月～2011 年 10 月	1.38	6.6（莱家铺）
监利河段	2002 年 10 月～2011 年 10 月	1.03	11.9（乌龟洲段）

此外，三峡水库蓄水运行后，荆江河段崩岸发生强度有所增大。为确保堤防安全，密切监视荆江崩岸险情的发展动态，争取险情处理的主动权，长江水利委员会水文局从 2003 年 2 月开始开展了 42 次荆江河段险工护岸巡查工作，及时发现了 20 余个出险堤段、50 余处出险点，并及时对崩岸险情进行分析，为崩岸险情的处理提供了科学依据。根据巡查结果统计，新增崩岸险情的河段主要集中在下荆江河段，共计 9 个堤段（茅林口、合作垸、向家洲、渊子口、天字一号、洪水港、天星阁、团结闸、荆江门），出险点多达 20 余处，另寡妇夹河段发现有崩岸隐患。下荆江出险点多发生在弯道引流顶冲段堤防，石首河段北门口、调关段以及岳阳长江干堤洪水港段、七弓岭段为险情易发段。上荆江河段出险点较少，由于堤防护岸工程标准低以及分汊水流冲刷影响，文村夹为险情多发段。

2. 枝江河段

枝江河段上起枝城镇（荆 3 断面），下至杨家脑（荆 25 断面），全长 56.5km，为长江出三峡后经宜昌丘陵过渡到江汉平原的河段。两岸多为低山丘陵控制，河床由沙夹卵石组成，厚 20～25m，下为基岩。河段属微弯分汊河段，其间有关洲、董市洲、江口等汊道、芦家河浅滩。右岸有松滋口分流入洞庭湖。该河段历年河床平面形态、洲滩格局和河势相对稳定，但关洲、董市洲、江口洲和芦家河江心碛坝等局部河段冲淤变化较大。特别是下荆江裁弯工程和葛洲坝水利枢纽建成后，河床发生明显冲刷，1970～1991 年松滋口至江口河段河槽平均冲深约 1.25m。

1998 年大洪水后，河段总体河势稳定，岸线稳定少变，水流主流线年内遵循“高水取直、低水走弯”的规律，年际间变化不大［图 9-22（a）］。洲滩平面形态及位置基本稳定，洋溪弯道的关洲左侧崩退较大，左汊有所扩大，但关洲的洲头和洲尾位置未变，关洲中部的串沟也有所扩大；董市汊道的左汊仍为支汊，上段略有扩大；江口汊道的中汊发展，柳条洲增宽，江口洲右缘崩退。河段主槽位置及断面形态稳定少变。河床纵断面深泓冲淤变化较小，幅度一般在 4m 以内。

1981～2002 年，枝江河段“滩槽均冲、以主槽冲刷为主”，河床总冲刷量为 1.12 亿 m^3，枯水河槽冲刷量占 86%。其中，1981～1998 年、1998～2002 年冲刷量分别为 0.82 亿 m^3、0.30 亿 m^3，河段均以主槽冲刷为主。

三峡蓄水运用以来，2002 年 10 月至 2011 年 10 月枝江河段河势稳定，但“滩槽均冲”，冲刷泥沙 0.998 亿 m^3。中枯水期关洲右汊继续保持主汊地位，关洲形态基本稳定（表 9-10）。河段深泓线走向基本稳定，但江口洲等局部河段深泓有所摆动，最大摆幅约 400m［图 9-22（b）］。河床冲淤幅度较大，但主要集中在主槽内，断面形态也保持稳定（图 9-23）。但由于局部河段内，近岸河床冲刷明显，造成一些崩岸发生（表 9-11）。与此同时，河道两岸的边滩也有所冲刷，如位于河道右岸的偏洲边滩（松滋口门左岸），1980 年以来总体呈现冲刷状态，且主要是偏洲下尾部的冲刷，1998 年大水后偏洲头部松滋口门右岸显著冲刷，30m 等高线 1998 至 2002 年累计内退近 700m；三峡蓄水后继续呈冲刷态势，原口门处连接的 30m 等高线冲刷断开（图 9-24）。

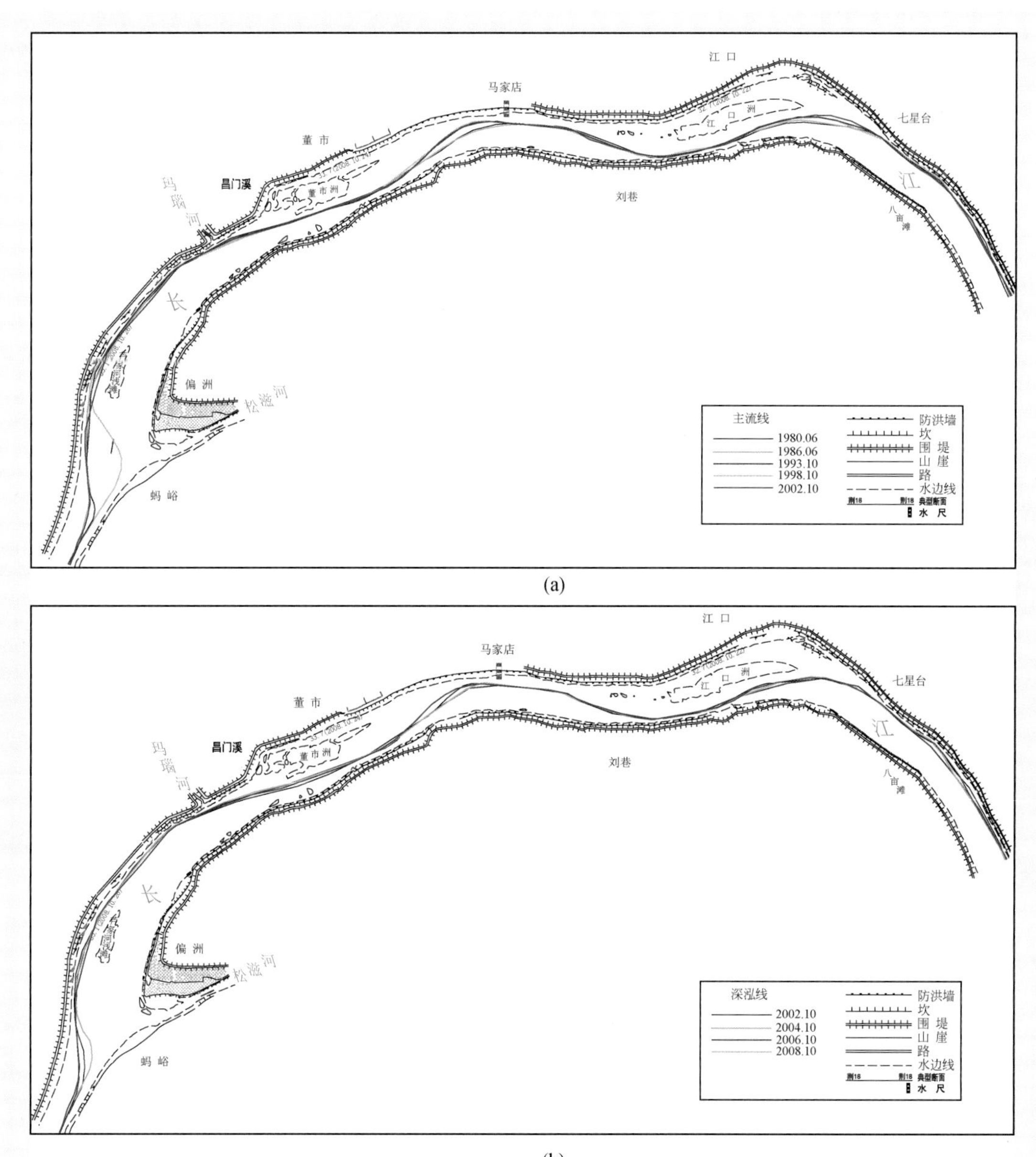

图 9-22　枝江河段深泓平面变化图

河段内有长江中游著名的中枯水期碍航浅滩——芦家河浅滩，处于微弯放宽型水道，河段两端河宽一般在 1200m 左右，中部河宽达 2100m，为两头小而中间大，形如葫芦状，极有利泥沙落淤。河心沙卵石碛坝将河道分为两泓，碛坝左侧为沙泓，系中、枯水航道；碛坝右侧为石泓，系汛期高、中水航道，沙、石泓在年内交替使用，当两条航道在汛后交替过程中不能顺利衔接时，航道就会出现“青黄不接”，此外，在沙泓毛家花屋至姚港一带流速较大、比降较陡，流态不好。芦家河心滩 1980 年后淤涨发育明显，35m 等高线面积逐渐增大，至 1998 年达到最大为 1. 17km^2，可见芦家河心滩受 1998 年大洪水影响产生了淤积，随后有所冲刷。多年来芦家河心滩总体呈淤涨发育态势，2002 ~ 2008 年，芦家河心滩有冲有淤，35m 等高线的心滩面积相对稳定，位置范围也比较稳定（图 9-25），航道一直稳定在沙泓，碍航现象得到了改善，但原流速、比降较大的部位如毛家花屋至姚港一带，水流流速增大、比降变陡。

2009 年开始，航道部门对碍航问题较为突出的对枝江—江口水道实施了控制性整治工程，主要包括董市水陆洲（也就是前文所提的董市洲）头低滩护滩工程、水陆洲串沟锁坝工程、水陆洲洲头至右缘中上段护岸工程以及水陆洲右缘边滩护滩工程、张家桃园边滩护滩工程、柳条洲右缘至尾部护岸工程、吴家渡边滩护底工程和七星台一带已护岸线水下护脚工程，目前已基本完成。

表 9-10　关洲洲滩特征值统计（35m 等高线）

年份	面积（km^2）	最大洲长（m）	最大洲宽（m）	洲顶高程（m）
1980	5. 25	5000	1520	47. 5
1987	5. 10	5300	1530	47. 7
1991	5. 15	5200	1560	48. 4
1993	5. 19	5160	1540	47. 0
1996	5. 06	5100	1520	47. 5
1998	4. 83	5500	1400	46. 5
2002	4. 87	4530	1490	47. 0
2004	4. 89	4525	1495	46. 9
2006	4. 76	4604	1386	47. 3
2008	4. 49	4599	1355	47. 3

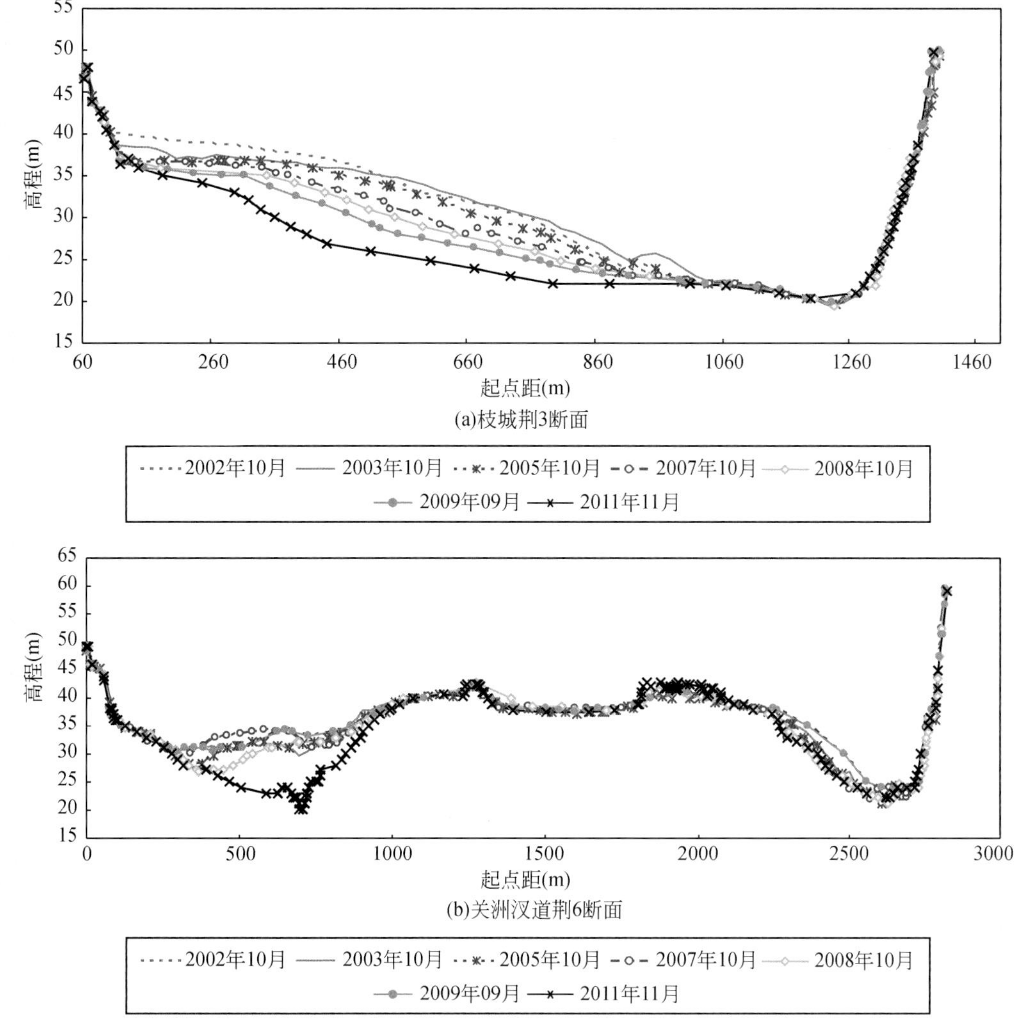

(a)枝城荆3断面

(b)关洲汊道荆6断面

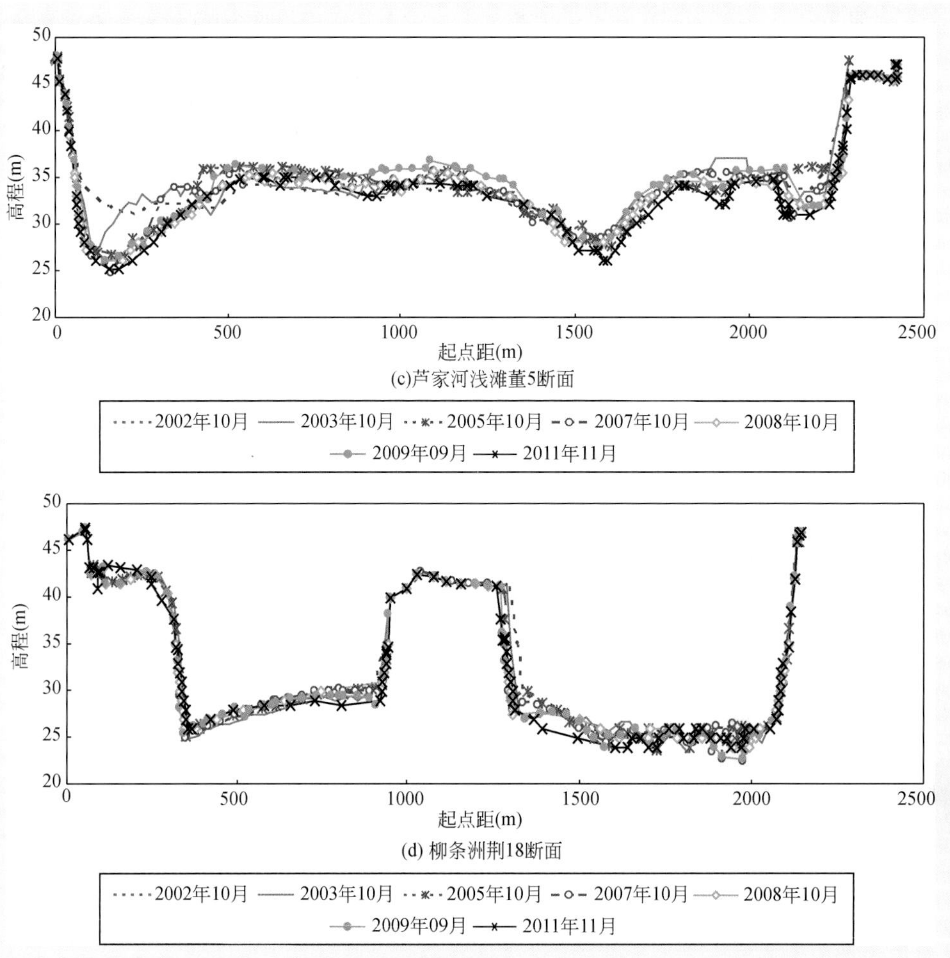

图 9-23 枝江河段典型断面冲淤变化

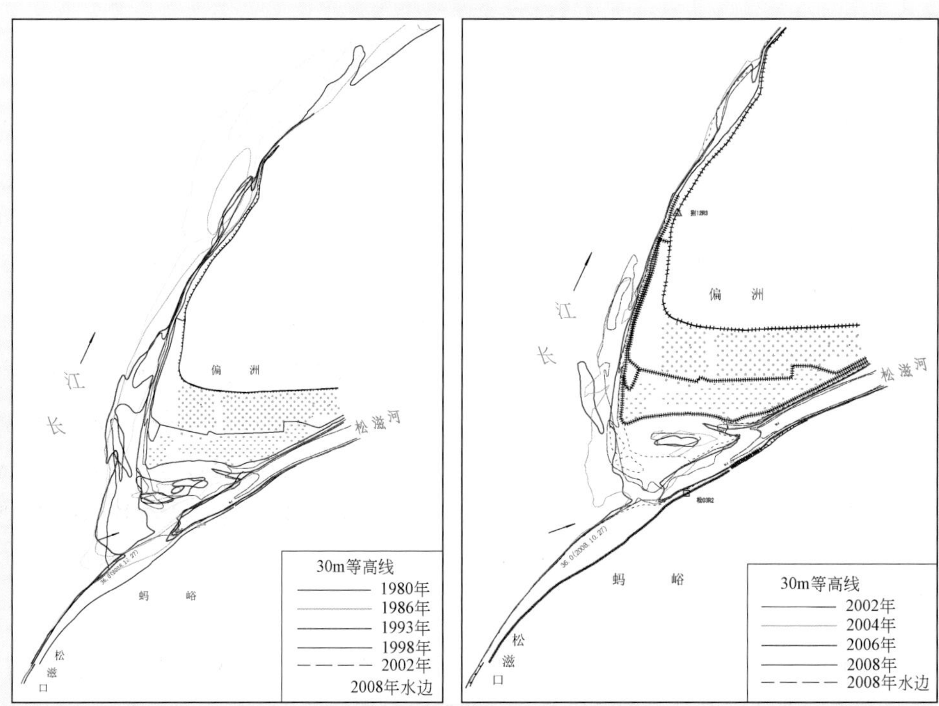

图 9-24 偏洲边滩（30m 等高线）平面变化图

表 9-11　三峡水库蓄水运用后（2003～2009 年）枝江河段堤防出险情况统计表

堤段名称	河段名称	岸别	出险位置	出险情况		护岸类别	主流线	范围（m）	
				类别	数目			纵向	横向
宜都民堤	茶店	右	船厂上游 400m	崩裂	1	浆砌	贴岸		
枝城民堤	徐家溪	右	荆 5 上游 200m	座崩	1		贴岸	100	32
荆南长江干堤	杨家脑	右	荆 26 下游 200m	塌方	1	抛石	贴岸	20	5

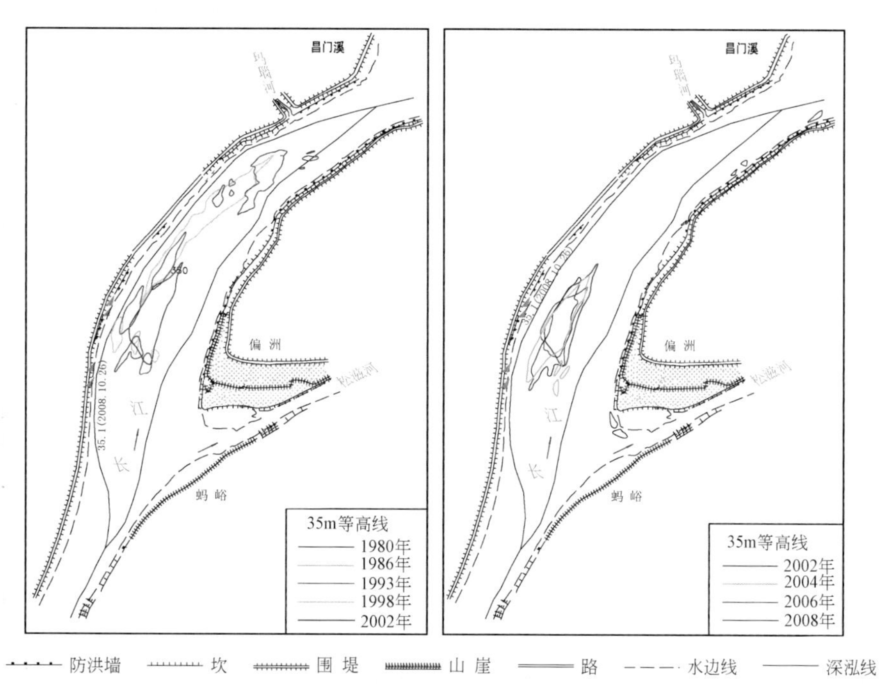

图 9-25　芦家河浅滩（35m 等高线）平面变化图

3. 沙市河段

沙市河段属微弯分汊河型，自杨家脑（荆 25 断面）至观音寺（荆 52 断面），长约 52km。进口段左岸（沙市城区上游 15km）有沮漳河入汇，上段右岸有虎渡河分流入洞庭湖。1992～1993 年，沮漳河口由沙市宝塔河改道至沙市上游 15km 临江寺，学堂洲于 1993 年修建了围堤。

沙市河段由太平口长顺直过渡段和三八滩、金城洲微弯分汊段组成，河道平面形态呈两头窄中间宽的藕节状，两头较窄处宽约 800～1000m，中间（荆 39 断面附近）最宽处达 2500m。河段上下深槽交错，中间放宽段水流扩散，三八滩将河道分为左右两汊，主流不稳。河段进、出口段分别有马羊洲和金城洲。河床组成以细砂为主，2006 年汛后床沙中值粒径为 0. 233mm。

河段两岸大堤外江滩很窄，迎流顶冲段均修建了护岸工程。主要有荆江大堤沙市城区护岸段、盐（卡）观（音寺）护岸段、学堂洲护岸、荆南长江干堤杨家尖护岸段、查家月堤护岸段、陈家台至新四弓护岸段等。1998 年大洪水后，对部分护岸工程进行了加固或新建。此外，为保持三八滩中上段滩脊的稳定，并使主航道位于北汊，2004 年和 2005 年汛前航道部门在新三八滩上段实施了应急守护工程；同时，为防止野鸭洲边滩、金城洲头部进一步冲刷后退，瓦口子水道进口段主流右摆以及因右槽进口发展引起航道条件及港口条件的恶化，2007 年航道部门在瓦口子水道实施了航道整治控导工程，在右岸野鸭洲边滩及金城洲头部低滩上建三道护滩带；对左岸荆 45 断面至荆 48 断面间约 5. 3km 范围内护岸的部分水下坡脚进行加固。2008～2009年在金城洲右汊进口处修建三道护滩带，对左岸桩号荆748+290～荆753+290间5100m长护岸水下坡脚进行加固；2010年10月，航道部门开始对腊林洲边滩中上段进行守护，守护长度3303m，在下游端部布置130m长的过渡段；对左岸杨林矶一带4500m长已护岸线的重点部位共1900m进行水下加固，防止因其继续崩退使得河道进一步展宽而导致沙市河段洲滩形态、水流结构等发生不利变化。

自1967年下荆江裁弯工程实施以来，沙市河段河床一直呈冲刷状态。随着20世纪70年代以来两岸护岸工程的实施，使总体河势保持稳定，但局部河势调整较为剧烈，河道演变主要表现为随不同水文年的冲淤变化，长顺直段主泓摆动频繁且摆幅较大［图9-26（a）］，三八滩、金城洲分汊段主、支汊交替易位，火箭洲、马羊洲左汊（支汊）的淤积萎缩等。太平口边滩20世纪80年代主要以边滩的形式存在，90年代初期边滩头部逐渐冲刷，切割出太平口心滩。其后主要表现为边滩尾部的变化和头部心滩的冲淤，心滩1986～1993年逐渐淤积并向下游移动，1993年滩顶高程达到最高；1998～2002年心滩滩头进一步下移，滩体冲刷萎缩并一分为三（表9-12）；边滩下半部也展宽、下延，其右深槽较左深槽略低，深泓偏靠右岸［图9-26（b）］。

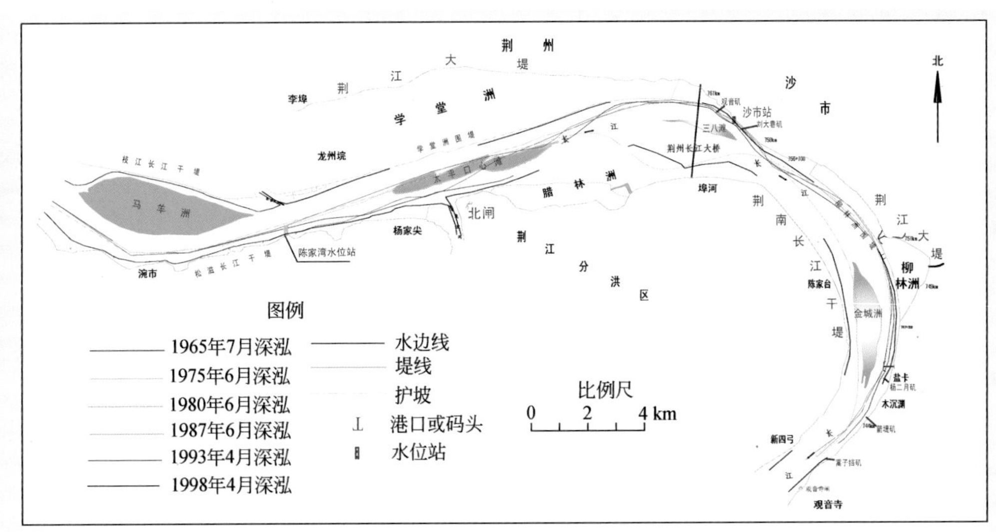

(a) 1966~1998年沙市河段深泓平面变化

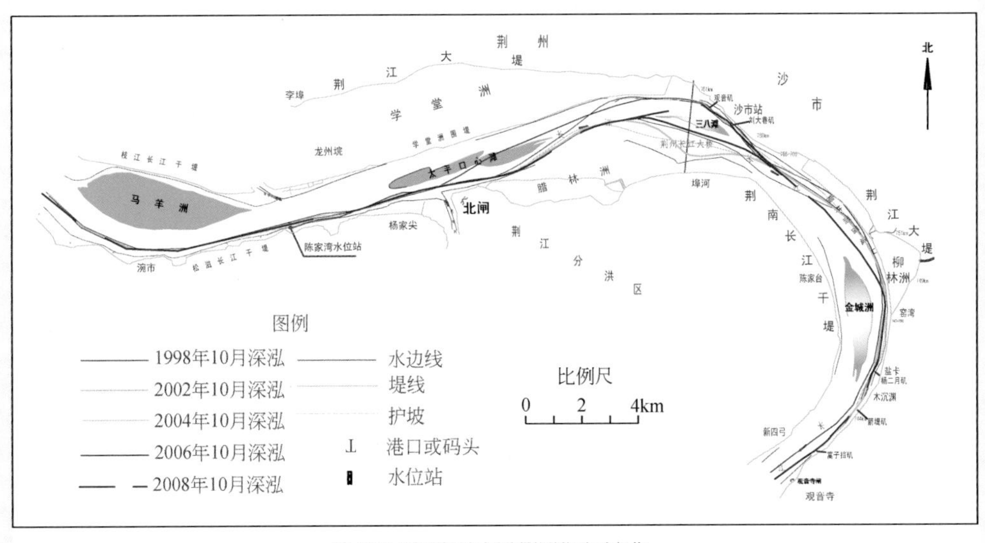

(b) 1998~2008年沙市河段深泓平面变化

图9-26　沙市河段1966～2008年深泓平面变化图

1998 年大洪水后，火箭洲淤积扩大、支汊继续淤积；马羊洲洲头冲刷，洲尾淤长；涴市河弯凹岸近岸河床冲刷。1998 年大洪水期间三八滩左汊深槽淤积，老三八滩滩体剧烈冲刷，并在老三八滩的右半部，冲刷形成了新的汊道（新右汊），新右汊随主流向北（左）摆动；老三八滩冲刷消失后，在其中下部淤积形成了新的三八滩（表 9-13）。金城洲分汊段主泓北移，位于左岸的沙市河弯近岸河床普遍冲刷，其中尤以盐卡至观音寺段最为剧烈；金城洲左汊恢复为主汊，洲体左缘冲刷、右缘淤积，洲体向右岸蠕动，洲体中上段冲刷、下段淤积抬高；右汊上段淤积、下段冲刷。

1981 ~ 2002 年河段总体表现为冲刷，总冲刷量为 0.72 亿 m^3，其中 1981 ~ 1998 年表现为“冲槽淤滩”，基本河槽冲刷泥沙 0.67 亿 m^3，但洲滩淤积泥沙 0.10 亿 m^3；1998 ~ 2001 年枯水河槽冲刷泥沙 0.141 亿 m^3，2001 ~ 2002 年河床冲刷泥沙 0.08 亿 m^3。多年来，由于沙市河段河势调整、河床冲刷下切，河道崩岸时有发生，据湖北省荆州市长江河道管理局统计，沙市河段崩岸险情多发生在学堂洲、陈家台、西流堤和龙州垸等处，崩岸总长 5340m。

三峡水库蓄水运用以来，沙市河段河道平面形态总体稳定，主要变化表现为：①河床继续纵向冲刷，2002 ~ 2011 年河床冲刷量为 0.958 亿 m^3，以枯水河槽冲刷为主；②深泓左右摆动和分汊段主支汊易位频繁，如 2002 年 3 月 18 日三八滩分汊段主航道走南汊，而 3 月 21 日，主航道又摆到北汊；三八滩下游沙市港 2006 年 6 月较 2004 年 7 月深泓向右摆动达 190m，沙市河段年际深泓变化如图 9-26（b）所示；③局部岸线崩塌，如 2002 ~ 2006 年沙市城区柳林洲发生小范围的窝崩，学堂洲围堤在 2006 ~ 2009 年发生了 2 次小范围崩岸（照片 1）；④太平口心滩总体呈现淤积，至 2008 年滩体合并成一个完整心滩，滩头大幅淤积上提，面积为历年最大［表 9-12、图 9-27（a）和图 9-27（b）］，三八滩总体呈现冲刷（表 9-13、图 9-28 和图 9-29），三八滩右汊继续扩展为中泓主流分沙比有所增大。金城洲洲体总体冲刷萎缩，尾部上提，滩顶高程有所抬高。金城洲左右两汊均有所冲刷（图 9-29）；⑤三八滩汊道左汊分流比在汛期有所减小，枯期则基本稳定（图 9-30）。2004 年 3 ~ 5 月，航道部门开始进行了三八滩应急守护一、二期工程及沙市河段航道整治一期工程，包括新三八滩上段滩面 1 纵 8 横护滩带，主要目的是保持滩体的基本完整，防止滩体大幅后退和冲散，随后 2005 及 2008 年又进一步对已建护滩带进行了加固完善，保持了三八滩中上段滩脊的稳定，基本维持了沙市河段下段分汊的河势格局。

表 9-12　太平口心滩特征值统计表（30m 等高线）

时间	面积（km^2）		最大洲长（m）	最大洲宽（m）	洲顶高程（m）
1970 年 7 月	0.01		185	121	30.9
1975 年 7 月	0				
1986 年 6 月	0.27		1876	190	31.3
1993 年 7 月	1.78		4855	500	36.6
1998 年 10 月	0.85		3440	380	32.4
2002 年 10 月	0.05	0.85	820	95	30.3
	0.06		480	160	30.5
	0.74		2965	375	34.3
2004 年 7 月	0.91	1.44	2935	465	34.3
	0.53		1790	420	33.2
2006 年 6 月	1.26	1.65	3664	786	35.6
	0.39		1922	318	32.8
2008 年 10 月	2.13		6140	450	36.0

表 9-13　三八滩洲滩特征值统计表（30m 等高线）

时间	面积（km^2）			最大洲长（m）	最大洲宽（m）	洲顶高程（m）
1970 年 7 月		与腊林洲连成一体				35.2
1975 年 7 月		6.33		5620	2050	36.6
1986 年 6 月		3.31		3760	1320	38.2
1993 年 7 月		3.28		3850	1380	39.1
1998 年 10 月		1.49		2920	870	42.7
2002 年 10 月		2.05		3970	790	35.2
2004 年 7 月		1.93		3738	917	36.0
	0.06			571	153	32.7
2006 年 6 月	0.80		1.24	3029	461	33.8
	0.38			1408	365	32.9
2008 年 10 月		0.45		2764	288	33.7

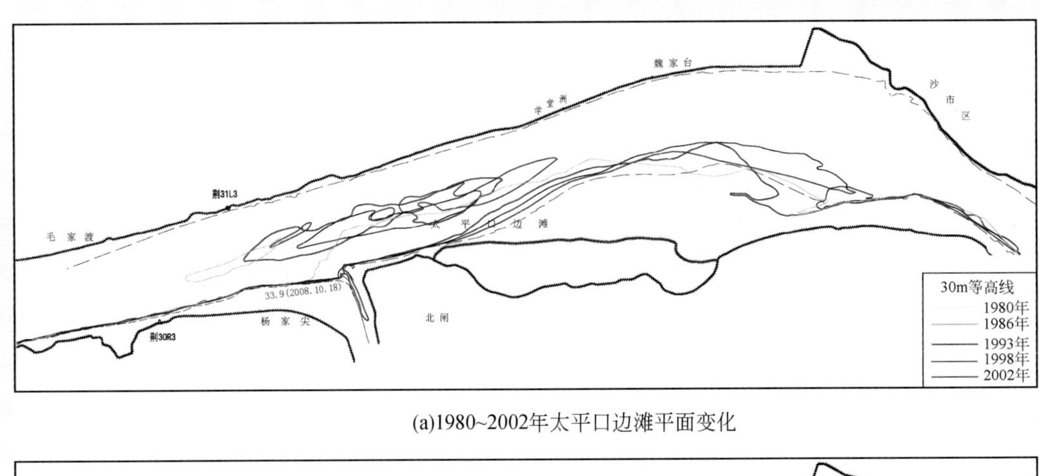

(a)1980~2002年太平口边滩平面变化

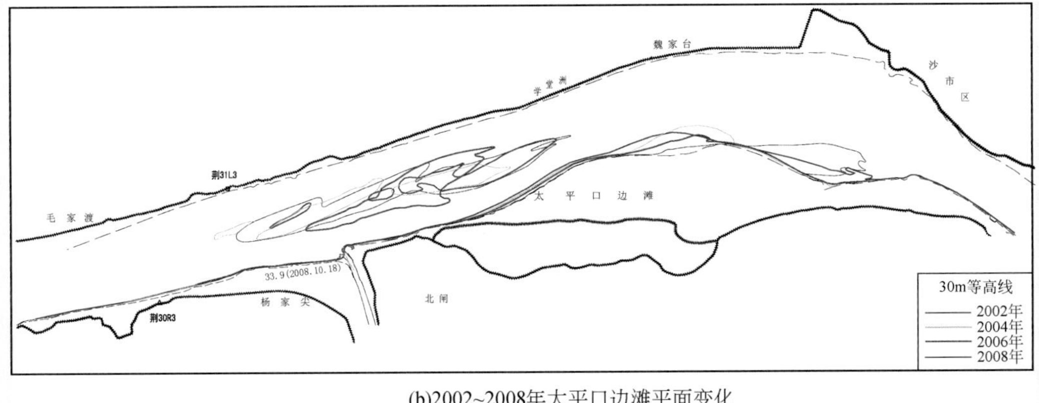

(b)2002~2008年太平口边滩平面变化

图 9-27　太平口边滩平面变化图（30m 等高线）

4. 公安河段

公安河段上起观音寺（荆 52 断面），下至新厂（荆 82 断面），全长 54.9km。该河段由公安河弯（观音寺荆 52 断面至杨厂荆 64 断面，长约 22.1km）和郝穴河弯（杨厂至黄水套荆 82 断面，长约 32.8km）两个反向河弯组成，公安河弯为微弯分汊河型，郝穴河弯为微弯河型。河段内主要洲滩有突起洲、采石洲、南五洲边滩和蛟子渊洲，有祁冲、灵黄和郝龙 3 个险工险段，从 20 世纪 50 年代开始，在两岸迎流顶冲堤段又陆续兴建了大量护岸工程，岸线基本稳定。

河段两岸地质组成为冲积性的三元结构，上层为黏性土层，主要由黏土、粉壤土及沙壤土组成；中层为中细沙层，下层为卵石层。河床主要由中细砂组成，2006 年汛后床沙中值粒径为 0.225mm。

三峡水库蓄水前，1981～2002 年公安河段“冲槽淤滩”，枯水河槽冲刷量为 0.96 亿 m^3，洲滩淤积泥沙 0.10 亿 m^3。其中 1981～1998 年冲刷量为 0.61 亿 m^3，以枯水河槽冲刷为主；1998～2002 年河床大幅冲刷，冲刷量为 0.25 亿 m^3。

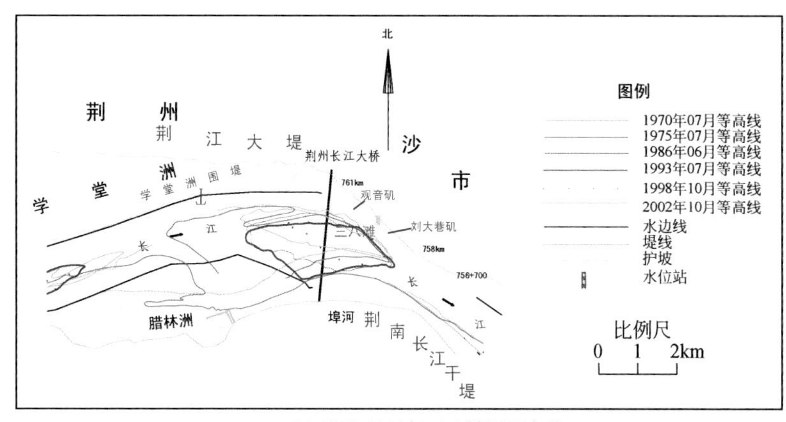

(a) 1970~2002年三八滩平面变化

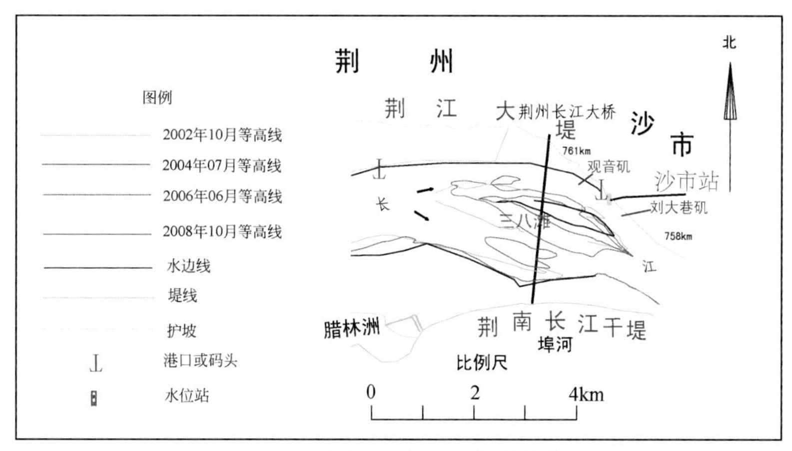

(b) 2002~2008年三八滩平面变化

图 9-28　三八滩（35m 等高线）平面变化图

照片 1　学堂洲段崩岸现场

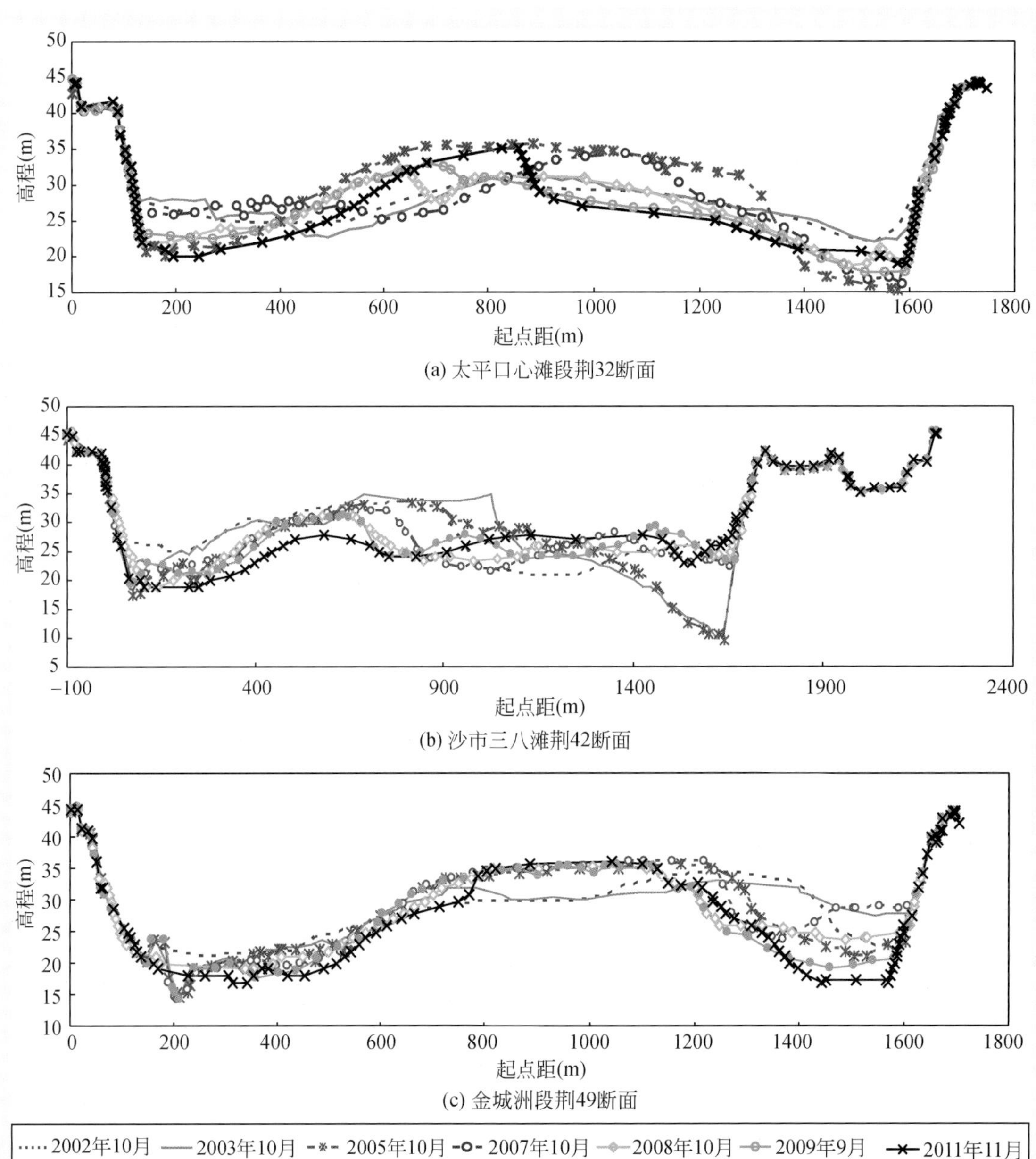

图 9-29　沙市河段典型断面冲淤变化

历年来，公安河段水流主泓走向总体稳定，但过渡段和汊道段主泓局部摆动较为频繁，如公安河弯段突起洲洲头 1996 年 9 月 ~2002 年 9 月附近主流线左移 300m。突起洲汊道段 1996 年以来深泓一直居右汊，但 2000 年 12 月主航道摆到左汊［图 9-31（a）］，马家咀边滩（30m 等高线）上段冲淤交替，下段冲淤变化不大［图 9-31（b）和图 9-33（a）］，郝穴河弯段杨厂下游荆 76 断面附近 1996 ~2000 年主泓左移 400 ~700m［图 9-32（a）］，但岸线基本稳定［图 9-32（b）］。历史上，公安河段崩岸险情多发（表 9-14）。特别是 1998 年大水后，突起洲左汊冲刷扩大、洲头冲刷后退［图 9-32（a）］，右汊上段河槽大幅冲刷，冲刷幅度在 2.5 ~9.5m，马家咀边滩（又名雷家洲边滩）上段淤积展宽，1993 年 11 月 ~1998 年 9 月展宽约 620m，下段崩退约 210m［图 9-31（b）］，文村夹一带近岸河槽冲刷，水下边坡变陡，2002 年 3 月文村夹发生 550m 长的崩岸险情，崩塌最大宽度达 10m，距距脚仅 44m。近 10 余年来，公安河段两岸特别是左岸修建了大量护岸工程，河岸抗冲能力增强。

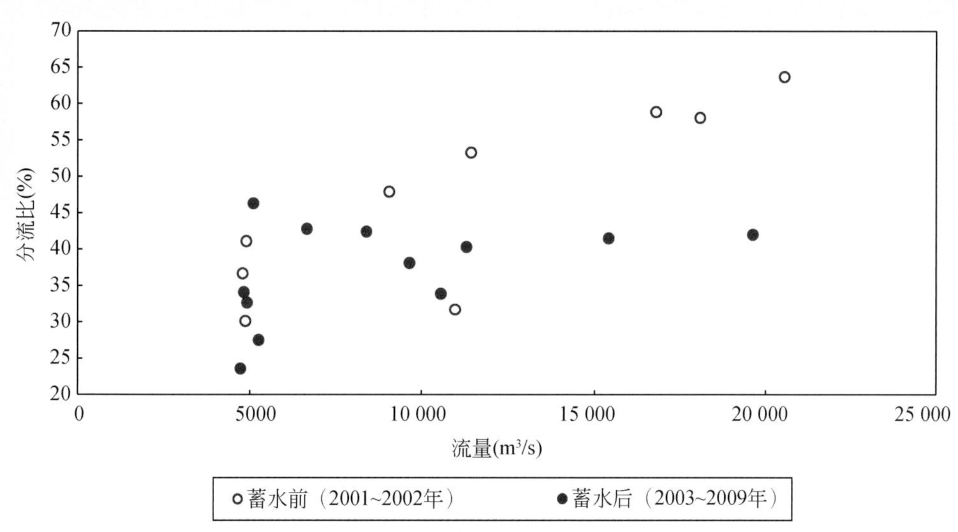

图 9-30　三峡水库蓄水前后三八滩汊道左汊分流比变化

河段内的洲滩除突起洲有所崩塌外，其他洲滩变化不大。由于水流顶冲，1996～1998 年突起洲洲头最大后退距离约 750m，1998 年 10 月～2000 年 5 月突起洲洲头及洲体左侧继续崩退，最大崩退距离约 650m，2000 年 5 月～2001 年 10 月最大崩退距离约 350m，2001 年 10 月～2002 年 9 月突起洲心滩淤积发育，心滩合并，滩头淤长达 1000m［表 9-15、图 9-34（a）和图 9-34（b）］。

三峡水库蓄水运用以来，公安河段河道平面形态变化不大，总体河势稳定。主要变化表现为：①河床滩、槽均大幅冲刷，且以冲槽为主，2002 年 10 月至 2011 年 10 月河床冲刷泥沙 0.925 亿 m^3，其中枯水河槽冲刷量占 93%；②局部深泓摆动频繁，水流顶冲部位有所调整，使洲滩受到冲刷，如 2004 年 7 月高水时，观音寺至突起洲段水流取直顶冲突起洲头部，洲滩受到冲刷，2002 年 10 月和 2006 年 6 月时水流坐弯，马家咀边滩头部略有冲刷，下段基本稳定［图 9-33（a）和图 9-33（b）］；③受水流主泓摆动等影响，2002～2006 年突起洲洲头冲退近 470m，洲滩左缘冲刷崩退、右缘的淤积；2006～2008 年洲头的淤积上提约 400m，洲滩左缘淤展，中下部及尾部变化较小，洲滩面积达近期最大值，但洲顶高程较稳定，洲体略有右移［表 9-14、图 9-34（a）和图 9-34（b）］，蛟子渊心滩洲头右缘淤积明显；④公安河弯凹岸的 15m 深槽 2006 年 6 月～2008 年 10 月有所淤积缩小，但在桩号 665+470 附近靠岸的位置冲刷出一新的 15m 深槽［图 9-35（a）］；南五洲荆 77 断面至荆 80 断面河槽大幅冲深，靠右岸出现 15m 深槽［图 9-35（b）］，南五洲持续出现崩岸险情；⑤水流主泓的摆动导致局部岸线崩塌，如 2005 年 1 月文村夹段近岸河床冲刷、岸坡变陡（图 9-36）导致发生崩岸险情，长 245m，最大崩宽 12m（照片 2），崩岸发生后，当地堤防管理部门迅速启动了应急抢险措施（照片 3）；南五洲围堤荆 79 断面附近发生了 2 次小范围的座崩（照片 4）；⑥河床断面形态基本稳定，河床变形以主槽为主（图 9-37）。

此外，为进一步改善航道条件，交通部门自 2006 年起陆续实施了河段内马家咀水道（观音寺至双石碑段，长约 15km）航道整治一期，周天河段（郝穴镇至古长堤段，长约 28km）航道整治控导工程以及瓦口子至马家咀段航道整治工程。其中，马家咀水道航道整治一期工程主要是在突起洲（航道部门称为“南星洲”）左汊口门附近建两道护滩带及一道护底带，以维持突起洲头前沿低滩的完整，防止左汊进一步冲刷发展和航道条件恶化；周天河段航道整治控导工程，主要在周公堤水道进口左岸九华寺一带建成5道潜丁坝，其作用是限制枯季主流左摆下移，维持周公堤水道的上过渡形式；再在其上游建2道潜丁坝，主要作用是巩固蛟子渊边滩，促进滩头的完整和稳定；在右岸张家榨已有干砌块石护岸下游840m范围进行抛石护脚，以与水利工程相结合，有利于张家榨一带岸线的稳定；瓦口子至马家咀段航道整治工程一方面在金城洲中下段新建两道护滩带，左岸护岸加固，长度2015m，另一方面在雷家洲中下护岸2300m，西湖庙护岸加固2520m，南星洲右缘布置一道护滩带，南星洲左汊中下段布置一道护底带，并对已建护底带进行加固。

表9-14　三峡水库蓄水前公安河段崩岸险情统计表

时间	崩岸要素			
	出现的主要地点	崩岸长度（km）	崩岸处数（处）	年均崩长（km）
1989年	祁家湾	8	1	
1990年	斗湖堤	150	1	
1991年	郝穴渡船矶	27	1	
1993年	斗湖堤	80	1	
1995年	杨林寺	80	1	
1996年	郑家河头、双石牌	715	2	
1998年	朱家湾、双石牌	208	2	
1999年	幸福安全台、新开铺、无量庵至黄水套	490	3	
2000年	二圣寺、斗湖堤	2200	2	
2002年	文村夹、公安码头、何家湾、新开铺等	1365	6	
合计		5323	20	380

表中资料据湖北省荆州市长江河道管理局统计成果

表9-15　突起洲洲滩特征值（30m等高线）变化统计表

时间	洲长（m）	洲体最大宽度（m）	洲顶高程（m）	面积（km^2）
1980年7月	9900	2500	40.3	12.9
1987年5月	5800	1800	39.6	6.4
1993年10月	5700	2390	39.4	8.2
1998年10月	5100	2360	40.6	8.2
2002年10月	5837	1841	41.4	6.79
2004年7月	5624	1916	41.4	7.19
2006年6月	5447	1753	41.4	6.93
2008年10月	5823	2138	41.4	7.67

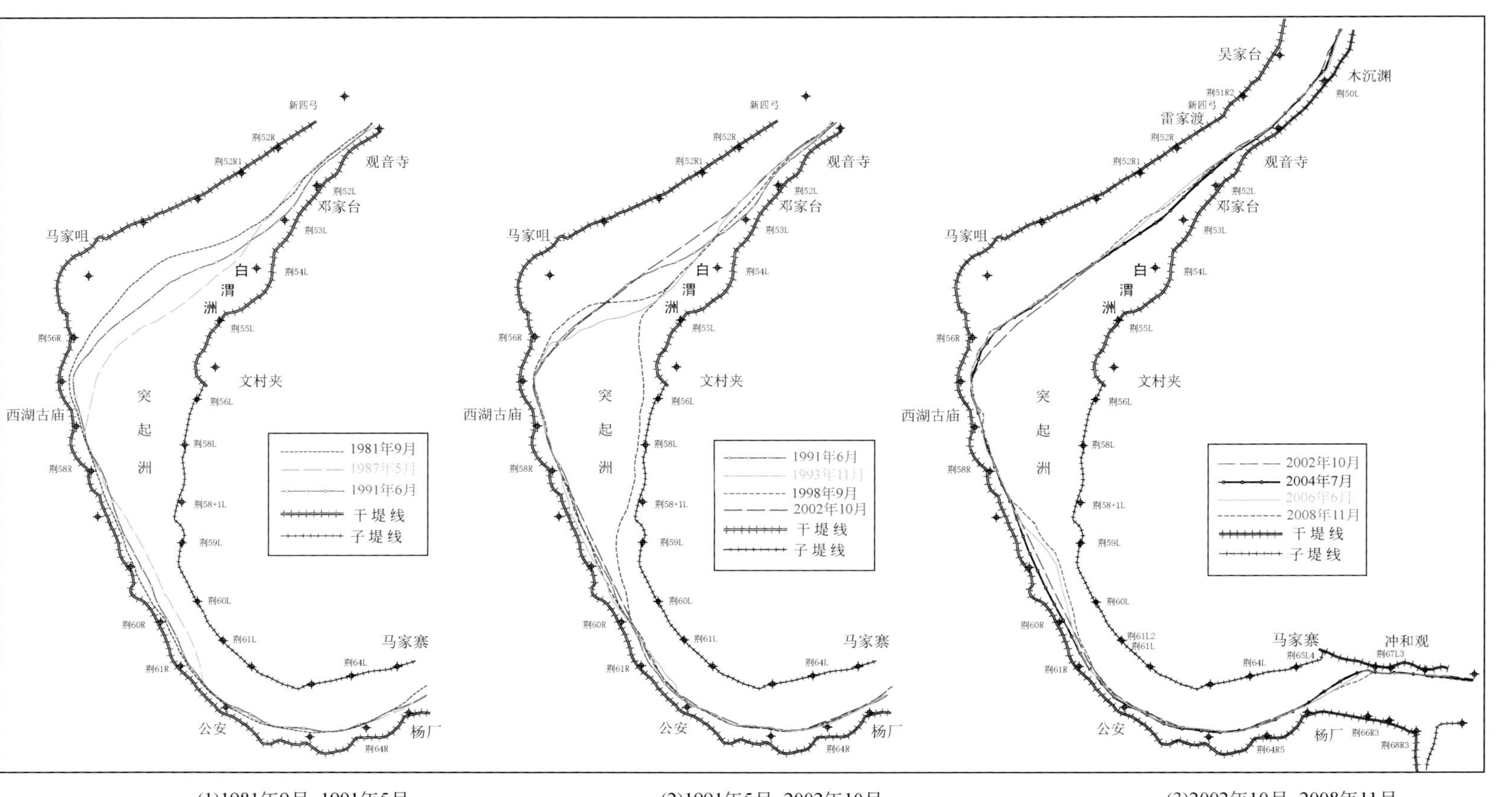

(1)1981年9月~1991年5月　(2)1991年5月~2002年10月　(3)2002年10月~2008年11月

图9-31 (a)　公安河弯深泓平面变化图

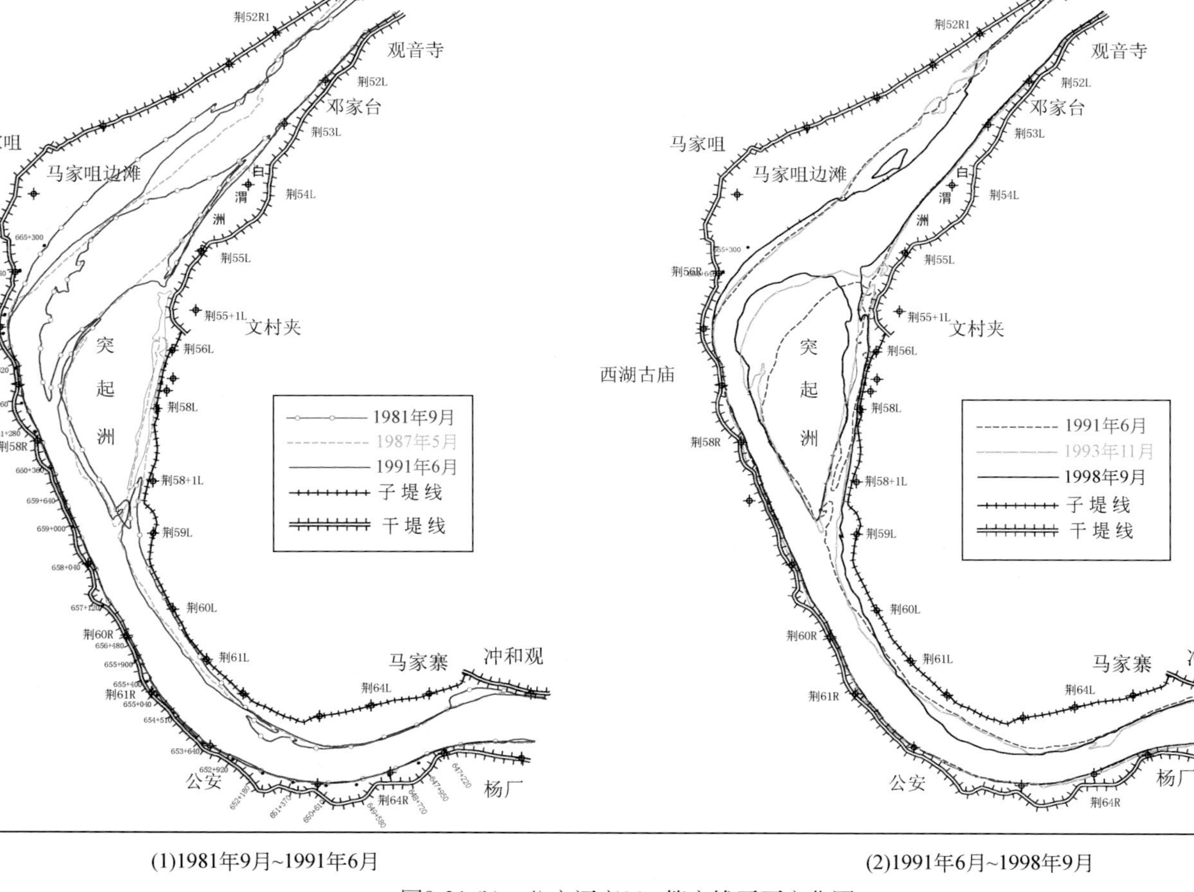

(1)1981年9月~1991年6月　　(2)1991年6月~1998年9月

图9-31 (b)　公安河弯30m等高线平面变化图

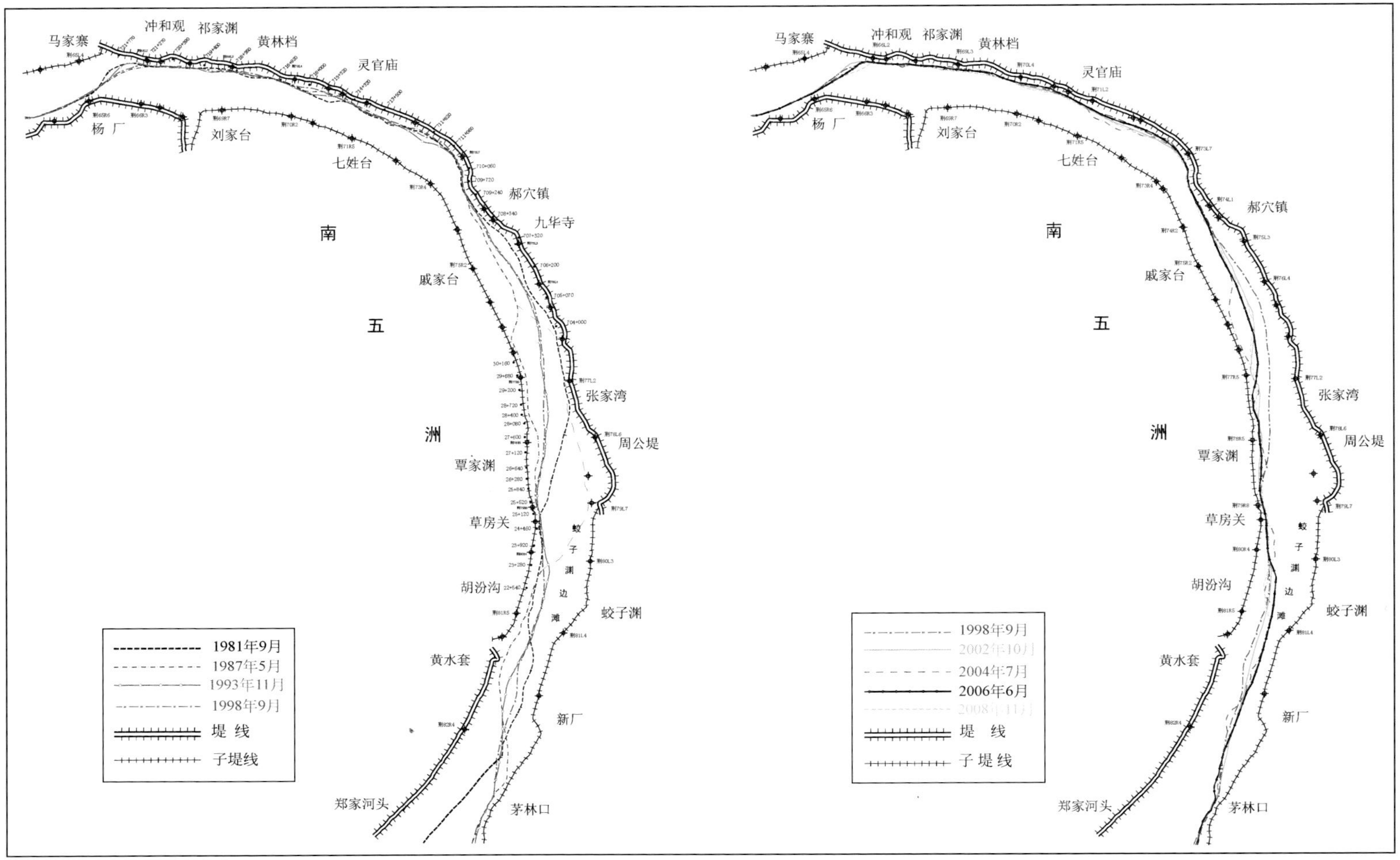

(1)1981年9月~1998年9月

(2)1998年9月~2008年11月

图9-32 (a)　郝穴河弯深泓平面变化图

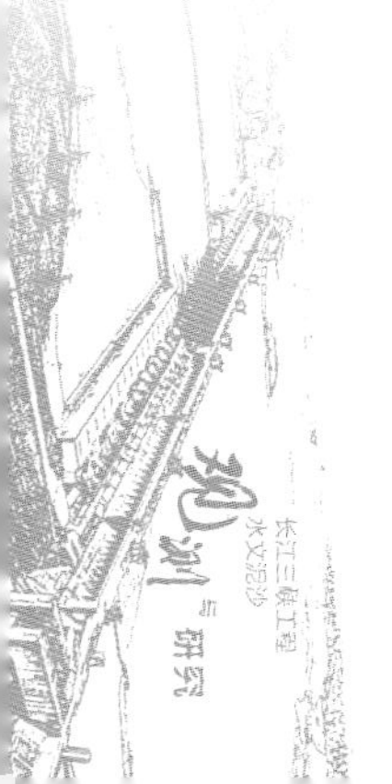

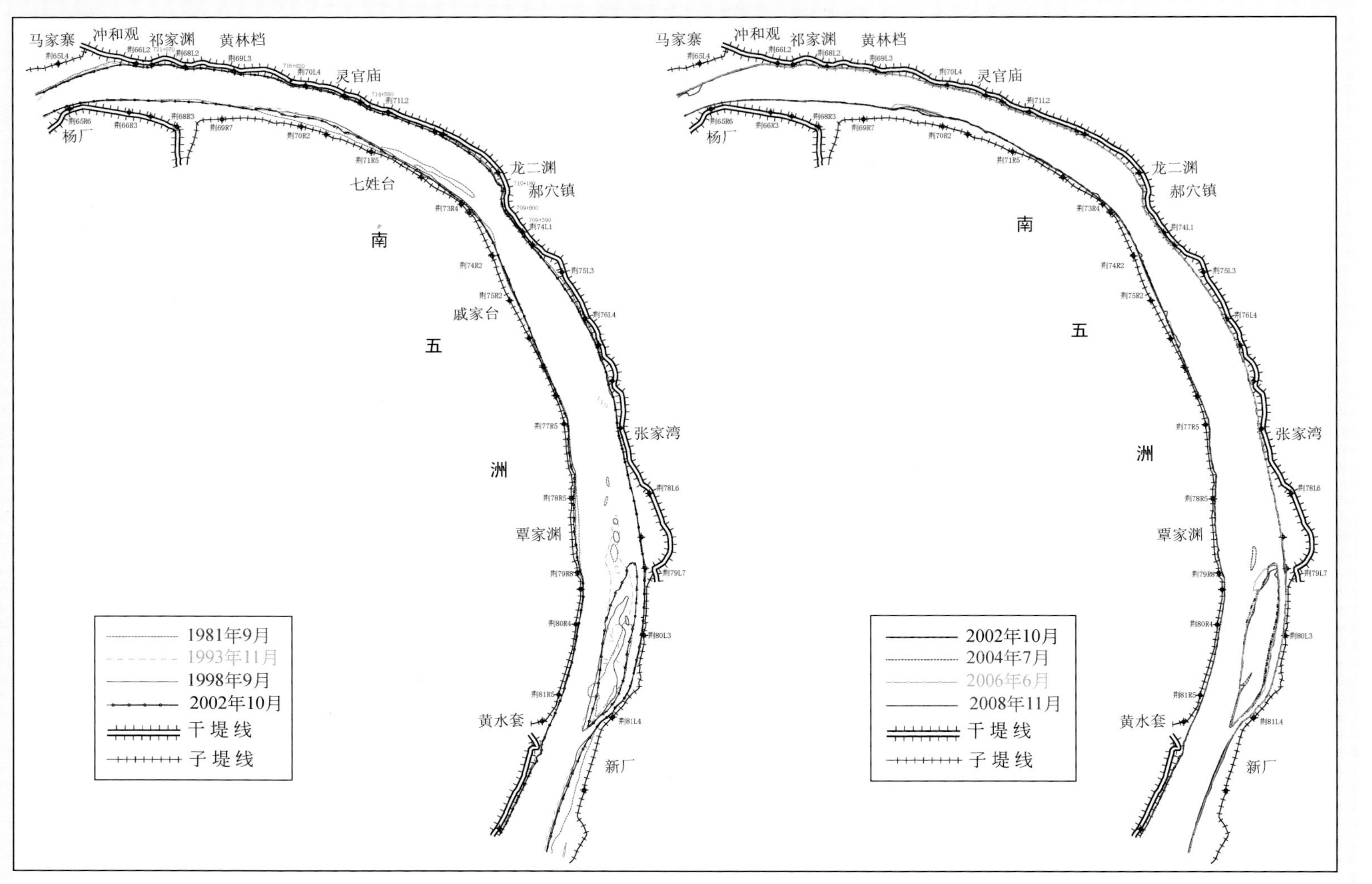

(1)1981年9月~2002年10月

(2)2002年10月~2008年11月

图 9-32(b)　郝穴河弯30m等高线平面变化图

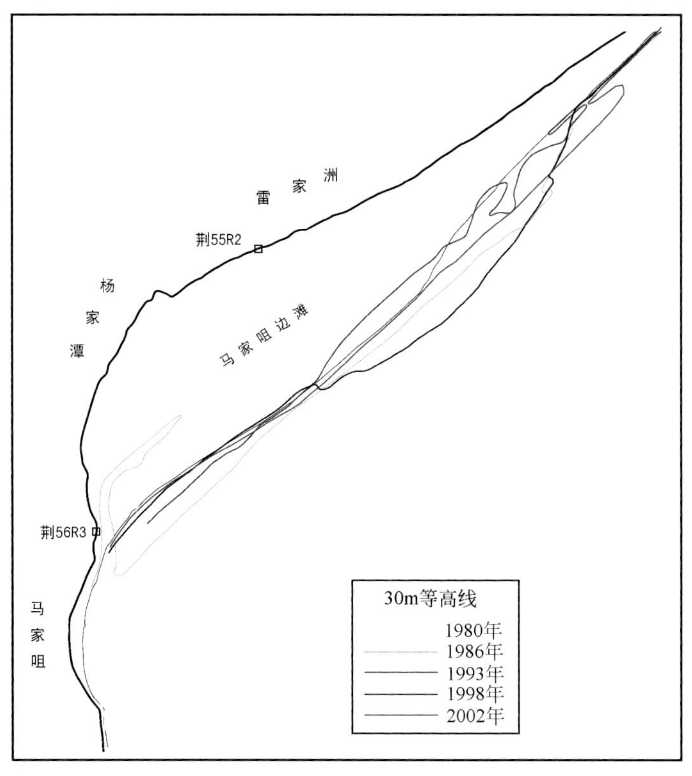

图 9-33（a） 马家咀边滩 1980～2002 年平面变化图（30m 等高线）

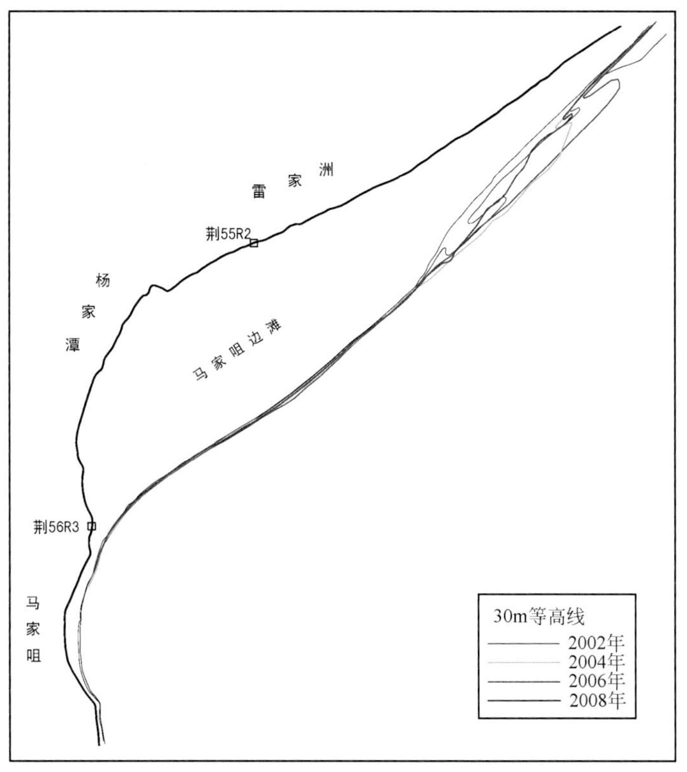

图 9-33（b） 马家咀边滩 2002～2008 年平面变化图（30m 等高线）

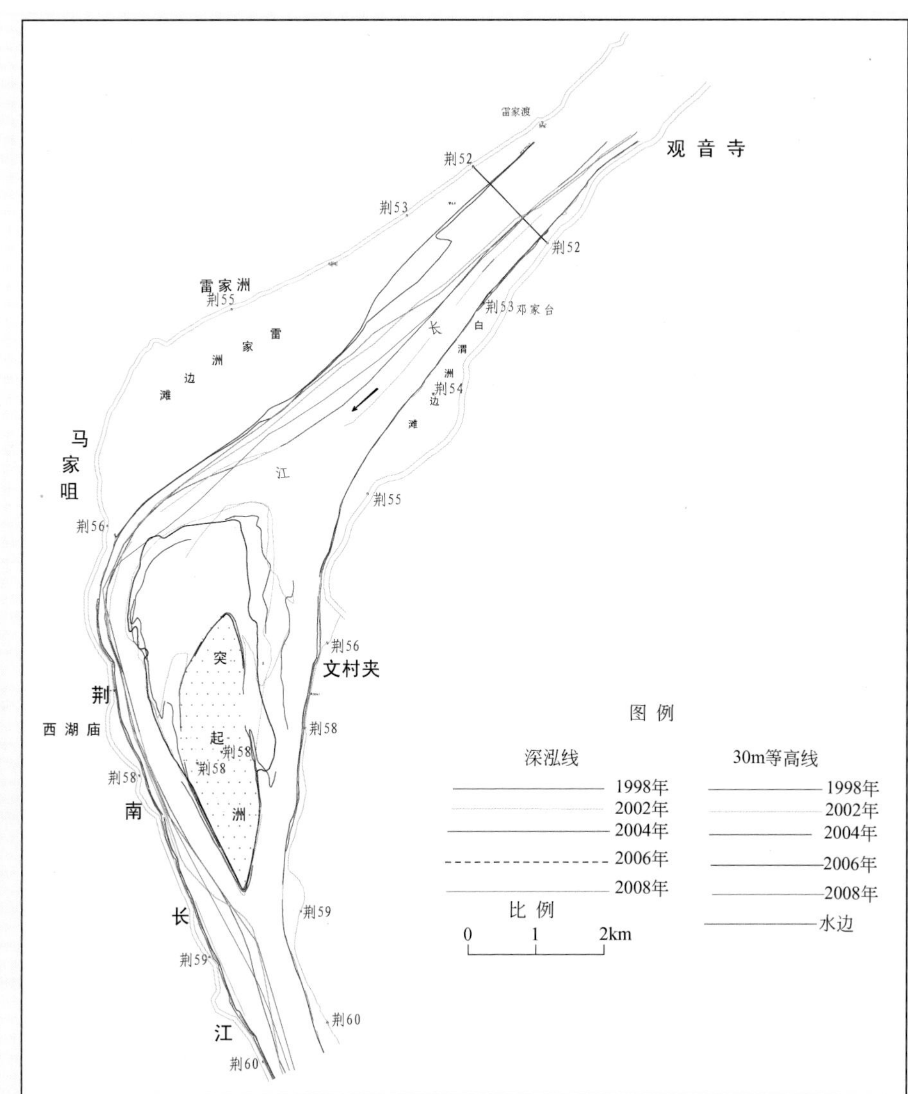

图 9-34（a） 突起洲 1980～1998 年平面变化图

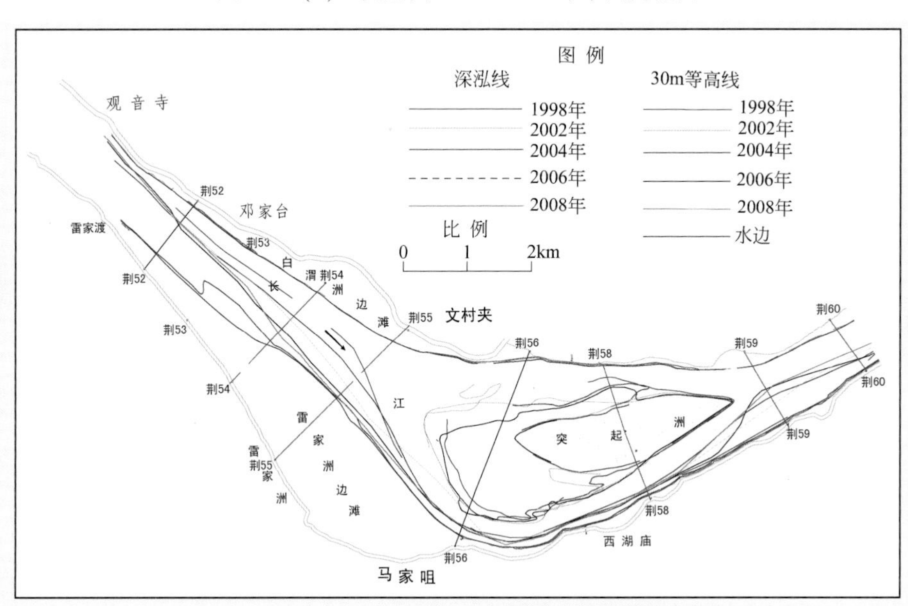

图 9-34（b） 突起洲 1998～2008 年平面变化图

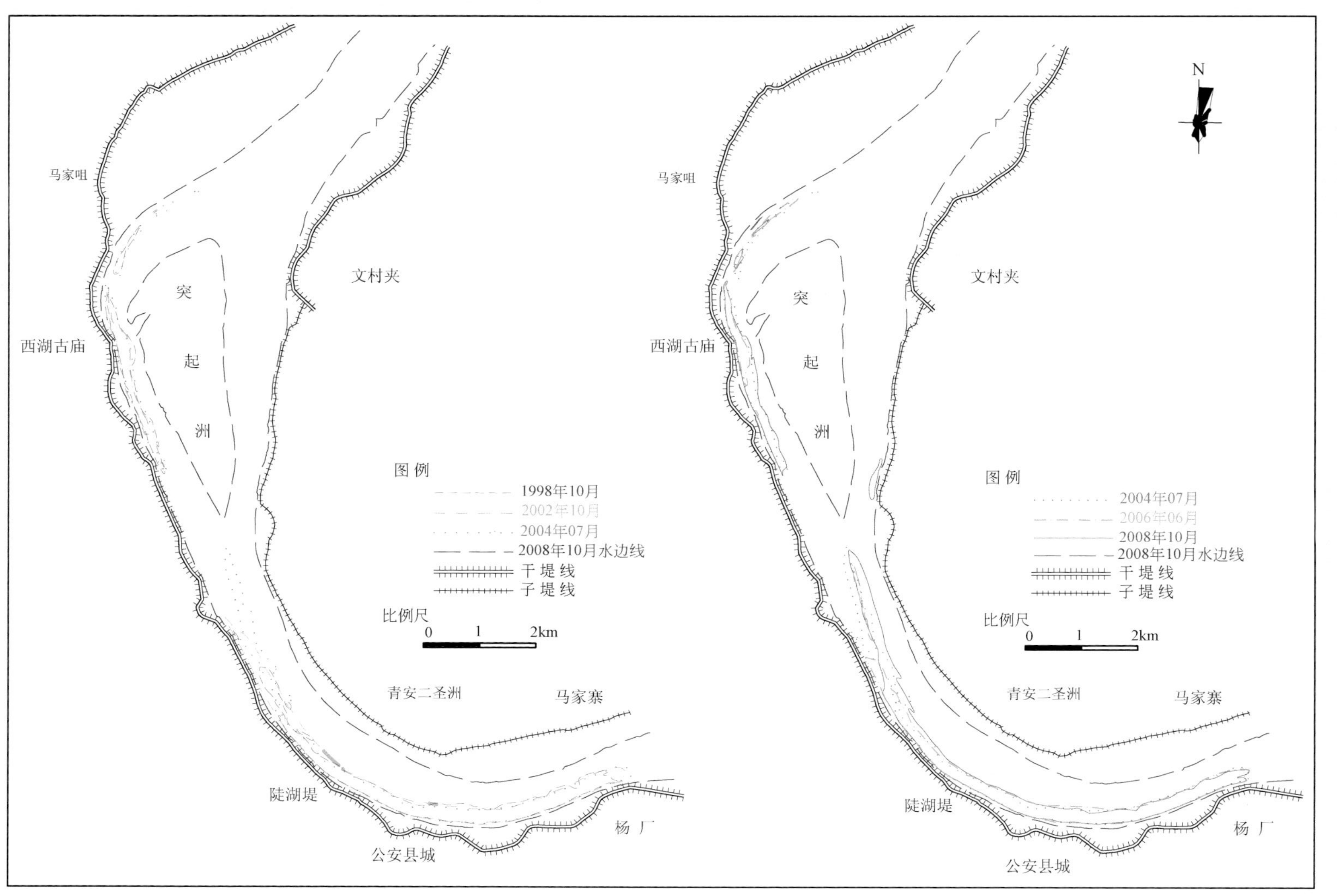

图 9-35 (a) 公安河弯15m深槽平面变化图

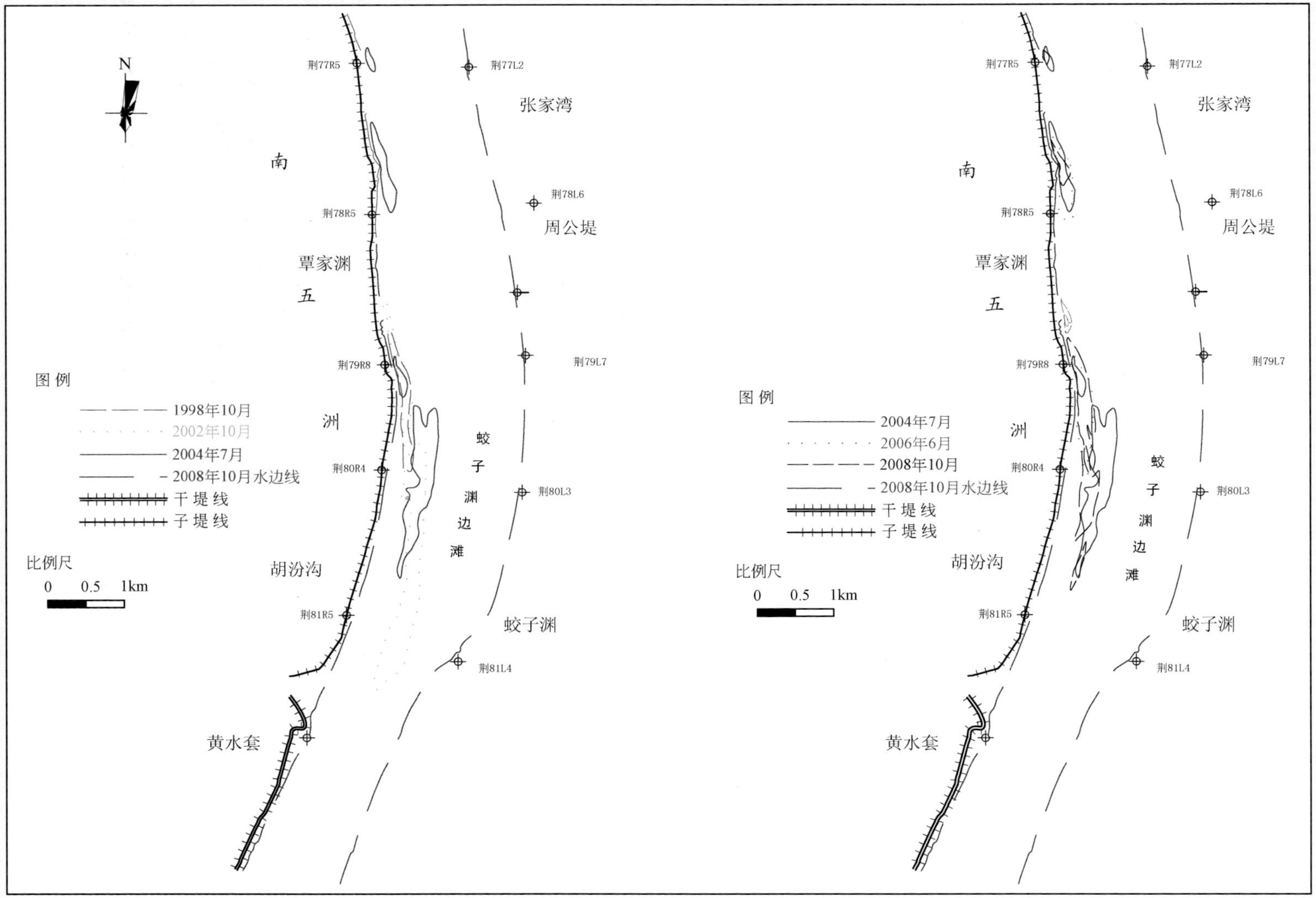

(1) 1998年10月~2004年7月

(2) 2004年7月~2008年10月

图 9-35 (b) 郝穴河弯15m深槽平面变化图

照片 2　文村夹段 2005 年 1 月崩岸现场

照片 3　文村夹第二次崩岸段维护施工现场

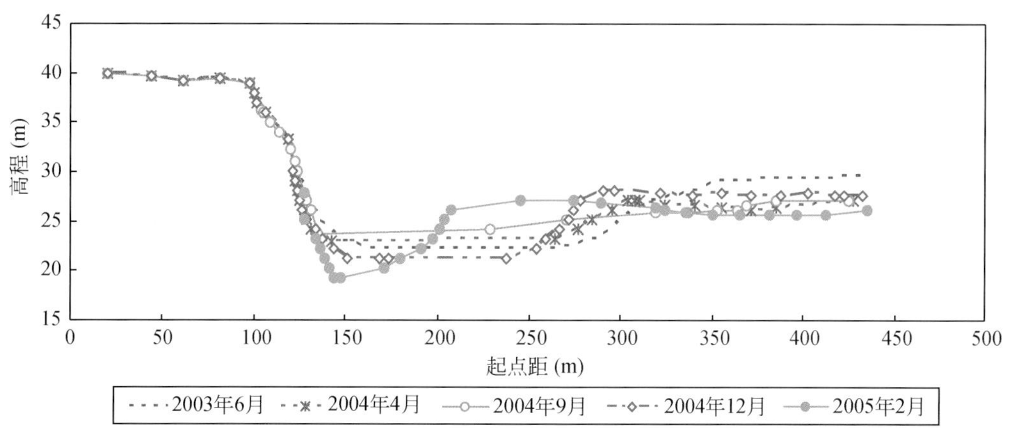

图 9-36　文村夹河段典型半江断面近期变化

照片 4　公安南五洲段崩岸现场

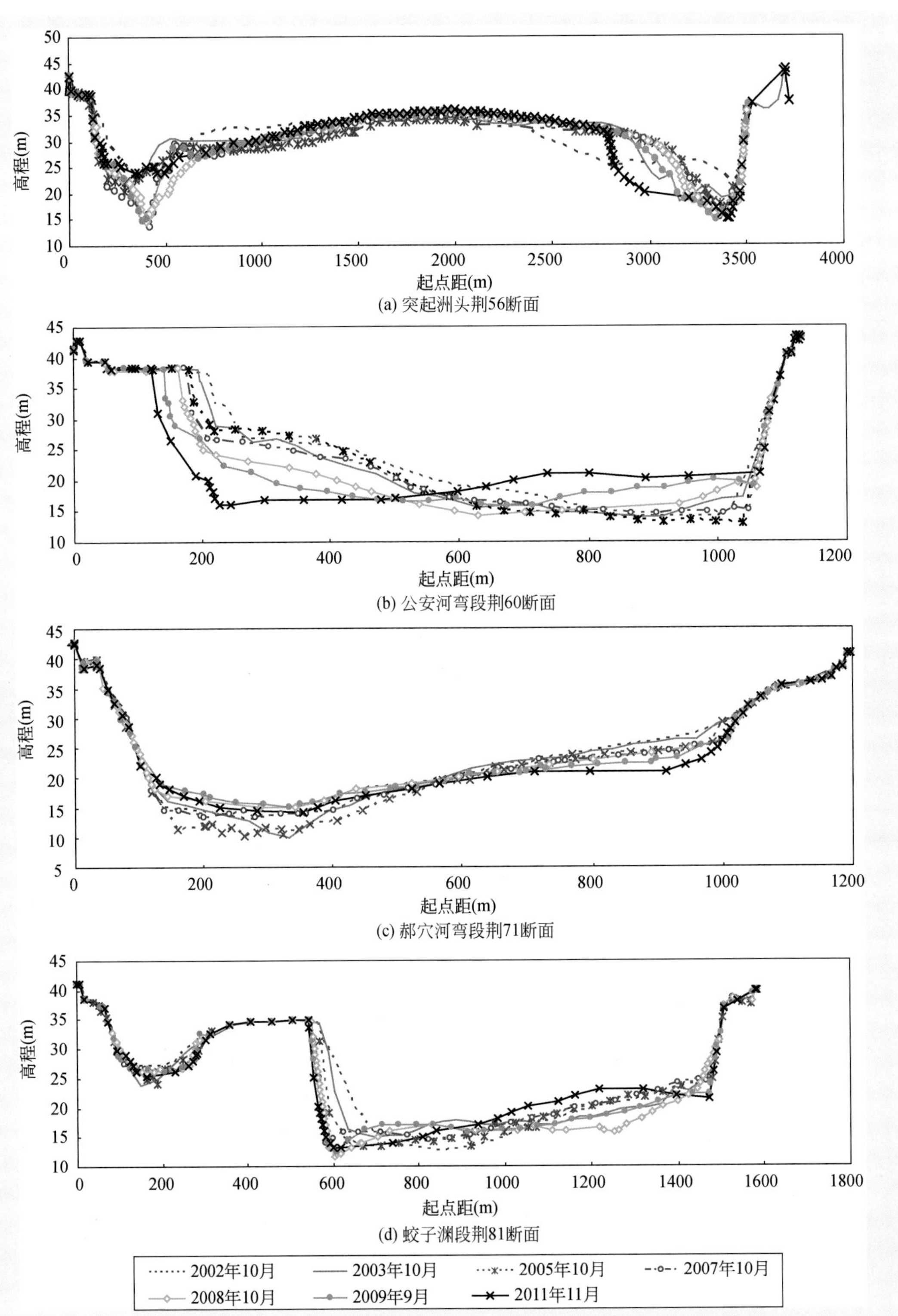

图 9-37　公安河段典型断面近期变化

5. 石首河段

石首河段自新厂（荆 82 断）至塔市驿（荆 136 断），全长约 72km，为蜿蜒性河型。河段右岸有藕池口分流入洞庭湖。河床组成以细砂为主，2006 年汛后床沙中值粒径为 0. 196mm。

石首河段是下荆江河势变化最为剧烈的河段（图9-38），崩岸险情多发。据湖北省荆州市长江河道管理局资料统计，石首河段历年来崩岸多发生在调关、古长堤、向家洲、北门口等迎流顶冲段或主流贴岸段，以及深泓变化较为剧烈的地段如鱼尾洲、章华港、北碾子湾等处（表9-16）。1949年，碾子湾发生裁弯，1967年5月的中洲子人工裁弯、1972年7月的沙滩子自然裁弯后，石首河段发生强烈冲刷，1966～1993年枯水河槽冲刷量为1.19亿m^3。石首河弯1994年6月发生切滩撇弯，缩短河长约5.4km。弯顶上、下游河势调整显著，主流线摆动很大［图9-39（a）］，主流贴新河左岸而下，撇开右岸东岳山天然节点的控制，顶冲石首市城区北门口一带，北门口一带岸线大范围后退［图9-40（a）］，老的石首港区泥沙淤积严重；同时，随着主流线顶冲点位置不断下移，1994～2002年石首弯顶顶冲点下移2km、碾子湾段顶冲点下移约4.3km，使得北门口及下游的北碾子湾、寡妇夹等处不断出现崩岸险情，北碾子湾岸线最大崩退约730m，1996～2002年北碾子湾段崩塌面积为1.95km^2，寡妇夹段崩塌面积为1.25km^2。鱼尾洲中、上段和碾子湾右边滩则有所淤长。

1998年大洪水期间，石首河段大幅淤积，1993～1998年总淤积量为1.70亿m^3，淤积主要集中在中、低滩部分。1998年大洪水后，石首弯道上段的分汊段主支汊易位，主流线由右汊改走左汊；河段“冲槽淤滩”，1998～2002年深泓有所冲深，尤以北门口段深槽冲深最为明显，最大冲深4.0m，平滩河槽冲刷泥沙0.088亿m^3；河段洲滩淤积量为0.22亿m^3，五虎朝阳心滩1998年后大幅淤高，上游天星洲向北岸扩展，尾部与五虎朝阳边滩几乎相连［图9-42（a）和图9-42（b）］。石首河段下段的调关弯道、中洲子、调关至八十丈段及鹅公凸至章华港等处，岸线几乎已全线守护和加固，总体比较稳定。与此同时，1994年石首弯道切滩后，大量泥沙下泄，深槽淤积，浅滩滩脊刷低，碾子湾水道（文艺村至毕家台段，全长18km）浅滩由顺直段演变成交错滩型，浅滩段河床向宽浅方向发展，成为严重碍航浅滩。1998年大水后，石首河段下段的碾子湾航道条件有所好转，但存在过渡段航槽继续下移、下边滩头部冲刷后退、北碾子湾至寡妇夹一带崩岸较为严重等不利因素，为了遏制滩槽形态向不利方向转化，保证航道维护的正常进行，2000～2003年航运部门先后实施了碾子湾水道清淤应急工程及航道整治工程。主要包括：①在左岸建7道丁坝及2道护滩带、右岸5道建护滩带，以稳定过渡航槽平面位置、防止上下深槽交错；②在右岸南堤拐一带布置2km护岸、在左岸柴码头一带布置500m护岸工程。为了消除航道向不利方向转化的因素，形成稳定良好的滩槽格局，航道部门近期拟对藕池口水道实施航道整治一期工程，左岸陀阳树边滩建4条护滩带，天星洲洲尾左缘下段护岸为1284m、护滩为991m，藕池口心滩左缘中段护岸为765m，沙埠矶护岸为1050m。

三峡水库蓄水运用以来，石首河段虽总体河势基本稳定，但仍是荆江河段河道演变最为剧烈的河段之一，除了河床纵向冲深外，深泓摆动较为频繁，主流顶冲点下移，横向变形也较为剧烈（图9-47）。主要表现为：①河床冲刷较为强烈，2002年10月至2011年10月平滩河槽冲刷量为1.51亿m^3。②局部河段深泓摆动频繁，如：石首弯道上段进口荆89断面处主流最大摆幅达750m［图9-39（b）］，导致局部岸线的崩塌［图9-40（b）］。2001年4月以来，有关部门基本完成了对石首河段主要险工段的治理守护，岸线得到了初步控制，受上游主流线摆动和河势变化影响，顺直段主流向左岸摆动，贴岸冲刷茅林口至古长堤沿线近岸河床，引起该地段岸线出现崩塌现象；天星洲洲体淤积长大，藕池口口门河床淤积抬高、过流条件恶化；北门口弯道顶冲点大幅度下移，北门口弯道上深槽淤积消失、下深槽严重冲刷、并向下游发展，北门口已护工程段（中下段）出现多处崩岸险情，北门口已护工程段下游的未护岸段岸线大幅度崩塌；随着北门口段弯道顶冲点大幅度下移，鱼尾洲段的护岸工程段脱流、近岸河床淤积。如调关、鹅公凸护岸段2004年发生局部崩塌，向家洲2004年6月15日发生长180m，宽35～40m的崩岸险情；右岸原来弯顶处的老河道不断淤积抬高北展，北门口处由淤积转为冲刷，并于2004年8月13日发生长150m、宽42m崩塌。③河段内洲滩变化非常频繁。其中，陀阳树边滩继续淤长，1998年至2004年陀阳树边滩较小，至2006年面积增大至0.507km^2，2008年增大至1.31km^2，边滩尾部下移1.6km，使得该段深泓偏右岸下移（图9-41）。天星洲洲滩后退，天星洲头部形成新的30m心滩，2002～2008年心滩不断向藕池口口门推进，藕池口进流条件进一步恶化（图9-42）。1998年新生滩和倒口窑心滩连为一体成为大的新生滩（图9-41），之后新生滩冲刷后退，在原新生滩头部以上区域泥沙淤积，形成倒口窑心滩，倒口窑心滩与新生滩之间形成新的槽口；2002年倒口窑心滩与新生滩连为一体，2004年由于水流作用，在新生滩头部浅滩形成倒套，2006年倒套被冲穿，倒口窑心滩又重新生成。2008年倒口窑心滩进一步淤长，有与新生滩并拢的趋势。随着新生滩滩头逐年崩退，2002年新生滩分成上、中、下三个心滩，2004年上心滩下移与下心滩合并，致使新生滩右汊进口口门淤积，2006年新生滩头部后退，新生滩左汊江面扩大，并在左汊进口形成一个新心滩，形成目前石首河湾三汊河道的局面（图9-43）。五虎朝阳边滩朝着石首港区方向继续淤积扩大（图9-44）。

与此同时，河床冲刷下切明显，特别是近岸河床大幅冲刷，造成岸坡失稳，原崩岸多发地段、深泓贴岸段或未护段崩岸时有发生，崩岸多发生在古长堤、向家洲、北门口等（表9-17和见照片5～11），如2004年9月北门口段护岸的坡脚处受到剧烈冲刷，坡脚后退约30m，最大冲深达15m（图9-45），该段护岸发生崩岸险情，崩宽达200m；北门口0m冲刷坑位置下延，最深点位置有所下移，2006年最深点高程为-12.0m，2008年10月面积均有所增加，最深点高程冲深至-13.2m（表9-18），2007年3月石首北门口已护段上端发生崩塌，崩长30m，崩宽5～8m，坎高4.5m。

2003年2月以来，由于受迎流顶冲、回流淘刷等因素的影响，茅林口岸段（桩37+675至桩35+650），长2025m的岸线共发生了大的崩塌5次，并形成了8处大的崩窝，累计最大崩宽62m，崩坎距堤脚最近处仅28m（桩36+180）；2004年7月向家洲（桩23+600至桩23+300）发生300m的崩岸险情；向家洲至古长堤（桩28+000至桩26+000）2km未实施守护工程段近年岸线崩塌也较严重，2007年3月，合作垸段发生崩岸险情（桩25+980至桩27+200），崩长1200m，最大崩宽约40～60m，坎高7m；鱼尾洲～北碾子湾段10深槽下移幅度，2006～2008年该深槽槽首下移约1000m（图9-46），向家洲守护段因近岸河床冲刷严重，2007年3月，已护工程段出现崩岸险情，桩号分别为：25+615～25+675、25+720～25+750，最初崩长90m，随后该两处崩岸向两端与纵深扩展，至4月中下旬，崩长增至350m，最大崩宽45m。

表9-16　三峡水库蓄水前石首河段局部崩岸险情统计表

时间	崩岸要素			
	出现的主要地点	崩岸长度（km）	崩岸处数（处）	年均崩长（km）
1980～1989年	调关矶头、范家台、金鱼沟、连心垸	3 350	4	
1991年	调关矶头、金鱼沟、中洲子、连心垸	230	4	
1992年	古长堤、范家台、柴码头、寡妇夹、金鱼沟	17 450	5	
1993年	范家台、金鱼沟、中洲子	260	3	
1994年	章华港、调关矶头、范家台、北门口、鱼尾洲	3 436	5	
1995年	古长堤、梅王张、鱼尾洲、金鱼沟、中洲子	1 667	5	
1996年	古长堤、向家洲、北门口、鱼尾洲、范家台	6 454	5	

续表

时间	崩岸要素			
	出现的主要地点	崩岸长度（km）	崩岸处数（处）	年均崩长（km）
1997 年	八十丈、向家洲、北门口、鱼尾洲	4 643	4	
1998 年	调关矶头、向家洲、焦家铺、北门口、鱼尾洲	4 320	5	
1999 年	调关矶头、向家洲、北门口、鱼尾洲、管家铺	3 570	4	
2000 年	章华港、八十丈、梅王张、鱼尾洲、北碾垸	1 463	5	
2001 年	梅王张、北门口、北碾垸、连心垸	5 696	4	
2002	调关矶头、茅林口、向家洲、北门口、鱼尾洲、小河口镇汽渡码头、管家铺	935	7	
合计		53 474	60	2325

表 9-17　三峡水库蓄水运用后石首河段堤防出险情况统计表

堤段名称	河段名称	岸别	出险位置	出险情况		护岸	主流线	范围（m）	
				类别	数目	类别		纵向	横向
石首人民大垸围堤	渊子口	左		塌方	1	浆砌	贴岸	50	
	茅林口	左	36+400～37+900	窝崩	7		贴岸	1100	30
	古丈堤	左	荆 89～石 3	座崩	多处	浆砌干砌	贴岸		
	向家洲	左	荆 92 下游	座崩	多处	浆砌	贴岸	300	30
	柴码头	左	荆 106 下游	窝崩	1		贴岸		
荆南长江干堤	北门口	右		塌方	1	浆砌	贴岸	200	40
	寡妇夹	右				浆砌	贴岸		
	调关	右	石 6 附近	座崩	2	干砌	贴岸		
	鹅公凸	右	荆 133 断面～荆 134 断面	座崩	1	干砌	贴岸	25	15

表 9-18　石首河段内北门口冲刷坑统计表

时间	0m 等高线		-10m 等高线	最深点	
	桩号范围	面积（万 m^2）	面积（万 m^2）	位置（桩号）	高程（m）
1995 年 12 月		2. 23		6+000	-5. 5
1998 年 10 月	5+850～7+170	15. 7	0. 98	6+250	-11. 4
2002 年 10 月	6+900～7+600	15. 7	2. 02	6+450	-15. 3
2004 年 8 月	5+820～7+620	15. 6		7+140、7+500	-7. 5、-8. 8
2006 年 6 月	5+840～6+930	8. 9	0. 44	6+260	-12. 0
2008 年 1 月	5+950～7+330	14. 0	0. 16	6+500	-10. 2
2008 年 10 月	5+700～8+270	23. 1	0. 93	6+300	-13. 2

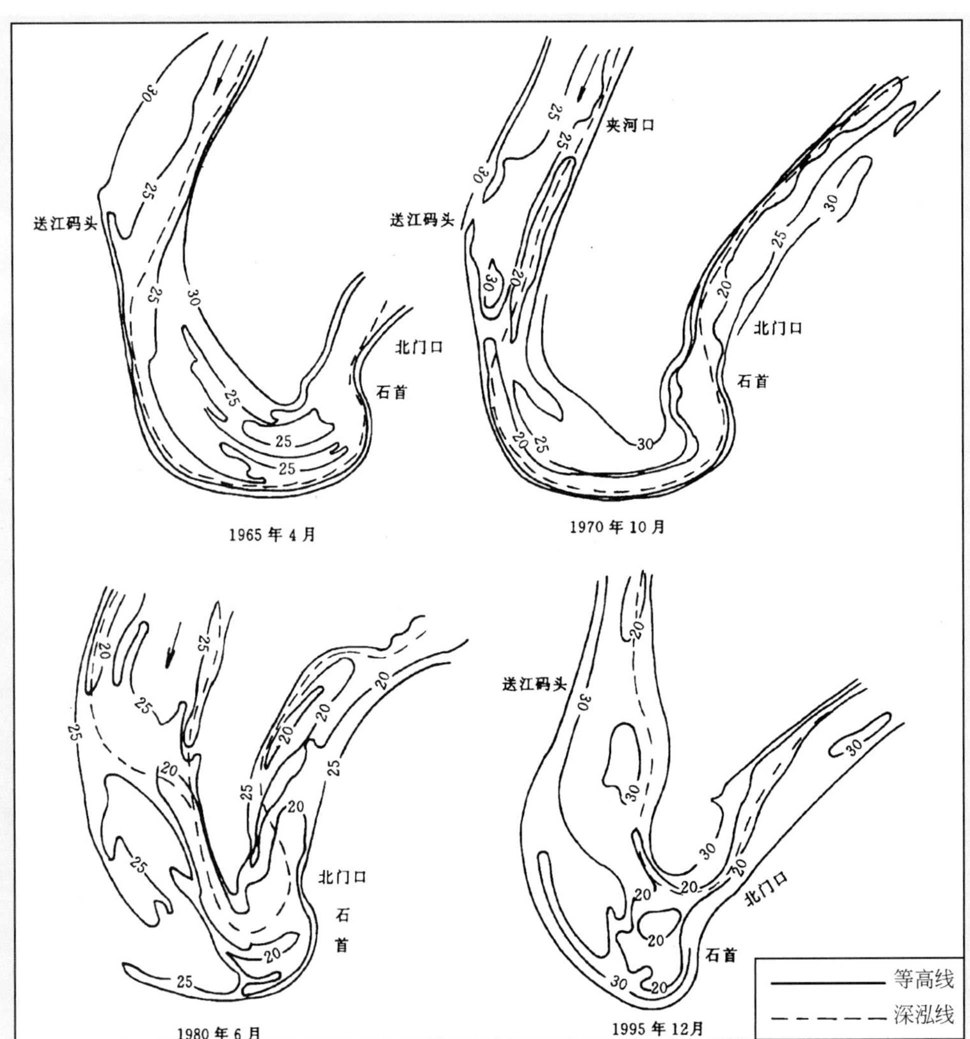

图 9-38 石首弯道演变图

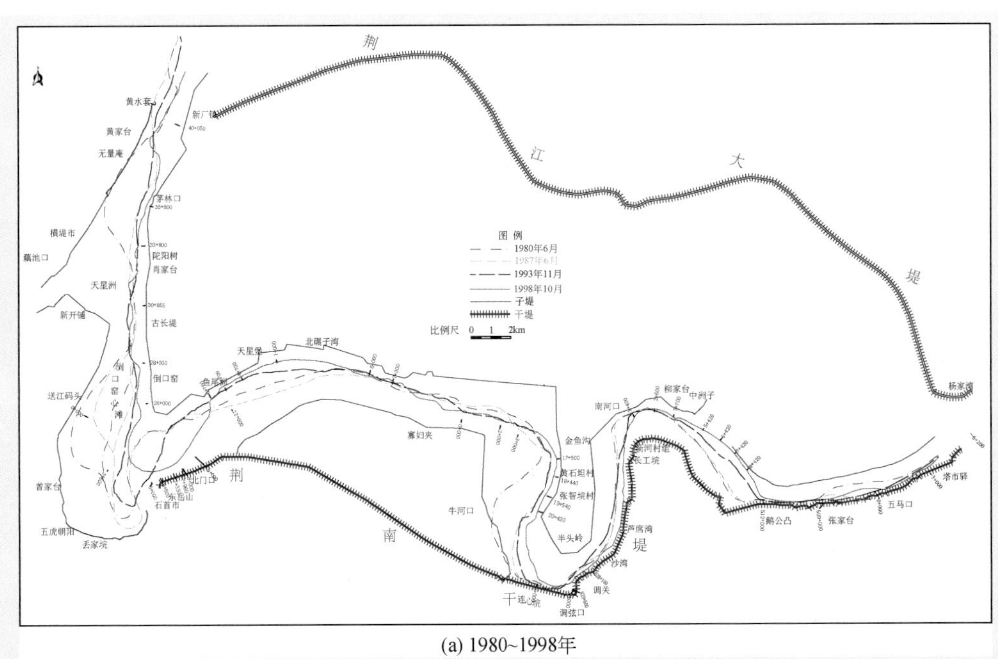

(a) 1980~1998年

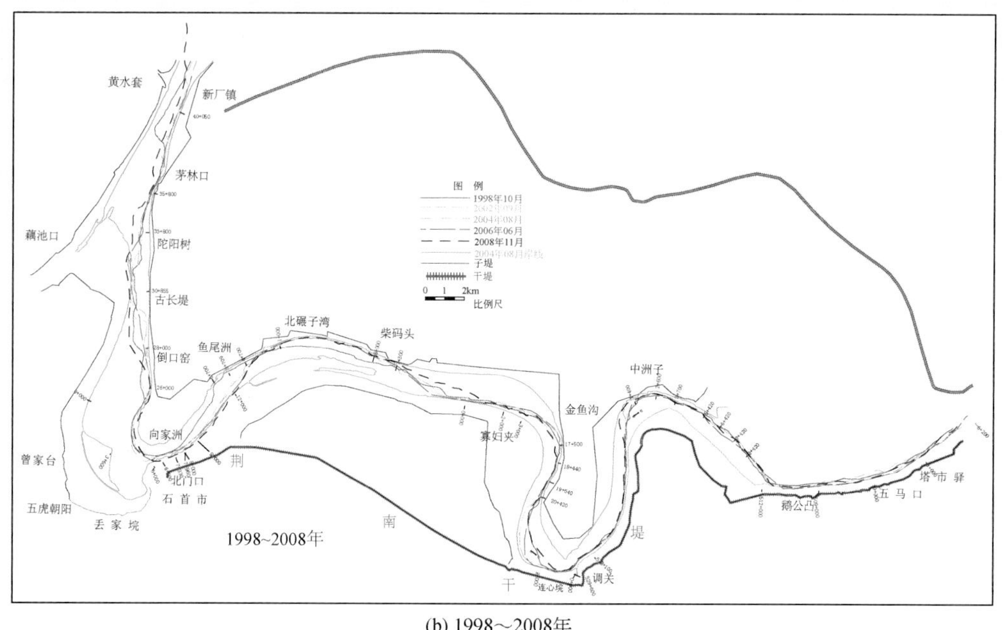

(b) 1998～2008年

图 9-39　石首河段深泓平面变化图

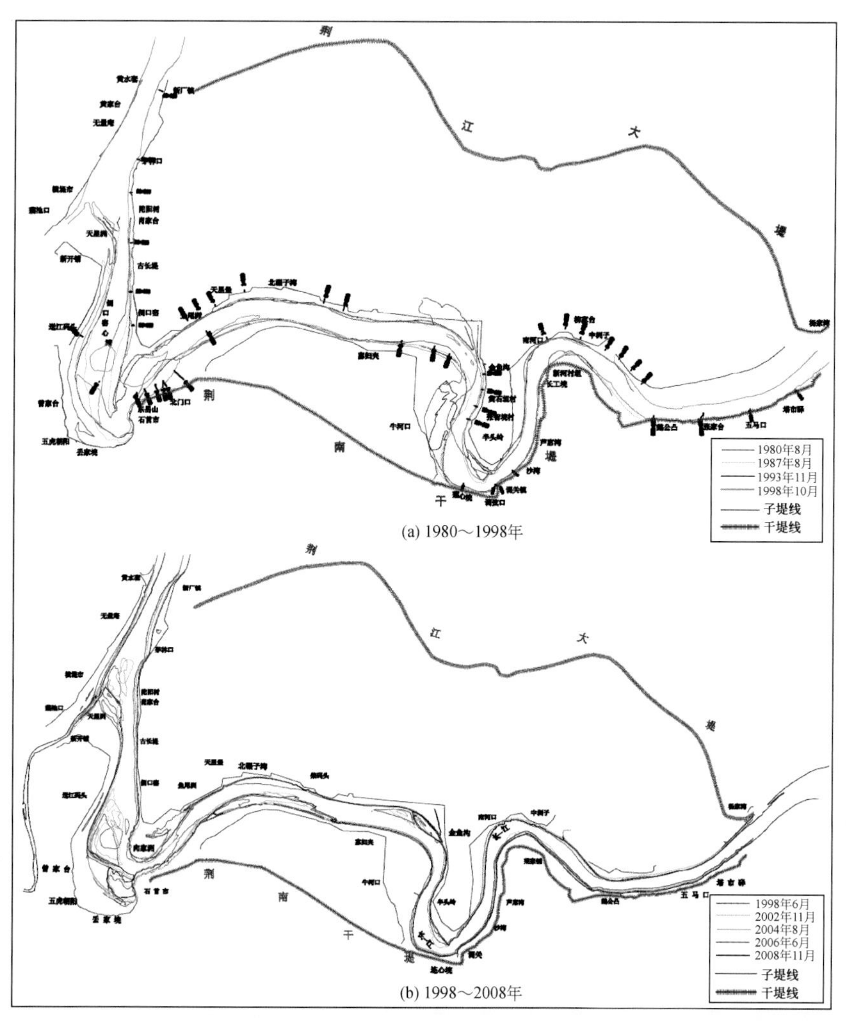

(a) 1980～1998年

(b) 1998～2008年

图 9-40　石首河段 30m 等高线平面变化图

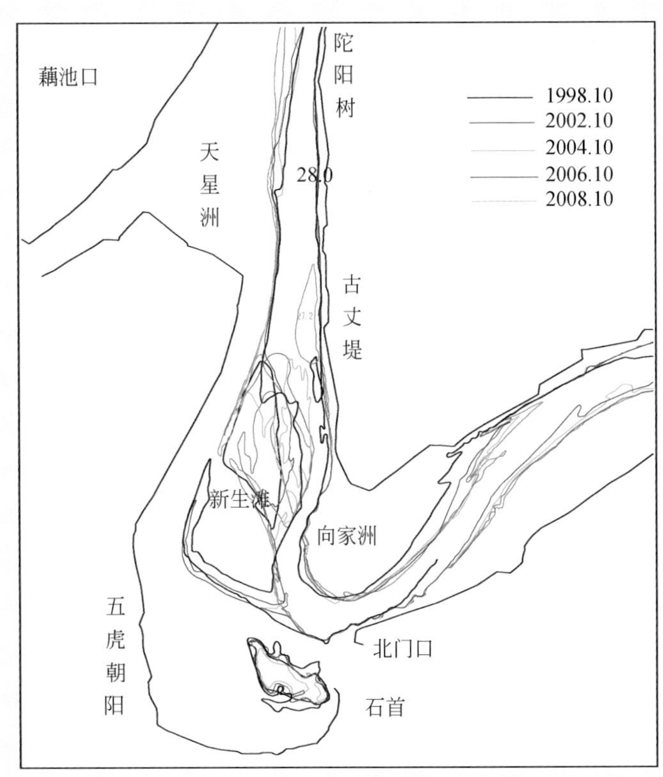

图 9-41　陀阳树边滩和倒口窑心滩 25m 等高线平面变化图

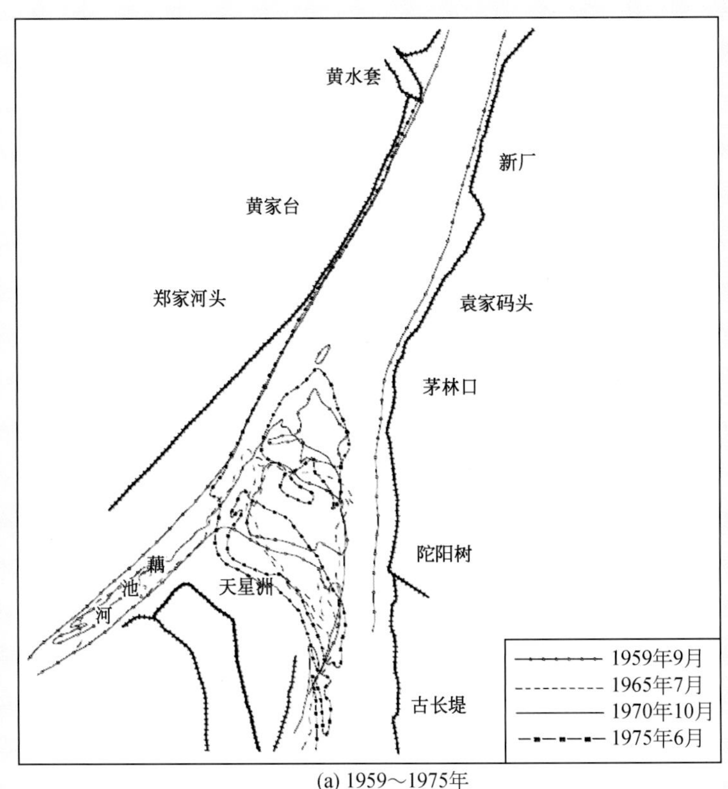

(a) 1959～1975年

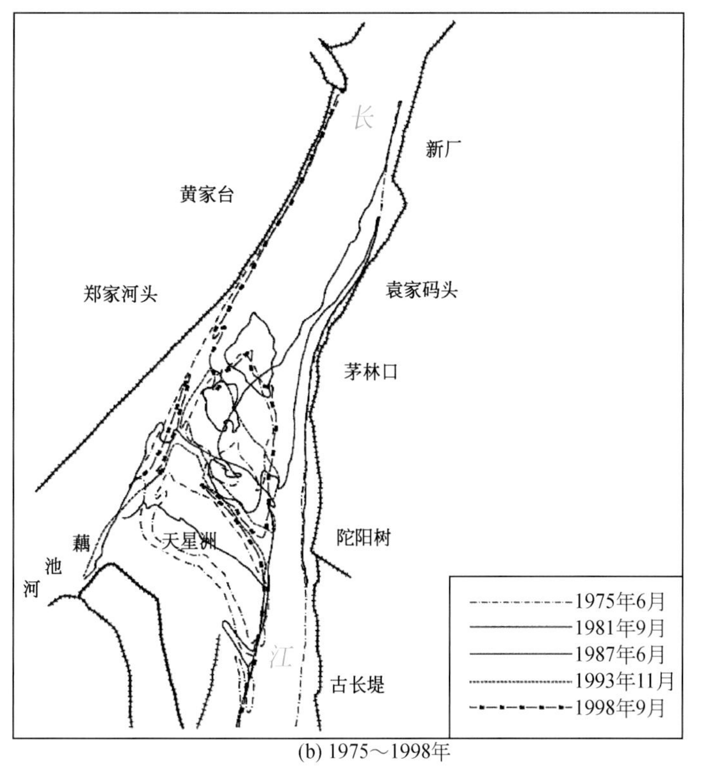

(b) 1975～1998年

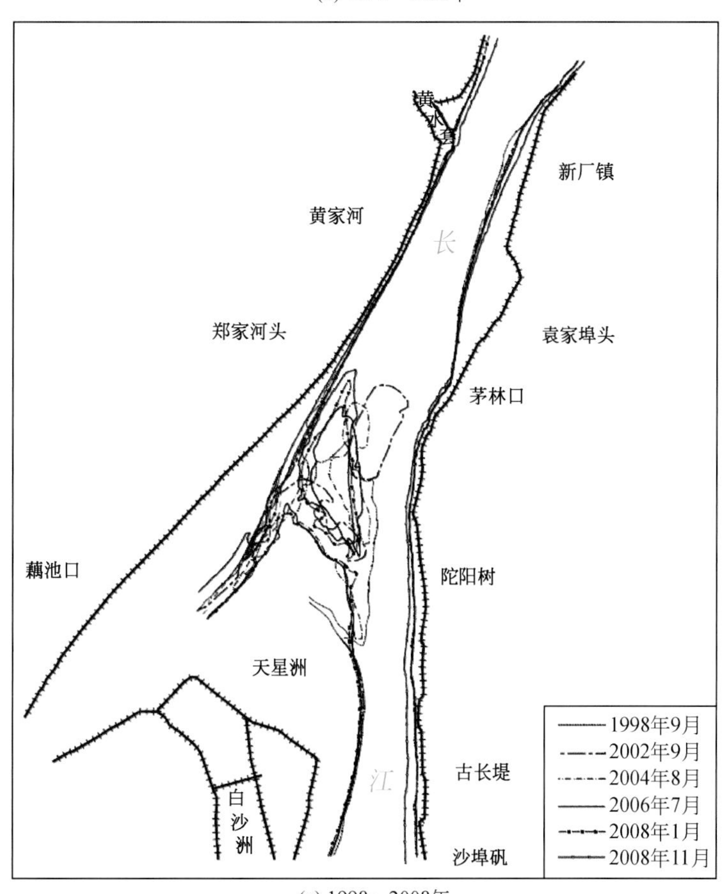

(c) 1998～2008年

图 9-42　天星洲洲头 30m 等高线变化图

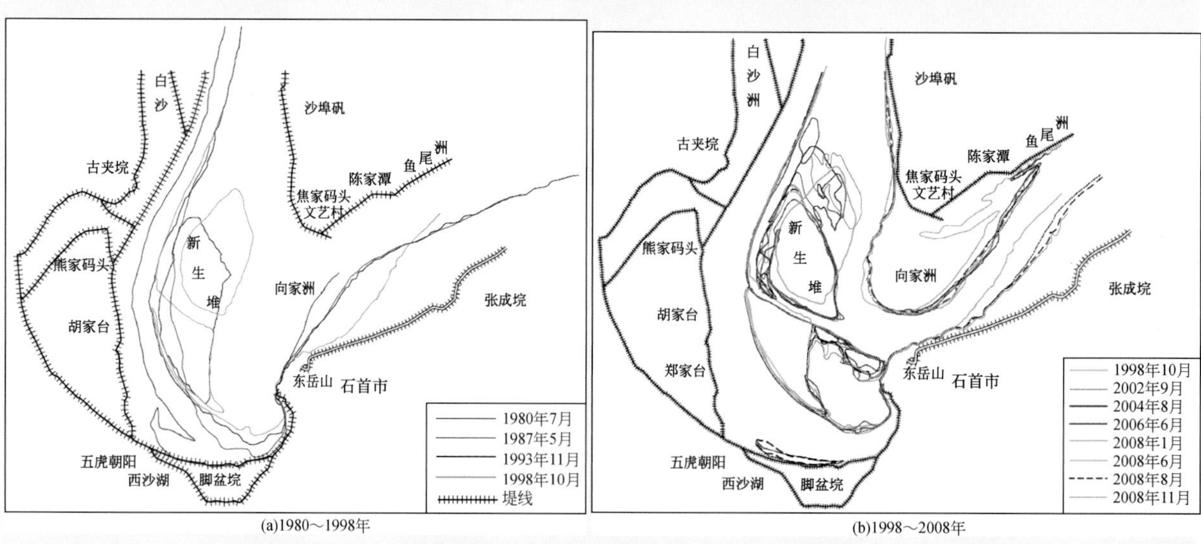

图 9-43　新生滩 30m 等高线变化图

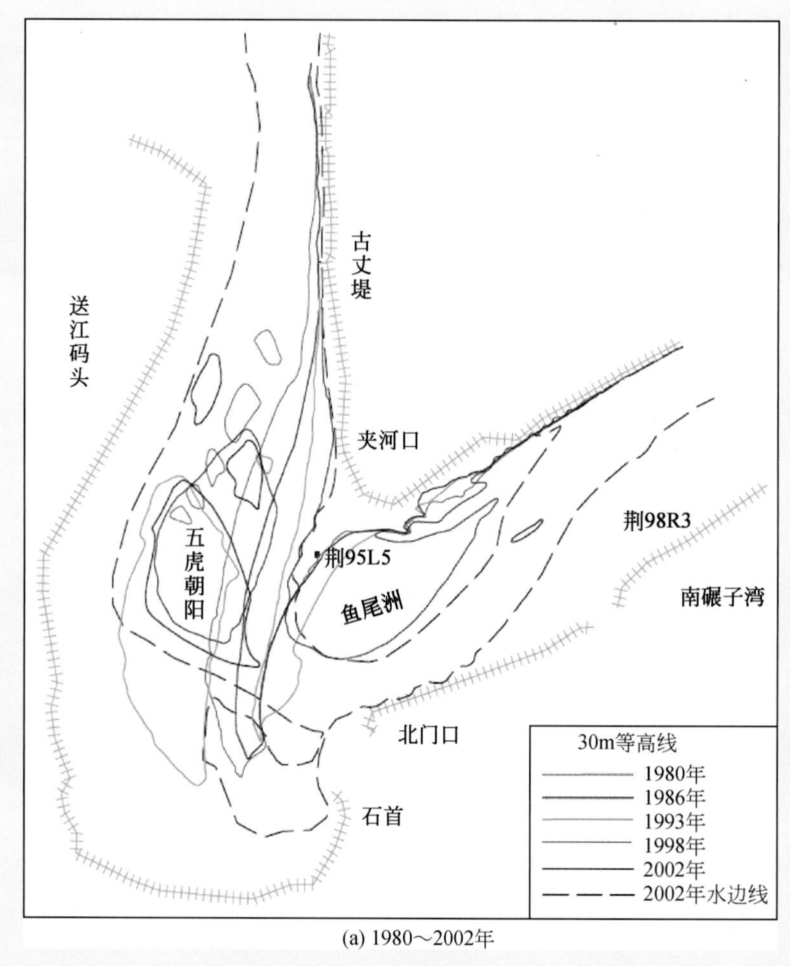

(a) 1980～2002年

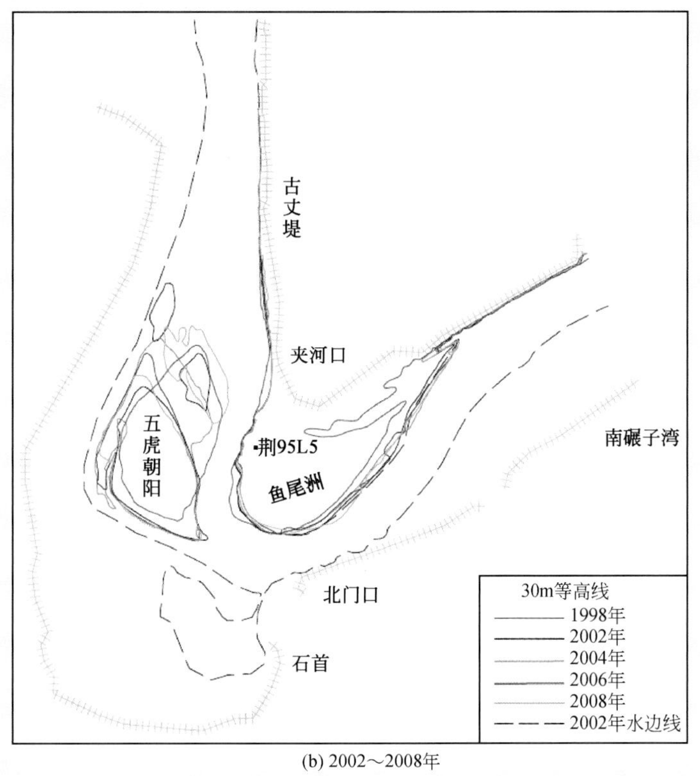

(b) 2002～2008年

图 9-44　五虎朝阳边滩 30m 等高线变化图

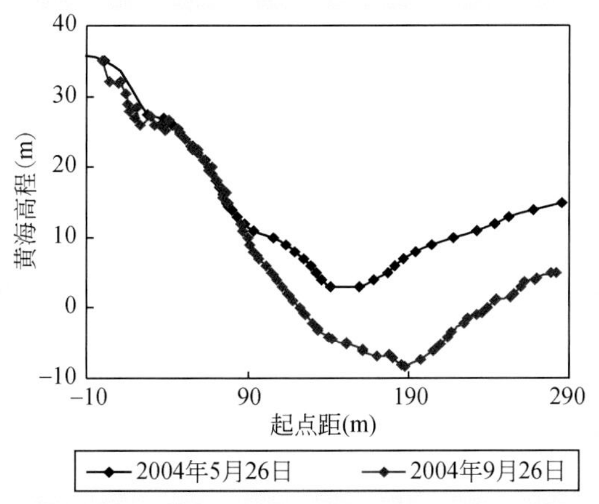

图 9-45　北门口崩岸段典型断面变化图

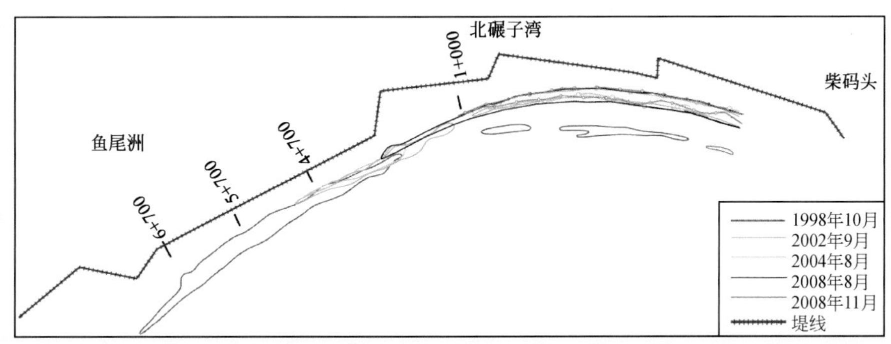

图 9-46　鱼尾洲～北碾子湾河段 10m 深槽变化图

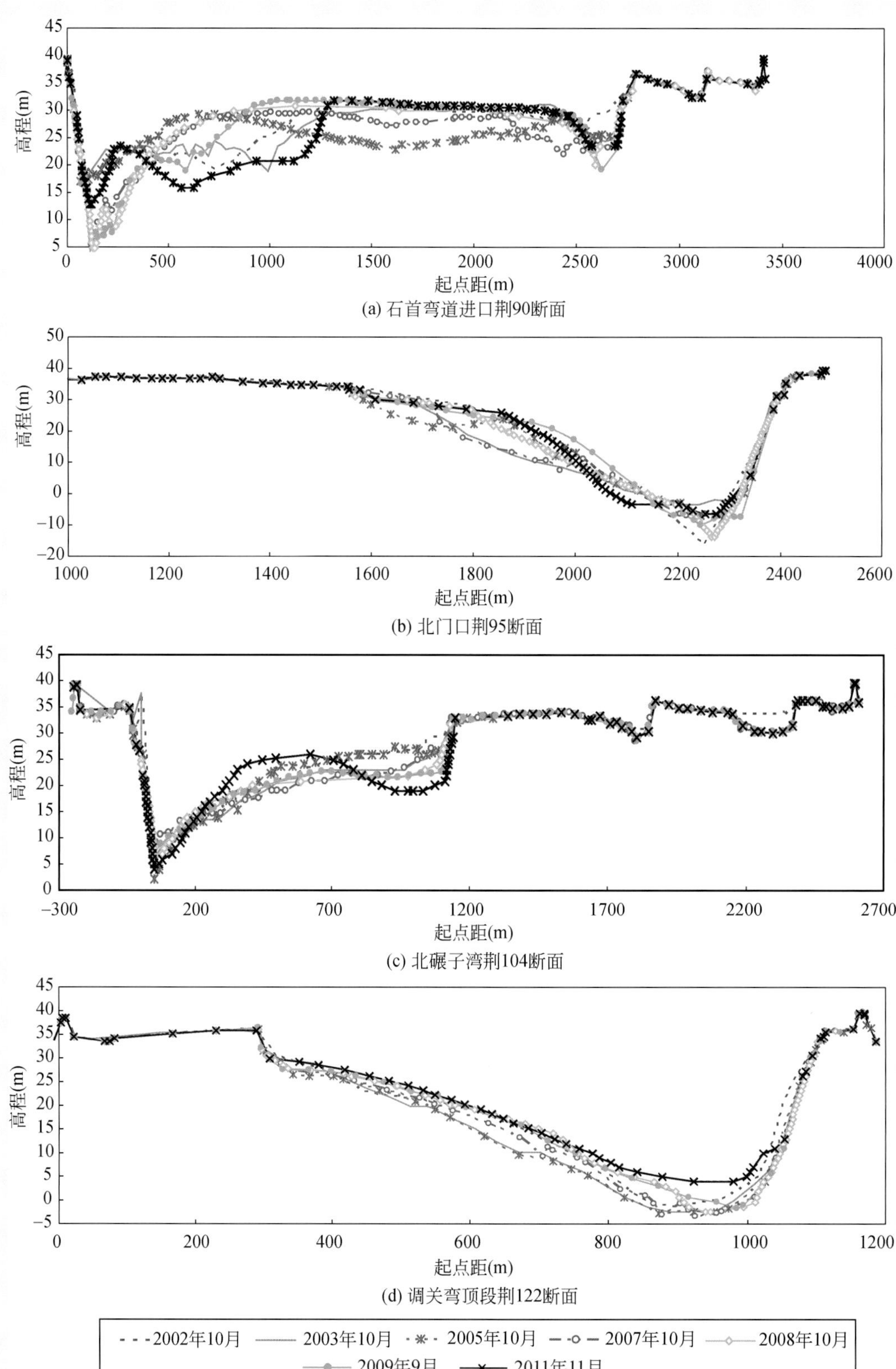

图 9-47　石首河段典型断面冲淤变化图

照片5　石首合作垸崩岸现场

照片6　向家洲崩岸现场

照片7　石首渊子口崩岸现场

照片 8　石首北门口段崩岸现场

照片 9　调关崩岸段维护施工现场

照片 10　茅林口段崩岸现场

照片 11　华容鹅公凸崩岸现场

6. 监利河段

监利河段上起塔市驿（荆 136 断面），下迄洞庭湖口城陵矶（荆 185 断面），其尾闾段（荆江门至城陵矶段）属典型蜿蜒性河段（河道形势如图 9-48 所示）。裁弯前 1966 年河长 118.1km，1969 年上车湾人工裁弯缩短河长 27.7km。河段内有乌龟洲、孙良洲 2 个江心洲，另外还有大马洲、韩家洲、反咀边滩、八姓洲、观音洲等左边滩，以及青泥湾、洪山头、广兴洲、瓦房洲、七姓洲等右边滩。河床组成以细砂为主，2006 年汛后床沙中值粒径为 0.181mm。

监利河段属典型的蜿蜒型河道，受洞庭湖来水顶托和江湖关系变化影响较大，主要表现为乌龟洲左右汊的兴衰交替变化。20 世纪 70 年代以来曾发生两次主支汊交替变化，即上车湾裁弯后，上游河床冲刷、比降加大，乌龟洲右汊迅速发展，1972 年成为主汊；此后主流逐渐左移，乌龟洲崩失，1980 年左汊复成为左汊，新的乌龟洲形成。90 年代初，右汊发展、左汊淤积，1995 年年底右汊成为主汊至今。

近 20 多年来，随着河势控制工程的逐步实施，监利河段总体河势基本稳定，但局部河势还处于调整过程中，新的崩岸时有发生，主要表现为主流线摆动、岸线变化、河床冲淤及洲滩变化等。1966～1981 年由于下荆江裁弯后监利河段比降增大和下荆江汛期泄量大幅增加，河床冲刷强烈，冲刷量为 1.84 亿 m^3。1981～2002 年监利河段河床淤积，总淤积量为 1.20 亿 m^3，以高滩部分淤积为主，枯水河槽冲淤基本平衡。其中，1981～1993 年河床冲刷仍较为强烈，冲刷量为 0.54 亿 m^3。1996 年、1998 年和 1999 年洪水后，受荆江与洞庭湖出口水流相互顶托影响，监利河段泥沙淤积较为严重，1993～2002 年总淤积量为 1.75 亿 m^3，且以洲滩淤积为主。

三峡水库蓄水运用以来，监利河段总体河势基本稳定，河床冲刷，表现为“冲槽冲滩”，以枯水河槽及高滩的冲刷为主，2002～2011 年平滩河槽冲刷量为 1.33 亿 m^3。局部河势还处于调整过程中，乌龟洲洲体右缘继续大幅度后退，2002～2008 年平均崩退 200m，洲体面积萎缩，由 2002 年的 8.97km^2（25m）减小至 8.26 km^2；随深泓线的左右摆动或弯道顶冲点上下移动，河道崩岸时有发生，如 2004 年监利太和岭、洪水港、天星阁、团结闸、熊家洲、七弓岭段都发生了不同程度的崩岸，观音洲附近岸线2002～2004年崩退近240m，但经过加固和护岸工程的实施，岸线稳定。八姓洲与七姓洲之间左岸边滩较为稳定，右岸则由于主流右摆，边滩冲刷后退，2002～2006年最大后退500m。

2009年以来，为了改善船舶航行条件，消除安全隐患，航道部门对窑监河段实施了航道整治一期工程及乌龟洲守护工程，其中一期工程主要是在洲头心滩上建鱼骨坝，对乌龟洲洲头、右缘上段进行守护，护岸长度2310m，适当清除右汊出口太和岭附近江中的乱石堆；乌龟洲守护工程则主要是对乌龟洲右缘中下段至洲尾长3880m岸线进行护岸守护。

按河道特性和河床演变特点，监利河段的演变分上车湾人工裁弯段、洪水港至荆江门段、荆江门至城陵矶段等3段进行具体分析。

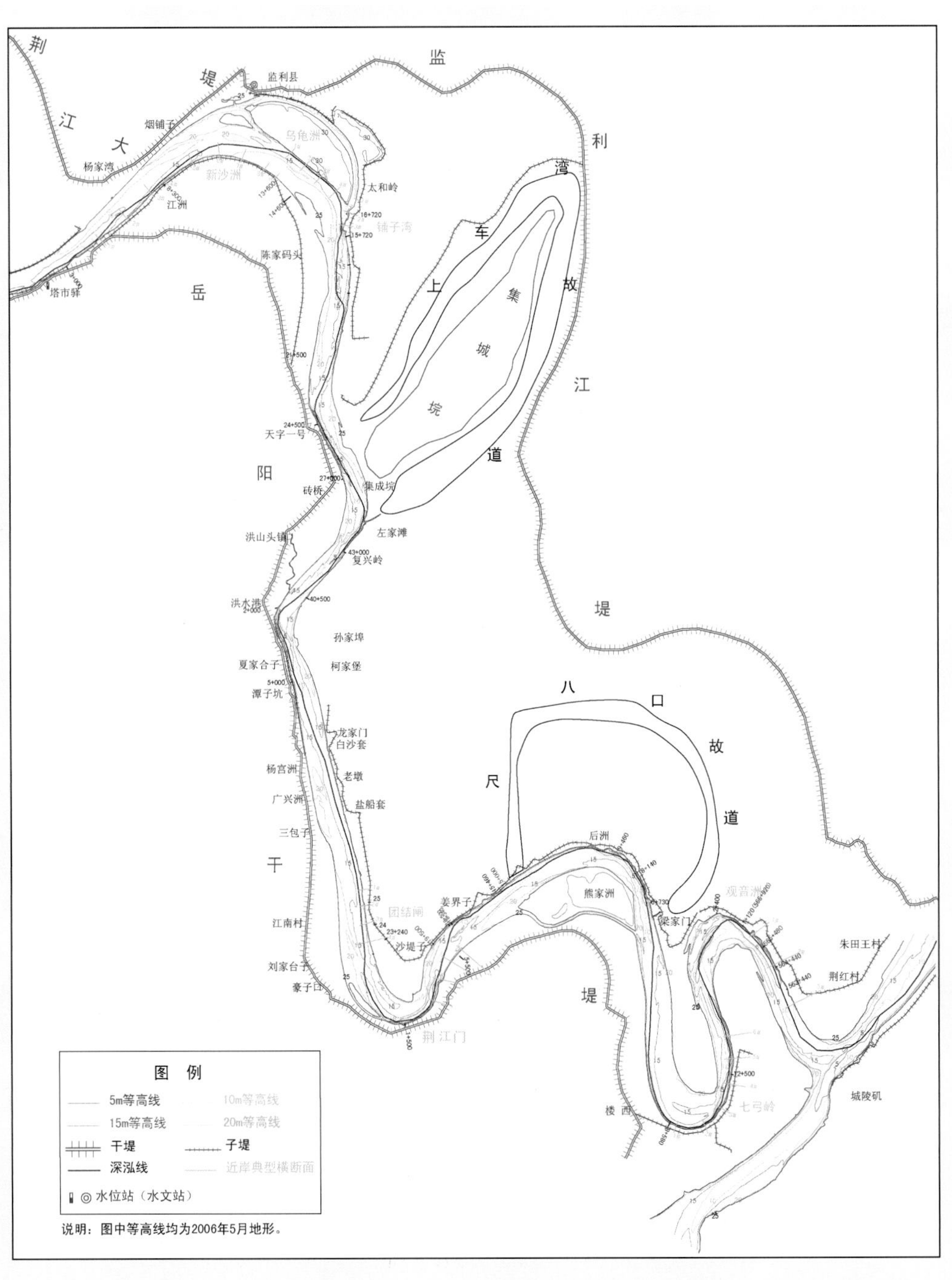

图9-48　监利河段河道形势图

(1) 上车湾人工裁弯段

上车湾人工裁弯段上起塔市驿，下至洪水港，长约38km。整个河段平滩河宽1350m，最窄处为780m（天字一号卡口），最宽处3200m（乌龟洲），平滩水位下的平均水深为11.2m。整个河段由监利河弯段和上车湾新河段组成。

A. 深泓线变化

主要表现在姚圻脑过渡段主流的摆动、乌龟洲南北泓的变化，上车湾人工裁弯以及由此而引起的下游铺子湾、天子一号、天星阁和洪水港河势的一系列变化（图9-49）。

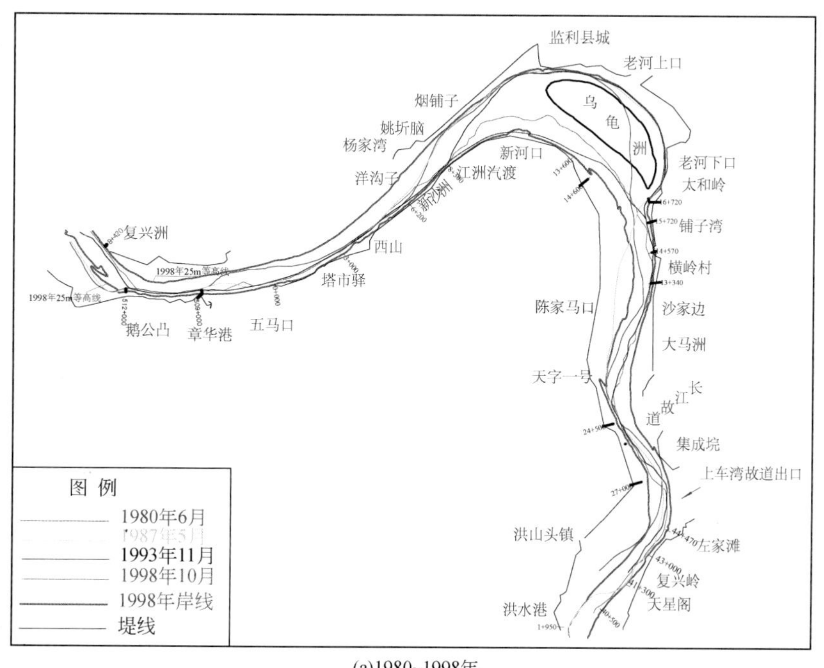

(a)1980~1998年

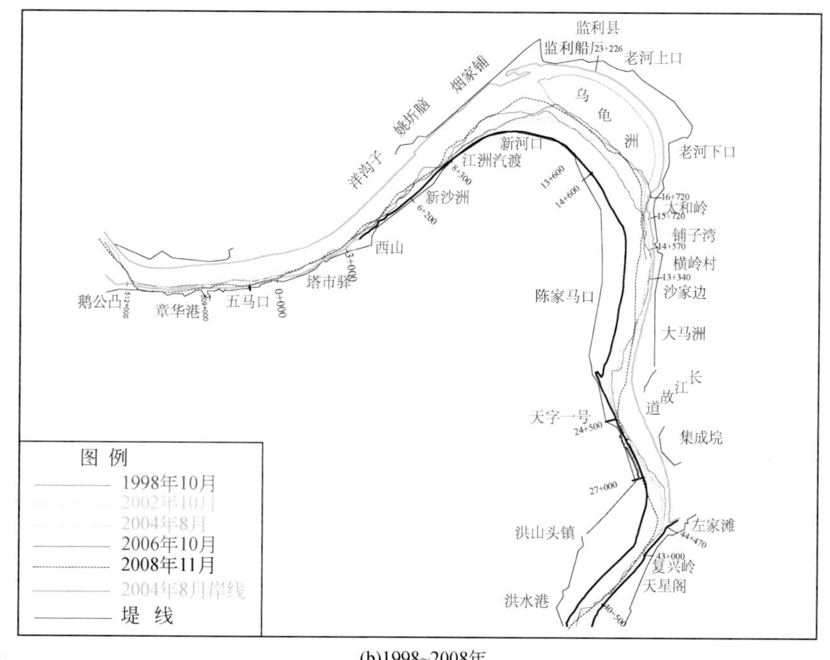

(b)1998~2008年

图9-49 上车湾裁弯段深泓线平面变化图

1）姚圻脑过渡段。主流年内有低水上提，高水下挫的规律，年际间变化也较大。多年来主流在塔市驿至新沙洲偏靠右岸，摆幅超过300m，主流向姚圻脑浅滩过渡时，随着不同水文年，主流在洋沟子至烟家铺之间上下移动，范围约3km。自1980年以来姚圻脑边滩逐渐淤长，至1998年滩尾由姚圻脑下延至烟铺子附近，伸长约2500m，并向江中最大展宽约800m，最高点已达黄海高程25.1m。

2）监利河弯。平面形态为弯曲分汊河型，江中有一高程为30m左右的江心洲称乌龟洲，分水流为两汊。近40年来左汊大多年分为主汊，但在1931~1945年、1971~1975年、1996年至今三个时期南汊为主汊，主泓相应走南汊（图9-50）。1998年主流经塔市驿沿右岸至江洲汽渡，由江洲汽渡过渡到乌龟洲右缘，1998年以后由于乌龟洲洲头大幅后退，主流经江洲汽渡顶冲乌龟洲右缘下段，过乌龟洲后顶冲下游太和岭一带（图9-49）。

受上下游河势变化制约，1980~1993年太和岭至天字一号河段主流摆动频繁，时左时右或居中，如1987年主流受铺子湾护岸凸咀挑流制约，由左向右过渡后沿右岸下行，而1991年后，由于逐渐扩大的南汊出流正对铺子湾凸咀附近，使凸咀以下主流逐渐向左摆动而沿左岸而下至沙家边。由于监利河弯近年来主、支汊易位，1993~1998年下游铺子湾主流顶冲点逐渐下移至太和岭以下，铺子湾下段强烈崩退，导致主流逐渐贴左岸下行至沙家边后过渡到下游右岸天字一号，其主流顶冲点在天字一号附近下移，主流经天字一号后又过渡到下游左岸集城垸，且主流顶冲点有所下移。

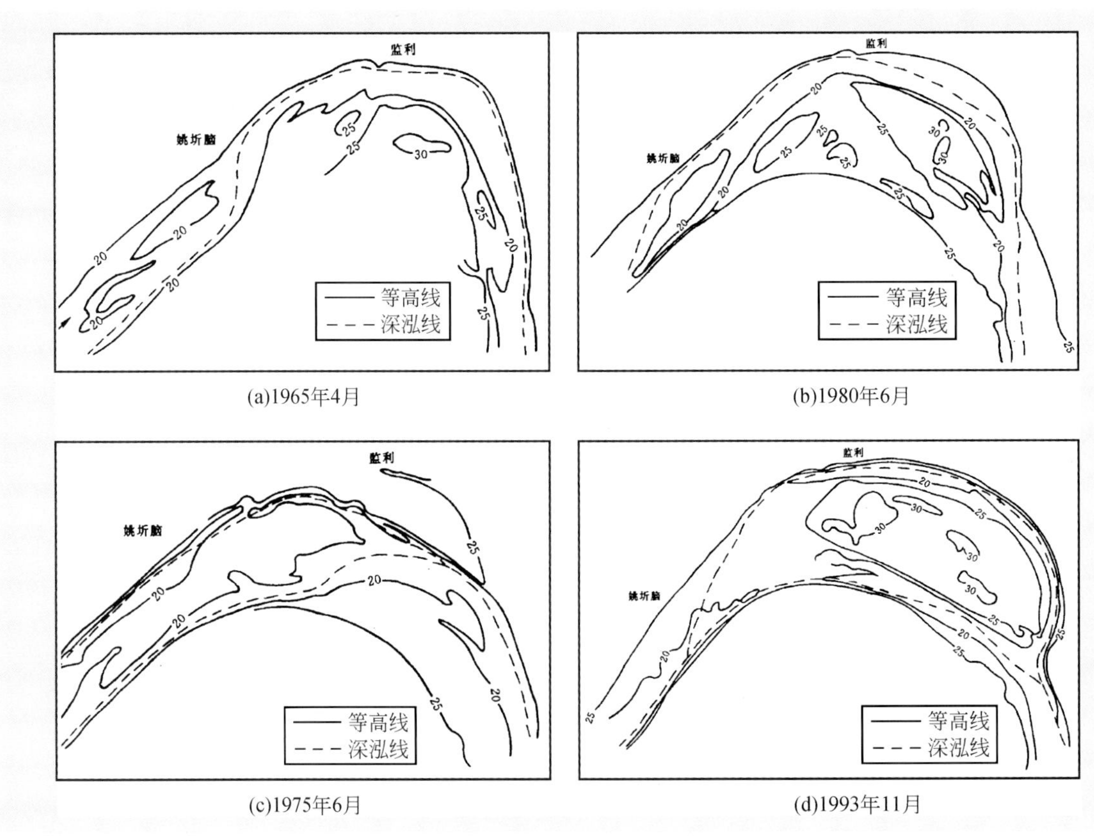

图9-50　监利弯道1965~1995年演变图

1998~2007年，由于乌龟洲右缘的崩退（图9-51和图9-52），右汊河宽大幅增加，深泓线在汊道内平面摆幅较大，乌龟洲尾部主流顶冲点上移至太和岭，太和岭以下至洪水港深泓线摆幅较小。

上车湾裁弯后随着新河的发展，集城垸主流顶冲点逐步下移。到1980年新河最窄河宽仅700m

时，集城垸岸线最大崩退 900m。天星阁处主流最大左移超过 1300m，岸线崩退 1800m。集城垸至天星阁段河道有重新坐弯之势，下游洪山头弯道主流顶冲部位相应不断下移，1975～1980 年下移了约 1.5km 至洪水港。1998 年以后河势基本稳定。

B. 岸线变化

监利河弯段（塔市驿至天字一号）随着主泓南北移位，岸线变化非常剧烈。可分为三个阶段。

第一阶段（1971～1975 年）：1971 年监利河弯右汊冲开，主流顶冲铺子湾下段。由于该段地质条件差，黏土覆盖层薄，抗冲性差，使得崩岸发展迅速。其间铺子湾崩岸长达 10km，普遍崩宽达 500m。

第二阶段（1975～1995 年）：监利河弯主泓摆向左汊，老河口上下遭受严重冲刷，仅 1980～1987 年岸线崩坍就长达 7km，最大崩宽 1300m。自 1987 年冬以来，对老河口至太和岭之间进行了守护，初步稳定住崩势。在此期间，乌龟洲依附于右岸，几乎并岸成为边滩。

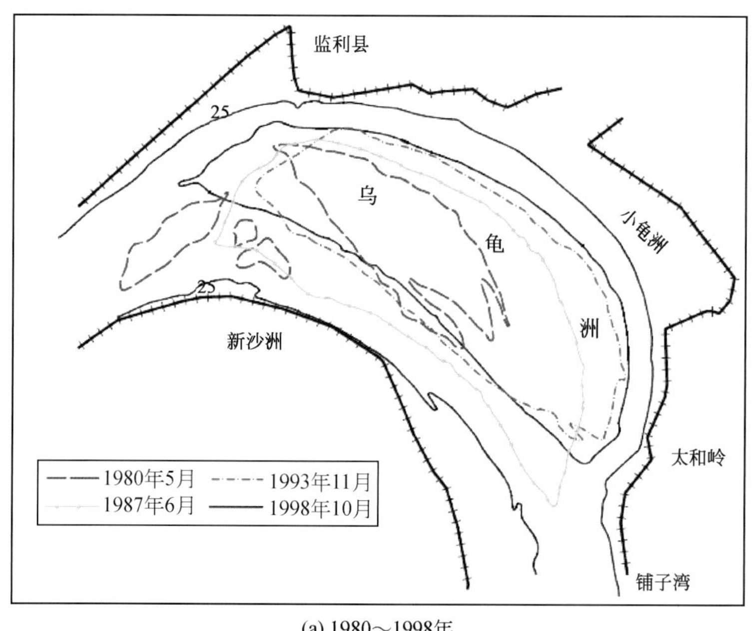

(a) 1980～1998年

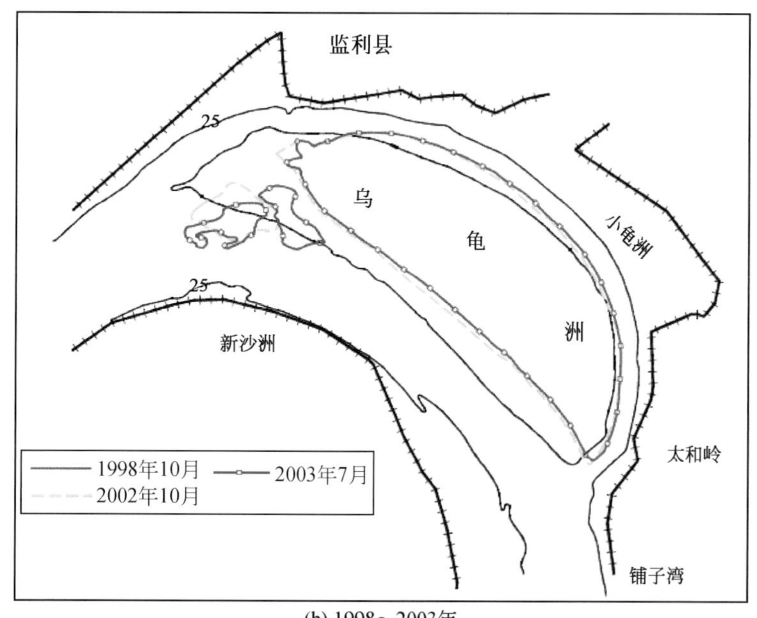

(b) 1998～2003年

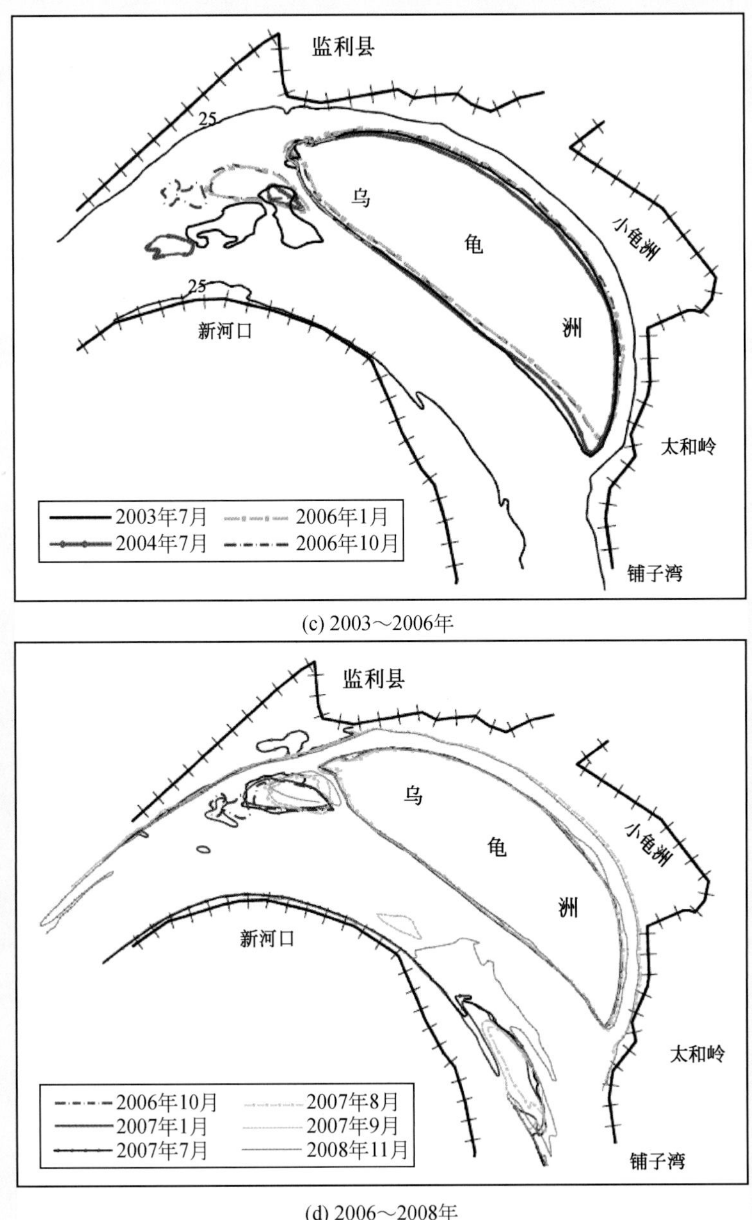

(c) 2003～2006年

(d) 2006～2008年

图 9-51　监利河段乌龟洲 1980 ~ 2008 年变化

第三阶段：1995 年冬，主泓再一次位于右汊，致使其右岸新沙洲一线长约 5. 4km 的岸线发生崩坍，该段滩宽很窄（最窄处仅 10m）。同时左汊淤积萎缩。主流出乌龟洲后，顶冲铺子湾下段，崩岸发展，1993 ~ 1998 年该段最大崩宽达 170m。1999 年 12 月现场查勘时，沿线可见崩坍情况，自桩号 13+340 以下 3km 范围内岸线连续崩塌，窝崩、条崩共存。

1998 年后该段出现新的变化。①右汊右岸新沙洲出现淤积，而乌龟洲右缘出现大幅度的崩退，右汊进口出现心滩，乌龟洲以下太和岭岸线有所崩退，1998 ~ 2004 年桩号 21+200 处岸线崩退 250m，桩号 18+770 处岸线崩退 530m。②铺子湾桩号 11+820 以下有所淤积，而对岸天字一号桩号 26+940 处岸线后退。1998 年 ~ 2002 年后退 220m（包括在该处实施的扩卡工程）（图 9-53）。

受上游河势影响，1980 ~ 1998 年天字一号段水流顶冲点下移 1500m，相应岸线崩坍最大宽度为 280m（桩号 24+780 附近）。天字一号因卡口段河床黏土层深厚，抗冲能力强，最窄处平滩河宽仅

780m，经实施卡口拓宽工程，2002 年、2004 年桩号 27+000 深泓较 1998 年分别右移 122m 和 150m（图 9-49）。洪山头镇附近岸线 1980～1987 年淤长外延约 900m，1987 年～1998 年变化较小。1998 年～2004 年天字一号至洪水港段 25m 等高线岸线变化较小，仅洪山头镇附近 25m 等高线岸线局部有所冲刷后退，最大冲退约 200m（图 9-53），崩岸时有发生（照片 12 和照片 13）。

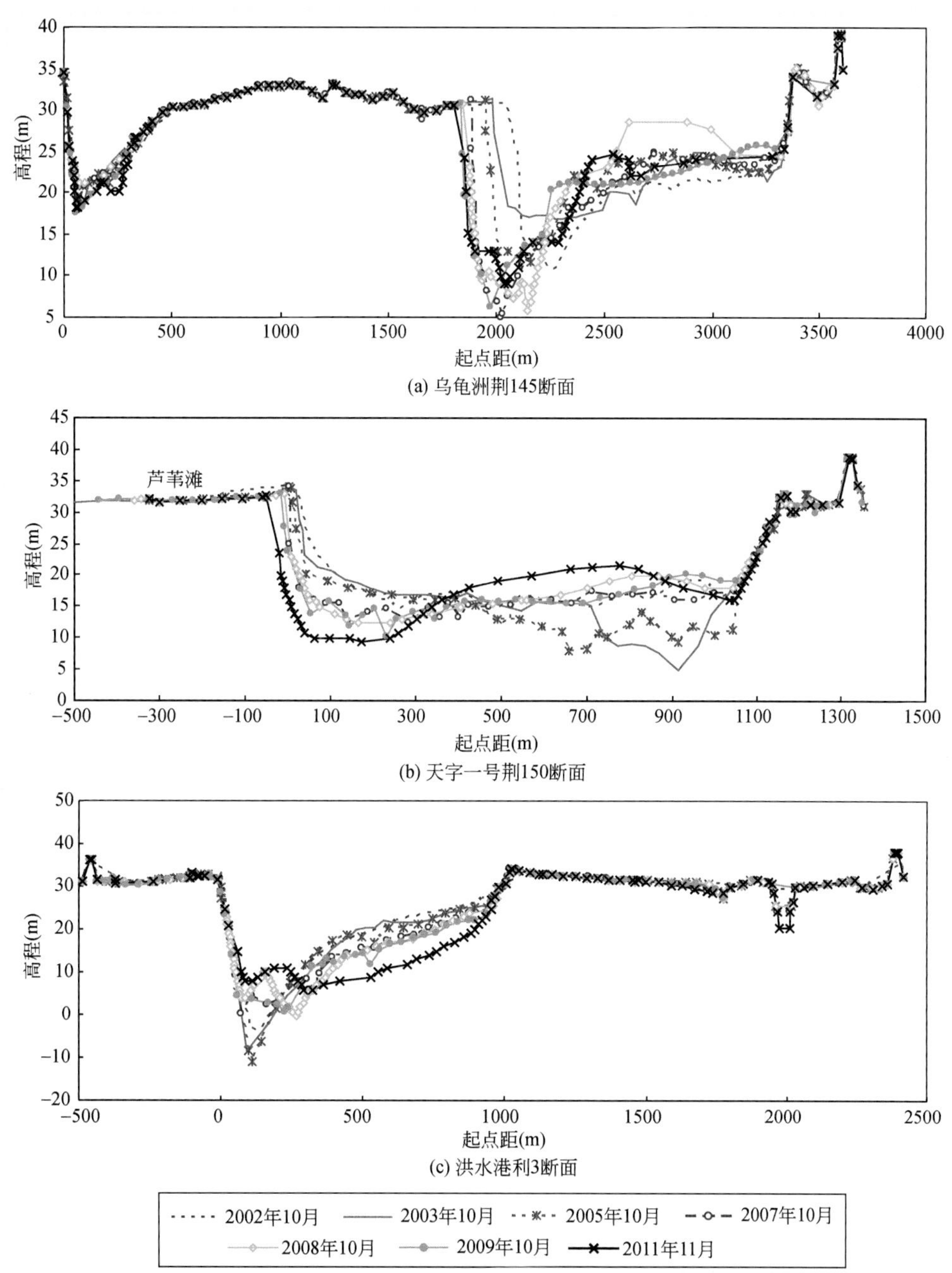

图 9-52　监利河段上车湾裁弯段典型断面冲淤变化图

天星阁段在 1987 年以前随着主流左移，岸线大幅崩退，1987 年后随着守护工程的实施，岸线基本稳定，现主要是存在岸坡不稳定的因素。由于天星阁至洪水港之间水流过渡急促，使得洪水港近年来受到水流强烈顶冲，崩岸逐年下延，并岸线时有坍塌（照片 14）。随着上游河势的变化，自 1980 年以来该处主流顶冲点下移了 2km，冲刷向下游发展。1998 年后岸线得到大力加固和下延守护，洪水港段目前河势基本稳定，但主流贴岸段有所下移。

照片 12　天子一号崩岸现场

照片 13　洪水港崩岸现场

照片 14　监利天星阁崩岸现场

C. 洲滩变化

河段内主要有姚圻脑边滩、顺尖村边滩、大马洲边滩（20m 等高线）和乌龟洲洲滩（25m 等高线）。

1）姚圻脑边滩。位于塔市驿至监利河弯段之间，即洋沟子至药师庵附近一带，其浅滩过渡段位置不稳定（图 9-53）。姚圻脑边滩的形态随上下游河势及来水来沙条件的不同而有所变化，且年际年内均有变化。1980～1998 年姚圻脑边滩逐渐淤长，并且整个边滩有向下游发展的趋势，滩首由洋沟子下延至姚圻脑附近，延长约 2000m。1998～2006 年姚圻脑边滩最大滩宽处下移约 2300m，其最大滩宽由 1998 年的 690m 增至 2006 年的 1400m。至 2008 年该边滩又有所淤长外延。姚圻脑边滩近几年以淤长为主。

年内变化表现为：涨水时边滩淤积展宽下延，高水位时淤积最快，汛后随水位的下降边滩冲刷下移或切割，滩尾最下时可与乌龟洲洲头心滩相连，至枯水时边滩基本消失，年内呈“涨淤落冲”的变化。

2）顺尖村边滩。位于右岸荆 145 断面至荆 148 断面顺尖村一带，其形态随上游乌龟洲的演变和深泓线的摆动而变化。1980～1987 年由于主流位于北汊，乌龟洲 20m 等高线与顺尖村边滩 20m 等高线连为一体，且乌龟洲洲体面积增大，顺尖村边滩滩首淤宽增大，滩尾冲退减小。1987～1993 年乌龟洲南汊逐渐冲刷发展，顺尖村边滩与乌龟洲 20m 等高线逐渐分离，滩首 20m 岸线有所冲刷后退，边滩中部和尾部淤宽增大，边滩尾部最大淤宽约 730m。1993～2004 年顺尖村边滩 20m 等高线冲淤交替变化，边滩位置和滩形变化较小。2004～2006 年顺尖村边滩 20m 等高线滩首有所淤长上延，最大淤长展宽约 390m（图 9-53）。至 2008 年该边滩又有所淤长外延。年内遵循“涨淤落冲”的演变规律。

3）大马洲边滩。位于监利弯道与天字一号弯道之间过渡段，枯水期往往出现浅滩，其原因在于退水时监利老河下口崩岸和上游河床冲刷，大量泥沙下移，使横岭村至天字一号间河槽发生淤积，航槽浅窄而碍航。多年来边滩位置和滩形变化较小。1980～1998 年大马洲边滩 20m 等高线冲淤交替变化累积有所冲刷后退。1998～2008 年大马洲边滩 20m 等高线累积有所冲刷后退，最大冲退约 400m（图 9-54）。

4）乌龟洲。是下荆江最大的江心滩，其变化与主流的变化息息相关，既受主流的制约，又反过来作用于主流。乌龟洲洲体变化的特点为：①变动较大，即主流在左汊时，洲体依附南岸；②洲体长度、宽度、高程在 20 世纪 80 年代以前相对较小，80 年代以后增加较大，1998～2004 年乌龟洲洲长、洲宽和洲体面积逐年减小，2004～2007 年乌龟洲变化很小，滩顶最大高程变化也不明显。乌龟洲洲体变化如图 9-51 和表 9-19 所示。由图表可见，1998 年以后乌龟洲洲长、洲宽面积逐年减小，其中 1998～2002 年乌龟洲洲头冲刷后退约 1500m，乌龟洲右缘全线冲刷后退，中下部最大冲刷后退约 400m，乌龟洲左缘有所淤积左移。2002～2008 年，乌龟洲洲体形态相对比较稳定，平面位置右缘中部向左略有所移动。

表 9-19　乌龟洲 25m 等高线特征值统计表

年份	面积（km^2）	最大洲长（m）	最大洲宽（m）	洲顶高程（m）
1966	4.55	3920	2050	30.5
1970	4.78	4987	1410	32.3
1975	3.24	4370	1250	23.8
1980	3.99	4000	1350	30.6
1987	9.76	6812	2000	32.6
1991	9.65	6325	2030	31.5

续表

年份	面积（km^2）	最大洲长（m）	最大洲宽（m）	洲顶高程（m）
1993	9.69	6240	2100	31.5
1996	10.7	7020	2150	33.5
1998	10.9	7630	2100	34.4
2002	8.96	6525	2088	34.2
2004	8.10	6270	1750	34.3
2006	7.82	6120	1720	34.3
2008	8.10	6284	1740	34.2

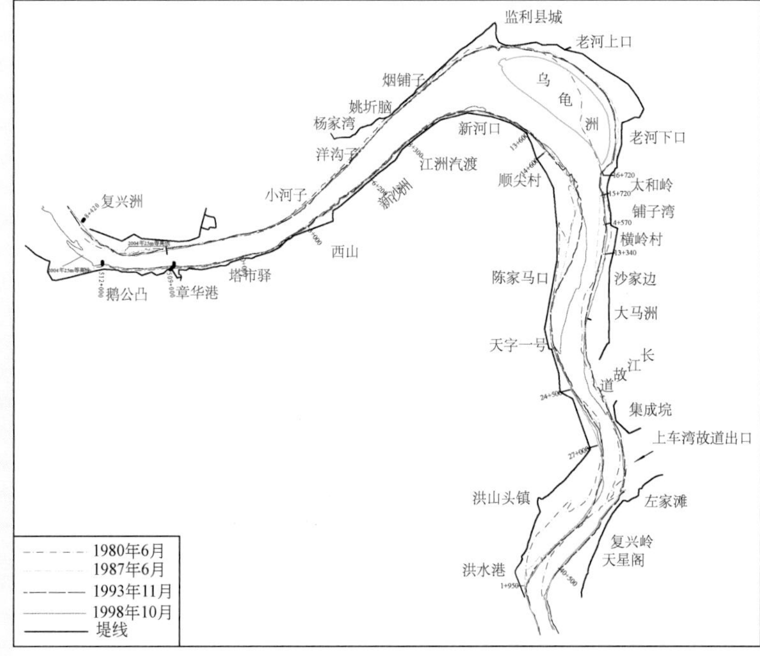

(a)1980~1998年

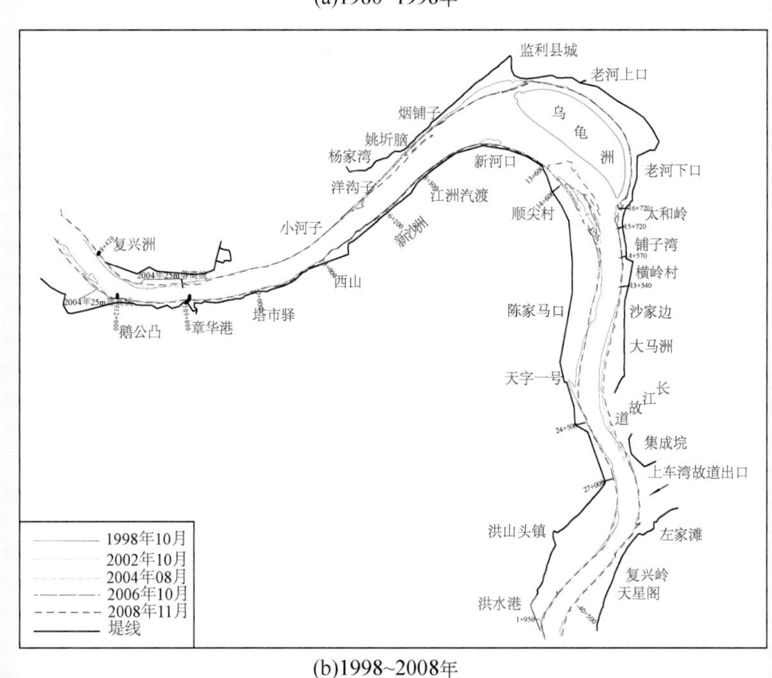

(b)1998~2008年

图 9-53　塔市驿至洪水港段 25m 等高线平面变化

D. 乌龟洲分流分沙比变化

自20世纪80年代以来乌龟洲北汊逐渐萎缩，目前已相对稳定，总体来说北汊正处于缓慢萎缩阶段（表9-20）。20世纪80年代4月~9月乌龟洲北汊平均分流分沙比分别为79.4%和82%，即北汊分流分沙比明显大于南汊，且北汊的分沙比大于分流比，这样有利于北汊淤积，南汊冲刷；20世纪90年代初3

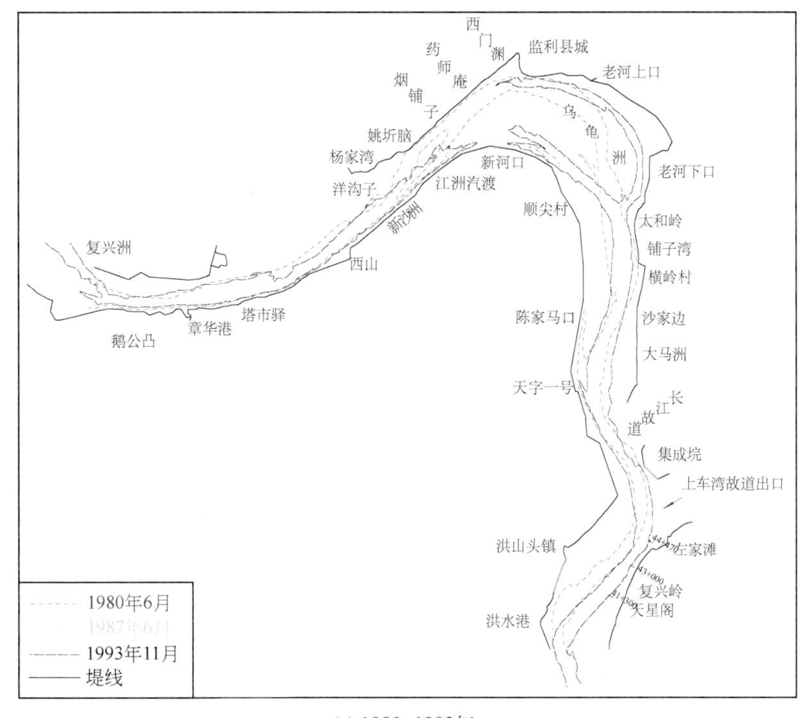

(a) 1980~1993年

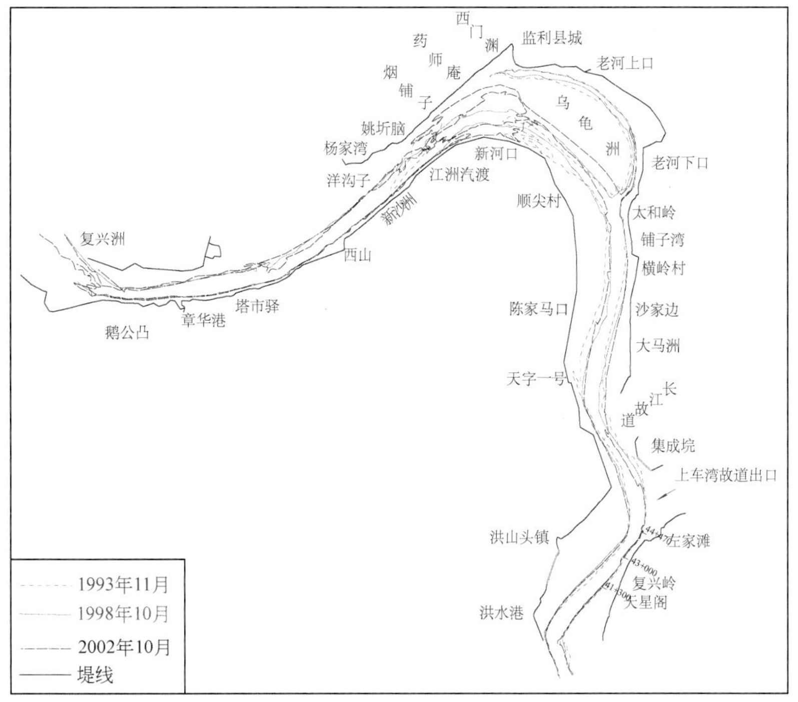

(b) 1993~2002年

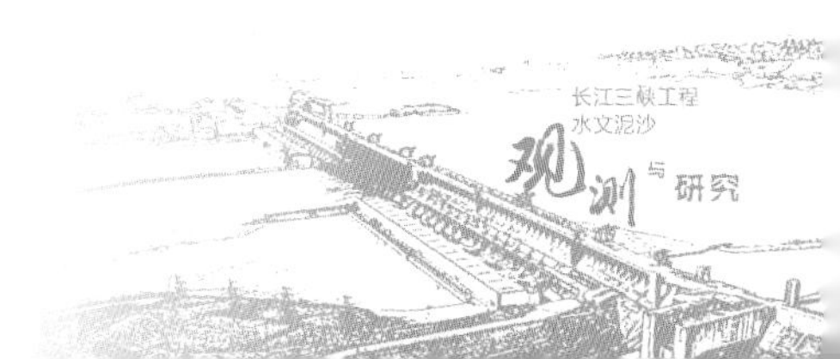

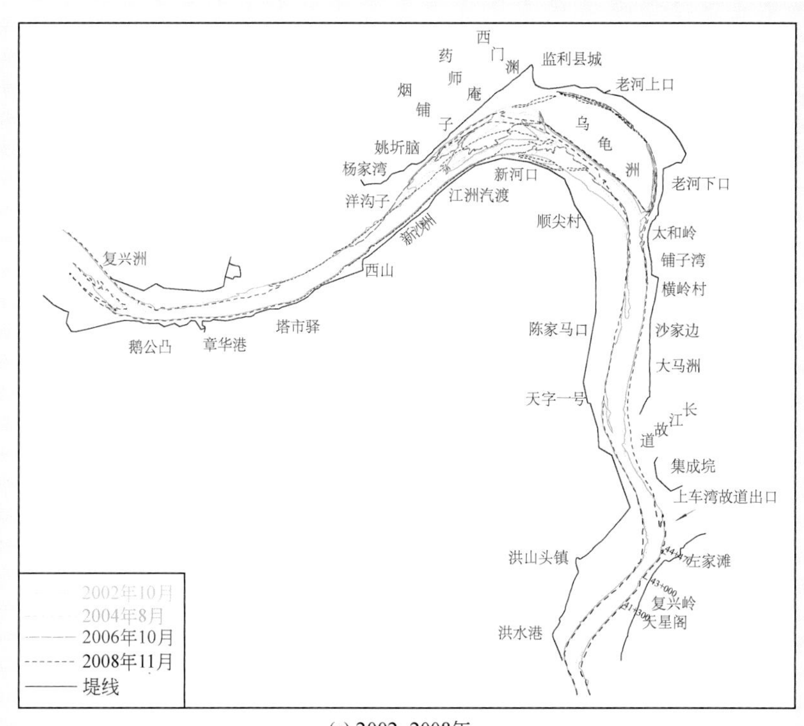

(c) 2002~2008年

图 9-54　塔市驿至洪水港段 20m 等高线平面变化

月 ~9 月北汊平均分流分沙比分别为 50.1% 和 48.6%，北汊逐渐萎缩，南汊冲刷发育，南北汊分流分沙比逐渐演变成为比较接近的状态；2001 ~2007 年南汊已发展成为主汊，北汊相应已萎缩成支汊，这一时段北汊平均分流分沙比分别为 8.6% 和 8.4%，明显小于多年平均值 24.4% 和 25.3%，北汊分流分沙比变化范围分别为 2.0% ~14.1% 和 0.9% ~13.3%。

表 9-20　监利汊道分流分沙统计表

年份	月	日	北汊 流量 (m³/s)	北汊 分流比 (%)	北汊 输沙量 (10^3t/d)	北汊 分沙比 (%)	南汊 流量 (m³/s)	南汊 分流比 (%)	南汊 输沙量 (10^3t/d)	南汊 分沙比 (%)
1982	6	29	10 200	72.9	610	76.2	3 760	27.0	190	23.8
1984	6	4	17 400	82.1	1 572	84.7	3 800	17.9	284	15.3
1985	6	14	12 900	85.4	577	89.1	2 200	14.6	71	10.9
1986	9	19	18 600	75.6	1 486	76.4	5 990	24.4	459	23.6
1988	4	19	4 960	92.8	100	95.9	382	7.2	4	4.1
1988	6	25	14 700	77.4	1 305	79.5	4 300	22.6	337	20.5
1989	5	24	6 810	69.6	267	72.0	2 970	30.4	104	28.0
1990	9	14	12 600	51.4	1 339	53.3	11 900	48.6	1 175	46.7
1991	9	18	9 530	54.7	881	59.3	7 880	45.3	605	40.7
1992	9	16	5 930	54.3	391	53.8	4 990	45.7	336	46.2
1993	3	31	1 950	40.0	15	28.1	2 920	60.0	39	71.9
2001	4	14	402	6.3	8	8.4	5 990	93.7	89	91.6

续表

年份	月	日	北汊				南汊			
			流量 (m^3/s)	分流比 (%)	输沙量 ($10^3t/d$)	分沙比 (%)	流量 (m^3/s)	分流比 (%)	输沙量 ($10^3t/d$)	分沙比 (%)
2001	5	8	994	9.5	24	9.4	9 440	90.5	237	90.6
2001	5	10	1 270	12.4	18	11.6	8 960	87.6	140	88.4
2001	6	13	1 780	10.9	110	9.2	14 600	89.1	1 089	90.8
2001	7	20	1 650	11.9	114	11.7	12 200	88.1	859	88.3
2001	8	23	2 500	10.9	362	11.3	20 500	89.1	2 843	88.7
2001	8	28	2 430	11.5	310	12.3	18 700	88.5	2 203	87.7
2001	12	26	203	3.5	4	2.5	5 630	96.5	164	97.5
2002	9	1	2 420	14.1	115	10.5	14 700	85.9	976	89.5
2002	9	11	1 140	11.2	43	12.6	9 010	88.8	299	87.4
2002	10	16	780	8.4	38	5.4	8 500	91.6	658	94.6
2002	11	26	474	7.2	13	8.0	6 130	92.8	145	92.0
2003	6	6	276	5.5	1	6.8	4 730	94.5	19	93.2
2003	7	16	2 990	10.6	131	9.1	25 300	89.4	1 313	90.9
2003	7	26	2 410	12.7	68	11.3	16 600	87.3	532	88.7
2003	8	3	2 130	11.9	57	12.8	15 700	88.1	384	87.2
2003	8	12	1 840	11.0	42	10.4	14 900	89.0	362	89.6
2003	8	24	1 770	11.4	43	11.3	13 800	88.6	340	88.7
2003	9	7	2 355	8.1	/	/	26 688	91.9	/	/
2003	9	12	2 610	9.2	131	7.1	25 700	90.8	1 711	92.9
2003	10	22	1 280	10.6	34	13.3	10 800	89.4	220	86.7
2004	3	23	128	2.5	1	0.9	5 030	97.5	84	99.1
2004	4	8	192	3.5	2	3.8	5310	96.5	59	96.2
2004	5	9	655	7.0	4	7.6	8 750	93.0	50	92.4
2004	6	1	1 210	8.3	18	8.7	13 300	91.7	190	91.3
2004	6	30	1 450	9.0	10	7.5	14 700	91.0	125	92.5
2006	1	22	201	3.8	1.4	4.8	5 084	96.2	28.4	95.2
2006	7	20	1 434	8.9	28.6	10.4	14 573	91.1	246.7	89.6
2006	10	26	557	5.6	0.5	1.8	9 464	94.4	27.1	98.2
2007	1	20	90	2	0.1	1.7	4 316	98	7.8	98.3
2007	7	14	2 587	9.0	/	/	26 296	91.0	/	/
多年平均			3 963	25.8	285	27.6	10 421	74.2	519	72.4

1982～1993 年为利 9 断面资料，2001～2004 年为荆 144 断面资料，2006 年为荆 143～荆 144 布置的断面资料

此外，随着河床的逐步冲刷，位于乌龟洲上游、右缘以及下游铺子湾等处的冲刷坑也有所发展，如 2004 年新沙洲段 20m 等高线未封闭，2006 年该等高线淤积外延，但新沙洲近岸处出现一个局部小 20m 冲刷坑，至 2008 年近岸处受汛后水流冲刷作用形成一个较大封闭的 20m 冲刷坑［图 9-55（a）］；乌龟洲右缘 10m 冲刷坑 2004 年很小，此后逐渐冲刷扩大延长，2006～2008 年该冲刷坑延长了约 2.4km［图 9-55（b）］；铺子湾附近在 1998 年出现 10m 高程冲刷坑，2002 年和 2004 年由于顶冲点上

堤，2006 年至 2008 年 10m 冲刷坑有所冲刷扩大和冲深［图 9-55（c）和表 9-21］。

表 9-21　铺子湾桩号 13+340 以上 10m 冲刷坑统计

时间	面积（km^2）	最深点（m）
1987 年 5 月	0.21	4.0
1993 年 10 月	0.75	-7.6
1998 年 10 月	0.41	-1.1
2002 年 10 月	0.7	-6.3
2004 年 8 月	0.5	-8.4
2006 年 6 月	0.21	-5.6
2006 年 10 月	0.4	-7.0
2008 年 11 月	0.45	-9.3

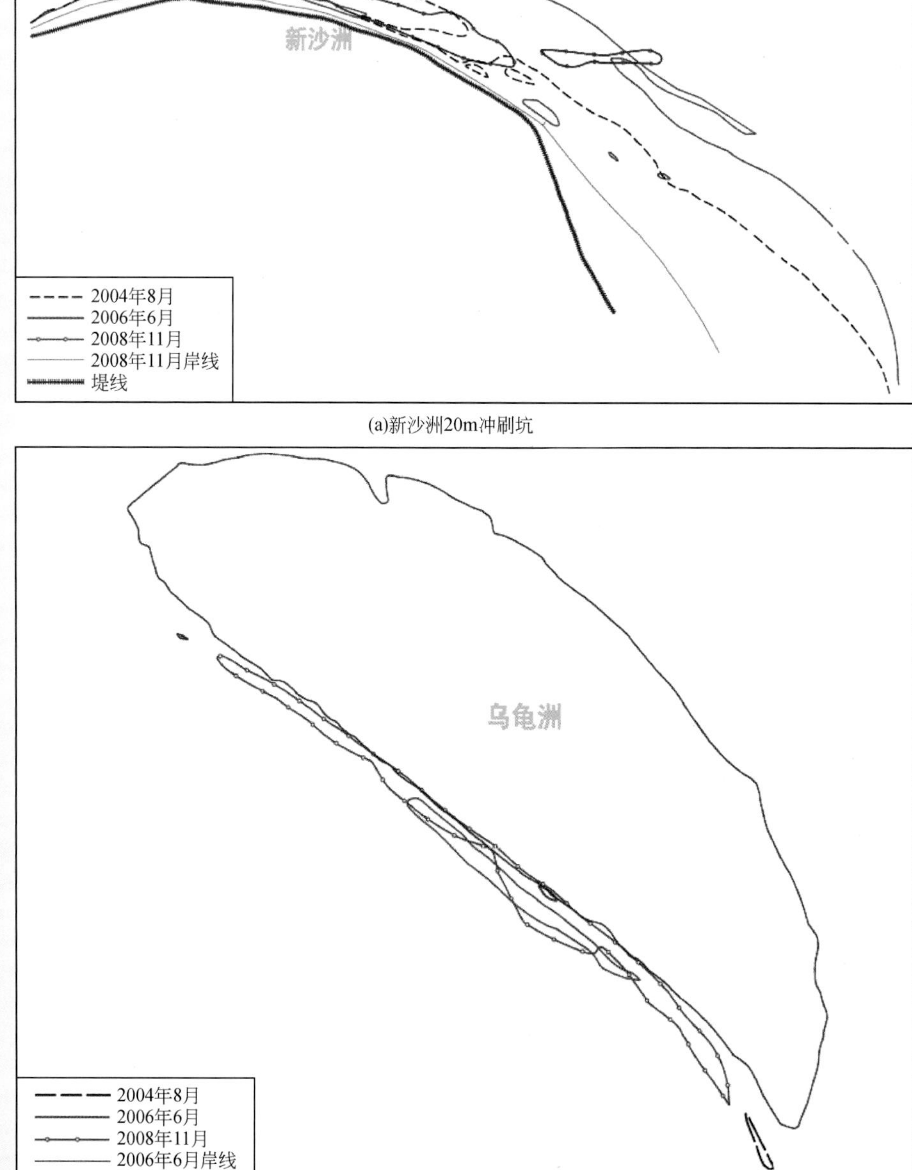

(a)新沙洲20m冲刷坑

(b)乌龟洲右缘10m冲刷坑

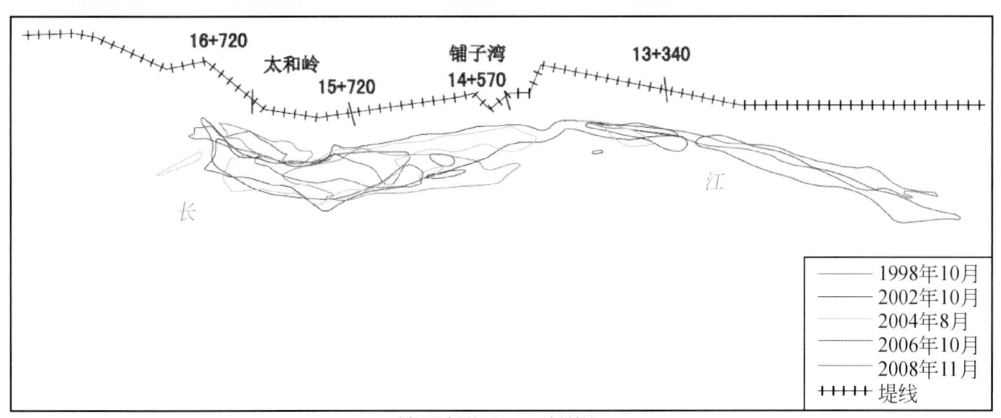

(c)铺子湾附近10m冲刷坑

图 9-55　塔市驿至洪水港段典型冲刷坑平面变化

(2) 洪水港至荆江门段

洪水港至荆江门段，由盐船套长顺直段和荆江门弯道组成。水流过洪水港后，进入盐船套长顺直段，1980 年主流经洪水港过渡到孙家埠沿左岸下行，此后由于洪水港顶冲点的大幅下移，盐船套顶冲点随之下移至龙家门，主流沿盐船套左岸经团结闸过渡到荆江门；1991～1998 年主流顶冲点在龙家门附近移动，龙家门至盐船套中段主流逐渐离岸，最大右移 500m，主流至团结闸重新回到左岸，此阶段正是团结闸岸线崩退最为严重的阶段；1998 年洪水后，龙家门至盐船套中段主流逐渐回归左岸，这一阶段团结闸岸线经守护不再崩退，盐船套河段处于持续冲刷阶段（图 9-56 和图 9-60）。

盐船套段近年河岸左岸崩退，但崩退速度较小，团结闸以下仅尾部团结闸以下崩退速度稍大（图 9-57、图 9-58 和照片 15），团结闸附近 10m 冲刷坑平面位置也变化不定［图 9-59（a）］。由于盐船套岸线崩退、主流左移，荆江门河湾湾顶自 1952 年以来下移近 3km。为稳定岸线，1967～1972 年荆江门共建 12 个护岸矶头，河湾的自然崩退受到抑制，但随着上游盐船套顺直段尾端的崩退，过渡段下移，水流顶冲荆江门河湾的部位亦下移，1969 年顶冲一矶附近，1974 年下移至二矶，至 1990 年顶冲四矶附近，累计下移约 1.5km，原顶冲段回淤，主流趋直，尾部十一矶日益突出江中，使荆江门河湾成为一过度弯曲的急弯，弯曲半径不到 1500m，流态紊乱，对泄洪、航运均不利。1998 年开始对荆江门十一矶进行削矶改造，于 2000 年 5 月完工。1998～2004 年荆江门一线由于受护岸工程控制，除削矶段外岸线均没有明显变化，冲刷坑面积在缩小，最深点高程抬高。2002 年后-20m 高程等高线消失［表 9-22 和图 9-59（b）］。由于近岸河床淘刷，荆江门附近河道崩岸也时有发生（照片 16）。

表 9-22　荆江门冲刷坑特征值统计表

时间	-5m 高程冲刷坑		-20m 高程冲刷坑		最深点高程
	桩号范围	面积（万 m^2）	桩号范围	面积（万 m^2）	(m)
1998 年 10 月	1+160～4+390	50.6	2+920～4+020	4.3	-24
2002 年 9 月	1+610～4+290	26.1	/	0	-20
2004 年 8 月	1+540～4+220	17.5	/	0	-14.3
2006 年 6 月	1+760～3+240	5.2	/	0	-13.2
2008 年 11 月	1+400～2+840	12.6	/	0	-19.1

与此同时，位于荆江门弯道凸岸的反咀边滩，向江心淤高延伸，并缓慢向下游移动，边滩上缘1993～2002年向下游蠕动80m，而边滩下缘向下游移动300m，在向下游移动的同时，边滩面积逐渐扩大，滩顶高程不断增高，1966年滩顶高24.1m，1998年淤高至32.9m，2002年滩顶高淤高至33.6m。

照片15　监利团结闸段崩岸现场

照片16　荆江门段崩岸现场

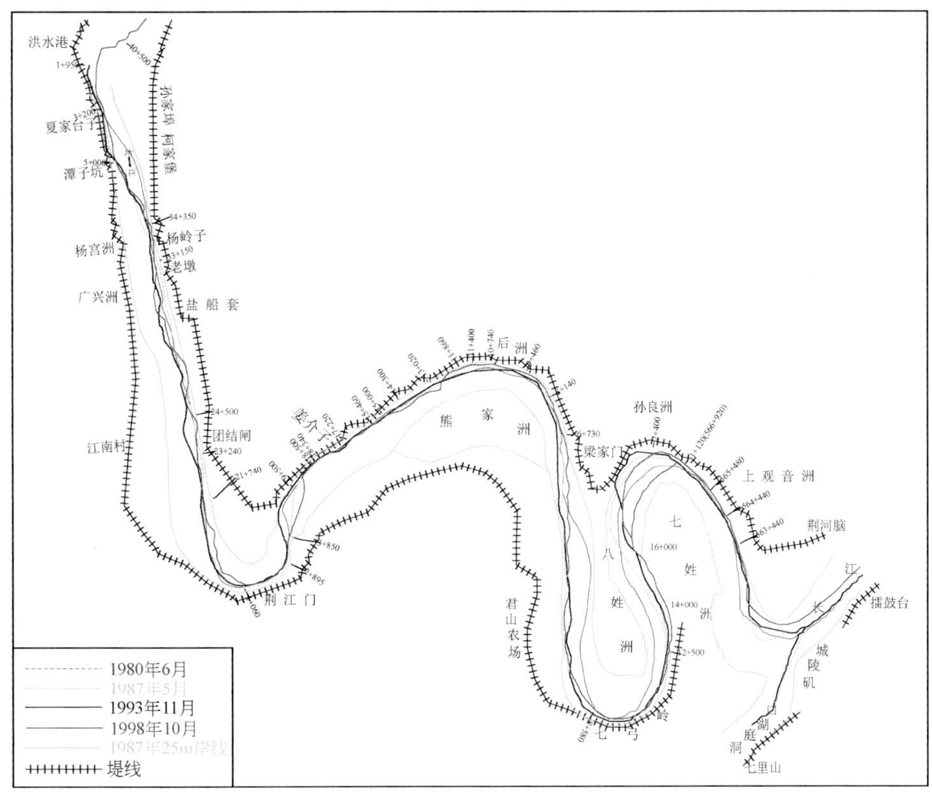

(a)1980~1998年

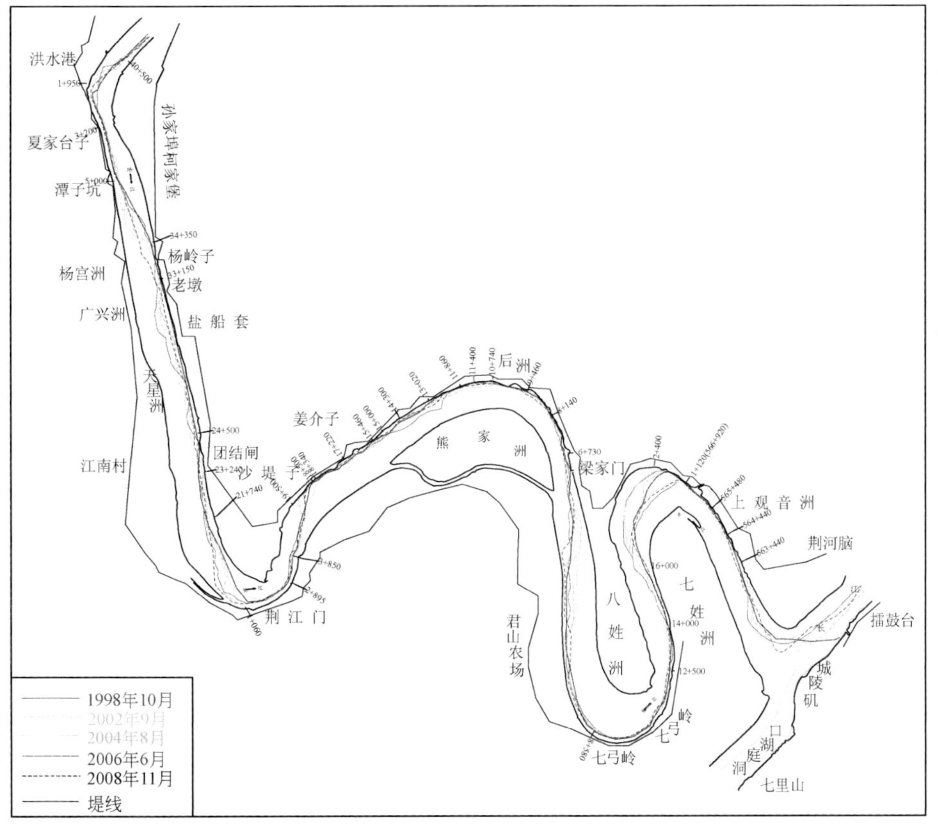

(b)1998~2008年

图 9-56　洪水港至城陵矶段深泓线平面变化

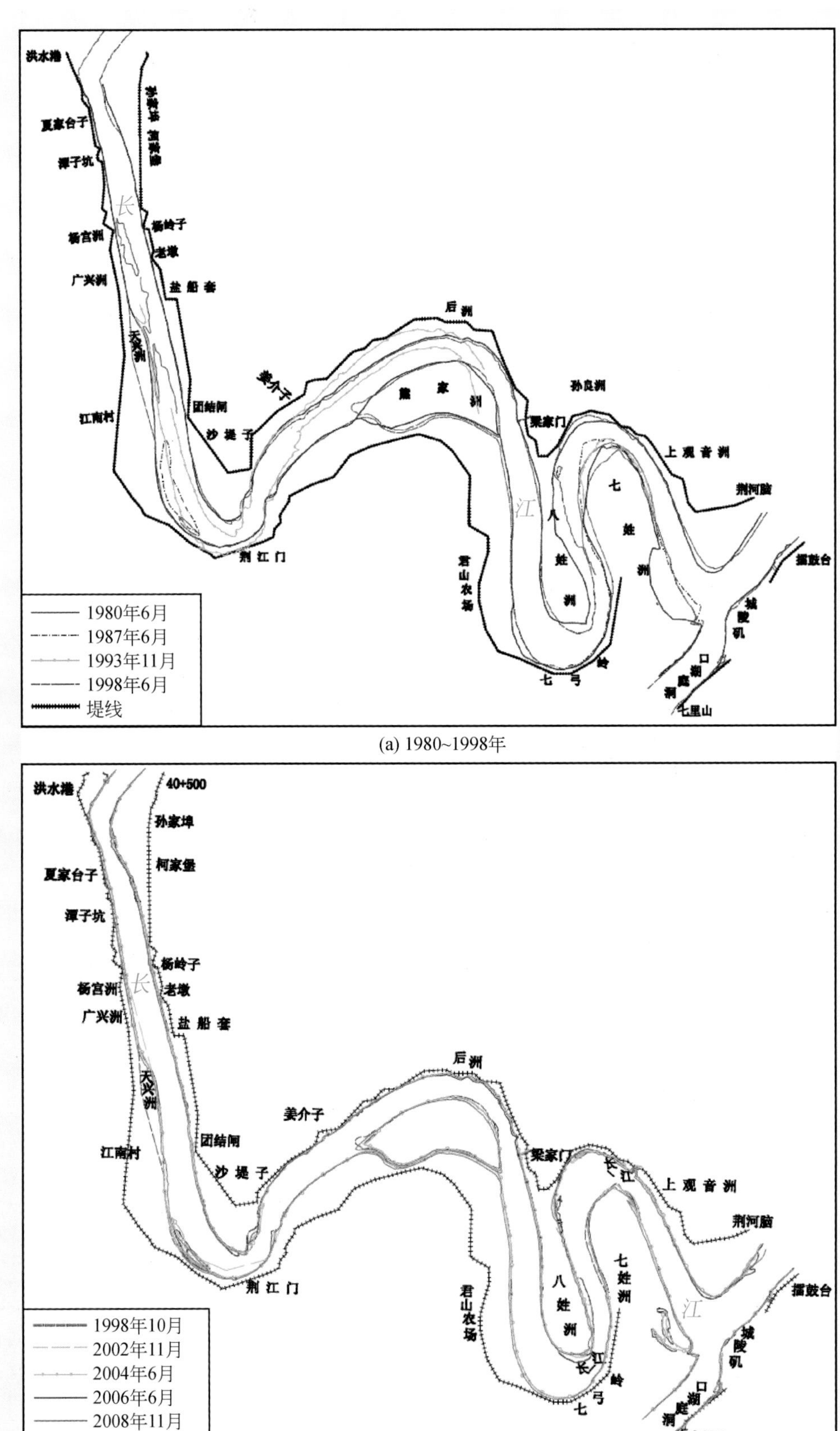

(a) 1980~1998年

(b) 1998~2008年

图 9-57　洪水港至城陵矶段 20m 等高线平面变化

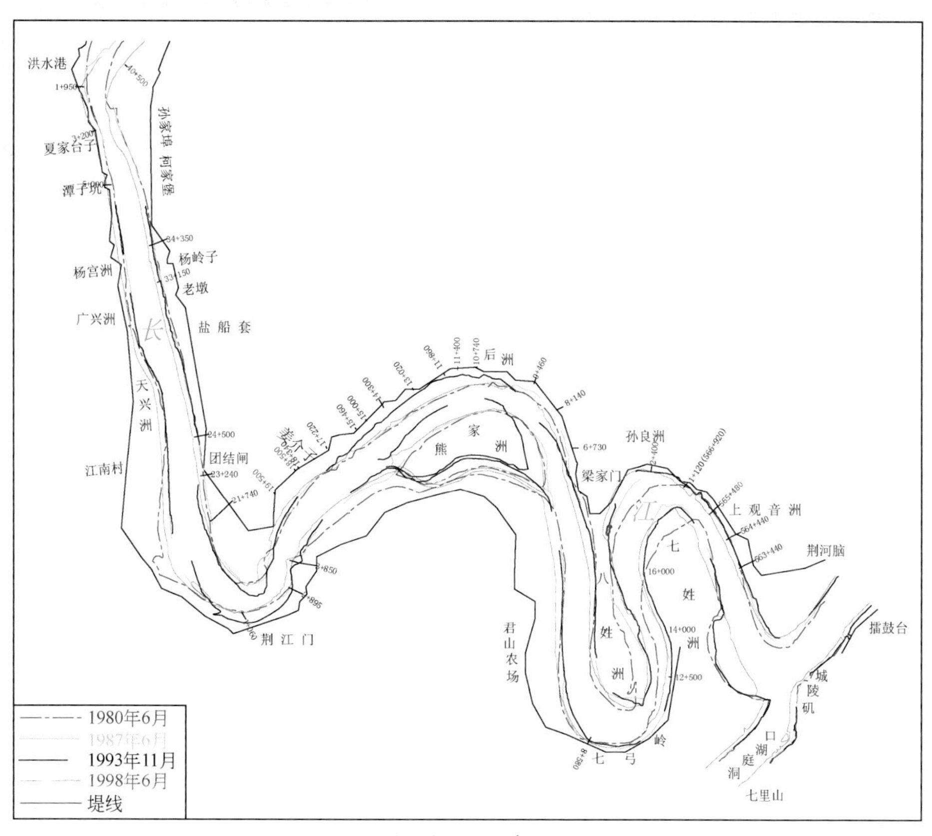

(a) 1980~1998年

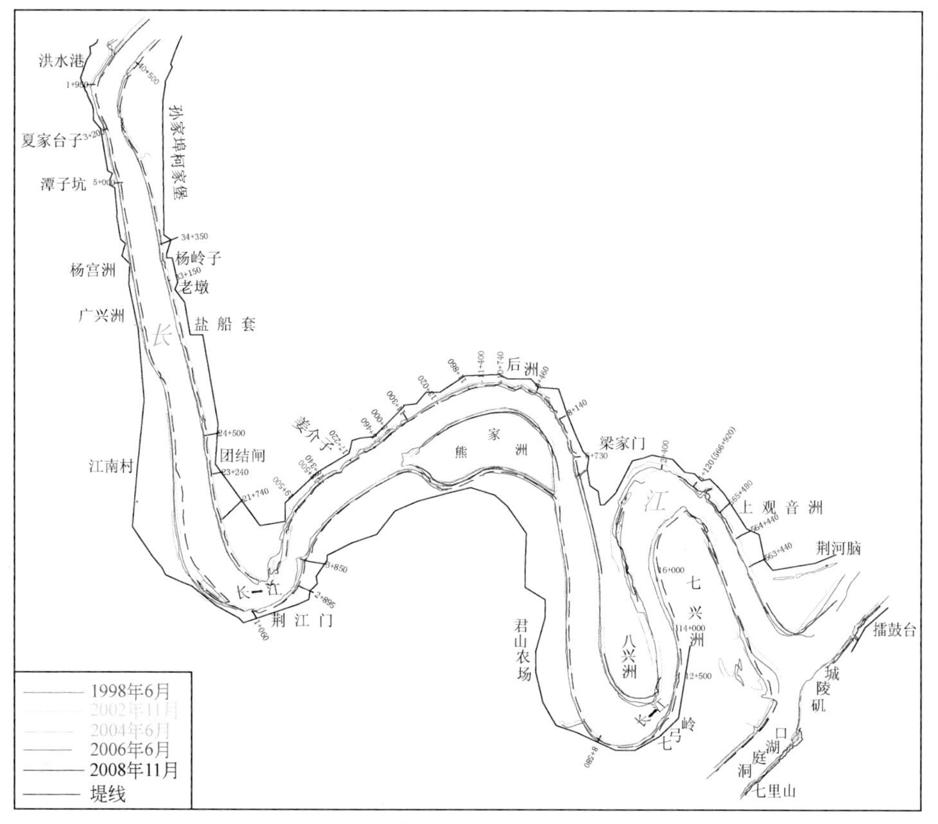

(b) 1998~2008年

图 9-58　洪水港至城陵矶段 25m 等高线平面变化

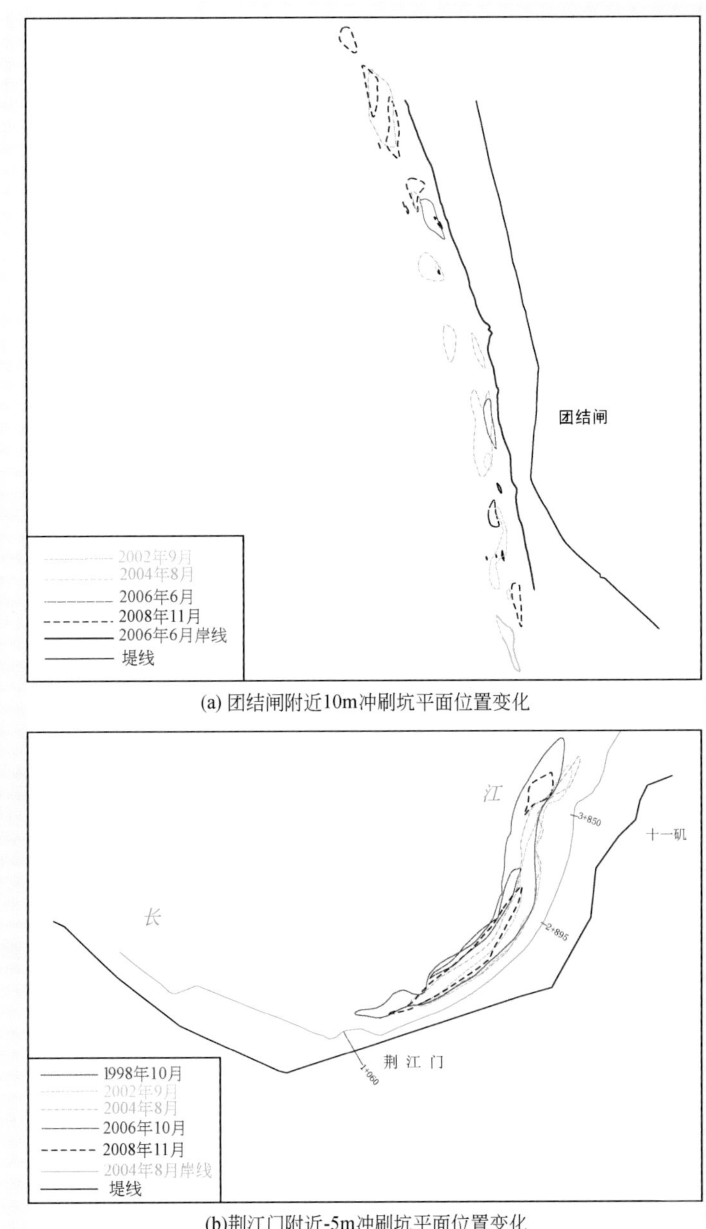

(a) 团结闸附近10m冲刷坑平面位置变化

(b)荆江门附近-5m冲刷坑平面位置变化

图 9-59　洪水港至荆江门段冲刷坑平面位置变化

（3）荆江门至城陵矶段

该段属下荆江尾闾，由三个连续弯道组成。近 40 年来河势特点是凹岸不断崩退、凸岸不断淤长、弯顶逐渐下移，整个弯道向下游蠕动。

由于近年来一系列护岸工程的实施，1980～1998 年以来整个河势总体的变化趋势表现为：熊家洲弯道基本稳定，熊家洲至七弓岭段深泓右移，深泓不再向八姓洲过渡，七弓岭主流贴岸段范围增加，七弓岭至观音洲主流过渡段下移［图 9-56（a）］；1998～2004 年深泓经荆江门在桩 19+500 至桩 18+300 过渡到熊家洲，经熊家洲贴左岸下行至桩 6+730 向七弓岭过渡。在七弓岭下弯段由于受岸线崩退影响，深泓右移，1998 年至 2006 年桩 16+000 岸线崩退 165m，深泓右移 460m。由于受上游七弓岭下段河势变化的影响，1998～2006 年观音洲进流过渡段深泓右移 630m，顶冲点下移 1.5km，观音洲出流段深泓线贴岸段下延 1km 左右［图 9-56（b）］。

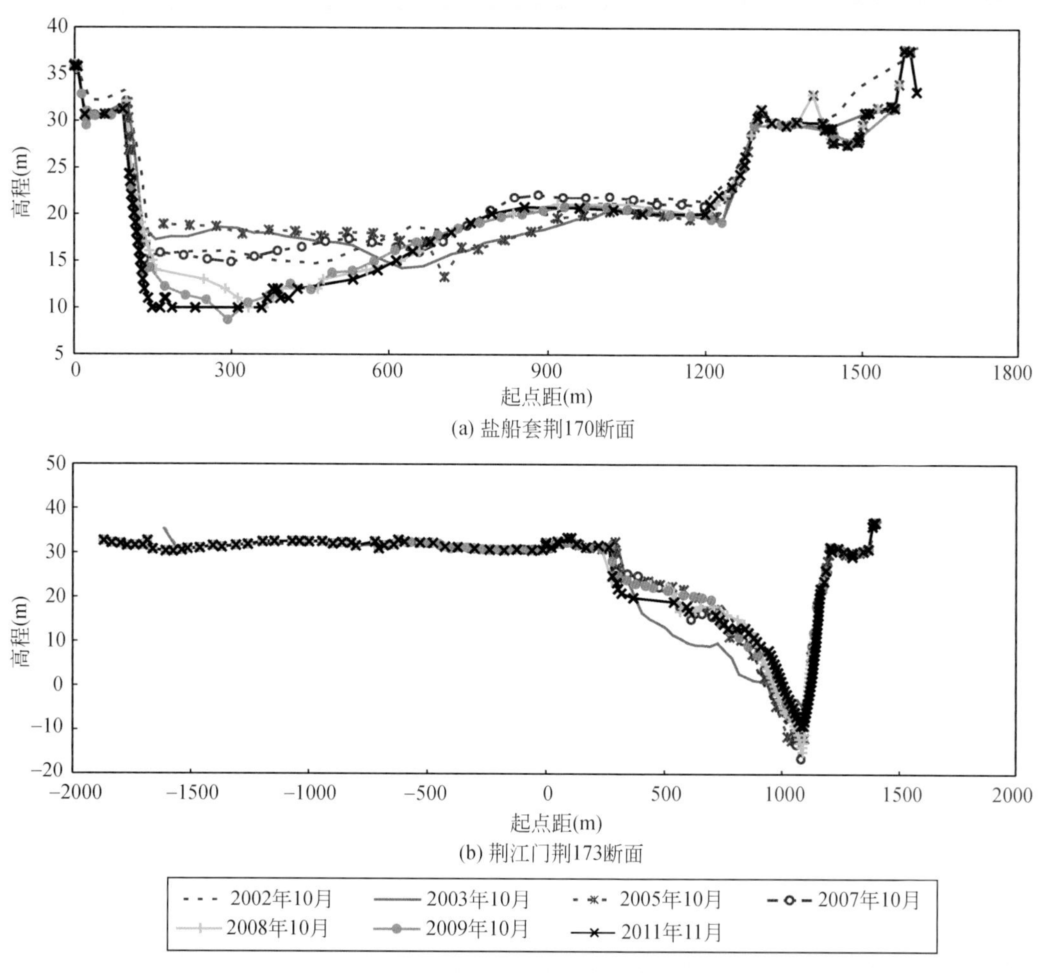

图 9-60　监利河段洪水港至荆江门段典型断面冲淤变化图

深泓线的左右摆动，造成尾闾段岸线变化频繁，如熊家洲段弯道段，主流长期地贴岸而行，1980 年以前由于熊家洲弯道凹岸的大幅度崩退，下游八姓洲狭颈缩窄，由 1953 年的 1970m 缩窄至 1991 年的 400m，1998 年为 380m 左右（表 9-23），1980 年后深泓不再向八姓洲过渡，因此其狭颈上游侧崩势缓解（图 9-57 和图 9-58），三峡水库蓄水运用后岸线则又有所崩退，狭颈宽度有所缩窄；七弓岭弯道段则表现为凹岸崩退、凸岸淤积，1952～1983 年岸线最大崩退 1500m，1980 年后河势有明显变化，表现在主流出熊家洲弯道后走向与以往不同，主流过渡后贴右岸下行，其间不再向左岸过渡。这一变化，使七弓岭弯道主流贴岸距离加长，延缓了八姓洲的崩退，却增大了七弓岭崩岸的范围。七弓岭上段岸线崩退的同时，弯顶亦发生强烈崩坍，1980～1983 年最大崩宽 350m，1980～1987 年弯顶下移约 2000m。七弓岭弯顶的崩退下移，使其与洞庭湖出口洪道日趋逼近，滩面高程为 28m，江湖相隔最窄处仅 600m（图 9-57 和图 9-58）。同时，七弓岭凹岸近岸河床长期受水流冲刷，1998 年以后-5m 高程冲刷坑下延 700m 左右，冲刷坑面积逐年增大，最深点高程有所降低，2006 年～2008 年七弓岭-5m 冲刷坑冲刷下延 500m，且最深点高程减小 6.5m［图 9-61（a）］。城陵矶附近河道左岸边滩淤积，右岸主槽和岸坡基本稳定（图 9-62）。

观音洲弯道为一急弯，水流出七弓岭弯道后逐渐向左岸过渡进入观音洲弯道，受主流强烈顶冲段在观音洲弯道的顶点及下半段，1987～1999 年，崩退 50m（图 9-57、图 9-58）。观音洲河弯凹岸的不断崩退及荆河脑凸岸边滩的后退，主流左移，使得江湖汇流点下移约 1.2km，为稳定河势，自 20 世纪 60 年代以来对观音洲实施了抛石护岸工程，护岸长度约 5.4km，护岸范围桩 4+250 至桩 1+120 和桩 566+920 至 564+400，经多年守护加固，目前观音洲弯道岸线基本稳定，观音洲附近 5m 冲刷坑除 2004～2006 年冲刷下延约 1km 外，2006～2008 年该冲刷坑平面位置比较稳定，形状变化很小［图 9-61（b）］。

表 9-23　八姓洲狭颈宽度变化表

年份	1933	1953	1963	1969	1972	1973	1976	1983	1991	1998
宽度（m）	3420	1790	1440	880	780	680	480	450	400	380

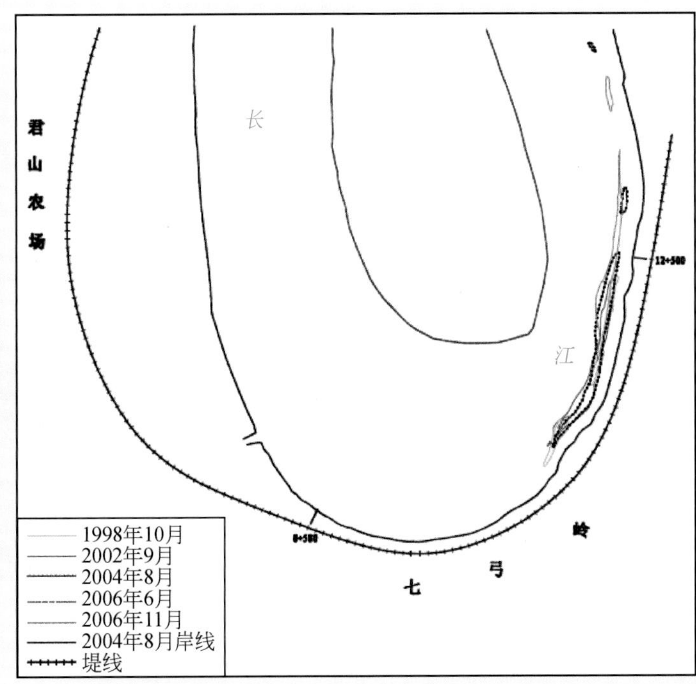

图 9-61（a）　七弓岭段-5m 冲刷坑近期平面变化

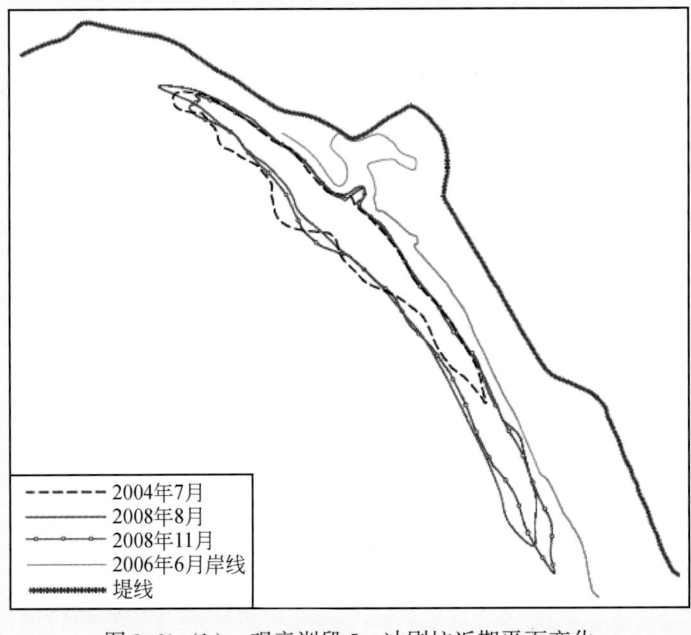

图 9-61（b）　观音洲段 5m 冲刷坑近期平面变化

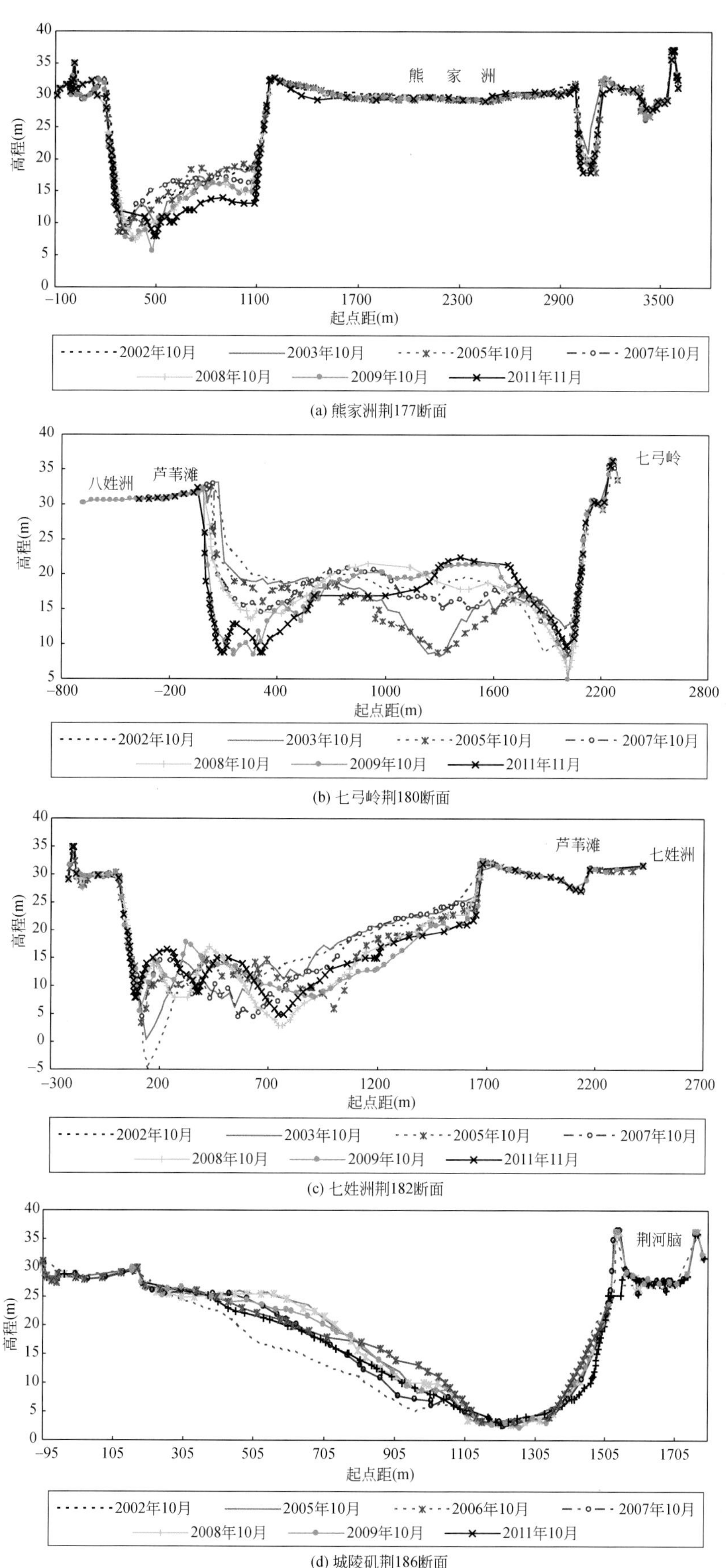

图 9-62　监利河段荆江门至城陵矶段典型断面冲淤变化图

7. 荆江近岸河床冲淤变化

荆江河段近岸河床冲淤变化不仅与水流条件、上下游河势密切相关，也受到该河段主流线摆动、洲滩变化等的影响，反过来它也影响到局部河势的变化。局部河段水流顶冲点的上移、下挫或贴岸冲刷，致使原有的护岸工程淤废或破坏，同时又产生新的崩岸，如石首河弯北门口、公安南五洲发生、调关至八十丈段和文村夹段等。

（1）沙市河湾

沙市河湾险工护岸包括沙市城区段和盐观段。沙市险工护岸段上起桩 760+900，下止桩 757+500，共计 3.4km，沙市险工段上段处于三八滩汊道左汊出口处上游 2km，下段位于三八滩汊道左汊出口处上游 0.9km；盐观险工护岸段上起桩 746+000，下止桩 741+400，共计 4.6km，盐观险工段上段处于金城洲汊道左汊出口处上游 1.3km，下段位于金城洲汊道左汊出口处下游 2.2km。这两段险工护岸大多堤外无滩或边滩狭窄。沙市城区段边滩窄处不到 10m；盐卡堤外边滩仅宽 15～20m，最窄处不到 8m；整个堤段迎流顶冲，是荆江大堤的重点险段之一。但由于早年已修建护岸工程，并经多年整修加固，该险段近岸河床基本稳定。

A. 近岸深泓线变化

1998 年大洪水后，三八滩左汊萎缩，致使荆江大堤沙市城区段护岸险工近岸河床淤积，有利于河岸稳定。金城洲左汊发育，导致盐卡至观音寺段护岸近岸河床冲刷，滩槽高差加大。

1）年际变化。沙市观音矶和刘大巷矶段近岸深泓变化表现为高水取直、低水坐弯，近岸深泓变幅较大段为观音矶矶头下腮、上腮，一般深泓变幅较大段位于矶头下腮［图 9-63（a）］。如观音矶头下腮下段（桩 759+650 至桩 758+900 段）近岸深泓变幅最大，1998～2009 年年际摆幅达 254m；观音矶头下腮上段（桩 760+200 至桩 759+650 段）近岸深泓变幅其次，年际摆幅为 138m。而观音矶（桩 760+200）以上年际摆幅则为 78m，桩 758+900 至桩 758+200 段摆幅较小，仅为 39m。

从盐观段深泓年际变化来看［图 9-63（b）］，杨二月矶、箭堤矶二矶头下腮和篙子垱矶头上腮近岸深泓较大，过渡段变幅相对较小，其中以杨二月矶头下腮（桩 745+300 至桩 744+600 段）变幅最大，1998～2009 年年际摆幅达 190m；箭堤矶头下腮（桩 743+900 至桩 743+300 段）深泓摆幅为 104m；篙子垱矶头上腮（桩 742+900 至桩 742+100 段）的深泓摆幅为 80m。桩 744+600 至桩 743+900 段的过渡段年际摆幅较小，年际摆幅仅为 60m。

2）年内变化。观音矶（桩 760+100）以上，汛前外移，汛后内靠；桩 759+900 至桩 759+500 段，深泓汛后内靠，汛期外移，最大摆幅小于 50m；桩 759+500 至桩 759+100 段，深泓汛后外移，汛前内靠；桩 759+100 以下深泓汛期外移，枯季内靠［图 9-64（a）］。

盐观护岸段深泓年内变幅较小，最大摆幅不超过 50m。杨二月矶下腮（桩 745+500 至桩 745+300）段深泓汛前外移，汛后内靠；桩 745+300 至桩 744+990 段深泓汛后外移，汛前内靠；篙子垱矶上腮（桩 742+100 至桩 742+655）深泓汛期和汛后外移，汛前内靠。其他段深泓变幅很小［图 9-64（b）］。

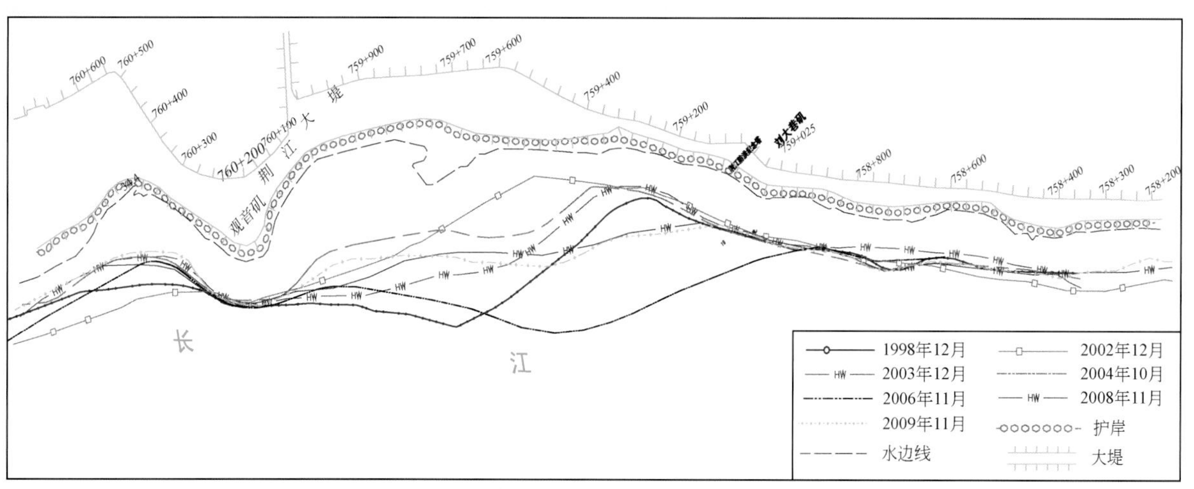

图 9-63（a） 沙市险工护岸近岸深泓线（1998～2009 年）年际变化图

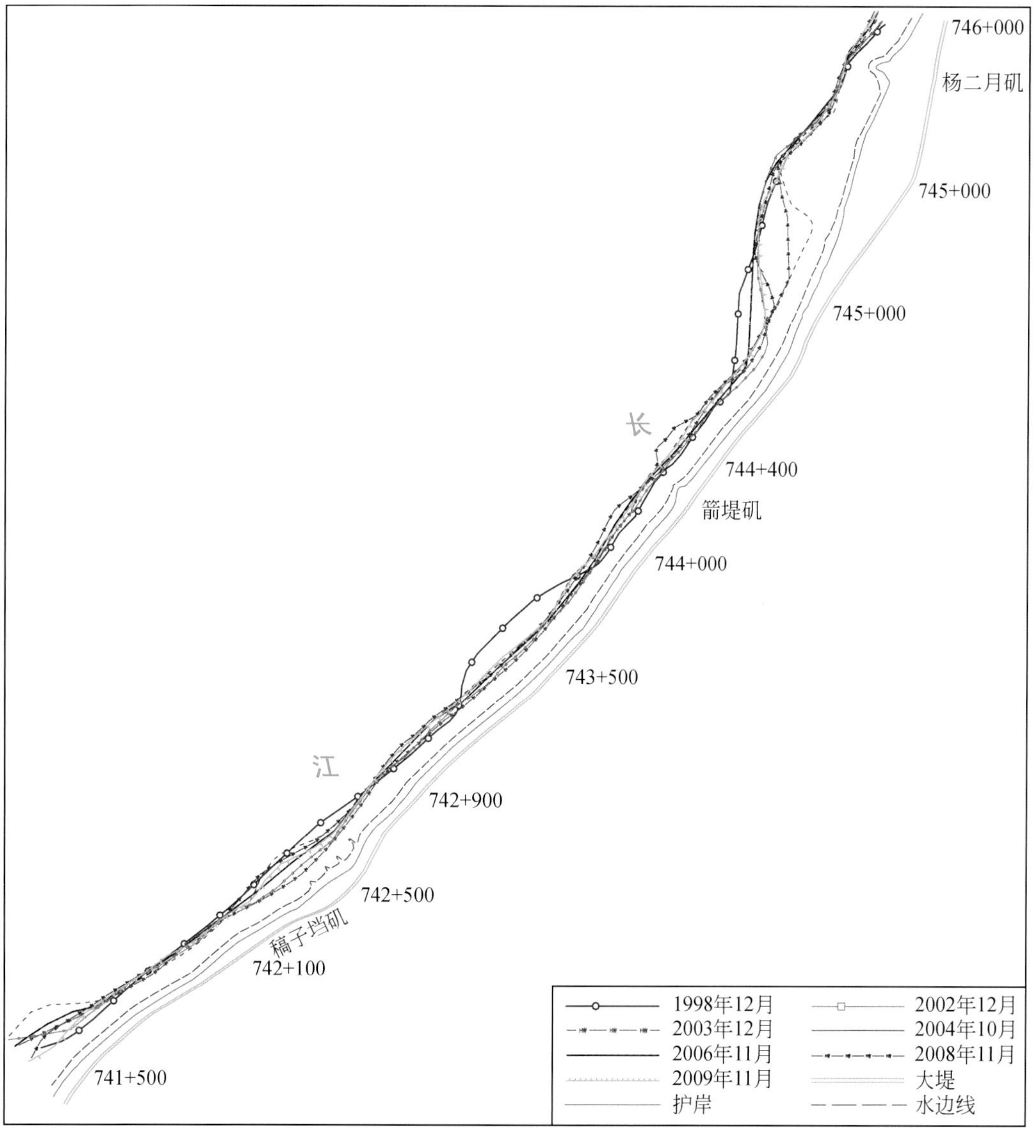

图 9-63（b） 盐观险工护岸近岸深泓线（1998～2009 年）年际变化图

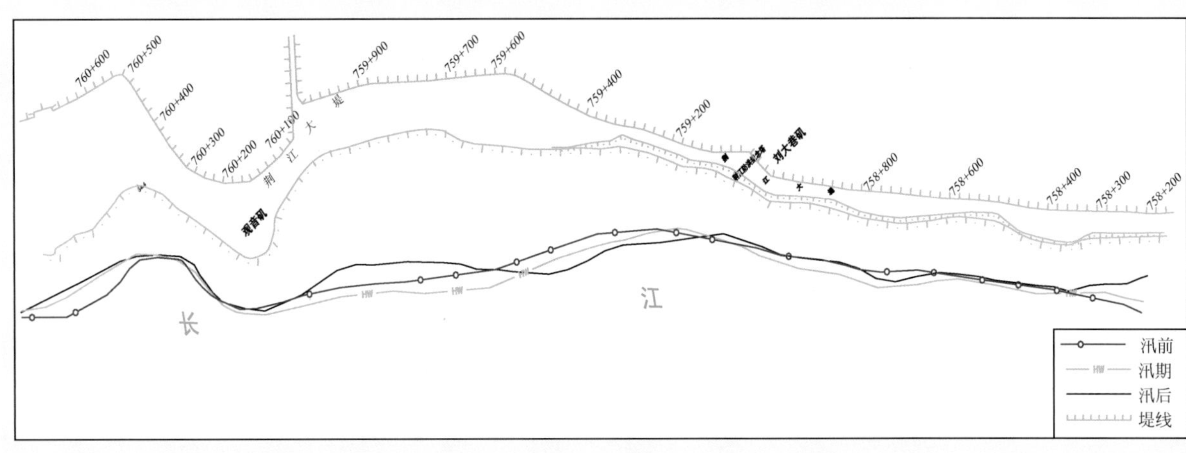

图 9-64（a） 沙市险工护岸近岸深泓线（2009 年）年内变化图

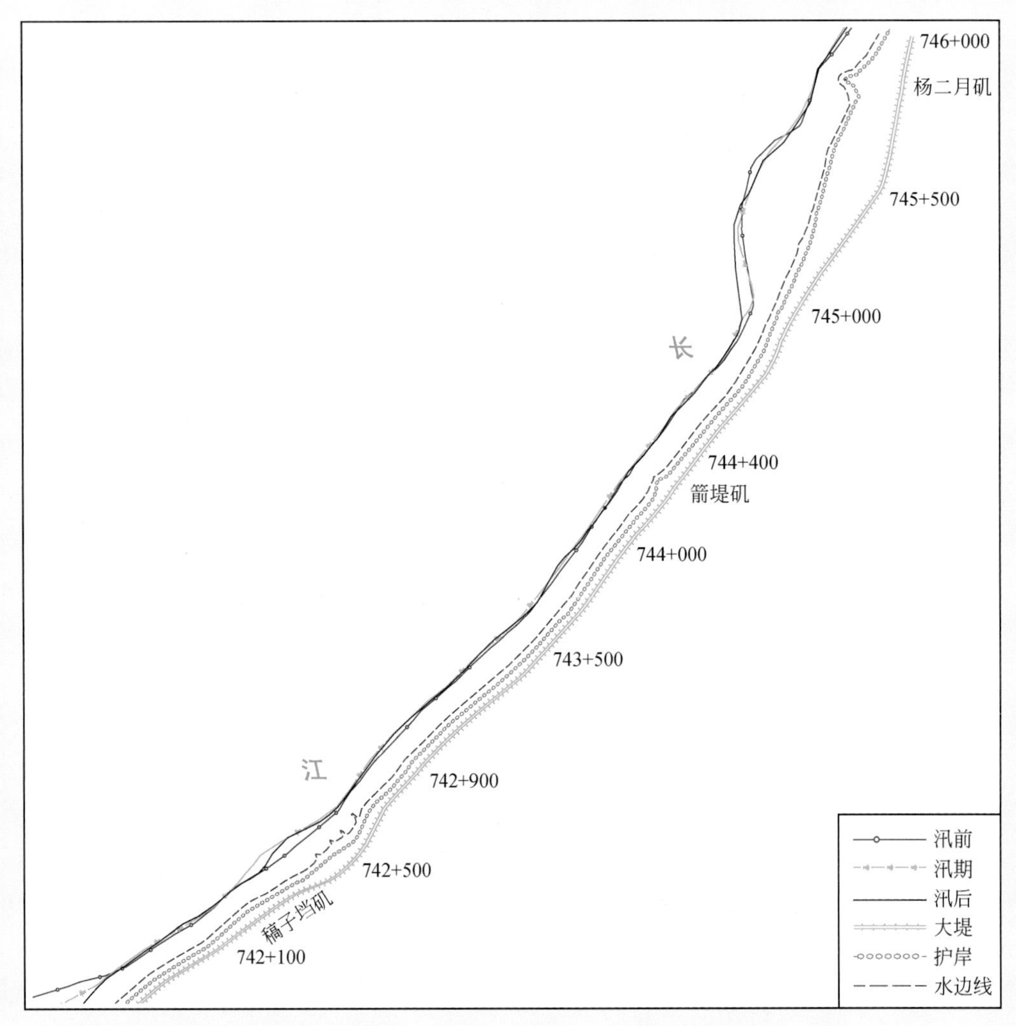

图 9-64（b） 盐观险工护岸近岸深泓线（2009 年）年内变化图

B. 水下坡比变化

水下岸坡坡度是衡量护岸岸坡稳定的一个重要因素，一般岸坡坡度小于 1：2. 50 时，认为岸坡处于比较稳定状态。由表 9-24（a）和表 9-24（b）可见，汛期岸坡因受环流强度及水流挟沙力增大的影响而

表 9-24(a)　沙市及盐观段险工护岸段矶头下腮水下坡比年际统计表

险工段	冲刷坑	桩号	时间										
			1998 年	2002 年	2003 年	2004 年	2005 年	2006 年	2007 年	2008 年	2009 年	蓄水前	蓄水后
沙　市	观音矶	760+100	1 : 4.10	1 : 3.88	1 : 3.67	1 : 3.09	1 : 3.07	1 : 3.04	1 : 3.02	1 : 3.04	1 : 3.05	1 : 3.57	1 : 3.14
	刘大巷	758+960	1 : 2.36	1 : 2.65	1 : 2.54	1 : 3.30	1 : 2.92	1 : 2.94	1 : 2.92	1 : 2.91	1 : 2.92	1 : 2.46	1 : 2.92
盐　观	杨二月	745+619	1 : 2.15	1 : 2.87	1 : 2.33	1 : 2.25	1 : 2.31	1 : 2.32	1 : 2.32	1 : 2.31	1 : 2.31	1 : 2.49	1 : 2.31
	箭堤矶	744+273	1 : 3.71	1 : 2.52	1 : 2.88	1 : 2.60	1 : 2.29	1 : 2.30	1 : 2.29	1 : 2.29	1 : 2.28	1 : 3.11	1 : 2.42
	篙子垱矶	742+183	1 : 3.67	1 : 2.72	1 : 3.42	1 : 2.97	1 : 2.87	1 : 2.86	1 : 2.85	1 : 2.85	1 : 2.86	1 : 3.03	1 : 2.95

蓄水前为 1998 ~ 2002 年平均值

表 9-24(b)　沙市及盐观段险工护岸段矶头下腮水下坡比年内统计表

险工段	冲刷坑	桩号	2008 年				2009 年			
			汛前	汛期	汛后	平均	汛前	汛期	汛后	平均
沙　市	观音矶	760+100	1 : 3.03	1 : 3.01	1 : 3.08	1 : 3.04	1 : 3.06	1 : 3.03	1 : 3.05	1 : 3.05
	刘大巷矶	758+960	1 ; 2.88	1 ; 2.84	1 ; 3.02	1 ; 2.91	1 ; 2.86	1 ; 2.85	1 ; 3.04	1 ; 2.92
盐　观	杨二月矶	745+619	1 : 2.15	1 : 2.38	1 : 2.39	1 : 2.31	1 : 2.13	1 : 2.40	1 : 2.41	1 : 2.31
	箭堤矶	744+273	1 : 2.39	1 : 2.34	1 : 2.14	1 : 2.29	1 : 2.35	1 : 2.34	1 : 2.15	1 : 2.28
	篙子垱矶	742+183	1 : 3.02	1 : 2.81	1 : 2.72	1 : 2.85	1 : 3.03	1 : 2.85	1 : 2.71	1 : 2.86

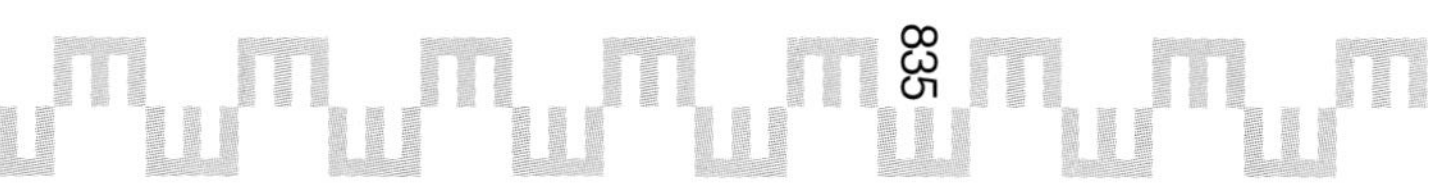

变陡，如观音矶和刘大巷矶；盐观段的杨二月矶岸坡以汛前最陡，箭堤矶和篙子垱矶则以汛后最陡。三峡水库蓄水后，除刘大巷矶外，由于近岸河床冲刷下切，岸坡均有所变陡。

C. 冲刷坑变化

1998～2009年观测资料表明：除杨二月矶及篙子垱矶外，其余冲刷坑受水流高水取直、低水坐弯变化的影响一般表现为汛期外移、枯季内靠，冲刷坑最深点高程一般表现为汛冲枯淤，这两个特点导致荆江崩岸多发生在主汛过后的退水期和汛前涨水期；三峡水库蓄水后，除盐观段的杨二月矶略有淤积外，沙市护岸段观音矶、刘大巷矶以及盐观护岸段的箭堤矶、篙子垱矶均为冲刷扩展趋势。

1）观音矶。1998～2009年，观音矶附近10m冲刷坑纵向变幅约260m，冲刷坑年内“汛期冲刷发展、枯季淤积萎缩”，最深点高程“汛期降低、枯期抬高”，年际则以冲刷为主。2009年与2002年同期比较，最深点冲刷外移，以汛期冲深幅度最大，汛后冲刷坑面积由0m^{2}增大至8255m^2［表9-25（a）］。

2）刘大巷矶。从多年观测资料来看，刘大巷矶附近15m冲刷坑横向摆动主要表现为“高水外移、低水内靠”，在纵向上则表现为“枯期上提、汛期下延”，最深点高程“汛期降低、枯期抬高”，年际则以冲刷为主。2009年与2002年同期相比，汛前淤积，汛期和汛后则冲刷。

冲刷坑面积年内“汛期冲刷发展、汛前淤积萎缩”［表9-25（b）］。2009年与2002年同期比较，面积均冲刷发展，以汛期最大，汛后冲刷坑面积由0 m^{2}增大至196 911 m^2。

3）杨二月矶。冲刷坑年内变化一般表现为枯期内靠、汛期外移，其面积“汛期冲刷发展、汛前淤积萎缩”。三峡水库蓄水运用后，冲刷坑最深点高程“枯季淤积，汛期略有冲刷”，总体变化不大，2009年与2002年同期相比，汛后冲刷坑面积增大，但汛前和汛期减小，其中汛前冲刷坑面积由25 546 m^{2}减小至7579 m^2［表9-25（c）］。

表9-25（a） 观音矶冲刷坑特征值统计（桩760+280）

年份	测次	日期（月.日）	水位（m）	最深点高程（m）	距标准岸距（m）	距标准线上下（m）	等高线（m）	面积（m^2）
1998	汛前	4.21	30.60	4.0	119	下76	10	9 420
	汛期	9.12	39.60	4.5	121	下98	10	37 620
	汛后	12.24	29.90	3.0	138	下77	10	37 620
2002	汛前	6.26	38.36	5.7	96	下70	10	6 702
	汛期	9.13	33.88	10.9	109	下68	10	0
	汛后	12.25	29.30	13.8	81	上8	10	0
2003	汛前	3.18	29.00	14.3	87	上16	10	0
	汛期	8.20	36.80	4.7	86	下71	10	20 165
	汛后	12.4	30.60	6.9	97	下21	10	3 653
2004	汛前	4.17	31.70	8.8	93	下29	10	273
	汛期	9.10	36.40	5.2	115	下67	10	12 094
	汛后	10.28	33.46	9.4	92	下69	10	317
2006	汛前	4.11	29.60	4.3	114	下58	10	11 615
	汛期	8.31	32.50	4.2	121	下58	10	17 648
	汛后	11.05	31.20	4.1	138	下93	10	15 866

续表

年份	测次	日期（月．日）	水位（m）	最深点高程（m）	距标准岸距（m）	距标准线上下（m）	等高线（m）	面积（m^2）
2008	汛前	4.03	30.7	3.8	135	下 57	10	21 435
	汛期	8.15	38.4	4.1	119	下 58	10	25 668
	汛后	11.09	36.7	4.4	138	下 98	10	8 555
2009	汛前	4.15	30.2	5.0	134	下 99	10	9 145
	汛期	8.06	39.3	4.3	154	下 97	10	18 178
	汛后	11.20	29.8	5.4	106	下 60	10	8 255

表中标准岸线为五十年代施测的岸线基准线，标准线岸距为最深点到标准岸线的距离（下同）

表 9-25（b） 刘大巷矶冲刷坑特征值统计表（桩 759+025）

年份	测次	日期（月．日）	水位（m）	最深点高程（m）	距标准岸距（m）	距标准线上下（m）	等高线（m）	面积（m^2）
1998	汛前	4.21	30.60	13.7	83	上 18	15	2 240
	汛期	9.11	39.60	12.0	90	上 23	15	8 400
	汛后	12.23	30.00	10.0	90	上 36	15	17 060
2002	汛前	6.26	38.21	10.2	91	上 25	15	10 174
	汛期	9.13	33.70	11.6	108	下 378	15	47 339
	汛后	12.25	29.30	15.8	103	上 102	15	0
2003	汛前	3.18	29.00	20.2	88	下 17	15	0
	汛期	8.20	36.80	9.6	108	下 380	15	7 055
	汛后	12.04	30.60	16.1	56	下 68	15	0
2004	汛前	4.17	31.60	16.8	92	下 18	15	0
	汛期	9.01	36.40	11.2	98	上 63	15	5 636
	汛后	10.28	33.10	11	97	上 66	15	7 192
2006	汛前	4.10	29.50	18.1	76	上 32	15	0
	汛期	8.30	32.30	14.4	81	上 31	15	502
	汛后	11.06	31.90	15.9	81	上 36	15	0
2008	汛前	4.02	30.4	12.9	84	上 33	15	3 526
	汛期	8.14	38.5	9.4	98	上 35	15	186 980
	汛后	11.09	36.6	8.1	110	下 392	15	47 025
2009	汛前	4.15	30.1	11.3	91	上 39	15	10 642
	汛期	8.05	39.1	6.8	114	下 368	15	238 803
	汛后	11.20	29.6	8.0	107	下 364	15	196 911

表 9-25（c） 杨二月矶冲刷坑特征值统计表（桩 745+870）

年份	测次	日期（月．日）	水位（m）	最深点高程（m）	距标准岸距（m）	距标准线上下（m）	等高线（m）	面积（m^2）
1998	汛前	4.25	29.20	15.0	98	下 46	16	880
	汛期	9.15	37.90	3.1	130	下 62	5	6 734
	汛后	12.29	29.10	3.9	109	下 42	5	1 145

续表

年份	测次	日期（月．日）	水位（m）	最深点高程（m）	距标准岸距（m）	距标准线上下（m）	等高线（m）	面积（m^2）
2002	汛前	6. 20	35. 92	2. 6	104	下 45	10	25 546
	汛期	9. 12	33. 40	3. 8	124	下 44	10	26 614
	汛后	12. 27	28. 90	2. 7	144	下 82	5	4 535
2003	汛前	3. 20	28. 60	2. 1	146	下 81	5	5 064
	汛期	8. 19	36. 30	3. 1	112	下 7	5	7 656
	汛后	12. 30	30. 20	3. 2	147	下 80	5	6 755
2004	汛前	4. 22	30. 50	2. 6	138	下 82	5	7 171
	汛期	9. 09	35. 90	3. 1	148	下 84	5	8 223
	汛后	10. 29	32. 80	3. 0	143	下 81	5	5 309
2006	汛前	4. 16	31. 30	2. 7	140	下 77	5	6 333
	汛期	9. 04	32. 30	3. 2	159	下 81	5	6 169
	汛后	11. 10	30. 20	2. 5	142	下 80	5	9 470
2008	汛前	4. 19	31. 1	2. 7	141	下 78	5	6 871
	汛期	8. 21	37. 4	3. 0	139	下 78	5	11 129
	汛后	11. 14	34. 1	2. 8	137	下 76	5	10 783
2009	汛前	4. 17	30. 1	3. 1	113	下 31	5	7 579
	汛期	8. 14	37. 4	3. 7	133	下 56	5	9 103
	汛后	11. 22	29. 0	3. 3	154	下 96	5	9 275

4）箭堤矶。冲刷坑最深点除 1998 年、1999 年、2001 年、2003 年、2006 年和 2007 年高水外移、低水内靠外，其他年份汛期均有所内靠，纵向变化则一般是高水上提、低水下移。最深点年内变化为汛期冲刷、枯季淤积；年际变化则表现为冲刷发展，2009 年与 2002 年同期相比，均为冲刷，汛后冲深幅度最大，位置汛前内靠，汛期和汛后外移。

冲刷坑面积年内变化汛后冲刷发展，汛前淤积萎缩。年际变化 1998 年大水后，冲刷坑面积冲刷发展；三峡水库蓄水运用后，2003 ~ 2009 年总体表现为冲刷发展，汛后冲刷坑面积由 8333 m^2增大至 13 0366 m^2 ［表 9-25（d）］。

5）篙子垱矶。最深点横向摆动受主流线高水取直、低水坐弯的影响，一般汛期外移、枯期内靠。最深点年内变化为汛后冲刷、汛前淤积；年际变化则表现为冲刷发展，2009 年与 2002 年同期相比，均为冲刷，汛后冲深幅度最大，位置汛前内靠，汛期外移。

冲刷坑面积年内变化汛后冲刷发展，汛前淤积萎缩。年际变化均为冲刷发展；2009 年与 2002 年同期比较，面积均增大，汛后冲刷坑面积由 4. 63 万 m^2增大至 87. 21 万 m^2 ［表 9-25（e）］。

表 9-25（d） 箭堤矶矶冲刷坑特征值统计（桩 744+273）

年份	测次	日期（月．日）	水位（m）	最深点高程（m）	距标准岸距（m）	距标准线上下（m）	等高线（m）	面积（m^2）
1998	汛前	4. 25	29. 2	24. 6		不明显		
	汛期	9. 14	38. 2	14. 3	129	下 45	15	320
	汛后	12. 28	29. 2	13. 2	83	上 5	15	2440

续表

年份	测次	日期（月．日）	水位（m）	最深点高程（m）	距标准岸距（m）	距标准线上下（m）	等高线（m）	面积（m^2）
2002	汛前	6. 02	35. 92	8. 9	151	下 89	15	182 712
	汛期	9. 11	33. 4	7. 9	86	上 30	10	2 888
	汛后	12. 27	28. 8	11. 6	81	上 27	15	138 435
2003	汛前	3. 19	28. 5	11. 2	78	下 12	15	130 221
	汛期	8. 18	36. 2	7. 0	149	下 6	10	16 116
	汛后	12. 02	30	8. 1	82	上 30	10	8 333
2004	汛前	4. 21	30. 8	8. 2	88	下 11	10	11 267
	汛期	9. 05	35. 6	4. 8	110	下 50	10	90 623
	汛后	10. 29	32. 7	4. 2	108	上 225	10	75 785
2006	汛前	4. 16	31. 2	6. 4	85	上 25	10	30 008
	汛期	9. 03	32. 2	6. 6	93	上 24	10	20 409
	汛后	11. 09	29. 8	7. 1	83	上 21	10	20 676
2008	汛前	4. 19	31. 0	6. 2	82	上 20	10	34 771
	汛期	8. 21	37. 4	4. 7	106	上 32	10	134 100
	汛后	11. 14	34. 1	3. 8	107	上 224	10	145 533
2009	汛前	4. 16	29. 8	5. 2	99	下 5	10	62 424
	汛期	8. 14	37. 3	4. 7	100	上 7	10	119 715
	汛后	11. 12	29. 0	4. 0	108	上 203	10	130 366

表 9-25（e） 篙子垱矶冲刷坑特征值统计表（桩 742+190）

年份	测次	日期（月．日）	水位（m）	最深点高程（m）	距标准岸距（m）	距标准线上下（m）	等高线（m）	面积（m^2）	说明
1998	汛前	4. 24	29. 20	9. 8	75	下 482	15	124 687	一边不闭合，比实际数据偏小
	汛期	9. 14	38. 20	13. 5		不明显	15	11166	
	汛后	12. 28	29. 00	21. 1		不明显	15	0	
2002	汛前	6. 02	35. 92	11. 2	64	下 171	15	28 757	
	汛期	9. 01	33. 60	11. 6	93	下 44	15	166 499	一边不闭合，比实际数据偏小
	汛后	12. 27	28. 80	11. 8	89	下 3	15	46 344	
2003	汛前	3. 19	28. 50	11. 6	88	下 2	15	45 728	
	汛期	8. 18	36. 20	12. 4	90	下 367	15	44 878	
	汛后	12. 02	30. 00	13. 2	80	下 8	15	7273	
2004	汛前	4. 21	30. 80	13. 1	76	上 35	15	5752	
	汛期	9. 04	35. 60	12. 1	87	下 364	15	61 102	
	汛后	10. 28	32. 60	12. 1	80	上 78	15	85 245	
2006	汛前	4. 15	31. 10	10. 2	93	下 3	15	104 856	
	汛期	9. 03	32. 20	10. 6	83	下 3	15	172 355	
	汛后	11. 09	29. 80	10. 1	83	下 8	15	520 277	

续表

年份	测次	日期（月．日）	水位（m）	最深点高程（m）	距标准岸距(m)	距标准线上下（m）	等高线（m）	面积（m^2）	说明
2008	汛前	4.18	31	10.3	82	下 4	15	190 431	
	汛期	8.02	37.6	9.2	95	下 402	15	1 090 991	
	汛后	11.13	34.2	9.0	169	下 599	15	848 779	
2009	汛前	4.16	29.7	10.4	81	下 3	15	668 288	一边不闭合，比实际数据偏小
	汛期	8.14	37.3	9.7	98	下 402	15	934 770	二边不闭合，比实际数据偏小
	汛后	11.12	29.0	9.1	89	下 404	15	872 126	一边不闭合，比实际数据偏小

表中数据由于有些年份实施范围所限，15m 等高线不闭合，比实际数据偏小

D. 近岸典型断面变化

根据沙市河段重点险工护岸段位于矶头下腮的 10 个典型半江断面观测资料分析可知，自 2002 年以来，沙市段和盐观段的冲刷坑均呈冲刷下切状态，其中以盐观段的箭堤矶冲刷幅度最大，其次为沙市段的观音矶。沙市河弯重点险工护岸段年内冲淤变化规律表现为汛期冲刷外移，枯季淤积内靠。

1）观音矶 2000 年，有关部门对观音矶（桩 760+100）矶头进行了整治，1998～2002 年，受三八滩右槽冲刷、左槽淤积的影响，观音矶下腮断面大幅淤积。三峡水库蓄水运用后，沙市河段普遍冲刷，其中以 2004～2006 年冲刷强度最大。2009 年比 2002 年冲深 6.1m，最深点位置有所外移［图 9-65（a）］。其年内变化则一般表现为“汛期冲刷，汛后淤积”［图 9-65（b）］。

2）刘大巷矶与观音矶类似，1998～2002 年刘大巷矶下腮断面以淤积为主。三峡水库蓄水运用后，断面河床产生较大冲刷，其中以 2003～2004 年和 2006～2008 年冲刷强度最大，2009 年略有回淤。2009 年比 2002 年冲深 5.0m，最深点位置有所外移，最深点位置变化不大［图 9-66（a）］。其年内变化则一般表现为“汛冲、枯淤”，如 2008 年年内冲深达 3.5m，但岸坡较稳定；2008 年 11 月～2009 年 4 月最深点高程淤高 0.3m，位置基本稳定，2009 年 4 月～8 月最深点高程冲深 1.2m，位置外移，8～11 月则淤高 1.3m，位置内靠［图 9-66（b）］。

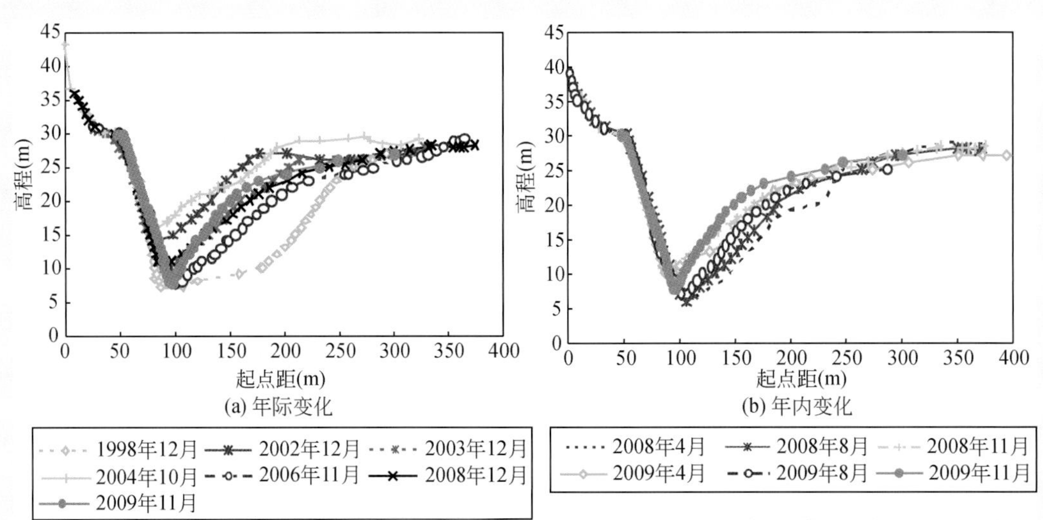

图 9-65　沙市段观音矶下腮断面年际、年内变化图

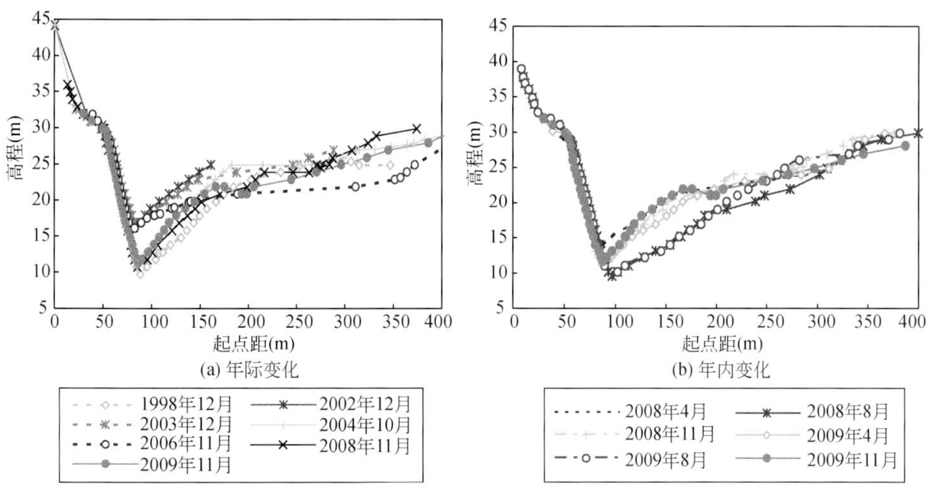

图 9-66　沙市段刘大巷矶下腮断面年际、年内变化图

3）杨二月矶。2002 年汛后至 2009 年汛后杨二月矶近岸最深点高程年际、年内变化均在 1m 以内，最深点位置也相对稳定（图 9-67）。

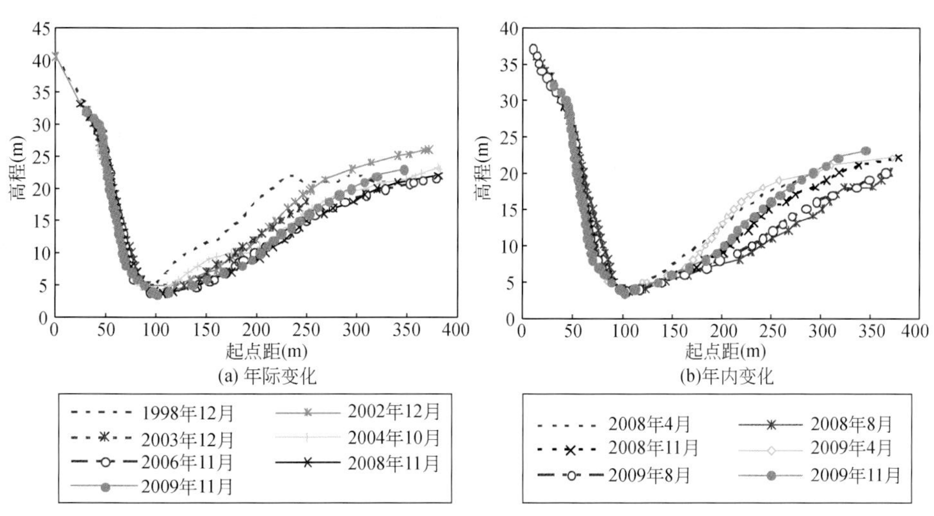

图 9-67　盐观段杨二月矶下腮断面年际、年内变化图

4）箭堤矶。箭堤矶位于金城洲分汊的左汊，自 1997 年以来金城洲主泓由右（南）汊转为左（北）汊，致使左汊近岸深槽冲刷。1998 年汛后至 2002 年汛后，近岸深槽冲刷。三峡水库蓄水运用后，近岸河床冲刷较为明显，其中以 2002 ~ 2004 年汛后冲刷强度较大，2004 年汛后至 2006 年汛后有所回淤，2006 年汛后至 2009 年汛后有较大冲深，位置有所外移。自 2002 年以来，2008 年冲刷坑最深点为近期最低，比 2002 年冲深 8.7m，2009 年与 2008 年比较，冲刷坑最深点高程和位置变化不大［图 9-68（a）］。其年内变化则主要表现为“汛期和汛后冲刷、汛前淤积”［图 9-68（b）］。

5）篙子垱矶。1998 年汛后至 2002 年汛后近岸深槽冲刷明显，最深点高程由 21.1m 降低至 12m，河床冲深 9.1 m；2002 ~ 2009 年近岸河床继续冲深 2.0m。但由于矶头挑流不明显，矶头上下水流比较平顺，近岸深槽年内相对稳定（图 9-69）。

（2）公安、郝穴河弯

公安、郝穴河弯重点险工护岸包括祁冲、灵黄、郝龙三段。祁冲段（祁家渊至冲和观段）险工护岸上起桩721+600、下止桩719+600（堤防桩号）；灵黄段（灵官庙至黄林垱段）上起桩717+200，下止桩714+100；郝龙段（郝穴至龙二渊段）上起桩710+400，下止桩708+700。这几段险工护岸大都堤外无滩或者边滩狭窄，为多年来重点观测及守护的护岸段。

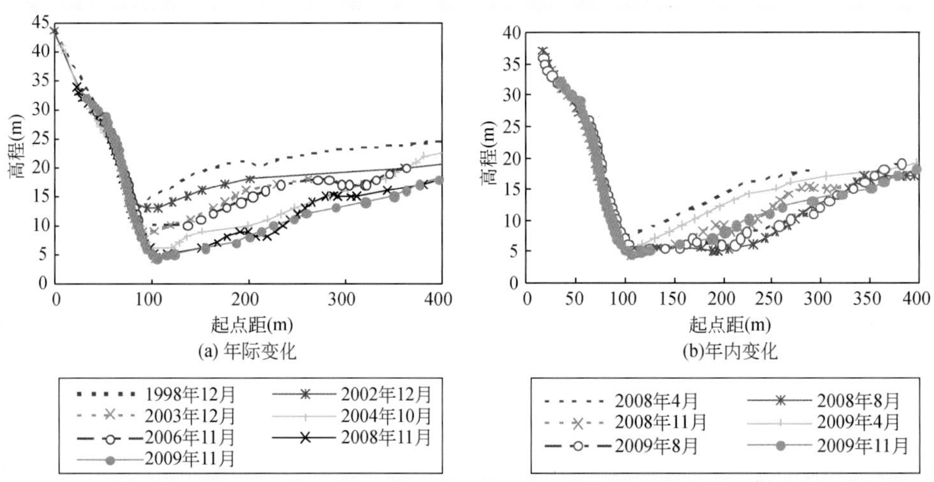

图9-68 盐观段箭堤矶下腮断面年际、年内变化图

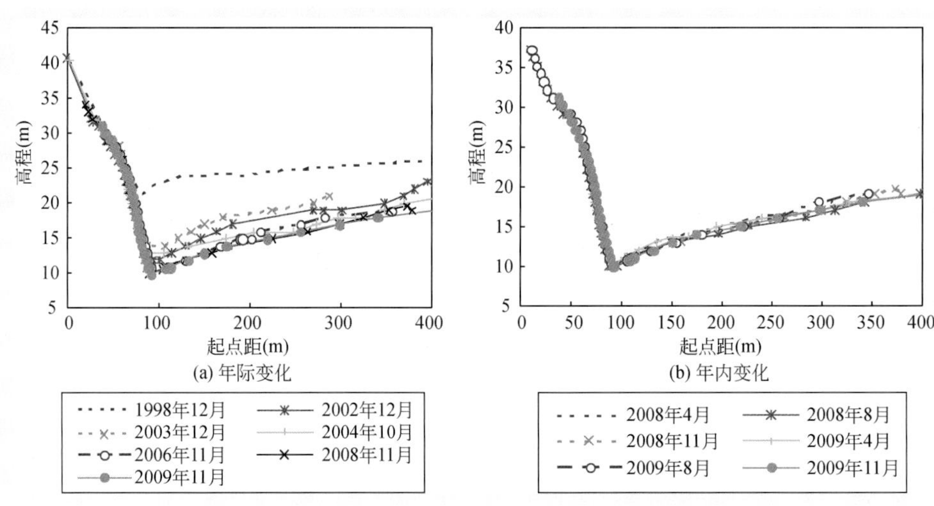

图9-69 盐观段篙子垱矶下腮断面年际、年内变化图

2005年1月中旬，荆江大堤文村夹堤段（桩733+750至桩734+150）出现长约300m的崩岸险情，最大崩宽约10m。2005年12月初在二圣洲子堤护岸文村电排站下游100m处，在300m长度范围内出现三处坐崩，最大一处崩长达80余m，崩宽12m。施工部门已对发生险情的崩岸段进行了削坡、抛石护脚处理。

A. 近岸深泓线变化

公安、郝穴河弯段近岸深泓变化较复杂。1998～2009年观测资料表明，河弯近岸主泓线的大幅摆动，导致了突起洲洲头大幅崩退、左汊冲深及分流比增大，左汊近岸河床冲深，危及文村夹荆江大堤段和左汊青安二圣洲围堤的岸坡稳定，使得2002年3月、2005年1月文村夹岸段和2005年12月初围堤岸段发生崩岸。为了确保突起洲汊道段主泓线常年走右汊，水利部门对突起洲洲头的左缘（靠近主泓的一侧）进行了抛石护岸，2006年以来交通部门又在文村夹崩岸段先后修建了削坡护岸和护滩工程，使得主泓有所右移，左汊在流量6000m^3/s及以下无分流，对文村夹岸坡起到了一定的保护作用。

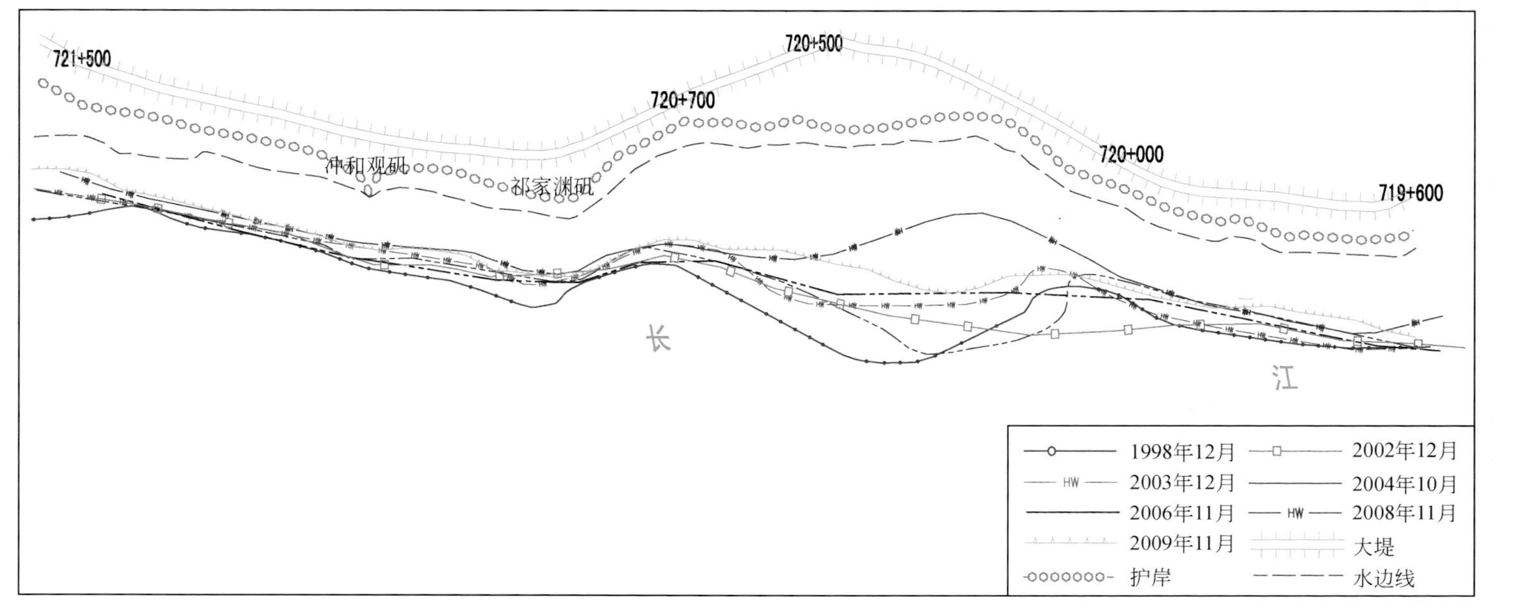

图9-70 (a) 祁冲险工护岸段近岸深泓线（1998~2009年）年际变化图

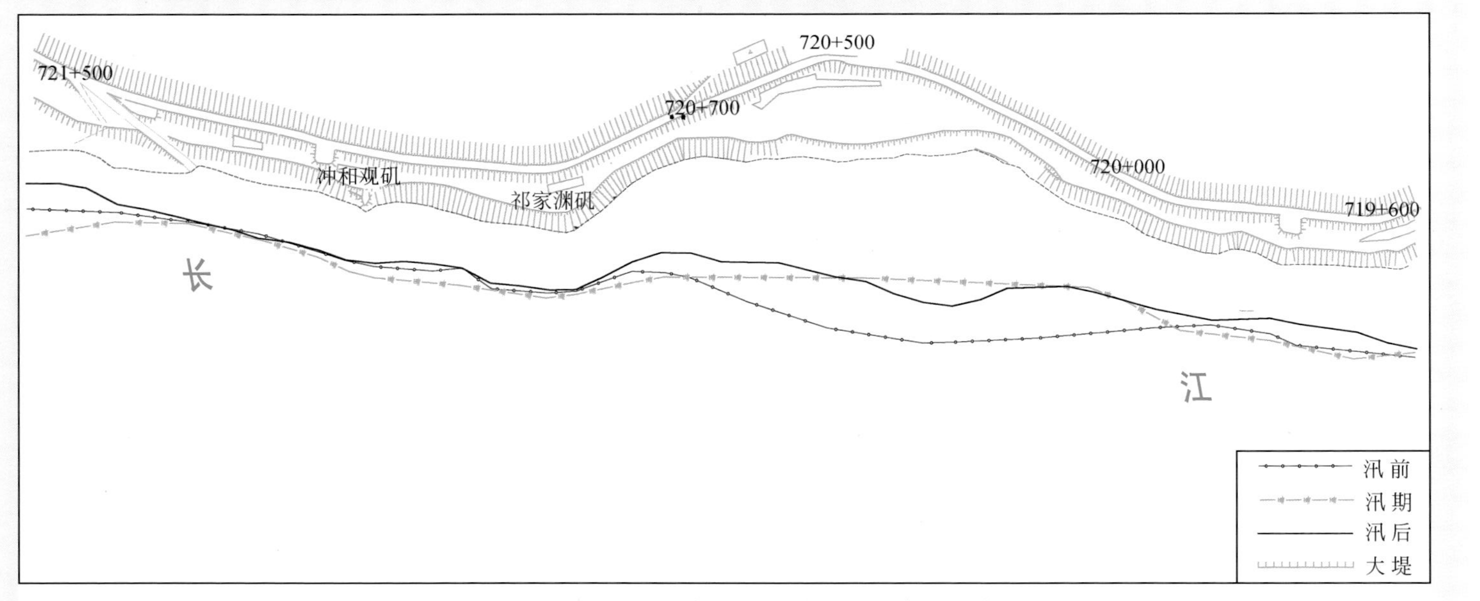

图 9-70 (b) 祁冲险工护岸段近岸深泓线（2009年）年内变化图

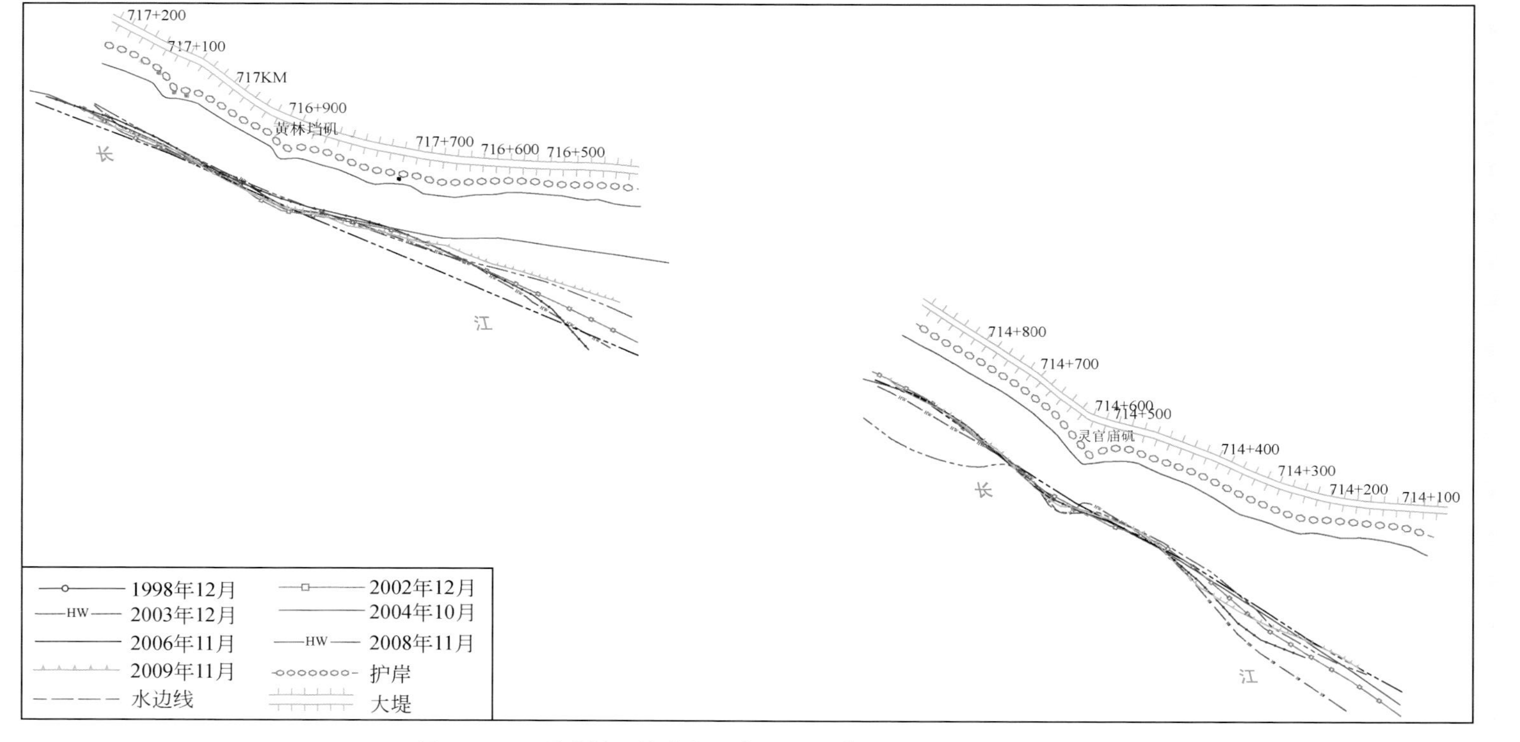

图9-71 (a) 灵黄险工护岸段近岸深泓线（1998~2009年）年际变化图

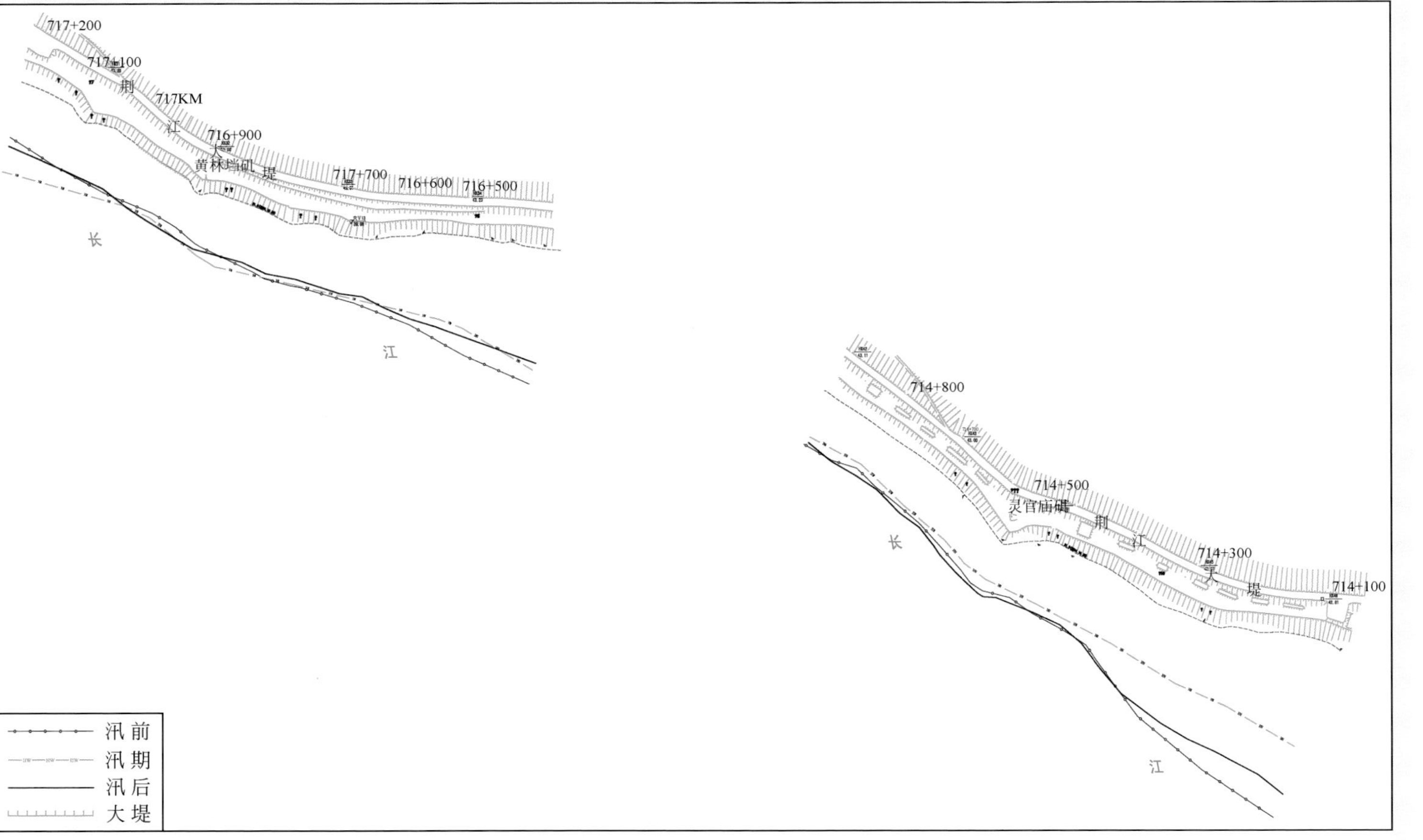

图9-71 (b)　灵黄险工护岸段近岸深泓线（2009年）年内变化图

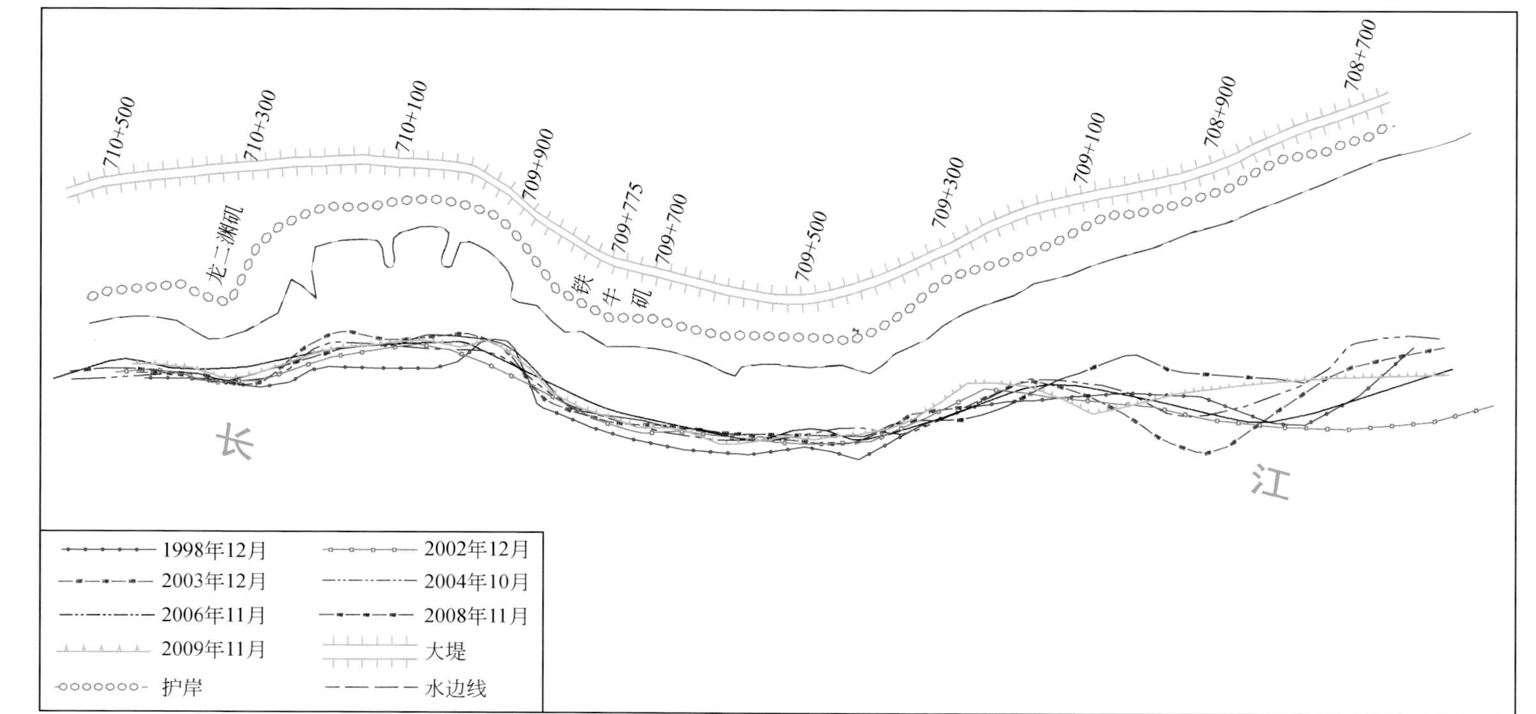

图9-72 (a)　郝龙险工护岸段近岸深泓线（1998~2009年）年际变化图

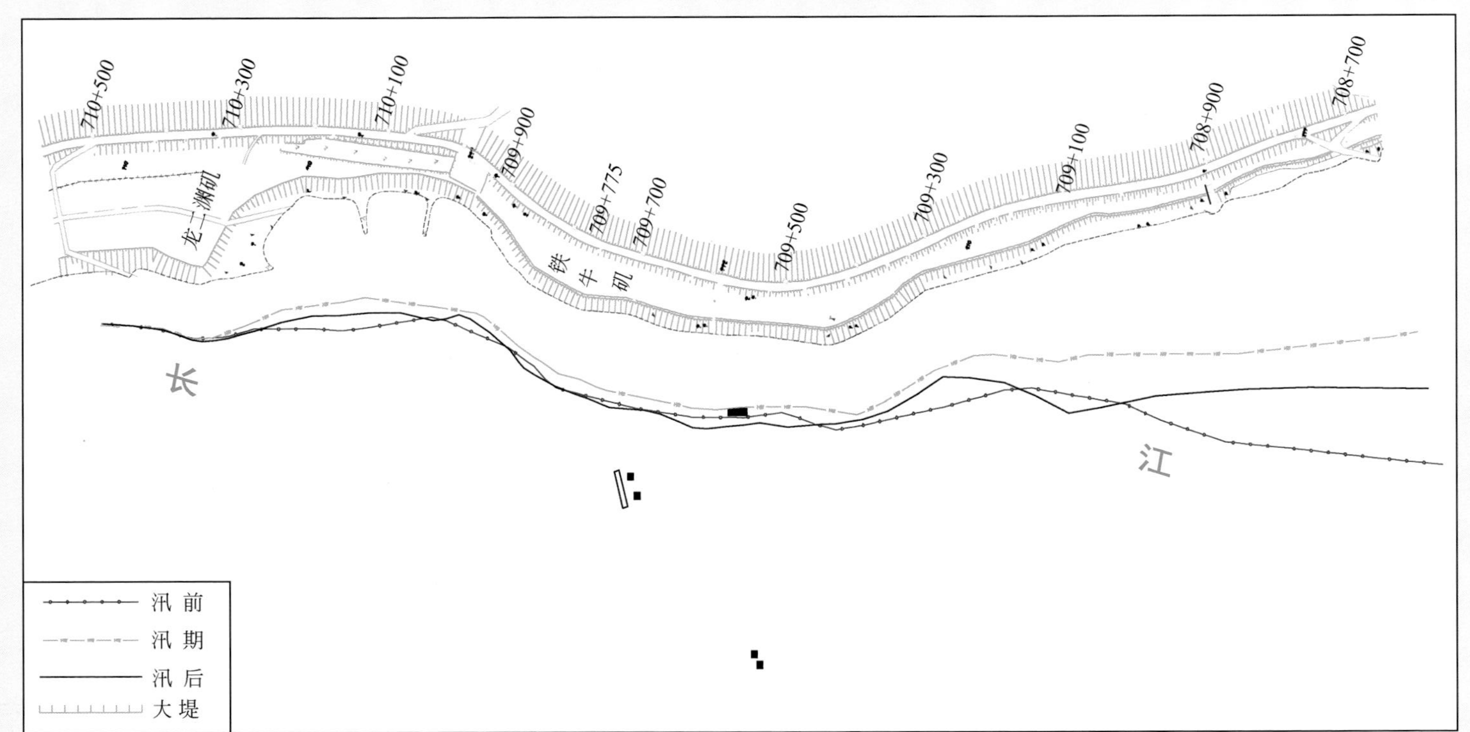

图9-72 (b)　郝龙险工护岸段近岸深泓线（2009年）年内变化图

1）祁冲段。近岸深泓除在祁家渊矶头下腮摆动较大外，其他段摆幅较小，一般大水年外移，小水年内靠。如桩 721+500 至桩 720+000 段，1998 年深泓线外移，2008 年深泓内靠，其他年份居中，其中最大变幅为桩 720+700 至桩 720+060（矶头下腮）段为 155m 左右；桩 720+060 至桩 719+600 段 1998 年及 2003 年深泓外移，2004 年、2008 年和 2009 年深泓内靠，2002 年和 2006 年居中，变幅为 40m［图 9-70（a）］。其年内变化则主要表现为祁家渊矶头下腮的“汛前及汛后内靠，汛期外移”，最大摆幅一般在 70m 以内［图 9-70（b）］。

2）灵黄段。黄林垱上段深泓相对稳定，下段摆动较大，最大摆幅达 120m；灵官庙下段由于矶头相对突出，矶头上、下腮深泓摆幅较大，最大摆幅分别达 82m 和 65m。而矶头附近深泓年际摆动较小，最大摆幅不超过 25m［图 9-71（a）］。

从年内变化来看，黄林垱矶头段表现为枯季内靠，高水外移，最大摆幅 50m；下段灵官庙深泓摆动频繁，以桩 714+500 为界，以上深泓摆幅较小，表现为高水内靠，枯季外移，最大摆幅不超过 25m，以下汛期深泓内靠，汛前深泓外移，汛后居中，最大摆幅约 100m［图 9-71（b）］。

3）郝龙段。龙二渊矶及其下腮深泓年际摆动较小，而桩 709+100 以下，深泓摆动频繁，最大摆幅为 130m；龙二渊段（桩 710+200 至桩 709+900）深泓最大摆幅为 40m；桩 709+800 至桩 709+500 段最大摆幅则在 30m 以内［图 9-72（a）］。

从年内变化来看，铁牛矶下段的深泓摆幅较大：如以桩 709+300 为界，以上深泓摆幅较小，深泓最大摆幅不超过 40m，以下深泓摆幅较大，表现为汛期内靠，汛后外移，最大摆幅为 130m［图 9-72（b）］。

B. 水下坡比变化

祁冲、灵黄及郝龙六个矶头水下坡比统计表明［表 9-26（a）］：冲和观岸坡 1998 年大水岸坡较陡，2000～2001 年经整治后坡比有所变缓；2003 年三峡蓄水后岸坡又变陡，2004 年坡比最大，2009 年有所变小；谢家榨水下坡比 1998～2003 年坡比较小，岸坡稳定，而 2004 年坡比变大，2005 年以后坡比又变小；黄林垱 1998 年大水坡比较大，2000～2002 年坡比变小，2003 年为近期坡比最大值，以后又逐年有所变小；灵官庙岸坡 1998 年大水岸坡较陡，2000～2001 年经整治后坡比有所变缓，2003 年三峡蓄水后岸坡又变陡，2004 年以后坡比有所变缓；龙二渊水下坡比较大，水下修建了护岸丁坝；铁牛矶 2001 年进行了削坡整治，水下坡比变小，岸坡变得稳定。

从年内变化来看［表 9-26（b）］，除冲和观汛期水下坡比较小外，其他段均为汛前坡比较小，岸坡较稳定，龙二渊水下岸坡汛前汛期及汛后都处于不稳定状态，须密切关注。

从总体来看，三峡蓄水后与蓄水前比较除铁牛矶外其他岸坡均有所变陡，特别是郝龙段的龙二渊矶蓄水后水下坡比为 1∶1.94，不能满足岸坡稳定的要求，应密切保持关注。

另外，根据文村夹崩岸段四个典型断面 1998～2009 年水下坡比统计来看（表 9-27），该段水下坡比在 2002 年后大幅增大，岸坡趋于不稳定，特别是 3 号断面岸坡坡比最大，岸坡坡比甚至大于 1∶2.0，岸坡逐渐失稳。三峡蓄水后，水下坡比明显变陡，2006 年年底至 2008 年年初文村夹段河岸及突起洲左汊进行了削坡护岸以及河道整治，该段水下坡比明显变缓。

C. 冲刷坑变化

1）冲和观矶。最深点年内变化为汛期冲刷、枯季淤积，其面积也表现为“汛期冲刷发展、枯季淤积萎缩”；年际变化主要为淤积，2009 年与 2002 年同期相比，最深点高程有所淤积抬高，以汛前幅度最

表 9-26（a） 公安、郝穴河弯段险工护岸段矶头下腮水下坡比年际统计变化表

险工段	冲刷坑	桩号	时段										
			1998 年	2002 年	2003 年	2004 年	2005 年	2006 年	2007 年	2008 年	2009 年	蓄水前	蓄水后
祁　冲	冲和观	720+714	1∶3.07	1∶3.06	1∶3.03	1∶2.47	1∶2.81	1∶2.82	1∶2.81	1∶2.82	1∶2.84	1∶3.17	1∶2.80
	谢家榨	719+930	1∶3.28	1∶3.46	1∶3.24	1∶2.92	1∶3.10	1∶3.08	1∶3.07	1∶3.09	1∶3.10	1∶3.28	1∶3.09
灵　黄	黄林垱	716+900	1∶2.49	1∶2.95	1∶2.26	1∶2.65	1∶2.90	1∶2.90	1∶2.88	1∶2.88	1∶2.87	1∶2.81	1∶2.76
	灵官庙	714+500	1∶2.72	1∶3.08	1∶2.50	1∶2.56	1∶2.91	1∶2.90	1∶2.91	1∶2.90	1∶2.93	1∶3.04	1∶2.80
郝　龙	龙二渊	710+300	1∶2.01	1∶2.33	1∶1.92	1∶2.09	1∶1.89	1∶1.91	1∶1.90	1∶1.92	1∶2.00	1∶2.37	1∶1.95
	铁牛矶	709+775	1∶1.81	1∶2.77	1∶3.46	1∶3.10	1∶3.02	1∶3.02	1∶3.02	1∶3.03	1∶3.08	1∶2.66	1∶3.10

蓄水前为 1998～2002 年平均值

表 9-26（b） 公安、郝穴河弯段险工护岸段矶头下腮水下坡比年内统计变化表

险工段	冲刷坑	桩号	2008 年				2009 年			
			汛前	汛期	汛后	平均	汛前	汛期	汛后	平均
祁冲	冲和观	720+714	1∶2.78	1∶2.64	1∶3.03	1∶2.82	1∶2.84	1∶2.63	1∶3.05	1∶2.84
	谢家榨	719+930	1∶3.05	1∶3.18	1∶3.03	1∶3.09	1∶3.10	1∶3.19	1∶3.01	1∶3.10
灵黄	黄林垱	716+900	1∶2.73	1∶2.88	1∶3.04	1∶2.88	1∶2.75	1∶2.87	1∶3.00	1∶2.87
	灵官庙	714+500	1∶2.54	1∶3.09	1∶3.08	1∶2.90	1∶2.56	1∶3.12	1∶3.11	1∶2.93
郝龙	龙二渊	710+300	1∶1.82	1∶1.90	1∶2.05	1∶1.92	1∶1.90	1∶1.98	1∶2.13	1∶2.00
	铁牛矶	709+775	1∶2.80	1∶3.16	1∶3.12	1∶3.03	1∶2.86	1∶3.22	1∶3.16	1∶3.08

表 9-27 文村夹段水下坡比年际统计表

桩号	水下坡比									
	1998 年 10 月	2002 年 6 月	2003 年 6 月	2004 年 4 月	2005 年 2 月	2006 年 4 月	2008 年 4 月	2009 年 4 月	蓄水前	蓄水后
734+080	1∶6.75	1∶2.55	1∶2.67	1∶3.35	1∶2.41	1∶2.88	1∶5.33	1∶6.32	1∶4.65	1∶3.83
733+980	1∶8.94	1∶4.27	1∶4.18	1∶3.15	1∶2.85	1∶3.02	1∶8.86	1∶7.62	1∶6.61	1∶4.95
733+860	1∶5.06	1∶4.66	1∶2.03	1∶1.61	1∶1.97	1∶3.30	1∶5.11	1∶8.27	1∶4.86	1∶3.72
733+750	1∶8.97	1∶6.37	1∶3.06	1∶2.77	1∶2.02	1∶3.07	1∶7.41	1∶8.29	1∶7.67	1∶4.44

大，位置均外移；面积也淤积萎缩，以汛前面积减小最多，汛前冲刷坑面积由 19 386m²减小至 1954 m²（表 9-28）。

2）谢家榨矶。冲刷坑最深点高程年际年内变化规律不明显，其位置除 2001 年、2004 年、2005 年、2007 ~ 2009 年表现为高水外移，低水内靠外，其他年份则表现为高水内靠、低水外移；年内变化为汛期冲刷、枯季淤积。从年际变化来看，则以淤积为主，2009 年与 2002 年同期相比，枯季淤积，汛期略有冲刷，汛后冲刷坑面积由 22 486 m²减小至 6519 m²（表 9-29）。

3）灵官庙矶。受主流线高水取直、低水坐弯的影响，灵官庙矶冲刷坑位置为汛期外移、枯期内靠。自 2002 年以来冲刷坑最深点有所淤积。2009 年与 2002 年同期比较，汛前冲深内靠、面积扩大，汛期和汛后淤积内靠、面积缩小，以汛期淤积幅度较大（表 9-30）。

表 9-28　冲和观矶冲刷坑特征值统计表（桩 721+120）

年份	测次	日期（月．日）	水位（m）	最深点高程（m）	距标准岸距（m）	距标准线上下（m）	等高线（m）	面积（m²）
1998	汛前	5. 18	32. 30	1. 1	115	下 506	5	8 680
	汛期	9. 11	37. 80	1. 0	104	下 10	5	21 440
	汛后	12. 19	28. 70	0. 0	127	下 117	5	23 964
2002	汛前	6. 09	32. 90	-0. 2	90	下 95	5	19 386
	汛期	9. 23	32. 40	-0. 6	88	下 103	5	18 181
	汛后	12. 13	27. 80	2. 1	102	下 86	5	3 638
2003	汛前	3. 12	27. 30	-0. 2	143	下 101	5	20 313
	汛期	8. 17	34. 90	0. 1	114	下 101	5	29 523
	汛后	12. 10	28. 90	3. 7	105	下 102	5	1 796
2004	汛前	4. 29	29. 90	2. 6	138	下 145	5	420
	汛期	9. 20	34. 40	-0. 1	143	下 129	5	17 461
	汛后	10. 30	31. 70	2. 0	99	下 101	5	3 444
2006	汛前	4. 13	29. 06	2. 7	127	下 140	5	2 970
	汛期	9. 11	32. 40	0. 4	109	上 101	5	4 911
	汛后	11. 23	28. 04	0. 2	112	下 100	5	6 180
2008	汛前	4. 09	29. 00	1. 0	121	下 99	5	6 383
	汛期	8. 22	35. 90	0. 7	112	下 98	5	4 943
	汛后	11. 25	31. 00	3. 4	99	下 97	5	2 186
2009	汛前	4. 20	29. 50	2. 5	107	下 93	5	1 954
	汛期	8. 13	36. 10	0. 3	122	下 98	5	6 630
	汛后	11. 13	28. 10	2. 6	118	下 136	5	2 814

表 9-29　祁家渊凸岸谢家榨矶冲刷坑特征值统计表（桩 720+000）

年份	测次	日期（月．日）	水位（m）	最深点高程（m）	距标准岸距（m）	距标准线上下（m）	等高线（m）	面积（m²）
1998	汛前	5. 18	32. 3	6. 4	101	上 132	10	25 953
	汛期	9. 11	37. 81	7. 9	95	上 32	10	18 240
	汛后	12. 19	28. 62	6. 8	104	上 137	10	25 900

续表

年份	测次	日期（月．日）	水位（m）	最深点高程（m）	距标准岸距（m）	距标准线上下（m）	等高线（m）	面积（m^2）
2002	汛前	6.09	32.93	7.2	120	上 124	10	21 512
	汛期	9.23	32.43	8.3	103	上 44	10	8 870
	汛后	12.13	27.8	6.2	110	上 123	10	22 486
2003	汛前	3.12	27.3	7.2	105	上 26	10	20 558
	汛期	8.17	34.9	6.0	104	上 117	10	30 483
	汛后	12.10	28.9	7.1	126	上 115	10	16 250
2004	汛前	4.29	29.9	6.9	99	上 122	10	17 726
	汛期	9.19	34.5	7.5	107	上 46	10	18 195
	汛后	10.30	31.6	8.3	98	上 116	10	6 991
2006	汛前	4.13	29.06	7.1	98	上 122	10	17 347
	汛期	9.11	32.60	7.6	122	上 84	10	10 880
	汛后	11.23	27.99	7.1	98	上 124	10	21 676
2008	汛前	4.09	28.80	7.6	101	上 122	10	9 870
	汛期	8.22	35.90	6.8	109	上 46	10	20 706
	汛后	11.25	31.00	8.7	98	上 42	10	4 558
2009	汛前	4.20	29.40	8.2	100	上 39	10	14 025
	汛期	8.13	36.10	6.8	124	上 44	10	20 956
	汛后	11.13	28.10	8.6	99	上 38	10	6 519

表 9-30　灵官庙矶冲刷坑特征值统计表（桩 714+582）

年份	测次	日期（月．日）	水位（m）	最深点高程（m）	距标准岸距（m）	距标准线上下（m）	等高线（m）	面积（m^2）
1998	汛前	5.17	32.30	3.3	122	下 74	5	1680
	汛期	9.16	36.30	5.0	97	下 30	5	167
	汛后	12.18	28.50	0.7	120	下 82	5	2638
2002	汛前	6.08	32.62	4.8	118	下 49	5	255
	汛期	9.08	33.88	−0.1	114	下 56	5	7149
	汛后	12.12	27.80	−0.1	116	下 98	5	4471
2003	汛前	3.10	27.10	−0.6	116	下 69	5	3115
	汛期	8.16	34.60	2.6	113	下 98	5	2692
	汛后	11.30	28.80	2.7	112	下 98	5	2869
2004	汛前	4.28	29.20	−0.2	114	下 66	5	3110
	汛期	9.18	34.70	−1.1	120	下 62	5	6304
	汛后	10.30	31.50	2.8	112	下 63	5	2603
2006	汛前	4.10	27.76	−1.0	119	下 83	5	7545
	汛期	9.09	32.80	3.4	113	下 90	5	807
	汛后	11.20	27.85	0.3	112	下 87	5	2518

续表

年份	测次	日期（月.日）	水位（m）	最深点高程（m）	距标准岸距（m）	距标准线上下（m）	等高线（m）	面积（m^2）
	汛前	4.07	28.50	0.2	119	下 49	5	4354
2008	汛期	8.21	36.00	3.0	106	下 52	5	1980
	汛后	11.23	31.40	1.5	110	下 51	5	2247
	汛前	4.17	28.70	0.5	109	下 54	5	2749
2009	汛期	8.14	35.70	4.5	100	下 58	5	99
	汛后	11.13	28.00	1.8	112	下 57	5	2273

4）龙二渊矶。近期由于在铁牛矶上游的龙二渊矶修建了三个潜水坝，致使该处特别是汛期产生较大淤积。最深点年内变化一般为汛期冲刷、枯季淤积。年际变化则表现为淤积，2009 年与 2002 年同期相比，汛前冲刷，汛期和汛后淤积，以汛期淤积幅度较大，位置枯季外移，汛期内靠。

冲刷坑面积年内变化 5m 等高线汛后冲刷发展，汛期淤积萎缩。年际变化与最深点相一致，2009 年与 2002 年同期比较，面积均减小，汛期冲刷坑 0m 等高线面积由 6357m^2 减小至 0m^2（表 9-31）。

5）铁牛上矶。年内变化一般年份均为汛期冲刷发展，枯季淤积萎缩。年际变化则表现为淤积，2009 年与 2002 年同期相比，汛前冲刷外移，汛期和汛后淤高，以汛期幅度较大。

冲刷坑面积年内变化 5m 等高线均表现为淤积萎缩，以汛期减小较多。年际变化与最深点相一致，2009 年与 2002 年同期比较，汛前面积增大，汛期和汛后减小，以汛期减小较多，汛期冲刷坑 0m 等高线面积由 4419m 减小至 0 m^2（表 9-32）。

表 9-31　龙二渊矶冲刷坑特征值统计表（桩 710+300）

年份	测次	日期（月.日）	水位（m）	最深点高程（m）	距标准岸距（m）	距标准线上下（m）	等高线（m）	面积（m^2）
	汛前	5.16	32.50	0.2	133	下 316	5	9 840
1998	汛期	9.15	36.46	−4.9	171	下 210	0	38 570
	汛后	12.18	28.26	−6.1	183	下 170	0	9 520
	汛前	6.07	32.69	1.1	100	下 84	5	9 113
2002	汛期	9.05	33.89	−2.7	171	下 165	0	6 357
	汛后	12.11	28.70	−1.0	141	下 123	0	833
	汛前	3.09	26.90	2.0	118	下 94	5	6 016
2003	汛期	8.15	34.30	−3.7	167	下 158	0	6 861
	汛后	11.03	28.60	−2.7	157	下 186	0	6 667
	汛前	4.27	28.80	−2.6	142	下 126	0	1 598
2004	汛期	9.16	35.00	−3.3	133	下 119	0	3 000
	汛后	10.31	31.10	−2.1	136	下 136	0	6 870
	汛前	4.09	27.86	−2.6	121	下 98	0	1 210
2006	汛期	9.09	32.60	−1.0	151	下 174	0	1 296
	汛后	11.12	30.20	−1.2	162	下 177	0	4 321

续表

年份	测次	日期（月．日）	水位（m）	最深点高程（m）	距标准岸距（m）	距标准线上下（m）	等高线（m）	面积（m²）
2008	汛前	4.05	28.40	−4.2	118	下 99	0	5 160
	汛期	8.20	36.20	0.0	119	下 101	0	0
	汛后	11.22	31.50	0.2	151	下 138	0	0
2009	汛前	4.17	28.60	−0.9	118	下 93	0	426
	汛期	8.14	35.70	2.4	106	下 94	0	0
	汛后	11.12	28.00	2.0	157	下 136	0	0

表 9-32　铁牛上矶冲刷坑特征值统计表

年份	测次	日期（月．日）	水位（m）	最深点高程（m）	距标准岸距（m）	距标准线上下（m）	等高线（m）	面积（m²）
1998	汛前	5.16	32.50	−1.1	104	下 34	5	9 320
	汛期	9.15	36.46	−5.3	134	下 62	−5	480
	汛后	12.18	28.26	−5.7	139	下 76	0	25 640
2002	汛前	6.06	32.84	−0.9	102	下 10	0	1 284
	汛期	9.05	33.88	−3.3	127	下 51	0	4 419
	汛后	12.10	27.80	−3.3	113	下 12	0	3 354
2003	汛前	3.09	26.90	2.6	118	下 56	5	43 678
	汛期	8.15	34.30	−2.8	119	下 34	0	4 531
	汛后	11.03	28.60	−1.3	121	下 200	0	1 266
2004	汛前	4.27	28.80	−1.8	125	下 54	0	2 413
	汛期	9.16	35.00	−5.1	126	下 175	0	37 466
	汛后	10.31	31.10	−1.1	116	下 198	0	2 273
2006	汛前	4.09	27.86	−1.2	99	下 2	0	1 120
	汛期	9.08	31.40	−0.9	120	下 100	0	593
	汛后	11.19	27.71	1.9	89	下 4	0	0
2008	汛前	4.05	28.40	−3.6	104	0	0	9 262
	汛期	8.20	36.20	−0.2	112	下 32	0	256
	汛后	11.22	31.50	−2.3	105	下 33	0	2 665
2009	汛前	4.17	28.50	−1.8	104	下 21	0	2 656
	汛期	8.04	35.50	2.8	104	下 131	0	0
	汛后	11.12	27.90	−0.9	129	下 133	0	367

6）铁牛下矶。最深点年内变化一般为汛期冲刷发展，枯季淤积萎缩，自 2008 年以来表现为汛期淤积，枯季冲刷。年际变化则表现为淤积，2009 年与 2002 年同期相比，均淤积抬高，以汛期最大，位置均有所内靠。

从冲刷坑面积年内变化来看，一般汛期冲刷发展、汛前和汛后则淤积萎缩。年际变化来看，1998 年大水后，冲刷坑面积大幅减小；三峡水库蓄水运用后，面积表现为淤积萎缩，2009 年与 2002 年同期比较，汛后冲刷坑 0m 等高线面积由 1590m^2 减小至 0 m^2（表 9-33）。

表 9-33　铁牛下矶冲刷坑特征值统计表

年份	测次	日期（月．日）	水位（m）	最深点高程（m）	距标准岸距（m）	距标准线上下（m）	等高线（m）	面积（m^2）
1998	汛前	5. 16	32. 50	1. 4	113	下 22	5	5 200
	汛期	9. 15	36. 46	-5. 3	170	下 248		
	汛后	12. 18	28. 21	-3. 4	154	下 170	0	16 280
2002	汛前	6. 06	32. 84	-0. 1	124	下 64		
	汛期	9. 04	34. 01	-2. 0	166	下 224	0	5 850
	汛后	12. 10	27. 80	-1. 1	127	下 149	0	1 590
2003	汛前	3. 09	26. 90	-1. 7	122	上 95	0	1 909
	汛期	8. 15	34. 30	-4. 7	156	下 141	0	8 485
	汛后	11. 30	28. 60	2. 6	132	下 122	5	8 058
2004	汛前	4. 26	28. 60	1. 8	114	上 51		
	汛期	9. 16	35. 00	-3. 9	159	下 187	0	
	汛后	10. 31	31. 10	-2. 9	139	下 205	0	3 093
2006	汛前	4. 09	27. 86	-0. 7	128	下 142	0	110
	汛期	9. 08	31. 30	0. 9	131	下 141	5	45 128
	汛后	11. 19	27. 71	1. 6	138	下 140	5	
2008	汛前	4. 05	28. 40	0. 1	120	下 48	1	1 187
	汛期	8. 20	36. 20	2	121	下 140	5	2 961
	汛后	11. 21	31. 60	-2. 1	151	下 141	0	525
2009	汛前	4. 17	28. 50	0. 1	112	上 52	1	496
	汛期	8. 14	35. 50	4. 9	92	上 56	5	25
	汛后	11. 12	27. 90	0. 6	121	上 85	0	0

7）文村夹崩岸段。冲刷坑特征值如表 9-34 所示。从表中可以看出：总体上该冲刷坑呈先冲后淤的萎缩态势。最深点年均河底高程抬高、面积减小，2003 年 6 月出现冲刷坑最低值，之后有所回淤，2004 年汛前及汛期 20m 等高线消失，汛后该冲刷坑受到一定冲刷，面积拓展，20m 等高线出现，但相对于 2003 年 6 月已经大为缩小。2008 年年内变化表现为汛前冲刷下切，汛后淤积，20m 等高线消失；与 2006 年同期比较，由于对该段进行了削坡和护底的改造，冲刷坑均出现淤积萎缩的状态。2009 年年内变化表现为汛期冲刷，枯季淤积，但变幅不大，不超过 1m，20～22m 等高线消失；与 2008 年同期比较，冲刷坑汛前出现了一定的淤积，汛期和汛后变化不大。三峡水库蓄水后，冲刷坑特征值无单向变化趋势。

2006 年年底文村夹崩岸段已经进行了削坡护岸和沉排护底，左汊进口段进行了航道整治。2007 年左汊近岸河床近岸边滩实施了护滩工程，工程实施后，左汊在流量 6000m^3/s 及以下无分流，对文村夹岸坡起到一定的保护作用。

表 9-34 文村夹段上冲刷坑特征值表

时间	等高线高程（m）	冲刷坑特征值	
		面积（m^2）	最深点高程（m）
2002 年 12 月	20	1 600	19.0
2003 年 3 月	20	3 100	18.8
2003 年 6 月	20	24 000	15.4
2004 年 4 月	21	100	20.9
2004 年 9 月	21	200	20.7
2004 年 12 月	20	11 800	19.8
2006 年 4 月	20	1 058	18.9
2006 年 9 月	21	107	20.5
2006 年 11 月	20	168	19.4
2008 年 4 月	22	483	21.5
2008 年 8 月	23	1 244	22.2
2008 年 11 月	23	133	22.6
2009 年 4 月	23	0	23.0
2009 年 8 月	23	39 144（不闭合）	22.0
2009 年 11 月	23	619	22.8

D. 近岸典型断面变化

选取公安、郝穴河弯重点险工段位于矶头下腮的 12 个典型半江断面（年际及年内），对其年际及年内变化进行分析。

1）冲和观矶。下腮断面变化如图 9-73（a）所示。1998～2002 年淤积内靠。三峡水库蓄水运用后，断面有一定的冲刷，以 2003～2006 年冲刷强度较大，2006～2009 年则表现为回淤。2009 年比 2002 年略冲深 0.2m，位置略有内靠。

年内变化如图 9-73（b）所示。由图可见，2008 年主要表现为汛期冲刷，汛后淤积，年内冲淤变幅为 2.7m，最深点的位置表现为汛前外移，汛后内靠。2009 年主要表现为汛期冲刷，汛后淤积，2008 年 11 月～2009 年 4 月最深点高程冲深 0.9m，2009 年 4 月～8 月最深点高程冲深 2.2m，8～11 月则淤高 2.5m。最深点位置则表现为汛前和汛期外移，汛后内靠。

2）谢家榨矶。郝穴段谢家榨矶（桩 719+930）下腮断面变化如图 9-74（a）所示。1998 年以来岸坡较稳定，1998～2002 年最深点略有淤高外移。三峡水库蓄水运用后，主槽淤高 1.6m，最深点位置内靠。年内变化主要表现为汛期冲刷、汛后淤积，但冲淤幅度不大，最深点位置“汛前和汛期外移、汛后内靠”如图 9-74（b）所示。

3）黄林垱矶。三峡水库蓄水运用后，2002～2009 年黄林垱矶（桩 716+900）下腮断面以冲刷为主，最深点冲深 2.2m，且位置略有外移［图 9-75（a）］。从年内变化来看，主要表现为“汛期冲刷、枯季淤积”，年内冲淤变幅为 3.7m，最深点位置“汛期外移、汛前内靠”［图 9-75（b）］。

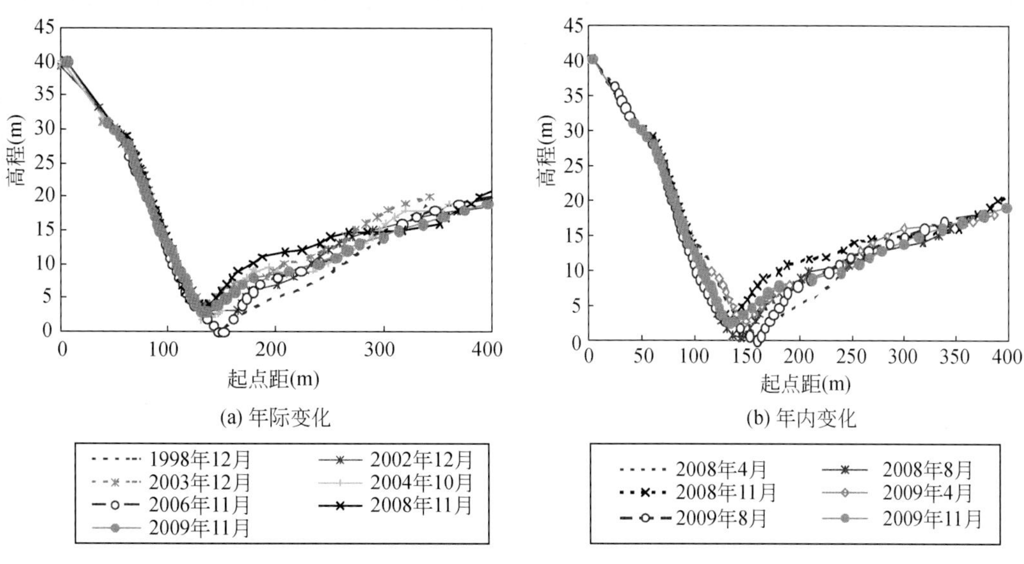

图 9-73　祁冲段冲和观矶（桩 720+714）断面年际、年内变化图

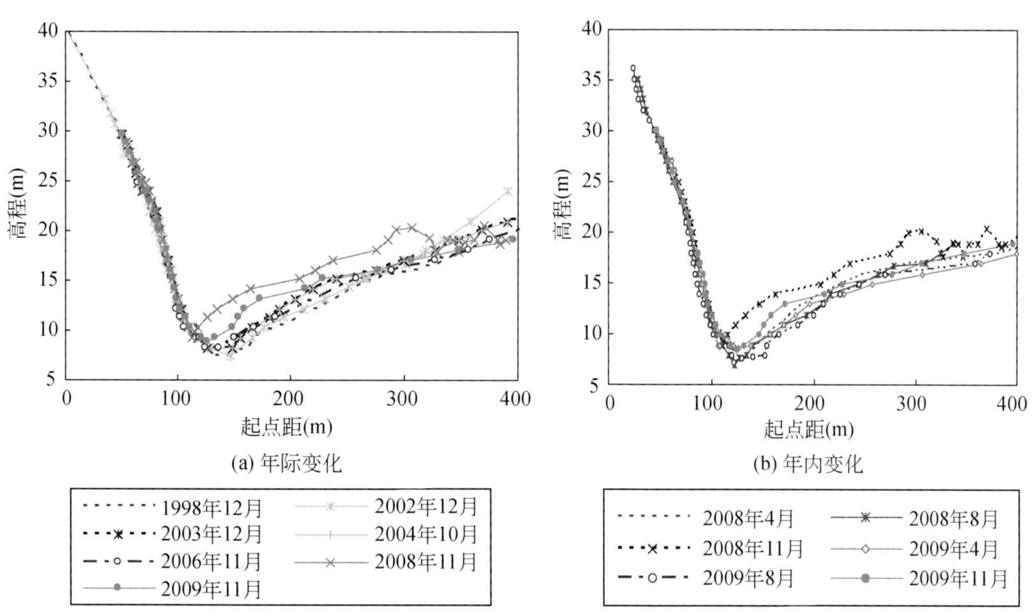

图 9-74　祁冲段谢家榨矶（桩 719+930）断面年际、年内变化图

4）灵官庙矶。下腮断面 1998～2002 年最深点变化不大。三峡水库蓄水运用后，近岸河床冲刷明显，最低点高程降低 5.2m，且位置外移［图 9-76（a）］。从年内变化来看，主要表现为“汛后冲刷、汛期淤积”，位置“汛期和汛后外移，汛前略有内靠”，如 2008 年 11 月～2009 年 4 月最深点冲深 1.0m，2009 年 4 月～8 月最深点高程则淤高 4.0m，8～11 月冲深 2.7m［图 9-76（b）］。

5）龙二渊矶。1998～2002 年下腮断面近岸河床有所淤积。三峡水库蓄水运用后，2002～2009 年最低点高程淤积抬高 3.3m、位置内靠［图 9-77（a）］。年内变化较为复杂，如 2008 年“汛前冲刷、汛后淤积”，年内冲淤变幅为 5.0m，最深点的位置高水外移，枯季内靠；2009 年“枯季冲刷、高水淤积”，2008 年 11 月～2009 年 4 月最深点高程冲深 1m，2008 年 4 月～8 月最深点高程则淤高 5m，8～

11 月冲深 2m。最深点位置枯季外移，高水内靠［图 9-77（b）］。

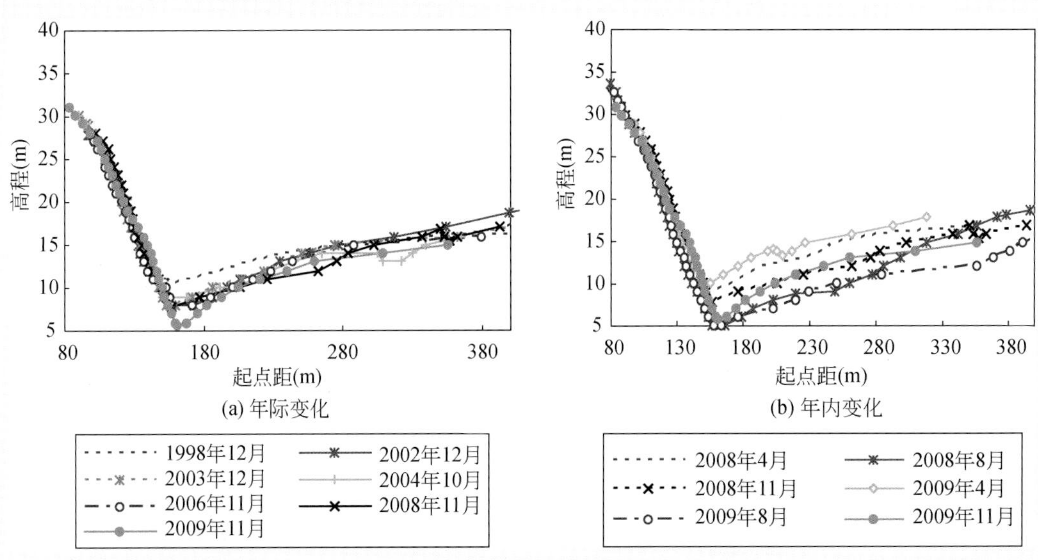

图 9-75　灵黄段黄林垱矶（桩 720+714）断面年际、年内变化图

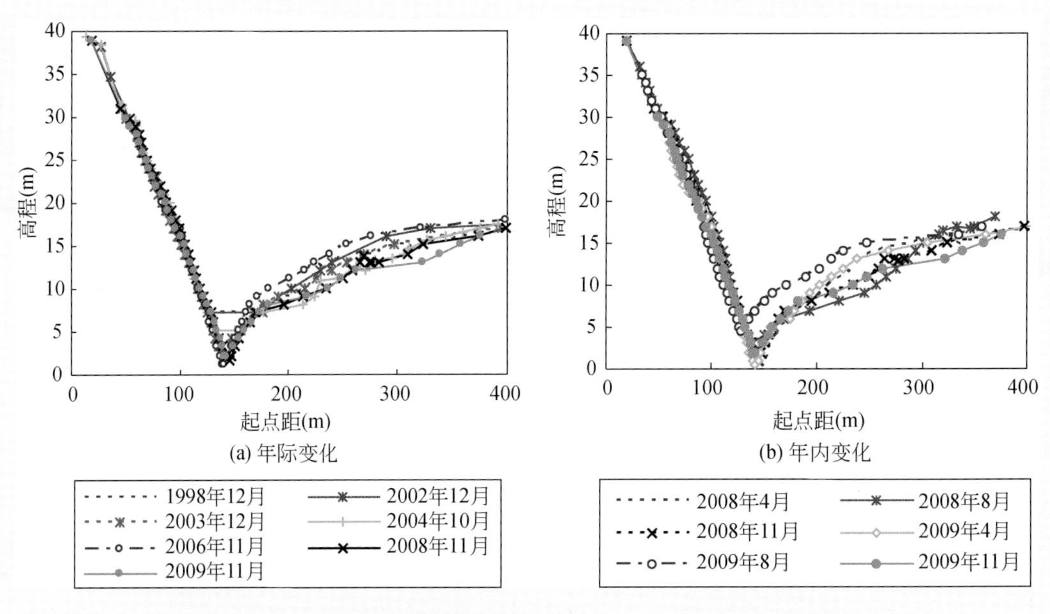

图 9-76　灵黄段灵官庙矶断面年际、年内变化图（桩 714+500）

6）铁牛矶。下腮断面 1998～2003 年最深点淤高内靠，三峡水库蓄水运用后近岸河床有冲有淤，总体表现为淤积，2002～2009 年最深点淤高 1.3m，位置内靠［图 9-78（a）］。

其年内一般表现为“汛淤、枯冲”，变幅在 5m 左右，如 2008 年冲淤变幅为 3.9m，2008 年 11 月～2009 年 4 月最深点高程冲深 0.1m，2009 年 4 月～8 月最深点高程则淤高 6.5m，8～11 月冲深 5.4m，最深点位置汛期内靠，汛后外移［图 9-78（b）］。

7）文村夹段。文村夹崩岸段 4 个断面（分别对应于护岸段桩 734+080、桩 733+980、桩 733+860、桩 733+750）1998～2009 年护岸监测资料分析表明，1998 年大水期间突起洲左汊河床近岸床面高程普遍在 30m 左右；2000 年受主流摆动影响，左汊口门剧烈冲刷；2002～2003 年近岸河床剧烈冲刷，深泓向岸边移动，但最深点高程无明显变化，岸坡坡比增大，突起洲洲头左侧滩体淤积并向左岸延伸；2003 年 6 月至次年 4 月，近岸深泓有所淤积，突起洲左侧滩体略有冲刷，深泓平面位置无明显变化；2004 年汛后至 2005 年年初左岸近岸河床剧烈冲刷，深泓紧贴岸边，坡脚大幅下切，岸坡坡比增大并趋于不稳定；2005 年崩岸险情发生后，2006 年年底至 2008 年初文村夹段河岸及突起洲左汊进行了削坡护岸以及河道整治，2006～2009 年以来近岸深泓略有淤积，主泓逐渐向右移动，岸坡坡比减小，岸坡趋于稳定（图 9-79）。

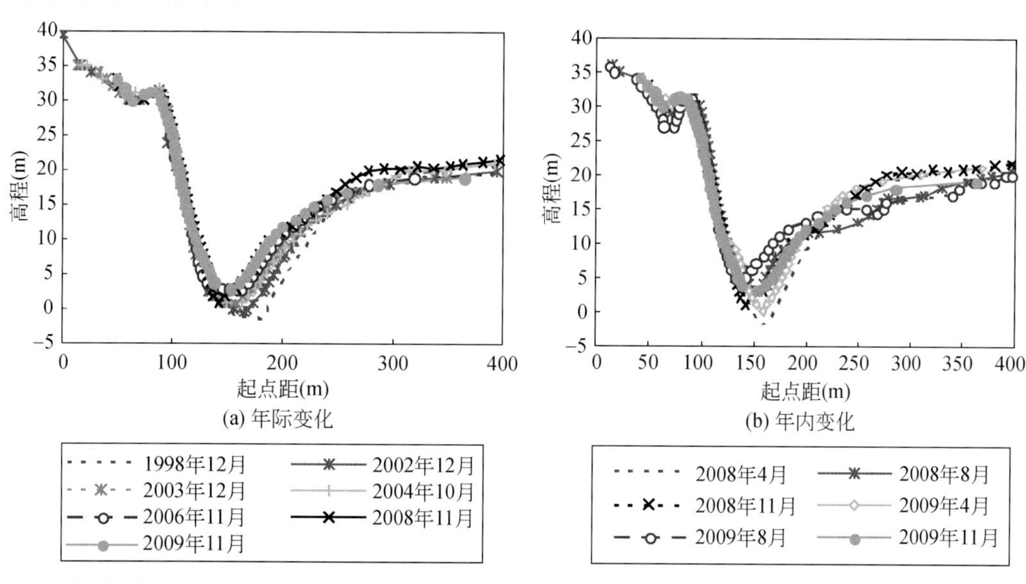

图 9-77 郝龙段龙二渊矶断面年际、年内变化图（桩 710+300）

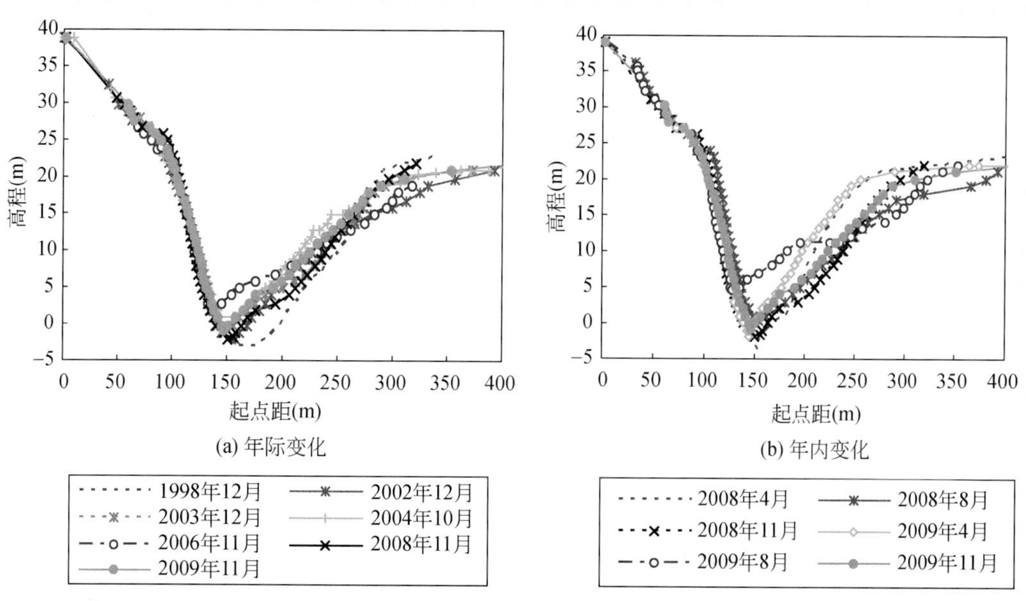

图 9-78 郝龙段铁牛矶断面年际、年内变化图（桩 709+775）

从年内变化来看（图 9-80），1、2 号断面均表现为高水冲刷、枯季淤积；3 号断面 2008 年为汛期冲刷，汛前淤积，年内冲淤变幅为 5.2m，最深点位置汛后外移、汛前内靠。2009 年为汛期冲刷外移、汛后淤积内靠，坡比明显变缓；4 号断面 2008 年表现为汛后冲刷、汛前淤积，最深点位置汛后外移、汛期内靠。2009 年则为汛期冲刷外移、汛后淤积内靠。

(3) *石首河弯*

石首河弯近岸河床冲淤变化较大的主要有向家洲、北门口和北碾子湾等 3 段。

A. 向家洲段

向家洲位于石首河段的上段左岸，该段有护岸守护。选择位于石首弯道上段的荆 92 断面附近的近岸河床进行分析。其特征值的变化及水下坡比如表 9-35 所示，断面近岸河床变化如图 9-81 所示。

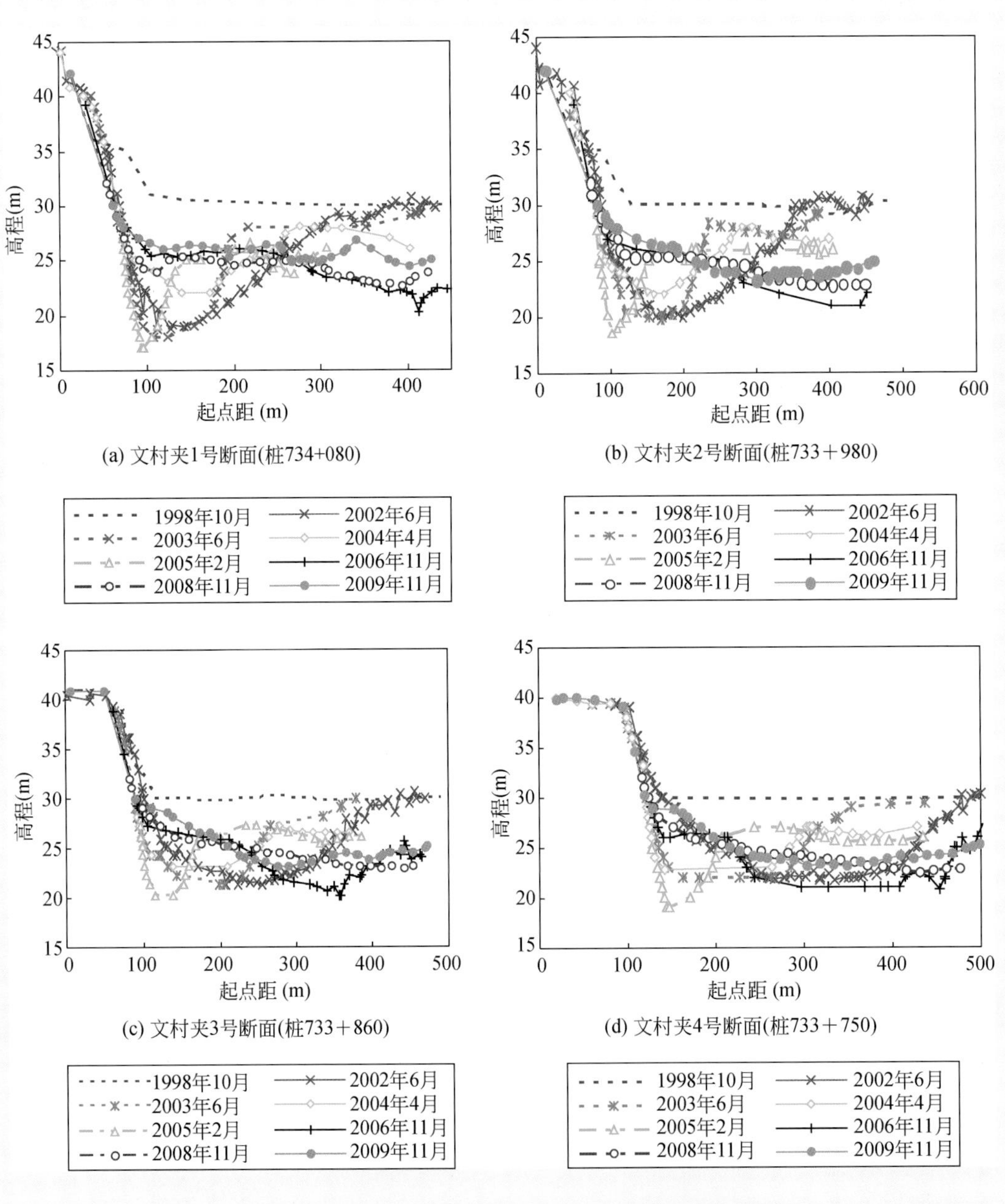

图 9-79　文村夹崩岸段典型断面近岸河床年际变化图

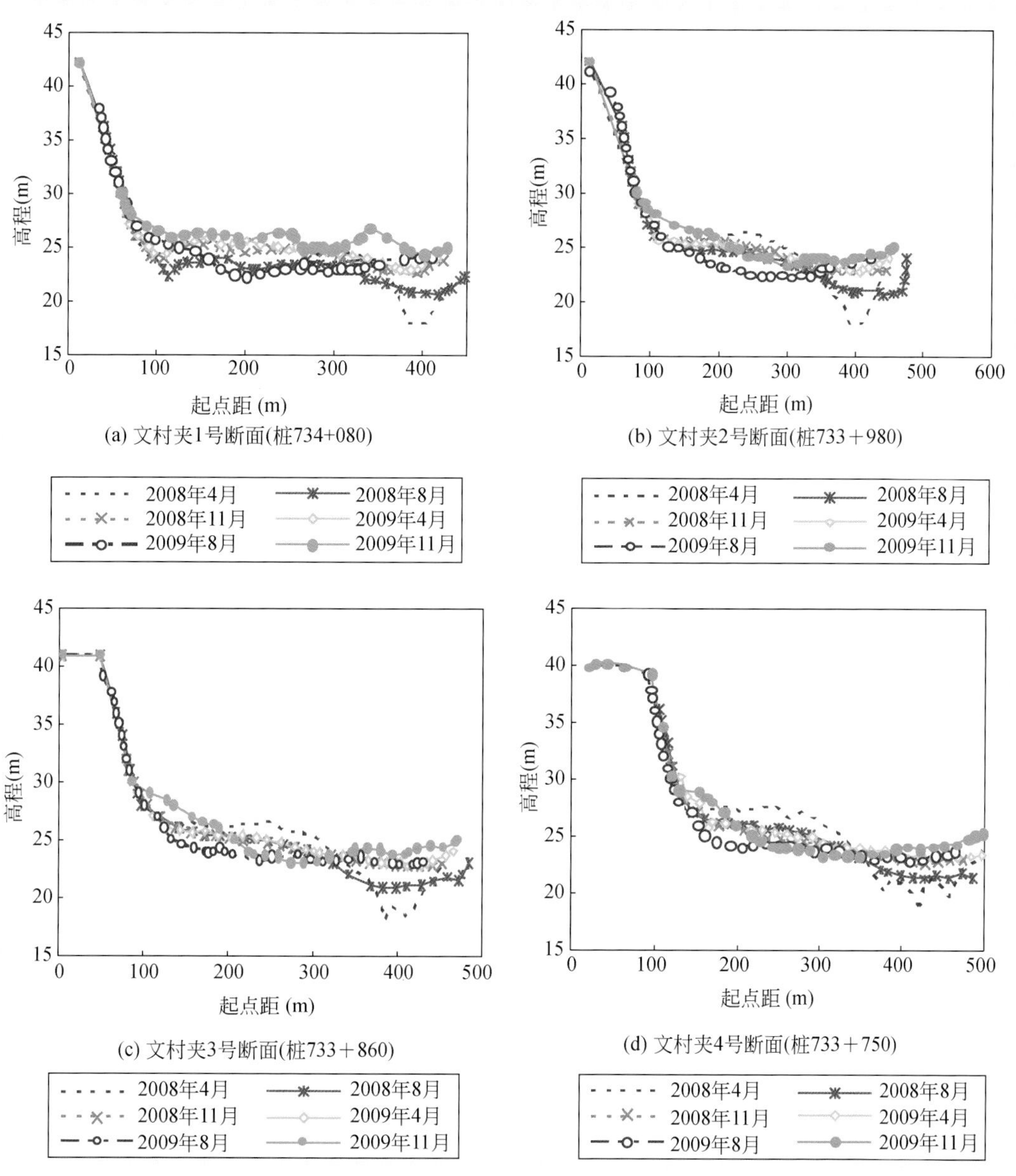

图 9-80　文村夹崩岸段典型断面近岸河床年内变化图

三峡水库蓄水后，近岸河床年内变化特点为汛后淤积，汛期冲刷；冲刷时冲刷坑范围迅速扩大拉长，垂向冲深不大。年际变化主要表现为沿时程冲刷加剧，最深点的相对位置变化不大；冲刷坑的面积在蓄水后扩展；水下坡比变大，岸坡朝不稳定方向发展。

从断面河床冲淤变化来看，主要表现为左岸的崩退，左槽逐渐形成、冲深并左移。1993 年至 1998 年左岸累积崩退约 150m，1998 年后此断面岸线比较稳定。另一个变化特点是，近年左深槽冲淤变化幅度较大。1998 年大水后，左深槽明显冲深，2002 年回淤后，2004 年又明显冲刷，之后由于受到水下抛石的影响，幅度不大，但坡脚在蓄水后内靠，2009 年深槽冲深达近期最低值，但位移有所外移。2009 年比 2002 年冲深 15.9m，最深点位置有所外移，2009 年比 2008 年冲深 2.0m，最深点位置变化不大。

表 9-35　向家洲段近岸河床特征值变化

时间	最深点高程（m）	最深点变化 纵向（荆92）	距标准线（m）	距岸线（m）	荆92断面 冲刷坑面积（5m）	近岸河床水下坡比1：m	备　注
1996年10月	10.4	上230m	180	114	0	5.79	1：10 000 水道地形地图量测成果
1998年10月	0.7	0	254	105	27380	3.76	
2002年9月7日	1.7	上266m	224	124	7 677	3.35	1：2 000 半江地形图量测成果
2002年9月29日	9.8	0	246	108	0	4.71	1：10 000 水道地形地图量测成果
2002年12月9日	6.6	上448m	252	83	0	2.93	1：2 000 半江地形图量测成果
2004年4月30日	1.1	上482m	263	122	4 778	2.21	
2004年7月31日	-1.0	下9m	240	120	38 738	3.74	1：10 000 水道地形地图量测成果
2004年9月1日	-0.1	上100m	267	114	9 689	2.69	1：2000 半江地形图量测成果
2004年11月26日	-1.2	下31m	263	102	20 404	2.58	
2006年4月15日	-0.8	上482m	266	102	6956	3.35	
2006年9月20日	-2.6	上226m	209	109	21 119	2.93	
2006年11月11日	0.1	上297m	228	119	10 213	2.88	
2008年4月19日	-2.2	上46m	268	119	12 708	2.42	
2008年8月23日	-5.2	上15m	270	122	44 059	3.12	
2008年11月19日	-3.5	上71m	265	116	19 113	2.35	
蓄水前	5.8		231	107	7 011	4.11	
蓄水后	-1.5		254	115	18 778	2.83	

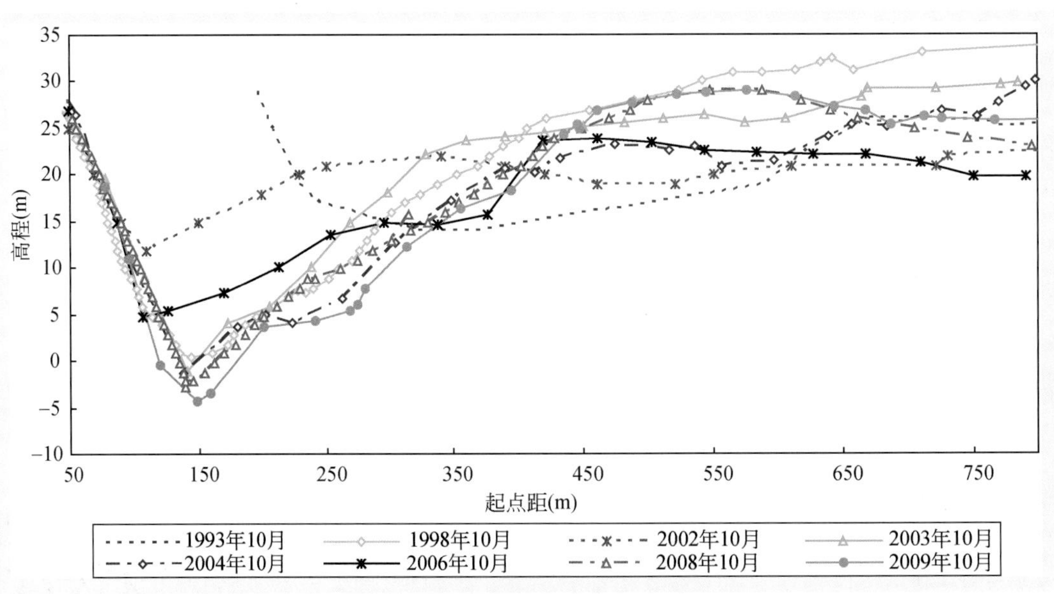

图 9-81　向家洲荆 92 断面变化

B. 北门口护岸段

北门口护岸段位于石首河段的右岸，冲刷坑位于荆 95 附近。2004 年 5 月 26 日～9 月 25 日北门口附近发生崩岸，崩岸长约200m，崩岸发生后水利部门已对该段进行了加固改造。选取5个断面（其对应于桩号分别为桩4+474、桩3+194、桩3+057、桩2+967、桩2+932），对北门口附近冲刷坑和崩岸段近岸河床冲淤变化情况进行分析。各断面近岸水下坡比变化统计如表9-36所示、冲刷坑特征值变化如表9-37所示，近岸河床冲淤变化见图9-82。

由表9-36可见，该段水下坡比在2002年后有所增大，2004年后呈大幅增大态势，岸坡趋于不稳定，特别是北门口崩岸中断面和止点断面的水下坡比最大，2008年水下坡比甚至大于1：2.50，岸坡逐渐失稳。三峡蓄水后与蓄水前比较各断面水下坡比明显变陡，朝不稳定方向发展，有潜在的崩岸险情。

由表9-37可见，三峡水库蓄水后，近岸河床2008年年内变化特点为汛前淤积，汛期冲刷；冲刷时冲刷坑范围迅速扩大拉长，垂向冲深幅度为5~6m。年际变化总体呈冲刷发展状态，表现为先冲刷后淤积再冲刷的态势，冲刷坑最深点高程和面积最大值均出现在2008年汛期。从总体来看，冲刷坑最深点的相对位置变化不大，最深点高程值变小，冲刷坑面积增大。荆95断面附近水下坡比大幅度变陡，朝不稳定方向发展。

从荆95断面近岸河床冲淤变化情况来看（图9-82），主要表现为右岸的崩退及右槽的右移、冲深。右岸的北门滩逐渐冲刷消失，自1993年以来汛期深槽呈逐年冲深态势，2002年达近期最低值，2003年有所抬高，2004年至2009年有冲有淤，幅度为5~6m，水下坡比较大并趋于不稳定。2009年比2002年冲深6.0m，最深点位置变化不大。

表9-36　北门口段水下坡比统计表

时间	荆95（4+474）	北门口崩岸起点断面（3+194）	北门口崩岸中断面（3+057）	北门口崩岸止点断面（2+967）	北门口断面（2+932）
1996年10月	1：3.84	1：5.50	1：4.71	1：4.53	1：5.33
1998年10月	1：4.73	1：4.95	1：4.77	1：4.10	1：4.07
2002年9月	1：2.84	1：4.17	1：2.51	1：2.17	1：3.91
2002年10月	1：2.88	1：5.88	1：5.36	1：3.74	1：3.92
2002年12月	1：3.09	1：4.73	1：3.21	1：3.18	1：3.26
2004年4月	1：3.40	1：4.22	1：2.08	1：2.39	1：2.77
2004年9月	1：2.66	1：3.25	1：3.05	1：2.22	1：3.69
2004年11月	1：2.19	1：4.32	1：2.29	1：2.16	1：3.01
2006年4月	1：3.30	1：5.42	1：2.43	1：2.28	1：2.92
2006年8月	1：2.77	1：4.16	1：2.84	1：2.29	1：3.15
2006年11月	1：2.31	1：4.81	1：2.48	1：2.06	1：2.89
2008年4月	1：2.58	1：4.70	1：2.60	1：1.99	1：2.48
2008年8月	1：1.87	1：3.73	1：2.46	1：1.75	1：2.62
2008年11月	1：2.32	1：3.74	1：2.39	1：1.96	1：2.40
三峡蓄水前	1：3.48	1：5.05	1：4.11	1：3.54	1：4.10
三峡蓄水后	1：2.60	1：4.26	1：2.51	1：2.12	1：2.88

表 9-37　北门口段近岸河床特征值变化

时间	最深点变化 最深点高程（m）	相对位置 纵向（荆95）（m）	距标准线（m）	距岸线（m）	冲刷坑面积（−10m 等高线）（m²）	荆 95 断面近岸河床水下坡比 1∶m	备　注
1996 年 10 月	−7.9	0	180	181	0	3.84	1∶10 000 水道地形地图量
1998 年 10 月	−11.4	上 164m	254	196	9 972	4.73	测成果
2002 年 9 月 6 日	−13.9	上 46m	261	195	23 721	2.84	1∶2 000 半江地形图量测成果
2002 年 9 月 30 日	−15.3	下 22m	247	178	20 081	2.88	1∶10 000 水道地形地图量测成果
2002 年 12 月 8 日	−10.7	下 31m	285	207	0	3.09	
2004 年 5 月 26 日	−11.0	上 102m	261	192	156	3.40	
2004 年 9 月 18 日	−16.9	上 13m	268	194	27 662（不闭合）	2.66	
2004 年 11 月 30 日	−11.4	上 91m	236	161	2 794	2.19	
2006 年 4 月 19 日	−14.1	上 51m	260	201	6 167	3.30	1∶2 000 半江地形图量测
2006 年 8 月 29 日	−10.0	下 342m	228	139	0	2.77	成果
2006 年 11 月 16 日	−14.8	上 54m	246	150	8 679	2.31	
2008 年 4 月 21 日	−11.5	上 92m	249	179	1 241	2.58	
2008 年 8 月 28 日	−16.9	上 14m	260	191	37 102	1.87	
2008 年 11 月 18 日	−14.3	下 228m	255	126	10 660	2.32	
蓄水前	−11.8		245	191	10 755	3.48	
蓄水后	−13.0		251	170	8 350	2.83	

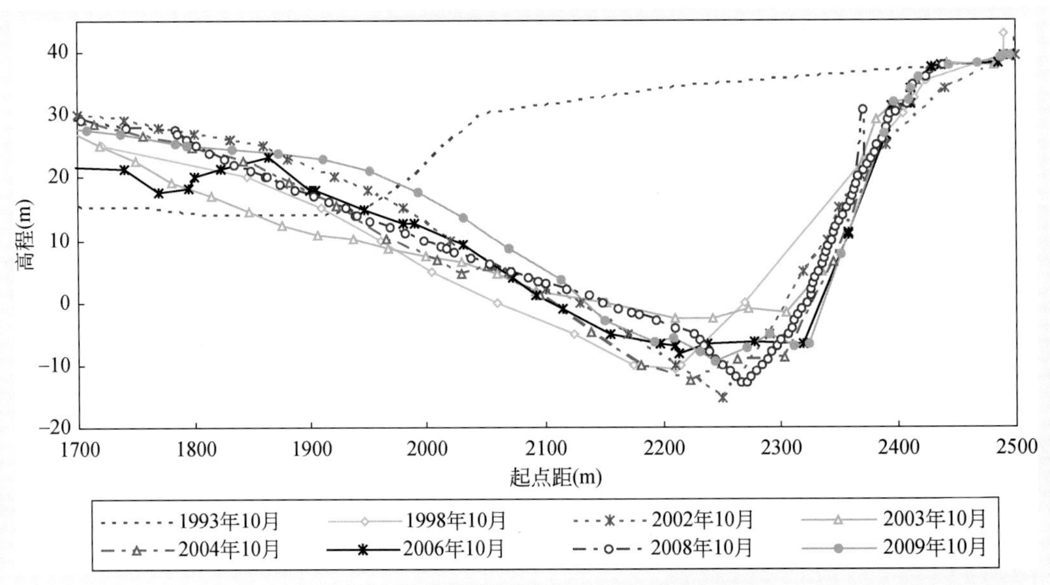

图 9-82　北门口险工段荆 95 半江断面年际变化图

C. 北碾子湾段

北碾子湾段位于石首下游约 10km 的河道左岸，1998 年后该段岸线剧烈崩退，2000 年实施堤防隐蔽工程建设后，岸线剧烈崩退的态势得到缓解。2004 年 4 月 28 日 ~9 月 25 日，渊子口处发生了长约 50m、宽约 10m 的崩岸险情，水利部门目前已对该段进行了加固改造。为分析北碾子湾段的近期河床变化情况及崩岸发展趋势，在冲刷坑和崩岸段选取了7个典型断面进行分析，各断面近岸水下坡比和冲刷坑变化统计分别如表9-38、表9-39（a）和表9-39（b）所示，各断面近岸河床冲淤变化如图9-83（a）和图9-83（b）所示。

从水下坡比变化来看，该段水下坡比在2002年后有所增大，2004年后呈大幅增大态势，岸坡趋于不稳定，特别是荆104断面和荆106断面，2008年水下坡比甚至大于1∶2.50，岸坡逐渐失稳。三峡蓄水后，各断面水下坡比均明显变陡，河道岸线发生崩塌的风险在加大。

三峡水库蓄水后，荆104断面、荆106断面附近局部冲刷坑均呈冲刷发展态势，水流顶冲点下移导致冲刷坑最深点位置也逐渐下移，河床冲刷下切非常明显。其中，荆104断面在三峡水库蓄水前岸线不断崩退，蓄水后深槽冲淤变化不大，深泓紧贴岸边，岸坡极陡，2004年出现崩岸险情，虽及时进行了整险加固，但由于该处仍处于冲刷状态，且2002～2009年最深点位置内靠200多m，极有可能再次出现崩岸险情。

三峡水库蓄水前，荆106断面岸线也不断崩退，深槽左移，现在河床深槽在1993～1998年为顺直浅滩段，后由于主流线顶冲点位置不断下移，岸线的不断崩退，致使原来的顺直浅滩段演变为微弯段，河床不断刷深，1993～2002年岸线崩退175m，深槽冲深11m；蓄水后，深泓贴岸，深槽逐年冲深，2002～2009年深槽冲深2.2m，最深点位置内靠100多m。

综上分析可知，北碾子湾段的深槽离坡脚很近，三峡水库蓄水后岸坡变陡，且顶冲点不断下移，存在崩岸隐患。

表9-38 北碾子湾段水下坡比统计表

时间	北碾子湾断面1	北碾子湾崩岸起点断面	北碾子湾崩岸止点断面	北碾子湾断面2（荆104断面）	北碾子湾断面3	北碾子湾断面4	北碾子湾断面5（荆106断面）
1996年10月	1∶5.42	1∶5.33	1∶6.12	1∶4.58	1∶4.33	1∶5.78	1∶5.38
1998年10月	1∶5.70	1∶6.41	1∶5.50	1∶2.48	1∶4.62	1∶6.21	1∶4.70
2002年9月	1∶4.76	1∶6.33	1∶4.00	1∶3.32	1∶2.79	1∶3.35	1∶3.75
2002年10月	1∶3.51	1∶5.06	1∶4.65	1∶2.90	1∶3.41	1∶2.59	1∶4.79
2002年12月	1∶5.30	1∶4.01	1∶3.37	1∶3.18	1∶2.62	1∶3.00	1∶3.20
2004年4月	1∶5.91	1∶6.35	1∶4.42	1∶2.60	1∶2.31	1∶2.91	1∶2.29
2004年9月	1∶2.95	1∶4.13	1∶3.46	1∶2.56	1∶2.76	1∶4.36	1∶2.85
2004年11月	1∶3.33	1∶6.78	1∶3.72	1∶2.82	1∶2.69	1∶3.68	1∶2.64
2006年4月	1∶4.63	1∶3.36	1∶3.28	1∶2.38	1∶2.83	1∶3.33	1∶2.76
2006年8月	1∶5.08	1∶4.56	1∶2.84	1∶2.44	1∶2.70	1∶3.25	1∶2.68
2006年11月	1∶6.21	1∶5.07	1∶4.78	1∶2.30	1∶2.58	1∶3.27	1∶3.84
2008年4月	1∶5.29	1∶3.36	1∶2.87	1∶2.04	1∶2.61	1∶2.40	1∶2.27
2008年8月	1∶4.68	1∶4.87	1∶4.07	1∶2.29	1∶2.66	1∶2.53	1∶2.30
2008年11月	1∶4.87	1∶4.24	1∶5.30	1∶2.20	1∶2.63	1∶2.63	1∶2.49
蓄水前	1∶4.94	1∶5.43	1∶4.73	1∶3.29	1∶3.55	1∶4.19	1∶4.36
蓄水后	1∶4.77	1∶4.75	1∶3.86	1∶2.40	1∶2.64	1∶3.15	1∶2.68

表 9-39（a） 北碾子湾（荆 104 断面）段近岸河床特征值变化

时间	最深点变化				冲刷坑面积（5m 等高线）(m^2)	荆 104 断面近岸河床水下坡比	备　注
	最深点高程（m）	纵向（荆 104 断面）(m)	相对位置距标准线（m）	距岸线（m）			
1996 年 10 月	10.2	下 321	804	399	0	1∶4.58	1∶10 000 水道地形地图量测成果
1998 年 10 月	7.0	下 1077	678	250	0	1∶2.48	
2002 年 9 月 11 日	4.6	下 1184	366	184	11 123	1∶3.32	1∶2000 半江地形图量测成果
2002 年 10 月 1 日	4.5	下 1021	246	173	7 273	1∶2.90	1∶10 000 水道地形地图量测成果
2002 年 12 月 5 日	5.5	上 167	304	91	0	1∶3.18	
2004 年 4 月 28 日	1.5	下 1061	237	86	4 292	1∶2.60	
2004 年 9 月 4 日	1.5	下 1072	247	97	18 539	1∶2.56	
2004 年 11 月 29 日	−1.4	上 26	284	95	54 631	1∶2.82	
2006 年 4 月 17 日	−2.6	下 111	277	107	116 047	1∶2.38	1∶2000 半江地形图量测成果
2006 年 8 月 31 日	−2.2	下 1226	275	106	139 157	1∶2.44	
2006 年 11 月 14 日	−3.6	下 1755	333	112	116 103	1∶2.30	
2008 年 4 月 17 日	1.6	上 476	401	101	41 832	1∶2.04	
2008 年 8 月 26 日	1.0	下 1074	255	101	32 785	1∶2.29	
2008 年 11 月 17 日	1.1	下 1112	259	88	42 101	2.20	
蓄水前	6.4		480	219	3 679	1∶3.29	
蓄水后	−0.3		285	99	56 862	1∶2.40	

表 9-39（b） 北碾子湾（荆 106 断面）段近岸河床特征值变化

时间	最深点变化				冲刷坑面积（5m 等高线）(m^2)	荆 106 断面近岸河床水下坡比	备　注
	最深点高程（m）	纵向（荆 106 断面）(m)	相对位置距标准线（m）	距岸线（m）			
1996 年 10 月	8.5	下 1000m	374	180	0	1∶5.38	1∶10 000 水道地形地图量测成果
1998 年 10 月	10.4	上 730m	635	527	0	1∶4.70	
2002 年 9 月 12 日	5.5	上 383m	188	128	0	1∶3.75	1∶2000 半江地形图量测成果
2002 年 9 月 30 日	5.4	下 430m	243	164	0	1∶4.79	1∶10 000 水道地形地图量测成果
2002 年 12 月 5 日	5.4	上 165m	320	210	0	1∶3.20	
2004 年 4 月 28 日	5.8	上 466m	175	84	0	1∶2.29	
2004 年 9 月 4 日	3.7	上 464m	174	87	1 733	1∶2.85	
2004 年 11 月 28 日	3.7	上 430m	174	97	1 288	1∶2.64	
2006 年 4 月 16 日	4.7	下 23m	255	94	238	1∶2.76	1∶2000 半江地形图量测成果
2006 年 8 月 30 日	2.3	下 63m	253	82	36 096	1∶2.68	
2006 年 11 月 16 日	3.1	下 102m	264	80	14 297	1∶3.84	
2008 年 4 月 16 日	2.8	下 66m	265	92	6 990	1∶2.27	
2008 年 8 月 25 日	0.4	下 461m	256	121	2 924	1∶2.30	
2008 年 11 月 16 日	0.2	下 105m	275	95	47 283	1∶2.49	
蓄水前	7.04		352	242	0	1∶4.36	
蓄水后	3.88		232	92	12 317	1∶2.68	

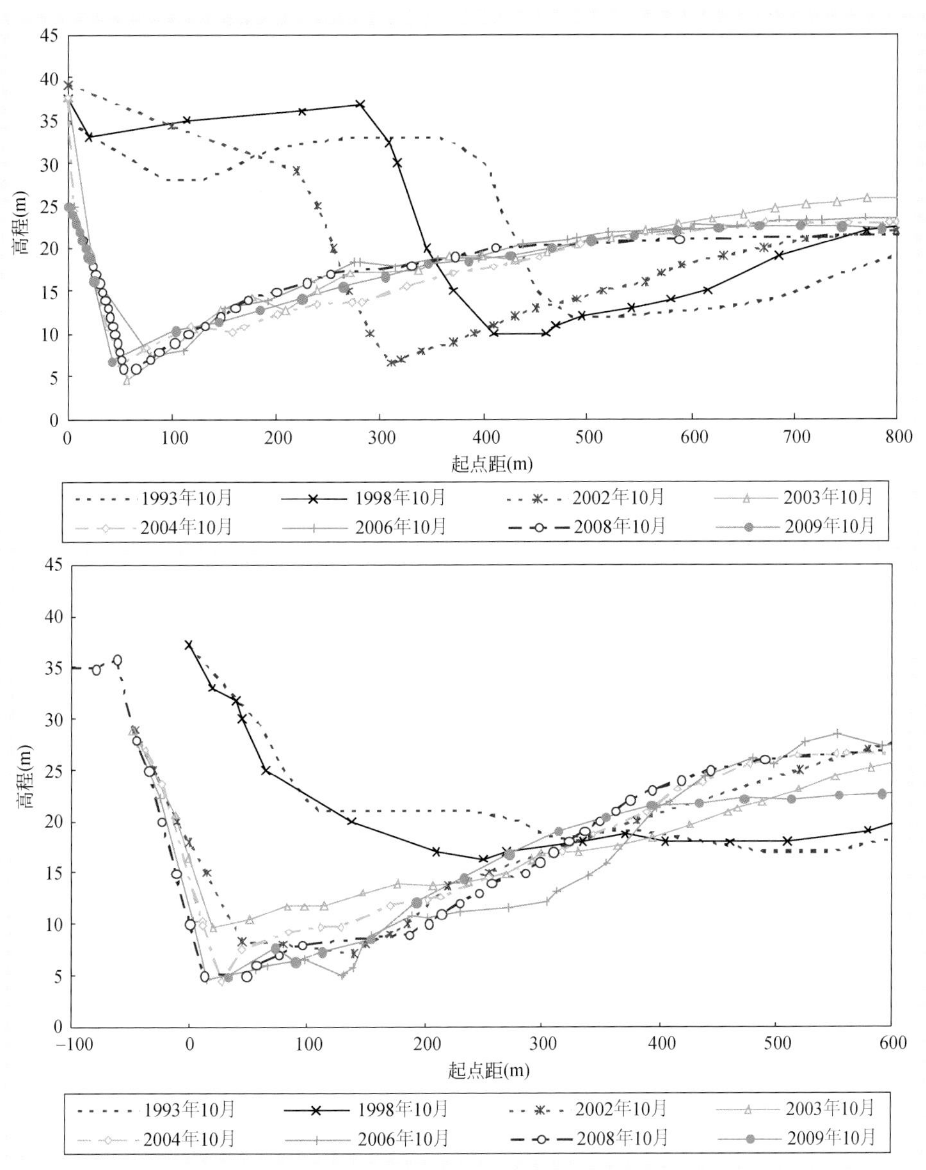

图 9-83（b） 北碾子湾险工段荆 106 半江断面年际变化图

（4）七弓岭段

七弓岭位于监利河段内八姓洲河弯凹岸，至 1997 年护岸长 6.4km。1998 年和 1999 年洪水后，有关部门对原有护岸段进行了加固，崩岸段实施了削坡护岸。为分析七弓岭段的近期河床变化情况，在冲刷坑和岸坡较陡段选取 6 个断面进行分析。

从近岸河床水下坡比变化来看（表 9-40），2002 年以来，由于近岸河床冲刷、岸坡明显变陡，特别是 2008 年水下坡比甚至大于 1∶2.50。

从冲刷坑变化来看（表 9-41），三峡水库蓄水后，冲刷坑冲刷发展，且最深点位置逐渐下移。年内变化则主要表现为汛期冲刷、汛前淤积，最深点位置汛期内靠、汛后外移。

从各断面近岸河床冲淤变化情况来看，近岸河床均以冲刷为主。荆 180 年位于七弓岭崩岸险工段的弯顶处，深槽居右，坡岸一直较陡，多年来深泓有冲有淤，1993 年以前深泓摆动不定，1993 年以后深泓稳定在右岸，中部淤积成边滩，最大冲淤幅度达 12m 左右，三峡蓄水后深槽右移向近岸靠拢。

2009 年比 2002 年冲深 3.9m，最深点位置向近岸内靠 100 多米［图 9-84（a）］。

荆 181 断面于七弓岭崩岸险工段的弯顶的下段，深槽居右，坡岸一直很陡，1993 年以来，岸线一直向右（南）断面崩塌后退，至 2002 年岸线崩退约 200m，深槽位置也一直右移，最深点高程 1998 年达近期最低值。2002 年以来至 2004 年，由于实施了护岸，至今断面形态位置稳定，深槽也基本稳定。2009 年比 2002 年淤高 1.1m，最深点位置变化不大［图 9-84（b）］。

综上分析可见，三峡水库蓄水后，七弓岭段近岸深槽刷深，护岸尾段岸线剧烈崩退，对岸八姓洲岸线逐渐崩退。如果护岸尾端不进行加固整治，崩岸将会在护岸尾端向上下游延伸。从 2006 年的深泓线走向看，该段护岸尾端深泓南移，造成观音洲顶冲点下移。

表 9-40　七弓岭段水下坡比统计表

时间	断面 1	断面 2	断面 3	断面 4	断面 5	断面 6
1996 年 10 月	1∶5.15	1∶3.97	1∶2.96	1∶3.69	1∶2.48	1∶2.91
1998 年 10 月	1∶5.94	1∶2.96	1∶3.00	1∶3.12	1∶2.41	1∶5.84
2002 年 9 月	1∶2.66	1∶2.67	1∶3.12	1∶3.00	1∶2.65	1∶3.72
2002 年 10 月	1∶4.91	1∶4.13	1∶3.18	1∶3.05	1∶2.81	1∶4.30
2002 年 12 月	1∶3.75	1∶2.92	1∶2.67	1∶2.16	1∶2.69	1∶3.37
2004 年 4 月	1∶4.11	1∶3.58	1∶2.27	1∶2.04	1∶3.02	1∶2.81
2004 年 9 月	1∶3.37	1∶3.67	1∶3.49	1∶2.44	1∶2.79	1∶3.65
2004 年 11 月	1∶3.78	1∶2.97	1∶2.70	1∶2.66	1∶2.17	1∶2.74
2006 年 4 月	1∶3.72	1∶2.55	1∶2.48	1∶2.12	1∶2.10	1∶2.38
2006 年 8 月	1∶3.86	1∶2.57	1∶2.34	1∶2.08	1∶2.22	1∶3.35
2006 年 11 月	1∶3.41	1∶2.55	1∶2.88	1∶2.02	1∶2.02	1∶2.71
2008 年 4 月	1∶3.10	1∶2.73	1∶2.85	1∶2.22	1∶2.04	1∶2.49
2008 年 8 月	1∶3.70	1∶2.88	1∶2.62	1∶2.25	1∶2.27	1∶3.32
2008 年 11 月	1∶3.74	1∶2.73	1∶2.54	1∶2.17	1∶2.45	1∶3.20
蓄水前	1∶4.48	1∶3.33	1∶2.99	1∶3.00	1∶2.61	1∶4.03
蓄水后	1∶3.64	1∶2.91	1∶2.69	1∶2.22	1∶2.34	1∶2.96

表 9-41　七弓岭段近岸河床特征值变化

时间	最深点变化				冲刷坑面积（-5m 等高线）（m^2）	七弓岭断面 4 近岸河床水下坡比	备　注
	最深点高程（m）	相对位置 纵向（七弓岭断面 4）(m)	相对位置 距标准线（m）	相对位置 距岸线（m）			
1996 年 10 月	-9.5	上 242	157	132	146 238	1∶3.69	1∶10 000 水道地形地图量测成果
1998 年 10 月	-11.7	上 36	202	138	21 227	1∶3.12	
2002 年 9 月 12 日	-11.0	上 23	206	134	206 250	1∶3.00	1∶2 000 半江地形图量测成果
2002 年 9 月 30 日	-9.3	下 162	171	141	98 161	1∶3.05	1∶10 000 水道地形地图量测成果
2002 年 12 月 5 日	-10.1	下 187	204	130	87 506	1∶2.16	
2004 年 4 月 28 日	-11.3	上 7	170	96	3 979	1∶2.04	1∶2 000 半江地形图量测成果
2004 年 9 月 4 日	-11.5	下 32	208	136	260 079	1∶2.44	
2004 年 11 月 28 日	-2.0	上 37	196	125	0	1∶2.66	

时间	最深点变化				冲刷坑面积（-5m 等高线）（m^2）	七弓岭断面 4 近岸河床水下坡比	备 注
	最深点高程（m）	相对位置 纵向（七弓岭断面 4）（m）	相对位置 距标准线（m）	距岸线（m）			
2006 年 4 月 16 日	-8.5	上 43	182	113	7 068	1：2.12	
2006 年 8 月 30 日	-9.9	上 44	185	117	32 083	1：2.08	
2006 年 11 月 16 日	-11.4	上 41	204	132	36 996	1：2.02	1：2000 半江地形图量测成果
2008 年 4 月 9 日	-7.9	下 32	184	112	2 972	1：2.22	
2008 年 8 月 28 日	-9.8	下 295	129	98	141 336	1：2.25	
2008 年 11 月 11 日	-8.6	上 157	209	113	1 656	1：2.17	
蓄水前	-10.3		188	135	111 876	1：3.00	
蓄水后	-9.0		185	116	54 019	1：2.22	

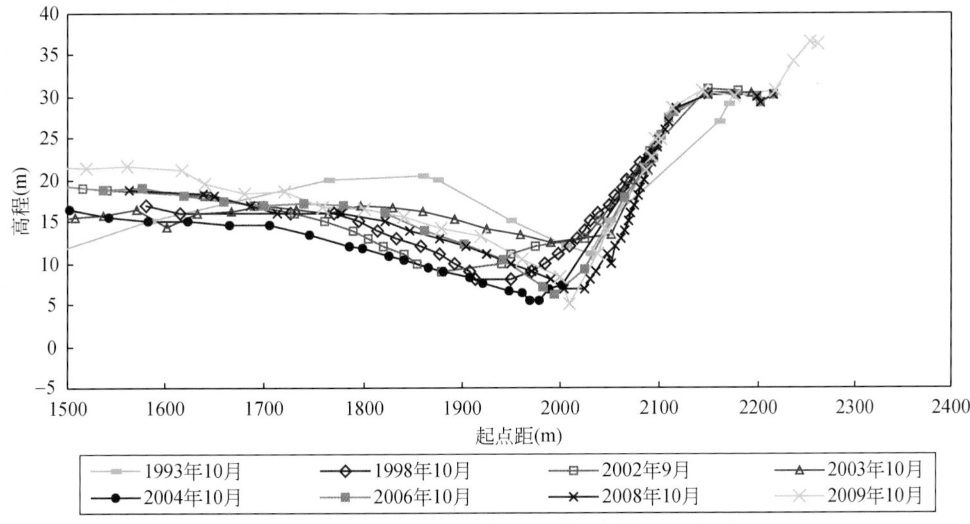

图 9-84(a)　七弓岭险工段荆 180 断面半江断面年际变化图

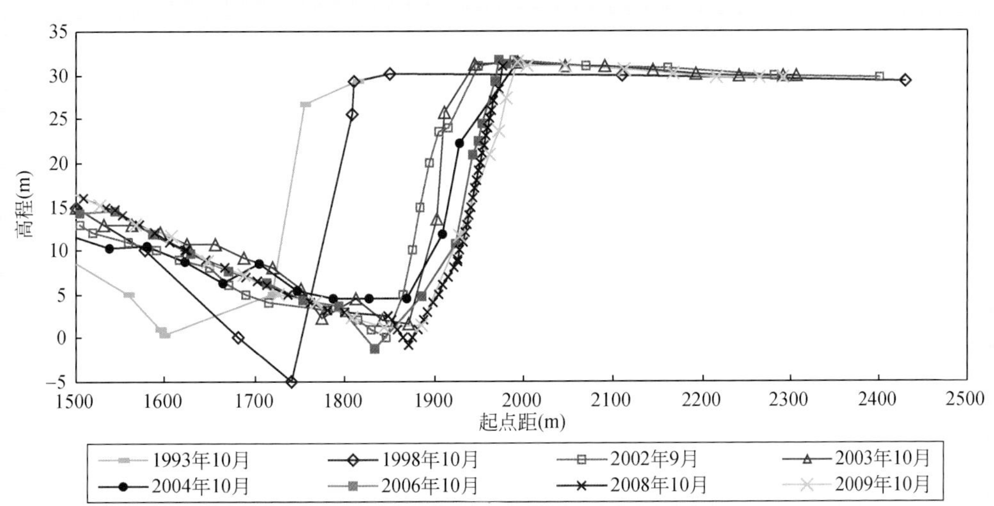

图 9-84(b)　七弓岭险工段荆 181 断面半江断面年际变化图

9.2.3 城陵矶至汉口河段

城陵矶至汉口河段简称城汉河段，上起荆江与洞庭湖出口交汇处城陵矶，下至长江中游重要城市武汉，全长约275km（图9-85）。河道发育在扬子准地台上，受地质构造的影响，城陵矶至武汉河段自西南走向东北。城汉河段承接长江干流荆江河段和洞庭湖来水，河段左岸有东荆河、汉江、沦水等支流，右岸有陆水、金水等支流入汇。其中，左岸的汉江是长江最大的支流。城汉河段两岸分布着一连串大小湖泊，面积在10km^{2}以上的湖泊左岸有洪湖、大沙湖、后官湖、后湖、武湖等，右岸有龙感湖、野湖、黄盖湖、密泉湖、西梁湖、斧头湖、鲁湖、汤逊湖、东湖等湖泊，其中左岸的洪湖最大，面积约402km^2。

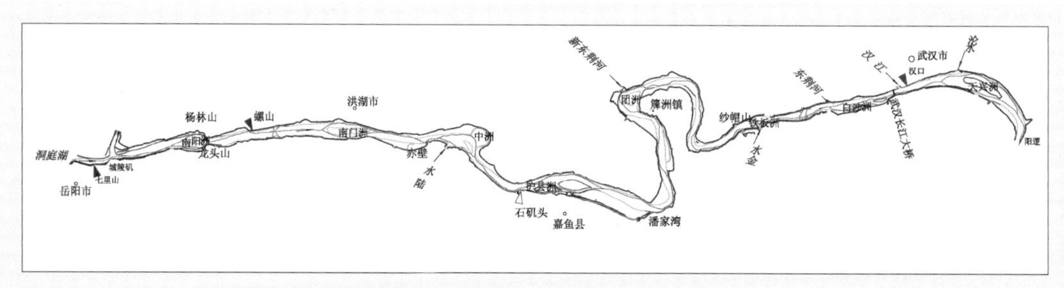

图9-85 长江中游城陵矶至汉口河段河势图

河段内自上而下沿程分布有南阳洲、南门洲、中洲、护县洲、团洲、铁板洲、白沙洲、天兴洲等江心洲。河道两岸或为低山节点控制或为堤防约束，左岸有白螺矶、杨林矶、螺山、纱帽山、大军山、小军山、沌口矶、龟山、谌家矶、阳逻等节点，右岸有城陵矶、道人矶、龙头山、赤壁、石矶头、赤矶山、龙船矶、石咀、蛇山等节点。这些节点沿江分布，或两岸对峙、或一岸突出，纵向直线间距5～40km不等，对河型的形成和河势变化起着控制作用。河段两岸岸坡以亚黏土亚砂土质为主，而洲滩岸坡以粉细砂为主河段岸坡结构多变，抗冲强度不均；河段床沙组成以细沙为主。

根据河段地理位置、河道特性以及控制节点等因素，习惯上将城汉河段划分为6个子河段，自上至下分别为：白螺矶河段（城陵矶至杨林山段，21.4km）、界牌河段（杨林山至赤壁段，51.1km）、陆溪口河段（赤壁至石矶头段，24.6km）、嘉鱼河段（石矶头至潘家湾段，31.9km）、簰洲河段（潘家湾至纱帽山段，76.6km）、武汉（纱帽山至阳逻段，70.3km）。

城陵矶至武汉河段宽窄相间，宽处分汊，窄处单一，按河道平面形态特征，河道可划分为微弯单一型、弯曲型和分汊型三种河型。两岸对峙的节点常为河道束窄的锁口。连续几对间距不大的节点对峙时，河型成藕节状顺直分汊。如城陵矶至洪湖河段和金口至沌口河段，有3、4对节点对峙，纵向间距7～15km，河道比较顺直，成藕节状分汊。两岸节点交错时，常发育微弯分汊河型，如青山与阳逻交错，形成天兴洲，滩面高且滩体大。一岸有一个或多个节点挑流，而凹岸土质抗冲能力弱时，弯顶常发育成鹅头型，如陆溪口河段中洲。当节点纵距较远时，对河道的控制作用较弱。如其间土质松软，河道摆动通常较大，易发育成弯曲型河道。如簰洲湾河段，为长江中游典型弯道，右岸嘉鱼的石矶头节点至金口的赤矶山直线距离约40km，其间土质松软，河道平面摆动大。

近100年来，城汉河段总体河势基本稳定，河道演变的主要特点是深泓左右摆动，江心洲的形成或冲淤，以及分汊河段分流点的上提下移和主、支汊的交替等。

三峡水库蓄水运用前，河段近期河道演变主要表现为：不稳定的分汊段如界牌河段和陆溪口河段鹅头型汊道等，主流摆动频繁，洲滩、深槽冲淤相间，主支汊兴衰交替，洲滩合并或切滩、江心洲并岸等现象时有发生；稳定分汊河段如白螺矶河段，主支汊冲淤大多呈单向发展或周期性变化，但主支汊地位相对稳定。其河床冲淤大致可以分两大阶段：第一阶段为1975～1996年，河床持续淤积，累计淤积泥沙2.738亿m^3，年均淤积量为0.13亿m^3；第二阶段为1996～2001年，河床以冲刷为主，累计冲刷泥沙1.665亿m^3，年均冲刷量为0.333亿m^3。1998年洪水期间，河段内高滩部分1996～1998年淤积泥沙2.41亿m^3；1998年大水后，1998～2001年中低滩淤积泥沙0.24亿m^3。其中，河段内白螺矶河段、陆溪口河段、武汉河段等受两岸节点控制明显，主流基本稳定，河床冲淤基本平衡，界牌河段南门洲汊道段分流点上提、下移交替，江心洲、滩切割或合并，洲体上提下移及左、右摆动较为频繁，深槽位置不定。

三峡水库蓄水运用后，城汉河段河势基本稳定，但河床纵向冲刷明显，2001年10月至2011年10月其平滩河槽冲刷量为0.925亿m^3，其中枯水河槽冲刷量为0.909亿m^3，占总冲刷量的98%。从河道冲刷沿程分布来看，嘉鱼以上河段河床冲淤总体平衡，其中白螺矶河段、界牌河段略有冲刷，陆溪口河段则有所淤积；嘉鱼以下河段河床普遍冲刷，尤以武汉河段冲刷最为明显。

河床纵向深泓冲刷较大的有白螺矶河段、界牌河段。白螺矶河段左汊局部最大下切10m，右汊局部最大下切7m；界牌河段的赤壁山附近冲刷10m左右；陆溪口河段在石矶头节点附近冲淤交替幅度较大，2006年深泓高程下切至-24.6m左右，而2008年时又淤积至-16.0m左右。

1. 白螺矶河段

白螺矶河段是下荆江与洞庭湖来水的汇流区，上迄城陵矶洞庭湖长江汇流处，下至杨林山，全长21.4km。河段进口为城陵矶单侧节点，中间和河段出口分别有白螺矶-道人矶、杨林山-龙头山对峙节点控制。在两对对峙节点之间，水流流速变缓，泥沙落淤形成江心洲—南阳洲。第四纪的松散沉积物在本河段两岸均有分布，右岸为冲积砾石层或沙砾层、夹沙层或黏土、淤泥层，前第四系基岩也有出露；而左岸上部主要分布为黏土、亚黏土和亚砂土，下部为沙层，局部夹淤泥或砾石。

三峡水库蓄水运用前，受两岸节点控制，河段内主流相对稳定，河床冲淤基本平衡，南阳洲和荆河脑边滩有所淤积发展。三峡水库蓄水运用后，河道平面形态、深泓线、岸线基本稳定，荆河脑边滩与南阳洲连为一体，面积扩大。河床冲淤主要表现为“冲槽淤滩”，2001年10月至2011年10月枯水河槽冲刷量为0.135亿m^3，但枯水位以上河槽淤积泥沙0.143亿m^3。

（1）河道平面变化

1）岸线变化。该段天然节点较多，左岸有白螺矶、杨林山，右岸低丘成带，紧靠岸边分布城陵矶、擂鼓台、道人矶、龙头山等山体或礁石，对河道起着较明显控制作用，多年来河道两岸20m等高线变化较小。20世纪70年代后期，随江湖汇流点逐步下移偏靠右岸，而右岸城陵矶附近地质情况较好，由耐冲性较强的黏土层组成，岸线基本稳定，但仙峰洲由江心洲演变为依附左岸边滩，位于城陵矶下游的右岸永济垸岸线有所崩退，岸滩最大崩退约60m；南阳洲洲体20世纪以来淤高展宽，左汊呈缓慢淤积趋势，右岸近岸河床发生冲刷，陆城垸崩岸时有发生，1966～1998年岸线后退20～50m。1998年大水后经过长江重要堤防隐蔽工程建设，目前该段右岸岸线基本稳定（图9-86）。

2）深泓线变化。1959～1981年，河道内深泓线始终靠右，并且受节点的控制明显，致使主流的平面位置多年变动不大，只在南阳洲部分主流线稍有摆动，这是与这一部分河道放宽及上游沙滩下移右岸有潜洲出现相联系的；而在洞庭湖与下荆江来水的交汇区，主流线平面位置变化较大。1981年以后，在白螺矶至道人矶对峙节点以上河段，深泓线位置相对稳定，始终靠近右岸而行。这主要是由于白螺矶河段上游进口河段为洞庭湖与下荆江来水的汇流区，洞庭湖来水平稳进入本河段，下荆江来水则基本垂直从左岸进入本河段，逼向右岸的城陵矶，而右岸由于地质条件良好，多年以来没有大的改变，致使主流线的平面位置多年来都没有太大的变化（图9-87）。

道人矶与杨林山河段之间，由于南阳洲的存在，导致河道分汊，右汊为主航道。南阳洲左汊进口处深泓线变动较大，1998～2010年主泓左摆幅度最大近600m左右，且分流点下移，而南阳洲右汊深泓线摆动较小，呈现较为稳定的态势；1998～2010年左右汊深泓线汇流点均位于杨林山至龙头山一带，汇流点位置相对较为稳定，见图9-87。

从整体上来说，由于该河段天然地理位置及较好的边界条件，三峡水库蓄水运用前后，本河段主流线的平面位置基本保持相对稳定态势，只是在南阳洲左汊局部深泓线变化较为明显。

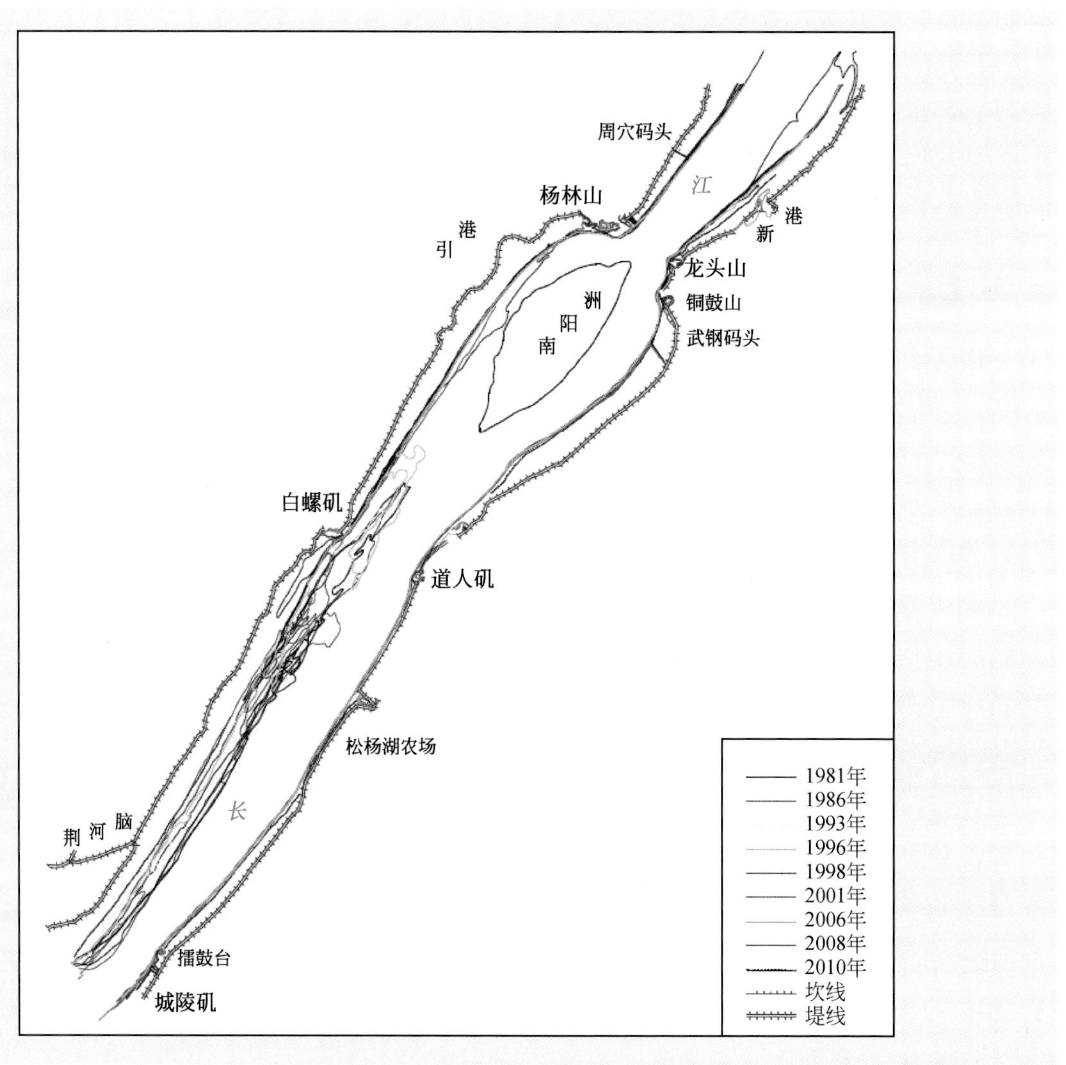

图9-86　白螺矶河段岸线（20m等高线）变化

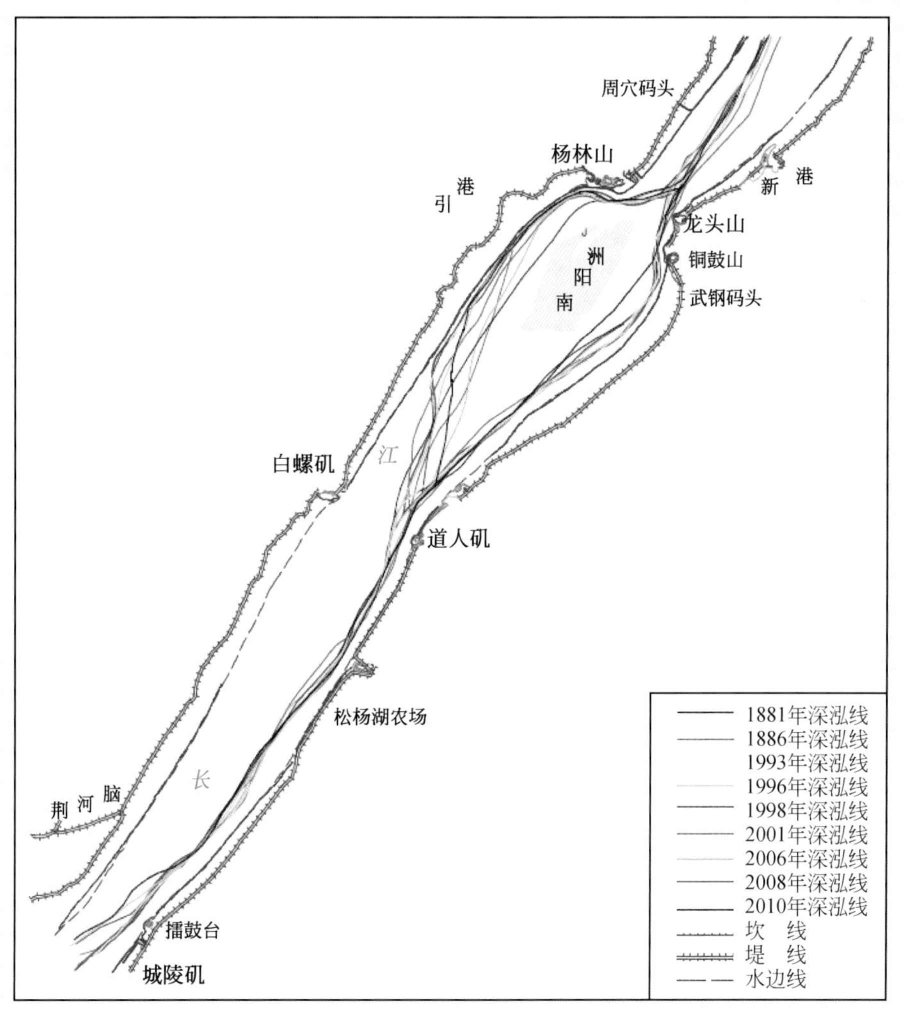

图 9-87 白螺矶河段深泓线平面变化

（2）河床纵向变化

河段深泓纵剖面呈冲淤交替（图 9-88），如城陵矶至白螺矶区间，蓄水前（1981 ~ 2001 年）总体表现为小幅度淤积，最大淤高 5m 左右，而蓄水后又表现为冲刷下切；南阳洲左汊在 1981 ~ 1996 年冲深相对明显，最大下切深度约 9m，1996 年后表现为淤积抬高，局部区域河底高程大致回到 1981 年的水平；而右汊的演变与左汊大致相反，1981 ~ 1996 年深泓高程最大抬高约 9m，1996 年以后下切深度最大为 6m 左右。

三峡水库蓄水后，2001 ~ 2006 年南阳洲左汊发生淤积，局部最大抬高约 7m，右汊变化较小；2006 ~ 2008 年，南阳洲左右汊均有冲刷下切，左汊最大冲刷约 10m，右汊约 7m。

（3）洲滩变化

白螺矶河段有仙峰洲和南阳洲。仙峰洲位于道人矶节点上游，其变化表现为冲淤交替，淤积时发育形成江心洲，冲刷时萎缩为边滩或边滩式江心洲。1970 年，仙峰洲为江心滩，20m 等高线的滩长、滩宽分别为 3277m、649m，面积为 1.43 km^2，洲顶高程 23.5m。下荆江裁弯后，江湖汇流段河床呈冲刷状态，仙峰洲遭遇冲刷，江心滩逐渐被冲刷切割而演变为边滩，1998 年时滩顶高程仅为 20.5m；1998 年以后仙峰洲转为逐渐淤积发育，至 2008 年时其 20m 等高线包围的面积达到 1.7km^2左右，洲顶高程略高于1970年。

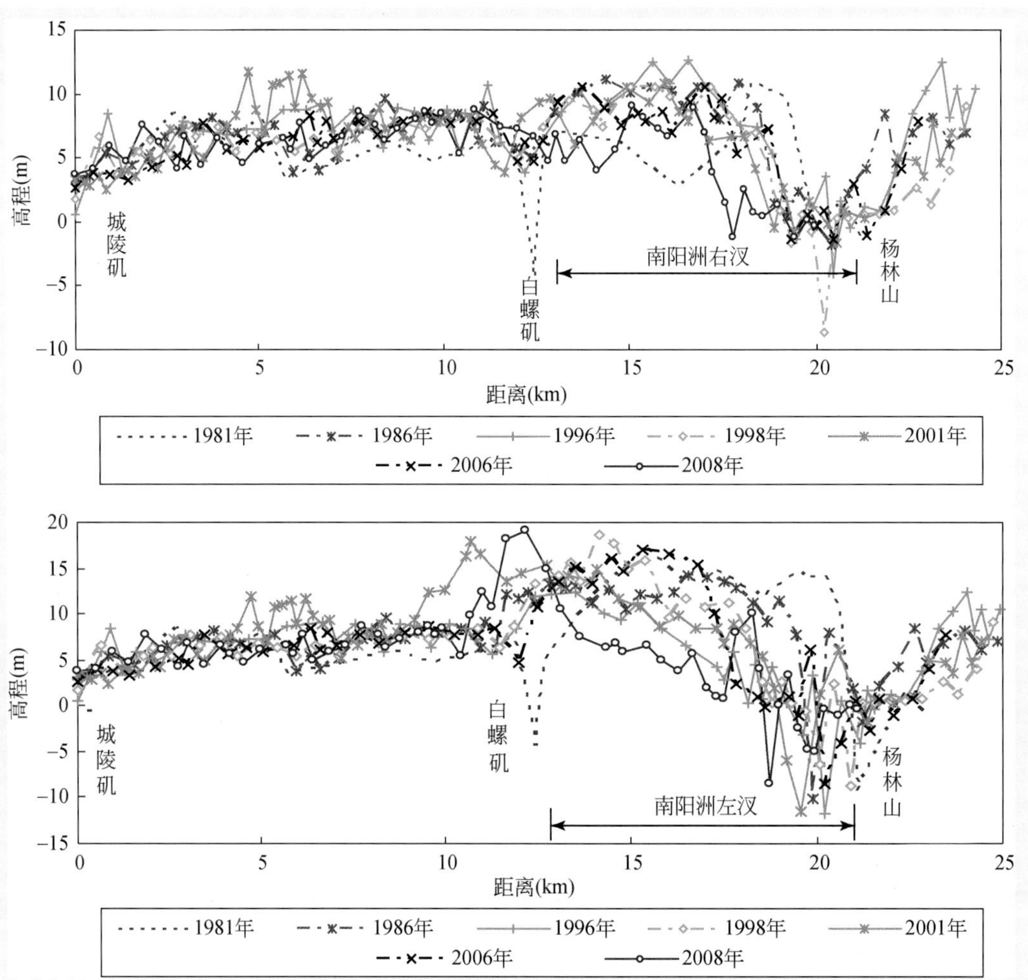

图9-88 白螺矶河段深泓纵剖面变化

南阳洲是本河段最大的江心洲，几十年来总体上呈淤积发展的变化规律（表9-42和图9-89），1981～2008年，该洲除了1998年长江特大洪水发生冲刷萎缩外，其余年份均表现为淤积且近期有加剧的趋势。尽管其中心位置没有发生明显变化，1981～2001年，其20m等高线包围的面积由2.03km^{2}增大到3.84km^2。三峡水库蓄水运用后，南阳洲继续淤长，2001～2008年南阳洲面积增大至4.22km^2。

表9-42 南阳洲平面形态基本要素表（20m等高线）

年份	洲长（km）	洲宽（km）	面积（km^2）	洲顶高程（m）	备注
1981年6月	3.84	0.84	2.03	29.1	
1986年5月	3.68	0.88	1.99	24.5	
1993年11月	4.51	1.45	3.81	28.7	
1996年10月	4.42	1.32	4.24	31.5	
1998年10月	0.60	0.11	0.04	21.1	洲1
	3.90	1.26	3.39	32.2	洲2
2001年10月	4.06	1.42	3.84	31.2	
2003年4月	4.63	1.33	4.11	31.8	
2006年10月	4.05	1.65	4.36	32.0	
2008年4月	3.89	2.54	4.22	31.8	
2010年7月	4.04	1.34	3.84	31.5	

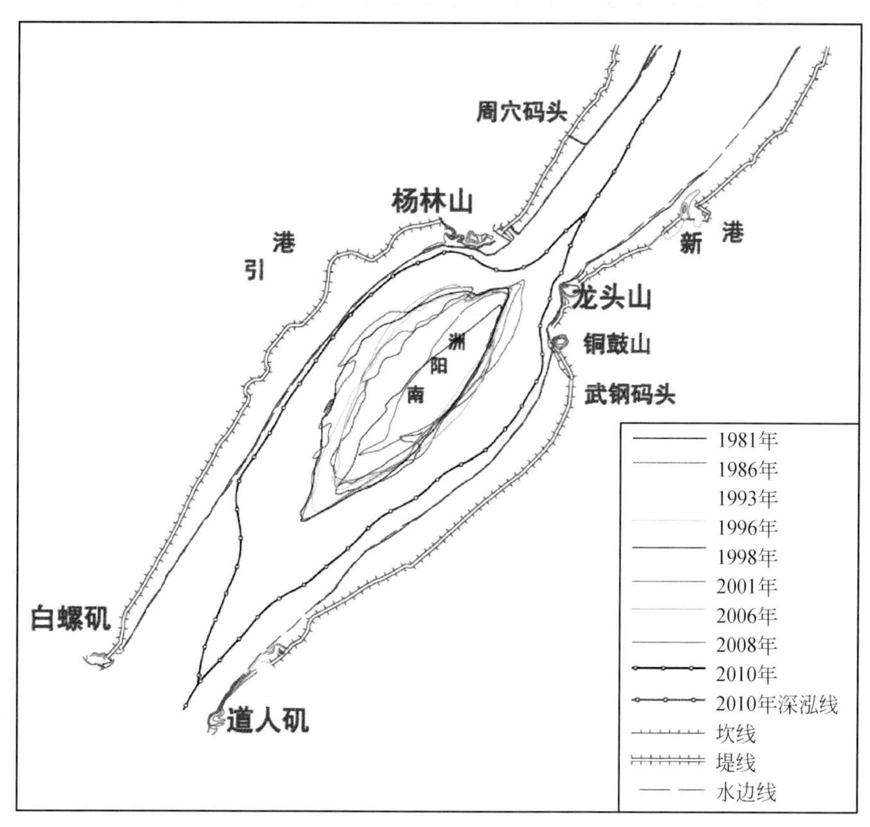

图 9-89　白螺矶河段南阳洲（20m 等高线）平面变化

（4）河床断面形态变化

白螺矶河段中对峙节点附近断面窄深，如 CZ05 断面，位于杨林山—龙头山对峙节点附近，而在上下游节点之间，河道展宽，断面宽浅，如 CZ02-1 断面（白螺矶上游 2km）和白螺矶与杨林山节点之间的 CZ04-1 断面（南阳洲），其宽深比为 5 左右。近 30 年来，白螺矶河段断面形态总体上未发生明显变化，三峡水库蓄水后各断面有不同程度的下切，但幅度较小［图 9-90（a）和图 9-90（b）］。

2. 界牌河段

界牌河段位于长江中游，上起湖北省洪湖杨林山，下至赤壁市赤壁山，全长 51.1km。河段为顺直分汊型，左、右岸交替出现边滩，江中有新洲、南门洲等江心洲。河段内节点较多，入口有杨林山、龙头山对峙节点，出口右岸有赤壁山，中间有螺山、鸭栏对峙节点。河段左岸堤防为洪湖大堤，右岸为咸宁长江干堤。在主流顶冲堤段、堤外滩地狭窄与堤外无滩处，筑有矶头、平顺护岸及丁坝等防洪工程。其中，右岸护岸工程长约 30km，1974 年在鸭栏矶头的基础上，修建了长 100m 的丁坝一座；左岸有朱家峰和叶王家洲两处护岸工程。河段内涵闸、泵站等水利设施众多，左岸有螺山泵站、马家闸、新堤大闸、新堤老闸、石码头泵站、腰水闸，右岸有鸭栏闸、新洲脑闸、孙家门闸、群英闸、赤壁闸。其中，新堤大闸控制洪湖入长江的出口，规模最大，设计流量为 800m^3/s。河段两岸地质组成为二元结构，上层为第四纪全新世松散沉积物，在高程 10～20m 以上为黏土、亚黏土、亚砂土，厚度为 10～20m；下层为砂土，厚度约为 20～40m。河床主要为中砂和细砂组成。

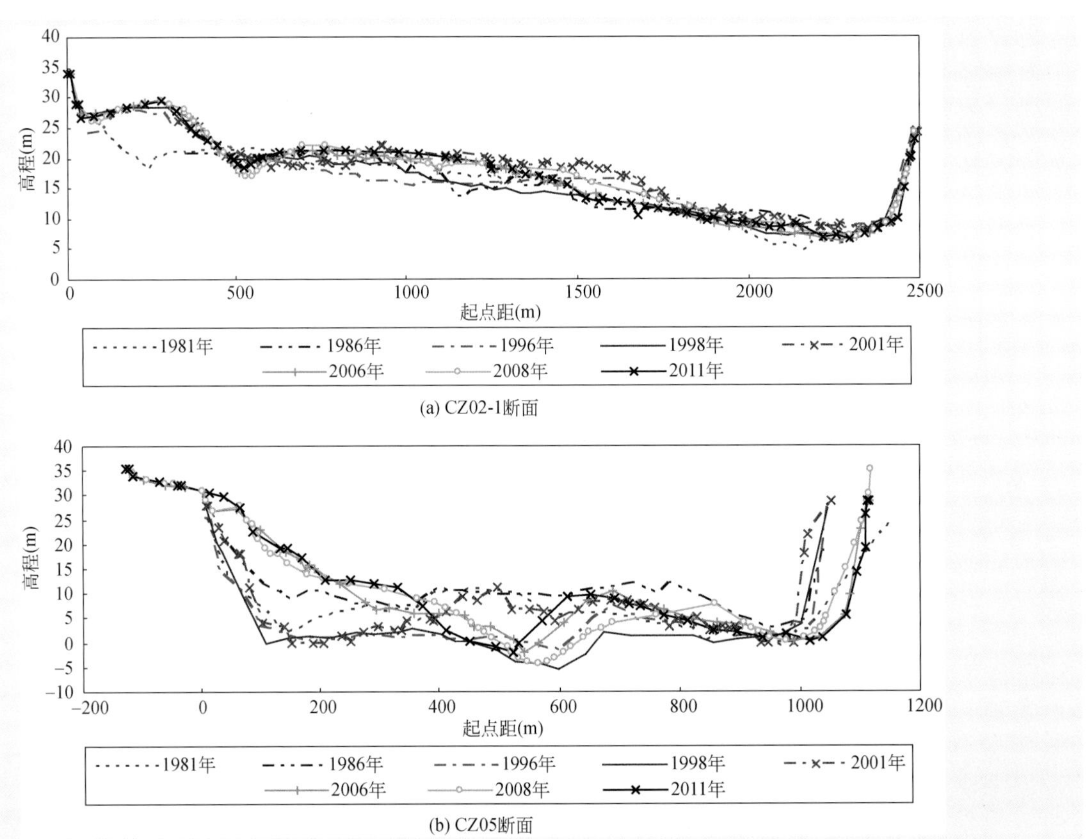

图 9-90　白螺矶河段典型断面变化图（1981 ~ 2011 年）

1998 年大水后完成了以确保监利洪湖长江干堤和岳阳长江干堤的防洪护岸工程，长度约为 15. 98km。1994 ~ 1999 年，水利部和交通部共同协实施了界牌河段综合治理工程，工程项目主要包括新淤洲洲头鱼嘴工程、新淤洲与南门洲锁坝工程、右岸上边滩的 14 座丁坝，并对右岸长旺洲至大清江 12. 8km、左岸界牌 9. 7km 的岸段进行了守护。同时，为了抓住当前形成的有利滩槽形态，对过渡段低滩进行守护，控制合适的过渡段位置，促进形成稳定过渡，工程内容包括：过渡段低滩守护工程，即采取鱼嘴和鱼刺护滩形式对新淤洲前沿过渡段低滩进行守护，包括 Y#1、Y#2、Y#3 三条护滩带；左岸护岸工程，对左岸下复粮洲一带长 1000m 的岸线（含 154m 过渡段）进行守护；右岸护岸加固工程，对右岸上篾洲附近长 4000m 的已护岸线进行抛石加固。

三峡水库蓄水前，杨林山至石码头过渡段主流摆动频繁，南门洲汊道段分流点上提、下移交替，江心洲滩切割或合并，洲体上提下移及左、右摆动较为频繁，深槽位置不定，1981 ~ 2001 年河床有冲有淤，平滩河槽总体淤积泥沙 0. 192 亿 m^3，且以中、低滩淤积为主，淤积主要集中在 1981 ~ 1993 年，淤积量为 0. 576 亿 m^3；三峡水库蓄水运用后，河道两岸岸线基本稳定，过渡段、南门洲分流区以及汊道内深泓平面摆动较大，南门洲洲体冲刷，右汊冲深，左汊变化不大；新洲洲体冲刷且左摆；河床有冲有淤，但总体表现为冲刷，2001 年 10 月至 2011 年 10 月平滩河槽冲刷泥沙 0. 027 亿 m^3。

（1）河道平面变化

三峡水库蓄水运用前，1981 ~ 2001 年界牌河段岸线稳定，深泓线平面变化则主要表现为过渡段（杨林山至石码头段，长约 38km）摆动频繁、南门洲汊道段分流点上提下移交替（图 9-91）。1981 年时，南门洲左右汊分汊点靠右岸新河脑与叶家墩之间；此后，分汊点左摆并下移，1993 年时已经位于左岸复粮洲附近，靠向左岸的同时下移近3km；1998～2001年，分汊点又上移约3.7km，大致回到1981年的位置略上游。

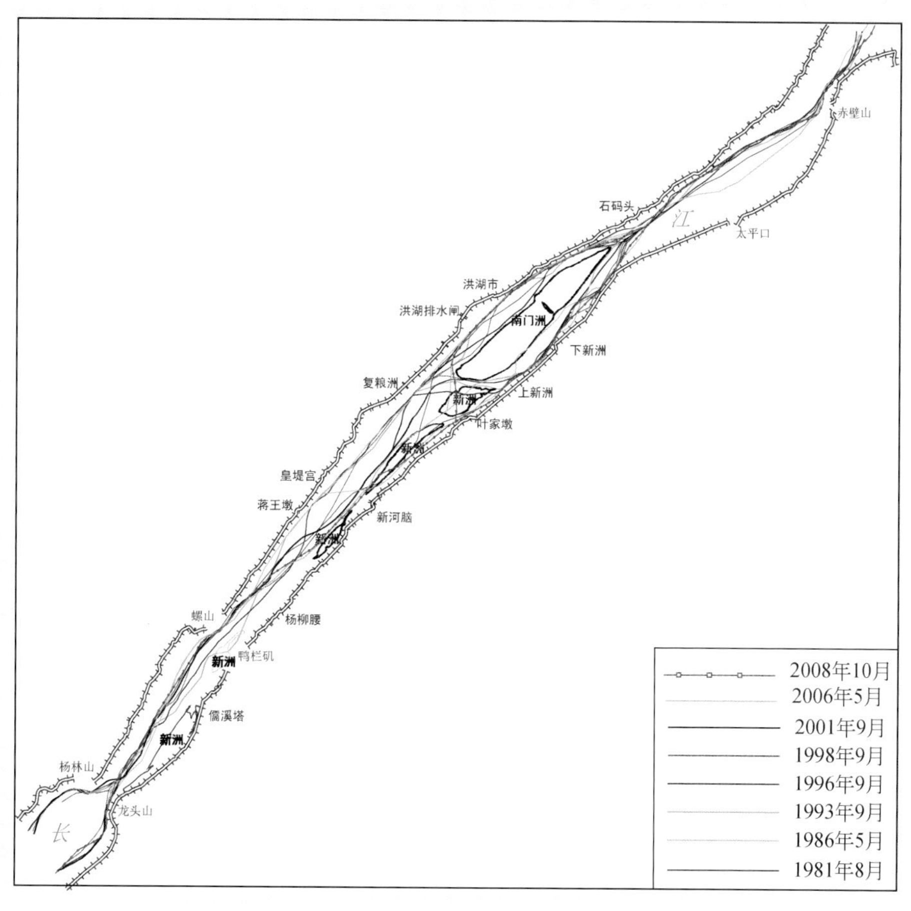

图9-91　界牌河段深泓线平面变化图

三峡水库蓄水后，由于叶家墩附近的新洲发生冲刷，南门洲分流点并向右摆动至叶家墩，与2001年比较下移3.2km。南门洲左右汊交汇点平面摆动相对较小，历年大致位于石码头附近，近期左右汊道内深泓平面位置基本稳定。石码头至赤壁山之间长约11km的河段内，在2001年前深泓靠左岸下行，并在赤壁山上游约1km处过度到右岸，历年来摆动幅度不大，但2001～2006年，此段深泓向右摆动，至太平口附近，深泓已经位于河道中间，并下行至赤壁山附近，2008年深泓又基本回到原来的位置。赤壁山为本河段的天然节点，此处深泓历年稳定在右岸。

（2）河床纵向变化

从河床深泓纵向冲淤变化来看（图9-92），杨林山至新河脑段（长约17km）1981～2008年总体变化不大，但经历了先淤后冲的过程，1981～1996年以淤积为主，1996～2001年为冲刷但幅度不大；三峡水库蓄水运用后冲刷幅度有所加剧，最大冲深达10m以上。

南门洲分汊过渡段（新河脑至南门洲分汊点，长约为6km），河床纵向变化频繁，1981～1996年河床以冲刷下切为主，最大冲深近15m，1996～2001年略有回淤，但淤积幅度不大；三峡水库蓄水运用后，南门洲洲头附近冲刷明显，2001～2008年河床冲深约10m。

南门洲左汊内河床表现为“淤积—冲刷”，1981～1998年南门洲左汊淤积，最大淤厚约12m，平均淤积 5m；左汊分流比大幅度减小。1998 ~ 2001 年则为冲刷，2001 年深泓高程与 1981 年相近；三峡水库蓄水运用后，南门洲左汊总体上表现为小幅度冲刷，河床高程较 2001 年平均降低 2m 左右，局部区域河床下切接近 20m，分流分沙比大致保持在 50% 左右。

右汊则表现为"冲刷-淤积"，1981 ~ 1996 年深泓高程降低约 20m，1996 年以后右汊为淤积，河床抬高 15m 左右，三峡水库蓄水运用后右汊仍表现为冲淤交替，但变化幅度较小，2008 年河床高程与 2001 年相当。

石码头至赤壁山段 1981 ~ 2001 年深泓则平均抬高近 8m，三峡蓄水后总体上稳定，但在太平口附近淤积近 10m，而在赤壁山附近冲刷 10m 左右。

(3) 洲滩变化

本河段内主要有南门洲和新洲等江心洲。南门洲由原来的篾洲和南门洲合并而成，新洲由顺流向靠右岸排列数个大小不等的小洲滩组成。

南门洲变化主要表现为江心洲、滩切割与合并。1981 ~ 1998 年篾洲、南门洲合并形成新的南门洲，洲体面积变化较小，但洲顶高程则由 28.8m 抬高至 31.8m（表 9-43）；1998 ~ 2001 年南门洲则略有淤长。三峡水库蓄水后，南门洲发生了小幅冲刷，洲体面积比 2001 年减小 8.3%，洲体下段左缘 20m 岸线冲刷崩退约 140m，其余区域变化不大。

新洲由顺流向排列的大小不等的数个小洲滩组成，是在界牌河段右岸边滩以长沙咀的形式逐渐向下游延伸发展的基础上，经过主泓过渡段的摆动，水流将边滩切割而成的。

1981 年在儒溪附近的边滩就是新洲的雏形，当时边滩紧靠右岸，分汊不明显，但中低水滩顶出露，实际上是边滩式江心洲。1981 ~ 1986 年，由于上游河段南阳洲左右汊汇合后主流线向右摆动，致使本洲遭受冲刷，滩顶高程降低到 20m 以下。洲体不断冲刷产生大量泥沙，随水流运动在本河段鸭栏矶和杨柳腰附近靠右岸落淤，并形成新的洲体。1986 年在鸭栏矶附近出现新的新洲，但 1986 ~ 1993 年，洲体逐渐冲刷下游，在下游杨柳腰至叶家墩河段形成数个大小不等的心滩或边滩，洲滩总面积增加幅度较大，这些心滩或边滩靠向右岸，河道主槽靠左。1993 ~ 2001 年，新洲维持着上游冲刷下游淤积的演变趋势，但速度有所减缓。

三峡蓄水后，新洲的变化主要表现为新河脑以下洲体冲刷较为明显。2006 年时，新河脑至南门洲洲头之间的小洲体冲刷萎缩，面积减小为 0.52 km^2，而靠近南门洲的小洲体向左岸摆动了 1.4km 左右，且面积减小为 0.82 km^2。2008 年在新河脑附近形成了新的新洲，面积约为 0.69 km^2。

表 9-43 南门洲洲滩特征统计表（20m 等高线）

年份	最大洲长（m）	平均洲长（m）	最大洲宽（m）	平均洲宽（m）	面积（km^2）	滩顶高程（m）
1981	10 455	6 182	1 700	1 005	10.51	28.8
1986	11 261	6 729	1 871	1 118	12.59	洲顶未测
1993	9 632	5 386	2 230	1 247	12.01	29.0
1996	9 306	6 772	1 512	1 100	10.24	30.0
1998	9 309	6 590	1 519	1 075	10.01	31.8
2001	9 310	6 919	1 493	1 110	10.33	洲顶未测
2006	9 513	6 671	1 496	1 049	9.98	30.9
2008	9 181	1 031	1 514	6 255	9.47	30.7

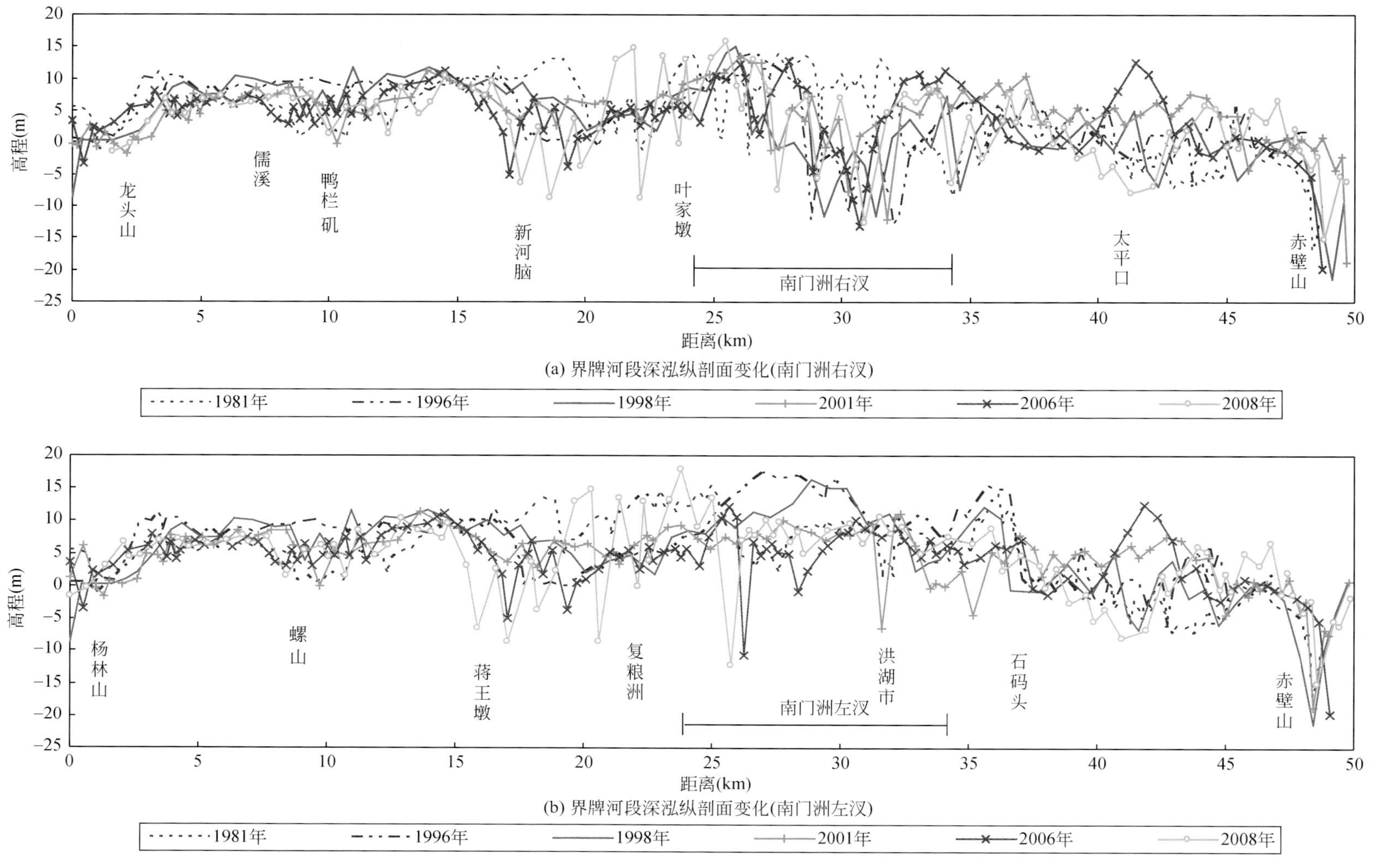

(a) 界牌河段深泓纵剖面变化(南门洲右汊)

(b) 界牌河段深泓纵剖面变化(南门洲左汊)

图 9-92 界牌河段深泓纵剖面变化图

（4）南门洲分流分沙

由于南门洲左汊经历了“淤积-冲刷”，而右汊经历“冲刷-淤积”的过程，汊道分流分沙也相应增加或减小。以左汊为例，在 20 世纪 80 年代，左右汊分流分沙基本持平，其中左汊分流略大于 50%，分沙略小于 50%。此后，左汊分流分沙比大幅度减小，最枯季节减小更为明显，如 1997 年 1 月 28 日实测左汊分流比仅为 1.4%，分沙比为 0.3%。1998 年前后，这一格局发生了变化，由于“左冲右淤”，左汊分流分沙比又大幅度增加，2002 年 11 月份时左汊分流分沙比分别达到 56% 和 72%。

三峡水库蓄水运用后，南门洲左右汊分流分沙格局没有发生本质性变化，但左汊分流分沙比略有减小，大致维持在各 50% 左右。

（5）河床断面形态变化

界牌河段河床断面表现为主河床随着洲滩的变化而冲淤交替，两岸岸坡基本稳定。在洲滩区域的断面冲淤变化较大，如南门洲断面（界 Z3-3 断面），螺山潜洲断面（螺山水文站测验断面），而在节点控制较好的单一河道断面，较为稳定，如赤壁山附近的 CZ09 断面。洲滩区域表现为洲顶高程抬高，而两侧汊道有冲有淤。高程低于平滩水位的潜洲或滩面，由于滩顶高程抬高，断面向宽浅方向发展，如儒溪附近的 CZ06 断面，1981 ~ 2008 年断面宽深比由 3.75 增加到 4.98，螺山断面由 2.96 增加到 3.96；而高程高于平滩水位的江心洲由于洲体淤积，平滩水位对应的河宽减小，断面向窄深方向变化，如南门洲界 Z3-3 断面，宽深比由 6.66 减小为 4.03。三峡水库蓄水后，河床断面总体上仍表现为冲淤交替，形态没有发生大的变化，南门洲右汊淤积幅度相对较大［图 9-93（a）~图 9-93（d）］。

3. 陆溪口河段

陆溪口河段上起赤壁山、下至石矶头，长约 24.6km。上段赤壁山至宝塔洲为鹅头分汊段，长约为 11.8km；下段宝塔洲至石矶头为顺直单一段，长约为 12.8km。本段进口左岸为乌林矶，右岸为赤壁山节点控制。江水流经赤壁山后，分别进入左、中、右三汊，于宝塔洲汇合后进入顺直单一河段。本河段进口因有赤壁山卡口，河宽约为 1100m，汊道段最大河宽达 6200m，汇流段则河宽又缩窄至 1100m。

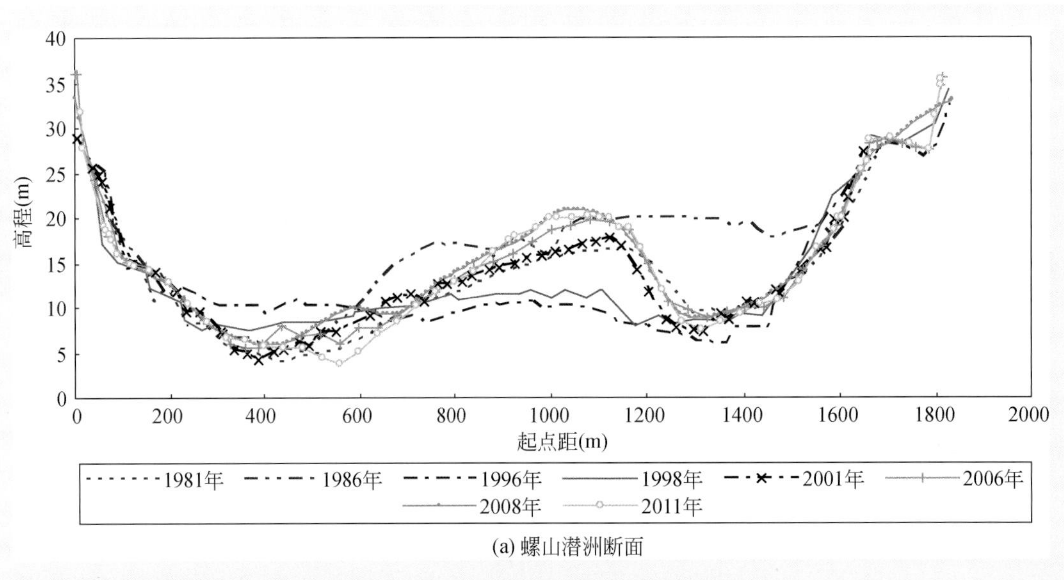

(a) 螺山潜洲断面

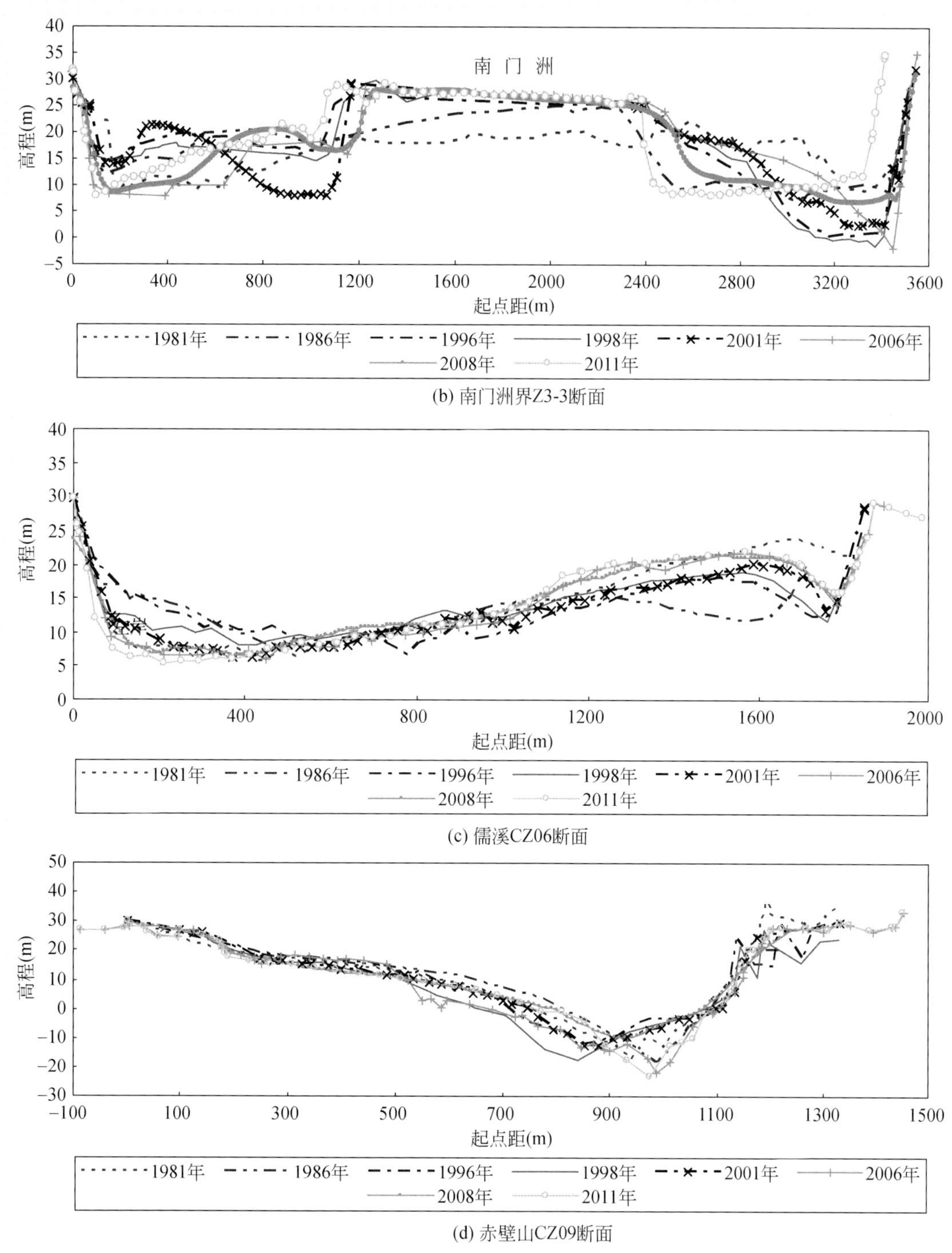

(b) 南门洲界Z3-3断面

(c) 儒溪CZ06断面

(d) 赤壁山CZ09断面

图 9-93　界牌河段典型断面变化图（1981～2011 年）

本河段洲滩多变、航槽不稳定，是长江中游主要碍航水域之一。1998 年洪水后，完成了以监利洪湖长江干堤防洪护岸工程，长度约为 11.72km。2004 年年末至 2008 年，长江航道局对陆溪口河段进行了整治，在新洲布置洲脊顺坝、鱼嘴顺坝、串沟锁坝等一系列整治建筑物，并对中洲弯道顶点以上进行守护。整治工程实施后，中汊航道基本达到了整治标准。

三峡水库蓄水前，河段内主流摆动频繁，但近期主泓基本稳定在中汊，中汊进口处和宝塔洲附近大幅刷深，陆溪口和左汊则淤积明显，宝塔洲至石矶头河床冲淤变化不大。1976～2001 年，河床累计淤积泥沙 0.192 亿 m^3，淤积集中在中洲汊道段，宝塔洲至石矶头段则冲刷泥沙 0.0848 亿 m^3。

三峡水库蓄水后，陆溪口河段总体格局未发生明显变化，河床冲淤表现为“槽淤滩冲”，2001 年 10 月至 2011 年 10 月枯水河槽淤积泥沙 0.075 亿 m^3，枯水位以上河槽则冲刷泥沙 0.011 亿 m^3。2004 年年末至 2008 年，长江航道局对陆溪口河段进行了整治，在新洲布置洲脊顺坝、鱼嘴顺坝、串沟锁坝等一系列整治建筑物，并对中洲弯道顶点以上进行守护。整治工程实施后，中汊航道基本达到了整治标准。

（1）河道平面变化

受上游赤壁山挑流作用，水流过赤壁后被挑至左岸，进入中洲汊道，多年来主流一直走中汊（其中 1986 年存在四股水流，主流走紧靠右岸的新淤洲右汊）。近几十年来，陆溪口河段在中洲附近深泓平面变化相对较大，主要为分汊点位置上提、下移变化较大，汊道内深泓摆动明显（图 9-94）。分汊点历年顺流向变化幅度约 3.2km，其中以 1981～1986 年变化较大，其余时段变化较小，三峡水库蓄水运用后这种变化规律没有发生较大的变化。中洲中汊深泓位置总体上看是逐渐右移，其中以 1981～2001 年变化明显，累计摆动幅度约 1000m。三峡水库蓄水运用后，中洲中汊深泓位置仍在继续右移，2001～2006 年深泓右移约 100m，2006～2008 年则逐渐趋于稳定。

中洲汊道段三股汊流在宝塔洲下游汇合后，沿右岸而行，除 1998 年深泓摆动稍大外，多数年份变化不大，特别是在石矶头节点附近，深泓稳定。

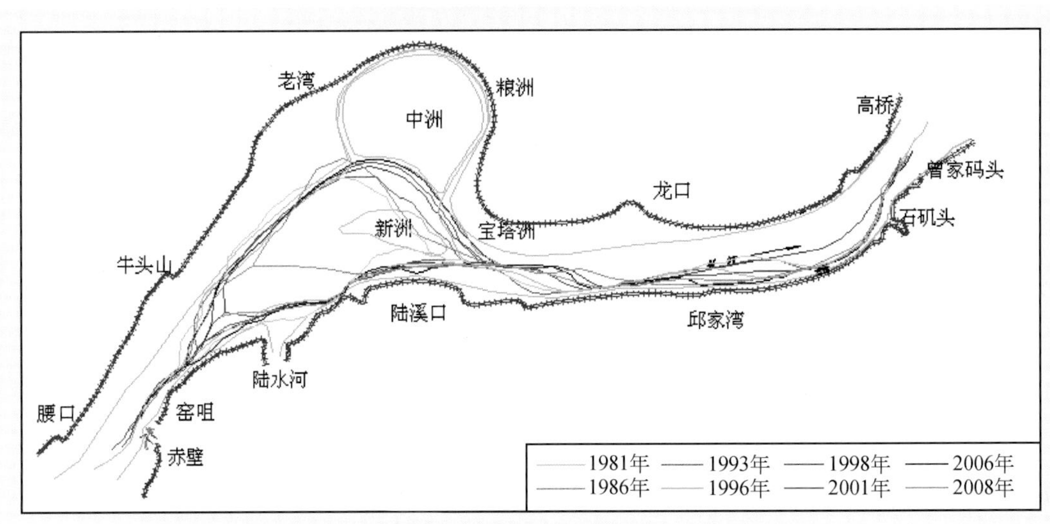

图 9-94　陆溪口河段深泓线平面变化图

（2）河床纵向变化

陆溪口河段进口段由于赤壁山挑流形成冲刷坑，冲刷坑最深点高程约为-20m，在汊道分流处，由于水流弯曲，洲头阻力增加，分汊口门附近的环流将底沙带入口门附近堆积，导致口门附近河床抬高，进入汊道后，由于水流单宽流量增大，河床又逐渐降低；在汇流后的单一段，深泓高程起伏变化减小，但在在河段出口石矶头节点附近，由于河道束窄，同时河道微弯，深泓高程降低为-10m 左右，个别年份达到-25m 左右（图 9-95）。

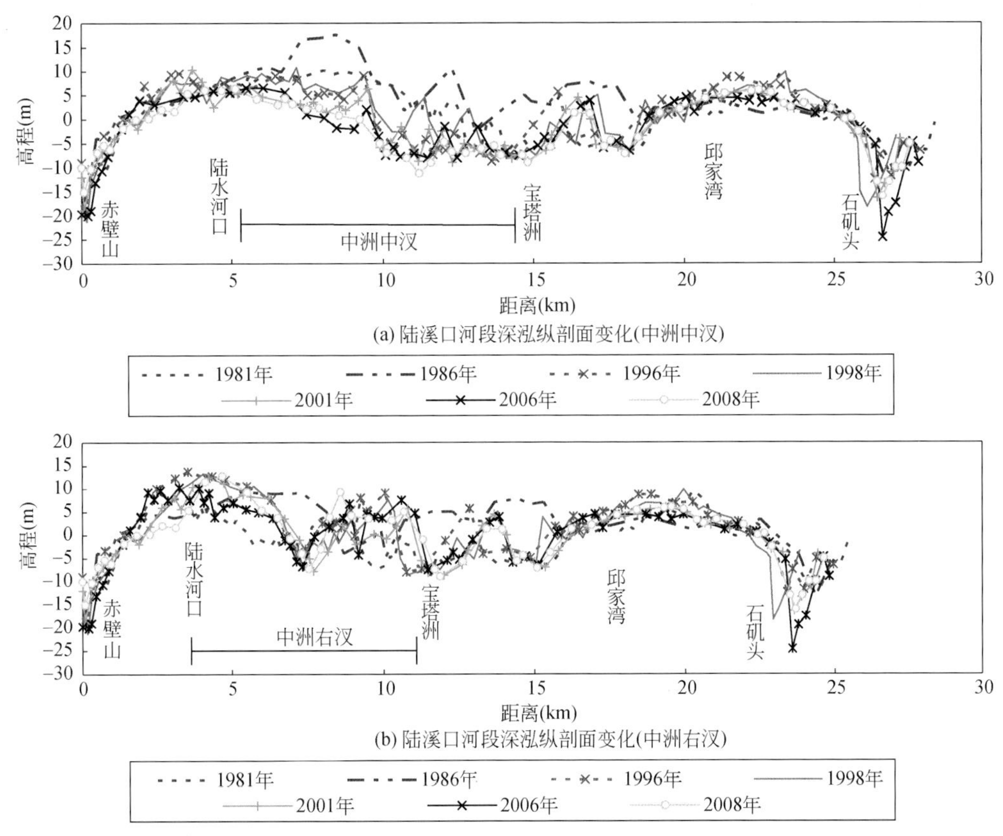

图 9-95　陆溪口河段深泓纵剖面变化图

本河段河床纵向变化较大的区域位于中洲汊道段，如中洲中汊 1981～1986 年期间局部最大淤高近 10m，而 1986 年之后又冲刷下切，其中 1986～2001 年最大下切厚度达到 16m 左右；右汊的变化趋势与中汊相反，但变化幅度略小。本河段单一河段河床纵向变化较小，历年变化一般小于 10m。

三峡水库蓄水运用后，陆溪口河段纵向变化规律没有发生较大变化，中汊略有冲刷，右汊略有淤积，幅度均不大。在石矶头附近，2006 年形成一个最深点高程为-24.6m 左右的冲刷坑，但 2008 年时又淤积至-16m 左右，与蓄水前的 2001 年基本相当。

(3) 洲滩变化

本河段为鹅头型分汊河段，弯顶处有中洲存在，中洲上游陆水河口门附近还有一个新淤小洲（新洲）。1981 年时，中洲洲尾深入江心，而新洲位于陆水入江口附近，新洲洲体面积 4.1km²（20m 等高线），洲顶高程为 23.8m。1986 年后中洲洲尾发生较大冲刷，洲尾 1986～2001 年冲刷向岸边崩退约 1.2km，伴随着中洲洲尾冲刷，新洲洲体整体下移约 1.7km，洲顶高程抬高到 24.9m。2001 年以后，中洲趋于稳定，近期变化较小，但新洲的变化仍较为剧烈，如 2001～2006 年期间，新洲洲头下挫约 1.3km，洲体面积减小为 3.6 km²，但 2006～2008 年，新洲淤积发展，洲体面积增加到 5.5km²，洲顶高程达到 27.6m，洲头上移 1.4km 左右，如图 9-96 所示。

(4) 河床断面形态变化

陆溪口河段河道微弯，洲滩发育，河床变化以洲滩或弯道凸岸变化为主要类型。如位于新洲洲头处的 CZ10-1 断面，右汊深槽附近历年稳定，但在右汊深泓以左的区域 1993 年前变化剧烈，在此期间，断面总体上表现为“冲槽淤滩”其中断面左侧区域在 1986 年时尚为新洲洲体，而 1993 年已经冲刷成中洲与新洲之间的串沟，冲刷深约9m，与此同时，新洲洲体淤高近4m。1993～2001年，中洲与新洲之间的串沟继续刷深，并发展成中洲中汊，但新洲洲顶高程变化较小。弯道断面的变化主要表现为凸岸冲淤交替，如石矶头附近的CZ18-1断面。1981～2001年，该断面深泓及其右侧变化较小，而深泓以左的区域冲淤变化幅度约6m。

三峡水库蓄水运用后，本河段各断面内的冲淤变化规律没有发生明显改变，仍为洲体和弯道凸岸的冲淤交替。如CZ10-1断面中新洲洲体区域，2006年较2001年进一步刷深约3m，而2008年又较2006年淤高约4m（图9-96和图9-97）。

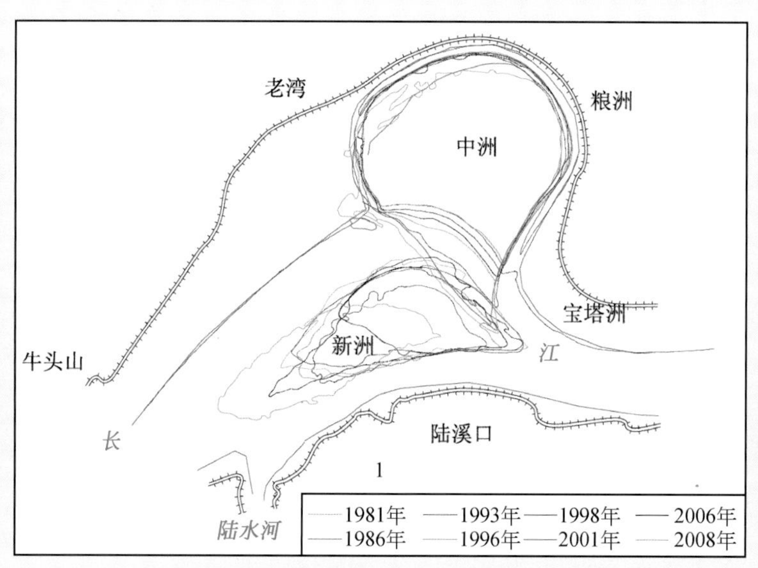

图9-96　陆溪口河段中洲变化

4. 嘉鱼河段

嘉鱼河段地处长江中游城陵矶至武汉之间，位于湖北省境内，左岸属洪湖市，右岸为嘉鱼市。河段上起石矶头，下至潘家湾，全长36 km。

河段属于典型的顺直分汊河型。上段嘉鱼水道平面呈弯曲放宽状，其进口有嘉鱼节点控制，洪水水面宽由1300m逐渐放宽至4200m。中部有护县洲和复兴洲将水流分为三汊。其中护县洲右汊枯水期基本断流，洪水期分流比不超过5%。左汊左岸蒋家墩至汤二家段岸边筑有三个护岸矶头，其中以三矶头伸出江面最多，中洪水期在其下游产生较大回流，二矶头与三矶头之间水流流态紊乱。下段燕子窝水道平面呈弯曲收缩状，洪水河宽由5000m缩窄至2000m，出口有殷家角节点控制，右侧有平安洲、福屯洲等。江中常年有心滩存在，将水道分为左、右两槽。

河段两岸均建有堤防，左岸为洪湖长江干堤，右岸为咸宁长江干堤，均属二级堤防。河道中的护县洲、复兴洲以及平安洲上均建有子堤。清代，在嘉鱼至燕子窝河段左岸蒋家墩及彭家码头附近建了三个护岸矶头，阻止河岸后退。嘉鱼燕子窝沿岸修筑了很多护岸工程，不仅稳定了岸线，加固了堤防。除左岸三个护岸矶头及人工护岸等节点的控制外，两岸均为河流松散冲积物组成，以沙质岸坡居多。河床及洲滩由粉细砂组成，上部地质松散，往下为稍密、中密到密实状态。

1998年洪水后，本河段完成了防洪护岸工程，长约为13.08km。2005年年底长江航道局开始实施嘉鱼至燕子窝河段航道整治工程，于2010年竣工。主要工程包括：在复兴洲头布置护滩带守护洲头，封堵复兴洲与护县洲之间的串沟；守护燕窝心滩头部，在燕窝心滩右槽进口建护底带。工程实施后稳定了白沙洲头，阻止了复兴洲与护县洲之间的串沟发展，稳定了燕窝心滩，限制了燕窝心滩右槽的冲刷发展，主航槽航道尺度达到 3.7×150×1000m。

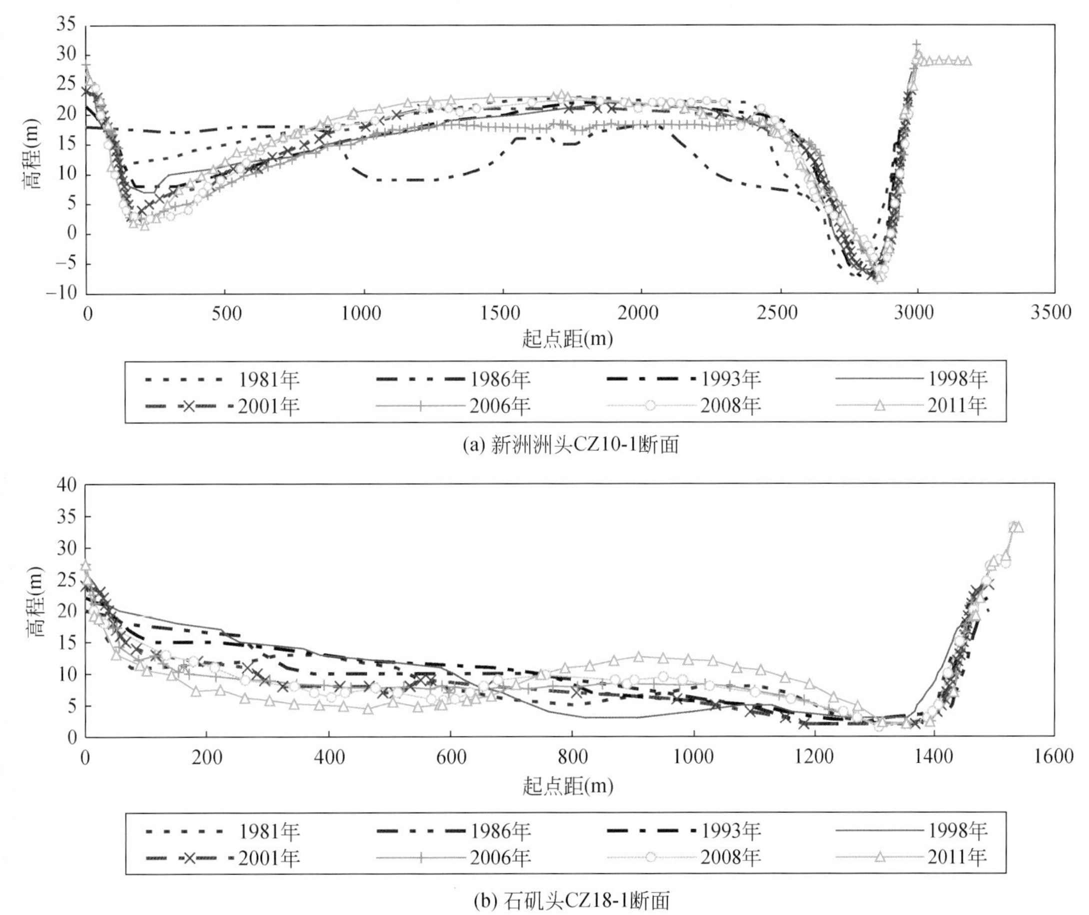

(a) 新洲洲头CZ10-1断面

(b) 石矶头CZ18-1断面

图 9-97　陆溪口河段典型断面变化图

三峡水库蓄水运用前，河段河道宽浅，沙滩交错排列，主流摆幅较大；三峡水库蓄水运用后，河段主流线、岸线基本稳定，复兴洲、护县洲右汊淤积，潜洲略有冲刷，2001 年 10 月至 2011 年 10 月枯水河槽冲刷泥沙 0.364 亿 m^3，占总冲刷量的 98%。

(1) 河道平面变化

嘉鱼河段深泓平面变化主要表现为上下深槽间过渡段主流线的上提下挫。上段嘉鱼水道深泓历年走左汊，但上下深槽间过渡段深泓在左汊内有所摆动；下段燕窝水道深泓线随着心滩年际大幅度冲淤而在左右汊交替。

三峡水库蓄水运用前（1981 ~ 2001 年），上段嘉鱼水道深泓线摆动幅度较大，1986 年深泓偏靠左岸，至 1993 年右移约 1km，紧贴护县洲左缘而下，此后至 2001 年深泓在左汊内微幅左右摆动；下段燕窝水道 1981 ~ 1998 年之间深泓走心滩右汊紧贴福屯洲边缘而行，至 2001 年，深泓移至心滩左汊（图 9-98）。

三峡水库蓄水运用后，河势基本稳定，深泓仍沿走护县洲、复兴洲左汊，左汊内深泓年际间摆幅有所减小；下段燕窝水道维持蓄水前 2001 年深泓走心滩左汊的格局。但河段出口左右深槽的过渡段较之蓄水前下移近 2km（图 9-98）。

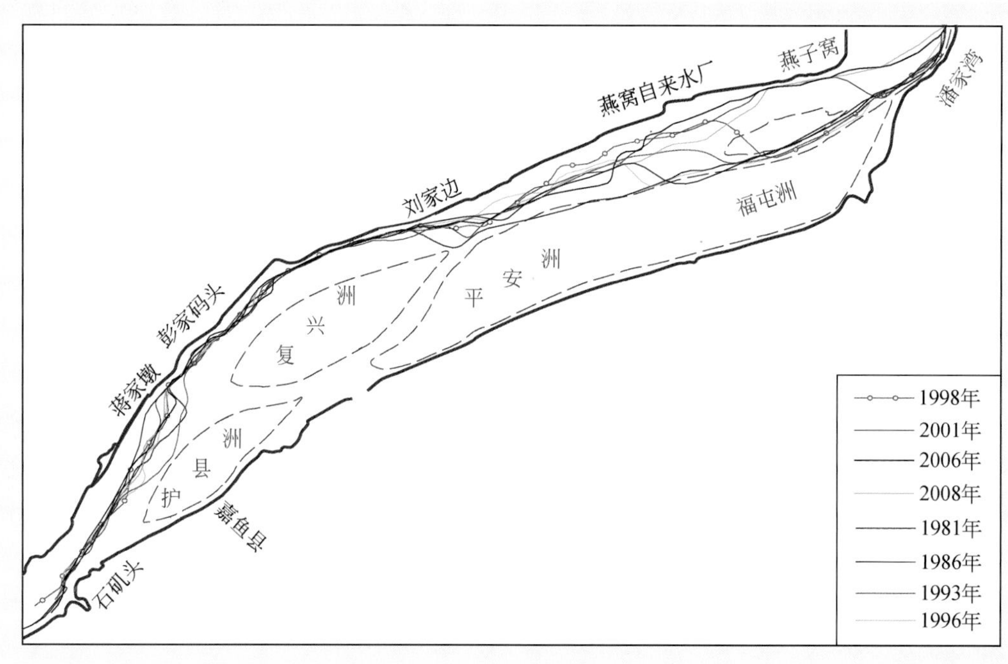

图 9-98　嘉鱼河段深泓线平面变化图（1981～2008 年）

（2）河床纵向变化

嘉鱼河段深泓年际冲淤幅度较大，其中嘉鱼水道浅滩、燕窝水道心滩位置冲淤变形较为剧烈。如三峡水库蓄水运用前的 1993 年嘉鱼浅滩高程达到历年最高值，较之于 1986 年的最大淤高近 20m；2001 年相对于 1993 年最大冲刷约 21m。1981～1993 年燕子窝深槽产生持续性冲刷，深泓最大冲深 14m，此后变化幅度较小，高程在−25m 附近上下波动。燕子窝心滩处 1998 年相对于 1986 年最大冲刷 18m（图 9-99）。但整个河道冲淤相间，总体冲淤平衡。

三峡水库蓄水后，河段进口石矶头节点和出口潘家湾处深槽冲深约 5m，嘉鱼水道浅滩以及燕窝水道心滩平均淤积约 3m（图 9-99）。从总体来看，河床深泓冲淤交替，目前无明显累积性冲刷或淤积趋势。

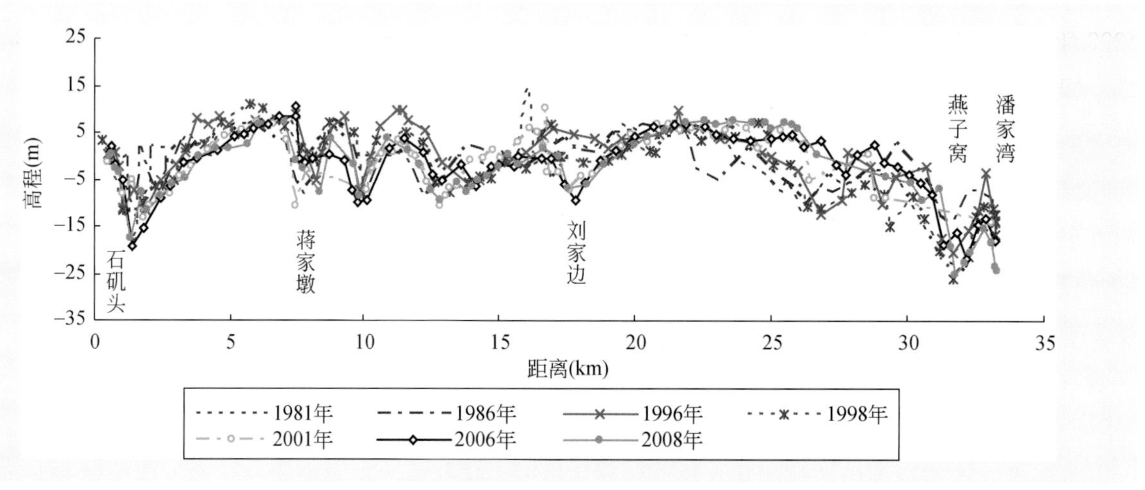

图 9-99　嘉鱼河段深泓线纵向变化图（1981～2008 年）

(3) 洲滩变化

本河段有护县洲、复兴洲、平安洲和福屯洲等江心洲。其中护县洲、平安洲和福屯洲近些年较为稳定，复兴洲洲头及左缘由于长期处于迎流顶冲的位置，洲体平面形态随着年际间水沙波动而有所变化（表9-44）。20世纪90年代前，复兴洲洲体较为完整，1981年洲体面积为11.48km^2，最大洲长为8.33km。90年代以后，随着上游来沙量的锐减，复兴洲洲体有所萎缩，洲体面积均小于11km^2，洲体长度均小于8km。且由于嘉鱼水道主流常年居左，使得复兴洲洲体平面形态的变化主要表现为洲头及左缘的冲淤，洲体左缘时有倒套串沟出现。

三峡水库蓄水运用后，洲体平面特征无明显趋势性变化：洲体长度及面积随着年际间水沙的随机变化而上下波动。

表9-44　复兴洲洲体特征（18m等高线）

时间	最大洲长（km）	最大洲宽（km）	面积（km^2）
1981年	8.33	2.05	11.48
1986年	8.33	2.19	11.34
1993年	7.68	2.13	10.47
1996年	7.5	2.14	10.24
1998年	7.19	2.18	10.08
2001年	7.83	2.15	10.89
2006年	7.91	2.14	10.88
2008年	7.81	2.11	10.75

(4) 河床断面形态变化

嘉鱼河段断面形态变化主要表现为深槽及洲滩的交替冲淤变化，两岸岸线在人为工程措施控制下基本稳定。河段进口（CZ20断面）历年深槽稳定，冲淤幅度较小。汊道进口河床纵向冲淤以及深槽平面位置变化均较大，如2001年相对于1981年间右汊深泓最大冲深近30m，深槽左移约300m（SJ40-3断面）；且左汊内时有心滩出现（1986年）。王家渡水道断面（CZ27-1断面）右岸为平安洲，呈明显的U型、岸坡较陡，1986年后平安洲向江中淤长，1998年后则趋于稳定；燕子窝心滩断面（CZ29断面）呈W型，右汊深泓较低而为主汊，1981年之后左汊不断冲刷而右汊累积性淤积，直至1998年左汊发展成为主汊。三峡水库蓄水运用后，河段进口深槽稳定，略有冲深发展；浅滩、心滩处冲淤幅度较大，燕子窝心滩略有淤积（图9-100）。

5. 簰洲河段

簰洲河段上起潘家湾，下至纱帽山，全长为76.6km，是一弯曲型河段，河段内有著名的簰洲弯道，该弯道上从花口起下至双窑，长约53.9km，其弯颈处最窄距离仅约4.2km，其弯曲系数达12以上。簰洲湾河段进口段右岸花口处，由于边滩切割而形成江心洲——土地洲（谷洲），在簰洲镇下游弯顶处又有一较大的江心洲——团洲（原名大兴洲），20世纪70年代以来，在邓家口对岸江中逐渐形成一近岸潜洲，多年来潜洲不断淤长，已发展成为近岸江心洲。该河段内入汇支流较少，仅有东荆河于新滩口汇入。本河段河床质组成均为细砂，河岸的物质组成主要有黏土、亚黏土、亚砂土和粉细砂土等四大类及由不同土质所组成的互层和夹层结构，2006年汛后床沙中值粒径为0.168mm。

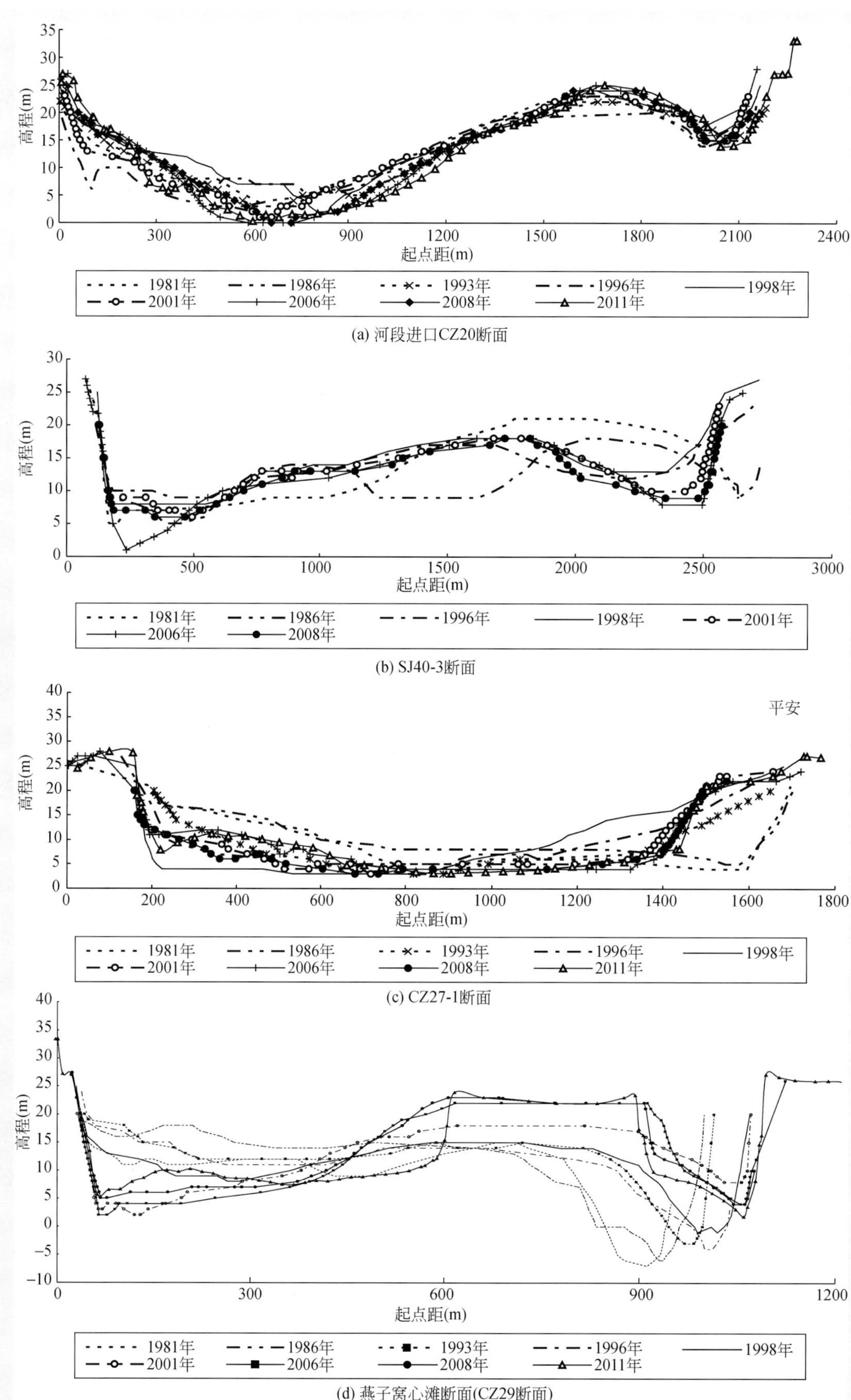

(a) 河段进口CZ20断面

(b) SJ40-3断面

(c) CZ27-1断面

(d) 燕子窝心滩断面(CZ29断面)

图 9-100　嘉鱼河段典型断面变化图

三峡水库蓄水运用前，簰洲弯道主流紧贴凹岸，岸线有所崩退，从 20 世纪 70 年代。陆续对新沟、邓家口、大咀、苕窝子等险段进行治理。1998 年大水期间发生严重崩岸溃堤，但之后由于护岸工程和堤防加固工程的实施，完成了以确保洪湖干堤、汉南干堤及稳定河势的防洪护岸工程，长约 48.68km，岸线基本稳定；三峡水库蓄水运用后，河道岸线、深槽位置基本稳定，弯道内主泓贴近凹岸，潜洲洲体冲刷且向下发展。河床总体呈冲刷状态，2001 年 10 月至 2011 年 10 月平滩河槽冲刷量为 0.337 亿 m^3。

（1）河道平面变化

簰洲河段深泓平面变化主要表现为弯道处深泓位置的摆动和顶冲点位置逐渐下挫，以及两个弯道之间过渡段的摆动，而在顶冲点下游一段区域内深泓多年稳定（图 9-101）。如 1981 ~ 2001 年，新滩口附近弯顶处，顶冲点下移约 1.8km，顶冲点上游深泓向河心摆动约 640m；窑头沟至邓家口弯顶附近，顶冲点上游段左右摆动幅度约 400m，顶冲点下移约 800m；双窑弯顶处，顶冲点下移约 1100m，顶冲点上游深泓向河心摆动约 550m。

三峡水库蓄水后，簰洲河段深泓平面变化的基本规律没有发生明显变化，变化幅度较小。其中 2006 年由于本河段属于“少水少沙”年份，顶冲点位置略有上提，如新滩口附近弯顶处，顶冲点较 2001 年上移约 500m；窑头沟至邓家口弯顶附近，顶冲点上移约 500m；双窑弯顶处，顶冲点上移约 1000m。2007 ~ 2008 年，本河段属于“中水少沙”年份，各弯顶处顶冲点又下挫 700 ~ 1000m。

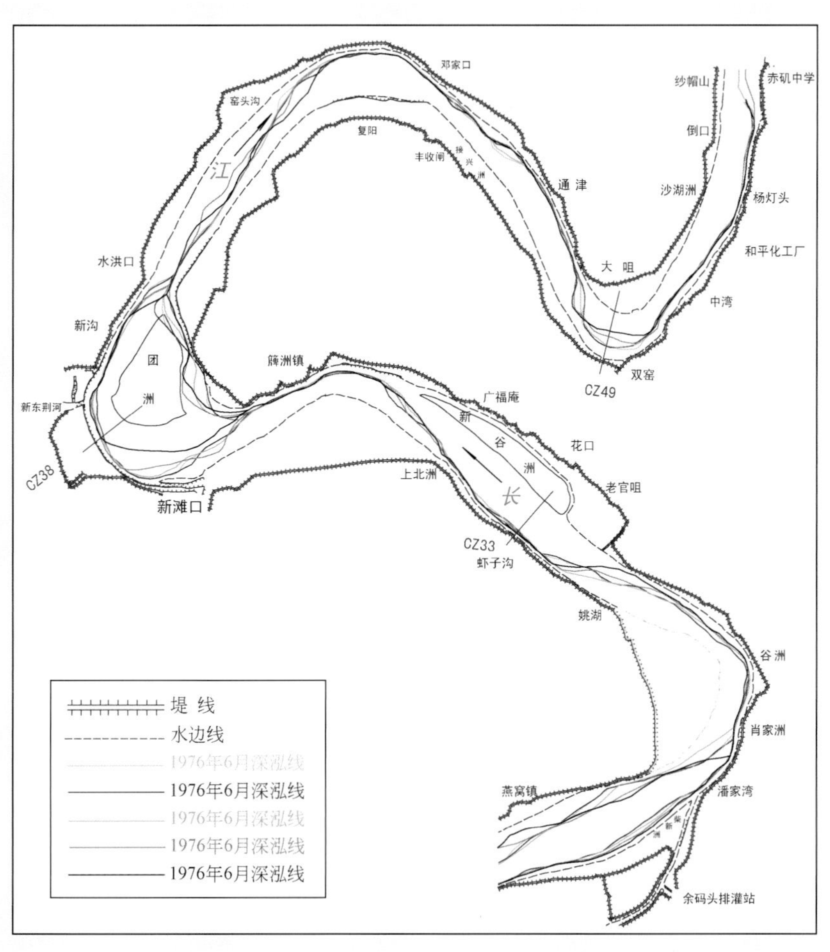

（a）1976 ~ 1996 年

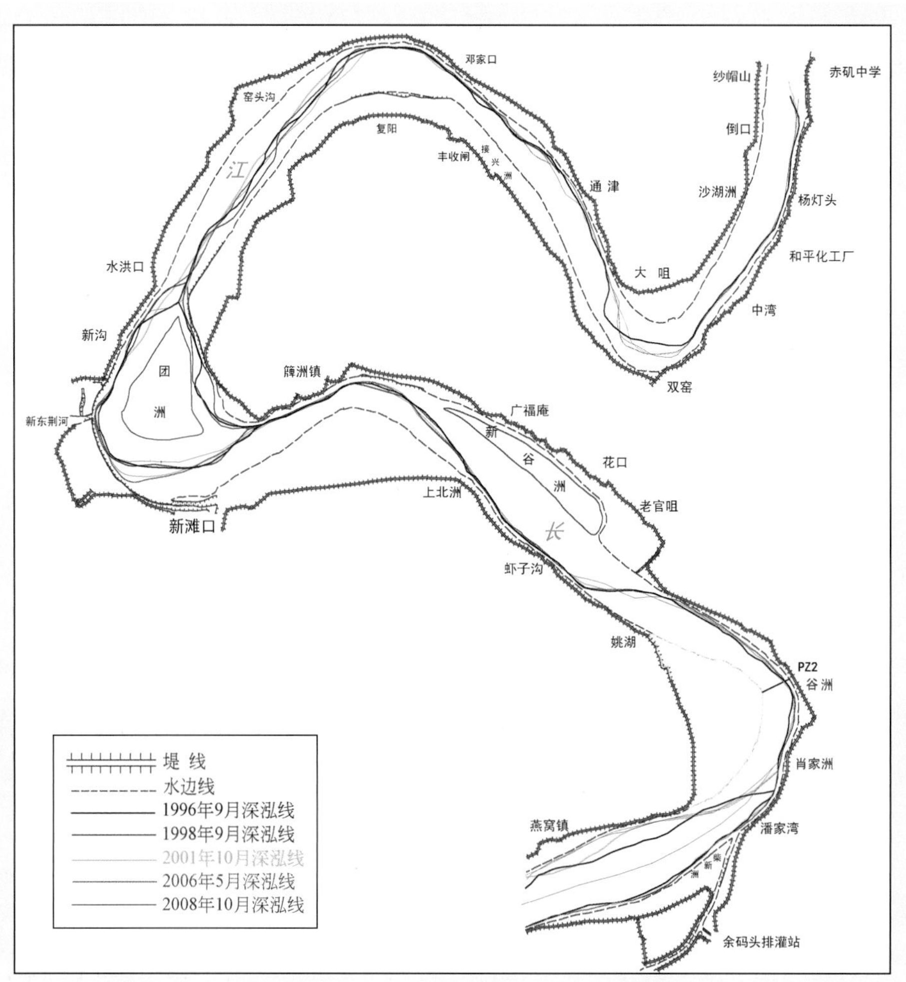

（b）1996～2008 年

图 9-101　簰洲河段深泓线平面变化图

（2）河床纵向变化

尽管簰洲河段在弯道处深泓平面有所摆动，顶冲点位置发生一定变化，深泓纵向高程抬高与下切互现，但多年来变化幅度较小。1981～1998 年，深泓高程略有抬高，局部最大淤高约为 10m，以虾子沟、新滩镇、下新洲附近相对明显，其余区域变化较小；1998～2001 年，深泓高程下切，一般不超过 5m，局部区域最大降低 10m 左右，如虾子沟附近。

三峡水库蓄水运用后，簰洲河段深泓河床总体上有所下切，但幅度不大，2008 年深泓高程较 2001 年降低平均不超过 2m（图 9-102）。

（3）洲滩和深槽变化

A. 洲滩变化

团洲为簰洲河段较大的江心洲，其变化主要表现为洲头的冲刷崩退和左右缘的冲淤交替。该洲在 1981 年前洲头崩退较为明显，此后速度趋缓。1981～2001 年，团洲洲头 15m 等高线崩退 300m 左右。团洲左缘 1981～1996 年发生淤积，洲线向河心摆动约 200m，而 1996 年后发生冲刷崩退，至 2001 年已经冲刷回缩约 340m。右汊为支汊，河底高程较高，1981～2008 年共 8 次实测资料中仅有 1986 年和

2001 年 15m 等高线闭合。1986 年团洲洲体面积（15m 等高线）8.1km^2，至 2001 年减小为 7.4 km^2，洲尾右缘有所冲刷后退，1998 年后逐渐趋于稳定。三峡水库蓄水运用后，团洲主支汊格局没有发生变化，其中右汊有所淤积，洲头最大冲刷后退 40m，洲尾最大下延约 60m。洲体平面位置以及洲体总面积变化较小（表 9-45 和图 9-103）。

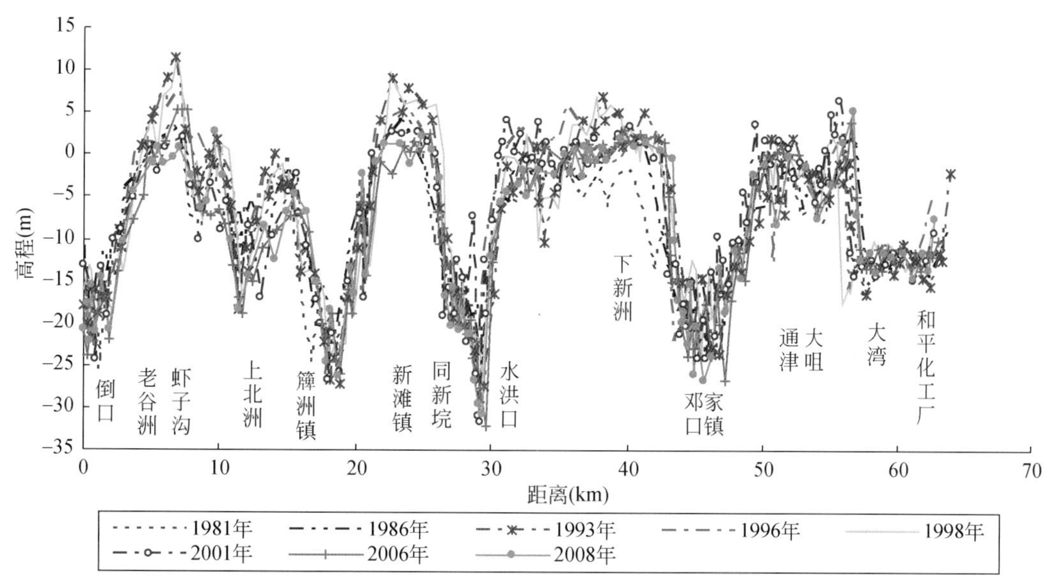

图 9-102　簰洲河段深泓纵剖面变化图

此外，位于潘家湾附近江中还有一个高程为 13m 的潜洲。自 1981 年淤长成形后，逐年淤长发展，洲体上提下移且左右发展，潜洲淤积幅度较大，增长速度较快。至 2001 年洲体面积达到 5.11km^2，洲顶高程也由 15.8m 抬高至 21.6m；三峡水库蓄水运用后，潜洲洲体有所冲刷萎缩，2006 年潜洲下游约 600m 处生成一新的潜洲，其面积约为 0.27 km^2，洲顶高程为 15.5m，潜洲有向下发展趋势（表 9-45 和图 9-104）。

B. 深槽变化

簰洲河段内沿程主要有肖家洲−20m 深槽和大咀−5m 深槽。

1）肖家洲深槽。位于潘家湾下游约 2km，靠近河道右侧，距离河岸约 200m。从表 9-46 中可以看出：受上游来水来沙影响，1976 ~ 1981 年深槽呈淤积状态，到 1986 年深槽淤积消失，1986 ~ 1993 年受水流冲刷作用又形成深槽，1993 ~ 2008 年深槽平面位置较为稳定，随着上游来水来沙影响以及河床的冲淤变化，深槽呈萎缩状态，主要表现为深槽首尾分别缩短 830m 和 160m，面积由 0.1 km^2，缩小到 0.07km^2。其中，1993 ~ 1996 年深槽主要表现为槽首缩短 770m，1996 ~ 1998 年主要表现为槽首向上伸长 310m，1998 ~ 2001 年主要表现为槽首向上伸长 420m，槽尾缩短 290m，2001 ~ 2006 年主要表现为槽首缩短 740m，槽尾下延 240m，面积由 0.13 km^2，缩小到 0.05km^2，2006 ~ 2008 年深槽变化不大。

2）大咀深槽。受弯道环流的影响，大咀弯道凹岸河床受到大幅度冲刷，因而多年来在下弯道段及其出口段右岸形成了较为完整的−5m 深槽，且深槽规模较大，从大咀附近起向下延伸至倒口附近，上下近 10km。从图 9-105 和表 9-47 中可以看出：1976 年深槽下游还有一面积为 0.56km^2，1976 ~ 2001 年上下深槽贯通。本深槽多年来平面位置稳定，深槽两缘左右摆动幅度较小，其主要的变化发生在弯道段。2001 ~ 2008 年，−5m 深槽槽首下移近 400m，槽尾位置基本稳定。

表 9-45　团洲、潜洲特征统计表

时间	团洲（20m 等高线）				潜洲（13m 等高线）			
	最大洲长（m）	最大洲宽（m）	面积（km^2）	洲顶高程（m）	最大洲长（m）	最大洲宽（m）	面积（km^2）	洲顶高程（m）
1976 年 6 月	3960	3400	8. 21	—	—	—	—	—
1981 年 6 月	—	—	—	—	4990	670	1. 94	15. 8
1986 年 6 月	3845	2830	7. 2	—	—	—	—	—
1993 年 9 月	4030	2710	6. 77	27. 7	3800	800	2. 32	18. 7
1996 年 9 月	3870	3050	6. 77	27. 5	4830	1097	2. 71	15. 7
1998 年 9 月	3944	3015	6. 61	27. 3	7367	913	4. 16	15. 6
2001 年 10 月	3963	2890	6. 34	27. 7	6210	1183	5. 11	21. 6
2006 年 5 月	3811	300	6. 08	28	4904	1125	4. 12	23. 6
2008 年 10 月	3990	2770	6. 1	27. 9	5300	1080	3. 89	22. 8

表 9-46　簰洲河段肖家洲深槽变化统计表（-20m 等高线）

时间	最大长度（m）	最大宽度（m）	面积（km^2）	最深点高程（m）
1976 年 6 月	1450	130	0. 15	-28. 4
1981 年 6 月	820	150	0. 08	-21. 5
1986 年 6 月	无	无	无	无
1993 年 9 月	1500	140	0. 1	-27. 2
1996 年 9 月	780	187	0. 1	-24. 2
1998 年 9 月	1245	170	0. 15	-26. 1
2001 年 10 月	1366	92	0. 13	-24. 5
2006 年 5 月	818	55	0. 05	-24. 1
2008 年 10 月	860	110	0. 07	-26. 7

表 9-47　簰洲河段大咀深槽变化统计表（-5m 等高线）

时间	最大长度（m）	最大宽度（m）	面积（km^2）	最深点高程（m）
1976 年 6 月	7 231	440	2. 31	-15. 8
1981 年 6 月	7 650	550	2. 73	-16. 4
1986 年 6 月	7 420	484	2. 49	-14
1993 年 9 月	7 800	660	2. 93	-16
1996 年 9 月	6 607	727	2. 82	-15. 8
1998 年 9 月	7 540	747	3. 29	-17. 7
2001 年 10 月	10 600	507	2. 97	-14. 8
2006 年 5 月	10 010	500	2. 72	-13. 8
2008 年 10 月	10 200	470	2. 87	-14. 8

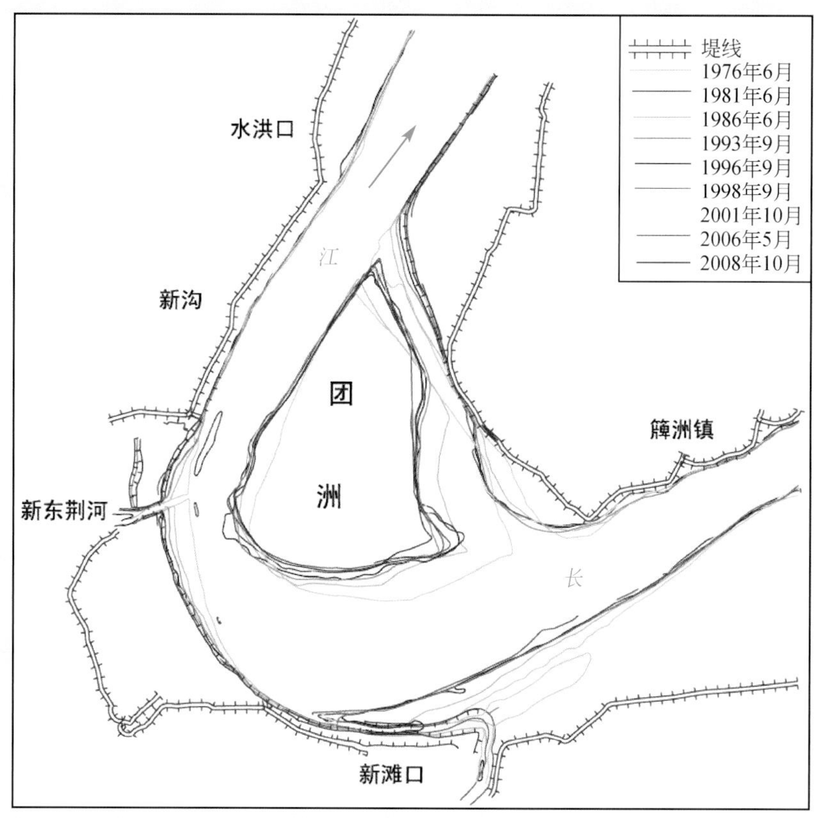

图 9-103　簰洲河段团洲（15m）平面变化

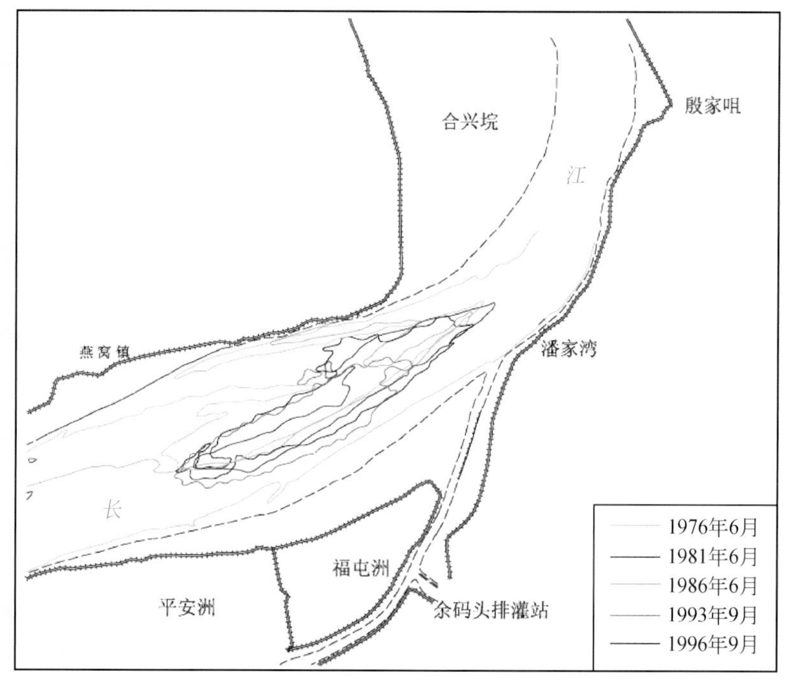

(a) 1976～1996年

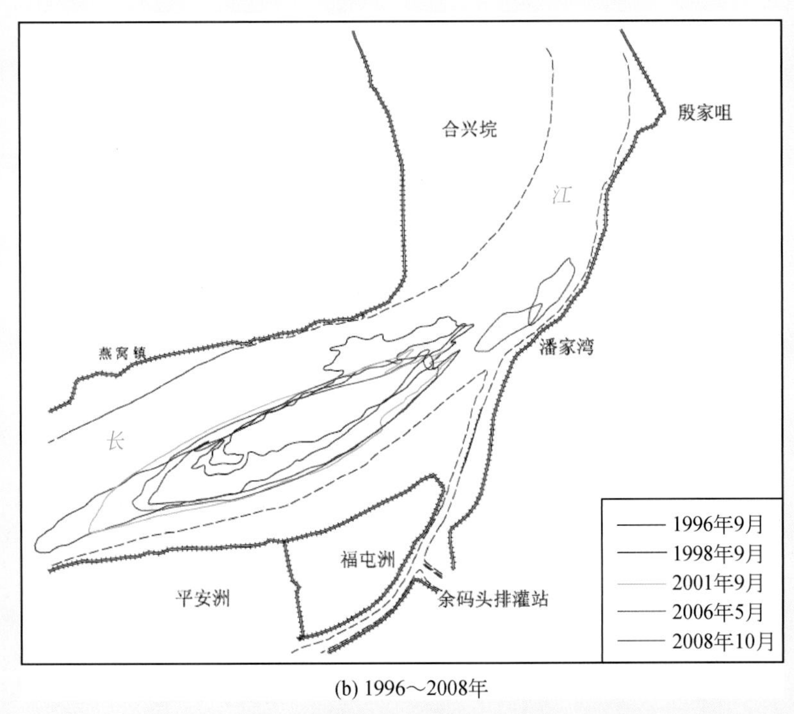

(b) 1996～2008年

图 9-104　簰洲河段潘家湾潜洲平面变化（13m）

(4) 河床断面形态变化

簰洲河段河道断面主要有偏 V 型和 U 型。在弯道附近，断面为 V 型，其变化主要表现为凸岸冲淤交替，而凹岸变化视断面的位置而定。位于弯顶上游或弯顶处的断面，由顶冲点随来水来沙而上提下挫，断面凸岸和凹岸都变化较大，如位于双窑弯顶附近的 CZ49 断面，断面呈偏 V 型，受弯道环流作用，断

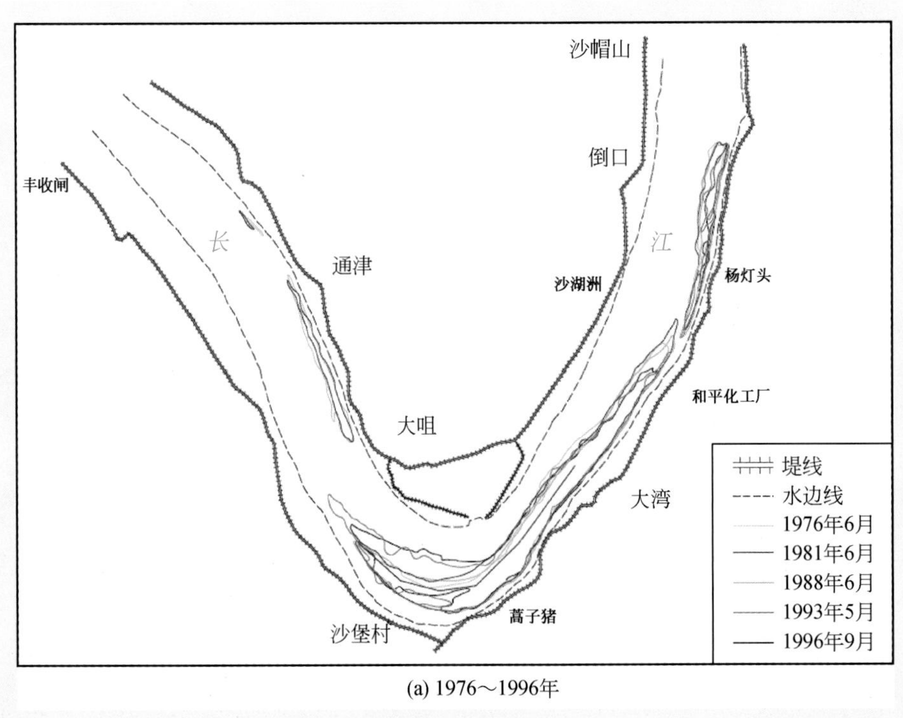

(a) 1976～1996年

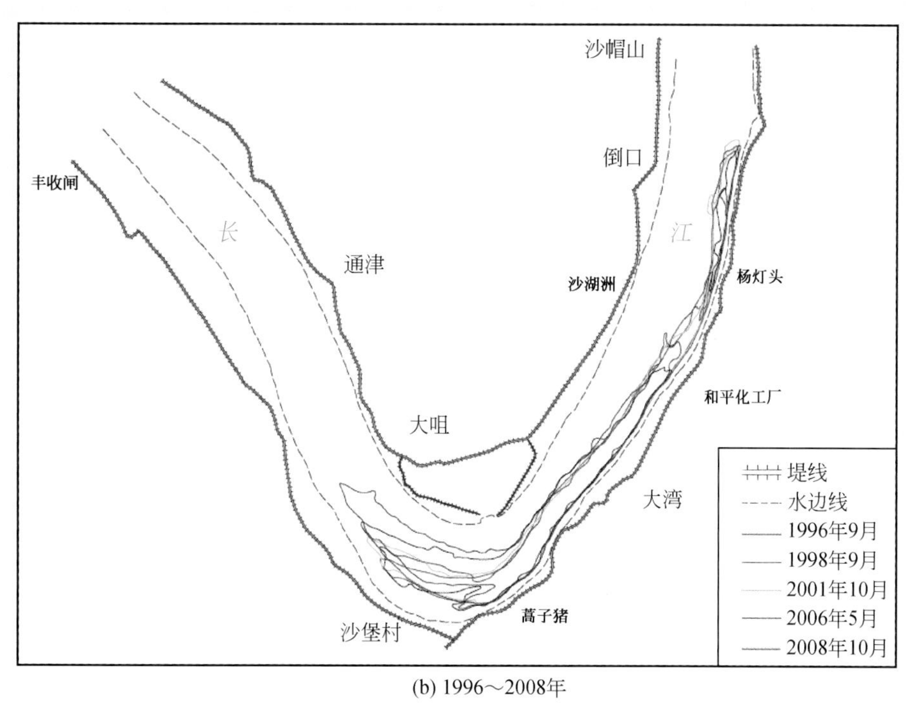

(b) 1996～2008年

图 9-105　簰洲河段大咀深槽平面变化（-5m）

面历年冲槽淤滩或淤槽冲滩，冲淤变化较大，1976～2001 年断面左岸向江心淤进 75m，右岸崩退约 250m，其后则基本稳定。位于弯顶下游的断面一般变化较小，如位于殷家洲弯道下游的 CZ33 断面，左岸基本稳定，右岸略有淤积，1981 年以来最大冲淤变化幅度为 5m 左右。团洲左汊则多以冲刷为主，如位于新滩口附近的 CZ38 断面，原主槽大幅淤积抬高，主槽向右大幅摆动（图 9-106）。

6. 武汉河段

武汉河段上起纱帽山，下迄阳逻，全长 70.3km。按平面形态分为上、中、下三段，上段由纱帽山至沌口，为铁板洲顺直分汊段；中段由沌口至龟山；为白沙洲微弯分汊段；下段由龟山至阳逻，为天兴洲微弯分汊段。

河段两岸有滨临江边的山丘和阶地基岩出露及护岸工程。左岸有纱帽山、大军山、小军山、沌口矶、龟山、谌家矶、阳逻；右岸有赤矶山、金口矶、石咀、蛇山、青山等节点沿江分布。这些节点大部分沿江对峙，控制着河床的横向摆动。第四系各期的松散沉积物在两岸分布较广。上段河岸组成为黏土、亚黏土；下段两岸为红色砾石层、网纹红色黏土和棕红色亚黏土，洲滩上部为黏土、亚黏土和亚砂土，下部为砂层，局部夹淤泥或砾石。

1985 年，为稳定天兴洲右汊河势，保障国家重点工程武钢取水泵站取水口的正常运用，实施了 2km 长的天兴洲铰链沉排护岸工程。1998 年，针对武汉市龙王庙历史险工段存在的问题及对武汉市防洪安全和城市建设带来的严重影响，实施了武汉市龙王庙险段综合整治工程。1998 大水后的长江重要堤防隐蔽工程建设中，对汉阳中营寺、武昌月亮湾、青山、武湖堤、柴泊湖、万人垱等险工段实施了防护，累计完成护岸工程 17.07km。2001 年，针对原汉口边滩建筑物密布影响行洪、环境景观、港口码头和取水设施运行困难等问题，实施了汉口边滩防洪及环境综合治理工程。2003 年在进行天兴洲大桥建设时对天兴洲洲头及右缘进行了守护。2011 年长江航道局组织实施武桥水道航道整治工程，主要工程措施包括：沿潜洲洲脊的长顺坝工程、长顺坝左侧中下段的5道刺坝工程。

三峡水库蓄水运用前，武汉河段河势基本稳定，但洲滩变化频繁，1981～2001年武汉河段淤积泥沙0.205亿m^3；三峡水库蓄水运用后，河势仍总体稳定，武昌深槽冲刷发展，河床以冲刷为主，2001年10月至2011年10月平滩河槽冲刷泥沙0.592亿m^3。

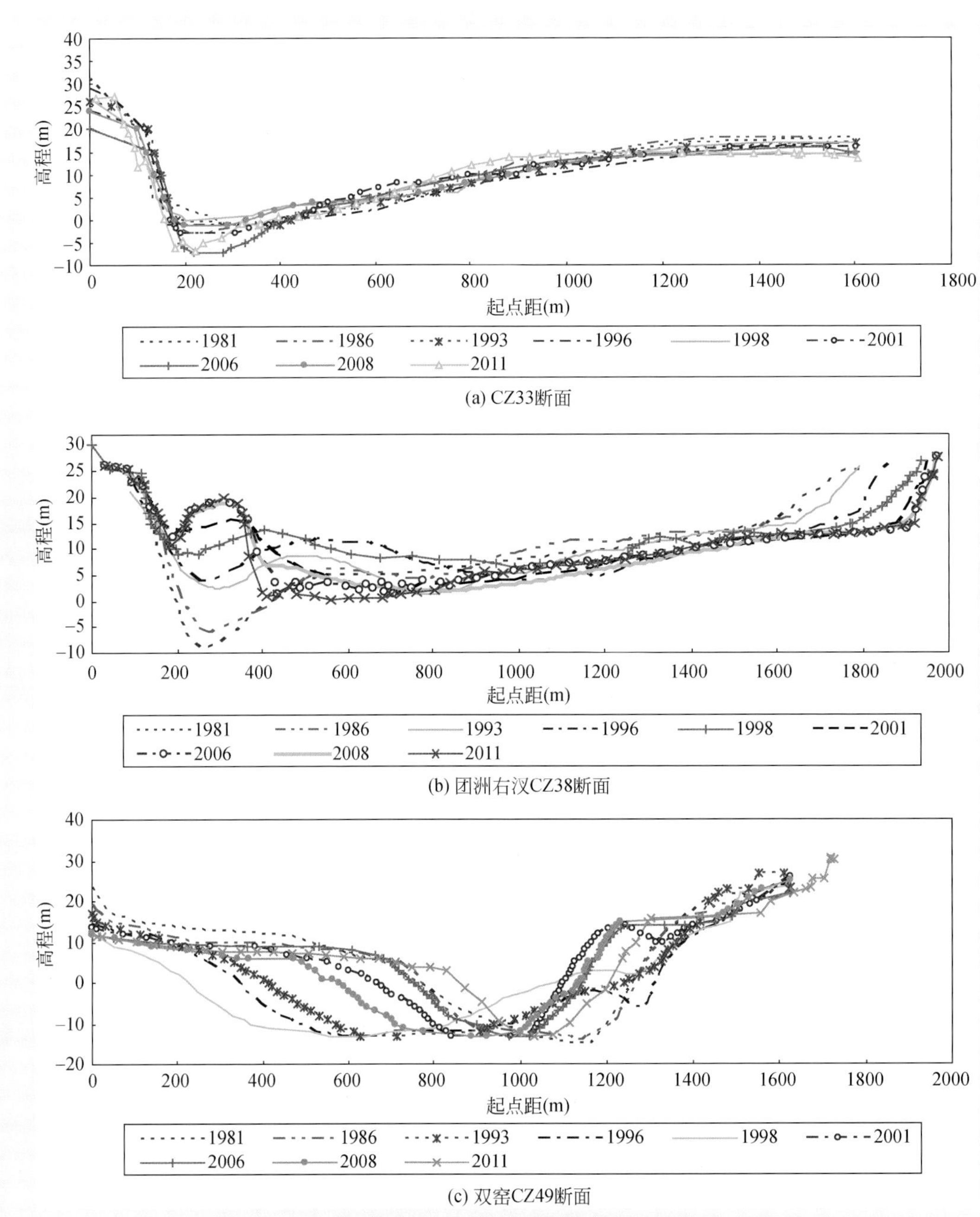

图9-106　簰洲河段典型断面变化图

(1) 河道平面变化

主流贴右岸从上游簰洲河段进入本河段后，至铁板洲水流分为两汊（图9-107）。在大军山附近汇合后，主流基本居中而行，至石咀附近偏右岸；在沌口摆向左岸并分为两汊进入白沙洲；汇合后主流偏左岸行至鲇鱼套附近沿右岸武昌深槽而行，在长江大桥下游再次分为两汊，汇合后贴左岸经阳逻出本河段。

1981 年后河段整体河势稳定，铁板洲、白沙洲汊道“左主右支”的格局已维持了半个多世纪，河道的平面变化不大。龟山以下天兴洲汊道自 20 世纪 70 年代完成主支汊易位后，“右主左支”的格局维持至今。多年来，河段内单一段深泓线较为集中，主流平面摆幅较小；分汊段深泓线摆移较大，尤其是洲头洲尾分、汇流点的上提下移，其主流随之左右摆移不定，年际间变化相对较大。

1）上段。受节点控制明显，河道深泓线位置基本稳定，平面变化幅度较小，仅在局部区域随着不同来水来沙而发生小幅度摆动［图 9-107（a）］。位于军山长江大桥下游的潜洲左（主）汊深泓平面摆幅较大，2001 年后深泓右摆约 350m。右汊多年深泓摆幅较小，均在 100m 以内，其深泓线相对较为稳定。

2）中段。多年来分流点和汇流点上提、下移［图 9-107（b）］，造成深泓平面摆动较大的主要位于沌口、白沙洲洲头及潜洲洲尾附近，其变幅为 600～2000m，深泓平面摆动相对较大位置在白沙洲、潜洲左汊附近，白沙洲和潜洲左汊附近深泓最大摆幅约 380m。其他区域深泓平面变化较小，尤其是在河道节点附近深泓基本稳定。

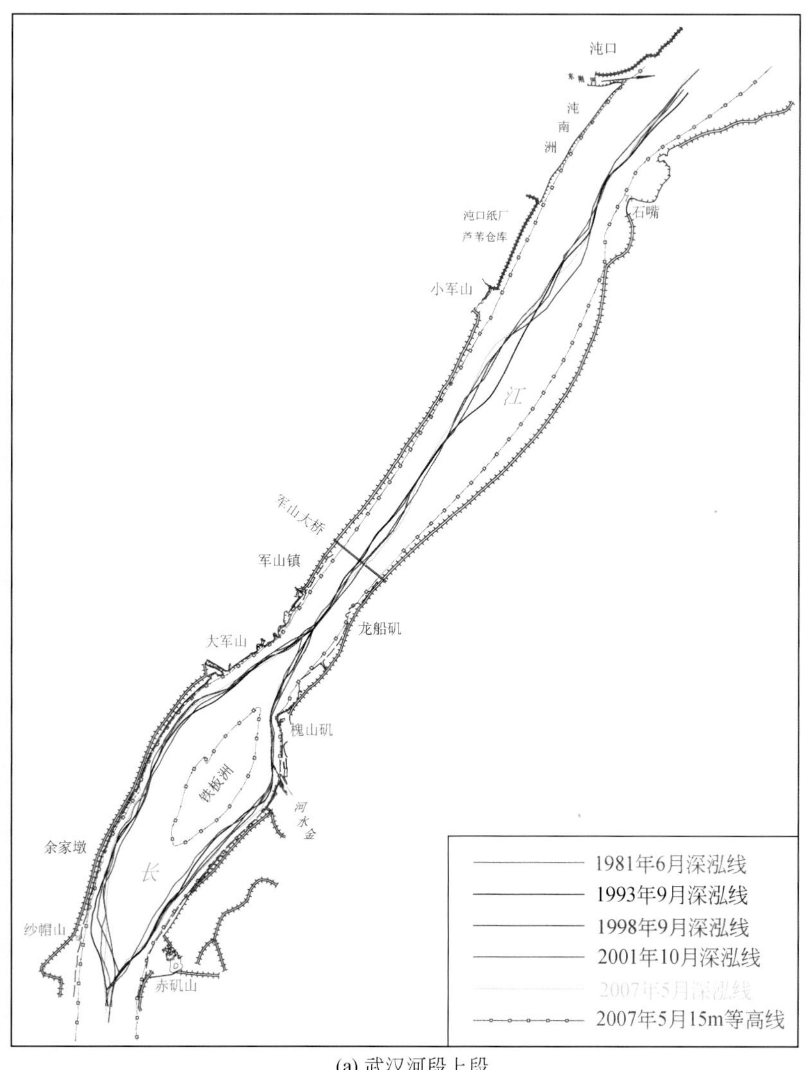

(a) 武汉河段上段

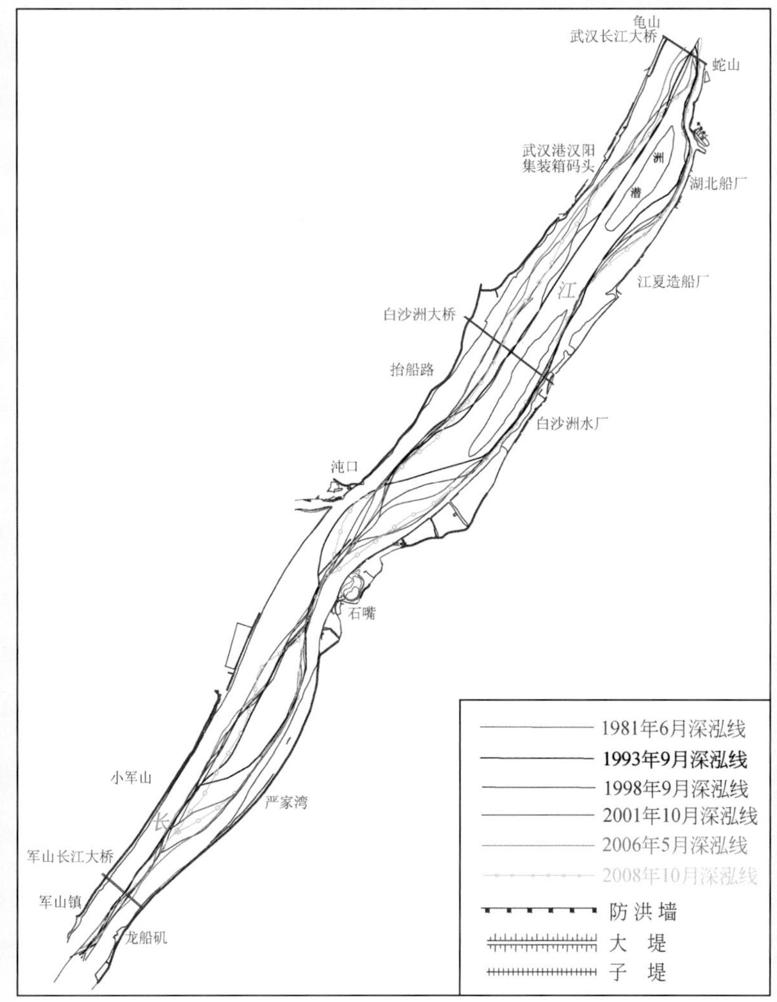

(b) 武汉河段中段

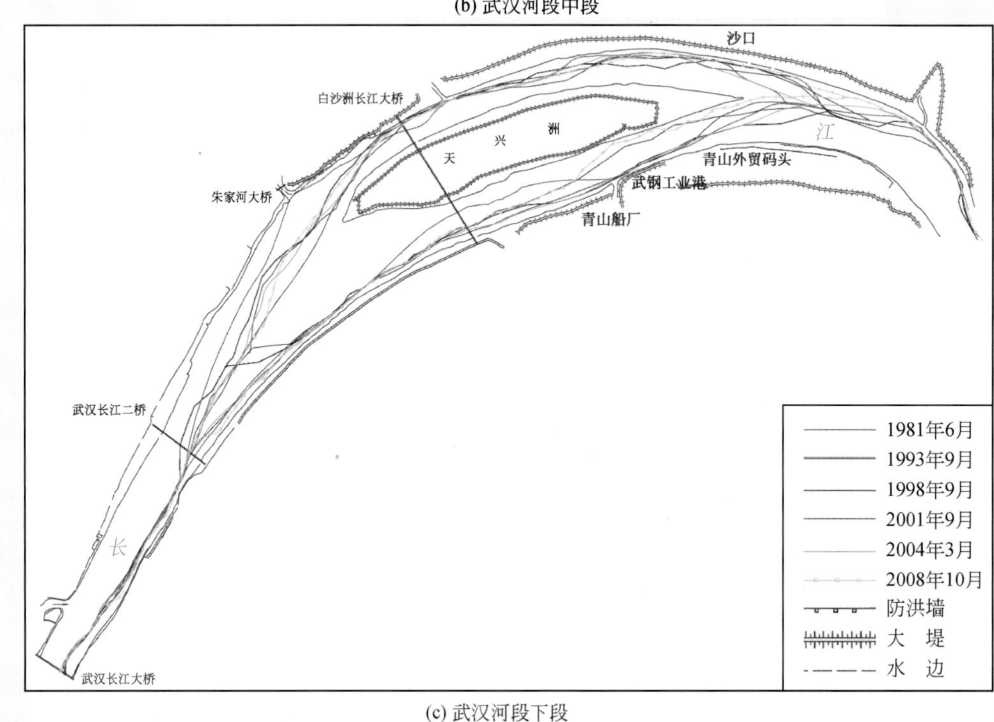

(c) 武汉河段下段

图 9-107　武汉河段深泓线平面变化图

3）下段。长江大桥以下河道逐渐放宽，由于长江大桥至长江二桥段较为顺直，水流沿武昌深槽贴右岸稳定下行，主流保持稳定态势［图9-107（c）］。天兴洲左右汊分流点，20世纪50年代初期在新河洲附近，50年代中期，由于右汊发展，已下移并稳定在徐家棚附近。主流沿武昌深槽平顺进入天兴洲右汊，其主流集中、深泓较为稳定；另一支则进入天兴洲左汊。受汉口边滩及天兴洲洲头变化影响，左汊主流线变幅较大，1959～2004年，在丹水池附近深泓最大摆幅达1260m。其中，1959～1981年主流较为稳定，1981～1998年呈大幅右移趋势，随后2001～2004年逐渐还原左移，主流渐趋稳定，2004年后深泓趋于稳定。

天兴洲分汊段：天兴洲左汊历史上处于主汊地位，系弯曲汊道，自进口至出口深泓线紧贴左岸。根据史料记载，1858～1958年基本走向未变。主要变化是深泓不断左移，1858～1934年深泓线左移1.3km，1934～1958年继续左移，其移动幅度较小。之后，左汊淤积萎缩，河床升高，原有的深槽淤积，流路不集中，导致局部深泓发生摆移，其中左汊洲尾附近摆移幅度较大，最大摆幅400m。

汇流出口段：1959年以来，主汊从天兴洲左汊移至天兴洲右汊，出口段右汊深泓线逐渐从右汊向左汊过渡，在天兴洲洲尾以下与左汊深泓线在左岸水口附近汇合后，沿阳逻深槽贴左岸稳定下行。其变化主要表现为1959～1981年，汇流点上提至沙口附近，比1959年上提约2km。1981～1998年，汇流点下移约1.5km；1998～2008年，深泓汇流点左移约600m靠近左岸水口附近贴岸下行，汇流后历年深泓线较为集中，平面变化相对较小。

（2）河床纵向变化

三峡水库蓄水运用前（1981～2001年），武汉河段上段铁板洲汊道深泓有冲有淤，基本冲淤平衡（图9-108）。且变化幅度不大，其高程变化一般不超过3m。中下段的天兴洲右汊出口处深泓产生累积性淤积，2001年相对于1981年最大淤积约为18m；其他部位主要表现为随年际水沙变化而冲淤交替，如1998年为大水年，且退水缓慢，白沙洲大桥附近深泓最大冲深约为7m；左汊进口天兴洲洲头产生明显冲刷，深泓高程达到蓄水前最低值，相对于1996年深泓最大冲深约10m。

三峡水库蓄水运用后，天兴州汊道右汊下段有所冲刷，深泓最大冲深约为10m；左汊表现为冲淤交替，且变化幅度较右汊为小；而天兴州汊道出口至阳逻弯道之间河段平均淤积约为5m。但总体来说，河段冲淤相间，无明显的累积性变化趋势。

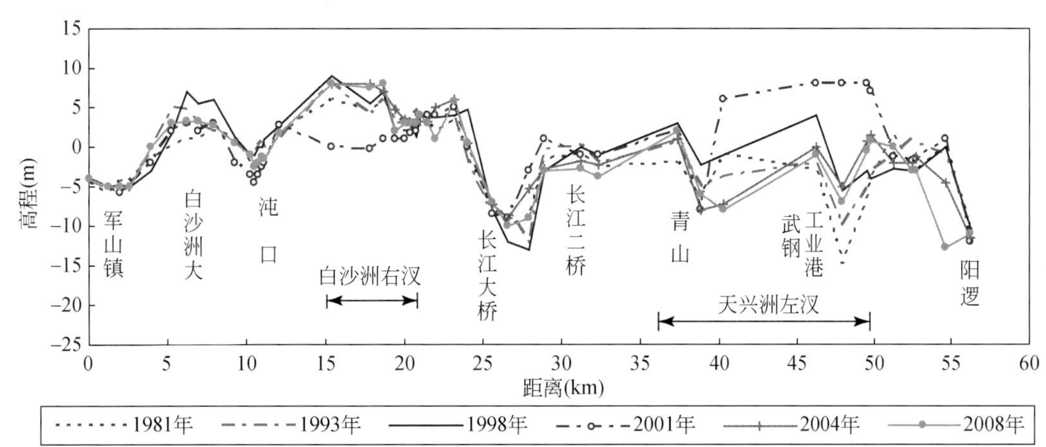

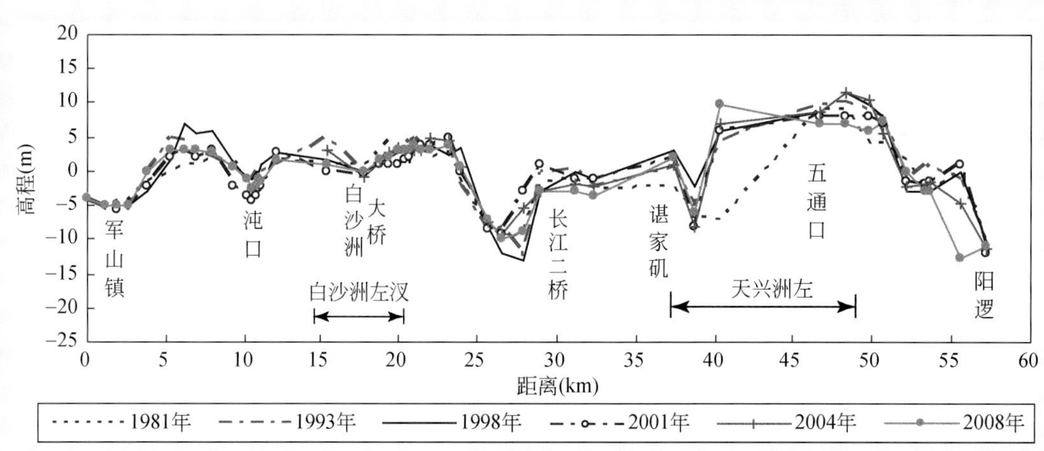

图 9-108　武汉河段深泓纵向变化图

(3) 洲滩变化

A. 江心洲 (滩)

1) 铁板洲。受两岸节点的控制，自 1981 以来洲体相对稳定。三峡水库蓄水运用前，洲长、洲宽、洲体面积表现为随水沙条件的年际变化而上下波动，无明显的趋势性变化。但洲顶高程总体呈现逐渐增加的趋势，2001 年相对于 1981 年洲顶高程增加了 3. 3m。三峡水库蓄水运用后，铁板洲洲体变化延续蓄水前的变化趋势：洲顶继续呈增高的趋势，至 2008 年洲顶高程增至 28. 4m。洲长、洲宽以及洲体面积无累积性的变化（表 9-48）。

2) 白沙洲。多年平面位置较为稳定，三峡水库蓄水运用前，洲体总体呈扩大的趋势，如 1981 年洲长、面积分别为 2940m、0. 82 km^2，至 2001 年洲长、面积分别增加了 55%、72%。三峡水库蓄水运用后，洲体略有萎缩。至 2008 年，洲长、面积分别为 3270m、1. 02 km^2。较之于 2001 年分别减小了 44%、48%（表 9-49 和图 9-109）。

3) 天兴洲。近 50 年，天兴洲平面位置呈下移趋势，且左缘淤长，右缘崩退。由天兴洲 15m 等高线所围洲体形态特征可以看出，天兴洲自 20 世纪 90 年代以来逐渐缩短，2001 年较之于 1981 年洲长减小了 16%；洲顶高程以及洲体宽度无趋势性的变化（表 9-50 和图 9-110）。三峡水库蓄水运用后，天兴洲平面特征变化趋势较之于蓄水前无较大差异，依然遵循洲长略有减小、洲宽以及高程上下波动的变化特点。

表 9-48　铁板洲年际变化表（15m 等高线）

年份	洲长（m）	最大洲宽（m）	洲顶高程（m）	洲体面积（km^2）
1981	3353	793	23. 3	1. 73
1986	3114	894	—	1. 87
1993	3137	881	24. 6	1. 85
1996	3382	835	25. 5	1. 96
1998	3643	891	27. 0	2. 11
2001	2828	987	26. 6	1. 76
2006	3116	1003	27. 2	1. 97
2008	2431	913	28. 4	1. 50

表 9-49　白沙洲年际变化表（15m 等高线）

年份	洲长（m）	最大洲宽（m）	洲顶高程（m）	洲体面积（km^2）
1981	2940	420	25.1	0.82
1986	3370	460	—	1.06
1993	3540	520	24.8	1.25
1996	3950	530	—	1.39
1998	4150	480	23.9	1.38
2001	4550	450	24.9	1.41
2006	3569	443	25.1	1.05
2008	3270	429	25.5	1.02

表 9-50　天兴洲历年变化表（15m 等高线）

年份	洲长（km）	洲宽（km）	洲顶高程（m）	洲体面积（km^2）
1981	13.98	2.18	24.4	23.1
1986	14.74	2.21	—	21.9
1993	13.96	2.40	23.7	21.1
1996	12.87	2.27	24.5	19.7
1998	12.80	2.35	25.3	19.5
2001	11.70	2.36	24.7	18.0
2006	11.68	2.49	25.7	18.0
2008	11.63	2.43	27.7	18.37

B. 边滩

本河段内边滩较为发育，沌口至杨泗庙有荒五里边滩，杨泗庙至长江大桥有汉阳边滩，其下游汉江出口至天兴洲洲头有汉口边滩，天兴洲右汊有青山边滩。以下分别对河段内边滩的历年变化进行分析。

1）荒五里边滩和汉阳边滩。荒五里边滩（6m 等高线）位于左岸沌口至杨泗庙，滩长约 9.2km。汉阳边滩（6m 等高线）紧接荒五里边滩，位于杨泗庙至汉江河口，滩长约为 5.4km。两边滩主要受来水来沙及年内消长变化影响，年际变幅较大（图 9-111 和表 9-51）。

由表可见，荒五里边滩 1959～2009 年最大滩宽变化范围为 130～738m，汉阳边滩 1959～2009 年最大滩宽变化范围为 413～675m。20 世纪 50 年代长江大桥建成后，汉阳边滩及荒五里边滩滩尾上提至大桥以上，在大桥上游侧滩身扩宽，形成向江心突出的边滩。另外，90 年代白沙洲大桥建成后，桥上游边滩增宽，桥下游产生回流淘刷，边滩缩窄。

荒五里边滩年内变化规律为：每年枯季上游中营寺至罗家湾一带淤积，汛前随水位上涨，泥沙逐渐下移，汛初移至荒五里附近，滩宽淤长最大，常与潜洲洲头相连，汛期边滩冲刷，泥沙下移，年底至次年初边滩宽度最小。

汉阳边滩年内变化与荒五里边滩相反，每年 2 月份前后最枯水时期，在长江大桥附近边滩淤长最宽，汛前 3～5 月份边滩被急剧冲刷，汛期滩宽最小，汛后又现回淤，至次年最枯水时又淤长为最大。

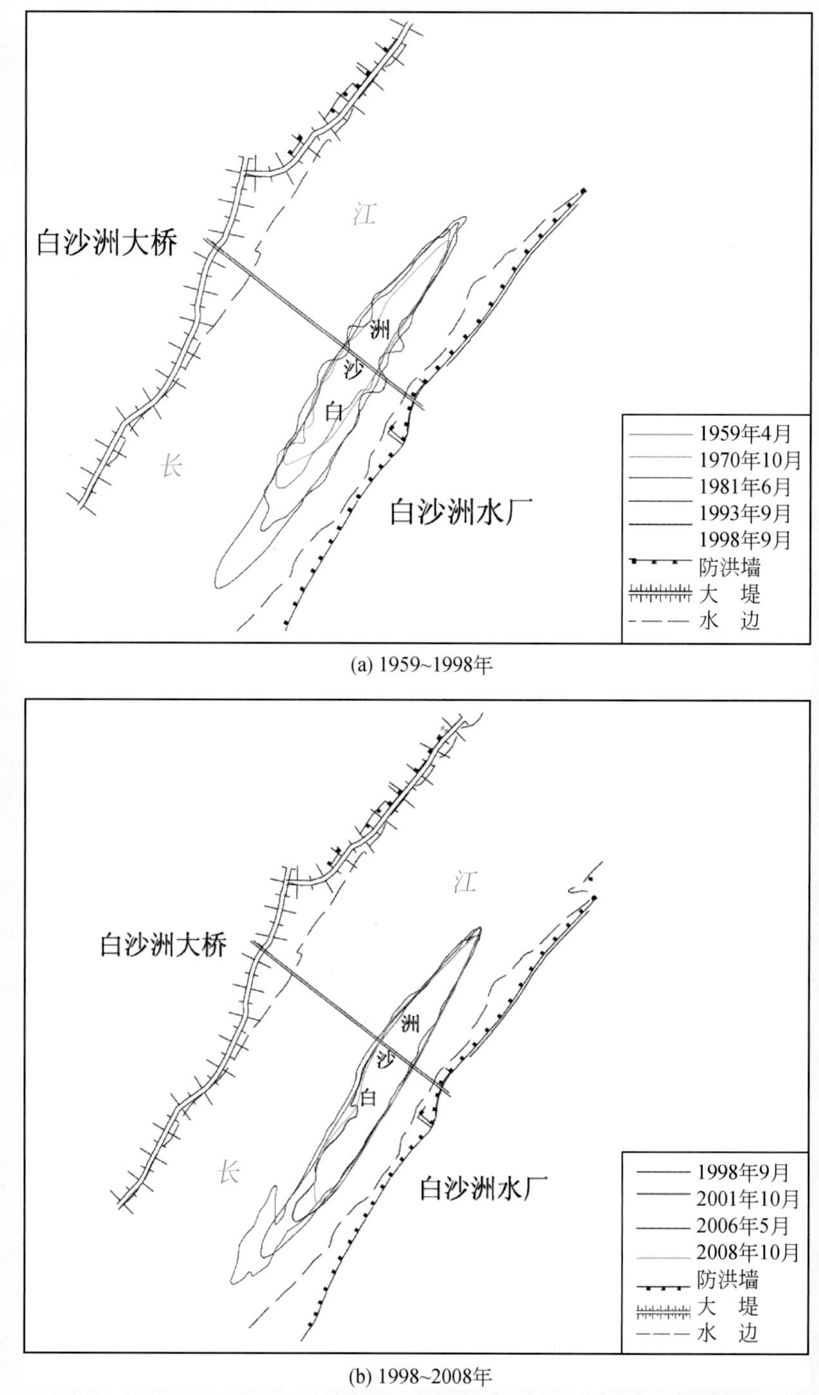

(a) 1959~1998年

(b) 1998~2008年

图 9-109 白沙洲平面变化图（15m）

2）汉口边滩。位于长江大桥以下的左岸，1858～1880 年最早的测图中已有汉口边滩雏形。边滩历年冲淤交替，其最大活动范围在汉江河口至谌家矶沦水河口之间，长约 10km。由图 9-112 可见，50 年来，汉口边滩多年呈现冲淤交替变化，其变化与上游来水来沙以及河道主流左右摆动等影响因素密切相关。其一般变化规律为：枯水年后边滩淤长发展，丰水年后边滩则冲刷缩小。其中：汉口边滩长江二桥上游总体冲淤幅度较小；长江二桥下游则受深泓线分流点下移 1.7km、汉口一侧主流向右摆动等因素影响，边滩受到大幅度冲刷，主要表现为二桥至丹水池段滩身束窄约 1.3km，滩首也下挫约

3km。特别是1991年长江二桥兴建后，桥上游边滩宽度增加，桥下游边滩则大幅被冲，面积相应减小，1993年滩中部较1959年回缩达2.5km；1993～1998年，汉口边滩在二桥上游约80m处呈发展态势，其局部边滩长1.1km、宽720m；二桥下游天兴洲洲头附近边滩变幅不大。1998年大洪水后，长江二桥上下游边滩均遭遇冲刷，尤其是下游边滩冲幅较大，2001年较1998年边滩下延约1.6km。近年来，通过对汉口边滩的综合治理，边滩变化较小基本趋于稳定。

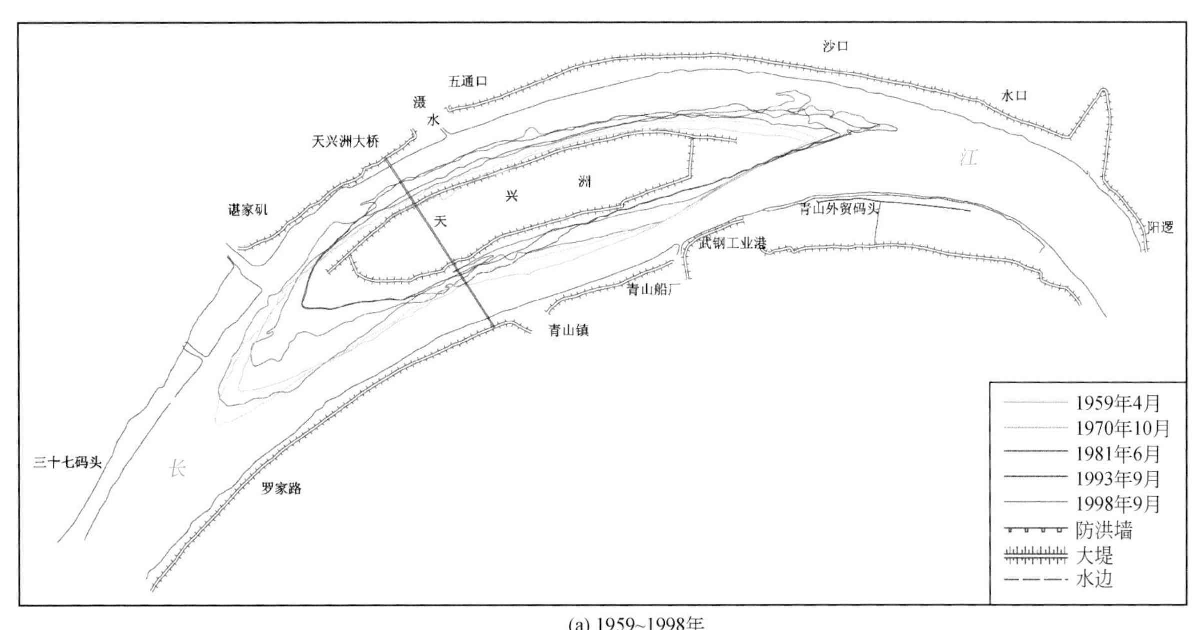

(a) 1959~1998年

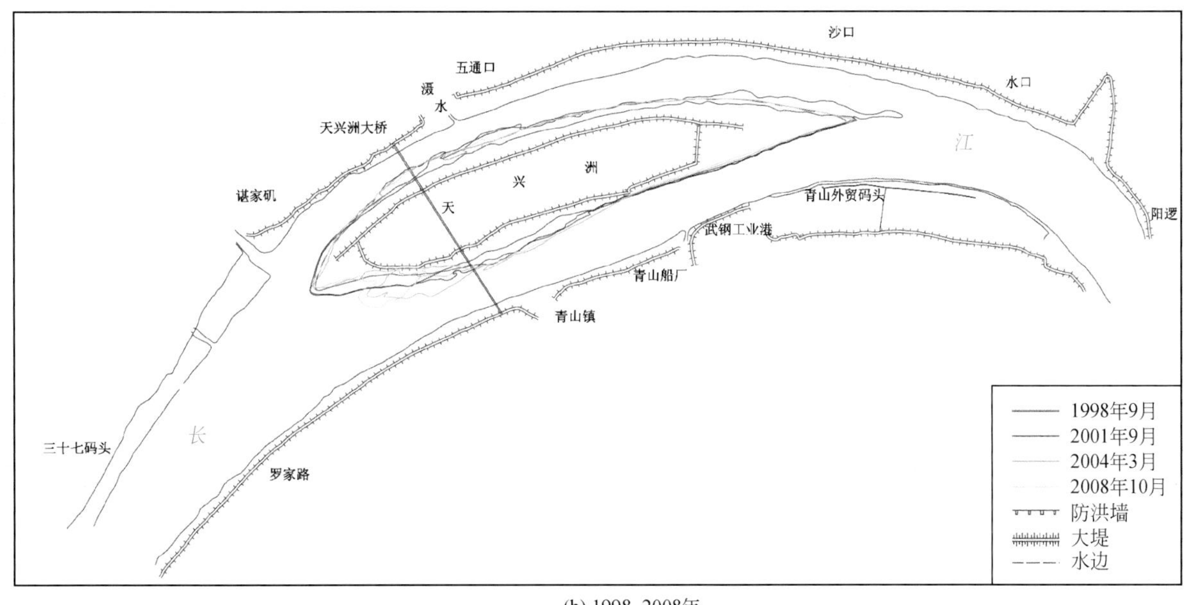

(b) 1998~2008年

图9-110　天兴洲（15m）平面变化图

表 9-51 荒五里边滩、汉阳边滩年际特征统计表

年份	荒五里边滩（6m）		汉阳边滩（6m）	
	最大滩宽（m）	滩体面积（km^2）	最大滩宽（m）	滩体面积（km^2）
1959	407	1.31	416	0.97
1970	253	0.83	413	0.88
1981	526	1.47	427	0.69
1993	738	2.80	586	1.35
1998	643	2.39	484	1.37
2001	130	0.59	596	1.93
2004	412	1.42	675	1.64
2008	413	1.41	358	0.85
2009	168	0.67	494	0.83

3）青山边滩。位于天兴洲右汊南岸蒋家墩至武钢工业港之间。青山边滩（5m 等高线）的淤长受河势变化和天兴洲右汊扩展的影响，年际变化较大。20 世纪 50 年代以来，天兴洲右汊冲刷发展，形成上下段窄、中间宽的汊道形态，为青山边滩的发育和存在提供了有利条件。1959 ~ 2009 年边滩变化分别如表 9-52 和图 9-113 所示。由图表可见，1959 年青山边滩滩头在青山镇附近，其滩长 1550m、宽 500m；1970 年边滩大小基本稳定，但整个下移约 1593m；1970 ~ 1981 年边滩增大且呈上移趋势，上移约 897m，边滩范围几乎增加了一倍，其滩长、滩宽分别为 2725m 和 548m；1981 ~ 1998 受右汊泥沙淤积影响，边滩急剧淤长，滩尾延伸到了武钢工业港附近，曾一度危及武钢取水泵站的安全，在边滩下移的同时也在朝着对岸天兴洲方向过渡，并与天兴洲 5m 等高线贯通，武钢工业港下游 5m 等高线基本上占据了整个河宽；经历 1998 年特大洪水后，右汊河床遭遇冲刷，武钢工业港附近 5m 等高线被冲开，边滩消失殆尽，至此，青山边滩已不复存在。

表 9-52 青山边滩变化表（5m 等高线）

年份	边滩长（m）	边滩宽（m）
1959	1550	500
1970	1469	303
1981	2725	548
1993	2147	790
1998	2489	594

1998 年大洪水后，青山边滩消失

（4）深槽变化

武昌深槽紧靠右岸武昌，槽首在鲇鱼套附近，槽尾在徐家棚附近，深槽形成年代久远，一般深槽槽长约 9000m，槽首和槽尾最大变幅约 3000m，深槽的宽度，槽首鲇鱼套以上宽度约为 100m，中段长江大桥以下宽度约为 500m，槽尾宽度约为 300m。槽首、槽尾宽度变幅 100 ~ 200m，中段宽度变化较大，近 50 年来深槽总的位置比较稳定，仅槽长、槽宽和槽深有所变化（表 9-53 和图 9-114）。

1981 ~ 1986 年，与长江二桥下游汉口边滩冲刷萎缩相应，武昌深槽下段有所淤积萎缩，下段深槽面积减小 0.59km^2；1986 ~ 1993 年，武昌深槽上段长江大桥附近大幅冲刷扩展，槽宽增加约 320m 至汉口一

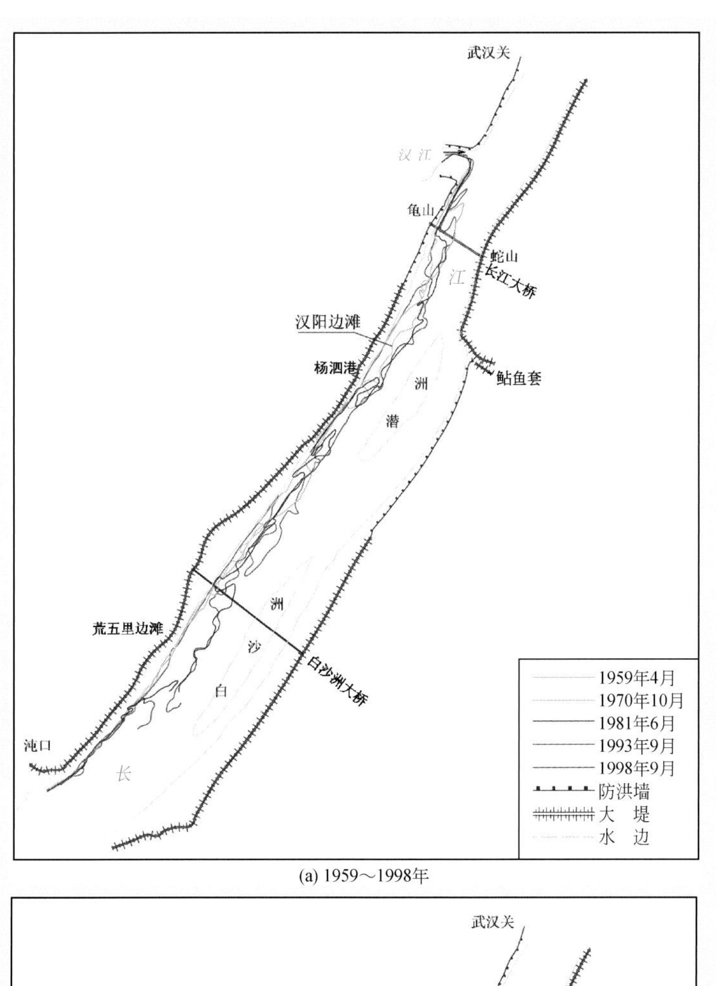

(a) 1959～1998年

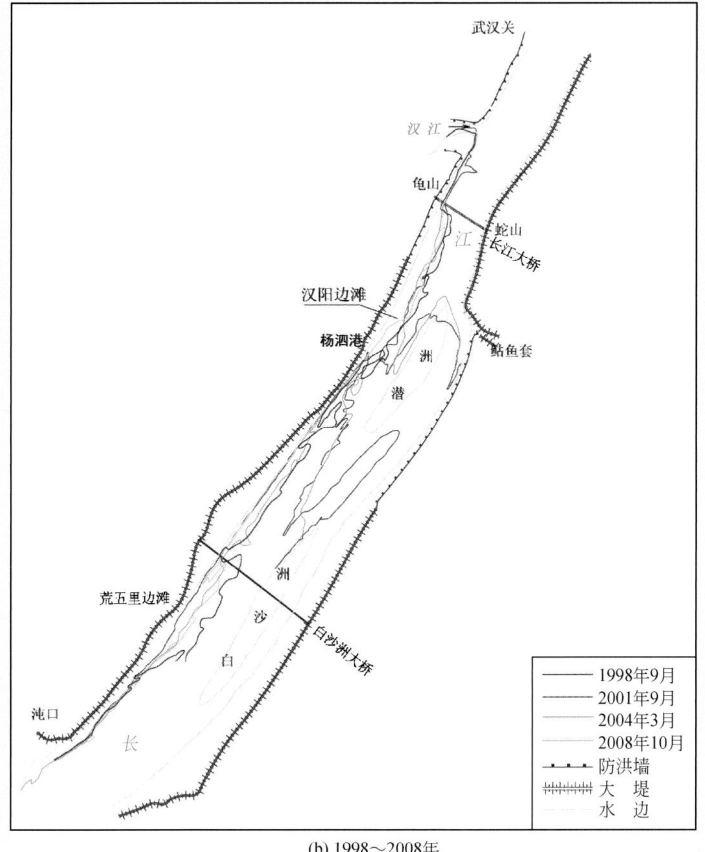

(b) 1998～2008年

图 9-111 荒五里边滩、汉阳边滩平面变化图（6m）

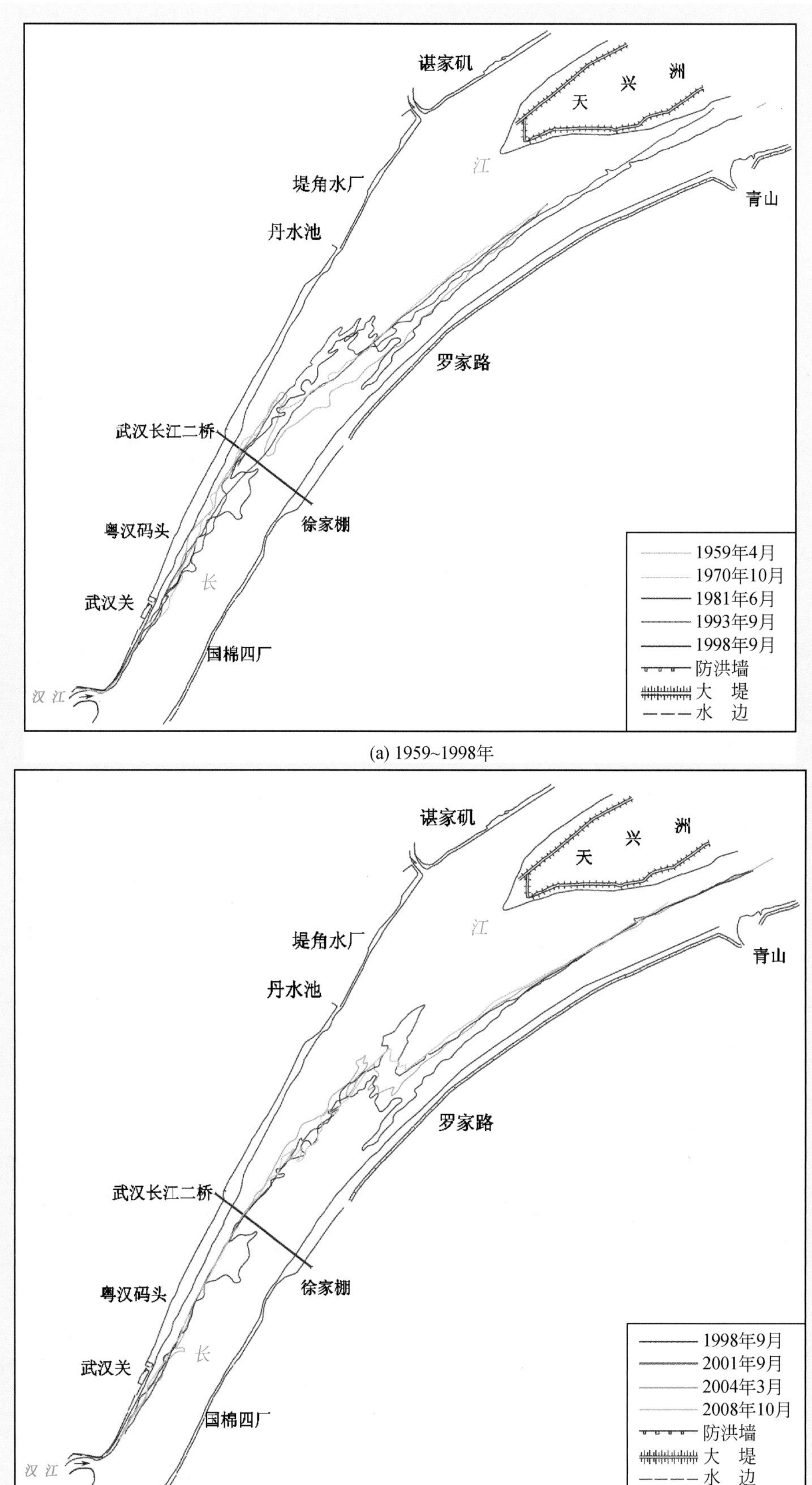

图 9-112　汉口边滩（8m）年际变化图

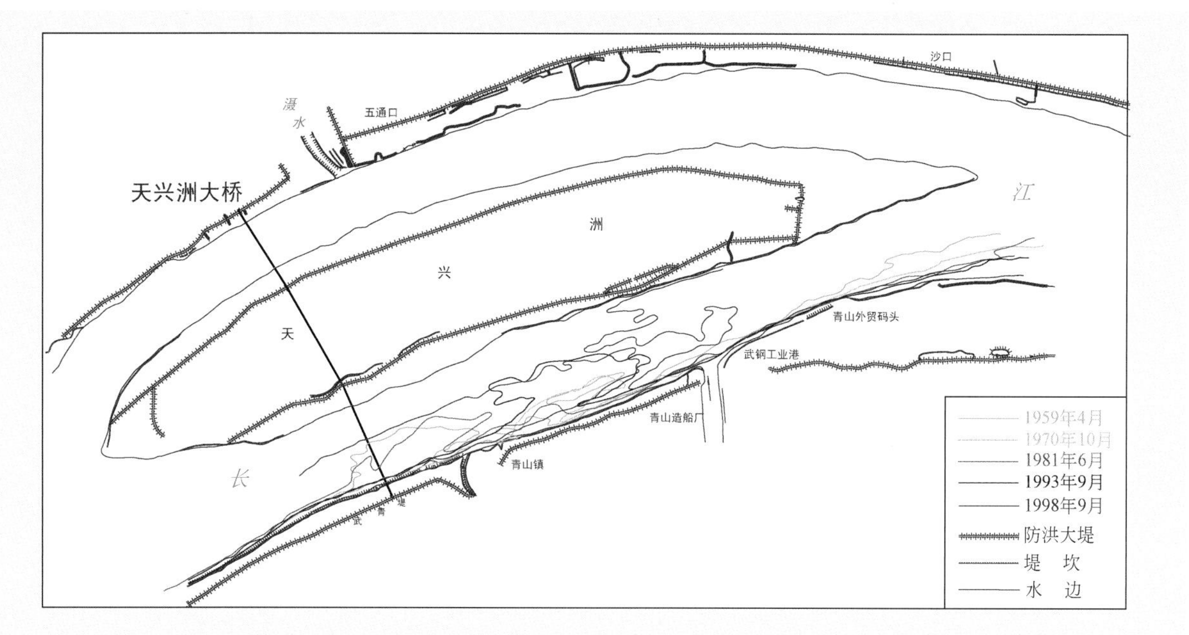

图 9-113　青山边滩年际变化图（8m）

侧，深槽宽度占据总河宽的 89%，面积也由 1.71km² 扩展至 2.41km²；深槽下段则表现为淤积萎缩，深槽基本淤积消失，槽尾由徐家棚附近上提约 1700m，面积由 0.654km² 萎缩至 0.332km²，减幅约 50%。1993～1996 年，武昌深槽上部变化不大，下段则继续淤积萎缩，面积减小至 0.19km²，但徐家棚附近由于河床冲刷，形成一长约 580m、宽 130m 的深槽；1996～1998 年，深槽上段朝汉江入汇口方向急剧扩大且向下游大幅延伸，较 1993 年下延约 2400m，下段深槽则较为稳定，徐家棚附近深槽也有所冲刷扩展；深槽总长度增加近 1000m，宽度增加近 400m，深槽总面积也由 2.51km² 扩展至 3.96km²，为历年之最大值。1998～2001 年，与汉口边滩大幅冲刷相应，武昌深槽淤积导致大幅萎缩，槽长减小近 4000m，槽宽减小近 570m，面积也萎缩至 1.65 km²，为历年之最小值。

三峡水库蓄水运用后，武昌 0m 深槽有所扩大，2008 年深槽面积为 2001 年的 2 倍，但依然低于 1998 年水平。且深槽的扩大主要表现为槽长的增加，槽宽变化较小。深槽最低点高程也较稳定。

表 9-53　武昌深槽年际变化统计表（0m）

年份	槽长（m）	最大槽宽（m）	最深点高程（m）	深槽面积（km²）
1981	9820	550	-11.9	3.07
1986	9050	530	-12.7	2.36
1993	8910	900	-14.8	2.75
1996	8030	720	-12.5	2.51
1998	8990	1120	-13.8	3.96
2001	5900	550	-14.8	1.65
2006	10047	385	-14.4	3.40
2008	9548	640	-15.0	3.52

（5）汊道分流分沙

1）铁板洲汊道。左汊为主汊，右汊为支汊，主汊多年来分流分沙比均在60%以上，右汊虽为支汊，但一直作为主航道使用。近年来观测资料表明，2005年10月，左汊分流比、分沙比分别为71.7%、77.4%；2007年11月流量为8930m^3/s时，左汊分流比为67%；2008年7月14日流量为27 461m^3/s时，左汊分流比为69%；2008年11月26日流量为20 790m^3/s时，左汊分流比为73.1%，分沙比为85.9%。由此可见，铁板洲两汊分流比和分沙比均未发生明显变化。

2）白沙洲汊道。根据20世纪80年代实测资料统计可看出，白沙洲左右汊分流分沙比相对稳定。右汊分流分沙比一般为5%~15%，当流量大于20 000m^3/s时，右汊分流比基本稳定在15%左右，左汊约占85%，随着流量的增加，分流分沙比仍保持在15%左右，当流量减小时，右汊分流分沙比也随之减小，直至减到5%左右。

近几年的观测资料表明，左汊分流、分沙比略有增大，而右汊分流、分沙比略有减小。如2005年10月流量为26 600m^3/s时，白沙洲左汊分流比88.5%，左汊分沙比90.6%；2006年4月27日流量为15 800m^3/s时，左汊分流比为90.5%；2007年11月30日流量为8700m^3/s时，左汊分流比为94%；2008年7月14日流量为26 169m^3/s时，左汊分流比为94%；2008年11月27日流量为19 920m^3/s时，左汊分流比为90.9%，分沙比95.5%。白沙洲左汊分流分沙比与流量之间的关系如图9-115所示。

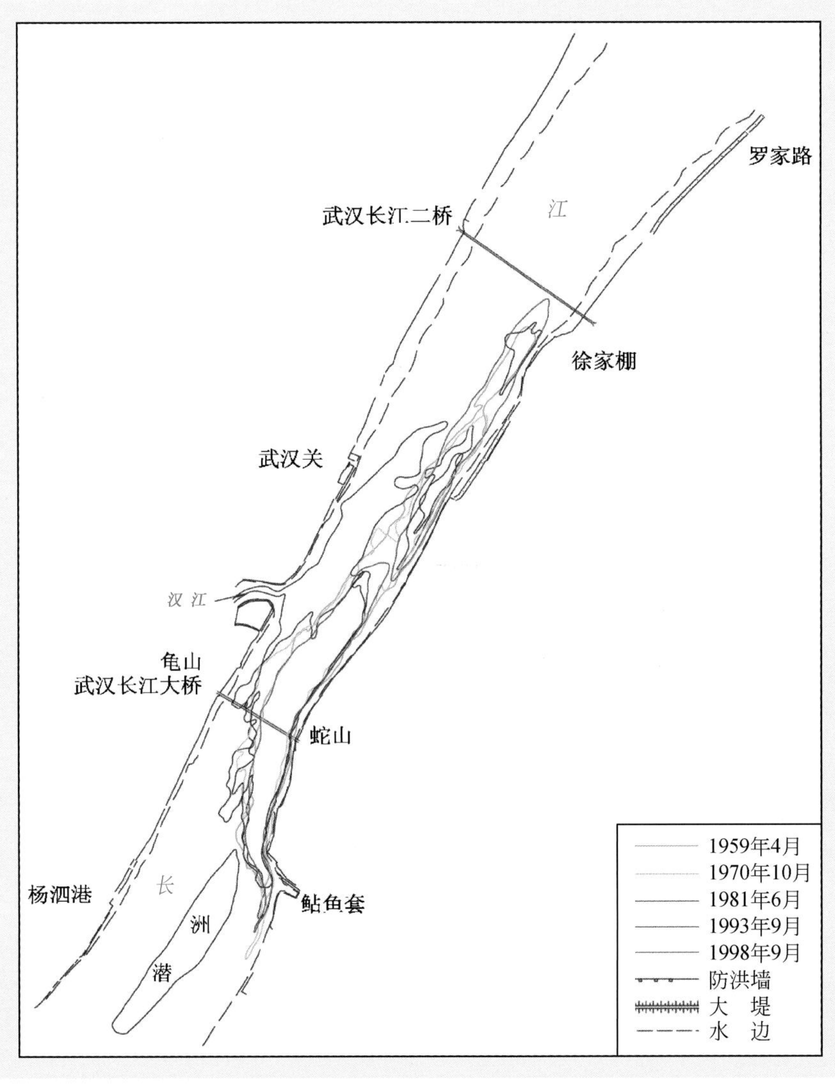

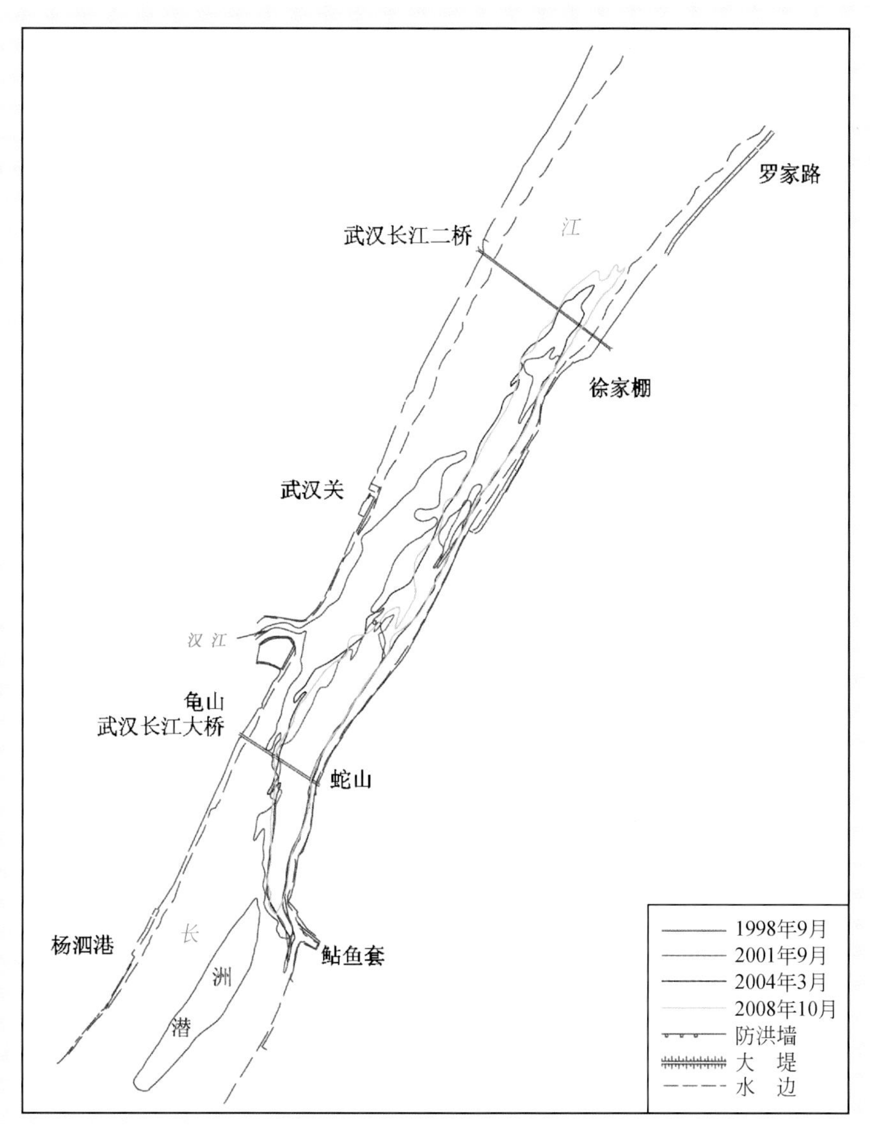

图 9-114 武昌深槽变化图（0m）

3）天兴洲汊道。天兴洲系本河段内一较大江心洲，洲体将河道一分为二，水流分别流经左、右两汊。50 年来，天兴洲汊道主支汊易位，左汊分流分沙比逐渐减小，右汊分流分沙比逐渐增大。20 世纪 50 年代，河床深泓高程左汊低于右汊，右汊分流分沙比均小于 50%；60 年代末，左右汊河床深泓高程相近，右汊汛期的分流比超过 50%、分沙比大于 45%，枯水期分流分沙比则大于 65%，右汊基本占据了主汊地位。左汊分沙比大于分流比，左汊与上游平顺衔接，汛期流量增大，水流动力轴线左移，水流挟带更多的泥沙进入左汊；枯水期流量减小、主流归槽，水流动力轴线右移，左汊分沙比略小于分流比。70 年代末，汛期右汊分流分沙比在 60% 左右；而枯水期右汊分流分沙比已达到 85%。根据 1980 ~ 2009 年天兴洲分流分沙观测资料分析，当断面总流量小于 40 000m^3/s 时，右汊分沙比略大于分流比，其分流分沙比一般在 65% 以上。当断面总流量大于 40 000m^3/s 时，右汊分沙比则略小于分流比，其分流分沙比一般在 65% 以下。

2010 年 3 月 9 日实测资料表明（对应流量 14 200m^3/s），左、右汊分流比分别为 5.5%、94.5%，分沙比分别为 3%、97%；5 月 27 日（对应流量 33 000m^3/s），左、右汊分流比分别为 20%、80%，分沙比分别为 27%、73%。与近 10 年相比，天兴洲左、右分流、分沙情况没有发生明显变化（图 9-116）。

从 20 世纪 80 年代前的平均情况看，分汊前断面含沙量和左汊含沙量基本接近，均比右汊大；1980～2010 年实测资料表明，中低水时左右汊含沙量一般右汊大于左汊，高水时两汊含沙量较为接近。根据 2010 年两次实测资料显示：2010 年 3 月 9 日，左、右汊平均含沙量分别为 0.065kg/m^3 和 0.082kg/m^3；5 月 27 日最新观测资料（对应流量 33 000m^3/s），左汊平均含沙量为 0.121kg/m^3，右汊则为 0.118kg/m^3。

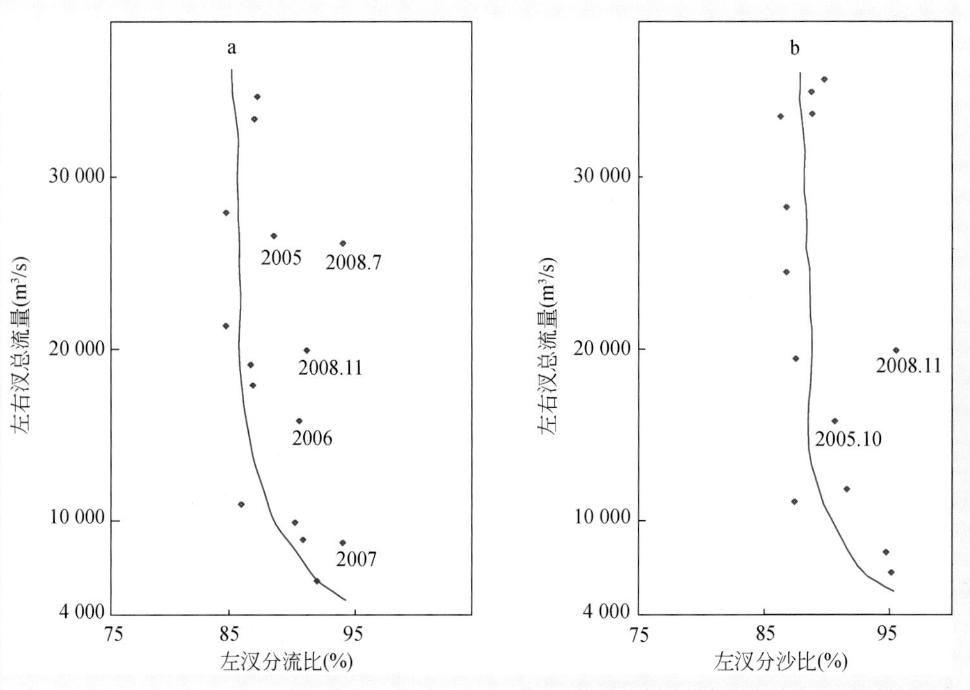

图 9-115　白沙洲汊道分流、分沙变化图

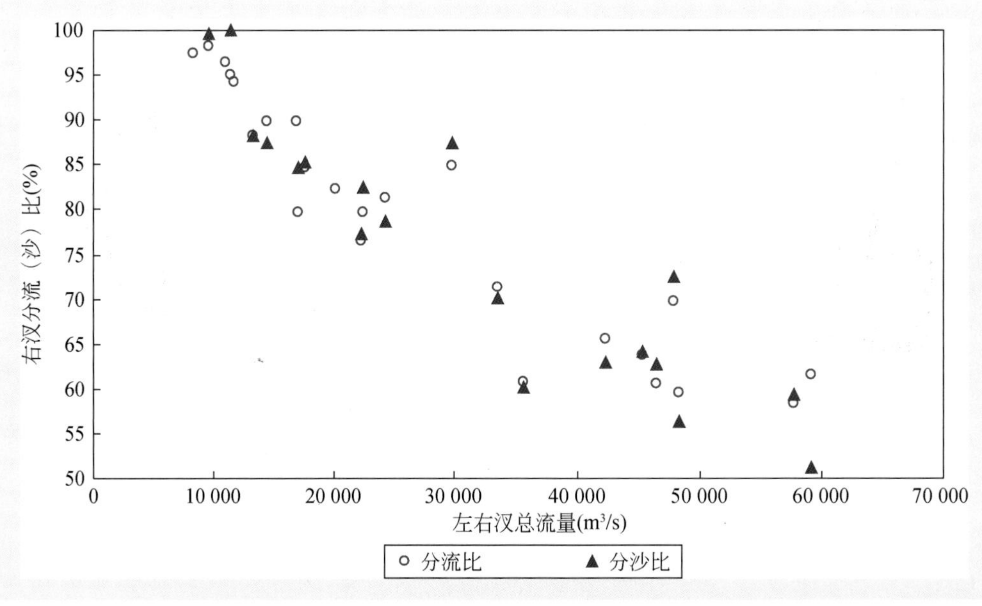

图 9-116　天兴洲主汊（右汊）实测分流分沙比与左右汊总流量关系图

（6）河床断面形态变化

CZ54 断面位于铁板洲下游军山，断面右侧基本稳定，左侧历年来呈淤积状态。1981～1996 年，断面淤积，最大淤高达 9m，断面过水面积减小 23%；1996～2001 年，断面有所冲刷。HL06 断面位于白沙洲，断面主槽靠左，且左侧较为稳定，右侧河床则冲淤频繁，1981～1993 年断面呈淤积趋势，1993～1998 年河床呈冲刷状态，2001 年断面形态基本与 1981 年一致，冲淤变化较小。HL11-1 断面位于长江二桥上游，该断面右侧河床稳定，左侧河槽及边滩变化较大，冲槽淤滩和冲滩淤槽交替发生，1981～1993 年河槽冲刷幅度较大，最大刷深达 15m；1993～2001 年断面最大淤高约 5m（图 9-117）。

三峡水库蓄水后，上述各断面延续蓄水前的冲淤变化趋势：CZ54 断面略有冲深，HL06 断面、HL11-1 断面冲淤变化不大。

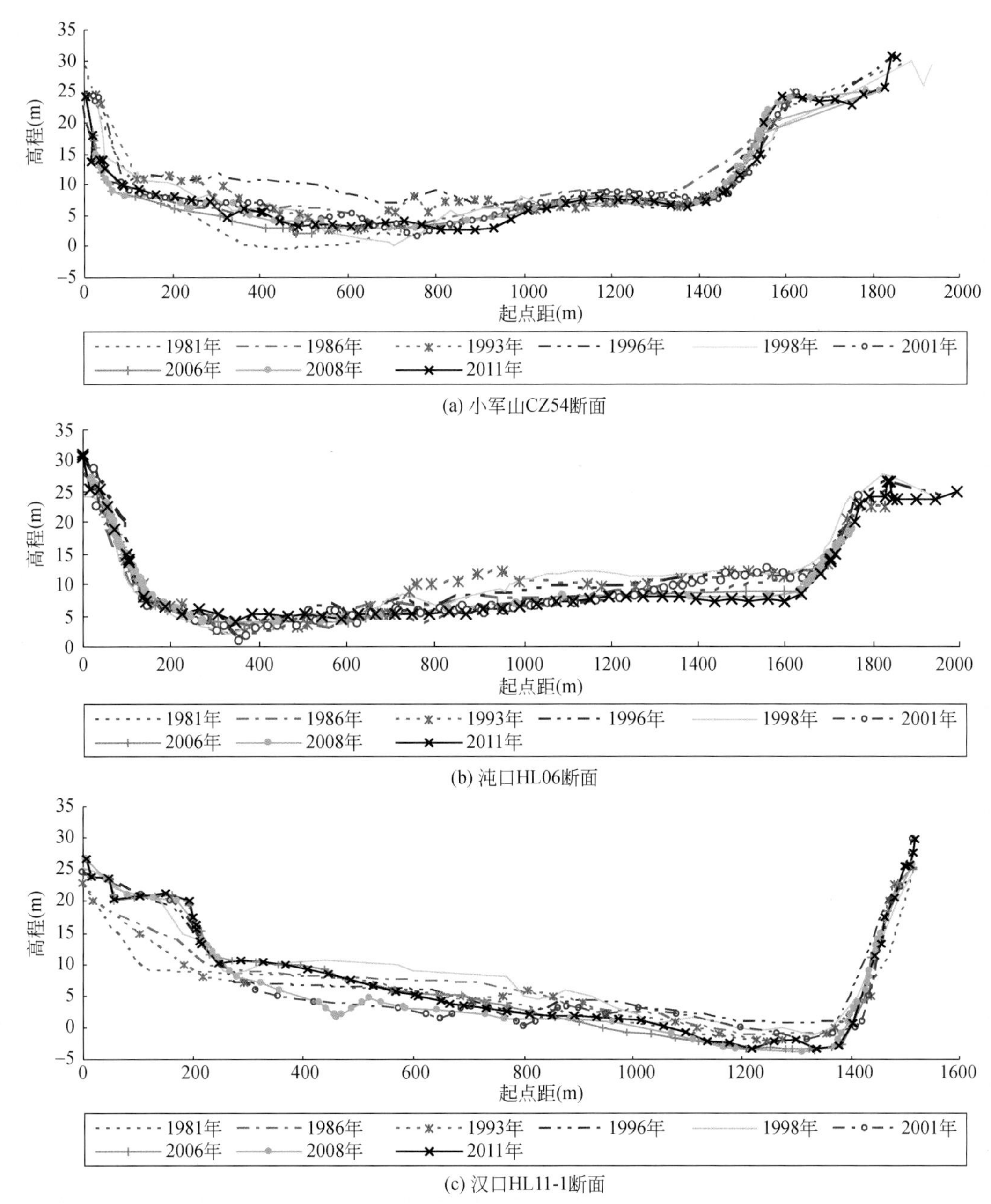

图 9-117　武汉河段典型断面变化

9.2.4 汉口至湖口河段

汉口至湖口河段全长272km，为宽窄相间的分汊型河道，主要有叶家洲、团风、黄州、戴家洲、黄石、蕲洲、龙坪、九江和张家洲河段组成（河道形势如图9-118所示）。本河段左岸有举水、巴河、浠水入汇；右岸主要有富水和鄱阳湖水系汇入。其中黄石西塞山至武穴段，两岸受山体、阶地控制，河宽较小，江心洲滩发育受到一定限制，呈现单一型河型。近百年来，河段河势基本稳定，但分汊河段主流线有所摆动，江心洲滩冲淤变化较为剧烈，如叶家洲河段已由分汊河段向单一河段转化。

三峡水库蓄水运用前，汉口至湖口河段主流走向基本稳定，但部分河段主流摆动仍较为频繁，尤以鹅头型汊道最为明显。由于主流摆动，团风河段、黄州河段洲滩冲淤变化较为频繁，并有一定的周期性变化规律；鹅头分汊型河段如团风河段、龙坪河段，主流均走右汊，但随着主流线的摆动，洲头、洲尾附近泥沙冲淤变化明显。本河段历年来岸线基本稳定，仅部分弯道凹岸受水流顶冲且河床边界条件较差的局部河段存在一定程度的崩岸，如鄂州蚂蟥咀、龙坪汊道段和九江段等，但由于实施了护岸工程，崩岸基本得到了控制。汉口至湖口河段河床冲淤也大致可以分两个大的阶段：第一阶段为1975~1998年，河床持续淤积，累计淤积泥沙5.00亿m^3，年均淤积量为0.217亿m^3；第二阶段为1998~2001年，河床大幅冲刷，冲刷量为3.343亿m^3，年均冲刷量为1.114亿m^3。

三峡水库蓄水运用后，2001年10月至2011年10月，汉口至湖口河段河床有冲有淤，总体表现为滩槽均冲，且冲刷量主要集中在枯水河槽，其冲刷量为2.19亿m^3。河床冲刷主要集中在张家洲河段（九江至湖口段，长约44km），其冲刷量为0.961亿m^3，占河段总冲刷量的44%；九江以上河段除黄石河段、韦源口河段和田家镇河段河床有所淤积外，其他各河段均总体表现为冲刷，且主要集中在武汉（下）、叶家洲和黄州河段。

2001年10月~2011年10月，汉口至九江河段深泓纵剖面有冲有淤，除韦源口河段、田家镇河段深泓平均淤积抬高外，其他各河段均以冲刷下切为主，阳逻附近深泓最大冲深15.4m。河段内河床高程较低的泥矶、西塞山和田家镇深槽，泥矶深槽淤高0.5m外，西塞山和田家镇深槽分别冲深0.5m和7.6m。河床断面形态均未发生明显变化，河床冲淤以主河槽为主。

1. 叶家洲河段

叶家洲河段上起阳逻、下迄泥矶，长约26.5km，属微弯分汊河型。河段入口处左岸有阳逻节点，出口右岸有泥矶，中间右岸有白浒山、观音山等节点。这些节点对河段平面的变化起着控制作用。本河段上游天兴洲汇合处河宽较大，在阳逻段缩窄为“瓶颈”状，再往下游河宽逐渐增加，在白浒山附近河宽最大，此处有边滩式江心洲牧鹅洲，继续向下游在观音山白浒镇附近河道束窄。河段左岸有倒水入汇，两岸均筑有堤防，左岸有堵龙堤，右岸白浒山以上有武惠堤、白浒山以下有支民堤。本河段河岸多呈二元结构，上层为细颗粒物质，下层为中沙和细沙。河床主要组成为细砂和中砂，并有少量和极细砂和粗砂，河床下层的沙砾层较厚。河势图如图9-119所示。在1998年大水后的长江重要堤防隐蔽工程建设中，位于左岸的尹魏险工段实施了防洪护岸工程，长约4.43km。2005年，航道部门在该河段实施了罗湖洲水道航道整治工程，由东槽洲护岸工程、串沟锁坝工程（2道）和洲头心滩滩脊护滩带工程（1道）组成。

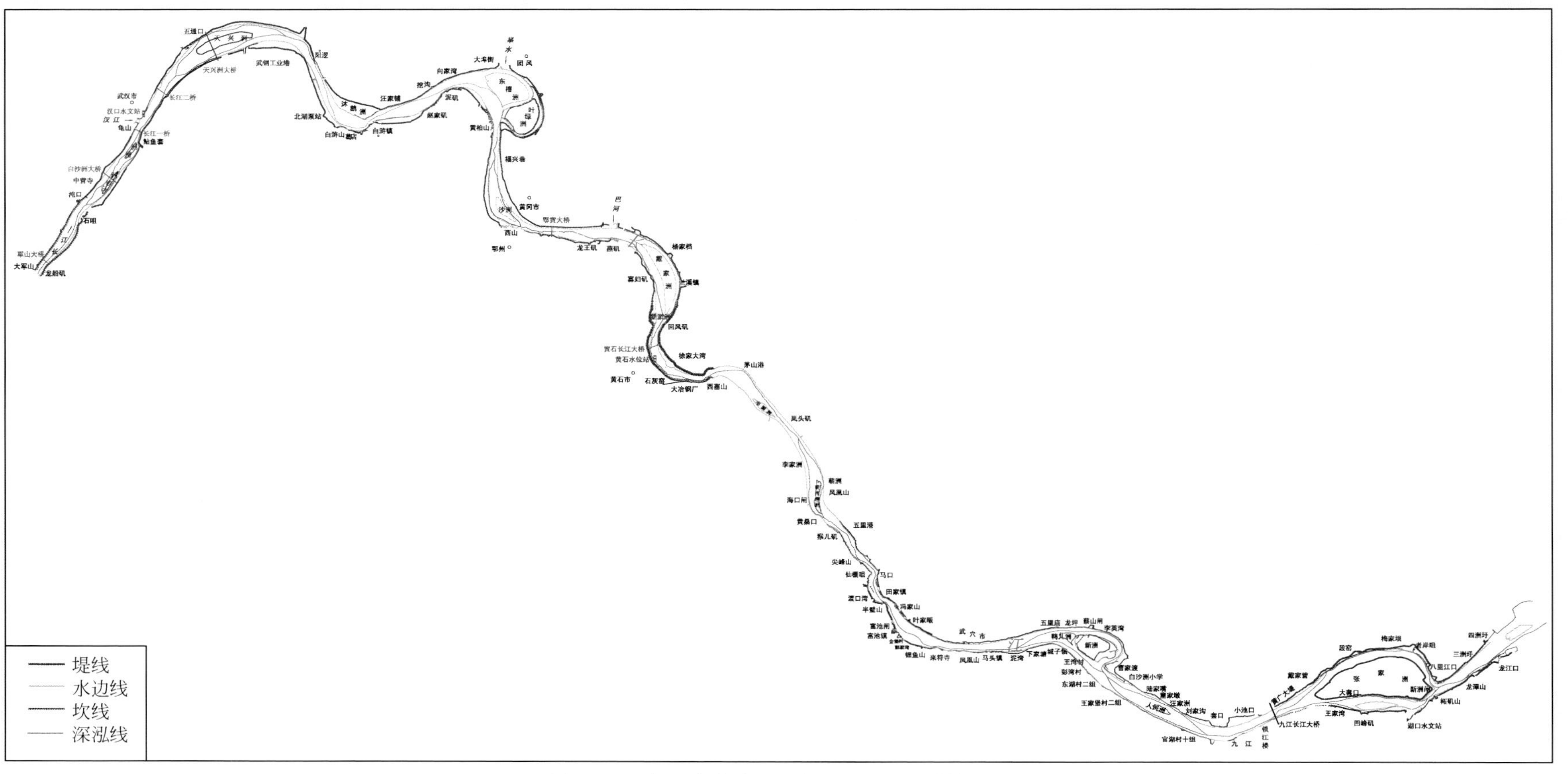

图 9-118　长江中游武汉～湖口河段河道形势图

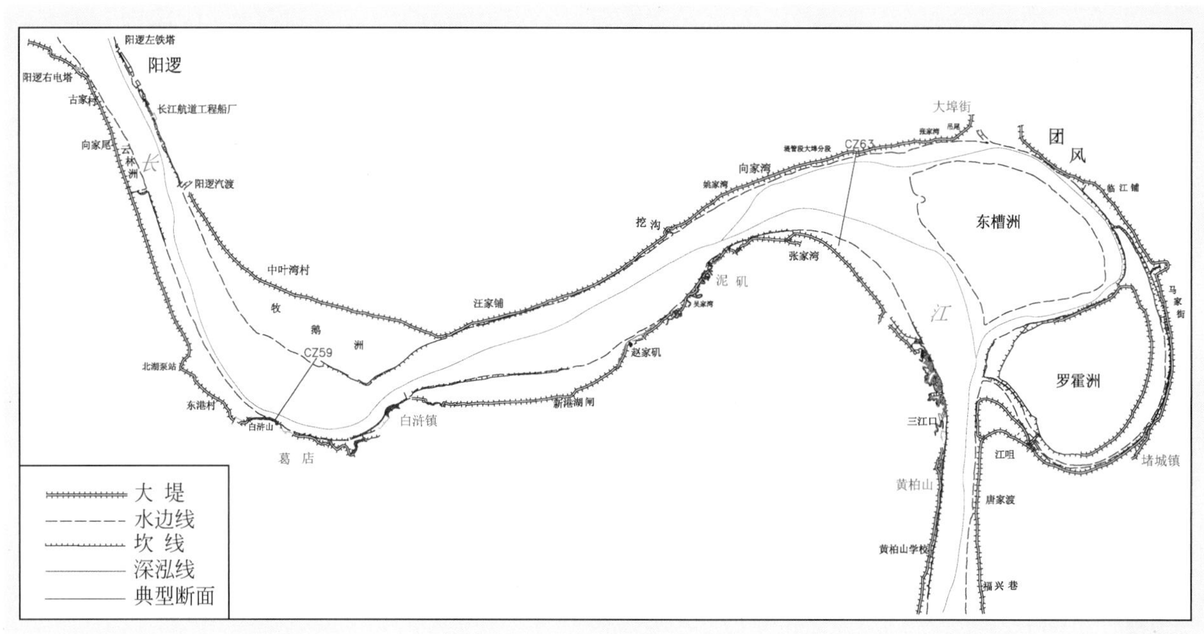

图 9-119　叶家洲、团风河段河道形势图

受河道节点控制，阳逻至龙口段河道顺直，河宽较窄，河床高程低；龙口以下河段河道放宽，泥沙落淤，河床高程抬高，深泓逐渐过渡到右岸；河道右岸白浒山挑流形成冲刷坑，深槽靠近右岸，且位置多年稳定少变，左岸则形成牧鹅洲边滩。多年来，叶家州河段深泓、岸线基本稳定，河道演变主要表现为牧鹅洲边滩的冲淤变化。牧鹅洲边滩为江心洲式的边滩，左汊在汛期高水时过流，枯水期断流并与河岸相连。一般表现为涨水时冲刷、退水时淤积，大沙年淤积、小沙年冲刷。1981～1998 年，河段总体表现为淤积，河槽总淤积量为 1.24 亿 m^3，且以枯水河槽淤积为主；1998～2001 年枯水河槽冲刷量为 0.353 亿 m^3，枯水以上河槽冲淤变化不大。三峡水库蓄水运用后，河床以冲刷为主，2001 年 10 月～2011 年 10 月平滩河槽冲刷量为 0.491 亿 m^3，河段内河床形态、深泓、岸线稳定少变，总体河势基本稳定，牧鹅洲边滩不断冲刷崩退，其长宽均有所减小。

（1）深泓线变化

本河段深泓线的摆动主要发生在深泓过渡段，而弯道段深泓相对稳定。阳逻至周杨村为深泓自左向右摆移的过渡段，平面摆幅大于阳逻至龙口段，历年平面变化最大幅度约 450m。周杨村至白浒镇，深泓线沿凹岸靠右下行，历年平面变化幅度 60～150m，河床高程下切。受观音山挑流影响，主泓从白浒镇过渡到左岸汪林铺，后又折向右岸泥矶附近。白浒镇至汪林铺过渡段深泓平面变化相对较大，最大变幅约 900m，河床高程逐渐抬高，汪林铺至泥矶深泓变化相对较小（图 9-120）。

（2）边滩变化

本河段内边滩较为发育，有牧鹅洲边滩、赵家矶边滩。牧鹅洲是江心洲式边滩，左汊在汛期高水时过水，枯季断流并与河岸连成一体，此边滩随着牧鹅洲的冲淤而变化。其变化规律为：在一个水文年内，涨水时冲刷、退水时淤积；大沙年淤积，小沙年冲刷。赵家矶边滩紧邻泥矶上游，受上游水沙作用，1981～2008 年历年冲刷萎缩，长度缩短约三分之二，宽度缩短约二分之一。历年牧鹅洲边滩、赵家矶边滩 10m 等高线变化情况（表 9-54 和图 9-121）。

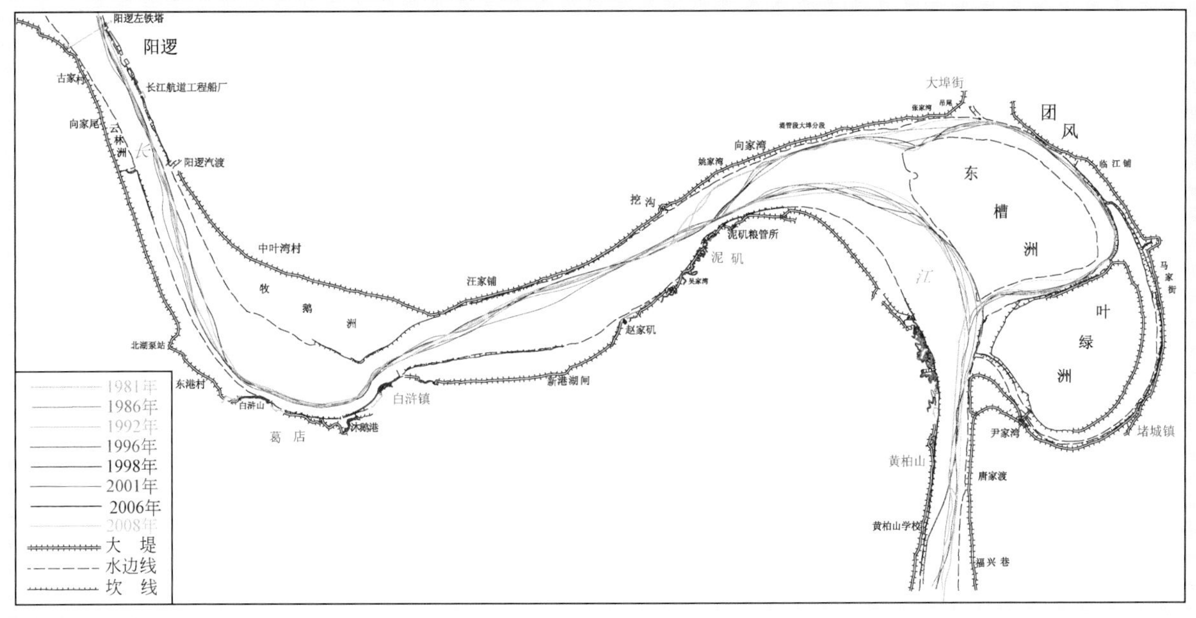

图 9-120 叶家洲、团风河段深泓线平面变化图

表 9-54 牧鹅洲边滩历年变化表（10m 等高线）

年份	牧鹅洲			赵家矶	
	长度（km）	宽度（km）	滩顶高程（m）	长度（km）	宽度（km）
1981	7.00	1.30	16.8	6.66	1.01
1986	6.95	1.08	16.2	6.88	1.00
1993	6.73	1.37	17.2	6.91	0.42
1996	7.00	1.50	17.5	5.04	0.55
1998	6.58	1.04	19.6	4.92	0.53
2001	6.88	1.48	20.2	2.09	0.09
2006	6.46	1.01	16.3	6.34	0.98
2008	6.20	1.04	16.0	2.53	0.57

（3）深槽变化

白浒山和白浒镇深槽为弯道凹岸深槽，遵循弯道变化规律。随来水来沙及其过程的变化而发生冲淤变化，两深槽也随之分割和合并。由于右岸分布有山地和矶头，其抗冲能力较强，多年来深槽位置稳定，河床冲淤变化较小，历年深槽最深点高程在-34～-40m 变化。统计历年白浒山、白浒镇附近-5m 等高线深槽变化，最深点高程有所抬高，2001～2008 年深槽萎缩、面积减小（表 9-55 和图 9-122）。

（4）河床断面形态变化

牧鹅洲附近 CZ59 断面为偏 V 型，主槽偏右。多年来，河道右侧的白浒山抗冲能力较强，断面右岸历年稳定，河床冲淤变化主要集中在左岸牧鹅洲边滩以及河槽部位，滩槽冲淤交替。1981～2008 年，断面总体略有冲刷幅度，但断面形态较为稳定（图 9-123）。

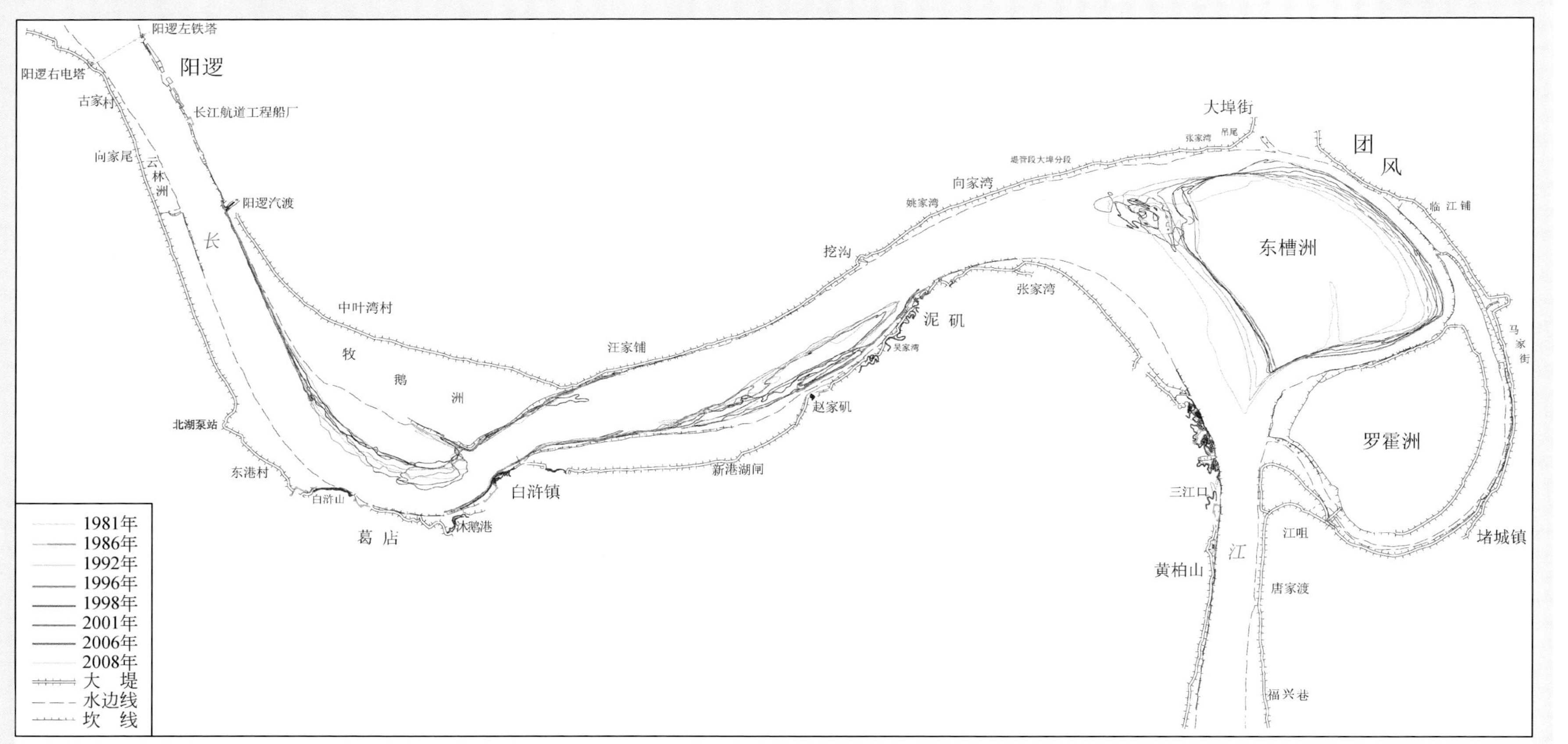

图 9-121　叶家洲、团风河段主要洲滩平面变化图

牧鹅洲、赵家矶边滩采用10m等高线，东槽洲采用15m等高线

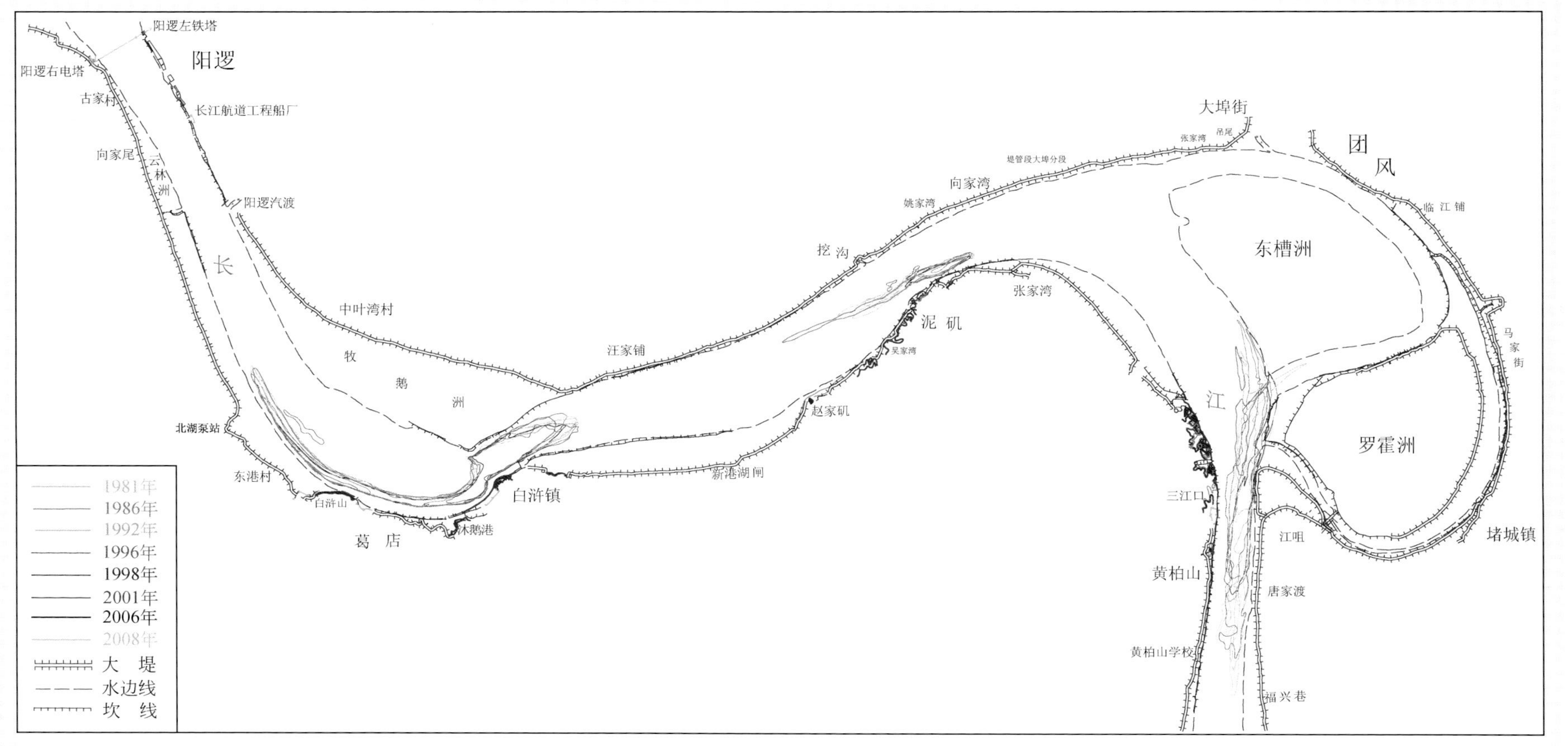

图 9-122 叶家洲、团风河段深槽变化图（−5m）

表 9-55　白浒山、白浒镇深槽历年变化表（-5m 等高线）

年份	长（km）	面积（$10^4 m^2$）	最深点高程（m）
1981	10.2	359.8	-40.6
1986	10.1	335.1	-37.3
1992	10.7	346.0	-36.2
1996	8.33	242.8	-36.0
1998	7.40	200.4	-34.0
2001	10.3	320.0	-38.1
2006	8.85	244.3	-37.1
2008	8.3	248.4	-33.8

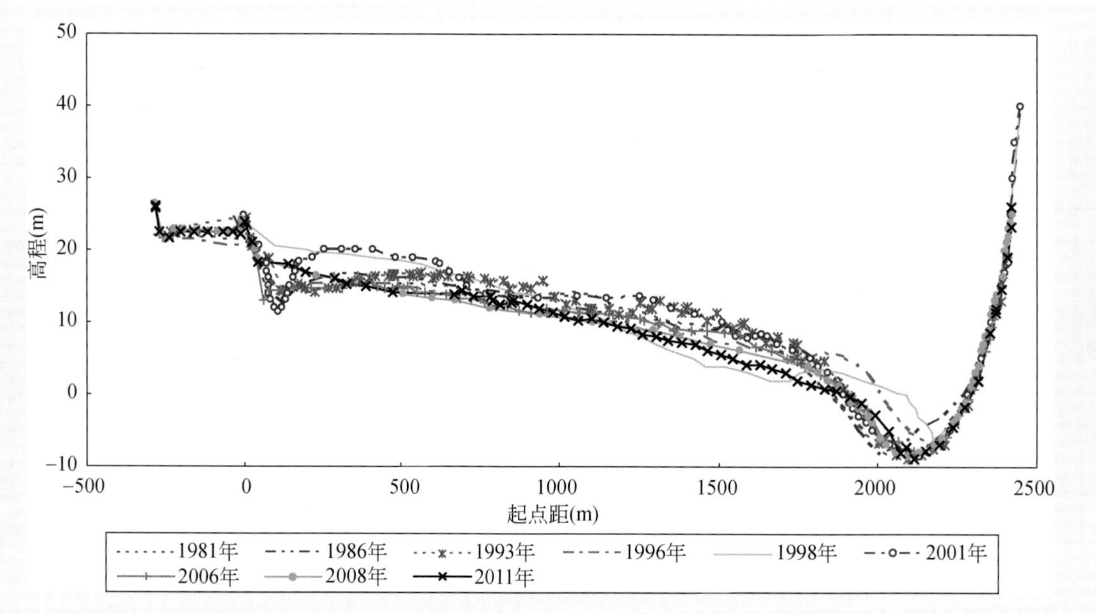

图 9-123　叶家洲河段典型断面（CZ59 断面）冲淤变化图

2. 团风河段

团风河段上起泥矶、下迄黄柏山，全长约 24.2km，属鹅头型多汊河道，汊道内有人民洲、李家洲、东槽洲、新淤洲和罗湖洲（鸭蛋洲）并列。左岸大埠街处有举水入汇。两岸边界物质多呈二元结构，上层为细颗粒物质，下层为中沙和细沙。河床主要组成为细砂和中砂，并有少量和极细砂和粗砂，河床下层的沙砾层较厚。河势如图 9-119 所示。

本河段洲滩较为发育，东槽洲和罗湖洲将水流分为左、中、右汊。20 世纪 50 年代中汊是主汊，分流比较大，分流比随水位的升高而减小；70 年代中汊虽然还是主汊，分流比已逐渐减小，而分沙比大于分流比，表明中汊已在衰退；80 年代主流已演变至右汊，其分流比超过 60%，尤其在高水时，分流比大于分沙比，右汊仍在发展中；90 年代东槽洲中汊已经萎缩断流，右汊过流能力进一步增强，左汊过流能力相应减弱，近年来，枯季左汊也已枯竭断流，汛期过流能力甚小。2009 年 7 月 30 日施测了东槽洲分流分沙比，左、右汊分流比分别为 3.9% 和 96.1%，分沙比分别为 2.9% 和 97.12%。表明东槽洲目前左汊几乎断流，河道水流基本上从右汊通过。

1998 年洪水后，本河段实施了护岸工程长 4.4km；2005 年 10 月 ~2007 年 3 月，交通运输部实施了罗湖洲水道航道整治工程，对罗湖洲头的浅滩串沟进行了封堵，对洲头浅滩进行了守护，对罗湖洲右缘滩岸进行了防护，上述工程缩小了右汊主流摆动范围，对稳定本河段河势起到了一定的作用。

三峡水库蓄水运用前，团风河段左岸鹅头稳定，主泓在右汊与中汊之间摆动，汊道分流段由于河道展宽，水流扩散，泥沙落淤易形成碍航浅滩，且位置随不同来水来沙以及汊道右汊、中汊的相互转化而不定。河段内洲滩切割、合并频繁，近年来罗湖洲崩岸较为剧烈，已成为江心洲式的边滩，主汊位于人民洲与李家洲之间，右汊冲刷发展，左汊、中汊逐渐衰退，李家洲与东槽洲相连。1981～1998年，河床“滩、槽均淤”，其总淤积量为1.19亿m^3，枯水河槽淤积量占50%；1998～2001年枯水河槽冲刷量为0.147亿m^3，但枯水以上河槽淤积量为0.062亿m^3。三峡水库蓄水运用后，河势基本稳定，河床以冲刷为主，2001年10月～2011年10月平滩河槽冲刷泥沙0.077亿m^3，但东漕洲左汊尤其是进口段淤积较为明显。

（1）深泓线变化

本河段河道宽浅，多汊并存，深泓变化大，团风河段深泓自泥矶附近分流后，左汊深泓线在向家湾附近贴左岸下行，仅在大埠街附近深泓线局部有较大摆动，最大摆幅近600m，表明在此河床有所淤积；右汊深泓则自泥矶过渡至东槽洲右缘，沿其右缘而下，至与左汊会合，后贴左岸在黄柏山附近出团风河段。团风河段东槽洲右汊汊道内河床高程有一个抬高后再降低的过程。1981～2008年，在东槽洲洲头近年来河床冲淤交替，冲淤幅度较大，最大变幅近10m，进入汊道后，深泓贴东槽洲右缘下行，其高程逐渐降低，近年变幅较小；河段出口段河床高程与汊道内高程比较，其变化幅度相对较小（图9-120）。

（2）洲滩变化

河段内有人民洲、李家洲、东槽洲、新淤洲和罗湖洲等江心洲，其中人民洲、李家洲、东槽洲、新淤洲基本连成一体形成了一个较大的江心洲—东槽洲，其历年变化如表9-56和图9-121所示。

受上游来水来沙作用，东槽洲历年冲淤交替，呈左淤右冲趋势，洲右缘冲刷幅度大于左缘淤积，历年洲体整体有所左移，表明东槽洲右汊冲刷，左汊淤积；1981～2008年，洲头冲淤变化较大，洲尾相对稳定，洲体面积历年变化不大，东槽洲洲体形态较为稳定。

表9-56　东槽洲变化统计表（15m等高线）

年份	面积（km^2）	洲长（m）	洲宽（m）	洲顶高程（m）
1981	22.56	7320	5150	21.1
1986	22.80	7115	4527	未测
1993	22.92	7946	4834	20.9
1996	22.29	5847	4396	25.2
1998	22.51	7369	5271	22.9
2001	22.52	7043	4347	22.6
2006	22.74	7377	4595	23.1
2008	22.86	7100	4880	23.3

（3）深槽变化

团风河段主要有进口处的泥矶深槽和出口处的江咀深槽，泥矶深槽范围较小，受上游来水来沙影响，历年深槽槽首上提下移，最大变幅达3.5km，深槽尾部以及最深点位置较为稳定。江咀深槽是由几股汊道汇流后，在汇流区形成双向螺旋流所造成的，因而江咀深槽的平面位置不太稳定，随着上游水位的高低及汊道分流比的变化而上、下伸缩，左右摆动，多年来深槽最深点高程冲淤最大变幅近4m。历年深槽历年变化情况如表9-57和图9-122所示。

表9-57　团风河段内深槽变化统计表（-5m等高线）

年份	泥矶		江咀	
	面积（km^2）	最深点（m）	面积（km^2）	最深点（m）
1981	0.57	-10.9	3.01	-12.0
1986	0.62	-9.4	0.69	-10.0
1993	0.57	-9.9	2.12	-11.7
1996	0.03	-6.8	2.80	-12.6
1998	0.31	-8.1	3.38	-10.8
2001	0.35	-9.2	1.93	-13.7
2006	0.28	-8.2	1.59	-13.1
2008	0.55	-9.9	2.44	-11.6

（4）河床断面形态变化

团风河段为鹅头型分汊河段，河段内有鹅头洲东槽洲，河段冲淤变化较大。CZ63断面（位于东槽洲洲头）为复式断面，断面冲淤变化较大，历年来洲滩冲淤交替变化，河槽最大冲淤幅度约为10m，洲滩最大冲淤幅度达7m。1981～2011年东槽洲左汊主河槽河床抬高，而右汊主河槽河床则呈冲刷趋势，历年断面形态变化较大（图9-124）。

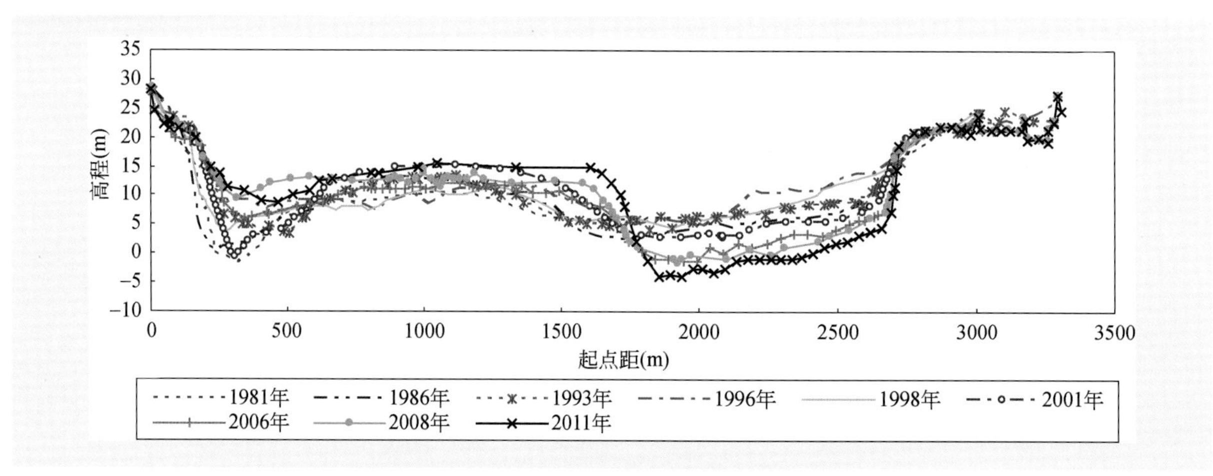

图9-124　团风河段典型断面冲淤变化图（CZ63断面）

3. 黄州河段

黄州河段上起黄柏山，下至燕矶，长为31.8km，属微弯分汊河型。河段内弯道左岸、右岸五丈港至龙王矶之间分别有江心洲和池湖潜洲。河道两岸堤防、黄柏山、燕矶两个临江控制节点以及山地等所组成的河床边界对河道的横向变化有一定的限制。2006年汛后黄州河段床沙中值粒径为0.156mm。河道形势如图9-125所示。

三峡水库蓄水运用前，黄州河段除汊道段深泓摆幅较大外，深泓位置基本稳定，但黄州江心洲和黄州边滩变化频繁，蚂蟥咀一带岸线崩塌严重，但近年来岸线趋于稳定，1998 年大水后，三江口、刘楚贤、郑家湾、魏家矶等险工段实施了护岸工程，累计完成护岸工程 27km。1981～2001 年，河床冲淤均以枯水河槽为主，河床总体淤积泥沙 0.03 亿 m^3。三峡水库蓄水运用后，河势稳定，进口段和分汊段主泓摆动频繁，黄州江心洲与边滩相互转化；下段主泓贴岸下行，稳定少变；出口处受池湖港潜洲影响，主流平面摆幅较大。深泓纵向变化以冲刷为主，深槽冲刷扩展，最大冲刷深度约 7m。黄州边滩发展，池湖潜洲淤长、洲头上提。2001 年 10 月～2011 年 10 月河床呈冲刷状态，平滩河槽冲刷量为 0.210 亿 m^3。

(1) 深泓线变化

受上游团风河段演变的影响，进口段和分汊段主泓摆动频繁，黄州江心洲与边滩相互转化，左岸边滩附近河段深泓随之而发生相应变化；樊口至鄂黄大桥之间受边界条件控制，主泓稳定少变，河床冲淤变幅较小，历年深泓相对稳定；河段出口处，受池湖港潜洲以及戴家洲洲头的冲淤影响，其分流点上提下移，深泓变幅较大。河段深泓高程冲淤交替，其中黄州边滩、鄂黄大桥、回风矶等附近变化较大，最大冲刷位于鄂黄大桥下游，冲刷深度约为 7m，其余变化相对较小，深泓线平面变化如图 9-126 所示。

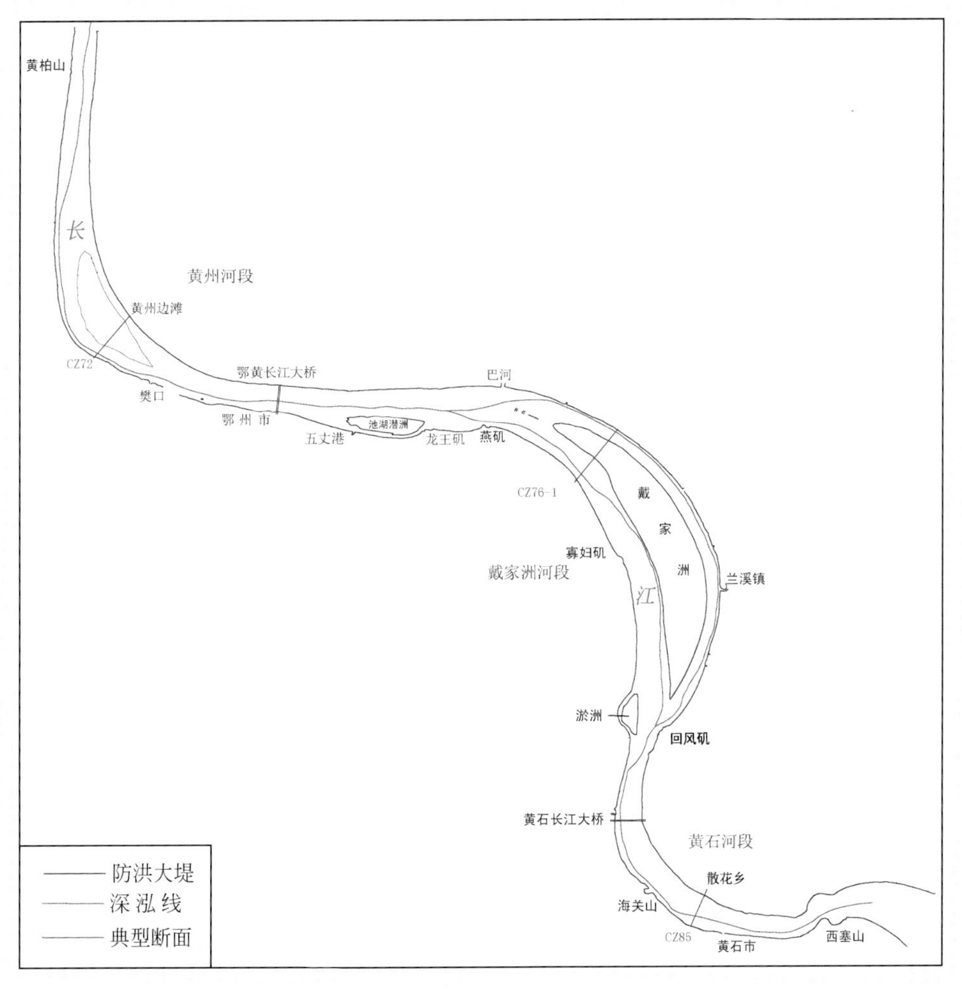

图 9-125　黄州、戴家洲、黄石河段河道形势图

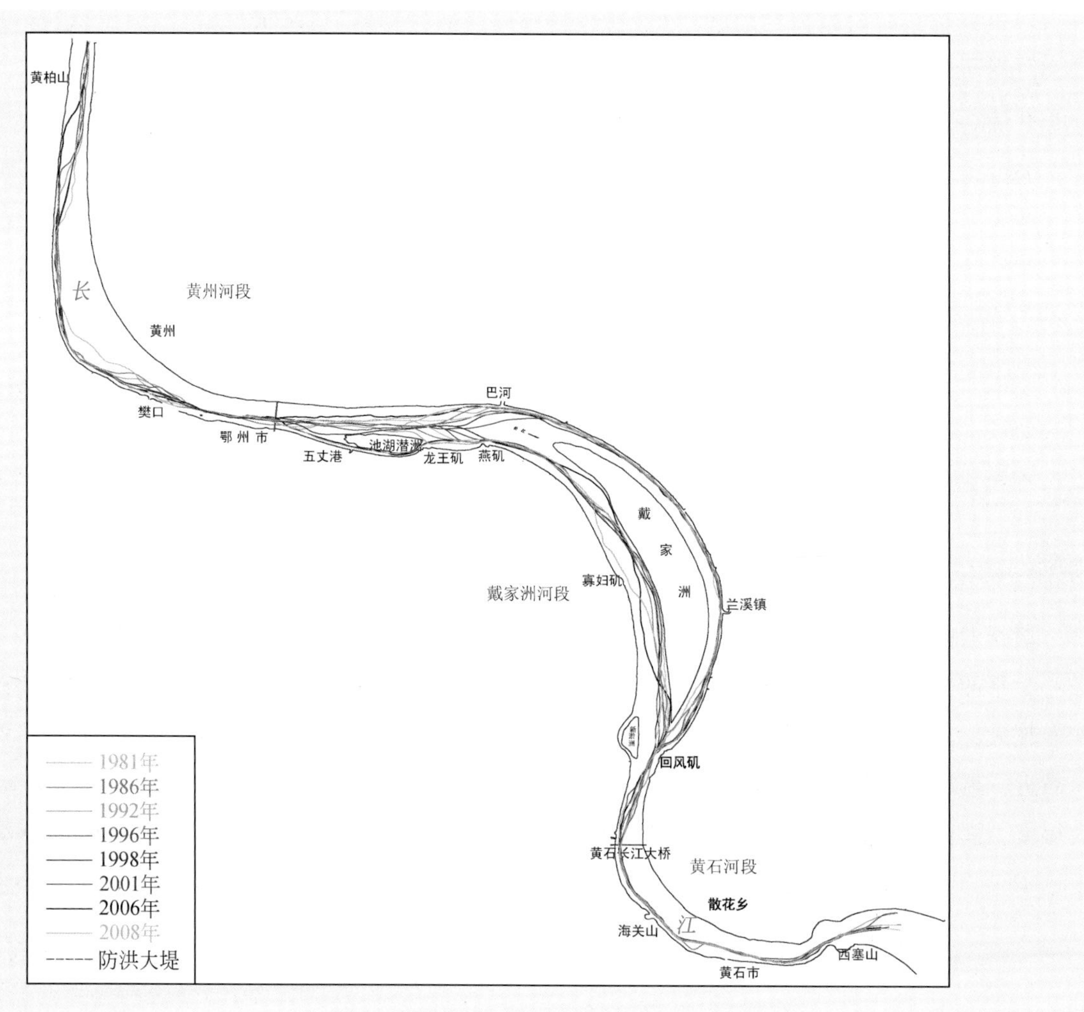

图 9-126　黄州、戴家洲、黄石河段深泓平面变化图

（2）洲滩变化

黄州河段河宽由黄州附近的 1100m 扩展至 3300m，水流流速减缓，泥沙大量落淤，分别形成江心洲和边滩，受不同水文年影响，通过弯道水流的造床作用，冲刷江心洲或切割边滩等，使江心洲与边滩相互消长和转化。一般地，中、小水年逐渐形成边滩，大水年则会被洪水分割而演变为江心洲，洲滩历年变化如表 9-58 和图 9-127 所示。

1981～2001 年，黄州江心洲呈淤长态势，洲滩形态变化较大，多年来，洲心洲左缘淤积幅度较大，洲体向左岸靠近，洲右缘变化较小；2001～2008 年，江心洲洲体相对稳定。历年来，黄州边滩与江心洲的变化互为消长，江心洲淤长，则边滩冲刷，且滩唇呈下移趋势，1981～2008 年，边滩滩唇下移约 4.7km。

池湖潜洲位于黄州河段右岸五丈港至龙王矶之间，历年潜洲呈淤长趋势。1981 年，池湖潜洲 8m 等高线洲长 2.04km，洲宽 381m，洲顶高程为 10.1m；2008 年洲长 3.8km，宽 774m，洲顶高程 15.2m。池湖潜洲的淤积主要集中在潜洲洲头部位，其次是潜洲右缘，1998～2001 年，由于池湖潜洲右侧淤长，潜洲曾与右岸相连成为边滩，洲尾历年较为稳定。

表 9-58　黄州江心洲、边滩（10m 等高线）历年变化表

年份	江心洲			边滩		备注
	长度（km）	宽度（km）	洲顶高程（m）	长度（km）	宽度（m）	
1981	0.75	0.20	20.1	12.6	530	江心洲、边滩
1986	2.90	0.59	12.1	12.5	373	江心洲、边滩
1993	2.88	1.02	13.5	8.70	496	江心洲、边滩
1996	4.83	1.01	14.7	2.97	443	江心洲、边滩
1998	10.4	1.27	16.5	—	—	边滩式江心洲
2001	5.51	1.18	15.7	4.15	774	江心洲、边滩
2006	6.07	1.34	17.0	5.43	548	江心洲、边滩
2008	5.89	1.53	19.4	5.67	520	江心洲、边滩

（3）深槽变化

黄州河段内有西山、鄂黄长江大桥、龙王矶、燕矶等多处深槽，龙王矶和燕矶深槽历年冲淤变化较小，平面位置较为稳定，但三峡水库蓄水运用后深槽面积有所减小；西山与鄂黄长江大桥深槽变化相对较大，其中：西山深槽历年面积变化较小，但平面位置变化较大，-15m 深槽整体呈上移并向右岸靠近，最深点高程变幅在 5m 左右；鄂黄长江大桥深槽变化相对于上游西山深槽而言，变化幅度要大得多，鄂黄长江大桥-10m 深槽历年上提下移，深槽面积逐渐减小，1981～2008 年深槽上下变化幅度达 4km，变化主要集中在槽首部位，最深点高程变幅未超过 5m 如（表 9-59 和图 9-128）。

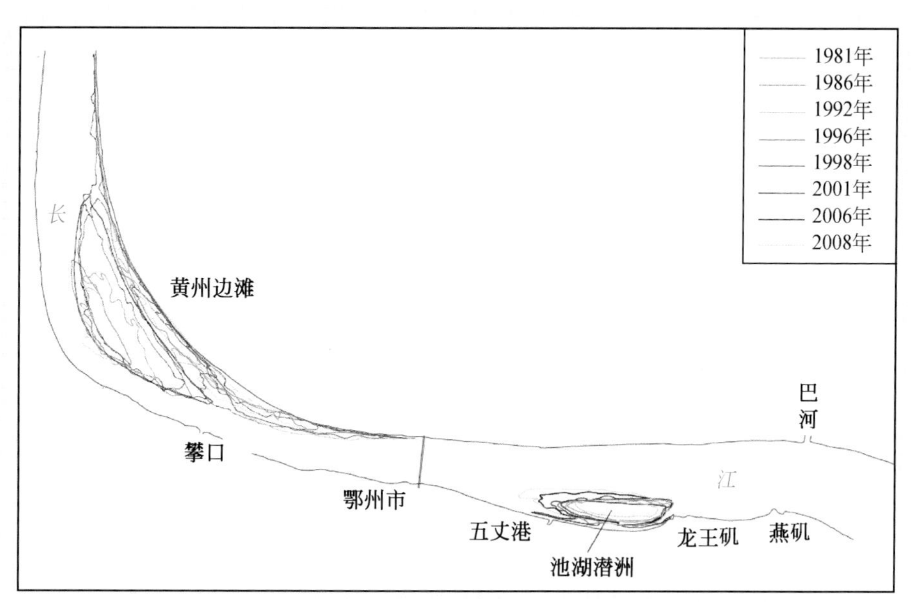

图 9-127　黄州河段主要洲滩变化图

（黄州边滩：10m 等高线，池湖潜洲：8m 等高线）

（4）河床断面形态变化

黄州河段为微弯单一河段，河段内有黄州边滩和池湖潜洲。河段冲淤变化主要发生在洲滩部位。选定 CZ72 断面为典型断面分析本河段断面的变化。CZ72 断面位于黄州边滩滩中部位，1981～1986

年，断面冲槽淤滩，断面形态变化较大；1986 年以后，断面右侧河槽较为稳定，而左侧河槽以及洲滩变化相对较大（图 9-129）。

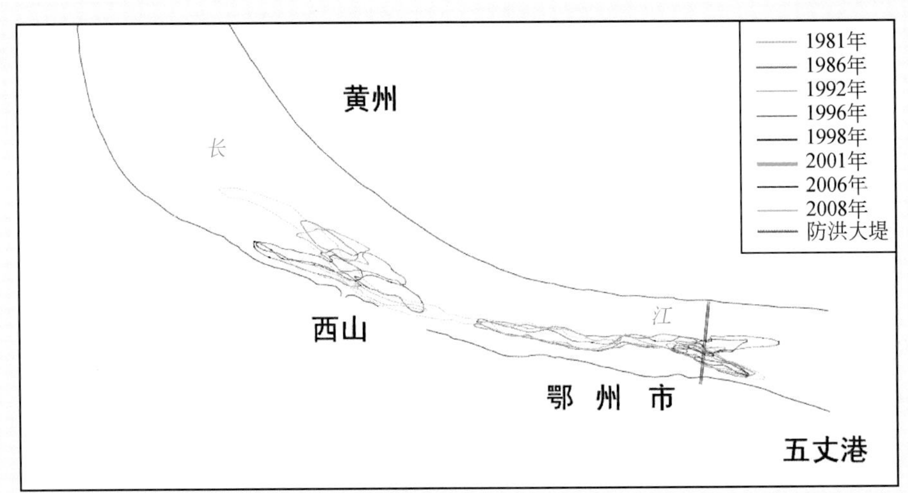

图 9-128　黄州河段深槽变化图

表 9-59　黄州河段深槽历年变化表

年份	西山（-15m）		鄂黄长江大桥（-10m）	
	面积（km^2）	最深点（m）	面积（km^2）	最深点（m）
1981	0.06	-17.3	1.44	-12.4
1986	0.19	-22.7	0.73	-15.1
1993	0.28	-21.4	0.33	-12.7
1996	0.27	-22.7	0.14	-11.7
1998	0.23	-24.6	0.09	-12.0
2001	0.20	-20.9	0.11	-16.0
2006	0.16	-20.2	0.58	-16.7
2008	0.08	-22.8	0.06	-12.0

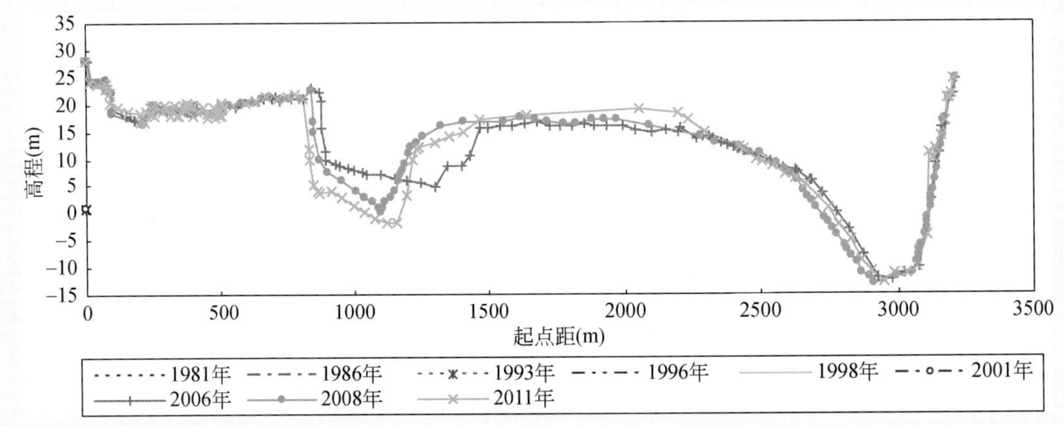

图 9-129　黄州河段典型断面（CZ72）冲淤变化图

4. 戴家洲河段

戴家洲河段上起燕矶，下至回风矶，长 22km，属微弯分汊河型。河段左岸有巴河和浠水两条支流入汇，戴家洲位于燕矶与回风矶之间，新淤洲位于戴家洲右汊洲尾附近。河道两岸堤防以及山地等所组成的河床边界对河道的横向变化有一定的限制。2006 年汛后床沙中值粒径为 0.152mm。河势图如图 9-125 所示。

目前戴家洲右汊为主汊，左汊为支汊。根据实测资料，1960 年以前，左汊分流比为 48%，右汊为 52%，左、右两汊分流比接近；2005 年戴家洲左、右汊分流比分别为 43% 和 57%；2006 年左、右汊分流比分别为 47% 和 53%，分沙比分别为 48% 和 52%。可见戴家洲左、右汊历年分流比变化不大，且两汊分流分沙比较为接近。

受燕矶、寡妇矶和回风矶的共同控制作用，河床平面形态具有左边滩，右深槽的微弯分汊河型，河势较为稳定，河床演变主要表现为江心洲洲头的消长和浅滩位置的变化。1981 ~ 1998 年河床总冲刷量为 0.549 亿 m^3，但高滩部分略淤积泥沙约 0.046 亿 m^3；1998 ~ 2001 年枯水河槽冲刷泥沙 0.129 亿 m^3，但洲滩则淤积泥沙 0.06 亿 m^3。

三峡水库蓄水运用后，戴家洲河段总体河势稳定，深泓分流点上提，左汊深泓稳定、右汊深泓左摆。戴家洲左淤右冲，洲头冲刷、面积萎缩，深槽冲刷发展，尤其是戴家洲洲头右缘冲刷幅度较大，最大刷深达 9m；汊道则表现为“左淤右冲”，其中左汊内河床最大淤高约 5m。2001 ~ 2011 年戴家洲河段“滩槽均冲”，平滩河槽冲刷量为 0.269 亿 m^3。2009 年 1 月 ~ 2010 年 11 月，交通运输部在戴家洲水道实施了一期航道整治工程，工程由戴家洲洲头浅滩鱼骨坝、1 道脊坝、3 道刺坝、脊坝根部护岸和一道锁坝工程）、圆水道左岸及直水道右岸岸坡加固工程组成，工程稳定了戴家洲左右汊分流，直港内航道条件有所改善，为后续工程的实施奠定了良好基础；2010 年 10 月至 2011 年 4 月，交通运输部又实施了戴家洲右缘中下段守护工程，对高滩岸线进行守护。

总之，受河床边界条件和上游来水来沙等综合作用，河床演变主要表现为，主泓摆动与洲滩消长、河岸崩塌与河床冲淤交替，戴家洲洲头的冲淤等，但河床冲淤变化较小，深槽大小和位置均相对稳定，河床形态较为稳定，总体河势稳定。

（1）深泓线变化

戴家洲河段为分汊河段，历年来戴家洲洲头浅滩淤长，深泓分流点由龙王矶一带上提数公里至鄂黄长江大桥与池湖潜洲之间；分流后水流分别进入戴家洲左右汊道，左汊河床冲淤变化较小，深泓线一直贴岸而行，其离岸最近距离仅有 30m；右汊冲淤变化幅度较大，尤其是戴家洲右缘的冲淤频繁，导致深泓线摆幅较大，历年最大摆幅达 800m，见图 9-126。河床纵向冲淤交替，近年呈左淤右冲变化趋势，右汊河床高程多年最大冲淤变幅达 9m，近年呈冲刷状态。

（2）滩槽变化

戴家洲位于燕矶与回风矶之间，新淤洲位于戴家洲右汊洲尾附近。戴家洲与新淤洲历年平面位置较为稳定，尤其是新淤洲历年冲淤变化甚小，该洲基本稳定。相对新淤洲而言，戴家洲变化稍大，1981 ~ 2008 年，洲尾以及洲的左缘均较为稳定，洲右缘和洲头有所变化，尤其是洲头冲淤变化较大，历年洲头 15m 等高线变幅达 1.1km，2006 年以后洲头相对稳定。戴家洲、新淤洲（15m 等高线）历年变化如表 9-60 和图 9-130 所示。

河段内有寡妇矶、回风矶两处深槽，其中寡妇矶位于戴家洲右汊，回风矶位于戴家洲尾下游。由于两处边界控制条件较好，两深槽平面形态以及所处位置多年较为稳定。

表 9-60 戴家洲、新淤洲历年变化表（15m 等高线）

年份	戴家洲			新淤洲		
	长（km）	宽（km）	面积（km^2）	长（km）	宽（m）	面积（km^2）
1981	11.5	2.26	16.7	1.92	722	0.94
1986	11.8	2.18	17.1	1.91	801	0.95
1993	12.2	2.10	18.5	1.79	753	0.93
1996	11.6	2.04	17.6	1.88	786	0.93
1998	12.3	2.04	18.4	1.89	779	0.92
2001	12.6	2.00	18.9	1.74	752	0.89
2006	11.5	1.91	16.8	1.78	776	0.88
2008	11.7	1.94	17.0	1.78	764	0.87

（3）河床断面形态变化

CZ76-1 断面位于戴家洲洲头，断面左右两侧河岸较为稳定，洲头右缘以及河槽变化较大，历年来滩槽冲淤交替变化，洲滩变化大于河槽。随着上游来水来沙条件的不同，断面冲淤交替，1981～2008年，洲头右缘最大冲淤幅度达 13m，河槽冲淤幅度为 6m（图 9-131）。

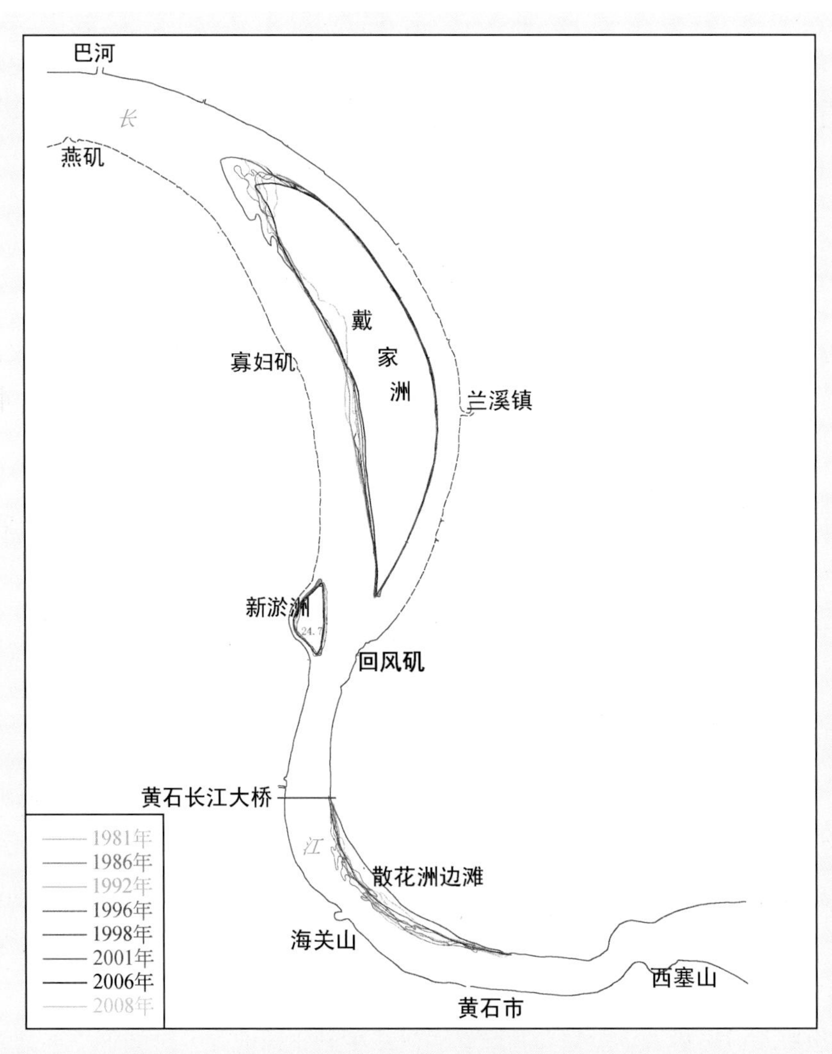

图 9-130 戴家洲、黄石河段洲滩变化图

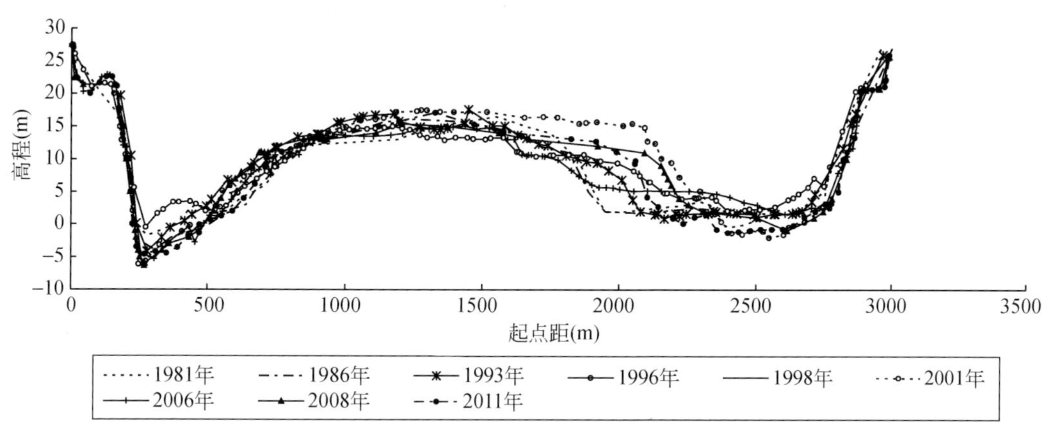

图 9-131　戴家洲河段典型断面冲淤变化图（CZ76-1 断面）

5. 黄石河段

黄石河段上起回风矶，下至西塞山，长 16.4km，属微弯单一河型。弯道左岸散花洲有黄石边滩（河道形势如图 9-125 所示）。河道两岸堤防以及山地等所组成的河床边界控制作用较强，多年来，河势和深泓线保持稳定（图 9-126）。河床深泓高程均在–10m 以下，多年来最大冲淤变幅在 4m 左右。河段内弯道左岸散花洲有一边滩，散花洲边滩滩长多年来基本稳定，只是滩唇时有冲淤，1981～2008 年滩唇最大冲淤幅度约为 350m（图 9-130 和图 9-132），其变化与上游来水来沙密切相关，一般来说，枯水年边滩淤长发展，丰水年边滩则冲刷缩小。西塞山深槽附近江面束狭，河床下切，历年最深达–66.7m。受上游水沙作用，西塞山–40m 深槽范围以及最深点高程有所变化，而深槽平面位置稳定，深槽变化如表 9-61 所示。

从河床冲淤情况来看，三峡水库蓄水运用前的 1981～2001 年，河床主要表现为“冲槽淤滩”，枯水河槽冲刷量为 0.061 亿 m^3，但枯水位以上河槽则淤积泥沙 0.056 亿 m^3；三峡水库蓄水运用后，2001 年 10 月至 2011 年 10 月河床总体淤积泥沙 0.137 亿 m^3，枯水位以上河槽则略有冲刷。

表 9-61　西塞山深槽历年变化表（–40m 等高线）

年份	面积（km^2）	最深点高程（m）	年份	面积（km^2）	最深点高程（m）
1981	0.31	–57.8	1998	0.42	–66.7
1986	0.15	–47.5	2001	0.23	–54.4
1993	0.45	–63.4	2006	0.10	–48.1
1996	0.41	–57.6	2008	0.23	–50.9

6. 蕲州河段

蕲州河段上自黄石市西塞山，下迄阳新县半壁山，全程约 51km（图 9-133）。河段两岸分布着众多低山丘陵，左岸有剥皮山、岚头矶、老鹰咀、牛关矶等；右岸有大火山、猴儿矶、尖峰山及半壁山等山丘和矶头。河段宽窄相间呈藕节状，河段上段蕲州附近有蕲州潜洲，该处平均河宽约 2400m；河段下段猴儿矶至半壁山为窄深河段，平均河宽仅 1000m。因而，本河段是长江中游典型的窄深河段。河段左岸岚头矶至蕲州及右岸的大火山至黄颡口之间呈冲积平原的二元结构，上层为黏土、亚黏土或亚砂土，下层为粉砂层。河床部分为疏松的近代河床冲积物组成，组成以细砂为主。

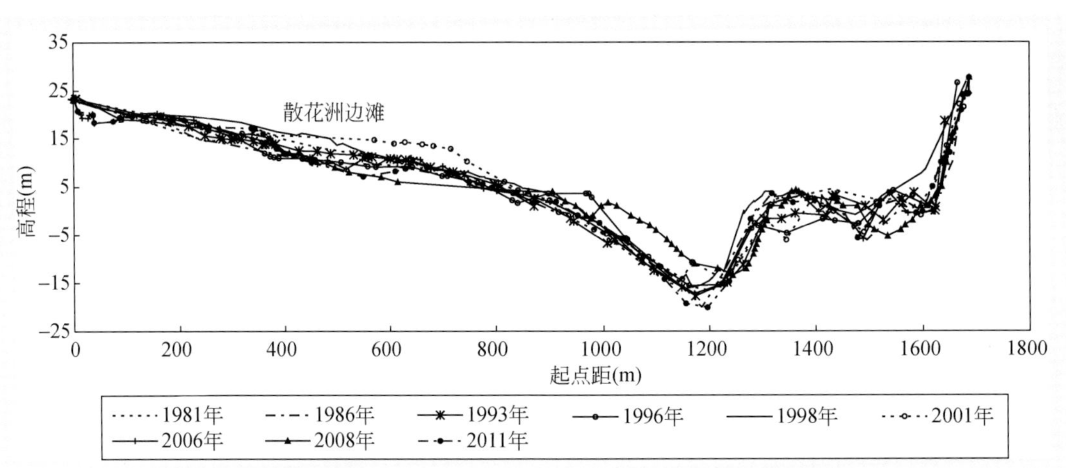

图 9-132　黄石河段典型断面（CZ85，黄石长江大桥下游约 5km）冲淤变化图

多年来，蕲州河段两岸多为低山阶地，抗冲能力强，岸线、深泓相对稳定，河床纵向变化幅度一般在 3m 以内。洲滩、深槽位置较为稳定，但韦源洲冲淤交替，潜洲合并、分割变化频繁。1981 ~ 1998 年，河段淤积泥沙 0.562 亿 m^3，枯水河槽冲淤变化不大；但 1998 ~2001 年河段表现为大幅冲刷，平滩河槽冲刷量为 1.28 亿 m^3，且以枯水河槽冲刷为主。1998 年大水后，实施了茅山堤段、肖家渡堤段、西塞山、二百二、凉亭山、菖湖堤下堡段和猴儿矶段等护岸工程，总长约 8.6km；同时，为保证堤防安全，实施了以确保黄冈长江干堤、阳新长江干堤为安全的防洪护岸工程，长约 3.59km。

三峡水库蓄水运用后，蕲州河段河道平面形态、深泓、岸线变化不大，河势稳定。韦源洲洲头上提、面积扩大，蕲州潜洲右移、面积萎缩，深槽较为稳定。2001 年 10 月至 2011 年 10 月河段则表现为淤积，平滩河槽淤积量为 0.377 亿 m^3，以枯水河槽淤积为主，枯水位以上河床冲淤变化不大。2009 年，航道部门实施了牯牛沙水道航道整治一期工程，工程由牯牛沙边滩守护工程（3 道护滩）、左岸岸滩抛石护脚加固工程组成。

（1）深泓线变化

在本河段中，河道深泓线的横向变化不大，在顺直或窄深处基本保持不变，在弯道段，水流顶冲点随水位上升而下挫。受蕲州潜洲的影响，蕲州一带水流被逼近左岸，深泓线贴左岸而行，之后主流随弯道略呈右摆，顺势而下，在猴儿矶至半壁山一带低山丘陵临江，河道平面形态多年较为稳定，深泓摆动较小（图 9-133）。本河段属窄深河型，其深泓高程一般在 0m 以下，河道深泓高程呈冲淤交替变化状态，受蕲州潜洲洲体淤长影响，该段淤积幅度大于冲刷，河底高程最大变幅约为 5.0m。尖峰山至半壁山河段，特殊的地形构造及边界条件，河床纵向变化多年较为稳定，该段由于两岸矶头夹江对峙，河床不易向两岸拓宽，在竖向涡流作用下，河床向下深切，致使马口附近河底高程在−102m 左右变化，是长江中游河段的最深之处。

（2）洲滩变化

蕲州河段内有韦源洲江心洲和蕲州潜洲，韦源洲紧邻韦源口上游，蕲州潜洲位于黄颡口上游，两洲均偏靠右岸。受水沙作用，韦源洲历年冲淤交替，由最初的边滩形式演变为现在的江心洲。1981 ~ 2008 年，洲体呈淤积趋势，其变化主要集中在洲头部位，洲头历年淤积上提，上移幅度达 3.5km，洲尾变化较小，洲滩平面位置较为稳定（表 9-62 和图 9-134）。

蕲州潜洲目前为边滩式江心洲，枯水时露出水面，中、高水时则被淹没。洲尾附近有黄颡口天然节点控制冲淤幅度较小；潜洲洲头冲淤变化较大，历年洲头上提下移交替发生。潜洲左汊为主汊，右汊为支汊，洲体变化与左右汊河床冲刷密切相关；1998 年大洪水后，潜洲左汊过水能力增强，洲体左缘冲刷，右缘淤长，潜洲逐渐移向右岸发展为边滩，其平面形态继续向右摆动，洲宽略有增加。多年来，蕲州潜洲合并、分割变化频繁，但平面位置基本稳定（表 9-63 和图 9-135）。

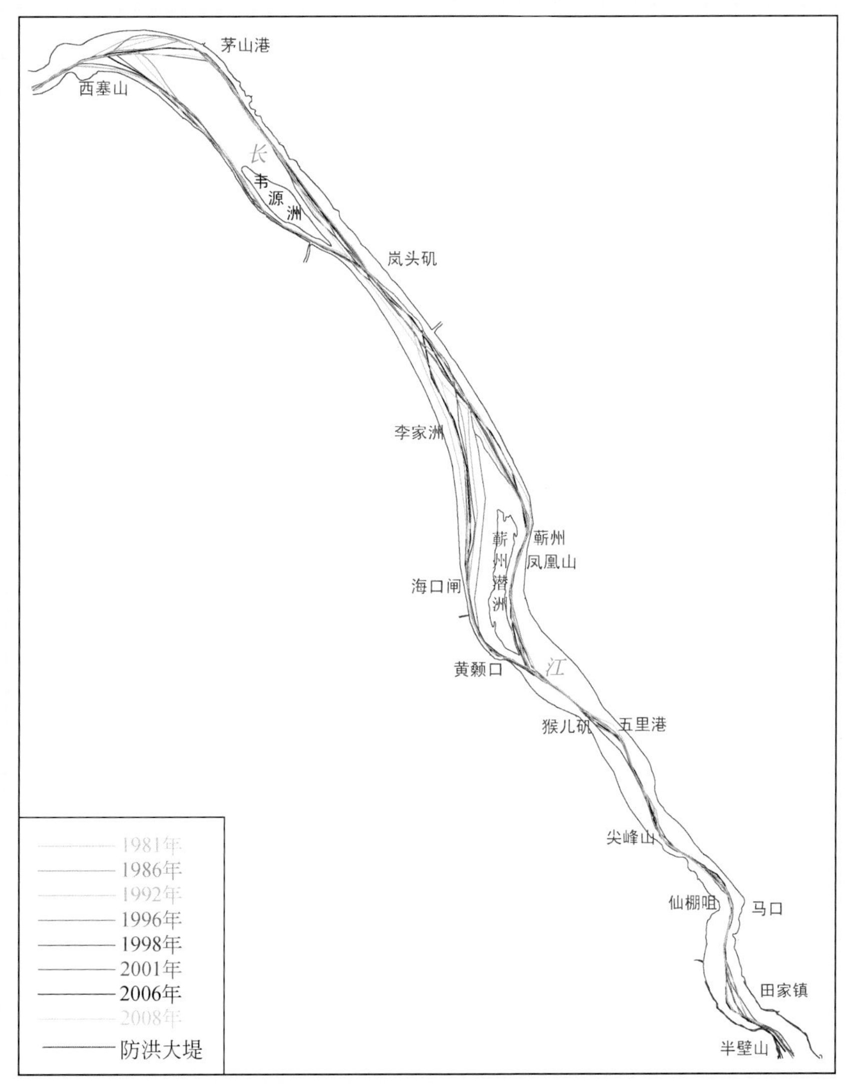

图 9-133 蕲州河段深泓线平面变化图

表 9-62 韦源洲特征统计表（15m 等高线）

年份	洲长（km）	洲宽（km）	洲顶高程（m）
1981	2.83	0.69	未测
1986	3.56	0.85	18.5
1993	5.34	0.66	20.9
1996	5.88	0.95	21.9
1998	6.28	1.02	21.7
2001	4.42	1.02	22.7
2006	4.84	1.06	21.9
2008	6.28	1.03	22.7

表 9-63　蕲州潜洲特征统计表（8m 等高线）

年份	洲长（km）	洲宽（m）	洲顶高程（m）	备注
1981	5.32	718	11.3	潜洲
1986	3.15	687	11.1	潜洲
1993	3.76	936	14.0	潜洲
1996	7.00	704	11.0	潜洲、边滩
1998	9.37	741	10.3	边滩
2001	10.0	778	14.8	潜洲
2006	9.62	908	14.4	潜洲
2008	11.2	955	15.0	潜洲

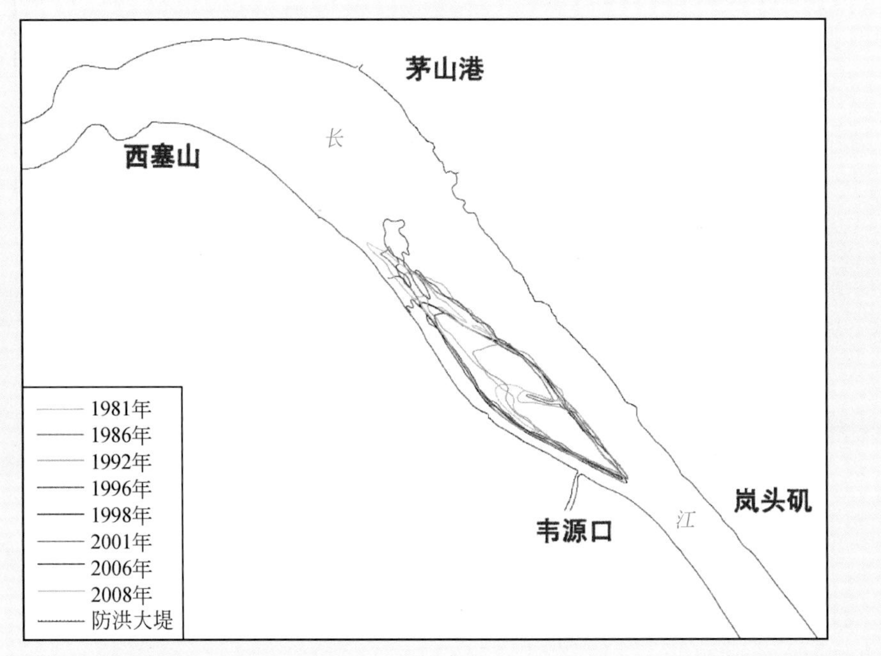

图 9-134　蕲州河段韦源洲变化图（15m 等高线）

（3）深槽变化

本河段内有马口深槽，马口深槽位于牛关矶附近。该深槽由特殊地形构造、边界条件以及河道形势所决定的。马口深槽所在河段两岸山丘临江，近岸多有山咀伸出和礁石分布，河道连续束窄弯曲，在牛关矶附近，两岸矶头夹江对峙，河流不易向两岸拓宽，受竖向窝流作用河床向下切深。1981～2008 年，深槽范围有大有小，由于受众多因素制约其变幅有限，多年来平面位置相对稳定（表 9-64）。

（4）河床断面形态变化

蕲州河段上段为微弯分汊河段，上段的韦源洲附近河道冲淤变化相对较大，选取韦源洲洲尾 CZ90-1 断面来分析河床形态。由图 9-136（a）可见，断面左、右河槽冲淤交替变化，河岸两侧较为稳定，河槽冲淤幅度相对较大，最大冲淤变幅达 9m，历年断面总体略有淤积。

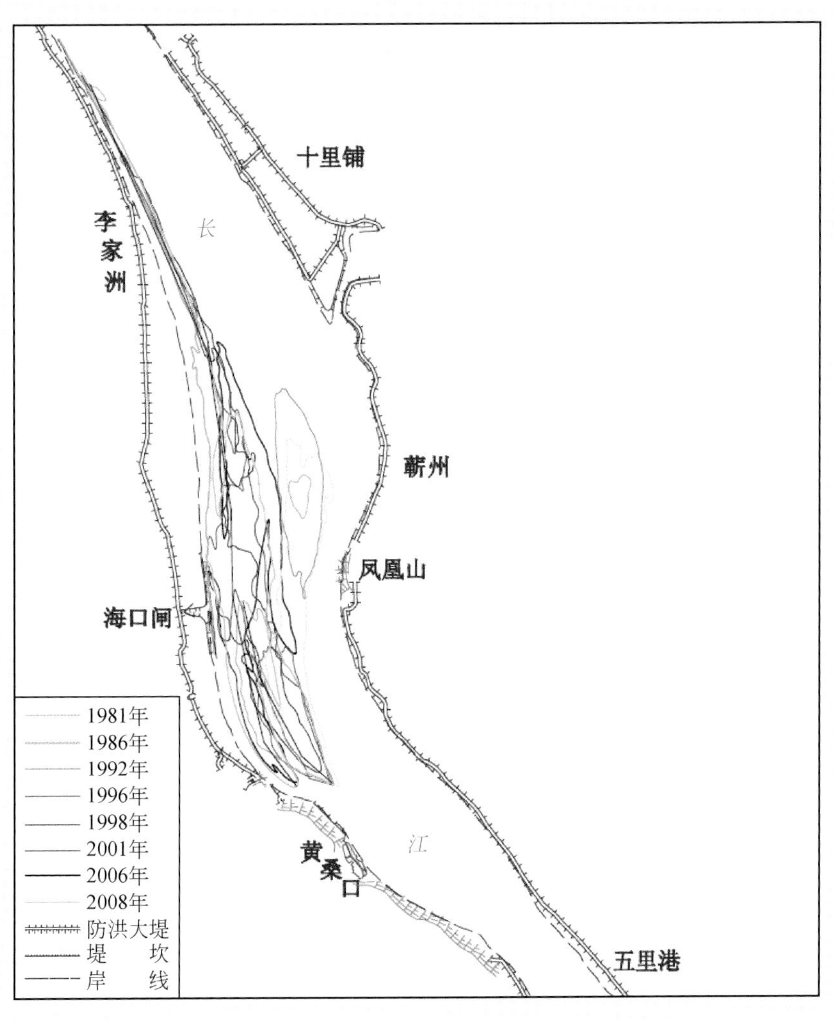

图 9-135 蕲州河段潜洲（8m 等高线）变化图

表 9-64 马口深槽特征统计表（-80m 等高线）

年份	面积（km^2）	最深点高程（m）
1981	0.06	-90.0
1986	0.06	-90.6
1993	1.33	-98.3
1996	1.42	-102.5
1998	1.54	-98.2
2001	0.06	-88.3
2006	0.05	-86.6
2008	0.07	-91.1

蕲州河段下段为微弯单一河段，系长江中下游最深的河段。选取马口附近 CZ99 断面进行分析。由图 9-136（b）可见，1981～2008 年，两侧河岸冲淤变化较小，河槽冲淤变化相对稍大，历年最大冲淤变幅为 13m，断面形态相对稳定。

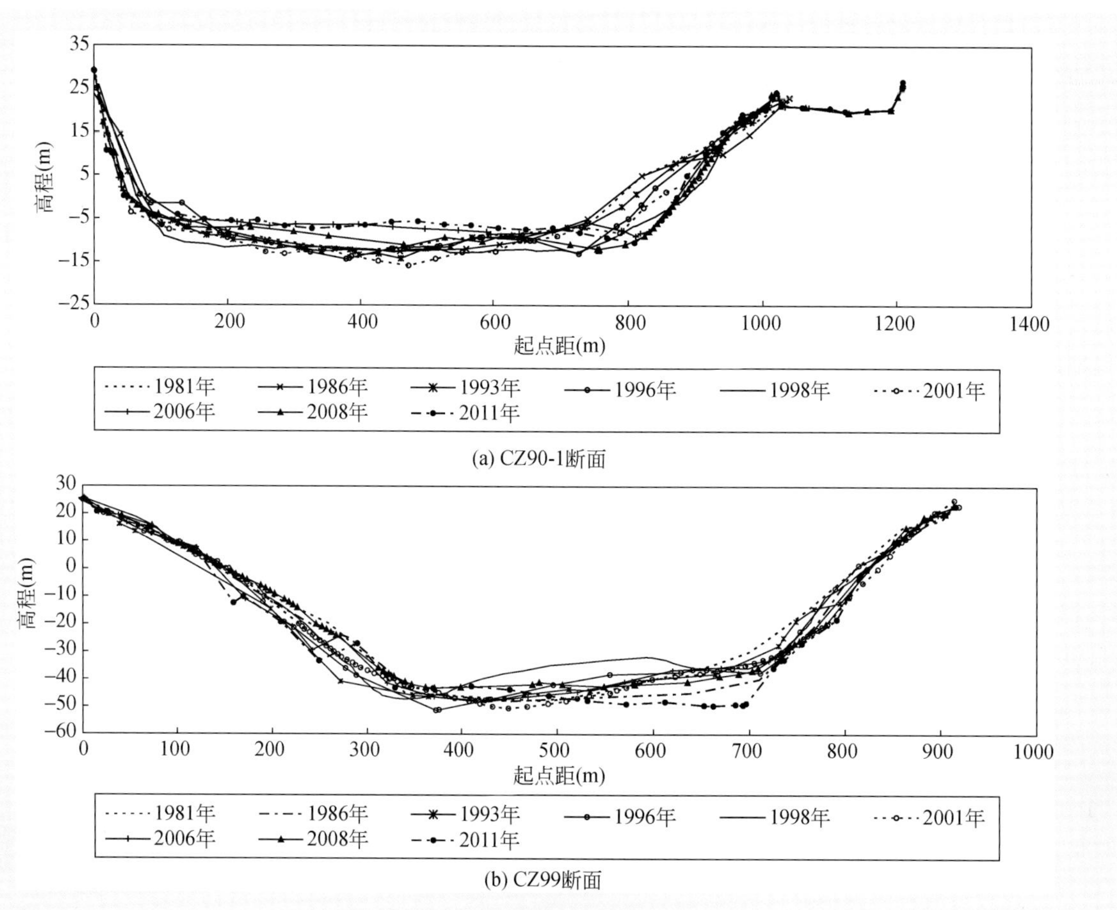

图 9-136　蕲州河段典型断面冲淤变化图

7. 龙坪、九江河段

本河段上起半壁山，下至锁江楼，全长 69.4km，按河床形态，可分为三个小河段：上段自半壁山至码头镇，称鲤鱼洲河段，属微弯分汊型；中段由马头镇至大树下为龙坪河段，河段内江中有江心洲（新洲），将水道分成两汊，该段属鹅头型分汊河段；下段自大树下至锁江楼为九江河段（人民洲河段），属顺直微弯分汊河段，河道形势如图 9-137 所示。

本河段主要洲滩有鲤鱼洲，龙坪新洲，人民洲 3 个江心洲，主要边滩有鲤鱼洲边滩、人民洲左岸边滩和鸭蛋洲边滩。左岸有黄广大堤，右岸有梁公堤，赤心堤、永安堤和九江市堤。两岸堤防和低山、矶头组成河床边界，控制作用强。河床组成为现代河流冲积物，河床沙砾层较厚，武穴附近为 35.0m 左右，九江附近则为 37.0m 左右。

1981 ~ 2001 年龙坪、九江河段“冲槽淤滩”，枯水河槽冲刷泥沙 0.135 亿 m^3，枯水位以上河槽则淤积泥沙 0.613 亿 m^3。上段受地质条件的控制，河床形态将保持相对稳定；中段河段左岸是大片冲积平原，抗冲能力差，右岸沿走向由低山、矶头和阶地控制，此边界条件有利于鹅头型汊道的形成和发展。此段的演变主要表现在新洲洲头的冲淤变化，一般地，枯水年上提，丰水年下移，多年来其变幅有限。新洲鹅头型汊道段河床冲淤变化较为剧烈，左汊口门段河床淤积，进口段的浅滩则碍航较为严重，但近年来逐渐趋于稳定；下段尽管人民洲汊道两岸地质条件相对较差，抗冲能力较弱，在两岸堤防与护岸工程的制约下，河道洲滩平面位置相对稳定，历年河床形态变化较小，河道的变化主要表现为河床的冲淤变化。河势相对稳定，深泓靠右岸，人民洲右汊内深泓贴岸。

20 世纪 50 ~ 70 年代实施了张家洲洲头、南汊抛石矶头护岸、永安堤丁坝护岸和汇口矶头护岸工程。1998 年大水后，龙坪河段实施了以确保黄广大堤、梁公堤、赤心堤的防洪护岸工程，护岸长度 14.18km，同时也对黄广大堤汪家洲段、刘费段，同马大堤汇口段、王家洲段以及江西省长江干堤、张家洲右缘的崩岸段进行了大规模的护岸工程，完成护岸长度 85.37km。2000 年以后，航道部门实施了武穴水道航道整治工程，包括 2000 年至 2002 年实施的清淤应急工程，2006 年 10 月至 2008 年 5 月实施的鸭儿洲心滩顺坝工程（长 5988m，且在顺坝尾部还建有长 850m 的护滩带）、南槽进口疏浚工程和右侧 4 道丁坝工程，工程实施后通航条件大大改善，以及 2011 年实施的徐家湾边滩守护工程（3 道护滩带）、左岸新洲尾及蔡家渡一带高滩守护工程、鳊鱼滩滩头低滩梳齿坝工程（一脊三齿）、鳊鱼滩滩头及右缘高滩守护工程、右岸大树下塔附近已护岸线加固工程等。

三峡水库蓄水运用后，新洲附近深泓线右摆，分、汇流点下移，洲滩、深槽位置变化不大，新洲、人民洲冲刷萎缩，左、右岸边滩基本稳定。人民洲右汊深槽冲刷发展，码头镇附近、龙坪新洲左汊出口处深槽淤积萎缩。2001 ~ 2011 年半壁山至武穴上段、人民洲淤积明显，新洲右汊冲刷，河床总体处于冲刷状态，平滩河槽冲刷量为 0.309 亿 m^3。

河道内龙坪新洲历年右汊为主汊，左汊为支汊。1959 ~ 1983 年平均分流比左汊为 25.5%，右汊为 74.5%。统计 2003 年、2005 年和 2007 年的流量测验资料，2003 年左、右汊分流比为 16.9% 和 83.1%，2005 年左、右汊分流比为 13.5% 和 86.5%，2007 年左、右汊分流比为 11.7% 和 88.3%；洲滩左汊分流比逐渐减小，右汊分流比相应增大。表明新洲左缘淤积导致左汊过水能力减弱，新洲右缘微冲导致右汊过水能力增强。

（1）深泓线变化

多年来，上段鲤鱼洲段两岸均受低山、矶头控制，深泓较为稳定；中段河段内新洲鹅头型汊道段河床冲淤变化较为剧烈，主流经南岸码头矶摆向北岸后又折向垅坪新洲右汊，左汊口门段河床淤积，进口段的浅滩则碍航较为严重，但近年来逐渐趋于稳定；下段河势相对稳定，深泓靠右岸，人民洲右汊内深泓贴岸。本河段河道深泓线顺直或窄深处变化较小，在弯道以及分汊段，水流顶冲点随水沙的变化而上移下挫。受边界条件控制，主流线历年摆幅有限，河道平面形态多年变化不大（图 9-137）。

河段深泓高程沿程冲淤交替，纵向河底呈锯齿状变化，受河道边界的控制，河段历年深泓冲淤变化幅度有限；本河段单一河段深泓高程历年变化幅度较小，分汊段尤其是分汊过渡带，受洲滩消长影响，历年深泓高程冲淤变化相对较大。

（2）洲滩变化

本河段内有分别有鲤鱼洲、龙坪新洲和人民洲三个江心洲，其中位于鲤鱼山附近的鲤鱼洲洲体较小，多年平面位置较为稳定。随着上游来水来沙的不同，位于中段的龙坪新洲冲淤交替，洲滩呈现周期性冲淤变化，洲尾历年有所淤积，洲右缘略有冲刷，而多年变幅均较小；洲头以及洲左缘冲淤变化较为相对较大，洲体总体略有冲刷；1981 ~ 2008 年，龙坪新洲洲头回缩达 2.6km，10m 等高线所包围的面积减少约 6%（表 9-65 和图 9-138）。

位于下段的人民洲多年来平面位置基本稳定，洲头和洲左缘冲淤变化较大，洲尾以及洲右缘变化相对较小。1981 ~ 1996 年人民洲呈淤积状态，洲体上提下移，洲头、洲尾均与左岸相连，渐渐演变成为边滩式江心洲，1998 年后，左汊河床冲刷，边滩又被分割为江心洲，2001 ~ 2008 年，人民洲冲淤变化较小，洲体较为稳定（表 9-66 和图 9-138）。

表 9-65　龙坪新洲洲滩特征统计表（10m 等高线）

年份	洲长（km）	洲宽（km）	面积（km^2）	年份	洲长（km）	洲宽（km）	面积（km^2）
1981	8.93	4.42	23.1	1998	6.68	4.55	23.1
1986	7.44	4.29	23.3	2001	6.50	4.58	22.3
1992	6.88	4.44	22.0	2006	5.73	4.57	21.8
1996	7.08	4.49	22.7	2008	6.25	4.55	21.8

表 9-66　人民洲洲滩特征统计表（10m 等高线）

年份	洲长（km）	洲宽（km）	面积（km^2）	备注
1981	6.43	1.11	4.71	江心洲
1986	5.59	0.94	3.71	江心洲
1992	7.78	1.13	6.67	江心洲
1996	13.5	1.16	8.10	边滩式江心洲
1998	7.33	1.19	6.04	边滩式江心洲
2001	6.93	1.04	4.71	江心洲
2006	6.10	1.04	4.33	江心洲
2008	6.27	1.04	4.19	江心洲

（3）深槽变化

河段内有来符寺、码头矶、鸭蛋洲以及人民洲右汊等深槽，来符寺深槽位于河段上段来符寺附近，码头矶深槽和鸭蛋洲深槽分别位于河段中段的码头镇和垅坪新洲洲尾附近，人民洲右汊深槽位于河段下段九江段。

来符寺和码头矶均为抗冲力很强的山丘和矶头，附近深槽平面位置历年稳定，最深点高程变化较小。鸭蛋洲深槽位于新洲洲尾左汊出口附近，由于新洲洲尾历年有所淤积，深槽随之淤积萎缩，平面位置朝左岸方向摆移较大，1981～2008 年，深槽朝左岸方向移动约 590m，其面积缩小 60%，最深点高程抬高近 3m，由于左岸鸭蛋洲附近实施了护岸工程，近年变幅相对较小。人民洲右汊深槽历年变化主要反映在槽首槽尾的上提下移变化上，深槽左右两侧变化较小；受上游水沙作用，河床冲淤交替，右汊−15m 深槽总体呈冲刷状态，深槽范围增加幅度较大，而其纵深变化较小，历年最深点高程变幅不足 2m（表 9-67）。

（4）河床断面形态变化

本河段为微弯分汊河段，内有龙坪新洲和人民洲，受洲滩变化影响，河段冲淤变化较大。分别选取新洲洲尾附近 CZ113 断面和人民洲洲尾附近 CZ118 断面对河段河床形态变化进行分析。由图 9-139（a）可见，CZ113 断面主槽靠左，滩地靠右，断面右岸岸坡较为稳定，左岸及滩槽变化较大。1981～2011 年滩槽冲淤交替、总体呈冲槽淤滩变化趋势，最大冲淤变幅约 10m。由图 9-139（b）可见，CZ118 断面位于人民洲洲尾，系复式断面，右汊为主汊，断面主槽靠右，断面变化冲淤交替，断面左、右汊均为冲刷，洲尾相应淤积，冲槽淤滩变化明显。1981～2011 年，断面形态变化较大，河槽以冲刷为主，而洲滩发生淤积。

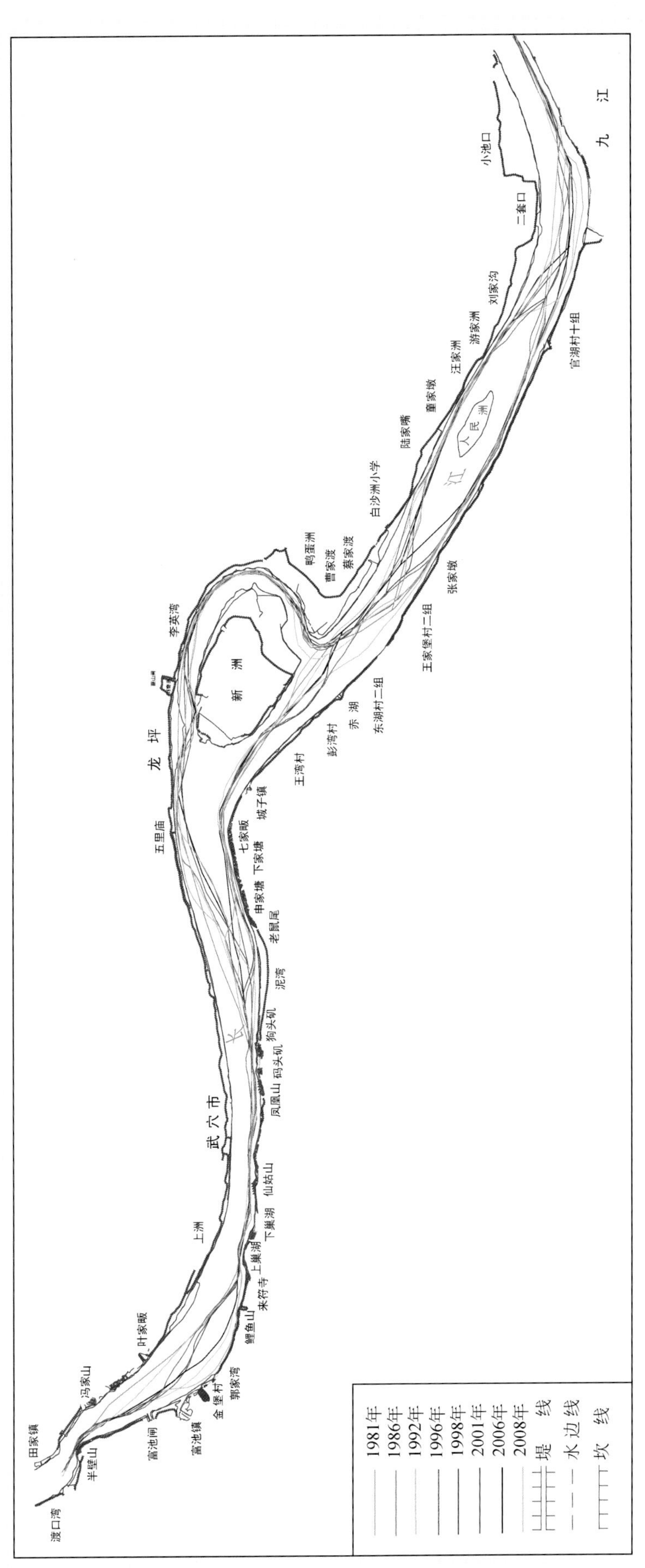

图9-137 龙坪、九江河段深泓线平面变化图

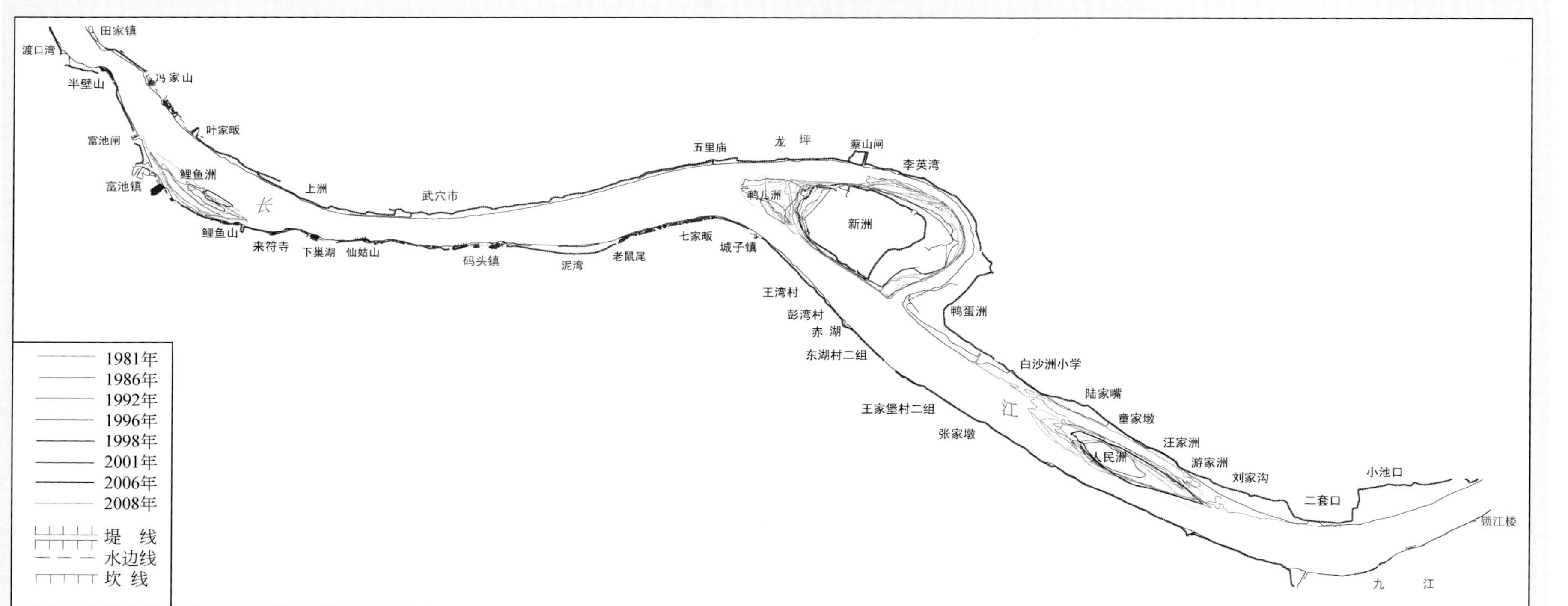

图 9-138 龙坪、九江河段主要洲滩平面变化图

表 9-67　龙坪、九江河段深槽历年变化表

年份	来符寺（-15m）		码头镇（-15m）		鸭蛋洲（-10m）		人民洲右汊（-15m）	
	面积（km^2）	最深点高程（m）	面积（km^2）	最深点高程（m）	面积（km^2）	最深点高程（m）	面积（km^2）	最深点高程（m）
1981	0.16	-21.1	0	-14.5	0.49	-19.4.	0.05	-16.1
1986	0.25	-20.1	0.07	-16.8	0.48	-24.3	0.03	-16.2
1993	0.12	-18.1	0.01	-16.0	0.31	-19.8	0.05	-16.7
1996	0.30	-22.8	0.004	-15.1	0.58	-19.1	0.06	-16.1
1998	0.26	-21.7	0	-14.6	0.43	-15.8	0.18	-16.2
2001	0.43	-22.7	0.02	-16.7	0.18	-15.1	0.68	-17.4
2006	0.20	-21.6	0.02	-16.6	0.11	-15.3	0.86	-17.7
2008	0.30	-22.3	0.02	-16.5	0.18	-16.5	0.46	-16.8

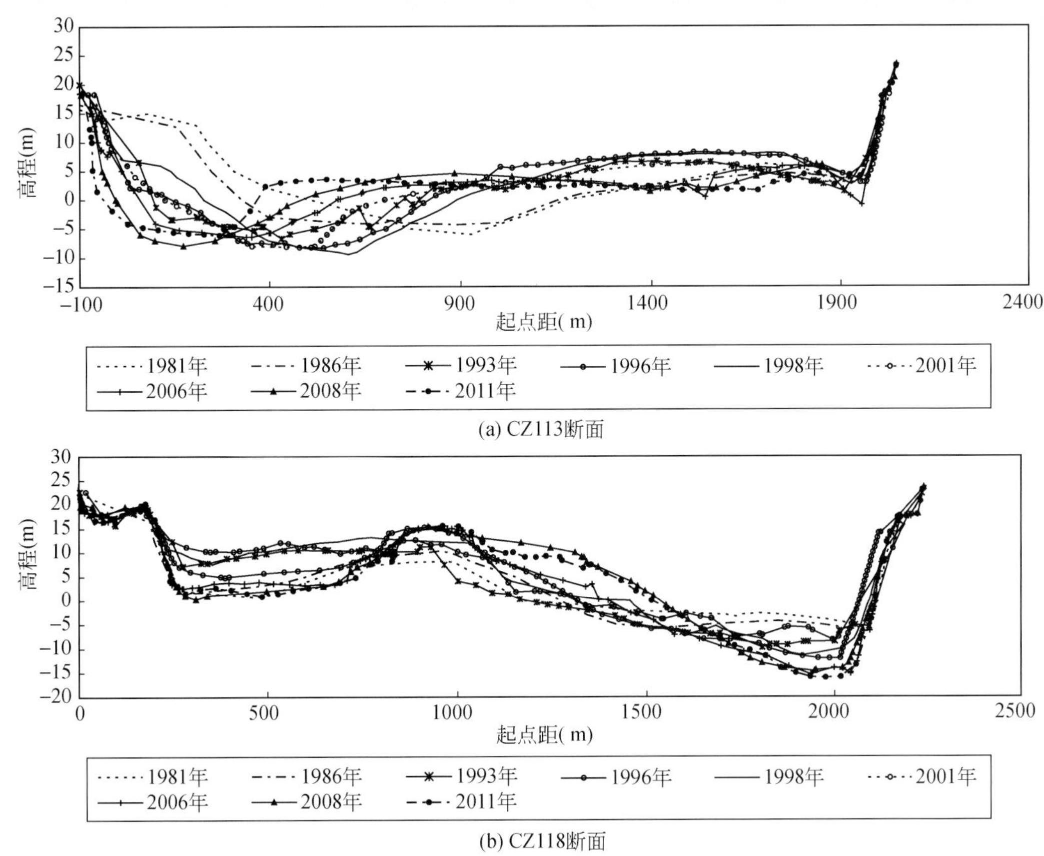

(a) CZ113断面

(b) CZ118断面

图 9-139　龙坪、九江河段典型断面冲淤变化图

8. 张家洲河段

张家洲河段上起九江锁江楼，下迄八里江口止，干流（含左汊）长约 31km，过八里江口进入上下三号河段（图 9-140）。左岸段窑以上属湖北省，小池口至段窑沿岸筑有黄广大堤，段窑以下为安徽省所辖，依岸筑有同马大堤；右岸属江西省，自锁江楼至回峰矶有十余公里的江堤（九江市堤）。锁

江楼下游约 1. 6km 处建有九江长江大桥，张家洲右汊末端为鄱阳湖的出口，湖水由此汇入长江。

从河道平面形态上看，张家洲汊道进口以上的九江水道（从锁江楼上游 22km 起至张家洲头）为一向右凹进的弯道，九江市位于弯顶下游附近。锁江楼至张家洲头长约 7km，河道逐渐展宽，水流形成分汊。张家洲长约 18km，最宽处约 6. 3km。张家洲左汊为弯道，长约 23. 0km。右汊较顺直，长约 19. 0km，右汊中下部有交错分布的官洲和扁担洲（又称新洲）形成二级分汊。张家洲左右两汊是长江下游著名的浅水道，右汊系中洪水期主航道，近年来枯水期一般也作为主航道开放，左汊枯水期作为上行船舶航道。2002 年至 2003 年张家洲南港水道进行了系统整治，共修筑了 6 道丁坝、2 道护滩带以及 1090m 护岸，近几年来，南港上浅区航道条件恶化，采用疏浚维护方式已十分困难。为改善航道条件，促进沿江经济发展，交通运输部于 2008 年 11 月批准实施长江下游张家洲南港上浅区航道整治工程（图 9-141），使该段航道大有改善。左汊口门、右汊新港及新洲附近为浅水区。

上下三号河段上起八里江口，下迄小孤山，干流全长 33. 3km，承张家洲河段的来水来沙，下与马垱河段连接，进出口段为缩窄的单一水道，中间为展宽的分汊段，有上三号及下三号洲上下交错顺列。八里江口至上三号洲头，该段左岸为江湖沉积平原，左岸沿江有同马大堤，右岸主要为山峰。

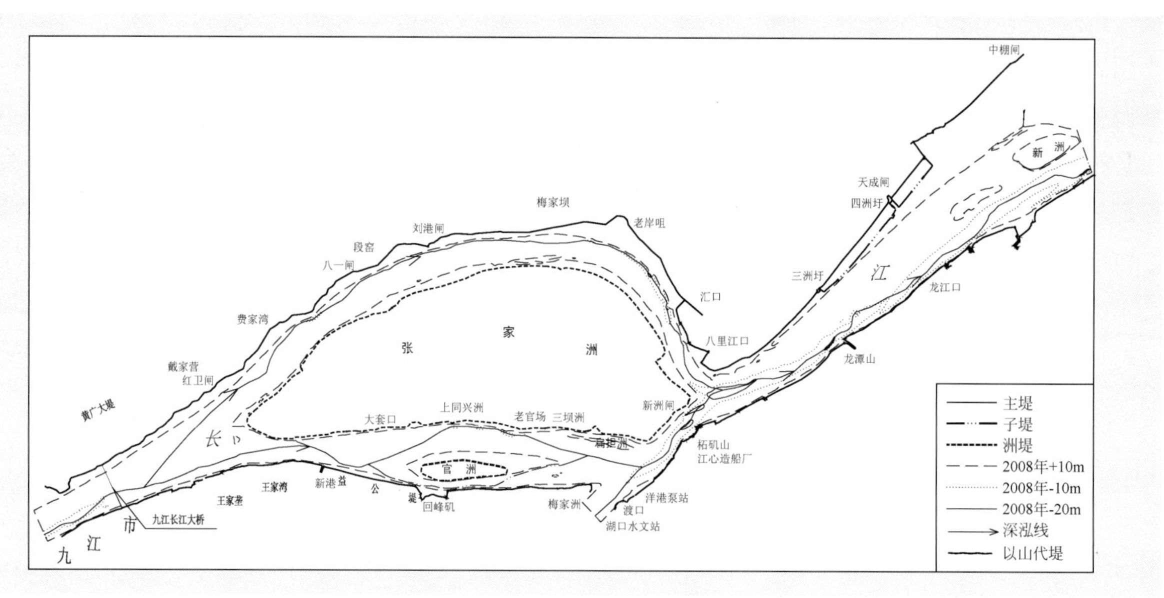

图 9-140　张家洲河段河道形势图

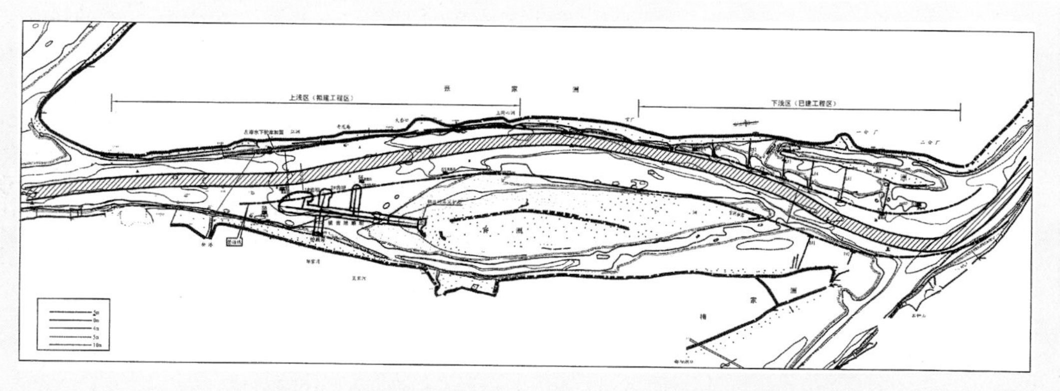

图 9-141　张家洲南港上浅区航道整治工程平面布置示意图

多年来，张家洲洲头基本稳定，汊道分流点涨水期下移、退水期上提，左汊内深泓线摆动频繁，右汊官洲尾以上深泓左摆，洲尾以下则受鄱阳湖出流影响较大。张家洲淤积发展，官洲洲头上提、下挫频繁，洲体左缘淤长、洲尾下延。张家洲左汊淤积、右汊冲刷，1981～1998 年张家洲河段总淤积量为 1.19 亿 m^3，淤积主要集中在分汊前干流段和左汊，右汊主槽则冲刷泥沙 0.194 亿 m^3；1998～2001 年则冲刷泥沙 0.064 亿 m^3。

三峡水库蓄水运用后，张家洲右汊分流比增大，深泓分流点下挫，左、右岸岸线略有冲刷，左汊深泓线左摆、深槽冲刷，右汊深泓线变化不大；张家洲、新洲、官洲冲刷萎缩。河床总体表现为冲刷下切，总冲刷量为 1.27 亿 m^3，以基本河槽冲刷为主。

（1）河道平面变化

1）岸线变化。张家洲河段右岸锁江楼至新港镇多为岩性基岩、沙砾层，沿江有断续分布的由砾岩（石矶）组成的陡坎，土质耐冲性强，1981 年来该段岸线较为稳定。新港至梅家洲下部主要为更新世灰白色卵石至黄褐色沙砾及各种粒径的砂组成。砂层顶板高程在 10m 左右，底板高程在-10m 左右，该段中部有天然矶头为回峰矶，因此该段中部变化较小，而上游新港附近受官洲洲头冲刷的影响，1992 年后有所外淤，下游梅家洲附近因官洲尾下延，近年来岸线略有崩退，汊道内形成小心滩。鄱阳湖出口至上三号洲头，虽然右汊出口有鄱阳湖入汇，江湖关系复杂，深槽靠岸，但由于长期的自动调整作用已基本适应复杂的江湖关系变化。1981 年以来，该段岸线冲淤变化不大。

张家洲河段左岸一般上层为亚黏土夹薄层黏土，其厚度稳定在 5m 左右，下层为粉细砂层，其顶板高程一般在 10m 左右，厚 30m 以上，下层为粉细砂层，厚度超过 30m，河岸抗冲性较弱，梅家坝至汇口历史上曾经出现崩塌。1981 年后在人工堤防、护岸工程的作用下，岸线总体稳定少变，1998 年大水时左汊口门上游的+5m 边滩淤长，几乎封闭了整个左汊，1998 年后在经历了近几年的小水年后，左汊口门的边滩又有所冲刷，河床冲淤变化存在往复性。张家洲河段 1981～2008 年河道两岸 10m 岸线变化如图 9-142 所示。

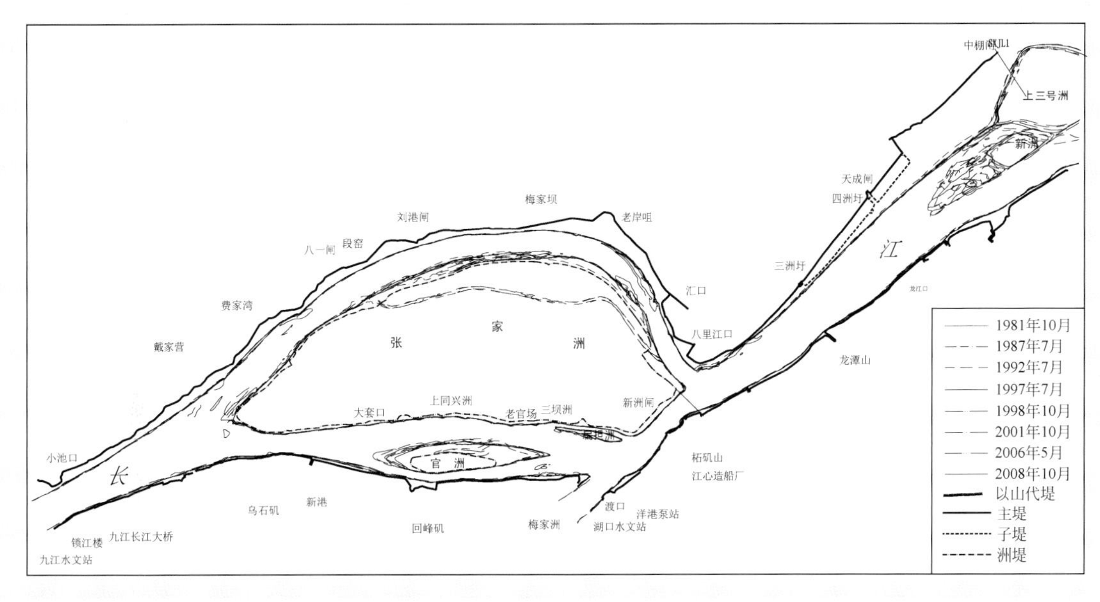

图 9-142　张家洲河段河道两岸 10m 等高线变化图

2）深泓线变化。上游深泓沿右岸进入张家洲河段，过锁江楼后分左右两支分别进入左右汊，右支深泓偏右岸进入右汊后在新港上游（ZJR02 断面）附近再次分流进入官洲左右汊，主泓进入官洲左汊后在大套口附近过渡到左岸，贴左岸下行，过老官场后过渡到右岸和官洲右汊及鄱阳湖出流汇合，至右汊尾部基本沿河道中心下行，出汊后偏左岸在 ZJA05 断面附近和左汊出流汇合，汇流后深泓偏左岸，过八里江口后主泓逐渐向右岸过渡，到龙潭山附近傍右岸下行。1981 年以来主泓线主要在张家洲分汊前干流段的分流区和官洲尾至鄱阳湖出口附近变化较大，其他江段变化相对较小。张家洲河段深泓线变化如图 9-143 所示。

张家洲分汊前干流段自锁江楼至张家洲头段，河道为单一段，主泓靠近右岸，分流点的变化年内涨水期下移，落水期上提，年际间变化则受上游河势变化与径流大小的影响，多年来分流点的变化区间为九江长江大桥附近约 1.3km 左右范围，呈上提下挫，其横向摆幅历年间较小。

张家洲右汊深泓线 1981 ~2008 年的变化在官洲尾以上变化较小，总体为右摆，官洲尾以下由于受鄱阳湖出流顶托的影响，变化较为复杂，历年间摆动幅度也较大，鄱阳湖出口附近三峡阿工程蓄水前为右摆，三峡水库蓄水运用后为左摆，最大摆幅近 350m。

左支深泓过渡到左汊后，贴左岸下行至八里江口后过渡到右岸出汊。左汊深泓 1981 年来横向摆动较大的江段主要在进口段，受上游干流段边滩尾部的冲淤变化，呈左右往复摆动。即 1981 ~2001 年边滩尾部淤积，深泓右移，2001 ~2006 年滩尾冲刷，深泓左摆。摆幅从上至下呈减小。费家湾以下至八里江口北岸岸线为凹岸，深泓线摆动幅度稍大在梅家坝附近，从而导致洲体左缘边滩冲淤变化；梅家坝以下在护岸工程的保护下该段深泓线变化不大。

汇流段深泓线较为稳定的地段是龙潭山附近，其余均存在一定幅度的摆动，上游 ZJA05 断面至 SXA01 断面处在深泓自左向右的过渡段，深泓摆动度相对较大，三峡蓄水前总的趋势是向左摆动，三峡水库蓄水运用后总的趋势是有所右摆。

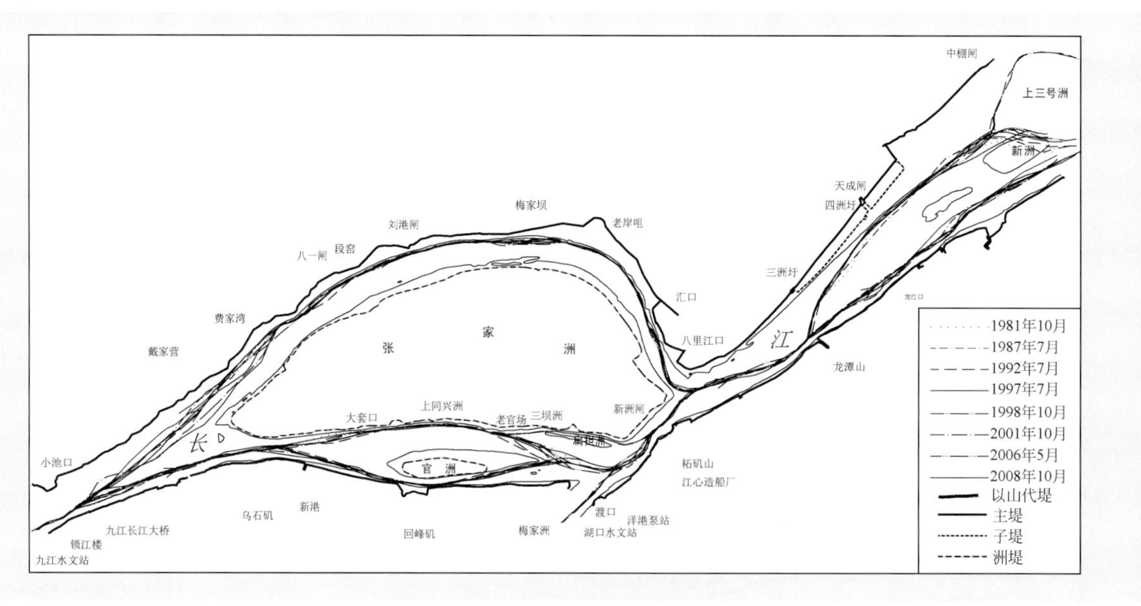

图 9-143　张家洲河段深泓线平面变化图

（2）河床纵向变化

由于河床形态、边界条件的不同以及受支流入汇与分流等多种因素的影响，九江至湖口段的干流深泓沿程起伏较大（图 9-144）。在张家洲河段进口锁江楼、右汊的中部及张家洲汇流段深泓高程相对较低，最深点高程在-15～-26m，最低处在张家洲汇流段 ZJA05 断面，高程为-26.0m（2009 年）九江大桥以下至右汊上段深泓高程相对较高，一般在-5～-10m。

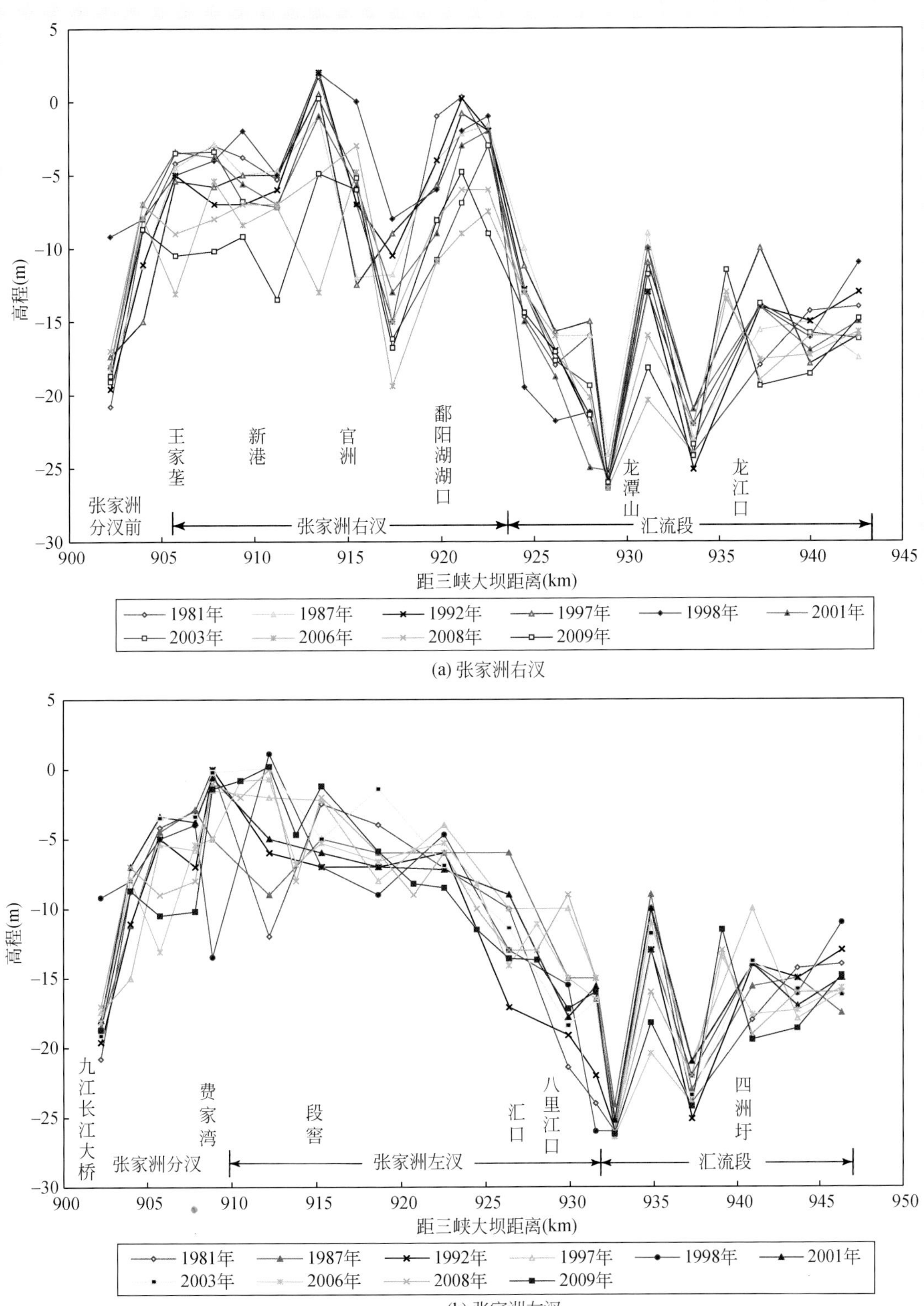

(a) 张家洲右汊

(b) 张家洲左汊

图 9-144　张家洲河段深泓纵剖面变化图

从不同时期来看，三峡水库蓄水运用前（1981～2001 年），九江大桥以下至右汊潘阳湖口深高程变化较大，呈冲淤交替，其中 1998 年大水该段最深点高程呈淤积抬高，2001 年航道部门对右汊进行整治工程后，该段局部河床有所刷深。鄱阳湖湖口以下至汇流段深泓高程冲淤交替，1998 年大水时以小幅冲深为主，冲深幅度最大在 5m 左右，龙潭山以下深泓纵向冲淤变化不大，幅度一般在 5m 之内。三峡水库蓄水运用后的 2003～2006 年，河床明显呈冲刷下切，张家洲分流区至鄱阳湖口以上深泓冲深幅度较大，最大达 12.8m。2006～2008 年河床最深点高程又有所回淤，最大回淤 8.9m。2008～2009 年；最深点高程沿程又有不同程度的冲刷，冲刷主要在右汊上段和汇流下段。总体来看，三峡水库蓄水运用后九江至湖口段深泓高程以小幅冲深为主，主要集中在右汊。

张家洲左汊深泓纵向，三峡水库蓄水运用前，呈冲淤交替，冲淤幅度在 5m～13m，三峡水库蓄水运用后，左汊深泓纵向变化不大，冲淤变化幅度在 5m 之内。

（3）洲滩变化

河段内洲滩主要有张家洲和位于张家洲右汊的官州，及右汊的新洲（扁担洲），以 10m 等高线统计洲体和浅滩的平面形态变化如表 9-68 和图 9-145 所示。其中：

张家洲 1981 年来总体变化不大，变化稍大的主要在洲头及左缘。1987～1981 年洲头略有向上延伸，洲体左缘略有冲刷后退，冲刷最大在洲头左缘，洲长稍有淤长，洲宽减小 23.3%，洲体面积减小 15.0%。1987～2001 年，张家洲洲头左缘及洲宽均有所淤积扩大，洲长变化不大，洲体面积增加 22.2%。2001 年后张家洲洲头左缘呈冲淤变化，洲头呈向上淤涨，洲体及洲尾变化不大，基本稳定。

官州和新洲面积较小，官州 1981 年至 1998 年头冲尾淤，洲体向下发展，洲体左缘冲刷，洲体面积变化不大，洲长略有增加，增加幅度在 7.2%，洲宽则有所减小，减小 14.0%。1998 年至 2006 年官州尾变化不大，洲头呈上提下措，左缘略有冲刷。2006 年至 2008 年官州头冲刷明显，洲长减小 5.5%，州尾及左缘变化不大。总体来看官州的变化主要在洲头及左缘，洲体右缘始终变化较小，洲尾在 1998 年后基本稳定。

扁担洲 1981～1998 年，洲体整体呈减小，面积减小 21.3%，1998～2001 年洲体整体又有所增加，2001 年后洲体略有减小，面积减小 26.9%。1998 年洲体面积是历史最小，说明大洪水对扁担州的影响较大，为冲刷。

表 9-68　张家洲河段主要洲滩形态特征统计表（10m 等高线）

洲滩	年份	面积（km^2）	洲长（m）		洲宽（m）		洲顶高程（m）
			最大	平均	最大	平均	
张家洲	1981	81.86	17 652	12 912	6 340	4 637	19.3
	1987	69.58	18 009	14 307	4 863	3 863	—
	1992	82.40	17 806	13 063	6 308	4 628	—
	1997	83.20	17 816	13 123	6 340	4 670	—
	1998	83.31	17 868	13 134	6 343	4 662	—
	2001	85.02	18 188	12 833	6625	4675	17.6
	2006	82.80	19 130	13 027	6 356	4 328	17.7
	2008	83.57	18 229	12 825	6 516	4 584	—
官洲	1981	4.92	5 932	3 561	1 381	829	17.5
	1987	4.84	6 210	4 301	1 125	779	—
	1992	5.20	6 387	4 630	1 122	813	—

续表

洲滩	年份	面积（km^2）	洲长（m）		洲宽（m）		洲顶高程（m）
			最大	平均	最大	平均	
官洲	1997	4.9	6 222	4 050	1 209	789	
	1998	5.00	6 360	4 214	1 187	792	16.6
	2001	4.93	6 307	4 397	1 120	781	18.1
	2006	4.58	6 402	4 334	1 057	716	18.1
	2008	4.46	6 047	4 068	1 096	737	17
新洲	1981	0.61	2 741	1 749	351	224	19.3
	1987	0.57	2 748	2 000	287	209	—
	1992	0.58	2 711	1 778	324	212	—
	1997	0.50	2 667	1 730	289	187	
	1998	0.48	2 722	1 635	293	176	18.3
	2001	0.52	2 705	1 731	301	193	18.9
	2006	0.37	2 672	1 494	247	138	18.3
	2008	0.37	2 626	1 434	256	140	18.8

（4）深槽变化

深槽主要分布张家洲分汊前干流段九江大桥附近的右岸，左右汊的中下段及汇流段。总体看，2001年前张家洲分汊前干流段、右汊及汇流段-5m、-10m深槽呈冲淤交替变化，2001年后，呈缓慢发展的趋势。张家洲左汊深槽随上游来水来沙的变化呈上提下延，横向变化不大。-5m、10m槽变化如图9-145（a）和图9-145（b）所示。

张家洲分汊前干流段深槽靠右岸，1981年时-5m槽分布在进口段和上游-5m槽连通，槽尾在ZJA03断面附近，1987年在右汊口门外出现-5m冲刷坑。至2001年上下游-5m槽略有萎缩，2001年后上下深槽发展，至2008年，分汊前干流段-5m槽上下贯通并且直至右汊上段，-5m槽的发展改善了右汊的入流条件，对右汊缓慢发展起了一定的作用。分汊前干流段-10m深槽位置历年来基本上在九江大桥以上，深槽形态多年来相对稳定。

张家洲右汊1981年时在官洲对面大套口至老官场附近分布着零星的-5m槽，出口段-5m槽和汇流段-5m槽贯通，1998年时在进口段张家洲头左缘出现-5m槽。2001年后进口段和老官场附近的-5m槽向上向下发展，出口段-5m槽变化不大。至2008年进口段-5m槽和上游分汊前干流段-5m贯通，大套口至老官场附近-5m槽向下发展和出口段-5m槽有连通之势，出口段-5m槽首左侧向左扩大。总体来看，2001年后随上游来水来沙的改变及航道的整治工程右汊-5m槽均处于缓慢发展中。-10m槽：1987～1992年右汊发展，大套口至老官场紧贴左岸一带出现了几个不相连的独立槽，此后-10m槽年际间呈冲淤交替变化，总体是冲刷大于淤积。

左汊贴左岸间断分布有-5m深槽，槽的平均宽度在150m左右。ZJL05断面以上，-5m槽多年来的变化规律为随上游来水来沙的变化而上提下延，横向变化不大，遇小水年份-5m槽会有所淤积，1998年后总体上有一定程度的萎缩。ZJL05断面至ZJL07断面-5m槽1981年来变化不大，槽首始终在ZJL05断面至ZJL06断面间上下变动。左汊-10m槽主要分布在老岸咀～汇口间，1981年来总体看，-10m槽位置基本未变，属于相对稳定。左汊最深处在弯顶下游，2008年最深点位于汇口附近丁坝前沿，高程达-24.7m。

1981 年张家洲汊道汇流后-10m 深槽基本贯通，在汇流段及龙潭山前沿出现-20m 深槽，该段深槽在汇流段是居中偏左岸，然后逐渐向右岸过渡，过 SXA01 断面后深槽傍靠右岸。该段-10m 深槽 2001 年以前呈冲淤交替变化，2001 年后趋势是冲刷扩大。

（5）张家洲汊道分流分沙

张家洲河段右汊分流比在 20 世纪 50 年代至 70 年代初期为一个缓慢的减小过程，变化范围为 55.5% ~42.4%，70 年代初期至 80 年代为一个缓慢地上升过程，变化范围为 43.3% ~50.1%，90 年代至 2002 年右汊分流比有一定的增加，由 1996 年的 48.2% 增加到 2002 年的 58.3%，分沙比也由 29.1% 增加至 54.1%，2002 年后变化不大，分流比在 53.6% ~59.6%（表 9-69）。从年内不同水位级看，高水流量分配小，沙量分配大。中低水流量分配大，沙量分配小，中低水相比流量与沙量分配比变化不大。由此可以看出，自 90 年代后期两汊分流比发生了明显变化，说明，20 世纪 90 年代后期连续几个大洪水和 2001 年右汊航道整治以及三峡水库蓄水运用后蓄水清水下泄对左右两汊河道的变化均产生了一定的影响，从而直接影响到两汊分流的改变。

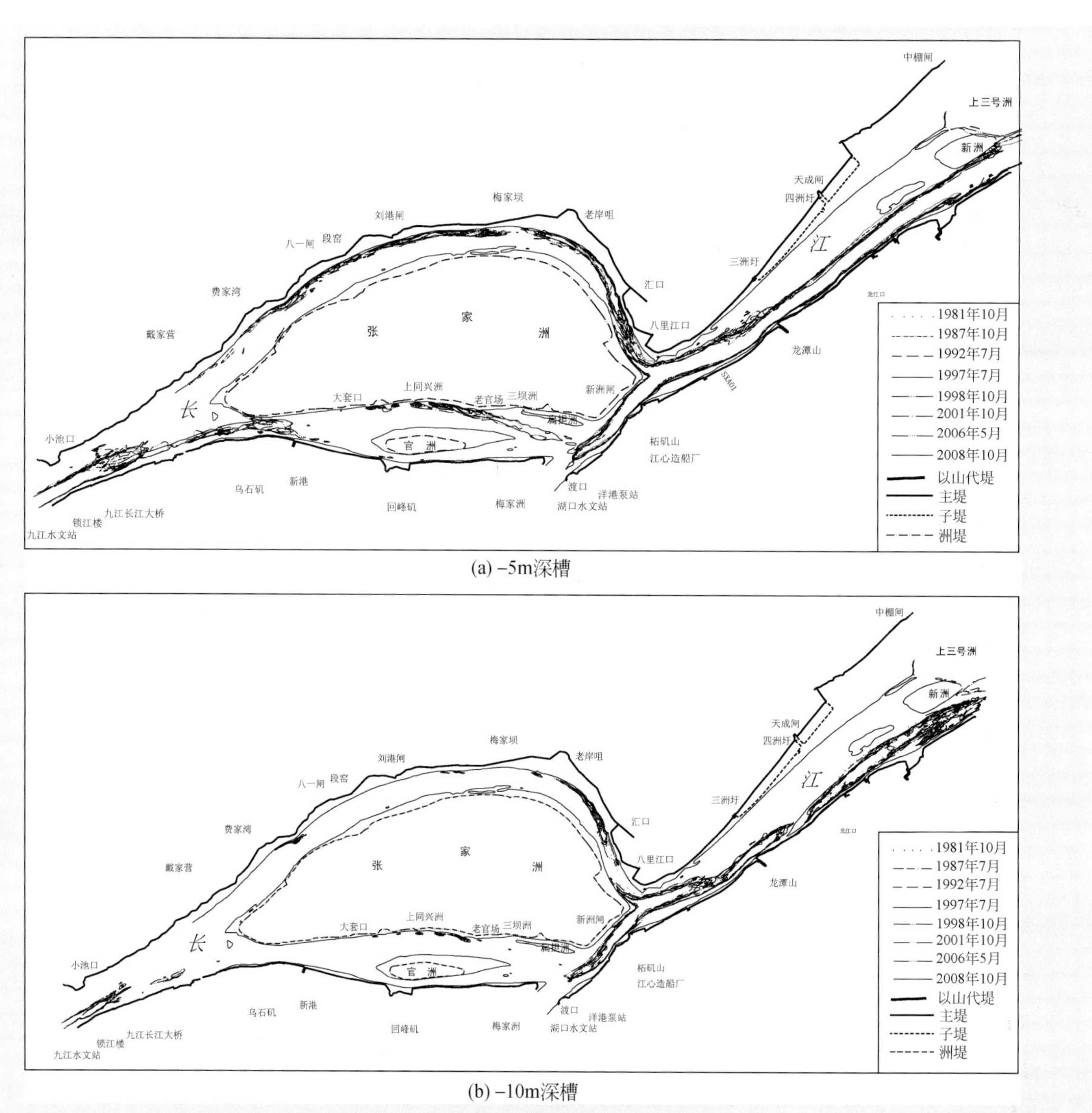

图 9-145　张家洲河段深槽平面变化图

表 9-69　张家洲右汊分流分沙统计表

施测时间	水位（m）	右汊分流比（%）
1959～1972 年	4.83～17.08	55.5～42.4
1972～1984 年	8.22～17.64	43.3～50.1
1992～1996 年	18.75	48.3～44.0
1996～2002 年	10.88	48.2～58.3
2003 年 11 月	8.03	56.30
2006 年 9 月	10.1	59.60
2008 年 2 月	6.23	57.7
2008 年 8 月	15.10	53.6
2008 年 10 月	10.10	57.7
2009 年 3 月	10.98	55.7
2009 年 8 月	15.51	58.4
2009 年 11 月	6.87	64.1

（6）河床断面形态变化

1981～1998 年，河床断面有冲有淤，其中分汊前以微淤为主，左汊内除进口断面左岸边滩淤积、右岸深槽冲刷，出口断面深槽冲刷外，河床以淤积为主；右汊及汇流段主要表现在深槽多有小幅冲刷，1998 年大水后则有冲有淤，但幅度不大。三峡水库蓄水后，整个河段断面总体上变化不大，断面岸线稳定，断面形态冲淤少变，但深槽呈冲刷趋势，冲刷较大主要在分流段和右汊段，左汊内河床冲淤幅度相对较小（图 9-146）。

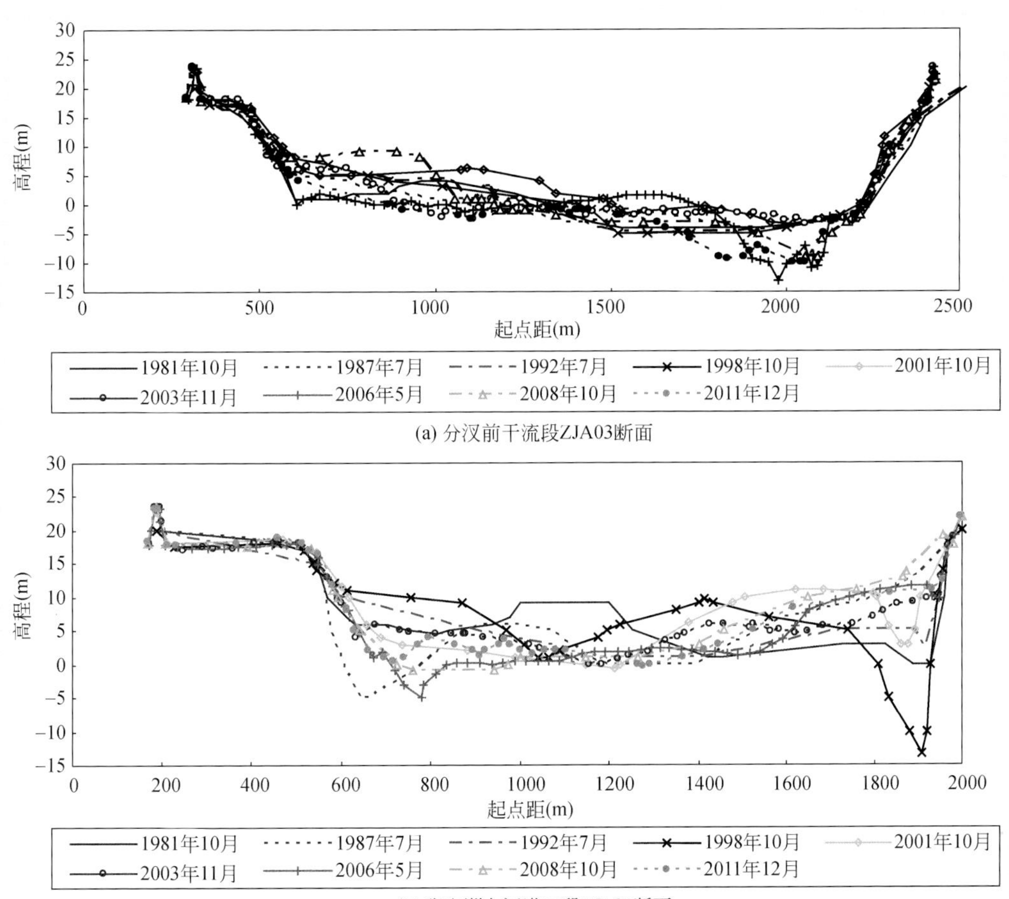

(a) 分汊前干流段ZJA03断面

(b) 张家洲左汊进口段ZJL01断面

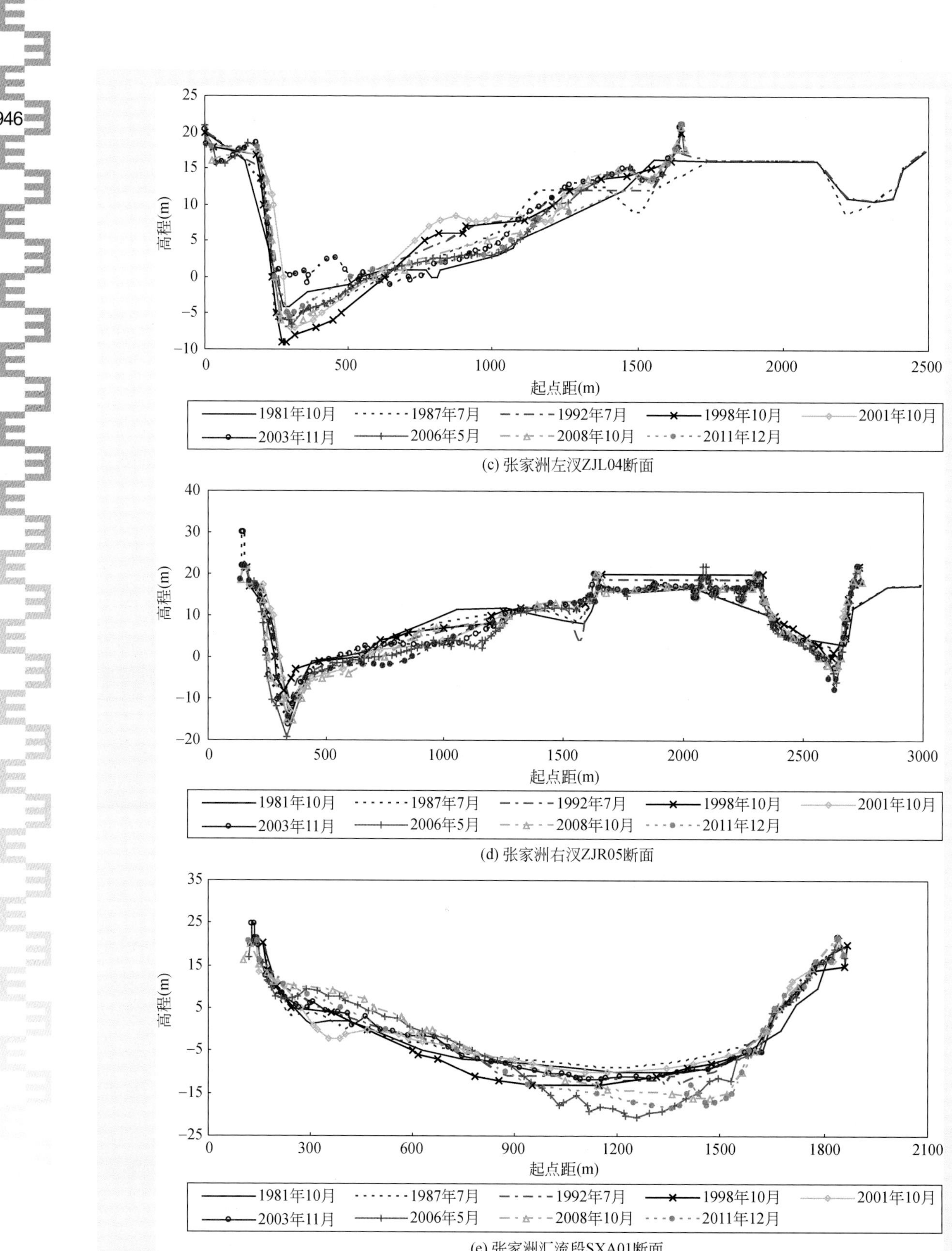

(c) 张家洲左汊ZJL04断面

(d) 张家洲右汊ZJR05断面

(e) 张家洲汇流段SXA01断面

图 9-146　张家洲河段典型断面冲淤变化图

9.2.5 三峡水库蓄水运用后长江中游河床演变主要特点

长江中游的冲积平原河道是在挟沙水流与河床相互作用的漫长过程中逐渐形成的，并具有一定的几何形态和演变规律。1998 年长江全流域性大洪水后，长江中游河道的河势控制和崩岸治理得以加强，河道稳定性逐步增强。

三峡水库蓄水前的半个多世纪，长江中游河道演变受自然因素和人为因素的双重影响，且人为因素的影响日益增强。河道演变分析表明，50 年来长江中游河道宏观上平面变化不大，但河床冲刷或淤积变化则较明显，城陵矶以上河床表现为冲刷，以下则以淤积为主，部分河段冲淤幅度较大；局部河势变化较大。宜昌至枝城段河岸与河床比较稳定，岸线顺直，但葛洲坝水利枢纽建成后对河床的冲刷作用较大；荆江河段局部主泓摆动频繁，洲滩时有冲刷切割，河床冲淤变化较大；城陵矶至湖口段的分汊河道主支汊易位现象时有发生。

三峡水库蓄水运用后，水库拦截了上游来沙的 70% 以上，加之受河道采砂等影响，坝下游河床冲刷加剧，局部河段河势有所调整，个别河段河势变化剧烈，但受河道内包括堤防、护岸工程、航道整治工程等的控制作用，长江中游河道平面形态仍保持总体稳定，但演变出现了一些新的特点，主要表现为以下 5 个方面。

1）宜枝河段河床纵向冲刷明显，洲滩面积萎缩，床沙粗化；荆江河段河床冲刷下切，局部河段河势继续调整；城陵矶至湖口段河势则无明显变化。

近 10 余年来，长江中游两岸实施了以控制河势和保护堤防、城镇安全为主要目标的护岸工程，总体河势保持相对稳定，未发生长河段的主流线大幅度摆动现象，但局部河段的河势仍不断调整，有的河段河势变化还相当剧烈。如沙市河段三八滩的冲刷—消亡—淤长、石首河弯的切滩撇弯、监利乌龟洲主支汊易位等。1998 年大水后，随着一系列护岸工程和河势控制工程的实施，长江中游总体河势仍基本稳定。

三峡水库蓄水运用后，由于一系列河势控制工程、护岸工程的控制作用，长江中游各河段河道仍保持原有的演变规律，但来水来沙条件的改变导致长江中游河道经历较长时期的冲刷，河道演变的强度和速度发生变化。其中：

距离三峡大坝较近的宜昌至枝城河段由于河岸抗冲性较强，河道横向变形受到抑制，河势较为稳定，河床变形以纵向冲刷下切为主，胭脂坝附近、白洋附近最大冲深 6.1m、7.0m；洲滩面积萎缩，如胭脂坝（39.0m）、南阳碛（33.0m）洲体面积分别由 2002 年 9 月的 1.89km^2、0.82km^{2}减小至 2008 年 12 月的 1.48km^2、0.33km^2；深槽冲刷发展，如白洋弯道 25m 深槽面积由 2002 年 9 月的 2.388km^2 增大至 2008 年 12 月的 4.974km^2；床沙明显粗化，如宜昌站汛后床沙中值粒径由 2002 年的 0.18mm 增大至 2008 年的 19.1mm。

荆江河段河床以纵向冲刷下切为主。2002 年 10 月 ~2011 年 10 月，上荆江蛟子渊尾部深泓最大冲深 13.8m，下荆江的监利乌龟洲附近最大冲深 11.9m。在河床冲深的同时，在有的部位伴随着横向展宽，局部河段河岸受到冲刷，特别是在一些稳定性较差的分汊河段（如上荆江的沙市河段太平口心滩、三八滩和金城洲段），弯道段（如下荆江的石首河弯、监利河弯和江湖汇流段），以及一些顺直过渡段，河势处于调整变化之中。河床冲刷及局部河势的调整，将引起一些河段水流顶冲位置的改变，对河岸及已建护岸工程的稳定造成不利影响，河道崩岸有所增多。

城陵矶至湖口河段，河道平面形态总体稳定。但有的弯道段，进口段主泓横向摆动大，河势调整较大（如簰洲湾弯道）；分汊段河床冲淤变化较大，主要表现为主泓摆动，深槽上提、下移，洲滩分割、合并，滩槽冲淤交替等；顺直型汊道洲滩变化较大（如界牌河段）；鹅头型汊道内各汊分流分沙比变化较大（如陆溪口、团风、龙坪河段）。

2）三峡水库蓄水运用后，河道沿程冲刷幅度加剧，河床由蓄水前的“冲槽淤滩”转变为“滩槽均冲”。

在三峡工程修建前的半个多世纪中，长江中游河道在自然条件下经历长期不断调整，河床冲淤常被认为是相对平衡，1966年至2002年共36年宜昌至湖口的长河段平滩河槽内累计冲刷泥沙0.408亿m^3，年均冲刷量仅为0.011亿m^3/a（表9-70）。从沿程分布来看，长江中游以城陵矶为界，表现为“上冲下淤”的特征：宜昌至城陵矶段总体表现为冲刷，而且是“滩槽均冲”，以枯水河槽冲刷为主，其平滩河槽累计冲刷泥沙6.376亿m^3，年均冲刷量为0.177亿m^3/a；城陵矶至湖口段则表现为淤积，平滩河槽累计淤积泥沙5.968亿m^3，年均淤积量为0.166亿m^3/a，淤积部位主要集中在枯水位至平滩水位之间的河床。可见在三峡水库蓄水前36年间，长江中游上、下两段河床冲、淤均较大，存在“上段河床冲刷的泥沙向下段河道搬运”的特征。从沿时程分布来看，长江中游干流河道冲淤变化大体可分为四个阶段：

阶段一：1966～1981年（下荆江裁弯期至葛洲坝水利枢纽修建前）。1967～1972年下荆江实施中洲子、上车湾人工裁弯和沙滩子发生自然裁弯，引起了自下而上的溯源冲刷，并以下荆江的冲刷为主。1966～1981年，宜昌至城陵矶河段平滩河槽累计冲刷泥沙4.086亿m^3，15年内河床冲刷量占36年总冲刷量的64%，导致城陵矶以下河道输沙量大幅增加，引起河床持续淤积，1966～1981年城陵矶至湖口段平滩河槽累计淤积泥沙3.574亿m^3，15年内河床淤积量占36年总淤积量的60%。可见，这一时段是长江中游河床冲刷和淤积都相当剧烈的阶段。

阶段二：1981～1993年（葛洲坝水利枢纽修建后）。1981～1993年宜昌至城陵矶河段平滩河槽累计冲刷泥沙2.284亿m^3，城陵矶以下河段则以淤积为主，其中，城陵矶至汉口段淤积2.533亿m^3，淤积量与宜昌至城陵矶河段的冲刷量基本相当。

阶段三：1993～1998年。1996年洞庭湖、鄱阳湖水系发生大洪水，城陵矶、湖口站最高水位分别为35.31m、21.22m，对长江干流顶托作用大，导致长江干流发生淤积，尤以下荆江、汉口至湖口河段淤积明显，1993～1996年淤积量分别为1.429亿m^3、2.023亿m^3，下荆江以洲滩淤积为主，汉口至湖口滩槽均淤，以枯水河槽淤积为主；城陵矶至汉口段平滩河槽冲刷0.126亿m^3，但高滩淤积0.626亿m^3；而宜枝河段、上荆江受上游来沙量减小等影响，河床分别冲刷0.157亿m^3、0.244亿m^3。1998年长江发生流域性大洪水，沙市、监利、螺山等干流控制站相继出现历史最高洪水位，三站最高水位分别为45.22m、40.94m、38.31m，均居历史记录第1位。其间，长江中下游高水位持续时间长，宜昌至湖口河段总体表现为淤积，1996～1998年其淤积量为1.987亿m^3，其中除上荆江、城陵矶至汉口段有所冲刷外，其他各河段泥沙淤积较为明显。

阶段四：1998～2002年（城陵矶至湖口河段为1998年至2001年）。1998年大水后，长江中下游河床冲刷较为剧烈，1998～2002年宜昌至湖口河段冲刷量为5.467亿m^3，且主要集中在汉口至湖口段，其冲刷量达3.343亿m^3，占总冲刷量的61%。

由上可见，三峡工程修建前长江中游河道冲淤时空变化均较大，其特点表现为：自20世纪60年

表 9-70　不同时期三峡坝下游宜昌至湖口河段平滩河槽冲淤量对比

项目	时段	河段：宜昌至枝城	上荆江	下荆江	荆江	宜昌至城陵矶	城陵矶至汉口	汉口至湖口	城陵矶至湖口	宜昌至湖口
	河段长度（km）	60.8	171.7	175.5	347.2	408.0	251	295.4	546.4	954.4
总冲淤量（万 m^3）	1966 年～1981 年	-6263	-14 439	-20 154	-34 593	-40 856	11 340	24 400	35 740	-5 116
	1981 年～1993 年	-5664	-13 404	-3773	-17 177	-22 841	25 330	4 095	29 425	6 584
	1993 年～1998 年	1 874	-4 993	17 594	12 601	14 475	-11 220	45 865	34 645	49 120
	1998 年～2002 年	-4 350	-8 352	-1 837	-10 189	-14 539	-6 694	-33 433	-40 127	-54 666
	2002 年 10 月～2006 年 10 月	-8 140	-11 682	-21 148	-32 830	-40 970	-5 990	-14 696	-20 686	-61 650
	2006 年 10 月～2008 年 10 月	-2 230	-4 246	717	-3 529	-5 759	197	3 163	3 360	-2 400
	2008 年 10 月～2011 年 10 月	-3 284	-12 843	-8 033	-20 876	-24 160	-3 454	-14 532	-17 986	-42 142
	2002 年 10 月～2011 年 10 月	-13 654	-28 771	-28 464	-57 235	-70 887	-9 247	-26 065	-35 312	-106 195
年均冲淤量（万 m^3/a）	1966 年～1981 年	-251	-578	-806	-1 384	-1 635	454	976	1 430	-205
	1981 年～1993 年	-472	-1 117	-314	-1 431	-1 903	2 111	341	2 452	549
	1993 年～1998 年	375	-999	3 519	2 520	2 895	-2 244	9 173	6 929	9 824
	1998 年～2002 年	-1 088	-2 088	-459	-2 547	-3 635	-2 231	-11 144	-13 376	-15 619
	2002 年 10 月～2006 年 10 月	-2 035	-2 921	-5 287	-8 208	-10 243	-1 198	-2 939	-4 137	-13 700
	2006 年 10 月～2008 年 10 月	-1 115	-2 123	359	-1 765	-2 879	99	1 582	1 680	-1 200
	2008 年 10 月～2011 年 10 月	-1 095	-4 281	-2 678	-6 959	-8 053	-1 151	-4 844	-5 995	-14 047
	2002 年 10 月～2011 年 10 月	-1 517	-3 197	-3 163	-6 359	-7 876	-1 027	-2 896	-3 924	-11 799
年均冲淤强度［万 m^3/（km·a）］	1966 年～1981 年	-4.1	-3.4	-4.6	-4.0	-4.0	1.8	3.3	2.6	-0.2
	1981 年～1993 年	-7.8	-6.5	-1.8	-4.1	-4.7	8.4	1.2	4.5	0.6
	1993 年～1998 年	6.2	-5.8	20.0	7.3	7.1	-8.9	31.1	12.7	10.3
	1998 年～2002 年	-17.9	-12.2	-2.6	-7.3	-8.9	-8.9	-37.7	-24.5	-16.4
	2002 年 10 月～2006 年 10 月	-33.5	-17.0	-30.1	-23.6	-25.1	-4.8	-9.9	-7.6	-14.4
	2006 年 10 月～2008 年 10 月	-18.3	-12.4	2.0	-5.1	-7.1	0.4	5.4	3.1	-1.3
	2008 年 10 月～2011 年 10 月	-18.0	-24.9	-15.3	-20.0	-19.7	-4.6	-16.4	-11.0	-14.7
	2002 年 10 月～2011 年 10 月	-25.0	-18.6	-18.0	-18.3	-19.3	-4.1	-9.8	-7.2	-12.4

①负值表示冲刷，正值为淤积，下同；②平滩河槽是当宜昌站流量为 30 000m^3/s、汉口站流量为 35 000m^3/s 所对应的水面线以下的河槽；③城陵矶至湖口河段 1966～1981 年统计年份为 1970～1981 年，无 2002 年 10 月地形资料，实际统计采用 2001 年 10 月资料

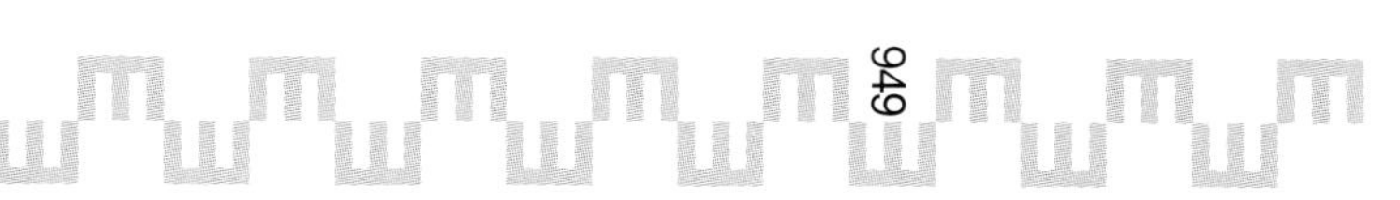

代直至90年代初，宜昌至城陵矶河段总体上冲刷较大，城陵矶至湖口河段在总体淤积较大；90年代初以后，主要受1996年和1998年两次大洪水影响，长江中游河道显著淤积，尤以汉口至湖口河段最为突出，其次为下荆江；1998年以后直至三峡水库蓄水运用前，短短的4年间长江中游各河段均发生明显冲刷。综合1966年以来至三峡水库蓄水运用前36年间长江中游河道的冲淤变化，冲刷量最大的为裁弯后的下荆江，淤积量最大的是受1996年和1998年两次大洪水影响的汉口至湖口河段。从河床年均冲淤强度来看，1996年和1998年大洪水对汉口至湖口河段和下荆江河道淤积影响最大；同时洪水后的河床调整也以汉口至湖口河道冲刷影响最大，但其冲刷强度明显小于下荆江系统裁弯初期（5年内）在78km裁弯段的河床冲刷强度。

20世纪90年代以来，长江上游输沙量减少明显，宜昌站年均输沙量减少25%，加之三峡水库于2003年6月蓄水后，水库拦截了入库泥沙的70%，导致进入坝下游河段的输沙量进一步明显减少，2003~2011年宜昌、汉口和大通站输沙量分别为0.489亿t、1.13亿t和1.43亿t，与三峡水库蓄水前均值相比，分别减小90%、72%和67%，坝下游河道冲刷明显加剧，2002年10月至2011年10月，宜昌至湖口河段河床总体处于冲刷态势（图9-147），实测平滩河槽总冲刷量为10.62亿m^3，年均冲刷泥沙约1.18亿m^3。且冲淤形态也由蓄水前的“冲槽淤滩”变为“滩槽均冲”，其枯水河槽冲刷量为9.31亿m^3，占平滩河槽冲刷量的87.7%。从冲淤量沿程分布来看，宜昌至城陵矶河段河床冲刷较为剧烈，其冲刷量为7.09亿m^3，占总冲刷量的66.8%；城陵矶至汉口、汉口至湖口河段冲刷量分别为0.925亿m^3、2.61亿m^3，分别占总冲刷量的8.7%、24.5%。

从三峡水库蓄水运用后的河床冲淤量沿时分布来看，三峡蓄水后的前3年（2002年10月至2005年10月）枯水河床冲刷量为3.84亿m^3，占总冲刷量的41%，年均冲刷1.28亿m^3；之后冲刷强度有所减弱，2005年10月至2006年10月河床淤积泥沙0.105亿m^3（主要集中在城陵矶以下，其淤积量为0.296亿m^3）。2006年10月至2008年10月（三峡工程初期蓄水期），宜昌至湖口河段枯水河槽冲刷泥沙1.35亿m^3，年均冲刷泥沙0.45亿m^3。三峡水库175m试验性蓄水后，宜昌至湖口河段冲刷强度又有所增大，2008年10月至2011年10月，枯水河槽冲刷泥沙4.219亿m^3，年均冲刷泥沙1.41亿m^3。

由于长江中游各河段河床边界条件、水沙特性和河型均有所不同，宜昌以下长江干流河道的演变规律和稳定性有一定差别。随着三峡水库的建成和蓄水运用，长江中游河道发生沿程冲刷，并逐步向下游发展，呈现上段较下段先发生冲刷、上段冲刷多时下段冲刷少甚至暂时不冲刷的特征，且冲刷主要发生在基本河槽。如从2002年10月~2011年10月的冲淤量的沿程分布来看，距三峡水利枢纽较近的宜昌~城陵矶河段持续冲刷，距三峡水利枢纽较远的城陵矶至湖口河段在2003年10月~2004年10月、2005年10月~2006年10月表现为少量淤积，次年表现为明显冲刷。在发生冲刷的河段，均以枯水河槽冲刷为主。

在三峡工程论证阶段和“九五”、“十五”时期，长江科学院和中国水利水电科学研究院（以下分别简称“长科院”和“水科院”）预测成果表明，在三峡水库运用前10年宜昌至城陵矶河段河床冲刷最明显，其年均冲刷量为0.764亿m^3~1.27亿m^3；城陵矶至武汉段则年均冲刷泥沙0.064亿m^3~0.244亿m^3，武汉至九江段则年均淤积泥沙0.10亿m^3~0.32亿m^3，九江至大通段则年均淤积泥沙0.03亿m^3~0.16亿m^3（表9-71）。

实测地形资料表明，2002年10月至2011年10月宜昌至城陵矶河段年均冲刷量为0.788亿m^3，城陵矶至武汉段则年均冲刷泥沙0.103亿m^3，武汉至九江段年均冲刷泥沙0.168亿m^3（已扣除九江至湖口河段2001年10月至2011年10月冲刷量1.10亿m^3），九江至大通段2001年10月至2011年

10 月年均冲刷泥沙 0.266 亿 m^3。

表 9-71　三峡水库坝下游宜昌至大通河段河道冲淤预测成果统计表（前 10 年）　　（单位：10^8m^3）

河段	工程论证阶段成果		“九五”成果		“十五”成果
	长科院	水科院	长科院	水科院	长科院
宜昌至城陵矶	-11.88	-7.88	-8.33	-12.7	-7.64
城陵矶至武汉	-0.64	-2.44	-1.38	-2.39	-0.97
武汉至九江	1.89	1.51	1.02	3.22	0.72
九江至大通	0.61	1.61	0.30	1.00	
宜昌至大通	-10.03	-7.21	-8.39	-10.88	-7.89

初步设计和“九五”成果均采用“60 系列”；“十五”成果采用“90 系列”

与实测成果相比，宜昌至城陵矶、城陵矶至武汉河段预测均较为吻合，武汉以下河段则相差较大。总体来看，实测坝下游河道泥沙冲刷幅度比原预测成果要略偏大一些，发展速度也要略快一些。究其原因，主要包括以下几个方面的原因。

原因一：20 世纪 90 年代以来，受水库拦沙、水土保持工程、径流偏少等影响影响，长江上游输沙量减少明显，导致坝下游河床出现冲刷。1991～2002 年寸滩站、宜昌站年均输沙量分别为 3.37 亿 t、3.91 亿 t，与 1950～1990 年均值相比，输沙量分别减少了 27%、25%，1993～2002 年宜昌至湖口河段枯水河槽累计冲刷泥沙 1.644 亿 m^3；2003～2011 年，三峡水库年均入库泥沙继续减小，寸滩站年均输沙量仅为 1.84 亿 t，较 1991～2002 年均值减小了 45%；

三峡水库于 2003 年 6 月蓄水以来，水库拦截了入库 70% 左右的泥沙，导致进入坝下游河段的输沙量进一步减少，2003～2011 年宜昌站年均沙量仅为 0.489 亿 t，较三峡水库蓄水前多年均值减小了 90%，，平均含沙量为 0.125kg/m^3。而根据 60 系列计算结果，水库运用前 10 年，年均出库泥沙 1.78 亿 t，平均含沙量为 0.424kg/m^3。因此，由于入库沙量比原预计的要少 60%，出库沙量也比预计的要少近 70%，水流含沙量也要小得多，导致坝下游河床冲刷强度有所加剧。

原因二：河道采砂等对河床冲刷变化也起到了一定作用。近年来，河道采砂对河床冲刷及河道演变影响也日趋强烈。目前，本文所采用的地形法河床计算结果包括了河道采砂所带来的影响。据统计，在 2002 年禁采之前，湖北、江西、安徽和江苏 4 省审批的年采砂总量为 5300 余万 t，由于非法采砂活动猖獗，长江中下游河道实际采砂量要远大于该数字（周劲松，2006；长江水利委员会，2008，高秀玲，2006）。2002～2011 年长江中下游干流湖北、江西、安徽和江苏等 4 省经许可实施的采砂总量为 4.20 亿 t（约合 2.90 亿 m^3）。另据 2005 年不完全调查统计，本属于禁采区的宜昌至沙市河段 2003～2005 年采砂总量在 2070～3830 万 t，占宜昌至城陵矶河段年均冲刷量的 6%～12%，如位于长江中游的武汉市，为满足经济建设需要，2004 年 12 月至 2009 年 5 月在武汉河段累计采砂达到 1060 万 m^3，占武汉河段同期河床冲刷量的 15%。此外，由于非法采砂活动猖獗，长江中下游河道实际采砂量要大于该数字[12,13]。河道采砂导致计算得到的河道冲刷量要比实际的大。

原因三：一些局部河段航道整治工程也导致河床发生大幅冲刷。如 2002～2003 年交通部对张家洲南港水道实施整治工程，修筑了 6 道丁坝、2 道护滩带以及 1090m 护岸，对张家洲两汊河床冲刷影响非常明显，如 2001 年 10 月至 2006 年 10 月，河段平滩河槽冲刷量为 $1.15\times10^8m^3$，占同期汉口至湖口总冲刷量的 78%。

此外，三峡水库调度运用条件也与初步设计阶段发生了一些新的变化，也导致了出库水沙条件有所差异。

3）三峡水库蓄水运用后，长江中游河道冲刷主要发生在主汊内，但目前尚未出现“塞支强干”现象。

三峡水库蓄水运用以来，人类活动的影响主要表现为三峡等干支流水库的建成运用所产生的影响和河道岸线保护与利用程度的大幅提高所起的作用等两个方面，长江中游河床变形以纵向冲刷为主，中、低水河宽有所增大，一些高程较低的洲滩面积有所萎缩，河道演变较为剧烈的河段仍集中在分汊段和顺直段与分汊段之间的过渡段，但总体河势仍保持基本稳定，河道演变规律也尚未发生明显变化。除少数汊道段表现为主、支汊均淤积，或主汊淤积、支汊冲刷外，多数汊道都表现为主、支汊显著冲刷，也有一部分汊道表现为主汊冲刷而支汊微冲甚至淤积（表 9-72）。就是说，长江中游汊道段尚未出现明显的“塞支强干”现象。同时，值得重视的是，下荆江许多弯道段的凸岸边滩在三峡水库蓄水运用后发生了明显冲刷，如石首北门口以下北碾子湾对岸边滩、调关弯道的边滩、监利河弯右岸边滩、荆江门对岸的反咀边滩、七弓岭对岸边滩、观音洲对岸的七姓洲边滩等，均产生了不同程度的冲刷，有的甚至有切割成心滩之势；还有的顺直段因冲刷拓宽而产生深槽交错、河槽中形成长条形沙埂的情况。因此，长江中下游河道河床地貌的变化与河床断面形态的调整及其产生的影响也应是我们今后关注和研究的课题。

表 9-72　三峡水库蓄水运用后 2001 ~ 2008 年长江中游主要汊道段泥沙冲淤统计表

汊道名称	所在河段	计算高程（m）	左汊冲淤量（万 m^3）	右汊冲淤量（万 m^3）
关　洲	枝江河段	35	-399	-376
董市洲	枝江河段	35	-84	-93
柳条洲	枝江河段	35	-19	-283
火箭洲	枝江河段	35	-169	-717
马羊洲	沙市河段	35	-15	-4327
太平口	沙市河段	30	-219	-438
三八滩	沙市河段	30	-75	534
突起洲	公安河段	30	-660	-406
蛟子渊	公安河段	30	60	-312
五虎朝阳	公安河段	30	-456	160
乌龟洲	监利河段	25	-226	3028
孙良洲	监利河段	25	-202	-90
南阳洲	城螺河段	20	425	-83
南门洲	城螺河段	20	839	-1358
中　洲	陆溪口河段	20	282	701
护县洲	嘉鱼河段	20	-524	20
复兴沙洲	嘉鱼河段	20	-325	-277
团洲	簰洲河段	20	-993	249
铁板洲	武汉河段	15	130	-110
白沙洲	武汉河段	15	-122	-6
天兴洲	武汉河段	15	-663	-898
牧鹅洲	团风河段	15	-28	-787
东槽洲	团风河段	15	876	179
戴家洲	戴家洲河段	15	-267	-712
牯牛洲	蕲州河段	15	609	-142
新洲	龙坪河段	15	1629	-765
人民洲	龙坪河段	15	-1325	1212
张家洲	张家洲河段	15	-2571	-2868

4）三峡水库蓄水运用后，荆江河段河床形态逐渐向窄深形式发展。三峡水库蓄水前，由于河床历年呈冲刷的总趋势，因此荆江河段的断面面积沿时程呈增大趋势，但河宽和宽深比的变化则有所不同。上荆江各河段枯水河宽增大，宽深比有所减小或变化不大，基本及平滩河槽河宽变化不大，但宽深比均有所减小。下荆江枯水、平滩河槽河宽增大，宽深比则无明显的变化规律。三峡水库蓄水运用后，荆江河段河床冲刷主要集中在枯水河槽，使得荆江河段基本、枯水河槽河宽、断面过水面积增大，断面宽深比总体呈减小的趋势，见表 9-8（a）、（b）。

5）促进了长江中游江、湖泥沙格局的进一步调整。多年来三口入湖水沙量逐年递减，是江湖关系变化的总趋势。20 世纪 50 年代以来受湖区人工围垦、下荆江裁弯、葛洲坝水利枢纽等人为因素的影响，江湖关系变化总趋势虽未改变，但变化幅度明显加大[14,15,16]。主要表现为荆江三口分流分沙比的递减率较下荆江裁弯前明显加大。与此相应，荆江干流河床冲刷，洞庭湖则因入湖水沙量减少而延缓了淤积速率。另一方面，由于荆江出流加大，导致监利站汛期流量较裁弯前增大，高水位历时加长，洞庭湖出流相对减少，荆江对洞庭湖出流顶托作用相对增强。

三峡水库蓄水运用后，洞庭湖区来水来沙组成发生变化。1996 ~ 2002 年，荆江三口、湘江、资水、沅江、澧水等湖南四水来水量占入湖总量的百分比分别为 28.0%、66.7%，来沙量则分别为 79.6%，18.1%；三峡水库蓄水运用后，三口、四水来水量分别占入湖总水量的 21.7%、68.1%，来沙量分别占 55.9%、39.2%，与 1996 ~ 2002 年相比，三口来水来沙量比例均有所减小。此外，荆江三口进入洞庭湖的泥沙大幅度减少，年均入湖沙量由 1956 ~ 1966 年、1996 ~ 2002 年的 1.959 亿 t、0.696 亿 t 减小至 0.148 亿 t，减幅分别为 92.4% 和 78.7%，湖区年淤积量也由 1.693 亿 t、0.649 亿 t 减小至 0.116 亿 t，减幅分别为 93.1%、82.1%，湖区泥沙沉积率也分别由 74.0%、74.3% 减小至 43.9%。

另一方面，三峡水库蓄水运用也促进了长江中游江、湖泥沙冲淤格局的进一步调整，洞庭湖区泥沙淤积大为减缓，城陵矶以下河段河床逐渐由淤积转为冲刷。三峡水库蓄水运用前，随着荆江三口的逐渐淤积萎缩、分沙比逐渐减小，洞庭湖沉沙量逐渐减小。按主要控制站输沙资料统计，1956 ~ 1988 年洞庭湖区和螺山至汉口段每年淤积总量基本在 1.8 亿 t 左右，但淤积部位发生了变化，两者占总淤积量的比重分别由 1956 ~ 1966 年的 85%、15% 变化 1981 ~ 1988 年为 55%、45%，洞庭湖湖区淤积量逐渐减小，螺山至汉口段淤积量则有所增加（图 9-147）。

1996 ~ 2002 年，长江上游输沙量减小，荆江三口分沙量大幅减小，洞庭湖区、螺山至汉口段淤积量也均呈减小趋势，其年均总淤积量减小为 0.821 亿 t，但淤积部位相对有所调整，洞庭湖湖区泥沙淤积又相对增多，其占总淤积量的比重变化增大至 77%，螺山至汉口段淤积则相对减小，比重减小至 23%。

三峡水库运用后，坝下游沙量继续大幅度减小，促进了长江中游江湖泥沙冲淤格局的进一步调整。一方面，通过荆江三口进入洞庭湖的泥沙也大幅减小，加之湖南四水入湖沙量也有所减小，洞庭湖湖区淤积大为减缓，2003 ~ 2009 年年均淤积量减小为 0.0637 亿 t；另一方面，螺山至汉口段河床则略淤泥沙 0.027 亿 t（按照输沙法计算）。两者总淤积量也减小为 0.091 亿 t，其占总淤积量的比重分别为 70%、30%。可以预计，随着三峡水库蓄水运用时间的推移，坝下游河床冲刷逐渐向下游发展，螺山至汉口河段河床将会出现冲刷，长江中游螺山至汉口段与洞庭湖之间的泥沙分配格局将会发生更深刻的变化。

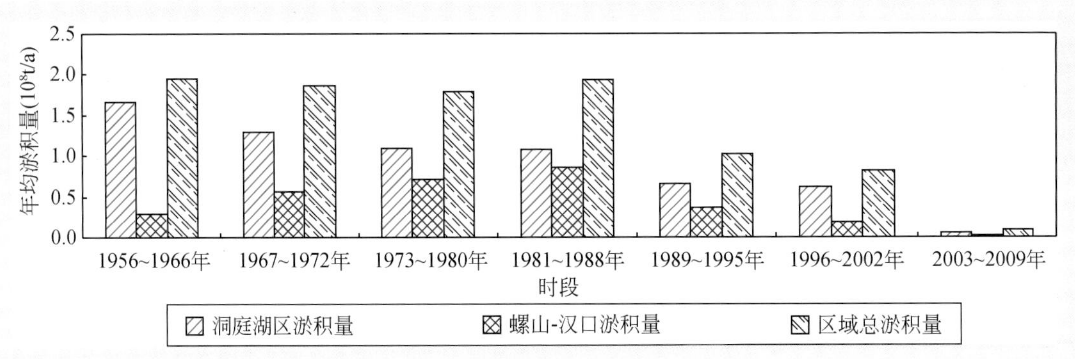

图 9-147 不同时期长江干流螺山至汉口段与洞庭湖区淤积分配变化

总之，三峡水库建成后，对长江与洞庭湖的关系产生了一定的影响。这些影响主要表现在径流的年内分配比原来更加均匀，湖内泥沙淤积放缓。但目前，三峡蓄水运用时间不长，其对荆江三口分流分沙的影响尚未完全显现，对江湖关系变化的影响值得高度重视，今后仍应继续加强相关的监测与研究工作。

参考文献

长江科学院 . 2007. 考虑两坝间冲淤的宜昌至大通河段冲淤一维数模计算∥长江三峡工程泥沙问题研究（2001-2005）（第四卷）. 北京：知识产权出版社，2007：163-168

长江水利委员会 . 1997. 长江中下游干流河道治理规划报告 . 武汉：水利部长江水利委员会 .

长江水利委员会 . 1997. 三峡工程泥沙研究 . 武汉：湖北科学技术出版社 .

长江水利委员会 . 2008. 长江中下游干流河道采砂规划报告 . 武汉：长江水利委员会 .

长江水利委员会长江勘测规划设计研究院 . 2005. 长江荆江河段河势控制应急工程可行性研究报告（修订本）. 武汉：长江水利委员会长江勘测规划设计研究院 .

长江水利委员会长江科学院 . 2009. 长江荆江河段近期河道演变分析报告 . 武汉：长江水利委员会长江科学院 .

高秀玲 . 2006. 规范长江中下游河道工程采砂管理的思考 . 人民长江，(10)：28-29.

国务院三峡工程建设委员会办公室泥沙课题专家组，中国长江三峡工程开发总公司泥沙专家组 . 2000. 长江三峡工程泥沙问题研究（1996-2000，第八卷）-长江三峡工程“九五”泥沙研究综合分析 . 北京：知识产权出版社 .

潘庆燊，胡向阳 . 2010. 长江中下游河道整治研究 . 北京：中国水利水电出版社 .

潘庆燊 . 2001. 长江中下游河道近 50 年变迁研究 . 长江科学院院报，(5)：18-22.

熊明，许全喜，袁晶，等 . 2010. 三峡水库初期运用对长江中下游水文河道情势影响分析 . 水力发电学报，(2)：120-125.

许全喜，胡功宇，袁晶 . 2009. 近 50 年来荆江三口分流分沙变化研究 . 泥沙研究，(10)：1-8.

许全喜，袁晶，伍文俊，等 . 2011. 三峡水库蓄水运用后长江中游河道演变初步研究 . 泥沙研究，(4)：38-46.

余文畴，卢金友 . 2005. 长江河道演变与治理 . 北京：中国水利水电出版社 .

余文畴，卢金友 . 2008. 长江河道崩岸与护岸 . 北京：中国水利水电出版社 .

周劲松 . 2006. 初论长江中下游河道采砂与河势及航道稳定 . 人民长江，(10)：30-32.

第10章 主要认识与展望

10.1 主要认识

10.1.1 水文泥沙观测

通过近几十年来的摸索和实践，国家不断建立和完善了三峡工程水文泥沙观测站网。建立健全了水文泥沙观测组织管理体系，同时也积累了丰富的观测资料。据统计，自工程开工的1993年至2011年12月，共计完成水文（泥沙）、水位观测1213余站年，泥沙取样分析39 838线次，河道水下地形测量约18 980km^2，河道固定断面观测18 106个次等。这些观测资料，不仅及时掌握了三峡入、出库水沙变化，水库泥沙淤积及坝下游河道冲刷等情况，而且为三峡工程施工、建设和调度运行管理奠定了坚实的基础。

同时，在水文泥沙观测中，针对性地研发和引进了新设备、新仪器、新技术、新方法，并成功应用于三峡工程水文泥沙观测中，不仅了显著提高了工作效率和观测精度，也大力促进了大型水利水电工程水文泥沙观测技术的科技进步，也形成了有中国特色的大型水利水电工程水文监测技术和技术标准。

此外，通过近20年的建设，分别建成了屏山—寸滩区间、寸滩—宜昌区间和宜昌以下—大通区间水情自动测报系统，共完成了1个中心站（三峡水利枢纽梯级调度通信中心，简称梯调中心）、14个维修分中心和467个遥测站以及长江水利委员会所属的3个水情分中心和1个流域中心的建设。该系统通过多传感器集成、固态存储、水位近距离传输以及测、报、控一体化等技术的应用，不仅全面实现了雨量、水位、流量等水情信息的自动采集、存储、传输，重要水文站还实现了流量、泥沙的自动监测与传输，而且还实现了信息的系统管理和及时发布，促进了三峡水库水文预报技术的发展和进步。该系统在三峡水库施工建设、水文预报以及三峡水库科学调度得到了成功应用。

10.1.2 工程水文计算

三峡工程自20世纪50年代初期开展工作以来，全面、系统地搜集了水文气象基本资料（包括历史洪、枯水资料），深入分析研究了长江流域、特别是三峡以上的水文特性，为工程规划、论证、设计、施工、管理运用提供了可靠的水文依据。在三峡工程初步设计阶段水文分析计算成果的基础上，补充了1991～2011年的水文资料，对三峡工程原水文设计成果如径流、设计洪水、入库洪水、坝址水位流量关系等进行了复核，并针对性地进行了三峡工程截流水文分析与计算、主汛期与汛末洪水、蓄水运用后对长江中下游水文情势影响、水库蓄水前后库区水质变化等研究工作。研究表明：

1）与三峡工程初设阶段相比，长江上游除沱江、嘉陵江多年平均径流量偏少外，宜昌、屏山、高场、寸滩、武隆等站年径流量成果总体来说变化不大，如根据宜昌站1878～2011年134年实测资料统计，其多年平均流量为14100m^3/s，多年平均年径流量4444亿m^3，与初设相比年径流量减少了约1.46%。径流年内分配均和年际变化也无明显变化。就近20年最枯3个月径流量变化看，长江上游干支流各控制站相对增加，但在人为、自然因素的共同影响下，三峡水库蓄水期的9～10月，宜昌站径流有减小的趋势。

2）将水文资料系列延长至2012年后复核成果表明，三峡工程坝址设计洪水、入库设计洪水、可能最大降水与可能最大洪水、坝址水位流量关系等成果目前仍可作为三峡工程设计、施工和管理运用的依据。

3）宜昌站1877～2006年130年实测流量资料（2003～2006年流量资料已对三峡水库的影响进行了还原）分析表明，宜昌站年最大洪峰主要出现在7月至8月中旬，洪峰出现次数占总数的73.1%；其次为9月上旬，占9.2%，且历年最大洪峰流量最晚出现在9月上旬。9月中旬以后洪峰出次数与洪峰量级明显减小，成因与主汛期存在显著差异，且洪水峰、量设计值与全年最大洪水设计成果也存在明显差别，宜昌站可以9月15日作为主汛期与汛末洪水的分界日。

4）三峡工程运行后，受三峡水库9～11月蓄水和12月以后的供水影响，长江中下游及两湖尾闾地区枯水较原来的天然情况有所提前，致使蓄水期中下游沿程水位降低，枯水期延长。但最枯期12月～3月由于三峡水库加大放水，相应增加下游枯水流量，使长江中下游枯季径流分配趋于均化，最枯水位有所抬升，有利于改善最枯时段的水资源情势。

5）三峡水库蓄水后，受水体流速变缓、泥沙沉降的影响，库区干流水体中污染物含量呈总体下降趋势，但不同江段所受影响程度不尽相同。部分支流在一定时期内出现了不同程度的富营养化现象，巴东以下距大坝70km范围内水体在4～5月出现了水温分层现象。近几年来，长江中下游干流水环境质量有一定程度的改善，但由于流域内经济的迅速发展和沿程城镇人口的密集，导致污染因素增加，部分江段水环境质量有所下降。

上述分析研究成果，为充分发挥三峡工程的防洪、发电、航运等综合效益，协调防洪与发电、航运等的关系，在确保三峡工程防洪作用和枢纽本身安全的条件下，充分利用汛末洪水，为三峡工程汛末提前蓄水和科学调度提供了重要的技术支撑。

10.1.3　工程泥沙观测研究

1993年以来，紧密结合三峡工程的论证、设计、施工、蓄水运行不同阶段的要求，特别是三峡水库135m蓄水运用以来，与工程泥沙问题研究紧密结合，以三峡入库水沙条件、水库泥沙淤积、引航道泥沙淤积、变动回水区走沙规律及坝下游水文情势变化、河床冲淤与河势演变等6个方面为监测重点，取得了丰富的原型观测与研究成果，不仅为研究河流泥沙运动规律提供了坚实的基础，而且对于保证工程建设、运行安全，检验三峡工程泥沙研究成果，修正和完善泥沙研究方法等都起到了重要的支撑作用。主要成果包括以下几方面。

1. 上游来水来沙

三峡坝址以上流域面积为100万km^2。多年来长江水利委员会水文局对流域的产水产沙、水利水保工程的作用、河流水文泥沙特性进行了长期和广泛的勘测、调查和分析工作，初步掌握了三峡水库上游的来水来沙特性。

在20世纪80年代末、90年代初的工程论证与初步设计中，根据1950～1986年的水文泥沙资料统计，宜昌站的多年平均年径流量为4390亿m^3，悬移质输沙量为5.23亿t，平均含沙量为1.19kg/m^3。粒径大于10mm的卵石推移质年均输沙量为75.8万t（1973～1979年），砾石推移质年均输沙量为32.5万t（1974～1979年），沙质推移质年均输沙量为845万t（1974～1979年）。从长期看，来水来沙量的历年变化为随机性的，没有递增或递减的趋势。

20世纪90年代以来，三峡上游产输沙条件明显改变，在水量变化不大的情况下，输沙量减少明显，其中尤以嘉陵江减沙最为显著，其沙量减小了75%。1991～2002年寸滩站和武隆站年均径流量分别为3339亿m^3和532亿m^3，悬移质输沙量分别为3.37亿t和0.204亿t，与1990年前均值相比，径流量均无明显减少，但输沙量则分别减小约27%和33%。

三峡水库蓄水运用后的2003～2011年，三峡入库水量略有偏少，但上游来沙减小趋势仍然持续。三峡入库（朱沱+北碚+武隆站）年均径流量、输沙量分别为3544亿m^3、2.01亿t，与1991～2002年均值相比，径流量偏少8%，但年均输沙量减小了2.79亿t（减幅58%）。

同时经过多年来的水文泥沙观测与调查分析，长江三峡上游输沙量明显减少的因素主要包括：①气候因素（降雨量的减少和降雨分布）。②水库的拦沙作用。③水土保持措施的减沙作用。④河道采砂。其中，水库拦沙的影响最大。因此除了降雨造成的来沙减少具有随机的性质以外，其余3个因素导致的泥沙减少的趋势将是稳定的。

三峡上游来水来沙的观测与调查分析成果，为三峡入库水沙代表系列研究、库区泥沙淤积以及水库蓄水与调度运用等提供了基础和依据。

2. 水库泥沙淤积特性与长期应用

水文泥沙资料分析表明，三峡水库来水量大，含沙量相对较小，而且径流量和输沙量主要集中在汛期。根据上述特点和综合利用要求，采取“蓄清排浑”的运用方式来减缓水库淤积，使水库能长期使用。

观测资料表明，三峡水库蓄水运用以来，入库沙量大幅减小，导致水库泥沙淤积较预计大为减轻，2003年6月～2011年12月，三峡入库悬移质泥沙为16.818亿t，出库（黄陵庙站）悬移质泥沙为4.187亿t，不考虑三峡库区区间来沙（下同），水库淤积泥沙12.631亿t，水库排沙比为24.9%。近似年均入库沙量为1.87亿t，约为60系列均值的40%，水库近似年均淤积泥沙1.4亿t，也仅为原预测值的38%左右。在主汛期，水库排沙比通常能达到30%左右，特别是在洪峰期间，水库排沙比最大可达80%。近3年来，三峡水库汛期为减轻长江中下游的防洪压力，进行了中小洪水调度，虽在短时间内增大了水库淤积，但绝对数量较小，且大部分淤积在常年库区的死库容内。

此外，三峡水库水下地形和固定断面观测表明，三峡水库泥沙大多淤积在常年回水区的宽谷段，占总淤积量的92.5%，窄深段淤积相对较少或略有冲刷，且绝大部分的泥沙都淤积在常年库区的死库容内。

说明三峡工程采用“蓄清排浑”的方式有利于水库的长期使用，为三峡水库正常蓄水运用提供了基础。

3. 坝区泥沙问题

永久船闸引航道泥沙淤积问题是影响三峡工程航运效益正常发挥的重大问题。监测分析成果表明，三峡水库蓄水运用以来至2010年9月，下引航道及口门外总淤积量为178.7万m^3，其中航道内淤积量为103.8万m^3，口门区淤积泥沙74.9万m^3，航道内及口门区域泥沙总计清淤量为107.6万m^3，泥沙的淤积与人工清淤的量大体上保持平衡，从而使航道保持正常运行。

2003年3月~2011年11月，近坝段（大坝至庙河，长约15.1km）共淤积约1.32亿m^3，年均淤积泥沙约0.15亿m^3，但绝大部分淤积在90m高程以下，颗粒较细，不影响工程的运行。淤积在横断面的分布，主要集中在主槽内，其淤积量占总淤积量的79%。

三峡地下电站前沿引水区域泥沙淤积明显，但目前尚未对电站机组取水造成不利影响。坝下近坝段左岸覃家沱附近河床略有冲刷，下游隔流堤附近及泄洪坝段及排漂闸下游河床基本稳定，左电厂尾水水渠段覃家沱附近新冲坑面积持续扩大，坑底有新发展。

三峡电站过机水流含沙量较小，基本上都在0.2kg/m^3以下，最大值为0.688kg/m^3；悬移质泥沙粒径也较细，中值粒径为0.001~0.018mm，最大粒径为2mm。过机悬移质泥沙中石英和钠长石含量所占比重较大，对水轮机有一定的磨蚀作用。

4. 水库变动回水区泥沙淤积

三峡水库蓄水运用以来至2011年11月，变动回水区内泥沙淤积量不大。实测资料表明，水库变动回水区干流库段累计淤积泥沙0.194亿m^3，仅占干流总淤积量的1.5%。但局部河段淤积明显，如洛碛河段累计淤积泥沙约915万m^3，青岩子河段累计淤积约865万m^3。

为掌握变动回水区泥沙冲淤规律，在三峡工程不同运行时期，土脑子、青岩子、洛碛河段河床冲淤过程的监测成果表明，变动回水区虽总体表现为累积性淤积，但其年内冲淤过程仍可分为汛期淤积、消落期冲刷走沙等两个主要阶段。消落期冲刷走沙量与前期泥沙淤积量、水沙条件、坝前水位的高低及其消落速度和河床组成条件等因素有关，且消落期内的主要冲刷部位与汛期泥沙淤积部位基本对应，若汛前消落过早，入库流量小，冲刷效果就差；若推迟消落，可能导致冲刷走沙时间不够，河床得不到充分冲刷。2012年汛前，结合水库坝前水位消落过程，三峡水库进行了首次库尾河段减淤调度试验，对加大消落期库尾河段河床冲刷量取得了较好的效果。初步观测研究表明，三峡水库变动回水区汛前消落期河床冲刷时间主要集中在3~5月，当坝前水位降至161m，寸滩站流量大于5800m^3/s时，河床冲刷走沙能力达到最强，且坝前水位下降速度越快，河床冲刷强度越大。

5. 重庆市主城区河段泥沙冲淤

实测成果表明，重庆主城区河段河床冲淤演变规律总体上表现为洪淤枯冲，冲淤规模和当年的来水来沙有关，大水大沙年是多淤多冲，小水少沙年则是少淤少冲。近年来，三峡入库悬移质和推移质沙量均显著减少，加之受河道采砂等影响，在很大程度上缓解了重庆主城区河段的泥沙淤积问题。

天然条件下，重庆主城区河段9月中旬至10月中旬（寸滩站流量25 000～12 000 m^3/s）走沙量约占当年汛末及汛后走沙量的60%～90%，是汛后主要走沙期，走沙强度一般在0.5～1.2万 $m^3/(d \cdot km)$，其中9月中旬至9月底的走沙量约占当年汛末及汛后的30%～70%；10月中旬至12月中旬走沙量一般不大，是次要走沙期。当寸滩站流量小于5000 m^3/s 时，走沙过程基本结束。

在三峡水库围堰发电期和初期蓄水期，重庆主城区河段尚未受三峡水库壅水影响，属自然条件下的演变。年内冲淤过程主要表现为汛前冲刷、汛期淤积和汛后冲刷，总体呈冲刷态势（含河道采砂影响)。实测地形资料表明，1980年2月至2008年9月共冲刷了1327.9万 m^3。其中三峡水库蓄水前1980年2月至2003年5月冲刷了1247.2万 m^3；三峡水库围堰发电期2003年5月至2006年9月冲刷了447.5万 m^3；三峡水库初期蓄水期2006年9月至2008年9月淤积了366.7万 m^3。

2008年9月三峡水库开展175m试验性蓄水后，重庆主城区河段天然情况下汛后河床冲刷较为集中的规律则被水库充蓄、水位壅高、流速减缓的新情况所改变，河床也由天然情况下的冲刷转为以淤积为主，汛后的河道冲刷期相应后移至汛前库水位的消落期，随着坝前水位的逐渐消落，河道逐渐恢复天然状况，河床逐步转为以冲刷为主。实测地形资料表明，2008年9月三峡开始175m试验性蓄水以来至2012年9月15日，重庆主城区河段累计冲刷134.2万 m^3（含河道采砂影响)，其中滩面淤积为281.9万 m^3，主槽则冲刷了416.1万 m^3，各主要港区前沿和主航道内均未出现严重的泥沙淤积，对港口、码头的正常运行和航运尚未造成明显影响。

重庆主城区河段河床冲淤规律的监测成果，为三峡水库科学调度提供了重要的参考依据，同时也为物理模型试验和数学模型计算提供了宝贵的基础。

6. 坝下游水文情势变化及河床冲刷对长江中下游防洪、航运的影响问题

三峡水库蓄水运用后，库区发生大量淤积，出库泥沙含沙量显著减少，坝下游水文情势发生显著变化，河床发生长时期、长距离的冲刷，枯水位发生一定程度的下降。监测表明，2003～2011年坝下游各站径流量与多年均值差别不大，但输沙量大幅度减少，宜昌、汉口和大通站输沙量分别为0.489亿t、1.13亿t和1.43亿t，与蓄水前均值相比，减幅分别为90%、72%和66%；各水文站悬沙粒径均有所变粗，尤以监利站最为明显，由蓄水前的0.009mm变粗为0.043mm。这是三峡水库拦截泥沙和水库上游来沙偏少共同作用的结果。输沙量减小的幅度沿程递减，说明沿程河床发生了冲刷，水流含沙量有所恢复。荆江三口分流、分沙能力尚无明显变化，但受上游来水偏枯、来沙减小等影响，其分流、分沙量有所减小，松滋口、藕池口断流天数有所增多；洞庭湖湖区泥沙淤积速度明显减缓。

同时，三峡工程蓄水运用后，由于入库沙量减少，实测的出库沙量也远少于论证阶段的预测值，坝下游河床冲刷明显加剧，河床全程冲刷已发展到湖口以下。2002年10月至2011年10月，宜昌至湖口河段（长约为955km）总体表现为“滩槽均冲”，平滩河槽总冲刷量为10.62亿 m^3（含河道采砂影响)，年均冲刷泥沙约为1.18亿 m^3。河道冲刷主要发生在宜昌至城陵矶河段，局部河段深泓冲深达10m以上。坝下游河床冲刷的速度和范围要大于论证阶段的预计，但河势总体上尚未发生明显变化。

宜昌至城陵矶河段绝大部分均已实施护岸工程。在河道冲刷过程中，护岸段的近岸河床明显冲深，使枯水位以下岸坡变陡，因而崩岸比蓄水前有所增多。但出现崩岸的岸段大部分仍在蓄水运用前

的崩岸段和险工段范围内。由于新中国成立以来对护岸工程逐步加固，1998 年大洪水以后又进一步维修加固，加之崩岸发生后，进行了及时抢护，故蓄水至今，未发生重大的险情。

此外，三峡水库蓄水运用以来，宜昌站同流量下枯水水位有所下降。2011 年汛后宜昌站 5500m^3/s 流量时水位为 39. 24m，较 2002 年下降 0. 46m，较 1973 年的设计线累积下降了 1. 76m。由于三峡水库已具有调节能力，加大了下泄流量，基本满足了葛洲坝三江航道和宜昌河段通航水深的需要。实测成果表明，宜昌站枯水位属长河槽控制，宜昌下游的浅滩、弯道、汊道、卡口等都对宜昌水位有控制作用，其中胭脂坝、宜都、芦家河等是关键性控制河段。2004 年以来实施的胭脂坝段河床护底加糙试验工程，对遏制宜昌枯水位下降有一定作用。但由于下游还要经历长时期的冲刷，需要密切关注下游控制节点的冲刷情况和加强节点治理，并尽早制定和实施宜昌至杨家脑河段的综合治理方案。同时，要制止非法采砂对控制节点的破坏，以免宜昌枯水位进一步下降。

10. 2　展望

三峡工程蓄水运用近 10 年来的实践表明，由于上游来沙明显少于原预测，水库淤积的程度与影响比原先预计的要轻，泥沙问题尚未对工程运行和河道安全产生重大影响。然而，水库及坝下游泥沙的冲淤变化及其影响是一个逐步累积、长期的过程，因此目前根据观测成果所显示的三峡工程泥沙变化的实际状况，虽可对三峡工程的泥沙问题得出一些初步的认识或受到一定的启发，只能说是一个较好的开端，尚不能对三峡工程泥沙问题得出全面的结论，特别是对目前出现的某些问题的苗头及与以往的预计不相一致的现象，特别是针对三峡水库 175m 试验性蓄水后水库泥沙淤积出现的新情况、新特点和社会各界对三峡水库科学调度要求的逐渐提高，在今后相当长时间内还需要继续加强泥沙观测研究工作。同时，根据上游来水和干支流大型水库的蓄水情况，对三峡水库提前蓄水尚需作深入的探讨。

1. 对监测方案进行必要的调整和优化

已有监测成果表明，随着水库蓄水运用时间的推移，人们认识水平和对水库运用要求的不断提高，一些新问题也随之出现，对观测工作也提出了更高的要求。主要表现在：库区淤积逐渐向上游发展，局部河段淤积明显特别是一些分汊河段如土脑子、兰竹坝、皇华城河段等淤积严重，出现了较明显的“倒槽”现象，河型也逐渐向单一河型转化；支流口门区域淤积明显，部分支流口门出现了拦门沙坎或成型淤积体。

因此，除需执行已批准的三峡工程水文泥沙原型观测计划，继续对水库常年回水区上段和变动回水区泥沙淤积进行跟踪监测与研究工作外，还应根据新的情况和新的认识，从动态观测考虑，应针对性的对原监测方案进行必要的调整和优化。

第一，对于淤积明显的土脑子、兰竹坝、皇华城河段在总体的观测框架下，对于重点淤积部位应加密断面，并结合消落期、汛期和蓄水期结合水库不同的调度运行方案开展水文泥沙和河道地形（固定断面）同步观测工作，为深入研究水库不同调度方式对典型淤沙河段河床冲淤规律的影响，从而为制订三峡水库科学调度方案打下基础。

第二，由于三峡水库 175m 蓄水运用时间尚短，涪陵以上的各浅滩河段累积性淤积的发展趋势尚在初期阶段，变动回水区港口、航道泥沙淤积问题尚未完全显现。目前积累的资料仍然有限（包括各种水沙条件、水库调度运行方式等不同组合，以及人类活动等），得到的认识和规律还存在一定的片面性，因此除继续加强重庆主城区河段河床冲淤观测外，需要未雨绸缪，针对性地加强变动回水区内重点港区、码头监测工作。此外，泥沙板结现象、消落期是否会上冲下淤、变动回水区上段卵砾石淤积以及后期变动回水区河段是否发生河型转变等问题，还有待实际资料的检验和进一步的研究。

第三，库区支流口门或近口门区域淤积明显，形成类似于拦门沙的淤积体。库区支流河口区域的拦门沙形成之后，侵蚀基面抬高，对河口泄水排沙极为不利，导致水位壅高，泥沙沉积，随着水沙条件的变化，拦门沙也将会不断发展并产生溯源淤积，一方面会在一定程度上直接削弱三峡水库的调节能力，严重影响工程综合效益的发挥；另一方面，随着人们对库区支流岸线利用、航道通航等级等要求的提高，支流口门区泥沙淤积对航运的影响也将逐渐显现。因此，需结合区间来沙量的调查研究，开展库区支流口门区拦门沙的变化及其影响的分析。

2. 继续加强长江上游和入库泥沙变化及其影响的研究

近几年来实测资料表明，由于受上游水库拦沙、降雨（径流）变化、水土保持、河道采砂等因素的综合影响，三峡入库泥沙显著减少。但在未来一段时期内，三峡入库泥沙有可能会发生一些新的变化。

第一，金沙江溪洛渡、向家坝电站将拦截金沙江的大部分来沙，使得三峡入库泥沙继续减少。

第二，上游地区一些因素也有可能会导致入库泥沙增多，如 2008 年发生的汶川特大地震，产生了上百亿 m^3 的松散体，随着时间的推移松散体中的细小颗粒泥沙会逐渐向下游地区输移，导致入库泥沙增多。

第三，上游地区大型水库虽拦沙明显，但一些低水头的中小水库、航电枢纽近年来逐渐达到淤积平衡，拦沙作用减弱，如 2010 年 7 月嘉陵江的大水，导致原来淤积在嘉陵江、渠江、涪江等河流上航电枢纽库区的泥沙部分被冲出库外，北碚站 7 月份输沙量达到 4550 万 t，比 2003 ~ 2009 年年均输沙量还偏大 1 倍多；又如 2010 年沱江输沙量达到了 627 万 t，是 2003 ~ 2009 年均值的 7 倍。

第四，局部河段的大洪水导致输沙量高度集中。如 2003-2011 年 9 年间嘉陵江支流—渠江出现了 5 次大洪水，洪水期间（一般为 7-10d）输沙量可达到全年的 40% 以上，特别是 2003、2004、2011 年 9 月上、中旬出现的大洪水（对应 7-10d 输沙量可达 1400 万 t，占全年比例最高达 79%）给水库淤积带来的影响，值得重视。

此外，近几年来三峡区间基础设施建设、滑坡增多造成水土流失加剧，“库岸产沙”效应增强，等等。

这些因素导致三峡入库泥沙的变化及其对库区泥沙淤积、库容损失等方面的影响，都值得高度重视，需要进一步加强监测和研究工作。

3. 及时开展三峡水库库容的复核计算工作

三峡水库库容计算是水库运行管理的核心工作之一，也是水利枢纽设计必不可少的重要参数之一。在三峡工程论证和初步设计阶段，有关部门根据三峡水库 1 : 10 000 和 1 : 50 000 的地形资料，计算得到的三峡水库库容曲线，为工程设计和制订水库蓄水位、调度运行方案提供了基本依据。受求积仪量算面积精度的制约，当时所得到的三峡水库库容曲线的精度也受到一定的限制。

三峡水库运用以来，水库拦截了上游来沙的70%，大量泥沙淤积在库内。加之，近年来三峡水库内港口、码头、桥梁、堤防建设、岸线调整等涉水工程建设，都使库区地形发生了明显变化，也势必会引起水库库容曲线的变化。加之，由于三峡工程论证和初步设计阶段采用的地形资料比例尺较小，库容测量方法和计算方法都较落后，并且随着时间的推移大量的淤泥沉淀和水库本身引起的局部地形变化，老的库容数据在精度和现时性上都无法满足三峡工程运行管理的需要。且随着社会的发展，社会各界对三峡水库的防洪安全与蓄水兴利、运行调度提出了更高的要求。近年来，国内一些单位和专家学者对三峡水库库容开展了一些研究工作，但因所依据的资料与计算方法不同，而得出的结论存在差异。

近10余年来，随着三峡工程的兴建和逐步投入运用，三峡集团公司组织进行了连续、系统的库区地形（固定断面）观测，积累了丰富的地形资料，都为开展三峡水库库容复核工作打下了坚实的基础。因此，在现阶段依据最新实测的库区地形资料，结合先进可靠的GIS技术，对三峡水库库容做更精确的计算分析具有必要的现实意义和重要性，将为三峡工程充分发挥防洪作用，取得更大的发电效益提供更准确的依据。

4. 开展三峡水库减淤调度方案研究，特别是汛期三峡水库不同调度方式对水库泥沙冲淤影响研究工作

水库泥沙淤积问题是三峡水库调度所考虑的重要因素之一。三峡入库泥沙主要集中在汛期，汛期水位的高低与水库排沙能力和水库泥沙淤积大小及分布等密切相关。实测资料表明，三峡水库蓄水运用以来，与论证和设计阶段相比，三峡入库沙量大幅减小60%以上，三峡水库泥沙淤积强度总体要比论证和设计阶段预计的要轻，也尚未侵占水库的兴利库容。但随着三峡蓄水运用时间的推移和坝前水位的抬高，库区泥沙淤积也逐渐向上游发展，水库排沙效果也在逐渐减弱。

在三峡工程论证和设计阶段，保证水库能够长期使用的核心措施之一，就是在入库来沙量较大的汛期，水库蓄水位保持在145m左右，采用“蓄清排浑”的方式，以尽量减少水库泥沙淤积，延长水库的使用寿命。但近年来随着三峡水库汛期采取不同调度方式（特别是中小洪水调度），当上游来水较大时，为保障坝下游的防洪安全，水库入库洪峰进行了滞洪（削峰）调度，坝前水位在短时期内超过了145m；而此期间，入库洪水往往携带大量的泥沙进入水库内，水库抬高水位运用将会导致水库泥沙淤积量增多，淤积分布发生了一些的变化。这种调度方式对库区泥沙淤积的影响如何？究竟有多大？对水库长期使用和水库寿命有何影响？还需更多的实践和系统而深入的研究。

因此，在汛期三峡水库不同调度方式下，如何减少水库泥沙淤积特别是减少或减缓库尾泥沙淤积，减小其对航道、港口、码头等方面的负面影响，延长水库使用寿命，是今后相当长一段时期内三峡水库调度所面临的主要问题之一。为总结三峡水库调度经验，制订更为科学的调度方案，对三峡水库汛期不同调度方式给水库泥沙冲淤特别是库尾泥沙冲淤带来的影响进行研究是非常必要的。

5. 继续加强坝下游河道冲刷的监测与研究

2010年汛期，为减轻长江中下游的防洪压力，三峡水库对入库洪峰进行了削峰为主的防洪调度，水库下泄流量基本控制在40 000m^3/s以下，且处于平滩水位以下的流量持续时间增长。一方面三峡水库削减上游来水，使得坝下游河道高滩过流机会减小，可能会导致河道行洪能力的萎缩；另一方面，

中水流量持续时间加长，可能会导致中水以下河槽冲刷加剧，从而对险工护岸段、堤脚处近岸河床的冲刷产生影响。这都需要在下一阶段加强监测与研究工作。

6. 对三峡水库提前蓄水作深入研究

随着长江上游干支流上大型水库的相继建成，各水库汛末蓄水将会越来越集中，如果水资源调度过程不合理，各水库在蓄水期、汛前期，以及枯水年份相对集中地进行水量控制等，将影响下游地区的用水需求和加剧各用水部门之间矛盾。随着流域经济社会的快速发展，三峡工程被赋予了供水、改善环境等更多的新要求。为了充分发挥三峡工程在流域水资源开发、利用和配置中的作用，科学合理的调度三峡水库，根据来水情况，结合预报预泄，有必要对三峡水库提前蓄水作深入研究，充分利用汛末洪水，为三峡水库优化调度提供技术支撑。